캠벨 생명과학 1~5 단원 10판

CAMPBELL Biology TENTH EDITION

저 자 Neil A. Campbell
Jane B. Reece
Lisa A. Urry
Michael L. Cain
Steven A. Wasserman
Peter V. Minorsky
Robert B. Jackson

대표역자 전 상 학

BIOSCIENCE
(주)바이오사이언스출판

이 도서의 국립중앙도서관 출판예정도서목록(CIP)은 서지정보유통지원시스템 홈페이지(http://seoji.nl.go.kr)와 국가자료공동목록시스템(http://www.nl.go.kr/kolisnet)에서 이용하실 수 있습니다.
(CIP제어번호 : CIP2016019610)

캠벨 생명과학 10판

초판 인쇄: 2016년 8월 20일　2쇄 인쇄: 2017년 2월 20일　3쇄 인쇄: 2017년 8월 21일
초판 발행: 2016년 8월 30일　2쇄 발행: 2017년 3월 2일　3쇄 발행: 2017년 8월 30일

저　자: Campbell · Reece · Urry · Cain · Wasserman · Minorsky · Jackson
역　자: 전상학 · 고영규 · 권혁빈 · 김기중 · 김성하 · 김은수 · 김재근 · 김재범 · 김철근
나종길 · 신기순 · 신만균 · 신정섭 · 원용진 · 유정칠 · 윤성명 · 이명민
이명석 · 이상돈 · 이일하 · 이준규 · 이준호 · 이창호 · 이태호 · 이 항
장수철 · 정민걸 · 조은희 · 한인섭 · 홍성회 · 황혜진
발행인: 문정구
발행처: (주)바이오사이언스출판
본　사: 14040 경기도 안양시 동안구 전파로 107(호계동)
서울 사무소: 06569 서울특별시 서초구 도구로 115, 1층
전　화: (02)581-4057~8
팩　스: (02)581-4059
이메일: inquiry@biosciencepub.com
홈페이지: http://www.biobooks.co.kr
ISBN: 978-89-6824-058-4 93470

등록번호: 제22-3079호

값 60,000원

(주)바이오사이언스출판

차례 개요

저자팀은 연구자로서의 생물학적으로 풍부한 경험과 강사로서의 다년간의 경험으로부터 얻어진 강의 감각을 반영하여 구성되었다. 팀원간의 긴밀한 협력 관계를 통해 노력을 집중하면서 일관성 있게 10판을 저술할 수 있었다.

캠벨(Neil A. Campbell)

캠벨 박사(1946~2004)는 과학자의 연구 본성을 선생님들에게 연결시켜 주었다. 그는 UCLA 대학의 동물학과에서 석사 학위를, 그리고 박사학위는 캘리포니아 주립대학 Riverside 캠퍼스의 식물학과에서 받았다. 2001년 캘리포니아 주립대학 Riverside 캠퍼스에서 자랑스런 동문상을 받았다. 캠벨 박사는 특정 사막 식물과 해안 식물이 어떻게 염분이 있는 흙에서 자라고 미모사처럼 민감한 반응을 보이는 식물과 다른 콩과식물들이 잎을 움직이는지에 대하여 수많은 논문을 발표하였다. 30년 동안 Cornell 대학, Pomona 대학, San Bernardino Valley 대학에서 일반생물학을 강의하였으며, San Bernardino Valley 대학에서는 1986년에 최우수 강의교수로 선정되었다. 그는 캘리포니아 주립대학 Riverside 캠퍼스의 식물학과에서 방문교수로 근무하였다.

리스(Jane B. Reece)

리스 박사는 가장 최신판 *Campbell Biology*의 책임저자로 고 캠벨 박사와 오랫동안 공동저자로 활동하였다. 초창기에 리스 박사는 Middlesex county 대학과 Queensborough Community 대학에서 생물학을 가르쳤다. 그녀는 학부 시절 Harvard 대학에서 생물학을 전공하였으며, Rutgers 대학에서 미생물학을, Berkeley 대학에서 박테리아 영역에서 박사 학위를 취득하였다. 박사 학위 과정과 박사 후 연구원 시절에는 박테리아의 유전자 재조합에 대해 주로 연구를 하였다. 생물학 전공자에 대한 *Campbell Biology*(캠벨 생명과학 (주)바이오사이언스출판)를 저술하였을 뿐만 아니라 *Campbell Biology in Fucus*(캠벨 생명과학 포커스 (주)바이오사이언스출판), *Campbell Biology Concepts & Connections*, *Campbell Essential Biology*(캠벨 생명과학 (주)바이오사이언스출판) 그리고 *The World of the Cell*의 공저자로 활동하였다.

유리(Lisa A. Urry)

1장 및 1~3단원의 저자인 유리 박사는 캘리포니아 오클랜드에 있는 Mills 대학 생물학과의 교수이며, 학과장으로의 역할을 수행하고 있으며, 버클리 대학의 방문교수로 있다. Tufts 대학에서 생물학과 불문학으로 복수학위를 받은 후 MIT의 MIT/Woods Hole 해양연구소 공동 프로그램에서 분자발생 생물학으로 박사 학위를 취득하였다. 그녀는 많은 연구 논문을 발표하였는데 이들 대부분이 성게의 배아 및 유생 발생 과정 중의 유전자발현에 초점을 두었다. 유리 교수는 일반생물학, 발생학 및 고학년 세미나에 이르기까지 다양한 과목을 가르쳤다. 그녀는 진화에 대한 이해를 증진시킬 목적으로 비전공 학생들에게 미래의 대통령에 대한 진화라는 과목을 가르치고 있으며, 캘리포니아 고생물박물관에서 만들어진 웹사이트의 자문위원으로 활동하고 있다. 유리 박사는 과학 분야에서 여성과 소외된 소수민족에 대한 기회를 높이기 위해 많은 노력을 기울이고 있다. 유리 박사는 *Campbell Biology in Focus*의 공저자이다.

카인(Michael L. Cain)

4, 5단원의 저자인 카인 박사는 생태학자이자 진화생물학자이며, 현재는 저술 활동에 매진하고 있다. Bowdoin 대학에서 생물학과 수학에 대한 공동학위를 받았으며, Brown 대학에서는 이학석사, Cornell 대학에서는 생태학과 진화생물학에서 박사 학위를 받았다. 그는 New Mexico 주립대학과 Rose-Hulman 연구소의 교수로서 생물학, 생태학, 진화학, 식물학, 그리고 보전생물학을 포함한 다양한 분야를 강의하고 있다. 곤충이 식물에서 먹이를 찾는 행동, 씨앗의 장거리 분산, 귀뚜라미에서의 종 형성을 포함하는 분야에서 수십 편의 논문을 발표하였다. *Campbell Biology in Focus*의 공저자일 뿐만 아니라 생태학 교과서의 주 저자이기도 하다.

미노스키(Peter V. Minorsky)

6단원을 저술한 미노스키 박사는 뉴욕의 Mercy 대학 교수이며, 진화학, 생태학, 식물학, 일반생물학 등을 가르친다. 그는 Vassar 대학에서 생물학으로 학사 학위를 받았으며, Cornell 대학에서 식물생리학으로 박사 학위를 취득하였다. 그는 또한 "*Plant Physiology*" 잡지의 기고가이기도 하다. Wisconsin 대학 Madison 캠퍼스에서 박사 연구를 한 후 Kenyon 대학, Union 대학, Western Connecticut 주립대학, 그리고 Vassar 대학에서 강의를 하고 있다. 그는 식물이 환경의 변화를 어떻게 감각하는지에 관심이 많다. 미노스키 박사는 2008년 우수 강사상을 수상하였다. 미노스키 박사는 *Campbell Biology in Focus*의 공저자이다.

와서만(Steven A. Wasserman)

7단원을 저술한 와서만 박사는 UCSD 대학의 생물학과의 교수로 재직 중에 있다. 하버드대학에서 생물학을 전공하였으며, MIT에서 생명과학 분야에서 박사 학위를 받았다. 초파리에서의 조절회로 기작에 대한 연구를 통해 발생생물학, 생식 및 면역학 분야에서 기여를 하였다. Texas Southwestern Medical Center 대학과 UCSD 대학의 교수로서 학부생, 대학원생 및 의대생들에게 유전학, 발생학, 생리학을 가르쳤다. 와서만 박사는 현재 일반생물학을 가르치는 데 중점을 두고 있다. 그는 12명 이상의 박사 학위 과정 학생과 대학학부 및 고등학생 수준의 장차 과학자가 되고자 하는 50명의 연구 멘토로서 역할을 하고 있다. 그는 Markey Charitable Trust와 David, Lucille Packard 재단으로부터 우수 연구상을 수상하였다. 2007년에는 UCSD 대학으로부터 우수 강사상을 받기도 하였다. 와서만 박사는 *Campbell Biology in Focus*의 공저자이다.

잭슨(Robert B. Jackson)

8장을 번역한 잭슨 박사는 Duke 대학의 생물학과 교수이며, 환경과학과의 학과장이기도 하다. 그는 Rice 대학의 환경공학으로부터 학사 학위를 받았고, Utah 주립대학에서 생태학 및 통계학으로 석사를, 생태학으로 박사 학위를 취득하였다. 잭슨 박사는 여러 해 동안 Duke 대학 생태학 프로그램을 운영하였으며, 미국 생태학회 부회장을 역임하였다. 그는 미국 NSF로부터 과학 및 공학 분야에서 대통령상을 수상하였다. 뿐만 아니라, 대중적인 글쓰기를 좋아하였는데 환경에 대한 일반 서적인 '*The Earth Remains Forever*'와 어린이를 위한 두 편의 시집 '*Animal Mischief*'와 '*Weeken Mischief*' 등을 저술하였다. 잭슨 박사는 *Campbell Biology in Focus*의 공저자이다.

캠벨 생명과학 10판을 선보이게 되어 영광스럽게 생각합니다. 지난 세기의 마지막 분기 동안 캠벨 생명과학은 생명과학 분야 대학 교육을 선도하는 교과서의 역할을 해왔습니다. 12개 이상의 언어로 번역되었으며 수백만의 학생들에게 대학 수준 생물학의 탄탄한 기초를 제공해왔습니다. 이러한 성과는 닐 캠벨 뿐만 아니라 수천 명의 필자들과 편집자, 예술가 등이 검토에 참여하여 작업에 영감을 주고 구체화한 덕분입니다. 캠벨 생명과학 10판은 마일스톤으로 표현할 수 있지만, 과학과 교육이 발전해 가듯이 캠벨 생명과학도 그러할 것입니다.

10판의 목표는 다음과 같습니다.

- 학생들이 생물학의 다양한 주제를 가로질러 **시각적으로 연계**할 수 있도록 돕는다.
- 학생들의 **과학적 사고와 정량적인 추론 기술**을 위한 강력한 기반을 제공한다.
- 학생들이 현대 생물학, 특히 **유전체** 영역에서 흥미와 관련성을 느낄 수 있도록 한다.

언제나처럼 우리의 출발점은 최신의 정확한 텍스트와 시각자료를 제시하는 데에 있으며, 이것은 우리의 책무이자, 생물학 교수학습을 위한 우리의 열정을 반영한 것입니다.

10판에서의 새로운 시도

여기에서는 10판에서 발전된 새로운 특징을 살펴보고자 합니다. 보다 자세한 정보와 예시는 X~XV에 제시하였습니다.

- **Make Connections**는 해당 주제가 큰 그림 안에서 다른 장의 주제와 어떻게 연결되는지 생각해보도록 한다. 이것은 생물학 전반에 걸쳐 기본 개념의 연계를 강화하여 학생들이 정보를 분절적으로 받아들이는 것을 극복할 수 있도록 돕는다.
- 각 장에 있는 과학적 분석 기술의 연습은 학생들이 실제 데이터를 수학적 기술과 실험설계, 그래프 작성, 데이터 해석 등의 학습에 이용할 수 있도록 한다.
- **'Interpret the Data'** 질문은 학생들이 데이터를 그래프, 그림, 표 등으로 변환하는 과정을 통해 과학적 탐구를 수행할 수 있도록 한다.
- 생물학 전반을 관통하는 유전제학의 영향은 10판 전반에 걸쳐 나타난다. 예를 들면, DNA와 단백질의 배열 순서를 빠르게 밝혀내는 방법이 분자생물학과 세포생물학부터 계통분류학, 생리학, 생태학에 이르기까지 생물학의 모든 영역에서 어떻게 쓰이는지 등이 이에 해당한다. 5장에서는 '유전체학과 단백질 유전정보학은 생물학적 탐구와 응용을 완전히 바꿔놓았다.'는 새로운 핵심 개념을 통해 이러한 특징의 출발점을 제공하며, 이에 대한 분명한 예들이 후속 장들에 제시되어 있다.
- 각 장의 마지막에 있는 종합적으로 생각해보기 문제는 학생들이 해당 장에 수록된 자료들을 통합하여 보다 큰 그림 안에서 이해할 수 있도록 한다. 생각을 유발하는 질문과 인상적인 사진은 학생들이 각 장에서 학습한 것을 세상과 어떻게 연결할 수 있는지 보여주고, 자연현상에 대한 통찰을 제공한다.

캠벨 생명과학의 개정판마다 그래왔듯이 10판에서도 새로운 과학적 내용을 추가하고 내용의 조직 체계를 향상시켰습니다. 이와 관련된 내용은 서문에 뒤이은 viii~ix 페이지에 요약되어 있습니다.

이 책의 특징

일반생물학을 가르치는 교수자들은 학생들이 매우 많은 정보를 조직화할 수 있는 개념틀을 구축할 수 있도록 도와야 하는 어려움에 부딪힌다. 캠벨 생명과학의 특징은 과학의 과정과 생물학에 대한 깊은 이해를 증진시킴으로써 이러한 개념틀을 제공한다는 것이다.

학생들이 나무와 숲을 구별하는 것을 돕기 위해 각 장은 신중하게 고른 세 가지에서 일곱 가지 정도의 **핵심 개념**의 틀로 구성되어 있다. 텍스트, 개념검사질문과 핵심개념의 요약은 이러한 주제 및 필수적인 사실을 뒷받침한다.

또한 캠벨 생명과학은 생물학 전반을 아우르는 주제인 **진화와 나머지 분야**를 통합하여 강조함으로써 학생들이 학습한 것을 쉽게 이해하고 구성할 수 있도록 돕는다. 이러한 특징은 책 전반에 걸쳐 통합적으로 나타나며, 1장에 소개되어 있다. 각 장은 장의 내용에 해당하는 진화적 측면을 중심으로 명쾌하게 구성된 최소한 한 가지 이상의 진화 코너를 포함하고 있다. 또한 각 장의 마지막에는 진화 연계 질문과 이에 대해 작성해보는 부분이 있다.

생물학을 학습하는 데에 있어 텍스트와 그림이 모두 중요하기 때문에 **텍스트와 그림의 통합적인 구성**이 이 책의 초판부터 현재까지의 특징이 되어왔다. 새로 추가된 'Make Connections Figures'는 선택된 주제에 대한 탐구 섹션은 이러한 접근의 전형을 보여준다. 각각은 본문과 삽화가 함께 연관된 핵심 내용의 학습단위가 된다. 또 다른 예인 'Guided Tour Figures'는 학생들이 복잡한 그림을 이해할 수 있도록 교수자처럼 설명하고 있다. 'Visual Organizer Figures'는 그림의 주요 부분이 강조 표시되어 있어서 학생들이 한눈에 핵심을 파악할 수 있도록 돕는다. 요약 그림은 각 장의 정보를 시각적으로 복습하게 하는 역할을 한다.

적극적인 학습이 이루어지도록 하기 위해서 캠벨 생명과학은 학생들이 **읽은 내용**이 무엇인지 멈춰서 생각하고, 종이에 그려보거나 삽화나 도표 등에 주석을 다는 등의 많은 기회를 제공한다. 활발한 학습을 촉진하기 위해 'Make Connections' 질문, 'What If?' 질문, '그림 설명란의 질문', 'Draw It' 질문, '요약 질문', '종합적으로 생각해보기', 'Interpret the Data' 질문 등을 도입하였다.

끝으로 캠벨 생명과학은 모든 생명과학 과정의 필수 구성요소인 **과학적 탐구**를 특징으로 가지고 있다. 본문과 단원의 도입에 과학적 발견에 대한 이야기와 인터뷰, 잘 설계된 탐구 관련 그림을 첨가하여 학생들이 우리가 알게 된 과학적 사실들을 어떻게 알아냈는지를 이해하는 능력을 기를 수 있도록 돕는다. 과학 탐구 질문은 새로 추가된 '과학적 분석 기술의 연습'과 'Interpret the Data 질문'을 통해 학생들이 과학적 사고를 할 수 있는 기회를 제공한다.

교수자 및 학생들과의 협력

저자일동은 이 책을 저술하는 우리의 작업에 있어 교수자 및 학생들과의 파트너십을 매우 중요하게 생각한다. 교수자와 학생들에게 도움이 될 수 있는 일차적인 방법은 물론 생물학을 잘 가르칠 수 있는 교재를 제공하는 것이다. 또한 출판사는 교수자와 학생들을 위해 출판본, 전자책 등 보다 다양한 방법으로 이를 제공할 수 있다. 우리는 책을 점점 개선하고, 이를 제공하기 위해 노력해 왔으며, 수백명의 과학자들의 공식적인 검토는 물론 이메일 등의 기타 수단을 이용한 비공식적인 소통을 통한 교수자 및 학생들의 피드백을 통해 도움을 받았다.

교재에 대한 정확한 평가는 그것이 교수자들의 강의와 학생들의 학습에 얼마나 도움을 주었는지에 대한 것이라고 생각한다. 우리는 교수자 및 학생들의 코멘트를 환영한다. 아래의 연락처를 통해 언제든지 연락을 주길 바란다.

Jane Reece: janereece@cal.berkely.edu
Lisa Urry(1장 및 1~3단원): lurry@mills.edu
Michael Cain(4, 5단원): mcain@bowdoin.edu
Peter Minorsky(6단원): pminorsky@mercy.edu
Steven Wasserman(7단원): stevenw@ucsd.edu
Rob Jackson(8단원): rob.Jackson@stanford.edu

새로운 내용

여기서는 캠벨 생명과학 10판에서 새롭게 다루어지는 내용과 구성의 변화에 대해 소개한다.

1장 생물학과 그 주제들

체계, 정보, 에너지와 물질, 상호작용, 진화의 핵심을 다섯 가지 주제로 선정 및 강조하여 학생들이 생물학의 빅아이디어에 집중할 수 있도록 하였다. 유전자 발현에 관한 새로운 그림 1.8은 유전자 서열이 유기체의 특성을 결정하는 방법을 이해할 수 있도록 한다. 개념 1.3에서는 과학탐구의 복잡성을 다루는 새로운 그림(그림 1.23)을 포함하여 과학의 과정을 보다 현실적으로 반영하여 재구성한다. 또한 쥐의 색깔 진화에 관한 연구 사례를 과학적 탐구(그림 1.24와 그림 1.25)에 대한 새로운 자료로 제시하였다.

UNIT 1 생물학에서 화학의 역할

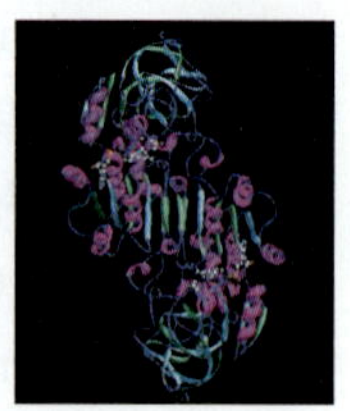

1단원 도입부의 사진과 자료에 학습을 위한 기초 내용을 제시하여 학생들의 흥미를 끌 수 있도록 하였다. 2장은 방사능연대측정을 통한 새로운 진화 관련 내용을 다루었으며, 5장에서는 유전체학과 단백질체학의 생물학적 탐구와 응용(개념 5.6)을 다루고, 유전체학과 단백질체학이 생물학에 미친 영향을 새로운 그림 5.26로 다룬다.

UNIT 2 세포생물학

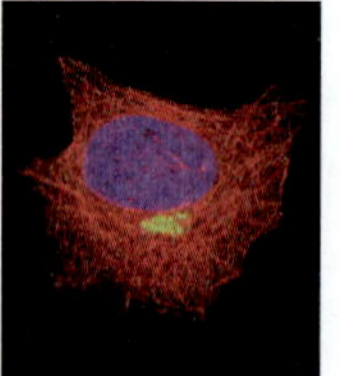

이 단원의 주된 목표는 학생들이 더 많은 자료를 이용할 수 있게 하는 것이다. 7장에서는 세포골격을 다루고 8장에서는 세포막 모델을 다룬다. 광합성을 요약하는 그림(그림 11.22)을 제시하여 광합성을 보다 넓은 관점에서 이해할 수 있도록 하였다. 새롭게 제시된 그림 11.23은 5~11장에서 다룬 세포 활동을 단일 식물세포의 맥락에서 통합하여 다루었다. 개념 12.3은 G_1 확인점뿐만 아니라 M 확인점까지 다루는 새로운 그림 12.17과 함께 제시하였다.

UNIT 3 생명의 유전적 기초

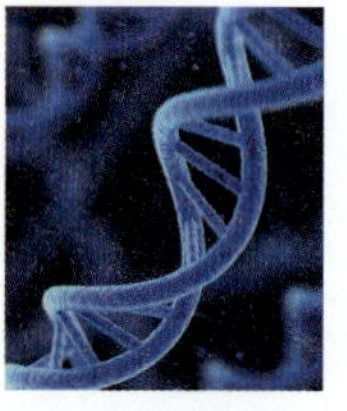

13~17장에서는 학생들이 유전학의 추상적인 개념과 그 분자 수준의 기반을 연결하여 이해할 수 있도록 돕는 내용을 포함하였다. 예를 들면, 13장은 전기에 일어나는 교차에 대해 자세하게 다루는 새로운 그림(그림 13.9)을 포함하였다. 염색체상의 대립유전자를 보여주는 그림 14.4는 생화학적이고 표현형적 결과에 따른 대립유전자의 DNA 서열이 나타나도록 개선되었다. 낫모양적혈구빈혈증에 따른 새로운 그림(그림 14.17) 또한 마찬가지로 개선되었다. 17장에서는 박테리아의 전사와 번역을 폴리리보솜의 범위에서 함께 다루었다.

18~20장은 빠른 시퀀싱을 기반으로 한 새롭고 흥미로운 발견을 통해 확장된 내용을 다루고 있다. 18장은 염색질 리모델링에서 siRNA의 역할에 대한 새로운 그림(그림 18.15)을 포함한다. 그림 18.27은 종양세포에서의 유전자발현을 통해 최근 밝혀진 유방암의 네 가지 하위유형을 다룬다. 19장에서는 덜 일반적으로 사용되어 온 기술 관련 내용은 다루지 않았으며, 염기서열 결정의 중요한 기능을 강조하기 위해 장 전체 내용을 재구성하였다. 새로 추가한 그림 19.4는 차세대 염기서열 결정을 설명하기 위해 제시되었다. 20장은 ENCODE 프로젝트와 암 유전체 아틀라스, 보노보와 고릴라의 유전체 염기서열 결정을 포함하는 새로운 연구를 반영하여 개선하였다. 새로운 그림 20.15는 α-락트알부민과 리소자임의 3차원 구조를 비교하여 그들의 진화적 공통 기원을 뒷받침하기 위해 제시되었다.

UNIT 4 진화

이번 개정의 한 가지 목표는 기본적인 진화적 개념들 간의 관계를 강조하는 것이다. 이 모교를 달성하기 위해 새로운 자료를 다윈의 생각과 연관하여 계통도에서 무엇을 알아낼 수 있는지와 다양한 생물 집단에서 많은 종들의 종분화와 멸종이 어떻게 결정되는지를 설명하는 새로운 글과 그림(그림 25.13)을 제시하였다. 이 단원에서는 유전자의 암호화 부위와 비암호화 부위 내에서의 다양성을 보여주는 새로운 그림(그림 23.4)과 같은 유전적 좌위 내에서 뉴클레오타이드의 다양성을 다루는 새로운 자료도 등장한다. 다른 변화는 단원 내용 구성의 개선이다. 예를 들어 25장에서는 생명의 역사에 있어서 기념비적인 변화인 미생물만의 시대의 끝—에디아카라기에 어떻게 커다란 진핵생물이 등장할 수 있었는지에 대한 새로운 내용을 다룬다. 새로 추가된 내용은 캄브리아기 대폭발과 페름기 대멸종의 원인뿐만 아니라 식물과 균류의 공생 관계의 형성(그림 25.12)과 같은 핵심적인 진화적 사건에 대한 화석상의 증거를 나타내는 새로운 그림과 개선된 논의를 포함하고 있다. 그림 23.17은 낫모양적혈구 대립유전자와 그것이 분자수준과 세포수준에서 생물에 끼친 영향과 인류 집단 내에서 대립유전자의 국제적 분포를 진화적으로 설명한다.

UNIT 5 생명의 다양성

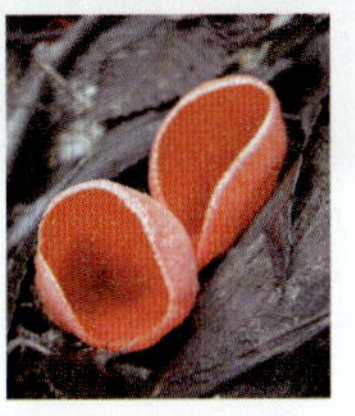

10판의 목표를 유지하기 위하여 5단원에서는 유전체와 다른 분자적 연구와 이들이 계통학에 대한 이해를 어떻게 도울 수 있는지를 포함하여 내용을 확장하고자 하였다. 네안데르탈인의 유전체를 탐구하는 새로운 그림(그림 34.49)과 식물과 균류 간의 의존적인 상호작용이 오래전부터 일어났었다는 것을 새로운 증거로 포함한 것이 그 예이다. 또한 많은 계통분류학 관련 내용들이 최신의 miRNA와 유전체 데이터를 반영하여 개선되었다. 뿐만 아니라 지구 생물의 다양성의 기초가 되는 진화적 사건을 지속적으로 강조한다. 예를 들면 32장의 새로운 절에서는 동물의 조상에 해당하는 다세포성의 기원을 다룬다. 그림 33.9에서는 다른 생물계 사이에서 진화하기 위한 영역 극대화에 대한 다양한 구조적 해법을 탐구한다.

UNIT 6 식물: 구조 및 기능

10판을 작업하면서 식물과 다른 생물 간의 많은 중요한 관계와 식물 연구의 역동적인 영역을 강조하기 위해서 식물의 구조와 기능에 대한 기본적인 이해에 관한 내용을 학생들에게 계속 제공하기로 하였다. 식물학과 사회의 관련성을 강조하기 위해 38장에서는 식물생명공학의 확장과 바이오 연료의 발달을 다룬다. 근권의 세균적 요소(그림 37.9), 식물의 무기질결핍증(표 37.1), 꽃 형태의 진화적 경향(38장), 식물 간 화학적 소통(39장) 등이 새로 확장된 내용에 해당한다. 병원균과 초식동물에 대한 식물의 방어에 대한 논의는 광범위하게 개정되었으며, 분자 수준에서 군집 수준에 이르기까지 생물학적 조직의 여러 수준에서 식물이 초식동물을 어떻게 방어하는지에 대한 새로운 그림 39.27을 제시하였다.

UNIT 7 동물: 구조 및 기능

이 단원의 개정을 위해서는 다양한 생물의 여러 기관계에 전반적으로 적용되는 핵심개념과 원리에 대한 학생들의 이해를 향상시키기 위해 노력했다. 예를 들면, 그림 40.22는 식물생리와 동물생리의 공통과제를 강조하고, 이것에 대한 같거나 다른 해결책을 다룬다. 이 그림은 식물생리에 대한 유용한 요약과 동물생리에 대한 소개를 제공한다. 학생들이 항상성의 중심개념을 이해하고, 다른 호르몬들의 경로 비교뿐만 아니라 개별적인 호르몬 경로들을 이해할 수 있도록 일관된 체계를 기반으로 여섯 장에 등장하는 관련 그림들이 개정되었다. 항상성과 내분비 조절은 도입 부분의 사막개미의 이야기와 사진(40장), 성적 이형(41장), 호르몬에 반응하는 표적세포 변화의 개선된 설명(그림 41.8), 사람의 호르몬과 내분비선에 대한 통합적인 글과 그림(그림 41.9)으로 새롭게 강조되었다. 또한 핵심정보를 강조하기 위해 필수영양소의 분류를 소개하는 그림 42.2와 순환계에서 산소와 이산화탄소의 분압을 보여주는 그림 43.29 등이 새롭게 제시되었다. 그림 44.17은 동물뿐만 아니라 다른 생물체 내에서 농도기울기의 중요성을 설명한다. 7단원 전반에 걸쳐 사람의 위에 존재하는 미생물 군집(그림 42.18), 사람의 미각 수용체의 완전한 세트의 규명(50장) 등 최근의 새로운 자료와 사진들, 흥미로운 주제들이 학생들의 학습과 통합적인 이해를 도울 것이다.

UNIT 8 생태학

10판의 생태학 단원에서는 새로운 내용과 사례를 다룬다. 51장에서는 세상에서 가장 작은 척추동물 종의 발견을 강조하고, 생물적 요인과 비생물적 요인이 종의 분포에 어떤 제한점으로 작용하는지를 사구아로 선인장에 대한 글과 그림(그림 51.15)을 통해 설명한다. 가장 큰 강조점은 삼림사망률에 있어 허리케인 카트리나의 효과와 같은 교란의 중요성이다. 53장은 장의 도입에서 붉은바다거북을 다루고, 개념 53.1(생식), 개념 53.4(진화와 자연사적 특징)을 다루는 것이 특징이다. 또한 53장은 분자적 범위를 새롭게 포함한다: 생태학자들이 붉은바다거북의 번식 개체수를 추정하기 위해 유전정보를 이용하는 방법(그림 53.7)과 하나의 유전자가 글랜빌 표범나비의 확산에 주는 영향 등. 54장에서는 포식자가 모방을 이용하는 방법을 최근에 발견된 종으로 설명하고(그림 54.6), 문어의 모방을 설명하는 글과 그림을 새롭게 다룬다. 그림 55.13에서는 북극 툰드라를 이용하여 개체군, 군집, 생태계를 함께 연결하여 다룬다. 55장은 툰드라에서의 서식지 변화에 대한 이야기로 시작한다. 56장은 멸종 생물의 복원에 대한 기술적이고 윤리적인 문제를 포함하여 보전생물학과 도시 생태학을 새롭게 강조한다. 또한 환경에서 의약품에의 노출로 인한 문제점을 다룬다. 이 책은 학생들이 지구에서의 삶을 향상시키고, 문제점을 해결하기 위해 생물학적 지식을 이용하기를 바라는 희망적인 메시지로 끝맺는다.

핵심 개념

각 장은 큰 그림에 집중하고 세부 사항을 이해하기 위한 맥락을 제공하는 3~7개의 **핵심 개념**의 틀을 중심으로 구성되어 있다.

42

동물의 소화계

핵심 개념

42.1 동물은 음식을 통해 화학적 에너지, 유기물, 그리고 필수 영양소를 반드시 공급받아야 한다

42.2 음식 처리의 주요 단계는 섭취, 소화, 흡수, 배설이다

42.3 포유동물에서 각 소화기관은 음식 소화 과정에 특성화되어 있다

42.4 척추동물 소화계의 진화적 적응은 음식물과 밀접한 연관이 있다

42.5 되먹임 회로는 소화, 에너지 저장, 식욕을 조절한다

▲ 그림 42.1 **어떻게 게가 수달이 털을 만드는 것을 도와주는가?**

음식에 대한 요구

그림 42.1에서 보는 것처럼 수달의 저녁식사 시간이 되었다(그러나 게에게서는 굉장히 다른 의미이다). 게의 근육과 여러 기관들은 조각으로 씹힐 것이며, 수달의 소화계에서 산과 효소들을 통해 분해되고, 결과적으로 작은 분자로 수달의 몸에 흡수될 것이다. 이러한 과정은 음식의 섭취, 분해, 흡수를 포함하는 동물의 **영양(nutrition)**이라는 개념이다.

물고기, 게, 성게, 전복 등은 바다수달의 주식인데, 이들은 죽어 있거나 살아 있는 다른 생물을 통째로 먹거나 일부분을 먹는다. 식물과는 달리, 동물은 음식으로부터 에너지와 유기물을 얻으며 이는 새로운 분자, 세포, 조직을 만드는 데 이용된다. 이러한 공통적인 요구에도 불구하고 동물들은 다양한 음식을 섭취한다. **초식동물(herbivore)**은 소, 달팽이, 애벌레와 같이 주로 식물이나 조류를 먹으며, 수달, 매, 그리고 거미와 같은 **육식동물(carnivore)**은 다른 동물을 먹는다. 쥐와 같은 **잡식동물(omnivore**; 라틴어로 모든 것을 뜻하는 *omni*에서 비롯된)은 사실 모든 것을 먹는 것이 아니라, 일반적으로 식물과 조류뿐만 아니라 동물도 섭취한다. 우리와 같은 사람은 전형적인 잡식성 동물이며 바퀴벌레와 까마귀도 여기에 속한다.

초식동물, 육식동물, 잡식동물이라는 용어는 동물이 일반적으로 먹는 음식의 종류로

◀ 각 장의 도입은 학생들의 **흥미를 유발하기 위한 질문**과 시각적으로 역동적인 **사진**과 함께 시작한다.

▲ **핵심 개념의 목록**은 장에서 다루는 빅 아이디어를 소개한다.

핵심 개념 절을 읽은 후, 학생들은 **개념 확인 문제**를 통해 자신의 이해를 확인할 수 있다.

◀ 학생들이 **본문을 적극적으로 읽도록** 하기 위해 장 전반에 걸쳐 질문을 구성한다.

> **개념 확인 문제 42.1**
>
> 1. 동물의 단백질을 만드는 데 있어서 20개의 아미노산 모두가 필요하다. 그런데 왜 이 모든 아미노산이 필수아미노산이 아닌가?
> 2. MAKE CONNECTIONS 개념 6.4에 있는 대사 반응에서의 효소에 대한 내용을 복습하라. 왜 비타민이 탄수화물보다 훨씬 적은 양이 필요한지 설명하라.
> 3. WHAT IF? 만약에 동물원에 있는 동물이 영양실조 증상을 보인다면 연구원들은 어떠한 영양소가 부족한지를 어떻게 알아낼 수 있을까?

Make Connections 문제는 이전 과정에서 제시된 자료 중 해당 장과 관련된 내용을 학생들에게 질문한다. ▶

What If? 문제는 학생들이 학습한 내용을 응용할 수 있도록 질문한다. ▶

핵심 개념의 요약은 해당 장의 주제에 학생들을 재집중시킬 수 있다.

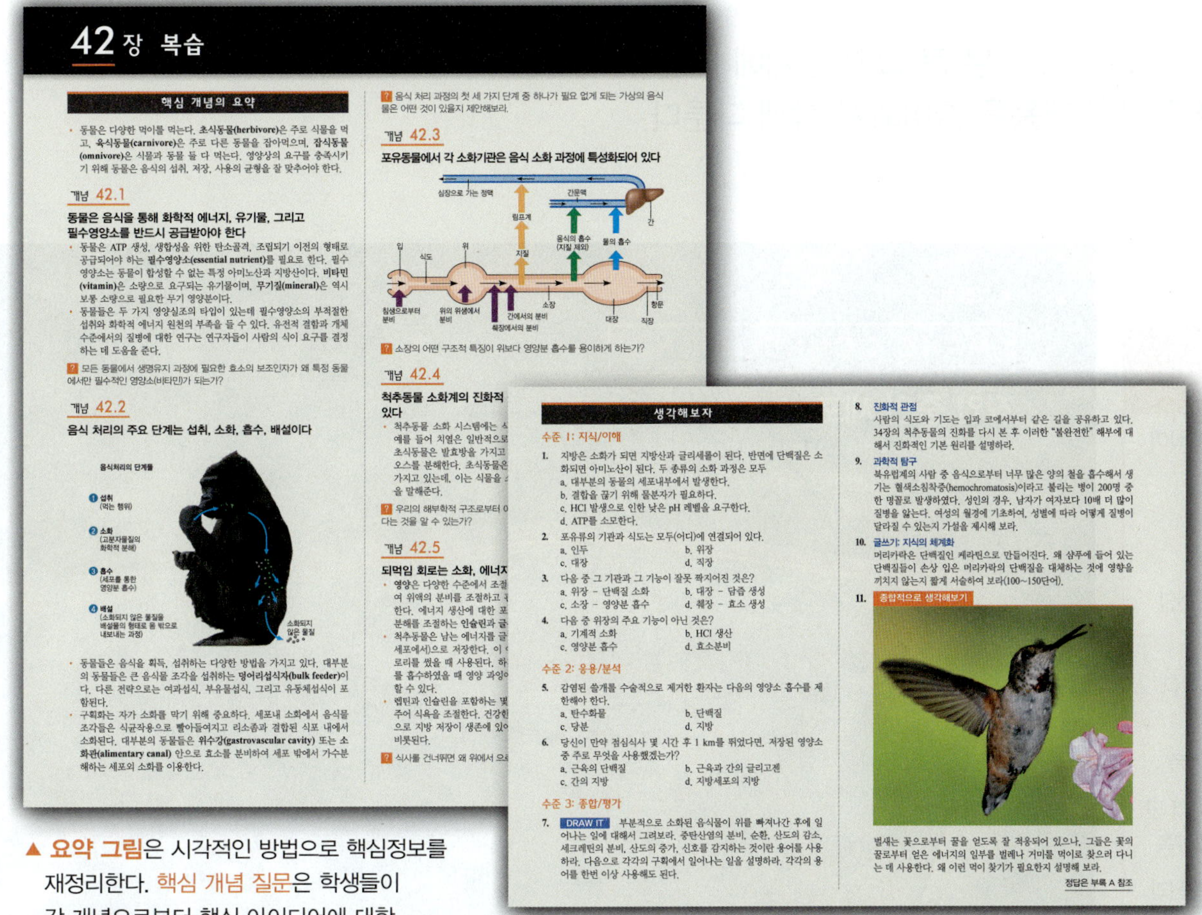
42 장 복습

핵심 개념의 요약

개념 42.1

동물은 음식을 통해 화학적 에너지, 유기물, 그리고 필수영양소를 반드시 공급받아야 한다

개념 42.2

음식 처리의 주요 단계는 섭취, 소화, 흡수, 배설이다

개념 42.3

포유동물에서 각 소화기관은 음식 소화 과정에 특성화되어 있다

개념 42.4

개념 42.5

생각해보자

수준 1: 지식/이해

수준 2: 응용/분석

수준 3: 종합/평가

8. 진화적 관점

9. 과학적 탐구

10. 글쓰기: 지식의 체계화

11. 종합적으로 생각해보기

정답은 부록 A 참조

▲ **요약 그림**은 시각적인 방법으로 핵심정보를 재정리한다. **핵심 개념 질문**은 학생들이 각 개념으로부터 핵심 아이디어에 대한 이해를 점검할 수 있게 한다.

▲ 주제를 보강하기 위하여 모든 장의 마지막 부분에는 **진화 연계 질문**을 제시하고, **주제 질문에 대해 작성**해 보도록 한다.

◀ **NEW! 종합적으로 생각해보기 문제**는 학생들이 해당 장의 내용에 대한 이해를 적용하여 흥미로운 사진을 설명할 수 있도록 한다.

대주제

학생들이 생물학의 빅 아이디어에 집중하는 것을 돕기 위해 1장에서 다섯 가지 주제를 소개하고, 책 전반에 걸쳐 다룬다.

- 진화
- 지식의 체계화
- 정보
- 에너지와 물질
- 상호작용

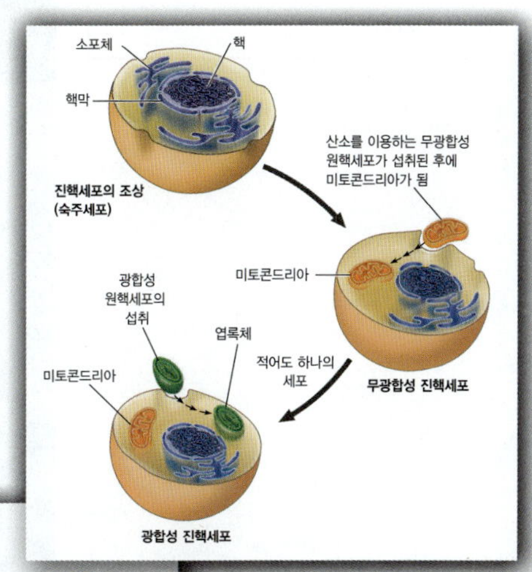

각 장은 장의 내용과 생물학의 기본 원리로서의 **진화**와의 명확한 관련을 다루는 절을 포함한다. ▶

미토콘드리아와 엽록체의 진화적 기원

진화 미토콘드리아와 엽록체는 세균들과 유사점을 보이며 이는 **세포내공생설(endosymbiont theory)**로 이어졌다. 그림 7.16의 모식도에서 보여주듯이 이 가설은 초기 진핵세포가 산소를 사용하는 무광합성 원핵세포를 안으로 흡수하여 결국에는 먹힌 세

NEW! **Make Connections 그림**은 큰 그림 관계에 대한 시각적인 표현을 제공하고, 다른 장의 내용을 끌어와서 함께 다룬다.

Make Connections 그림에 포함된 내용:

▼ 그림 11.23

MAKE CONNECTIONS

작업 중인 세포

이 그림은 여러분이 5~11장에서 배운 세포 활동들을 통합하여 하나의 일반적인 식물세포가 어떻게 기능하는지를 설명한 것이다.

세포 내 유전정보의 흐름: DNA → RNA → 단백질 (5, 7, 8장)

1. 핵 속에서 DNA는 mRNA의 합성을 위한 주형으로 이용된다. mRNA는 세포질로 이동한다. 그림 5.23, 7.9 참조
2. mRNA는 리보솜에 부착하며, 리보솜은 세포질 속에 자유롭게 떠다니거나 거친면 소포체(RER)에 붙어 있다. 단백질이 생산된다. 그림 5.23, 7.10 참조
3. RER에서 생산된 단백질과 막은 소낭 형태로 골지체에 전달된 뒤 이곳에서 가공된다. 그림 7.15, 8.9
4. 단백질을 가진 수송 소낭은 골지체에서 떨어져 나온다. 그림 7.15 참조
5. 일부 소낭들은 세포막과 융합되는데, 이때 세포외배출작용(exocytosis)에 의해 단백질이 세포 밖으로 방출된다. 그림 8.9 참조
6. 자유롭게 떠다니는 리보솜에서 합성된 단백질은 세포 내에 머물러 있으면서 특별한 기능을 수행한다; 예로서 세포호흡이나 광합성을 촉매하는 효소들을 들 수 있다. 그림 10.7, 10.9, 11.19 참조

236 2단원 세포생물학

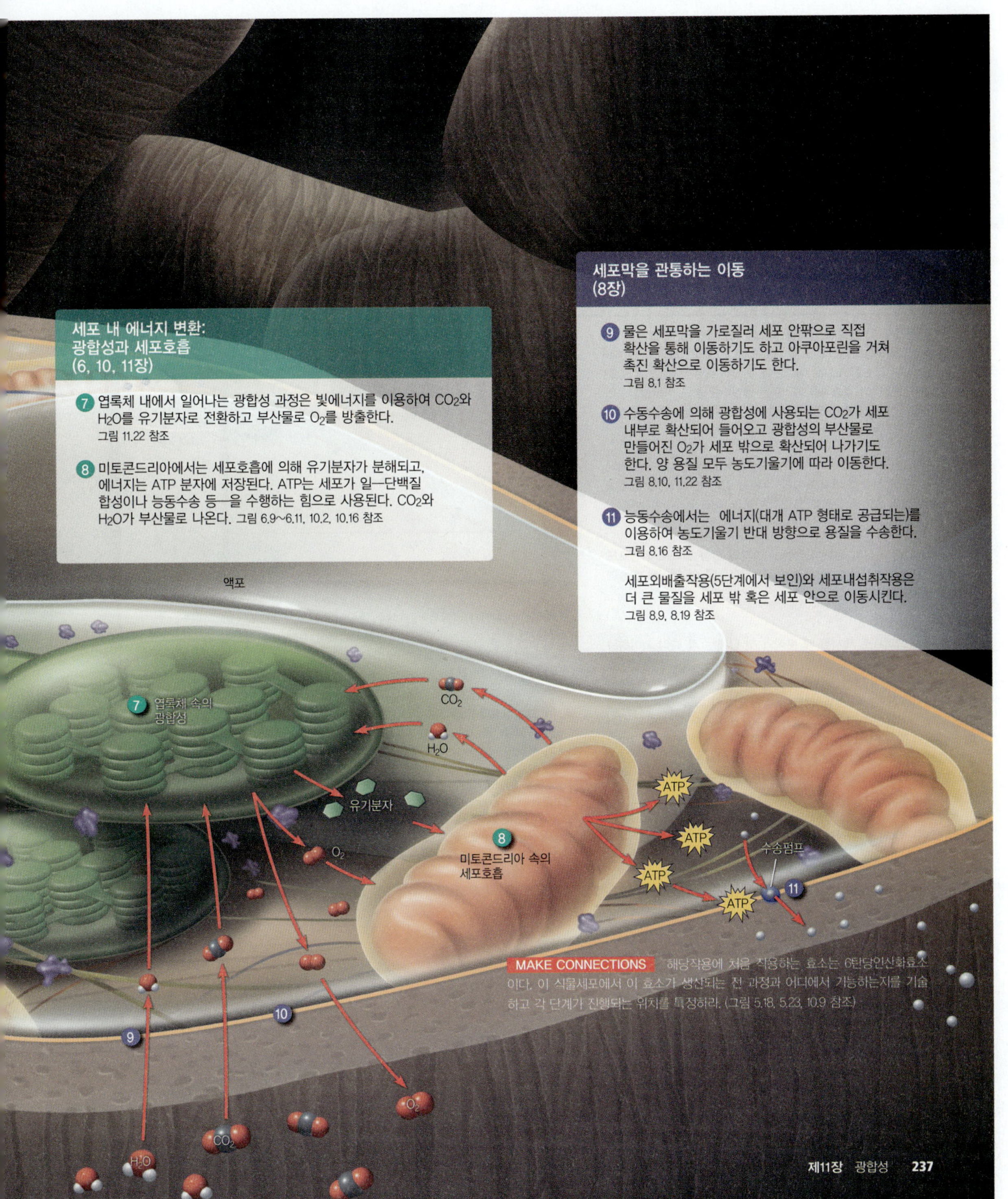

세포 내 에너지 변환: 광합성과 세포호흡 (6, 10, 11장)

7 엽록체 내에서 일어나는 광합성 과정은 빛에너지를 이용하여 CO_2와 H_2O를 유기분자로 전환하고 부산물로 O_2를 방출한다. 그림 11.22 참조

8 미토콘드리아에서는 세포호흡에 의해 유기분자가 분해되고, 에너지는 ATP 분자에 저장된다. ATP는 세포가 일—단백질 합성이나 능동수송 등—을 수행하는 힘으로 사용된다. CO_2와 H_2O가 부산물로 나온다. 그림 6.9~6.11, 10.2, 10.16 참조

세포막을 관통하는 이동 (8장)

9 물은 세포막을 가로질러 세포 안팎으로 직접 확산을 통해 이동하기도 하고 아쿠아포린을 거쳐 촉진 확산으로 이동하기도 한다. 그림 8.1 참조

10 수동수송에 의해 광합성에 사용되는 CO_2가 세포 내부로 확산되어 들어오고 광합성의 부산물로 만들어진 O_2가 세포 밖으로 확산되어 나가기도 한다. 양 용질 모두 농도기울기에 따라 이동한다. 그림 8.10, 11.22 참조

11 능동수송에서는 에너지(대개 ATP 형태로 공급되는)를 이용하여 농도기울기 반대 방향으로 용질을 수송한다. 그림 8.16 참조

세포외배출작용(5단계에서 보인)와 세포내섭취작용은 더 큰 물질을 세포 밖 혹은 세포 안으로 이동시킨다. 그림 8.9, 8.19 참조

MAKE CONNECTIONS 해당작용에 처음 작용하는 효소는 6탄당인산화효소이다. 이 식물세포에서 이 효소가 생산되는 전 과정과 어디에서 기능하는지를 기술하고 각 단계가 진행되는 위치를 특정하라. (그림 5.18, 5.23, 10.9 참조)

제11장 광합성 237

◀ **Make Connections 문제**는 이전에 제시된 자료와 장 내의 관련된 내용에 대해 질문한다. 모든 장은 최소 셋 이상의 Make Connections 문제를 갖는다.

과학적 분석 기술의 연습

NEW! 모든 장의 과학적 분석 기술의 연습에서는 생물학에 필요로 하는 핵심 기술을 연마하기 위하여 실제 기술을 이용하였으며, 데이터 해석, 그래프, 실험디자인 및 수학적 기법을 포함한다.

▼ 사진은 명시적인 흥미와 맥락을 제공해준다.

각 "과학적 분석 기술의 연습"에서는 각 장의 내용과 연계된 실험에 기초를 두고 있다. ▶

대부분의 "과학적 분석 기술의 연습"은 발표된 연구의 데이터를 이용하였다. ▶

이해를 어려워하는 학생들에게 단계적으로 새로운 기술을 이용하여 질문들을 하는 것은 좀 더 높은 수준의 비판적 사고에 대한 기회를 제공해 준다. ▶

과학적 분석 기술의 연습

회귀선을 이용한 산포도 해석

해수의 탄산이온 농도가 산호의 석회화 속도에 어떤 영향을 주는가? 과학자들은 대기 중의 이산화탄소 농도 증가로 인해 초래되는 해양의 산성화로 탄산이온 농도가 감소할 것으로 예측한다. 탄산이온은 산호초의 석회화 반응에 필요한 것이다. 이 연습에서 여러분은 탄산이온 농도가 탄산칼슘의 축적과정인 석회화 반응에 어떤 영향을 주는지 조사한 실험 결과를 분석할 것이다.

실험 방법 애리조나의 바이오스피어 2 수족관은 자연의 산호와 비슷하게 행동하는 큰 규모의 산호를 가지고 있다. 수년에 걸쳐 연구자들은 산호에 의한 석회화 반응의 속도를 측정하였고 그 반응의 속도가 해수에 녹아 있는 탄산이온의 농도에 따라 어떻게 변화하는가를 조사하였다.

실험 데이터 그래프 상의 검은색 점들은 각각의 실험 결과로서 산포도 그래프로 나타난다. 빨간색 선은 회귀선이라 부르는데 이 데이터 점들에 가장 잘 들어맞는 직선이다.

석회화 반응 속도 ($mmol\ CaCO_3/m^2 \cdot day$)

0, 10, 20

220, 240, 260, 280

$[CO_3^{2-}]$의 해수 (μmol/kg)

데이터 해석

1. 실험 결과가 그래프로 제시될 때 분석의 첫 단계는 각 축이 의미하는 바가 무엇인지를 파악하는 것이다. (a) *x*축에 제시된 것이 무엇인지 설명하여 보라. 단위에 대한 설명을 포함하라. (b) *y*축에 제시된 것은 무엇인지 단위를 포함하여 설명하라. (c) 어떤 변수가 독립 변수, 즉 실험자에 의해 제공된 변수인가? (d) 어떤 변수가 종속변수 즉 실험적 처치에 의존적인 또는 반응하는 변수로서 실험자에 의해 측정된 변수인가? (그래프에 대한 추가적인 정보를 위해서는 부록 F 참조)
2. 그래프로 제시된 결과에 근거하여 탄산이온 농도와 석회화 속도 간의 상호 관계를 서술하라.
3. (a) 해수의 탄산이온 농도가 270 μmol/kg이라면 석회화 반응 속도는 대략 얼마인가? 그리고 1제곱미터의 산호가 30 mmol의 탄산칼슘을 축적하려면 며칠이나 걸릴까? (b) 해수 탄산이온 농도가 250 μmol/kg 라면 석회화 반응 속도는 대략 얼마인가? 그리고 1제곱미터의 산호가 30 mmol의 탄산칼슘을 축적하려면 며칠이나 걸릴까? (c) 탄산이온 농도가 감소한다면 석회화 반응 속도는 어떻게 변화할 것이며 산호 성장에 어떤 영향을 줄까?
4. (a) 그림 3.11의 반응식을 참조하여, 이 실험에서 측정된 과정은 어느 것인지 설명하라. (b) 이 실험의 결과는 대기 중의 이산화탄소 농도 증가가 산호의 성장을 저해할 것이라는 가설과 부합하는가? 그렇게 생각하는 이유는?

참고문헌 C. Langdon et al., Effect of calcium carbonate saturation state on the calcification rate of an experimental coral reef, *Global Biogeochemical Cycles* 14:639–654 (2000)

각 장의 과학적 분석 기술의 연습 목록

유전체학의 영향 탐구

NEW! 10판 전반에 걸쳐 새로운 예를 통해 DNA와 단백질 서열을 낮은 비용으로 빠르게 분석하는 방법이 세포생물학에서 계통분류학, 생태학에 이르기까지 생물학의 모든 하위영역을 어떻게 바꿔놓았는지를 보여준다.

▼ 그림 5.26

MAKE CONNECTIONS

유전체학과 단백질체학이 생물학에 기여한 점

기술과 정보 처리의 발달 때문에 뉴클레오타이드 염기서열분석과 큰 세트의 유전자와 단백질의 분석은 신속하고 저렴하게 이루어질 수 있다. 종합하면 유전체학과 단백질체학은 많은 다른 분야에 걸쳐 생물학에 대한 이해를 촉진하였다.

고생물학

새로운 DNA 염기서열분석 기술은 멸종한 네안데르탈인의 오래된 조직에 있는 미량의 DNA를 해독할 수 있게 하였다. 네안데르탈인 유전체의 염기서열분석은 그들의 신체적 외모뿐 아니라 현대 인간과의 관계를 이해하는 데 정보를 제공한다. (그림 34.49)

의학

암과 같은 인간의 질병에 대한 유전적 기초를 확인하는 것은 연구자들이 가능성 있는 미래의 치료를 찾아내는 데 집중하도록 돕는다. 최근에는 한 개인의 종양에서 발현된 일련의 유전자를 염기서열분석함으로써, "개인맞춤형 의학"의 유형으로 더 많은 표적에 접근하여 암을 치료할 수 있게 한다. (그림 18.27)

진화

진화생물학의 주된 목표는 살아 있거나 멸종한 종들 간의 관계를 이해하는 것이다. 예를 들면, 유전체 염기서열분석은 하마를 고래와 가장 최근의 공통조상으로 공유하는 육상의 포유동물로 확인하였다. (그림 21.20)

하마

들쇠고래

보전생물학

점차 많은 생태학자들이 어떤 동물이나 식물 종이 불법으로 사라지게 된 것을 확인하는데 분자유전학과 유전체학의 도구를 사용한다. 한 예로, 불법으로 선적된 코끼리 상아로부터 얻은 DNA의 유전체 염기서열은 밀렵자를 찾아내는 데 사용되며, 그들이 활동하는 지역의 위치를 정확히 나타낸다. (그림 56.9)

종 상호작용

모든 식물종의 90% 이상이 식물의 뿌리와 연관되어 있는 진균들과 상리공생의 관계를 갖는 유전체 염기서열분석과 식물-진균의 짝에서 유전자발현을 분석하면 상호작용을 이해하는 데 도움이 되며, 또한 농사 영향을 미칠 수 있다. (31장의 과학적 분석 기술의

MAKE CONNECTIONS 단백질체학의 접근 방법이 지 설명하라.

90 1단원 생물학에서 화학의 역할

과학적 분석 기술의 연습

폴리펩타이드 서열 정보의 분석

붉은털원숭이나 긴팔원숭이 중 어느쪽이 사람에 더 가까운가? 개념 3.6에서 소개하였듯이, 유연 관계가 가까운 종들의 DNA와 폴리펩타이드 서열은 좀 더 먼 종들 간의 서열에 비하여 서로 비슷하다. 이번 연습에서는, 때로 β-글로빈이라고도 하는 헤모글로빈의 β 폴리펩타이드 사슬에 대한 아미노산 서열 정보를 소개할 것이다. 여러분은 정보를 해석하여 붉은털원숭이 또는 긴팔원숭이 중 어느 쪽이 보다 사람에 가까운지 가설을 제시할 수 있을 것이다.

실험 방법 연구자들은 조사하고자 하는 생물체의 폴리펩타이드를 분리하여 아미노산 서열을 조사한다. 보다 일반적으로는 상응하는 유전자의 DNA를 서열화하여 그 유전자의 DNA 서열로부터 폴리펩타이드의 아미노산 서열을 밝힌다.

실험 데이터 아래 데이터에서 알파벳 글자는 사람, 붉은털원숭이, 긴팔원숭이의 β-글로빈 146개 아미노산 서열이다. 전체 서열을 여기 한 줄에 다 넣을 수 없기 때문에 서열을 세 구간으로 나눈 것이다. 서로 다른 3종에 대한 서열을 정렬하여 그들을 쉽게 비교하게 한 것에 주목하여라. 예를 들면, 3종 모두 첫 번째 아미노산이 V(발린)이고, 146번째 아미노산은 H(히스티딘)인 것을 볼 수 있다.

종	β-글로빈 아미노산 서열의 정렬
사람	1 VHLTPEEKSA VTALWGKVNV DEVGGEALGR LLVVYPWTQR FFESFGDLST
붉은털원숭이	1 VHLTPEEKNA VTTLWGKVNV DEVGGEALGR LLLVYPWTQR FFESFGDLSS
긴팔원숭이	1 VHLTPEEKSA VTALWGKVNV DEVGGEALGR LLVVYPWTQR FFESFGDLST
사람	51 PDAVMGNPKV KAHGKKVLGA FSDGLAHLDN LKGTFATLSE LHCDKLHVDP
붉은털원숭이	51 PDAVMGNPKV KAHGKKVLGA FSDGLNHLDN LKGTFAQLSE LHCDKLHVDP
긴팔원숭이	51 PDAVMGNPKV KAHGKKVLGA FSDGLAHLDN LKGTFAQLSE LHCDKLHVDP
사람	101 ENFRLLGNVL VCVLAHHFGK EFTPPVQAAY QKVVAGVANA LAHKYH
붉은털원숭이	101 ENFKLLGNVL VCVLAHHFGK EFTPQVQAAY QKVVAGVANA LAHKYH
긴팔원숭이	101 ENFRLLGNVL VCVLAHHFGK EFTPQVQAAY QKVVAGVANA LAHKYH

데이터 해석

1. 붉은털원숭이와 긴팔원숭이의 서열을 앞에서부터 따라가면서 사람의 서열과 일치하지 않는 아미노산에 동그라미 표시를 하여라. (a) 붉은털원숭이와 사람의 서열 사이에는 얼마나 많은 아미노산이 서로 다른가? (b) 긴팔원숭이와 사람의 서열 사이에는 어떠한가?
2. 붉은털원숭이와 긴팔원숭이 서열은 사람의 β-글로빈 서열과 각각 몇 퍼센트씩 일치하는가?
3. 이 데이터만 가지고 이 두 원숭이 중에서 사람과 좀 더 가까운 종이 어느 것인지 가설을 제시하여라. 그리고 그 이유를 설명하여라.
4. 여러분의 가설을 지지하기 위해서 다른 어떤 증거를 사용하겠는가?

참고문헌 Human: http://www.ncbi.nlm.nih.gov/protein/AAA21113.1; rhesus monkey: http://www.ncbi.nlm.nih.gov/protein/122634; gibbon: http://www.ncbi.nlm.nih.gov/protein/122616

◀ 5장의 이 새로운 Make Connections 그림은 다양한 생물학의 질문을 해결하는 데 있어 유전체학과 단백체학이 도움을 준 몇 가지 사례를 보여준다. 이러한 사례는 뒤로 갈수록 더욱 심화 탐구된다.

선택된 '과학적 분석 기술의 연습'은 DNA 또는 단백질 서열분석 과정을 포함한다. ▶

생물학에서 화학의 역할 27

마쿠부 (Lydia Makhubu)

University of Swaziland

세포생물학 116

너스(Paul Nurse)

Royal Society and the Francis Crick Institnte London, England

생명의 유전적 기초 259

벤키 라마크리슈난 (Venki Ramakrishnan)

MRC Laboratory of Molecular Biology Cambridge, England

진화 459

버메이 (Geerat J. Vermeij)

University of California, Davis

생명의 다양성 570

힐(Robert Hill)

University of Adelaide, Australia

식물: 구조 및 기능 783

헤레라 에스트레야 (Luis Herrera-Estrella)

National Polytechnic Institute, Mexico

동물: 구조 및 기능 900

야나기사와 (Masashi Yanagisawa)

University of Texas Southwestern Medical Center and University of Tsukuba, Japan

생태학 1173

쉰들러 (David Schindler)

University of Alberta, Canada

역자 소개

전상학
서울대학교 생물교육과 교수
박사학위 취득학교: 미국 Iowa State University
jeonsh@snu.ac.kr

고영규
고려대학교 생명과학부 교수
박사학위 취득학교: 미국 University of Texas at Austin
ygko@korea.ac.kr

권혁빈
선문대학교 BT융합제약공학과 교수
박사학위 취득학교: 미국 University of Iowa
hbkwon@sunmoon.ac.kr

김기중
고려대학교 생명과학부 교수
박사학위 취득학교: 미국 University of Texas at Austin
kimkj@korea.ac.kr

김성하
한국교원대학교 생물교육과 교수
박사학위 취득학교: 미국 University of Texas at Austin
shkim@knue.ac.kr

김은수
건국대학교 생명과학특성학과 교수
박사학위 취득학교: 고려대학교
kimes@konkuk.ac.kr

김재근
서울대학교 생물교육과 교수
박사학위 취득학교: 미국 University of California, Davis
jaegkim@snu.ac.kr

김재범
서울대학교 생명과학부 교수
박사학위 취득학교: 미국 Harvard University
jaebkim@snu.ac.kr

김철근
한양대학교 생명과학과 교수
박사학위 취득학교: 미국 Cornell University
cgkim@hanyang.ac.kr

나종길
군산대학교 생물학과 교수
박사학위 취득학교: 미국 Louisiana State University
jgna@kunsan.ac.kr

신기순
경희대학교 생물학과 교수
박사학위 취득학교: 서울대학교
kisoon_shin@khu.ac.kr

신만균
울산대학교 생명과학부 교수
박사학위 취득학교: 서울대학교
mkshin@ulsan.ac.kr

신정섭
고려대학교 생명과학부 교수
박사학위 취득학교: 미국 Montana State University
jsshin@korea.ac.kr

원용진
이화여대학교 생명과학전공 교수
박사학위 취득학교: 미국 Rutgers University
won@ewha.ac.kr

유정칠
경희대학교 생물학과 교수
박사학위 취득학교: 영국 University of Oxford
jcyoo@khu.ac.kr

윤성명
조선대학교 생명과학과 교수
박사학위 취득학교: 서울대학교
smyun@chosun.ac.kr

이명민
연세대학교 시스템생물학과 교수
박사학위 취득학교: 연세대학교
mmlee@yonsei.ac.kr

이명석
숙명여자대학교 생명과학과 교수
박사학위 취득학교: 미국 University of Texas Southwestern Medical Center
mslee@sookmyung.ac.kr

이상돈
이화여대학교 환경공학전공 교수
박사학위 취득학교: 미국 University of Washington
lsd@ewha.ac.kr

이일하
서울대학교 생명과학부 교수
박사학위 취득학교: 미국 University of Wisconsin–Madison
ilhalee@snu.ac.kr

이준규
서울대학교 생물교육과 교수
박사학위 취득학교: 서울대학교
joonlee@snu.ac.kr

이준호
서울대학교 생명과학부 교수
박사학위 취득학교: 미국 California Institute of Technology
elegans@snu.ac.kr

이창호
강릉원주대학교 생물학과 교수
박사학위 취득학교: 서울대학교
chlee@kangnung.ac.kr

이태호
연세대학교 시스템생물학과 교수
박사학위 취득학교: 미국 New York University
thlee@yonsei.ac.kr

이 항
서울대학교 수의학과 교수
박사학위 취득학교: 미국 University of Pennsylvania
hanglee@snu.ac.kr

장수철
연세대학교 학부대학 교수
박사학위 취득학교: 연세대학교
schang@yonsei.ac.kr

정민걸
공주대학교 환경교육과 교수
박사학위 취득학교: 미국 University of Oklahoma
ecogenie@kongju.ac.kr

조은희
조선대학교 생물교육과 교수
박사학위 취득학교: 미국 University of Illinois at Urbana–Champaign
ehcho@chosun.ac.kr

한인섭
울산대학교 생명과학부 교수
박사학위 취득학교: 미국 Medical College of Georgia
hanis@ulsan.ac.kr

홍성회
고려대학교 바이오시스템의과학부 교수
박사학위 취득학교: 고려대학교
shong21@korea.ac.kr

황혜진
유전학/일반생물학/생명공학 관련 과목 강사 (가톨릭대학교 출강)
박사학위 취득학교: 이화여자대학교
hzhwang@daum.net

*Campbell Biology*는 전 세계적으로 가장 많은 사랑을 받는 일반 생물학 교과서가 되었습니다. 국내에서도 해가 갈수록 더 많은 사람들이 캠벨의 '생명과학'을 찾는 것을 보고 역자의 한 사람으로서 매우 기쁘게 생각하고 보람을 느낍니다. 많은 사람들이 찾는 이면에는 생물학의 발전 내용을 충실하게 잘 담았을 뿐만 아니라 쉽게 잘 쓰여진 덕분이라고 생각합니다.

생명과학은 어느 학문 분야보다도 빠르게 발전하고 있습니다. 이러한 발전 내용을 생명과학을 전공하고자 하는 학생들이나 관련 사람들에게 빨리 전달하는 방법 중의 하나는 일반생물학 교과서가 중요한 통로가 될 수 있을 것입니다. "캠벨 생명과학"은 3~4년을 주기로 개정판을 제공함으로써 생명과학의 새로운 내용들을 충실하게 담아왔습니다.

이번에 10번째의 개정판을 내놓게 되었습니다. 이 개정판에서는 본문과 그림을 통합적으로 잘 구성하여 이해를 쉽게 한 것이 이 책의 중요한 특징이며, 각 장이 연계성을 갖도록 많은 노력을 기울였습니다. 또한 이번에 새롭게 '과학적 분석 기술의 연습'을 넣어 실제 과학을 하는 과정에서 필요로 하는 기술이나 실험 방법들을 연습할 수 있도록 하였습니다.

9판을 번역하였을 때와 마찬가지로 용어를 먼저 통일하고 독자 측면에서 좀 더 쉽게 접근할 수 있도록 편집을 하였습니다. 용어는 한국생물과학협회에서 편찬한 '생물학용어집 3판'과 한국과학 기술총연합회가 출판한 '과학기술용어집' 및 대한화학회에서 편찬한 최신의 화합물 명명법을 참고하였으며, 될 수 있는대로 이해하기 쉬운 용어를 선택하려고 노력하였습니다.

매번 번역 때마다 전 판보다 나아야 한다는 중압감이 있었습니다. 하여 번역 후에 편집진에서 1차 교정을 하고, 역자들이 반복 수정을 하였으며, 전문인을 통해 수정을 거쳐 번역서를 내놓게 되었습니다. 하지만 워낙 방대한 책이라 오류가 나올 수 있을 것으로 생각됩니다. 미비한 점이 발견되면 출판사나 대표 저자에게 알려 주시면 빠른 시간 내에 정성껏 수정하여 더 좋은 책이 되도록 노력을 하겠습니다.

이 책의 번역과 검토 및 수정 과정에 참여하신 분들은 다음과 같습니다.

전상학(총괄, 7, 20장, 2단원 인터뷰, 앞부분, 부록)
고영규(10, 40장, 7단원 인터뷰)
권혁빈(31장, 용어)
김기중(29, 30장)
김성하(5장)
김은수(35, 37장, 6단원 인터뷰)
김재근(55, 56장)
김재범(41, 42장)
김철근(18, 45장)
나종길(14, 15장)
신기순(48, 49, 50장)
신만균(28장)
신정섭(6, 8장)
원용진(21, 23장, 4단원 인터뷰)
유정칠(51, 52, 8단원 인터뷰)
윤성명(32, 33장)
이명민(2, 39장, 1단원 인터뷰)
이명석(13, 17장, 3단원 인터뷰)
이상돈(53, 54장)
이일하(1, 4, 11장)
이준규(9, 12장)
이준호(3, 46장)
이창호(43, 44장)
이태호(47장)
이　항(34장)
장수철(22장, 5단원 인터뷰)
정민걸(24, 25장)
조은희(26, 27장)
한인섭(36, 38장)
홍성회(16, 19장)
황혜진(내용 검토와 수정)

바쁘신 와중에도 후학들을 생각하시어 번역에 참여해 주신 교수님들께 다시 한 번 감사드립니다. 또한 최종 교정을 담당해 주신 황혜진 박사님께도 감사드립니다. 마지막으로 이 방대한 책의 출판을 흔쾌히 맡아 주신 (주)바이오사이언스출판의 문정구 대표님께 감사드리며, 또한 편집진 여러분의 수고에도 매우 감사드립니다.

아무쪼록 이 책이 생물학을 광범위하고 심층적으로 공부하고자 하는 모든 사람들에게 훌륭한 길라잡이가 되기를 바랍니다.

2016년 7월
대표역자 전상학

차례

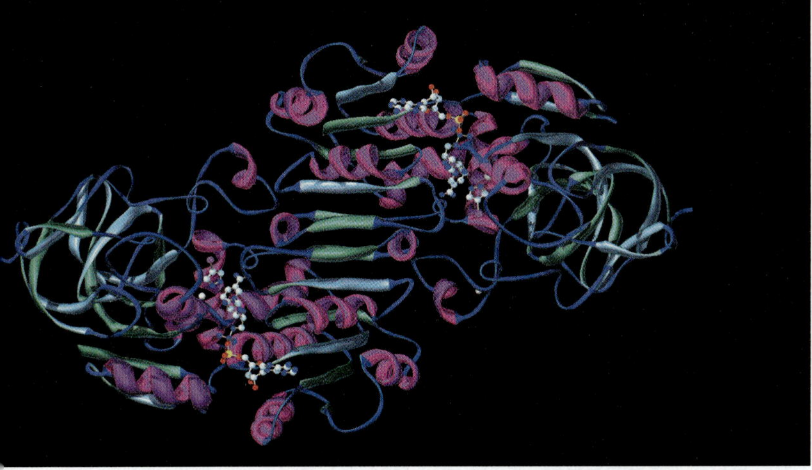

11 광합성 215

12 세포주기 240

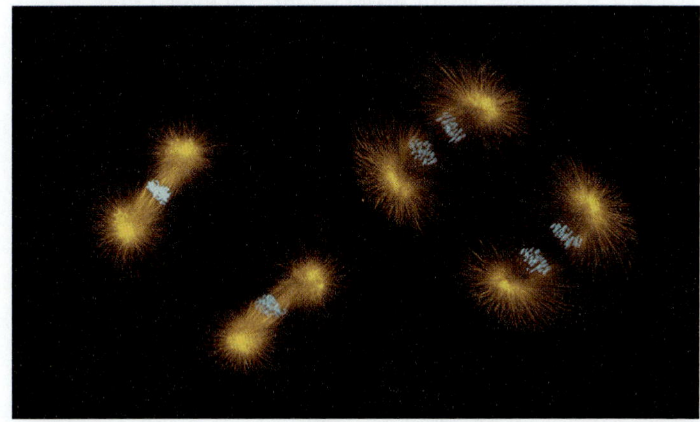

UNIT 3 생명의 유전적 기초 259

13 감수분열과 생식주기 262

14 멘델 유전학 277

15 연관과 염색체 302

16 핵산과 유전 322

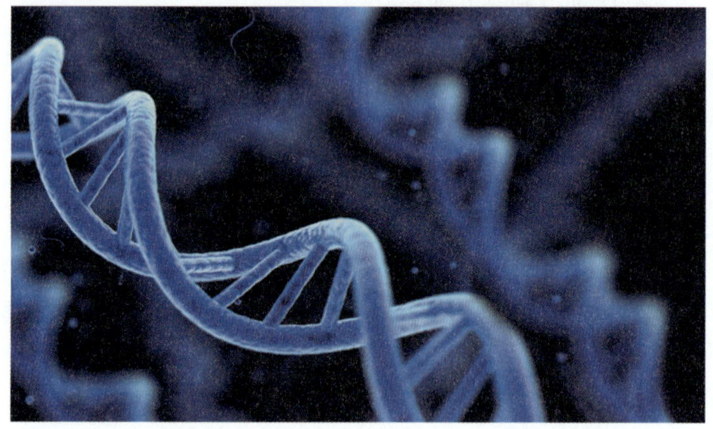

17 유전자의 발현 343

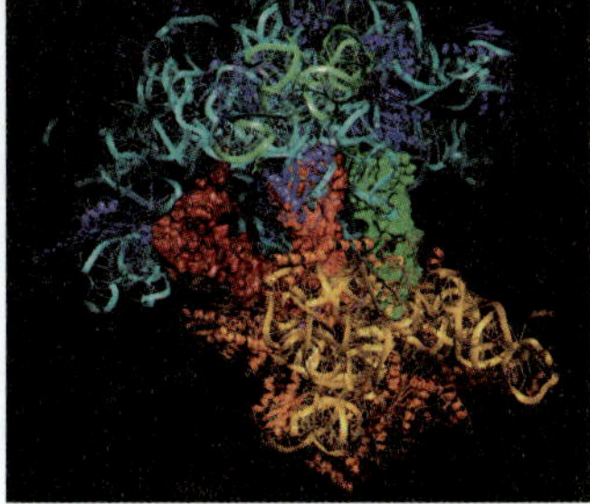

18 유전자 발현 조절 372

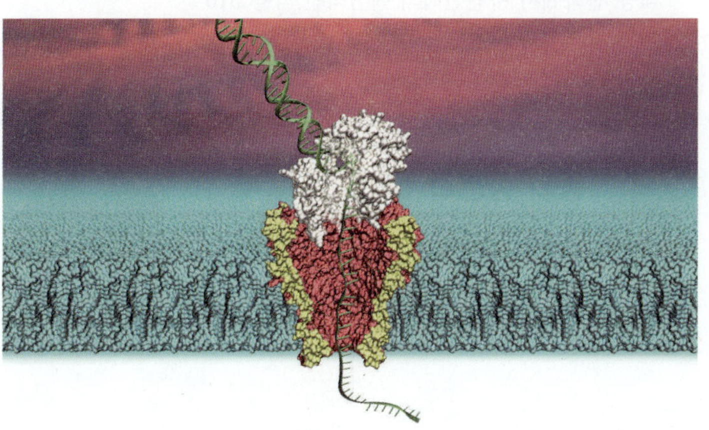

19 DNA 테크놀로지 404

20 유전체의 진화 434

UNIT 4 진화 459

21 진화는 어떻게 작동하는가? 462

22 계통발생의 재구성 481

23 소진화 502

24 종과 종분화 524

25 대진화 543

UNIT 5 생명의 다양성 570

26 바이러스 572

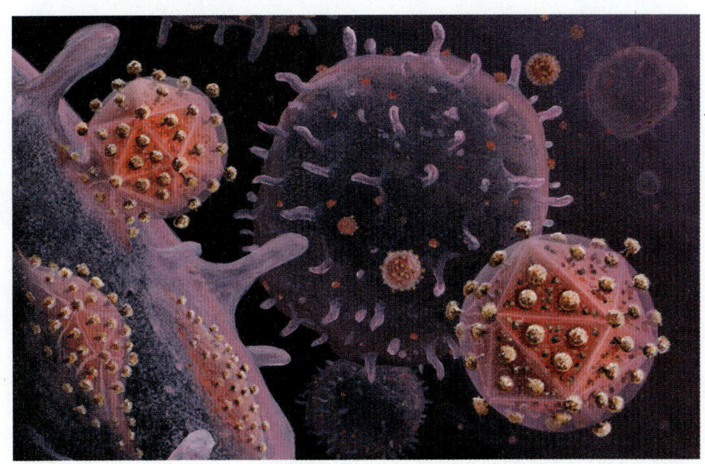

27 원핵생물 591

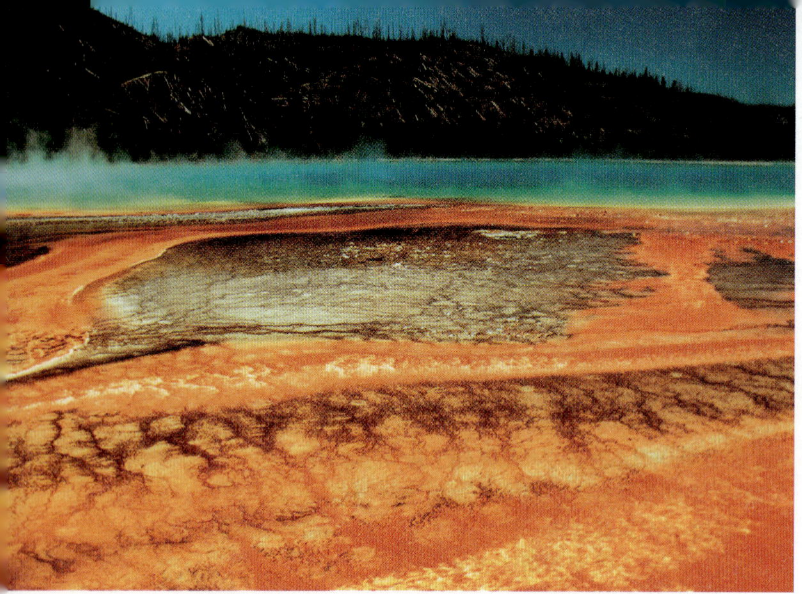

28 진핵생물의 기원과 진화 613

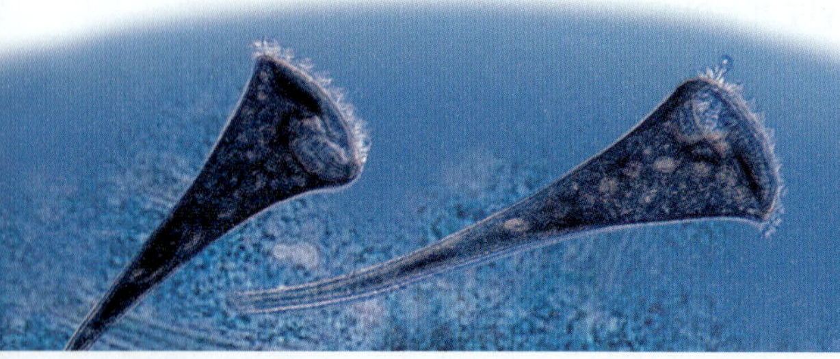

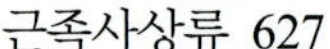

29 비관다발식물 및 비종자관다발식물 638

41 동물의 화학적 신호 928

42 동물의 소화계 948

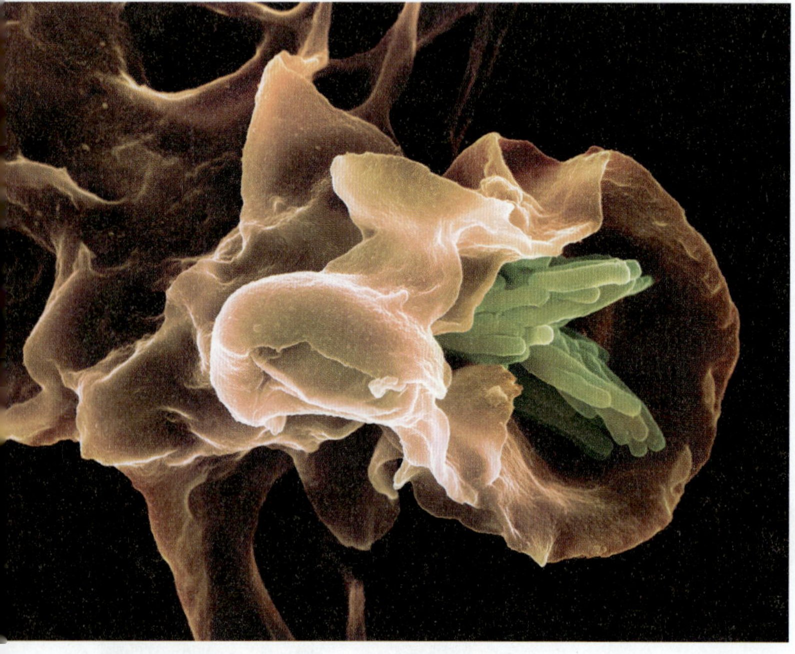

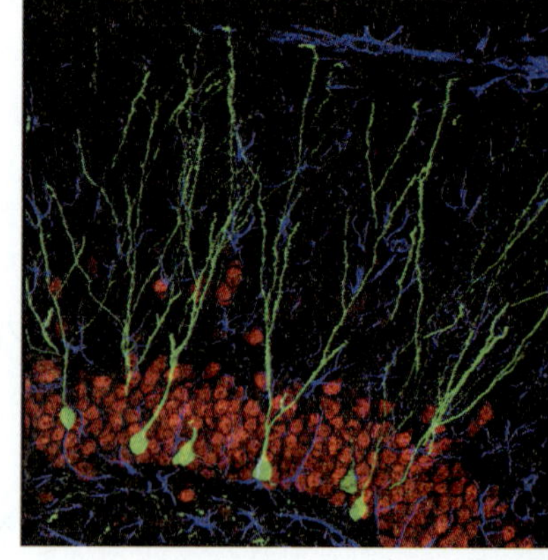

53 개체군 및 생활사 특징 1228

54 생물다양성과 군집 1252

55 생태계에서의 에너지 흐름과 화학적 순환 1278

56 보전생물학과 지구의 변화 1300

1

생물학과 그 주제들

핵심 개념

1.1 생명을 연구하면 공통 주제가 드러난다

1.2 중심주제: 진화는 생명의 통일성과 다양성을 설명한다

1.3 자연 탐구를 위해 과학자들은 관찰하고 가설을 만들며 이를 검증한다

1.4 과학은 다양한 관점을 가진 학자들 간의 협력으로 발전한다

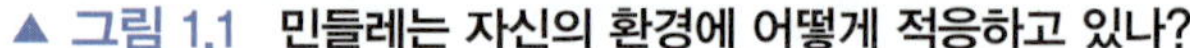

▲ **그림 1.1** 민들레는 자신의 환경에 어떻게 적응하고 있나?

생명의 탐구

그림 1.1의 민들레는 씨앗을 멀리 흩뜨리기 위해 하늘로 날려 보낸다. 씨앗은 저장된 영양분과 보호막으로 둘러싸인 배아이다. 왼쪽 아래에 보이는 민들레 씨앗은 변형된 꽃기관이 만들어낸 낙하산 같은 구조물에 의해 바람에 날려간다. 이 낙하산은 바람을 이용하여 씨앗을 새로운 장소, 발아하고 생장하는 데 좋은 조건을 가진 장소로 이동시킨다. 민들레는 전 세계적으로 온대 지역에서 발견되는 대단히 성공적인 식물이다.

민들레 씨앗의 낙하산과 같이, 환경에 대한 생물체의 적응은 **진화(evolution)**의 결과이다. 진화란 지구상에서 태초부터 오늘날의 다양한 생물체에 이르기까지 생명체를 변화시켜온 과정을 말한다. 진화는 생물학의 근본원리이며 이 책의 중심주제이기도 하다.

생물학자들은 지구상에 존재하는 생명에 대하여 많은 것을 알고 있지만 여전히 많은 미스터리가 남아 있다. 예를 들어, 식물들 가운데 위 사진에 실린 현화식물의 기원을 유래하게 한 과정은 무엇인가? 생명의 세계에 대해 의문을 제기하고 과학적 탐구를 통하여 답을 얻는 것이 **생물학(biology)**, 즉 생명에 대한 과학적 연구의 근본활동이다. 생물학자들의 의문은 광대하다. 그들은 어떻게 매우 작은 단세포가 나무도 되고 개도 되는지 묻기도 하고, 인간정신이 어떻게 작동하는지, 숲속 서로 다른 생명체들이 어떻게 상호작용하는지 묻기도 한다. 야외에서 자연에 둘러싸여 있을 때 여러분

▼ **규칙적 정렬.** 해바라기 확대 사진은 생명을 특징짓는 매우 규칙적인 정렬구조를 보여준다.

▲ **진화적 적응.** 피그미 해마는 환경 속에 위장하고 있는 모습을 보여준다. 이와 같은 적응은 그들의 환경에 가장 적합한 유전형질을 가진 개체들이 생식적으로 성공함으로써 수세대를 걸쳐 진화해온 것이다.

▲ **조절.** 북미산토끼의 귀는 혈관을 통한 혈액 흐름을 조절함으로써 귀와 주변공기 간의 열에너지 교환으로 일정한 체온을 유지한다.

▲ **에너지 교환.** 나비는 꽃에서 꿀의 형태로 연료를 얻는다. 나비는 양분 속에 저장된 화학에너지를 이용하여 비행이나 다른 일을 수행하는 힘을 얻는다.

▲ **생장과 발달.** 유전자 속에 들어 있는 유전정보는 사진 속 상수리나무 유식물과 같은 생물체의 생장과 발달 패턴을 통제한다.

▲ **환경에 대한 반응.** 비너스 파리지옥은 덫에 앉은 잠자리의 자극에 반응하여 재빨리 덫을 닫는다.

▼ **생식.** 생물체는 자신과 같은 종류의 자식을 생산한다.

▲ **그림 1.2 생명의 몇 가지 특성**

은 많은 흥미로운 질문들을 쏟아낼지도 모른다. 그렇다면 여러분은 이미 생물학자들처럼 생각하고 있는 것이다. 무엇보다 생물학은 생명의 본질에 대한 끊임없는 탐구과정이다.

가장 근본적인 수준에서 우리는 묻는다. 생명이란 무엇인가? 심지어 어린애라도 개나 식물은 살아 있는 생물체이나 바위나 자동차는 그렇지 않음을 안다. 그러나 생명이라 부르는 현상은 한 문장으로 간단히 정의할 수 있는 것은 아니다. 우리는 생명체가 무엇을 하는지에 근거하여 생명체를 인식한다. **그림 1.2**는 생명과 관련된 특성과 과정의 일부를 강조해서 보여주고 있다.

몇 장의 사진에 한정되어 있기는 하지만, 그림 1.2는 생명의 세계가 놀라울 정도로 다양함을 일깨운다. 생물학자들은 이러한 다양성과 복잡성을 어떻게 이해할까? 여기 시작하는 장에서는 이런 의문들에 답을 얻기 위한 기초 틀을 제공한다. 이 장의 첫 부분에서는 몇 가지 통일된 주제로 구성된 생물학적 "경관"을 전체적으로 조망해 볼 것이다. 그 후 생물학의 가장 중요한 주제인 진화, 생명의 통일성과 다양성을 설명하는 진화에 초점을 맞추어 설명할 것이다. 다음으로 과학적 탐구방법—어떻게 과학자들이 자연에 대해 질문을 던지고 그 해답을 얻게 되는지—을 살펴볼 것이다. 마지막으로 과학문화와 사회에 대한 영향을 논의할 것이다.

개념 1.1

생명을 연구하면 공통 주제가 드러난다

생물학은 광범위한 대상을 주제로 하고 있으며, 매일같이 흥미진진한 새로운 발견들을 이루어낸다. 생물학에 포함되는 광범위한 주제들을 공부할 때 이 모든 정보들을 어떻게 일목요연하게 정리할 수 있을까? 몇 가지 큰 개념에 집중하는 것이 도움이 될 것이다. 여기 우리는 다섯 가지 공통주제—앞으로 수십 년 동안 바뀌지 않을, 생명에 대해 생각하는 방법을 열거할 것이다. 이러한 통일된 주제는 다음 몇 페이지에 걸쳐서 더 자세하게 기술될 것이다. 이 장을 읽어나가는 동안 이들이 시금석으로 사용될 수 있기를 바란다.

- 구성
- 정보
- 에너지와 물질
- 상호작용
- 진화

▼ 그림 1.3

탐구 생물학적 구성의 단계들

◀ 1 생물권

심지어 우주 공간에서 바라보아도 지구상 생명의 자취, 즉 지구 행성의 숲에 의해 나타나는 초록색 모자이크가 보이기 시작할 것이다. 우리는 전 생물권의 규모를 볼 수 있게 되는데, 이는 지구상 모든 생물들로 구성되어 있고 생명이 존재하는 모든 장소로 구성되어 있다. 생물권은 대부분의 육상, 물, 수 킬로미터 고도의 대기, 심지어 대양의 바닥 아래 침전토를 포함한다.

◀ 2 생태계

우리가 맨 처음 클로즈업을 하면 많은 활엽낙엽수(매년 잎을 떨어뜨리고 새 잎을 내는 나무)로 이루어진 북미대륙 산림이 나타난다. 이러한 활엽수 숲은 생태계의 한 예이다. 초원, 사막 혹은 바닷속 산호초 등은 다른 종류의 생태계이다. 생태계는 특정 지역에 살아 있는 모든 생물종뿐만 아니라, 토양, 물, 대기 가스, 빛 등 생물체와 상호작용하는 무생물을 포함한다.

▶ 3 군집

특정 생태계에 거주하는 모든 생물체의 집단을 생물학적 군집이라 한다. 우리의 숲 생태계는 많은 종류의 나무와 다른 식물들, 다양한 동물, 버섯, 곰팡이 등을 포함할 뿐만 아니라 너무 작아서 현미경이 아니면 볼 수 없는 세균과 같은 미생물까지 포함한다. 이러한 생명의 형태 각각을 종(species)이라고 부른다.

▶ 4 개체군

개체군이란 특정한 지역 내에 생존하는 한 종을 구성하는 모든 개체의 집합을 말한다. 예를 들어, 우리의 숲에는 단풍나무로 이루어진 개체군과 흰꼬리사슴 개체군 등이 있다. 따라서 군집이란 특정 지역에 서식하는 개체군의 집합이다.

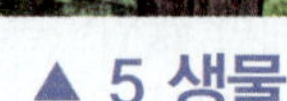

▲ 5 생물

개개의 살아 있는 것을 생물이라고 한다. 숲 속에 있는 각각의 단풍나무나 여러 식물들은 생물이며, 사슴, 개구리, 딱정벌레 등의 숲 속 동물도 생물이다. 토양에는 세균과 같은 미생물이 생존한다.

주제: 생물학적 구성의 다음 단계에서 새로운 특성이 창발적으로 나타난다

지식의 체계화 **그림 1.3**에서 우리는 우주에서부터 캐나다 온타리오의 활엽수림 속 생명체에 이르기까지 점차 클로즈업해 나갈 것이다. 이 여행에서는 생물학자들이 인식하는 서로 다른 수준의 구성을 볼 수 있다. 생명의 연구는 생명체가 살아가는 행성 전체의 지구적 수준에서 세포와 분자의 현미경적 수준에 이르기까지 확장된다. 그림의 번호는 생물학적 구성의 계층구조를 순서대로 보여 줄 것이다.

보다 미세한 수준으로 클로즈업하는 과정은 환원주의(reductionism)라 불리는 접근방법의 예를 보여준다. 이 방법은 복잡한 체계를 좀 더 연구하기 용이한 단순한 요소로 환원시키는 방법이다. 환원주의는 생물학에서 강력한 전략 중 하나이다. 예를 들면, 세포에서 추출한 DNA의 분자 구조를 연구함으로써 제임스 왓슨과 프랜시스 크릭은 생물학적 유전의 화학적 기초를 추리해낼 수 있었다. 그렇지만 비록 이 방법으로 많은 주요 발견들

▼ 6 기관과 기관계

생명의 계층구조는 우리가 좀 더 복잡한 생물체의 구조를 탐구함에 따라 한층 더 펼쳐진다. 단풍나무 잎은 신체 중에서 특정한 기능을 수행하는 부위인 기관의 예가 된다. 줄기와 뿌리는 식물의 또 다른 주요 기관이다. 복잡한 동물이나 식물의 기관들은 조직화되어 기관계를 형성하는데, 이는 더 큰 기능을 수행하도록 팀으로 기능한다. 기관은 몇 가지 조직으로 구성된다.

◀ 7 조직

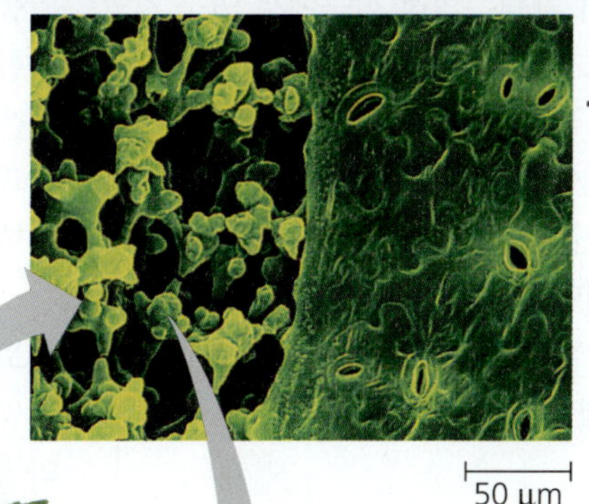

잎의 조직을 보기 위해서는 현미경이 필요하다. 각 조직은 특별한 기능을 수행하며 함께 일하는 세포 그룹으로 구성된다. 옆 사진에 있는 잎은 단면을 보기 위해 잘려져 있다. 잎 내부(사진의 왼쪽)에 있는 벌집 모양의 조직은 빛에너지를 당과 같은 화학에너지로 전환시키는 광합성의 주요 장소이다. 퍼즐조각처럼 생긴 잎 표면의 "피부"(사진의 오른쪽)는 표피라는 조직이다. 표피를 관통하는 구멍은 당 생산의 원료물질인 이산화탄소가 잎 내부로 들어오는 통로이다.

세포 10 μm

▲ 8 세포

세포는 생명체의 기본적인 구조 및 기능의 단위이다. 생물들은 단세포인 경우도 있고 다세포인 경우도 있다. 단세포 생물체는 모든 생명활동을 수행해야 하지만 다세포 생물체는 특별한 세포들 간의 분업이 이루어진다. 이 사진에서 우리는 잎 조직의 세포를 확대해서 보고 있다. 하나의 세포는 약 40 μm 정도에 지나지 않는다. 이 세포들을 500개 이상 모아야 동전 한 닢 두께가 될 것이다. 이렇게 작은 세포 수준으로 내려오면 광합성을 수행하는 많은 수의 엽록체를 볼 수 있다.

▶ 9 세포소기관

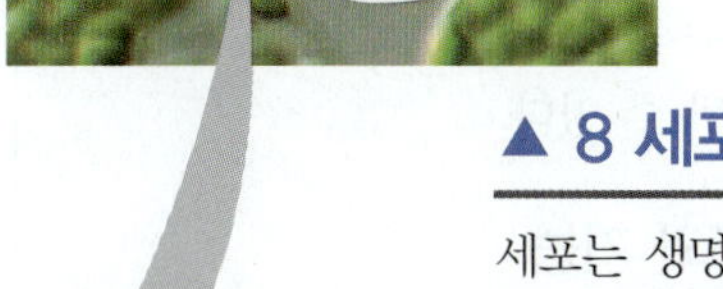

엽록체 1 μm

엽록체는 세포소기관의 예로서, 세포소기관이란 세포 속에 들어 있는 다양한 기능적 요소이다. 배율이 높은 현미경으로 찍은 이 사진은 하나의 엽록체를 보여준다.

▶ 10 분자

원자 엽록소 분자

우리의 마지막 단계에서는 엽록체에서 생명을 구성하는 분자 수준으로 도약하게 된다. 분자는 원자라고 불리는 작은 화학적 단위가 둘 이상으로 구성되어 있는 화학적 구조를 말한다. 원자는 엽록소 분자를 묘사한 컴퓨터그래픽에서 조그만 공처럼 그려져 있다. 엽록소는 단풍나무 잎이 초록색으로 보이도록 하는 색소 분자이다. 지구상의 가장 중요한 분자 중 하나인 엽록소는 광합성 첫 단계에서 태양빛을 흡수하는 역할을 한다. 각 엽록체 안에는 수백만 개의 엽록소와 다른 보조 분자들이 조직화되어 빛에너지를 음식물 속의 화학에너지로 전환시킨다.

이 이루어졌지만 환원주의는 불가피하게 지구상의 생물에 대한 불완전한 시각을 제공한다. 이는 다음에 다룰 것이다.

창발적 특성

그림 1.3을 다시 들여다보자. 이번에는 분자 수준에서 높은 수준으로 초점을 넓히면서 들여다보자. 이렇게 하면 한 단계 올라갈 때마다 이전 단계에서는 볼 수 없었던 새로운 특성이 나타나는 것을 볼 수 있다. 이러한 **창발적 특성(emergent property)**들은 복잡성이 증가함에 따라 나타나는 부분들의 배열 및 상호작용에 기인한다. 예를 들어, 엽록체에 존재하는 엽록소와 다른 모든 분자들을 시험관에서 섞어준다고 해서 이들이 광합성을 수행하지는 않는다. 광합성 과정은 엽록소와 다른 분자들이 완전한 형태의 엽록체에 특별한 방법으로 배열되어 있기 때문에 가능한 것이다. 생물계의 개별 요소들은 생물학의 환원주의적 접근에서 연구대상이 될 수 있지만 더 높은 수준의 구성에서 창발적으로 나타나는 중요한 특성들은 결여되어 있게 된다.

창발적 특성은 생명체에만 유일하게 나타나는 특징은 아니다. 자전거 부품이 담긴 상자를 타고는 어디에도 갈 수 없다. 그러나 이들 부품이 특정한 방식으로 배열되면 목적한 방향대로 페달을 밟아서 갈 수 있게 된다. 그러나 이러한 무생물의 예에 비해 생물체의 창발적 특성은 생물 체계의 비할 데 없는 복잡성 때문에 더욱 도전할만한 가치가 있다.

창발적 특성을 좀 더 완전하게 탐구하기 위해서 오늘날의 생물학자들은 환원주의를 **시스템생물학(systems biology)**—부분 간의 상호작용을 분석하는 생물계 탐구—으로 보완한다. 이런 점에서 하나의 잎 세포는 한 마리의 개구리, 개미 군집, 사막 생태계와 마찬가지로 하나의 시스템으로 간주될 수 있다. 각 요소들이 통합된 네트워크의 동적 행동을 검사하고 모형화함으로써 시스템생물학은 새로운 종류의 질문을 던지게 한다. 예를 들어 혈압을 떨어뜨리는 약이 어떻게 인간의 몸 전체에서 기관들의 기능에 영향을 미치는지 의문을 가질 수 있다. 더 큰 범위에서 대기 중 이산화탄소 농도의 점차적 증가가 어떻게 생태계와 전 생물권을 변화시키는가라는 의문을 가질 수 있다. 시스템생물학은 모든 수준에서 생명을 연구하는 데 사용될 수 있다.

구조와 기능

생물학적 계층구조의 각 단계에서 우리는 기능과 구조의 연관성을 발견한다. 그림 1.3에 나타낸 잎을 살펴보자. 잎의 얇고 납작한 형태는 엽록체가 빛을 최대한 많이 흡수하게 해준다. 일반적으로 생물학적 구조를 분석하면 이것이 어떤 기능을 하며 어떻게 작동하는지에 대한 단서를 얻을 수 있다. 역으로 기능을 이해하면 그 구조가 어떠해야 하는지 짐작할 수 있다. 동물계에서 볼 수 있는 많은 예는 구조와 기능의 상관성을 보여준다. 예를 들어 벌새의 해부학적 구조는 날개가 어깨에서 회전할 수 있게 해줌으로써 새들 가운데 유일하게 뒤로 날거나 제자리에서 날기가 가능하다. 제자리 날기를 하는 동안 벌새는 길고 뾰족한 부리를 꽃 속에 찔러 넣어 꿀을 빨아먹을 수 있다. 생명체의 구조에서 형태와 기능의 우아한 조화는 자연선택으로 설명될 수 있는데 이는 곧 다시 살펴볼 것이다.

세포: 생물체의 구조와 기능을 위한 기본 단위

생명체의 계층구조에서 세포는 생명에 필요한 모든 활동을 수행하는 가장 작은 단위이다. 게다가, 생물체의 모든 활동은 세포의 활동에 기초한다. 사실상 생명의 모든 활동은 세포의 기능에 근거한다. 예를 들어, 여러분이 이 글을 읽을 때 하게 되는 안구운동은 근육세포와 신경세포의 활동에 기인한다. 심지어 탄소의 순환과 같은 전 지구적 현상도 궁극적으로는 잎 세포 속 엽록체가 수행하는 광합성 등을 포함하는 세포 기능의 결과이다.

모든 세포는 일정한 특징을 공유하고 있다. 예를 들어, 모든 세포는 환경과 세포 간의 물질교환을 조절하는 세포막에 의해 둘러싸여 있다. 어찌됐건 우리는 세포를 두 가지 형태, 즉 원핵세포와 진핵세포로 크게 구분할 수 있다. 진정세균과 고세균(archea)이라고 부르는 두 단세포 미생물 그룹의 세포가 원핵세포이다. 그 밖에 동물과 식물을 포함한 다른 모든 생명체는 진핵세포로 구성

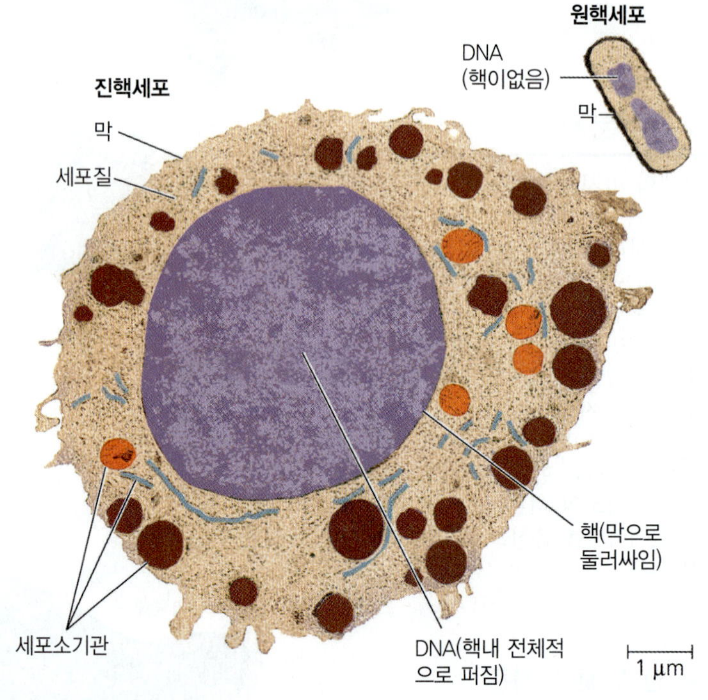

▲ 그림 1.4 크기와 복잡성에서 차이가 나는 진핵세포와 원핵세포

되어 있다.

진핵세포(eukaryotic cell)는 막으로 둘러싸인 세포소기관을 가진다(그림 1.4). DNA를 함유하는 핵과 같은 세포소기관은 모든 진핵생물의 세포 속에서 발견된다. 예를 들어 그림 1.3의 엽록체는 광합성을 하는 진핵세포에서만 발견되는 세포소기관이다. 진핵세포와 달리 **원핵세포(prokaryotic cell)**는 핵이나 다른 막으로 둘러싸인 세포소기관이 없다. 다른 차이는 그림 1.4에서 보는 것처럼 원핵세포가 진핵세포보다 일반적으로 더 작다.

주제: 생명 과정은 유전정보의 발현과 전달을 수반한다

정보 세포 내에 염색체라는 구조는 **DNA(deoxyribonucleic acid)** 형태로 유전물질을 저장한다. 분열할 준비가 된 세포는 염색체가 눈에 띄게 되는데, 염색체는 DNA에 결합하면 파란색을 띠는 염색액에 의해 관찰이 가능하다(그림 1.5).

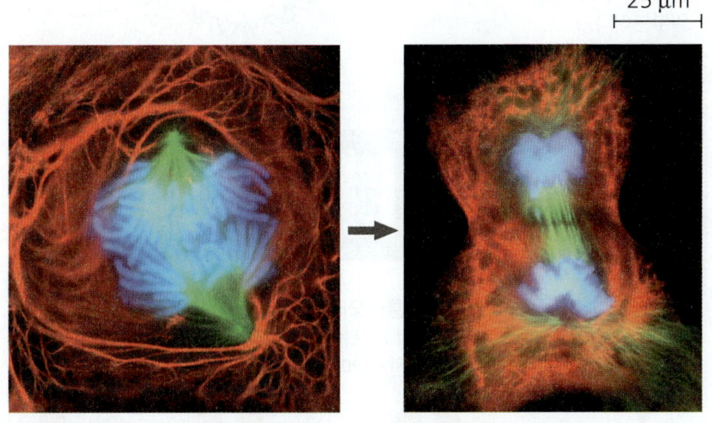

▲ 그림 1.5 **도롱뇽의 폐세포가 분열하여 2개의 작은 세포로 나뉘고 이들은 자라서 다시 분열할 것이다.**

DNA, 유전물질

세포가 분열하는 매 순간 DNA는 먼저 복제, 즉 복사되는데, 두 딸세포는 완전한 세트의 염색체를 물려받아 모세포와 동일한 유전정보를 가진다. 각 염색체는 하나의 매우 긴 DNA 분자로 이루어지는데 여기에는 수백, 수천 개의 **유전자(genes)**가 들어 있다. 따라서 유전자는 염색체상 일부 조각의 DNA가 된다. 부모에서 자손으로 전달되므로 유전자는 유전의 단위가 된다. 유전자는 세포 내에 합성되는 모든 분자를 만드는 데 필요한 정보이며, 이는 다시 세포의 정체성과 기능을 확립한다. 우리 모두는 우리 부모로부터 물려받은 DNA가 저장되어 있는 하나의 세포에서 시작했다. 각 회차의 세포분열 과정 동안, DNA의 복제에 의해 그 DNA의 사본들이 우리 몸을 구성하는 수십조 개의 세포로 전달된다. 세포가 성장하고 분열함에 따라 DNA에 암호화된 유전정보는 우리의 발달 과정을 지휘하게 된다(그림 1.6).

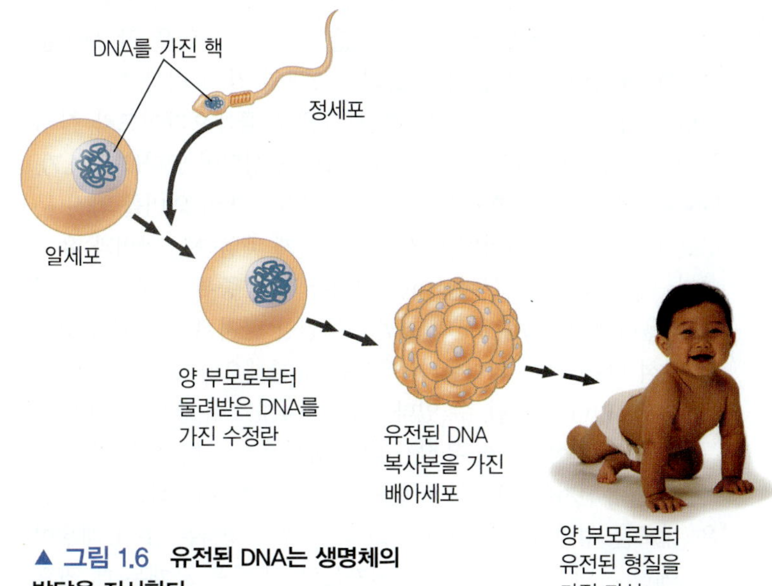

▲ 그림 1.6 **유전된 DNA는 생명체의 발달을 지시한다.**

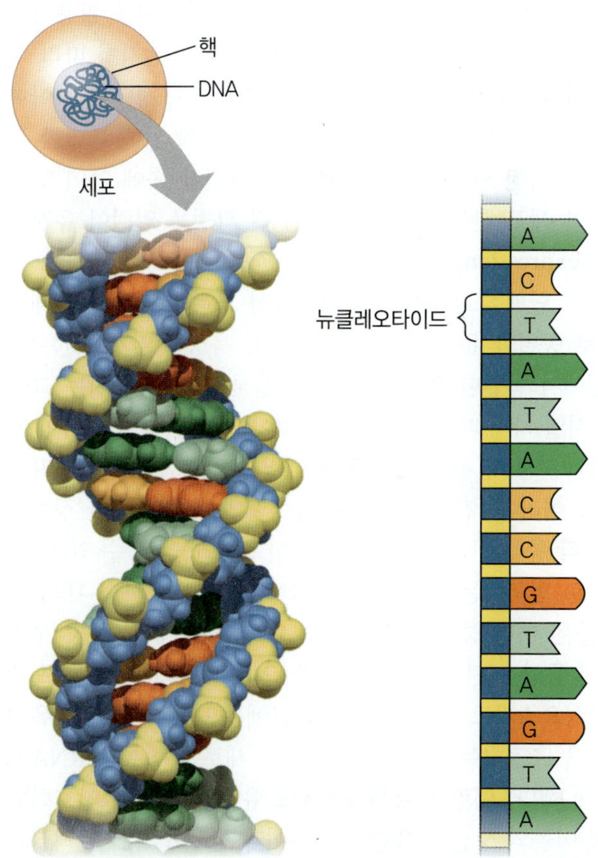

(a) **DNA 이중나선.** 이 모형은 DNA 조각에서 각각의 원자를 보여준다. 뉴클레오타이드라는 단위체가 긴 사슬로 연결되어 있는 DNA 분자는 3차구조에 있어서 이중나선 형태를 보여준다.

(b) **DNA 단일가닥.** DNA 분자의 단일 가닥 일부를 뉴클레오타이드에 대한 단순기호로 표현하였다. 유전정보는 네 가지 뉴클레오타이드의 특정한 배열로 암호화되어 있다. 네 종류의 염기는 각각 A, T, C, G로 약칭하였다.

▲ 그림 1.7 **DNA: 유전물질**

DNA 분자구조는 정보를 저장할 수 있는 능력을 잘 보여준다. DNA 분자는 사슬이라 불리는 2개의 긴 고리가 이중나선이란 형태로 배열되어 있다. 각 사슬은 뉴클레오타이드라 불리는 4종류의 화학 단위체, A, T, C, G로 구성되어 있다(그림 1.7). DNA가 정보를 암호화하는 방법은 우리가 특별한 의미를 가진 문장을 만들기 위해 알파벳 글자를 일정하게 배열하는 방법과 유사하다. 예로서 '*rat*'이라는 단어는 설치류의 한 종류에 대한 이미지를 떠올리게 만들고, '*tar*'와 '*art*'는 동일한 글자로 구성되어 있지만 전혀 다른 것을 의미한다. 우리는 뉴클레오타이드를 네 글자의 알파벳이라 생각할 수 있다. 이러한 4개의 뉴클레오타이드를 특별하게 배열함으로써 유전자 내에 정보를 암호화할 수 있다.

많은 유전자는 단백질을 만드는 청사진을 제공하고, 단백질은 세포를 형성하며 유지하고 그 기능을 수행하는 주역 배우이다. 예를 들면, 세균의 어떤 유전자는 특정 당을 쪼개는 데 필요한 단백질(효소)을 암호화하는 한편 인간의 어떤 유전자는 감염에 맞서 싸우는 단백질(항체)을 암호화한다.

유전자는 RNA라 불리는 유사한 종류의 매개체를 활용하여 단백질 생산을 간접적으로 통제한다(그림 1.8). 유전자를 따라 배열된 염기서열은 RNA로 전사된 뒤, 단백질의 구성단위인 아미노산의 특정 서열로 해독된다. 이러한 두 과정에 의해 특별한 모양과 기능을 가진 단백질이 만들어진다. 유전자 속에 들어 있는 정보에 따라 세포 산물을 생산하는 이 전 과정을 일컬어 **유전자 발현(gene expression)**이라 한다.

유전자를 단백질로 해독하는 과정에서 모든 형태의 생물체는 근본적으로 동일한 유전 암호를 사용한다. 특정한 염기서열은 모든 생명체에서 동일한 의미로 읽힌다. 생물체 간의 차이는 그들 간의 염기서열 차이 때문에 나타나는 것이지 유전 암호의 차이 때문에 나타나는 것이 아니다. 특정 단백질을 암호화하는 유전자의 염기서열을 여러 종 간에 비교하면 단백질에 대한 귀중한 정보뿐만 아니라 각 종들 간의 연관관계에 대한 정보도 얻을 수 있다.

단백질로 번역되는 RNA 분자(mRNA) 외에도, 세포 내의 어떤 RNA들은 여러 중요한 업무들을 수행한다. 예를 들면, 우리는 수십 년 동안 어떤 종류의 RNA가 단백질을 생산하는 세포내 기구의 구성요소라고 알고 있었다. 최근에는 단백질 암호화 유전자의 기능을 조절하는 등의 역할을 하는 새로운 종류의 RNA가 밝혀지기도 했다. 이런 종류의 RNA도 유전자에 의해 암호화되어 있으며 이들의 생산도 유전자 발현이라 할 수 있다. 단백질과 RNA를 만들도록 지시함으로써, 또 각 세포분열마다 복제됨으로써 DNA는 세대에서 세대로 유전정보가 충실히 유전될 수 있게 한다.

유전체학: DNA 염기서열의 대량 분석

한 생물체가 유전을 통해 다음 세대로 물려주는 유전정보의 총합, 즉 전체 '도서관'을 **유전체(genome)**라 한다. 전형적인 인간

(a) 눈의 수정체(동공 아래에 있는)는 크리스탈린이라는 투명한 단백질이 빽빽하게 쌓여 있는 렌즈 세포 때문에 빛의 초점을 모을 수 있다.

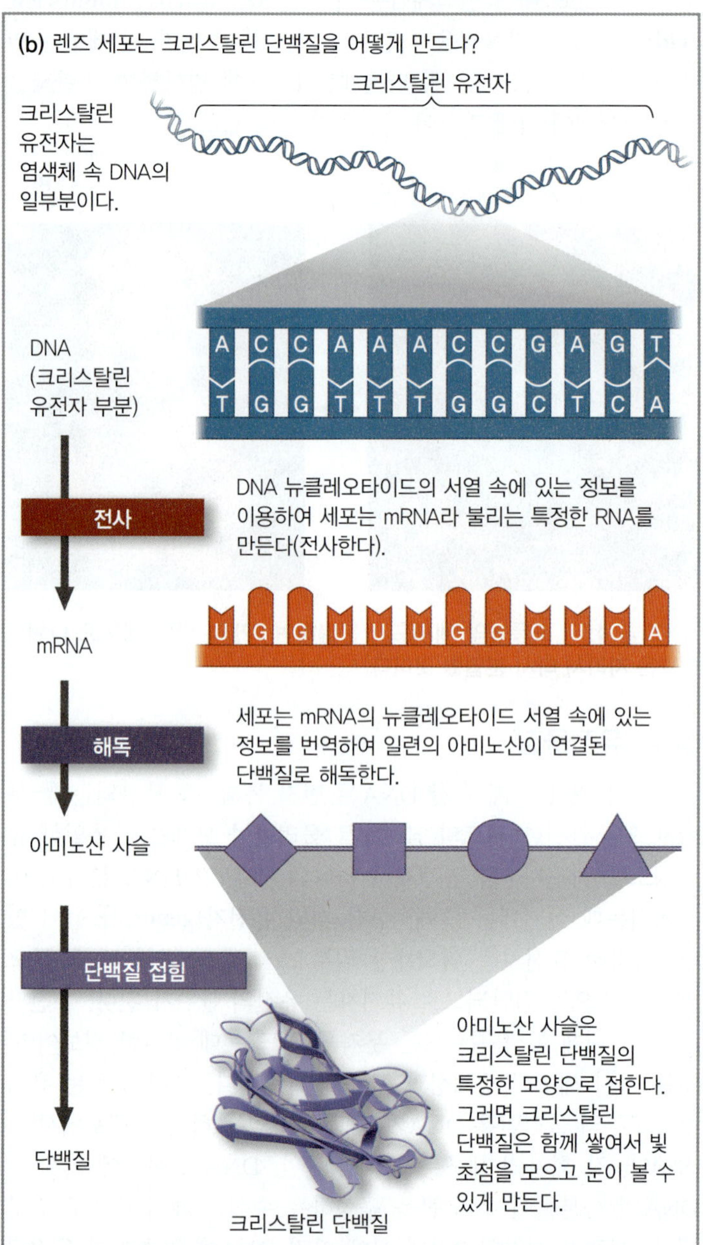

▲ **그림 1.8 유전자 발현: 유전자로부터 정보 전달의 결과 기능을 가진 단백질이 만들어진다.**

세포는 두 벌의 유사한 염색체들을 가지고 있고, 한 벌의 염색체들에는 약 30억 염기쌍이 들어 있다. 이러한 염기서열을 여러분이 읽고 있는 크기의 글자로 하나씩 써 놓으면, 이 책 크기에 해당하는 책 700권을 가득 채울 것이다.

1990년대 초반 이래로 유전체 염기서열을 결정하는 속도가 놀라운 속도로 가속화되어 기술혁명이 가능하게 되었다. 인간유전체의 전체 염기서열은 이제 알려져 있고 나아가 다른 동물과 수많은 식물, 곰팡이, 진정세균, 고세균의 유전체 염기서열도 속속 밝혀지고 있다. 유전체 염기서열 프로젝트로부터 쏟아져 나오는 엄청난 양의 데이터와 기능이 알려진 유전자 목록의 팽창으로 인한 문제를 해결하기 위해 과학자들은 세포 및 분자 수준에서 시스템적 접근을 적용하고 있다. 한 번에 하나의 유전자를 연구하는 것보다 연구자들은 하나 혹은 그 이상의 종이 가진 유전자 전체를 연구하는 **유전체학(genomics)** 연구로 방향을 선회하고 있다. 유사하게 **단백질체학(proteomics)**은 단백질 전체와 그 특성을 연구하는 학문이다[하나의 세포 혹은 그룹의 세포들에서 발현되는 단백질 세트 전체를 **단백질체(proteome)**라 한다].

세 가지 중요한 연구 개발이 유전체학과 단백질체학을 가능하게 하였다. 하나는 "대량연구(high-throughput)" 기술로서 많은 생물 재료를 매우 빠르게 분석하게 한다. 두 번째 중요한 개발은 **생물정보학(bioinformatics)**인데, 이는 대량연구 기술로 얻어진 엄청난 양의 데이터를 저장하고, 체계화하며 분석하는 컴퓨터 연산 도구를 활용하는 것이다. 세 번째 개발은 생물학자를 포함한 컴퓨터 과학자, 수학자, 공학자, 화학자, 물리학자 등 다양한 분야의 전문가들이 어우러진 학제간 연구팀(interdisciplinary research teams)의 구성이다. 이러한 팀의 연구자들은 DNA에 의해 암호화된 모든 단백질과 해독되지 않는 RNA들의 활동이 어떻게 세포 내에서 그리고 전체 생물체에서 조율되는지 밝히고자 한다.

주제: 생명은 에너지와 물질의 전달과 변환을 필요로 한다

에너지와 물질 살아 있는 생물체의 근본적 특성 중 하나는 생명활동을 수행하기 위해 에너지를 사용한다는 것이다. 움직임, 성장, 생식, 그리고 여타 생명의 활동들은 일(work)이며, 일은 에너지를 요구한다. 주로 태양으로부터 오는 에너지의 투입과 하나의 형태에서 다른 형태로의 에너지 변환이 생명을 살아가게 한다. 식물의 잎은 태양빛을 흡수하고, 잎 속의 분자들은 태양 에너지를 광합성 과정에 의해 생기는 당과 같이, 양분의 화학에너지로 전환시킨다. 당에 들어 있는 화학에너지는 식물과 여러 광합성 생물체(**생산자, producers**)에서 **소비자(consumer)**에게로 넘어간다. 소비자는 생산자나 다른 소비자들을 섭취하는 동물과 같은 생물종이다.

생물체가 근육수축이나 세포분열과 같은 일을 하기 위해 화학에너지를 사용할 때, 일부 에너지가 주변 환경에 열의 형태로 방출된다. 결과적으로 에너지는 생태계를 따라서 단일 방향으로 흘러가는데 대개 빛의 형태로 들어와서 열의 형태로 방출된다. 반대로 화학물질은 생태계 내에서 재순환된다(그림 1.9). 식물이 공기나 토양으로부터 흡수한 화학물질은 식물의 몸속에 투입되어 그 식물을 먹는 동물에게로 전달된다. 결국 이 화학물질들은 세균이나 곰팡이와 같이 찌꺼기 산물이나, 떨어진 낙엽, 죽은 생물의 몸체를 분해하는 분해자(decomposer)에 의해 환경으로 되

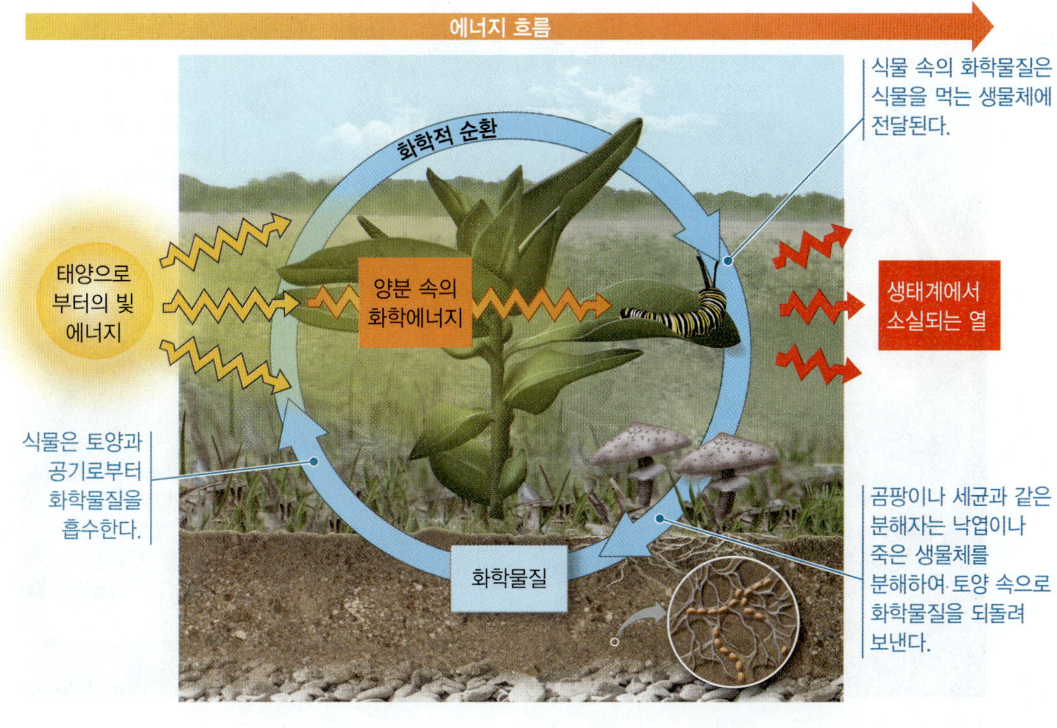

◀ **그림 1.9 에너지 흐름과 화학 순환.** 생태계에서 에너지 흐름은 단일 방향으로 흐른다: 광합성 동안에 식물은 태양빛에서 오는 에너지를 화학에너지(당과 같은 양분에 저장된)로 전환한다. 이 에너지는 식물이나 다른 생물이 일을 하는데 사용되며 궁극적으로는 생태계 내에서 열로 소실된다. 이와 달리 화학물질은 생물체와 물리적 환경 사이를 순환한다.

돌려질 것이다. 화학물질은 다시 식물에 의해 흡수될 수 있는 형태가 되는데 이렇게 해서 물질의 순환이 완성된다.

주제: 생태계에서 분자에 이르기까지 상호작용은 생물계에서 중요하다

상호작용 생물학적 계층구조의 모든 수준에서 시스템 내 구성요소 간의 상호작용은 모든 부분들이 부드럽게 통합되어 그 시스템이 전체적으로 기능할 수 있게 해준다. 이것은 생태계의 요소들 간에도 세포내 분자들 간에도 잘 적용된다. 이 둘을 모두 예로서 설명한다.

생태계: 다른 생물종과 물리적 환경과의 상호작용

생태계 수준에서 각 생물체는 다른 생물체와 상호작용한다. 예를 들어 아카시아 나무는 뿌리에 연관되어 있는 토양 미생물과 상호작용하고, 식물 위에 사는 곤충과 상호작용하며, 그 잎과 열매를 먹는 동물과도 상호작용한다(그림 1.10). 어떤 경우 생물들 간의 상호작용은 상호 이득이 된다. 예를 들어 바다거북과 그 주위를 배회하는 청소물고기의 관계가 그렇다. 물고기는 거북이에게 해를 끼치는 기생충을 먹고 사는데 끼니를 얻을 뿐만 아니라 다른 포식자로부터 보호를 받는 셈이다. 때로는 한 종은 이득을 얻지만 다른 종은 해를 입는 경우도 있다. 사자가 얼룩말을 잡아먹을 때의 사례가 그렇다. 또 다른 경우엔 양쪽이 다 해를 입을 때도 있다. 예로서 두 식물이 토양에서 부족한 양분을 두고 경쟁할 때 그렇다. 생물종 간의 상호작용은 전체적으로 생태계가 잘 기능할 수 있게 해준다.

생물종은 끊임없이 그들의 환경 속 물리적 요인과도 상호작용한다. 예를 들어 나뭇잎은 태양으로부터 빛을 흡수하고 공기 중으로부터 이산화탄소를 흡수하며 공기 중으로 산소를 방출한다(그림 1.10). 환경도 그곳에서 생존하는 생물종으로부터 영향을 받는다. 예를 들어 식물은 토양으로부터 무기질을 흡수하기도 하지만, 이들이 자라는 동안 바위를 깨뜨려 토양을 형성하는 데 기여하기도 한다. 전 지구적 규모로 보면 식물과 여러 광합성 생물은 대기 중의 모든 산소를 만들어내었다.

분자: 생물체 내의 상호작용

낮은 수준의 조직화 단계에서, 살아 있는 생물종을 이루는 구성요소—기관, 조직, 세포, 분자—들 간의 상호작용은 이들의 매끄러운 작동을 위해 필수적이다. 여러분의 혈액내 당을 예로 들어보자. 식사 후 혈액내 포도당의 수치는 올라간다(그림 1.11). 혈당량의 증가는 췌장을 자극해서 인슐린을 혈액 내로 방출한다. 일단 인슐린이 간이나 근육세포에 전달되면 잉여의 포도당이 글리코겐이라 불리는 긴 사슬의 탄수화물 형태로 바뀌어 저장된다. 이로써 혈당 수준은 체내 기능에 적당한 양으로 줄어든다. 혈당량이 낮으면 더 이상 췌장에 의한 인슐린 분비가 일어나지 않는다. 일부 당은 세포의 에너지원으로 이용된다: 운동을 하면 근육세포는 당 분자의 흡수를 증진시킨다.

체내 분자 간의 상호작용은 모든 단계에서 중요하다. 예를 들어 세포내 대부분의 화학반응과 같이 당을 분해하거나 저장하는 분자 과정은 효소라는 단백질에 의해 촉진(촉매)된다. 각각의 효소는 특정한 화학반응을 촉매한다. 많은 경우에 이런

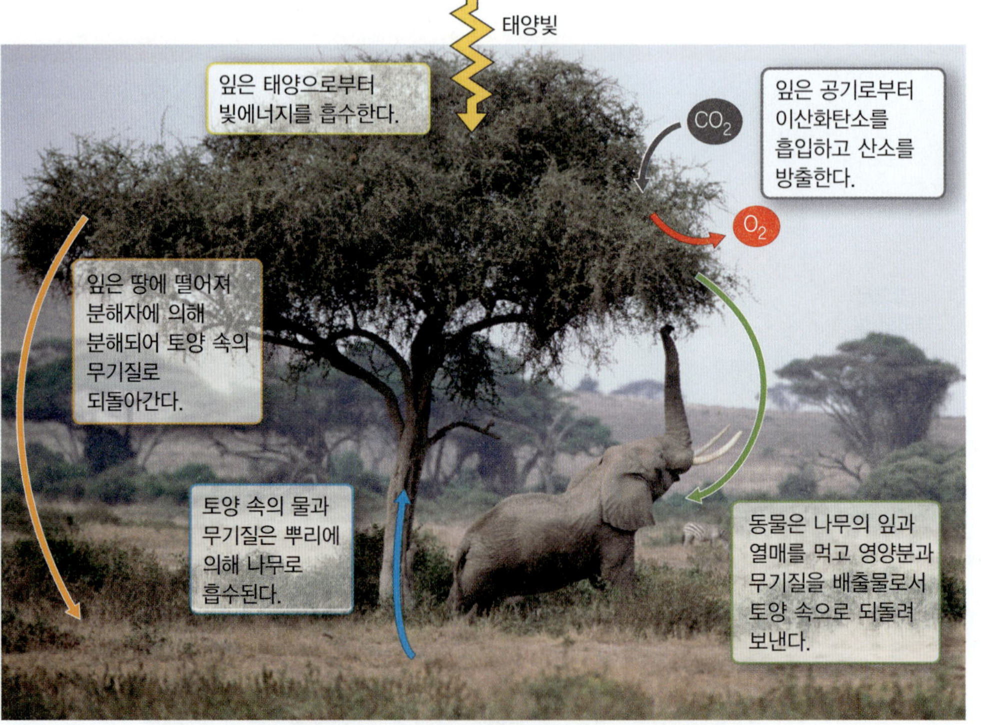

▶ **그림 1.10 아프리카의 아카시아 나무와 다른 생물, 물리적 환경과의 상호작용**

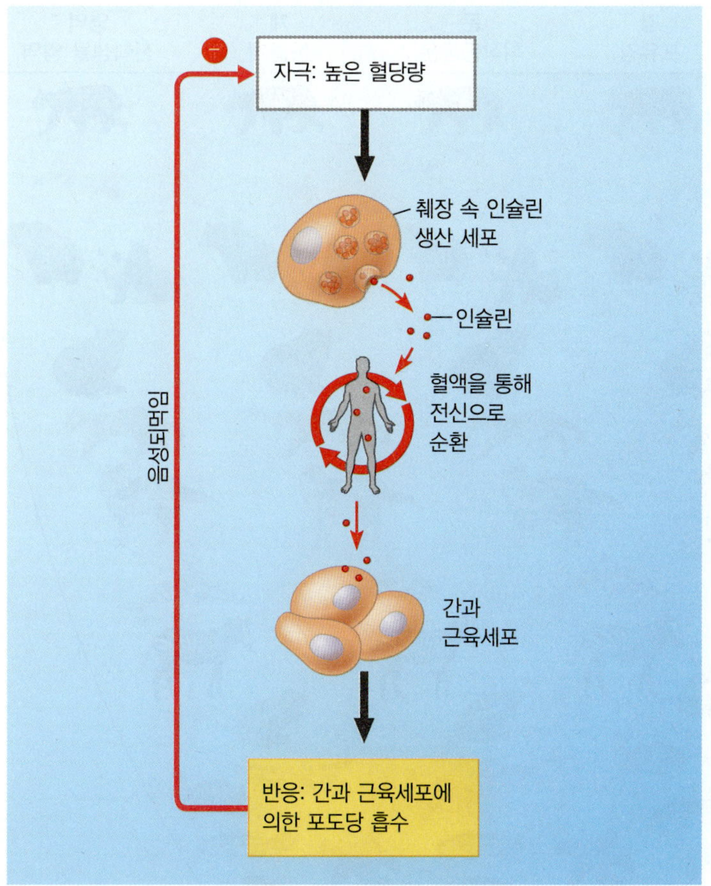

▲ **그림 1.11** **되먹임 조절.** 인간의 신체는 음식에서 유래한, 주요 세포 연료인 포도당의 사용과 저장을 조절한다. 이 그림은 음성되먹임 조절을 보여준다: 반응(세포에 의한 포도당 흡수)이 인슐린 분비를 촉진시켰던 고농도의 포도당 양을 감소시킴으로써 이 과정을 음으로 조절하게 된다.

반응은 각 단계가 서로 다른 효소에 의해 촉매되는 몇 개의 화학 경로로 연결되어 있다. 어떻게 세포가 여러 가지 화학 경로를 조율할까? 당 조절의 사례에서 어떻게 세포는 당의 소비와 저장이라는 상반된 경로를 조절함으로써 에너지의 수요와 공급을 맞출 수 있을까? 그 해답은 많은 생물학적 과정이 스스로 조절할 수 있는 능력, 되먹임이라는 기작에 있다.

되먹임 조절(feedback regulation)에서는 한 과정의 산출물, 즉 생산물이 바로 그 과정 자체를 조절한다. 생물 체계에서 가장 일반적인 조절 형태는 음성되먹임, 반응이 초기 자극을 감소시키는 순환고리이다. 인슐린 신호전달(그림 1.11)의 예에서 보는 것처럼 세포에 의한 포도당의 흡수(반응)는 혈당량을 감소시키며, 인슐린 분비 자극을 제거하고 따라서 이 경로를 차단한다. 따라서 이 과정의 산출물이 이 과정을 음으로 조절한다.

음성되먹임에 의한 조절 과정보다는 덜 자주 나타나지만 양성되먹임(positive feedback)에 의해 조절되는 생물학적 과정도 많이 있다. 양성되먹임은 최종산물이 자신의 생산을 더욱 촉진시키는 조절방식을 말한다. 상처에 반응하여 일어나는 혈액응고가 좋은 예이다. 혈관이 상처를 받게 되면 혈소판이라 불리는 혈액내 구조물이 그 자리에서 서로 뒤엉켜 붙게 된다. 혈소판에 의해 분비된 화학물질이 더 많은 혈소판을 끌어당기는 양성되먹임이 일어난다. 그러면 혈소판 덩어리가 딱지가 되어 상처 부위를 밀봉하는 복잡한 과정이 진행된다.

되먹임은 분자 수준에서 생물권 수준에 이르기까지 생명체의 모든 수준에서 공통적으로 나타나는 조절 양식이다. 생물종 간의 상호작용은 개체군의 성장과 같은 시스템 수준의 과정에 영향을 끼칠 수 있다. 또한 앞으로 보게 되겠지만, 생물 개체들 간의 상호작용은 개체에 영향을 끼칠 뿐만 아니라 개체군이 시간에 따라 어떻게 진화할지에도 영향을 미친다.

진화, 생물학의 중심주제

이 책을 관통하는 네 가지 통일된 주제(구성, 정보, 에너지와 물질, 그리고 상호작용)을 살펴보았으니 이제 생물학의 중심주제인 진화에 대해 살펴보자. 진화는 살아 있는 생물체에 대해 우리가 알고 있는 모든 것을 논리적으로 설명하는 하나의 개념이다. 이 교과서의 4, 5단원에서 보게 되겠지만 화석학적 기록은 생명체가 이 지구상에서 수십억 년을 진화해왔고 무수히 다양한 과거와 현재의 생물종을 출현시켰음을 증명한다. 그러나 이러한 다양성에도 불구하고 많은 공통점들이 생명체에서 발견된다. 예를 들면, 해마, 산토끼, 벌새, 기린 등은 서로 다른 모습을 가지고 있지만, 그들의 뼈대구조는 비슷한 기본 형태로 구성된다. 이러한 통일성과 다양성 및 각자 처한 환경에 대한 적응에 관한 적절한 과학적 설명은 진화, 즉 현존하는 생물체가 공통조상으로부터 유래된 변형된 후손이라는 개념이다. 바꾸어 말하자면, 두 생물체에 나타나는 공통적인 특징은 공통조상에서 유래했기 때문이라고 설명할 수 있고, 차이점은 서로 다른 경로로 진행된 유전적 변화 때문이라고 설명할 수 있다. 많은 종류의 증거가 진화가 일어났음을 보여주고 있고, 진화를 설명하는 이론을 뒷받침해 준다. 다음에는 진화의 근본 개념들을 자세히 살펴보자.

개념 확인 문제 1.1

1. 그림 1.3에서, 분자 수준에서 시작하여 생물학적 구성의 이전 단계(즉 낮은 단계)의 요소를 포함한 문장을 만들어보라. 예로서 "분자는 서로 묶여진 원자들로 구성된다." 이런 형태의 문장을 세포소기관을 포함한 문장으로 바꾸면서, 생물학적 계층구조 윗 단계로 옮아가며 만들어보라.
2. 다음은 어떤 종류의 주제들을 예시하는가? (a) 고슴도치의 뾰족한 가시, (b) 한 개의 수정란으로부터 다세포 생물체의 발생, (c) 비행 동력을 얻기 위해 당을 이용하는 벌새.
3. WHAT IF? 이 절에서 논의한 각 주제들에 대해서 이 책에 언급되지 않은 예를 들어 설명해보라.

정답은 부록 A 참조

▲ 그림 1.12 **생명의 분류.** 생명의 다양성을 이해하기 위해 생물학자들은 종을 분류하여 그룹으로 묶고 이 그룹은 다시 더 넓은 범주의 그룹으로 묶는다. 전통적인 린네식 분류체계에서는 북극곰과 갈색곰처럼 매우 유연관계가 높은 종들은 같은 속(genus)으로 묶이고, 속은 다시 과(family)로 묶여지는 등 점점 큰 범주로 발전한다. 이 그림에서의 보기는 미국흑곰(*Ursus americanus*) 종의 분류를 보여준다(다른 방식의 분류체계는 22장에서 자세히 다룰 것이다.)

개념 1.2

중심주제: 진화는 생명의 통일성과 다양성을 설명한다

진화 진화가 생물학의 중심주제라는 데는 모든 생물학자들이 동의한다. 화석 기록에 나타나는 진화적 변화는 관찰 가능한 사실이다. 더구나 앞에서 기술하겠지만 진화 기작은 지구상에 존재하는 모든 종의 통일성과 다양성을 설명한다. 현대 진화론의 창설자 중 한 사람인 테오도시우스 도브잔스키(Theodosius Dobzhansky)의 말을 빌면 "생물학에서 진화의 관점을 배제하면 어떤 것도 말이 되지 않는다."

생물학은 분자에서 생물권에 이르기까지 다양한 크기의 계층구조뿐만 아니라 지구상에 생존했던 모든 종의 엄청난 다양성을 연구 대상으로 하고 있다. 도브잔스키의 말을 이해하려면 생물학자들이 그 광대한 다양성을 어떻게 생각했는지 살펴볼 필요가 있다.

생명의 다양성을 체계화

다양성은 생명체의 두드러진 특징이다. 생물학자들은 지금까지 약 180만 종을 동정하고 이름을 붙였다. 이런 엄청난 다양성을 가진 생명은 알려진 것만으로도 적어도 100,000종의 균류, 290,000종의 식물, 52,000종의 척추동물(등뼈동물)과 100만 종의 곤충(알려진 생명체의 절반을 넘는다)을 포함한다. 수많은 형태의 단세포 생물은 말할 것도 없다. 더구나 매년 연구자들은 수천 종의 새로운 종을 동정하고 있다. 전체 생물종의 총수는 대략 1000만 종에서 1억 종 정도로 추산하고 있다. 그 실제 총수가 얼마이건 이런 엄청난 다양성은 생물학의 범위를 매우 넓게 만든다. 생물학자들은 이런 다양성을 이해할 수 있도록 해야 하는 도전 과제를 안고 있다.

종의 분류: 기초 개념

서로 간의 유사도와 상호관계에 따라 다양한 품목을 분류하는 것은 인간의 고유한 성향이다. 예로서 우리는 "다람쥐"와 "나비"라고 부르지만 그 속에는 수많은 서로 다른 종이 포함된다는 것을 알고 있다. 우리는 각각의 그룹을 좀 더 넓은 범주, 이를테면 다람쥐는 설치류로, 나비는 곤충류로 분류한다. 분류학은 생물을 구분하고 이름을 붙이는 생물학의 한 분과로서 종들을 점점 더 큰 범주로 구분할 때 필요한 규칙을 세운다(**그림 1.12**). 22장에서 이러한 분류 기준에 대해 자세히 배우게 될 것이다. 여기서는 분류의 가장 큰 단위인 계와 영역에 대해 살펴보자.

생물의 세 가지 영역

역사적으로 과학자들은 생물들의 구조, 기능과 여타 다른 명백한 특징들을 비교하여 다양한 생명 형태를 분류해왔다. 지난 수십 년 동안 종 간의 관계를 분석하는 새로운 방법, DNA 염기서열 비교와 같은 분석을 통해 계의 경계와 수에 대한 재평가가 이루어지게 되었다. 계 수준에서 논쟁이 계속되고 있지만 생물을 계보다 한 단계 더 높은 범주로 묶어 세 가지 영역(domain)으로 나누자는 데는 생물학자들이 동의하고 있다. 세 가지 영역은 세균(Bacteria), 고세균(Archaea), 진핵생물(Eukarya)이라 명명되었다 (그림 1.13).

앞에서 읽은 대로 세 영역 중 두 영역을 차지하는 생물, 즉 **세균**영역(domain **Bacteria**)과 **고세균**영역(domain **Archaea**)의 생물들은 모두 원핵생물이다. 모든 진핵생물들(진핵세포로 구성된 생물들)은 이제 **진핵생물**영역(domain **Eukarya**)으로 묶인다. 이 영역에는 다세포 진핵생물의 세 가지 계, 식물계(Plantae), 균계(Fungi), 동물계(Animalia)가 포함된다. 이 세 가지 계는 부분적으로는 영양방식에 따라 구분된다. 식물은 광합성에 의해 당과 기타 양분을 스스로 생산한다. 균류는 주변 환경으로부터 영양분을 분해하여 흡수한다. 동물은 다른 생물체를 잡아먹는 섭식을 통해 영양분을 얻는다. 물론 우리 인간은 동물계에 포함된다. 그러나 동물도, 식물도, 균류도 우리가 원생생물(protist)이라 부르는 단세포 진핵생물처럼 다양하지도, 숫자가 많지도 않다. 예전에 원생생물은 하나의 계로 묶였으나, 최근의 증거들을 보면 일부 원생생물 그룹들은 서로 간에 보다는 식물, 동물이나 균류와 더 밀접한 유연관계를 보이고 있다. 따라서 최근의 계통학적 연구에서는 원생생물을 몇 개의 그룹으로

▼ **그림 1.13 생명의 세 영역**

(a) 세균영역(진정세균)

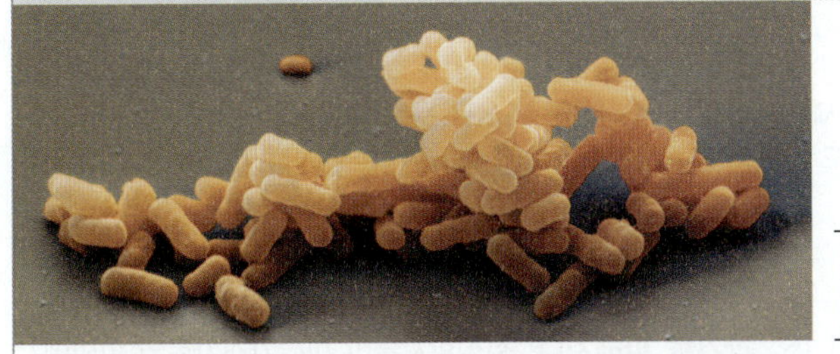

세균은 가장 다양하고 널리 퍼져 있는 원핵생물이며 현재 몇 개의 계로 나누어진다. 사진 속 막대 모양의 구조물 하나하나가 세균 세포이다.

(b) 고세균영역

고세균이라 불리는 많은 원핵생물은 지구상의 극단적 환경, 염분호수나 끓어오르는 온천 등에서 생존한다. 고세균영역에는 몇 개의 계가 들어 있다. 사진은 여러 세포로 구성된 군체를 보여준다.

(c) 진핵생물영역

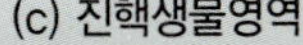

▲ **식물계**는 광합성을 수행하는 다세포 진핵생물로 구성되어 있다. 이들은 광합성을 통해 빛에너지를 영양분에 저장된 화학에너지로 전환한다.

▶ **균계**는 그 구성원들의 영양방식에 의해 부분적으로 정의된다. 이들은 그림에서 보는 버섯과 같이 유기물을 분해함으로써 영양원을 흡수한다.

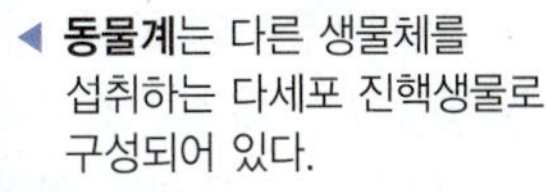

◀ **동물계**는 다른 생물체를 섭취하는 다세포 진핵생물로 구성되어 있다.

100 μm

▶ **원생생물**은 단세포 진핵생물과, 이들과 연관관계가 있는 비교적 단순한 다세포 생물을 말한다. 사진은 연못 속에 살고 있는 원생생물들의 모임을 보여준다. 과학자들은 최근 진화적 유연관계를 더 잘 반영하기 위해 원생생물을 어떻게 다른 계로 나눌 것인가에 대해 논쟁 중이다.

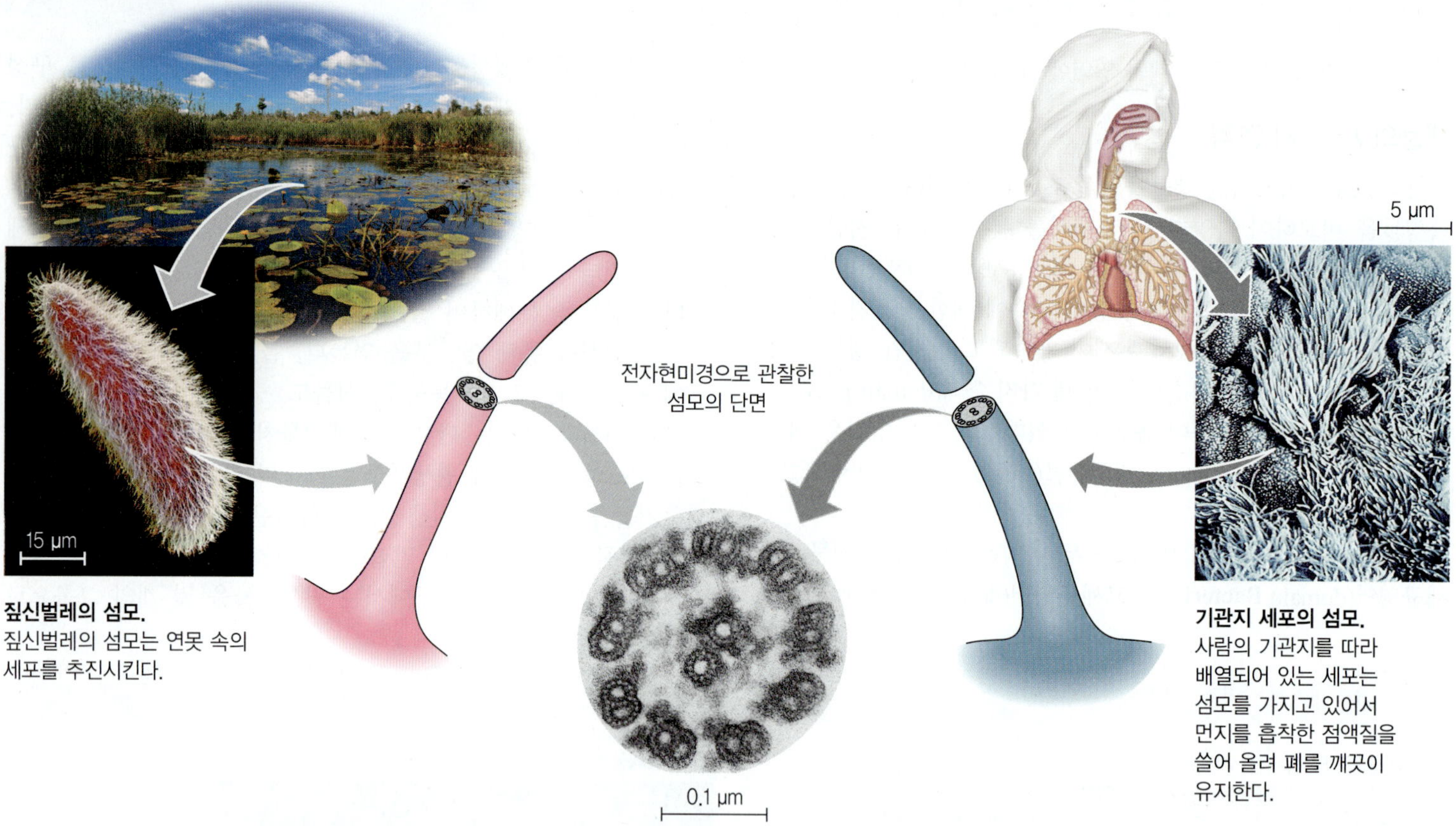

전자현미경으로 관찰한
섬모의 단면

5 μm

15 μm

0.1 μm

짚신벌레의 섬모.
짚신벌레의 섬모는 연못 속의
세포를 추진시킨다.

기관지 세포의 섬모.
사람의 기관지를 따라
배열되어 있는 세포는
섬모를 가지고 있어서
먼지를 흡착한 점액질을
쓸어 올려 폐를 깨끗이
유지한다.

▲ 그림 1.14 **생명의 다양성 속에 들어 있는 통일성의 예: 진핵생물의 섬모 구조.** 섬모는 세포에서 뻗어져 나온 구조물로 운동을 담당한다. 섬모는 단세포인 짚신벌레부터 인간에 이르기까지 다양한 진핵생물에서 발견된다. 서로 상당히 다른 생물체에서도 섬모의 공통적인 특성이 나타나는데, 단면을 절단했을 때 보이는 정교한 구조에서 이를 확인할 수 있다.

쪼개는 경향을 보인다.

생명의 다양성 속의 통일성

생명체에는 다양성만큼이나 놀라울 정도의 통일성이 있다. 앞에서 서로 다른 척추동물의 유사한 뼈대구조나 DNA로 이루어진 보편적 유전언어(유전암호)에 대해 언급했다. 사실, 생물체 간의 유사성은 생물학적 계층구조의 모든 수준에서 명백하다. 예를 들어, 세포구조의 많은 특성에 있어서 통일성은 심지어 유연관계가 먼 생물종 간에도 명확히 드러난다(그림 1.14).

우리는 어떻게 생명의 두 특성, 통일성과 다양성을 설명할 수 있을까? 다음에서 소개되는 진화 과정은 지구상의 생물체에 존재하는 유사성과 차별성 모두를 잘 설명한다. 또한 진화 과정은 생물학의 또 다른 차원, 역사적 시간을 설명한다.

찰스 다윈과 자연선택 이론

화석과 기타 여러 증거로 밝혀지는 생명의 역사는 수십억 년간 변화해온 지구와 그 속에 거주했던 생물체에 대한 역사이다(그림 1.15). 이러한 생명에 대한 진화적 관점은 1859년 11월, 찰스 다윈(Charles Robert Darwin)이 그 동안 출간된 어떤 책보다 중요하고 영향력 있는 책을 출판하면서 초미의 관심사가 되었다.

▼ 그림 1.15 **과거를 파헤치다.** 화석학자들이 마다가스카르의 암반에서 긴 목 공룡(*Rapetosaurus Krausei*)의 뒷다리를 조심스럽게 발굴하고 있다.

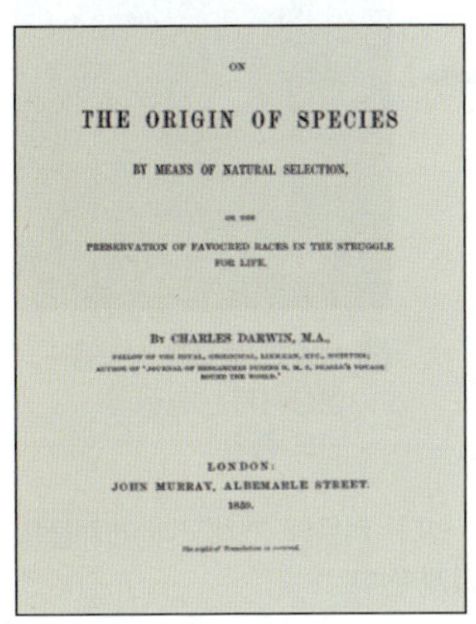

ON

THE ORIGIN OF SPECIES

BY MEANS OF NATURAL SELECTION,

PRESERVATION OF FAVOURED RACES IN THE STRUGGLE FOR LIFE.

By CHARLES DARWIN, M.A.,

LONDON:
JOHN MURRAY, ALBEMARLE STREET.

▲ **그림 1.16 젊은 시절의 찰스 다윈.** 그의 혁명적 책 "종의 기원"은 1859년 출간되었다.

다윈의 "자연선택에 의한 종의 기원에 대하여(*On the Origin of Species by Means of Natural Selection*)"라는 제목의 책은 금방 베스트셀러가 되었으며 다윈주의라는 말은 곧 진화 개념과 동의어가 되어 버렸다(그림 1.16).

종의 기원(*Origin of Species*)은 두 가지 요지를 분명히 밝히고 있다. 첫 번째 요지는 현재 생존하는 종은 그들과는 다른 조상종에서 계승되어 왔다는 것이다. 다윈은 이 과정을 "변형된 세습(descent with modification)"이라 불렀다. 이 말은 상당히 통찰력을 가진 표현으로 생명의 통일성과 다양성 모두를 잘 묘사하고 있다. 공통조상에서 유래한 친척종 간에 통일성이 존재하게 되고, 공통조상에서 분지되어 진화하는 과정에서 변형에 의한 다양성이 나타나게 된다(그림 1.17). 다윈의 두 번째 요지는 변형된 세습의 진화적 기작으로 "자연선택"을 제안한 것이다.

다윈은 자연선택이라는 자신의 이론을 그 자체로는 새롭거나 심오한 것이 아닌 관찰로부터 발전시켰다. 다른 사람들은 퍼즐의 조각을 기술했지만 다윈은 이들이 어떻게 맞추어지는지를 보였다. 그는 자연으로부터 관찰되는 아래 세 가지 관찰에서 그 이론을 발전시켰다: 첫째, 개체군내 개체들은 그들의 형질에 있어서 다양한 변이를 보이는데, 이들 중 많은 형질은 유전—부모에서 자손으로 전달—되는 것으로 보였다. 둘째로 개체군은 생존 가능한 자손 수보다 훨씬 많은 수의 자손을 생산할 수 있다. 환경이 지탱할 수 있는 개체수보다 많은 개체들이 있으면 경쟁은 불가피해진다. 셋째로, 종은 일반적으로 자신의 환경에 적합, 바꾸어 말하면 그들의 환경에 적응되어 있다. 예를 들어, 딱딱한 종자가 풍부한 영양원이 되는 장소에 사는 새는 특히 단단한 부리를 가진다.

다윈은 이러한 관찰로부터 추론하여 그의 진화론에 이르게 된다. 그는 지역적 환경에 가장 적합한 유전형질을 가진 개체는 덜 적응된 개체보다 더 잘 생존할 것이고 더 많은 자손을 생산할 것이라 생각하였다. 수 세대가 지나면서 유리한 형질을 가진 개체는 개체군내 빈도가 점점 증가할 것이다. 진화는 환경이 변하지 않고 그대로 있는 한, 각 개체들의 불균등한 생식적 성공에 따라 특정 개체군이 환경에 적응하면서 일어나게 된다.

다윈은 이러한 진화적 적응 메커니즘을 **자연선택(natural selection)**이라 불렀다. 이는 자연환경이 개체군 내에 자연적으로 나타나는 변이 형질들 가운데 특정 형질의 확산을 "선택"하기 때

◀ 유럽의 울새

▲ 미국 플라밍고

▲ 젠투 지역의 펭귄

◀ **그림 1.17 조류들 간의 통일성과 다양성.** 이 세 종의 새들은 공통적인 몸체 설계에서의 변이를 보여준다. 각각은 깃털과, 날개, 부리를 가지고 있지만, 이들은 제각각 다양한 생활습성에 따라 고도로 특화되어 있다.

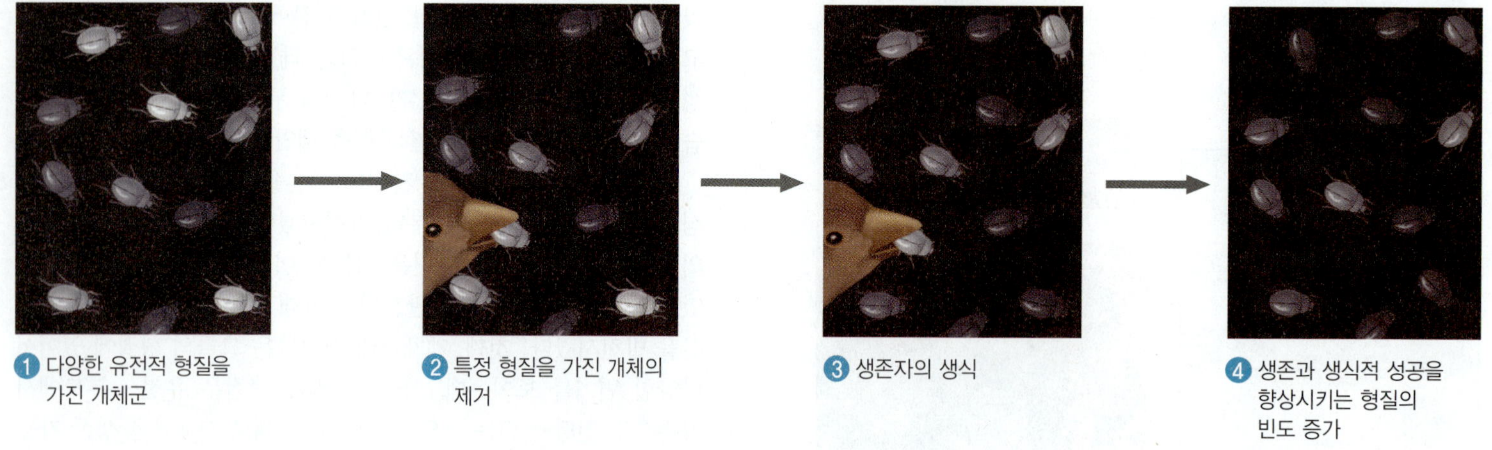

▲ **그림 1.18 자연선택.** 여기 상상 속의 딱정벌레 개체군은 최근에 일어난 산림화재로 토양이 검어진 지역 환경에 서식하고 있다. 처음엔 개체군내 개체들의 색깔이 연회색에서 짙은 검정에 이르기까지 상당히 다양하다. 딱정벌레를 잡아먹는 새들에게 옅은 색깔의 딱정벌레는 눈에 가장 쉽게 띈다.

문이다. **그림 1.18**의 예는 자연선택이 개체군의 유전적 색깔 변이를 "편집"하는 능력을 예시하고 있다. 우리는 생물체들이 그들의 생활방식과 환경이라는 특수한 상황에 절묘하게 적응하는 자연선택의 결과를 보고 있다. **그림 1.19**에서 보여주는 박쥐의 날개는 적응의 놀라운 예이다.

생명의 계통수

그림 1.19에서 박쥐 날개의 골격구조를 다시 살펴보자. 이 날개는 깃털 달린 새의 날개와는 다르다. 비록 비행에 적응되어 있긴 하지만 이 앞다리는 인간의 팔이나, 말의 앞다리, 고래의 물갈퀴에 이르기까지 다양한 포유동물의 앞다리에서 발견되는 동일한 뼈와 관절과 신경, 혈관들을 가지고 있다. 모든 포유동물의 앞다리는 공통 구조 속에서 해부학적 변이를 보이는데 이는 그림 1.17에서처럼 "조류"들이라는 공통 주제에서 발견되는 변이들과 마찬가지이다. 이러한 친척종의 사례는 생명의 다양성 속의 통일성을 다윈의 변형된 세습의 개념과 연결시켜 준다. 이러한 관점에서 포유동물의 다리에서 나타나는 통일성은 공통조상, 즉 모든 포유동물이 유래한 포유동물의 "원형(prototype)"으로부터 이 구조가 유래되었음을 반영한다. 포유동물의 앞다리에서 보이는 다양성은 서로 다른 환경에서 수백만 세대를 거듭하면서 작동한 자연선택에 의해 변형된 결과이다. 화석과 기타 증거들은 공통조상에서 유래한 포유동물이라는 관점을 뒷받침하는 해부학적 통일성을 확인시켜 준다.

▲ **그림 1.19 진화적 적응.** 포유동물 중 유일하게 비행을 할 수 있는 박쥐는 확장된 "손가락" 사이에 막을 친 날개를 가지고 있다. 다윈은 이러한 적응이 시간이 흐르면서 자연선택에 의해 정교하게 된다고 제안하였다.

다윈은 엄청나게 긴 시간에 걸친 누적적 효과에 의해 자연선택이 조상종을 둘 이상의 자손종으로 쪼갤 수 있다고 제안하였다. 예를 들어, 하나의 개체군이 서로 다른 환경에 고립된 몇 개의 소개체군으로 나누어지면 이런 일이 일어날 수 있다. 이와 같이 자연선택이 일어나는 다양한 무대에서, 지리적으로 격리된 개체군이 수많은 세대 동안 서로 다른 환경 요인에 적응되어 가는 과정에서 하나의 종은 점점 여러 종으로 분화될 수 있다.

그림 1.20에서 보여주는 14종의 피리새 "계통수(family tree)"는 공통조상에서 새로운 종이 형성되는 적응방산(adaptive radiation)의 유명한 예이다. 다윈은 이 새들의 표본을 1835년 남미 태평양 연안에서 900 km 떨어진 갈라파고스 군도를 방문했을 때 채집했다. 이렇게 상대적으로 젊은 화산섬은 전 세계 어느 지역에서도 발견되지 않는 많은 동·식물종의 고향이다. 그렇지만 갈라파고스 생물종은 확실히 남미 대륙의 종과 밀접한 연관성을 가진다. 수백만 년 전 화산분출에 의해 갈라파고스 군도가 형성된 이후, 피리새들은 남미 대륙에서 우연히 군도에 도착한 공통 조상새로부터 여러 섬에서 다양하게 변화되었을 것이다. 다윈이 갈라파고스 피리새들을 수집한 이후로 학자들은 피리새들 간의 유연관계를 정리해 왔는데 처음에는 해부학적, 지리학적 데이터를 이용했고, 보다 최근에는 DNA 염기서열의 비교를 이용하고 있다.

생물학자들의 진화적 유연관계 도표는 일반적으로 나무 모양을 띠고 있는데, 이 나무는 그림 1.20에서 보는 것처럼 종종 옆으로 눕혀서 나타내기도 한다. 나무 모양 도표는 합리적이다. 마치 각 개인들이 계통수로 묘사할 수 있는 가계도를 가진 것처럼 종들도 그러한데, 각 종은 나뭇가지의 하나에 해당하고, 이를 거꾸

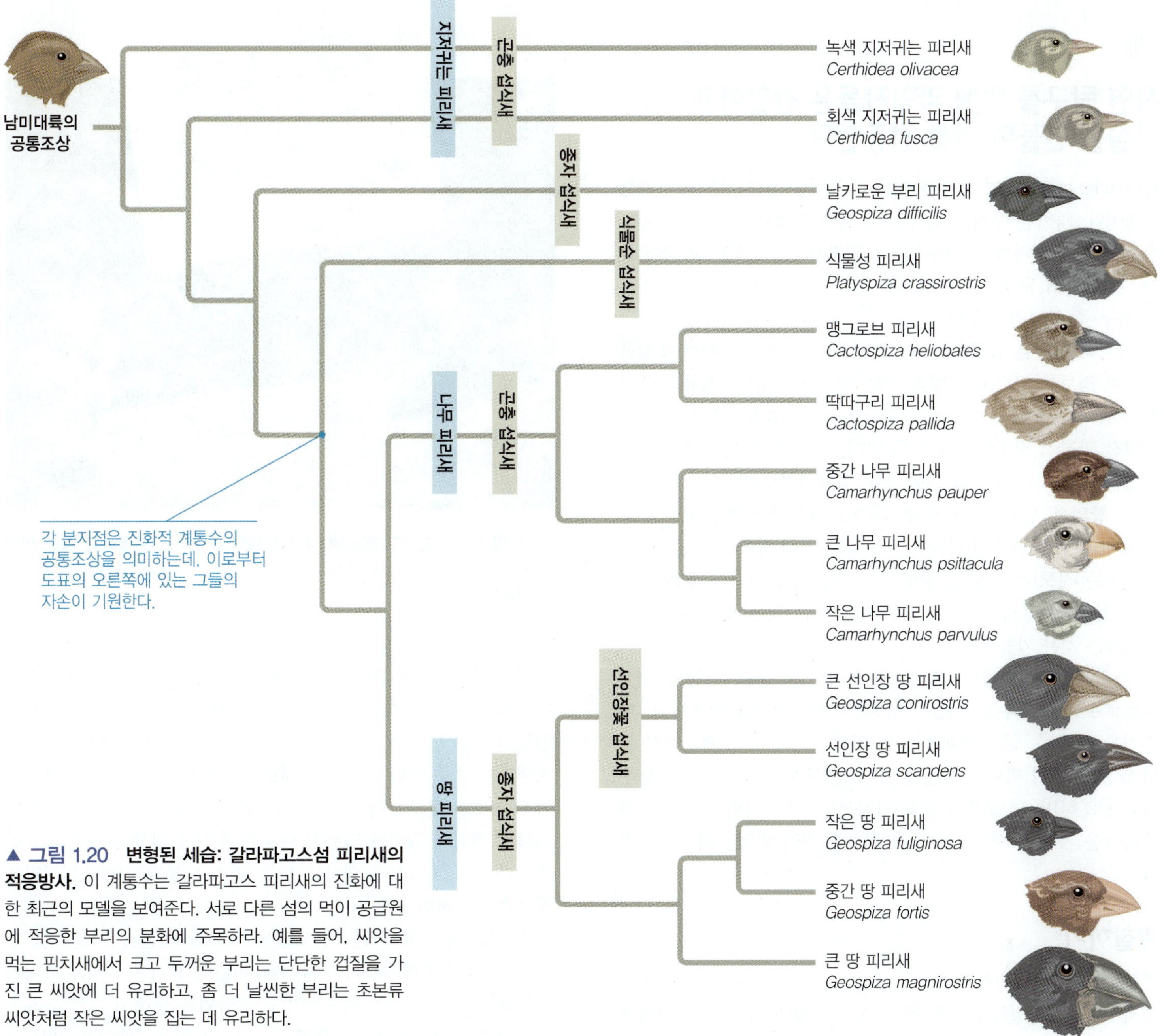

▲ **그림 1.20 변형된 세습: 갈라파고스섬 피리새의 적응방사.** 이 계통수는 갈라파고스 피리새의 진화에 대한 최근의 모델을 보여준다. 서로 다른 섬의 먹이 공급원에 적응한 부리의 분화에 주목하라. 예를 들어, 씨앗을 먹는 핀치새에서 크고 두꺼운 부리는 단단한 껍질을 가진 큰 씨앗에 더 유리하고, 좀 더 날씬한 부리는 초본류 씨앗처럼 작은 씨앗을 집는 데 유리하다.

로 따라가 보면 공통조상을 만날 수 있게 된다. 갈라파고스 피리새처럼 매우 유사한 종들은 생명의 계통수에서 비교적 최근에 분지된 가지에서 공통조상을 만나게 된다. 그러나 시간상 이보다 훨씬 과거로 가게 되면 피리새는 참새, 매, 펭귄, 그 밖의 모든 다른 새들과 연관되어 있다. 또 조류, 포유류, 그 외 다른 척추동물들은 보다 더 오래된 공통조상을 가진다. 생명을 충분히 먼 과거로 추적하면 우리는 35억 년 전 지구에 서식했던 초기 원핵생물에 도달하게 된다. 우리는 그들의 흔적을 우리 세포 안에서 발견할 수 있다. 유전암호의 보편성이 좋은 예이다. 모든 생명은 긴 진화사를 따라 연결되어 있다.

개념 확인 문제 1.2

1. 우편주소와 생물학의 계층 분류체계의 유사성에 대해 설명하라.
2. 개체군의 유전적 변이에 작용하는 자연선택에 대한 비유로서 "편집"이 적절한 이유를 설명하라.
3. **WHAT IF?** 개념 1.2에서 배웠던 세 가지 영역은 생명의 계통수에서 세 개의 주 가지로 나타낼 수 있다. 진핵생물 가지에서 세 종류의 주요 하부 가지는 식물계, 동물계, 균계이다. 최근의 여러 증거들은 균계와 동물계가 식물계보다는 보다 밀접하게 연관되어 있음을 보여준다. 이러한 세 가지 진핵생물계 간의 유연관계를 나타내는 분지 패턴을 간단히 그려보라.

정답은 부록 A 참조

개념 1.3

자연 탐구를 위해 과학자들은 관찰하고 가설을 만들며 이를 검증한다

과학(science)은 자연 세계를 이해하기 위한 접근으로, 알아가는 과정이다. 과학은 우리 자신과 다른 생명 형태들, 우리의 행성 및 우주에 대한 호기심에서 비롯된다. 과학이라는 용어는 라틴어 동사 "알다"에서 유래한다. 이해하려 애쓰는 것은 우리 인간의 기본적 욕구 중 하나인 듯하다.

과학의 핵심은 **탐구(inquiry)**인데 이는 특정한 의문에 초점을 맞추어 정보를 모으고 설명을 찾는 행위를 말한다. 성공적인 과학적 탐구를 위한 공식도 없고, 과학자들이 엄격하게 따라야 할 정해진 과학적 방법이나 규칙도 없다. 모든 다른 탐구에서와 마찬가지로, 과학은 도전과 모험, 놀라움이 수반되며, 신중한 계획, 사유, 창의성, 협력, 경쟁, 인내, 좌절을 극복하는 지구력 등이 요구된다. 이러한 탐구의 다양한 요소들로 인해 과학은 일반인들이 생각하는 것보다 훨씬 덜 정형화되어 있다. 그러나 자연을 기술하고 설명하는 다른 방법들과 과학을 구분 짓는 몇몇 특징들을 추려내는 것은 가능하다.

과학자들은 관찰을 하고, 논리적이며 검증 가능한 가설(hypothesis)을 세우고, 이를 검증하는 탐구 과정을 활용한다. 이 과정은 어쩔 수 없이 반복적이다. 가설을 검증하는 과정에서 좀 더 많은 관찰이 새로운 가설을 형성하게도 하고, 기존 가설을 수정하게도 하며, 더 많은 검증을 거치게도 한다. 이런 방법으로 과학자들은 자연을 지배하는 법칙에 가장 가깝게 접근해 갈 수 있다.

관찰하기

연구하는 도중에 과학자들은 신중한 관찰과 데이터의 분석을 통해서 가능한 정밀하게 자연의 구조와 과정을 기술한다. 관찰은 우리의 오감을 이용하여 직접 정보를 모으거나 현미경, 온도계, 저울과 같이 우리 감각들을 확장시켜주는 도구를 이용하여 정보를 모으는 것이다. 관찰을 통해 우리는 자연 세계에 관한 귀중한 정보를 얻을 수 있다. 예를 들면 일련의 세세한 관찰을 통해 세포의 구조를 더 잘 이해하게 되며, 여러 종류의 관찰을 통해 다양한 종의 유전체 데이터베이스를 확충하거나 암이나 기타 질병에 의해 발현이 변화하는 다른 유전자들의 데이터베이스를 얻는다.

기록된 관찰을 **데이터(data)**라 한다. 달리 말하면 데이터는 과학적 탐구의 기초가 되는 정보 목록이다. 데이터라는 용어는 많은 사람에게 숫자를 떠올리게 한다. 그러나 어떤 데이터는 **정성적인(qualitative)** 특성, 즉 수적인 측정이 아니라 기록된 기술의 형태를 취하기도 한다. 예로서 제인구달(Jane Goodall)은 탄자니아 정글에서의 현장 연구과정에 침팬지의 행동 관찰을 기록하면서 수십 년을 보내기도 했다(그림 1.21). 구달은 이러한 정성적 데이터와 함께 측정할 수 있는 수많은 정량적 데이터로 동물행동 연구의 폭을 넓혔다. 정량적 데이터는 일반적으로 수치 측정으로 표현되며 종종 표나 그래프 형태로 구성된다. 과학자들은 자신들의 데이터를 통계학이라는 수학의 한 형태를 이용하여 분석하여 그들의 결과가 의미가 있는지 단순히 우연에 의한 결과인지를 검증한다. (이 교과서에 제시된 모든 결과는 통계적으로 의미있는 것임을 명심하라.)

▲ 그림 1.21 **침팬지 행동에 대한 정성적 데이터를 수집하고 있는 제인 구달.** 구달은 야외 노트에 종종 동물의 행동을 스케치하고 그녀가 한 관찰들을 기록하였다.

관찰을 수집하고 분석함으로써 중요한 결론을 이끌어낼 수 있다. **귀납적 추리(inductive reasoning)**라 불리는 논리의 유형에 입각하여 결론을 끌어내는 것이다. 귀납법을 통해 우리는 수많은 구체적인 관찰로부터 일반화를 유도할 수 있다. "태양은 항상 동쪽에서 뜬다"가 좋은 예이다. 또한 "모든 생물체는 세포로 이루어져 있다"도 좋은 예이다. 신중한 관찰과 데이터 분석은 이로부터 유래한 귀납적 일반화와 함께 자연에 대한 우리 이해의 근본이 된다.

가설의 형성과 검정

우리의 본성적 호기심은 세계에서 우리가 관찰한 현상에 대한 자연적 기초에 대한 질문을 불러일으킨다. 구달이 관찰한 것처럼 침팬지가 서로 다른 환경에서 서로 다르게 행동하는 것은 무엇 때문이었을까? 무엇이 유식물의 뿌리가 아래로 자라게 하는가? 과학에서 이러한 탐구는 대개 가상적 설명 혹은 가설을 제안하고 검증하는 과정을 포함한다.

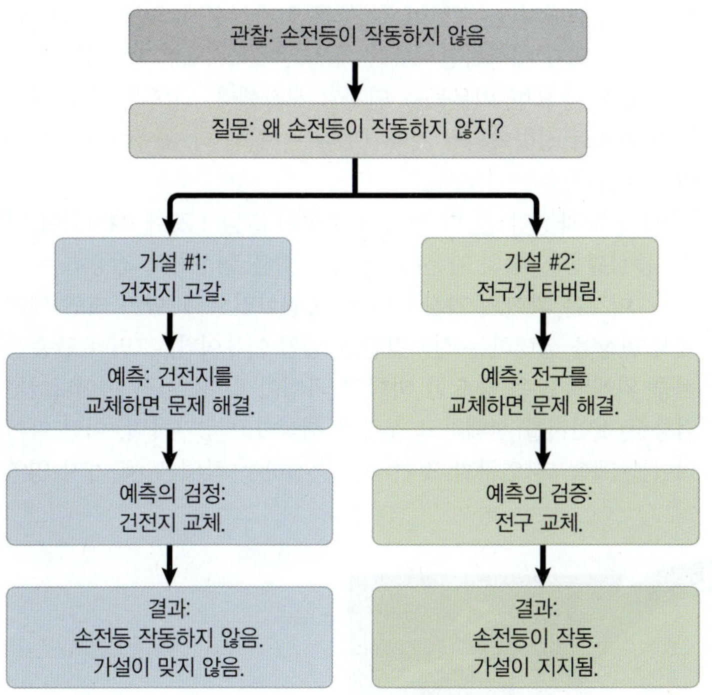

▲ **그림 1.22 과학적 과정을 단순화한 보기.** "과학적 방법"이라 불리는 이상적 과정이 이 흐름도에 제시되어 있다. 캠프장 가설 검증의 사례이다.

과학에서 **가설(hypothesis)**은 질문에 대한 잘 짜여진 임시 답안, 즉 가상의 설명에 해당한다. 이것은 사용할 수 있는 자료와 귀납적 추리에 근거하여 일련의 관찰에 대해 합리적 설명을 하는 것이다. 과학적 가설은 예측들을 낳고 이 예측들은 추가적인 관찰 기록이나 실험 설계를 통해 검증이 가능하다. 실험(experiment)이란 통제된 조건 하에서 수행되는 과학적 검증 과정을 말한다.

우리는 매일 일상적 문제를 해결하는데 관찰하고, 질문하고, 가설을 세운다. 예를 들어, 캠핑을 하는 동안 손전등이 나갔다고 하자. 이것은 관찰이다. 질문은 명확하다. 왜 손전등은 작동하지 않을까? 과거 경험에 입각해 두 가지 합리적인 가설을 세울 수 있는데 (1) 손전등의 건전지가 고갈되었거나 (2) 전구가 나갔을 것이다. 이러한 각각의 대안적 가설은 실험을 통해 검증 가능한 예측을 세우게 한다. 예를 들어, 고갈된 건전지 가설은 건전지를 바꾸어 줌으로써 문제를 해결할 수 있다는 예측을 낳는다. 그림 1.22는 이러한 캠프장 탐구를 묘사하고 있다. 이렇게 체계적 시행착오에 의해 문제를 해결하는 것은 가설에 입각한 방법이다.

때로는 우리가 실험을 수행할 수는 없지만, 관찰을 통해 가설을 검증할 수 있기도 하다. 여분의 건전지나 전구가 없을 때 어느 가설이 더 설득력 있는지 어떻게 알 수 있을까? 이때 전구를 관찰하고 이게 타버렸는지 들여다 볼 수 있을 것이다. 건전지의 만기일이 언제인지 확인할 수도 있을 것이다. 실험은 가설을 검증하기 위한 좋은 방법이지만 실험이 가능하지 않은 때도 있다. 이 때도 우리는 다른 방법으로 가설을 검증할 수 있다.

연역적 추리

가설에 입각한 과학 속에는 연역(deduction)이라고 부르는 논리 유형이 있다. 귀납적 추리가 특수한 관찰들을 통해 일반적인 결론에 도달하는 것이 특징이라면, **연역적 추리(deductive reasoning)**는 반대로, 일반적인 것으로부터 특수한 것으로 흘러가는 논리적 흐름이 사용된다. 전제가 옳다고 가정한다면, 우리는 일반적인 전제들로부터 특수한 결과를 미루어 짐작할 수 있다. 과학적 과정에서 연역은, 특수한 가설 또는 전제가 옳다면 어떠한 실험이나 관찰 결과가 나올 것인지에 대한 예측의 형태를 취하게 된다. 그러면 우리는 그 결과가 예측된 대로인지 아닌 지를 실험을 통해 검증한다. 연역적 검증은 "만약 ~이라면"이라는 논리 형태를 취하게 된다. 손전등의 예에서, 만약 고갈된 건전지 가설이 옳다면 새 건전지로 교체했을 때 손전등이 작동해야 할 것이다.

손전등 탐구는 과학에서 가설의 활용에 관한 두 가지 주요 시사점을 보여준다. 그림 1.22의 실험 결과에 따르면 타버린 전구 가설이 가장 그럴듯한 설명으로 보인다. 결과가 가설을 지지하는 듯하지만 이것이 절대적으로 옳음을 증명하지는 않는다. 어쩌면 전구의 연결이 느슨했는데 새 전구를 끼울 때 바로 끼워졌을 수도 있다. 우리는 타버린 전구 가설을 다른 실험, 즉 전구를 뺐다가 다시 잘 끼우는 실험을 통해 기각할 수도 있다. 손전등이 여전히 켜지지 않는다면 타버린 전구 가설은 여전히 유효할 것이다. 그러나 여전히 증명된 것은 아니다. 이를테면, 전구가 타버린 것 이외의 다른 결함이 있을 수 있다. 다양한 종류의 자료들을 만드는 여러 가지 방법으로 가설을 검증하는 것은, 우리의 확신을 매우 증가시킬 수 있겠지만, 한 점 의혹 없이 가설을 입증하는 것은 불가능하다.

과학에 의해 설명되는 질문과 설명되지 않는 질문

과학적 탐구는 자연에 대해 배우는 강력한 도구이나 과학이 답을 줄 수 있는 질문에는 일정한 한계가 있다. 과학적 가설은 검증가능(testable)해야만 한다. 그 아이디어가 진실인지 거짓인지를 보여주는 실험이나 관찰이 있어야만 한다. 고갈된 건전지가 손전등이 작동하지 않는 유일한 원인이라는 가설은 새로운 건전지로 교체했음에도 작동하지 않는다는 것을 확인함으로써 기각할 수 있다.

모든 가설이 과학적인 기준을 충족하지는 않는다. 눈에 보이지 않는 캠프장의 유령이 손전등을 가지고 장난쳤다는 가설을 기각할 수 있는 검증은 없다! 과학은 자연 현상에 대한 자연적 설명을 필요로 하기 때문에 천사나 유령, 혹은 영령과 같이 착하거나 사악한 존재가 폭풍우나 무지개, 질병, 치유 등을 야기했다는 가설은 기각할 수도 지지할 수도 없다. 이와 같은 초자연적 설명은 과학의 영역 바깥에 있기 때문에 검증할 수 없다. 같은 이유로 과학은 개인의 신념 문제인 종교적인 문제를 다루지는 않는다. 과학과 종교는 상호 배타적이거나 상충되지 않으며 단지 이 둘은 서로 다른 이슈를 다룰 뿐이다.

과학적 과정의 유연성

그림 1.22의 손전등 예에서 각 단계는 과학적 방법(the scientific method)이라 불리는 탐구의 이상적 과정을 좇아가고 있다. 우리는 과학자들에 의해 출판되는 대부분의 과학논문에서 탐구과정에 들어 있는 요소들을 인식할 수 있지만, 좀처럼 정형화된 형태로 인식할 수 있는 것은 아니다. 극소수의 과학적 탐구만이 "교과서"적 과학 방법으로 기술된 일련의 단계를 엄격하게 고수한다. 예로서 과학자들은 실험 설계에서 시작하지만 좀 더 많은 관찰이 필요하다는 것을 나중에 깨닫기도 한다. 다른 예로는, 수수께끼 같은 관찰이 어떤 명확한 의문을 끌어내지 못하다가, 다른 연구계획에 의해 그 관찰이 새로운 각도로 조명되면서 의문이 제기되기도 한다. 예를 들어, 다윈은 갈라파고스 군도의 피리새 표본들을 수집했지만, 수년이 흐른 후에 자연선택이라는 아이디어가 공고화되기 시작하면서부터 겨우 생물학자들은 이 새들의 역사에 관한 중요한 의문들을 던지기 시작했다. 과학은 다섯 단계의 방법으로 정형화되어 있다기보다는, 훨씬 더 예측이 불가능하며 흥미롭다.

과학적 과정의 좀 더 현실적 모형이 그림 1.23에 제시되어 있다. 중심활동(그림의 가운데 원)은 가설을 형성하고 검증하는 것이다. 이것은 과학의 가장 기본적 측면이면서, 과학이 자연 세계에서 현상을 설명하는 신뢰할만한 일인 이유이다. 그러나 단순한 검증 외에도 많은 중요한 과학적 과정이 있다. 어떤 아이디어를 검증할 것인지를 선택하고 결과를 해석하고 평가하며, 어떤 아이디어를 계속 더 연구할 것인지를 결정하는 작업은 세 가지 영역

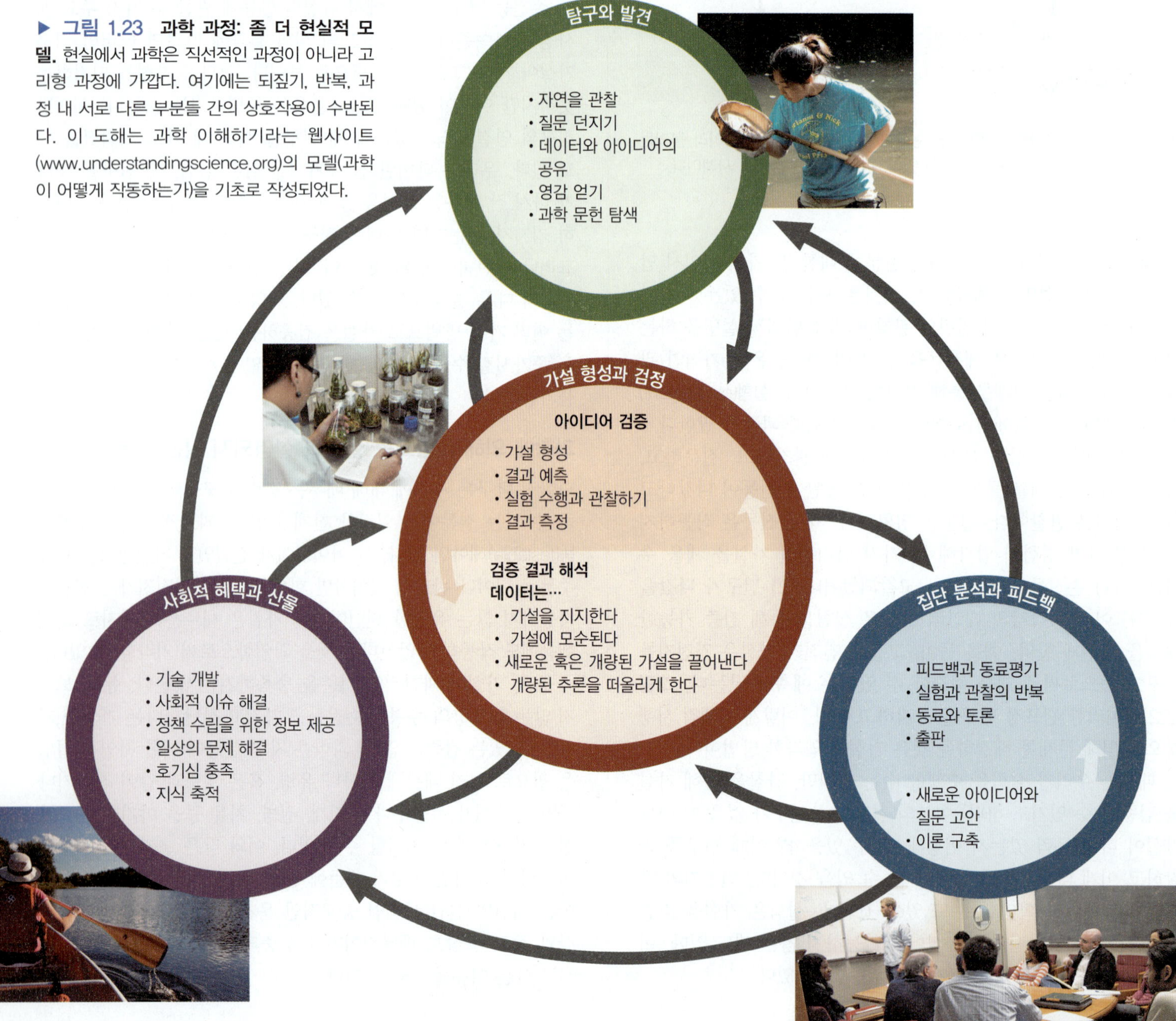

▶ 그림 1.23 **과학 과정: 좀 더 현실적 모델.** 현실에서 과학은 직선적인 과정이 아니라 고리형 과정에 가깝다. 여기에는 되짚기, 반복, 과정 내 서로 다른 부분들 간의 상호작용이 수반된다. 이 도해는 과학 이해하기라는 웹사이트(www.understandingscience.org)의 모델(과학이 어떻게 작동하는가)을 기초로 작성되었다.

의 영향을 받는다.

첫째로 잘 짜여진 질문, 새로운 가설과 좋은 연구 계획은 저절로 생겨나는 것이 아니라 탐구나 발견과 연관된 일련의 노력에 의해 영감을 얻고 숙성하게 된다(그림 1.23의 위쪽 원). 둘째로, 검증은 사회적 진공 상태에서 진행되지 않는다. 집단 분석과 피드백이 중요한 역할을 한다(오른쪽 아래 원). 과학 집단 내의 상호작용은 어떤 가설을 어떻게 검증할지에 영향을 미치고 검증 결과를 재해석하게 하며, 연구 계획의 효율성을 독립적으로 평가하는 등 많은 것을 가능케 한다. 마지막으로 과학 과정은 사회라는 조직과 잘 맞물려 있다(왼쪽 아래 원). 예를 들어 기후 변화 과정을 이해할 사회적 필요는 다양한 가설과 연구를 자극하게 될 것이다. 이와 비슷하게 잘 짜여진 가설은 중요한 기술 혁신을 일으키고 새로운 정책을 촉발시켜 새로운 과학적 질문을 불러일으키기도 한다. 가설을 검증하고 데이터를 해석하는 것은 과학의 핵심이지만 이것은 전체 그림의 한 부분일 뿐이다.

과학적 탐구의 사례연구: 생쥐 개체군에서 털 색깔 연구

지금까지 과학적 탐구의 주요한 특성들—관찰하고 가설을 형성하고 검증하는 일—을 조명해 보았으니 이제 실제 과학 연구의 사례에서 이러한 특징들을 인지해 보자.

이 사례는 일련의 관찰과 귀납적 일반화에서 시작된다. 동물의 색깔 패턴은 자연계에서 대단히 다양한데 심지어 같은 종의 구성원들 간에도 다양하게 나타난다. 이러한 변이를 무엇으로 설명할 수 있을까? 좋은 예는 같은 종(*Peromyscus polionotus*)에 속하는 두 집단의 생쥐가 서로 다른 털 색깔을 가지며 서로 다른 서식지에서 살고 있다는 사례이다(그림 1.24). 해변 생쥐는 흰 모래언덕에 군데군데 해변초가 무리지어 있는 플로리다 해변가에 살고 있다. 내륙 생쥐는 해변가에서 멀리 떨어진 더 어둡고 비옥한 양질토에서 살고 있다. 그림 1.24의 사진을 잠깐만 봐도 생쥐 색깔이 환경에 조화를 이룬다는 것을 금방 알아챌 수 있다. 이러한 생쥐의 포식자들, 매, 올빼미, 여우, 코요테 등은 모두 시각에 의존해서 사냥하는 사냥꾼들이다. 따라서 1920년대에 이런 생쥐들의 개체군을 연구했던 자연학자, 프란시스 베르토디 섬너(Francis Bertody Sumner)는 지극히 논리적인 가설로서 이들의 털 색깔이 피식자로부터 자신을 보호하기 위해 자신의 자연환경에 위장을 하는 적응으로서 진화해 온 것이라 가설을 세웠다.

위장 가설이 너무나 명확해 보이지만, 여전히 검증 과정을 거

▲ **그림 1.24 두 종류의 생쥐(*Peromyscus polionotus*) 개체군, 해변쥐와 내륙쥐의 서로 다른 털 색깔**

쳐야 했다. 2010년 하버드 대학의 생물학자 호피 헥스트라(Hopi Hoekstra)는 그의 대학원생들을 데리고 플로리다로 가서 자연환경에 조화가 되는 털색깔을 가지지 않은 생쥐들이 잘 조화가 되는 현지 서식종보다 더 심하게 먹이로 잡혀 먹히는지를 검증하였다. **그림 1.25**는 이러한 현장 실험을 요약한 것이다

연구자들은 수백 개의 플라스틱 생쥐 모형을 만들고 해변 생쥐(밝은 색깔) 혹은 내륙 생쥐(어두운 색깔)와 닮아 보이게 스프레이로 페인트칠을 했다. 이렇게 함으로써 각 모형들은 색깔 패턴만 다르게 되었다. 이 연구자들은 동일한 수의 모형 생쥐를 양 서식지에 무작위로 놓아두고 밤을 지냈다. 서식지에 사는 생쥐를 닮은 생쥐 모형이 대조구(예를 들면, 해변 서식지에는 밝은 색깔의 해변 생쥐 모형)였고, 비서식지 색깔을 가진 생쥐 모형이 실험구(예를 들면, 해변 서식지에 있는 어두운 색깔의 내륙 생쥐 모형)였다. 다음날 아침, 연구진들은 물거나 찌른 흔적 혹은 아예 없어져 버린 포식 흔적을 기록하고 수를 세었다. 포식자들이 물어서 생긴 자국이나 실험 지역 주변에 남겨진 발자국 등으로 판단해 보면 포식자들은 거의 비슷한 숫자의 포유동물(여우나 코요테 같은) 및 새(올빼미, 왜가리, 독수리)들인 것으로 보였다.

각 환경에서, 연구진은 위장색의 생쥐들을 공격한 포식의 빈도를 계산했다. 결과는 매우 분명했다. 해변 서식지(밝은색 생쥐가 적게 공격당함)와 내륙 서식지(어두운색 생쥐가 덜 공격당함) 모두 위장색 생쥐가 훨씬 덜 포식자의 공격을 받았다. 따라서 데이터는 위장 가설의 주요 예측과 잘 맞아 떨어진다.

▼ 그림 1.25 **탐구**

위장색이 두 개체군의 생쥐 포식률에 영향을 미치는가?

실험 호피 헥스트라와 그의 동료들은 해변과 내륙 생쥐(*Peromyscus polionotus*)의 위장색이 이들이 사는 서식지에서 포식으로부터 자신을 보호해 준다는 가설을 검증하기를 원했다. 연구자들은 해변과 내륙 생쥐의 털 색깔과 잘 어울리는 밝거나 어두운 색깔 패턴을 가진 생쥐 모형을 각각의 서식지에 놓아두었다. 다음날 아침, 손상을 입거나 없어진 생쥐 모형의 수를 세었다.

결과 연구자들은 각 서식지에 위장색 혹은 비위장색을 가진 생쥐 모형이 공격받은 빈도를 계산하였다. 양 경우에 각각의 환경에 조화되지 않은 생쥐들은 위장색의 생쥐보다 훨씬 높은 포식률을 보였다.

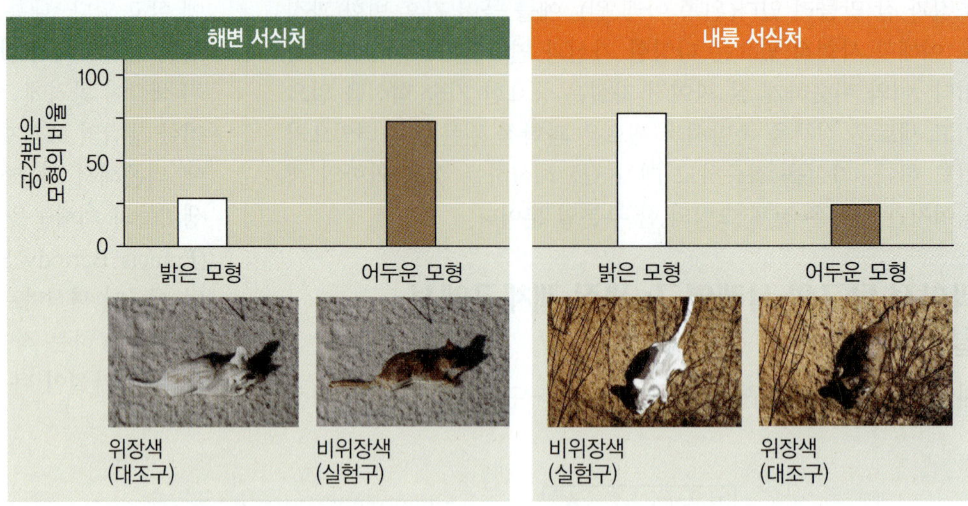

결론 이 결과는 연구자들의 예측에 잘 부합한다: 위장색을 가진 생쥐 모형이 비위장색을 가진 생쥐 모형보다 덜 공격을 받을 것이다. 따라서 이 결과는 위장색 가설을 지지한다.

참고문헌 S. N. Vignieri, J. G. Larson, and H. E. Hoekstra, The selective advantage of crypsis in mice, *Evolution* 64:2153–2158 (2010).

INTERPRET THE DATA 막대는 공격받은 모형, 밝은 모형과 어두운 모형의 비율을 나타낸다. 각 서식지에서 100개의 생쥐 모형이 공격받았다고 가정하자. 해변 서식지에서는 밝은 모형의 수가 몇 개인가? 어두운 모형의 개수는? 내륙 서식지의 경우는 어떤가?

실험의 변수들과 대조군

이 절의 초반에, 우리는 실험이란 통제된 조건에서 수행되는 과학적 검증이라 기술했다. 좀 더 구체적으로 설명하면, **실험(experiment)**은 시스템 내에서 하나의 요인이 변했을 때 그 효과를 볼 수 있게 그 요인을 조절하는 것을 말한다. 조절되는 요인과 측정되는 효과 모두 실험적 **변수(variables)**, 즉 실험에서 가변적으로 나타나는 요인이다.

그림 1.25에 기술된 생쥐 위장 실험은 **통제된 실험(controlled experiment)**의 한 예로서 실험군(이 사례에서는 비위장 생쥐)과 대조군(주로 그 지역에서 서식하는 위장색 생쥐)을 비교하도록 설계되어 있다. 이상적으로, 실험군과 대조군은 실험에서 검증하고자 하는 한 가지 요인만 달라야 한다. 우리의 예에서는 포식자의 행동에 영향을 미치는 생쥐의 색깔 효과이다. 여기서는 생쥐의 색깔이 연구자에 의해 조절되는 요인으로서 이를 **독립 변수(independent variable)**라 한다. 공격 횟수는 실험에 의해 측정되는 요인, 즉 **종속 변수(dependent variables)**이다. 대조군이 없다면 연구자들은 비위장 생쥐가 더 많은 공격을 받은 이유로 다른 요인들, 즉 포식자 수의 차이나 서로 다른 지역의 기온 차이 등을 배제하지 못하게 될 것이다. 현명한 실험 설계는 정상 환경에 놓인 위장 생쥐들의 포식률이 낮은 현상을 설명할 수 있는 유일한 요인으로 털 색깔만이 남도록 했던 것이다.

일반적인 오해 중의 하나는 **통제된 실험**(controlled experiment)

이라는 용어가 의미하는 바가 과학자들이 검증해야 할 하나의 변수를 제외한 모든 환경을 일정하게 한다는 것이다. 그러나 야외 실험에서 이것은 불가능할 뿐만 아니라 매우 잘 조절된 실험 환경에서도 이것은 실제적으로 불가능하다. 연구자들은 대개 원치 않는 변수를 환경 조절을 통해 제거(eliminating)하는 것이 아니라, 대조군을 사용하여 그 효과를 상쇄(canceling)함으로써 "통제"하는 것이다.

과학에서의 이론

"그건 이론일 뿐이야!"라는 말에서처럼 우리가 일상생활에서 쓰는 이론이라는 용어는 종종 검증되지 않은 추측을 의미한다. 그러나 과학에서 이론이라는 용어는 매우 다른 의미를 가진다. 과학적 이론이란 무엇이며, 가설이나 단순한 추측과 어떻게 다른가?

첫째, 과학적 **이론(theory)**은 가설보다 훨씬 넓은 범주에 속한다. "생쥐의 털 색깔이 자신의 환경과 조화를 이루는 것은 포식자로부터 생쥐를 보호하기 위한 적응이다"라는 것은 가설이다. 그러나 "진화적 적응은 자연선택에 의해 진행된다"라는 것은 이론이다. 다윈의 자연선택 이론은 무수히 다양한 적응을 설명하는데, 생쥐의 털 색깔은 그 중 하나일 뿐이다.

둘째, 이론은 많은 검증 가능한 새로운 가설들을 파생시킬 만큼 다분히 일반적이어야 한다. 예로서, 프린스턴 대학교의 피터와 로즈메리 그랜트(Peter and Rosemary Grant)는 자연선택 이론에 동기를 얻어 갈라파고스 군도 피리새의 부리가 이용 가능한 먹이원의 유형에 따라 진화했다는 특정한 가설을 검증하였다(그들의 결과는 가설을 지지하였는데 이는 23장 개요를 참고하라).

셋째, 어느 특정한 가설과 비교하여 이론은 일반적으로 엄청난 양의 증거에 의해 뒷받침된다. 자연선택 이론은 무수히 많은 증거에 의해 지지되고 매일매일 더 많은 증거가 발견되고 나아가 어떤 과학적 데이터와도 상충되지 않는다. 이와 비슷하게 많은 지지를 받는 이론이 중력 이론이나 지구가 태양 주위를 돈다는 지동설이 될 것이다. 과학에서 이렇게 널리 받아들여지는 이론들은 수많은 관찰들을 설명할 수 있고, 엄청나게 축적된 증거에 의해 뒷받침된다. 사실 이론에 대한 검증은 이들이 만들어내는 특정한 가설의 검증을 통해 끊임없이 이루어진다.

널리 받아들여진 이론을 지지하는 증거들의 축적에도 불구하고, 과학자들은 새로운 연구방법에 의해 이론에 어긋나는 결과를 얻게 되었을 때는 이 이론을 변형시키거나 경우에 따라서는 버려야만 한다. 예로서 생물학자들은 한때 세균과 고세균을 함께 원핵생물계로 묶었었다. 세포와 분자를 비교하는 새로운 방법들이 이러한 관계를 검증하는 데 사용되면서, 세균과 고세균이 같은 계의 일원이라는 이론을 과학자들은 기각하였다. 과학에서 "진실"이 있다면 현재 이용 가능한 증거들이 우세한 상황에서만 유효한, 일시적인 진실일 것이다.

개념 확인 문제 1.3

1. 귀납적 추론과 연역적 추론을 비교하여 설명하라.
2. 생쥐 위장 실험에서 독립변수는 무엇이며 종속변수는 무엇인가? 설명하라.
3. 왜 자연선택설을 이론이라 하는가?
4. WHAT IF? 미국 남서부의 사막에서 토양은 대부분 모래밭이며 때때로 170만 년 전에 흘러내린 용암에서 유래한 검은 암석 지역이 있다. 생쥐는 모래밭과 암석 지역 모두에서 발견되며 올빼미가 포식자이다. 이 두 생쥐 집단에서 털 색깔이 어떻게 될 것이라 예측하나? 설명하라. 위장 가설을 더 검정하기 위해 당신은 이 생태계를 어떻게 활용할 수 있을까?

정답은 부록 A 참조

개념 1.4

과학은 다양한 관점을 가진 학자들 간의 협력으로 발전한다

영화나 만화에는 과학자들이 고립된 실험실에서 혼자 외로이 일하는 사람으로 묘사되고 있다. 실제로는, 과학은 강렬한 사회활동의 하나이다. 대부분의 과학자들은 팀으로 일을 한다. 이 팀에는 종종 대학원생과 학부생들이 참여하기도 한다. 과학에서 성공하기 위해서는 의사소통을 잘하는 것이 중요하다. 연구 결과는 세미나나 출판, 인터넷 웹사이트를 통해 동료집단과 공유되기 전에는 아무런 영향력을 갖지 못한다.

타인의 작업 위에 함께 쌓기

위대한 과학자 아이작 뉴튼 경이 말하길: "모든 자연현상을 다 설명하는 것은 어느 한 사람이 하기엔, 심지어 한 시대가 해결하기엔 너무 어려운 과제이다. 따라서 소량의 과제를 확실하게 해결하고 나머지는 후세 사람들에게 남겨 놓는 것이 더 낫다." 자연에 대한 호기심으로 과학자가 된 사람이라면 누구라도 앞선 사람이 해놓은 엄청난 양의 발견으로부터 큰 도움을 얻을 것이다. 사실, 호피 헥스트라의 실험은 그보다 40년 전에 카우프만 박사(D.W. Kaufman)가 했던 일로부터 도움을 얻었다. 여러분은 카우프만의 실험 설계와 결과의 해석을 **과학적 분석 기술의 연습**을 통해 배우게 될 것이다.

과학적 결과는 관찰과 실험의 반복을 통해 끊임없이 점검된다. 같은 연구 분야에서 일하는 과학자들은 관찰을 재확인하고 실험을 반복함으로써 종종 다른 과학자의 주장을 점검한다. 만약 실험 결과가 동료 과학자에 의해 재현되지 않는다면 이것은 원래의 실험 결과가 취약했을 수 있으므로 수정되어야 한다. 이런 점에서 과학은 스스로 감시하는 것이라 할 수 있다. 보고되는 결과의 진실성과 양질의 데이터는 과학적 노력에서 가장 중요하

과학적 분석 기술의 연습

한 쌍의 막대그래프 해석하기

달빛이 있고 없고에 따라 올빼미가 생쥐를 포식하는데 위장색이 얼마나 영향을 미치는가? 카우프만은 포식에 대한 먹이의 위장색 효과를 연구하였다. 카우프만은 환경 색과 생쥐의 털 색깔이 대조되는 정도가 올빼미의 야간 사냥 포획률에 영향을 미친다는 가설을 검정하였다. 그는 또한 색깔이 대비되는 정도가 달빛의 양에 영향을 받는다고 가설을 세웠다. 이 훈련에서 여러분은 그가 얻은 올빼미-생쥐 포식 연구 데이터를 분석할 것이다.

실험 방법 서로 다른 털 색깔을 가진 한 쌍의 생쥐(*Peromyscus polionotus*)—하나는 밝은 갈색이고 다른 하나는 어두운 갈색—를 배고픈 올빼미를 넣어둔 사육장에 동시에 풀어 놓았다. 연구자들은 올빼미에 의해 먼저 잡히는 생쥐의 색깔을 기록하였다. 15분 내에 올빼미가 어떤 생쥐도 잡지 못하면 영으로 기록하였다. 토양 색깔이 어두운 사육장과 밝은 사육장에 각각 방사를 하고 여러 번 반복해서 실험을 수행하였다. 각 실험 시 달빛이 있고 없고를 기록하였다.

실험 데이터

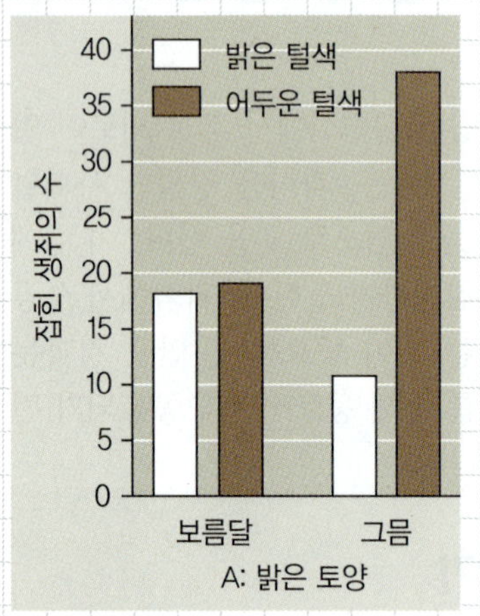

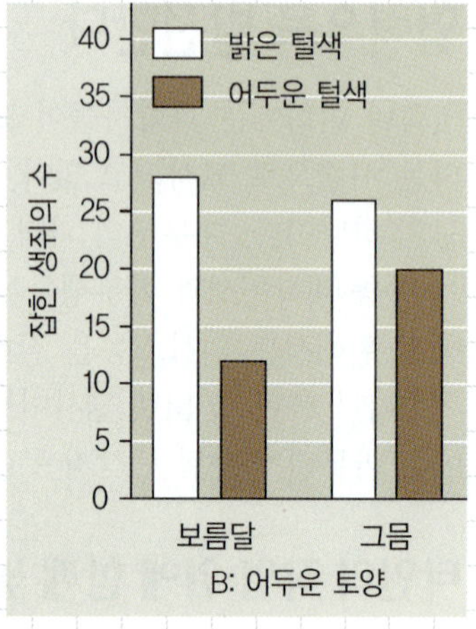

데이터 해석

1. 첫째, 그래프가 어떻게 그려지는지 확실히 이해하라. 그래프 A는 밝은 색 토양 사육장에서 얻은 데이터이고 그래프 B는 어두운 색 토양 사육장에서 얻은 것이며, 다른 조건은 두 그래프에서 동일하다. (a) 이 그래프에는 하나 이상의 독립변수가 존재한다. 연구자에 의해 검증되는 독립변수는 무엇인가? 그래프의 어떤 축이 독립변수인가? (b) 종속변수는 무엇이며, 검증하고자 하는 변수에 대한 반응은 무엇인가? 그래프의 어느 축이 종속변수인가?
2. (a) 밝은 토양색 사육장에서 잡히는 짙은 갈색 생쥐는 달빛 밤에 몇 마리나 되는가? (b) 어두운 토양색 사육장에서 잡히는 짙은 갈색 생쥐는 달빛 밤에 몇 마리나 되는가? (c) 달빛 밤에 짙은 갈색 생쥐는 어두운 땅과 밝은 땅 중 어떤 사육장에서 올빼미의 포식으로부터 더 잘 피할 수 있을까? 해답을 설명하라.
3. (a) 어두운 땅 사육장의 짙은 갈색 생쥐는 보름달이나 그믐 중에서 언제 가장 잘 포식으로부터 도망갈 수 있을까? (b) 옅은 갈색 생쥐를 밝은 토양 사육장에 풀어놓은 경우는 어떻게 될까? 설명하라.
4. (a) 어떤 조건에서 짙은 갈색 생쥐가 밤에 가장 포식으로부터 잘 도망갈 수 있을까? (b) 옅은 갈색 생쥐는 어떤가?
5. 어떤 조합의 독립변수가 밝은 토양의 사육장에서 가장 높은 포식률을 보일까? (b) 어떤 조합의 독립변수가 어두운 색 토양의 사육장에서 가장 높은 포식률을 보일까? (c) (a)와 (b)의 해답에서 어떤 관계가 보이는가?
6. 어떤 조건이 밝은 갈색과 어두운 갈색 생쥐 모두에 대해 가장 치명적일까?
7. 양 그래프에서 보여준 데이터를 합해서 보았을 때, 달빛이 있을 때와 없을 때 잡히는 전체 생쥐의 수를 계산해보라. 어떤 조건이 올빼미가 생쥐를 포식하는 데 적당할까? 답을 설명해보라.

참고문헌 D. W. Kaufman, Adaptive coloration in *Peromyscus polionotus*: Experimental selection by owls, *Journal of Mammalogy* 55:271–283 (1974).

다. 결국 실험적 결과의 유효성은 이후의 후속 탐구를 설계하는 데 열쇠가 되기 때문이다.

여러 명의 과학자가 동일한 연구 주제에 매달리는 것은 비일비재하다. 어떤 과학자들은 주요 실험이나 중요한 발견을 행하는 첫 번째가 된다는 도전을 즐기며 또 어떤 과학자는 같은 문제에 동료 과학자들과 함께 협력한다는 것으로 만족을 얻기도 한다.

협력은 과학자들이 동일한 생물종을 이용할 때 더 빛을 발한다. 종종 **모델생물(model organism)**이 널리 사용되는데, 모델생물은 실험실에서 쉽게 키울 수 있으며 연구하고자 하는 질문에 특히 답을 잘 얻을 수 있는 생물종이다. 모든 생물은 진화적으로 서로 연관되어 있기 때문에 이런 생물은 다른 종의 생물학 혹은 이들의 질병을 이해하는 모델로 간주된다. 예를 들어 초파리(*Drosophila melanogaster*)의 유전학적 연구는 유전자가 인간을 포함해 다른 종에서 어떻게 작동하는지에 대해 많은 것을 알려준다. 이외 널리 이용되는 모델생물로는 겨자 식물인 애기장대(*Arabidopsis thaliana*), 토양벌레인 예쁜꼬마선충(*Caenorhabditis elegans*), 제브라피쉬(*Danio rerio*), 생쥐(*Mus musculus*), 그리고 세균인 대장균(*Escherichia coli*)이 있다. 이 책을 읽는 동안 생명 연구를 위해 이 모델생물들이 얼마나 커다란 기여를 했는지 보게 될 것이다.

생물학자들은 서로 다른 각도에서 흥미로운 의문에 다다른다. 어떤 과학자들은 생태계에 초점을 두며 어떤 이는 개체나 세포 수준에서 자연현상을 연구한다. 이 책은 서로 다른 수준에서 생물학을 바라보는 단원으로 나누어져 있다. 그러나 여전히 주어진 문제를 다양한 관점에서 상호 보완적으로 해명할 수 있다. 예를 들면, 헥스트라의 연구는 해변쥐와 내륙쥐의 색깔 차이를 일으키는 적어도 하나의 돌연변이를 발견하게 하였다. 그녀의 연구실에는 서로 다른 전문 영역을 가진 생물학자들이 섞여 있어 진화적 적응에서 DNA 수준에서의 분자적 기초에 이르기까지 다양한 주제를 연구할 수 있다.

생물학 학생으로서 생물학의 서로 다른 수준 간의 연결고리를 이해하는 것은 도움이 될 것이다. 특정 주제가 서로 다른 단원에서 반복해서 나오는 것을 알아채는 것만으로도 이러한 기술을 개발할 수 있을 것이다. 이러한 주제 중의 하나로 낫모양 적혈구 빈혈증을 들 수 있다. 이 질병은 잘 밝혀진 유전병으로 아프리카 원주민과, 다른 따뜻한 지역의 원주민 및 이들의 후손들에 만연되어 있다. 낫모양-세포 질병은 이 책의 여러 단원에서 나타날 것이며 그때마다 새로운 수준에서 설명될 것이다. 뿐만 아니라 서로 다른 장에서 내용 간의 연결을 보이는 많은 그림들을 고안하였고 스스로 연결시킬 수 있도록 하는 문제들을 만들어 놓았다. 우리는 이렇게 반복적으로 나타나는 주제를 통해 여러분이 배우는 내용을 통합적으로 이해하고, 머릿속에서 더 큰 그림을 그리며 생물학을 즐길 수 있기를 바란다.

과학, 기술 및 사회

연구 집단은 크게 보아 사회의 한 부분이며, 과학과 사회의 관계는 우리가 전체 그림 속에 기술을 넣으면 보다 분명해진다(그림 1.23). 과학과 기술은 때때로 동일한 탐구 양상을 채택하지만 그 둘의 목표는 다르다. 과학의 목표는 자연현상을 이해하는 것인 반면, **기술(technology)**의 목표는 과학적 지식을 특정한 목적에 응용하는 것이다. 생물학자나 다른 과학자들은 종종 "발견"을 했다고 말하지만, 공학자나 다른 기술자들은 종종 "발명"을 했다고 말한다. 과학자들은 새로운 기술을 자신의 연구에 활용하기 때문에 과학과 기술은 상호 의존적이다.

과학과 기술의 강력한 결합은 사회에 엄청난 영향을 미친다. 때때로 가장 이로운 것으로 드러났던 기초 연구의 응용은 과학적 탐구 과정에서 완전히 예기치 않았던 관찰로부터 나오기도 한다. 예를 들어, 60년 전 왓슨과 크릭에 의한 DNA 구조의 발견과 이후 DNA 과학에 있어서의 성과는 의학, 농학, 법의학 등을 포함한 다양한 분야를 변화시킨 DNA 조작 기술의 개발을 가능하게 하였다(그림 1.26). 아마 왓슨과 크릭은 그들의 발견이 매우 중요하게 응용될 것이라 예견하였을 것이다. 그러나 그들도 이것이 어떻게 응용될 것인지에 대해서는 정확히 예측하지 못했을 것이다.

▲ **그림 1.26 DNA 기술과 범죄현장 분석.** 2011년, 범죄현장에서 얻은 DNA 샘플의 법의학적 분석 결과 마이클 모턴은 자신이 저지르지 않은 범죄—아내를 잔인하게 살해한 범죄—에 대해 거의 25년간 복역한 후 풀려났다. DNA 분석 결과는 또 다른 살인죄를 저지른 다른 사람을 용의자로 지목하게 했다. 이 사진은 판결이 뒤집어진 후 모턴 씨가 자신의 부모와 포옹하고 있는 장면이다. DNA의 법의학적 분석에 대한 자세한 내용은 19장에서 기술될 것이다.

기술이 추구하는 방향은 기초과학의 원동력이 되는 호기심보다는 동 시대의 사회 환경과 사람들의 필요 및 욕구에 따라 결정될 것이다. 기술에 대한 논쟁은 "우리가 할 수 있을까" 보다는 "우리가 해야 할까"에 더 집중되어 있다. 기술의 진보에는 항상 어려운 선택의 문제가 따른다. 예를 들어, 어떤 상황에서 DNA 기술을 이용하여 유전병에 대한 유전자를 검사하는 것이 허용될 수 있을까? 이런 검사는 항상 자원했을 경우에만 해야 되나 혹은 유전자 검사를 의무화해야 하는 경우는 없을까? 보험회사나 고용주는 다른 많은 형태의 건강기록과 마찬가지로 사람들의 유전 정보를 열람할 수 있어야 할까? 이러한 의문은 개개인의 유전체 서열 분석 비용이 싸지고 빨라지면서 점점 더 긴박한 문제가 되고 있다.

이와 같은 윤리적 문제는 과학, 기술과 더불어 정치, 경제, 문화적 가치와 매우 밀접한 관련이 있다. 전문 과학자들뿐만 아니라 모든 시민들은 과학이 어떻게 작동하고, 기술의 잠재적 혜택과 위험은 무엇인지 정보를 알고 있어야 할 책임이 있다. 과학-기술-사회의 관계는 생물학 교과의 중요성과 가치를 더욱 증가시킨다.

과학에서 다양한 관점이 가지는 가치

인간 사회에 가장 지대한 영향을 미친 기술혁신 가운데 많은 것들이 무역경로를 따라 서로 다른 문화가 만나 섞이는 가운데 새로운 아이디어로 촉발된 것이다. 예를 들면 모든 사회적 계급에 지식을 보급하는 것을 도왔고 결국 여러분의 손에 이 책을 쥘 수 있게 해주었던 인쇄술은 1440년경 독일인 요하네스 구텐베르그(Johannes Gutenberg)에 의해 창안되었다. 이러한 혁신은 중국의 여러 가지 혁신, 종이와 잉크 등의 혁신에 힘입은 것이다. 종이는 중국에서 바그다드로 가는 무역경로를 따라 도입되었고, 이곳에서 대량생산 기술이 개발되었다. 이 기술은 이후 유럽으로 전파되었는데, 중국에서 유래한 물을 기반으로 한 잉크가 구텐베르그에 의해 기름에 기반한 잉크로 변형된 것도 이와 유사한 경로를 따른 것이다. 인쇄술은 다양한 문화 간의 상호 융합에 힘입은 것이며 다른 중요한 기술 혁신도 다르지 않다.

이와 유사하게 과학은 과학을 수행하는 사람들 간의 서로 다른 관점과 배경의 다양성을 포용함으로써 많은 것을 얻을 수 있다. 그러나 과학자들의 사회는 성, 인종, 민족, 기타 다른 특성에 비추어 얼마나 다양한가?

과학자 집단은 대체적으로 사회의 문화적 표준과 행동을 반영한다. 따라서 최근까지 여성과 특정 소수자 집단이 전문적 과학자가 되기 위해서는 전 세계 많은 나라에서 커다란 장애를 극복해야 했다는 사실이 놀랍지 않다. 지난 50년 동안 경력을 선택하는 자세가 바뀜으로써 생물학과 다른 과학 영역에서 여성의 비율이 크게 증가하여 이제 학부 생물학도나 생물학 박사과정 학생들의 절반 정도가 여성이 되었다. 이런 경향은 더 높은 전문직으로 갈수록 둔화되어서 여성과 다른 소수자 인종, 민족 등의 비율이 여전히 많은 과학 분과에서 적은 상태이다. 다양성의 결여는 과학의 진보에 장애가 된다. 더 많은 목소리가 책상에서 들릴수록 더 강건하고, 가치있고, 생산적인 과학적 교류가 일어날 것이다. 이 교과서의 저자들은 생물학 집단으로 오고 싶어 하는 모든 학생들을 환영하며, 여러분이 매우 흥미롭고 만족스러운 과학 영역, 생물학에서 기쁨과 만족을 얻기를 기대한다.

개념 확인 문제 1.4

1. 과학과 기술은 어떻게 다른가?
2. **MAKE CONNECTIONS** 낫모양 적혈구빈혈증을 일으키는 유전자가 미국에 사는 아프리카 후예들보다 사하라 사막 이남의 아프리카 거주민에게서 더 높은 빈도로 나타난다. 이 유전자가 있으면 사하라 이남의 아프리카에 널리 퍼진 심각한 질병인 말라리아로부터 보호된다. 두 지역의 거주민들에게 이 유전자가 각각 서로 다른 비율로 나타나는 이유를 설명하는 진화적 과정에 대해 토론하라. (개념 1.2 참조.)

정답은 부록 A 참조

1 장 복습

핵심 개념의 요약

개념 1.1

생명을 연구하면 공통 주제가 드러난다

구성 주제: 생물학적 구성의 다음 단계에서 새로운 특성이 창발적으로 나타난다

- 생명의 계층구조는 다음과 같이 펼쳐진다: 생물권 > 생태계 > 군집 > 개체군 > 생물체 > 기관계 > 기관 > 조직 > 세포 > 세포소기관 > 분자 > 원자. 한 단계 올라갈 때마다 낮은 단계의 각 구성요소들 간의 상호작용 결과 새로운 **창발적 특성(emergent properties)**이 나타난다. 환원주의 접근 방법에서는 복잡한 체계를 좀 더 쉽게 다룰 수 있는 단순 요소로 분해하여 분석한다. **시스템생물학(systems biology)**에서 과학자들은 시스템을 구성하는 각 부분들 간의 상호작용에 대한 연구에 입각해서 전체 생물계의 역동적 행동을 모델화하려 시도한다.

- 생물학적 구성의 구조와 기능은 깊은 연관성을 가진다. 생물학적 구조의 형태는 그 기능에 잘 부합하며 기능은 구조에 적합하다. 생물체의 구조와 기능을 위한 기본 단위인 세포는 생명에 필요한 모든 활동을 수행하는 가장 낮은 수준의 구성이다. 세포는 원핵과 진핵세포로 나누어진다. **진핵세포(eukaryotic cell)**는 DNA를 가진 핵을 포함하여 막으로 둘러싸인 세포소기관을 가진다. **원핵세포(prokaryotic cell)**는 막으로 둘러싸인 세포소기관이 없다.

정보 주제: 생명 과정은 유전정보의 발현과 전달을 수반한다

- 유전정보는 **DNA** 염기서열 형태로 저장되어 있다. 부모에서 자식으로 유전정보를 전달하는 것은 DNA이다. DNA 서열은 RNA 전사를 거쳐 특정 단백질로 해독—이를 **유전자 발현(gene expression)**이라 함—됨으로써 세포의 단백질 생산을 명령한다. 유전자 발현은 또한 단백질로 해독되지 않는 다른 중요한 기능을 수행하는 RNA를 생산한다. **유전체학(genomics)**은 한 종의 전체 DNA 염기서열(**유전체**)을 대규모로 분석하고 종 간의 유전체를 비교하는 학문이다. **생물정보학(bioinformatics)**은 대용량의 염기서열 데이터를 다루기 위해 컴퓨터 도구를 이용한다.

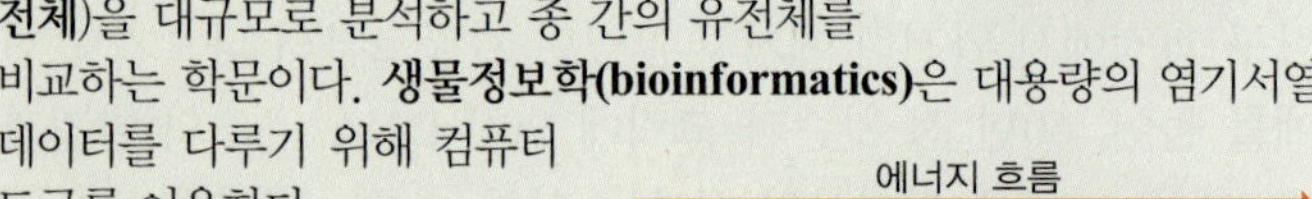

에너지와 물질 주제: 생명은 에너지와 물질의 전달과 변환을 필요로 한다

- 에너지는 생태계를 따라 흐른다. 모든 생물체는 에너지를 필요로 하는 일을 해야 한다.

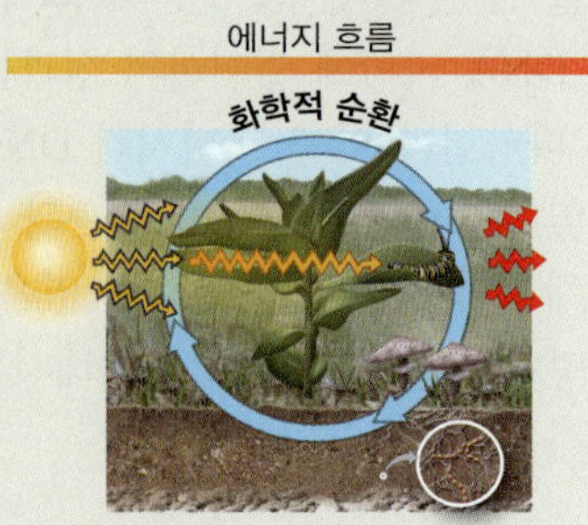

생산자는 태양으로부터 온 에너지를 화학에너지로 변환시키며, 그 에너지 일부는 소비자에게 전달된다.(나머지는 열로 방출된다.) 화학물질은 생물과 환경 사이에서 순환한다.

상호작용 주제: 생태계에서 분자까지 상호작용은 생물계에서 중요하다

- 생물체는 물리적 요인과 끊임없이 상호작용한다. 식물은 토양으로부터 영양분을, 공기로부터 화학물질을 받아들이고 태양으로부터 얻은 에너지를 이용한다. 식물, 동물 다른 생물들과의 상호작용은 여러 가지 방법으로 참여자들에 영향을 미친다.
- **되먹임 조절(feedback regulation)**에서 한 과정은 그 산출물, 혹은 최종 산물에 의해 조절된다. 음성되먹임에서는 최종 산물의 축적이 자신의 생산을 늦추게 된다. 양성 되먹임에서는 최종 산물이 자신의 생산을 촉진하게 된다. 되먹임은 분자에서 생태계에 이르기까지 생명의 모든 수준에서 공통적으로 나타난다.

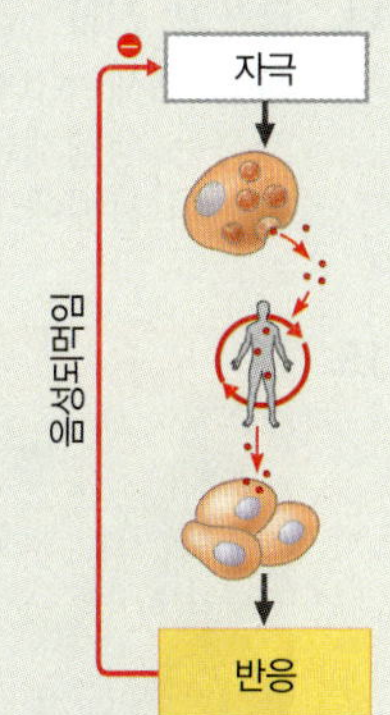

진화, 생물학의 중심주제

- **진화**는 지구상의 생명을 변화시키는 과정이며 생명의 통일성과 다양성을 설명한다. 이것은 또한 진화적 적응—생물과 환경의 조화를 설명한다.

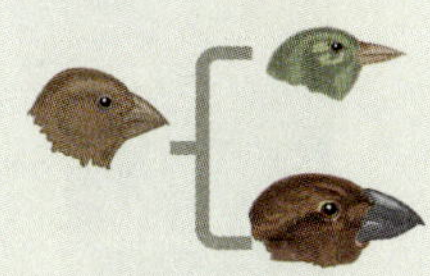

? 왜 진화를 생물학의 중심주제라 간주할까?

개념 1.2

중심주제: 진화는 생명의 통일성과 다양성을 설명한다

- 생물학자들은 종을 점점 더 큰 그룹 체계를 따라 분류한다. **세균(Bacteria)** 영역과 **고세균(Archaea)** 영역은 원핵생물을 구성한다. **진핵생물(Eukarya)** 영역은 여러 다양한 원생생물들과, 식물계, 균계, 동물계를 포함한다. 다양성에 못지않게 생명에는 서로 다른 생물체 간의 유사성으로 드러나는 놀라울 정도의 통일성이 나타난다.
- 다윈은 **자연선택(natural selection)**을 환경에 대한 개체군의 진화적 적응 기작으로 제안하였다.

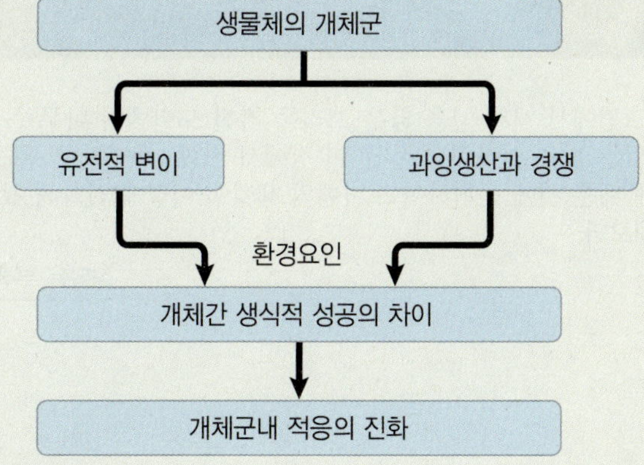

- 각 종은 생명의 계통수에 있어서 나뭇가지의 하나에 해당하고, 이를 거꾸로 따라가 보면 공통조상을 만날 수 있게 된다. 모든 생명체는 긴 진화사를 따라가면 서로 연결되어 있다.

? 어떻게 이 장의 첫 페이지에 보여준 씨앗을 실어 나르는 낙하산 같은 구조물의 진화적 적응이 자연선택에 의해 가능했을까?

개념 1.3

자연 탐구를 위해 과학자들은 관찰하고 가설을 만들며 이를 검증한다

- 과학적 **탐구(inquiry)**에서 과학자들은 관찰을 하고[**데이터(data)**를 수집하고], **귀납적 추리(inductive reasoning)**를 이용해 일반적 결론을 이끌어낸다. 이는 검정 가능한 **가설(hypothesis)**로 발전하게 된다. **연역적 추리(deductive reasoning)**는 가설을 검정하는데 사용되는 예측을 하게 한다. 가설은 검정할 수 있어야 한다. 과학은 초자연적 현상의 가능성이나 종교적 신념의 유효성에 대해 설명하지는 못한다. 가설은 실험을 통해 검정될 수 있거나 그것이 가능하지 않을 때 관찰을 통해 검정할 수 있어야 한다. 과학 과정에서 중심적인 활동은 아이디어를 검정하는 것이다. 이러한 노력은 세 가지 사항에 의해 영향을 받는데, 관찰과 발견, 집단 분석과 피드백, 사회적 혜택과 산물이 그들이다.
- 생쥐 개체군의 털색깔 연구와 같은 **통제된 실험(controlled experiment)**은 오직 하나의 변수만 다른 대조군과 실험군을 검사함으로써 한 변수의 효과를 입증하도록 설계된 것이다.
- 과학적 **이론(theory)**은 범위가 넓어서 새로운 가설을 창출해낼 수 있고 수많은 증거에 의해 지지되는 것이다.

? 과학적 탐구의 과정에서 데이터를 모으고 해석하는 일의 역할은 무엇인가?

개념 1.4

과학은 다양한 관점을 가진 학자들 간의 협력으로 발전한다

- 과학은 사회적 행위이다. 각각의 과학자들의 작업은 이전의 과학자들의 작업 위에 쌓아 올려진다. 과학자들은 서로 간의 결과를 반복할 수 있어야 한다. 진실성이 가장 중요하기 때문이다. 생물학자들은 서로 다른 수준에서 질문에 접근하고 이들의 접근법은 상호 보완적이다.
- **기술(technology)**은 사회에 영향을 미치는, 특정 목적을 위해 과학적 지식을 적용시킨 방법과 장치를 말한다. 기초 연구의 궁극적 영향은 항상 즉각적으로 명확하지는 않다.
- 과학자들 간의 다양성은 과학의 진보를 유발한다.

? 왜 서로 다른 접근법과 과학자들 간의 다양한 배경이 중요한가?

생각해보자

수준 1: 지식/이해

1. 당신의 대학 캠퍼스에 있는 모든 생물들이 구성하는 것은?
   a. 생태계 b. 군집
   c. 개체군 d. 분류학적 영역
2. 아래 생명의 계층구조를 각각의 동물에서 시작하여 낮은 수준 방향으로 올바르게 나열한 것은?
   a. 생물, 뇌, 기관계, 신경세포
   b. 기관계, 신경조직, 뇌, 신경세포
   c. 생물, 기관계, 조직, 세포, 기관
   d. 신경계, 뇌, 신경조직, 신경세포

3. 다음 중 다윈의 자연선택 이론에 기초하지 않은 관찰이나 추론은?
   a. 잘 적응하지 못한 개체는 절대 자손을 생산하지 못한다.
   b. 개체 간에는 유전적 변이가 있다.
   c. 자손의 과잉생산 때문에 제한된 자원에 대한 경쟁이 있다.
   d. 개체군은 시간이 지남에 따라 환경에 적응할 수 있다.
4. 시스템생물학은 주로 어떤 시도를 말하는가?
   a. 서로 다른 종 간의 유전체를 분석하는 일
   b. 복잡한 문제를 더 작고 덜 복잡한 단위로 나누어서 단순화하는 일
   c. 각 구성요소 간의 상호작용을 연구하여 전체 생물 체계의 행동을 이해하는 일
   d. 생물학적 데이터를 빠르게 취득하기 위해 대용량 기계를 설비하는 일
5. 원생동물과 세균은 아래 어떤 이유 때문에 서로 다른 영역으로 분류되는가?
   a. 원생동물은 박테리아를 먹는다.
   b. 세균은 세포로 이루어져 있지 않다.
   c. 원생동물은 막으로 둘러싸인 핵을 가진다.
   d. 원생동물은 광합성을 한다.
6. 모든 생물들 간의 통일성을 입증하는 가장 좋은 사례는 아래 어떤 것인가?
   a. 창발적 특성
   b. 변형된 세습
   c. DNA의 구조와 기능
   d. 자연선택
7. 대조군 실험이란?
   a. 충분히 천천히 진행되어서 과학자가 결과를 신중하게 기록할 수 있다.
   b. 실험군과 대조군을 동시에 검정할 수 있다.
   c. 결과가 정확할 때까지 여러 번 반복한다.
   d. 모든 변수를 일정하게 만든다.
8. 아래 어떤 진술이 과학에서 가설과 이론을 구별 짓게 하는가?
   a. 이론은 가설이 입증된 것이다.
   b. 가설은 추측이고 이론은 정확한 해답이다.
   c. 가설은 일반적으로 그 범위가 좁고 이론은 넓은 범위에 걸쳐 설명하는 능력을 가진다.
   d. 이론은 사실로 입증된 것이고 가설은 종종 실험 결과와 상충한다.

수준 2: 응용/분석

9. 다음 중 정성적 데이터의 보기는?
   a. 물고기는 지그재그 운동으로 수영한다.
   b. 위 내용물은 매 20초마다 섞인다.
   c. 온도가 20도에서 15도로 내렸다.
   d. 울새 여섯 쌍은 각각 세 마리의 새끼를 부화시켰다.
10. 다음 중 과학적 탐구의 논리를 가장 잘 기술한 것은?
   a. 내가 검정 가능한 가설을 만들면 실험과 관찰은 이를 지지할 것이다.
   b. 내 예측이 맞다면 검정 가능한 가설을 이끌 것이다.
   c. 내 관찰이 옳다면 이들은 내 가설을 지지할 것이다.
   d. 내 가설이 옳다면 특정한 실험 결과를 기대할 수 있다.
11. **DRAW IT** 그림 1.3에서 본 것과 같은 생물학적 계층구조를 대략적으로 그려보자. 산호초를 생태계로 놓고, 물고기는 생물체, 위장은 기관, DNA는 분자로 각각 활용하라. 계층구조의 모든 단계를 포함하여 그려보자.

수준 3: 종합/평가

12. **진화적 관점**
   전형적인 원핵세포는 그 DNA 안에 약 3,000개의 유전자를 가지고 있는 반면, 인간세포는 21,000개의 유전자를 가지고 있다. 이 중 약 1,000개의 유전자는 양 세포에 모두 들어 있다. 진화에 대한 여러분의 이해를 기초하여 서로 다른 생물체가 어떻게 같은 종류의 유전자 1,000개를 가질 수 있는지 설명하라. 이런 공통 유전자들의 기능은 무엇일까?
13. **과학적 탐구**
   생쥐 털 색깔 연구 결과에 입각해서, 자연선택 과정에서 포식자의 역할에 대해 더 깊이 있게 연구하기 위해 연구자가 사용할 수 있는 다른 가설을 제안하라.
14. **글쓰기: 진화**
   짧은 에세이(100~150 단어 정도)로 자연선택이 어떻게 지구상에 존재하는 생명체들의 통일성과 다양성을 모두 설명할 수 있게 했는지 다윈의 견해에 대해 토론해 보라. 토론에서 그의 증거들을 포함시켜라.
15. **종합적으로 생각해보기**

이 그림에서 이끼 잎을 닮은 꼬리를 가진 도마뱀이 나무 몸통에 붙어 있는 것을 찾아내겠는가? 이 장에서 진화, 자연선택, 유전정보에 대해 배운 것에 근거하여 도마뱀의 색깔이 어떻게 진화해 왔는지 설명해보라.

정답은 부록 A 참조

UNIT 1

생물학에서 화학의 역할

마쿠부(Lydia Makhubu) 박사와의 인터뷰

마쿠부 박사는 은퇴하기 전까지 스와질랜드 대학의 화학 교수이자, 부총장이었다. 그녀는 레소토에서 고등교육을 받았으며 알버타대학과 토론토대학에서 의약화학 분야의 박사학위를 받았다. 마쿠부 박사는 그녀의 화학에 관한 연구를 토대로 아프리카와 그 외 개발지역에서 건강과 전통의약 분야에서의 과학자로서, 또한 고등교육의 수장으로서, 과학기술 개발에 관한 논평가로서 뛰어난 경력을 쌓았다. 그녀는 여러 유엔 기관과 미국과학진흥협회의 고문을 역임하였으며, 영연방대학교협회의 의장을 맡는 등 많은 국제적 활동을 하였다. 제인 리스가 파리에서 유네스코 집행위원회에 참석하고 있는 마쿠부 박사를 만났다.

스와질랜드라는 나라와 국민에 대해서 말씀해 주세요.

스와질랜드는 육지로 둘러싸인 작은 나라로 면적은 17,400평방킬로미터 밖에 되지 않아요. 동쪽으로는 모잠비크와 접해 있고 서쪽과 남쪽으로는 남아프리카공화국과 접하고 있죠. 스와질랜드는 고도가 매우 높은 곳에서부터 낮은 곳까지 있으며 생물, 특히 식물이 매우 다양해요. 수도는 음바바네로, 해발 1,800 미터에 가까운 높이를 갖는 고지벨드(highveld)라는 생태지역에 위치해 있어요. 고도가 낮은 중지벨드(middleveld)에는 농경에 좋은 비옥한 토양이 있습니다. 모잠비크와 바다 쪽으로 향해 가면 땅의 고도는 더욱 낮아져 평평한 저지벨드(lowveld)를 만나게 되죠. 기후와 식물, 동물의 종들이 고도에 따라 변해요.

요즘 시대에 스와질랜드는 좀 특이하죠. 왜냐하면 실질적인 권한을 갖는 왕이 있는 왕국이니까요. 약 백만의 인구가 모두 단일 인종인 스와지족으로, 다른 아프리카 국가들을 괴롭히는 인종 갈등이 없어요. 스와질랜드는 영국식민지에서 1968년에 독립했어요. 농업에 크게 의존하고 있는데, 요즘 가뭄이 심해 경제가 예전만큼 좋지는 않아요.

의약화학자가 되는데 무엇이 영향을 끼쳤나요?

어린 시기, 부모님은 교사셨고, 그때 아버지는 보건부에서 직업을 얻으셔서 진료소에서 간호업무를 보셨어요. 우리는 진료소에서 살았으며 아버지께서 사람들을 진료하시는 것을 보았죠(의사가 부족해서, 간호사가 많은 일을 했어요). 저는 그때 의사가 되고 싶었어요. 저는 레소토에 있는 대학에서 화학공부를 마치고 캐나다로 가서 석사와 박사학위를 받았어요. 화학이 논리적이라고 생각되어 좋아했어요. 이것과 저것을 섞으면 반응산물이 나타나죠. 저는 유기화학에 흥미를 가지게 되었고, 우리 사회 의약품의 중요성에 영향을 받아, 의약화학을 선택했습니다. 저는 약물이 인체에 미치는 영향에 대해 연구하고 싶었어요.

'우리 사회 의약품'이라고 하셨을 때 무엇을 의미하신 것인가요?

우리 민족의 전통의약. 레소토의 대학에서 우리 학생들은 전통의약에 대해 논쟁하곤 했죠. 일부는 전혀 의미가 없다고 생각하기도 했고 또 일부는 작용한다고 믿었죠. 저는 이 문제에 관심이 있었어요. 그래서 캐나다에서 돌아와서는 곧바로 친척 일부를 포함한 전통치유사들을 찾아 나섰지요. 그리고 그들이 사용하는 약을 만드는 것을 보았어요. 저는 실험실에서 그 약 안에 무엇이 들어 있는지를 알아내기 위한 일을 시작했습니다.

남아프리카의 다른 나라들에서 전통치유사들은 협회를 만들고 몇몇 진료소를 세웠어요. 그러나 스와질랜드에서는 영국이 1901년 마녀처벌에 관한 법으로 전통의약을 금지하였고 아직도 이 법령은 유효해요. 심지어 현대식 진료소에 가는 사람들일지라도 종종 전통치유사를 찾아갔으며 이것은 지금도 마찬가지예요.

자리공(*Phytolacca dodecandra*) 식물과 질병예방에 있어서 이 식물의 유용성에 관한 연구에 대해서 말씀해 주세요.

엔도드(endod) 혹은 무환자나무라고도 불리는 이 식물은 아프리카에서 흔한 관목입니다. 1964년 어느 날 아디스 아바다 대학의 에티오피아 과학자인 고 아크릴루 렘마(Aklilu Lemma)가 작은 냇가를 걷고 있었어요. 거기서 그는 빨래하는 여인들을 보게 되었죠. 그는 주혈흡충병을 전염시키는 달팽이들이 한 무더기 죽어 있는 것을 보았어요. 그는 여인들에게 세제로 사용하는 것이 무엇인지 물었고, 여인들이 자리공 열매를 사용하고 있음을 알았죠. 그는 살아있는 달팽이와 자리공 열매를 실험실로 가지고 와서 열매추출액이 달팽이를 죽인다는 사실을 알게 되었어요.

주혈흡충병이 무엇이죠?

빌하르츠 열병, 혹은 달팽이 열병이라고도 불리는데 전 세계적으로 약 2억에 달하는 인구를 괴롭히는 질병으로 사람을 무기력하게 하죠. 개발도상국가에서는 커다란 재앙 중 하나입니다. 이 질병은 생활사 중 일정 시기동안 민물 달팽이를 숙주로 이용하는 기생성 편충(흡충)에 의해 유발됩니다(그림 33.11). 달팽이에서 빠져나온 흡충의 애벌레는 물에 서 있거나 수영하고 있는 사람의 피부를 뚫고 감염시켜요. 약으로 기생충을 죽이거나, 혹은 합성 연체동물 퇴치제로 달팽이를 죽임으로써 주혈흡충병을 통제할 수 있어요. 그러나 아프리카에서는 두 가지 모두 너무 비싸답니다.

그것이 바로 자리공이 끼어들 수 있는 부분인가요?

맞아요. 자리공 열매는 아프리카에서 여러 종류의 합성 화학물질보다 더 좋은 통제 방법입니다. 왜냐하면 사람들이 식물을 쉽게 기르고 열매를 쉽게 수확할 수 있기 때문이죠. 아직 자리공의 화학물질이 어떻게 작용하는지는 정확히 알지 못하지만, 화학자들이 달팽이를 죽일 수 있는 이 화학물질을 분리했어요. 과학자들은 이 화학물질이 말라리아를 전파하는 모기 유충뿐 아니라, 아프리카의 강에서 살고 있는 몇몇 기생충들도 죽일 수 있다는 것을 발견했죠. 그리고 이 화학물질은 곧바로 분해되기 때문에 환경적으로 문제를 일으키지도 않아요.

스와질랜드 대학에서 우리는 자리공 종자를 에티오피아로부터 얻어와서 키워, 열매를 수확했어요. 에티오피아인이 와서 어떻게 하는지를 보여주었죠: 짐바브웨의 몇 명의 과학자와 한 미국인 과학자의 도움을 받아서 이루어진 스와질랜드와 에티오피아 과학자들 사이의 진정한 공동연구였어요. 우리는 실험실에서의 연구를 통해 열매추출물이 달팽이를 죽이는 농도를 알아냈고, 이후 계속적인 연구를 위해 포장으로 나갔죠. 지금 우리는 주혈흡충병이 매우 만연해 있는 스와질랜드의 특정 지역을 선택해서 그곳 사람들에게 자리공을 어떻게 키우고 사용하는지를 가르치면서 함께 작업을 진행하고 있어요. 우리는 지역사회가 스스로 질병을 통제할 수 있게 되기를 희망하고 있어요.

박사님 대학의 전통의학연구소에서는 무엇을 하나요?

공식적으로는 스와질랜드 전통의학, 약용 토착 작물연구소라고 하는데 이 연구소에서는 여러 전문분야 팀들이 전통의학의 모든 측면에 대해 연구하고 있죠. 전통치유사들은 치료용 식물이 무엇이고 어떻게 이용하는지를 알고 있으므로 그들은 꼭 필요한 구성원입니다. 우리는 전통치유사들과 함께 몇 번의 워크숍을 갖고, 그들이 우리와 마찬가지로 결국 죽게 되고 그들의 지식이 곧 사라져버릴 수 있기 때문에 그들의 지식을 우리와 공유하는 것이 매우 중요하다고 설득하고 있습니다. 그러나 치유사들은—심지어 나의 친척까지도!—우리를 돕기를 주저하고 있어요. 그들은 "당신과 당신 실험실 연구원들은 내 지식으로 돈을 벌려고 한다"라고 생각하고 있어요. 그들의 신념도 또 하나의 장애가 되고 있어요. 치유사들은 치유능력을 그들의 조상으로부터 물려받았으며 자신의 자식들에게만 이 지식을 물려주어야 한다고 믿고 있어요. 그러나 문제는 불신이예요. 잘 알듯이, 오랫동안 그들은 마녀라 불렸고 상당수의 나이 많은 치유사들은 아직도 그것에 대해 속상해하고 있고, 마치 제가 그 법을 만들기라도 했다는 듯 "언제 당신 나라의 마녀처벌에 관한 법령이 폐지될 것인가요?" 하고 제게 물어봐요. 그러나 우리는 천천히 그들을 설득시켜가고 있어요. 우리는 그들을 장기적으로 우리 일에 관여시키고자 해요. 단지 우리에게 식물을 보여주고 식물을 키우는 것을 도와주는 정도가 아니라 실험실에 들어와서 그들이 약을 제조하는 방법을 우리에게 가르쳐 주기를 원해요. 그래야 우리가 모든 것을 정량화할 수 있죠. 그러나 쉽지 않아요.

제 생각에는 치유사들의 영적 신념에 관해서 연구하는 것도 역시 중요해요. 왜냐하면 전 과정이 이러한 신념에 바탕을 두고 있기 때문이죠. 그들은 꿈 속에서 그들 조상의 혼령이 식물을 보여주었다고 하죠. 그리고 뼈를 던지고 최면 상태에 빠져서 진단을 하죠. 이때 영혼이 그들에게 말한다고 해요.

스와질랜드에서 환경과 생물 다양성의 상태는 어떤가요?

좋지 않아요. 근본적인 문제는 자연환경에, 특히 식물자원에 너무 의존하는 것이라고 생각해요. 많은 시골지역에서 사람들이 나무를 베어 그 지역이 완전히 벌거숭이가 되고 있죠. 그들은 어떻게 나무를 다시 심는지를 몰라요. 소와 같은 방목 가축들은 종종 남아 있는 식물은 무엇이든지 먹어 치우죠. 그리고 치유사들은 야생에서 약용식물을 지나치게 많이 채취하고 있어요. 많은 식물들이 사라지고 있어요.

> "자리공 열매는 아프리카에서 주혈흡충병을 통제하는 좋은 방법입니다... 왜냐하면 사람들이 이 식물을 쉽게 기를 수 있기 때문이죠."

▶ 제인 리스와 리디아 마쿠부(왼쪽)

다양성의 보존은 환경보존과 함께 하죠. 스와질랜드의 일부 지역에서 특정 동물들이 그들이 먹고 사는 식물이 더 이상 없어서 결국 사라지는 것을 볼 수 있어요. 심지어 기후도 영향을 받아요. 예를 들어, 예전에는 스와질랜드의 숲이 우거진 고지벨드에 비가 많이 왔었어요. 그러나 식물이 없어지면서, 강우량이 줄어들었죠. 또 다른 문제는 광산이나 댐 건설 등의 경제개발과 관련된 프로젝트로 인해 야기되는 피해예요. 최근에 와서야 이러한 대형 프로젝트를 수행하는 회사들이 환경에 신경을 쓰도록 요구되고 있어요.

아프리카에서의 과학교육이 직면한 문제는 무엇이죠?

적절한 과학시설을 건설할 재원이 없고 과학교사가 충분치 않아요. 또 다른 심각한 문제는 과학분야에서 여성의 차별이에요. 이것은 아프리카에서 특히 심해요. 여성은 뒤에 놓여 있죠. 과학, 특히 물리학은 여성이 할 분야가 아니라고 간주되죠. 많은 사람들은 여성이 너무 많이 배우면 시집을 못 간다고 생각해요. 그러나 상황이 바뀌기 시작했어요.

박사님은 제3세계 여성과학기구(Third World Organization for Women in Science, TWOWS)의 의장이셨어요. 이 단체는 어떤 일을 하죠?

이 단체에서는 단체기부자의 후원을 받아 대학원 학업과정에 장학금을 지원하죠. 장학금수혜자는 일반적으로 남아프리카공화국이나 파키스탄 같은 개발도상국가에 있는 좋은 대학으로 유학을 가게 되고 그곳에 돈이 보내지죠. 또한 TWOWS는 개발도상국에서 기반을 잡은 여성과학자들 사이의 공동연구를 활성화시키고 있어요.

그러나 초기, 초등학교에서 시작하는 것이 매우 중요해요. 여성이 일단 과학분야에서 연구를 시작하면 잘 한다는 것을 연구자들이 알게 되었어요. 그러나 선생님들이 용기를 북돋아 줄 필요가 있어요. 과학장비를 사용하게 되면, 남학생들이 장비를 사용하고 여학생들은 단지 결과를 기록하는 역할을 수행하는 정도죠. 그래서 우리는 여성과학자들이 교육의 모든 단계에 참여하도록 격려하고, 교사들에게 여학생도 과학자가 될 수 있음을 보여주기 위해 열심히 노력하고 있어요.

2

원자와 분자

핵심 개념

2.1 물질은 순수한 형태 혹은 화합물 형태의 화학원소로 이루어져 있다

2.2 원소의 성질은 이를 구성하는 원자의 구조에 의해 결정된다

2.3 분자의 형성과 그 기능은 원자들 사이의 화학결합에 의해 결정된다

2.4 화학반응에 의해 화학결합들이 형성되고 끊어진다

▲ **그림 2.1 유럽불개미가 공중에 어떤 무기를 발사하는가?**

생물학과 화학의 관계

여타 동물들과 마찬가지로, 개미는 공격으로부터 자신을 보호하는 구조와 방법을 가지고 있다. 유럽불개미는 수백에서 수천 마리가 집단을 이루고 살아가며, 이러한 집단은 적에 대항하는 데 특별히 효과적인 방법을 가지고 있다. 위협을 받으면 개미들은 복부에서 포름산을 일제히 공중으로 발사하고, 이 산은 잠재적인 침입자에게 비처럼 쏟아진다(**그림 2.1**). 이 물질은 여러 종의 개미들이 만들어내며, 포름산이라는 이름도 개미를 의미하는 라틴어 단어인 *formica*에서 유래한 것이다. 많은 종의 개미에서 포름산은 발사되는 것이 아니라, 기생성 미생물로부터 자신을 보호하는 살균제로서 작용한다고 생각된다. 과학자들은 화학물질들이 곤충들 사이의 의사소통과, 짝짓기를 위한 이성의 유인, 포식자들에 대한 방어에 있어서 중요한 역할을 한다는 것을 오랫동안 알고 있었다.

개미와 그 외 곤충에 대한 연구는 화학이 생명에 관한 학문에 얼마나 관계되는지를 보여주는 좋은 예이다. 일련의 대학 강좌들과는 달리 자연은 개별적으로 가지런히 각각의 자연과학 분야—생물학, 화학, 물리학 등—로 이루어져 있는 것이 아니다. 생물학자는 생명에 관한 연구에 집중하지만 생명체와 그 환경은 화학과 물리학의 개념이 적용되는 자연계인 것이다. 따라서 생물학은 여러 학문이 함께 얽혀진 다학제 간 융합 학문이다.

이 단원에서는 생명에 관한 학문에 적용되는 화학의 기초 개념들에 대해 소개하고자 한다. 분자들이 모여 세포가 되는 그 전이단계의 어디쯤인가에 우리는 아직 명확하지는

않지만 생물과 무생물의 경계가 존재함을 알게 될 것이다. 이 장에서는 모든 물질을 이루고 있는 화학물질에 대해서 살펴볼 것이다.

개념 2.1

물질은 순수한 형태 혹은 화합물 형태의 화학원소로 이루어져 있다

생명체는 부피와 질량*을 갖는 **물질(matter)**로 이루어져 있다. 물질은 다양한 형태로 존재하며 각 형태는 저마다 독특한 특징을 지니고 있다. 바위와 금속, 기름, 휘발유, 사람 등은 다양한 물질의 예이다.

원소와 화합물

물질은 원소들로 이루어져 있다. **원소(element)**는 화학반응에 의해서 더 이상 분해되지 않는 물질이다. 현재 지구상에는 금과 구리, 탄소, 산소 등 92개의 원소가 알려져 있다. 각 원소는 영문 이름의 첫 번째 글자 혹은 첫 번째와 두 번째 글자를 이용해서 기호로 표시된다. 일부 기호들은 라틴이나 독일식 이름에서 유래하기도 한다. 예를 들어, 소듐(sodium)에 대한 기호는 라틴어 *natrium*에서 유래된 Na이다.

화합물(compound)은 두 개 이상의 다른 원소들이 특정비율로 결합되어 있는 형태이다. 예를 들어, 소금은 염화소듐(NaCl)으로서 소듐(Na)과 염소(Cl)가 1:1의 비율로 이루어진 화합물이다. 순수한 소듐은 금속이며 순수 염소는 독성이 강한 기체이다. 그러나 이들이 화학적으로 결합하면 우리가 먹을 수 있는 화합물이 된다. 또 다른 화합물인 물(H_2O)은 수소(H)와 산소(O)가 2:1의 비율로 이루어져 있다. 이것이 바로 조직화된 물질이 나타내는 창발적 특징의 간단한 예이다. 즉, 화합물은 구성물인 원소들과는 다른 특징을 갖게 된다(그림 2.2).

▲ 그림 2.2 **화합물 단계에서의 창발적 특징들.** 금속인 소듐이 독성을 띠고 있는 기체인 염소와 결합하면 우리가 먹을 수 있는 소금이 된다.

생명체에 필요한 원소들

92가지의 원소 중 약 20~25%의 원소들은 생명체가 건강하게 살고 번식을 하기 위해 필요한 필수원소이다. 여러 종류의 생명체가 필요로 하는 필수원소들은 비슷하긴 하지만 약간의 차이가 있다. 예를 들어 사람은 25개의 원소를 필요로 하지만, 식물은 그보다 적은 17개의 원소를 필요로 한다.

네 가지 원소—산소(O)와 탄소(C), 수소(H), 질소(N)—가 생명체의 96%를 차지하고 있다. 칼슘(Ca)과 인(P), 포타슘(K), 황(S) 및 그 외 몇 가지 원소들이 생명체 중량의 나머지 4%의 대부분을 차지하고 있다. **미량원소(trace elements)**란 생명체가 매우 소량만을 필요로 하는 원소들을 말한다. 철(Fe)과 같은 일부 미량원소들은 모든 생명체에 필수적이나 특정 미량원소들은 특정 종의 생명체들만이 필요로 한다. 예를 들어, 척추동물의 경우 아이오딘(요오드, I)는 갑상샘에서 분비되는 호르몬의 구성성분으로서 필수적이다. 정상적인 갑상샘의 작용을 위해서는 하루에 약 0.15 mg의 아이오딘이 필요하며 아이오딘 섭취가 부족한 경우 갑상샘이 비정상적으로 자라 갑상샘종이라는 질병이 초래된다. 해산물이나 아이오딘화 소금을 섭취하면 이러한 갑상샘종의 발병률을 낮출 수 있다. 인체를 구성하는 원소들을 표 2.1에 나타내었다.

일부 천연원소는 생명체에 독성을 띤다. 예를 들어, 비소는 사

표 2.1 인체를 구성하는 원소들

원소	기호	인간의 체중(물을 포함)에서 차지하는 비율	
산소	O	65.0%	96.3%
탄소	C	18.5%	
수소	H	9.5%	
질소	N	3.3%	
칼슘	Ca	1.5%	3.7%
인	P	1.0%	
포타슘	K	0.4%	
황	S	0.3%	
소듐	Na	0.2%	
염소	Cl	0.2%	
마그네슘	Mg	0.1%	

미량원소(체중의 0.01% 미만을 차지): 붕소(B), 크롬(Cr), 코발트(Co), 구리(Cu), 불소(F), 아이오딘(I), 철(Fe), 망간(Mn), 몰리브덴(Mo), 셀레늄(Se), 규소(Si), 주석(Sn), 바나듐(V), 아연(Zn)

INTERPRET THE DATA 인체에 관해 알고 있는 점을 고려하면, 산소의 비율이 높은 것(65%)을 무엇으로 설명할 수 있는가?

* 질량과 무게는 동일한 개념이 아니지만, 모든 언어에서 질량이라는 용어 대신 무게라는 용어를 사용하는 경향이 있다. 질량이란 한 개체 안의 물질의 양을 이야기하는 반면, 무게는 질량이 중력에 의해서 얼마나 강력히 잡아당겨지느냐를 이야기한다. 달에서 걷고 있는 우주비행사의 무게는 지구상에서 걷고 있을 때와 비교해서 약 1/6에 불과하지만 질량은 동일하다. 그러나 지구상에 존재하는 물체에 관한 한 무게는 질량의 단위이기 때문에 일상 언어에서 우리는 이 두 용어를 혼용하고 있다.

▲ **그림 2.3** **사문석지대 식물 군집.** 이 식물들은 일반적으로 식물에게 독성을 띠는 원소들을 함유하고 있는 사문석 토양에서 자라고 있다. 작은 사진들은 사문석과 Tiburon Mariposa 백합 부분을 확대한 것이다.

람에게 다양한 질병을 유발하며 치명적이다. 지구상의 일부지역에서는 자연계에 존재하는 비소가 지하수와 섞인다. 우물물을 마시는 남부아시아에서는 수백만의 사람들이 자기도 모르게 비소로 오염된 물에 노출되어왔다. 현재 이들이 사용하는 물에서 비소의 함량을 낮추기 위한 노력이 진행되고 있다.

사례연구: 독성원소에 대한 저항성의 진화

진화 일부 생물종들은 독성을 띠는 원소가 있는 환경에 적응해왔다. 흥미로운 예를 사문석지대 식물군집에서 찾을 수 있다. 사문석은 옥과 유사한 광물로 크롬과 니켈, 코발트 등의 독성 원소를 함유한다. 대부분의 식물은 사문석이 부서져 만들어진 토양에서는 살 수 없으나 몇몇 식물종은 살 수 있도록 적응하였다(그림 2.3). 아마도, 사문석 토양에서 살수 없는 조상종으로부터, 이곳에서 살 수 있는 변종이 생겨나고, 이후 자연선택에 의해 오늘날 우리가 사문석 토양에서 볼 수 있는 다양한 종이 생겨났을 것이다. 과학자들은 사문석에 적응한 식물이 오염된 지역에서 독성 중금속을 흡수하여 농축시킴으로써 안전하게 처리할 수 있는지에 대하여 연구하고 있다.

개념 확인 문제 2.1

1. MAKE CONNECTIONS 우리가 섭취하는 소금이 어떻게 창발적 특징을 갖게 되는지 설명하라. (개념 1.1 참조)
2. 미량원소는 필수원소인가? 설명하라.
3. WHAT IF? 사람에게서 철은 적혈구의 산소운반에 중요한 작용을 하는 헤모글로빈이 제대로 작용하기 위해서 필요한 미량원소이다. 철이 부족하면 어떤 일이 벌어질까?
4. MAKE CONNECTIONS 사문석 토양에 대한 내성을 띠는 종의 진화에 자연선택이 어떤 역할을 하였는지 설명하라. (개념 1.2 참조.)

정답은 부록 A 참조

개념 **2.2**

원소의 성질은 이를 이루는 원자들의 구조에 의해 결정된다

각 원소는 다른 원소들의 원자들과 차별되는 한 종류의 원자로 이루어져 있다. **원자(atom)**는 원소의 특성을 유지하고 있는 물질의 가장 작은 단위로, 그 크기가 매우 작아 100만 개가 모여야 구두점 크기와 비슷해질 수 있다. 원자의 기호는 그 원자가 이루는 원소의 기호와 동일하게 표기된다. 즉, 기호 C는 탄소원소를 나타내며 또한 하나의 탄소원자를 나타내기도 한다.

아원자 입자

원자는 원소의 성질을 유지하고 있는 가장 작은 단위이지만 원자 역시 보다 작은 입자인 아원자 입자(subatomic particle)들로 이루어져 있다. 물리학자들은 원자를 100가지 이상의 입자들로 나누지만 3가지 종류의 입자, 즉 **중성자(neutrons)**와 **양성자(protons)**, **전자(electrons)**들만이 여기에서 논의되기에 적절하다. 양성자와 전자는 전하를 띠고 있다. 즉, 하나의 양성자는 한 단위의 양의 전하를 띠고 있으며 하나의 전자는 한 단위의 음의 전하를 띠고 있다. 중성자는 그 이름에서 알 수 있듯이 전기적으로 중성이다.

양성자와 중성자는 원자의 중앙에서 치밀하게 뭉쳐서 밀도가 높은 **원자핵(atomic nucleus)**을 형성한다. 원자핵은 양성자로 인해서 양의 전하를 띠게 되는 반면, 전자는 음의 전하를 띠고 핵 주변에서 구름의 형태를 이루고 있다. 이들의 반대되는 전하 사이의 인력에 의해 전자가 원자핵의 주변에 위치하게 되는 것이다. 헬륨원자를 예로 원자구조의 두 가지 모델이 그림 2.4에 제시

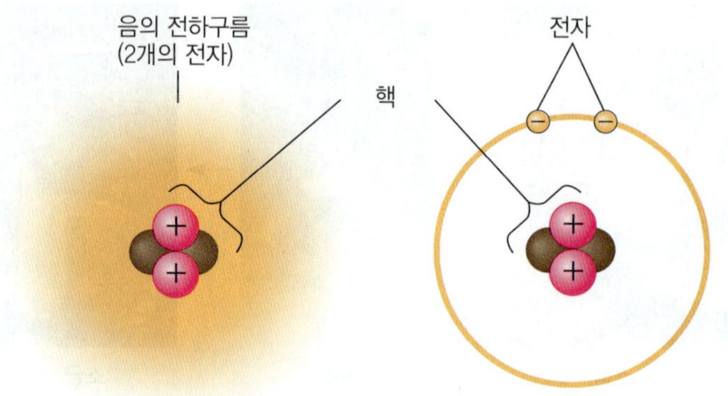

▲ **그림 2.4** **헬륨(He)원자의 단순화된 모델.** 헬륨원자의 핵은 2개의 중성자(갈색)와 2개의 양성자(분홍색)로 이루어져 있으며, 두 전자(노란색)가 핵 주위를 빠르게 돌아다니고 있다. 이 모델에서는 실제 축척을 사용하지 않았다. 즉, 전자구름의 크기에 비해서 핵의 크기는 매우 과장되게 나타나 있다.

되어 있다.

중성자와 양성자는 하나당 약 1.7×10^{-24}g으로 거의 동일한 질량을 가지고 있다. 이렇게 매우 작은 입자들의 무게를 표시하는 단위로 그램이나 여타 일반적인 무게 단위는 편리하지 않아 원자와 아원자 입자, 분자들의 무게를 표시할 때는 **달톤(dalton)**이라는 단위를 쓴다. 이 단위는 1800년경에 원자론(atomic theory)을 개발하는 데 공헌을 한 영국의 과학자 달톤(John Dalton)을 기리기 위해 그의 이름에서 따온 것이다. 달톤은 원자질량단위(atomic mass unit)인 amu와 동일한 단위이다. 중성자와 양성자는 약 1달톤의 무게를 가지고 있으며 전자의 무게는 중성자나 양성자 무게의 1/2,000에 지나지 않아 원자의 무게를 생각할 때 전자의 무게는 무시될 수 있다.

원자번호와 원자량

아원자 입자의 수는 원소마다 다르다. 특정 원소의 모든 원자들은 원자핵에 일정한 개수의 양성자를 가지며 이 숫자는 원소마다 모두 다르다. 이것을 우리는 **원자번호(atomic number)**라고 하며 원소기호의 왼쪽에 아래첨자로 표시한다. 예를 들어, $_{2}He$는 헬륨원소의 원자가 핵에 두 개의 양성자를 가지고 있음을 의미한다. 달리 표시가 없으면 원자는 전기적으로 중성이며, 이는 원자의 양성자가 동일한 숫자의 전자로 전기적 균형이 맞추어져야 함을 의미한다. 그러므로 원자번호는 양성자의 숫자뿐 아니라 전기적으로 중성인 원자에서 전자의 개수를 의미하고 있다.

질량수(mass number)는 원자핵의 양성자와 중성자를 합친 것으로 이 숫자로 그 원자의 중성자 개수를 알 수 있다. 질량수는 원소기호 왼쪽에 위첨자로 표기한다. 예를 들어, 헬륨원자를 $^{4}_{2}He$로 간단히 표기할 수 있다. 원자번호는 원자핵 내의 양성자의 개수를 의미하므로 질량수에서 원자번호를 빼면 중성자의 개수를 알 수 있다. 따라서 헬륨의 경우는 2개의 중성자를 갖는다. 소듐원자(Na)의 경우:

질량수 = 양성자의 수 + 중성자의 수
= 23 (소듐의 경우)

$^{23}_{11}Na$

원자번호 = 양성자의 수
= 중성원자의 전자 수
= 11 (소듐의 경우)

중성자의 수 = 질량수 − 원자번호
= 23 − 11 = 12 (소듐의 경우)

가장 간단한 원자는 수소이며 $^{1}_{1}H$라 표기되고 중성자 없이 하나의 양성자와 하나의 전자로만 이루어져 있다.

전자의 질량은 거의 무시할 수 있을 정도로 작아 원자질량에 영향을 주지 못하므로 원자질량의 거의 전부는 핵에 집중되어 있다. 그리고 양성자와 중성자의 질량은 모두 약 1달톤이므로 질량수는 원자의 전체질량인 **원자량(atomic mass)**과 매우 비슷하다. 따라서 소듐($^{23}_{11}Na$)의 원자량은 23달톤이라고 할 수 있고 정확한 원자량은 22.9898달톤이다.

동위원소

특정 원소를 이루는 원자는 모두 같은 개수의 양성자를 가지고 있다. 그러나 일부 원자들은 동일원소를 이루고 있는 다른 원자들보다 많은 중성자를 가지고 있어 원자량이 크다. 이렇게 양성자의 개수는 같고 중성자의 개수가 다른 원자들을 **동위원소(isotopes)**라 한다. 자연 상태에서 원소는 동위원소들의 혼합물로 존재한다. 원자번호가 6인 원소인 탄소의 3가지 동위원소를 예로 들어보자. 가장 흔한 형태는 탄소-12($^{12}_{6}C$)로 자연 상태의 탄소 중 약 99%를 차지하고 있으며 이 형태는 6개의 중성자를 가지고 있다. 나머지 1% 탄소 중 대부분은 7개의 중성자를 가지고 있는 동위원소 $^{13}_{6}C$이며, 8개의 중성자를 가지고 있는 동위원소 $^{14}_{6}C$도 소량 존재한다. 탄소의 3가지 동위원소들은 모두 6개의 양성자를 가지고 있음을 명심하자. 그렇지 않다면 이는 더 이상 탄소가 아니다. 동위원소들은 질량이 약간씩 다르지만 화학반응에 있어서는 동일하게 반응한다. (탄소의 경우 12.01달톤 같이, 특정 원소의 원자량으로 주어지는 숫자는 실제로는 자연 상태에 존재하는 모든 동위원소들의 원자량 평균으로, 각 동위원소의 존재비율로 계산된 것이다.)

^{12}C와 ^{13}C는 안정한 동위원소로서 이들의 원자핵은 붕괴과정을 통해 입자를 잃어버리려는 경향이 없다. 그러나 동위원소 ^{14}C는 불안정하여 방사능을 낸다. **방사성 동위원소(radioactive isotope)**는 핵이 자연적으로 붕괴하여 입자와 에너지를 방출하는 원소를 말한다. 핵의 붕괴에 의해서 양성자의 수가 변하면 다른 원소의 원자로 변하게 된다. 예를 들어, 방사성 동위원소인 탄소(^{14}C)는 붕괴하여 질소(^{14}N)가 된다. 방사성 동위원소는 생물학에서 매우 유용하게 이용되고 있다.

방사성 추적자

방사성 추적자는 의학에서 종종 진단도구로 이용된다. 세포는 비방사성 동위원소를 사용하는 것과 마찬가지로 동일한 원소의 방사성 원자를 동일하게 사용할 수 있다. 방사성 동위원소는 생물학적 활성을 띠는 분자에 끼어 들어가게 되고, 이렇게 되면 생명체 내의 화학반응인 물질대사 과정 동안 원자를 추적할 수 있는 추적자로서 사용된다. 예를 들어, 방사성 동위원소를 포함하는 물질을 혈액에 소량 주사한 후 소변으로 배출되는 방사성 추적자의 양을 측정함으로써 특정 신장 관련 질병을 진단할 수 있다. 또한 방사성 추적자는 체내에서 암세포의 생장과, 이와 관련된 화학반응들을 검출할 수 있는 PET 촬영장치 같은 정교한 영상처리장치에 이용된다(그림 2.5).

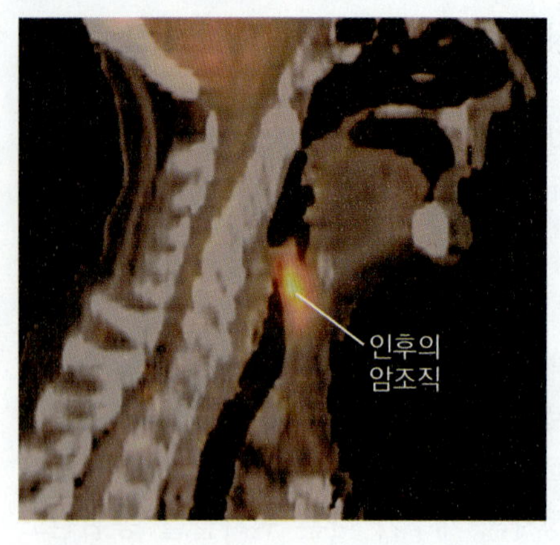

◀ 그림 2.5 **방사성 동위원소를 의학적으로 이용하는 PET 촬영.** 양전자-방출단층촬영(positron-emission tomography)을 의미하는 PET는 우리 몸에서 화학적 활성이 매우 높은 부위를 찾아낸다. 밝은 노란색 지역은 방사성 동위원소로 표지된 포도당이 높은 수준으로 존재하는 것을 말하며, 대사 활성이 높은 암 조직의 특징을 잘 드러내 준다.

방사성 동위원소가 생물학이나 의학 등의 분야에서 매우 유용한 것은 사실이지만 동위원소의 붕괴에 따라 방출되는 방사선은 세포 내의 여러 분자들에 해를 입혀 생명체에 위험을 초래하기도 한다. 가장 끔찍한 위협은 핵사고로 인한 방사능 낙진이다. 그러나 의학적으로 이용되는 대부분의 동위원소들은 상대적으로 안전하다.

방사성 연대 결정

진화 과학자들은 과거에 살았던 생물들의 잔해로부터 연대를 알아내기 위해 화석에서 방사성물질 붕괴를 측정한다. 화석은 과거와 현재에 살고 있는 생명체 사이의 차이를 기록해 과거에 사라진 종들에 대한 정보를 우리에게 제공함으로써 진화에 대한 거대한 증거를 제공한다. 화석층은 깊은 층의 화석이 얕은 층의 화석에 비해 오래되었다는 것을 이야기해 주긴 하지만, 각 층에서 발견되는 화석의 실제 나이(연대)는 위치만으로는 알 수 없다. 여기가 바로 방사성 동위원소가 끼어들어 갈 수 있는 곳이다.

"어미" 동위원소는 동위원소의 **반감기(half-life)**—어미 원소 50%가 붕괴되는 데 걸리는 시간—로 표현되는 일정한 속도로 "딸" 동위원소로 붕괴된다. 각각의 방사성 동위원소는 특정 반감기를 가지고 있으며, 이는 온도나 압력, 혹은 그 외 환경적인 변인에 의해 영향받지 않는다. 과학자들은 **방사성 연대 측정법(radiometric dating)**이라는 과정을 통해 여러 동위원소의 비율을 측정해서 생명체가 화석화되거나, 혹은 바위가 형성된 이래로 얼마나 많은 반감기(년 단위로)가 지나갔는지를 계산해낸다. 반감기는 일부 동위원소의 경우처럼 매우 짧은 몇 초~며칠인 것으로부터 매우 긴 것까지 다양하다—우라늄-238의 반감기는 45억 년이나 된다! 각각의 동위원소는 특정 범위의 연대를 측정하는 데 적합하다: 우라늄 238은 월석이 지구의 나이와 유사한 45억 년 정도 된다는 것을 측정하는 데 이용되었다. **과학적 분석 기술의 연습**에서는 중요한 화석의 나이를 결정하기 위해 탄소-14를 사용한 실험으로부터 얻은 데이터들이 어떻게 이용되는지 알아보자. (25장에서 화석의 방사성 연대 측정법에 관해 보다 자세히 배울 것이다.)

전자의 에너지 준위

그림 2.4의 간단한 원자 모형에서는 전체 원자 크기에 비해 핵의 상대적인 크기가 매우 과장되어 있다. 실제로는 헬륨원자의 경우 원자의 크기가 양키스 구장 정도라면 핵은 구장의 한가운데 떨어져 있는 연필지우개 정도의 크기에 비유될 수 있다. 게다가 전자는 구장을 날아다니는 두 개의 작은 날파리 정도에 지나지 않아서 원자의 경우 대부분의 공간은 텅 비어 있다고 할 수 있다. 두 개의 원자가 화학반응 시 가까이 접근하는 경우에 원자핵들은 서로 영향을 끼칠 정도로 가까이 놓이지는 않으므로 아원자 입자들 세 가지 중 전자만이 화학반응에 직접 관여한다.

전자들이 가지는 에너지의 양은 매우 다양하다. **에너지(energy)**는 일을 함으로써 변화를 유발할 수 있는 능력을 말한다. **위치에너지(potential energy)**는 물질이 자신의 위치나 구조로 인해 소유하고 있는 에너지를 말한다. 예를 들어, 언덕 높은 곳의 저수지에 담겨 있는 물은 그 높은 위치 때문에 위치에너지를 가지고 있다. 저수지의 수문이 열려 물이 나오게 되면 물은 언덕 아래로 흘러내려가고 이때 에너지는 터빈의 날개를 돌려 전기를 생산하는 등의 일을 하는 데 쓰일 수 있다. 에너지가 사용되었기 때문에 언덕 아래로 흘러내려온 물은 언덕 위의 저수지에 있을 때보다 적은 에너지를 갖는다. 자연계의 물질들은 항상 가장 낮은 위치에너지를 갖는 상태로 움직이려는 경향이 있으며 위의 경우에서는 물이 언덕 아래로 흘러내려가 위치에너지가 낮아지는 것이다. 위치에너지를 다시 회복하기 위해서는 물을 중력에 역행

(a) 공이 계단의 한 계단씩 튀어내려가는 것은 전자의 에너지 준위를 잘 보여준다. 왜냐하면 전자와 마찬가지로 공은 계단의 각 층에만 놓일 수 있으며 층과 층 사이에는 놓일 수 없기 때문이다.

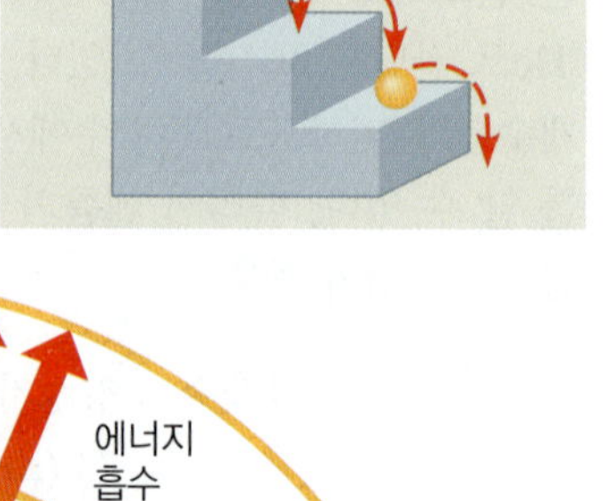

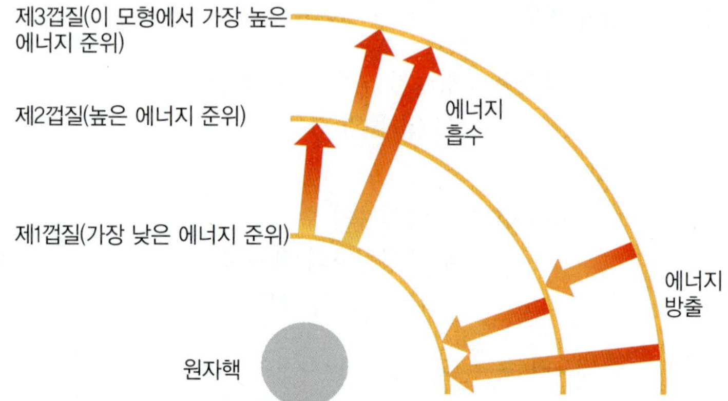

(b) 전자는 이들이 얻거나 잃는 에너지가 두 에너지 준위 간의 차이와 정확하게 일치할 때 두 에너지 준위사이에서 이동할 수 있다. 화살표는 전자가 가질 수 있는 에너지 준위의 변화에 따른 위치에너지의 변화를 의미한다.

▲ 그림 2.6 **전자의 에너지 준위.** 전자는 특정한 위치에너지의 수준에만 존재할 수 있으며 이를 전자껍질이라고도 한다.

과학적 분석 기술의 연습

표준 방사성 동위원소 붕괴 곡선의 환산과 데이터의 해석

네안데르탈인은 언제 멸종했는가? 네안데르탈인(*Homo neanderthalensis*)은 유럽에서 35,000년 전 즈음에 살면서, 아마도 수백, 혹은 수천 년 동안 유라시아지역에서 초기 *Homo sapiens*와 함께 존재했었을 것이다. 과학자들은 네안데르탈인이 멸종한 때를 조사함으로써 이들이 함께 존재했던 기간을 보다 정확하게 측정하고자 하였다. 이들은 탄소-14 연대 측정법 이용하여 네안데르탈인의 뼈가 발견된 가장 최근의(가장 위층의) 고고학 지층으로부터 네안데르탈인 화석의 연대를 결정하고자 하였다. 이 연습에서, 우리는 탄소-14의 표준 붕괴 곡선을 그리고, 이것을 이용하여 이 네안데르탈인 화석의 연대를 결정할 것이다. 이 연대를 통해 두 종이, 화석이 발견된 장소에서 공존했던 마지막 시기를 추정할 수 있을 것이다.

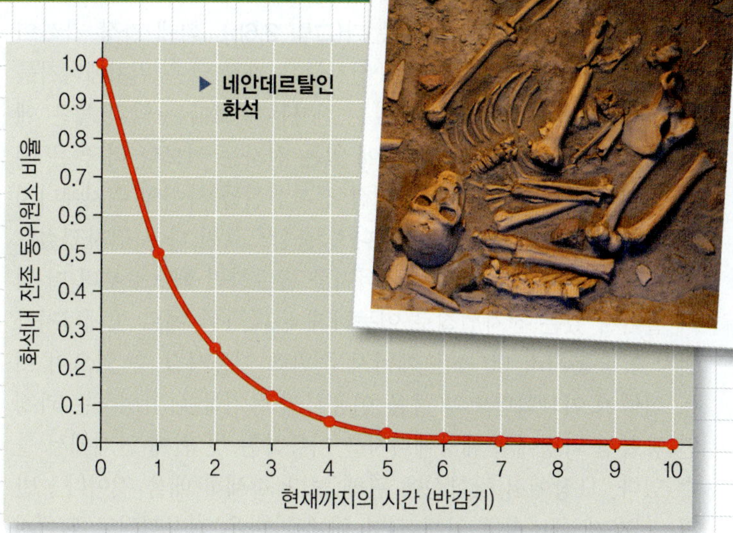

실험 방법 탄소-14(^{14}C)는 일정한 속도로 ^{14}N으로 붕괴되는 방사성 동위원소이다. ^{14}C는 대기 중에 소량 존재하며, 탄소의 다른 동위원소인 ^{13}C과 ^{12}C와 함께 일정한 비율로 존재한다. 식물이 광합성 과정에서 대기로부터 탄소를 흡수하면, ^{12}C와 ^{13}C, ^{14}C 동위원소는 대기 중에서의 비율과 동일한 비율로 식물체에 편입된다. 이 비율은 식물을 먹는 동물의 조직에서도 동일하게 유지된다. 생명체가 살아 있는 동안에, 체내의 ^{14}C는 지속적으로 ^{14}N으로 분해되지만 계속적으로 주변 환경으로부터 들어오는 탄소로 대체된다. 생명체가 죽게 되면, 새롭게 ^{14}C를 받아들이는 것이 중지되고 조직 내의 ^{14}C는 지속적으로 붕괴된다. 반면에 ^{12}C는 방사성이 아니며, 또한 붕괴하지 않으므로, 조직 내의 ^{12}C 양은 변하지 않고 남아 있게 된다. 따라서 과학자들은, ^{12}C에 대한 ^{14}C의 비율을 측정하고 대기 중에 원래 있었던 ^{12}C에 대한 ^{14}C의 비율과 비교함으로써, 화석에서 원래의 ^{14}C가 얼마나 오랫동안 붕괴되어왔는지를 계산할 수 있다. ^{14}C의 반감기가 5,730년이라는 것—다른 말로, 매 5,730년마다 화석 내의 ^{14}C의 절반이 붕괴된다는 것을 알고 있기 때문에, 원래의 ^{14}C의 비율과 비교한 화석에서의 ^{14}C의 비율을 연도로 전환할 수 있다.

실험 데이터 과학자들은 네안데르탈인 화석이 대기 중 ^{14}C 양의 약 0.0078(혹은, 과학적 표시법으로 7.8×10^{-3}) 비율의 ^{14}C를 가지고 있다는 것을 알게 되었다. 다음의 질문들을 따라가면, 이 비율을 화석의 연대로 전환할 수 있을 것이다.

데이터 해석

1. 오른쪽 칼럼 맨 위쪽에 방사성 동위원소 붕괴 표준 그래프가 있다. 그래프의 선은 반감기 단위로 나타낸 시간에 따른(현재시기 전까지) 방사성동위원소의 비율을 나타낸다. 반감기는 방사성 동위원소의 절반이 붕괴되는데 걸리는 시간임을 상기하라. 각 데이터 점에서의 비율을 표기하여 그래프를 그릴 수 있다. 반감기가 1인 데이터 점에 화살표를 그리고, 한 번의 반감기 후에 남아 있게 될 ^{14}C의 비율을 적어라. 각 반감기가 지날 때마다 남아 있게 될 ^{14}C의 비율을 계산해서 각 데이터 점에 해당하는 화살표 근처에 적어라. 각 비율을 십진수로 바꾸고 최대 유효숫자가 3이 되는 자리까지 나타내라(첫째 자리의 0은 유효숫자로 생각하지 않는다). 또한 그 십진수를 과학적 표시법으로 써 보라.
2. ^{14}C의 반감기가 5,730년이라는 것을 상기하라. ^{14}C의 붕괴를 나타내는 *x*축을 시간 단위로 환산하기 위해 각 반감기 아래에 현재까지의 시간을 연도로 적어라.
3. 과학자들은 네안데르탈인 화석에서 ^{14}C이 원래 대기 중에서 발견되는 양의 약 0.0078 비율임을 알게 되었다. (a) 그래프의 숫자를 이용하여, 네안데르탈인이 죽은 후 몇 번의 반감기가 지났는지 계산하여라. (b) *x*축의 ^{14}C 환산을 이용하여, 네안데르탈인 화석의 대략적인 연대는 얼마인가(1000의 자리에서 근사치로 나타내라)? (c) 이 연구에 따르면, 네안데르탈인은 대략 언제 멸종했는가? (d) 과학자들은 현생인류(*H. sapiens*)가 대략 39,000~42,000년 전에 마지막 네안데르탈인이 살았던 동일한 지역에 나타났다는 증거들을 제시하고 있다. 이것은 네안데르탈인과 현생인류의 공존에 관하여 무엇을 나타내는가?
4. 탄소-14 연대 측정법은 최대, 약 75,000년 된 화석에 사용될 수 있다; 이보다 더 오래된 화석은 측정할 수 없을 정도로 너무 적은 양의 ^{14}C를 함유하고 있다. 대부분의 공룡들은 6,550만 년 전에 멸종했다. (a) 공룡 뼈의 연대를 알아보기 위해 ^{14}C를 이용할 수 있을까? (b) 방사성 우라늄-235의 반감기는 7억4백만 년이다. 이 물질이 공룡의 뼈에 들어 있다면, 공룡화석의 연대를 측정하는 데 이용될 수 있는가? 그 이유를 설명하라.

참고문헌 R. Pinhasi et al., Revised age of late Neanderthal occupation and the end of the Middle Paleolithic in the northern Caucasus. *Proceedings of the National Academy of Sciences USA* 147:8611–8616 (2011). doi 10.1073/pnas. 1018938108

하여 끌어 올려야 한다.

원자의 전자는 핵으로부터의 거리에 의해 다양한 위치에너지를 갖게 된다**(그림 2.6)**. 음전하를 띠고 있는 전자들은 양전하를 띠고 있는 핵에 의해 붙잡혀 있어 전자를 핵으로부터 멀리 이동시키기 위해서는 에너지가 투입되어야 한다. 따라서 전자가 핵으로부터 멀리 떨어져 있을수록 전자가 가지고 있는 위치에너지는 더 크다. 물이 높은 곳에서 낮은 곳으로 흐르는 것과 같은 연속적인 위치에너지의 변화와는 달리 전자의 위치에너지는 일정량의 고정된 양만큼씩 불연속적으로 변한다. 이는 계단에 놓여 있는 공에 비유될 수 있다**(그림 2.6a)**. 공은 몇 번째 계단에 놓여 있느냐에 따라 다른 양의 위치에너지를 가지며 계단의 층과 층 중간에 멈추어 있지 않는다. 마찬가지로 전자는 불연속적인 고정된 양의 위치에너지들 사이의 중간에너지를 갖는 상태로 존재하지는 않는다.

전자의 에너지 준위는 핵으로부터 떨어져 있는 평균적인 거리와 상관 있다. 전자들은 여러 **전자껍질(electron shell)**에서 발견되며, 각 전자껍질의 전자는 특정의 평균 거리(핵으로부터의 거리)와 특정 에너지 준위를 갖는다(**그림 2.6b**). 핵에 가장 가까이 있는 첫 번째 전자껍질에 있는 전자들은 가장 낮은 위치에너지를 갖는다. 두 번째 전자껍질에 있는 전자는 이보다는 약간 높은 에너지를 갖고 세 번째 전자껍질에 있는 전자는 이보다 더 높은 에너지를 갖게 된다. 전자는 이러한 전자껍질들 사이의 위치에너지 차이만큼의 에너지를 흡수하거나 방출함으로써 다른 전자껍질로 이동할 수 있다. 즉, 전자가 에너지를 흡수하면 핵으로부터 더 멀리 떨어져 있는 전자껍질로 이동하게 된다. (한 예로 빛에너지가 전자를 흥분시켜 더 높은 에너지 준위로 이동시킬 수 있으며 이는 식물이 이산화탄소와 물을 이용하여 유기물을 합성하는 과정인 광합성 과정에서 태양에너지를 이용하는 첫 번째 단계에서 볼 수 있다. 11장에서 광합성에 관해 보다 자세히 배울 것이다.) 반면, 전자가 에너지를 잃게 되면 핵에 가까운 전자껍질로 떨어지고, 잃어버린 에너지는 일반적으로 열이라는 형태로 주변으로 방출된다. 예를 들어, 태양빛이 검은색 자동차의 페인트에 있는 전자를 흥분시켜 높은 에너지 준위를 갖게 하고 전자가 본래의 준위로 되돌아가면서 열을 내놓게 된다. 이로 인해 우리가 차를 만지면 뜨거운 열을 느낄 수 있고 또한 이 열이 공기 중으로 방출된다.

전자배치와 화학적 특징

원자의 화학적 특성은 전자배치, 즉 원자의 전자껍질에서 전자의 분포에 의해 결정된다. 가장 간단한 원자인 수소로부터 시작하여 한번에 1개의 양성자와 1개의 전자를 적절한 수의 중성자와 함께 첨가해 가면서 여러 원소를 이루고 있는 원자들을 만들어 간다고 생각해 보자. **그림 2.7**은 원소 주기율표의 축약판으로 수소($_{1}$H)에서부터 아르곤($_{18}$Ar)까지 18가지 원소의 경우 전자가 어떻게 배치되어 있는지를 보여준다. 원소들은 원자들의 전자껍질수에 따라 세 개의 가로열 혹은 주기로 나뉘어 배열되어 있다. 왼쪽에서 오른쪽으로의 배열 순서에 따라 전자와 양성자의 숫자가 하나씩 증가된다(완전한 주기율표는 부록 B에서 볼 수 있다).

수소에 있는 하나의 전자와 헬륨의 두 전자는 첫 번째 전자껍질에 놓여 있다. 전자 역시 다른 모든 물질과 마찬가지로 가장 낮은 위치에너지를 갖는 상태로 존재하려는 경향이 있으며 이것이 바로 첫 번째 전자껍질에 위치하는 것이다. 그러나 첫 번째 전자껍질에는 단 두 개의 전자만이 위치할 수 있어 주기율표에서

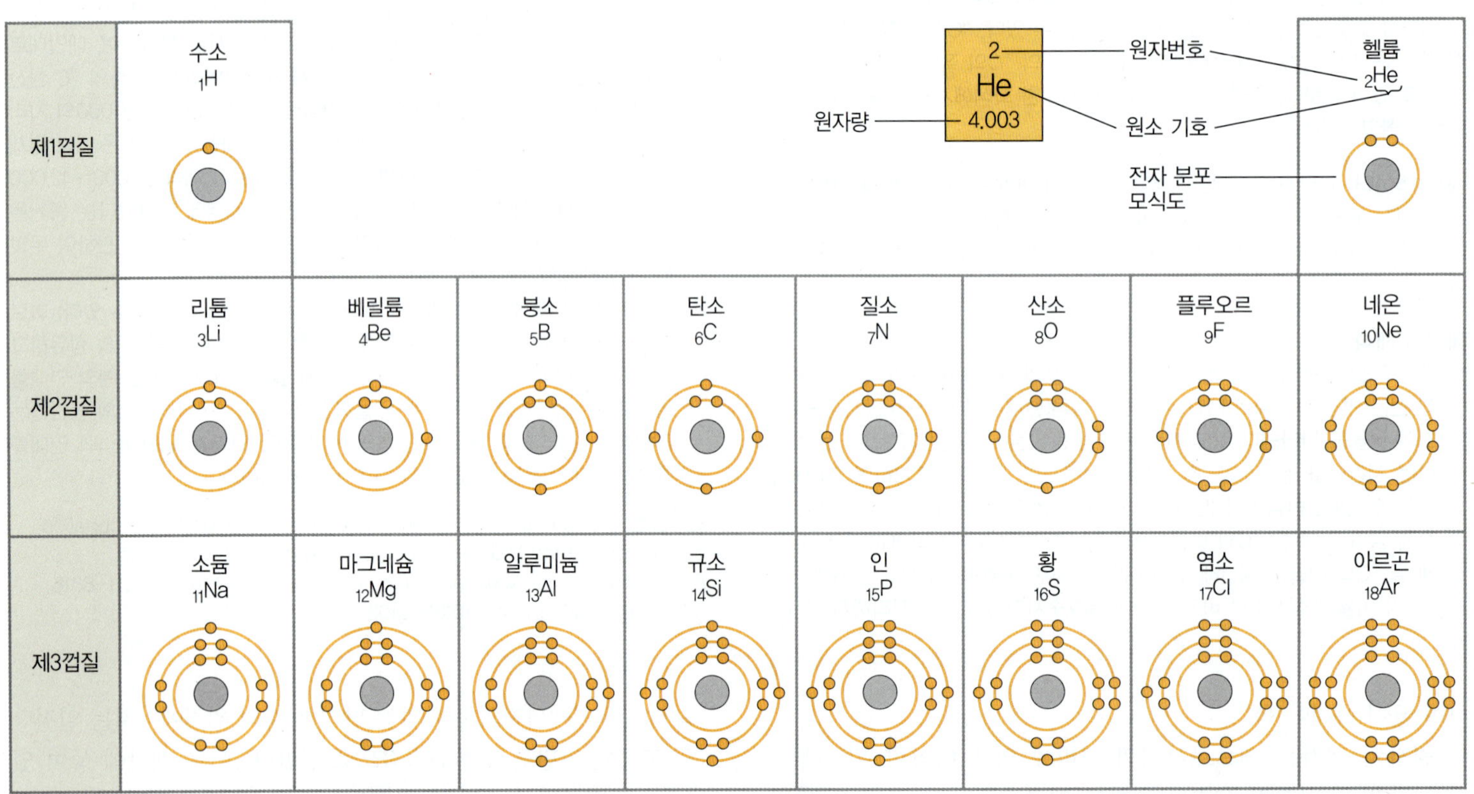

▲ **그림 2.7 주기율표 앞의 첫 18개 원소에 대한 전자 분포 모식도.** 표준 주기율표(부록 B)에서는 위쪽에 삽입해 나타낸 헬륨의 예와 같이 각 원소의 정보를 표시한다. 이 표의 모식도에서 전자는 노란 구로 표시되어 있고 에너지 준위를 나타내는 전자껍질은 동심원으로 그려져 있다. 그러나 이 모식도는 전자껍질에서 전자들의 분포를 쉽게 보이게 하기 위한 것일 뿐으로 매우 단순화시킨 모델임을 명심해야 할 것이다. 원소들은 가로로 배열되어 있고 전자껍질에 전자가 하나씩 채워지고 있다. 전자가 채워질 때는 가장 에너지 준위가 낮은 껍질부터 채워진다.

? 마그네슘의 원자번호는 무엇인가? 몇 개의 양성자와 전자를 가지고 있는가? 몇 개의 전자껍질을 가지는가? 몇 개의 원자가전자를 가지고 있는가?

하나의 전자껍질을 갖는 첫 번째 가로열의 원소는 수소와 헬륨 단 두 개이다. 따라서 두 개보다 많은 전자를 갖는 원소들은 첫 번째 껍질이 가득 채워져 있어 다음 단계의 껍질에 전자가 위치해야 한다. 3개의 전자를 갖는 리튬의 경우 두 개의 전자는 첫 번째 껍질에 위치하며 나머지 하나의 전자는 두 번째 껍질에 위치하게 된다. 두 번째 껍질에는 최대 8개의 전자가 위치할 수 있으며 두 번째 가로열의 마지막 원소인 네온은 두 번째 껍질에 모두 8개의 전자가 있어 결국 이 원소는 총 10개의 전자를 갖는 것이다.

원자들의 화학적 특성은 주로 가장 바깥쪽의 전자껍질에 존재하는 전자의 숫자에 의해 결정된다. 이러한 가장 바깥쪽의 전자(최외각전자)들은 **원자가전자(valence electrons)**라 불리며 가장 바깥쪽의 전자껍질은 **원자가껍질(valence shell)**이라고 불린다. 리튬의 경우를 예로 들면 한 개의 원자가전자가 있으며 두 번째 껍질이 원자가껍질인 것이다. 플루오르(F)와 염소(Cl)의 경우 모두 7개의 원자가전자를 가지며 둘 다 소듐(Na)과 결합하여 화합물을 형성한다: 불화나트륨(NaF)은 치아의 손상을 방지하기 위해서 일반적으로 치약에 첨가되며, 앞에서 설명했듯이 NaCl은 식용소금이다(그림 2.2). 원자가껍질이 완전히 채워진 원자는 반응성이 없어 다른 원자들과 결합하지 않는다. 그림 2.7의 주기율표 가장 오른쪽에 있는 헬륨과 네온, 아르곤은 원자가껍질이 완전히 채워져 있어 화학적으로 반응성이 없는 비활성 상태라고 불린다. 그림 2.7의 모든 다른 원자들은 원자가껍질이 완전히 채워져 있지 않아 화학적으로 활성을 띠고 있다.

전자 오비탈

1900년대 초반기, 전자껍질은 행성이 태양 주위를 도는 것처럼 전자가 핵을 가운데에 두고 동심원을 그리며 돌고 있는 궤도로 표시되었다. 그림 2.7에서 보여주는 것처럼 전자껍질을 2차원적 평면에 동심원으로 나타내는 것은 현재까지도 간편하면서도 유용한 표시방법이긴 하지만 전자껍질은 핵으로부터 전자의 평균적인 거리를 나타낸 것임을 염두에 두어야만 한다. 따라서 동심원 모델은 원자의 진짜 모습을 보여주고 있지는 못하며 실제로는 전자가 정확하게 어디에 위치해 있는지를 알 수는 없다. 대신 우리는 전자들이 주로 어디에 존재할 것인지만 알 수 있다. 전자가 90% 정도의 시간 동안 존재하는 3차원적 공간을 **오비탈(orbital)**이라고 한다.

각 전자껍질은 특정 에너지 준위에 전자들을 가지고 있으며 이 전자들은 독특한 모습과 방향성을 가지고 있는 특정 개수의 오비탈에 분포하고 있다. 그림 2.8에서 네온의 오비탈을 한 예로 볼 수 있다. 오비탈을 전자껍질의 구성요소로 생각할 수 있다. 첫 번째 전자껍질은 하나의 구형 *s* 오비탈(1*s*)만을 가지고 있으나 두 번째 전자껍질은 4개의 오비탈, 즉 하나의 큰 구형의 *s* 오비탈(2*s*)과 3개의 아령 모양의 *p* 오비탈(2*p* 오비탈이라고 불림)을 가지고 있다(세 번째 이상의 전자껍질은 *s* 오비탈과 *p* 오비탈 외에

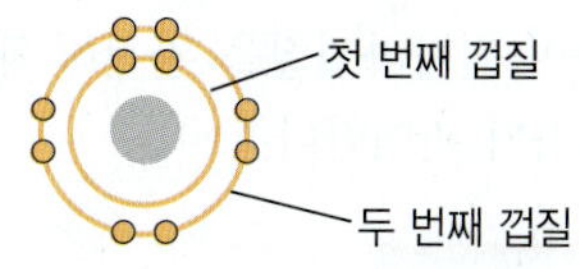

(a) 전자 분포 모식도. 10개의 전자를 가지고 있는 네온원자의 전자 분포 모식도이다. 각 동심원은 전자껍질을 나타내며 이 껍질은 전자 오비탈로 나뉠 수 있다.

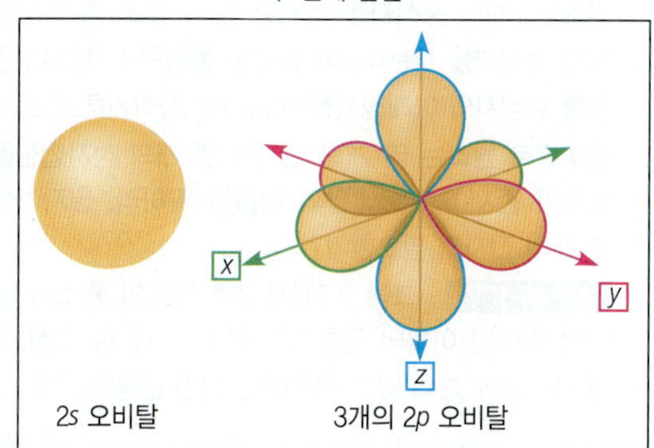

(b) 전자 오비탈의 분해. 3차원 모형은 원자의 전자들이 존재하고 있을 가능성이 가장 높은 공간을 표시한 전자 오비탈을 보여준다. 각 오비탈은 최대 두 개의 전자를 가질 수 있다. 왼쪽에 보이는 첫 번째 전자껍질은 하나의 구형(*s*) 오비탈을 가지며 이것을 1*s*라고 한다. 오른쪽의 두 번째 전자껍질은 1*s* 오비탈보다 큰 한 개의 *s* 오비탈 (2*s*)오비탈과 *p* 오비탈이라고 불리는 3개의 아령 모양 오비탈(2*p*)을 갖는다. 세 개의 2*p* 오비탈은 원자의 가상의 *x*, *y*, *z* 축을 따라 서로 직각을 이루고 있다. 각 2*p* 오비탈을 다른 색으로 표시하였다.

(c) 전자 오비탈의 중첩. 네온의 전자 오비탈의 전체적인 모습을 보여주기 위해 첫 번째 껍질의 1*s* 오비탈과 두 번째 껍질의 2*s*, 2*p* 오비탈을 겹쳐놓았다.

▲ **그림 2.8 전자 오비탈**

보다 복잡한 구조의 오비탈을 가지고 있다).

하나의 오비탈은 2개의 전자까지만 받아들일 수 있어 첫 번째 전자껍질의 경우 최대 2개의 전자를 *s* 오비탈에 가질 수 있다. 수소원자에 있는 한 개의 전자는 1*s* 오비탈에 존재하며 헬륨의 2개의 전자 역시 1*s* 오비탈에 존재한다. 두 번째 전자껍질에 있는 4개의 오비탈은 각 오비탈에 2개씩, 최대 8개의 전자를 받아들일 수 있다. 이 4개의 오비탈에 위치한 전자들은 거의 동일한 에너지를 갖고 있으나 서로 다른 공간에 존재한다.

원자의 반응성은 원자가껍질의 하나 혹은 여러 개 오비탈에

있는 홑전자에 기인한다. 이 장의 뒷부분에서 보게 되듯이, 원자들은 결합하여 원자가껍질을 완전히 채우려는 경향이 있으며 이 결합에 홑전자가 관여한다.

개념 확인 문제 2.2

1. 리튬원자는 3개의 양성자와 4개의 중성자를 가지고 있다. 그렇다면 원자량은 달톤의 단위로 얼마인가?
2. 질소원자는 7개의 양성자를 가지고 있으며 가장 일반적인 질소 동위원소는 7개의 중성자를 가지고 있다. 질소 중 방사성 동위원소는 8개의 중성자를 갖는다. 이 방사성 동위원소 질소의 원자번호와 질량수를 위첨자와 아래첨자를 이용하는 화학기호로 표시하라.
3. 플루오르 원소는 몇 개의 전자와 몇 개의 전자껍질을 가지고 있나? 전자가 존재하는 오비탈의 이름을 말하라. 원자가껍질을 채우려면 몇 개의 전자가 필요한가?
4. **WHAT IF?** 그림 2.7에서 2개 이상의 원소가 동일한 가로열에 놓여 있다면 이들의 공통점은 무엇인가? 둘 이상의 원소들이 동일한 세로열에 놓여 있는 경우에는 어떤 공통점이 있는가?

정답은 부록 A 참조

개념 2.3

분자의 형성과 그 기능은 원자들 사이의 화학결합에 의해 결정된다

지금까지 우리는 원자의 구조를 살펴보았으며 이제 한 차원 높은 구조로 넘어가 원자들이 어떻게 결합하여 분자와 이온 화합물 등을 형성하는지를 알아보자. 완벽히 채워지지 않은 원자가껍질을 가지는 원자들은 원자가껍질을 완벽하게 채워줄 수 있는 원자들과 상호작용한다. 즉, 원자들은 원자가전자를 공유하거나 상대 원자에 넘겨준다. 이러한 작용으로 원자들은 가까이 놓이게 되며 **화학결합(chemical bonds)**이라는 힘을 통해 이 상태에 머물게 된다. 이러한 화학결합 중 가장 강한 결합은 공유결합과 이온결합(수분이 없는 이온 화합물에서)이다.

공유결합

공유결합(covalent bond)의 경우 한 쌍의 원자가전자가 두 원자에 의해 공유되고 있다. 예를 들어, 두 개의 수소원자가 가까이 놓이면 어떻게 되는지 생각해 보자. 수소원자는 첫 번째 껍질에 하나의 원자가전자를 가지고 있으나 이 껍질에는 두 개의 전자가 들어갈 수 있다. 두 개의 수소원자가 그들의 1*s* 오비탈이 맞닿을 정도로 가까이 놓이게 되면 이들은 전자를 공유하게 된다(그림 2.9). 각 수소원자는 두 개의 전자를 가져 원자가껍질을 완전히 채우게 된다. 두 개 이상의 원자들이 공유결합을 통해 **분자(molecule)**를 이루게 되는데, 위의 경우 수소분자가 생성된 것이다.

그림 2.10a는 수소분자를 나타내는 여러 방식을 보여준다. 분

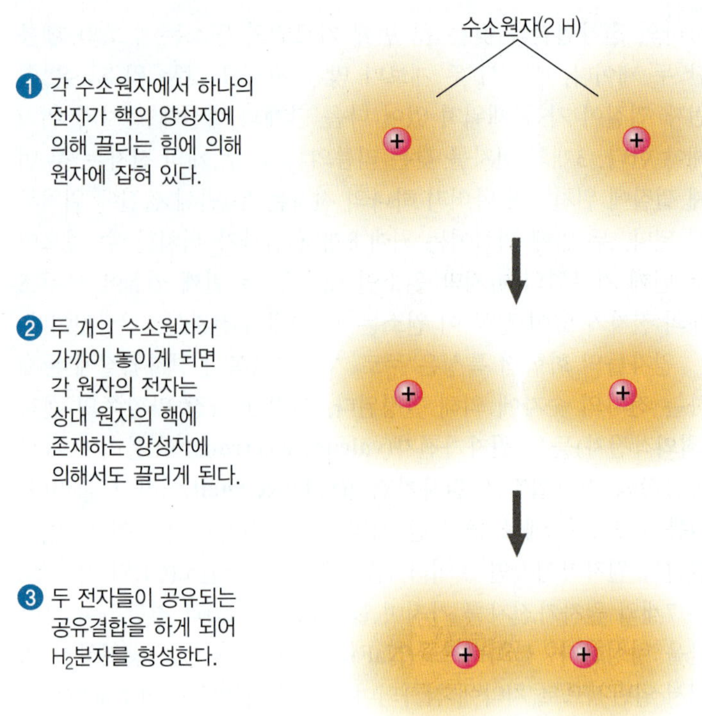

▲ **그림 2.9 공유결합의 형성**

자식(molecular formula) H_2는 단지 분자가 두 개의 수소원자로 이루어져 있음을 말해준다. 전자의 공유는 전자분포 혹은 최외각 전자를 의미하는 점들이 원소기호를 둘러싸고 있는 형태인 **루이스 전자점 구조(Lewis dot structure)**로 나타낼 수 있다(H:H). 또한 **구조식(structural formula)**을 이용하여 H−H로 나타내기도 한다. 원소기호를 잇는 선은 하나의 공유결합, 즉 **단일결합(single bond)**을 나타내고, 이는 한 쌍의 전자가 공유되고 있음을 의미한다. 공간채움모형이 분자의 실제 모양과 가장 가깝게 보여준다. 그림 2.15에서 보이는 공-막대 모형 역시 자주 쓰인다.

산소원자는 두 번째 전자껍질에 6개의 전자를 가지고 있으며 원자가껍질을 완전히 채우기 위해서는 2개의 전자가 더 필요하다. 2개의 산소원자는 두 쌍의 원자가전자를 공유함으로써 산소분자를 형성한다(그림 2.10b). 이때 두 원자는 이중 공유결합, 또는 간단히 **이중결합(double bond)**으로 묶여 있다(O=O).

원자가전자를 공유하는 각 원자들은 그들이 형성할 수 있는 공유결합의 수에 해당하는 만큼의 결합능력을 가지고 있다. 결합으로 인해 원자들의 원자가껍질에 전자가 완전히 채워지게 된다. 예를 들어, 산소의 결합능력은 2이다. 이러한 결합능력을 **원자가(valence)**라고 하는데, 보통 원자의 최외각에 있는 전자껍질의 홑전자의 수와 같다. 그림 2.7에서 전자배치를 보고 수소와 산소, 질소, 탄소의 원자가를 알 수 있는지 보자. 수소의 원자가는 1이며 산소의 경우 2, 질소는 3, 탄소는 4라는 것을 알 수 있다. 그러나 이보다 복잡한 경우가 있는데 생명체에 중요한 원소 중 하나인 인(P)처럼 다소 복잡한 경우도 있다. 인의 경우 원자가껍

명칭과 분자식	전자 분포 모식도	루이스 전자점 구조와 구조식	공간채움 모형
(a) **수소(H_2).** 두 개의 수소원자는 한 쌍의 전자를 공유하여, 단일결합을 형성한다.	H H	H : H H—H	
(b) **산소(O_2).** 두 개의 산소원자는 두 쌍의 전자를 공유하여 이중결합을 형성한다.	O O	Ö::Ö O=O	
(c) **물(H_2O).** 두 개의 수소원자와 하나의 산소원자는 단일결합을 통해 하나의 물분자를 만든다.	O H H	:Ö:H H O—H │ H	
(d) **메탄(CH_4).** 수소원자 네 개가 탄소원자 한 개의 원자가를 만족시켜 메탄을 형성한다.	H H C H H	H H:C:H H H │ H—C—H │ H	

▲ 그림 2.10 **네 가지 분자의 공유결합.** 원자의 원자가껍질을 채우기 위해 필요한 전자의 개수는 일반적으로 원자가 형성하는 공유결합의 개수를 결정한다. 이 그림은 공유결합을 표시하는 여러 가지 방법을 보여준다.

질에 3개의 홑전자를 가지고 있으므로 3의 원자가를 갖는다. 그러나 생물학적으로 중요한 분자에서 인은 3개의 단일결합과 하나의 이중결합을 할 수 있어 5의 원자가를 가질 수 있다.

화합물은 두 개 이상의 다른 원소들이 결합하여 생긴 것이라는 화합물의 정의로 인해 수소(H_2)와 산소(O_2)분자는 화합물이 아닌 순수 원소이다. 화합물인 분자의 예로 H_2O의 분자식을 갖는 물을 들 수 있다. 산소원자 한 개의 원자가를 만족시키기 위해서는 두 개의 수소원자가 필요하다. 그림 2.10c에서 물분자의 구조를 볼 수 있다. (물은 생명체에 매우 중요하여 다음 3장 전체에서 물의 구조와 특성에 관해 설명하고자 한다.)

메탄은 천연가스의 주성분이며 분자식은 CH_4이다. 탄소원자는 원자가가 4이므로 하나의 탄소원자에는 원자가가 1인 수소원자 4개가 결합할 수 있다(그림 2.10d). (탄소와 다른 여러 원자들 간의 결합에 관해서는 4장에서 다루도록 하겠다.)

분자 내의 원자들은 원소의 종류에 따라 상이한 힘으로 공유전자를 끌어당긴다. 특정 원자가 공유결합에 관여하는 전자를

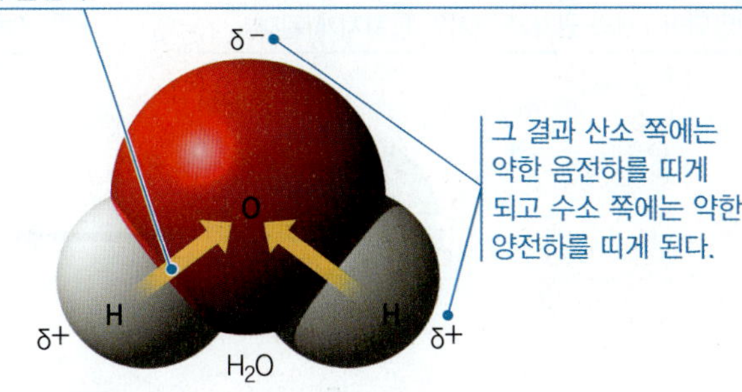

▲ 그림 2.11 **물분자의 극성공유결합**

끌어당기는 힘을 **전기음성도(electronegativity)**라고 하며 원자의 전기음성도가 높을수록 공유하고 있는 전자를 강하게 끌어당긴다. 같은 원소의 두 원자 사이에서의 공유결합인 경우 두 원자의 전기음성도가 같으므로 공유되고 있는 전자를 두고 벌이는 줄다리기는 팽팽하므로 전자가 두 원자에 의해서 똑같이 공유된다. 이러한 결합을 **비극성 공유결합(nonpolar covalent bond)**이라고 한다. 예를 들어, H_2의 공유결합은 비극성이며 O_2의 이중결합도 비극성 결합이다. 그러나 하나의 원자가 전기음성도가 다른 원자와 결합하는 경우가 많다. 여러 화합물들의 경우 공유되는 전자는 두 원자에 의해서 동일하게 공유되지 않는다. 이러한 결합을 **극성공유결합(polar covalent bond)**이라고 하며 이러한 결합은 두 원자 사이의 전기음성도 차이에 따라 극성의 정도가 다양하다. 예를 들어, 물분자에서 산소와 수소 원자 사이의 결합은 매우 높은 극성을 띤다(그림 2.11).

산소는 전기음성도가 가장 높은 원소 중 하나로서 공유되고 있는 전자를 수소보다 훨씬 강하게 끌어당긴다. 산소와 수소 사이의 공유결합에서 전자는 수소원자의 핵보다는 산소원자의 핵 주변에 위치할 확률이 높아진다. 또한 전자는 음전하를 띠고 있으므로 물분자에서 전자의 불균등한 분포는 산소원자가 약한 음의 전하를 띠게 해주며(이를 그리스문자 δ를 써서 δ−, 혹은 "delta minus"라고 표시한다) 각 수소원자는 약한 양전하를 띠게 된다(이를 δ+, 혹은 "delta plus"라고 표시한다). 반면, 메탄(CH_4)에서의 각 결합은 탄소와 수소의 전기음성도 차이가 산소와 수소 간의 전기음성도 차이에 비해 매우 작으므로 약한 극성을 띤다.

이온결합

어떤 경우는 두 원자가 전자를 끄는 힘의 차이가 매우 커서 전기음성도가 높은 원자가 상대방으로부터 전자를 완전히 뺏어내기도 한다. 결과적으로, 상반된 전하를 띠는 원자(혹은 분자)가 생기는데 이를 **이온(ions)**이라고 부른다. 양전하를 띠는 이온을 **양이온(cation)**이라 하고, 반면 음전하를 띠고 있는 이온을 **음이온(anion)**이라고 한다. 이들의 상반되는 전하 때문에 양이온과 음이온은 서로를 끌어당기며 이러한 결합을 **이온결합(ionic bond)**

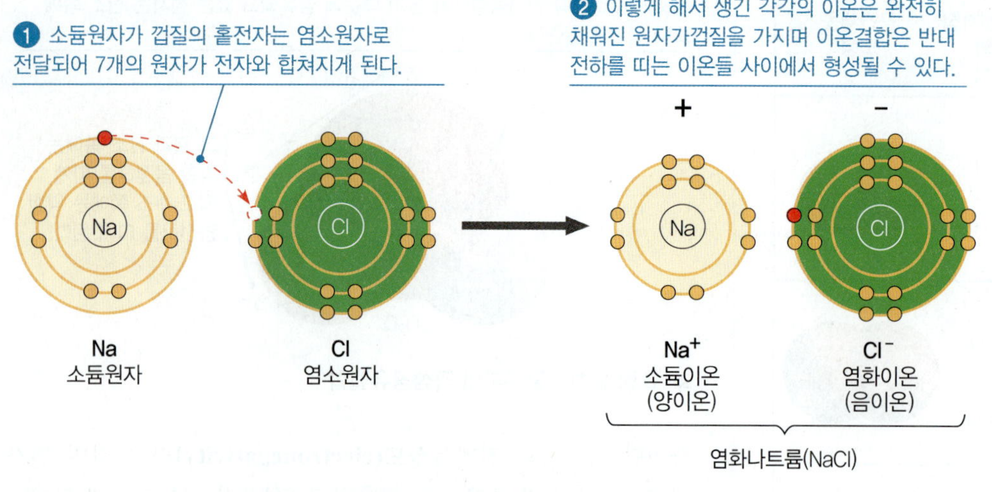

▲ **그림 2.12 전자의 전달과 이온결합.** 반대 전하를 띠고 있는 원자, 이온들 사이의 인력이 이온결합이다. 즉, 이온결합은 반대 전하를 띠고 있는 어떠한 이온들 사이에서도 일어날 수 있다. 즉, 이온결합에 관여하는 이온들이 서로 간의 전자전달에 의해서 형성될 필요는 없다.

이라고 한다. 전자의 전달 자체가 결합을 형성한 것이 아니라 전자의 전달이 두 개의 이온을 만들어 내기 때문에 결합이 형성될 수 있었다는 점에 주의하자. 상반된 전하를 띠고 있는 이온들 사이에서 이온결합이 형성될 수 있다. 그 이온들의 전하는 결합 당사자들끼리 전자를 교환함으로써 생긴 것일 필요는 없다.

소듐원자($_{11}$Na)가 염소원자($_{17}$Cl)를 만났을 때 일어나는 현상은 다음과 같다(**그림 2.12**). 소듐원자는 전체 11개의 전자를 가지고 있으며 3번째 전자껍질에 하나의 원자가전자를 가지고 있다. 염소원자는 전체 17개의 전자를 가지고 있으며 원자가껍질에 7개의 전자를 가지고 있다. 이 두 원자가 만나면 소듐의 원자가전자가 염소에 전달되고 두 원자 모두는 이제 원자가껍질이 완전히 채워지게 된다. (소듐의 경우 세 번째 껍질의 전자가 없어졌으므로 두 번째 껍질이 원자가껍질이 된다.) 두 원자 사이의 전자 이동은 결국 소듐원자에 있던 하나의 음전하가 염소원자로 이동함을 의미한다. 따라서 소듐은 11개의 양성자와 10개의 전자를 가져 1+라는 전하를 띠게 된다: 소듐원자는 양이온이 된다. 반대로 염소원자는 전자 하나를 얻어 17개의 양성자와 18개의 전자를 갖게 되어 1−라는 전하를 띠게 된다: 염소원자는 염화이온, 즉 음이온이 된 것이다.

이온결합에 의해 형성되는 화합물을 **이온화합물(ionic compound)**, 혹은 **염(salt)**이라고 한다. 이온화합물인 염화소듐(NaCl)이 바로 음식에 사용되는 소금이다(**그림 2.13**). 염은 보통 자연 상태에서는 다양한 크기와 모양의 결정구조로 발견되며 이들은 매우 많은 양이온과 음이온들이 전기적인 힘에 의해 결합하여 3차원적인 격자 모양으로 배열되어 있는 것이다. 공유결합 분자는 일정한 숫자의 원자들로 구성되고 일정한 크기를 갖는 데 반하여 이온화합물의 결정은 분자들이 그런 형태로 결합되어 있지 않다. NaCl 등의 이온 화합물을 나타내는 화학식은 염의 결정에서 원소들의 비율만을 의미하는 것이며 "NaCl" 자체가 분자는 아니다.

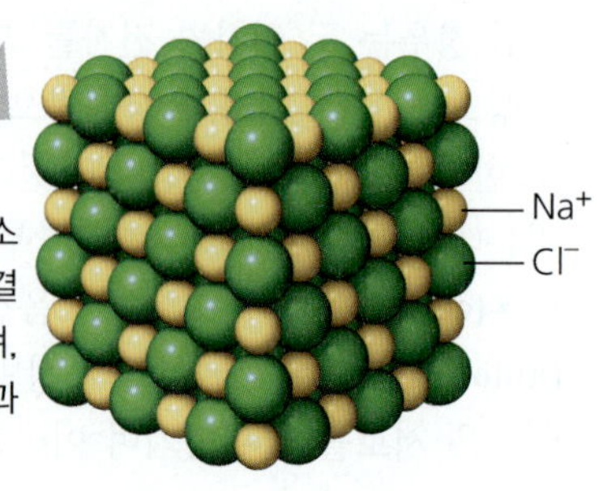

▲ **그림 2.13 소금(NaCl) 결정.** 소듐이온(Na^+)과 염화이온(Cl^-)은 이온결합에 의해 서로 잡아당겨지고 있으며, 염화나트륨의 화학식 NaCl은 Na^+과 Cl^-의 비율이 1:1임을 의미한다.

모든 염들이 동일한 숫자의 양이온과 음이온을 갖는 것은 아니다. 예를 들어, 이온 화합물인 염화마그네슘($MgCl_2$)은 하나의 마그네슘이온과 두 개의 염화이온의 비율로 이루어져 있다. 마그네슘($_{12}$Mg)의 원자가껍질이 완전히 채워지기 위해서는 두 개의 전자를 잃어야 하며 2+의 전하를 띠는 양이온(Mg^{2+})이 되려는 경향을 가지고 있다. 반면 염소는 위에서 언급되었듯이 하나의 전자만 받으면 원자가껍질이 채워진다. 따라서 하나의 마그네슘 양이온은 두 개의 염소 음이온(Cl^-)과 이온결합을 형성할 수 있다.

이온이라는 용어는 원자뿐 아니라 전하를 띠고 있는 분자들에도 적용될 수 있다. 예를 들어, 염화암모늄(NH_4Cl)의 경우 음이온은 하나의 원자에서 생긴 염화이온(Cl^-)이지만, 양이온의 경우는 질소원자 하나와 4개의 수소원자가 공유결합을 하고 있는 암모늄이온(NH_4^+)이다. 이 암모늄이온이 전자가 하나 부족해서 1+의 양 전하를 띠는 것이다.

환경요인이 이러한 이온결합의 세기에 영향을 미친다. 수분이 없는 염결정의 경우 결합이 너무 강해 이 결정을 깨기 위해서는 망치와 정이 필요하다. 그러나 동일한 염결정을 물에 넣으면 각각의 이온들은 물분자와 결합하여 전하에 의한 인력이 부분적으로 감소되기 때문에 녹게 된다. 대부분의 약은 염 상태로 제조되어 건조된 상태로 존재할 때 매우 안정하지만 물에 쉽게 녹을 수 있다. (다음 장에서 물이 어떻게 염을 녹이는가에 대해 배우게 될 것이다.)

약한 화학결합

생물체에서 나타나는 결합 중 가장 강력한 화학결합은 공유결합으로, 원자들을 연결시켜 세포 내의 다양한 분자들을 만든다. 그러나 분자 내에서나 분자 사이의 약한 결합 역시 세포에서 매우

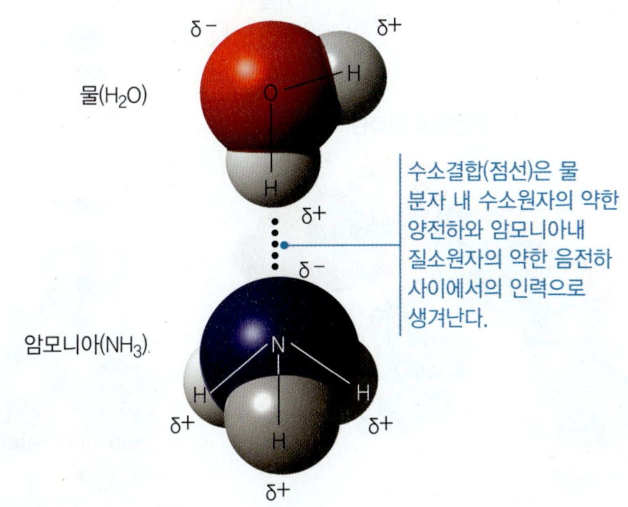

▲ **그림 2.14 수소결합**

DRAW IT 5개의 물분자를 그려라. (구조식을 사용하라; 극성을 표시해 보자.) 또한 이들이 어떻게 수소결합을 하는지 보여라.

중요하며 생명체의 창발적 특징에 중요한 역할을 한다. 가장 중요한 생체 거대분자들은 약한 화학결합에 의해서 기능적으로 활성을 띠는 형태를 유지한다. 약한 결합의 유리한 점은 쉽게 끊어질 수 있다는 데 있다. 즉, 두 분자가 접근하여 어떤 방식으로든 반응한 후 다시 분리될 수 있다.

특정 형태의 약한 화학결합은 생명체에 중요하다. 그 중 하나는 앞에서 보았듯이 물에서 쉽게 녹는 이온들 사이의 이온결합이며 또 다른 하나는 수소결합이다.

수소결합

약한 화학결합 중에서 수소결합은 생명체 내에서의 화학에서 매우 중요하다. 수소원자가 전기음성도가 높은 원자와 공유결합을 하면, 수소원자는 약한 양전하를 띠게 되고, 이로 인해 주변의 또 다른 전기음성도가 높은 원자에 끌리게 된다. 이러한 수소원자와 전기음성도가 높은 원자 사이의 인력을 **수소결합(hydrogen bond)**이라고 한다. 생명체 내에서 전기음성도가 높아 수소결합에 관여하는 원자는 보통 산소 혹은 질소이다. 물(H_2O)과 암모니아(NH_3) 사이의 수소결합을 그림 2.14에 나타내었다.

반데르발스 인력

비극성 공유결합으로 이루어진 분자도 부분적으로 전하를 띨 수 있다. 전자들은 항상 움직이므로 분자 내에서 항상 대칭으로 균등하게 분포되어 있는 것이 아니라 경우에 따라서는 분자의 한부분에 집중적으로 위치하기도 한다. 그 결과 음전하, 혹은 양전하를 띠는 부분이 생겨서 모든 원자, 혹은 분자들이 서로 결합할 수 있다. 이 결합을 **반데르발스 인력(van der Waals interactions)**이라고 한다. 이것은 약한 결합으로서 원자나 분자들이 매우 가깝게 놓일 때에만 일어날 수 있다. 반데르발스 인력은 약하지만 이 힘으로 도마뱀붙이(gecko lizard)가 벽을 기어 올라갈 수 있다. 발가락에서 돌출되어 나온 많은 수의 작은 털 모양 돌기들과, 피부 아래의 튼튼한 힘줄 같은 해부학적 구조는, 벽과의 최대 접촉면을 만드는 것과 충분히 단단한 발을 만드는 것 사이에서 균형을 맞춰준다. 다리에 있는 분자들과 벽면의 분자들 사이에 매우 많은 반데르발스 인력이 생겨 개개의 결합은 매우 약하지만 전체적으로 도마뱀붙이의 몸무게를 견딜 수 있도록 해준다. 이러한 발견으로 인해 Geckskin™이라고 하는 인조 접착포가 개발되기도 했다. 색인카드 크기의 조각이 700파운드 무게의 물건을 벽에 붙여 놓을 수 있다!

반데르발스 인력과 수소결합, 이온결합 등의 약한 결합은 분자들 사이에서뿐만 아니라, 단백질 같은 한 분자 내의 특정 부분 사이에서도 형성된다. 이 결합들 각각은 약하지만 약한 결합들이 모여서 커다란 분자의 3차원 구조를 유지시키는 힘이 된다. (약한 결합들이 매우 중요한 생물학적 기능을 담당하고 있음을 5장에서 배우게 될 것이다.)

분자의 구조와 기능

분자들은 각각 자신의 특징적인 크기와 모양을 가지고 있다. 세포에서 분자의 정확한 구조는 기능에 있어서 매우 중요하다. H_2나 O_2 등 두 개의 원자로 이루어진 분자는 항상 직선구조를 가지고 있으나 세 개 이상의 원자로 이루어진 분자는 그 구조가 복잡하다. 분자의 구조는 원자 오비탈들의 위치에 의해 결정된다(그림 2.15). 원자가 공유결합을 하면 원자가껍질의 오비탈들이 재배열된다. *s* 오비탈과 *p* 오비탈에 원자가전자를 가지고 있는 원자들의 경우(그림 2.8) 하나의 *s* 오비탈과 세 개의 *p* 오비탈이 합쳐져서 4개의 새로운 혼성오비탈을 이루게 되며 이들은 원자핵에서 바깥쪽으로 흐르는 눈물방울 모양을 하고 있다(그림 2.15a). 눈물방울의 끝부분을 선으로 연결하면 삼각형 밑면을 갖는 피라미드형 사면체의 기하학적 구조를 얻을 수 있다.

물분자(H_2O)의 경우 산소원자의 원자가껍질에 있는 두 개의 혼성오비탈은 수소원자와 공유된다(그림 2.15b). 그 결과 물분자는 V자 모양을 하게 되며 두 공유결합은 104.5°의 각도로 꺾여 있다.

메탄분자(CH_4)는 탄소원자의 혼성오비탈 4개가 모두 수소원자들과 공유되고 있어 완벽한 사면체 구조를 갖는다(그림 2.15b). 탄소의 핵은 중심에 위치해 있고 4개의 공유결합은 사면체의 각 구석에 놓여 있는 수소원자의 핵을 향해 방사상으로 뻗어 있는 형태로 존재한다. 생체물질을 구성하는 많은 분자들처럼 여러 개의 탄소원자를 갖는 커다란 분자들은 전체적으로 보다 복잡한 구조를 갖는다. 그러나 이러한 복잡한 분자들 내에서

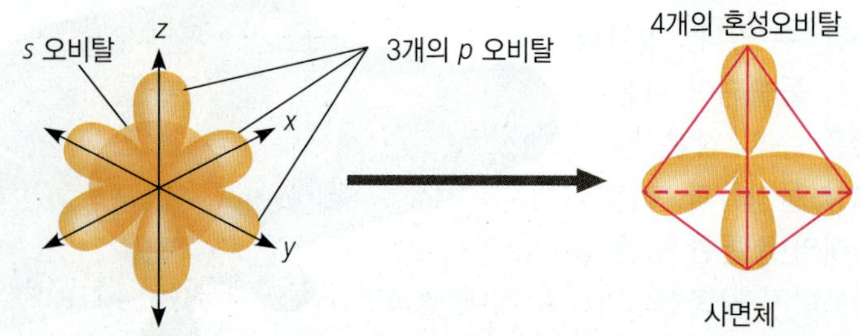

(a) **오비탈의 혼성화.** 공유결합에 관여하는 원자가껍질의 하나의 s 오비탈과 세 개의 p 오비탈은 결합하여 4개의 눈물방울 모양의 혼성오비탈을 형성한다. 이 오비탈들은 가상의 사면체(붉은색 선으로 나타냄)의 네 구석으로 뻗어 있다.

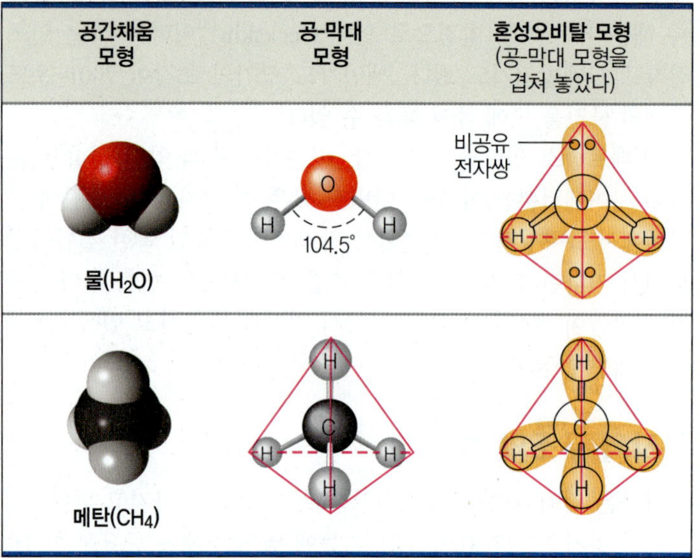

(b) **분자구조 모형.** 물과 메탄을 예로 들어 분자의 모양을 나타내는 세 가지 모델이다. 혼성오비탈의 위치가 분자의 구조를 결정한다.

▲ **그림 2.15 혼성오비탈에 의한 분자구조의 결정**

도 4개의 다른 원자와 결합하고 있는 탄소원자의 사면체 구조가 반복적으로 존재할 때가 많다.

분자구조는 매우 중요하다: 분자구조는 어떻게 생체분자들이 서로를 특이적으로 인지하고 반응할 것인가를 결정한다. 서로 상보적인 구조를 하고 있는 분자들만이 약한 결합에 의해서 서로 결합할 수 있다. 아편 유도체들인 모르핀과 헤로인 등 마약제제들의 효과를 생각해보라. 아편제제는 뇌세포 표면에 존재하는 특정 수용체에 결합하여 통증을 덜어주고 기분을 전환시켜 준다. 왜 뇌세포는 우리 몸에서 만들어지지 않는 아편제제들에 대한 수용체를 가지고 있을까? 1975년 엔돌핀이 발견됨으로써 궁금증이 풀리게 되었다. 엔돌핀은 뇌하수체에서 분비되는 신호물질로서 과격한 운동 같은 스트레스 하에서 이 수용체에 결합하여 유포리아를 분비하게 함으로써 통증을 덜어준다. 아편제제들은 이러한 엔돌핀과 유사한 구조를 가지고 있으며 뇌세포에서 엔돌핀 수용체와 결합하여 엔돌핀 효과를 모방한다. 이러한 이유로 아편제제들과 엔돌핀이 유사한 효과를 낼 수 있는 것이다(**그림 2.16**). 뇌에서 분자구조의 역할은 생물학 연구에 있어서 통합적인 주제 중 하나인 구조와 기능의 연관성을 잘 보여준다.

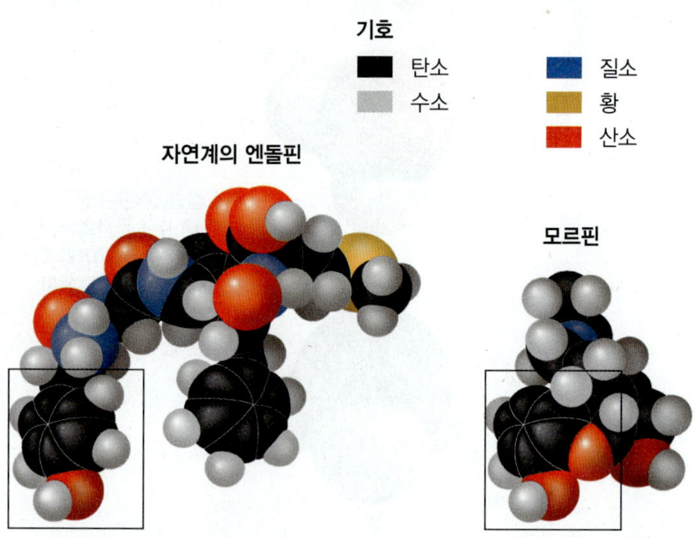

(a) **엔돌핀과 모르핀의 구조.** 엔돌핀분자(왼쪽)의 네모 안 부분이 뇌의 표적세포에 있는 수용체분자에 결합한다. 모르핀분자(오른쪽)의 네모 안 부분이 매우 유사하다.

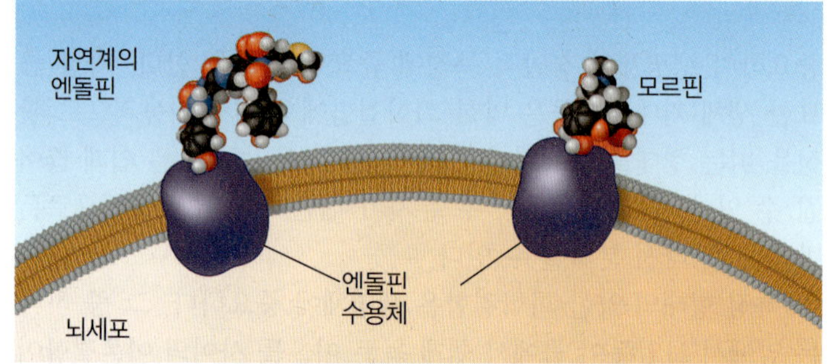

(b) **엔돌핀 수용체에 결합.** 뇌세포 표면의 엔돌핀 수용체는 엔돌핀과 모르핀 모두와 결합할 수 있다.

▲ **그림 2.16 분자수준에서의 모방.** 모르핀은 뇌의 엔돌핀을 모방함으로써 고통의 인지와 감정에 영향을 준다.

개념 확인 문제 2.3

1. 왜 다음과 같은 구조가 화학적으로 가능하지 않은가?
   H－C＝C－H
2. 염화마그네슘($MgCl_2$) 결정에서 원자들을 잡아주는 힘은 무엇인가?
3. **WHAT IF?** 당신이 제약회사 연구원이라면 자연에 존재하는 신호물질들의 3차원 구조를 알고 싶어 할텐데 그 이유는 무엇이겠는가?

정답은 부록 A 참조

개념 2.4

화학반응에 의해 화학결합들이 형성되고 끊어진다

화학결합이 형성되고 끊어짐으로써 물질의 구성이 바뀌게 되는데, 이를 **화학반응(chemical reaction)**이라고 한다. 수소와 산소가 반응하여 물을 만드는 과정을 예로 들어보자.

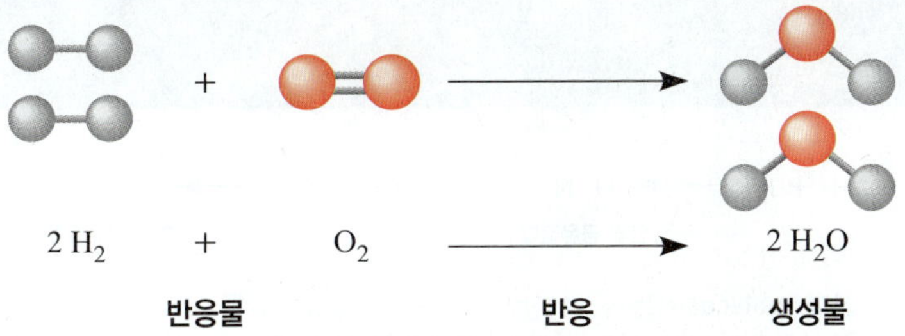

이 반응에서 H_2와 O_2 내의 공유결합이 끊어지고 H_2O의 새로운 결합이 형성된다. 화학반응에서 화살표는 초기물질인 **반응물(reactant)**이 **생성물(product)**로 전환되는 것을 의미한다. 계수는 반응에 관여하는 분자의 개수를 의미하여 H_2 앞의 2는 이 반응이 두 분자의 수소를 가지고 시작됨을 말해준다. 반응물의 모든 원자들은 생성물에 그대로 존재한다. 즉, 화학반응에서 물질은 보존된다: 반응은 원자를 새로 만들거나 분해하는 것이 아니라 단지 그들의 전자를 재배열(재배치)할 따름이다.

녹색 식물의 세포에서 일어나는 광합성은 화학반응이 어떻게 물질들을 재배열하는가를 보여주는 매우 좋은 예이다. 인간 및 여러 동물들은 궁극적으로는 그들이 필요로 하는 먹이와 산소를 광합성에 의존하고 있으며 이 과정은 거의 모든 생태계의 기초에 있다. 광합성 과정을 간단히 요약하면 다음과 같다.

$$6\ CO_2 + 6\ H_2O \rightarrow C_6H_{12}O_6 + 6\ O_2$$

광합성 과정의 원료는 이산화탄소(CO_2)와 물(H_2O)이며 이들은 각각 대기와 토양에서 흡수된다. 이들은 식물세포 내에서 태양빛을 동력으로 하여 포도당($C_6H_{12}O_6$)과 산소(O_2)로 전환되고 부산물인 산소는 주변 환경으로 배출된다(**그림 2.17**). 광합성은 일련의 많은 화학반응들로 이루어져 있지만 마지막 반응 후에도 여전히 반응 전 원자의 종류와 개수는 그대로 보존되어 있다. 물질은 태양빛이 제공한 에너지를 이용하여 단순히 재배열된 것이다.

모든 화학반응은 가역적이어서 정반응의 생성물이 다시 반응물이 되는 역반응이 일어난다. 예를 들어, 수소와 질소 분자는 결합하여 암모니아를 만들어 내지만 암모니아 역시 분해되어 수소와 질소가 될 수 있다.

$$3\ H_2 + N_2 \rightleftarrows 2\ NH_3$$

양방향을 가리키는 화살표는 이 반응이 가역적임을 의미하고 있다.

화학반응의 속도를 조절하는 요인 중 하나로 반응물들의 농도를 들 수 있다. 반응분자들의 농도가 높을수록 보다 쉽게 분자들끼리 충돌하여 반응함으로써 생성물을 만들어 낼 수 있는 기회가 더 많아지게 된다. 생성물의 경우도 마찬가지이다. 생성물이 축적됨에 따라 이들 간 충돌의 증가로 역방향 반응이 점차 증가한다. 결국 정방향과 역방향 반응이 동일한 속도로 일어나고 생성물과 반응물의 상대적인 농도가 더 이상 변화하지 않게 된다. 이렇게 양쪽 방향의 반응속도가 동일해지는 때를 **화학평형(chemical equilibrium)**이라고 하며, 이 평형은 정지된 상태를 의미하는 것이 아니라 역동적인 상황을 의미한다. 즉, 양방향 반응 모두가 계속적으로 일어나고 있으나 단지 이 반응들이 반응물과 생성물의 농도를 변화시키지 못한다. 또한 평형은 반응물과 생성물의 농도가 동일하다는 의미가 아니며 특정 비율로 이들의 농도가 안정화되어 변하지 않는다는 의미이다. 위의 암모니아와 관련된 화학반응이 평형을 이루었다는 것은 암모니아가 형성되는 속도와 동일한 속도로 분해된다는 것이다. 일부의 화학반응에서는 평형을 이루는 지점이 매우 한쪽으로 치우쳐 있어 결국 이러한 반응은 평형을 이루지 못하고 한쪽 방향으로 진행되어 모든 반응물들이 생성물로 바뀌게 된다.

▲ 그림 2.17 **광합성: 태양에너지에 의한 물질의 재배열.** 담수식물인 일로디아(*Elodea*)는 태양빛으로부터 에너지를 받아 일어나는 광합성 과정을 통해 이산화탄소와 물을 구성하는 원자들을 재배열하여 당을 생산한다. 대부분의 당은 다른 영양분으로 전환된다. 산소(O_2)는 광합성의 부산물이며 사진에서 잎에서 빠져나오는 산소방울을 볼 수 있다.

? 이 사진이 본문에 나오는 광합성의 반응식에서 반응물 및 생성물과 어떻게 관련되는지 설명해 보자(광합성에 대해서는 10장에서 자세히 다루기로 하자).

이제 우선 다양한 주요 생체분자들에 관해 자세히 배우고 난 뒤 화학반응에 관해 다시 공부하게 될 것이다. 다음 장에서는 생명체 내에서의 모든 화학반응이 일어나는 물에 대해서 알아보자.

개념 확인 문제 2.4

1. MAKE CONNECTIONS 개념 2.4의 도입부에서 공-막대 모형으로 나타낸 수소와 산소의 반응에 의해 물이 형성되는 반응을 생각해보자. 그림 2.10을 공부하고 이 반응의 루이스 전자점 모형을 그려보자.
2. 화학평형에 있다면, 반응물로부터 생성물이 형성되는 것과 생성물로부터 반응물로 분해되는 것 중 어떤 반응이 빨리 일어나는가?
3. 광합성 생성물을 반응물로 이용하고 반응물을 생성물로 이용하는 화학식을 적어보자. 이 화학식은 여러분의 세포에서 일어나는 반응이다. 이 과정을 말로 설명하고 또한 호흡과 어떻게 연관되어 있는지 설명하라.

정답은 부록 A 참조

2 장 복습

핵심 개념의 요약

개념 2.1

물질은 순수한 형태 혹은 화합물 형태의 화학원소로 이루어져 있다

- **원소(elements)**는 화학적으로 분해되어 다른 물질이 될 수 없다. **화합물(compound)**은 두 개 이상의 원소들로 이루어져 있으며 이들은 일정한 비율로 되어 있다. 산소와 탄소, 수소, 질소가 생명체 물질의 약 96%를 차지한다.

? 아이오딘, 혹은 철분의 섭취가 요구되는 것은 칼슘이나 인의 섭취가 요구되는 것과 어떤 면에서 차이가 있는가?

개념 2.2

원소의 성질은 원소를 구성하는 원자의 구조에 의해 결정된다

- **원자(atom)**는 원소의 가장 작은 단위이며 다음과 같은 구성물을 갖는다.

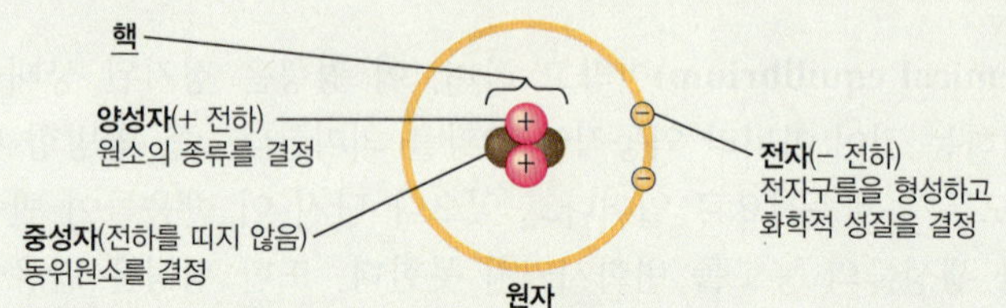

- 전기적으로 중성인 원자는 동일한 개수의 전자와 양성자를 가진다; 양성자의 개수는 **원자번호(atomic number)**를 결정한다. **원자량(atomic mass)**은 **달톤(daltons)**으로 표시되며 대략 양성자와 중성자의 합인 **질량수(mass number)**와 거의 비슷하다. **동위원소(isotopes)**들은 중성자의 개수가 달라 원자량이 다르다. 불안정한 동위원소는 방사능이라는 형태로 입자와 에너지를 내놓는다.
- 원자에서 전자들은 특정 **전자껍질(electron shell)**에 위치하며 이 껍질의 전자는 특정 에너지 준위를 갖는다. 원자의 전자배치는 그 원자의 화학적 특성을 결정짓는다. 화학적 특성은 가장 바깥쪽 껍질의 원자가 전자의 수에 의해 좌우된다. **원자가껍질(valence shell)**에 전자가 완전히 채워지지 않은 원자가 반응성이 있다.
- 전자들은 각 껍질에 특정 모양으로 존재하는 3차원적 공간인 **오비탈(orbitals)** 내에서 움직인다.

DRAW IT 네온($_{10}$Ne)과 아르곤($_{18}$Ar)의 전자분포도를 그리고, 이 그림을 이용하여 이 원소들이 화학적으로 불활성인 이유를 설명하시오.

개념 2.3

분자의 형성과 그 기능은 원자들 사이의 화학결합에 의해 결정된다

- 원자들이 상호작용하여 원자가껍질을 채우면서 **화학결합(chemical bonds)**이 형성된다. **공유결합(covalent bonds)**은 전자쌍이 공유될 때 형성된다.

H·+H· ⟶ H:H
단일 공유결합

:Ö·+·Ö: ⟶ Ö::Ö
이중 공유결합

- **분자(molecules)**는 둘 이상의 원자들이 공유결합함으로써 형성된다. 극성공유결합의 경우 전자는 **전기음성도(electronegativity)**가 높은 원자 쪽에 가깝게 위치하며, 두 개의 원자가 동일하면, 이들은 동일한 전기음성도를 갖고 있으므로 이 결합은 **비극성 공유결합(nonpolar covalent bond)**이다. **극성 공유결합(polar covalent bond)**에 참여하는 전자는 전기음성도가 높은 원자에 가깝게 끌려간다.
- 원자나 분자가 전자를 얻거나 잃어서 전하를 띠는 경우 이온(ion)이 형성된다. **이온결합(ionic bond)**은 두 개의 반대 전하를 띠고 있는 이온 사이의 결합이다.

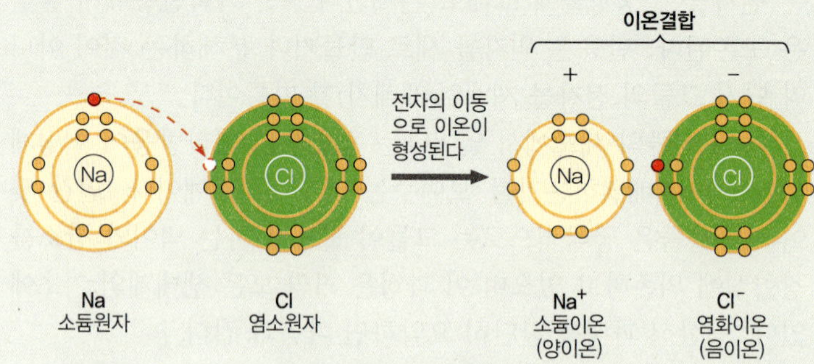

- 약한 화학결합은 커다란 분자의 모양 결정에 중요하며 분자들 간의 결합을 돕는다. **수소결합(hydrogen bond)**은 약한 양전하(δ+)를 띠는 수소원자와 음전하를 띠는 원자(δ−) 사이의 인력에 의해 형성된다. **반데르발스 인력(van der Waals interaction)**은 분자들이 일시적으로 양의 전하 혹은 음전하를 띠게 되는 부위가 생길 때 일어난다. 이러한 약한 결합들은 커다란 분자들의 구조에 중요한 역할을 하며 분자들 사이의 결합을 도와준다.
- 분자의 구조는 원자의 원자가오비탈의 위치에 의해 결정된다. 공유결합이 형성될 때 혼성오비탈이 형성되며 이것은 H_2O와 CH_4, 그 외 많은 복잡한 생체분자들의 구조를 결정한다. 생체분자들은 구조를 근거로 서로를 인지한다.

? 원자들 사이의 전자 공유라는 측면에서 비극성 공유결합과 극성 공유결합, 이온의 형성을 비교하시오.

개념 2.4

화학반응에 의해 화학결합들이 형성되고 끊어진다

- **화학반응(chemical reactions)**은 **반응물(reactants)**을 **생성물(products)**로 전환시키며 이때 물질들은 보존된다. 모든 화학반응은 이론적으로는 가역적인 반응이며 정방향과 역방향의 반응속도가 동일할 때 **화학평형(chemical equilibrium)**에 도달하게 된다.

? 화학평형에 도달한 반응에 반응물을 더 넣어주면 생성물의 농도에는 어떤 영향을 미칠까? 이러한 첨가로 평형이 어떠한 영향을 받을까?

생각해보자

수준 1: 지식/이해

1. 미량원소라는 용어에서, 형용사 미량이 의미하는 바는
   a. 원소가 매우 소량으로 필요하다.
   b. 원소가 생명체의 물질대사를 통한 원자의 흐름을 추적하기 위한 표지로서 이용된다.
   c. 원소가 지구상에서 매우 희귀하다.
   d. 원소가 생명체의 건강을 증진시켜 주기는 하지만 장기적인 생존에는 필수적이지 않다.

2 ^{31}P와 비교하여, 방사성 동위원소 ^{32}P는
   a. 다른 원자번호를 가진다. b. 양성자를 하나 더 가진다.
   c. 전자를 하나 더 가진다. d. 중성자를 하나 더 가진다.

3. 원자의 반응성은 다음 중 무엇으로 인해 생기는가?
   a. 핵과 가장 바깥쪽 전자껍질 사이의 평균 거리
   b. 원자가껍질 내 홑전자의 존재
   c. 모든 전자껍질의 위치에너지의 합
   d. 원자가껍질의 위치에너지

4. 음이온인 모든 원자에 대해 다음 중 맞는 말은?
   a. 원자가 양성자보다 많은 전자를 가지고 있다.
   b. 원자가 전자보다 많은 양성자를 가지고 있다.
   c. 원자가 동일한 원소의 중성 원자보다 적은 양성자를 가지고 있다.
   d. 원자가 양성자보다 많은 중성자를 가지고 있다.

5. 평형에 이른 화학반응에 대해서 올바르게 설명한 것은?
   a. 생성물과 반응물의 농도가 동일하다.
   b. 반응이 더 이상 가역적이지 않다.
   c. 정방향과 역방향 반응이 모두 중지된다.
   d. 정발향과 역방향 반응의 속도가 동일하다.

수준 2: 응용/분석

6. 양성자와 중성자, 전자의 수를 제시하여 원자를 표시할 수 있다—예를 들어, 헬륨은 $2p^+$, $2n^0$, $2e^-$이다. 다음 중 어느 것이 산소 동위원소 ^{18}O를 나타내는가?
   a. $7p^+$, $2n^0$, $9e^-$ b. $8p^+$, $10n^0$, $8e^-$
   c. $9p^+$, $9n^0$, $9e^-$ d. $10p^+$, $8n^0$, $9e^-$

7. 황의 원자번호는 16이다. 황은 수소와 공유결합을 통해 결합하여 화합물인 황화수소를 형성한다. 황원자의 원자가전자의 수를 바탕으로 이 화합물의 분자식을 추정하라.
   a. HS b. HS_2 c. H_2S d. H_4S

8. 모든 원자들이 생성물에 포함되기 위해서 다음의 빈칸에 들어갈 계수는?

$$C_6H_{12}O_6 \rightarrow \_\_\_\_\_\ C_2H_6O + \_\_\_\_\_\ CO_2$$

   a. 2:1 b. 3:1 c. 1:3 d. 2:2

9. **DRAW IT** 아래에 있는 가상의 분자들의 루이스 전자점 구조를 각 원자의 정확한 원자가전자 수를 이용하여 그려보자. 이들 중 각각의 원자가 꽉 채워진 원자가껍질을 갖고 또한 각 결합이 맞는 숫자의 전자를 가지고 있어 결합이 옳게 그려진 분자는 어느 것인지 찾아보자. 그 외의 분자들은 왜 옳지 않은지 각 원자들이 형성할 수 있는 결합의 개수를 고려하여 설명해 보자.

```
        H   H                  H         H
        |   |                  |         |
H—O—C—C=O             H—C—H—C=O
        |                      |
(a)     H             (b)      H
```

수준 3: 종합/평가

10. **진화적 관점**
사람의 몸을 구성하고 있는 자연계의 원소들의 비율(표 2.1)은 다른 생명체에서 발견되는 원소들의 비율과 유사하다고 한다. 여러 생명체 사이의 이러한 유사성을 어떻게 설명할 수 있는가?

11. **과학적 탐구**
누에나방(*Bombyx mori*) 암컷은 대기 중으로 확산되는 화학신호를 내보내 수컷을 유인한다. 수백 미터 떨어진 곳에 있는 수컷은 이 신호물질을 인지하여 분비되는 곳으로 날아간다. 그림에서 보이는 빗과 같은 구조의 안테나가 이러한 과정에 관여하는 감각기관이다. 안테나에 있는 각각의 가는 실 모양 구조물에 유인물질을 감지할 수 있는 수용세포들이 수천 개씩 존재한다. 수컷 나방이 공기 중에 존재하는 여러 분자들 중에 특정 분자만을 인지하는 능력을 설명할 수 있는 가설을 이 장에서 배운 것을 기초로 세워보라. 세워진 가설로 무엇을 예측할 수 있는가? 이러한 예측 중 한 가지를 검증할 수 있는 실험을 고안해 보라.

12. **글쓰기: 지식의 체계화**
공항에서 비행기를 기다리던 중 캠벨(Neil Campbell)은 이러한 소리를 언뜻 들었다. "산업이나 농업에서 나오는 화학쓰레기들이 환경을 오염시킨다고 걱정하는 것은 편협하고 무식한 짓이야. 결국 이것들은 우리 환경에 이미 존재하고 있던 동일한 원소로 이루어진 것 아니냔 말이야." 전자의 분포와 결합, 창발적 특징(개념 1.1)이라는 주제에 관한 지식을 바탕으로 이 주장을 논박하는 짧은 에세이(100~150단어)를 작성하라.

13. **종합적으로 생각해보기**

폭탄먼지벌레는 적에 대항하는 방어 작용으로, 자극성 화학물질이 포함된 뜨거운 액체를 분사한다. 이 딱정벌레는 두 가지 화학물질을 각 샘에 분리해서 보관하고 있다. 이 단원에서 화학에 관해 배운 것을 이용해서, 이 딱정벌레가 자신이 보관하고 있는 화학물질에 의해 어떻게 피해를 입지 않을 수 있으며, 무엇으로 인해 폭발적인 분사가 이루어지는지에 대한 가능한 설명을 제시하라.

정답은 부록 A 참조

3

물의 화학

핵심 개념

3.1 물분자 내의 극성 공유결합으로 인해 수소결합이 생긴다

3.2 물의 네 가지 창발적 특성이 지구가 생명체에 적합한 환경이 되도록 한다

3.3 산성과 염기성 조건이 생명체에 영향을 준다

▲ 그림 3.1 큰고니의 서식지는 물의 화학에 얼마나 의존할까?

▲ 어린 큰고니가 어미를 따르고 있다.

모든 생명을 지탱하는 분자

지구상의 생명은 물에서 시작되었으며 육지로 이동하기 전에 물에서 30억 년의 긴 시간 동안 진화했다. 물은 여기 지구에서 우리가 보고 있는 생명현상이 가능하도록 해주는 물질이다. 우리가 알고 있는 모든 생명체는 대부분이 물로 이루어져 있고 물이 대부분인 환경에서 산다. 물은 지구상에서 생물학적 배지(medium)이며, 다른 행성에서도 그럴 것이다.

지구 표면의 3/4은 물로 덮여 있다. 지구상의 대부분의 물은 액체 상태로 되어 있지만 얼음이나 수증기 상태로 존재하기도 한다. 물은 우리 주변에서 쉽게 볼 수 있는 물질 중에서 자연적인 상태로 물질의 세 가지 상태, 즉 고체, 액체, 기체의 상태로 존재할 수 있는 유일한 물질이다. 게다가, 고체 상태의 물은 액체 상태의 물 위에 떠 있을 수 있는데, 이는 물분자의 화학적 성질에서 비롯되는 특성의 하나이다. 물의 세 가지 상태는 **그림 3.1**에서 볼 수 있는데, 일본 북해도 지역의 부분적으로 얼어 있는 호수에 온천물이 유입되면서 물이 증발되고 있는 장면이다. 이 호수는 큰고니(*Cygnus cygnus*)가 이동하면서 머무는 중간 기착지로서, 성장 중인 큰고니는 그들의 가는 다리가 육지에서는 오랜시간 몸을 지탱하여 줄 수 없기 때문에 물 환경을 필요로 한다.

이 장에서는 어떻게 물분자의 구조가 다른 분자(다른 물분자를 포함하여)와 상호작용을 할 수 있도록 해주는지를 공부하게 될 것이다. 이러한 능력이 지구가 생명체 유지에 적합하도록 도와주는 물의 창발적 성질을 나타내게 한다.

개념 3.1

물분자 내의 극성 공유결합으로 인해 수소결합이 생긴다

물은 어디에서나 있기 때문에 물이 아주 특별한 성질을 가진 예외적인 물질이라는 것을 간과하기 쉽다. 창발적 특성(emergent property)이라는 주제를 따라가 보면 물의 특별한 성질이 물분자의 구조와 상호작용에 기인함을 알 수 있다.

물분자 자체로는 너무나 간단한 구조를 보인다. 물분자는 넓은 모양의 V자와 비슷하게 생긴 모양으로 두 개의 수소원자가 산소원자에 단일 공유결합으로 연결된 상태로 있다. 산소가 수소에 비해 좀 더 전기적으로 음성을 띠기 때문에 결합에 참여하는 전자들이 보다 많은 시간을 산소원자 가까이에서 보내게 된다. 즉, 물분자 내 원자들 간의 결합은 **극성 공유결합(polar covalent bond)**이다(그림 2.11). 전자의 불균등한 분포와 V자 모양으로 인해 물분자는 **극성분자(polar molecule)**가 된다. 극성분자라 함은 분자의 전체 전하가 불균등하게 분포되어 있음을 의미한다. 물분자의 경우는 산소 쪽이 부분적으로 음전하(δ−)를 가지고 수소원자 쪽이 부분적인 양전하(δ+)를 가진다.

물분자의 특별한 성질은 물분자들의 반대 전하를 띤 원자 간의 친화력에 의해 생긴다. 물분자 내에서 약한 양성을 띠는 수소원자가, 인접한 다른 물분자의 약한 음성인 산소원자에 끌리게 되고 그 결과 두 물분자는 수소결합에 의해 연결된다(그림 3.2). 액체 상태의 물에서는 수소결합이 아주 약해서 공유결합의 1/20 정도의 결합력을 가진다. 수소결합은 끊임없이 생기고 끊어지고 다시 생겨난다. 각 수소결합은 10조 분의 몇 초 정도 지속되며, 순식간에 새로운 수소결합이 생긴다. 따라서 특정 순간에는 대부분의 물분자들이 서로 수소결합을 통해 연결되어 있게 된다. 물이 가지는 특별한 성질들은 물분자들을 정렬하여 높은 단계의 구조로 조직화되게 해주는 수소결합의 결과로 생기는 창발적 특성이다.

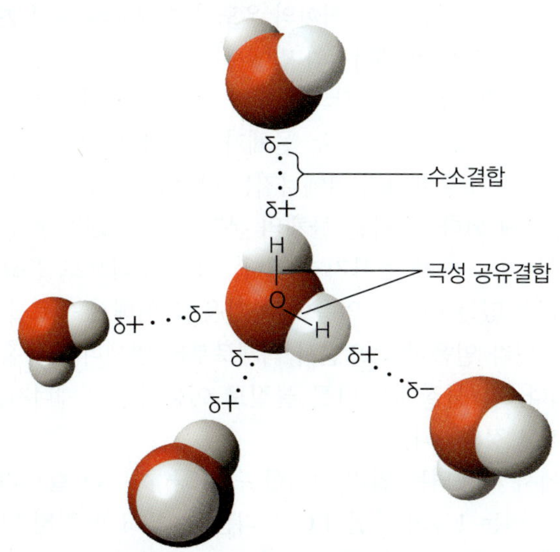

▲ 그림 3.2 **물분자 간의 수소결합.** 물분자 내에서 전하를 띠는 부위는 극성 공유결합 때문이다. 인접한 물분자들의 반대 전하 부위들이 서로 끌어당겨 수소결합이 생긴다. 각 분자는 다수의 물분자와 수소결합할 수 있으며 이들의 결합 상태는 계속 변한다.

DRAW IT 가장 왼쪽에 그려져 있는 물분자의 각 원자에 부분 전하를 표시하고 이것과 수소결합하고 있는 물분자 2개를 더 그려 보라.

개념 확인 문제 3.1

1. MAKE CONNECTIONS 전기음성도란 무엇인가? 전기음성도는 어떻게 물분자 간의 결합에 영향을 주나? 그림 2.11을 재음미해 보라.
2. 인접한 두 물분자가 그림과 같이 배열되지 않는 이유는?

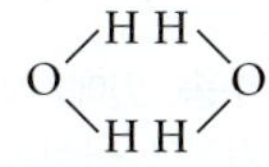

3. WHAT IF? 산소와 수소가 동일한 전기음성도를 가진다면 물분자의 성질은 어떻게 바뀔까?

정답은 부록 A 참조

개념 3.2

물의 네 가지 창발적 특성이 지구가 생명체에 적합한 환경이 되도록 한다

이제 지구가 생명체를 지탱하는 데 적합하게 만들어 주는 물의 성질 네 가지, 즉 응집현상, 온도 조절능력, 얼면서 팽창하는 성질, 그리고 용매로서의 성질 등을 살펴보자.

물분자의 응집

물분자들은 수소결합 때문에 서로 가까이 붙어 있게 된다. 액체 상태의 물속에서 분자들의 배열은 끊임없이 변하지만 어느 특정 순간에는, 모든 물분자들 중 많은 수가 인접한 분자들과 여러 개의 수소결합으로 연결되어 있다. 이러한 이유로 물은 다른 대부분의 액체들보다 잘 구조화되어 있다고 할 수 있다. 전체적으로 볼 때 수소결합이 이 물질 전체를 붙들고 있는 것이 되는데, 이런 현상을 **응집(cohesion)**이라고 한다.

수소결합에 의한 응집현상은 식물체에서 물과 거기에 녹아 있는 영양분이 중력을 거슬러 수송될 수 있도록 해준다. 뿌리에서 흡수되는 물은 물 수송세포들의 네트워크를 통해 잎으로 전달된

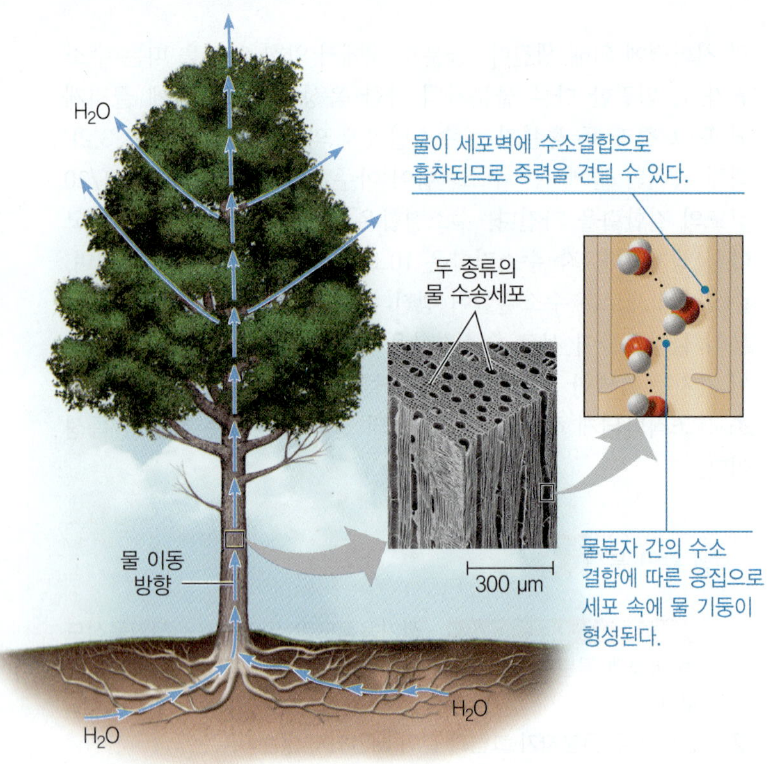

▲ **그림 3.3 식물에서의 물 수송.** 잎에서의 증발로 인해 물이 물 수송세포들을 통해 뿌리로부터 위로 당겨진다. 응집과 흡착의 성질로 인하여 뉴욕시 엠파이어스테이트 빌딩의 1/4 정도에 해당하는 100 m 이상 되는 나무에서도 물 수송은 일어난다.

다(**그림 3.3**). 잎에서 증발현상으로 물이 떠나게 될 때 수소결합에 의해 그 아래쪽에 있는 물분자를 끌어당기게 되고 이런 당김 현상이 물 수송세포(도관세포)를 통해 뿌리에까지 전달된다. 한 물질이 다른 물질에 들러붙는 성질인 **흡착(adhesion)**현상도 한몫을 하는데, 물이 세포벽에 흡착되는 성질이 중력의 힘에 저항할 수 있게 해준다(그림 3.3).

응집과 연관된 것으로 **표면장력(surface tension)**이 있는데, 이는 액체의 표면을 펴지게 하거나 허무는 것이 어느 정도 어려운가에 대한 척도이다. 물은 대부분의 액체보다 높은 표면장력을 가지고 있다. 공기에 접하고 있는 물 부분에서는 물분자들의 배열이 규칙적인데, 인접한 분자들과 아래쪽 분자들에 대해 수소결합으로 연결되어 있기 때문이다. 이 때문에 물은 눈에 보이지 않은 막에 덮인 것처럼 행동하게 된다. 물잔에 물을 약간 넘치도록 따르면 표면장력을 바로 확인할 수 있는데, 물이 잔의 테두리를 넘어서 머물 수 있는 것을 쉽게 볼 수 있을 것이다. **그림 3.4**에서 볼 수 있는 바와 같이 거미는 물의 표면장력을 이용하여 물의 표면을 파괴하지 않고 연못 위를 걸어 갈 수 있다.

▼ **그림 3.4 물 위를 걷기.** 물분자들이 만드는 수소결합의 총합적 힘에 의해 생기는 물의 표면장력이 뗏목거미로 하여금 연못 위를 걸을 수 있게 해준다.

물에 의한 온도 조절

물은 주변 공기의 온도가 높으면 열을 흡수하고 온도가 낮으면 열을 방출함으로써 공기 중의 온도를 일정하게 유지하게 해준다. 물이 열의 저장소로 효과적인 이유는 물 자체의 온도를 아주 조금 변화시켜도 상대적으로 많은 양의 열을 흡수 또는 방출할 수 있기 때문이다. 이러한 물의 성질을 이해하기 위해서 먼저 온도와 열에 대해 살펴보도록 하자.

온도와 열

움직이는 모든 물체는 **운동에너지(kinetic energy)**를 가진다. 원자와 분자는 운동에너지를 가지는데 이는 이들이 특정한 방향성을 가지지는 않지만 항상 움직이고 있기 때문이다. 어떤 분자가 빨리 움직일수록 그 운동에너지는 크다. 원자 또는 분자의 무작위적 운동에 연관되어 있는 운동에너지를 **열에너지(thermal energy)**라고 한다. 열에너지는 온도와 연관이 되어 있지만 동일한 것은 아니다. **온도(temperature)**는 어떤 물질 속의 분자들의 평균 운동에너지를 대표하는 에너지의 척도이고, 이는 부피와는 무관하다. 하지만 전체 열에너지는 물질의 부피에 의존적이다. 커피포트의 물을 가열하면 물분자의 평균 속도가 증가하고 온도계는 이를 온도의 상승으로 기록하게 된다. 이때 열에너지의 총량도 증가된다. 하지만 주전자 속 커피의 온도가 수영장의 물의 온도보다 높을 수는 있지만 열에너지의 면에서는 수영장이 더 큰 열에너지를 가진다. 왜냐하면 수영장의 부피가 훨씬 크기 때문이다.

서로 다른 온도를 가지는 두 물체가 만나게 되면 항상 두 물체의 온도가 같아질 때까지 열에너지는 따뜻한 쪽에서 차가운 쪽으로 이동하게 된다. 차가운 물체의 분자들이 따뜻한 물체의 열에너지 덕분에 속도가 높아지게 된다. 얼음 조각으로 음료수를 차갑게 할 수 있는 이유는 얼음이 '차가움'을 더해서 음료를 식히는 것이 아니라 얼음이 녹으면서 액체로부터 열에너지를 흡수하기 때문이다. 한 물질에서 다른 물질로 이동되는 열에너지를 **열(heat)**이라고 정의한다.

이 책에서 사용되는 열의 편리한 단위 중 하나는 **칼로리(cal)**이다. 1칼로리는 1 g의 물을 1°C 올리는 데 필요한 열의 양으로 정의한다. 또는 1칼로리는 물 1 g의 온도가 섭씨 1도 내려갈 때 방출되는 열의 양이기도 하다. 1**킬로칼로리(kcal)**는 1,000칼로리로서, 1 kg의 물을 1°C 올리는 데 필요한 열의 양이다. (음식 등에 적용되는 '칼로리'는 사실은 kcal이다.) 열의 양을 표시하는 다른 단위로는 **주울(joule, J)**이 있다. 1 J은 0.239칼로리에 해당한다. 1칼로리는 4.184 J이다.

물의 높은 비열

물이 온도를 안정화시킬 수 있는 능력을 가지는 것은 물의 **비열(specific heat)**이 높기 때문이다. 어떤 물질의 비열은 그 물질 1 g의 온도를 1℃ 변화시키는 데 필요한 열의 양이다. 우리는 이미 물의 비열을 알고 있는데 이는 1칼로리를 정의할 때 이미 1 g의 물을 1℃ 올리는 데 필요한 열의 양으로 정의했기 때문이다. 즉, 물의 비열은 1 cal/g · ℃이다. 다른 물질들과 비교할 때 물은 아주 높은 비열을 가진다. 예를 들어, 에탄올의 비열은 0.6 cal/g · ℃인데, 에탄올 1 g의 온도를 1℃ 올리는 데 필요한 열의 양은 0.6 cal에 불과함을 의미한다.

물은 비열이 다른 물질에 비해 높기 때문에 같은 양의 열을 흡수하거나 방출할 때 온도 변화가 적다. 화로 위 금속 냄비 속의 물이 아직 미지근한 상태인데도 냄비의 손잡이를 잡다가 화상을 입을 수도 있는 이유는 물의 비열이 철보다 10배는 크기 때문이다. 즉, 동일한 양의 열이라면 물 1 g보다는 철 1 g의 온도를 훨씬 더 많이 올릴 수 있다. 비열은 어떤 물질이 열을 흡수 또는 방출할 때 온도 변화에 얼마나 견딜 수 있는가의 척도라고 할 수 있다. 물은 온도 변화에 대한 저항이 크다; 거꾸로 물의 온도가 실제로 변한다면 온도 변화에 비해 상대적으로 많은 양의 열을 방출 또는 흡수할 수 있다.

물의 다른 성질들과 마찬가지로 물이 높은 비열을 가지는 원인은 수소결합이다. 수소결합을 끊기 위해서는 열이 흡수되어야 하고 수소결합이 생기면 열이 방출된다. 1칼로리의 열은 물 온도를 상대적으로 적게 변화시키는데, 그 이유는 대부분의 열이 물분자들의 운동이 증가되기 전에 수소결합을 끊는데 이용되기 때문이다. 또한 물의 온도가 조금만 내려가도 수소결합이 더 많이 생기게 되고 그 과정에서 상당한 에너지가 열의 형태로 방출된다.

물의 비열과 지구상의 생명과는 어떤 연관성이 있을까? 지구상에 존재하는 엄청난 양의 물은 여름 동안 또는 낮 시간 동안 태양으로부터 오는 엄청난 양의 열을 조금의 온도 변화로 흡수하게 되고, 밤이나 겨울 동안 천천히 온도가 내려가 물이 방출하는 열에 의해 공기의 온도가 따뜻하게 된다. 이것이 해안이 내륙에 비해 온화한 기후를 가지는 이유이기도 하다(그림 3.5). 또한 물의 높은 비열은 바다의 물 온도를 비교적 안정화시켜 바다의 생명체가 살기 좋은 조건이 유지된다. 그러므로 지구 표면을 뒤덮고 있는 물은 그 높은 비열 때문에 생명체가 유지될 수 있는 범위 내에서만 온도 변화가 일어나도록 제어해 주는 것이다. 생명체 자체 또한 대부분 물로 이루어져 있으므로 비열이 낮은 다른 액체로 이루어져 있는 경우보다 자신의 온도 변화에 대해 더 내성을 가질 수 있다.

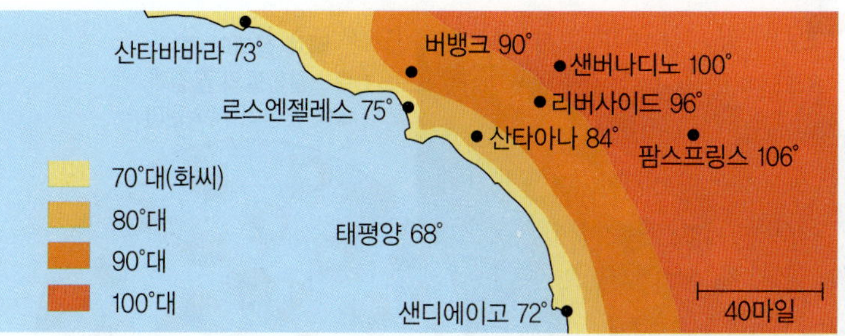

▲ **그림 3.5 태평양과 남가주 해안의 8월 중 하루의 기온**

INTERPRET THE DATA 이 그림에서 보이는 온도 분포의 특징을 설명하라.

증발에 의한 냉각작용

액체의 분자들은 서로 끌어당기는 힘 때문에 가까이에 위치한다. 이 끌어당기는 힘보다 큰 운동에너지를 가지게 되면 액체 상태를 벗어나 기체 상태가 된다. 이렇게 액체 상태에서 기체 상태로 변화하는 것을 기화(vaporization 또는 evaporation)라고 한다. 분자의 운동 속도는 가변적이며 온도는 분자 운동에너지의 **평균**이라는 점을 생각해 보면, 낮은 온도에서도 속도가 빠른 분자가 소수 존재할 수 있고, 이들은 기체 상태로 변할 수 있다. 소량이긴 하지만 어떤 온도에서든 기화는 일어난다. 잔 속의 물이 가열되지 않아도 시간이 지나면 결국 증발해 없어지는 것도 이런 이치 때문이다. 액체를 가열하게 되면 평균 운동에너지가 증가하므로 기화의 속도가 빨라지는 것뿐이다.

기화열(heat of vaporization)은 1 g의 액체가 기체로 변하기 위해 흡수해야 하는 열의 양이다. 물은 그 비열이 높은 이유와 같은 이유로 기화열 또한 높다. 25℃의 물 1 g을 기화시키기 위해서는 약 580칼로리의 열이 흡수되어야 한다. 이는 동량의 알코올이나 암모니아를 기화시키는 데 필요한 열의 두 배에 이르는 열이다. 물의 기화열이 높은 현상은 수소결합 현상에 의해 파생되는 또 다른 창발적 특성이다. 수소결합이 끊어져야 액체 상태에서 기체 상태로 갈 수 있기 때문이다(그림 3.1).

물의 높은 기화열은 여러 가지 영향을 끼친다. 예를 들어, 지구의 기후가 온화해질 수 있다. 적도 부근의 바다 표면에 흡수되는 태양열의 상당 부분은 물을 증발시키는 데 쓰이게 되고, 이 습도가 높은 공기는 극지방 쪽으로 순환되어 응축되며 비를 뿌리면서 열을 방출하게 된다. 다른 예로는 생물의 수준에서 볼 수 있는 것으로, 물의 높은 비열 때문에 생기는 증기에 의한 화상을 들 수 있다. 이러한 화상은 수증기가 피부에 닿아 액체로 변하면서 많은 열을 내기 때문에 생긴다.

액체가 기화되는 동안 남아 있는 액체는 온도가 내려가게 된다. 이를 **기화 냉각(evaporative cooling)**이라고 하는데 이런 현상이 일어나는 이유는 가장 운동에너지가 큰, 즉 가장 뜨거운 분자들이 기체가 되어 떠나기 때문이다. 이는 한 학교에서 100명의 가장 빠른 달리기 선수들이 다른 학교로 전학을 하게 되면 남는 학생들의 평균 달리기 속도가 느려지는 것과 같은 이치이다.

기화 냉각 현상으로 인해 호수나 연못 등의 온도가 유지될 수 있으며 육상 생명체의 체온 유지도 가능하게 된다. 식물체의 잎에서 기화가 일어남으로써 태양열에 의해 잎이 과열되는 것을 막아 줄 뿐더러 사람의 피부에서 땀이 기화됨으로써 열을 방출하게 되어 운동을 많이 한 경우나 더운 날에도 체온이 지나치게 오르는 것을 막아 준다. 기온이 높으면서 습도가 높은 날이 불쾌한 이유는 공기 중의 높은 물(수증기)의 농도가 땀의 기화를 더디게 만들기 때문이다.

고체인 얼음이 액상의 물에 뜨는 현상

물은 고체 상태에서의 밀도가 액체 상태보다 낮은 몇 안 되는 경우에 해당한다. 즉, 고체 상태의 얼음은 액체 상태의 물 위에 뜨게 된다. 보통 다른 물질은 고체화될 때 부피가 줄어드는데 물의 경우는 그 반대이다. 이러한 이상한 현상의 이유도 수소결합 때문이다. 4°C 이상의 온도에서 물은 다른 액체와 마찬가지로 행동하는데, 즉 온도가 올라가면 팽창하고 온도가 내려가면 수축한다. 물은 그 분자들이 수소결합을 끊을 만큼 운동할 수 없는 상태에 이르면 얼게 되는데, 0°C가 되면 물분자들은 결정 상태로 묶이게 되고 이 상태에서는 각 물분자가 인접한 4개의 물분자와 수소결합을 한 상태가 된다(그림 3.6). 이 수소결합들이 각 분자를 일정한 거리('팔의 길이' 만큼)에 두게 하는데 이로 인해 얼음은 4°C의 물에 비해 약 10% 정도 부피가 더 커진다. 즉, 동일 부피 속에 들어 있는 물분자의 수가 10% 정도 적다. 얼음이 열을 충분히 흡수해서 0°C 이상의 온도가 되면 분자 간의 수소결합이 끊어지기 시작하고 이로 인해 물분자들이 서로 미끌어져 들어가 더 가까이 갈 수 있게 되며 4°C에 가장 높은 밀도가 된다. 4°C를 넘어가면 분자운동이 더 커지게 되면서 다시 부피가 늘어나게 된다. 액체상의 물에서도 많은 수의 분자들이 비록 잠시 동안이지만 수소결합으로 연결되어 있다. 수소결합은 끊임없이 만들어지고 없어진다.

얼면서 밀도가 낮아져 얼음이 물 위에 뜨게 되는 현상은 지구가 생명체를 유지하는 데 적합한 한 이유가 된다. 만약 얼음이 가라앉게 되어 있다면, 모든 호수와 연못, 심지어는 바다조차도 결국에는 다 얼게 될 것이고 지구상에 현존하는 생명체는 생존 불능이었을 것이다. 여름 동안에는 바다의 가장 표면 쪽 몇 인치 정도만 녹을 것이다. 이러한 현상 대신에 많은 물을 가진 수역이 차가워지게 되면 표면에서는 얼음이 얼어 뜨게 되어 그 아래쪽의 물을 단열시키게 되어 얼지 않도록 보호한다. 이로 인해 얼음 아래쪽에서 생명체들이 유지될 수 있는 것이다(그림 3.6). 얼음은 아래쪽 물을 단열시켜 줄 뿐 아니라, 북극곰이나 바다표범과 같은 동물들에게 단단한 서식지를 제공해 주기도 한다.

많은 과학자들이 이런 얼음 덩어리들이 사라질 위기에 처했다고 우려하고 있다. 이산화탄소 등 온실 기체에 의해 발생되는 전지구적 온난화 현상이 얼음 환경에 지대한 영향을 끼치고 있다. 북극권은 1961년 이후 평균 기온이 1.4°C 올랐다. 이 온도 상승으로 인해 북극해의 얼음과 물의 계절적 균형이 영향을 받아, 얼음은 늦게 얼고 일찍 녹게 되어 작은 지역에서만 얼음이 덮이게 된다. 빙하와 북극해의 얼음이 사라지는 속도는 얼음에 생존을 의존하는 많은 동물들에게 커다란 위협이 되고 있다.

물: 생명의 용매

한 잔의 물속에 들어간 설탕 덩어리는 녹게 되어 있다. 그러면 그 잔은 설탕과 물의 균질한 혼합체를 가지게 된다. 용해된 설탕의 농도는 그 용액에서는 어디서나 동일하다. 두 개 이상의 물질이 완전히 균질한 상태로 섞여 있는 것을 **용액(solution)**이라고 한다. 녹이는 물질은 **용매(solvent)**, 녹는 물질을 **용질(solute)**이라고 한다. 이 경우에는 물이 용매, 설탕이 용질이 되는 것이다. **수용액(aqueous solution)**은 용매가 물인 용액을 의미한다.

물은 상당히 다양한 능력을 가진 용매이다. 그 이유는 물분자의 극성에서 찾을 수 있다. 예를 들어, 이온성 물질인 소금(NaCl) 한 스푼이 물속에 있다고 하자(그림 3.7). 소금 덩어리, 또는 결정의 표면에서는 소듐과 염소이온이 용매에 노출될 것이다. 이 이

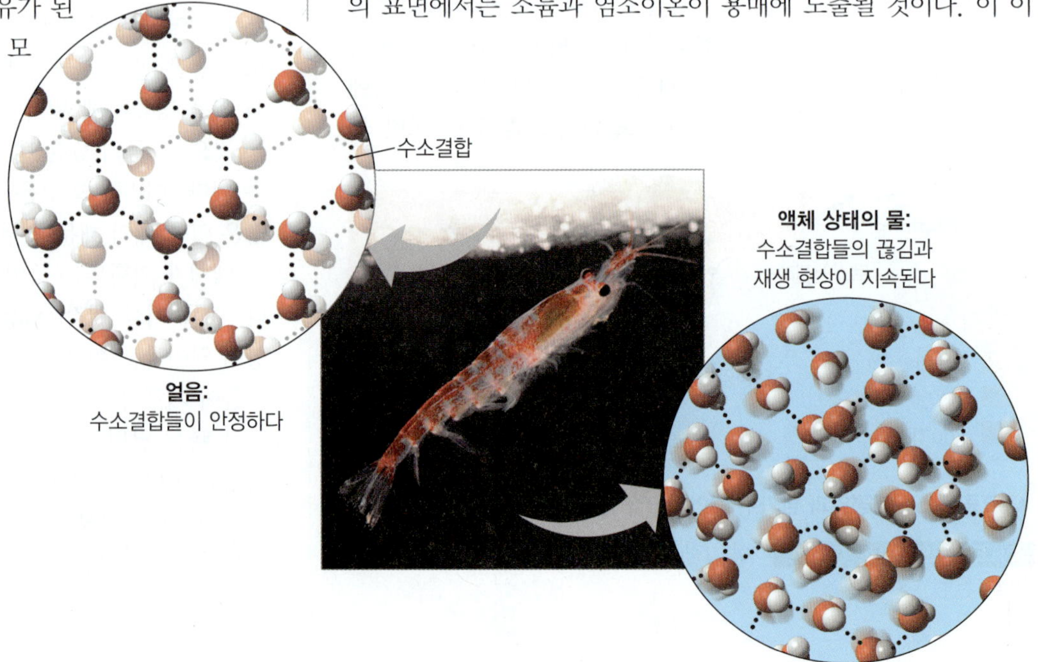

▶ 그림 3.6 **얼음: 결정구조와 떠 있는 장벽.** 얼음에서는 각 물분자가 인접한 네 개의 분자와 수소결합을 하며 3차원적 결정을 이루게 된다. 이런 모양의 결정은 공간적인 여유가 있는 상태여서 단위 부피당 물분자의 수가 액체 상태에 비해 적다. 따라서 얼음은 물 위에 뜨게 되고 아주 차가운 공기로부터 얼음 아래쪽의 물의 온도를 유지시켜 주는 장벽 역할을 한다. 사진의 해양생물은 크릴 새우인데, 남극의 얼음 밑에 있는 모습이다.

WHAT IF? 물이 수소결합을 하지 않는다면 크릴 새우는 어떻게 될까?

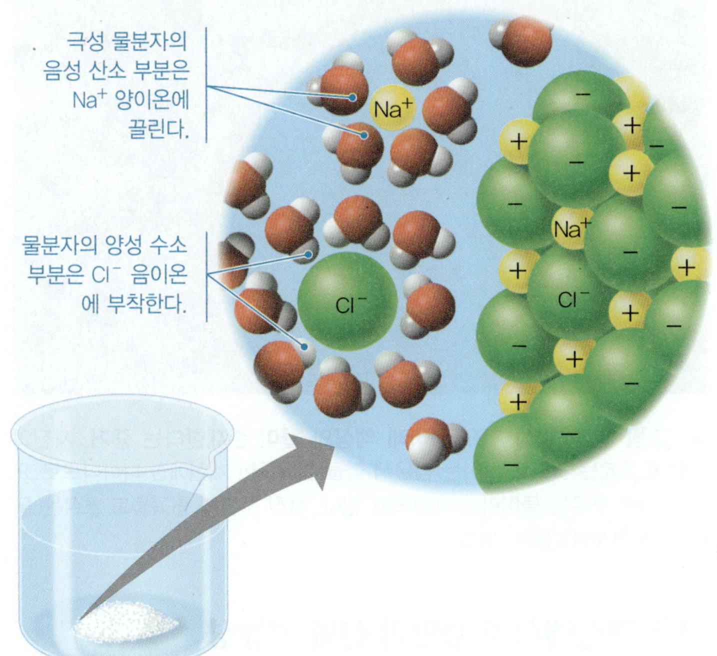

▲ **그림 3.7 물에 용해되는 소금분자.** 물분자들이 용질이온을 구형으로 둘러싸서 수화껍질을 형성하게 된다.

WHAT IF? 이 용액을 장시간 가열하면 어떻게 될까?

온들과 물분자들 사이에는 전기적으로 끌어당기는 힘이 존재하게 되는데 물분자의 산소원자 부분은 상대적으로 음전하를 띠고 있기 때문에 소듐 양이온과 끌리게 되고, 수소원자 부분은 염소 음이온과 끌리게 된다. 그 결과 물분자들이 소듐이온과 염소이온을 둘러싸게 되어 그들 사이를 분리시키게 된다. 각각의 용해된 이온을 둘러싸고 있는 물분자들을 **수화껍질(hydration shell)**이라고 한다. 소금 결정의 바깥 표면에서부터 안쪽으로 이와 같은 일이 계속 진행되면 물은 모든 이온을 용해시키게 된다. 그 결과는 두 용질, 즉 소듐 양이온과 염소 음이온이 물이라는 용매에 균질하게 녹아 있는 용액이 되는 것이다. 다른 이온성 물질도 물에 녹을 수 있는데, 바닷물은 다양한 종류의 이온들이 녹아 있고 세포도 그러하다.

어떤 물질이 물에 녹기 위해 이온 상태로 되어야만 하는 것은 아니다. 비이온성이지만 극성을 가지는 물질, 예를 들면 위에서 예를 든 설탕 같은 물질은 물에 녹을 수 있다. 이런 물질들은 물분자들이 각각의 용질분자를 둘러싸서 수소결합을 하게 되면 용해시킬 수 있다. 아주 큰 분자인 단백질도 그 분자 표면에 이온성이나 극성을 가지면 물에 녹을 수 있다(그림 3.8). 생물학적 유동체인 혈액, 식물의 수액, 그리고 모든 세포 내의 액체에 있는 물에는 다양한 이온 및 극성물질들이 용해될 수 있다. 물은 생명의 용매이다.

친수성 또는 소수성 물질

물에 대한 친화도가 있는 물질의 성질은 **친수성(hydrophilic)**이라고 한다. *Hydro*는 그리스어원으로 물을 뜻하고 *philios*는 사랑한다는 뜻이다. 어떤 물질은 물에 녹지는 않으면서 친수성일 수도 있는데, 예를 들면 세포 내의 아주 분자량이 큰 분자는 물에 녹지는 않는다. 친수성이면서도 물에 녹지는 않은 물질의 예로는 식물체의 산물인 면(cotton)을 들 수 있다. 면은 셀룰로오스로 구성되어 있는 거대분자인데, 이는 극성결합으로 연결되어 부분적으로 양성 또는 음성 전하를 띠는 부위를 다수 가지고 있어서 이 셀룰로오스 섬유에 물이 부착될 수 있다. 그래서 면으로 되어 있는 수건은 세탁기 안에서 녹아내리지는 않지만 몸을 닦거나 할 때 물을 흡수하는 역할을 잘 수행할 수 있는 것이다. 셀룰로오스는 물을 운반하는 물 수송세포의 벽에도 존재하는데 물이 이런 친수성 벽에 흡착되어 물의 수송을 돕게 됨을 이미 살펴보았었다.

물에 대해 친화성을 가지지 않은 물질도 당연히 존재하는데, 이온성이 아니면서 비극성인 물질(또는 수소결합을 하지 않는 물질)은 물을 밀어내는 것처럼 보인다. 이런 성질은 **소수성(hydrophobic)**이라고 한다. 그리스어에서 *phobos*는 두려워 한다는 뜻을 가진 말이다. 부엌에서 사용하는 야채유 등 식용유는 물에 녹아 있는 식초 등과는 잘 섞이지 않는데, 이러한 소수성 성질은 비극성 결합이 주로 되어 있는 구조에서 비롯된다. 이 경우는 탄소와 수소 사이의 결합이 전자를 거의 동일한 정도로 공유하기 때문에 어느 한 쪽도 극성을 가지지 못하기 때문이다. 기름과 연관된 이런 소수성 물질들이 세포막을 형성하는 주된 재료이다. (세포막이 물에 녹는다면 세포는 어떻게 될 것인지 상상해 보라!)

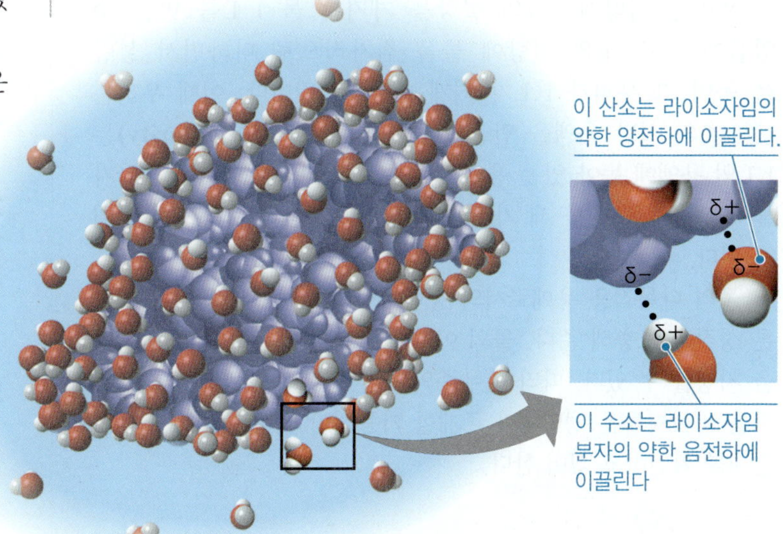

▶ **그림 3.8 수용성 단백질.** 사람의 라이소자임 효소는 눈물이나 침 속에서 있으면서 항세균 기능을 수행하는 단백질이다. 이 그림은 물속에서의 라이소자임 분자를 보여준다. 이 단백질의 이온성 및 극성 부위는 물분자를 끌어당긴다.

수용액에서의 용질 농도

생명체에서 대부분의 화학반응은 물에 녹아 있는 용질이 관여되어 있다. 이러한 화학반응을 이해하기 위해서는 얼마나 많은 수의 원자와 분자가 가담하고 있는가를 알아야 하고, 수용액 중 용질의 농도, 즉 단위 부피의 물에 녹아 있는 용질분자의 수를 알아야 한다.

실험을 수행할 때 우리는 분자의 수를 계산하기 위해 질량을 사용한다. 우리는 우선 **분자량(molecular mass)**, 즉 한 분자를 구성하는 모든 원자의 질량 합을 계산해야 한다. 예를 들어, 설탕(sucrose)의 분자량을 계산해 보자. 설탕의 화학식은 $C_{12}H_{22}O_{11}$이다. 원자 질량 단위인 달톤(dalton)으로 표시해 보면 탄소원자의 질량은 12, 수소는 1, 산소는 16이므로 설탕 한 분자의 분자량은 $(12 \times 12) + (22 \times 1) + (11 \times 16) = 342$달톤이 된다. 물론 아주 극소수의 분자 질량을 직접 측정하는 것은 비현실적이다. 그래서 우리는 일반적으로 **몰(mole; mol)**이라는 단위로 측정하게 된다. 한 다스가 언제나 12개를 의미하듯이, 1몰은 정확히 어떤 물질이 아보가드로의 수인 6.02×10^{23}개가 존재하는 것이라고 정의된다. 애초에 아보가드로의 수와 달톤이라는 단위가 정의된 바에 따라 1 g에는 6.02×10^{23}달톤이 존재한다. 일단 어떤 분자(예를 들어, 설탕)의 분자량을 결정하고 나면 우리는 그 분자량과 같은 숫자(이 경우 342)를 쓰되 단위를 g이라고 표시할 수 있는데 이는 6.02×10^{23}개 설탕 분자, 즉 설탕 1몰의 질량(때로는 몰질량이라고 부른다)을 의미하게 된다. 따라서 1몰의 설탕을 얻기 위해서는 342 g의 설탕이 필요하다.

어떤 화합물의 양을 몰수로 계산하는 것의 유리한 점은 어떤 물질이든지 간에 같은 몰수의 물질들은 같은 수의 분자를 가진다는 것이다. 물질 A의 분자량이 342달톤이고 물질 B의 분자량이 10달톤이라고 하면 342 g의 A는 10 g의 B와 분자의 수가 같다. 1몰의 에탄올이 6.02×10^{23}개의 에탄올 분자를 가질 때 그 질량은 46 g에 불과하다. 몰수로 물질을 측정하는 것은 다른 물질들을 특정 분자수의 비율로 섞을 때 그 계산을 용이하게 해준다.

우리는 어떻게 1몰의 설탕을 가지는 물 1 L를 만들 수 있을까? 342 g의 설탕에 물을 점차적으로 더하면서 설탕을 녹여 그 부피가 1 L가 되게 하면 될 것이다. 이때 우리는 1몰(*M*)의 설탕 용액을 만들었다고 한다. **몰농도(molarity)**는 1 L의 용액에 녹아 있는 용질의 몰수로 정의되며 이는 생물학자들이 수용액을 다룰 때 가장 일반적으로 사용하는 농도의 단위가 된다.

물의 다목적용 용매로서의 능력이 이 장에서 논의한 물의 다른 성질을 보충해 준다. 물의 이러한 능력들 때문이 지구가 생명을 지탱할 수 있다. 따라서 우주의 다른 곳에서 생명체를 찾고자 하는 과학자들은 생명체가 존재할 가능성이 있는 증표로서 물의 존재를 확인하고 싶어 한다.

▲ **그림 3.9 화성 지표면 아래 액상의 물이 존재한다는 증거.** 사진의 하단에 흐르는 것으로 보이는 검은색 줄들은 따뜻한 계절에만 나타나므로 표면 아래에 흐르는 물이라고 제안되고 있다. 사진 중간의 협곡들도 흐르는 물에 의해 형성되었을 수 있다.

다른 행성에서의 생명의 진화 가능성

진화 우주의 다른 곳에서 생명체를 찾는 생물학자(우주생물학자)는 물이 존재하는 행성을 찾고자 노력해 왔다. 현재까지 태양계 바깥에서 800개 이상의 행성이 발견되었고, 그 중 몇몇에서는 수증기가 존재한다는 증거가 있다. 우리 태양계 내에서는 화성이 연구의 초점이었다. 지구와 마찬가지로 화성의 양 극에는 만년설이 존재한다. 화성에 당도한 우주선에서 보내온 영상에 의하면 화성 표면의 바로 아래쪽에 얼음이 존재하며 화성 대기에는 서리가 맺힐 정도로 충분한 수증기가 존재한다는 것이 확인되었다. 그림 3.9에서 보는 바와 같이 화성의 봄과 여름에는 가파른 경사면을 따라 선들이 보이며 이는 겨울에는 사라진다. 어떤 과학자들은 따뜻한 계절에 얼음이 녹아 흐르는 시냇물이 존재한다는 제안을 하고 있는 반면, 다른 과학자들은 물이 아니라 이산화탄소에 의한 것이라 주장하기도 한다. 표면 아래쪽을 파 내려가서 조사하는 것이 화성에서의 생명 탐사의 다음 과정이 될 것이다. 생명의 형태나 화석이 발견된다면 완전히 새로운 관점에서 진화 과정을 설명할 수 있을 것이다.

개념 확인 문제 3.2

1. 물의 어떤 성질이 나무에서 물이 중력을 거슬러 잎으로 수송되게 하는지를 설명해 보라.
2. "더위가 아니라 습기가 문제이다"라는 말의 뜻을 설명해 보라.
3. 물이 얼게 되는 것이 어떻게 바위를 쪼갤 수 있는지 설명해 보라.
4. **WHAT IF?** 물 소금쟁이의 다리는 소수성 분자들로 뒤덮여 있다. 어떤 유리한 점이 있을까? 만약 친수성 분자들이 다리에 잔뜩 있다면 어떻게 될까?
5. **INTERPRET THE DATA** 금식 상태의 사람에서 식욕을 조절하는 호르몬인 그렐린의 농도는 1.3×10^{-10} M이다. 1 L의 혈액에는 그렐린이 몇 분자 들어 있는 것일까?

정답은 부록 A 참조

개념 3.3

산성과 염기성 조건이 생명체에 영향을 준다

두 개의 물분자 사이에서는 수소결합에 참여하고 있던 수소원자가 한 분자에서 다른 분자로 이전되기도 하는데, 이때 수소원자는 전자를 남겨 두게 되고 실제로 떠나는 것은 **수소이온(hydrogen ion**, H^+)으로서, 이는 +1의 전하를 띠는 양성자 하나이다. 수소이온을 잃어버린 물분자는 이제 OH^-로 **수산화이온(hydroxide ion)**이라고 한다. 이는 −1의 전하를 띤다. 수소이온은 다른 물분자에 붙어서 히드로늄이온(H_3O^+)이 된다. 이러한 화학반응은 다음과 같이 표시될 수 있다.

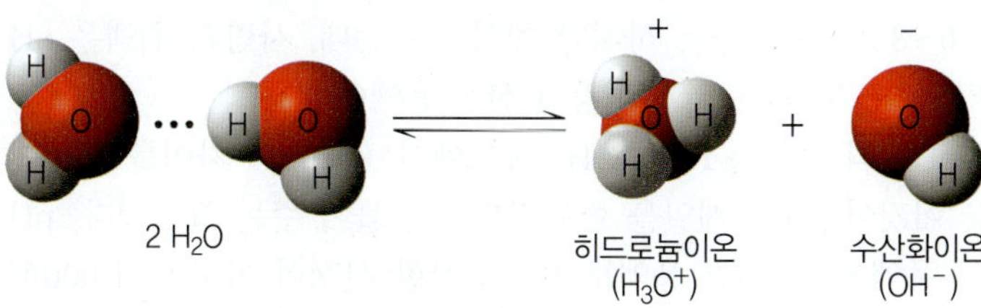

관례적으로 H_3O^+를 표시할 때 H^+를 사용하므로 여기서도 그 관례에 따른다. 하지만 H^+는 수용액에서는 그 자체로 존재하는 것이 아니라 항상 H_3O^+의 형태로 다른 물분자에 붙어 있음을 잊지 말자.

양방향 화살표로 표시된 것과 같이 이 반응은 가역적이며 물이 유리되는 속도와 H^+와 OH^-이 재결합하여 물이 되는 속도가 같을 때 역동적인 평형 상태에 도달하게 된다. 평형 상태에서는 물분자의 농도가 유리된 H^+와 OH^-의 농도보다 훨씬 높다. 실제로 순수한 물에서는 5억 5,400만 물분자 가운데 한 분자만이 유리 상태에 있다. 이러한 이온의 농도는 25℃에서 10^{-7} *M*이다. 즉, 1,000만분의 1몰의 수소이온(또는 수산화이온)이 순수한 물 1 L에 있음을 의미한다(그럼에도 각 이온 수로 보면 60,000조 개 이상으로 엄청나게 크다).

물분자의 유리현상이 가역적이고 통계적으로 드물게 일어나는 현상이기는 하지만 생명의 화학반응에서는 아주 중요한 의미를 가진다. 수소이온과 수산화이온은 대단히 반응성이 높다. 그들의 농도 변화는 세포의 단백질이나 다른 분자들에 심대한 영향을 미칠 수 있다. 순수한 물에서는 H^+와 OH^-의 농도가 동일하지만 특정 용질(특히 산이나 염기)이 가해질 경우 이 균형은 깨지게 된다. 생물학자들은 pH라는 척도로서 용액이 얼마나 산성인지 염기성인지를 표시하게 된다. 지금부터는 산, 염기, pH, 그리고 pH의 변화가 생명체에 끼치는 영향 등에 대해 알아보자.

산과 염기

수용액에서 어떤 것들이 H^+와 OH^- 농도의 균형을 깨지게 할까? 산이라고 하는 물질이 물에 녹게 되면 이들은 H^+을 용액에 제공하게 된다. **산(acid)**의 생물학적 정의는 용액의 H^+ 농도를 증가시키는 물질이다. 예를 들어 염산(HCl)이 물에 가해지면, H^+이 Cl^-에서 분리되어 나온다.

$$HCl \rightarrow H^+ + Cl^-$$

이러한 H^+의 증가로 인해 물속의 H^+의 농도가 OH^-의 농도보다 높아지게 되고 산성 용액이 된다.

용액 속의 H^+ 농도를 낮추는 물질은 **염기(base)**라고 한다. 어떤 염기는 직접 H^+를 받아들여 용액 속의 H^+ 농도를 낮춘다. 예를 들어, 암모니아(NH_3)는 질소의 원자가껍질내 비공유 전자쌍이 용액으로부터 H^+을 끌어당겨 암모늄이온(NH_4^+)을 만듦으로써 염기로 작용한다.

$$NH_3 + H^+ \rightleftharpoons NH_4^+$$

다른 염기는 OH^-을 방출함으로써 이 OH^-이 H^+와 결합하게 함으로써 H^+의 농도를 간접적으로 낮출 수 있다. 예를 들어 NaOH는 물에 녹으면

$$NaOH \rightarrow Na^+ + OH^-$$

로 되어 OH^-를 방출하게 된다. 두 경우 모두 염기는 H^+의 농도를 낮추는 것이다. OH^-의 농도가 H^+의 농도보다 높은 용액은 염기성 용액이라고 한다. OH^-의 농도와 H^+의 농도가 동일하면 중성 용액이라고 한다.

HCl이나 NaOH의 반응식에는 한쪽 화살표를 썼음을 유의하자. 이 화합물들은 물과 섞이면 완전히 유리된다. 따라서 염산은 강산에 해당하며 수산화나트륨은 강염기라고 한다. 암모니아의 경우는 좀 다른데, 이는 약염기이다. 암모니아의 반응식에 있는 양쪽 화살표가 의미하는 것처럼, H^+의 착탈은 가역적이다. 물론 평형에 도달하면 NH_4^+와 NH_3의 비는 고정적으로 존재하게 된다.

약산도 있는데, 이들은 H^+을 가역적으로 방출하기도 하고 받아들이기도 한다. 그 예로 탄산을 들 수 있다.

$$\underset{\text{탄산}}{H_2CO_3} \rightleftharpoons \underset{\text{중탄산염이온}}{HCO_3^-} + \underset{\text{수소이온}}{H^+}$$

여기서 평형 상태는 왼쪽으로 가는 반응을 선호하는 쪽에서 이루어지기 때문에 탄산을 물에 넣으면 1%만이 유리되어 H^+를 방출하지만 여전히 OH^-와 H^+의 농도 균형은 산성 쪽으로 기울게 된다.

수소이온 농도지수 pH

25℃의 수용액에서 H^+와 OH^- 농도의 곱은 항상 10^{-14}로 일정하다. 식으로 표시하면

$$[H^+][OH^-] = 10^{-14}$$

이다. 이와 같은 식에서 큰 괄호는 그 물질의 몰농도를 표시한다. 상온(25℃)의 중성 수용액에서는 $[H^+]$는 10^{-7}이며 $[OH^-]$도

10^{-7}이다. 따라서 그 곱은 10^{-14}이 된다. 산이 더해져서 $[H^+]$가 10^{-5} M로 올라가게 되면 $[OH^-]$는 10^{-9} M로 떨어지게 된다(여전히 그 곱은 10^{-14}이다). 이런 일정한 관계는 수용액에서 산과 염기의 행동을 나타내준다. 산은 용액에 H^+을 증가시킬 뿐 아니라 OH^-의 농도를 감소시키는 것이다. H^+이 OH^-와 결합하여 물로 변하는 경향을 가지기 때문이다. 염기는 반대의 효과를 내는데, OH^-의 농도가 높아지면서 물의 형성에 의해 H^+의 농도를 낮추게 된다. OH^-의 농도가 10^{-4} M이라면 H^+의 농도는 10^{-10} M이 될 것이다. 수용액에서 H^+ 또는 OH^-의 농도 중 하나를 안다면 다른 하나의 농도는 자동적으로 알게 된다.

H^+와 OH^-의 농도는 100조(兆) 단위 이상으로 변할 수 있기 때문에 L당 M 농도로 표현하는 것보다 편리한 방법을 모색하게 되었는데, 로그값을 도입함으로써 pH라고 하는 새로운 단위를 만들어 내게 되었다**(그림 3.10)**. 어떤 용액의 **pH**는 H^+ 농도의 마이너스 로그값으로 정의할 수 있다 . 즉,

$$pH = -\log[H^+]$$

중성 용액의 경우 $[H^+]$가 10^{-7} M이므로, pH로 표시하면 7이 된다.

$$-\log 10^{-7} = -(-7) = 7$$

산도가 높아지면 pH 값은 낮아지게 된다. 또한 위에서 설명한 바와 같이 pH는 $[H^+]$의 농도로 계산하지만 그 pH 값을 알면 $[OH^-]$도 알 수 있다. 예를 들어, pH 10인 용액이 있으면 $[H^+]$는 10^{-10} M이고 $[OH^-]$는 10^{-4} M이 된다.

25도의 중성 용액의 pH는 7로서 이 값이 중간 값이 된다. pH가 7보다 작으면 작을수록 더 강한 산성 용액이 된다. 염기성 용액의 pH는 7보다 크다. 혈액이나 침과 같은 생물학적 용액의 pH는 6~8 사이에 있다. 하지만 예외도 있는데, 사람의 위액은 pH가 약 2 정도 되는 비교적 강한 산성 용액이다.

pH 1의 차이는 H^+와 OH^- 농도에서는 10배의 차이를 나타낸다. 이것이 pH 스케일을 함축적으로 만들어 주는 요인이다. pH 3인 용액은 pH 6인 용액보다 2배 강한 산성이 아니라, 1,000배 강한 산인 것이다. pH는 아주 조금 변하더라도 H^+와 OH^-의 농도는 상당히 많이 변한다.

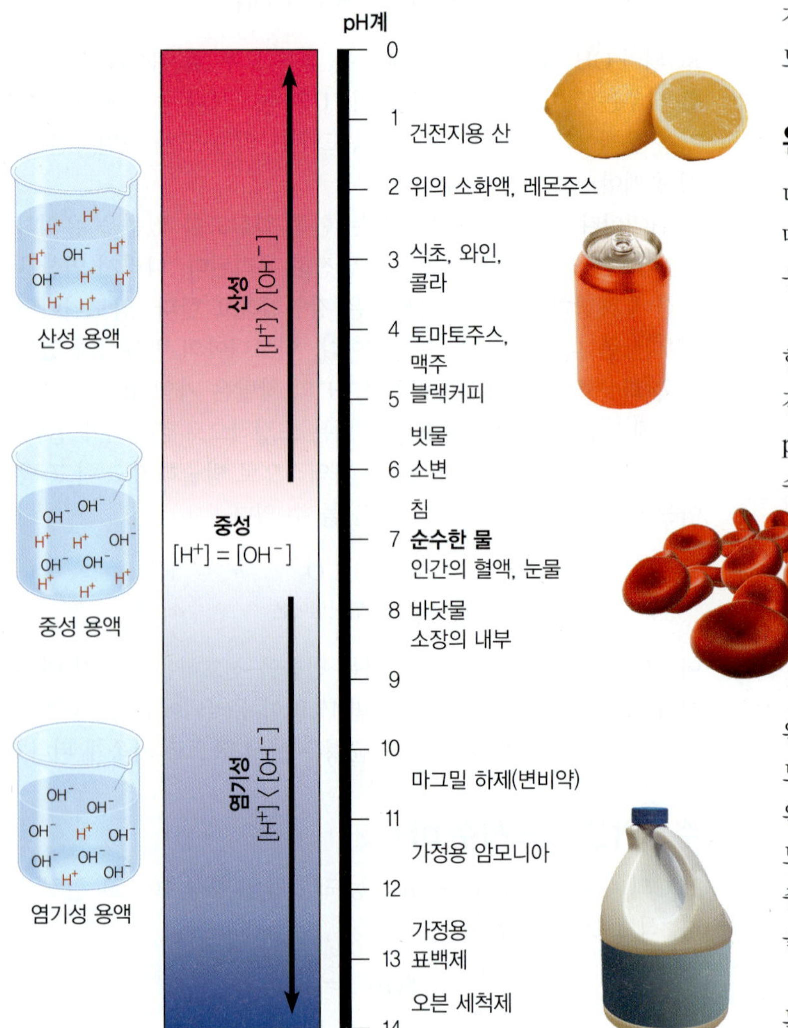

▲ **그림 3.10 pH계와 수용액들의 pH 값**

완충용액

대체로, 살아 있는 세포 내부의 pH는 7 근방에 있다. pH의 조그마한 변화도 아주 위험할 수 있는데, 왜냐하면 세포 내의 화학반응들이 H^+와 OH^-의 농도에 아주 민감하기 때문이다.

인간의 혈액 pH는 약한 염기성인 7.4 정도로 유지되고 있다. 혈액의 pH가 7 정도로 떨어지거나 7.8 정도로 올라가게 되면 인간은 수 분 이상을 견딜 수 없다. 이러한 위험을 제거하기 위해 pH를 일정하게 유지하는 화학적 체계가 갖추어져 있다. 만약 순수한 물 1 L에 0.01 M의 강산을 더하면 pH는 7에서 2로 떨어지게 된다. 동량의 산을 혈액에 더해 주게 되면, pH는 7.4에서 7.3 정도로만 변한다. 어떻게 동일한 양의 산에 의해 혈액의 pH는 영향을 아주 조금만 받게 될까?

완충용액(buffer)이 그 해답이다. 산이나 염기가 더해지더라도 pH를 상대적으로 일정하게 유지해 주는 것이 완충용액의 역할인데, 완충용액은 용액 내에서 H^+와 OH^-의 농도 변화를 최소로 유지시켜 주는 역할을 하는 물질로 정의된다. 완충용액은 과도한 양의 H^+가 있으면 이를 받아들이고 H^+의 농도가 낮아지면 H^+을 방출함으로써 그 역할을 한다. 대부분의 완충용액은 약한 산과 그에 상응하는 염기가 포함되어 있어서 H^+을 가역적으로 받아들이거나 내놓을 수 있다.

사람의 혈액 등 여러 생물학적 용액에는 pH 안정성에 기여하는 여러 완충제들이 존재한다. 그 중 하나는 탄산이다. 탄산은 혈액 속에서 이산화탄소가 물과 반응하여 생성되며, 앞에서도 살펴본 바와 같이 유리되면 HCO_3^-와 H^+를 만들게 된다.

$$\underset{\substack{\text{수소이온}\\\text{제공자(산)}}}{H_2CO_3} \underset{\text{pH 하강 시}}{\overset{\text{pH 상승 시}}{\rightleftharpoons}} \underset{\substack{\text{수소이온}\\\text{수용자(염기)}}}{HCO_3^-} + \underset{\text{수소이온}}{H^+}$$

탄산과 중탄산염 사이에서의 화학적 평형이 pH의 조절자 역할을 하는데, 수소이온이 증가 또는 감소하게 되면 평형이 왼쪽 또는 오른쪽으로 이동하게 된다. 혈액의 수소이온 농도가 감소, 즉 pH가 오르면, 오른쪽 방향의 반응이 많이 진행되므로 더 많은 탄산이 유리되어 수소이온을 제공하고, 반대로 pH가 낮아지면 왼쪽 방향의 반응이 많이 진행되어 중탄산염이 H^+를 제거하게 되어 농도가 조절된다. 따라서 탄산-중탄산염 완충용액 시스템은 평형을 이루고 있는 산과 염기로 구성되어 있다. 이와 같이 대부분의 완충용액은 산과 염기의 쌍으로 되어 있다.

산성화: 수질에 대한 위협

인간의 활동에서 기인하는 수질에 대한 위협은 대부분 기체 화합물을 대기에 내놓게 되는 화석연료의 소비 때문이다. 이러한 물질들은 물과 화학반응을 하여 물의 산성화를 유발하고 지구의 생명을 위한 미묘한 균형을 변화시킬 수 있다. 이산화탄소는 화석연료 연소의 주된 산물이다. 인간이 만들어 내는 이산화탄소의 약 25%는 바다에서 흡수된다. 해양이 가지고 있는 물의 엄청난 부피에도 불구하고 과학자들은 너무 많은 이산화탄소의 흡수가 해양 생태계에 악영향을 줄 수 있을 것으로 우려한다.

최근의 연구 결과에 의하면 위와 같은 우려에 근거가 있음이 밝혀지고 있다. 이산화탄소가 물에 녹을 때, 물과 반응하여 탄산을 형성하게 되고, 이로 인해 해양의 pH가 낮아지게 되며, 이를 **해양의 산성화(ocean acidification)**라고 부른다. 수천 년 동안 형성되어 온 얼음들 속에 갇혀 있던 공기방울 속에서 이산화탄소의 양을 측정해 봄으로써 과학자들은 현재 해양의 pH가 지난 42만 년 중 어느 때보다도 약 0.1 정도 낮다는 것을 밝혔다. 최근의 연구 결과에 의하면 해양의 pH는 21세기 말에는 0.3에서 0.5 정도가 더 떨어질 것이라고 한다.

해양수가 산성화되어 갈수록 여분의 수소이온이 탄산이온(CO_3^{2-})과 결합하여 중탄산염이온(HCO_3^-)을 만들게 되므로 탄산 이온의 농도가 낮아지게 된다(**그림 3.11**). 과학자들은 해양의 산성화로 탄산 이온의 농도가 2100년까지 약 40% 감소할 것으로 예측하고 있다. 이는 큰 문제를 야기할 수 있는데, 탄산 이온은 산호초와 조개껍질 등에서 탄산 칼슘이 만들어지는 과정인 석회화 반응에 필요하기 때문이다. **과학적 분석 기술의 연습**에서 탄산 이온이 산호초에 미치는 영향에 대한 실험 결과를 살펴보도록 하자. 산호초는 다양한 해양 생명체들의 도피처 역할을 하는 아주 민감한 생태계이다. 산호초 생태계가 사라지는 것은 생명 다양성의 비극적인 손실이 될 것이다.

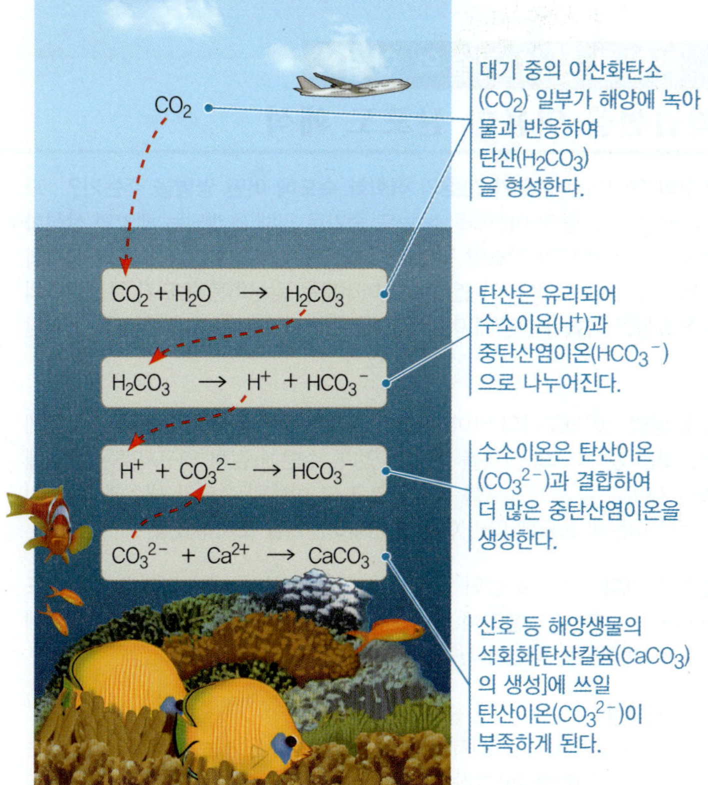

▲ **그림 3.11 인간활동에 의해 발생한 대기의 이산화탄소의 해양에서의 운명**

우리가 미래 지구의 수질 개선에 조금이라도 낙관할 수 있는 이유가 있다면, 이는 바다, 호수, 강에서의 미묘한 화학적 균형에 대해 우리가 알게 되었기 때문일 것이다. 계속적인 진보는 여러분과 같이 환경을 걱정하는 의식이 깨어 있는 개인들의 노력이 있어야 가능할 것이다. 이를 위해서는 물이 지구 환경의 지속가능성을 보장해 주는 데 있어 매우 중요한 역할을 수행하고 있다는 사실을 이해하는 것이 중요하다.

개념 확인 문제 3.3

1. pH 4인 용액은 pH 9인 용액에 비해 수소이온 농도가 ______배 높다.
2. 염산은 물에서 완전히 해리되는 강산이다. 0.01 *M*의 염산용액의 pH는?
3. 아세트산(CH_3COOH)은 탄산용액처럼 완충용액으로 쓰일 수 있다. 해리식을 쓰고 산, 염기, 수소이온 제공자와 수용자는 어떤 것인지 설명하라.
4. WHAT IF? 1 L의 순수한 물과 1 L의 아세트산 용액이 있다. 0.01 *M*의 강산을 각각에 넣을 때 pH의 변화는 어떻게 될까? 문제 3의 반응식을 이용하여 설명하라.

정답은 부록 A 참조

과학적 분석 기술의 연습

회귀선을 이용한 산포도 해석

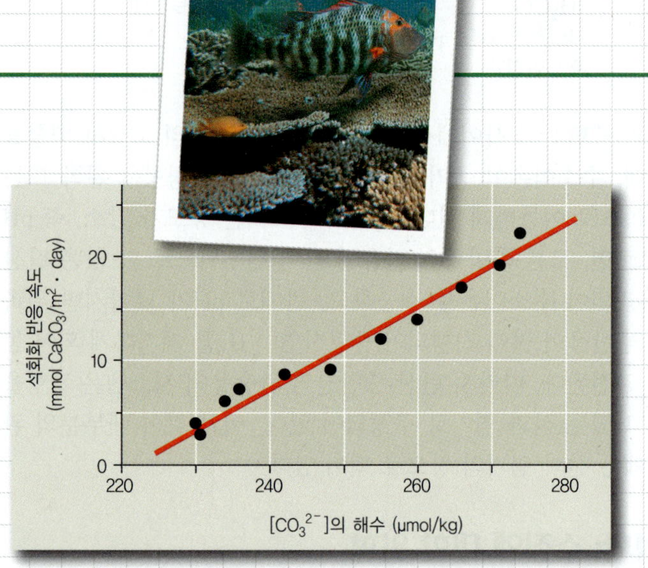

해수의 탄산이온 농도가 산호의 석회화 속도에 어떤 영향을 주는가? 과학자들은 대기 중의 이산화탄소 농도 증가로 인해 초래되는 해양의 산성화로 탄산이온 농도가 감소할 것으로 예측한다. 탄산이온은 산호초의 석회화 반응에 필요한 것이다. 이 연습에서 여러분은 탄산이온 농도가 탄산칼슘의 축적과정인 석회화 반응에 어떤 영향을 주는지 조사한 실험 결과를 분석할 것이다.

실험 방법 애리조나의 바이오스피어 2 수족관은 자연의 산호와 비슷하게 행동하는 큰 규모의 산호를 가지고 있다. 수년에 걸쳐 연구자들은 산호에 의한 석회화 반응의 속도를 측정하였고 그 반응의 속도가 해수에 녹아 있는 탄산이온의 농도에 따라 어떻게 변화하는가를 조사하였다.

실험 데이터 그래프 상의 검은색 점들은 각각의 실험 결과로서 산포도 그래프로 나타난다. 빨간색 선은 회귀선이라 부르는데 이 데이터 점들에 가장 잘 들어맞는 직선이다.

데이터 해석

1. 실험 결과가 그래프로 제시될 때 분석의 첫 단계는 각 축이 의미하는 바가 무엇인지를 파악하는 것이다. (a) x축에 제시된 것이 무엇인지 설명하여 보라. 단위에 대한 설명을 포함하라. (b) y축에 제시된 것은 무엇인지 단위를 포함하여 설명하라. (c) 어떤 변수가 독립 변수, 즉 실험자에 의해 제공된 변수인가? (d) 어떤 변수가 종속변수 즉 실험적 처치에 의존적인 또는 반응하는 변수로서 실험자에 의해 측정된 변수인가? (그래프에 대한 추가적인 정보를 위해서는 부록 F 참조)
2. 그래프로 제시된 결과에 근거하여 탄산이온 농도와 석회화 속도 간의 상호 관계를 서술하라.
3. (a) 해수의 탄산이온 농도가 270 μmol/kg이라면 석회화 반응 속도는 대략 얼마인가? 그리고 1제곱미터의 산호가 30 mmol의 탄산칼슘을 축적하려면 며칠이나 걸릴까? (b) 해수 탄산이온 농도가 250 μmol/kg 라면 석회화 반응 속도는 대략 얼마인가? 그리고 1제곱미터의 산호가 30 mmol의 탄산칼슘을 축적하려면 며칠이나 걸릴까? (c) 탄산이온 농도가 감소한다면 석회화 반응 속도는 어떻게 변화할 것이며 산호 성장에 어떤 영향을 줄까?
4. (a) 그림 3.11의 반응식을 참조하여, 이 실험에서 측정된 과정은 어느 것인지 설명하라. (b) 이 실험의 결과는 대기 중의 이산화탄소 농도 증가가 산호의 성장을 저해할 것이라는 가설과 부합하는가? 그렇게 생각하는 이유는?

참고문헌 C. Langdon et al., Effect of calcium carbonate saturation state on the calcification rate of an experimental coral reef, *Global Biogeochemical Cycles* 14:639–654 (2000)

3 장 복습

핵심 개념의 요약

개념 3.1

물분자 내의 극성 공유결합으로 인해 수소결합이 생긴다

- 물은 **극성분자**이다. 한 물분자의 산소가 인접 물분자의 수소에 전기적으로 끌리게 되면서 수소결합이 일어난다. 물분자 간의 수소결합이 물의 특이한 성질들을 만든다.

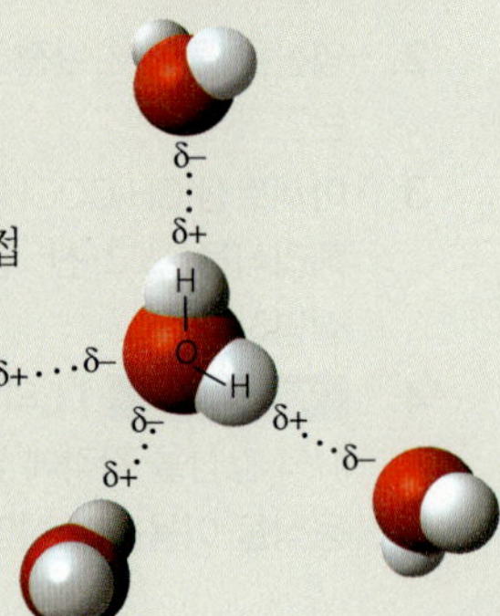

DRAW IT 이 그림에 수소결합과 극성 공유결합을 표시하라. 수소결합은 공유결합인가? 설명하라.

개념 3.2

물의 네 가지 창발적 특성이 지구가 생명체에 적합한 환경이 되도록 한다

- 수소결합은 물분자들이 뭉치도록 하는데 그 결과 응집이라는 현상이 나타난다. **응집력**은 식물의 물 수송세포들이 물을 끌어올리는 데 도움을 준다. 또한 수소결합은 **표면장력**의 원인이다.
- 물은 높은 **비열**을 가진다. 수소결합이 깨지면서 열이 흡수되고 수소결합이 형성되면서 열은 방출된다. 이러한 성질로 인해 온도의 급격한 변화를 막을 수 있고 이러한 조건이 생명체를 유지하는 데 도움이 된다. **기화 냉각**은 물의 **기화열**이 높기 때문에 일어나는 현상이다. 에너지 준위가 높은 물분자가 기화됨으로써 표면이 식게 된다.
- 얼음은 액체보다 밀도가 낮으므로 물 위에 뜨게 되고 호수나 극지방에서 얼음의 아래쪽에 생명이 유지되게 해주는 이유가 된다.

- 물은 대단히 좋은 **용매**인데, 극성을 가진 분자는 전하를 띠거나 극성을 가지는 다른 물질들과 잘 결합하기 때문이다. **친수성** 물질은 물에 대한 친화도가 큰 것이고, **소수성** 물질은 그 친화도가 낮은 것이다. 몰농도는 **용액** 1 L당 녹아 있는 **용질**의 몰수로서 **용액**의 농도 단위이다. 1 *M*은 어떤 물질의 특정 숫자인데, 이 물질의 1 *M*을 그램으로 표시한 몰 질량은 그 물질의 **분자량**을 달톤으로 표시한 것과 동일하다.
- 물의 창발적 특성이 지구상의 생명을 지탱하며, 다른 행성에서의 생명 진화에도 기여했을 가능성이 있다.

? 서로 다른 용질들이 물에 어떻게 녹는지를 표현하여 보라.

개념 3.3

산성과 염기성 조건이 생명체에 영향을 준다

- 물분자는 수소이온을 다른 물분자로 전이하여 H_3O^+(H^+로 표시)와 OH^-를 생성할 수 있다.
- H^+의 농도를 **pH**로 표시할 수 있는데, pH = −log $[H^+]$이다. **완충용액**은 산-염기의 쌍으로 되어 있고 수소이온이 가역적으로 결합할 수 있는 상태로 되어 있어 pH 변화를 적게 일어나게 할 수 있다.

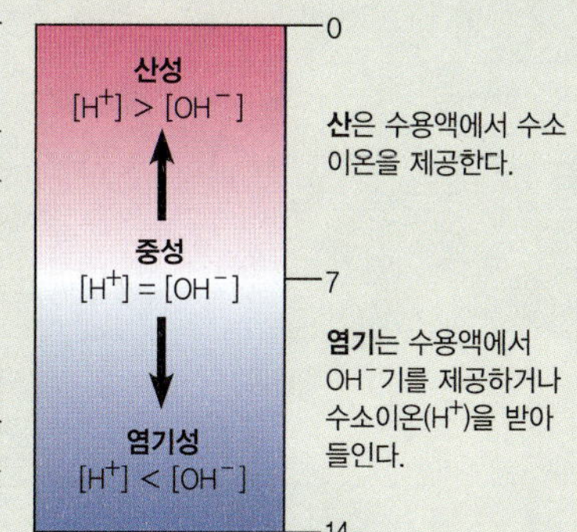

- 화석연료의 소비로 대기 중 이산화탄소가 증가된다. 이산화탄소 중 일부는 해양에 녹아 들어가 **해양 산성화**를 유발하고, 산호초의 석회화 반응에 심각한 영향을 줄 수 있다.

? 해양에 더 많이 녹아 들어간 이산화탄소가 어떻게 해양산성화를 유발하는지 설명하여 보라. pH의 변화가 탄산이온 농도에는 어떤 영향을 미치며 석회화 반응에는 어떤 영향을 주는가?

생각해보자

수준 1: 지식/이해

1. 다음 중 소수성인 물질은?
   a. 종이 b. 소금
   c. 왁스 d. 설탕
2. 설탕 1 *M*과 비타민 C 1 *M*은 다음 중 어느 것에서 동일한가?
   a. 질량 b. 부피
   c. 원자의 수 d. 분자의 수
3. 어느 호수의 pH를 측정했더니 4.0이었다. 이 호수의 수소이온 농도는?
   a. 4.0 *M* b. 10^{-10} *M*
   c. 10^{-4} *M* d. 10^4 *M*
4. 위 문제의 호수에서 수산화이온의 농도는?
   a. 10^{-10} *M* b. 10^{-4} *M*
   c. 10^{-7} *M* d. 10.0 *M*

수준 2: 응용/분석

5. 피자 한 조각은 500 kcal를 가진다. 우리가 피자를 태워서 모든 열을 50 L의 차가운 물을 데우는 데 사용한다면 물의 온도는 어느 정도 상승할까? (1 L의 차가운 물은 약 1 kg이다)
   a. 50도 b. 5도
   c. 100도 d. 10도
6. DRAW IT 염화포타슘이 물에 녹을 때 포타슘이온과 염소이온의 주변에 생기는 수화껍질을 그려 보라. 원자들의 양성, 음성, 그리고 부분 전하를 표시하라.

수준 3: 종합/평가

7. 농업지역에서는 일기예보에 많은 주의를 기울인다. 밤새 영하의 기온으로 떨어지기 전에 작물들을 보호하기 위해 물을 뿌린다. 물의 성질을 이용하여 왜 그런지를 설명해 보라. 수소결합의 성질 때문임을 확실히 보이시오.
8. **진화적 관점**
   이 장에서는 물의 창발적 특성으로 인해 생명에 적합한 환경이 생길 수 있었음을 보여주었다. 아주 최근까지도 과학자들은 생명이 존재하기 위한 물리적 조건으로 적당한 온도, pH, 대기압, 그리고 낮은 염도와 함께 독성물질이 적어야 하는 등의 조건이 필요하다고 가정했었다. 하지만 이런 견해는 바뀌게 되었는데, 호극성 생물(extremophile)의 발견이 그 계기가 되었다. 호극성 생물은 고열의 산성인 유황온천, 심해의 열수 분출공, 그리고 독성이 높은 금속이 많은 토양 등에서도 잘 자라는 것으로 밝혀졌다. 우주생물학자들이 이러한 호극성 생물에 관심을 가지는 이유가 무엇일까? 이러한 극한 환경에서 생명이 존재한다는 사실이 다른 행성에서의 생명체에 대한 가능성에 대해 어떤 점을 시사하는가?
9. **과학적 탐구**
   산성비가 *Elodea*라는 민물 수생 식물의 성장을 저해한다는 가설을 검증할 수 있는 실험을 디자인해 보라.
10. **글쓰기: 지식의 체계화**
    물이 가지고 있는 몇 가지 창발적 성질이 생명을 위한 환경 조성에 기여한다. 100~150 단어 정도로 용매로서 물의 기능이 어떻게 물분자의 구조로부터 생겨나는지 기술하여 보시오.
11. **종합적으로 생각해보기**

고양이는 어떻게 마시는가? 개는 혀 모양을 숟가락처럼 만들어 물을 입 안으로 퍼올리는 반면, 고속 촬영 비디오 판독을 한 결과 고양이는 물이나 우유와 같은 수용액을 마시는 데 전혀 다른 기술을 구사함이 밝혀졌다. 고양이는 혀 끝을 1초당 4번씩 물 표면에 대고 물 기둥을 만들어 올리고(사진 참조) 중력에 의해 물이 떨어지기 전에 입을 닫는 방식으로 마신다. 물의 어떤 성질들이 고양이가 이런 방식으로 물을 마실 수 있게 해 주는지 설명하여 보시오. 그 과정에서 물분자의 분자 구조가 어떻게 기여하는지를 포함하시오.

정답은 부록 A 참조

4

탄소: 분자 다양성의 기초

핵심 개념

4.1 유기화학은 탄소화합물에 대한 연구이다

4.2 탄소원자는 4개의 다른 원자와 결합하여 다양한 분자를 형성한다

4.3 몇 가지 화학 그룹은 분자 기능에 중요하다

▲ 그림 4.1 탄소의 어떤 특성이 생명의 기초가 되도록 하였을까?

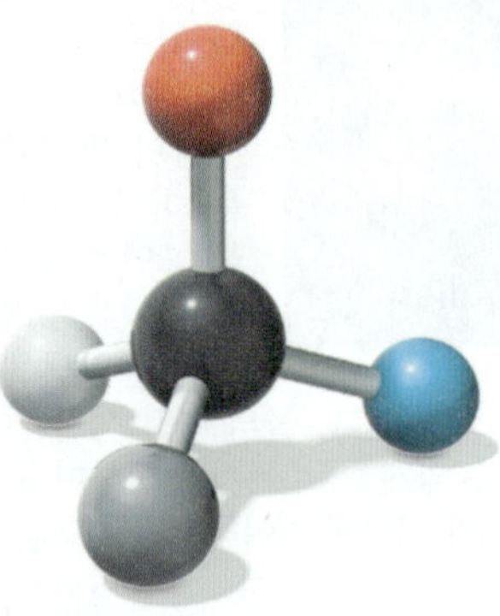

▲ 탄소는 네 가지 다른 원자 혹은 원자단과 결합할 수 있어 매우 다양한 분자들을 만든다.

탄소: 생명의 골격

살아 있는 생물체라면, 그림 4.1에서 보이는 칭링 지역의 황금색 들창코원숭이나 식물이나 모두 주로 탄소 원소에 입각한 화학물질로 구성되어 있다. 탄소는 식물이나 다른 광합성 생물의 활동으로 생물권에 들어온다. 식물은 태양에너지를 이용하여 대기 중 CO_2를 생명의 분자로 전환한 후, 식물을 먹는 동물에게 다시 전달된다.

모든 화학원소 가운데 탄소는 크고 복잡하며 다양한 분자를 형성할 수 있는 능력에 있어서 타의 추종을 불허한다. 이것이 지구에서 진화해온 생물들의 다양성을 가능하게 하였다. 단백질, DNA, 탄수화물 등, 무생물로부터 생물질을 구분 짓는 모든 분자들은 서로 연결된 탄소원자들과 이에 결합한 다른 원자들로 이루어져 있다. 수소(H), 산소(O), 질소(N), 황(S), 인(P)도 이러한 분자의 주요 구성성분이 되지만 생물분자의 엄청난 다양성을 설명하는 원소는 탄소(C)이다.

단백질과 같은 거대분자들은 5장에서 주로 다룰 것이다. 이 장에서는 좀 더 작은 분자의 특징을 살펴보도록 하자. 이들 작은 분자들을 이용하여, 생명에서 탄소의 중요성을 보여주는 분자구조의 몇 가지 개념을 설명할 것이다. 또한 살아 있는 생물체의 물질 구성에서 나타나는 창발적 특성이라는 주제에 대해서도 강조하려고 한다.

개념 4.1

유기화학은 탄소화합물에 대한 연구이다

역사적 이유 때문에 탄소를 포함한 화합물은 유기물이라 불리며, 이들에 대한 연구를 **유기화학(organic chemistry)**이라고 한다. 18세기 초까지 화학자들은 알맞은 조건에서 원소를 합치면 실험실에서 간단한 합성물을 만들 수 있다는 사실을 알았다. 그렇지만 생물질로부터 추출한 복잡한 분자를 인공적으로 합성하는 것은 불가능한 것으로 여겼다. 유기화합물은 오직 생물체에서만 얻어지는 것으로 생각하였는데, 생물체는 물리, 화학적 법칙의 영역을 벗어나는 생기력을 가진 것으로 믿어졌다.

화학자들이 실험실에서 유기화합물을 합성하게 되면서 이러한 개념이 허물어지기 시작했다. 1828년 독일의 화학자인 프리드리히 뵐러(Friedrich Wöhler)는 암모늄이온(NH_4^+)과 시안화이온(CNO^-) 용액을 섞어 "무기염"인 암모늄시안화물을 만들려고 하였다. 뵐러는 예상했던 생산물이 나오는 것이 아니라 요소, 즉 동물의 오줌에 들어 있는 유기화합물이 나오는 것을 보고 깜짝 놀랐다.

이후 수십 년 동안 점점 더 복잡한 유기화합물을 실험실에서 합성하게 되면서 생명 과정도 물리, 화학적 법칙을 따른다는 견해가 받아들여지게 된다. 유기화학은 기원에 상관없이 탄소화합물에 대한 연구로 재정의 되었다. 유기화합물은 메탄(CH_4)과 같은 단순한 분자에서 수천 개의 원자로 이루어진 단백질과 같은 거대한 분자에 이르기까지 다양하다.

유기분자와 지구상의 생명 기원

진화 1953년 시카고 대학의 해롤드 유리(Herold Urey)의 대학원생이었던 스탠리 밀러(Stanley Miller)는 진화라는 관점에서 유기화합물의 비생물적 합성을 이끌어 내었다. 그의 고전적 실험이 **그림 4.2**에 소개되어 있다. 그의 결과로부터 밀러는 당시 초기 지구에 존재했을 것으로 생각되는 조건 아래에서 복잡한 유기화합물이 자연적으로 생성된다는 결론을 내렸다. **과학적 분석 기술의 연습**에 제시된 관련실험의 자료들에 대해 분석해 보자. 이 실험은 생명의 기원 초기 단계에 아마 화산 근처에서 유기 화합물의 비생물적 합성이 일어났을 것이라는 아이디어를 지지한다(25장).

생명의 주요 구성 원소—C, H, O, N, S, P—의 대략적 비율은 서로 다른 생물체에서 비슷하다. 이는 모든 생명체가 진화적 공통 기원을 가짐을 반영한다. 탄소는 네 개의 결합을 형성할 수 있는 능력이 있기 때문에 한정된 수의 원자들을 서로 다르게 배열함으로써 수없이 많은 유기분자들을 조립해낼 수 있다. 서로 다른 생물종과 종내 다른 개체들은 그들이 가진 유기분자의 형태만 다를 뿐이다. 어떤 의미에서는 지구상에서 보는 혹은 남아 있

▼ 그림 4.2 **탐구**

초기 지구를 모방한 조건에서 유기분자가 형성될 수 있을까?

실험 1953년 스탠리 밀러는 초기 지구에 존재했을 것으로 당시 생각되던 조건을 모방한 닫힌 계를 만들었다. 플라스크 속의 물은 원시 바다를 모방한 것이다. 물에 열을 가하여 증발시켰더니, 증기가 기체의 혼합물—"대기"가 들어 있는 두 번째 위쪽 플라스크로 이동하였다. 번개를 모방하기 위하여 인공대기에서 불꽃을 일으켰다.

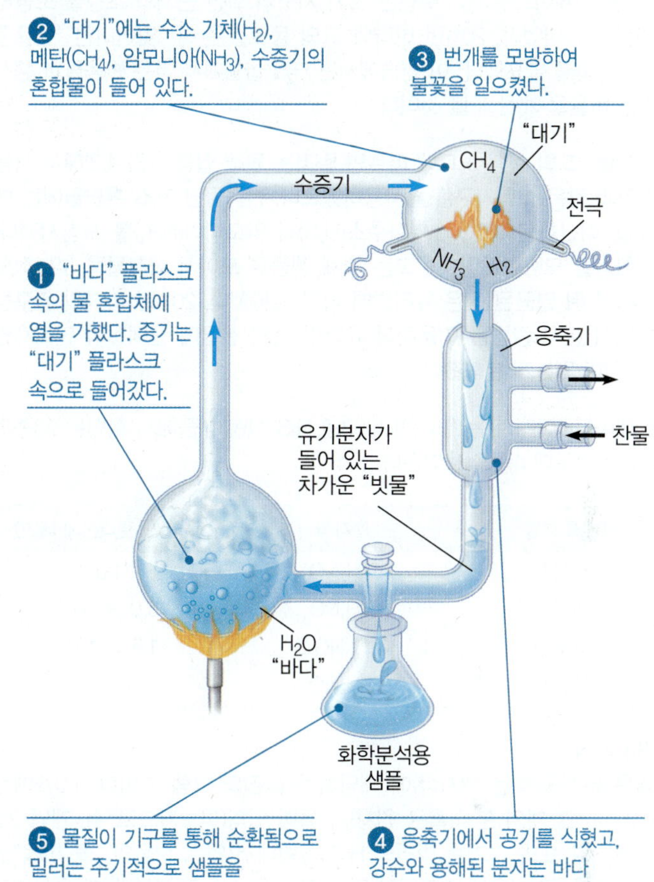

결과 밀러는 생물체에 공통적으로 나타나는 다양한 유기분자를 확인하였다. 여기에는 포름알데히드(CH_2O), 시안화수소(HCN)와 같은 단순한 화합물과 아미노산, 그리고 탄화수소라 불리는 탄소와 수소의 긴 사슬로 된 복잡한 분자가 포함되어 있었다.

결론 유기분자들은 초기 지구에서 비생물적 방법으로 합성될 수 있었을 것이다. 비록 최근의 증거는 초기 지구의 대기가 이 실험에서 밀러가 사용한 "대기"와 달랐을 것임을 시사하지만, 수정된 화학물 목록을 가지고 다시 한 최근의 실험에서도 유기물이 만들어졌다. (25장에서 이 가설에 대해 좀 더 자세히 살펴볼 것이다.)

참고문헌 S. L. Miller, A production of amino acids under possible primitive Earth conditions, *Science* 117: 528–529 (1953).

WHAT IF? 자신의 실험에서 밀러가 NH_3의 농도를 증가시켰다면 HCN과 CH_2O의 상대적인 생성량이 어떻게 달라졌을까?

과학적 분석 기술의 연습

몰 수와 몰 비율에 대한 연습

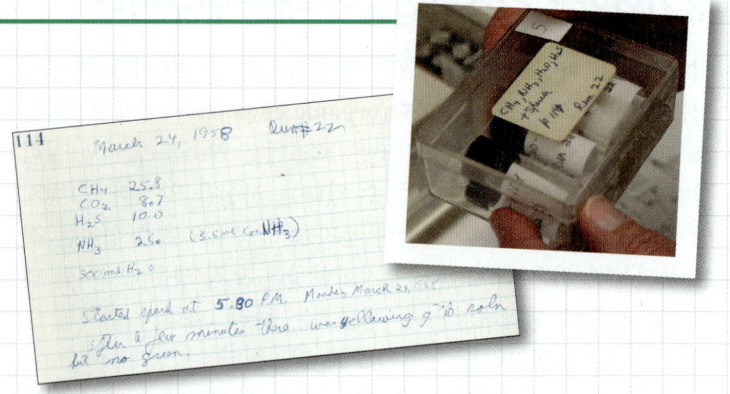

최초의 생물 분자는 초기 지구의 화산 근처에서 형성될 수 있었을까? 2007년 스탠리 밀러(Stanley Miller)의 대학원생이었던 제프리 바다(Jeffrey Bada)는 1958년 밀러에 의해 수행되었던 실험에서 얻은 몇몇 샘플이 그때까지 분석되지 않고 남아 있음을 발견했다. 이 실험에서 밀러는 황화수소 기체(H_2S)를 반응 혼합물의 기체 중 하나로 이용했었다. H_2S는 화산에서 분출되는 기체이므로 H_2S 실험은 초기 지구의 화산 근처의 조건을 모방하기 위한 실험이었다. 2011년 바다와 그의 동료들은 이 "잊어버린" 샘플을 분석한 결과를 발표했다. 이 연습에서는 H_2S 실험에서 얻은 반응물과 생성물의 몰 비율을 계산해 볼 것이다.

실험 방법 그의 실험 노트에 따르면 밀러는 원래 실험(그림 4.2)에서 사용했던 것과 같은 실험기구들을 사용하였으나, 반응물인 가스 혼합물에는 메탄(CH_4), 이산화탄소(CO_2), 황화수소(H_2S)와 암모니아(NH_3)를 포함시켰다. 화산 활동을 모방한 3일 후, 그는 액체 샘플을 모아서 화학물을 부분적으로 분리한 뒤 멸균된 작은 유리병에 담아 밀봉했다. 2011년 바다의 연구팀은 현대적 분석 방법을 이용하여 유리병 속의 산물에 단백질의 단위체인 아미노산이 있는지 분석했다.

실험 데이터 아래 표는 밀러의 1958년 H_2S 실험 샘플에서 확인된 23종의 아미노산 가운데 4종을 보여준다.

생산 화합물	분자식	몰 비율(글리신에 대한)
글리신	$C_2H_5NO_2$	1.0
세린	$C_3H_7NO_3$	3.0×10^{-2}
메티오닌	$C_5H_{11}NO_2S$	1.8×10^{-3}
알라닌	$C_3H_7NO_2$	1.1

데이터 해석

1. 몰은 분자량(혹은 원자량)에 해당하는 물질의 그램 수이다. 1.0몰에는 6.02×10^{23}개의 분자(혹은 원자)가 들어 있다(아보가드로 수, 개념 3.2 참조). 위 표의 결과는 밀러의 H_2S 실험에서 얻은 산물의 "몰 비율"을 보여준다. 몰 비율에서 단위가 없는 각 값은 실험의 표본에 대한 상대적 값이다. 여기서 표본은 아미노산 글리신의 몰 수인데 이 값이 1.0으로 설정된 것이다. 예를 들어 세린은 3.0×10^{-2} 인데 이것은 글리신 1몰에 대해 세린이 3.0×10^{-2} 몰 들어 있다는 것이다. (a) 메티오닌의 글리신에 대한 몰 비율은 얼마인가? 이것이 의미하는 것은? (b) 1.0몰 안에 글리신은 몇 분자가 들어 있나? (c) 글리신 1.0몰에 대해 몇 분자의 메티오닌이 샘플 안에 들어 있는가? (지수를 곱할 때는 지수를 합해야 하고 지수를 나눌 때는 분자의 지수로부터 분모의 지수를 빼야 한다는 것을 기억하라.)
2. (a) 글리신보다 더 많은 양이 들어 있는 아미노산은 무엇인가? (b) 이 아미노산은 글리신 1.0몰보다 얼마나 더 많은 분자가 샘플 안에 들어 있는가?
3. 생산물의 합성량은 반응물의 양에 따라 달라진다. (a) 만약 각각 1몰의 CH_4, NH_3, H_2S와 CO_2가 1리터의 물(= 55.5 몰의 H_2O) 속에 첨가된다면, 플라스크 내에 몇 몰의 수소, 탄소, 산소, 질소, 그리고 황이 들었겠는가? (b) 표의 분자식을 참고하면, 글리신 1.0몰을 얻기 위해 각 원소 몇 몰이 필요하겠는가? (c) 만약 다른 분자가 만들어지지 않는다면 플라스크 내에 최대 몇 몰의 글리신이 만들어질 수 있는가? (d) 세린과 글리신이 각각 따로따로 생성된다면, 어떤 원소가 먼저 고갈될까? 각 산물은 얼마나 많이 만들어질까?
4. 밀러가 수행한 초기 실험 발표에서는 반응물에 H_2S가 들어 있지 않았다(그림 4.2). 결과의 표에 있는 화합물 중 초기 실험에서는 안 나오는데 H_2S 실험에서만 만들어지는 화합물은 어느 것인가?

참고문헌 E. T. Parker et al., Primordial synthesis of amines and amino acids in a 1958 Miller H_2S-rich spark discharge experiment, *Proceedings of the National Academy of Sciences USA* 108:5526–5531 (2011). www.pnas.org/cgi/doi/10.1073/pnas.1019191108.

는 화석에서 보는 생명체의 커다란 다양성은 탄소 원소의 독특한 화학적 유연성 때문에 가능하다.

개념 확인 문제 4.1

1. 왜 뵐러는 자신이 요소를 만들어 내었다는 것을 발견하고 놀랐을까?
2. WHAT IF? 밀러의 실험에서 전기적 충격을 가하지 않았을 경우 유기화합물이 발견되지 않았다. 이 결과가 설명하는 것은?

정답은 부록 A 참조

개념 4.2

탄소원자는 4개의 다른 원자와 결합하여 다양한 분자를 형성한다

원자의 화학적 특성에서 가장 중요한 것은 전자의 배열이다. 전자 배열은 그 원자가 다른 원자와 형성하게 될 결합의 종류와 수를 결정한다. 다른 원자와 결합을 형성할 수 있도록 하는 것은 가장 바깥 껍질에 있는 원자가 전자임을 명심하라.

분자와 분자 모양	분자식	구조식	공-막대 모형 (핑크색은 분자 형태)	공간채움 모형
(a) **메탄(methane).** 탄소가 다른 원자와 4개의 단일결합을 가지면, 이 분자는 정사면체가 된다.	CH_4			
(b) **에탄(ethane).** 어떤 분자는 단일결합으로 연결된 하나 이상의 정사면체 그룹으로 구성된다. (에탄은 2개의 그룹으로 구성된다.)	C_2H_6			
(c) **에틴(ethene; 에틸렌, ethylene).** 2개의 탄소원자가 이중결합으로 연결되면, 이 탄소들에 결합된 모든 원자들은 같은 평면상에 놓이게 된다. 이 분자는 편평해진다.	C_2H_4			

▲ **그림 4.3 세 가지 단순한 유기분자의 모양**

탄소와의 결합 형성

탄소는 모두 6개의 전자를 가지는데, 둘은 첫 번째 전자껍질에, 나머지 넷은 두 번째 전자껍질에 있다. 따라서 탄소는 모두 8개의 전자를 가질 수 있는 전자껍질에 4개의 원자가 전자만을 가지고 있다. 탄소원자는 대개 다른 원자와 4개의 전자를 공유함으로써 최외각 전자껍질에 8개의 전자가 존재하게 한다. 각각의 공유 전자쌍은 공유결합을 형성한다(그림 2.10d). 유기분자에서 탄소는 대개 단일 혹은 이중 공유결합을 형성한다. 각각의 탄소원자는 최대 네 방향으로 가지치기를 할 수 있는 분자의 교차점으로 작용한다. 이렇게 함으로써 탄소는 크고 복잡한 분자를 만들 수 있게 된다.

탄소가 4개의 단일 공유결합을 형성할 때, 4개의 혼성 오비탈의 배열이 가상적 사면체의 꼭지점으로 향하게 된다. 메탄(CH_4)에서 결합각은 109.5°인데(**그림 4.3a**), 이는 탄소가 4개의 단일결합을 이루고 있는 한 모든 원자들 그룹에서 거의 같다. 예를 들어, 에탄(C_2H_6)은 두 개의 정사면체를 중첩해 놓은 모습이다(**그림 4.3b**). 더 많은 탄소를 가지고 있는 분자에서도 4개의 다른 원자와 결합된 탄소 그룹은 모두 정사면체 모양이다. 그러나 2개의 탄소가 이중결합에 의해 연결되어 있을 경우 에텐(C_2H_4)에서처럼 탄소와 결합되어 있는 원자들은 탄소와 같은 평면상에 놓이게 된다(**그림 4.3c**). 우리는 모든 구조식을 편의상 평면 위에 쓰기 때문에 모든 분자가 2차원인 것처럼 쓰지만 실제론 분자가 3차원 성질을 가지며 분자의 모양이 종종 기능을 결정한다는 사실을 명심하라.

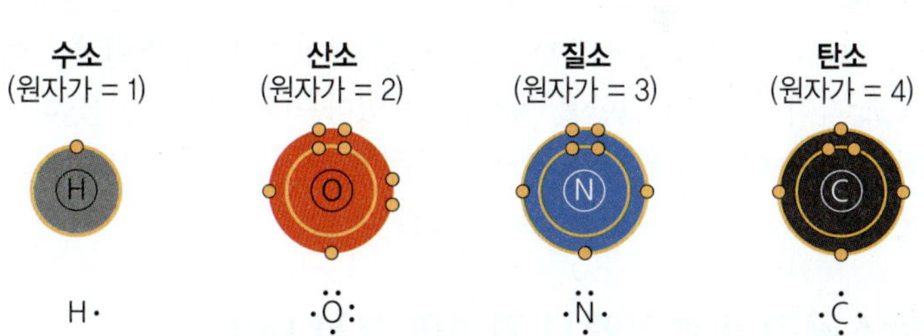

▲ **그림 4.4 유기분자를 구성하는 주요 원소들의 원자가.** 원자가는 한 원자가 형성할 수 있는 공유결합의 수에 해당한다. 이는 일반적으로 원자의 최외각 전자각을 완전히 채우는 데 필요한 전자의 수와 같다(그림 2.7). 각 원자의 전자 분포 그림에서는 모든 전자를 표시하였다(위). 루이스 점 구조에서는 원자가 껍질에 있는 전자만 나타내었다(아래). 탄소는 네 개의 결합을 형성할 수 있음에 주목하라.

MAKE CONNECTIONS 나트륨, 인, 황, 염소의 루이스 점 구조를 그려보라. (그림 2.7을 참조하라.)

탄소의 전자배열은 많은 다른 원소들과의 공유결합능을 제공한다. **그림 4.4**는 탄소 및 이와 빈번하게 짝짓는 수소, 산소, 질소의 원자가를 보여준다. 이들은 유기분자의 네 가지 주요 구성 원자들이다. 이러한 원자가는 유기화학에서 공유결합 규칙의 기초이며, 유기분자라는 건축물의 구조를 정하는 건축 법규라 생각할 수 있다.

탄소가 수소 아닌 다른 원자와 결합할 때 공유결합 규칙이 어떻게 적용되는가? 우리는 두 가지 사례, 간단한 분자인 이산화탄소와 요소를 살펴볼 것이다.

이산화탄소(CO_2) 분자에서는 하나의 탄소원자가 2개의 산소원자와 이중결합에 의해 연결되어 있다. 이산화탄소의 구조식은 아래와 같다:

$$O = C = O$$

구조식에서 각 선은 한 쌍의 전자쌍을 나타낸다. 따라서 이산화탄소의 두 이중결합은 네 개의 단일 결합에서와 같은 수의 공유전자쌍을 가진다. 이러한 배열에 의해 분자를 구성하는 모든 원자들은 원자가 전자 껍질을 완전히 채우게 된다. CO_2는 매우 간단한 분자이고 수소가 없기 때문에 탄소를 가지고 있긴 하지만 종종 무기물로 간주된다. 우리가 CO_2를 무기물이라 하건 유기물이라 하건 생명체의 모든 유기분자에서 발견되는 탄소의 원천이라는 점에서 CO_2는 생명의 세계에서 명백히 중요하다.

요소, $CO(NH_2)_2$는 뵐러가 1800년대 초 합성했던 오줌에서 발견되는 유기화합물이다. 각각의 원자는 역시 필요한 공유결합 수를 가지고 있다. 이 경우 하나의 탄소원자는 단일결합과 이중결합 모두에 참여하고 있다.

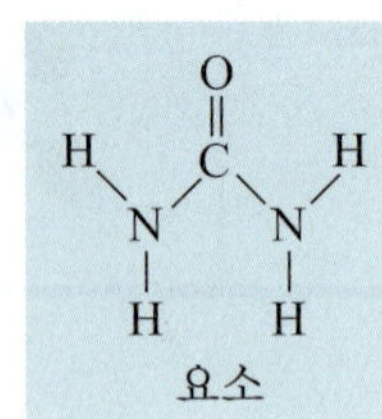

요소와 이산화탄소는 모두 1개의 탄소원자만을 가진 분자이다. 그러나 그림 4.3에서 보듯이 탄소원자는 다른 탄소원자—이들도 각각 네 개의 결합을 형성할 수 있다—와 공유결합을 하기 위해 하나 이상의 원자가 전자를 사용할 수 있다. 따라서 원자들은 무한히 다양한 사슬구조로 연결될 수 있다.

탄소골격의 변이에서 기인한 분자 다양성

탄소사슬은 대부분의 유기분자의 골격을 형성한다. 골격은 길이에 있어서도 다양하고, 일직선으로 배열되거나 가지를 칠 수도 있으며, 닫힌 고리 모양으로 배열될 수도 있다**(그림 4.5)**. 일부 탄소골격은 이중결합을 가지며 이중결합의 수나 위치도 다양하다. 이러한 탄소골격의 변이는 생물질을 특징짓는 분자적 복잡성과 다양성의 중요한 원천이다. 뿐만 아니라 다른 원소의 원자들도 골격의 적당한 자리에 결합할 수 있다.

탄화수소

그림 4.3과 4.5에 보여준 모든 분자들은 탄소와 수소로만 이루어진 유기분자인 **탄화수소(hydrocarbon)**이다. 수소원자는 공유결합을 할 수 있는 전자가 있는 자리라면 어디에서든 탄소와 결합한다. 탄화수소는 석유의 주요 구성성분으로서, 화석연료라고 불린다. 왜냐하면 이들은 수백만 년 전에 살았던 생물체가 부분적으로 분해된 잔존물로 구성되기 때문이다.

살아 있는 생물체에서는 탄화수소가 흔치 않지만, 세포의 많은 유기분자들은 탄소와 수소로만 구성된 지역을 가지고 있다.

▼ 그림 4.5 탄소골격이 바뀔 수 있는 네 가지 방법

(a) 길이

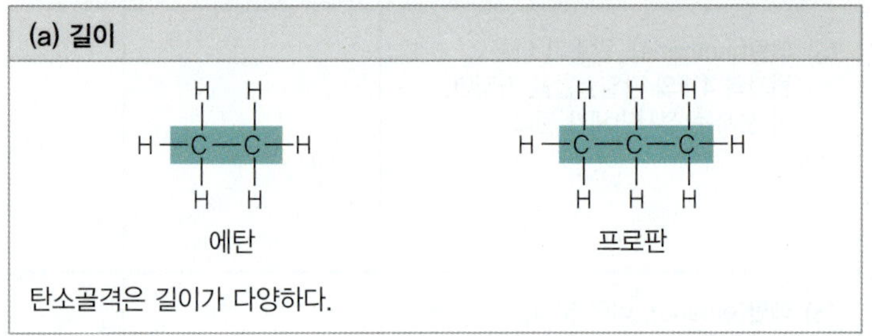

탄소골격은 길이가 다양하다.

(b) 가지치기

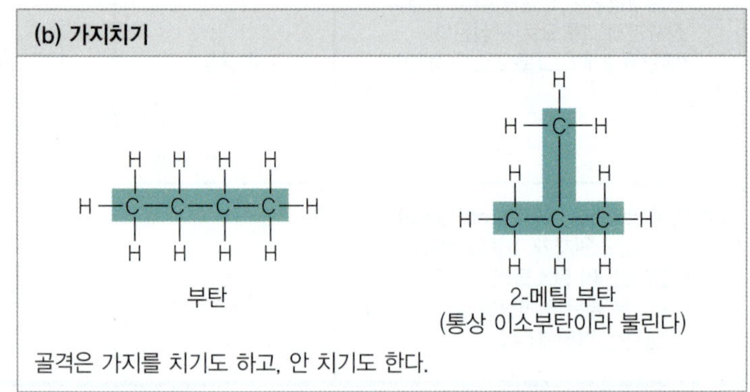

골격은 가지를 치기도 하고, 안 치기도 한다.

(c) 이중결합 위치

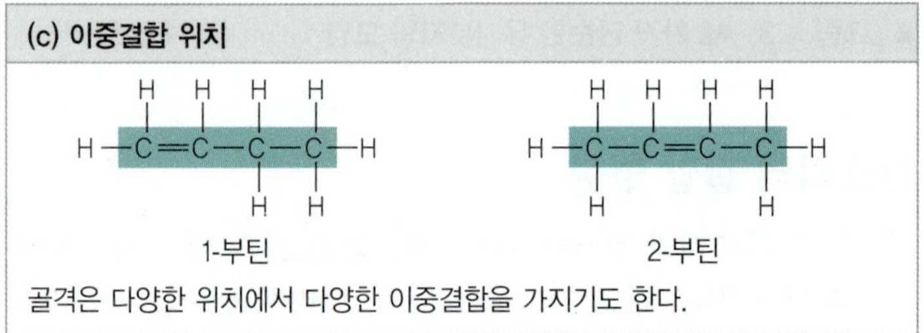

골격은 다양한 위치에서 다양한 이중결합을 가지기도 한다.

(d) 고리의 존재

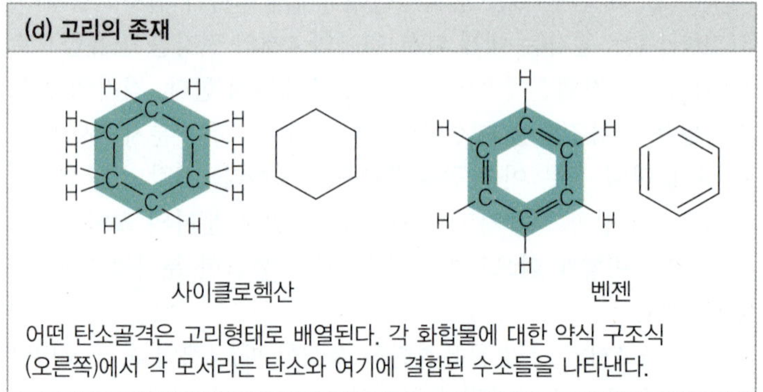

어떤 탄소골격은 고리형태로 배열된다. 각 화합물에 대한 약식 구조식(오른쪽)에서 각 모서리는 탄소와 여기에 결합된 수소들을 나타낸다.

예를 들어, 지방이라 불리는 분자는 비탄화수소 성분에 긴 탄화수소 꼬리를 가지고 있다**(그림 4.6)**. 석유나 지방 모두 물에 녹지 않는다. 둘 다 대부분의 결합이 비극성 탄소-수소 연결로 되어 있기 때문에 소수성 화합물이다. 탄화수소의 또 다른 특징은 상대적으로 많은 양의 에너지를 방출하는 반응을 일으킨다는 것이다. 자동차 연료인 가솔린은 탄화수소로 이루어져 있고, 지방의 탄화수소 꼬리는 식물의 배아(종자)나 동물에서 저장 연료 역할을 한다.

이성질체

유기분자 구조에서의 변이는 **이성질체(isomers)**에서 볼 수 있다.

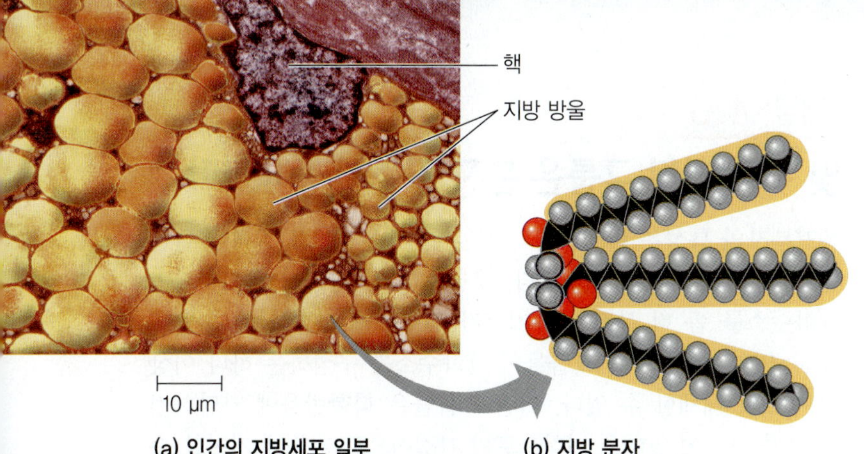

(a) 인간의 지방세포 일부　　(b) 지방 분자

▲ **그림 4.6 지방에서 탄화수소의 역할. (a)** 포유동물의 지방세포는 연료저장고처럼 지방 분자를 쌓아놓는다. 이 채색된 현미경 사진은 많은 지방 방울들을 가지고 있는 인간의 지방세포 일부를 보여준다. 이 지방 방울들에는 많은 수의 지방 분자가 포함되어 있다. **(b)** 지방 분자는 작은 비탄화수소 성분에 세 개의 탄화수소 꼬리가 연결된 구조이다. 꼬리는 지방의 소수성 특성을 보여준다. 이 꼬리는 분해되면 에너지가 방출된다. (검정 = 탄소; 회색 = 수소; 빨강 = 산소.)

MAKE CONNECTIONS 꼬리가 어떻게 지방의 소수성 성질을 나타내는가? (개념 3.2 참조)

이성질체란 같은 원소와 같은 수의 원자로 이루어져 있지만, 서로 다른 구조를 가지고 있는, 그래서 서로 다른 특성을 가진 화합물들을 말한다. 세 종류의 이성질체—구조이성질체, 기하이성질체, 거울상이성질체—에 대해 살펴볼 것이다.

구조이성질체(structural isomers)는 각 원자들의 공유결합 배열이 서로 다르다. 예로 **그림 4.7a**에 있는 5개의 탄소로 이루어진 두 화합물을 비교해 보자. 둘 다 분자식은 C_5H_{12}이나 탄소골격의 공유결합 배열이 다르다. 한 종류의 화합물은 골격이 일직선으로 배열되어 있으나 다른 종류는 가지치기를 하고 있다. 가능한 이성질체의 수는 탄소골격의 탄소 수가 증가함에 따라 엄청나게 커진다. C_5H_{12}의 형태는 세 가지만 가능한데(이 중 둘은 그림 4.7a에 나타내었다), C_8H_{18}은 18개의 변이가 있고, $C_{20}H_{42}$는 366,319개의 구조이성질체가 가능하다. 구조이성질체는 이중결합의 위치가 다를 수도 있다.

기하이성질체(*cis-trans* isomers)에서는 탄소가 동일한 원자와 공유결합하지만 이중결합의 경직성 때문에 공유결합 원자들의 공간적 배열이 다르다. 단일결합은 연결된 두 원자가 화합물을 변화시키지 않으면서도 결합축을 따라 자유롭게 회전할 수 있도록 한다. 반면에 이중결합은 그런 자유로운 회전을 허용하지 않는다. 2개의 탄소가 이중결합으로 연결되어 있고 각 C가 2개의 서로 다른 원자 혹은 원자단과 연결되어 있을 때, 2개의 서로 다른 기하이성질체가 가능해진다. 두 개의 탄소가 이중결합으로 연결되어 있는 간단한 분자를 생각해 보자. 각각의 탄소에는 수소와 X가 결합되어 있다(**그림 4.7b**). 두 X가 이중결합의 같은 편에 배열되어 있으면 *cis* 이성질체라 부르고 반대쪽에 있으면 *trans* 이

▼ **그림 4.7 분자식은 같지만 서로 다른 구조를 가진 세 가지 형태의 이성질체**

(a) 구조이성질체

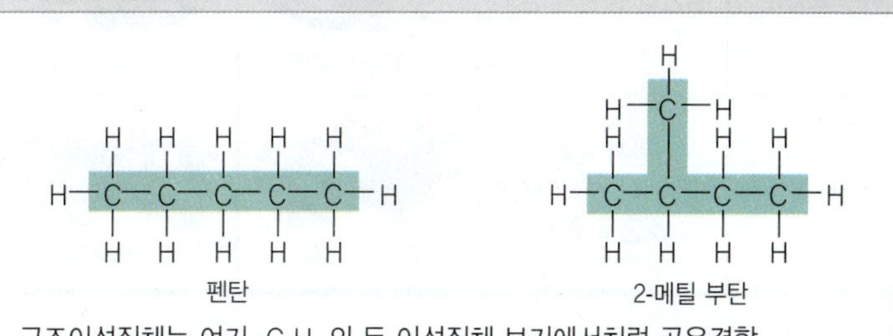

구조이성질체는 여기 C_5H_{12}의 두 이성질체 보기에서처럼 공유결합 짝이 서로 다르다.

(b) 기하이성질체

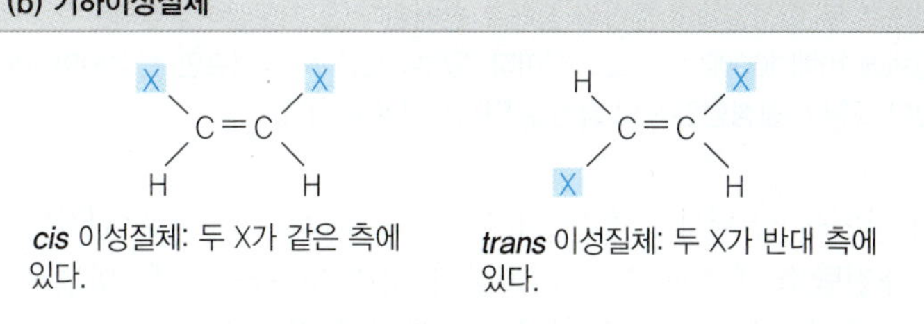

기하이성질체 는 이중결합 주위의 배열이 다르다. 이 그림에서 X는 이중결합을 가진 탄소에 연결된 원자나 원자단을 나타낸다.

(c) 거울상이성질체

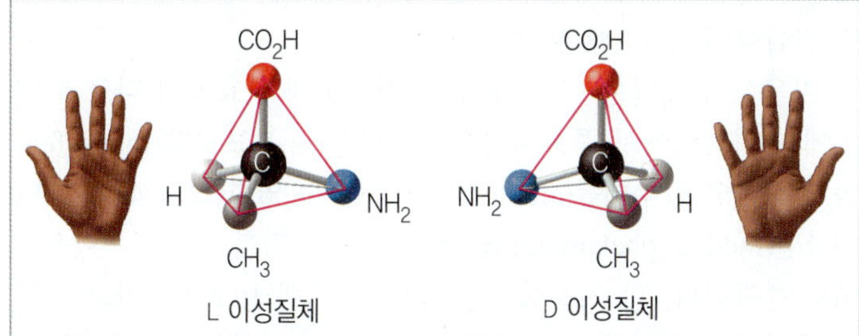

거울상이성질체는 비대칭탄소 주위의 공간적 배열이 달라 마치 왼손, 오른손처럼 두 분자가 거울상을 이룬다. 두 이성질체는 라틴어의 왼쪽(*levo*)과 오른쪽(*dextro*)을 의미하는 L과 D 이성질체로 표기한다. 거울상이성질체는 서로 포개어지지 않는다.

DRAW IT C_5H_{12}에는 세 가지 구조이성질체가 있다. (a)에 나타내지 않은 나머지 하나를 그려보라.

성질체라 부른다. 이런 이성질체 모양에 있어서의 미묘한 차이는 유기분자의 생물학적 활성에 엄청난 차이를 가져오기도 한다. 예를 들어, 시각 인지의 생화학에는 눈 속의 화합물인 레티날이 빛에 의해 *cis* 이성질체에서 *trans* 이성질체로 바뀌는 사건이 포함된다(그림 50.17). 다른 예로서 5장에서 논의하게 될 트랜스 지방이 있다.

거울상이성질체(enantiomer)는 두 분자가 서로 거울상이며 네 개의 서로 다른 원자나 원자단과 결합된 비대칭탄소(asymmetric carbon)의 존재 때문에 모양이 다르다. (**그림 4.7c**에

약	상태	효과적 거울상	비효과적 거울상
이부프로펜	염증과 통증을 감소	*S*-이부프로펜	*R*-이부프로펜
알부테롤	기관지 근육을 이완시켜 천식환자의 호흡을 증진	*R*-알부테롤	*S*-알부테롤

▲ **그림 4.8 거울상이성질체의 약학적 중요성.** 이부프로펜(ibuprofen)과 알부테롤(albuterol)은 거울상이성질체가 서로 다른 효과를 가지는 약이다. (*S*와 *R*은 두 거울상이성질체를 구분하기 위해 사용되었다.) 이부프로펜은 일반적으로 두 이성질체의 혼합물 상태로 판매된다. *S* 거울상이성질체는 *R* 이성질체에 비해 100배나 더 효과적이다. 알부테롤은 *R* 형태로만 합성되어 판매된다. *S*형이 활성형인 *R*의 활성을 억제하기 때문이다.

서 보이는 공-막대 모형의 가운데 탄소를 보라.) 4개의 원자단은 비대칭탄소 주위로 서로 거울상이 되게 두 가지 다른 방법으로 배열될 수 있다. 이들은 말하자면 분자의 왼손형 및 오른손 형태이다. 오른손이 왼쪽 장갑에 맞지 않듯이 "오른손형" 분자는 "왼손형" 분자와 공간적으로 맞지 않다. 대개 둘 중 하나의 이성질체만이 생물학적 활성을 가지는데, 그 형태만 생체내 특정 분자와 결합할 수 있기 때문이다.

거울상의 개념은 어떤 약의 두 거울상체의 효능이 다르기 때문에 제약산업에서 중요하다. 이런 예를 이부프로펜(ibuprofen)과 천식약인 알부테롤(albuterol)에서 볼 수 있다(**그림 4.8**). 메탐페타민(methamphetamine)도 매우 다른 효과를 가진 두 이성질체로 존재한다. 한 거울상 이성질체는 "크랭크(crank)"라고 불리는 대단히 중독성 강한 각성제로서, 길거리 마약상들이 불법적으로 판매하는 마약이다. 또 다른 이성질체는 훨씬 약한 효과를 가지고 있고 코막힘 증상을 치료하기 위해 처방전 없이 구할 수 있는 분무 흡입기 속의 성분으로 사용된다. 체내 거울상 이성질체의 서로 다른 효과는 생물체가 분자구조상의 가장 미묘한 차이에 대해서도 민감하다는 것을 입증하고 있다. 여기서 다시 한번 분자들이 원자들의 특정한 배열에 따라 창발적 특성을 가짐을 볼 수 있다.

개념 확인 문제 4.2

1. **WHAT IF?** (a) C_2H_4에 대한 구조식을 그려라. (b) $C_2H_2Cl_2$의 *trans* 이성질체를 그려라.
2. 그림 4.5에서 어떤 분자 쌍이 이성질체인가? 각 쌍에 대해 이성질체의 종류를 확인하라.
3. 가솔린과 지방의 화학적 유사성은 무엇인가?
4. 프로판(C_3H_8)은 이성질체를 가질 수 있을까?

정답은 부록 A 참조

개념 4.3

몇 가지 화학 그룹은 분자 기능에 중요하다

유기분자의 특성은 탄소골격의 배열뿐만 아니라 그 골격에 결합한 화학 그룹에 따라 결정된다. 우리는 가장 간단한 유기분자인 탄화수소를 좀 더 복잡한 유기분자의 구조를 이해하는 데 활용할 수 있다. 여러 화학 그룹들이 탄화수소를 구성하는 하나 이상의 수소를 대체할 수 있다. 이런 그룹들은 화학반응에 가담하거나 분자 구조에 영향을 미침으로써 간접적으로 기능에 기여할 수 있다. 이들은 각 분자가 독특한 특성을 가지게 한다.

생명의 과정에서 가장 중요한 화학 그룹들

에스트라디올(에스트로젠의 한 종류)과 테스토스테론 간의 차이를 생각해 보자. 이 화합물들은 인간과 척추동물에서 여성 및 남성 호르몬으로 작용한다. 둘 다 스테로이드로서 4개의 고리가 융합된 탄소골격을 공통적으로 갖는다. 두 성호르몬은 고리에 연결된 화학 그룹에서만 차이가 난다(여기서는 축약된 형태로 제시); 분자구조상의 차이는 파란색으로 칠해 놓았다.

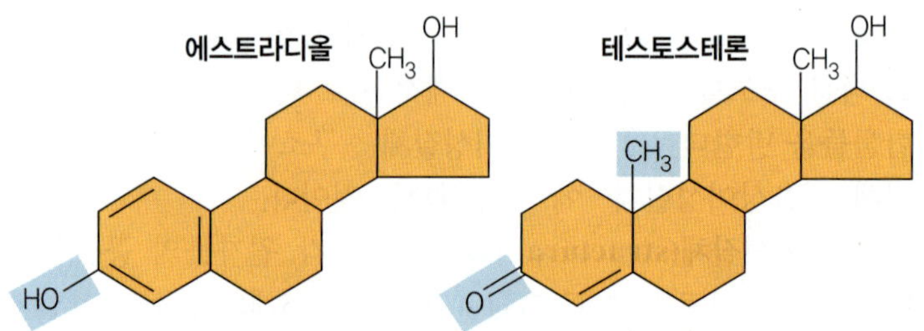

두 분자가 신체의 여러 표적에 대해 서로 다른 활성을 가지는 것이 성의 기초이며 포유동물의 남성과 여성에서 서로 다른 특징을 만든다. 이 경우 분자의 모양에 영향을 미치고 기능에 역할을 하기 때문에 화학 그룹이 중요하다.

다른 경우에는 화학 그룹이 화학반응에 직접 참여하는데 이런 화학 그룹을 **작용기(functional group)**라 한다. 각각의 작용기는 모양이나 전하와 같은 특별한 성질을 가지고 있어 독특한 방법으로 화학반응에 참여한다.

생명과정에 있어서 가장 중요한 7개의 화학 그룹은 수산기, 카르보닐기, 카르복실기, 아미노기, 설프히드릴기, 인산기, 메틸기이다. 앞의 6개의 화학 그룹은 화학반응을 할 수 있으며, 설프히드릴 그룹을 제외하고 모두 친수성이어서 물에 대한 유기화합물의 용해도를 증가시킨다. 메틸기는 반응성은 없지만 생명의 분자에서 종종 인식을 위한 꼬리표로 기능한다. **그림 4.9**를 공부하여 생물학적으로 중요한 화학 그룹들에 친숙해지자.

ATP: 세포활동을 위한 중요한 에너지원

그림 4.9의 "인산기" 칸은 유기인산 분자의 간단한 예를 보

▼ 그림 4.9 생물학적으로 중요한 몇 가지 화학 그룹

화학 그룹	그룹의 특성과 화합물 이름	보기
수산기(하이드록시기)(—OH) —OH 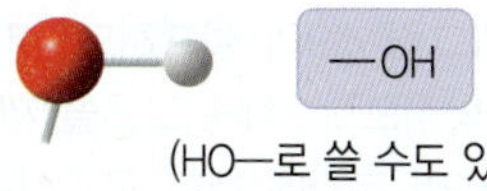 (HO—로 쓸 수도 있음)	전기음성도가 커 전자를 잡아당기는 산소 때문에 극성이다. 물과 수소결합을 형성하여 당과 같은 화합물을 용해하는 데 도움이 된다. 화합물 이름: 알코올(이름은 대개 -올로 끝난다)	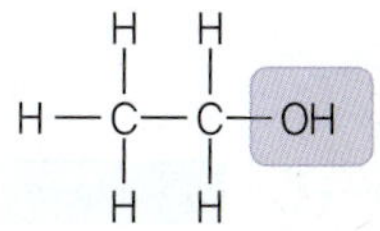 **에탄올**, 알코올 음료에 들어 있는 알코올
카르보닐기(>C=O) 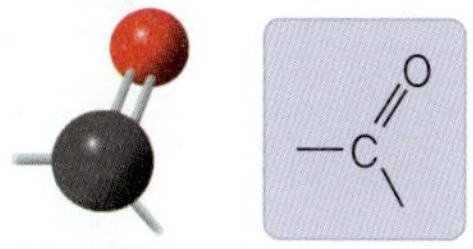	케톤 그룹을 가진 당은 케토스라 하고 알데하이드를 가진 것은 알도스라 한다. 화합물 이름: 케톤(카르보닐기가 탄소골격에 들어 있음) 혹은 알데하이드(카르보닐기가 탄소골격의 끝에 있음)	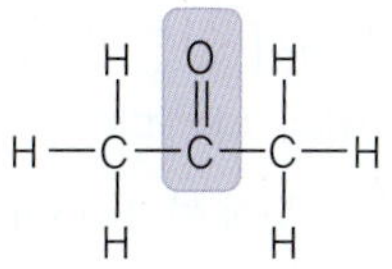 **아세톤**, 가장 단순한 케톤 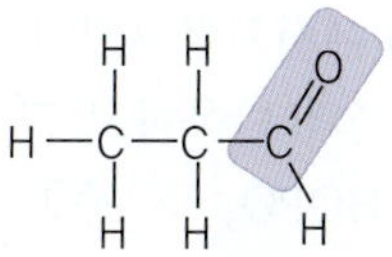 **프로파날**, 알데하이드의 하나
카르복실기(—COOH) 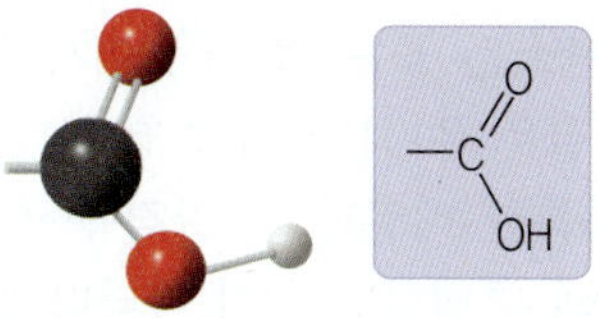	산소와 수소 간의 공유결합이 워낙 극성을 띠기 때문에 산(H^+를 공여)으로 작용한다. 화합물 이름: 카르복실산, 혹은 유기산	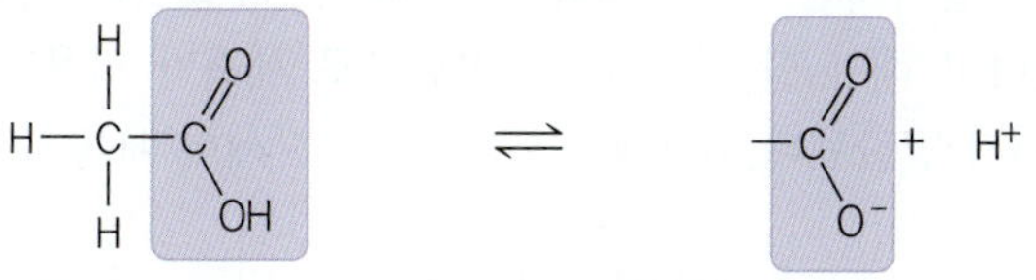 **아세트산**, 식초가 신맛을 내는 이유 세포에서 발견되는 —COOH (카르복실 이온)의 이온화된 형태
아미노기(—NH_2) 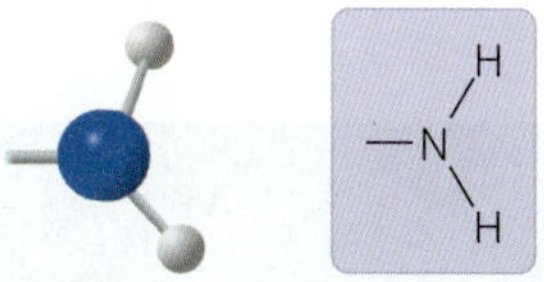	염기로 작용; 주변 용액(생물체에서는 물)으로부터 H^+를 받아들인다. 화합물 이름: 아민	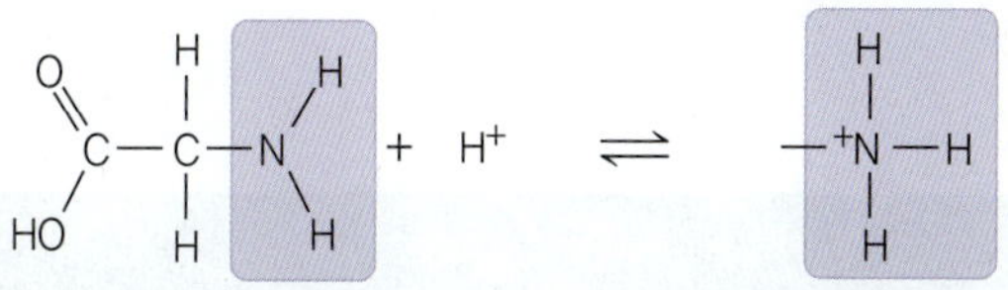 **글리신**, 아미노산(카르복실 그룹에 주목) 세포에서 발견되는 —NH_2의 이온화된 형태
설프히드릴기(—SH) 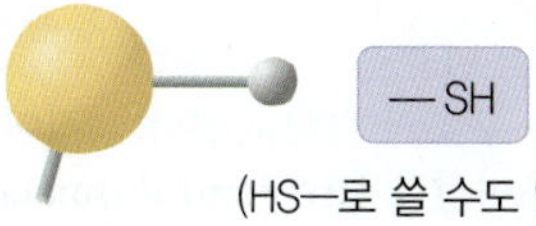 —SH (HS—로 쓸 수도 있음)	두 —SH 그룹은 반응하여 상호연결되면 단백질의 구조 안정화에 도움이 된다. 머리카락 단백질은 상호연결되면 직모 혹은 곱슬기를 유지시킨다. 미장원에서 퍼머를 하면 상호연결 구조가 끊어졌다 새로 형성되면서 머리가 원하는 모양이 되도록 한다. 화합물 이름: 티올	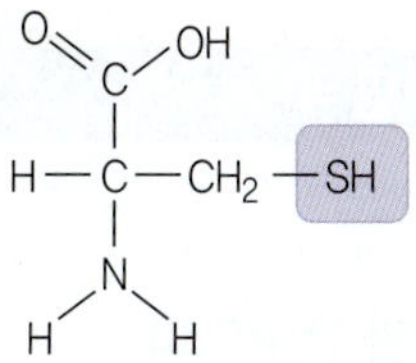 **시스테인**, 황을 함유하는 아미노산
인산기(—OPO_3^{2-}) 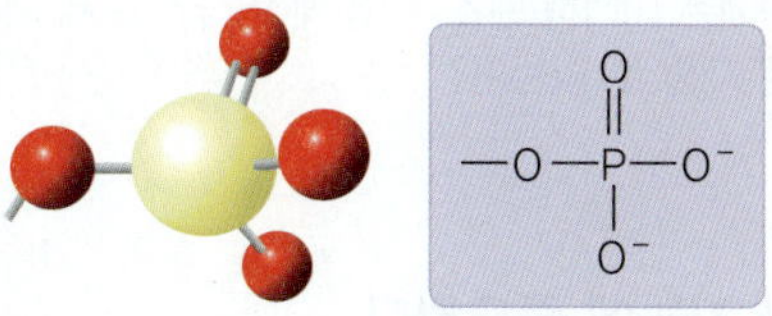	음전하에 기여한다(인산 사슬의 내부에 있으면 1—, 끝에 있으면 2—). 분자에 붙으면 그 분자에 물과 반응하여 에너지를 방출할 수 있는 능력을 부여한다. 화합물 이름: 유기인산	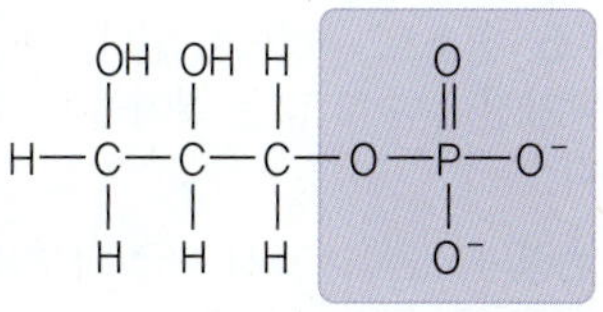 **글리세롤 인산**, 세포내 많은 중요한 화학반응에 가담한다.
메틸기(—CH_3) 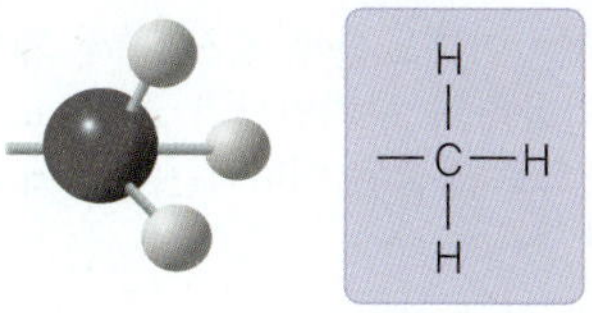	DNA나 DNA에 결합한 단백질에 있으면 유전자 발현에 영향을 미친다. 남성, 여성 호르몬의 구조와 기능에 영향을 미친다. 화합물 이름: 메틸화 화합물	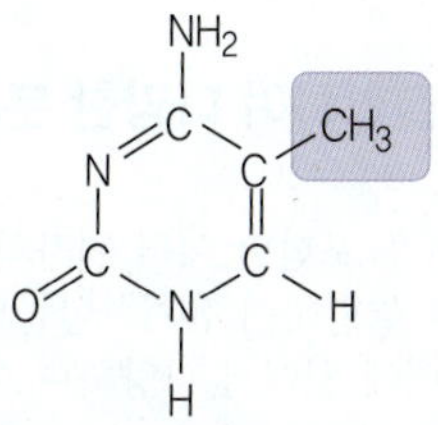 **5-메틸 사이토신**, 메틸 그룹 첨가로 변형된 DNA의 구성요소

여준다. 좀 더 복잡한 유기인산인 **아데노신 3인산(adenosine triphosphate)**, 즉 **ATP**는 세포 기능에 있어서 매우 중요하므로 여기서 언급할 가치가 있다. ATP는 아데노신에 3개의 연속한 인산기가 결합된 유기분자이다:

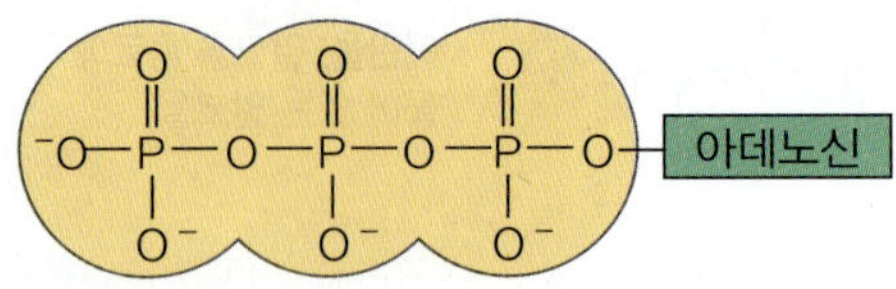

ATP에서처럼 3개의 인산기가 연속해서 있으면, 1개의 인산기는 물과 반응하고 그 결과 쉽게 떨어져 나간다. 이 무기인산 이온, $HOPO_3^{2-}$은 종종 이 책에 Ⓟ$_i$로 약칭해서 표기하고 유기분자에 있는 인산기는 종종 Ⓟ로 표기한다. 하나의 인산기를 잃으면 ATP는 아데노신 2인산, 즉 ADP가 된다. ATP가 에너지를 "저장"한다고 말하지만 좀 더 정확히는 물과 반응할 잠재력을 저장하고 있다고 해야 할 것이다. 이 반응으로 세포가 사용할 수 있는 에너지가 방출된다. 6장에서 이를 좀 더 자세히 배울 것이다.

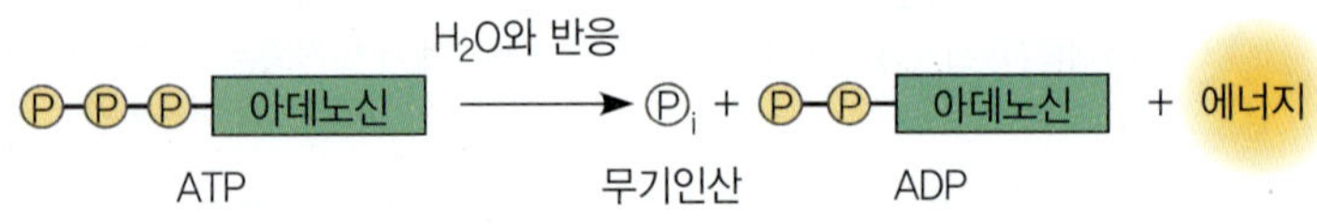

개념 확인 문제 4.3

1. 아미노산이라는 용어는 이 분자의 구조에 대해 무엇을 말하는가?
2. ATP가 물과 반응하여 에너지를 방출할 때 ATP에 어떤 화학적 변화가 일어나는가?
3. **WHAT IF?** 여러분이 시스테인(그림 4.9의 설프히드릴기 예)과 같은 유기분자를 가지고 있는데, 화학적으로 $-NH_2$ 그룹을 제거하고 대신 $-COOH$를 붙였다고 가정하자. 이 분자에 대한 구조식을 그리고 화학적 특성에 대해 생각해 보라. 변화하기 전 분자의 중심탄소는 비대칭인가? 변화하고 나서는 어떻게 되는가?

정답은 부록 A 참조

생명의 화학 원소: 요약

생물질은 주로 탄소, 산소, 수소, 질소와 소량의 황, 인으로 구성되어 있다. 이 원소들은 강력한 공유결합을 형성하는 특징을 가지고 있는데, 이 특징은 복잡한 유기분자를 구성하는 데 꼭 필요하다. 이 모든 원소들 가운데 탄소는 공유결합에 있어서 단연 으뜸이다. 탄소의 다양한 결합성질은 유기분자의 엄청난 다양성을 가능하게 하고, 탄소골격의 독특한 배열과 그 골격에 연결되는 작용기들로 인해 각 유기분자의 특별한 성질이 나타나게 된다. 모든 생물학적 다양성의 바탕에는 이러한 분자 수준에서의 변이가 있다.

4 장 복습

핵심 개념의 요약

개념 4.1

유기화학은 탄소화합물에 대한 연구이다

- 한때 유기화합물은 살아 있는 생물체에서만 만들어진다고 생각하였으나, 마침내 실험실에서 합성할 수 있게 되었다.
- 생물질은 주로 탄소, 산소, 수소, 질소로 구성되어 있다. 생물학적 다양성은 특정한 모양과 특성을 가진 무수히 많은 분자들을 형성할 수 있는 탄소의 능력에서 기인한다.

? 어떻게 스탠리 밀러의 실험이 생명의 기원에서조차 생명 과정이 물리, 화학의 법칙을 따른다는 아이디어를 지지하게 되었나?

개념 4.2

탄소원자는 4개의 다른 원자와 결합하여 다양한 분자를 형성한다

- 원자가 전자가 4인 탄소는 O, H, N을 포함한 여러 원자와 결합할 수 있다. 탄소는 또한 다른 탄소원자와 결합하여 유기화합물의 탄소골격을 형성한다. 이 골격은 길이나 형태에 있어서 다양하며 다른 원소의 원자들과 결합할 수 있는 결합 부위를 가진다.
- **탄화수소(hydrocarbon)**는 탄소와 수소만으로 이루어진다.
- **이성질체(isomer)**는 분자식은 같으나 구조의 차이 때문에 성질이 다른 분자들을 말한다. 이성질체에는 **구조이성질체(structural isomer)**, **기하이성질체(*cis-trans* isomer)**, **거울상이성질체(enantiomer)** 세 종류가 있다.

? 그림 4.9를 참조하라. 아세톤과 프로파놀은 어떤 종류의 이성질체인가? 아세트산, 글리신, 글리세롤 인산에는 비대칭 탄소가 몇 개 있나? 이 세 가지 분자는 거울상이성질체 형태로 존재할 수 있는가?

개념 4.3

몇 가지 화학 그룹은 분자 기능에 중요하다

- 유기분자의 탄소골격에 결합된 화학 그룹은 화학반응에 참여하거나 [**작용기(functional group)**의 경우], 분자 형태에 영향을 미침으로써 그 기능에 기여한다(그림 4.9).
- **ATP(adenosine triphosphate)**는 아데노신에 부착된 세 개의 인산기로 구성된다. ATP는 물과 반응하여 무기인산과 ADP(adenosine diphosphate)를 만든다. 이 반응으로 방출된 에너지는 세포에 의해 사용된다.

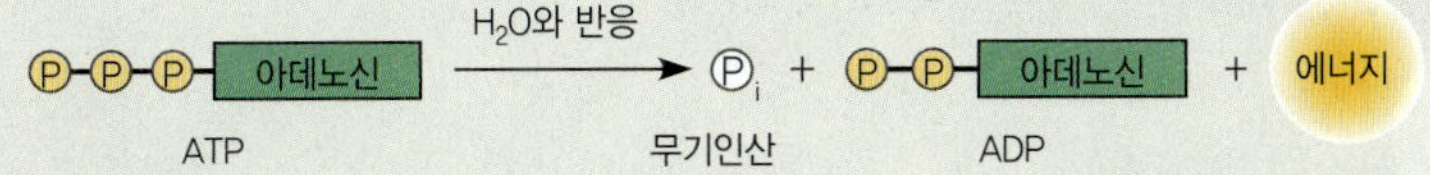

? 메틸 그룹은 그림 4.9에 나타낸 중요한 6가지 화학 그룹과 어떻게 다른가?

생각해보자

수준 1: 지식/이해

1. 유기화학은 현재 어떻게 정의하는가?
a. 살아 있는 세포가 만드는 화합물만 연구
b. 탄소화합물의 연구
c. 합성 화합물이 아닌 자연 화합물에 대한 연구
d. 탄화수소에 대한 연구

2. 옆의 그림에 나타나지 않는 기능 그룹은?
a. 카르복실
b. 설프히드릴
c. 수산기
d. 아미노

```
HO    O
  \  //
   C    H
   |    |
H—C—C—OH
   |    |
   N    H
  / \
 H   H
```

3. MAKE CONNECTIONS 아래 화학 그룹 중 가장 염기로 작용할 것 같은 유기분자는?
a. 수산기　　b. 카르보닐기
c. 아미노기　　d. 인산기

수준 2: 응용/분석

4. 탄소골격에 이중결합을 가진 탄화수소는 어느 것인가?
a. C_3H_8　b. C_2H_4　c. C_2H_6　d. C_2H_2

5. 아래 두 당 분자 간의 관계를 가장 정확하게 기술하는 용어는?
a. 구조이성질체
b. 기하이성질체
c. 거울상
d. 동위원소

```
     H              H   O
     |               \ //
H—C—OH                C
     |                |
     C=O          H—C—OH
     |                |
H—C—OH            H—C—OH
     |                |
     H                H
```

6. 아래 분자에서 비대칭탄소인 것은?

```
O        OH  H   H   H
 \\  a   |b  |c  |d  |e
   C—C—C—C—C—H
  /     |   |   |   |
 H      H   H   H   H
```

7. 아래 어떤 반응이 카르보닐 그룹을 만들어 내는가?
a. 카르복실 그룹의 −OH를 수소로 교체
b. 수산기에 티올을 첨가
c. 인산에 수산기를 첨가
d. 아민의 질소를 산소로 치환

8. 문제 5에 제시된 분자 중 비대칭 탄소를 가진 것은? 어떤 탄소가 비대칭인가?

```
     H              H   O
     |               \ //
H—C—OH                C
     |                |
     C=O          H—C—OH
     |                |
H—C—OH            H—C—OH
     |                |
     H                H
```

수준 3: 종합/평가

9. 진화적 관점
DRAW IT 어떤 과학자들은 우주의 어디에선가는 지구에서 탄소가 그렇듯이 실리콘 원소를 기반으로 하는 생명이 존재할 것으로 생각한다. 그림 2.7의 실리콘 전자 분포 그림을 보고 실리콘의 루이스 점 구조를 그려보라. 실리콘의 어떤 특성이 탄소와 유사하여 네온에 기초한 생명이나, 알루미늄에 기초한 생명이 아니라 실리콘에 기초한 생명이 가능할 것이라 믿게 하는가?

10. 과학적 탐구
50년 전 입덧 치료를 위해 탈리도마이드를 처방받은 임신 여성들은 수많은 선천성 장애를 가진 아이들을 낳았다. 탈리도마이드는 두 가지 거울상이성질체의 혼합물이다. 하나는 입덧 증세를 완화시키나 다른 하나는 심각한 선천성 장애를 일으킨다. 오늘날 미국 식품의약국(FDA)은 이 약을 한센병(문둥병)과 관계된 질병 치료나 새로 진단된 다발성 골수종, 혈액과 척수암의 치료약으로 승인하고 있다. 효과가 있는 거울상이성질체를 합성하여 환자들에게 줄 수 있으나 시간이 지나면 효과 있는 거울상과 해로운 거울상이 모두 체내에서 발견된다. 해로운 거울상 이성질체가 어떻게 생길 수 있는지에 대한 설명을 제시하라.

11. 글쓰기: 지식의 체계화
1918년 수면병이라는 전염병은 일부 생존자들에게 말기 파킨슨병에서와 유사한 심각한 마비 증세를 일으켰다. 수년 후 파킨슨병의 치료에 이용되었던 화합물, L-도파(아래 왼쪽)를 이 환자들에게 처방하였다. L-도파는 마비를 없애주는데 적어도 일시적으로는 놀라울 정도로 효과적이었다. 그러나 그 거울상인 D-도파(오른쪽)는 파킨슨병에 대해서와 마찬가지로 전혀 효과가 없음이 밝혀졌다. 100~150단어 정도의 짧은 글로 어째서 하나의 거울상은 효과가 있는데 다른 거울상은 그렇지 않은지 구조와 기능이라는 관점에서 논하시오.

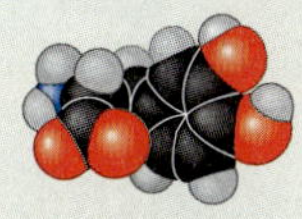
L-도파

D-도파

12. 종합적으로 생각해보기

탄소원자의 화학 구조가 어떻게 사진 속의 사자 암컷과 수컷의 차이에 영향을 미치는지 설명하시오.

정답은 부록 A 참조

5

생체 거대분자와 지질

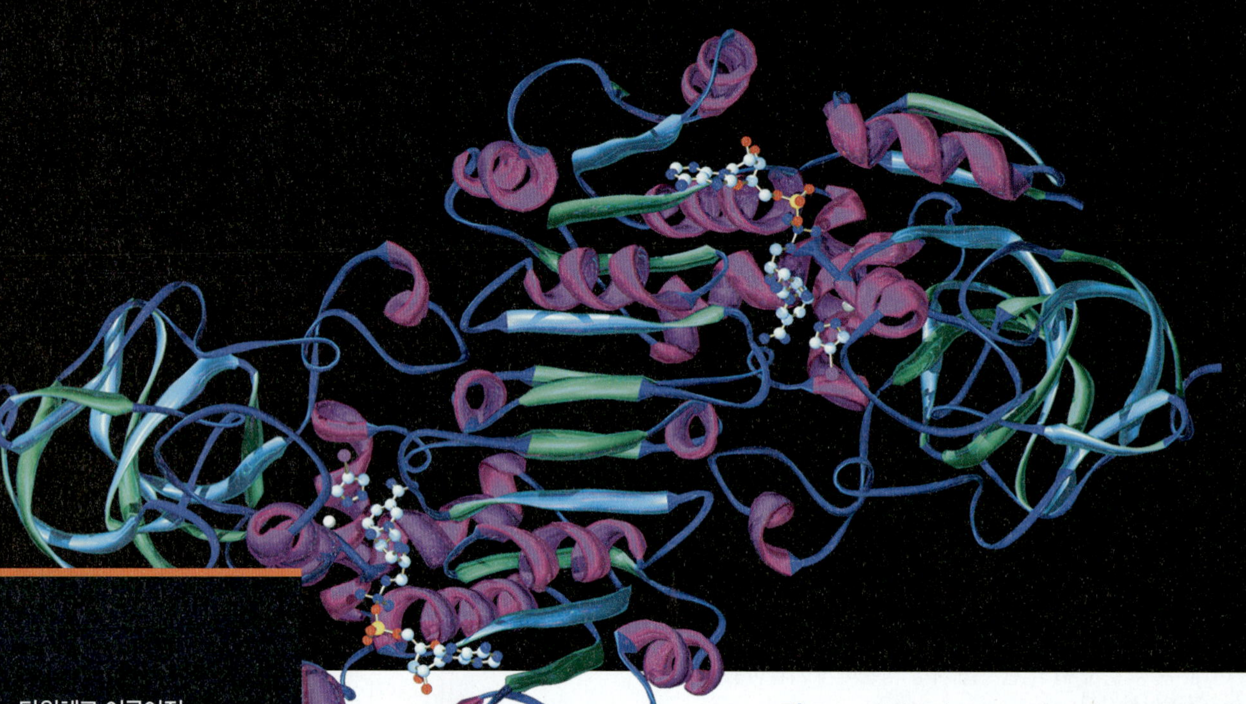

핵심 개념

5.1 거대분자는 단위체로 이루어진 중합체이다

5.2 탄수화물은 연료와 구성물질의 역할을 한다

5.3 지질은 소수성 분자의 다양한 그룹이다

5.4 단백질은 광범위한 기능을 수행하는 다양한 구조로 되어 있다

5.5 핵산은 유전정보를 저장하고 전달하며 발현되도록 돕는다

5.6 유전체학과 단백질체학은 생물학적 탐구와 적용을 바꾸어 놓았다

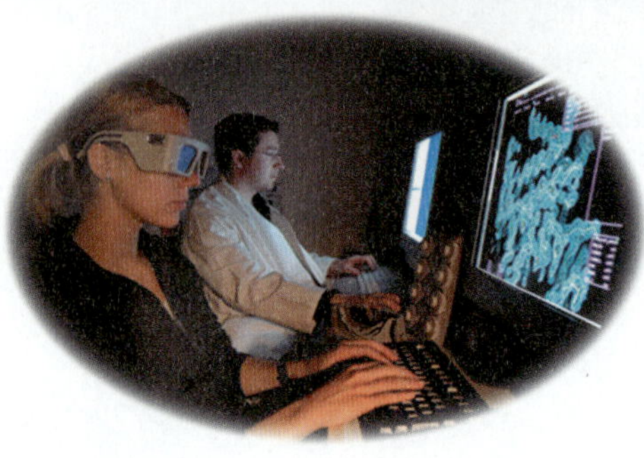

▲ **그림 5.1** **단백질의 구조는 왜 그의 기능에 중요한가?**

생명의 분자

지구에 존재하는 생명의 복잡성을 감안하면, 세균부터 코끼리에 이르기까지 살아있는 모든 생물체의 가장 중요한 거대분자들을 탄수화물, 지질, 단백질 그리고 핵산 등 단 네 종류로 나눌 수 있다는 사실이 놀라울 수도 있을 것 같다. 분자 수준에서, 이들 중 탄수화물, 단백질, 핵산 등과 같은 세 종류는 거대하기 때문에 이들을 **거대분자(macromolecule)**라 부른다. 예를 들어, 단백질은 무수히 많은 원자로 구성되어 있어 10만 달톤이 넘는 질량을 갖는 거대한 덩어리를 형성한다. 거대분자의 크기와 복잡성을 고려할 때, 생화학자들이 그렇게 많은 거대분자의 세밀한 구조를 조사했다는 것은 주목할 만하다. **그림 5.1**의 이미지는 우리 몸에서 알코올을 분해하는 알코올 탈수소효소라고 부르는 단백질의 분자 모형이다.

거대 생체분자의 구조는 분자가 어떻게 작용하는지를 설명하는 데 도움을 준다. 물이나 단순 유기분자들과 마찬가지로, 거대 생체분자는 그들 원자의 질서있는 배열로 인해 독특한 특성을 나타낸다. 이 장에서는 먼저 거대분자가 어떻게 형성되는지 알아보고자 한다. 그리고 거대한 생체분자의 네 종류인 탄수화물, 지질, 단백질 그리고 핵산의 구조와 기능을 살펴보고자 한다.

개념 5.1

거대분자는 단위체로 이루어진 중합체이다

생명의 유기화합물 네 종류 중 지질을 제외한 세 종류의 거대분자인 탄수화물, 단백질 그리고 핵산은 사슬형태의 분자로 중합체라 부른다. 그리스어로 *polys*는 '많다'는 의미이며, *meros*는 '부분'을 의미한다. **중합체(polymer)**는 여러 유사한 혹은 동일한 구성물질이 공유결합으로 연결된 기다란 분자로, 많은 차량이 사슬처럼 연결되어 있는 기차와 유사하다. 중합체의 구성단위 역할을 하는 반복 단위는 **단위체(monomer)**라는 작은 분자이다. 단위체 역할을 하는 일부 분자는 자신만의 다른 기능을 갖기도 한다.

중합체의 합성과 분해

각 종류의 중합체는 각기 다른 단위체로 구성되어 있지만, 세포가 중합체를 만들고 분해하는 화학기작은 기본적으로 모든 종류에서 동일하다. 세포에서 이러한 과정은 **효소(enzyme)**에 의해 촉진되는데, 효소는 화학 반응의 속도를 높이는 특별한 거대분자이다. 단위체들은 2개의 분자가 물분자를 잃으면서, 공유결합으로 서로 연결되는데 이 반응을 **탈수반응(dehydration reaction)**이라고 한다(그림 5.2a). 두 단위체 간에 결합이 형성될 때, 각 단위체는 반응에서 소실되는 물분자의 일부를 제공한다: 한 분자는 수산기(−OH)를 제공하고 다른 분자는 수소(−H)를 제공한다. 중합체를 만들 때, 단위체가 차례로 사슬에 첨가되며, 중합체를 만드는 과정에서 이 반응은 반복된다.

중합체는 **가수분해(hydrolysis)**에 의해 단위체로 분해되는데, 이 과정은 기본적으로 탈수반응의 역과정이다(그림 5.2b). 가수분해란 물이 첨가되어 분해한다는 의미이다. 그리스어로 *hydro*는 '물'을 의미하며, *lysis*는 '분해'를 의미한다. 단위체 간의 결합은 물이 첨가되면서 끊어지게 되는데, 첨가된 물분자의 수소는 한 단위체와 결합하고, 수산기는 인접한 다른 단위체와 결합한다. 소화 과정은 우리 몸에서 작용하는 가수분해의 한 예이다. 음식물에 있는 대부분의 유기물질은 중합체의 형태로 되어 있는데 이는 너무 커서 세포 안으로 들어갈 수 없다. 소화관 내의 다양한 효소가 중합체에 반응하여 가수분해를 촉진한다. 분해되어 방출된 단위체는 혈류로 흡수되어 몸의 모든 세포로 배분된다. 그 세포들은 단위체들 사이의 탈수반응을 이용하여, 세포가 필요로 하는 특정 기능을 수행할 수 있는 새로운 여러 가지 중합체로 조립할 수 있다.

중합체의 다양성

각 세포는 수없이 많은 서로 다른 종류의 거대분자를 갖고 있다. 세포 유형에 따라 갖고 있는 거대분자의 종류 또한 다양하다. 사람의 형제자매 간의 선천적 차이는, 특히 DNA와 단백질과 같은

▼ 그림 5.2 중합체의 합성과 분해

(a) 중합체 합성에서의 탈수반응

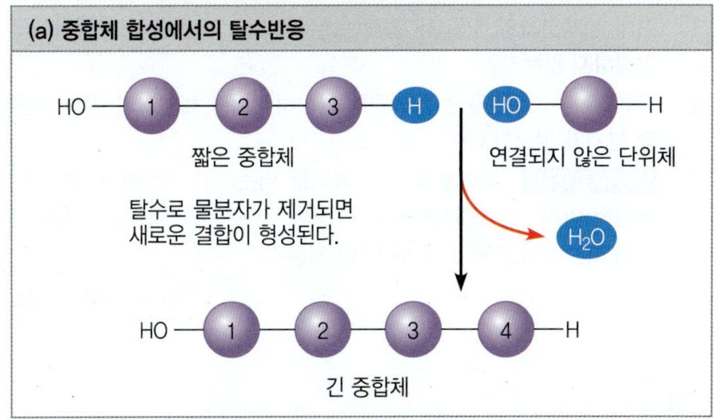

(b) 중합체의 가수분해

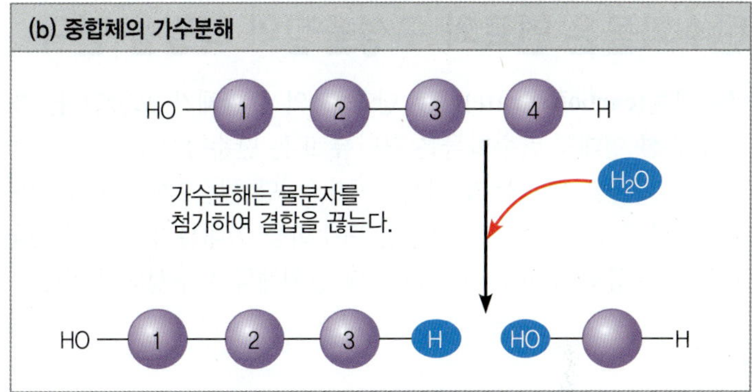

중합체의 작은 변이에 기인한다. 서로 관련이 없는 개인들 간의 분자적 차이는 훨씬 광범위하며, 서로 다른 종 간의 차이는 더욱 크다. 생물계에서 거대분자의 다양성은 엄청나며 가능한 다양성은 실로 무한하다.

어떻게 생명체의 중합체가 그렇게 다양할 수 있을까? 중합체 분자는 단지 40~50종류의 흔한 단위체와 몇 종류의 드물게 볼 수 있는 단위체로 만들어진다. 그렇게 한정된 종류의 단위체로부터 매우 다양한 중합체를 만드는 것은 마치 알파벳 26개 글자로 수십만 개 이상의 단어를 만들 수 있는 것과 유사하다. 핵심은 배열인데, 즉 단위들이 이어지는 특별한 선상의 서열이 그것이다. 하지만 대부분의 생물학적 중합체는 가장 긴 단어에 들어가는 글자 수보다 훨씬 많은 단위체를 가지고 있기 때문에, 이런 비유는 거대분자의 엄청난 다양성을 표현하기에는 미흡하다. 예를 들어, 단백질은 20종류의 아미노산이 배열되어 보통 수백 개의 아미노산으로 이루어진 사슬을 형성한다. 생명의 분자적 논리는 단순하지만 정교하다: 모든 생명체에 공통되는 작은 분자들이 독특한 고분자로 배열된다.

이러한 엄청난 다양성에도 불구하고, 분자 구조와 기능은 종류에 따라 대략의 분류가 가능하다. 그럼, 거대 생체분자의 주된 네 종류 각각을 살펴보자. 각각의 거대분자는 개별 구성단위에서는 발견할 수 없었던 창발적 특성을 가지고 있다.

개념 확인 문제 5.1

1. 거대 생체분자의 주된 네 종류는 무엇인가? 어떤 종류가 중합체를 형성하지 않는가?
2. 단위체가 10개 연결된 중합체를 완전히 가수분해시키기 위해 물은 몇 분자가 필요한가?
3. **WHAT IF?** 여러분이 생선 요리를 먹는다고 가정하자. 생선 단백질의 아미노산 단위체가 우리 몸에서 새로운 단백질로 전환되기 위해서는 어떤 반응이 일어나야만 하는가?

정답은 부록 A 참조

개념 5.2

탄수화물은 연료와 구성물질의 역할을 한다

탄수화물(carbohydrate)에는 당과 당의 중합체가 포함된다. 가장 단순한 형태의 탄수화물은 단당류 또는 단순당으로 보다 복잡한 탄수화물을 만드는 단위체들이다. 이당류는 2개의 단당류가 공유결합에 의해 연결된 당이다. 탄수화물 거대분자는 다당류라고 부르는 중합체인데, 이는 많은 당 단위체들로 구성되어 있다.

당

단당류(monosaccharide)는 일반적으로, CH_2O 단위의 배수인 분자식을 갖는다. 그리스어로 *monos*는 '하나'라는 뜻이며, *sacchar*는 '당'을 의미한다. 가장 흔한 단당류인 포도당($C_6H_{12}O_6$)은 생명의 화학 반응에서 대단히 중요하다. 포도당의 구조에서 당의 대표적 특징을 볼 수 있는데, 여기에는 1개의 카르보닐기(CO)와 많은 수산기(−OH)가 있다**(그림 5.3)**. 카르보닐기의 위치에 따라 알도오스(알데하이드당) 또는 케토오스(케톤당)가 된다. 예를 들어, 포도당은 알도오스이지만, 포도당의 이성질체인 과당은 케토오스이다. (참고로 당의 이름 대부분은 "−오스"로 끝난다.) 당을 분류하는 또 다른 기준은 탄소골격의 크기로, 탄소의 수가 3~7개 사이이다. 포도당이나 과당처럼, 6개의 탄소를 가지는 여러 가지 당들을 6탄당이라 부른다. 3-탄소 당인 3탄당과 5-탄소 당인 5탄당 역시 흔한 당이다.

단당류가 다양한 또 다른 이유는 비대칭 탄소 주변 부위의 공간적 배열 때문이다. (비대칭 탄소란 네 가지 서로 다른 원자 혹은 원자 그룹과 결합된 탄소이다.) 예를 들어, 포도당과 갈락토오스는 1개의 비대칭 탄소 주변에 있는 부분의 배치만 다를 뿐이다(그림 5.3의 보라색 상자 참조). 단지 작은 차이 같지만 이 차이는 2개의 당이 서로 구별되는 형태와 결합 활성을 갖게 하여 서로 다른 행동을 보여주기에 충분하다.

포도당을 선형 탄소골격으로 그리는 것은 편리하긴 하지만 완전히 정확한 것은 아니다. 용액 상태에서 포도당을 비롯하여 대부분의 다른 5-탄소 당과 6-탄소 당은 고리구조를 형성한다(그

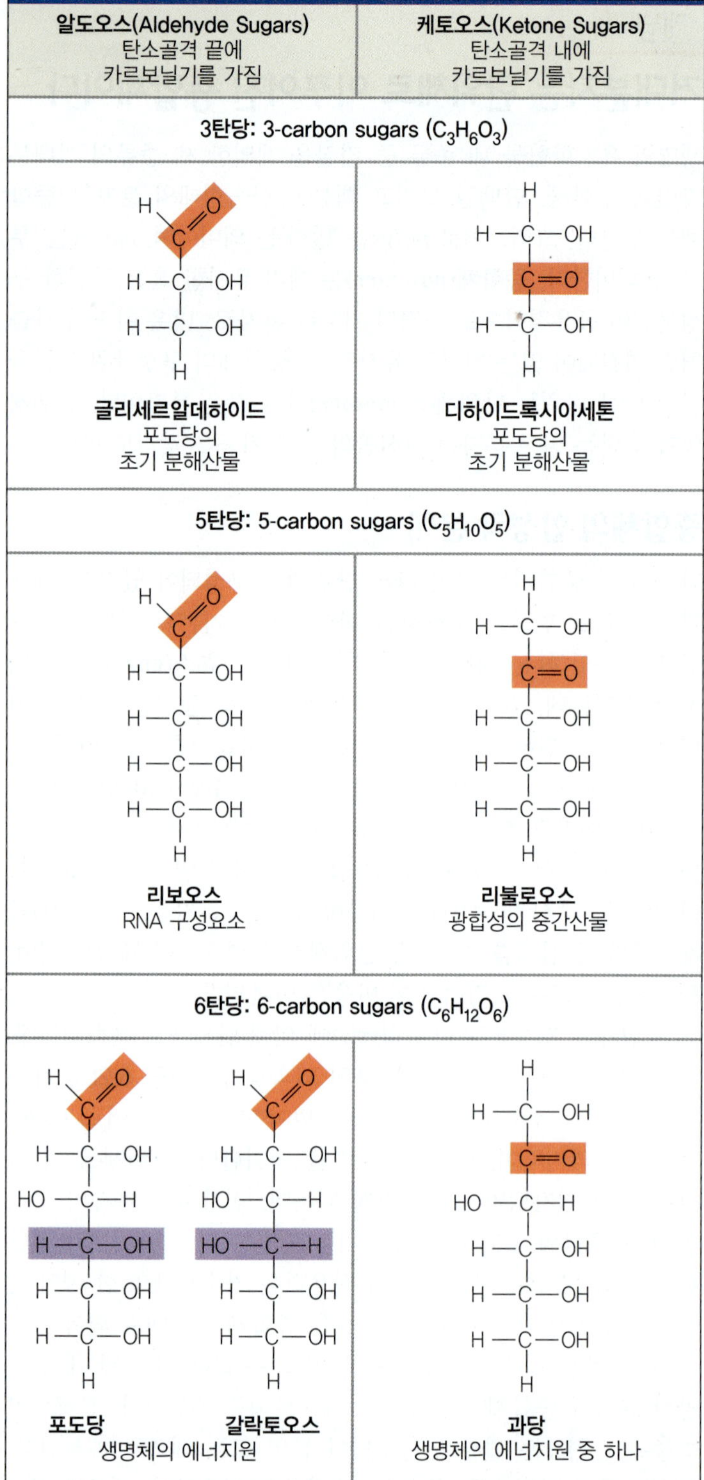

▲ **그림 5.3 일부 단당류의 구조와 분류.** 당은 카르보닐기(오렌지색)의 위치, 탄소골격의 길이, 그리고 비대칭 탄소 주변의 공간적 배열에 있어 다양하다. 포도당과 갈락토오스의 보라색 부분을 비교해 보라.

MAKE CONNECTIONS 1970년대에는 옥수수시럽의 포도당을 보다 달콤한 맛의 이성질체인 과당으로 변환시키는 과정이 개발되었다. 음료와 조리된 음식에 일반적으로 들어 있는 성분인 고과당 옥수수시럽은 포도당과 과당의 혼합물이다. 포도당과 과당은 어떤 형태의 이성질체인가? (그림 4.7 참조)

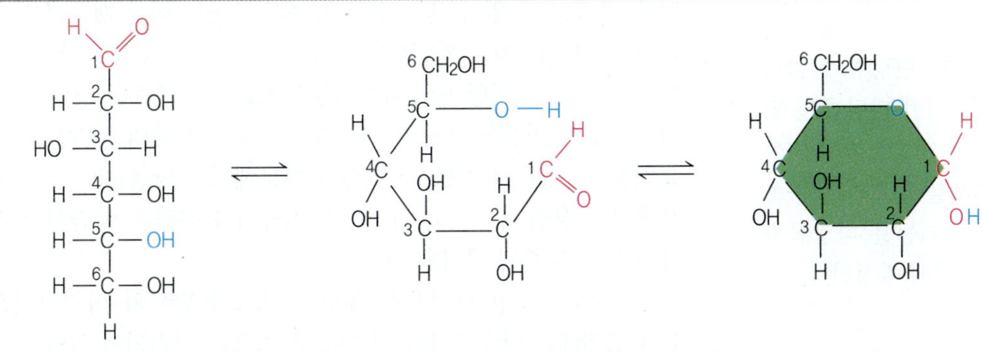

(a) **선형구조와 고리구조.** 선형구조와 고리구조 사이의 화학적 평형은 주로 고리구조로 치우친다. 당의 탄소는 1부터 6까지 번호가 붙여졌다. 포도당의 고리구조를 만들기 위해 1번 탄소가 5번 탄소에 붙어 있는 산소에 결합한다.

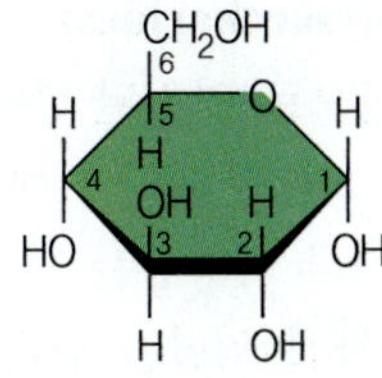

(b) **간결한 고리구조.** 원소 표기가 없는 각 모서리는 탄소를 나타낸다. 고리의 두꺼운 가장자리는 여러분이 이 고리를 위에서 내려다보고 있음을 나타내며, 고리에 결합된 성분들은 고리평면의 위나 아래에 위치한다.

▲ **그림 5.4 포도당의 선형과 고리구조**

DRAW IT 과당의 선형구조로 시작하여(그림 5.3), 과당 고리의 형성을 두 단계를 거쳐 그려 보아라. 먼저, 선형구조의 위로부터 시작하여 탄소에 번호를 표시하라. 그리고 위의 (a) 중간에 있는 포도당과 같은 방향성을 가진 분자를 산소를 매개로 하여 5번 탄소를 2번 탄소에 연결하여 그려 보아라. 과당과 포도당 고리의 탄소 개수를 비교하라.

림 5.4).

포도당과 같은 단당류는 세포의 주된 영양분이다. 세포호흡 과정을 통해 세포는 포도당 분자로부터 일련의 반응을 통해 에너지를 추출한다. 단순당 분자는 세포 활동의 주된 연료일 뿐 아니라, 당의 탄소골격은 아미노산과 지방산과 같은 다른 종류의 작은 유기분자를 합성하는 원료로도 제공된다. 이런 방식으로 즉시 사용되지 않은 당분자는 일반적으로 단위체로서 이당류나 다당류에 끼어들어간다.

이당류(disaccharide)는 **글리코시드결합(glycosidic linkage)**으로 연결된 2개의 단당류로 구성된다. 글리코시드결합은 탈수반응에 의해 두 단당류 사이에 형성된 공유결합이다. 예를 들어, 엿당은 포도당 두 분자가 연결되어 만들어진 이당류이다(그림 5.5a). 맥아당으로도 알려진 엿당은 또한 맥주를 양조하는 데 사용되는 성분이다. 가장 흔한 이당류로는 설탕이 있다. 설탕의 두 단위체는 포도당과 과당이다(그림 5.5b). 식물은 일반적으로 설탕의 형태로 탄수화물을 잎에서부터 뿌리와 다른 비광합성 기관으로 운반한다. 우유에 존재하는 당인 젖당은 또 다른 이당류로서 포도당 분자가 갈락토오스 분자와 결합되어 있다.

(a) **엿당 합성에서의 탈수반응.** 2개의 포도당 단위체의 결합은 엿당을 형성한다. 1–4글리코시드결합은 한 포도당의 1번 탄소와 두 번째 포도당의 4번 탄소를 연결한다. 포도당 단위체 사이의 다른 결합은 또 다른 종류의 이당류를 만든다.

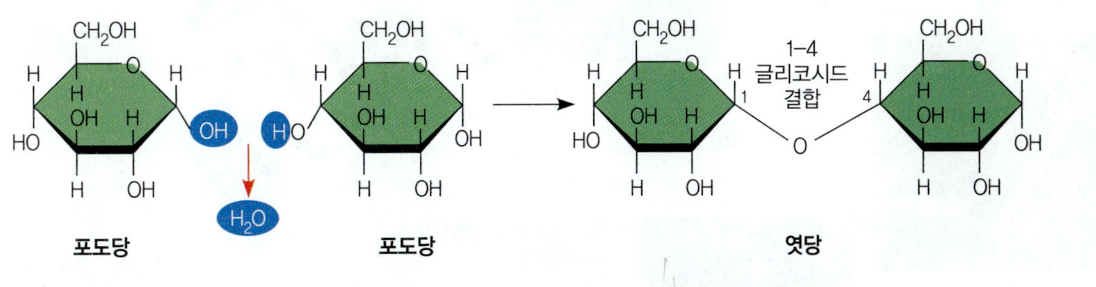

(b) **설탕 합성에서의 탈수반응.** 설탕은 포도당과 과당이 결합된 이당류이다. 과당은 포도당과 같은 6탄당이지만 오각형 고리를 형성함을 주목하라.

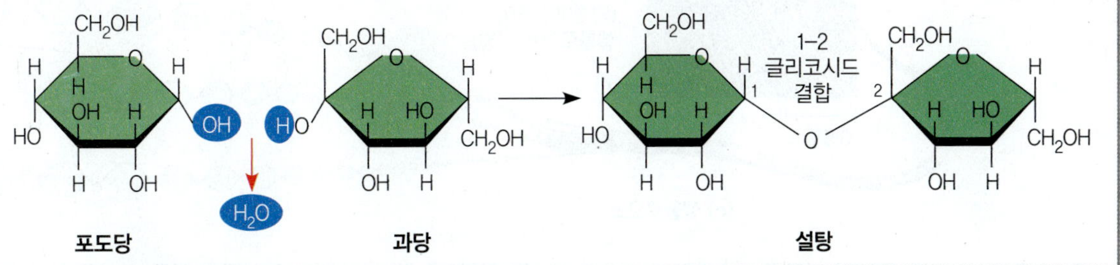

▲ **그림 5.5 이당류 합성의 예**

DRAW IT 그림 5.3과 5.4를 참고하여, 이 그림에서 각 당의 탄소에 번호를 붙여라. 각 글리코시드결합 명칭이 이 번호 부여와 어떻게 일치하는지 보여주기 위해 탄소를 연결하는 화살표를 넣어라.

다당류

다당류(polysaccharides)는 수백 내지 수천 개의 단당류가 글리코시드결합으로 연결된 중합체인 고분자이다. 어떤 다당류는 필요에 따라 가수분해되어 세포에 당을 공급하는 저장물질의 역할을 한다. 다른 다당류는 세포 또는 생명체 전체를 보호하는 구조물의 구성물질 역할을 한다. 다당류의 구조와 기능은 다당류를 구성하는 당 단위체와 글리코시드결합 위치에 의해 결정된다.

저장성 다당류

식물과 동물은 모두 나중에 사용하기 위해 저장성 다당류 형태로 당을 저장한다(그림 5.6). 식물은 포도당 단위체의 중합체인 **녹말(starch)**을 엽록체를 포함하는 색소체로 알려진 세포구조 내에 과립 형태로 저장한다. 녹말을 합성함으로써 식물은 여분의 포도당을 비축할 수 있다. 포도당은 세포의 주 연료이기 때문에 녹말은 저장된 에너지를 의미한다. 포도당 사이의 결합을 끊는 가수분해를 통해 이러한 탄수화물 '은행'으로부터 나중에 당을 인출할 수 있다. 인간을 포함한 대부분의 동물은 식물의 녹말을 가수분해할 수 있는 효소를 갖고 있기 때문에 포도당을 세포의 영양분으로 이용할 수 있다. 감자의 덩이줄기와 곡물은 인간의 음식에서 녹말의 주된 공급원이다.

녹말의 포도당 대부분은 엿당의 포도당 단위와 마찬가지로 1–4 결합(1번 탄소가 4번 탄소에 연결)으로 연결되어 있다(그림 5.5a). 가장 간단한 형태의 녹말인 아밀로오스에는 가지가 없다. 하지만 좀 더 복잡한 형태의 녹말인 아밀로펙틴은 분기 지점에 1–6 결합의 가지가 있는 중합체이다. 이 두 종류의 녹말은 그림 5.6a에 제시되어 있다.

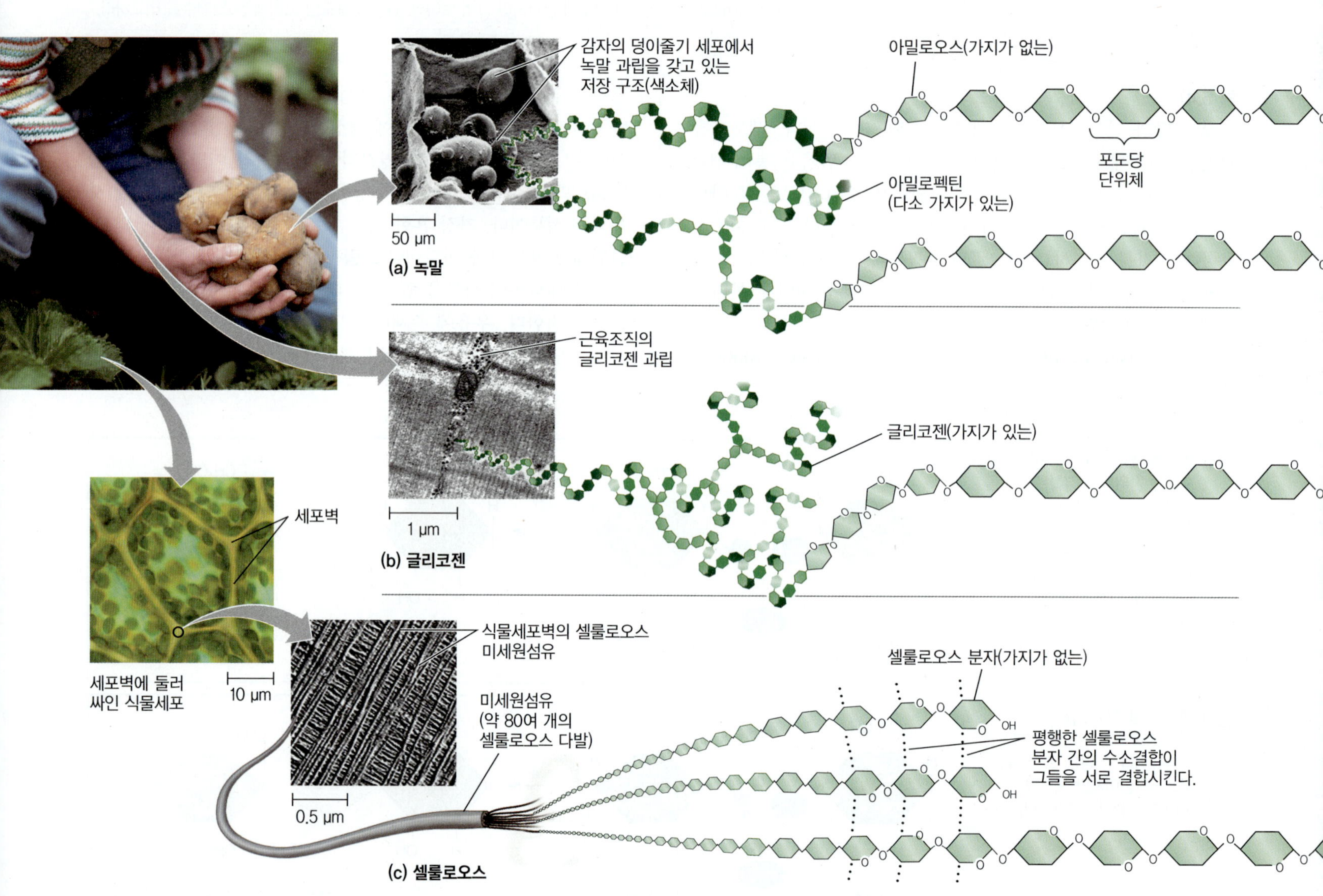

▲ **그림 5.6 식물과 동물의 다당류.** (a) 식물세포에 저장된 녹말, (b) 근육세포에 저장된 글리코젠, (c) 식물세포벽의 구조 셀룰로오스 섬유 모두 전적으로 포도당 단위체(녹색 육각형)로 구성된 다당류이다. 녹말과 글리코젠의 중합체 사슬은 가지가 없는 부위에서 포도당 분자의 결합 각도 때문에 나선상을 형성하기도 한다. 아밀로오스와 아밀로펙틴, 두 종류의 녹말이 있다. 다른 포도당 결합 형태인 셀룰로오스는 항상 가지가 없다.

동물은 **글리코젠(glycogen)**이라고 하는 다당류를 저장하는데, 글리코젠은 아밀로펙틴과 유사한 포도당 중합체이지만 가지가 더욱 많다(그림 5.6b). 척추동물은 글리코젠을 주로 간과 근육세포에 저장한다. 당에 대한 요구가 커지면 이들 세포에서 글리코젠을 가수분해하여 포도당을 방출한다. 하지만 이 저장된 연료는 오래 지속될 수 없다. 예를 들어, 인간은 음식물을 섭취하여 보충하지 않으면 글리코젠 저장소가 하루 만에 고갈된다. 이것이 바로 저탄수화물 식사가 허약함과 피로를 동반하는 주된 이유이다.

구조 다당류

생명체는 구조 다당류로부터 단단한 물질을 만들어 낸다. 예를 들어, **셀룰로오스(cellulose)**라는 다당류는 식물세포를 감싸는 단단한 세포벽의 주된 구성성분이다(그림 5.6c). 지구 전체의 규모로, 식물은 해마다 10^{14} kg(10억 톤)의 셀룰로오스를 만들어 내는데, 이것은 지구상에서 가장 많은 유기화합물이다. 녹말처럼 셀룰로오스도 포도당 중합체이지만, 두 중합체의 글리코시드결합이 서로 다르다. 이런 차이는 미세하게 서로 다른 포도당의 고리구조가 두 가지 있다는 사실에 근거한다(그림 5.7a). 포도당이 고리구조를 형성할 때, 1번 탄소에 붙는 수산기는 고리 평면의 아래 또는 위에 위치할 수 있다. 이 두 가지 고리 형태의 포도당을 각각 알파(α)와 베타(β)라고 부른다. (그리스어는 우리가 질문이나 그림의 일부에 대하여 a, b, c 등의 글자를 사용하는 것과 같이 때로 생물학적 구조의 서로 다른 형태에 대한 "번호매기기" 체제에 사용된다.) 녹말의 모든 포도당 단위체는 α형인데(그림 5.7b), 이는 그림 5.4와 그림 5.5에서 보았던 배열이다. 반면에 셀룰로오스의 포도당 단위체는 모두 β형으로, 이 때문에 모든 포도당 단위체가 이웃한 포도당 단위체에 대해 아래 위가 뒤집힌 배치를 갖는다(그림 5.7c 또한 그림 5.6c).

글리코시드 결합의 차이에 의해 녹말과 셀룰로오스의 3차원적 형태가 달라진다. 녹말 분자는 거의 나선형이지만, 셀룰로오스 분자는 직선형이다. 셀룰로오스에는 가지가 전혀 없으며, 포도당 단위체들의 어떤 수산기는 이와 평행으로 놓여 있는 다른 셀룰로오스 분자의 수산기와 쉽게 수소결합을 형성할 수 있다. 식물의 세포벽은 평행한 셀룰로오스 분자들이 이런 식으로 결합하여 미세원섬유(microfibril)라고 하는 다발을 이룬다(그림 5.6c). 이런 케이블과 같은 미세원섬유는 식물에게는 견고한 구조물질이며, 인간에게도 중요한 물질이다. 왜냐하면 셀룰로오스는 종이의 주 성분이고 면의 유일한 성분이기 때문이다.

α 결합을 가수분해하여 녹말을 분해하는 효소는 셀룰로오스의 β 결합을 가수분해할 수 없는데, 이는 두 분자의 형태가 확연히 다르기 때문이다. 사실, 셀룰로오스를 소화할 수 있는 효소를 갖고 있는 생명체는 극히 적다. 사람을 포함한 거의 모든 동물은 이 효소를 갖고 있지 않아, 음식물에 들어 있는 셀룰로오스는 소화관을 지나 변으로 빠져나온다. 그러는 동안, 셀룰로오스는 소화관 벽을 건드려서 점액을 분비하게 자극하면, 점액은 음식물이 소화관을 부드럽게 통과할 수 있도록 돕는다. 그래서 셀룰로오스는 사람에게 영양분은 아니지만 건강식의 중요한 부분이다. 대부분의 과일, 야채, 곡물에는 셀룰로오스가 풍부하다. 식료품 포장에 적혀 있는 "불용성 섬유질"은 주로 셀룰로오스를 의미한다.

어떤 미생물은 셀룰로오스를 포도당 단위체로 분해시킬 수 있다. 소는 위에 셀룰로오스를 분해하는 원핵생물과 원생생물을 갖고 있다. 이들은 건초와 목초의 셀룰로오스를 가수분해하여,

(a) **α와 β 포도당 고리구조.** 상호 전환이 가능한 두 포도당의 형태는 1번 탄소에 붙는, 파란색으로 강조된 수산기 위치가 서로 다르다.

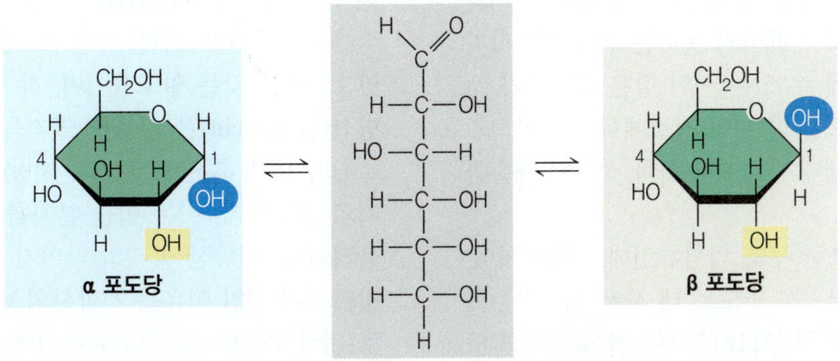

α 포도당 ⇌ ⇌ β 포도당

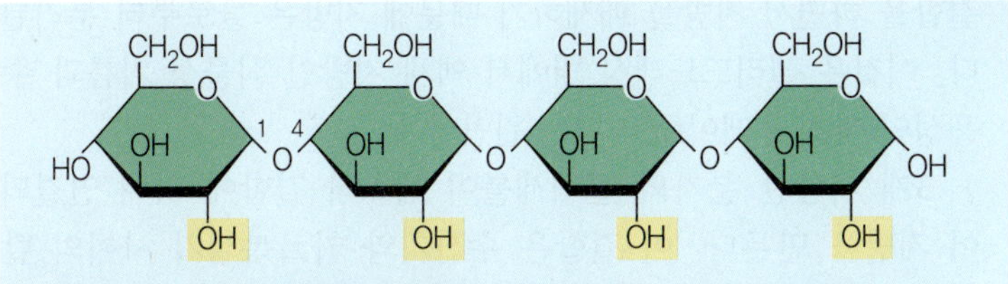

(b) **녹말: α 포도당 단위체의 1–4 결합.** 모든 단위체가 동일한 방향으로 놓여 있다. 노란색으로 강조된 수산기의 위치를 셀룰로오스(c)의 수산기와 비교해 보라(c).

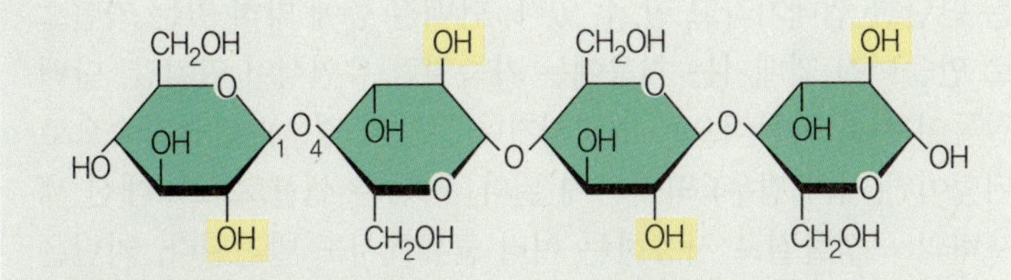

(c) **셀룰로오스: β 포도당 단위체의 1–4 결합.** 셀룰로오스의 경우, 모든 β 포도당 단위체는 이웃한 단위체에 대해 거꾸로 뒤집혀 있다(노란색으로 강조된 수산기를 보라).

▲ **그림 5.7 녹말과 셀룰로오스의 구조**

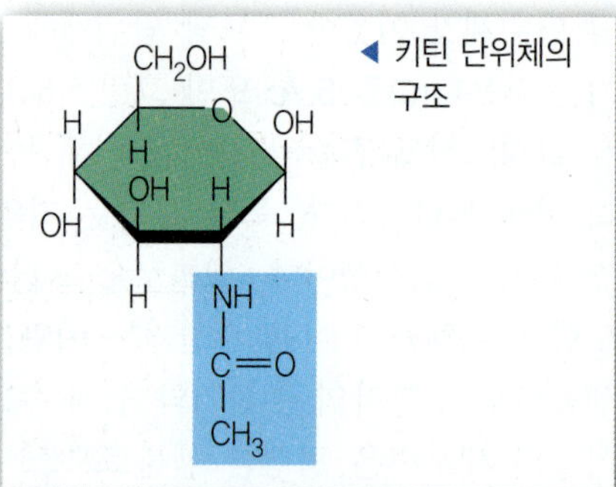

◀ 키틴 단위체의 구조

◀ 단백질에 묻혀 있는 키틴은 절지동물의 외골격을 형성한다. 매미가 탈피를 하고 있으며, 낡은 외골격 허물을 벗고 성체 형태로 나타나고 있다.

▶ 키틴은 상처 혹은 수술 자리가 치유된 후에 분해되는 강하고 유연한 수술용 실을 만드는 데 사용된다.

▲ **그림 5.8 구조 다당류인 키틴**

포도당을 소에게 영양분이 되는 다른 성분으로 전환시킨다. 이와 유사하게, 셀룰로오스를 스스로 분해하지 못하는 흰개미의 창자에는 목재로부터 음식물을 만들 수 있는 이와 같은 생물체가 서식하고 있다. 어떤 곰팡이는 토양 및 여러 장소에서 셀룰로오스를 분해시킬 수 있어서, 지구 생태계 내에서 화학 성분의 재순환을 돕는다.

키틴(chitin)은 또 다른 중요한 구조 다당류인데, 곤충, 거미, 갑각류와 같은 절지동물이 외골격을 만드는 데 사용하는 탄수화물이다(그림 5.8). 외골격은 동물의 부드러운 부위를 둘러싸고 있는 단단한 껍데기라고 할 수 있다. 단백질 층에 박혀 있는 키틴으로 만들어진 껍데기는 처음에는 가죽처럼 유연성이 있지만, 단백질들이 서로 화학적으로 연결되거나(곤충의 경우), 탄산칼슘으로 뒤덮이면(게의 경우) 딱딱하게 된다. 키틴은 셀룰로오스 대신 세포벽의 구성물질로 사용하는 여러 균류에서도 발견된다. 키틴은 β결합을 갖는 점에서 셀룰로오스와 유사하지만, 키틴의 포도당 단위체에는 질소를 포함하는 잔기가 붙어 있는 점이 다르다(그림 5.8의 상단 오른쪽).

개념 확인 문제 5.2

1. 탄소 3개를 갖고 있는 단당류의 분자식을 써라.
2. 탈수반응은 2개의 포도당 분자를 연결해서 엿당을 만든다. 포도당의 분자식은 $C_6H_{12}O_6$이다. 엿당의 분자식은 어떻게 되는가?
3. **WHAT IF?** 세균에 감염된 소를 치료하기 위해 항생제를 준 후에 동물 의사는 다양한 원핵생물을 포함한 "장 배양"용액을 소에게 먹인다. 이는 왜 필요할까?

정답은 부록 A 참조

개념 5.3

지질은 소수성 분자의 다양한 그룹이다

지질은 진정한 중합체를 포함하지 않는 큰 생체분자의 한 종류이며, 일반적으로 거대분자라고 여길 만큼 크지 않다. **지질(lipid)**이라고 부르는 화합물은 하나의 중요한 특성을 공통적으로 갖고 있기 때문에 함께 그룹을 이룬다. 즉, 이들은 적어도 물과 잘 섞이지 않는다. 이러한 지질의 소수성은 분자 구조로부터 기인된다. 지질은 산소와 결합하는 일부 극성결합을 갖고 있지만, 대부분은 탄화수소로 구성되어 있다. 지질은 형태와 기능 모든 면에서 매우 다양한 그룹이다. 지질에는 왁스나 어떤 색소도 포함되지만, 여기서는 지질 중 생물학적으로 가장 중요한 종류인 지방, 인지질, 스테로이드에 초점을 맞출 것이다.

지방

지방은 중합체는 아니지만 탈수반응에 의해 작은 분자들이 조립된 큰 분자이다. **지방(fat)**은 글리세롤과 지방산이라는 두 종류의 작은 분자로부터 만들어진다(그림 5.9a). 글리세롤(glycerol)은 탄소 3개를 갖는 알코올이며, 각 탄소는 수산기를 갖고 있다. **지방산(fatty acid)**은 긴 탄소골격을 갖고 있는데, 길이는 보통 탄소원자 16개 혹은 18개이다. 지방산 한 쪽 끝의 탄소는 카르복실기의 일부인데, 이는 이들 분자를 지방산이라고 부르게 하는 작용기이다. 지방산 골격의 나머지 부분은 탄화수소 사슬이다. 지방이 소수성인 이유는 지방산의 탄화수소 사슬에 있는 상대적으로 비극성인 C–H 결합 때문이다. 물분자는 다른 물분자와 수소결합을 하면서 지방을 배제하기 때문에 지방은 물로부터 분리된다. 이것은 샐러드드레싱 병에서 액체 지방인 식물성 기름과 수용성인 식초 용액이 분리되는 원인이다.

3개 지방산 분자와 글리세롤이 에스터 결합에 의해 연결되어 지방을 만든다. 이 결합은 수산기와 카르복실기 사이의 탈수반응에 의해 형성된다. 이렇게 만들어진 지방은 **트리아실글리세롤(triacylglycerol)**이라고 불리는데 글리세롤 한 분자에 3개의 지방산이 결합되어 있다. [이 지방은 또한 **트리글리세리드**(triglyceride)라고도 하는데, 이 단어는 포장 음식물의 성분 목록

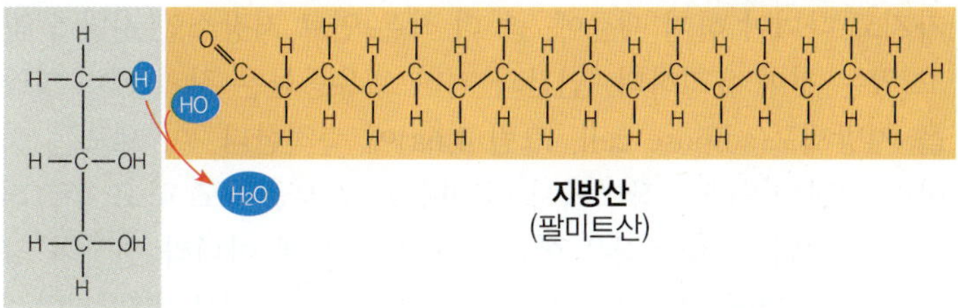

(a) 지방 합성에서의 탈수반응

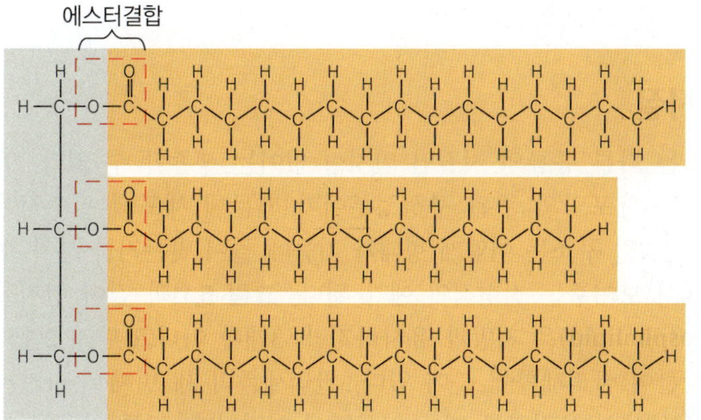

(b) 지방분자(트리아실글리세롤)

▲ **그림 5.9 지방 혹은 트리아실글리세롤의 합성과 구조.** 지방의 분자적 구성요소는 한 분자의 글리세롤과 세 분자의 지방산이다. **(a)** 하나의 지방산이 글리세롤과 결합할 때마다 물 한 분자가 빠져나간다. **(b)** 3개의 지방산 단위를 갖고 있으며 그중 2개는 동일한 지방산을 갖는 지방분자. 지방산의 탄소가 지그재그로 배열되어 있어, 각 탄소에서 뻗어 나온 4개의 단일결합의 실제 방향을 암시해 준다(그림 4.3a).

에서 종종 볼 수 있다.] 한 지방의 지방산이 모두 같을 수도 있지만, 2~3개의 지방산이 다른 종류일 수도 있다**(그림 5.9b)**.

포화지방(saturated fat)과 불포화지방이라는 용어는 영양과 관련해서 일반적으로 사용된다**(그림 5.10)**. 이 용어는 지방산의 탄화수소 사슬의 구조를 나타내고 있다. 만일 사슬을 이루는 탄소원자 간에 이중결합이 없으면 수소원자는 탄소골격에 가능한 한 많이 붙게 된다. 이런 구조를 수소로 포화되었다고 하며, 그런 지방산을 **포화지방산(saturated fatty acid)**이라 부른다**(그림 5.10a)**. **불포화지방산(unsaturated fatty acid)**은 한 개 또는 여러 개의 이중결합을 가지고 있어서 이중결합을 하는 탄소 하나당 한 개의 수소원자를 적게 가진다. 천연 지방산의 거의 모든 이중결합은 *cis* 이중결합인데, 이는 탄화수소 사슬 어디에 생기더라도 꺾임 구조를 만든다**(그림 5.10b)**. (그림 4.7b에서 *cis*와 *trans* 이중결합 구조를 복습하시오.)

포화지방산으로 만들어진 지방을 포화지방이라고 한다. 대부분의 동물성 지방은 포화지방인데, 지방분자의 '꼬리'인 지방산의 탄화수소 사슬에 이중결합이 없으며, 이들의 유연성은 지방분자가 촘촘히 배열하게 해준다. 라드나 버터와 같은 동물성 포화지방은 실온에서 고체이다. 반면에 식물과 생선 지방은 보통 불포화되어 있는데 이는 하나 또는 그 이상의 불포화지방산으로 구성되어 있음을 의미한다. 일반적으로 실온에서 액체인 식물과 생선의 지방은 기름(oil)이라고 부르며, 올리브기름이나 대구 간 기름이 그 예이다. *cis* 이중결합이 있는 부위에서 탄소 사슬의 꺾임은 실온에서 고체화가 될 정도로 분자들이 촘촘하게 배열되는 것을

▼ **그림 5.10 포화 및 불포화 지방과 지방산**

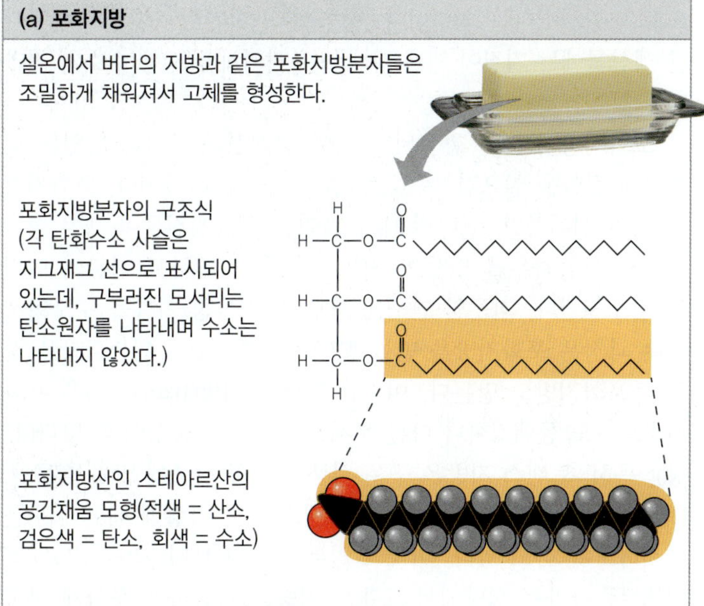

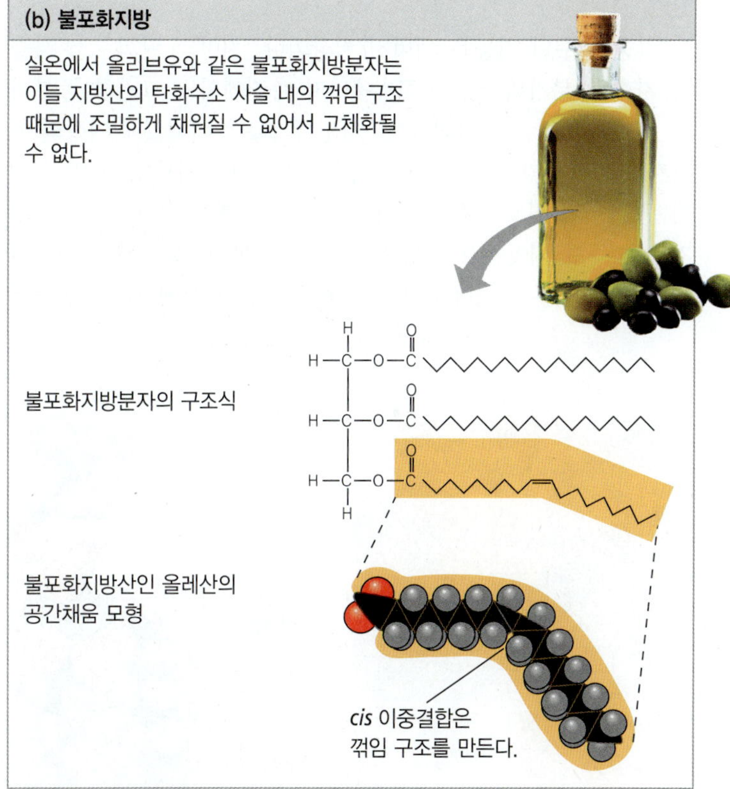

막아준다. 식품 조성표에 쓰여 있는 "수소화된 식물성 기름"이라는 문구는 불포화지방에 수소를 첨가하여 인위적으로 포화지방으로 변환시켰다는 의미이다. 땅콩버터, 마가린 그리고 많은 다른 생산물에는 지질이 액체 상태로 분리되지 않도록 수소가 첨가되어 있다.

포화지방이 많이 함유된 식단은 동맥경화로 알려져 있는 심혈관계 질환을 일으킬 수 있는 여러 요인 중 하나이다. 포화지방을 많이 섭취하면, 혈관벽 내에 플라크라는 침전물이 생겨 혈관 안쪽으로 돌출부를 만들고 이는 혈류를 방해하고 혈관의 탄력을 감소시킨다. 최근의 연구에 따르면, 식물성 기름을 수소화시키는 과정은 포화지방을 만들 뿐만 아니라 *trans* 이중결합을 갖는 불포화지방도 만든다. 이러한 **트랜스 지방(trans fat)**은 포화지방보다도 동맥경화나 다른 문제를 일으킬 가능성이 더 많다(43장). 특히, 트랜스 지방은 구운 식품과 가공 식품에 많기 때문에, USDA는 식품의 영양성분표에 트랜스 지방 함량에 대한 정보를 표시하도록 하고 있다. 미국의 일부 도시와 덴마크와 스위스 적어도 두 나라는 식당에서 트랜스 지방을 사용하지 못하게 하고 있다.

지방의 주된 기능은 에너지 저장이다. 지방의 탄화수소 사슬은 가솔린 분자와 유사하고, 에너지 측면에서도 그만큼 풍부하다. 1 g의 지방은 녹말과 같은 다당류 1 g에 비해 2배 이상의 에너지를 저장한다. 식물은 상대적으로 비이동성이므로, 녹말 형태의 큰 에너지 저장소를 갖고서도 기능을 수행할 수 있다. (식물성 기름은 주로 씨앗에서 얻는데, 씨앗은 식물이 보다 작은 저장고를 필요로 하는 곳이다.) 하지만 동물은 스스로 에너지 저장소를 가지고 다녀야 하기 때문에, 좀 더 작은 연료 저장소인 지방을 갖고 있는 것이 유리하다. 인간과 기타 포유동물은 장기 예비 영양을 지방세포(adipose cell, 그림 4.6a)에 축적한다. 이 세포는 지방이 저장되거나 저장소에서 빠져나갈 때 부풀기도 하고 쭈그러들기도 한다. 지방조직은 에너지를 저장할 뿐 아니라 신장과 같은 생명 유지에 필수적인 기관을 보호해 주고, 피부 밑의 지방층은 몸을 단열시키는 역할을 한다. 특히 고래, 바다표범 그리고 많은 해양 포유동물의 피하층은 두꺼운데, 이는 차가운 바닷물로부터 이들을 보호하는 역할을 한다.

인지질

세포는 다른 종류의 지질인 인지질 없이는 생존할 수 없다. 인지질은 세포막의 주된 구성성분이기 때문에 세포에 필수적이다. 인지질 구조는 어떻게 형태가 기능에 들어 맞는지를 분자 수준에서 보여주는 전형적인 예가 된다. **그림 5.11**과 같이 **인지질(phospholipid)**은 지방과 유사하지만, 3개가 아니고 단지 2개의 지방산이 글리세롤에 붙어 있다. 글리세롤의 세 번째 수산기는 세포 내에서 음전하를 띠는 인산기에 연결된다. 보통 전하를 띠거나 극성인 작은 분자들이 인산기에 추가로 연결된다. 콜린은 그런 분자 중 하나이며(그림 5.11), 그 외에도 다른 많은 분자들이 있어 서로 다른 다양한 인지질의 형성을 가능하게 한다.

인지질의 양 끝은 물에 대해 서로 달리 작용한다. 인지질의 탄화수소 꼬리는 소수성이며 물로부터 배제된다. 하지만 인산기와 인산기에 붙어 있는 분자들은 물에 대해 친화력을 갖게 하여 친수성 머리를 만든다. 인지질을 물에 넣으면 물로부터 소수성 부

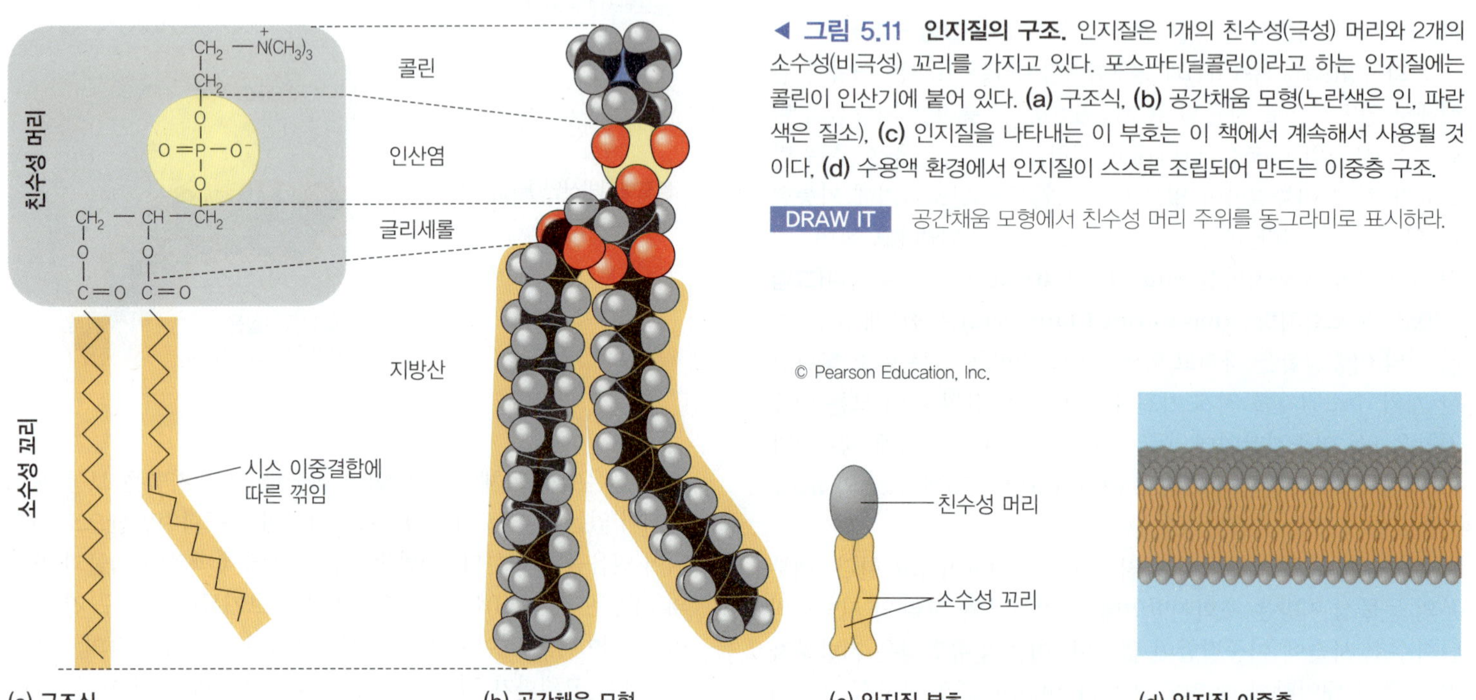

◀ **그림 5.11 인지질의 구조.** 인지질은 1개의 친수성(극성) 머리와 2개의 소수성(비극성) 꼬리를 가지고 있다. 포스파티딜콜린이라고 하는 인지질에는 콜린이 인산기에 붙어 있다. **(a)** 구조식, **(b)** 공간채움 모형(노란색은 인, 파란색은 질소), **(c)** 인지질을 나타내는 이 부호는 이 책에서 계속해서 사용될 것이다. **(d)** 수용액 환경에서 인지질이 스스로 조립되어 만드는 이중층 구조.

DRAW IT 공간채움 모형에서 친수성 머리 주위를 동그라미로 표시하라.

분을 감싸면서 스스로 조립되어 두 층으로 된 구조, 즉 "이중층(bilayer)"이 된다(그림 5.11d).

세포의 표면에서 인지질은 유사한 이중층 배열을 하고 있다. 분자의 친수성 머리는 이중층의 바깥쪽에 위치하며, 세포 안쪽과 바깥쪽의 수용액에 접하게 된다. 소수성 꼬리는 이중층 안쪽으로 향해 있고 물로부터 떨어져 있다. 인지질 이중층은 세포와 외부 환경 사이에 경계를 형성하는데, 실제로 세포의 존재 여부는 인지질의 특성에 의존한다.

스테로이드

스테로이드(steroid)는 4개의 연결된 고리로 구성된 탄소골격이 특징인 지질이다. 다른 스테로이드들은 이러한 고리 구조에 부착된 특정 작용기에 의해 구분된다. 스테로이드의 한 형태인 **콜레스테롤(cholesterol)**은 동물에게 매우 중요한 분자이다(**그림 5.12**). 콜레스테롤은 동물세포막의 흔한 구성성분이며, 척추동물의 성호르몬과 같은 또 다른 스테로이드를 합성하는 전구체의 역할을 한다. 척추동물은 간에서 콜레스테롤을 합성하며, 음식물로부터도 얻는다. 혈중 콜레스테롤 농도가 높으면 동맥경화가 일어날 수 있다. 실제로 포화지방과 트랜스 지방 모두 콜레스테롤 수준에 영향을 미침으로써 건강에 악영향을 미칠 수 있다.

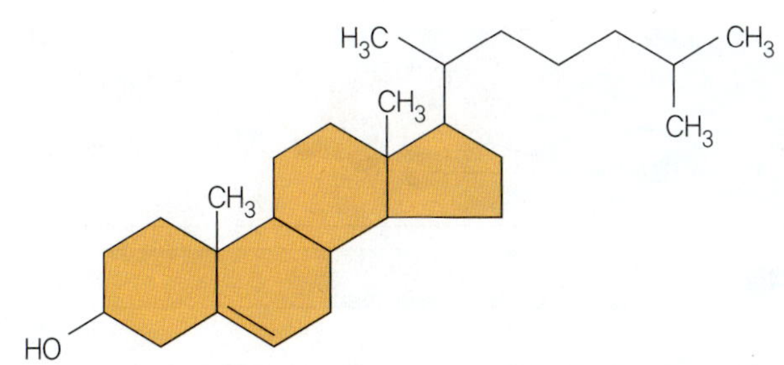

▲ **그림 5.12 스테로이드의 하나인 콜레스테롤.** 콜레스테롤 분자로부터 성호르몬을 포함한 다른 스테로이드가 합성된다. 스테로이드들은 4개의 서로 연결된 고리(금색)에 붙어 있는 화학기가 다양하다.

MAKE CONNECTIONS 개념 4.3에 나오는 성호르몬과 콜레스테롤을 비교하라. 콜레스테롤이 에스트라디올과 공통적으로 갖는 화학기에 동그라미로 표시하라; 또한 테스토스테론과 공통적으로 갖는 화학기는 네모로 표시하라.

개념 확인 문제 5.3

1. 지방(트리글리세리드)과 인지질의 구조를 비교하라.
2. 사람의 성호르몬을 왜 지질로 여길 수 있는가?
3. **WHAT IF?** 식물종자의 세포와 일부 동물세포에서 그러하듯, 막이 기름방울을 둘러싸고 있다고 가정하자. 막은 어떤 형태일지 기술하고, 왜 그런지 설명하라.

정답은 부록 A 참조

개념 5.4

단백질은 광범위한 기능을 수행하는 다양한 구조로 되어 있다

거의 모든 생명체의 역동적인 기능은 단백질에 의존한다. 실제로 단백질의 중요성은 "첫 번째" 또는 "1차적인"이라는 의미의 그리스어 *proteios*로부터 유래된 이름으로 인해 강조된다. 단백질은 대부분의 세포에서 건조 질량의 50% 이상을 차지하며, 생물체가 하는 거의 모든 일에 도움을 준다. 어떤 단백질은 화학반응의 속도를 높이는 반면, 다른 단백질은 방어, 저장, 수송, 세포 간 정보교환, 운동 또는 구조적 지지에 역할을 한다. **그림 5.13**은 이러한 기능을 갖는 단백질의 예를 볼 수 있으며, 뒤의 장에서 더 배울 수 있을 것이다.

대부분이 단백질인 효소(enzyme) 없이는 생명은 불가능하다. 효소 단백질은 반응에 의해 소모되지 않으면서 선택적으로 화학반응의 속도를 높이는 화학물질인 **촉매(catalyst)**로 작용하여 물질대사를 조절한다. 효소는 계속 반복해서 기능을 수행할 수 있기 때문에, 이 분자들은 생명 과정을 수행함으로써 세포의 활동을 유지시키는, 마치 일하는 말과 같다고 생각할 수 있다.

인간은 무수히 많은 종류의 단백질을 가지고 있으며, 이들은 각기 특이한 구조와 기능을 갖고 있다. 사실, 단백질은 알려져 있는 분자 중 가장 구조적으로 정교하다. 단백질의 다양한 기능에 걸맞게 단백질의 구조는 광범위하게 달라서 각 단백질은 고유한 3차원적 형태를 갖는다.

단백질은 다양하지만, 모든 단백질은 20개 아미노산의 동일한 세트로부터 만들어지는, 가지없이 연결된 중합체이다. 아미노산 사이의 결합이 펩타이드 결합이라고 불리기 때문에, 아미노산의 중합체를 **폴리펩타이드(polypeptide)**라고 부른다. **단백질(protein)**은 각기 접히거나 꼬여 특이한 3차원적 구조를 만드는 하나 또는 그 이상의 폴리펩타이드로 이루어진 생물학적 기능을 갖는 분자이다.

아미노산 단위체

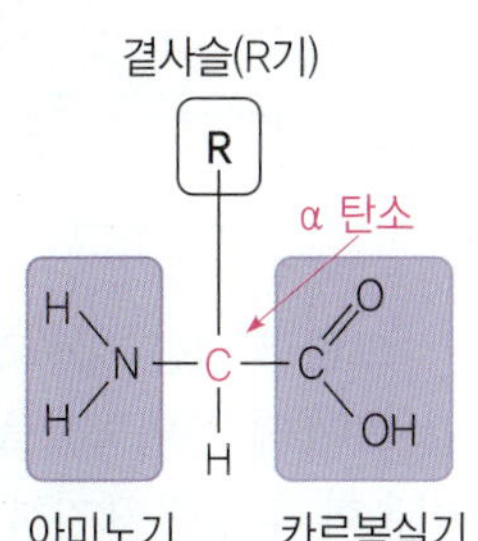

모든 아미노산은 공통된 구조를 갖고 있다. **아미노산(amino acid)**은 카르복실기와 아미노기를 모두 가지고 있는 유기분자이다(그림 4.9). 옆의 그림은 아미노산의 일반적인 구조를 보여준다. 아미노산 중심에는 알파(α)탄소라고 부르는 비대칭 탄소가 있다. α 탄소에 결합된 4개의 서로 다른 짝으로 아미노기, 카르복실기, 수소원자, 그리고 R로 표시된 다양한 화학기가 있다. 곁사슬이라고 부르기도 하는 R기는 각 아미노산마다 다르다.

▼ 그림 5.13 단백질 기능의 개요

효소 단백질

기능: 화학반응의 선택적 가속화
예시: 소화효소는 음식물 분자에 있는 결합의 가수분해를 촉매한다.

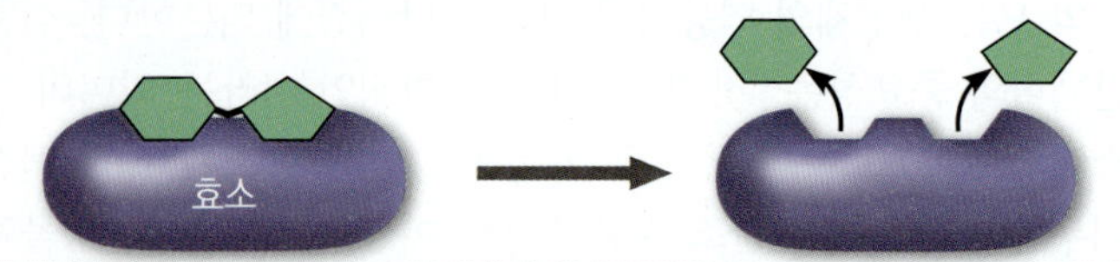

방어 단백질

기능: 질병에 대한 보호
예시: 항체는 세균이나 바이러스를 불활성화시키고 처치하는 데 도움을 준다.

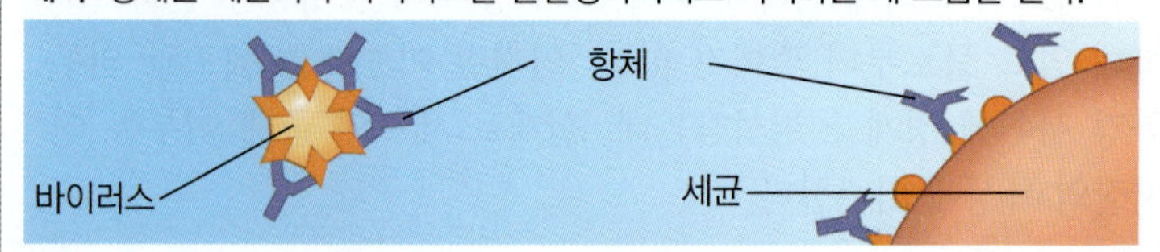

저장 단백질

기능: 아미노산의 저장
예시: 우유 단백질인 카제인은 포유동물 새끼에게 주된 아미노산 공급원이다. 식물은 씨앗에 저장 단백질을 갖고 있다. 오브알부민은 달걀 흰자의 단백질인데, 발달 과정 중에 있는 배에게 아미노산 공급원으로 사용된다.

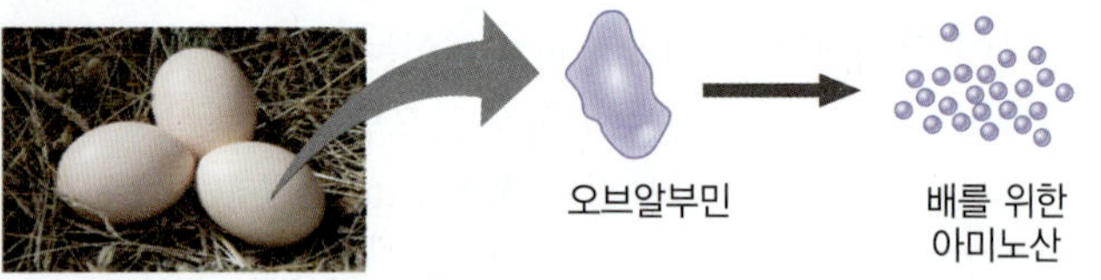

수송 단백질

기능: 물질의 수송
예시: 척추동물 혈액에서 철을 함유하고 있는 단백질인 헤모글로빈은 산소를 폐로부터 몸의 다른 부분으로 운반한다. 또 다른 단백질은 세포막을 가로질러 물질분자를 수송한다.

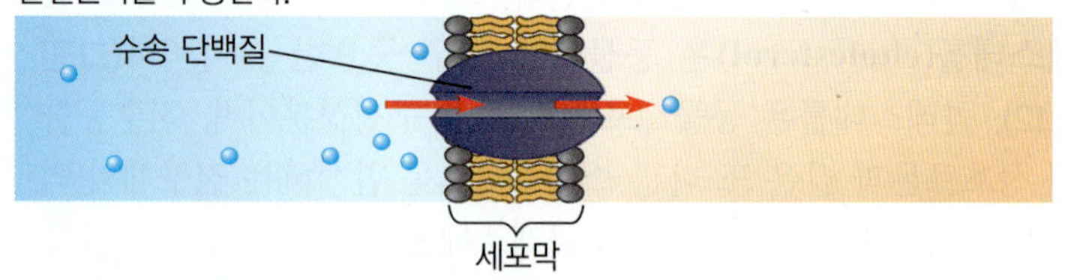

호르몬 단백질

기능: 생물체의 활성 조절
예시: 이자에서 분비되는 호르몬인 인슐린은 다른 조직이 포도당을 흡수하게 하여 혈당 농도를 조절하게 된다.

수용체 단백질

기능: 화학 자극에 대한 세포의 반응
예시: 다른 신경세포가 분비한 신호분자를 감지하는 신경세포 막의 수용체

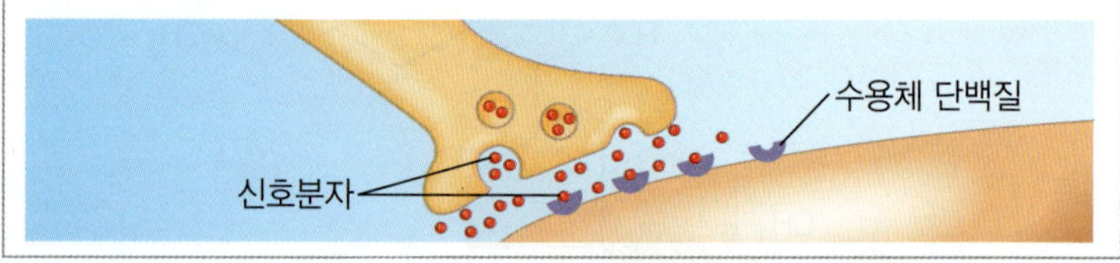

수축 및 운동 단백질

기능: 운동
예시: 운동 단백질은 섬모나 편모의 파동운동에 관여한다. 액틴과 마이오신 단백질은 근육수축운동에 관여한다.

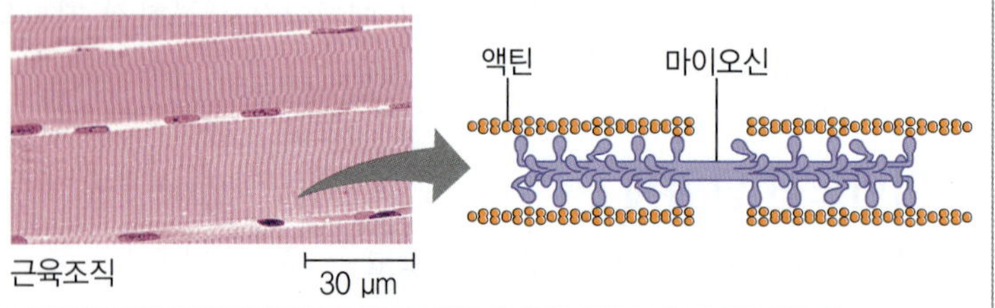

구조 단백질

기능: 지지
예시: 케라틴은 머리카락, 뿔, 깃털, 그 밖의 피부 부속물의 단백질이다. 곤충과 거미는 각각 고치와 거미줄을 만드는 데에 비단섬유를 사용한다. 콜라젠과 엘라스틴 단백질은 동물의 결합조직에서 섬유상 구조를 제공해 준다.

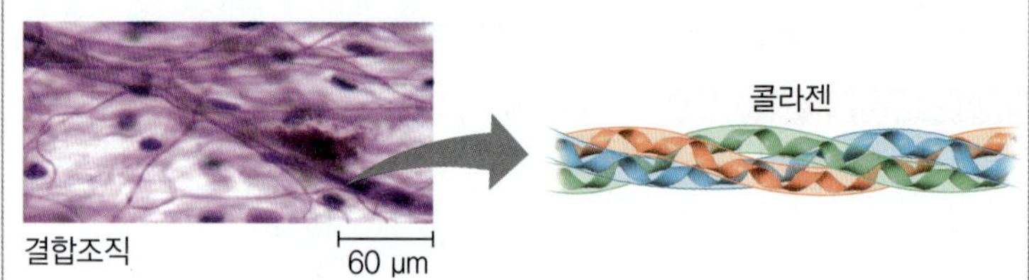

그림 5.14는 세포가 자신의 수많은 단백질을 만들 때 사용하는 20개의 아미노산을 보여준다. 아미노기와 카르복실기는 모두 이온화 형태로 표기하였으며, 이것이 세포내 pH 조건에서 일반적으로 존재하는 형태이다.

곁사슬의 물리적, 화학적 성질은 특정 아미노산의 고유한 특성을 결정짓기 때문에, 폴리펩타이드에서 아미노산의 기능적 역할에 영향을 미친다. 그림 5.14에서 곁사슬의 성질에 따라 아미노산을 분류하였다. 한 그룹은 소수성인 비극성 곁사슬을 갖는 아미노산들이다. 다른 그룹은 친수성의 극성 곁사슬을 갖는 아미노산이다. 산성 아미노산은 세포내 pH 조건에서 보통 해리되어 이온화된 카르복실기가 존재하여 일반적으로 음전하를 띤 곁사슬을 갖는다. 염기성 아미노산의 곁사슬에는 일반적으로 양전하를 띤 아미노기가 있다. (모든 아미노산은 카르복실기와 아미노기를 갖고 있으므로, 여기에서 산성과 염기성이란 용어는 단지 곁사슬의 작용기를 말한다.) 이들이 전하를 띠고 있기 때문에, 산성 아미노산과 염기성 아미노산은 모두 친수성이다.

▼ 그림 5.14 단백질의 20개 아미노산. 그림에서 아미노산은 곁사슬(R기)의 성질에 따라 분류되었고 세포 내 pH인 pH 7.2에서 주로 존재하는 이온 형태의 아미노산을 나타내고 있다. 아미노산의 세 글자와 한 글자 약자는 괄호 안에 표시되어 있다. 단백질에 사용되는 모든 아미노산은 L형 거울상 이성질체이다(그림 4.7c).

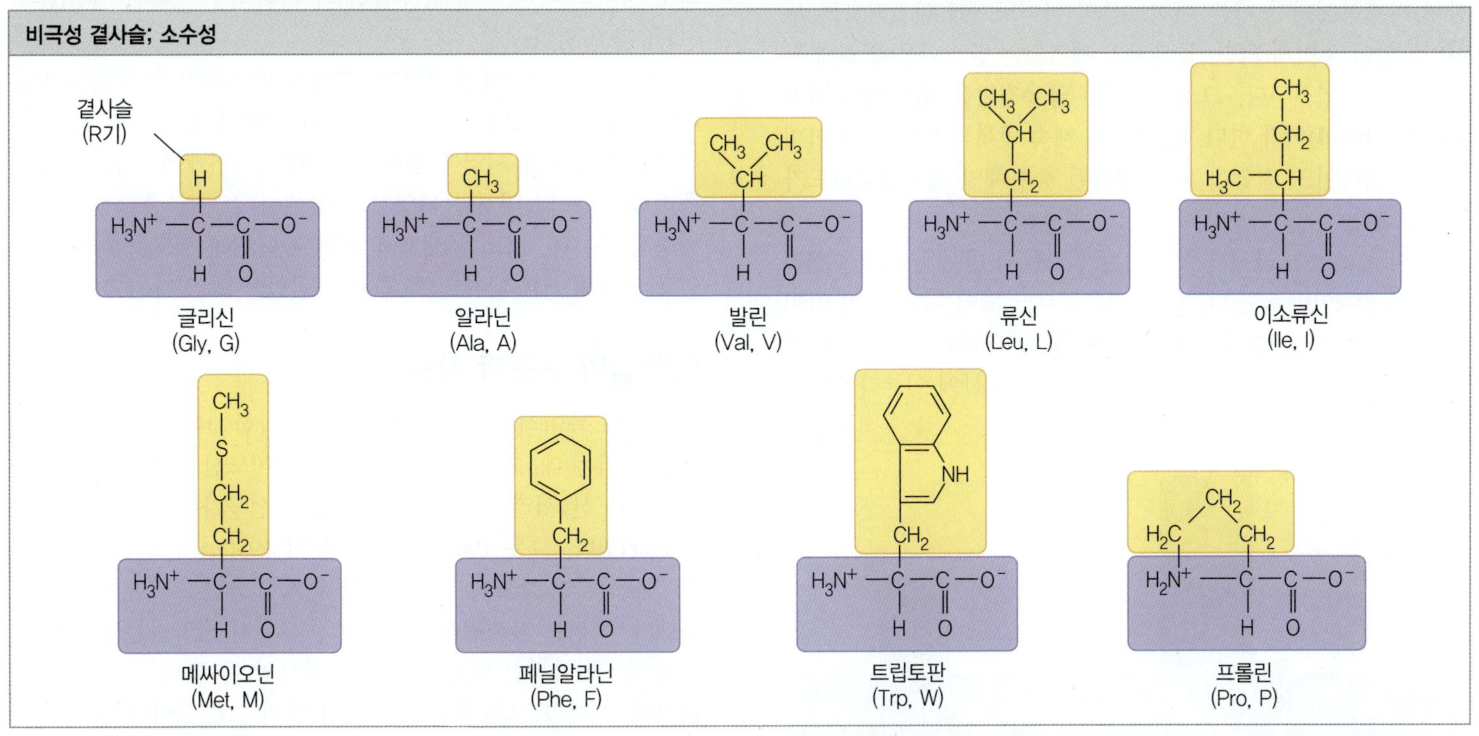

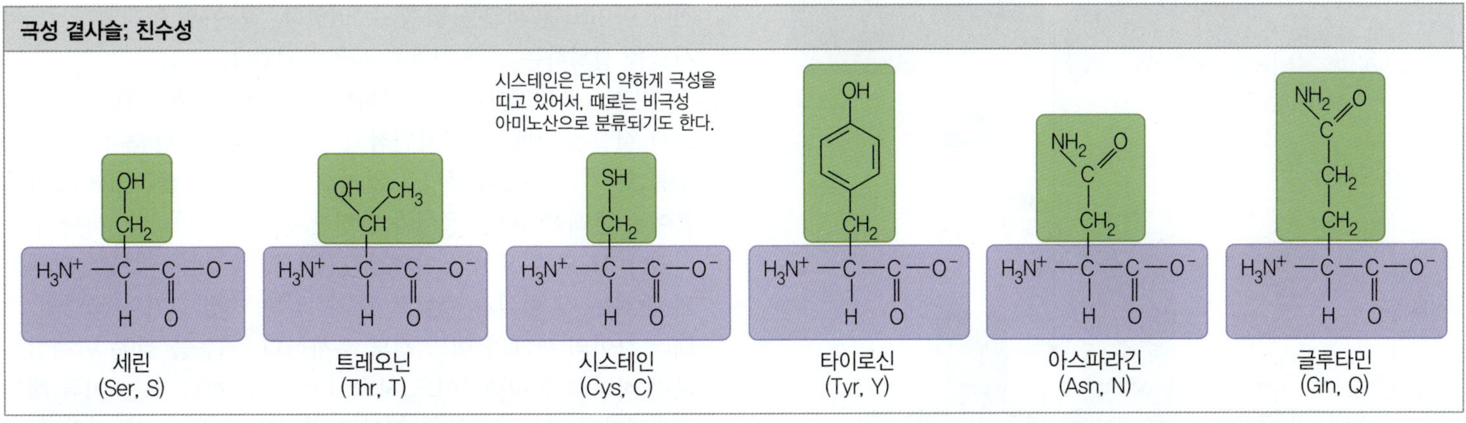

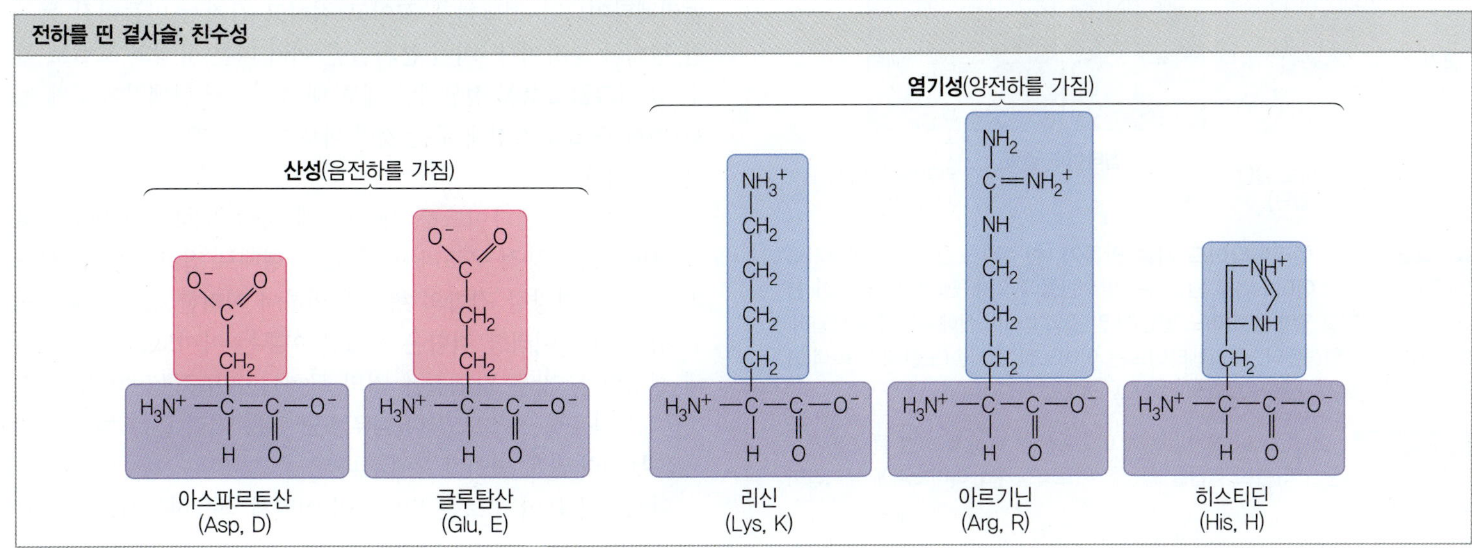

폴리펩타이드(아미노산 중합체)

앞에서 아미노산에 대해 알아보았고, 이제는 아미노산이 어떻게 연결되어 중합체를 만드는지 살펴보겠다(**그림 5.15**). 한 아미노산의 카르복실기가 다른 아미노산의 아미노기에 인접되도록 두 아미노산이 놓이게 되면, 물분자가 제거되는 탈수반응에 의해 두 아미노산이 연결된다. 그 결과 생긴 공유결합을 **펩타이드 결합(peptide bond)**이라 한다. 이 과정이 계속 반복되면서, 많은 아미노산이 펩타이드 결합에 의해 연결된 중합체인 폴리펩타이드가 만들어진다.

그림 5.15에 보라색으로 표시된 원자들의 반복된 서열을 **폴리펩타이드 골격**이라 부른다. 이 골격으로부터 뻗어 나온 것이 아미노산의 서로 다른 곁사슬(R기)이다. 폴리펩타이드는 몇 개 아미노산으로부터 수천 개 또는 그 이상의 아미노산에 이른다. 각 특정 폴리펩타이드는 아미노산의 독특한 선상 서열을 갖고 있다. 폴리펩타이드 사슬의 한 쪽 끝에는 자유 아미노기가, 반대쪽 끝에는 자유 카르복실기가 있다. 따라서 어떤 길이의 폴리펩타이드라도 하나의 아미노 말단(N-말단)과 하나의 카르복실 말단(C-말단)을 갖고 있다.

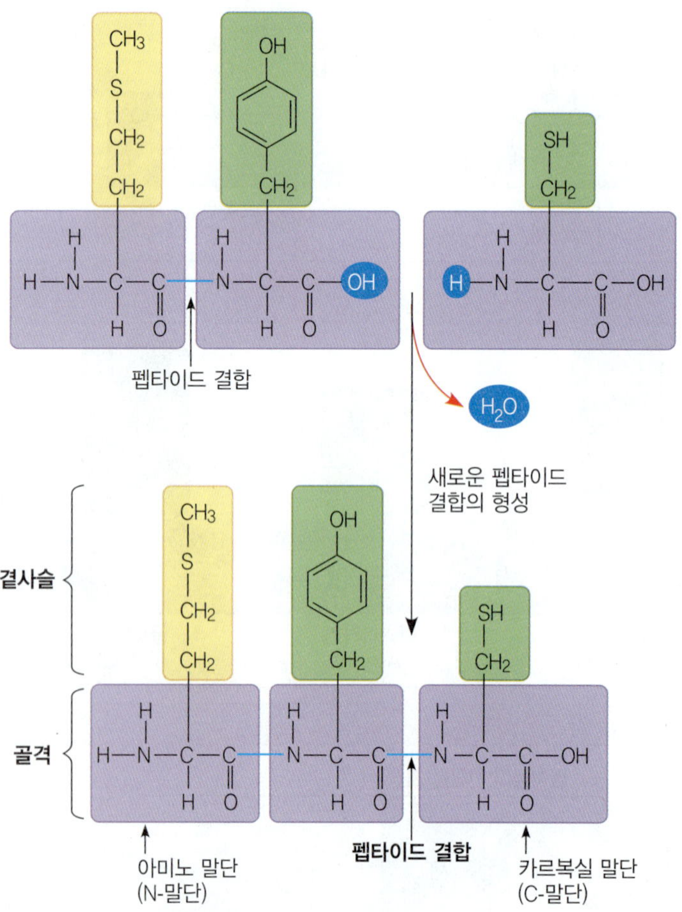

▲ **그림 5.15 폴리펩타이드 사슬 만들기.** 한 아미노산의 카르복실기와 다음 아미노산의 아미노기를 연결하는 탈수반응에 의해 펩타이드 결합이 형성된다. 펩타이드 결합은 아미노 말단(N-말단)의 아미노산에서부터 시작되어, 한번에 1개씩 형성된다. 폴리펩타이드는 아미노산 곁사슬(노란색과 녹색)이 붙어 있는 반복적인 골격(보라색)을 갖고 있다.

DRAW IT 그림 윗부분에 있는 3개 아미노산을 세 글자와 한 글자 약자로 표시하라. 새로운 펩타이드 결합을 형성한 카르복실기와 아미노기에 동그라미를 치고 표시하라.

어느 정도 크기의 폴리펩타이드에서 곁사슬의 수는 말단 작용기보다 훨씬 많으며 그러므로 분자의 화학적 성질은 전체적으로 곁사슬의 종류와 서열에 의해 결정된다. 자연계에서 볼 수 있는 폴리펩타이드의 엄청난 다양함은 앞에서 소개한 중요한 개념을 설명해 주는데, 그것은 세포가 제한된 단위체 세트를 다양한 서열로 연결해 서로 다른 많은 중합체를 만들 수 있다는 것이다.

단백질의 구조와 기능

단백질의 특이적 활성은 단백질의 복잡한 3차원적 구조에 의해 결정되는 데, 가장 단순한 단계는 아미노산 서열이다. 단백질의 아미노산 서열을 결정하는 데 있어 선구자는 생어(Frederick Sanger)였다. 그는 1940년대 후반부터 1950년대 초반까지 영국의 캠브리지 대학교에서 동료들과 함께 인슐린 호르몬에 대해 연구했다. 생어는 폴리펩타이드의 특정 부위를 절단하는 물질을 사용한 후, 화학적인 방법으로 작은 조각의 아미노산 서열을 결정하였다. 생어와 그의 동료들은 수년 간의 노력 끝에 인슐린의 완전한 아미노산 서열을 밝힐 수 있었다. 그 이후 폴리펩타이드의 서열을 결정하는 모든 단계는 자동화되었다.

우리는 폴리펩타이드의 아미노산 서열에 대해 배웠는데, 아미노산 서열은 단백질의 3차원적 구조(일반적으로 단순히 "구조"라 부름)와 기능에 대해 무엇을 알려줄 수 있는가? **폴리펩타이드**라는 용어는 단백질이라는 용어와 완전한 동의어가 아니다. 하나의 폴리펩타이드로 이루어진 단백질일지라도, 폴리펩타이드와 단백질의 관계는 긴 털실과 털실로 짤 수 있는 특정 크기와 모양의 스웨터 사이의 관계와 어느 정도 유사하다. 기능을 갖는 단백질은 단지 하나의 폴리펩타이드 사슬이 아니라, 하나 또는 여러 개의 폴리펩타이드가 정교하게 꼬이고 접히고 감겨서 만들어진 독특한 형태의 분자이다. 이런 분자들은 여러 다른 유형의 모델로 볼 수 있다(**그림 5.16**). 정상적인 세포 내 조건에서 단백질이 갖게 될 3차원적 구조를 결정해 주는 것이 바로 각 폴리펩타이드의 아미노산 서열이다.

세포가 폴리펩타이드를 합성할 때 사슬은 보통 자발적으로 그 단백질의 기능적 구조라 할 수 있는 형태로 접히게 된다. 사슬의 부분 간 다양한 결합의 형성에 의하여 이러한 접힘이 주도되고 강화된다. 이러한 결합은 사슬을 이루는 아미노산 서열에 의해 결정된다. 많은 단백질은 거의 구형이지만(**구형 단백질**), 어떤 것은 긴 섬유상 구조도 있다(**섬유상 단백질**). 이런 넓은 범주 내에서도 무수히 많은 변이가 존재한다.

단백질의 특이 구조는 단백질이 어떻게 작용하는지를 결정한

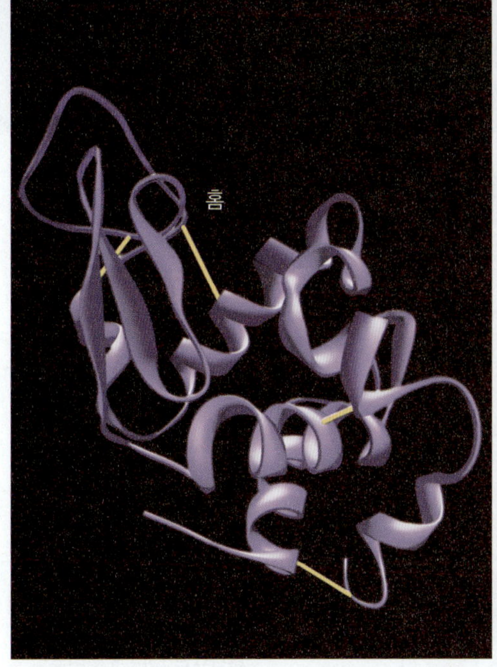

(a) **리본 모형**은 단일 폴리펩타이드 사슬이 어떻게 접히고 꼬여 기능적 단백질을 만드는지 보여준다. (노란색 선은 단백질 형태를 안정화시키는 이황화결합을 나타낸다.)

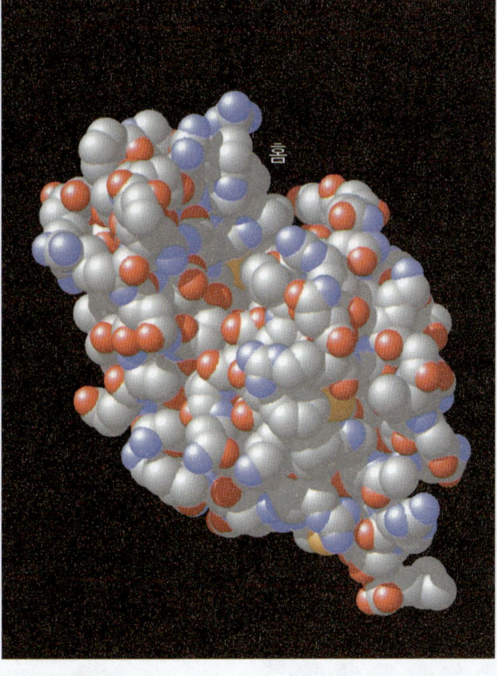

(b) **공간채움 모형**은 라이소자임에서 독특하게 나타나는 특별한 3차원적 구조뿐 아니라, 많은 단백질에서 볼 수 있는 구 형태를 보다 명확히 보여준다.

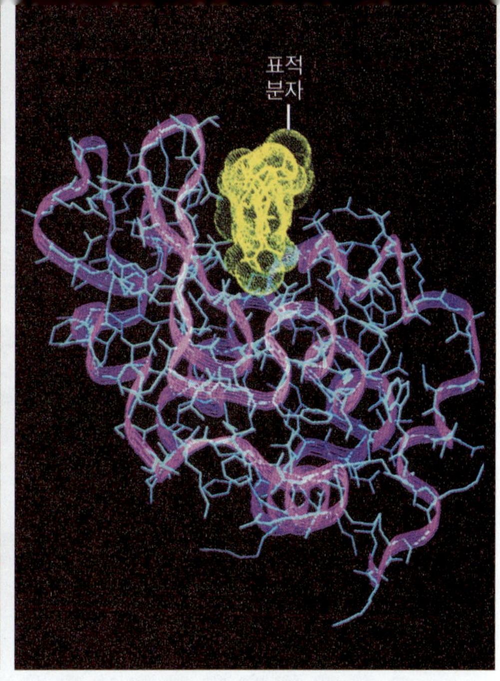

(c) 여기서는 리본 모형과 **전선틀 모형**을 포개놓았다. 전선틀 모형은 골격과 골격으로부터 뻗어 있는 곁사슬을 보여준다. 노란색 구조는 표적분자이다.

▲ **그림 5.16 효소 라이소자임의 단백질 구조.** 땀, 눈물, 침에 존재하는 라이소자임은 여러 종류의 세균 표면에 있는 특정 분자에 결합하고 파괴함으로써 감염을 막도록 도와주는 효소이다. 작은 홈은 세균 세포벽에 있는 표적분자를 인식하고 결합하는 부분이다.

다. 거의 모든 경우, 단백질의 기능은 단백질이 다른 분자를 인식하고 결합하는 능력에 따라 달라진다. 구조와 기능의 긴밀함과 관련된 아주 놀라운 한 가지 사례로서 **그림 5.17**은 항체(몸의 단백질)와, 항체가 결합하여 분해되도록 표시하는 독감 바이러스의 특별한 외래 물질 간의 형태가 정확히 들어맞는 것을 보여준다. 47장에서는 면역체계가 어떻게 특별한 외래물질의 형태에 맞출 수 있는 항체를 만드는지 더 배울 것이다. 2장에서 엔돌핀이라는 천연 신호분자가 인간 뇌세포 표면에 있는 특정 수용체 단백질과 결합하여 행복감을 느끼게 하고 통증을 완화시킨다는 것을 배웠다. 모르핀, 헤로인 그리고 다른 아편 약물들은 엔돌핀을 모방할 수 있는데, 이들은 모두 엔돌핀과 유사한 구조를 공통으로 갖고 있어, 뇌의 엔돌핀 수용체에 꼭 들어 맞기 때문이다. 이러한 적합성은 매우 특이적이어서 마치 자물쇠와 열쇠의 관계와 같다(그림 2.16). 예를 들면, 단백질 수용체가 특별한 통증 완화 신호분자에 결합할 수 있는 능력과 같은 단백질의 기능은 정교한 분자 수준으로부터의 창발적 특성이라 할 수 있다.

단백질 구조의 네 단계

단백질의 기능을 이해하기 위하여 단백질의 구조를 학습하는 것은 의미 있는 일이다. 단백질이 매우 다양함에도 불구하고, 모든 단백질은 1차, 2차 그리고 3차 구조라고 알려진 층층이 쌓여 올라가는 3 단계를 공유한다. 네 번째 단계인 4차 구조는 단백질이 2개 이상의 폴리펩타이드 사슬로 구성될 때 나타난다. **그림 5.18**은 단백질 구조의 네 단계를 설명하고 있다. 다음 설명으로 넘어가기 전에 이 그림을 완전히 학습하도록 한다.

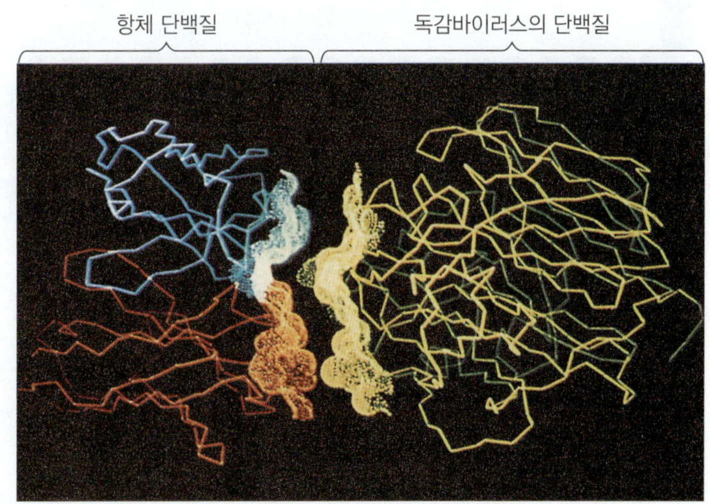

▲ **그림 5.17 독감바이러스의 단백질과 결합하는 항체.** 독감바이러스의 단백질(오른쪽의 녹색과 노란색)에 결합한 항체 단백질(왼쪽의 파란색과 오렌지색)의 컴퓨터 모형을 만드는 데 X선 결정학이라는 기법이 사용되었다. 컴퓨터 소프트웨어를 이용하여 서로의 이미지가 약간 떨어지도록 이동시키면 두 단백질 표면 사이의 정확한 형태적 상보성이 드러나게 된다.

▼ 그림 5.18

탐구 단백질 구조의 단계

1차 구조

아미노산의 선형사슬

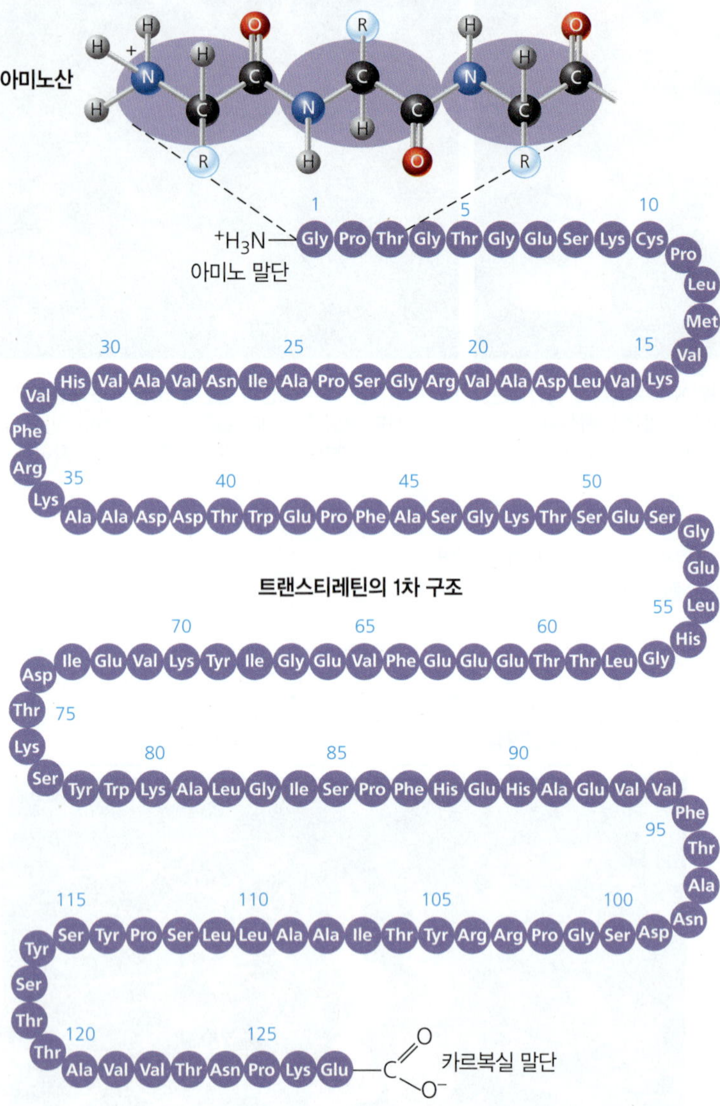

2차 구조

폴리펩타이드 골격의 원자 사이의 수소결합에 의해 안정화된 부위

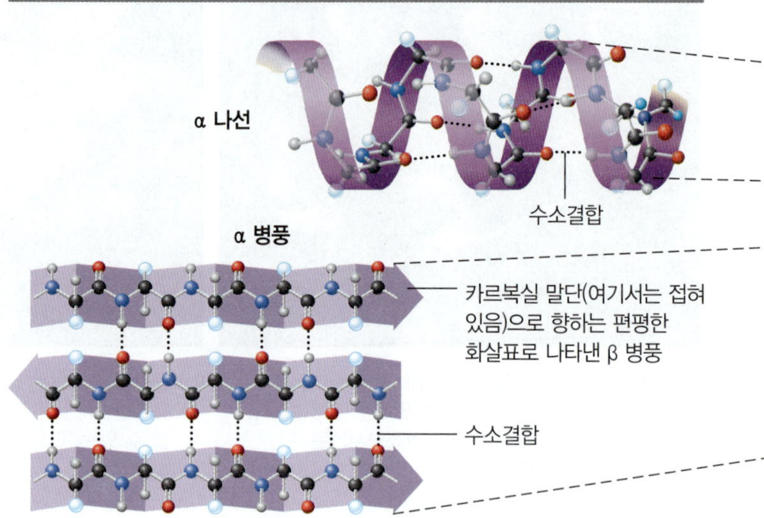

단백질의 **1차 구조(primary structure)**는 단백질의 아미노산 서열이다. 예를 들어, 비타민 A와 특정 갑상선호르몬의 하나를 몸 전체로 운반하는 혈중 구형 단백질인 트랜스티레틴(transthyretin)을 생각해 보자. 트랜스티레틴은 각기 127개 아미노산으로 된 동일한 폴리펩타이드 사슬 4개로 구성되어 있다. 1차 구조를 자세히 보기 위해 사슬들 중 풀려진 한 사슬을 여기에 보여주고 있다. 사슬을 따라 127개 자리 각각은 세 글자 약자로 표시된 20개의 아미노산 중 하나가 차지하고 있다.

1차 구조는 매우 긴 단어에 있는 글자의 순서와 같다. 확률로 본다면, 127개 아미노산의 폴리펩타이드 사슬을 만들 수 있는 서로 다른 방법은 20^{127}가지이다. 하지만 단백질의 정교한 1차 구조는 아미노산의 무작위적 연결로 결정되는 것이 아니라, 물려받는 유전적 정보에 의해 결정되는 것이다. 1차 구조는 사슬에 위치한 골격과 아미노산 곁사슬(R기)의 화학적 성질에 의하여 2차 구조와 3차 구조에 영향을 준다.

대부분의 단백질에는 반복적으로 꼬이거나 접히는 패턴의 폴리펩타이드 사슬 단편이 있어서 단백질의 전체 형태에 기여한다. **2차 구조(secondary structure)**라고 하는 이러한 꼬임과 접힘은 아미노산 곁사슬이 아니라 폴리펩타이드 골격에서 반복되는 구성요소 간의 수소결합의 결과이다. 골격 내에서 산소원자는 부분적인 음전하를 띠고 있고, 질소에 결합한 수소원자는 부분적인 양전하를 띠고 있다(그림 2.14); 그러므로 이 원자들 사이에 수소결합을 형성할 수 있다. 이러한 수소결합은 개별적으로는 약하지만, 폴리펩타이드 사슬의 상대적으로 긴 부위에 굉장히 많이 존재하기 때문에 단백질의 그 부위에 대한 특정 형태를 지지할 수 있다.

그러한 2차 구조 중 하나가 α **나선(α helix)구조**로서 위에서 보는 바와 같이 매 네 번째 아미노산 사이에 형성되는 수소결합에 의해 유지되는 정교한 나선이다. 비록 각각의 트랜스티레틴 폴리펩타이드는 단지 하나의 α 나선구조를 갖고 있지만(3차 구조 참조), 다른 구형 단백질은 비나선형 부위에 의해 분리되어 있는, 다수의 α 나선구조 부위를 갖고 있다(다음 쪽의 헤모글로빈). 머리카락의 구조 단백질인 α-케라틴과 같은 몇몇 섬유상 단백질은 그들 길이의 대부분이 α 나선구조로 되어 있다.

2차 구조의 또 다른 주된 형태는 β **병풍(β pleated sheet)구조**이다. 위에서 볼 수 있듯이, 나란히 놓여있는(β 가닥) 폴리펩타이드 사슬의 두 군데 이상의 부분이 폴리펩타이드 골격의 평행인 두 부분 사이에서 수소결합으로 연결되어 있다. β 병풍구조는 트랜스티레틴(3차 구조 참조)의 경우처럼 많은 구형 단백질의 핵심 부위를 구성하며, 거미줄의 실크 단백질을 비롯한 몇몇 섬유상 단백질에서 많이 나타난다. 아주 많은 수소결합에 의한 협동작업은 거미의 각 실크 섬유를 같은 무게의 강철 가닥보다 강하게 만든다.

▼ 거미는 β 병풍구조를 갖는 구조 단백질로 만들어진 실크 섬유사를 분비하는데, 거미줄이 늘어나게 하거나 다시 꼬이게 한다.

3차 구조

결사슬 간의 상호작용에 의해 안정화된 3차 구조의 형태

4차 구조

기능적 단백질을 형성하는 다수 폴리펩타이드의 관계

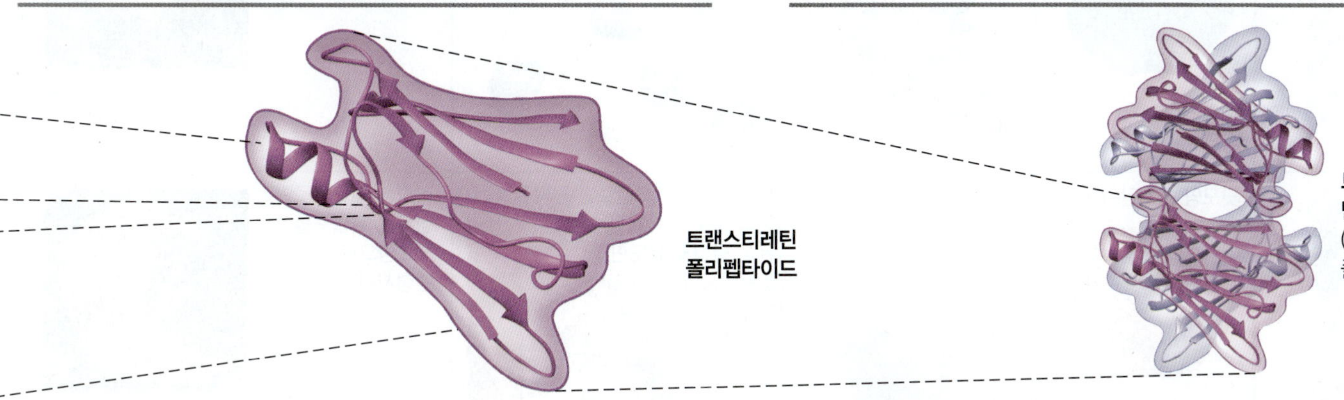

위의 트랜스티레틴 폴리펩타이드의 리본모형에서 볼 수 있듯이, 2차 구조의 패턴 위에 겹쳐 놓은 것이 단백질의 3차 구조이다. 2차 구조는 골격 구성성분 간의 상호작용을 포함하지만, **3차 구조(tertiary structure)**는 다양한 아미노산의 곁사슬, 즉 R기 간의 상호작용에 의한 폴리펩타이드의 총체적인 형태이다. 3차 구조에 기여하는 상호작용 중 한 유형은 다소 오도할 수 있는 용어이지만 **소수성 상호작용(hydrophobic interaction)**이다. 폴리펩타이드가 기능을 갖는 형태로 접힐 때, 소수성(비극성) 곁사슬을 갖고 있는 아미노산은 일반적으로 물과의 접촉을 피해 단백질의 중심부에 모여 덩어리를 이룬다. 따라서 "소수성 상호작용"은 실제로는 물분자가 비극성 물질에 의해 배제되기 때문에 발생한다. 비극성 아미노산의 곁사슬이 서로 인접하게 되면 반데르발스 상호작용이 그들간을 서로 떨어지지 않도록 붙들어 놓는다. 한편, 극성 곁사슬 간의 수소결합과, 양전하와 음전하를 띤 곁사슬 간의 이온결합도 3차 구조를 안정화시키는 데 도움을 준다. 이들은 용액 상태의 세포 환경에서 모두 약한 상호작용이지만, 이들의 누적 효과는 단백질이 독특한 형태를 갖도록 해준다.

단백질의 형태는 **이황화결합(disulfide bridge)**이라는 공유결합에 의해 더욱 보강된다. 곁사슬에 황화수소기(−SH)를 갖는 시스테인(그림 4.9) 단위체 2개가 단백질의 접힘에 의해 보다 가깝게 위치할 때 이황화결합이 형성된다. 한 시스테인에 있는 황은 두 번째 시스테인의 황과 연결되고, 이황화결합(−S−S−)은 단백질의 부분들을 서로 고정시킨다(그림 5.16a의 노란색 선 참조). 이런 다른 종류의 상호작용 모두가 아래 가상 단백질의 작은 부분들에서 볼 수 있듯이 단백질의 3차 구조에 기여한다.

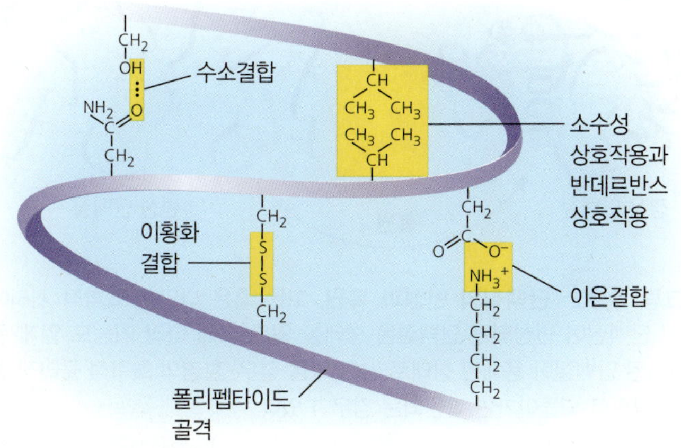

어떤 단백질은 두 개 이상의 폴리펩타이드 사슬이 한데 모여서 하나의 기능적 거대분자를 이룬다. **4차 구조(quaternary structure)**는 이처럼 폴리펩타이드 소단위체의 집합에 의해 이루어진 총체적인 단백질 구조이다. 예를 들어, 위에서는 4개의 폴리펩타이드로 이루어진 구형의 완전한 트랜스티레틴 단백질을 보여주고 있다.

또 다른 예는 아래에서 볼 수 있는 콜라젠인데, 이는 섬유상 단백질로 3개의 동일한 폴리펩타이드 나선들이 서로 꼬여 더 큰 3중 나선을 형성하므로, 큰 강도를 지닌 긴 섬유가 된다. 이는 콜라젠 섬유가 피부, 뼈, 힘줄, 인대 및 다른 신체 부분의 결합조직에서 대들보 역할을 하기에 적합하게 해준다. (콜라젠은 사람 몸의 단백질 중 40%를 차지한다.)

적혈구의 산소결합 단백질인 헤모글로빈은 4차 구조를 갖고 있는 구형 단백질의 또 다른 예이다. 헤모글로빈은 두 개의 α 사슬과 두 개의 β 사슬, 총 네 개의 폴리펩타이드 소단위체로 구성되어 있다. α 소단위체와 β 소단위체 모두 주로 α 나선의 2차 구조로 되어 있다. 각 소단위체는 산소와 결합하는 철원자가 포함된 헴(heme)이라는 비폴리펩타이드 구성 성분을 갖고 있다.

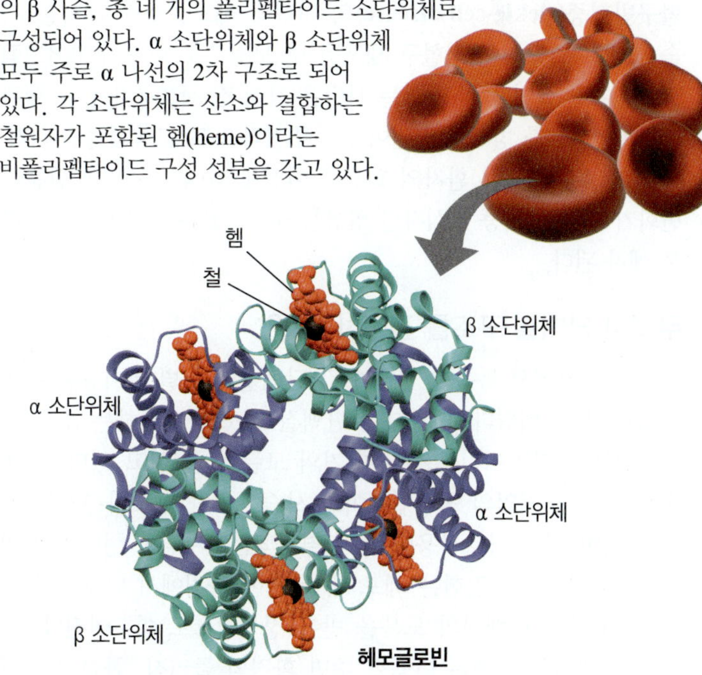

	1차 구조	2차와 3차 구조	4차 구조	기능	적혈구의 모양
정상 헤모글로빈	1 Val 2 His 3 Leu 4 Thr 5 Pro 6 Glu 7 Glu	정상 β 소단위체	정상 헤모글로빈 β α β α	정상 헤모글로빈 단백질은 서로 엉기지 않는다; 각각은 산소를 운반한다.	정상 적혈구 세포는 개별 헤모글로빈 단백질로 채워져 있다. 5 μm
낫모양적혈구 헤모글로빈	1 Val 2 His 3 Leu 4 Thr 5 Pro 6 Val 7 Glu	낫모양 β 소단위체	낫모양적혈구 헤모글로빈 β α β α	낫모양적혈구 헤모글로빈 단백질 사이의 소수성 상호작용은 섬유상 결집을 유도한다. 산소운반능력이 현저히 감소한다.	비정상 헤모글로빈 섬유는 적혈구를 낫모양으로 변형시킨다. 5 μm

▲ **그림 5.19 아미노산 한 개의 치환이 낫모양적혈구빈혈증을 일으킨다.**

MAKE CONNECTIONS 아미노산 발린과 글루탐산(그림 5.14 참조)의 화학적 특성을 고려하여, 발린이 글루탐산으로 교체된 단백질의 기능에 나타날 수 있는 극적인 효과에 대해 가능한 설명을 제안하라.

낫모양적혈구빈혈증: 1차 구조의 작은 변화

1차 구조의 작은 변화가 단백질의 형태와 기능에 영향을 줄 수 있다. 예를 들어, 적혈구 세포에서 산소를 운반하는 헤모글로빈의 1차 구조에서 특정 위치에 있는 정상의 글루탐산이 발린으로 바뀌게 되면, 이런 헤모글로빈은 유전적 혈액 질환인 낫모양적혈구빈혈증을 일으킨다. 정상 적혈구는 원반 모양이지만, **낫모양적혈구빈혈증(sickle-cell disease)**의 비정상 헤모글로빈 분자는 사슬 형태로 결집하여 적혈구 세포를 낫 모양으로 변형시킨다(**그림 5.19**). 이런 질병을 갖고 있는 사람은 각이 진 적혈구가 좁은 혈관을 막아 혈류를 방해해서 일어나는 주기적인 "낫모양적혈구 위기"를 맞게 된다. 그런 환자의 희생은 어떻게 단백질 구조의 단순한 변화가 단백질 기능에 심각한 영향을 줄 수 있는지 보여주는 놀라운 예가 된다.

무엇이 단백질 구조를 결정하는가?

여러분은 앞에서 독특한 형태가 각 단백질에 특별한 기능을 부여한다는 것을 배웠다. 그렇다면 단백질 구조를 결정하는 주요 요인은 무엇인가? 여러분은 이미 거의 모든 답을 알고 있다: 주어진 아미노산 서열의 폴리펩타이드 사슬은 2차 구조와 3차 구조의 원인이 되는 상호작용에 의해 결정되는 3차원적 형태로 배열될 수 있다. 이런 접힘은 세포 내 복잡한 환경에서 단백질이 합성될 때 다른 단백질의 도움을 받아 정상적으로 이루어진다. 하지만 단백질의 구조는 단백질 주변 환경의 물리적, 화학적 조건에도 의존한다. pH, 염의 농도, 온도 혹은 다른 환경조건이 변하면, 단백질 내 약한 화학결합과 상호작용이 파괴되어 단백질은 풀어지고 고유한 형태를 잃게 되는데 이러한 변화를 **변성(denaturation)**이라고 한다(**그림 5.20**). 변성된 단백질은 구조가 찌그러졌기 때문에 생물학적으로 활성을 잃는다.

대부분의 단백질은 수용성 환경으로부터 에테르 혹은 클로로포름과 같은 비극성 용매로 옮겨지면 변성된다. 폴리펩타이드 사슬이 다시 접혀서 사슬의 소수성 부위가 비극성 용매가 있는 바깥쪽으로 향하게 된다. 다른 변성제에는 단백질의 형태를 유지하는 데 관여하는 수소결합, 이온결합 그리고 이황화결합을 깨뜨

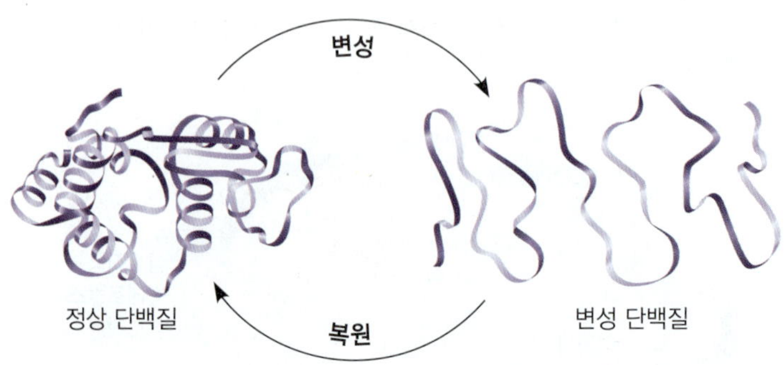

▲ **그림 5.20 단백질의 변성과 복원.** 고온 혹은 다양한 화학적 처리에 의해서 단백질이 변성되면 단백질은 형태를 잃고 그에 따라 기능도 잃게 된다. 변성된 단백질이 용해된 상태로 남아 있을 경우, 환경의 화학적 물리적 상태가 정상으로 되돌아가면 복원되는 경우가 있다.

리는 화학물질이 포함된다. 변성은 과도한 열에 의해서도 일어날 수 있는데, 열은 단백질 구조를 안정화시키는 약한 상호작용을 없앨 수 있을 정도로 폴리펩타이드 사슬을 뒤흔든다. 달걀의 흰자는 요리하는 동안 불투명하게 되는데 변성된 단백질이 불용성이고 응고되기 때문이다. 이는 또한 과도한 고열이 왜 치명적인지를 설명해 준다. 지나친 고온에서 혈중 단백질은 변성될 수 있기 때문이다.

시험관 용액 내 단백질이 열이나 화학물질에 의해 변성이 일어난 경우, 변성제가 제거되면 단백질은 때로는 기능적 형태로 되돌아올 수 있다. (이는 때로 불가능한데, 예를 들면 달걀후라이를 냉장고에 갖다 놓아도 용해되지 않는다.) 따라서 특이적 형태를 만드는 정보는 단백질의 1차 구조에 고유한 것이라는 결론을 내릴 수 있다. 아미노산 서열은 단백질의 형태를 결정한다. 즉, 어디에서 α 나선구조가 형성될 수 있는지, 어디에서 β 병풍구조가 생길 수 있는지, 어디에 이황화결합이 존재하는지, 어디에 이온결합이 형성될 수 있는지 등을 알 수 있다. 하지만 세포 내 단백질 접힘은 어떻게 일어날까?

세포 내에서의 단백질 접힘

현재 생화학자들은 매달 약 100만개씩 추가되는 2,400만 개 이상의 단백질에 대한 아미노산 서열과 25,000개 이상의 단백질에 대한 3차원적 형태에 대해 알고 있다. 과학자들은 여러 단백질의 1차 구조와 그 단백질의 3차 구조를 연관시켜 단백질 접힘의 규칙을 밝히고자 하였다. 하지만 불행하게도 단백질 접힘의 과정은 그렇게 간단하지 않다. 대부분의 단백질은 안정된 형태로 되기까지 아마도 여러 중간 구조를 거치기 때문에, 최종 구조를 안다고 하여 이러한 형태에 도달하는 데 필요한 접힘 단계가 규명되는 것은 아니다. 하지만 생화학자들은 접힘의 중간 단계를 거치는 단백질을 추적하는 방법을 개발하였다.

샤페론 단백질이라고 부르기도 하는 **샤페로닌(chaperonin)**은 접힘 과정에서 매우 중요한 단백질 분자로 다른 단백질의 적절한 접힘을 돕는다**(그림 5.21)**. 샤페로닌이 폴리펩타이드의 최종 구조를 특징짓는 것은 아니다. 대신, 새롭게 합성되는 폴리펩타이드가 자발적으로 접히는 동안 폴리펩타이드가 세포질 환경의 "나쁜 화학적 조건"으로부터 분리되도록 한다. 그림 5.21에서 제시된 대장균의 샤페로닌은 속이 빈 원통 모양의 거대한 다단백질 복합체이다. 내부의 빈 공간은 폴리펩타이드의 접힘을 위한 공간으로 제공된다. 최근 연구는 이곳에 소량의 물이 존재하여 접힘 과정을 돕는 친수성 환경을 만든다고 시사하였다. 과학자들은 샤페로닌과 상호작용하는 분자적 시스템을 찾았으며, 적절한 접힘이 일어나는지 확인하였다. 이 시스템은 잘못 접힌 단백질을 다시 바르게 접거나 없애버리기 위해 표식하는 것이다.

세포 안에서 폴리펩타이드가 잘못 접히게 되는 것은 심각한 문제로 의학 연구자들에 의해 보다 정밀한 조사가 진행 중이다. 낭성섬유증, 알츠하이머병, 파킨슨병, 광우병과 같은 많은 질병들은 잘못 접힌 단백질의 축적과 관련이 있다. 실제로 그림 5.18에 소개한 트랜스티레틴 단백질의 잘못 접힌 유형은 노인성 치매증의 한 형태를 포함하여 다양한 질병에 관여되어 있다.

과학자가 정확하게 접힌 단백질을 확보했다 하더라도, 하나의 단백질 분자는 수천 개의 원자로 이루어져 있기 때문에, 단백질의 정확한 3차원적 구조를 결정하는 것은 단순하지 않다. 1950년대 말, 헤모글로빈과 이와 연관된 단백질인 미오글로빈의 3차원적 구조가 최초로 밝혀졌다. 이러한 쾌거를 이루도록 한 방법은 **X선 결정학(X-ray crystallography)**으로 그 후 많은 단백질의 3차원적 구조를 결정하는 데에 사용되어 왔다. 최근에는 스탠퍼드 대학교의 콘버그(Roger Kornberg)와 그의 동료들이 유전자의 발현에 중대한 역할을 하는 효소인 RNA 중합효소의 구조를 밝히기 위하여 이 방법을 사용하였다**(그림 5.22)**. 또 다른 단백질 구조 분석 방법으로 단백질을 결정화할 필요가 없는 핵자기공명(NMR) 분광학이 있다. 보다 새로운 연구 방법은 생물정보학을 아미노산 서열로부터 폴리펩타이드의 3차원적 구조를 예측하는 데 사용한다(개념 5.6). X선 결정학, 핵자기공명 분광학 그리고 생물정보학은 단백질의 구조와 기능을 이해하기 위한 상호보완적인 연구 방법이다.

▶ **그림 5.21 작용 중인 샤페로닌.** 왼쪽의 컴퓨터 그래픽은 대장균의 커다란 샤페로닌 단백질 복합체를 보여주고 있다. 샤페로닌은 새롭게 만들어지는 폴리펩타이드의 적절한 접힘을 위해 장소를 제공하는 내부 공간을 갖고 있다. 복합체는 2개의 단백질로 구성되어 있는데, 하나는 속이 빈 원통이고, 다른 하나는 한쪽 끝에 꼭 맞는 뚜껑이다. 샤페로닌 활성의 단계는 오른쪽에 제시하였다.

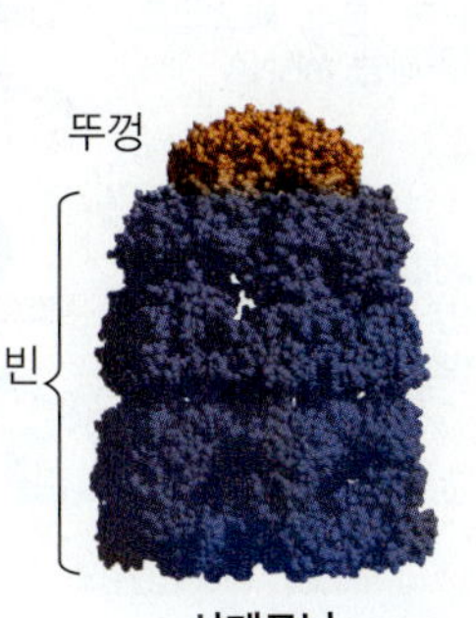

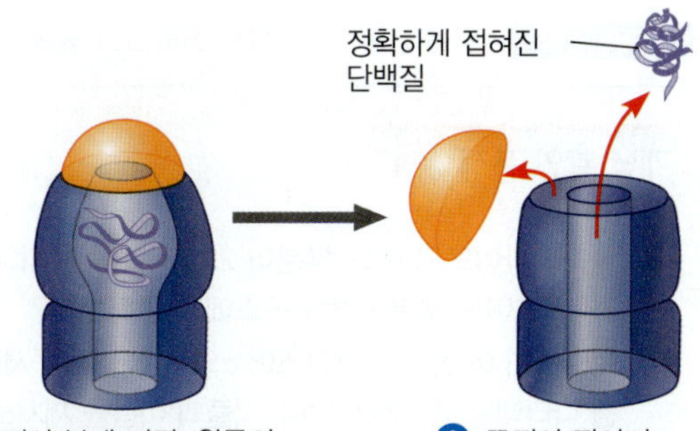

▼ 그림 5.22 **탐구**

RNA 중합효소 II의 3차원적 구조는 그의 기능에 관해 무엇을 알려줄 수 있는가?

실험 콘버그는 X선 결정학을 이용하여 DNA 이중나선에 결합하고 RNA를 합성하는 RNA 중합효소 Ⅱ의 3차원적 구조를 밝힌 공로로 2006년 노벨화학상을 수상하였다. 콘버그와 그의 동료들은 모두 세 개의 구성성분으로 이루어진 복합체를 결정화한 후, 단백질 결정에 X선을 통과시켰다. 결정의 원자들은 X선을 규칙적인 배열로 회절시켜서 디지탈 감지기가 X선 회절 패턴이라고 부르는 점들의 패턴으로 기록하였다.

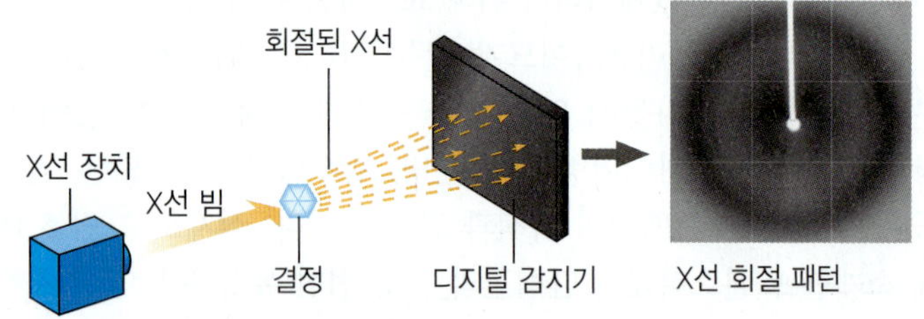

결과 X선 회절 패턴과 화학적 방법에 의해 결정된 아미노산 서열 정보들을 이용하여, 콘버그와 그의 동료들은 컴퓨터 소프트웨어로 복합체의 3차원적 모형을 만들었다.

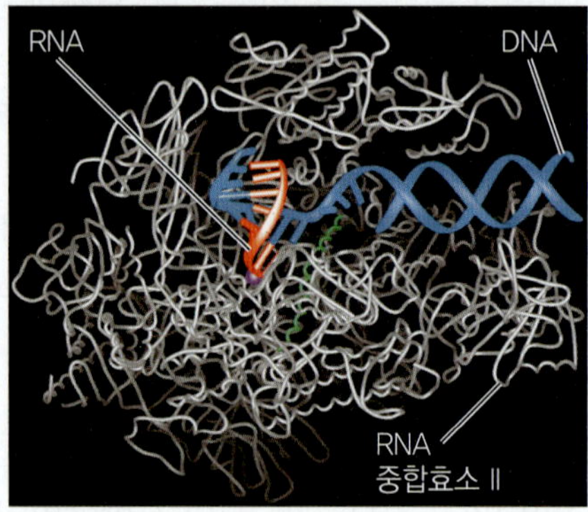

결론 연구자들은 모형을 분석하여 RNA 중합효소 II 내의 서로 다른 부위의 기능에 관한 가설을 세우게 되었다. 예를 들면, DNA 위쪽 부위는 아마도 핵산이 제 위치에 있도록 잡아주는 집게의 역할을 할 것으로 생각하였다. (17장에서 이 효소에 대해 학습할 것이다.)

참고문헌 A. L. Gnatt et al., Structural basis of transcription: an RNA polymerase II elongation complex at 3.3Å, *Science* 292:1876–1882 (2001).

WHAT IF? 위 모형을 보고 2차 구조의 요소를 확인할 수 있는가?

개념 확인 문제 5.4

1. 폴리펩타이드의 어느 부분이 2차 구조를 유지하는 결합에 관여하는가? 또, 어느 부분이 3차 구조에 관여하는가?
2. 여태까지 이 장에서 그리스어 α와 β는 적어도 서로 다른 세 쌍의 구조를 나타내는 데 사용되었다. 이들의 이름을 제시하고 간단히 설명하라.
3. **WHAT IF?** 어떤 폴리펩타이드의 아미노산 발린, 류신, 이소류신이 풍부한 부위는 접혀진 폴리펩티드의 어디에 위치하겠는지 예상해보고 그 이유를 설명하라.

정답은 부록 A 참조

개념 5.5

핵산은 유전정보를 저장하고 전달하며 발현되도록 돕는다

만약에 폴리펩타이드의 1차 구조가 단백질의 형태를 결정한다면, 그 1차 구조를 결정하는 것은 과연 무엇일까? 폴리펩타이드의 아미노산 서열은 **유전자(gene)**로 알려진 별개의 유전 단위에 의해 프로그램화되어 있다. 유전자를 구성하는 DNA는 **핵산(nucleic acid)**이란 화합물 종류로 뉴클레오타이드라 부르는 단위체로 구성된 복합체이다.

핵산의 역할

두 종류의 핵산인 **데옥시리보핵산(deoxyribonucleic acid, DNA)**과 **리보핵산(ribonucleic acid, RNA)**은 살아 있는 생명체가 자신의 복잡한 구성성분을 한 세대에서 다음 세대로 복제 가능케 하는 분자이다. 분자들 중 유일하게, DNA는 자신의 복제를 지시한다. DNA는 또한 RNA 합성을 지시하기도 하며, RNA를 통해 단백질 합성을 조절하는데 이런 전체 과정을 **유전자 발현(gene expression)**이라고 한다(그림 5.23).

DNA는 생명체가 부모로부터 물려받는 유전물질이다. 각 염색체는 보통 수백 개 이상의 유전자를 가지고 있는 하나의 긴

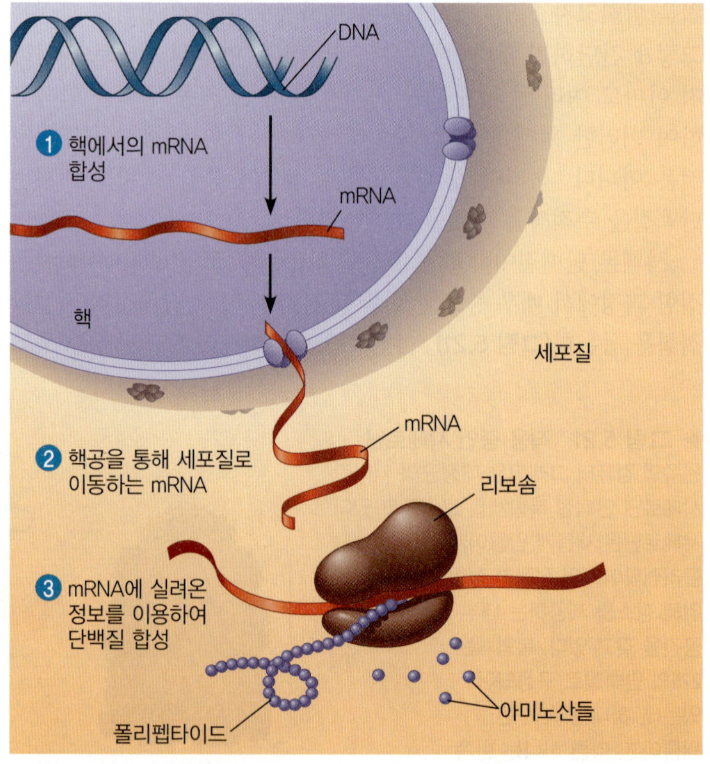

▲ 그림 5.23 **유전자 발현: DNA → RNA → 단백질.** 진핵세포에서 핵 내의 DNA는 mRNA 합성을 지시함으로써 세포질에서의 단백질 합성을 계획한다.

DNA 분자로 되어 있다. 세포가 분열에 의해 증식할 때, 세포의 DNA 분자는 복제되어 세포의 한 세대에서 다음 세대로 전해진다. DNA 구조에 세포 활동의 모든 것을 프로그램하는 정보가 암호화되어 있다. 하지만 DNA는 세포가 작동하도록 운영하는데 직접 관여하지는 않는데, 이는 컴퓨터 소프트웨어 자체만으로 시리얼 상자에 있는 바코드를 읽을 수 없는 것과 마찬가지이다. 바코드를 읽을 때 스캐너가 필요한 것처럼 유전 프로그램을 시행할 때는 단백질이 필요하다. 세포의 분자 하드웨어는 생물학적 기능을 수행하는 도구로 대부분 단백질로 구성되어 있다. 예를 들어, 적혈구 세포의 산소 운반자는 앞에서 소개된(그림 5.17) 헤모글로빈 단백질이지, 단백질 구조를 제시하는 DNA가 아니다.

핵산의 또 다른 종류인 RNA는 어떻게 DNA부터 단백질까지의 유전정보 흐름인 유전자 발현에 관여하는가? DNA 분자에 있는 각 유전자는 전령 RNA(mRNA)라는 RNA 종류의 합성을 지시한다. mRNA 분자는 단백질의 전체 또는 일부로 접혀지는 폴리펩타이드 생산을 지시하기 위해 세포의 단백질 합성장치와 상호작용한다. 우리는 유전정보의 흐름을 DNA → RNA → 단백질로 요약할 수 있다(그림 5.23). 단백질을 합성하는 장소는 리보솜이라는 작은 세포구조이다. 진핵세포에서 리보솜은 핵과 원형질막 사이(세포질)에 위치하고 있지만, DNA는 핵 내에 있다. 따라서 전령 RNA는 단백질을 합성하라는 유전적 지시를 핵으로부터 세포질로 전달한다. 원핵세포에는 핵은 없지만 암호화된 정보를 아미노산 서열로 번역하는 리보솜과 세포의 다른 기구로 DNA 메시지를 전달할 때 mRNA를 사용한다. 18장에서 최근 발견된 RNA 분자의 다른 기능에 대하여 배울 것이다.

핵산의 구성성분

핵산은 **폴리뉴클레오타이드(polynucleotide)**라는 중합체로 존재하는 거대분자이다(그림 5.24a). 이름에서 나타내듯이 각 폴리뉴클레오타이드는 **뉴클레오타이드(nucleotide)**라는 단위체들로 구성되어 있다. 뉴클레오타이드는 일반적으로 5탄소 당인 5탄당, 질소함유 염기, 그리고 하나 이상의 인산기 세 부분으로 구성되어 있다(그림 5.24b). 폴리뉴클레오타이드의 각 단위체는 단지 하나의 인산기를 갖는다. 뉴클레오타이드에서 인산기를 제외한 부분은 **뉴클레오사이드**(nucleoside)라 한다.

뉴클레오타이드를 만들기 위해, 먼저 질소성염기(nitrogenous base)들을 검토해보자(그림 5.24c). 각 질소성염기는 질소원자를 갖는 하나 또는 두 개의 고리를 가지고 있다. (질소원자는 용액

▼ 그림 5.24 **핵산의 구성성분.** (a) 폴리뉴클레오타이드는 질소성염기인 다양한 부속물을 당-인산 골격에 갖고 있다. (b) 뉴클레오타이드 단위체는 질소성염기, 당, 인산기로 구성되어 있다. 당의 탄소 번호에는 프라임(′) 기호를 붙이는 것을 주목하라. (c) 뉴클레오사이드는 퓨린 또는 피리미딘의 질소성염기와 데옥시리보오스 또는 리보오스의 5탄당을 포함한다.

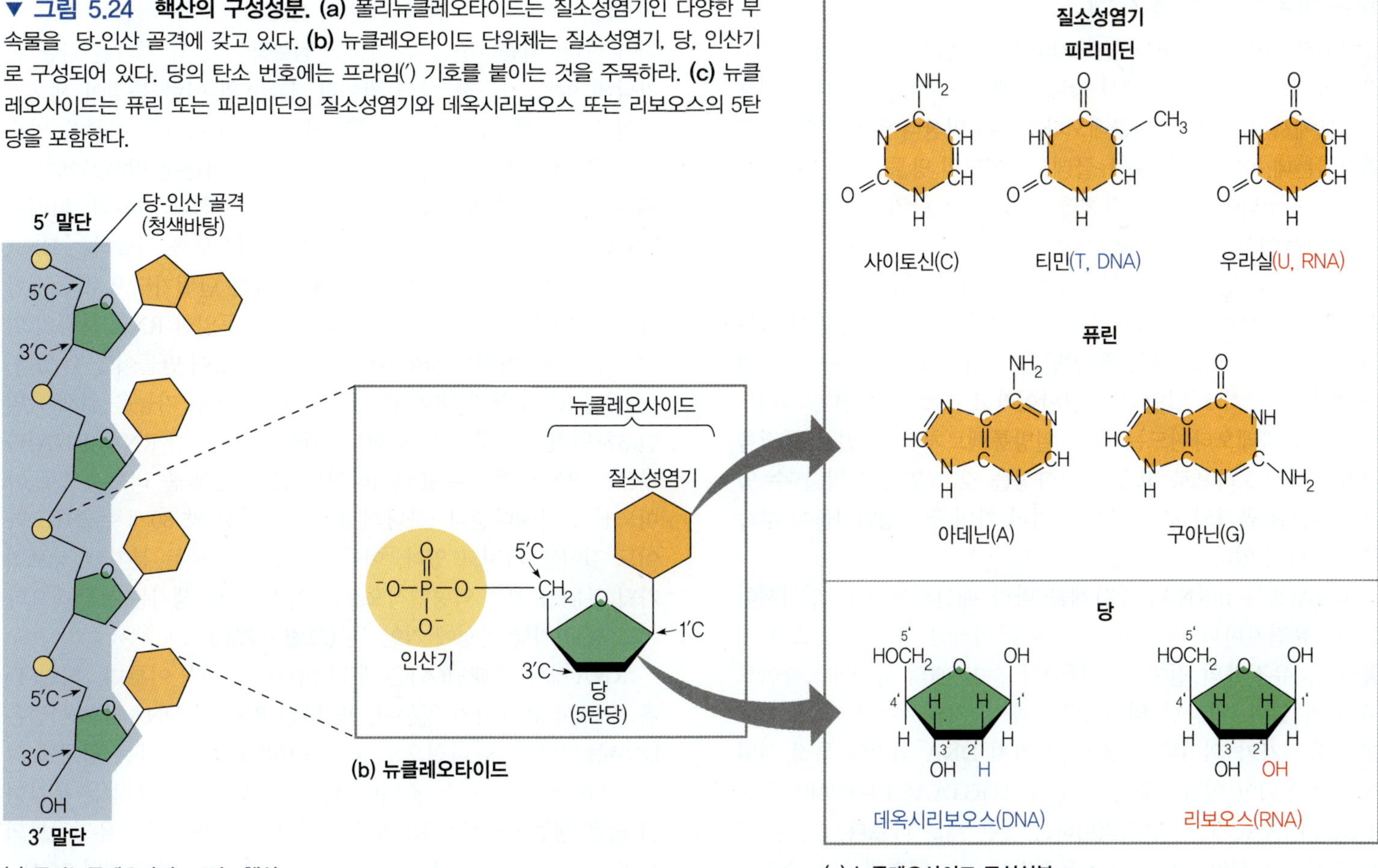

으로부터 H^+를 가져오는 경향이 있어 염기로 작용하기 때문에 이들을 질소성염기라고 부른다.) 질소성염기에는 피리미딘과 퓨린 두 종류가 있다. **피리미딘(pyrimidine)**은 탄소와 질소원자로 구성된 하나의 육각 고리로 되어 있다. 피리미딘 종류에는 사이토신(cytosine, C), 티민(thymine, T), 우라실(uracil, U)이 있다. **퓨린(purines)**은 피리미딘보다 크고, 육각 고리가 오각 고리와 합쳐져 있다. 퓨린에는 아데닌(adenine, A)과 구아닌(guanine, G)이 있다. 각 피리미딘과 퓨린은 고리에 붙어 있는 화학기에 차이가 있다. 아데닌, 구아닌 그리고 사이토신은 DNA와 RNA 모두에 존재하지만, 티민은 DNA에서만, 우라실은 RNA에만 각각 존재한다.

이제 질소성염기가 달라붙는 당을 첨가해 보자. DNA에서 당은 **데옥시리보오스(deoxyribose)**이고, RNA에서는 **리보오스(ribose)**이다(그림 5.24c). 이들 두 당 사이의 유일한 차이는 데옥시리보오스의 경우 고리의 두 번째 탄소에 산소원자가 없다는 것이다. 따라서 그 이름이 데옥시리보오스이다.

이제까지 뉴클레오사이드(질소성염기와 당)을 만들어 보았다. 뉴클레오타이드를 완성하기 위해서는 인산기가 당의 5′ 탄소에 연결되어야 한다(그림 5.24b). 그러면 분자는 뉴클레오타이드로 보다 잘 알려진, 뉴클레오사이드 일인산염이 된다.

뉴클레오타이드 중합체

뉴클레오타이드가 폴리뉴클레오타이드로 연결되는 데에는 탈수 반응을 포함한다. (16장에서 상세히 배울 것이다.) 폴리뉴클레오타이드에서 인접한 두 뉴클레오타이드는 인산디에스터 결합으로 연결되는데, 이 결합은 두 뉴클레오타이드의 당들을 연결하는 인산기로 구성되어 있다. 이런 결합은 당-인산 단위의 반복되는 패턴을 만들어서 당-인산 골격이라 부른다(그림 5.24a).(질소성염기는 골격의 일부가 아니라는 점에 주목하라.) 중합체의 두 자유 말단은 확연하게 서로 다르다. 한 쪽 말단은 5′ 탄소에 붙어 있는 인산기를 갖고 있고, 다른 쪽 말단은 3′ 탄소에 수산기를 갖고 있다. 이들을 각기 5′ 말단과 3′ 말단이라고 부르기도 한다. 그러므로 폴리뉴클레오타이드는 마치 일방통행로처럼 당-인산 골격을 따라 5′에서 3′쪽으로 고유한 방향성을 갖고 있다고 말할 수 있다. 당-인산 골격의 모든 부분을 따라 가며 질소성염기들이 부속물처럼 달려 있다.

DNA(또는 mRNA) 중합체를 따라 배열되어 있는 염기서열은 각 유전자마다 독특하며, 매우 특이적인 정보를 세포에 제공한다. 유전자의 길이는 수백에서 수천 개의 뉴클레오타이드로 되어 있어, 가능한 염기서열의 수는 거의 무한하다. 세포에 대해 유전자가 의미하는 것은 네 가지 DNA 염기의 특정 서열에 암호화되어 있다. 예를 들어, 5′-AGGTAACTT-3′ 서열과 5′-CGCTTTAAC-3′ 서열이 의미하는 것은 서로 다르다. (물론, 전체 유전자는 훨씬 길다.) 어떤 유전자에 있는 염기의 선형 순서는 단백질의 아미노산 서열, 즉 1차 구조를 지정하며, 이는 다시 세포에서 단백질의 3차원적 구조와 그 기능을 지정한다.

DNA와 RNA 분자의 구조

DNA 분자는 2개의 폴리뉴클레오타이드 또는 "가닥"이 가상의 축을 중심으로 감겨서 **이중나선(double helix)**을 형성한다 **(그림 5.25a)**. 두 개의 당-인산 골격은 각 골격이 5′→ 3′ 방향으로 서로 반대로 뻗어 있어, 마치 상하행선의 고속도로처럼 **역평행(antiparallel)** 배열을 한다. 당-인산 골격은 나선의 바깥쪽에 위치하며, 질소성염기는 나선 안쪽에서 쌍을 이룬다. 두 가닥은 쌍을 이룬 염기들 간의 수소결합에 의해 지탱되어 있다(그림 5.25a). 대부분의 DNA 분자는 매우 길어서 수천 개에서 수백만 개에 이르는 염기쌍으로 이루어져 있다. 예를 들면, 진핵생물의 염색체에 있는 하나의 기다란 DNA 이중나선에는 많은 유전자가 포함되어 있는데, 각 유전자는 DNA 분자의 특정 단편이다.

염기쌍을 만들 때는, 이중나선의 특정 염기만이 서로 쌍을 이룰 수 있다. 한 가닥의 아데닌(A)은 항상 다른 가닥의 티민(T)과 쌍을 이루고, 구아닌(G)은 항상 사이토신(C)과 쌍을 이룬다. 이중나선의 한 가닥을 따라 염기서열을 읽어 나가면, 다른 한 가닥의 염기서열도 알 수 있다. DNA 한 가닥의 부위가 5′-AGGTCCG-3′ 염기서열을 갖고 있다면, 염기쌍 규칙에 의하여 다른 가닥의 동일한 부위는 3′-TCCAGGC-5′ 서열을 갖고 있어야 한다. 이중나선의 두 가닥은 상보적으로, 각 가닥은 다른 쪽 가닥의 예측 가능한 상대 짝이다. DNA의 이런 특징이 세포가 분열을 준비할 때 각 DNA 분자의 두 개의 똑같은 사본을 만드는 것을 가능하게 한다. 세포가 분열할 때 사본은 딸세포에게 전해져서 이들을 부모세포와 유전적으로 동일하게 만든다. 따라서 DNA 구조는 세포가 증식할 때마다 유전정보를 전달하는 DNA 기능을 설명해 준다. 반면에 RNA 분자는 단일가닥으로 존재한다. 하지만 두 개의 RNA 분자들 사이나 동일한 RNA 분자의 일련의 뉴클레오타이드 사이에서 상보적 염기쌍이 만들어질 수 있다.

사실 RNA 분자 내의 염기쌍은 이들이 어떤 기능을 위해 특별한 3차원적 구조를 갖도록 한다. 예를 들면, 운반 RNA(tRNA)라 부르는 RNA 종류는 폴리펩타이드 합성 과정 중 리보솜으로 아미노산을 가져다준다. 하나의 tRNA 분자는 약 80개 뉴클레오타이드 길이를 가지고 있다. 이들의 기능적 형태는 분자의 상보적 가닥 부위가 서로 역평행적으로 놓여 있을 때 생기는 뉴클레오타이드 간 염기쌍 형성에 기인한다**(그림 5.25b)**.

RNA에서 아데닌(A)은 우리실(U)과 짝을 이루며, 티민(T)은 RNA에 존재하지 않는다. 또 다른 RNA와 DNA의 차이점은 DNA는 항상 이중나선으로 존재하지만 RNA 분자는 형태에 있어 보다 변이가 크다는 점이다. RNA는 매우 용도가 많은 분자여서 많은 생물학자들은 RNA가 생명의 초기 형태에서 유전정보의 운반체로 DNA보다 우선하였을 것이라고 믿고 있다(개념 25.1).

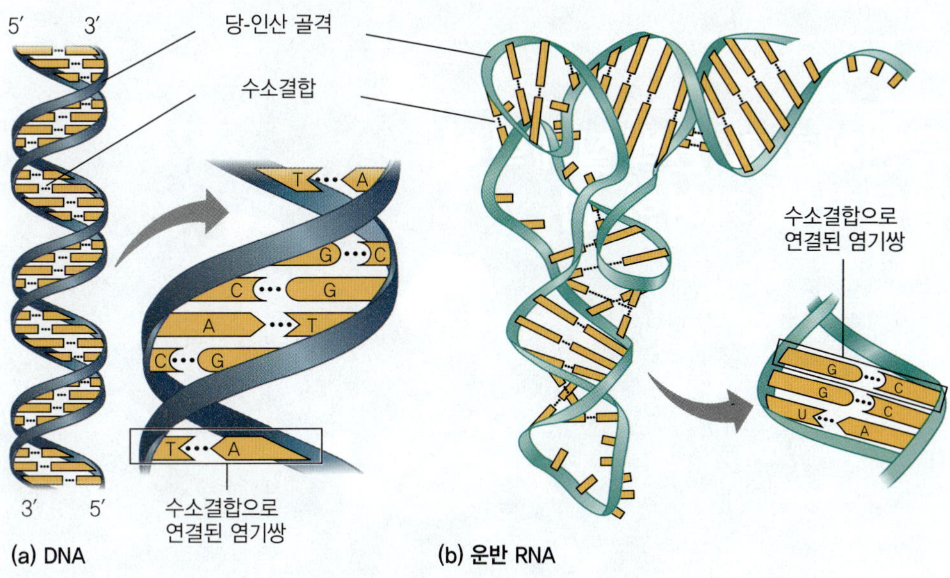

▶ **그림 5.25 DNA와 tRNA 분자의 구조. (a)** DNA 분자는 보통 이중나선 구조로 나선의 바깥쪽에 역평행 폴리뉴클레오타이드 가닥(파란색 리본으로 나타냄)의 당-인산 골격을 갖고 있다. 질소성염기쌍 사이의 수소결합은 두 가닥을 결합시킨다. 염기의 부호 형태로 나타낸 것과 같이 아데닌(A)은 티민(T)과, 구아닌(G)은 사이토신(C)과 단지 짝을 이룰 수 있다. 이 그림의 각 DNA 가닥은 그림 5.24a의 폴리뉴클레오타이드와 구조적으로 동일하다. **(b)** tRNA는 대략 L형의 구조로 RNA의 역평행 부위는 상보적 염기쌍을 이룬다. RNA에서 아데닌(A)은 우라실(U)과 쌍을 이룬다.

개념 확인 문제 5.5

1. **DRAW IT** 그림 5.24a에서 위로부터 세 뉴클레오타이드에 있는 당의 모든 탄소에 번호를 매기고, 질소성염기는 원으로 표시하고, 인산기는 별표를 하라.
2. **DRAW IT** DNA 이중나선에서 DNA 한 가닥의 질소성염기 서열이 5′-TAGGCCT-3′이다. 이 서열을 적어놓고, 이 가닥에 상보적인 가닥을 쓰고 상보적인 가닥의 5′와 3′ 말단을 명확히 표시하라.

정답은 부록 A 참조

개념 5.6

유전체학과 단백질체학은 생물학적 탐구와 적용을 바꾸어 놓았다

20세기 전반의 실험 연구들은 살아 있는 세포와 생명체가 기능을 하도록 특징짓고, 한 세대에서 다음 세대로 넘어가는 유전정보의 전달자로서의 DNA 역할을 확립하였다. 1953년 DNA 분자의 구조가 밝혀지고, 뉴클레오타이드 염기의 선형 서열이 단백질 아미노산 서열을 특징짓는 것으로 알려지면서 생물학자들은 그 염기서열을 깨달아 유전자 "해독"을 추구하였다.

DNA 염기서열분석을 위한 첫 번째 화학적 기술 또는 DNA 가닥을 따라 뉴클레오타이드의 서열을 하나씩 조사하는 방법은 1970년대에 개발되었다. 연구자들은 유전자 하나하나 유전자 염기서열을 연구하였고, 그들이 더 많이 연구할수록 더 많은 질문들이 생겼다: 유전자 발현은 어떻게 조절되는가? 유전자와 그 단백질 산물은 분명히 서로 상호작용을 한다. 하지만 어떻게 하는가? 유전자의 일부가 아닌 DNA가 있다면 그의 기능은 무엇인가? 생물체의 유전적 기능을 완전히 이해하기 위해서는 DNA 전량, 즉 생물의 유전체(genome) 전체 서열이 가장 많은 답을 줄 것으로 생각되었다. 이 아이디어의 명백한 비실용성에도 불구하고, 1980년대 말 몇몇 유명한 생물학자들은 모두 30억 염기에 해당하는 전체 인간 유전체의 염기서열을 분석하는 사업을 시작하자는 대담한 제안을 제시하였다. 이런 노력은 1990년에 시작하여 2000년대 초 효율적으로 완성되었다.

인간 유전체 사업으로 뜻하지 않게 얻어진 큰 성과는 보다 신속하고 저렴한 염기서열분석 방법이 빠르게 개발된 것이다. 이 경향은 여전히 지속되고 있다: 2001년 100만 염기의 염기서열분석 비용이 5,000불 이상이었던 것이 2012년에 10센트 이하로 떨어졌다. 인간 유전체 연구의 초기에 염기서열분석하는데 10년이 걸리던 것이 오늘날과 같은 속도로는 단지 며칠 만에 완료할 수 있을 것이다. 완전히 염기서열분석된 유전체의 수가 증가하면서 대량의 데이터를 생성하고 생물정보학의 발달을 촉진시켰는데, 생물정보학은 이런 큰 데이터들을 다루고 분석하기 위해 컴퓨터 소프트웨어와 다른 전산 도구를 사용하는 학문이다.

이런 발달의 반향은 생물학과 관련 학문에 대한 연구를 바꾸어 놓았다. 생물학자는 때로 큰 세트의 유전자를 분석하거나 서로 다른 종의 전체 유전체를 비교함으로써 문제를 조사하는데, 이런 접근을 **유전체학(genomics)**이라고 한다. 아미노산 서열을 포함한 큰 세트의 단백질을 비슷하게 분석하는 접근을 **단백질체학(proteomics)**이라고 한다. (단백질 서열은 생화학적 기술이나 단백질을 암호화하는 DNA 서열을 번역함으로써 조사할 수 있다.) 이런 접근 방식은 생물학의 모든 분야에 퍼지게 되었고, 그림 5.26에 일부 예를 제시하였다.

유전체학과 단백질체학이 생물학의 전 분야에 끼친 영향 중 가장 의미가 깊은 것은 아마도 진화에 대한 우리의 이해에 기여한 점일 것이다. 화석 연구와 현존하는 종의 특성에 대한 연구로부터 얻은 진화의 확인된 증거 이외에, 유전체학은 우리가 이전의 증거 유형으로는 해결하지 못하였던 다른 집단의 생물체 사이의 유연 관계를 캐내고 진화 역사를 추론하는 데 도움을 준다.

▼ 그림 5.26

MAKE CONNECTIONS

유전체학과 단백질체학이 생물학에 기여한 점

기술과 정보 처리의 발달 때문에 뉴클레오타이드 염기서열분석과 큰 세트의 유전자와 단백질의 분석은 신속하고 저렴하게 이루어질 수 있다. 종합하면 유전체학과 단백질체학은 많은 다른 분야에 걸쳐 생물학에 대한 이해를 촉진하였다.

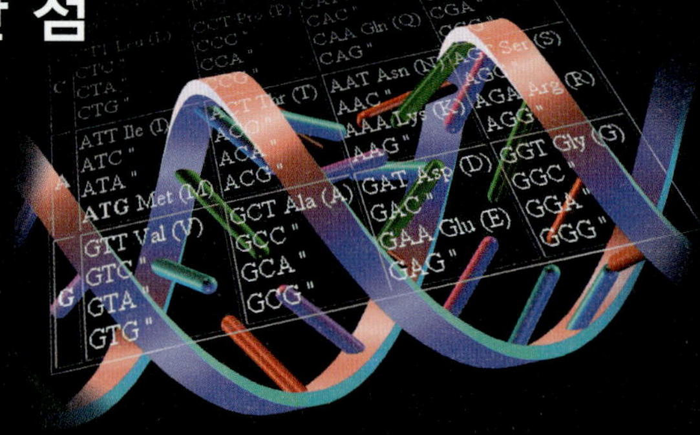

고생물학

새로운 DNA 염기서열분석 기술은 멸종한 네안데르탈인의 오래된 조직에 있는 미량의 DNA를 해독할 수 있게 하였다. 네안데르탈인 유전체의 염기서열분석은 그들의 신체적 외모뿐 아니라 현대 인간과의 관계를 이해하는 데 정보를 제공한다. (그림 34.49)

의학

암과 같은 인간의 질병에 대한 유전적 기초를 확인하는 것은 연구자들이 가능성 있는 미래의 치료를 찾아내는 데 집중하도록 돕는다. 최근에는 한 개인의 종양에서 발현된 일련의 유전자를 염기서열분석함으로써, "개인맞춤형 의학"의 유형으로 더 많은 표적에 접근하여 암을 치료할 수 있게 한다. (그림 18.27)

진화

진화생물학의 주된 목표는 살아 있거나 멸종한 종들 간의 관계를 이해하는 것이다. 예를 들면, 유전체 염기서열분석은 하마를 고래와 가장 최근의 공통조상으로 공유하는 육상의 포유동물로 확인하였다. (그림 21.20)

하마

들쇠고래

보전생물학

점차 많은 생태학자들이 어떤 동물이나 식물 종이 불법으로 사라지게 된 것을 확인하는데 분자유전학과 유전체학의 도구를 사용한다. 한 예로, 불법으로 선적된 코끼리 상아로부터 얻은 DNA의 유전체 염기서열은 밀렵자를 찾아내는 데 사용되며, 그들이 활동하는 지역의 위치를 정확히 나타낸다. (그림 56.9)

종 상호작용

모든 식물종의 90% 이상이 식물의 뿌리와 연관되어 있는 진균들과 상리공생의 관계를 갖는다. 유전체 염기서열분석과 몇몇 식물-진균의 짝에서 유전자발현을 분석하면 그들의 상호작용을 이해하는 데 크게 도움이 되며, 또한 농사법에도 좋은 영향을 미칠 수 있다. (31장의 과학적 분석 기술의 연습)

MAKE CONNECTIONS 여기에 제시된 예들을 고려하여, 유전체학과 단백질체학의 접근 방법이 어떻게 생물학의 다양한 질문들을 다루도록 하는지 설명하라.

진화의 척도인 DNA와 단백질

진화 우리는 공통조상의 증거로, 포유동물의 털이나 젖 생산과 같은 공동 형질을 생각하는 데 익숙하다. DNA는 물려줄 수 있는 정보를 유전자의 형태로 가지고 있기 때문에, 유전자 서열과 그의 단백질 산물은 생물체의 유전적 배경에 대한 증거를 제공한다. DNA 분자에 있는 뉴클레오타이드의 선형 서열은 부모로부터 자손으로 넘겨지는데, 이런 서열이 단백질의 아미노산 서열을 결정하게 된다. 그 결과, 형제자매는 같은 종의 혈연이 아닌 개체보다 DNA와 단백질에서 유사성이 매우 크다.

만약 생명에 대한 진화적 관점이 주어진다면, 이런 "분자 가계도"의 개념을 종간의 관계에까지 확장시킬 수 있다: 해부학적 증거(아마도 화석 증거)에 의해 유연관계가 가까운 것으로 생각되는 두 종은 유연관계가 보다 먼 종보다 그들의 DNA와 단백질 서열의 보다 많은 부분을 공유할 것으로 기대할 수 있다. 실제로 이것은 사실이다. 사람 헤모글로빈의 β 폴리펩타이드 사슬과 다른 척추동물의 상응하는 헤모글로빈 폴리펩타이드의 비교가 한 예이다. 146개 아미노산으로 형성된 사슬에서, 사람은 고릴라와 1개 아미노산만 다르지만, 사람과 유연관계가 좀 떨어진 개구리와는 67개 아미노산에서 차이가 난다. **과학적 분석 기술의 연습**에서 이런 논리를 다른 종에 적용할 수 있다. 이런 결론은 전체 유전체를 비교할 때도 유효하다. 사람 유전체는 침팬지의 유전체와 95~98% 동일하다. 하지만 진화적으로 좀 더 먼 쥐와는 대략 85% 정도만 동일하다. 분자생물학은 생물학자들이 진화적 유연관계를 평가하는 데 사용하는 도구 모음에 새로운 줄자를 추가하였다.

개념 확인 문제 5.6

1. 한 생물체의 전체 유전체를 염기서열분석하는 것은 과학자로 하여금 그 생물체가 어떻게 기능하는지 이해하는 데 어떤 도움을 주는가?
2. DNA의 기능을 고려하면, 매우 유사한 형질을 가진 두 종이 왜 매우 유사한 유전체를 가졌을 것이라고 예상하는가?

정답은 부록 A 참조

과학적 분석 기술의 연습

폴리펩타이드 서열 정보의 분석

▶ 사람

▶ 붉은털원숭이

▶ 긴팔원숭이

붉은털원숭이나 긴팔원숭이 중 어느쪽이 사람에 더 가까운가? 개념 3.6에서 소개하였듯이, 유연 관계가 가까운 종들의 DNA와 폴리펩타이드 서열은 좀 더 먼 종들 간의 서열에 비하여 서로 비슷하다. 이번 연습에서는, 때로 β-글로빈이라고도 하는 헤모글로빈의 β 폴리펩타이드 사슬에 대한 아미노산 서열 정보를 소개할 것이다. 여러분은 정보를 해석하여 붉은털원숭이 또는 긴팔원숭이 중 어느 쪽이 보다 사람에 가까운지 가설을 제시할 수 있을 것이다.

실험 방법 연구자들은 조사하고자 하는 생물체의 폴리펩타이드를 분리하여 아미노산 서열을 조사한다. 보다 일반적으로는 상응하는 유전자의 DNA를 서열화하여 그 유전자의 DNA 서열로부터 폴리펩타이드의 아미노산 서열을 밝힌다.

실험 데이터 아래 데이터에서 알파벳 글자는 사람, 붉은털원숭이, 긴팔원숭이의 β-글로빈 146개 아미노산 서열이다. 전체 서열을 여기 한 줄에 다 넣을 수 없기 때문에 서열을 세 구간으로 나눈 것이다. 서로 다른 3종에 대한 서열을 정렬하여 그들을 쉽게 비교하게 한 것에 주목하여라. 예를 들면, 3종 모두 첫 번째 아미노산이 V(발린)이고, 146번째 아미노산은 H(히스티딘)인 것을 볼 수 있다.

종	β-글로빈 아미노산 서열의 정렬
사람	1 VHLTPEEKSA VTALWGKVNV DEVGGEALGR LLVVYPWTQR FFESFGDLST
붉은털원숭이	1 VHLTPEEKNA VTTLWGKVNV DEVGGEALGR LLLVYPWTQR FFESFGDLSS
긴팔원숭이	1 VHLTPEEKSA VTALWGKVNV DEVGGEALGR LLVVYPWTQR FFESFGDLST
사람	51 PDAVMGNPKV KAHGKKVLGA FSDGLAHLDN LKGTFATLSE LHCDKLHVDP
붉은털원숭이	51 PDAVMGNPKV KAHGKKVLGA FSDGLNHLDN LKGTFAQLSE LHCDKLHVDP
긴팔원숭이	51 PDAVMGNPKV KAHGKKVLGA FSDGLAHLDN LKGTFAQLSE LHCDKLHVDP
사람	101 ENFRLLGNVL VCVLAHHFGK EFTPPVQAAY QKVVAGVANA LAHKYH
붉은털원숭이	101 ENFKLLGNVL VCVLAHHFGK EFTPQVQAAY QKVVAGVANA LAHKYH
긴팔원숭이	101 ENFRLLGNVL VCVLAHHFGK EFTPQVQAAY QKVVAGVANA LAHKYH

데이터 해석

1. 붉은털원숭이와 긴팔원숭이의 서열을 앞에서부터 따라가면서 사람의 서열과 일치하지 않는 아미노산에 동그라미 표시를 하여라. (a) 붉은털원숭이와 사람의 서열 사이에는 얼마나 많은 아미노산이 서로 다른가? (b) 긴팔원숭이와 사람의 서열 사이에는 어떠한가?
2. 붉은털원숭이와 긴팔원숭이 서열은 사람의 β-글로빈 서열과 각각 몇 퍼센트씩 일치하는가?
3. 이 데이터만 가지고 이 두 원숭이 중에서 사람과 좀 더 가까운 종이 어느 것인지 가설을 제시하여라. 그리고 그 이유를 설명하여라.
4. 여러분의 가설을 지지하기 위해서 다른 어떤 증거를 사용하겠는가?

참고문헌 Human: http://www.ncbi.nlm.nih.gov/protein/AAA21113.1; rhesus monkey: http://www.ncbi.nlm.nih.gov/protein/122634; gibbon: http://www.ncbi.nlm.nih.gov/protein/122616

5 장 복습

핵심 개념의 요약

개념 5.1

거대분자는 단위체로 이루어진 중합체이다

- 탄수화물, 단백질 그리고 핵산은 **단위체(monomer)**의 사슬인 **중합체(polymer)**이다. 지질의 구성성분은 다양하다. 단위체는 물분자가 방출되는 **탈수반응(dehydration reaction)**에 의해 보다 큰 분자가 된다. 복합체는 역반응인 **가수분해(hydrolysis)**에 의해 분해된다. 작은 세트의 단위체로부터 무한히 다양한 중합체가 만들어질 수 있다.

? 거대 탄수화물, 단백질 그리고 핵산 간의 차이는 기본적으로 무엇 때문에 나타나는가?

거대한 생물분자	구성성분	예	기능
개념 5.2 **탄수화물은 연료와 구성물질의 역할을 한다** ? 녹말과 셀룰로오스의 구성성분, 구조와 기능을 비교하라. 사람의 몸에서 녹말과 셀룰로오스는 어떤 역할을 하는가?	CH_2OH, H, O, H, H, OH, H, HO, OH, H, OH 단당류 단위체	**단당류:** 포도당, 과당	연료: 다른 분자로 변환되거나 혹은 중합체로 결합되는 탄소공급원
		이당류: 젖당, 설탕	
		다당류: • 셀룰로오스(식물) • 녹말(식물) • 글리코겐(동물) • 키틴(동물과 진균류)	• 식물세포벽의 강화 • 에너지를 위한 포도당 저장 • 외골격과 진균류의 세포벽 강화
개념 5.3 **지질은 소수성 분자의 다양한 그룹이다** ? 지질은 왜 중합체나 거대분자로 간주되지 않는가?	글리세롤 3개의 지방산	**트리아실글리세롤**(지방 혹은 기름): 글리세롤 + 3개의 지방산	중요한 에너지 공급원
	인산기(P)를 가진 머리 2개의 지방산	**인지질:** 글리세롤 + 인산기 + 2개의 지방산	막의 지질 이중층 소수성 꼬리 친수성 머리
	스테로이드 골격	**스테로이드:** 화학기가 붙어 있는 4개의 융합된 고리	• 세포막의 구성성분(콜레스테롤) • 신체를 통해 이동되는 신호분자(호르몬)
개념 5.4 **단백질은 광범위한 기능을 수행하는 다양한 구조로 되어 있다** ? 단백질의 엄청난 다양성의 기초를 설명하라.	R, H, N, C, C, O, H, H, OH 아미노산 단위체 (20종류)	• 효소 • 구조 단백질 • 호르몬 • 수용체 단백질 • 운동 단백질 • 방어 단백질	• 화학반응의 촉매 • 구조적인 지지의 제공 • 생물체의 반응 조절 • 세포 밖에서 오는 신호수신 • 세포 운동에서의 기능 • 질병으로부터 보호
개념 5.5 **핵산은 유전정보를 저장하고 전달하며 발현되도록 돕는다** ? 핵산의 기능에 있어 상보적 염기쌍은 어떤 역할을 하는가?	질소성염기 인산기 (P)—CH_2 O 당 뉴클레오타이드 단위체	DNA: • 당 = 데옥시리보오스 • 질소성염기 = C, G, A, T • 일반적으로 이중가닥	유전정보의 저장
		RNA: • 당 = 리보오스 • 질소성염기 = C, G, A, U • 일반적으로 단일가닥	DNA로부터 리보솜까지의 정보전달을 포함한, 유전자 발현 과정에서의 다양한 기능

개념 5.6

유전체학과 단백질체학은 생물학적 탐구와 적용을 바꾸어 놓았다

- 최근의 DNA 염기서열분석에서의 기술적인 발달은 **유전체학(genomics)**을 낳았는데, 이는 유전자의 큰 세트 또는 전체 유전체를 분석하는 접근이며 큰 세트의 단백질에 대한 비슷한 접근인 **단백질체학(proteomics)**의 출현을 이끌었다. 생물정보학은 컴퓨터 도구와 컴퓨터 소프트웨어를 써서 이들 큰 정보 세트를 분석하는 것이다.
- 두 종이 진화적으로 더 가까울수록 그들의 DNA 서열은 더 비슷하다. DNA 서열 정보는 화석과 해부학적 증거에 근거한 진화의 모델을 입증한다.

? 초파리, 물고기, 쥐 그리고 사람의 특정 유전자 서열이 주어진다면, 사람의 서열과 다른 종의 각 서열과의 상대적 유사성을 예상해보라.

생각해보자

수준 1: 지식/이해

1. 다음 중 나머지 모든 것을 포함하는 범주는?
a. 단당류　b. 다당류
c. 녹말　d. 탄수화물

2. 효소 아밀레이스는 단위체가 α 형태일 때만 포도당 단위체 간의 글리코시드 결합을 분해할 수 있다. 다음 중 아밀레이스가 분해할 수 있는 당 종류만 있는 것은?
a. 글리코젠, 녹말, 아밀로펙틴
b. 글리코젠, 셀룰로오스
c. 셀룰로오스, 키틴
d. 녹말, 키틴, 셀룰로오스

3. 불포화지방에 대한 다음 서술 중 옳은 것은?
a. 식물보다 동물에 보다 더 흔하게 존재한다.
b. 이들 지방산의 탄소 사슬에는 이중결합이 있다.
c. 보통 실온에서 고체화된다.
d. 동일한 탄소 수를 갖는 포화지방보다 더 많은 수소를 갖는다.

4. 수소결합이 파괴되었을 때 가장 영향을 적게 받는 단백질의 구조 수준은?
a. 1차 수준　b. 2차 수준
c. 3차 수준　d. 4차 수준

5. DNA를 분해하는 효소는 뉴클레오타이드를 서로 연결하는 공유결합을 가수분해하는 반응을 촉매한다. 이 효소로 처치된 DNA 분자는 어떻게 되는가?
a. 이중나선의 두 가닥은 분리된다.
b. 폴리뉴클레오타이드 골격의 인산디에스터 결합은 부서진다.
c. 피리미딘은 데옥시리보오스 당으로부터 분리된다.
d. 모든 염기는 데옥시리보오스 당으로부터 분리된다.

수준 2: 응용/분석

6. 포도당의 분자식은 $C_6H_{12}O_6$이다. 10개 포도당 분자가 탈수반응에 의해 연결된 중합체의 분자식은?
a. $C_{60}H_{120}O_{60}$
b. $C_{60}H_{102}O_{51}$
c. $C_{60}H_{100}O_{50}$
d. $C_{60}H_{111}O_{51}$

7. 다음 중 어느 염기서열의 쌍이 정상적인 이중나선 DNA의 짧은 부위를 형성하겠는가?
a. 5′-AGCT-3′와 5′-TCGA-3′
b. 5′-GCGC-3′와 5′-TATA-3′
c. 5′-ATGC-3′와 5′-GCAT-3′
d. a, b, c 모두 옳다.

8. 다음 용어들을 줄과 칸으로 나누어 조직화할 수 있도록 표를 만들어라.

인산디에스터 결합	폴리펩타이드	단당류
펩타이드 결합	트리아실글리세롤	뉴클레오타이드
글리코시드 결합	폴리뉴클레오타이드	아미노산
에스터 결합	다당류	지방산

9. DRAW IT 그림 5.24a의 폴리뉴클레오타이드 가닥을 그리고, 5′ 말단으로부터 염기 G, T, C, T를 표시하라. 이것이 DNA 폴리뉴클레오타이드라고 가정하고, 인산(원), 당(오각형) 그리고 염기를 나타내는 동일한 기호를 사용하여 상보적 가닥을 그려 보아라. 염기도 표시하라. 각 가닥의 5′→ 3′ 방향을 나타내는 화살표를 표시하라. 첫 번째 가닥에 대해 두 번째 가닥이 역평행임을 확인하기 위해 화살표를 사용하여라. 힌트: 첫 번째 가닥을 세로로 그린 후, 종이를 거꾸로 돌려라; 두 번째 가닥을 위에서 아래로 5′로부터 3′ 방향으로 내려가면 보다 쉽게 그릴 수 있다.

수준 3: 종합/평가

10. 진화적 관점
아미노산 서열의 비교는 연관된 종의 진화 과정에서의 분기를 밝혀준다. 만일 여러분이 살아 있는 두 생물종을 비교한다면, 두 종의 모든 단백질이 동일한 수준에서 분기되었으리라 예상하는가? 아니면, 그렇게 되지 않았으리라고 보는가?

11. 과학적 탐구
여러분이 DNA-결합 단백질을 연구하는 실험실의 연구 보조원이라고 가정하자. 어떤 생물종의 유전체에 의해 암호화되는 모든 단백질의 아미노산 서열을 제공받았는데 DNA에 결합하는 후보 단백질을 찾아보라고 요청받았다. 그런 단백질의 DNA-결합 부위에서 볼 수 있을 것으로 기대하는 아미노산들은 무엇인가?

12. 글쓰기: 지식의 체계화
세포에서 다양한 기능을 갖는 단백질은 모두 아미노산이라는 소단위체 종류로 이루어진 중합체이다. 아미노산의 구조가 어떻게 한 형태의 중합체로 하여금 그렇게 많은 기능을 발휘하도록 하는지 짧은(100~150 단어) 글을 작성하라.

13. 종합적으로 생각해보기

달걀 노른자가 발달 중인 병아리에 영양분을 공급하고 지지하는 기능을 고려하면, 달걀 노른자는 지방, 단백질, 콜레스테롤 함량이 왜 그렇게 높은지 설명하라.

정답은 부록 A 참조

6

에너지와 생명체

핵심 개념

6.1 생체의 물질대사는 열역학 법칙의 지배 하에서 물질과 에너지를 변형시킨다

6.2 반응의 자유에너지 변화는 그 반응이 자발적으로 일어날지 아닐지를 말해준다

6.3 ATP는 발열반응과 흡열반응을 짝지어줌으로써 세포작용에 필요한 원동력을 공급한다

6.4 효소는 에너지 장벽을 낮춤으로써 대사반응을 촉진한다

6.5 효소활성의 조절은 물질대사를 통제하는 데 도움이 된다

▲ **그림 6.1** 무엇이 이렇게 부서지는 파도가 빛을 발하게 하는 것일까?

생명체의 에너지

살아 있는 세포는 화학적 공장의 축소판으로, 수천 가지의 반응들이 미시 공간 내에서 발생한다. 당은 아미노산으로 바뀔 수 있어 필요할 때는 단백질로 전환된다. 그리고 음식물이 소화될 때 단백질은 아미노산으로 분해되어 당으로 전환될 수 있다. 다세포 생물에서는 많은 세포들이 생체의 다른 부분에서 사용될 화학적 산물들을 방출한다. 세포호흡으로 알려진 과정은 당이나 다른 연료에서 저장된 에너지를 뽑아냄으로써 세포를 이렇게 효율적으로 이끌어간다. 세포는 세포내부와 외부환경 간의 용질의 수송 등과 같은 다양한 유형의 작업을 수행하기 위하여 이 에너지를 활용한다.

좀 더 색다른 예를 보자. **그림 6.1**에서 보여주는 바닷물결은 그 내부에 있는 와편모조류라 불리는 자유롭게 떠 있는 단세포 해양생물에 의해서 밝게 빛을 발하게 된다. 이러한 와편모조류는 특정 유기물질로 저장된 에너지를 빛으로 변환시키는데 이 과정을 생물발광이라고 부른다. 대부분의 생물발광체들은 해양에서 발견되지만, 왼쪽 아래 그림에서 보는 생물발광 곰팡이 같은 것들은 육지에 존재한다. 세포에 의해서 수행되는 생물발광과 모든 다른 대사활동은 정밀하게 조화를 이루고 통제된다. 이러한 활동들의 복잡성, 효율성, 통합성 그리고 미묘한 변화에 대한 반응성 등을 고려한다면, 세포는 화학적 공장에 비할 바가 아니다. 이번 장에서 배우게 되는 물질대사의 개념들

은 여러분이 생명과정 동안 어떻게 물질과 에너지가 흐르는지 그리고 그 흐름이 어떻게 조절되는지를 이해하는 데 도움을 줄 것이다.

개념 6.1

생체의 물질대사는 열역학 법칙의 지배 하에서 물질과 에너지를 변형시킨다

생체의 화학적 반응들을 총칭하여 **물질대사(metabolism**; 그리스어 *metabole*이라는 '변화'에서 유래)라 부르기도 한다. 물질대사는 분자들 간의 질서 있는 상호작용에 의해서 생기는 생명체의 창발적 특성이다.

생명체의 화학이 대사경로로 조직화

교차되는 대사경로들을 정리하면, 세포의 물질대사는 한 세포 내에서 발생하는 수많은 화학적 반응들의 정교한 도로지도처럼 그릴 수 있다. 한 **대사경로(metabolic pathway)**는 특정 물질로부터 시작을 하며, 그 뒤 일련의 정교한 단계들을 거치면서 바뀌어져 어떤 최종생성물로 만들어진다. 경로의 각 단계는 특정한 효소에 의해서 촉매된다.

교통의 흐름을 통제하는 빨강, 노랑 그리고 초록의 신호등과 유사하게, 효소를 조절하는 기작들은 대사작용에서 공급과 수요의 균형을 맞춘다.

물질대사는 세포 내의 물질과 에너지 자원들을 총체적으로 관리한다. 어떤 대사경로는 복잡한 분자를 보다 단순한 화합물로 분해시킴으로써 에너지를 방출한다. 이러한 분해과정을 **이화작용경로(catabolic pathway)** 혹은 분해경로라고 부르기도 한다. 이화작용의 주요 경로의 하나는 산소 존재하에서 포도당과 다른 유기연료들을 이산화탄소와 물로 분해시키는 세포호흡이다. (경로들은 하나 이상의 시작물질이나 생성물질을 가질 수 있다.) 유기분자로 저장된 에너지는 세포 모양의 변화나 용질들의 수송 등과 같은 세포의 작업을 수행하기 위하여 사용된다. 반면에 **동화작용경로(anabolic pathway)**는 단순 분자로부터 복잡한 분자를 만들기 위해 에너지를 소비하는데, 가끔씩 이 과정을 생합성경로라고 부르기도 한다. 단순한 분자들에서부터 아미노산의 합성과 아미노산으로부터의 단백질 합성을 동화작용의 예로 들 수 있다. 이화작용과 동화작용 경로는 대사작용이라는 경치 중에서 "내리막(downhill)"과 "오르막(uphill)"길에 해당된다고 할 수 있다. 이화작용경로의 내리막 작용에서 방출된 에너지는 저장되어 동화작용경로의 오르막 반응을 추진하는 데 사용될 수 있다.

이번 장에서는 대사경로에 보편적인 기작들만 중점적으로 다루게 될 것이다. 에너지는 모든 대사 과정에 바탕이 되기 때문에 살아 있는 세포가 어떻게 일을 하는지를 이해하기 위해서는 에너지에 대한 기초 지식이 필요하다. 에너지를 공부하기 위해서 몇몇 비생물적 예를 사용할 것이지만, 이들 예로서 설명되는 개념들은 **생물에너지학(bioenergetics)**—어떻게 에너지가 생명체 전반에 흐르는가에 관한 학문—에도 적용이 된다.

에너지의 형태

에너지(energy)는 변화를 일으키는 능력이다. 일상생활에서 에너지는 중요한데, 그 이유는 어떤 형태의 에너지가 작업을 수행하기 위하여—즉, 중력이나 마찰력과 같이 상반된 힘에 거슬러 물질을 이동시키기 위하여—사용될 수 있기 때문이다. 달리 표현하면 에너지는 물질 더미를 재정리하는 능력이다. 예를 들어, 여러분은 이 책의 책장을 넘기기 위하여 에너지를 소비하며 여러분의 세포들은 막을 통하여 어떤 물질들을 수송하는데 에너지를 소비한다. 에너지는 다양한 형태로 존재하며, 생명체의 일은 한 유형의 에너지를 다른 유형으로 바꾸는 세포의 능력에 의존한다.

에너지는 물체의 상대적인 움직임과 관계되며, 이 에너지를 **운동에너지(kinetic energy)**라고 부르기도 한다. 움직이는 물체는 움직임을 다른 사물에 전달함으로써 작업을 수행한다. 당구를 치는 사람은 당구채의 운동을 이용하여 당구공을 밀어 움직이게 하고, 이는 다른 당구공을 차례로 움직이게 하며, 댐을 넘쳐 세차게 흘러나오는 물은 터빈을 돌리며, 다리 근육의 수축은 자전거 페달을 돌린다. **열에너지(thermal energy)**는 원자나 분자들의 무작위 운동과 관련된 운동에너지이며, 한 물체에서 다른 물체로 전달되는 열에너지를 **열(heat)**이라 한다. 또한 빛은 녹색식물에서 광합성작용을 가동케 하는 것과 같은 일을 수행하는데 이 경우 빛은 이용될 수 있는 에너지의 한 유형이다.

현시점에서 움직이지 않는 물체도 여전히 에너지를 갖고 있을 수 있다. 활동적이지 않은 에너지를 **위치에너지(potential energy)**라 하며, 이는 물질의 위치나 구조 때문에 물질이 갖게 되는 에너지이다. 예를 들어, 댐 뒤에 있는 물은 해발보다 높은 고도에 있기 때문에 에너지를 갖고 있다. 분자들은 그들의 원자들의 배열 때문에 에너지를 갖고 있다. **화학에너지(chemical energy)**는 화학반응에 사용되도록 방출되는 위치에너지를 생물학자들이 설명할 때 사용하는 용어이다. 이화작용경로는 복잡한 분자들을 분해하여서 에너지를 방출한다는 것을 상기하라. 포도당과 같이, 이런 복잡한 분자들은 화학에너지가 높다고 생물학자들은 말한다. 이화작용 반응 동안 어떤 결합은 끊어지고 어떤 결합은 형성되면서 에너지는 방출되고 낮은 에너지의 분해산물이 생성된다. 예를 들어, 이러한 변형은 자동차의 엔진에서도 일

▲ **그림 6.2 위치 및 운동 에너지 간의 변환**

어나는데, 가솔린의 탄화수소는 산소와 폭발적으로 반응하면서 피스톤을 밀고 배출가스를 생성하는 에너지를 방출한다. 비록 덜 폭발적이기는 하지만, 음식물 분자들이 산소와 일으키는 비슷한 반응은 생물체의 계에 화학에너지를 제공하며 노폐물로 이산화탄소와 물을 생성한다. 음식물 분자들로부터 화학에너지를 방출시키고 이로써 생명 과정을 가동시키는 것은 세포의 구조와 생화학적 경로들이다.

에너지는 어떻게 한 가지 형태에서 다른 형태로 변환되는가? 그림 6.2를 눈여겨보라. 다이빙대로 계단을 오르는 젊은 여자는 점심으로 먹었던 음식으로부터 화학에너지를 방출하고 있으며, 그 에너지의 일부는 올라가는 작업을 수행하기 위하여 사용되고 있다. 근육 움직임의 운동에너지는 이 여자의 물에 대한 상대적인 높이를 증가시키기 때문에 위치에너지로 변환되고 있다. 다이빙 하는 젊은 남자는 그의 위치에너지를 운동에너지로 변환시키며, 그가 물속으로 들어가는 만큼 물로 그것이 전달된다. 에너지 중 적은 양은 마찰 때문에 열로 소실된다.

이제 잠수부가 계단을 오르는 데 필요한 화학에너지를 제공했던 유기 음식물 분자들의 원래 출처를 생각해보자. 이 화학에너지 자체는 광합성 동안 식물에 의해서 빛에너지로부터 유래된 것이다. 생물은 에너지 변환기이다.

에너지 변환의 법칙

물질 더미에서 발생하는 에너지 변환에 관한 학문을 **열역학(thermodynamics)**이라 한다. 과학자들은 연구 중인 물체를 지칭하여 **계(system)**라는 단어를 사용하며, 우주의 나머지 부분—계 바깥의 모든 것—을 **주변환경(surroundings)**이라 부른다. 보온병 속의 액체와 비슷한 **고립된 계(isolated system)**는 그의 주변환경과 에너지나 물질을 교환할 수 없다. **열린계(open system)**에서 에너지와 물질은 계와 그의 주변환경 간을 이동할 수 있다. 생물은 열린계이다. 생물은 에너지—가령 빛에너지나 유기물질의 형태로 있는 화학에너지—를 받아들이고, 이산화탄소 같은 대사 노폐물과 열을 주변환경으로 방출한다. 열역학의 두 가지 법칙은 생물과 다른 모든 물체 더미에서의 에너지 변환을 지배한다.

열역학 제1법칙

열역학 제1법칙(first law of thermodynamics)에 따르면 우주의 에너지는 불변한다. 에너지는 이전되고 변형될 수는 있으나 창조되거나 소멸될 수는 없다. 제1법칙은 에너지 보존의 법칙(principle of

(a) **열역학 제1법칙:** 에너지는 이전되거나 변환될 수는 있지만 창조되지도 않을 뿐더러 소멸되지도 않는다. 예를 들어, 이 불곰 내부에서의 화학 반응은 물고기의 화학(위치)에너지를, 달리기를 위한 운동에너지로 전환시킬 것이다.

(b) **열역학 제2법칙:** 이전되거나 변환되는 모든 에너지는 우주의 무질서(엔트로피)를 증가시킨다. 예를 들어, 불곰이 달리는 동안 물질대사 부산물인 작은 분자들이나 열을 방출함으로써 불곰 주위의 무질서는 증가된다. 불곰은 시간당 35마일(56 km/hr)로 경주마처럼 빨리 달릴 수 있다.

▲ **그림 6.3 열역학의 두 가지 법칙**

conservation of energy)으로도 알려져 있다. 전기회사는 에너지를 만들어 내는 게 아니라 단지 에너지를 사용하기 편리한 형태로 바꾸기만 한다. 햇빛을 화학에너지로 바꿈으로써 초록식물은 에너지 변환자로 작용하지만 이들이 에너지 생산자는 아니다.

그림 6.3a에 있는 불곰은 생물학적 과정을 거치면서 음식물에 있는 유기물질들의 화학에너지를 운동에너지와 다른 형태의 에너지로 변환시킬 것이다. 일이 수행되고 나면 이 에너지는 어떻게 될 것인가? 열역학 제2법칙이 이 질문을 답하는 데 도움을 줄 것이다.

열역학 제2법칙

만약 에너지가 소멸될 수 없다면 왜 생물은 그들의 에너지를 몇 번이고 되풀이해서 간편하게 재활용할 수 없는 것일까? 매번의 에너지 이전과 변환 과정 동안 에너지 중 일부는 불용의 에너지가 되어 일을 수행하는 데 사용할 수 없다는 것이 밝혀졌다. 대부분의 에너지 변환에 있어서, 적어도 부분적으로는, 보다 쓸모 있는 형태의 에너지는 원자나 분자들의 무작위 운동과 관련된 에너지인 열로 바뀐다. 그림 6.3a의 음식물에서 얻은 화학에너지의 일부만 **그림 6.3b**에서 보여주는 불곰의 움직임으로 변환되며, 대부분은 주변환경으로 급속히 소실되는 열로서 잃어버리게 된다.

다양한 종류의 일을 수행하는 화학반응을 실행하는 과정에서 살아 있는 세포는 조직적인 형태의 에너지를 불가피하게 열로 변환시킨다. 보다 따뜻한 위치에서 찬 위치로 열이 이동하는 온도 차이가 있을 때에만, 계는 열을 일하는 데 사용할 수 있다. 만약 온도가 살아 있는 세포에서처럼 균등하다면, 화학반응 동안에 생성된 열에너지는 생물과 같은 물체의 몸통을 데우는 데만 사용된다. (이것은 사람들 각각이 많은 화학반응들을 하고 있어서 사람들로 꽉찬 방이 불쾌할 정도로 더워지게 만든다!)

열로서 유용 에너지가 환경으로 소실되는 결과는 각 에너지 이전이나 변환이 우주를 더 무질서하게 만든다는 것이다. 과학자들은 무질서 혹은 무작위성의 척도로서 **엔트로피(entropy)**라고 불리는 양을 사용한다. 더 무작위로 배열된 물질 더미는 그 엔트로피가 훨씬 크다. 이제 우리는 **열역학 제2법칙(second law of thermodynamics)**을 다음과 같이 말할 수 있다. 이전되거나 변환되는 모든 에너지는 우주의 엔트로피를 증가시킨다. 비록 질서가 국소적으로 증가될 수 있지만, 전체적으로 볼 때 우주의 무작위화는 막을 수 없는 경향이다.

어떤 조직화된 계의 구조가 물리적으로 붕괴되는 과정에서 많은 경우 명백하게 엔트로피가 증가한다. 예를 들어, 보존되지 않는 건물의 점진적인 부식에서 엔트로피가 증가되는 것을 관찰할 수 있다. 하지만 우주의 증가된 엔트로피의 많은 부분은 불분명한데, 그것은 아마도 엔트로피가 증가된 열의 양이나 덜 정돈된 물체의 형태를 갖기 때문이다. 그림 6.3b에서 곰이 화학에너지를 운동에너지로 바꾸면, 음식물의 분해산물인 작은 분자들과 열이 생성됨으로써 그 주변 환경의 무질서도 또한 증가된다.

엔트로피의 개념은 어떤 과정들이 왜 에너지 측면에서 호의적이며 독자적으로 발생하는지를 이해하는 데 도움을 준다. 어떤 과정이 스스로 엔트로피를 증가시킨다면, 그 과정은 어떤 에너지의 투입이 없이 일어날 수 있다는 것이 밝혀졌다. 그러한 과정을 **자발적 과정(spontaneous process)**이라 한다. 우리가 여기서 사용하는 것처럼, 자발적(spontaneous)이라는 단어는 그러한 과정이 신속히 일어난다는 뜻이 아니라 오히려 과정이 에너지 측면에서 호의적이라는 것을 의미한다는 것에 유의하라. 폭발과 같은 몇몇 자발적 과정들은 사실상 순간적이지만, 사용기간이 끝난 낡은 차가 부식되는 것과 같은 과정들은 아주 천천히 일어나게 된다.

독자적으로 봤을 때, 엔트로피를 감소시키는 과정은 비자발적이라고 말할 수 있다. 이는 계에 에너지가 공급되었을 때만 발생한다. 어떤 일들은 자발적으로 발생하고 어떤 일들은 자발적으로 발생하지 않는다는 것을 우리는 경험상 알고 있다. 예를 들어, 물은 자발적으로 내리막으로 흐르며, 어떤 기계가 중력을 거슬러 물을 퍼올리는 때처럼 에너지의 공급이 있을 때만 오르막으로 이동한다. 어떤 에너지는 불가피하게 열로 소실되어 주변의 엔트로피를 증가시키며, 그래서 에너지의 사용은 비자발적인 과정도 전체적으로는 반드시 우주의 엔트로피를 증가시키게 된다.

생물학적 질서와 무질서

살아 있는 계들은 열역학 법칙에 의해 예측되는 바와 같이 그들 주변환경의 엔트로피를 증가시킨다. 세포가 덜 조직화된 시작물질로부터 질서가 잡힌 구조들을 만들어 낸다는 것은 사실이다. 예를 들어, 훨씬 단순한 분자들이 더 복잡한 아미노산 구조로 조직화되고 아미노산들은 폴리펩타이드 사슬들로 조직화된다. 마찬가지로 생체 수준에서도 보다 단순한 시작물질로부터 생물학적

▲ **그림 6.4 생명체의 한 특성으로서의 질서.** 여기서 보여주는 성게의 골격과 다육식물의 세밀한 구조에서 명백히 질서가 드러난다. 생물은 열린계로서, 그들 주변환경의 질서가 감소하지 않는 이상 그들의 질서를 증가시킬 수 없다.

과정을 거쳐 복잡하면서도 아름답게 조직화된 구조를 갖게 된다 **(그림 6.4)**. 하지만 생물은 주변환경으로부터 정돈된 형태의 물질과 에너지를 획득하여 보다 무질서한 형태로 바꾸어 놓기도 한다. 예를 들어, 동물은 먹은 음식물로부터 전분과 단백질 그리고 다른 복잡한 분자들을 얻는다. 이화작용경로가 이 물질들을 분해하게 되면, 동물은 이산화탄소와 물—음식물이 비축하고 있는 것보다 적은 화학에너지를 갖는 작은 분자들—을 방출한다(그림 6.3b). 화학에너지의 고갈은 물질대사 동안에 생성된 열로 설명된다. 보다 큰 규모에서 보면, 에너지는 빛의 형태로 생태계에 들어오며 열의 형태로 떠나게 된다(그림 1.10).

생명체의 초기 역사 동안에는 보다 단순한 조상으로부터 복잡한 생물체가 진화되었다. 예를 들어, 식물계의 선조는 녹조류라 불리는 훨씬 더 단순한 생물체에서부터 더 복잡한 현화식물까지 더듬어 올라갈 수 있는데, 오랫동안 점차 조직화되는 것은 결코 제2법칙을 위반하지 않는다. 우주(universe)—계와 그 주변환경을 포함—의 전체 엔트로피가 증가한다면, 생물과 같은 특정 계의 엔트로피는 실제로는 감소할 것이다. 그래서 생물은 더욱더 무작위로 되어가는 우주 내에 있는 낮은 엔트로피의 섬이다. 생물학적 질서의 진화는 열역학의 법칙들과 완전하게 일치한다.

개념 확인 문제 6.1

1. **MAKE CONNECTIONS** 막을 통과하여 물질이 확산되는 것을 설명하는 데 열역학 제2법칙이 어떻게 도움을 주는가? (그림 8.10 참조)
2. 나무에서 사과가 자라면서, 그 후 땅에 떨어지고 그리고 그 사과를 먹은 어떤 사람에 의해서 소화되는 과정 동안, 사과 내에서 발견되는 에너지의 형태들을 기술하라.
3. **WHAT IF?** 만약 물이 들어 있는 유리잔의 바닥에 한 찻숟가락 분량의 설탕을 둔다면 시간이 지나면서 완전히 녹게 된다. 더 오래 두면 최종적으로 물은 사라지고 설탕 결정은 다시 나타나게 된다. 엔트로피의 개념에서 이 관찰을 설명하라.

정답은 부록 A 참조

개념 6.2

반응의 자유에너지 변화는 그 반응이 자발적으로 일어날지 아닐지를 말해준다

우리가 방금 검토하였던 열역학의 법칙들은 우주 전체에 적용된다. 우리는 생물학자로서 생명체의 화학반응들—예를 들어, 어떤 반응들이 자발적으로 일어나며 어떤 것들이 외부로부터 약간의 에너지를 공급받아야 하는지—을 이해하기 원한다. 그러나 각각의 독자적인 반응에 대한 전체 우주의 에너지 및 엔트로피 변화를 생각하지 않고서 어떻게 우리가 이것을 알 수 있겠는가?

자유에너지 변화, ΔG

우주는 "계(the system)"와 "주변환경(the surroundings)"을 합한 것과 실제로 같다는 것을 상기하라. 1878년, 예일대학교 깁스 교수(J. Willard Gibbs)는 어떤 계(그 주변 환경을 고려하지 않은)에 대한 깁스 자유에너지라고 불리는 매우 유용한 함수를 정의하였고, 이를 글자 G로 표시하였다. 깁스 자유에너지를 단순히 자유에너지로 언급할 것이다. **자유에너지(free energy)**는 살아 있는 세포와 같이 그 계 전체에서 온도와 압력이 일정할 때 작업을 수행할 수 있는 어떤 계의 에너지 일부이다. 어떤 계가 변화—예를 들어, 화학반응 동안—할 때 발생하는 자유에너지 변화를 어떻게 우리가 측정할것인가를 생각해 보자.

어떤 화학반응에 대한 자유에너지 변화, G는 다음의 식으로 계산할 수 있다.

$$\Delta G = \Delta H - T\Delta S$$

이 식은 그 계(반응)의 성질만을 이용한다. 즉, ΔH는 계의 엔탈피(enthalpy; 생물적 계에서 전체 에너지와 동일)를 표시한 것이고, ΔS는 계의 엔트로피 변화이며, T는 켈빈(K) 단위의 절대온도이다(K = ℃ + 273, 부록 C 참조).

어떤 과정에 대한 ΔG의 수치를 알고 있다면, 우리는 이 반응이 자발적일 것인가 아닌가를 예측하는데 ΔG의 수치를 사용할 수 있다(즉, 그 반응이 외부로부터 에너지의 공급 없이 움직일 수 있는지 혹은 아닌지). 100년 이상의 실험을 통해서 마이너스 ΔG를 갖는 과정들만 자발적이라는 것을 보여주었다. ΔG가 음의 값을 갖기 위해서는 ΔH가 음의 값이어야만 하거나(계는 엔탈피를 포기하거나 H가 감소하여야 함) $T\Delta S$가 양의 값이어야만 하거나(계가 질서를 포기하거나 S가 증가하여야 함), 혹은 둘 다이어야 한다. 즉, ΔH와 $T\Delta S$를 계산하였을 때, 모든 자발적인 과정에서 ΔG는 음의 값($\Delta G < 0$)을 갖는다. 다르게 표현하자면 매번의 자발적인 과정은 그 계의 자유에너지를 감소시킨다. 양의 값이나 제로값의 ΔG를 갖는 과정들은 결코 자발적이지 않다.

어떠한 종류의 변화가 도움 없이 일어날 수 있는가를 예측할 수 있게 하기 때문에 생물학자들에게는 이 정보가 매우 흥미롭다. 그러한 자발적인 변화는 일을 수행하는 데 이용될 수 있다. 살아 있는 세포 작업을 위한 에너지를 제공할 수 있는가를 결정하는 것이 주요 목표라고 할 수 있는 물질대사학에서 이 원리는 매우 중요하다.

자유에너지, 안정성 그리고 평형

앞의 절에서 보았던 것처럼, 어떤 과정이 계 내에서 자발적으로 일어날 때, ΔG는 음의 값이라는 것을 확신할 수 있다. ΔG를 달리 생각해 보면, 이는 마지막 상태의 자유에너지와 최초 상태의 자유에너지 간의 차이를 나타낸다는 것을 알게 된다.

$$\Delta G = G_{\text{마지막 상태}} - G_{\text{최초 상태}}$$

따라서 그 과정이 처음 상태에서 마지막 상태로 변화되는 동안에 자유에너지의 손실을 수반하고 있을 때, ΔG는 음의 값이 될 수 있다. 마지막 상태는 자유에너지를 덜 갖고 있기 때문에 그 상태에서의 계는 덜 변화될 것이며, 따라서 이전의 상태보다는 더 안정적이다.

어떤 계의 불안정성—더 안정한 상태로 변화하려는 계의 경향—의 측정치로서 자유에너지를 생각할 수 있다. 불안정한 계(높은 G)는 더 안정하게(낮은 G) 되려는 방식으로 변화되는 경향이 있다. 예를 들어, 잠수대 꼭대기에 있는 다이빙 선수는 물에 떠 있을 때보다 덜 안정적이고(떨어질 가능성이 높고), 한 방울의 농축된 염료는 그 물감이 액체 전체에 골고루 퍼질 때보다 덜 안정적이며(퍼질 가능성이 높으며), 또한 당분자는 그것이 분해된 더 단순한 분자일 때보다 덜 안정적이다(분해될 가능성이 높다; **그림 6.5**). 그것을 방해하는 어떤 것이 없다면, 이 계들의 각각은 안정도가 높아지는 쪽으로 움직여질 것이다. 즉, 다이빙 선수는 다이빙하고, 용액은 균일하게 염색되며, 그리고 당분자는 작은 분자들로 분해된다.

안정성이 최대인 상태를 묘사하는 다른 용어는 화학반응과 연결해서 2장에서 배웠던 **평형**(equilibrium)이다. 화학적 평형을 포함한 평형과 자유에너지 간에는 중요한 관계가 있다. 대부분의 화학반응들은 가역적이며 전진과 후진 반응이 같은 속도로 일어나는 지점으로 향한다는 것을 상기하라. 그때는 반응이 화학적 평형에 있다고 말할 수 있고, 생성물과 반응물의 상대적 농도에서 순변화는 더 이상 없다.

어떤 반응이 평형으로 향할 때, 반응물과 생성물 혼합액의 자유에너지는 감소한다. 약간의 생성물이 제거(그래서 반응물의 농도에 비교해서 생성물의 농도가 바뀌는)되어서든 어쨌든 반응이 평형으로부터 멀어질 때는 자유에너지가 증가한다. 평형 상태에 있는 계에 대한 G는 그 계에서 가능한 가장 낮은 수치이다. 우리는 평형 상태를 에너지 계곡으로 생각해 볼 수 있다. 평형 위치로부터 어떤 변화는 양의 값의 ΔG를 가지게 되어 자발적이지 않게 될 것이다. 이러한 이유로 계는 평형으로부터 자발적으로 벗어나지는 않는다. 평형에 있는 계는 자발적으로 변화할 수 없기 때문에 어떤 일도 수행할 수 없다. 어떤 과정이 평형을 향하여 이동되고 있을 때만 그 과정은 자발적이면서 일을 수행할 수 있다.

자유에너지와 물질대사

이제 우리는 자유에너지 개념을 생명체 과정의 화학에 더 구체적으로 적용할 수 있다.

물질대사에서의 발열반응과 흡열반응

자유에너지 변화에 근거해서 화학적 반응들은 발열["에너지 방출성(energy outward)"] 혹은 흡열["에너지 흡입성(energy inward)"]

• 더 많은 자유에너지(높은 G)
• 덜 안정적
• 더 많은 작업능력

자발적인 변화에서
• 계의 자유에너지는 감소한다 ($\Delta G < 0$).
• 계는 더 안정된다.
• 방출된 자유에너지는 일을 할 수 있게 동력화시킨다.

• 더 적은 자유에너지(낮은 G)
• 더 안정적
• 더 적은 작업능력

(a) **중력운동.** 물체는 높은 고도에서 낮은 곳으로 자발적으로 이동한다.

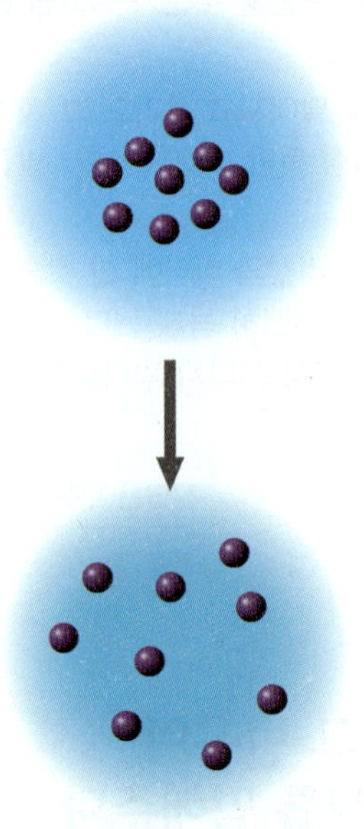

(b) **확산.** 한 방울의 색소에 들어 있는 분자들은 무작위로 흩어지게 될 때까지 확산한다.

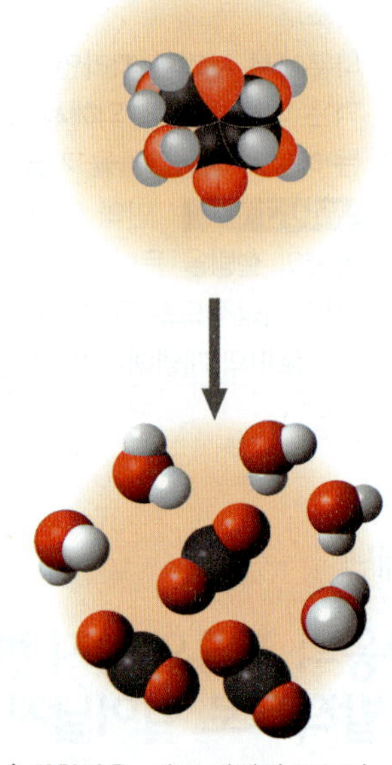

(c) **화학반응.** 세포 내에서 포도당 분자체는 더 단순한 분자체로 분해된다.

▲ **그림 6.5 안정성과 작업능력 그리고 자발적 변화에 대한 자유에너지의 관계.** 불안정한 계들(그림 위)은 자유에너지 혹은 G가 풍부하다. 그들은 자발적으로 더 안정적인 상태(그림 아래)로 변화하는 경향을 가지며, 이러한"내리막(downhill)" 변화는 일을 수행하게 할 수 있다.

MAKE CONNECTIONS (b)에서 보여주는 분자들의 재분포를 그림 8.17에서 보여주는 양성자 펌프에 의해 수소이온(H^+)들이 막을 가로질러 수송되어서 막 양쪽에 H^+ 이온의 농도차이가 생성되는 것과 비교하라. 어떤 시스템(들)이 작용하는가?

▼ **그림 6.6 발열반응과 흡열반응에서의 자유에너지 변화(ΔG)**

(a) 발열반응: 방출된 에너지, 자발적

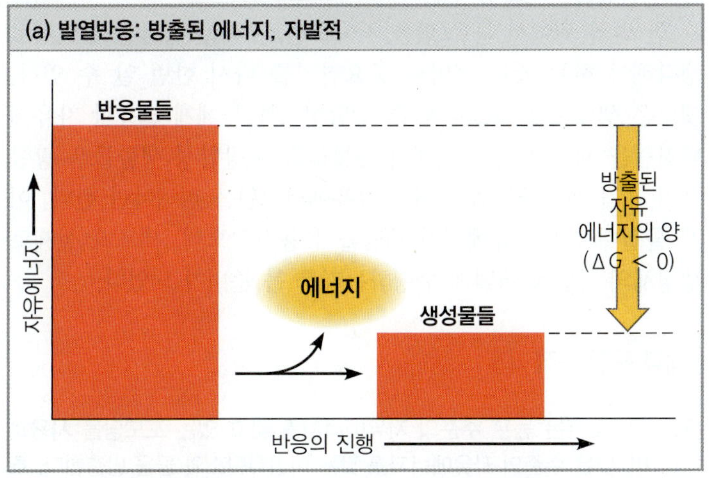

(b) 흡열반응: 필요한 에너지, 비자발적

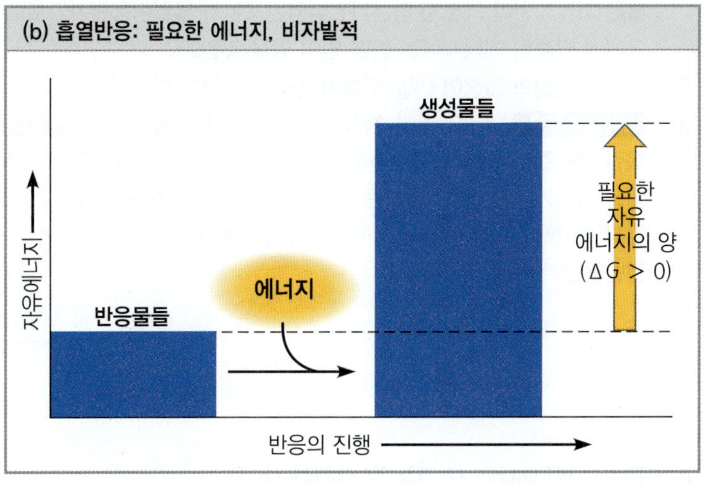

로 대별할 수 있다. **발열반응(exergonic reaction)**은 자유에너지의 순방출을 계속한다(**그림 6.6a**). 화학적 혼합물은 자유에너지를 잃기 때문에(G 감소됨), 발열반응에서 ΔG는 마이너스이다. 자발성에 대한 기준으로서 ΔG를 사용하면 발열반응들은 자발적으로 발생하는 반응이다. [자발적(spontaneous)이라는 용어는 어떤 반응이 순간적으로 혹은 더욱 재빨리 발생한다는 의미를 내포하지는 않는다는 것을 기억하라.] 어떤 발열반응에 대한 ΔG의 크기는 그 반응이 수행할 수 있는 일의 최대량을 나타낸다.* 자유에너지가 더 많이 감소하면 할수록 행해질 수 있는 작업의 양은 더 많아진다.

한 예로서 세포호흡에 대한 전체 반응을 사용할 수 있다.

$$C_6H_{12}O_6 + 6\ O_2 \rightarrow 6\ CO_2 + 6\ H_2O$$
$$\Delta G = -686\ \text{kcal/mol}\ (-2{,}870\ \text{kJ/mol})$$

"표준조건(standard condition)"(반응물과 생성물의 각 1 *M*, 25°C, pH 7)이라는 조건하에서 호흡에 의해서 분해되는 포도당 1몰(180 g)에 의해 일을 할 수 있는 686 kcal(2,870 kJ)의 에너지가 만들어 진다. 에너지는 보존되기 때문에, 호흡의 화학적 산물들은 반응물보다 몰당 686 kcal가 적은 자유에너지만을 저장한다. 생성물이란 어떤 의미에서 당분자체에 저장된 자유에너지를 뽑아내는 과정에서 사용한 배출물이다.

결합을 끊는 것이 에너지를 방출하지 않고, 곧 배우게 되듯이 반대로 에너지가 필요하다는 것을 아는 것이 중요하다. "결합에 저장된 에너지"라는 구절은 위치에너지를 약칭하는 것으로 생성물이 반응물보다 더 낮은 자유에너지를 가질 때 원래의 결합이 끊어진 후 새로운 결합이 생성될 때 방출될 수 있다.

흡열반응(endergonic reaction)은 주변환경으로부터 자유에너지를 흡수하는 반응이다(**그림 6.6b**). 본래 이러한 종류의 반응은 분자에 자유에너지를 저장(store)하기 때문에(G 증가함), ΔG는 양의 값이다. 그러한 반응들은 비자발적이며, ΔG의 크기는 그 반응을 이끌어내는 데 요구되는 에너지의 양이다. 만약 어떤 화학반응이 한쪽 방향으로 에너지를 방출하는 발열(내리막) 과정이라면, 반대 과정은 에너지를 사용하는 흡열(오르막) 과정이어야 한다. 가역적 과정은 양쪽 방향으로 내리막일 수는 없다. 당과 산소를 이산화탄소와 물로 변환하는 호흡에 대한 ΔG 값이 −686 kcal/mol이면, 그 반대 과정—이산화탄소와 물에서 당과 산소로 변환—은 ΔG값이 +686 kcal/mol을 갖는 확실하게 흡열 과정이어야 한다. 그러한 반응은 결코 저절로 일어나지 않는다.

그러면 식물들은 생물이 에너지로 사용하는 당을 어떻게 만들어내는가? 그들은 빛을 포착하여 그 에너지를 화학에너지로 변환함으로써 필요한 에너지—1몰의 당을 만들기 위한 686 kcal—를 환경으로부터 얻는다. 그런 다음, 식물은 당분자를 조립하기 위하여 긴 일련의 발열단계들에서 그 화학에너지를 점차 소비한다.

평형과 물질대사

그림 6.7의 고립된 수력 발전계에서 예시된 것처럼, 고립된 계에서의 반응들은 결국은 평형에 도달되며 작업을 할 수 없게 된다. 물질대사의 화학반응들은 가역적이며, 시험관 같은 분리된 곳에

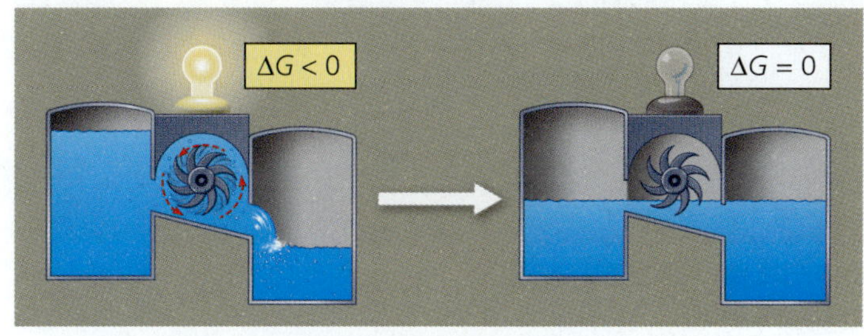

▲ **그림 6.7 고립된 수력발전계에서의 평형과 일.** 내리막으로 흐르는 물은 터빈을 돌려서 백열전구에 전력을 제공하는 발전기에 동력을 제공하는데 그 계가 평형에 도달할 때까지만 돌린다.

* 약간의 자유에너지는 열로 방출되며 일을 할 수 없기 때문에, 최대(maximum)라는 용어는 이 설명에 적절하다. 따라서 ΔG는 유효한 에너지의 이론적인 상한선을 나타낸다.

서 일어나면 그 반응들도 역시 평형에 도달된다. 평형에 있는 계는 최저의 G에 있으며 일을 할 수 없기 때문에 대사 평형에 도달한 세포는 죽는다. 전체 물질대사는 결코 평형에 있지 않다는 사실은 생명체를 정의하는 특성 중의 하나이다.

대부분의 계와 같이 살아 있는 세포는 평형에 있지 않다. 물질들이 세포의 안팎으로 계속 이동하는 것은 물질대사경로들이 언제나 평형에 도달하지 않도록 해주며, 세포는 그 일생을 통하여 일을 계속적으로 수행한다. 이 원리는 **그림 6.8a**의 열린(그래서 더 현실적인) 수력발전계로써 설명되었다. 하지만 물이 아래로 흘러서 단일 터빈을 돌리는 이 단순한 단일 단계와 달리 세포 내의 이화작용경로는 일련의 반응들에서 자유에너지를 방출한다. 한 가지 예는 세포호흡인데, 이는 **그림 6.8b**에 비슷한 그림으로 도식화되어 있다. 호흡의 가역적 반응들 중 어떤 것들은 한 쪽 방향으로 계속적으로 "끌어당겨지고(pulled)" 있다—즉, 그들은 평형으로부터 떨어져 있다. 이렇게 평형이 되지 않도록 유지하는 열쇠는 한 반응의 생성물이 축적되지 않는 대신, 다음 단계의 반응물이 되며, 최종적으로는 노폐물들을 세포 바깥으로 내보내는 것이다. 반응들의 전체 순서는 에너지 "언덕(hill)" 꼭대기에 있는 포도당 및 산소와, "내리막(downhill)" 끝에 있는 이산화탄소와 물 사이의 자유에너지의 큰 차이에 의해서 계속된다. 세포들이 포도당이나 다른 연료들 그리고 산소를 지속적으로 공급받을 수 있고 노폐물을 주변환경으로 내버릴 수 있는 한, 그들의 대사작용경로는 결코 평형에 도달하지 않으며 생명체의 일을 계속적으로 수행할 수 있다.

(a) **열린 수력발전계.** 물의 흡입과 배출은 그 계가 평형에 도달하지 못하도록 하기 때문에 터빈을 통해 흐르는 물은 계속적으로 발전기에 동력을 제공한다.

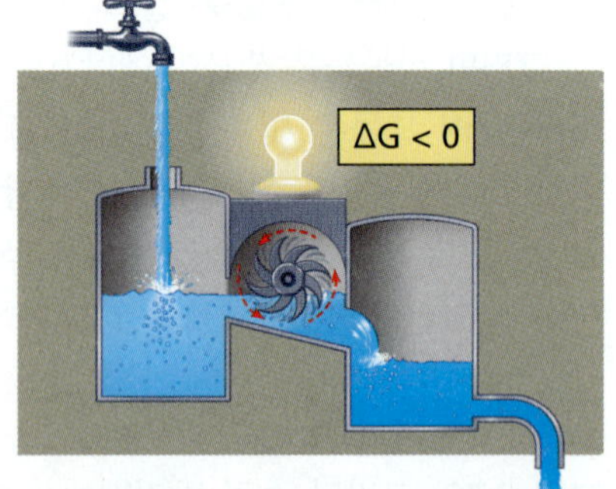

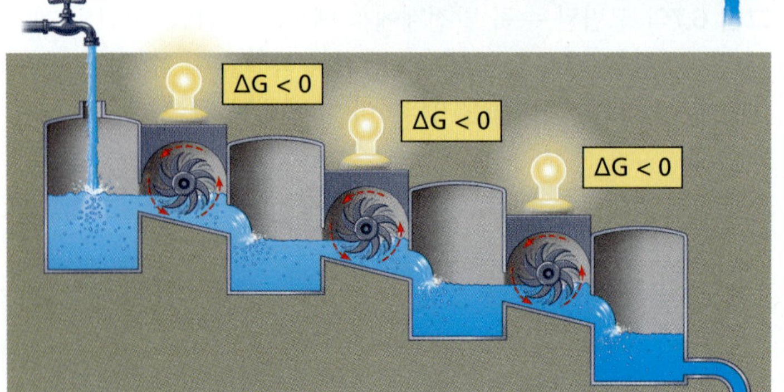

(b) **다단계 열린 수력발전계.** 세포호흡은 이 계와 유사하다. 포도당은 세포의 작업에 동력을 제공하는 일련의 발열반응에서 분해된다. 각 반응의 생성물은 다음 반응의 반응물이 되며 그래서 어떤 반응도 평형에 도달하지 않는다.

▲ **그림 6.8 열린계에서의 평형과 일**

한 발짝 뒤에서 큰 그림을 쳐다보면, 우리는 생물을 열린계로 생각해야 하는 것이 얼마나 중요한가를 다시 한번 알 수 있다. 햇빛은 생태계의 식물과 다른 광합성 생물들에게 일용할 자유에너지원을 제공한다. 생태계의 동물들과 비광합성 생물들은 광합성의 유기 생성물들의 형태로 자유에너지원을 취해야만 한다. 이제 물질대사에 자유에너지 개념을 응용하였으니, 세포가 실제로 생명체의 작업을 어떻게 수행하는지를 볼 준비가 되었다.

개념 확인 문제 6.2

1. 세포호흡은 높은 수준의 자유에너지를 갖고 있는 포도당을 사용하며, 낮은 수준의 자유에너지를 갖는 이산화탄소와 물을 방출한다. 호흡은 자발적인가 그렇지 않은가? 발열반응인가 흡열반응인가? 포도당에서 방출된 에너지에는 어떤 일이 있을 것인가?
2. 분해와 합성의 과정이 어떻게 그림 6.5c와 관련이 되는가?
3. **WHAT IF?** 어떤 파티 참석자들은 깜깜한 곳에서 빛을 발하는 목걸이를 걸친다. 이 목걸이들은 대개 살짝 꺾는 한번의 "활성화"로 빛을 발하기 시작하는데, 이는 두 개의 화합물이 반응을 하여 "화학발광"의 형태로 빛을 내는 것이다. 이 화학반응은 발열반응인가 흡열반응인가? 답을 설명하라.

정답은 부록 A 참조

개념 6.3

ATP는 발열반응과 흡열반응을 짝지어줌으로써 세포작용에 필요한 원동력을 공급한다

세포는 세 가지 종류의 중요한 작업을 한다.

- 화학적 작업(chemical work), 단량체로부터 중합체의 합성과 같이 자발적으로 발생하지 않는 흡열반응의 추진(화학적 작업은 이 장에서 설명이 되며, 10, 11장에서 다시 나온다)
- 수송 작업(transport work), 자발적인 이동 방향을 거슬러서 물질들을 막을 가로질러 퍼올림(8장)
- 기계적인 작업(mechanical work), 섬모의 움직임(7장)과 근육세포의 수축 그리고 세포 복제 동안의 염색체들의 이동 등과 같은 일

이 작업을 하게끔 세포가 그 에너지 자원들을 관리하는 방법의 중요한 특성의 하나는 발열 과정을 이용하여 흡열 과정을 추진하게 하는 **에너지 연계(energy coupling)**이다. ATP는 세포 내의 대부분의 에너지 연계를 중재하는 책임이 있으며, 대부분의 경우 세포작업에 동력을 공급하는 직접적인 에너지원으로서 작용한다.

ATP의 구조와 가수분해

ATP(아데노신 3인산, adenosine triphosphate)는 우리가 기능기로서 인산기를 논의했을 때 소개되었다(개념 4.3). ATP는 질소성 염기인 아데닌을 갖는 리보오스 당과 그것에 결합된 일련의 3개의 인산기(삼인산기)를 갖는다(**그림 6.9a**). 에너지 연계에서의 역할뿐 아니라, ATP는 RNA를 만들 때 사용되는 뉴클레오시드 3인산 중의 하나이기도 하다(그림 5.24).

ATP 인산기들 간의 결합은 가수분해로 끊어진다. 말단 인산결합이 끊어지면, 한 분자의 무기인산($HOPO_3^{2-}$, 이 책 전체에서 약자로 Ⓟ$_i$ 사용)이 ATP에서 떨어지고 아데노신 2인산인 ADP가 된다(**그림 6.9b**). 그 반응은 발열반응이며 가수분해되는 ATP 1몰당 7.3 kcal의 에너지가 방출된다.

$$\text{ATP} + H_2O \rightarrow \text{ADP} + Ⓟ_i$$
$$\Delta G = -7.3 \text{ kcal/mol } (-30.5 \text{ kJ/mol})$$

이것은 표준조건 하에서 측정된 자유에너지이다. 세포 내에서 조건들은 주로 반응물이나 생성물이 1 *M*과는 차이나기 때문에 표준조건을 충족시키지 못한다. 예를 들어, 세포의 조건 하에서 ATP 가수분해가 일어난다면, 실제 ΔG는 약 −13 kcal/mol로서, 표준조건 하에서의 ATP 가수분해에 의해서 방출되는 에너지보다 78% 더 크다.

ATP 인산결합들의 가수분해는 에너지를 방출하기 때문에 때때로 그들을 고에너지 인산결합이라고 부르기도 하는데, 그러나 이 용어는 오해의 소지가 있다. ATP의 인산결합은 "고에너지(highenergy)"가 암시하는 것처럼 비정상적으로 강한 결합은 아니며, 오히려 분자반응물들(ATP와 물) 그 자체가 생성물들(ADP와 Ⓟ$_i$)의 에너지에 비해 높은 에너지를 갖는다. ATP 가수분해 동안의 에너지 방출은 더 낮은 자유에너지 상태로의 화학적 변화에서 나오지 인산결합 자체에서 나오는 것은 아니다.

ATP가 인산기를 잃으면서 방출하는 에너지는 대부분의 다른 분자체들이 배출하는 에너지보다는 다소 크기 때문에 ATP는 세포에 매우 유용하다. 그러면 이 가수분해가 왜 그렇게 많은 에너지를 방출할까? 만약 우리가 그림 6.9a의 ATP 분자체를 재조사해 보면, 모든 3개의 인산기가 음전하를 갖는다는 것을 알 수 있다. 이 같은 전하들이 함께 혼잡하게 있으면, 그들의 상호 반발력은 ATP 분자의 이 지역을 불안정하게 한다. ATP의 3인산 꼬리는 꾹 눌려진 스프링과 화학적으로 동등하다.

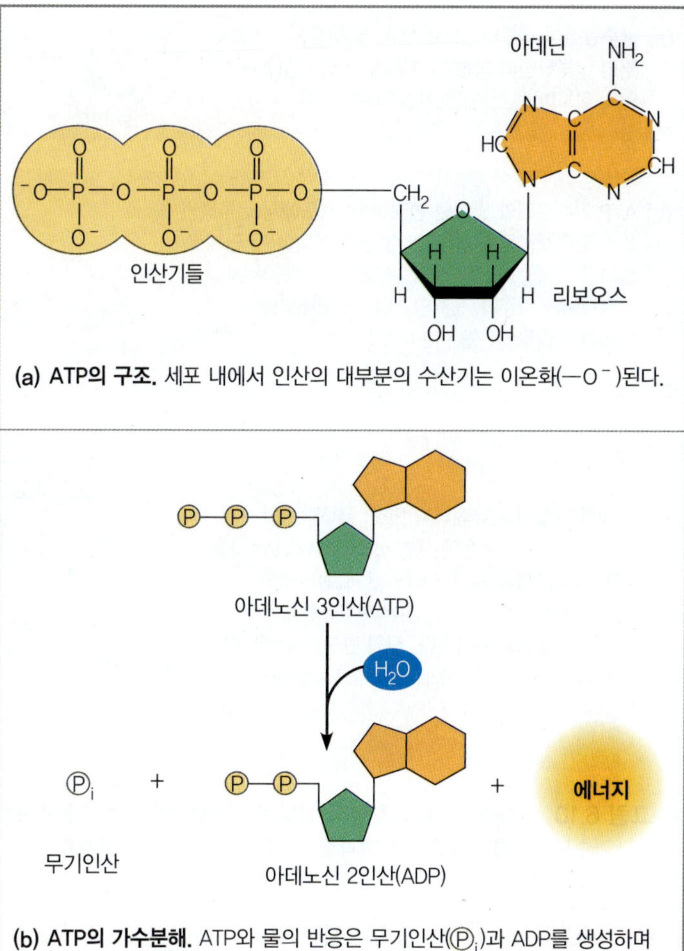

(a) **ATP의 구조.** 세포 내에서 인산의 대부분의 수산기는 이온화(−O⁻)된다.

(b) **ATP의 가수분해.** ATP와 물의 반응은 무기인산(Ⓟ$_i$)과 ADP를 생성하며 에너지를 방출한다.

▲ **그림 6.9 아데노신 3인산(ATP)의 구조와 가수분해.** 이 책 전체에서 (a)에서의 삼인산기의 화학구조는 (b)에 보여주는 것처럼 3개의 결합된 노란 동그라미로 표시될 것이다.

ATP의 가수분해는 어떻게 일을 수행하나

시험관 내에서 ATP가 가수분해될 때, 자유에너지 방출은 단지 주변 물만 데울 뿐이다. 생물에서는 똑같은 열의 생성이 때때로 유익할 수 있다. 예를 들어, 오한으로 몸을 떠는 과정은 근육이 수축되는 동안의 ATP 가수분해를 사용하여 열을 생성시키고 신체를 따뜻하게 한다. 하지만 세포 내의 대부분의 경우에서 단순한 열의 생성은 유용한 에너지 자원을 비능률적(그리고 어쩌면 위험한)으로 사용하는 것일 수 있다. 오히려 세포의 단백질들은 여러 가지 방법으로 ATP 가수분해 동안 에너지를 방출하게 하여 세 가지 유형의 세포작업—화학적, 수송, 기계적—을 수행한다.

예를 들어, 특정한 효소들의 도움으로 세포는 ATP 가수분해에서 방출되는 에너지를 흡열과정인 화학반응이 일어나는데 직접 사용할 수 있다. 만약 어떤 흡열반응의 ΔG가 ATP 가수분해에 의해 방출되는 에너지의 양보다 적다면, 그 두 반응은 연계될 수 있고, 그래서 연계된 전체 반응은 발열반응이 된다. 이는 대개 ATP의 인산기가 생성물과 같은 어떤 다른 분자에 전달되는 과정을 포함한다. 그때 인산기의 수령자는 인산화된 **중간대사산물(phosphorylated intermediate)**이라고 한다. ATP에 의한 발열반응과 흡열반응 연계의 핵심은 인산화되지 않았던 원래 분자보다 반응성이 더 있는(덜 안정적인), 이러한 인산화된 중간산물의 형성이다(**그림 6.10**).

(a) 글루탐산이 글루타민으로 변환. 글루탐산(Glu)으로부터 글루타민의 합성 그 자체는 흡열반응(ΔG는 양의 값)이어서, 반응은 자발적이지 않다.

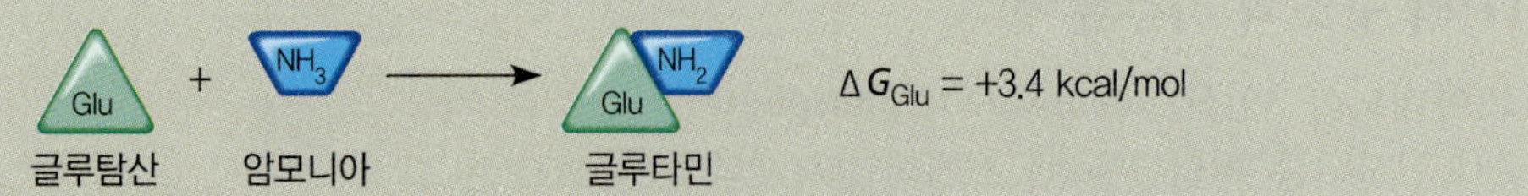

(b) ATP 가수분해와 연계된 변환반응: 세포에서 글루타민 합성은 인산화된 대사중간산물과 연계되어 두 단계로 일어난다. ❶ ATP는 글루탐산을 인산화하여 덜 안정적이게 만든다. ❷ 암모니아는 인산기를 대체하고 글루타민을 만든다.

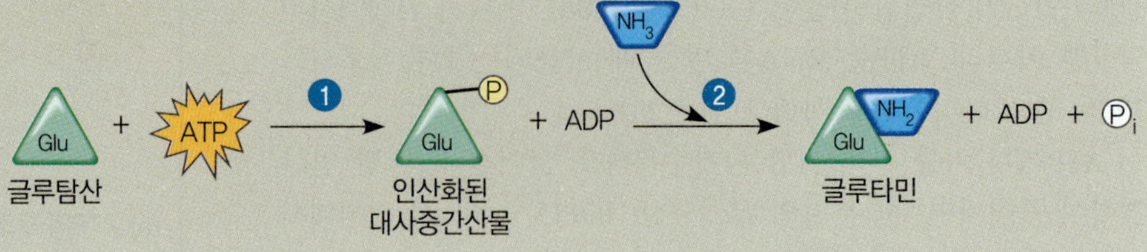

(c) 연계된 반응의 자유에너지 변화: 글루탐산의 글루타민으로의 변환에 대한 ΔG(+3.4 cal/mol)를 ATP 가수분해에 대한 ΔG(−7.3 kcal/mol)와 합치면 전체 반응에 대한 자유에너지 변화(−3.9 kcal/mol)가 나온다. 전체 반응은 발열반응(순 ΔG가 음의 값)이므로 자발적으로 일어난다.

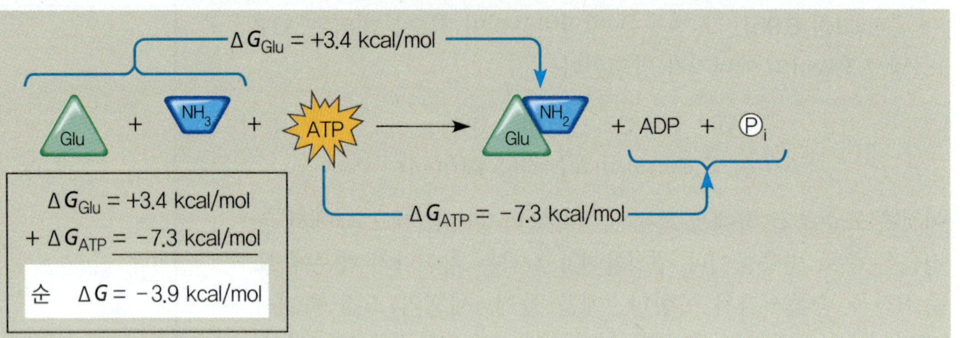

▲ **그림 6.10 ATP는 어떻게 화학적 일을 수행하는가: ATP 가수분해를 이용한 에너지 연계.** 이번 예에서 ATP 가수분해의 발열과정은 흡열과정—글루탐산과 암모니아로부터 아미노산인 글루타민의 세포내 합성—을 추진하는 데 이용된다.

MAKE CONNECTIONS 그림 5.14를 참고하여, 왜 이 그림에서는 글루타민(Gln)이 아미노기가 붙어 있는 글루탐산(Glu)으로 그려져 있는지 설명하라.

또한 세포의 수송과 기계적인 작업은 거의 항상 ATP 가수분해에 의해서 동력을 제공받는다. 이러한 경우에 ATP 가수분해는 단백질의 모양이나 다른 분자와의 결합 능력에 변화를 가져다준다. 때때로 이는 **그림 6.11a**의 수송 단백질에 대해서 보여주는 것처럼 어떤 인산화된 중간대사산물을 통해서 일어난다. 세포골격 요소를 따라 운동 단백질들이 "걸어가는" 것(**그림 6.11b**) 등을 포함하는 기계적인 작업의 대부분의 경우에는 운동 단백질에 ATP가 비공유결합으로 결합하는 것에서부터 처음 시작된다. 다음에는 ATP가 가수분해되어 ADP와 $Ⓟ_i$를 방출한다. 그런 다음 다른 ATP 분자가 결합한다. 각 단계마다 운동 단백질은 그 모양과 세포골격에 결합하는 능력이 변하면서 세포골격의 선로를 따라서 단백질이 이동하게 된다. 인산화와 탈인산화도 많은 다른 중요한 세포 과정에서 중대한 단백질 모양의 변화를 촉진한다.

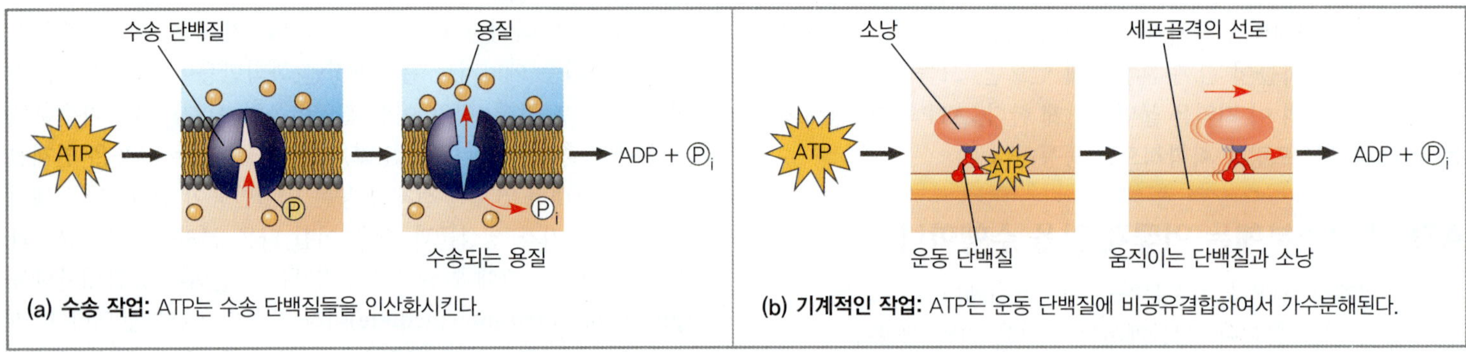

(a) **수송 작업:** ATP는 수송 단백질들을 인산화시킨다.

(b) **기계적인 작업:** ATP는 운동 단백질에 비공유결합하여서 가수분해된다.

▲ **그림 6.11 ATP는 어떻게 수송 및 기계적인 작업을 추진하는가.** ATP 가수분해는 단백질의 모양과 결합 친화력을 변화시킨다. 이는 (a) 용질의 적극적 수송을 수행하는 막단백질에서 보여주는 것처럼 인산화에 의해서 직접적으로(그림 8.15), 혹은 (b) 세포 내에서 세포골격의"선로"를 따라 소낭들(그리고 다른 소기관들)을 이동시키는 운동 단백질의 경우(그림 7.21)에서처럼 ATP의 비공유결합과 그 가수분해산물을 통해서 간접적으로 일어난다.

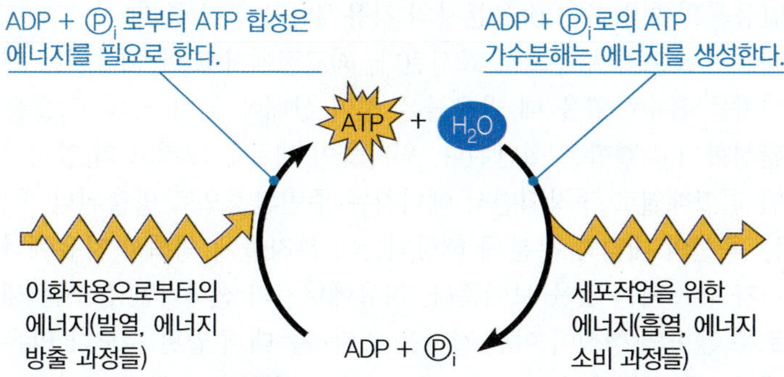

▲ **그림 6.12 ATP 회로.** 세포 내의 분해반응들(이화작용)에 의해서 방출된 에너지는 ADP 인산화에 사용되어 ATP를 재생한다. ATP에 저장된 화학적 위치에너지는 대부분의 세포 작업을 가동시킨다.

ATP의 재생

생물은 일을 하면서 계속적으로 ATP를 사용하지만, ATP는 ADP에 인산을 첨가하여 재생될 수 있는 갱신 가능한 자원이다**(그림 6.12)**. ADP를 인산화시키는 데 필요한 자유에너지는 세포 내의 발열 분해반응(이화작용)으로부터 나온다. 이러한 무기인산과 에너지의 순환을 ATP 회로라 부르기도 하며, 이는 세포의 에너지 생성(발열) 과정과 에너지 소비(흡열) 과정을 연계시킨다. ATP 회로는 놀라운 속도로 진행된다. 예를 들어, 작업 중인 근육세포는 1분 이내에 전체 ATP 모두를 재순환시킨다. 그러한 뒤바뀜은 세포당 1초 동안에 소비되고 재생되는 1,000만 분자의 ATP를 의미한다. 만약 ATP가 ADP의 인산화로 재생될 수 없다면, 사람은 거의 몸무게만큼의 ATP를 매일 써버리게 된다.

가역반응의 양 반응들이 모두 에너지 내리막일 수는 없기 때문에, ADP와 ⓟ$_i$로부터 ATP의 재생은 반드시 흡열반응이다.

$$\text{ADP} + ⓟ_i \rightarrow \text{ATP} + H_2O$$
$$\Delta G = +7.3 \text{ kcal/mol } (+30.5 \text{ kJ/mol})$$
표준조건

ADP와 ⓟ$_i$로부터의 ATP 생성은 자발적이 아니기 때문에 그것이 발생되기 위해서는 자유에너지를 사용하여만 한다. 이화작용의(발열의) 경로, 특히 세포호흡은 ATP를 만드는 흡열과정을 위한 에너지를 제공한다. 또한 식물은 ATP를 생성하기 위하여 빛에너지를 사용한다. 따라서 ATP 회로는 이화경로에서 동화경로로 이전되는 동안 에너지가 통과하는 일종의 회전문이다.

개념 확인 문제 6.3

1. 일반적으로, ATP는 세포 내에서 어떻게 에너지를 발열반응에서 흡열반응으로 전달하는가?
2. 다음의 그룹 중에서 어떤 것이 더 많은 자유에너지를 갖는가: 글루탐산 + 암모니아 + ATP, 혹은 글루타민 + ADP + ⓟ$_i$? 답을 설명하라.

정답은 부록 A 참조

개념 6.4

효소는 에너지 장벽을 낮춤으로써 대사반응을 촉진한다

열역학 법칙들은 주어진 조건 하에서 무엇이 일어나고 일어나지 않을 것인지를 말해주지만, 이들 과정의 속도에 대해서는 어떤 것도 말해주지 않는다. 자발적인 화학반응은 외부의 에너지 공급 없이도 발생하지만, 그것은 매우 천천히 일어나서 감지할 수 없을 수도 있다. 예를 들어, 비록 설탕이 포도당과 과당으로 가수분해되는 것은 자유에너지 방출($\Delta G = -7$ kcal/mol)과 함께 자발적으로 발생하는 발열반응이지만, 멸균된 물에 녹인 설탕 용액은 가수분해를 감지할 수 없이 실온에서 몇 년간 둘 수 있다. 하지만 적은 양의 효소 수크레이스를 그 용액에 첨가하면, 그때는 아래 그림처럼 모든 설탕이 수초 내에 가수분해된다.

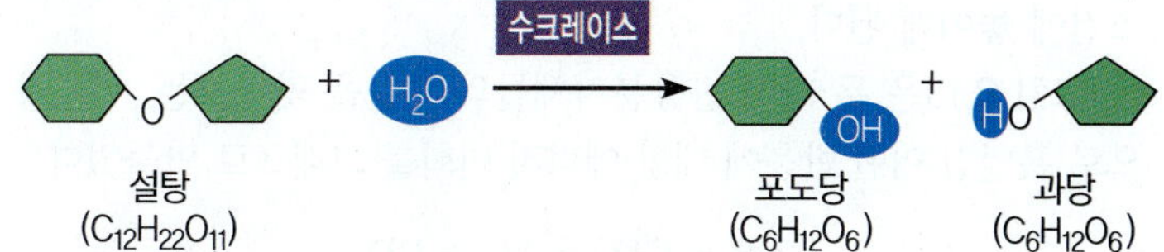

효소는 어떻게 이 일을 하는가?

효소(enzyme)는 거대분자이며, 반응에 의해서 소모되지 않으면서 반응을 촉진시키는 화학적 매개체인 **촉매(catalyst)**처럼 작용한다. (이 장에서는 단백질인 효소에 주안점을 둔다. 리보자임이라 불리는 RNA 효소들은 17장과 25장에서 논의된다.) 효소에 의한 조절이 없으면, 많은 화학반응들이 아주 오랜 시간이 걸리기 때문에, 물질대사의 경로를 통하는 화학적 통행은 끔찍할 정도로 혼잡하게 된다. 다음 두 절에서 우리는 자발적 반응이 빠르게 일어나는 것을 방해하는 것이 무엇인지 그리고 효소는 그 상황을 어떻게 변화시키는지를 알게 될 것이다.

활성화 에너지 장벽

분자들 간의 매번의 화학반응은 결합 절단과 결합 형성 모두를 포함한다. 예를 들어 위의 그림에서 보여주는 것처럼, 설탕의 가수분해는 포도당과 과당 사이의 결합과 물분자 결합 중의 하나를 절단하고, 2개의 새로운 결합을 형성하는 것을 포함한다. 한 분자가 다른 것으로 변화되는 것은 일반적으로 그 반응이 진척되기 전에 최초 분자가 고도로 불안정한 상태로 찌그러뜨려지는 것을 포함한다. 이 뒤틀림은 금속 열쇠 링을 비틀어 열고 새로운 열쇠를 넣을 때와 비유될 수 있다. 그 열쇠 반지는 열린 상태에서는 극히 불안정하나, 열쇠가 그 반지에 완전히 꿰어지면 안정한 상태로 되돌아온다. 결합이 변화될 수 있는 뒤틀림 상태에 도달하기 위해서 반응분자들은 그들의 주변 환경으로부터 에너지를 흡수하여야만 한다. 생성물 분자에 새로운 결합이 형성될 때, 에너지는 열로서 방출되고, 그 분자는 뒤틀림 상태보다 저에너지 상태의 안정적인 모양으로 되돌아온다.

어떤 반응을 시작하기 위해 초기에 투입되는 에너지—반응분자체를 뒤틀게 해서 결합을 절단시키기 위해 요구되는 에너지—는 **활성화 자유에너지(free energy of activation)** 혹은 **활성화 에너지(activation energy)**로 알려져 있으며, 이 책에서는 약자로 E_A로 표시하였다. 우리는 에너지 장벽 혹은 오르막으로 반응물을 밀어 넘겨서 반응의 "내리막" 부분을 시작할 수 있게 하기 위해 요구되는 에너지의 양으로서 활성화 에너지를 생각할 수 있다. 활성화 에너지는 대개 반응분자들이 주변으로부터 받아들이는 열에너지(열)의 형태로 공급된다. 열에너지의 흡수는 반응분자들을 가속화시켜서 더 자주 그리고 더 힘차게 충돌하게 만든다. 또한 분자들에 있는 원자들을 동요시켜서 결합이 절단될 가능성이 훨씬 높게 한다. 결합을 끊기 위한 충분한 에너지를 분자들이 흡수하게 되면 반응물들은 **전이 상태(transition state)**라고 알려진 불안정한 조건에 놓이게 된다.

그림 6.13은 두 가지 반응분자체들의 부분을 맞바꾸는, 이론상으로 흡열인 어떤 반응에 대한 에너지 변화를 그래프로 만들었다.

$$\underset{\text{반응물들}}{AB + CD} \rightarrow \underset{\text{생성물들}}{AC + BD}$$

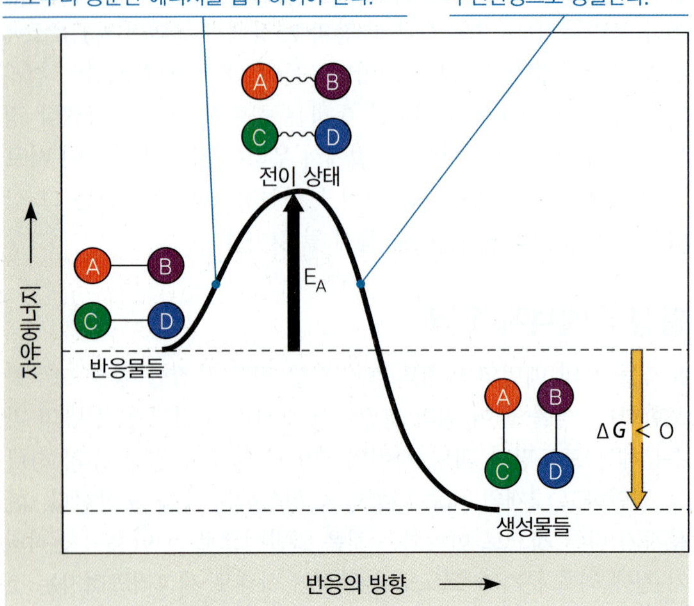

▲ **그림 6.13 발열반응의 에너지 도표.** "분자들(molecules)"은 가상적이며, A, B, C, D로 분자들의 부분을 표시하였다. 이 반응은 열역학적으로 발열반응으로서 마이너스 ΔG를 가지며, 반응은 자발적으로 일어난다. 하지만 활성화 에너지(E_A)는 반응의 속도를 결정하는 장벽을 제공한다.

DRAW IT 반응물들은 전이 상태를 반드시 지나가야 한다고 가정하고, EF와 GH가 생성물 EG와 FH를 만드는 흡열반응을 도식화하라.

반응물의 활성화는 반응분자의 자유에너지 양이 증가되는 그 그래프의 오르막 부분으로 표시된다. 최고점에서 E_A에 해당되는 에너지를 흡수하였을 때 반응물은 전이 상태에 있게 된다. 그들은 활성화되고 결합은 절단된다. 원자들이 새로운 그리고 더 안정적인 결합배열로 정착되면서 에너지는 주변환경으로 방출된다. 이는 곡선의 내리막 부분에 해당되는데 분자들에 의해서 자유에너지가 감소되는 것을 보여준다. 자유에너지의 전체적인 감소는 새로운 결합의 형성이 이전 결합을 절단하는데 투입된 것보다 많은 에너지를 방출하기 때문에 E_A는 이자로 되돌려 받게 될 것이라는 것을 의미한다.

그림 6.13에서 보여주는 반응은 발열반응이며 자발적으로 일어난다($\Delta G < 0$). 하지만 활성화 에너지는 그 반응의 속도를 결정하는 장벽을 제공한다. 반응이 일어날 수 있게 되기 전에 반응물은 활성화 에너지 장벽 위에 도달하기에 충분한 에너지를 흡수하여야 한다. 몇몇 반응에 대한 E_A는 그리 크지 않아서, 실온에서조차 많은 반응물들이 짧은 시간에 전이 상태에 도달하기에 충분한 열에너지가 있다. 하지만 대부분의 경우, E_A는 매우 높고 전이 상태는 반응이 진행되기 매우 어려울 정도로 드물게 도달된다. 이러한 경우에 반응은 반응물에 열이 가해질 경우에만 눈에 띄는 속도로 발생한다. 예를 들어, 가솔린과 산소의 반응은 발열반응이며 자발적으로 일어나지만, 분자들이 전이 상태에 도달하여 반응할 수 있게 하기 위해서는 에너지가 필요하다. 자동차 엔진의 점화전이 발화될 때만 피스톤을 미는 에너지의 폭발적인 방출이 있게 된다. 스파크가 없이는 E_A 장벽이 너무 높아서 가솔린 탄화수소와 산소의 혼합물은 반응하지 못한다.

효소는 어떻게 반응을 촉진시키는가

단백질과 DNA 그리고 세포의 다른 복합분자들은 자유에너지가 풍부하고 자발적으로 분해될 수 있는 잠재력을 갖는데, 즉 열역학법칙들은 그들의 분해에 호의적이다. 이들 분자는 세포의 통상적인 온도에서 활성화 에너지의 언덕을 뛰어넘는 분자들이 거의 없기 때문에 지속되는 것이다. 선택된 반응에 대한 장벽은 때때로 세포가 생명유지에 필요한 과정을 수행하기 위해서 극복되어야만 한다. 반응물이 전이 상태에 더 자주 도달할 수 있도록 함으로써 열은 반응의 속도를 증가시키지만 이 방법은 생물학적 계에는 적절하지 못하다. 첫째, 고온은 단백질을 변성시키고 세포를 죽인다. 둘째, 열은 모든 반응을 촉진시키겠지만, 필요한 반응들만을 촉진하지는 못한다. 생명체는 반응을 촉진시키기 위해서 열 대신에 촉매작용을 활용한다.

효소는 온화한 온도에서도 전이 상태에 도달하기 충분한 에너지를 반응분자가 흡수할 수 있게 E_A 장벽을 낮춤으로써 반응을 촉매한다(**그림 6.14**). 효소는 반응의 ΔG를 바꾸지는 못하며 흡열반응을 발열반응으로 만들 수도 없다. 효소는 단지 궁극적으로 어떻게든 일어나게 될 반응을 재촉할 수 있으며, 이 기능은

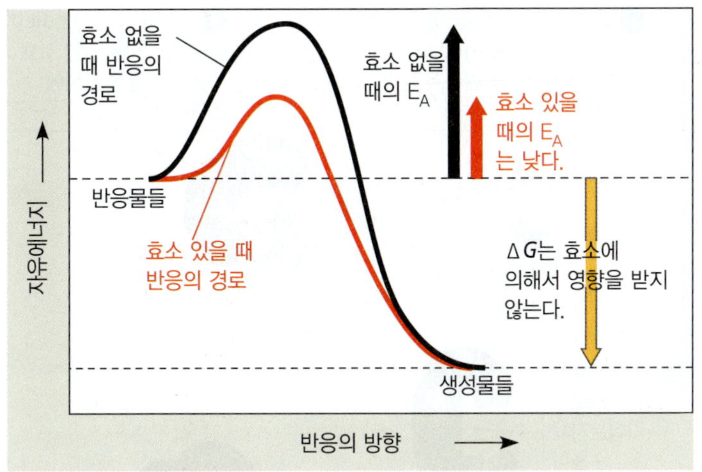

▲ **그림 6.14** **활성화 에너지에 대한 효소의 효과.** 특정 반응에 대한 자유에너지 변화(Δ*G*)에 영향을 주지 않고, 효소는 그 활성화 에너지(E_A)를 감소시킴으로써 반응을 촉진한다.

세포가 역동적인 물질대사를 할 수 있게 하여 세포의 대사경로들에서 화학물질들이 원활하게 왕래하게 해준다. 또한 효소는 촉매하는 반응에 매우 특이적이기 때문에, 효소는 어떤 주어진 시간에 세포 내에서 어떤 화학적 과정이 진행되어야 할 것인가를 결정한다.

효소의 기질 특이성

효소가 작용하는 반응물은 효소의 **기질(substrate)**이라고 부르기도 한다. 효소는 그 기질(2개 혹은 그 이상의 반응물들이 있을 때에는 기질들)에 붙어서 **효소-기질 복합체(enzyme-substrate complex)**를 형성한다. 효소와 기질이 결합하는 동안 효소의 촉매작용은 기질을 그 반응의 생성물(혹은 생성물들)로 변환시킨다. 전체 과정은 다음과 같이 요약될 수 있다.

효소 + 기질(들) ⇌ 효소-기질 복합체 ⇌ 효소 + 생성물(들)

예를 들어, 수크레이스 효소(대부분의 효소 이름은 −*ase*로 끝남)는 이당류인 설탕을 2개의 단당류인 포도당과 과당으로 가수분해하는 것을 촉매한다.

수크레이스 + 설탕 + H_2O ⇌ 수크레이스-설탕-H_2O 복합체 ⇌ 수크레이스 + 포도당 + 과당

각 효소에 의해서 촉매되는 반응은 매우 특이적이며, 밀접하게 관련이 있는 화합물들 중에서도 효소는 그의 특이적인 기질을 인지할 수 있다. 예를 들어, 수크레이스는 설탕에만 작용을 하지 맥아당 같은 다른 이당류에는 붙지 않는다. 무엇으로 이런 분자적 인식을 설명할까? 효소는 단백질이며 단백질은 고유의 3차원 구조를 갖는 거대분자라는 것을 생각하라. 효소의 특이성은 아미노산 서열이 만들어 내는 최종적 결과인 분자 모양 때문에 생긴다.

효소분자의 제한적인 부위만 실제로 기질에 붙는다. **활성 부위(active site)**라 불리는 이 부위는 단백질의 표면에 있는 전형적인 주머니 혹은 홈으로써 촉매작용이 일어나는 곳이다(그림 6.15a). 대개 활성 부위는 효소의 단지 몇 개의 아미노산에 의해서 형성되며, 단백질 분자체의 나머지 부분은 활성 부위의 형태를 결정하는 틀을 제공한다. 효소의 특이성은 활성 부위의 모양과 기질의 모양 간의 상보적 맞춤에 있다고 간주된다.

효소는 주어진 모양으로 짜맞춰진 경직된 구조가 아니다. 사실 최근 생화학자들의 연구는 효소들(그리고 다른 단백질도 마찬가지)은 각 "자세"에 대한 약간의 자유에너지 차이를 갖는 역동적 평형에 있으며 미묘하게 다른 모양들 간에 "춤을 추는" 것 같다는 것을 명확하게 보여준다. 기질에 최적합한 모양은 가장 낮은 에너지를 갖는 것일 필요는 없고, 효소가 그 모양을 잡는 매우 짧은 시간에 효소의 활성 부위는 기질과 결합할 수 있다. 또한 활성 부위 그 자체는 기질을 위한 딱딱한 그릇이 아니라는 것은 이미 50년 이상 전부터 알려져 왔다. 기질이 활성 부위에 들어가면, 기질의 화학기와 활성 부위를 결정하는 아미노산의 곁사슬들에 있는 화학기 간의 상호작용 때문에 효소는 모양을 약간 변화시킨다. 이러한 모

기질

활성 부위

효소

(a) 효소 헥소카이네이스(파란색)의 이 공간 채움 모형에서 활성 부위는 표면에 틈을 형성한다. 효소의 기질은 포도당(빨간색)이다.

효소-기질 복합체

(b) 기질이 활성 부위에 들어가게 되면 단백질과 약한 결합을 형성하고 단백질 모양의 변화를 유도한다. 이러한 변화는 추가적인 약한 결합들이 형성되게 하여 활성 부위가 기질을 껴안고 그 자리에 머물게 한다.

▲ **그림 6.15** **효소와 그 기질 간의 유도적합**

양 변화는 활성 부위가 기질 주변에 훨씬 더 안락하게 맞게 한다 **(그림 6.15b)**. 이 과정은 효소와 기질이 최초의 접촉 후에 더 단단하게 결합하게 되는 꼭 쥐는 악수와 같다. 소위 이러한 **유도적합(induced fit)**은 활성 부위의 화학기를 화학반응을 촉매하는 능력을 높이는 위치가 되도록 한다.

효소활성 부위에서의 촉매작용

대부분의 효소반응에서 기질은 수소결합이나 이온결합 같은 약한 상호작용으로 활성 부위에 붙어 있게 된다. 활성 부위를 만드는 몇몇 아미노산들의 R기들은 기질이 생성물로 변환되는 것을 촉매하며, 그 생성물은 활성 부위를 벗어난다. 효소는 그런 다음 자유롭게 또 다른 기질분자를 그 활성 부위로 끌어들인다. 전반적인 순환은 매우 빠르게 일어나서 단일 효소분자는 일반적으로 1초에 약 1,000개의 기질분자에 작용하며, 어떤 효소들은 더 빠르다. 다른 촉매제와 같이 효소는 반응 후에 원형을 회복한다. 따라서 매우 적은 양의 효소라도 촉매 순환에 몇 번이고 되풀이하여 기능함으로써 물질대사에 큰 영향을 줄 수 있다. **그림 6.16**은 2개의 기질과 2개의 생성물이 포함된 촉매 순환을 보여준다.

대부분의 대사반응은 가역적이며, 효소는 어느 쪽 방향이 음의 ΔG 값을 갖느냐에 따라 전진 혹은 후진반응을 촉매할 수 있다. 이는 주로 반응물과 생성물의 상대적인 농도에 따라 달라진다. 순효과는 언제나 평형 방향이다.

효소는 활성화 에너지를 낮추고 반응을 가속화시키는 다양한 기작을 사용한다(그림 6.16의 ❸단계).

- 2개 혹은 그 이상의 반응물이 포함되는 반응에서 활성 부위는 그들 간에 일어나는 반응을 위해 기질들이 적절한 배치로 모여질 수 있는 모형을 제공한다.
- 효소의 활성 부위는 붙은 기질을 꼭 붙듦으로써 기질 분자를 전이 상태 형태로 뻗도록 하여, 반응 동안에 절단되어야 되는 결정적인 화학결합을 압박하여 휘게 한다. E_A는 결합을 절단하는 어려움에 비례하기 때문에, 기질을 뒤틀리게 하는 것은 전이 상태로 다가서게 도와주며, 그 상태를 달성하기 위해 흡수되어야만 하는 자유에너지의 양을 감소시킨다.
- 활성 부위는 또한 효소가 없는 용액 그 자체보다는 특정 유형의 반응에 보다 작동이 잘 되는 미세환경을 제공한다. 예를 들어, 만약 산성의 R기들을 갖는 아미노산을 활성 부위가 갖고 있다고 하면, 활성 부위는 다른 상황이었다면 중성이었을 세포에서 낮은 pH 포켓이 된다. 그런 경우, 산성의 아미노산은 반응 촉매의 핵심 단계로서 기질로의 H^+ 전이를 촉진시킨다.
- 촉매반응의 네 번째 기작은 화학반응에서 활성 부위가 직접 참여하는 것이다. 때때로 이 과정은 기질과 효소의 특정 아미노산의 곁사슬 사이에 형성되는 단시간의 공유결합을 포함한다. 반응의 다음 단계는 곁사슬을 원 상태로 재생하여, 활성 부위는 반응 후와 반응 전이 같게 된다.

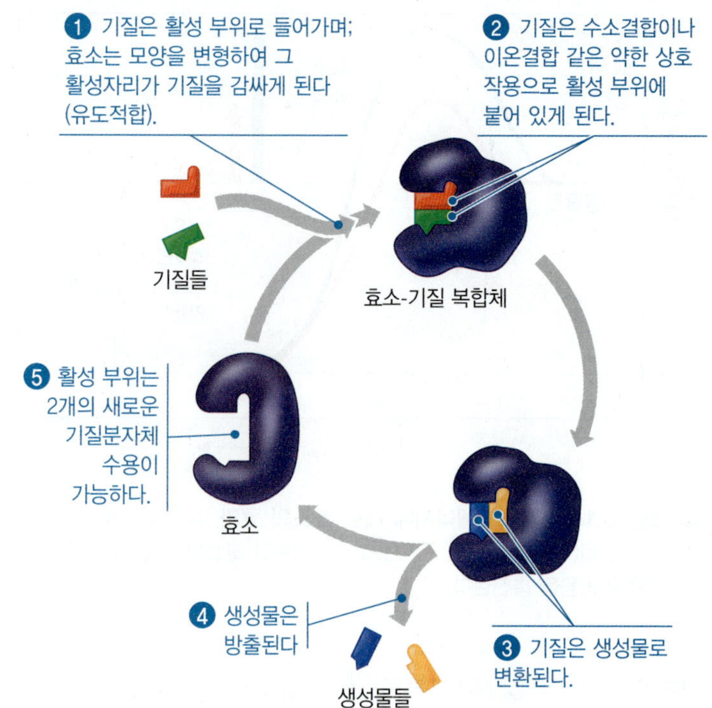

▲ **그림 6.16 효소활성 부위와 촉매순환.** 효소는 하나 혹은 그 이상의 반응물 분자를 하나 혹은 그 이상의 생성물 분자로 변환시킬 수 있다. 여기서 보여주는 효소는 2개의 기질분자체를 2개의 생성물 분자체로 변환시킨다.

DRAW IT 효소-기질 복합체는 전이 상태를 통과한다(그림 6.13). 회로에서 전이 상태가 일어나는 부분을 표시하라.

일정량의 효소가 기질을 생성물로 변환시키는 속도는 부분적으로 기질의 최초 농도의 함수이다. 즉, 가용할 기질분자가 더 많으면, 기질은 효소분자의 활성 부위에 더 빈번하게 접근한다. 하지만 고정된 효소 농도에 더 많은 기질을 첨가함으로써 얼마나 빠르게 반응이 일어나게 될 수 있을지는 제한이 있다. 어떤 지점에서는 기질 농도가 충분히 높아서 모든 효소분자들의 활성 부위가 사용 중에 있게 된다. 생성물이 활성 부위를 떠나자마자, 또 다른 기질분자가 들어가게 된다. 이때의 기질 농도에서 효소는 포화되었다(saturated)라고 말하며, 활성 부위가 기질을 생성물로 변화시킬 수 있는 속도에 의해서 반응 속도가 결정된다. 어떤 효소 집단이 포화되었을 때, 생성물의 생성 속도를 증가시키는 유일한 방법은 더 많은 효소를 추가하는 것이다. 세포는 때때로 더 많은 효소분자를 생성함으로써 반응의 속도를 증가시킨다. **과학적 분석 기술의 연습**에서 효소반응의 전반적인 과정을 그려 보자.

효소활성에 대한 국부조건의 효과

효소의 활성—얼마나 효율적으로 효소가 기능하는지—은 온도와 pH와 같은 일반적인 환경요소들에 의해서 영향을 받는다. 또한 그 효소에 특이적으로 영향을 주는 화학물질들에 의해서 영향을 받을 수 있다. 사실 연구자들은 그러한 화학물질들을 사용하

과학적 분석 기술의 연습

선 그래프 그리기와 기울기 계산

분리된 간세포에서 포도당 6-탈인산화 효소의 활성도는 시간이 지남에 따라 변하는가? 포도당 6-탈인산화 효소는 포유동물의 간세포에서 발견되며 혈액의 포도당 수치를 조절하는 중요한 효소로서, 포도당 6-인산이 포도당과 무기인산(Ⓟ$_i$)으로 분해되는 과정을 촉매한다. 이 생성물들은 간세포 바깥으로 나와서 혈액으로 이동되고 혈당 수치를 높인다. 이번 연습에서는, 분리된 간세포의 외부 완충액으로부터 Ⓟ$_i$ 농도를 시간별로 측정함으로써, 세포내 포도당 6-탈인산화효소의 활성을 간접적으로 측정하게될 자료들로 그래프를 그려보도록 한다.

실험 방법 분리된 쥐의 간세포를 완충액이 포함된 접시에 담가 생리조건(pH 7.4, 37℃)에 두었다. 세포를 담가 둔 접시에 포도당 6-인산(기질)을 첨가하였다. 그런 후, 완충액 샘플을 매 5분마다 채취하여 Ⓟ$_i$의 농도를 측정하였다.

실험 데이터

시간 (분)	Ⓟ$_i$의 농도 (μmol/mL)
0	0
5	10
10	90
15	180
20	270
25	330
30	355
35	355
40	355

데이터 해석

1. 이와 같은 시간대별 실험으로부터 얻어진 데이터에서 패턴을 찾기 위해서는 데이터를 그래프로 그리는 것이 도움이 된다. 첫째, 각 축에 놓일 데이터 세트를 결정한다. (a) 연구자들은 실험에서 무엇을 의도적으로 변경했는가? 이것이 독립변수이며 x축에 둬야 한다. (b) 독립변수의 단위(약자로)는 무엇인가? 그 약자가 무엇을 의미하는지를 설명하라. (c) 연구자들은 무엇을 측정했는가? 이것이 종속변수이며 y축에 둬야 한다. (d) 단위 약자가 의미하는 것은 무엇인가? 단위를 포함해 각 축을 표시하라.
2. 그 다음, 전체 데이터를 표시할 수 있도록 각 축을 아주 균등한 간격의 표식으로 나누고자 한다. 각 축의 데이터 수치의 범위를 결정하라. (a) x축에서 가장 큰 수치는 무엇인가? 표식에 아주 타당한 간격은 얼마 이며, 가장 높은 것은 얼마여야 하는가? (b) y축에서 가장 큰 수치는 무엇인가? 표식에 아주 타당한 간격은 얼마이며, 가장 높은 것은 얼마여야 하는가?
3. 데이터 포인트들을 그래프로 그린다. 각각의 x 수치를 상응하는 y 수치와 맞추고, 그래프에서 그 좌표에 점으로 표시한다. 점들을 연결하는 선을 긋는다. (그래프에 관한 부가적인 정보는 부록 F 참조)
4. 그래프를 검토하고 데이터의 패턴을 찾아라. (a) Ⓟ$_i$의 농도는 실험 전체 과정 동안에 고르게 증가하는가? 이 질문에 답을 하기 위해서 그래프에서 관찰되는 패턴을 기술하라. (b) 효소의 활성도는 그래프의 어떤 부분에서 가장 높게 나타나는가? 효소 활성도는 선의 기울기, 즉 μmol/mL · min으로 표시되는 $\Delta y\ /\Delta x$ (진행과정 중의 상승부)와 관계가 있으며, 가장 가파른 기울기는 가장 높은 효소 활성도를 의미한다. 그래프에서 가장 가파른 효소 활성도(기울기)를 계산하라. (c) 관찰한 패턴에 대해 어떤 생물학적인 설명을 생각해 볼 수 있는가?
5. 만약 점심을 걸렀을 때 혈당 수치가 낮다면, (이 연습에서 토의되었던) 어떤 반응이 간세포에서 일어날 것인가? 그 반응을 쓰고 그 반응 화살표 위에 효소의 이름을 기입하라. 이 반응이 혈당 수치에 어떻게 영향을 미치는가?

참고문헌 S. R. Commerford et al., Diets enriched in sucrose or fat increase gluconeogenesis and G-6-Pase but not basal glucose production in rats, *American Journal of Physiology—Endocrinology and Metabolism* 283:E545– E555 (2002).

여 효소 기능에 관한 많은 것을 알게 되었다.

온도와 pH의 효과

5장에서 설명한 바와 같이 단백질의 3차원 구조는 환경에 민감하다는 것을 상기하라. 결과적으로 각 효소는 어떤 조건들 하에서 다른 어떤 조건들에서 보다 더 일을 잘하는데, 그것은 이들 최적 조건들(optimal conditions)에서는 효소분자가 가장 활동적인 형태를 갖기에 유리하기 때문이다.

온도와 pH는 효소활성에 중요한 환경요인들이다. 분자들이 보다 민첩하게 움직일 때 기질은 활성 부위에 더 빈번하게 충돌하기 때문에 효소반응의 속도는 어느 정도까지는 온도가 높아짐에 따라 증가한다. 하지만 그 온도 이상이 될 때는 효소반응의 속도는 급격히 떨어진다. 효소분자체의 열에 의한 동요는 활성 모양을 안정화시키는 수소결합과 이온결합 그리고 다른 약한 상호작용들을 파괴시키며, 결국은 단백질 분자체를 변성시킨다. 각 효소는 그 반응 속도가 최대가 되는 최적 온도를 갖는다. 최적 온도는 효소가 변성되지 않으면서, 분자 충돌의 횟수가 가장 많고 반응물이 생성물 분자로 최대한 빠르게 변환되도록 한다. 대부분의 인체 효소는 약 35~40℃(사람의 체온에 근접한)의 최적 온도를 갖는다. 온천에 사는 내열성 박테리아는 최적 온도가 70℃ 혹은 그 이상인 효소를 갖고 있다(**그림 6.17a**).

효소마다 최적 온도를 갖고 있는 것과 같이 효소는 또한 가장 활성이 좋은 pH를 갖는다. 대부분 효소의 최적 pH는 pH 6~8의 범위에 있으나, 예외가 있다. 예를 들어, 인체의 위장에 있는 소화효소인 펩신은 pH 2에서 가장 일을 잘 한다. 그러한 산성 환경은 대부분의 효소들을 변성시키지만, 펩신은 산성의 환경인 위장

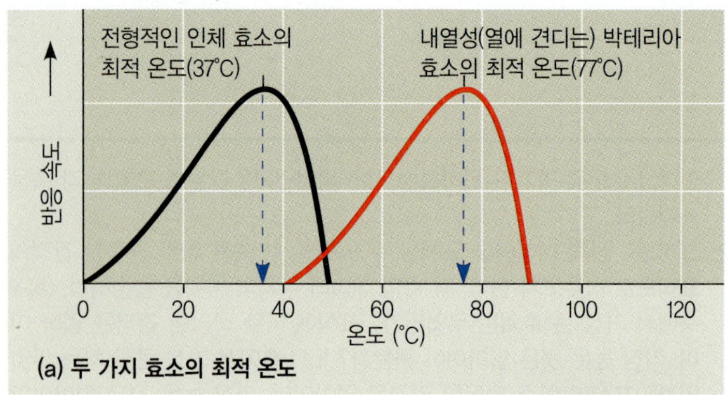

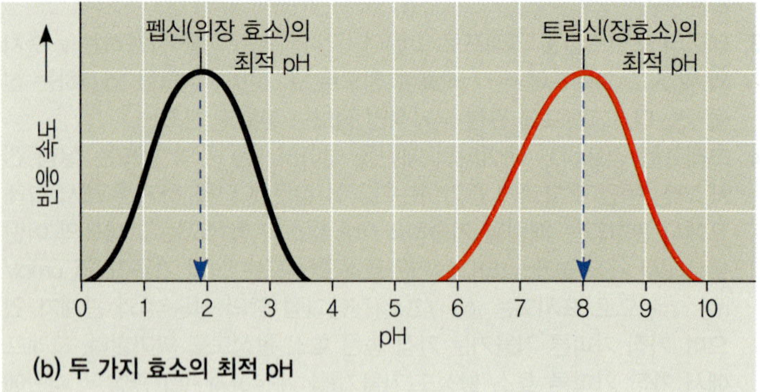

▲ **그림 6.17 효소활성에 영향을 주는 환경요인들.** 각 효소마다 가장 활동적인 단백질 분자체의 구조에 알맞은 최적 (a) 온도와 (b) pH를 갖는다.

DRAW IT 리소좀이라고 불리는 소기관은 약 4.5 근처의 내부 pH를 가진다. 어떤 리소좀 효소의 적정 pH를 표시하고 예상되는 (b)에서의 곡선을 그려라.

에서 기능적인 3차원적 구조를 유지하도록 적응되었다. 반면에 알칼리성 환경인 인체의 장에 존재하는 소화효소인 트립신은 최적 pH가 8이며, 위장에서는 변성된다(그림 6.17b).

보조인자

많은 효소들은 촉매활성을 위하여 비단백질 협력자들이 필요하다. **보조인자(cofactor)**라 불리는 이러한 부가물들은 영구적 거주자로서 효소에 단단히 붙어 있기도 하고, 기질에 따라서 느슨하게 그리고 가역적으로 붙는 수도 있다. 몇몇 효소의 보조인자들은 이온형태의 금속원소인 아연, 철, 구리와 같이 무기물이다. 보조인자가 유기물질일 때는 그것을 보다 명확하게 **조효소(coenzyme)**라 부른다. 대부분의 비타민들은 조효소이거나 조효소를 구성하는 원료로 작용하기 때문에 영양소로 중요하다.

효소 억제자

어떤 화학물질들은 특정 효소의 작용을 선택적으로 저해하며, 저해가 언제나 비가역적인 경우에는 억제자가 효소에 때때로 공유결합으로 붙는다. 하지만 많은 효소 억제자는 약한 상호작용으로 효소에 붙고 저해는 가역적이다. 몇몇 가역적 억제자는 정상적인 기질분자와 닮았으며 활성 부위에 들어가기 위해 경쟁한다(그림 6.18a,b). **경쟁적 억제자(competitive inhibitor)**라 불리는 이러한 모조품은 기질이 활성 부위에 들어가는 것을 막음으로써 효소의 생산성을 감소시킨다. 이러한 종류의 저해는 기질의 농도를 증가시킴으로써 극복할 수 있는데, 그래서 활성 부위가 이용 가능하게 될 때, 억제자 분자체들보다 더 많은 기질분자들이 활성 부위 주변에 있어서 그 자리에 들어가서 차지할 수 있다.

반면에 **비경쟁적 억제자(noncompetitive inhibitor)**는 효소에 붙는 기질과 활성 부위에서 직접적으로 경쟁하지 않는다(그림 6.18c). 대신에 그들은 효소의 다른 부위에 결합하여 효소반응을 방해한다. 이러한 상호작용은 효소분자의 모양을 변하게 하여 활성 부위가 기질을 생성물로 변환하는 촉매작용에서 덜 효과적으로 만든다.

독소와 독극물은 흔히 비가역적 효소 억제자이다. 한 가지 예는 신경가스인 사린(sarin)이다. 사린은 1995년 도쿄지하철에서 테러범들에 의해서 살포되었고 여러 명이 죽고 많은 사람들에게 상해를 입혔다. 이 작은 분자는 신경계에서 중요한 효소인 아세틸콜린 에스터레이스의 활성 부위에서 발견되는 아미노산인 세린의 R기에 공유결합으로 붙는다. 다른 예로는 신경계의 핵심 효소의 저해제인 살충제 DDT와 파라티온이 포함된다. 마지막으

▼ **그림 6.18 효소활성의 저해**

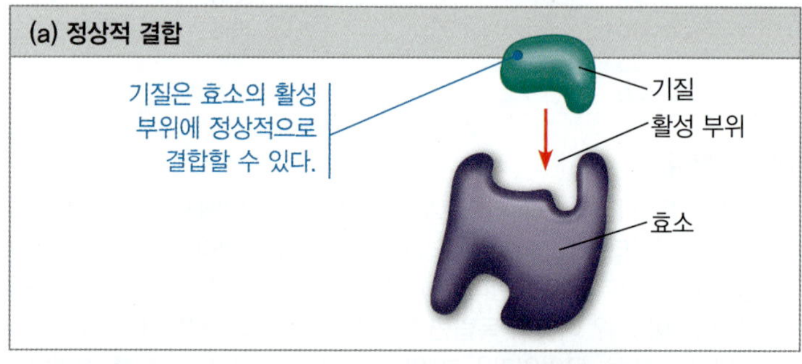

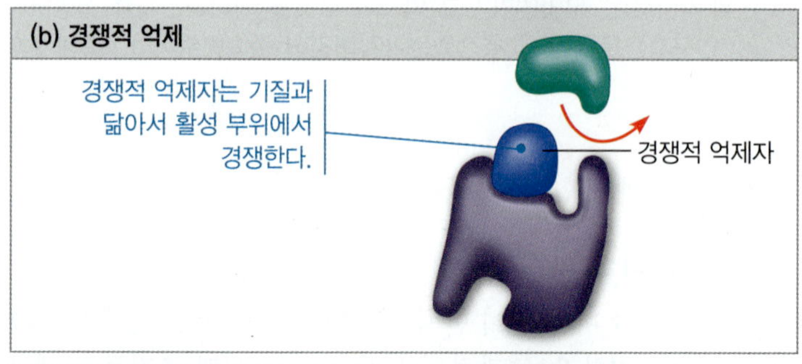

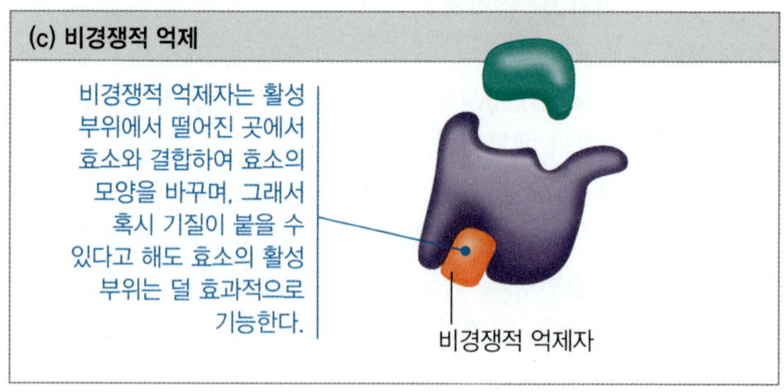

로, 많은 항생제들은 세균의 특정 효소들의 저해제들이다. 예를 들어, 페니실린은 많은 박테리아가 그들의 세포벽을 만들 때 사용하는 효소의 활성 부위를 방해한다.

효소의 진화

진화 지금까지 생화학자들이 다양한 생물종들에서 4,000가지 이상의 효소들을 발견하여 이름을 붙였지만, 아마 이것은 전체 효소들의 아주 일부분에 지나지 않을 것으로 보인다. 어떻게 이렇게 굉장히 많은 효소들이 생겨났을까? 대부분의 효소들은 단백질이고 단백질들은 유전자로 암호화되어 있다는 것을 상기하라. 돌연변이처럼 어떤 유전자에서 영구적인 변화가 있으면 하나 이상의 변화된 아미노산을 갖는 단백질을 만들게 될 것이다. 효소의 경우에 활성 부위나 다른 어떤 중요한 부위에 아미노산이 바뀐다면, 변경된 그 효소는 새로운 활성을 갖거나 아니면 다른 기질과 결합할 수도 있게 된다. 그 새로운 기능이 생체에 유용한 환경 상태에 있다면, 자연선택은 그 유전자의 변이 형태를 오히려 선호하게 되어 집단 내에서 존속하게 한다. 이러한 단순화된 모형은 과거 수십억 년의 생명의 역사에서 수많은 다른 효소들이 출현할 수 있었던 주요 수단으로 일반적으로 받아들여진다.

이 모형을 뒷받침하는 자료들은 자연적 집단에서 진화를 모방하는 실험법을 사용한 연구들에서 수집되어 왔다. 한 연구그룹은 β-갈락토시데이스 효소의 기능이 대장균(*E. coli*) 집단에서 시간에 따라 변할 수 있는지를 실험했다. β-갈락토시데이스는 이당류인 락토오스를 단순당인 포도당과 갈락토오스로 분해한다. 연구자들은 분자 기술을 사용하여 *E. coli* 유전자들을 무작위로 돌연변이시킨 후 그 세균이 약간 다른 이당류(갈락토오스 대신에 푸코오스 당을 갖는 것)를 분해하는 능력이 있는지를 실험하였다. 실험이 끝났을 때 "진화된" 효소는 원래 효소보다 새로운 기질에 수백 배 강하게 결합을 하였고 10~20배 더 신속하게 분해하였다.

연구자들은 이 실험에서 개조된 효소에서 6개의 아미노산이 바뀌었다는 것을 발견했다. 이들 바뀐 아미노산 중에서 2개는 활성 부위에, 2개는 그 근처에, 그리고 2개는 단백질의 표면에 있었다(**그림 6.19**). 이 실험과 이와 유사한 다른 실험들은 효소의 기능을 약간의 변화로 실제 개조할 수 있다는 개념을 굳건하게 했다.

개념 확인 문제 6.4

1. 많은 자발적 반응들은 매우 천천히 일어난다. 왜 모든 자발적 반응들은 즉각 일어나지 않는가?
2. 왜 효소는 매우 특이적인 기질에만 작용하는가?
3. **WHAT IF?** 말론산은 숙신산탈수소효소의 경쟁적 억제자이다. 말론산이 경쟁적 억제자인지 비경쟁적 억제자인지를 어떻게 판단할 것인가?
3. **MAKE CONNECTIONS** 위에서 논의하였던 푸코오스를 갖는 이당류를 분해할 수 있는 효소를 갖는 세균이 유리하도록 자연선택하게 하였던 것은 자연에서 어떤 조건일까? 개념 1.2의 자연선택에 관한 토의를 참고하라.

정답은 부록 A 참조

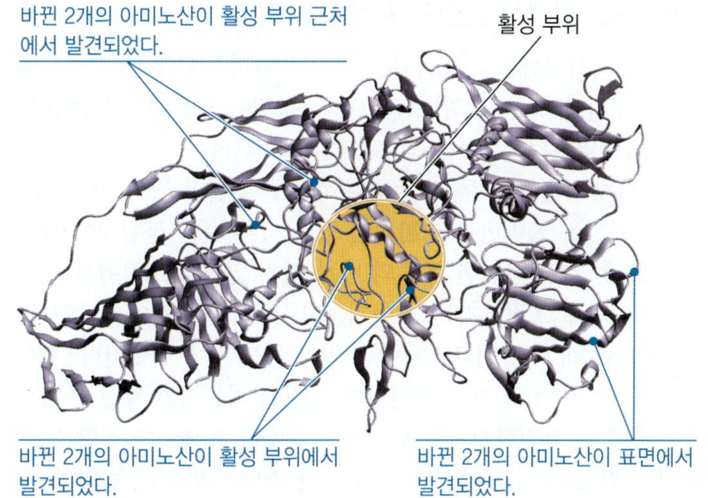

▲ **그림 6.19 새로운 기능을 갖는 효소의 모조 진화.** 실험실에서 7차례 돌연변이 처리와 선발을 한 후에 β-갈락토시데이스 효소는 락토오스와는 다른 당을 특이적으로 분해하는 효소로 진화되었다. 이 리본 모형은 바뀐 효소의 한 소단위에 6개의 아미노산이 다른 것을 보여준다.

개념 6.5

효소활성의 조절은 물질대사를 통제하는 데 도움이 된다

세포의 모든 물질대사경로가 동시에 작동된다면 화학적 무질서가 생기게 될 것이다. 다양한 효소가 언제 그리고 어디서 활동하는가를 통제함으로써 물질대사경로들을 엄격하게 조절하는 세포의 능력은 생명체의 과정에서 본질적이다. 세포는 특정한 효소를 암호화하는 유전자를 켜거나 끄고(3단원에서 토의하게 될 것처럼), 혹은 이번 절에서 토의할 것처럼, 유전자가 만들어 낸 효소의 활성을 조절함으로써 이런 일을 한다.

효소의 다른 자리 입체성 조절

많은 경우에 세포 내에서 효소활성을 자연적으로 조절하는 분자체들은 가역적 비경쟁적 억제자와 다소 비슷하게 작용한다(그림 6.18c). 이들 조절분자체들은 비공유결합으로 효소분자체 어딘가의 부위에 결합함으로써 활성 부위의 기능과 효소의 모양을 변화시킨다. **다른 자리 입체성 조절(allosteric regulation)**은 조절분자체가 떨어진 다른 부위에 붙음으로써 한 부위의 단백질의 기능이 영향을 받는 그런 경우를 설명하는 데 사용되는 용어이다. 그것은 효소의 활성을 저해하거나 혹은 자극하는 결과를 초래하게 된다.

다른 자리 입체성 조절의 활성화와 저해

다른 자리 입체성으로 조절되는 것으로 알려진 대부분의 효소들은 2개이거나 그 이상의 소단위로 구성되어 있으며, 각 소단위는 저마다의 활성 부위를 갖는 단일 폴리펩타이드 사슬로 구성된다. 전체 복합체는 두 가지 다른 형태를 번갈아 왔다갔다 하는데, 한 가지는 촉매반응에 활성이 있고 다른 것은 불활성이다(**그림 6.20a**). 가장 간단한 종류의 다른 자리 입체성 조절에서 활성화 혹은 억제 조절분자는 소단위들이 만나는 곳에 흔히 위치하는 조절 부위(가끔 알로스테릭 부위라고 불림)에 결합한다. 활성자(activator)가 조절 부위에 결합하는 것은 기능적인 활성 부위를 갖는 형태를 안정화시키는데 반해서 억제자(inhibitor)의 결합은 효소의 불활성 형태를 안정화시킨다. 한 소단위의 형태 변화가 다른 모든 소단위에 전달되는 그러한 방법으로 다른 자리 입체성 효소의 소단위는 서로 협동한다. 소단위들의 이러한 상호작용을 통하여, 하나의 조절 부위에 결합하는 단일 활성자 혹은 억제자는 모든 소단위의 활성 부위에 영향을 미칠 수 있다.

조절자들의 농도 변화는 세포내 효소활성이 세련된 방식으로 반응하도록 할 수 있다. 예를 들어, ATP 가수분해 산물들(ADP와 Ⓟ$_i$)은 핵심 효소에 영향을 주어서 동화작용과 이화작용경로 간 왕래의 흐름을 조절하는 복잡한 역할을 한다. ATP는 여러 이화작용효소들에 다른 자리 입체성으로 결합하여 기질에 대한 그들의 친화성을 낮추어서 그들의 활성을 억제한다. 하지만 ADP는 같은 효소의 활성자로서 기능한다. 이화작용은 ATP를 재생하는 기능을 하기 때문에 이것은 논리적이다. 만약 ATP 생성이 사용한 것보다 지연된다면, ADP는 축적되고 이화작용을 재촉하는 효소들을 활성화하여 더 많은 ATP를 생성하게 한다. 만약 ATP의 공급이 요구량을 초과한다면, ATP 분자체들이 축적되고 이들은 같은 효소에 결합하여 억제하면서 이화작용의 속도를 늦추게 한다. (10장에서 세포호흡에 관해서 배울 때 이러한 형태의 조절의 특정한 예들을 보게 될 것이다.) 또한 ATP와 ADP 그리고 다른 관련된 분자체들은 동화작용경로의 핵심 효소들에도 영향을 준다. 이와 같은 방법으로 다른 자리 입체성 효소들은 물질대사 경로 두 가지 모두의 주요 반응들의 속도를 통제한다.

또 다른 종류의 다른 자리 입체성 조절의 활성화에서는 복합 소단위 효소에 있는 1개의 활성 부위에 결합한 기질(substrate)분자체가 모든 소단위의 모양이 바뀌게 하여 다른 활성 부위의 촉매력을 증가시킨다(**그림 6.20b**). **협동성(cooperativity)**이라고 불리는 이 기작은 기질에 대한 효소반응을 증폭시킨다. 즉, 하나의 기질분자체는 효소가 추가적인 기질분자체들도 더 쉽게 받아들이게 작용한다. 협동성은 한 활성 부위에 기질이 결합하면 다른 활성 부위의 촉매반응에 영향을 주기 때문에 "다른 자리 입체성" 조절로 간주한다.

헤모글로빈은 효소는 아니지만(산소를 운반) 헤모글로빈에 관한 전형적인 연구를 통해서 협동성의 원리를 밝혀 주었다. 헤모글로빈은 4개의 소단위로 구성되어 있으며, 각 소단위는 하나의 산소결합 부위를 갖는다(그림 5.18). 산소 한 분자가 하나의 결합 부위에 붙으면 나머지 결합 부위들에서 산소 친화력 정도가 증가한다. 따라서 폐나 아가미에서처럼 산소가 많이 있는 곳에서는 헤모글로빈의 산소에 대한 친화력은 높아지고 더 많은 부위가

▼ 그림 6.20 효소활성의 다른 자리 입체성 조절

(a) 다른 자리 입체성 활성자들과 억제자들

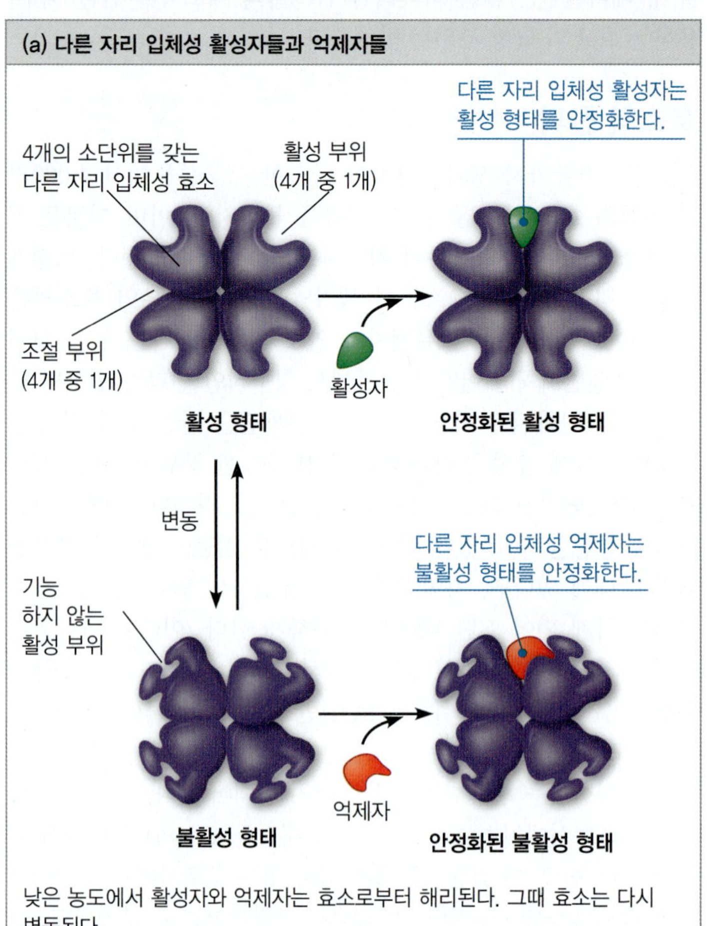

낮은 농도에서 활성자와 억제자는 효소로부터 해리된다. 그때 효소는 다시 변동된다.

(b) 협동성: 다른 자리 입체성 활성의 다른 유형

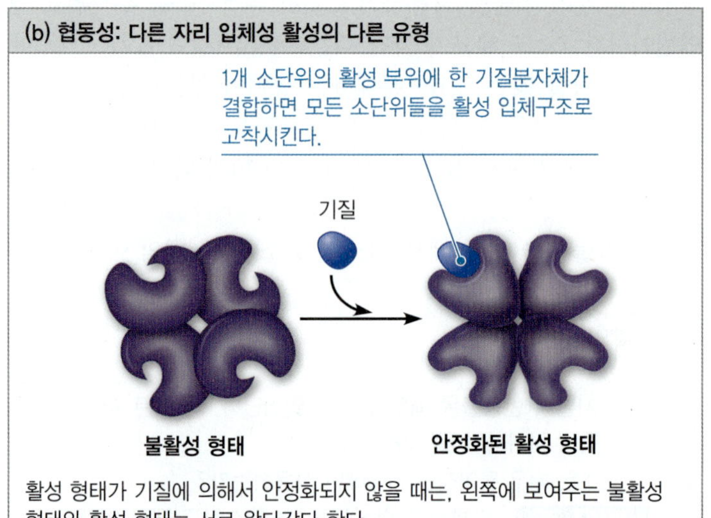

활성 형태가 기질에 의해서 안정화되지 않을 때는, 왼쪽에 보여주는 불활성 형태와 활성 형태는 서로 왔다갔다 한다.

채워진다. 하지만 산소가 결핍된 조직에서는 하나씩 산소분자가 떨어져 나감에 따라 다른 결합 부위의 산소친화력이 낮아지게 되고 산소가 필요한 곳으로 산소를 방출하게 된다. 협동성은 공부했던 복합 소단위 효소에서와 유사하게 작동한다.

되먹임 억제

ATP가 ATP-생성경로에 있는 효소를 다른 자리 입체성으로 저해하면, 앞서 토의했던 것처럼 그것은 물질대사 통제의 통상적인 방법의 하나인 되먹임 억제이다. **되먹임 억제(feedback inhibition)**에서는, 경로의 초기에 작용한 효소에 최종 생성물이 억제적으로 결합함으로써 물질대사경로를 꺼지게 한다. 그림 6.21은 동화작용경로에서 작동되는 이 통제 기작의 한 예를 보여준다. 몇몇 세포들은 다섯 단계의 이 과정을 이용하여 아미노산인 트레오닌으로부터 다른 아미노산인 이소루신을 합성한다. 이소루신이 축적이 되면, 그것은 경로의 맨 처음 단계의 효소를 다른 자리 입체성으로 억제하여 그 자신의 합성을 늦춘다. 그것에 의해서 되먹임 억제는 세포가 필요 이상의 이소루신을 만들어 화학적 자원을 낭비하는 것을 막는다.

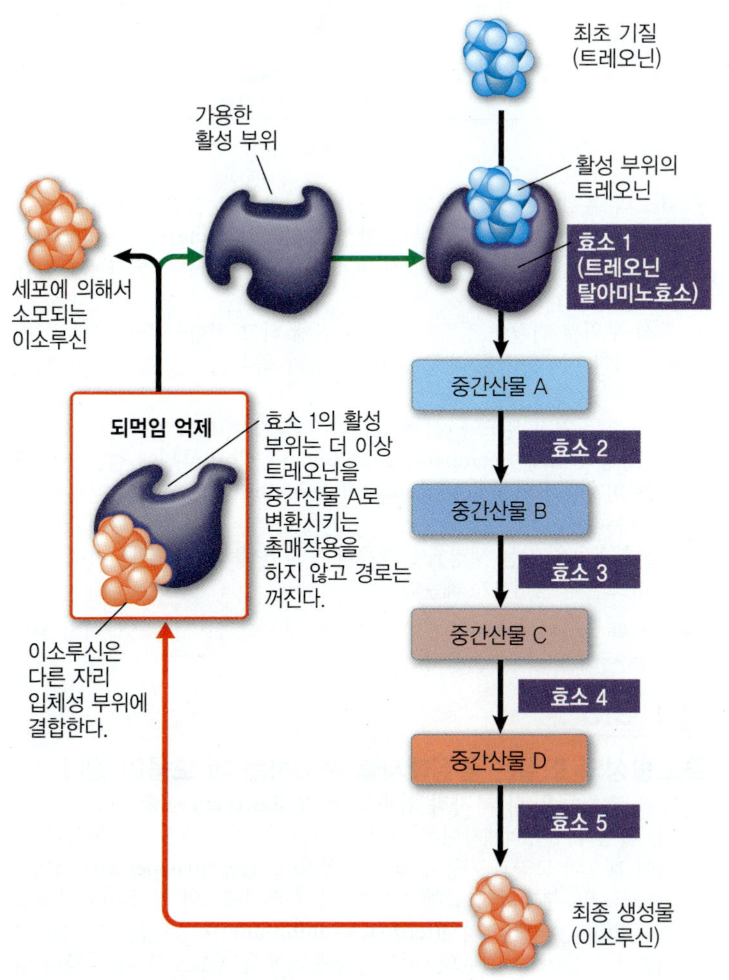

▲ 그림 6.21 **이소루신 합성에서의 되먹임 억제**

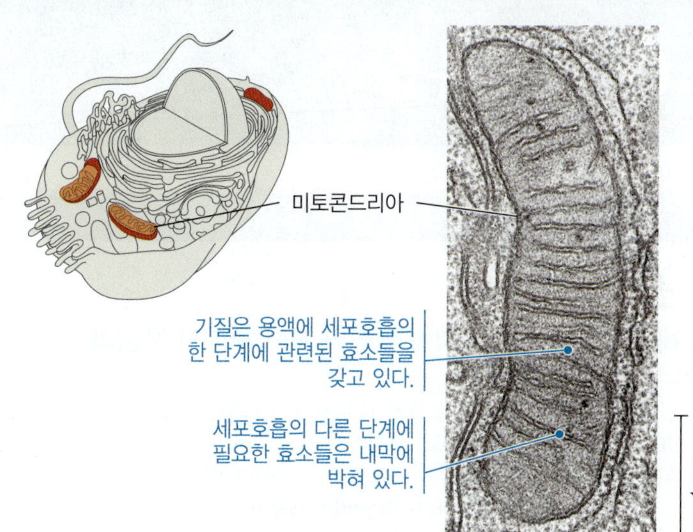

▲ 그림 6.22 **소기관들과 물질대사에서의 구조적 질서.** 미토콘드리아 같은 소기관들은 특정한 기능을 수행하는 효소를 포함하는데, 위 그림은 세포호흡의 경우이다.

세포 내에서 효소의 지역화

세포는 수많은 다른 종류의 효소와 기질들이 무작위로 혼합되어 있는 화학물질의 봉지만은 아니다. 세포는 구획화되어 있으며, 세포구조는 물질대사경로가 질서 잡히게 도와준다. 어떤 경우에는 한 물질대사경로의 여러 단계에 필요한 한 팀의 효소들은 다효소 복합체로 집합되어 있다. 그러한 정돈은 첫 효소로부터 나온 생성물이 복합체 내의 인접한 효소의 기질로 되고, 그리고 마지막 생성물이 방출될 때까지 그렇게 계속되면서, 일련의 반응들을 용이하게 한다. 몇몇 효소들과 효소 복합체들은 세포 내에 고정된 위치를 가지며, 특정 막의 구조적인 요소로서 작용한다. 다른 것들은 막으로 둘러싸인 진핵세포의 특정한 소기관들 내의 용액에 있어서, 각자 독자적인 화학적 내부 환경을 갖는다. 예를 들어, 진핵세포에서 세포호흡에 필요한 효소들은 미토콘드리아 내의 특정 장소에 있다(그림 6.22).

이 장에서 생명체 특유의 화학적 경로들이 교차되는 세트인 물질대사는 수많은 다른 종류의 세포내 분자체들이 잘 편성된 상호작용이라는 것을 배웠다. 다음 장에서는 특정한 화학반응들이 일어나는 여러 가지 소기관에 초점을 맞추어서 진핵세포들의 구조를 좀 더 심도 있게 공부한다.

개념 확인 문제 6.5

1. 다른 자리 입체성으로 조절되는 효소에 활성자와 억제자는 어떻게 다른 효과를 가질까?
2. 이소루신 합성의 조절은 동화 과정에서의 되먹임 저해의 한 예이다. 그것을 생각하면서 이화과정의 되먹임 억제에 어떻게 ATP가 관여하는지를 설명하라.

정답은 부록 A 참조

6 장 복습

핵심 개념의 요약

개념 6.1

생체의 물질대사는 열역학 법칙의 지배 하에서 물질과 에너지를 변형시킨다

- **물질대사(metabolism)**는 생체 내에서 일어나는 화학반응 세트이다. 효소는 **이화작용**(**catabolic**; 분자체들을 분해하여 에너지를 방출하는)이나 **동화작용**(**anabolic**; 분자체들을 조립하여 에너지를 소비하는)이 교차되는 **대사경로들(metabolic pathways)**의 반응들을 촉매한다.
- **에너지(energy)**는 변화를 초래하는 능력이며, 어떤 형태의 에너지는 물질을 이동시킴으로써 작업을 수행한다. **운동에너지(kinetic energy)**는 움직임과 관련되어 있고, 원자나 분자의 무작위적인 움직임과 관련이 있는 **열에너지(thermal energy)**를 포함한다. **열(heat)**은 한 물체에서 다른 물체로 전달되는 열에너지이다. **위치에너지(potential energy)**는 물체의 위치나 구조에 관련되어 있으며, 구조 때문에 분자가 갖고 있는 **화학에너지(chemical energy)**를 포함한다.
- 에너지 보존인 **열역학 제1법칙(first law of thermodynamics)**은 에너지는 결코 창조되거나 소멸되지 않으며, 단지 이전되거나 변환될 수 있다는 것을 설명한다. **열역학 제2법칙(second law of thermodynamics)**은 외부의 에너지 투입이 필요 없는 **자발적인 과정들(spontaneous processes)**은 우주의 **엔트로피**(**entropy**; 무질서)를 증가시킨다는 것을 말한다.

? 고도로 조직화된 세포의 구조가 어떻게 열역학 제2법칙과 상충되지 않는지를 설명하라.

개념 6.2

반응의 자유에너지 변화는 그 반응이 자발적으로 일어날지 아닐지를 말해준다

- 살아 있는 계의 **자유에너지(free energy)**는 세포의 조건 하에서 작업을 수행할 수 있는 에너지이다. 생물학적 과정 동안의 자유에너지 변화(ΔG)는 엔탈피 변화(ΔH) 및 엔트로피 변화(ΔS)와 직접적으로 관련된다: $\Delta G = \Delta H - T\Delta S$. 생물은 자유에너지 비용으로 살아간다. 자발적인 과정은 에너지 투입 없이 일어나며, 그러한 과정 동안에 자유에너지는 감소하며 계의 안정성은 증가한다. 안정성이 최대일 때, 그 계는 평형 상태에 있게 되고 일을 할 수 없다.
- **발열**(**exergonic**; 자발적) 화학반응에서 생성물은 반응물보다 적은 자유에너지를 갖는다($-\Delta G$). **흡열**(**endergonic**; 비자발적)반응은 에너지의 투입을 필요로 한다($+\Delta G$). 초기 재료의 추가와 최종산물의 제거는 물질대사가 평형에 도달하는 것을 막는다.

? 자발적인 화학반응의 자유에너지 변화에 관한 식에서 각 요소에 대한 의미를 설명하라. 세포의 대사에서 자발적 반응은 왜 중요할까?

개념 6.3

ATP는 발열반응과 흡열반응을 짝지어줌으로써 세포작용에 필요한 원동력을 공급한다

- **ATP**는 에너지 셔틀이다. ATP 말단 인산기의 가수분해는 ADP와 Ⓟ$_i$을 생성하며 자유에너지를 방출한다.
- **에너지 연계(energy coupling)**를 통해서 ATP 가수분해의 발열 과정은 인산기를 특정 반응물에 이전시켜서 흡열반응에 동력을 제공하며, 이에 따라 더 반응성이 높은 인산화된 **중간대사산물(phosphorylated intermediate)**을 형성한다. 또한 ATP 가수분해(때때로 단백질 인산화와 함께)는 수송 단백질과 운동 단백질의 형태와 결합 친화력의 변화를 유발한다.
- 이화작용경로는 ADP + Ⓟ$_i$로부터 ATP를 재생하게 한다.

? ATP 회로를 설명하라. 세포에서 어떻게 ATP가 사용되고 재생되는가?

개념 6.4

효소는 에너지 장벽을 낮춤으로써 대사반응을 촉진한다

- 어떤 화학반응에서, 반응물의 결합을 절단하는데 필요한 에너지는 **활성화 에너지(activation energy)** E_A이다.
- **효소(enzyme)**는 E_A 장벽을 낮춘다.

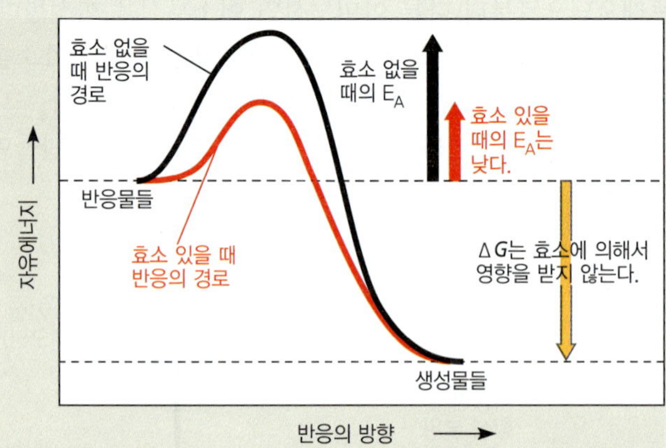

- 효소의 유형마다 그 효소가 작용하는 반응물 분자인 기질(substrate)과 특이적으로 만나는 독특한 **활성 부위(active site)**를 갖는다. 기질은 좀 더 단단하게 결합하면서 효소는 모양을 바꾸게 된다[**유도적합(induced fit)**].
- 활성 부위는 기질을 정확하게 자리 잡게 하고 결합을 뒤틀리게 하며, 우호적인 미세환경을 제공하거나 기질과 공유결합을 함으로써 E_A의 장벽을 낮춘다.
- 각 효소는 최적 온도와 pH를 갖는다. 억제자는 효소 기능을 감소시킨다. **경쟁적 억제자(competitive inhibitor)**는 활성 부위에 결합하는 데 반해 **비경쟁적 억제자(noncompetitive inhibitor)**는 효소의 다른 부위에 붙는다.
- 변이효소들을 갖는 생명체에 작용하는 자연선택은 생명체들에서 다양한 효소들이 존재하게 해준다.

? 활성화 에너지 장벽과 효소가 생명체의 구조적 그리고 물질대사적 질서를 유지하는데 어떻게 도움을 주는가?

개념 6.5

효소활성의 조절은 물질대사를 통제하는 데 도움이 된다

- 많은 효소들은 **다른 자리 입체성 조절(allosteric regulation)**을 받는다. 활성자이든 억제자이든 조절분자체들은 특정 조절 부위에 결합을 하여 효소의 모양과 기능에 영향을 미친다. **협동성(cooperativity)**에서 하나의 기질분자가 결합하면 다른 활성 부위에서의 결합이나 활성을 촉진시킨다. **되먹임 억제(feedback inhibition)**에서는 물질대사경로의 최종 생성물이 그 경로의 이른 단계에 작용하는 효소를 다른 자리 입체성 방식으로 저해한다.

• 어떤 효소들은 복합체를 형성하고, 어떤 것은 막에 합쳐져 있으며 어떤 것은 소기관 내에 포함되어 있어 대사 과정의 효율을 증대시킨다.

? 다른 자리 입체성 조절과 되먹임 억제는 세포 대사에서 어떤 역할들을 하는가?

생각해보자

수준 1: 지식/이해

1. 다음 문장을 올바르게 완성하는 단어 쌍을 선택하라: 이화작용이 동화작용에 대한 것은 ______이(가) _____에 대한 것이다.
   a. 발열의; 자발적 b. 발열의; 흡열의
   c. 자유에너지; 엔트로피 d. 작업; 에너지
2. 대부분의 세포들은 일을 수행하기 위해 열을 활용할 수 없는데, 이는 다음과 같은 이유 때문이다.
   a. 열은 에너지 전달을 수반하지 않기 때문에
   b. 세포들은 많은 열에너지를 갖고 있지 않으며 비교적 차기 때문에
   c. 세포 전체에서 온도는 항상 균일하기 때문에
   d. 열은 일을 하기 위해 결코 사용될 수 없기 때문에
3. 다음의 대사과정들 중에서 어떤 다른 과정에서부터 에너지의 순 유입 없이 일어날 수 있는 것은 어떤 것인가?
   a. ADP + Ⓟ$_i$ → ATP + H_2O
   b. $C_6H_{12}O_6 + 6\ O_2 \rightarrow 6\ CO_2 + 6\ H_2O$
   c. $6\ CO_2 + 6\ H_2O \rightarrow C_6H_{12}O_6 + 6\ O_2$
   d. 아미노산 → 단백질
4. 만약 용액 속의 어떤 효소가 기질과 함께 포화상태에 있다면, 생성물을 좀 더 빨리 만들 수 있는 가장 효과적인 방법은 어떤 것인가?
   a. 더 많은 효소를 첨가한다. b. 용액을 90℃까지 데운다.
   c. 더 많은 기질을 첨가한다. d. 비경쟁적 저해제를 첨가한다.
5. 몇몇 세균들이 온천수에서 대사가 활발한 이유는
   a. 그 세균들은 좀 더 낮은 내부 온도를 유지할 수 있기 때문에
   b. 높은 온도에서는 촉매 작용이 필요 없기 때문에
   c. 그 효소들은 적정 온도가 높기 때문에
   d. 그 효소들은 온도에 완전히 둔감하기 때문에

수준 2: 응용/분석

6. 만약 기질과 생성물이 평형상태인 용액에 어떤 효소를 첨가한다면 어떤 일이 일어날까?
   a. 추가적인 기질이 형성될 것이다.
   b. 반응이 흡열반응에서 발열반응으로 바뀌게 된다.
   c. 계의 자유에너지가 변하게 된다.
   d. 아무것도 일어나지 않고, 반응은 평형상태를 유지한다.

수준 3: 종합/평가

7. 여러 가지 화살표를 사용하여 다음 문장에서 설명된 가지 친 대사반응경로를 그린 후 끝에 있는 질문에 답하라. 억제를 표시할 때는 빨간색 화살표와 마이너스 기호를 사용하라.
   L은M이나 N을 만들 수 있다.
   M은 O를 만들 수 있다.
   O는 P나 R을 만들 수 있다.
   P는 Q를 만들 수 있다.
   R은 S를 만들 수 있다.
   O는 L이M이 되는 반응을 억제한다.
   Q는 O에서 P가 형성되는 반응을 억제한다.
   S는 O가 R이 되는 반응을 억제한다.
   만약 Q와 S 모두 세포 내에서 높은 농도로 존재하고 있다면 다음 어떤 반응이 우세할 것인가?
   a. L → M b. M → O c. L → N d. O → P
8. **진화적 관점**
   어떤 주어진 경로에서의 모든 중간대사 단계들은 최종산물을 생성하기 위해서 반드시 존재해야 하기 때문에, 최근 다시 부활되고 있는 반진화적인 "지적인 설계(intelligent design)" 논쟁은 생화학적 경로들이 진화된 것으로 보기에는 너무 복잡하다고 주장한다. 이 논쟁을 논평하라. 같거나 비슷한 산물을 생성하는 대사경로들의 현존하는 다양성을 어떻게 본인의 논거를 지지하는 데 사용할 수 있을까?
9. **과학적 탐구** 어떤 연구자가 배양액에서 자라고 있는 간세포에 있는 중요한 효소의 활성을 측정하는 분석방법을 개발하였다. 그녀는 효소의 기질을 배양접시의 세포에 첨가한 후 반응 생성물이 나타나는 것을 측정하였다. 결과는 *x*축에 시간과 *y*축에 생성물의 양을 그래프로 그렸다. 그 연구자는 그래프를 4개로 분할하여 기록하였다. 짧은 기간의 시간에서는 어떠한 생성물도 나타나지 않았다(분할 A). 그 후(분할 B) 반응 속도는 아주 높았다(직선의 기울기는 가팔랐음). 그런 다음 그 반응은 점차 늦어졌다(분할 C). 마지막에는 그래프 선이 평탄해졌다(분할 D). 그 그래프를 그려서 표시하고, 이 반응 추이의 각 단계에서 일어나는 분자적 사건을 설명하기 위한 모형을 제시하라.
10. **글쓰기: 에너지와 물질**
    생명체는 에너지를 필요로 한다. 짧은 에세이(100~150 글자)로 동물세포에서의 생체 에너지학의 기초 원리들을 설명하라. 광합성하는 세포에서는 에너지의 흐름과 변환이 어떻게 다른가? 토론 부분에서 ATP와 효소들의 역할도 포함하라.
11. **종합적으로 생각해보기**

이 사진에서 무엇이 일어날 것인지를 운동에너지와 위치에너지의 관점에서 설명하라. 펭귄이 생선을 먹고 빙하를 다시 올라갈 때 일어나는 에너지 변환을 포함하라. 일부 관련 분자들의 자유에너지에 어떤 일이 발생하는지를 포함하여, 기본적인 분자 과정에서 ATP와 효소의 역할을 설명하라.

정답은 부록 A 참조

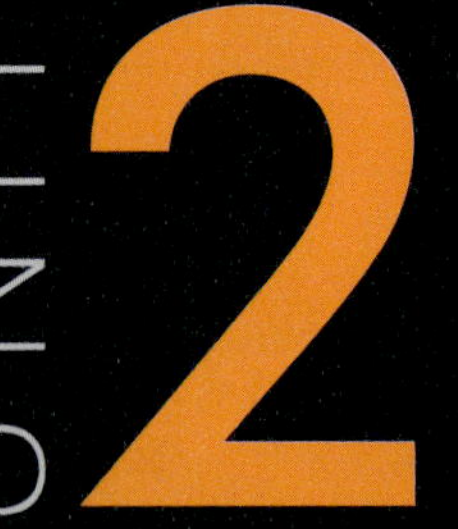

세포생물학

너스(Paul Nurse) 박사와의 인터뷰

영국의 생물학자인 너스 경은 하트웰(Leland H. Hartwell) 박사와 헌트(R. Timothy Hunt) 박사 등과 함께 진핵세포의 생장과 분열이 어떻게 조절되는지를 밝혀낸 업적으로 2001년 노벨상과 2005년 코플리상(Copley Medal)을 수상하였다. 영국의 버밍험대학교(University of Birmingham)와 이스트앵글리아 대학교(University of East Anglia)에서 수학하였으며, 옥스퍼드대학교의 교수와 왕립암연구재단(현재는 영국 암 연구소로 불림)의 연구원을 역임하였다. 너스 박사는 2003년부터 2010년까지 미국 뉴욕에 있는 록펠러대학교(Rockefeller University)의 총장을 역임하면서도 연구 활동을 멈추지 않았다. 그 뒤 영국으로 돌아와 왕립학회 회장이 되었으며, 연구와 혁신을 위하여 세워진 UK센터의 설립책임자이면서 운영책임자가 되었다.

처음에 어떻게 과학에, 특히 생물학에 관심을 가지게 되셨나요?

어렸을 때 학교에 가려면 여러 공원을 지나 한참을 걸어야만 했습니다. 가는 길에 여러 동식물과 곤충들을 보기를 좋아했습니다. 어떤 식물의 잎은 그늘에서는 잘 크지만 햇빛에서는 잘 자라지 않는다는 사실에 신기해하곤 했지요. 저는 천문학도 좋아했었고, 지금도 좋아하고 있습니다. 이렇게 과학에 관한 저의 흥미는 정말로 박물학적인 것이었습니다.

학생시절의 저는 그리 뛰어나진 못했습니다. 부모님은 노동자였고, 집에는 책이 많지 않았습니다. 공부를 따라잡는 데에는 많은 시간이 걸렸습니다. 그렇지만 내 주변의 세상에 대해 알려는 호기심은 매우 많았습니다. 그러던 중 십대 때에 네일(Keith Neil)이라는 과학 선생님이 저를 많이 격려해 주셨습니다. 선생님과 함께 초파리 과제, 나비와 딱정벌레의 개체수 조사, 송어의 산란 실험 등과 같은 많은 생물학 과제들을 수행했습니다. 노벨상을 받은 이후에 저는 그를 지도자상에 추천하였고, TV 프로그램도 함께 했습니다. 제 생각에, 생물학에 대한 저의 관심은 생물학에는 답을 모르는 문제들이 너무 많아서 평범한 사람들조차 이 분야에 어떤 식으로든 기여할 수 있을 것이라는 느낌에도 역시 영향을 받은 것 같습니다.

대학 시절에 처음에는 생태와 진화에 관심을 가졌었지만, 결국에는 실험실에서 연구하기에 더 쉬운 주제, 즉 세포학과 유전학을 연구하기 시작했습니다.

어떻게 세포주기를 연구하기 시작했나요?

대학원생이었을 때, 제 스스로 질문을 던져 보았습니다. "생물학에서 정말 중요한 것은 무엇일까?" 저는 생명체를 생명체가 아닌 것들과 구분해 주는 특징에 관심을 가지는 것이 중요하다고 생각했으며, 그런 특징 중의 하나가 개체의 번식 능력입니다. 세포가 생명체의 가장 단순한 기본단위이기 때문에 가장 단순한 형태의 번식은 세포가 분열하는 것입니다.

세포분열에 대해선 무엇을 알아내려 하셨나요?

세포주기란 하나의 세포가 태어나서 두 개의 세포로 분열할 때까지의 일련의 과정을 말합니다. 저는 세포주기의 여러 사건들이 어떻게 통합적으로 조절되는지를, 즉 무엇이 세포주기 단계의 진행을 조절하는지를 알고 싶었습니다. 실제로 저는 제 인생의 대부분을 이 질문에 대한 답을 찾기 위해 보냈습니다.

세포주기가 어떻게 작동하는지에 대해서는 두 가지의 다른 견해가 있었습니다. 하나는 세포가 정해진 경로를 따라 자동적으로 진행해 간다는 것이며, 다른 하나는 경로 내에 조절지점으로 작용하는 몇 개의 속도제한 단계가 있다는 것입니다. 이러한 조절지점들은 세포주기가 얼마나 빠르게 진행할지를 결정하게 됩니다.

두 가설 중 어떤 것이 옳은가를 확인하기 위해 어떻게 하셨나요?

나의 영감은 출아효모(빵과 맥주를 만드는 데 이용)를 사용해 유전학 연구를 하던 하트웰 박사가 세포주기에 결함이 있는 돌연변이들을 찾아낸 데에서 출발했습니다. 이것은 전형적인 유전학적 접근방법으로서, 어떤 시스템이 어떻게 작동하는지를 알기 위해서 무엇이 그 시스템을 멈추게 하는지를 찾아내는 것입니다. 저는 하트웰의 연구를 표본으로 삼았지만 분열형 효모라는 출아효모와는 매우 다른 종류의 효모를 사용했습니다. 하트웰 박사와 같이 저도 세포주기의 특정 단계에 작용하는 유전자에 결함이 있는 돌연변이 들을 골라내었으며, 이들을 cell division cycle의 첫 글자를 따서 *cdc* 유전자라 명명하였습니다.

번식을 위해서 분열형 효모는 먼저 원래의 두 배 크기로 성장한 다음 두 개의 세포로 분열하게 됩니다. 저는 둘로 나누어지지 못해서 점점 커지는 돌연변이들을 찾아보았습니다. 이런 돌연변이를 얻은 결과 이 세포에 결함이 있는 유전자가 세포가 분열하는 데 필요한 것이라는 사실을 알 수 있었습니 다. 그 다음에 세포분열 과정에 결함이 있는 여러 가지 다른 종류의 돌연변이들을 얻게 되었는데, 이러한 결과로부터 이 과정이 여러 단계로 진행되며 각 단계는 하나 또는 그 이상의 유전자들에 의해 조절된다는 사실을 알게 되었습니다. 따라서 세포주기는 각 단계들이 다음 단계로의 진행을 유도하는 곧장 앞으로 나아가는 경로인 것처럼 보였습니다.

그런데 어느 날 저는 현미경 아래에 다른 종류의 돌연변이들이 있다는 것을 알게 되었습니다. 이 효모세포들은 분열은 하지만 세포의 크기가 비정상적으로 매우 작았습니다. 그때 저는 세포가 정상 속도보다 더 빠르게 세포주기를 진행한다면 세포의 크기가 두 배가 되기 이전에 분열할 수도 있다는 것을 깨닫게 되었습니다. 그때 찾아내었던 돌연변이체는 단 하나의 유전자에 한 군데의 돌연변이만 있었으며, 그것만으로도 충분히 전체 세포주기를 더 빠르게 진행되도록 만들어 주었습니다. 이러한 사실은 세포주기 내에 적어도 몇 군데의 속도제한 단계가 있다는 것을 의미합니다. 왜냐하면 이러한 속도제한 단계가 없다면 한 군데를 망가뜨려 세포주기를 더 빠르게 돌아가 게 할 수는 없기 때문입니다. 따라서 두 번째 가설이 옳은 것으로 여겨졌습니다.

이런 모든 결론들이 단지 그 작은 돌연변이 세포를 5분 정도 관찰하는 동안 얻어졌는데, 이후 20여 년 동안의 거의 모든 제 연구 결과들이 이 5분에 기초하고 있다고 할 수 있을 겁니다!

이러한 세포주기 조절 분야 연구에 여러 나라의 많은 연구자들이 공헌했다는 사실을 꼭 말씀드려야겠습니다. 시애틀에 있는 하트웰 박사 이외에도 개구리알을 가지고 연구했던 토론토의 마수이(Yoshio Masui)와 콜로라도의 몰러(James Maller), 나의 오랜 친구이자 성게알을 재료로 연구한 영국의 헌트 박사 등이 이 분야 발전에 크게 공헌한 분들입니다.

박사님은 *cdc2*라 불리는 유전자에 결함이 있는 돌연변이에 대한 연구를 많이 하셨습니다. 이것은 어떤 역할을 하는 유전자입니까?

알고 보니 *cdc2* 유전자는 단백질인산화효소를 암호화하는 유전자였습니다. 단백질인산화효소는 세포 내에서 주로 다른 단백질의 기능을 조절하는 역할을 합니다. 인간세포의 경우에는 500가지가 넘을 정도로 많은 종류의 인산화효소가 있습니다. 이들은 다른 단백질을 인산화시키는데, 이것은 ATP 분자의 인산기를 떼어내 단백질에 붙이는 것입니다. 인산기는 음전하를 많이 띠고 있기 때문에 이들의 결합은 단백질의 형태와 성질을 바꿀 수 있습니다. 따라서 *cdc2*가 단백질인산화효소를 암호화한다는 것을 알게 된 것은 단백질의 인산화가 세포주기의 주요 조절 메커니즘이라는 사실을 알게 되었다는 점에서 중요합니다. 결국 우리는 분열형 효모를 이용해서 *cdc2* 인산화효소가 세포주기의 초기단계에서는 DNA의 복제를 조절하는데 사용되며, 뒤쪽에서는 세포가 둘로 나누어지기 바로 전의 분열기에 복제된 염색체가 분리되는데 사용된다는 사실을 보여주게 되었습니다.

다른 생물에서도 비슷한 효소가 세포주기를 조절하나요?

제 연구실의 연구원이었던 리(Melanie Lee) 박사는 효모의 *cdc2*에 해당하는 인간의 유전자를 찾아내어, 이 유전자가 효모세포의 *cdc2* 유전자의 결함을 대신해 기능할 수 있다는 것을 보여주었습니다. *cdc2* 유전자에 결함이 있는 효모세포에 이 인간 유전자를 넣었더니 효모세포가 정상적으로 분열하기 시작했습니다.

Cdc2 단백질을 비롯한 여러 세포주기 조절인자들은 모든 진핵생물에서 매우 비슷하다는 것이 밝혀졌습니다. 이것은 세포분열을 조절하는 시스템이 지구상에 진핵세포가 처음 생겨난 후 금방 진화하기 시작했다는 것을 의미하며, 또한 이러한 조절시스템이 매우 중요하기 때문에 변화하지 않고 유지되었다는 것을 의미합니다. 예를 들어, *cdc2* 유전자는 우리가 알고 있는 모든 진핵생물에서 발견되고 있습니다.

세포주기 연구가 의학 분야에서 담당하는 역할은 무엇입니까?

가장 중요한 의학적 역할은 암에 관한 것입니다. 암은 세포가 조절받지 않고 자라고 분열하는 것입니다. 세포의 성장과 분열이 제시간에 제곳에서 일어난다면 이것은 매우 좋은 일입니다. 이런 방법으로 하나의 수정란에서 아기가 생겨나고, 또 상처가 난 곳이 아물기도 합니다. 그러나 세포의 성장과 분열이 잘못된 시간에 잘못된 곳에서 일어난다면 종양이 생겨나서 그 조직이나 기관의 기능을 망가뜨릴 수 있습니다.

> "세포분열을 조절하는 시스템은 진핵세포가 지구상에 처음 나타난 직후에 진화해왔음에 틀림없습니다."

그렇지만 아마도 암과 관련해서는 소위 유전체의 안정성이라 불리

▶ 너스와 리스

는 현상이 암과 더 밀접하게 연관되어 있을 겁니다. 각 세포주기마다 모든 유전자들은 정확히 복제되고, 또 두 개의 딸세포로 정확하게 나누어져야 하며, 이것이 세포주기의 전부입니다. 만약 실수가 생기면 DNA는 적절하게 복제하지 못하거나 염색체가 적절하게 분리하지 못해 유전체의 불안정이 증가하게 되고 결국 염색체가 변화되거나 일부가 재조합되지요. 이러한 변화는 암을 유발할 수 있습니다. 유전체의 안정성이 어떻게 유지되는가를 이해하는 것이 암이 어떻게 생기는가를 이해하는 지름길입니다.

"박사님은 연구실의 젊은 과학자들에게 어떤 방법으로 멘토 역할을 하시나요?"

저는 항상 조금은 실험실을 자유분방하게 운영합니다. 그 과정에서 저의 임무는 그들을 지도하는 것이 아니라 그들이 자신의 관심거리를 찾아가도록 도와주는 것입니다. 다만 저는 그들이 너무 많은 함정에 빠지지 않도록 도와주기만 합니다. 제 연구실은 솔직히 얘기하면 약간 비효율적인 편인데, 그 이유는 저희가 끊임없이 새로운 과제를 시작하기 때문입니다. 그렇지만 그들이 여기를 떠나갈 때는 그 과제를 가지고 가기 때문에 이러한 관습은 이 분야를 매우 빨리 퍼뜨려 발전시키는데 큰 도움을 줍니다.

박사님은 공동연구를 어떻게 진행하시나요?

저희 연구실 밖의 사람들과의 공동연구는 주로 이야기를 나누면서 진행합니다. 저는 다른 사람들과 의견을 교환할 때 훨씬 좋은 생각이 떠오릅니다. 이러한 대화는 매우 정직하고 마음이 열린 관계일 때 특히 유용합니다. "조금 전 네가 한 말은 너무 어리석은 얘기야"라고 이야기할 수 있을 정도로 편안한 상태라면 더욱 좋습니다. 저는 헌트 박사와 한 편의 논문도 같이 발표하지 않았지만, 이러한 솔직한 대화를 그와 수십 년 동안 해오며 큰 도움을 받았습니다. 헌트 박사는 사이클린(cyclin)이라는 다른 종류의 세포주기 조절 단백질을 발견하였으며, 이 단백질은 Cdc2와 같은 인산화효소와 짝을 이루어 작용합니다. 우리가 지금까지 이야기해 왔던 인산화효소는 이러한 이유로 사이클린 의존성 인산화효소(cyclin-dependent kinase, Cdk)라고 불립니다.

과학자들은 사회에 대해 어떠한 책임을 다해야 할까요?

저는 늘 과학자들도 일할 수 있는 면허증을 가져야 한다고 이야기합니다. 우리는 이러한 면허증을 스스로 따내야 하며, 그저 사회가 과학을 지지할 것이 라고 가정해서는 안 됩니다. 제가 젊었을 때는 나의 호기심 때문에 과학을 연구하고, 과학은 미술이나 음악과 같이 중요한 문화적인 노력이기 때문에 지지받아야 한다고 생각하기도 했습니다. 그러나 우리가 과학을 단순히 문화적인 것으로만 정당화하려 한다면 과학에 대한 예산은 급격하게 감소할 것입니다. 일반국민들과 정부 관료들은 과학적인 발견이 인류의 복지를 증진시키는데 이용되기를 바라며 이것은 지극히 당연한 것입니다. 저는 과학자들이 일반국민들과 효과적으로 의견을 교환하는 것이 매우 중요하다고 생각하며, 그렇게 함으로써 정부의 정책 입안자들에게 영향을 미칠 수 있습니다. 무엇보다 중요한 것은 우리 과학자들이 대중의 의견을 들어 어떤 논쟁거리에 대해 그들이 어떻게 생각하는지를 이해해야 한다는 것입니다. 우리는 일반국민들과 대화를 해야만 합니다. 대화가 없으면 우리는 어떤 오해가 있는지조차도 모르게 됩니다. 저는 과학자들이 더 많이 대중운동에 참여해야 한다고 생각합니다.

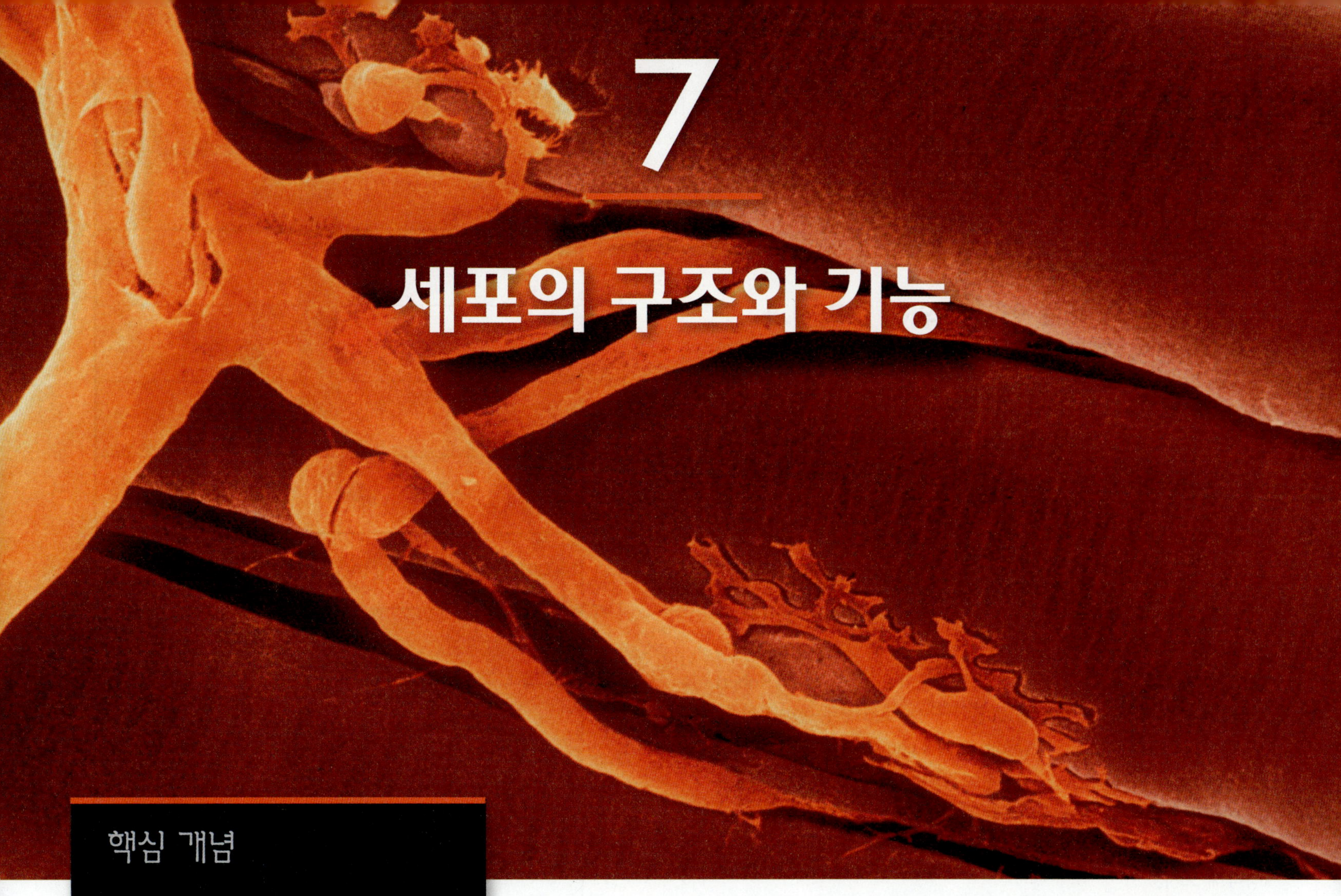

7 세포의 구조와 기능

핵심 개념

7.1 생물학자들은 세포 연구를 위해 현미경과 생화학적 도구를 이용한다

7.2 진핵세포는 소기관들이 독자적인 기능을 수행할 수 있도록 구획을 나누는 내부막을 갖는다

7.3 진핵세포의 유전정보는 핵 안에 있으며, 리보솜에 의해 해독된다

7.4 내막계는 세포 내에서 단백질 이동을 조절하고 세포의 물질대사 기능을 수행한다

7.5 미토콘드리아와 엽록체는 에너지를 한 형태에서 다른 형태로 변환할 수 있다

7.6 세포골격은 섬유들의 그물망 구조로 세포 내의 구조와 활동을 조직화한다

7.7 세포활동은 세포 간의 연결과 세포외 구성물질을 통해 조절된다

▲ **그림 7.1** **여러분의 세포는 어떻게 생물학을 이해하도록 도와주는가?**

생명체의 기본 단위

세포는 생물학을 이루는 기본 단위로 화학에서의 원자와 같다. 여러 가지 형태의 많은 세포들이 바로 지금 여러분을 위하여 기능을 하고 있다. 여러분의 눈은 근육세포의 수축작용을 통해 글을 읽는다. **그림 7.1**은 신경세포(오렌지색)가 근육세포(붉은색)와 접촉하기 위하여 뻗어나가 있는 것을 보여준다. 종이 위의 단어들은 신경세포에 의해 운반되는 신호로 바뀌며 뇌에서 다른 신경세포로 전달된다. 여러분이 공부를 할 때는 학습이 일어나도록 기억을 강화하는 이런 세포간의 연결들이 만들어지고 있는 것이다.

모든 생명체는 세포로 구성되어 있다. 생물의 조직 체계에서 세포는 살아 있을 수 있는 가장 단순한 형태의 물질 모음이다. 실제로 단세포 생물로 살아가는 다양한 형태의 생명체들이 있다. 식물이나 동물과 같이 좀 더 복잡한 생명체를 다세포 생물이라 하며, 이들의 몸에서는 혼자서는 생존할 수 없는 여러 종류의 특성화된 세포들이 협력하고 있다. 하지만 생명체가 조직이나 기관과 같은 좀 더 복잡한 수준으로 이루어졌다고 하더라도 세포는 그 생명체가 구조를 형성하고 기능을 수행하는 데 기본이 된다.

모든 세포는 그들의 조상 세포와 연관성이 있다. 세포들은 지구상의 생명체들이 오랫동안 진화해오는 동안에 여러 가지 다양한 방법으로 변화해왔다. 비록 세포는 기능이나 형태가 서로 다를 수 있지만 여러 공통적인 특징도 가지고 있다. 이 장에서 우리는 먼저 세포를 이해하는 데 도움을 준 기구와 실험적 접근방법에 대하여 배울 것이다. 다음으로 세포 내부를 자세히 살펴보고, 그들의 구성요소들을 익히도록 하자.

개념 7.1

생물학자들은 세포 연구를 위해 현미경과 생화학적 도구를 이용한다

세포내부의 작용을 연구하는 것은 종종 생물학적인 발견을 매우 흥미진진하게 만든다. 세포는 너무 작아서 맨눈으로는 볼 수 없는데 어떻게 세포를 연구할 수 있을까?

현미경

과학의 발전은 종종 인간 감각의 한계를 확장시킬 수 있는 기계의 발명과 함께 한다. 1590년에 현미경이 발명되고, 1600년대에 보다 나은 현미경이 나오면서 세포가 발견되었고, 세포에 대한 초기 연구가 진행되었다. 세포벽은 1665년에 후크(Robert Hooke)가 현미경으로 참나무 껍질의 죽은 세포를 관찰하면서 처음 발견되었다. 레벤후크(Antoni van Leeuwenhoek)는 자신이 만든 성능 좋은 현미경을 이용하여 살아 있는 세포를 관찰하였다. 1674년에 후크가 레벤후크를 방문하여 그가 "극미동물"이라고 불렀던 미생물의 세계를 관찰하였을 때 얼마나 신기하였을까 생각해 보자.

르네상스 시대 과학자들이 처음 사용한 현미경은 모두 광학현미경으로 오늘날에도 실험실에서 많이 사용하고 있다. **광학현미경(light microscope, LM)**에서는 가시광선이 시료와 유리렌즈를 차례로 통과한다. 렌즈는 빛을 굴절시켜 시료의 이미지를 확대시킴으로써 눈으로 관찰할 수 있고, 카메라로 투사시켜 볼 수 있다(부록 D).

현미경의 세 가지 중요한 제한요소는 배율과 해상력, 대비이다. 현미경에서 **배율**(magnification)이란 물체의 이미지와 그것의 실제 크기의 비율을 말한다. 배율은 실제 상보다 1000배까지 확대할 수 있으나, 배율이 높아질수록 상이 흐려 보인다. **해상력**(resolution)은 이미지가 또렷하게 보이는 정도를 말한다. 즉, 해상력이란 아주 가까운 거리의 두 점이 확실히 두 개의 점으로 분리되어 보이는 최소한의 거리를 의미한다. 예를 들어, 하늘의 별이 맨눈으로는 하나의 별로 보이다가 망원경으로 보면 선명하게 두 개의 별로 보이는 경우가 있는데, 망원경이 눈보다 더 높은 해상력을 가지고 있기 때문이다. 광학현미경의 일반 기술로는 배율에 관계없이 세균의 크기에 해당하는 약 0.2 μm(혹은 200 nm)보다 작은 것은 잘 볼 수 없다(**그림 7.2**). 세 번째 요소인 **대비**(contrast)는 시료내 지역의 차이점을 강조하는 것을 말한다. 광학현미경의

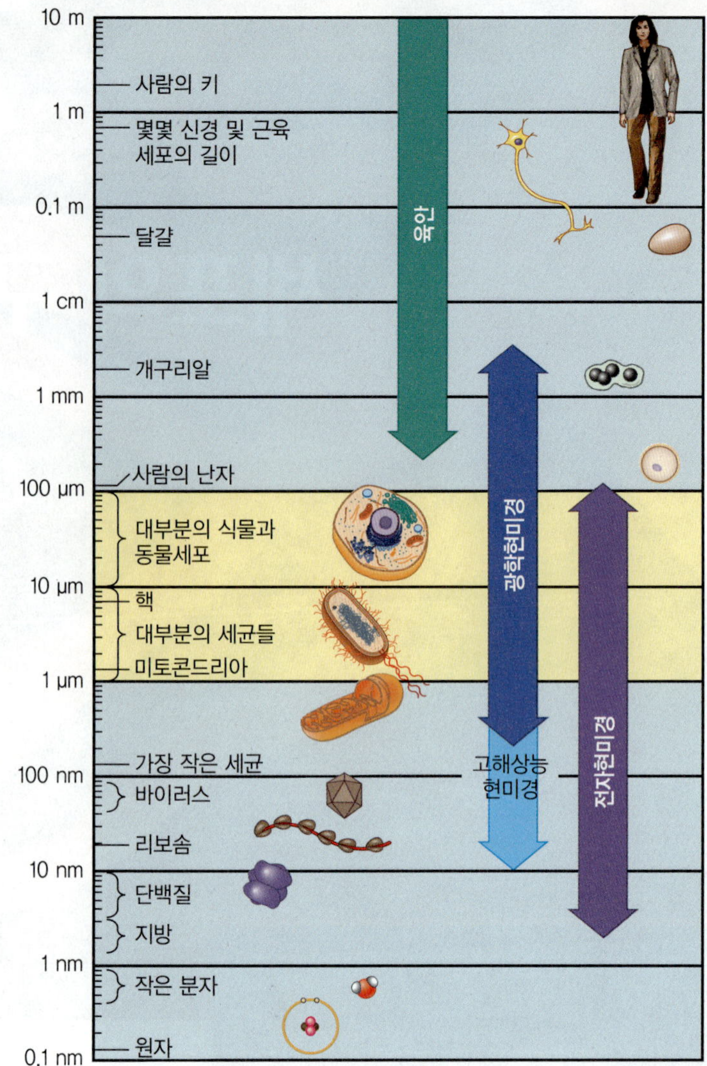

▲ **그림 7.2 세포의 크기 범위.** 대부분의 세포는 지름이 1~100 μm 정도(차트의 노란지역)로 현미경으로만 볼 수 있다. 왼쪽 면은 크기의 범위를 로그 스케일로 나타낸 것이다. 스케일의 윗부분에서부터 10 m로 시작하며 아래로 갈수록 크기가 작아지는데, 각 표시된 단위는 지름 혹은 길이에서 10배씩 감소함을 보여준다. 완전한 미터법은 부록 C에 표시되어 있다.

기술은 시각적으로 잘 두드러질 수 있도록 세포 성분을 염색하거나 표지하여 대비를 높이는 새로운 방법들이 고안됨으로써 발달되었다. **그림 7.3**에서는 다른 종류의 현미경을 보여주고 있으며, 다음 절에서 이를 다룰 것이다.

최근까지, 광학현미경의 해상력 한계 때문에 생물학자들이 진핵세포에서 막 구조로 되어 있는 **세포소기관(organelles)**을 연구하는 데 어려움이 있었다. 이러한 세포소기관을 자세히 보기 위해서는 새로운 기구가 필요했으며, 1950년대에 드디어 전자현미경을 사용하기 시작했다. **전자현미경(electron microscope, EM)**

▼ 그림 7.3

탐구 현미경

광학현미경(LM)

명시야(염색하지 않은 시료). 빛이 시료를 직접 통과한다. 세포가 원래 색소를 가지지 않거나 인위적으로 염색되지 않는다면 대비되어 보이지 않는다. (처음 네 개의 광학현미경 사진은 사람의 구강 상피세포를 보여준다. 첫 번째 사진의 눈금자는 모든 사진에 적용됨.)

50 µm

명시야(염색한 시료). 다양한 염료들은 대비를 향상시킨다. 대부분의 염색 과정들은 세포들이 고정되는(보존되는) 과정을 필요로 하기 때문에 세포는 죽게 된다.

위상차(phase-contrast)현미경. 시료 자체의 다양한 밀도 차이를 증폭하여 염색하지 않은 세포가 대비되어 보인다. 특히 살아 있거나 색소가 없는 세포에 유용하다.

차등간섭위상차(differential-interference contrast, Normarski)현미경. 위상차현미경과 같이 밀도차를 증가시켜 이미지를 3D에 가깝게 얻을 수 있다.

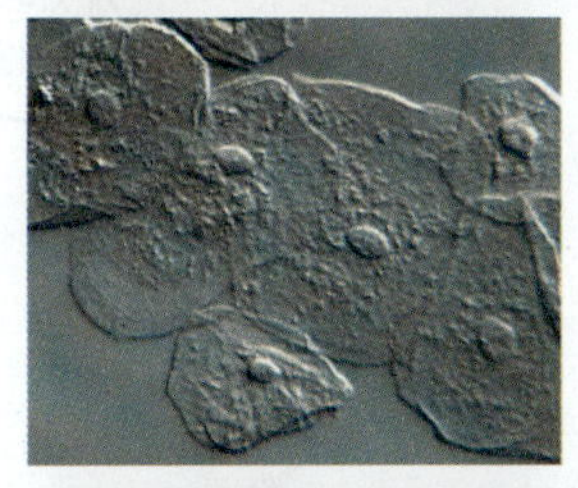

형광(fluorescence)현미경. 형광염색약이나 항체로 세포의 특정 분자를 표지하여 세포 내에서의 위치를 확인할 수 있다. 몇몇 세포들은 스스로 형광을 내는 물질을 가지고 있기도 한다. 이러한 형광물질은 UV를 흡수하여 가시광선을 방출한다. 옆의 그림은 형광으로 표지한 자궁세포로 핵물질은 파란색, 미토콘드리아는 오렌지색, "세포골격"은 초록색을 띠고 있다.

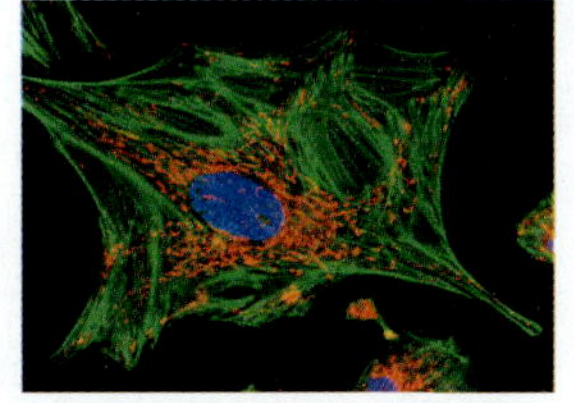

10 µm

공초점(confocal)현미경. 위의 사진은 신경조직에 대한 일반 형광현미경 상으로 신경세포는 녹색, 보조세포(support cell)는 노란색, 겹쳐지는 부분은 노란색을 나타낸다. 아래 사진은 같은 조직에 대한 공초점현미경 상을 보여준다. 레이저를 이용한 광학적 절단기술은 두꺼운 시료로부터 초점에서 벗어난 위치에서 나오는 빛을 제거하여 단면의 형광을 보여준다. 여러 다른 단면의 상을 합쳐 3차원적으로 재구성된 상을 만들 수 있다. 일반 형광현미경으로 찍는 상은 초점에서 벗어난 빛을 제거하지 못해 흐려 보인다.

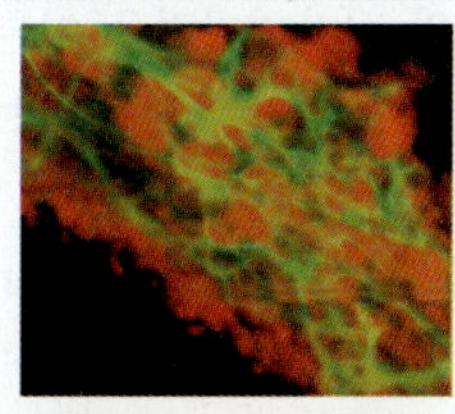

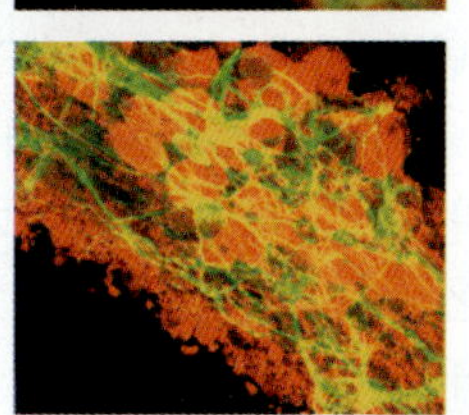

50 µm

디콘볼루션(deconvolution)현미경. 두 부분으로 나누어진 사진의 윗부분은 백혈구 세포의 속까지 보여주는 편집된 형광현미경 사진이다. 아래는 디콘볼루션 소프트웨어를 이용해서 각각 다른 면에서 찍은 흐릿한 사진을 재구성하여 만든 사진이다. 이 과정을 통해 초점이 맞지 않는 빛을 기술적으로 제거하여 더 선명한 3D 이미지를 얻을 수 있다.

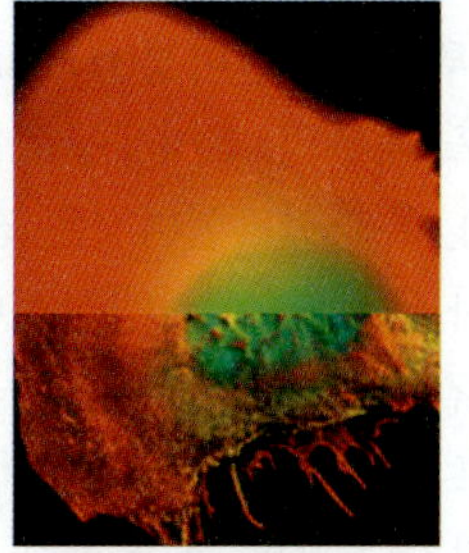

10 µm

고해상능(super-resolution)현미경. 위의 사진은 지름이 40 nm 되는 신경세포의 소낭에 들어 있는 물질을 형광 표지하여 공초점현미경으로 찍은 사진이다. 초록빛이 감도는 노란색의 점들은 흐릿한데, 그 이유는 지름 40 nm가 일반 광학현미경의 200 nm 해상능의 범위에 있지 않기 때문이다. 아래 사진은 고해상능현미경으로 같은 세포를 찍은 것이다. 정교한 장치가 형광물질의 빛을 밝히는 데 사용되었고 따라서 이들의 위치도 정확히 알 수 있다. 다른 위치에 있는 많은 분자들로부터 오는 정보를 합치면 해상능의 한계를 뛰어 넘을 수 있으며, 결과적으로 사진에서처럼 선명한 이미지의 초록빛이 감도는 노란색 점들을 볼 수 있다.

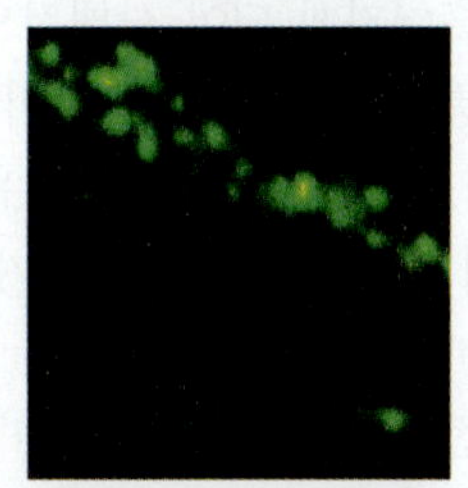

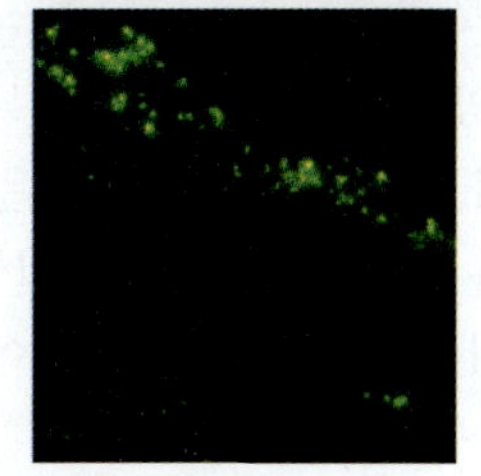

1 µm

전자현미경(EM)

(a) 주사전자현미경(scanning electron microscopy, SEM). 주사전자현미경에서 얻은 사진은 시료의 표면이 3D 이미지로 보인다. 옆의 주사전자현미경 사진은 토끼의 호흡기관으로 세포 표면이 섬모로 덮여 있는 것을 보여준다. 섬모의 움직임은 흡입된 찌꺼기들이 기도에서 빠져나오도록 돕는다. 우측의 SEM 및 TEM 사진은 인위적으로 채색된 것이다. (전자현미경 상은 흑백이지만, 특정 구조를 강조하기 위하여 인위적으로 색깔을 넣었다.)

책 속의 약어:
LM = 광학현미경
SEM = 주사전자현미경
TEM = 투과전자현미경

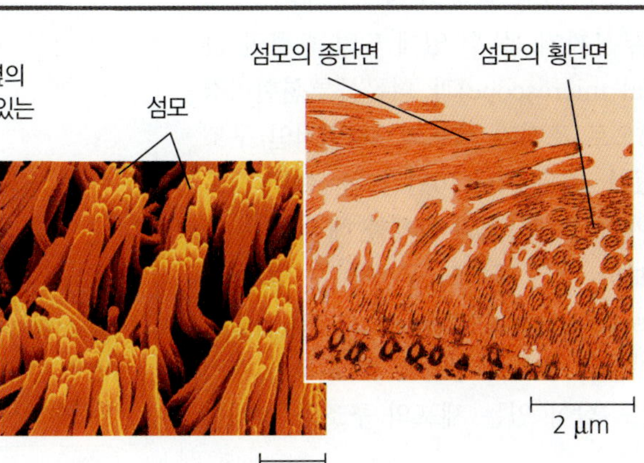

(b) 투과전자현미경(transmission electron microscopy, TEM). 투과전자현미경은 시료의 얇은 단면을 보여준다. 옆의 사진은 기관세포의 단면으로서, 그 내부구조를 보여준다. 투과전자현미경 사진을 보면 어떤 섬모는 종단면으로, 다른 섬모는 횡단면으로 절단되어 있는 것을 볼 수 있다.

은 빛 대신에 전자빔을 시료에 투과시키거나 시료표면에 맞춘다(부록 D). 해상력은 이미지를 얻는 데 사용한 현미경의 복사 파장에 반비례하는데, 전자빔은 가시광선의 파장보다 훨씬 짧다. 최신의 전자현미경은 이론적으로는 약 0.002 nm까지의 높은 해상력을 갖지만, 실제 해상력은 일반적으로 약 2 nm이며, 이는 광학현미경에 비하면 100배 높아진 것이다.

주사전자현미경(scanning electron microscope, SEM)은 시료의 표면을 자세히 연구하는 데 매우 효과적이다(그림 7.3). 전자 빔은 대개 얇은 금막으로 코팅된 샘플 시료의 표면에 주사된다. 전자빔은 샘플 표면에서 전자를 흥분시키며, 이렇게 흥분된 2차적인 전자들의 패턴은 기계에 의해 전자 신호로 해석되어 비디오 스크린으로 보내진다. 이러한 결과로 나타나는 이미지는 시료 표면의 구조를 나타낸다. 주사전자현미경은 깊은 곳까지도 침투가 가능한데, 이러한 결과는 3차원화되어 이미지로 나타난다.

투과전자현미경(transmission electon microscope, TEM)은 세포 내부의 초미세구조를 연구하기 위해 주로 사용한다(그림 7.3). 투과전자현미경은 전자빔이 매우 얇게 잘려진 시료를 향해 발사되는데, 이는 광학현미경이 빛을 슬라이드에 통과시키는 것과 같다. 시료를 무거운 금속원자로 염색하면, 금속원자는 특정 세포 구조에 붙게 되며, 따라서 세포내 특정 부분의 전자밀도가 높아진다. 시료를 통과한 전자는 밀도가 높은 지역일수록 사방으로 흩어지게 되어 상대적으로 더 적은 수의 전자들만이 그 지역을 통과한다. 이때의 이미지는 통과한 전자의 패턴을 통해 나타난다. 투과전자현미경은 유리렌즈 대신에 전자기를 렌즈로 사용하여 전자의 움직임을 휘게 하며, 결국 모니터에 이미지의 초점을 맞춘다.

전자현미경은 광학현미경의 해상력 한계 때문에 볼 수 없었던 많은 세포소기관을 보여준다. 그러나 광학현미경에도 여러 장점이 있는데, 그 중 하나가 특히 살아 있는 세포를 볼 수 있다는 점이다. 전자현미경의 단점은 시료를 준비하는 과정에서 세포를 죽여야 한다는 점이다. 사실상 모든 현미경 시료 준비 과정 중에는 인위적인 것이 들어가 살아 있는 세포에서는 볼 수 없는 구조들이 보일 수 있다.

지난 수십 년간, 광학현미경은 주요 기술 발전에 활력을 불어넣어 주었다(그림 7.3). 형광마커로 각각의 세포분자나 구조를 표지함으로써 세부적인 부분까지 볼 수 있게 되었을 뿐만 아니라, 공초점현미경(confocal microscope)과 디콘볼루션현미경(deconvolution microscope)으로 조직과 세포의 3차원적인 구조를 정밀하게 볼 수 있게 되었다. 최근 지난 10년간에는 여러 새로운 기술들과 표지분자들의 개발로 해상력의 한계를 해결할 수 있었으며, 10~20 nm의 세포보다 작은 구조도 구분할 수 있게 되었다. 이러한 "고해상력(super-resolution) 현미경"이 보급화되면서 350년 전에 레벤후크의 현미경을 통해 미생물을 본 후크가 경이로움을 느꼈던 것처럼 우리도 살아 있는 세포의 구조와 형태를

▼ 그림 7.4 **연구 방법**

세포분획

적용 세포분획은 세포 내의 구성물질을 크기나 밀도차를 이용하여 분리하기 위하여 이용한다.

방법 세포를 파쇄기에 넣고 부순다. 그 결과 얻어진 세포 현탁액(cell homogenate)을 다른 튜브에 옮겨 속도를 높이고 좀 더 긴 시간 동안 원심분리한다. 이 과정을 몇 번 반복한다. 이러한 차등원심분리법(differential centrifugation)을 이용하면 단계적으로 서로 다른 세포내 구성물질이 들어 있는 침전물을 얻을 수 있다

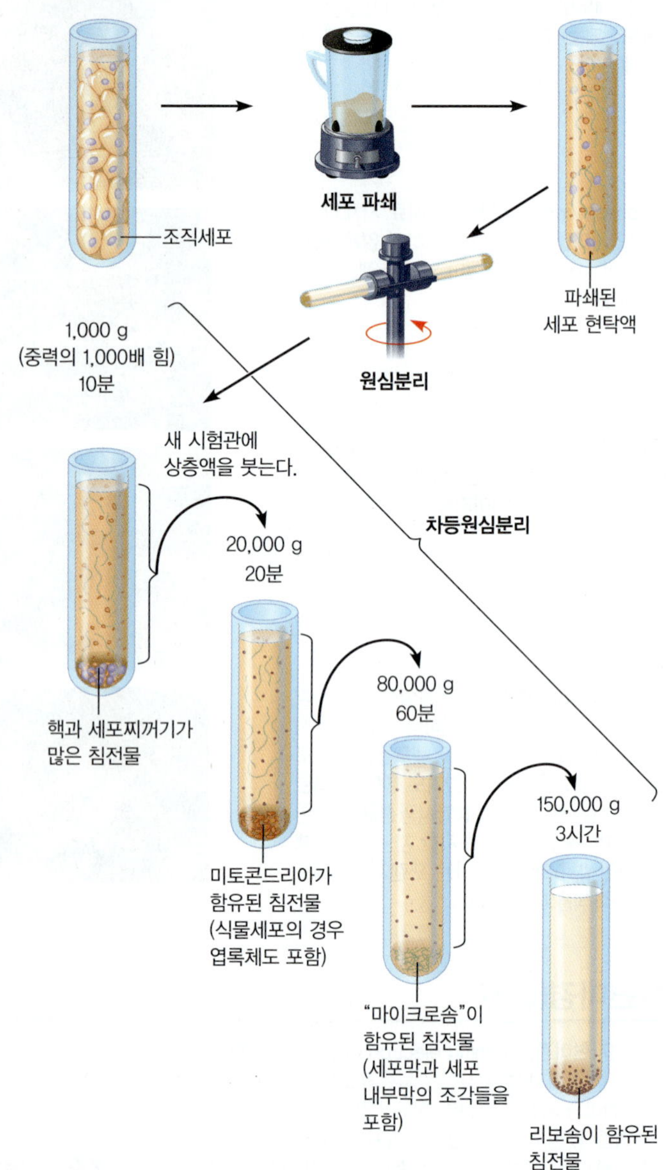

결과 초창기의 실험에서는, 연구자들이 현미경을 이용하여 각 침전물에서 소기관들을 찾아낸 후, 이들의 기능을 결정하기 위해 생화학적 방법들을 이용하였다. 이러한 초기 실험들은 위 실험들에 대한 토대를 제공해 주었으며, 오늘날의 연구자들이 특정한 세포소기관을 얻어 연구하고자 할 때 어떤 세포분획을 얻어야 하는지 알 수 있도록 해주었다.

보면서 경이로움을 느끼게 될 것이다.

현미경은 세포의 구조를 연구하는 **세포학**(cytology)에서 가장 중요한 도구이다. 그러나 세포 내의 다양한 세포소기관을 단순하게 묘사하는 것만으로는 그들의 기능을 이해하지 못한다. 현대 세포생물학은 세포학과 물질대사를 연구하는 **생화학**(biochemistry)과의 결합으로 발달하였다.

세포분획

세포구조와 기능을 연구하는 데 유용한 기술인 **세포분획(cell fractionation, 그림 7.4)**에서는 먼저 세포를 분리하고 다음으로 주요 세포 소기관과 기타 구조들을 서로 분리한다. 세포분획을 위해 원심분리기를 사용하는데, 이 기기는 부서진 세포들의 혼합물이 담긴 시험관을 점점 속도를 올리면서 회전시킬 수 있다. 결과적인 원심력은 세포 성분들이 시험관의 바닥에 가라앉도록 하여 침전물을 형성한다. 느린 속도에서는 침전물 속에 크기가 큰 소기관들이 포함되지만, 빠른 속도에서는 크기가 작은 구성 성분이 포함된다.

세포분획은 연구자가 특정한 세포소기관에 대하여 그들의 구조나 기능을 연구하기 위해 그 세포소기관을 대량으로 얻고자 할 때 사용한다. 이러한 작업은 온전한 세포에서는 어렵다. 예를 들어, 원심분리에 의해 얻어진 하나의 세포분획에서 세포호흡의 대사작용에 관여하는 효소가 발견되었으며, 전자현미경은 이 분획에 미토콘드리아가 많이 들어 있다는 것을 보여주었다. 이 증거들은 세포생물학자들이 미토콘드리아가 세포호흡에 관여한다고 결정내리는 데 도움을 주었다. 이를 통해 생화학 및 세포학 기술은 세포의 구조와 기능을 밝히는 데 서로 보완적임을 알 수 있다.

개념 확인 문제 7.1

1. 광학현미경 관찰을 위한 염색과 전자현미경을 위한 염색은 어떻게 이루어지는가?
2. **WHAT IF?** 다음을 연구하는 데 어떤 형태의 현미경을 이용하겠는가? (a) 살아 있는 백혈구의 모양 변화를 연구할 때, (b) 모발의 정밀한 표면조직을 연구할 때.

정답은 부록 A 참조

개념 7.2

진핵세포는 소기관들이 독자적인 기능을 수행할 수 있도록 구획을 나누는 내부막을 갖는다

모든 생명체의 기본 구조와 기능 단위는 두 가지 형태의 세포 중 하나, 즉 원핵세포와 진핵세포로 나뉠 수 있다. 원핵세포에는 진정세균(Bacteria)과 고세균(Archaea)이, 진핵세포에는 원생생물(Protists), 균류(Fungi), 동물(Animals)과 식물(Plants)이 있다. ("원생생물"은 대부분의 단세포 진핵세포 그룹을 의미하는 것으로 쓰이는 용어다.)

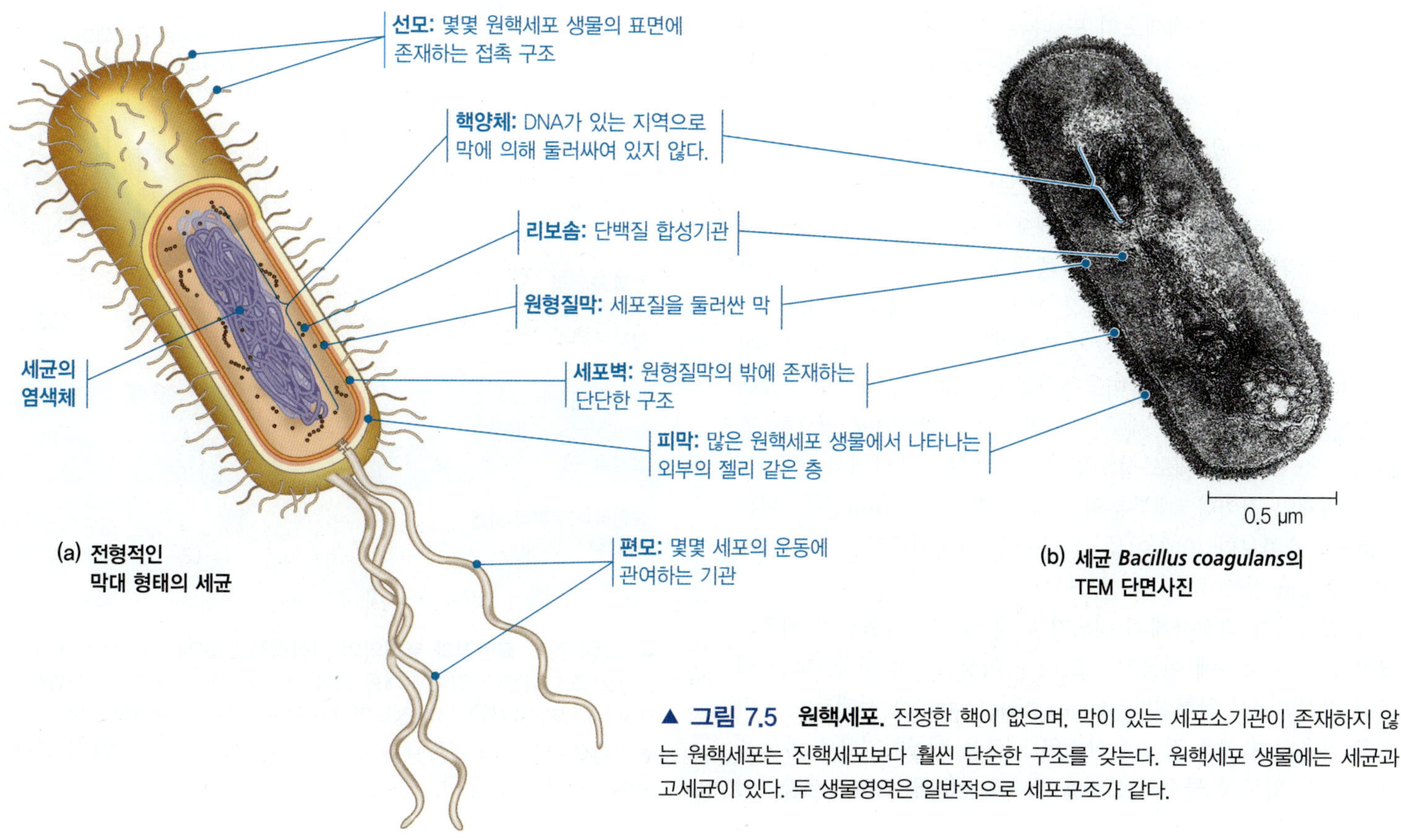

▲ **그림 7.5 원핵세포.** 진정한 핵이 없으며, 막이 있는 세포소기관이 존재하지 않는 원핵세포는 진핵세포보다 훨씬 단순한 구조를 갖는다. 원핵세포 생물에는 세균과 고세균이 있다. 두 생물영역은 일반적으로 세포구조가 같다.

원핵세포와 진핵세포의 비교

모든 세포에는 공통적으로 나타나는 여러 가지 기본 특징이 있다. 그들은 모두 **원형질막**(plasma membrane)에 의해 둘러싸여 있다. 막 내부에는 반유동성의 **세포질(cytosol)**이 있는데, 이곳에 세포소기관이 있다. 모든 세포는 DNA 형태로 유전자를 수반하는 **염색체**(chromosome)를 갖는다. 그리고 모든 세포는 매우 작은 소기관인 리보솜을 갖는데, 유전자의 지령에 따라 **리보솜**(ribosome)에서 단백질을 만든다.

원핵세포와 진핵세포의 대표적인 차이점은, 그 이름에서 알 수 있듯이, DNA의 위치에 있다. **진핵세포(eukaryotic cell)**에서는 대부분의 DNA가 이중막의 **핵**(nucleus) 안에 있다(그림 7.8). **원핵세포(prokaryotic cell)**에는 DNA가 **핵양체(nucleoid)**라 불리는 지역에 응축되어 존재하나 막으로 둘러싸여 있지는 않다(그림 7.5).

'진핵(eukaryotic)'이란 의미는 우리가 보통 알고 있는 의미의 핵으로 진짜를 뜻하는 *eu*와 핵을 뜻하는 *karyon*의 합성어이며, '원핵(prokaryotic)'은 '이전의 핵'을 의미하는 것으로 이전을 나타내는 *pro*와 핵을 나타내는 *karyon*의 합성어이다. 이는 원핵세포가 진핵 세포보다 이전에 진화되었음을 보여준다.

두 가지 형태의 세포 내부를 **세포질(cytoplasm)**이라고 하는데, 진핵세포에서는 핵과 원형질막 사이의 영역만을 뜻할 때 사용된다. 진핵세포의 세포질 내부에는 다양한 세포소기관들이 막으로 둘러싸여 있으며, 그들 각각은 특성화된 형태와 기능을 갖는다. 하지만 원핵세포에는 이러한 막으로 둘러싸인 소기관이 없는데, 원핵세포와 진핵세포의 또 다른 중요한 차이점이다. 그러나 원핵세포에 세포소기관이 없음에도 불구하고, 이들의 세포질은 세포질이 뒤죽박죽 뒤섞여 있는 것이 아니라 서로 다른 영역들로 조직화되어 있는 것으로 보인다.

진핵세포는 일반적으로 원핵세포보다 매우 크다(그림 7.2). 세포의 크기는 기능을 수행하는 세포의 구조를 반영하여 그 크기가 결정된다. 세포의 대사 수행체계가 세포의 크기를 제한하게 된다. 저점 한계로는, 가장 크기가 작은 세포인 미코플라즈마(mycoplasma)라 불리는 것이 알려져 있는데, 이는 지름이 0.1~1.0 μm이다. 아마도 미코플라즈마는 물질대사를 프로그램하기에 충분한 DNA와 세포를 유지하고 생식하기에 필요한 충분한 효소 및 다른 세포 성분을 가지고 있는, 세상에서 가장 작은 생명체일 것이다. 대부분의 세균이 지름 1~5 μm인데, 이는 미코플라즈마보다 10배 이상 큰 것이다. 진핵세포의 크기는 대개 10~100 μm 정도이다.

물질대사가 적절하게 수행되기 위해 필요한 효율적인 세포의 크기가 있기 때문에 이론적으로 어느 이상 클 수 없다. 모든 세포의 경계면에서 **원형질막(plasma membrane)**은 선택적인 장벽으로 작용하여 세포 전체에 산소와 양분을 제공하거나 노폐물을 제거할 수 있도록 물질의 통과를 허용한다(그림 7.6). 1제곱마이

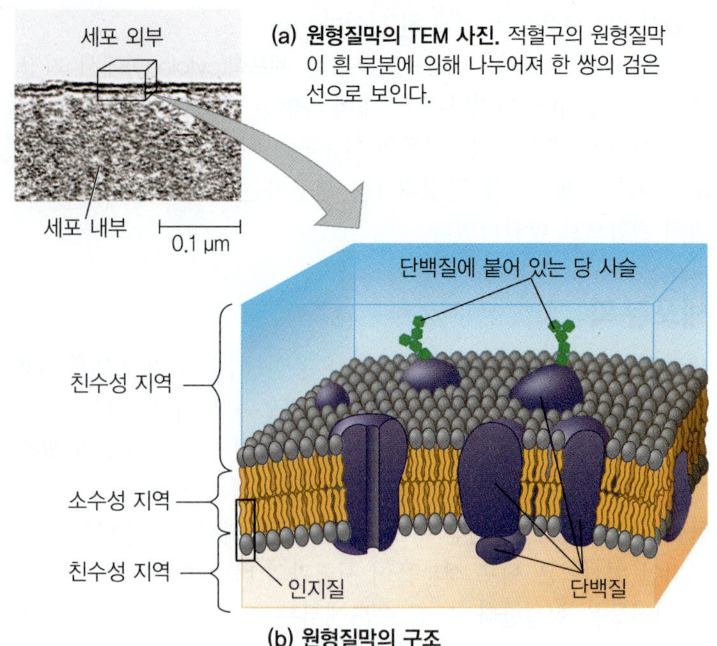

(a) 원형질막의 TEM 사진. 적혈구의 원형질막이 흰 부분에 의해 나누어져 한 쌍의 검은 선으로 보인다.

(b) 원형질막의 구조

▲ **그림 7.6 원형질막.** 원형질막과 소기관들의 막들은 다양한 단백질이 끼여 있거나 붙어 있는 인지질 이중층으로 되어 있다. 막의 안쪽에 있는 인지질 꼬리는 소수성(hydrophobic)이며, 또한 막 단백질의 안쪽 부분도 소수성이다. 인지질의 머리, 막 외부에 붙어 있는 단백질, 막 통과 단백질 중 외부로 나온 부분과 당 사슬들은 친수성(hydrophilic)으로, 막의 내외부 표면의 수용액과 만난다. 당 사슬은 원형질막의 외부 표면에만 나타난다.

MAKE CONNECTIONS 그림 5.11을 다시 살펴보고, 원형질막의 중요한 요소로서 기능을 하는 인지질의 특징에 대해 설명하라.

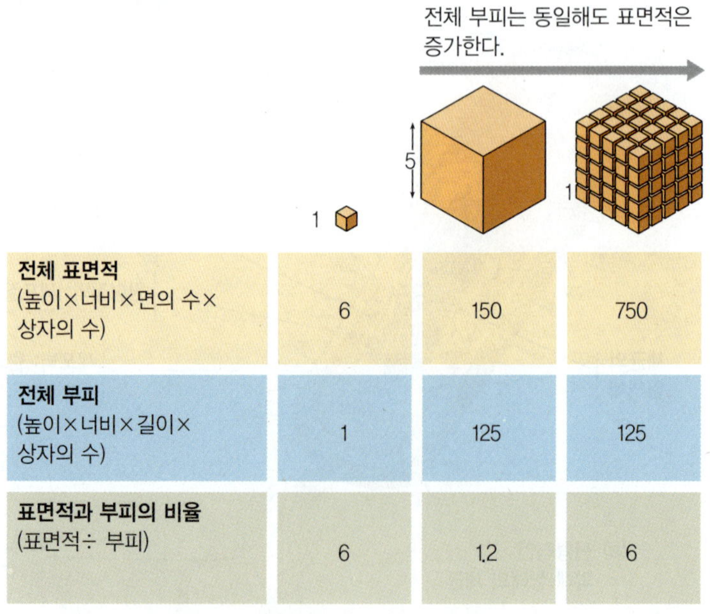

전체 표면적 (높이×너비×면의 수×상자의 수)	6	150	750
전체 부피 (높이×너비×길이×상자의 수)	1	125	125
표면적과 부피의 비율 (표면적÷부피)	6	1.2	6

▲ **그림 7.7 표면적과 부피와의 기하학적인 관계.** 이 모식도에서, 상자는 세포를 나타낸다. 길이에 대한 임의의 단위를 이용하여 세포의 표면적(정사각형 단위 또는 단위^2), 부피(정육면체 단위 또는 단위^3), 표면적과 부피의 비율을 계산할 수 있다. 표면적 대 부피의 비율이 커지면 세포와 환경 사이의 물질 교환이 더 잘 이루어진다.

과학적 분석 기술의 연습

기준자(scale bar)를 이용하여 세포의 부피 및 표면적을 계산하기

성장하고 있는 효모 세포로부터 새로운 세포질과 원형질막이 얼마나 만들어지는가? 단세포인 효모(*Saccharomyces cerevisiae*)는 작은 세포가 새롭게 모세포로부터 빠져나와, 즉 출아함으로써 복제를 하고 완전한 크기로 성장을 한다(그림 7.8의 효모 참조). 성장하는 동안 새로운 세포는 세포질을 합성하여 부피를 늘리고, 세포막을 합성하여 표면적을 늘린다. 이번 연습에서는 기준자를 이용하여 성숙한 효모와 이로부터 출아한 세포의 크기를 결정해 보자. 다음에 각 세포의 부피와 표면적의 비를 계산해 본다. 마지막으로 새로운 세포가 완전한 크기로 자라는데 얼마나 많은 세포질과 세포막을 합성해야 하는지 계산한다.

실험 방법 효모는 출아 방법으로 분열을 할 수 있는 조건하에서 배양하였다. 효모를 차등간섭위상차현미경으로 관찰 후 사진을 찍었다.

실험 데이터 아래의 현미경 사진은 성숙한 효모로부터 새롭게 만들어진 효모를 보여주고 있다.

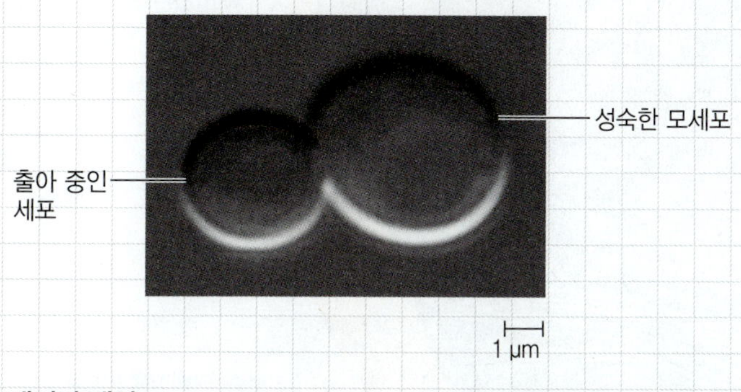

데이터 해석

1. 사진 속의 가늠자는 1 µm이다. 가늠자는 지도 위에서의 축척과 같은 것으로, 예를 들면 1인치가 1 마일이 되는 것과 같다. 이 경우에는 가늠자는 1 mm의 1/1,000을 나타낸다. 가늠자를 기본 단위로 사용하여 성숙한 세포 및 새롭게 만들어진 세포의 직경을 결정하여라. 가늠자의 크기를 재어본 후 각 세포의 직경을 측정한다. 어떤 단위를 쓰든 상관없지만 mm를 사용하는 것이 편리하다. 각 세포의 직경을 가늠자의 길이로 나누고 가늠자의 실제 크기로 곱하여 최종적으로 (µm)로 나타낸다.
2. 효모의 크기는 대략 구형에 가깝다. (a) 구의 부피를 구하는 공식을 이용하여 각 세포의 부피를 구한다.

$$V = \frac{4}{3}\pi r^3$$

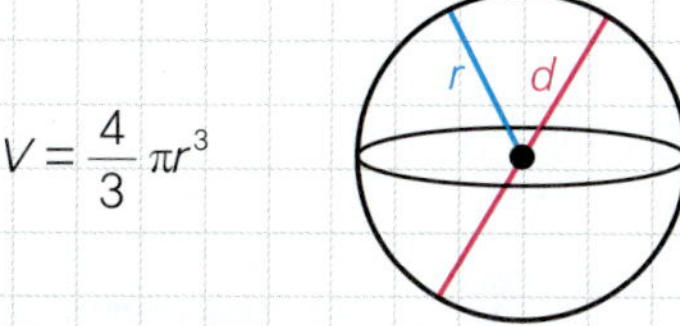

π(그리스어로 pi)는 약 3.14의 상수 값이며, *d*는 직경, *r*은 반경을 나타낸다. (b) 새롭게 만들어진 세포는 성숙하기 위하여 얼마나 많은 세포질을 합성해야 하는가? 이것을 결정하기 위하여 성숙한 세포와 새롭게 만들어진 세포의 부피의 차이를 계산한다.

3. 새롭게 만들어진 세포가 성숙할 때 세포막은 늘어난 세포의 부피를 감당하기 위하여 확장되어야 한다. (a) 구의 표면적을 구하는 공식을 이용하여 각 세포의 표면적을 계산하여라. 표면적(A) = $4\pi r^2$. (b) 새로운 세포가 성숙하기 위해서는 얼마나 많은 원형질막을 합성해야 하는가?
4. 새롭게 만들어진 세포가 성숙할 때 현재의 크기에 비해 부피와 표면적이 얼마나 더 커져야 하는가?

참고문헌 Kelly Tatchell, using yeast cells grown for experiments described in L. Kozubowski et al., Role of the septin ring in the asymmetric localization of proteins at the mother-bud neck in Saccharomyces cerevisiae, *Molecular Biology of the Cell* 16:3455–3466 (2005).

크로미터(1 μm^2) 면적의 원형질막을 통해 1초 동안 특정 물질의 한정된 양 만이 통과할 수 있기 때문에 세포 표면적 대 부피의 비는 매우 중요하다. (표면적은 반지름의 제곱에 비례하지만, 부피는 세제곱에 비례한다.) 따라서 좀 더 작은 물체일수록 표면적 대 부피의 비가 더 커진다**(그림 7.7)**. **과학적 분석 기술의 연습**은 두 개의 실제 세포, 즉 성숙한 효모와 이 효모로부터 출아로 나오는 세포의 부피 대 표면적을 계산해 볼 수 있도록 한다.

세포의 전 부피를 감당하기에 충분히 넓은 표면적이 있어야 하기 때문에 대부분의 세포가 현미경적 크기로 작아질 수밖에 없으며, 신경세포처럼 좁고 긴 모양을 하게 된다. 일반적으로 큰 생물은 작은 생물보다 세포가 큰 것이 아니라 단지 더 많은 세포로 구성되어 있다(그림 7.7). 적절한 부피 대 표면적의 비는 소장세포처럼 주변 환경과 많은 물질을 교환하는 세포들에게 특히 중요하다. 소장세포들은 표면에 융모라는 길고 가늘게 튀어나온 돌기를 가지고 있는데, 이를 통해 세포 부피의 큰 증가 없이도 표면적을 넓게 할 수 있다.

원핵세포와 진핵세포 간의 진화적인 관련성은 27장에서, 그리고 원핵세포에 대해서는 27장에서 상세하게 기술할 것이다. 이 장에서는 주로 진핵세포의 세포구조에 대하여 설명하고자 한다.

진핵세포의 개관적인 모습

진핵세포들은 그들의 외부 표피의 원형질막뿐만 아니라 세포 내부를 구획 짓고, 또는 세포소기관을 싸고 있는 넓고 정교하게 배열된 내막을 가진다. 이러한 세포 내의 막들은 많은 효소들이 막 속에 끼여 있어 세포대사 과정에 직접적으로 관여한다. 뿐만 아니라, 세포 내부의 구획을 통해 지역적으로 서로 다른 환경이 생겨 특이한 대사 기능을 가능하게 하며, 이를 통해 한 세포 안에서도 양립하기 어려운 물질대사 과정들이 동시에 일어날 수 있다.

대부분의 생체막을 구성하는데 근간이 되는 것은 인지질과 다른 지질로 구성된 이중층이다. 다양한 단백질이 이들 지질의 이중층에 끼여 있거나 표면에 붙어 있다(그림 7.6). 그러나 막의 각 형태는 그들 막의 특수한 기능을 수행하는 데 적합한 특수한 지

▼ 그림 7.8

탐구 진핵세포

동물세포

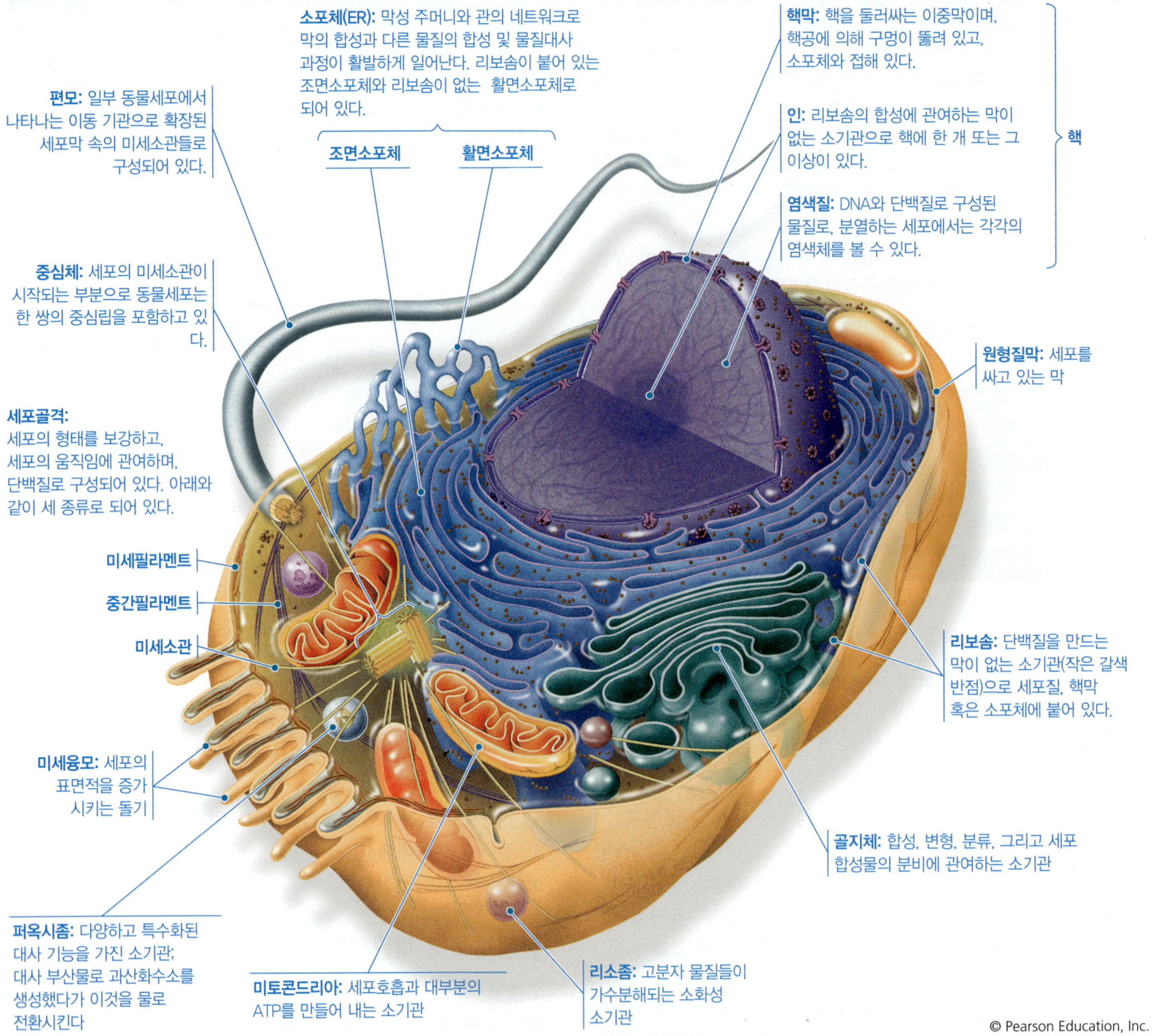

소포체(ER): 막성 주머니와 관의 네트워크로 막의 합성과 다른 물질의 합성 및 물질대사 과정이 활발하게 일어난다. 리보솜이 붙어 있는 조면소포체와 리보솜이 없는 활면소포체로 되어 있다.
조면소포체
활면소포체
편모: 일부 동물세포에서 나타나는 이동 기관으로 확장된 세포막 속의 미세소관들로 구성되어 있다.
중심체: 세포의 미세소관이 시작되는 부분으로 동물세포는 한 쌍의 중심립을 포함하고 있다.
세포골격: 세포의 형태를 보강하고, 세포의 움직임에 관여하며, 단백질로 구성되어 있다. 아래와 같이 세 종류로 되어 있다.
미세필라멘트
중간필라멘트
미세소관
미세융모: 세포의 표면적을 증가시키는 돌기
퍼옥시좀: 다양하고 특수화된 대사 기능을 가진 소기관; 대사 부산물로 과산화수소를 생성했다가 이것을 물로 전환시킨다
미토콘드리아: 세포호흡과 대부분의 ATP를 만들어 내는 소기관
리소좀: 고분자 물질들이 가수분해되는 소화성 소기관
핵막: 핵을 둘러싸는 이중막이며, 핵공에 의해 구멍이 뚫려 있고, 소포체와 접해 있다.
인: 리보솜의 합성에 관여하는 막이 없는 소기관으로 핵에 한 개 또는 그 이상이 있다.
염색질: DNA와 단백질로 구성된 물질로, 분열하는 세포에서는 각각의 염색체를 볼 수 있다.
핵
원형질막: 세포를 싸고 있는 막
리보솜: 단백질을 만드는 막이 없는 소기관(작은 갈색 반점)으로 세포질, 핵막 혹은 소포체에 붙어 있다.
골지체: 합성, 변형, 분류, 그리고 세포 합성물의 분비에 관여하는 소기관

동물세포
10 μm
세포
핵
인

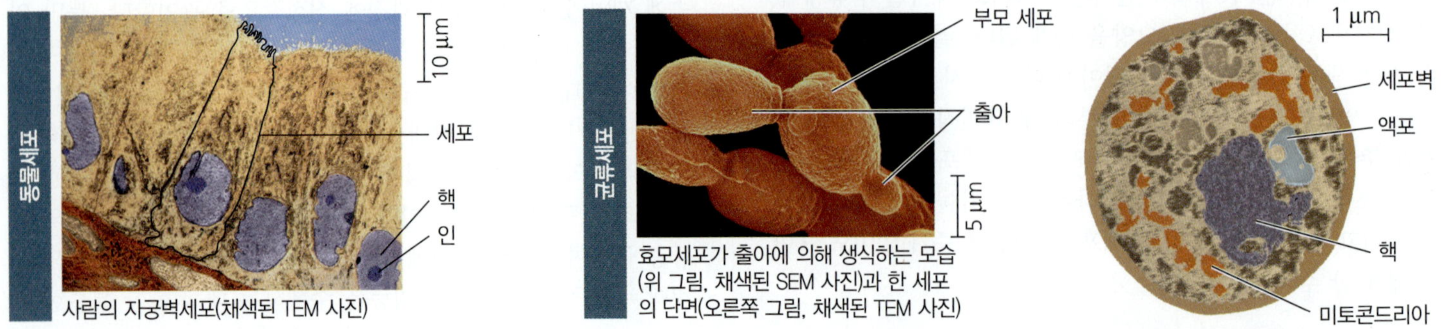

사람의 자궁벽세포(채색된 TEM 사진)

균류세포
부모 세포
출아
5 μm

1 μm
세포벽
액포
핵
미토콘드리아

효모세포가 출아에 의해 생식하는 모습(위 그림, 채색된 SEM 사진)과 한 세포의 단면(오른쪽 그림, 채색된 TEM 사진)

식물세포

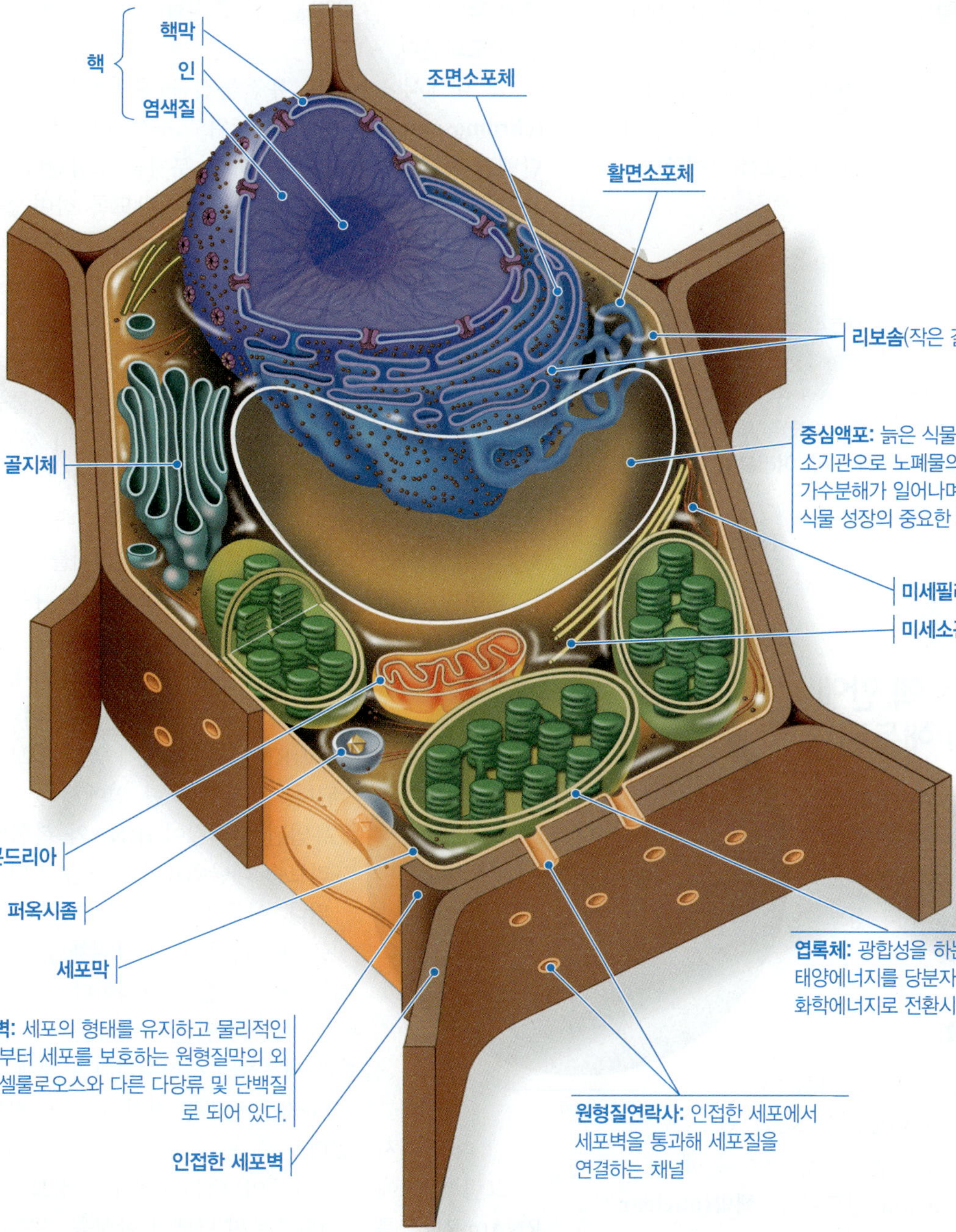

핵
핵막
인
염색질
조면소포체
활면소포체
리보솜(작은 갈색 점)
골지체
중심액포: 늙은 식물세포에서 나타나는 특징적인 소기관으로 노폐물의 저장 및 분해, 고분자의 가수분해가 일어나며, 액포가 확대되는 것은 식물 성장의 중요한 기작이 된다.
미세필라멘트
미세소관
세포골격
미토콘드리아
퍼옥시좀
세포막
세포벽: 세포의 형태를 유지하고 물리적인 손상으로부터 세포를 보호하는 원형질막의 외부층으로 셀룰로오스와 다른 다당류 및 단백질로 되어 있다.
인접한 세포벽
엽록체: 광합성을 하는 소기관으로 태양에너지를 당분자에 저장되는 화학에너지로 전환시킨다.
원형질연락사: 인접한 세포에서 세포벽을 통과해 세포질을 연결하는 채널

식물세포

5 µm
세포
세포벽
엽록체
미토콘드리아
핵
인

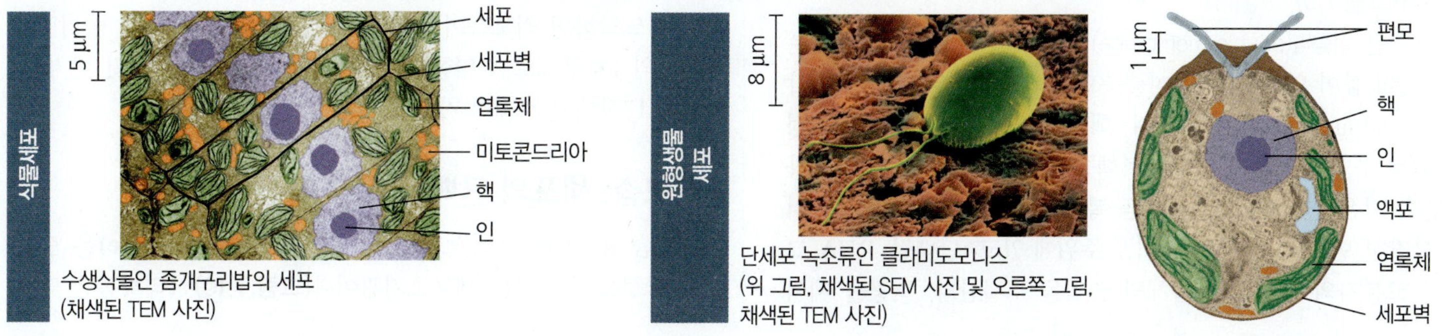

수생식물인 좀개구리밥의 세포
(채색된 TEM 사진)

원생생물 세포

8 µm

1 µm
편모
핵
인
액포
엽록체
세포벽

단세포 녹조류인 클라미도모니스
(위 그림, 채색된 SEM 사진 및 오른쪽 그림, 채색된 TEM 사진)

질과 단백질로 되어 있어 구분된다. 예를 들어, 미토콘드리아(mitochondria)의 막에 끼여 있는 효소들은 세포호흡에 관여한다. 막은 세포를 조직화하는데 근간이 되기 때문에 8장에서 좀 더 자세하게 살펴볼 것이다.

다음 내용으로 가기 전에 **그림 7.8**의 모식도를 통해 진핵세포에 대하여 개괄적으로 이해해 보자. 이 일반화된 동물세포와 식물세포의 모식도는 다양한 소기관들을 소개하며, 동물세포와 식물세포 간의 핵심적인 차이를 보여줄 것이다. 그림 밑에 있는 현미경 사진은 다른 형태의 진핵생물로부터 얻어진 세포를 보여준다.

개념 확인 문제 7.2

1. 핵, 미토콘드리아, 엽록체 및 소포체의 기능과 구조를 간단하게 기술하라.
2. **WHAT IF?** 임의의 단위로 표시된 125 × 1 × 1 크기의 신경세포와 같은 긴 세포를 생각해 보자. 이 세포의 표면적 대 부피의 비율은 그림 7.7에서 어디에 위치할지 예측해 보라. 여러분이 예측한 것을 계산하고 확인하라.

정답은 부록 A 참조

개념 7.3

진핵세포의 유전정보는 핵 안에 있으며, 리보솜에 의해 해독된다

먼저 유전적인 조절에 관여하는 두 개의 소기관인 핵과 리보솜의 구체적인 구조를 살펴보고자 한다. 핵은 세포의 DNA 대부분을 가지고 있으며, 리보솜은 DNA로부터 정보를 사용하여 단백질을 만든다.

핵: 세포의 유전자 도서관

진핵세포의 **핵(nucleus)**은 대부분의 유전자를 가지고 있으며, 적은 수의 유전자가 미토콘드리아와 엽록체에 있다. 핵은 진핵세포에서 일반적으로 가장 눈에 잘 띄는 소기관이며, 평균 지름이 5 μm 정도이다. **핵막(nuclear envelope)**은 핵을 싸고 있어 세포질로부터 핵의 내용물을 분리시킨다(**그림 7.9**).

핵막은 이중막(double membrane)으로 되어 있다. 각각의 막은 단백질이 붙어 있는 인지질 이중층으로 되어 있으며, 두 개의 막은 20~40 nm 정도 떨어져 있다. 핵막에는 지름이 약 100 nm 정도 되는 구멍들이 뚫려 있다. 각 핵공의 입구에서 핵막의 안쪽과 바깥쪽 막은 연결되어 있다. 핵공 복합체(pore complex)라고 불리는 복잡한 단백질 구조가 각 핵공 주위에 있고, 단백질, RNA 그리고 고분자의 복잡한 복합체의 출입을 조절한다. 핵공을 제외한 핵막 부분은 단백질 필라멘트의 망상구조인 **핵막층(nuclear lamina)**으로 되어 있는데 이것은 핵막을 기계적으로 지지해 줌으로써 핵의 모양을 유지시킨다. 핵의 내부로 확장하는 섬유 구조물인 핵 바탕질(nucler matrix)이 있다는 많은 증거가 있다. 핵막층과 핵 바탕질은 유전물질을 조직화하여 효율적으로 작용할 수 있게 도와준다.

핵 내에서 DNA는 유전물질을 운반하는 구조인 **염색체(chromosome)**라는 별개의 단위로 구성되어 있다. 각 염색체는 단백질과 결합된 하나의 긴 DNA 분자를 포함한다. 단백질의 일부는 각 DNA 분자가 단백질을 휘어감도록 하여 좁은 핵 속에 들어 맞도록 해준다. 각 염색체를 구성하는 DNA와 단백질의 복합체를 **염색질(chromatin)**이라고 한다. 염색된 염색질은 일반적으로 광학현미경과 전자현미경에서 퍼진 덩어리로 나타난다. 그러나 세포가 분열할 때, 가는 염색사가 응축하여 두꺼워져 구별이 쉽고 익숙한 형태의 염색체가 된다. 각 진핵 생물종들은 특징적인 염색체의 수를 가진다. 예를 들면, 사람의 세포는 핵 안에 46개의 염색체를 가지는데, 생식세포인 정자와 난자는 예외적으로 23개의 염색체를 가진다. 초파리 세포는 대부분의 세포에서 8개의 염색체를, 생식세포에서는 4개의 염색체를 가진다.

분열하지 않는 핵 내에서 뚜렷하게 나타나는 구조는 **인(nucleolus)**으로, 전자현미경을 통해서 보면 빽빽히 염색된 과립들과 염색질의 일부분에 붙어 있는 섬유질의 덩어리로 보인다. 여기에서 리보솜 RNA(rRNA)가 DNA에 있는 정보로부터 합성된다. 그리고 또한 인에서는 세포질로부터 유입된 단백질이 rRNA와 복합체를 이루어 리보솜 대단위체와 리보솜 소단위체로 조립된다. 이들 두 단위체는 핵공을 통해 세포질로 빠져나간 후 대단위체와 소단위체가 결합하여 리보솜을 합성한다. 때때로 두 개 또는 그 이상의 인들이 나타나는데 인의 수는 생물종과 세포들의 생식주기의 단계에 따라 달라진다. 최근의 연구 결과는 인이 또 다른 기능을 수행한다고 제시하였다.

그림 5.23에서 보았듯이 핵은 DNA의 정보에 따라 전령 RNA(mRNA)를 합성함으로써 단백질 합성을 유도한다. 합성된 mRNA는 핵공을 통해 세포질로 이동한다. mRNA 분자가 세포질에 도착하면 리보솜이 mRNA의 유전정보를 특정한 폴리펩타이드의 1차구조로 번역한다. (유전정보에 대한 전사 및 번역 과정은 17장에서 자세히 기술할 것이다.)

리보솜: 세포의 단백질 합성 공장

리보솜 RNA와 단백질로 만들어진 **리보솜(ribosome)**은 단백질 합성을 수행하는 세포소기관이다(**그림 7.10**). (리보솜은 막으

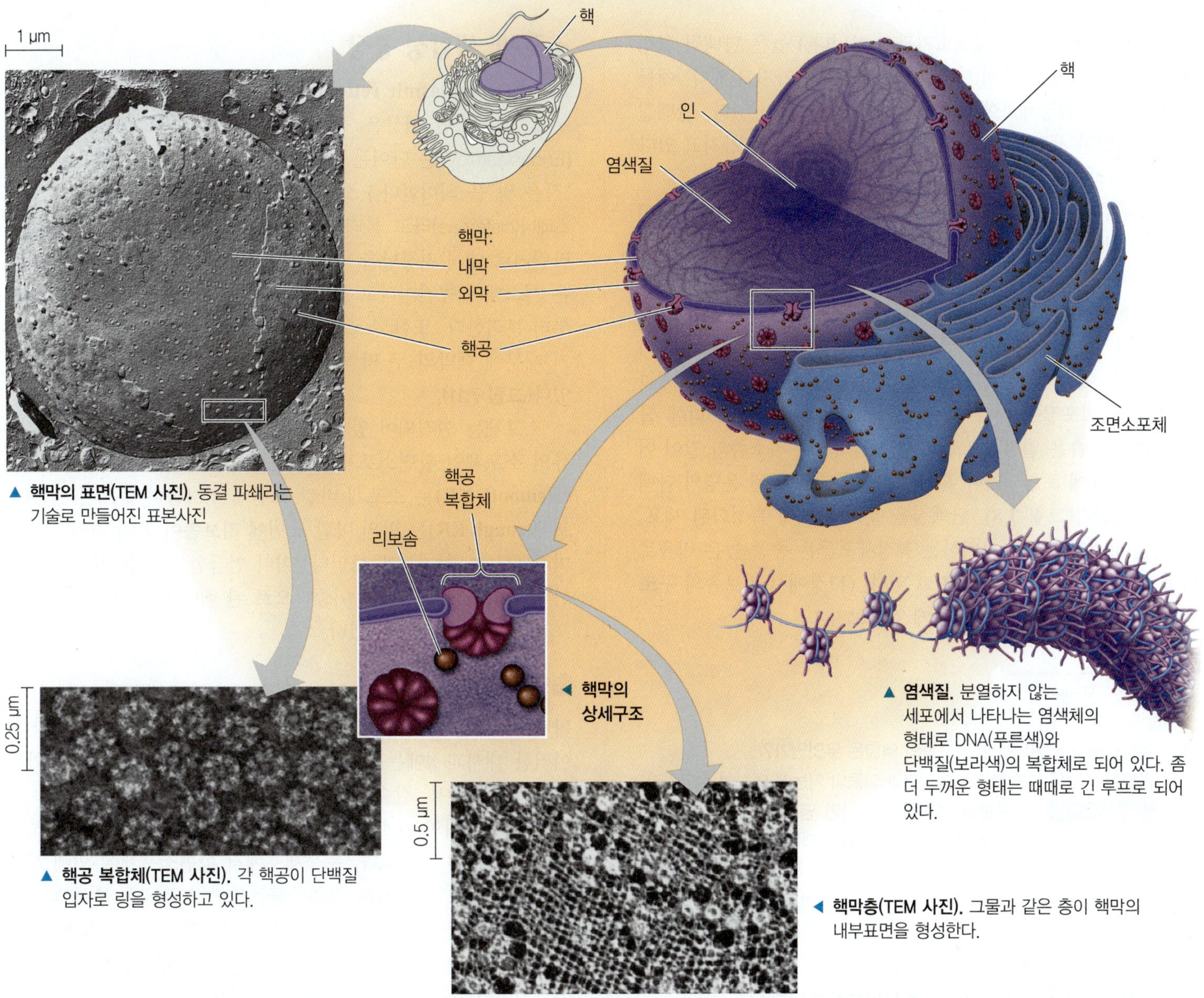

1 μm

핵

핵

인

염색질

핵막:
내막
외막
핵공

조면소포체

▲ **핵막의 표면(TEM 사진).** 동결 파쇄라는 기술로 만들어진 표본사진

핵공 복합체

리보솜

◀ **핵막의 상세구조**

▲ **염색질.** 분열하지 않는 세포에서 나타나는 염색체의 형태로 DNA(푸른색)와 단백질(보라색)의 복합체로 되어 있다. 좀 더 두꺼운 형태는 때때로 긴 루프로 되어 있다.

0.25 μm

▲ **핵공 복합체(TEM 사진).** 각 핵공이 단백질 입자로 링을 형성하고 있다.

0.5 μm

◀ **핵막층(TEM 사진).** 그물과 같은 층이 핵막의 내부표면을 형성한다.

▲ **그림 7.9 핵과 핵막.** 핵에는 DNA와 단백질로 구성되어 있고, 염색질 덩어리로 보이는 염색체와 리보솜 합성에 관여하는 인이 하나 또는 그 이상이 있다. 이중막으로 되어 있는 핵막은 핵공에 의해 구멍이 뚫려 있고, 핵공 이외의 지역은 핵막층으로 되어 있다.

MAKE CONNECTIONS 유전물질을 포함한 염색체는 핵에 있는데 세포의 나머지 부분은 어떻게 그들이 운반하는 정보에 접근할 수 있는가? 그림 5.23를 참조하라.

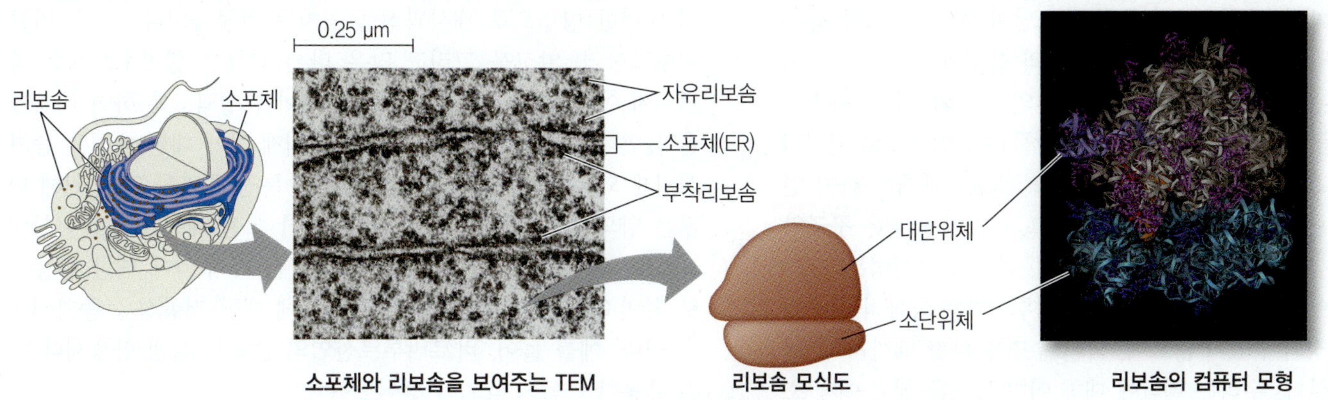

▲ **그림 7.10 리보솜.** 이자세포의 전자현미경 사진은 자유리보솜과 부착리보솜을 보여준다. 단순한 모식도와 컴퓨터 모델은 리보솜의 두 단위체를 보여준다.

로 둘러싸여 있지 않아 세포소기관이 아니다.) 높은 단백질 합성률을 가지는 세포는 특히 많은 수의 리보솜을 가지고 있다. 예를 들면, 사람의 췌장세포에는 수백만 개의 리보솜이 있다. 단백질 합성이 활발한 세포들이 확연하게 눈에 띄는 인들을 가지고 있다는 것은 놀라운 일이 아니다.

리보솜은 두 군데의 세포질 지역에서 단백질을 만든다. 어떤 **리보솜은 세포질에서 떠돌아다니는 반면, 다른 리보솜은 소포체나 핵막의 바깥쪽에 붙어 있다**(그림 7.10) 두 종류의 리보솜은 구조적으로 동일하며, 각자 바꾸어 다른 역할을 수행할 수 있다. 세포질에 떠 있는 리보솜에서 만들어진 단백질은 세포질 내에서 기능을 한다. 예를 들면, 설탕을 분해하는 첫 번째 단계를 촉매하는 효소는 세포질에 떠다니는 리보솜에서 만들어진다. 막에 붙어 있는 리보솜은 일반적으로 막에 삽입되거나 리소좀과 같이 어떤 소기관 내에 포함되거나 혹은 세포로부터 분비될 운명의 단백질을 합성한다(그림 7.8). 단백질을 분비하는 데 특성화된 세포, 예를 들어 소화효소를 분비하는 췌장세포들은 종종 높은 비율로 막에 붙어 있는 리보솜을 가지고 있다. (17장에서 리보솜의 구조와 기능에 대하여 좀 더 자세하게 알아보자.)

개념 확인 문제 7.3

1. 유전정보가 발휘되는데 리보솜의 역할은 무엇인가?
2. 염색질과 인의 분자적인 구성성분과 이들의 기능에 대하여 설명하라.
3. **WHAT IF?** 세포분열 과정을 시작하면 염색질은 점점 더 응축이 된다. 이 과정에서 염색체의 수는 변화가 되는지 설명하라.

정답은 부록 A 참조

개념 7.4

내막계는 세포 내에서 단백질 이동을 조절하고 세포의 물질대사 기능을 수행한다

진핵세포의 많은 다른 막들은 **내막계(endomembrane system)**의 일부이고 세포 내에서 다양한 작업을 수행한다. 내막계는 핵막, 소포체, 골지체, 리소좀, 여러 종류의 소낭과 액포, 세포막 등을 포함한다. 내막계의 막들은 단백질 합성과 합성된 단백질을 막이나 소기관 혹은 세포 밖으로 수송, 지질의 대사와 이동, 독소의 해독작용 등을 수행한다. 이 시스템의 막들은 직접적으로 연결되어 있거나 혹은 막으로 된 작은 **소낭(vesicle)**을 매개로 하여 연결되어 있다. 이러한 연관성에도 불구하고, 다양한 막들은 구조와 기능이 동일하지 않다. 더구나 막의 두께, 분자적 구성성분, 그리고 주어진 막에 있는 단백질들에 의해 이루어지는 화학적 반응들의 종류는 고정되어 있지 않으며, 막이 수명을 다할 때까지 몇 번씩 바뀌기도 한다. 우리는 핵막에 대해 이미 논의를 했고 이제 소포체와 소포체가 자라서 되는 다른 내막들에 초점을 둘 것이다.

소포체: 생합성 공장

소포체(endoplasmic reticulum, ER)는 많은 진핵세포에 있는, 전체 막의 절반 이상을 차지하는 광범위한 막의 네트워크이다. (Endoplasmic라는 단어는 "세포질 내부의", *reticulum*은 라틴어로 "작은 망"을 의미한다.) 소포체는 막으로 된 관의 네트워크와 시스테나(cisternae)라고 불리는 낭들로 이루어져 있다. (시스테나는 라틴어로 액체 저장낭을 나타낸다.) 소포체 막은 소포체 내강 혹은 시스테나 공간이라고 불리는 소포체의 안쪽 부분을 세포질로부터 분리한다. 또한 소포체막이 핵막과 연속적으로 연결되어 있기 때문에 핵막의 두 막 사이의 공간이 소포체 내강과 연결되어 있다(그림 7.11).

소포체는 연결되어 있기는 하지만 구조와 기능이 다른 두 종류의 소포체인 활면소포체와 조면소포체로 되어 있다. **활면소포체(smooth ER)**는 소포체 바깥 표면에 리보솜이 없으며, **조면소포체(rough ER)**는 막의 바깥 표면에 리보솜이 붙어 있어 전자현미경으로 보면 거칠게 보인다. 이미 언급한 것처럼 리보솜은 또한 조면소포체와 연결된 이중막으로 된 핵막의 바깥쪽 막, 즉 세포질 쪽의 막에도 붙어 있다.

활면소포체의 기능

활면소포체는 세포의 형태에 따라 다양한 대사과정을 수행한다. 이러한 대사과정에는 지질 합성, 탄수화물의 대사 그리고 약과 독소의 해독작용, 칼슘이온의 저장이 포함된다.

활면소포체의 효소는 기름, 인지질, 스테로이드를 포함하는 지질의 합성에 중요하다. 동물세포에서 활면소포체에 의해 생산된 스테로이드들 중에는 척추동물들의 성호르몬과 부신에서 분비되는 다양한 스테로이드계 호르몬들이 있다. 예를 들면, 정소와 난소에서 이러한 호르몬들을 실제로 합성하고 분비하는 세포에는 이러한 기능에 적합한 활면소포체가 풍부하다.

활면소포체의 다른 효소들은 특히 간세포에서 약과 독소를 해독한다. 해독작용은 대체로 약에 수산기를 붙여서 더 잘 용해되고, 체내에서 제거되기 쉽게 만들어준다. 진정작용을 하는 페노바르비탈과 기타 바르비투르산염들은 간세포의 활면소포체에서 이러한 방법으로 대사과정을 거치는 약물들이다. 사실, 바르비투르산염, 알코올 그리고 많은 다른 약들은 활면소포체를 증가시켜 이와 연관된 해독효소들이 많이 합성되도록 하여 해독률을 높인다. 이러한 해독률의 증가는 이제 약에 대한 내성을 증가시키게 되는데, 이는 진정작용과 같은 특정 효과를 얻기 위해 더 많은 양의 약이 필요함을 뜻한다. 또한 어떤 해독효소들은 상대적으로 광범위한 작용을 하기 때문에 한 가지 약에 대한 반응으로 활면소포체가 증가되면 다른 약들에 대한 저항성을 증가시킬 수 있다. 예를 들어, 바르비투르산염의 남용은 특정 항생제나 다른 유용한 약들의 효과를 떨어뜨린다.

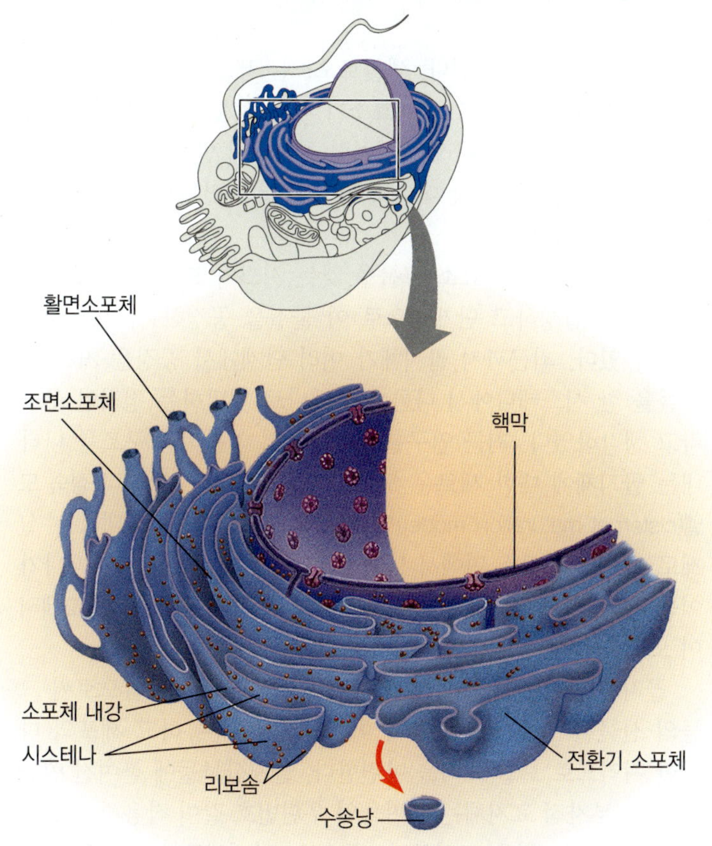

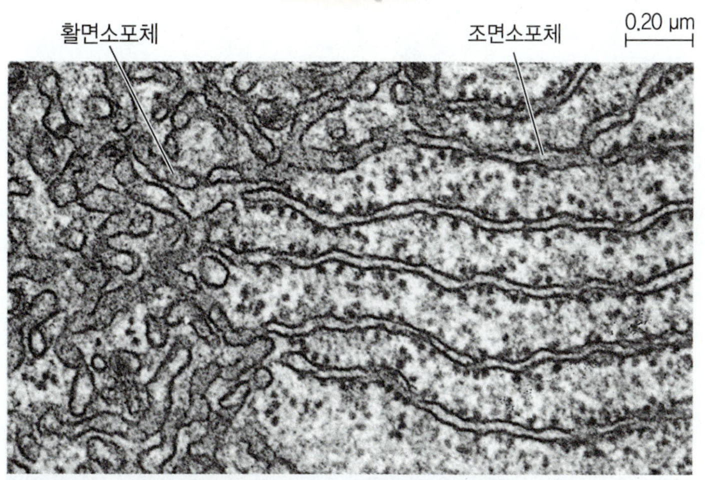

▲ **그림 7.11** **소포체(ER).** 상호 연결된 관들과 시스테나라고 불리는 납작한 낭들로 이루어진 막 시스템인 소포체는 핵막과도 물리적으로 연결되어 연속성을 갖는다. 모식도는 절단면을 나타낸다. 소포체의 막은 소포체 내강(또는 시스테나 공간)이라고 불리는 연속적으로 연결된 공간을 둘러싸고 있다. 바깥 표면에 리보솜이 박혀 있는 조면소포체는 전자현미경(TEM)에 의해 활면소포체와 구별될 수 있다. 수송낭은 전환기소포체라고 불리는 조면소포체의 특정 영역으로부터 만들어져 골지체 및 다른 목적지로 이동한다.

활면소포체는 칼슘이온을 저장하기도 한다. 예를 들면, 근육세포에서의 특성화된 활면소포체 막은 세포질에서 소포체 내강 안으로 칼슘이온을 펌프질한다. 근육세포가 신경자극을 받으면 칼슘이온은 소포체 막을 통과하여 세포질 내로 쏟아져 나와 근육세포의 수축을 촉진시킨다. 다른 종류의 세포 속에 있는 활면소포체로부터 분비된 칼슘이온은 새롭게 합성된 단백질을 운반하는 소낭을 분비하는 것과 같은 다른 반응들을 촉진시킬 수 있다.

조면소포체의 기능

다양한 종류의 특성화된 세포들이 조면소포체에 부착된 리보솜에 의해 생산된 단백질들을 분비한다. 예를 들면, 이자에 있는 특정 세포들은 단백질성 호르몬인 인슐린을 혈류에 분비한다. 폴리펩타이드 사슬이 소포체 막에 결합된 리보솜으로부터 신장되어 나오면, 그것은 막에 있는 단백질 복합체에 의해 형성된 구멍을 통해 소포체 내강으로 들어간다. 새로운 단백질이 소포체 내강으로 들어가면 본래의 3차원 형태로 접히게 된다. 대부분의 분비 단백질들은 **당단백질(glycoprotein)**로 탄수화물이 단백질에 공유결합되어 있다. 이 탄수화물들은 소포체 막에 부착되어 있는 특수한 효소들에 의해 소포체 내에서 단백질에 부착된다.

분비 단백질이 형성된 후에 소포체 막은 이들을 자유 리보솜에서 합성되어 세포질에 남게 되는 단백질들과 계속 분리해 둔다. 분비 단백질은 소포체의 특정 지역인 전환기 소포체(transitional ER)로부터 기포처럼 튀어나오는 소낭막에 싸여져 소포체를 떠난다(그림 7.11). 세포의 한 부분에서 다른 부분으로 수송되는 소낭들을 **수송낭(transport vesicle)**이라고 한다. 다음 절에서 이들의 운명을 살펴볼 것이다.

조면소포체는 분비 단백질을 만들뿐만 아니라, 세포에 필요한 막을 만드는 공장이다. 소포체는 자신의 막에 막단백질과 인지질을 붙임으로써 자란다. 막단백질로 될 폴리펩타이드가 리보솜으로부터 만들어질 때, 그들은 소포체 막 안으로 들어가는데 단백질의 소수성 부분에 의해 막에 끼여 있게 된다. 조면소포체는 또한 자기 자신의 막 인지질들을 만드는데, 소포체 막에 끼여 있는 효소가 세포질에 있는 전구체들로부터 인지질을 합성한다. 소포체 막이 확장되면, 수송낭의 형태로 다른 내막계로 전달된다.

골지체: 운반하고 받는 장소

소포체를 떠난 많은 수송낭은 **골지체(Golgi apparatus)**로 이동한다. 골지체는 생산, 저장, 분류 및 수송을 담당하는 소기관으로 생각된다. 이곳에서 소포체의 생산물은 수정되고 분류되어 다른 목적지로 보내진다. 골지체가 분비를 위해 특성화된 세포들 내에 특히 많은 것은 놀라운 일이 아니다.

골지체는 납작한 빵덩어리 같이 보이는 납작한 막으로 된 소낭인 시스테나로 이루어져 있다(그림 7.12) 하나의 세포는 많은, 심지어 수백 개의 이러한 시스테나를 갖는다. 이러한 하나의 층에 있는 각 시스테나의 막은 내부 공간을 세포질로부터 격리시킨다. 골지체 부근에 밀집되어 있는 소낭들은 골지체와 다른 구조들 사이에서 물질의 수송에 관여한다.

골지체 시스테나는 극성을 가지고 있어서 더미의 반대편에 있는 시스테나 막과는 두께와 분자적 구성이 다르다. 골지체 더미의 두 극은 시스(*cis*) 면과 트랜스(*trans*) 면으로 명명되었는데, 이들은 각각 골지체에서 물질을 수용하고, 수송하는 분야를 담당한다. 시스 면은 보통 소포체 근처에 위치해 있다. 수송낭을 통해 물질이 소포체로부터 골지체로 이동한다. 소포체로부터 떨어져 나온 소낭은 골지막과 결합함으로써 소포체의 막과 내강의 물질을 시스 면 쪽의 골지체에 전달한다. 트랜스 면에서는 소낭들이 성장한 후 떨어져 나가 다른 장소로 이동한다.

소포체의 산물들은 보통 골지체의 시스 지역에서 트랜스 지역으로 운반되는 동안 변화를 겪는다. 예를 들면, 다양한 골지효소들이 당단백질에 붙어 있는 탄수화물 부분을 변화시킨다. 탄수화물은 종종 폴리펩타이드 합성 과정 동안 조면소포체 내에 있는 단백질에 처음 붙는다. 그 후 당단백질에 있는 탄수화물은 그것이 소포체와 골지체의 남은 구역을 지나가면서 수정된다. 골지체는 단당들의 일부를 없애고 다른 것들로 치환하여 매우 다양한 탄수화물을 만들어 낸다. 막 인지질 또한 골지체에서 변화를 겪는다.

마무리 작업뿐만 아니라, 골지체는 스스로 특정 고분자들을 만들어 낸다. 세포들에 의해 분비되는 많은 다당류들은 골지체에서 만들어진 것이며, 여기에는 식물세포에서 만들어져서 셀룰로오스와 함께 세포벽으로 끼여 들어가는 펙틴과 특정 비셀룰로오스성 다당류들이 포함된다. 셀룰로오스는 세포막 안에 위치한 효소들에 의해 만들어지고, 이 효소가 직접 셀룰로오스를 외부 표면에 오도록 한다. 분비 단백질처럼 골지에서 만들어지는 분비성 비단백질 물질은 수송낭 내부의 골지 트랜스 면에서 출발하여 원형질막과 융합한다.

골지체는 독특한 효소 그룹을 갖는 시스와 트랜스 지역 사이에 물질을 합성하고 단계적으로 이 물질을 공정하는 다른 시스테나가 있다. 최근까지 골지체가 여러 단계에서 공정을 거친 산물들을 한 시스테나에서 다른 시스테나로 전달하는 정적인 구조라고 생각하였다. 최근 연구를 통해 좀 더 역동적인 구조를 나타내는 골지체에 대한 새로운 모델이 제시되었다. **시스테나 성숙 모델**(cisternal maturation model)에 따르면 골지체의 시스테나는 실제로 골지체의 시스 면에서 트랜스 면으로 이동하고, 시스테나가 이동하면서 그들의 단백질을 운반하고 수정한다. 그림 7.12에서 이 모델을 상세하게 설명하고 있다.

골지체 더미는 트랜스 면으로부터 소낭들을 출아함으로써 그들의 산물을 내보내기에 앞서 이 산물들을 분류하고 세포의 다양한 지역으로 보낼 표식을 마련한다. 골지산물들에 붙여진 인산기 같은 분자적 표지체는 우편물의 우편번호 같이 작용하여 산물들이 배분되는 것을 도와준다. 끝으로, 골지체로부터 나오는 수

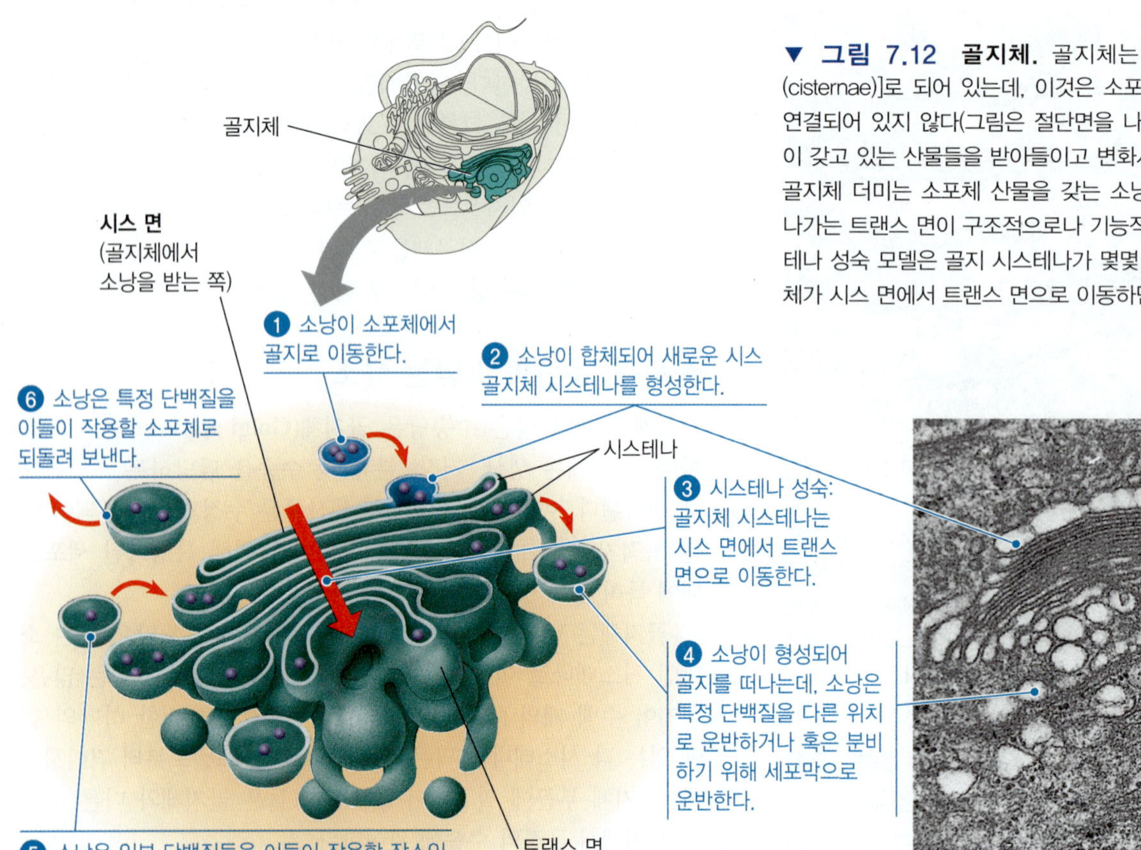

▼ **그림 7.12 골지체.** 골지체는 납작한 주머니들[혹은 시스테나(cisternae)]로 되어 있는데, 이것은 소포체의 시스테나와는 달리 물리적으로 연결되어 있지 않다(그림은 절단면을 나타냄). 골지체 더미는 수송낭과 그들이 갖고 있는 산물들을 받아들이고 변화시킨 후에 수송낭으로 떨어져 나간다. 골지체 더미는 소포체 산물을 갖는 소낭들을 받아들이는 시스 면과 떨어져 나가는 트랜스 면이 구조적으로나 기능적으로 다른 극성을 가지고 있다. 시스테나 성숙 모델은 골지 시스테나가 몇몇 단백질들을 운반하면서 시스테나 자체가 시스 면에서 트랜스 면으로 이동하면서"성숙"하는 것을 시사하고 있다.

송낭들은 막의 표면에 특정 소기관들의 표면 혹은 세포막에 있는 "결합부위(docking site)"를 인식하는 분자들을 가지고 있어서 특정 지역을 잘 찾아 가게 된다.

리소좀: 소화 담당 소기관

리소좀(lysosome)은 많은 진핵세포들이 모든 종류의 고분자들을 소화(가수분해)하기 위해 이용하는 가수분해효소가 들어 있는 막으로 된 소낭이다. 리소좀 효소들은 리소좀 내의 산성 환경에서 가장 잘 작용한다. 리소좀이 망가져서 열리거나 그것의 내용물이 새어나오면, 빠져나온 효소들은 별로 활성을 띠지 못하는데 이는 세포질이 중성 pH를 갖기 때문이다. 그러나 효소들이 많은 수의 리소좀으로부터 과도하게 방출되면 자신을 소화하여 세포를 파괴할 수 있다.

가수분해효소들과 리소좀 막은 조면소포체로부터 만들어지고, 골지체로 전달되어 공정과정을 거친다. 최소한 몇몇 리소좀들은 아마도 골지체의 트랜스 면으로부터 출아함으로써 나올 것이다(그림 7.12). 리소좀 막의 안쪽 표면 단백질들과 소화효소들 자체는 효소로부터 공격받기 쉬운 화학결합을 보호하는 3차원적 구조를 가짐으로써 파괴되지 않는 것으로 생각된다.

리소좀들은 다양한 환경에서 세포내 소화를 수행한다. 아메바를 비롯한 다른 여러 원생생물들은 작은 개체들 혹은 다른 음식 조각들을 감싸서 먹는데 이를 **식세포작용(phagocytosis)**(그리스어로 *phagein*은 먹는 것을, *kytos*는 혈관을 의미하지만 여기에서는 세포를 나타냄)이라고 한다. 이 방법으로 형성된 **식포**(food vacuole)가 리소좀과 융합하면, 리소좀 효소들이 음식을 소화한다(**그림 7.13a**, 아래 그림). 단당류, 아미노산들 그리고 다른 단량체들을 포함하는 소화산물들은 세포질 안으로 전달되어 세포를 위한 영양분이 된다. 인간의 특정 세포들도 식작용을 한다. 그들 중에는 대식세포가 있는데 이것은 세균들과 다른 침입자들을 잡아먹고 파괴함으로써 몸을 보호하는 백혈구의 한 형태이다(그

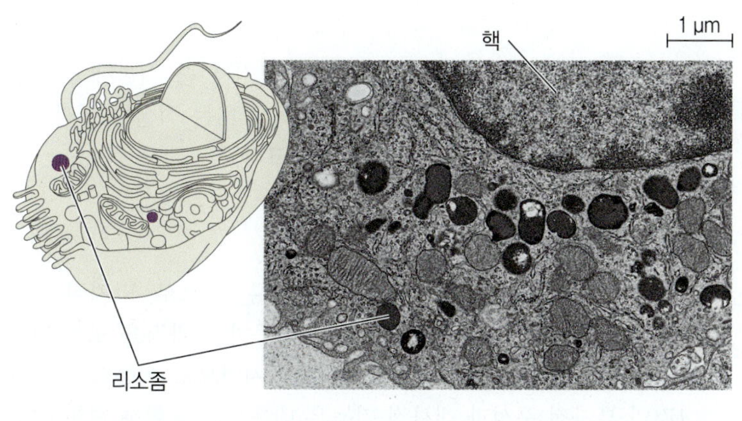

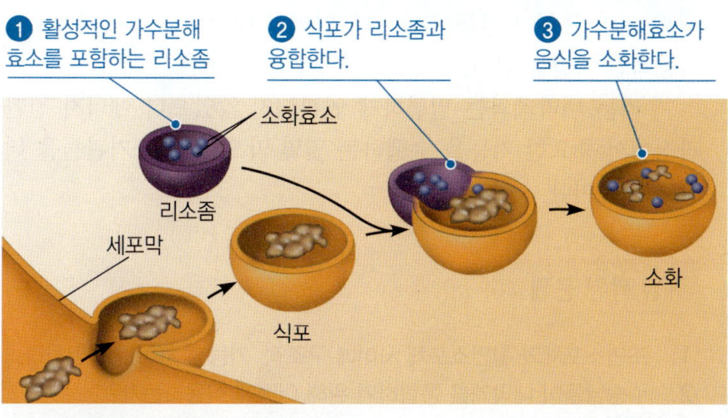

(a) 식세포작용: 음식을 소화하는 리소좀

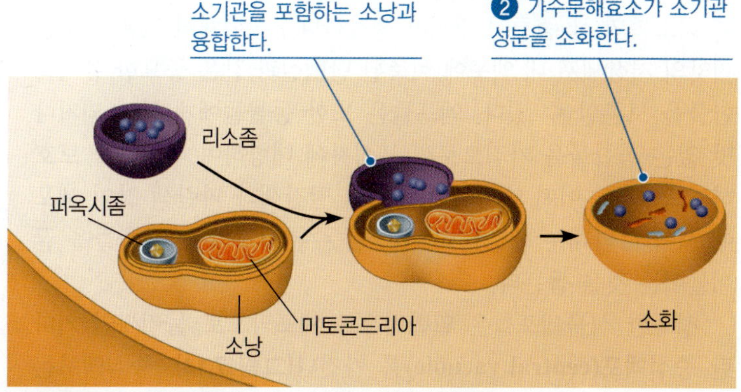

(b) 자기소화작용: 손상입은 소기관을 파괴하는 리소좀

▲ **그림 7.13 리소좀.** 리소좀들은 세포 내로 들어온 물질들은 가수분해하고 세포내 물질들을 재활용한다. **(a)** *위 그림*: 쥐의 백혈구세포의 일종인 대식세포에서 리소좀이 검게 보이는데, 이는 리소좀 내에 있는 소화산물의 하나와 특정 염료가 반응하기 때문이다(TEM 사진). 대식세포는 세균과 바이러스를 섭취하고 리소좀들을 이용하여 그것들을 파괴한다. *아래 그림*: 식세포작용 동안 리소좀이 식포와 융합하는 것을 보여준다. **(b)** *위 그림*: 쥐의 간세포의 세포질에서 리소좀은 기능을 상실한 미토콘드리아와 퍼옥시좀을 삼키는데 이를 자기소화작용이라고 한다(TEM 사진). *아래 그림*: 리소좀이 손상된 미토콘드리아를 갖는 소낭과 융합하는 것을 보여준다. 이런 형태의 소낭은 기원이 알려져 있지 않은 이중막을 가지고 있다. 외막은 리소좀과 융합하며, 내막은 손상된 소기관과 함께 분해된다.

림 7.13a 위 그림, 7.31).

리소좀들은 또한 가수분해효소를 이용하여 세포 자신의 유기물질들을 소화하여 재활용하는데 이를 **자기소화작용(autophagy)**이라고 부른다. 자기소화작용 동안 손상된 소기관이나 적은 양의 세포질이 막에 의해 둘러싸이고 리소좀이 이 소낭과 융합한다(그림 7.13b). 리소좀의 효소들은 둘러싸여진 물질들을 분해하고 유기 단량체들은 재활용을 위해 세포질로 되돌려진다. 리소좀의 도움으로 세포는 끊임없이 자신을 새롭게 한다. 예를 들어, 인간의 간세포는 매주 간에 있는 고분자 물질들의 절반을 재활용한다.

리소좀 저장 질병을 물려받은 사람의 세포들은 리소좀 가수분해효소의 기능이 결핍되어 있다. 리소좀들이 소화되지 않는 기질들을 먹게 되면 다른 세포 활동을 방해하기 시작한다. 예를 들어, 테이-삭스(Tay-Sachs)병에서는 지질분해효소가 없거나 불활성이며 뇌는 세포 내에 있는 지질 축적에 의해 손상된다. 다행히 리소좀 축적 질병은 일반 사람들에게 드물다.

액포: 다양한 유지 기능을 수행하는 소기관

액포(vacuole)는 소포체와 골지체로부터 만들어진 커다란 소낭이다. 액포는 세포내 내막계의 필수적인 부분이라고 할 수 있다. 모든 세포막과 같이 액포막은 선택적 수송을 한다. 그 결과 액포 내부에 있는 물질은 세포질과 구성이 다르다.

액포는 세포의 종류에 따라 여러 가지 다른 일들을 수행한다. 식세포작용에 의해 형성된 **식포(food vacuole)**에 대해서는 이미 언급하였다(그림 7.13a). 많은 민물 원생생물들은 세포 밖으로 여분의 물을 펌프질하여 염분과 다른 분자들의 농도를 적절하게 유지시키는 **수축포(contractile vacuole)**를 가지고 있다(그림 8.13). 식물과 곰팡이에는 리소좀이 없으며, 액포에서 가수분해가 일어난다. (생물학자들은 이러한 가수분해를 할 수 있는 액포를 리소좀의 한 종류일 것이라 생각한다.) 식물체의 작은 액포는 씨앗의 저장세포 내 액포에 비축된 단백질과 같은 중요한 유기화합물을 보존할 수 있다. 액포들은 또한 동물들에게 독이 되거나 맛 없는 화합물을 가짐으로써 포식자에 대항하여 식물들을 보호하기도 한다. 어떤 액포들은 꽃잎의 빨간색과 파란색 같이 세포에 색을 나타내는 색소를 지녀 꽃을 수분시켜 주는 곤충들을 끌어들이는 것을 돕는다.

성숙한 식물세포들은 일반적으로 액포막으로 둘러싸인 커다란 **중심액포(central vacuole)**를 가진다(그림 7.14). 중심액포는 소포체나 골지체에서 만들어진 더 작은 액포들이 합쳐져 발달한다. 중심액포에 있는 용액을 세포 수액이라고 하며, 칼슘과 염소 이온을 포함한 무기이온의 중심 저장소 역할을 한다. 중심액포는 식물세포의 생장에 주요 역할을 하는데, 액포가 물을 흡수하면 식물세포가 커짐으로써 새로운 세포질을 많이 늘리지 않고도 세포가 커지는 것을 가능하게 한다. 세포질은 종종 액포와 세포막 사이의 얇은 층으로 존재하여 심지어 크기가 큰 식물세포의 경우에도 세포막 표면적 대 세포질의 부피의 비는 적절한 생리적인 활동이 이루어질 수 있을 만큼 충분히 크다.

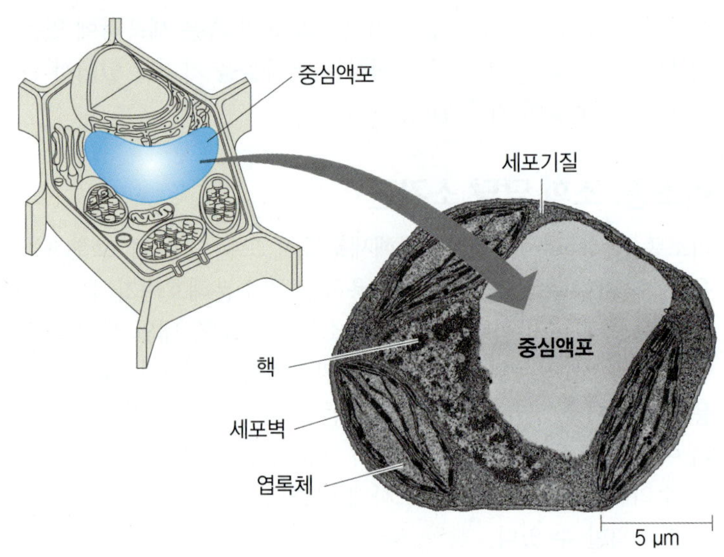

▲ **그림 7.14 식물세포의 액포.** 중심액포는 보통 식물세포에서 가장 큰 부분을 차지하며, 일반적으로 액포막과 세포막 사이의 좁은 공간을 세포질의 나머지가 차지한다(TEM 사진).

세포의 내막계: 요약

그림 7.15는 내막계를 종합적으로 보여주는 것으로, 막지질과 단백질들이 다양한 소기관들 사이에서 이동하는 과정을 보여준다. 막이 소포체로부터 골지로, 그 후 다른 지역으로 이동함에 따라 그것의 분자적 구성과 대사적 기능은 내용물을 포함해 변화된다. 세포 내의 구획이 만들어지는 데 있어서 내막계는 복잡하면서도 역동적인 역할을 한다.

우리는 내막계와는 밀접하게 연관되지 않았으나 에너지 전환 과정에서 중요한 기능을 수행하는 몇몇 막으로 된 소기관들을 더 살펴볼 것이다.

개념 확인 문제 7.4

1. 조면소포체와 활면소포체 사이에 구조적, 기능적 차이를 설명하라.
2. 수송낭들이 내막계를 통합하기 위해 어떻게 작용하는가?
3. WHAT IF? 어떤 단백질이 소포체에서 작용하지만, 그 기능을 얻기 위해서는 골지체에서의 변화가 필요하다고 생각해 보자. 단백질에 대한 정보를 갖는 mRNA 분자에서 시작하여 기능적인 과정으로 가기까지 세포 내에서 일어나는 단백질의 경로를 설명하라.

정답은 부록 A 참조

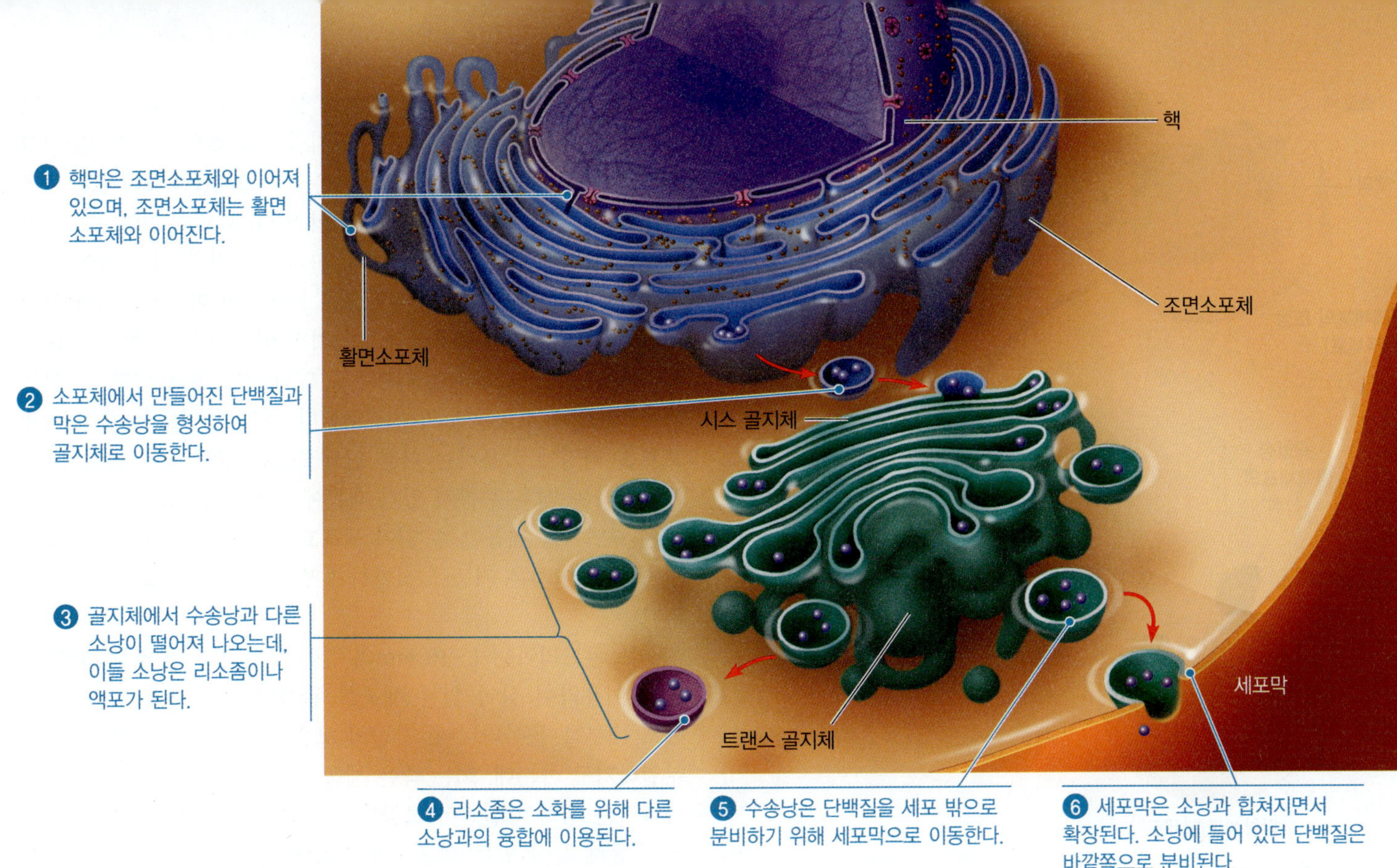

▲ **그림 7.15 요약: 내막계의 세포내 소기관들 사이의 상호작용.** 붉은색 화살표는 막과 그것으로 둘러싸인 물질들의 이동경로를 나타낸다.

개념 7.5

미토콘드리아와 엽록체는 에너지를 한 형태에서 다른 형태로 변환할 수 있다

생명체는 환경으로부터 얻은 에너지를 자신에게 필요한 형태로 전환한다. 진핵세포 생물에서 미토콘드리아와 엽록체는 에너지 형태를 바꾸어 세포가 사용할 수 있는 형태로 만드는 세포내 소기관이다. **미토콘드리아(mitochondria**, 단수는 *mitochondrion*)는 세포호흡이 일어나는 장소로 당이나 지방, 다른 열량을 내는 영양소들을 산소를 이용하여 분해함으로써 ATP를 얻는 대사가 일어나는 곳이다. **엽록체(chloroplast)**는 식물과 조류에서만 발견할 수 있으며 광합성이 일어나는 곳이다. 엽록체에서는 빛에너지를 받아 화학에너지로 바꾸어 물과 이산화탄소로부터 당과 같은 유기화합물을 만든다.

미토콘드리아와 엽록체는 관련성이 있는 기능을 가지고 있는 것뿐만 아니라 유사한 진화적인 기원도 가지고 있는데 이들의 구조를 살펴보기 전에 간략하게 이점을 먼저 알아볼 것이다. 또한 이 절에서는 산화작용과 관련된 퍼옥시좀도 살펴보고자 하는데 이 소기관의 진화적인 기원이나 다른 소기관과의 관계 등은 아직도 논란의 측면이 있다.

미토콘드리아와 엽록체의 진화적 기원

진화 미토콘드리아와 엽록체는 세균들과 유사점을 보이며 이는 **세포내공생설(endosymbiont theory)**로 이어졌다. 그림 7.16의 모식도에서 보여주듯이 이 가설은 초기 진핵세포가 산소를 사용하는 무광합성 원핵세포를 안으로 흡수하여 결국에는 먹힌 세포가 숙주세포와 동화되어 공생관계(endosymbiont; 한 세포가 다른 세포 안에서 살게 됨)를 맺게 되었다는 것이다. 실제로 진화과정을 통해 숙주세포와 내부공생생물이 합쳐져 하나의 생명체, 즉 미토콘드리아를 갖는 진핵세포가 탄생하였다. 적어도 이러한 세포들 중의 하나는 광합성을 하는 원핵세포를 흡수하여 엽록체를 포함하는 진핵세포의 조상이 되었을 것이다.

광범위하게 지지를 받고 있는 이 가설은 25장에서 좀 더 자세하게 다루어질 것이다. 이 가설이 주장하는 것은 미토콘드리아와 엽록체 간 구조적 특징의 일관성이다. 첫째, 미토콘드리아와 엽록체는 내막계의 기관들처럼 하나의 막으로 둘러싸여 있지 않고 두 개의 막으로 둘러싸여 있다. (엽록체는 내부에 막주머니도 갖는다.) 초기에 먹힌 원핵생물은 두 개의 외막(하나는 자신의 막, 다른 하나는 숙주의 막)을 가지고 있었는데, 이는 미토콘드리아와 엽록체의 이중막이 되었다는 증거가 있다. 둘째, 미토콘드리아와 엽록체는 원핵세포에서 관찰되는 형태의 리보솜뿐만 아니

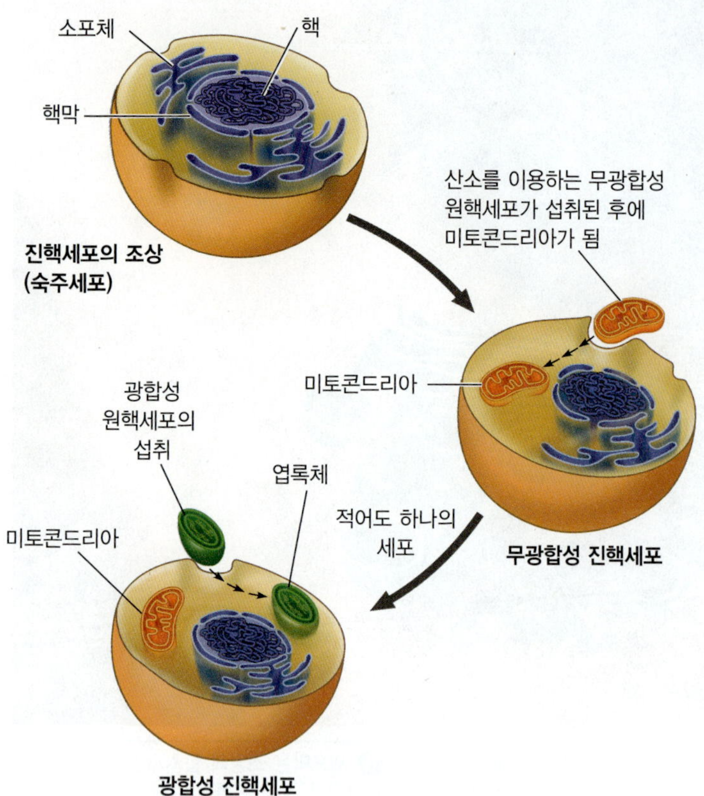

▲ **그림 7.16 진핵세포에서 미토콘리아와 엽록체의 세포내공생설.** 이 설에 따르면, 제시된 미토콘드리아의 조상은 산소를 이용하는 비광합성 원핵세포였으며, 제시된 엽록체의 조상은 광합성을 하는 원핵세포였다. 큰 화살표는 진화시간대에서의 변화를 보여주며, 세포내 작은 화살표는 세포내소기관이 되는 내부공생 과정을 보여준다.

라 내막에 붙어 있는 원형 DNA를 가지고 있다. 이 DNA는 두 소기관에서 작용하는 일부 단백질을 암화화하고 있으며, 두 소기관 내에 존재하는 리보솜에서 단백질 합성이 일어난다. 셋째, 세포로서 미토콘드리아와 엽록체가 진화적인 일관성이 있다는 가능성뿐만 아니라 세포 안에서 자라고 복제도 하는 독립적 소기관의 특징도 가지고 있다.

이 장에서는 미토콘드리아와 엽록체의 구조와 역할에 대해서 알아보고, 10장과 11장에서는 미토콘드리아와 엽록체가 에너지 전달자로서 어떻게 일을 수행하는지에 대해 살펴볼 것이다.

미토콘드리아: 화학에너지의 변환

미토콘드리아는 동물, 식물, 균류, 원생생물을 포함하여 거의 모든 진핵세포에서 나타난다. 몇몇의 세포들은 크기가 큰 미토콘드리아 하나를 갖고 있지만 대부분의 세포들은 몇백, 몇천 개의 미토콘드리아를 갖는다. 미토콘드리아의 수와 세포의 물질대사 활성도는 연관이 있다. 예를 들어, 움직이거나 수축을 하는 세포들은 그렇지 않은 세포보다 단위 부피당 더 많은 미토콘드리아를 가지고 있다.

미토콘드리아는 두 개의 막으로 둘러싸여 있는데, 각각의 막은 독특한 단백질이 끼여 있는 인지질 이중층으로 되어 있다(그림 7.17). 외막은 매끄럽지만 내막은 **크리스타(cristae)**라고 불리는 주름져 있는 복잡한 구조로 되어 있다. 내막은 미토콘드리아의 내부를 두 부분으로 나누는데, 하나는 외막과 내막 사이의 좁은 공간이며, 다른 하나는 내막으로 둘러싸인 **미토콘드리아 기질(mitochondrial matrix)**이다. 이 기질에는 다양한 효소들과 함께 미토콘드리아 DNA와 리보솜도 있다. 세포호흡 단계 중 일부가 이 기질의 효소들에 의해 진행된다. ATP를 만드는 효소로 세포호흡 과정에 작용하는 다른 단백질들은 내막 속에 끼여 있다. 크리스타는 매우 주름져 있기 때문에 이러한 단백질들이 작용할 넓은 표면적을 제공할 수 있어 세포호흡에 의한 에너지 생산성을 높여준다. 이것은 기능에 적합하게 발달한 구조의 또 다른 예가 된다.

미토콘드리아는 1~10 mm의 길이를 가진다. 동영상 압축 기술을 이용하여 살아 있는 세포를 관찰한 결과 미토콘드리아는 세포 내부를 돌아다니며, 자신의 모습을 변형하기도 하고, 둘로 분열하기도 하는데, 이는 죽은 세포를 전자현미경으로 보았을 때 나타나는 정적인 실린더 모양의 구조와는 다른 모습이다. 이 관찰을 통해 살아 있는 세포에서 미토콘드리아는 개별적으로 존재하는 것이 아니라 튜브형 연결망 형태를 가지고 있다는 것이 드러났다(그림 7.17b).

엽록체: 빛에너지의 획득

엽록체는 녹색 색소인 엽록소를 가지며, 효소나 기타 작용을 하는 물질들과 함께 광합성을 통해 당을 만든다. 엽록체는 렌즈 모양의 소기관으로 개개의 크기는 3~6 μm 정도이며, 식물의 잎이나 녹색을 띤 구조 및 조류에서 발견된다(그림 7.18, 7.26c).

엽록체의 내용물은 두 개의 막에 의해 세포질로부터 분리되어 나누어진다. 엽록체 내부는 또 다른 막구조가 있는데 평평하고 서로 연결된 주머니 모양의 **틸라코이드(thylakoid)**가 그것이다. 어떤 곳에서는 틸라코이드가 포커칩을 쌓아 놓은 것처럼 보이는데, 하나의 포커칩 형태를 **그라늄(granum**, 복수는 *grana*)이라고 부른다. 틸라코이드 밖의 액체로 된 부분을 **스트로마(stroma)**라고 하며, 여기에는 많은 효소와 엽록체 DNA, 그리고 리보솜이 있다. 엽록체는 막들에 의해 내외막 사이공간, 스트로마, 틸라코이드의 세 부분으로 나뉜다. 11장에서는 이렇게 나누어진 공간에 의해 광합성 시기에 어떻게 엽록체가 빛에너지를 화학에너지로 전환하는지 알게 될 것이다.

미토콘드리아와 마찬가지로 엽록체도 전자현미경 사진 속에서는 정적이고 딱딱하게 보이지만 살아 있는 세포에서는 매우 역동적인 모습을 보인다. 모양이 변하기도 하고 자라며 둘로 갈라져 자신을 복제하기도 한다. 엽록체는 움직일 수 있으며, 우리가 뒤에서 살펴볼 구조적 네트워크인 세포골격 트랙을 따라 미토콘

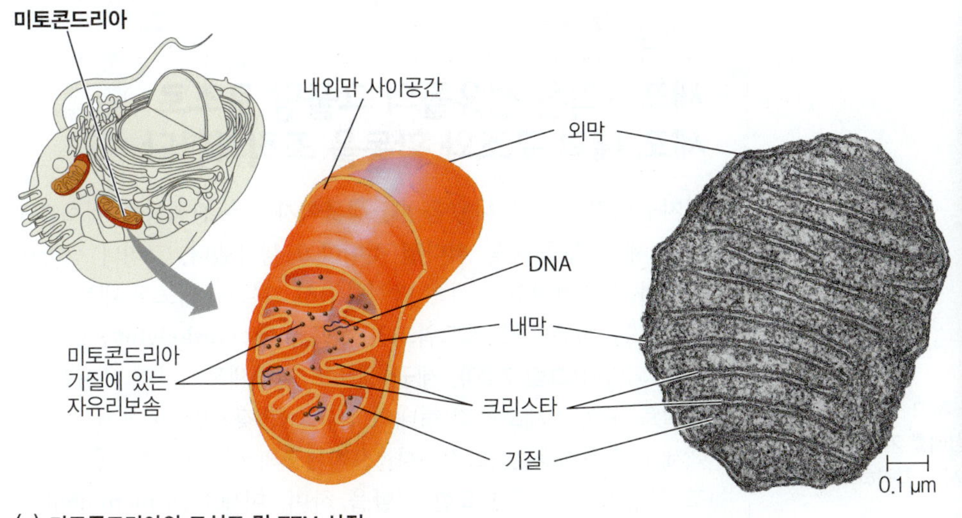

(a) 미토콘드리아의 모식도 및 TEM 사진

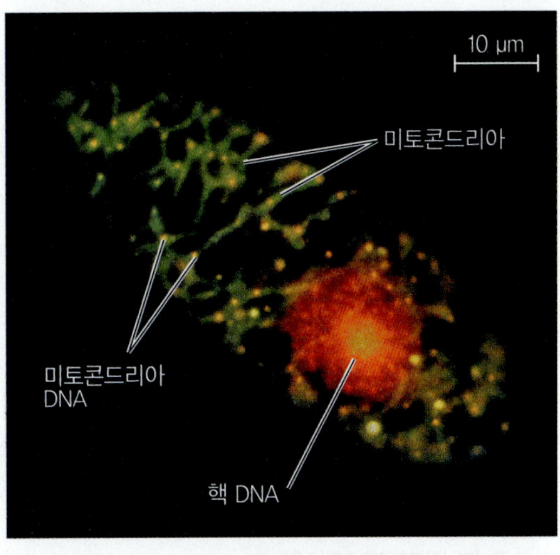

(b) 원생생물 세포의 미토콘드리아 네트워크(LM 사진)

▲ **그림 7.17 미토콘드리아, 세포호흡 장소. (a)** 미토콘드리아의 내막과 외막은 그림과 TEM 사진에 의해 확실히 알 수 있다. 크리스타는 내막이 안쪽으로 접힌 부분이다. 단면도를 보면 막들에 의해 둘러싸여 만들어진 막사이공간과 미토콘드리아 기질, 두 부분이 보인다. 많은 호흡효소들이 내막과 기질에서 발견된다. 기질에서는 자유리보솜이 발견된다. 미토콘드리아의 DNA 분자는 대개 둥근 형태이고 내막에 붙어 있다. **(b)** 광학현미경 사진은 TEM보다 훨씬 낮은 배율에서 단세포 원생생물인 유글레나를 보여준다. 녹색은 미토콘드리아의 기질을 나타낸다. 미토콘드리아는 가지 뻗은 관의 네트워크를 형성한다. 붉은색은 핵 DNA이며, 미토콘드리아 DNA 분자는 밝은 노란 점으로 나타난다.

드리아와 다른 소기관들과 함께 세포 내부에서 이동한다.

엽록체(chloroplast)는 식물의 **색소체(plastid)**란 구조와 밀접하게 연관을 맺고 있는 특수한 기관이다. 색소체의 한 형태인 백색체(amyloplast)는 색이 없는 구조로 녹말을 저장하며, 특히 뿌리와 줄기에 많다. 또 다른 형태인 유색체(chromoplast)는 과일과 꽃들이 오렌지나 노란색 빛깔을 낼 수 있도록 하는 색소를 가진다.

퍼옥시좀: 산화작용

퍼옥시좀(peroxisome)은 특별한 대사과정을 수행하는 소기관으로 하나의 막으로 둘러싸여 있다**(그림 7.19)**. 퍼옥시좀은 다양한 물질에서 수소를 제거하여 산소로 전달해 주는 효소를 가지고 있으며, 부산물로 과산화수소를 만들기 때문에 이름이 퍼옥시좀이 되었다. 퍼옥시좀의 산화반응은 체내에서 매우 다양한 기능을 한다. 어떤 퍼옥시좀은 지방산을 산화시켜 작은 분자로 만들어 미

▼ **그림 7.18 엽록체, 광합성이 일어나는 장소. (a)** 많은 식물들은 그림에서처럼 원반 모양의 엽록체를 가지고 있다. 전형적인 엽록체는 내외막 사이공간, 스트로마, 틸라코이드 공간의 세 부분으로 나누어져 있다. 스트로마에는 자유리보솜과 엽록체 DNA 복사본이 여러 개 있다. **(b)** 이 형광현미경 사진은 나선형의 엽록체로 이름이 붙여진 *Spirogyra crassa*의 세포를 보여준다. 자연광에서는 엽록체가 녹색으로 보이지만, 아래와 같이 자외선에서는 형광빨강을 나타낸다.

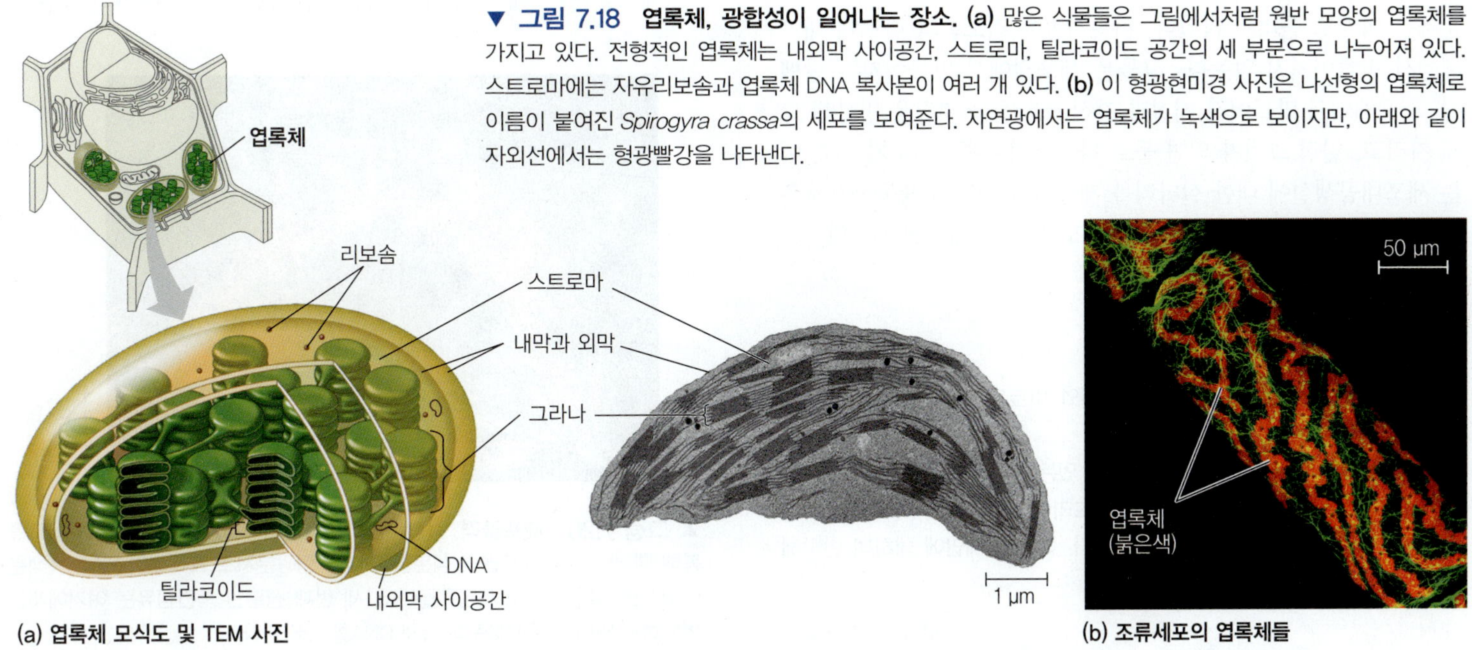

(a) 엽록체 모식도 및 TEM 사진

(b) 조류세포의 엽록체들

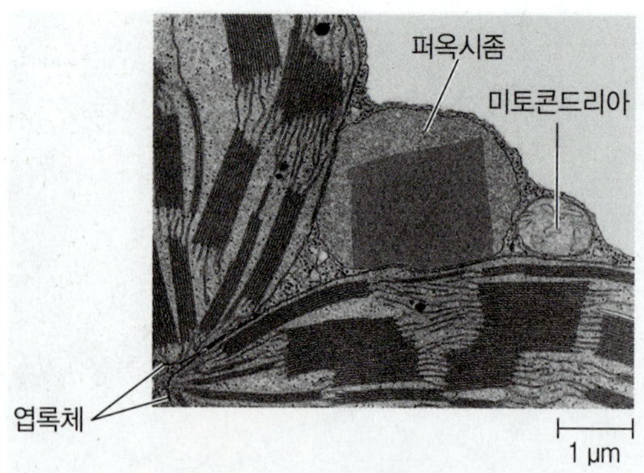

▲ **그림 7.19 퍼옥시좀.** 퍼옥시좀은 거의 둥근 모양을 하고 있으며, 종종 효소분자들이 고도로 모여져 만들어진 과립 혹은 결정체 형태를 가지고 있다. 엽록체와 미토콘드리아는 어떤 대사과정에서 퍼옥시좀과 서로 협력하고 있는 것으로 생각된다(TEM 사진).

토콘드리아로 보내 세포호흡에 필요한 에너지원을 만들어 낸다. 간의 퍼옥시좀은 알코올이나 다른 해로운 물질의 수소 부분을 산소로 전달하여 독성을 제거한다. 이때 퍼옥시좀에 의해 생성되는 과산화수소 자체는 독성이 있지만, 이 소기관에는 과산화수소를 바로 물로 바꿔주는 효소가 있다. 같은 장소에서 과산화수소를 만드는 효소와 제거하는 효소가 동시에 작용하는 것은 세포 내부의 구획에 의한 기능 수행이 얼마나 중요한 것인지를 보여주는 훌륭한 예가 된다.

글리옥시좀(glyoxysome)이라고 불리는 특화된 퍼옥시좀은 식물의 씨앗에 있는 지방 저장조직에서 발견된다. 이 소기관은 씨에 있는 지방산을 당으로 바꾸어 주는 효소를 가지고 있어서 싹트는 식물이 스스로 광합성을 통해 양분을 얻을 수 있을 때까지 필요한 에너지와 탄소를 제공한다.

퍼옥시좀이 다른 기관들과 어떻게 연관이 되어 있을까에 대한 문제는 아직도 풀리지 않았다. 퍼옥시좀은 리소좀과 다르게 내막계에서 만들어지지 않는다. 그들은 세포질에서 만들어지는 단백질, 소포체에서 만들어진 지질과 자신이 합성한 지질을 병합해 크게 자라고, 일정 크기가 되면 둘로 나누어져 수를 늘려 가는데, 이는 세포내공생설에 대한 실마리를 제공하나 몇몇의 생물학자들은 이에 대해 반대하는 입장이며 앞으로도 논쟁은 계속될 것이다.

개념 확인 문제 7.5

1. 기능과 막 구조를 고려하여 엽록체와 미토콘드리아 사이의 공통점을 적어도 두 개 이상 서술하라.
2. 식물세포는 미토콘드리아를 가지고 있는지 설명해 보라.
3. **WHAT IF?** 한 친구가 미토콘드리아, 엽록체 및 퍼옥시좀은 내막계로 분류되어야 한다고 주장한다. 이러한 제안에 대하여 반박해 보라.

정답은 부록 A 참조

개념 7.6

세포골격은 섬유들의 그물망 구조로 세포 내의 구조와 활동을 조직화한다

전자현미경이 처음 나왔을 때, 생물학자들은 진핵생물의 소기관들은 세포 속을 둥둥 떠다닐 것이라고 생각했다. 그러나 광학현미경과 전자현미경이 계속 발전하면서 그들은 세포질 내부를 가로지르는 섬유들의 네트워크인 **세포골격(cytoskeleton)**을 발견하게 되었다(**그림 7.20**). 세균 세포도 진핵세포에서와 유사한 단백질로 구성된 세포골격 형태의 섬유소를 갖지만 이 장에서는 진핵세포에 초점을 맞출 것이다. 진핵세포의 세포골격은 세포의 구조 형성과 활성에 중요한 역할을 하며, 미세소관(microtubule), 미세섬유(microfilament), 중간섬유(intermediate filament)의 3가지 분자적 구조로 되어 있다.

세포골격의 역할: 지지 및 운동성

세포골격의 가장 중요한 기능은 세포를 지지하여 모양을 유지하도록 하는 것이다. 특히 동물세포는 세포벽이 없기 때문에 지지 기능이 더욱 중요하다. 세포골격이 가지는 강력한 지지력과 복원력은 그 구조에서 나온다. 삼각형을 모아서 만든 돔형 구조처럼, 세포골격은 구성요소들 간에 작용하는 상반적인 힘의 균형에 의해 안전해진다. 그리고 동물에서 골격이 몸의 여러 부분의 위치를 잡아 주듯, 세포골격은 많은 세포내 소기관들의 위치를, 심지어 세포질의 효소분자들까지도 고정시켜 주는 역할을 한다. 하지만 세포골격은 신체의 골격보다는 훨씬 역동적이다. 필요하면 세포의 한쪽 부분에서는 완전히 해체되어 다른 쪽에 조립됨으로써, 새로운 세포 모양을 만들기도 한다.

세포골격은 세포 내의 몇 가지 움직임에도 관여한다. 세포의

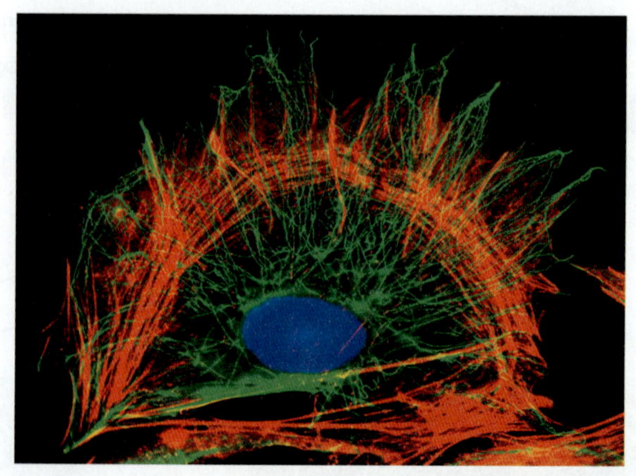

▲ **그림 7.20 세포골격.** 형광 사진에서 나타난 것처럼 세포골격이 세포를 통해 뻗어나간다. 세포골격 성분들이 다른 형광분자로 표지되어 있다. 녹색은 미세소관, 붉은색은 미세섬유들이다. 세 번째 성분인 중간섬유는 여기에서는 명확하지 않다. (파란색은 핵 속의 DNA를 나타낸다.)

이동(cell motility)은 세포의 위치 이동을 뜻하며, 좁은 의미에서는 세포 내부의 소기관들의 이동을 말한다. 세포의 이동은 일반적으로 세포골격과 **운동단백질(motor protein)**의 상호작용에 의해 이루어진다. 이런 세포들의 이동에 대한 예는 많다. 세포골격과 운동 단백질은 세포막 분자들과 함께 작용하여 모든 세포들이 세포 밖의 섬유소를 따라 이동할 수 있게 한다. 운동 단백질은 편모와 섬모에 있는 미세소관을 붙잡고 이들을 서로 미끄러지게 하여 섬모나 편모가 움직이도록 한다. 미세섬유를 포함한 비슷한 기작이 근육 수축에서 관찰된다. 세포 안에서 소낭은 놀이기구가 트랙을 타고 가듯이 세포골격을 따라 목적지를 향해 이동한다. 예를 들면, 신경전달물질을 포함하는 소낭이 어떻게 축삭을 따라 신경말단으로 이동하여 인접한 신경세포에 물질을 방출하는가를 설명해 준다(그림 7.21). 식세포작용 동안 식포를 형성하기 위하여 세포막을 조작하는 것도 세포골격이 하는 일이다.

세포골격의 구성물질

세포골격을 구성하는 세 가지 섬유 형태를 자세하게 알아보자. 미세소관(microtubule)은 세 가지 섬유 중 가장 굵다. 미세섬유(또

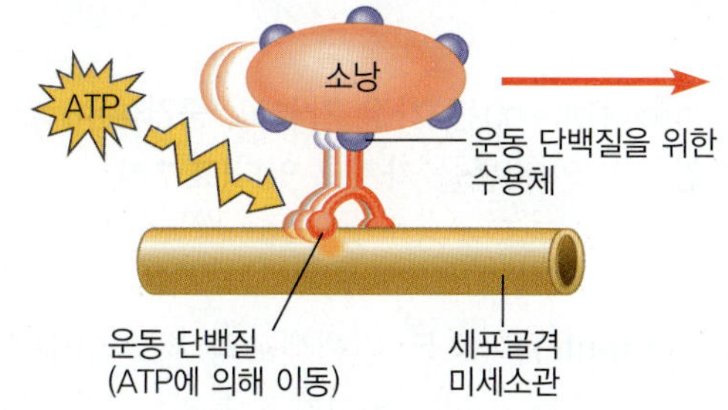

(a) 세포소기관의 수용체에 붙는 운동 단백질은 소기관이 미세소관, 때로는 미세섬유를 따라 '걸을 수 있게' 해준다.

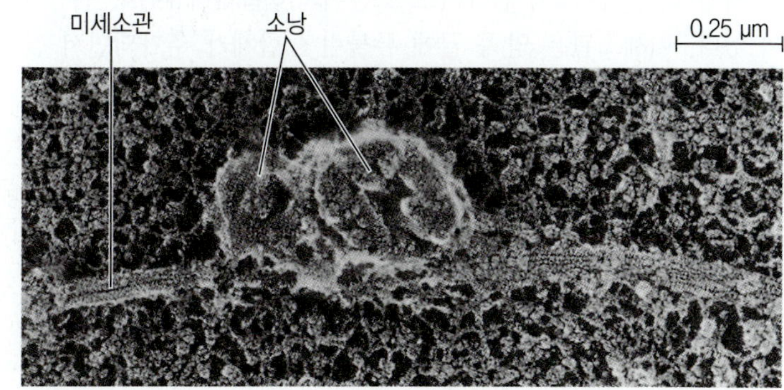

(b) 오징어의 거대 축삭의 SEM 사진으로, 신경전달물질을 담은 소낭이 축삭 끝을 향해 (a)의 기작을 통해 이동하는 모습을 볼 수 있다.

▲ **그림 7.21 운동 단백질과 세포골격**

표 7.1 세포골격의 구조와 기능

특성	미세소관(튜불린 중합체)	미세섬유(액틴섬유)	중간섬유
구조	속이 빈 관	두 개의 서로 꼬인 액틴 나선	케이블로 꼬인 섬유성 단백질
지름	25 nm(내부공간 15 nm)	7 nm	8~12 nm
단백질 소단위체	α와 β 튜불린	액틴	세포에 따라 다른 단백질들(케라틴 등)이 관여
주요 기능	– 세포의 모양 유지(압력에 저항) – 세포의 이동(섬모, 편모) – 세포분열 시 염색체의 이동 – 세포소기관의 이동	– 세포의 모양 유지(장력에 견디는 요소) – 세포 모양에서의 변화 – 근육의 수축 – 세포질 유동 – 세포이동(위족) – 동물 세포의 분열(분열구)	– 세포 모양 유지(장력에 견디는 요소) – 핵과 여러 소기관의 고정 – 핵막층 형성
생물학 연구의 훌륭한 세포 재료로 이용되는 **섬유아세포의 형광현미경 사진**. 각 그림에서 관심 대상의 구조는 형광으로 표지되어 있다. 첫 번째와 세 번째의 현미경 사진에서 핵 속의 DNA가 푸른색 혹은 오렌지색으로 표지되어 있다	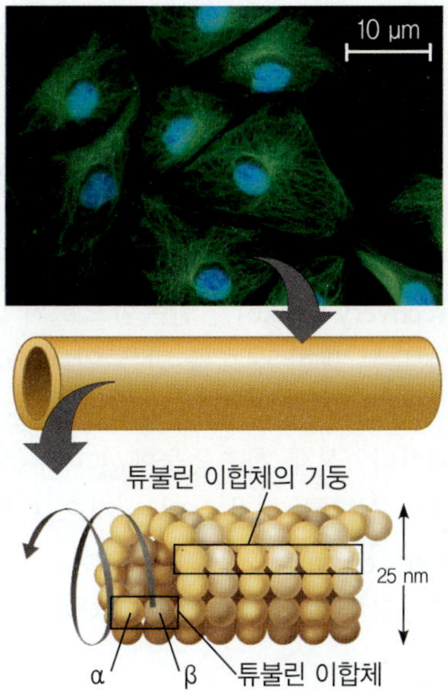 10 μm 튜불린 이합체의 기둥 25 nm α β 튜불린 이합체	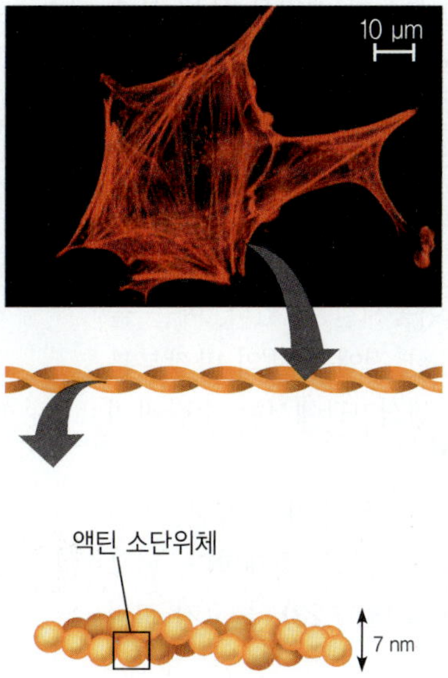 10 μm 액틴 소단위체 7 nm	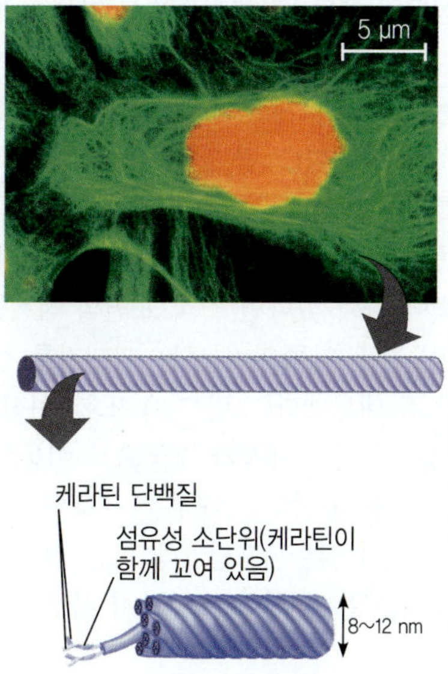 5 μm 케라틴 단백질 섬유성 소단위(케라틴이 함께 꼬여 있음) 8~12 nm

는 액틴섬유, microfilament)는 가장 가늘고, 중간섬유(intermediate filament)는 중간 정도의 지름을 가지고 있다(**표 7.1**).

미세소관

미세소관(microtubule)은 모든 진핵세포의 세포질에서 발견되며, 각 미세소관은 튜불린(tubulin)이라고 불리는 구형 단백질로 구성되어 있다. 각각의 튜불린 분자는 α-튜불린과 β-튜불린이라는 약간 다른 두 개의 펩타이드 소단위의 이합체(dimer)로 구성되어 있다. 미세소관은 양쪽 끝에 튜불린 이합체가 추가되면서 길이가 길어진다. 미세소관은 분해될 수 있으며, 이때의 튜불린은 세포의 다른 지역에서 미세소관을 형성하는 데 다시 이용된다. 미세소관의 구조 때문에 양 끝은 약간 다르다. 한쪽 끝은 다른 쪽 끝보다도 훨씬 더 높은 속도로 이합체를 붙이거나 방출하여 세포 활동 시 크게 성장하거나 줄어든다. (이 한 쪽 끝을 "+"라고 하는데 이것은 튜불린 단백질을 첨가하기 때문만이 아니라 튜불린을 붙이고 제거하는 속도가 더 빠르기 때문이다.)

미세소관은 세포의 형태를 유지하고 지지해 줄 뿐만 아니라 운동 단백질을 가지고 있는 소기관이 이동할 수 있는 트랙을 제공해 준다. 그림 7.21에서의 예 이외에도 미세소관은 분비소낭이 골지체에서 세포막으로 이동하는 길을 제공해 준다. 또한 미세소관은 세포분열 동안 염색체분리에 관여한다(12장).

중심체와 중심립 동물세포에서 미세소관은 "미세소관합성기관"으로 간주되는 핵 근처에 위치한 **중심체(centrosome)**로부터 뻗어 나온다. 이 미세소관은 세포골격의 압축에 저항하는 지지대로서의 기능을 가진다. 동물세포의 중심체에는 한 쌍의 **중심립(centriole)**이 있는데, 각 중심립은 3개의 미세소관이 한 단위가 되어 9세트가 둥글게 배열한 구조로 되어 있다(**그림 7.22**). 동물세포에서는 중심립이 있는 중심체가 미세소관의 조직화를 도울 수도 있겠지만, 많은 다른 진핵세포는 중심립을 가지고 있는 중심체가 없으며 다른 수단에 의해서 미세소관을 조직화한다.

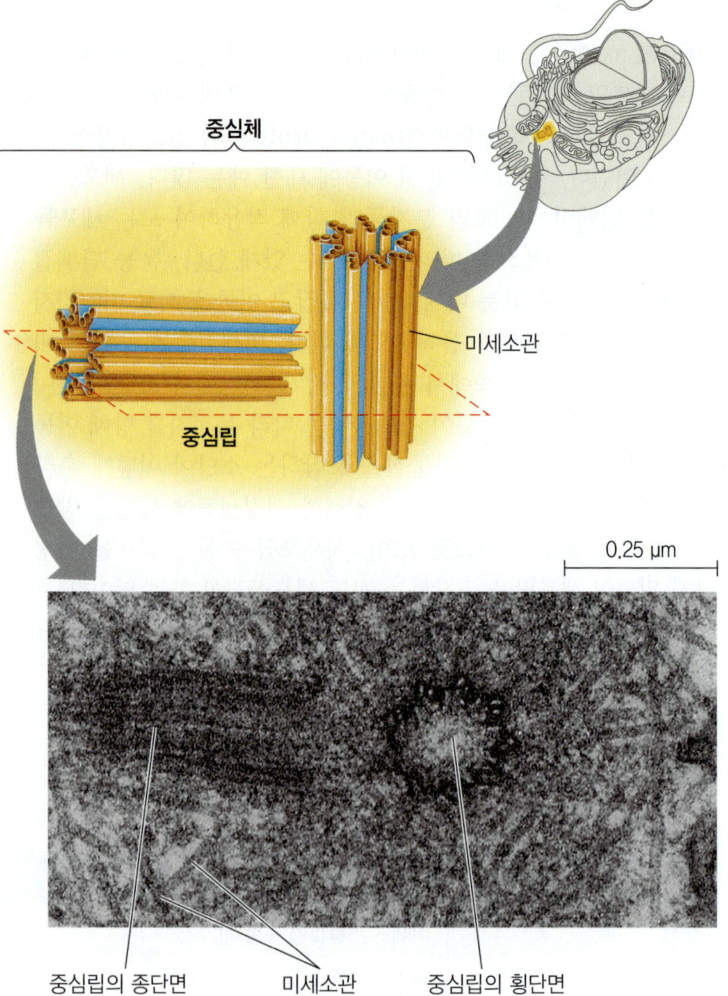

▲ **그림 7.22 한 쌍의 중심립을 포함하는 중심체.** 동물세포는 중심체 내에 한 쌍의 중심립을 가지고 있으며, 이들은 세포의 미세소관이 시작되는 핵 근처에 있다. 각 중심립은 지름이 0.25 μm가 되며, 두 중심립은 서로 직각 방향으로 놓여 있다. 각 중심립은 3개의 미세소관 묶음(삼합체)이 9세트로 되어 있다. 그림의 청색 부분은 미세소관 삼합체를 연결하는 비튜불린성 단백질을 보여준다.

? 얼마나 많은 미세소관이 중심체에 있는가? 미세소관 하나에 동그라미를 그려 표시하고 그것의 구조를 설명하라. 삼합체(triplet)에 동그라미를 그리고 표시하라.

섬모와 편모 진핵세포에서 미세소관의 특이한 배열은 운동 부속지로 알려진 **편모(flagella**, 단수는 *flagellum*)와 **섬모(cilia**, 단수는 *cilium*)의 운동과 관련이 있다. 세균의 편모는 완전히 다른 구조를 보인다(그림 7.5). 많은 단세포성 진핵생물은 섬모와 편모를 이용하여 물속에서 이동하며, 동물의 정자, 조류, 그리고 몇 종류의 식물에서도 편모가 관찰된다. 섬모나 편모가 조직층에서 뻗어 나와 있다면 조직 표면의 액체를 이동시킬 수 있다. 예를 들어, 기관 안쪽의 섬모는 찌꺼기를 함유한 점액을 폐의 바깥부분으로 내보낸다(그림 7.3) 또한 여성의 생식기관에서는 수란관의 섬모에 의해 난자가 자궁으로 이동된다.

운동성 섬모는 대부분 세포의 표면에 많은 수가 존재한다. 편모는 대부분 세포당 1개 또는 몇 개의 적은 수로 존재한다. 편모와 섬모는 움직이는 양상이 서로 다르다(**그림 7.23**). 물고기 꼬리의 움직임과 같이 편모는 그것의 중심축과 같은 방향으로 힘이 작용하는 파동 운동을 한다. 반대로, 섬모는 힘차게 섬모를 젓히면서 나오는 힘(power stroke)과 섬모가 다시 원위치로 돌아가는 것(recovery stroke)을 반복함으로써 노처럼 움직인다.

섬모는 또한 신호를 받는 안테나로서 작용하기도 한다. 이러한 기능을 가지고 있는 섬모는 비운동성이며, 세포당 하나만이 존재한다. 실제 척추동물에서 대부분의 모든 세포는 이와 같은 하나의 섬모를 가지고 있는 것으로 보이는데 이 섬모를 **1차 섬모(primary cilium)**라고 한다. 이러한 종류의 섬모에 있는 막단백질은 환경으로부터의 분자 신호를 내부로 전달하여 세포 활동에서 변

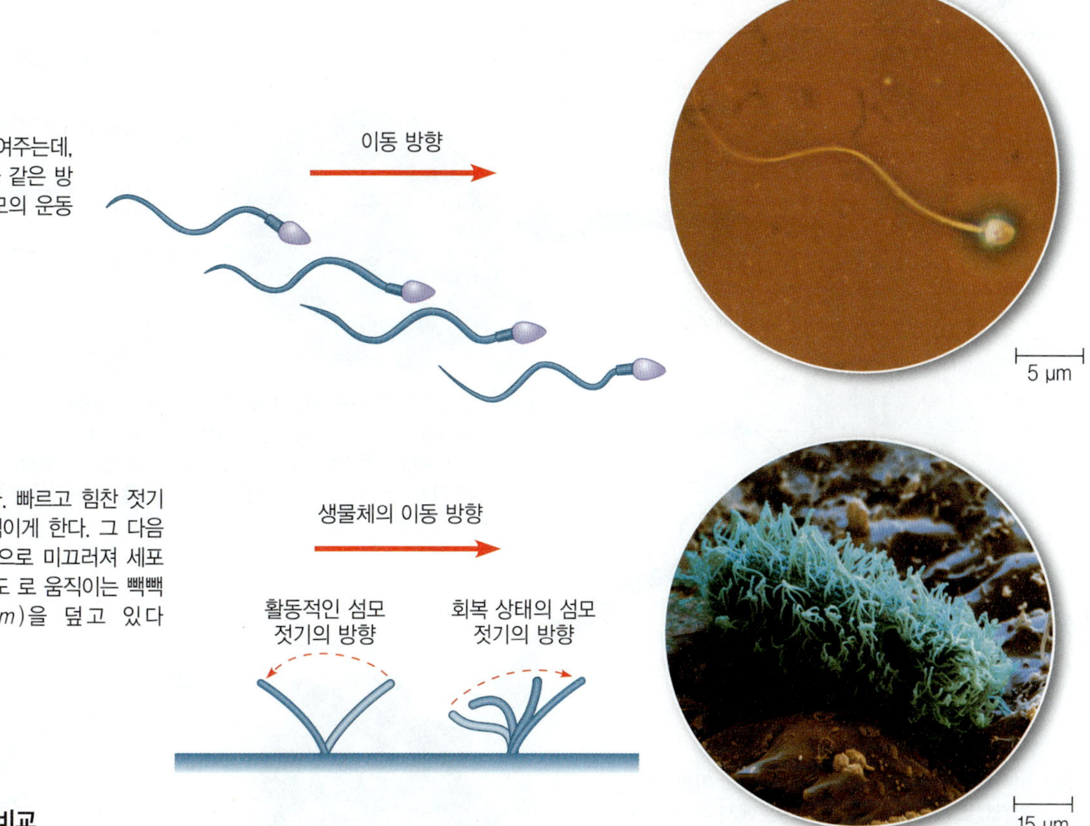

(a) 편모의 움직임. 편모는 보통 파동성을 보여주는데, 뱀과 같은 움직임이 세포를 편모의 중심축과 같은 방향으로 이동하도록 해준다. 사람 정자는 편모의 운동에 의해 이동한다(LM 사진).

(b) 섬모의 움직임. 섬모는 앞-뒤로 움직인다. 빠르고 힘찬 젓기 운동은 세포를 섬모축과 수직 방향으로 움직이게 한다. 그 다음 느린 회복 젓기 동안 섬모들은 굽어져서 옆으로 미끄러져 세포 표면에 가까워진다. 초당 약 40~60번의 속도 로 움직이는 빽빽한 섬모가 민물 원생동물(*Colpidium*)을 덮고 있다(채색된 SEM 사진).

▲ **그림 7.23 편모와 섬모의 움직임 비교**

화를 이끄는 신호전달회로를 자극한다. 섬모에 기초한 신호전달은 뇌 기능이나 배아발달 과정에 중요한 역할을 한다.

비록 섬모와 편모가 길이가 서로 다르고, 세포당 수가 다르며, 또한 움직이는 패턴이 다르더라도 둘은 공통된 미세구조를 갖는다. 각 운동성 섬모 또는 편모는 세포막 신장부분에 미세소관의 중심부분을 가지고 있다**(그림 7.24a)**. 미세소관을 구성하는 9개의 이합체들이 링구조로 배열되어 있으며, 이 링구조 중간에 2개의 미세소관이 있다**(그림 7.24b)**. 이러한 구조를 "9 + 2" 패턴이라고 하며, 거의 모든 진핵세포의 편모나 섬모에서 발견된다. (비운동성 1차 섬모는 "9 + 0" 패턴을 가지고 있으며 중앙의 한 쌍의 미세소관이 없다.) 섬모나 편모의 미세소관은 **기저체(basal body)**에 의해 세포에 고정되어 있는데, 기저체는 중심립과 구조적으로 유사하다**(그림 7.24c)**. 사실 사람을 포함한 많은 동물에서 수정하는 정자 편모의 기저체가 난자로 들어가 중심립이 된다.

미세소관 배열이 어떻게 편모와 섬모의 구부리는 운동을 만들어낼까? 바깥쪽의 미세소관 이합체에 붙어 있는 **디네인(dynein)**이라고 불리는 거대 운동 단백질이 구부림 운동에 관여한다(그림 7.24 모식도 내 빨간색). 전형적인 디네인 단백질은 두 "다리(feet)"를 가지고 ATP를 이용하여 인접한 이합체 미세소관을 따라 걸어간다. 한 다리가 붙어 있으면 다른 다리는 떨어져서 미세소관을 따라 한 발자국 앞으로 이동하여 붙는다(그림 7.21). 바깥쪽의 이합체와 중앙의 두 미세소관은 유연한 마차 바퀴와 같은 교차연결 단백질에 의해서 연결되어 있으며(그림 7.24 모식도의 파란색), 한 번에 한 쪽에서만 움직임이 일어나도록 조절된다(그림 7.24). 만약 이합체가 제대로 붙어 있지 않은 상태에서 걷게 되면 결국에 미끄러져 빠져나가게 될 것이다. 대신에 디네인 팔에서 나오는 힘은 이합체가 구부러지도록 함으로써 결국 섬모나 편모가 구부러지도록 한다.

미세섬유

미세섬유(microfilament)는 얇은 고체 막대다. 그들은 또한 **액틴(actin)**이라는 구형 단백질로 구성되어 있기 때문에 액틴섬유라고 불리기도 한다. 미세섬유는 액틴 소단위체가 연결된 두 사슬이 꼬여져 있다(표 7.1). 미세섬유는 선형 필라멘트로 존재할 뿐만 아니라, 한 액틴섬유의 옆에 붙어 새로운 필라멘트가 가지를 뻗어 자라도록 해주는 단백질이 나타나기 때문에 구조적인 네트워크를 형성할 수도 있다. 미세섬유는 미세소관과 같이 모든 진핵세포에서 관찰된다.

미세소관의 압축에 저항하는 성질과는 다르게, 미세섬유는 장력에 견디게 해준다. 미세섬유는 3차원적 네트워크를 형성함으로써 세포의 모양을 지지해줄 수 있다(그림 7.8). 이러한 네트워크는 세포의 **피층(cortex)**을 반고체성 상태로 일정하게 유지시켜

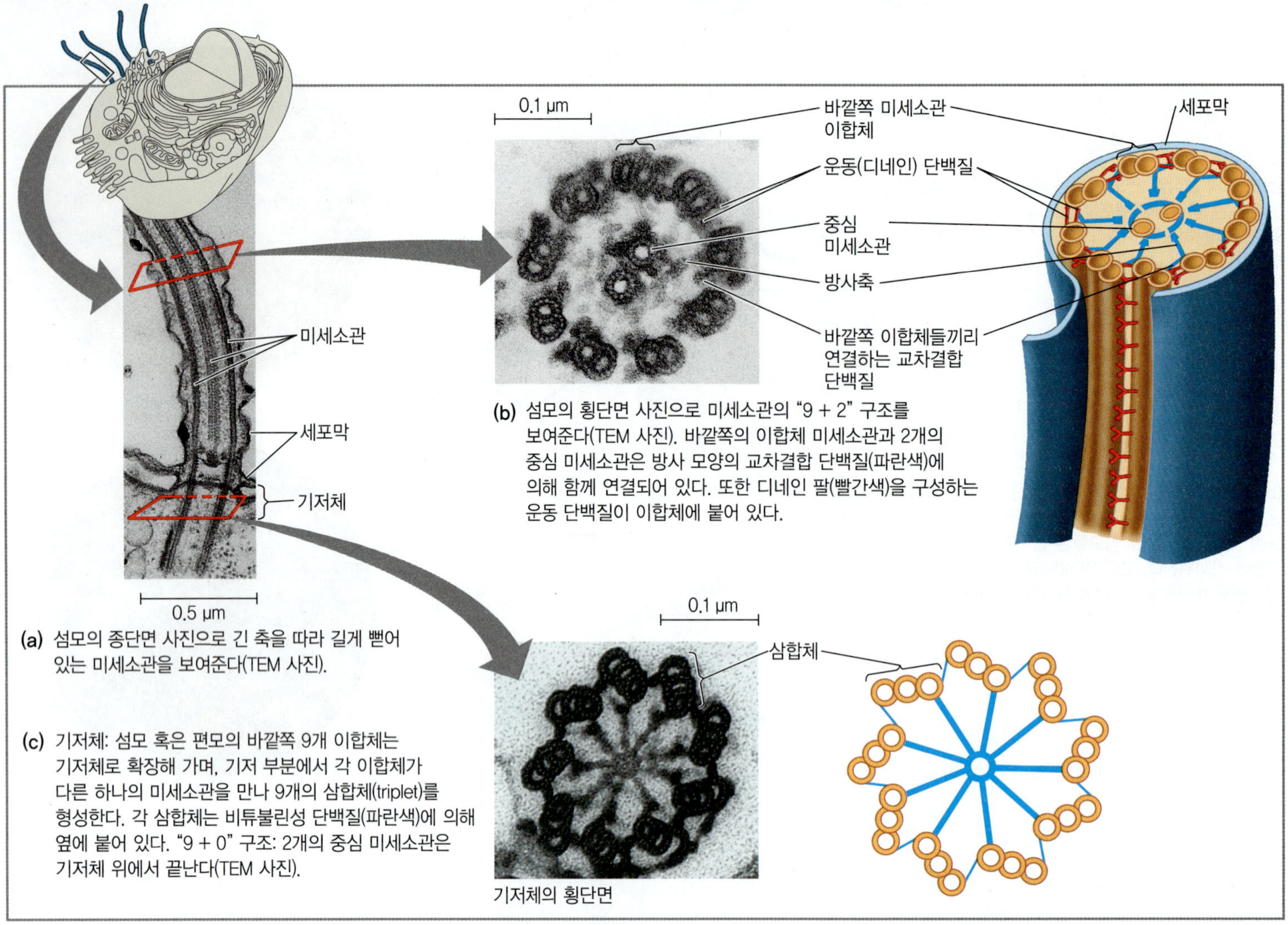

바깥쪽 미세소관 이합체
운동(디네인) 단백질
중심 미세소관
방사축
바깥쪽 이합체들끼리 연결하는 교차결합 단백질
세포막
0.1 μm
미세소관
세포막
기저체
0.5 μm

(a) 섬모의 종단면 사진으로 긴 축을 따라 길게 뻗어 있는 미세소관을 보여준다(TEM 사진).

(b) 섬모의 횡단면 사진으로 미세소관의 "9 + 2" 구조를 보여준다(TEM 사진). 바깥쪽의 이합체 미세소관과 2개의 중심 미세소관은 방사 모양의 교차결합 단백질(파란색)에 의해 함께 연결되어 있다. 또한 디네인 팔(빨간색)을 구성하는 운동 단백질이 이합체에 붙어 있다.

0.1 μm
삼합체
기저체의 횡단면

(c) 기저체: 섬모 혹은 편모의 바깥쪽 9개 이합체는 기저체로 확장해 가며, 기저 부분에서 각 이합체가 다른 하나의 미세소관을 만나 9개의 삼합체(triplet)를 형성한다. 각 삼합체는 비튜불린성 단백질(파란색)에 의해 옆에 붙어 있다. "9 + 0" 구조: 2개의 중심 미세소관은 기저체 위에서 끝난다(TEM 사진).

▲ **그림 7.24 편모 혹은 이동성 섬모의 구조**

DRAW IT (a)에서 미세소관의 중심에 있는 한 쌍에 동그라미로 표시하여라. 이들이 어디에서 끝나는지 보여주고, 왜 (c)의 기저체의 횡단면에서는 보이지 않는지 설명하라.

주는 반면, 세포질 내부는 좀 더 유동적이게 한다. 미세섬유 다발은 장세포에서와 같이 세포막을 가로질러 물질을 수송하는 특정 동물세포의 표면적을 증가시키기 위해 세포로부터 튀어 나온 융모세포를 구성하는 핵심물질이 된다(**그림 7.25**).

미세섬유는 세포운동에 관여하는데, 특히 운동에 관여하는 세포의 수축기구의 일부로 잘 알려져 있다. 수천 개의 미세섬유가 근육세포의 길이를 따라서 평행하게 배열되어 있고, **마이오신(myosin)** 단백질로 구성된 두꺼운 섬유와 얽혀 있다(**그림 7.26a**). 근수축은 50장에서 자세하게 설명되어 있다.

아메바와 같은 단세포 생물과 일부 백혈구세포에서는 액틴과 마이오신에 의해 일어나는 제한적인 수축을 통해 아메바

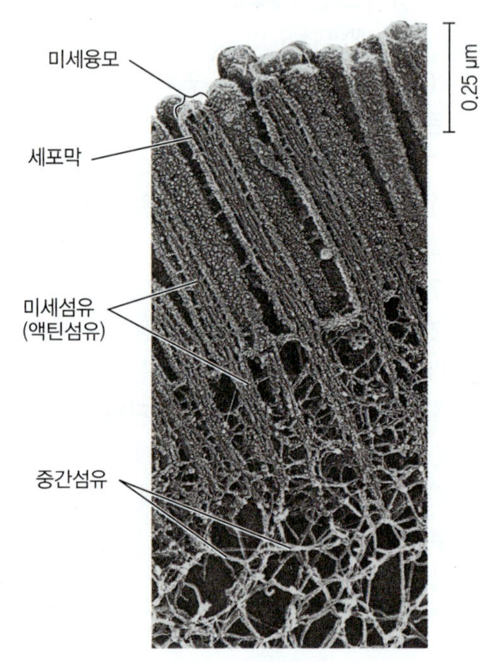

▶ **그림 7.25 미세섬유의 구조적 역할.** 영양분을 흡수하는 장세포의 표면적은 많은 융모세포에 의해 증가하는데, 융모는 미세섬유 다발이 모여 만들어진 구조이다. 이들 액틴섬유는 중간섬유망에 고정되어 있다(TEM 사진).

운동이 일어난다(그림 7.26b). 예를 들면, 아메바의 경우 **위족(pseudopodia**; 그리스어로 *psuedes*는 가짜, *pod*는 발을 나타냄)이라고 불리는 세포의 일부 지역을 확장시키고 여기에 액체를 흘려보냄으로써 표면을 따라 이동한다. 식물세포에서 액틴-마이오신 상호작용과 액틴에 의한 졸-젤 전환 과정은 **세포질유동(cytoplasmic streaming)**에 관여한다(그림 7.26c). 특히 커다란 식물세포에서의 이러한 움직임은 세포내 물질의 분배를 촉진시킨다.

중간섬유

중간섬유(intermediate filament)는 지름을 고려하여 이름이 붙여진 것으로, 미세섬유보다는 크고 미세소관보다는 작은 중간 정도이다(표 7.1). 미세소관과 미세섬유는 모든 진핵세포에서 발견되지만 중간섬유는 척추동물을 포함하는 일부 동물에서만 발견된다. 중간섬유는 미세섬유처럼 장력을 유지하는 데 관여하며, 다양한 종류의 세포골격 요소를 포함한다. 중간섬유의 각 형태는 케라틴(keratin)이 포함되는 한 단백질 그룹에 속하는 분자들로부터 만들어진다. 반면에 미세소관과 미세섬유는 모든 진핵세포에서 지름이 일정하며, 구성성분 또한 일정하다.

중간섬유는 미세섬유와 미세소관보다 영구적인 세포의 지지물로서, 세포의 여러 지역에서 합성되고 분해된다. 세포가 사멸한 이후에도 중간섬유망은 종종 남아 있다. 예를 들면, 우리 몸의 바깥층에 있는 피부세포는 죽은 세포이며 케라틴 단백질로 가득차 있다. 살아 있는 세포의 세포질에서 미세섬유와 미세소관을 제거하는 화학물질을 처리하면 중간섬유망은 원래의 형태로 남아 있다. 이러한 실험 결과는 중간섬유가 세포의 모양을 강화시키고, 소기관의 위치를 고정시키는데 특히 중요하다는 것을 보여준다. 예를 들면, 일반적으로 핵은 중간섬유로 구성된 망 안에 놓여 있으며, 세포질로 뻗어나온 섬유 부분에 의해 위치가 고정된다. 다른 중간섬유는 핵막 내부의 면을 덮고 있는 핵막층의 구성성분이 된다(그림 7.9). 세포의 모양이 기능과 관련이 있는 경우에 중간섬유는 모양을 지지해 준다. 예를 들면, 신경자극을 전달하는 축색돌기는 중간섬유의 한 종류에 의해 강화된다(그림 7.25). 따라서 여러 종류의 중간섬유들이 세포골격 전체에 대한 영구적인 뼈대로 작용하는 것으로 보인다.

개념 확인 문제 7.6

1. 미세소관에 기초한 편모의 운동과 미세섬유에 기초한 근육 수축에서 공통된 특징은 무엇인가?
2. WHAT IF? 카르타게너(Kartagener) 증후군으로 고통받고 있는 남성은 정자가 운동성이 없기 때문에 불임이며, 폐 감염으로 고통을 받는다. 이러한 장애는 유전에 기인하는데 근원적인 결함은 무엇일지 제시해 보라.

정답은 부록 A 참조

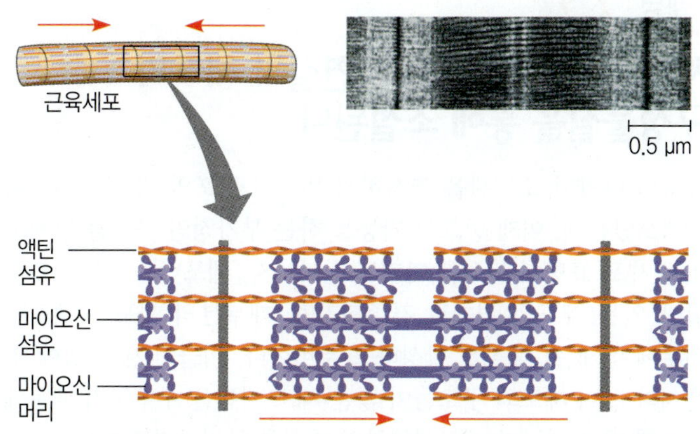

(a) 근육세포 수축에서의 마이오신 모터. 마이오신의 "걸음"은 평행하게 놓여 있는 마이오신과 액틴섬유가 서로를 비껴 지나감으로써 액틴섬유가 중간을 향해 서로 접근하게 된다(빨간색 화살표). 이것이 근육과 세포를 짧게 만들어 준다. 근육이 수축하는 것은 많은 근육세포가 동시에 수축하기 때문이다(TEM).

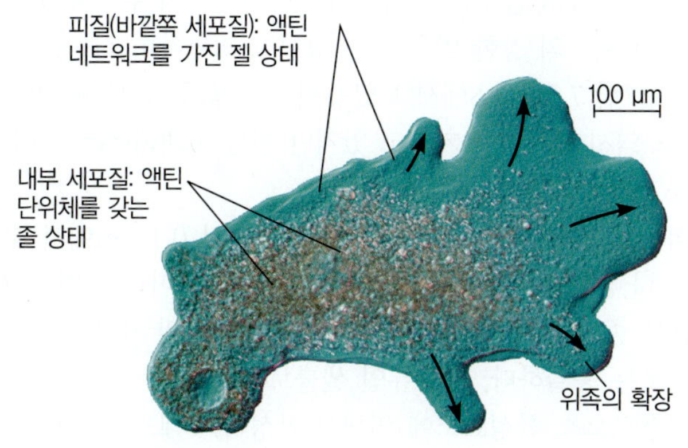

(b) 아메바의 움직임. 액틴섬유들과 마이오신들의 상호작용이 세포를 수축시켜 끝부분(왼쪽)을 앞쪽(오른쪽)으로 당긴다(LM).

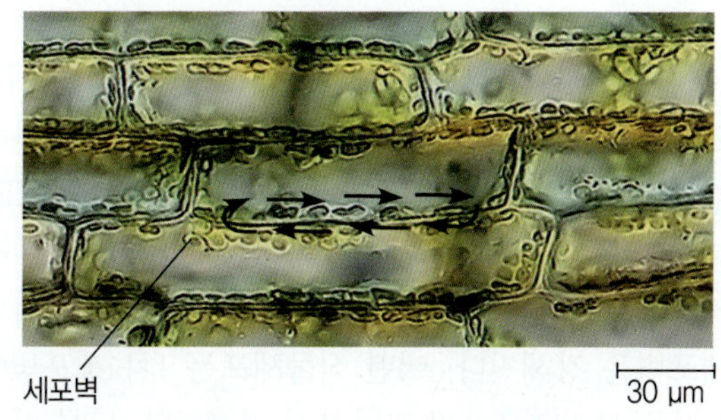

(c) 식물세포에서의 세포질유동. 세포질층이 평행하게 놓여 있는 액틴섬유 바닥 위를 이동하면서 세포 내부에서 원을 그리며 움직인다. 세포질의 소기관에 붙은 마이오신 모터는 액틴과 상호작용하면서 세포질유동을 유도하는 것으로 보인다(LM).

▲ **그림 7.26 미세섬유와 운동성.** 이 세 가지 예들에서는 액틴섬유와 운동 단백질 사이의 상호작용이 세포의 움직임을 유발한다.

개념 7.7

세포활동은 세포 간의 연결과 세포외 구성물질을 통해 조절된다

세포의 다양한 소기관을 조사하기 위해서 세포의 내부를 자세히 살펴보았는데, 이제 중요한 기능을 하는 부가적인 구조를 가지고 있는 세포 표면에 관심을 가지고 살펴보자. 세포막은 일반적으로 살아 있는 세포의 경계로 간주되지만, 대부분의 세포는 세포막 외부에 있게 될 물질을 합성하고 분비한다. 이들이 세포 밖에 있을지라도 이 세포외 구조들이 많은 세포 기능을 수행하기 때문에 이들에 대한 연구가 세포생물학의 중심을 차지하기도 한다.

식물의 세포벽

세포벽(cell wall)은 동물세포에는 없는 것으로, 식물세포의 세포외 구조이다(그림 7.8) 세포벽은 식물세포를 보호하고, 형태를 유지하며, 지나친 물의 흡수를 막아준다. 전체 식물의 수준에서 볼 때, 특성화된 세포의 강한 벽은 중력 방향에 저항하며 식물을 지지해 준다. 그림 7.5와 7.8에서 보았듯이 원핵생물, 균류 및 일부 원생생물도 역시 세포벽을 가지고 있지만 이들에 대해서는 5단원에서 다룰 것이다.

식물의 세포벽은 세포막보다 매우 두꺼워서 0.1 μm에서 수 μm에 이른다. 세포벽의 정확한 화학 구성은 종에 따라 다양하고 심지어 같은 종이라도 세포 형태에 따라 다양하지만 세포벽의 기본적인 구조는 동일하다. 다당류인 셀룰로오스로 구성된 미세한 섬유는 셀룰로오스 합성효소에 의해서 합성되며 세포 외부로 분비되어 다른 다당류와 단백질 기질에 끼어들어간다(그림 5.6). 기질에 강한 섬유들이 들어가 조합을 이루는 것은 마치 강철 콘크리트와 유리 섬유에서 보여주는 기본적인 건축디자인과 동일하다.

어린 식물세포는 **1차 세포벽(primary cell wall)**이라고 불리는 얇고 구부러지기 쉬운 벽을 분비한다(**그림 7.27**). 이웃세포의 1차 세포벽 사이에는 펙틴(pectin)이라고 불리는 끈적거리는 다당류의 얇은 층으로 이루어진 **중간 라멜라(middle lamella)**가 있다. 중간 라멜라는 이웃하는 세포를 붙여 준다. (펙틴은 잼과 젤리가 끈적해지도록 하는 물질이다.) 세포가 성숙하면서 성장을 멈추면 세포벽은 강해진다. 어떤 식물세포는 1차 세포벽에 경화시키는 기질을 분비함으로써 간단하게 해결한다. 다른 세포는 세포막과 1차벽 사이에 **2차 세포벽(secondary cell wall)**을 합성한다. 2차 세포벽은 여러 층으로 쌓이는데, 세포를 보호하고 지지하는 강하고 내구력 있는 물질을 가지고 있다. 예를 들면, 목재는 주로 2차 세포벽으로 되어 있다. 식물세포벽은 일반적으로 원형질연락사(plasmodesmata)라 불리는 인접세포 사이의 채널에 의해 구멍이 뚫려 연결되어 있다(그림 7.27).

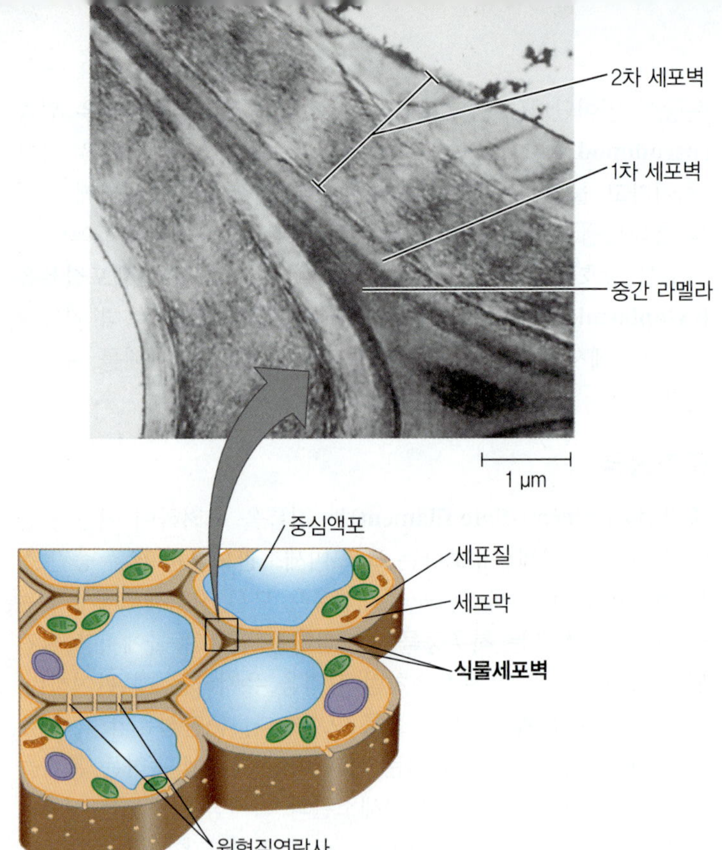

▲ **그림 7.27 식물세포벽.** 모식도는 커다란 액포, 핵, 엽록체 및 미토콘드리아를 가지고 있는 여러 세포들을 보여준다. TEM 사진은 2개의 세포가 함께 붙어 있는 세포벽을 보여준다. 식물세포들 사이의 여러 층은 각 세포들에서 분비된 접착성 벽으로 구성되어 있다.

동물세포의 세포외기질

비록 동물세포는 식물세포처럼 세포벽은 없지만 그들은 정교한 **세포외기질(extracellular matrix, ECM)**을 가지고 있다. 세포외기질의 주요 구성성분은 당단백질과 세포에 의해서 분비되는 탄수화물을 포함한 분자들이다. (당단백질은 보통 짧은 당 사슬로 된 탄수화물과 단백질이 공유결합한 것이다.) 대부분의 동물세포에서 가장 많은 양을 차지하는 당단백질은 **콜라겐(collagen)**으로, 그것은 세포 외부의 강한 섬유조직을 형성한다(그림 5.18). 사실상, 콜라겐은 사람의 몸에서 전체 단백질의 약 40%를 차지한다. 이 콜라겐 섬유는 다른 종류의 당단백질인 **프로테오글리칸(proteoglycan)**이 그물처럼 짜여진 곳에 끼어들어가 있으며 세포에서 분비된다(**그림 7.28**). 프로테오글리칸 분자는 작은 핵심 단백질에 공유결합으로 연결된 많은 탄수화물 사슬을 가지고 있는데, 약 95% 이상이 탄수화물로 이루어져 있다. 거대한 프로테오글리칸 복합체는 그림 7.28에서 볼 수 있듯이 수백 개의 프로테오글리칸이 비공유적으로 단일가닥의 긴 다당류 분자에 붙게 되면서 만들어진다. 어떤 세포들은 **피브로넥틴(fibronectin)**을 포함한 다른 세포외기질의 당단백질에 의해서 세포외기질에 붙게 된다. 피브로넥틴과 다른 세포외기질 단백질은 세포막에 있는 **인**

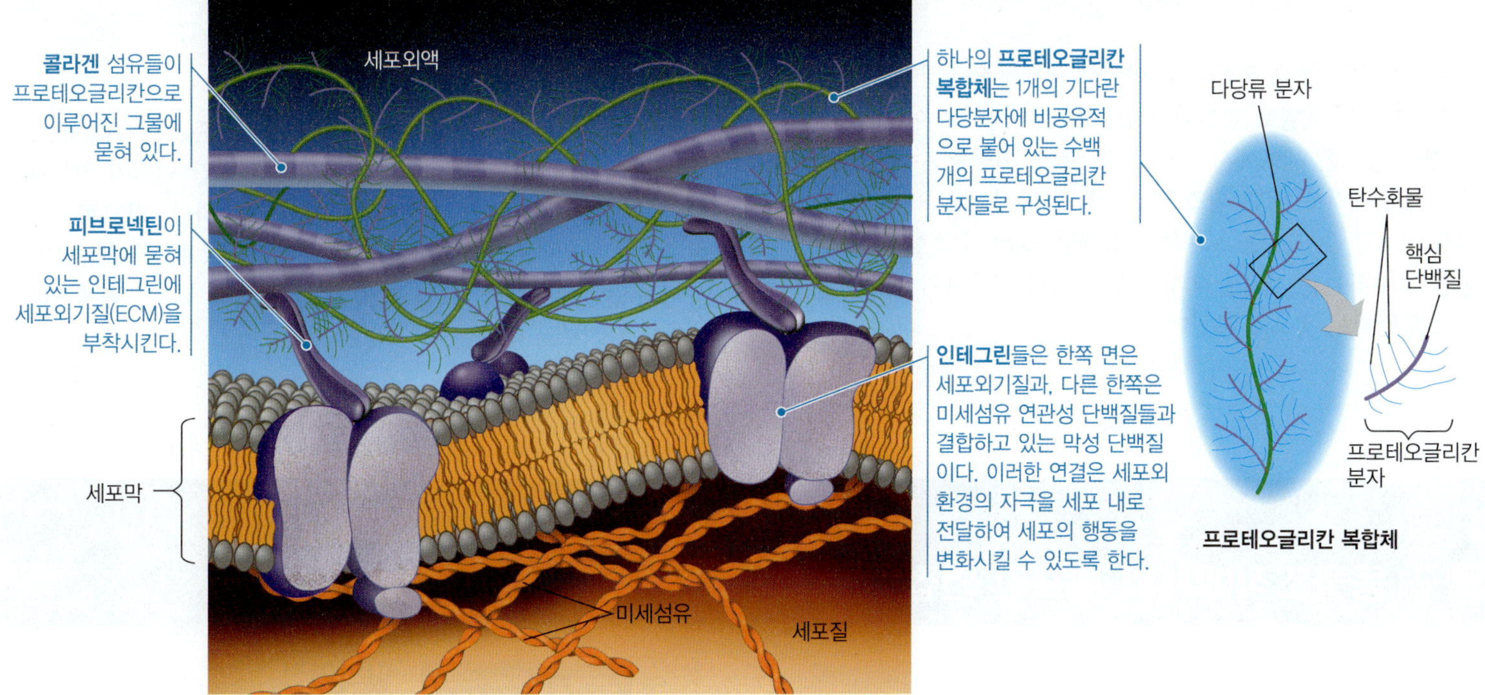

▲ **그림 7.28 동물세포의 세포외기질.** 세포외기질의 구조 및 이를 구성하는 분자들은 세포 형태에 따라 다르다. 이 그림에서는 3개의 다른 형태의 당단백질, 즉 프로테오글리칸, 콜라겐, 피브로넥틴이 나타나 있다.

테그린(integrin)이라 불리는 세포 표면의 수용체 단백질과 결합한다. 인테그린은 세포막을 통과하여 세포질 쪽에 있는 미세필라멘트에 붙어 있는 단백질에 붙는다. 인테그린이란 단어는 통합한다(integrate)라는 단어로부터 유래된 것이다. 인테그린은 세포외기질과 세포골격 사이에서 변화를 전해주는 곳에 위치하므로 세포의 바깥쪽과 안쪽에서 변화를 통합하게 된다.

최근의 연구에 의하면, 피브로넥틴, 다른 세포외기질 분자 및 인테그린이 살아 있는 세포의 세포외기질에서 중요한 역할을 한다고 밝혀졌다. 세포외기질은 인테그린을 통해 세포와 교신하면서 세포의 행동을 조절할 수 있다. 예를 들어, 발생 중인 배아의 어떤 세포는 특정한 경로를 따라 이동하는데, 이는 세포외기질에 있는 섬유 성분의 방향이 미세섬유의 방향과 일치함으로써 가능하다. 또한 연구자들은 세포 주변의 세포외기질이 핵 속에 있는 유전자의 활동에 영향을 줄 수 있음을 알게 되었다. 세포외기질에 대한 정보는 아마도 물리적이고 화학적인 신호전달경로에 의해 핵에 도달할 것이다. 물리적인 신호전달은 피브로넥틴, 인테그린, 세포골격의 미세섬유에 의해 이루어진다. 세포골격에서의 변화는 차례로 세포 내부의 화학적 신호전달경로를 활성화시켜 세포에 의해 만들어지는 단백질 종류에 변화를 주고, 이에 따라 세포의 기능이 변하게 된다. 이 방법으로 특정한 조직의 세포외기질이 그 조직 안에 있는 모든 세포의 행동을 조절하는 데 도움을 줄 것으로 생각된다. 다음에 살펴보겠지만 세포끼리 직접적인 결합 또한 이러한 세포 행동의 조절 과정에 기능을 한다.

세포간 연접

동물 또는 식물의 많은 세포들이 조직, 기관, 기관계를 구성한다. 이웃하는 세포들 간에는 특정 부위에서 직접적인 물리적 접촉을 통해 부착하고, 상호작용하며, 교신을 한다.

식물: 원형질연락사

식물에서 죽은 세포벽은 세포들을 서로 분리시켜 놓는 것처럼 보인다. 그러나 실은 **그림 7.29**에 보이는 것처럼, 식물세포의 벽은 **원형질연락사(plasmodesmata**, 단수는 *plasmodesmata*)라고 불리는, 막에 배열된 채널을 통해 구멍이 나 있다. 세포질은 원형질연락사를 통해 이동하고, 인접한 세포의 화학적 환경과 접하게 된다. 이런 연결을 통해 한 식물의 대부분 지역이 하나의 살아 있

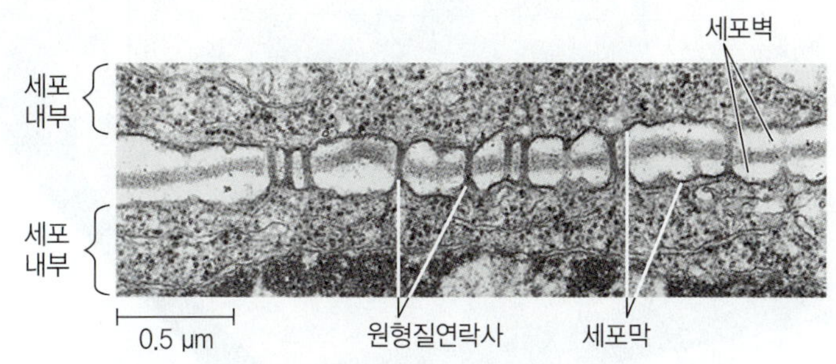

▲ **그림 7.29 식물세포 간의 원형질연락사.** 한 식물세포의 세포질이 세포벽을 가로지르는 통로인 원형질연락사를 통해 이웃한 세포의 세포질과 연결되어 있다(TEM).

는 공유환경 속으로 통합된다. 인접한 세포의 원형질막은 각각의 원형질연락사 채널로 연결되어 있으며 계속적으로 이어진다. 물과 작은 용질은 세포에서 세포로 자유롭게 이동할 수 있으며, 최근의 실험에서도 어떤 환경에서는 특정 단백질과 RNA 분자들 역시 이동할 수 있음을 보여주었다(개념 36.6). 인접한 세포로 이동한 고분자들은 세포골격의 섬유를 따라 이동하여 원형질연락사에 도달하는 것으로 보인다.

동물: 밀착연접, 데스모좀, 간극연접

동물에서는 주로 밀착연접(tight junction), 데스모좀(desmosome), 간극연접(gap junction)이라는 3가지 형태의 세포간 연접이 있는데, 간극연접은 식물세포의 원형질연락사와 비슷하나, 막으로 이루어진 것은 아니다. 3가지 형태 모두 공통적으로 특이하게 체내의 상피조직에 존재한다. **그림 7.30**은 장 안쪽의 표피조직에 있는 연접을 모식도로 나타낸 것이다.

▼ 그림 7.30

탐구 동물조직에서의 세포간 연접

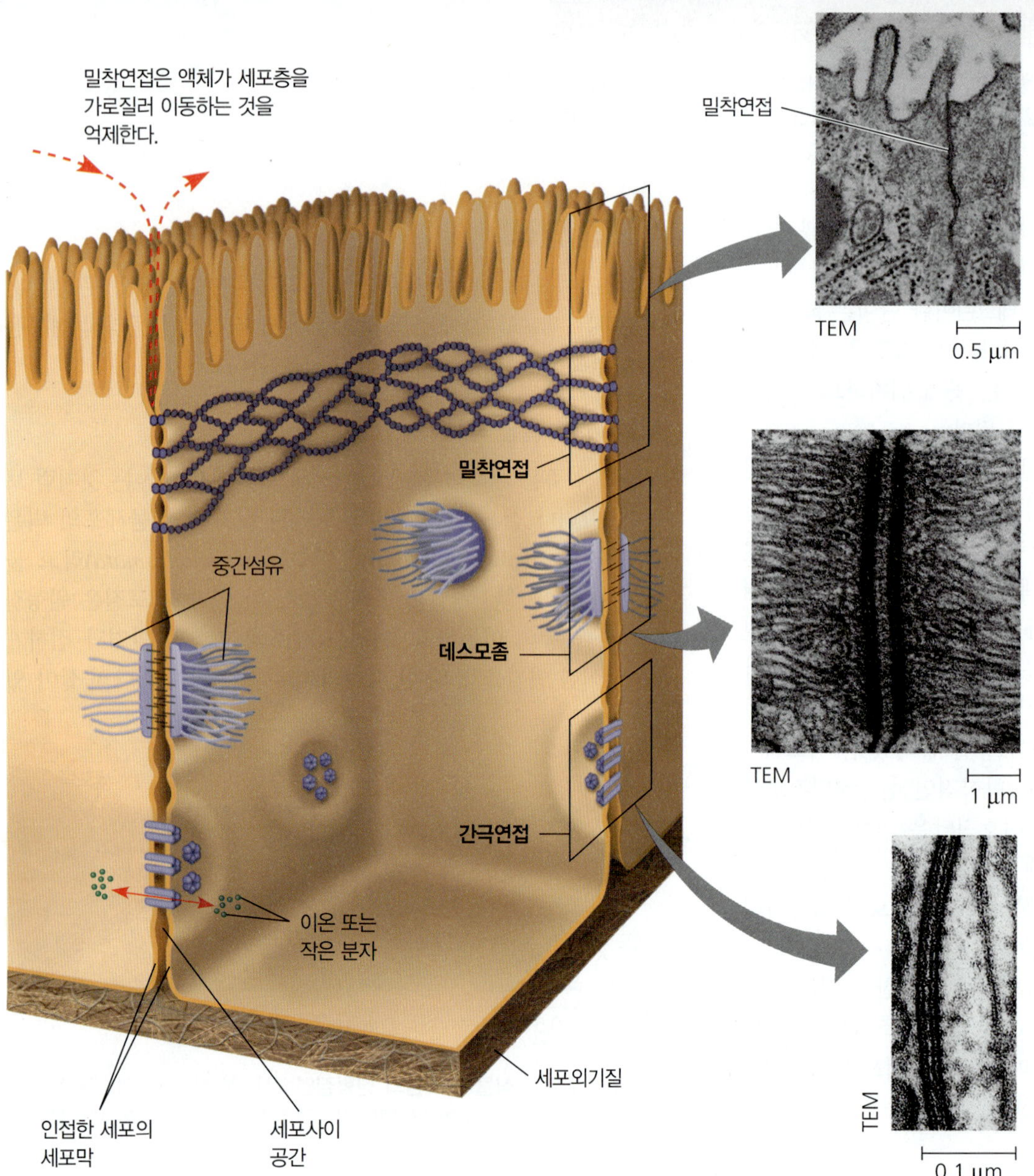

밀착연접

밀착연접(tight junctions)에서는, 이웃하는 세포들의 막이 밀착해서 단단하게 붙어 있으며, 또한 특정 단백질도 함께 붙어 있다(자주색). 세포 주변을 연속적으로 밀봉함으로써 밀착연접은 세포외 용액이 표피세포를 가로질러 빠져나가는 것을 막는다(붉은 점선 화살표). 예를 들어, 피부세포 사이의 밀착연접은 우리 피부가 방수되도록 한다.

데스모좀

데스모좀(desmosome)은 고정시키는 못처럼 작용하여 세포를 조인다. 중간섬유는 단단한 케라틴 단백질로 되어 있으며, 세포질에서 데스모좀을 붙들고 있다. 데스모좀은 근육의 근세포들을 서로 연결시킨다. 어떤 "근육 파열"은 데스모좀이 찢어진 것이다.

간극연접

간극연접(gap junctions)은 교신연접이라고도 하며, 인접한 세포 간에 세포질 통로를 제공해 준다. 간극연접은 구멍을 둘러싸고 있는 특정 막단백질로 구성되며, 이 구멍을 통해 이온, 당, 아미노산 및 다른 작은 분자들이 통과한다. 간극연접은 심장근육이나 동물배아에서의 많은 세포들 간의 교신과정에 필요하다.

개념 확인 문제 7.7

1. 동물과 식물의 세포는 단세포 진핵세포와 어떻게 다른가?
2. **WHAT IF?** 식물세포벽과 동물세포의 세포외기질이 비투과성이라면, 이것이 세포 기능에 어떤 영향을 주겠는가?
3. **MAKE CONNECTIONS** 밀착연접을 구성하고 있는 폴리펩타이드 사슬은 세포막을 4회 관통하는 내재성 단백질인데, 세포 밖에 단백질 루프가 2개가 있고 세포 쪽에 단백질 루프 하나와 짧은 N 말단과 C말단이 있다. 그림 5.14을 보고 밀착연접 단백질의 아미노산 서열을 예측해 보아라.

정답은 부록 A 참조

세포: 생명체의 기본단위인 세포는 세포내 소기관의 집합 이상의 의미를 지닌다

세포의 구획화된 구조를 개관적으로 살펴보는 것에서부터 시작하여, 각 소기관의 구조를 면밀하게 살펴봄으로써 구조와 기능이 서로 밀접하게 연관되어 있다는 것을 알 수 있었다. (이제 그림 7.8로 되돌아가 세포 구조를 전반적으로 다시 살펴보는 것이 매우 좋을 것으로 생각된다.) 그러나 세포의 구조를 구체적으로 살펴볼 때에 각각의 세포소기관은 어떤 것도 홀로 작용하지 않는다는 점을 기억해야 한다. 세포 통합의 예로 **그림 7.31**의 현미경 사진을 생각해 보자. 이 큰 세포는 대식세포(그림 7.13a)인데, 이것은 식세포 안으로 세균(작은 세포)을 섭취하여 감염으로부터 몸을 보호한다. 대식세포는 세포표면을 따라 기어가며, 가느다란 위족을 사용해서 세균세포에 접근한다. 미세섬유는 세포골격의 다른 요소와 함께 상호작용한다. 대식세포가 세균을 삼킨 후에 그들은 리소좀에 의해 파괴된다. 리소좀은 내막계로부터 만들어지며, 리소좀의 소화효소와 세포골격의 단백질은 모두 리보솜에서 만들어진다. 그리고 이런 단백질들의 합성은 핵 안의 DNA로부터 나오는 유전정보에 의해 프로그램화되어 있다. 이런 일련의 모든 과정에는 에너지가 필요하며, 미토콘드리아가 ATP를 공급한다. 세포의 조직화(질서)에 의해 세포의 기능들이 생겨난다: 세포는 세포내 소기관 집합 이상의 의미를 지니는 단위체이다.

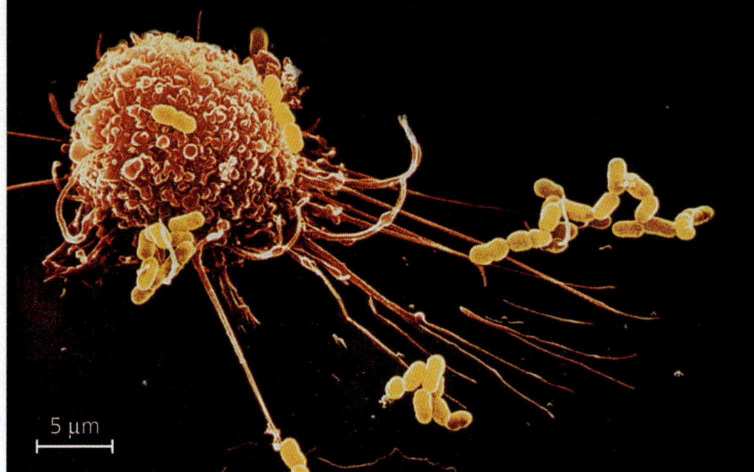

▲ **그림 7.31 세포 기능의 출현.** 대식세포(갈색)가 박테리아(노란색)를 인식하고, 붙들고 그리고 파괴할 수 있는 것은 세포내 모든 부분들이 협력한 결과이다. 세포골격, 리소좀, 세포막은 식세포작용 과정에서 기능을 수행하는 구조들에 속한다(채색된 SEM).

7 장 복습

핵심 개념의 요약

개념 7.1

생물학자들은 세포 연구를 위해 현미경과 생화학적 도구를 이용한다

- 현미경의 배율, 해상력 및 대비효과에서의 발달로 인해 세포구조에 대한 연구가 촉진되었다. **광학현미경(light microscopy**, LM) 및 **전자현미경(electron microscpy**, EM)은 아직도 중요한 기구로 남아 있다.
- 세포 생물학자들은 파쇄된 세포를 일련의 다른 속도로 원심분리하여 특정한 세포소기관이 풍부한 침전물을 얻을 수 있는데, 이것을 **세포분획(cell fractionation)**이라 한다. 크기가 큰 성분은 낮은 속도에서 얻어지는 침전물에서 발견되며, 더 작은 성분들은 좀 더 높은 속도에서 얻어진 침전물에서 발견된다.

? 현미경기술과 생화학은 세포의 구조와 기능을 규명하는 데 어떻게 서로 보완적으로 작용하는가?

개념 7.2

진핵세포는 소기관들이 독자적인 기능을 수행할 수 있도록 구획을 나누는 내부막을 갖는다

- 모든 세포는 **세포막(plasma membrane)**에 의해 둘러싸여 있다.
- **원핵세포(prokaryotic cell)**는 핵과, 기타 막으로 둘러싸인 **세포소기관(organelles)**이 없지만, **진핵세포(eukaryotic cell)**는 세포 기능을 구획화하는 세포내막을 가지고 있다.
- 표면적 대 부피의 비는 세포의 크기와 모양에 영향을 주는 중요한 요인이다.
- 식물세포와 동물세포는 대부분 핵, 소포체, 골지체 및 미토콘드리아와 같은 같은 소기관을 가지고 있다. 몇몇의 기관들은 식물 또는 동물에서만 발견되기도 한다. 엽록체는 광합성을 하는 진핵생물의 세포에만 존재한다.

? 진핵세포 내 구획이 세포가 생화학적인 기능을 수행하는 데 어떻게 기여하는가?

	세포 구성성분	구조	기능
개념 7.3 **진핵세포의 유전정보는 핵 안에 있으며, 리보솜에 의해 해독된다** ? 핵과 리보솜 간의 관계를 설명하여라.	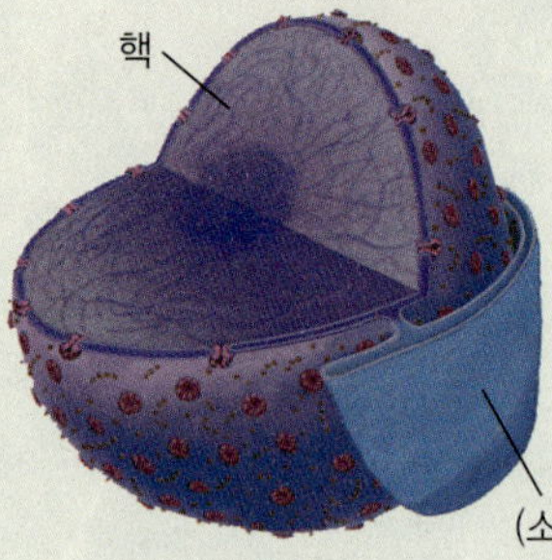 핵 (소포체)	핵공이 있는 이중막의 핵막에 의해서 DNA와 단백질로 된 염색질이 둘러싸여 있으며, 핵막은 소포체와 연속적으로 붙어 있다.	염색체는 DNA와 단백질로 된 염색질로 구성되며, 인을 포함한다. 인에서는 리보솜 단위체가 만들어진다.
	리보솜 	두 소단위체는 rRNA와 단백질로 되어 있으며, 세포질에 있거나 소포체에 붙어 있다.	단백질 합성
개념 7.4 **내막계는 세포 내에서 단백질 이동을 조절하고 세포의 물질대사 기능을 수행한다** ? 내막계에 있는 수송 소낭의 핵심 역할은 무엇인가?	소포체 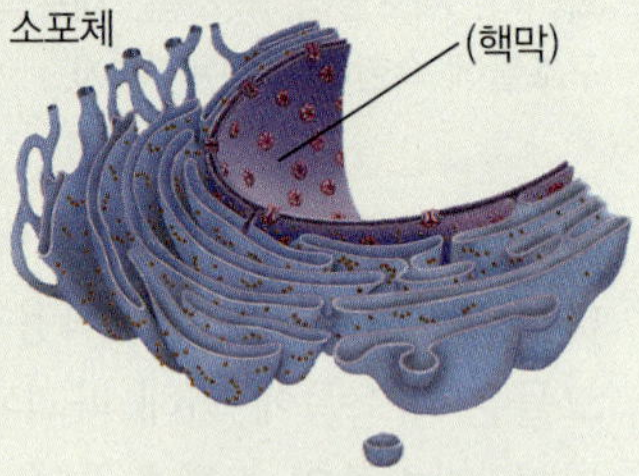 (핵막)	막으로 된 관과 주머니의 광대한 네트워크로 막은 세포질과 소포체 내강을 분리시킨다. 핵막과 연속적으로 붙어 있다.	활면소포체: 지질 합성, 탄수화물 대사, 칼슘 저장, 독성물질 제거 조면소포체: 붙어 있는 리보솜으로부터 분비 단백질 및 다른 단백질의 합성, 탄수화물을 단백질에 첨가, 새로운 막의 합성
	골지체 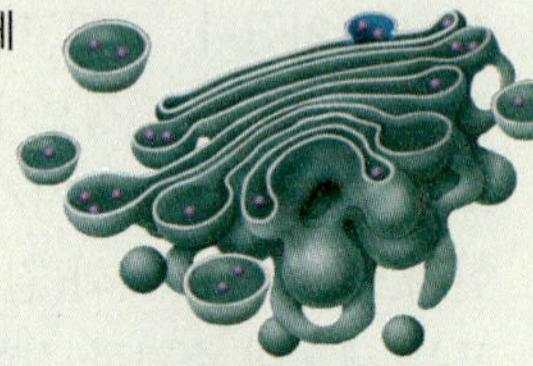	막주머니의 더미로 극성 있음(시스 및 트랜스 면)	단백질, 단백질 위의 탄수화물 및 인지질의 변형, 많은 다당류의 합성, 골지 산물을 분류하여 수송낭으로 방출
	리소좀 	동물세포에서 가수분해효소가 들어 있는 막주머니	재활용을 위해 흡수된 물질, 세포 고분자, 손상된 소기관의 분해
	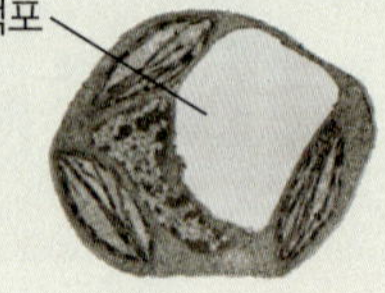 액포	커다란 막으로 둘러싸인 주머니	소화, 축적, 노폐물 저장, 물의 균형, 세포성장, 보호
개념 7.5 **미토콘드리아와 엽록체는 에너지를 한 형태에서 다른 형태로 변환할 수 있다** ? 세포내공생설은 무엇인가?	미토콘드리아 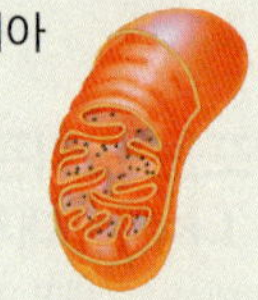	이중막 구조이며, 내부막은 주름져 있다(크리스타)	세포호흡
	엽록체 	액체 스트로마를 둘러싸고 있는 이중막이며, 틸라코이드가 쌓여 그라나 형성(식물을 포함하는 광합성 진핵세포에서 나타남)	광합성
	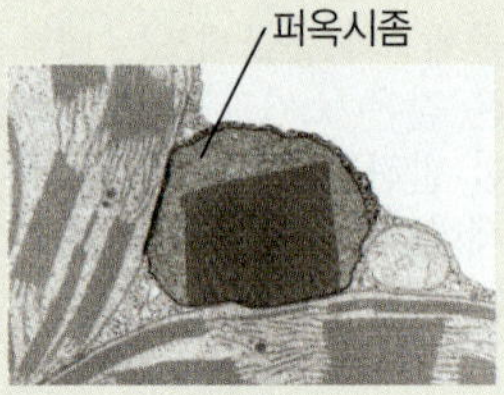 퍼옥시좀	단일막에 의해 둘러싸여 있으며, 대사가 일어나는 특화된 구조	수소를 물로 전달하는 효소를 포함하며, 부산물로 과산화수소를 생산하고, 과산화수소를 다른 효소에 의해서 물로 전환시킴

개념 7.6

세포골격은 섬유들의 그물망 구조로 세포 내의 구조와 활동을 조직화한다

- **세포골격(cytoskeleton)**은 세포의 지지작용과 운동성, 신호전달의 기능을 한다.
- **미세소관(microtubule)**은 세포를 형성하고 세포소기관의 이동을 안내하고, 분열 중인 세포에서 염색체 복사본을 분리시킬 때 도와준다. **섬모(cilia)**와 **편모(flagella)**는 미세소관으로 된 운동기관이다. **미세섬유(microfilament)**는 액틴으로부터 만들어진 가느다란 막대 모양으로, 근수축과 아메바운동, **세포질유동(cytoplasmic streaming)**, 미세융모의 지지에 관여한다. **중간섬유(intermediate filament)**는 세포의 모양을 유지하고, 세포소기관을 특정 장소에 고정한다.

? 진핵세포 내부에서의 운동과, 세포 전체가 움직이는 상황에서의 운동 단백질의 역할을 설명하라.

개념 7.7

세포활동은 세포 간의 연결과 세포외 구성물질을 통해 조절된다

- 식물**세포벽(cell wall)**은 다른 다당류와 단백질에 묻혀 있는 셀룰로오스 섬유로 만들어진다.
- 동물세포는 **세포외기질(extracellular matrix, ECM)**을 형성하는 당단백질을 분비하는데, 이것은 지지, 부착, 이동, 조절에 관여한다.
- 식물과 동물에서 세포간극은 세포들이 주변의 세포들과 연결되게 한다. 식물은 **원형질연락사(plasmodesmata)**를 가지고 있어 인접한 세포벽 사이에 물질이 통과한다. 동물세포는 **밀착연접(tight junctions)**, **데스모좀(desmosome)**, **간극연접(gap junction)**을 가지고 있다.

? 식물의 세포벽과 동물의 세포외기질의 구성성분 및 기능을 비교하여라.

생각해보자

수준 1: 지식/이해

1. 다음 구조 중 내막계로 되어 있는 것이 아닌 것은?
   a. 핵막 b. 엽록체
   c. 골지체 d. 세포막
2. 다음 구조 중 식물과 동물세포에 공통적인 것은?
   a. 엽록체 b. 중심액포
   c. 미토콘드리아 d. 중심립
3. 다음 주 어떤 것이 원핵세포에 나타나는가?
   a. 미토콘드리아 b. 리보솜
   c. 핵막 d. 엽록체
4. 다음 중 구조와 기능을 잘못 연결한 것은?
   a. 미세소관; 근육수축
   b. 리보솜; 단백질 합성
   c. 골지체; 단백질 수송
   d. 인; 리보솜 단위체의 생산

수준 2: 응용/분석

5. 청산가리(cyanide)는 ATP를 합성하는 데 관여하는 하나 이상의 분자에 붙는다. 만약 한 세포가 청산가리 용액에 있다면 이 물질은 대부분 어디에서 발견되겠는가?
   a. 미토콘드리아 b. 리보솜
   c. 퍼옥시좀 d. 리소좀
6. 세포에서 분비될 운명의 새로 합성된 단백질은 어떤 회로를 거치게 되는가?
   a. 골지체 → ER → 리소솜
   b. 핵 → ER → 골지체
   c. 소포체 → 골지체 → 세포막과 융합하는 소낭
   d. 소포체 → 리소좀 → 세포막과 융합하는 소낭
7. 리소좀을 연구하는데 어떤 세포가 가장 적합한가?
   a. 근육세포 b. 신경세포
   c. 식세포성 백혈구 d. 박테리아 세포
8. **DRAW IT** 기억을 되살려, 두 개의 진핵세포를 그리고 다음 목록의 구조들을 표시하라. 그리고 각 세포의 내부구조들 사이의 물리적 연관관계를 보여라: 핵, 활면소포체, 조면소포체, 미토콘드리아, 중심립, 엽록체, 액포, 리소좀, 미세소관, 세포벽, 세포외기질, 미세섬유, 골지체, 중간섬유, 원형질막, 퍼옥시좀, 리보솜, 인, 핵공, 소낭, 편모, 섬모, 원형질연락사.

수준 3: 종합/평가

9. **진화적 관점**
   세포구조의 어떤 측면이 진화적인 단일성을 잘 보여주고 있는가? 특성화된 세포 변형의 예로 무엇을 들 수 있는가?
10. **과학적 탐구**
   어떤 세포의 원형질막으로 이동할 것으로 예정된 미지의 단백질 X를 상상해 보라. 단백질 X의 유전적 정보를 운반하는 mRNA가 이미 배양 중인 세포의 리보솜에 의해 번역되었다고 가정하자. 그림 7.4에서 보여준 것처럼 여러분이 세포를 분획한다면 어떤 분획의 침전물에서 단백질 X를 발견할 수 있을 것으로 생각하는가? 세포를 통해 단백질 X의 이동 통로를 묘사함으로써 답을 적어보라.
11. **글쓰기: 지식의 체계화**
   물을 정의하는 몇 가지 특징과 세포의 구조 및 기능에 대한 새로운 지식을 고려하여 "생명은 세포의 수준에서 나타난 의외의 특징이다"라는 주제에 대하여 100~150자 정도의 짧은 에세이를 써 보아라. (개념 1.1 참조)
12. **종합적으로 생각해보기**

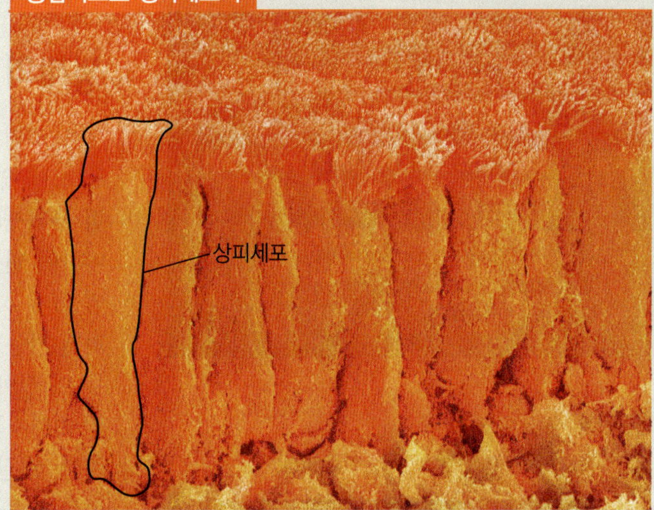

주사전자현미경 사진의 세포는 소장의 상피세포를 보여준다. 이들의 구조적인 특징이 어떻게 영양소를 흡수하는데 특별하게 역할을 하고, 소장 내용물과 상피세포 안쪽의 혈관 사이의 장벽으로서 작용하는지 이야기해 보자.

정답은 부록 A 참조

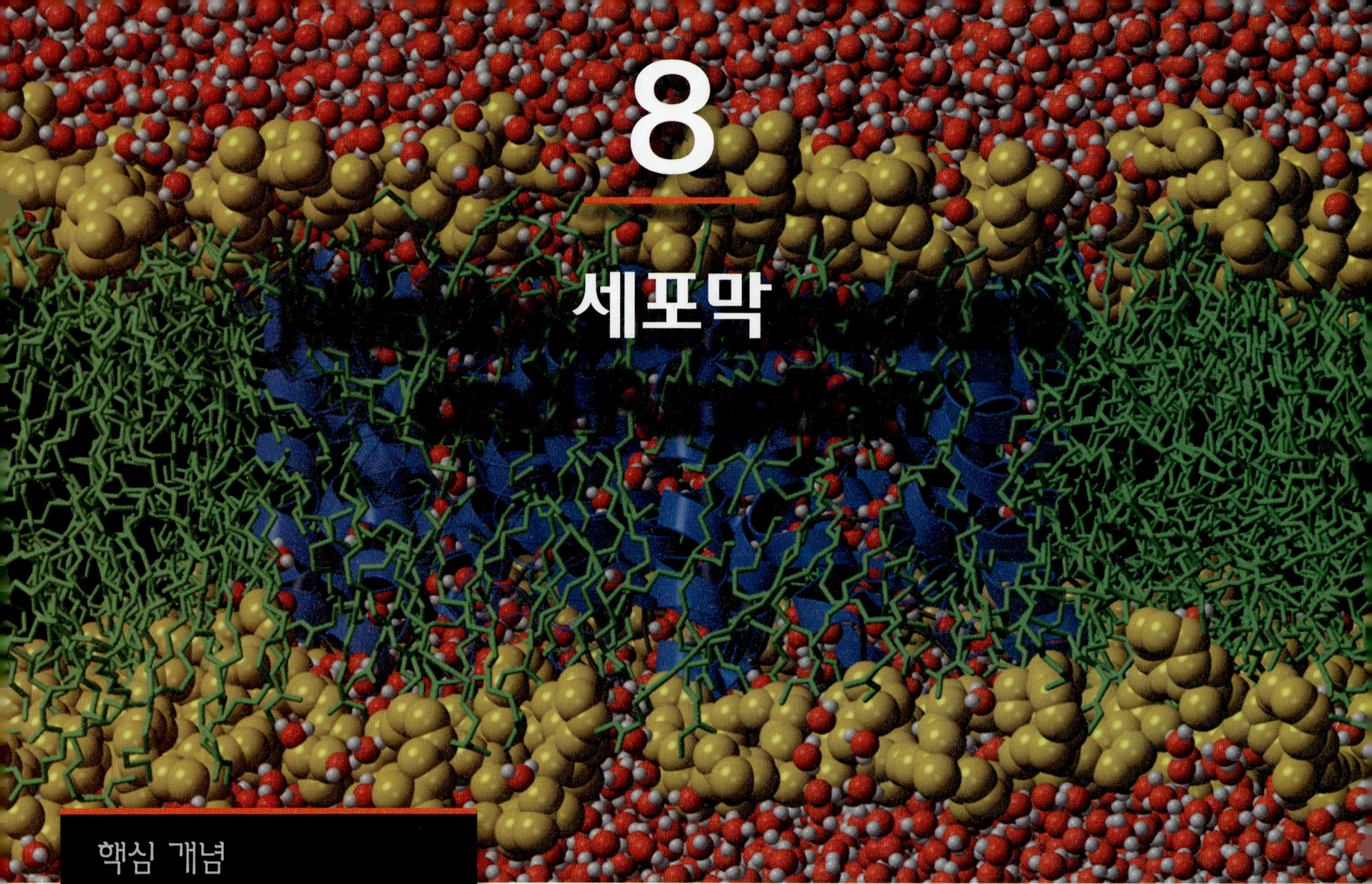

8

세포막

핵심 개념

8.1 세포막은 지질과 단백질로 구성된 유동 모자이크이다

8.2 막구조 때문에 선택적 투과성이 생긴다

8.3 수동수송은 에너지의 투입 없이 물질이 막을 통과하는 확산이다

8.4 능동수송은 농도기울기를 거슬러 용질을 이동시키기 위하여 에너지를 사용한다

8.5 세포막을 통과하는 집단수송은 세포외배출작용과 세포내섭취작용에 의해서 일어난다

▲ **그림 8.1** 어떻게 세포 막단백질들이 화학적 통행을 조절할까?

생체의 가장자리

세포막은 생명체의 가장자리, 즉 살아 있는 세포와 생명이 없는 바깥부분의 경계에 있으며 세포 안팎으로 통행을 조절한다. 모든 생체막과 같이 세포막은 **선택적 투과성(selective permeability)**을 보인다. 다시 말하면, 어떤 물질들은 다른 것에 비하여 월등히 쉽게 통과할 수 있다. 세포가 세포 바깥의 환경과 화학적인 교류를 분별 있게 하는 것은 생명체에 있어 필수적이며, 그 구성분자들로 인해 이런 선택적 투과가 가능한 것이다.

이 장에서는 어떻게 세포막이 물질의 통과를 조절하는가를 배울 것이다. 그림 8.1의 이미지는 짧은 구획의 막을 통과하는 물분자들(적색과 회색)의 컴퓨터 모델을 보여준다. 지질이중층(녹색) 안쪽의 파란 리본들은 아쿠아포린이라 부르는 막단백질의 나선형 부분을 나타낸다. 이 단백질 한 분자는 막을 그냥 관통해서 이동할 수 있는 양보다 훨씬 더 많게 매초마다 수십억 개의 물분자들이 막을 통과할 수 있게 한다. 많은 세포들에서 발견되는 아쿠아포린은 원형질막과 그 단백질들이 어떻게 세포를 생존하게 하고 기능하게 하는지를 보여주는 하나의 예가 된다. 막이 어떻게 작용하는가를 이해하기 위해서 그들의 구조부터 조사해 본다. 그리고 이 장의 나머지 부분에서는 어떻게 원형질막이 왼쪽에 있는 이온채널 같은 단백질들을 통해 세포 안팎으로 물질의 이동을 조절하는지 좀 더 상세하게 설명한다.

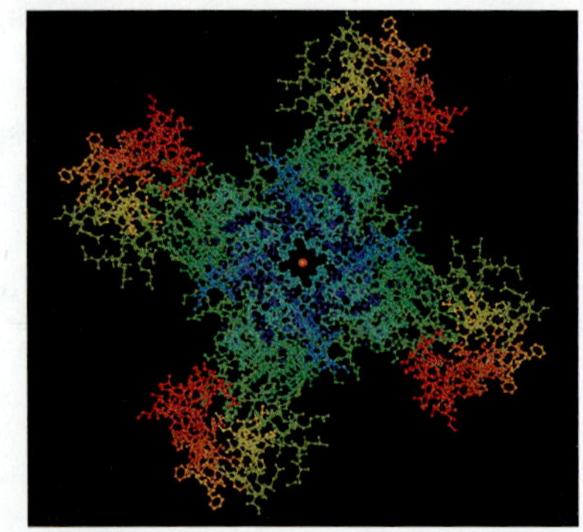

개념 8.1

세포막은 지질과 단백질로 구성된 유동모자이크이다

탄수화물도 중요하지만 지질과 단백질은 막의 주요 구성요소이다. 대부분의 막에서 가장 풍부한 지질은 인지질이다. 인지질들이 막을 형성하는 능력은 그들 고유의 분자적 구조 때문에 가능하다. 하나의 인지질은 친수성 부분과 소수성 부분을 동시에 갖는 **양친매성 분자(amphipathic molecule)**이다(그림 5.11). 다른 형태의 막지질들도 또한 양친매성이다. 인지질의 소수성인 꼬리 부분은 물로부터 숨겨지고 친수성인 머리 부분은 물에 노출되는 분자적인 정렬로 인해서, 하나의 인지질 이중층은 수용성의 두 구획 사이에 안정적인 경계선으로 존재할 수 있다**(그림 8.2)**.

막지질들처럼, 대부분의 막단백질들은 양친매성이다. 그러한 단백질들은 친수성인 부분들이 돌출된 채 인지질 이중층에 존재할 수 있다. 이러한 분자적 방향성은 단백질과 인지질의 친수성 부분이 세포질 내의 물과 세포외액에 최대한 접촉할 수 있게 하면서도 소수성인 부분은 비수용성인 환경에 있도록 해준다. **그림 8.3**에는 원형질막에서 분자들의 배열에 대한 최신 모형을 보여준다. 이 **유동 모자이크 모형(fluid mosaic model)**에 따르면, 막은 인지질로 된 유동적인 이중층에서 보였다가 사라졌다가 하는 단백질들의 모자이크라고 할 수 있다. 단백질들은 막에서 무작위적으로

▶ **그림 8.2** 인지질 이중층(횡단면)

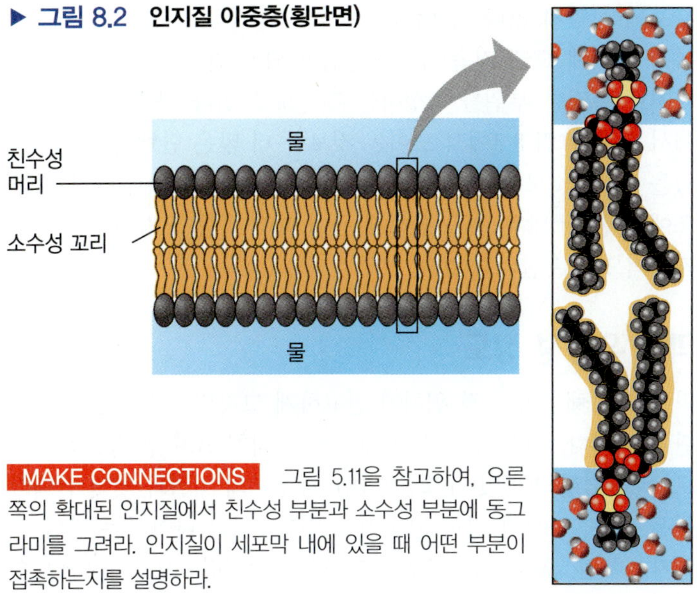

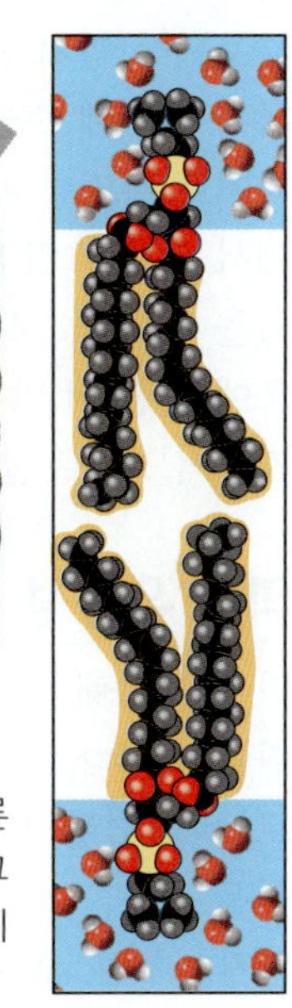

친수성 머리

소수성 꼬리

물

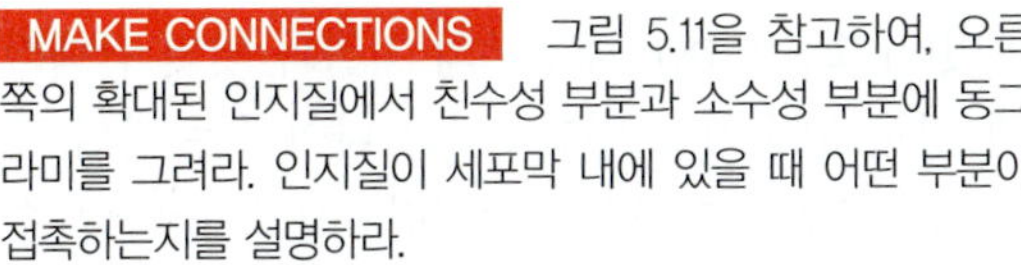

MAKE CONNECTIONS 그림 5.11을 참고하여, 오른쪽의 확대된 인지질에서 친수성 부분과 소수성 부분에 동그라미를 그려라. 인지질이 세포막 내에 있을 때 어떤 부분이 접촉하는지를 설명하라.

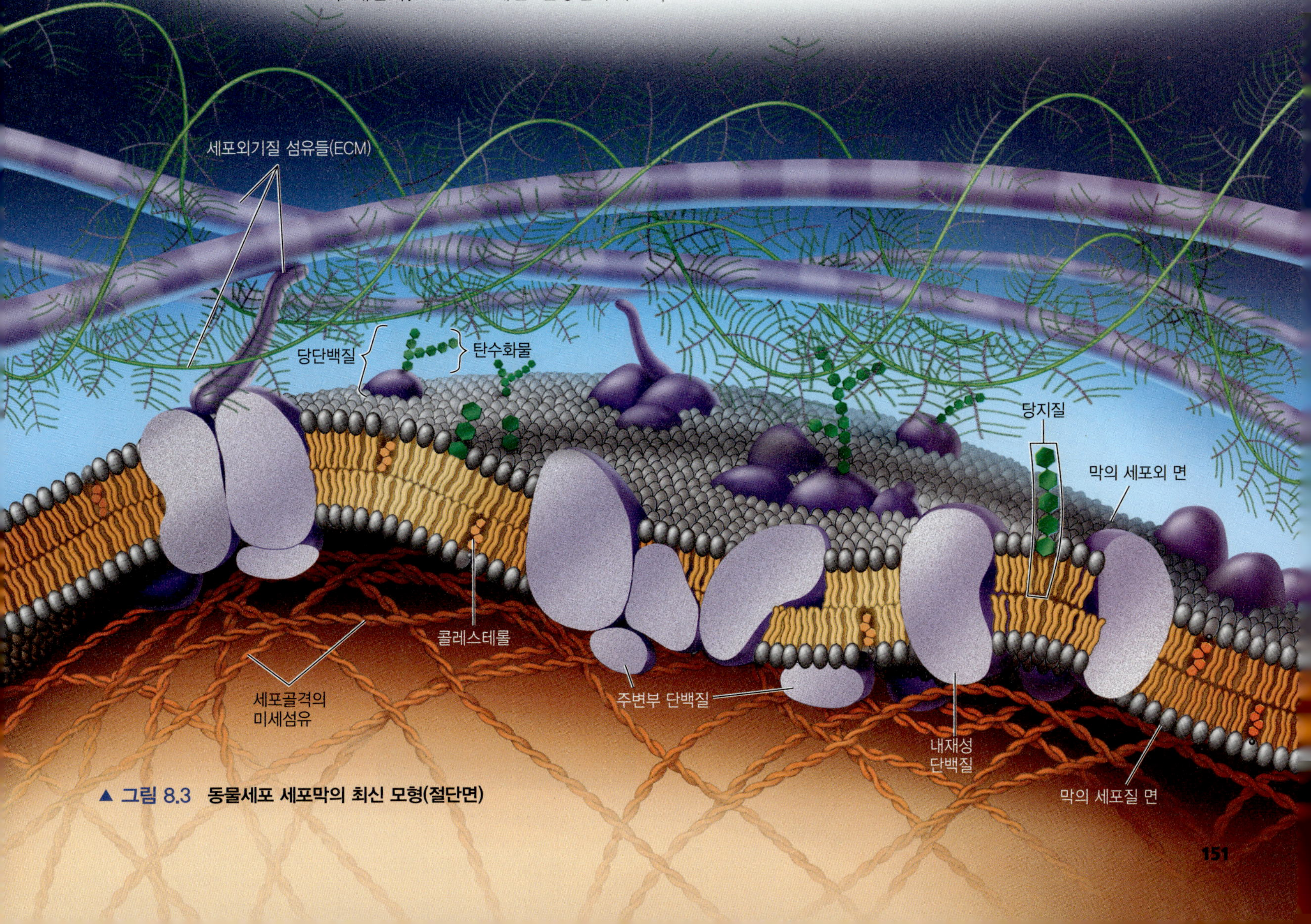

세포외기질 섬유들(ECM)

당단백질

탄수화물

당지질

막의 세포외 면

콜레스테롤

세포골격의 미세섬유

주변부 단백질

내재성 단백질

막의 세포질 면

▲ **그림 8.3** 동물세포 세포막의 최신 모형(절단면)

분포되어 있지 않다. 단백질 그룹들은 공통의 기능을 수행하는 특정 부위에 오래 지속되게끔 결집이 되곤 한다. 지질들도 마찬가지로 특정한 부위를 형성하는 것으로 보인다. 또한 어떤 부분에서 막은 그림 8.3에서 보이는 것보다 더 많은 단백질로 채워져 있을 것이다. 모든 모형에서와 마찬가지로, 새로운 연구가 막구조에 관한 더 많은 것을 밝히게 됨에 따라 유동 모자이크 모형은 지속적으로 손질되고 있다.

막의 유동성 정도

막은 분자체들이 특정 위치에 견고하게 고착되어 움직임이 없는 판이 아니다. 막은 공유결합보다 훨씬 약한 소수성 상호작용으로 주로 결합되어 있다(그림 5.18). 대부분의 지질과 몇몇 단백질들은, 마치 복잡한 방을 팔꿈치로 밀어젖히고 나아가는 파티 출입자들처럼, 통과하는 측면—즉, 막의 수평면—으로 떠다닐 수 있다. 또한 아주 드물게는 지질이 막을 가로질러 뒤집어져서 한쪽 인지질 이중층에서 다른 이중층으로 움직이기도 한다. 그렇게 하려면 그 분자의 친수성 부분이 막의 소수성 내부를 가로질러야만 한다.

막 내에서 인지질들의 좌우 이동은 신속하다. 인접한 인지질들은 1초당 약 10^7번쯤 위치를 바꾸는데, 이는 인지질이 세균 세포의 길이 정도 되는 2 μm를 1초에 이동한다는 뜻이다. 단백질은 지질보다 월등히 크며 더욱 천천히 움직이지만, 어떤 막단백질들은 **그림 8.4**에 설명된 것처럼 실제로 떠돌아다닌다. 몇몇 막단백질들은 아주 방향성이 있게 이동하는 것처럼 보이는데, 아마 막단백질의 세포질 부분에 연결된 운동 단백질들에 의해서 세포골격섬유를 따라서 움직여지는 것 같다. 하지만 많은 다른 막단백질들은 세포골격이나 세포외기질에 부착됨으로써 움직일 수 없는 것처럼 보인다(그림 8.3).

막은 온도가 낮아져도 유동성을 유지하기는 하지만, 찬 온도에서 베이컨 유지가 반고체 기름으로 되는 것과 아주 똑같이, 인지질들은 결국 단단하게 채워진 배열로 되면서 막은 고체화된다. 막이 고체화되는 온도는 어떤 종류의 지질로 구성이 되어 있느냐에 따라 달라진다. 불포화 탄화수소 꼬리들을 갖는 인지질들이 풍부한 막은 보다 낮은 온도에서도 유동성을 유지한다(그림 5.10, 5.11). 이중결합이 있는 꼬리는 구부러져 있기 때문에 불포화 탄화수소들은 포화 탄화수소들에 비해서 서로 빈틈없이 채워지지 못하게 되고, 따라서 막은 더 유동성을 갖게 된다**(그림 8.5a)**.

동물세포의 세포막에서 인지질 분자들 사이에 끼워져 있는 스테로이드인 콜레스테롤은 온도가 달라짐에 따라서 막 유동성에 다른 효과를 미친다**(그림 8.5b)**. 상대적으로 높은 온도—예를 들어, 인간의 체온인 37℃—에서 콜레스테롤은 인지질의 이동을 억제시킴으로써 막이 덜 유동적이도록 한다. 하지만 콜레스테롤은

▼ 그림 8.4 탐구

막단백질은 이동하는가?

실험 존스홉킨스대학교의 프리에(Larry Frye)와 에디딘(Michael Edidin)은 생쥐세포와 인체세포의 세포막 단백질들을 각각 두 가지로 다르게 표지하고 세포들을 융합시켰다. 현미경을 사용하여 잡종세포에 있는 표지들을 관찰하였다.

결과

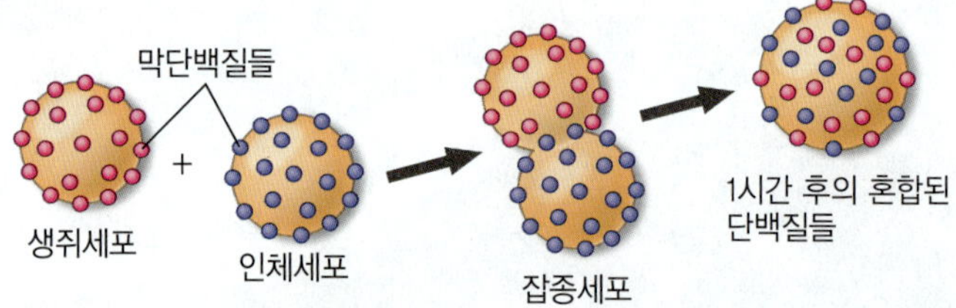

결론 생쥐와 인체 막단백질들의 융합은 적어도 약간의 막단백질들이 세포막의 수평면 내에서 옆으로 이동한다는 것을 보여준다.

참고문헌 L. D. Frye and M. Edidin, The rapid intermixing of cell surface antigens after formation of mouse-human heterokaryons, *Journal of Cell Science* 7:319 (1970).

WHAT IF? 융합 후 오랜 시간 경과했음에도 잡종세포에서 단백질들이 혼합되지 않았다면 단백질들이 막 내에서 이동하지 않는다고 결론내릴 수 있을까? 어떤 다른 설명이 있을 수 있는가?

▼ 그림 8.5 막의 유동성에 영향을 주는 요인들

(a) 불포화 탄화수소 꼬리와 포화 탄화수소 꼬리

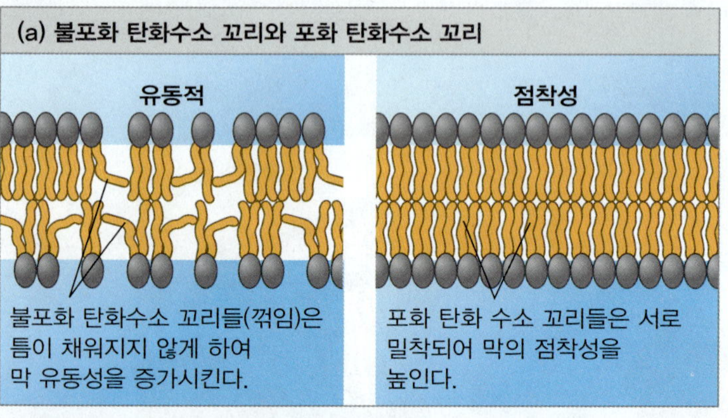

(b) 동물 세포막 내의 콜레스테롤

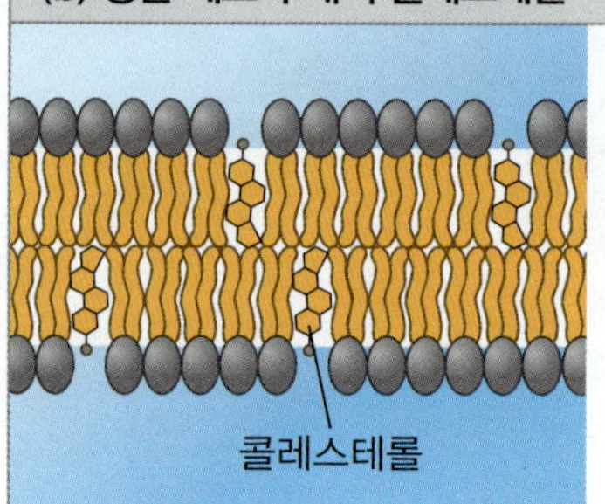

콜레스테롤은 온화한 온도에서는 인지질의 이동을 감소시킴으로써 막의 유동성을 감소시키지만, 오히려 낮은 온도에서는 인지질이 정상적으로 채워지는 것을 방해함으로써 고체화되는 것을 막는다.

인지질이 꽉 채워지는 것을 방해하기도 하기 때문에 막이 고체화되는 온도를 더 낮게 한다. 따라서 콜레스테롤은 막을 위한 "유동성 완충제"로서 작용하며 온도변화에 의해서 기인될 수 있는 막 유동성 정도의 변화를 견딜 수 있게 하는 것으로 생각된다.

막이 제대로 작동하기 위해서는 유동적이어야만 한다; 막의 유동성은 막의 투과도와 기능이 필요한 곳으로 막단백질이 이동할 수 있는 능력 모두에 영향을 미친다. 막은 샐러드 오일처럼 항상 거의 유동적이다. 막이 고체화될 때는 투과성 정도가 변화되며, 활성이 있어야만 막 내에서 이동될 수 있는 막에 있는 효소 단백질들은 불활성화된다. 하지만 막이 너무 유동적이어도 단백질 기능을 유지할 수 없다. 그래서 극한 환경은 생명체에 대한 도전이 되고 그 결과 막지질의 조성 변화 등을 포함해서 진화적 적응이 일어난다.

막지질 조성 차이의 진화

진화 여러 생물종들에서 나타나는 막지질 조성에서의 변이는 특정한 환경 조건에서 적절한 막 유동성을 유지하기 위한 진화적 적응인 것 같다. 예를 들면, 극심한 추위에서 살아가는 어류는 불포화 탄화수소 꼬리의 비율이 높은 막을 갖고 있어 이들 막이 유동성을 유지할 수 있다(그림 8.5a). 다른 극한 환경에서는 세균과 고세균이 섭씨 90도(화씨 194도)보다 높은 온도의 온천이나 간헐온천에서 살아간다. 이들의 막들은 특수한 지질을 갖고 있어 그런 고온에서도 과다하게 유동적이 되는 것을 막을 수 있다.

온도 변화에 따라서 세포막의 지질 조성을 변화시키는 능력은 온도가 변화되는 곳에서 살아가는 생명체가 진화되게끔 하였다. 겨울밀과 같이 극심한 추위에 견딜 수 있는 많은 식물들은 가을에 불포화 인지질의 함량이 높아져서 겨울 동안에 막이 응고되는 것을 막게끔 조절한다. 특정한 세균들이나 고세균들도 자라는 온도에 따라서 세포막의 불포화 인지질의 비율을 바꿀 수 있다. 전체적으로 볼 때, 자연선택은 자신의 막지질들을 환경에 따라 적절한 수준의 유동성을 갖도록 조절하는 생물들을 선호했던 것으로 보인다.

막단백질과 그 기능

지금부터 유동 모자이크 모형의 **모자이크** 모양에 접근해 보자. 모자이크 타일과 약간 비슷하게, 막은 지질 이중층의 유동 기질 내에 여러 단백질들이 그룹으로 모여 집단을 이룬 채 콜라주처럼 박혀 있는 것이다(그림 8.3). 예를 들어, 적혈구 세포의 세포막에서만 지금까지 50종류 이상의 단백질들이 발견되었다. 인지질은 막의 주요 구조를 형성하지만, 단백질은 막의 기능을 결정한다. 다른 유형의 세포는 다른 세트의 막단백질을 함유하고 있으며, 한 세포 내의 다양한 막들은 각각 특유한 집합의 단백질들을 갖는다.

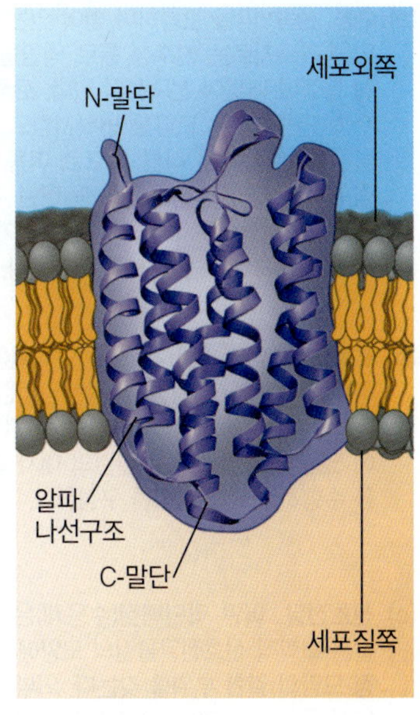

▶ **그림 8.6 관통 단백질의 구조.** 박테리오로돕신(박테리아의 수송 단백질)은 막에서 분명한 방향성을 갖는데, N-말단은 세포의 바깥쪽으로 그리고 C-말단은 안쪽으로 향하고 있다. 이 리본 모형은 소수성 부분의 알파나선형 2차구조가 막의 소수성 중심부 내에 대부분 존재하는 것을 강조하고 있다. 이 단백질은 7개의 막관통 나선구조를 포함하고 있다. 단백질의 비나선형인 친수성 부분들은 막의 세포외쪽과 세포질쪽의 수용액과 접촉되어 있다.

그림 8.3에서 막단백질에는 내재성 단백질과 주변부 단백질로 두 가지 주요 집단이 있다는 것을 보여준다. **내재성 단백질(integral protein)**은 지질 이중층의 소수성 중심부 내부로 들어가 있다. 대부분이 막을 통과하는 **막관통 단백질**(transmembrane protein)이며, 어떤 내재성 단백질들은 소수성 내부까지만 뻗어 있기도 한다. 내재성 단백질의 소수성 부분은 하나 혹은 그 이상으로 뻗은 형태의 비극성 아미노산들로 구성되어 있고(그림 5.14), 통상 알파나선구조로 감겨져 있다(**그림 8.6**). 분자의 친수성 부분은 막 양쪽의 수용액 쪽으로 노출되어 있다. 또한 몇몇 단백질들은 친수성 물질이 통과할 수 있도록 중심부에 친수성 통로를 갖고 있다(그림 8.1). **주변부 단백질(peripheral protein)**은 지질 이중층에 전혀 박혀 있지 않고, 막의 표면에 느슨하게 붙어 있기도 하나, 흔히 내재성 단백질의 돌출된 부분에 붙어 있다(그림 8.3).

세포막의 세포질 쪽의 면에서는 몇몇 막단백질들이 세포골격에 붙은 채로 위치한다. 그리고 세포 바깥면에서 어떤 막단백질들은 세포외기질의 섬유에 붙어 있다[그림 7.28; **인테그린**(integrin)들은 내재성 단백질의 하나이다]. 이러한 결합들은 동물세포가 세포막 자체로 있는 것보다도 훨씬 더 강한 구조물이 될 수 있도록 해준다.

단일세포는 세포막을 통한 이동, 효소활성, 혹은 세포가 주변 세포나 세포외기질에 부착되는 것과 같은 여러 가지 다른 기능들을 수행하는 막단백질들을 갖고 있다. 더구나 하나의 막단백질 그 자체가 다수의 기능을 갖기도 한다. 이렇게 막은 구조적인 모자이크일 뿐 아니라 기능적인 모자이크이다. **그림 8.7**은 세포막 단백질들에 의해서 수행되는 6가지 주요 기능들을 보여준다.

세포 표면에 있는 단백질들은 의학 분야에서 매우 중요하다. 예를 들면, 면역계 세포 표면에 있는 CD4라는 단백질은 인체면

(a) **수송.** *왼쪽*: 막을 관통하여 뻗어 있는 단백질은 막을 가로지르는 친수성 통로 역할을 하며 특정 용질에 대하여 선택성이 있다. *오른쪽*: 다른 수송 단백질들은 모양을 변화시킴으로써 어떤 물질을 한 쪽에서 다른 쪽으로 이동시킨다(그림 8.14b). 이러한 단백질들 중 어떤 것은 막을 가로질러 능동적으로 물질을 펌프하기 위한 에너지원으로서 ATP를 가수분해시킨다.

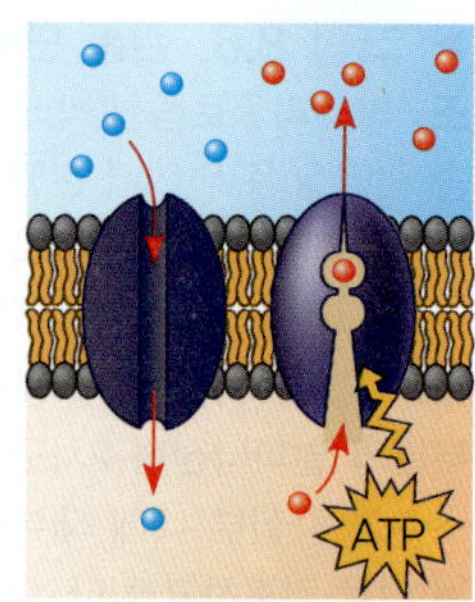

(b) **효소활성.** 막에 들어가 있는 단백질이 효소인 경우가 있는데 그 활성 부위는 인접한 용액 내에 있는 물질에 노출되어 있다. 어떤 경우, 막에 있는 몇몇 효소들은 일련의 대사 과정 단계를 수행하기 위하여 팀을 구성한다.

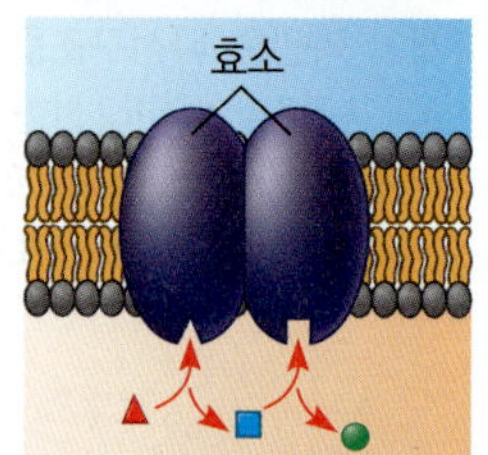

(c) **신호전달.** 어떤 막단백질(수용체)은 호르몬과 같은 화학적 신호전달물질의 모양에 알맞은 특정 모양의 결합 부위를 갖는다. 외부 전령(신호분자)은 단백질의 모양을 변화시켜서 세포의 안쪽으로 정보를 중계하게 하는데, 대개는 세포질 단백질에 결합하여 중계한다(그림 9.6).

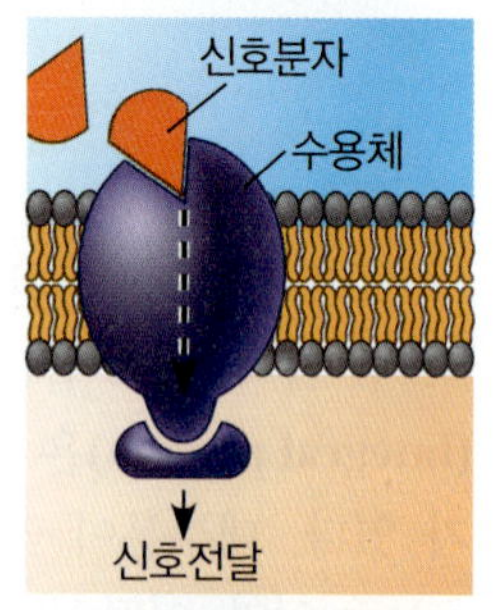

(d) **세포-세포 인식.** 어떤 당단백질들은 다른 세포들의 막단백질들에 의해서 특이적으로 인식이 되는 인식표로서의 역할을 한다. 이러한 세포-세포 결합 형태는 (e)에 보여주는 형태에 비해서 언제나 짧은 기간만 존재한다.

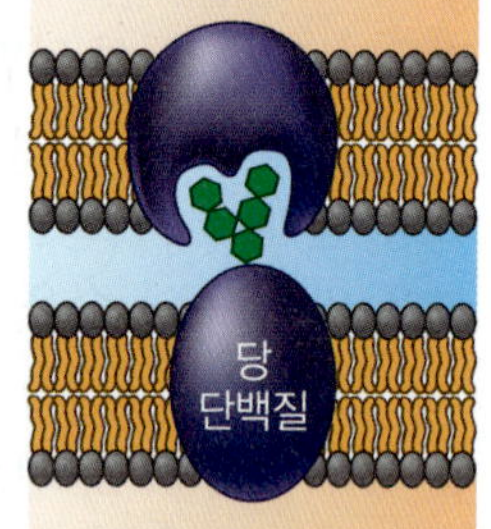

(e) **세포간 결합.** 인접한 세포들의 막단백질들은 간극연접이나 밀착연접과 같은 다양한 종류의 접합으로 서로 붙잡고 있다(그림 7.30). 이러한 결합 형태는 (d)에 보여주는 형태보다 훨씬 지속적이다.

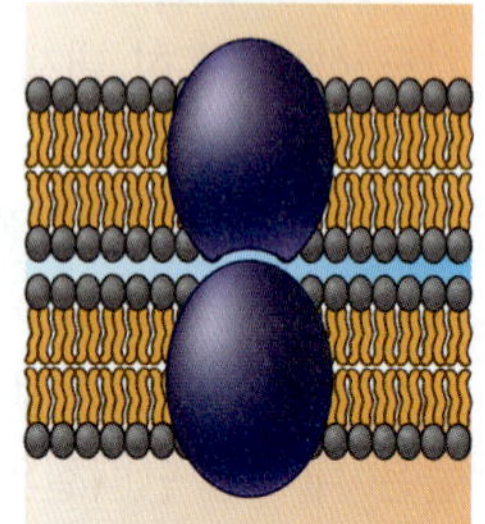

(f) **세포골격과 세포외기질(ECM)에 부착.** 세포골격의 미세섬유나 다른 요소들은 막단백질에 비공유결합으로 붙어 있음으로써, 세포 모양을 유지시키게 하고 특정 막단백질의 위치를 고정시켜 준다. 세포외기질에 부착된 단백질들은 세포외 그리고 세포내 변화를 조율할 수 있다(그림 7.28).

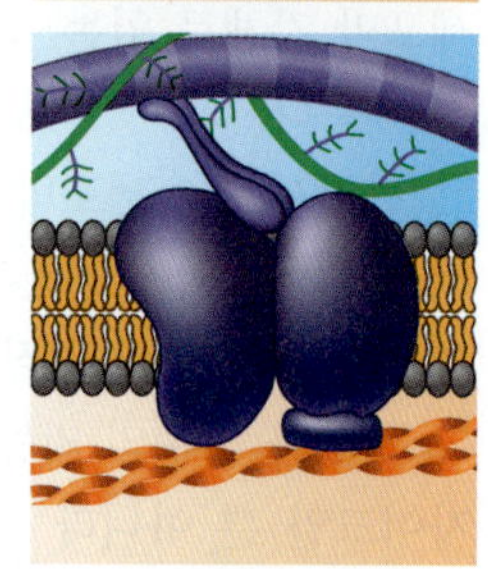

▲ **그림 8.7 막단백질들의 여러 기능들.** 많은 경우 단일 하나의 단백질이 여러 가지 역할을 수행한다.

? 몇몇 막관통 단백질들은 특정한 세포외기질에 붙을 수 있고, 붙게 된다면 세포 내로 신호를 전달할 수 있다. 이런 현상이 어떻게 일어나는지를 여기서 보여주는 단백질들을 사용하여 설명하라.

역결핍바이러스(HIV)가 이들 세포에 감염되도록 도와줘서, 후천성면역결핍증(AIDS)이 나타나게 한다. 하지만 소수의 사람들은 HIV에 여러 차례 노출되어도 AIDS에 걸리지 않고 세포가 HIV에 감염되었다는 증거를 보이지 않는다. 연구자들이 이런 사람들의 유전자들과 감염된 사람들의 유전자들을 비교해 보았을 때, 저항성인 사람들은 CCR5라고 하는 면역세포 표면에 있는 단백질을 만드는 유전자가 다른 형태라는 것을 알게 되었다. 깊이 있게 연구를 했더니 CD4가 주요 HIV 수용체임에도 HIV는 대부분의 세포를 감염시키기 위해서 "공동수용체"인 CCR5에도 붙어야만 한다는 것을 관찰했다(**그림 8.8a**). 저항성인 사람들의 세포에는 유전자변형 때문에 CCR5가 없어 바이러스가 세포 안으로 들어갈 수 없다(**그림 8.8b**).

이러한 정보는 HIV 감염에 대한 치료제 개발에 핵심이었다. CD4는 세포에 중요한 여러 가지 기능을 하기 때문에 그것을 저해하게 되면 위험한 부작용들이 생길 수 있다. CCR5라는 공동수용체의 발견은 CCR5를 저해하여 HIV 침입을 막는 약물의 개발을 위한 보다 안전한 목표물을 제공하였다. 그러한 약물 중 한 가지인 마라비록(maraviroc; 상품명은 Selzentry)은 HIV 감염치료를 목적으로 2007년 승인되었으며 현재까지 여전히 사용되고 있다. 이 약물이 감염되지 않았지만 위험한 환경에 있는 환자들에게 HIV가 감염되지 않도록 하는 작용도 할 수 있을지에 대한 임상시험이 2012년에 시작되었다.

세포-세포 인식에서 막탄수화물의 역할

세포-세포 인식은 특정 세포가 인접한 특정 유형의 세포와 다른 세포를 구별하는 능력으로서 생물체의 기능에 매우 중요하다. 예

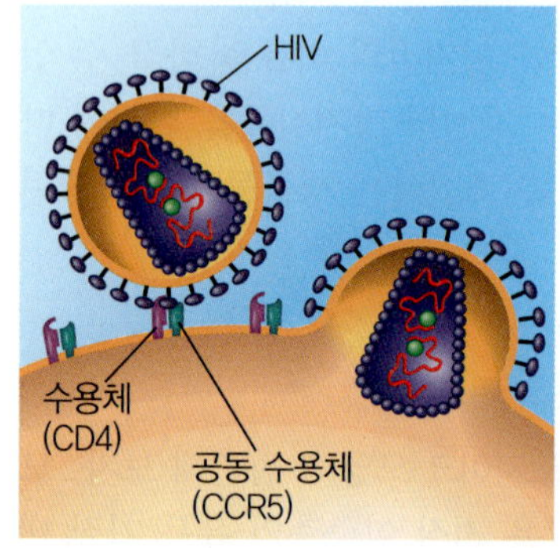

(a)

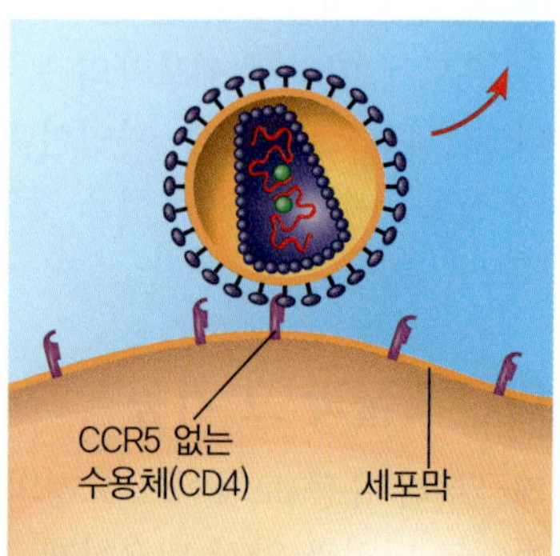

(b)

▲ **그림 8.8 HIV 저항성의 유전적 근거. (a)** 대부분의 사람들의 경우 HIV는 표면에 CCR5를 갖고 있는 세포를 감염시킬 수 있다. **(b)** 저항성인 사람들의 경우 HIV는 표면에 CCR5를 갖고 있지 않은 세포를 감염시킬 수 없다.

MAKE CONNECTIONS 한 쌍의 분자체들이 각각 결합하고 있는 것을 보여주는 그림 2.16과 5.17을 공부하라. HIV가 CCR5에 어떻게 결합하게 될 것인지 예측할 수 있는가? 특정 약물 분자체가 이러한 결합을 어떻게 저해할 수 있을까?

를 들어, 동물 배의 조직과 기관들로 세포들을 분류하는 데 중요하다. 또한 척추동물의 중요한 방어선인 면역체계에 의해서 외래 세포들을 배제하기 위한 기초가 된다(47장). 세포는 대개 탄수화물인 세포막의 세포외 면에 있는 표면분자들에 결합함으로써 다른 세포를 인식한다(그림 8.7d).

막탄수화물은 대개 짧고 분지된 사슬로 당 단위체가 15개 이하이다. 이들 중 어떤 탄수화물들은 지질과 공유결합하여 **당지질(glycolipid)**이라는 분자체를 형성한다. (*glyco*란 탄수화물의 존재를 표시하는 것임을 명심하라.) 그러나 대부분은 단백질과 공유결합하여 **당단백질(glycoprotein)**들이 된다(그림 8.3).

세포막의 세포외 면에 있는 탄수화물들은 종마다, 같은 종의 개체들마다, 그리고 단일 개체 내의 세포 유형에 따라서조차 다양하다. 세포 표면의 분자체들과 그들의 위치가 다양한 것은 막탄수화물들이 특정 세포와 다른 세포를 구별하는 표지로서 기능할 수 있게 한다. 예를 들어, A, B, AB 그리고 O로 명명된 네 가지 인간 혈액형들은 적혈구 세포들의 표면에 있는 당단백질들의 탄수화물 부분이 다양함을 반영한다.

막의 합성과 측면성

막은 뚜렷한 안쪽과 바깥쪽 표면이 있다. 2개의 지질층은 특유의 지질 조성에 차이가 있고, 각 단백질은 막에서 방향성 있게 배치된다(그림 8.6). **그림 8.9**는 막의 측면성이 어떻게 생기는가를 보여준다. 세포막에서의 단백질들과 지질들 그리고 그들과 결합된 탄수화물들의 비대칭적인 분포는 막이 내막계의 요소들인 소포체(ER)와 골지체에 의해서 만들어지면서 결정된다(그림 7.15).

개념 확인 문제 8.1

1. 세포막 단백질들은 소포체와 골지체에서 붙은 탄수화물들을 갖고 있으며, 낭을 형성하여 세포표면으로 이동된다. 소낭막의 어느 쪽 면에 탄수화물이 존재하는가?
2. **WHAT IF?** 온천 바로 주변에 있는 좀 더 따뜻한 토양에서 발견되는 토종 풀은 좀 더 차가운 토양에서 발견되는 토종 풀과 막지질 조성을 비교했을 때 어떻게 다를까? 설명하라.

정답은 부록 A 참조

개념 8.2

막구조 때문에 선택적 투과성이 생긴다

생체막은 이를 구성하는 개별 분자체들의 성질 그 이상의 명백한 속성을 갖는 초분자적 구조—많은 분자들이 정돈되어 고도로 조직화된 구조—의 훌륭한 예이다. 이번 장의 나머지 부분에서는 이러한 속성들 중에서 가장 중요한 한 가지이며, 세포 존재에 절대적으로 필요한 기능인 세포 경계를 가로지르는 수송을 조절하는 능력에 초점을 맞춘다. 막이 세포의 분자적 통행을 어떻게 조

▼ **그림 8.9 막 구성요소들의 합성과 막에서의 위치.** 세포막의 세포질쪽(오렌지색) 면은 세포외쪽(청록색) 면과 다르다. 세포 바깥쪽 면은 소포체와 골지체, 그리고 소낭의 안쪽 면에서 기인한다.

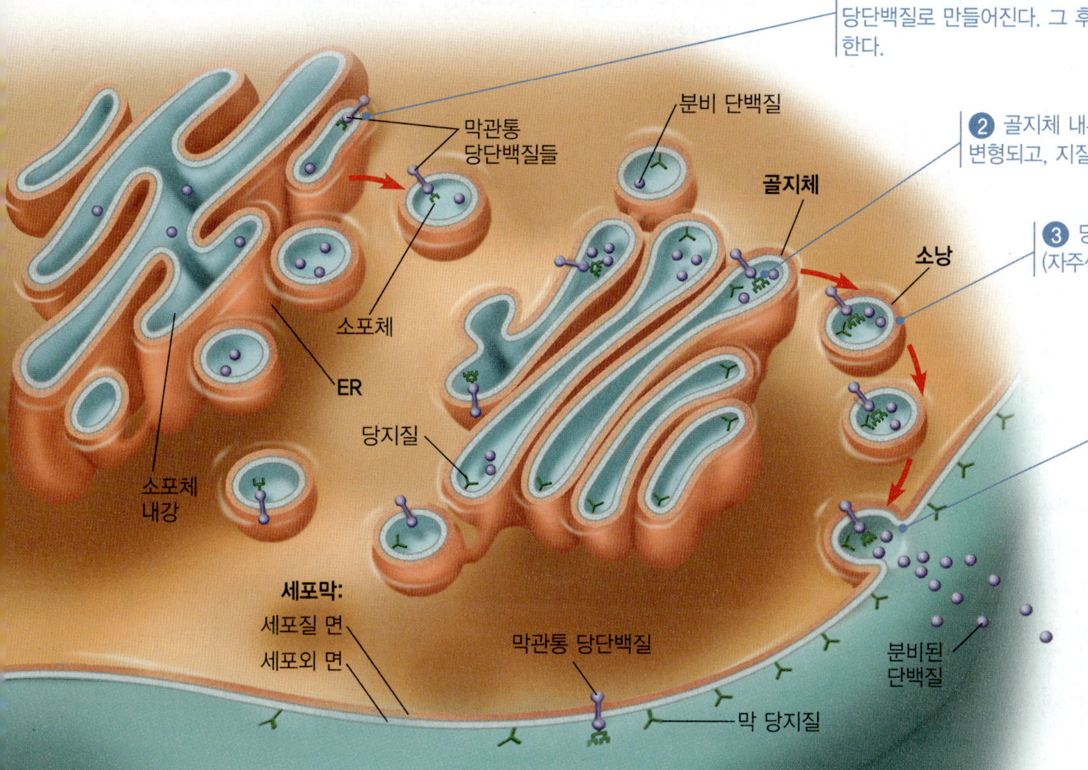

1 막단백질들과 지질들은 소포체(ER)에서 합성된다. 탄수화물(초록색)은 막관통 단백질(보라색 아령)에 붙어서 당단백질로 만들어진다. 그 후 탄수화물 부위는 변형되기도 한다.

2 골지체 내부에서 당단백질의 탄수화물은 한층 더 변형되고, 지질은 탄수화물을 얻어서 당지질이 된다.

3 당단백질들과 막 당지질들 그리고 분비 단백질들(자주색 원형)은 소낭에서 세포막으로 수송된다.

4 소낭은 세포막과 융합하면서 소낭의 바깥쪽 면은 세포막의 안쪽(세포질쪽) 면과 연결된다. 이 구조는 세포외배출작용이라는 과정을 통해 분비 단백질들을 세포 바깥으로 방출하고, 막 당단백질과 당지질의 탄수화물을 세포막의 바깥쪽(세포외쪽) 면에 위치하게 한다.

막관통 당단백질들
분비 단백질
골지체
소낭
소포체
ER
당지질
소포체 내강
세포막:
세포질 면
세포외 면
막관통 당단백질
막 당지질
분비된 단백질

DRAW IT 소포체 막을 관통해서 소포체 안쪽까지 어느 정도 뻗어져 있는 내재성 막단백질을 그려라. 그런 다음, 세포막까지 도달할 때까지 일련번호를 붙인 단계별로 위치되는 곳에 그 단백질을 그려라. 그 단백질은 세포질과 접촉할 것인가 아니면 세포외액과 접촉할 것인가? 설명하라.

절하는가에 대하여 유동 모자이크 모형으로 설명하면서 그 형태가 기능에 잘 들어맞는 것을 다시 한 번 보게 될 것이다.

작은 분자들과 이온들이 지속적으로 세포막을 가로질러서 양쪽 방향으로 움직인다. 근육세포와 이를 둘러싼 세포외액 사이에서 일어나는 화학물질의 교환을 생각해 보라. 당과 아미노산 그리고 다른 영양물질들이 세포 안으로 들어가고, 대사 노폐물들은 세포 밖으로 배출되고 있다. 세포는 세포호흡을 위해서 O_2를 받아들이고 CO_2를 배출한다. 또한 세포는 세포막을 가로질러서 한 방향 혹은 다른 방향으로 움직이게 함으로써, Na^+, K^+, Ca^{2+}, Cl^- 등과 같은 무기이온들의 농도를 조절한다. 비록 막을 통하는 왕래는 혼잡하지만, 세포막은 선택적으로 투과성이라서 물질들이 그 장벽을 무차별적으로 가로지를 수는 없다. 세포는 몇몇 작은 분자들과 이온들을 받아들일 수 있고, 또 다른 많은 것들을 차단할 수 있다.

지질 이중층의 투과성 정도

탄화수소와 이산화탄소 그리고 산소 등과 같은 비극성 분자들은 소수성이며, 따라서 막의 지질 이중층에 용해될 수 있어서 막단백질의 도움이 없이도 쉽게 막을 통과한다. 하지만 막의 소수성 중심부는 친수성인 이온과 극성분자들이 막을 직접 통과하지 못하게 막는다. 포도당 및 기타 당처럼 극성인 분자들은 지질 이중층을 매우 천천히만 통과할 수 있으며, 극히 작은 극성분자인 물도 아주 빠르게 통과할 수는 없다. 전하를 띤 원자나 분자 및 이를 둘러싼 수화껍질(그림 3.7)은 막의 소수성 내부를 통과하기 더욱더 어렵다. 더구나 지질 이중층은 세포의 선택적 투과성을 책임지는 문지기 시스템 중에서 단지 한 측면에 불과하다. 막에 조립되어 있는 단백질들이 수송 조절에 중요한 역할을 하고 있다.

수송 단백질

특정한 이온들과 다양한 극성분자들은 세포막을 스스로 이동할 수 없다. 이러한 친수성 물질들은 막을 관통하는 **수송 단백질(transport protein)**을 통해 통과함으로써 지질 이중층과의 접촉을 피할 수 있다.

통로 단백질(channel protein)로 불리는 몇몇 수송 단백질들은 특정 분자 혹은 원자이온들이 막을 통과하는 터널로 사용할 수 있는 친수성 통로를 갖고 있어서 그 기능을 한다(그림 8.7a 왼쪽). 예를 들어, 특정 세포에서 물분자들의 수송은 **아쿠아포린(aquaporin)**이라고 알려진 통로 단백질로 인해 크게 촉진된다(그림 8.1). 각각의 아쿠아포린은 한 순간에 10개씩 알맞은 중앙 통로를 통과하게 함으로써 1초에 30억(3×10^9)개까지의 물분자들이 유입되도록 한다. 아쿠아포린이 없다면, 1초 동안에는 이들 물분자들은 아주 소량만이 동일한 면적의 막을 통과하게 될 것이다. 따라서 통로 단백질은 속도를 엄청나게 증가시킨다. 운반체 단백질(carrier protein)이라고 불리는 다른 수송 단백질들은 통행하는 물질이 붙음으로써 모양이 변화되어 이들이 막을 왕래할 수 있는 길을 만들어 준다(그림 8.7a 오른쪽).

수송 단백질은 이동되는(움직이는) 물질에 특이적이어서, 막을 통과하는 어떤 특정 물질(혹은 소그룹의 관련 물질들)만을 허용한다. 예를 들어, 포도당은 적혈구 세포의 세포막에 있는 특정 운반체 단백질을 통하면 그냥 세포막을 통해 통과되는 것보다 50,000배나 빠르게 막을 통과한다. 이 "포도당 운반체(glucose transporter)"는 매우 선택적인 운반체 단백질로서 포도당과 구조적인 이성질체인 과당도 통과하지 못하게 한다.

따라서 어떤 막의 선택적 투과성 정도는 지질 이중층의 차별적인 장벽과 막에 조립되어 있는 특정 수송 단백질들에 의해서 좌우된다. 그렇다면 막을 통과하는 통행의 방향(direction)은 무엇이 결정하는 것일까? 어떤 주어진 시간에 특정한 물질이 세포 속으로 들어갈 것인가 나갈 것인가를 무엇이 결정하는 것일까? 그리고 실제적으로 분자들이 막을 관통하도록 하는 것은 어떤 기작일까? 우리는 막 통행의 두 가지 방식—수동수송과 능동수송—을 탐구해 봄으로써 이들에 대한 답을 얻게 될 것이다.

개념 확인 문제 8.2

1. 어떤 속성이 막단백질의 도움이 없이 산소와 이산화탄소가 지질이중층을 통과할 수 있게 하는가?
2. 물분자들이 매우 빠르게 대량으로 막을 통과하기 위해서는 왜 수송 단백질이 필요할까?
3. MAKE CONNECTIONS 아쿠아포린은 히드로늄이온들(H_3O^+)을 통과시키지 않지만, 몇몇 아쿠아포린은 물뿐만 아니라 3-탄소알코올(그림 5.9)인 글리세롤을 통과시킨다. H_3O^+은 글리세롤보다는 물과 크기가 거의 비슷한데도 통과시킬 수 없는데, 이러한 선택성의 근거는 무엇일까?

정답은 부록 A 참조

개념 8.3

수동수송은 에너지 투입 없이 물질이 막을 통과하는 확산이다

분자들은 계속적인 운동에 의해 열에너지(열)라는 일종의 에너지를 갖는다(개념 3.2). 이 운동의 결과는 **확산(diffusion)**이며, 이는 모든 물질의 분자들이 유효한 공간으로 균등하게 퍼지는 이동이다. 각 분자들은 무작위로 움직이지만, 한 무리(population)의 분자들의 확산은 방향성이 있을 수도 있다. 이 과정을 이해하기 위해서 물에 색소를 첨가한 용액과 순수한 물을 갈라놓는 합성막을 상상하자. 색소분자들의 농도가 같은 두 용액에서는 어떻게 확산이 일어나는지를 이해하기 위해 **그림 8.10a**를 공부하라. 농도가 같아지는 시점에 도달하면, 매 순간 양방향으로 막을 통과하는 색소분자들의 수가 같아지는 동적 평형이 된다.

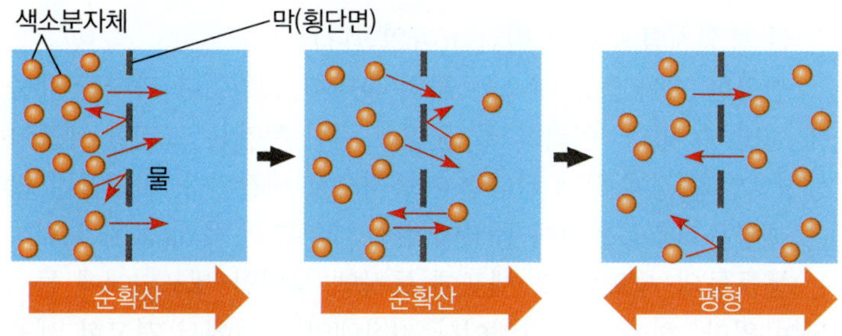

(a) 한 가지 용질의 확산. 막에는 색소분자들이 통과할 수 있을 정도로 충분하게 큰 구멍들이 있다. 색소분자들의 무작위 운동으로 어떤 것은 그 구멍을 통과하게 되며, 더 많은 분자들이 있는 쪽에서 더 자주 이런 현상이 일어난다. 색소는 그 농도가 높은 쪽에서부터 더 낮은 쪽으로 퍼져나간다(이를 농도기울기를 따르는 확산이라고 한다). 이로 인해 동적 평형이 이루어지면 용질분자들은 양방향으로 똑같은 속도로 막을 계속 통과하게 된다.

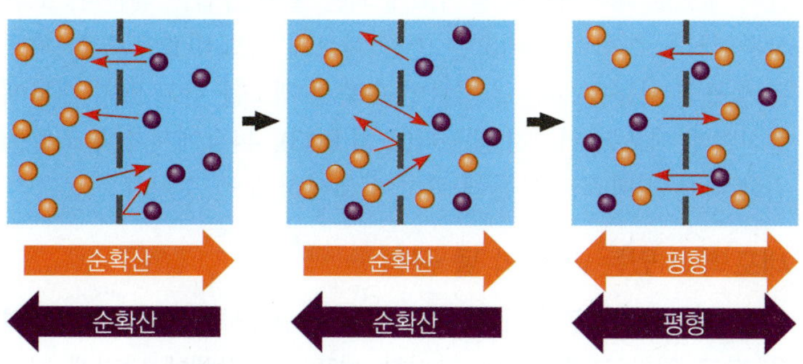

(b) 두 가지 용질들의 확산. 두 가지 다른 색소가 있는 용액이 둘 다 통과할 수 있는 막으로 분리되어 있다. 각 색소는 그 자체의 농도기울기를 따라 확산된다. 비록 초기의 전체(total) 용질 농도는 왼쪽이 훨씬 높지만, 자주색 색소는 왼쪽 방향으로 순확산이 될 것이다.

▲ **그림 8.10 모조 막을 통한 용질의 확산.** 그림에서 각각의 큰 화살표는 색깔로 표시한 색소분자들의 순확산을 보여준다.

이제 확산의 단순한 법칙을 말할 수 있다. 다른 힘이 작용하지 않는 상황에서 어떤 물질은 농도가 높은 쪽에서부터 농도가 낮은 쪽으로 확산된다. 달리 표현하면, 특정 화학물질의 농도가 높거나 낮은 그 **농도기울기(concentration gradient)**를 따라 어떤 물질은 확산된다(이 경우에는 낮은 쪽). 확산은 외부에서 일을 해주지 않아도 일어나는 자발적인 과정으로 에너지의 공급이 필요 없다. 각 물질은 그 자신의 농도기울기를 따라 확산되며 다른 물질들의 농도 차이에 의해서 영향을 받지 않는다는 것에 유의하라(**그림 8.10b**).

세포막을 가로지르는 많은 이동은 확산에 의해서 일어난다. 막의 한 쪽에 있는 어떤 물질의 농도가 다른 쪽보다 높을 때, 그 물질은 농도기울기를 따라 막을 가로질러 확산된다(그 물질에 대해 막이 투과적이라고 가정했을 때). 한 가지 중요한 예는 세포호흡을 수행하는 세포에 의한 산소 섭취이다. 용해된 산소는 세포막을 가로질러 세포 내로 확산된다. 들어오는 산소를 세포호흡으로 소비하는 동안에는 농도기울기가 세포 안으로의 이동에 유리하기 때문에 세포 내로 계속 확산된다.

생체막을 통한 물질의 확산은 세포가 에너지를 소비할 필요가 없기 때문에 **수동수송(passive transport)**이라고 부르기도 한다. 농도기울기 자체는 위치에너지를 의미하고(개념 2.2와 그림 6.5b), 확산이 일어나게 한다. 하지만 막은 선택적 투과성이 있어서 다양한 분자들의 확산속도에 미치는 영향은 똑같지 않다는 점을 기억하라. 물의 경우, 아쿠아포린은 물이 특정 세포의 막을 통하여 매우 빠르게 확산할 수 있도록 해준다. 곧 다음에 보겠지만, 세포막을 통과하는 물의 이동은 세포에 매우 중요한 결과를 가져온다.

물 균형에 있어서의 삼투현상의 효과

용질 농도가 다른 두 가지 용액들이 어떻게 상호 교류하는가를 보기 위해서는 두 가지 설탕 용액이 선택적으로 투과적인 막으로

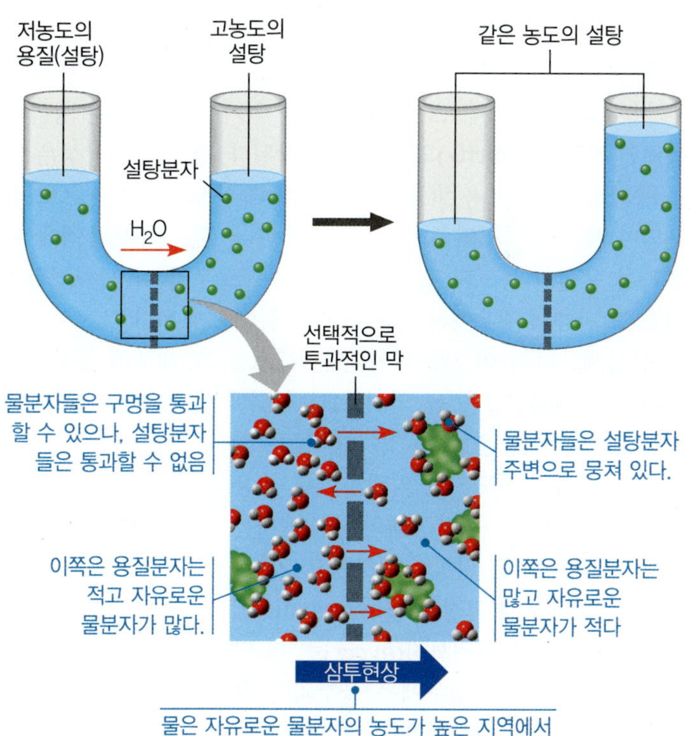

▲ **그림 8.11 삼투현상.** 용매(물)는 통과할 수 있지만 용질(설탕)은 통과할 수 없는 막에 의해서 두 가지 다른 농도의 설탕용액이 분리되어 있다. 물분자들은 무작위로 이동하며 양쪽 방향으로 통과할 수 있으나, 전반적으로 물은 낮은 용질 농도를 갖는 용액에서부터 높은 농도의 용질을 갖는 용액으로 확산된다. 이러한 물의 수동적 이동 혹은 삼투현상은 양쪽의 설탕농도를 좀 더 거의 동일하게 한다. (단순하게 하기 위해서 여기서 설명하지는 않았지만, 물의 압력이 좀 더 높은 쪽에서의 영향 때문에 농도는 정확하게 동일하게 되지는 않는다.)

WHAT IF? 만약 막을 통과할 수 있는 오렌지색 색소를 위의 관 왼쪽에 첨가한다면, 실험 끝에는 색소들이 어떻게 분포될까(그림 8.10)? 관의 최종 용액 수면은 어떤 영향을 받을까?

분리되어 담겨 있는 U-모양 유리관을 상상해 보라(**그림 8.11**). 이 합성막에 있는 구멍은 설탕분자들이 통과하기에는 너무 작지만, 물분자들에게는 충분히 크다. 그보다는 물분자들이 친수성 용질 분자들에 단단하게 뭉쳐서 막을 통과할 수 없게 된다. 결과적으로, 용질의 농도가 높은 용액은 **자유로운**(free) 물의 농도가 낮다. 용질의 농도가 막의 양쪽에서 좀 더 거의 동일하게 될 때까지 물은 용질의 농도가 낮은(자유로운 물의 농도가 높은) 지역에서 용질의 농도가 높은(자유로운 물의 농도가 낮은) 지역으로 막을 통과하여 확산한다. 선택적으로 투과성이 있는 막을 통한 물의 확산을 **삼투현상(osmosis)**이라고 부르기도 한다. 세포막을 통한 물의 이동 그리고 세포와 외부환경 간의 물의 균형은 생물체에 필수적이다. 이 시스템에서 배운 것을 이제부터 살아 있는 세포에 적용해 보자.

세포벽이 없는 세포의 물 균형

어떤 용액 내에 있는 세포의 상태를 설명하고자 할 때에는 용질의 농도와 막투과성 정도 두 가지 모두를 고려하여야만 한다. 이 두 가지 요인들은 세포로 하여금 물을 얻거나 잃게 하는 용액의 능력인 **긴장성(tonicity)**의 개념에 포함된다. 용액의 긴장성은 막을 통과할 수 없는 용질(불투과성 용질)의 농도에 부분적으로 좌우되며 세포 내에서의 농도와 관련이 있다. 세포 주변용액에 불투과성 용질의 농도가 높으면, 물은 세포로부터 나가는 경향이 있고 그 반대의 경우에는 세포 안으로 들어오게 된다.

동물세포와 같이 세포벽이 없는 세포를 그 세포에 **등장상태(isotonic**, iso는"같음"을 의미함)인 환경에 담근다면, 세포막을 통한 물의 순이동은 없을 것이다. 물은 막을 통과하여 확산되지만 양방향으로 같은 속도를 유지한다. 등장상태의 환경에서는 동물세포의 부피는 일정하다(**그림 8.12a**).

이제는 세포에 **고장상태(hypertonic)**인 용액으로 세포를 옮겨보자(*hyper*는 "더 많음"를 의미하고 이 경우에는 불투과성 용질을 의미함). 세포는 물을 잃게 되어 시들고 대개는 죽게 된다. 이는 호수의 염분(짠맛의 정도)이 증가하면 그곳의 동물들이 죽게 되는 이유 중의 하나이다—호수 물이 동물세포에 고장상태라면, 세포는 마르게 되고 죽게 된다. 하지만 물을 너무 많이 유입하는 것도 물을 잃는 것과 마찬가지로 동물세포에 똑같이 위험하다. 세포에 **저장상태(hypotonic**; *hypo*는"더 적음"를 의미함)인 용액으로 세포를 넣게 되면, 물은 빠져나가는 속도보다 월등히 빠르게 세포 내로 들어오게 되며, 세포는 마치 지나치게 채워진 물 풍선처럼 부풀고 터진다(파열한다).

견고한 벽이 없는 세포는 물의 과다한 흡입이나 과다한 배출에 견딜 수 없다. 이러한 물 균형에 관한 문제는 그러한 세포가 등장액인 환경에 살게 된다면 자동적으로 해결된다. 바닷물은 많은 해양무척추동물에게 등장액이다. 대부분의 육서(뭍에 서식하는)동물들의 세포는 그 세포에 등장액 상태인 세포외액에 둘러싸여 있다. 하지만 고장액이나 저장액인 환경에서 견고한 세포벽이 없는 생물체들은 용질 농도와 물 균형의 조절인 **삼투조절(osmoregulation)**을 위한 적응을 해야만 한다. 예를 들면, 단세포 원생동물인 짚신벌레(*Paramecium caudatum*)는 그 세포에 저장상태인 연못물에서 살아간다. 짚신벌레는 대부분의 다른 세포들의 막보다 물 투과성이 훨씬 낮은 세포막을 갖고 있는데, 이는 단지 세포로 계속적으로 들어오게 되는 물의 흡입을 늦춘다. 또한 삼투현상으로 물이 들어오는 만큼 빠르게 세포 바깥으로 물 퍼내는 펌프의 기능을 하는 소기관인 수축성 액포를 갖고 있기 때문에 짚신벌레 세포는 터지지 않는다(**그림 8.13**). 44장에서 삼투조절을 위한 다른 진화적 적응들에 관하여 조사하게 될 것이다.

세포벽이 있는 세포의 물 균형

식물, 원핵생물, 곰팡이 그리고 몇몇 원생동물들의 세포들은 벽을 갖고 있다(그림 7.27). 그러한 세포는 저장액에 담기게 되면—예를 들어, 빗물에 담기면—세포벽이 세포의 물 균형을 유지할 수 있도록 도움을 준다. 식물세포를 생각해 보라. 동물세포처럼 식물세포도 삼투현상에 의해서 물이 흡입됨에 따라 부푼다(**그림 8.12b**). 하지만 상대적으로 탄력성이 없는 벽은 세포에 팽

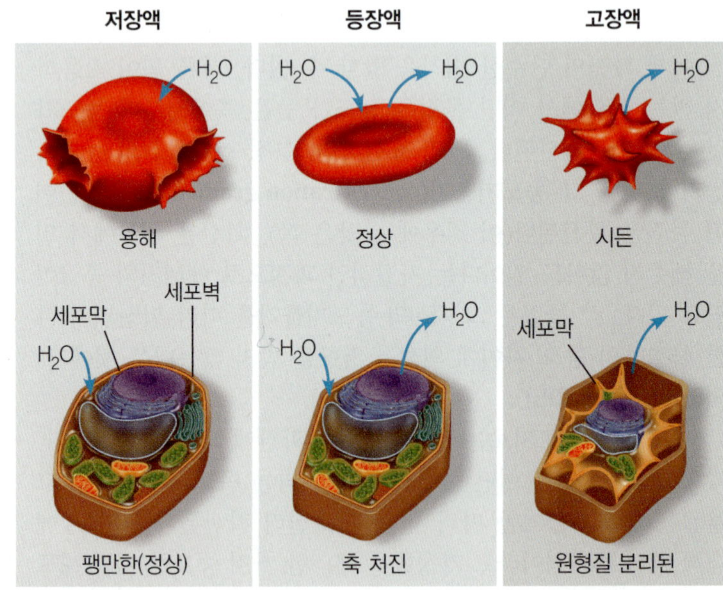

(a) **동물세포.** 동물세포들은 삼투에 의한 물의 흡입과 배출을 상쇄하는 특별한 적응을 갖고 있지 않으며 등장의 환경에서 가장 잘 살아간다.

(b) **식물세포.** 식물세포들은 일반적으로 저장상태의 환경에서 팽만해지며 가장 건강한데, 이 상태에서는 물의 흡수가 세포벽이 미는 힘에 의해 균형이 맞춰진다.

▲ **그림 8.12 살아 있는 세포의 물 균형.** 환경의 용질 농도의 변화에 따라 살아 있는 세포들이 어떻게 반응하는지는 그들이 세포벽을 갖고 있느냐 아니냐에 달려 있다. **(a)** 적혈구 세포와 같은 동물세포들은 세포벽을 갖고 있지 않다. **(b)** 식물세포들은 세포벽을 갖고 있다. (화살표는 세포를 이들 용액에 처음 위치시킨 후의 물의 순이동을 표시한다.)

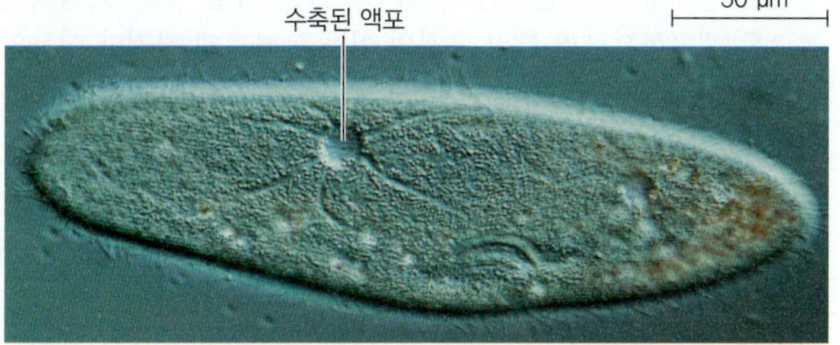

▲ **그림 8.13 짚신벌레(*Paramecium caudatum*)의 수축포.** 액포는 세포질에 있는 관 시스템으로부터 액체를 모은다. 액포와 관들은 가득차면 수축하여 액체를 세포로부터 분출한다(LM).

압(turgor pressure)이라 하는 후방 압력을 가하여 물이 더 이상 흡입되지 않을 정도까지만 팽창한다. 이 시점에서 세포는 **팽만(turgid)**하여 매우 단단한 상태이며, 이는 대부분의 식물세포들에 있어서 건강한 상태이다. 대부분의 실내용 화초처럼 목질이 아닌 식물들은 기계적인 지탱을 위하여 주변의 저장액에 의해서 세포들이 부어오른 상태를 유지한다. 만약 식물세포들과 주변환경이 등장상태에 있게 된다면, 물이 유입되는 경향은 없으며, 그래서 세포들은 **시든(flaccid)**, 즉 축 처지게 된다.

하지만 세포를 고장상태의 환경에 담근다면 벽의 장점은 없어진다. 이 경우에는 동물세포와 마찬가지로 식물세포는 환경으로 물을 잃어버리게 되어서 수축된다. 식물세포가 시들게 됨에 따라서 세포막은 벽에서부터 떨어지게 된다. 이러한 현상은 **원형질분리(plasmolysis)**라고 하며 식물을 시들게 해서 죽게 할 수 있다. 세균과 곰팡이에서 세포벽이 있는 세포들도 고장상태의 환경에서 원형질분리가 일어난다.

촉진확산: 단백질의 도움을 받는 수동수송

물과 친수성 용질들이 어떻게 막을 통과하는지를 보다 면밀히 관찰해 보자. 앞서 기술한 바와 같이, 막의 지질 이중층을 통과할 수 없는 많은 극성분자들과 이온들은 막을 관통하고 있는 수송 단백질들의 도움으로 수동적으로 확산된다. 이 현상을 **촉진확산(facilitated diffusion)**이라 한다. 세포생물학자들은 다양한 수송 단백질들이 어떻게 확산을 촉진시키는지 정확하게 알기 위하여 계속 노력하고 있다. 대부분의 수송 단백질들은 매우 특이적이다. 즉, 그들은 몇 가지 물질들만 수송한다.

앞서 기술한 바와 같이, 수송 단백질의 두 가지 형태는 통로 단백질과 운반체 단백질이다. 통로 단백질은 단순히 특별한 분자나 이온이 막을 통과할 수 있도록 하는 통로를 제공한다(그림 8.14a). 이들 단백질이 제공하는 친수성인 좁은 통로는 물분자들이나 작은 이온들이 막의 한쪽 편에서 다른 쪽으로 매우 빠르게 흘러갈 수 있도록 해준다. 물분자는 작아서 인지질 이중층을 통과하기 충분하지만 이 통로를 통한 물의 이동 속도는 물분자의

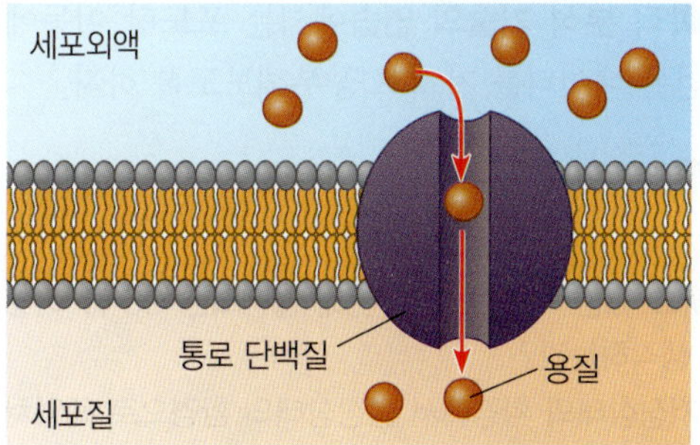

(a) 통로 단백질(보라색)은 물분자들이나 특정 용질이 통과할 수 있는 통로를 갖는다.

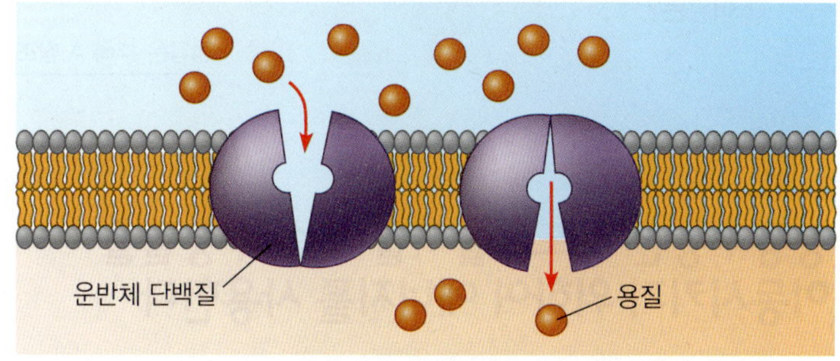

(b) 운반체 단백질은 두 가지 모양을 번갈아 교대하는데, 모양이 변함에 따라서 용질을 막을 통과하여 이동시킨다.

▲ **그림 8.14 촉진확산을 수행하는 두 가지 유형의 수송 단백질.** 이 두 가지 경우에서, 단백질은 어떤 방향으로든 용질을 수송할 수 있지만, 용질의 농도기울기를 따라서 순이동된다.

극성 때문에 비교적 느린 편이다. 물의 통로 단백질인 아쿠아포린은 적혈구 세포 같은 동물세포나 식물세포에서 공히 발생하는 물의 대량 확산을 촉진시킨다(그림 8.12). 신장세포도 많은 아쿠아포린을 갖고 있어 소변을 배설하기 전에 소변으로부터 물을 재생할 수 있게 한다. 만약 신장이 이런 기능을 할 수 없다면, 매일 180 L의 소변을 배설하게 되고 같은 양의 물을 마셔야만 한다.

이온을 수송하는 통로 단백질을 **이온통로(ion channel)**라 한다. 많은 이온통로들은 자극에 의해서 열리거나 닫히는 **관문통로(gated channel)**로서 기능을 한다. 어떤 관문통로에서의 자극은 전기적이다. 예를 들면 신경세포에서 이온통로는 전기적 자극에 반응해서 열리고 포타슘이온이 세포 바깥으로 나가게 한다. (이 장의 첫 페이지의 왼쪽 아래에 보여주는 이온채널의 중앙에 있는 오렌지색 이온을 보라.) 이것은 세포가 다시 신경신호를 발화할 수 있는 능력을 회복시킨다. 다른 관문통로들은 수송되는 것이 아닌 다른 특정한 물질이 통로에 붙으면서 열리거나 닫힌다. 이들은 48장에서 배우게 될 신경계의 작동에서도 중요하다.

앞서 언급한 포도당 운반체와 같은 운반체 단백질은 모양을 미묘하게 변화시켜서 어떻게든 용질결합 부분을 막을 가로질러 자리바꿈시키는 것으로 생각된다(그림 8.14b). 그러한 모양의 변화는 수송되는 분자의 결합과 방출에 의해서 유발되는 것 같다. 이온통로처럼 촉진확산에 관여하는 운반체 단백질은 농도기울기를 따라 물질이 순이동되게 한다. 따라서 이는 에너지 투입이 필요 없

는 수동수송이다. **과학적 분석 기술의 연습**에서는 포도당 이동에 관한 어떤 실험에서 얻은 데이터를 가지고 공부해보도록 하자.

개념 확인 문제 8.3

1. 세포호흡을 수행하고 있는 세포가 그로 인해 발생되는 CO_2를 어떻게 없앨 것이라고 생각하는가?
2. 만약 짚신벌레가 저장상태의 환경에서 등장상태의 환경으로 헤엄쳐 갔다고 하면, 수축포가 더 활성화될 것인가 덜 활성화 될 것인가? 그 이유는?

정답은 부록 A 참조

개념 8.4

능동수송은 농도기울기를 거슬러 용질을 이동시키기 위하여 에너지를 사용한다

수송 단백질의 도움에도 불구하고, 촉진확산은 수송되는 용질들이 농도기울기를 따라서 이동되기 때문에 에너지가 필요없는 과정인 수동수송으로 간주된다. 촉진확산은 막을 통한 효율적인 통로를 제공함으로써 특정 용질의 이동을 빠르게 하지만 이동의 방향을 바꾸지는 않는다. 하지만 몇몇 수송 단백질들은 농도가 낮은 쪽(안쪽이든 바깥쪽이든)에서 농도가 더 높은 쪽으로 막을 가로질러 그 농도기울기를 거슬러 용질을 이동시킬 수 있다.

능동수송에서의 에너지 필요성

어떤 분자를 농도를 거슬러 막을 통해 퍼올리기 위해서는 일이 필요하며, 세포는 에너지를 사용해야만 한다. 따라서 이러한 유형의 막 통행을 **능동수송(active transport)**이라 한다. 농도기울기를 거슬러 용질들을 이동시키는 수송 단백질은 통로 단백질들이 아니라 모두 운반체 단백질들이다. 이것은 사리에 맞는 말인데 통로 단백질이 열려 있을 때 통로 단백질은 농도기울기를 따라 물질을 확산시킬 뿐 경사를 거슬러 물질을 실어서 이동시키지는 못하기 때문이다.

능동수송은 세포의 내부와 외부에서 작은 분자들의 농도가 다를 때 내부 농도를 유지할 수 있게 한다. 예를 들어, 주변과 비

과학적 분석 기술의 연습

두 세트의 데이터를 가진 그래프 해석하기

세포의 포도당 흡수가 나이에 따라 영향 받을까? 동물의 주요 에너지원인 포도당은 단백질 운반체에 의한 촉진확산에 의해 세포 안으로 수송된다. 이 실험에서 여러분은 나이가 다른 기니피그의 적혈구 세포를 대상으로 시간에 따른 포도당 흡수량을 조사한 두 세트의 실험 데이터를 가진 그래프를 해석하게 될 것이다. 기니피그의 나이가 세포의 포도당 흡수율에 영향을 미치는지를 결정하게 될 것이다.

실험 방법 기니피그의 적혈구 세포를 방사선 동위원소로 표지된 포도당 용액(300 mM)에 pH 7.4, 25℃의 조건에서 반응시켰다. 10분 또는 15분 간격으로 용액의 시료를 일부 채취해서 세포 내에 있는 방사성 포도당의 양을 측정했다. 세포는 15일 된 기니피그 또는 1달 된 기니피그에서 얻은 것이다.

실험 데이터 여러 세트의 데이터를 가지고 있는 경우에 비교를 쉽게 하기 위해 한 그래프 위에 그려 넣으면 유용할 수 있다. 여기의 그래프에는 한 세트의 점들을 연결한 *스캐터 플롯(scatter plot)*이 있는데, 모든 데이터의 점은 각각의 변수에 대해 하나씩 두 개의 절대값을 갖는다. 각 데이터 세트에서 경향성을 보기 쉽도록 각 점들에 가장 일치하는 곡선이 그어져 있다. (그래프에 대한 추가 정보는 부록 F 참조)

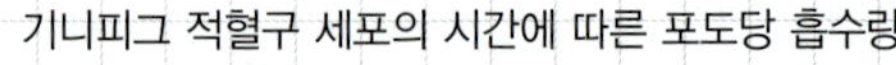
기니피그 적혈구 세포의 시간에 따른 포도당 흡수량

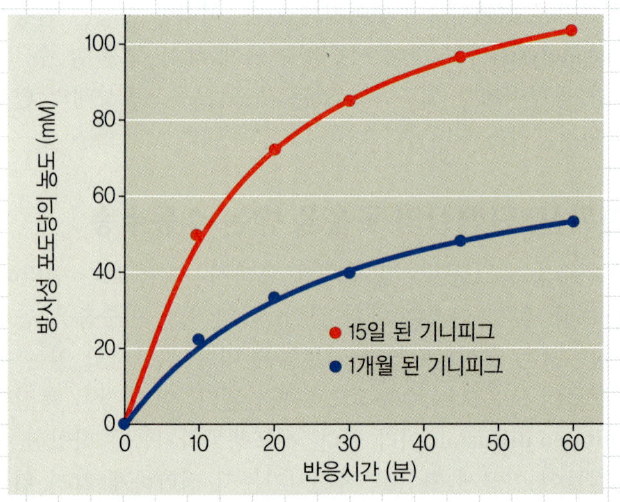

데이터 해석

1. 첫째, 그래프의 각 부분을 이해하고 있는지 확인하라. (a) 어떤 변수가 연구자가 조절할 수 있는 독립변수인가? (b) 어떤 변수가 처치에 따라 변화하고 연구자가 측정하는 종속변수인가? (c) 빨간 점이 나타내는 것은 무엇인가? (d) 파란 점이 나타내는 것은 무엇인가?
2. 그래프의 데이터 점으로부터 데이터 표를 만들어라. 표의 왼쪽 줄에는 반응시간(분)을 넣으시오.
3. 그래프가 나타내는 것은 무엇인가? 15일 된 기니피그와 1달 된 기니피그에서 적혈구 세포의 포도당 흡수량을 비교하여 차이점을 설명하시오
4. 15일 된 기니피그와 1달 된 기니피그에서 적혈구 세포의 포도당 흡수량의 차이를 설명할 수 있는 가설을 만들어라. 포도당이 어떻게 세포 안으로 들어가는지를 생각하시오.
5. 당신의 가설을 확인할 수 있는 실험을 고안하라.

참고문헌 T. Kondo and E. Beutler, Developmental changes in glucose transport of guinea pig erythrocytes, *Journal of Clinical Investigation* 65:1–4 (1980).

▶ **그림 8.15 소듐-포타슘 펌프: 능동수송의 특별한 경우.** 이 수송 시스템은 급격한 농도기울기를 거슬러 이온들을 퍼올린다: 소듐이온의 농도([Na^+])는 세포 바깥에서 높고 안쪽에서 낮은 반면, 포타슘이온 농도([K^+])는 세포의 바깥쪽이 낮고 안쪽은 높다. 펌프는 2개의 K^+를 세포 안으로 넣을 때마다 3개의 Na^+를 세포 바깥으로 이동시키는 주기에서 두 가지 모양으로 번갈아 바뀐다. 이 두 가지 모양은 Na^+와 K^+에 대하여 각각 친화력이 다르다. ATP는 수송 단백질에 인산기를 전달하여(즉, 단백질을 인산화하여), 모양을 변화시키는 동력을 공급한다.

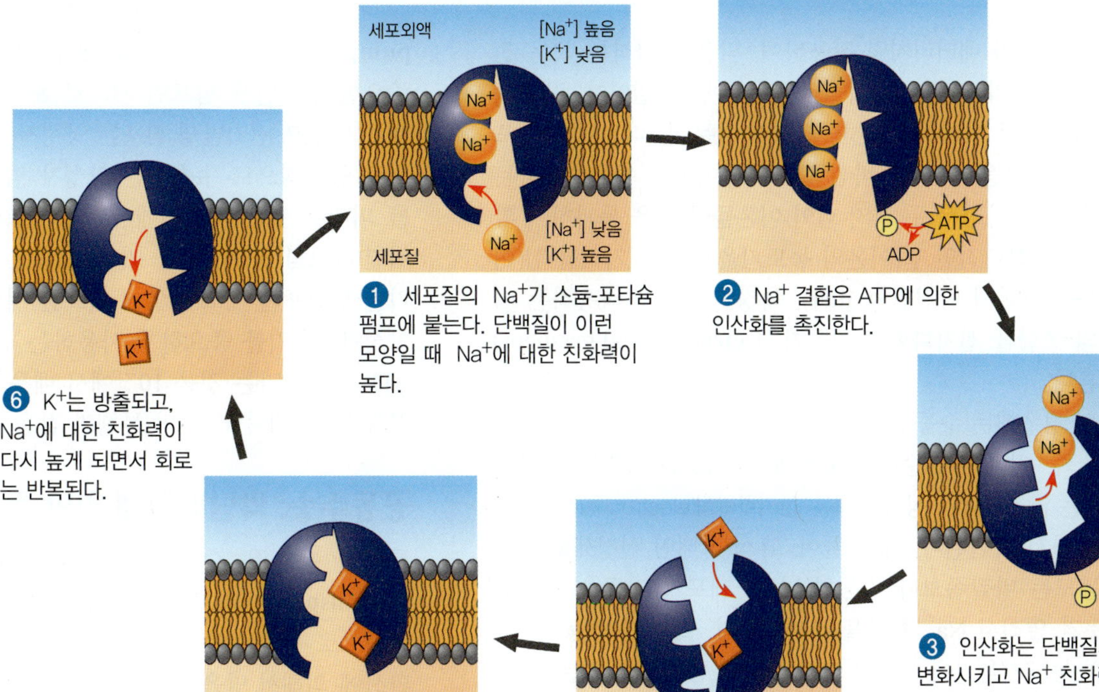

교해보았을 때, 동물세포는 훨씬 높은 포타슘이온(K^+) 농도와 훨씬 낮은 소듐이온(Na^+) 농도를 갖는다. 세포막은 Na^+을 세포 밖으로 K^+을 세포 안으로 퍼냄으로써 이러한 가파른 기울기를 유지할 수 있게 한다.

다른 유형의 세포 작업에 있어서와 마찬가지로, ATP가 대부분의 능동수송을 위한 에너지를 제공한다. ATP가 능동수송에 동력을 공급하는 한 가지 방법은 말단 인산기를 수송 단백질에 직접 전달하는 것이다. 이는 그 단백질에 붙어 있는 용질을 막을 통과하여 이동시키게끔 단백질의 입체구조를 변형시키도록 유도한다. 이러한 방법으로 작동하는 수송 시스템의 하나로 **소듐-포타슘 펌프(sodium-potassium pump)**가 있으며, 이는 동물세포의 세포막을 가로질러 Na^+과 K^+을 교환한다(그림 8.15). 그림 8.16은 수동수송과 능동수송 간의 차이를 총괄하여 설명한다.

이온 펌프는 어떻게 막전위를 유지시키는가

모든 세포들은 그들의 세포막을 가로지르는 전압을 갖고 있다. 전압은 전기적인 위치에너지—반대 전하들의 격리—이다. 막의 양편에서의 음이온들과 양이온들의 불균등 분포로 인하여 막의 세포질 쪽은 세포외액 쪽에 비해서 음전하를 띠고 있다. 막을 가로지르는 전압은 **막전위(membrane potential)**라고 부르며, 약 −50에서 −200밀리볼트(mV) 범위이다. (마이너스는 바깥쪽에 비해 세포의 안쪽이 음전하를 띤다는 것을 말한다.)

▼ **그림 8.16 요약: 수동수송과 능동수송**

수동수송. 세포에 의한 에너지의 지출이 없이 물질들은 그들의 농도기울기를 따라서 막을 가로질러서 자발적으로 확산한다. 확산속도는 막에 있는 수송 단백질에 의해서 크게 증가할 수 있다.

능동수송. 몇몇 수송 단백질들은 펌프로 작용하여 물질들을 그들의 농도(혹은 전기화학적)기울기를 거슬러서 막을 통해 이동시킨다. 이 일을 위한 에너지는 대개 ATP에 의해서 공급된다.

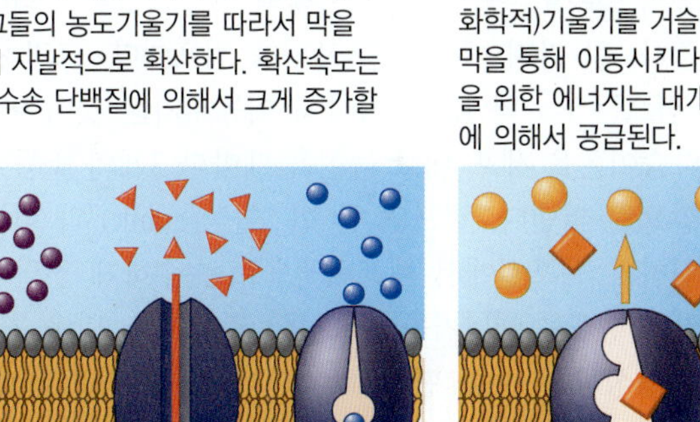

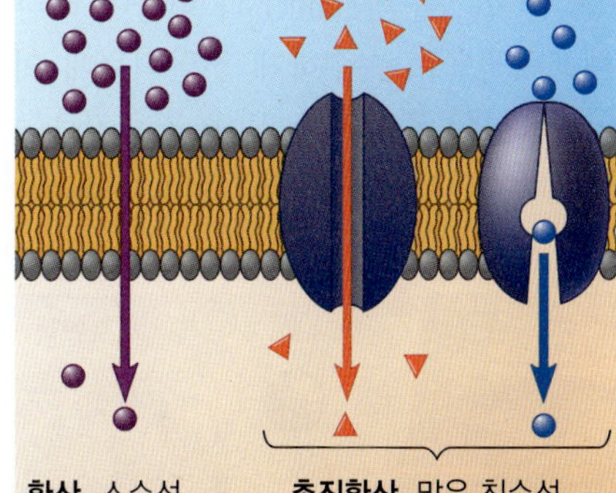

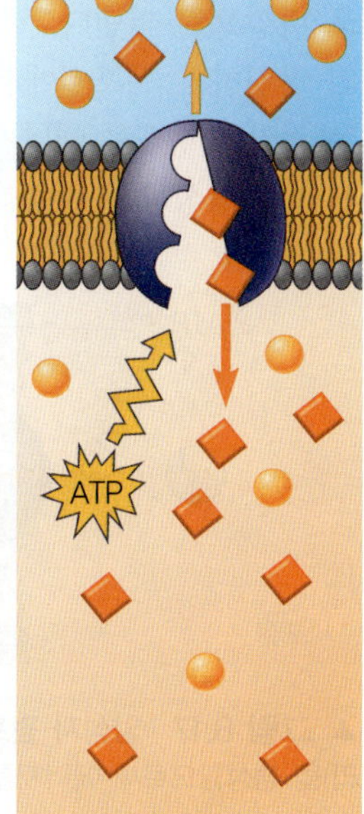

? 오른쪽 그림의 각 용질들의 이동 방향을 서술하고 농도기울기를 따라 이동하는지, 거슬러 이동하는지 설명하라.

막전위는 마치 배터리처럼 작용하여, 막을 통과하는 모든 전하를 띤 물질들의 왕래에 영향을 미치는 에너지원이다. 세포의 안쪽은 바깥쪽에 비해서 음전하를 띠기 때문에, 막전위는 세포 안쪽으로 양이온을, 그리고 바깥쪽으로 음이온을 수동수송하는 것을 선호한다. 따라서 두 가지 힘이 이온들이 막을 통과하여 확산되게 한다: 화학적인 힘(이온의 농도기울기)과 전기적인 힘(이온의 이동에 있어서 막전위의 효과). 특정한 이온에 작용하는 이런 힘들의 조합을 **전기화학적 기울기(electrochemical gradient)**라고 부른다.

이온의 경우에는 수동수송에 대한 우리의 개념을 다듬을 필요가 있다. 즉, 이온은 단순히 농도(concentration)기울기를 따라서 확산되지는 않고, 보다 정확하게는 전기화학적(electrochemical) 기울기를 따라서 확산된다. 예를 들어, 휴식 상태인 신경세포 내의 Na^+의 농도는 바깥쪽보다 월등히 낮다. 세포가 자극을 받으면 관문통로가 열려서 Na^+ 확산을 촉진시킨다. 그러면 소듐이온들은 Na^+의 농도기울기에 의해서 그리고 막의 음전하를 띠는 쪽(안쪽)으로 양이온이 유인되는 것에 의해서 가동되는 그들의 전기화학적 기울기를 따라서 "떨어져(fall)" 내리게 된다. 이 예에서 전기화학적 기울기에 전기적 기여와 화학적 기여는 항상 그렇지는 않지만 막을 가로질러 같은 방향으로 작동한다. 막전위에 기인하는 전기적인 힘이 농도기울기를 따라 어떤 이온이 단순히 확산되는 것에 반하게 될 경우에는 능동수송이 필요하게 된다. 48장에서 신경자극의 전달에 있어서 전기화학적 기울기와 막전위의 중요성을 공부하게 될 것이다.

능동적으로 이온을 수송하는 몇몇 막단백질들은 막전위에 영향을 준다. 한 가지 예는 소듐-포타슘 펌프이다. 그림 8.15를 보면 이 펌프는 Na^+와 K^+를 하나씩 이동시키는 것이 아니라 2개의 포타슘이온을 세포 내로 들여올 때마다 3개의 소듐이온을 세포 바깥으로 퍼낸다. 펌프의 한 번 "돌림(crank)"과 더불어 하나의 양전하가 세포질에서 세포외액으로 순수하게 전달되는데 이는 전압의 형태로 에너지를 저장하는 과정이다. 막을 가로지르는 전압을 생성하는 수송 단백질을 **전기발생성 펌프(electrogenic pump)**라고 부르기도 한다. 소듐-포타슘 펌프는 동물세포에서 중요한 전기발생 펌프인 것으로 보인다. 식물과 곰팡이 그리고 세균의 주요 전기발생 펌프는 양성자(수소이온, H^+)를 세포 바깥으로 능동적으로 수송하는 **양성자 펌프(proton pump)**이다. H^+를 퍼내는 것은 세포질에서부터 세포외액으로 양전하들을 이전시킨다(그림 8.17). 막을 가로지르는 전압을 생성시킴으로써, 전기발생 펌프는 세포 작업에 필요한 에너지를 저장한다. 세포에서 양성자기울기를 중요하게 사용하는 한 가지는 세포호흡 동안의 ATP 합성이라는 것을 10장에서 배우게 될 것이다. 다른 사용은 공동수송이라 불리는 막 통행과 같은 것이다.

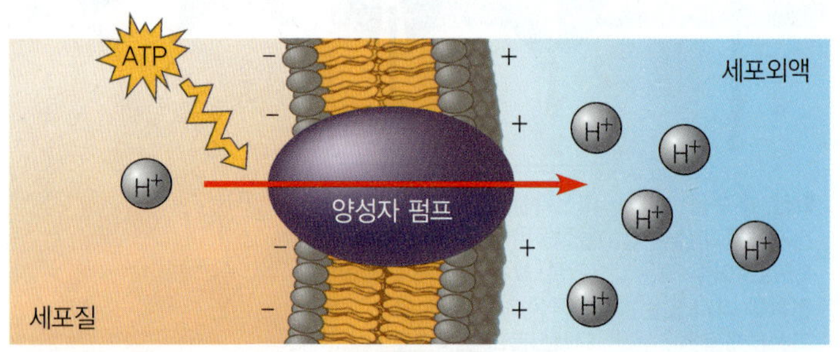

▲ **그림 8.17 양성자 펌프.** 양성자 펌프는 막을 가로지르는 전압(전하 격리)을 생성함으로써 에너지를 저장하는 전기발생성 펌프이다. 양성자 펌프는 수소이온 형태의 양전하를 이동시킨다. 전압과 H^+ 농도기울기는 영양분 섭취와 같은 다른 과정들을 구동시킬 수 있는 이중의 에너지원을 대표한다. 대부분의 양성자 펌프는 ATP로 구동된다.

공동수송: 막단백질에 의한 동시 수송

특정한 용질을 수송하는 단일 ATP-구동 펌프는 **공동수송(cotransport)**이라고 하는 기작으로 여러 가지 다른 용질들을 간접적으로 능동수송하도록 할 수 있다. 막을 통하여 퍼낸 물질은 확산에 의해서 막을 통하여 되돌아가면서 일을 할 수 있는데, 이는 오르막으로 퍼올린 물이 다시 흘러내리면서 일을 수행하는 것과 유사하다. 펌프로부터 떨어져 있는 공동수송자인 또 다른 수송 단백질은 어떤 물질의 "내리막(downhill)" 확산과 농도(혹은 전기화학적)기울기에 거스르는 다른 물질의 "오르막(uphill)" 수송을 연계시킬 수 있다. 예를 들어, 식물세포는 아미노산과 당 그리고 여러 가지 다른 영양분들을 세포 내로 능동수송시키기 위하여 양성자 펌프에 의해 생성되는 수소이온의 기울기를 사용한다. 한 특정 수송 단백질은 수소이온이 되돌아가는 것과 세포 내로 설탕이 수송되는 것을 연계시킨다(그림 8.18). 설탕분자가 수소

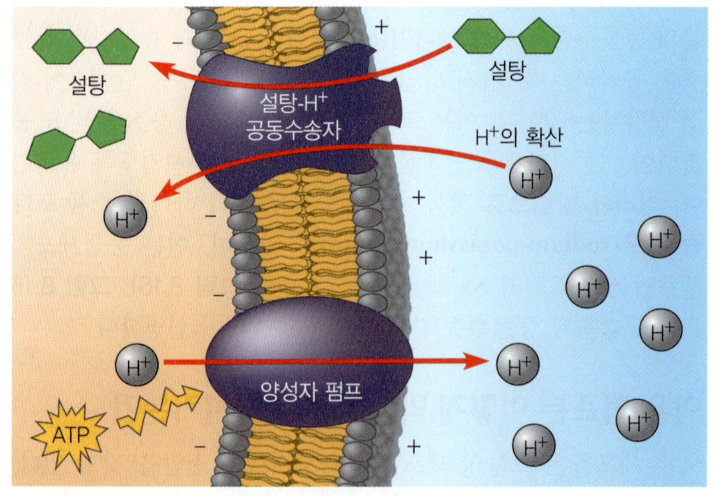

▲ **그림 8.18 공동수송: 농도기울기에 의한 능동수송.** 식물세포에서 설탕-H^+ 공동수송자와 같은 운반체 단백질은 전기화학적 기울기를 따라 H^+를 세포 내로 확산시켜 설탕의 섭취를 꾀할 수 있다. (세포벽은 표시하지 않았음.) 공동수송 과정의 기술적인 부분은 아니지만, 세포 바깥에 있는 H^+를 농축시키는 ATP-구동 양성자 펌프를 여기에 표시하였다(아래). 생성되는 H^+ 기울기는 이 그림에서 설탕의 능동수송에 사용될 수 있는 전위 에너지를 나타낸다. 따라서 ATP는 공동수송에 필요한 에너지를 간접적으로 제공한다.

이온과 함께 이동될 경우에만 그 단백질은 농도기울기를 거슬러서 설탕을 세포 내로 이동시킬 수 있다. 수소이온은 양성자 펌프에 의해서 유지되는 전기화학적 기울기를 따라 확산되기 위한 수단으로 수송 단백질을 사용한다. 식물은 광합성에 의해서 생성된 설탕을 잎맥 내의 세포로 싣기 위해서 설탕-H^+ 공동수송을 사용한다. 그런 다음, 식물의 관다발 조직은 당을 뿌리와 같은 비광합성 기관들로 배분한다.

동물세포에서의 공동수송 단백질들에 관한 지식들은 개발도상국에서의 심각한 문제점인 설사병에 대해 더 효과적인 처방을 발견할 수 있게 해준다. 일반적으로 노폐물에 있는 소듐은 결장 내에서 재흡수되어 체내에서 일정한 수준을 유지하게 되지만, 설사를 하게 되면 노폐물을 너무 빨리 배설해서 재흡수가 불가능하게 되어 소듐농도는 급격하게 낮아지게 된다. 위독한 상황에서는 환자들은 고농도의 염분(NaCl)과 포도당을 함유하는 음료를 마시게끔 처방한다. 용질들은 장의 세포 표면에 있는 소듐-포도당 공동수송 단백질들을 통하여 섭취되어서 세포를 통하여 혈액 속으로 전달된다. 이러한 간단한 처방으로 전 세계 유아 사망률을 낮출 수 있었다.

개념 확인 문제 8.4

1. 소듐-포타슘 펌프는 신경세포에서 세포막을 가로지르는 전압을 형성하게 한다. 이 펌프는 ATP를 사용할 것인가 아니면 ATP를 생성할 것인가? 설명하라.
2. 그림 8.15에 있는 소듐-포타슘 펌프는 왜 공동수송자로 간주하지 않는지를 설명하라.
3. MAKE CONNECTIONS 개념 7.4의 리소좀의 특성들을 복습하라. 리소좀의 내부 환경에서는 어떤 수송 단백질이 그 막에서 관찰될 것으로 기대할 수 있는가?

정답은 부록 A 참조

개념 8.5

세포막을 통과하는 집단수송은 세포외배출작용과 세포내섭취작용에 의해서 일어난다

물과 작은 용질들은 세포막의 지질 이중층을 통해 확산되거나 혹은 수송 단백질들에 의해서 퍼올리거나 운반됨으로써 세포 내로 들어오고 나간다. 하지만 단백질과 탄수화물처럼 큰 분자들은 일반적으로 소낭 내에 포장되는 기작에 의해서 대량으로 막을 통과한다.

세포외배출작용

7장에서 기술하였던 것처럼 소낭이 세포막과 융합됨으로써 세포는 특정 분자들을 분비하는데, 이를 **세포외배출작용(exocytosis)**이라 부른다. 골지체에서 뻗어나온 수송소낭은 세포골격의 미세소관들을 따라서 세포막까지 이동한다. 소낭막과 세포막이 접촉되게 되면, 특정 단백질들이 두 이중층의 지질분자들의 배열을 바꾸고 2개의 막은 융합된다. 그러면 소낭의 내용물은 세포의 바깥으로 흘러나오게 되며, 소낭막은 세포막의 한 부분이 되게 된다(그림 8.9, 4단계).

많은 분비세포들은 생산물을 배출하기 위해서 세포외배출작용을 이용한다. 예를 들어, 인슐린을 만드는 췌장(이자)에 있는 세포들은 세포외배출작용으로 그것을 세포외액으로 분비한다. 다른 예로는 뉴런(신경세포)을 들 수 있는데, 다른 뉴런이나 근육세포로 신호를 전달하는 신경전달물질을 방출하기 위하여 세포외배출작용을 이용한다. 식물세포들이 세포벽을 만들 때, 세포외배출작용은 단백질들과 탄수화물들을 골지체 소낭에서부터 세포의 바깥으로 운반한다.

세포내섭취작용

세포내섭취작용(endocytosis)에서는 세포막으로부터 새로운 소낭을 형성함으로써 세포가 분자들이나 특정한 물질들을 받아들이는 과정이다. 비록 이들 과정에 관여되는 단백질들은 다르지만, 세포내섭취작용에서 일어나는 일은 세포외배출작용의 반대인 것처럼 보인다. 먼저 세포막의 작은 부위는 안쪽으로 함몰되면서 주머니를 형성한다. 그런 다음 그 주머니가 점점 깊어지면서 안쪽으로 조이게 되고, 세포 바깥에 있던 물질을 함유하는 소낭이 형성된다. 세 가지 유형의 세포내섭취작용인 식세포작용(phagocytosis; "세포의 먹기"), 음세포작용(pinocytosis; "세포의 마시기"), 수용체 매개 세포내섭취작용(receptor-mediated endocytosis; 음세포작용의 일종)을 이해하기 위해 **그림 8.19**를 신중히 공부하라.

인체세포는 수용체 매개 세포내섭취작용을 사용하여, 막 합성과 기타 스테로이드들의 합성을 위한 전구체인 콜레스테롤을 확보한다. 콜레스테롤은 지질과 단백질 복합체인 저밀도 지질단백질(low-density lipoprotein, LDL)이라 불리는 입자의 형태로 혈액속을 돌아다닌다. LDL들은 세포막에 있는 LDL 수용체에 붙은 후 세포내섭취작용에 의해서 세포로 들어간다. [그래서 LDL들은 다른 분자의 수용체 부위에 특이적으로 붙는 모든 분자들을 총칭하는 **리간드(ligand)**로 작용을 한다.] 혈액 내에 아주 고농도의 콜레스테롤을 갖는 특징을 나타내는 유전병인 고콜레스테롤혈증에서는 LDL 수용체 단백질들이 결함이 있거나 결실되어 있기 때문에 LDL들은 세포로 들어가지 못한다. 결과적으로 콜레스테롤은 혈액 내에 축적이 되어 초기 동맥경화의 원인이 되는데, 혈관벽 내에 지질침전물이 축적된다. 이렇게 축적되면 관내부의 공간을 좁게 만들고 혈액의 흐름을 방해하며, 심장 이상이나 뇌졸중을 초래할 수 있다.

소낭은 세포로부터 배출되는 물질들을 수송시킬 뿐만 아니라

▼ 그림 8.19

탐구 동물세포에서의 세포내섭취작용

식세포작용

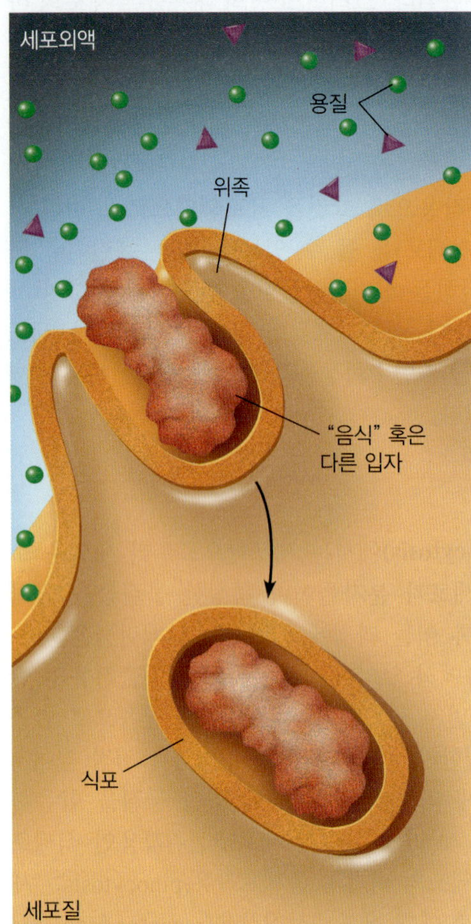

식세포작용(phagocytosis)에서, 세포는 위족으로 입자 주위를 둘러싸고 식포라고 불리는 막 모양의 주머니 내로 포장함으로써 입자를 집어삼킨다. 식포가 리소좀과 융합한 후에 입자는 소화된다(그림 7.13a).

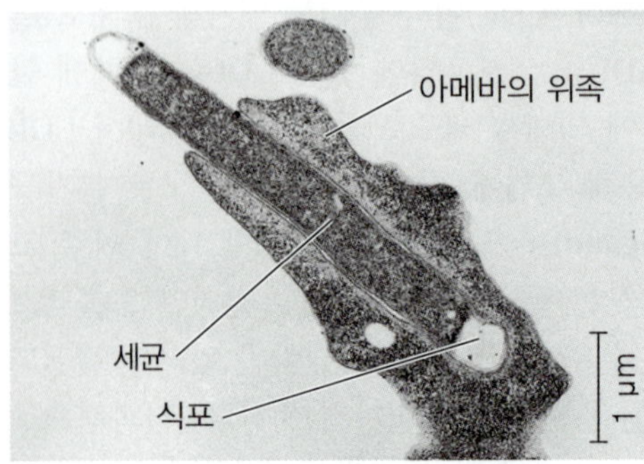

식세포작용을 통하여 세균 세포를 집어삼키는 아메바(투과전자현미경 사진)

음세포작용

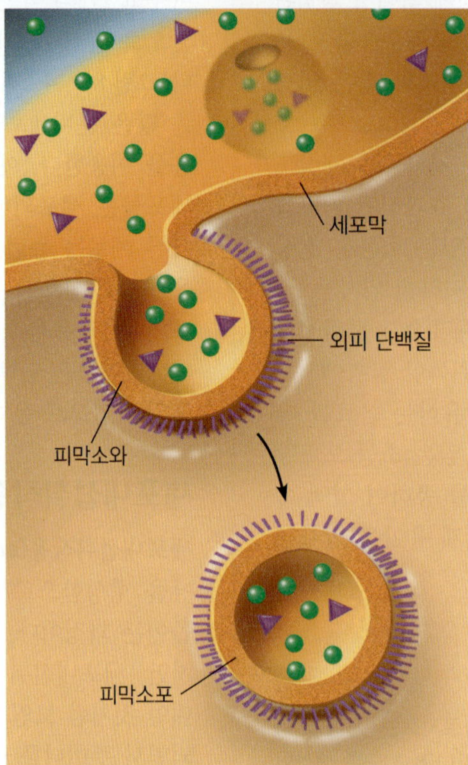

음세포작용(pinocytosis)에서, 세포는 세포막의 접힘으로 형성되는 작은 소낭 안쪽으로 세포외액의 방울들을 지속적으로 "빨아(gulp)"들인다. 이런 방법으로 세포는 방울 내에 녹아 있는 분자들을 얻는다. 용질을 포함한 모든 것을 세포 내로 들여오기 때문에, 음세포작용은 수송되는 물질에 비특이적이다. 위와 같이 많은 경우에 소낭을 형성하는 세포막의 부위들은 외피단백질이 솜털처럼 세포질 쪽에 정렬되어 있으며, "소와"와 생성된 소낭들은 "덮여 있다"라고 말할 수 있다.

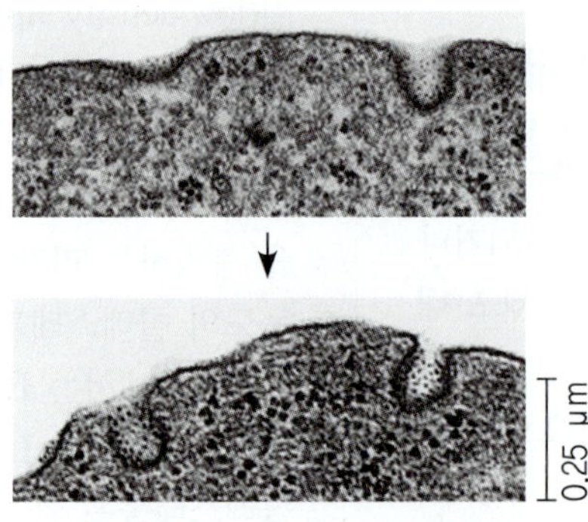

작은 혈관벽을 이루는 세포에서 형성된(화살표들) 음세포작용 소낭들(투과전자현미경 사진)

수용체 매개 세포내섭취작용

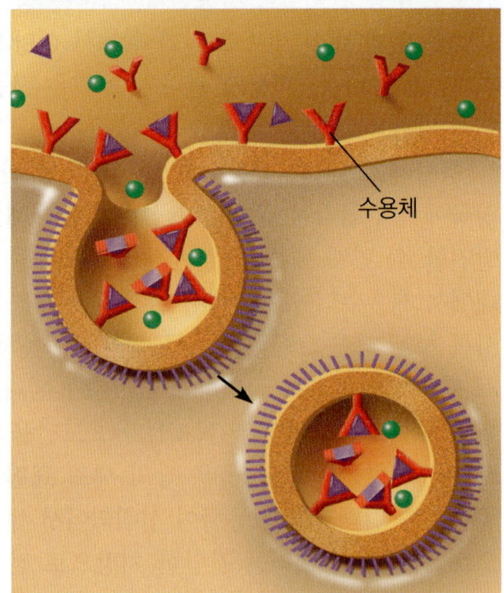

수용체 매개 세포내섭취작용(receptor-mediated endocytosis)은 물질들이 세포외액에 많이 농축되어 있지 않아도 세포가 많은 양의 특정 분자들을 얻도록 할 수 있는 특별한 형태의 음세포작용이다. 막에는 특정한 수용체 부위가 세포외액으로 노출된 단백질들이 박혀 있다. 특정한 용질이 이 자리에 붙는다. 그래서 수용체 단백질들은 피막소와에 모여 있고, 각 피막소와는 분자들을 함유한 소낭을 형성한다. 소낭 내에는 결합된 분자들(보라색 삼각형)이 상대적으로 더 많이 있으나 다른 분자(초록색 원형)들도 또한 존재한다. 이렇게 섭취한 물질들이 소낭에서 나간 후, 수용체들은 같은 소낭에 의해서 세포막으로 이동되어 재사용된다.

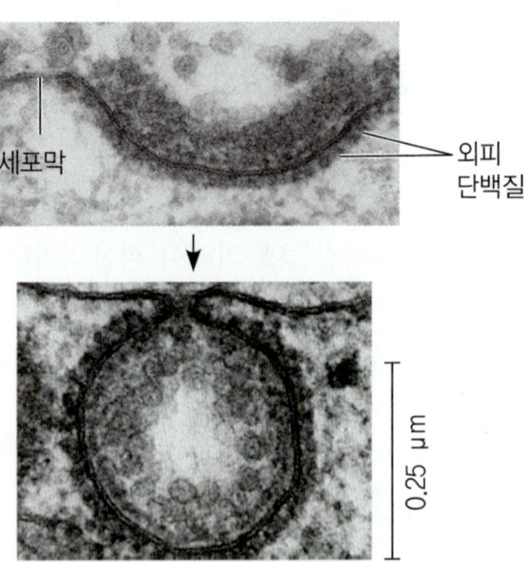

위: 피막소와. *아래:* 수용체 매개 세포내섭취작용 동안에 형성된 피막소포(투과전자현미경 사진)

세포막을 복구하거나 개조하는 기작을 제공한다. 세포내섭취작용과 세포외배출작용은 대부분의 진핵세포에서 지속적으로 발생하지만, 성장하지 않는 세포에서 세포막의 양은 꽤 일정하다. 한 과정에 의한 막의 증가는 다른 과정에 의한 막의 손실을 보충해 주는 것 같다.

에너지와 세포활동은 우리가 막을 공부하는 데 있어 중요한 역할을 해왔다. 예를 들어, 우리는 능동수송이 ATP에 의해서 가동된다는 것을 확인하였다. 10장과 11장에서는, 세포가 생명체에 필요한 일을 하기 위해서 어떻게 화학적 에너지를 획득하는가에 대하여 더 공부하게 될 것이다.

개념 확인 문제 8.5

1. 세포가 생장하면서 그 세포막은 확장된다. 이 과정은 세포내섭취작용이나 세포외배출작용 중 무엇을 포함하는가? 설명하라.
2. DRAW IT 그림 8.9로 되돌아가서, 세포외배출작용에 관련된 소낭으로부터 오는 세포막의 부위에 동그라미를 그려라.
3. MAKE CONNECTIONS 개념 7.7에서 동물세포들은 세포외기질(ECM)을 만든다는 것을 배웠다. ECM 당지질의 합성과 축적의 세포 경로를 설명하라.

정답은 부록 A 참조

8 장 복습

핵심 개념의 요약

개념 8.1

세포막은 지질과 단백질로 구성된 유동 모자이크이다

- **유동 모자이크 모형(fluid mosaic model)**에서 **양친매성(amphipathic)** 단백질들이 인지질 이중층에 박혀 있다. 관련된 기능을 하는 단백질들은 대개 구역에 몰려 있다.
- 인지질들과 약간의 단백질들은 막 내에서 좌우로 이동한다. 몇몇 인지질의 불포화 탄화수소 꼬리는 보다 낮은 온도에서도 막이 유동성을 유지하게 하며, 콜레스테롤은 온도 변화 때문에 유동성이 변하지 않게 하는 온도완충제로서 작용한다. 지질 조성의 변화 능력뿐 아니라 막의 지질 조성의 차이는 막의 유동성 정도를 보장하는 진화적 적응이다.
- **내재성 단백질(integral protein)**들은 지질 이중층에 박혀 있으며 **주변부 단백질(peripheral protein)**들은 막표면에 붙어 있다. 막단백질들의 기능에는 수송, 효소활성, 신호전달, 세포-세포 인식, 세포간 결합 그리고 세포골격과 세포외기질에의 부착 등이 있다. 세포막의 바깥쪽에 있는 **당단백질(glycoprotein)**들의 단백질과 **당지질(glycolipid)**들의 지질과 결합된 짧은 당 사슬들은 다른 세포의 표면분자들과 상호작용한다.
- 막단백질과 지질은 소포체에서 합성되며 소포체과 골지체에서 변형된다. 막의 안쪽과 바깥쪽 면은 분자적 조성이 다르다.

? 막은 어떤 점에서 생명체에 중대한가?

개념 8.2

막구조 때문에 선택적 투과성이 생긴다

- 세포는 작은 분자들과 이온들을 그 주변과 교환하여야 하는데, 이는 세포막의 **선택적 투과성(selective permeability)**에 의해서 조절되는 과정이다. 소수성 물질들은 지질에 용해되어서 막을 빠르게 통과하지만, 극성분자들과 이온들은 막을 통과하기 위하여 일반적으로 특정한 **수송 단백질(transport protein)**들의 도움이 필요하다.

? **아쿠아포린**은 막의 투과성에 어떻게 영향을 미칠까?

개념 8.3

수동수송은 에너지의 투입 없이 물질이 막을 통과하는 확산이다

- **확산(diffusion)**은 **농도기울기(concentration gradient)**를 따르는 물질의 자발적인 이동이다. 세포질보다 바깥쪽 용액의 용질 농도가 높다면[고장액(hypertonic)] 물은 세포의 투과성 막을 통해[**삼투(osmosis)**] 바깥으로 확산되고, 바깥쪽 용액이 낮은 용질 농도[**저장액(hypotonic)**]일 때는 세포 안쪽으로 들어온다. 만약 농도가 같은 **등장상태(isotonic)**라면 순삼투현상은 일어나지 않는다. 세포의 생존은 물을 얻고 잃어버림의 균형에 달려 있다. 동물이나 몇몇 원생동물들에서처럼 벽이 없는 세포는 등장성 환경에서 살거나, **삼투조절(osmoregulation)**을 위해 적응되어 있다. 식물, 원핵생물, 균류 그리고 몇몇 원생동물들은 상대적으로 탄력이 없는 세포벽을 갖고 있어서 세포는 저장성의 환경에서도 터지지 않는다.
- **수동수송(passive transport)**인 **촉진확산(facilitated diffusion)**에서 수송 단백질은 물이나 용질이 농도기울기를 따라서 막을 빠르게 이동하게 한다. **관문통로(gated channel)**인 **이온통로(ion channel)**들은 막을 통해 이온이 확산되는 것을 촉진한다. 운반체 단백질은 모양을 변화시켜 막에 붙은 용질들을 막을 통과하여 이동시킨다.

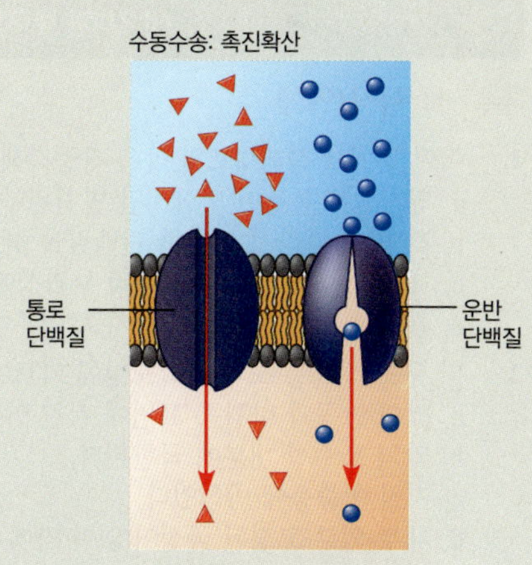

? 세포를 고장액에 두면 어떤 일이 일어날까? 안쪽과 바깥쪽의 자유로운 물의 농도를 설명하라.

개념 8.4

능동수송은 농도기울기를 거슬러 용질을 이동시키기 위하여 에너지를 사용한다

능동수송

- **능동수송(active transport)** 작업을 하기 위하여 특정 막단백질들은 대개 ATP의 형태를 에너지로 사용한다. 그러한 단백질의 한 예가 **소듐-포타슘 펌프(sodium-potassium pump)**이다.
- 이온들은 농도(화학적)기울기와 전기적 기울기(전압)를 둘 다 갖는다. 이러한 기울기들은 **전기화학적 기울기(electrochemical gradient)**로 합쳐지며, 이는 이온 확산의 기본 방향을 결정한다. 소듐-포타슘 펌프나 **양성자 펌프(proton pump)**와 같은 **전기발생 펌프(electrogenic pump)**들은 전기화학적 기울기에 기여하는 수송 단백질들이다.
- 두 용질의 **공동수송(cotransport)**은 어떤 막단백질이 어떤 용질의 "내리막" 확산으로 다른 물질의 "오르막" 수송을 이끌어낼 때 일어난다.

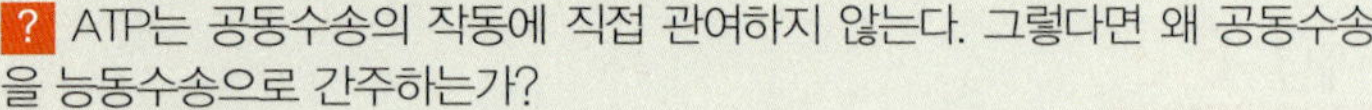

? ATP는 공동수송의 작동에 직접 관여하지 않는다. 그렇다면 왜 공동수송을 능동수송으로 간주하는가?

개념 8.5

세포막을 통과하는 집단수송은 세포외배출작용과 세포내섭취작용에 의해서 일어난다

- **세포외배출작용(exocytosis)**에서 수송소낭은 세포막으로 이동하여 융합되며 그의 내용물을 방출한다. **세포내섭취작용(endocytosis)**에서는 세포막으로부터 안쪽으로 함몰된 소낭 안에 싸여 분자들이 세포로 들어간다. 세포내섭취작용에는 **식세포작용(phagocytosis)**, **음세포작용(pinocytosis)** 그리고 수용체 매개 **세포내섭취작용(receptor-mediated endocytosis)** 등 세 가지 유형이 있다.

? 어떤 형태의 세포내섭취작용이 리간드를 포함하는가? 세포는 이런 형태의 수송으로 무엇을 하는가?

생각해보자

수준 1: 지식/이해

1. 어떤 점에서 진핵세포의 막은 각양각색인가?
   a. 인지질은 특정한 막에서만 발견된다.
   b. 각 막에 따라서 고유한 단백질을 갖는다.
   c. 세포의 특정한 막만 선택적 투과성이 있다.
   d. 특정한 막만 양친매성 분자로 이루어져 있다.
2. 막 구조의 유동 모자이크 모형에 따르면, 막 단백질들은 대개
   a. 막의 안쪽과 바깥쪽 표면에 걸친 연속적인 층으로 퍼져 있다.
   b. 막의 소수성 내부에 국한된다.
   c. 지질 이중층에 박혀있다.
   d. 내부-외부 고정된 극성이 없이 막에 임의적으로 위치하고 있다.
3. 다음 요인들 중에서 어떤 것이 막의 유동성을 증가시키는 경향이 있는가?
   a. 높은 비율의 불포화 인지질
   b. 높은 비율의 포화 인지질
   c. 낮은 온도
   d. 막에 있는 상대적으로 높은 단백질 양

수준 2: 응용/분석

4. 다음 과정들 중에서 어떤 것이 다른 모두를 포함하는가?
   a. 삼투
   b. 막을 가로지르는 용질의 확산
   c. 수동수송
   d. 전기 화학적 기울기에 따른 이온의 수송
5. 그림 7.18에 따르면 다음 중 어떤 실험 처리가 식물 세포로 설탕이 수송되는 속도를 증가시킬까?
   a. 세포외부의 설탕 농도 감소
   b. 세포외부의 pH 감소
   c. 세포질의 감소
   d. 수소이온이 막을 더 많이 투과되게 만드는 물질의 첨가

수준 3: 종합/평가

6. **DRAW IT** 아래에서 보는 것처럼 수용성 용액을 선택적 투과성 막으로 덮은 모조세포를 각각 다른 용액이 담긴 비커에(즉," 환경"에) 담갔다. 막은 물과 포도당 및 과당과 같은 단당류들은 투과되지만 이당류인 설탕은 투과되지 않는다.

   (a) 세포의 안쪽과 바깥쪽으로의 용질의 순이동을 표시하는 실선 화살표를 그려라.
   (b) 세포의 바깥쪽 용액은 등장상태, 저장상태, 고장상태 중 어떤 것일까?
   (c) 물의 순삼투이동이 있다면 점선 화살표를 그려라.
   (d) 모조세포는 더 축 처지게 될까, 더 팽만하게 될까, 아니면 같은 상태로 유지될까?
   (e) 최종적으로 두 용액의 용질의 농도는 같아질까, 아니면 달라질까?
7. **진화적 관점**
   등장성 환경에서 사는 생물들이 물 투과성이 높은 세포막을 갖고 있는데 반해서, 저장성 환경에서 서식하는 짚신벌레와 다른 원생동물들은 물 흡수가 제한되는 세포막에 적응되어 있다. 그레이트솔트 호(Great Salt Lake)와 같은 고장성 서식지에서 사는 원생동물들에게는 어떤 적응이 진화된 것일까? 염분 농도가 바뀌는 서식지에서는?
8. **과학적 탐구**
   식물세포가 설탕을 받아들이는 기작을 공부하기 위하여 어떤 실험을 설계하였다. 세포들을 어떤 설탕 용액에 담가 놓고 용액의 pH를 관찰하였다. 세포 시료를 시간대별로 채취하여 설탕 농도를 측정하였다. 용액의 pH가 감소되어 지속적으로 약한 산성이 되었을 때 설탕 흡수가 시작되었다. 이러한 결과에 대한 가설을 제시하라. pH가 지속적인 수준이 되었을 때 세포가 ATP 재생하는 능력을 저해하는 저해제를 비커에 추가한다면 어떤 현상이 일어날 것으로 생각하는가? 설명하라.
9. **과학, 기술, 사회**
   건조한 지역에 방대한 관개를 하면 토양 내에 염분이 축적되는 원인이 된다. (물이 증발되면 염분이 토양에 남겨져 농축이 된다.) 여러분이 배웠던 식물세포에서의 물 균형에 관한 내용에 근거해서 볼 때, 토양 속의 소금기 정도인 염도 증가가 왜 작물에 피해를 줄 수 있을 것인지를 설명하라. 손실을 최소화할 수 있는 방법들을 제안하라. 여러분의 해결책에는 얼마의 비용이 들겠는가?

10. **글쓰기: 상호작용**

인간 췌장 세포는 주변 환경으로부터 O_2와 함께 포도당, 아미노산과 콜레스테롤 같은 필요한 분자들을 얻고, 세포호흡의 폐기물로서 CO_2를 배출한다. 호르몬 신호에 따라 세포는 소화효소들을 분비한다. 또한 세포는 환경과 교환하면서 이온 농도를 조절한다. 세포막의 구조와 기능에 관해서 방금 배웠던 것에 근거해서, 그러한 세포가 어떻게 환경과 이러한 상호작용을 하는지를 설명하는 짧은 글(100~150자)을 작성하라.

11. **종합적으로 생각해보기**

슈퍼마켓에서는 상추와 다른 생산물에 자주 물을 뿌린다. 이렇게 하면 왜 채소가 신선하게 되는지를 설명하라.

정답은 부록 A 참조

9

세포의 신호교환

핵심 개념

9.1 세포외 신호가 세포내 반응으로 전환된다

9.2 수용: 신호분자는 수용체 단백질에 결합하여 수용체의 구조변화를 일으킨다

9.3 전환: 분자 간의 연쇄적인 상호작용에 의해 수용체로부터 세포내 표적분자까지 신호가 전달된다

9.4 반응: 세포신호전달은 세포질 내의 활성이나 전사를 조절한다

9.5 아폽토시스(세포예정사)는 여러 세포신호전달 경로가 통합되어 일어난다

▲ **그림 9.1** **세포신호전달이 어떻게 임팔라의 필사적인 질주를 이끌어낼까?**

▶ 에피네프린

세포의 통신망

그림 9.1에 있는 임팔라는 뒤쫓아 오는 포식자인 치타로부터 벗어나 자신의 생명을 지키기 위해 열심히 달리고 있다. 이 임팔라의 심장 박동과 호흡은 매우 빠르고, 다리는 맹렬히 움직이고 있다. 이러한 생리적인 현상은 모두 스트레스 상황, 여기서는 치타가 있다는 것을 감지함에 따라 부신에서 분비되는 호르몬에 의해 유도되는 임팔라의 "싸움 또는 도주(fight-or-flight)" 반응의 일부이다. 어떤 세포-세포 신호교환 시스템이 임팔라의 수많은 세포들이 서로 "말하게" 해서, 그들의 활동을 조절하게 만들까?

세포는 서로에게 신호를 보낼 수 있으며, 다른 세포와 환경으로부터 받은 신호를 이해할 수 있다. 신호에는 빛과 감촉도 포함되지만 대부분의 신호는 화학신호이다. 여기에 소개한 도주 반응은 에피네프린(아드레날린이라고도 불림, 왼쪽의 구조 참조)이라 불리는 신호분자에 의해 유도된다. 세포신호교환에 관한 연구 결과 생물학자들은 모든 생물들의 진화적 관련성을 보여주는 충분한 증거를 발견하게 되었다. 같은 유형의 세포신호전달 메커니즘이 다양한 생물에서, 그리고 박테리아의 신호전달, 배아의 발생, 암에 이르기까지의 다양한 생명현상 과정에서 반복해서 나타난다. 이 장에서는 세포가 다른 세포로부터 전달된 화학신호를 받아들이고 처리하여 반응을 나타내는 주요 메커니즘에 초점을 맞추고자 한다. 또한 여러 신호전달 경로로부터의 들어오는 정보를 통합하는 세포예정사의 일종인 아폽토시스(apoptosis)에 대해서도 살펴보겠다.

개념 9.1

세포외 신호가 세포내 반응으로 전환된다

"말하는" 세포가 "듣는" 세포에 무엇을 이야기하며, "듣는" 세포는 이런 메시지에 대해서 어떻게 반응할까? 먼저 미생물들 사이에서의 신호교환을 살펴보는 것으로 이러한 질문에 접근해 보자.

세포신호전달의 진화

진화 세포 간 "대화"의 주요 테마 중 하나는 성(sex)이다. 인류가 수천 년 동안 빵, 포도주, 맥주 등을 만들 때 사용해 오던 출아효모(*Saccharomyces cerevisiae*)는 화학 신호전달을 이용하여 배우자를 찾아낸다. 효모에는 **a**형과 **α**형의 두 교배형, 또는 성이 있다(그림 9.2). 각각의 교배형 세포는 다른 교배형 세포에만 있는 수용체에 결합하는 특정한 교배인자를 분비한다. 서로 다른 형의 교배인자에 노출되면, 교배형이 다른 두 세포들은 형태가 변하며 서로를 향해 자라나서 하나로 융합하게(교배) 된다.

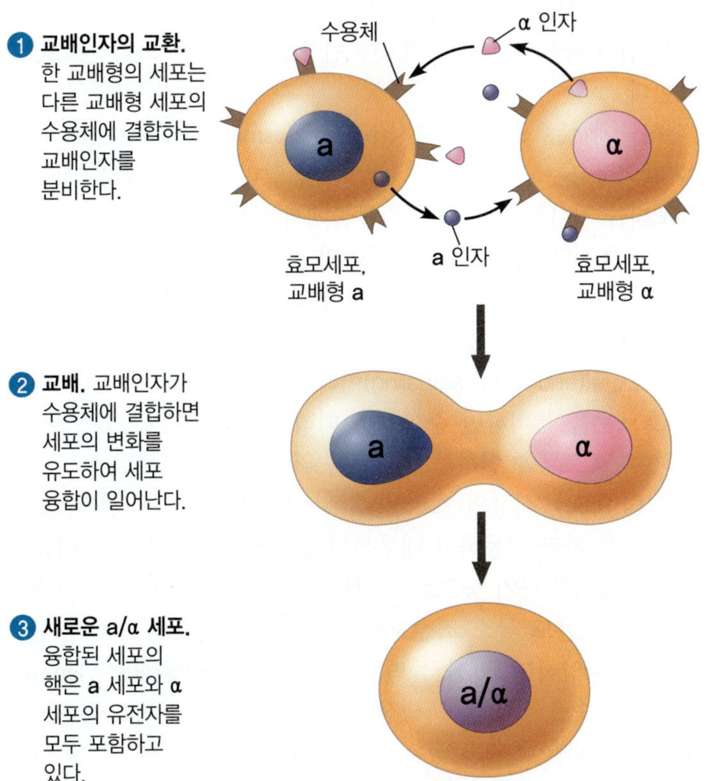

▲ **그림 9.2 교배하는 효모세포 사이의 신호전달.** 출아효모(*Saccharomyces cerevisiae*) 세포는 반대쪽 교배형 세포를 확인하고 교배 과정을 시작하는데 화학신호를 사용한다. 두 교배형과 각각에 해당하는 화학 신호분자 또는 교배인자는 a와 α로 불린다.

새로운 **a**/**α** 세포는 원래의 두 세포가 지니고 있던 유전자를 모두 지니게 되며, 이 유전자들의 조합으로 인해 이후의 세포분열에 의해 생겨나는 자손들에게 이로움을 주게 된다.

효모 세포 표면의 수용체에 도달하면 교배신호는 교배라는 세포내 반응을 일으키는 형태로 변화 또는 **전환되는데**(transduced), 이 과정은 **신호전환경로**(signal transduction pathway)라 불리는 일련의 과정을 통해 일어난다. 여러 신호전환경로가 효모와 동물세포에서 모두 발견되는데, 실제로 효모와 포유동물이 10억여 년 전에 공통조상으로부터 갈라졌음에도 불구하고 그 신호전환의 분자적 메커니즘은 매우 비슷하다. 이러한 사실로부터 오늘날 사용되는 세포신호전달 메커니즘의 초기형태는 지구상에 최초의 다세포 생물이 나타나기 훨씬 전에 진화하기 시작했음을 알 수 있다.

과학자들은 신호전달 메커니즘이 원시 원핵생물과 단세포 진핵생물에서 처음 진화하기 시작하여 이들의 다세포 후손들에서

▲ **그림 9.3 세균들 사이의 신호전달.** 흙에 사는 활주세균(myxobacteria, "slime bacteria")은 양분이 충분한가에 대한 정보를 화학신호를 통해 공유한다. 영양분이 적을 때 굶는 세포는 이웃 세포에 신호분자를 방출하여 세포들이 모이게 만든다. 이들은 모여 자실체(fruiting body)라 불리는 구조를 형성하는데, 환경이 좋아질 때까지 생존할 수 있는, 껍질이 두꺼운 포자를 생산한다. 그림의 세균은 *Myxococcus xanthus*이다.(1~3단계, SEM 사진; 오른쪽 아래, LM 사진)

새로운 용도로 사용되기 시작했을 것으로 생각하고 있다. 세포 신호전달은 미생물들에게 있어서도 여전히 매우 중요하다(그림 9.3). 세균 세포는 다른 세균 세포가 확인할 수 있는 작은 분자들을 분비한다. 이런 신호분자의 농도를 감지함으로써 박테리아는 그 지역의 세균 세포 밀도를 알아낼 수 있는데, 이러한 현상을 정족수감지(quorum sensing)라고 한다. 이런 현상을 이용하여 세균 집단은 일정한 수의 세포가 함께 작용해야만 하는 그런 활동들을 조절할 수 있게 된다. 그 예 중의 하나가 생물막(biofilm)의 형성인데, 이것은 세균 세포들이 표면에 달라붙어 모이는 것이다. 생물막의 세포들은 일반적으로 그들이 붙어 있는 표면으로부터 영양분을 얻는다. 여러분은 생물막을 여러 번 본 적이 있지만, 아마도 기억하지는 못할 것이다. 숲속 길에 떨어져 있는 낙엽이나 쓰러진 나무 등의 표면이 미끄럽거나, 아침에 여러분의 치아 표면이 미끄러운 것 등이 세균 생물막의 예이다. (실제로 이빨을 닦는 것은 충치의 원인이 될 수 있는 생물막을 제거하는 것이다.) 생물막의 형성은 세포신호전달이 기초가 되는 복잡한 신호교환 시스템을 필요로 한다.

근거리 및 원거리 신호전달

세균이나 효모 세포와 마찬가지로 다세포 생물의 세포도 가까이에 있거나 혹은 멀리 떨어져 있는 표적세포와 신호분자를 통하여 정보를 교환한다. 세포는 7장과 8장에서 살펴본 바와 같이 직접적인 접촉을 통해서 정보를 교환하기도 하는데, 이것은 국소적인 신호전달의 한 예이다(그림 9.4). 동물과 식물 모두 세포연접(cell junction)을 통해 인접한 세포의 세포질이 직접 연결되기도 한다(그림 9.4a). 이 경우 세포질에 녹아 있는 신호분자는 자유롭게 인접한 세포로 이동할 수 있다. 그 밖에도 동물세포는 세포-세포 인식(cell-cell recognition) 과정에서 막에 결합한 세포 표면 분자들 사이의 직접적인 결합에 의해서 정보를 교환하기도 한다(그림 9.4b). 이러한 형태의 국소 신호전달은 배아의 발생과 면역반응에서 특히 중요하다.

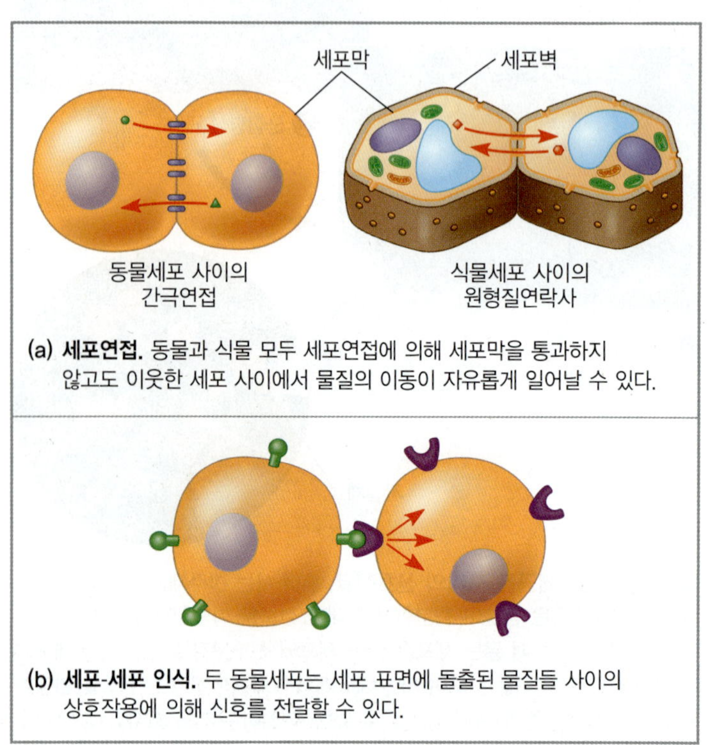

(a) **세포연접.** 동물과 식물 모두 세포연접에 의해 세포막을 통과하지 않고도 이웃한 세포 사이에서 물질의 이동이 자유롭게 일어날 수 있다.

(b) **세포-세포 인식.** 두 동물세포는 세포 표면에 돌출된 물질들 사이의 상호작용에 의해 신호를 전달할 수 있다.

▲ **그림 9.4 세포 사이의 직접적인 접촉에 의한 신호전달**

그 밖의 여러 국소 신호전달에서는 전달자 분자가 신호전달 세포에서 분비된다. 이들 중 일부는 아주 짧은 거리만 이동하게 되며, 이러한 국소 조절자(local regulator)는 가까이에 있는 세포에만 영향을 미친다. 동물세포의 국소 조절자 중 하나로 생장인자(growth factor)가 있는데, 이것은 가까이에 있는 표적세포의 생장과 증식을 촉진한다. 하나의 세포에서 만들어진 생장인자에 의해 주변의 여러 세포가 동시에 영향을 받아 반응을 나타낼 수 있다. 동물에서 이러한 형태의 근거리 신호전달을 국소 신호전달(paracrine signaling)이라 한다(그림 9.5a).

동물의 신경세포에서는 시냅스 신호전달(synaptic signaling)이라 불리는 더 특성화된 근거리 신호전달 과정이 나타난다(그림 9.5b). 신경세포를 따라 전달된 전기신호는 신경전달물질(neurotransmitter)의 분비를 일으킨다. 이 신경전달물질은 신경세포와 표적세포(주로 다른 신경세포) 사이의 좁은 틈, 즉 시냅스를 건너 확산되어, 표적세포에 반응을 일으키는 화학신호로 작용한다.

식물에서는 원형질연락사(plasmodesmata)를 통한 신호교환을 제외하고는 근거리 신호전달이 잘 알려져 있지 않다. 식물은 세포벽을 지니고 있기 때문에 동물에서 사용되는 것과는 다른 근거리 신호전달 방법이 사용되어야만 한다.

원거리 신호전달에는 식물과 동물 모두 **호르몬(hormone)**이라 불리는 화학물질을 이용한다. 동물의 호르몬 신호전달은 내분비 신호전달(endocrine signaling)이라고도 불리는데, 특정한 세포가 호르몬을 분비하면 순환계를 따라 신체의 다른 부분으로 이동하여, 호르몬을 인식하고 반응을 나타내는 표적세포에 도달한다(그림 9.5c). 식물의 호르몬(주로 식물 생장조절자로 불림)도 때로는 관을 따라 이동하나 대부분의 경우에는 세포 사이로 이동하거나 기체처럼 공기 중으로 확산되어 표적에 도달하게 된다(개념 39.2). 호르몬도 국소 조절자와 마찬가지로 분자의 크기나 형태가 매우 다양하다. 예를 들면, 식물호르몬인 에틸렌(ethylene)은 과실의 성숙을 촉진하고 생장조절을 도와주는 기체로서, 단 여섯 개의 원자를 가지고 있는 탄화수소(C_2H_4)이며 매우 작아 세포벽을 통과할 수 있다. 반면에 포유동물의 인슐린은 혈액 내의 당 수준을 조절하는 호르몬으로서, 수천 개의 원자로 구성된 단백질이다.

세포가 분비된 신호분자를 만나면 어떤 일이 생길까? 세포

근거리 신호전달

표적세포

분비세포

분비소낭

국소 조절자

(a) **국소 신호전달.** 분비세포는 국소 조절자(예를 들면 생장인자)를 세포외액에 방출하여 가까이에 있는 표적세포에 작용한다.

전기신호가 신경전달물질의 방출을 야기한다.

신경세포를 따라 전해온 전기신호가 신경전달물질 분비를 야기한다.

표적세포

(b) **시냅스 신호전달.** 신경세포는 신경전달물질을 시냅스에 방출하여 근육이나 신경세포와 같은 표적세포를 흥분시킨다.

원거리 신호전달

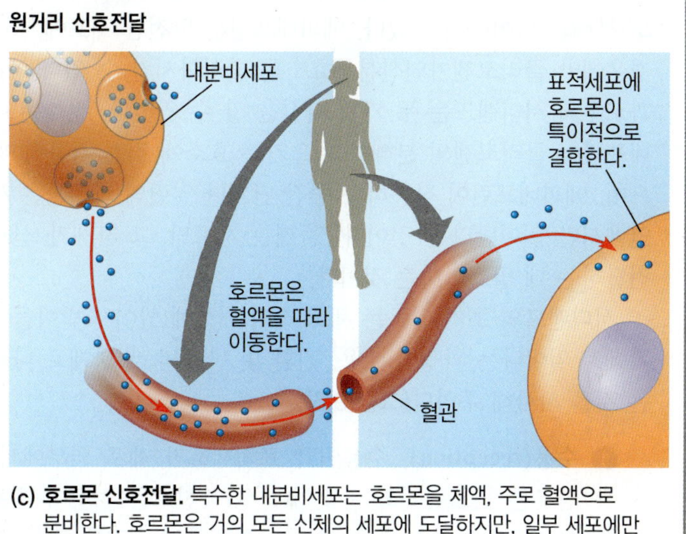

(c) **호르몬 신호전달.** 특수한 내분비세포는 호르몬을 체액, 주로 혈액으로 분비한다. 호르몬은 거의 모든 신체의 세포에 도달하지만, 일부 세포에만 결합한다.

▲ **그림 9.5 동물세포에서 분비된 분자에 의한 근거리 및 원거리 신호전달.** 근거리 및 원거리 신호전달 모두 주어진 신호분자를 인식할 수 있는 특정한 표적세포만이 반응을 나타낸다.

가 반응을 나타내는 능력은 신호분자가 결합할 수 있는 특이적인 수용체 분자를 가지고 있는가에 따라 결정된다. 이러한 결합에 의해 운반되는 정보, 즉 신호는 세포 내에서 다른 형태로 전환된 후에야 세포의 반응을 이끌어 낸다. 이 장의 나머지 부분에서는 주로 동물세포를 대상으로 하여 이 과정을 살펴보겠다.

세포신호전달의 세 단계: 미리보기

화학 전달자가 어떻게 신호전환경로를 통하여 작용하는지에 대한 현재 우리의 지식은 서더랜드(Earl W. Sutherland)의 선구적인 업적에서 시작되었으며, 그는 이 업적으로 1971년 노벨상을 수상하였다. 반더빌트대학교(Vanderbilt University)에서 서더랜드와 그의 동료들은 어떻게 동물호르몬인 에피네프린(아드레날린)이 간과 골격근 세포에 저장되어 있는 다당류인 글리코젠의 분해를 촉진하는지를 조사하고 있었다. 글리코젠은 분해되어 단당류인 포도당 1-인산을 만들며, 이것은 세포 내에서 포도당 6-인산으로 바뀌게 된다. 간과 근육 세포는 이 화합물을 해당과정을 통한 에너지 생성에 이용할 수 있다(10장). 또는 이 화합물에서 인산이 떨어져 나가 포도당이 된 후 세포에서 혈액으로 방출되어, 몸 전체의 세포에 영양을 공급할 수 있다. 따라서 에피네프린의 작용 중 하나는 저장된 영양분을 유동화하여 자신을 방어하거나(싸움) 위협으로부터 피하는데(도주) 사용될 수 있도록 하는 것이다. (그림 9.1의 임팔라는 명백히 후자에 해당하는 것이다.)

서더랜드의 연구 팀은 에피네프린이 글리코젠가인산분해효소(glycogen phosphorylase)라는 세포질 효소를 활성화하여 글리코젠의 분해를 촉진한다는 사실을 발견하였다. 그러나 이 효소와 기질인 글리코젠이 들어 있는 시험관에 에피네프린을 첨가하여

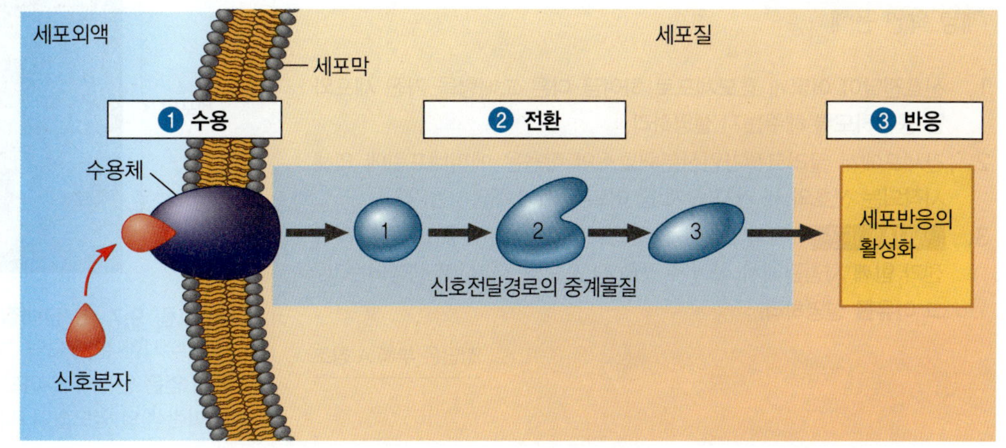

▶ **그림 9.6 세포신호전달의 개요.** 신호를 받아들이는 세포의 입장에서 보면 세포 신호전달은 신호의 수용, 신호의 전환 및 세포의 반응과 같은 세 단계로 나누어질 수 있다. 그림에 나타난 바와 같이 신호의 수용이 세포막에서 일어나는 경우 신호의 전환은 여러 단계로 구성되는데, 각 단계의 중계 분자는 다음 단계 분자의 변화를 초래한다. 이 경로의 마지막 분자는 세포의 반응을 야기한다.

? 서더랜드의 실험에서 에피네프린은 세포신호전달 과정을 보여주는 이 그림에서 어디에 해당하는가?

도 분해는 일어나지 않았다. 에피네프린은 완전한 세포에 처리한 경우에만 글리코젠가인산분해효소를 활성화시킬 수 있다. 이 결과로부터 서더랜드는 두 가지 사실을 알 수 있었다. 첫째는 에피네프린이 글리코젠의 분해를 일으키는 효소에 직접 작용하지 않으며, 에피네프린이 작용하는 중간 단계나 일련의 과정들은 세포 안에서만 일어난다는 것이다. 둘째는 세포막 그 자체가 신호를 전달하는 데 필요하다는 것이다.

서더랜드의 초기 연구는 세포 간의 대화에 있어서 받아들이는 쪽에서 일어나는 과정이 수용, 전환 및 반응의 세 단계로 나뉜다는 것을 시사해 주었다(그림 9.6).

❶ **수용(reception)**. 수용이란 표적세포가 세포 외부에서 오는 신호분자를 탐지하는 것이다. 화학신호는 이것이 세포의 표면이나 세포 내부에 존재하는 수용체 단백질에 결합할 때 탐지된다.

❷ **전환(transduction)**. 신호분자의 결합이 수용체 단백질을 변화시켜 전환 과정이 시작된다. 전환 단계는 신호를 특정한 세포내 반응을 유도할 수 있는 형태로 바꾸어 준다. 서더랜드의 시스템에서는 간세포의 세포막에 있는 수용체 단백질에 에피네프린이 결합하면 글리코젠가인산분해효소의 활성화가 일어난다. 전환은 때로는 한 단계로 일어나기도 하지만 대부분은 일련의 다른 분자들이 연속적으로 변화하는 것, 즉 **신호전환경로(signal transduction pathway)**를 필요로 한다. 이 경로의 분자들을 중계분자라고 부른다.

❸ **반응(response)**. 세포신호전달의 세 번째 단계는 전환된 신호가 마지막으로 세포의 특정한 반응을 일으키는 것이다. 반응은 글리코젠가인산분해효소와 같은 효소의 촉매작용이나, 세포내 골격의 재배열, 그리고 핵내 특정 유전자의 활성화 등과 같이 우리가 생각할 수 있는 모든 세포내 활성을 포함하고 있다. 세포신호전달 과정은 위와 같은 활동들이 적절한 세포에서 적절한 시기에 개체 내의 다른 세포와 함께 잘 조절되어 일어나도록 도와준다. 이제 우리는 세포신호전달 메커니즘을 조절과 종료 과정을 포함해 더 자세히 살펴볼 것이다.

개념 확인 문제 9.1

1. 신호전달이 어떻게 효모세포로 하여금 다른 교배형을 가진 세포와만 융합하도록 해주는지 설명하라.
2. 간세포에서 글리코젠가인산분해효소의 작용은 에피네프린에 의해 시작되는 신호의 세 가지 단계 중 어느 단계에 해당하는가?
3. WHAT IF? 에피네프린을 글리코젠가인산분해효소 및 글리코젠과 함께 시험관에서 섞어 주었을 때 포도당 1-인산이 생성되는가? 그 이유를 설명하라.

정답은 부록 A 참조

개념 9.2

수용: 신호분자는 수용체 단백질에 결합하여 수용체의 구조변화를 일으킨다

방송국에서는 무차별적으로 신호를 송출하지만 정확한 주파수에 맞추어진 라디오만 신호를 받을 수 있다. 신호의 수용은 수신기에 의존하는 것이다. 이와 마찬가지로 효모의 **a** 세포에서 방출된 신호는 정해진 배우자인 **α** 세포만 "들을" 수 있다. 그림 9.1에서 임팔라의 혈류를 따라 순환하는 에피네프린 또한 여러 종류의 세포를 만나지만 오직 특정한 표적세포만 이 호르몬 분자를 탐지하여 반응을 나타낸다. 표적세포의 표면이나 내부에 존재하는 수용체 단백질이 세포가 이 신호를 "듣고" 이에 반응할 수 있도록 해준다. 신호분자는 수용체의 특정한 부위와 상보적인 형태를 지니고 있어, 자물쇠 안의 열쇠와 같이 수용체에 결합한다. 신호분자는 **리간드(ligand)**로 작용하는데, 리간드는 다른 분자, 주로 큰 분자에 특이적으로 결합하는 분자를 나타내는 용어이다. 리간드의 결합은 일반적으로 수용체 단백질에 입체구조의 변화, 즉 형태의 변화를 일으킨다. 여러 수용체에서 이러한 형태 변화는 수용체를 직접 활성화시켜 다른 세포내 분자와 상호작용하도록 해준다. 다른 종류의 수용체에서는 리간드의 결합에 의해 2개 혹은 그 이상의 수용체 분자들이 결합하여 세포 내에 여러 반응을 유도한다. 대부분의 신호 수용체는 세포막 단백질이지만, 세포 내에 위치하는 신호 수용체도 있다. 이들에 대해서 살펴보겠다.

세포막의 수용체

세포 표면의 수용체 분자는 동물의 생명 체계에서 핵심적인 역할을 담당한다. 인간의 세포 표면 수용체 중 가장 많은 종류는 1,000

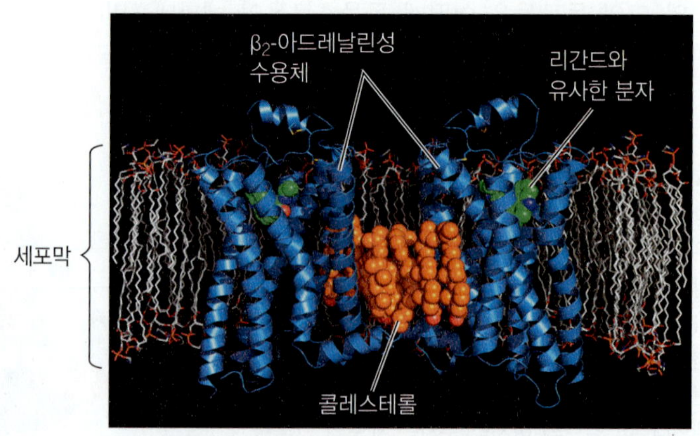

▲ **그림 9.7 G 단백질 결합 수용체(GPCR)의 구조.** 그림은 원래의 리간드와 유사한 분자(모델 그림의 초록색)와 콜레스테롤(오렌지색)이 있는 조건에서 얻은 인간의 β_2-아드레날린성 수용체 구조 모델이다. 세포막 내 두 수용체(파란색)의 옆모습이 리본 모델로 나타내져 있다.

▼ 그림 9.8

탐구 세포 표면의 막관통 수용체

G 단백질 결합 수용체

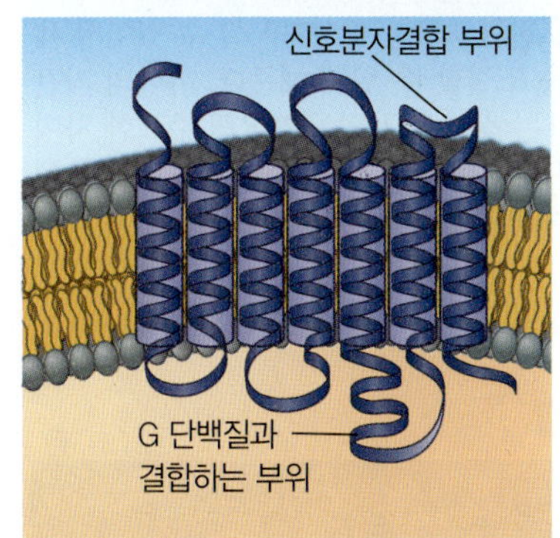

G 단백질 결합 수용체

G 단백질 결합 수용체(G protein-coupled receptor, GPCR)는 세포 표면의 막관통 수용체로서 고에너지 분자인 GTP와 결합하는 **G 단백질(G protein)**의 도움을 받아 작용한다. 효모의 교배인자, 에피네프린(아드레날린)을 비롯한 여러 호르몬, 신경전달물질 등을 비롯한 여러 종류의 신호분자가 GPCR을 사용한다. 이들은 신호분자(리간드라고도 불림)를 인지하는 결합 부위와 세포 내에서 여러 가지 G 단백질을 인지하는 부위가 매우 다양하다. 그럼에도 불구하고 GPCR 단백질은 놀랄 만큼 그 구조가 비슷하다. 실제로 이들은 진핵세포 수용체의 매우 큰 그룹을 차지하고 있는데, 이들의 2차구조는 리본 모델로 나타낸 그림과 같이 하나의 폴리펩타이드 안에 원기둥 형태의 막 관통 α 나선이 일곱 개 있으며, 여기에서는 편의상 이들을 일렬로 나타내었다. 나선구조들 사이의 특정한 고리부분, 여기서는 오른쪽 고리들이 신호분자(세포 외부) 및 G 단백질(세포질 쪽)과의 결합 부위를 형성한다.

GPCR을 사용하는 신호전달 시스템은 매우 광범위하게 사용되고 있으며 배아의 발생에서부터 감각의 수용에 이르기까지 그 기능이 매우 다양하다. 예를 들어, 인간의 경우에는 시각, 후각, 미각 모두 GPCR에 의존하고 있다. 현존하는 다양한 생명체 사이에서 G 단백질과 G 단백질 결합 수용체가 구조적으로 유사하다는 것은 이들이 진핵생물에서 일찍부터 함께 진화되었다는 것을 시사한다.

G 단백질의 기능 이상은 세균 감염을 비롯한 인간의 여러 질병에 연관되어 있다. 콜레라, 백일해, 보툴리누스 중독 등을 일으키는 세균들은 G 단백질의 기능을 저해하는 독소를 분비하여 질병을 일으킨다. 약물학자들은 현존하는 약품의 약 60% 정도가 G 단백질 경로에 영향을 주어 효과를 나타낸다는 사실도 알게 되었다.

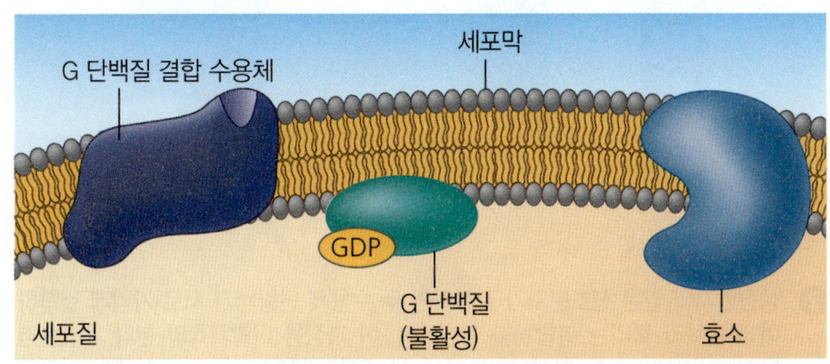

❶ 막의 세포질 쪽에 약하게 결합되어 있는 G 단백질은 분자 스위치로서의 기능을 하는데, GTP와 GDP 중 어떤 구아닌 뉴클레오타이드가 결합하느냐에 따라 켜지고 꺼지는 것이 결정되므로 G 단백질이라는 이름으로 불린다. 위의 그림에 나타낸 바와 같이 GDP가 결합하면 G 단백질은 불활성화된다. 수용체와 G 단백질은 주로 효소의 기능을 나타내는 다른 단백질과 함께 작용한다.

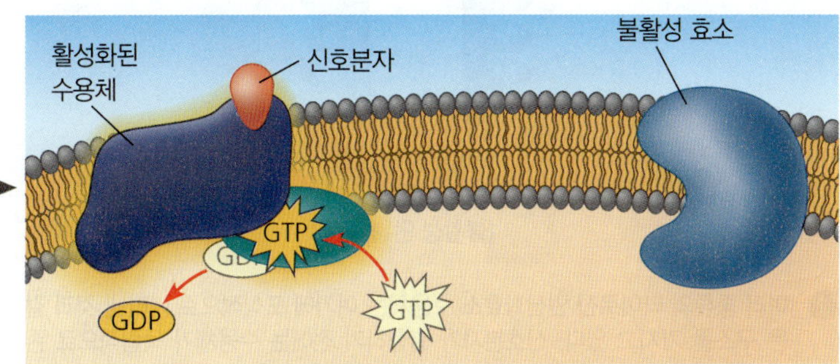

❷ 적절한 신호분자가 수용체의 세포외부 쪽에 결합하면 수용체가 활성화되어 형태가 변화한다. 그러면 수용체의 세포질 쪽에 불활성의 G 단백질이 결합하여 GDP가 GTP로 교환되며, 그 결과 G 단백질이 활성화된다.

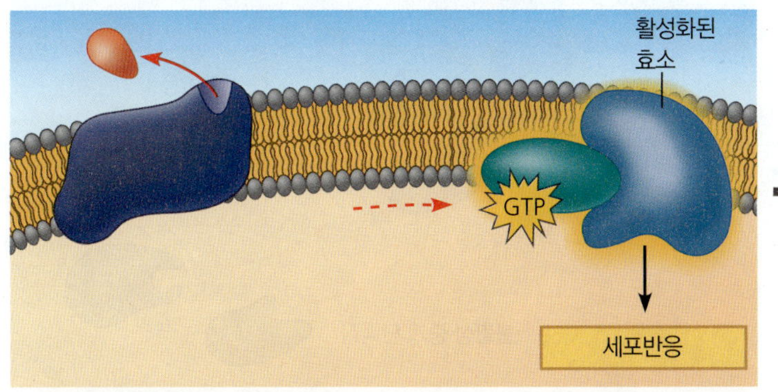

❸ 활성화된 G 단백질은 수용체에서 분리되어 막을 따라 확산되며, 효소에 결합하여 효소의 구조와 활성 변화를 일으킨다. 효소가 활성화되면 신호경로의 다음 단계를 유도하여 세포의 반응을 일으킨다. 신호분자의 결합은 가역적으로, 다른 리간드처럼 여러 번 결합하고 분리될 수 있다. 세포 외부의 리간드 농도는 리간드가 얼마나 자주 결합해서 신호를 일으키는가를 결정한다.

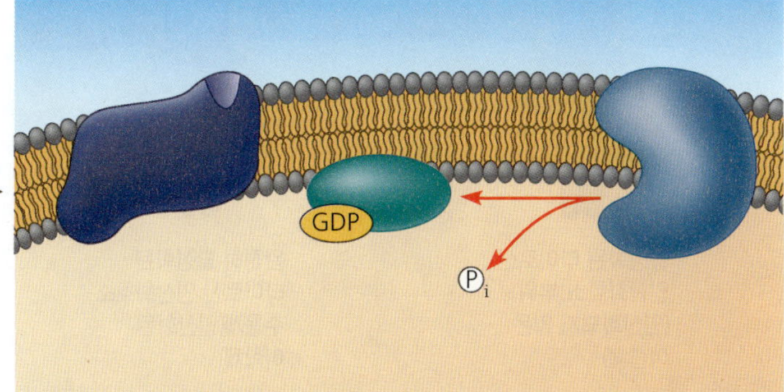

❹ 효소와 G 단백질의 변화는 일시적이며 이는 G 단백질이 GTP 가수분해효소로서의 기능을 나타내어 결합되어 있는 GTP를 GDP와 Pi로 가수분해하기 때문이다. 그러면 다시 불활성화된 G 단백질은 효소에서 떨어져 나가 원래의 상태로 돌아가게 된다. G 단백질은 이제 다시 사용될 수 있다. G 단백질의 GTP 가수분해효소 기능은 신호분자가 더 이상 존재하지 않을 때 신호경로를 빨리 차단할 수 있도록 해준다.

탐구 세포 표면의 막관통 수용체

타이로신 인산화효소 수용체

타이로신 인산화효소 수용체(receptor tyrosine kinase, RTK)는 효소 활성을 지니는 주요 세포막 수용체의 하나이다. 인산화효소는 인산기를 전달하는 촉매작용을 하는 효소이다. 수용체 단백질의 세포질 쪽 부분이 ATP로부터 기질 단백질의 타이로신 아미노산에 인산기를 전달하는 타이로신 인산화효소로서 기능한다. 그러므로 RTK는 인산기를 타이로신에 붙이는 막 수용체이다.

하나의 RTK는 10가지 이상의 서로 다른 전환경로와 세포 반응을 활성화할 수 있다. 주로 한 번에 하나 이상의 신호전환경로를 활성화시킬 수 있어서 세포가 증식과 발생의 여러 가지 측면들을 조절할 수 있게 해준다. 하나의 리간드결합이 여러 경로를 활성화할 수 있다는 것이 RTK와 GPCR의 주요한 차이로써, GPCR은 하나의 신호전환경로를 활성화한다. 신호분자가 없는 경우에도 작용할 수 있는 비정상적인 RTK는 여러 종류의 암 발생과 관련되어 있다.

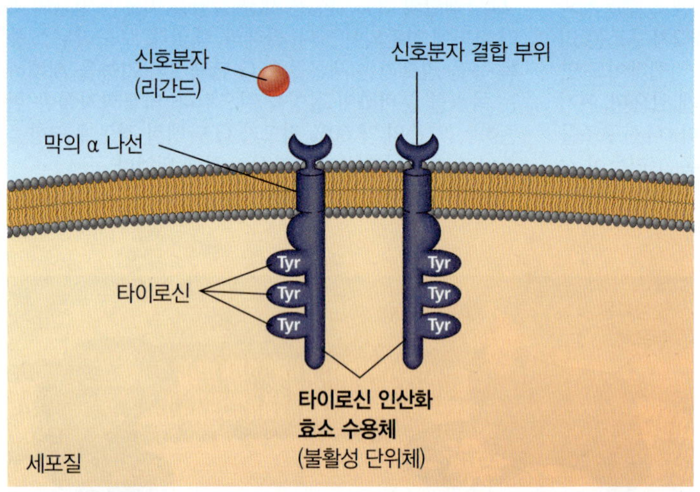

❶ 여러 종류의 타이로신 인산화효소 수용체는 여기에 도식적으로 나타낸 것과 같은 구조를 가지고 있다. 신호분자가 결합하기 전에는 수용체가 독립적으로 존재하는 단량체이다. 이들 각각이 세포외 신호결합 부위, 막 관통 α 나선, 여러 개의 타이로신을 가지는 세포내 꼬리를 지니고 있음에 주목하자.

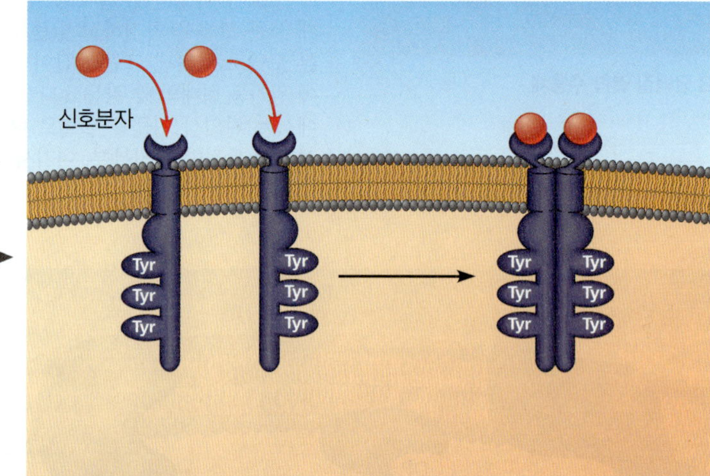

❷ 생장인자와 같은 신호분자가 결합하면 두 수용체 단량체가 서로 가깝게 결합하여 이량체라 불리는 복합체를 형성하며, 이 과정을 이합체화라 한다. (어떤 경우에는 큰 덩어리를 형성하기도 하는데, 단량체들이 결합하는 자세한 과정은 현재 많은 연구의 초점이 되고 있다.)

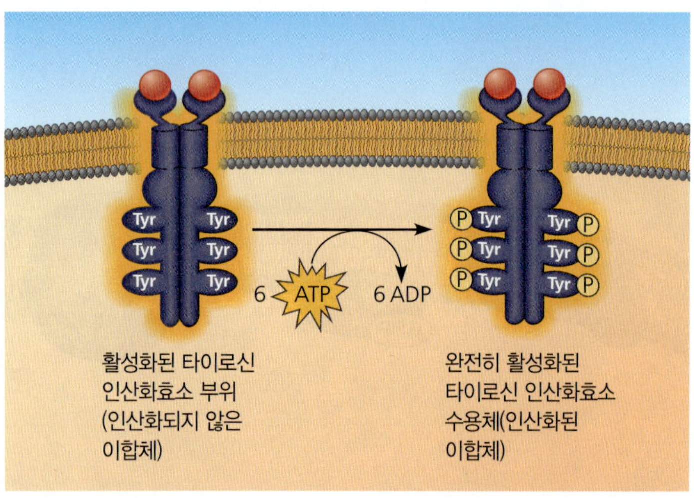

❸ 이합체화는 각 단량체의 타이로신 인산화효소 부위를 활성화시키며, 각각의 타이로신 인산화효소가 상대편 단량체의 꼬리에 있는 타이로신에 ATP로부터 온 인산기를 결합시킨다.

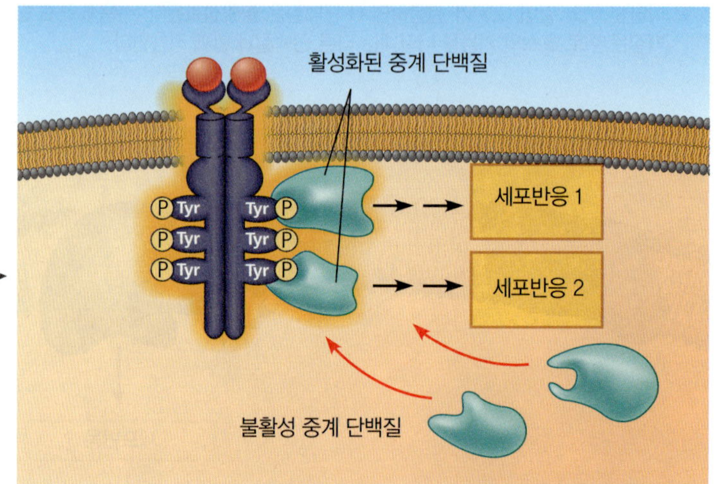

❹ 이제 수용체 단백질은 완전히 활성화되며, 세포 내의 특정한 중계 단백질에 의해서 인식된다. 이러한 각각의 단백질들이 인산화된 특정한 타이로신에 결합하면 구조의 변화가 유발되어 활성화된다. 각각의 활성화된 단백질은 세포반응을 일으키는 전환경로를 활성화한다.

이온통로 수용체

리간드 개폐성 이온통로(ligand-gated ion channel)는 수용체의 구조 변화에 의하여 "통로"로 작용할 수 있는 부분을 가지는 막 수용체이다. 신호분자가 수용체에 리간드로서 결합하면 통로는 열리거나 닫혀서 수용체를 통한 Na^+이나 Ca^{2+}과 같은 특정한 이온의 흐름을 일으키거나 저해한다. 앞서 살펴본 다른 수용체와 마찬가지로, 이들 단백질도 세포외부의 특정 부위에 리간드가 결합한다.

1 이 그림에는 리간드가 수용체에 결합할 때까지 통로가 닫혀 있는 리간드 개폐성 이온통로로 나타나 있다.

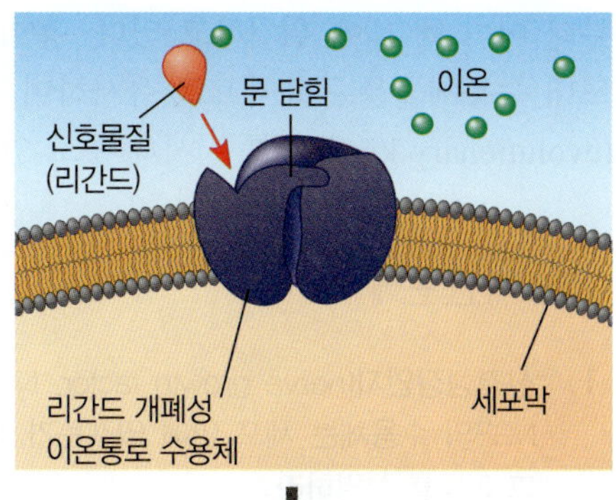

2 리간드가 수용체에 결합하면 통로가 열리며 특정한 이온이 통로를 통하여 이동해 세포 내의 특정 이온 농도를 빠르게 변화시킨다. 이러한 변화는 직접적으로 세포 내의 활성에 영향을 줄 수 있다.

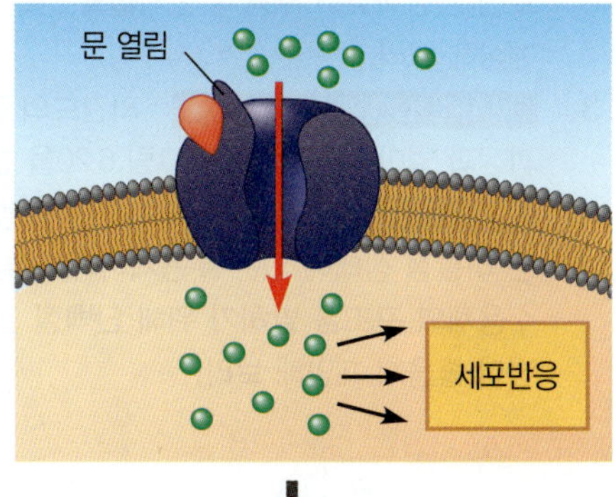

3 리간드가 수용체에서 떨어져 나가면 통로가 막히며 이온들은 더 이상 세포로 들어갈 수 없다.

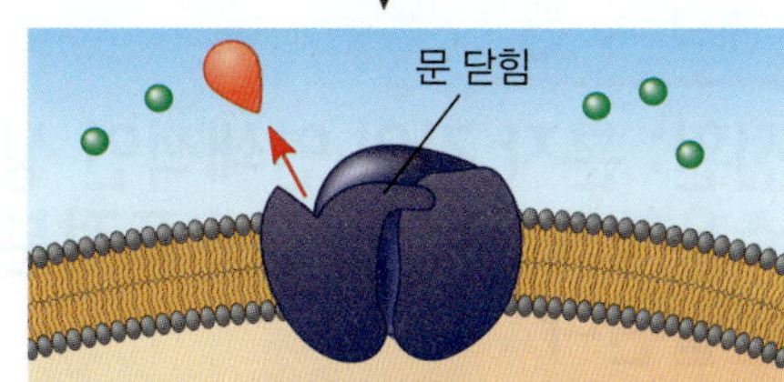

리간드 개폐성 이온통로는 신경계에서 매우 중요하다. 예를 들어, 두 신경세포 사이의 시냅스에서 분비되는 신경전달물질(그림 9.5b)은 신호를 받아들이는 세포의 이온통로에 리간드로서 결합하여 통로의 열림을 유도한다. 이온들이 흘러들어오면서 전기적 신호를 일으키고, 수용세포의 길이를 따라 전기신호가 전파된다. 일부의 개폐성 이온통로는 리간드 대신에 전기적 신호에 의하여 조절되는데, 이런 전압 개폐성 이온통로는 신경세포의 기능에 필수적이며, 48장에서 다루어질 것이다. 일부 이온통로는 ER과 같은 세포소기관의 막에 위치한다.

MAKE CONNECTIONS 리간드 개폐성 이온통로를 통한 이온의 흐름은 능동수송과 수동수송 중 어떤 예에 해당하는가? (개념 8.3과 8.4 참조)

여 종에 이르는 G 단백질 결합 수용체(GPCR)이다(그림 9.7).

대부분의 수용성 신호분자는 세포 외부의 환경으로부터 세포 내부로 정보를 전달하는 막관통 수용체 단백질의 특정 부위에 결합한다. 세포 표면의 막관통 수용체가 어떻게 작용하는가는 다음의 세 가지 주요 수용체 형태, 즉 G 단백질 결합 수용체(G-protein coupled receptors), 타이로신 인산화효소 수용체(receptor tyrosine kinases)와 이온통로 수용체(ion channel receptors)를 살펴봄으로써 알 수 있다. 이 수용체들은 **그림 9.8**에 모식도와 함께 잘 설명되어 있다. 진도를 나가기 전에 이 그림을 먼저 공부하라.

세포 표면 수용체들의 다양하고 중요한 기능을 고려해보면 이들의 기능 이상이 암, 심장질환, 천식 등을 포함한 많은 인간의 질병과 연관되어 있다는 것은 전혀 놀랍지 않은 일이다. 이러한 질병을 이해하고 치료하기 위해 여러 대학과 제약업계의 연구진들이 수용체의 구조를 밝혀내기 위해 노력하고 있다.

세포 표면 수용체는 인간의 단백질 중 약 30%를 차지하고 있지만 이들의 구조는 밝히기가 매우 어려워서, X선 결정법(그림 5.22)에 의해 그 구조가 밝혀진 것은 1% 정도에 불과하다. 세포 표면 수용체는 유연하고 근원적으로 불안정하여 결정화하기가 매우 어렵다. 많은 시간과 노력 끝에 그림 9.7에 나타낸 것과 같은 일부 GPCR의 구조가 밝혀졌는데, 이 β-아드레날린 수용체를 막분자 속에서 리간드가 있는 조건에서 안정화시켜 결정을 얻을 수 있었다.

타이로신 인산화효소 수용체(RTK)의 기능 이상은 여러 종류의 암과 연관되어 있다. 예를 들어 HER2라 불리는 타이로신 인산화효소 수용체를 과다하게 발현하는 암 세포를 가진 유방암 환자는 예후가 좋지 못하다(개념 12.3, 그림 18.27). 분자생물학 기법을 사용하여 세포의 HER2에 결합하여 세포의 분열을 저해하고, 그 결과 암의 진행을 억제하는 허셉틴(Herceptin)이라는 단백질이 개발되었다. 일부 임상 실험에서 허셉틴 치료를 통해 환자의 생존율이 1/3 이상 증가하는 결과를 얻었다. 세포 표면 수용체와 기타 세포신호전달 단백질에 대한 연구 목표 중 하나는 이러한 성공적인 치료법을 개발해 내는 것이다.

세포내 수용체

세포내 수용체(intracellular receptors) 단백질은 표적세포의 세포질이나 핵 안에서 발견된다. 수용체에 도달하기 위해서는 신호전달분자가 표적세포의 세포막을 통과하여야 한다. 많은 주요 신호전달분자들이 소수성이거나 혹은 크기가 작아 세포막의 인지질층을 통과할 수 있다. 이러한 소수성 화학 전달자로는 동물세포의 스테로이드호르몬이나 갑상샘호르몬(thyroid hormone) 등이 있다. 그 밖에도 세포내 수용체를 가지는 다른 종류의 화학신호분자로는 기체인 산화질소(nitric oxide, NO)가 있는데, 이것은 크기가 매우 작아서 막 인지질 사이를 자유롭게 통과할 수 있다.

호르몬이 세포로 들어가면 세포질이나 핵에 존재하는 세포내 수용체에 결합할 수 있다. 결합에 의해 수용체는 호르몬-수용체 복합체가 되어 반응을 유도할 수 있게 되는데, 많은 경우 특정한 유전자의 발현을 유도하거나 억제하게 된다.

알도스테론(aldosterone)의 행동은 스테로이드호르몬이 어떻게 작용하는지를 보여주는 대표적인 예이다. 이 호르몬은 신장의 위쪽에 위치한 분비샘인 부신의 세포에서 분비된다. 분비된 알도스테론은 혈액을 따라 몸 전체의 세포에 전해지지만, 반응은 이 호르몬에 대한 수용체를 지니고 있는 신장 세포에서만 나타난다. 이러한 세포에서는 호르몬이 수용체 단백질에 결합하여 이를 활성화시킨다. 활성화된 수용체는 알도스테론이 결합한 채로 핵으로 이동하여 신장 세포에서 물과 소듐의 이동을 조절하여 궁극적으로는 혈액의 부피를 조절하는 특정한 유전자의 발현을 유도한다(**그림 9.9**).

어떻게 활성화된 호르몬-수용체 복합체가 유전자의 발현을 유도할까? 세포내 DNA상의 유전자들이 전사되고 가공되어 mRNA가 된 다음, 핵을 떠나 세포질의 리보솜에서 단백질이 만들어지는 과정을 상기해 보자(그림 5.23). 전사인자(transcription factor)라는 특별한 단백질이 특정한 세포에서 특정한 시기에 어떤 유전자가 발현될지, 즉 어떤 유전자의 mRNA를 만들어 낼지를 조절한다. 알도스테론 수용체는 활성화되면 전사인자로 작용하여 특정한 유전자의 발현을 유도한다. (전사인자에 대해서는 17장과 18장에서 배우게 될 것이다.)

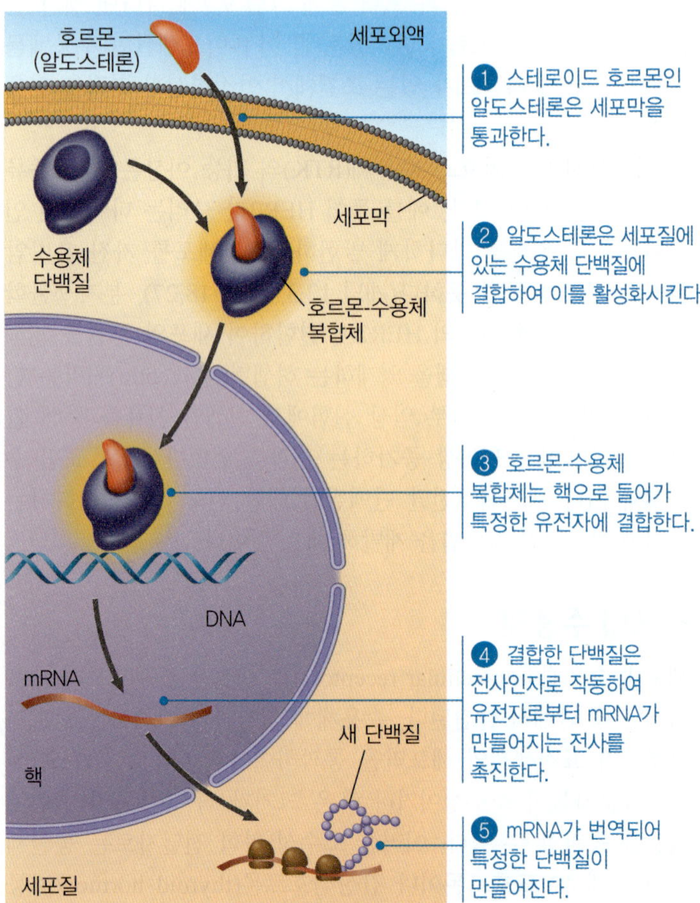

▲ **그림 9.9 스테로이드호르몬은 세포내 수용체에 결합한다.**

? 왜 스테로이드호르몬은 세포 내로 신호를 전달하는데 세포 표면의 수용체가 필요하지 않을까?

전사인자로 작용함으로써 알도스테론 수용체는 그 자체가 신호전달경로에서 전환 기능까지 수행하게 된다. 대부분의 다른 세포내 수용체들도 같은 방법으로 작용하지만, 이들 중 갑상샘호르몬 수용체와 같은 여러 수용체들은 신호분자가 전달되기 이전부터 이미 핵 내에 위치하고 있다. 흥미롭게도 이들 중 많은 세포내 수용체들은 구조적으로 유사하며, 이는 진화적인 근친관계(evolutionary kinship)를 시사해 주고 있다.

개념 확인 문제 9.2

1. 신경생장인자(nerve growth factor, NGF)는 수용성 신호분자이다. NGF의 수용체는 세포 안에 있겠는가, 아니면 세포막에 있겠는가? 그 이유를 설명하라.
2. **WHAT IF?** 세포가 이량체를 만들지 못하는 결함이 있는 타이로신 인산화효소 수용체 단백질을 만들어 낸다면 그 결과가 어떨지 예상해 보라.
3. **MAKE CONNECTIONS** 리간드의 결합은 효소의 다른자리조절 과정과 얼마나 비슷한가? 그림 6.20을 참조하라.
4. **WHAT IF?** 그림 9.7.에 나타낸 모델은 G 단백질이 결합하지 않은 비활성 상태에 있는 수용체이다. 활발하게 신호를 전달하고 있는 수용체의 구조를 밝히기 위해 단백질 결정을 얻고자 할 때 어떤 방법이 좋을지 제안해 보라.

정답은 부록 A 참조

개념 9.3

전환: 분자 간의 연쇄적인 상호작용에 의해 수용체로부터 세포내 표적분자까지 신호가 전달된다

앞서 논의되었던 대부분의 수용체처럼 신호분자에 대한 수용체가 세포막 단백질인 경우 신호의 전환 단계는 대개 여러 분자들이 참여하는 다단계의 경로로 이루어진다. 이러한 경로에는 대개 인산기를 단백질에 첨가하거나 제거하여 단백질을 활성화하거나 전달자로 작용할 수 있는 다른 작은 분자나 이온 등을 방출하는 과정이 포함된다. 이러한 다단계 경로의 이점 중 하나는 신호를 크게 증폭하는 것이 가능하다는 것이다. 만일 이 경로의 각 분자가 다음 단계 구성 분자 여러 개에 신호를 전달해 준다면, 이 경로의 끝에서는 활성화된 분자의 수가 기하급수적으로 증가하게 될 것이다. 또한 다단계 경로는 단순한 시스템보다 협력 및 조절의 기회를 더 많이 제공한다. 이를 통해 반응의 미세한 조절이 가능해지는데, 이에 대해서는 뒤에서 살펴보겠다.

신호전환경로

특정한 신호분자가 세포막의 수용체에 결합하면 신호전환경로라 불리는 연속적인 분자 상호작용의 첫 단계가 시작되어 세포 내부에 특정한 반응이 일어난다. 도미노가 쓰러지듯이 신호에 의하여 활성화된 수용체는 다른 단백질을 활성화시키고, 이 단백질은 또 다시 다른 단백질을 활성화시키며, 이 과정이 세포내 반응을 활성화하는 마지막 단백질이 활성화될 때까지 반복된다. 수용체에서 반응까지 신호를 전해주는 분자는 대부분 단백질로서, 이를 이 책에서는 중계분자라고 부르겠다. 단백질의 상호작용은 세포 신호전달의 주요 주제이다. 실제로 단백질의 상호작용은 세포 수준에서의 모든 조절에 있어서 공통적으로 사용되는 방법이다.

최초의 신호분자가 물리적으로 신호전환경로를 따라 전달되는 것이 아님을 명심하자. 대부분의 경우 신호분자는 세포 안으로 들어가지도 못한다. 우리가 신호가 경로를 따라 전달된다고 하는 것은 일정한 정보가 전달된다는 것을 의미한다. 각각의 단계에서 신호는 다른 형태로 전환되는데, 단백질의 입체구조 변화가 대부분이다. 흔히 입체구조의 변화는 인산화에 의하여 야기된다.

단백질 인산화 및 탈인산화

6장에서 하나 혹은 두 개의 인산기를 결합시켜 단백질을 활성화시킬 수 있다는 개념을 소개하였다(그림 6.11a). 그림 9.8에서는

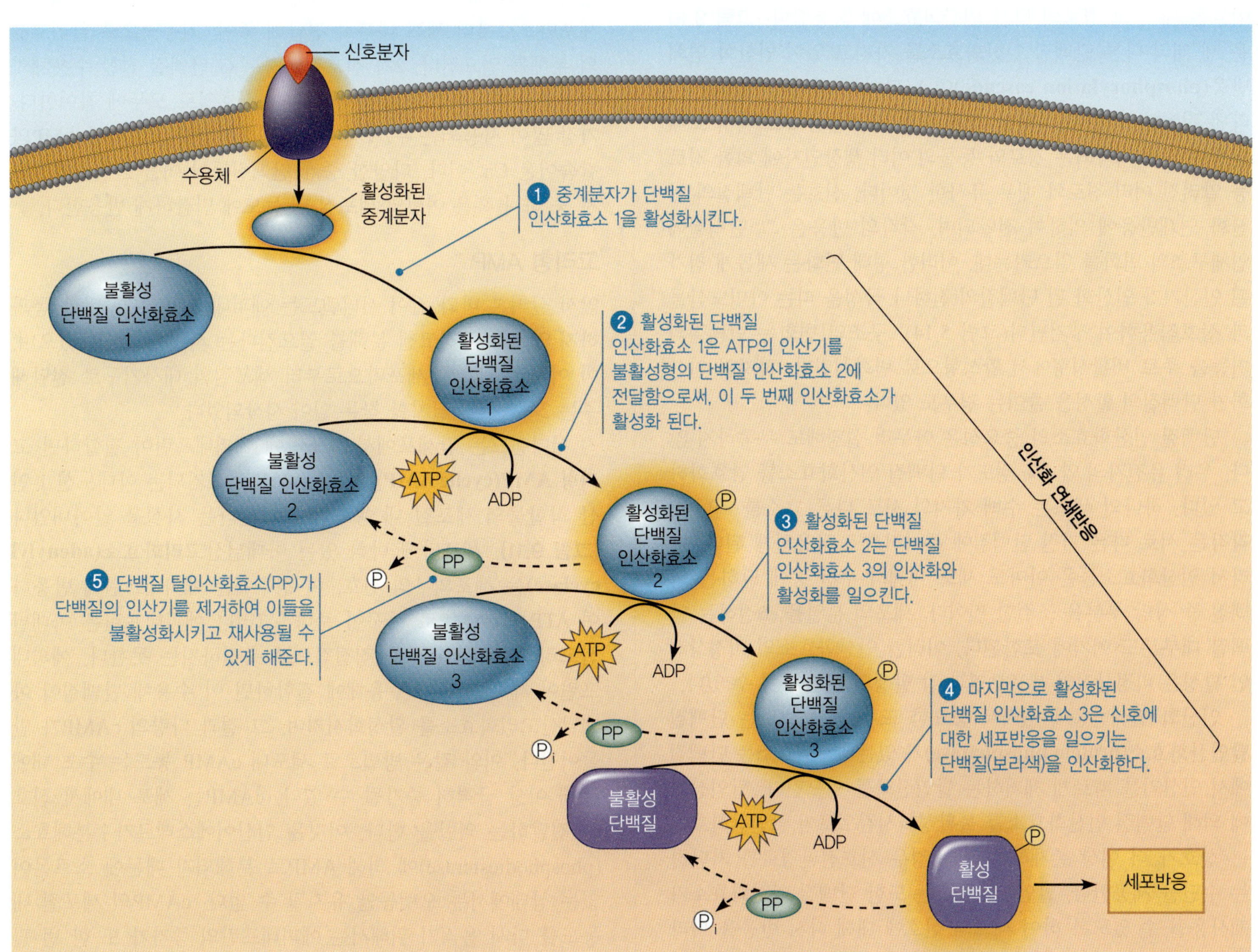

▲ **그림 9.10 인산화 연쇄반응.** 인산화 연쇄반응에서는 경로 내의 일련의 여러 단백질들이 순서대로 인산화되는데, 각 단백질이 다음 순서의 단백질을 인산화시킨다. 이 예에서 인산화는 각 단백질을 활성화시키고, 탈인산화는 이들을 비활성 형태로 되돌린다. 각 단백질의 활성화된 형태와 불활성화된 형태는 활성화가 주로 분자구조의 변화와 관련되어 있다는 사실을 상기시키기 위하여 다른 모양으로 나타내었다.

WHAT IF? 만일 단백질 인산화효소 3에 돌연변이가 생겨 인산화될 수 없게 된다면 어떤 일이 생길까?

인산화가 어떻게 타이로신 인산화효소 수용체의 활성화에 관여하는지도 이미 살펴보았다. 실제로 단백질의 인산화와 탈인산화는 단백질의 활성을 조절하는 데 광범위하게 사용되는 세포내 메커니즘이다. 인산기를 ATP에서 떼어내어 단백질로 옮겨주는 효소의 일반적인 명칭이 **단백질 인산화효소(protein kinase)**이다. 타이로신 인산화효소 수용체는 이량체의 다른 단위체에 있는 타이로신을 인산화시키는 특수한 종류의 단백질 인산화효소이다. 반면에 세포질에 있는 대부분의 단백질 인산화효소는 그들 자신과는 다른 종류의 단백질에 작용한다. 또한 대부분의 세포질 단백질 인산화효소는 타이로신이 아니라 세린이나 트레오닌 아미노산을 인산화시킨다. 세린/트레오닌 인산화효소는 동·식물 및 균류의 신호전달경로에 광범위하게 사용된다.

신호전환경로의 많은 중계분자들은 단백질 인산화효소이며, 이들은 대개 그 경로의 다른 인산화효소에 작용한다. **그림 9.10**은 세 개의 다른 단백질 인산화효소를 가지고 있어 **인산화 연쇄반응(phosphorylation cascade)**이 나타나는 가상의 경로를 나타낸 것이다. 그림에 나타난 것과 같은 단계들은 효모에서 교배인자에 의해 시작되는 경로와 동물의 여러 생장인자에 의한 경로 등 알려진 여러 경로와 매우 유사한 것이다. 신호는 단백질의 인산화 연쇄반응에 의하여 전달되며, 각각의 반응은 그 단백질에 입체구조의 변화를 일으키는데, 이러한 형태 변화는 새롭게 첨가된 인산기가 인산화 된 단백질의 전하나 극성을 띠는 아미노산들과 상호작용하여 생겨난다(그림 5.14). 구조의 변화는 단백질의 기능을 주로 비활성형에서 활성형으로 변화시킨다. 하지만 인산화가 단백질의 활성을 줄이는 경우도 있다.

단백질 인산화효소의 중요성은 아무리 설명해도 부족하지 않다. 우리 유전자의 약 2% 정도가 단백질 인산화효소를 암호화하고 있다. 하나의 세포는 수백 가지의 서로 다른 효소를 지니며, 각각은 서로 다른 기질 단백질에 특이적으로 작용하게 된다. 따라서 인산화효소들은 아마도 세포 내에서 수천 종에 달하는 단백질 중 상당 부분을 조절할 것이다. 세포의 분열을 조절하는 단백질 대부분도 여기에 포함된다. 이러한 인산화효소의 비정상적인 활성은 비정상적인 세포분열과 암 발생의 원인이 될 수 있다.

인산화 연쇄반응에 있어서 중요한 또 다른 요소로는 **단백질 탈인산화효소(protein phosphatase)**가 있는데, 이 효소는 단백질에서 인산기를 빠르게 제거하는 탈인산화를 일으킨다. 탈인산화에 의해 단백질 인산화효소를 불활성화시킴으로써 탈인산화효소는 신호가 더 이상 존재하지 않는 경우 신호전환경로를 차단하는 수단을 제공한다. 탈인산화효소는 또한 단백질 인산화효소가 재사용될 수 있도록 하여 세포외 신호에 대해 다시 반응을 나타낼 수 있게 해준다. 인산화/탈인산화 시스템은 세포 내에서 필요에 따라 활성을 켜고 끄거나, 올리고 내리는 분자 스위치로 작용한다. 특정 시점에서 인산화에 의해서 조절되는 단백질의 활성은 세포 내의 인산화효소 분자와 탈인산화효소 분자의 균형에 의존하게 된다.

2차 신호전달자로 이용되는 작은 분자와 이온들

신호전환경로의 구성요소들이 모두 다 단백질은 아니다. 많은 신호전달경로에는 **2차 신호전달자(second messenger)**라 불리는 작은 비단백질성 수용성 분자들이나 이온들이 관여된다. 세포막의 수용체에 결합하는 세포외 신호물질, 즉 리간드를 경로의 "1차 신호전달자"로 여길 수 있으므로, 2차 신호전달자란 용어가 사용된다. 2차 신호전달자는 작은 수용성 물질이므로 세포 내에서 확산에 의하여 잘 퍼져 나갈 수 있다. 예를 들어, 잠시 후 보게 될 내용처럼 고리형 AMP(cyclic AMP)라 불리는 2차 신호전달자가 에피네프린에 의해서 시작된 신호를 간이나 근육 세포의 세포막으로부터 세포 내부로 전달해 주어, 최종적으로 글리코겐의 분해를 일으킨다. 2차 신호전달자는 G 단백질 결합 수용체와 타이로신 인산화효소 수용체에 의한 신호경로 모두에 참여한다. 가장 많이 사용되는 두 가지의 2차 신호전달자는 고리형 AMP와 칼슘이온 Ca^{2+}이다. 다양한 중계 단백질들이 이들 2차 신호전달자 중 하나 혹은 여럿의 세포질 내 농도에 민감하게 반응한다.

고리형 AMP

앞서 살펴본 바와 같이 서더랜드는 에피네프린이 세포막을 통과하지 않고도 글리코겐 분해를 일으킨다는 사실을 밝혀내었으며, 이 이후로 신호를 세포막으로부터 세포질의 대사기구로 전달해 주는 2차 신호전달자를 찾는 일이 시작되었다.

서더랜드는 간세포에서 세포막에 에피네프린이 결합하면 **고리형 AMP(cyclic AMP)** 또는 **cAMP**로 표기되는 아데노신 1-인산 화합물의 세포질 내 농도가 증가한다는 사실을 알아내었다(**그림 9.11**). 세포막에 박혀 있는 **아데닐산고리화효소(adenylyl cyclase)**는 세포외부의 신호, 이 경우에는 에피네프린에 반응하여 ATP를 cAMP로 바꾸어 준다. 그러나 에피네프린은 아데닐산고리화효소의 활성을 직접적으로 촉진하지는 못한다. 에피네프린이 세포 표면의 수용체에 결합하면 이 수용체 단백질이 아데닐산고리화효소를 활성화시키며, 그 결과 다량의 cAMP가 만들어진다. 이와 같은 방법으로 세포내 cAMP 농도는 수초 내에 20배 이상 급격히 증가될 수 있다. cAMP는 세포 내에서 신호를 전달하는 역할을 한다. 이것은 인산이에스테르가수분해효소(phosphodiesterase)에 의해 AMP로 분해되기 때문에 호르몬이 없는 상태에서는 오랫동안 유지될 수 없다. cAMP의 세포질 내 농도를 다시 올리기 위해서는 에피네프린의 증가가 또 한 번 필요하다.

후속 연구를 통해서 에피네프린이 세포질 내 cAMP의 농도를 증가시키는 여러 호르몬과 신호분자 중의 하나라는 사실이 밝혀졌으며, 또한 G 단백질, G 단백질 결합 수용체(G protein-

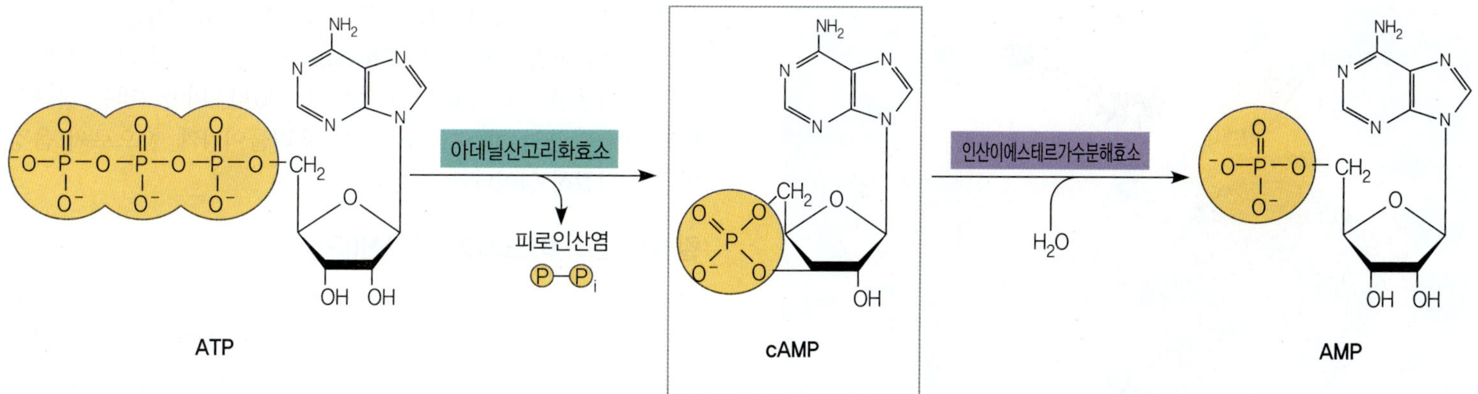

▲ **그림 9.11 고리형 AMP.** 2차 신호전달자인 고리형 AMP(cAMP)는 세포막에 박혀 있는 아데닐산고리화효소에 의해 ATP로부터 만들어진다. cAMP에서는 인산기가 5′ 과 3′ 탄소에 결합하고 있다는 사실을 주목하라. 이 분자의 이름은 이러한 고리형의 배열 때문에 지어진 것이다. cAMP는 인산이에스테르가수분해효소에 의해 불활성화되는데, 이 효소는 cAMP를 AMP로 분해한다.

WHAT IF? 인산이에스테르가수분해효소를 불활성화하는 분자가 세포 안에 도입된다면 어떠한 일이 일어날까?

coupled receptor), 그리고 단백질 인산화효소를 포함하는 cAMP 경로의 다른 구성요소들도 밝혀지게 되었다(**그림 9.12**). cAMP 수준 증가의 직접적인 효과는 대개의 경우 **단백질 인산화효소 A**(protein kinase A)라 불리는 세린/트레오닌 인산화효소의 활성화이다. 활성화된 인산화효소 A는 세포 종류에 따라 다양한 여러 단백질을 인산화시킨다. (에피네프린이 글리코겐의 분해를 촉진하는 완전한 경로는 그림 9.16에 나타나 있다.)

▲ **그림 9.12 G 단백질 신호전달경로에서 2차 신호전달자로서의 cAMP.** 1차 신호전달자는 G 단백질 결합 수용체를 활성화시키며, 이것은 특정한 G 단백질을 활성화시킨다. G 단백질은 다시 아데닐산고리화효소를 활성화시켜 ATP를 cAMP로 바꾸어 준다. cAMP는 다시 2차 신호전달자로 사용되어 다른 단백질, 주로 단백질 인산화효소 A를 활성화시켜, 세포의 반응을 일으킨다.

세포 대사는 아데닐산고리화효소를 저해하는 다른 G 단백질 시스템에 의해서도 조절된다. 이 시스템에서는 다른 신호물질이 다른 수용체를 활성화시키게 되며, 그 결과 **억제성 G 단백질**(inhibitory G protein)이 활성화되어 아데닐산고리화효소가 억제된다.

이제 우리는 G 단백질 신호전달경로에서 cAMP의 역할에 대하여 알고 있으며, 따라서 어떻게 특정한 미생물이 질병을 유발하는가에 대하여 분자 수준에서 상세히 설명할 수 있다. 인간의 배설물에 의해 물이 오염된 지역에서 자주 발생하는 콜레라를 살펴보자. 사람들은 오염된 물을 마심으로 인해 *Vibrio cholerae*라는 콜레라 세균을 섭취하게 된다. 이 세균은 작은창자의 안쪽 벽에 생물막을 형성하며 독소를 방출한다. 콜레라 독소는 염과 물의 분비를 조절하는 데 관여하는 G 단백질을 화학적으로 변형시키는 효소이다. 변형된 G 단백질은 GTP를 GDP로 가수분해하지 못하여 활성화되어 있는 상태에서 유지되며, 따라서 아데닐산고리화효소의 활성을 촉진하여 cAMP가 계속 만들어지게 된다. 그 결과 높은 농도의 cAMP는 장세포로 하여금 많은 양의 염을 장으로 배출하도록 만들며, 이에 따라 삼투에 의해 물이 배출된다. 감염된 사람에게는 곧바로 다량의 설사가 나타나며, 치료하지 않으면 물과 염의 부족으로 인하여 곧바로 사망에 이를 수 있다.

cAMP와 기타 전달자들이 관여하는 신호경로에 대한 이해는 인간의 여러 질환에 대한 치료를 가능하게 해주었다. 그러한 예로는 cGMP(cyclic GMP)를 사용하는 신호경로가 있는데, 이 경로의 작용 중에는 동맥벽의 평활근을 이완시키는 작용이 있다. cGMP가 GMP로 가수분해되는 것을 저해하는 한 화합물은 이 신호를 계속 유지해 준다. 따라서 처음에는 이 화합물을 심장근

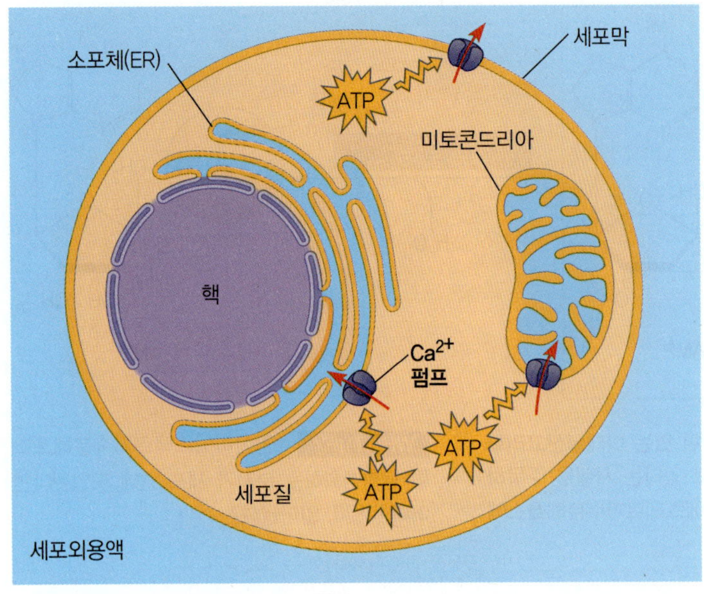

▲ **그림 9.13 동물세포에서 칼슘이온 농도의 유지.** 세포질에서의 Ca^{2+} 농도(베이지색)는 대부분 세포외액과 ER(청색)에 비해 매우 낮다. 세포막과 ER 막에 있는 단백질 펌프는 ATP를 이용하여 Ca^{2+}을 세포질에서 세포외액이나 ER 내부로 이동시킨다. 미토콘드리아의 펌프는 화학삼투에 의해 작동하는데(개념 10.4) 세포질 내의 칼슘 수준이 크게 증가한 경우 미토콘드리아로 Ca^{2+}를 이동시킨다.

육에 혈액공급을 증가시켜 가슴의 통증을 완화시키는 처방에 사용했다. 이 화합물은 비아그라(Viagra)라는 상품명으로 현재 남성의 발기부전 치료제로 널리 사용되고 있다. 비아그라는 혈관을 팽창시켜 다량의 혈액이 음경으로 흘러들어가게 함으로써 음경 발기가 적절히 일어나게 해준다.

칼슘이온과 이노시톨 삼인산(IP_3)

신경전달물질, 생장인자, 호르몬 등을 비롯한 동물의 여러 신호 분자들은 세포질 내의 칼슘 농도(Ca^{2+})를 증가시키는 신호전환경로를 이용하여 표적세포에서 반응을 유도한다. 칼슘은 cAMP보다도 더 많이 사용되는 2차 전달자이다. 동물세포의 세포질에서 칼슘 농도가 증가하면 근육세포의 수축, 물질의 분비, 세포분열 등과 같은 다양한 반응이 일어난다. 식물에서는 다양한 호르몬과 환경 자극에 의해 세포질 내에 일시적인 Ca^{2+} 농도의 증가가 나타날 수 있으며, 이것이 빛에 의한 녹화 경로(그림 39.4)와 같은 다양한 신호경로를 유발한다. G 단백질 경로와 타이로신 인산화효소 수용체 경로 모두 Ca^{2+}을 2차 신호전달자로 사용한다.

세포 내에는 항상 약간의 Ca^{2+}이 존재함에도 불구하고 이 이온은 세포질 내 농도가 세포외부의 농도에 비하여 매우 낮기 때문에 2차 신호전달자로 사용될 수 있다**(그림 9.13)**. 실제로 동물에서 혈액과 세포외용액의 Ca^{2+} 농도는 세포질에 비해 10,000배 이상 높다. 칼슘이온은 다양한 단백질 펌프에 의해 세포 외부, 또

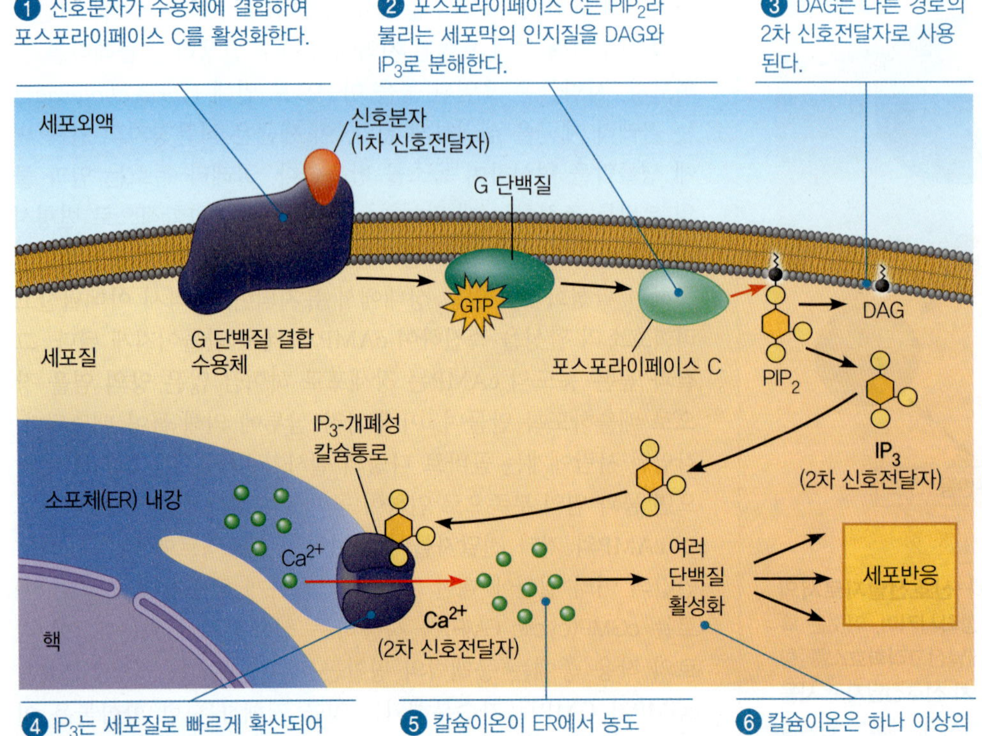

◀ **그림 9.14 신호전달 경로의 칼슘과 IP_3.** 칼슘이온과 이노시톨3인산(IP_3)은 여러 신호전환 경로에서 2차 신호전달자로서 기능을 수행한다. 이 그림에서는 신호분자가 G 단백질 결합 수용체에 결합하여 신호경로가 시작된다. 타이로신 인산화효소 수용체 또한 포스포라이페이스 C를 활성화하여 같은 경로를 시작시킬 수 있다.

는 세포질로부터 소포체 안으로(때로는 미토콘드리아와 엽록체로) 능동수송된다. 그 결과 소포체 내의 칼슘 농도는 세포질보다 훨씬 높다. 세포질의 칼슘 수준이 매우 낮으므로 절대적인 이온 수에 약간의 변화만 있어도 칼슘 농도는 비교적 큰 변화를 나타내게 된다.

신호전환경로에 의해 전달된 신호에 반응하여 세포질 내의 칼슘 농도는 주로 소포체로부터의 Ca^{2+} 방출에 의해 증가한다. 칼슘의 방출을 일으키는 신호전환경로에는 **이노시톨 삼인산(inositol trisphosphate, IP_3)**과 **디아실글리세롤(diacylglycerol, DAG)**과 같은 두 가지 다른 종류의 2차 신호전달자들도 관여되어 있다. 이 두 전달자는 세포막에 있는 특정 종류의 인지질이 분해되어 생성된다. **그림 9.14**에는 신호에 의해 어떻게 IP_3가 소포체로부터 칼슘의 방출을 촉진하는지에 대한 전체적인 과정이 잘 나타나 있다. 이 경로에서는 IP_3가 칼슘보다 먼저 작용하므로 칼슘은 3차 신호전달자라고 여길 수도 있겠다. 그러나 과학자들은 2차 신호전달자라는 용어를 신호전환경로에 이용되는 작은 비단백질 물질을 총칭해 나타내는 데 사용하고 있다.

개념 확인 문제 9.3

1. 단백질 인산화효소는 무엇이며, 신호전환경로에서의 역할은 무엇인가?
2. 신호전환경로가 인산화 연쇄반응을 포함하고 있는 경우 세포의 반응이 어떻게 멈춰질 수 있는가?
3. 그림 9.6과 9.10에 나타난 것과 같은 신호전환경로에서 실제로 전달되는 "신호"는 무엇인가? 세포 외부에서 세포 내부로 어떻게 정보가 전달되는가?
4. **WHAT IF?** 리간드가 수용체에 결합하여 포스포라이페이스 C(phospholipase C)가 활성화될 때 IP_3 의존성 칼슘통로는 세포질 내의 Ca^{2+} 농도에 어떤 영향을 주는가?

정답은 부록 A 참조

개념 9.4

반응: 세포신호전달은 세포질 내의 활성이나 전사를 조절한다

이제부터는 세포외 신호에 대한 세포의 반응, 즉 일부 연구자들이 "출력반응(output response)"이라 부르는 반응에 대해 자세히 살펴보겠다. 신호전달 경로의 마지막 단계는 정체가 무엇일까?

핵과 세포질에서의 반응

신호전환경로는 궁극적으로 하나 혹은 그 이상의 세포활성을 조절하게 된다. 이러한 반응은 세포질에서 일어날 수도 있으며, 아니면 핵 내에서 일어날 수도 있다.

여러 신호전달 경로는 궁극적으로 핵 내에서 특정 유전자의 발현을 일으키거나 정지시켜 효소나 단백질의 합성을 조절한다. 활성화된 스테로이드호르몬 수용체(그림 9.9)와 같이 신호전달 경로에서 최종적으로 활성화된 분자는 전사인자로서 기능하게 된다. **그림 9.15**는 신호전달 경로가 유전자 발현을 일으키는 전사인자를 활성화하는 예를 보여주고 있다. 이 생장인자 신호에 대한 반응은 전사, 즉 특정한 mRNA의 합성이며, 그 결과 특정한 단백질이 세포질에서 합성된다. 다른 경우에는 전사인자가 유전자의 발현을 억제하기도 한다. 대부분 전사인자는 여러 개의 다른 유전자들을 조절하게 된다.

때로는 신호전달 경로가 유전자 발현을 활성화하여 단백질의 합성(synthesis)을 촉진하기보다는 핵 바깥에서 기능하는 단백질에 직접 작용하여 단백질의 활성(activity)을 조절한다. 예를 들어, 신호는 세포막에서의 이온통로 개폐나 세포대사의 변화 등을 일

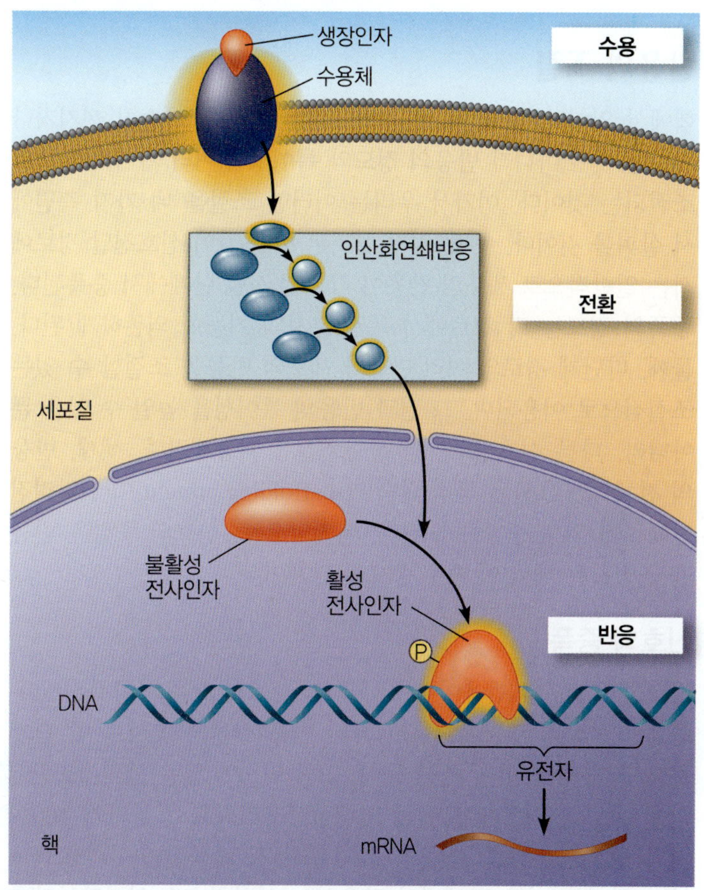

▲ **그림 9.15 신호에 대한 핵의 반응: 생장인자에 의한 특정 유전자의 활성화.** 이 그림은 핵 내의 유전자 활성을 조절하는 전형적인 신호전달 경로를 단순화하여 나타낸 것이다. 최초의 신호분자인 생장인자라 불리는 국소 조절자는 그림 9.10과 같은 인산화 연쇄반응을 일으킨다. (ATP와 인산기는 나타내지 않았다.) 인산화가 되면 마지막 인산화효소가 핵 내로 들어와서 유전자 발현을 조절하는 단백질을 활성화한다. 이 단백질은 특정한 유전자의 발현을 촉진하여 mRNA가 만들어지며, 이에 따라 세포질에서 특정 단백질의 합성이 일어난다.

으킬 수 있다. 앞에서 이미 살펴본 바와 같이 에피네프린에 대한 간세포의 반응은 효소의 활성을 조절하여 세포내 에너지 대사의 조절을 도와준다. 이 경우 에피네프린 결합에 의해 시작되는 신호전달 경로의 마지막 단계는 글리코젠 분해의 촉매작용을 하는 효소가 활성화되는 것이다. **그림 9.16**에 글리코젠으로부터 포도당 1-인산(glucose1-phosphate)이 방출되는 완전한 과정이 나타나 있다. 이 반응의 각 단계에서 신호의 증폭이 일어난다는 사실에 주목하라. 이에 대해서는 다시 살펴보게 될 것이다.

여러 종류의 신호 수용체, 중계분자 및 2차 신호전달자들은 다양한 방법으로 핵과 세포질에서의 반응을 일으킨다. 이 중 일부는 세포분열을 일으키는데, 이렇게 세포분열 경로를 유도하는 신호분자에는 생장인자와 특정한 식물 및 동물의 호르몬 등이 있다. 그림 9.15에 나타난 것과 같은 생장인자 경로의 기능 이상은 암의 발생을 증가시킬 수 있으며, 이에 대해서는 18장에서 살펴볼 것이다.

반응의 조절

핵에서 일어나든 세포질에서 일어나든 반응은 단순히 꺼지거나 켜지는 것이 아니라 반응의 정도와 특이성이 여러 가지 방법으로 조절되는 것이다. 여기서 우리는 이러한 조절을 네 가지 측면에서 살펴볼 것이다. 첫째, 앞서 살펴본 바와 같이 신호전달 경로에서는 일반적으로 세포의 반응이 각 신호전달 단계에서 증폭된다. 증폭의 정도는 각 경로에서 특정 분자의 기능에 의존하게 된다. 둘째, 다단계 경로의 여러 단계가 세포의 반응을 조절할 수 있는 조절점으로 이용되며, 그 결과 반응의 특이성을 높일 수 있을 뿐 아니라, 다른 신호경로와의 통합조절이 가능해진다. 셋째, 반응의 전체적인 효율은 골격 단백질(scaffolding protein)이라 알려진 단백질에 의해 증가하게 된다. 마지막으로, 신호의 종결은 반응을 조절하는 데 있어 매우 중요한 단계이다.

신호의 증폭

정교한 효소 연쇄반응이 신호에 의한 세포의 반응을 증폭시킨다. 연쇄반응의 각 단계에서 활성화된 반응 산물의 숫자는 앞 단계보다 크게 증가한다. 예를 들어, 그림 9.16에 있는 에피네프린에 의해 유도된 경로에서는 각 아데닐산고리화효소 분자가 100여 개의 cAMP 분자를 만들어 내며, 또한 각 단백질 인산화효소 A 분자 하나는 다음 단계에서 작용하는 인산화효소 약 10 분자를 인산화시킨다. 증폭 효과가 가능한 이유는 이들 단백질이 활성화된 상태를 오래 유지할 수 있어 불활성화되기 이전에 여러 분자의 기질을 처리할 수 있기 때문이다. 이러한 신호의 증폭(signal amplification) 결과, 적은 수의 에피네프린 분자가 간세포나 근육세포의 표면에 있는 수용체에 결합해도 수억 개의 포도당 분자가 글리코젠으로부터 방출된다.

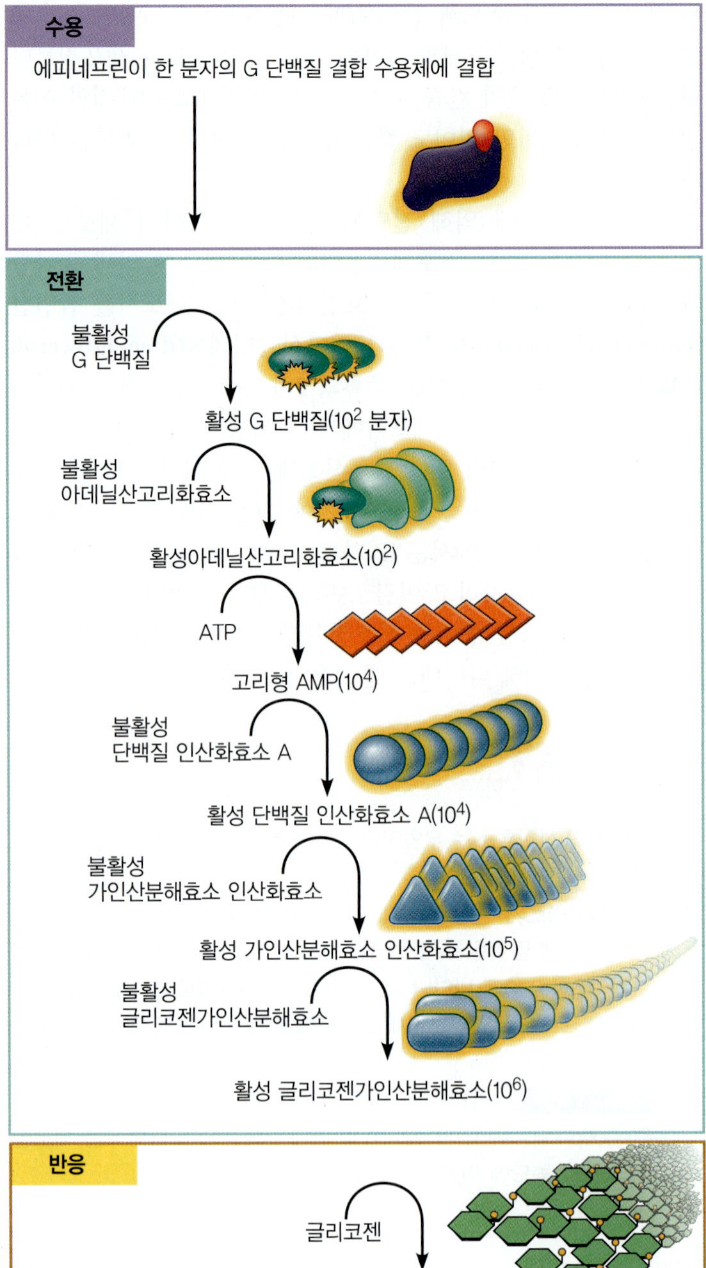

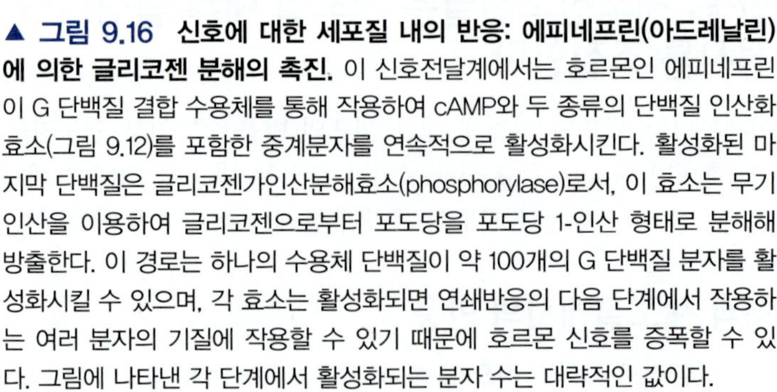

▲ **그림 9.16 신호에 대한 세포질 내의 반응: 에피네프린(아드레날린)에 의한 글리코젠 분해의 촉진.** 이 신호전달계에서는 호르몬인 에피네프린이 G 단백질 결합 수용체를 통해 작용하여 cAMP와 두 종류의 단백질 인산화효소(그림 9.12)를 포함한 중계분자를 연속적으로 활성화시킨다. 활성화된 마지막 단백질은 글리코젠가인산분해효소(phosphorylase)로서, 이 효소는 무기인산을 이용하여 글리코젠으로부터 포도당을 포도당 1-인산 형태로 분해해 방출한다. 이 경로는 하나의 수용체 단백질이 약 100개의 G 단백질 분자를 활성화시킬 수 있으며, 각 효소는 활성화되면 연쇄반응의 다음 단계에서 작용하는 여러 분자의 기질에 작용할 수 있기 때문에 호르몬 신호를 증폭할 수 있다. 그림에 나타낸 각 단계에서 활성화되는 분자 수는 대략적인 값이다.

? 이 그림에서 하나의 신호분자에 의해 몇 분자의 포도당이 방출되는가? 각 단계에서 다음 단계로 넘어갈 때 반응이 몇 배나 증폭되는지 계산하라.

세포신호전달의 특이성과 반응의 조절

여러분의 신체에 예를 들어 간 세포와 심장근육 세포의 두 가지 다른 세포가 있다고 생각해 보자. 이 두 세포 모두 혈액과 접촉하고 있으며, 따라서 주변세포로부터 분비되는 국소 조절자뿐만 아니라 여러 종류의 호르몬에 계속 노출되어 있다. 그러나 간세포는 이중 일부의 신호에만 반응하고 나머지는 무시하며, 이것은 심장세포도 마찬가지이다. 그리고 어떤 종류의 신호는 두 세포 모두에 반응을 일으키지만 그 반응이 서로 다른 경우도 있다. 예를 들어, 에피네프린은 간세포에서는 글리코젠의 분해를 촉진하지만, 심장에서는 심장박동을 더 빠르게 만든다. 이러한 차이를 어떻게 설명할 수 있을까?

신호에 대한 세포반응의 특이성이 나타나는 원인은 세포 사이의 다른 차이들과 마찬가지이다. 다른 세포들에서는 서로 다른 유전자 세트가 발현되기 때문에, **다른 종류의 세포는 다른 단백질 조합을 가지고 있다(그림 9.17)**. 신호에 대한 특정 세포의 반응은 신호 수용체 단백질, 신호 중계 단백질 및 반응을 담당하는 단백질 등과 같은 특정한 단백질들의 조합에 의존한다. 예를 들어, 간세포는 그림 9.16에 나타난 단백질들과 글리코젠을 합성하는 데 필요한 단백질들을 가지고 있어 에피네프린에 대하여 적절한 반응을 나타낼 수 있는 준비가 되어 있다.

그러므로 같은 신호에 대하여 다른 반응을 나타내는 두 세포에서 이 신호의 전달 및 반응에 관여하는 단백질들은 하나 이상이 다르다. 그림 9.17에서 다른 경로들 간에도 일부의 물질들은 공통적으로 이용된다는 점을 주목해라. 예를 들어, 세포 A, B, C는 모두 오렌지색의 같은 수용체 단백질을 사용하는데, 다른 단백질의 차이에 의해 다른 반응을 나타낸다. 세포 D에서는 같은 신호물질에 대하여 다른 수용체 단백질이 사용되어 다른 반응을 일으키게 된다. 세포 B에서는 같은 신호에 의해 야기되는 신호전환경로가 두 가지 반응을 나타내는 경로로 갈라지게 되는데, 이런 경로에는 주로 여러 전달 단백질을 활성화시키는 타이로신 인산화효소 수용체나 다양한 단백질을 조절하는 2차 신호전달자가 사용된다. 세포 C에서는 다른 신호에 의해서 야기되는 두 가지 경로가 수렴되어 하나의 반응을 조절하게 된다. 신호경로가 나누어지거나 신호경로들 사이에 상호작용이 일어나는 것은 신체의 여러 곳에서 전달되어 오는 다양한 정보에 대한 세포의 반응을 조절하는 데 매우 중요하다. (이런 조절에 대해서는 개념 9.5에서 자세히 배우게 될 것이다.) 또한 여러 경로에서 동일한 단백질을 사용하는 것은 세포가 만들어야 하는 단백질의 가짓수가 적어진다는 점에서 경제적이다.

신호가 복잡하고 통합적인 세포의 반응을 이끌어 내는 한 가지 예를 앞서 소개했던 효모의 교배 과정에서 찾을 수 있다(그림 9.2). **과학적 분석 기술의 연습**을 통해 반대편 교배형 세포의 교배인자에 의해 시작되는 신호에 대한 효모세포의 반응을 조사한 실험 데이터를 보게 될 것이다.

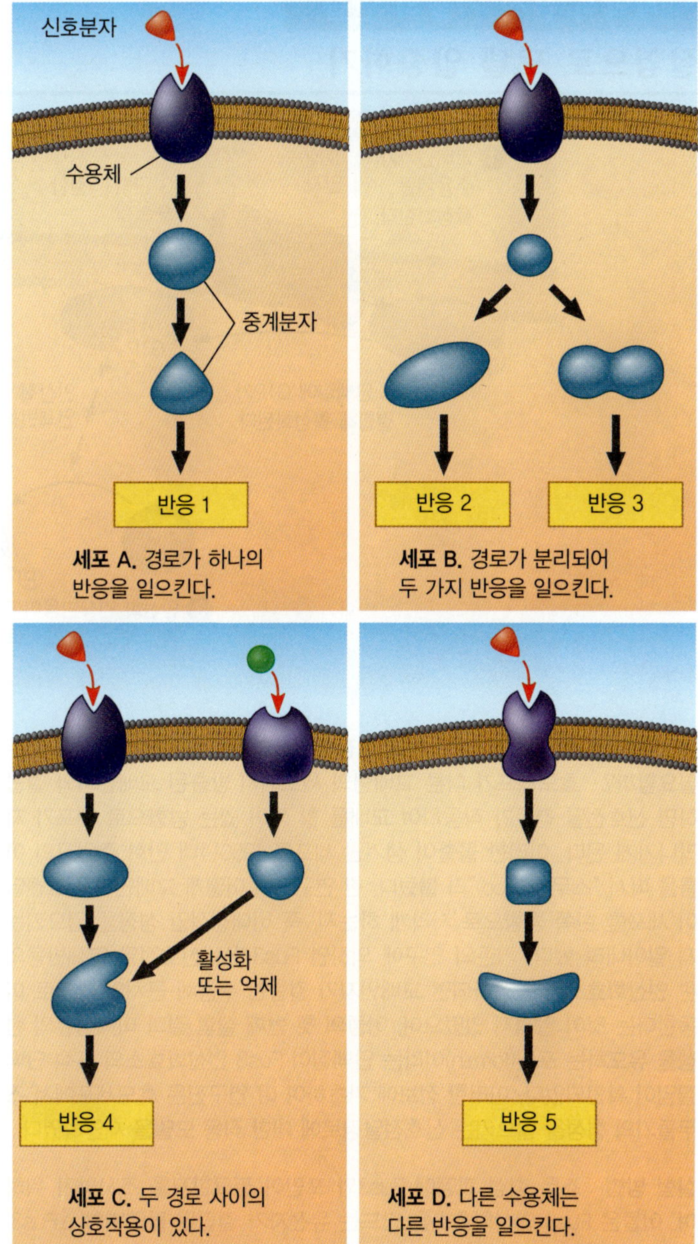

▲ **그림 9.17 세포신호의 특이성.** 세포가 지닌 특정한 단백질들이 어떤 신호분자에 대하여 반응을 나타낼지와 반응의 특성을 결정한다. 이 그림에 나타난 네 종류의 세포는 각각이 다른 세트의 단백질들(보라색과 파란색 모양)을 가지고 있어서 같은 신호분자(빨간색)에 대하여 다른 반응을 나타낸다. 그러나 같은 종류의 분자들이 하나 이상의 다른 경로에도 관여하고 있음에 주목하자.

MAKE CONNECTIONS 그림 9.14에 있는 신호경로를 공부하고, 위의 B 세포의 상황이 그 경로에 어떻게 적용될 수 있는지 설명하라.

과학적 분석 기술의 연습

실험으로 모델 입증하기

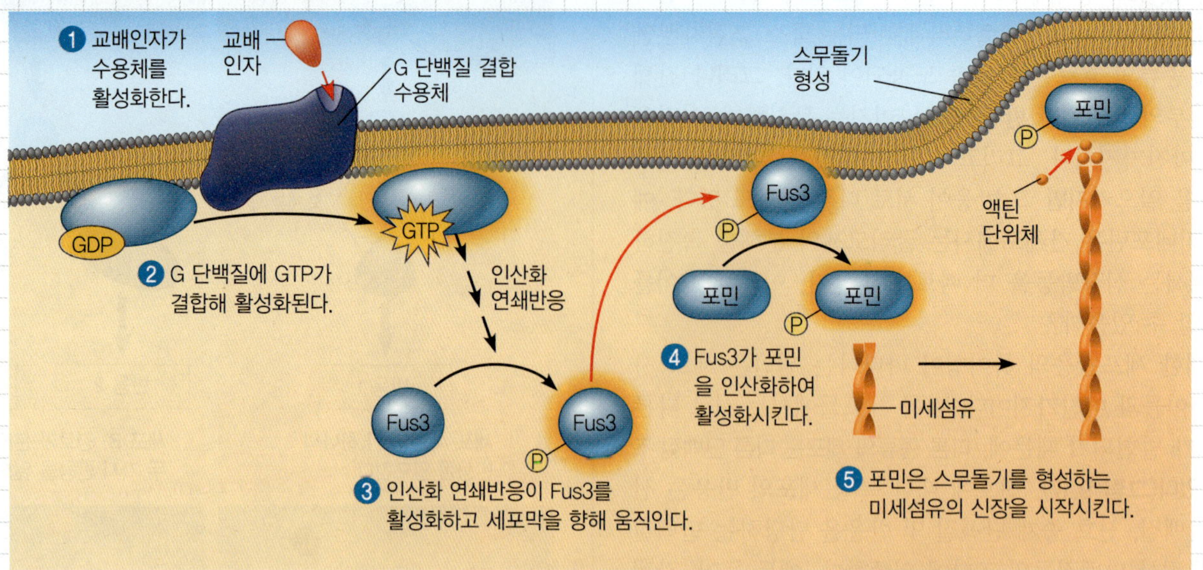

효모 교배 시의 방향성 있는 세포 성장에 Fus3 인산화효소와 포민이 모두 필요할까? 효모세포가 다른 교배형의 세포에서 방출된 교배인자와 결합하면 신호전달 경로가 작동하여 교배를 할 짝이 있는 방향으로 세포가 자라나가게 된다. 이러한 돌출이 생겨난 세포를 1950년대 만화 주인공의 이름을 따서 "스무(shmoo)"라 불렀다. 한 연구진이 어떻게 교배인자 신호전달이 세포를 한쪽 방향으로 자라게 하는지, 즉 비대칭적인 성장을 일으키는지 알아내려 했다. 기존의 연구에 의하면 Fus3라는 신호전달 연쇄반응의 한 인산화효소가 활성화되면 교배인자가 결합한 수용체 근처의 막으로 이동한다는 것이 알려져 있었으며, 이들의 첫 번째 실험 결과 미세섬유의 형성을 유도하는 포민(formin)이라는 단백질이 Fus3 인산화효소의 표적 단백질임이 확인되었다. 이러한 정보에 기초하여 이 연구진은 효모세포에서 스무돌기의 형성을 일으키는 신호전달경로에 대한 작동 모델을 제안하였다.

실험 방법 스무 형성 과정에 Fus3와 포민이 필요한지를 조사하기 위하여, 이들은 Fus3 인산화효소를 만드는 유전자가 결핍된 돌연변이(ΔFus3)와 포민 유전자가 결핍된 돌연변이(Δformin)의 두 가지 돌연변이 세포주를 제조하였다. 이들 돌연변이가 스무 형성에 미치는 영향을 보기 위하여, 세포에 교배인자를 처리한 후 성장의 대칭성을 조사하였다. 먼저 각 세포주의 세포벽을 초록색 형광염료로 염색한 다음, 이 세포들에 교배인자를 처리하고 새로 자라나는 세포벽만을 빨간색 형광염료로 염색하였다. 세포의 성장이 모든 방향으로 일어난다면(대칭적 성장) 초록색과 빨간색이 합쳐져서 균등한 노란색이 나타나게 될 것이다. (여기서는 나타내지 않았으나 교배인자를 처리하지 않은 야생형 효모의 생장이 이런 형태로 관찰된다.)

실험 데이터 오른쪽 위의 현미경 사진은 야생형, ΔFus3, Δformin 세포를 각각, 초록색으로 염색하고 교배인자를 처리한 후 빨간색으로 염색한 후에 촬영한 것이다. 야생형 세포에서는 Fus3와 포민이 모두 발현된다.

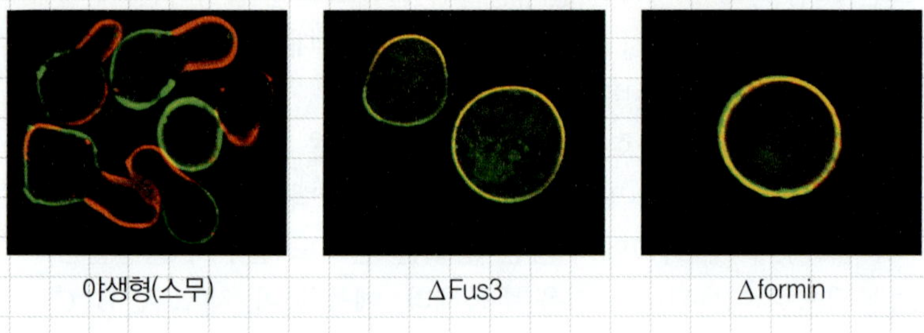

야생형(스무) ΔFus3 Δformin

데이터 해석

1. 모델은 과학자들이 조사 가능한 가설을 설정하는 것을 도와준다. 그림은 연구자들에 의해 세워진 스무 형성의 작동 모델을 나타낸 것이다. (a) 모델에서 ΔFus3 세포주로 검사될 수 있었던 가설은 어떤 것일까? (b) Δformin 세포주로는 어떤 가설을 조사했을까? (c) 실험에서 야생형 효모세포를 포함시킨 목적은 무엇인가?
2. 실험을 설계할 때 과학자들은 그들의 가설이 정확하다면 어떤 결과가 나올 것인지를 예상한다. (a) 만일 스무 형성 과정에서 Fus3 인산화효소 활성의 역할에 대한 가설이 맞는 것이라면 ΔFus3 세포주에서는 어떤 결과가 관찰되어야 하는가? 만일 맞지 않다면 어떤 결과가 예상되는가? (b) 만일 스무 형성에서 포민의 역할에 대한 가설이 정확하다면, Δformin 세포주에서는 어떤 결과가 관찰될까? 틀리다면 어떤 결과가 예상되는가?
3. 각각의 현미경 사진에 대해 세포의 형태와 세포벽의 염색 양상을 묘사하고 관찰 결과의 의미를 설명하라. 어떤 효모 세포주가 스무를 형성했는가?
4. (a) 이 결과가 스무 형성 과정에서 Fus3 인산화효소의 역할에 대한 가설을 지지하는가? (b) 이 결과가 스무 형성 과정에서 포민의 역할에 대한 가설을 지지하는가? (c) 이 결과가 그림의 작동 모델(가설)을 지지하는가?

참고문헌 D. Matheos et al., Pheromone–induced polarization is dependent on the Fus3p MAPK acting through the formin Bni1p. *Journal of Cell Biology* 165:99–109 (2004).

신호전달의 효율: 골격 단백질과 신호전달 복합체

그림 9.17에 나타난 신호전달 경로(이 장에 나타나 있는 다른 경로들을 포함하여)의 예는 매우 단순화되어 있는 것이다. 그림에서는 단지 몇 개의 전달물질만을 나타내고 있으며, 보기 좋게 표현하기 위하여 이 물질들이 세포질에서 확산하여 작용하는 것으로 나타나 있다. 만일 실제로 세포 안에서 이런 식으로 신호전달이 일어난다면 신호전달 경로는 매우 비효율적이 될 것이다. 그 이유는 대부분의 신호 중계분자는 단백질인데, 단백질은 점도가 높은 세포질 내에서 확산에 의해 빨리 이동하기에는 너무 크기 때문이다. 예를 들어, 특정한 단백질 인산화효소는 어떻게 기질을 찾아낼 수 있겠는가?

많은 경우에 신호전환의 효율은 여러 개의 신호 중계 단백질이 동시에 결합되어 있는 커다란 단백질인 **골격 단백질(scaffolding protein)**에 의하여 증가할 수 있다. 예를 들어, 생쥐의 뇌세포에서 분리된 한 종류의 골격 단백질에는 세 가지 인산화효소가 결합되어 있다. 적절히 활성화된 막 수용체에 이 골격 단백질이 결합할 때 세 인산화효소가 한꺼번에 실려 가게 되며, 따라서 특이적인 인산화 연쇄반응이 촉진될 수 있다(그림 9.18). 실제로 뇌세포에서는 시냅스의 신호전달 경로 단백질들 네트워크를 영구적으로(permanently) 붙잡고 있는 골격 단백질이 발견되고 있다. 이러한 연결은 세포 간의 신호전달 속도 및 정확도를 향상시키는데, 그 이유는 단백질 사이의 상호작용 속도가 확산에 의해 제한되지 않기 때문이다. 또한 골격 단백질은 일부 중계 단백질을 직접 활성화시키기도 한다.

신호전달 경로들이 최초로 발견되었을 때에는 이들이 직선적이고 독립적인 경로일 것으로 여겨졌다. 그러나 신호전달 경로의 구성요소들이 서로 다양한 방법으로 상호작용한다는 것을 알게 되면서, 세포의 신호교환 과정을 더 잘 이해하게 되었다. 실제로 그림 9.17에 나타난 바와 같이 일부의 단백질은 다른 종류의 세포에서, 혹은 같은 세포에서도 다른 조건이나 다른 시기에 두 가지 이상의 경로에 관여할 수가 있다. 이러한 사실은 영구적 또는 일시적으로 나타나는 단백질 복합체가 세포의 기능에 있어서 중요함을 뒷받침해 준다.

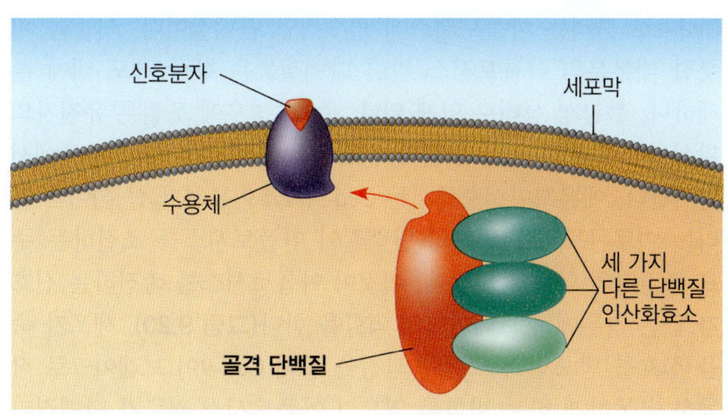

▲ **그림 9.18 골격 단백질.** 여기에 나타낸 골격 단백질은 활성화된 특정 막 수용체와 세 종류의 다른 단백질 인산화효소에 동시에 결합한다. 이러한 물리적인 배열은 이 분자들에 의한 신호 전환을 쉽게 해 준다.

신호전달 경로의 분지점 혹은 교차점에서 작용하는 중계 단백질의 중요성은 이들 단백질에 결함이 생기거나 없어진 경우에 쉽게 확인될 수 있다. 예를 들면, 비스코트-알드리치 증후군(Wiskott-Aldrich syndrome, WAS)이라는 유전병에서는 단 하나의 중계 단백질 결핍으로 인해 비정상적인 출혈이나 습진, 그리고 감염과 백혈병의 증가와 같은 다양한 결과가 나타난다. 이러한 증상들은 주로 면역체계 단백질의 결핍에 의하여 생겨난다고 여겨져 왔으며, 정상세포에서의 연구 결과 WAS 단백질이 세포 표면 바로 아래에 위치한다는 사실이 밝혀졌다. 이 단백질은 세포골격의 미세섬유와 면역세포의 증식을 조절하는 경로 등을 포함한 여러 종류의 신호전달 경로에서 신호의 중계를 담당하는 구성 요소들과 동시에 상호작용하고 있다. 이렇게 다양한 기능을 수행하는 신호 중계 단백질은 면역세포의 행동을 조절하는 복잡한 신호전환 네트워크에서 신호의 분지점이나 주요 교차점에서 작용한다. WAS 단백질이 없는 경우 세포골격이 적절히 형성되지 못하며 신호전달 경로도 파괴되어 WAS 증상이 나타나게 된다.

신호의 종료

그림 9.17에서는 간단하게 나타내기 위해 세포신호전달의 필수적인 과정인 불활성화 메커니즘을 나타내지 않았다. 다세포 생물의 세포가 전해오는 외부 신호를 항상 받아들일 수 있는 상태로 유지되기 위해서는 신호전달 경로의 각 변화가 매우 짧은 시간 동안만 유지되어야 한다. 콜레라의 예에서 살펴보았듯이 신호전달 경로의 한 요소가 일정한 상태로 고정되면 그것이 활성화되어 있는 상태이든 불활성화되어 있는 상태이든 관계없이 그 개체에게는 무서운 결과를 초래하게 된다.

세포가 새로운 신호를 받아들이는 능력은 신호가 만들어 내는 변화의 가역성에 의존한다. 신호물질이 수용체에 결합하는 것도 가역적이다. 외부의 신호분자 농도가 낮아짐에 따라 한 시점에 적은 수의 신호분자가 결합되어 있게 되고, 신호분자가 떨어져 나간 수용체는 불활성화된 상태로 돌아가게 된다. 세포의 반응은 오직 신호분자가 결합한 수용체의 농도가 일정한 역치(threshold) 이상일 때만 나타난다. 그 다음에는 여러 가지 방법으로 신호를 중계하는 물질들이 불활성화된 상태로 돌아가게 된다. 예를 들어, G 단백질 자체가 가지고 있는 GTP 가수분해효소 활성에 의해 결합되어 있는 GTP가 가수분해되고, 인산이에스테르가수분해효소가 cAMP를 AMP로 전환시키며, 단백질 탈인산화 효소가 인산화된 인산화효소나 그 밖의 단백질들을 불활성화시킨다. 그 결과 세포는 새로운 신호에 반응할 수 있게 된다.

이 절에서는 하나의 신호전달 과정에서 개시 과정과 종결 과정의 복잡성을 살펴보았으며, 또한 여러 신호경로 사이에서 교차가 일어날 수 있음도 살펴보았다. 다음 절에서는 세포 내에서 상호작용하는 경로들의 네트워크를 살펴보게 될 것이다.

개념 확인 문제 9.4

1. 한 호르몬 분자에 대한 표적세포의 반응이 어떻게 백만 배 이상의 다른 분자에 영향을 미칠 수 있는가?
2. WHAT IF? 서로 다른 골격 단백질을 지닌 두 종류의 세포가 어떻게 동일한 신호분자에 대해 다른 반응을 나타낼 수 있는지 설명하라.
3. MAKE CONNECTIONS 인간의 질병 중 일부는 단백질 탈인산화효소의 기능이상과 연관되어 있다. 이러한 단백질은 신호전달 경로에 어떤 영향을 미칠까? (개념 9.3의 단백질 탈인산화효소에 관한 논의와 그림 9.10을 참고하라.)

정답은 부록 A 참조

개념 9.5

아폽토시스(세포예정사)는 여러 세포신호전달 경로가 통합되어 일어난다

"사느냐 죽느냐?" 세포에서 가장 정교한 신호전달 경로 중의 하나는 이와 같은 햄릿의 유명한 질문을 묻고, 그에 대한 답을 구하는 것과 매우 유사하다. 세포가 감염되거나 손상을 받은 경우, 또는 수명이 다한 경우에는 종종 "예정된 세포의 죽음"이 일어난다(그림 9.19). 이렇게 세포 스스로에 의해 조절되는 세포자살의 가장 잘 알려진 예가 **아폽토시스(apoptosis**; 그리스어로 낙엽 등이 떨어짐을 의미하는 말에서 유래)이다. 이 과정 동안에는 DNA가 잘라지며, 세포내 소기관들과 세포질 성분이 조각나게 된다. 세포는 수축되고 세포막이 돌출되며 갈라지는 수포화(blebbing)가 일어나 막으로 둘러싸인 소낭으로 나누어지며, 이들은 특수한 식세포에 의해 흡수되고 소화되어 흔적을 남기지 않고 사라지게 된다. 아폽토시스는 만일 세포가 그대로 죽어 소화작용을 하는 효소를 포함한 여러 내용물이 주변의 세포로 퍼지게 될 경우 손상될 수 있는 이웃 세포들을 보호한다.

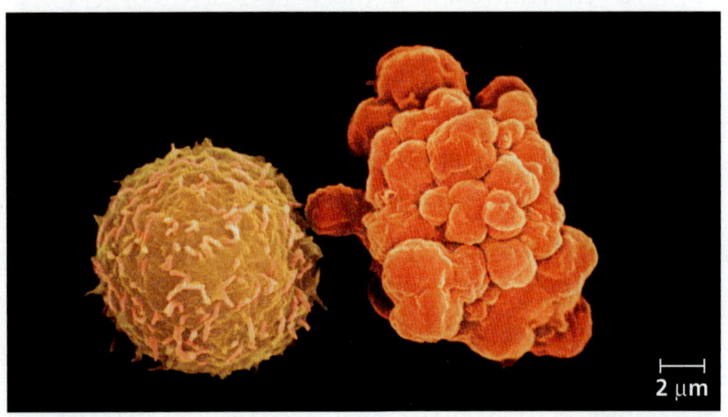

▲ **그림 9.19 인간 백혈구의 아폽토시스.** 왼쪽은 정상적인 백혈구 세포이며, 오른쪽은 아폽토시스를 진행 중인 백혈구 세포이다. 아폽토시스 세포는 찌그러지며 둥근 돌출부(수포)를 만들고, 결국은 여러 조각으로 갈라져 막으로 둘러싸인 세포 조각이 된다(채색된 주사전자현미경 사진).

아폽토시스를 일으키는 신호는 세포의 외부에서 올 수도 있고, 내부에서 올 수도 있다. 세포 외부에서는 다른 세포에서 방출된 신호분자가 세포사멸을 담당하는 유전자와 단백질을 활성화하는 신호전환경로가 시작되게 할 수 있다. DNA가 수선 불가능할 정도로 손상된 세포 안에서는 일련의 단백질-단백질 상호작용에 의해 세포사멸을 유도하는 신호가 전달될 수 있다. 아폽토시스의 예를 살펴봄으로써 신호전달 경로들이 세포 안에서 어떻게 통합되는지를 이해할 수 있게 될 것이다.

예쁜꼬마선충에서의 아폽토시스

아폽토시스의 분자적 메커니즘은 토양에 있는 작은 벌레인 예쁜꼬마선충(*Caenorhabditis elegans*)의 배아 발생을 연구하는 과정에서 밝혀졌다. 이 동물의 성충은 천여 개의 세포만을 가지고 있기 때문에 각 세포의 기원을 모두 조사할 수 있었다. 예쁜꼬마선충의 정상적인 발생 과정 동안에는 정확히 131번의 세포자살이 적절한 시기에 일어나며, 이것은 모든 선충의 세포계통에서 동일한 시점에 나타난다. 선충이나 그 외의 다른 생물에서 아폽토시스는 죽도록 운명이 결정된 세포에서 "자살" 단백질을 연속적으로 활성화시키는 신호에 의해 일어난다.

예쁜꼬마선충을 재료로 한 유전학적 연구를 통해 *ced-3*와 *ced-4*(ced는 "cell death"의 약어)라 불리는 두 개의 주요 아폽토시스 유전자가 알려졌는데, 이 유전자 산물은 각각 Ced-3와 Ced-4로 불리는 아폽토시스에 필수적인 단백질이다. 이들을 비롯한 대부분의 아폽토시스 관련 단백질들은 항상 세포 내에 존재하나, 불활성 상태로 있게 된다. 즉 이 경우에 조절은 유전자의 활성이나 단백질의 합성 단계가 아니라 단백질의 활성 수준에서 일어난다. 예쁜꼬마선충에서는 Ced-9(*ced-9* 유전자 산물)이라 불리는 미토콘드리아 외막의 단백질이 아폽토시스를 조절하는 주요 조절자의 역할을 하는데, 이것이 아폽토시스를 촉진하는 신호가 없는 경우에는 브레이크의 역할을 한다(그림 9.20). 세포가 죽음 신호를 받으면 신호전환 과정을 통해 Ced-9이 브레이크로 작동하지 못하게 하는 변화를 일으켜 아폽토시스 경로가 단백질과 핵산을 분해하는 효소를 활성화시킨다. 아폽토시스를 일으키는 주요 단백질분해효소는 캐스페이즈(caspase)라 불리는데, 선충에서는 Ced-3가 주요 캐스페이즈이다.

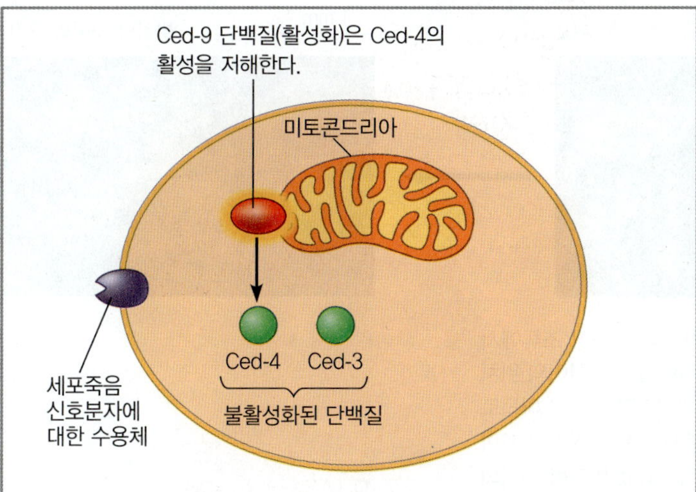

(a) **죽음신호가 없을 때.** 미토콘드리아 외막에 있는 Ced-9이 활성화되어 있는 한 아폽토시스는 억제되고 세포는 살아남는다.

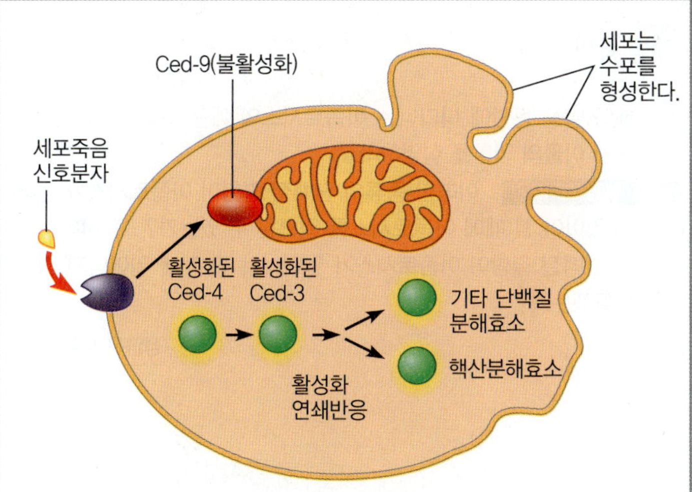

(b) **죽음신호가 있을 때.** 세포에 죽음신호가 도달하면 Ced-9이 불활성화되어 Ced-3와 Ced-4의 저해가 풀어진다. 활성화된 단백질분해효소인 Ced-3는 핵산분해효소와 기타 단백질분해효소를 활성화시키는 연쇄반응을 일으킨다. 이 효소들의 작용으로 아폽토시스 세포에서 나타나는 변화가 생기며, 결국 죽게 된다.

▲ **그림 9.20** ***C. elegans*에서 아폽토시스의 분자적 모델.** Ced-3, Ced-4와 Ced-9의 세 단백질이 선충에서 아폽토시스와 이의 조절에 중요한 역할을 한다. 포유동물에서의 아폽토시스도 이들 단백질을 사용하기는 하지만 훨씬 더 복잡하다.

아폽토시스 경로와 이를 유발하는 신호들

인간이나 기타 포유동물에서는 15종류 이상의 서로 다른 캐스페이즈가 관여하는 여러 경로가 아폽토시스를 일으킬 수 있다. 사용되는 경로는 세포에 따라, 그리고 아폽토시스를 유발하는 신호의 종류에 따라 달라진다. 이 중 한 주요 경로에는 미토콘드리아 단백질이 사용되는데, 이 아폽토시스를 유도하는 단백질은 미토콘드리아 외막에 구멍을 만들어 아폽토시스를 촉진하는 다른 단백질을 방출시킬 수 있다. 놀랍게도 이러한 단백질에는 정상적인 세포에서는 미토콘드리아의 ATP 합성에 기능하지만(그림 10.15) 미토콘드리아에서 방출되면 세포의 죽음을 일으키는 인자인 시토크롬 *c*가 포함된다. 포유동물에서 이러한 미토콘드리아 아폽토시스 과정에는 선충의 Ced-3, Ced-4 및 Ced-9과 유사한 단백질들이 이용된다. 이들은 아폽토시스 신호를 전달하는 중계 단백질로 간주될 수 있다.

아폽토시스 프로그램에서 가장 중요한 점은 중계 단백질들이 서로 다른 요인으로부터의 신호를 통합하여 아폽토시스 경로를 활성화할 수 있다는 것이다. 신호는 대개 그림 9.20b에 나타난 세포사멸 신호분자와 같이 세포 외부에서 오게 되는데, 이들은 아마도 이웃한 세포에서 방출되었을 것이다. 세포의 죽음을 유도하는 리간드가 세포 표면의 수용체에 결합하게 되면 이것이 미토콘드리아 경로를 사용하지 않고도 아폽토시스를 유도하는 캐스페이즈나 기타 효소를 활성화시킨다. 이러한 신호의 수용, 전환 및 반응은 이 장의 앞부분에서 살펴본 것과 유사하다. 전형적인 과정과의 차이점은 두 가지 다른 종류의 비상 신호가 세포 표면의 수용체를 통해서가 아니라 세포 내에서 생겨나서 아폽토시스를 유도할 수 있다는 점이다. 한 신호는 핵 안에서 DNA가 수선되지 못할 정도로 심하게 손상되었을 때 생겨나며, 다른 하나는 단백질의 비정상적인 접힘이 지나치게 많이 생겨난 경우 소포체 안에서 생겨난다. 포유동물 세포는 사느냐 죽느냐를 세포의 내부 및 외부에서 주어지는 죽음의 신호와 생존의 신호를 통합하여 결정하게 된다.

이러한 세포 자체의 자살 메커니즘은 모든 동물의 발생과 유지에 필수적이다. 선충과 포유류 사이의 아폽토시스 유전자의 유사성과, 다세포 곰팡이류와 단세포 효모까지 모든 생물에서 아폽토시스가 일어난다는 사실은 이러한 메커니즘이 진핵생물의 진화에서 매우 초기에 생겨났다는 것을 시사한다. 척추동물에서 아폽토시스는 신경계의 발생 및 면역계의 작동이나 인간의 손과 발 또는 다른 포유류 발의 형태 형성 등의 정상적인 진행에 필수적이다(그림 9.21). 발생 중인 사지에서 일어나는 아폽토시스는 오리나 기타 물새들의 물갈퀴 발에서는 닭과 같은 육지의 새들에 비해 낮은 수준으로 일어난다. 사람의 경우에도 아폽토시스가 적절히 일어나지 않으면 물갈퀴가 있는 손가락과 발가락이 만들어질 수 있다.

파킨슨병이나 알츠하이머병과 같은 신경계의 퇴행성 질환에 아폽토시스가 관여되어 있다는 증거들이 많이 있다. 알츠하이머병에서는 신경세포에 단백질 덩어리가 축적되어 아폽토시스를 일으키는 효소를 활성화하며, 결과적으로 이 환자에서는 뇌의 기능이 상실된다. 또한 암은 세포자살이 일어나지 않아 생겨날 수 있는데, 예를 들면 사람의 흑색종(melanoma) 중 일부는 선충의 Ced-4 단백질과 같은 기능을 하는 단백질의 결합에 의해 생겨난다. 그러므로 아폽토시스를 일으키는 신호전달 경로가 매우 정교

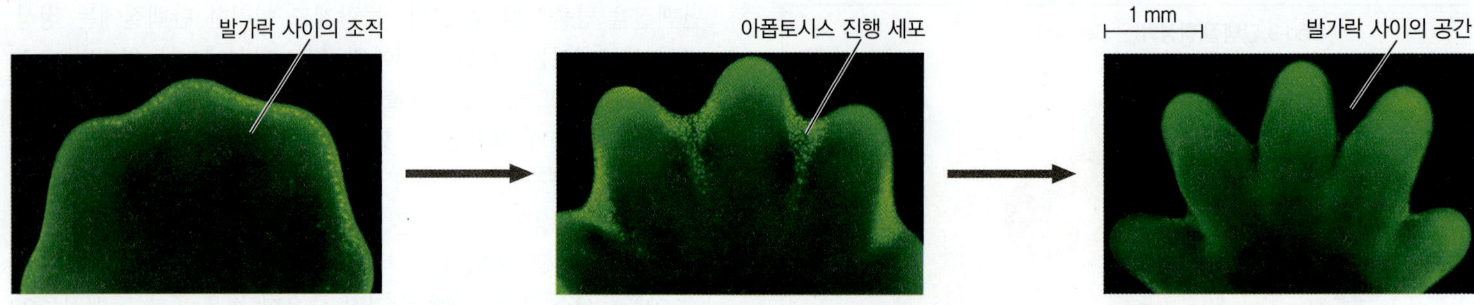

▲ 그림 9.21 **쥐 발의 발생 과정에서 아폽토시스의 역할.** 쥐나 사람을 비롯한 포유류와 육상 조류에서 손이나 발로 발생되는 부분은 처음에는 단단한 판의 형태를 하고 있다. 아폽토시스에 의해 발가락 사이의 위치에 있는 세포가 제거되어 발가락이 생겨난다. 그림에 나타난 발생 중인 쥐 발가락의 형광현미경 사진은 아폽토시스가 진행되는 부분이 밝고 연노란 초록색 빛을 띠도록 염색하여 얻은 것이다. 아폽토시스는 각 발가락 사이의 경계에서 시작되며(왼쪽 그림), 이 지역들의 조직이 감소하면서 최고에 달하고(가운데 그림), 발가락 사이의 조직이 제거되면(오른쪽 그림) 더 이상 관찰되지 않는다.

하다는 사실은 그리 놀라운 일이 아니며, 결국에는 사느냐 죽느냐는 세포가 당면할 수 있는 가장 근본적인 질문일 것이다.

이 장에서는 세포 사이의 신호교환에 대한 여러 가지 일반적인 메커니즘들, 즉 리간드의 결합, 단백질의 상호작용과 구조의 변화, 상호작용의 연쇄반응, 단백질 인산화 등을 소개하였다. 생물학을 공부해가는 과정을 통해 여러분은 세포 신호전달의 다양한 예를 살펴보게 될 것이다.

개념 확인 문제 9.5

1. 배아 발생 동안에 나타나는 아폽토시스의 예를 쓰고 발생하는 배아에서 이들의 역할을 설명하라.
2. WHAT IF? 어떠한 종류의 단백질 결함이 아폽토시스가 일어나지 않아야 할 때에 아폽토시스를 일으킬 수 있는가? 또 어떠한 종류의 단백질 결함이 아폽토시스가 일어나야 할 때에 일어나지 않도록 만들겠는가?

정답은 부록 A 참조

9 장 복습

핵심 개념의 요약

개념 9.1

세포외 신호가 세포내 반응으로 전환된다

- **신호전환경로(signal transduction pathway)**는 여러 과정에서 필수적인 역할을 한다. 효모 교배 과정에서의 신호전달은 다세포 생물의 신호전달 과정과 공통점이 많으며, 이는 신호전달 메커니즘의 기원이 아주 오래 되었음을 시사해 준다. 세균 세포는 국지적인 세균 세포의 밀도를 감지할 수 있다(정족수 감지).
- 동물세포의 근거리 신호전달에는 직접적인 접촉이나 국소 조절자(loacl regulator)의 분비가 포함된다. 원거리 신호전달에는 동물과 식물 모두 **호르몬(hormone)**을 사용하며, 동물에서는 또한 신호를 전기적으로 전달하기도 한다.
- 막의 수용체에 결합하는 다른 호르몬과 마찬가지로 에피네프린은 세 단계의 신호전달 경로를 유도한다.

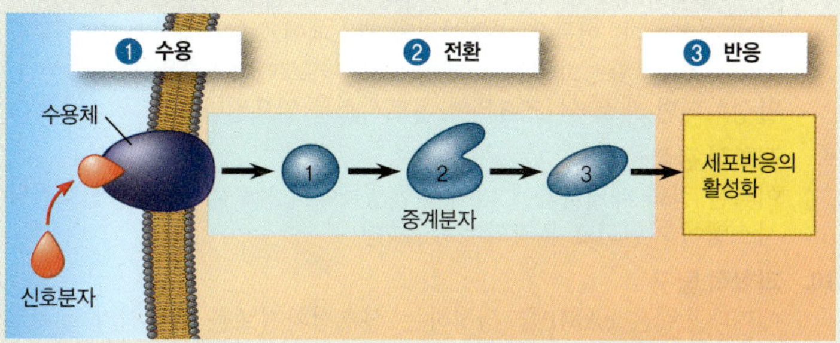

? 특정 세포가 에피네프린과 같은 호르몬에 반응하는지 안하는지는 무엇이 결정하는가? 호르몬에 대해 세포가 어떻게 반응할지는 무엇이 결정할까?

개념 9.2

수용: 신호분자는 수용체 단백질에 결합하여 수용체의 구조변화를 일으킨다

- 신호분자(**리간드**)와 수용체 사이의 결합은 특이성이 매우 높다. 수용체의 입체구조 변화는 대부분 신호의 첫 번째 전환 단계이다.
- 세포 표면의 막관통 수용체에는 크게 3종류가 있다. (1) **G 단백질 결합 수용체(G protein-coupled receptor, GPCR)**는 세포질 쪽 **G 단백질(G protein)**과 함께 작용한다. 리간드 결합은 수용체를 활성화시키며, 이것이 특정한 G 단백질을 활성화하고, 이것이 또다시 다른 단백질을 활성화하여 신호를 전달한다. (2) **타이로신 인산화효소 수용체(receptor tyrosine kinase, RTK)**는 신호분자의 결합에 의하여 이량체(dimer)를 형성하며, 이량체의 두 단위체는 서로 상대편 분자의 세포질 쪽 타이로신 부위에 인산기를 결합시킨다. 그러면 세포 내의 중계 단백질들이 서로 다른 인산화된 타이로신에 결합하여 활성화될 수 있으며, 따라서 이 수용체는 동시에 여러 가지 경로를 활성화시킬 수 있다. (3) **리간드 개폐성 이온통로(ligand-gated ion channel)**는 특정한 신호분자의 결합에 반응하여 열리거나 닫히며, 그 결과 막을 통한 특정 이온의 이동을 조절한다.
- 이 3종류 수용체의 활성은 모두 필수적이며, 비정상적인 GPCR과 RTK는 인간의 여러 질병과 연관되어 있다.
- 세포내 수용체에는 세포질 수용체와 핵 수용체가 있다. 작고 소수성이어서 세포막을 쉽게 통과하는 신호분자들이 세포 내에서 이러한 수용체에 결합한다.

? G 단백질 결합 수용체와 타이로신 인산화효소 수용체의 구조는 얼마나 비슷한가? 이 2종류의 수용체에서 신호전환경로의 시작 방법은 어떻게 다른가?

개념 9.3

전환: 분자 간의 연쇄적인 상호작용에 의해 수용체로부터 세포내 표적분자까지 신호가 전달된다

- 신호전환경로의 각 단계에서 신호는 다른 형태로 전환되는데, 단백질의 구조변화가 주로 일어난다. 많은 신호전환경로에서 **인산화 연쇄반응(phosphorylation cascade)**이 나타나는데, 일련의 **단백질 인산화효소(protein kinase)**가 각각 그 경로의 다음 단계 단백질을 인산화하여 활성화시킨다. **단백질 탈인산화 효소(protein phosphatase)**는 인산기를 제거한다. 인산화와 탈인산화의 균형이 신호전환경로의 여러 단계에 관여하는 단백질의 활성을 조절한다.
- 작은 분자인 **cAMP(cyclic AMP)**나 Ca^{2+}이온과 같은 **2차 신호전달자(second messenger)**는 세포질에서 쉽게 확산될 수 있어 신호를 빠르게 전파할 수 있다. 여러 종류의 G 단백질이 ATP로부터 cAMP를 만들어 내는 **아데닐산고리화효소(adenylyl cyclase)**를 활성화시킨다. G 단백질 경로와 타이로신 인산화효소 경로 모두에서 Ca^{2+}이 2차 신호전달자로 이용된다. 타이로신 인산화효소 경로에서는 두 가지 다른 2차 신호전달자인 **DAG(diacylglycerol)**와 **IP_3(inositol trisphosphate)**도 사용된다. IP_3는 곧바로 Ca^{2+} 수준을 증가시킬 수 있다.

? 단백질 인산화효소와 2차 신호전달자 사이에는 무슨 차이가 있는가? 이 두 가지 종류의 분자가 같은 신호전환경로에서 사용될 수 있는가?

개념 9.4

반응: 세포신호전달은 세포질 내의 활성이나 전사를 조절한다

- 일부 경로는 핵 내의 반응을 이끌어 내는데, 전사인자를 활성화하여 특정 유전자의 발현을 켜거나 끈다. 다른 경로에서는 세포질에서의 조절 작용에 의해 반응이 나타난다.
- 세포의 반응은 단순히 켜거나 꺼지는 것이 아니라 과정의 여러 단계에서 조절된다. 신호전달 경로에서 각각의 단백질은 다음 단계의 요소를 여러 개 활성화시켜 신호를 증폭시키는데, 긴 경로에서는 총 증폭 정도가 백만 배 이상이 되기도 한다. 세포 내의 단백질 조합에 의해 세포는 받아들이는 신호와 나타내는 반응 모두에 있어서 매우 높은 특이성을 가지게 된다. **골격 단백질(scaffolding protein)**은 신호전달의 효율성을 증가시킨다. 경로의 분지는 세포가 신호와 반응을 더 잘 조절할 수 있게 도와준다. 신호에 대한 반응은 리간드의 결합이 제거되면 곧바로 종료된다.

? 세포에서는 어떻게 신호에 대한 반응이 종료되어 새로운 신호에 반응할 수 있는 능력을 유지하는가?

개념 9.5

아폽토시스(세포예정사)는 여러 세포신호전달 경로가 통합되어 일어난다

- **아폽토시스(apoptosis)**는 주변세포에 해를 끼치지 않도록 세포의 내용물을 적절한 방법으로 폐기처분하는 일종의 예정된 세포죽음이다. 예쁜꼬마선충을 이용한 연구를 통해 이를 유도하는 신호전달 경로의 분자적 작용이 명확히 밝혀졌다. 세포의 죽음을 유도하는 신호에 의해 아폽토시스를 일으키는 주요 단백질 분해효소인 캐스페이즈와 핵산가수분해효소가 활성화된다.
- 인간이나 포유류의 세포에는 여러 종류의 아폽토시스 신호전달 경로가 있으며, 이들은 서로 다른 방법으로 유도된다. 아폽토시스를 유도하는 신호는 세포의 내부 또는 외부에서 올 수 있다.

? 효모, 선충, 포유류의 아폽토시스를 조절하는 유전자 사이에서 유사점은 어떤 것이 있는지 설명해보자.

생각해보자

수준 1: 지식/이해

1. 신호분자가 어떤 종류의 수용체에 결합하면 막 양쪽의 이온 분포에 직접적인 변화가 나타나는가?
   a. 세포내 수용체
   b. G 단백질 결합 수용체
   c. 인산화된 타이로신 인산화효소 수용체 이량체
   d. 리간드 결합 이온통로
2. 타이로신 인산화효소 수용체 활성화 과정의 특징은?
   a. 이합체화와 인산화
   b. 이합체화와 IP_3 결합
   c. 인산화 연쇄반응
   d. GTP 가수분해
3. 알도스테론과 같은 지용성 신호분자는 모든 세포의 막을 통과할 수 있지만 표적세포에만 영향을 미친다. 그 이유는?
   a. 표적세포만이 적절한 DNA 서열을 가지고 있기 때문에
   b. 세포내 수용체는 표적세포에만 존재하기 때문에
   c. 표적세포만이 알도스테론을 분해하는 효소를 가지고 있기 때문에
   d. 표적세포에서만 알도스테론이 유전자 발현을 촉진하는 인산화 연쇄반응을 일으킬 수 있기 때문에
4. 다음과 같은 신호경로에서 2차전달자는?
   신호경로: 에피네프린 → G 단백질 결합 수용체 → G 단백질 → 아데닐산고리화효소 → cAMP
   a. cAMP
   b. G 단백질
   c. GTP
   d. 아데닐산고리화효소
5. 다음 중 아폽토시스 과정에 포함되지 않는 것은?
   a. DNA의 분절화
   b. 세포 신호전달 경로
   c. 세포의 용해
   d. 청소세포에 의한 세포 내용물의 분해

수준 2: 응용/분석

6. 서더랜드는 어떤 관찰을 통해 간세포에 대한 에피네프린의 작용에 2차 신호전달자가 관여할 것이라 생각하게 되었는가?
   a. 효소의 활성이 첨가한 세포 추출액의 칼슘량에 비례하였다
   b. 수용체 연구를 통해 에피네프린이 리간드임을 알게 되었다.
   c. 글리코젠의 분해는 에피네프린이 완전한 세포에 처리한 경우에만 관찰되었다.
   d. 글리코젠의 분해는 에피네프린과 글리코젠가인산분해효소을 섞을 때에만 관찰되었다.
7. 단백질 인산화가 관여하는 과정이 아닌 것은?
   a. 타이로신 인산화효소 수용체의 활성화
   b. 단백질 인산화효소 분자의 활성화
   c. G 단백질 결합 수용체의 활성화
   d. 신호분자에 의한 전사의 조절

수준 3: 종합/평가

8. **DRAW IT** 사람의 면역세포에서 작동하는 다음과 같은 아폽토시스 경로를 그려라. Fas라 불리는 분자가 세포 표면의 수용체에 붙으면 죽음 신호가 수용된다. 여러 개의 Fas 분자가 수용체들에 결합하면 수용체가 뭉치게 된다. 수용체의 세포내 부분이 함께 어댑터 단백질에 결합한다. 이들은 비활성형의 캐스페이즈-8에 결합하여 이를 활성화시키며, 활성화된 캐스페이즈-8이 캐스페이즈-3을 활성화한다. 활성화되면 캐스페이즈-3은 아폽토시스를 일으킨다.
9. **진화적 관점**
   어떠한 진화 메커니즘에 의해 원핵생물에서 세포와 세포의 신호전달 시스템이 기원되고 유지되어 왔을까?
10. **과학적 탐구**
    에피네프린은 cAMP를 생성하는 신호전환경로를 시작시켜 글리코젠이 세포의 주 에너지원인 포도당으로 분해되도록 유도한다. 그런데 글리코젠의 분해는 에피네프린이 일으키는 "싸움-또는-도주반응(fight-or-flight response)"의 일부분에 불과하며, 이 반응의 신체에 대한 전체적인 효과에는 에너지의 분출뿐만 아니라 심장박동수의 증가와 긴장 등이 포함된다. 카페인이 cAMP 인산이에스테르가수분해효소의 활성을 저해한다는 사실에 기초하여 카페인 섭취가 긴장감을 높이고 불면증을 일으키는 메커니즘이 무엇일지 제시해 보라.
11. **과학, 기술, 사회**
    노화 과정은 세포 수준에서 시작된다고 생각된다. 일정한 숫자의 세포분열 후에 생겨나는 변화들 중에는 생장인자나 다른 신호에 대한 반응성의 감소가 있다. 노화에 대한 여러 연구들이 그러한 반응성의 감소에 초점이 맞추어져 있으며, 이를 통해 궁극적으로는 인간의 수명을 연장하고자 한다. 그러나 이러한 목적이 바람직한 것이라는데 모두가 동의하는 것은 아니다. 만일 인간의 수명이 크게 증가한다면 그 사회적, 생태학적 결과는 무엇이겠는가?
12. **글쓰기: 지식의 체계화**
    생명의 특성은 세포 수준에서 생겨난다. 아주 잘 조절되는 아폽토시스 과정은 단순한 세포의 파괴가 아니라 창발적 특성이다. 동물이 발생하고 적절히 기능하도록 해주는 아폽토시스의 역할을 간단히 설명하는 짧은 에세이(100~150 단어)를 쓰고, 이러한 형태의 세포예정사가 왜 신호전달 경로들이 일정 순서로 통합되어 생겨난 과정인지를 설명하라.

13. 종합적으로 생각해보기

기본 맛에는 신맛, 짠맛, 단맛, 쓴맛과 감칠맛의 다섯 가지 맛이 있다. 짠맛은 미뢰 세포 외부의 소금 농도가 세포 내부보다 높아서 Na^+ 이 세포 내부로 이온통로를 통해 새어 들어올 때 감지된다. 그 결과 나타나는 막전위의 변화는(개념 7.4) "짠맛" 신호를 뇌로 보낸다. 감칠맛은 글루탐산염(MSG 또는 글루탐산 소다 또는 MSG에서 발견되는 글루탐산)에 의해 생겨나는 향기로운 맛으로, 글루탐산염은 타코 맛의 토르티야 칩과 같은 음식의 맛을 좋게 하는데 이용된다. 글루탐산염의 수용체는 GPCR로써, 리간드가 결합하면 맛을 느끼게 하는 세포 반응을 일으키는 신호전달 경로를 시작하게 한다. 만일 여러분이 보통의 감자칩을 먹고 입을 헹군다면 더 이상 짠맛을 느끼지 못할 것이다. 그러나 여러분이 조미된 토르티야 칩을 먹고 입을 헹군다면 그 맛이 계속 남아 있을 것이다(한번 시도해 보시오). 이러한 차이에 대한 가능한 설명을 제안해 보시오.

정답은 부록 A 참조

10

세포호흡

핵심 개념

10.1 이화반응경로는 유기물질 연료를 산화시켜 에너지를 생성한다

10.2 해당과정은 포도당을 피루브산으로 산화시켜 화학에너지를 수확한다

10.3 피루브산 산화 후 시트르산 회로는 에너지 생성을 위하여 유기물질의 산화를 마무리 짓도록 한다

10.4 산화적 인산화 과정에서 화학삼투를 통하여 전자전달과 ATP 합성이 짝지어진다

10.5 발효와 무기호흡은 세포가 산소 없이도 ATP를 생성하도록 한다

10.6 해당과정과 시트르산 회로는 다양한 물질대사경로들과 연결되어 있다

▲ **그림 10.1** 식물의 잎은 기린의 생명활동을 위해 필요한 에너지를 어떻게 제공하는가?

생명은 일이다

살아 있는 세포는 중합체 조립, 막을 통한 물질수송, 운동, 생식 등과 같이 다양한 일들을 수행하기 위해서 외부 공급원으로부터 에너지를 얻어야 한다. **그림 10.1**에서 보듯이 기린은 식물의 잎을 뜯어 먹어서 에너지를 얻는다. 반면에 동물은 식물을 먹은 생명체를 섭취하여 에너지를 얻는다.

음식의 유기분자들에 저장된 에너지는 궁극적으로 태양에서 온다. 태양의 빛에너지는 생태계로 흘러 들어가 열로서 방출된다. 대조적으로, 생명체에 필수적인 화학원소들은 순환된다(**그림 10.2**). 산소와 유기분자들은 광합성에 의해서 만들어지고, 이 유기분자들은 세포호흡의 연료로서 진핵세포(식물과 조류를 포함)의 미토콘드리아에서 소모된다. 호흡(respiration)은 이러한 연료를 분해하여 ATP를 생성한다. 호흡의 노폐물인 이산화탄소와 물은 광합성의 원료이다.

이 장에서 세포가 유기분자들에 저장된 화학에너지를 어떻게 수확하는지, 일에 사용하는 ATP를 생성하기 위해서 세포가 이러한 유기물질을 어떻게 사용하는지 살펴볼 것이다. 호흡에 대한 기본 개념을 익힌 뒤 호흡의 세 가지 핵심경로인 해당과정, 시트르산 회로, 산화적 인산화에 대해서 중점적으로 배워보도록 하자. 또한 발효를 배우게 되는데, 발효는 해당과정에 연결되는 좀 더 단순한 경로로서 진화적 뿌리를 가지고 있다.

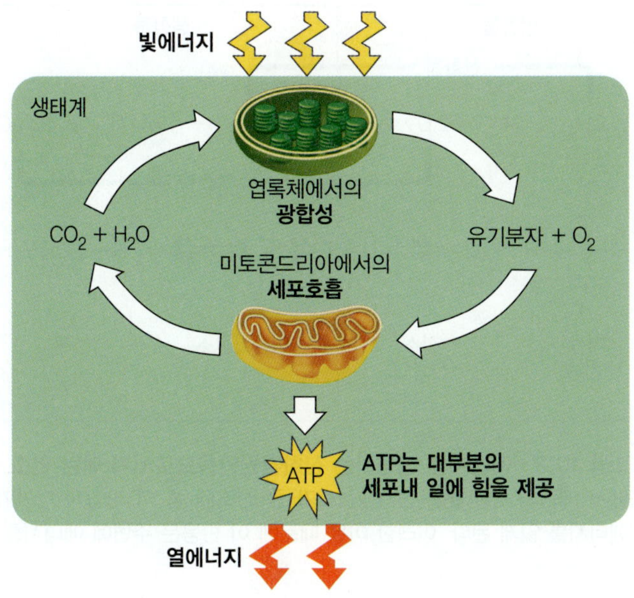

▲ 그림 10.2 **생태계에서 에너지 흐름과 화학물질의 순환.** 빛에너지는 생태계로 흘러들어가서 궁극적으로 열로 방출된다. 대조적으로 생명체에 필수적인 화학원소들은 재순환된다.

개념 10.1

이화반응경로는 유기물질 연료를 산화시켜 에너지를 생성한다

복잡한 분자들을 파괴해서 저장된 에너지를 방출하는 물질대사 경로를 이화반응경로(catabolic pathway)라고 한다(6장). 전자전달은 이 반응에서 중요한 역할을 수행한다. 이 절에서 우리는 세포호흡의 중심인 이러한 과정을 살펴볼 것이다.

이화반응경로와 ATP 생성

유기화합물들은 위치에너지(potential energy)를 가지고 있는데, 이 위치에너지는 원자들 간의 결합을 이루게 하는 전자들의 배열 때문에 생긴다. 발열반응에 참여할 수 있는 화합물들은 연료로서 사용될 수 있다. 효소의 도움을 받아 세포는 복잡하면서 위치에너지가 풍부한 유기화합물을 단순하면서 적은 에너지를 가지는 노폐물로 체계적으로 분해시킨다. 화학물질에 저장되어 있던 에너지의 일부분은 일을 하기 위해서 사용되고, 남은 에너지는 열로 방출된다.

이화반응경로 중 하나인 **발효(fermentation)**는 산소를 사용하지 않고 당을 비롯한 여러 유기연료를 부분적으로 분해한다. 그러나 가장 지배적이고 효율적인 이화반응경로는 **산소호흡(유기호흡, aerobic respiration)**인데(*aerobic*은 그리스어로 공기를 뜻하는 *aer*와 생명을 뜻하는 *bios*에서 파생되었음), 이 과정에서 산소는 유기연료와 함께 반응물로서 소모된다. 대부분의 진핵세포와 많은 원핵세포 생명체는 산소호흡을 수행한다. 어떤 원핵세포는 반응물로서 산소 이외의 화합물을 사용하는데, 이 생명체는 산소 없이 화학에너지를 수확할 수 있는 과정을 가지고 있다; 이 과정은 **무산소호흡(무기호흡, anaerobic respiration)**이라고 한다(접두사 *an*-은 "없음"을 의미함). 기술적으로 **세포호흡(cellular respiration)**은 산소호흡과 무산소호흡 과정 둘 다 포함한다. 그러나 세포호흡은 산소호흡에 대한 동의어로서 사용되었는데, 이는 세포호흡 과정과 동물이 산소를 흡입하는 생명체의 호흡 과정과의 관련성 때문이다. 따라서 세포호흡은 종종 산소호흡 과정을 지칭하는데 사용되곤 하는데, 이 장의 대부분에서도 마찬가지 의미로 이 세포호흡이라는 용어를 사용할 것이다.

비록 그 기작은 매우 다르지만 호흡은 자동차 엔진에서 산소와 연료(탄화수소)가 혼합된 후 일어나는 가솔린 연소와 원칙적으로 매우 유사하다. 음식은 호흡을 위한 연료로 쓰이고 호흡의 부산물은 이산화탄소와 물이다. 전체 과정은 다음과 같이 요약된다.

유기화합물 + 산소 → 이산화탄소 + 물 + 에너지

비록 탄수화물, 지방, 단백질 모두가 연료로서 소모되지만, 대부분의 세포가 가장 흔한 연료로 이용하는 포도당($C_6H_{12}O_6$)의 분해를 추적함으로써 세포호흡 단계들을 매우 효과적으로 배울 수 있다.

$$C_6H_{12}O_6 + 6\ O_2 \rightarrow 6\ CO_2 + 6\ H_2O + \text{에너지}(ATP + \text{열})$$

이러한 포도당의 분해는 발열반응(exergonic)이어서 분해되는 포도당 1몰당 −686 kcal(2,870 kJ)의 자유에너지 변화, 즉 $\Delta G = -686$ kcal/mol를 보여준다. 음수값의 ΔG는 화학반응의 생성물이 반응물보다 더 적은 에너지를 저장하고 있으며 이 반응은 자발적으로, 즉 에너지가 투입되지 않아도 일어난다는 것을 의미한다.

이화반응경로는 편모운동, 용질의 막투과, 단량체의 중합과 같은 다양한 세포의 일을 직접적으로 수행하게 하지 않는다. 이 화작용은 화학적 구동축이라고 할 수 있는 ATP에 의해 일과 연관된다. 계속 일을 하기 위해서 세포는 ADP와 Ⓟ$_i$로부터 ATP를 지속적으로 합성해야 한다(그림 6.12). 세포호흡이 어떻게 이것을 수행하는지 이해하기 위해서 산화와 환원이라는 기초적인 화학반응을 살펴보자.

산화환원반응: 산화와 환원

포도당 및 여러 유기연료를 분해하는 이화반응경로는 왜 에너지를 생성하는가? 그 대답은 화학반응 동안 일어나는 전자전달에 있다. 전자들의 재배치로 유기분자에 저장된 에너지가 방출되며 이렇게 방출된 에너지는 ATP를 합성하는 데 사용된다.

산화환원반응의 원리

많은 화학반응에서 하나 이상의 전자들(e^-)이 한 반응물에서 또 다른 반응물로 전달된다. 이러한 전자전달을 **산화환원반응**

(oxidation reduction reaction 또는 **redox reaction**)이라고 한다. 산화환원반응에서 한 화합물이 전자를 상실하는 것을 **산화(oxidation)**라고 하고 다른 화합물이 전자를 얻는 것을 **환원(reduction)**이라고 한다. 전자의 추가를 환원이라고 하는데, 하나의 원자에 음전하를 띤 전자가 추가되면 그 원자의 양전하량이 감소(reduction)하는 것으로 이해하면 편리하다. 단순하면서 비생물학적인 예로서 소금을 형성하는 원소 소듐(Na)과 염소(Cl) 사이에서 일어나는 반응을 살펴보자.

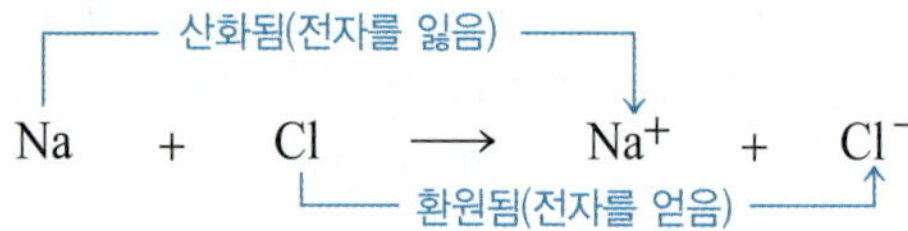

따라서 다음과 같이 산화환원반응을 일반화할 수 있다.

산화됨

$$Xe^- + Y \longrightarrow X + Ye^-$$

환원됨

이러한 일반화된 반응에서 전자공여체(electron donor)인 물질 Xe^-를 **환원제(reducing agent)**라 하는데, 이 물질은 공여된 전자를 받는 Y를 환원시킨다. 전자수용체(electron acceptor)인 물질 Y를 **산화제(oxidizing agent)**라 하는데, 이 물질은 Xe^-로부터 전자를 제거하여 Xe^-를 산화시킨다. 전자전달은 공여체와 수용체 모두 필요로 하기 때문에 산화와 환원은 항상 같이 일어난다.

모든 산화환원반응이 하나의 기질에서 다른 기질로의 완벽한 전자전달을 수반하지는 않는다. 즉, 어떤 반응은 공유결합에서 전자의 공유 정도를 변화시킨다. **그림 10.3**에서 보듯이 메탄과 산소 사이의 반응이 그 한 예이다. 메탄의 경우 공유결합에 가담하고 있는 전자들은 결합하고 있는 원자들 사이에서 동등하게 공유되는데, 이는 탄소와 수소가 원자가전자(valance electron)에 대한 친화도가 거의 같기 때문이다(2장). 즉, 이 원소들이 거의 같은 전기음성도(electronegativity)를 가지고 있기 때문이다. 그러나 메탄이 산소와 반응하여 이산화탄소를 생성할 때 전자들은 탄소원자에서 멀어져서 매우 큰 전기음성도를 가지는, 새로운 공유결합 짝인 산소원자에 좀 더 가깝게 다가간다. 따라서 탄소원자는 공유된 전자들을 부분적으로 "잃게" 되어 메탄은 산화되는 것이다.

이제 반응물 O_2의 운명을 조사해 보자. 산소분자(O_2)의 두 원자는 전자를 똑같이 공유하고 있다. 그러나 산소가 메탄의 수소와 반응하여 물을 생성할 때 공유결합에 가담하고 있는 전자들은 산소 근처에서 보다 많은 시간을 보낸다(그림 10.3). 결과적으로 각각의 산소원자들은 부분적으로 전자를 "얻기" 때문에 산소분자는 환원되는 것이다. 산소는 전기음성도가 매우 크기 때문에 가장 강한 산화제 중의 하나이다.

공을 위로 올리기 위해서 에너지가 필요하듯이 전자들을 원자로부터 멀리 떨어뜨리기 위해서는 에너지가 추가되어야 한다. 원자의 전기음성도가 클수록(원자가 전자를 좀 더 세게 잡아당길수록) 전자를 원자로부터 멀리 떨어뜨리기 위해서 보다 많은 에너지가 필요하다. 전자가 전기음성도가 낮은 원자에서 전기음성도가 높은 원자로 이동할 때 전자는 위치에너지를 잃는다. 따라서 메탄을 태우는(산화) 경우와 같이, 전자를 산소 쪽으로 좀 더 가깝게 이동시키는 산화환원반응은 일을 하는 데 사용될 수 있는 화학에너지를 방출한다.

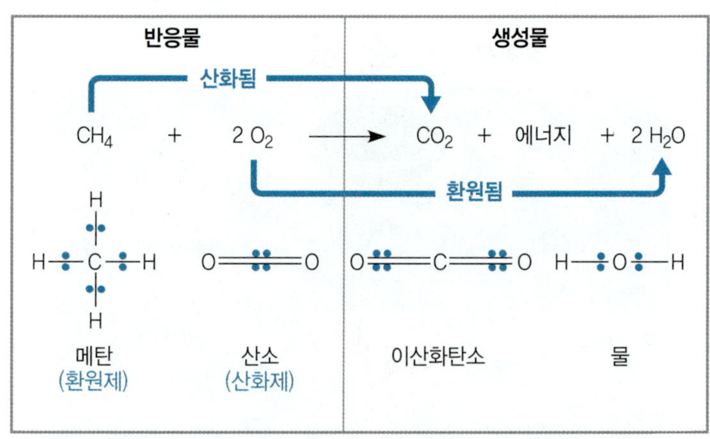

▲ **그림 10.3 에너지를 생성하는 산화환원반응으로서의 메탄 연소.** 이 반응에서 메탄의 전자들은 전기음성도가 큰 산소에 좀 더 가깝게 다가가서 위치에너지를 잃게 된다. 이러한 이유 때문에 이 반응은 주변에 에너지를 방출한다.

세포호흡 과정에서 유기연료 분자의 산화

산소에 의한 메탄의 산화는 가스난로의 연소기에서 일어나는 주요한 연소반응이다. 자동차 엔진에서의 가솔린연소 또한 산화환원반응인데, 이때 방출된 에너지가 피스톤을 민다. 그러나 에너지를 생성하는 산화환원반응들 중 여기에서 가장 관심을 두는 것은 음식에 있는 포도당을 포함한 여러 분자들의 산화 과정인 호흡이다. 세포호흡에 대한 요약식을 다시 한번 살펴보자. 그러나 이번에는 세포호흡을 산화환원 과정으로 생각해 보자.

산화됨

$$C_6H_{12}O_6 + 6\,O_2 \longrightarrow 6\,CO_2 + 6\,H_2O + \text{에너지}$$

환원됨

메탄이나 가솔린의 연소에서와 마찬가지로 연료(포도당)는 산화되고 산소는 환원된다. 전자는 이 과정에서 위치에너지를 잃게 되어 에너지가 방출된다.

일반적으로 수소를 풍부하게 가지고 있는 유기분자들은 아주 훌륭한 연료이다. 이 유기분자들에 있는 공유결합은 "언덕 위(hilltop)" 전자들의 공급원인데, 이 언덕 위 전자들이 산소로 전달되며 에너지기울기(energy gradient)를 따라서 언덕 아래로 "떨어질" 때 에너지가 방출된다. 호흡에 대한 요약식은 수소들이 포도당에서 산소로 전달되는 것을 보여주고 있다. 요약식에 나오지 않지만 중요한 점은 수소(전자를 가지고 있는)가 산소로 전달될 때 전자들의 에너지 상태가 변한다는 것이다. 호흡에 있어서 포도당의 산화는 전자들을 좀 더 낮은 에너지 상태로 전달시켜서 ATP 합성에 이용되는 에너지를 방출한다.

주요한 에너지원인 탄수화물과 지방은 수소와 연관된 전자들의 저장소이다. 활성화 에너지의 장벽만이 전자들이 높은 에너지 상태에 머물러 있도록 한다(그림 6.13). 이 장벽이 없으면 포도당과 같은 음식화합물은 대체적으로 즉시 O_2와 반응한다. 포도당을 점화시켜 활성화 에너지를 제공하면 포도당은 태워져서 포도당 1몰당(약 180 g) 686 kcal(2,870 kJ)의 열을 방출한다. 대신에 포도당을 섭취하면 세포의 효소들이 활성화 에너지의 장벽을 낮추어서 이 포도당을 일련의 단계들을 거쳐 산화시킨다.

NAD^+와 전자전달사슬을 통한 단계적 에너지 수확

만약 연료로부터 에너지가 한꺼번에 방출된다면 건설적인 일을 위해서 충분히 활용될 수 없다. 예를 들어, 만약 가솔린 탱크가 한 번에 폭발한다면 자동차는 멀리 달릴 수 없다. 세포호흡은 단 한 번의 폭발적 단계로 포도당을 산화시키지 않는다. 포도당 및 여러 유기연료들은 일련의 단계들을 거쳐 분해되고 각각의 단계는 효소에 의하여 촉매된다. 핵심 단계에서 전자들은 포도당으로부터 나오게 된다. 산화반응에서 흔히 보듯이 각각의 전자는 양성자와 함께, 즉 하나의 수소원자로서 움직인다. 수소원자들은 직접 산소에 전달되지 않는다. 대신에 그들은 하나의 전자운반체, 즉 **NAD^+**[nicotinamide adenine dinucleotide(니코틴아마이드 아데닌 다이뉴클레오타이드) 비타민 나이아신의 유도체]라고 하는 조효소로 전달된다. NAD^+는 산화된 상태(NAD^+)와 환원된 상태(NADH) 사이에서 순환되기 때문에 전자운반체로서 매우 적절하다. 전자수용체로서 NAD^+는 호흡 동안 산화제로 작용한다.

NAD^+는 포도당 및 여러 유기분자들로부터 어떻게 전자를 얻는가? 탈수소효소(dehydrogenase)는 기질(예: 포도당)로부터 한 쌍의 수소원자들(2개의 전자와 2개의 양성자)을 제거시켜서 기질을 산화시킨다. 이 효소는 1개의 양성자와 함께 2개의 전자를 조효소인 NAD^+에 전달한다**(그림 10.4)**. 다른 양성자 1개는 수소이온(H^+)의 형태로 용액으로 방출된다.

$$\mathrm{H{-}\overset{|}{\underset{|}{C}}{-}OH + NAD^+ \xrightarrow{\text{탈수소효소}} \overset{|}{\underset{|}{C}}{=}O + NADH + H^+}$$

NAD^+가 NADH로 환원될 때 NAD^+는 음전하를 띤 2개의 전자와 양전하를 띤 1개의 양성자를 받으므로 NAD^+의 전하는 중성으로 된다. NADH라는 이름은 이 반응으로부터 얻은 수소를 보여주고 있다. NAD^+는 세포호흡에 있어서 가장 용도가 많은 전자수용체이며 포도당을 분해시키는 동안 여러 산화환원 단계들에서 작용한다.

포도당에서 NAD^+로 전자들이 전달될 때 전자들은 위치에너지를 거의 잃지 않는다. 생성된 에너지기울기에 따라서 전자들이 NADH에서 산소로 "떨어질" 때 방출되는 에너지가 ATP 합성에 쓰이므로, 호흡 동안 생성된 각각의 NADH 분자는 ATP를 만들기 위해서 사용될 수 있는 저장된 에너지를 나타낸다.

포도당에서 추출되어 NADH에 저장된 전자들은 최종적으로 어떻게 산소에 도달하는가? 세포호흡의 산화환원반응을 좀 더 단순한 반응, 즉 물을 형성하는 수소와 산소 사이의 반응과 비교하면 이 질문을 쉽게 풀 수 있다**(그림 10.5a)**. H_2와 O_2를 혼합한 후 활성화 에너지를 위한 불꽃을 튀겨 이 기체들이 폭발적으로 반응하도록 해보자. 사실 액체 수소와 산소의 연소는 우주왕복

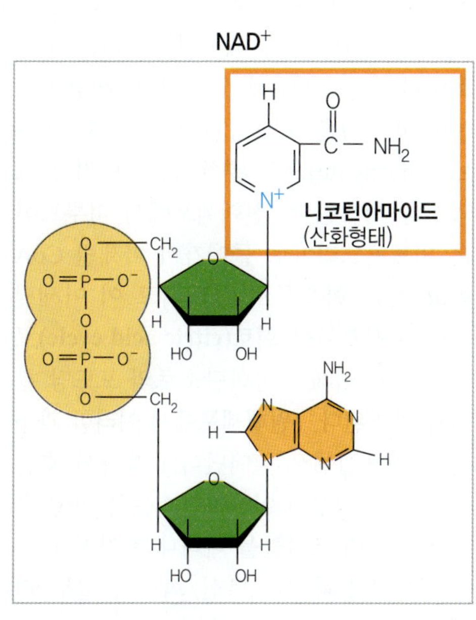

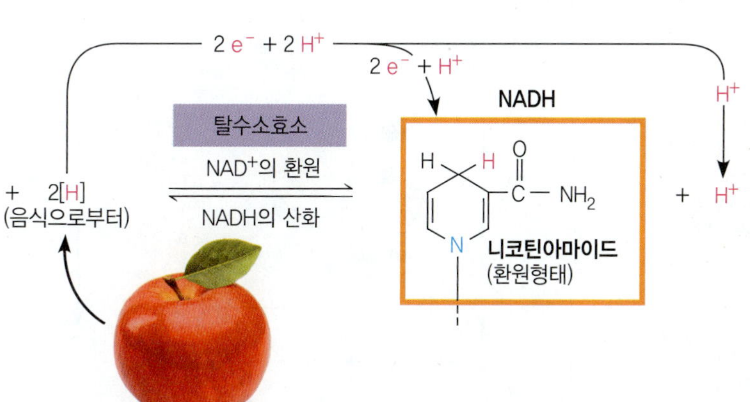

▲ **그림 10.4 전자왕복기구로서의 NAD^+.** NAD^+의 전체 이름인 니코틴아마이드 아데닌 다이뉴클레오타이드(nicotinamide adenine dinucleotide)는 이 물질의 구조를 기술하고 있다. 즉, 이 분자는 인산기(황색)가 서로 연결된 2개의 뉴클레오타이드로 구성되어 있다. (니코틴아마이드는 질소 염기인데, 이 염기는 DNA나 RNA에서는 발견되지 않는다; 그림 5.24 참조) 음식의 유기분자들에서 2개의 전자와 1개의 양성자(H^+)가 효소에 의해 NAD^+로 전달되어 NAD^+가 NADH로 환원된다. 음식에서 제거된 대부분의 전자들은 처음에 NAD^+로 전달된다.

? 니코틴아마이드의 산화형태와 환원형태의 구조적 차이점을 기술하라.

선 엔진의 주요 동력원인데, 이 연소는 우주왕복선이 이륙한 후에 지구궤도에 도달하기 위한 힘을 제공해 준다. 폭발은 수소의 전자들이 전기음성도가 더 큰 산소원자들에 좀 더 가깝게 "떨어질" 때 일어나는 에너지 방출을 보여준다. 세포호흡 또한 수소와 산소를 반응시켜 물을 형성하게 하지만 두 가지 중요한 차이점이 있다. 첫째, 세포호흡에 있어서 산소와 반응하는 수소는 H_2에서가 아닌 유기분자들에서 온다. 둘째, 에너지 방출에 있어서 단 한 번의 폭발반응 대신에 여러 단계들을 거쳐서 전자들이 산소로 떨어지게 하기 위해 호흡은 전자전달사슬을 이용한다(그림 10.5b). 이 **전자전달사슬(electron transport chain)**은 여러 단백질 분자들로 구성되어 있는데, 진핵세포의 경우 미토콘드리아 내막에, 산소호흡을 하는 원핵세포의 경우 원형질막에 존재한다. 음식으로부터 제거된 전자들은 NADH에 의하여 사슬에서 가장 높은 에너지를 가지는 "꼭대기"로 전달된다. 이러한 전자들은 수소 핵(H^+)과 함께 가장 낮은 에너지를 가지는 사슬의 "바닥"에 있는 산소로 전달되어 물을 형성한다. 무산소호흡을 하는 원핵세포는 사슬의 마지막에 O_2 대신에 다른 전자 수용체를 가진다.

NADH에서 산소로의 전자전달은 −53 kcal/mol(−222 kJ/mol)의 자유에너지 변화를 가지는 발열반응이다. 이 에너지는 단 한번의 폭발적 단계로 방출되지 않는다. 전자들이 한 운반 분자로부터 다음 운반 분자로 전달되면서, 매우 큰 전자친화도를 가지는 최종 전자수용체인 산소에 다다를 때까지 각 단계마다 소량의 에너지를 잃는다. "언덕 아래의(downhill)" 운반체는 이웃한 "언덕 위(uphill)" 운반체보다 전기음성도가 커서 이들을 산화시킬 수 있으며, 이 사슬의 가장 바닥에는 산소가 있다. 따라서 NAD^+에 의하여 포도당으로부터 제거된 전자들은 전자전달사슬에서의 에너지기울기에 따라서 아래로 떨어져서 전기음성도가 큰 산소원자 주변의 훨씬 안정된 위치에 도달한다. 즉, 물체를 아래로 떨어뜨리는 중력과 마찬가지로 산소는 전자를 전자전달사슬의 바닥으로 떨어지게 한다.

요약하면 세포호흡 동안 대부분의 전자들은 포도당 → NADH → 전자전달사슬 → 산소로 이어지는 내리막길을 따라서 여행한다. 이 장의 뒷부분에서 세포가 ATP를 합성하기 위해서 이러한 발열적 전자강하(exergonic electron fall)에서 방출된 에너지를 어떻게 사용하는지 배울 것이다. 이제 세포호흡의 기본적인 산화-환원 기전을 바탕으로 에너지가 유기연료로부터 수확되는 완전한 과정을 살펴보자.

세포호흡의 단계: 미리보기

세포호흡을 통한 포도당으로부터의 에너지 수확은 세 단계의 물질대사로 구성되어 있다. 전체를 쉽게 이해할 수 있도록 각각의 단계들을 고유 색깔로 표시하였다.

1. 해당과정(이 장 전체에 걸쳐 청록색으로 표시됨)
2. 피루브산 산화와 시트르산 회로(주황색)
3. 산화적 인산화: 전자전달과 화학삼투(보라색)

생화학자들은 세포호흡(cellular respiration)을 단계 2와 3으로 정의한다. 그러나 호흡하는 대부분의 세포는 포도당으로부터 에너지를 추출하며 시트르산 회로의 시작물질을 생성하기 위해서 해당과정을 이용하기 때문에 해당과정도 세포호흡에 포함된다.

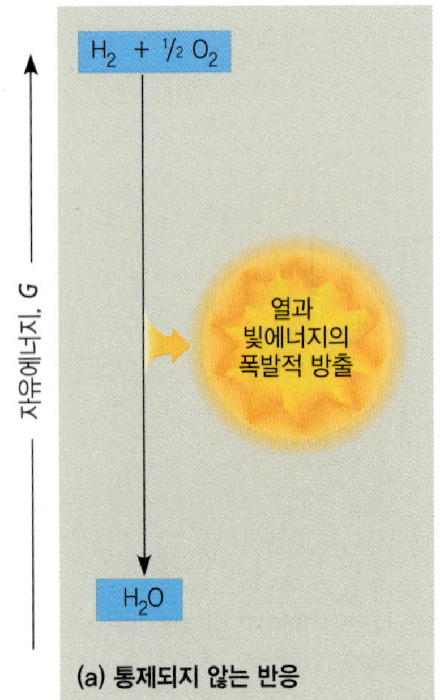

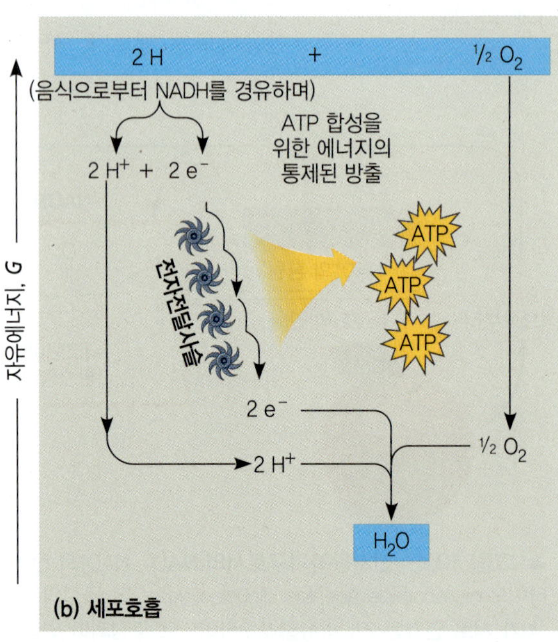

▲ **그림 10.5 전자전달사슬의 개요.** (a) 물을 형성하는 수소와 산소의 통제되지 않는 1단계의 발열반응을 폭발이라고 하는데, 열과 빛의 형태로 많은 에너지를 방출한다. (b) 동일한 반응이 세포호흡에서 여러 단계들로 일어난다. 즉, 전자전달사슬은 전자들이 더 작은 단계들을 통해서 "떨어지도록" 하여, 이때 방출된 에너지 중 일부를 ATP 합성에 사용될 수 있는 형태로 저장한다. (나머지 에너지는 열로 방출된다.)

그림 10.6에 보듯이 해당과정, 피루브산 산화, 시트르산 회로는 포도당 및 여러 유기연료들을 분해시키는 이화반응경로이다. 세포질에서 일어나는 **해당과정(glycolysis)**은 포도당을 두 분자의 피루브산(pyruvate)으로 분해시킴으로써 분해과정을 시작한다. 진핵세포에서 피루브산은 미토콘드리아로 들어가서 아세틸 CoA라고 하는 화합물로 산화되고 이 아세틸 CoA는 **시트르산 회로(citric acid cycle)**로 들어간다. 이때 이산화탄소로의 포도당 분해가 완결된다. (원핵세포에서 이러한 과정들은 세포질에서 일어난다.) 따라서 호흡에 의해서 생성된 이산화탄소는 산화된 유기 분자들의 조각들을 나타내는 것이다.

해당과정과 시트르산 회로의 일부 단계들은 탈수소효소를 이용하여 기질에서

▶ **그림 10.6 세포호흡의 개요.** 해당과정 동안 각 포도당 분자는 2분자의 피루브산으로 분해된다. 이 피루브산은 미토콘드리아로 들어간다. 여기에서 피루브산은 아세틸 CoA로 산화된 후 시트르산 회로에 의해 이산화탄소로 좀 더 산화된다. NADH와 $FADH_2$라고 불리는 조효소가 미토콘드리아 내막을 구성하는 전자전달사슬에 전자를 넘겨준다. (원핵세포에서 전자전달사슬은 원형질막에 존재한다.) 산화적 인산화 과정 중에 전자전달사슬은 화학삼투라는 과정을 통해 화학에너지를 ATP 합성에 사용되는 형태로 전환시킨다.

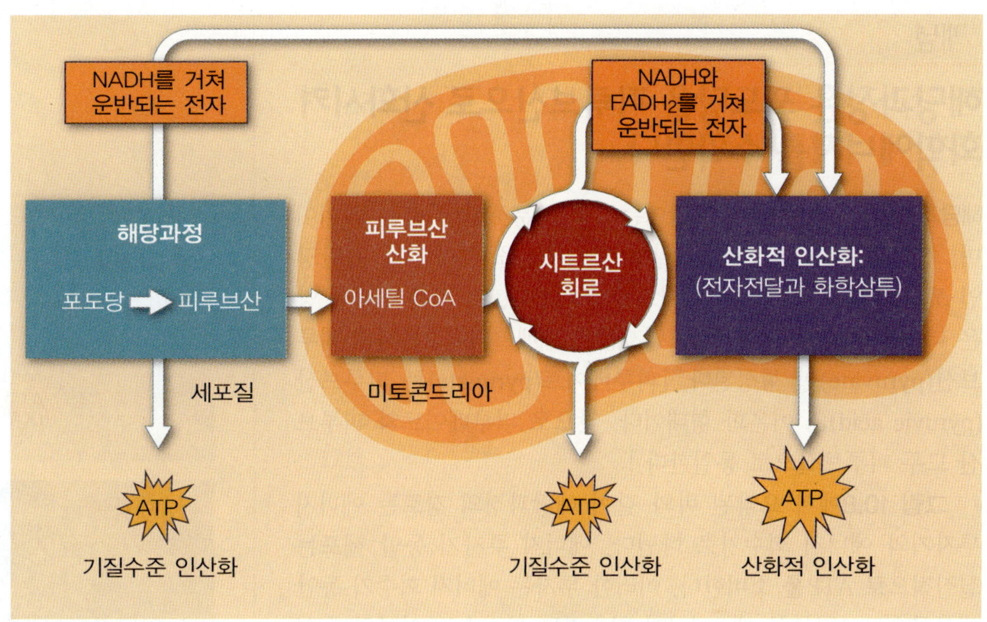

NAD^+로 전자를 전달시켜 NADH를 생성하는 산화환원반응이다. 호흡의 세 번째 단계인 전자전달사슬은 처음 두 단계의 분해생성물(주로 NADH)에서 전자를 받아서 이 전자들을 다음 분자로 계속 전달시킨다. 이 사슬의 마지막에서 전자들은 산소분자 및 수소이온(H^+)과 반응하여 물을 생성한다(그림 10.5b). 사슬의 각 단계에서 방출된 에너지는 미토콘드리아(또는 원핵세포)가 ADP에서 ATP를 만들기 위해서 사용할 수 있는 형태로 저장된다. 이러한 방식의 ATP 합성을 **산화적 인산화(oxidative phosphorylation)**라고 하는데, 이는 산화적 인산화가 전자전달사슬의 산화환원반응에 의하여 추진되기 때문이다.

진핵세포에서 미토콘드리아 내막은 산화적 인산화를 구성하는 과정인 전자전달과 화학삼투가 일어나는 장소이다. (원핵세포에서 이러한 과정은 원형질막에서 일어난다.) 산화적 인산화는 호흡에 의하여 생성되는 ATP의 약 90%를 담당한다. 소량의 ATP는 해당과정과 시트르산 회로의 몇 반응들에서 **기질수준 인산화 (substrate-level phosphorylation)**라고 하는 기작에 의하여 직접 형성된다(**그림 10.7**). 이러한 방식의 ATP 합성은 산화적 인산화와 같이 ADP에 무기인산을 첨가하여 일어나는 것이 아니라, 효소가 기질 분자로부터 ADP로 인산기를 전달할 때 일어난다. 여기에서 "기질 분자"는 포도당의 이화작용 동안 중간물질로서 생성된 유기분자들을 일컫는다.

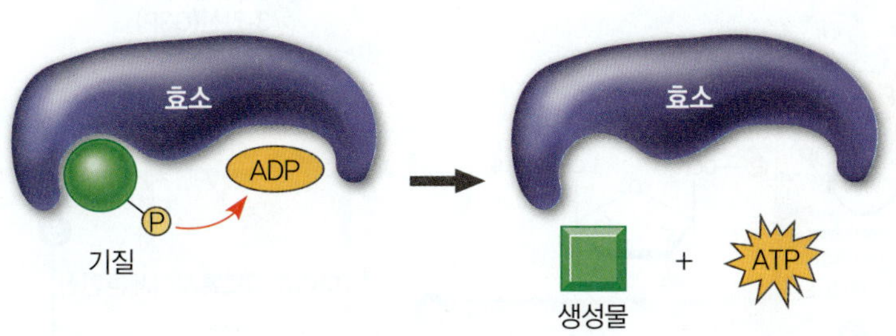

▲ **그림 10.7 기질수준 인산화.** 효소작용에 의하여 인산기가 유기기질에서 ADP로 전달됨으로써 일부 ATP가 만들어진다. (해당과정에서 그 예는 그림 10.9의 단계 7과 10이다.)

MAKE CONNECTIONS 그림 8.8을 보라. 위에서 보여준 반응에서 생성물과 반응물 중 어느 것이 더 높은 위치에너지를 가진다고 생각하는가? 설명하라.

현금인출기에서 돈을 인출할 때 소액권 화폐의 편리성 때문에 사람들은 고액권 화폐보다 소액권 화폐를 선호한다. 여기에서 돈은 세포호흡에서 형성된 ATP에 대한 비유이다. 호흡에 의하여 이산화탄소와 물로 분해되는 한 분자의 포도당에 대해서 세포는 32분자의 ATP를 생성하는데, 각각의 ATP는 7.3 kcal/mol의 자유에너지를 가진다. 호흡은 한 분자의 포도당(686 kcal/mol)에 예치된 고액권 에너지 화폐를 소액권의 ATP로 현금화한다. 그러데 이 소액권의 ATP 화폐는 세포가 일을 하기 위해서 지불하는 데 더 실용적이다.

지금까지의 개요는 해당과정, 시트르산 회로, 산화적 인산화가 어떻게 세포호흡의 전체 과정에 속하는지를 소개한 것이다. 이제 호흡의 세 가지 단계들에 대해서 각각 상세하게 살펴보자.

개념 확인 문제 10.1

1. 산소호흡과 무산소호흡을 비교 설명하라.
2. 세포호흡 동안 ATP가 만들어지는 두 가지 방법에 대한 이름은 무엇이고 그 방법을 설명하라.
3. **WHAT IF?** 만약 다음의 산화환원반응이 일어난다면 어떤 화합물이 산화되고 어떤 화합물이 환원되는가?

$$C_4H_6O_5 + NAD^+ \rightarrow C_4H_4O_5 + NADH + H^+$$

정답은 부록 A 참조

개념 10.2

해당과정은 포도당을 피루브산으로 산화시켜 화학에너지를 수확한다

해당과정(glycolysis)이라는 단어는 "당을 분해한다"라는 의미이며, 정확하게 이 과정 동안 일어나는 사건을 의미한다. 육탄당인 포도당은 두 분자의 삼탄당으로 쪼개진다. 더 작은 이러한 당은 더욱 산화되고 남아 있는 원자들은 재배열되어 2분자의 피루브산(pyruvate)이 형성된다. [피루베이트(pyruvate)는 피루브산(pyruvic acid)의 이온화 형태이다. 앞으로 피루베이트와 피루브산 모두 피루브산으로 통일한다.]

그림 10.8에서 요약된 바와 같이 해당과정의 경로는 에너지 투자기와 에너지 회수기로 나뉜다. 에너지 투자기 동안 세포는 실질적으로 ATP를 소비한다. 이러한 투자는 에너지 회수기 동안 배상금으로 보상되는데, 에너지 회수기는 기질수준 인산화에 의하여 ATP가 생성되고 음식의 산화로부터 방출된 전자들에 의하여 NAD^+가 NADH로 환원되는 시기이다. 해당과정에서 총 에너지 생성률은 포도당 1분자당 2분자의 ATP와 2분자의 NADH이다. 해당과정은 세균, 고세균, 진핵세포들이 공유하고 있는 기본적인 핵심경로이기 때문에 각각의 효소-촉매반응을 자세히 살펴보면서 우리는 해당과정을 생화학경로의 한 예로 사용할 것이다. **그림 10.9**는 해당과정의 10단계를 보여준다.

포도당에 존재한 모든 탄소들은 두 분자의 피루브산으로 전환되기 때문에 해당과정 동안 어떤 탄소도 CO_2로 방출되지 않는

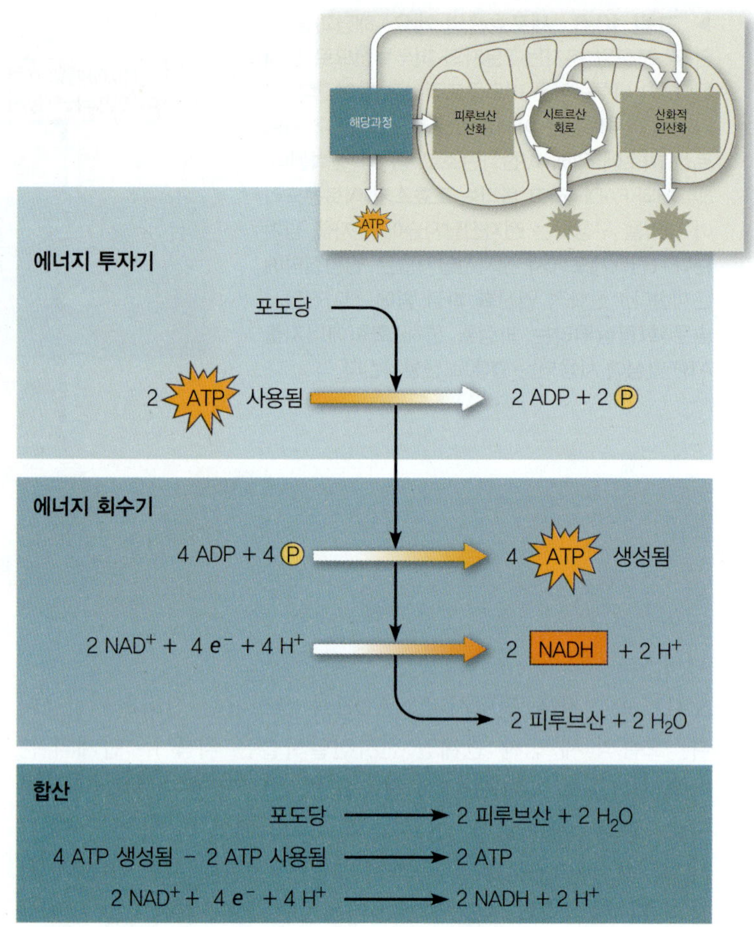

▲ **그림 10.8 해당과정에서 에너지 입력과 출력**

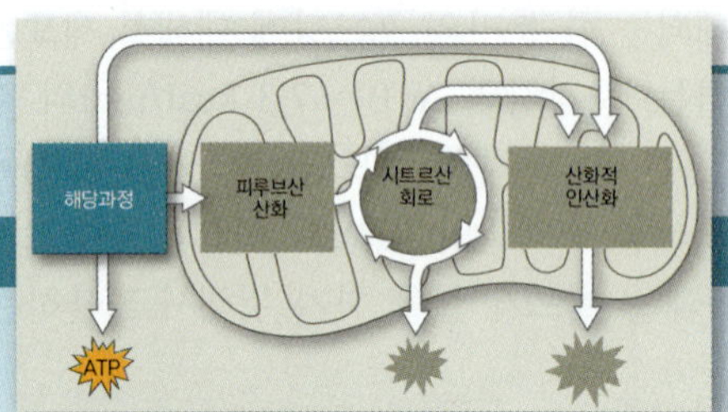

▼ **그림 10.9 해당과정을 자세히 살펴보기.** 왼쪽의 흐름도는 호흡의 전 과정에서 해당과정이 어느 위치에 있는지를 보여준다. 해당과정은 ATP와 NADH의 원천임을 잊지 않도록 주의하라.

해당과정: 에너지 투자기

WHAT IF? 4단계의 다이하이드록시아세톤인산이 생성된 후 바로 제거된다면 어떤 일이 일어나는가?

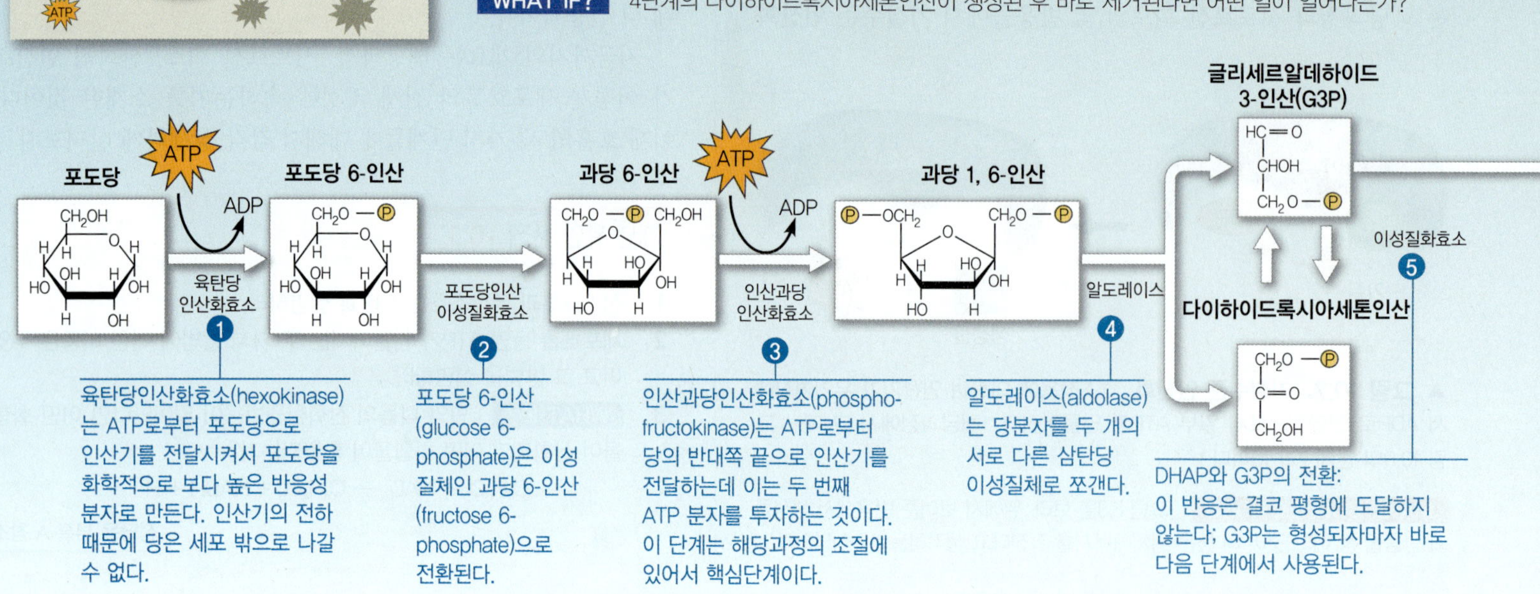

다. 해당과정은 O_2의 존재와 상관없이 일어난다. 그러나 O_2가 존재하면 피루브산과 NADH에 저장된 화학에너지는 피루브산 산화, 시트르산 회로, 산화적 인산화에 의하여 추출된다.

개념 확인 문제 10.2

1. 해당과정의 산화환원반응 동안(그림 10.9의 6단계) 어떤 분자가 산화제이고 어떤 분자가 환원제인가?

정답은 부록 A 참조

개념 10.3

피루브산 산화 후 시트르산 회로는 에너지 생성을 위하여 유기물질의 산화를 마무리 짓도록 한다

해당과정은 세포에 의해서 방출될 수 있는 포도당 화학에너지의 1/4 이하만을 방출시킨다. 대부분의 에너지는 두 분자의 피루브산에 남아 있다. O_2가 존재할 때 진핵세포에서 피루브산은 미토콘드리아로 들어가는데 미토콘드리아에서 포도당의 산화가 완성된다. 산소호흡을 하는 원핵세포에서 이 과정은 세포질에서 일어난다. (O_2가 없거나 O_2를 이용할 수 없는 원핵세포에서는 피루브산 이후에 어떤 일이 일어나는가는 이 장의 마지막에서 설명한다.)

피루브산에서 아세틸 CoA로의 산화

능동수송으로 미토콘드리아로 들어간 피루브산은 아세틸조효소 또는 **아세틸 CoA**로 전환된다(그림 10.10). 해당과정과 시트르산 회로를 연결시키는 이 단계는 세 가지 반응을 촉매하는 다효소 복합체에 의해서 수행된다: ❶ 이미 완전히 산화되어서 비

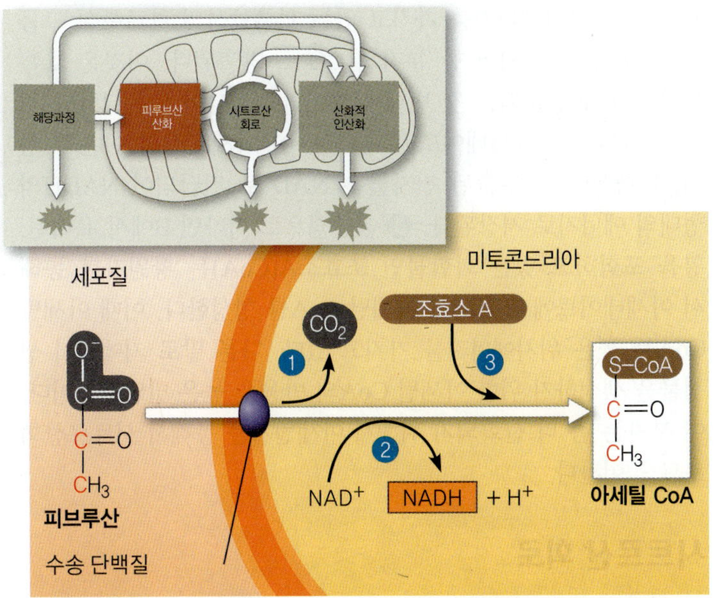

▲ **그림 10.10 해당과정과 시트르산 회로를 연결시키는 피루브산의 아세틸 CoA로의 전환.** 피루브산은 전하를 가지고 있기 때문에 수송 단백질의 도움을 받아서 능동수송에 의하여 미토콘드리아로 들어간다. 그 다음에 몇 가지 효소들의 복합체(피루브산 탈수소효소 복합체, pyruvate dehydrogenase complex)가 본문에 설명한 세 가지 단계를 촉매한다. 아세틸 CoA의 아세틸기는 시트르산 회로로 들어간다. CO_2 분자는 세포 밖으로 확산된다. 조효소 A가 어떤 분자에 결합될 때의 황원소를 강조하기 위해서 편의상 조효소 A를 S-CoA로 축약하였다.

에너지 회수기가 포도당이 삼탄단으로 쪼개진 후 일어난다. 따라서 이 시기에 있는 모든 분자 앞에 계수 2를 붙인다

해당과정: 에너지 회수기

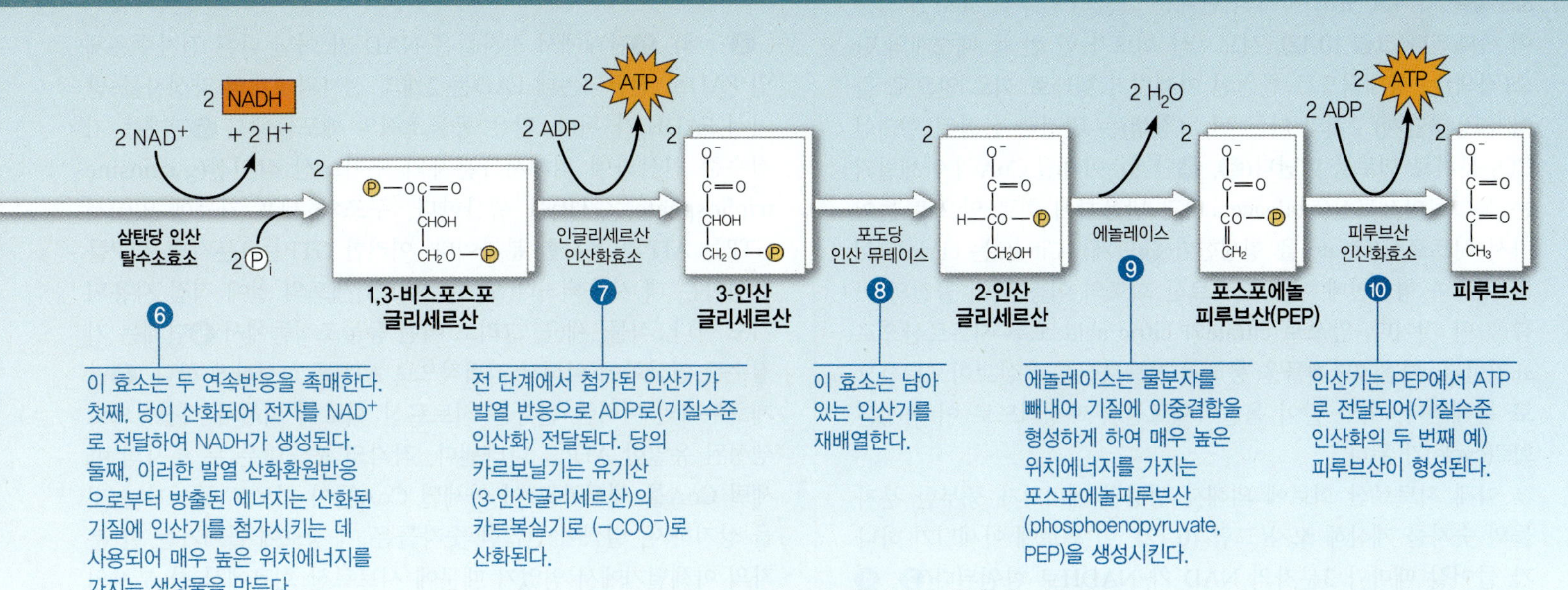

교적 적은 화학에너지를 가지고 있는 피루브산의 카르복실 그룹($-COO^-$)은 제거되어 한 분자의 CO_2로 방출된다. 이것은 호흡 동안 CO_2가 방출되는 첫 번째 단계이다. ❷ 남아 있는 2탄당 조각은 산화되어 아세테이트[(CH_3COO^-); 아세트산의 이온화 형태]를 형성한다. 추출된 전자들은 NAD^+로 전달되어 NADH의 형태의 에너지로 저장된다. ❸ 최종적으로 비타민 B에서 유래된, 황을 포함하고 있는 화합물인 조효소A(CoA)는 황원자를 통해서 아세테이트에 부착되어 아세틸 CoA를 형성한다. 이때 아세틸 CoA는 높은 위치에너지를 가지고 있다. 다른 말로 저에너지 생성물을 생성하기 위한 아세틸 CoA의 반응은 높은 발열반응이다. 이 분자는 좀 더 산화되기 위해서 아세틸기를 통해서 시트르산회로로 들어간다.

시트르산 회로

이 회로는 피루브산에서 유래한 유기연료를 산화시키는 물질 대사 용광로로서 작용한다. **그림 10.11**은 피루브산이 아세틸 CoA로 전환되는 과정에서 방출되는 1분자의 CO_2를 포함해 총 3분자의 CO_2로 분해될 때의 투입과 산출이 요약되어 있다. 이 회로가 한 번 돌 때 기질수준 인산화에 의하여 1분자의 ATP를 생성하지만, 대부분의 화학에너지는 산화환원반응 동안 NAD^+와 또 다른 전자운반체인 FAD[비타민 B인 리보플라빈(riboflavin)으로부터 유도되는 플라빈 아데닌 다이뉴클레오타이드(flavine adenine dinucleotide)]로 전달된다. 환원된 조효소들, 즉 NADH와 $FADH_2$는 고에너지 전자들을 전자전달사슬로 전달한다. 시트르산 회로는 트라이카복실산 회로 또는 크랩스 회로라고도 한다. 1930년대 독일-영국계의 과학자인 한스 크랩스(Hans Krebs)가 이 과정의 대부분을 밝혔기 때문에 크랩스의 업적을 기리기 위해서 크랩스 회로라고 부른다.

이제 시트르산 회로를 좀 더 상세하게 살펴보자. 이 회로는 8단계를 가지고 있고 각각의 단계는 그들의 특수한 효소에 의하여 촉매된다(**그림 10.12**). 시트르산 회로가 한 번 돌 때 2개의 탄소(적색)는 상대적으로 환원된 아세틸기 형태로 회로 안으로 들어가고(❶단계) 2개의 다른 탄소(청색)는 완전히 산화된 형태인 CO_2 분자로 회로를 떠난다(❸, ❹단계). 아세틸 CoA의 아세틸기는 옥살로아세트산(oxaloacetate)과 반응하여 회로 안으로 들어가서 시트르산(citrate)을 형성한다(❶단계). Citrate는 citric acid의 이온화 형태인데 이때 시트르산 회로의 이름은 이 물질의 이름을 딴 것이다. 앞으로 citrate와 citric acid 모두 시트르산으로 표기한다. 다음 7단계들을 통해서 시트르산은 옥살로아세트산으로 분해된다. 이와 같이 옥살아세트산이 재생되므로 이 과정은 회로(cycle)가 된다.

이제 시트르산 회로에 의해서 생성된 에너지가 풍부한 분자들의 숫자를 계산해 보자(그림 10.12). 이 회로에 아세틸기 하나가 들어갈 때마다 3분자의 NAD^+가 NADH로 환원된다(❸, ❹, ❽단계). ❻단계에서 전자들은 NAD^+가 아닌 다른 전자수용체인 FAD로 전달되는데 FAD는 2개의 전자와 2개의 양성자를 받아서 $FADH_2$가 된다. 많은 동물조직의 세포들에서 ❺단계는 기질수준 인산화에 의해서 1분자의 구아노신 삼인산(guanosine triphosphate, GTP)을 생산한다. 구조와 세포 기능에 있어서 GTP는 ATP와 유사한 분자이다. 이러한 GTP는 1분자의 ATP를 합성하는 데 사용되거나(보여준 대로) 세포의 일에 직접 사용되기도 한다. 식물, 세균, 그리고 어떤 동물조직들에서 ❺단계는 기질수준 인산화에 의해서 직접적으로 ATP를 형성하게 한다. ❺단계로부터의 이러한 결과는 시트르산 회로에 의해서 직접적으로 생성된 유일한 ATP를 나타낸다. 각각의 포도당은 두 분자의 아세틸 CoA를 생성하고 이 아세틸 CoA들이 회로로 들어가는 것을 상기하자. 일찍이 언급한 숫자들은 이 경로에 들어가는 한 분자의 아세틸기에서 얻었기 때문에 시트르산 회로에서 한 분자의

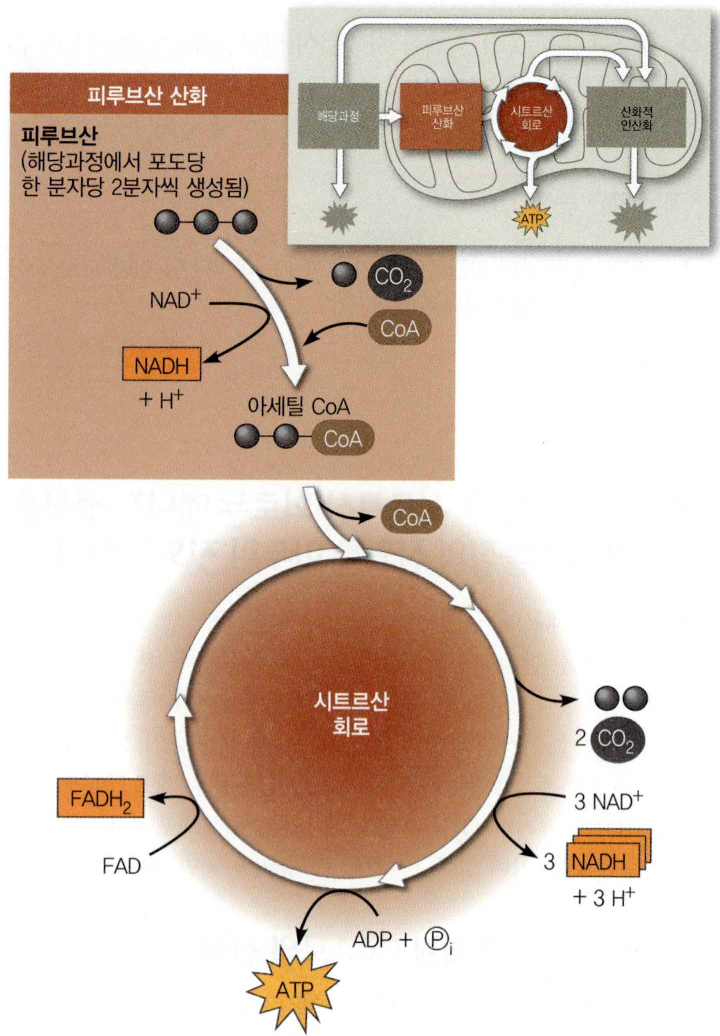

▲ **그림 10.11 피루브산 산화와 시트르산 회로의 개관.** 피루브산 1분자당 입력과 출력이 보인다. 각각의 포도당은 해당과정 동안 2분자의 피루브산으로 쪼개지기 때문에 포도당 1분자당 투입과 산출을 계산하기 위해서 2를 곱해야 한다.

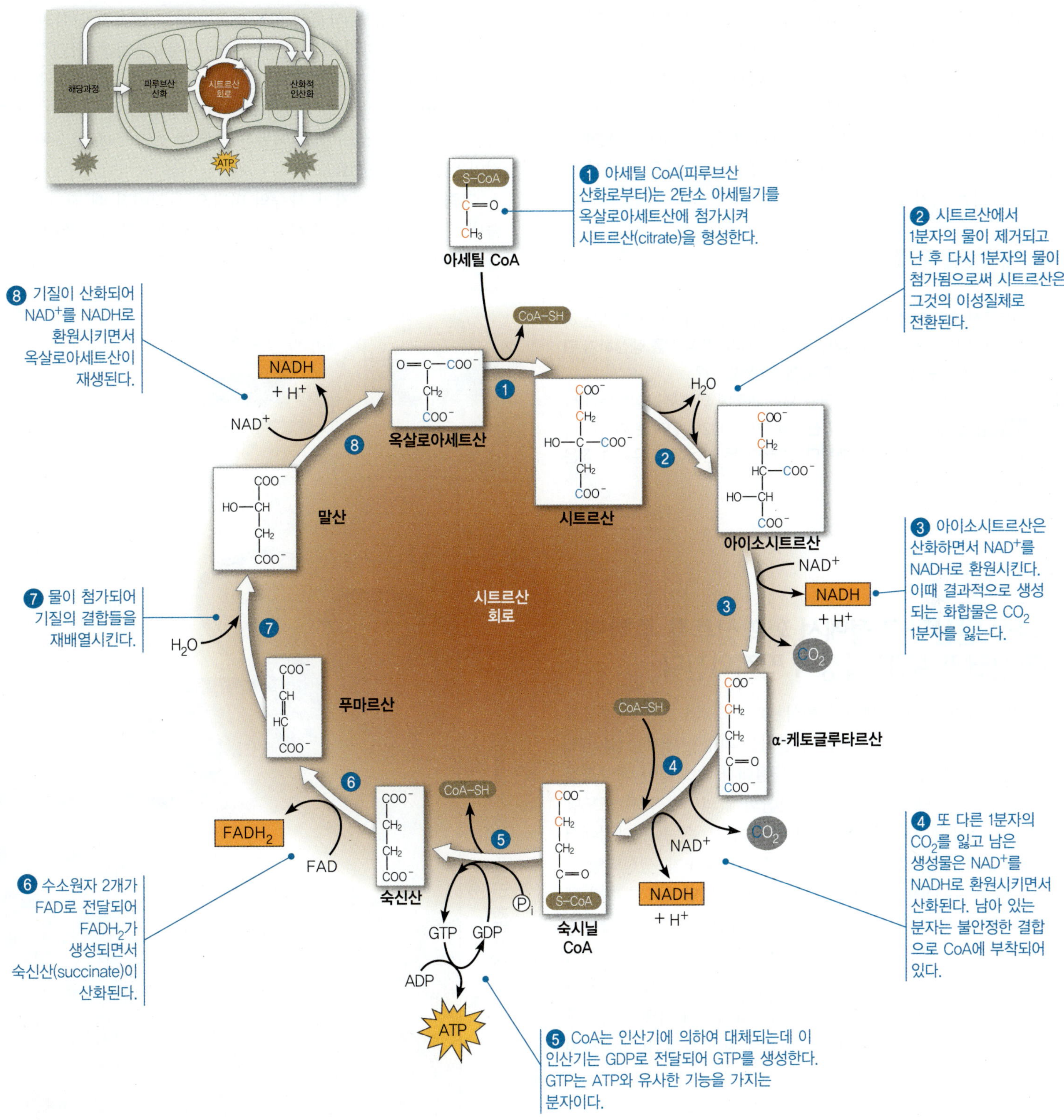

▲ **그림 10.12 시트르산 회로에 대한 자세한 설명.** 화학구조에 있어서 적색 글자는 아세틸 CoA를 경유하여 회로 안으로 들어간 2개의 탄소원자(1단계)의 대한 운명을 추적하고 있고, 청색글자는 3단계과 4단계에서 CO_2로 회로를 떠나는 2개의 탄소를 나타낸다. (숙신산 분자는 대칭적이기 때문에 적색 표식는 5단계 통과 후 사라진다. 두 개의 끝은 서로 구별될 수 없다.) 아세틸 CoA로부터 이 회로로 들어가는 탄소원자들은 한 번 돌 동안 회로를 떠나지 않는다. 그들은 회로에 남아 있으며 다음 회전에서 또 다른 아세틸기가 첨가되면 시트르산의 다른 위치에 놓여 있게 된다. 결과적으로 8단계에서 형성된 옥살로아세트산(oxaloacetate)은 매회전마다 서로 다른 탄소원자들로 구성된다. 진핵세포에서 6단계를 촉매하는 효소를 제외한 모든 시트르산 회로 효소들은 미토콘드리아 기질에 위치하고 있다. 카르복실산은 이온화 형태인 $-COO^-$로 나타내는데, 이러한 이온화 형태가 미토콘드리아의 pH 환경에서 우세한 형태이기 때문이다. 예를 들어, 시트레이트(citrate)는 시트르산(citric acid)의 이온화 형태이다.

포도당에 대한 생성률은 6 NADH, 2 $FADH_2$, 2 ATP에 해당한다.

호흡에 의하여 생성되는 대부분의 ATP는 산화적 인산화에 의하여 생성되는데, 시트르산 회로에서 생성된 NADH와 $FADH_2$가 음식에서 추출된 전자들을 전자전달사슬로 전달할 때 이 산화적 인산화가 일어난다. 즉 이 과정에서 NADH와 $FADH_2$는 ADP를 ATP로 인산화할 때 필요한 에너지를 제공한다. 다음 절에서 이 과정을 살펴볼 것이다.

개념 확인 문제 10.3

1. 시트르산 회로의 산화환원반응으로부터 대부분의 에너지를 보존하는 분자들의 이름은 무엇인가? 이러한 에너지가 ATP를 생산하기 위해서 사용될 수 있는 형태로 어떻게 전환되는가?
2. 숨을 내쉴 때 나오는 CO_2는 어떤 세포 과정에 의해서 생성되는가?
3. **WHAT IF?** 그림 10.10의 전환과 그림 10.12의 단계는 커다란 다효소 복합체에 의해서 촉매된다. 이러한 두 반응에서 유사한 점은 무엇인가?

정답은 부록 A 참조

개념 10.4

산화적 인산화 과정에서 화학삼투를 통하여 전자전달과 ATP 합성이 짝지어진다

이 장의 주요한 목적은 세포가 음식 속 포도당과 다른 영양물질들에 들어 있는 에너지를 ATP로 전환하는 과정을 배우는 것이다. 그러나 지금까지 분석했던 호흡의 물질대사 요소들인 해당과정과 시트르산 회로에서는 기질수준 인산화에 의하여 단지 포도당 1분자당 4분자의 ATP가 생성되었을 뿐이다. 즉, 해당과정에서 2분자의 ATP, 시트르산 회로에서 2분자의 ATP가 생성되었다. 이 시점에서 NADH(와 $FADH_2$) 분자들이 포도당에서 추출된 에너지의 대부분을 가지고 있다. 이러한 전자전달자들은 해당과정과 시트르산 회로를 산화적 인산화 장치와 연결시킨다. 산화적 인산화 장치는 전자전달사슬에 의하여 방출된 에너지를 사용하여 ATP를 합성한다. 이 절에서는 전자전달사슬이 어떻게 작동하는지, 미토콘드리아 내막에서 전자흐름이 어떻게 ATP 합성까지 연결되는지를 배울 것이다.

전자전달의 경로

전자전달사슬은 진핵세포의 미토콘드리아 내막에 박혀 있는 분자들의 집합체이다(원핵세포의 경우 이러한 분자들은 세포막에 있다). 크리스테(cristae)를 형성하는 내막의 주름은 내막의 표면적을 넓혀 1개의 미토콘드리아에 수천 개의 사슬들이 들어갈 수 있는 공간을 제공한다. 또 다시 구조가 기능에 적합한 형태를 가짐을 주시하라. 접혀진 막에 한 줄로 차례대로 정렬된 전자운반 분자들은 전자운반 사슬에 따라서 일어나는 연속적 산화환원 반응에 매우 적합하다. 대부분의 사슬 구성요소들은 단백질인데, 이들은 로마숫자 I에서 IV까지 번호가 붙은 다중단백질 복합체로 존재한다. 이러한 단백질에 단단히 결합하고 있는 것은 **보결분자단**(prosthetic group)인데, 이들은 일부 효소의 촉매 기능에 필수적인 비단백질 구성요소이다.

그림 10.13은 전자가 사슬의 바닥으로 떨어질 때 전자전달사슬내 전자 운반체들의 순서와 자유에너지 감소를 보여준다. 사슬을 따라서 전자들이 전달되는 동안, 즉 전자 운반체들이 전자를

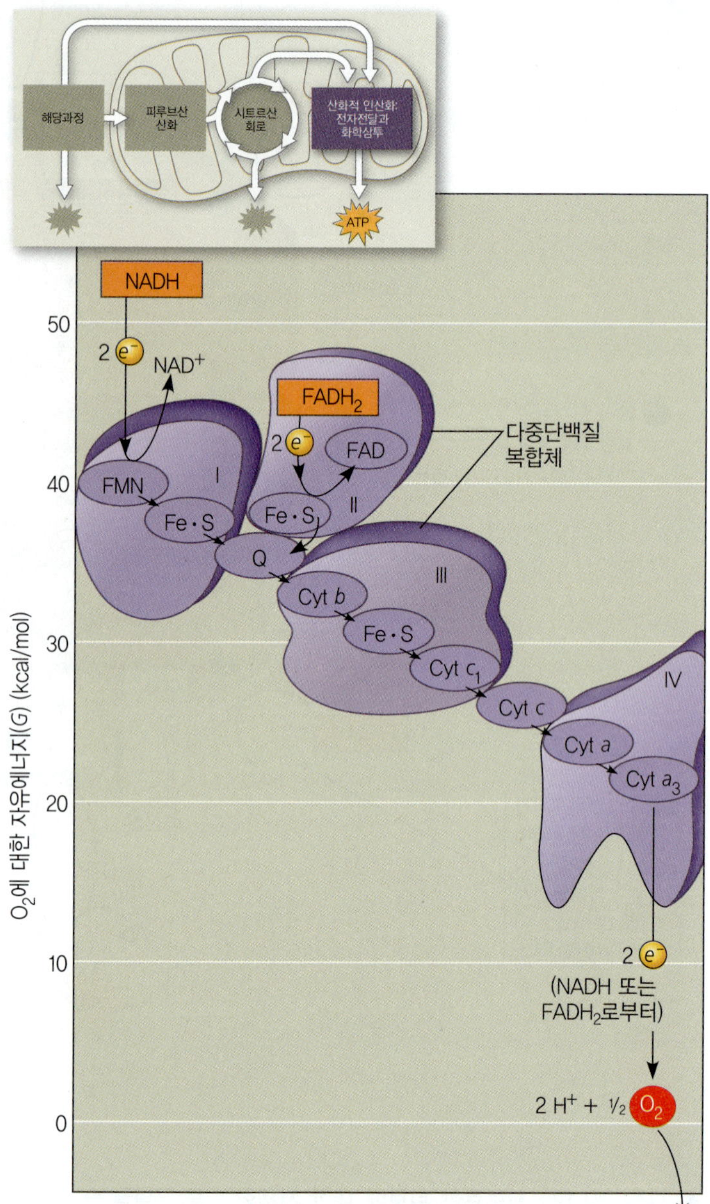

▲ **그림 10.13 전자전달 과정에서의 자유에너지 변화.** NADH에서 산소로 전자가 전달되는 동안 전체 에너지 감소(ΔG)는 53 kcal/mol이지만 이러한 "강하"는 전자전달사슬에 의해 여러 작은 단계들로 나뉘어 일어난다. (전자전달사슬은 개별적인 산소원자들이 아닌 산소분자 O_2를 환원시킨다는 것을 강조하기 위해서 하나의 산소원자는 여기에서 1/2 O_2로 표시된다.)

주고받는 동안 전자 운반체들은 환원 상태와 산화 상태를 오간다. 각각의 사슬 구성요소는 전자에 대한 친화력이 낮은(전기음성도가 낮은) "언덕 위(uphill)" 이웃으로부터 전자를 받을 때 환원된다. 이 구성요소는 보다 큰 전기음성도를 가지는 "언덕 아래(downhill)" 이웃에 전자를 넘겨 줄 때 산화된 형태로 되돌아간다.

이제 그림 10.13에 있는 전자전달사슬에 대해서 자세히 살펴보자. 우리는 전자가 복합체 I로 전달되는 과정을 상세히 살펴볼 것인데, 이 과정은 전자전달에 관련된 일반적인 원리에 대한 좋은 예이다. 해당과정과 시트르산 회로를 거치는 동안 NADH의 전자들은 전자전달사슬의 첫 번째 분자로 전달된다. 이 분자는 플라보 단백질(flavoprptein)로 불리는데, 플라빈 모노뉴클레오타이드(foavin monomucleotide, 복합체 I의 FMN)라는 보결분자단을 가지고 있어서 그런 이름을 얻었다. 다음 산화환원반응에서 이 플라보 단백질은 전자들을 철-황 단백질(철과 황이 단단히 결합되어 있는 단백질군 중의 하나로 복합체 I의 Fe •S)로 전자를 넘겨주며 산화된 형태로 되돌아간다. 그 다음 이 철-황 단백질은 전자들을 유비퀴논(ubiquinone; 그림 10.13의 Q)이라고 하는 화합물로 넘겨준다. 이 전자 운반체는 작은 소수성 분자인데, 전자전달사슬에서 단백질이 아닌 유일한 화합물이다. 유비퀴논은 특정한 복합체에 속해 있지 않아 막 안에서 개별적인 이동성을 지니고 있다. (유비퀴논에 대한 또 다른 이름은 조효소 Q 또는 CoQ인데, 여러분은 이 이름이 영양보조제로 판매되는 것을 보았을 것이다.)

유비퀴논과 산소 사이에 있는 대부분의 나머지 전자 운반체는 **사이토크롬(cytochrome)**이라는 단백질들이다. 그들의 헴 그룹(heme group) 보결분자단은 전자를 주고받는 철원자를 가지고 있다. (헤모글로빈의 헴 그룹이 전자가 아닌 산소를 운반한다는 것을 제외하고는 사이토크롬의 헴 그룹은 적혈구 단백질인 헤모글로빈의 헴 그룹과 비슷하다.) 전자전달사슬은 몇 가지 유형의 사이토크롬들을 가지는데, 이들 사이토크롬은 약간 서로 다른 전자운반 헴 그룹을 가지는 단백질들이다. 이 사슬의 마지막 사이토크롬인 Cyt a_3는 전자들을 전기음성도가 매우 큰 산소로 전달한다. 이때 각각의 산소원자는 수용액으로부터 한 쌍의 수소이온들을 받아서 물을 형성한다.

전자전달사슬의 또 다른 전자 공급원은 시트르산 회로의 한 생성물인 $FADH_2$이다. 그림 10.13에서 보듯이 $FADH_2$는 NADH 보다 더 낮은 에너지 준위를 가지며, $FADH_2$는 전자를 복합체 II에서 전자전달사슬로 전달한다. 결과적으로 산소의 환원을 위해서 NADH와 $FADH_2$ 각각은 전자 2개를 주지만, 전자공여체가 NADH가 아니라 $FADH_2$일 때 전자전달사슬은 ATP 합성에 약 1/3 정도 적은 에너지를 공급한다. 다음 절에서 왜 그런지를 살펴볼 것이다.

전자전달사슬은 ATP를 직접 만들지 않는다. 대신에 전자전달사슬은 전자들이 음식에서 산소로 떨어질 때 발생하는 자유에너지의 커다란 감소를 일련의 작은 단계들로 나눔으로써 이용 가능한 양으로 에너지를 방출시키게 한다. ATP 합성을 위해서 미토콘드리아(또는 원핵세포의 원형질막)는 전자전달과 에너지 방출을 어떻게 연결시키는가? 그 대답은 화학삼투라는 기작이다.

화학삼투: 에너지 짝물림 기작

미토콘드리아 내막(또는 원핵세포의 원형질막)에는 **ATP 합성효소(ATP synthase)**라는 단백질 복합체가 많이 있다. 이 ATP 합성효소는 ADP와 무기인산으로부터 ATP를 만드는 효소이다**(그림 10.14)**. ATP 합성효소는 이온펌프가 거꾸로 작동하는 것이다. 이온기울기에 거슬러 이온을 수송하기 위해서 이온펌프는 ATP를 에너지원으로 사용한다. 반응물과 생성물의 국부적 농도에 의해서 영향을 받는 반응에 있어서 ΔG 값에 따라서 효소들은 양쪽 중 한 쪽 방향으로 반응을 촉매할 수 있다(6장). 세포호흡의 상

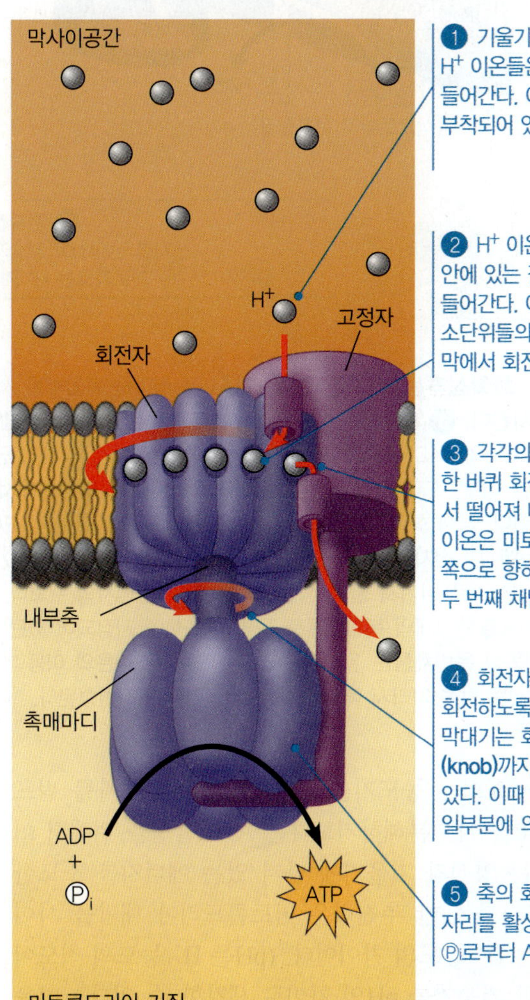

▲ **그림 10.14 분자풍차로서의 ATP 합성효소.** ATP 합성효소 단백질 복합체는 수소이온의 흐름으로 구동되는 풍차로 작용한다. 이 복합체는 진핵세포의 미토콘드리아와 엽록체막, 원핵세포의 세포막에 있다. ATP 합성효소의 네 부분은 각각 폴리펩타이드 소단위들로 구성되어 있다. ATP 합성효소는 자연에서 볼 수 있는 가장 작은 분자적 회전 모터이다.

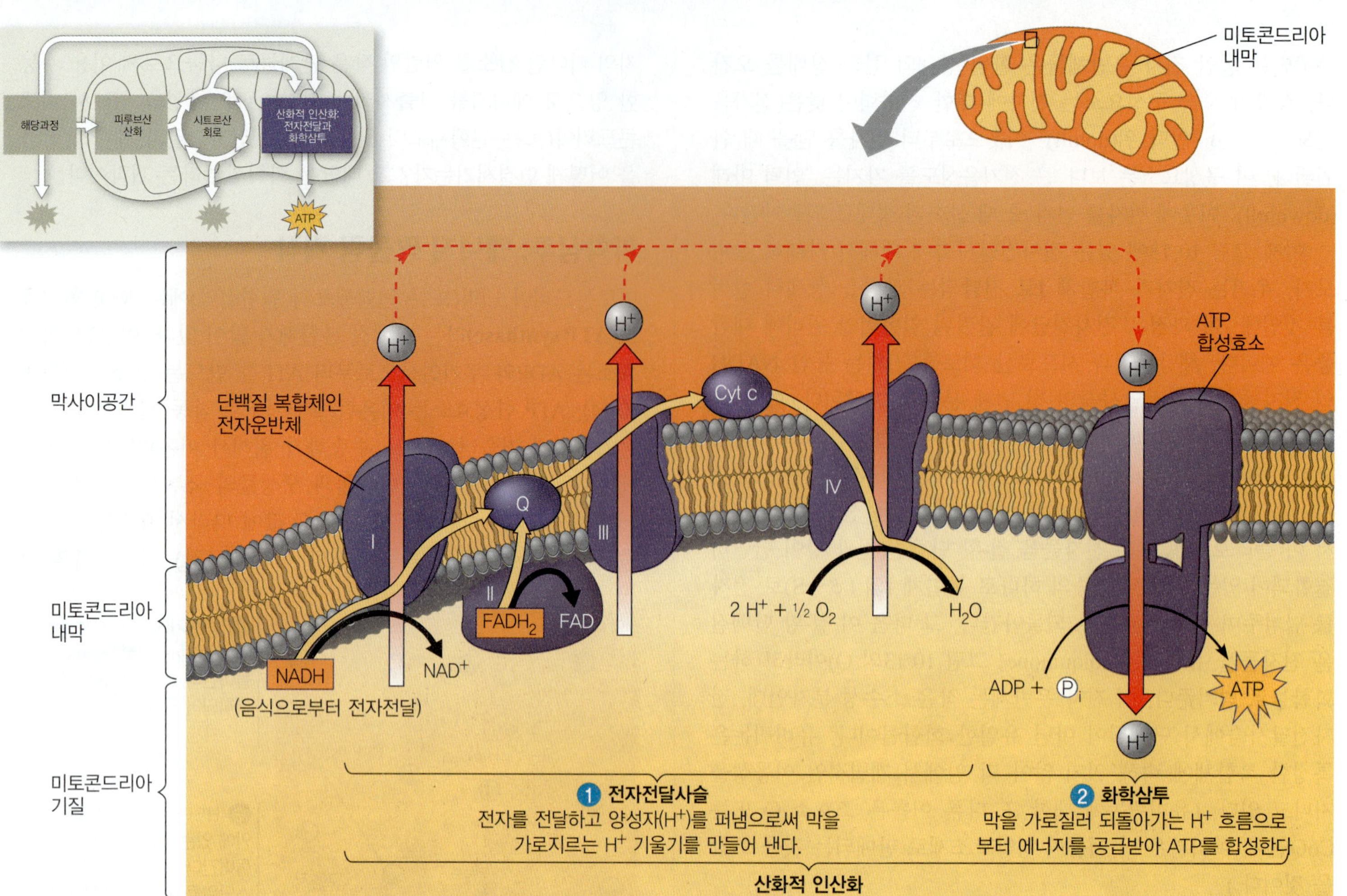

▲ **그림 10.15 화학삼투는 전자전달사슬과 ATP 합성을 연결시킨다.** ❶ 해당과정과 시트르산 회로에서 생성된 NADH와 $FADH_2$는 음식에서 추출된 고에너지전자들을 미토콘드리아 내막에 있는 전자전달사슬로 운반한다. 금색 화살표는 전자들의 수송을 추적하고 있는데, 이 전자들은 최종적으로 사슬의 "바닥"에 있는 산소로 넘겨져 물을 생성한다. 대부분의 전자 운반체들은 4개의 복합체들로 묶인다(I~IV). 2개의 이동성 운반체들은 유비퀴논(Q)과 사이토크롬 *c* (Cyt *c*)는 막을 따라서 빠르게 이동하여 커다란 복합체들 사이로 전자들을 운반한다. 복합체들이 전자들을 받았다가 내주면서 미토콘드리아 기질에서 막사이 공간으로 수소이온(양성자)을 퍼낸다. (원핵생물에서 양성자는 원형질막의 바깥 공간으로 펌프된다.) $FADH_2$는 전자들을 복합체 II로 전달하기 때문에 NADH에 의해서 막공간으로 펌프되는 양성자의 수보다 더 적음을 알아야 한다. 원래 음식에 저장되어 있던 화학에너지는 막을 가로지르는 수소이온의 이동력(proton–motive force), 즉 H^+ 기울기로 변형된다. ❷ 화학삼투 동안 수소이온들은 막에 있는 ATP 합성효소를 통해 기울기에 따라 미토콘드리아 기질로 되돌아 흐른다. ATP 합성효소는 ADP를 인산화하여 ATP를 합성하기 위해서 수소이온의 이동력을 사용한다. 전자전달과 화학삼투가 산화적 인산화를 구성한다.

WHAT IF? 복합체 IV가 작동하지 않으면 화학삼투는 ATP를 생산하는가? 그렇다면 합성률은 어떻게 달라지는가?

황에서 ATP 합성효소는 농도기울기에 역행하여 양성자를 펌프하기 위해서 ATP를 가수분해하기보다는 ATP 합성을 위해서 이미 존재하고 있는 양성자 기울기에 담겨 있는 에너지를 소모한다. ATP 합성효소를 위한 추진력은 미토콘드리아 내막을 사이에 두고 존재하는 H^+ 농도의 차이이다. (pH는 H^+ 농도의 척도이기 때문에 이러한 기울기를 pH의 차이로 생각할 수 있다.) 막을 사이에 둔 수소이온 기울기 형태로 저장된 이러한 에너지는 ATP 합성과 같은 세포의 일을 추진하기 위해서 사용되는데, 이 과정을 **화학삼투(chemiosmosis;** 그리스어로 *osmos*는 '밀다'의 의미임)라 한다. 물수송을 배울 때 **삼투**(osmosis)라는 말을 사용했지만 여기에서 삼투는 막을 관통하는 H^+의 흐름을 의미한다.

과학자들은 ATP 합성효소의 구조를 연구함으로써 이 커다란 효소를 통한 H^+의 흐름이 어떻게 ATP 생성을 추진하는지 알 수 있게 되었다. ATP 합성효소는 각각 여러 개의 폴리펩타이드로 구성된, 4개의 주요 부분을 가지는 여러 소단위들의 복합체이다. 양성자들은 그 부분 중 하나(rotor, 회전자)에 결합하여 ADP와 무기인산으로부터 ATP를 촉매하는 방법으로 ATP 합성효소를 회전시키게 한다. 양성자의 흐름은 물레방아를 돌리는 시냇물과 같이 작용한다.

미토콘드리아 내막 또는 원핵세포의 원형질막은 ATP 합성효소 복합체에 의한 ATP 생성을 위해서 필요한 H^+ 기울기를 어떻게 형성하고 유지하는가? H^+ 기울기를 확립하는 것은 미토콘드리아에 자리 잡고 있는 전자전달사슬의 기능이다(**그림 10.15**). 막을 가로질러, 즉 미토콘드리아 기질에서 막사이 공간으로 H^+를 펌프하기 위해서 전자전달사슬은 NADH와 $FADH_2$로부터 전자들의 발열반응적 흐름을 이용하는 에너지 전환장치이다. H^+는 기울기를 따라 막을 가로질러 농도가 낮은 쪽으로 되돌아가려는 경향이 있다. 따라서 ATP 합성효소는 원형질막에서 H^+에 대한 유일한 통로이다. 이전에 살펴본 바와 같이 ADP의 인산화를 위해서 ATP 합성효소를 통한 H^+의 통과는 발열반응인 H^+ 흐름을 사용한다. 따라서 막을 가로지르는 H^+ 기울기에 저장된 에너지는 전자전달사슬의 산화환원반응을 화학삼투의 한 예인 ATP 합성과 연결시킨다.

이제 여러분은 전자전달사슬이 수소이온을 어떻게 퍼낼까에 대해서 궁금해 할 것이다. 많은 연구자들은 전자전달사슬 중 어떤 구성성분은 전자들과 함께 양성자들(H^+)을 받아서 방출한다는 것을 발견하였다. (세포 안쪽과 주변의 수용액은 이미 준비된 H^+의 원천이다.) 사슬의 어떤 단계에서 전자전달은 H^+를 받은 후에 이 H^+를 주변용액으로 방출하도록 한다. 진핵세포에서 미토콘드리아 내막에 있는 전자운반체들은 H^+를 미토콘드리아 기질로부터 받아 막사이 공간에 축적하도록 배열되어 있다(그림 10.15). 이렇게 만들어진 H^+ 기울기를 **양성자 구동력(proton-motive force)**이라고 하는데, 이 용어는 H^+ 기울기가 일을 수행할 수 있는 능력을 가지고 있음을 강조하는 것이다. 이 힘으로 인해 H^+는 ATP 합성효소가 제공하는 특수한 H^+ 통로 단백질을 통해 막을 통과하여 미토콘드리아 기질로 되돌아간다.

일반적으로 화학삼투는 막 사이의 H^+ 기울기로 저장된 에너지를 세포의 일을 하는 데 사용하기 위한 에너지-짝물림 기작(energy-coupling mechanism)이다. 미토콘드리아에서 기울기 형성을 위한 에너지는 발열반응인 산화환원반응에서 오고, 이때 ATP 합성은 수행된 일이다. 그러나 화학삼투는 또한 여러 곳에서 다양하게 변형되어 일어난다. 엽록체는 광합성 동안 ATP를 생성하기 위해서 화학삼투를 사용한다. 이 세포소기관에서 화학에너지가 아닌 빛에 의해서 전자전달사슬을 따라서 전자가 아래로 흐르게 되어 H^+ 기울기가 형성된다. 이미 언급한 대로 원핵생물은 세포막을 가로질러 H^+ 기울기를 생성한다. 원핵생물은 이렇게 형성된 양성자 구동력을 세포내 ATP 합성뿐만 아니라 영양물질과 노폐물을 막을 가로질러 수송하고 편모를 회전시키는 데에도 이용한다. 원핵세포와 진핵세포에서 에너지 전환이 갖는 중요성 때문에 화학삼투는 생물에너지학 연구를 통일시키는 데 도움이 되어 왔다. 미첼(Peter Mitchell)은 화학삼투 모형을 처음 제안한 공로로 1978년에 노벨상을 받았다.

세포호흡에 의한 ATP 생성률 계산

지금까지는 세포호흡의 핵심 과정을 자세하게 살펴보았는데 이제 세포호흡의 전반적인 기능, 즉 ATP 합성을 위한 포도당으로부터의 에너지 수확을 복습하는 단계를 밟아보자.

호흡 동안 대부분의 에너지는 포도당 → NADH → 전자전달사슬 → 양성자 구동력 → ATP의 순서로 흐른다. 세포호흡에 의해서 포도당 1분자가 6분자의 이산화탄소로 산화될 때 ATP의 대차대조표를 만들어보자. 물질대사의 3가지 주요한 부서는 해당과정, 시트르산 회로, 산화적 인산화를 일으키는 전자전달사슬이다. **그림 10.16**에서 산화된 포도당 1분자당 ATP 생성률이 상세하게 계산되어 있다. 이 계산은 해당과정과 시트르산 회로에서 기질수준 인산화에 의하여 직접 형성된 4분자의 ATP와, 산화적 인산화에 의하여 형성된 더 많은 ATP를 보여주고 있다. 포도당으로부터 전자전달사슬로 1쌍의 전자를 전달하는 각각의 NADH는 최대 약 3분자의 ATP를 생성할 수 있는 양성자의 구동력을 생성한다.

그림 10.16에 나와 있는 숫자는 왜 부정확한가? 1분자의 포도당을 분해하여 생기는 ATP 분자의 숫자는 정확하게 기술될 수 없는데, 여기에는 세 가지 이유가 있다. 첫 번째, 인산화와 산화환원반응은 직접 연결되지 않아 NADH 분자 숫자는 대한 ATP 분자 숫자의 비율은 정수가 아니다. 1개의 NADH는 미토콘드리아 내막을 가로질러 10개의 H^+를 수송시키지만 ATP 합성효소를 통해서 미토콘드리아 기질로 돌아가면서 1개의 ATP를 만드는데 필요한 H^+의 정확한 숫자는 오랫동안 논쟁 중에 있다. 그러나 실험 데이터에 기반해서 대부분의 생화학자들은 이제 가장 정확한 숫자가 4개의 H^+임에 일치하고 있다. 따라서 1분자의 NADH는 2.5분자의 ATP를 합성할 수 있는 양성자 구동력을 생성한다. 시트르산 회로는 또한 $FADH_2$를 통해서 전자들을 전자전달사슬로 제공하지만 이 경우에는 전자가 사슬의 뒷부분으로 들어가기 때문에 이 전자운반체 1분자는 1.5분자의 ATP를 합성하는 데 필요한 H^+를 수송한다. 이러한 숫자는 또한 미토콘드리아서 형성된 ATP를 세포질(ATP를 소모하는 곳)로 이동시키는 데 필요한 작은 에너지 비용을 계산한 것이다.

두 번째, ATP 생성률은 세포질에서 미토콘드리아로 전자를 전달하는 데 사용되는 왕복기구의 유형에 따라서 다소 달라진다. 미토콘드리아 내막은 NADH에 비투과적이어서 세포질에 있는 NADH는 산화적 인산화 장치로부터 격리되어 있다. 해당과정에서 포획된 NADH의 두 전자들은 몇 종류의 전자왕복계 중 하나를 통해 미토콘드리아로 운반되어야 한다. 특정한 세포에서 왕복 기구의 유형에 따라서 전자들은 미토콘드리아에 있는 NAD^+ 또는 FAD로 건네진다(그림 10.16). 뇌세포의 경우 세포질의 NADH에서 미토콘드리아의 FAD로 전자들이 건네지면, 원래 세포질에서 형성된 NADH로부터 단지 약 1.5분자의 ATP만이 만들어진다. 간과 심장세포의 경우, 전자들이 미토콘드리아 NAD^+로 건네져서 약 NADH당 2.5분자의 ATP가 만들어진다.

ATP 생성률을 감소시키는 세 번째 변수는 호흡 동안 산화환원 반응에 의하여 생성된 양성자의 구동력을 다양한 다른 일들을

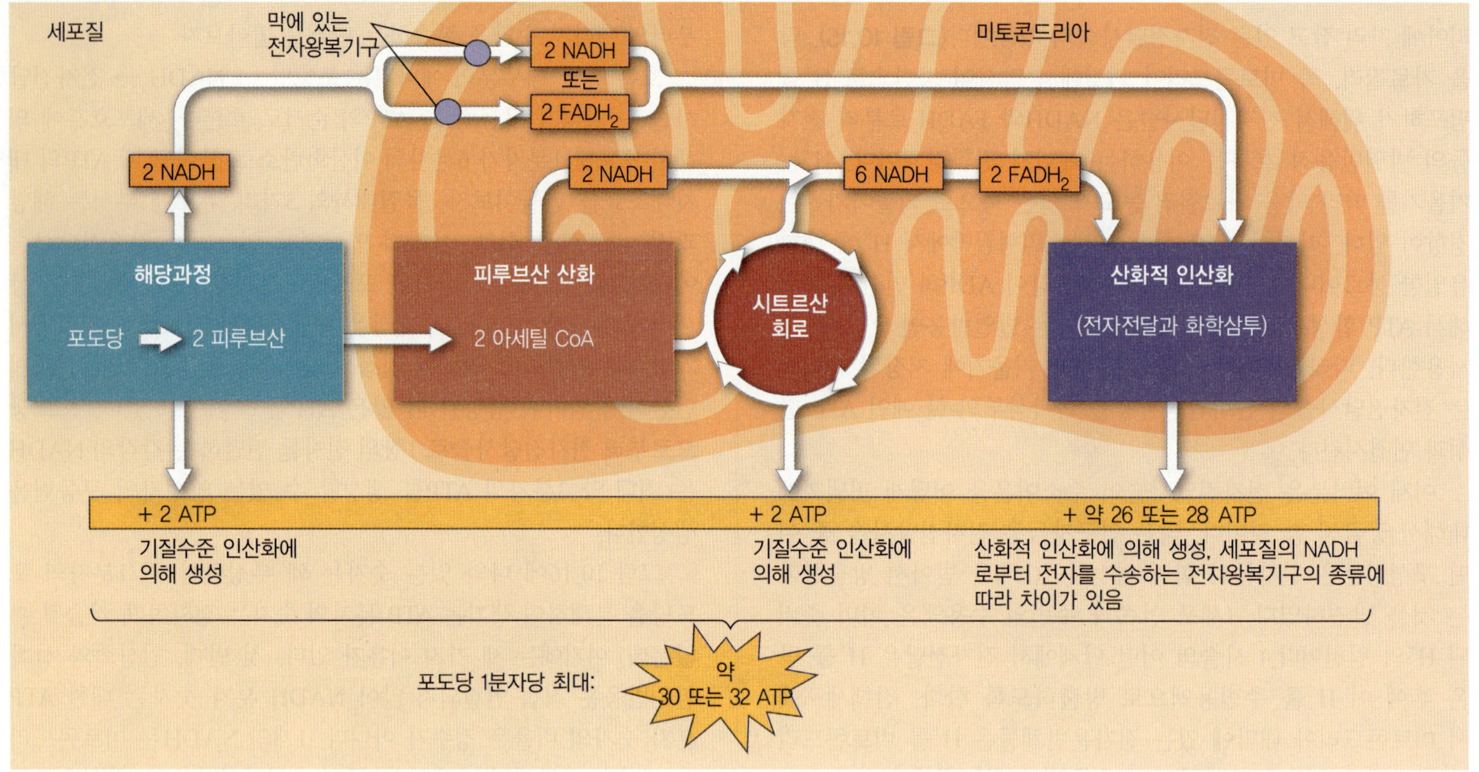

▲ **그림 10.16 세포호흡의 각 단계에 있어서 포도당 1분자당 ATP 생성률**

? 총 26 혹은 28 분자의 ATP(그림에서 황색 바)가 어떻게 계산되었는지를 설명하라.

추진하는 데 사용하는 경우이다. 예를 들어, 양성자의 구동력은 피루브산을 세포질에서 미토콘드리아로 수송하는 데 사용된다. 그러나 전자전달사슬에 의해서 생성된 모든 양성자의 구동력이 ATP 합성을 추진하기 위해서 사용된다면, 1분자의 포도당은 산화적 인산화에 의해서 생성된 최대 28분자의 ATP와 기질수준 인산화로부터의 4분자의 ATP를 합해서 총 32분자(또는 덜 효율적인 왕복기구가 작용한다면 약 30분자)의 ATP를 만든다.

이제 호흡의 대략적인 효율성, 즉 포도당에 저장된 화학에너지 가운데 ATP로 전환되는 에너지의 백분율을 계산해 보자. 표준 상태에서 포도당 1몰이 완벽하게 산화되면 686 kcal의 에너지를 방출한다(ΔG = −686 kcal/mol). ATP의 형성을 위한 ADP의 인산화는 ATP 1몰당 최소 7.3 kcal를 저장한다. 따라서 7.3 kcal(ATP 1몰이 가지는 에너지) 곱하기 32(포도당 1몰로부터 생성된 ATP 몰수) 나누기 686 kcal(포도당 1몰에 저장된 에너지)인데 이는 0.34가 된다. 따라서 포도당에 저장된 에너지의 약 34%는 ATP로 전달되는데 ΔG는 세포 상태에서는 더 낮기 때문에 실질적인 백분율은 아마도 더 높다. 세포호흡은 에너지 전환에 있어서 놀랄 만큼 효율적이다. 가장 효율적인 자동차일지라도 가솔린에 저장된 에너지의 약 25%만을 자동차를 달리게 하는 에너지로 전환시킬 뿐이다.

저장된 에너지의 나머지 부분은 열로 잃어버린다. 이 열의 일부분은 체온 37℃를 유지하기 위해서 사용되고, 나머지는 땀을 흘리는 등의 여러 냉각 기작을 통해서 흩어진다.

놀랍게도 아마도 어떤 상태에서는 세포호흡의 효율성을 감소시 키는 것이 이득일 수 있다. 비활동적이면서 낮은 물질대사율로 겨울을 나는 동면 동물은 놀랄만한 적응을 가지고 있다. 그들의 내부 체온은 정상적일 때 보다 낮지만 외부의 공기 온도보다 훨씬 더 높다. 갈색 지방이라고 하는 어떤 유형의 조직은 미토콘드리아로 가득 차 있는 세포들로 구성되어 있다. 미토콘드리아 내막은 비짝물림 단백질(uncoupling protein)이라고 하는 채널 단백질을 가지고 있는데, 이 비짝물림 단백질은 ATP 생성없이 양성자들이 농도기울기에 따라서 되돌아가도록 한다. 동면 동물에서 이러한 단백질의 활성은 저장된 연료(지방)의 산화를 일으켜서 ATP를 생산하지 않고 열을 생성하게 한다. 이러한 적응이 없

개념 확인 문제 10.4

1. 그림 10.15에 제시된 과정에서 O_2가 없으면 어떤 효과가 나타나는가?
2. **WHAT IF?** 질문 1에서와 같이 O_2가 없을 때 미토콘드리아 막사이 공간의 pH를 감소시키면 어떤 일이 일어나겠는가? 답을 설명하라.
3. **MAKE CONNECTIONS** 개념 8.1에서 배운대로 적절하게 기능하기 위해서 막은 유동성을 가지고 있어야 한다. 전자전달사슬의 작동은 이러한 사실을 어떻게 지지하는가?

정답은 부록 A 참조

과학적 분석 기술의 연습

막대그래프 그리기와 가설 증명하기

갑상샘 호르몬 수준은 세포의 산소소모에 영향을 주는가? 어떤 동물들(포유동물과 조류)은 물질대사의 부산물로서 형성된 열을 이용하여 체온을 환경온도보다 높게 유지한다. 이런 동물들의 체온이 설정값 아래로 떨어지면 세포들은 미토콘드리아의 전자전달사슬을 통한 ATP 생성효율성을 감소시킨다. 더 낮은 효율성 때문에 같은 숫자의 ATP를 생성하기 위해서 더 많은 연료가 소모되는데 이때 추가적으로 열이 발생한다. 이러한 반응은 내분비계에 의해서 조절되기 때문에 갑상샘 호르몬이 이러한 반응을 시작하게 할 것이라는 가설을 과학자들이 제기하였다. 다양한 수준의 갑상샘 호르몬을 가지고 있는 동물들의 세포에서 미토콘드리아의 물질대사율(산소호흡을 측정하여)을 비교하는 실험으로부터 데이터를 보여주기 위해서 여러분은 막대그래프를 사용할 것이다.

실험 방법 낮거나 정상이거나 높은 갑상샘 호르몬 수준을 가지는 자매 집쥐(sibling rats)로부터 간세포가 분리되었다. 각각의 세포들의 미토콘드리아에서 전자전달사슬의 활성을 측정하기 위해서 통제된 상태에서 산소소모율이 측정되었다.

실험 데이터

갑상샘 호르몬 수준	산소소모율(nmol O_2/min • mg cells)
낮음	4.3
정상	4.8
높음	8.7

데이터 해석

1. 세포유형에 따라서 산소소모의 차이를 드러내기 위해서 위의 데이터를 막대그래프로 그려야 한다. 첫 번째 축을 설정하라. (a) *x*축에 놓을 독립변수(실험자에 의해서 의도적으로 변화되는)는 무엇인가? *x*축에 들어갈 범주에 대한 목록을 기록하라; 이 범주들은 연속적이기보다는 불연속적이기 때문에 어떤 순서에 따라서 목록을 기록하라. (b) *y*축에 들어갈 종속변수(실험자에 의해서 관찰될)는 무엇인가? (c) 대략적으로 어떤 단위들이 *y*축에 가야 하는가? 데이터 표의 특정 단위를 포함하는 *y*축을 표식하라. *y*축에 가야 할 데이터 값의 범위를 결정하라. 어떤 값이 가장 큰가? 바닥을 0으로 시작하면서 일정한 간격으로 눈금을 표시하라.
2. 각 시료의 데이터를 그래프로 그려라. *y*값에 대한 각각의 *x*값을 일치시키고 각 좌표를 그래프에 표시하라. 이때 *x*축으로부터의 막대를 각각의 시료에 대한 정확한 높이로 그려라. 막대그래프는 점그래프 또는 선그래프보다 왜 더 적절한가? (그래프에 대한 더 많은 정보를 위해서 부록 F를 참조하라.)
3. 그래프를 조사해서 데이터에 대한 패턴을 찾아라. (a) 어떤 유형의 세포가 가장 높은 산소 소모량을 나타내는가? 또한 가장 낮은 산소 소모량을 나타내는 세포는 어떤 것인가? (b) 이러한 데이터는 연구자들의 가설을 지지하는가? 설명하라. (c) 미토콘드리아의 전자전달사슬과 열생성에 대한 지식에 기반하여 어떤 집쥐가 가장 높은 또는 가장 낮은 체온을 갖는지 예측하라.

참고문헌 M. E. Harper and M. D. Brand, The quantitative contributions of mitochondrial proton leak and ATP turnover reactions to the changed respiration rates of hepatocytes from rats of different thyroid status, *Journal of Biological Chemistry* 268: 14850–14860 (1993)

다면 ATP 수준은 뒤에서 논의하게 될 조절 기전 때문에 세포호흡이 멈추는 점까지 올라가게 될 것이다. **과학적 분석 기술의 연습**에서 세포의 물질대사 효율성이 감소하면 열을 생성하는 경우에 대한 데이터를 보게 될 것이다.

개념 10.5

발효와 무기호흡은 세포가 산소 없이도 ATP를 생성하도록 한다

세포호흡에 의하여 생성된 대부분의 ATP는 산화적 인산화로 만들어지기 때문에, 세포에 산소가 충분히 공급되어야만이 산소호흡에 의해서 생성된 ATP 양에 대한 추정치가 유효하다. 전달사슬 아래로 전자들을 잡아당기는 전기음성도가 큰 산소가 없다면 산화적인 산화는 궁극적으로 멈추게 된다. 그러나 어떤 세포들은 산소를 사용하지 않고도 유기물질을 산화시켜 ATP를 생성하는 두 가지 일반적인 기작들을 가지고 있는데, 이 기작들은 무산소호흡(무기호흡)과 발효이다. 이 두 기작의 구별은 전자전달사슬이 무산소호흡에서는 사용되지만 발효에는 사용되지 않는다는 것이다. (세포호흡에서의 역할 때문에 전자전달사슬은 또한 호흡사슬이라고도 한다.)

우리는 이미 산소가 없는 환경에서 사는 어떤 원핵생물에서 일어나는 무산소호흡에 대해서 언급해왔다. 이러한 생명체들은 전자전달사슬을 가지고 있지만 산소를 전자전달사슬의 끝에 있는 최종 전자수용체로서 사용하지 않는다. 산소는 극단적으로 전기음성도가 크기 때문에 이러한 기능에 매우 적합하지만 다른 전기음성도가 큰 화합물 역시 최종 전자수용체로 사용될 수 있다. 예를 들면 어떤 "황-환원" 세균들은 호흡사슬의 끝 부분에서 황산염(SO_4^{2-})을 사용한다. 사슬이 작동하게 되면 ATP 합성에 이용되는 양성자 구동력이 만들어지게 되지만 부산물로 물 대신에 황화수소(H_2S)가 형성된다. 해수 늪이나 개펄을 걸을 때 나는 썩은 계란 냄새는 황을 환원시키는 세균이 있음을 의미한다.

발효는 산소는 물론 어떤 전자전달사슬도 사용하지 않고도, 즉 세포호흡을 이용하지 않고도 화학에너지를 수확하는 방법이다. 세포호흡 없이 어떻게 음식이 산화될 수 있는가? 산화는 단순히 하나의 전자수용체에 전자들을 빼기는 것이기 때문에 반드시 산소가 연루되어야 할 필요가 없음을 기억하라. 해당과정은 1분자의 포도당을 2분자의 피루브산으로 산화시킨다. 해당과정에서 산화제는 NAD^+이지 산소나 어떤 전자전달사슬은 아니다. 해당과정은 전반적으로 발열반응이고 발생한 에너지 중 일부는 기질수준 인산화에 의하여 총 2분자의 ATP를 생산하는 데 사용된다. 만약 산소가 있다면 NADH가 포도당에서 제거된 전자들을 전자전달사슬로 넘겨주는데 이때 추가적인 ATP가 산화적 인산화에 의하여 만들어진다. 그러나 해당과정은 산소가 있건 없건, 즉 산소호흡이건 무산소호흡이건 상관없이 항상 2분자의 ATP를 생성한다.

유기 영양물질의 호흡적 산화에 대한 대체 경로로서, 발효는 해당과정의 기질수준 인산화에 의한 ATP 생성을 지속할 수 있도록 하는 해당과정의 변형과정이다. 발효가 일어나기 위해서는 해당과정의 산화 단계 동안 전자들을 받는 NAD^+의 충분한 공급이 있어야 한다. NADH로부터 NAD^+를 재생성하는 어떤 기작이 없다면 해당과정은 곧 모든 NAD^+를 NADH로 환원시킬 것이므로 세포에는 산화제인 NAD^+가 고갈되어 해당과정이 중지된다. 산소 조건에서 전자들은 전자전달사슬로 수송되기 때문에 NAD^+가 NADH로부터 계속 재순환된다. 무산소 조건에서의 대체수단은 전자들을 NADH로부터 해당과정의 최종생성물인 피루브산으로 전달하는 것이다.

발효의 유형

발효는 해당과정과 전자를 NADH로부터 피루브산 또는 피루브산 유도체로 전달시켜 NAD^+를 재생시키는 반응으로 구성되어 있다. 기질수준 인산화로 총 2분자의 ATP를 생성하는 해당과정에서 NAD^+는 포도당을 계속 산화하기 위해서 재사용된다. 여러 가지 유형의 발효가 있는데 피루브산에서 형성되는 최종생성물의 종류에 따라서 구분된다. 알코올발효와 젖산발효는 흔히 나타나는 발효의 유형들이다.

알코올발효(alcohol fermentation, **그림 10.17a**)에서 피루브산은 두 단계를 거쳐 에탄올(에틸알코올)로 전환된다. 첫 번째 단계는 피루브산을 이산화탄소와 2탄소 화합물인 아세트알데하이드(acetaldehyde)로 전환시키는 것이다. 두 번째 단계에서 아세

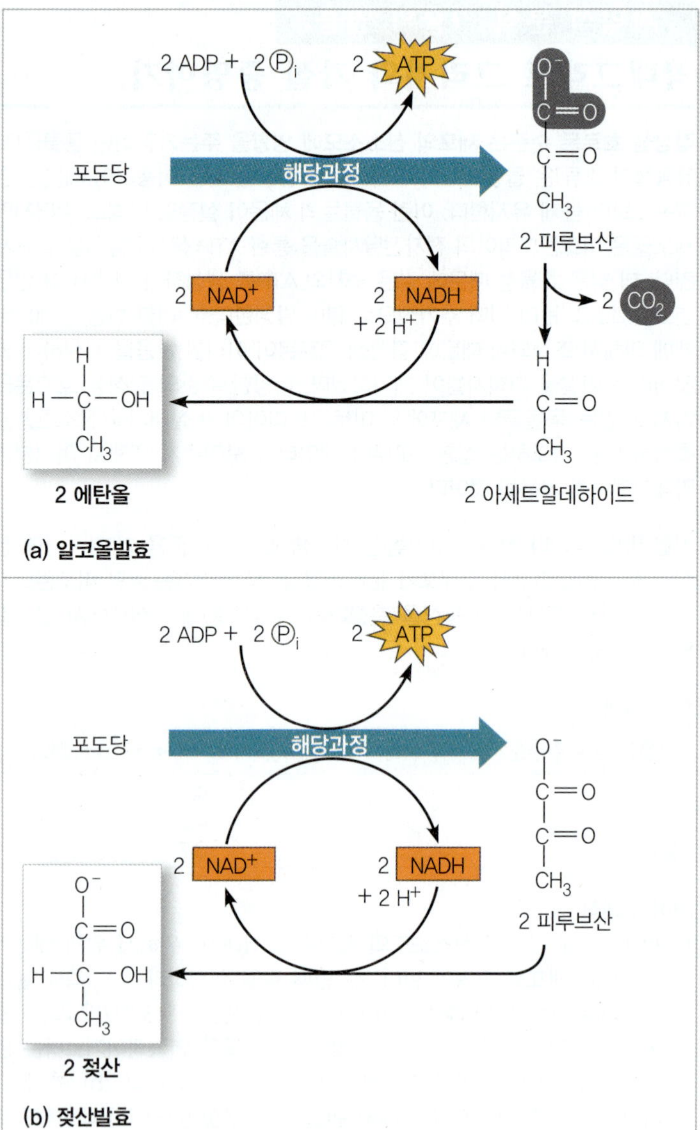

▲ **그림 10.17** **발효.** 산소가 없을 때 많은 세포들은 기질수준 인산화를 통해 ATP를 생성하기 위하여 발효를 수행한다. 해당과정의 최종생성물인 피루브산은 NADH가 NAD^+로 환원되는 반응에 있어서 전자수용체이다. 재생된 NAD^+는 해당과정에 다시 이용될 수 있다. 발효를 통해 생성되는 두 가지 최종생성물은 **(a)** 에탄올과 **(b)** 젖산이다.

트알데하이드는 NADH에 의하여 에탄올로 환원된다. 이것은 해당과정이 지속되기 위해서 필요한 NAD^+의 공급을 재생하는 것이다. 많은 세균들이 무산소 조건에서 알코올발효를 수행한다. 효모(곰팡이) 역시 알코올발효를 일으킨다. 수천 년 동안 인간은 맥주제조, 포도주제조, 제빵에 효모를 사용하여 왔다. 알코올발효 동안 제빵효모에 의하여 생성된 CO_2 기포는 빵을 부풀도록 한다.

젖산발효(lactic acid fermentation, **그림 10.17b**) 동안 피루브산은 NADH에 의하여 직접 환원되어 CO_2를 방출하지 않고 최종생성물로서 젖산(lactate)을 생성한다. (Lactate는 lactic acid의 이온화 형태이다. 앞으로 lactate와 lactic acid의 모두 젖산으로 표

기한다.) 어떤 곰팡이나 세균들에 의한 젖산발효는 치즈나 요구르트를 생산하는 낙농산업에 사용된다.

산소가 적을 때 인간의 근육세포는 젖산발효로 ATP를 만든다. 이것은 ATP 생산을 위한 당 이화작용이 혈액으로부터 근육으로 공급되는 산소의 양을 초과하는 과도한 운동을 하는 동안 일어난다. 이 상태에서 세포는 유산소호흡에서 발효로 전환한다. 이전에는 근육피로와 통증이, 축적되는 젖산에 의해서 일어난다고 생각하였다. 그러나 최근의 연구 결과는 증가된 포타슘이온(K^+)의 농도에 의해서 근육피로와 통증이 일어나고 젖산은 근육의 활동을 촉진시킨다는 것을 보여주고 있다. 어떤 경우이든, 과도한 젖산은 혈액을 통하여 점차적으로 간으로 운반되고 간세포에 의해서 젖산은 피루브산으로 다시 전환된다. 산소가 계속 이용가능하기 때문에 이러한 피루브산은 간세포의 미토콘드리아로 들어가서 세포호흡을 완성시킨다.

무산소호흡과 산소호흡을 발효와 비교하기

발효, 무산소호흡, 산소호흡은 음식의 화학에너지를 수확하여 ATP를 합성하기 위한 세 가지 대체가능한 세포경로이다. 이 세 가지 경로들은 포도당 및 여러 유기연료를 피루브산으로 산화하기 위해 해당과정을 사용하며, 이 과정에서 기질수준 인산화를 통하여 총 2분자의 ATP를 생산한다. 또한 이 모든 세 가지 경로에서 NAD^+는 해당과정 동안 음식으로부터 전자를 받는 산화제이다.

세 가지 경로에서의 핵심적인 차이는 NADH를 해당과정에 필요한 NAD^+로 다시 산화시키기 위해서 필요한 대조적인 기작이다. 발효에서 최종 전자수용체는 피루브산(젖산발효)이나 아세트알데하이드(알코올발효)와 같은 유기분자들이다. 대조적으로 세포호흡에서는 NADH에 의해서 운반된 전자들이 전자전달사슬로 이동하고 이때 전자전달사슬은 해당과정에 필요한 NAD^+를 생성한다.

또 다른 주요한 차이는 생성되는 ATP의 양이다. 발효는 기질수준 인산화로 두 분자의 ATP를 생성한다. 전자전달사슬이 없다면 대부분의 세포는 여전히 피루브산에 저장된 에너지를 이용할 수 없다. 그러나 세포호흡에서 피루브산은 미토콘드리아에서 완벽히 산화된다. 이러한 과정으로부터 대부분의 화학에너지는 NADH와 $FADH_2$를 통해서 전자의 형태로 전자수용체로 전달된다. 이제 전자들은 일련의 단계적인 산화환원반응을 거치면서 최종 전자수용체로 전달된다. [산소호흡에서 최종 전자수용체는 산소이다; 무산소호흡에서 최종수용체는 전기음성도가 높은(산소에 비해서 전기음성도가 낮지만) 또 다른 분자이다.] 단계적인 전자전달은 산화적 인산화를 추진해서 ATP를 생성시킨다. 따라서 세포호흡은 발효에 비해서 각각의 당분자로부터 더 많은 에너지를 수확하게 된다. 사실 산소호흡은 포도당 1분자당 32분자의 ATP를 생성하는데 이는 발효에 의해서 생성된 ATP 숫자의 16배이다.

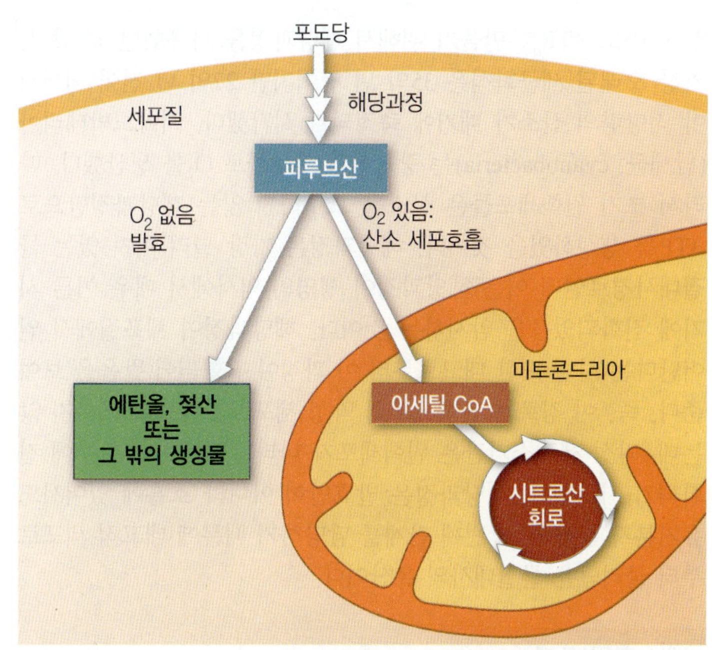

▲ **그림 10.18 이화작용에서 중요한 연결점인 피루브산.** 해당과정은 발효와 세포호흡에 공통적이다. 해당과정의 최종생성물인 피루브산은 포도당을 산화시키는 이화작용경로상의 분기점이다. 산소 세포호흡과 발효를 모두 할 수 있는 조건부 혐기성 생물 또는 근육세포에서 피루브산은 이러한 경로들 중 하나를 선택하는데, 그 선택은 산소의 존재 여부에 따라서 결정된다.

절대 혐기성 생물(obligate anaerobe)이라고 하는 어떤 생명체들은 발효나 무산소호흡만을 수행한다. 사실 산소가 존재하면 이러한 생명체는 생존할 수 없다. 산소는 세포에서 독성으로 작용하는 어떤 화합물(활성산소)로 전환되기 때문에 세포가 활성산소에 대한 보호 기전이 없다면 세포는 생존할 수 없다. 척추동물의 뇌세포와 같은 어떤 유형의 세포들은 피루브산의 호기성 산화만을 수행하기 때문에 발효가 일어나지 않는다. 효모와 세균들을 포함하는 일부 생명체들은 발효나 호흡으로 충분한 ATP를 만든다. 그러한 생명체들을 **조건부 혐기성 생물(facultative anaerobe)**이라고 한다. 인간의 근육세포는 세포 수준에서 볼 때 조건부 혐기성이다. 조건부 혐기성 생물에서 피루브산은 물질대사경로에 있는 하나의 분기점이다(그림 10.18). 호기조건에서 피루브산은 아세틸 CoA로 전환되어 시트르산 회로와 산소호흡을 통하여 산화가 계속 진행된다. 혐기 조건에서 젖산발효가 일어난다: 피루브산은 시트르산 회로로 들어갈 수 없어 NAD^+를 재생하기 위한 전자수용체로 작용할 뿐이다. 같은 양의 ATP를 만들기 위해서 조건부 혐기성 생물은 호흡을 할 때보다 발효를 할 때 훨씬 더 빠르게 당을 소모하여야 할 것이다.

해당과정의 진화적 중요성

진화 발효와 호흡에서 해당과정의 역할은 진화적 토대를 가진다. 산소가 지구의 대기에 존재하지 않았던 태고의 원핵생물은 아마도 ATP를 만들기 위해서 해당과정을 사용했던 것 같다. 가장 오래된 세균화석은 35억 년 전이지만 27억 년 전이 되어서야 적당량의 산소가 대기에 축적되기 시작했다. 시아노박테리아(남세균, cyanobacteria)는 광합성의 부산물로 O_2를 생산했다. 따라서 초기 원핵세포들은 산소를 요구하지 않는 해당과정만으로 ATP를 생성하였을 것이다. 해당과정은 가장 널리 퍼져 있는 물질대사경로인데 이는 해당과정이 생명의 역사에서 매우 이른 시기에 진화되었음을 암시하는 것이다. 해당과정이 세포질에서 일어난다는 사실 또한 태고로부터 이 과정이 진화되어 왔음을 보여준다. 즉, 이 경로는 진핵세포의 막성 세포소기관을 요구하지 않는데, 막성 세포소기관은 원핵세포가 나타난 지 10억 년 후에 진화되기 시작했다. 해당과정은 발효만이 아니라 호흡에 있어서도 유기분자 분해의 첫 번째 단계를 담당하기 때문에 태고적 세포로부터 물려받은 물질대사의 유산이다.

개념 확인 문제 10.5

1. 해당과정 동안 형성된 NADH를 고려해 보자. 발효 과정에서 어떤 물질이 최종 전자수용체인가? 호흡에서 어떤 물질이 최종 전자수용체인가?
2. **WHAT IF?** 포도당을 먹는 효모세포가 산소환경에서 무산소환경으로 이동하였다. ATP가 같은 비율로 형성된다면 포도당 소모율은 어떻게 변화되어야 하는가?

정답은 부록 A 참조

개념 10.6

해당과정과 시트르산 회로는 다양한 물질대사경로들과 연결되어 있다

지금까지 포도당의 산화적 분해를 세포의 전체 물질대사와 따로 분리하여 다루었다. 이 절에서는 세포의 해당과정과 시트르산 회로가 다양한 이화작용과 동화작용(생합성)경로의 중요한 교차점임을 배울 것이다.

이화작용의 다재다능성

포도당을 세포호흡을 위한 연료로 사용함을 이 장 전체를 거쳐서 살펴보았다. 그러나 포도당 분자는 인간 및 여러 동물의 음식에서 보편적이지 않다. 우리는 대부분의 열량을 지방, 단백질, 탄수화물(설탕은 물론 다당류인 녹말을 포함하는)로부터 얻는다. 음식에 있는 이러한 모든 유기분자들은 ATP를 만들기 위해서 세포호흡에 사용된다(**그림 10.19**).

해당과정은 이화작용을 위해서 다양한 탄수화물들을 이용할 수 있다. 녹말은 소화관에서 포도당으로 가수분해되고, 이 포도당은 세포에서 해당과정과 시트르산 회로를 통해 분해될 수 있다. 이와 유사하게 인간을 비롯한 많은 동물들은 간과 근육세포에 저장하고 있는 다당류인 글라이코젠을 포도당으로 분해하여 호흡을 위한 연료로 사용한다. 설탕을 포함하는 이당류의 소화는 호흡을 위한 연료로 포도당 및 여러 단당류를 제공한다.

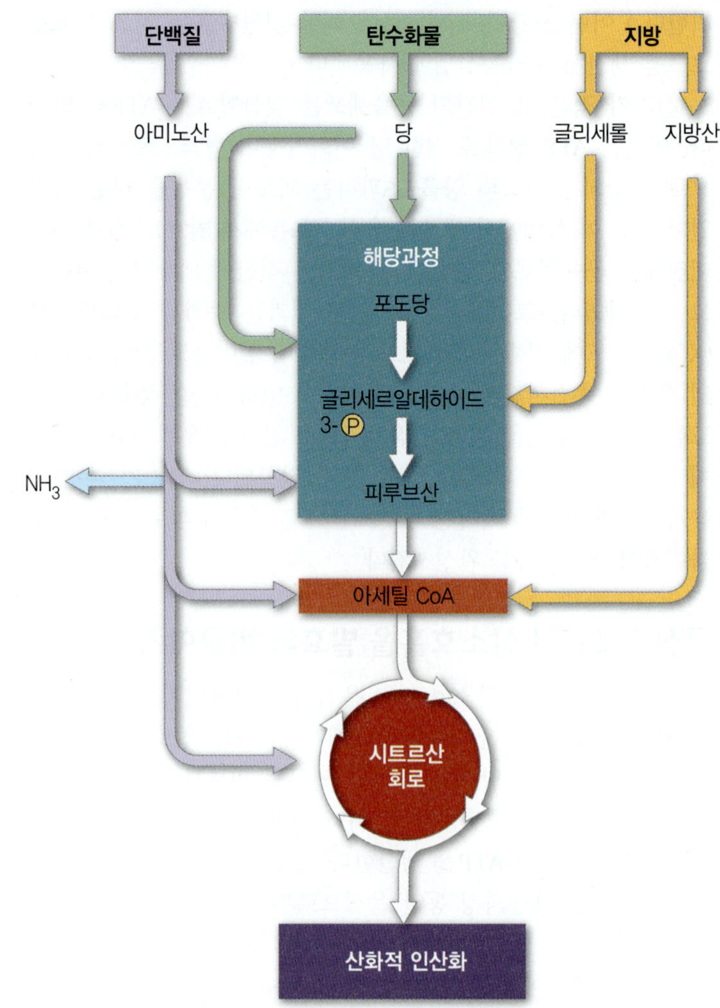

▲ **그림 10.19 음식 속 다양한 분자들의 이화작용.** 탄수화물, 지방, 단백질은 세포호흡을 위한 연료로 사용될 수 있다. 이러한 분자들의 단량체들은 해당과정이나 시트르산 회로로 들어간다. 해당과정과 시트르산 회로는 이화작용 깔때기(funnel)로 작용하는데, 모든 종류의 유기분자들로부터 추출된 전자들은 이 깔때기를 통해서 산소까지 흐른다.

단백질 또한 연료로 사용될 수 있지만, 단백질은 우선 그 구성 성분인 아미노산으로 소화되어야 한다. 이 아미노산의 상당부분은 생명체가 새로운 단백질을 만드는 데 사용된다. 여분의 아미노산은 효소에 의해 해당과정이나 시트르산 회로의 중간산물로 전환된다. 아미노산은 해당과정과 시트르산 회로로 들어가기 전에 탈아미노반응(deamination)이라는 과정에 의하여 아미노기가 제거되어야 한다. 질소를 함유하는 찌꺼기는 암모니아(NH_3), 요소 또는 노폐물의 형태로 동물로부터 배출된다.

음식이나 세포의 지방에 저장된 에너지도 이화작용에 의하여 추출된다. 지방이 글리세롤과 지방산으로 소화된 후 글리세롤은 해당과정의 중간산물인 글리세르알데하이드 3-인산(glyceraldehyde 3-phosphate)으로 전환된다. 지방 에너지의 대부분은 지방산에 저장되어 있다. **베타 산화(beta oxidation)**라는 물질대사경로는 지방산을 2탄소 조각으로 분해하는데 이 2탄소 조각은 아세틸 CoA로서 시트르산 회로로 들어간다. NADH와 $FADH_2$들 역시 베타 산화 과정 중에 생산된다; 그들은 전자전달계로 들어가 ATP 생산에 사용될 수 있다. 화학적 구조와 전자들(탄소와 수소 사이에서 동등하게 공유되는)의 고에너지 수준 때문에 지방은 탄수화물에 비해서 아주 훌륭한 연료이다. 호흡에 의하여 산화되는 지방 1 g은 탄수화물 1 g보다 2배 이상의 ATP를 생산한다. 지방의 그램당 많은 칼로리가 축적되어 있기 때문에 체중감량을 하고자 하는 사람은 신체에 축적된 지방을 태우기 위해서 열심히 운동하여야 한다.

생합성(동화작용경로)

세포는 에너지뿐만 아니라 물질도 요구한다. 음식의 모든 유기분자들이 ATP를 만들기 위해서 연료로 산화될 운명을 가지는 것은 아니다. 음식은 열량은 물론 세포가 자신의 분자를 만들기 위해서 필요한 탄소골격을 제공해야 한다. 소화로 얻은 어떤 유기단량체들은 직접 사용될 수 있다. 이전에 언급한 바와 같이, 음식의 단백질을 분해하여 생긴 아미노산들은 생명체 자신의 단백질을 만드는 데 직접 사용된다. 그러나 종종 신체는 음식에 존재하지 않는 특수한 분자들을 필요로 한다. 해당과정과 시트르산 회로의 중간산물로 형성된 화합물들은 세포가 요구하는 분자들을 합성할 수 있게 하는 선구물질로서, 동화작용경로로 들어갈 수 있다. 예를 들어, 인간은 시트르산 회로에 존재하는 화합물을 변화시켜 단백질에 있는 20종류의 아미노산들 중 절반 정도를 만들 수 있다. 나머지 아미노산들은 음식으로부터 얻어야만 하는 "필수 아미노산"이다. 또한 포도당은 피루브산으로부터, 지방산은 아세틸 CoA로부터 만들 수 있다. 이러한 동화작용 또는 생합성 경로는 ATP를 합성하지 않고, 대신에 ATP를 소모한다.

게다가 해당과정과 시트르산 회로는 세포의 물질대사 교차로인데, 이 교차로를 통해서 세포는 어떤 분자들을 세포에 필수적인 분자들로 전환시킬 수 있다. 예를 들어, 해당과정 동안 형성된 중간대사 화합물인 다이하이드록시아세톤인산(dihydroxyacetone phosphate; 그림 10.9, 5단계)은 지방의 주요한 전구물질 중의 하나로 전환될 수 있다. 만약 우리가 필요한 것보다 더 많이 먹는다면, 음식에 지방이 없어도 지방이 생성되어 몸에 저장된다. 물질대사는 높은 다재다능성과 적응성을 가지고 있다.

되먹임 기전을 통한 세포호흡의 조절

공급과 수요에 대한 기본 원리는 물질대사의 경제를 조절한다. 세포는 에너지를 낭비하지 않기 때문에 필요한 양 이상의 특정 물질들을 만들지 않는다. 예를 들어, 만약 어떤 아미노산이 지나치게 많이 공급된다면 시트르산 회로의 중간산물에서 이 아미노산을 합성하는 동화작용경로는 차단된다. 이러한 조절의 가장 공통적인 기작은 되먹임 억제(feedback inhibition)이다. 동화작용경로의 최종생성물은 이 경로의 초기단계를 촉매하는 효소를 억제한다(그림 6.21). 이것은 물질대사에서 핵심 중간산물이 쓸데없이 전환되는 것을 방지한다.

세포는 이화작용 역시 조절한다. 만약 세포가 열심히 일을 해서 세포의 ATP 농도가 낮아지기 시작하면 호흡이 가속된다. 수요에 맞는 충분한 양의 ATP가 공급되면 호흡은 그 속도를 낮추어 귀중한 유기물질들을 다른 기능을 위해서 아낄 수 있다. 이 경우에도 조절은 이화작용경로상의 중요한 전략 지점에 있는 효소들을 조절함으로써 이루어진다. **그림 10.20**에서 보듯이 한 가지 중요한 조절점은 해당과정의 3단계를 촉매하는 인산과당인산화

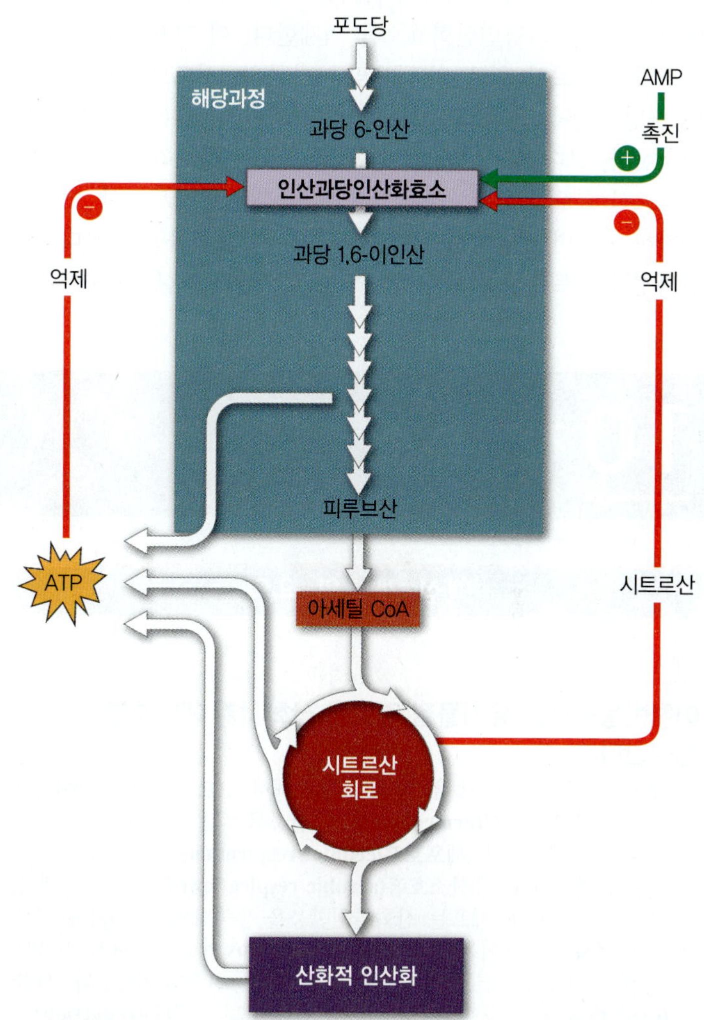

▲ **그림 10.20 세포호흡의 조절.** 호흡경로의 특정한 단계에서 다른 자리 입체성(allosteric) 효소는 억제제와 활성제에 반응하여 해당과정과 시트르산 회로의 속도를 조정한다. 해당과정(그림 10.9, 3단계)의 초기단계를 촉매하는 인산과당인산화효소는 이러한 효소 중의 하나이다. 이 효소는 ADP에서 유래된 AMP에 의하여 활성화되고 ATP와 시트르산에 의하여 억제된다. 이러한 되먹임 조절은 세포의 이화작용과 동화작용의 요구가 변할 때마다 호흡률을 조정한다.

효소(phosphofructokinase, 그림 10.9)이다. 이것은 기질을 해당과정 안으로 비가역적으로 들어가게 하는 첫 번째 단계이다. 이 단계의 속도를 조절함으로써 세포는 전체 이화작용 과정을 빠르게 하거나 느리게 할 수 있다. 따라서 인산과당인산화효소를 호흡의 속도 조절자(페이스메이커, pacemaker)라고 한다.

인산과당인산화효소는 특정한 억제물질이나 활성물질에 대한 결합자리를 가지고 있는 다른 자리 입체성(allosteric) 효소이다. 이 효소는 ATP에 의하여 억제되고 AMP(아데노신 일인산, adenosine monophosphate)에 의하여 활성화된다. 세포에서 AMP는 ADP로부터 유래한다. 세포의 일에 의해 ATP가 ADP나 AMP로 전환되는 속도가 ATP 생성속도보다 더 빠르다면 이 효소는 다시 활성화된다. 인산과당인산화효소는 또한 시트르산 회로의 첫 번째 생성물인 시트르산에 민감하다. 만약 시트르산이 미토콘드리아 내에 축적되면 축적된 시트르산 일부가 세포질로 빠져나가 인산과당인산화효소를 억제한다. 이 기작은 해당과정 속도와 시트르산 회로 속도를 맞추어 준다. 시트르산이 축적되면 해당과정이 느려지고 시트르산 회로에 제공되는 아세틸기가 감소한다. 보다 많은 ATP에 대한 요구 또는 동화작용에 필요한 시트르산 회로의 중간산물에 대한 요구 때문에 시트르산 소모가 증가하게 되면 해당과정이 가속화되어 시트르산을 보충한다. 해당과정과 시트르산 회로를 촉매하는 효소들의 조절을 통해 물질대사 균형이 이루어진다. 세포는 그들의 물질대사에 있어서 경제적으로 시기적절하게 반응하고 있다.

세포호흡과 물질대사경로는 생명체에서 중심적 중요성을 지니고 있다. 세포호흡을 생태계에서의 에너지 흐름과 화학물질 순환에 대한 전반적인 맥락으로 연결시키는 그림 10.2를 다시 한 번 살펴보자. 우리를 살아 있게 하는 에너지는 세포호흡에 의하여 방출되지만 생성되지는 않는다. 우리는 광합성에 의하여 음식에 저장된 에너지를 취하고 있다. 다음 장에서는 광합성이 어떻게 빛을 포획하여 화학에너지로 전환시키는지에 대해서 배울 것이다.

개념 확인 문제 10.6

1. **MAKE CONNECTIONS** 지방(그림 5.9)과 탄수화물(그림 5.3)의 구조를 비교해 보라. 그들의 구조에서 어떤 특징이 지방을 보다 좋은 연료로 만드는가?
2. 어떤 조건에서 신체는 지방 분자를 합성하는가?
3. **WHAT IF?** 산소와 ATP의 공급이 소모된 근육세포에서는 어떤 일이 일어나는가? (그림 10.18, 10.20 참조)
4. **WHAT IF?** 격렬한 운동 중 근육세포는 화학에너지의 주요 원천으로 지방을 사용할 수 있는가? 설명하라(그림 10.18, 10.19 참조).

정답은 부록 A 참조

10장 복습

핵심 개념의 요약

개념 12.1

이화반응경로는 유기물질 연료를 산화시켜 에너지를 생성한다

- 세포는 포도당과 여러 유기연료를 분해해서 ATP 형태로 화학에너지를 생산한다. **발효(fermentation)**는 산소를 사용하지 않는, 포도당의 부분적 분해이다. **세포호흡(cellular respiration)**은 포도당의 보다 완벽한 분해이다; **유산소호흡(aerobic respiration)**에서 산소는 반응물로서 사용된다. 세포는 산화환원반응을 통해서 음식 분자에 저장된 에너지를 사용하는데, **산화환원반응(redox reaction)**에서 전자들은 한 물질에서 다른 물질로 부분적으로 또는 완전히 이동한다. **산화(oxidation)**는 한 물질로부터 전자의 상실인 반면, **환원(reduction)**은 다른 물질에서 전자의 획득이다.
- 산소호흡 동안 포도당($C_6H_{12}O_6$)은 CO_2로 산화되고 O_2는 H_2O로 환원된다. 포도당이나 다른 유기화합물에서 산소로의 전자 이동 동안 전자들은 위치에너지를 잃는다. 전자들이 먼저 NAD^+로 이동하여 NAD^+가 NADH로 환원되고, 차례로 전자들은 NADH로부터 **전자전달사슬(electron transport chain)**로 이동한다. 전자들은 전자전달사슬에서 O_2로 이동하면서 에너지 방출 단계들을 수행한다. 이때 방출된 에너지는 ATP를 합성하기 위해서 사용된다.
- 산소호흡은 세 가지 단계로 일어난다: (1) **해당과정(glycolysis)**, (2) 피루브산 산화와 **시트르산 회로(citric acid cycle)**, (3) **산화적 인산화(oxidative phosphorylation**; 전자전달과 화학삼투).

? ATP를 합성하는 세포호흡의 두 과정—산화적 인산화와 기질수준 인산화—의 차이를 기술하라.

개념 10.2

해당과정은 포도당을 피루브산으로 산화시켜 화학에너지를 수확한다

- 해당과정("당쪼개기")은 포도당을 2분자의 피루브산으로 분해시키는 일련의 반응으로 포도당 1분자당 2분자의 ATP와 2분자의 NADH를 생성한다. 피루브산은 나중에 시트르산 회로로 들어간다.

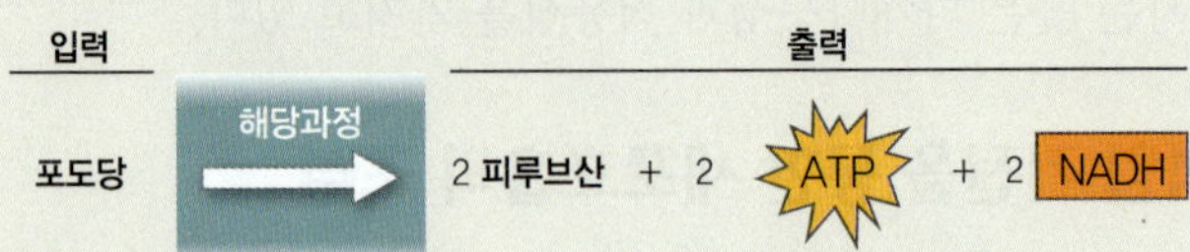

? 해당과정에서 ATP와 NADH 형성을 위한 에너지 원천은 무엇인가?

개념 10.3

피루브산 산화 후 시트르산 회로는 에너지 생성을 위하여 유기물질의 산화를 마무리 짓도록 한다

- 진핵세포에서 피루브산은 미토콘드리아로 들어가서 **아세틸 CoA(acetyl CoA)**로 전환된다. 이때 아세틸 CoA는 시트르산 회로에서 좀 더 산화된다.

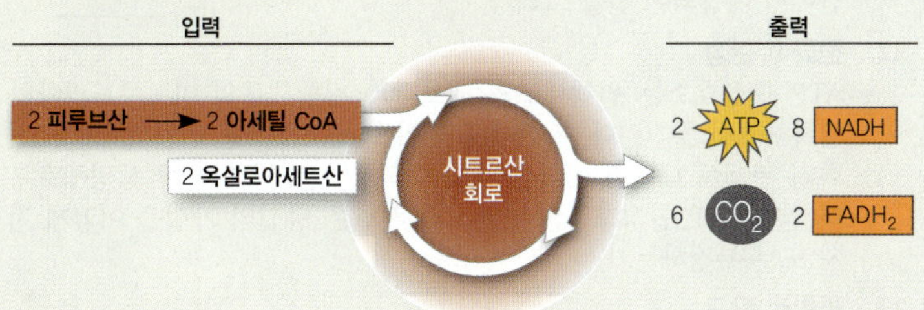

? 세포호흡 동안 어떤 분자 생성물이 포도당이 완전히 산화되었음을 나타내는가?

개념 10.4

산화적 인산화 과정에서 화학삼투를 통하여 전자전달과 ATP 합성이 짝지어진다

- NADH와 $FADH_2$는 전자들을 전자전달사슬로 넘겨준다. 전자들이 사슬 아래로 떨어지면서 에너지 방출 단계들에서 에너지를 잃는다. 최종적으로 전자들은 O_2로 넘어가서 O_2를 H_2O로 환원시킨다.

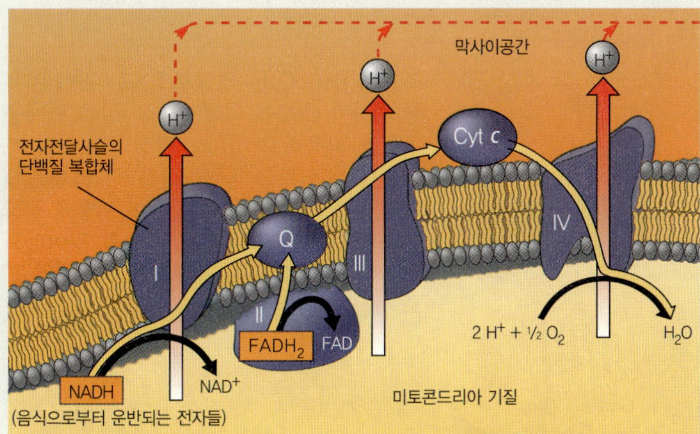

- 전자전달사슬의 몇 단계에서 H^+가 미토콘드리아 기질에서 막사이공간으로(진핵세포에서) 이동하여 **양성자 구동력(proton-motive force**: H^+ 기울기)으로서 에너지를 저장한다. H^+가 **ATP 합성효소(ATP synthase)**를 통해서 기질로 다시 확산될 때 H^+의 통과는 **화학삼투(chemiosmosis)**라고 하는 과정인 ADP의 인산화를 추진시킨다.

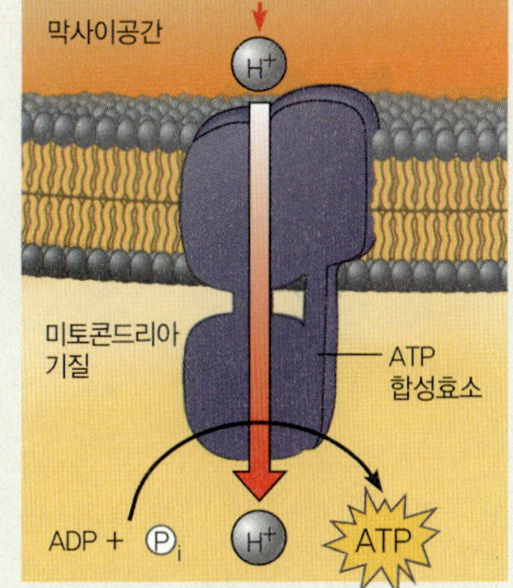

- 세포호흡 동안 포도당 분자에 저장된 에너지의 약 34%는 ATP로 전환되는데, 최대 약 32분자의 ATP를 생산한다.

? ATP 합성효소가 ATP를 생산하는 기전을 간략하게 설명하라. ATP 합성효소가 발견되는 세 장소를 나열하라.

개념 10.5

발효와 무기호흡은 세포가 산소 없이도 ATP를 생성하도록 한다

- 산소가 있건 없건 상관없이 해당과정은 기질수준 인산화로 2분자의 ATP를 생산한다. 무산소 조건에서 무산소호흡(무기호흡) 또는 발효가 일어난다. 무산소호흡에서 전자전달사슬은 산소 이외의 최종 전자수용체를 가지고 있다. 발효에서 전자들은 NADH로부터 피루브산 또는 피루브산 유도체로 전달되어 더 많은 포도당을 산화하기 위해 필요한 NAD^+를 재생시킨다. 발효의 두 가지 일반적인 유형은 **알코올발효(alcohol fermentation)**와 **젖산발효(lactic acid fermentation)**이다.
- 발효와 무산소호흡 또는 산소호흡은 포도당을 산화하기 위해서 해당과정을 사용하지만 최종 전자수용체가 다르고 전자운반사슬이 사용되느냐(호흡) 사용되지 않느냐(발효)에 따라서 다르다. 호흡은 보다 많은 ATP를 생성한다; 최종 전자수용체가 O_2인 산소호흡은 발효에 비해서 약 16배의 ATP를 더 생산한다.
- 해당과정은 거의 모든 생명체에서 일어나기 때문에 아마도 대기 중에 O_2가 생기기 전에 있었던 고생 원핵생물로부터 진화한 것 같다.

? 발효와 무산소호흡 중 어떤 과정이 더 많은 ATP를 생산하는가? 설명하라.

개념 10.6

해당과정과 시트르산 회로는 다양한 물질대사경로들과 연결되어 있다

- 이화작용경로는 다양한 유기분자들로부터 전자를 받아서 세포호흡 과정으로 넘겨준다. 많은 탄수화물들은 포도당으로 전환된 후 해당과정으로 들어갈 수 있다. 단백질의 아미노산은 산화되기 전에 탈아미노화된다. 지방의 지방산은 **베타 산화(beta oxidation)**가 되어 2 탄소 분해물이 되어 아세틸 CoA로서 시트르산 회로로 들어간다. 동화작용경로는 음식의 작은 분자들을 직접 사용하거나, 해당과정이나 시트르산 회로의 중간산물을 이용하여 다른 물질을 만든다.
- 세포호흡은 해당과정과 시트르산 회로의 핵심단계에 작용하는 다른 자리 입체성 효소에 의하여 조절된다.

? 해당과정과 시트르산 회로의 이화작용경로가 한 세포의 물질대사과정의 동화작용경로와 어떻게 만나는지 설명하라.

생각해보자

수준 1: 지식/이해

1. 산화적 인산화 동안 ATP 합성효소에 의해서 ATP 합성을 추진시키는 즉각적인 에너지 원천은 무엇인가?
   a. 포도당과 다른 유기화합물의 산화
   b. 전자전달사슬에서 전자 흐름
   c. 농도기울기에 따른 H^+ 이동
   d. ADP로의 인산기의 이동
2. 한 분자의 포도당에 대한 발효와 세포호흡에서 공통적인 물질대사경로는 무엇인가?
   a. 시트르산 회로 b. 전자전달사슬
   c. 해당과정 d. 피루브산에서 젖산으로의 환원
3. 산소호흡의 산화적 인산화에서 작용하는 전자전달사슬의 최종 전자수용체는?
   a. 산소 b. 물
   c. NAD^+ d. 피루브산

4. 미토콘드리아에서 발열 산화환원반응은
   a. 진핵세포의 ATP 합성을 추진시키는 에너지 원천이다.
   b. 양성자 기울기를 만드는 에너지를 제공한다.
   c. 탄소원자를 이산화탄소로 환원시킨다.
   d. 직접적으로 기질수준 인산화와 짝물려 있다.

수준 2: 응용/분석

5. 다음 반응에서 산화제는 무엇인가?

$$\text{피루브산} + \text{NADH} + \text{H}^+ \rightarrow \text{젖산} + \text{NAD}^+$$

   a. 산소 b. NADH
   c. 젖산 d. 피루브산

6. 미토콘드리아에서 전자가 전자전달사슬을 따라 흐를 때는 다음 중 어느 변화가 발생하는가?
   a. 기질의 pH가 증가한다.
   b. ATP 합성효소가 능동수송으로 양성자를 펌프한다.
   c. 전자가 자유에너지를 얻는다.
   d. NAD^+가 산화된다.

7. 이화작용으로부터 대부분의 CO_2는 언제 방출되는가?
   a. 해당작용 b. 시트르산 회로
   c. 젖산발효 d. 전자전달

8. **MAKE CONNECTIONS** 그림 10.9의 3단계는 포도당 조절의 중요한 점이다. 인산과당인산화효소는 ATP와 ATP 관련 물질에 의해서 다른 자리 입체 특이적으로 조절된다(개념 8.5 참조). 해당과정의 결과를 고려하면 ATP는 이 효소를 억제할까 자극할까? (힌트: 효소의 기질로서가 아니라 다른 자리 입체 특이성 조절자로서 ATP의 역할을 고려하시오.)

9. **MAKE CONNECTIONS** 그림 8.17에서 양성자펌프는 타원형 자주색으로 표시하였다. 그러나 실제로 그것은 ATP 합성효소이다(그림 10.14 참조). 이 두 그림에서 보인 과정들을 비교하고 이들이 능동 또는 수동수송에 관여하는지에 대해서 설명하라(개념 8.3과 8.4 참조).

수준 3: 종합/평가

10. **INTERPRET THE DATA** 인산과당 인산화효소는 포도당 분해 초기에 과당 6-인산에 작용하는 효소이다. 이러한 효소의 조절은 당이 계속 해당과정을 지속하게 할 것인지를 결정한다. 왼쪽 그래프를 보면서 어떤 조건에서 인산과당 인산화효소가 좀 더 활성화되는가를 결정하시오. 만약 여러분이 해당과정과 이 효소에 의한 물질대사의 조절을 이해하고 있다면 인산과당 인산화효소의 활성화가 ATP 농도에 따라서 어떻게 다르게 되는지에 대한 기전을 설명하시오.

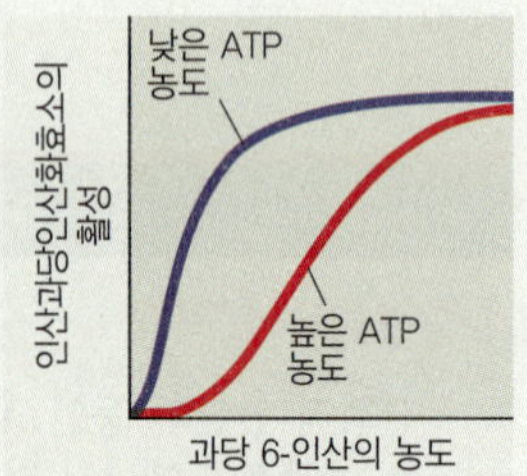

11. **DRAW IT** 옆의 그래프는 활발하게 호흡하는 세포에서 시간에 따라서 미토콘드리아 내막을 가로질러서 생기는 pH 차이를 보여준다. 수직 화살표로 표시된 시간에 미토콘드리아의 ATP 합성효소의 기능을 완벽하게 억제하는 대사독물이 첨가되었다. 그래프의 남은 공간에서 예상되는 선을 그려라.

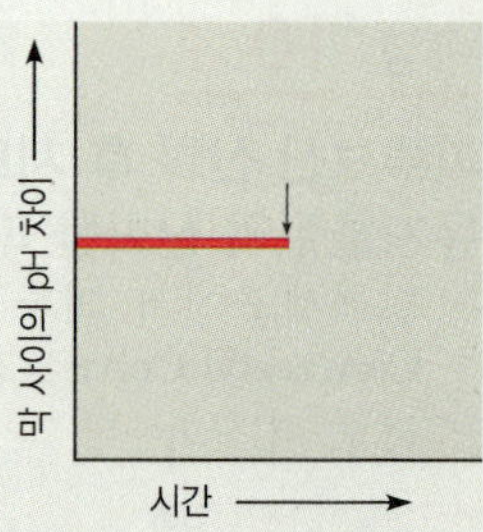

12. **진화적 관점**
ATP 합성효소는 원핵세포의 세포막과 진핵세포의 미토콘드리아와 엽록체에서 발견된다. 진핵세포의 이들 세포소기관과 원핵세포의 진화적 관계에 대해서 이것은 무엇을 의미하는가? 다양한 생명체로부터 얻은 ATP 합성효소의 아미노산 서열은 당신의 가설을 어떻게 지지 또는 부정하는가?

13. **과학적 탐구**
1930년대에 일부 의사들은 환자의 몸무게를 감량시키는데 다이나이트로페놀(dinitrophenol, DNP)이라는 약을 소량 처방하였다. 몇 명의 환자가 죽은 후에 이 안전하지 못한 방법은 폐기되었다. DNP는 미토콘드리아 내막의 지질 이중층을 통해 새어나가도록 하여 화학삼투 기구의 짝물림을 끊는다. 이것이 어떻게 몸무게 감량을 야기하는지 설명하라.

14. **글쓰기: 지식의 체계화**
산화적 인산화(공간적으로 잘 조직화된 전자전달사슬의 산화환원 반응과 화학삼투로 추진되는 ATP의 합성)가 각각의 생물학적 구성 단계에서 새로이 나타나는 성질, 즉 창발성의 좋은 예인지를 짧은(100~150 단어) 글로 설명하라.

15. **종합적으로 생각해보기**

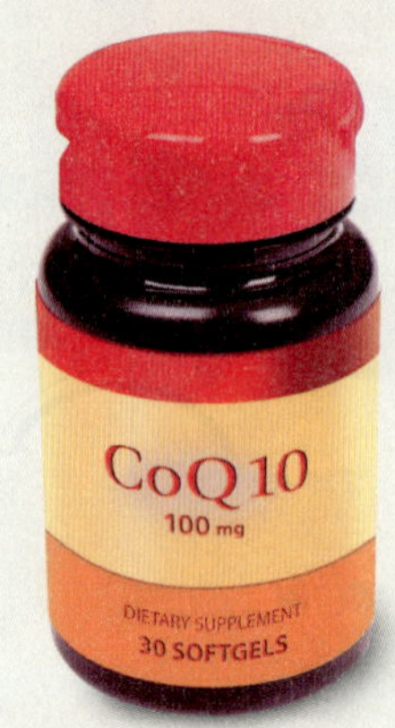

조효소 Q(CoQ)는 영양보조제로 판매된다. 한 회사가 CoQ에 대해 다음과 같은 판매용 구호를 사용하고 있다: "당신의 심장이 가장 원하는 연료를 공급하십시오." 조효소 Q의 역할을 고려하면, 이 상품이 어떻게 심장에 이로운 영양 보조제로 기능할 것이라고 생각하는가? CoQ는 세포호흡 동안 "연료"로 사용되는가?

정답은 부록 A 참조

11

광합성

핵심 개념

11.1 광합성은 빛에너지를 영양분의 화학에너지로 전환한다

11.2 명반응은 태양에너지를 ATP와 NADPH라는 화학에너지로 전환한다

11.3 캘빈 회로는 ATP와 NADPH의 화학에너지를 사용하여 CO_2를 당으로 환원한다

11.4 덥고 건조한 기후에서 다른 방식의 탄소고정 기작들이 진화되었다

▲ 다른 생물들도 광합성으로부터 이득을 얻는다.

▲ **그림 11.1** 태양빛은 어떻게 사진 속 활엽수의 몸통, 가지와 잎을 만드는 데 도움을 줄까?

생물권에 영양분을 공급하는 과정

지구상의 생명체는 태양으로부터 에너지를 얻는다. 식물이나 여타 광합성을 하는 생물체의 엽록체는 태양으로부터 1억 5,000만 km를 여행한 빛에너지를 획득한 후 화학에너지로 전환하여 당 그리고 기타 여러 유기분자에 저장한다. 이런 전환 과정을 **광합성(photosynthesis)**이라 한다. 광합성을 생태학적 맥락에서 시작하려고 한다.

광합성은 직접 또는 간접적으로 거의 모든 생명체에 영양분을 공급한다. 생명체는 에너지와 탄소골격으로 사용되는 유기화합물을 두 가지 주요 영양방식인 독립영양 또는 종속영양 중 하나를 이용하여 얻는다. **독립영양생물(autotroph)**은 영양분을 스스로 공급하는 생물이다. *Auto*는 "스스로"를, *trophos*는 "영양획득"을 의미한다. 독립영양생물은 다른 생명체로부터 유래한 어떤 것도 섭취하지 않고 자신을 유지한다. 독립영양생물은 환경으로부터 얻은 CO_2와 무기물로부터 자신의 유기화합물을 만든다. 독립영양생물은 다른 비독립영양생물이 사용하는 유기화합물의 궁극적 원천이다. 이러한 이유에서 생물학자들은 독립영양생물을 생물권의 생산자(producer)라 부른다.

거의 모든 식물은 독립영양생물이다. 식물에게 필요한 유일한 영양분은 토양으로부터의 물과 무기양분 그리고 공기로부터의 CO_2이다. 특별히, 식물은 빛을 유기물합성의 에너지원으로 사용하는 광독립영양생물이다(**그림 11.1**). 조류(algae), 몇몇 단세포 진핵생물과 일부 원핵생물도 광합성을 한다(그림 11.2). 이 장에서 식물 이외의 다른 생물체의 광합성도 언급하겠지만, 식물을 중심으로 다룰 것이다. 원핵생물과 조류의 다양한 독립영양방식은 27장과 28장에서 다루기로 하겠다.

(a) 식물
(b) 다세포 조류
(c) 단세포 원생생물
(d) 남세균
(e) 자색황세균

▲ **그림 11.2 광독립영양생물.** 이런 생물들은 CO_2와 물(대개의 경우)로부터 유기분자를 합성하기 위해 빛에너지를 이용한다. 독립영양생물은 자신뿐 아니라 모든 생명체에 영양분을 공급한다. **(a)** 육상에서 먹이의 주생산자는 식물이다. 수생환경에서는 광독립영양생물로 단세포 조류와 **(b)** 다시마와 같은 다세포 조류; **(c)** 유글레나 같은 몇몇 단세포 원생생물; **(d)** 남세균이라 불리는 원핵생물과 **(e)** 황(세포내 노란색 입자)을 만드는 자색황세균과 같은 기타 원핵생물이 있다(c~e, 광학현미경사진).

종속영양생물(heterotroph)은 영양섭취의 주요 방법 중 두 번째 방법에 의해 유기물질을 획득한다. 이들은 자신의 영양분을 만들 수 없기 때문에 다른 생명체에 의해 만들어진 물질에 의존해 살아간다(*hetero*는 "다른" 것을 의미한다). 종속영양생물은 생물권의 소비자이다. 이러한 "다른 생명체를 먹는" 가장 확실한 형태는 동물이 식물 혹은 다른 동물을 먹는 것에서 나타난다. 하지만 종속영양생물의 영양분 섭취는 보다 감지하기 어려울 수 있다. 어떤 종속영양생물은 시체, 배설물 그리고 낙엽과 같은 유기물 찌꺼기를 분해하거나 섭취함으로써 죽은 생물체의 잔해를 소모한다. 이들을 분해자라고 한다. 대부분의 균류와 많은 종류의 원핵생물은 이런 방식으로 영양분을 섭취한다. 사람을 포함한 거의 대부분의 종속영양생물은 직접, 혹은 간접적으로 먹이뿐만 아니라 광합성의 부산물인 산소를 얻는 데에도 광독립영양생물에 의존한다.

지구상 화석연료는 수백만 년 전에 죽은 생물체의 잔해로부터 형성된 것이다. 그런 의미에서 화석연료는 오래 전 과거의 태양에너지가 저장된 것이라 할 수 있다. 이러한 자원들이 보충되는 것보다 훨씬 빠르게 소모되기 때문에 연구자들은 또 다른 형태의 연료를 만들기 위해 광합성 과정을 활용하는 방법을 모색하고 있다(그림 11.3).

이 장에서 어떻게 광합성이 일어나는지를 배우게 될 것이다.

▲ **그림 11.3 조류를 이용한 대체연료 생산.** 태양 빛의 동력을 채집하여 화석연료를 대신할 지속가능한 대체연료를 생산할 수 있다. 식물 오일을 왕성하게 생산하는 단세포 조류 종을 투명하고 긴 유리통에 배양하는 광생물 용기가 애리조나 주립대학에 설치되어 있다. 단순한 화학 공정에 의해 생산된 "바이오디젤"은 그 자체를 이용하거나 가솔린과 섞어 자동차 연료로 사용할 수 있다.

WHAT IF? 화석연료 연소의 주된 산물은 CO_2이며, 이들의 연소는 대기의 CO_2 농도를 상승시키는 근원이 된다. 과학자들은 위에서 보여준 것처럼, 공장 가까이나 사람들이 붐비는 도시의 길가에 이런 조류들을 넣은 용기를 전략적으로 만들어 놓기를 제안한다. 광합성 과정을 고려할 때 왜 이런 제안이 적절하다고 생각하는가?

광합성의 일반적 원리를 소개한 후 광합성의 두 과정, 즉 태양에너지를 획득하여 화학에너지로 전환하는 명반응과, 화학에너지를 이용하여 영양분의 유기분자를 생성하는 캘빈회로를 다루려고 한다. 최종적으로 광합성을 진화적 관점에서 생각해 볼 것이다.

개념 11.1

광합성은 빛에너지를 영양분의 화학에너지로 전환한다

빛에너지를 잡아 유기분자를 합성하는 데 사용하는 생물체의 놀라운 능력은 세포의 구조적 조직화로부터 나타난다. 광합성에 관련된 효소와 분자들은 생체막 내에 함께 모여 있어, 필수적인 일련의 화학반응들이 효율적으로 일어나도록 한다. 광합성 과정은 아마도 이러한 일련의 분자들이 원형질막이 안으로 접혀 들어간 부위에 들어 있는 세균의 무리로부터 유래된 것 같다. 현존하는 광합성 세균에서 안으로 접혀 들어간 광합성막은 진핵세포 소기관인 엽록체의 내막과 유사하게 기능한다. 세포공생 이론에 의하면, 초기의 엽록체는 진핵세포의 조상 안에 살았던 광합성 세균이라고 할 수 있다. (7장에서 이 이론에 대하여 배웠는데, 25장에서 이에 대해 더 배우게 될 것이다.) 엽록체는 광합성을 하는 다양한 생물체에 존재하지만(그림11.2), 이 장에서는 식물에 초점을 맞추려 한다.

엽록체: 식물의 광합성 장소

녹색 줄기나 덜 익은 과실의 녹색을 띠고 있는 부분은 모두 엽록체를 가지고 있다. 하지만 대부분의 식물에서 광합성은 주로 잎에서 일어난다(**그림 11.4**). 잎 표면적 1 mm^2당 약 50만 개의 엽록체가 존재한다. 엽록체는 주로 잎 안쪽에 위치하고 있는 **엽육조직(mesophyll)**을 구성하는 세포에서 발견된다. **기공(stomata**, 단수는 *stoma*; 그리스어로 "입")이라 불리는 미세구멍을 통해 CO_2는 잎 안으로 들어오고, 산소는 잎 밖으로 나가게 된다. 뿌리를 통해서 흡수된 물은 관다발조직계를 통해 잎으로 전달된다. 동시에 잎은 관다발조직계를 통해 당을 뿌리나 식물의 광합성을 하지 않는 부위로 전달한다.

전형적인 엽육세포에는 30~40개의 엽록체가 있으며, 이 세포소기관의 크기는 2~4 μm × 4~7 μm 정도이다. 엽록체는 밀도 높은 액체상인 **스트로마(stroma)**를 두 겹의 막으로 둘러싸고 있다. 스트로마에는 **틸라코이드(thylakoid)**라고 하는, 제3의 막 체계가 있는데, 이것이 막 주머니의 내부인 **틸라코이드 공간**(thylakoid space)과 스트로마를 분리한다. 어떤 곳에는 틸라코이드막 주머니가 포개져 있는데 이를 그라나(grana)라 부른다(단수는 *granum*). 잎의 색깔을 녹색으로 만드는 녹색 색소인 **엽록**

▲ **그림 11.4 식물의 광합성이 진행되는 부위 가까이 보기.** 식물에서 광합성은 주로 잎에서 일어난다. 그림은 잎, 세포 그리고 최종적으로 광합성이 일어나는 세포소기관인 엽록체를 보여준다. (가운데, 광학현미경; 아래, 투과전자현미경)

소(chlorophyll)는 엽록체의 틸라코이드막에 위치하고 있다(원핵생물의 안쪽 광합성막도 역시 틸라코이드막이라 불린다; 그림 27.8b). 엽록소에 의해 흡수되는 빛에너지는 엽록체에서 유기분자를 합성케 한다. 식물에서의 광합성 장소에 대해 살펴보았으니, 이제 광합성 과정을 보다 자세히 공부해 보도록 한다.

광합성에서의 원자 추적: 과학적 탐구

과학자들은 수백 년 동안 식물이 양분을 만드는 과정을 규명하기 위해 노력하였다. 어떤 과정은 아직껏 완벽하게 이해되지 못하지만, 전체적인 광합성 화학반응은 1800년대 이후부터 알려져 있었다. 빛이 존재할 때, 식물의 녹색 부분은 CO_2와 물로부터 유기화합물과 산소를 생산한다. 분자식을 이용해, 광합성에서의 복잡한 일련의 화학반응들을 다음과 같은 화학반응으로 요약할 수 있다.

$$6\ CO_2 + 12\ H_2O + \text{빛에너지} \rightarrow C_6H_{12}O_6 + 6\ O_2 + 6\ H_2O$$

여기에서는 광합성과 호흡 사이의 관계를 단순화하기 위해 포도당($C_6H_{12}O_6$)을 이용하지만, 실제로 광합성의 직접적인 산물은 포도당을 만드는 데 사용될 수 있는 3탄당이다. 광합성 과정 중 12개의 물분자가 소모되고 6개의 물분자가 새롭게 만들어지기 때문에, 물은 화학반응식 양쪽에서 모두 볼 수 있다. 물의 순 소비만을 표시함으로써 화학방정식을 다음과 같이 단순화할 수 있다.

$$6\ CO_2 + 6\ H_2O + \text{빛에너지} \rightarrow C_6H_{12}O_6 + 6\ O_2$$

화학방정식을 이렇게 정리하면 광합성의 전체 화학적 변화는 세포호흡에서 일어나는 화학 변화의 역과정이라는 것을 알 수 있다. 두 물질대사 과정 모두 식물에서 일어나지만, 엽록체는 단순히 호흡 과정의 역과정으로 당을 만드는 것은 아니다.

광합성 반응식을 6으로 나누면 다음과 같이 가장 단순한 형태의 반응식으로 전환할 수 있다.

$$CO_2 + H_2O \rightarrow [CH_2O] + O_2$$

괄호안 CH_2O는 실제 당이 아니고, 탄수화물의 일반식을 나타낸다. 즉, 한 번에 하나씩 탄소가 당의 합성에 사용됨을 표현하고 있다. 이론적으로 6회의 반복을 통해 포도당 한 분자가 만들어지게 된다. 단순화된 반응식을 통해, 연구자들이 어떻게 광합성 반응물로부터 생성물까지의 화학원소(C, H, O)를 추적했는지 살펴보겠다.

물의 분해

광합성 기작과 관련된 첫 번째 단서 중 하나는 식물에서 배출되는 O_2가 CO_2로부터 기인된 것이 아니고, H_2O로부터 유래된 것이라는 사실의 발견이다. 엽록체는 물을 수소와 산소로 분해한다. 이런 사실이 발견되기 전까지의 지배적인 가설은 광합성에 의해 이산화탄소가 분해되고($CO_2 \rightarrow C + O_2$), 생성된 탄소에 물이 첨가된다는 것($C + H_2O \rightarrow [CH_2O]$)이었다. 이 가설에 따르면, 광합성 동안에 배출되는 O_2는 CO_2로부터 기인된 것이었다. 이러한 아이디어는 1930년대에 스탠퍼드대학교의 닐(C. B. van Neil)에 의해서 도전을 받게 되었다. 닐은 CO_2로부터 탄수화물은 만들지만, O_2를 배출하지는 않는 세균을 이용하여 광합성을 연구하고 있었다. 닐은 최소한 이 실험에 사용된 세균에서는 CO_2가 탄소와 산소로 분해되지 않는다고 결론지었다. 실험에 이용된 한 세균 무리는 광합성을 할 때 물 대신 황화수소(H_2S)를 사용하였고, 부산물로 노란색의 작은 황기포를 만들었다(그림 11.2e에서 이 기포를 볼 수 있다). 이러한 황세균에서의 광합성 반응식은 다음과 같다.

$$CO_2 + 2\ H_2S \rightarrow [CH_2O] + H_2O + 2\ S$$

닐은 세균이 H_2S를 분해하여 수소원자를 당으로 만드는 데 사용한다고 생각하였다. 그는 이러한 아이디어를 일반화하여, 모든 광합성 생물체는 수소의 공급원을 필요로 하지만, 수소공급원은 다양하다고 제안하였다.

황세균: $CO_2 + 2\ H_2S \rightarrow [CH_2O] + H_2O + 2\ S$
식물: $CO_2 + 2\ H_2O \rightarrow [CH_2O] + H_2O + O_2$
일반: $CO_2 + 2\ H_2X \rightarrow [CH_2O] + H_2O + 2\ X$

따라서 닐은 식물이 수소원자로부터 전자의 공급원으로서의 H_2O을 분해하고, 부산물로서 O_2를 배출한다는 가설을 세웠다.

20여 년이 지난 후, 과학자들은 광합성이 일어나는 동안 산소원자가 어떻게 되는지를 규명하기 위해 방사성 추적자로 무거운 동위원소인 ^{18}O를 사용하여 닐의 가설을 확인하였다. 실험을 통해 물이 추적자의 공급원일 경우에만, 식물로부터 배출된 산소에 ^{18}O이 표지됨을 보여주었다(실험 1). ^{18}O을 CO_2에 표지하여 식물에 처리할 경우, 배출된 O_2에 ^{18}O이 표지되어 있지 않았다(실험 2). 다음 요약에서 붉은색은 표지된 산소원자 ^{18}O를 나타낸다.

실험 1: $CO_2 + 2\ H_2O \rightarrow [CH_2O] + H_2O + O_2$
실험 2: $CO_2 + 2\ H_2O \rightarrow [CH_2O] + H_2O + O_2$

광합성이 일어나는 동안 원자의 섞임에 의해 생기게 되는 중요한 결과는 물로부터 수소를 추출하여 당에 결합시키는 것이다. 광합성의 부산물인 O_2는 대기 중에 배출된다. **그림 11.5**는 광합성 과정 중 모든 원자의 운명을 보여주고 있다.

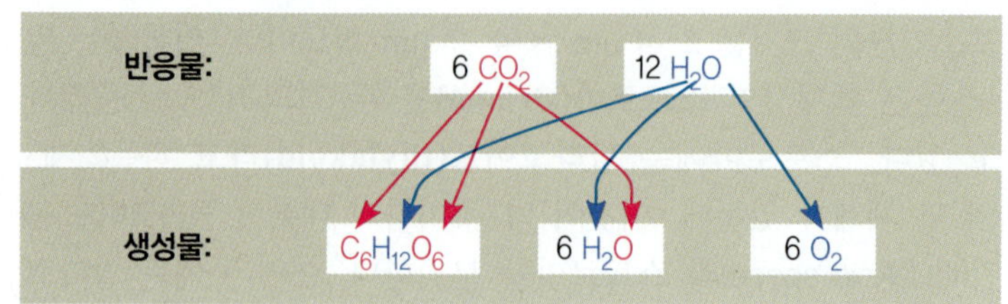

▲ **그림 11.5 광합성 과정의 원자 추적.** CO_2에서 온 원자는 자홍색으로, H_2O에서 온 원자는 청색으로 나타내었다.

산화환원 과정으로서의 광합성

광합성을 세포호흡과 비교해 보면 두 과정 모두에서 산화환원 반응이 일어난다. 세포호흡이 일어나는 동안, 수소와 결합된 전자가 운반체에 의해 산소로 이동하여 부산물로서 물이 만들어질 때, 에너지는 당으로부터 방출된다. 전자가 전기음성도를 가진 산소를 향해 전자전달사슬을 따라 떨어지면서 위치에너지를 잃게 되고, 미토콘드리아는 이 에너지를 ATP의 합성에 이용한다(그림 10.15). 광합성에서는 전자의 흐름이 역방향으로 일어난다. 물은 분해되고, 전자는 수소이온과 함께 물로부터 이산화탄소로 이동되어, 당으로 환원된다.

$$\text{에너지} + 6\,CO_2 + 6\,H_2O \longrightarrow C_6H_{12}O_6 + 6\,O_2$$

(환원됨: $CO_2 \rightarrow C_6H_{12}O_6$; 산화됨: $H_2O \rightarrow O_2$)

전자가 물로부터 당으로 이동됨에 따라 전자의 위치에너지는 증가하기 때문에, 이 과정에서 에너지가 필요한데, 이를 흡열반응이라한다. 이런 에너지 증가는 빛에 의해서 일어난다.

광합성의 두 단계: 미리보기

광합성의 화학반응식은 대단히 복잡한 과정이 믿을 수 없을 정도로 단순하게 요약된 것이다. 광합성은 단일 과정이 아니라 두 과정이며, 각 과정은 여러 단계로 이루어져 있다. 광합성의 두 과정은 광합성의 '광'부분인 **명반응(light reaction)**과 광합성의 '합성' 부분인 **캘빈 회로(Calvin cycle)**로 나뉘어져 있다**(그림 11.6)**.

명반응은 태양에너지를 화학에너지로 전환시키는 단계이다. 물은 분해되어, 전자와 양성자(수소이온, H^+)를 제공하고, 부산물로서 O_2를 배출한다. 엽록소에 의해 흡수된 빛은 물에서 나온 전자와 수소이온들을 일시적으로 저장하는 **$NADP^+$**(니코틴산 아데닌 디뉴클레오타이드 인산)라는 수용체로 전달한다. 전자수용체인 $NADP^+$는 세포호흡에서 전자전달자의 역할을 하는 NAD^+와 대단히 유사하다. 두 분자 간의 차이는 단지, $NADP^+$ 분자에 인산기가 하나 더 존재하는 것이다. 명반응은 태양에너지를 이용하여 $NADP^+$에 H^+와 전자 한 쌍을 첨가시켜 NADPH로 환원시킨다. 또한 명반응은 화학삼투를 이용해 ADP에 인산기를 결합시킨 ATP를 만들어내는데, 이 과정을 **광인산화(photophosphorylation)**라 한다. 따라서 빛에너지는 먼저 다음과 같은 두 가지 화합물(NADPH와 ATP) 속의 화학에너지로 전환된다. NADPH는 전자의 공급원으로서 전자수용체를 따라 이동하면서 이들을 환원시키는 "환원력"으로 작용하고, ATP는 세포의 다용도 에너지 통화로 작용한다. 당은 명반응에 의해 생성되지 않고, 광합성의 두 번째 과정인 캘빈회로에 의해 만들어짐을 명심하라.

캘빈 회로란 1940년대 후반 제임스 바스샴(James Bassham)과 앤드류 벤슨(Andrew Benson)과 함께 회로의 단계를 밝히기 시작한 멜빈 캘빈(Melvin Calvin)의 이름을 딴 것이다. 회로는 공기 중의 CO_2가 엽록체 내에 이미 존재하고 있는 유기분자에 결합되는 것으로부터 시작된다. 이처럼 탄소가 유기화합물에 첨가되는 것을 **탄소고정(carbon fixation)**이라고 한다. 캘빈 회로는 고정된 탄소에 전자를 첨가하여 환원된 탄수화물로 만든다. 이 과정에 환원력은 명반응 과정에서 전달된 전자를 획득한 NADPH에 의해 제공된다. CO_2를 탄수화물로 전환하기 위해 캘빈 회로

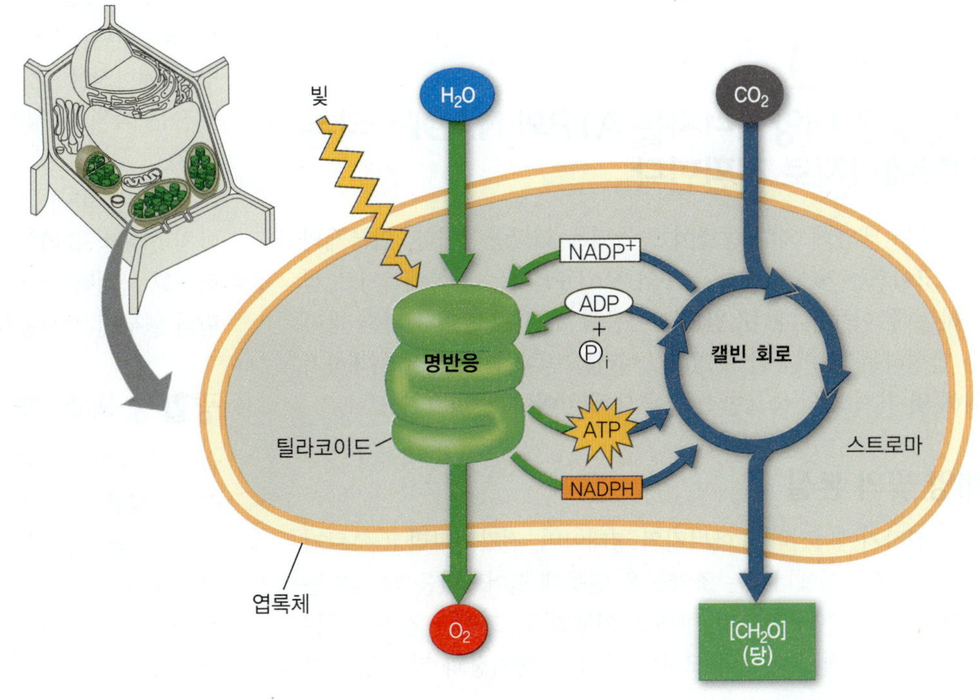

▶ **그림 11.6 광합성 개요: 명반응과 캘빈 회로의 공조.** 엽록체에서 명반응은 틸라코이드 막(녹색)에서 일어나지만 캘빈 회로는 스트로마(회색)에서 일어난다. 명반응은 캘빈 회로에서 화학에너지와 환원력의 기능을 각각 수행하는 ATP와 NADPH를 만드는 데 태양에너지를 사용한다. 캘빈 회로는 CO_2를 유기분자에 결합시켜 당으로 전환한다. (가장 간단한 당류는 CH_2O 배수의 화학식을 갖고 있음을 기억하라.)

는 이외에도 명반응에서 만들어진 ATP 형태의 화학에너지를 필요로 한다. 따라서 당을 만드는 것은 캘빈 회로이지만, 캘빈 회로는 명반응에서 생성된 NADPH와 ATP의 도움을 받아야만 한다. 캘빈 회로의 어떤 단계도 직접 빛을 필요로 하지 않기 때문에, 캘빈 회로의 대사단계는 간혹 암반응 혹은 광비의존성 반응이라 부르기도 한다. 하지만 캘빈 회로는 대부분의 식물에서 낮 동안에 일어나는데, 그래야만 명반응으로부터 NADPH와 ATP를 제공받을 수 있기 때문이다. 본질적으로 엽록체는 빛에너지를 사용하여 광합성의 두 과정을 조율해 당을 만든다.

그림 11.6에서 나타나듯, 엽록체의 틸라코이드에서 명반응이 일어나는 동안 캘빈 회로는 스트로마에서 일어난다. 틸라코이드 바깥쪽에서 $NADP^+$와 ADP 분자는 각기 전자와 인산을 획득하여 NADPH와 ATP가 되면 스트로마로 방출되어 캘빈 회로에서 중요한 역할을 하게 된다. 이 그림에서 광합성의 두 과정은 재료 물질을 흡수하고 생성물을 만들어 내는 물질대사적 모듈로 묘사되어 있다. 다음 두 절에서는 두 과정이 어떻게 일어나는지를 명반응부터 보다 상세히 살펴보도록 하자.

개념 확인 문제 11.1

1. 광합성의 반응물 분자들이 어떻게 잎의 엽록체로 들어갈 수 있는가?
2. 광합성의 화학과정 규명에 있어 산소 동위원소의 이용이 어떻게 기여했는가?
3. **WHAT IF?** 캘빈 회로는 명반응 산물인 ATP와 NADPH를 필요로 한다. 어떤 학생이 명반응은 캘빈회로에 의존하지 않으며, 지속적인 빛에 의해 ATP와 NADPH 생성을 계속할 수 있다고 주장한다고 가정하자. 그의 주장에 여러분은 어떻게 말할 것인가?

정답은 부록 A 참조

개념 11.2

명반응은 태양에너지를 ATP와 NADPH라는 화학에너지로 전환한다

엽록체는 태양에 의해 동력이 공급되는 화학공장이다. 엽록체의 틸라코이드는 빛에너지를 ATP와 NADPH라는 화학에너지로 전환하는데, 이들은 에너지원으로 사용할 수 있는 당이나 다른 분자를 합성하는 데 이용할 수 있다. 이러한 변환을 보다 잘 이해하기 위해 몇 가지 빛의 중요한 성질에 대해 알아야 할 필요가 있다.

태양 빛의 본질

빛은 전자기에너지라는 에너지의 형태이며, 전자기파라고 부르기도 한다. 전자기에너지는 조약돌을 연못에 떨어뜨렸을 때 생기는 것과 유사한 주기적 파동 형태로 이동한다. 그러나 전자기파는 물과 같은 물질적 매질의 교란이 아니라, 전기장과 자기장의 교란이다.

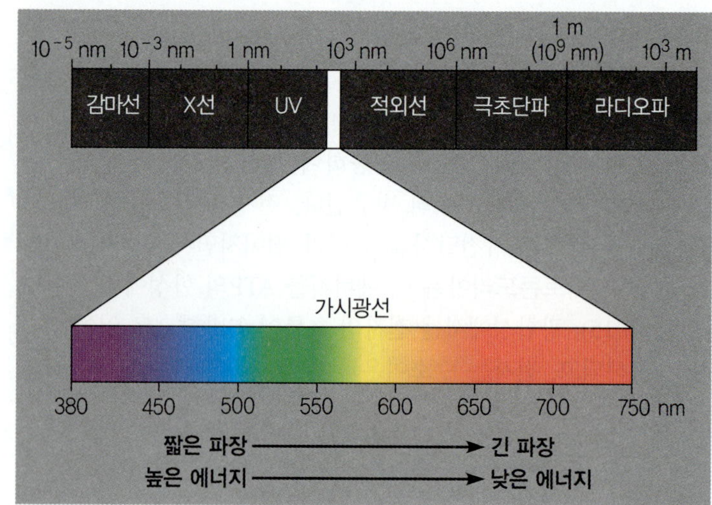

▲ **그림 11.7 전자기 스펙트럼.** 백색광에는 가시광선의 전 파장이 섞여 있다. 프리즘은 백색광을 이루는 여러 파장의 빛을 다른 각도로 휘게 함으로써 이를 구성하는 색으로 분리한다. (대기의 물방울은 프리즘과 같이 작용할 수 있기 때문에 무지개를 만든다.) 광합성을 추동하는 빛은 가시광선이다.

전자기파의 마루 사이 거리를 **파장(wavelength)**이라 한다. 파장의 범위는 감마선 같이 나노미터보다 짧은 것부터 라디오파와 같이 킬로미터보다 더 긴 것까지 다양하다. 광선의 전체 범위를 **전자기스펙트럼(electromagenetic spectrum)**이라 한다(그림 11.7). 생명체에 가장 중요한 파장의 범위는 약 380 nm부터 750 nm까지이다. 이런 광선은 우리 눈에 다양한 색깔로 감지되기 때문에 **가시광선(visible light)**이라고 한다.

빛의 파동 모형은 여러 가지 빛의 성질을 설명해 주지만, 어떤 면에서 빛은 **광자(photon)**라 불리는 낱개 입자로 구성된 것처럼 행동한다. 광자는 실체가 있는 물체는 아니지만 각각이 일정량의 에너지를 갖고 있는 물체처럼 작용한다. 따라서 보라색 빛 광자는 적색 빛 광자보다 두 배나 많은 에너지를 갖고 있다(그림 11.7).

태양은 전자기 에너지의 전 스펙트럼을 방사하지만, 대기권은 마치 선택적 유리창과 같이 작용하여 다른 광선의 상당 부분은 걸러내고 가시광선만 통과하도록 해준다. 우리가 볼 수 있는 스펙트럼의 일부인 가시광선은 광합성을 추진하는 광선이기도 하다.

광합성 색소: 빛 수용체

물질에 빛이 비추면, 빛은 반사되거나, 통과하거나 혹은 흡수된다. 가시광선을 흡수하는 물질은 색소(pigment)라고 부른다. 서로 다른 색소는 서로 다른 파장의 빛을 흡수하며, 흡수된 파장은 사라지게 된다. 백색광을 색소에 비출 경우 우리가 보게 되는 색은 색소에 의해 가장 많이 반사되거나 혹은 통과된 색이다. (만일 색소가 모든 파장을 다 흡수하였다면, 검은색을 띠게 된다.) 엽

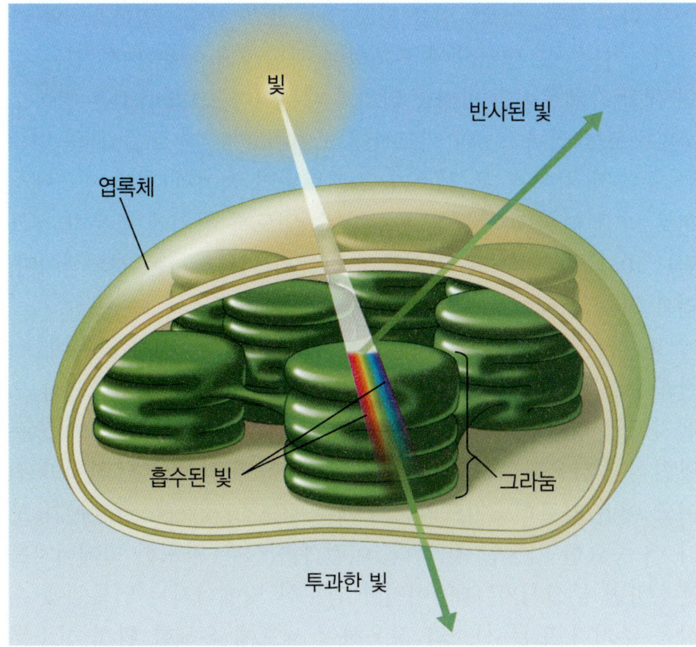

▲ **그림 11.8 잎이 녹색인 이유: 빛과 엽록체의 상호작용.** 엽록체의 엽록소 분자는 광합성을 가장 효율적으로 일어나게 하는, 자색-청색 그리고 적색을 흡수하고, 녹색은 반사하거나 통과시킨다. 이 때문에 잎이 녹색을 띠게 된다.

록체는 자색-청색과 적색광을 흡수하고 녹색광을 반사 혹은 통과시키기 때문에 우리가 잎을 보면 녹색으로 보이게 된다(**그림 11.8**). 색소가 다양한 파장의 빛을 흡수하는 능력은 **분광광도계(spectrophotometer)**로 측정할 수 있다. 이 기기는 서로 다른 파장의 빛을 색소 용액에 비춘 후 각 파장에서 통과되는 빛의 양을 측정한다. 파장에 따른 색소의 빛 흡수 정도를 나타낸 그림을 **흡수 스펙트럼(absorptionspectrum)**이라고 부른다(**그림 11.9**).

빛이 흡수되어야 엽록체에서 일을 할 수 있기 때문에, 엽록체 색소의 흡수 스펙트럼은 광합성을 추동하는 서로 다른 빛 파장의 상대적인 효율성에 대해 단서를 제공한다. **그림 11.10a**는 엽록체에 존재하는 세 종류 색소의 흡수 스펙트럼을 보여주고 있다. 이들 색소에는 직접 명반응에 참여하는 가장 중요한 빛 수확 색소인 **엽록소 *a*(chlorophyll *a*)**와 보조 색소인 **엽록소 *b***, 그리고 카로티노이드라 불리는 보조 색소군이 있다. 엽록소 *a*의 흡수 스펙트럼을 보면 자색-청색과 적색광은 흡수되기 때문에 광합성에 가장 효율적인 빛이며 녹색이 광합성에 가장 비효과적인 색임을 알 수 있다. 이런 사실은 광합성을 일으키는 데 있어서 서로 다른 파장의 상대적인 효율성을 나타내는 광합성의 **작용 스펙트럼(action spectrum**, **그림 11.10b**)으로 확인할 수 있다. 작용 스펙트럼은 엽록체에 서로 다른 색의 빛을 비춰주고, 각 파장에 따른 CO_2의 소모나 또는 O_2의 방출과 같은 광합성률을 나타낸 것이다. 광합성의 작용 스펙트럼은 1883년 독일 식물학자 엥겔만에 의해 최초로 제시되었다. O_2 수준을 측정할 수 있는 기기가 만들어지기 이전에 엥겔만(Theodor W. Engelmann)은 세균을 이용해 사상조류의 광합성률을 측정하는 재치있는 실험을 수행하였다(**그림11.10c**). 그의 실험 결과는 그림 11.10b에 소개한 근대의 작용 스펙트럼과 놀랍게도 일치한다.

그림 11.10a와 그림 11.10b를 비교하면, 광합성의 작용 스펙트럼은 엽록소 *a*의 흡수 스펙트럼보다 훨씬 넓게 분포하는 것을 알 수 있다. 엽록소 *a*의 흡수 스펙트럼만으로는 광합성을 일으키는 데 있어 효율적인 다른 파장의 빛을 설명할 수 없게 된다. 이

▼ **그림 11.9 연구 방법**

흡수 스펙트럼으로 결정

적용 흡수 스펙트럼은 특정 색소가 각 파장의 가시광선을 얼마나 효율적으로 흡수하는가를 시각적으로 나타낸 것이다. 다양한 엽록체 색소의 흡수 스펙트럼은 과학자로 하여금 각 색소가 식물에서 하는 역할을 파악하는 데 도움이 된다.

기술 분광광도계는 색소 용액이 흡수하고 투과시킨 상대적인 빛의 양을 파장에 따라 측정해 준다.

1. 백색광은 프리즘에 의해 서로 다른 색으로 분리된다.
2. 다른 색의 빛이 차례로 시료(이 경우에는 엽록소)를 통과한다. 그림에서 녹색광과 청색광이 나타나 있다.
3. 통과된 빛이 광전자튜브를 때리면 빛에너지가 전류로 전환된다.
4. 전류는 검류계로 측정하는데, 검류계는 시료를 투과한 빛의 양을 나타낸다. 이를 통해 흡수된 빛의 양을 측정할 수 있다.

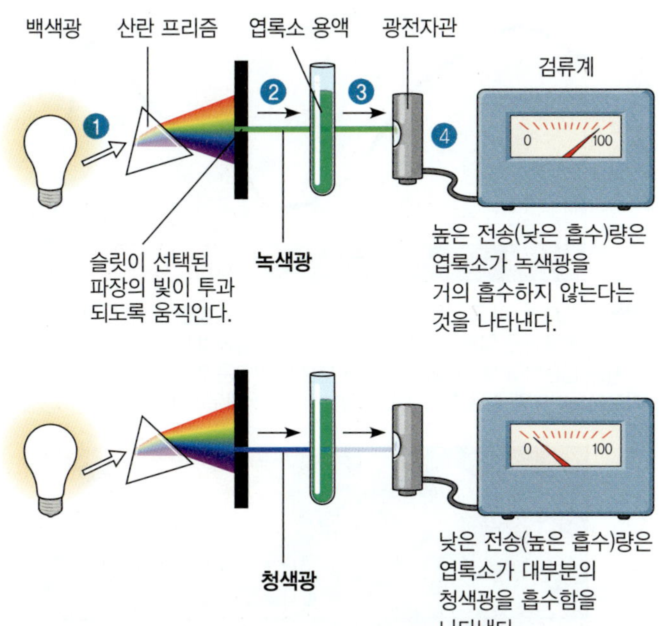

결과 세 종류의 엽록소들에 대한 흡수 스펙트럼은 그림 11.10a를 참고하라.

▼ 그림 11.10 탐구

어떤 파장의 빛이 광합성을 가장 효율적으로 일어나게 하는가?

실험 엥겔만의 대표적 실험으로 얻어진 흡수 스펙트럼과 작용 스펙트럼은 어떤 파장의 빛이 광합성에 중요한지 밝혀 주었다.

결과

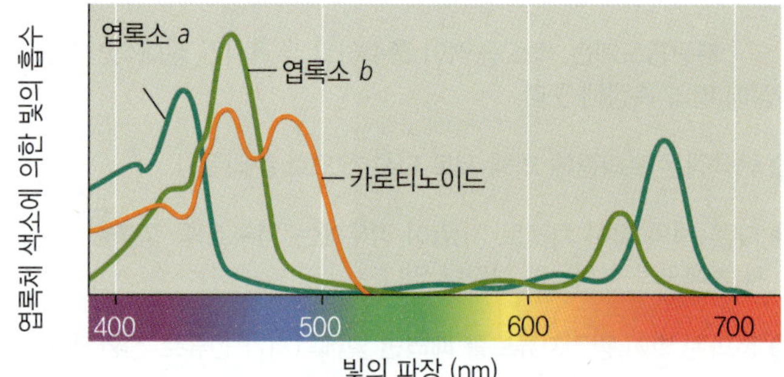

(a) **흡수 스펙트럼.** 세 곡선은 세 종류의 엽록체 색소에 의해서 가장 잘 흡수가 된 빛의 파장을 보여주고 있다.

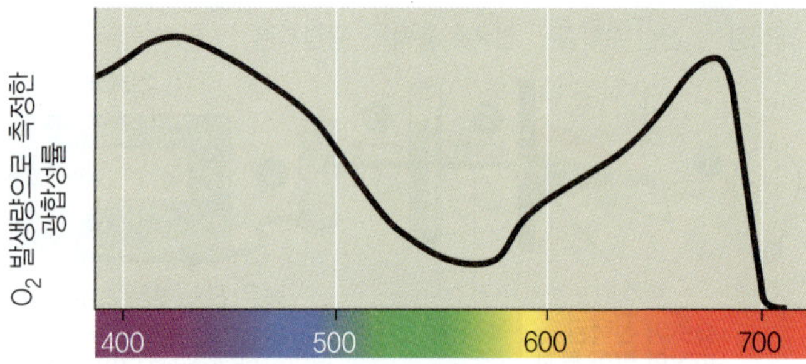

(b) **작용 스펙트럼.** 이 곡선은 각 파장별 광합성량을 나타낸 것이다. 작성된 작용 스펙트럼은 엽록소 a의 흡수 스펙트럼과 유사하지만 정확하게 일치하지는 않는다(a 부분). 이런 현상의 부분적 원인은 엽록소 b나 카로티노이드와 같은 부속색소에 의한 빛 흡수 때문이다.

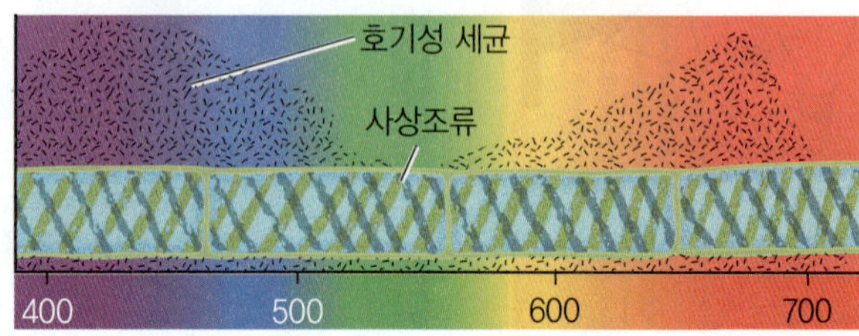

(c) **엥겔만의 실험.** 1883년 엥겔만은 프리즘을 통과시킨 빛을 사상조류에 비쳐주되, 조류의 서로 다른 부분이 서로 다른 파장에 노출되도록 하였다. 그는 산소 공급원 근처에 집결하는 호기성 세균을 이용하여 조류의 어느 부분에서 많은 산소가 방출되는지, 따라서 어느 부분에서 광합성이 많이 일어나는지 확인하였다. 세균은 자색-청색광 혹은 적색광이 비춰진 조류의 부분에 집결하였다.

결론 광합성을 일으키는데 스펙트럼의 자색-청색 그리고 적색빛이 가장 효율적이다.

참고문헌 T. W. Engelmann, *Bacterium photometricum*. Ein Betrag zurvergleichenden Physiologie des Licht-und farbensinnes, *Archiv. fur Physiologie*. 30:95–124 (1883).

INTERPRET THE DATA 어떤 파장의 빛이 가장 효율적인 광합성을 일으켰을까?

것은 다른 흡수 스펙트럼을 갖고 있는 보조 색소—엽록소 *b*와 카로티노이드—도 엽록체에 존재하여 광합성에 이용할 수 있는 빛의 색깔 스펙트럼의 범위를 넓히기 때문이다. **그림 11.11**은 엽록소 *a*의 구조를 엽록소 *b*와 비교하여 보여주고 있다. 이들 간의 미세한 구조적 차이는 두 색소가 스펙트럼의 적색과 청색 영역에서 서로 약간 다른 파장들을 흡수할 수 있도록 하기에 충분하다(그림11.10a). 결과적으로 가시광선 하에서 엽록소 *a*는 청록색이며, 엽록소b는 올리브 녹색이다.

또 다른 보조 색소로 **카로티노이드(carotenoid)**가 있는데, 이 탄화수소는 자색과 청색-녹색 빛을 흡수하기 때문에 노란색과 오렌지색의 다양한 색조를 갖는다(그림 11.10a). 카로티노이드는 광합성에 사용되는 빛 색깔의 스펙트럼을 확장시킨다. 하지만 적어도 어떤 카로티노이드의 경우에는 **광보호**(photoprotection)가 보다 더 중요한 기능인 것 같다. 이런 화합물은 과도한 빛에너지를 흡수하면 분산시키는데, 이러한 과도한 빛에너지는 엽록체에 손상을 주거나 또는 산소와 작용하여 세포에 유해한 활성 산소분자를 생성하기 때문이다. 흥미롭게도, 엽록체에서 광보호 역할을 수행하는 카로티노이드와 유사한 카로티노이드가 인간의 눈에서도 광보호 기능을 수행하고 있다. (야간 시력을 증진시키기 위해 당근을 먹으라는 말을 들어 보았을 것이다.) 이와 같은 혹은 연

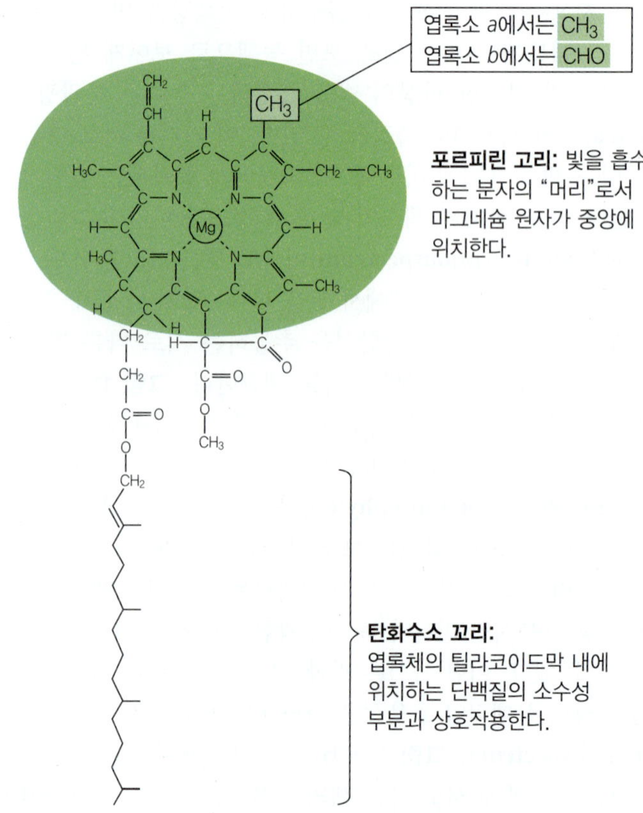

▲ **그림 11.11 식물의 엽록체에 있는 엽록소 분자의 구조.** 엽록소 *a*와 엽록소 *b*는 포르피린 고리에 결합되어 있는 단 하나의 작용기에서만 차이가 있다. (그림 1.3 엽록소의 공간채움 모형을 참조)

관된 분자들은 물론 많은 채소나 과일에 자연적으로 들어 있다. 이들은 종종 건강식 상품에서 "파이토케미칼(phytochemical)"이라 광고되고 있다. 그리스어로 *phyton*은 '식물'을 뜻한다. 식물은 자신이 필요로 하는 모든 항산화물을 합성할 수 있지만 인간이나 다른 동물은 이것을 음식물로부터 섭취해야 한다.

빛에 의한 엽록소 들뜸

엽록소나 다른 색소가 빛을 흡수할 경우, 구체적으로 어떤 일이 일어나는가? 흡수되는 파장에 해당하는 색은 투과되거나 반사되는 빛의 스펙트럼으로부터 사라지게 되지만, 에너지는 사라지지 않는다. 어떤 분자가 빛의 광자를 흡수하게 되면, 이 분자의 전자 중 하나는 보다 더 높은 위치에너지를 갖고 있는 전자궤도로 올라가게 된다(그림 2.6b). 전자가 자신의 정상적 궤도에 있을 경우, 색소분자는 바닥 상태에 있다고 표현한다. 광자의 흡수로 보다 높은 에너지 상태의 전자궤도로 전자가 뛰어오르게 되면, 이 경우 색소분자가 들뜬 상태에 있다고 한다. 바닥 상태와 들뜬 상태 간의 에너지 차이와 일치하는 에너지만을 광자가 흡수할 수 있는데, 이러한 에너지 차이는 분자마다 서로 다르다. 이 때문에 특정 화합물은 특정 파장에 해당하는 광자만을 흡수하는데, 이것이 각 색소들이 고유한 흡수 스펙트럼을 갖는 이유이다.

광자의 흡수로 인해 전자가 바닥 상태로부터 들뜬 상태로 올라가게 되면, 전자는 들뜬 상태에 오래 머물러 있을 수 없다. 들뜬 상태는 모든 높은 에너지 상태와 마찬가지로 불안정하다. 일반적으로, 분리된 색소분자가 빛을 흡수할 경우 분자의 들뜬 전자는 10억분의 1초 만에 바닥 상태로 되돌아가면서 자신의 잉여에너지를 열로서 방출한다. 이렇게 빛에너지가 열로 전환되는 과정은 화창한 날에 자동차 지붕이 아주 뜨거워지는 원인이기도 하다. (백색 자동차가 가장 시원한데, 이는 백색 페인트가 가시광선의 전 파장을 반사하기 때문이다.) 엽록소를 포함하여 분리된 색소는 광자를 흡수한 뒤 열을 내기도 하고 빛도 발산한다. 들뜬 전자가 바닥 상태로 되돌아가면서 광자가 방출되면 형광이라고 불리는 후광이 발산되는 것이다. 엽록체에서 분리한 엽록소 용액에 빛을 비춰줄 경우, 적색-오렌지색 스펙트럼 부분에서 형광을 발하거나 열을 방출한다(**그림 11.12**). 이런 현상은 엽록소가 흡수할 수 있는 자외선을 비춰주면 가장 잘 보인다(그림 11.7과 11.10a). 가시광선 하에서 보면 용액의 녹색에 가려서 형광을 보기 어려울 것이다.

광계: 집광복합체와 연계된 반응중심 복합체

빛에너지를 흡수해 들뜬 엽록소 분자는 분리된 상태일 때와 비교해 온전한 상태의 엽록체에서는 매우 다른 결과를 만든다(그림 11.12). 틸라코이드막의 자연 환경에서 엽록소 분자는 다른 작은 유기분자 및 단백질과 함께 광계(photosystem)라는 복합체를 만든다.

광계(photosystem)는 여러 집광복합체에 의해 둘러싸여 있는 **반응중심복합체(reation-center complex)**로 구성되어 있다(**그림 11.13**). 반응중심복합체는 특별한 한 쌍의 엽록소 *a*와 결합하여 있는 단백질의 조직화된 체계이다. 각 **집광복합체(light-harvesting complex)**는 단백질에 결합되어 있는 다양한 색소로 구성되어 있는데, 색소에는 엽록소 *a*, 엽록소 *b*, 카로티노이드가 포함된다. 색소분자의 수와 다양성 때문에 광계는 어떤 단일 색소분자보다 넓은 표면적에서 그리고 보다 넓은 범위의 빛 스펙트럼을 수확할 수 있게 된다. 이러한 집광복합체들은 함께 반응중심복합체의 안테나 역할을 수행한다. 색소분자가 광자를 흡수하면 그 에너지는 반응중심복합체에 도달할 때까지 집광복합체 내의 색소분자에서 다른 색소분자로 전달된다. 이는 마치 운

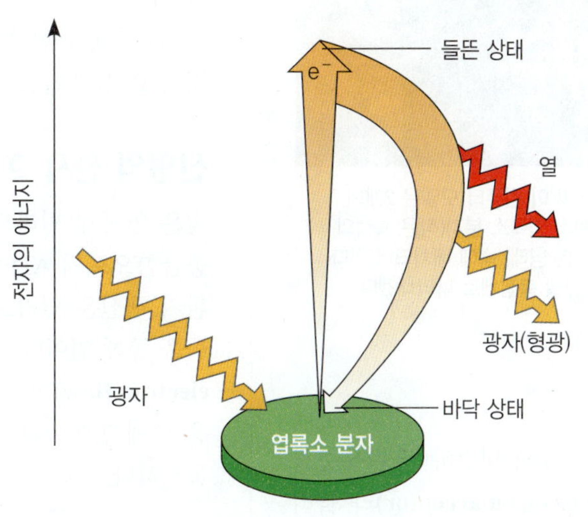

(a) 분리된 엽록소 분자의 흥분

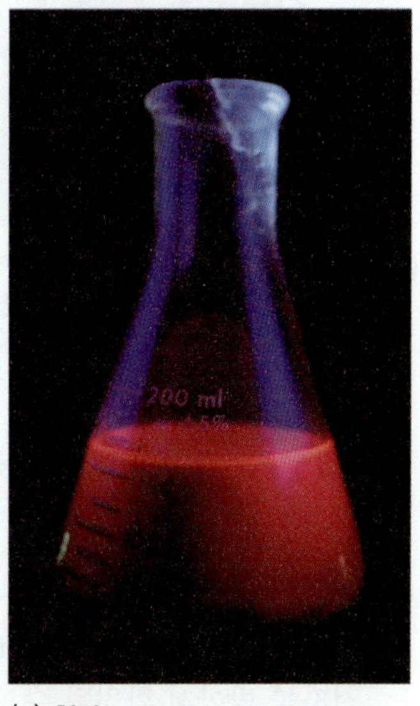

(b) 형광

▶ **그림 11.12 분리된 엽록소의 빛에 의한 들뜸.** **(a)** 엽록소 분자가 광자를 흡수하면 바닥 상태로부터 들뜬 상태로 전환된다. 광자는 전자 하나를 보다 높은 위치에너지를 지닌 전자궤도로 올린다. 분리된 상태의 엽록소 분자에 빛을 쏘이면, 들뜬 전자는 즉시 바닥 상태의 전자궤도로 떨어지게 되고, 전자의 잉여에너지는 열과 형광(오른쪽)으로 방출된다. **(b)** 자외선에 의해 들뜬 엽록소 용액은 적색-오렌지색의 형광을 발한다.

WHAT IF? 같은 자외선을 용액과 동일한 농도의 엽록소를 갖고 있는 잎에 비추었더니, 형광이 나타나지 않았다. 용액과 잎에서의 형광 방출의 차이를 설명하라.

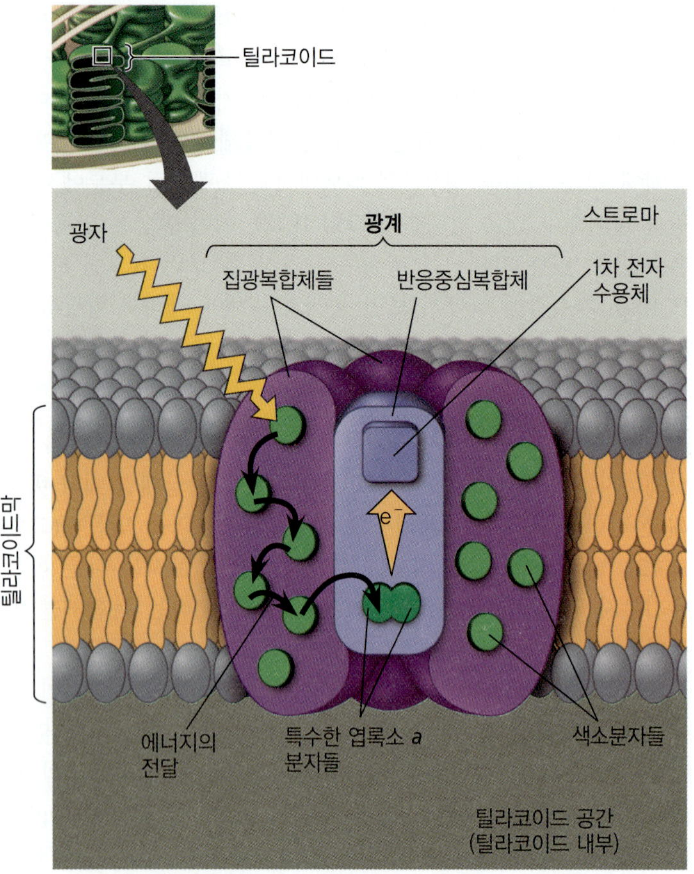

(a) **광계가 빛을 수확하는 방법.** 광자가 집광복합체의 색소에 부딪히면, 반응중심복합체에 도달할 때까지 에너지는 한 분자로부터 다른 분자로 전달된다. 반응중심복합체의 특별한 엽록소 *a* 분자 쌍에서 들뜬 전자 하나가 1차 전자수용체로 전달된다.

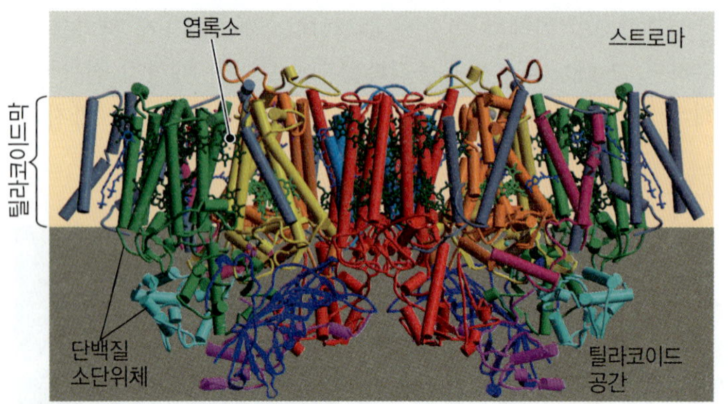

(b) **광계 II의 구조.** X선 결정학에 근거한 광계 II의 이 컴퓨터 모델은 2개의 광계복합체가 나란히 놓여 있는 것을 보여준다. 엽록소 분자(작은 녹색의 공-막대모형)는 단백질 소단위체(실린더나 리본 형태) 속에 배치되어 있다. 앞으로는 단순하게 표현하기 위해 광계 II를 단일 복합체로 나타내겠다.

▲ **그림 11.13 광계의 구조와 기능**

동 경기장에서 사람들이 파도 응원하는 것과 비슷하다. 반응중심복합체에는 **1차 전자수용체(primary electron acceptor)**라 불리는, 전자를 받아서 환원될 수 있는 분자도 포함된다. 반응중심복합체에 있는 엽록소 *a* 분자쌍은 특별한데, 이는 엽록소 *a*의 위치와 엽록소 *a*와 결합하는 분자들이 형성한 분자 환경이 빛으로부터 얻은 에너지를 이용해 자신의 전자 중 하나를 고에너지 상태로 올릴 수도 있고, 다른 분자인 1차 전자수용체로 전자를 전달할 수도 있기 때문이다.

태양 동력을 이용하여 특별한 엽록소 *a* 분자쌍으로부터 1차 전자수용체로 전자를 전달하는 것이 명반응의 첫 번째 단계이다. 엽록소 전자가 고에너지 상태로 들뜨게 되자마자 1차 전자수용체가 전자를 즉시 포획하는데, 이는 산화환원반응이다. 분리된 상태의 엽록소가 들어 있는 그림 11.12b의 플라스크에는 전자수용체가 존재하지 않아 빛에 의해 들뜬 엽록소의 전자가 바로 바닥 상태로 되돌아가기 때문에 형광을 발하게 된다. 하지만 실제 엽록체 환경 내에서는 들뜬 전자가 가지고 있는 위치에너지가 빛이나 열로 소실되지 않는다. 따라서 집광복합체에 의해 둘러싸여 있는 반응중심복합체의 각 광계는 엽록체에서 하나의 단위로 작용한다. 광계는 빛에너지를 화학에너지로 전환하며, 이것이 궁극적으로 당의 합성에 사용된다.

틸라코이드막에는 광합성의 명반응에서 서로 협력하는 두 종류의 광계가 존재한다. 이들을 **광계 II(photosystem II, PS II)**와 **광계 I(photosystem I, PS I)**이라 한다. (발견된 순서에 따라 이름이 붙여졌지만, 실제론 명반응에서 광계 II가 먼저 작용한다.) 각 광계는 특징적인 반응중심복합체를 갖고 있다. 즉, 특정 단백질에 결합된 특별한 엽록소 *a* 분자쌍 옆에 특정 종류의 1차 전자수용체가 위치하고 있다. 광계 II의 반응중심 엽록소 *a*는 스펙트럼의 적색 부분인 680 nm 파장의 빛을 가장 잘 흡수하기 때문에 P680으로 알려져 있다. 광계 I의 반응중심 복합체에 있는 엽록소 *a*는 스펙트럼에서 적색의 끝부분인 700 nm 파장의 빛을 가장 효율적으로 흡수하기 때문에 P700이라 부른다. P680과 P700 두 색소는 사실 동일한 엽록소 *a* 분자이다. 그러나 틸라코이드막에서 각기 다른 단백질과 결합한 것이 두 색소 내의 전자 분포에 영향을 미치고, 빛 흡수 특성에서 미세한 차이를 나타나게 한다. 어떻게 두 광계가 함께 작용해서 빛에너지를 이용해 명반응의 두 가지 주요 산물인 ATP와 NADPH를 만드는지 살펴보겠다.

선형의 전자 흐름

빛은 엽록체 틸라코이드막에 묻혀 있는 2개의 광계에 에너지를 공급함으로써 ATP와 NADPH를 생성하게 한다. 이런 에너지 전환의 핵심은 틸라코이드막에 있는 광계와 다른 분자 구성 성분들을 통해 일어나는 전자이동이다. 이것을 **선형 전자 흐름(linear electron flow)**이라고 하며, 그림 11.14에서 보듯이 광합성의 명반응 중에 일어난다. 아래 설명의 단계 번호는 그림의 단계 번호와 동일하다.

❶ 빛 광자가 집광복합체의 색소분자에 부딪치면 전자 중 하나

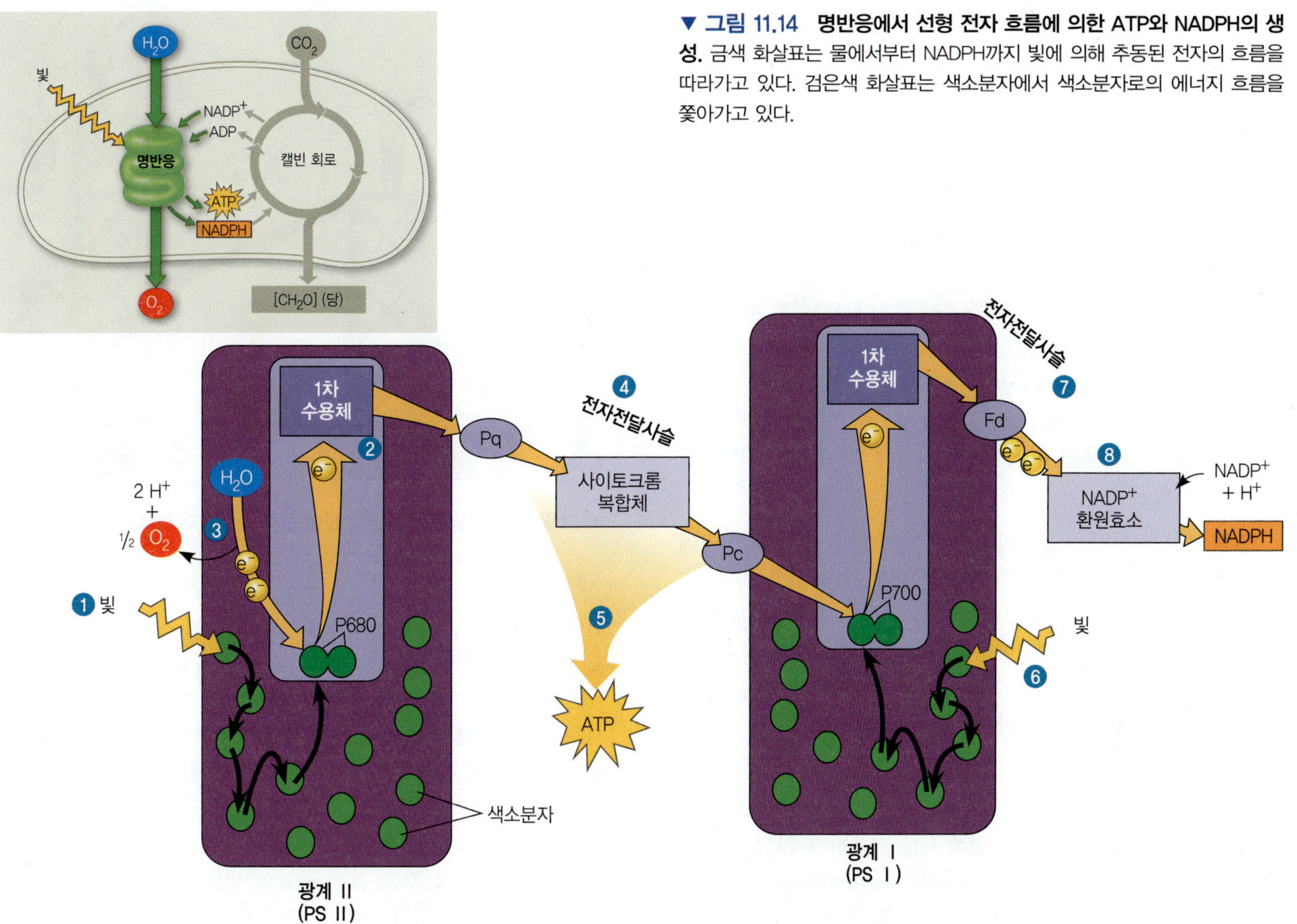

▼ 그림 11.14 명반응에서 선형 전자 흐름에 의한 ATP와 NADPH의 생성. 금색 화살표는 물에서부터 NADPH까지 빛에 의해 추동된 전자의 흐름을 따라가고 있다. 검은색 화살표는 색소분자에서 색소분자로의 에너지 흐름을 쫓아가고 있다.

를 더 높은 에너지 상태로 들뜨게 한다. 이 전자가 바닥 상태로 떨어지는 것과 동시에, 인접 색소분자의 전자 하나가 들뜬 상태로 올라가게 된다. 이 과정은 에너지가 광계 II의 반응중심복합체에 있는 P680 엽록소 *a* 분자쌍에 도달할 때까지 다른 색소분자로 전달되면서 지속된다. 이는 엽록소 쌍의 전자 하나를 더 높은 에너지 상태로 들뜨게 한다.

❷ 이 전자는 들뜬 P680으로부터 1차 전자수용체로 전달된다. 이런 결과에 의한 P680의 형태는 전자를 잃어서 $P680^+$라 한다.

❸ 효소가 물 한 분자를 2개의 전자, 2개의 수소이온(H^+) 그리고 1개의 산소원자로 분해한다. 전자는 1개씩 $P680^+$ 분자쌍에 제공되는데, 각 전자는 1차 전자수용체에 빼앗긴 1개의 전자를 대체한다. ($P680^+$은 알려진 생물학적 산화제 중 가장 강력한 것이며, $P680^+$의 전자는 반드시 채워져야 한다. 이는 분해된 물분자로부터의 전자 전달을 촉진한다.) H^+은 틸라코이드막 공간으로 방출된다. 산소원자는 즉시 다른 물분자의 분해에 의해 생성된 산소원자와 결합하여 O_2를 형성한다.

❹ 세포호흡의 전자전달사슬과 유사하게, 빛에 의해 들뜬 각 전자는 광계 II의 1차 전자수용체로부터 전자전달사슬을 통해 광계 I로 전달된다. 광계 II와 광계 I 사이의 전자전달사슬은 전자전달자인 플라스토퀴논(Pq), 사이토크롬복합체 그리고 플라스토시아닌(Pc)이라는 단백질로 구성되어 있다.

❺ 전자가 에너지를 방출하며 더 낮은 에너지 수준으로 떨어지면서 ATP 합성 과정에 에너지를 제공한다. 전자가 사이토크롬복합체를 통과하면서 양성자가 틸라코이드막 내부의 공간 내로 펌핑되는데, 이는 화학삼투에 이용되는 양성자 농도기울기를 형성한다.

❻ 그 동안 빛에너지는 집광복합체색소를 통해 광계 I의 반응중심복합체로 전달되어 반응중심에 위치하는 P700 엽록소 *a* 분자쌍의 전자 하나를 들뜨게 한다. 광활성 전자(빛에 의해 들뜬 전자)는 광계 I의 1차 전자수용체에 전달되고, P700은 전자를 받을 수 있는 상태의 $P700^+$으로 된다.

바꿔 말하면, $P700^+$은 광계 II로부터 시작하는 전자전달사슬의 제일 아래쪽에 도달한 전자를 받아들이는 전자수용체로 작용할 수 있게 된다.

7 광계 I의 1차 전자수용체로 전달된 광활성 전자는 일련의 산화환원반응을 거쳐 페레독신(Fd) 단백질을 통과하는 두 번째 전자전달사슬을 따라 이동한다. (이 전자전달사슬은 양성자 기울기를 만들지 않기 때문에 ATP를 생성하지는 않는다.)

8 $NADP^+$ 환원효소는 전자를 Fd로부터 $NADP^+$로 이동시킨다. NADPH로 환원되기 위해서는 2개의 전자가 필요하다. NADPH는 물보다 더 높은 에너지 수준에 있어, 이 분자가 가진 전자들은 물분자의 전자들보다 좀 더 쉽게 캘빈 회로의 반응에 사용될 수 있다. 이 과정에 스트로마의 H^+가 또한 제거된다.

그림 11.15는 명반응 동안의 선형 전자 흐름에 따른 전자의 에너지 변화를 기계적인 비유로 나타낸 것이다. 그림 11.14와 11.15에서 제시된 구도는 복잡해 보이지만 큰 그림을 쫓아가며 이해할 필요가 있다. 명반응은 태양에너지를 이용하여 ATP와 NADPH를 생성하는데, 이들은 캘빈 회로의 탄수화물 합성 반응을 위한 화학에너지와 환원력을 제공한다.

순환적 전자 흐름

어떤 경우에는 광활성 전자가 광계 II를 사용하지 않고, 광계 I만을 사용하는 **순환적 전자 흐름(cyclic electron flow)**이라는 다른 경로를 이용한다. 그림 11.16에서 순환적 흐름은 짧은 회로라는 것을 알 수 있다. 전자는 역으로, 페레독신(Fd)으로부터 사이토크롬 복합체 쪽으로 순환되며, 거기에서 광계 I의 반응중심 복합체 P700 엽록소 쪽으로 계속 순환된다. 순환적 흐름에서는 NADPH가 생성되지 않고 산소도 방출되지 않지만 ATP는 생성

▲ 그림 11.15 **명반응 동안의 선형 전자 흐름을 기계적으로 비유한 그림**

된다.

현존하는 몇몇 광합성 세균 그룹은 광계 I과 광계 II 둘 중 하나만을 갖고 있다. 자색 황세균(그림 11.2e)이 포함된 이런 종에서는, 순환적 전자 흐름이 광합성 과정에서 ATP를 생성하는 유일한 방법이다. 진화생물학자들은 이들 세균 그룹이 순환적 전자 흐름과 유사한 형태로 처음으로 광합성을 진화시킨 세균의 후손일 것이라 믿는다.

두 개의 광계를 갖고 있는 광합성 생물종에서도 순환적 전자 흐름이 일어날 수 있다. 오늘날까지 조사된 진핵 광합성 생물체뿐만 아니라, 그림 11.2d에서 보여준 남세균과 같은 여러 원핵생물체도 이에 해당된다. 이 과정이 일부분 "진화적 유산"일지라도 이런 생물체들을 위해 최소한 한 가지 유익한 역할을 하는 것으로 생각된다. 순환적 전자 흐름이 일어나지 않는 돌연변이 식물

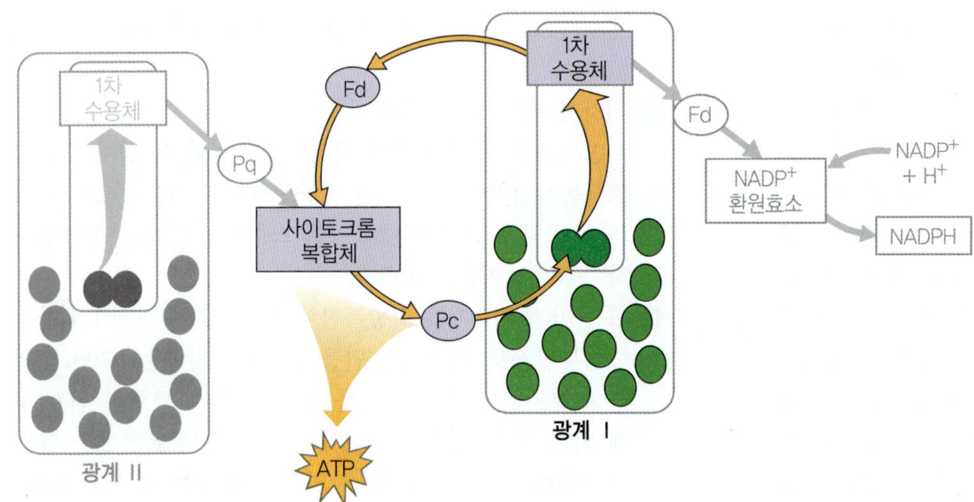

◀ 그림 11.16 **순환적 전자 흐름.** 광계 I로부터 유래된, 빛에 의해 들뜬 전자는 간혹, 페레독신(Fd)으로부터 사이토크롬복합체와 플라스토시아닌(Pc)을 거쳐 엽록소로 되돌아간다. 이러한 전자의 방향 변경은 화학삼투를 통한 ATP의 공급을 보충해주지만 NADPH는 만들지 않는다. 그림에서 선형 전자 흐름을 순환적 흐름과 비교하기 위해 흐리게 표시하였다. 이 그림에서 제시된 페레독신 분자는 광계 I 전자전달사슬의 최종 전자전달자이다. 이 두 과정에서 페레독신의 역할을 분명히 드러내기 위해 두 번 그렸지만 실제론 하나로 동일한 것이다.

? 그림 11.15를 보고, 순환적 전자 흐름에 대한 기계적 비유를 하기 위해 어떻게 바꾸어야 할지 설명하라.

은 낮은 조도에서는 잘 생장하지만, 조도가 높아지면 생장이 잘 이루어지 않는다. 이는 순환적 전자 흐름이 광보호 기능을 하리라는 생각을 뒷받침하는 증거이다. 이후에, 광합성의 특별한 적응과 관련하여 순환적 전자 흐름에 대해 더 배우게 될 것이다(개념 11.4의 C_4 식물 참조).

ATP가 선형이던 순환적 전자 흐름이던 어떤 경로로 만들어지던 간에 ATP의 합성 기작은 동일하다. 캘빈 회로에 대해 배우기 전에, 세포막을 이용하여 산화환원 반응과 ATP 생성을 연결시키는 화학삼투를 복습해 보자.

엽록체와 미토콘드리아에서의 화학삼투 비교

엽록체와 미토콘드리아는 화학삼투(chemiosmosis)라고 하는 동일한 기본 기작을 이용하여 ATP를 생성한다. 막에 결합되어 있는 전자전달사슬은 전자가 점차 전기음성도가 큰 일련의 운반체를 통해 이동할 때, 막을 가로질러 양성자를 펌핑한다. 이런 방법으로 전자전달사슬은 산화환원 에너지를 양성자 구동력—막을 가로지르는 H^+ 농도기울기 형태로 저장된 위치에너지—로 전환한다. 같은 막에 ATP 합성효소복합체가 위치하고 있어, 농도기울기에 따른 수소이온의 확산력을 ADP의 인산화와 결합시켜 ATP를 생성한다.

엽록체와 미토콘드리아는 매우 유사한 전자운반체를 가지고 있는데, 철을 함유하고 있는 사이토크롬 단백질들이 좋은 예이다. 두 세포소기관의 ATP 합성효소복합체 역시 거의 동일하다. 하지만 미토콘드리아에서의 산화적 인산화와 엽록체에서의 광인산화 사이에는 현저한 차이가 있다. 엽록체에서 전자전달사슬의 아래로 떨어지는 고에너지 전자는 물에서 유래하지만 미토콘드리아에서는 전자가 유기물로부터 추출된다(따라서 이들은 산화된다). 엽록체의 경우, ATP를 만들 때 영양분 분자가 필요하지 않다. 즉, 광계가 빛에너지를 획득하고, 이 에너지를 사용하여 전자를 물로부터 전달사슬의 맨 위로 올린다. 달리 말하면, 미토콘드리아는 음식물 분자가 가진 화학에너지를 ATP로 전달하기 위해 화학삼투를 이용하지만 엽록체는 빛에너지를ATP의 화학에너지로 전환한다.

화학삼투의 공간적 구성에서 엽록체와 미토콘드리아는 약간 다르지만, 이 둘 간의 유사성은 확연히 볼 수 있다(그림 11.17). 미토콘드리아의 내막은 양성자를 미토콘드리아 기질로부터 막사이 공간으로 펌핑해서 이 공간이 양성자의 저장소로 작용한다. 엽록체의 틸라코이드막에서는 스트로마로부터 틸라코이드 내부 막사이 공간으로 양성자를 펌핑하며, 이 막사이 공간이 양성자의 저장소로 작용한다. 내막으로부터 돌출되어 있는 미토콘드리아의 크리스테를 보면, 미토콘드리아의 기질이 엽록체의 스트로마와 유사하듯, 두 세포소기관에서 어떻게 틸라코이드 공간과 막사이 공간이 서로 상응하는 공간인지 이해하게 될 것이다.

미토콘드리아에서 양성자는 ATP 합성효소를 통해 막사이 공간으로부터 기질 쪽으로 농도 기울기에 따라 확산되면서 ATP 합성을 추진한다. 엽록체에서는 촉매 부위가 스트로마 쪽으로 향해 있는 ATP 합성효소복합체를 통해, 양성자가 틸라코이드 막사이 공간으로부터 스트로마 쪽으로 확산되어 나가면서 ATP를 합성한다(그림 11.18). 따라서 ATP는 캘빈 회로가 일어나는 동안 당합성을 도와주는 장소인 스트로마에서 생성된다.

▶ **그림 11.17 미토콘드리아와 엽록체에서의 화학삼투 비교.** 두 세포소기관 모두에서 전자전달사슬은 양성자(H^+)를 농도가 낮은 부위(연회색부분)로부터 높은 부위(진회색부분)로 막을 가로질러 펌핑한다. 양성자는 ATP를 합성하는 ATP 합성효소를 통해 막을 가로질러 확산되어 나와 ATP 합성을 추진한다.

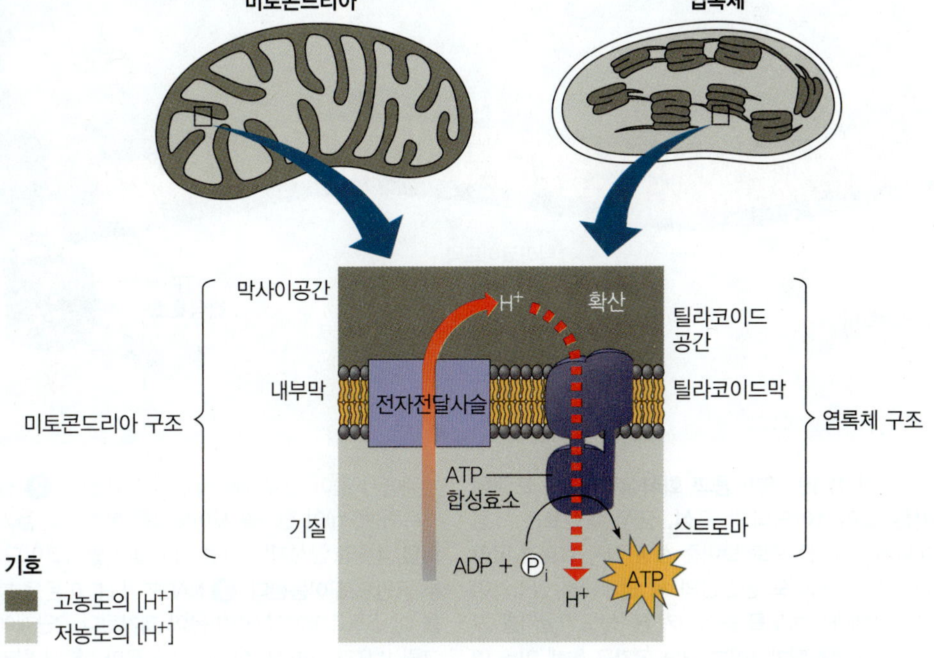

틸라코이드막을 경계로 형성된 양성자 농도기울기, 또는 pH 기울기는 상당한 것이다. 실험조건으로 엽록체에 빛을 비추면, 틸라코이드 공간의 pH는 5 정도로 떨어지게 되고(양성자 농도가 증가), 스트로마의 pH는 8 정도로 증가(양성자 농도는 감소)한다. pH 단위로 차이 3은 H^+의 농도 차이로 환산할 경우, 1000배에 해당한다. 빛을 꺼버릴 경우 pH의 차이는 없어지지만, 다시 빛을 켜면 빠르게 pH의 차이가 생기게 된다. 이런 실험은 화학삼투 모델이 타당함을 지지하는 강력한 증거가 된다.

현재 학계에서 받아들여지고 있는 명반응 장치의 틸라코이드막 내 구성 모델은 여러 연구 결과에 근거하고 있다. 그림의 각 분자와 분자 복합체는 실제로 각 틸라코이드에 매우 많은 수로 존재하고 있다. ATP와 마찬가지로 NADPH도 캘빈 회로 반응이 일어나는 스트로마쪽 막에서 생성된다.

명반응을 요약하면, 전자 흐름은 전자를 전자의 위치에너지가 낮은 상태인 물로부터 밀어내 최종적으로 높은 에너지 상태의 NADPH에 저장한다. 빛에 의해 추동된 전자 흐름은 ATP도 만들어 낸다. 따라서 틸라코이드막에 결합된 장치들은 빛에너지를 ATP와 NADPH에 저장된 화학에너지로 전환하고, 부산물로 산소를 만든다. 이제 어떻게 캘빈 회로가 명반응의 산물을 이용해서 CO_2로부터 당을 합성하는지 살펴본다.

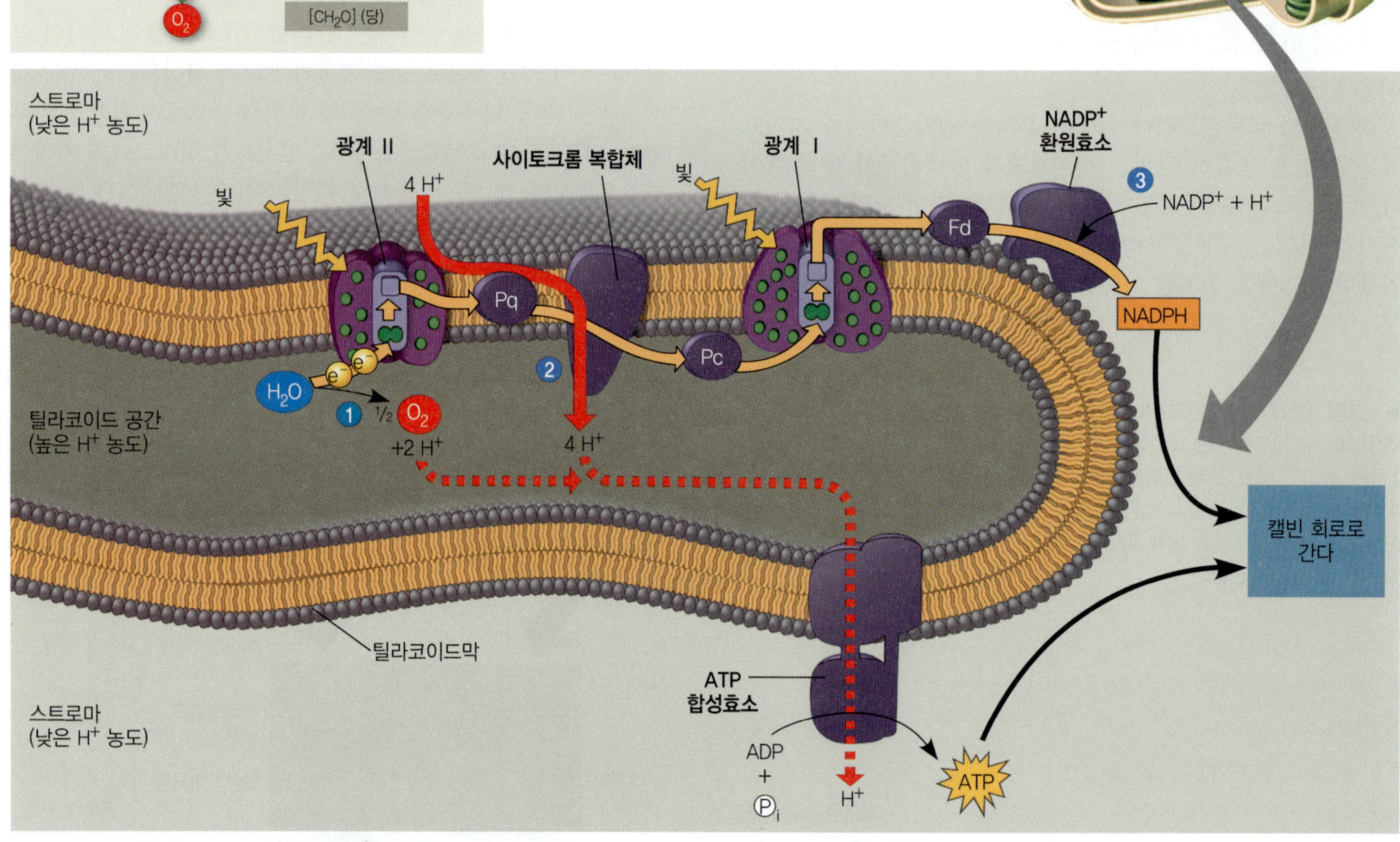

▲ **그림 11.18 명반응과 화학삼투: 최근 모델에 따른 틸라코이드막의 구성.** 금색 화살표는 그림 11.14에서 개략적으로 보여준 선형 전자 흐름을 따라가고 있다. 적어도 명반응의 세 단계에서 틸라코이드 공간에 H^+ 농도를 증가시켜 H^+ 농도기울기를 만들어낸다: ① 틸라코이드 내부 공간을 향해 있는 막 부위에서 물이 광계 II에 의해 쪼개어진다. ② 플라스토퀴논(Pq)이 전자를 사이토크롬 복합체로 옮기게 되면, 4개의 양성자는 막을 가로질러 틸라코이드 내부 공간으로 이동한다. ③ $NADP^+$가 H^+ 이온을 붙잡을 때 스트로마에서 H^+ 이온이 제거된다. 2단계에서 그림 11.17과 같이 H^+ 이온은 스트로마로부터 틸라코이드 내부공간으로 펌핑되는 것을 주목하라. H^+ 농도기울기에 따라 틸라코이드 내부 공간으로부터 스트로마 쪽으로 H^+ 이온이 확산되면서 ATP 합성효소를 작동시킨다. 이러한 빛에 의해 추동되는 반응은 NADPH와 ATP에 화학에너지를 저장하고, 이 에너지를 당을 생산하는 캘빈 회로에 전달한다.

개념 확인 문제 11.2

1. 어떤 색의 빛이 광합성을 일으키는 데 가장 비효율적인가? 왜 그런지 설명하라.
2. 명반응에서 최초의 전자공여체는 무엇인가? 그리고 전자가 최종적으로 도달하는 곳은?
3. **WHAT IF?** 실험에서 분리된 엽록체 용액에 적절한 화학물질을 함께 넣고 빛을 비추면 ATP가 합성될 수 있다. 만일 막이 양성자를 쉽게 통과시킬 수 있게 하는 화합물을 용액에 첨가한다면, ATP 합성률은 어떻게 될지 예측하라.

정답은 부록 A 참조

개념 11.3

캘빈 회로는 ATP와 NADPH의 화학에너지를 사용하여 CO_2를 당으로 환원한다

캘빈 회로는 분자들이 회로로 들어가고 일부는 회로에서 나온 뒤 출발 물질이 재생성되는 시트르산 회로와 유사하다. 시트르산 회로는 아세틸 CoA를 산화하고 에너지를 사용하여 ATP를 합성하는 분해 대사인 반면, 캘빈 회로는 작은 분자들과 에너지를 소모하여 탄수화물을 만드는 동화대사이다. 탄소는 CO_2 형태로 캘빈 회로로 들어가고 당 형태로 회로를 빠져나온다. 회로는 에너지 공급원으로 ATP를 사용하고, NADPH를 환원력으로 하여 고에너지 전자를 첨가시켜 당을 만든다.

앞에서 언급했듯이(개념 11.1), 캘빈 회로로부터 직접 만들어지는 탄수화물은 포도당이 아니라 3탄당이며, 이 당의 이름은 **글리세르알데히드 3-인산(glyceraldehyde 3-phosphate, G3P)**이다. 최종적으로 G3P 한 분자를 합성하려면, 세 분자의 CO_2 고정이 필요하고 회로가 세 번 돌아야 한다. (탄소고정이란 CO_2가 유기물질에 처음 결합하는 것을 의미한다는 사실을 기억하라.) 회로의 각 단계를 쫓아가는 것은 캘빈 회로 반응에서 세 분자의 CO_2를 따라가는 것임을 명심하라. **그림 11.19**는 캘빈 회로를 탄소고정, 환원 그리고 CO_2 수용체의 재생이라는 세 단계로 구분하였다.

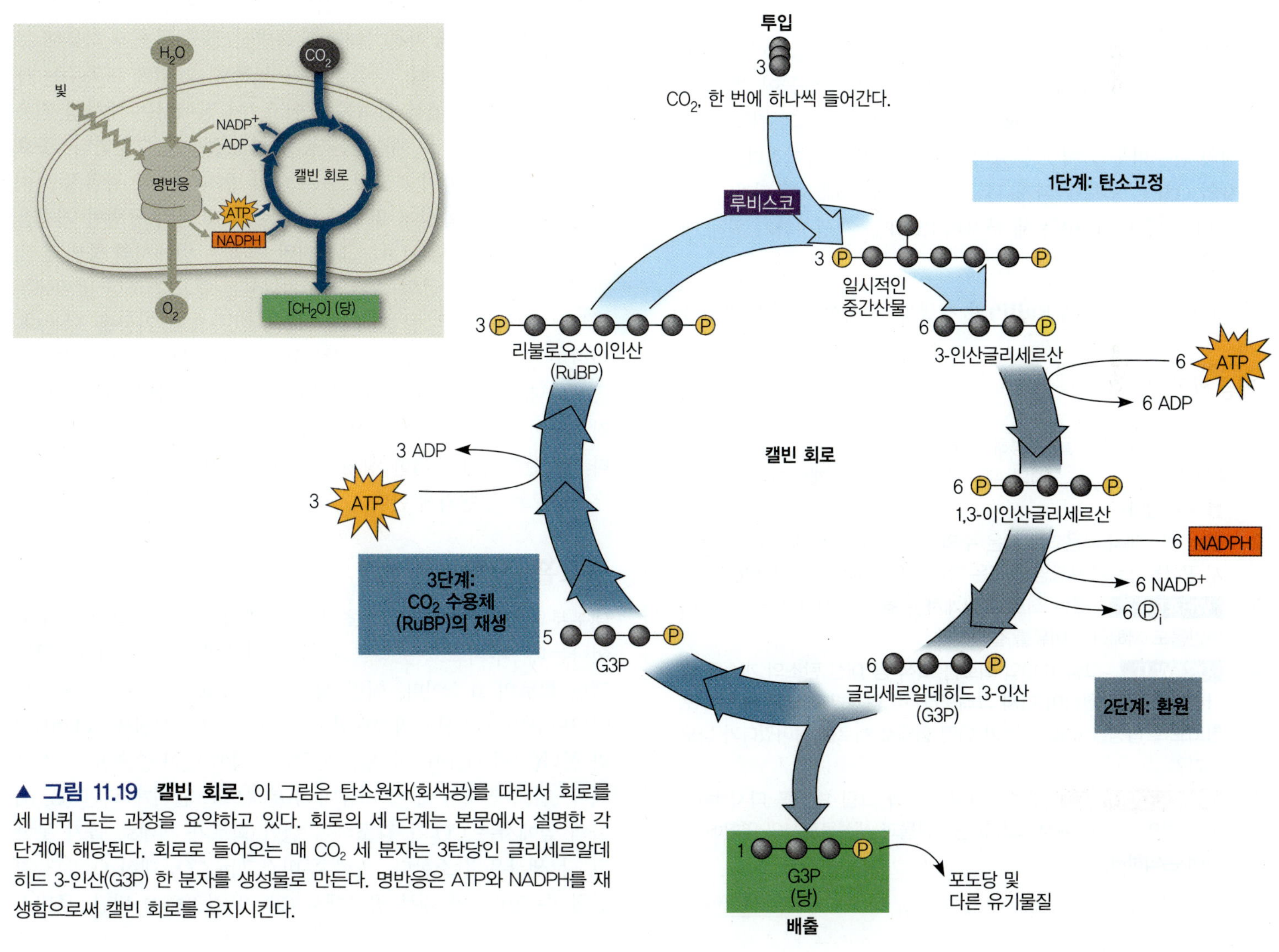

▲ **그림 11.19 캘빈 회로.** 이 그림은 탄소원자(회색공)를 따라서 회로를 세 바퀴 도는 과정을 요약하고 있다. 회로의 세 단계는 본문에서 설명한 각 단계에 해당된다. 회로로 들어오는 매 CO_2 세 분자는 3탄당인 글리세르알데히드 3-인산(G3P) 한 분자를 생성물로 만든다. 명반응은 ATP와 NADPH를 재생함으로써 캘빈 회로를 유지시킨다.

1단계: 탄소고정. 캘빈 회로는 각 CO_2 분자를 한 번에 하나씩, 리불로오스이인산(RuBP)이라는 5탄당에 결합시킨다. 이와 같은 첫 과정은 RuBP 카르복실화효소인 **루비스코(rubisco)**에 의해 촉매된다. (루비스코는 엽록체 내 단백질 중 가장 많은 단백질로서 지구상의 단백질 중 가장 많은 단백질이라고 생각된다.) 반응 생성물은 탄소 6개로 이루어진 중간산물로서 열역학적으로 매우 불안전하여 생성 즉시 반으로 쪼개어져 두 분자의 3-인산글리세르산이 된다(고정된 CO_2 한 분자당 두 분자가 생성된다).

2단계: 환원. 각 3-인산글리세르산 분자들은 모두 ATP로부터 인산기 하나씩을 받아서, 1,3-이인산글리세르산이 된다. 다음으로, NADPH로부터 제공된 한 쌍의 전자가 1,3-이인산글리세르산을 환원시키면 인산기를 잃고 G3P가 된다. 특히 NADPH로부터 유래한 전자는 1,3-이인산글리세르산의 카르복실기를 보다 큰 위치에너지를 저장하는 G3P의 알데히드기로 환원시킨다. G3P는 해당과정에서 포도당이 분해되어 만들어지는 3탄당과 동일한 당이다(그림 10.9). 그림 11.19에서 회로에 들어오는 매 세 분자의 CO_2당 여섯 분자의 G3P가 만들어지는 것에 주목하라. 하지만 3탄당 한 분자만이 탄수화물의 순 획득량으로 계산될 수 있다. 나머지는 회로를 돌리는데 필요하기 때문이다. 회로는 탄소수 15개의 탄수화물이 세 분자의 5탄당 RuBP라는 형태로 시작했다. 회로의 결과 탄소수 18개의 탄수화물인 여섯 분자의 G3P 분자가 만들어진다. 한 분자의 G3P는 회로를 빠져나와 식물세포에 의해 사용되지만, 다른 다섯 분자의 G3P는 세 분자의 RuBP를 재생성하기 위해 재순환한다.

3단계: CO_2 수용체(RuBP)의 재생성. 복잡한 일련의 반응을 통해 G3P 다섯 분자의 탄소골격이 캘빈 회로의 마지막 단계에서 세 분자의 RuBP로 재배열된다. 이 과정을 완수하기 위해서 회로는 세 분자의 ATP를 더 사용한다. RuBP는 다시 CO_2를 받아들일 준비가 되었고 회로는 계속된다.

1분자의 G3P를 합성하기 위해 캘빈 회로는 총 9개의 ATP 분자와 6개의 NADPH 분자를 소모한다. ATP와 NADPH는 명반응에 의해 재생된다. 캘빈 회로로부터 빠져나온 G3P는 포도당(두 분자의 G3P가 합쳐져서 형성)이나 이당류인 설탕과 다른 탄수화물 등의 유기 화합물을 합성하는 물질대사 과정의 출발 물질이 된다. 명반응이나 캘빈 회로 단독으로는 CO_2로부터 당을 만들 수 없다. 광합성은 명반응과 캘빈 회로 두 과정을 통합시키는 온전한 엽록체에서 볼 수 있는 창발적 특성이다.

개념 확인 문제 11.3

1. 한 분자의 포도당을 합성하기 위해, 캘빈회로는 ________개의 CO_2 분자, ________개의 ATP 분자, ________개의 NADPH 분자를 사용한다.
2. 캘빈 회로에서 사용되는 많은 수의 ATP와 NADPH 분자가 왜 에너지 공급원으로서 포도당의 높은 가치와 일치하는지 설명하라.
3. WHAT IF? 캘빈 회로에 관계하는 효소를 저해하는 독극물이 명반응도 저해하는 이유를 설명하라.
4. DRAW IT 그림 11.19의 회로를 회색 공 대신 탄소의 개수를 나타내는 수로 표현하여 다시 그려보라. 각 단계별로 모든 탄소가 포함되도록 곱셈을 하라. 탄소가 어떤 형태로 회로를 들어갔다가 나오는가?
5. MAKE CONNECTIONS 그림 10.9와 그림 11.19를 다시 보라. 이 그림의 두 과정에서 G3P의 중간산물과 생성물로서의 역할에 대하여 논의하라.

정답은 부록 A 참조

개념 11.4

덥고 건조한 기후에서 다른 방식의 탄소고정 기작들이 진화되었다

진화 4억 7,500만 년 전 식물이 최초로 육지로 상륙한 이후, 식물은 육상생활에 따른 문제 중 특별히 건조 문제에 적응해 왔다. 29장과 36장에서는 식물이 물을 보존할 수 있게 도와주는 해부학적 적응에 대해서 살펴볼 것이고, 이 장에서는 대사적 적응에 대해 살펴보겠다. 해결책은 종종 상호절충을 수반한다. 중요한 예가 바로 식물의 과도한 수분 손실 방지 기구와 광합성 사이의 타협이다. 광합성에 필요한 CO_2는 잎 표면의 구멍인 기공을 통해 들어온다(그림 11.4). 그렇지만 기공은 잎에서의 증발에 의한 수분 소실인 증산의 주된 통로가 된다. 덥고 건조한 날씨에는 대부분의 식물들은 물을 보존하려는 반응으로 기공을 닫는다. 이런 반응은 CO_2의 흡수를 제한하여 광합성량도 떨어뜨린다. 기공이 부분적으로 닫힌 상태에서도 잎 내부 공간의 CO_2 농도는 감소하기 시작하며 명반응을 통해 생성된 O_2가 증가하기 시작한다. 잎 안에서의 이러한 상황은 명백히 낭비적 과정인 광호흡이 우선적으로 진행되게 한다.

광호흡: 진화의 흔적?

대부분의 식물에서 탄소의 초기 고정 과정은 루비스코에 의해 일어나는데, 루비스코는 리불로오스이인산에 탄소를 첨가시키는 캘빈 회로의 효소이다. 이런 식물은 탄소고정의 첫 유기생성물이 3탄당인 3-인산글리세르산이기 때문에 **C_3 식물(C_3 plant)**이라 한다(그림 11.19). 벼, 밀, 대두는 농업에 있어 중요한 C_3 식물이다. 덥고 건조한 날에 기공이 부분적으로 닫히게 되면, C_3 식물의 잎에서는 CO_2가 감소하여 캘빈 회로가 제대로 돌지 못하고 당 생산은 감소한다. 또한 루비스코는 CO_2 대신 O_2와도 결합할 수 있다. 잎 내부 공간에서 CO_2가 감소하게 되면, 루비스코는 CO_2 대신 O_2를 캘빈 회로에 투입한다. 생성물은 분해되어, 2탄소 화합물이 엽록체로부터 방출된다. 이 물질은 퍼옥시좀과 미토콘드리아에서 재배열되고 분해되어 CO_2로 방출된다. 이 과정은 빛(photo)이 있는 동안에 일어나고, O_2가 소비되고 CO_2가 생성(respiration)되기 때문에, **광호흡(photorespiration)**이라 부른다. 하지만 정상적인 호흡과는 달리, 광호흡은 ATP를 만들지 않고 오히려 ATP를 소모한다. 광합성과 달리 광호흡은 당을 만들지도 않는다. 사실 광호흡은 캘빈 회로로부터 유기물질을 빼돌리고, 광호흡이 일어나지 않을 경우 고정되는 CO_2를 방출하기 때문에 광합성 효율을 감소시킨다. 이 CO_2는 여전히 잎 속에 머물러 있다면 CO_2 농도가 충분히 높아졌을 때 결국 다시 고정된다. 그렇지만 이 과정은 햄스터가 수레바퀴를 돌리는 것처럼 에너지 측면에서 낭비적이다.

식물에 역효과를 나타내는 듯한 대사 과정의 존재를 어떻게 설명할 수 있을까? 가설에 따르면, 광호흡은 오늘날보다 O_2가 적고 CO_2가 많았던 원시 지구에서 유래된 물질대사의 흔적으로 진화의 부산물이다. 루비스코가 처음 진화된 원시의 대기 상태에서, 효소활성 부위가 O_2를 배제하지 못했던 것은 큰 문제가 아니었을 것이다. 가설에 따르면 현재의 루비스코는 O_2에 대한 친화도를 우연히 가지고 있었는데, 현재는 산소가 대기 중에 너무나 많이 축적되어 어느 정도의 광호흡을 불가피하게 만든 것이라 한다.

이제 우리는 적어도 어떤 경우에는 광호흡이 식물을 보호하는 역할을 한다는 것을 알게 되었다. 유전자 결함으로 광호흡을 수행하는 능력에 문제가 생긴 식물은 과도한 빛에 의해 일어나는 손상을 보다 쉽게 받는다. 연구자들은 이것이 광호흡이 식물을 보호하는 역할을 한다는 명백한 증거라고 생각한다. 낮은 CO_2 농도에 의해 캘빈 회로의 진행이 지체될 때 명반응 과정에서 만들어진 생성물은 식물 조직을 손상시키는데, 광호흡은 이를 중화시켜 식물을 보호한다고 생각한다. 광호흡의 다른 이점이 있는지는 아직 잘 모른다. 중요한 농작물을 포함하여 여러 종류의 식물에서 광호흡은 캘빈 회로에 의해 고정된 탄소의 최대 50% 정도를 누수시킨다. 양분을 엽록체의 탄소고정에 의존하는 종속영양생물인 우리는 당연히 광호흡을 낭비적이라고 본다. 사실 어떤 식물의 광합성 생산성에 별다른 영향을 미치지 않으면서 광호흡을 감소시킬수 있다면, 곡물생산량과 식량 공급을 증가시킬 수 있을 것이다.

여러 식물종들이 덥고 건조한 기후에서도 광호흡을 최소화하고 캘빈 회로를 최적화시키는 또 다른 탄소고정 방식을 진화시켰다. 이러한 광합성 적응 중 가장 중요한 두 가지가 C_4 광합성과 CAM(crassulacean acid metabolism)이다.

C_4 식물

C_4 식물(C_4 plant)은 캘빈 회로에 앞서 첫 번째 생성물로 4탄소 화합물을 형성하는 다른 방식의 탄소고정을 가지기 때문에 붙여진 이름이다. C_4 대사경로는 최소한 19개 과에 속하는 수천 종의 식물이 사용하고 있으며, 적어도 45번 독립적인 진화에 의해 획득된 것으로 생각된다. 농업에 중요한 C_4 식물에는 초본 식물인 사탕수수, 옥수수가 있다.

C_4 식물 잎의 독특한 해부구조가 C_4 광합성 기작과 관련이 있다. C_4 식물에는 유관속초세포와 엽육세포 두 가지 서로 다른 형태의 광합성 세포가 존재한다. **유관속초세포(bundle-sheath cell)**는 잎맥 주변을 빽빽하게 둘러싸는 형태로 배열되어 있다**(그림**

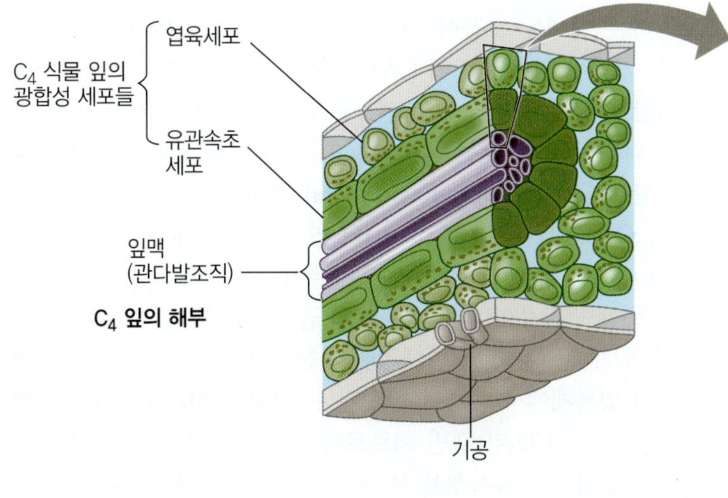

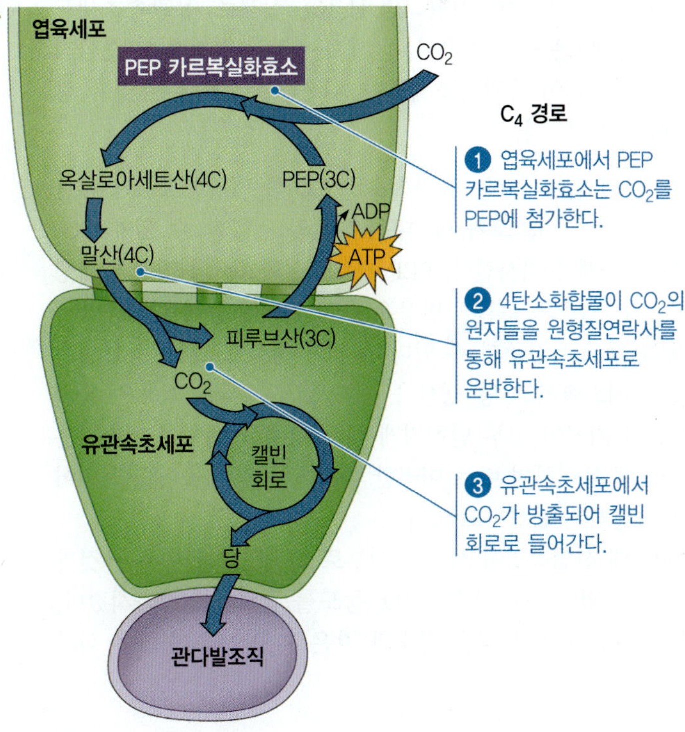

▲ **그림 11.20 C_4 식물의 잎 구조와 C_4 대사경로.** C_4 식물의 잎 구조와 생화학적 기능은 덥고 건조한 기후에 대한 진화적 적응의 결과이다. 이런 적응은 유관속초에서 CO_2 농도를 높게 유지하게 해주기 때문에 광호흡보다 광합성이 우선적으로 일어나게 한다.

11.20). 유관속초와 잎 표면 사이에는 엽육세포(mesophyll cell)가 보다 엉성하게 배열되어 있는데 C_4 식물의 잎에서는 이들이 매우 밀접하게 연결되어 엽육세포가 유관속초세포로부터 두 세 세포 이상으로 떨어지는 일은 절대 없다. 캘빈 회로는 유관속초세포의 엽록체에서만 일어난다. 하지만 CO_2를 유기화합물에 고정시키는 과정은 캘빈 회로 이전에 엽육세포에서 일어난다. 그림 11.20의 번호에 따른 각 단계를 참조하라. 설명은 아래에 기술한다.

1. 첫 과정은 엽육세포에만 존재하는 **PEP 카르복실화효소(PEP carboxylase)**에 의해 수행된다. 이 효소는 CO_2를 포스포에놀피루브산(PEP)에 부착하여 4탄소 산물인 옥살로아세트산을 만든다. PEP 카르복실화효소는 루비스코보다 CO_2에 대한 친화도가 더 높고, O_2에 대한 친화도는 없다. 따라서 날씨가 덥고 건조하여 기공이 부분적으로 닫혀 있을 때, 잎의 CO_2 농도가 낮아지고 O_2 농도가 증가하면, 루비스코는 못하지만 PEP 카르복실화효소는 효율적으로 탄소를 고정할 수 있다.
2. C_4 식물이 CO_2의 탄소를 고정하면, 엽육세포는 원형질연락사(그림 7.29)를 통해 4탄소 화합물(그림 11.20에서 예시된 말산)을 유관속초세포로 보낸다.
3. 유관속초세포에서 4탄소 화합물이 CO_2를 내놓으면, 이 CO_2는 루비스코와 캘빈 회로를 통해 유기물질로 다시 동화된다. 같은 반응에서 피루브산이 재생되는데, 이는 엽육세포로 되돌아간다. 엽육세포에서 피루브산은 ATP를 소모하고 PEP로 전환되어서, 반응회로가 계속 진행되도록 해준다. 이런 ATP는 유관속초세포에서의 CO_2 농축에 대한 대가라고 생각할 수 있다. 이러한 추가적인 ATP를 생산하기 위해 유관속초세포는 이 장 전반부에서 언급한 순환적 전자 흐름을 수행한다(그림 11.16). 실제로, 유관속초세포는 광계 I은 갖고 있으나, 광계 II는 갖고 있지 않아 순환적 전자 흐름이 유관속초세포가 ATP를 생산하는 유일한 광합성 방식이다.

C_4 식물의 엽육세포는 유관속초로 CO_2를 펌핑함으로써 유관속초세포에서 루비스코가 O_2 대신 CO_2와 결합할 수 있게 CO_2의 농도를 높게 유지시킨다. PEP 카르복실화효소와 PEP의 재생을 포함하는 일련의 순환적 반응은 ATP에 의해 동력을 제공받는 CO_2 농축 펌프로 간주할 수 있다. 이러한 방식으로, C_4 광합성은 광호흡을 최소화하고 당 생산을 증가시킨다. 이런 적응은 특별히 낮 동안 기공이 일부 닫혀지게 되는 강렬한 햇빛이 비춰지는 더운 지역에 유리하며 바로 이러한 환경에서 C_4 식물이 진화되어 왔고 오늘날까지 번성하고 있다.

1800년대 산업혁명이 시작된 이후로 화석연료를 태우는 것과 같은 인간의 활동은 대기권의 CO_2 농도를 급격하게 증가시켰다. 그 결과, 지구의 평균 기온 상승과 같은 지구 기후 변화는 식물종에 엄청난 영향을 미쳤을 것이다. 과학자들은 CO_2 농도의 증가와 온도 상승이 C_3와 C_4 식물에 서로 다르게 영향을 미쳐서 특정한 식물 군집에서 이들 종의 상대 빈도를 변화시킬 것이라 염려하고 있다.

이산화탄소의 증가로부터 더 많은 것을 얻어 지속할 수 있는 식물은 어떤 종류일까? C_3 식물에서는 루비스코가 CO_2 대신에 O_2와 결합하면 광호흡을 해서 광합성 효율을 떨어뜨린다는 사실을 기억하라. C_4 식물은 ATP를 소모하여 유관속초세포에 CO_2를 농축함으로써 이 문제를 극복한다. CO_2 양의 증가는 C_3 식물에게는 광호흡의 양을 줄이게 하므로 혜택이 된다. 이와 함께 기온 상승은 광호흡을 증가시키는 반대 효과를 가져온다. (수분 가용성과 같은 다른 요인이 함께 작용하기도 한다.) 반대로, 많은 C_4 식물들은 CO_2 농도 증가나 온도 상승에 크게 영향을 받지 않는다. 연구자들은 여러 연구를 통해 이런 질문에 대해 다양한 관점에서 연구해 오고 있다. 여러분은 **과학적 분석 기술의 연습**에서 이와 같은 실험에서 얻은 데이터를 분석해 볼 것이다. 서로 다른 지역에서 CO_2 농도와 온도 두 요인의 특별한 조합은 다양한 방법으로 C_3와 C_4 식물의 균형을 변화시킬 것이다. 군집 구조에 있어서 그런 광범위하고 가변적인 변화의 효과는 예측할 수 없어서, 이는 합당한 근심거리가 된다.

CAM 식물

매우 건조한 조건에 대한 광합성의 두 번째 적응은 수분을 저장하고 있는 많은 다육식물에서 진화하였다. 여기에는 많은 종류의 선인장과 파인애플, 그 외의 몇몇 과를 대표하는 식물들이 포함된다. 이 식물들은 일반적인 식물과는 반대로, 밤에는 기공을 열고 낮에는 기공을 닫는다. 낮에 기공을 닫으면 사막 식물이 물을 보존하는 데에는 도움이 되지만 CO_2가 잎으로 들어갈 수 없게 된다. 기공이 열리는 밤에 CAM 식물은 CO_2를 흡수하여 다양한 유기산에 결합시킨다. 이런 탄소고정 방식을 이 과정이 처음 발견된 다육식물인 돌나물과(Crassulaceae) 이름을 따서, **다육식물 유기산대사(crassulacean acid metabolism)** 혹은 **CAM**이라 부른다. **CAM 식물(CAM plant)**의 엽육세포는 기공을 닫는 아침이 될 때까지 밤 시간 동안에 만든 유기산을 액포에 저장한다. 낮 시간 동안 명반응이 캘빈 회로에 공급할 ATP와 NADPH를 생산할 수 있게 될 때, 전날 밤에 만들어진 유기산으로부터 CO_2가 방출되어 엽록체에서 당으로 합성된다. **그림 11.21**은 CAM 경로와 C_4 경로 모두 CO_2가 캘빈 회로로 들어가기 전에 먼저 유기 중간산물로 결합하는 유사성을 보여주고 있다. C_4 식물에서는 탄소고정 초기 과정이 캘빈 회로와 구조적으로 분리되어 있지만, CAM 식물에서는 두 단계가 같은 세포에서 서로 다른 시간대에 일어난다는 차이가 있다. 하지만 CAM, C_4 그리고 C_3 식물 모두 CO_2로부터 당을 만들 때는 결국 캘빈 회로를 사용한다는 사실을 명심하라.

과학적 분석 기술의 연습

회귀선을 이용한 산점도 그리기

대기 중 CO_2 농도는 농작물의 생산성에 영향을 미칠까? 대기 중 CO_2 농도는 전 세계적으로 증가하고 있다. 과학자들은 이것이 C_3 식물과 C_4 식물에 다르게 영향을 미치지 않을까 궁금해 하고 있다. 이 연습에서는 CO_2의 농도와 C_4 작물인 옥수수 그리고 옥수수 밭에서 발견되는 C_3 잡초인 어저귀의 생장 간의 상관관계를 점검하는 산점도 그래프를 그리려 한다.

▶ 침입해 자라고 있는 어저귀에 둘러싸인 옥수수 식물

실험 방법 연구자들은 옥수수와 어저귀를 동일한 양의 물과 빛을 받는 조건에서 45일 동안 키웠다. 식물을 세 그룹으로 나누어 서로 다른 대기 중 CO_2 농도(350, 600, 1,000 ppm)에 노출시켰다.

실험 데이터 아래 표는 서로 다른 농도의 CO_2에 자란 옥수수와 어저귀의 건조중량(g으로 표시)을 보여준다. 건조중량 값은 8개체 식물의 잎, 줄기, 뿌리를 평균한 값이다.

	350 ppm CO_2	600 ppm CO_2	1,000 ppm CO_2
옥수수 한 그루의 평균 건조중량(g)	91	89	80
어저귀 한 개체의 평균 건조중량(g)	35	48	54

데이터 해석

1. 두 변이 간의 관계를 탐구하기 위해 산점도 그래프를 그리고 회귀선을 그어보라. (a) 먼저 적당한 축 위에 종속 변수와 독립 변수를 표시하라. 그렇게 선택한 이유를 설명하라. (b) 이제 각각의 데이터 세트들에 대해 서로 다른 부호를 이용하여 옥수수와 어저귀에 대한 데이터 점을 그려라. (그래프에 관한 부가적인 정보를 위해 부록 F를 참고하라.)
2. 각 점에 대해 "가장 잘 맞는" 선을 그려라. 가장 잘 맞는 선이 모든 점을 지나갈 필요는 없고 심지어 대부분의 점을 지나가지 않을 수도 있다. 그러나 이 직선은 모든 데이터 점들을 가능한 가까이 지나가야 한다. 각 데이터 세트에 대해 가장 잘 맞는 선을 그려라. 선의 위치를 결정하는 것은 판단의 문제로 두 사람이 그린 선은 서로 조금씩 다를 수 있다. 실제로 가장 잘 맞는 선은 회귀선인데, 회귀선은 후보 선과 모든 점까지의 거리를 제곱으로 나타냈을 때 제곱의 합이 최소가 되는 선을 선택한 것이다. (선형 회귀선의 예를 3장 과학적 분석 기술의 연습 그래프에서 볼 수 있다.) 엑셀이나 다른 그래프 계산기를 포함한 소프트웨어 프로그램을 이용하여 데이터 값을 입력하면 회귀선을 그려준다. 엑셀을 이용하거나 그래프 계산기를 이용하여 각 데이터 세트의 값을 입력하면 두 개의 회귀선을 얻게 될 것이다. 이를 당신이 그린 선과 비교해 보라.
3. 당신이 그린 산점도 속의 회귀선이 보여주는 경향성에 대해 기술하라. (a) CO_2의 농도 증가와 옥수수 혹은 어저귀의 건조중량 사이의 관계를 비교하라. (b) 어저귀가 옥수수 밭에 침입한 잡초라는 점을 고려하여 증가된 CO_2 농도가 두 종 간의 상호작용에 어떤 영향을 미칠지 예측하라.
4. 산점도 데이터에 입각하여, 대기 중 CO_2의 농도가 390 ppm(현재 농도)에서 800 ppm으로 증가한다면 옥수수와 어저귀의 건조중량의 퍼센트 변화가 어떻게 될지 예측하라. (a) 옥수수와 어저귀의 건조중량이 390 ppm에서, 800 ppm에서 각각 어떻게 될지 예상하라. (b) 각 식물에서 중량의 퍼센트 변화를 계산하기 위해 800 ppm에서의 중량에서 390 ppm에서의 중량을 빼고(중량 변화), 390 ppm에서의 중량(초기 중량)으로 나누고 100을 곱하라. 옥수수 중량의 퍼센트 변화는 어떻게 되는가? 어저귀의 경우는? (c) 이 결과는 증가된 CO_2 농도 하에서 C_3 식물이 C_4 식물보다 더 잘 자란다는 다른 실험 결과와 잘 부합하는가? 왜 그런가? 혹은 왜 그렇지 않은가?

참고문헌 JD. T. Patterson and E. P. Flint, Potential effects of global atmospheric CO_2 enrichment on the growth and competitiveness of C_3 and C_4 weed and crop plants, *Weed Science* 28(1):71–75 (1980).

광합성의 중요성: 요약

10장에서 광자로부터 영양물까지의 광합성 과정을 추적하였다. 명반응은 태양에너지를 획득하고, 이 에너지를 사용하여 ATP를 만들며, 전자를 물로부터 $NADP^+$로 전달하여 NADPH를 만든다. 캘빈 회로는 ATP와 NADPH를 이용하여 이산화탄소로부터 당을 생산한다. 태양 빛 형태로 엽록체로 들어온 에너지는 화학에너지 형태로 유기화합물에 저장된다. 전 과정을 **그림 11.22**에 한눈으로 볼 수 있게 요약해 놓았다.

광합성 산물의 운명에 대해서 말하자면, 엽록체와 세포질의 효소들은 캘빈 회로에서 만들어진 G3P를 많은 다른 유기 합성물로 전환한다. 사실 엽록체에서 만들어진 당은 식물 세포의 모든 주요 유기분자 합성을 위하여 화학에너지와 탄소골격을 식물 전체에 제공한다. 광합성에 의해 만들어진 유기 물질의 약 50%는 식물 세포의 미토콘드리아에서 일어나는 호흡의 원료로 소모된다.

기술적으로 보면, 식물에서 독립영양을 하는 곳은 녹색 세포뿐이다. 식물의 다른 부분은 관속계를 통해 잎으로부터 운반된 유기분자에 의존한다. 대부분의 식물에서 탄수화물은 이당류인

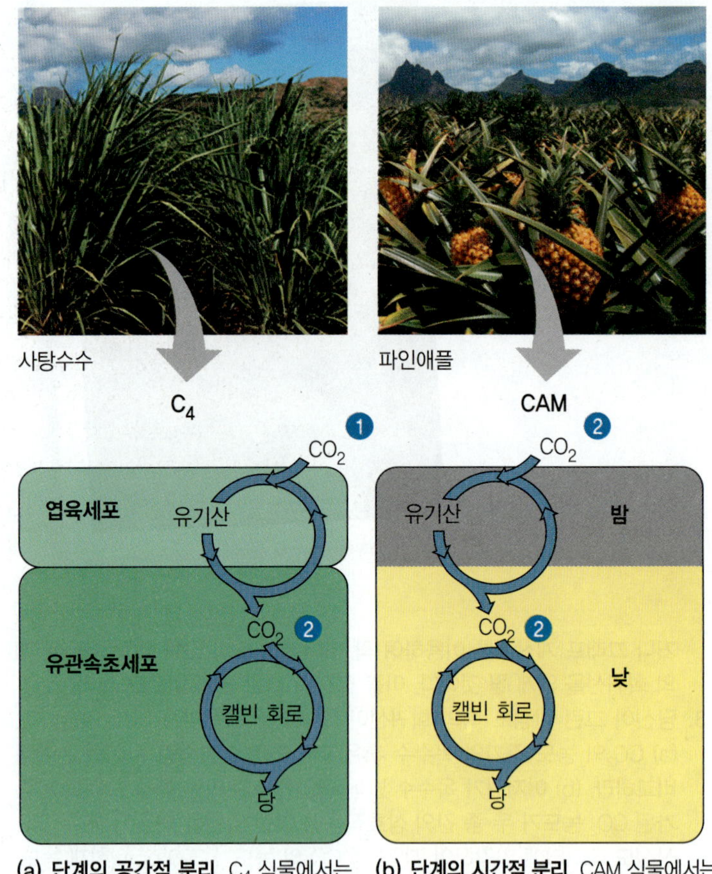

(a) **단계의 공간적 분리.** C_4 식물에서는 다른 종류의 세포에서 탄소고정과 캘빈 회로가 일어난다.

(b) **단계의 시간적 분리.** CAM 식물에서는 동일한 세포에서 탄소고정과 캘빈 회로가 서로 다른 시기에 일어난다.

▲ **그림 11.21 C_4와 CAM 광합성의 비교.** 두 가지 적응 모두 다음과 같은 특성을 갖고 있다. ❶ CO_2를 예비로 유기산에 결합시킨다. ❷ 이어서 CO_2를 캘빈 회로로 운반한다. C_4와 CAM 경로는 덥고 건조한 날씨에 기공을 일부 혹은 완전히 닫은 상태에서 광합성을 지속해야 하는 문제에 대한 두 가지 진화적 해결전략이다.

설탕 형태로 잎 밖으로 운반된다. 설탕은 비광합성 세포에 도달한 후, 세포호흡과 단백질, 지질 그리고 다른 산물을 합성하는 여러 동화 경로의 원료로 이용된다. 포도당 형태로 있는 많은 양의 당은 서로 연결되어 다당류인 셀룰로오스가 된다. 이들은 특히 생장 및 성숙 과정에 있는 식물세포의 세포벽을 구성한다. 세포벽의 주성분인 셀룰로오스는 식물에서 뿐만 아니라 지구상에서 가장 풍부한 유기분자일 것이다.

대부분의 식물은 호흡의 연료와 생합성의 전구 물질로 사용하기 위해 필요한 양보다 더 많은 유기물질을 매일 만든다. 식물은 녹말을 합성하여 일부는 엽록체 자체에 저장하고 일부는 뿌리, 덩이줄기, 종자, 과일의 저장 세포에 저장함으로써 여분의 당을 비축한다. 광합성에 의해 만들어지는 영양분 분자의 소비에 대해 설명하자면, 대부분의 식물은 잎, 뿌리, 줄기, 과일 그리고 경우에 따라서는 식물 전체가 사람과 같은 종속영양생명체에 의해 소비되어 없어지게 된다.

지구 전체 규모로 볼 때, 광합성은 대기에 산소를 제공하는 과정이다. 뿐만 아니라 영양생산 측면에서 미세한 엽록체의 총체적인 생산량은 엄청나다: 연간 어림잡아 1,500억 매트릭 톤(1매트릭 톤은 1,000 kg 또는 약 1.1 ton)의 탄수화물이 광합성에 의해 생산되는 것으로 추정된다. 이런 유기물질의 양은 이 책을 60조 권이나 쌓아놓은 것에 해당되며, 지구로부터 태양까지 17번 도달할 수 있는 길이이다. 지구상의 어떤 화학반응도 생명의 존속을 위해 광합성만큼 중요한 것은 없다.

5장에서 11장까지 세포의 많은 다양한 활동에 대해 배웠다. **그림 11.23**은 이 모든 과정들이 작동 중인 식물 세포라는 관점에서 통합적으로 보여주고 있다. 이 그림을 공부하면서 어떻게 각각의 과정이 전체 그림에 조각으로 꿰어지는지 상기하라. 살아있는 생물체의 가장 기본적인 단위로서 세포는 생명의 기능적 특성을 모두 수행하고 있다.

개념 확인 문제 11.4

1. 광호흡이 식물의 광합성 생산량을 떨어 뜨리는 이유를 설명하라.
2. C_4 식물의 유관속초세포에 광계 II는 없고 광계 I만 존재하는 것은 O_2 농도에 영향을 미친다. 어떤 영향을 미치며, 이 영향은 식물에 어떤 이득을 주는가?
3. **MAKE CONNECTIONS** 개념 3.3의 해양 산성화에 대한 논의를 참고하라. 해양 산성화와 C_3와 C_4 식물의 분포에 있어서의 변화는 두 개의 매우 다른 문제처럼 보인다. 하지만 이들이 갖는 공통적인 문제는 무엇인가? 설명하라.
4. **WHAT IF?** 기후가 무척 더워지고 건조해지고 있는 어떤 지리구에서 CO_2 농도의 변화가 없다면, C_4와 CAM 식물종에 대한 C_3 식물종의 상대 빈도는 어떻게 변할 것으로 예상하는가?

정답은 부록 A 참조

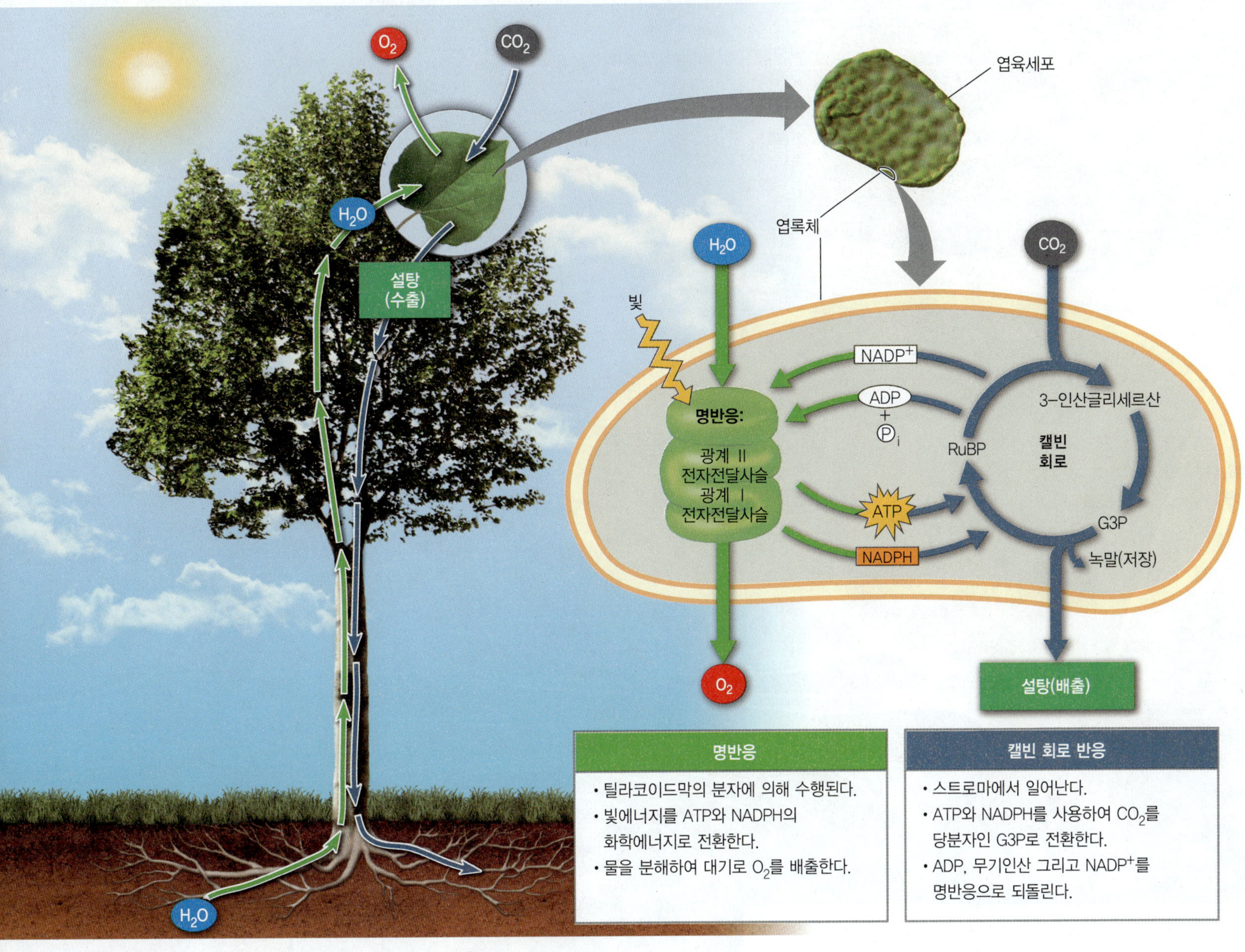

명반응	캘빈 회로 반응
• 틸라코이드막의 분자에 의해 수행된다. • 빛에너지를 ATP와 NADPH의 화학에너지로 전환한다. • 물을 분해하여 대기로 O_2를 배출한다.	• 스트로마에서 일어난다. • ATP와 NADPH를 사용하여 CO_2를 당분자인 G3P로 전환한다. • ADP, 무기인산 그리고 $NADP^+$를 명반응으로 되돌린다.

▲ **그림 11.22 광합성 요약.** 이 그림은 나무(왼쪽)와 엽록체(오른쪽)의 조직을 따라가면서 광합성의 주요 반응물과 생성물을 설명하고 있다.

MAKE CONNECTIONS 식물이 광합성 동안에 생산한 당은 세포의 에너지로 직접 사용될 수 있는가? 설명하라. (그림 6.10, 6.11, 그리고 10.6을 참조하라.)

▼ 그림 11.23

MAKE CONNECTIONS

작업 중인 세포

이 그림은 여러분이 5~11장에서 배운 세포 활동들을 통합하여 하나의 일반적인 식물세포가 어떻게 기능하는지를 설명한 것이다.

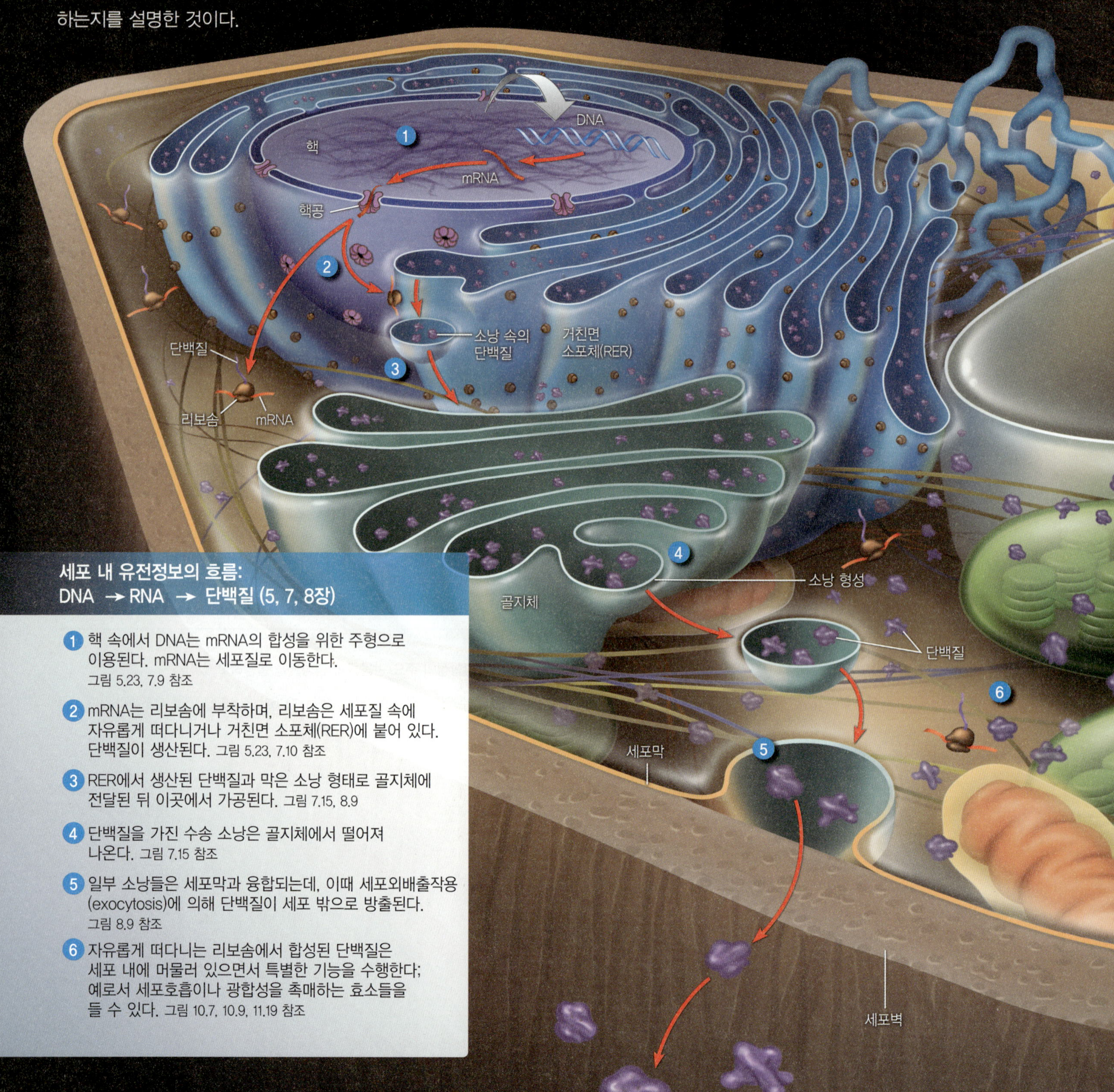

세포 내 유전정보의 흐름:
DNA → RNA → 단백질 (5, 7, 8장)

1. 핵 속에서 DNA는 mRNA의 합성을 위한 주형으로 이용된다. mRNA는 세포질로 이동한다. 그림 5.23, 7.9 참조
2. mRNA는 리보솜에 부착하며, 리보솜은 세포질 속에 자유롭게 떠다니거나 거친면 소포체(RER)에 붙어 있다. 단백질이 생산된다. 그림 5.23, 7.10 참조
3. RER에서 생산된 단백질과 막은 소낭 형태로 골지체에 전달된 뒤 이곳에서 가공된다. 그림 7.15, 8.9
4. 단백질을 가진 수송 소낭은 골지체에서 떨어져 나온다. 그림 7.15 참조
5. 일부 소낭들은 세포막과 융합되는데, 이때 세포외배출작용(exocytosis)에 의해 단백질이 세포 밖으로 방출된다. 그림 8.9 참조
6. 자유롭게 떠다니는 리보솜에서 합성된 단백질은 세포 내에 머물러 있으면서 특별한 기능을 수행한다; 예로서 세포호흡이나 광합성을 촉매하는 효소들을 들 수 있다. 그림 10.7, 10.9, 11.19 참조

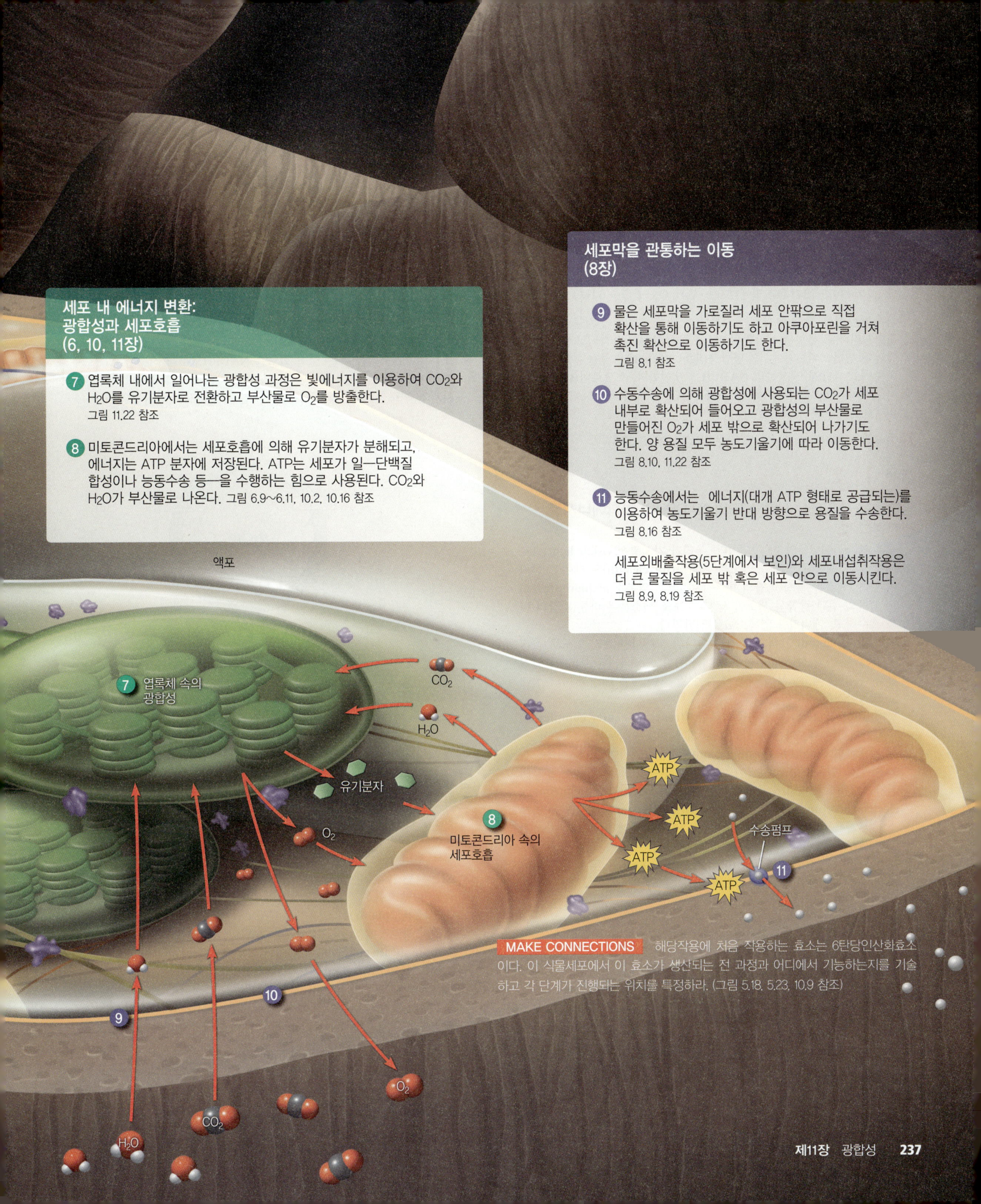

세포 내 에너지 변환: 광합성과 세포호흡 (6, 10, 11장)

7 엽록체 내에서 일어나는 광합성 과정은 빛에너지를 이용하여 CO_2와 H_2O를 유기분자로 전환하고 부산물로 O_2를 방출한다.
그림 11.22 참조

8 미토콘드리아에서는 세포호흡에 의해 유기분자가 분해되고, 에너지는 ATP 분자에 저장된다. ATP는 세포가 일—단백질 합성이나 능동수송 등—을 수행하는 힘으로 사용된다. CO_2와 H_2O가 부산물로 나온다. 그림 6.9~6.11, 10.2, 10.16 참조

세포막을 관통하는 이동 (8장)

9 물은 세포막을 가로질러 세포 안팎으로 직접 확산을 통해 이동하기도 하고 아쿠아포린을 거쳐 촉진 확산으로 이동하기도 한다.
그림 8.1 참조

10 수동수송에 의해 광합성에 사용되는 CO_2가 세포 내부로 확산되어 들어오고 광합성의 부산물로 만들어진 O_2가 세포 밖으로 확산되어 나가기도 한다. 양 용질 모두 농도기울기에 따라 이동한다.
그림 8.10, 11.22 참조

11 능동수송에서는 에너지(대개 ATP 형태로 공급되는)를 이용하여 농도기울기 반대 방향으로 용질을 수송한다.
그림 8.16 참조

세포외배출작용(5단계에서 보인)와 세포내섭취작용은 더 큰 물질을 세포 밖 혹은 세포 안으로 이동시킨다.
그림 8.9, 8.19 참조

MAKE CONNECTIONS 해당작용에 처음 작용하는 효소는 6탄당인산화효소이다. 이 식물세포에서 이 효소가 생산되는 전 과정과 어디에서 기능하는지를 기술하고 각 단계가 진행되는 위치를 특정하라. (그림 5.18, 5.23, 10.9 참조)

11 장 복습

핵심 개념의 요약

개념 11.1

광합성은 빛에너지를 영양분의 화학에너지로 전환한다

- **독립영양(autotrophic)** 진핵생물에서 광합성은 **틸라코이드(thylakoid)** 가 들어 있는 엽록체(chloroplast)에서 일어난다. 틸라코이드가 쌓여 그라나를 형성한다. **광합성(photosynthesis)**은 다음과 같이 요약된다.

$$6\,CO_2 + 12\,H_2O + \text{빛에너지} \rightarrow C_6H_{12}O_6 + 6\,O_2 + 6\,H_2O$$

엽록체는 물을 쪼개 수소와 산소로 분해하고, 수소의 전자를 당분자에 결합시킨다. 광합성은 산화환원 반응으로서 H_2O는 산화되고, CO_2는 환원된다. 틸라코이드막에서의 **명반응(light reaction)**은 물을 분해해 O_2를 방출하고, ATP를 생산하며 **NADPH**를 생성한다. **스트로마(stroma)**에서 일어나는 **캘빈 회로(Calvin cycle)**는 ATP를 에너지로, NADPH를 환원력으로 사용하여 CO_2로부터 당을 만든다.

? 호흡과 광합성에서 CO_2와 H_2O의 역할을 비교하여 설명하라.

개념 11.2

명반응은 태양에너지를 ATP와 NADPH의 화학에너지로 전환한다

- 빛은 전자기에너지의 한 형태이다. 우리가 **가시광선(visible light)**으로 보게 되는 색에 광합성을 일으키는 **파장(wavelength)**의 색이 포함되어 있다. 색소는 특정 파장의 빛을 흡수한다; **엽록소 *a*(chlorophyll *a*)**는 식물의 주된 광합성 색소이다. 다른 보조 색소들은 다른 파장의 빛을 흡수하고, 에너지를 엽록소 *a*로 전달한다.
- 빛의 **광자(photon)**가 색소의 전자 하나를 고에너지 전자 궤도로 올리면, 색소는 바닥 상태에서 들뜬 상태가 된다. 이런 들뜬 상태는 불안정하다. 분리된 색소로부터 나온 전자는 열 또는 빛을 내면서 바닥 상태로 되돌아가는 경향이 있다.
- **광계(photosystem)**는 **반응중심복합체(reaction-center complex)**로 구성되어 있는데, 이는 광자의 에너지를 반응중심복합체로 모아 주는 **집광복합체(light-harvesting complex)**에 둘러싸여 있다. 반응중심의 특별한 엽록소 *a* 분자쌍이 에너지를 흡수할 경우, 엽록소 분자의 전자 1개가 고에너지 수준으로 들뜨게 되어 **1차 전자수용체(primary electron acceptor)**에 전달된다. **광계 II(photosystem II)**는 P680 엽록소 a 분자를 반응중심복합체에 가지고 있으며 **광계 I(photosystem I)**은 P700 엽록소 *a* 분자를 가지고 있다.
- 명반응 동안의 **선형 전자 흐름(linear electron flow)**은 두 광계를 모두 사용하며, NADPH, ATP 그리고 산소를 생성한다.

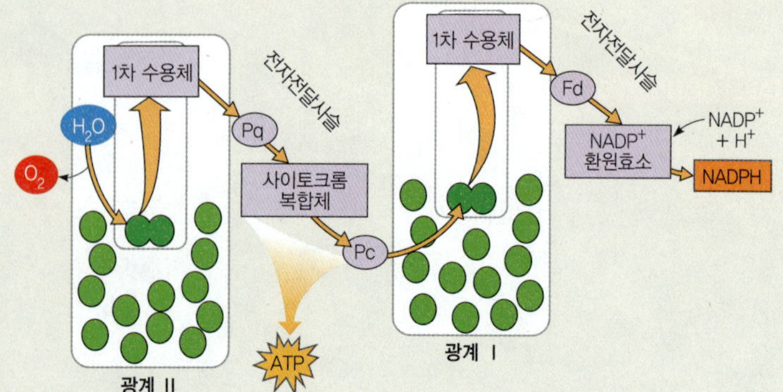

- **순환적 전자 흐름(cyclic electron flow)**은 광계 I만 사용하며, ATP는 생산하지만 NADPH 또는 O_2는 생성하지 않는다.
- 미토콘드리아와 엽록체에서의 화학삼투 동안 전자전달사슬은 막을 경계로 한 H^+ 농도기울기를 형성한다. ATP 합성효소는 이런 양성자 구동력을 이용해서 ATP를 만든다.

? 엽록소 *a*의 흡수 스펙트럼은 광합성의 작용 스펙트럼과 다르다. 이를 설명하라.

개념 11.3

캘빈 회로는 ATP와 NADPH의 화학에너지를 사용하여 CO_2를 당으로 환원한다

- 스트로마에서 일어나는 캘빈 회로는 NADPH로부터 전자를 ATP로부터 에너지를 이용하여 일어난다. 고정된 3개의 CO_2 분자당 1개의 **G3P** 분자가 회로를 빠져나와 포도당과 다른 유기분자로 전환된다.

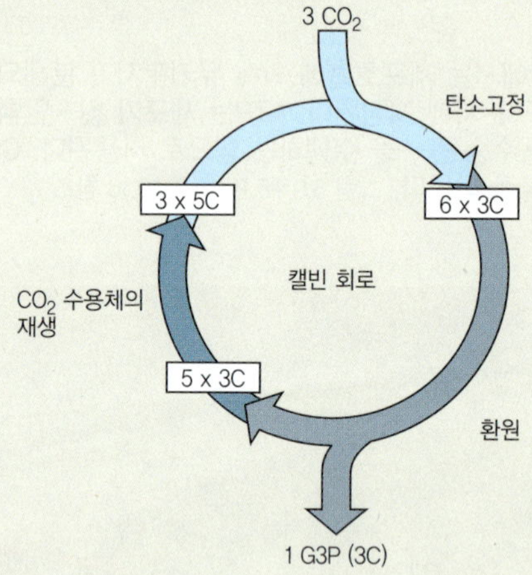

DRAW IT 위의 그림에서 ATP와 NADPH가 사용되는 단계와 루비스코가 작용하는 단계가 어디인지 표시하라.

개념 11.4

덥고 건조한 기후에서 다른 방식의 탄소고정 기작들이 진화되었다

- 건조하고 무더운 날씨에 **C_3 식물(C_3 plant)**은 기공을 닫아 수분을 보존한다. 명반응에서 나온 O_2는 축적된다. **광호흡(photorespiration)**에서는 루비스코의 활성 부위에 CO_2 대신 O_2가 결합한다. 이 과정에서 ATP나 탄수화물은 생산되지 않고, 유기연료가 소비되면서 CO_2가 방출된다. 광호흡은 진화적 흔적일 것이며, 광보호 기능을 할 것이다.
- **C_4 식물(C_4 plants)**은 엽육세포에서 CO_2를 4탄소화합물로 결합시킴으로써 광호흡에 의한 손실을 최소화한다. 이 화합물은 **유관속초세포(bundle-sheath cell)**로 보내져 캘빈 회로에 사용될 CO_2를 방출시킨다.
- **CAM 식물(CAM plants)**은 밤에 기공을 열고, CO를 유기산에 결합시켜 엽육세포에 저장한다. 낮 동안에는 기공을 닫고, CO_2는 유기산으로부터 방출되어 캘빈 회로에 사용된다.
- 광합성에 의해 만들어진 유기화합물은 생태계에 에너지와 구성물질로 제공된다.

? C_4와 CAM 광합성은 왜 C_3 광합성에 비해 에너지 측면에서 비용이 더 많이 드는가? 어떤 기후 조건이 C_4와 CAM 식물에 선호적일까?

생각해보자

수준 1: 지식/이해

1. 광합성 명반응은 캘빈 회로에 무엇을 제공하는가?
   a. 빛에너지　　b. CO_2와 ATP
   c. H_2O와 NADPH　　d. ATP와 NADPH

2. 다음 중 광합성 동안의 전자 흐름을 정확히 기술한 것은?
   a. NADPH → O_2 → CO_2
   b. H_2O → NADPH → 캘빈 회로
   c. H_2O → 광계 I → 광계 II
   d. NADPH → 전자전달사슬 → O_2

3. C_4 식물과 CAM 식물의 광합성에서의 유사성은?
   a. 양쪽 모두 광계 I만 사용한다.
   b. 두 식물 모두 캘빈 회로 없이 당을 생산한다.
   c. 양쪽 모두 탄소고정 초기에 루비스코를 이용하지 않는다.
   d. 두 식물 모두 대부분의 당을 암소에서 만든다.

4. 독립영양과 종속영양의 차이를 정확히 기술한 것은?
   a. 종속영양이 아니라 독립영양만이 CO_2와 다른 무기 양분으로부터 자신에게 영양분을 공급한다.
   b. 종속영양만이 환경으로부터 화학합성물을 필요로 한다.
   c. 세포호흡은 종속영양만의 특성이다.
   d. 종속영양만이 미토콘드리아를 가지고 있다.

5. 다음 중 캘빈 회로에서 진행되는 것이 아닌 것은?
   a. 탄소고정　　b. NADPH 산화
   c. 산소 방출　　d. CO_2 수용체 재생

수준 2: 응용/분석

6. 기작으로 봤을 때 광인산화와 가장 유사한 것은?
   a. 해당작용의 기질 수준 광인산화
   b. 세포호흡의 산화적 광인산화
   c. 탄소고정
   d. $NADP^+$ 환원

7. 아래 과정 중 빛에너지에 의해 가장 직접적으로 추동되는 것은?
   a. 틸라코이드막을 가로질러 양성자를 펌핑하여 pH 농도기울기를 만드는 것
   b. $NADP^+$ 분자의 환원
   c. 엽록소 분자에서 전자 제거
   d. ATP 합성

수준 3: 종합/평가

8. **과학, 기술, 사회**
   과학적 증거는 목재와 화석연료의 연소에 의해 대기에 첨가된 CO_2가 지구의 온도를 높이는"지구온난화"에 기여한다는 사실을 뒷받침해준다. 열대우림은 지구 전체 광합성의 약 20%를 차지하는 것으로 추정되지만, 살아 있는 나무에 의한 많은 양의 CO_2 소비는 지구온난화의 감소에 조금 혹은 거의 기여하지 못하는 것으로 생각되고 있다. 어떤 이유에서 이런 일이 생기는가? (**힌트:** 열대우림의 살아 있는 나무와 죽은 나무들은 어떤 과정으로 CO_2를 생산하는가?)

9. **진화적 관점**
   광호흡은 실제 대두의 광합성 생산량을 약 50% 정도 감소시킨다. 대두의 야생 품종에서 이 수치가 보다 높아지겠는지 낮아지겠는지를 예측할 수 있는가? 어떤 이유에서인가?

10. **과학적 탐구**
    MAKE CONNECTIONS 아래 그림은 분리된 틸라코이드막을 이용한 실험을 보여주고 있다. 먼저, 틸라코이드막을 pH 4의 용액에 담가 산성 상태로 만든다. 틸라코이드 막사이 공간이 pH 4에 도달한 후에, 틸라코이드막을 pH 8의 염기성 용액으로 옮기자 틸라코이드 막은 암조건 하에서 ATP를 생성했다(개념 3.3 참조).

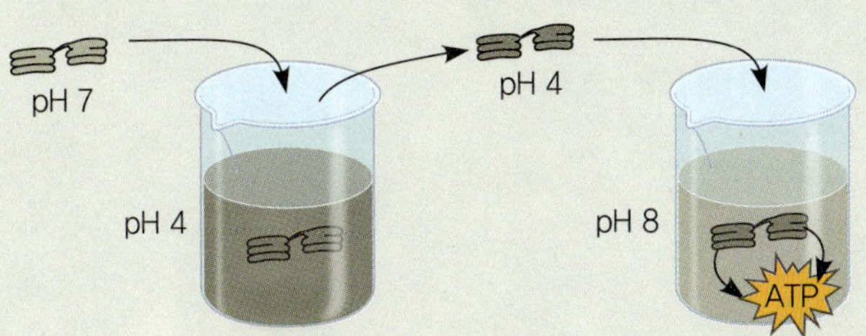

    pH 8의 용액을 담고 있는 비커에 놓여 있는 틸라코이드막의 일부를 확대해 그려라. ATP 합성효소를 그려라. H^+ 농도가 높은 곳과 낮은 곳을 표시하라. 효소를 통한 양성자의 흐름 방향을 나타내고, ATP가 합성되는 반응을 나타내어라. ATP는 결국 틸라코이드막 안쪽이나 바깥쪽 중 어느 곳에 놓이게 되는가? 실험에서 틸라코이드막이 왜 암조건에서도 ATP를 생성할 수 있었는지 설명하라.

11. **글쓰기: 에너지와 물질**
    생명의 동력은 태양이다. 생물계의 거의 모든 생산자는 생명 유지에 필요한 에너지와 탄소골격을 공급하는 유기분자들을 생산하기 위해 태양에너지에 의존한다. 100~150단어의 짧은 글로 식물의 엽록체에서 어떤 과정에 의해 태양에너지가 당분자의 화학에너지로 전환되는지 작성하라.

12. **종합적으로 생각해보기**

    사진은 남극지방의 "수박색 눈"을 보여준다. 이 현상은 영하권에서 번성하는 광합성 녹조류(*Chlamydomonas nivalis*)에 의해 나타난다. 이 조류는 높은 고도의 만년설 지역에서도 발견된다. 두 지역에서 UV 광량은 높게 나타난다. 이 장에서 배운 지식에 기초해서 왜 이 광합성 조류가 분홍빛 색깔을 내는지 제안하라.

정답은 부록 A 참조

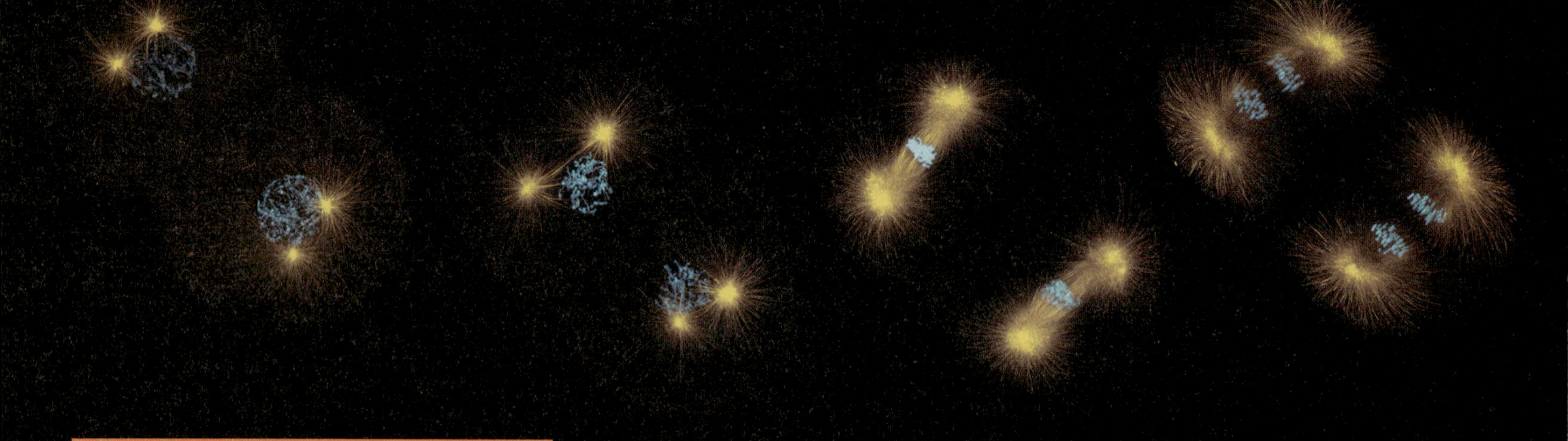

▲ **그림 12.1** 분열하는 세포는 딸세포에 어떻게 염색체를 분배할까?

핵심 개념

12.1 대부분의 세포분열은 유전적으로 동일한 딸세포를 만들어 낸다

12.2 세포주기에서는 세포분열기와 간기가 교대로 나타난다

12.3 진핵세포의 세포주기는 분자수준의 조절 시스템에 의해 조절된다

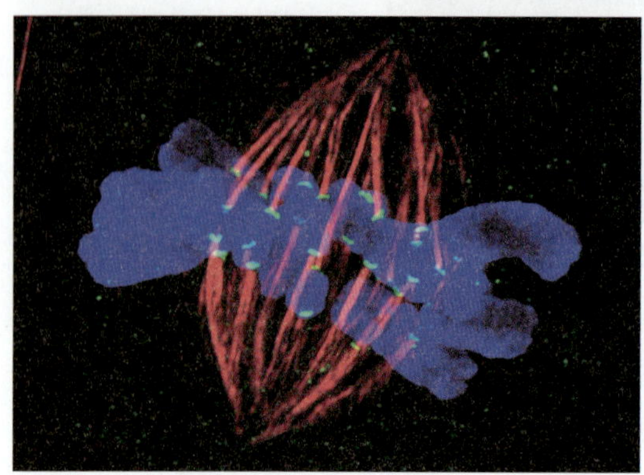

▲ 쥐캥거루 세포에서 염색체(파란색)는 세포내 기구(빨간색)에 의해 이동한다.

세포분열의 핵심 역할

개체가 같은 종류의 개체를 만들어 낼 수 있는 능력은 생물과 무생물을 가장 잘 구별할 수 있는 특징이다. 자손을 낳을 수 있는 이러한 독특한 능력은 다른 생물학적인 기능들과 마찬가지로 세포에 기초를 두고 있다. 독일의 내과의사인 피르호(Rudolf Virchow)는 1855년에 이를 다음과 같이 설명하였다. "동물이 동물에서만 태어나고 식물도 식물에서만 태어나듯이, 세포가 존재하려면 반드시 먼저 존재하는 세포가 있어야만 한다." 그는 이러한 개념을 "모든 세포는 세포로부터"라는 의미의 라틴어 격언, 즉 "*Omnis cellula e cellula*"로 요약하였다. 생명의 연속성은 세포의 생식, 즉 **세포분열(cell division)**에 기초하고 있다. 그림 12.1에 나타난 일련의 공초점형광현미경 사진은 왼쪽 위에서부터 2세포 배아의 세포가 세포분열 단계를 거쳐 마지막에 4개의 세포가 되는 과정을 보여준다.

세포분열은 생물체의 일생에서 여러 가지 중요한 역할을 담당한다. 원핵세포는 분열하면 새로운 개체(세포)를 만들어 내기 때문에 그 자체가 번식이다. 이것은 아메바와 같은 단세포 진핵생물에서도 마찬가지이다(그림 12.2a). 다세포 진핵생물에서는 세포분열이 각각의 개체가 수정란과 같은 하나의 세포로부터 발생하는 것을 가능하게 해준다. 이 과정의 첫 단계인 2세포 배아가 그림 12.2b에 있다. 또한 개체가 완전히 자

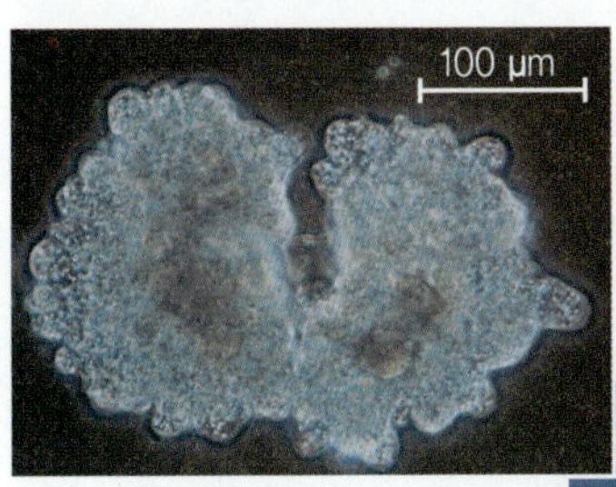

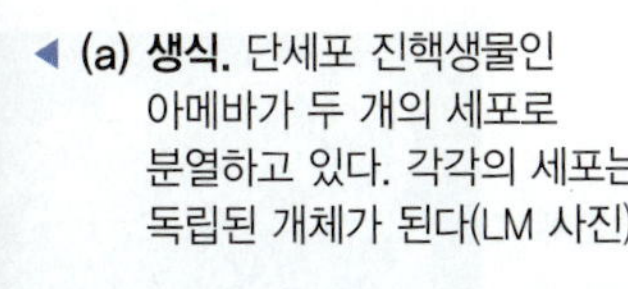
◀ **(a) 생식.** 단세포 진핵생물인 아메바가 두 개의 세포로 분열하고 있다. 각각의 세포는 독립된 개체가 된다(LM 사진).

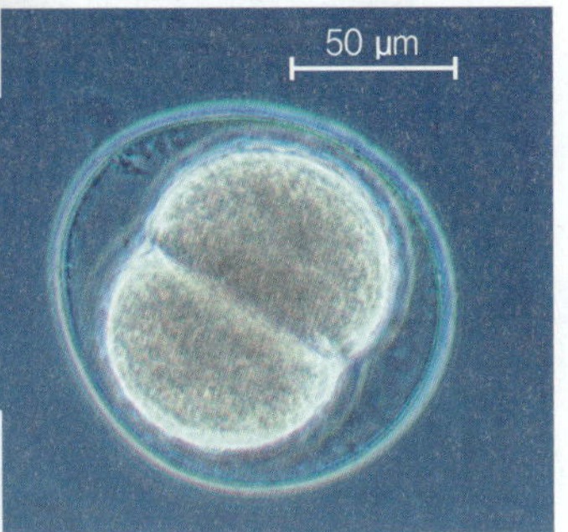

▶ **(b) 생장과 발생.** 이 현미경 사진은 수정란이 분열하여 두 개의 세포가 만들어진 직후의 성게 배아를 보여 주고 있다(LM 사진).

◀ **(c) 조직의 재생.** 분열하는 골수(bone marrow)세포는 새로운 혈액세포가 될 것이다(LM 사진).

▲ 그림 12.2 **세포분열의 기능**

란 후에도 세포분열은 정상적으로 수명이 다해 죽은 세포나 사고로 죽은 세포들을 대신할 세포를 제공함으로써 재생과 회복 등의 기능을 계속 담당하게 된다. 예를 들어, 여러분의 골수에 있는 분열하는 세포는 계속 새로운 혈액세포를 만들어 낸다(그림 12.2c).

세포분열 과정은 **세포주기(cell cycle)**의 필수적인 구성요소인데, 세포주기는 처음 모세포로부터 분열되어 세포가 형성된 순간부터 그 세포가 분열되어 두 개의 딸세포를 형성할 때까지의 세포의 일생을 의미한다. 자손 세포에게 동일한 유전물질을 전달하는 것은 세포분열의 가장 중요한 기능이다. 이 장에서는 이러한 일이 어떻게 일어나는지에 대해 배우게 될 것이다. 진핵세포와 세균에서 세포분열을 담당하는 세포기구를 공부한 후에 세포주기의 진행을 조절하는 분자수준의 조절메커니즘과 조절시스템이 기능을 하지 못하는 경우에 어떠한 일이 생기는가를 배우게 될 것이다. 세포주기 조절의 결함은 암의 발생에 중요한 역할을 담당하기 때문에 이런 세포학 분야는 매우 활발히 연구가 진행되는 분야이다.

개념 12.1

대부분의 세포분열은 유전적으로 동일한 딸세포를 만들어 낸다

세포와 같이 매우 복잡한 구조의 번식은 단순히 전체를 둘로 나눔으로써 이루어질 수는 없다. 세포는 비누거품처럼 단순히 커졌다가 둘로 나누어지는 것이 아니다. 원핵세포와 진핵세포 모두에서, 대부분의 세포분열에는 동일한 유전물질, 즉 DNA를 두 딸세포로 분배하는 과정이 포함된다. (예외가 감수분열로써, 이 특수한 형태의 세포분열에서는 정자와 난자가 만들어진다.) 세포분열에서 가장 놀라운 일은 DNA가 한 세대에서 다음 세대로 매우 정확히 전달된다는 것이다. 분열하는 세포는 자신의 DNA를 복제하여 각각의 복제된 사본을 세포의 양쪽 끝에 위치하도록 한 후에야 두 개의 딸세포로 갈라진다.

유전물질의 세포내 구성

유전정보를 저장하고 있는 세포의 DNA 전체를 **유전체(genome)**라 부른다. 원핵생물의 유전체는 주로 하나의 긴 DNA 분자인 반면, 진핵생물의 유전체는 대부분 여러 개의 DNA 분자로 구성되어 있다. 진핵세포의 전체 DNA 길이는 매우 길다. 예를 들어, 전형적인 인간의 DNA 길이는 약 2 m로서 세포의 지름보다 250,000배나 길다. 유전적으로 동일한 딸세포를 만들기 위해 세포가 분열하기 전까지 이 모든 DNA가 복제되어야만 하며, 그 다음에 복제된 DNA가 분리됨으로써 각각의 딸세포가 완전한 유전체를 가지게 된다.

이렇게 많은 DNA의 복제와 분배는 DNA 분자가 **염색체(chromosome)**라는 구조를 형성하기 때문에 가능한데, 염색체라는 이름은 이들이 현미경 관찰에 사용되는 특정한 염색약을 흡수하기 때문에(그리스어로 색을 의미하는 *chroma*와 몸을 의미하는 *soma*로부터) 붙여진 것이다(그림 12.3). 각각의 진핵생물 염색체는 길이가 긴 선형의 DNA 분자가 단백질과 결합한 형태를 하고 있다(그림 7.9). DNA 분자는 수백에서 수천 개의 유전자를 담고 있으며, 각 유전자는 개체의 유전형질을 결정하는 정보의 단위이다. 결합된 단백질들은 염색체의 구조를 유지하고 유전자의 활성을 조절하는 데 도움을 준다. 이 둘을 합친 염색체를 만드는 구

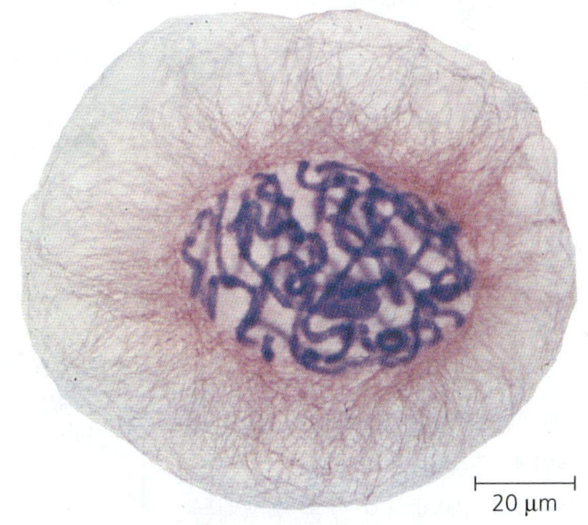

▲ 그림 12.3 **진핵세포의 염색체.** 백합세포의 핵 안에 보라색으로 염색된 염색체가 보인다. 주변 세포질의 얇은 붉은색 실과 같은 구조는 세포골격이다. 이 세포는 분열을 준비하고 있는 중이다(LM 사진).

성 물질인 DNA와 단백질의 복합체를 **염색질(chromatin)**이라고 한다. 곧 보게 되겠지만 염색체의 염색질은 세포분열 과정 동안에 그 응축 정도가 변한다.

모든 진핵생물의 종들은 각 세포핵 내에 특징적인 숫자의 염색체를 지닌다. 예를 들면, 인간 **체세포(somatic cell**; 생식세포를 제외한 모든 신체의 세포)의 핵은 각 부모로부터 물려받은 23개의 염색체들을 쌍으로, 즉 46개의 염색체를 지니고 있다. 생식세포 또는 **배우자(gamete)**인 정자세포와 난자세포는 체세포 염색체 수의 반인 한 세트를 가지므로, 인간의 경우에는 23개 염색체 1세트를 가지고 있다. 체세포에서 염색체의 수는 종에 따라 서로 다른데, 양배추는 18개, 침팬지는 48개, 코끼리는 56개, 고슴도치는 90개, 어떤 종류의 조류(algae)는 148개의 염색체를 가지고 있다. 이제 이들 염색체가 어떻게 세포분열 동안에 행동하는지를 살펴볼 것이다.

세포분열 과정에서의 염색체 분배

세포가 분열하지 않을 때, 그리고 세포분열을 위해 DNA를 복제할 때에는 각 염색체가 길고 가는 염색사의 형태를 하고 있다. 그러나 DNA 복제 후에 세포분열 시기가 되면 염색체가 응축되는데, 각 염색사는 고밀도로 코일을 형성하고 접혀서, 염색체가 훨씬 짧고 굵어지며, 광학현미경으로도 관찰이 가능해진다.

각각의 복제된 염색체는 두 개의 **자매염색분체(sister chromatids)**를 가지고 있으며, 이 둘은 원래의 염색체가 복사되어 붙어 있는 것이다(그림 12.4). 동일한 DNA를 가지는 두 염색분체는 최초에는 길이 전체에 걸쳐 코헤신(cohesin)이라 불리는 결합 단백질 복합체에 의해 부착되어 있으며, 이러한 결합을 자매염색분체결합(sister chromatid cohesion)이라 한다. 각각의 염색분체는 **동원체(centromere)**를 가지고 있는데, 염색체 DNA 중 이 부분이 자매염색분체가 가장 가까이 붙어 있는 부위이다. 이러한 결합은 동원체 DNA 서열에 결합한 단백질에 의해 매개되며, 다른 결합 단백질이 DNA를 응축시켜 복제된 염색체에서 좁은 허리 부분을 형성한다. 동원체 양쪽의 염색분체 부위를 팔(arm)이라 한다. (복제되지 않은 염색체는 결합하는 단백질이 다른 하나의 동원체와 두 개의 팔을 갖는다.)

세포분열 과정이 더 진행되면 각 염색

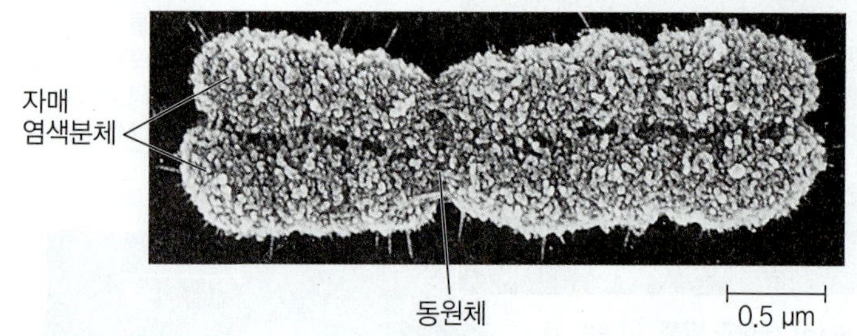

▲ **그림 12.4 최대로 응축되고 복제되어 있는 인간의 염색체(SEM 사진).**

DRAW IT 이 현미경 사진의 염색체에서 하나의 자매염색분체에 원을 그리시오.

체의 두 자매염색분체가 분리되어 세포의 양끝에 형성되는 새로운 두 개의 핵으로 이동한다. 자매염색분체가 분리되기 시작되면 이들은 각각이 개별적인 염색체로 간주된다. 이 단계에서 세포내 염색체 수는 두 배가 된다. 따라서 각각의 새로운 핵은 모세포와 동일한 염색체 세트를 받게 된다(그림 12.5). **핵분열(mitosis)** 후에는 곧바로 **세포질분열(cytokinesis)**이 시작된다. 원래 한 세포

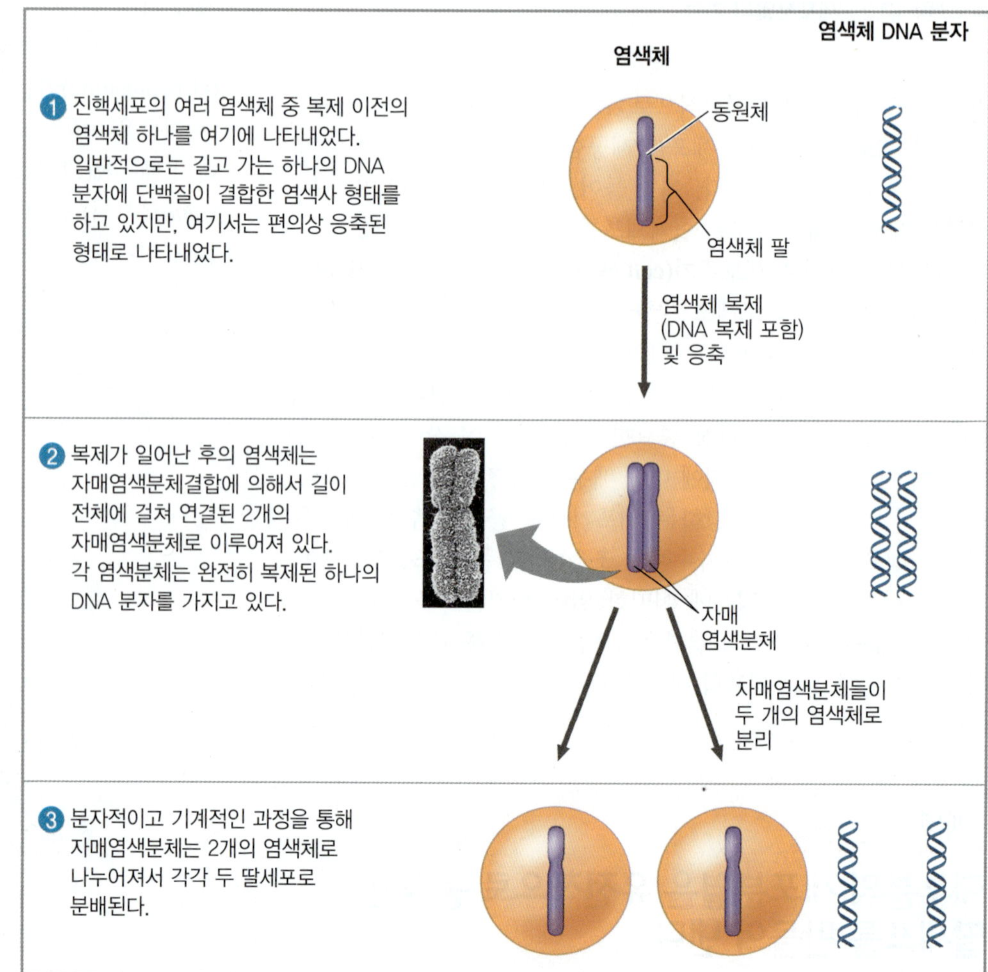

▲ **그림 12.5 염색체 복제와 세포분열 동안의 분배**

? 2번의 염색체는 몇 개의 자매염색분체 팔을 가지는가?

가 있었던 곳에 이제는 모세포와 동일한 유전물질을 각각 지닌 두 개의 세포가 존재하게 된다.

핵분열과 세포질분열은 여러분의 신체를 형성하는 200조 개의 체세포를 만들어 내며, 죽거나 상처받은 세포를 대신할 새로운 세포도 계속해서 만들어 낸다. 이와는 달리 배우자, 즉 난자와 정자세포는 **감수분열**(meiosis)이라 불리는 변형된 세포분열에 의해서 만들어지는데, 이들은 한 세트의 염색체만을 지니고 있어 모세포 염색체 수의 반만을 가지게 된다. 감수분열은 난소와 정소(생식소)에 있는 특수한 세포에서만 일어난다. 배우자를 만들기 위해 감수분열은 염색체의 수를 46개(두 세트의 염색체)에서 23개(한 세트)로 감소시킨다. 수정으로 인해 2개의 배우자가 융합하여 염색체의 수가 46개(2세트)로 회복된다. 그 다음에는 체세포분열이 일어나므로 새로운 인간 개체의 모든 체세포 핵에서 염색체는 동일하다. 13장에서는 생식과 유전에서 감수분열의 역할을 자세히 살펴볼 것이다. 이 장에서는 진핵세포에서 체세포분열과 세포주기의 나머지 과정에 대해 살펴본다.

개념 확인 문제 21.1

1. 그림 12.5의 각 부분에는 몇 개의 염색체가 그려져 있는가?(2부분에 있는 현미경 사진은 무시하라.)
2. WHAT IF? 체세포에 78개의 염색체를 가지는 닭은 각각의 부모로부터 몇 개의 염색체를 물려받았겠는가? 닭의 배우자 각각은 몇 개의 염색체를 가지는가? 닭의 자손은 체세포에 몇 개의 염색체가 존재하는가?

정답은 부록 A 참조

개념 12.2

세포주기에서 세포분열기와 간기가 교대로 나타난다

1882년에 독일의 해부학자인 플레밍(Walther Flemming)은 최초로 핵분열과 세포질분열 동안에 염색체의 행동을 관찰할 수 있는 염색약을 개발하였다. [실제로 플레밍이 **체세포분열**과 **염색질**(chromatin)이라는 용어를 만들어 내었다.] 한 번의 세포분열과 그 다음 세포분열 사이의 시기는 플레밍에게는 세포가 단순히 크기만 증가하는 것처럼 보였다. 그러나 이제 우리는 이 시기의 세포 안에서 여러 가지 중대한 일들이 일어난다는 사실을 잘 알고 있다.

세포주기의 단계

세포분열은 세포주기의 한 부분에 불과하다(**그림 12.6**). 실제로 **분열(M)기**는 핵분열과 세포질분열을 모두 포함하고 있는데, 세포주기 중 가장 짧은 시기이다. 분열기는 **간기(interphase)**라 불리는 훨씬 더 긴 시기와 교대로 나타나는데, 간기는 세포주기 전체의 약 90%를 차지하고 있다. 간기는 **G_1기(G_1 phase**; 첫 번째 간격), **S기(S phase**; 합성기) 및 **G_2기(G_2 phase**; 두 번째 간격)의 세 시기로 나뉠 수 있다. G기는 처음 관찰될 때 이 시기에 세포의 활동이 없는 것처럼 보였기 때문에 간격(gap)의 첫 자를 따서 잘못 이름 지어졌지만, 이제 우리는 간기 전체에 걸쳐 물질대사와 성장이 활발하게 일어난다는 것을 잘 알고 있다. 실제로 간기의 세 시기 모두에서 단백질과 미토콘드리아 및 소포체와 같은 세포질 내 소기관을 만들어 세포가 성장한다. 그러나 최종적으로 세포가 나누어지기 위해 필수적인 염색체의 복제는 S 시기에만 일어난다(DNA의 합성은 16장에서 다룰 것이다). 그러므로 세포는 성장하고(G_1), 염색체를 복제하면서 계속 성장하고(S), 세포분열을 위한 준비를 끝내가면서 더욱더 성장한(G_2) 후에 분열을 한다(M). 딸세포는 이러한 주기를 다시 반복한다.

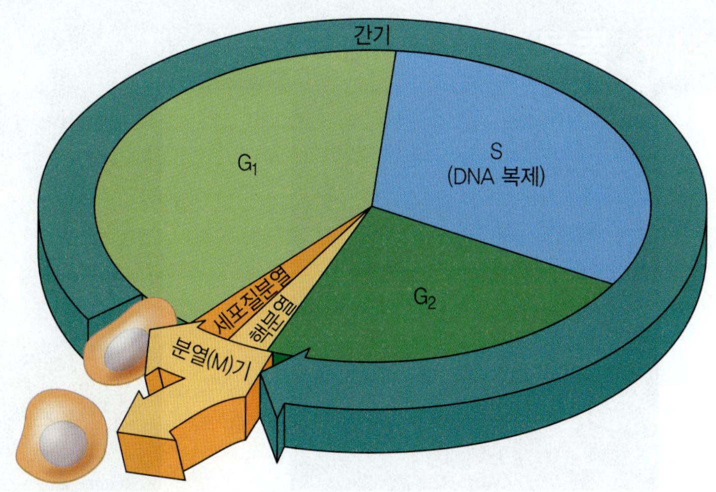

▲ **그림 12.6 세포주기. 분열하는 세포에서 분열(M)기는 생장기인 간기와 교대로 나타난다.** G_1이라 불리는 간기의 첫 번째 시기 다음에는 염색체가 복제되는 S기가 오며, G_2기가 간기의 마지막 부분이 된다. M기에는 핵분열에 의해 염색체가 딸핵으로 분배되며, 세포질이 세포질분열에 의해 나누어져서, 2개의 딸세포를 만든다.

일부 인간세포는 24시간에 한 번 정도 분열을 하게 된다. 이때에 M기는 한 시간도 안 되는 반면에 S 시기는 10~12시간 또는 세포주기의 약 반 정도를 차지하게 된다. 나머지의 시간은 G_1과 G_2기로서 G_2기는 주로 4~6시간 정도이며, G_1기는 5~6시간 정도이다. G_1기는 세포의 종류에 따라 가장 길이의 차이가 많은 시기이다. 다세포 생물에서 일부의 세포는 매우 느리게 분열하거나 전혀 분열하지 않는다. 이러한 세포는 대부분의 시기를 G_1(혹은 G_0라고 불리는 유사한 시기)에서 보내며, 신경세포가 자극을 전달하는 것과 같이 개체 내에서 자신의 기능을 수행한다.

체세포분열의 핵분열은 일반적으로 **전기(prophase)**, **전중기(prometaphase)**, **중기(metaphase)**, **후기(anaphase)**, **말기(telophase)**의 다섯 단계로 나누어진다. 핵분열의 마지막 단계에서 세포질분열이 함께 일어나 세포분열기가 완성된다. **그림 12.7**에는 동물세포에서 이들 각 단계가 설명되어 있다. 핵분열과

▼ 그림 12.7

탐구 동물세포의 체세포분열

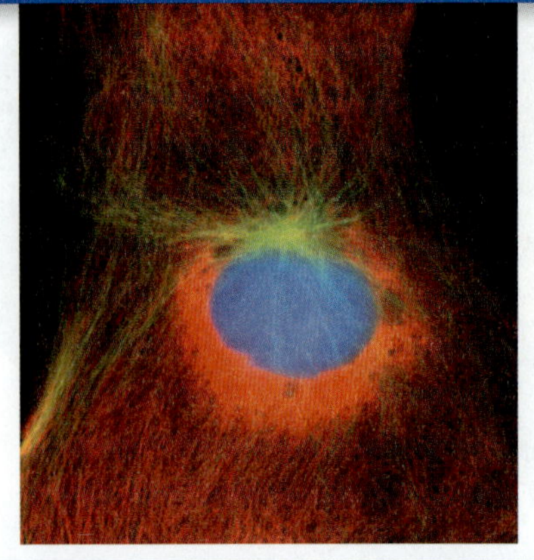

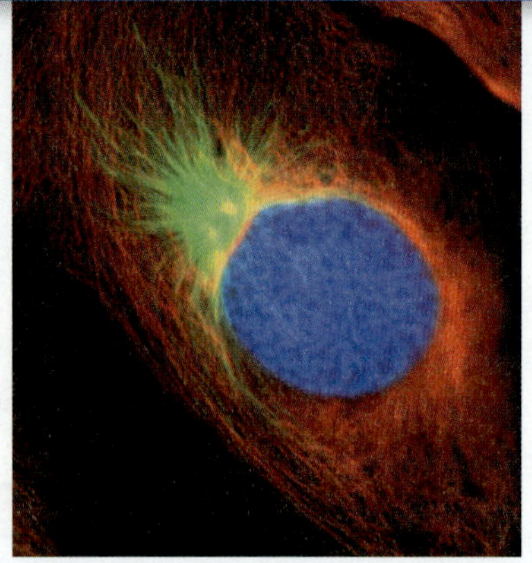

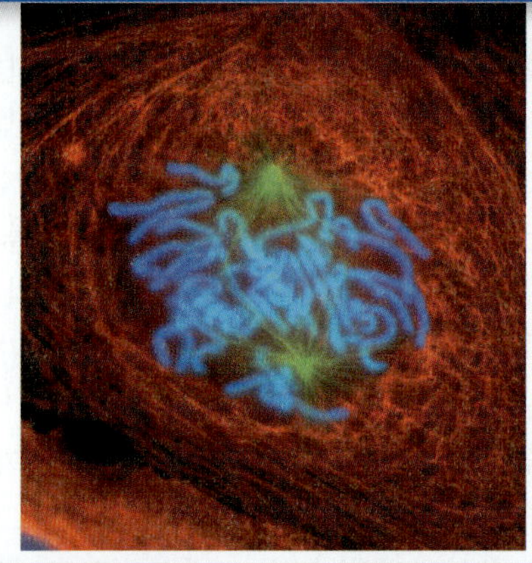

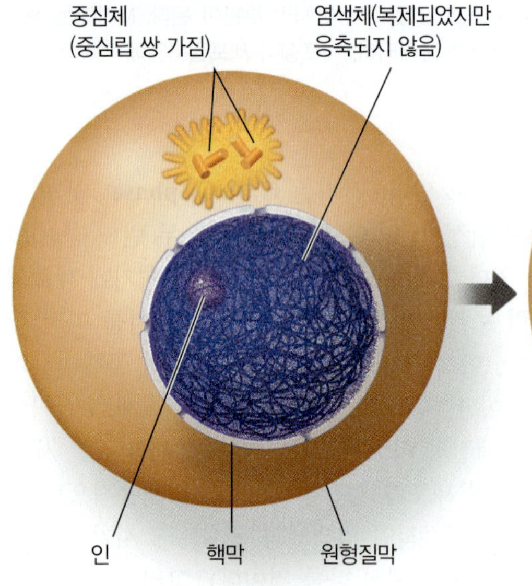

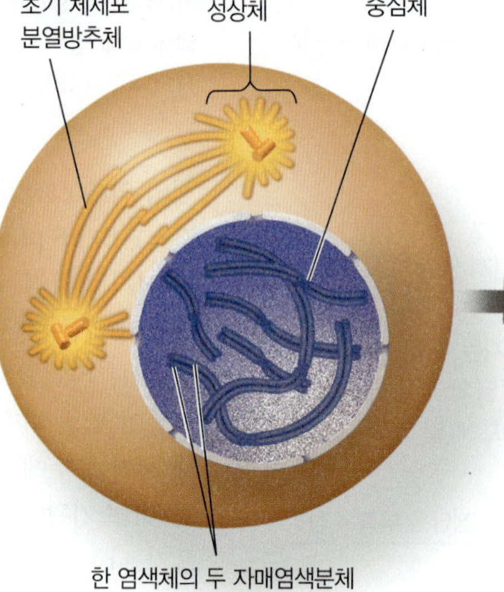

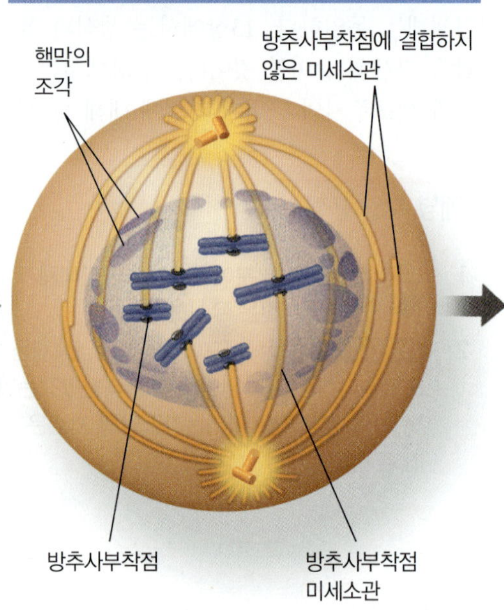

간기의 G_2기

- 핵막이 핵을 둘러싸고 있다.
- 핵은 하나 혹은 둘 이상의 인을 가지고 있다.
- 하나의 중심체가 복제되어 2개의 중심체가 형성된다. 중심체는 동물세포에서 방추체의 미세소관을 형성하는 부분이다. 각 중심체는 2개의 중심립을 가진다.
- S기 동안에 복제된 염색체는 아직 응축되지 않아서 각각이 구분되지 않는다.

위의 광학현미경 사진은 도롱뇽 허파세포의 분열 과정을 보여주고 있는데, 이 세포는 22개의 염색체를 가지고 있다. 파란색은 염색체를, 초록색은 미세소관을, 붉은색은 중간섬유를 나타낸다. 그림에서는 단순화를 위해 6개의 염색체만을 나타내었다.

전기

- 염색사는 더 강하게 감기고 응축되어 광학현미경으로 관찰될 수 있는 뚜렷한 형태의 염색체가 된다.
- 인이 소실된다.
- 각각의 복제된 염색체는 2개의 동일한 자매염색분체가 동원체 부위에서 연결된 것처럼 보이며, 일부의 생물에서는 코헤신(cohesin)에 의해 팔 전체가 연결되어 있는 것처럼 보인다.
- 체세포분열방추체가 형성되기 시작한다. 이것은 중심체와 여기에서 뻗어 나오는 미세소관으로 구성된다. 중심체에서 짧은 미세소관이 방사형으로 뻗어 나와 있는 것을 성상체라 한다.
- 두 중심체의 간격이 멀어지며 양극으로 이동하는데, 이러한 이동은 부분적으로는 이들 사이의 미세소관이 길어지는 힘에 의해 추진된다.

전중기

- 핵막이 붕괴된다.
- 미세소관은 각각의 중심체에서 뻗어 나가 핵이 있던 쪽으로 들어간다.
- 염색체가 더 응축된다.
- 각 염색체의 두 염색분체 각각에는 동원체에 특수화된 단백질이 결합하여 방추사부착점이 형성된다.
- 일부 미세소관은 방추사부착점에 결합하여 방추사부착점 미세소관이 되며, 이것들이 염색체를 앞뒤로 잡아당긴다.
- 방추사부착점에 결합하지 않는 미세소관은 방추사의 반대편 극 쪽에서 뻗어 나와 있는 미세소관과 결합한다.

? 전중기의 그림에는 몇 개의 DNA 분자가 있을까? 염색체당 몇 분자의 DNA가 있을까? 이중나선은 염색체당 몇 개가 있을까? 염색분체당 이중나선은?

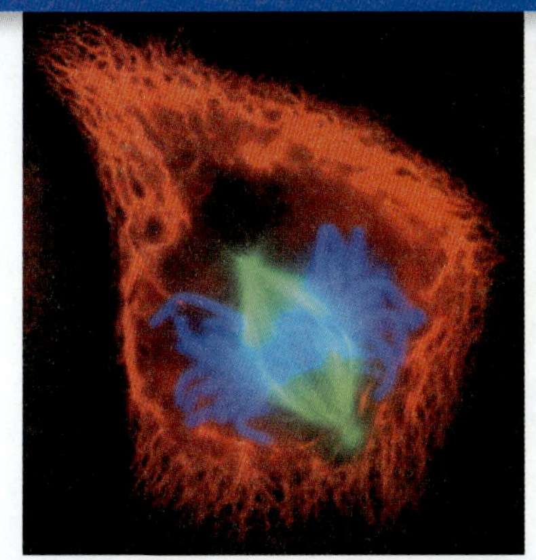

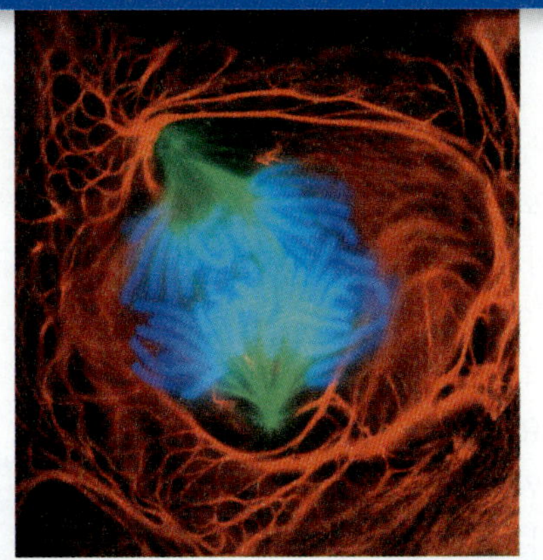

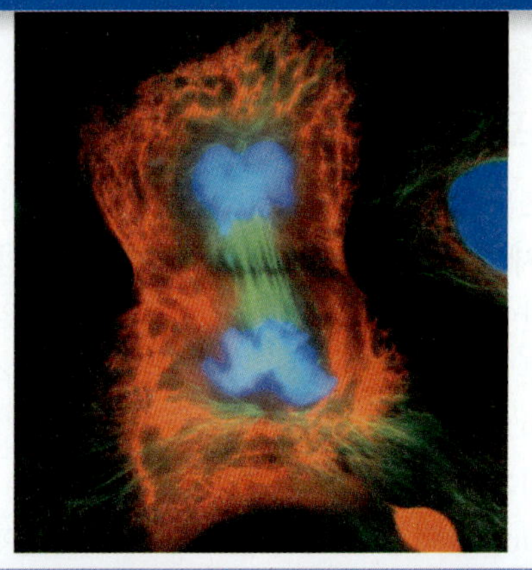

중기

후기

말기

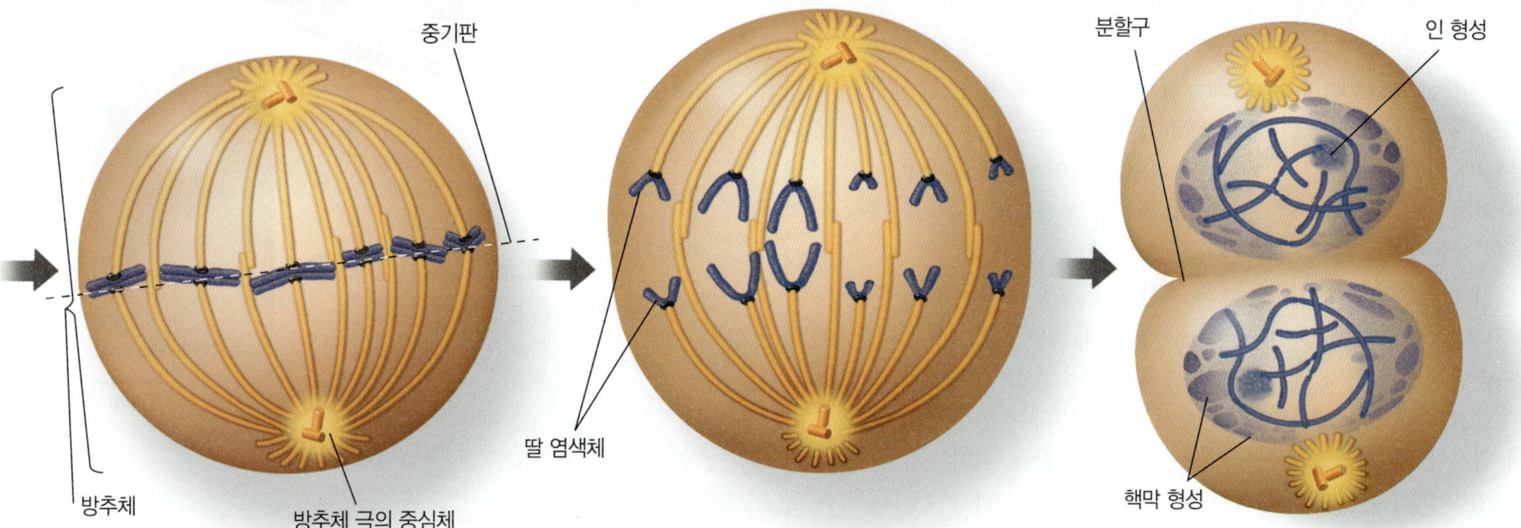

중기

- 두 중심체는 이제 세포의 반대편 끝에 위치한다.
- 염색체는 이동하여 방추체의 양극 사이 중앙에 위치한 가상의 면인 중기판에 모인다. 염색체의 동원체는 중기판 위에 놓인다.
- 한 염색체의 두 자매염색분체에 있는 방추사부착점에는 반대편 극에서 오는 미세소관이 결합된다.

후기

- 후기는 핵분열 중 가장 짧은 단계로 몇 분 안에 끝난다.
- 후기는 코헤신 단백질이 끊어질 때 시작된다. 그 결과 한 염색체에서 2개의 자매염색분체가 갑자기 분리되기 시작된다. 각각의 염색분체는 완전한 염색체가 된다.
- 떨어져 나온 2개의 딸 염색체는 방추사부착점 미세소관이 짧아짐에 따라 세포의 반대편 끝으로 이동하기 시작한다. 이들 미세소관이 동원체 부위에 결합되어 있기 때문에 염색체는 동원체 부위가 먼저 움직인다(약 1 μm/분의 속도로).
- 세포는 동원체에 결합하지 않은 미세소관이 길어짐에 따라 신장된다.
- 후기의 마지막 단계에는 세포의 양 끝에 완전하고 동일한 염색체 세트가 위치하게 된다.

말기

- 2개의 딸핵이 세포 안에서 형성되기 시작한다. 핵막이 모세포의 핵막 조각과 내막계의 다른 부분들로부터 생겨난다.
- 인이 다시 나타난다.
- 염색체는 응축이 풀려간다.
- 남아 있던 방추체 미세소관이 모두 탈중합된다.
- 하나의 핵이 2개의 유전적으로 동일한 핵으로 나눠지는 핵분열이 이제 완성되었다.

세포질분열

- 세포질의 분열은 말기의 뒷부분에서 시작되어, 핵분열 직후에 2개의 딸세포가 나타난다.
- 동물세포의 세포질분열에서는 분할구가 형성되어 세포가 2개로 갈라진다.

세포질분열에 대하여 자세히 살펴보게 될 다음 두 절을 공부하기 에 앞서 이 그림을 완전히 공부하라.

체세포분열방추체: 자세히 살펴보기

체세포분열의 여러 사건들은 전기에 세포질에서 형성되기 시작하는 **체세포분열방추체(mitotic spindle)**에 의존한다. 이 구조는 미세소관에 단백질이 결합하여 이루어진 섬유로 구성되어 있다. 체세포분열방추체가 형성되는 동안 세포골격의 다른 미세소관이 부분적으로 분해되는데 이를 통해 방추체 형성에 필요한 재료가 제공되는 것으로 보인다. 방추체 미세소관은 구성단위인 튜불린(tubulin) 단백질을 더 중합시킴으로써 길이가 신장되고(표 7.1), 단위체가 떨어져 나가(탈중합) 길이가 짧아진다.

동물세포에서 방추체 미세소관의 형성은 **중심체(centrosome)**에서 시작되는데, 중심체는 세포주기 내내 세포의 미세소관을 조직적으로 구성하는 기능을 담당하는 비막성 소기관으로서, **미세소관 조직센터**(microtubule-organizing center)라고도 불린다. 중심체의 중앙에는 한 쌍의 중심립(centrioles)이 위치하는데, 이것은 세포분열에 필수적인 것은 아니다. 중심립을 레이저 마이크로빔으로 파괴하여도 체세포분열 동안에 방추사가 형성되며, 실제로 대부분의 식물세포는 중심립을 가지고 있지 않다.

간기에 동물세포에서는 하나의 중심체가 복제되어 두 개의 중심체가 만들어지며, 이것이 핵의 근처에 함께 위치하게 된다. 두 개의 중심체는 전기와 전중기에 방추체 미세소관이 길어짐에 따라 각각 바깥쪽으로 이동한다. 전중기의 마지막에는 방추체의 양 끝에 위치한 두 개의 중심체가 세포의 반대쪽 끝에 위치하게 된다. 짧은 미세소관이 방사형으로 분포한 **성상체(aster)**가 중심체에서 뻗어 나와 있다. 방추체(spindle)는 중심체와 방추체 미세소관, 그리고 성상체를 모두 포함한 것이다.

복제된 염색체의 두 자매염색분체는 각각 **방추사부착점(kinetochore)**을 가지고 있는데, 이것은 염색체 DNA상의 특정 부위, 즉 동원체(centromere) 부위에 결합되어 있는 단백질 복합체 구조이다. 염색체의 두 방추사부착점은 서로 반대 방향으로 위치하고 있다. 전중기 동안에는 일부 방추체 미세소관이 방추사부착점에 결합되어 있는데, 이것을 방추사부착점 미세소관(kinetochore microtubule)이라 부른다. 방추사부착점에 결합되는 방추사의 수는 종에 따라 달라서 효모의 경우 하나에서부터 포유동물의 경우 40여 개까지 매우 다양하다. 염색체의 방추사부착점 하나가 미세소관에 연결되어 있는 경우에는 이 미세소관이 신장됨에 따라 염색체가 극 쪽으로 이동하게 된다. 그러나 이러한 이동은 반대쪽 극 쪽의 미세소관이 다른 염색분체상의 방추사부착점에 연결되는 순간 멈추게 된다. 그 다음에 벌어지는 일은 마지막에 서로 비기게 되는 줄다리기 경쟁과 같은 것이다. 염색체는 처음에는 한 방향으로 이동하다 그 다음에는 반대 방향으로 이동하며, 이러한 이동이 반복되다 마지막에는 세포의 두

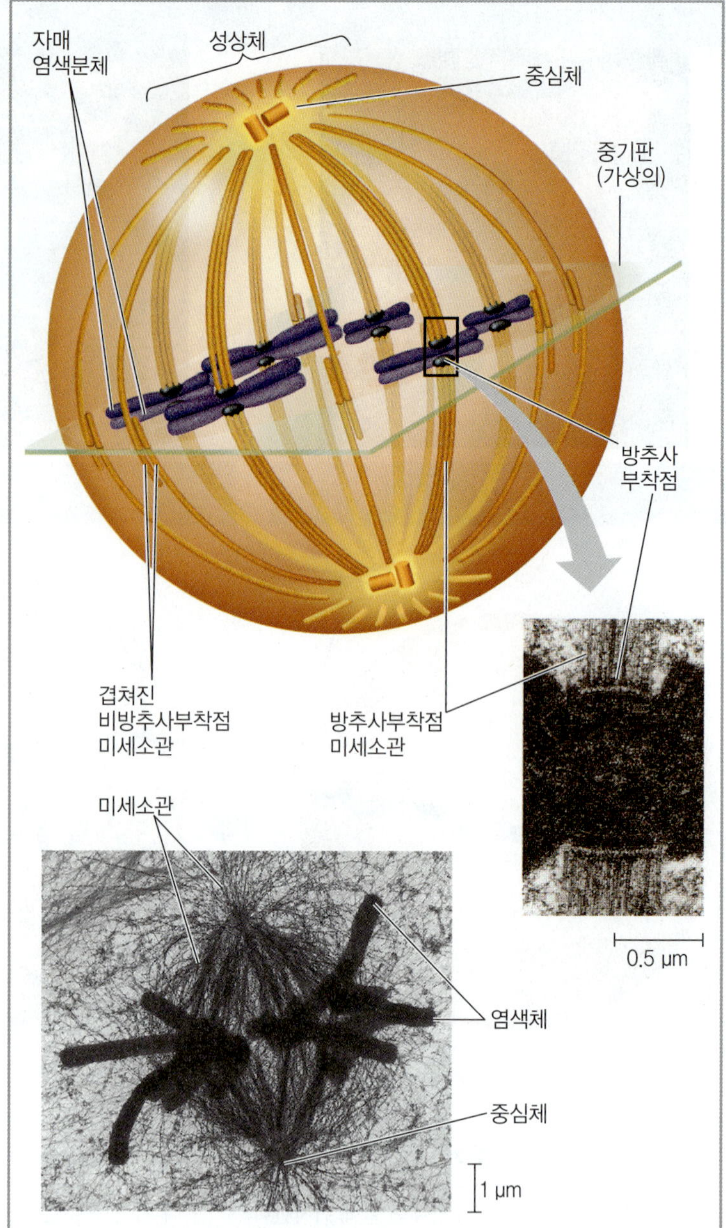

▲ **그림 12.8 중기의 체세포분열방추체.** 각 염색체의 두 자매염색분체에 있는 방추사부착점은 서로 반대 방향을 향하고 있다. 각 방추사부착점에는 가까이에 있는 중심체에서 뻗어 나온 한 다발의 방추사부착점 미세소관이 결합되어 있다. 방추사부착점에 결합하지 않는 미세소관은 중기판 부위에서 겹쳐져 있다(TEM 사진).

DRAW IT 아래쪽 현미경 사진에 중기판을 나타내는 선을 그리고, 성상체를 원으로 표시하라. 후기가 시작될 때 염색체의 이동 방향도 화살표로 표시하라.

끝 사이의 중앙에 자리 잡게 된다. 중기에는 모든 복제된 염색체의 동원체가 방추체의 두 극 사이의 중앙 평면에 위치하게 된다. 이 면을 **중기판(metaphase plate)**이라 하는데, 이것은 가상의 면으로 실제로 존재하는 세포구조는 아니다(그림 12.8). 반면에 방추사부착점에 결합하지 않는 미세소관도 계속 자라나와, 중기에는 반대쪽 극에서 뻗어 나온 방추사부착점에 결합하지 않는 다른

미세소관과 결합하게 된다. 중기에는 성상체의 미세소관 또한 길어져서 원형질막과 접촉하게 되며, 방추체가 완성된다.

방추체의 구조는 후기에서의 기능과 잘 연계되어 있다. 후기는 각 염색체의 자매염색분체를 붙잡고 있는 코헤신이 세퍼레이즈(separase)라는 효소에 의해 절단되며 갑자기 시작된다. 염색분체들이 분리되면 세포의 양끝 방향으로 이동하여 완전히 독립된 염색체가 된다.

방추사부착점 미세소관이 어떻게 염색체를 양끝 방향으로 이동시킬까? 여기에는 운동 단백질이 관여하는 두 가지 메커니즘이 작용한다. (운동 단백질이 어떻게 미세소관을 따라 이동하는지는 그림 7.21을 참고하라). 빈틈없이 잘 설계된 실험을 통해 방추사부착점에 있는 운동 단백질이 염색체를 미세소관을 따라 "걷게" 하며 미세소관에서는 운동 단백질이 지나간 다음에 방추사부착점 쪽 끝에서 탈중합이 일어난다는 것을 알게 되었다(**그림 12.9**). (이것은 "팩맨" 메커니즘이라고도 불리는데, 그 이유는 이러한 과정이 게임 캐릭터가 움직이며 점들을 먹어치우는 모습과 비슷하기 때문이다.) 그러나 이들과는 다른 종이나 다른 종류의 세포를 대상으로 한 실험에서는 염색체가 방추체 극에 있는 운동 단백질에 의해 끌려들어가며, 운동 단백질이 지나간 다음에 미세소관의 탈중합이 일어난다는 것을 보여주었다. 현재는 이 두 가지 메커니즘이 모두 사용되며, 세포의 종류에 따라 이 두 가지 메커니즘이 이용되는 정도가 서로 다른 것으로 여겨지고 있다.

분열하는 동물세포에서 방추사부착점에 결합하지 않는 미세소관은 후기 동안에 세포 전체를 신장시키는 역할을 한다. 양쪽의 반대편 극에서 뻗어 나와 있는 방추사부착점에 결합하지 않는 미세소관들은 중기 동안에 많이 겹쳐져 있게 된다(그림 12.8). 후기에는 미세소관에 결합되어 있는 운동 단백질들이 ATP를 이용하여 미세소관을 바깥쪽으로 이동시키므로 서로 겹쳐져 있는 부분이 줄어들게 된다. 미세소관이 이렇게 서로를 밀어냄에 따라 이들의 방추체 극은 서로 멀어지게 되고 세포는 신장된다. 동시에 미세소관은 겹쳐진 쪽의 끝에서 튜불린 단백질이 첨가되어 길이가 신장된다. 그 결과 미세소관은 계속 겹쳐진 상태를 유지하게 된다.

후기의 마지막에는 복제된 염색체군이 신장된 모세포의 양끝에 도달하게 된다. 핵은 말기 동안에 재형성된다. 세포질분열은 후기 또는 말기 동안에 시작되며, 방추체는 최종적으로 미세소관의 탈중합에 의해 해체된다.

세포질분열: 자세히 살펴보기

동물세포에서 세포질분열은 **분할(cleavage)**에 의해서 일어난다. 분할의 최초 신호는 중기판이 있던 부위 가까이의 세포 표면에 **분할구(cleavage furrow)**라는 얕은 홈이 나타나는 것이다(**그림 12.10a**). 홈의 세포질 쪽에는 액틴 미세섬유

▼ 그림 12.9 **탐구**

후기 동안에 방추사부착점 미세소관이 어느 쪽에서 짧아질까?

실험 위스콘신 대학의 보리시(Gary Borisy)와 그의 동료들은 분열 동안에 염색체가 극 쪽으로 이동할 때 방추사부착점 미세소관이 방추사부착점 쪽과 극 쪽 어디에서 탈중합이 일어나는지 알아보려 했다. 첫째, 이들은 후기 초기의 돼지 신장세포에서 미세소관을 노란색 형광염료로 표지하였다.

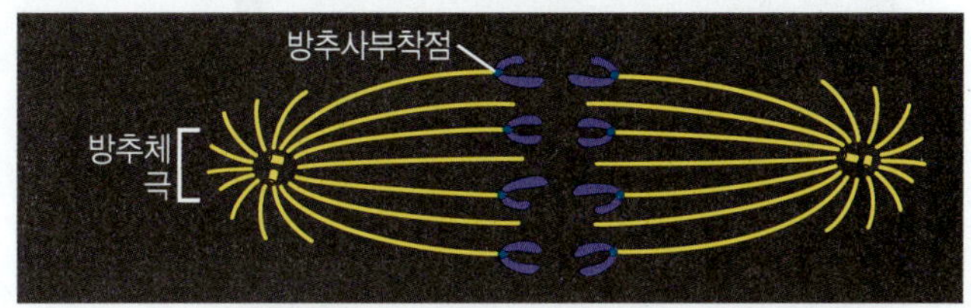

그 다음 이들은 레이저를 사용하여 방추체극과 염색체 사이의 부분에서 형광을 탈색시켜 방추사부착점 미세소관을 그대로 유지한 채로 표지하였다. 그 다음 후기가 진행될 때 표지된 부위 양쪽의 길이 변화를 관찰하였다.

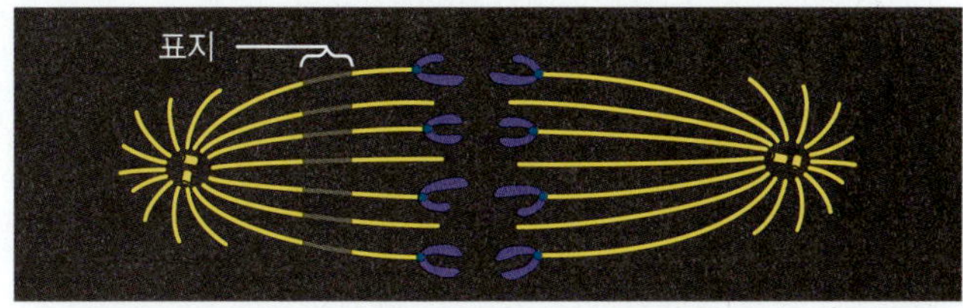

결과 염색체가 극 쪽으로 이동함에 따라 레이저 표지 부위의 동원체 쪽에서는 미세소관이 짧아지는 반면, 방추체 극 쪽의 미세소관은 길이가 변하지 않았다.

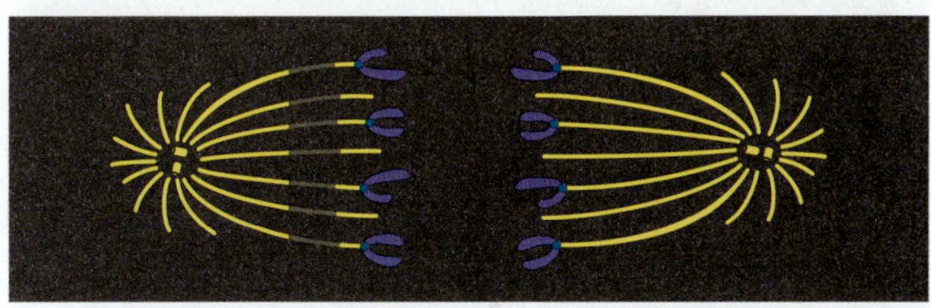

결론 이 세포에서는 후기 동안에 방추사부착점 미세소관의 방추체 극 쪽이 아니라 동원체 쪽 끝에서 길이가 짧아져 염색체가 이동한다는 사실이 확인되었다. 이 실험은 후기에 염색체가 동원체 쪽에서 튜불린 단위체를 배출하며 분해가 일어나 미세소관을 따라 이동한다는 사실을 입증하는 여러 증거 중의 하나이다.

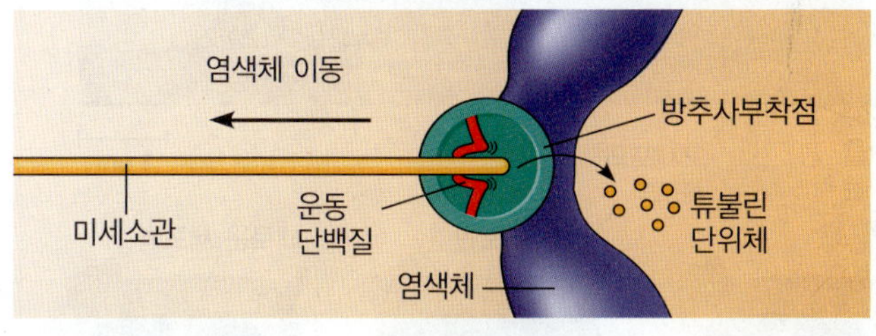

참고문헌 G. J. Gorbsky, P. J. Sammak, and G. G. Borisy, Chromosomes move poleward in anaphase along stationary microtubules that coordinately disassemble from their kinetochore ends, *Journal of Cell Biology* 104:9–18 (1987).

DRAW IT 만일 위의 실험이 극 쪽에서 끌어당겨 염색체를 주로 이동시키는 세포를 대상으로 행해졌다면 표시된 부위는 극에 대해 어느 방향으로 움직일까? 미세소관의 길이는 어떻게 변할까?

▼ 그림 12.10 동물세포와 식물세포의 세포질분열

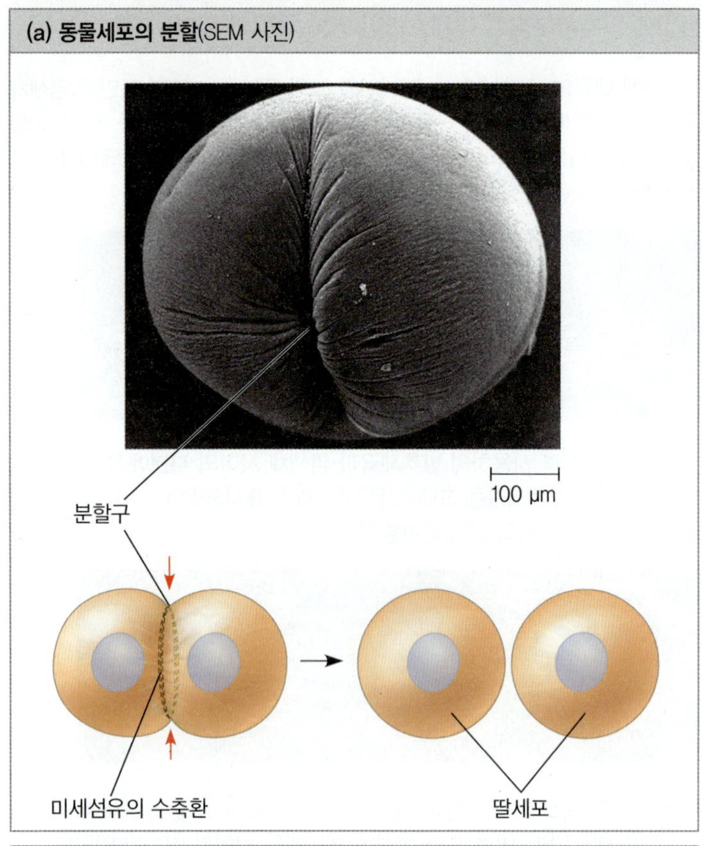

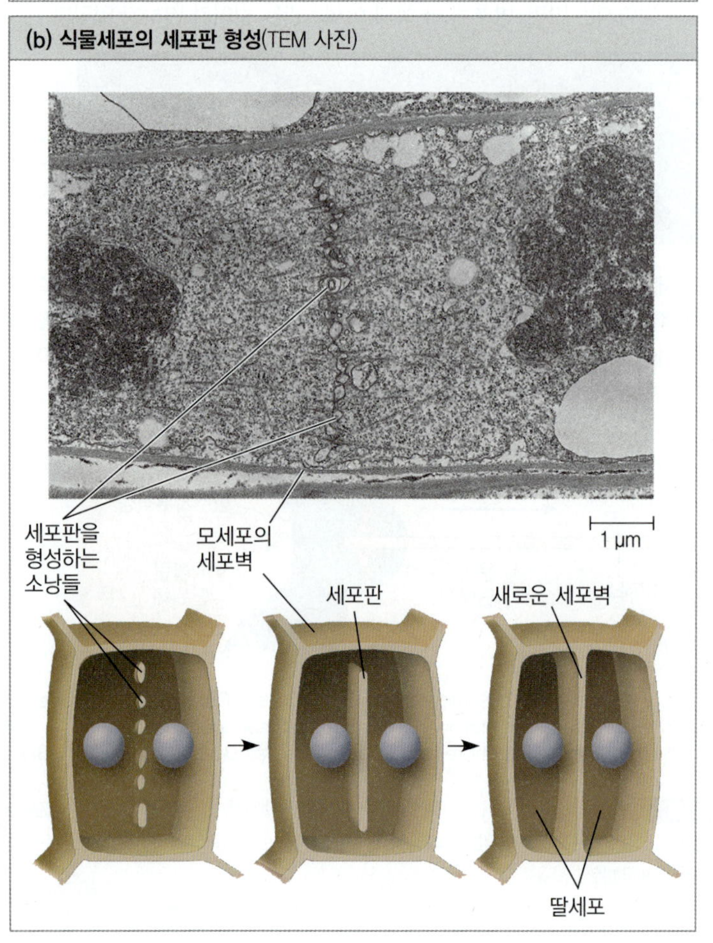

와 미오신 단백질이 결합되어 있는 수축환(contractile ring)이 있다. 액틴 미세섬유는 미오신 분자와 상호작용을 하여 환의 수축을 일으킨다. 분열하는 세포의 미세섬유 환이 수축하는 것은 마치 끈을 졸라매는 것과 같다. 분할구는 세포가 둘로 갈라지게 될 정도까지 깊어져서 각각이 완전한 핵을 가지며 세포질, 세포소기관 및 기타 세포내 미세구조를 나누어 가지는 2개의 독립된 세포를 만들어 낸다.

세포벽을 지닌 식물세포의 세포질분열은 완전히 다르게 일어난다. 이 경우에는 분할구가 형성되지 않으며, 그 대신에 말기에 골지체에서 기원한 소낭들이 미세소관을 따라 세포의 중앙으로 이동하여 합쳐져 **세포판(cell plate)**을 형성한다(그림 12.10b). 소낭에 의해 운반된 세포벽의 구성 물질이 세포판에 쌓여서 점차 자라나게 된다. 세포판은 계속 자라 바깥쪽 막이 세포의 원형질막에 융합된다. 그 결과 각각 자신의 세포막을 가지는 2개의 딸세포가 생겨난다. 동시에 세포판의 내용물로부터 새로운 세포벽이 두 세포 사이에 형성된다.

그림 12.11에는 분열하는 식물세포의 단계별 현미경 사진이 나타나 있다. 이 그림을 보면 핵분열과 세포질분열의 개요를 살펴보는 데 도움이 될 것이다.

세균에서의 이분법

세균과 고세균 같은 원핵생물은 세포가 자라 크기가 두 배 정도 되면 두 개의 세포로 나누어지는 방법으로 번식할 수 있다. **이분법(binary fission)**이란 "둘로 나누어진다"는 의미로써, 이러한 원핵생물의 분열 및 그림 12.2a에 나와 있는 아메바와 같은 단세포 진핵생물의 무성생식 과정을 말한다. 그러나 이 두 과정은 진핵세포의 경우는 핵분열이 포함되며, 원핵세포의 경우에는 핵분열이 없다는 점에서 서로 다르다.

세균에서는 하나의 원형 염색체에 대부분의 유전자가 담겨져 있는데, 이 염색체는 DNA 분자와 결합 단백질로 구성되어 있다. 비록 세균이 진핵세포에 비해서는 작고 단순하지만 순서대로 자신의 유전체를 복제하고 2개의 딸세포로 똑같이 나누는 일은 여전히 만만치 않은 일이다. 예를 들어, 대장균(*Escherichia coli*)의 염색체는 완전히 펼쳐지면 세포 길이의 약 500배에 달한다. 이렇게 긴 염색체가 세포 안에 들어가기 위해서는 많이 감기고 접혀져야만 한다.

대장균에서 세포분열은 염색체상의 **복제원점(origin of replication)**이라 불리는 특정 부위에서 세균 염색체의 복제가 시작되어 2개의 복제원점이 만들어짐으로써 개시된다. 염색체가 계속 복제됨에 따라 하나의 복제원점은 빠르게 세포의 반대쪽 끝으로 이동한다(그림 12.12). 염색체가 복제되는 동안 세포는 계속 신장된다. 복제가 완전히 끝나면 세균은 원래 크기의 두 배에 이르며, 세포막이 안쪽으로 자라나서 모세포가 2개의 딸세포로 분리된다. 이런 방법으로 각 세포는 완전한 유전체를 가지게 된다.

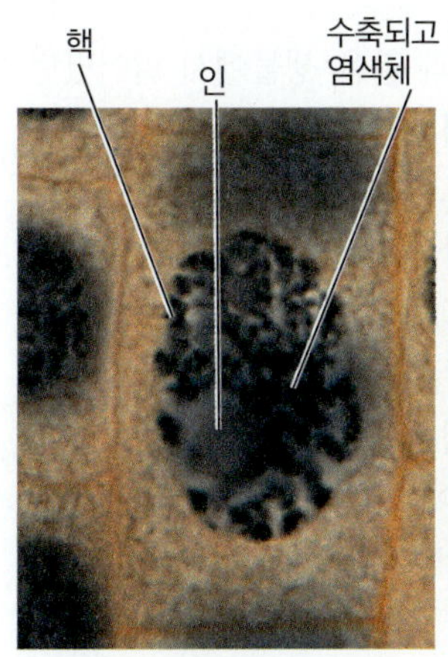

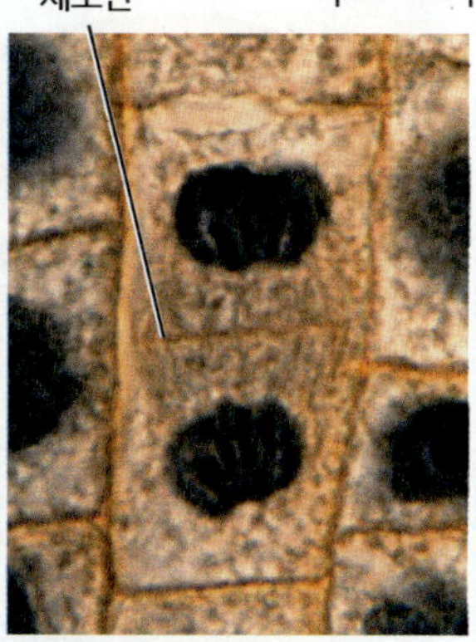

① **전기:** 염색체가 응축되고, 인이 사라지기 시작한다. 현미경상으로는 아직 뚜렷하지 않지만 체세포분열방추체가 형성되기 시작한다.

② **전중기:** 이제 염색체를 뚜렷이 볼 수 있다. 각각은 나란이 결합한 2개의 동일한 자매염색분체로 구성되어 있다. 전중기의 뒷부분에서는 핵막의 분해가 일어날 것이다.

③ **중기:** 방추체가 완전해지며, 동원체에 미세소관이 결합된 염색체가 모두 중기판에 위치한다.

④ **후기:** 각 염색체의 염색분체는 분리되고, 방추사부착점 미세소관이 짧아짐에 따라 딸 염색체가 세포의 양끝으로 이동한다.

⑤ **말기:** 딸핵이 형성되고 세포질 분열이 시작되는데, 세포판이 중앙에서 모세포의 바깥쪽 방향으로 자라나서 세포질을 둘로 나누어 준다.

▲ **그림 12.11 식물세포의 체세포분열.** 이 광학현미경 사진은 양파 뿌리에서의 체세포분열을 보여주고 있다.

복제원점 부위를 형광 표지하여 현미경으로 관찰할 수 있는 현대의 DNA 기술을 사용하면(그림 7.3), 세균 염색체의 이동을 직접 관찰할 수 있다. 이러한 이동은 핵분열의 후기에 진핵생물 염색체의 동원체 부위가 극 방향으로 이동하는 것을 연상하게 한다. 그러나 세균에는 관찰이 가능한 체세포분열방추체가 없으며, 미세소관도 가지고 있지 않다. 연구된 대부분의 세균에서는 2개의 복제원점이 세포의 양끝이나 혹은 세포 내의 특정 부위로 이동하며, 그 위치에 아마도 하나 혹은 그 이상의 단백질에 의해 고정될 것이다. 그러나 세균의 염색체가 어떻게 이동하며, 그 위치가 어떻게 정해지고 유지되는가에 대해서는 현재까지도 활발히 연구가 진행되고 있다. 이 과정에서 중요한 역할을 담당하는 몇 개의 단백질들이 알려져 있는데, 진핵생물의 액틴과 유사한 단백질의 중합이 세포분열 동안의 염색체 이동에 관여하며, 튜불린과 유사한 단백질이 세포막이 안쪽으로 함입되어 두 개의 딸세포를 분리하는 데 도움을 주는 것으로 알려져 있다.

체세포분열의 진화

진화 원핵생물이 진핵생물보다 10억 년 이상 앞서 지구상에 존재해 왔음을 고려해 보면 체세포분열은 원핵생물의 단순한 생식 메커니즘에서 유래했을 것이라고 가정해 볼 수 있다. 실제로 세균의 이분법에 관여하는 일부 단백질은 진핵생물의 단백질과도 유사성이 있으며, 이는 체세포분열이 세균의 이분법으로부터 진화되어 왔을 것이라는 가설을 뒷받침해 준다.

현재 세균의 이분법과 유사한 원시적 형태의 분열은, 진핵생물이 진화하면서 큰 유전체와 핵막을 가지게 됨에 따라 그 과정은 확실하지 않지만 점차 체세포분열로 발전하였을 것이다. 세포의 분열 방법은 생물의 종류에 따라 차이가 있다. 이렇게 차이가 나는 과정들은 아마도 조상종에서 사용되었던 메커니즘과 유

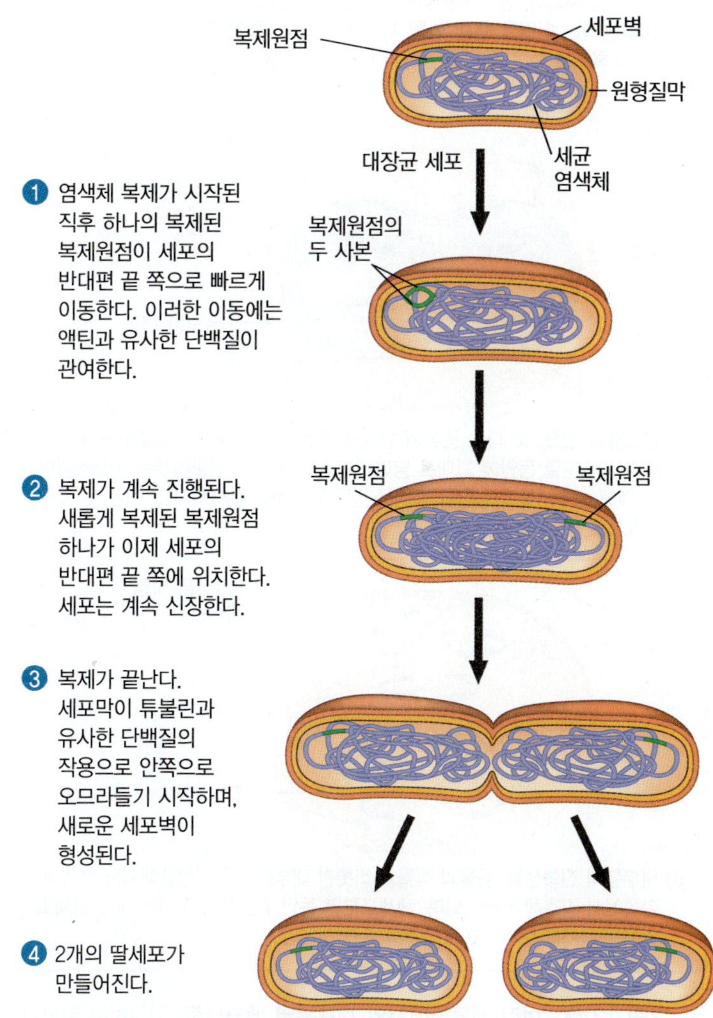

▲ **그림 12.12 이분법에 의한 세균 세포의 분열.** 여기에 나타낸 것은 하나의 원형 염색체를 지닌 대장균(*E. coli*)의 예이다.

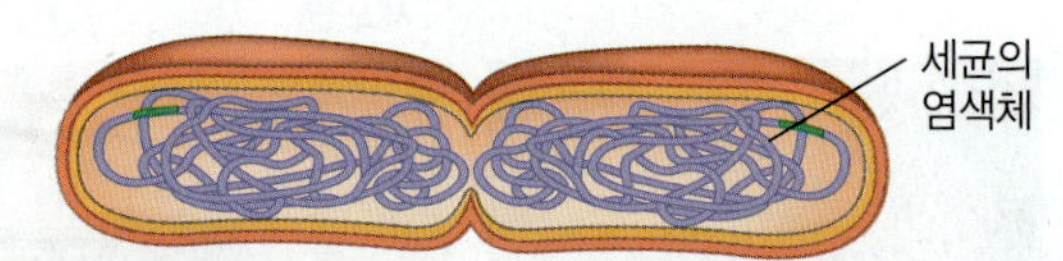

(a) **세균.** 이분법으로 분열하는 동안에 딸 염색체의 복제원점은 세포의 반대편 끝으로 이동한다. 이러한 이동에는 액틴과 유사한 단백질의 중합이 필요하고, 딸 염색체를 원형질막의 특정 부위에 결합시키는 단백질이 필요할 것이다.

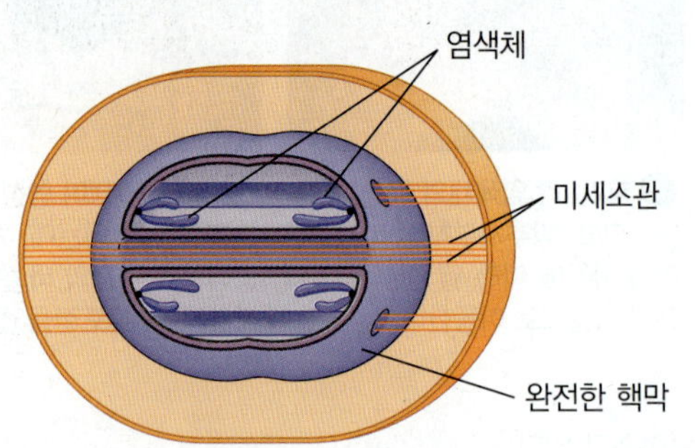

(b) **와편모조류.** 와편모조류라 불리는 단세포 원생생물에서는 핵막이 세포분열 동안에 유지되며, 염색체는 핵막에 결합되어 있다. 미세소관은 핵 안의 세포질과 통하는 터널을 통해 핵을 지나가서 핵이 공간적으로 특정한 방향성을 가지도록 도와주며, 핵은 세균에서의 이분법과 유사하게 분열한다.

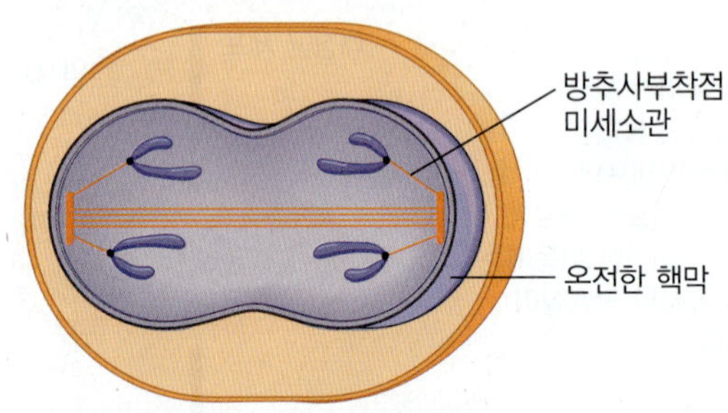

(c) **규조류와 효모.** 또 다른 종류의 단세포 원생생물인 규조류와 효모에서도 핵막이 세포분열 동안에 그대로 남아 있다. 그러나 이 생물에서는 미세소관이 핵 내에 방추사를 형성한다. 미세소관은 염색체를 분리시키고, 핵은 두 개의 딸핵으로 나누어진다.

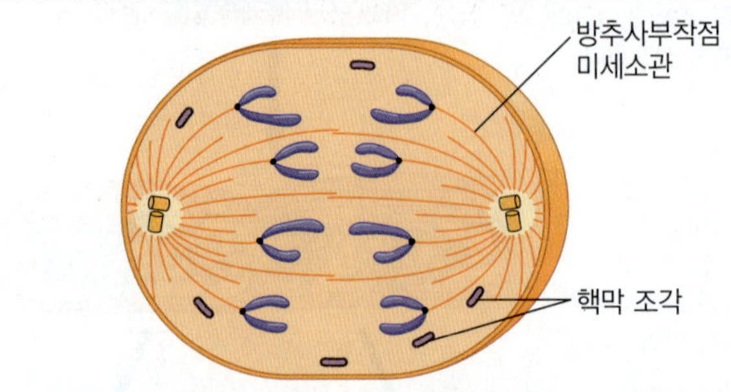

(d) **대부분의 진핵생물.** 동물과 식물을 비롯한 대부분의 진핵생물에서는 핵의 바깥쪽에서 방추체가 형성되며, 체세포분열 동안에는 핵막이 분해된다. 미세소관은 염색체를 분리하고 두 핵막이 재형성된다.

▲ **그림 12.13 여러 생물들에서의 세포분열 메커니즘.** 현존하는 일부의 단세포 진핵생물에서는 체세포분열의 진화에서 중간 단계와 유사할 것으로 여겨지는 세포분열 메커니즘이 존재한다. (a)를 제외하고는 그림에 세포벽을 나타내지 않았다.

사할 것이며, 따라서 진화 초기의 세균과 같은 생물에서 일어났던 이분법과 유사한 분열 과정으로부터 체세포분열이 진화해온 단계들과 유사할 수 있다. 오늘날 와편조모류(dinoflagellate), 규조류(diatom), 일부 효모 등과 같은 특정 단세포 진핵생물에서 발견되고 있는 두 가지 희귀한 핵분열 형태의 예를 통해 가능한 중간 단계들이 제시되고 있다(**그림 12.13**). 이 두 가지 핵분열은 원시적인 메커니즘이 상대적으로 덜 진화되어 남아 있는 것으로 여겨진다. 이 두 경우 모두 분열 과정 동안 핵막이 그대로 유지된다는 점에서 대부분의 진핵생물에서 나타나는 방법과는 대조적이다.

개념 확인 문제 12.2

1. 그림 12.8에는 몇 개의 염색체가 있는가? 이들은 복제된 것인가? 염색분체는 몇 개일까?
2. 동물세포와 식물세포의 세포질분열을 비교하라.
3. 세포주기의 어떤 단계에서 염색체가 2개의 염색분체로 구성되어 있을까?
4. 진핵세포의 분열 과정에서 튜불린과 액틴의 역할과 세균의 이분법에서 튜불린과 액틴 유사 단백질의 역할을 비교하라.
5. 방추사부착점은 자동차와 화물을 연결하는 기구와 비교되곤 한다. 그 이유를 설명하라.
6. **MAKE CONNECTIONS** 액틴과 튜불린이 담당하는 다른 기능에는 무엇이 있을까? 그 기능을 위해 이들과 결합하는 단백질의 이름을 열거하라(그림 7.21a와 7.26a 참조).

정답은 부록 A 참조

개념 12.3

진핵세포의 세포주기는 분자수준의 조절 시스템에 의해 조절된다

식물이나 동물의 각 부위에서 일어나는 세포분열의 시기와 속도는 정상적인 개체의 성장, 발생, 유지에 매우 중요하다. 세포분열의 빈도는 세포의 종류에 따라 다르다. 예를 들면, 인간의 피부세포는 일생 동안 내내 자주 분열하는 반면, 간세포는 분열할 수 있는 능력은 지니고 있으나 상처를 치유하는 등의 필요성이 있을 때에만 분열을 한다. 완전히 성숙된 신경세포와 근육세포 등과 같은, 가장 특성화된 일부 세포는 성체에서는 더 이상 분열하지 못한다. 이러한 세포주기의 차이는 분자적인 수준의 조절에 기인한다. 이러한 조절메커니즘은 세포의 생활사를 이해한다는 점에서뿐만 아니라 암세포가 어떻게 정상적인 조절을 벗어날 수 있는가를 이해한다는 측면에서도 매우 큰 관심의 초점이 되고 있다.

세포주기 조절 시스템

무엇이 세포주기를 조절할까? 1970년대 초기 여러 가지 실험을 통해 세포주기가 세포질에 존재하는 특수한 신호분자에 의해 진행된다는 가설이 등장했다. 이 가설을 입증하는 첫 번째 강한 증거는 배양 중인 포유동물 세포를 이용한 실험을 통해서 얻어졌다. 이 실험에서는 다른 세포주기에 있는 두 세포를 융합하여 두 개의 핵을 지닌 하나의 세포를 얻었다(**그림 12.14**). 만일 하나의 세포가 S기이고, 다른 세포가 G_1기였다면 G_1 핵은 곧바로 S기로 들어가며, 이는 마치 S기 세포의 세포질에 존재하는 신호물질이 G_1 핵에 S기를 유도한 것처럼 해석될 수 있다. 마찬가지로 분열 중(M기)인 세포를 다른 세포주기에 있는 세포와 융합하면, 심지어 G_1기의 세포를 사용한 경우에도 곧바로 이 세포의 핵에서 염색질이 응축되고 체세포분열방추체를 형성하며 세포분열이 시작된다.

그림 12.14에 나타난 실험과 동물세포와 효모를 이용한 그 밖의 다른 실험 결과들을 통해서 세포주기의 일련의 사건들은 **세포주기 조절시스템(cell cycle control system)**에 의하여 조절된다는 것이 알려졌다. 세포주기 조절시스템에서는 세포내 분자들이 주기적으로 작용하여 세포주기의 주요 단계를 유도하거나 조절하게 되며, 이는 자동세탁기의 조절기구와 비교될 수 있다(**그림 12.15**). 세탁기의 조절기와 같이 세포주기 조절시스템은 내재된 시계에 의해 스스로 작동한다. 그러나 세탁기의 조절이 수조에 물이 차면 작동하는 감지장치와 같은 내부의 조절작용과 시작 스위치와 같은 외부의 장치에 의해 조절되는 것과 마찬가지로, 세포주기도 진행을 멈추거나 다시 진행시키는 내부와 외부의 신호에 의해 특정한 확인점에서 조절된다. 세포주기에서의 **확인점(checkpoint)**은 정지 및 출발신호에 의해서 조절될 수 있는 세포주기의 특정한 조절 시점이다. 세 가지의 주요 확인점이 G_1, G_2 및 M기에 나타난다(그림 12.15).

어떻게 세포주기 확인점이 작용하는지를 이해하기 위해서 먼저 세포주기 조절시스템이 어떠한 분자들로 이루어져 있는지(세포주기 시계의 분자적 구성)와 어떻게 세포주기가 진행되는지를 살펴보고자 한다. 그 다음에 시계를 멈추거나, 계속 진행시키는 내부와 외부의 확인점 신호를 살펴볼 것이다.

▼ **그림 12.14** **탐구**

세포질 내에 세포주기를 조절하는 분자신호가 존재할까?

실험 콜로라도 대학교의 연구팀은 세포주기의 진행이 세포질 내의 물질에 의해 조절되는지를 알아보려 했다. 이를 조사하기 위해서 이들은 서로 다른 세포주기에 있는 배양된 포유동물 세포의 융합을 유도하였다. 이러한 실험의 두 예는 다음과 같다.

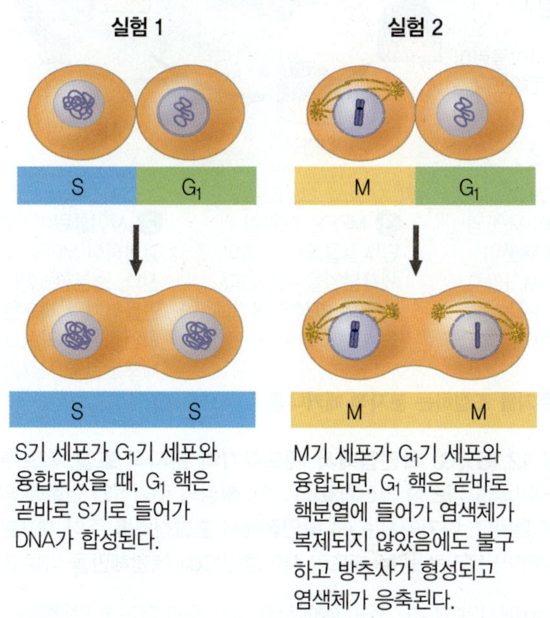

결론 G_1기 세포를 S기나 M기의 세포와 융합한 실험의 결과는 S기나 M기 세포의 세포질에 존재하는 어떤 물질이 S기나 M기로의 진행을 조절한다는 것을 시사한다.

참고문헌 R. T. Johnson and P. N. Rao. Mammalian cell fusion: Induction of premature chromosome condensation in interphase nuclei, *Nature* 226:717–722 (1970).

WHAT IF? 만일 각 시기로의 진행이 세포질에 있는 조절물질에 의해서가 아니라 그 앞의 시기가 끝나면 바로 시작되는 것이라면 실험 결과는 어떻게 달라졌을까?

세포주기의 시계: 사이클린과 사이클린 의존성 인산화효소

세포주기 조절 분자의 양과 활성의 주기적인 오르내림이 세포주기 내의 연속적인 사건의 속도를 조절한다. 이 조절분자는 인산화효소와 사이클린의 두 종류 단백질로서, 단백질인산화효소는 다른 단백질을 인산화하여 활성화하거나 불활성화할 수 있는 효소이다(9장).

세포주기를 진행시키는 여러 인산화효소는 실제로는 생장하는 세포에서 계속 일정한 농도로 유지되지만, 대부분의 시기에

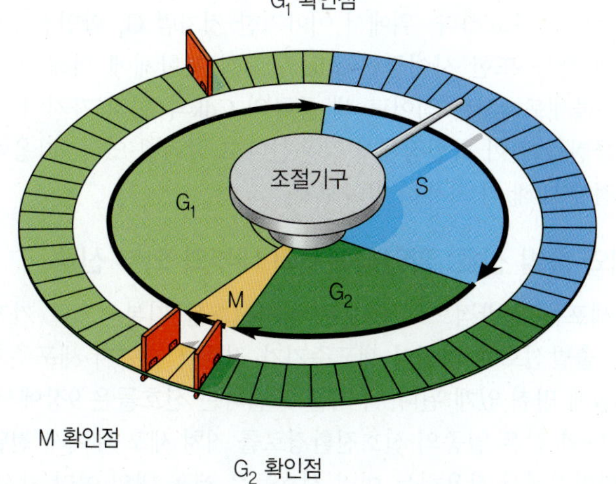

▲ **그림 12.15** **세포주기 조절시스템의 기계적 비유.** 이 세포주기의 그림에서 편평한 바깥쪽 계단들은 순서대로 일어나는 사건들을 나타낸다. 자동세탁기의 조절기구와 같이 세포주기 조절시스템은 내재된 시계에 의해서 스스로 작동한다. 그러나 이 시스템은 여러 확인점에서 내부적, 외부적 조절을 받으며 그 중 중요한 3개가 빨간색으로 표시되어 있다.

는 불활성 형태로 존재한다. 이들이 활성화되기 위해서는 농도가 주기적으로 오르내리는 **사이클린(cyclin)**이라는 단백질이 결합되어야 한다. 이러한 필요조건 때문에 이 인산화효소를 **사이클린 의존성 인산화효소(cyclin-dependent kinase)** 또는 **Cdk**라고 부른다. Cdk의 활성은 결합하는 사이클린의 농도에 의해서 변화한다. 그림 12.16a는 최초로 발견된 **MPF**라고 불리는 사이클린-Cdk 복합체의 세포주기에 따른 활성 변화를 나타낸 것이다. MPF 활성의 최고점이 사이클린 농도의 최고점과 일치한다는 사실을 주목하라. 사이클린의 수준은 S와 G_2 시기 동안에 증가된 다음, 세포분열(M)기 동안에 급격히 감소한다.

MPF는 성숙유도인자(maturation-promoting factor)의 앞 글자를 따온 약어이지만, 세포가 G_2 확인점을 지나 M기로 들어가도록 유도한다는 점에서 M기 유도인자(M-phase promoting factor)라고 생각하여도 무방하다(그림 12.16b). G_2기 동안에 축적되는 사이클린이 Cdk에 결합하여 만들어진 MPF 복합체는 다양한 단백질을 인산화함으로써 세포분열을 유도한다. MPF는 인산화효소로서 직접적으로 작용하기도 하며, 다른 인산화효소를 활성화시킴으로써 간접적으로 작용하기도 한다. 예를 들어, MPF는 핵막하층(nuclear lamina)의 여러 단백질을 인산화시킴으로써(그림 7.9), 세포분열의 전중기에 핵막의 분해를 유도한다. 또한 MPF가 전기 동안에 염색체의 응축과 방추체 형성에 필요한 분자적 과정에 기여한다는 증거도 제시되어 있다.

후기에는 MPF가 자신의 사이클린을 파괴하는 과정을 시작시켜 그 자신의 작용을 억제한다. MPF의 변하지 않는 나머지 부분, 즉 Cdk는 다음 세포주기의 S와 G_2기에 새로 합성된 사이클린과 다시 결합할 때까지 불활성 상태로 남아 있게 된다.

여러 종류 사이클린-Cdk 복합체의 활성 변화가 세포주기의 모든 단계를 조절하는데 중요하며 일부 확인점에서 진행 신호를 보내는데도 중요하다. 위에서 이야기한 것처럼 G_1 확인점에서의 세포의 행동 또한 사이클린-Cdk 단백질 복합체에 의해 조절된다. 동물세포에서는 적어도 세 종류의 Cdk와 여러 가지의 다른 사이클린들이 이 확인점에서 작용한다고 알려져 있다. 다음에는 확인점에 대해 더 자세히 알아보자.

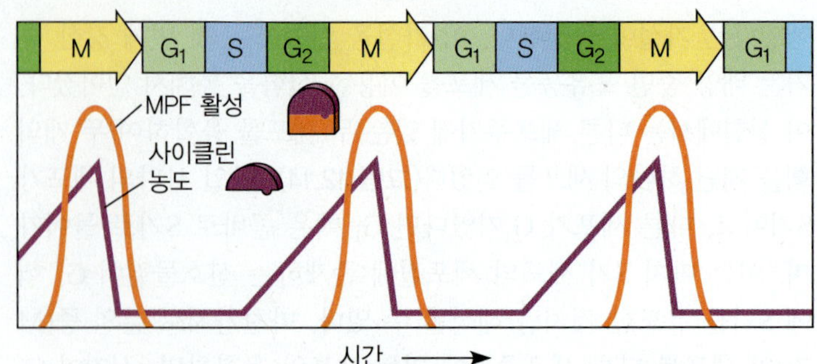

(a) 세포주기 동안의 MPF 활성과 사이클린 농도의 변화

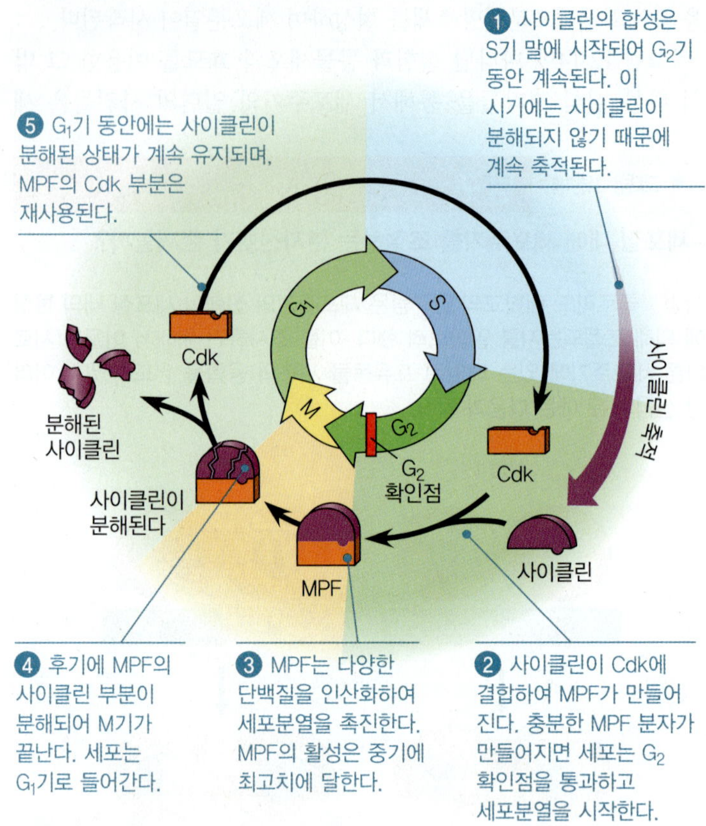

(b) 세포주기를 조절하는 분자적 메커니즘

▲ **그림 12.16 G_2 확인점에서 세포주기의 분자적 조절.** 세포주기의 단계들은 사이클린 의존성 인산화효소(Cdk) 활성의 주기적인 변화에 의하여 그 시간이 조절된다. 여기에서는 G_2 확인점에서 출발신호를 주어 세포분열을 야기하는 MPF라 불리는 동물 세포의 사이클린-Cdk 복합체만을 다루고 있다.

? 그림 (b)에서의 각 사건들이 (a)에서의 시간 축과 어떻게 연관되는지를 설명하라.

정지와 출발 신호: 확인점에서의 내부와 외부 신호

동물세포는 일반적으로 내재된 정지신호를 기본적으로 가지고 있어, 출발신호에 의해서 세포주기가 진행될 때까지 세포주기가 확인점에 멈춰 있게 된다. 주기를 조절하는 신호들은 9장에서 논의된 바와 같은 일종의 신호전환경로를 거쳐 세포 내에서 전달된다. 확인점에서 작용하는 여러 신호들은 세포 내의 여러 감시 메커니즘을 통해서 전달되는데, 이 신호들은 그 단계까지 일어나야 하는 중요한 세포내 과정들이 실제로 완전히 일어났는가와 세포주기를 진행해야 할지 안해야 할지 여부를 보고하게 된다. 확인점에서는 또한 세포 외부로부터의 신호도 작용하게 된다. 세 가지 중요한 확인점이 그림 12.15와 같이 G_1, G_2, M기에 있다.

포유동물세포에서는 "제한점(restriction point)"이라 불리는 G_1 확인점이 여러 세포에서 가장 중요해 보인다. G_1 확인점에서 출발신호가 주어지면 세포는 대개의 경우 G_1, S, G_2 및 M기를 지나 분열을 마치게 된다. 반대로 출발신호가 주어지지 않으면 세포는 주기에서 벗어나 **G_0기(G_0 phase)**라고 불리는 분열하지 않는 상태로 전환하게 된다(그림 12.17a). 실제로 인체 세포의 대부분은 G_0기에 있다. 앞서 언급한 바와 같이 완전히 성숙한 신경과 근육세포는 전혀 분열하지 않으며, 간세포와 같은 다른 세포는 상처 부위에서 방출되는 생장인자 신호와 같은 외부의 신호에 의해서 G_0기에서 세포주기로 다시 돌아올 수 있다.

세포 내외에서 오는 여러 신호와 사이클린 의존성 인산화효소나 다른 단백질에 의한 세포 반응을 연결시키는 경로에 대한 연구가 현재 진행 중이다. 내부 신호의 예로는 세 번째 중요한 확인점인 M기 확인점의 예를 들 수 있다(**그림 12.17b**). 자매염색분체가 분리되는 후기는 모든 염색체가 중기판에 적절하게 배열되어야만 시작된다. 일부라도 방추사부착점에 방추체 미세소관이 결합하지 않으면 자매염색분체가 결합된 채로 있게 만드는 분자적 신호를 보내어 후기를 지연시킨다. 모든 염색체의 방추사부착점이 방추체에 적절히 연결된 다음에야 조절 단백질이 활성화된다. (이 경우 조절 단백질은 사이클린-Cdk가 아니라 다른 단백질 복합체이다.) 활성화된 조절 단백질이 일련의 경로를 통해 자매염색분체를 결합시켜주는 코헤신(cohesin) 단백질을 자르는 세퍼레이즈(separase)를 활성화하여 염색분체의 분리가 일어난다. 이러한 메커니즘에 의해 딸세포는 염색체를 잃어버리거나 더 가지지 못하게 된다.

동물의 배양세포를 이용한 연구를 통해서 세포분열에 영향을 미치는 여러 가지의 화학적 또는 물리적 외적 요인들을 찾아낼 수 있었다. 예를 들어, 세포는 필수 영양분이 배양액에서 결핍되어 있으면 분열하지 못한다. 이것은 자동 세탁기에 물을 연결하지 않은 채로 돌리는 것과 유사한 것으로, 이 경우 내부의 감지부가 작동하여 물의 공급이 필요한 상황에서 기계가 계속 작동하지 못하게 한다. 또한 모든 배양조건이 다 갖추어져 있는 경우에도 대부분의 포유동물세포는 특정한 **생장인자(growth factor)**가 주어지지 않으면 분열하지 못한다. 9장에 언급한 바와 같이 생장인자는 다른 세포의 분열을 촉진하도록 특정 세포에서 분비되는 단백질이다. 서로 다른 종류의 세포들은 특정한 생장인자나 여러 생장인자의 조합에 특이적으로 반응을 나타낸다.

이러한 생장인자 중의 하나로 혈소판(platelet)이라 불리는 혈액세포에서 만들어지는 **혈소판유래 생장인자**(platelet-derived growth factor, PDGF)가 있다. **그림 12.18**에 나타낸 실험을 통해서 PDGF가 배양 중인 섬유아세포(fibroblast)의 분열에 필요하다는 것이 입증되었다. 섬유아세포는 결합조직세포의 일종으로 원형질막에 PDGF에 대한 수용체를 가지고 있다. PDGF가 티로신 인산화효소 수용체(그림 9.8)인 이 수용체에 결합하면 세포가 G_1 확인점을 지나 분열하도록 해주는 신호전환경로가 활성화된다. PDGF는 세포배양이라는 인공적인 환경에서뿐만 아니라 동물의 신체 내에서도 섬유아세포의 분열을 촉진한다. 상처가 생긴 경우 혈소판은 근처에 PDGF를 방출하고, 이에 따라 섬유아세포가 증식하여 상처가 아무는 것을 도와준다.

외부의 물리적 요인이 세포분열에 미치는 효과는 세포가 꽉 차면 분열을 멈추는 **밀도 의존성 억제(density-dependent inhibition)**라는 현상에서 명확하게 나타난다(**그림 12.19a**). 오래

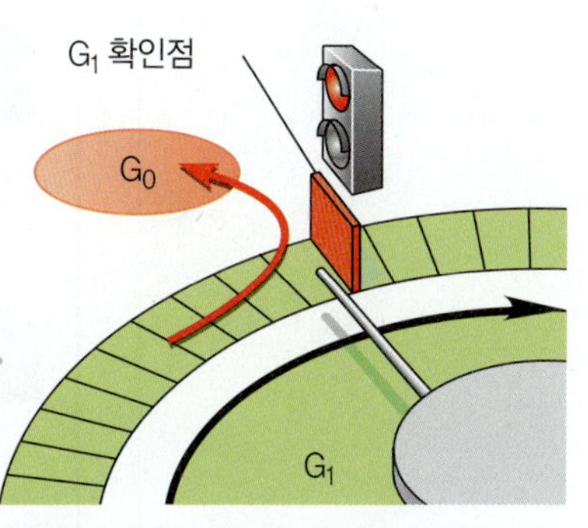

출발신호가 없으면, 세포는 세포주기를 벗어나 분열하지 않는 상태인 G_0기로 들어간다.

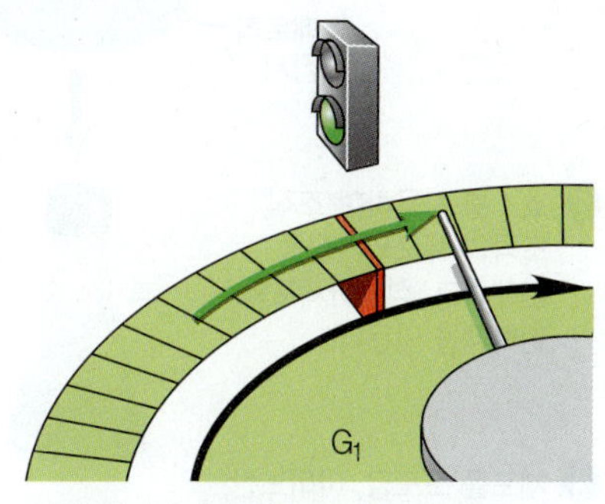

만일 세포가 출발신호를 받으면 세포는 계속 세포주기를 진행한다.

(a) G_1 확인점

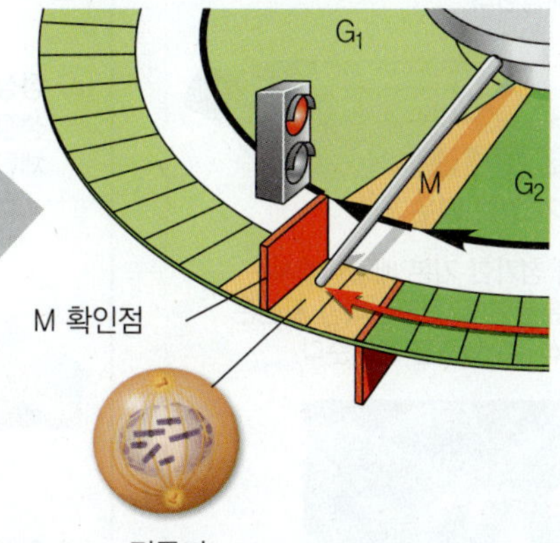

분열기의 세포는 염색체 중 어느 하나라도 방추사가 결합하지 않으면 정지 신호를 받는다.

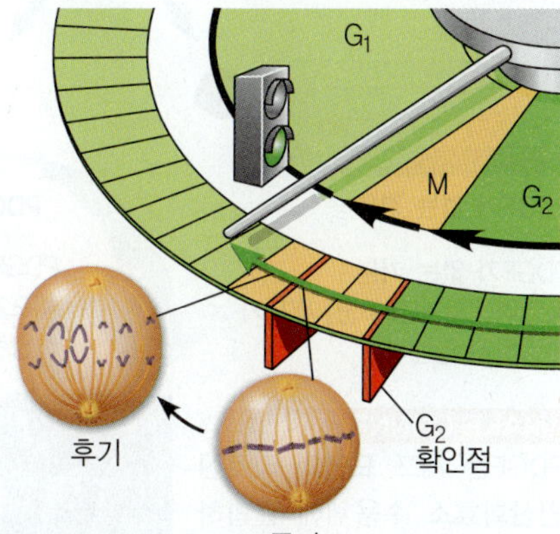

모든 염색체에 양극 방향으로 방추사가 결합하면 출발신호를 받아 후기가 진행된다.

(b) M 확인점

▶ **그림 12.17 두 주요 확인점.** 세포주기의 특정한 확인점(빨간색 차단기)에서 세포는 전달되는 신호에 따라 다른 반응을 나타낸다. G_1 확인점**(a)**과 M 확인점**(b)**에서 일어나는 사건을 나타내었다. **(b)**는 G_2 확인점을 이미 지나간 세포이다.

WHAT IF? 세포가 이 두 확인점을 무시하고 세포주기를 진행한다면 어떤 결과가 생겨날까?

전에 발견된 바와 같이 배양 중인 세포는 배양 용기의 표면에 한 층을 이룰 때까지만 분열한 다음에 분열을 멈춘다. 만일 일부의 세포가 제거되면 비어 있는 쪽의 세포들이 다시 분열을 하여 빈 공간이 채워질 때까지 분열이 계속된다. 최근의 연구를 통해 세포 표면에 있는 단백질이 이웃한 세포의 대응하는 분자에 결합하면 세포의 분열을 억제하는 신호를 보내게 되며, 따라서 생장인자가 있는 조건에서도 세포주기의 진행이 억제된다.

또한 대부분의 동물세포는 **부착 의존성(anchorage dependence)**이 있다(그림 12.19a). 세포가 분열하기 위해서는 배양용기의 표면이나 조직의 세포외기질(extracellular matrix)과 같은 기저층에 부착되어야만 한다. 세포의 농도와 마찬가지로 부착은 막단백질과 여기에 결합되어 있는 세포골격 구성요소들을 포함하고 있는 전달 경로를 통해서 세포주기 조절시스템에 신호를 전달하는 것으로 알려져 있다.

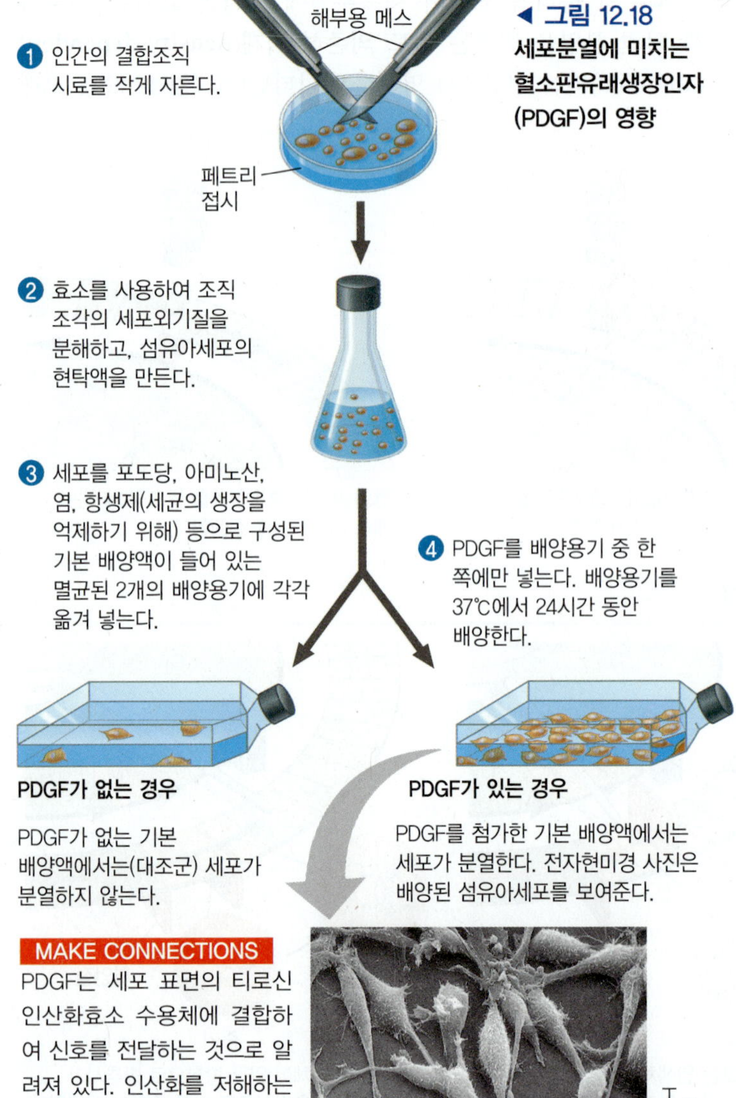

◀ **그림 12.18 세포분열에 미치는 혈소판유래생장인자(PDGF)의 영향**

MAKE CONNECTIONS PDGF는 세포 표면의 티로신 인산화효소 수용체에 결합하여 신호를 전달하는 것으로 알려져 있다. 인산화를 저해하는 약물을 처리하면 실험 결과가 어떻게 달라질까? (그림 9.8 참조)

밀도 의존성 억제와 부착의존성은 세포배양 상태뿐만 아니라 신체 내 조직에서도 기능을 나타내어, 세포의 생장이 발생 동안과 일생에 걸쳐 적정 농도로 적절한 위치에서 일어나는가를 점검한다. 다음에 논의될 암세포는 밀도 의존성 억제나 부착의존성을 나타내지 않는다(그림 12.19b).

암세포에서 세포주기 조절의 결핍

암세포는 세포주기를 조절하는 신호에 대해 정상적으로 반응하지 않는다. 암세포는 생장인자가 없는 경우에도 분열을 멈추지 않는다. 이러한 현상을 설명하는 논리적 가설은 암세포가 성장하고 분열하는 데는 배양액 중에 생장인자가 필요하지 않다는 것이다. 이들은 필요한 생장인자를 스스로 만들어 내거나, 생장인자가 없음

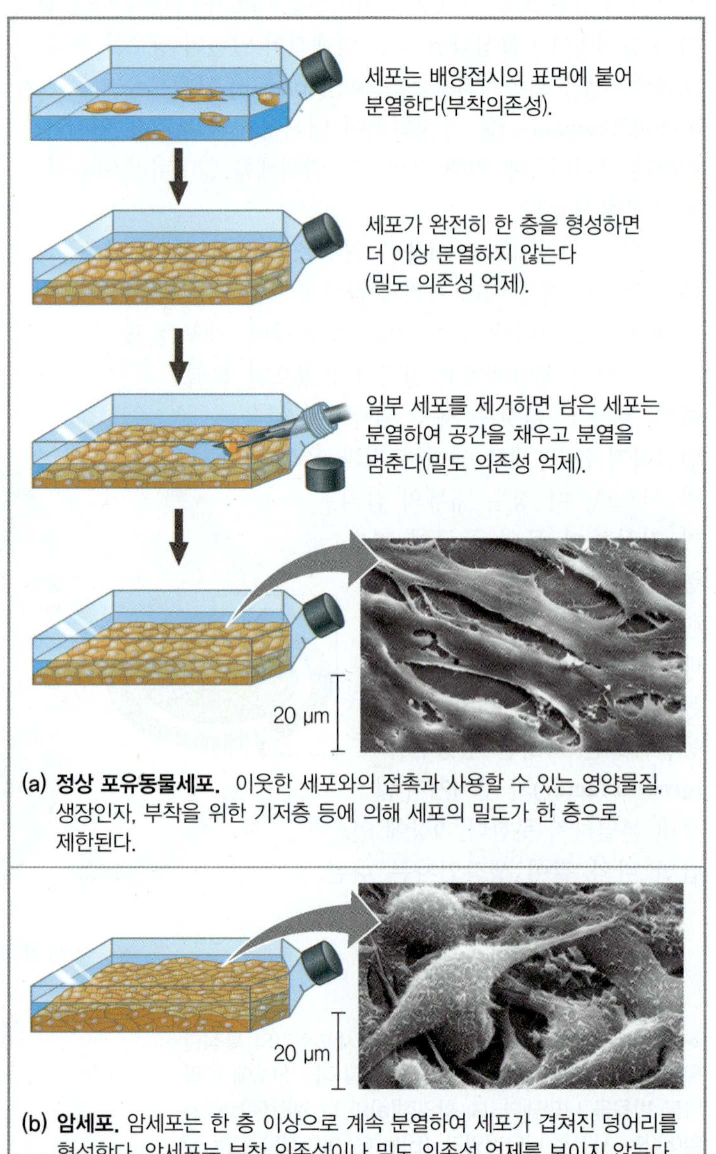

(a) **정상 포유동물세포.** 이웃한 세포와의 접촉과 사용할 수 있는 영양물질, 생장인자, 부착을 위한 기저층 등에 의해 세포의 밀도가 한 층으로 제한된다.

(b) **암세포.** 암세포는 한 층 이상으로 계속 분열하여 세포가 겹쳐진 덩어리를 형성한다. 암세포는 부착 의존성이나 밀도 의존성 억제를 보이지 않는다.

▲ **그림 12.19 세포분열의 밀도 의존성 억제와 부착 의존성.** 그림에서 세포는 다른 부분에 비해 실제보다 크게 그려져 있다.

에도 불구하고 신호전달 경로의 이상으로 인해 생장인자 신호가 세포주기 조절시스템에 전달될 수 있다. 다른 가능성은 비정상적인 세포주기 조절시스템이다. 이러한 모든 가능성에 있어서 이상의 근원은 모두 단백질의 기능을 변화시키는 하나 혹은 여러 유전자의 변이이며, 그 결과 세포주기 조절의 이상이 초래된다.

이밖에도 정상세포와 세포주기가 교란된 암세포 사이에는 중요한 차이점이 있다. 세포가 분열을 멈출 때도 암세포는 정상적인 확인점이 아니라 아무데서나 멈춰 서게 된다. 또한 암세포는 배양상태에서 영양분이 계속 공급되기만 하면 무한정 분열을 계속할 수 있으며, 따라서 영원히 죽지 않는다. 이러한 놀라운 예중의 하나가 1951년 이래로 계속 배양되고 있는 세포주로서, 이 세포는 헨리에타 락스(*He*nrietta *La*cks)라는 이름의 여성으로부터 떼어낸 종양에서 유래하여 헬라(HeLa)라고 불린다. 배양 중인 세포가 무한정 분열할 수 있는 능력을 가지게 되는 것을 **형질전환(transformation)**되었다고 이야기하며, 형질전환된 세포는 암세포처럼 행동한다. 이와는 달리 거의 모든 정상적인 포유동물세포는 배양하면 약 20~50번 분열한 후 노화되어 사멸된다. 마지막으로 암세포는 세포에 어떤 이상이 생겨났을 때, 예를 들면 세포분열 이전의 DNA 복제 과정에서 돌이킬 수 없는 오류가 발생했을 때 세포를 아폽토시스에 이르게 하는 정상적인 조절 기능을 피해간다.

암세포의 비정상적인 특성이 신체 내에서 나타날 경우에는 치명적일 수 있다. 조직 내의 한 세포에서 정상세포가 암세포로 변화되는 다단계 과정의 첫 번째 변화가 일어날 때부터 문제가 시작된다. 이런 세포는 대개 세포 표면에 변화된 단백질이 생기게 되어 신체의 면역시스템이 대부분의 경우에는 이러한 세포를 "비자기" 반란군으로 인식하여 파괴한다. 그러나 세포가 이러한 파괴 과정을 피해가면 증식을 계속하여 정상 조직 내에 비정상 세포의 덩어리인 종양을 형성한다. 만일 비정상세포가 다른 부위에서 살아남기에는 유전자 및 세포의 변화가 부족하여 원래의 위치에 계속 남아 있으면, 이 덩어리를 **양성종양(benign tumor)**이라 한다. 대부분의 양성종양은 심각한 문제를 일으키지 않으며, 외과적 수술에 의하여 완전히 제거될 수 있다. 반면에 **악성종양(malignant tumor)**은 유전자와 세포의 변이로 인해 세포가 다른 조직으로 퍼져 나가서 하나 혹은 여러 기관의 기능을 손상시킨다. 이러한 세포 또한 형질전환된 세포이며, 악성종양을 지닌 개체를 암을 가지고 있다고 한다. **그림 12.20**은 유방암의 발생과정과 전형적인 유방암 세포를 나타낸 것이다.

악성종양 세포에 나타나는 변화는 과다한 증식 이외에도 여러 가지가 있다. 이들은 형질전환의 원인인지 아니면 결과인지는 불분명하지만 비정상적인 숫자의 염색체를 가지고 있다. 이들은 물질대사가 변하기도 하고 건설적인 기능을 하지 못할 수도 있다. 또한 세포 표면의 비정상적인 변화에 의하여 이웃한 세포나 세포외기질에 결합하지 못하고, 주변 조직으로 퍼져나갈 수 있다. 암세포는 또한 혈관이 종양 쪽으로 자라도록 유도하는 신호분자를 분비하기도 한다. 몇 개의 암세포들이 원래의 종양으로부터 떨어져 나와 혈관과 림프관으로 들어가서 신체의 다른 부위로 이동해 갈 수 있다. 이들은 그곳에서 증식하여 새로운 종양을 형성한다. 이렇게 암세포가 원래의 위치에서 멀리 떨어진 다른 곳으로 퍼져 가는 것을 **전이(metastasis)**라고 한다(그림 12.20).

한곳에 모여 있는 종양은 고에너지의 방사선 조사를 통해서 치료할 수 있는데, 이것은 암세포가 DNA 손상을 회복하는 능력이 정상세포에 비해 작기 때문에 더 많이 손상되기 때문이다. 전이되었거나 전이가 의심되는 종양을 치료하기 위해서는 화학요법이 사용되는데, 이 경우에는 활발히 분열하는 세포에 독성이 있는 약물을 순환계를 통해서 주입한다. 여러분이 예상할 수 있다시피 화학요법에 사용되는 약물은 세포주기의 특정 단계를 저해하는 약물이다. 예를 들면, 택솔(Taxol)은 미세소관의 분해를

▼ 그림 12.20 악성 유방암의 성장과 전이. 일련의 유전적 변화와 세포의 변화로 인해 종양은 악성으로 변한다(암화). 악성종양 세포는 조절받지 않고 계속 자라 이웃한 조직으로 퍼져 나가고, 림프관이나 혈관을 통하여 신체의 다른 부분으로도 이동한다. 암세포가 원래의 위치에서 벗어나 다른 곳으로 퍼져나가는 것을 전이라 한다.

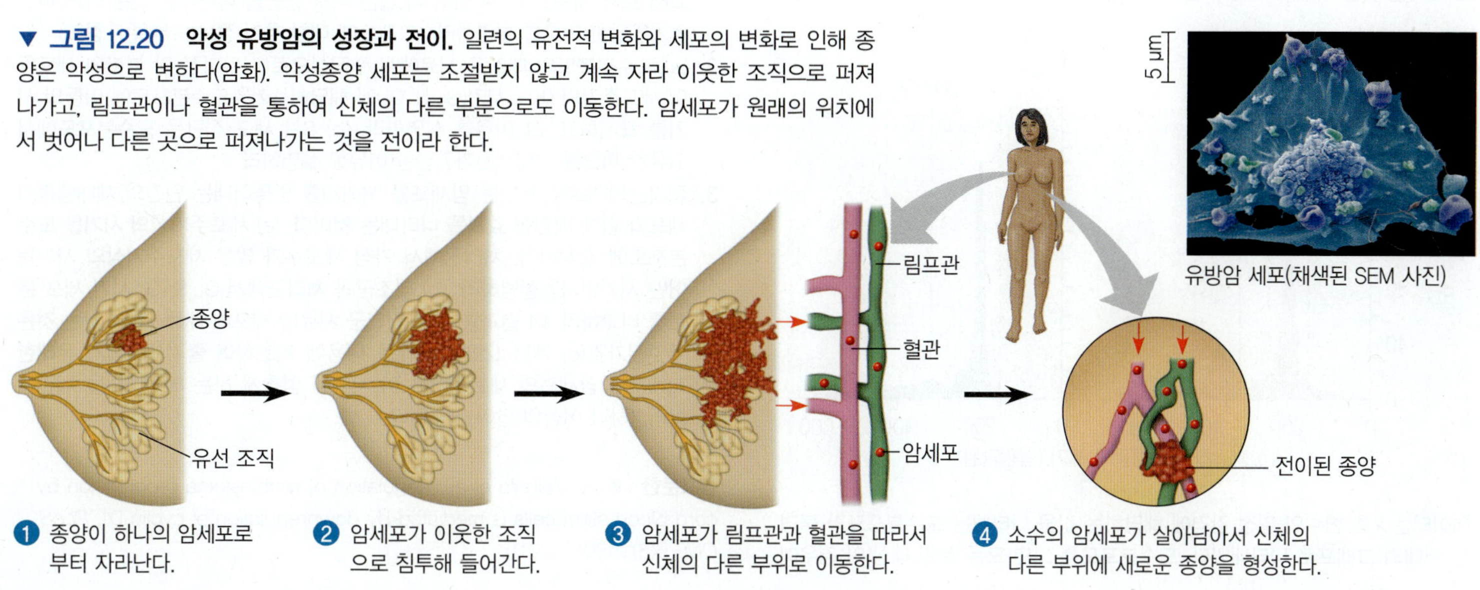

저해하여 방추체를 고정시킴으로써 활발히 분열하는 세포가 중기를 넘어가지 못하도록 해준다. 화학요법의 부작용은 이 약물들이 자주 분열하는 정상세포에 작용하여 생겨난다. 예를 들어, 메스꺼움은 화학요법이 장세포에 영향을 미친 결과이며, 머리카락이 빠지는 것은 머리카락의 모낭세포(follicle cell)에, 감염에 대한 민감성은 면역계 세포에 영향을 미친 결과이다. 화학치료제의 유용성에 관련된 실험 데이터를 **과학적 분석 기술의 연습**에서 보게 될 것이다.

지난 수세기 동안 과학자들은 세포신호전달 경로와 이들의 이상이 어떻게 세포주기에 영향을 미쳐 암 발생에 기여하는지에 관해 많은 유용한 정보를 얻어 냈다. 특정 종양세포의 DNA를 빠르게 분석하는 것과 같은 새로운 분자생물학 기술의 발달에 따라 암의 치료는 특정한 환자의 종양 종류에 따라 개인적인 맞춤형이 되어 가고 있다(그림 18.27).

예를 들면 유방암의 20% 가까이가 종양 세포의 표면에 HER2라고 불리는 인산화효소 수용체의 양이 매우 많으며, 세포분열을 야기할 수 있는 세포내 수용체인 에스트로젠 수용체(ER)의 수도 많다. 이러한 연구실에서의 발견에 기초하여 의사들은 특정한 단백질의 기능을 억제하는 분자들(HER2에 대해 허셉틴, ER에 대해 타목시펜)을 화학치료제로 처방할 수 있게 되었다. 이러한 약을 잘 처치하면 생존율을 높이고, 암의 재발을 감소시킬 수 있다.

개념 확인 문제 12.3

1. 그림 12.14의 실험 2에서 생겨나는 핵은 왜 DNA의 양이 다를까?
2. MPF는 어떻게 세포가 G_2 확인점을 지나 체세포분열로 들어가게 해주는가? (그림 12.16 참조)
3. **MAKE CONNECTIONS** 일반적으로 타이로신 인산화효소 수용체와 세포내 수용체가 어떻게 세포분열을 유도하는지 설명하라. (그림 9.8과 9.8, 9장의 내용 참조)

정답은 부록 A 참조

과학적 분석 기술의 연습

도수분포도 해석하기

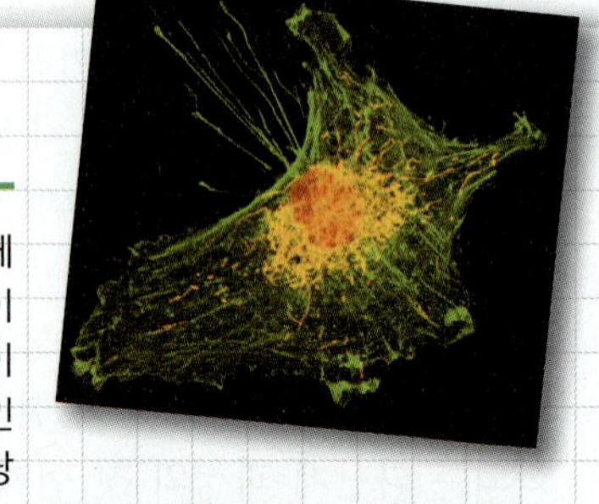

세포주기가 저해제에 의해 어느 시기에서 억제될까? 암에 대한 여러 의학 처방들은 암세포의 세포주기 진행을 억제하여 암세포의 증식을 막는데 목표를 두고 있다. 한 가지 치료 방법은 인간 탯줄의 줄기세포(제대혈줄기세포)에서 유래한 세포주기 억제제를 사용하는 것이다. 이 연습문제에서 여러분은 저해제가 암세포의 분열을 어느 시기에서 멈추는지 알아보기 위해 두 개의 도수분포도를 비교하게 될 것이다.

실험 방법 처리군 시료는 인간의 뇌종양인 신경교모세포종(glioblastoma) 세포를 저해제가 들어 있는 배양액에서, 대조군 세포는 저해제가 없는 배양액에서 72시간 동안 배양한 후 수거하였다. 각 세포가 세포주기의 어느 시기에 있는지를 알아보기 위하여 시료에 DNA에 결합하는 형광물질을 처리한 다음 각 세포의 형광 수준을 유세포분석기(flow cytometer)로 조사하였다. 컴퓨터 프로그램을 사용하여 각 시료에서 특정한 형광 수준을 나타내는 세포의 수를 그래프로 나타낸 것은 아래의 그림과 같다.

실험 데이터

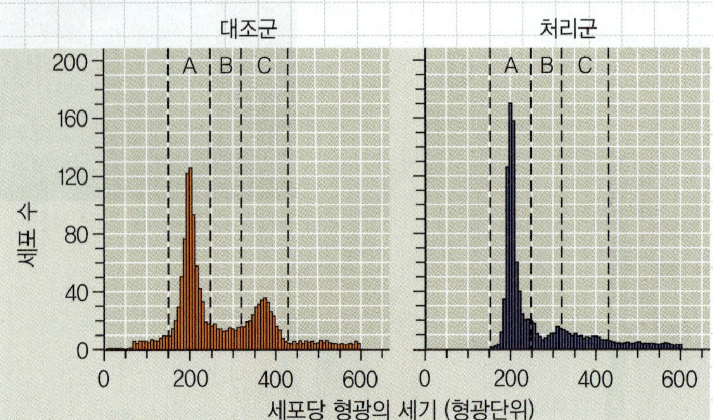

데이터는 x축 변수의 일정 간격에 해당하는 값을 나타내는 도수분포도라 불리는 형태의 그래프로 나타내었다. 도수분포도를 보면 모든 실험 대상(이 경우에는 세포)들이 연속적인 변수(형광의 세기)에 따라 어떻게 분포하는지를 알 수 있다. 이 도수분포도에서 막대는 아주 좁아서 데이터가 굴곡을 확인할 수 있는 곡선처럼 보인다. 각각의 좁은 막대는 이 범위 안에 해당하는 형광을 나타내는 세포의 수를 나타낸 것이다. 이것은 또한 그 세포의 DNA의 상대적인 양을 나타낸다. 정리하면, 이 두 도수분포도를 비교해 보면 이 세포 집단에서 DNA 양이 이 처리에 의해 어떻게 변화했는지 알게 될 것이다.

데이터 해석

1. 도수분포도에 나타난 데이터를 숙지하자. (a) 세포당 DNA의 상대적인 값을 간접적으로 나타내는 것은 어떤 축인가? 답한 이유를 설명하라. (b) 대조군 시료에서 도수분포도의 첫 번째 피크(A 부분)와 두 번째 피크(C 부분)를 비교해 보자. 세포당 DNA 양이 더 많은 세포 집단을 나타내는 것은 어느 피크인가? 답한 이유를 설명하라. (그래프에 대한 추가 정보는 부록 F 참조)
2. (a) 도수분포도의 대조군 시료에서 수직선으로 나누어진 각 부분의 세포들이 세포주기의 어느 시기(G_1, S, G_2)에 해당하는가? 도수분포도에 이들의 시기를 표시하고, 그 이유를 설명하라. (b) S기 세포 집단은 도수분포도에서 고유한 피크를 나타내는가? 답한 이유를 설명하라.
3. 처리군의 도수분포도는 암세포를 저해제를 만들어내는 인간의 제대혈줄기세포와 함께 배양한 효과를 나타내는 것이다. (a) 세포주기상의 시기를 도수분포도에 표시하라. 처리군에서 가장 세포수가 많은 세포주기상의 시기는 어떤 시기인가? 설명하라. (b) 대조군과 처리군에서 G_1, S, G_2 시기 세포 분포를 비교하라. 이 결과를 통해 처리군 시료의 세포에 대해 알 수 있는 것은 무엇인가? (c) 개념 12.3에서 배운 내용에 기초하여 줄기세포에서 유래한 저해제가 암세포의 세포주기를 이 시기에 멈추게 하는 메커니즘을 제안해 보라. (하나 이상의 답이 가능하다.)

참고문헌 K. K. Velpula et al., Regulation of glioblastoma progression by cord blood stem cells is mediated by downregulation of cyclin D1, *PLoS ONE* 6(3):e18017 (2011).

12장 복습

핵심 개념의 요약

- 단세포 생물은 **세포분열**에 의해서 번식한다. 다세포 생물에서 수정란의 발생, 생장 및 회복은 세포분열에 의존한다. 세포분열은 세포의 일생에서 순서대로 진행되는 일련의 연속된 사건인 **세포주기**의 일부이다.

개념 12.1

대부분의 세포분열은 유전적으로 동일한 딸세포를 만들어 낸다

- 세포의 유전물질(DNA)인 **유전체**는 **염색체**로 나누어져 있다. 각각의 진핵세포 염색체는 여러 단백질이 결합해 있는 하나의 DNA 분자로 구성된다. DNA와 여기에 결합한 단백질의 복합체를 **염색질**이라 한다. 염색체의 염색질은 시기에 따라 여러 가지 다른 상태로 응축되어 있다. 동물에서 **배우자**는 한 세트의 염색체를 가지며, **체세포**는 두 세트의 염색체를 갖는다.
- 세포는 분열하기 전에 유전물질을 복제함으로써 각각의 딸세포가 복사된 동일한 DNA를 갖게 해준다. 세포분열 이전에 염색체가 복제되면 각 염색체는 동일한 두 개의 **자매염색분체**를 가지게 된다. 이들은 자매염색분체결합에 의해 길이로 결합되는데, 염색분체의 가장 수축된 부위인 **동원체**에서 가장 밀착되어 결합되어 있다. 세포분열 동안에 이 자매염색분체결합이 끊어지면 염색분체가 분리되어 새로운 딸세포의 염색체가 된다. 진핵세포의 분열은 **핵분열**과 **세포질분열**로 이루어진다.

? 염색체, 염색질, 염색분체의 차이를 말하시오.

개념 12.2

세포주기에서 세포분열기와 간기가 교대로 나타난다

- 세포분열 사이의 세포는 **G_1, S, G_2**기와 같은 **간기**에 해당한다. 세포는 간기 동안에 계속 성장하며, DNA는 합성(S)기에만 복제된다. 핵분열과 세포질분열은 **세포주기의 분열(M)기**를 구성한다.

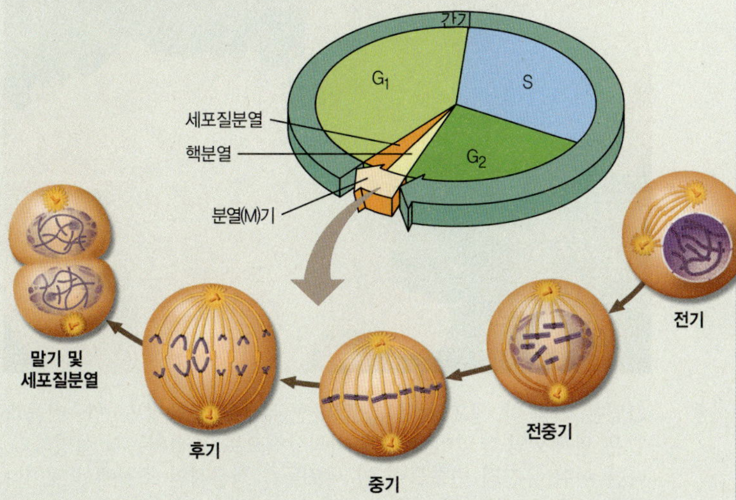

- **체세포분열방추체**는 미세소관으로 구성되어 있으며, 핵분열 동안에 염색체의 이동을 조절한다. 동물세포에서 방추체는 **중심체**에서 생겨나며 방추체 미세소관과 **성상체**를 포함하고 있다. 일부의 방추체 미세소관은 염색체의 **방추사부착점**에 결합하여 염색체를 **중기판**으로 이동시킨다. 자매염색분체가 분리된 후에는 운동 단백질이 방추사부착점 미세소관을 따라 세포의 반대쪽 끝으로 염색체를 이동시킨다. 서로 반대 방향에서 뻗어 나온 방부사부착점에 결합하지 않은 미세소관은 서로 겹쳐져서 반대 방향으로 밀어냄으로써 세포를 신장시킨다.
- 핵분열 다음에는 세포질분열이 따라온다. 동물세포는 **분할**에 의해서, 식물세포는 **세포판**을 형성하여 세포질분열이 일어난다.
- 세균에서의 **이분법** 동안에는 염색체가 복제되고, 딸 염색체는 빠르게 이동하여 나뉜다. 세균의 이분법에 관여하는 단백질 중 일부는 진핵세포의 액틴 및 튜불린과 유사하다.
- 원핵생물은 진핵생물보다 10억 년 먼저 출현하였으며, 따라서 체세포분열은 원핵세포의 세포분열로부터 진화되었을 것이다. 특정한 단세포 진핵생물은 현존하는 진핵생물의 조상종에서와 유사할 것으로 추정되는 세포분열 메커니즘을 나타낸다. 이러한 메커니즘은 세균의 이분법에서 진핵세포에서 체세포분열로 진화하는 과정의 중간단계 형태일 것이다.

? 간기의 세 단계와 체세포분열의 여러 단계 중 어떤 시기에 염색체가 하나의 DNA 분자로 존재하는가?

개념 12.3

진핵세포의 세포주기는 분자수준의 조절 시스템에 의해 조절된다

- 세포질에 존재하는 신호 분자가 세포주기의 진행을 조절한다.
- **세포주기 조절시스템**은 분자 수준에 기초한다. 조절 단백질의 주기적 변화가 세포주기의 시계로 작용한다. 주요 조절물질은 **사이클린**과 **사이클린 의존성 인산화효소**이다. 이 시계에는 출발신호가 올 때까지 세포주기가 멈춰지는 특정한 **확인점**이 있다. 주요 확인점이 G_1, G_2, M기에 존재한다. 세포배양을 통해 세포분열의 상세한 분자적인 메커니즘 연구가 가능해졌다. 세포내 신호와 세포외 신호 모두가 신호전환경로를 통해서 세포주기 확인점을 조절한다. 대부분의 세포는 세포분열의 **밀도 의존성 억제**와 **부착 의존성**을 나타낸다.
- 암세포는 정상적인 세포주기 조절을 벗어나서 제어되지 않고 자라나 종양을 형성한다. **악성종양**은 주변의 조직에 침투하고 **전이**되어 암세포를 신체의 다른 부위로 이동시키며, 이곳에서 2차 종양이 형성될 수 있다. 최근 세포주기와 세포신호전달에 관해 이해하게 되었고, 새로운 DNA 염기서열 기술이 발달하게 됨에 따라 암 치료법이 크게 발전하게 되었다.

? G_1, G_2 및 M 확인점과 세포주기 조절시스템에서 출발 신호의 중요성을 설명하라.

생각해보자

수준 1: 지식/이해

1. 현미경을 통해 세포 중앙을 가로질러 세포판이 형성되기 시작하는 것과 세포판 양쪽에서 핵이 형성되기 시작하는 것을 관찰할 수 있다. 이 세포는 아마도
   a. 세포질분열 과정 중의 동물세포
   b. 세포질분열 중인 식물세포
   c. 세균 세포의 분열
   d. 중기의 식물세포
2. 빈블라스틴은 암 치료에 사용되는 표준 화학치료제이다. 이 약물은 미세소관의 조립을 저해하기 때문에 그 효과는 아마도 다음과 관련 있을 것이다.

a. 체세포분열방추체의 파괴
b. 사이클린 합성 억제
c. 미오신 변성 및 분할구 형성 저해
d. DNA 합성 저해

3. 암세포와 정상세포의 차이 중 하나는
a. DNA를 합성할 수 없다.
b. 세포주기의 S기에 멈춘다.
c. 서로 밀집해 있더라도 계속 분열한다.
d. 밀도 의존성 억제를 받기 때문에 적절히 기능할 수 없다.

4. 체세포분열 마지막의 MPF 활성 감소는 다음 때문이다
a. Cdk 단백질인산화효소의 분해
b. Cdk의 합성 감소
c. 사이클린의 분해
d. 사이클린의 축적

5. 어떤 세포에서 체세포분열이 세포질분열 없이 일어났다. 그 결과는
a. 하나 이상의 핵을 가지는 세포
b. 비정상적으로 작은 세포
c. 핵이 없는 세포
d. S기가 없는 세포주기

6. 다음 중 체세포분열 동안에 일어나지 않는 것은?
a. 염색체의 응축　　b. DNA의 복제
c. 자매염색분체의 분리　　d. 방추체 형성

수준 2: 응용/분석

7. 분열하는 조직에서 특정한 세포가 다른 세포에 비해 DNA의 양이 반이라면, 이 세포는
a. G_1　　b. G_2
c. 전기　　d. 중기

8. 사이토칼라신 B는 액틴의 활성을 억제한다. 동물세포의 세포주기에서 다음의 어떤 것이 사이토칼라신 B에 의해 가장 큰 영향을 받을까?
a. 방추체 형성　　b. 방추사부착점에 방추사 결합
c. 후기 동안의 세포 신장　　d. 분할구 형성과 세포질분열

9. 양파 뿌리 끝에 있는 분열하는 세포의 광학현미경 사진에서 전기, 전중기, 중기, 후기, 말기 단계의 세포를 찾아내라. 각 시기에 일어나는 중요한 사건들을 써라.

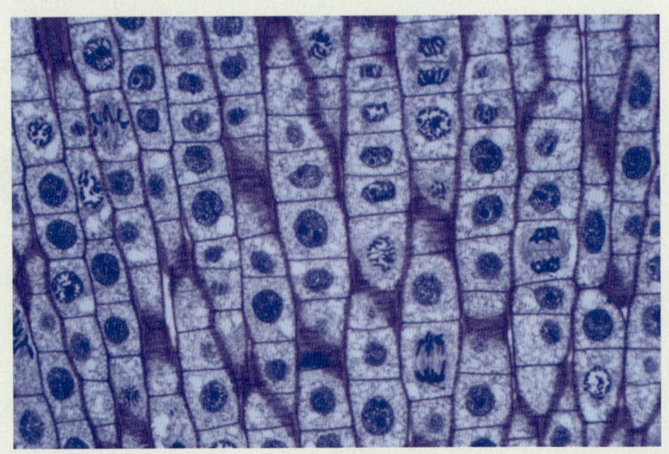

10. DRAW IT 진핵세포의 염색체 하나를 간기에 나타나는 형태, 핵분열기의 각 단계에 나타나는 형태, 세포질분열 시기에 나타나는 형태로 그려보자. 또한 핵막과, 염색체에 결합되어 있는 미세소관을 그리고 표시하라.

수준 3: 종합/평가

11. 진화적 관점
체세포분열의 결과 딸세포는 모세포와 동일한 숫자의 염색체를 가지게 된다. 염색체의 숫자를 유지하는 다른 방법으로는 세포분열을 먼저 한 이후에 각 딸세포에서 복제가 진행되는 방법이 있을 것이다. 이러한 방법에는 어떠한 문제가 있을 수 있는가? 아니면 이것도 세포주기를 구성하는 똑같이 훌륭한 방법이겠는가? 왜 진화를 통해 후자의 방법이 발달하지 않았다고 생각하는가?

12. 과학적 탐구
미세소관은 양쪽 말단 모두에서 단위체가 붙거나 떨어져 나갈 수 있지만, +말단이라 불리는 한쪽 끝에서는 중합이 빨리 일어나고 다른 쪽 끝인 −말단에서는 더 빠른 속도로 분해가 일어나는 극성구조를 가지고 있다. 방추체 미세소관의 경우에는 +말단이 방추체의 중앙에 위치하며, −말단은 극 쪽에 위치한다. 미세소관 위로 움직이는 운동 단백질들은 +말단 방향이나 −말단 방향으로 각각 이동할 수 있는데, 이 두 종류는 각각 +말단 방향성 또는 −말단 방향성 운동 단백질이라 불린다. 후기 동안의 염색체 이동과 방추체의 변화를 토대로 방추사부착점 미세소관(a)과 비방추사부착점 미세소관(b)에는 각각 어떠한 운동 단백질들이 존재할지 예상해 보라.

13. 글쓰기: 정보
생명의 연속성은 DNA 형태로 저장된 유전 가능한 정보에 의존한다. 100~150 단어 정도의 짧은 글을 통해 어떻게 체세포분열이 이러한 유전 가능한 정보의 사본을 정확히 나누어 유전적으로 동일한 딸세포를 만들어 내는지 설명하라.

14. 종합적으로 생각해보기

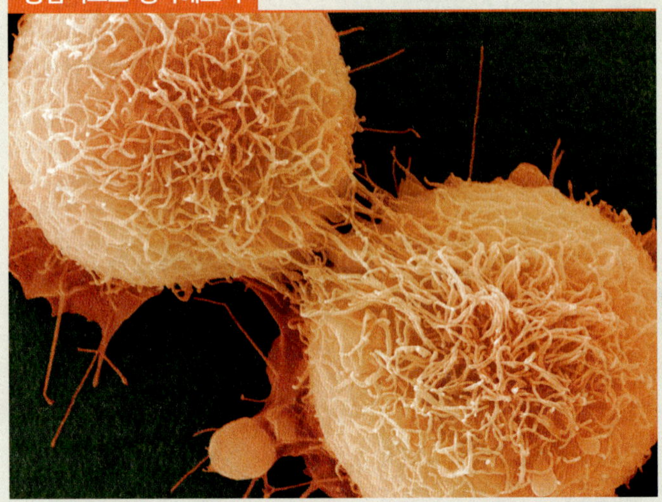

그림은 이제 막 세포질분열을 끝마친 두 HeLa 암세포이다. 이들과 같은 암세포의 분열이 어떻게 비정상적으로 조절되는지 설명하라. 다른 어떤 유전적 변화들이 이 세포들을 정상적인 조절에서 벗어나도록 만들 수 있을까?

정답은 부록 A 참조

UNIT 3

생명의 유전적 기초

벤키 라마크리슈난 (Venki Ramakrishnan) 박사와의 인터뷰

벤카트라만(벤키) 라마크리슈난은 인도에서 태어나 바로다 대학에서 학사를, 오하이오대학에서 물리학으로 박사학위를 받았다. 그는 전공을 생물학으로 바꿔 캘리포니아 주립대 샌디에이고 분교에서 2년간 대학원생으로 보냈고 예일대학에서 박사후 연구원을 지냈다. 여기서 그는 리보솜에 관해 연구를 시작하였다. 브룩헤이븐 국립연구소에서 12년을 보냈고, 1999년 영국 케임브리지의 MRC 분자생물학 실험실로 옮기기 전 4년을 더 유타대학에서 연구하였다. 2009년 리보솜의 구조와 기능에 관한 연구로 노벨 화학상을 공동 수상하였다.

물리학에서 생물학으로 전공을 바꾼 것에 대해 말씀 좀 해 주세요.

물리학도로 대학원에 있을 때 저는 제 일에 흥미가 없다는 사실을 깨닫고 방황하기 시작했어요. 또 다른 것은 그때 나는 사이언티픽 아메리칸이라는 잡지를 읽는데 시간을 많이 보냈는데, 생물학의 폭발적인 성장에 매혹되었죠. 매달, 잡지에는 생물학의 새로운 발견이 실렸습니다. 그래서 나는 생물학을 해야겠다고 생각했고, 이미 물리학 박사학위가 있는데도 몇몇 대학에 생물학전공 대학원에 입학이 가능한지를 찾아보았어요. 그 이유는 내가 생물학에 대해 하나도 몰랐기 때문이었습니다. 몇 분 생물학자들이 물리학자를 박사후 연구원으로 받기를 환영하였고 나는 예일대학에서 그런 자리를 얻을 기회가 있었지만 생물학적 배경 지식이 더 필요하다고 생각했어요. 저는 간신히 샌디에이고의 캘리포니아 대학에 대학원생으로 입학할 수 있었고, 그곳에 있는 동안 유전학, 생화학, 세포생물학 등의 학부생 수업을 수강하면서 실험실 생활을 하기도 했습니다. 그러나 두 번째 학년에 나는 생물학에 대해 꽤 많이 배웠고 두 번째 박사학위는 필요없다고 생각했어요. 그래서 그 시점에 나는 리보솜을 연구하러 예일로 박사후 연구원으로 갔습니다.

리보솜이 무엇인가요?

리보솜(컴퓨터 모델 참조)은 모든 생물학에 있어서 가장 기본적인 구조중 하나입니다. 이들은 여러 가지 단백질과 커다란 RNA 조각으로 구성되지요. (나는 실제로 리보솜을 하나의 커다란 분자로 생각합니다. 여러 개의 폴리펩타이드와 RNA 사슬을 가짐에 있어서 네 개의 폴리펩타이드 사슬을 가지는 헤모글로빈과 별반 다르지 않죠.) 리보솜 RNA는 전체 리보솜의 2/3를 차지하며 중요한 기능적 역할을 담당합니다. 리보솜은 단백질을 암호화하는 유전자에서 전사된 전령 RNA(mRNA)에 있는 정보를, 단백질을 만드는 아미노산의 서열로 함께 연결하는 데 사용합니다. 세포에 의해 만들어지는 모든 것은 리보솜에 의해 만들어지든가, 아니면 리보솜에 의해 만들어진 효소라고 부르는 단백질에 의해 만들어집니다.

왜 리보솜 연구에 집중하기로 하셨나요?

저는 우연히 이 분야에 뛰어들게 된 겁니다. 캘리포니아대학 샌디에이고 분교에 있을 때 나는 사이언티픽 아메리칸에 예일대 교수인 피터 무어와 돈 엔겔만의 리보솜에 관한 연구에 대한 논문을 읽게 되었고, 여기에 흥미를 갖게 되었어요. 결국 나는 피터 무어의 실험실에 박사후 연구원을 하러 가게 되었습니다. 질문은 왜 내가 리보솜 연구에 머물러 있느냐 하는 것인데요. 과학자들이 박사후 연구원을 한 후 자기 실험실을 꾸려 시작할 때, 많은 이들이 같은 분야에 어느 정도 머물다가 마침내 다른 할 일을 발견하곤 합니다. 그러나 리보솜은 계속 관심을 가져야 할 문제처럼 보였고, 그래서 나는 이것으로 몇십 년을 연구하게 됐습니다.

리보솜은 엄청난 복잡성과 기본적인 중요성을 결합해놓은 것입니다.

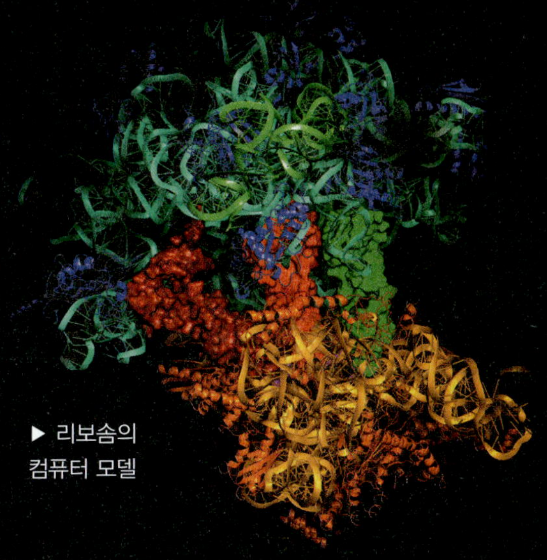

▶ 리보솜의 컴퓨터 모델

"리보솜은 유전정보인 유전형과 생물이 실제로 나타내는 표현형을 이어주는 가교입니다."

만약 무엇인가 중요하나 그렇게 복잡하지 않으면 그것은 곧 해결되며 과학자들은 다른 것으로 옮겨갈 겁니다. 무언가가 대단히 어려우나 그렇게 중요하지 않다면 그렇게 많은 시간을 소비하지는 않겠죠. 리보솜은 유전정보인 유전자형과 실제 생물이 어떻게 생겼나인 표현형을 이어줍니다. 길에 비유하자면 생물학의 교차로인 셈이지요. 그래서 세계의 과학자들은 리보솜이 어떻게 기능하는지를 이해하려고 수십 년을 연구에 몰두하는 것입니다.

리보솜에 의해 수행되는 과정은 여러 단계로 되어 있습니다. 리보솜은 마치 기다란 색종이 같은 mRNA에 부착해야 하고 이 색종이를 따라 이동하며 읽어야 합니다. 색종이가 의미하는 바에 따라 리보솜은 알맞은 아미노산을 가져오는 운반 RNA(tRNA)를 골라야 합니다. 리보솜의 다른 일은 아미노산을 펩타이드 결합으로 연결하는 것입니다. 리보솜은 이러한 일들을 색종이에 멈추라는 신호가 있을 때까지 계속해야 하며, 그런 다음에 생성된 단백질을 방출해야 합니다.

이렇게 복잡한 과정들은 많은 질문을 떠올리게 합니다. 리보솜은 mRNA에 어떻게 부착하는가? 특정 아미노산을 운반하는 tRNA와 mRNA는 어떻게 맞춰지는가? 아미노산을 길어지고 있는 폴리펩타이드에 어떻게 부착시키는가? 일단 펩타이드 결합을 만들고 난 뒤 어떻게 mRNA를 따라 이동하는가? 어떻게 2/3이나 4/3 발짝이 아닌 한 발짝만 움직여 다음 tRNA와 부착할 수 있는가? 리보솜의 구조를 자세히 이해하는 것은 이러한 전체 과정을 이해하는 데에 필수적입니다.

리보솜의 구조를 어떻게 연구하나요?

모든 세포에는 많은 수의 리보솜이 존재합니다. 간세포나 성장하는 세균처럼 많은 단백질을 만들어야 하는 세포에는 수천 개 이상이 있어요. 현재까지 모든 일들은 진핵세포의 2/3 정도 크기의 세균 리보솜으로 연구해왔습니다. 세균들을 발효기에서 대량으로 증식시켜 세포를 용해한 후 리보솜을 정제합니다. 그 구조를 알기 위해 X선 회절법이 이용됩니다. 결정을 만들고 X선이 이 결정을 지날 때 생기는 분산되는 패턴을 컴퓨터 분석을 이용하여 자세한 이미지로 바꿉니다. 최근에는 전자현미경의 발전으로 결정을 만들지 않고도 구조를 자세히 볼 수 있습니다.

리보솜의 구조가 어떻게 그 기능을 이해하는 데 유용한가요?

한 가지 비유를 할 수 있겠지요. 화성인이 지구를 방문했다고 합시다. 여기저기를 맴돌며, 길거리의 모든 움직이는 것(자동차)들을 봅니다. 이들은 자동차의 구조를 자세히 모르며, 아는 것이라고는 가솔린이 들어가고 이산화탄소와 물이 몇몇 오염물질과 나오는 것 뿐이죠. 결과적으로 움직이기는 하는데 어떻게 움직이는지는 모를 겁니다. 어떻게 움직이는지를 이해하려면 자동차를 자세히 들여다보아야 합니다. 이들은 후드를 열어 엔진을 들여다보고 모든 부품들이 어떻게 연결되어 있는지 등을 이해해야 합니다.

여러 면에서 리보솜은 분자기계처럼 생각할 수 있어요. 우리가 분자구조를 모른다면 리보솜이 어떻게 기능을 하는지 절대로 알 수가 없습니다. 자세한 구조를 안다는 것은 단백질 합성의 여러 단계가 어떻게 작동하는지를 알기 위한 실험들을 할 수 있다는 뜻입니다.

현재 박사님 실험실에서 하고 있는 일은 무엇이며, 아직까지도 궁금한 것이 있다면 무엇입니까?

과거 십 년 동안 내 실험실은 단백질 합성(번역)의 여러 다른 시기에서 잡아 낸 세균 리보솜의 구조를 결정하는 것에 초점이 맞춰져 있었습니다. 이러한 일들은 번역의 여러 면에 대하여 많은 것을 가르쳐 주었습니다. 그러나 아직도 많은 것들을 모르고 있어요. 이러한 과정이 어떻게 시작(개시)되는지에 대해서도 아직 잘 모릅니다. 리보솜은 유전적 메시지가 mRNA의 어느 부분에서 시작되는지를 찾아야 하며, 첫 번째 아미노산을 운반하는 tRNA를 정확한 장소에 위치하게 해야 합니다. 이것은 매우 중요합니다: 만약 잘못된 장소에서 시작한다면, 번역은 엉망이 될 겁니다. 번역의 개시는 세균에서조차도 완전히 밝혀져 있지는 않죠.

유전자발현은 보통 전사(mRNA 합성)를 통제함으로써 조절됩니다. 그러나 최근 십 년 동안 번역의 개시가 특히 진핵세포에서 유전자발현을 통제하는 중요한 시점이라고 알려졌어요. 생물학에서는 대단히 흥미로운 많은 질문들이 조절에 관한 겁니다. 즉 무엇을 할 때, 얼마나 많이 해야 하는가에 관한 것이죠. 리보솜의 경우에는 세포가 단백질 합성의 개시를 통제함으로써 단백질을 많거나 적게 만들게 됩니다. 여러 연구그룹이 진핵세포의 리보솜의 구조에 대한 자세한 구조를 밝히는 데 진전을 이루었어요. 그러나 기능을 정확히 이해하기 위해서는 세균 리보솜으로 수행했던 것과 유사한 연구들이 필요합니다. 즉, 개시과정의 여러 다른 시점에 리보솜을 잡아 내는 방법입니다. 이러한 실험들은 대단히 중요한데, 번역의 통제가 세포의 성장이나 기억과 같은 고등생물에서의 생물학적 과정들에 대단히 중요함이 드러났기 때문입니다.

분자 구조에 대한 박사님 연구는 생화학이나 유전학 같은 다른 분야와는 어떤 관련이 있나요?

다른 영역은 서로에게 이로움을 줍니다. 유전학자가 흥미있는 현상을 발견했다면, 우리는 이것의 구조적, 화학적 배경을 이해하기를 원할 겁니다. 그러한 발견은 우리에게 여러 실험들을 하게 하는 동기를 주지요. 반대라도 마찬가지일 겁니다. 우리가 구조를 알아내도 "이것이 작동하는 방법이다"라고 확실히는 말할 수는 없어요. 어떻게 작동할 것이다라는 제시에 대해 이러한 가설을 생화학자나 유전학자가 검증해야만 합니다. 그러므로 우리가 하는 것과 생화학자나 유전학자가 하는 일은 서로 왔다갔다 하게 됩니다.

리보솜은 어떻게 진화했다고 생각하나요?

오늘날 우리가 알고 있는 모든 형태의 생명은 심하게는 단백질/핵산의 세계이고, 단백질이 대부분의 촉매기능을 수행합니다. 단백질 없는 생명체는 없지요. 그러나 리보솜의 진화는 생명의 영역들이 분기되는 것에 앞서 있습니다. 왜냐하면 모든 생명체에 존재하기 때문이에요. 사람들은 생명이 약간의 조그만한 무작위의 펩타이드가 주위에 있었을지언정 유전학적으로 암호화된 단백질이 없었던 이른 시기로부터 생겼다고 추측합니다.

촉매작용은 RNA나 RNA와 결합한 작은 펩타이드가 수행하고, 리보솜은 이러한 세계에서 진화되었다고 생각하고 있습니다. 어느 시점에 리보솜은 주형에 의해 지시를 받는 형태가 되었습니다. 즉, 유전적 지령으로부터 명령을 받기 시작했다고 할 수 있지요. 실제로 어떻게 이런 일이 생겼는지는 생명의 가장 큰 불가사의입니다. 아마도 RNA 분자가 생겨났는데 유전적 주형에 의해 두 아미노산을 펩타이드 결합으로 잇는 것이 가능했을 수 있습니다. 이러한 일이 한 번 일어나면, 촉매작용하는 기계는 점점 복잡해지고 결국 우리가 현재 보는 리보솜으로 진화했음을 상상해 볼 수도 있을 겁니다.

그러나 리보솜은 기본적으로 RNA 기계로 남아 있습니다. 펩타이드 결합이 생기는 리보솜 영역을 보면 모두 RNA예요. tRNA가 mRNA를 인식하는 영역 역시 거의 RNA입니다. 따라서 초기의 리보솜은 거의 대부분이 RNA였을 거에요. 이것을 트로이 목마라고 생각할 수도 있겠네요: RNA 세상의 일부분이었지만 그것이 단백질 합성을 시작했기 때문에 RNA 세상은 오늘날과 같은 단백질이 풍부한 세상으로 변모했습니다.

리보솜의 연구에 실용적인 응용분야는 있는지요?

리보솜의 연구에 부차적으로 생기는 장점이 있는데 세균의 리보솜과 사람을 포함한 진핵세포의 리보솜이 조금 다르다는 것입니다. 많은 항생제가 세균의 리보솜에는 잘 작용하고 사람의 리보솜에는 잘 붙지 않아 작용하지 않습니다. 오랫동안 이러한 항생제가 개발되었고, 리보솜의 어디에 붙는지도 개략적으로 알고 있지만, 그들의 상호작용은 알 수가 없었죠. 그러나 지금은 리보솜의 구조를 자세히 알게 되었고 이러한 항생제가 어디에 붙는지 정확히 알 수 있습니다. 이러한 정보는 항생제가 어떻게 내성이 생기는지를 밝히고, 새로운 항생제를 개발하는 데 도움을 줍니다.

무엇이 박사님을 과학자로 이끌었나요?
연구를 할 때 무엇을 즐기나요?

과학자는 일차적으로 호기심 때문에 동기가 생긴다고 생각합니다. 연구를 할 수 있고, 완전히 새롭고 가끔은 놀랄만한 것들을 배운다는 생각은 매력 그 이상으로 다가옵니다. 따라서 연구 그 자체가 대단히 흥미있는 인생을 만들어 줍니다. 또 다른 과학의 즐길만한 면을 말하자면, 잘 언급되지는 않지만 사회적 측면이에요. 과학은 협력하기도 하고 경계하기도 합니다. 협력은 과학의 보편성 때문에 가능하지요. 인도에서 자랐지만 나는 다른 나라에서 자라는 사람과 같이 같은 과학적 개념과 같은 방법론을 배웠습니다. 과학자로서 전 세계의 사람들과 과학이라는 공통언어로 일을 하고 소통을 합니다. 대부분의 훌륭한 실험실은 여러 나라에서 온 사람들입니다. 사회적 소통에서는 문화적 교환도 이루어집니다. 나는 흔히 세상의 여러 곳을 방문하는데 그곳에서 과학을 통해서 친구들을 여러 명 사귀게 되었고, 또 그들의 사회 속에 받아들여지곤 합니다. 과학은 세계의 모든 이들을 공통관심사에 함께 불러모으죠. 이것이 내가 다른 여러 분야에 대해 정말 말해줄 수 없는 특별한 것입니다.

아시다시피, 사람들은 음악이 보편적이라고 말하지만, 음악가 아들을 가진 사람으로서 나는 아주 다르게 느낍니다. 음악에 대한 생각은 매우 보편적입니다만, 내가 자란 남부 인도의 전통음악과 내 아들이 연주하는 서구의 클래식 음악은 아주 완전히 다른 전통과 관습을 갖습니다. 그렇지만 과학은 정말로 보편적입니다.

생물학 분야에서 경력을 쌓고자 하는 학부생들에게는
어떤 충고를 해주시겠어요?

우선 생물학뿐 아니라 물리학, 화학, 수학 등에 널리 관심을 가지라고 말하고 싶습니다. 이러한 다른 분야들을 소홀히 하지 말라고요. 왜냐하면 생물학자에게는 매우 유용하게 쓰이게 되기 때문입니다. 한번 이렇게 다양한 기초를 쌓으면 생물학의 여러 영역을 탐구하는 것이 쉬워집니다.

열망이 있는 생물학도에게의 또 다른 충고는 생물학의 어떤 면이 당신을 매혹시키는지를 일찍부터 생각해보기 시작하라는 것입니다. 심오한 무엇을 생각해내라는 것이 아니고 그저 어느 생물학적 현상이라도 고를 수 있으면 이것이 흥미로운 질문을 이끌어낼 것입니다. 따라서 여러분이 대학원이나 의과대학(만약 이러한 길을 가기를 원하면)에 갈 때, 이미 목표를 향해 일할 준비가 되어 있게 됩니다. 어떤 주제가 요즘 유행인지에 대해서 걱정하지 마십시오. 왜냐하면 여러분이 공헌할 때가 되면 그런 분야는 이미 큰 진전을 이룬 후일 수도 있기 때문입니다. 만약 여러분이 무엇에 흥미를 느끼는지 스스로 묻는다면, 여러분이 하는 일에 대해 더 만족할 수 있을 겁니다.

13

감수분열과 생식주기

핵심 개념

13.1 자손은 부모로부터 염색체를 물려받아 유전자를 획득한다

13.2 유성생식 주기에서는 수정과 감수분열이 교대로 일어난다

13.3 감수분열은 염색체 세트의 수를 이배체에서 반수체로 줄인다

13.4 유성생식 주기에서 형성된 유전적 변이는 진화에 기여한다

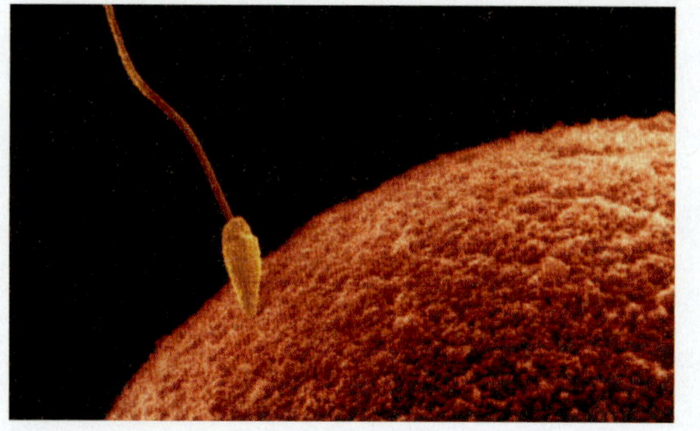

▲ 그림 13.1 무엇이 가족을 닮게 하는가?

변이

자손은 관계없는 개인보다도 훨씬 더 닮았음을 우리 모두 알고 있다. 그림 13.1과 같은 가족구성원을 보면, 이들에게서 약간씩 유사한 특징들을 찾을 수 있다. 한 세대에서 다음 세대로 형질이 전달되는 것을 **유전(heredity)**이라고 한다(라틴어로 *heres*, 상속인). 그러나 아들과 딸들은 이들의 부모나 형제자매와 똑같은 복사본은 아니다. 유전된 유사성뿐만 아니라 **변이(variation)**도 나타난다. 위의 사진과 같이 명백한 "가족간의 닮음"을 야기하는 생물학적 기작은 무엇인가? 이 질문은 20세기 유전학의 발달이 있기 전까지 생물학자들에게는 이해하기 어려운 것이었다.

유전학(genetics)은 유전과 유전적 변이에 관한 학문이다. 이 단원에서는 개체, 세포, 분자 등 여러 수준에서의 유전학에 관하여 배울 것이다. 먼저 유성생식을 하는 생물체의 경우 어떻게 부모의 염색체가 자식으로 전달되는지를 알아볼 것이다. 세포분열의 특별한 경우인 감수분열과, 정자와 난자가 융합하는 수정을 통해 한 종은 생식주기 동안 염색체 수를 유지하게 된다. 세포수준에서 감수분열의 기작을 기술하고 이러한 과정이 체세포분열과 어떻게 다른지를 설명할 것이다. 마지막으로 그림 13.1의 가족에서도 뚜렷이 볼 수 있는 것과 같은 유전적 변이에 어떻게 감수분열과 수정이 기여하는지를 고찰할 것이다.

개념 13.1

자손은 부모로부터 염색체를 물려받아 유전자를 획득한다

가족의 친구들이 여러분에게 엄마의 주근깨와 아빠의 눈을 닮았다고 말할지 모른다. 그러나 부모는 문자 그대로 자식들에게 주근깨, 눈, 머리카락과 다른 여러 형질들을 주는 것은 아니다. 그러면 실제로 물려주는 것은 무엇인가?

유전자의 전달

부모는 자손들에게 **유전자(gene)**라고 하는 유전 단위의 양식으로 암호화된 정보를 물려준다. 어머니와 아버지로부터 물려받은 유전자들이 부모와 우리의 유전적 연결고리이며, 이것이 눈 색깔, 주근깨와 같은 특징을 공유하는 등 가족의 닮음을 설명한다. 우리의 유전자는 수정란에서 성체로 발생할 때 생겨나는 특정 형질들을 프로그램하고 있다.

유전적 프로그램은 이미 개념 1.1과 5.5에서 배웠듯이 뉴클레오타이드라는 네 종류의 단위체로 이루어진 중합체인 DNA라는 언어로 쓰인다. 물려받는 정보는 각 유전자의 다른 DNA 뉴클레오타이드 서열의 형태로 전달된다. 이는 마치 인쇄된 정보가 글자들의 의미있는 배열을 통해 전해지는 것과 유사하다. 양쪽의 경우에서 언어는 상징적이다. 마치 뇌가 단어 사과를 과일이라는 마음속의 이미지로 번역하듯이 세포는 이와 유사하게 유전자들을 주근깨나 다른 특징으로 번역한다. 대부분의 유전자는 세포가 특정 효소나 다른 단백질을 생성하도록 프로그램하는데 이 단백질들의 기능이 축적되어 개체의 유전형질이 나타난다. 이처럼 형질이 DNA 형태로 프로그램된다는 것은 생물학에서 일관된 주제 중의 하나다.

유전형질의 전달은 정확한 DNA 복제가 분자적 기초이며, 이러한 DNA 복제가 부모에서 자손으로 전달되는 유전자의 복사본을 만들어내는 것이다. 동식물에서는 **배우자(gamete)**라고 불리는 생식세포가 유전자를 한 세대에서 다음 세대로 전달하는 운반체이다. 수정하는 동안 수컷과 암컷의 배우자(정자와 난자)가 합쳐짐으로써 두 부모의 유전자가 모두 자손으로 전달된다.

미토콘드리아와 엽록체에 존재하는 아주 적은 양의 DNA를 제외하면 진핵세포의 DNA는 핵 안에 있는 염색체로 응축되어 있다. 모든 생물종은 특유의 염색체 수를 갖고 있다. 예를 들면 사람은 배우자와 이들의 전구세포를 제외한 모든 **체세포(somatic cell)**에서는 46개의 염색체를 가지고 있다. 각 염색체는 여러 단백질과 결합된 형태로 정교하게 감겨진 한 개의 긴 DNA로 구성된다. 한 개의 염색체는 수백에서 수천의 유전자를 포함하고 있는데 각 유전자는 DNA 분자 안의 특정 뉴클레오타이드 서열이다. 염색체에서 유전자의 특정한 위치를 그 유전자의 **유전좌위(locus)**라고 한다 (라틴어로 "장소"라는 뜻, 복수는 *loci*). 우리가 유전적으로 물려받은 재산은 부모로부터 받은 염색체 위의 유전자들이다.

무성생식과 유성생식의 비교

무성생식을 하는 생물들만이 자신과 유전적으로 동일한 자손을 만든다. **무성생식(asexual reproduction)**에서는 하나의 개체가 유일한 부모이고, 배우자가 합쳐지지 않고 자신의 모든 유전자의 복사본을 자손에게 전달한다. 예를 들면, 단세포 진핵생물들은 체세포분열에 의해 무성적으로 생식할 수 있는데, 이때 DNA가 복사되고 두 딸세포에 똑같이 분배된다. 자손의 유전체는 사실상 어버이 유전체의 복사본이다. 몇몇의 다세포 생물도 무성생식을 할 수 있다(그림 13.2). 자손의 세포는 어버이에서 체세포분열로 생겨나기 때문에 아비를 꼭 닮은 아들은 보통 어버이와 유전학적으로 똑같다. 무성생식하는 개체는 유전적으로 동일한 개체의 집단인 **클론(clone)**을 만든다. 돌연변이라고 하는 DNA 변화의 결과로써 무성생식하는 생물에서 유전적 차이가 가끔 발생하는데 이는 17장에서 토의할 것이다.

유성생식(sexual reproduction)에서는 두 명의 양친으로부터 자손이 생기는데, 자손들은 두 양친으로부터 전달받은 독특한 유전자 조합을 갖는다. 클론과는 대조적으로, 유성생식으로 생겨난 자손은 형제자매들 및 양친과 유전적으로 다르다. 그들은 똑같이 복사된 것이 아닌 가족의 닮음이라는 공통된 주제에서의 변이이다. 그림 13.1처럼 유성생식의 중요한 결과로 유전적 변이가

(a) 히드라

(b) 미국삼나무

▲ **그림 13.2 두 다세포 생물의 무성생식.** **(a)** 비교적 단순한 동물인 히드라는 출아에 의해 생식한다. 체세포분열하는 집중된 세포덩어리인 출아는 작은 히드라로 발생하여 어버이로부터 분리된다(LM). **(b)** 원으로 둘러선 이 삼나무들은 중심의 그루터기를 만든 하나의 나무에서 무성생식으로 생겨난 것들이다.

생긴다. 어떤 기작이 이와 같은 유전적 변이를 만들어 내는가? 그 열쇠는 생식주기에서 염색체의 행동에 있다.

개념 확인 문제 13.1

1. MAKE CONNECTIONS 세포에서 유전자발현에 관해 아는 것을 이용하여 어떻게 머리카락 색깔과 같은 부모의 특징들이 자손에게 나타나는지를 설명하라. (개념 5.5 참조)
2. 무성생식하는 개체는 어떻게 다른 자손 및 양친과 유전적으로 똑같은 자손을 만드는지 설명하라.
3. WHAT IF? 어떤 화훼업자가 원하는 특징을 갖는 독특한 조합을 가진 난을 얻고자 품종을 개량하였다. 수년 후 마침내 그녀는 성공하였다. 이와 같은 난을 더 많이 생산하기 위해 그녀는 개량(breeding)을 해야 하나, 아니면 클론(clone)을 만들어야 하나? 왜인가?

정답은 부록 A 참조

개념 13.2

유성생식 주기에서는 수정과 감수분열이 교대로 일어난다

생활사(life cycle)는 임신에서부터 그 자신의 자손을 낳는 것까지, 세대에서 세대로 이어지는 한 개체의 일련의 생식 역사 단계들이다. 이 절에서는 생식주기 동안의 염색체의 행동을 추적하기 위해 사람을 예로 들 것이다. 먼저 사람의 체세포와 생식세포의 염색체 수를 생각해 보고, 다음으로 염색체의 행동이 어떻게 사람의 생활사 그리고 다른 종류의 생식주기들과 관련이 있는지를 탐구할 것이다.

사람 세포에 있는 염색체 세트

사람의 각 체세포는 46개의 염색체를 가지고 있다. 체세포분열 중에 염색체는 광학현미경으로 관찰할 수 있을 정도로 응축된다. 이때 염색체는 크기, 동원체의 위치, 특정 염색에 의해 생기는 색깔이 있는 띠의 양상이 서로 달라 각 염색체를 구별할 수 있다.

체세포분열 중에 있는 세포 하나에서 46개의 사람 염색체를 현미경으로 조심스럽게 관찰하면 23종류의 염색체가 두 개씩 있는 것이 보인다. 이러한 사실은 염색체의 사진을 가장 긴 염색체부터 쌍으로 배열하면 더욱 확연해진다. 이렇게 나열된 결과를 **핵형(karyotype)**이라고 한다(그림 13.3). 한 쌍을 이루는 염색체는 같은 길이, 같은 동원체 위치, 같은 염색 양상을 갖는다. 이들을 **상동염색체(homologous chromosome** 또는 homolog)라고 한다. 각 쌍의 두 염색체는 같은 유전적인 특성을 조절하는 유전자들을 가지고 있다. 예를 들어 눈의 색깔에 대한 유전자가 어떤 염색체의 특정한 좌위에 위치한다면, 그 염색체와 상동인 염색체도 같은 좌위에 눈 색깔을 결정하는 유전자를 갖는다.

▼ 그림 13.3 **연구 방법**

핵형의 준비

적용 핵형은 응축된 염색체를 쌍으로 배열해 놓은 것이다. 핵형분석은 비정상적인 염색체 수나 다운 증후군처럼 선천적 기형과 연관된 손상 염색체를 선별하는 데 이용될 수 있다.

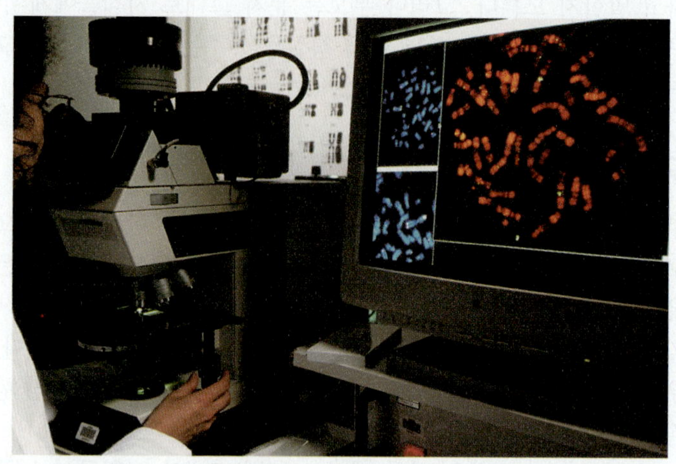

방법 핵형은 체세포를 분리하여, 체세포분열을 유도하는 약품을 처리하고 며칠간 배양액에서 생장시켜 준비한다. 염색체가 가장 응축된 시기인 중기에서 분열이 멈춘 세포를 염색하고 디지털 카메라가 부착된 현미경으로 관찰한다. 염색체의 사진은 컴퓨터 모니터에 배열되고, 염색체들의 이미지는 디지털 소프트웨어를 이용하여 모양에 따라 쌍으로 재배열된다.

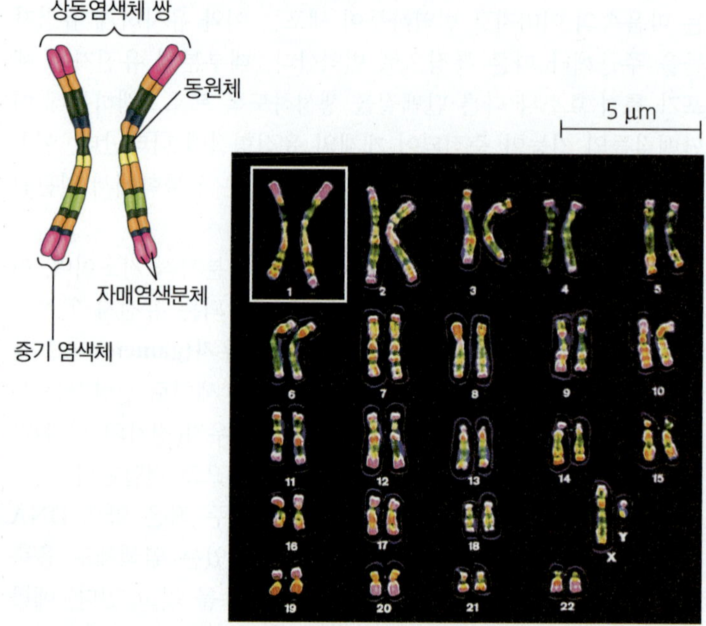

결과 사진의 핵형은 정상적인 남성의 염색체를 보여준다. 염색체의 크기, 동원체의 위치, 염색된 띠의 무늬는 특정 염색체를 확인하는 데 도움을 준다. 핵형에서 구분하기는 어렵지만 각 중기 염색체는 두 개의 매우 가깝게 부착된 자매염색분체로 구성되어 있다(옆에 있는 복제된 상동 염색체 쌍의 그림 참조).

X와 Y라고 명명된 두 개의 독특한 염색체는 사람 체세포 상동염색체의 일반적 패턴에서 중요한 예외이다. 여성은 한 쌍의 상동인 X 염색체(XX)를 갖지만, 남성은 한 개의 X와 한 개의 Y 염색체를 갖는다(XY). X와 Y 염색체는 일부분에서만 상동이다. X 염색체에 존재하는 대부분의 유전자는 자그마한 Y 염색체상에 대응부분이 없고, Y염색체는 X 염색체에 없는 유전자를 가지고 있다. 이들은 개인의 성을 결정하기 때문에 X와 Y 염색체를 **성염색체(sex chromosome)**라고 한다. 나머지 염색체를 **상염색체(autosome)**라고 한다.

사람의 체세포에 염색체 쌍들이 존재하는 것은 유성생식의 결과이다. 사람은 양쪽 부모로부터 각 쌍의 염색체들 중 하나씩만 물려받는다. 그러므로 체세포의 46개 염색체는 실제로 두 벌의 23개 염색체, 즉 어머니로부터 온 한 벌과 아버지로부터 온 한 벌이다. 한 벌의 염색체 수를 n으로 표시한다. 염색체 두 벌을 가진 모든 세포를 **이배체세포(diploid cell)**라 하며 $2n$, 즉 이배수의 염색체를 갖는다고 한다. 사람은 이배체 수가 체세포의 염색체 수인 46($2n = 46$)이다. DNA 복제가 일어난 세포에서는 모든 염색체가 복제되었고, 그래서 각각은 동원체와 염색체의 팔을 따라 가까이 연결된 두 개의 똑같은 자매염색분체로 이루어진다. [염색체가 복제되었어도 그 세포를 이배체($2n$)이라고 부르는데 이것도 단 두 세트의 정보만을 가지고 있기 때문이다.] **그림 13.4**는 이배체세포에서 복제된 염색체를 기술하는 데 사용하는 여러 가지 용어들을 명확하게 하는 데 도움을 준다.

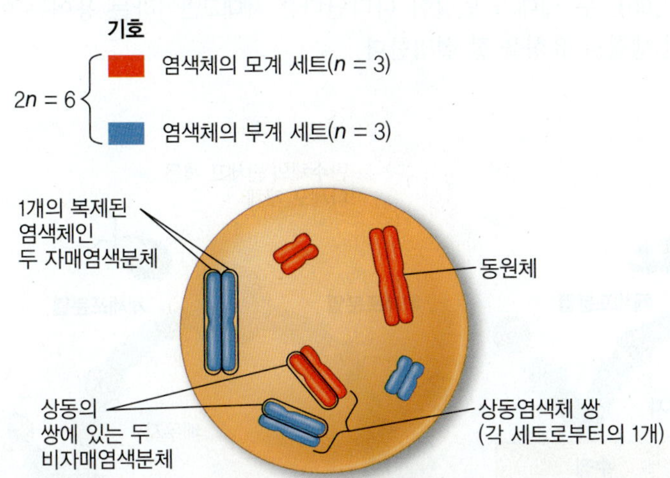

▲ **그림 13.4 염색체의 설명.** 여기에서는 이배체 염색체 수가 6($2n = 6$)인 세포의 염색체 복제 후 응축된 것을 묘사한다. 복제된 염색체 여섯 개 각각은 동원체에서 연결된 두 개의 자매염색분체로 구성된다. 각 상동의 쌍은 모계의 세트(붉은색)에 속한 한 염색체와 부계의 세트(파란색)에 속한 한 염색체로 구성되어 있다. 여기의 예에서는 각 세트가 세 개의 염색체로 이루어진다(긴 것, 중간 것, 짧은 것). 상동염색체 쌍에서 부계 염색분체 하나와 모계 염색분체 하나씩은 서로 비자매염색분체라고 불린다.

? 이 모식도에는 몇 개의 염색체 세트가 있는가? 몇 쌍의 상동 염색체가 존재하는가?

체세포와는 다르게 배우자는 염색체 한 벌만을 가지고 있다. 이를 **반수체 세포(haploid cell)**라 하며, 각각은 염색체를 반수체 수(n)만큼 가지고 있다. 사람의 반수체 수는 23($n = 23$)이다. 한 벌의 염색체 23개는 22개의 상염색체와 단일 성염색체로 이루어진다. 수정이 안 된 난자는 X 염색체를 가지나, 정자는 X 또는 Y 염색체를 갖는다.

유성생식하는 각 종들은 고유한 반수체 수와 이배체 수를 가진다. 예를 들면 초파리(*Drosophila melanogater*)는 이배체 염색체 수($2n$)가 8이고 반수체 수(n)가 4이며, 개는 이배체 수가 78, 반수체 수가 39나 된다.

이제 생활사에서 보이는 염색체의 행동을 생각해보자. 여기서는 사람의 생활사를 예로 이용할 것이다.

사람의 생활사에서 염색체 세트의 행동

사람의 생활사는 아버지의 반수체 정자세포가 어머니의 반수체 난자세포와 합쳐질 때 시작된다**(그림 13.5)**. 두 핵의 융합으로 완

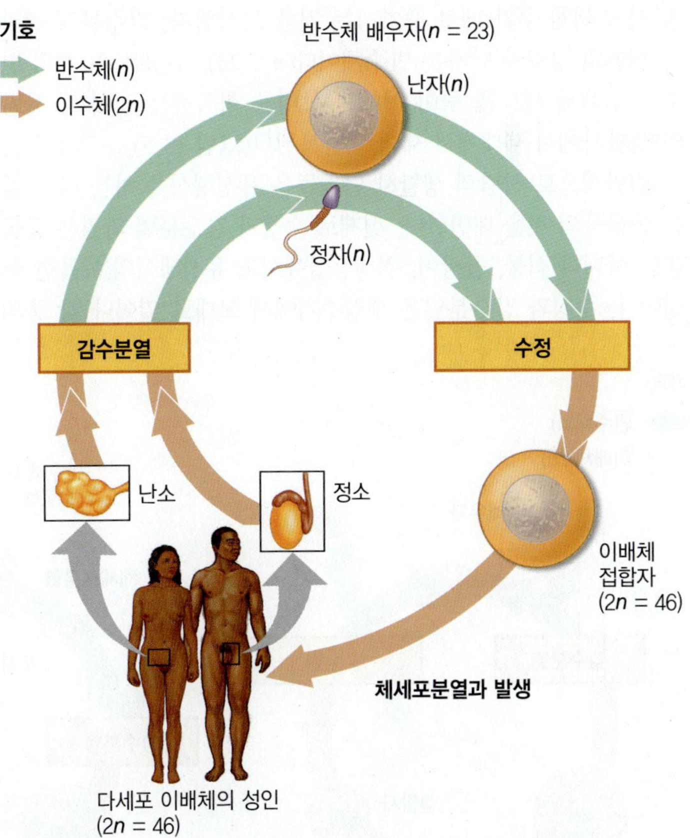

▲ **그림 13.5 사람의 생활사.** 각 세대에서 수정에 의해 염색체 세트의 수가 두 배가 되고, 감수분열에서 염색체 세트의 수가 반으로 줄어든다. 사람은 반수체의 염색체 수가 23이며 한 세트를 구성한다($n = 23$); 이배체의 접합자와 체세포에서 염색체의 수는 46이며 두 세트로 이루어진다($2n = 46$).

이 그림은 이 책에서 이후의 다른 생활사에서도 사용되는 규칙대로 색깔이 표시되어 있다. 옥색 화살표는 생활사의 반수체 단계를 강조하며, 붉은 갈색 화살표는 이배체 단계를 강조한 것이다.

성되는 두 생식세포의 결합을 **수정(fertilization)**이라고 한다. 수정란 혹은 **접합자(zygote)**는 모계와 부계의 가족 계통을 나타내는 유전자를 가진 두 벌의 반수체 염색체 세트를 가지고 있기 때문에 이배체이다. 사람이 접합자에서 성적으로 성숙한 성인으로 성장함에 따라 체세포분열은 신체의 모든 체세포를 만든다. 접합자의 모든 염색체 세트와 염색체에 있는 모든 유전자는 체세포에 정확하게 전달된다.

체세포분열로 만들어지지 않은 유일한 세포는 배우자이며, 생식소(여자의 난소와 남자의 정소)에서 **생식세포**(germ cell)라고 하는 특별한 세포로부터 만들어진다. 사람의 배우자가 체세포분열로 생성된다고 상상해보라. 배우자는 이배체일 것이다. 그러면 다음 번 수정에서 두 배우자가 융합될 때 정상적인 46개의 염색체 수는 두 배인 92가 될 것이고 각각 다음번 세대마다 다시 염색체 수는 두 배로 증가할 것이다. 유성생식하는 생물에서 염색체 수가 끊임없이 증가하는 이런 가상적인 상황은 실제로는 일어나지 않는데 **감수분열(meiosis)**이라는 과정 때문이다. 이러한 유형의 세포분열은 배우자의 염색체 수를 두 벌에서 한 벌로 줄여 수정 시 염색체 수가 배로 증가하는 것을 보상한다. 감수분열 결과 각 개인의 정자와 난자는 반수체이다($n = 23$). 수정은 두 개의 반수체 염색체 세트를 묶어 이배체 상태를 회복하는 것이고, 사람의 생활사에서 세대에서 세대로 반복된다(그림 13.5).

일반적으로 사람의 생활사 단계들은 유성생식을 하는 다른 많은 동물들의 것을 대변한다. 실제로 수정과 감수분열 과정은 동물뿐만 아니라 식물, 곰팡이, 원생동물에서도 유성생식의 독특한 특징이다. 수정과 감수분열은 생식주기에서 교대로 일어나 각 종의 염색체 수를 한 세대에서 다음 세대로 일정하게 유지하게 한다.

유성생활사의 다양성

감수분열과 수정이 교대로 일어나는 것은 유성생식을 하는 모든 생물들에게 공통적이지만 생활사에서 이 두 과정이 일어나는 시점은 종에 따라서 다양하다. 생활사의 이런 다양성은 세 가지 주요 유형으로 나눌 수 있다. 사람과 대부분의 다른 동물에서 일어나는 유형의 생활사에서는 배우자만 반수체 세포이다(그림 13.6a). 감수분열은 생식세포의 형성 중에 일어나고 배우자는 수정 전에 더 이상 세포분열하지 않는다. 수정 후 이배체의 접합자는 체세포분열에 의해 분열하고 결국 이배체 다세포 개체를 형성한다.

식물과 몇 종의 조류에서는 두 번째 유형인 **세대교번(alternation of generation)**이라고 불리는 생활사가 나타난다(그림 13.6b). 이러한 유형의 생활사는 이배체와 반수체에 모두 다세포 시기가 존재한다. 다세포 이배체 시기는 **포자체**(sporophyte)라고 부른다. 포자체에서 감수분열로 **포자**(spore)라고 부르는 반수체 세포를 생산한다. 배우자와는 달리 반수체 포자는 서로 융합하지 않고 체세포분열에 의해 **배우체**(gametophyte)라고 부르는 다세포 반수체 시기를 형성한다. 배우체의 세포는 체세포분열에 의해 배우자를 만든다. 반수체인 배우자끼리 수정이 일어나면 이배체인 접합자가 되어 발생을 통해 다음 세대의 포자체를 만든다. 그러므로 이러한 유형의 생활사에서 포자체 세대는 자손으로 배우체를 만들고 배우체 세대는 다음 포자체 세대를 형성한다(그림 13.6b). 두 세대가 번갈아 나타난다는 세대교번이라는 용어는 이런 생활사 유형을 잘 설명한다.

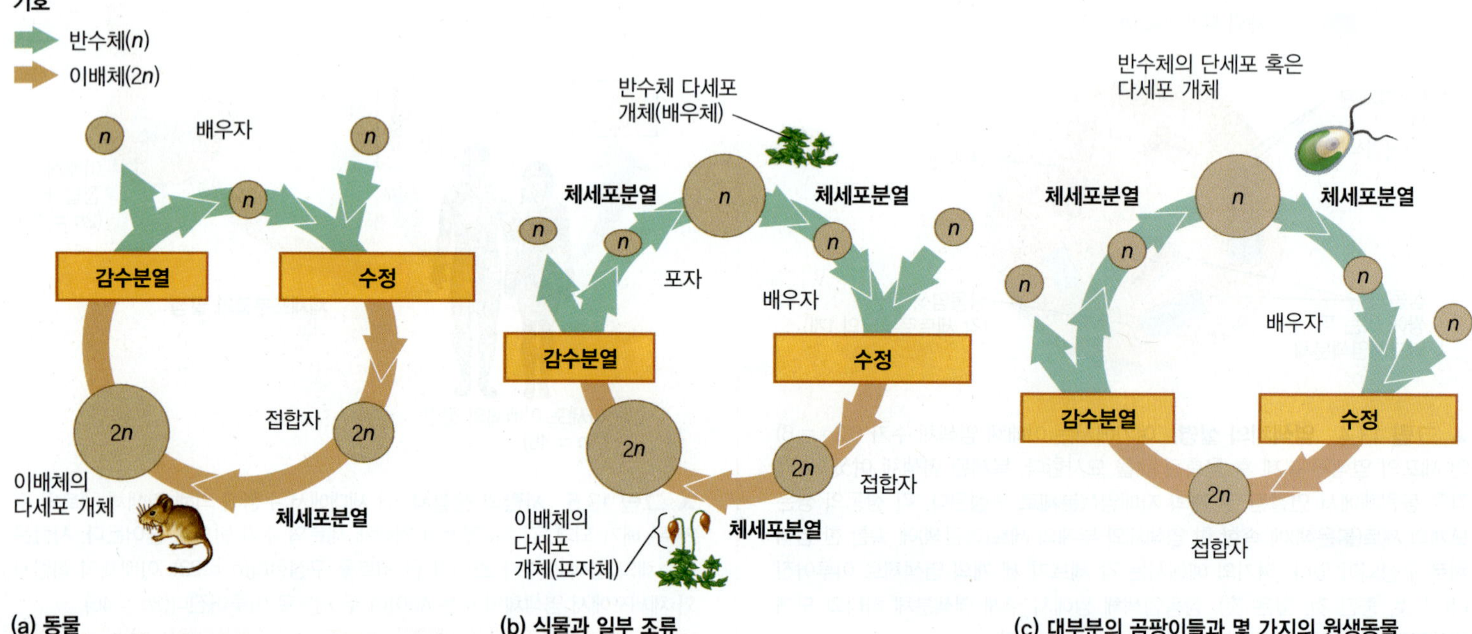

▲ **그림 13.6 유성생활사의 세 가지 유형.** 세 유형의 공통된 특성은 감수분열과 수정이 번갈아오는 것이고, 이는 자손들 사이에서 유전적 다양성을 만드는 주요한 사건이다. 세 가지 생활사는 이러한 두 주요 사건이 일어나는 시점에 차이가 있다.

세 번째 유형의 생활사는 대부분의 균류, 조류를 포함하는 일부 원생생물에서 나타난다(그림 13.6c). 배우자가 융합되어 이배체인 접합체를 형성한 후 다세포의 이배체 자손이 되지 않고 감수분열이 일어난다. 감수분열은 배우자를 만들지 않고 반수체 세포를 만드는데, 이는 체세포분열에 의해 단세포 자손이나 다세포의 성숙한 반수체 개체로 성장한다. 그 후 반수체 개체는 체세포분열을 통해서 배우자가 되는 세포를 생산한다. 이러한 생물의 유일한 이배체 시기는 단세포 접합자일 때이다.

반수체 또는 이배체 세포는 생활사의 유형에 따라 체세포분열을 할 수 있음에 유의하자. 그러나 오직 이배체만이 감수분열을 수행하는데, 반수체 세포는 더 이상 줄어들 수 없는 한 벌의 염색체만 가지고 있기 때문이다. 세 유형의 생활사들이 감수분열과 수정의 시점에 있어서는 다르지만 기본적으로 동일한 결과를 만든다. 즉, 자손의 유전적 변이가 있게 한다.

개념 확인 문제 13.2

1. **MAKE CONNECTIONS** 그림 13.4에서 몇 개의 DNA 분자(이중나선)가 존재하는가(그림 12.5 참조)? 이 세포의 반수체 염색체 수는 몇 개인가? 염색체 한 벌은 이배체인가, 반수체인가?
2. 그림 13.3에서 보는 핵형에서는 몇 개의 염색체 쌍이 있는가? 몇 벌의 염색체 세트가 존재하는가?
3. **WHAT IF?** 어떤 진핵생물은 단세포 형태로 살아간다. 그러나 환경의 스트레스를 받으면 이 세포는 배우자를 생산한다. 그 배우자가 융합하여 만들어지는 접합자는 감수분열을 수행하여 새로운 단세포를 만들어낸다. 이는 어떤 유형의 생물일 것인가?

정답은 부록 A 참조

개념 13.3

감수분열은 염색체 세트의 수를 이배체에서 반수체로 줄인다

감수분열의 여러 단계는 체세포분열의 해당 단계들과 매우 흡사하다. 체세포분열에서와 마찬가지로 감수분열에서도 먼저 염색체의 복제가 선행된다. 그러나 한 번의 염색체 복제 후에 한번이 아니라 두 번의 연속적인 세포분열이 일어나는데, 이를 **감수I분열(meiosis I)**과 **감수II분열(meiosis II)**이라고 한다. 이러한 분열은 두 개의 딸세포를 만드는 체세포분열과 달리 네 개의 딸세포를 형성하고, 각 세포는 부모 세포에 비해 염색체 수가 절반이다(두 세트가 아닌 한 세트).

감수분열의 단계

그림 13.7에 설명된 감수분열의 개요는 이배체세포에서 상동염색체 쌍의 두 염색체가 어떻게 복제되고 그 복사본들이 네 개의 딸

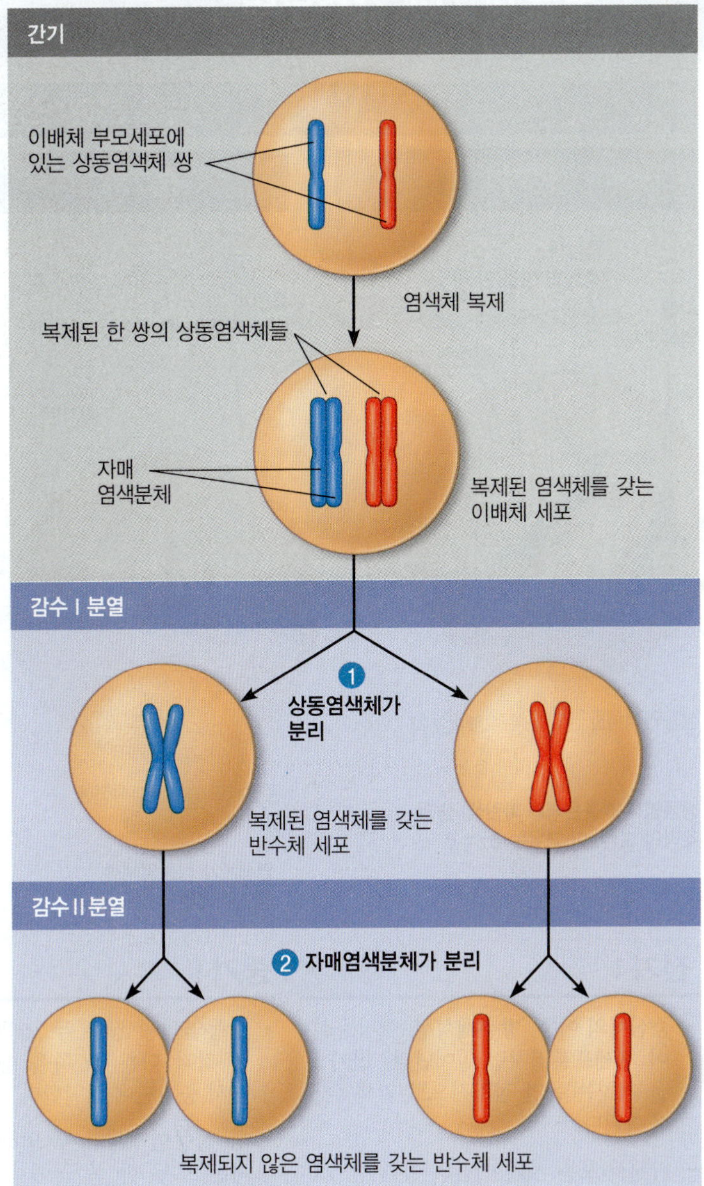

▲ **그림 13.7 감수분열의 개요: 감수분열은 어떻게 염색체 수를 줄이는가?** 염색체가 간기에서 복제된 후에 이배체 세포는 두 번 분열하여 4개의 반수체 딸세포를 생산한다. 이 그림은 편의상 단순하게 한 쌍의 염색체를 응축된 상태로 그려놓고 끝까지 추적하는 그림이다.

DRAW IT 각 DNA 분자를 나타내는 간단한 이중나선의 DNA를 이용하여 위 그림을 다시 그려라.

세포로 어떻게 나누어지는지를 보여준다. 자매염색분체는 하나의 염색체의 두 복사본이며, 염색체의 길이를 따라 밀접하게 연결되어 있음을 상기하자; 이러한 연결을 **자매염색분체 결합(sister chromatid cohesion)**이라고 한다. 이와 같이 자매염색분체 둘은 하나의 복제된 염색체를 형성한다(그림 13.4). 반면에 상동염색체 쌍의 두 염색체는 양 부모로부터 물려받은 각각의 염색체이다. 상동염색체들은 현미경상에서 비슷해 보이지만 두 염색체의 상응하는 위치에 **대립유전자(allele)**라고 부르는 다른 버전의 유전

▼ 그림 13.8

탐구 동물세포의 감수분열

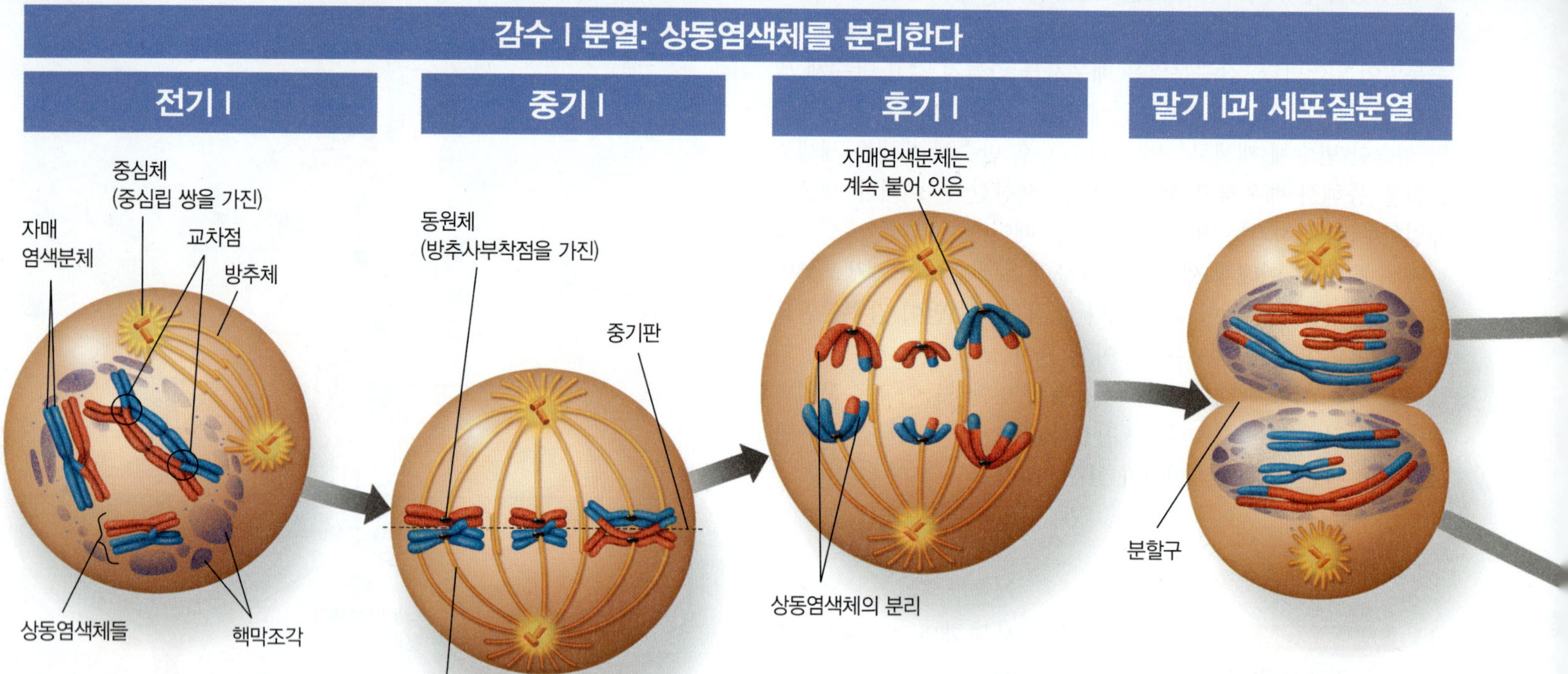

감수 I 분열: 상동염색체를 분리한다

전기 I

중심체 (중심립 쌍을 가진)
자매 염색분체
교차점
방축체
상동염색체들
핵막조각

상동염색체(붉은색과 파란색) 쌍과 조각의 교환. 이 경우는 $2n = 6$

중기 I

동원체 (방추사부착점을 가진)
중기판
동원체의 방추사부착점에 붙어 있는 미세소관

염색체가 상동염색체 쌍으로 배열

후기 I

자매염색분체는 계속 붙어 있음
상동염색체의 분리

각 상동염색체 쌍들의 분리

말기 I과 세포질분열

분할구

두 반수체 세포형성; 각 염색체들은 아직 2개의 염색분체들로 이루어짐

전기 I

- 중심체의 이동, 방추체형성, 핵막소실이 체세포분열처럼 일어난다. 전기 I을 거치는 동안 점차적으로 염색체가 응축된다.
- 위에서 보는 시기 이전의 이른 전기 I 동안, 각 상동염색체가 쌍을 이루므로 유전자들이 하나씩 맞춰 배열되고, **교차(crossing over)**가 일어난다: 비자매염색분체의 DNA 분자가 단백질에 의해 절단되어 다른 분체와 다시 연결된다.
- 그림에서 보는 시기에 각 상동염색체 쌍은 X 모양을 한 한 개 이상의 영역이 있는데, 이를 **교차점(chiasmata**, 단수는 *chiasma*)이라고 하며, 교차가 일어난 부분이다.
- 그림에서 보는 시기의 후인 늦은 전기 I에는, 각 상동염색체의 동원체에 하나씩 있는 두 방추사부착점에 한쪽 극이나 다른 극에서 온 미세소관과 부착된다. (상동쌍의 두 개의 방추사부착점은 여기서 보이지 않고 하나처럼 작용한다.) 이후 상동쌍은 짝으로 중기판으로 이동한다.

중기 I

- 상동염색체 쌍은 두 염색체가 각각 다른 극 쪽을 향하면서 중기판에 정렬한다.
- 한 상동염색체의 두 염색분체는 모두 한 쪽 극에서 온 동원체방추사부착점 미세소관과 부착되어 있다; 다른 상동염색체의 두 염색분체는 반대쪽 극에서 온 미세소관과 부착되어 있다.

후기 I

- 자매염색분체가 염색분체의 팔을 따라 붙어 있게 하는 단백질의 분해로 상동염색체 쌍이 서로 분리된다.
- 상동염색체가 방추장치의 도움으로 극 쪽으로 이동한다.
- 동원체에 의해 두 자매염색분체의 결합이 지속되므로, 두 염색분체가 하나의 단위로 같은 극으로 끌려가도록 한다.

말기 I과 세포질분열

- 말기 I의 시작 때에 세포의 반쪽 각각은 완전한 반수체 세트의 복제된 염색체들을 가진다. 각 염색체는 두 개의 자매염색분체로 구성되어 있다: 하나 또는 두 개 모두의 염색분체는 비자매염색분체 DNA의 일부분을 가진다.
- 세포질분열(세포질이 둘로 나뉨)은 일반적으로 말기 I과 동시에 이루어져 두 개의 반수체 딸세포를 형성한다.
- 동물세포에서는 분할구를 형성한다. (식물세포에서는 세포판이 형성된다.)
- 몇몇 종에서는 염색체가 풀리고 핵막과 인이 다시 형성된다.
- 감수I분열의 끝과 감수II분열의 시작 사이에서는 복제가 일어나지 않는다.

감수 II 분열: 자매염색분체를 분리한다

전기 II | 중기 II | 후기 II | 말기 II와 세포질분열

감수 II 분열 동안 마침내 자매염색분체들이 분리된다. 단일 염색체만 포함된 4개의 반수체 딸세포가 생긴다.

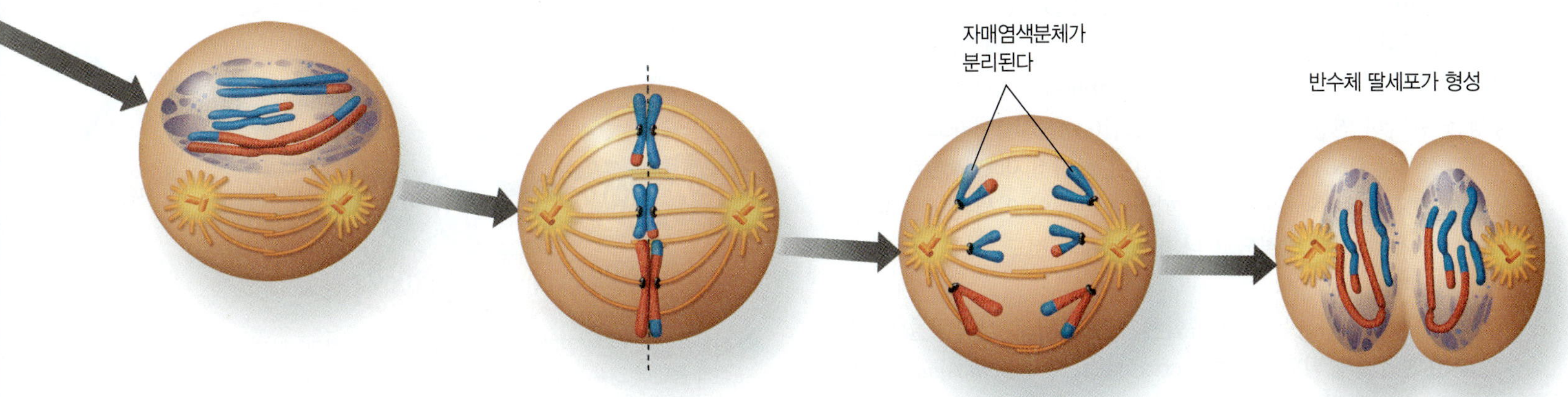

전기 II

- 방추장치가 형성된다.
- 전기 II 후반에(여기서는 보이지 않음) 아직도 두 개의 염색분체로 구성되어 있고 동원체로 연결된 염색체는 중기판으로 이동한다.

중기 II

- 염색체는 체세포분열에서와 같이 중기판에 배열한다.
- 감수분열 I에서 일어난 교차 때문에 각 염색체의 두 개의 자매염색분체는 유전적으로 동일하지 않다.
- 자매염색분체의 동원체방추사부착점은 각각 반대쪽 극에서 뻗어나온 방추사와 부착된다.

후기 II

- 동원체에서 자매염색분체를 붙들고 있는 단백질의 분해로 염색분체도 분리된다. 자매염색분체는 두 개의 개별적인 염색체로서 반대 극으로 이동한다.

말기 II와 세포질분열

- 핵이 형성되고 염색체는 풀어지기 시작하며 세포질분열이 일어난다.
- 하나의 부모세포의 감수분열로 네 개의 딸세포가 생성되고 각각은(복제가 되지 않은) 반수체의 염색체 세트를 가진다.
- 네 개의 각 딸세포들은 다른 딸세포 및 부모세포와 유전적으로 다르다.

MAKE CONNECTIONS 그림 12.7을 보고 두 개의 딸세포가 또 다른 체세포분열을 수행하여 네 개의 세포가 만들어지는 것을 상상해 보자. 그림 13.8에 있는 감수분열 후의 각 세포의 염색체 수와 체세포분열 후에 네 개의 딸세포의 염색체 수를 비교하라. 감수분열에서도 역시 두 번의 세포분열이 발생한다는 점을 고려하여 감수분열의 어떤 점이 이러한 차이를 만드는지 설명하라.

자를 가질 수 있다. 상동염색체는 감수분열동안을 제외하고는 서로 연결되어 있지 않다.

그림 13.8은 이배체 염색체 수가 6인 동물세포의 감수분열에서 두 분열의 각 단계를 자세히 설명한다. 다음 절로 가기 전에 이 그림을 철저하게 학습하자.

전기 I 동안의 교차와 접합

감수분열의 전기 I은 매우 바쁘게 진행된다. 그림 13.8에서 보는 전기 I은 전기 I의 비교적 늦은 시간 때이다. 이때는 상동염색체가 짝지워지고 교차가 발생하며 염색체 응축이 이미 이루어진 상태이다. 이러한 시기까지 이르는 과정을 **그림 13.9**에서 자세히 볼 수 있다.

간기가 지난 다음에 복제된 염색체의 염색분체들은 코헤신이라는 단백질에 의해 결합된다. 전기 I에서는 일찍부터 두 개의 상동염색체들이 염색체를 따라 느슨히 연결되는데 각 쌍의 유전자는 해당 유전자와 같이 짝을 이루어 배열된다. 모계 하나와 부계 하나로 되어 있는 두 개의 비자매염색분체 DNA는 특정 단백질에 의해 정확한 지점에서 절단이 일어난다. 다음에 지퍼와 같은 구조인 **접합복합체(synaptonemal complex)**가 형성되어 두 상동쌍을 단단히 연결시킨다. 이러한 **접합(synapsis)**이라고 부르는 연결과정에서 DNA는 절단되고 절단된 끝이 비자매염색분체의 상응하는 DNA 부위와 연결된다. 따라서 부계의 염색분체는 교차점에서 모계의 것과 연결되고 나머지 모계의 것도 부계의 염색분체와 연결된다.

이런 교차 지점들은 접합복합체가 분해되고 상동체들이 서로 약간 떨어지게 되면 교차점들(chiasmata; 단수, *chiasma*)로 보이게 된다. 상동염색체 쌍은 DNA의 일부분이 원래의 염색체에 더 이상 연결되어 있지 않아도 자매염색체분체 결합에 의해 자매염색분체가 아직 연결되어 있다. 상동염색체 쌍이 중기 I판으로 이동되기 전에 함께 있기 위해서는 염색체당 적어도 한번은 교차가 일어나야 한다.

체세포분열과 감수분열의 비교

그림 13.9는 감수분열과 체세포분열의 주요 차이점을 요약한 것이다. 기본적으로 감수분열은 염색체 세트의 수를 둘(이배체)에서 하나로(반수체) 줄이는 반면, 체세포분열은 염색체 세트의 수를 보존한다. 그러므로 체세포분열에 의해 생성된 딸세포들은 부모세포 및 다른 딸세포들과 유전적으로 동일한 반면, 감수분열은 부모세포 및 다른 딸세포들과 유전적으로 다른 딸세포들을 만든다.

감수분열에서 독특한 세 가지 사건들이 모두 감수I분열 시기 동안 일어난다.

1. 접합과 교차 전기 I 시기 동안 복제된 염색체는 길이 방향으

한 쌍의 상동염색체들
DNA 절단
동원체
DNA 절단
코헤신
부계쪽 자매염색분체들
모계쪽 자매염색분체들

❶ 간기가 지나면, 염색체는 이미 복제되어 자매염색분체가 코헤신(보라)이라는 단백질에 의해 붙어 있다. 각 상동쌍은 길게 연결되어 있다. 두 개의 비자매염색분체의 DNA 분자에서 정확히 대응되는 부위가 잘라진다. 염색체의 염색질은 응축하기 시작한다.

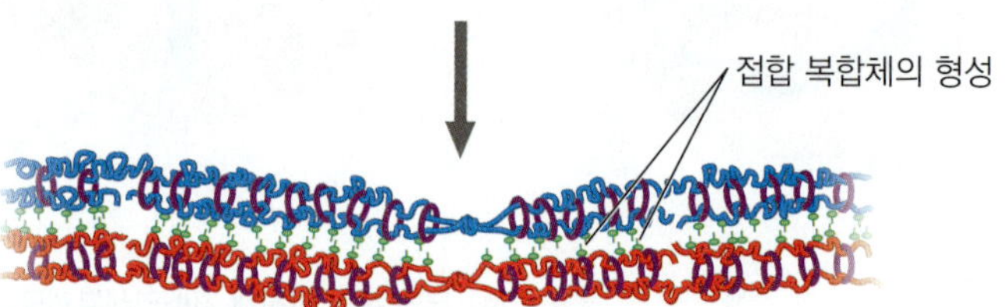

❷ 지퍼 같은 단백질 복합체인 접합복합체(초록)가 형성되기 시작하여 상동염색체가 다른 상동염색체에 부착한다. 염색질의 응축은 계속된다.

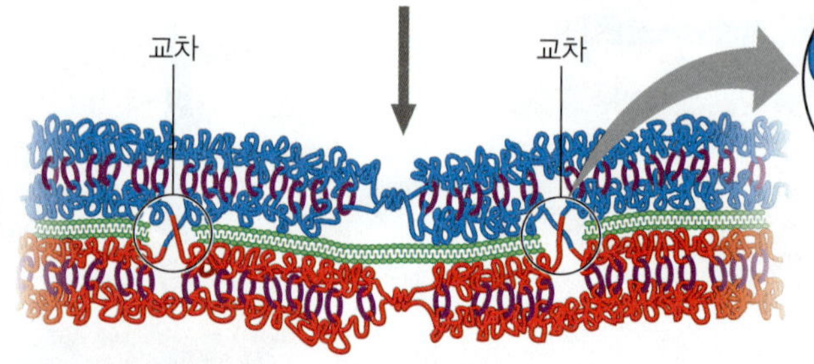

❸ 접합복합체가 완성된다; 두 상동염색체 쌍은 접합되었다고 말한다. 접합 동안에 DNA는 끊어지고 각 끊어진 말단이 비염색분체의 해당부위와 연결되어 교차가 생성된다.

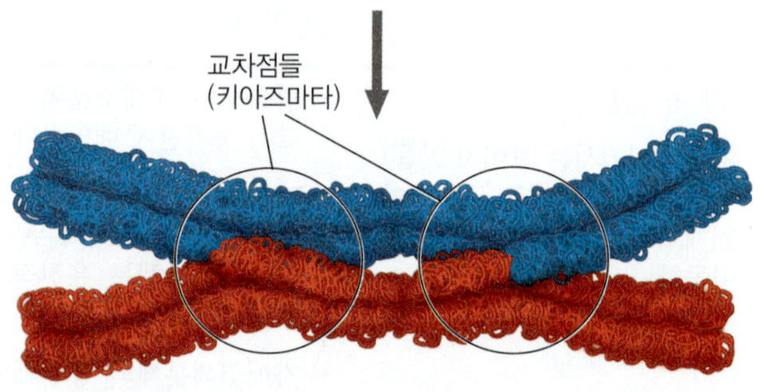

❹ 접합복합체가 해체된 후에 상동쌍은 서로 약간 떨어지나 여전히 붙어 있다. 이는 DNA가 더 이상 원래의 염색체에 부착되어 있지 않더라도 자매염색분체 결합들 때문에 붙은 채 있다. 교차가 일어난 지점의 붙어 있는 자리를 교차점이라고 한다. 염색체는 더욱 응축하여 중기판 쪽으로 이동한다.

▲ **그림 13.9 전기 I에서 교차와 접합; 자세히 보기.** 여기에서는 간단하게 상동염색체 쌍의 4개의 염색분체들을 나란히 그려놓았으나, 실제로는 청색의 염색체가 적색의 바로 위에 겹쳐 있다. (그림 13.12의 위쪽 세포 참조)

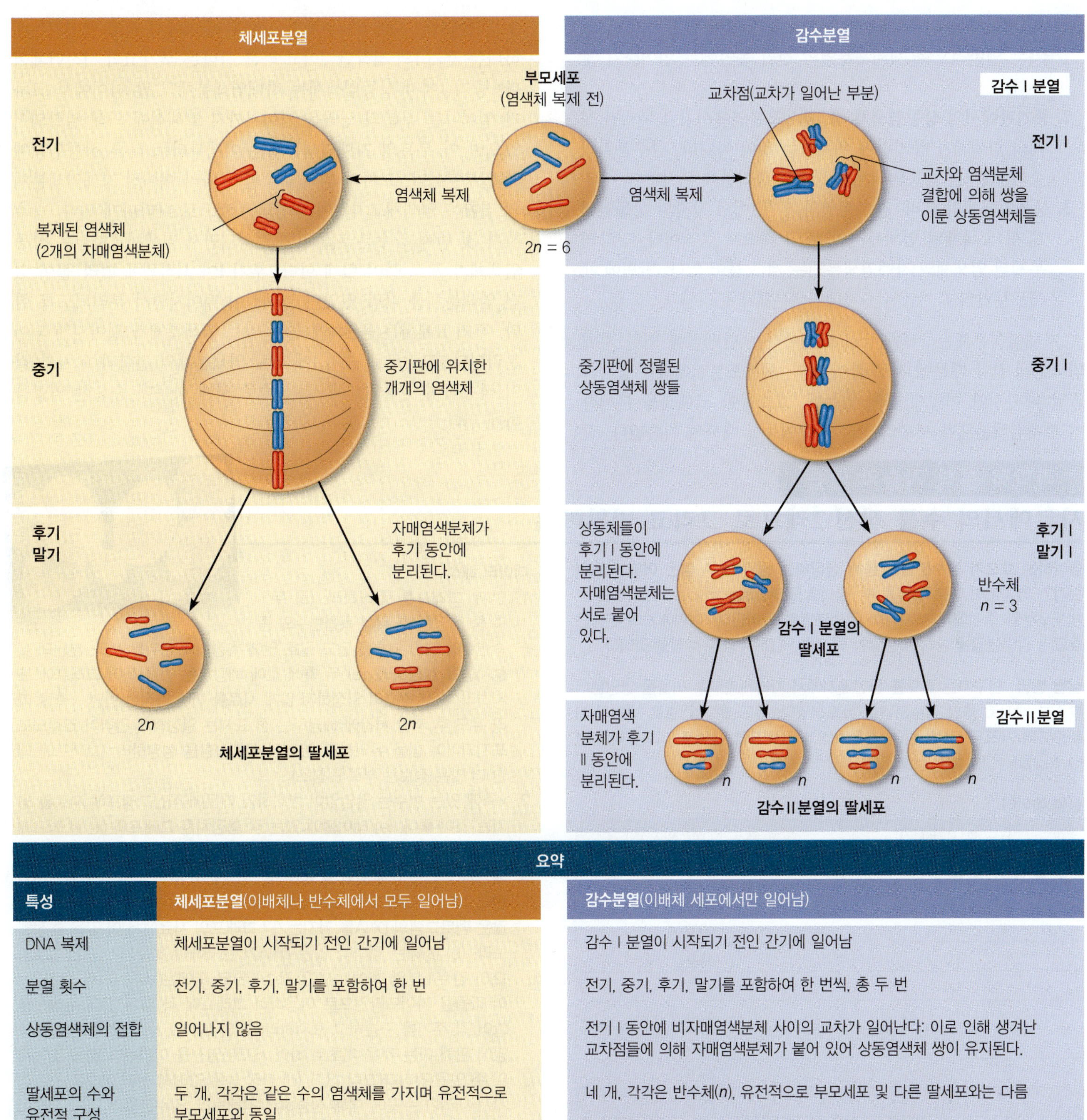

요약

특성	**체세포분열**(이배체나 반수체에서 모두 일어남)	**감수분열**(이배체 세포에서만 일어남)
DNA 복제	체세포분열이 시작되기 전인 간기에 일어남	감수 I 분열이 시작되기 전인 간기에 일어남
분열 횟수	전기, 중기, 후기, 말기를 포함하여 한 번	전기, 중기, 후기, 말기를 포함하여 한 번씩, 총 두 번
상동염색체의 접합	일어나지 않음	전기 I 동안에 비자매염색분체 사이의 교차가 일어난다: 이로 인해 생겨난 교차점들에 의해 자매염색분체가 붙어 있어 상동염색체 쌍이 유지된다.
딸세포의 수와 유전적 구성	두 개, 각각은 같은 수의 염색체를 가지며 유전적으로 부모세포와 동일	네 개, 각각은 반수체(*n*), 유전적으로 부모세포 및 다른 딸세포와는 다름
동물이나 식물에서의 역할	접합자가 다세포(배우체 또는 포자체)로 자랄 수 있게 해줌; 생장, 조직의 회복을 위한 세포생성, 어떤 생물에서는 무성생식; 배우체 식물에서는 배우자 생산	배우자형성(동물), 포자(포자체 식물)형성; 염색체 수를 반으로 줄이고, 배우자나 포자의 유전적 다양성을 제공

▲ **그림 13.10 체세포분열과 감수분열의 비교**

DRAW IT 말기 I에서 보이는 특정 세포로부터 감수 II 분열 동안에 만들어질 수 있는 또 다른 염색체 조합이 있는가? 설명하라. (힌트: 중기 II에서 보이는 것처럼 세포를 그려보라.)

로 정렬하여 위에 서술한대로 교차가 일어난다. 접합과 교차는 일반적으로 체세포분열의 전기 동안에는 일어나지 않는다.

2. **중기판에서의 상동염색체 쌍** 체세포분열에서처럼 복제된 개개의 염색체가 중기판에 위치하는 것이 아니라, 감수분열의 중기 I에서는 상동염색체의 쌍으로 중기판에 위치한다.
3. **상동염색체의 분리** 감수분열의 후기 I에서 각각의 상동염색체 쌍의 복제된 염색체는 반대 극 쪽으로 움직이나, 각각의 복제된 염색체의 자매염색분체는 계속 붙어 있다. 반면에 체세포분열의 후기에서는 자매염색분체가 분리된다.

자매염색분체는 코헤신(cohesin)이라는 단백질에 의한 자매염색분체 결합 때문에 서로 붙어 있다. 체세포분열에서는 중기가 끝날 때까지만 이렇게 붙어 있는데, 효소들이 코헤신을 분해하여 자매염색분체가 세포의 양극으로 이동할 때까지 지속된다. 감수분열에서는 자매염색분체결합은 두 단계에서 서로 떨어지는데 하나는 후기 I의 시작단계이고 다른 하나는 후기 II의 시작단계이다. 중기 I에서 상동염색체는 자매염색분체의 팔 사이에서 교차가 일어나는 부분의 영역을 넘어서까지 코헤신에 의해 결합되어 있으며 이 부분의 자매염색분체는 이제부터는 다른 상동염색체의 일부분이다. 교차와 염색체의 팔을 따라 이어진 자매염색분체의 결합은 염색체교차점이 형성되는 것으로 나타나게 된다. 방추사가 첫 번째 감수분열을 위해 형성되면서 염색체교차점은 상동염색체가 서로 붙어 있게 한다. 후기 I이 시작됨에 따라 붙어 있던 염색분체를 따라 있었던 코헤신이 떨어지면서 분리되도록 한다. 후기 II에서는 동원체에 붙어 있는 염색분체가 떨어지게 되어 분리된다. 그러므로 중기 I에서는, 염색분체의 결합과 교차가 같이 작용하여 상동염색체 쌍이 줄로 서게 하는데 중요한 역할을 하게 된다.

과학적 분석 기술의 연습

자료에서의 수를 직선그래프로 그리고 변환하기

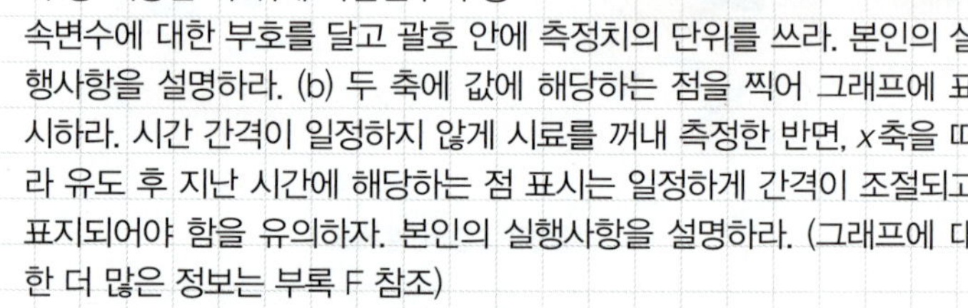

출아하는 효모가 감수분열을 통해 성장하는 동안 DNA 양은 어떻게 변하는가? 영양분이 충분치 않을 때, 출아효모(*Saccharomyces cerevisiae*)는 체세포분열 주기에서 빠져나와 감수분열로 들어간다. 여기에서의 연습은 효모가 감수분열을 통하여 분열할 때 이들의 DNA 양을 추적할 것이다.

실험 방법 연구자는 효모를 완전배지에서 자라게 한 후, 이들을 영양분이 부족한 배지로 옮겨 감수분열을 유도하였다. 유도 후 시간별로 세포의 시료로부터 세포당 DNA 양을 측정하였고 펨토그램 단위로 기록했다(fg; 1 femtogram = 1×10^{-15} gram).

실험 데이터

유도 후 시간(시간)	세포당 DNA 양(fg)
0.0	24.0
1.0	24.0
2.0	40.0
3.0	47.0
4.0	47.5
5.0	48.0
6.0	48.0
7.0	47.5
7.5	25.0
8.0	24.0
9.0	23.5
9.5	14.0
10.0	13.0
11.0	12.5
12.0	12.0
13.0	12.5
14.0	12.0

데이터 해석

1. 먼저, 그래프를 준비하라. (a) 두 축 중 적당한 축 위에 독립변수와 종속변수에 대한 부호를 달고 괄호 안에 측정치의 단위를 쓰라. 본인의 실행사항을 설명하라. (b) 두 축에 값에 해당하는 점을 찍어 그래프에 표시하라. 시간 간격이 일정하지 않게 시료를 꺼내 측정한 반면, x축을 따라 유도 후 지난 시간에 해당하는 점 표시는 일정하게 간격이 조절되고 표지되어야 함을 유의하자. 본인의 실행사항을 설명하라. (그래프에 대한 더 많은 정보는 부록 F 참조)
2. x축에 있는 변수는 끊임없이 변화하기 때문에 직선그래프에 자료를 옮기는 것이 좋다. (a) 테이블에 있는 각 측정치를 그래프의 (x, y) 좌표에 점으로 찍어 표시한다. (b) 각 측정치의 점을 직선으로 연결한다.
3. 배양기에 있는 대부분의 효모세포는 영양분이 부족한 배지로 옮겨지기 전에 이미 세포주기 중 G_1에 있다. (a) G_1에 있는 각 효모세포는 얼마나 많은 펨토그램의 DNA를 가지는가? 그래프의 자료에서 이 값을 추정해보라. (b) G_2에는 얼마나 많은 DNA가 존재해야 하는가? (개념 12.2와 12.6) 감수 I 분열 후에는(MI)? 감수 II 분열 후에는(MII)? (그림 13.7) (c) 이 값들을 가이드라인으로 이용하여 그래프에 각 주기 간에 수직선을 그어 각 주기를 구분하고 표지하라(G_1, S, G_2, MI, MII). 각 주기의 DNA 양에 관해 아는 것을 기초로 하여 세포분열선을 어디에다 넣을 것인지 알 수 있을 것이다(그림 13.7). (d) 가장 높은 값에서 선이 아래쪽으로 경사져 내려가는 곳에 대해 신중히 생각해보라. 감수분열의 어느 지점이 이러한 "구석"에 해당하는가? 아래로 경사져 내려가는 선은 어느 주기에 해당하는가?
4. 1 fg의 DNA가 평균 9.78×10^5 염기쌍이라고 할 때, 세포당 DNA 양을 DNA 길이, 즉 염기쌍으로 변환할 수 있다. (a) 효모의 반수체 유전체의 DNA 길이를 계산하라. 유전체 크기를 표현하는 표준단위인 백만 염기쌍 단위(Mb)로 답하라. 계산방법을 밝혀라. (b) 이러한 효모세포는 S 주기 동안 분당 몇 염기쌍을 합성하는가?

참고문헌 G. Simchen, Commitment to meiosis: what determines the mode of division in budding yeast? *BioEssays* 31:169–177 (2009).

감수 I 분열은 감소분열(reductional division)이라고도 하는데 세포당 염색체 세트의 수를 두 세트(이배체 상태)에서 한 세트(반수체 상태)로 반감시키기 때문이다. 두 번째 감수분열인 감수 II 분열[균등분열(equational division)이라고도 함]를 수행하는 동안에 자매염색분체는 분리가 되어 반수체의 딸세포를 만든다. 감수 II 분열과 체세포분열에서 자매염색분체를 분리시키는 기작은 기본적으로 같다. 감수분열 동안의 염색체의 행동은 끊임없이 집중적인 연구 관심의 중심에 있다. **과학적 분석 기술의 연습**에서는 감수분열을 수행하는 동안에 세포에서의 DNA양을 추적하는 데이터를 가지고 연습을 한다.

개념 확인 문제 13.3

1. **MAKE CONNECTIONS** 체세포분열 중기 세포의 염색체와 감수 II 분열 중기 세포의 염색체를 비교하라. (그림 12.7과 13.8을 참조)
2. **WHAT IF?** 접합복합체가 전기의 마지막에 사라진다고 가정하면, 두 개의 상동염색체에서 만약 교차가 일어나지 않았다면 어떻게 붙어 있을까? 이것은 궁극적으로 배우자형성에 어떤 영향을 줄까?

정답은 부록 A 참조

개념 13.4

유성생식 주기에서 형성된 유전적 변이는 진화에 기여한다

그림 13.1에서 볼 수 있는 가족 구성원들 사이의 유전적 변이를 어떻게 설명할 것인가? 이후의 장에서 배우겠지만 돌연변이는 유전적 다양성의 근원이다. 이러한 변화는 생물의 DNA에 대립유전자라고 알려진 다른 버전의 유전자가 생기도록 한다. 한번 이러한 차이가 발생하면 유성생식 과정에서 대립유전자들 사이의 뒤섞임은 유성생식 집단의 각 개체들이 독특한 형질 조합을 갖도록 하는 변이를 만든다.

자손들 간의 유전적 변이의 기원

유성생식하는 생물들의 감수분열과 수정 과정에서, 염색체의 행동은 각 세대에서 발생하는 변이들의 대부분을 설명할 수 있다. 유성생식에 의해 일어나는 유전적 변이에 기여하는 세 가지 기작; 염색체의 독립적 분리, 교차, 무작위 수정에 대하여 알아보자.

염색체의 독립적 분리

유전적 변이를 만드는 유성생식의 한 측면은 감수분열 중기 I 때의 상동염색체 쌍의 무작위 배열이다. 중기 I에서 상동염색체 쌍은 각각 부계와 모계 염색체에서 하나씩으로 이루어지며, 중기판에 위치한다. (모계와 부계라는 용어는 감수분열을 수행했던, 각 세포의 부와 모를 말함을 주목하자.) 각 염색체 쌍은 모계와 부계 상동염색체 중 하나가 어느 한쪽 극에 가깝게 배열될 수 있으며, 그 배열은 동전을 던지는 것처럼 무작위이다. 그러므로 감수 I 분열의 특정 딸세포가 어떤 상동염색체 쌍의 모계 염색체를 가질 확률은 50%이고 부계 염색체를 가질 확률도 50%이다.

중기 I에서 각각의 상동염색체 쌍은 다른 상동염색체 쌍과 독립적으로 배열하기 때문에 첫 번째 감수분열은 두 딸세포에 각 쌍 중 모계와 부계 상동염색체를 하나씩 분리하며 이는 다른 모든 상동염색체 쌍의 분리와는 독립적으로 일어난다. 이를 독립적 분리(independent assorment)라고 한다. 각 딸세포에는 모계와 부계 염색체들의 모든 가능한 조합 중의 하나가 나타난다. **그림 13.11**에서 보는 것처럼 두 개의 상동염색체 쌍($n = 2$)을 가진 이배체세포가 감수분열하여 만들어진 딸세포에서 가능한 조합의 수는 넷이다. 첫 번째 쌍에 대한 가능한 2가지 배열 수에 두 번째 쌍에 대한 2가지 배열을 곱한 것이다. 그림에서는 네 개의 딸세포 조합 중 둘만 보이는데 하나의 이배체세포가 감수분열을 수행한 결과임을 주목하자. 왜냐하면 하나의 부모세포는 중기 I에 두 개의 가능한 염색체 배열 중에 둘 다가 아니고 하나만 갖기 때문이다. 그러나 많은 수의 이배체세포의 감수분열 결과 얻어진 딸세포의 집단은 대략 같은 수로 네 종류의 조합을 포함한다. $n = 3$인 경우는 딸세포에서 여덟 개의 염색체 조합이 가능하다. 좀 더 일반화하면 n이 개체의 반수체 염색체 수라면, 감수분열 동안 염색체가 독립적으로 분리되는 경우 가능한 조합의 수는 2^n이다.

사람의 경우에는($n = 23$), 만들어지는 배우자에서 부계와 모계 염색체의 가능한 조합의 수는 2^{23}, 즉 대략 840만이다. 평생 동안 만들어지는 각 배우자는 아버지와 어머니로부터 만들어질 수 있는 840만 개의 염색체들의 조합 가운데 하나를 갖는다.

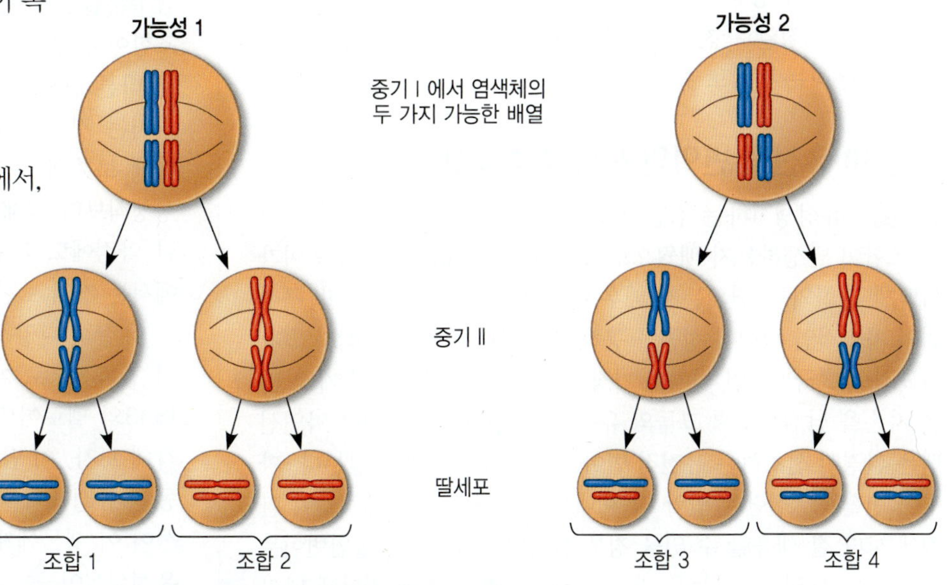

▲ **그림 13.11 감수분열에서 상동염색체의 독립적 분리**

교차

감수분열 동안에 염색체의 독립적 분리의 결과로 우리는 부모에게서 물려받은 염색체의 조합에 있어서 대단히 다른 배우자들의 집합을 만든다. 그림 13.11은 배우자의 염색체 하나하나의 기원이 오로지 모계 아니면 부계임을 암시한다. 그러나 사실은 그렇지 않다. 왜냐하면 교차라는 것이 두 부모에게서 유래하는 유전자(DNA)를 모두 갖는 개개의 염색체인 **재조합 염색체(recombinant chromosome)**를 만들기 때문이다(그림 13.12). 감수분열 동안에 염색체의 크기와 동원체의 위치에 따라서 평균 한 번에서 세 번의 교차가 일어난다.

그림 13.9에서 배운 것처럼 교차는 모계와 부계의 대립유전자들의 새로운 조합을 가진 염색체를 만들어낸다. 중기 II에서는 한 개 이상의 재조합 염색분체를 갖는 염색체는 나머지 염색체와 비교해 두 가지 같지 않은 방법으로 배열될 수 있다. 왜냐하면 이들의 자매염색분체는 더 이상 똑같지 않기 때문이다(그림 13.12). 중기 II 동안에 일어나는 이러한 서로 다른 자매염색분체의 독립적인 분리는 감수분열을 통해 생긴 딸세포의 유전적 유형의 수를 더욱더 증가시킨다.

15장에서 교차에 대하여 더 자세히 배울 것이다. 지금 가장 중요한 점은 교차가 두 부모로부터 물려받은 DNA를 하나의 염색체로 조합함으로써 생식주기 상의 유전적 변이의 중요한 근원이 된다는 것이다.

무작위 수정

수정의 무작위적 성질이 감수분열에서 생성되는 유전적 변이에 더해진다. 사람을 예로 들면 남성과 여성의 배우자 하나하나는 독립적인 염색체의 분리로 인해 840만(2^{23})개의 염색체의 조합 중 하나를 나타낸다. 남성 배우자 하나와 여성 배우자 하나가 수정 과정에서 융합하면 약 70조($2^{23} \times 2^{23}$)개의 이배체 조합 중 하나를 갖는 접합자가 생성된다. 교차에 의해 야기되는 변이를 더하면 경우의 수는 정말로 천문학적이다. 흔해 빠진 것처럼 들릴지 모르지만, 우리는 정말로 유일하다.

집단 내 유전적 변이의 진화적 중요성

진화 유성생식하는 집단에서 자손 중에 어떻게 새로운 유전자 조합이 발생하는지 배웠으므로 이제 집단 내의 유전적 변이가 어떻게 진화와 관련되는지 배우자. 다윈은 집단이 다양한 구성원의 차별적인 생식적 성공을 통해 진화한다는 것을 인식하였다. 평균적으로 국지적인 환경에 가장 잘 적응하는 개체들이 가장 많은 자손을 남김으로써 그들의 유전자를 전파한다. 이러한 자연선택은 환경이 선호하는 유전적 변이를 축적하는 결과를 낳는다. 환경이 변할 때, 집단은 만약 각 세대에서 적어도 몇몇 개체들이 환경에 보다 잘 대응할 수 있을 경우 살아남을 수 있다. 돌연변이는 서로 다른 대립유전자들을 만드는 원료이며, 시간이 지남에 따라

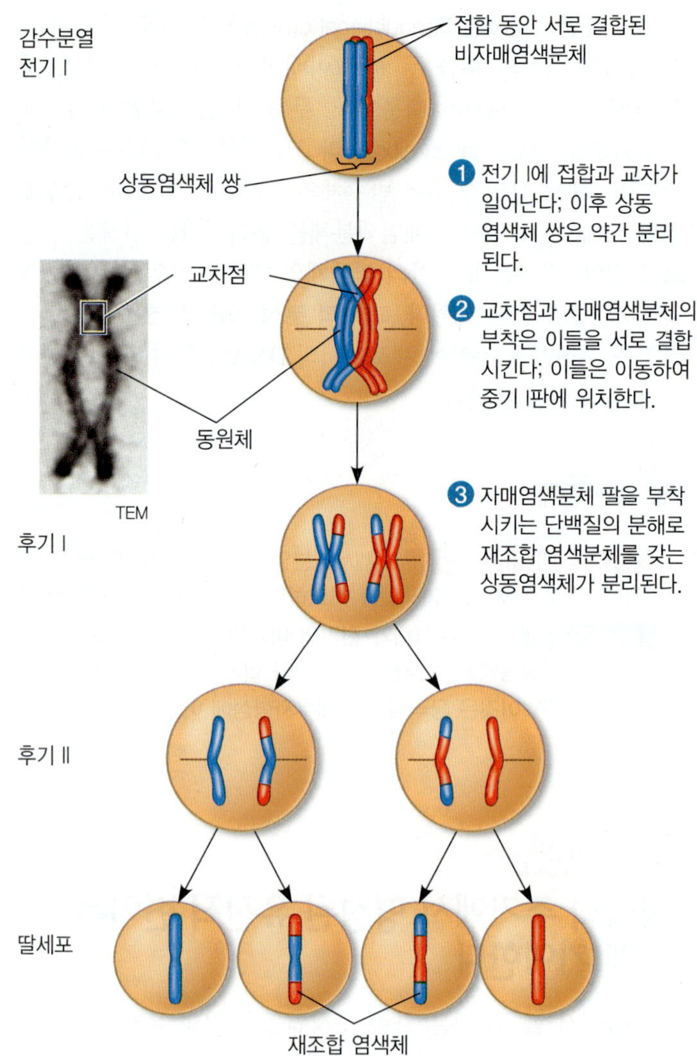

▲ 그림 13.12 **감수분열 중 일어나는 교차의 결과**

감수분열 동안에 섞이고 엮이게 된다. 새롭고 다른 대립유전자의 조합이 전에 우세했던 유전적 조합보다 더 적응적일 수 있다.

다른 한편으로 안정적인 환경에서는 무성생식이 좀 더 강점을 가지는 것처럼 보이는데 성공적인 대립유전자들의 조합을 확실하게 보존해 주기 때문이다. 또한 각 개체에게는 무성생식이 유성생식보다 경제적이어서 에너지의 소모가 더 적다. 이러한 명백한 약점에도 불구하고 우리가 알고 있는 한 유성생식은 동물들에서는 거의 보편적이다. 왜 그런 것일까?

유전적 다양성을 만들어내는 유성생식의 능력은 이러한 과정이 진화적으로 계속되는 것에 대한 가장 일반된 주장이다. 그림 13.13의 델로이드 로티퍼(bdelloid rotifer)라는 희귀한 경우를 생각해 보자. 이 담륜동물들은 진화역사를 시작한 이래로 4천만 년 동안 유성생식을 하지 않은 것으로 보인다. 이것은 유전적 다양성이 이 생물에게는 도움이 되지 않는다는 뜻일까? 이 동물들은 유성생식이 곧 다양성을 만든다는 규칙에서 벗어나 있다: 이 생

물들은 유전적 변이를 증가시키는 유성생식 이외의 기작을 가진다. 예를 들어, 이들은 오랫동안 아주 건조한 환경에서도 살아갈 수 있는데, 이 과정에서는 물질대사를 멈추는 상태로 돌입할 수 있다. 이러한 상태에서 이들의 세포막이 그 자리에서 깨져 DNA가 다른 로티퍼나 심지어 다른 종에까지 들어가게 된다. 증거에 의하면, 이 DNA는 들어간 로티퍼의 유전체에 끼어들어가 유전적으로 다양하게 한다. 이러한 점이 유전적 변이가 진화적으로 장점이 있다는 것과 유전적 다양성을 만들기 때문에 유성생식이 계속 되었다는 주장을 뒷받침한다.

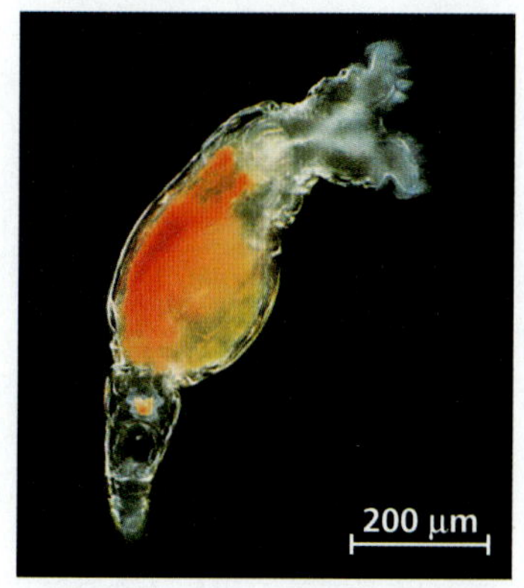

▲ **그림 13.13 무성생식만 하는 동물인 벨로이드 로티퍼**

이 장에서는 어떻게 유성생식이 집단에 존재하는 유전적 변이를 크게 증가시키는지 살펴보았다. 다윈은 유전되는 변이가 진화를 가능하게 하는 것을 알고 있었다. 그러나 자손이 부모와 닮기는 하나 똑같지는 않음을 설명할 수 없었다. 역설적으로 다윈과 같은 시대에 살았던 그레고어 멘델(Gregor Mendel)은 유전적 변이를 설명하는 유전 이론을 발표하였다. 그러나 그의 발견은 다윈(1809~1882)과 멘델(1822~1884)이 죽은 후 15년 이상이 지난 1900년까지 생물학자에게 큰 영향을 주지 못했다. 다음 장에서는 멘델이 특정 형질들의 유전을 지배하는 기본법칙들을 어떻게 발견했는지를 배울 것이다.

개념 확인 문제 13.4

1. 한 유전자의 서로 다른 대립유전자들 사이에서 나타나는 변이의 근원은 무엇인가?
2. 초파리는 이배체 수가 8이고, 메뚜기는 이배체 수가 46이다. 교차가 없다고 가정할 때 같은 두 부모에서 나온 자손 중 유전적 변이는 초파리와 메뚜기 중 어느 것이 더 큰가? 설명하라.
3. **WHAT IF?** 만약 모계와 부계의 염색분체가 모든 유전자에 대하여 같은 대립유전자를 갖는다면 교차로 인해 유전적 다양성을 가질 수 있을까?

정답은 부록 A 참조

13장 복습

핵심 개념의 요약

개념 13.1

자손은 부모로부터 염색체를 물려받아 유전자를 획득한다

- 개체의 DNA에 있는 각 **유전자(gene)**는 특정 염색체의 특정 **좌위(locus)**에 있다.
- **무성생식(asexual reproduction)**에서는 하나의 부모가 체세포분열에 의해 유전적으로 똑같은 자손을 만든다. **유성생식(sexual reproduction)**은 다른 두 부모로부터 유전자의 세트를 조합하여 유전적으로 다양한 자손을 만든다.

? 사람의 자손들이 부모와 닮았지만 똑같지 않은 이유를 설명하라.

개념 13.2

유성생식 주기에서는 수정과 감수분열이 교대로 일어난다

- 정상적인 사람 **체세포(somatic cell)**는 **이배체(diploid)**이다. 각 부모로부터 23개로 구성된 염색체 한 벌 씩을 받아 두 벌인 46개의 염색체를 갖는다. 사람의 이배체 세포는 22쌍의 **상염색체(autosome)**를 갖고 있다. 23번째 쌍은 **성염색체(sex chromosome)**인데 사람을 여성(XX) 또는 남성(XY)으로 결정한다.
- 사람은 난소와 정소(생식소)에서 감수분열에 의해 배우자를 생산하는데, 각 배우자는 한 벌 23개의 염색체(n = 23)를 가진다. 수정 동안에 난자와 정자가 결합하여 이배체($2n$ = 46)의 단일세포 접합자를 형성하는데 이는 체세포분열에 의하여 다세포의 개체로 발생한다.
- 유성생활사는 수정과 관련된 감수분열 시점과 유사분열에 의해 다세포 개체가 만들어지는 시점이 다르다.

? 동물과 식물의 생활사들에서 유사한 점과 차이점을 서로 비교해보라.

개념 13.3

감수분열은 염색체 세트의 수를 이배체에서 반수체로 줄인다

- 감수분열은 두 번의 세포분열, **감수I분열(meiosis I)**, **감수II분열(meiosis II)**를 통해 네 개의 반수체 딸세포를 만든다. 염색체 세트의 수는 감수I분열에서 이배체에서 반수체로 줄어든다.
- 감수분열은 체세포분열과 감수 I 분열에서 일어나는 세 가지 사건에

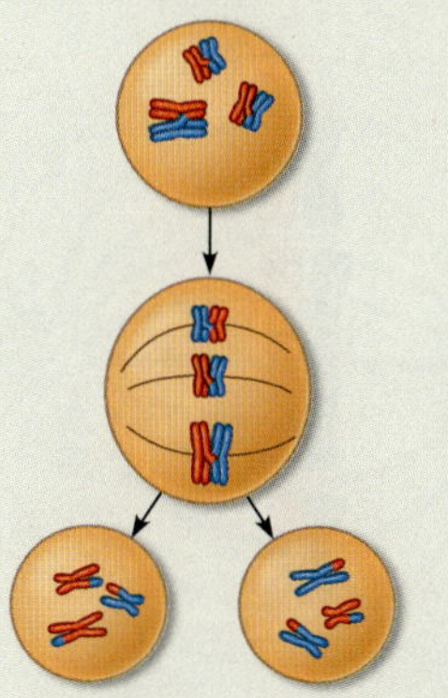

의해 구분된다.

- 자매염색분체 결합과 교차는 상동체들이 교차점에서 후기 I까지 붙어있게 한다. 코헤신은 후기 I에 염색체를 따라서 분해되어 상동쌍이 떨어지게 하고 후기 II에 동원체에서 염색분체가 떨어지게 된다.

? 전기 I에서 상동염색체는 쌍으로 위치하고 접합하며 교차한다. 이러한 과정은 전기 II에서도 일어나는가? 설명하라.

개념 13.4

유성생식 주기에서 형성된 유전적 변이는 진화에 기여한다

- 집단 내 유전적 변이에 기여하는 세 가지 사건들: 감수분열 동안의 염색체의 독립적 분리, 감수I분열에서의 교차, 난자와 정자의 무작위 수정이다. 교차가 일어나는 중에는 상동염색체의 비자매염색분체의 DNA가 절단되었다 다시 연결된다.
- 유전적 변이는 자연선택에 의한 진화의 원료이다. 돌연변이는 이러한 변이의 근본적인 출처이다; 변이 유전자들의 새로운 조합은 더 많은 유전적 다양성을 증가시킨다.

? 감수분열에 독특한 세 가지 과정이 어떻게 대단히 많은 유전적 다양성을 만들어내는지 설명하라.

생각해보자

수준 1: 지식/이해

1. 22개의 상염색체와 Y 염색체를 가지는 사람이 세포는?
   a. 정자 b. 난자
   c. 접합자 d. 남자의 체세포
2. 언제 상동염색체가 분열하는 세포의 반대 극으로 이동하는가?
   a. 체세포분열 b. 감수I분열
   c. 감수II분열 d. 수정

수준 2: 응용/분석

3. 감수II분열은 어느 면에서 체세포분열과 유사한가?
   a. 자매염색분체가 후기 중에 분리된다.
   b. DNA가 분열 전에 복제된다.
   c. 딸세포는 이배체이다.
   d. 상동염색체가 접합한다.
4. 세포주기에서 G_1기에 존재하는 이배체의 DNA 양이 x 라면, 감수I분열의 중기에 있는 같은 세포의 DNA 양은?
   a. $0.25x$ b. $0.5x$ c. x d. $2x$
5. 위 4번째 질문에서 세포의 계보를 따라간다면 감수II분열 중기의 단일 세포의 DNA 양은?
   a. $0.25x$ b. $0.5x$ c. x d. $2x$
6. DRAW IT 오른쪽 그림은 감수분열하는 세포를 보여주고 있다.

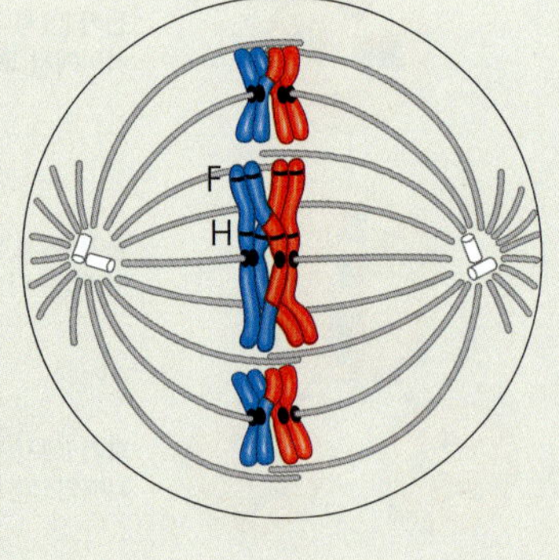

   (a) 필요하면 선과 괄호를 이용하여 적당한 구조에 아래의 단어로 표지하라. 염색체(복제 전 또는 복제 후로 표시), 동원체, 동원체 부착점, 자매염색분체, 비자매염색분체, 상동의 쌍, 상동체들, 교차점, 자매염색분체 결합, 대립유전자(F와 H 유전자)
   (b) 반수체와 이배체 세트의 구성을 기술하라.
   (c) 보이는 세포가 감수분열의 어느 단계인지 밝혀라.

수준 3: 종합/평가

7. 어떻게 이 세포가 체세포분열이 아니라 감수분열이 일어나고 있는지를 알 수 있는가?
8. **진화적 관점**
   많은 생물들이 무성생식이나 유성생식을 한다. 어떤 생물에서는 자연환경이 불리해질 때 무성생식에서 유성생식으로 전환하는데 이의 진화적 의의는 무엇일까?
9. **과학적 탐구**
   6번 문제의 그림은 감수분열을 하는 어떤 사람의 세포에서 염색체를 몇 개만 보인 것이다. 이전의 연구에서 주근깨 유전자는 F라고 표시된 곳에 위치하고 머리카락 색깔 유전자는 H라고 표시된 곳에 위치하며, 두 유전자 모두 긴 염색체 위에 있음을 알고 있었다. 이 세포를 가진 개체는 각 유전자에 대해 서로 다른 대립유전자를 물려받았다. (한 쪽 부모에게서는 "주근깨" 유전자와 "검은 머리" 유전자를, 다른 쪽 부모에게서는 "주근깨 없음" 유전자와 "금발 머리" 유전자를 받았다.) 감수분열 과정에서 나올 수 있는 배우자의 대립유전자 조합을 예측해보라. (이름을 표지해가며 감수분열의 나머지 부분을 그려보면 도움이 될 것이다) 각 배우자에서 이 대립유전자들의 가능한 모든 조합을 열거해보라.
10. **글쓰기: 정보**
    생명의 연속성은 DNA 형태의 유전정보에서 기인한다. 짧은 글(100~150 단어)로 동물의 유성생식 동안에 염색체의 행동이 어떻게 자손에게 부모의 유전형질이 나타나게 하며 또한 자손의 유전적 변이를 보장하는지 설명해보자.
11. **종합적으로 생각해보기**

캐번디시 바나나는 세계에서 가장 보편화된 과일이다. 그러나 현재는 곰팡이류 때문에 멸종위기에 놓여 있다(그림 참조). 이 바나나의 품종은 "삼배체"(세 세트의 염색체를 갖고 있는 $3n$)이고 경작자에 의해 클로닝을 통해서만 만들어 낼 수 있다. 감수분열에 관하여 알고 있는 사실을 이용하여 이 바나나의 삼배수성이 씨를 만들지 않게 된 원인이 될 수 있는지 설명하라. 유전적 다양성을 생각해서 유성생식을 하지 못하는 것이 어떻게 이런 재배 식물의 취약한 질병 감염성을 초래하게 하는지를 논의하라.

정답은 부록 A 참조

14 멘델 유전학

▲ 그림 14.1 멘델은 완두를 교배하여 어떤 유전원리를 발견하였는가?

핵심 개념

14.1 멘델은 과학적 접근법을 사용하여 두 가지 유전 법칙을 발견하였다

14.2 확률의 법칙이 멘델의 유전 법칙을 지배한다

14.3 유전 양상은 멘델이 제시한 단순한 유전 법칙보다 더 복잡하다

14.4 사람의 수많은 형질은 멘델 유전의 양상을 따른다

◀ 멘델(오른쪽에서 3번째 후크시아 가지를 들고 있는)과 동료 수도사들

한 벌의 유전자들로부터 선택하기

축구 경기에 온 관중을 보면 놀라울 정도의 다양한 인류의 다양성을 볼 수 있다. 갈색, 파랑, 또는 회색 눈; 검은색, 갈색, 금발의 머리카락—이러한 것들은 우리가 관찰할 수 있는 유전적 변이의 몇 가지 예에 불과하다. 사람이나 다른 생물체에서 부모로부터 자식으로 이러한 형질들이 전달되는 것을 설명하는 유전 원리는 무엇인가?

1800년대에 가장 널리 인정받은 유전에 관한 설명은 "혼합" 가설이다. 이 가설은 파란색과 노란색 페인트를 섞으면 녹색이 되는 것처럼 유전물질은 두 부모로부터 물려받는다는 생각이다. 이 가설이 맞다면 수많은 세대에 걸쳐 집단 내에서 자유로운 교배가 일어날 경우 균일한 개체로 이루어진 단일 집단이 생길 것으로 예상된다. 혼합 가설은 한 세대를 건너뛰어 다시 나타나는 형질을 설명해 주지 못한다.

혼합 가설에 대한 대체 설명은 "입자(particulate)" 가설이며, 이것이 바로 유전자(gene)에 대한 개념이다. 이 모델에 따르면, 부모는 불연속적이고 유전이 가능한 단위, 즉 유전자를 자손에게 전달하고 자손에서 유전자는 각각의 본질을 유지한다. 한 생물체가 갖고 있는 유전자들은 한 통의 페인트라기보다는 카드 한 벌과 같다. 카드놀이처럼 유전자들은 희석되지 않은 상태로 세대에 걸쳐 섞이고, 다음 세대로 전달된다.

현대 유전학은 멘델(Gregor Mendel)이란 이름을 가진 수도사가 유전의 불연속 기작을 기록한 어느 한 수도원 정원에서 탄생하였다(그림 14.1). 현미경으로 염색체 행동을 관찰하고 그 중요성이 이해된 때보다 수십 년 전에 멘델은 유전 이론을 확립하였다. 이 장에서 우리는 멘델의 정원으로 들어가 그의 실험을 다시 확인하고 어떻게 멘델이 그의 이론을 만들었는지 살펴볼 것이다. 또한 특정 형질의 유전을 예상하는 방법을 알아보고 멘델이 완두에서 관찰한 유전 양상보다 더 복잡한 경우를 고찰해 본다. 마지막으로, 멘델의 모델을 적용하여 낫모양적혈구빈혈증을 포함하는 사람의 유전적 돌연변이에 대해 살펴볼 것이다.

개념 14.1

멘델은 과학적 접근법을 사용하여 두 가지 유전법칙을 발견하였다

멘델은 세심하게 설계한 완두 교배실험을 통해 유전의 기본 원리를 발견하였다. 그의 연구를 되살펴보면 1장에서 소개된 과학적 방법의 주요 요소들이 분명히 드러날 것이다.

멘델의 실험적, 정량적 접근방법

멘델은 오늘날 체코의 영토인 오스트리아의 한 지역에 있는 작은 농장에서 자랐다. 이 농업지역에서 멘델은 다른 아이들처럼 기본적인 교육과 농업 교육을 받았다. 그 당시 멘델은 경제적인 어려움과 질병을 이겨내고 고등학교와 올므츠 철학 연구소에서 우수한 성적을 거두었다.

1843년 21살의 나이로 멘델은 그 당시 정신적 삶에 가치를 두는 사람들이 선택하는 아우구스티누스 수도원에 들어갔다. 교사가 되기로 마음 먹었으나 시험에서 떨어졌다. 1851년, 그는 수도원을 떠나 비엔나 대학교에 입학하여 2년 동안 물리학과 화학을 공부하였다. 이때가 멘델이 과학자로 성장하는 데 매우 중요한 기간이었다. 두 명의 교수가 특히 영향을 주었는데, 그 중 한 사람이 물리학자 도플러(Christian Doppler)로서 학생들이 실험을 통하여 과학을 배울 수 있도록 도와주었고 멘델에게 자연현상을 설명할 때 수학을 이용하는 방법을 가르쳐 주었다. 나머지 한 사람은 운거(Franz Unger)라는 식물학자로서 식물에서의 변이를 일으키는 원인에 대하여 멘델의 흥미를 자극하였다. 멘델이 이 두 지도교수로부터 배운 것은 훗날 완두 식물을 이용한 그의 실험에 결정적인 역할을 하였다.

대학을 졸업한 후 멘델은 수도원으로 돌아왔고 지역의 한 학교에 교사로 부임하였다. 그 학교에는 과학적 연구에 대한 열의를 가진 선생님이 여러 명 있었다. 멘델의 동료 수도사들도 식물 육종에 대하여 많은 관심을 가지고 있었다. 1857년경, 멘델은 수도원 정원에서 완두를 교배하여 유전 연구를 시작하였다. 비록 유전에 대한 의문점은 오랫동안 그 수도원에서 궁금하게 여겼지만 멘델의 새로운 연구 방법은 다른 사람들에게 의문점으로 남아 있던 원리를 이끌어 내게 하였다.

멘델이 연구 대상으로 완두를 선택한 이유는 다양한 변종이 있기 때문이었다. 예를 들어, 한 종류는 보라색 꽃이 피는 반면에 다른 종류는 흰색 꽃이 핀다. 꽃의 색깔과 같은 것은 개체마다 차이를 보이며 이것을 **특징(character)**이라고 한다. 보라색 또는 흰색 꽃처럼 한 가지 특징에 대한 각각의 변이를 **형질(trait)**이라고 한다.

▼ 그림 14.2 **연구 방법**

완두 식물 교배

적용 한 식물체의 두 순종 개체를 교배함으로써, 과학자들은 유전 양상을 연구할 수 있다. 예를 들어, 멘델은 꽃의 색깔에서 차이를 보이는 완두 식물을 교배하였다.

방법

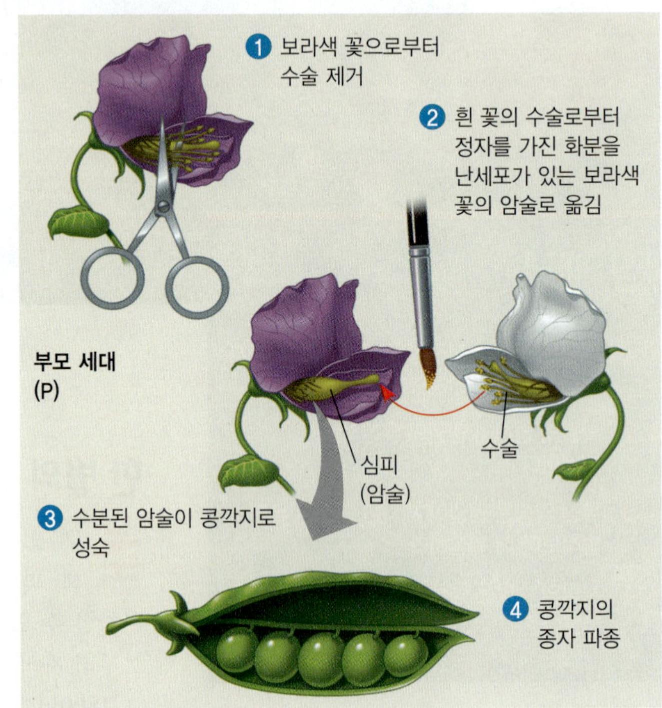

결과 흰색 꽃의 화분을 보라색 꽃으로 옮겼을 때, 제1세대 잡종은 모두 보라색 꽃을 갖는다. 반대로 보라색 꽃의 화분과 흰색 꽃의 난세포를 수정해도 같은 결과가 나온다.

완두를 사용하는 또 다른 장점은 세대 기간이 짧고, 한 번의 교배에서 많은 자손을 얻을 수 있다. 멘델은 완두의 교배를 엄격하게 조절할 수 있었다(그림 14.2). 완두의 생식기관은 꽃 안에 있으며, 각 완두 꽃은 화분을 만드는 기관(수술)과 난자를 만드는 기관(암술)*을 함께 가지고 있다. 자연 상태에서 완두 식물은 보통 자가수분을 한다. 즉, 수술로부터 나온 화분 가루가 같은 꽃의 암술 위에 떨어지고, 화분에서 방출된 정자는 암술 안의 난세포와 수정된다. 두 식물 간의 타가수분을 시키기 위해 멘델은 화분을 생산하지 못하는 덜 성숙된 수술을 제거하였으며, 다른 꽃의 화분을 그 식물 위에 떨어뜨렸다(그림 14.2). 각각의 접합자는 종자(완두) 속의 배로 생장하였다. 멘델은 언제나 새로운 종자의 혈통을 확실히 알 수 있었다.

멘델은 두 가지 분명한 차이점을 보이는 형질만 선택하여 추적하였다. 예를 들어, 선택한 식물은 보라색 아니면 흰색 꽃을 가졌으며 이 두 변종 사이에 중간 형질은 없었다. 멘델이 종자 무게와 같이 개체 간 차이가 연속적인 양상으로 나타나는 형질에 초점을 맞추었다면 그는 유전의 불연속 성질을 발견하지 못했을 것이다(그 이유는 나중에 배우게 될 것이다). 또한 멘델은 여러 세대 동안 자가수분을 시켜 부모형 완두와 동일한 형질만을 생산하는 변종을 이용하여 실험을 시작하였다. 그러한 식물을 **순종(true-breeding)**이라고 부른다. 예를 들어, 보라색 꽃을 가진 식물을 자가수분해서 나온 종자가 그 다음 세대에서 모두 보라색 꽃을 가진 식물로 자라면 그 꽃은 순종이다.

전형적인 교배 실험을 하면서, 멘델은 서로 다른 변이를 갖고 있는 두 개의 순종 완두를 타가수분시켰다—예를 들어, 보라색 꽃을 가진 식물과 흰색 꽃을 가진 식물을 교배하였다(그림 14.2). 이렇게 다른 두 순종 간의 교배(cross)를 **잡종화(hybridization)**라고 한다. 순종인 부모를 P 세대(부모 세대)라고 부르고 잡종인 그 자손을 **F_1 세대**(first filial 세대) (*filial*은 라틴어로 "아들"을 뜻한다)라고 부른다. 이 F_1 잡종끼리 자가교배시키면 (혹은 다른 F_1 잡종과 타가교배시키면) **F_2 세대**(second filial 세대)가 나온다. 멘델은 보통 형질을 추적하는 데 있어 최소한 P, F_1, F_2 세대를 추적하였다. 만약 멘델이 실험을 F_1 세대에서 멈췄더라면 기본적인 유전 패턴을 알 수 없었을 것이다. 멘델은 이와 같이 수천 개의 유전 교배로부터 F_2 식물을 얻어 양적 분석을 함으로써 두 가지의 유전법칙을 발견하였다. 멘델은 이 두 가지 법칙을 분리의 법칙과 독립의 법칙이라고 불렀다.

* 그림 13.6b에서 배웠듯이 식물에서 감수분열은 배우자가 아니라 포자를 만든다. 완두처럼 꽃피는 식물에서 각 포자는 단지 몇 개의 세포를 포함하는 아주 작은 반수체 배우체로 발생하여 부모 식물에 위치해 있다. 그 배우체가 꽃가루에서는 정자를, 암술에서는 난자를 생산한다. 간단하게 하기 위해 우리는 식물의 수정에 관한 논의에서 배우체 단계를 포함시키지 않을 것이다.

분리의 법칙

만약 유전에 대한 혼합 가설이 맞는다면 보라색 꽃을 가진 완두 식물과 흰색 꽃을 가진 완두 식물 사이에서 나온 F_1 잡종은 P 세대의 중간 형태인 연한 보라색 꽃을 가질 것이다. 그림 14.2의 실험 결과는 아주 다르게 나타났다: 모든 F_1 자손은 보라색 부모와 같은 보라색 꽃을 가졌다.

흰색 꽃 식물은 잡종 자손에게 유전적으로 어떤 기여를 했을까? 만약 그것이 사라졌다면, F_1 식물은 보라색 꽃만을 가진 F_2 세대를 만들었을 것이다. 그러나 멘델이 F_1 식물을 자가수분시

▼ 그림 14.3 **탐구**

잡종의 F_1 완두 식물을 자가수분시키거나 타가수분시킬 때, F_2 세대에서는 어떤 형질이 나타나는가?

실험 멘델은 순종의 보라색 꽃을 가진 완두 식물과 흰색 꽃을 가진 완두 식물을 교배하였다(교배는 ×로 표시한다). F_1 잡종 자손은 자가수분을 하거나 다른 F_1 잡종 식물과 타가수분한 후 F_2 세대의 꽃 색깔을 관찰하였다.

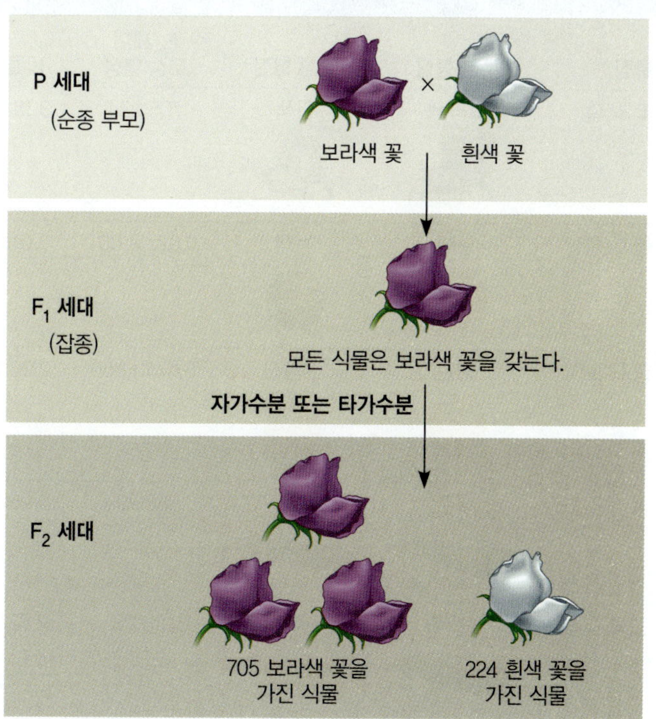

결과 F_2 세대에서 보라색과 흰색 꽃이 모두 나타났으며 그 비율은 약 3:1이었다.

결론 열성 형질(흰색 꽃)에 대한 '유전인자'는 F_1 세대에서 파괴되거나 제거되거나 혼합된 것이 아니라 우성 형질인 보라색 꽃에 대한 유전인자가 존재함으로써 단순히 숨겨져 있었던 것이다.

참고문헌 G. Mendel, Experiments in plant hybridization, *Proceedings of the Natural History Society of Brünn* 4:3–47 (1866).

WHAT IF? 만일 P 부모 세대로부터 나온 두 개의 보라색 꽃을 가진 식물을 교배한다면, 자손에서 관찰되는 형질의 비율은 얼마일까? 설명하라.

킨 후 얻은 종자를 심었을 때, F_2 세대에서 흰색 꽃이 다시 나타났다. 멘델은 매우 큰 표본을 사용하였으며 결과를 정확하게 기록하였다: F_2 식물 중 705개는 보라색 꽃을 가졌고 224개는 흰색 꽃을 가졌다. 이 자료는 대략 3개의 보라색 꽃 대 1개의 흰색 꽃이라는 비율을 나타낸다(그림 14.3). 멘델은 흰색 꽃에 대한 유전인자가 F_1 식물에서 사라지는 것이 아니라 보라색 꽃에 대한 인자가 존재할 때 이유는 모르지만 숨겨진다고 설명하였다. 멘델이 사용한 용어로, 보라색 꽃 색깔은 우성(dominant) 형질이고 흰색 꽃 색깔은 열성(recessive) 형질이다. F_2 세대에서 흰색 꽃이 다시 나타난 것은 열성 형질을 일으키는 유전인자가 F_1 잡종 식물에서 보라색 꽃 색깔에 대한 인자와 공존해도 결코 희석되거나 파괴되지 않는다는 증거였다.

멘델은 각각 두 가지의 분명한 차이를 보이는 다른 여섯 가지의 특징들에 대해서도 같은 유전양상을 발견하였다(표 14.1). 예를 들어, 멘델이 순종의 둥근 완두콩과 주름진 완두콩을 교배했을 때, 모든 F_1 잡종은 둥근 종자를 생산하였다; 이것이 종자 모양에 대하여 우성 형질이다. F_2 세대에서 종자의 75%는 둥글고 25%는 주름졌다—그림 14.3과 같이 3:1의 비율. 이제 멘델이 어떻게 그의 실험 결과로부터 분리의 법칙을 추론했는지 살펴보자. 다음에 나오는 논의에서 우리는 멘델이 사용했던 용어 대신 현대 용어를 사용할 것이다. 예를 들어, 멘델의 '유전인자' 대신 '유전자'를 사용할 것이다.

표 14.1 완두 식물의 일곱 가지 특징에 대한 멘델의 F_1 교배 결과

특징	우성 형질		열성 형질	F_2 세대 우성:열성	비율
꽃 색깔	보라색	×	흰색	705:224	3.15:1
종자 색깔	황색	×	녹색	6,022:2,001	3.01:1
종자 모양	둥근	×	주름진	5,474:1,850	2.96:1
콩깍지 모양	부푼	×	수축된	882:299	2.95:1
콩깍지 색깔	녹색	×	황색	428:152	2.82:1
꽃 위치	액생	×	정생	651:207	3.14:1
줄기 길이	키가 큰	×	키가 작은	787:277	2.84:1

멘델의 모델

멘델은 완두 실험 결과 F_2 자손에서 계속 관찰된 3:1 유전 양상을 설명하는 모델을 세웠다. 우리는 이 모형을 이루는 네 가지의 개념을 기술하는데, 그 중 네 번째가 바로 분리의 법칙이다.

첫째, 여러 종류의 유전자 변이로 인하여 유전되는 형질들이 다양하다. 예를 들어, 완두 식물에서 꽃 색깔을 지정하는 유전자는 두 종류, 즉 보라색과 흰색으로 존재한다. 이러한 두 종류의 변이를 오늘날 **대립유전자(allele)**라 부른다. 오늘날 우리는 이 개념을 염색체 및 DNA와 연관지어 이해할 수 있다. 그림 14.4에서 볼 수 있듯이 각 유전자는 특정 염색체상의 특정 유전자 좌위에 위치하는 뉴클레오타이드 서열이다. 그러나 그 유전자 좌위에 있는 DNA는 뉴클레오타이드 서열이 약간 다를 수 있다. 정보 내용이 변하면 암호화하는 단백질의 기능에 영향을 미치고 따라서 생물체의 표현형에 영향을 미칠 수 있다. 완두의 보라색 꽃과 흰색 꽃을 결정하는 두 가지 대립유전자는 어떤 염색체상에 위치한 꽃 색깔 지정 유전자 좌위에 두 종류의 DNA 변화가 생긴 것으로, 하나는 보라색 색소를 합성하도록 지시하는 반면, 다른 하나는 그렇지 못하다.

둘째, 각 특징에 대하여 생물체는 부모로부터 각각 한 개씩, 두 개의 대립유전자를 물려받는다.(이것들도 또한 그 유전자의 대립유전자라고 불린다.) 놀랍게도 멘델은 염색체의 역할에 대한 지식이 없는 상태에서 이러한 추론을 하였다. 이배체 생물체의 체세포에는 각각 부모로부터 한 세트씩 물려받은 두 세트의 염색체가 있다(개념 13.2). 그리하여 이배체 세포에서 하나의 유전자 좌위는 사실 두 개가 있으며, 특정 상동염색체에 각각 있다. 특정 유전자 좌위에 있는 두 개의 대립유전자는 멘델의 P 세대 순종 식물처럼 같을 수도 있고 F_1 잡종처럼 다를 수도 있다(그림 14.4).

셋째, 한 유전자 좌위의 두 개의 대립유전자가 다르면 **우성 대립유전자(dominant allele)**가 생물체의 외형을 결정하며, **열성 대립유전자(recessive allele)**는 생물체의 외형에 주목할 만한 영향을 미치지 못한다. 따라서 보라색 꽃에 대한 대립유전자가 우성이고 흰색 꽃에 대한 대립유전자가 열성이기 때문에 멘델의 F_1 식물은 보라색 꽃을 가졌던 것이다.

넷째, **분리의 법칙(law of segregation)**이라고 불리는 멘델의 모델 중 마지막 개념은 한 가지 유전적 특징에 대한 두 개의 대립유전자는 배우자 형성 중에 분리되어 다른 배우자로 들어간다는 것이다. 그리하여 난자 또는 정자는 체세포에 있는 두 가지 대립유전자 중

▶ **그림 14.4 대립유전자, 한 유전자의 다른 변이.** F_1 잡종 완두 식물에서 꽃 색깔 대립유전자의 DNA 염기서열을 갖는 한 쌍의 상동염색체를 보여준다. 부계로부터 물려받은 염색체(청색)는 보라색 꽃 대립유전자를 가지고 있는데 이것은 보라색 색소의 합성을 간접적으로 조절하는 효소를 생산한다. 모계로부터 물려받은 염색체(빨간색)는 흰색 꽃 대립유전자를 가지며 기능이 없는 단백질을 만든다.

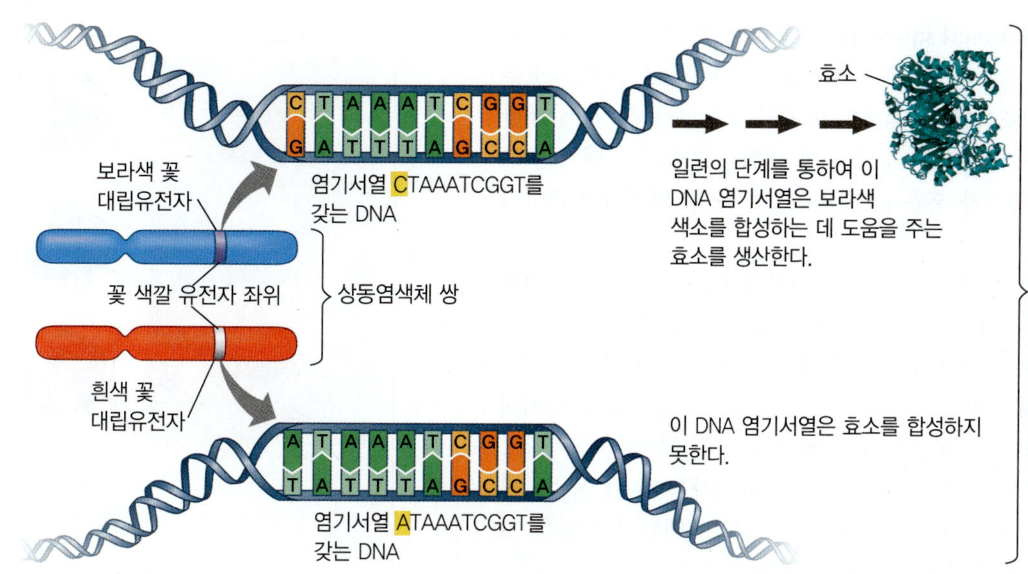

하나만 받는다. 염색체와 관련하여 설명하면, 이 분리는 감수분열 때 상동염색체가 다른 배우자로 들어가는 것과 일치한다(그림 13.7). 만약 어떤 생물체가 어떤 특징에 대해 동일한 대립유전자를 가지고 있다면, 다시 말해서 그 특징에 대하여 순종이라면, 그 대립유전자는 모든 배우자에 들어 있을 것이다. 그러나 F_1 잡종 식물처럼 다른 대립유전자가 존재하면, 50%의 배우자는 우성 대립유전자를 받을 것이고 나머지 50%는 열성 대립유전자를 받게 될 것이다.

멘델의 분리 모델은 수많은 교배의 F_2 세대에서 관찰한 3:1 비율을 설명해 주는가? 꽃 색깔 특징에 대해, 멘델의 모델은 F_1 개체에 있는 두 개의 다른 대립유전자가 배우자에서 분리되어 반은 보라색 꽃에 대한 대립유전자를 가지고 반은 흰색 꽃에 대한 대립유전자를 가지는 양상을 보일 것으로 예상한다. 자가수분 동안 각각의 배우자는 무작위로 결합을 하게 된다. 보라색 꽃에 대한 대립유전자를 가진 난자가 보라색 꽃에 대한 대립유전자를 가진 정세포나 흰색 꽃에 대한 대립유전자를 가진 정자에 의해 수정될 확률은 똑같다. 이것은 흰색 꽃에 대한 대립유전자를 가지고 있는 난자에서도 마찬가지이므로, 총 네 가지의 동일한 확률을 가진 조합이 된다. **그림 14.5**는 유전자 구성을 알고 있는 개체 간의 교배에서 나오는 자손의 대립유전자 구성을 예상하는 데 매우 유용한 도표

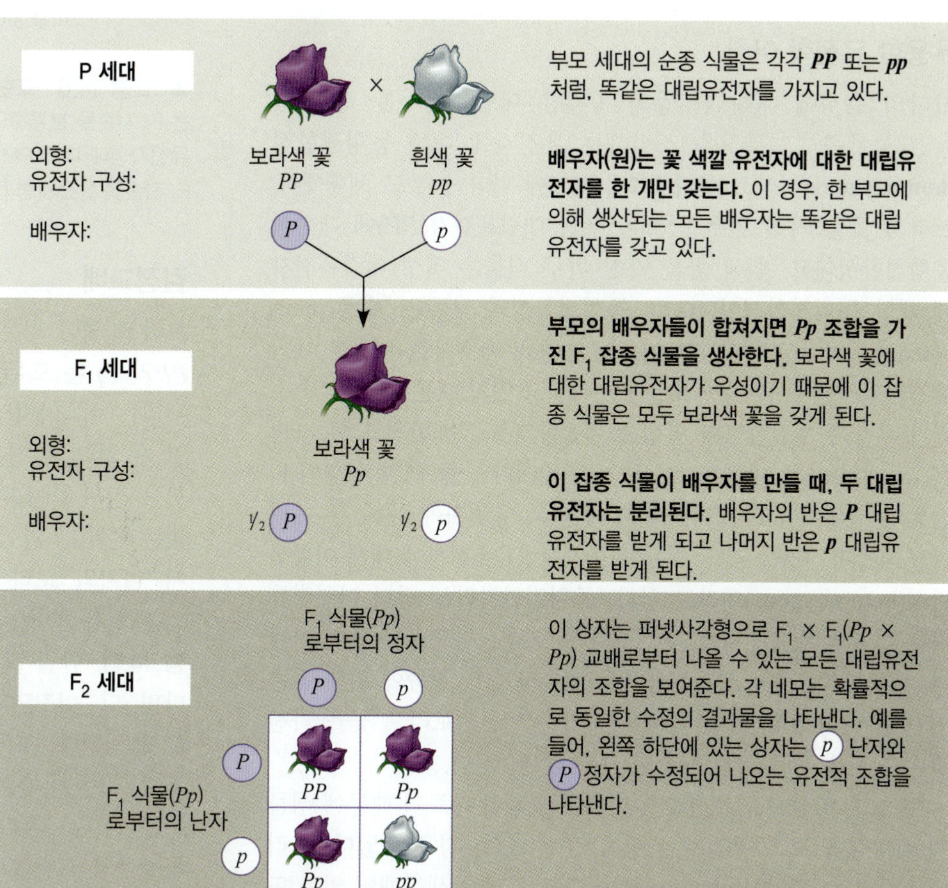

▲ **그림 14.5 멘델의 분리의 법칙.** 이 모식도는 그림 14.3에 있는 세대들의 유전적 구성을 보여준다. 그것은 하나의 유전자에 대한 대립유전자들의 유전을 설명한 멘델의 모델을 보여주고 있다. 각 식물은 꽃 색깔을 지정하는 유전자에 대해 각 부모로부터 물려받은 두 개의 대립유전자를 가지고 있다. F_2 세대 자손을 예상할 수 있는 퍼넷사각형을 그리기 위하여 한쪽 부모(이 경우, 암꽃)로부터 나올 수 있는 모든 배우자를 네모 밖의 한 면을 따라 나열하고, 다른 부모(이 경우, 수꽃)로부터 나올 수 있는 모든 배우자를 그 옆면을 따라 나열한다. 네모 안의 칸들은 수꽃과 암꽃 배우자 사이에서 생길 수 있는 모든 조합에 의해 나오는 자손들을 나타낸다.

인 **퍼넷사각형(Punnett square)**을 이용하여 이 조합을 보여준다. 우성 대립유전자는 대문자로 표시하고, 열성 대립유전자는 소문자를 사용하여 표시한다. 제시된 예에서, *P*는 보라색 꽃에 대한 대립유전자이며, *p*는 흰색 꽃에 대한 대립유전자이다. 때로는 그 유전자들을 *P* 유전자 혹은 *p* 유전자로 부를 수 있어서 편리하기도 하다.

F_2 자손의 꽃 색깔은 무엇일까? 4분의 1은 보라색 꽃에 대한 대립유전자를 두 개 물려받으며, 이 식물들은 보라색 꽃을 가질 것이다. F_2 자손 중 2분의 1은 한 개의 보라색 꽃에 대한 대립유전자와 한 개의 흰색 꽃에 대한 대립유전자를 물려받을 것이며 이 식물들 또한 우성 형질인 보라색 꽃을 가질 것이다. 마지막으로, F_2의 4분의 1은 흰색 꽃에 대한 대립유전자를 두 개 물려받아 열성 형질인 흰색을 나타낼 것이다. 그리하여 멘델의 모델은 그가 F_2 세대에서 관찰했던 형질의 3:1 비율을 설명해 준다.

유용한 유전학 어휘

하나의 특징에 대해 한 쌍의 똑같은 대립유전자를 갖고 있는 생물체를 그 특징을 조절하는 유전자에 대해 **동형접합성(homozygous)**이라고 한다. 그림 14.5에 나타난 부모 세대에서, 보라색 꽃을 가진 완두 식물은 우성 대립유전자(*PP*)에 대하여 동형접합성이고, 흰색 꽃을 가진 완두 식물은 열성 대립유전자에 대한 동형접합성이다(*pp*). 동형접합성의 식물은 "순종(pure-breeding)"이라고 한다. 그 이유는 순종의 배우자들은 같은 대립유전자만—예를 들어, *P* 또는 *p*—가지고 있기 때문이다. 만약 우리가 우성 동형접합자와 열성 동형접합자를 교배하면 모든 자손은 두 개의 다른 대립유전자를 가질 것이다—꽃 색깔 실험의 F_1 잡종의 경우처럼 *Pp*(그림 14.5). 하나의 유전자에 대해 두 개의 다른 대립유전자를 갖고 있는 생물체를 그 유전자에 대해 **이형접합성(heterozygous)**이라고 한다. 동형접합자와는 달리 이형접합자는 다른 대립유전자를 갖는 배우자를 생산하므로 순종이 아니다. 예를 들어, *P*나 *p*를 포함하는 배우자가 F_1 잡종에 의해 만들어진다. 따라서 F_1 잡종 식물을 자가수분하면 보라색 꽃을 가진 자손과 흰색 꽃을 가진 자손이 모두 만들어진다.

우성과 열성 대립유전자가 미치는 영향이 다르기 때문에 생물체의 형질을 보고 유전자 조성을 알 수 없는 경우가 있다. 그러므로 우리는 **표현형(phenotype)**이라고 부르는 생물체의 외관 또는 관찰되는 형질과, **유전자형(genotype)**이라 부르는 생물체의 유전자 구성을 구분하여 사용한다. 완두 식물의 꽃 색깔의 경우 *PP*와 *Pp* 식물의 표현형(보라색)은 모두 같지만 유전자형은 서로 다르다. 그림 14.6은 이 용어들을 다시 설명하고 있다. 여기서 표현형은 형태학적 모습과 직접적으로 관련된 형질뿐만 아니라 생리적 형질을 의미하기도 한다는 것에 주목하라. 예를 들어, 어떤 완두 식물은 자가수분을 할 수 있는 정상적인 형질이 결여되어 있다. 이러한 생리적인 변형(자가수분을 하지 못함)도 하나의 표현형이다.

▲ **그림 14.6 표현형 대 유전자형.** 꽃 색깔에 대한 교배 실험으로부터 나온 F_2 자손을 분류하면 표현형 비가 3:1이다. 그러나 보라색 꽃을 가진 식물은 유전자형에 대해 *PP*(동형접합성)와 *Pp*(이형접합성)의 두 종류로 나누어지며, F_2 자손의 유전자형 비는 1:2:1로 나온다.

검정교배

보라색 꽃이 피는 "미지의" 완두 식물이 있다고 하자. 유전자형 *PP*와 *Pp*는 모두 보라색 꽃을 갖기 때문에 꽃의 색깔만 가지고 우리는 이 "미지의" 식물이 동형접합(*PP*)인지 이형접합(*Pp*)인지 알 수 없다. 유전자형을 결정하기 위하여, 우리는 이 "미지의" 식물을 흰색 꽃이 피는 완두 식물(*pp*)과 교배할 수 있다. 흰색 꽃이 피는 완두는 열성 대립유전자(*p*)를 갖는 배우자만 만든다. 따라서 "미지의" 보라색 꽃이 피는 완두 식물에 의해 제공되는 배우자의 대립유전자가 이 교배에서 자손의 외형을 결정할 수 있다(그림 14.7). 만일 그 교배에서 나온 모든 자손이 보라색 꽃을 갖는다면, 그 "미지의" 식물은 동형의 우성 대립유전자만을 갖고 있음에 틀림없다. 그 이유는 *PP*×*pp*로부터 나오는 모든 자손은 *Pp*를 갖고 있기 때문이다. 그러나 만일 보라색과 흰색 꽃을 갖고 있는 자손이 나온다면 이형접합성일 것이다. *Pp*×*pp* 교배의 자손은 1:1의 표현형 비율을 나타낸다. 유전자형을 모르는 생물체와 열성의 동형접합자의 교배를 **검정교배(testcross)**라고 부른다. 그 이유는 검정교배를 통하여 생물체의 유전자형을 결정할 수 있기 때문이다. 검정교배는 멘델에 의해 고안된 것으로 현재까지 유전학자들에게 많이 이용되는 중요한 실험방법이다.

독립의 법칙

멘델은 꽃 색깔과 같은 한 가지 특징에 대한 교배 실험을 통해 분리의 법칙을 발견하였다. 순종인 부모의 교배 실험에서 생산된

▼ 그림 14.7 연구 방법

검정교배

적용 완두 식물의 보라색 꽃처럼 우성 형질을 나타내는 생물체는 우성 대립유전자에 대해 동형이거나 이형일 수 있다. 생물체의 유전자형을 결정하기 위하여 유전학자는 검정교배를 시행한다.

방법 검정교배에서 유전자형을 알지 못하는 개체를 열성 형질을 나타내는 동형 개체(이 경우 흰색 꽃)와 교배한다. 교배로부터 나온 자손의 표현형을 관찰하면 보라색 꽃을 가진 부모의 유전자형을 알 수 있다.

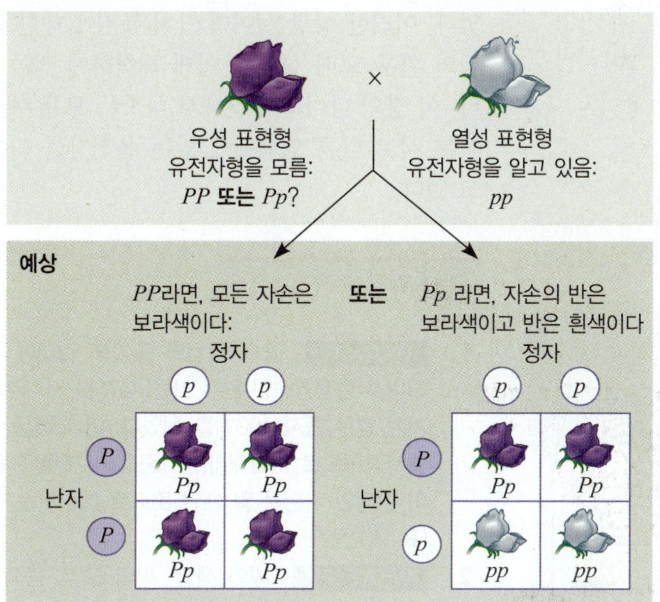

결과 두 가지 예상 중 어느 하나와 일치한다면 부모의 유전자형을 결정할 수 있다(*PP* 또는 *Pp*). 이 검정교배에서는 흰색 꽃이 피는 식물의 화분을 보라색 꽃이 피는 식물의 암술에 옮겨 놓았다. 반대의 교배를 해도 동일한 결과가 나올 것이다.

F_1 자손은 모두 **단성잡종(monohybrid)**으로 이것은 한 특징에 대해 이형접합자이다. 이러한 이형접합자 간의 교배를 **단성잡종 교배(monohybrid cross)**라고 부른다.

멘델은 씨의 색깔과 모양과 같은 두 개의 특징을 동시에 추적함으로써 두 번째의 유전 법칙을 발견하였다. 종자의 색깔은 황색 또는 녹색이며 모양은 둥글거나 주름져 있다. 단일 특징을 조사한 교배에서 멘델은 황색 씨에 대한 대립유전자가 우성(*Y*)이고 녹색 씨에 대한 대립유전자가 열성(*y*)이라는 것을 알았다. 씨의 모양에 대한 특징에서 둥근 모양에 대한 대립유전자가 우성(*R*)이고 주름진 모양에 대한 대립유전자가 열성(*r*)이다.

이 두 가지 특징에서 차이를 보이는 두 종류의 순종 완두 식물을 교배했다고 가정해 보자. 즉, 황색의 둥근 씨(*YYRR*)를 갖는 완두 식물과 녹색의 주름진 씨(*yyrr*)를 가진 완두 식물을 교배하였다. F_1 식물들은 **양성 잡종(dihybrid)**일 것이며 두 가지 특징에 대해 이형접합일 것이다(*YyRr*). 그러나 종자 색깔과 모양의 두 가지 특징은 부모에서 자손으로 한 묶음으로 전달되는가? 다시 말해서, *Y*와 *R* 대립유전자는 세대를 거듭해도 언제나 같이 붙어 있을 것인가? 아니면 종자 색깔과 모양은 독립적으로 유전되는가? **그림 14.8**은 **양성 잡종교배(dihybrid cross)**, 즉 F_1 양성 잡종 간의 교배 실험을 함으로써 이 두 가설 중 어느 것이 맞는가를 보여준다.

YyRr 유전자형을 갖는 F_1 식물은 어느 가설이 맞는지에 관계없이 양쪽의 우성 표현형, 즉 황색의 둥근 씨를 가질 것이다. 실험에서 중요한 단계는 F_1 식물을 자가수분시켜 F_2 자손을 생산했을 때 나타나는 결과를 살펴보는 것이다. 만약 잡종 식물들이 P 세대로부터 물려받았던 것과 같은 조합으로 대립유전자를 전달한다면, *YR*과 *yr*인 두 종류의 배우자만 만들어질 것이다. 이 가설은 F_2의 표현형 비가 단성 잡종교배의 경우처럼 3:1일 것이라고 예상한다(그림 14.8 왼쪽).

다른 가설은 두 종류의 대립유전자가 서로에 대해 독립적으로 분리된다는 것이다. 다시 말해서 한 배우자가 각 유전자에 대해 하나의 대립유전자를 갖는 한, 유전자는 가능한 모든 대립유전자 조합으로 배우자에 들어가게 된다(그림 13.11). 예를 들어, F_1 식물은 동일한 비율로 네 종류의 배우자, *YR*, *Yr*, *yR*, 그리고 *yr*를 생산한다. 네 종류의 정자와 네 종류의 난자가 수정되면 그림 14.8의 오른쪽 퍼넷사각형에 나타나듯이 F_2 세대에서 대립유전자들이 조합할 수 있는 경우의 수는 16(4×4) 종류일 것이다. 이 조합들은 네 종류의 표현형을 나타내며 그 비율은 9:3:3:1(9 황색이고 둥근: 3 녹색이며 둥근: 3 황색이고 주름진: 1 녹색이고 주름진 완두)이다. 멘델이 실험을 하여 F_2 자손을 '평가'(분류)했을 때, 결과는 예상했던 9:3:3:1 표현형 비에 가까웠다. 이것은 각 특징—종자 색깔 또는 종자 모양—은 다른 특징에 대해 독립적으로 유전된다는 가설을 뒷받침해 준다.

멘델이 완두의 일곱 가지 특징을 가지고 다양한 양성 잡종 조합으로 실험을 한 결과 항상 F_2 세대에서는 표현형 비가 9:3:3:1로 관찰되었다. 이것은 그림 14.5의 단성잡종 교배에서 보여준 3:1의 비율과 일관성이 있는가? 이 질문을 조사하기 위하여 두 개의 양성 특징 중 하나만 생각해 보자. 완두콩의 색깔을 살펴보면 416개의 노란색 완두와 140개의 녹색 완두, 즉 2.97:1, 대략 3:1로 나온다. 양성잡종 교배에서 완두콩 색 대립유전자는 단성잡종 교배처럼 분리된다. 멘델의 양성 잡종 실험 결과는 배우자 형성 시 한 쌍의 대립유전자는 다른 대립유전자 쌍과 관계없이 독립적으로 분리된다고 설명하는 **독립의 법칙(law of independent assortment)**의 기초가 된다.

이 법칙은 다른 염색체—즉, 비상동염색체—에 위치하는 유

▼ 그림 14.8 **탐구**

하나의 특징에 대한 대립유전자들이 배우자로 분리될 때 다른 특징에 대한 대립유전자들에 종속적으로 분리되는가 아니면 독립적으로 분리되는가?

실험 멘델은 씨의 색과 모양에 관한 특징을 F_2 세대까지 추적하였다. 그는 순종의 노랗고 둥근 완두 식물과 순종의 녹색이며 주름진 완두 식물을 교배하여, 양성잡종 F_1을 얻었다. F_1 양성 잡종을 자가수분시켜 F_2 세대를 얻었다. 두 개의 가설(종속 분리와 독립 분리)이 가능하며 그에 따른 표현형의 비율은 다르다.

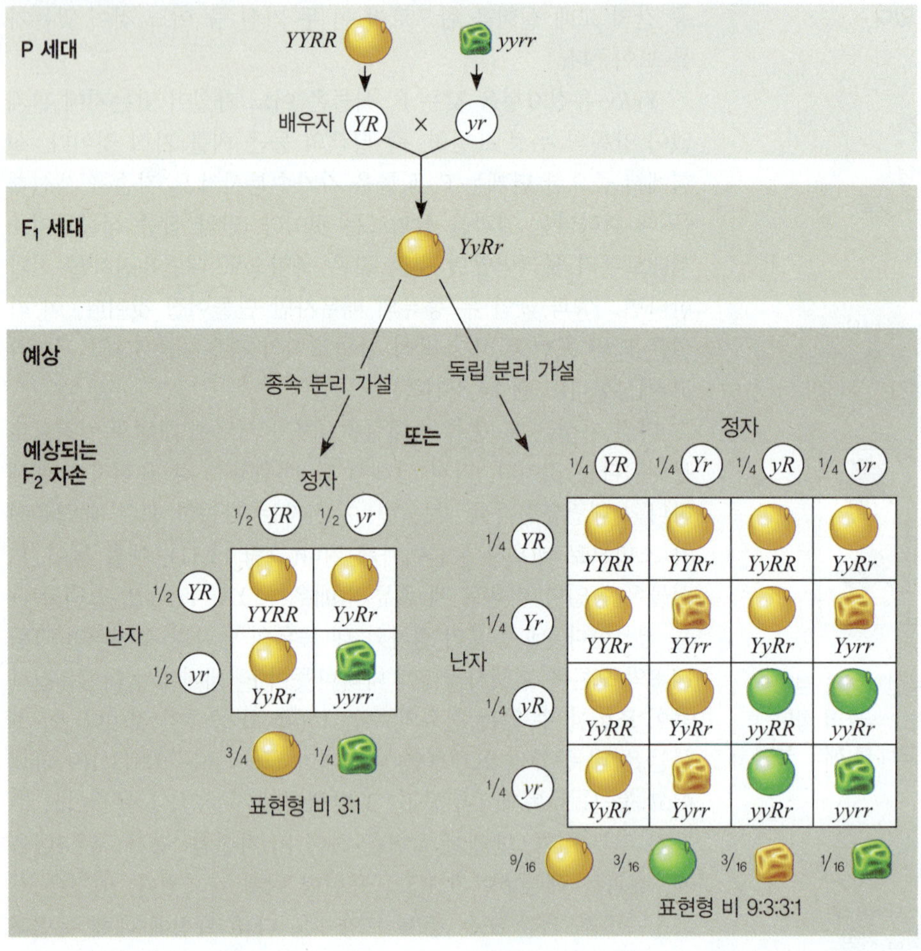

결과

결론 독립 분리의 가설만 관찰된 두 가지 표현형의 출현을 예상한다: 녹색의 둥근 씨와 노랗고 주름진 씨(오른쪽 퍼넷사각형). 씨의 색깔과 모양에 대한 대립유전자들은 각각 독립적으로 배우자 안으로 분리된다.

참고문헌 G. Mendel, Experiments in plant hybridization, *Proceedings of the Natural History of Brünn* 4:3–47 (1866).

WHAT IF? 멘델이 F_1의 화분을 두 유전자가 모두 열성 동형접합성인 식물의 암술에 수분시켰다고 가정하자. 교배를 나타내고 퍼넷사각형을 그려서 두 가설에 대한 자손들의 분리 비를 예상하라. 이 교배는 독립분리의 가설을 잘 뒷받침하는가?

전자(대립유전자 쌍)나 동일한 염색체에 위치하지만 아주 멀리 떨어진 유전자 대해서만 적용된다. (후자의 경우는, 함께 유전되는 경향이 있고, 더 복잡한 유전 양상을 보여주는 동일 염색체 상에 아주 가깝게 위치하는 두 유전자의 경우와 함께 15장에서 설명될 것이다.) 멘델이 연구한 모든 완두의 특징들은 모두 다른 염색체에 위치하는(또는 같은 염색체에 있지만 아주 멀리 떨어져 있는) 유전자에 의해 조절되었다. 이러한 상황은 여러 가지 특징에 대한 멘델의 완두 교배 실험을 쉽게 해석하게 만들었다. 이 장의 나머지 부분에서 나오는 모든 예에서는 서로 다른 염색체에 있는 유전자를 다루고 있다.

개념 확인 문제 14.1

1. **DRAW IT** 꽃의 위치와 줄기의 길이에 대하여 이형접합성인 완두 식물(*AaTt*)을 자가수분시켜 얻은 종자 400개를 심었다. 이 교배를 퍼넷사각형으로 나타내라. 이 중 길이가 짧고 꽃이 정생인 자손은 몇 개일 것으로 예상하는가? (표 14.1 참조)
2. **WHAT IF?** 씨의 색깔, 씨의 모양, 콩깍지의 모양(*YyRrIi*; 표 14.1)에 대해 이형접합성인 완두가 생산할 수 있는 모든 배우자를 열거하라. 삼성잡종을 자가수분시켜 나오는 자손을 예상하기 위해서 어떤 퍼넷사각형이 필요한가?
3. **MAKE CONNECTIONS** 일부 완두 식물의 교배에서 자가수분이 실시되었다. 개념 13.1을 다시 공부하고 자가수분이 무성생식인지 또는 유성생식인지 설명하라.

정답은 부록 A 참조

개념 14.2

확률의 법칙이 멘델의 유전 법칙을 지배한다

멘델의 분리의 법칙과 독립의 법칙에는 동전을 던지거나, 주사위를 굴리거나, 카드 한 벌에서 한 장을 꺼내는 경우와 동일한 확률의 법칙이 적용된다. 확률의 범위는 0에서 1까지이다. 확실하게 일어날 사건의 확률은 1이고 절대 일어나지 않을 사건의 확률은 0이다. 양쪽에 앞면이 그려진 동전을 던질 경우 앞면이 나올 확률은 1이며, 뒷면이 나올 확률은 0이다. 정상적인 동전의 경우 앞면이 나올 확률은 1/2이고 뒷면이 나올 확률은 1/2이다. 52개의 카드로 이루어진 카드 한 벌에서 스페이드 에이스를 뽑을 확률은 1/52이다. 가능한 모든 경우가 나올 확률을 합하면 1이 되어야 한다. 카드 한 벌을 생각했을 때 스페이드 무늬의 에이스가 아닌 다른 카드를 뽑을 확률은 51/52가 된다.

동전 던지기는 확률에 대한 중요한 가르침을 준다. 동전을 던질 때마다 앞면이 나올 확률은 1/2이다. 어느 특정 경우에 대한 결과는 그 전에 일어났던 결과와 관계없이 일어나게 된다. 이렇듯 동전을 던지는 경우와 같은 현상을 우리는 독립적인 사건이라고 한다. 동전을 던질 때마다, 그것이 차례대로 행해지든 동시에 여러 개를 던지든지 간에, 각각의 경우는 서로에 대해 독립적이다. 그리고 두 개의 다른 동전을 던지듯이 한 유전자의 대립유전자는 다른 유전자의 대립유전자와 독립적으로 배우자 내로 분리된다(독립의 법칙). 확률의 두 기본적인 규칙이 우리에게 단순한 단성 잡종교배나 그보다 더 복잡한 경우의 교배에서 이러한 배우자의 결합에 의해 나오는 결과를 예상하는 데 도움을 줄 수 있다.

단성 잡종교배에 적용된 곱셈 법칙과 덧셈 법칙

두 개 또는 그 이상의 독립적인 사건이 어떠한 특별한 조합으로 일어날 확률을 어떻게 결정하는가? 예를 들어, 동시에 던져진 두 개의 동전이 모두 앞면이 나올 확률은 어떻게 되는가? **곱셈 법칙(muliplication rule)**은 이러한 확률을 결정하기 위해, 한 사건이 일어날 확률(한 동전이 앞면이 나오는 것)과 나머지 사건이 일어날 확률(다른 동전도 앞면이 나오는 것)을 곱하면 된다는 것을 명시한다. 곱셈 법칙에 의해 두 동전 모두 앞면이 나올 확률은 1/2 × 1/2 = 1/4이다.

우리는 같은 방법을 F_1 단성 잡종교배에 적용시킬 수 있다. 완두 식물에서, 유전되는 특징을 종자의 모양이라고 하였을 때, F_1의 유전자형은 *Rr*이다. 잡종인 식물에서의 분리는 마치 동전을 던지는 것과 같은 경우이다. 각 난자가 우성 대립유전자(*R*)를 갖게 될 확률은 1/2이고 열성 대립유전자(*r*)를 가지게 될 확률은 1/2이다. 생산되는 정자에도 동일한 확률이 적용된다. 어느 한 F_2 식물이 열성 형질인 주름진 종자를 가질 확률을 계산하기 위해서는, 결합되는 정자와 난자 모두 열성 대립유전자 *r*을 가지고 있어야 한다. 수정될 때 두 배우자에 *r* 대립유전자가 모두 존재할 가능성은 1/2(난자가 *r* 대립유전자를 가지고 있을 확률) × 1/2(정자가 *r* 대립유전자를 가지고 있을 확률)이다. 그리하여 곱셈 법칙에 의해 F_2 식물이 주름진 종자(*rr*)를 가지게 될 확률은 1/4가 된다(그림 14.9). 마찬가지로 F_2 식물이 종자 모양에 대한 우성 대립유전자(*RR*)를 모두 갖고 있을 확률도 1/4이다.

단성 잡종교배에서 얻은 F_2 식물이 동형접합이 아니라 이형접합자일 가능성을 알기 위해서 우리는 두 번째 법칙을 사용해야

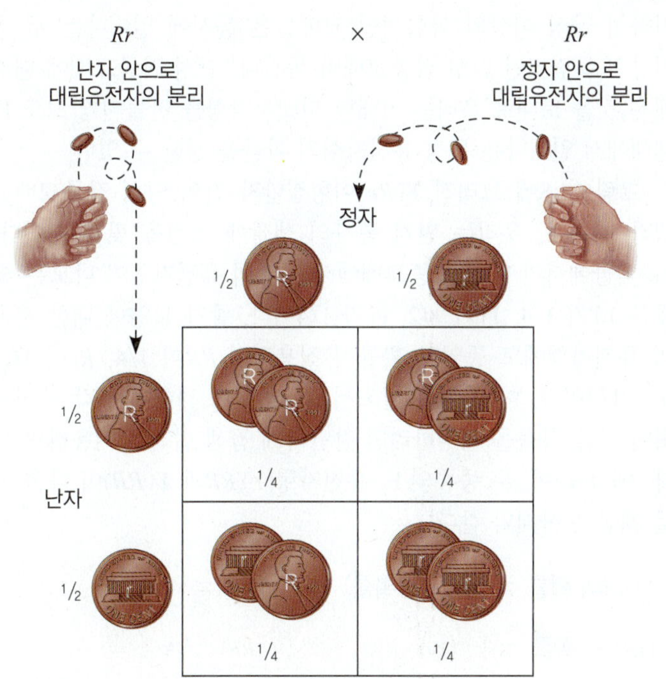

▲ **그림 14.9 확률로 본 대립유전자의 분리와 수정.** 이형접합자(*Rr*)가 배우자를 형성할 때 특정 배우자가 *R*이나 *r*을 갖는 것은 동전을 던지는 것과 같다. 난자와 정자가 특정 대립유전자를 가지고 있을 확률을 곱함으로써 우리는 두 이형접합자 간의 자손에서 어느 한 유전자형이 나올 확률을 결정할 수 있다(이 예에서는 *R*과 *r*이다).

한다. 그림 14.9에서 볼 수 있듯이, 우성 대립유전자는 난세포로부터 오고, 열성 대립유전자는 정세포로부터 올 수 있다. 또는 그 반대의 경우도 가능하다. 즉, F_1 배우자는 *Rr* 자손을 만들기 위해 두 가지 독립적이고 상호 배타적인 방법으로 결합할 수 있다. 어느 특정 F_2 이형접합자에 대하여 우성 대립유전자는 난세포나 정세포로부터 올 수 있으나 양쪽에서 동시에 받으면 안 된다. **덧셈 법칙(addition rule)**에 의하면 두 개 또는 그 이상의 상호배타적인 사건 중 하나가 일어날 확률은 각각의 확률을 더함으로써 구할 수 있다. 우리가 방금 살펴보았듯이 더하려고 하는 개별 확률들은 곱셈 법칙으로 구한다. F_2 이형접합자를 구할 수 있는 한 가지 가능한 방법, 즉 우성 대립유전자를 난자로부터 얻고 열성 대립유전자를 정자로부터 얻는 방법에 대한 확률은 1/4이다. 다른 가능한 방법, 즉 난자로부터 열성 대립유전자를 받고 정자로부터 우성대립유전자를 받을 확률도 역시 1/4이다(그림 14.9). 덧셈 법칙을 이용해서, 우리는 F_2 식물이 이형접합자일 확률이 1/4 + 1/4 = 1/2로 계산할 수 있다.

확률의 법칙을 이용하여 복잡한 유전 문제 풀기

확률의 법칙을 적용하면 여러 개의 특징을 포함하는 교배에서 나오는 결과를 예상할 수 있다. 배우자 형성 시 각 대립유전자 쌍은 독립적으로 분리된다는 사실을 되새겨 보자(독립의 법칙). 그

리하여 양성 이상의 복합적인 교배들은 동시에 일어나는 두 개 이상의 독립적인 단성 잡종교배와 똑같다. 단성 잡종교배에 대해 배운 것을 토대로 우리는 거대한 퍼넷사각형을 만들지 않고도 F_2 세대에서 일어나는 특정 유전자형의 확률을 정할 수 있다.

그림 14.8에 그려진 *YyRr* 이형접합자 간의 양성 잡종교배를 생각해 보자. 우리는 먼저 종자의 색깔에 초점을 맞출 것이다. *Yy* 식물에서의 단성 잡종교배에서 자손의 유전자형이 나오는 확률은 *YY*가 1/4, *Yy*가 1/2, *yy*가 1/4이다. 종자 모양에 대한 자손의 유전자형에도 동일한 확률이 적용되어 *RR*이 1/4, *Rr*이 1/2, *rr*이 1/4이다. 이 확률을 알고서, 우리는 F_2 세대에서 각 유전자형이 나올 확률을 결정하려면 간단하게 곱셈 법칙을 이용하면 된다. 예를 들어, 두 종류의 F_2 유전자형(*YYRR*과 *YyRR*)이 나올 확률 계산은 아래와 같다:

*YYRR*의 확률 = ¼ (*YY*의 확률) × ¼ (*RR*) = 1/16

*YyRR*의 확률 = ½ (*Yy*) × ¼ (*RR*) = ⅛

YYRR 유전자형은 그림 14.8의 오른편에 있는 퍼넷사각형의 좌측 상단의 상자와 일치한다(한 개의 상자 = 1/16). 그림 14.8의 더 큰 퍼넷사각형을 자세히 살펴보면 16개 상자 중에서 2개(1/8)가 *YyRR* 유전자형과 일치한다.

멘델 유전학에서 훨씬 더 복잡한 문제를 풀기 위해 곱셈 법칙과 덧셈 법칙을 어떻게 조합할 수 있는지 살펴보자. 예를 들어, 세 개의 특징을 추적하기 위한 두 종류의 완두 식물 사이의 교배를 상상해 보자. 한 종류는 보라색 꽃과 황색의 둥근 종자를 가진 삼성잡종(trihybrid)으로써 세 유전자에 대해 모두 이형접합성이고, 다른 종류는 보라색 꽃과 녹색의 주름진 종자를 가진 식물로써 꽃의 색깔에 대해 이형접합성이지만 나머지 두 특징에 대해 동형접합성 열성이다. 멘델의 기호를 사용하면, 우리는 *PpYyRr* × *Ppyyrr*의 교배를 하는 것이다. 세 개의 특징 중에서 최소한 두 개에 대해 열성 표현형을 나타낼 자손의 비율은 어떻게 될 것으로 예상되는가?

이 문제에 대한 정답을 구하기 위해 우리는 문제에 맞는 조건을 만족시키는 유전자형들을 생각해 보면 된다: *ppyyRr*, *ppYyrr*, *Ppyyrr*, *PPyyrr*, 그리고 *ppyyrr*. (조건이 최소한 두 개의 열성 형질이기 때문에, 마지막에 세 형질이 모두 열성으로 나타나는 경우도 포함된다.) 다음으로, 양성 잡종교배의 예에서 그랬듯이 우리는 대립유전자 쌍에 대한 각각의 확률을 곱해서 *PpYyRr*×*Ppyyrr* 교배에서 나오는 유전자형의 확률을 계산할 수 있다. 이형접합자와 동형접합자가 교배되는 경우(예를 들어, *Yy*×*yy*) 이형 자손이 나올 확률은 1/2이고 동형 자손이 나올 확률은 1/2이다. 마지막으로, 우리는 덧셈 법칙을 사용해서 아래와 같이 최소한 두 개의 열성 형질이라는 조건을 만족시키는 모든 다른 유전자형에 대한 확률을 더한다.

ppyyRr	¼ (*pp*가 나올 확률) × ½ (*yy*) × ½ (*Rr*)	= 1/16
ppYyrr	¼ × ½ × ½	= 1/16
Ppyyrr	½ × ½ × ½	= 2/16
PPyyrr	¼ × ½ × ½	= 1/16
ppyyrr	¼ × ½ × ½	= 1/16
최소한 두 개의 열성 형질이 나타날 확률		= 6/16 또는 3/8

시간을 생각한다면 퍼넷사각형을 채워서 하는 것보다 확률의 법칙을 사용하여 유전 문제를 푸는 것이 훨씬 빠를 것이다.

교배 결과 나올 각 유전자형들의 정확한 숫자를 확실하게 예상할 수는 없다. 그러나 확률 법칙은 우리에게 다양한 결과가 일어날 수 있는 확률을 알려준다. 보통, 표본 크기가 클수록, 결과는 우리의 예상에 더 근접한다. 멘델이 그의 교배에서 수많은 자손을 일일이 세어본 이유는 그가 이러한 통계적 특징을 이해하였고 확률의 법칙에 대한 예리한 감각이 있었기 때문이다.

개념 확인 문제 14.2

1. 우성 대립유전자 *A*와 열성 대립유전자 *a*를 갖고 있는 어떤 유전자에 대해, *AA* × *Aa* 교배에서 나오는 자손 중 우성 동형접합자, 열성 동형접합자, 우성 이형접합자의 비율은 어떻게 될까?
2. 유전자형 *BbDD*를 가진 생물체와 유전자형 *BBDd*를 가진 생물체를 교배하였다. *B/b* 유전자와 *D/d* 유전자가 독립적으로 분리된다고 가정했을 때, 이 교배에서 나올 수 있는 자손의 유전자형을 모두 쓰고 확률의 법칙을 이용하여 각 유전자형이 나타날 확률을 계산하라.
3. **WHAT IF?** 세 개의 특징(꽃의 색깔, 종자의 색깔, 종자의 모양)을 염두에 두고 두 개의 완두 식물(*PpYyIi* × *ppYyii*)을 교배시킨다고 가정하자. 세 개의 특징 중에서 최소한 두 개에 대해 열성 동형접합자인 자손의 비율은 어떻게 될 것으로 예상되는가?

정답은 부록 A 참조

개념 14.3

유전 양상은 멘델이 제시한 단순한 유전 법칙보다 더 복잡하다

20세기에 들어와 유전학자들은 다양한 생물체에서뿐만 아니라 멘델이 설명하였던 것보다 훨씬 더 복잡한 유전 양상에 대해서도 멘델의 유전 법칙을 확대하였다. 멘델이 발견한 두 유전 법칙에 대한 연구에서, 그는 상대적으로 단순한 유전 체계를 가진 완두 식물을 선택하였다: 모든 특징은 한 개의 유전자에 의해 결정되고, 이 유전자에 대한 대립유전자는 두 개뿐이며, 그 중 하나가 다른 하나에 대해 완전 우성이다. (한 가지 예외가 있는데 멘델의 완두콩깍지 모양은 실제 두 유전자에 의해 결정된다.) 모든 유전적 특징이 그렇게 간단히 결정되는 것은 아니며, 유전자형과 표현형 사이의 관계는 대부분 그렇게 단순하지가 않다. 멘델 본인도 다른 식물종의 교배나 완두 식물 교배 실험에서 관찰되었던 보다 복잡한 양상에 대해 설명할 수 없다는 것을 깨달았다. 그러나 이것은 멘델의 법칙(Mendelism)이라고도 불리는 멘델 유전학의 중요성을 줄이지는 않는데, 그 이유는 분리 법칙과 독립 법칙의 기본적인 원리들이 더 복잡한 유전 양상에서도 적용되기 때문이다. 이 절에서는 멘델에 의해 보고되지 않았던 유전 양상에 멘델의 유전학설을 확대해 볼 것이다.

한 개의 단일 유전자에 대한 멘델 유전학의 확장

한 개의 단일 유전자에 의해 결정되는 특징들의 유전이 멘델의 유전 양상에서 벗어나는 경우는 (1) 대립유전자가 완전 우성이거나 열성이 아닐 때, (2) 특정 유전자가 두 개 이상의 대립유전자를 가지고 있을 때, 또는 (3) 한 개의 단일 유전자가 여러 개의 표현형을 발현할 때이다. 이 절에서는 각각의 이런 상황에 관한 예들을 설명하겠다.

우성의 정도

대립유전자는 서로에 대해 정도가 다른 우성과 열성을 나타낼 수 있다. 멘델의 완두 교배 실험에서, 쌍으로 존재하는 대립유전자 중 하나의 대립유전자가 다른 대립유전자에 대해 **완전 우성(complete dominance)**을 나타내기 때문에 F_1 자손은 항상 부모 중의 하나를 닮았다. 그러한 상황에서 이형접합자와 우성 동형접합자의 표현형은 구분할 수 없다.

그러나 일부 유전자는 대립 유전자 중 어느 것도 완전 우성이 아닌 경우가 있고, F_1 표현형은 부모 형질의 중간 형질을 갖는다. **불완전 우성(incomplete dominance)**이라고 부르는 이 현상은 붉은색 금어초와 흰색 금어초를 교배했을 때 나타난다. F_1 잡종들은 모두 분홍색 꽃을 갖는다**(그림 14.10)**. 이러한 제3의 중간 표현형은 이형접합자의 꽃이 붉은색 동형접합자보다 붉은색 색소를 적게 가지고 있기 때문이다(이것은 *Pp* 이형접합자들도 보라색 색소를 충분히 생산하여 *PP* 식물과 구분이 되지 않는 멘델의 완두 식물과는 다르다).

얼핏 보면, 대립유전자 사이의 불완전 우성은 분홍색 잡종으로부터 붉은색 또는 흰색 형질을 절대 되찾을 수 없다고 주장하는 혼합설에 대한 증거를 제시하는 것처럼 보인다. 사실 F_1 잡종끼리 교배하면 붉은색:분홍색:흰색의 표현형 비가 1:2:1로 나타나는 F_2 자손을 낳는다. (이형접합체가 다른 표현형을 가지기 때문에 F_2 세대에서의 유전자형의 비율과 표현형의 비율은 1:2:1로 동일하다.) 분홍색 식물에 의해 만들어지는 배우자에서 붉은색 대립유전자와 흰색 대립유전자가 분리된다는 사실은 꽃 색깔에 대한 대립유전자가 잡종에서 자신의 본질을 간직하는 유전인자라는 점을 확인해 준다. 다시 말해서 유전은 입자(particulate)에 의해 이루어진다.

대립유전자 사이의 우성 관계에 예외가 되는 또 다른 예는 **공동 우성(codominance)**이다. 이 경우, 두 개의 대립유전자는 분리되고 구분되는 방식으로 각각 표현형에 영향을 미친다. 예를 들어, 인간의 MN 혈액형은 적혈구 표면에 존재하는 특수 분자, *M*과 *N* 분자를 암호화하는 공동우성 대립유전자에 의해 결정된다. 두 개의 대립유전자가 존재하는 하나의 단일유전자가 이 혈액형의 표현형을 결정한다. *M* 대립유전자에 대해 동형접합성인 사람(*MM*)은 *M* 분자만을 갖는 적혈구를 가지고, *N* 대립유전자에 대해 동형접합성인 사람(*NN*)은 *N* 분자만을 갖는 적혈구를 갖고 있다. 그러나 *M*과 *N* 대립유전자에 대해 이형접합성인 사람(*MN*)은 적혈구상에 M과 N 분자를 둘 다 가지고 있다. MN 표현형은 M과 N 표현형의 중간이 아니라는 점을 주의하자. 이것은 공동우성을 불완전우성과 구분하게 만든다. 오히려 두 분자가 모두 존재하기 때문에 이형접합자에서는 M과 N 표현형이 둘 다 표현된다.

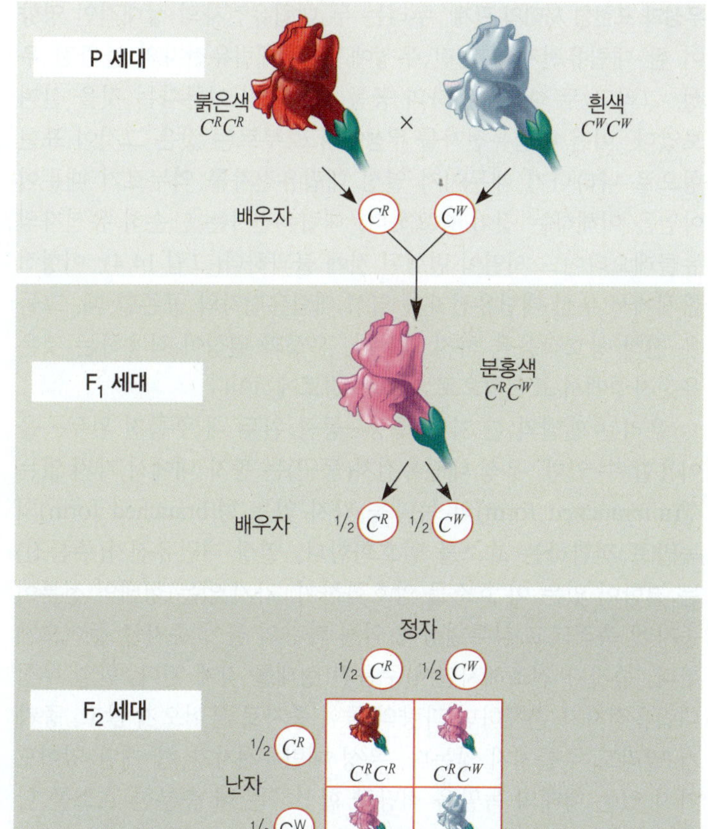

▲ **그림 14.10 금어초의 불완전 우성.** 붉은색 금어초와 흰색 금어초를 교배하면 F_1 잡종은 분홍색 꽃을 갖는다. F_1 식물의 배우자로 대립유전자가 분리되어, F_2 세대에서 유전자형과 표현형의 비는 모두 1:2:1로 나타난다. 위 첨자를 갖고 있는 알파벳 *C*는 꽃 색깔에 대한 대립유전자를 나타내준다: C^R은 붉은색, C^W는 흰색 대립유전자이다.

? 학급 친구가 이 그림이 유전에 대한 혼합 가설을 지지하고 있음을 주장한다고 가정하자. 친구는 무슨 말로 혼합설을 주장할까? 여러분은 어떻게 반박하겠는가?

우성과 표현형 사이의 관계 우리는 두 대립유전자의 상대적인 영향이 한 대립유전자의 완전 우성에서 두 대립유전자의 불완전 우성, 그리고 두 대립유전자의 공동 우성까지 이른다는 것을 살펴보았다. 어떤 대립유전자를 **우성**이라고 부르는 것은 그것이 표현형으로 나타나기 때문이지 열성 대립유전자를 억누르기 때문이 아님을 이해하는 것이 중요하다. 대립유전자는 단순히 유전자의 뉴클레오타이드 서열이 변형된 것에 불과하다(그림 14.4). 이형접합체에서 우성 대립유전자가 열성 대립유전자와 공존할 때, 그들은 전혀 상호작용을 하지 않는다. 우성과 열성이 작용하는 것은 유전자형에서 표현형으로 이르는 경로에서이다.

우리는 멘델의 한 가지 특징—둥근 완두 대 주름진 완두—을 이용할 수 있다. 우성 대립유전자(둥근)는 종자 내에서 가지 없는 형(unbranched form)의 녹말을 가지 있는 형(branched form)의 녹말로 전환하는 효소를 암호화한다. 열성 대립유전자(주름진)는 결함이 있는 이 효소를 암호화하여, 가지 없는 형태의 전분이 종자에 축적되고 삼투현상에 의해 과량의 물이 종자로 들어오게 한다. 종자가 건조해지면서 주름진 형태를 갖게 된다. 만일 우성 대립유전자가 존재하면 과량의 물이 종자로 들어오지 않고, 종자가 말라도 주름지지 않는다. 우성 대립유전자가 한 개만 있어도 가지 있는 형태의 녹말을 적당량 합성하는 데 충분한 효소를 합성하므로 우성 동형접합체와 이형접합체는 표현형이 같은 둥근 종자가 된다.

우성과 표현형의 관계를 자세히 살펴보면 흥미로운 사실을 알 수 있다. 즉, 어떤 특징에 대하여 대립유전자에서 관찰되는 우성/열성의 정도는 우리가 표현형을 살펴보는 수준에 따라 달라진다. 인간의 유전병인 **테이-삭스(Tay-Sachs)**가 하나의 예가 된다. 테이-삭스 유전병을 갖고 있는 아기의 뇌세포는 결정적인 효소가 제대로 작동하지 않기 때문에 특정 지질을 대사하지 못한다. 이 지질이 뇌세포에 축적되면서 유아는 경련, 시력상실, 그리고 운동, 지적 능력의 퇴화를 겪게 된다. 이 질환에 걸린 아이는 출생 후 수 년 이내에 사망한다.

테이-삭스 대립유전자를 둘 다 물려받은 아이(동형접합체)만이 질환에 걸린다. 따라서 개체 수준에서 테이-삭스 대립유전자는 열성으로 분류된다. 그러나 이형접합체의 지질대사효소의 활성 수준은 정상 대립유전자를 둘 다 갖고 있는 개인과 테이-삭스 유전병을 앓는 개인의 중간이다. 이처럼 생화학적 수준에서 관찰되는 중간적인 표현형은 불완전 우성의 특성을 보여준다. 다행히 이형접합자의 상태는 유전병 증상으로 이어지지 않는데, 그 이유는 50% 존재하는 정상적인 효소의 활성도가 뇌에서의 지질 축적을 방지하기에 충분하기 때문이다. 또 다른 수준에서 확대 분석해 보면, 이형접합자인 개인은 정상적인 효소와 비정상적인 효소를 동일한 수로 생산한다. 그리하여 분자적 수준에서는 정상적인 대립유전자와 테이-삭스 대립유전자가 공동 우성이다. 이와 같이 대립유전자들이 서로에 대하여 완전 우성인지, 불완전 우성인지, 또는 공동 우성인지의 여부는 표현형을 분석하는 수준에 따라 다르다.

우성 대립유전자의 빈도 우리는 어떤 특징에 대해 우성 대립유전자가 열성 대립유전자보다 집단 내에 더 많이 있을 것이라고 예상할 수 있지만 반드시 그렇지는 않다. 예를 들어, 미국에서 400명 중 한 명의 아이가 여분의 손가락이나 발가락을 갖는 다지증으로 태어난다. 어떤 경우에는 우성 대립유전자에 의해 발생하기도 한다. 다지증의 빈도가 낮은 것은 정상적으로 5개의 부속지를 갖게 하는 열성 대립유전자가 우성 대립유전자보다 그 집단에 훨씬 많다는 것을 시사한다. 23장에서 우리는 집단 내에서 대립유전자의 상대적인 빈도가 자연선택에 의해 어떻게 영향을 받는지 배울 것이다.

복대립유전자

멘델이 연구한 완두 식물의 여러 특징에 대해서는 두 개의 대립유전자만이 존재한다. 그러나 대부분의 유전자에는 두 개 이상의 대립유전자가 존재한다. 예를 들어, 인간의 ABO 혈액형은 한 유전자에 대한 세 가지 대립 유전자 I^A, I^B, i에 의해 결정된다. 사람의 ABO 혈액형은 A, B, AB, 또는 O형의 네 가지 표현형 중 하나이다. 이 글자들은 적혈구의 표면에서 발견되는 두 개의 탄수화물—A와 B—을 나타낸다. **그림 14.11**에 나와 있듯이 사람의 적혈구는 탄수화물 A를 가지거나(혈액형 A), 탄수화물 B를 가지거나(혈액형 B), 둘 다 가지거나(혈액형 AB), 둘 다 가지고 있지 않을 수 있다(혈액형 O). 수혈이 가능한 혈액형을 맞추는 것

(a) **ABO식 혈액형의 세 가지 대립유전자와 탄수화물.** 각 대립유전자는 적혈구에 있는 특정 탄수화물을 합성하는 효소를 암호화한다(탄수화물은 대립유전자에 위 첨자로 표시되었고, 삼각형 또는 원으로 나타냈다).

대립유전자	I^A	I^B	i
탄수화물	A △	B ○	없음

(b) **혈액형 유전자형과 표현형.** 여섯 가지의 유전자형이 가능하며, 그 결과 네 가지 서로 다른 표현형이 형성된다.

유전자형	I^AI^A 또는 I^Ai	I^BI^B or I^Bi	I^AI^B	ii
적혈구				
표현형(혈액형)	A	B	AB	O

▲ **그림 14.11 복대립유전자에 의한 ABO 혈액형의 결정.** 세 가지의 대립유전자 조합에 의해 네 가지 혈액형이 표현된다.

? (b)에 있는 표면 탄수화물의 표현형에 근거하면, 대립유전자 간의 우열관계는 어떻게 되는가?

은 안전한 수혈을 위해 중요하다(47장).

다면발현

지금까지 우리는 하나의 유전자가 한 개의 표현형에 영향을 미치는 것처럼 멘델 유전을 다루었다. 그러나 대부분의 유전자는 여러 개의 표현형에 복합적으로 영향을 미치는데 이것을 **다면발현(pleiotropy)**이라고 한다. 이 용어는 '더'라는 뜻의 그리스어 *pleion*에서 유래되었다. 예를 들어, 사람의 유전 질환인 낭성섬유증이나 낫모양적혈구빈혈증은 복합적인 이상 증세를 나타내는데 이것은 다면발현 대립유전자에 의하여 생긴다. 이것은 이 장의 후반부에서 다루고 있다. 완두콩의 꽃 색깔을 결정하는 유전자는 종자 껍질의 색깔에도 영향을 줄 수 있는데 회색 또는 흰색일 수 있다. 생물체의 발생과 생리현상을 일으키는 복잡한 분자적, 세포적 상호작용을 고려해 볼 때, 하나의 유전자가 여러 개의 특징에 영향을 줄 수 있다는 것은 놀라운 사실이 아니다.

두 개 이상의 유전자에 대한 멘델 유전학의 확장

우성 관계, 복대립유전자, 다면발현은 모두 하나의 유전자에 대한 대립유전자의 영향과 관련되어 있다. 이제 우리는 두 개 이상의 유전자가 하나의 특정 표현형을 결정하는 데 관여하는 두 경우를 살펴볼 것이다: 하나의 유전자가 다른 유전자의 표현형에 영향을 미치는 상위, 여러 유전자가 독립적으로 하나의 형질에 영향을 미치는 다인자 유전.

상위

상위(epistasis; 그리스어로 "밟고 올라선")에서는 하나의 유전자가 다른 유전자의 표현형을 바꾼다. 이 개념을 명백하게 설명해 줄 유전자 하나를 살펴보자. 개의 일종인 래브라도 리트리버(보통 "랩"이라고 부름)에서 검은색 털은 갈색 털에 대해 우성이다. 이 특징에 대한 두 대립유전자를 *B*와 *b*로 표시해 보자. 랩이 갈색 털을 갖기 위해서는 유전자형이 *bb*이어야 한다. 그러나 사실 더 복잡하다. 두 번째 유전자가 털에 색소가 침착될 것인지를 결정한다. *E*로 상징되는 우성 대립유전자는 첫 번째 유전자의 형태에 따라 검은색 또는 갈색 색소를 침착시킨다. 그러나 만일 랩이 두 번째 유전자에 대해 동형 열성(*ee*)이면, 검은색/갈색의 유전자형과 관계없이 털은 노란색이다. 이 경우, 색소 침착에 대한 유전자(*E*/*e*)는 검은색 또는 갈색 색소(*B*/*b*)를 암호화하는 유전자에 대해 상위라고 일컬어진다.

두 유전자에 대해 모두 이형접합성(*BbEe*)인 두 검은색 랩을 교배하면 어떻게 될까? 비록 두 유전자 모두 같은 표현형(털 색깔)을 지정하지만, 여기에는 독립의 법칙이 적용된다. 즉, 이 교배 실험은 멘델의 실험에서 9:3:3:1의 비율이 나왔던 F_1 양성 잡종에 해당한다. 우리는 퍼넷사각형을 사용하여 F_2 자손의 유전자형을 나타낼 수 있다(**그림 14.12**). 상위의 결과로, F_2 자손의 표현형 비는 검은색:갈색:노란색이 9:3:4이다. 상위작용의 유형에 따라 비율이 다르지만 이들은 모두 9:3:3:1의 변형된 종류이다.

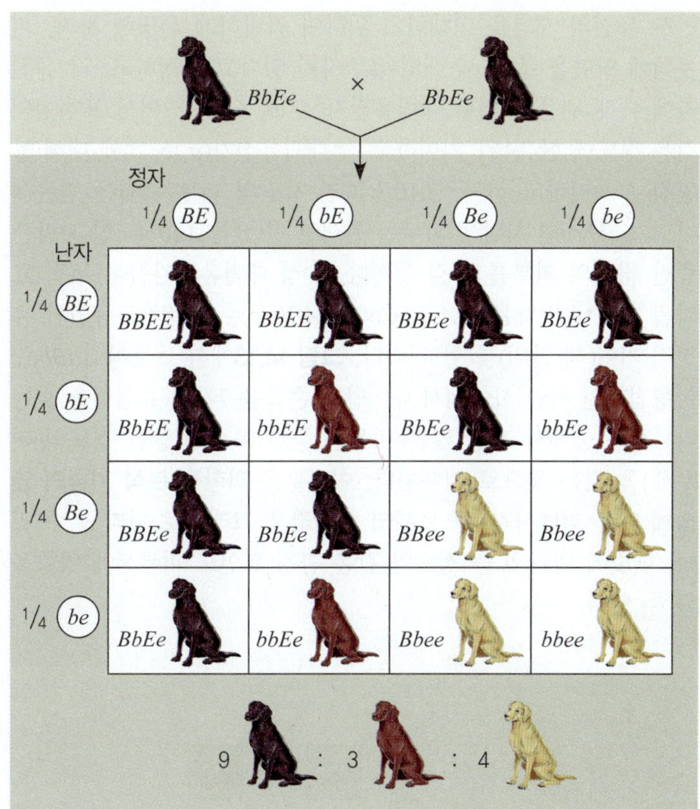

▲ **그림 14.12 상위의 예.** 퍼넷사각형은 유전자형 *BbEe*를 갖고 있는 두 검은색 랩들 사이에서 태어난 자손들의 예상 유전자형과 표현형을 보여준다. *B*/*b* 유전자에 대해 상위 유전자인 *E*/*e* 유전자는 색소의 종류에 관계없이 털에 색소가 침착될지의 여부를 결정한다.

? 이 교배에서 볼 수 있는 표현형의 비(9:3:4)와 그림 14.8에 있는 표현형의 비의 차이에 대한 유전학적 기초를 설명하라.

다인자 유전

멘델은 보라색 꽃 대 흰색 꽃과 같이 명확히 구분될 수 있는 특징들을 연구하였다. 그러나 인간의 피부색이나 키와 같이 많은 특징들에 대해서는 상호배타적인 분류를 하는 것이 불가능하다. 그 이유는 많은 특징들이 연속적으로 다양하기 때문이다. 이러한 것들을 **양적 특징(quantitative character)**이라 부른다. 양적 변이는 보통 **다인자 유전(polygenic inheritance)**임을 암시하는데, 다인자 유전은 하나의 표현형 특징에 대하여 두 개 이상의 유전자가 누적적으로 영향을 미치는 경우이다. (이는 하나의 유전자가 여러 개의 표현형 특징에 작용하는 다면발현과 반대라고 할 수 있다.) 키는 다인자 유전의 좋은 예시이다. 유전체 방법을 이용한 최근 연구에서 적어도 180개의 유전자가 키에 영향을 미친다고 밝혀졌다.

인간의 피부색도 여러 개의 다른 유전자에 의해 조절된다. 다인자 유전의 개념을 이해하기 위하여 간단하게 설명해 보자. 피부색에 영향을 주는 세 개의 유전자가 있다고 가정하고, 각 유전자에 대해 검은색 피부 대립유전자(*A*, *B*, *C*)가 있어서 표현형의 검은 정도에 한 '단위' 기여하고 각 대립유전자(*a*, *b*, *c*)에 대해 불완전 우성이라고 하자. *AABBCC*인 사람의 피부는 짙은 검은색이고, *aabbcc*인 사람의 피부는 흰색일 것이다. *AaBbCc*인 사람은 중간 밝기의 피부를 가질 것이다. 우성 대립유전자들이 누적 효과를 나타내기 때문에 *AaBbCc*와 *AABbcc*는 피부색에 동일한 유전적 기여(세 단위)를 할 것이다. **그림 14.13**에서 보듯이 *AaBbCc* 이형접합인 사람 사이에서 태어난 자손들은 7가지 표현형을 갖는다. 자손 중에서 가장 많은 비율은 중간 표현형(중간 정도의 피부색)을 갖는 것으로 기대된다. 여러분은 **과학적 분석 기술의 연습**에 있는 퍼넷사각형으로부터 예상값을 그래프로 나타낼 수 있다. 햇빛에 대한 노출 정도와 같은 환경 요인도 피부색에 영향을 줄 수 있다.

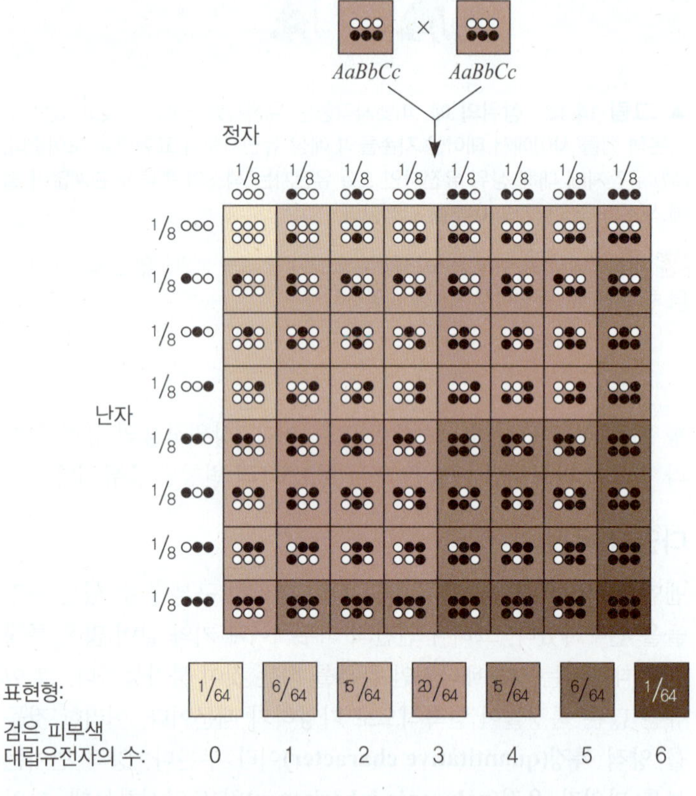

▲ **그림 14.13 피부색의 다인자 유전에 대한 단순화된 모델.** 이 모델에 의하면 세 개의 다른 유전자가 피부색을 결정한다. 두 개의 네모로 나타낸 이형접합자인 개인들(*AaBbCc*)은 검은 피부색에 대한 대립유전자 세 개(*A*, *B*, *C*로 나타낸 검은 원)와 밝은 피부색(*a*, *b*, *c*로 나타낸 하얀 원)에 대한 대립유전자 세 개를 가지고 있다. 이 이형접합자들 사이에서 교배가 이루어졌을 때 각 배우자의 모든 가능한 유전자형과 태어나는 자손에서 나타날 수 있는 유전자 조합이 퍼넷사각형에 나타나 있다. 결과는 퍼넷사각형 아래에 표현형의 비로 요약되어 있다. 박스에서 보여주는 피부색의 표현형 비는 1:6:15:20:15:6:1이다.

▲ **그림 14.14 표현형에 대한 환경의 영향.** 하나의 유전자형이 발현되는 환경에 따라 표현형의 범위가 결정된다. 같은 유전자형을 갖는 수국이라도 토양의 산성도와 유리 알루미늄의 양에 따라 꽃 색깔이 달라진다. 꽃색의 범위는 분홍색(염기성 토양)에서 청자색(산성 토양)까지 다양하며, 토양에 자유 알루미늄이 있으면 좀더 파란 꽃 색을 나타낸다.

본성과 양육: 표현형에 대한 환경의 영향

단순한 멘델 유전학에서 벗어나는 또 다른 현상은, 어떤 특징에 대한 표현형이 유전자형뿐만 아니라 환경의 영향을 받을 때 발생한다. 물려받은 유전자형이 같은 한 그루의 나무라도, 바람과 햇빛에의 노출 정도에 따라 크기, 모양, 그리고 푸른 정도가 다른 잎을 갖게 된다. 사람의 영양 상태는 키를 좌우하고, 운동은 몸매를 바꾸고, 피부를 태우면 피부가 검게 되며, 경험은 지능 시험에서의 성적을 향상시킨다. 유전적으로 똑같은 쌍둥이도 각각 경험을 달리하면 표현형의 차이가 생기게 된다.

인간의 특성들이 유전자와 환경—본성과 양육—중 어느 것에 의해 더 영향을 받는지는 매우 오래되고 뜨거운 논쟁거리이므로 여기에서 다루지 않겠다. 그러나 일반적으로 특정 표현형이 하나의 유전자형에 의해 전적으로 결정되는 것이 아니고, 환경의 영향을 받아 어떤 범위에서 다양하게 나타난다. 이러한 표현형의 범위를 유전자형에 대한 표현형 표준 범위(norm of reaction)라고 한다(**그림 14.14**). ABO 혈액형과 같은 어떤 형질들의 표현형 표준범위는 그 폭이 전혀 없다. 다시 말해서, 주어진 유전자형은 매우 특정한 표현형만을 지정한다. 반대로, 사람의 혈구수와 같은 형질은 상당히 다양하며 이것은 고도나 운동량, 감염의 여부에 따라 달라진다.

일반적으로, 다인자 형질의 표현형 표준 범위가 가장 넓다. 피부색의 연속적인 변이에서 보았듯이, 환경은 이러한 특징들의 양적 성질에 기여한다. 유전학자는 이러한 특징을 **다인성(multifactorial)**이라고 부르며, 이것은 유전적이고 환경적인 여러 개의 요인들이 표현형에 집단적으로 영향을 준다는 뜻이다.

유전과 변이를 멘델의 관점으로 통합하기

우리는 우성의 범위뿐만 아니라 복대립유전자, 다면발현, 상위, 다인자 유전 그리고 표현형에 미치는 환경의 영향을 살펴보면서

과학적 분석 기술의 연습

히스토그램 작성 및 분포 양상 분석

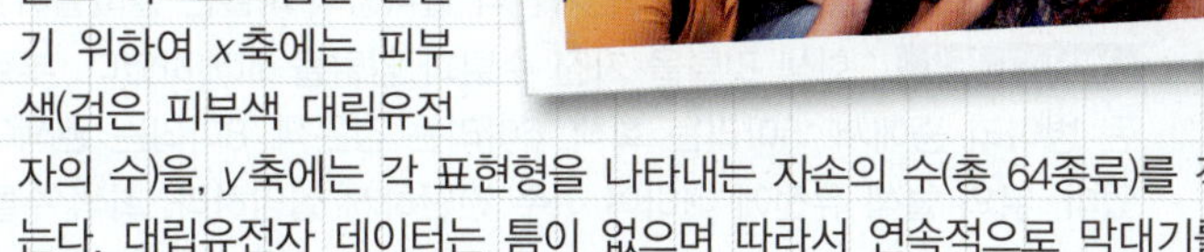

누적 효과를 나타내는 세 개의 유전자에 대하여 모두 이형접합인 어떤 부부의 자손들의 표현형 분포는 어떻게 될까? 사람의 피부색은 여러 개의 다른 유전자가 누적 효과를 발휘하여 결정되는 다인자 형질이다. 이 연습에서 세 개의 유전자가 피부색의 정도를 결정하고 각 유전자는 두 개의 대립유전자—흑과 백—가 있다는 피부색 유전학의 간단한 모델을 가지고 공부해 보자. 이 모델에서 피부색에 영향을 주는 세 유전자의 검은색 대립유전자들은 각각 피부색에 동일한 영향을 주며, 한 유전자의 대립유전자 쌍은 다른 유전자의 대립유전자 쌍이 분리되는 것에 영향을 받지 않고 독립적으로 분리한다. 히스토그램을 사용하여 다양한 검은색 피부 대립유전자의 수를 갖고 있는 자손들의 표현형 분포를 결정할 수 있다(그래프에 관한 추가 정보를 알기 원하면 부록 F 참조)

실험 방법 단순화된 우리 모델에서, 세 유전자에 대해 이형접합인 부모로부터 생기는 자손들의 표현형을 예상하기 위해서는 그림 14.13의 퍼넷사각형을 이용할 수 있다. 이 그림의 꼭대기에 두 개의 직사각형으로 표시된 이형접합 개인(*AaBbCc*)은 각각 세 개의 검은 피부색 대립유전자(*A*, *B*, *C*를 나타내는 검은 원)와 세 개의 밝은 피부색 대립유전자(*a*, *b*, *c*로 나타내는 흰색 원)를 가지고 있다. 퍼넷사각형은 이 이형접합자가 만드는 배우자의 종류와 이론적으로 생길 수 있는 모든 자손의 유전 조합을 보여주고 있다.

실험 데이터 만일 퍼넷사각형의 각 사각형이 이형접합자 *AaBbCc* 부모의 한 자손을 나타낸다면 아래 사각형은 검은 피부 대립유전자의 수가 같은 개인들의 표현형 빈도를 보여준다.

표현형:	1/64	6/64	15/64	20/64	15/64	6/64	1/64
검은 피부색 대립유전자의 수:	0	1	2	3	4	5	6

데이터 해석

1. 히스토그램은 수치 데이터(여기서는 검은 피부색 대립유전자의 수)의 분포를 보여주는 막대 그래프이다. 대립유전자의 분포 히스토그램을 만들기 위하여 *x*축에는 피부색(검은 피부색 대립유전자의 수)을, *y*축에는 각 표현형을 나타내는 자손의 수(총 64종류)를 적는다. 대립유전자 데이터는 틈이 없으며 따라서 연속적으로 막대기를 그려라.
2. 피부색 표현형은 균일하게 분포되어 있지 않음을 알 수 있다. (a) 어떤 표현형의 빈도가 가장 높은가? 그 막대그래프를 관통하는 수직의 점선을 그려라. (b) 이와 같은 값의 분포는 여러 개의 공통 양상 중 하나를 보여주는 경향이 있다. 각 값들에 가깝게 형태를 보여주는 곡선을 대충 그려라. 그것이 중앙 최고값 주위에 대칭으로 분포되어 있는가(정상 분포 또는 종 모양의 곡선이라고 부름); 그것이 *x*축의 한쪽으로 치우쳐 있는가(비대칭 분포); 또는 그것이 두 그룹의 빈도를 나타내는가(이봉 분포)? 곡선의 모양에 대한 이유를 설명하라. (그것은 그림 14.13에 대한 교과서 설명을 읽는 데 도움이 될 것이다.)
3. 만일 세 유전자 중 하나가 열성 동형접합일 경우 죽는다면 표현형 빈도의 분포에는 어떤 일이 일어날까? 이것을 결정하기 위하여 *bb*를 치사 유전자의 한 예로 사용하라. 그림 14.13을 사용하여 위와 아래 열의 사각형 안에 있는 중앙 원(*B*/*b* 유전자)이 하얀(동형접합 *bb*의 상태를 나타냄) 자손을 찾아라. *bb* 개체는 살지 못하므로 사각형은 줄을 그어 지운 후 검은 피부 대립유전자의 수에 따라 살아 있는 자손의 표현형 빈도의 수(0~6)를 세고 새로운 데이터에 대한 그래프를 그려라. 2번 문제와 비교하여 곡선의 형태는 어떻게 변하였나? 이것은 표현형의 빈도 분포에 관하여 무엇을 나타내는가?

참고문헌 R. A. Sturm, A golden age of human pigmentation genetics, *Trends in Genetics* 22:464–468 (2006)

멘델 유전에 대한 관점을 넓혔다. 어떻게 하면 이처럼 세분화된 내용들을 멘델 유전학의 포괄적인 이론으로 통합할 수 있을까? 단일 유전자와 표현형에 중점을 두는 세세한 관점에서 벗어나 생물체 전체의 특성으로 눈을 돌려 보자. 이것이 이 책의 주제 중의 하나이다.

표현형(phenotype)이라는 용어는 꽃 색깔이나 혈액형과 같은 특정 특징에 준해서 말하는 것이 아니라, 생물체를 전체적으로 본 시각에서도 사용된다. 이때의 표현형은 물리적 외관, 내부의 해부학적 구조, 생리적 작용, 그리고 행동 양식 등의 모든 면을 말한다. 비슷하게, **유전자형**(genotype)이라는 용어는 한 개의 유전자에 대한 대립유전자뿐만 아니라 한 생물체의 전체적인 유전적 구성을 의미할 수도 있을 것이다. 대부분의 경우 유전자가 표현형에 미치는 영향은 다른 유전자와 환경에 의해 달라진다. 유전과 변이에 대한 이러한 통합적인 관점에서, 표현형은 그 생물체의 전체적인 유전자형과 독특한 환경적인 역사를 반영한다.

유전자형에서 표현형으로 발현되는 동안 일어날 수 있는 상황들을 모두 고려해 본다면, 멘델이 부모에서 자손으로 개별 유전자가 전달되는 기초 원리를 밝혀낸 것은 정말 놀라운 일이다. 멘델의 두 법칙, 분리의 법칙과 독립의 법칙은 유전 '입자', 즉 유전자의 여러 형태가 세대마다 단순한 확률 규칙에 의해 전달되는 것으로 유전 변이를 설명한다. 이 유전학설은 완두, 파리, 물고기, 새, 그리고 인간, 즉 유성생식을 하는 모든 생물체에 대해 똑같이 유효하다. 더욱이, 상위나 양적 형질과 같은 유전 양상을 설명하는 데 있어서 분리의 법칙과 독립의 법칙을 확대하면, 멘델의 유전학설이 얼마나 폭넓게 적용되는지 알 수 있다. 결국 멘델의 수도원 정원에서 탄생한 입자유전의 이론은 현대유전학을 정착시켰다. 이 장의 마지막 절에서 우리는 멘델의 유전학을 인간 유전에 적용시킬 것이며, 이 중 유전병의 전달에 중점을 둘 것이다.

개념 확인 문제 14.3

1. 불완전우성과 상위는 모두 유전적 관계를 정의하는 용어이다. 두 용어 사이의 가장 기본적 차이점은 무엇인가?
2. 혈액형이 AB형인 남자가 O형인 여자와 결혼을 한다면, 자손들에게 나타날 수 있는 혈액형은 무엇인가? 각 혈액형의 비율은 얼마일까?
3. **WHAT IF?** 회색 깃털을 가진 수탉과 암탉을 교배하였다. 부화된 병아리 중에서 15마리는 회색, 6마리는 검은색, 8마리는 흰색이었다. 닭의 털색 유전에 대하여 아주 간단하게 설명하라. 회색 수탉과 검은색 암탉의 교배에서 나오는 병아리의 표현형은 어떻게 예상되는가?

정답은 부록 A 참조

개념 14.4

사람의 수많은 형질은 멘델 유전의 양상을 따른다

완두는 유전 연구에 유용한 대상이지만 사람은 그렇지 않다. 사람의 세대 기간은 약 20년이며 부모들은 완두나 다른 생물에 비해 상대적으로 아주 적은 수의 자손을 낳는다. 특히 자손의 표현형을 분석하기 위하여 한 쌍의 인간에게 애를 낳도록 요청하는 것은 비윤리적이다. 이러한 어려움에도 불구하고 우리 자신의 유전을 이해하고 싶은 욕구가 자극이 되어 인간 유전학에 대한 연구는 계속되어 왔다. 19장에서 살펴보겠지만 새로운 분자생물학적 기술은 많은 획기적인 발견으로 이어졌다. 그러나 멘델의 유전학설은 인간 유전학의 기초를 이루고 있다.

가계도 분석

사람의 짝짓기를 의도적으로 조작할 수 없기 때문에 유전학자는 이미 이루어진 결혼의 결과를 분석할 수밖에 없다. 유전학자들은 특정 형질에 대하여 한 가족의 역사에 대한 정보를 수집한 후 여러 세대에 걸친 부모와 자식 간의 상호 관계를 설명해 주는 족보, **가계도(pedigree)**를 만든다.

그림 14.15a는 이마에 있는 명백한 머리카락 선 윤곽의 존재 유무를 조사한 가계도로, 3세대로 이루어져 있다. V자형 머리선(widow's peak)이라고 부르는 이 형질은 우성 대립유전자 *W*에 의해 생긴다. V자형 머리선 대립유전자가 우성이기 때문에 V자형 머리선이 없는 사람은 동형접합성 열성(*ww*)일 것이다. V자형 머리선을 가진 두 조부모는 *Ww* 유전자형을 가진 것이 틀림없는데, 이것은 그들의 자식 중 몇 명이 동형접합성 열성이기 때문이다. V자형 머리선을 가진 제2세대들도 이형접합성일 것이다. 그 이유는 이들이 *Ww*와 *ww* 사이에서 태어났기 때문이다. 부모의 유전자형이 둘 다 *Ww*이라는 사실을 토대로 하면 제3세대에서 V자형 머리선을 가진 사람은 동형접합성(*WW*) 또는 이형접합성

기호
□ 정상 남자 ■ 이상 형질을 갖는 남자 □—○ 결혼
○ 정상 여자 ● 이상 형질을 갖는 여자 태어난 순서의 자손(왼쪽이 첫째)

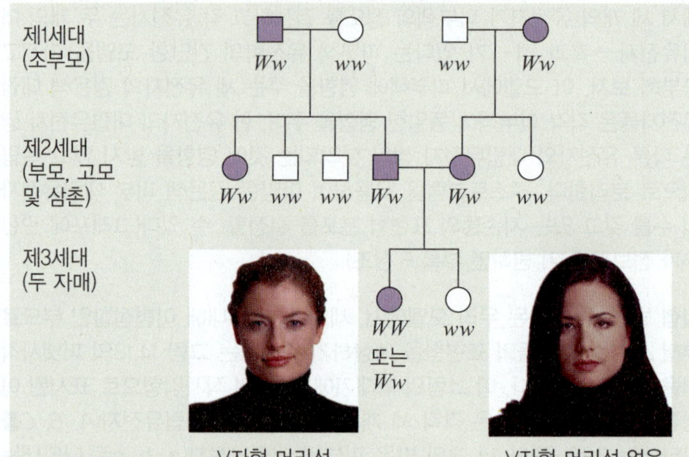

(a) **V자형 머리선은 우성인가 아니면 열성인가?**
가계도 분석방법: 부모 모두 V자형 머리선을 가졌음에도 불구하고 3세대의 두 번째 딸이 V자형 머리선이 없다는 점을 주목하라. 이러한 유전 양상은 V자형 머리선 형질이 우성 대립유전자라는 가설에 부합한다. 만약 V자형 머리선이 열성 대립유전자에 의한 것이고, 부모 모두 열성 표현형을 가졌다면, 모든 자손들도 역시 열성 표현형을 가졌을 것이다.

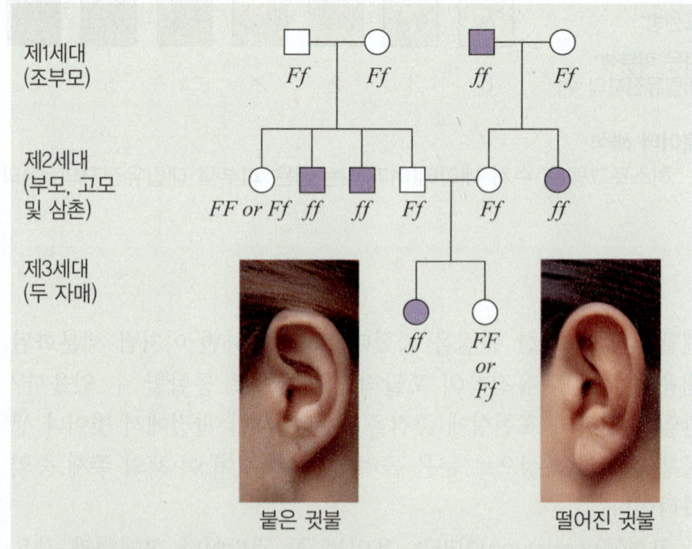

(b) **붙은 귓불은 우성일까 아니면 열성일까?**
가계도 분석방법: 부모는 모두 떨어진 귓불을 갖고 있지만, 3세대의 첫 번째 딸은 붙은 귓불을 가졌다는 점을 주목하라. 그러한 양상은 붙은 귓불이 열성 대립유전자에 의한 것이라면 쉽게 설명된다. 만일 붙은 귓불이 우성 대립유전자에 의한 것이라면, 적어도 부모 중 한 명은 그 형질을 가졌을 것이다.

▲ **그림 14.15 가계도 분석.** 그림에 있는 가계도는 각각 3세대에 걸쳐 같은 가족의 어떤 형질을 추적한 것이다. 가계도 분석에 나타나 있듯이 두 개의 형질은 다른 유전 양상을 갖고 있다.

(*Ww*)일 수 있다.

그림 14.15b는 같은 가족의 가계도이지만 이번에는 열성 형질인 붙은 귓불에 초점을 맞춘 것이다. 열성 대립유전자는 *f*를 사용하고, 귓불이 붙지 않은 우성 대립유전자는 *F*를 사용할 것이다. 가계도를 풀어나가다 보면, 멘델의 유전학에 대해 배운 것을 적용하여 대부분의 유전자형을 결정할 수 있다는 것을 알 수 있을 것이다.

가계도를 응용하면 어떤 아이가 특정 유전자형과 표현형을 가질 확률을 계산할 수 있다. 그림 14.15의 제2세대에 나타난 부부가 아이를 하나 더 갖기로 했다고 가정하자. 새로 태어날 아이가 V자형 머리선을 가질 확률은 얼마일까? 이것은 멘델의 F_1 단성 잡종교배(*Ww*×*Ww*)와 동일하여 아이가 우성 대립유전자를 물려받아 V자형 머리선을 가질 확률은 3/4(1/4*WW* + 1/2*Ww*)이다. 아이가 붙은 귓불을 가질 확률은 얼마일까? 또 다시 우리는 단성 잡종교배(*Ff*×*Ff*)로 취급하면 되는데 이 경우에 자손이 동형접합성 열성(*ff*)일 확률을 구하면 된다. 확률은 1/4이다. 마지막으로, 아이가 V자형 머리선과 붙은 귓불을 모두 갖게 될 확률은 얼마일까? 두 특징에 대한 유전자가 다른 염색체에 있다고 가정할 때, 두 쌍의 대립유전자는 양성 잡종교배(*WwFf* × *WwFf*)에서 독립적으로 분리될 것이다. 그러므로 우리는 곱셈 법칙을 이용할 수 있다: 3/4(V자형 머리선에 대한 확률) × 1/4(붙은 귓불에 대한 확률) = 3/16(V자형 머리선과 붙은 귓불을 모두 가질 확률).

조사하고자 하는 대립유전자가 머리카락 선이나 귓불 형태에 관련된 것이 아니라 장애나 사망을 초래하는 유전병과 관련 있을 경우 가계도는 더욱 중대한 문제가 된다. 그러나 단순한 멘델의 형질처럼, 유전병에 대한 가계도 분석도 동일한 기술이 적용된다.

열성 유전병

수천 개의 유전병이 단순한 열성 형질로 유전되는 것으로 알려져 있다. 이러한 유전병은 백색증처럼(색소 부족으로 피부암에 쉽게 걸리며 시각에 문제를 초래함) 상대적으로 미미한 증세를 보이는 병부터 낭성섬유증과 같은 치사성 질환에 이르기까지 다양하다.

열성 대립유전자의 행동

열성 유전병을 일으키는 대립유전자의 행동을 어떻게 설명할 수 있을까? 유전자는 특수 기능을 하는 단백질을 암호화한다는 것을 되새겨보라. 유전병을 일으키는 대립유전자(그것을 대립유전자 a라고 부르자)는 기능을 못하는 단백질을 생산하거나 아예 단백질을 생산하지 못한다. 열성으로 분류된 유전병의 경우 이형접합자(*Aa*)는 정상적인 표현형을 나타낸다. 그 이유는 정상적인 한 개의 대립유전자가 충분한 양의 특정 단백질을 만들어 내기 때문이다. 그리하여 열성 유전병은 각 부모로부터 열성 대립유전자를 하나씩 받은 동형접합자(*aa*)에서만 나타나게 된다. 이형접합자(*Aa*)는 비록 질환에 대해 표현형은 정상이라도 자손에게 열성 대립유전자를 전달할 수 있기 때문에 **보인자(carrier)**라고 부른다. **그림 14.16**은 백색증을 예로 들며 이러한 설명을 보여주고 있다.

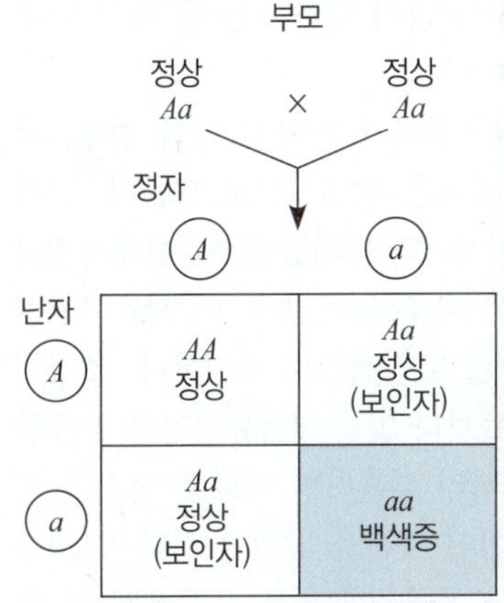

▲ **그림 14.16 백색증: 열성 형질의 한 예.** 사진 속의 두 자매 중 한 명은 피부색이 정상이고, 다른 한 명은 백색증이다. 열성 동형접합자의 대부분은 정상 표현형을 갖고 있는 보인자 부모로부터 태어난다. 퍼넷사각형에서 그 경우를 볼 수 있다.

? 정상 피부색을 갖고 있는 자매가 백색증 대립유전자의 보인자일 확률은 얼마인가?

그림 14.16의 퍼넷사각형에 나타난 경우처럼 열성 유전병을 갖고 태어나는 사람들은 대부분 정상적인 표현형을 나타내는 보인자 부모로부터 태어난다. 두 명의 보인자 사이의 결혼은 멘델의 F_1 단성 잡종교배(*Aa*×*Aa*)와 같고 자손의 유전자형 비는 1 *AA* : 2 *Aa* : 1 *aa*이다. 그리하여 각 아이가 열성 대립유전자 쌍을 받아 유전병을 갖게 될 확률은 1/4이다. 우리는 또한 유전자형 비에서 정상적인 표현형(*AA* 한 명과 *Aa* 두 명)을 가진 세 자식 중 두 명은 2/3의 확률을 가진 이형접합성의 보인자로 예상할 수 있다. 열성 동형접합자는 *Aa*×*aa*나 *aa*×*aa*에서 나올 수 있지만, 유전병이 생식할 수 있는 나이 이전에 사망을 야기하거나 불임을 초래하게 되면(백색증의 경우는 그렇지 않음), *aa*를 가진 개인은 생식하지 못하게 될 것이다. 열성 동형접합자가 생식을 할 수 있을지라도, 그러한 사람의 개체군내 비율은 이형접합성인 사람에 비해 훨씬 더 작을 것이다(그 이유는 23장에서 다룰 것이다).

일반적으로, 유전병들은 모든 인간 그룹 사이에 같은 비율로 분포되어 있지 않다. 예를 들어, 앞에서 설명한 테이-삭스 유전병의 발병률은 중부 유럽계 유태인, 즉 아시케나지 유태인 집단에서 특히 높아 3,600명 중 하나 정도로 발생한다. 이것은 비유태인이나 지중해(세파르디) 유태인보다 100배 높은 발병률이다. 이처럼 불균형적으로 분포하는 이유는 기술이 발달되지 않았던 시대에 인구가 지리적으로(따라서 유전적으로) 고립되어 민족마다 서로 다른 유전적 역사를 겪어오면서 나타난 결과이다. 이제 우리는 다른 집단보다 특정 집단에 더 많이 나타나는 두 개의 다른 열성 유전병에 대해 이야기할 것이다.

유전병을 유발하는 열성 대립유전자가 흔하지 않을 경우, 두 명의 보인자가 만나 이루어지는 결혼은 상대적으로 드물다. 그러나 만일 남자와 여자가 가까운 친척이라면(예를 들어, 형제자매나 사촌), 열성 형질을 물려줄 확률은 아주 높아진다. 이것을 근친결혼이라 부르며, 가계도에서는 두 줄의 직선으로 표시한다. 조상이 같은 사람들은 관계가 없는 사람들보다 열성 대립유전자를 공유할 확률이 높기 때문에 가까운 친척끼리 결혼하면 해로운 형질을 포함한 열성 형질에 대하여 동형접합인 자손을 낳기가 쉽다. 그러한 효과는 동종번식을 하는 가축이나 동물원에 있는 동물에서 볼 수 있다.

사람의 근친결혼이 유전병의 위험성을 증가시키는 정도에 대하여 유전학자 사이에 논란이 있다. 많은 해로운 대립유전자들은 심각한 영향을 미쳐 동형접합자의 배아가 태어나기 훨씬 이전에 자연 유산된다. 대부분의 사회나 관습은 친척 사이의 결혼을 법으로 금하거나 터부시한다. 이러한 규칙들은 대부분의 집단에서 근친결혼 할 때 사산이나 선천성 장애가 많이 나온다는 경험적 관찰로부터 진화해 왔을 것이다. 사회적 그리고 경제적 요인도 근친결혼을 금지하는 관습이나 법의 발생에 영향을 미쳐왔다.

낭성섬유증

미국에서 가장 흔한 치사 유전병은 **낭성섬유증(cystic fibrosis)**으로, 유럽계 혈통에서 2,500명당 한 명꼴로 나타나지만 다른 혈통에서는 매우 희귀하게 발생한다. 유럽인 자손 가운데 25명 중 한 명(4%)은 낭성섬유증에 대한 대립유전자의 보인자이다. 이 유전자의 정상 대립유전자는 특정 세포들 사이의 염소이온 수송과 세포외액의 수송을 담당하는 막단백질을 암호화한 낭성섬유증에 대하여 두 개의 열성 대립유전자를 물려받은 아이들은 이 염소이온 통로가 기능을 못하거나 결손되어 있다. 결과적으로 세포외액의 염소이온 농도가 비정상적으로 높아져, 특정 세포를 덮는 점액이 짙어지고 끈적끈적해지게 만든다. 이 점액은 이자, 폐, 소화기계 등의 기관에 축적되어, 소장에서의 영양소 흡수 장애, 만성 기관지염, 재발성 세균 감염과 같은 복합적인(다면적인) 결과를 나타내게 된다.

치료하지 않을 경우 낭성섬유증 아이들은 대부분 5세 이전에 사망한다. 감염을 예방하기 위해 항생제를 매일 복용하며, 막힌 기도를 뚫기 위해 가슴을 가볍게 두드리고, 그 외의 다른 예방 치료를 하면 생명이 연장된다. 오늘날 미국에서 낭성섬유증을 가진 사람 중 절반 이상은 30대 이상까지 산다.

낫모양적혈구빈혈증: 진화적인 측면에서 의미를 갖는 유전병

진화 아프리카계 자손 중 가장 흔한 유전병은 **낫모양적혈구빈혈증(sickle cell anemia)**으로 400명 중 한 명 정도로 태어난다. 낫모양적혈구빈혈증은 적혈구의 헤모글로빈 단백질의 아미노산 한 개가 바뀌면서 나타난다. 동형접합인 개인의 경우 모든 헤모글로빈이 비정상적인 낫모양세포 변이체를 갖는다. 이 병에 걸린 사람은 혈중 산소량이 낮으면(예를 들어, 고도에 있거나 육체적 스트레스를 받을 경우), 헤모글로빈 분자가 뭉쳐 적혈구의 기형인 낫 모양의 적혈구를 만든다(그림 5.19). 낫모양적혈구세포는 응집하여 작은 혈관을 막을 수 있고 이것은 허약한 신체, 통증, 기관 손상, 심지어 마비와 같은 전신적인 증상을 일으킨다. 낫모양적혈구빈혈증 대립유전자가 두 개 있을 경우 나타나는 복합적인 영향은 다면발현의 또 다른 예를 보여준다. 주기적으로 수혈을 하면 이 병에 걸린 아이의 뇌손상을 막아줄 수 있고 새로운 약물은 증상을 예방하거나 치료할 수 있지만 완벽한 치료제는 현재까지 없다.

최악의 낫모양적혈구빈혈증이 나타나려면 사람이 두 개의 열성 대립유전자를 가져야 하지만, 열성 대립유전자를 하나만 가져도 표현형에 영향을 줄 수 있다. 그러므로 생물체 수준에서 정상 대립유전자는 열성 대립유전자에 대해 불완전 우성이다(그림 14.17). 분자 수준에서 두 대립유전자는 공동우성이다. 즉, 이형접합자에서 정상적인 헤모글로빈과 비정상적인 헤모글로빈이 모두 만들어진다. 낫모양적혈구형질을 가졌다고 표현되는 이형접합자(보인자)는 일반적으로 건강하지만 혈액 내의 산소가 지속적으로 부족할 때 일부 낫모양적혈구빈혈증의 증세를 보일 수 있다.

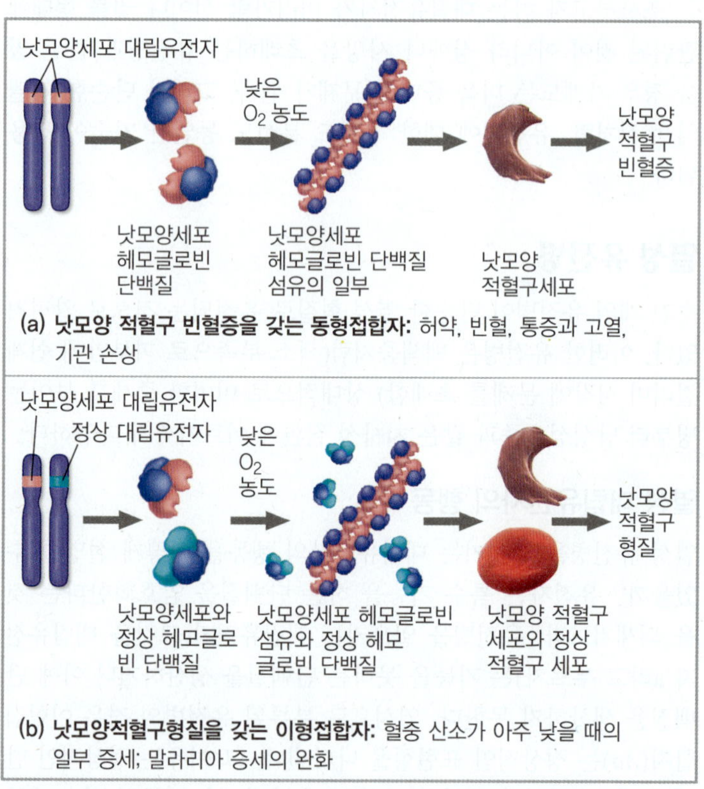

(a) **낫모양 적혈구 빈혈증을 갖는 동형접합자:** 허약, 빈혈, 통증과 고열, 기관 손상

(b) **낫모양적혈구형질을 갖는 이형접합자:** 혈중 산소가 아주 낮을 때의 일부 증세; 말라리아 증세의 완화

▲ **그림 14.17 낫모양적혈구빈혈증과 낫모양적혈구형질**

10명의 아프리카계 미국인 중 한 명은 낫모양적혈구형질을 가지고 있다. 이것은 동형접합자가 갖는 증상의 심각성에 비해 비정상적으로 높은 빈도이다. 진화 과정을 통하여 이 집단에서 이러한 대립유전자가 사라지지 않은 이유는 무엇일까? 이에 대한 한 가지 가능한 설명은, 낫모양적혈구빈혈증 대립유전자를 한 개 가지고 있으면 말라리아에 대한 감염 빈도와 증세가 감소하는데, 특히 어린이에서 더 그렇다. 말라리아 기생충은 생활사 중 일부 기간 동안 적혈구 안에서 살아간다(그림 28.16). 낫모양적혈구형질 이형접합자들이 갖고 있는 낫모양 적혈구는 기생충의 밀도를 낮추고 말라리아 증세를 완화시킨다. 따라서 말라리아 감염이 흔히 일어나는 열대 아프리카에서 낫모양적혈구빈혈증 대립유전자는 동형의 상태에서 해가 있음에도 불구하고 이형접합자에게 유리함을 제공한다. (이러한 두 가지 효과 사이의 평형이 23장에서 논의될 것이다; 그림 23.17.) 낫모양적혈구형질을 가진 아프리카계 미국인의 빈도가 상대적으로 높은 것은 그들의 조상이 아프리카인임을 나타내는 흔적이다.

우성 유전병

해로운 대립유전자는 많은 경우 열성이지만, 우성 대립유전자 때문에 생기는 사람의 유전병도 많다. 2,500명 중 1명꼴로 나타나는 왜소증의 한 형태인 **연골발육부전증**(achondroplasia)이 좋은 예이다. 이 유전자에 대하여 이형접합인 개인은 왜소증 표현형을 보인다**(그림 14.18)**. 사람 집단의 99.99%는 정상 키를 가지며 열성 동형접합자이다. 앞에서 언급한 여분의 손가락이나 발가락을 가진 사람처럼 이 연골발육부전증은 우성 대립유전자보다 열성 대립유전자의 빈도가 훨씬 더 많은 형질이다. 치사 유전병을 유발하는 우성 대립유전자는 치사 유전병을 유발하는 열성 대립유전자보다 훨씬 더 드물다. 모든 치사 유전자는 정자나 난자를 생산하는 세포에서 DNA에 돌연변이가 생겨 발생하는데 열성과 우성이 생길 확률은 동일하다. 치사 열성 대립유전자는 보인자의 경우 정상 표현형을 갖기 때문에 이형접합 보인자의 형태로 한 세대에서 다음 세대로 전달될 수 있다. 그러나, 치사 우성 대립유전자를 갖는 개인은 성인이 되어 자식을 낳기 전에 사망하기 때문에 치사 우성 대립유전자가 다음 세대로 전달되지 않는다.

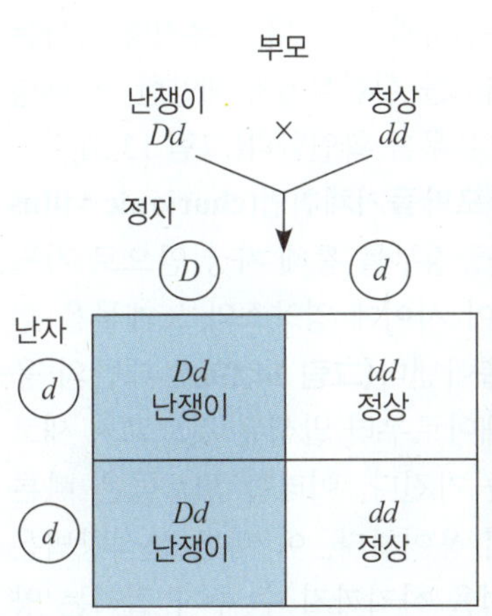

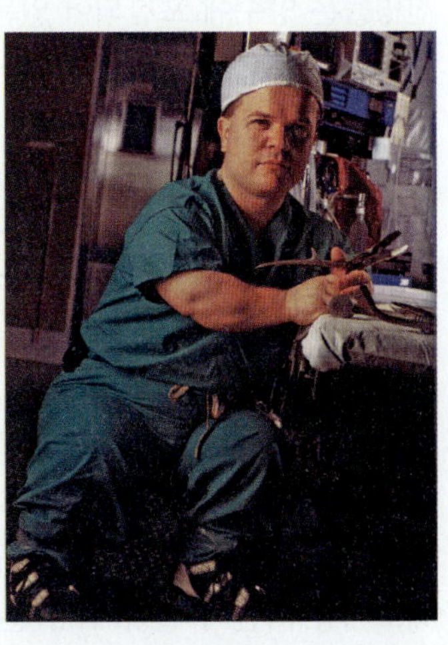

▲ 그림 14.18 연골발육부전증: 하나의 우성 형질. 마이클 아인 박사는 우성 대립유전자(*D*)에 의해 야기되는 연골발육부전증을 가졌다. 이것이 그의 일에 영감을 주었다. 그는 연골발육부전증과 다른 질병에 의해 야기되는 뼈의 결함을 고치는 전문가이다. 우성 대립유전자(*D*)는 한쪽 부모의 정자나 난자의 돌연변이 또는 퍼넷사각형에서 보이듯이 이 유전병을 갖고 있는 부모 중 한 명으로부터 물려받아 생길 수 있다.

그러나 후발성 질병(late-onset disease)의 경우 치사 우성 대립유전자가 유전될 수 있다. 만일 첫 증상이 생식할 수 있는 나이 이후에 나타난다면, 그 개인은 이미 치사 우성 대립유전자를 자식들에게 전달했을 수 있다. 예를 들어 신경계 퇴화를 초래하는 **헌팅턴병(Huntington's disease)**은 치사 우성 대립유전자에 의해 유발되며 35~45세까지 그 증세가 나타나지 않는다. 신경계의 퇴화가 시작되면 그것은 되돌릴 수 없고 결국 죽게 된다. 다른 우성 형질과 마찬가지로 헌팅턴병을 가진 부모로부터 태어난 아이는 그 대립유전자와 그 병을 물려받을 확률이 50%이다(그림 14.18의 퍼넷사각형 참조). 미국에서 약 10,000명당 1명이 이 유전병을 갖고 태어난다.

과거에 어떤 개인이 헌팅턴 대립유전자를 가지고 있는지를 아는 유일한 방법은 증세가 나타난 이후였지만 지금은 그렇지 않다. 이 유전병의 발병률이 높은 대가족으로부터 DNA 표본을 분석함으로써 유전학자들은 헌팅턴병 대립유전자가 4번 염색체 말단 근처에 위치하고 있음을 알게 되었으며, 1993년 DNA 염기서열을 밝힐 수 있었다. 이 정보를 이용하여 개인의 유전체에 있는 헌팅턴병 대립유전자의 존재를 알아내는 검사법을 개발하였다. (그 검사를 가능하게 하는 방법들은 19장에서 논의된다.) 이 검사법의 이용은 헌팅턴병 가족력이 있는 사람들에게 괴로운 딜레마를 제공한다. 어떤 사람들은 가족계획을 세우기 전에 유전병에 대한 검사를 하고 싶을 것이고, 반면 다른 사람들은 사전 검사가 너무 스트레스를 주기 때문에 검사를 받지 않기로 결정할 수도 있다.

다인성 유전병

우리가 지금까지 이야기한 유전병들은 단순한 멘델 질병으로 설명되는데, 이것은 이 유전병이 어떤 유전자의 하나 또는 두 개의 대립유전자의 이상으로 인하여 발생하기 때문이다. 더 많은 사람들은 다인성—유전요인과 하나의 의미 있는 환경 영향—으로 인하여 유전병에 걸릴 가능성이 높다. 심장병, 당뇨병, 암, 알코올 중독, 정신분열이나 조울증과 같은 정신이상, 그리고 그 외의 많은 유전병은 다인성이다. 많은 경우, 유전요인은 다인자 유전 양상을 보인다. 예를 들어, 여러 유전자가 심혈관의 건강에 영향을 미치기 때문에 어떤 사람들은 다른 사람들에 비해 심장 마비나 뇌졸중에 더 걸리기 쉽다. 그러나 유전자형이 무엇이든 관계없이 우리의 생활 습관은 심혈관의 건강이나 다른 다인성 특징에 대한 표현형에 엄청난 영향을 미친다. 운동, 식이요법, 금연, 그리고 스트레스 상황을 극복하는 능력 등이 심장병이나 암에 걸릴 확률을 낮춰준다.

유전 검사와 상담

임신하기 전이나 임신 초기에 특정 유전병에 대한 위험성이 평가될 수 있다면 단순한 멘델 질환들은 예방이 가능하다. 많은 병원들은 유전 상담원을 고용하여 특정 유전병에 대한 가족력을 걱정하는 예비 부모에게 정보를 제공해 주고 있다. 태아와 신생아 검사를 통해 유전병을 알 수도 있다.

멘델 유전학과 확률 법칙에 기초를 둔 상담

가상의 부부인 존과 캐롤의 경우를 생각해 보자. 둘 다 같은 열성 유전병으로 인해 사망한 남자 형제를 두고 있다. 첫 아이를 임신하기 전에 존과 캐롤은 유전 상담을 하여 태어날 아이가 그 유전병을 가질 가능성을 알아보기로 하였다. 두 사람의 형제에 대한 정보로부터 우리는 존의 부모와 캐롤의 부모가 모두 열성 대립유전자에 대한 보인자라는 것을 알 수 있다. 그리하여 존과 캐롤은 모두 $Aa \times Aa$ 사이에서 태어났으며, 여기서 a가 유전병을 일으키는 대립유전자를 나타낸다. 또한 존과 캐롤은 유전병을 갖고 있지 않기 때문에 열성 동형(aa)이 아님을 알 수 있다. 그러므로 그들의 유전자형은 AA 또는 Aa이다.

$Aa \times Aa$ 사이에서 태어나는 자손의 유전자형 비가 1 AA : 2 Aa : 1 aa라는 것을 고려할 때, 존과 캐롤이 보인자(Aa)일 확률은 각각 2/3이다. 곱셈의 법칙에 의해 첫 아이가 질환을 가지고 태어날 전체적인 확률은 2/3(존이 보인자일 확률)×2/3(캐롤이 보인자일 확률)×1/4(두 보인자가 유전병을 가진 아이를 낳을 확률)로 1/9이다. 존과 캐롤이 아이를 가지기로 결정했다고 하자. 결국 아이가 유전병을 갖지 않을 확률은 8/9인 것이다. 만약에 이러한 확률적인 우세에도 불구하고 아이가 유전병을 갖고 태어난다면, 우리는 존과 캐롤이 정말로 보인자(Aa)라는 것을 알 수 있다. 존과 캐롤이 둘 다 보인자라면 앞으로 태어날 아이가 질환을 가질 확률은 1/4일 것이다.

멘델의 법칙을 이용하여 가능한 결과를 예상할 때, 각 아이는 독립적인 사건을 나타내며 전에 낳은 형제의 유전자형에 의해 영향을 받지 않는다는 것을 알아야 한다. 존과 캐롤이 세 명의 아이를 더 낳는데, 셋 모두 이 유전병을 갖는다고 가정하자. 이러한 결과가 나올 확률은 64분의 1(1/4×1/4×1/4)에 불과하다. 이러한 불운에도 불구하고 네 번째 아이도 이 질환에 걸릴 확률은 여전히 1/4이다.

보인자 확인 검사

열성 유전병을 갖는 대부분의 어린이는 정상 표현형을 갖고 있는 부모에게서 태어나기 때문에 특정 유전병이 유전될 가능성을 더 정확하게 평가하기 위해서는 부모가 열성 대립유전자에 대해 이형접합성 보인자인지의 여부를 결정해야 한다. 여러 유전병에 대하여 정상 표현형을 가진 사람 중 동형접합자와 이형접합자를 구분할 수 있는 검사의 종류가 증가 추세에 있다. 현재 테이-삭스, 낫모양적혈구빈혈증, 그리고 낭성섬유증에 대한 보인자를 확인할 수 있는 검사들이 있다.

보인자 검사는 유전병의 가족력이 있는 사람들에게 아이를 낳을 것인가에 대한 결정을 도와주지만 다른 문제점을 야기한다. 보인자가 건강함에도 불구하고 건강보험이나 생명보험에 거부될 수 있거나 그러한 혜택을 제공하는 직업을 잃게 될 수 있을까? 2008년 미국에서는 유전정보 차별 금지법이 발효되어 유전검사 결과를 근거로 고용이나 보험약관의 차별화를 금지함으로써 이러한 염려를 없앴다. 남은 문제는 충분한 유전상담을 제공하여 많은 개인이 자신의 유전검사 결과를 이해하도록 도와줄 수 있느냐 하는 것이다. 검사 결과를 확실히 이해했어도 여전히 어려운 결정에 직면하게 될 수 있다. 생명공학기술의 발전은 인간이 겪는 고통을 줄일 수 있는 가능성을 제공하지만, 양심적인 심사숙고를 요구하는 윤리적 문제들 역시 동반하고 있다.

태아 검사

아이를 갖고자 하는 어떤 부부가 남편과 아내 모두 테이-삭스 유전병 보인자란 사실을 알았다고 가정하자. 임신 후 14주에서 16주부터 할 수 있는 **양수 검사(amniocentesis)**를 하면 뱃속의 태아가 테이-삭스 유전병을 가졌는지의 여부를 판별할 수 있다 **(그림 14.19a)**. 이 검사를 진행하기 위하여 의사는 자궁에 바늘을 꽂아 태아를 담고 있는 양수를 약 10 mL 정도 뽑아낸다. 일부 유전병들은 양수에 포함되어 있는 특정 화학 물질의 존재를 조사하여 확인할 수 있다. 테이-삭스 유전병과 같은 다른 유전병 검사는 양수에 포함되어 있는 태아의 세포를 실험실에서 배양한 후 핵형 분석을 하여 특정 염색체의 이상 유무를 확인한다(그림 13.3).

태아 검사의 다른 방법은 **융모막돌기채취법(chorionic villus sampling, CVS)**이다. 의사는 자궁경부를 통해 자궁 안으로 가느다란 관을 삽입하고, 모체와 태아 사이에 영양소와 노폐물을 전달하는 태반에서 조직을 조금 뽑아낸다 **(그림 14.19b)**. 태반의 융모막 돌기를 이루는 세포들은 태아로부터 발생된 것으로써 새로운 생명체와 동일한 유전자형을 가진다. 이러한 세포들은 빠른 속도로 분열하므로 핵형 분석이 용이하다. 이 빠른 분석방법은 세포배양 기간이 길어 핵형 분석을 하기까지 수 주가 걸리는 양수 검사에 비해 유리하다. CVS의 또 다른 장점은 임신 6주에서 8주 사이에 시행할 수 있다는 것이다. 그러나 CVS는 양수를 필요로 하는 검사에는 적합하지 않으며 양수 검사법에 비해 이용도가 낮다.

최근 의학자들은 모체의 혈액으로부터 태아의 세포를 분리하

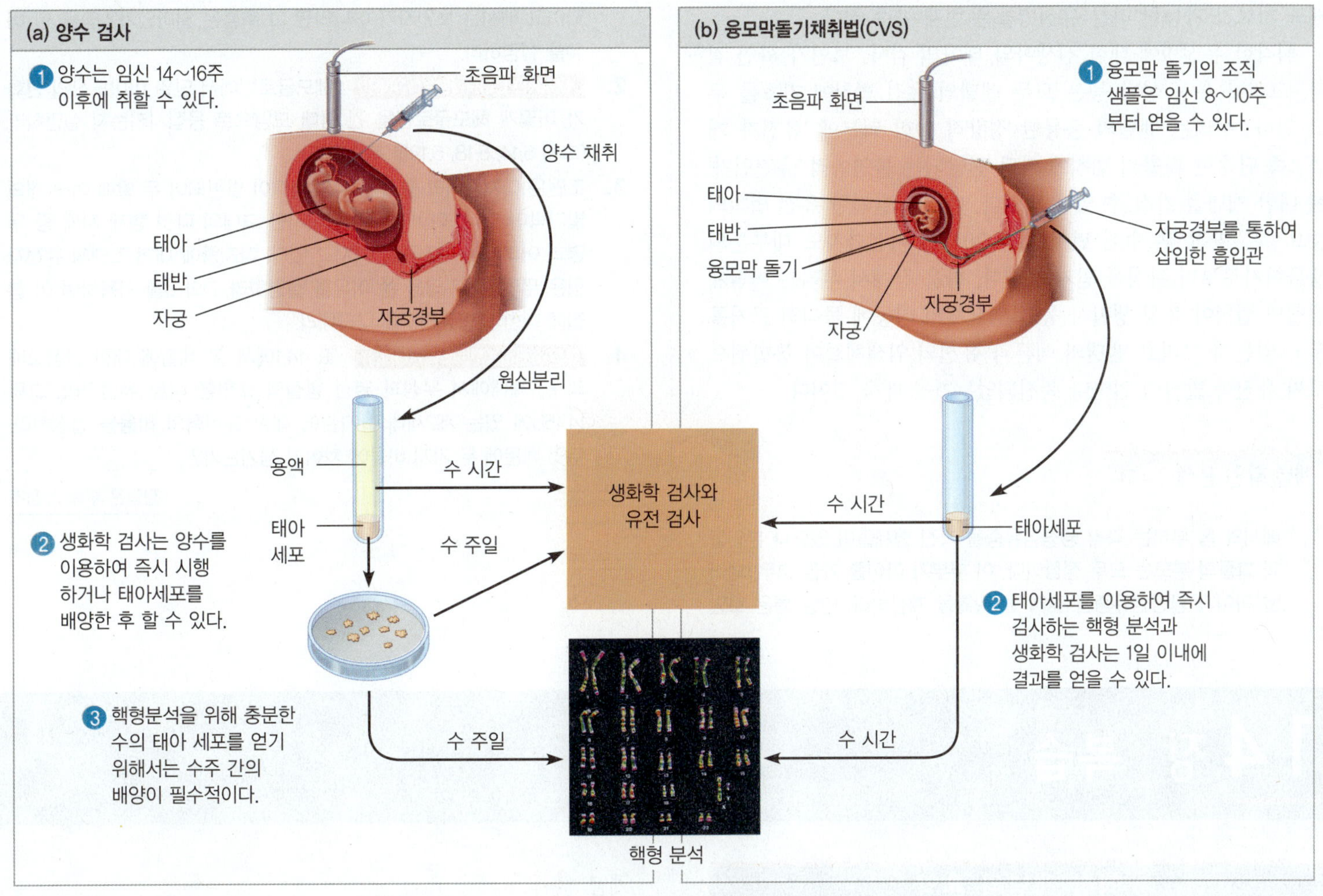

▲ **그림 14.19 태아의 유전병 검사.** 생화학 검사로 특정 유전병과 관련된 물질을 검출할 수 있으며 유전 검사는 많은 유전적 기형을 알아낼 수 있다. 핵형 분석은 태아의 염색체가 숫자와 형태 면에서 정상인지 보여준다.

는 방법을 개발하였다. 비록 세포 수가 적더라도 이 세포들을 배양하여 검사할 수 있고, 태아의 DNA도 분석될 수 있다. 2012년 과학자들은 산모의 혈액에서 발견되는 태아의 DNA와 부모의 DNA로부터 얻은 염기서열을 비교하여 태아의 유전체 전부를 분석할 수 있었다. 이와 같은 방법은 대부분의 유전병을 진단하는 최선의 방법이 될 것이다.

영상 기술을 이용하면 유전 검사에서 나타나지 않는 태아의 해부학적 이상 유무를 직접 검사할 수 있다. 그 중 **초음파 기술**(ultrasound technique)은 음파를 사용하여 비침투 방법으로 간단하게 태아의 영상을 확인할 수 있다. **태아 직접 관찰법**(fetoscopy)은 관찰용 기구와 광섬유(빛을 내기 위해)를 포함하고 있는 바늘처럼 가느다란 관을 자궁에 삽입하는 기술이다.

초음파와 산모의 혈액으로부터 태아의 세포나 DNA를 추출하는 것은 태아나 산모에 문제를 일으키지 않지만 다른 방법들은 아주 낮은 빈도로 합병증을 일으킬 수 있다. 진단 검사를 위한 양수 검사나 CVS는 일반적으로 다운 증후군의 출생률이 높은 35세 이상의 여성에게 실시되고, 젊은 여성의 경우 염려할만한 이유가 있다면 적용될 수 있다. 만일 태아 검사 결과 심각한 유전병으로 밝혀지면, 부모들은 임신을 중단시킬 것인가 아니면 유전병을 갖고 태어난 아이를 돌볼 준비를 할 것인가의 어려운 선택에 직면한다. 1980년 이후 테이-삭스병에 대한 부모와 태아 검사는 이 질환을 갖고 태어나는 아이들의 수를 90%까지 감소시켰다.

신생아 검사

일부 유전병은 태어난 후 간단한 생화학적 검사를 통해 알 수 있으며 미국의 많은 병원에서는 신생아 검사를 일상적으로 시행하고 있다. 한 가지 흔한 검사 프로그램을 살펴보자면, 미국에서 열성 유전병인 페닐케톤뇨증(phenylketonuria, PKU) 신생아가 10,000~15,000명에 한 명꼴로 태어난다. 이 유전병을 갖는 아이는 페닐알라닌이라는 아미노산을 분해하지 못한다. 페닐알라닌과 그 부산물인 페닐피루브산은 혈액에 유독한 수준으로 축적되어 지적장애를 일으킬 수 있다. 그러나 신생아에서 이 유전병이 확인되는 경우, 페닐알라닌 섭취를 제한하는 특별 식이요법을 함으로써 정상적으로 성장하고 지적장애를 예방할 수 있다. 불행하게도 치료가 가능한 다른 유전병들은 현재 아주 적다.

심각한 유전병에 대한 신생아와 태아의 검사, 보인자 확인 검사, 그리고 유전 상담 등은 모두 멘델의 유전 법칙에 기초를 두고 있다. 우리는 멘델의 훌륭한 정량적 실험 덕분에 '유전자 개념', 즉 단순한 확률의 법칙에 따라 전달되는 불연속적 '유전인자'에 대한 개념을 가질 수 있게 되었다. 멘델이 발견한 유전 법칙의 중요성은 발견 후 수십 년이 지난 20세기 이전까지도 대부분의 생물학자로부터 관심을 받지 못했다. 다음 장에서 우리는 어떻게 멘델의 법칙이 유성 생활사 동안 염색체의 행동에 물리적 근거를 두고 있는지 그리고 멘델의 이론과 유전의 염색체설이 통합됨으로써 유전학 발달이 얼마나 촉진되었는가를 배울 것이다.

개념 확인 문제 14.4

1. 베시와 톰 부부는 각각 낭성섬유증을 가진 형제들이 있으나 본인들과 그들의 부모는 모두 정상이다. 이 부부가 아이를 가질 경우, 태어날 아이가 낭성섬유증을 갖게 될 확률을 계산하라. 만일 톰은 보인자이고 베시는 보인자가 아니라면 그 확률은 얼마인가? 답을 한 이유를 설명하라.
2. **MAKE CONNECTIONS** 헤모글로빈에서 단일 아미노산의 변화가 어떻게 헤모글로빈을 긴 막대 모양으로 응집시키는지 설명하라(그림 5.14, 5.18, 5.19를 복습하라).
3. 조앤은 다지증이라 불리는 우성 형질이 발현되어 두 발에 여섯 개의 발가락이 있다. 아버지는 정상이지만 그녀의 다섯 형제 자매 중 두 명과 어머니는 다지증을 가지고 있다. 다지증에 대한 조앤의 유전자형은 무엇인가? 답을 쓴 이유를 설명하라. *D*와 *d*를 사용하여 이 형질에 대한 대립유전자를 나타내라.
4. **MAKE CONNECTIONS** 표 14.1에서 꽃 색깔에 대한 단성교배의 F_2 세대에서 우성과 열성 형질의 표현형 비를 유념하라. 그림 14.15b에 있는 제2세대의 자손에 대한 표현형의 비율을 결정하라. 무엇 때문에 두 가지 비율에 차이가 생기는가?

정답은 부록 A 참조

14장 복습

핵심 개념의 요약

개념 14.1

멘델은 과학적 접근법을 사용하여 두 가지 유전 법칙을 발견하였다

- 멘델은 완두를 이용한 실험을 통해 유전에 대한 이론을 정립하였다. 멘델은 부모는 자식에게 세대가 지나도 보전되는 분리된 유전자를 물려준다고 제안하였다. 멘델의 이론은 두 가지 법칙을 포함한다.
- **분리의 법칙**은 다음과 같다. 유전자에는 **대립유전자**가 존재한다. 이배체 생물체에서 감수분열과 배우자 형성 동안 두 개의 대립유전자가 분리되어 정자나 난자는 각 대립유전자 두 개 중 하나만 갖는다. 이 법칙은 **단성잡종**인 개체들이 자가수분하였을 때 나오는 F_2 자손의 표현형 비가 3:1임을 설명한다. 생물체는 각각의 부모로부터 각 유전자에 대한 한 개의 대립유전자를 물려받는다. **이형접합체**는 서로 다른 두 개의 대립유전자를 가지며, 한 대립유전자(**우성 대립유전자**)의 표현형이 다른 대립유전자(**열성 대립유전자**)의 표현형을 덮어 버린다. **동형접합체**는 주어진 유전자에 대해 동일한 대립유전자를 가지며 **순종**이다.
- **독립의 법칙**은 하나의 유전자에 대한 한 쌍의 대립유전자는 다른 유전자에 대한 한 쌍의 대립유전자에 대해 독립적으로 분리되어 배우자에 들어간다는 것을 말한다. 두 유전자에 대해 이형접합인 식물의 **양성잡종** 교배에서 자손(F_2 세대)은 네 종류의 표현형이 9:3:3:1의 비율로 나타난다.

? 멘델이 순종의 보라색 꽃을 갖는 완두와 흰 꽃을 갖는 완두를 교배했을 때, 흰 꽃을 형질은 F_1 세대에서 사라졌지만 F_2 세대에서 다시 나타났다. 유전학 용어를 사용하여 왜 그런 일이 일어났는지 설명하라.

개념 14.2

확률의 법칙이 멘델의 유전 법칙을 지배한다

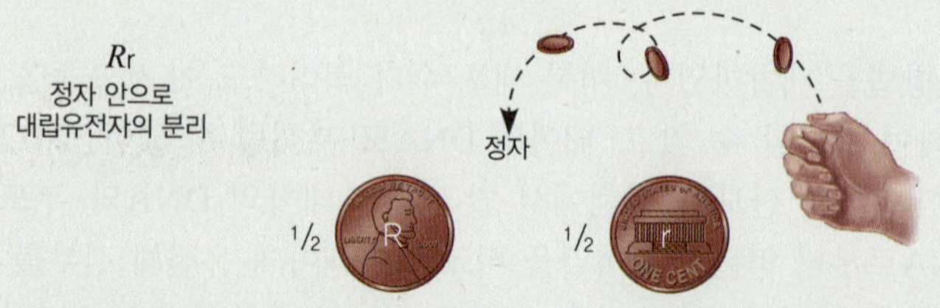

- **곱셈 법칙**이란 함께 일어나는 두 개 이상의 확률은 각각 하나의 사건의 확률을 곱한 것과 같음을 말한다. **덧셈 법칙**이란 두 개 이상의 독립적이고 상호배타적인 방법으로 사건이 일어날 확률은 개별적인 확률의 합과 같다는 것을 말한다.
- 확률 법칙은 복잡한 유전 문제를 해결하는 데 사용될 수 있다. 양성 또는 그 이상의 잡종교배는 두 개 이상의 독립적인 단성 잡종교배가 동시에 일어나는 것과 같다. 이러한 교배로부터 나오는 자손들의 다양한 유전자형 확률을 계산할 때, 각 특징에 대한 확률을 먼저 구한 후 이 개별적인 확률을 서로 곱한다.

DRAW IT 유전자 하나에 대해 하나씩 두 개의 작은 단성잡종 퍼넷사각형으로 그림 14.8의 오른쪽에 퍼넷사각형을 다시 그려라. 각 사각형 아래에 각 표현형의 비율을 써라. 곱셈 법칙을 사용하여 가능한 양성잡종 표현형의 비율을 각각 계산하라. 표현형의 비율은 얼마인가?

개념 14.3

유전 양상은 멘델이 제시한 단순한 유전 법칙보다 더 복잡하다

- 한 개의 단일 유전자에 대한 멘델 유전학의 확장

우성의 정도	설명	예
한 대립유전자의 완전 우성	이형접합자와 동형접합자의 표현형이 동일	*PP* *Pp*
불완전우성	이형접합자의 표현형은 두 동형접합자의 표현형의 중간	C^RC^R C^RC^W C^WC^W
공동 우성	이형접합자는 두 가지 표현형을 모두 나타냄	I^AI^B
복대립유전자	전체 집단에서 일부 유전자들은 2개 이상의 대립유전자를 갖는다.	ABO 혈액형 대립유전자 I^A, I^B, i
다면발현	하나의 유전자가 다수의 표현형에 영향을 미칠 수 있다.	낫모양적혈구빈혈증

- 두 개 이상의 유전자에 대한 멘델 유전학의 확장

유전자 사이의 관계	설명	예
상위	하나의 유전자가 다른 유전자의 발현에 영향을 미친다.	*BbEe* × *BbEe* *BE* *bE* *Be* *be* 9 : 3 : 4
다인자 유전	하나의 표현형이 두 개 이상의 유전자에 의해 영향을 받는다.	*AaBbCc* × *AaBbCc*

- 어떤 유전자형의 발현은 환경 영향에 의해 영향을 받을 수 있고, 그 결과 표현형의 범위가 결정된다. 환경에 의해 영향을 받는 다인자적 특징들을 다인성 특징들이라고 한다.
- 신체적 외형, 내부의 해부학적 구조, 생리작용, 그리고 행동 양식 등을 포함한 생물체의 전반적인 표현형은 그것의 전반적인 유전자형과 독특한 환경의 역사를 반영한다. 아주 복잡한 유전 양상에서도 멘델의 분리의 법칙과 독립의 법칙은 여전히 적용된다.

? ABO 혈액형의 유전은 다음 중 어느것이 적용될까?: 완전우성, 불완전우성, 공동우성, 다수의 대립유전자, 다면발현, 상위, 다인자 유전? 답을 쓴 각 용어에 대하여 설명하라.

개념 14.4

사람의 수많은 형질은 멘델 유전의 양상을 따른다

- **가계도** 분석을 이용하면 개인의 유전자형을 추론하고 미래의 자손을 예측할 수 있다. 그러한 예측은 보통 확실한 사실이 아니라 통계적인 확률을 의미한다.

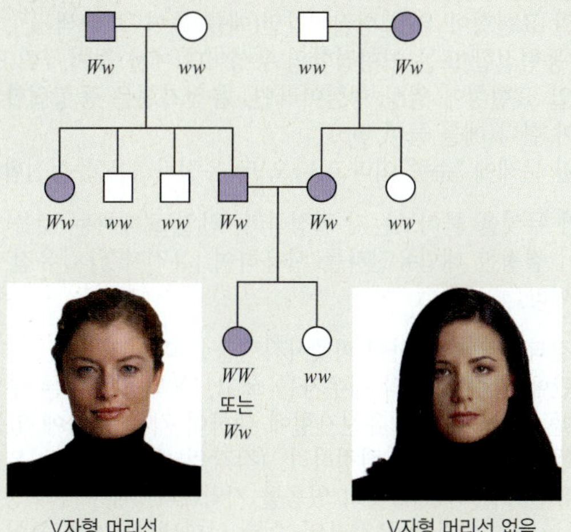

- 유전병은 대부분 단순 열성 형질로 유전된다. 동형접합의 열성 유전자형을 가진 대부분의 개인들은 정상인의 표현형을 갖는 이형접합성 보인자의 자식들이다.
- 낫모양적혈구빈혈증 대립유전자는 아마도 진화적 이유로 계속 존재한다. 이형접합자들은 말라리아 공격의 빈도나 증상을 감소시키는 낫모양세포 대립유전자 사본을 하나 가지고 있기 때문에 유리하다.

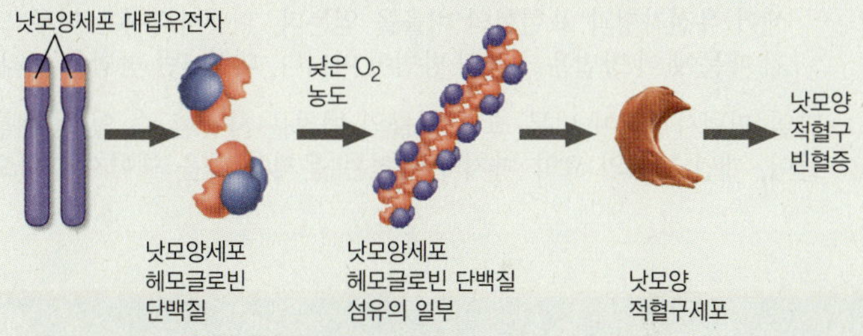

- 치사 우성 대립유전자는 유전병이 있는 사람이 자식을 낳을 수 있는 나이 이전에 사망할 경우 집단 내에서 소멸된다. 치명적이지 않은 우성 대립유전자와 비교적 늦은 나이에 나타나는 유전자들은 멘델의 유전 방식에 따라 유전된다.
- 사람의 많은 유전병은 다인성, 즉 유전요인과 환경요인의 영향을 받으며, 단순한 멘델 유전의 양상을 따르지 않는다.
- 유전자 상담원은 가족력을 이용해서 부부에게 그들의 아이가 유전병을 갖고 태어날 확률을 계산하여 알려준다. 예비 부모가 특정 유전병과 연관된 열성 대립유전자를 보유하고 있는지 조사하는 검사가 널리 시행되고 있다. **양수 검사**와 **융모막돌기채취법**은 의심되는 유전병이 태아에게 있는지를 판정할 수 있다. 아이가 태어난 후에도 여러 가지 유전 검사를 할 수 있다.

? 어느 부부가 모두 낭성섬유증 대립유전자 보인자이다. 그들의 자녀 세 명은 모두 낭성섬유증을 보이지 않지만 그들 중 누군가는 보인자일 수도 있다. 그 부부는 이미 태어난 세 명의 아이가 낭성섬유증이 없기 때문에 네 번째 아이를 갖고 싶지만 넷째 아이가 낭성섬유증을 갖고 태어날까 걱정을 하고 있다. 그 부부에게 당신은 무엇을 말해줄 수 있을까? 유전검사를 통하여 만일 세 명의 자녀가 보인자인지를 그 부부가 안다면 그들의 걱정에 대한 불확실성을 없앨 수 있을까?

유전문제 풀이 방법

1. 대립유전자에 대한 기호를 써라. (이것들은 문제에서 제시될 수 있다.) 하나의 문자로 표시할 때, 우성은 대문자, 열성은 소문자로 표기한다.

2. 표현형이 결정되면 가능한 유전자형을 써라.
   a. 만일 표현형이 우성 형질이라면(예를 들어, 보라색 꽃), 유전자형은 동형접합 또는 이형접합의 우성이다(예를 들어, *PP* 또는 *Pp*).
   b. 만일 표현형이 열성 형질이라면, 유전자형은 동형접합의 열성이어야 한다(예를 들어, *pp*)
   c. 만일 문제에 "순종"이라고 나오면, 유전자형은 동형접합이다.

3. 문제가 무엇을 물어보는지 결정하라. 만일 교배하는 것을 물었다면, 당신이 결정한 대립유전자를 사용하여 [유전자형]×[유전자형]의 형태로 써라.

4. 교배 결과를 알기 위하여 퍼넷사각형을 그려라.
   a. 상단에 한쪽 부모의 배우자를 쓰고, 왼쪽에는 다른 부모의 배우자를 써라. 주어진 유전자형에 대하여 각 배우자에 있는 가능한 모든 대립유전자를 결정하라. (각각의 배우자는 각 유전자의 대립유전자를 하나씩 갖고 있음을 기억해라.) 배우자의 종류는 2^n으로, *n*은 이형접합 유전자의 수를 나타낸다. 예를 들어, *AaBbCc* 유전자형을 갖고 있는 개체는 2^3=8 종류의 배우자를 만들 것이다. 퍼넷사각형 열의 위쪽과 줄의 왼쪽에 원을 그리고 그 안에 배우자의 유전자형을 써라.
   b. 정자와 난자가 수정하는 것처럼 퍼넷사각형을 채워, 모든 가능한 자손들을 기록하라. 예를 들어, *AaBbCc*×*AaBbCc*의 교배에서 퍼넷사각형은 8열과 8줄을 갖게 되어 64종류의 자손이 나올 것이다. 자손들의 표현형과 유전자형도 알 수 있다. 유전자형과 표현형을 세어 유전자형과 표현형의 비율을 얻는다. 퍼넷사각형은 너무 크기 때문에 이 방법은 최선의 방법이 아니다. 대신 5번 방법을 보라.

5. 만일 퍼넷사각형이 너무 크면 확률의 법칙을 사용할 수 있다.(예를 들어, 개념 14.2의 요약 마지막에 있는 문제와 다음 페이지에 나오는 문제 7번을 보라.) 각 유전자는 독립적으로 고려될 수 있다(개념 14.2 참조).

6. 만일 문제에 나온 어떤 교배에서 자손의 표현형 비율은 나오지만, 부모의 유전자형이 제시되지 않았다면, 표현형을 이용하여 부모의 유전자형을 유추할 수 있다.
   a. 예를 들어, 자손의 1/2은 열성 형질, 1/2은 우성 형질을 가졌다면, 동형접합자와 이형접합자 사이의 교배임을 알 수 있다.
   b. 만일 자손의 비율이 3:1이라면 두 개의 이형접합자 사이의 교배 결과이다.
   c. 만일 두 개의 유전자가 관여되고 자손의 비율이 9:3:3:1이라면, 부모는 모두 두 개의 유전자에 대하여 이형접합자임을 알 수 있다. 주의: 실험 결과가 예상된 비율과 정확히 일치한다고 생각하지 마라. 예를 들어, 자손 중 우성형질을 갖는 자손이 13, 열성 형질을 갖는 자손이 11개라면, 우성과 열성의 비율이 1:1이라고 생각해라.

7. 가계도 분석 문제는 그림 14.15에 있는 분석 방법을 사용하여 어떤 종류의 형질이 관여되어 있는지 결정하라.
   a. 만일 형질이 없는 부모가 형질을 갖는 자손을 낳을 경우, 그 형질은 반드시 열성이며 부모 모두 보인자이다.
   b. 만일 형질이 매 세대에서 나타나면, 우성일 가능성이 높다(그러나 다음의 가능성을 보라).
   c. 만일 부모가 모두 열성 형질을 갖고 있다면, 자손은 모두 그 형질을 보일 것이다.
   d. 가계도에 있는 어떤 개인의 유전자형을 결정하기 위하여, 알 수 있는 모든 가족의 유전자형을 먼저 기록하라. 유전자형의 일부를 완성하지 않을지라도, 알고 있는 것을 표기하라. 예를 들어, 만일 어느 개인이 우성의 표현형을 갖는다면, 유전자형은 *AA* 또는 *Aa* 일 것이다. 이 경우에는 *A*−로 표기한다. 어느 것이 맞는 것인지 알기 위하여 다른 가능성을 생각해 보라. 확률 법칙을 사용하여 가능한 유전자형이 옳을 가능성을 계산하라.

생각해보자

수준 1: 지식/이해

1. **DRAW IT** 콩깍지 색깔과 모양에 대하여 이형접합인 두 개의 완두 식물을 교배했다. 퍼넷사각형을 그리고 자손의 표현형 비율을 결정하라.

2. A형 남자와 B형 여자가 결혼을 하여 O형의 자녀를 낳았다. 이 세 명의 유전자형은 각각 무엇인가? 이 부부로부터 태어나는 자식들이 가질 수 있는 혈액형의 모든 유전자형과 비율은 각각 얼마인가?

3. 어떤 남자가 두 손에 6개의 손가락과 두 발에 6개의 발가락을 가지고 있다. 그의 부인과 딸은 정상이다. 다지증은 우성의 형질임을 기억하라. 이 부부의 자식이 다지증을 가질 확률은 얼마인가?

4. **DRAW IT** 부푼 콩깍지에 대해 이형접합인 완두 식물(*Ii*)과 수축된 콩깍지에 대해 동형접합인 완두식물(*ii*)을 교배하였다. 이 교배에 대한 퍼넷사각형을 그리고 유전자형과 표현형을 예상하라. 화분은 *ii* 식물에서 온다고 가정하라.

수준 2: 응용/분석

5. 꽃의 위치, 줄기 길이, 종자 모양은 멘델이 연구한 세 가지 특징이다. 각 특징은 독립적으로 분리되는 유전자에 의해 조절을 받으며, 표 14.1에 나타낸 것처럼 우성과 열성 표현형을 갖는다. 만일 세 가지 특징에 대하여 이형접합인 식물을 자가수분시킨다면, 다음과 같은 자손이 태어날 확률은 어떻게 되는가? (주의: 퍼넷사각형을 이용하는 대신에 확률을 사용하라.)
   (a) 세 가지 우성 형질에 대하여 동형접합자
   (b) 세 가지 열성 형질에 대하여 동형접합자
   (c) 세 가지 형질 모두에 대하여 이형접합자
   (d) 액생과 큰 키에 대하여는 동형접합자, 종자 모양에 대하여 이형접합자

6. 페닐케톤뇨증(PKU)은 열성 대립유전자에 의한 유전병이다. 여자와 남자가 모두 보인자인 부부 사이에서 세 명의 자손이 태어났다면, 다음의 경우에 대한 확률은 무엇인가?
   (a) 세 명이 모두 정상이다.
   (b) 적어도 한 명 이상이 유전병을 갖는다.
   (c) 세 명이 모두 유전병을 갖는다.
   (d) 적어도 한 명은 표현형이 정상이다.
   (주의: 모든 가능한 결과에 대한 확률을 합하면 언제나 1임을 기억하면 도움이 될 것이다.)

7. 사성잡종 교배에서 F_1 개체의 유전자형은 *AaBbCcDd*이다. 이 네 개의 유전자가 독립적으로 분리된다고 가정하고 이 F_1을 자가수분시켰을 때, F_2 자손이 다음 유전자형을 가질 확률은 얼마인가?
(a) *aabbccdd* (b) *AaBbCcDd*
(c) *AABBCCDD* (d) *AaBBccDd*
(e) *AaBBCCdd*

8. 다음의 각 부모로부터 제시한 자손이 태어날 확률을 얼마인가? (모든 유전자에 대해 독립의 법칙이 적용된다고 가정하라.)
(a) *AABBCC*×*aabbcc* → *AaBbCc*
(b) *AABbCc*×*AaBbCc* → *AAbbCC*
(c) *AaBbCc*×*AaBbCc* → *AaBbCc*
(d) *aaBbCC*×*AABbcc* → *AaBbCc*

9. 카렌과 스티브는 모두 낫모양적혈구빈혈증을 앓고 있는 형제가 있다. 카렌이나 스티브, 그들의 부모는 아무도 이 병을 앓고 있지 않으며, 모두 낫모양적혈구빈혈증 검사를 받은 적이 없다. 불완전한 정보에 근거하여 카렌과 스티브 부부가 아이를 가졌을 때, 그 아이가 낫모양적혈구빈혈증일 확률을 계산하라.

10. 1981년 캘리포니아 가정에 둥글고, 뒤로 휘어진 희귀한 귀를 갖는 검은 고양이가 들어와 양육되었다. 그 후 수백 마리의 후손이 태어났으며 고양이 애호가들은 이 휘어진 귀 고양이를 전시 품종으로 개발하려고 한다. 첫 번째 휘어진 귀 고양이를 가지고 휘어진 귀 고양이 순종을 개발하려고 한다고 가정하자. 휘어진 귀 유전자가 우성인지 열성인지를 어떻게 결정할 것인가? 어떻게 순종의 휘어진 귀를 갖는 고양이를 얻을 수 있는가? 순종인지를 어떻게 확인할 수 있는가?

11. 호랑이는 열성 대립유전자에 의해 색소가 없는 털(흰색 호랑이)과 사시 눈을 표현한다. 유전자가 이형접합이지만 표현형은 정상인 호랑이들끼리 교배하였다면, 그들 자손 중 사시 눈을 표현할 확률은 얼마인가? 사시 눈을 갖는 호랑이 중에서 흰색인 호랑이는 몇 %인가?

12. 옥수수는 우성 유전자 *I*에 의해 낟알 색깔의 표현이 억제되며, 열성 유전자 *i*가 동형접합일 때 색깔이 나타난다. 다른 유전자 좌위에 위치한 우성 유전자 *P*는 보라색 낟알을 나타내고, 동형접합의 열성 유전자형 *pp*는 적색 낟알을 나타낸다. 두 유전자 좌위에 대하여 모두 이형접합인 옥수수를 교배하였다면, 자손의 표현형은 무엇인가?

13. 다음은 생화학 경로의 장애인 알캅톤뇨증이 유전된 가계도이다. 이 가계도에서 색칠한 원과 사각형으로 나타낸 유전병 환자들은 알캅톤이라는 물질을 대사시키지 못하여 오줌에 색깔이 있으며 신체조직이 색소로 염색된다. 알캅톤뇨증은 우성 유전자에 의해 나타나는가, 또는 열성 유전자에 의해 나타나는가? 유전자형을 추론할 수 있는 사람들의 유전자형을 써라. 그 외 사람들은 어떤 유전자형이 가능할까?

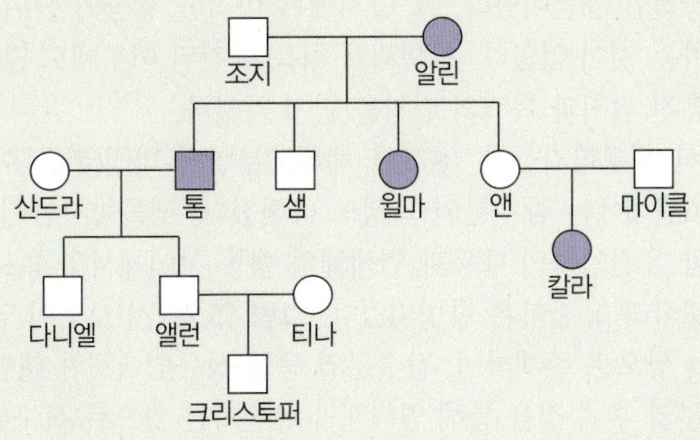

14. 당신이 유전 상담원이며 한 부부가 아이를 갖기 위해서 상담을 한다고 가정하자. 찰스는 한 번 결혼한 적이 있으며, 첫 번째 아내와의 사이에서 낭성섬유증을 앓은 자녀가 한 명 있다. 현재 아내인 엘라인의 남형제는 낭성섬유증으로 사망하였다. 찰스와 엘라인 부부 사이에서 낭성섬유증을 갖는 아이가 태어날 확률은 얼마인가? (찰스나 엘라인은 낭성섬유증이 없다.)

수준 3: 종합/평가

15. **진화적 관점**
과거 반세기에 걸쳐 미국과 다른 선진국 사람들은 그들의 부모 세대나 조부모 세대에 비해 결혼하여 가족을 이루는 나이가 더 늦어지는 경향이 있다. 이러한 경향이 증세가 늦게 나타나는 치사 우성 대립유전자의 발생(빈도)에 어떠한 영향을 미칠까?

16. **과학적 탐구**
당신은 줄기가 길고 꽃이 액생인 의문의 완두 식물을 제공받았고 이 식물의 유전자형을 가능한 빨리 결정하라는 부탁을 받았다. 당신은 줄기가 긴 대립유전자(*T*)가 짧은 것(*t*)에 대해 우성이며 액생(*A*)이 정생(*a*)에 대해 우성임을 알고 있다.
(a) 이 식물이 가질 수 있는 모든 유전자형은 무엇인가?
(b) 이 식물의 유전자형을 정확하게 결정할 수 있는 교배 방법 한 가지를 설명하라.
(c) 교배 결과를 기다리는 동안, (a)에서 나열한 가능한 유전자형에 대해 예측하라. 어떻게 예측할 것인가? 이것을 '교배를 실행하는 것'이라고 할 수 없는 이유는 무엇인가?
(d) 교배의 결과와 예측을 가지고 어떻게 이 식물의 유전자형을 알 수 있는지 설명하라.

17. **글쓰기: 정보**
생명의 연속성은 DNA에 있는 유전정보에 근거한다. 부모로부터 자식으로 어떻게 유전자가 전달되어 자손에게 부모 형질이 계속 나타나고 동시에 유전적 변이가 나오는가? 유전학 용어를 사용하여 100~150자의 짧은 글을 써라.

18. **종합적으로 생각해보기**

재미를 위하여 셔츠의 줄이 하나의 유전자에 의해 생기는 표현형 특징이라고 생각하자. 위 사진에 있는 가족의 모습에 대하여 셔츠 표현형과 부합하도록 유전학적으로 설명하라. 당신의 답에 각 가족 멤버의 셔츠의 줄에 대하여 가능한 대립유전자 조합을 써라. 아이에 의해 나타난 유전 양상은 무엇인가?

정답은 부록 A 참조

15

연관과 염색체

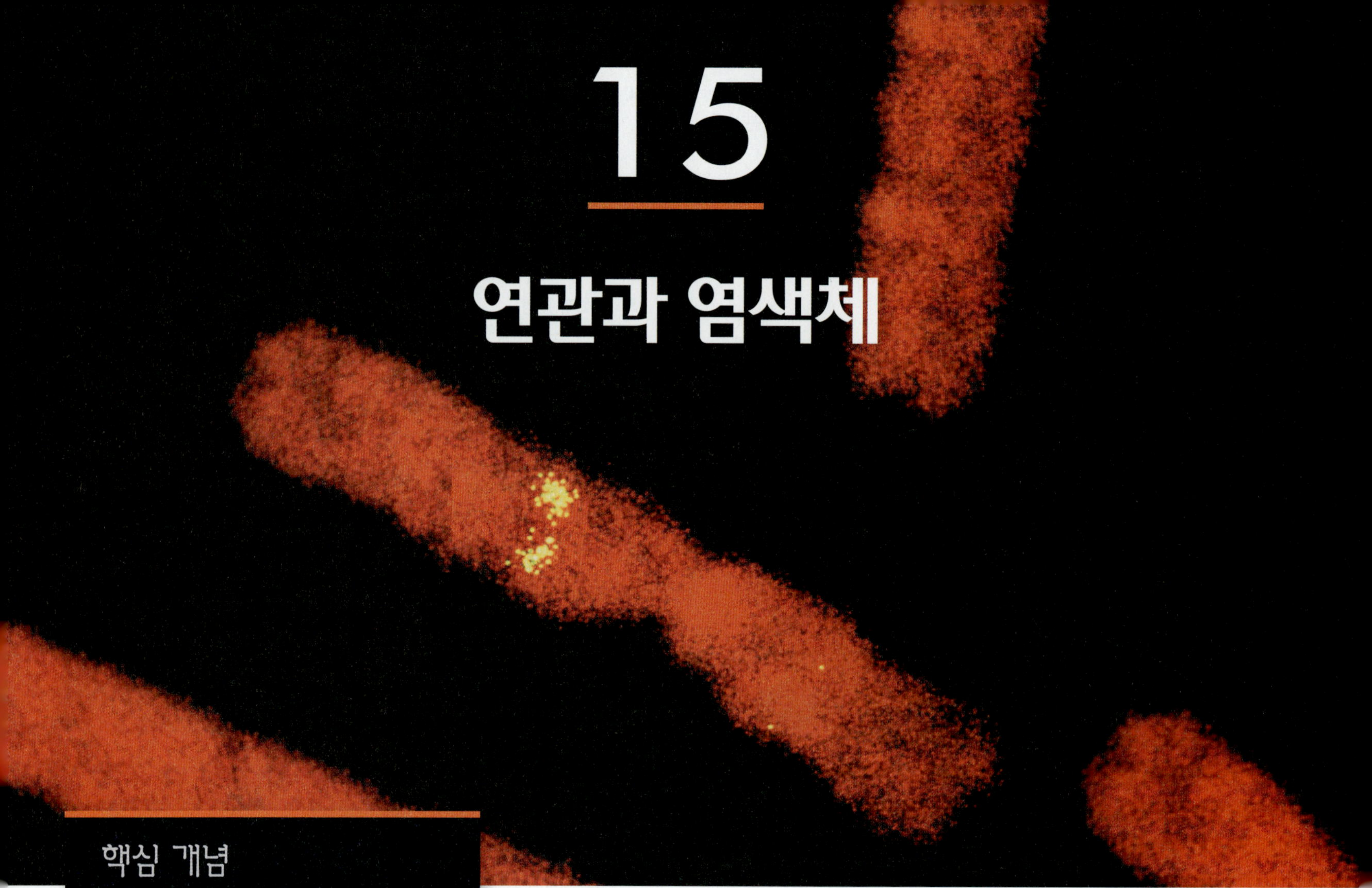

핵심 개념

15.1 모건은 멘델 유전의 물리적 원인이 염색체들의 행동에 있음을 밝혔다: 과학 탐구

15.2 성-연관 유전자는 특이한 유전 양상을 나타낸다

15.3 연관된 유전자들은 동일한 염색체의 서로 가까운 곳에 위치하며, 함께 유전되는 경향이 있다

15.4 염색체 수나 구조에 변화가 생기면 유전병이 발생한다

15.5 일부 유전 양상은 일반적인 멘델 이론에 맞지 않는다

▲ **그림 15.1** **멘델의 유전인자는 세포에서 어디에 위치하는가?**

염색체상의 유전자 위치

오늘날, 우리는 유전자들—멘델의 "인자들"—이 염색체를 따라 위치하는 DNA 조각임을 알고 있다. 특정 유전자를 볼 수 있게 하는 형광 염색약을 염색체에 결합시킴으로써 해당 유전자의 위치를 알 수 있다. 예를 들어, **그림 15.1**에 있는 두 개의 노란 점들은 사람의 6번 염색체에 있는 특정 유전자의 좌위를 나타낸다. (이 현미경 사진의 염색체들은 이미 복제되었기 때문에 하나의 염색체에 두 개, 즉 자매염색분체마다 하나씩 노란 점이 관찰된다.) 그러나 1860년 "유전인자"가 존재한다고 멘델이 제안했을 때, 그것은 완전히 추상적인 개념이었다. 그 당시에는 이러한 상상의 단위를 수용하는 세포구조에 대하여 아는 것이 없었다. 염색체가 처음 발견된 이후에도 많은 생물학자들은 멘델이 제안한 유전 법칙과 독립의 법칙을 믿지 않았다.

현미경 기술이 향상되면서 세포학자들은 1875년 체세포분열의 과정(왼쪽 아래의 그림을 보라)을 밝혔고, 1890년대에는 감수분열 과정도 밝혀졌다. 생물학자들이 성적 생식주기 동안 멘델이 제안한 유전인자의 행동과 염색체의 행동 사이에서의 유사점들을 발견하기 시작하면서 세포학과 유전학은 합병되었다. **그림 15.2**에서 보듯이 염색체와 유전자는 이배체 세포에서 쌍으로 존재하며, 감수분열 동안 상동염색체와 대립유전자는 분리된다. 더구나 감수분열 후 수정을 통해 염색체와 유전자는 쌍으로 복구된다.

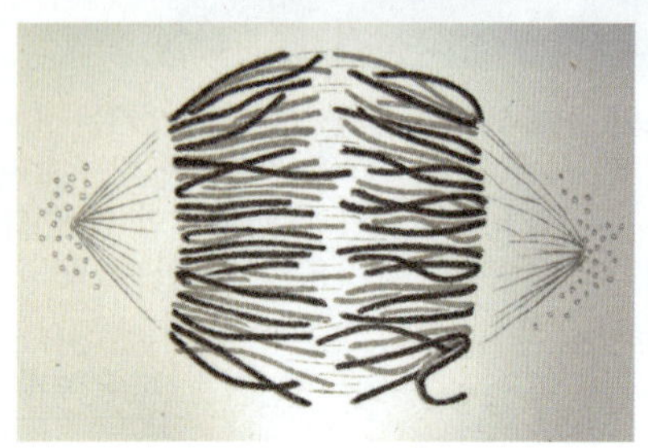

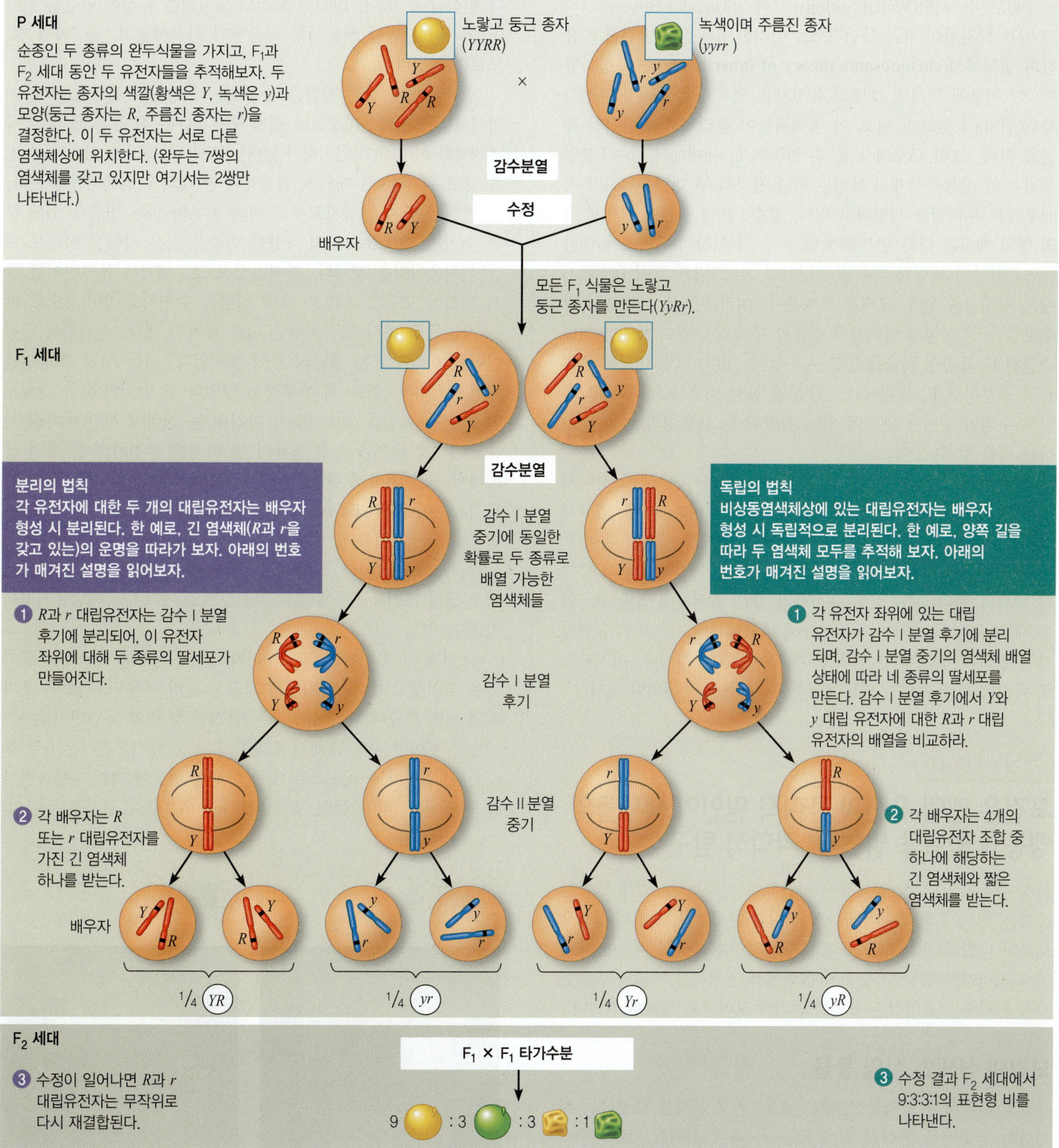

▲ **그림 15.2 염색체에 근거한 멘델의 유전 법칙.** 여기서 우리는 멘델의 양성 잡종교배 실험(그림 14.8) 결과와 감수분열 시 염색체의 행동 양식(그림 13.8)을 연관시킬 수 있다. 감수분열 중기 I에 염색체가 배열되고 후기에서 이동하는 것은 종자의 색깔과 모양에 대한 대립유전자의 분리와 독립적인 유전을 설명할 수 있다. F_1 식물에서 감수분열을 하는 세포는 두 종류의 배우자를 만든다. 그러나 전체적으로 보았을 때, F_1 식물은 네 종류의 배우자를 같은 수로 만든다. 그 이유는 감수분열 중기 I에 다른 방식으로 배열할 수 있는 가능성이 같기 때문이다.

? 만일 F_1 식물과 두 유전자에 대하여 열성인 식물(yyrr)을 교배한다면, 자손의 표현형 비율이 여기서 보여준 9:3:3:1과 어떻게 비교되는가?

1902년경, 서턴(Walter Sutton), 보베리(Theodor Boveri) 그리고 일부 학자들이 각각 독립적으로 이러한 유사점을 발견하고 **유전의 염색체설(chromosome theory of inheritance)**을 주장하였다. 이 이론에 의하면 멘델의 유전자는 염색체상의 특정 유전자 좌위(위치)에 있으며 바로 이 염색체들이 분리되고 독립적인 유전을 한다. 그림 15.2에서 볼 수 있듯이 F_1 세대에서 감수 I 분열 후기 동안 상동염색체의 분리는 한 유전자의 두 대립유전자가 각 배우자로 분리됨을 설명하고 있다. 감수 I 분열 중기에 염색체 쌍의 임의 배열은 다른 염색체에 있는 두 개 이상의 유전자에 대한 대립유전자의 독립적 분리를 설명한다. 이 그림은 그림 14.8에서 배운 양성잡종 완두 교배를 보여준다. 여러분은 F_1 세대에서 감수분열 동안 어떻게 염색체의 행동과 무작위 수정이 멘델에 의해 관찰된 F_2 표현형 비율을 만드는지 알 수 있다. 그림 15.2를 주의 깊게 공부하면 F_1 세대에서 감수분열 동안 염색체 행동과 그 후 임의 수정이 일어나 멘델에 의해 관찰된 F_2 표현형의 비를 낳는다는 것을 알 수 있다.

염색체의 행동과 유전자의 행동을 관련시키면서, 이 장에서는 앞의 두 장에서 배운 것을 확장해 다룰 것이다. 첫째, 염색체 이론을 강력하게 지지하는 초파리에서의 증거를 설명할 것이다. (비록 이 이론이 매우 합당해 보이긴 하지만, 여전히 실험적 증거를 필요로 한다.) 다음, 두 유전자가 같은 염색체에 연관되어 있을 때 무슨 일이 생기는가를 포함해 부모로부터 자식으로 유전자가 전달되는 것에 대한 염색체 이론을 탐험할 것이다. 마지막으로 유전 법칙에 예외가 되는 일부 중요한 현상을 논의할 것이다.

개념 **15.1**

모건은 멘델 유전의 물리적 원인이 색체들의 행동에 있음을 밝혔다: 과학적 탐구

특정 유전자와 특정 염색체가 연관되어 있다는 첫 번째 명확한 증거는 20세기 초 컬럼비아 대학의 실험 발생학자, 모건의 실험으로부터 나왔다. 모건도 처음에는 멘델의 이론과 염색체설에 대하여 회의적이었지만, 그의 초기 실험에서 염색체가 멘델의 유전인자가 위치하는 곳이라는 확실한 증거를 보여주는 결과를 얻었다.

모건이 선택한 실험 동물

생물학의 역사를 돌아보면, 많은 경우, 연구 문제를 해결하는 데 적합한 생물체를 통찰력 있게 또는 운 좋게 선택함으로써 중요한 사실들이 발견되곤 했다. 멘델은 변종을 쉽게 구분할 수 있는 완두 식물을 실험 재료로 골랐다. 모건은 과일에서 자라는 균류를 먹으며, 주변에서 흔히 볼 수 있는 노랑초파리(*Drosophila melanogaster*)를 선택하였다. 초파리는 많은 수의 자손을 만든다. 한 번의 교배를 통해 수백 마리의 자손들이 생겨나며 2주마다 번식할 수 있다. 1907년 모건의 실험실은 유전학 연구를 위하여 이처럼 간편한 생물체를 사용하기 시작하였고, 곧 "파리 방"으로 알려졌다.

초파리의 또 다른 장점은 염색체를 네 쌍만 가지고 있으며, 이 염색체들은 광학현미경으로 쉽게 구분된다는 점이다. 세 쌍의 상염색체와 한 쌍의 성염색체가 있다. 암컷은 상동인 X 염색체 한 쌍을 갖고, 수컷은 한 개의 X 염색체와 한 개의 Y 염색체를 갖는다.

멘델은 종자 공급자로부터 여러 종류의 완두 변종을 쉽게 구할 수 있었지만 초파리의 다양한 변종을 찾은 사람은 아마도 모건이 처음이었을 것이다. 자연발생적으로 생기는 돌연변이를 찾기 위하여 모건은 수많은 교배 실험을 수행하고 현미경으로 많은 자손들을 조사하는 지루한 일을 해야만 했다. 수개월에 걸친 실험을 한 후 그는 "2년의 일이 헛되었다. 나는 항상 초파리를 교배해 왔지만 얻은 게 아무것도 없었다"고 탄식하였다. 그렇지만 모건은 실험을 계속하였고 마침내 눈 색깔이 하얀(초파리 눈은 보통 빨간색임) 수컷 초파리 한 마리를 발견하였다. 자연 상태에서 가장 흔하게 관찰되는 어떤 특징의 표현형, 예를 들어 빨간 눈을 **야생형(wild type)**이라 부른다(그림 15.3). 야생형이 아닌 대체 형질, 예를 들어 초파리의 흰 눈은 **돌연변이 표현형(mutant phenotype)**이라 한다. 그 이유는 돌연변이 표현형은 돌연변이로써 야생형 대립유전자에서 유래된 것으로 여겨지는 대립유전자이기 때문이다.

모건과 그의 학생들은 초파리의 대립유전자를 나타내는 표기법을 고안했으며, 이 표기법은 지금도 널리 사용되고 있다. 초파리의 어떤 특징에 대한 유전자는 발견된 첫 번째 돌연변이로부터 기호를 부여받는다. 그래서 초파리의 흰 눈 대립유전자는 *w*로 표시된다. 위첨자로 +를 쓰는 것은 야생형 형질에 대한 대립유전자를 나타낸다. 예를 들어, w^+는 빨간 눈의 대립유전자를 뜻한다.

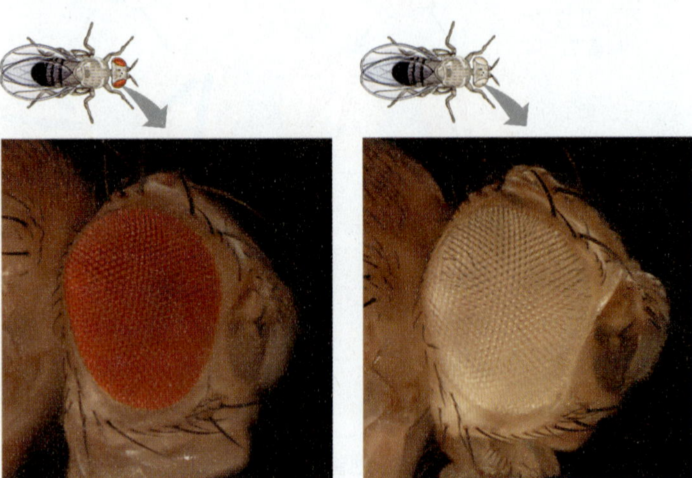

▲ **그림 15.3 모건의 첫 번째 돌연변이.** 야생형 노랑초파리는 빨간 눈을 갖고 있다(왼쪽). 초파리 중에서 모건은 흰색 눈을 가진 돌연변이 수컷을 발견하였다(오른쪽). 이 변이는 모건이 눈 색에 대한 유전자가 특정 염색체상에 있음을 알게 해주었다(LMs).

시간이 지나면서 생물체마다 각각 다른 유전자 표기법이 개발되었다. 보통 사람의 유전자는 모두 대문자로 쓴다. 예를 들어, 헌팅턴병에 대한 대립유전자는 *HD*로 표기한다.

한 유전자의 대립유전자 행동과 염색체 쌍의 행동 사이의 관련성

모건은 흰 눈을 가진 수컷과 빨간 눈을 가진 암컷을 교배하였다. F_1 자손은 모두 빨간 눈을 가졌고 이것은 야생형이 우성이라는 것을 시사해 주었다. F_1 초파리끼리 교배시켰을 때 모건은 F_2 자손에서 고전적인 3:1 표현형을 관찰하였다. 그러나 놀라운 결과가 나왔다: 흰색 눈의 형질은 수컷에서만 나타났다. 모든 F_2 암컷은 빨간 눈을 가졌으며, 수컷의 반은 빨간 눈을, 나머지 반은 흰색 눈을 가졌다. 그러므로 모건은 파리의 눈 색깔이 성과 연관되어 있다고 결론지었다. (만약 눈 색깔에 대한 유전자가 성과 관련이 없다면 흰 눈을 가진 파리 중 반은 수컷이고 나머지 반은 암컷이어야 했을 것이다.)

암컷 초파리는 두 개의 X 염색체를 가지며(XX) 수컷 초파리는 X와 Y 염색체를 하나씩 갖는다(XY). 흰 눈을 갖고 있는 F_2 초파리에서 흰 눈 형질과 수컷 사이에 관계가 있다는 사실은 흰 눈 돌연변이에 영향을 준 유전자는 X 염색체상에 단독적으로 위치하며, Y 염색체상에는 그에 대응하는 대립유전자가 없다는 것을 모건에게 시사해 주었다. 그의 추론은 **그림 15.4**에 나와 있다. 돌연변이 대립유전자가 하나 있는 수컷은 흰색 눈을 가질 것이다. 수컷은 한 개의 X 염색체만 갖기 때문에 열성 대립유전자를 상쇄할 야생형 대립유전자(w^+)를 가질 수 없다. 반면에 암컷은 두 개의 X 염색체가 모두 열성 돌연변이 대립유전자(w)일 경우에만 흰색 눈을 갖게 된다. 모건의 실험에서 얻은 F_2 세대의 암컷이 흰색 눈을 갖는다는 것은 불가능한 일이었는데, 그 이유는 F_1 수컷이 모두 빨간 눈이고 따라서 각 F_2 암컷은 부계로부터 X 염색체에 있는 w^+대립유전자를 물려받기 때문이다.

특정 형질과 개체의 성별 사이에 연관성이 있다는 모건의 발견은 유전의 염색체설에 대한 증거를 제공하였다. 즉, 특정 유전

개념 확인 문제 15.1

1. 멘델의 유전 법칙 중 어느 것이 하나의 특징에 대한 대립유전자의 유전과 관련 있는가? 어느 법칙이 양성 잡종교배에서 두 특징에 대한 대립유전자의 유전과 관련 있는가?
2. MAKE CONNECTIONS 감수분열 설명(그림 13.8)과 멘델의 두 가지 법칙(개념 14.1)을 복습하라. 두 가지 멘델의 법칙에 대한 물리적 근거는 각각 무엇인가?
3. WHAT IF? 모건이 발견한 첫 번째 자연발생 돌연변이 초파리가 성염색체 상의 어떤 유전자를 포함한 것이라 생각된 이유를 설명하라.

정답은 부록 A 참조

▼ 그림 15.4 탐구

야생형 암컷 초파리와 돌연변이 흰색 눈 수컷 초파리 사이에 태어나는 F_1과 F_2 자손은 어떤 색깔의 눈을 가질 것인가?

실험 모건은 야생형(빨간 눈) 암컷 초파리와 흰색 눈을 가진 돌연변이 수컷 초파리를 교배하였다. F_1 자손은 모두 빨간 눈을 가졌다.

모건은 빨간 눈 F_1 암컷과 빨간 눈 F_1 수컷을 교배하여 F_2 세대를 얻었다.

결과 F_2 세대는 빨간 눈 대 흰 눈의 비율이 멘델의 전형적인 3:1 비율을 보였다. 그러나 암컷은 모두 빨간 눈을 가졌다. 수컷의 반은 흰색 눈을 가졌고 나머지 반은 빨간 눈을 가졌다.

결론 모든 F_1 세대가 빨간 눈을 가졌기 때문에, 흰색 눈 돌연변이 형질(w)은 빨간 눈 야생형 형질(w^+)에 대해 열성일 것이다. F_2 세대에서 열성 형질인 흰 눈이 수컷에서만 표현되었기 때문에, 모건은 아래 그림에서처럼, 눈 색깔을 지정하는 유전자가 X 염색체상에 있고 Y 염색체상에는 그에 대응하는 유전자가 없다고 가설을 세웠다.

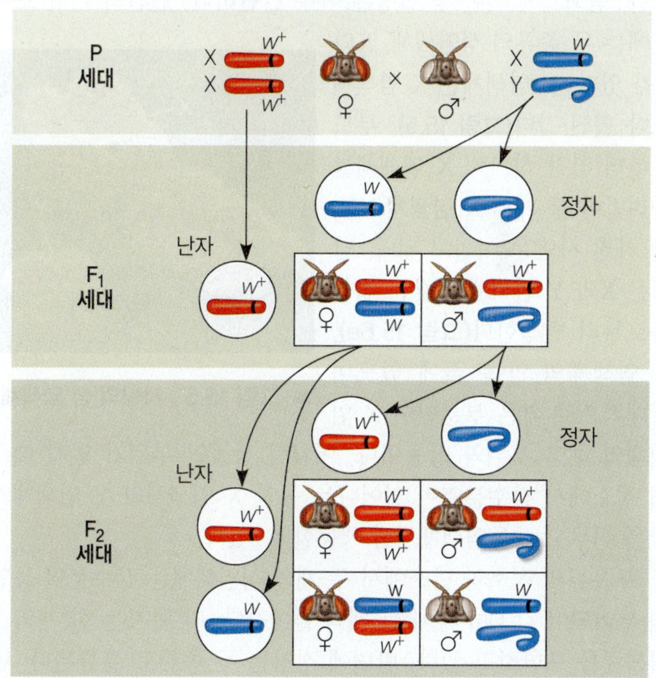

참고문헌 T. H. Morgan, Sex-limited inheritance in *Drosophila*, *Science* 32: 120–122 (1910).

WHAT IF? 흰색 눈 유전자가 상염색체에 있다고 가정하자. 이 가상의 교배에서 F_2 초파리의 표현형(성 포함)을 예상하라. (힌트: 퍼넷사각형을 그려라.)

자는 특정 염색체상에 존재한다는 것이다. (이 경우 눈 색깔에 대한 유전자는 X 염색체상에 있다.) 다음 절에서 다시 다루겠지만 모건의 연구는 또한 성염색체상에 있는 유전자는 특이한 유전 양상을 나타낸다는 것을 보여주었다. 모건의 초기 연구가 지니는 중요성이 알려지면서 많은 우수한 학생들이 그의 파리 방으로 몰려들었다.

개념 15.2

성-연관 유전자는 특이한 유전 양상을 나타낸다

이미 앞에서 배웠듯이 모건은 어떤 형질(흰눈)이 초파리의 성과 연관이 있다는 사실을 발견하였는데 이는 유전의 염색체 설이 발달할 수 있었던 주요 사건이었다. 초파리의 성을 관찰하면 그 개체가 갖고 있는 성염색체의 종류를 알 수 있다. 두 종류의 성염색체 쌍의 행동과 2개의 눈 색깔 대립유전자의 행동은 상관이 있다. 이 절에서는 유전에서 성염색체의 역할에 대하여 더 자세히 알아보겠다.

염색체에 의한 성 결정

비록 여성과 남성 사이의 해부학적, 생리학적인 차이는 아주 많지만, 염색체에 의한 성 결정은 아주 간단하다. 인간과 기타 포유류에는 두 종류의 성염색체, X와 Y가 있다. Y 염색체는 X 염색체보다 훨씬 작다(**그림 15.5**). 부모로부터 각각 하나씩 X 염색체를 물려받아 두 개의 X 염색체(XX)를 가진 사람은 여성이 된다. 남성은 X와 Y 염색체를 갖는 접합자로부터 발생한다(**그림 15.6a**). Y 염색체의 양쪽 끝에 있으며 상대적으로 짧은 부분만이 X 염색체의 해당 부위와 상동이다. 이처럼 상동인 부위가 있기 때문에 정소에서 감수분열이 일어나는 동안 X 염색체와 Y 염색체가 쌍을 이루고 상동염색체처럼 행동할 수 있다.

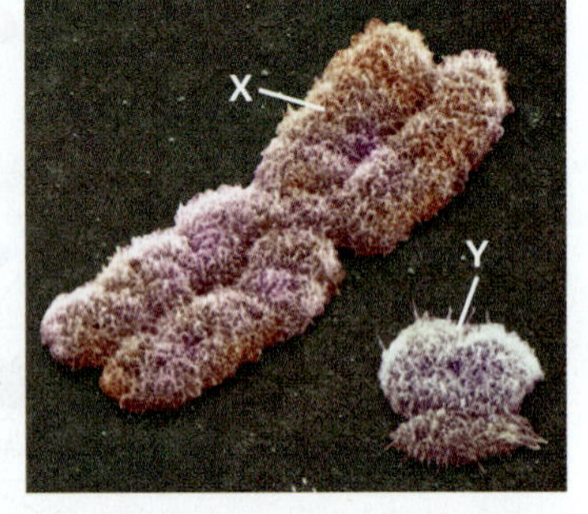

▲ **그림 15.5 사람의 성 염색체**

포유류의 정소와 난소에서 두 개의 성염색체는 감수분열 동안에 분리되어 각 배우자에 한 개씩 들어간다. 각 난자는 한 개의 X 염색체를 포함하고 있다. 반면에 정자는 두 종류로 분류된다. 반은 X 염색체를 갖고 있으며 나머지 반은 Y 염색체를 갖고 있다. 개념적으로 각 자손의 성을 추적해 보자. 만일 X 염색체를 가진 정자와 난자가 수정되면, 접합자는 XX로 여성이다. 반면, Y 염색체를 가진 정자와 난자가 수정되면 접합자는 XY로 남성이다(그림 15.6a). 따라서 성 결정은 확률의 문제로 50 대 50의 확률

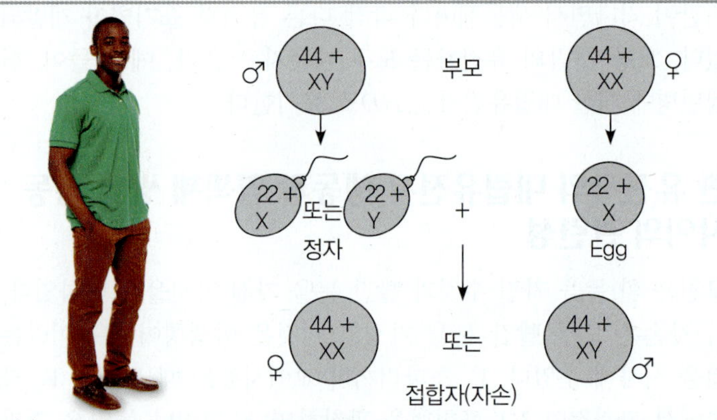

(a) **X-Y 체계.** 포유류에서 자손의 성은 정자세포가 X 또는 Y 염색체 중 어느 것을 갖고 있느냐에 따라 결정된다.

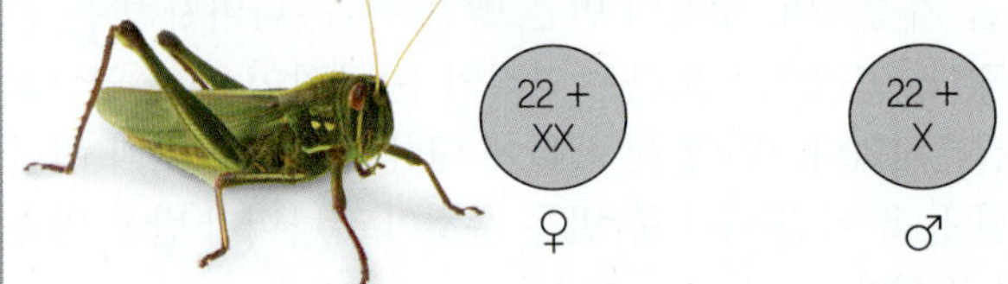

(b) **X-0 체계. 메뚜기,** 바퀴벌레, 그리고 일부 곤충류에서 성염색체는 X 하나뿐이다. 암컷은 XX이고 수컷은 한 개의 성염색체만 가진다(X0). 자손의 성은 정자세포가 X 염색체를 가지고 있는지의 여부에 따라 결정된다.

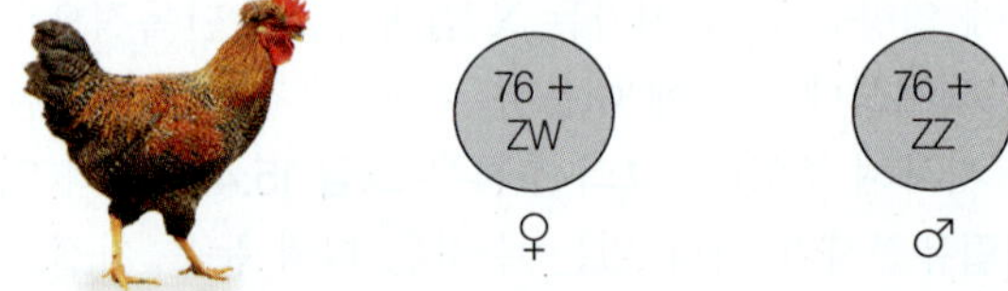

(c) **Z-W 체계.** 조류, 일부 어류, 그리고 일부 곤충류에서는 정세포가 아니라 난세포에 존재하는 성염색체가 자손의 성을 결정한다. 성염색체는 Z와 W로 나타낸다. 암컷은 ZW이며 수컷은 ZZ이다.

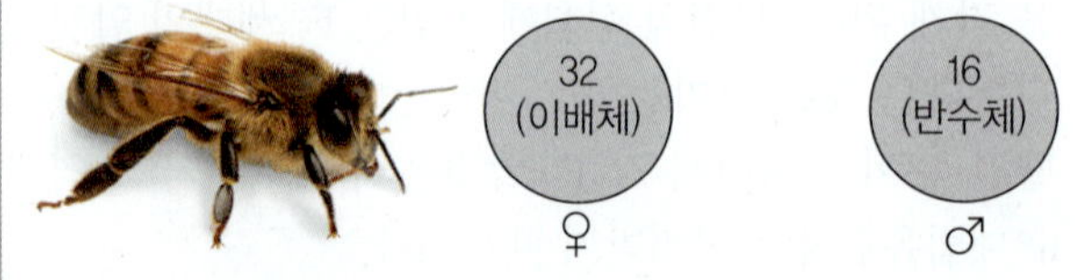

(d) **반수체-이배체 체계.** 대부분의 벌과 개미에서 성염색체는 없다. 암컷은 수정된 난자로부터 발생하며 이배체이다. 수컷은 수정되지 않은 난자로부터 발생하여 반수체이다; 그들에게 아버지는 없다.

▲ **그림 15.6 성 결정에 대한 염색체 체계.** 숫자는 그림으로 나타낸 동물의 상염색체 수를 나타낸다. 초파리에서 수컷은 XY이지만, 성별은 단순히 Y 염색체의 존재에 따라 결정되는 것이 아니라 X 염색체의 수와 상염색체 세트수의 비율에 따라 결정된다.

이다. 포유류의 X-Y 체계 외에, 성 결정을 위한 세 개의 다른 염색체 체계가 **그림 15.6b~d**에 나타나 있다.

사람의 경우 성에 대한 해부학적인 신호는 배아가 약 두 달 되었을 때 나타나기 시작한다. 그 이전까지 생식소는 유동적이다—Y 염색체의 존재 여부에 따라 생식소는 난소 또는 정소로 발

생할 수 있다. 1990년 영국 연구팀이 정소의 발생에 필요한 유전자를 Y 염색체상에서 발견하였다. 그들은 그 유전자를 Y의 성결정 지역(sex-determining region of Y)을 의미하는 뜻으로 *SRY*라고 이름을 붙였다. *SRY*가 없는 경우 생식소는 난소로 발달한다. 남성과 여성을 구분하는 생화학적, 생리적, 해부학적 특징들은 복잡하며, 많은 유전자가 그들의 발생에 관여한다. 사실 *SRY*는 다른 유전자를 조절하는 단백질을 암호화한다.

사람의 Y 염색체 염기서열을 분석한 결과, 약 25개의 단백질을 암호화하는 78개의 유전자가 발견되었다. (일부 유전자들을 중복되어 있다.) 이들 유전자의 약 절반은 정소에서만 발현되고, 일부 유전자들은 정소가 정상적으로 기능을 하는 데 필요하다. 이 유전자들이 없는 XY 개인은 남성이지만 정상적인 정자를 생산하지 못한다. 두 개의 성염색체에 위치하는 유전자를 **성-연관 유전자(sex-linked gene)**라고 부른다; Y 염색체에 위치하는 유전자는 **Y-연관 유전자**라고 부른다. Y 염색체는 아버지로부터 아들에게 그대로 전달된다.Y 염색체에는 유전자가 많지 않기 때문에 아버지로부터 아들에게 대물림되는 Y 염색체 관련 질병은 아주 적다. 아주 드문 예로써 어떤 Y-연관 유전자가 결실되었을 경우 그 남성은 XY이지만 정상적인 정자를 생산하지 못한다. 사람의 X 염색체에는 약 1,100여 개의 **X-연관 유전자**가 존재한다. 남성과 여성은 다른 수의 X 염색체를 물려받기 때문에 X 염색체 유전 양상은 상염색체의 유전 양상과 다르다.

X-연관 유전자의 유전

Y-연관 유전자의 대부분은 성을 결정하는 데 도움을 주는 반면에, X 염색체는 성과 관련없는 특징을 암호화하는 유전자를 많이 포함하고 있다. 사람의 경우 X-연관 유전자는 모건이 연구한 초파리의 눈색깔 유전과 같은 양상을 따른다(그림 15.4). 아버지의 X-연관 대립유전자는 딸에게 전달되지만 아들에게는 전혀 전달되지 않는다. 반면에, X-연관 유전병인 적록 색맹의 유전을 나타낸 **그림 15.7**에서 보여주듯이 어머니의 X-연관 대립유전자는 아들과 딸 모두에게 전달될 수 있다.

만일 X-연관 형질이 열성 대립유전자에 의한 것이라면 여성은 동형인 경우에만 표현형을 나타낼 것이다. 남성은 한 개의 유전자만 가지고 있기 때문에 동형과 이형이라는 용어는 남성의 X-연관 유전자들을 표현하기에는 부적합하여 이러한 경우에 **반접합성**(hemizygous)이라는 용어를 사용한다. 어머니로부터 열성 대립유전자를 받는 모든 남성은 그 형질을 발현할 것이다. 이러한 이유 때문에 남성은 여성보다 훨씬 더 많은 X-연관성 열성 유전병을 가진다. 비록 여성이 두 개의 돌연변이 대립유전자를 받을 가능성은 남성이 한 개를 받을 가능성보다 낮지만, 반성 유전병을 갖는 여성이 존재한다. 예를 들어, 색맹은 X-연관성 형질로 유전되는 가벼운 유전병이다. 색맹인 아버지와 보인자인 어머니로부터 색맹인 딸이 태어날 수 있다(그림 15.7c). 그러나 색맹에 대한 대립유전자는 상대적으로 드물기 때문에 이런 조건의 남성과 여성이 결혼할 확률은 낮다.

사람의 많은 X-연관 유전병은 색맹보다 훨씬 더 심각하다. 한 예로, 미국에서 3,500명의 남성 중 한 명꼴로 나타나는 **뒤셴 근위축증(Duchenne muscular dystrophy)**이 있다. 이 유전병은 근육이 서서히 약해지고 근육운동의 협조가 없어지는 특징이 있다. 이 병에 걸리면 20대 초반에 대부분 사망한다. 이 병은 디스트로핀(dystrophin)이라는 중요한 근육 단백질의 결핍으로 생기며, 이

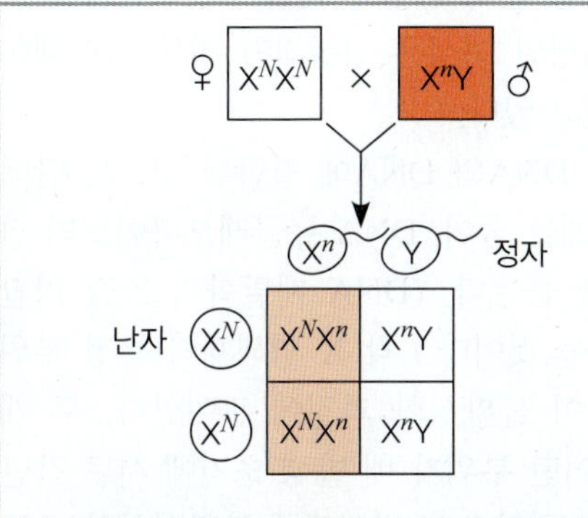

(a) 색맹인 아버지는 돌연변이 대립유전자를 모든 딸에게 전달하지만 아들에게는 전혀 물려주지 않는다. 어머니가 우성 동형접합성일 때 딸은 정상 표현형을 갖지만 돌연변이에 대한 보인자일 것이다.

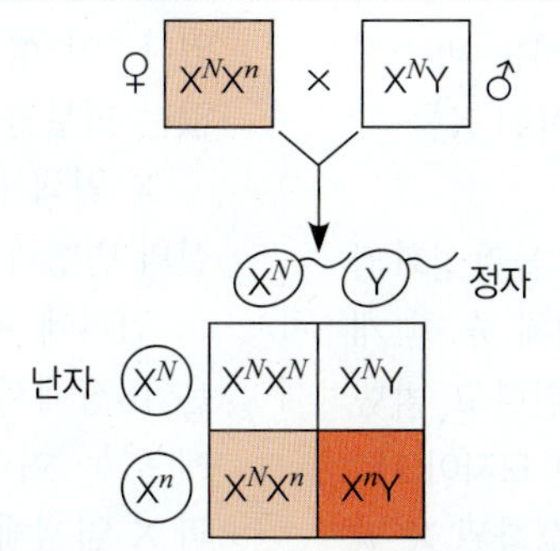

(b) 보인자 여성이 정상 남성과 결혼한다면, 어머니처럼 딸이 보인자가 될 확률은 50%이며 아들이 색맹일 확률은 50%이다.

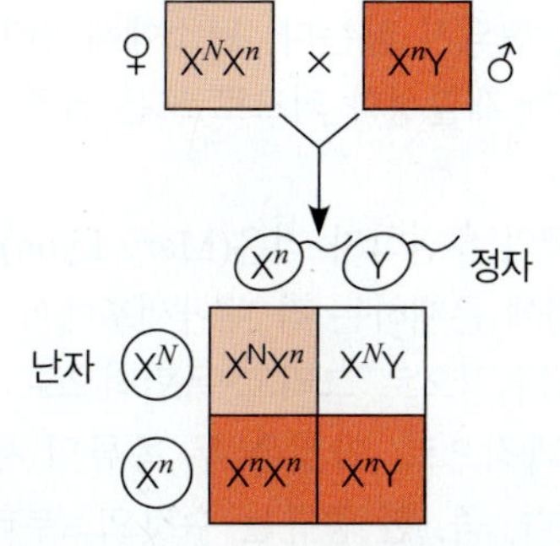

(c) 보인자 여성이 색맹인 남성과 결혼한다면, 그들 사이에서 태어나는 아이가 색맹일 확률은 성에 관계없이 50%이다. 정상적으로 색을 구분하는 딸은 보인자가 될 것이며, 반면에 정상 시각의 아들은 열성 대립유전자를 갖지 않을 것이다.

▲ **그림 15.7 X-연관 열성 형질의 유전.** 이 그림은 적록색맹을 한 예로 보여주고 있다. 위첨자 *N*은 정상 우성 대립유전자를 나타내며, 위첨자 *n*은 색맹의 열성 대립유전자를 나타낸다. 흰 상자는 정상 사람을 나타내고, 옅은 오렌지색 상자는 보인자를 나타내며, 짙은 오렌지색 상자는 색맹을 나타낸다.

? 만일 색맹인 여성이 정상 남자와 결혼한다면, 자식들의 표현형 확률은 얼마일까?

단백질을 암호화하는 유전자는 X 염색체에 존재한다.

혈우병(hemophilia)은 X-연관 열성 유전병으로 혈액 응고에 필요한 한 개 이상의 단백질이 없는 상태로 정의된다. 혈우병인 사람이 다칠 경우, 혈액 응고가 천천히 일어나기 때문에 출혈이 지속된다. 피부에 나는 작은 상처는 보통 문제가 되지 않지만, 근육이나 관절에서의 출혈은 고통스럽고 심각한 손상으로 이어질 수 있다. 1,800년대에 혈우병이 유럽의 왕족 사이에 널리 퍼졌다. 영국의 빅토리아 여왕이 혈우병 대립유전자를 그녀의 여러 자손에게 물려주었다고 알려졌다. 스페인과 러시아 같은 다른 나라의 왕가들과 결혼을 하면서 혈우병은 더 많이 퍼졌고 그 사례는 왕가의 가계도에 잘 나타난다. 수년 전 새로운 유전체 기술을 이용하여 왕족 가문의 사체로부터 추출한 DNA의 염기서열을 밝혔다. 이제는, 돌연변이의 유전적 근거와 어떻게 기능을 상실한 혈액 응고 단백질이 생기는지 이해하게 되었다. 오늘날 혈우병에 걸린 사람은 결핍된 단백질을 정맥주사로 주입하여 치료하고 있다.

포유류 암컷에서의 X 염색체 불활성화

사람을 포함한 포유류의 암컷은 두 개의 X 염색체를 물려받는다—수컷이 물려받는 수의 두 배—따라서 암컷에서는 X-연관 유전자에 의해 암호화되는 단백질의 양이 수컷과 비교하여 두 배 더 많이 만들어지지 않을까 궁금해질 것이다. 사실, 암컷의 각 세포에 있는 X 염색체 하나는 초기 배 발생 동안 불활성화된다. 결과적으로 암컷과 수컷의 세포는 X-연관 유전자에 대해 동일한 분량(한 개의 사본)을 갖는 셈이다. 암컷의 세포에 있는 불활성화된 X 염색체는 **바소체(Barr body)**(카나다의 해부학자 Murray Barr에 의해 발견됨)라고 하는 조밀한 물체로 응축되고, 핵막의 안쪽을 따라 분포한다. 바소체를 형성하는 X 염색체의 유전자는 대부분 발현되지 않는다. 난소에서 난자가 될 세포에서는 바소체 염색체가 재활성화 되므로 모든 암컷 배우자는 활성화된 X를 갖게 된다.

영국의 유전학자 리온(Mary Lyon)은 X 염색체가 불활성화되는 시점에 존재하는 각 배아세포에서 두 개의 X 염색체 중 한 개가 무작위적으로 그리고 독립적으로 바소체를 형성한다고 밝혔다. 결과적으로, 암컷은 두 종류의 세포로 이루어진 모자이크로 구성된다. 즉, 한 종류는 수컷으로부터 물려받은 활성화된 X 염색체를 가지고 있고 다른 종류는 암컷으로부터 물려받은 활성화된 X 염색체를 갖고 있다. 특정 세포에서 X 염색체가 불활성화되면, 그 후로 그 세포의 체세포분열로 생긴 자손 세포들에서는 그 X 염색체가 모두 불활성화된다. 그리하여 암컷이 X-연관성 형질에 대해 이형일 경우 세포의 반은 하나의 대립유전자를 발현하고, 나머지 반은 다른 대립유전자를 발현할 것이다. 그림 15.8은 이러한 모자이크 현상이 일어난 결과 어떻게 거북무늬 고양이에서 얼룩무늬가 생기는가를 보여준다. 사람에서의 모자이크 현상은 땀샘의 발달을 억제하는 열성 반성 돌연변이에서 관찰될 수 있다. 이 형질에 대하여 이형인 여성은 정상적인 피부와 땀샘이 없는 피부를 군데군데 가지고 있다.

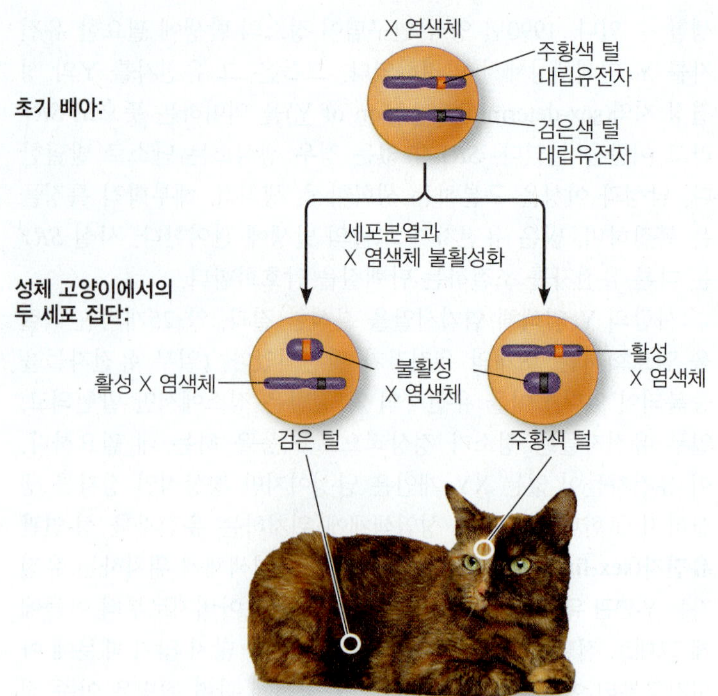

▲ **그림 15.8 X 불활성화와 거북무늬 고양이.** 거북무늬 유전자는 X 염색체에 있으며 거북무늬 표현형이 나타나려면 각각 주황색 털과 검은색 털을 암호화하는 두 개의 대립유전자가 모두 존재해야 한다. 암컷만 두 개의 X 염색체를 갖고 있기 때문에 정상적으로 암컷만 두 개의 대립유전자를 모두 가질 수 있다. 만일 어떤 암컷이 거북무늬 유전자에 대하여 이형접합이라면 그 암컷은 거북무늬 고양이가 된다. 주황색 부분은 주황색 대립유전자를 가진 X 염색체가 활동하는 세포 집단에 의해, 검은색 부분은 검은색 대립유전자를 지닌 X 염색체가 활성화된 세포 집단에 의한 것이다. ('캘리코' 고양이에는 흰색 부분도 있는데, 흰색은 다른 유전자에 의해 결정된다.)

X 염색체의 불활성화는 DNA와 DNA에 결합된 히스톤 단백질의 변형과 관련이 있다. 예를 들어, DNA 뉴클레오타이드의 질소 염기에 메틸기($-CH_3$)가 붙는다. (DNA 메틸화의 조절 역할은 18장에서 더 자세히 다룰 것이다.) 각 X 염색체의 특정 부위에 있는 여러 유전자들이 이 불활성화 과정에 관여한다. 두 개의 X 염색체 각각에 있는 어떤 부위가 배 발생 초기에 서로 간단히 결합한다. 그 다음 *XIST* 유전자(X 염색체를 불활성화하는 특수 RNA를 합성하는 유전자)가 바소체 염색체에서만 활성화된다. 이 유전자로부터 생산되는 수많은 RNA 분자들은 그것들을 만들어낸 X 염색체에 결합하여 거의 완전히 덮는다. 염색체와 이 RNA 사이의 상호작용은 X 불활성화를 개시하는 것으로 생각되며, 근처에 있는 다른 유전자들의 RNA 산물이 이 과정을 조절하는 데 도움을 준다.

개념 확인 문제 15.2

1. 그림 15.4에 나타난 교배의 상호교배로, 흰 눈의 암컷 초파리와 빨간 눈(야생형)의 수컷 초파리를 교배하였다. 자손들의 표현형과 유전자형은 무엇일까?
2. 팀과 로다는 모두 정상이지만, 그들의 장남은 뒤셴 근위축증을 갖고 있다. 이 부부의 둘째 아이가 이 유전병에 걸릴 확률은 얼마인가? 만일 둘째 아이가 아들일 경우 이 병을 가질 확률은? 딸일 경우의 확률은?
3. **MAKE CONNECTIONS** 개념 14.1에서 우성 대립유전자와 열성 대립유전자에 관하여 배운 것을 생각하라. 만일 어떤 질병이 X-연관 우성 대립유전자에 의해 생겼다면 X-연관 열성 대립유전자에 의해 생기는 유전 양상과 어떻게 다를까?

정답은 부록 A 참조

개념 15.3

연관된 유전자들은 동일한 염색체의 서로 가까운 곳에 위치하며, 함께 유전되는 경향이 있다

세포에 있는 유전자 수는 염색체 수에 비해 훨씬 많다. 사실, 각 염색체는 수백 개 또는 수천 개의 유전자를 갖고 있다. (Y 염색체는 예외이다.) 동일한 염색체상에 서로 가까이 위치하는 유전

▼ 그림 15.9 **탐구**

두 유전자가 연관되어 있다면 두 가지 특징의 유전은 어떤 영향을 받을까?

실험 모건은 몸 색깔과 날개 크기 유전자가 동일 염색체에 존재하는가, 만일 그렇다면 두 유전자의 유전에는 어떤 영향을 미칠 것인지 알고 싶었다. 몸 색깔 대립유전자는 b^+(회색)과 b(검은색)이고, 그리고 날개 크기에 대한 대립유전자는 vg^+(정상 날개)와 vg(흔적 날개)이다.

모건은 순종의 부모세대 초파리—야생형 초파리 및 순종의 검은색 몸과 흔적 날개를 가진 초파리—를 교배하여 모두 야생형 표현형을 가진 이형접합 F_1 양성잡종($b^+\ b\ vg^+\ vg$)을 얻었다.

그 다음 모건은 야생형 표현형의 F_1 양성잡종 암컷 초파리와 열성동형접합 수컷을 교배하였다. 이 검정교배는 양성잡종 암컷이 낳은 알의 유전자형을 밝혀줄 것이다.

수컷 초파리의 정자는 열성의 대립유전자만을 가지므로 자손의 표현형은 암컷 초파리 난자의 유전자형을 그대로 반영한다.

주의: 단지 암컷만 그려져 있지만 각 교배에서 나오는 자손의 절반은 수컷(둥근 복부를 가짐)이다.

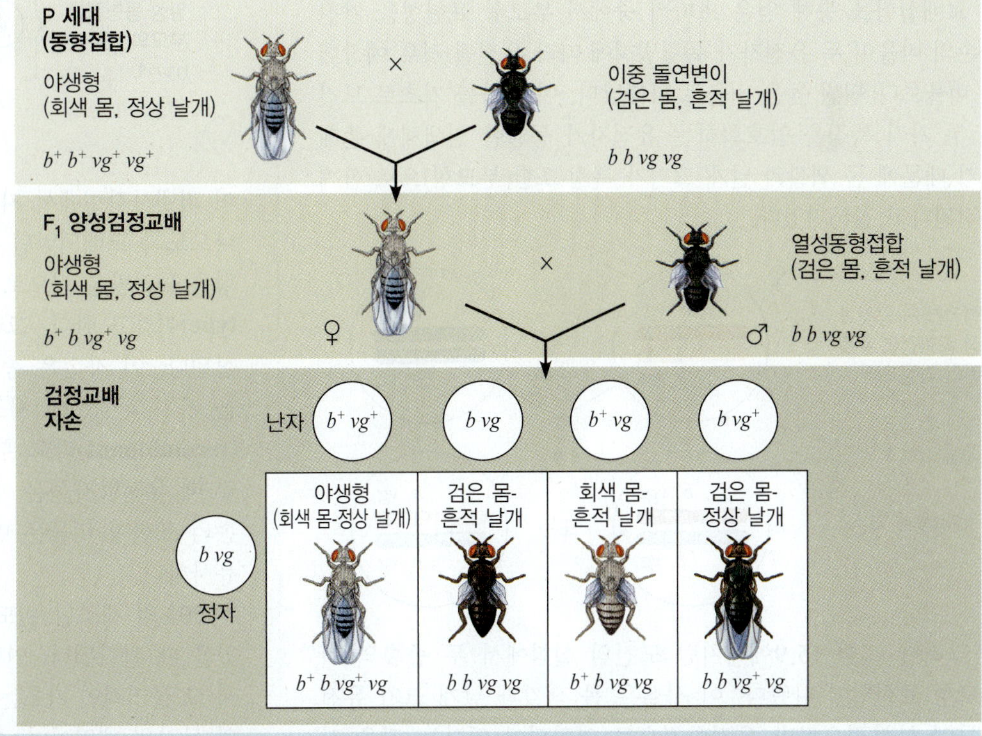

예상 비율

만일 유전자가 다른 염색체에 있을 경우 기대비율:	1	:	1	:	1	:	1
만일 유전자가 같은 염색체에 있고 부모형 대립유전자들이 항상 함께 유전될 경우 기대비율:	1	:	1	:	0	:	0
모건의 실험 결과:	965	:	944	:	206	:	185

결과

결론 대부분의 자손들이 부모의(부모 세대) 표현형을 갖기 때문에 몸 색깔 유전자와 날개 크기 유전자는 동일한 염색체에 있다고 모건은 결론지었다. 그러나 상대적으로 적은 수의 비부모형 자손들이 나왔다는 사실은 동일한 염색체 위에 있는 유전자 사이의 연관을 가끔씩 깨는 어떠한 기작이 있다는 것을 알 수 있다.

참고문헌 T. H. Morgan and C. J. Lynch, The linkage of two factors in *Drosophila* that are not sex-linked, *Biological Bulletin* 23:174–182 (1912).

WHAT IF? 만일 부모형(P 세대) 초파리가 순종의 회색 몸에 흔적 날개를 가진 것과, 순종이면서 검은 몸에 정상날개를 가진 것이었다면, 검정교배에서 나온 자손 중 가장 많이 나오는 초파리의 표현형은 무엇일까?

자들은 유전 교배에서 함께 유전되는 경향이 있다. 그러한 유전자들을 유전학적으로 연관되어 있다는 뜻의 **연관유전자(linked genes)**라 부른다. 유전학자들이 교배 실험에서 연관 유전자들을 추적해 보면 멘델의 독립의 법칙과 다른 결과가 나온다.

연관이 어떻게 유전에 영향을 미치는가?

두 유전자가 연관되어 있을 경우, 두 가지 다른 특징이 어떻게 유전되는가를 알아보기 위하여 모건이 했던 초파리 실험의 다른 예를 조사해 보자. 이 경우, 두 가지 특징은 몸 색깔과 날개 크기이며 각각 두 개의 다른 표현형을 가진다. 야생형 초파리는 몸이 회색이고 정상 크기의 날개를 갖고 있다. 교배를 통하여 모건은 검은색 몸과 정상 날개보다 훨씬 작은 흔적 날개를 갖고 있는 이중 돌연변이 초파리를 얻었다. 돌연변이 대립유전자들은 야생형에 대하여 열성이며 두 대립유전자는 성염색체에 존재하지 않는다. 두 대립유전자를 연구하면서 모건은 **그림 15.9**처럼 교배 실험을 하였다. 첫 번째 실험에서 모건은 P 세대 교배를 하여 이중 잡종 F_1 초파리를 얻었고 두 번째 실험으로 검정교배 실험을 하였다. 이 교배실험을 통해 얻은 초파리 중에서 부모형 표현형을 가진 자손의 비율이 두 유전자가 독립법칙에 따라 유전될 경우 예상했던 비율보다 훨씬 높은 비율로 나타났다. 이 결과를 기초로 모건은 두 가지 특징을 암호화하는 유전자가 동일한 염색체에 존재하기 때문에 몸 색깔과 날개 크기가 특정 조합(부모형)으로 함께 유전된다고 결론지었다.

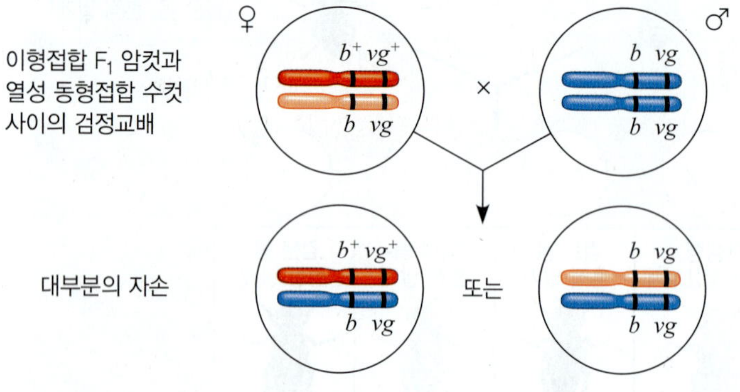

그러나 그림 15.9에서처럼 모건의 실험에서 두 종류의 비부모형 표현형이 나왔다. 이 사실은 몸 색깔과 날개 크기 유전자들이 부분적으로만 유전학적으로 연관되어 있다는 것을 시사한다. 이 결론을 이해하기 위해서는 **유전자 재조합(genetic recombination)**을 더 알아볼 필요가 있다. 유전자 재조합을 통하여 양쪽 부모에서 발견되지 않는 조합의 형질을 갖는 자손들이 태어난다.

유전자 재조합과 연관

염색체의 독립 분리, 감수 I 분열에서의 교차, 난자와 정자의 임의 수정 때문에 감수분열과 무작위 수정 과정은 유성생식을 하는 생물체의 자손들 사이에서 여러 가지 유전적 변이를 만든다(개념 13.4). 여기서 우리는 멘델과 모건의 유전학적 발견과 관련하여 재조합과 염색체의 관계를 조사해 볼 것이다.

연관되지 않은 유전자의 재조합: 염색체의 독립 분리

멘델은 두 개의 특징을 추적한 교배 실험을 통해 몇몇 자손은 부모(P) 세대의 어느 개체와도 일치하지 않는 형질의 조합을 가진다는 것을 알게 되었다. 예를 들어, 종자의 색깔과 모양에 대해 이형접합인 둥글고 황색인 완두 식물(양성잡종, *YyRr*)과 주름지고 녹색인(두 열성 대립유전자에 대해 동형, *yyrr*) 식물의 교배를 생각해 보자. (이것은 이형접합 *YyRr* 식물에서 만들어지는 배우자의 유전자형을 나타내기 때문에 검정교배처럼 행동한다.) 이 교배를 퍼넷사각형으로 나타내보자.

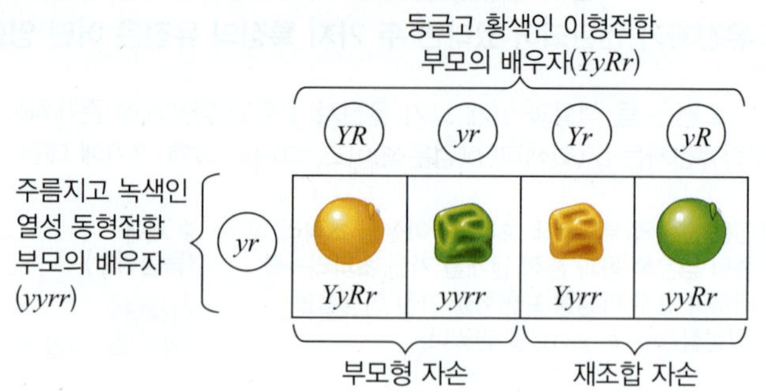

이 퍼넷사각형에서 자손의 반은 원래 F_1 양성잡종(그림 15.2)이 나오도록 교배되었던 부모세대 표현형 중 한쪽과 일치하는 표현형을 물려받을 것으로 예상된다. 이러한 자손을 **부모형(parental type)**이라고 한다. 그러나 부모형과 다른 표현형도 자손에서 관찰된다. 이 자손은 종자 색깔과 종자 모양에 대한 새로운 조합을 가지기 때문에 **재조합형(recombinant type)** 또는 **재조합체(recombinant)**라고 부른다. 이와 같이 자손의 50%가 재조합형일 때 유전학자들은 재조합 빈도가 50%라고 한다. 예상되는 자손의 표현형 비율은 멘델이 실제로 한 *YyRr*×*yyrr* 교배 실험과 유사하다.

50%의 재조합 빈도는 두 개의 유전자가 서로 다른 염색체에 있을 때 관찰된다. 연관되지 않은 유전자 사이의 재조합에 있어서 그 물리적인 기초는 감수1분열 중기에서 일어나는 상동염색체의 무작위 배열이며, 이것이 바로 대립유전자의 독립 유전을 일으킨다(그림 13.11과 그림 15.2의 설명에 있는 문제 참조).

연관된 유전자의 재조합: 교차

이제 다시 그림 15.9에 예시된 초파리 검정교배의 결과를 설명해 보자. 몸 색깔과 날개 크기에 대한 검정교배에서 대부분의 자손은 부모세대의 표현형을 가진다는 것을 기억하라. 이 사실은 두 유전자가 같은 염색체에 있음을 암시한다. 그 이유는 부모형 자손이 50% 이상 나온다는 것은 그 유전자들이 연관되어 있음을 나타내기 때문이다. 그러나 자손의 약 17%는 재조합형이었다.

이런 결과에 대하여 모건은 동일한 염색체에 있는 유전자들 사이의 물리적 결합을 깨뜨리는 어떤 과정이 있다고 제안하였다. 계속된 실험에서 오늘날 **교차(crossing over)**라고 부르는 과정이 연관된 유전자의 재조합을 일으키는 것으로 밝혀졌다. 감수 I 분열 전기에 복제된 상동염색체들이 짝을 이루는 동안 교차가 일어난다. 한 세트의 단백질들이 모계 염색분체 한 개와 부계 염색분체 한 개를 같은 지점에서 자른 후 교환되도록 조율한다(그림 13.9). 사실상, 단일 교차가 일어날 때 두 비자매 염색분체의 끝부분이 서로 자리를 바꾸게 된다.

그림 15.10은 모건의 검정교배에서 양성 잡종인 암컷 초파리에서 교차가 일어난 후 재조합형 난세포, 궁극적으로 재조합형 자손이 어떻게 나오는가를 보여준다. 대부분의 난자는 부모의 유전자형인 b^+vg^+ 또는 $b\ vg$의 염색체를 가졌으나, 일부 난자는 재조합이 일어난 염색체를 가졌다(b^+vg 또는 $b\ vg^+$). 이와 같이 다양한 난자가 열성 동형접합자인 정자($b\ vg$)와 수정한 결과 자손의 17%가 비부모형 재조합 표현형을 나타냈는데 이는 부모 세대에서 보지 못했던 대립유전자의 조합을 의미한다. **과학적 분석 기술의 연습**에서는 통계 검사를 사용하여 F_1 양성잡종 검정교배의 결과를 분석하고 두 유전자가 독립적으로 분리되는지 아니면 연관되어 있는 것인지를 판단해 보자.

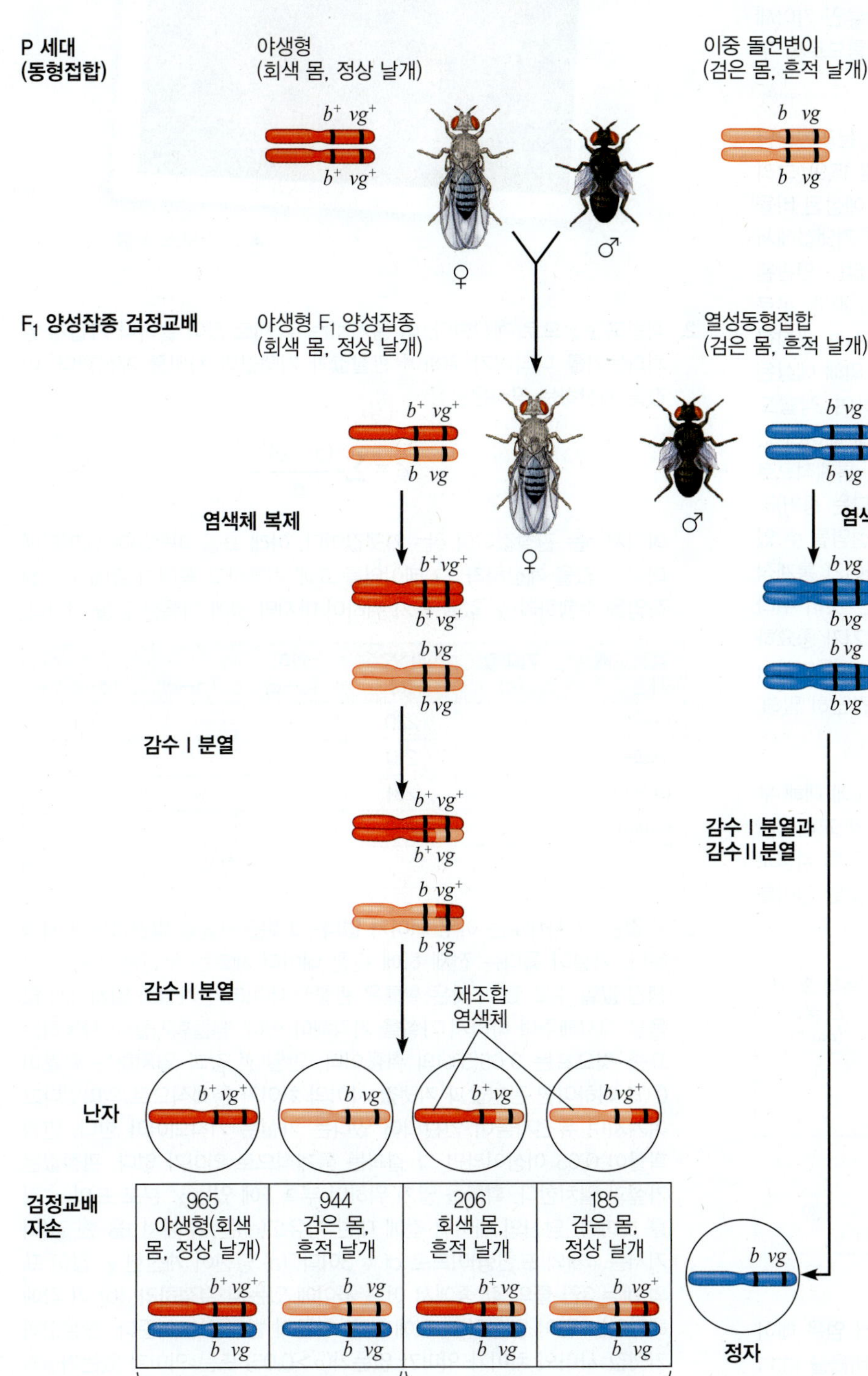

◀ **그림 15.10 연관된 유전자들의 재조합을 설명하는 염색체 기본 원리.** 그림 15.9의 검정교배를 재구성한 이 그림에서, 우리는 유전자뿐만 아니라 염색체도 추적한다. 모계 염색체는 빨간색과 분홍색으로 나타냄으로써 감수분열 동안 교차가 일어나기 이전의 다른 상동염색체와 구분하였다. b^+/b와 vg^+/vg 유전자 사이의 교차는 전체가 아니라 일부 세포에서만 일어나기 때문에, 암컷에서 부모형 염색체를 가진 난자가 재조합 염색체를 가진 것보다 더 많이 생산된다. $b\ vg$ 유전자형을 가진 정자가 난자와 수정되면 일부의 재조합 자손이 생긴다. 재조합 빈도는 전체 자손 중에서 재조합 자손의 백분율이다.

DRAW IT 그림 15.9의 아래에 있는 질문에서처럼 부모형 초파리가 각각 회색 몸에 흔적날개를 가진 순종과, 검은 몸에 정상날개 유전자를 가진 순종이었다고 가정하자. F_1 암컷 초파리가 낳은 4종류의 난자에 존재하는 염색체를 그려라. 각 염색체를 "부모형" 또는 "재조합형"으로 표기하라.

과학적 분석 기술의 연습

카이제곱(χ^2) 검정법 사용하기

두 유전자가 연관되어 있는가 또는 연관되어 있지 않은가? 동일한 염색체에 가깝게 위치한 유전자들은 멀리 떨어져 있는 유전자들보다 함께 유전되는 경향이 높은 연관된 대립유전자들이다. 그러나 어떤 대립유전자들이 함께 유전되는 것이 연관 때문인지 또는 우연히 함께 분리되는 것인지 어떻게 말할 수 있는가? 이 연습에서 여러분은 통계 검사의 한 종류인 카이제곱 검정법(χ^2)을 이용하여 F_1 검정교배 자손의 표현형을 분석함으로써 두 유전자가 연관되어 있는지 아닌지를 알 수 있다.

실험 방법 만일 유전자들이 연관되어 있지 않고 독립적으로 분리된다면 F_1 검정교배 자손의 표현형 비율은 1:1:1:1로 예상될 것이다(그림 15.9). 그러나 두 유전자가 연관되어 있다면 자손의 실제 표현형 비율은 예상된 비율과 일치하지 않을 것이다. 데이터에 변동이 있다면 관찰값이 기댓값에서 얼마나 차이가 있을 때 그 유전자들이 독립적으로 분리되지 않는 연관된 것이라고 결론 내릴 수 있을까? 과학자들은 카이제곱 검정법(χ^2)이라 부르는 통계 검사를 이용하여 이 질문에 답을 구할 수 있다. 이 검사는 관찰한 데이터 값을 가설(여기서, 유전자들은 연관되어 있지 않다)에 의해 예상된 기대 데이터 값과 비교하고 두 데이터의 차이를 계산하여 적합도(goodness of fitness)를 결정한다. 만일 관찰 데이터 값과 기대 데이터 값 사이의 차이가 너무 커 우연히 발생한 차이로 보기 어렵다면, 통계적으로 가설에 맞지 않는 의미있는 증거(즉, 유전자들이 연관되어 있다는 증거)라고 말한다. 만일 차이가 너무 작다면 우연히 발생한 차이라고 설명될 수 있다. 이 경우, 관찰된 데이터는 우리의 가설과 일치하고, 즉, 차이가 통계적으로 의미가 없다라고 말한다. 그러나 우리의 가설과 일치하는 것이 우리의 가설을 증명하는 것은 아니다. 또한 실험 데이터 세트의 크기가 중요하다: 유전자들이 연관되어 있더라도 데이터 세트의 크기가 작다면 연관이 약한 경우에 예상값과의 차이가 우연히 작게 나올 수 있다. 간단히 말해, 우리는 샘플 크기의 효과를 간과한다.

실험 데이터 코스모스 식물에서 보라색 줄기(A)는 녹색 줄기(a)에 대해 우성이고, 짧은 꽃잎(B)은 긴 꽃잎에 대해 우성이다(b). 한 모의 교배에서 $AABB$ 식물과 $aabb$ 식물을 교배하여 F_1 양성잡종($AaBb$)을 얻은 후 검정교배($AaBb \times aabb$)를 시켰다. 900개의 자손 식물의 줄기 색깔과 꽃잎 길이를 조사하였다.

$AaBb$(F_1) × $aabb$ 검정교배로부터 나온 자손	보라색 줄기/짧은 꽃잎 (A–B–)	녹색 줄기/짧은 꽃잎 (aaB–)	보라색 줄기/긴 꽃잎 (A–bb)	녹색 줄기/긴 꽃잎 ($aabb$)
만일 두 유전자가 연관되어 있지 않다면 기대 비율	1	1	1	1
900개 자손의 기대 수				
900개 자손의 관찰 수	220	210	231	239

데이터 해석

1. 데이터 표에 있는 결과는 모의 F_1 양성잡종 검정교배로부터 얻은 데이터이다. 두 유전자가 연관되어 있지 않다는 가설은 자손의 비율을 1:1:1:1로 예상한다. 이 비율을 사용하여 900개 자손의 각 표현형에 대한 기대 수를 계산하고 데이터 표에 그 값을 써라.

▲ 코스모스 식물

2. 적합도는 χ^2으로 계산한다. 이 통계치는 두 세트 값이 얼마나 가깝게 일치하는가를 나타내기 위하여 관찰값과 기댓값의 차이를 계산한다. 이 값을 계산하는 공식은

$$\chi^2 = \sum \frac{(o-e)^2}{e}$$

여기서 o는 관찰값이며 e는 기댓값이다. 아래 표를 이용하여 데이터에 대한 χ^2 값을 계산하라. 그 데이터를 표에 기록하고 꼭대기 줄에 표기된 작업을 수행하라. χ^2 값을 찾기 위하여 마지막 열에 기록한 값을 더하라.

검정교배 자손	기대값 (e)	관찰값 (o)	차이 ($o-e$)	$(o-e)^2$	$(o-e)^2/e$
(A–B–)		220			
(aaB–)		210			
(A–bb)		231			
($aabb$)		239			
				χ^2 = 합계	

3. χ^2 값은 그 자체로는 아무 의미가 없다–그것은 확률을 발견하는데 사용된다. 가설이 옳다는 전제 하에 관찰 데이터 세트는 우연한 변동 결과 생긴 값일 수도 있다. 낮은 확률은 관찰한 데이터가 가설과 일치하지 않음을 제시해주며 따라서 가설을 기각해야 한다. 생물학자들이 사용하는 표준 컷오프는 0.05(5%)의 확률이다. 만일 χ^2 값과 일치하는 확률이 0.05 이하이면 관찰값과 기댓값 사이의 차이가 통계적으로 의미있다고 여겨지며 유전자들이 연관되어 있다는 가설은 기각되어야 한다. 만일 확률이 0.05 이상이라면 그 결과는 통계적으로 의미가 없다; 관찰값은 가설과 일치한다. 확률을 알기 위하여 부록 F에 있는 χ^2 분포 표의 χ^2 값을 찾아라. 당신의 데이터 값에 대한 자유도(df)는. 수에서 1을 뺀 값(여기서는 4개의 표현형)이므로 df = 3이다. (a) 당신이 계산한 χ^2 값이 표의 df = 3인 줄의 값 중에서 어느 사이에 있는지 결정하라. (b) 이 값에 해당하는 열이 당신의 χ^2 값에 대한 확률의 범위를 보여준다. 관찰값과 기댓값 사이의 차이가 의미가 없는가($p>0.05$) 또는 의미가 있는가($p \leq 0.05$)에 근거하면 데이터는 두 유전자가 연관되지 않고 독립 분리를 한다는 가설과 일치하는가? 즉, 이 가설을 기각할 충분한 증거가 있는가?

새로운 조합의 대립유전자: 자연선택을 위한 변이

진화 감수분열 동안 염색체의 물리적 행동은 자손에서 변이가 생기는 결과를 가져온다(개념 13.4). 감수Ⅰ분열 전기 Ⅰ동안 모계와 부계의 상동염색체 사이에 교차가 일어나고, 감수Ⅰ분열 중기 동안 각 상동염색체 쌍은 다른 상동염색체 쌍과 관계없이 배열되어 부계와 모계의 상동염색체 일부가 교환된다. 멘델의 정교한 실험들은 유전자로 알려진 추상적인 실체(정확히 유전자의 대립유전자)가 자손에서의 변이를 초래함을 보여준다(개념 14.1). 이제 이 두 가지 서로 다른 개념을 하나로 종합하면 교차 결과 생기는 재조합 염색체가 새로운 대립유전자들의 조합을 만든다는 것을 알 수 있다. 감수분열이 끝난 후 그림 15.9와 15.10에서 보여주는 새로운 변이체 같은 다양한 조합으로 재조합 염색체들이 배우자로 분배된다. 무작위 수정이 일어나면 더 많은 경우의 수로 다양한 대립유전자의 조합을 갖게 된다.

이와 같은 유전자의 다양성은 자연선택이 작용할 수 있는 원재료를 공급한다. 만일 특정 대립유전자 조합에 의해 생기는 형질이 주어진 환경에 더 적합하면 그러한 유전자형을 가진 생물체들이 번성하고 더 많은 자손을 남기게 되어 그들의 유전자 조성이 계속될 것이다. 물론 다음 세대에서는 대립유전자가 새롭게 뒤섞일 것이다. 궁극적으로 환경과 유전자형 사이의 상호작용은 어떤 유전자 조합이 세월이 지나도 지속되는가를 결정할 것이다.

재조합 데이터를 이용한 연관 지도 작성: 과학적 탐구

연관된 유전자와 교차에 의한 재조합의 발견 후, 모건의 제자 스터트반트(Alfred H. Sturtevant)는 특정 염색체의 유전자 좌위를 순서대로 나열해 놓는 **유전자 지도(genetic map)**를 작성하는 방법을 만들어 냈다.

그림 15.9와 그림 15.10과 유사한 실험 결과 계산된 재조합 빈도는 하나의 염색체상에 있는 유전자 사이의 거리에 따라 결정된다고 스터트반트는 가설을 세웠다. 그는 교차는 무작위로 일어나는 사건이므로 교차의 가능성은 염색체를 따라 모든 지점에서 대략 동일하다고 추정하였다. 이러한 추정에 근거하여, 스터트반트는 두 유전자 사이의 거리가 멀수록 교차가 일어날 확률은 커지고 결국 재조합 빈도가 높게 나타난다고 예상하였다. 그의 논리는 간단했다. 두 유전자 사이의 거리가 멀수록 교차가 일어날 수 있는 지점이 그만큼 많아진다는 것이다. 다양한 초파리 교배 실험의 재조합 데이터를 이용하여 스터트반트는 동일한 염색체에 있는 유전자의 상대적인 위치를 지정하는 일—다시 말해서, 유전자 지도를 만드는 일—을 하기에 이르렀다.

재조합 빈도를 기초로 만든 유전자 지도를 **연관 지도(linkage map)**라 부른다. **그림 15.11**은 스터트반트가 작성한 세 가지 유전자: 그림 15.10에 묘사된 몸 색깔(b), 날개 크기(vg) 유전자와 세 번째 유전자 주홍색 눈(cn)에 대한 연관 지도를 보여준다. 돌연변이 표현형인 주홍색 눈은 야생형에 비해 더 밝은 빨간색이다. cn과 b 사이의 재조합 빈도는 9%이고 cn과 vg 사이는 9.5%, b와 vg 사이는 17%이다. 다시 말해서 cn과 b, cn과 vg 사이의 교차는 b와 vg 사이의 교차에 비해 약 반 정도 적게 일어난다. cn을 b와 vg의 중간 정도에 놓은 지도만이 이 자료와 부합하며, 이것은 여러 경우의 지도를 그려봄으로써 알 수 있다. 스터트반트는 유전자 사이의 거리를 **지도 단위(map unit)**라고 표현하며, 1 지도 단위를 1%의 재조합 빈도로 정의한다.

실제로 재조합 데이터의 해석은 방금 다룬 예보다 더 복잡하다. 예를 들어, 동일 염색체에 있는 일부 유전자들은 서로 너무 멀리 떨어져 있기 때문에 그 유전자들 사이에 교차가 사실상 항상 일어난다. 두 개의 그러한 유전자가 관련된 교배에서 관찰된 재조합 빈도는 최대 50%일 수 있고 이러한 결과는 유전자들이 서로 다른 염색체상에 있는 경우와 구분되지 않는다. 이런 경우에 동일 염색체에 있는 유전자 사이의 물리적인 연결은 유전학적 교배 실험의 결과에 반영되지 않는다. 비록 동일한 염색체에 있

▼ 그림 15.11 연구 방법

연관 지도 작성하기

적용 연관 지도는 하나의 염색체에 존재하는 유전자들의 상대적 위치를 보여준다.

방법 연관 지도는 두 유전자 사이에 교차가 일어날 확률은 유전자 사이의 거리와 비례한다는 가정을 근거로 작성한다. 특정 염색체에 대한 연관 지도를 만들기 위해 사용하는 재조합 빈도는 그림 15.9와 15.10에 묘사된 것과 같이, 교배 실험을 통해 얻는다. 유전자 사이의 거리는 지도 단위(센티모건)로 표현되며, 1 지도 단위는 1%의 재조합 빈도와 동일하다. 유전자들은 데이터와 가장 맞아 떨어지는 순서로 염색체상에 배열된다.

결과 이 예에서 초파리의 세 유전자 사이에 관찰된 재조합 빈도(b–cn 9%, cn–vg 9.5% b–vg 17%)는 cn이 다른 두 유전자의 중간쯤에 위치하는 순서와 가장 맞아 떨어진다.

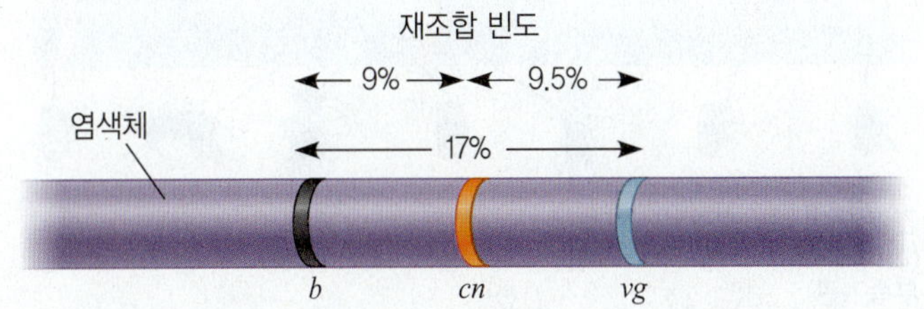

b–vg의 재조합 빈도(17%)는 b–cn과 cn–vg의 재조합 빈도를 합친 것(9 + 9.5 = 18.5)보다 약간 작은데, b와 cn 사이에서 교차가 일어난 후 이에 더하여 cn과 vg 사이에서도 교차가 간혹 발생하기 때문이다. 두 번째 교차는 첫 번째 교차를 '취소'시켜 b – vg 사이의 재조합 빈도를 낮출 것이다. 18.5%의 값(18.5 지도 단위)은 유전자 사이의 실제 거리에 더 가깝고, 따라서 유전학자들은 지도를 작성할 때 더 작은 거리들을 더한 값을 사용하곤 한다.

고 따라서 물리적으로 연관(physically connected)되어 있지만, 유전자들은 유전학적으로 연관되어 있지 않다(genetically unlinked). 이러한 유전자들의 대립유전자는 마치 다른 염색체에 있는 것처럼 독립적으로 분리된다. 사실, 멘델이 연구한 완두 식물의 여러 특징에 대한 유전자 중 두 개는 동일한 염색체에 있는 것으로 오늘날 밝혀졌다. 그러나 그들 사이의 거리가 워낙 멀기 때문에 연관이 교배 실험에서 관찰되지 않는 것이다. 결과적으로, 그 유전자들은 멘델 실험에서 다른 염색체에 있는 것처럼 행동하였다. 염색체상에 멀리 떨어져 위치한 두 유전자는 각 유전자 및 그 사이에 놓인 수많은 유전자들 사이의 교배로부터 얻은 재조합 빈도들을 더함으로써 지도에 나타낼 수 있다.

재조합 데이터를 사용하여 스터트반트와 그의 동료들은 수많은 초파리 유전자를 직선으로 배열하여 지도를 그릴 수 있었다. 그들은 유전자들이 네 그룹으로 연관되어 모여 있음을 발견하였다(연관 그룹). 광학 현미경을 통하여 초파리 세포에는 네 쌍의 염색체가 있다는 사실이 밝혀졌기 때문에 유전자가 모여 있는 것은 유전자가 염색체상에 있다는 또 다른 증거가 되었다. 각 염색체에는 특정 유전자 좌위가 선상으로 배열되어 있다(그림 15.12).

연관 지도가 재조합 빈도에 기초를 두기 때문에, 그것은 단지 한 염색체의 대략적인 모습만 보여준다. 스터트반트가 추측했던 것과는 달리 교차의 빈도는 실제로 염색체를 따라 균일하지 않으며, 지도 단위도 실제의 물리적인 거리(예를 들어, 나노미터로)를 나타내지 않는다. 연관 지도는 염색체상의 유전자 순서를 반영하지만, 그 유전자들의 정확한 위치를 반영해 주지 못한다. 다른 방법을 이용하여 유전학자들은 염색체에 대한 **세포유전학적 지도**(cytogenetic map)를 만들 수 있었다. 이것은 현미경으로 관찰되는 염색체 띠(band)와 같은 특징을 이용하여 유전자의 위치를 결정한다. 최근 20여 년간 DNA 염기서열 분석 기술이 놀라울 정도로 발전하였다. 오늘날 대부분의 학자들은 특정 종의 모든 유전체의 염기서열을 분석하여 유전자의 위치를 밝히고 있다. 모든 염기서열은 한 염색체의 궁극적인 물리적 지도이며 DNA 염기에 있는 유전자 사이의 물리적 거리를 나타낸다(개념 20.1). 같은 염색체에 대한 연관 지도를 이러한 물리적인 지도나 세포유전학적 지도와 비교해 보면, 유전자의 순서는 모두 동일하지만 그들 사이의 거리는 동일하지 않다.

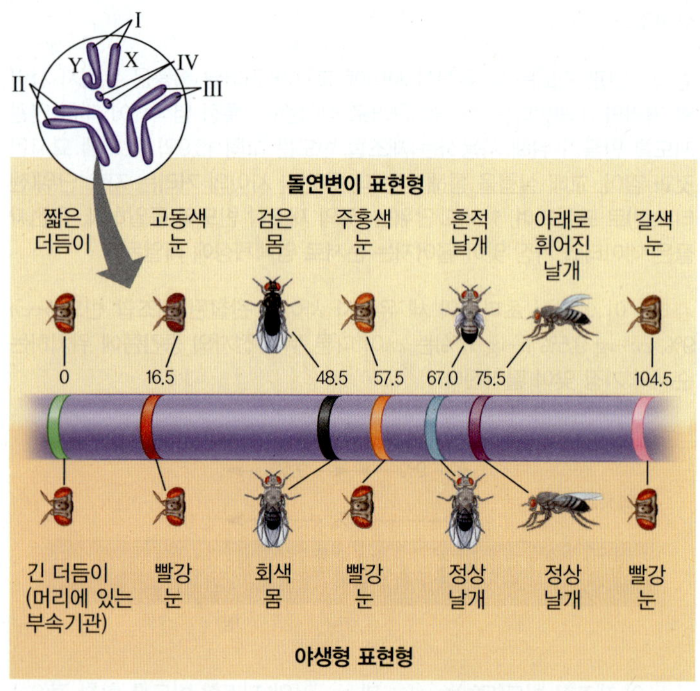

▲ **그림 15.12 초파리 2번 염색체의 유전자(연관) 지도 일부분.** 단순하게 만들어진 이 지도는 초파리의 2번 염색체에 자리한 많은 유전자 중 몇 개만 보여준다. 각 유전자 좌위에 있는 숫자는 각 유전자 좌위와 더듬이 유전자 좌위(왼쪽) 사이의 지도 단위수를 나타낸다. 눈 색깔처럼 한 개 이상의 유전자가 하나의 주어진 특징에 영향을 줄 수 있다는 것에 주목하자. 또한 상염색체의 상동염색체들(II~IV)과 달리, X와 Y 성염색체(I)는 확연히 다른 모양을 가진다는 것에 주목하라.

개념 확인 문제 15.3

1. 두 유전자가 같은 염색체에 위치할 때, 양성 잡종 부모와 이중 돌연변이(열성) 개체 사이의 검정교배에서 재조합 자손이 나오기 위한 물리적 기초는 무엇인가?
2. 그림 15.9에 나타난 검정교배 자손의 각각에 대하여 표현형과 암컷 부모로부터 받은 대립유전자 사이의 관계를 설명하라. (각 초파리의 염색체를 그린 다음 교배 과정을 따라 대립유전자를 추적하는 것이 유용할 것이다.)
3. **WHAT IF?** 유전자 *A*, *B*, *C*는 같은 염색체상에 있다. 검정교배 실험 결과, 재조합 빈도는 각각 *A*와 *B* 사이는 28%, *A*와 *C* 사이는 12%였다. 이 유전자들의 순서를 결정할 수 있는가?

정답은 부록 A 참조

개념 15.4

염색체 수나 구조에 변화가 생기면 유전병이 발생한다

이 장에서 지금까지 배워왔듯이 하나의 유전자에서 돌연변이가 생기는 것처럼 작은 변화가 일어나면 생물체의 표현형이 영향을 받을 수 있다. 임의 돌연변이가 일어나면 새로운 대립유전자가 만들어지고 새로운 표현형 형질이 나타날 수 있다.

염색체에서 커다란 변화가 생겨도 생물체의 표현형에 영향을 미칠 수 있다. 감수분열 시 생기는 오류는 물론 물리·화학적 교란에 의하여 염색체가 중대하게 훼손되거나 세포 내에서 염색체의 수가 변할 수 있다. 대규모의 염색체 변이는 대개 태아의 자연유산으로 이어지고, 이러한 유전 장애를 지니고 태어나는 사람은 보통 발달 장애를 겪는다. 식물에서의 이러한 유전 결함은 동물에서보다 어느 정도 더 허용될 수 있다.

비정상적인 염색체 수

일반적으로 감수분열의 방추사는 염색체를 딸세포로 실수 없이 분배한다. 그러나 경우에 따라 **비분리(nondisjunction)**라고 하는 사고가 일어나는데, 이런 경우 한 쌍의 상동염색체가 감수Ⅰ분열에서 제대로 분리되지 않거나 감수Ⅱ분열에서 자매염색분체가 제대로 분리되지 않는다(그림 15.13). 나머지 염색체들은 보통 정상적으로 분배된다. 이러한 경우 한 배우자는 같은 종류의 염색체를 두 개 받고 다른 배우자는 하나도 받지 못한다. 만일 비정상적인 배우자들 중 하나가 정상적인 것과 수정하게 되면 자손은 특정 염색체에 대하여 비정상적인 수를 갖게 된다. 이러한 상태를 **이수성(aneuploidy)**이라고 한다. 이수성은 한 개 이상의 염색체가 관여될 수도 있다. 특정 염색체가 하나 없는 배우자가 수정되면 접합자는 염색체 하나가 없게 된다(그 세포는 $2n-1$ 염색체를 갖는다); 그러한 이수성 접합자는 그 염색체에 대해 **1염색체성(monosomic)**이라고 한다. 만약 접합자에 어떤 염색체가 세 개 존재하면 그 이수성 세포는 그 염색체에 대해 **3염색체성(trisomic)**이라 한다(그 세포는 $2n+1$개의 염색체를 갖는다). 그 다음 일어나는 체세포분열은 결국 모든 발생 세포에 이 변이된 상태를 전달할 것이다. 1염색체성과 3염색체성은 사람의 임신 중 10~25%를 차지하는 것으로 추정되며 유산의 주된 이유이다. 만일 생물체가 살아남게 되면 여분의 또는 부족한 염색체로 인한

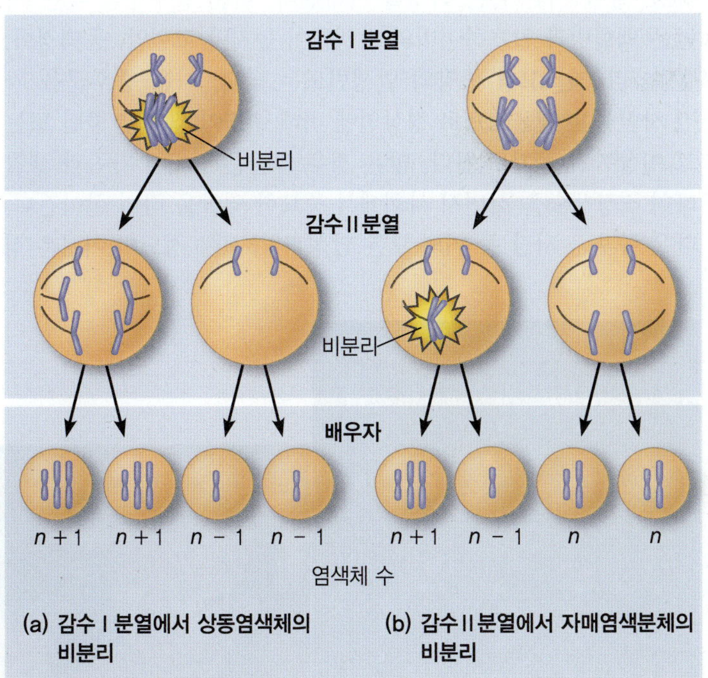

▲ 그림 15.13 **감수분열에서의 비분리.** 감수 I 분열 또는 감수 II 분열에서의 비분리로 인하여 비정상적인 염색체 수를 갖는 배우자가 생길 수 있다. 간략하게 하기 위하여 위 그림은 식물의 감수분열에 의해 형성된 포자는 표현하지 않았다. 궁극적으로 포자는 위와 같은 결함이 있는 배우자를 형성한다(그림 13.6 참조).

비정상적인 유전자량 때문에 야기되는 어떤 형질을 갖게 된다. 뒤에서 논의될 사람의 다운 증후군은 3염색체성의 예이다. 비분리는 체세포분열 때 일어날 수도 있는데 이러한 오류가 초기 배발생 시기에 일어나면 많은 수의 세포들이 이수성이 되어, 그 생물체에 상당한 영향을 미칠 것이다.

일부 생물체의 모든 체세포는 두 벌 이상의 완전한 염색체 세트를 갖고 있다. 이런 염색체 변이를 **배수성(polyploidy)**이라고 한다; 3개와 4개의 염색체 세트를 갖고 있는 상태를 각각 3배수성($3n$)과 4배수성($4n$)이라고 한다. 삼배체 세포가 만들어지는 한 가지 경우는 모든 염색체에서 비분리가 일어난 비정상적인 이배체 난자와 정상 정자의 수정이다. 사배체를 일으킬 수 있는 예로는 $2n$인 접합자가 염색체를 복제한 후에 분리되지 못하는 경우이다. 그 뒤에 일어나는 정상적인 체세포분열은 $4n$인 배아를 만들어 낼 것이다.

배수성은 식물계에서 흔히 일어나는 일이다. 24장에서 다루겠지만, 자연발생적으로 배수성 개체가 만들어지는 것이 식물의 진화에 중요한 역할을 한다(24장). 우리가 먹는 많은 식물종들은 배수성이다: 예를 들어, 바나나는 3배수성, 밀은 6배수성($6n$), 딸기는 8배수성($8n$)이다. 배수성 동물종은 훨씬 드물게 나타나지만 일부 어류와 양서류에서 배수성의 예가 알려져 있다. 일반적으로 이수성보다 배수성이 외형상으로 정상에 더 가깝다. 여분의(또는 부족한) 염색체 한 개는 전체적인 염색체 한 세트가 추가되는 것보다 유전적 균형을 더 방해하는 것으로 보인다.

염색체 구조의 이상

감수분열에서의 실수나 방사능 같은 손상 인자들은 염색체의 절단을 초래할 수 있고, 염색체 구조에 네 종류의 변화를 야기할 수 있다(그림 15.14). **결실(deletion)**은 염색체 조각이 없어질 때 일어난다. 결실이 일어난 염색체는 몇 개의 유전자가 없는 상태가 된다. (만일 동원체가 결실되면 염색체가 사라진다.) "결실된" 조각이 다른 자매염색분체에 결합할 수 있는데 이런 경우 **중복(duplication)**이 일어난다. 때로는 떨어져 나온 조각이 상동염색체의 비자매 염색분체에 결합할 수 있다. 그러나 이러한 경우에, 두 상동염색체가 특정 유전자에 대해 다른 대립유전자를 가질 수 있기 때문에 '중복된' 부분이 동일하지 않을 수 있다. 염색체 조각이 반대 방향으로 원래 염색체에 다시 붙을 수 있는데 이러한 경우를 **역위(inversion)**라고 한다. 염색체 절단의 네 번째 가능한 결과는 조각이 비상동염색체에 붙는 경우로 이러한 재조합을 **전좌(translocation)**라고 한다.

결실과 중복은 특히 감수분열 때 일어날 가능성이 있다. 교차에서 비자매 염색분체들이 때로는 끊어졌다가 서로 '잘못된' 위치에서 다시 결합하여, 한 쪽이 주는 양에 비해 적은 양을 되돌려 받게 된다. 이러한 비상호적인 교차에 의해 결실 염색체와 중복 염색체가 만들어진다.

▼ **그림 15.14 염색체 구조의 이상.** 수직으로 표시한 붉은색 화살표는 끊어지는 지점을 나타낸다. 짙은 보라색은 재조합으로 인해 영향을 받는 부위를 강조한 것이다.

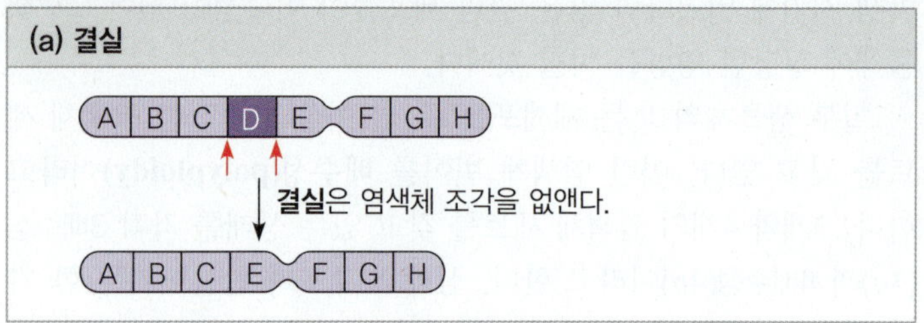

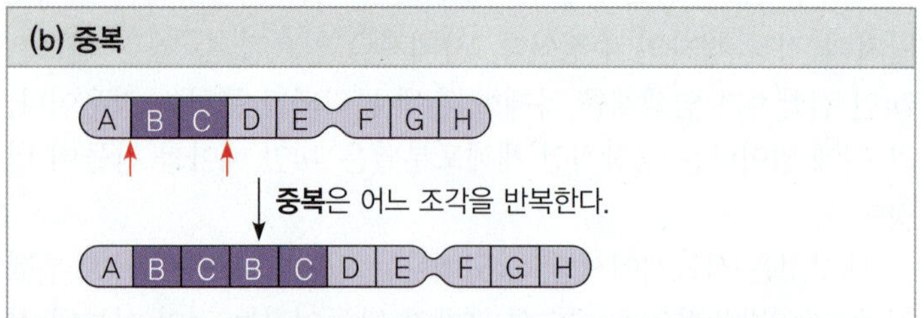

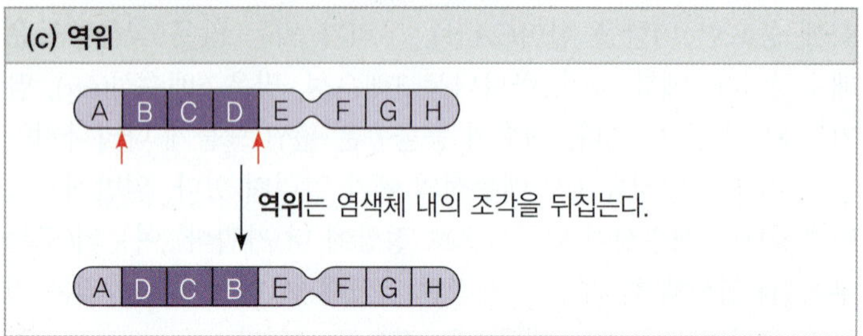

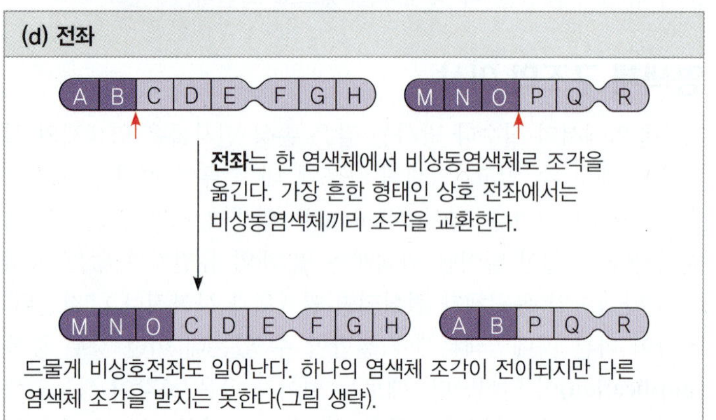

한 쌍의 상동염색체 모두에 결실이 크게 일어난(또는 결실이 크게 생긴 X 염색체를 갖고 있는 남성) 이배체 배아는 대개 많은 필수 유전자가 없으므로 보통 죽는다. 중복과 전좌도 해로운 영향을 미치는 경향이 있다. 역위나 비상동염색체 사이에 조각을 교환한 상호 전좌에서 유전자의 균형은 정상이다. 즉, 모든 유전자는 정상적인 양으로 존재한다. 그럼에도 불구하고 전좌와 역위는 표현형을 바꿀 수 있다. 그 이유는 이웃하는 유전자 사이에 위치함으로써 유전자의 발현이 영향을 받으며, 때로는 치명적인 결과를 초래한다.

염색체 이상으로 인한 인간의 유전병

사람에서 염색체 수와 구조의 이상은 많은 종류의 심각한 유전병을 유발할 수 있다. 앞에서 설명했듯이 감수분열 동안 비분리가 일어나면 배우자는 이수성이 된다. 만약 이수성 배우자가 정상적인 반수체 배우자와 수정되면, 결과적으로 이수성인 접합자가 나온다. 사람의 경우, 이수성 접합자가 생기는 빈도가 상당히 높지만, 대부분의 경우 이러한 염색체 이상은 발생 동안 너무나 큰 피해를 주기 때문에 태어나기 이전에 자연 유산이 일어난다. 그러나 몇몇 경우는 다른 경우에 비해 유전적 균형을 덜 방해하며, 이러한 경우 특정 이수성 상태를 지닌 개인들이 태어나거나 그 이후까지 생존할 수 있다. 이런 사람들에서는 그 이수성의 유형에 따라 특정 증상들, 즉 **증후군**이 나타난다. 이수성에 의해 일어나는 유전 장애는 태아 검사에 의해 태어나기 이전에 진단을 받을 수 있다(그림 14.19).

다운 증후군(21번 3염색체성)

이수성의 한 예로서 **다운 증후군(Down syndrome)**은 미국에서 태어나는 830명의 아이 중 한 명꼴로 발생한다(**그림 15.15**). 다운 증후군은 21번 염색체가 하나 더 있어 생긴다. 즉, 각 체세포는 총 47개의 염색체를 갖고 있다. 세포들이 21번 염색체에 대하여 3염색체성이기 때문에 다운 증후군은 21번 3염색체성이라고 한다. 다운 증후군은 특별한 안면 표정, 작은 키, 교정이 가능한 심장병, 발달 지연 같은 특징을 나타낸다. 다운 증후군을 갖는 사람은 백혈병과 알츠하이머의 발생률이 높지만 고혈압, 동맥경화, 발작, 다양한 고형 종양의 발생빈도는 낮다. 다운 증후군을 가진 사람들은 평균적으로 정상인에 비해 수명이 짧지만 중년 또는 그 이상까지 살기도 한다. 많은 경우 그들은 집에서 가족과 생활하며 직장생활을 하면서 사회에서 중요한 역할을 하며 살아간다. 다운 증후군 사람 중 거의 모든 남성과 약 50% 정도의 여성은 성

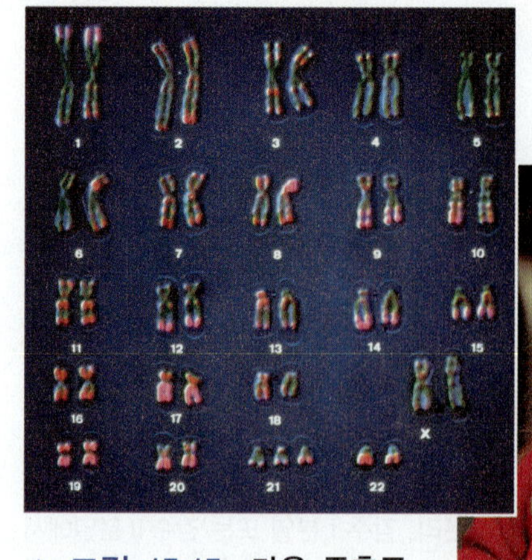

▲ **그림 15.15 다운 증후군.** 핵형은 다운 증후군의 가장 흔한 원인인 21번 염색체의 3염색체성을 보여준다. 아이는 다운 증후군의 전형적인 얼굴 특징을 가지고 있다.

적으로 미성숙하고 불임이다.

다운 증후군의 빈도는 어머니의 나이에 따라 증가한다. 다운 증후군은 30세 이하인 여성에서 태어난 아이 중 0.04%에서만 발생하지만, 40세 어머니에게서는 0.92%, 그 이상에서는 더욱 증가한다. 다운 증후군과 어머니의 나이가 상관관계를 보이는 이유는 아직 밝혀지지 않았다. 대부분의 경우, 감수 I 분열 동안 비분리에 의해 생기며, 몇몇 연구는 감수분열에서 연령의존적으로 이상이 발생한다고 지적한다. 다른 염색체의 3염색체성도 어머니의 나이에 따라 그 빈도가 증가하지만 이러한 경우 유아들이 오래 사는 경우는 거의 없다. 산전 태아 검사는 위험성이 낮고 유용한 정보를 얻을 수 있기 때문에 오늘날 배아에서 삼염색체성 태아 검사는 모든 임산부에게 제공된다. 미국에서는 2008년 산전 산후 태아검사 조례법이 제정되었다. 이 법은 의료종사자들이 산전 산후 태아 검사에 대하여 부모들에게 정확한 최신 정보와 적절한 서비스를 제공하도록 규정하고 있다.

성염색체의 이수성

성염색체를 포함하는 이수성은 상염색체 이수성보다 유전적 불균형이 더 적다. 이것은 아마도 Y 염색체에는 상대적으로 유전자의 수가 적고 X 염색체의 여분의 사본은 체세포에서 바소체로 불활성화되기 때문일 것이다.

X 염색체가 한 개 더 있는 XXY 남성은 500~1,000명 중 한 명꼴로 태어난다. **클라인펠터 증후군**(Klinefelter syndrome)이라고 부르는 이 장애를 가진 사람은 남성 생식기관을 갖고 있지만 정소는 비정상적으로 작고 불임이다. 여분의 X 염색체가 불활성화되지만 유방이나 기타 여성의 신체적 특징이 흔히 나타난다. 이들의 지능은 정상보다 낮을 수 있다. 여분의 Y 염색체를 가진 남성(XYY)은 1,000명 중 한 명꼴로 태어난다. 이들은 정상적인 성적 발생을 하며 특이한 증후군을 나타내지 않지만, 키가 평균에 비해 큰 경향이 있다.

X 염색체 3염색체성인 여성(XXX)은 1,000명 중 한 명 정도 태어나며 건강하며 평균 키보다 좀 더 큰 것을 제외하고는 XX 여성과 구분할 수 없다. XXX 여성은 학습능력이 떨어지나 수정능력은 있다. **터너 증후군**(Turner syndrome)이라고 하는 X 염색체 1염색체성은 2,500명당 한 명꼴로 나타나며 인간에서 유일하게 생존 가능한 1염색체성으로 알려져 있다. X0인 이 사람들은 표현형은 여성일지라도 생식기관이 성숙하지 않기 때문에 불임이다. 에스트로젠 대체 요법을 제공받으면, 터너 증후군을 가진 여자 아이들도 2차성징을 나타낸다. 대부분의 경우 지능은 정상이다.

염색체 구조의 이상으로 인한 유전병

사람의 염색체에 결실이 일어나면, 심지어 이형접합 상태에서도, 많은 경우 심각한 문제를 일으킨다. **묘성 증후군**(cri du chat syndrome)은 5번 염색체의 특이한 결실에 의해 나타난다. 이 결실을 갖고 태어나는 아이는 지적 장애가 있고, 안면 기형이 있는

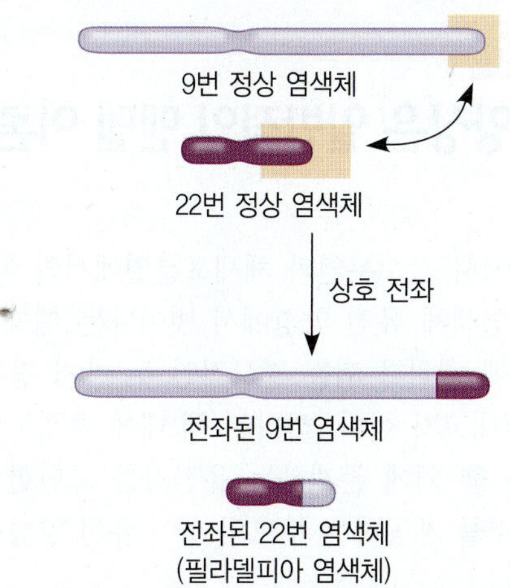

▲ **그림 15.16 만성 골수성 백혈병(CML)과 관련된 전좌.** 거의 모든 CML 환자의 암세포는 필라델피아 염색체라 불리는, 비정상적으로 짧은 22번 염색체와 비정상적으로 긴 9번 염색체를 가지고 있다. 이렇게 변형된 염색체들은 그림과 같이 전좌 결과 생긴 것이다. 아마도 골수내 백혈구 모세포에서 유사분열이 일어나는 동안 하나의 세포에서 전좌가 일어난 후 자손세포로 물려주었을 것이다.

작은 머리를 가지며, 울음소리는 고통 받는 고양이 울음소리처럼 들린다. 보통 유아 시절이나 아동 시절에 사망한다.

염색체 전좌는 만성 골수성 백혈병(chronic myelogenous leukemia, CML)과 같은 특정 암에 영향을 주는 것으로 밝혀졌다. 이 백혈병은 백혈구로 분화되는 세포의 체세포분열 동안 상호전좌가 일어날 때 발생한다. 이런 세포들에서는 22번 염색체의 큰 부분과 9번 염색체의 작은 끝 부분 사이에 교환이 일어난 결과 22번 염색체가 눈에 띄게 아주 작다. 이것을 **필라델피아 염색체**(Philadelphia chromosome)라 부른다(**그림 15.16**). 그러한 교환이 일어나면 세포주기를 조절할 수 없게 만드는 유전자를 활성화시켜 암을 유발한다. (유전자 활성 기작은 18장에서 논의될 것이다.)

개념 확인 문제 15.4

1. 다운 증후군을 가진 사람 중 약 5%는 21번 염색체의 3번째 사본이 14번 염색체에 결합된 전좌에 의해 일어난다. 만일 부모의 생식소에서 이런 전좌가 일어났다면, 어떻게 그것이 자식에서 다운 증후군이 나타나게 할 수 있을까?
2. **WHAT IF?** ABO 혈액형 유전자는 9번 염색체에 있다. AB형 아버지와 O형의 어머니 사이에 A형이면서 9번 3염색체성을 갖는 아이가 있다. 이러한 정보를 이용하여 부모 중 누구에서 비분리가 생겼는지 말할 수 있는가? 답을 설명하라. (그림 14.11 참조)
3. **MAKE CONNECTIONS** 필라델피아 염색체에서 활성화된 유전자는 세포 내의 티로신 카이네이즈를 암호화한다. 개념 12.3에 있는 세포주기 조절과 암에 관한 논의를 다시 읽어보고 이 유전자가 활성화되면 어떻게 암의 발생에 기여하게 되는지 설명하라.

정답은 부록 A 참조

개념 15.5

일부 유전 양상은 일반적인 멘델 이론에 맞지 않는다

여러분은 앞 절에서 감수분열과 체세포분열에서의 이상 현상 때문에 정상적인 염색체 유전 양상에서 벗어나는 예를 배웠다. 멘델의 유전 법칙에 예외가 되는 정상적인 두 가지 경우를 소개하면서 이 장을 끝내고자 한다. 하나는 핵 내에 존재하는 유전자이고 다른 하나는 핵 외에 존재하는 유전자를 포함한다. 두 경우 모두, 대립유전자를 제공하는 부모의 성이 유전 양상을 결정하는 한 가지 요인이다.

유전체 각인

멘델 유전학과 염색체에 근거를 둔 유전에 대한 논의를 통하여, 우리는 특정 대립유전자의 효과는 아버지에게서 물려받았는지 혹은 어머니로부터 물려받았는지에 관계없이 동일한 것으로 생각해 왔다. 대부분의 경우 이 생각은 옳다. 예를 들어, 보라색 꽃을 갖는 완두 식물과 흰색 꽃을 갖는 완두 식물을 교배하였을 때, 멘델은 보라색 꽃을 갖는 완두 식물이 난자를 제공했건 정자를 제공했건 동일한 결과를 관찰하였다. 그러나 유전학자들은 최근 포유류에서 약 20~30개의 형질들이 부모 중 어느 쪽에서 그 형질에 대한 대립유전자가 유전되었는지에 따라 달라지는 것을 확인하였다. 부모 중 어느 쪽으로부터 대립유전자를 받았는가에 따라 달라지는 표현형의 변이를 **유전체 각인(genomic imprinting)**이라고 한다. (이 현상은 성-연관 유전과 다르다; 각인 유전자는 대부분 상염색체상에 있다.) 새로운 DNA 염기서열 분석방법을 사용하여 60개의 각인유전자와 수백 개의 각인 후보 유전자들을 발견하였다.

유전체 각인은 배우자가 형성되는 동안에 생기며, 각인 결과 특정 유전자의 대립유전자 중 하나가 발현되지 않는다. 이 유전자들은 정자와 난자에서 다르게 각인되기 때문에 접합자는 부계로부터 물려받거나 모계로부터 물려받은 각인된 유전자 하나만 발현을 한다. 각인된 유전자는 발생하는 동안 모든 체세포에 전달되고, 따라서 각인 유전자의 부계 대립유전자 또는 모계 대립유전자 하나가 그 생물체의 모든 세포에서 발현된다. 각 세대의 배우자 형성 세포에서는 오래된 각인이 '지워지고' 그 개체의 성별에 따라 발달 중인 배우자의 염색체가 다시 각인된다. 생물체에서 각인된 유전자는 항상 같은 방법으로 각인된다. 즉, 모계의 대립유전자 발현에 대해 각인된 유전자는 세대를 거듭해도 항상 모계의 대립유전자 발현에 대해 각인된다.

예를 들어, 처음으로 각인 현상이 밝혀진 생쥐의 인슐린유사 성장인자 2(insulin-like growth factor 2, *Igf2*) 유전자를 생각해 보자. 비록 이 성장인자는 정상적인 태아의 성장을 위해 필수적이지만, 부계에서 온 대립유전자만 발현된다(그림 15.17a). *Igf2*

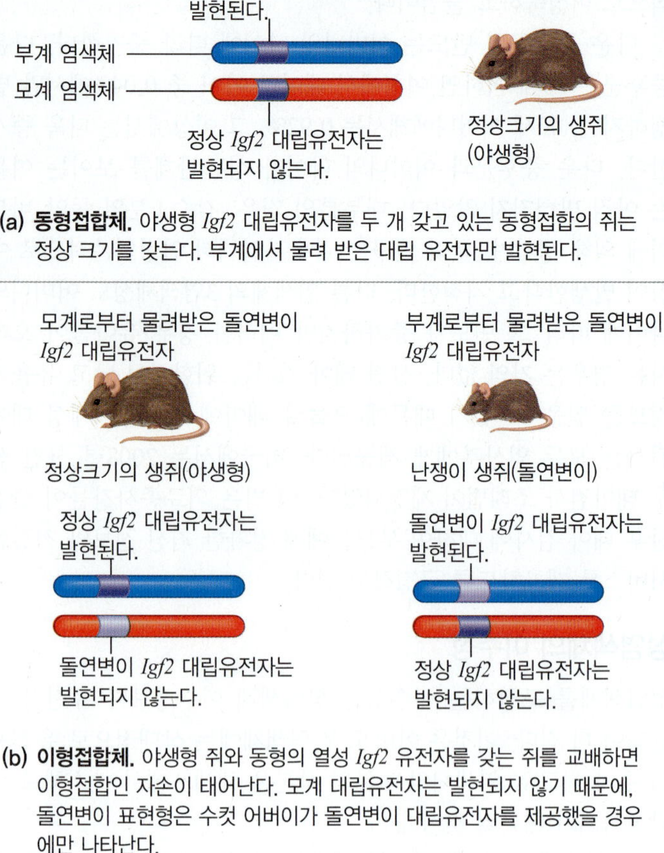

(a) **동형접합체.** 야생형 *Igf2* 대립유전자를 두 개 갖고 있는 동형접합의 쥐는 정상 크기를 갖는다. 부계에서 물려 받은 대립 유전자만 발현된다.

(b) **이형접합체.** 야생형 쥐와 동형의 열성 *Igf2* 유전자를 갖는 쥐를 교배하면 이형접합인 자손이 태어난다. 모계 대립유전자는 발현되지 않기 때문에, 돌연변이 표현형은 수컷 어버이가 돌연변이 대립유전자를 제공했을 경우에만 나타난다.

▲ 그림 15.17 ***Igf2* 생쥐 유전자의 유전체 각인**

유전자가 각인된다는 증거는 야생형 쥐와 동형접합의 열성 돌연변이 *Igf2* 유전자를 갖는 난쟁이 쥐 사이의 교배로부터 처음 밝혀졌다. 이형접합 자손(정상 대립유전자 하나와 돌연변이 대립유전자 하나)의 표현형은 돌연변이 대립유전자가 부계 쪽이냐 모계 쪽이냐에 따라 달라진다(그림 15.17b).

유전체 각인이란 정확히 무엇인가? 많은 경우, 각인은 한 대립유전자의 사이토신 뉴클레오타이드에 메틸기($-CH_3$)가 더해지는 것처럼 보인다. 메틸화가 일어나면 대립유전자의 발현을 직접 억제할 수 있다. 이것은 메틸화가 많이 일어난 유전자는 보통 불활성화된다는 증거와 일치한다(개념 18.2). 그러나 몇몇 유전자의 경우, 메틸화는 대립유전자의 발현을 활성화하는데, *Igf2* 유전자가 이 경우에 해당된다. 부계 염색체에 있는 특정 DNA 염기가 메틸화되면 부계 *Igf2* 대립유전자가 발현된다. 메틸화는 대립유전자를 활성화시키거나 불활성시켜 일관성 없게 작용한다는 사실이 일부 밝혀졌다. DNA 메틸화가 일어나면 DNA와 결합하는 히스톤 단백질을 변형시키는 효소들이 메틸화가 일어난 부분의 DNA를 응축시켜 대립유전자 발현을 간접적으로 조절한다. 그 결과 어떤 대립유전자가 불활성화되거나 활성화된다.

유전체 각인은 포유류 유전체에 존재하는 유전자 중 일부에만 영향을 미치는 것으로 여겨졌다. 그러나 대부분의 각인된 유전자는 배아의 발생에 꼭 필요하다. 예를 들어, 쥐를 이용한 실험에서 부모 중 한 쪽으로부터 특정 염색체를 둘 다 물려받도록 조작된 배아는 염색체를 제공한 쪽이 암컷이건 수컷이건 관계없이 태어나기 전에 죽는다. 그러나 수년 전 일본의 과학자들은 두 개의 난자에 있는 유전물질을 합친 접합체에서 난자 하나의 *Igf2* 유전자만을 발현하도록 했다. 그 접합체는 위 사진에서 보여주듯이 건강한 생쥐로 발생되었다. 분명, 정상적인 발생을 위해서는 배아세포의 특정 유전자가 두 개도 아니며 0개도 아닌 정확히 한 개만 활성화되어야 한다. 비정상적인 발생이나 특정 암이 비정상적인 각인과 관련되어 있다는 사실은 각 유전자가 어떻게 각인되는지에 대한 수많은 연구를 자극하고 있다.

세포소기관 유전자의 유전

우리는 이 장에서 유전과 염색체의 관계에 초점을 두고 공부했지만, 중요한 추가사항을 하나 설명하면서 끝을 맺겠다. 모든 진핵세포의 유전자가 핵 안의 염색체에 존재하는 것이 아니며, 심지어 모두 핵 안에 존재하는 것도 아니다; 어떤 유전자들은 세포질에 있는 세포소기관에 존재한다. 이 유전자들은 핵 밖에 있기 때문에 **핵외 유전자**(extranuclear genes) 또는 **세포질 유전자**(cytoplasmic genes)라고 부른다. 미토콘드리아, 엽록체 그리고 식물의 색소체에는 많은 유전자를 갖고 있는 작은 크기의 원형 DNA가 존재한다. 이 세포소기관들은 스스로 복제하며 그들의 유전자를 딸 세포소기관에 전달한다. 세포소기관의 유전자는 감수분열 동안 일어나는 핵내 염색체의 분배와 같은 방식을 따르지 않으며, 따라서 멘델 유전학에 따른 유전현상을 보여주지 않는다.

핵외 유전자가 존재한다는 첫 번째 증거는 녹색 식물의 잎에 나타나는 황색 또는 흰색 반점의 유전에 대한 독일 과학자 코렌스(Karl Correns)의 연구로부터 나왔다. 1909년 그는 잎의 색깔이 모계(난자)에 의해서만 결정되고, 부계(정자)의 영향은 받지 않는다는 것을 관찰하였다. 계속된 연구를 통하여 이러한 착색 패턴, 즉 얼룩 모양은 색소를 조절하는 색소체의 돌연변이에 의한 것으로 밝혀졌다(**그림 15.18**). 대부분의 식물에서 접합자는 난자의 세포질로부터 모든 색소체를 물려받고, 반수체 세트의 염색체를 제공하는 화분으로부터는 전혀 받지 못한다. 접합체가 발달하면서 야생형 또는 돌연변이 색소체는 딸세포에 무작위로 분배된다. 식물의 잎 색깔 패턴은 다양한 조직에 존재하는 야생형과 돌연변이 색소체의 비율에 따른다.

▼ **그림 15.18 꿀풀과의 다년초 식물.** 콜레우스(*Solenostemon scutellarioides*)의 화려한 잎. 얼룩반점 잎은 일반적으로 모계로부터 물려받는 색소체의 색소 유전자 돌연변이에 의해 생긴다.

대부분의 동물과 식물에 있는 미토콘드리아 유전자에서도 유사한 모계 유전이 일어난다. 그 이유는 난자의 세포질에 있는 미토콘드리아가 대부분 접합자로 유전되기 때문이다(정자에 의해 제공된 극소수의 미토콘드리아는 자가소화작용에 의해 파괴되는 것으로 나타났다; 그림 7.13). 미토콘드리아에 있는 대부분의 유전자 산물은 전자전달계와 ATP 합성효소의 단백질 복합체를 구성하는 데 도움을 준다(그림 10.15). 그러므로 이러한 단백질 중 한 개 또는 그 이상이 결함을 가질 경우, 세포의 ATP 합성량이 줄어들고 여러 종류의 희귀한 인간 유전병이 발생한다. 우리의 신체 중에서 에너지 부족에 가장 민감한 부분은 신경계와 근육이기 때문에 미토콘드리아와 관련된 대부분의 유전병은 1차적으로 이러한 시스템에 영향을 미친다. 예를 들어, **사립체근병증**(mitochondrial myopathy)에 걸린 사람은 쇠약함, 운동 장애, 근육 퇴화와 같은 증상에 시달린다. 미토콘드리아 유전병의 다른 예는 **레버씨 선천성 시신경병증**(Leber's hereditary optic disease)이다. 이 병은 20대나 30대의 젊은 사람에게 갑작스럽게 시력상실을 초래할 수 있다. 지금까지 이 병을 유발하는 것으로 밝혀진 네 종류의 돌연변이는 세포의 중요한 기능인 세포호흡 동안 산화적 인산화에 영향을 미친다.

미토콘드리아 DNA의 결함으로 인한 희귀병 외에도, 어머니로부터 물려받는 미토콘드리아의 돌연변이는 노인에게 많이 발견되는 당뇨병, 심장병, 그리고 알츠하이머병 등에 영향을 미친다. 일생 동안 돌연변이가 새로 생겨 서서히 우리의 미토콘드리아 DNA 내에 축적되며, 이것이 정상적인 노화 과정에 일조한다고 알려져 있다.

세포 내에 유전자가 핵이나 세포질의 세포소기관 중 어디에 위치하는지에 관계없이 그것들의 유전은 유전물질인 DNA의 정확한 복제에 달려 있다. 다음 장에서 우리는 분자수준에서 유전양상이 어떻게 일어나는지 알아볼 것이다.

개념 확인 문제 15.5

1. 유전자량 – 왕성하게 발현되고 있는 한 유전자의 활성 사본 수 – 은 적절한 발달에 중요하다. 특정 유전자가 적절한 양으로 존재하게 해주는 두 가지 과정을 말하고 이에 대해 설명하라.
2. 두 종류의 앵초, A와 B를 상호교배하여 다음과 같은 결과를 얻었다: A 암꽃 × B 수꽃 → 녹색(얼룩반점이 없는) 잎을 가진 자손. B 암꽃 × A 수꽃 → 얼룩반점 잎을 가진 자손. 이 결과를 설명하라.
3. **WHAT IF?** 미토콘드리아 유전자들은 세포의 에너지 대사에 필수적이지만 이들 유전자에 돌연변이가 일어나 생기는 미토콘드리아 유전병은 일반적으로 치명적이지 않다. 왜 그런가?

정답은 부록 A 참조

15 장 복습

핵심 개념의 요약

개념 15.1

모건은 멘델 유전의 물리적 원인이 염색체들의 행동에 있음을 밝혔다: 과학 탐구

- 초파리의 눈 색깔 유전자를 이용한 모건의 연구는 **유전의 염색체 이론**을 확립하였다. 이 이론은 유전자가 염색체에 위치하며 감수분열 동안 염색체 행동이 멘델의 법칙을 설명할 수 있다고 말한다.

? 모건은 성염색체의 어떤 특징 때문에 염색체 행동과 눈색 유전자의 대립유전자 행동이 상관이 있음을 알았는가?

개념 15.2

성-연관 유전자는 특이한 유전 양상을 나타낸다

- 생물체의 성은 보통 특정 염색체의 존재 유무에 따라 결정된다. 사람 및 일부 포유류는 X-Y 체계를 가지며, Y 염색체의 존재 여부에 따라 성이 결정된다. 조류, 어류, 곤충류에서는 다른 성 결정 체계가 발견된다.
- 성-연관 염색체에는 **성-연관 유전자**가 포함되어 있으며, 거의 모든 유전자는 X 염색체에 있다(X-연관). 어머니로부터 열성 X-연관 대립유전자를 물려받은 남자는 색맹 같은 형질을 나타낸다.
- 포유류 암컷에서, 각 세포에 있는 X 염색체 두 개 중 하나는 초기 배아 발생 시기에 불활성화되어 고도로 응축된 **바소체(Barr body)**가 된다.

? 왜 남성이 여성보다 X-연관 유전병에 더 많이 영향을 받는가?

개념 15.3

연관된 유전자들은 동일한 염색체의 서로 가까운 곳에 위치하며, 함께 유전되는 경향이 있다

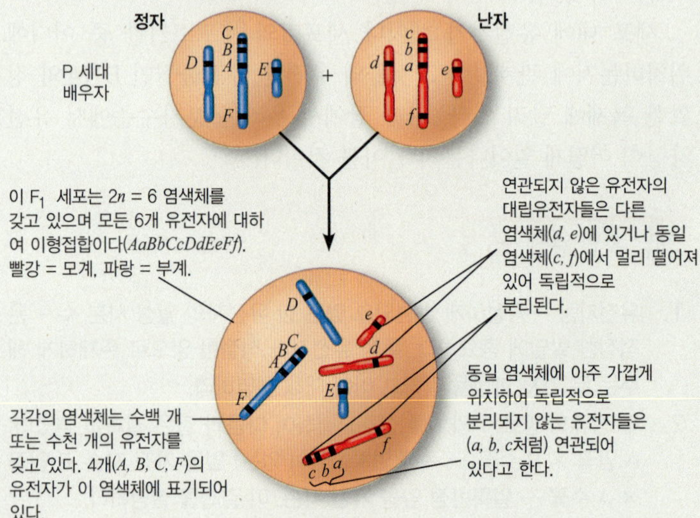

- F_1 양성잡종 검정교배로부터 나온 자손 가운데 **부모형(parental type)**은 P 세대 부모의 형질과 같은 조합의 형질을 갖는다. **재조합형(recombinant type: recombinant)**은 P 세대 부모에서 보이지 않던 새로운 조합의 형질을 나타낸다. 염색체가 독립적으로 분리되기 때문에 연관되지 않은 유전자는 배우자에서 50%의 재조합 빈도로 나타난다. 유전학적으로 연관된 유전자의 경우 감수 I 분열 동안 비자매 염색분체 사이의 교차가 일어나고 재조합형은 항상 50% 미만으로 나온다.
- 하나의 염색체에 있는 유전자 순서와 유전자 사이의 상대적인 거리는 유전 교배에서 관찰된 재조합 빈도로부터 추론할 수 있다. 이 데이터를 이용하여 **연관 지도(linkage map: 유전자 지도**의 한 종류)를 만들 수 있다. 유전자들이 더 멀리 떨어져 있을수록 교차가 일어나는 동안 대립유전자의 재조합이 많이 생긴다.

? 두 개의 멀리 떨어진 특정 대립유전자가 가까이 위치하는 대립유전자보다 재조합 비율이 더 높은 이유는?

개념 15.4

염색체 수나 구조에 변화가 생기면 유전병이 발생한다

- 염색체 수가 비정상적인 **이수성(aneuploidy)**은 감수분열 동안 **비분리(nondisjunction)**에 의해 초래될 수 있다. 정상적인 배우자가 특정 염색체를 두 개 가졌거나 혹은 하나도 없는 배우자와 결합할 때, 접합자와 그 자손 세포에는 특정 염색체가 하나 더 있거나(**3염색체성**, $2n + 1$), 한 개 부족해진다(**1염색체성**, $2n - 1$). 배우자가 만들어질 때 완전한 비분리가 일어나면 **배수성**(두 벌 이상의 완전한 염색체 세트)이 생길 수 있다.
- 염색체가 절단되면 염색체 구조에 이상을 초래한다: **결실(deletion)**, **중복(duplication)**, **역위(inversion)**, **전좌(translocation)**. 전좌는 상호적 또는 비상호적일 수 있다.
- 세포당 염색체 수나 염색체 구조가 변화하면 표현형에 영향을 미칠 수 있고, 몇몇 경우 질병이 생길 수 있다. **다운 증후군**(보통 21번 염색체의 3염색체성), 염색체 전좌와 관련 있는 특정 암, 또는 인체의 다른 여러 질병들이 생긴다.

? 역위와 상호 전좌가 이수성, 중복, 결실, 비상호 전좌보다 치명적이 아닌 이유는?

개념 15.5

일부 유전 양상은 일반적인 멘델 이론에 맞지 않는다

- 포유류에서 일부 특정 유전자의 표현형은 부모로부터 물려받은 각 대립유전자에 따라 달라진다. 이 현상을 **유전체 각인(genomic imprinting)**이라고 부른다. 각인은 배우자 생산 동안 형성되는데 그 결과 부계나 모계 대립유전자 중 한 개는 자손에서 발현되지 않는다.
- 미토콘드리아와 색소체에 있는 유전자에 의해 조절되는 형질의 유전은 오로지 모계의 영향을 받는다. 그 이유는 접합체의 세포질이 난자로부터 오기 때문이다. 신경계와 근육에 영향을 주는 일부 유전병들은 세포가 충분한 ATP를 생산하는 것을 방해하는 미토콘드리아 유전자의 결함으로 생긴다.

? 각인과 미토콘드리아 DNA, 엽록체 DNA의 유전이 어떻게 멘델 유전의 예외가 되는지 설명하라.

생각해보자

수준 1: 지식/이해

1. 혈우병(열성, 성-연관 유전)이 있는 남자에게 정상인 딸이 있다. 그 딸이 정상인 남자와 결혼하였다. 이 부부에서 태어나는 딸이 혈우병일 확률은 얼마인가? 아들이 혈우병일 확률은? 만일 이 부부가 4명의 아들을 가질 때, 4명 모두 혈우병일 확률은 얼마일까?

2. 가성비대성 근위축증(pseudohypertrophic muscular dystrophy)은 유전병으로 근육이 서서히 퇴화된다. 이 병은 거의 대부분 정상 부모로부터 태어난 소년에게 발견되며 보통 10대 초반에 사망한다. 이 유전병은 우성인가, 또는 열성인가? 이것은 상염색체 유전인가 또는 성염색체 유전인가? 그렇게 답을 한 이유는? 소녀들이 유전병에 거의 걸리지 않는 이유를 설명하라.

3. 야생형 초파리(회색 몸과 정상날개에 대하여 이형접합)와 흔적 날개를 갖는 검은 몸 초파리를 교배하여 다음과 같은 표현형의 비율을 갖는 자손을 얻었다: 야생형, 778;검은 몸-흔적 날개, 785; 검은 몸-정상 날개, 158; 회색 몸-흔적 날개, 162. 몸 색깔과 날개 크기 유전자 사이의 재조합 비율은 얼마인가? 이 결과는 그림 15.9의 실험 결과와 일치하는가?

4. 어떤 행성에 사람의 유전 양상과 같은 방식으로 생식을 하는 생명체가 살고 있다. 세 가지 표현형 특징인 키(T = 큰 키, t = 작은 키), 머리의 부속기관(A = 안테나 있음, a = 안테나 없음), 코 형태(S = 위로 향한 코, s = 아래로 향한 코)가 있다. 그 생명체는 지능이 낮기 때문에, 지구의 과학자들이 여러 가지 이형접합체를 사용하여 검정교배 실험을 하였다. 키가 크고 안테나가 있는 이형접합자의 검정교배에서 나온 자손들은 키가 크고 안테나 있음, 46; 키가 작고 안테나 있음, 7; 키가 작고 안테나 없음, 42; 키가 크고 안테나 없음, 5 이었다. 안테나가 있고 위로 향한 코를 가진 이형접합자의 검정교배에서, 그 자손들은 안테나가 있고 위로 향한 코, 47; 안테나가 있고 아래로 향한 코, 2; 안테나가 없고 아래로 향한 코, 48; 안테나가 없고 위로 향한 코, 3 이었다. 두 실험에 대한 재조합 비율을 계산하라.

수준 2: 응용/분석

5. 4번 문제로부터 정보를 사용하여, 과학자들이 키와 코 형태에 대한 이형접합자를 이용하여 검정교배를 하였다. 자손은 키가 크고 위로 향한 코, 40; 키가 작고 위로 향한 코, 9; 키가 작고 아래로 향한 코, 42; 키가 크고 아래로 향한 코, 9 이었다. 이 데이터로부터 재조합 빈도를 계산하라. 4번 문제의 답을 이용하여 연관된 세 유전자의 순서를 결정하라.

6. 야생형 초파리(회색 몸과 빨강 눈에 대하여 이형접합)와 보라색 눈을 갖는 검은 몸 초파리를 교배하여 다음과 같은 표현형을 갖는 자손을 얻었다: 야생형, 721;검은 몸-보라색 눈, 751; 회색 몸-보라색 눈, 49; 검은 몸-빨강 눈, 45. 몸 색깔과 눈 색깔 유전자 사이의 재조합 비율은 얼마인가? 3번 문제의 정보를 이용하여 염색체에서 몸색깔, 날개 크기, 눈 색깔 유전자의 순서를 결정하려고 한다면 당신은 어떤 초파리(유전자형과 표현형)를 교배하겠는가?

7. 유전자 A와 B는 연관되어 있고 50 지도 단위 떨어져 있다고 가정하라. 두 유전자에 대하여 이형접합인 동물을 두 유전자에 대하여 열성의 순종인 동물과 교배하였다. 자손 중 몇 %가 교차 결과 생기는 표현형을 나타낼까? 만일 유전자 A와 B가 연관되어 있다는 것을 모른다면, 어떻게 이 교배 결과를 설명할 수 있는가?

8. 어떤 꽃의 두 유전자 중 하나는 청색(B)과 흰색(b)을 조절하고, 다른 하나는 원형 수술(R)과 타원형 수술(r)을 조절한다. 이 두 유전자는 연관되어 있고 10 지도 단위 떨어져 있다. 동형접합성의 청색-타원형 식물과 동형접합성의 흰색-원형 식물을 교배하였다. 여기서 나온 F_1 자손을 동형접합성의 흰색-타원형 식물과 교배하여 1,000개의 F_2 자손을 얻었다. F_2 자손 중에서 4가지 표현형은 각각 몇 개일까?

9. 그림 15.12의 염색체에 위치한 유전자 a에 대한 재조합 데이터를 얻기 위하여 초파리 교배를 설계하였다. 유전자 a는 흔적날개 유전자 좌위와 14%, 갈색 눈 유전자 좌위와 26%의 재조합 빈도를 갖는다. 유전자 a는 그 염색체의 어디에 위치하는가?

수준 3: 종합/평가

10. 삼배체인 바나나 식물은 종자가 없으며 불임이다. 그 이유를 설명하라.

11. **진화적 관점**
교차는 대립유전자를 새로운 조합으로 계속해서 섞어주며 진화 과정이 일어나는 것을 허용하기 때문에 진화적으로 유리한 것으로 생각된다. 최근까지 Y 염색체에 있는 유전자들은 X 염색체에 상동유전자들이 없어 재조합을 하지 못했기 때문에 퇴화되었다고 생각했다. 그러나 Y 염색체의 염기서열이 밝혀지면서 8개의 커다란 부위가 내부적으로 서로 상동인 것으로 나타났다. 78개의 유전자 중 다수는 중복 유전자로 나타났다. [Y 염색체를 연구하는 페이지(David Page)는 이것을 "hall of mirrors"로 불렀다.] 이 부위의 장점은 무엇일까?

12. **과학적 탐구**
DRAW IT 초파리 유전자 A, B, C, D의 지도를 작성 중에 있다고 가정하자. 이 중 세 개는 같은 염색체에 있고 각 유전자 쌍 사이의 재조합 빈도는 다음과 같다: A–B, 8%; A–C, 28%; A–D, 25%; B–C, 20%; B–D, 33%.
(a) 각 유전자 쌍에 대한 재조합 빈도를 어떻게 결정했는지 설명하라.
(b) 데이터를 근거로 염색체 지도를 그려라.

13. **글쓰기: 정보**
생명의 연속성은 DNA 형태의 유전정보에 근거한다. 무성생식과 유성생식을 하는 생물종에서 염색체의 구조, 행동과 유전의 관계를 100~150 단어로 짧은 글을 써라.

14. **종합적으로 생각해보기**

나비는 초파리나 사람과 다른 X-Y 성 결정 체계를 갖고 있다. 암컷 나비는 XY 또는 XO이며, 수컷 나비는 2개 이상의 X 염색체를 갖고 있다. 이 사진은 왼쪽 반은 암컷, 오른쪽 반은 수컷인 자웅모자이크(gynandromorph) 호랑나비이다. 만일 접합자에서 첫 번째 분열이 일어나 배아가 그림에 보이는 나비의 오른쪽과 왼쪽으로 나누어졌다면, 비분리로 인하여 어떻게 이처럼 특이한 나비가 만들어졌는지를 설명하는 가설을 제안하라.

정답은 부록 A 참조

16

핵산과 유전

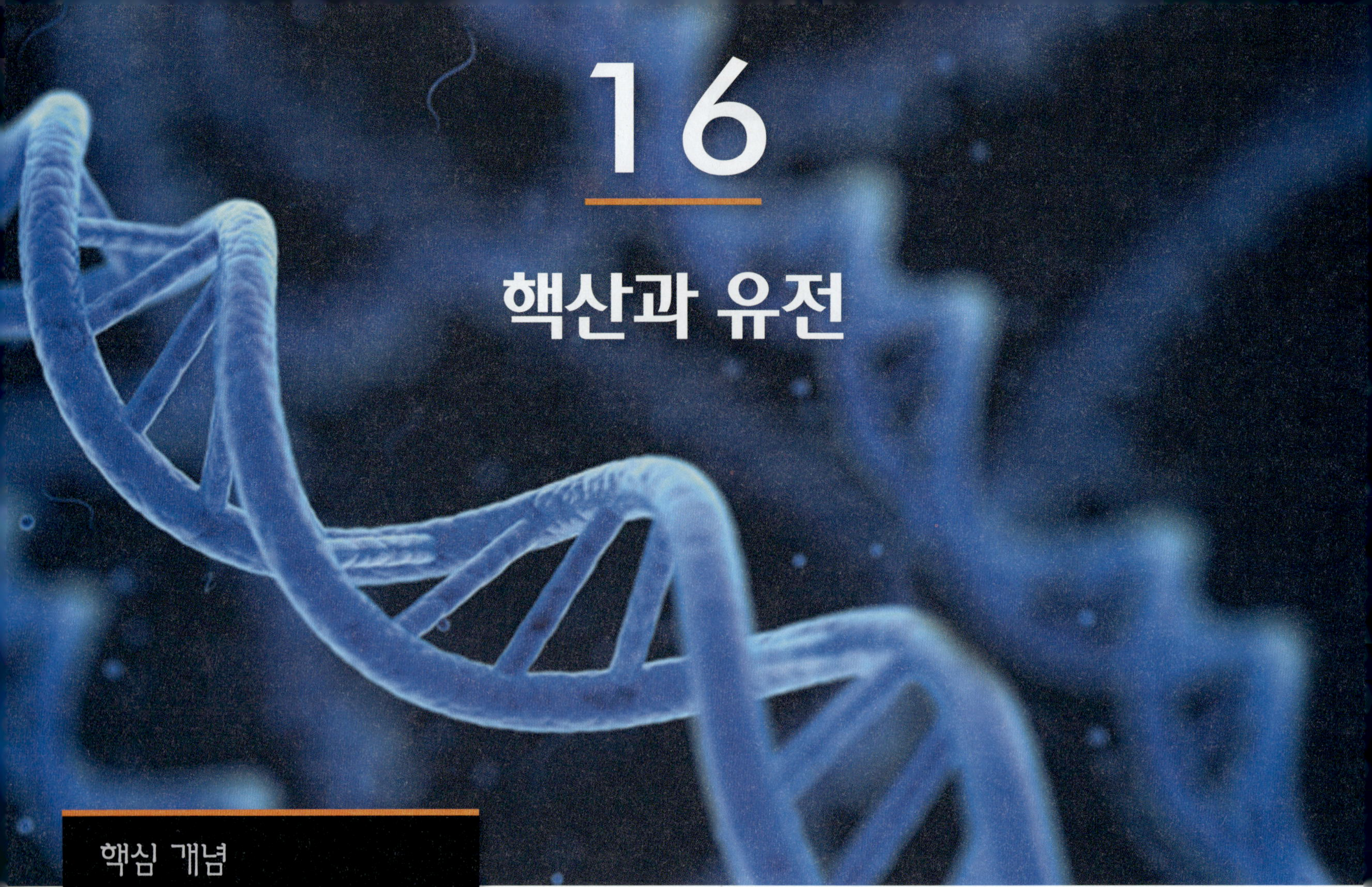

핵심 개념

16.1 DNA는 유전물질이다

16.2 많은 단백질이 DNA의 복제와 수선에 함께 관여한다

16.3 염색체는 단백질들로 싸여 있는 DNA 분자로 구성되어 있다

▲ DNA 모형과 함께한 왓슨(James Watson, 왼쪽)과 크릭(Francis Crick)

▲ 그림 16.1 DNA 구조는 무엇인가?

생명체의 작동 안내서

1953년 4월 왓슨(James Watson)과 크릭(Francis Crick)은 DNA 이중나선구조 모형을 제시해 과학계에 큰 충격을 불러일으켰다. 그림 16.1은 양철과 철선으로 만들어진 DNA 분자모형을 보고 있는 왓슨과 크릭의 사진이다. 이 DNA 모형은 60년이 지난 지금 현대생물학의 중심이 되었다. 멘델의 유전인자와 모건의 염색체 위의 유전자들은 사실상 모두 DNA로 구성되어 있다. 화학적 관점에서 이야기하면, 우리가 유전적으로 물려받는 유산은 부모님들로부터 온 DNA이다. 유전물질인 DNA는 우리 시대의 가장 기념비적인 물질이다.

핵산은 자연계의 모든 분자들 중에서 자가복제를 할 수 있는 유일한 분자이다. 부모와 그 자손의 유사성은 DNA의 정확한 복제 및 복제된 DNA가 한 세대에서 다음 세대로 전달되는 데 기초하고 있다. DNA에 있는 유전정보는 생화학적, 해부학적, 생리학적 특징과 그리고 어느 정도 행동 특성의 발달까지도 알려준다. 이 장에서, 우리는 생물학자들이 DNA가 유전물질이라는 것을 어떻게 추론했는지, 왓슨과 크릭이 DNA의 구조를 어떻게 발견했는지, DNA 복제 동안 DNA 분자가 어떻게 복제되고, 세포는 어떻게 DNA를 수선하는지 배우게 될 것이다. 마지막으로 DNA가 어떻게 단백질과 결합하여 염색체를 구성하는지를 배우게 될 것이다.

개념 16.1

DNA는 유전물질이다

현대에는 초등학생들조차 유전물질인 DNA에 관해서 어느 정도 이해하고 있다. 뿐만 아니라 과학자들이 세포의 유전적 특징을 변형시키기 위하여 실험실에서 DNA를 조작하는 것은 흔하게 볼 수 있는 일이다. 그러나 20세기 초반에는 유전물질이 무엇인지를 밝히는 것은 생물학자들에게는 매우 어렵고 중요한 과제로 여겨졌다.

유전물질에 대한 탐구: 과학적 탐구

15장에서 자세히 설명된 바와 같이, 모건(Thomas Hunt Morgan) 연구팀은 유전자가 염색체의 일부로 존재한다고 발표하였고, 염색체의 두 구성성분인 DNA나 단백질은 유전물질의 가장 가능성 있는 후보로 부상하게 되었다. 1940년대까지는 단백질이 그러한 경향이 더 강한 것같이 보였다. 즉, 생화학자들은 단백질을 유전물질의 필수 요구조건인 특이성이 강하면서 또한 다양한 기능을 수행할 수 있는 거대분자(macromolecules)로서 확인하였다. 더욱이 그 당시에는 핵산에 대해서 많은 연구가 진행되지 않았기 때문에, 핵산의 물리적, 화학적 특성이 매우 단순하여 각 개체의 다양하고 특이적인 유전형질을 설명할 수 없는 것처럼 보였다. 그러나 이러한 관점은 초파리나 인간보다 더 단순한 생물계인 미생물과 이를 감염시키는 바이러스 연구를 통하여 점차 바뀌기 시작했다. 이 장에서 우리는 과학적 탐구에 대한 사례연구를 통하여 유전물질이 밝혀지는 과정을 상세히 알아볼 것이다.

DNA가 세균을 형질전환시킬 수 있다는 증거

1928년, 영국 의사인 그리피스(Frederick Griffith)는 폐렴 백신을 개발하고 있었다. 그는 포유류에서 폐렴을 일으키는 세균인 폐렴쌍구균(*Streptococcus pneumoniae*)을 연구하고 있었다. 그리피스는 병을 유발하는 병원성 세균과 해롭지 않은 비병원성 세균, 서로 다른 두 종류의 폐렴쌍구균 균주를 가지고 있었다. 그는 열처리로 죽은 병원성 균주를 살아 있는 비병원성 균주와 섞어주었을 때, 놀랍게도 살아 있는 세포의 일부가 병원성을 띤다는 것을 발견하였다(**그림 16.2**). 더구나 새로 생긴 병원성 형질을 가진 세균은 자손에게 병원성을 유전시켰다. 죽은 병원성 세포의 알려지지 않은 어떤 화학적 성분이 이와 같은 유전적 변화를 일으켰다. 그리피스는 이러한 현상을 일컬어 **형질전환(transformation)**이라고 하였다. 이는 오늘날 외부 DNA가 세포로 도입되어 유전자형과 표현형을 변화시키는 현상으로 정의되고 있다. 뒤에 에이버리(Oswald Avery), 맥카티(Maclyn McCarty), 맥레오드(Colin MacLeod)는 그 형질전환 물질이 DNA라는 것을 확인하였다.

그러나 과학자들은 회의적이었고, 여전히 단백질을 유전물질로 보는 경향이 더 많았다. 또한 많은 생물학자들은 세균 유전자가 더 복잡한 생물체의 유전자와 그 구성이나 기능이 유사할 것이라는 것을 확신하지 못했다. 그러나 이러한 지속적인 의심의 큰 이유는 DNA에 대해 거의 알려진 바가 없었기 때문이다.

▼ **그림 16.2 탐구**

유전형질이 다른 세균 균주들 간에 전달될 수 있을까?

실험 그리피스는 서로 다른 두 종류의 폐렴쌍구균 균주를 가지고 유전형질에 대해서 연구하였다. 폐렴쌍구균 중에서 매끈한 S형(smooth, S) 균주는 동물의 방어체계로부터 자신들을 보호하기 위한 피막을 가지고 있어서 병원성균인 반면, 거친 R형(rough, R) 균주는 피막이 없고 비병원성균이다. 병원성의 특성을 검사하기 위하여 그리피스는 이 두 균주를 다음과 같이 생쥐에 주사했다.

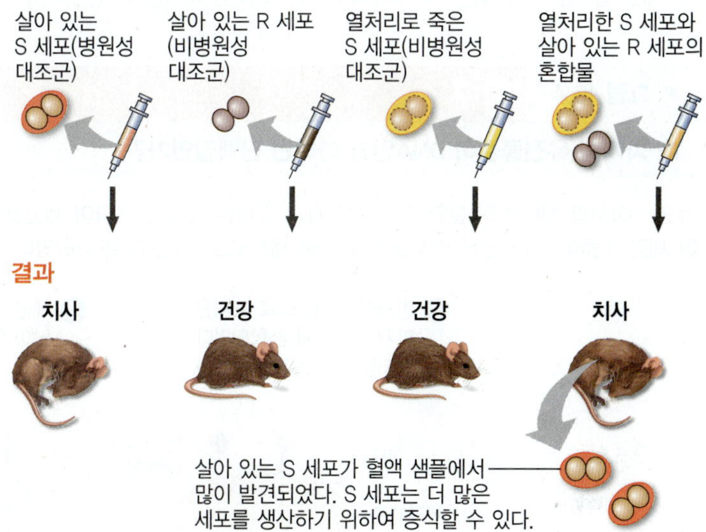

결론 살아 있는 R형 세균이 죽은 S형 세균의 어떤 알려지지 않은 유전물질에 의해 피막을 만들 수 있게 되어 병원성인 S형 세균으로 형질전환되었다.

참고문헌 F. Griffith, The significance of pneumococcal types, *Journal of Hygiene* 27:113–159 (1928).

WHAT IF? 이 실험에서 R형 세균이 죽은 S형 세균의 피막만 사용하여 병원성을 가진다는 가능성은 어떻게 배제할 수 있는가?

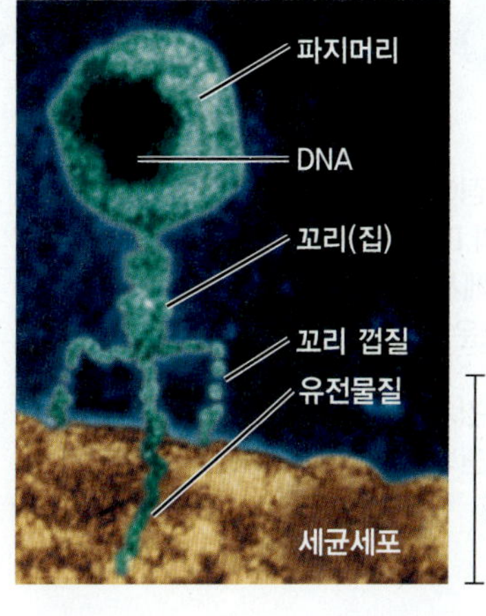

◀ **그림 16.3 세균세포를 감염시키고 있는 바이러스.** 수용세포에 T2 파지가 점착하여 유전물질을 주입하고 있다. 그러나 파지머리와 꼬리 부분은 세포막 바깥에 남아 있다(채색된 TEM 사진).

바이러스 DNA가 세포를 프로그램시킬 수 있다는 증거

세균을 감염시키는 바이러스 연구를 통해서 DNA가 유전물질이라는 또 다른 증거가 제시되었다(**그림 16.3**). 이러한 바이러스를 세균 포식자라는 의미의 **박테리오파지(bacteriophage)** 또는 간단히 **파지(phage)**라고 부르기도 한다. **바이러스(virus)**는 세포보다 더 단순하고 단백질 보호막 안에 포장된 DNA(혹은 RNA)만으로 이루어져 있다. 바이러스는 세포를 감염시켜 숙주세포의 물질대사 기구를 이용하여 자신을 재생산한다.

세균을 감염시키는 바이러스는 분자유전학 분야 연구자들의 연구수단으로 폭넓게 사용되고 있다. 1952년, 허시(Alfled Hershey)와 체이스(Martha Chase)는 T2라고 알려진 파지의 유전물질이 DNA라는 것을 입증하는 실험을 수행하였다. T2는 포유류의 대장(큰창자)에 흔히 존재하는, 분자생물학자들의 모형 생물체인 대장균(*E. coli*)을 감염시키는 파지 중 하나이다. 당시 생물학자들이 T2 파지에 대해 알고 있었던 것은, 대부분의 바이러스들과 마찬가지로 그것이 DNA와 단백질로 구성되어 있다는 것이었다. 또한 세포가 파열되었을 때 대장균을 많은 수의 T2 복제본을 방출시키는 T2 생성공장으로 전환시킬 능력을 가지고 있다

▼ 그림 16.4 탐구

T2 파지의 유전물질이 DNA인가 아니면 단백질인가?

실험 허시와 체이스의 실험은 방사성 황과 방사성 인을 이용하여 세균을 감염시킨 T2 파지 단백질과 DNA의 위치를 추적했다. 그들은 이들 중 어떤 물질이 세균에 들어가 더 많은 파지를 만들도록 재프로그래밍하는지 조사하였다.

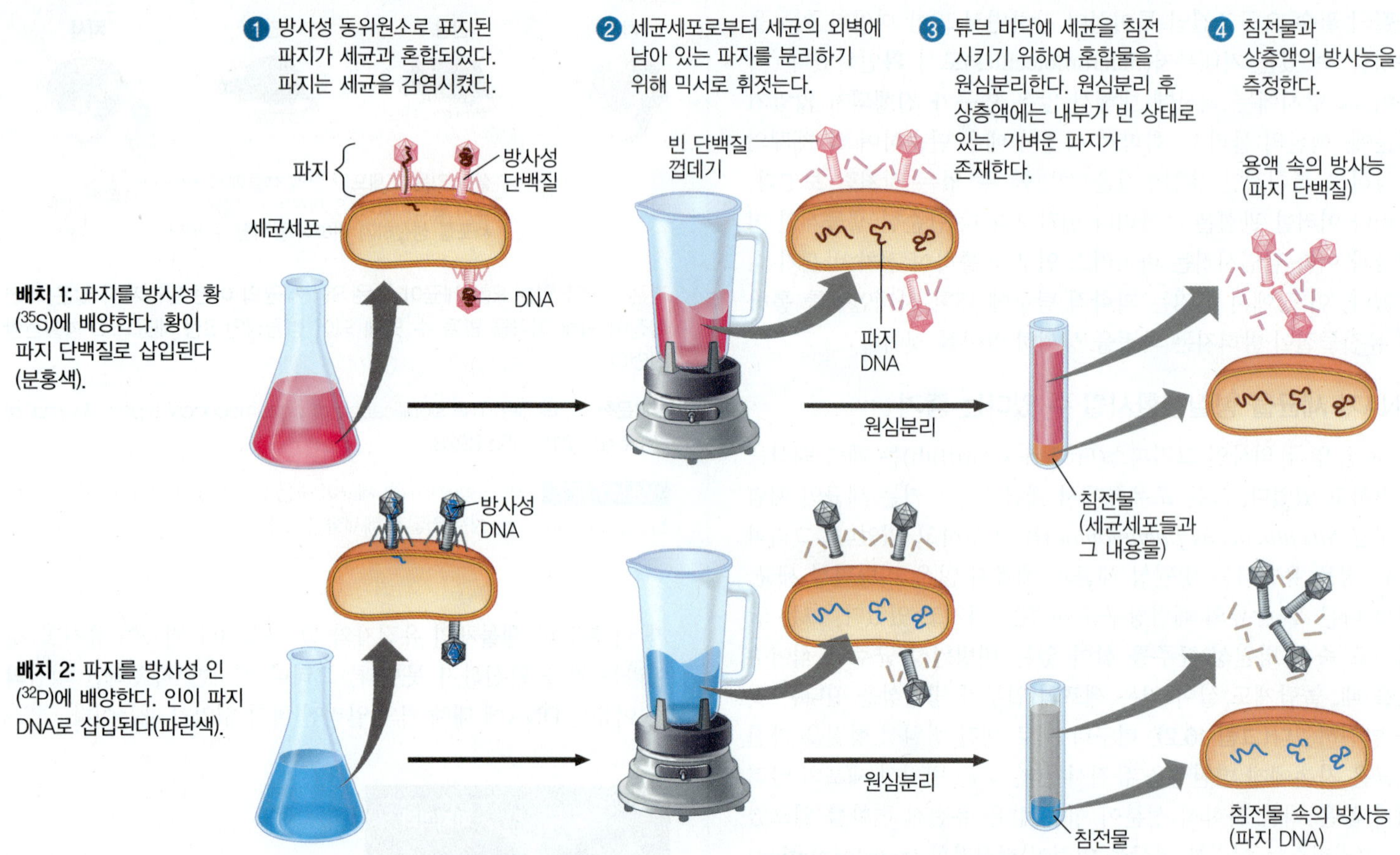

결과 파지가 세균을 감염시키는 과정에서, 파지의 단백질은 세균세포의 외부에 남아 있는 반면(배치 1) 파지의 DNA는 세포 안으로 유입된다(배치 2). 파지를 방사성 인을 포함한 배지에서 배양했을 때, 이 파지의 DNA를 가진 세균은 방사성 인을 함유한 새로운 파지를 방출한다.

결론 파지 DNA는 세균 안으로 들어갔지만 단백질은 들어가지 않았다. 허시와 체이스는 T2 파지의 유전물질이 단백질이 아닌 DNA라고 결론지었다.

참고문헌 A. D. Hershey and M. Chase, Independent functions of viral protein and nucleic acid in growth of bacteriophage, *Journal of General Physiology* 36:39–56 (1952).

WHAT IF? 만일 단백질이 유전물질이라고 가정한다면 어떠한 결과가 나왔을까?

는 것이었다. 아마도 T2는 숙주세포를 재프로그램하여 바이러스를 생산할 수 있도록 한 것 같다. 그러나 단백질과 DNA 중에서 어떤 바이러스 구성성분이 재프로그램을 조절하는 것일까?

허시와 체이스는 T2의 두 성분중의 단지 하나만 감염기간 동안 대장균으로 들어간다는 것을 알아보는 실험을 고안하여 이 질문에 대한 답을 하였다**(그림 16.4)**. 실험에서 그들은 T2의 한쪽 시료에는 단백질을 표지하기 위하여 방사성 동위원소 황을 사용하였고, 다른 쪽 시료에는 DNA를 표지하기 위하여 방사성 동위원소 인을 사용하였다. 단백질은 황을 포함하고 있기 때문에 방사성 황은 파지의 단백질로만 삽입될 수 있다. 마찬가지로 방사성 인은 파지 단백질에는 들어가지 않고 DNA로만 삽입되기 때문에 위와 동일한 방법으로 T2의 DNA를 방사성 인으로 표지하였다. 실험에서 방사성 황으로 표지된 T2와 방사성 인으로 표지된 T2로, 방사성이 표지되지 않은 대장균을 각각 감염시켰다. 감염을 시키고 바로 단백질 혹은 DNA 중 어떤 것이 세포 안으로 들어가 세포를 재프로그램할 수 있는지 조사하였다.

허시와 체이스는 파지 DNA가 숙주세균 안으로 들어가고 단백질은 들어가지 못한다는 것을 발견하였다. 뿐만 아니라 감염된 세균을 다시 배지로 옮겨주면 위와 같은 경로를 거쳐 방사성 인으로 표지된 DNA를 포함하고 있는 파지를 방출한다. 이것은 세포 안으로 들어간 DNA가 감염 과정에서 중요한 역할을 하고 있다는 것을 다시 한번 보여주는 결과이다.

허시와 체이스는 파지에 의해서 감염된 DNA는 바이러스의 DNA와 단백질을 생성하게 하는 유전정보를 가지고 있는 분자라는 결론을 내렸다. 따라서 허시와 체이스의 실험은, 적어도 바이러스에 있어서 단백질이 아닌 핵산이 유전물질이라는 것을 강력하게 입증해 주는 대표적인 실험이 되었다.

DNA가 유전물질이라는 추가적인 증거

DNA가 유전물질이라는 또 다른 증거가 생화학자인 샤가프(Erwin Chargaff)에 의해 제시되었다. DNA가 3개의 성분, 즉 질소를 함유한 염기, 데옥시리보오스라고 불리는 5탄당, 인산기로 구성된 핵산의 중합체라는 것은 그 당시에 이미 알려진 상태였다**(그림 16.5)**. 샤가프는 여러 종의 생물체들에서 DNA의 염기구성을 분석하였다. 1950년 그는 DNA의 염기구성이 생물종에 따라 다양하다는 것을 보고하였다. 예를 들어, 성게 DNA 뉴클레오타이드들은 아데닌 염기를 32.8% 가지고 있는 반면, 인간은 30.4%의 아데닌 염기를, 대장균의 DNA 뉴클레오타이드는 아데닌 염기를 24.7%를 가지고 있다. 이와 같이 염기의 구성이 서로 다른 종에서 다양하다는 것은 DNA가 유전물질이라는 유력한 증거가 된다.

또한 샤가프는 한 종 내에서 뉴클레오타이드 염기의 비율이 특이한 규칙성을 띤다는 것을 발견하였다. 각 종의 DNA를 연구

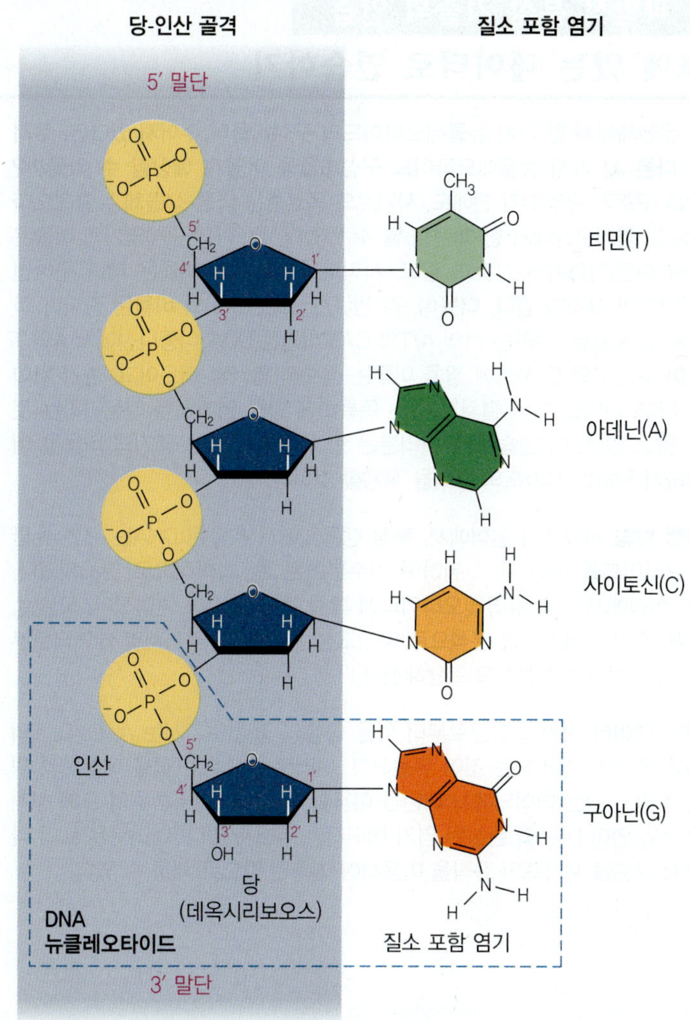

▲ **그림 16.5** **DNA 가닥의 구조.** 각각의 뉴클레오타이드(단위체)는 질소를 함유한 염기(T, A, C, G)와 데옥시리보오스 당(파란색), 인산기(노란색)로 구성된다. 하나의 뉴클레오타이드는 다음 뉴클레오타이드의 당과 번갈아 결합하여 당-인산 골격을 형성하고 염기는 돌출된 구조를 만든다. 폴리뉴클레오타이드는 인산기를 가진 5′ 말단으로부터 수산기(–OH기)를 가진 3′ 말단으로 방향성을 갖는다. 5′과 3′은 5탄당 고리 탄소에 부여된 번호를 의미한다.

하던 중 아데닌과 티민의 수, 구아닌과 시토신의 수가 대략적으로 일치하는 것을 발견하였다. 예를 들어, 성게의 DNA는 4개의 염기가 다음과 같은 비율로 존재한다. A = 32.8%, T = 32.1%, G = 17.7%, C = 17.3%. (비율은 샤가프 기술의 한계 때문에 정확하게 같지는 않다.)

이러한 두 가지 결과는 **샤가프 법칙**으로 알려졌다: (1) 염기의 구성은 서로 다른 종에서 다양하다, (2) 어떤 한 종에 있어서는 A와 T의 수가 같고, G와 C의 수가 같다. **과학적 분석 기술의 연습**에서, 뉴클레오타이드 염기의 알려지지 않은 비율을 예상하는데 여러분은 샤가프의 법칙을 이용할 수 있다. 이 법칙은 이중나선 DNA 구조가 발견될 때까지 설명되지 않은 상태로 남아 있었다.

과학적 분석 기술의 연습

표에 있는 데이터로 연습하기

한 유전체에서 한 가지 뉴클레오타이드의 구성비율이 주어져 있다면, 우리는 다른 세 가지 뉴클레오타이드 구성비율을 어떻게 예상할 수 있을까? DNA 구조가 규명되기 전에도, 샤가프와 동료들은 다른 생물체 뉴클레오타이드의 염기구성에서 한 패턴을 알 수 있었다. 즉, 아데닌(A)염기의 비율은 대략 티민(T)염기의 그것과 같고, 사이토신(C)염기의 비율은 대략 구아닌(G)염기의 그것과 같다. 더욱이, 각 쌍(A/T 또는 C/G)의 비율은 종마다 다양하다. 오늘날, 우리는 1:1의 A/T와 C/G 비율은 DNA 이중나선에서 A와 T 사이 또는 C와 G 사이에 쌍을 이루는 상보적 염기쌍 때문이고, 종간 차이는 DNA 가닥을 따라 펼쳐져 있는 독특하게 다른 염기서열 때문이라는 것을 알고 있다. 이 연습에서, 여러분은 한 유전체에 있는 염기의 비율을 예상하기 위하여 샤가프의 규칙을 적용할 것이다.

실험 방법 샤가프의 실험에서, 특정 생물체에서 추출된 DNA는 개별 뉴클레오타이드를 떼어 내기 위하여 가수분해된 후, 화학적으로 분해되었다. (이 실험에서는 각 뉴클레오타이드에 대한 대강의 값이 얻어졌다. 오늘날, 전체 유전체 염기서열 분석으로 염기조성 분석은 각 염기서열 데이터로부터 더 정확하고 직접적으로 행해진다.)

실험 데이터 여러 표본들로부터 얻은 공통의 값들(여기서는 A, G, C, T의 비율)은 표로 정리하는 것이 유용하다. 여러분은 모르는 값을 예측하기 위하여 알고 있는 데이터에서 패턴을 이용할 수 있다. 오른쪽 위의 표에 성게 DNA와 연어 DNA의 완성된 염기 데이터가 주어져 있다; 여러분은 표의 나머지 부분을 샤가프의 규칙을 이용하여 예측된 값으로 채울 수 있다.

DNA의 출처	염기 백분율			
	아데닌	구아닌	사이토신	티민
성게	32.8	17.7	17.3	32.1
연어	29.7	20.8	20.4	29.1
밀	28.1	21.8	22.7	
대장균	24.7	26.0		
인간	30.4			30.1
황소	29.0			

데이터 해석

1. 성게와 연어의 결과는 두 가지 샤가프의 법칙을 어떻게 증명하는지 설명하라.
2. 샤가프의 법칙을 사용하여, 표에서 빠져 있는 밀, 대장균, 인간, 황소 유전체의 염기비율을 예상하여 채워 넣으라. 어떻게 여러분의 그 결과에 도달했는지 나타내라.
3. 샤가프의 법칙—A의 양은 T의 양과 같고 C의 양은 G의 양과 같다—이 유효하다면, 이론적으로 우리는 지구상의 모든 종의 조합된 DNA까지 추론할 수 있다(하나의 거대한 지구 유전체처럼). 표에 있는 데이터가 이 가설을 지지할 수 있는지 알아보기 위하여, 여러분이 완성한 표에서 각 열에 있는 값을 평균함으로써 각 염기의 평균비율을 계산하라. 샤가프의 동일 법칙은 여전히 사실인가?

참고문헌 여러 개의 샤가프 논문의 데이터: 예를 들면, E. Chargaff et al., Composition of the desoxypentose nucleic acids of four genera of sea-urchin, *Journal of Biological Chemistry* 195:155–160 (1952)

DNA의 구조적 모형 구축: 과학적 탐구

많은 생물학자들이 DNA가 유전물질이라는 것을 확신하게 되면서 DNA가 유전물질로 작용하기 위하여 어떤 구조를 이루어야 하는지 알고자 하였다. 1950년대 초반, 핵산 중합체에서 공유결합의 배열이 잘 밝혀졌고, 과학자들은 DNA의 3차원 구조(그림 16.5)를 밝히는 데 초점을 두었다. 그 문제에 관심을 두고 연구했던 과학자들은 캘리포니아의 폴링(Linus Pauling)과 영국의 윌킨스(Maurice Wilkins), 프랭클린(Rosalind Franklin)이었다. 하지만 정확한 DNA의 3차원 구조를 제시한 과학자는 그 때 당시 상대적으로 덜 알려져 있었던 미국의 왓슨과 영국의 크릭이었다.

DNA 구조를 풀기 위한 이 두 과학자의 역사적인 공동연구는 왓슨이 캠브리지 대학을 방문하면서 시작되었다. 크릭은 그곳에서 X선 결정학 기술(그림 5.22)을 이용하여 단백질의 구조를 연구하고 있었다. 왓슨이 윌킨스 연구실을 방문했을 때, 그는 윌킨스의 동료인 프랭클린(**그림 16.6a**)이 찍은 DNA X선 회절사진을 보았다. X선 회절사진은 분자의 실제 형상은 아니며 **그림 16.6b**에서 보는 바와 같이, 정제된 DNA를 일직선으로 통과한 X선의 회절에 의해 점과 얼룩의 이미지로 만들어진다. 왓슨은 나선형 분자가 이루는 형태에 익숙했기 때문에 프랭클린의 X선 회절사진을 보자마자 DNA가 나선형 구조를 이룬다는 것을 알았고, 또

(a) 프랭클린(Rosalind Franklin)

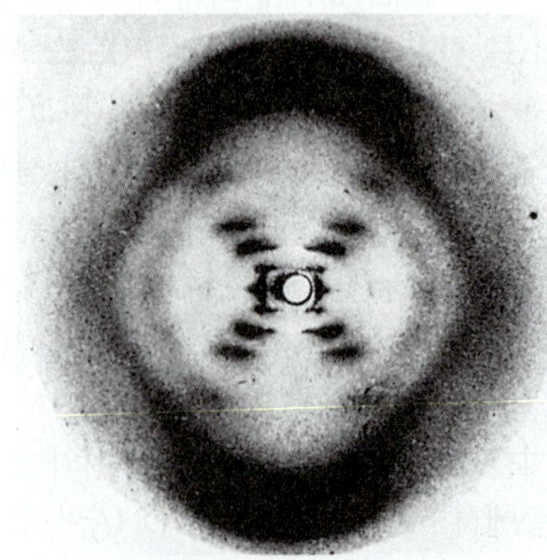

(b) 프랭클린의 DNA X선 회절사진

▲ **그림 16.6 프랭클린과 DNA X선 회절사진.** X선 결정학자인 프랭클린은 왓슨과 크릭이 DNA가 이중나선구조라는 것을 추론하도록 공헌한 X선 회절사진을 찍었다.

한 나선의 간격과 질소 염기 간의 공간을 추론할 수 있었다. 뿐만 아니라 나선의 간격으로 보아 나선의 개수는 폴링이 제시했던 세 개의 가닥이 아닌 두 개의 가닥으로 이루어졌을 것으로 추론했다. 이 두 개의 가닥으로 인해 오늘날 우리에게 잘 알려진 **이중나선(double helix)**이라는 용어가 탄생하였다(**그림 16.7**).

왓슨과 크릭은 X선 측정값과 샤가프 법칙을 포함한 그 당시 DNA 화학에 대해 알려진 정보에 부합하는 이중나선구조의 모형을 구축하기 시작했다. 그들은 프랭클린의 성과를 요약한 발표되지 않은 연례 보고서를 통해 그녀가 당-인산 골격이 이중나선구조의 바깥쪽에 위치하고 있다는 결론을 내렸다는 것을 알았다. 이러한 배열은 상대적으로 소수성인 질소 염기들을 분자의 안쪽에 배치하여 수용액으로부터 분리시키고, 음전하를 띤 인 그룹은 바깥으로 배치되기 때문에 설득력이 있었다. 따라서 왓슨은 질소 염기를 이중나선의 안쪽으로 배치하여 모형을 구축하였다.

그들의 모델에서 당-인산골격은 서로 **역평행(antiparallel)**, 즉 역방향성을 갖는다(그림 16.7b). 이것은 단단한 가로대가 있는 줄사다리 같은 배열로서, 줄의 한쪽 측면은 당-인산골격에 해당하며 가로대는 질소 염기쌍을 나타낸다. 나선형을 형성하기 위하여 사다리를 꼰다고 상상해 보라. 프랭클린의 X선 자료로부터 골격을 따라 나선형으로 완전히 한 바퀴 돌 때 그 길이가 3.4 nm에 해당하며 한 바퀴 돌 때마다 10개의 염기쌍이 0.34 nm 간격으로 층을 이루어 배열되어 있음을 알 수 있었다.

질소 함유 염기는 아데닌(A)과 티민(T), 구아닌(G)과 사이토신(C)의 특이적 결합으로 쌍을 이루어 이중나선을 이루고 있다. 왓슨과 크릭이 DNA 구조에 접근할 수 있었던 것은 많은 시행착오의 결과였다. 우선 왓슨은 A와 A, 또는 C와 C가 염기쌍을 이루는 모델을 가정했다. 그러나 이 모델은 이중나선이 균일한 지름을 이루고 있다는 것을 보여주는 X선 자료와 일치하지 않았다. A와 A, 또는 C와 C가 염기쌍을 이룰 때 왜 X선 자료와 같이 균일한 지름을 이루는 이중나선을 형성하지 않을까? 아데닌과 구아닌은 2개의 고리를 가진 퓨린 계열의 질소염기인 데 반해 사이토신과 티민은 하나의 고리를 가진 피리미딘 계열의 염기이다. 따라서 퓨린(A와 G)은 피리미딘(C와 T) 크기의 2배에 해당한다. 퓨린-퓨린 염기쌍은 너무 크고 피리미딘-피리미딘 염기쌍은 너무 작아서 2 nm 지름의 이중나선구조를 설명하기 어렵다. 그러나 피리미딘과 퓨린의 염기쌍은 균일한 지름을 이루는 결과를 얻을 수 있다.

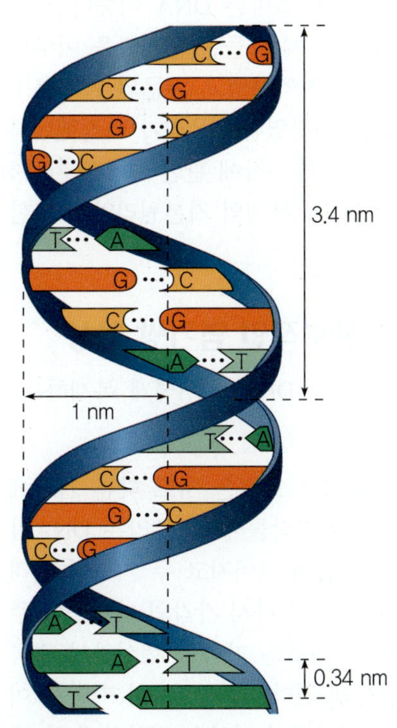

(a) **DNA 구조.** 이 모식도에서 "리본"은 두 DNA 가닥의 당-인산 골격을 나타낸다. 나선구조는 "오른쪽 방향"으로 감겨 올라간다. 질소 함유 염기들은 수소결합(점선)에 의해 이중나선 안쪽에 쌍을 이루고 있고 이 수소결합으로 두 DNA 가닥이 서로 결합하고 있다.

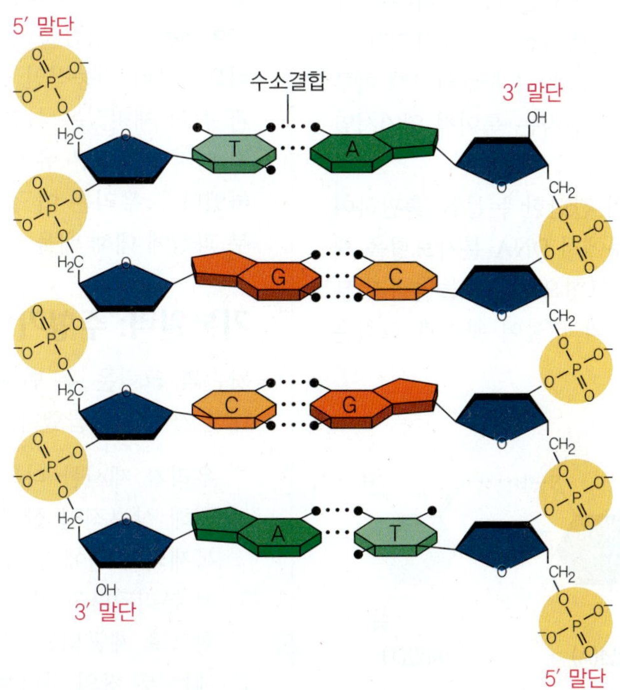

(b) **부분적인 화학구조.** 명확성을 위해서, 두 개의 DNA 가닥은 이러한 부분적인 화학구조에서 꼬이지 않게 나타내었다. 강한 공유결합은 각 가닥의 단위들을 연결하지만, 염기 사이의 약한 수소결합은 한 가닥과 다른 가닥을 잡고 있다. 두 가닥은 역평행해서 분리된 고속도로의 차선들처럼 서로 반대 방향으로 위치하고 있음을 명심하라.

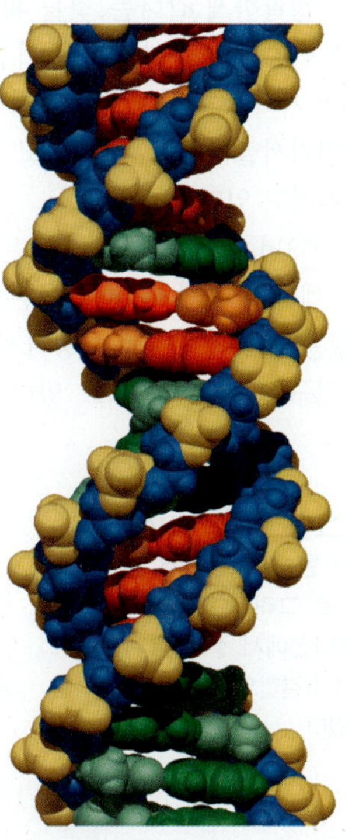

(c) **공간채움 모형.** 컴퓨터 공간채움 모형으로 형상화했을 때, 염기쌍은 촘촘한 층을 이룬다. 층을 이룬 염기쌍 간의 반데르발스 인력이 분자들의 결합을 유지하는 데 중요한 역할을 한다.

▲ **그림 16.7 이중나선의 구조**

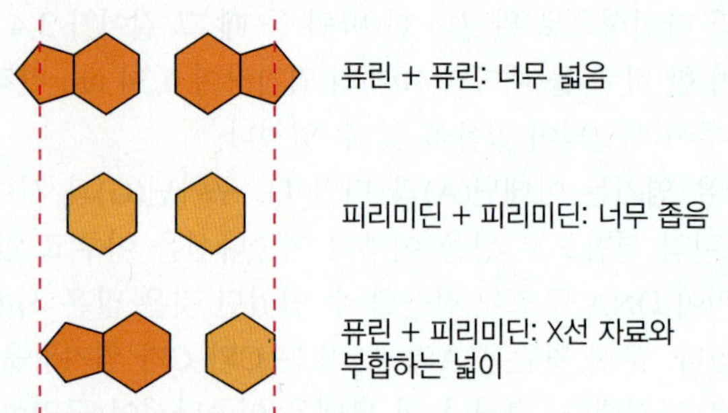

왓슨과 크릭은 염기구조를 통해서 이들이 특이적 염기쌍을 이룬다는 것을 추론하게 되었다. 각 염기는 다른 염기와 수소결합을 형성할 수 있는 화학적 잔기를 가지고 있다. 아데닌은 티민하고만 두 개의 수소결합을 형성할 수 있고 구아닌은 사이토신하고만 세 개의 수소결합을 형성할 수 있다. 즉, A는 T와 쌍을 이루고 G는 C와 쌍을 이룬다(**그림 16.8**).

왓슨과 크릭의 모형은 샤가프 법칙의 원리를 완벽하게 설명해 준다. DNA의 한쪽 가닥이 A를 가진 자리에서는 항상 다른 한 가닥이 T를 가지고 있다. 그리고 한쪽 가닥의 G는 항상 상보적인 다른 가닥의 C와 염기쌍을 이룬다. 따라서 어떤 개체이든지 DNA의 아데닌 염기의 양은 티민의 양과 같고 구아닌의 양은 사이토신의 양과 같다. (현대의 DNA 염기서열 결정 기술은 그 양이 정확하게 같다는 것을 확인해주었다.) 염기쌍을 이루는 규칙은 이중나선의 가로대를 이루는 질소 염기쌍을 결정하지만 각 DNA 가닥의 핵산서열을 제한하지는 않는다. 4개의 염기가 이루는 염기서열은 매우 다양하고 각각의 유전자는 특이적 염기서열을 가지고 있다.

1953년 4월, 왓슨과 크릭은 한쪽의 간단한 논문을 출판하여 과학계를 놀라게 했다. 그들은 이 논문에서 DNA 분자모형을 제시했는데 이것이 바로 이중나선 DNA 모형으로서 오늘날까지 분자생물학의 상징이 되고 있다. 윌킨스와 더불어 왓슨과 크릭은

▶ 그림 16.8 DNA의 염기쌍 형성. 그림에서 검은색 점으로 그려진 것처럼, DNA 이중나선에서 질소 염기쌍들은 수소결합으로 서로 결합되어 있다.

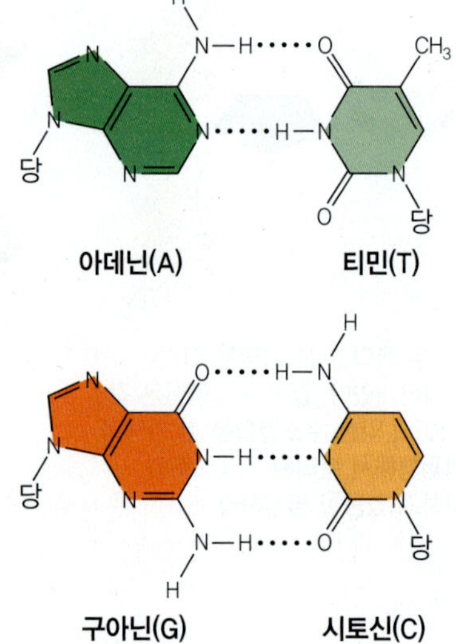

본 연구로 1962년 노벨상을 수상하였다. (슬프게도 프랭클린은 1958년 38세로 세상을 떠났기 때문에 노벨상 수상의 영광을 갖지 못했다.) 이중나선 모형의 장점은 DNA의 구조가 그것의 복제에 대한 기본적 기작을 제시해 준다는 것이다.

개념 확인 문제 16.1

1. GAATTC 염기서열이 제시되었다. 어느 쪽이 5′ 말단인지 알 수 있는가? 알 수 없다면 5′ 말단을 구별하기 위하여 더 필요한 정보는 무엇인가?
2. **WHAT IF?** 그리피스는 그의 실험에서 세균의 형질전환이 일어날 것을 예상하지 않았다. 그는 어떠한 결과를 예상했을까?

정답은 부록 A 참조

개념 16.2

많은 단백질이 DNA 복제와 수선에 함께 관여한다

DNA의 구조와 기능 간의 관련성은 이중나선구조에서 그 특징을 분명히 드러내 보인다. DNA에서 질소 염기의 특이적 염기쌍 결합이 있다는 것은 왓슨과 크릭이 올바른 DNA 이중나선구조를 찾아내는 데 영감을 주었다. 동시에 그들은 염기쌍을 이루는 규칙으로부터 기능적인 중요성을 파악하였고 논문의 말미를 다음과 같이 재미있는 서술로 마무리하였다: "우리가 가정했던 특이적 염기쌍 형성은 유전물질의 복제 기작에 관한 예측을 가능하게 하였다."* 우리는 이 절에서 DNA 복제의 기본원리와 중요한 세부 과정에 대해 배울 것이다.

기본원리: 주형가닥에 상보적인 염기쌍 형성

왓슨과 크릭은 두 번째 논문에서 DNA가 어떻게 복제하는지에 대한 가설을 언급했다.

> 우리가 제시한 디옥시리보핵산 모형은 서로 다른 가닥에 대해 상보적인 한 쌍의 주형가닥들이다. 우리는 DNA가 복제되기 전에 먼저 수소결합이 깨어지고 두 가닥이 풀려서 분리된다고 가정했다. 그러고 나서 각각의 가닥들이 주형으로 제공되고 상보적인 새로운 가닥을 형성하여 결국에는 두 쌍의 가닥을 만들게 된다. 각 쌍 중 한 가닥은 이전의 것이다. 더욱이, 그 염기쌍의 서열은 정확하게 두 배가 될 것이다.†

* J. D. Watson and F. H. C. Crick, Molecular structure of nucleic acids: a structure for deoxyribose nucleic acids, *Nature* 171:737–738 (1953)

† J. D. Watson and F. H. C. Crick, Genetical implications of the structure of deoxyribonucleic acid, *Nature* 171:964–967 (1953).

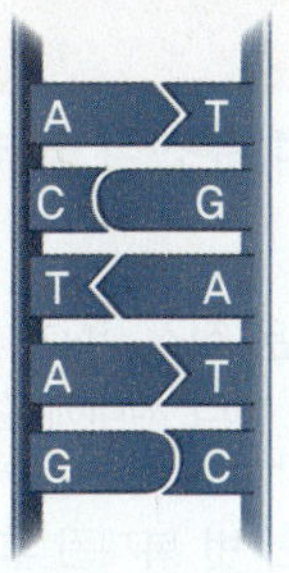

(a) 양친 분자는 두 개의 상보적인 DNA 가닥을 가지고 있다. 각 염기는 A와 T, G와 C가 특이적 수소결합을 통해 쌍을 이룬다.

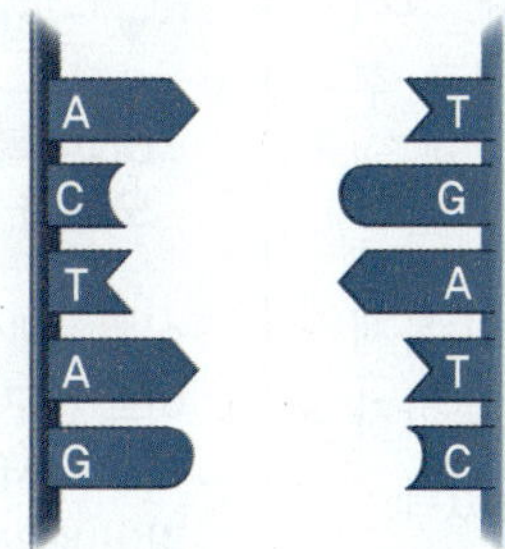

(b) 복제의 첫 번째 단계는 두 가닥 DNA의 분리이다. 각각의 양친가닥은 새로운 상보적인 가닥의 염기 순서를 결정하는 주형으로 작용한다.

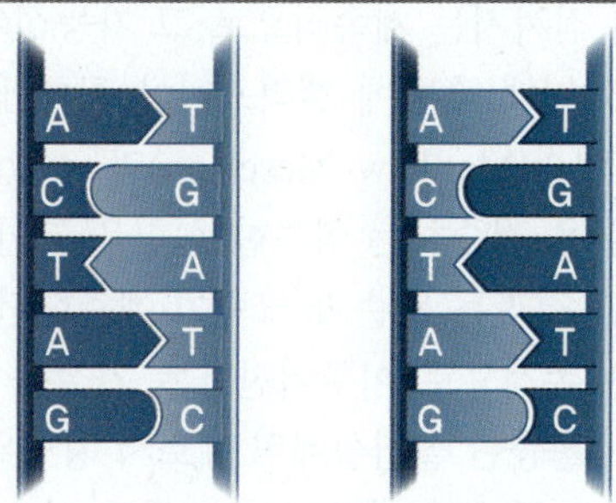

(c) 양친 가닥(어두운 파란색)에 상보적인 뉴클레오타이드들이 연결되어, 새로운 "딸" 가닥(밝은 파란색)의 당-인산 골격을 형성한다.

▲ **그림 16.9** **DNA 복제 모형: 기본 개념.** 간략히 나타낸 이 그림 설명에서는 짧은 DNA 단편이 꼬여 있지 않게 그려져 있다. 네 가지 염기들도 단순화시켜서 나타냈다. 사다리의 레일은 두 DNA 가닥의 당-인산 골격이다; 가로대는 염기 간에 쌍을 이룬 것이다. 진한 파란색은 양친사슬에 존재하는 DNA 가닥을 나타내며, 밝은 파란색은 새롭게 합성된 DNA를 나타낸다.

그림 16.9는 DNA 복제에 대한 왓슨과 크릭의 기본적인 아이디어를 설명하고 있다. 독자의 이해를 돕기 위하여 꼬여 있지 않은 짧은 DNA 절편을 보여주고 있다. 만약 여러분이 그림 16.9a의 두 가닥 DNA 중 하나를 모른다면, 여러분은 두 가닥 중 한 가닥만 보고도 염기쌍 법칙을 적용하여 선형 DNA 절편의 염기서열을 결정할 수 있게 된다. 그 이유는 서로 마주보는 두 가닥은 서로 상보적이고 각각의 DNA 가닥은 상보적인 가닥을 다시 만들어 낼 수 있는 정보를 포함하고 있기 때문이다. 세포가 DNA를 복제할 때 각 가닥은 뉴클레오타이드를 배열하여 새로운 상보적 가닥으로 만드는 데 있어서 주형의 역할을 한다. 뉴클레오타이드는 염기쌍 형성규칙에 의해 주형가닥에 나란하게 늘어서고, 이 뉴클레오타이드들이 연결되어 새로운 가닥을 이룬다. 이 과정의 처음에는 이중가닥 DNA 분자가 한 개 있었으나 곧 이 '양친' 분자의 정확한 복제본인 두 DNA 분자가 존재하게 된다. 이 복제 기작은 사진에서 음화를 이용하여 양화를 만들어 내고 또 이를 이용하여 다시 음화를 만들어 내는 것에 비유할 수 있다.

DNA 복제 모형은 DNA 구조를 밝힌 이후 수년 동안 검증되지 않았다. 이 모형은 개념상으로는 단순하지만 검증하기가 쉽지 않았다. 왓슨과 크릭의 모형은 이중나선구조 DNA가 복제될 때, 새롭게 생성된 두 개의 딸 DNA는 양친 분자에서 존재했던 옛 가닥과 새롭게 형성된 하나의 가닥을 각각 갖는다는 것이다. 이러한 **반보존적 복제 모형(semiconservative model)**은 복제 후에 양친사슬이 다시 만나게 되는 보존적 복제 모형(conservative model)과는 차이가 있다. 또한 세 번째 복제 모형으로 제시된 분산적 복제 모형(dispersive model)은 DNA 복제 이후 4개의 가닥 모두가 옛 것과 새 것의 혼합이라는 것이다. 이러한 세 가지 모델이 **그림 16.10**에 나타나 있다. 보존적 또는 분산적 DNA 복제에 대한 기작은 실험을 고안하기 쉽지 않기 때문에 이 모형들이 배

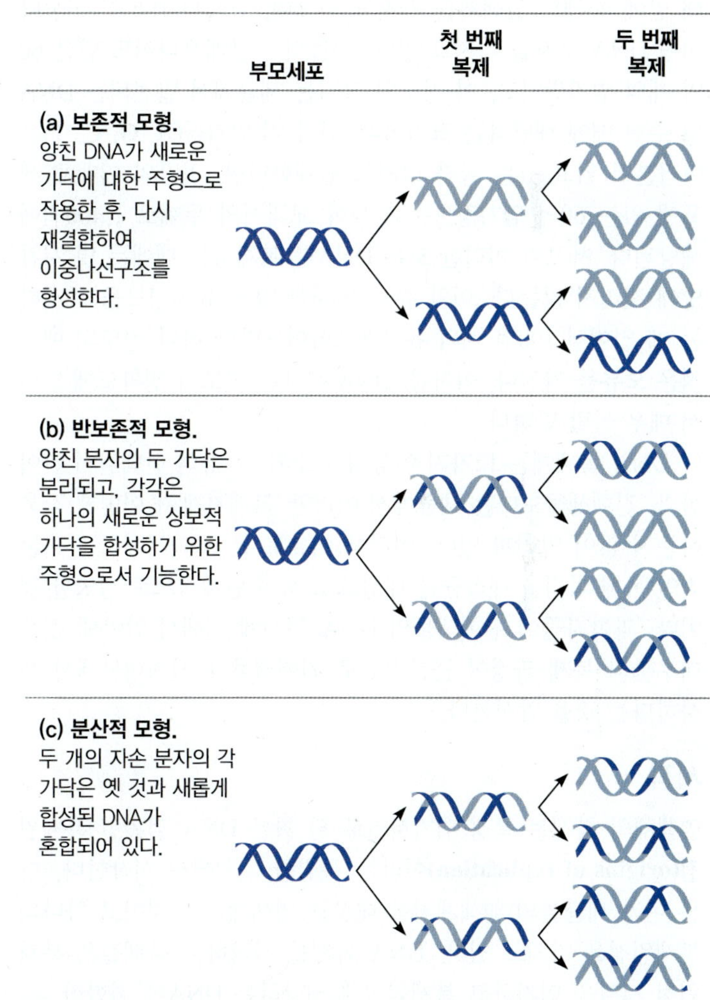

▲ **그림 16.10** **DNA 복제의 3가지 모형.** 그림에 있는 이중나선구조는 세포 내 DNA를 상징한다. 부모세포로부터 시작해 두 세대에 걸쳐 세포의 DNA를 추적하였는데 두 번의 DNA 복제가 이루어진 것을 의미한다. 양친 DNA는 어두운 파란색이고, 새롭게 만들어진 DNA는 밝은 파란색이다.

제되기 전까지는 계속적으로 그 가능성이 존재하고 있었다. 그러나 1950년대 후반에 캘리포니아 공대에서 2년간의 선행연구 후에, 메셀슨(Matthew Meselson)과 스탈(Franklin Stahl)이 세 개의 가설을 검증하는 영특한 실험을 고안하였다**(그림 16.11)**. 그들의 실험 결과는 왓슨과 크릭이 예측했던 것과 같이 DNA의 복제가 반보존적으로 이루어진다는 가설을 뒷받침하였고, 생물학자들에게 훌륭한 실험설계의 예로서 광범위하게 알려지게 되었다.

DNA 복제의 기본원리는 매우 단순하지만 다음에서 설명된 바와 같이 실제로는 상당히 복잡한 생화학적 과정을 거친다.

DNA 복제: 자세히 살펴보기

세균인 대장균은 대략 460만 뉴클레오타이드 쌍으로 이루어진 하나의 염색체를 가지고 있다. 적합한 환경에서 대장균 세포는 자신의 모든 DNA를 복제하여 한 시간 이내에 유전적으로 동일한 두 개의 딸세포로 분열할 수 있다. 여러분 세포 각각은 세포핵 안에 46개의 염색체를 가지고 있으며, 염색체마다 긴 이중나선형 DNA 분자를 가지고 있다. 이들의 뉴클레오타이드 합은 60억 개의 염기쌍이고, 이 정도의 크기는 세균에서 발견되는 DNA의 수천 배에 해당하는 크기이다. 만약 이 염기들(A, G, C, T)을 여러분이 읽고 있는 글자 크기로 인쇄한다면, 인간의 이배체 세포에 있는 60억 염기정보는 생물학 교과서의 두께로 1,400권에 해당된다. 세포가 이러한 모든 DNA를 복제하는 데에는 몇 시간밖에 걸리지 않는다. 이와 같은 거대한 양의 유전정보를 복제하는 데 있어서 100억 개의 뉴클레오타이드마다 하나 정도의 매우 적은 오류를 가진다. 이처럼, DNA 복제는 속도와 정확도에 있어서 매우 놀랄 만하다.

DNA 복제에는 12가지 이상의 효소와 그 밖의 단백질이 관여한다. 진핵생물보다는 세균에서 이러한 '복제기계'가 어떻게 작용하는지 많이 알려져 있다. 이러한 이유로 본 교과서에서는 기본적인 복제 과정을 대장균을 대상으로 하여 단계적으로 설명할 것이다. 과학자들이 진핵생물의 DNA 복제에 대해서 알아낸 것은 대부분의 복제 과정이 근본적으로 원핵생물과 진핵생물에서 유사하다는 것을 암시한다.

시작

염색체의 복제는 특정 염기서열로 된 짧은 DNA 절편인 **복제원점(origins of replication)**이라는 특별한 위치에서 시작한다. 다른 여러 세균들의 염색체처럼 대장균 염색체는 원형이고 하나의 복제원점을 가지고 있다. DNA 복제를 시작하는 단백질은 복제원점 서열을 인지하고 복제원점에 해당하는 DNA에 결합한 후, 두 가닥으로 DNA를 분리시켜 복제 기포(replication bubble)가 생기게 한다. 그 다음 DNA 복제는 완전히 DNA가 복제될 때까지 양방향으로 진행된다**(그림 16.12a)**. 세균 염색체와는 달리 진핵생물 염색체는 수백 개, 수천 개의 복제원점을 가지고 있다. 많

▼ 그림 16.11 **탐구**

DNA 복제는 보존적 또는 반보존적, 분산적 모형 중에서 어떤 모형을 따를까?

실험 메셀슨과 스탈은 대장균을 무거운 질소, ^{15}N가 포함된 뉴클레오타이드 전구체를 함유하고 있는 배지에서 여러 세대에 걸쳐 배양하였다. 그러고 나서 그들은 세균을 보통 질소인, ^{14}N 배지로 옮겨 배양하였다. 이와 같이 배양된 배지에서 시료를 DNA가 한 번 복제된 후에 취하고 또 다른 시료는 복제가 또 다시 일어났을 때 취한다. 세균으로부터 DNA를 추출한 후 원심분리하여 밀도 차이에 의해 각 DNA 시료를 구분하였다.

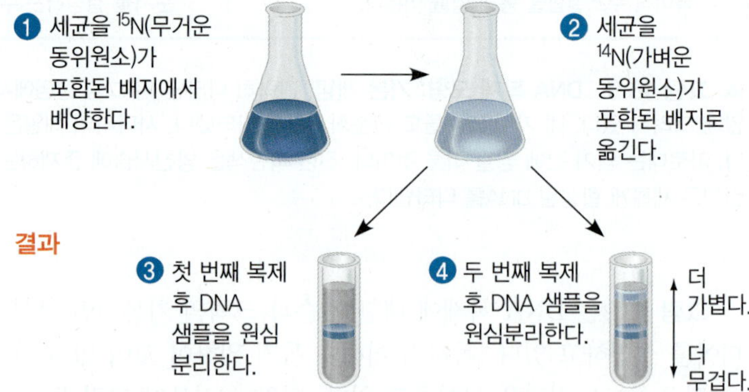

결론 메셀슨과 스탈은 그림 16.10에서 소개한 세 가지 DNA 복제 모형의 예측 결과를 토대로 실험 결과를 분석하여 DNA 복제가 반보존적 복제모형을 따른다고 결론지었다. ^{14}N 배지에서 첫 번째 복제가 일어나면 혼합된 DNA(^{15}N–^{14}N) 띠를 만들어 낸다. 이러한 결과는 보존적 복제 모형에 부합하지 않는다. 또 두 번째 복제가 일어났을 때에는 가벼운 DNA와 혼합된 DNA, 두 가지를 만들어 낸다. 이러한 결과는 분산 모형과 일치하지 않는다. 따라서 이들은 DNA 복제가 반보존적 복제 모형을 따른다고 결론지었다.

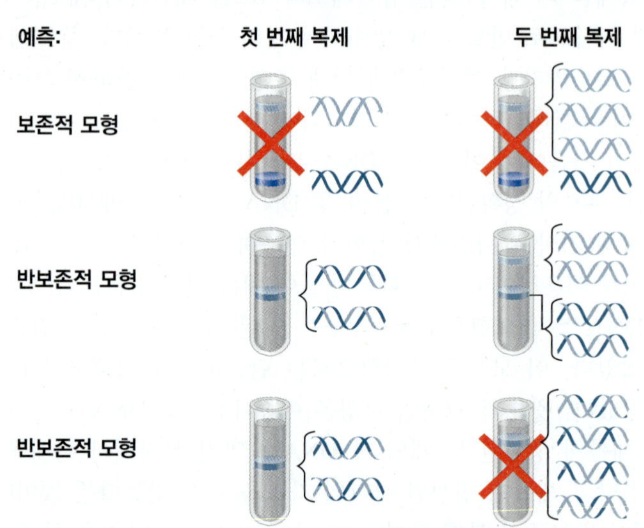

참고문헌 M. Meselson and F. W. Stahl, The replication of DNA in *Escherichia coli*, *Proceedings of the National Academy of Science USA* 44: 671–682 (1958).

탐구활동 탐구활동에서 원 논문을 읽고 분석해 보자; 과학 논문 읽고 이해하기.

WHAT IF? 메셀슨과 스탈이 세균을 ^{14}N가 포함된 배지에 먼저 배양하고 나중에 세균을 ^{15}N가 포함된 배지에서 배양하였다면 어떤 결과가 나왔을까?

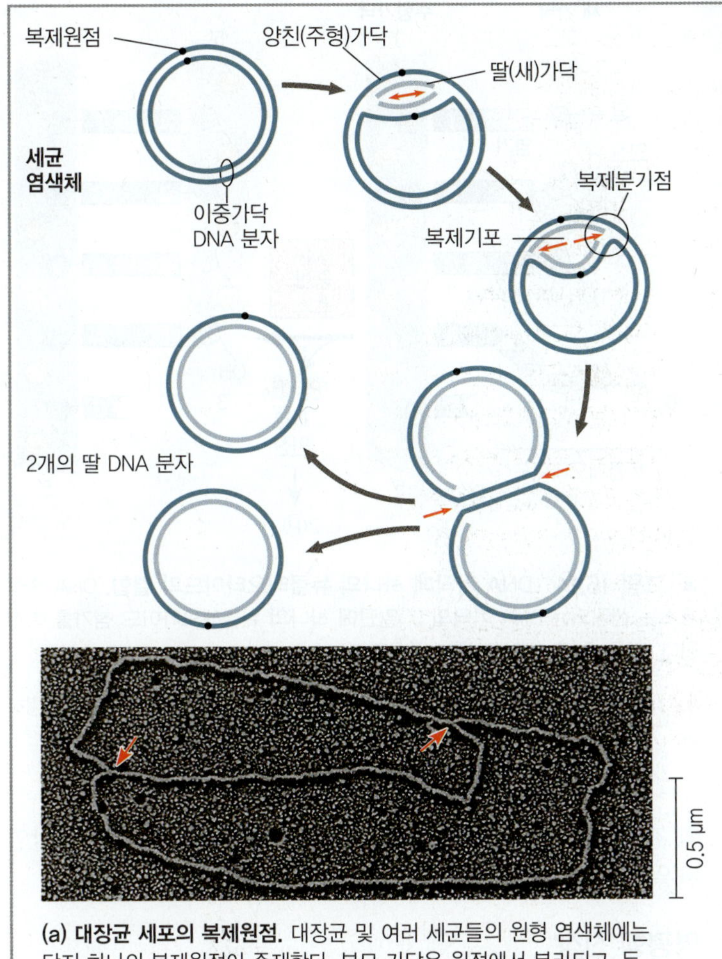

(a) **대장균 세포의 복제원점.** 대장균 및 여러 세균들의 원형 염색체에는 단지 하나의 복제원점이 존재한다. 부모 가닥은 원점에서 분리되고, 두 분기점(빨간 화살표)을 가진 복제기포를 형성한다. 복제는 분기점이 다른 쪽에서 만날때까지 두 방향으로 진행되고, 두 개의 딸 DNA 분자를 만들어 낸다. 위 TEM 사진은 큰 복제기포를 가지고 있는 세균 염색체를 보여주고 있다. 새로운 가닥과 부모 가닥은 이 TEM 사진에서 따로 구별되어 보이지는 않는다.

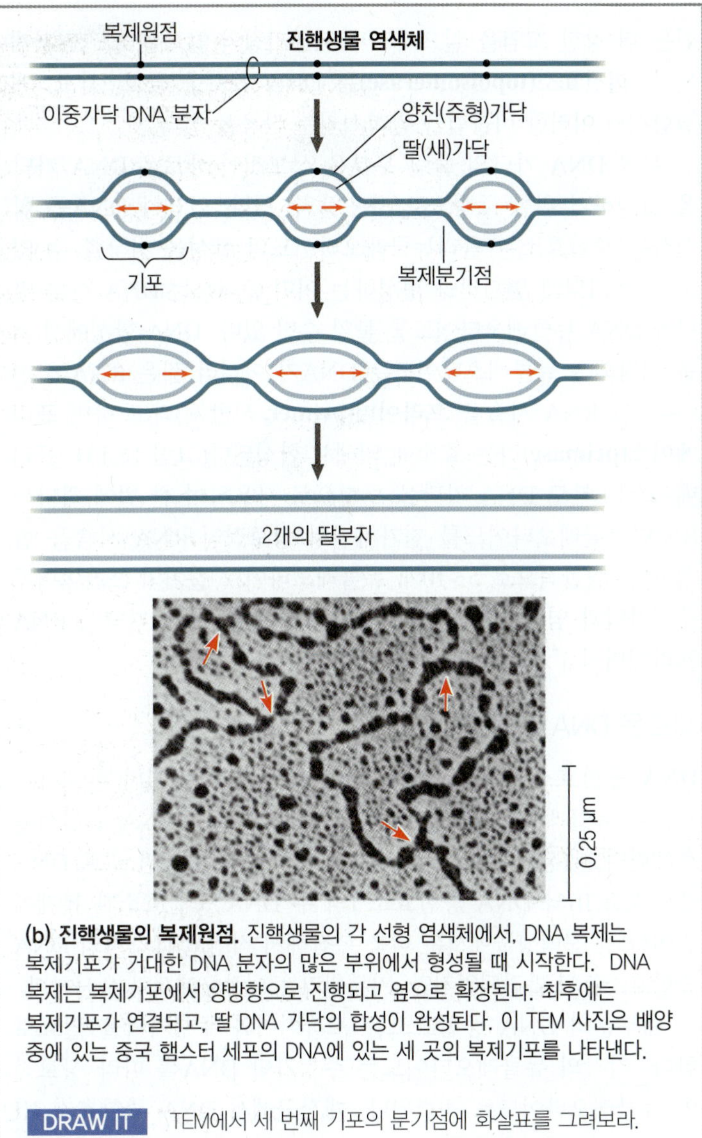

(b) **진핵생물의 복제원점.** 진핵생물의 각 선형 염색체에서, DNA 복제는 복제기포가 거대한 DNA 분자의 많은 부위에서 형성될 때 시작한다. DNA 복제는 복제기포에서 양방향으로 진행되고 옆으로 확장된다. 최후에는 복제기포가 연결되고, 딸 DNA 가닥의 합성이 완성된다. 이 TEM 사진은 배양 중에 있는 중국 햄스터 세포의 DNA에 있는 세 곳의 복제기포를 나타낸다.

DRAW IT TEM에서 세 번째 기포의 분기점에 화살표를 그려보라.

▲ **그림 16.12 대장균과 진핵세포의 복제 원점.** 빨간 화살표는 복제분기점의 이동방향을 표시하고 따라서 각 복제기포 내에서 DNA 복제의 전체 방향을 나타낸다.

은 복제기포(replication bubble)가 형성되고 복제의 마지막 단계에서는 서로 연결되는데, 이러한 방법으로 매우 긴 DNA 분자가 빠르게 복제된다(그림 16.12b). 세균처럼 진핵생물의 DNA 복제도 각각의 복제원점에서 양방향으로 진행된다.

복제기포의 양끝에 Y 모양으로 생긴 **복제분기점(replication fork)**이 있는데, 이 부위에서 부모가닥의 이중나선이 풀려진다. 여러 개의 단백질이 이와 같은 풀림기작에 관여한다(그림 16.13). **헬리케이스(helicase)**는 복제분기점에서 이중나선을 풀어주는 효소로 주형가닥을 두 가닥으로 분리한다. 헬리케이스가 두 주형가닥을 분리하고 난 후 **단일가닥 결합 단백질(single-strand binding protein)** 분자는 쌍을 이루지 못한 DNA 가닥에 결합하여 가닥들이 다시 쌍을 형성하지 못하도록 한다. 이중나선의 풀

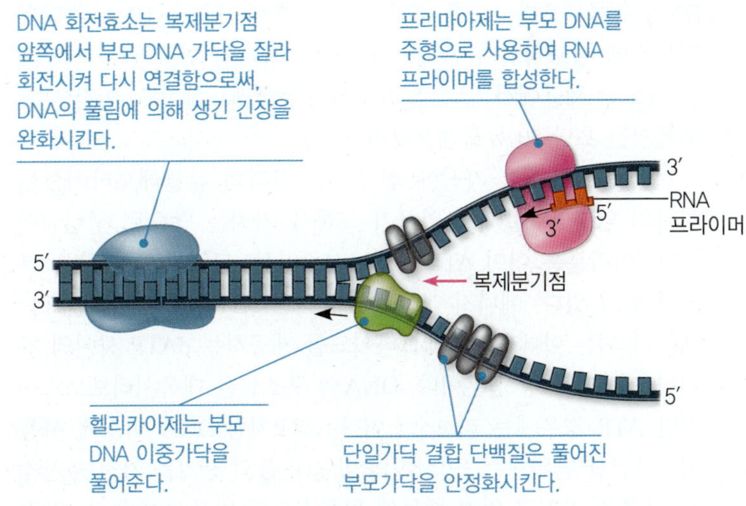

▲ **그림 16.13 DNA 복제개시에 관여하는 단백질들.** 같은 단백질들이 복제기포의 양쪽 복제분기점에서 작용한다. 편의상 왼쪽 복제분기점만 나타나고 있으며, DNA 염기들이 단백질과 비교하여 실제 크기보다 훨씬 크게 그려져 있다.

림은 더 강한 꼬임을 일으키고 복제분기점의 앞쪽은 일그러지게 된다. **회전효소(topoisomerase)**는 DNA 가닥을 끊고, 감고, 재결합시켜 이러한 비틀림을 완화시키는 작용을 한다.

부모 DNA 가닥의 풀린 부분은 상보적인 새로운 DNA 가닥을 합성하기 위한 주형으로 사용될 수 있다. 그러나 DNA를 합성하는 중합효소는 폴리뉴클레오타이드의 합성을 시작할 수 없고, 주형가닥과 염기쌍을 형성하는 이미 존재하는 DNA 사슬 말단에 DNA 뉴클레오타이드를 붙일 수만 있다. DNA 합성에서 처음 시작되는 뉴클레오타이드는 DNA가 아니라 짧은 RNA 단편이다. 그 RNA 사슬을 **프라이머(primer,** 시발체)라고 하며 **프리메이스(primase)**라는 효소에 의해서 합성된다(그림 16.13). 프리메이스는 부모 DNA 가닥을 주형으로 사용하여 한 번에 하나씩 RNA 뉴클레오타이드를 첨가하면서 상보적인 RNA 사슬을 합성한다. 일반적으로 5~10개 뉴클레오타이드 길이의 프라이머가 주형가닥과 염기쌍을 형성한다. 새로 합성된 DNA 가닥은 RNA 프라이머의 3′ 말단부터 시작된다.

새로운 DNA 가닥 합성하기

DNA 중합효소(DNA polymerase)라는 효소는 이미 존재하는 사슬에 뉴클레오타이드를 첨가함으로써 새로운 DNA의 합성을 촉매한다. 대장균에는 여러 DNA 중합효소가 있지만 주로 DNA 중합효소 III와 DNA 중합효소 I의 두 DNA 중합효소가 복제에 관여한다. 진핵생물에서는 더욱 복잡해서 적어도 11가지의 DNA 중합효소들이 발견되었지만, 기본원리는 대장균에서와 유사하다.

대부분의 DNA 중합효소는 프라이머와 주형가닥을 필요로 한다. 각각의 뉴클레오타이드는 주형가닥 DNA를 따라 상보적인 뉴클레오타이드로 정렬된다. 대장균에서 DNA 중합효소 III (DNA pol III로 축약되어 사용되기도 한다)가 RNA 프라이머에 DNA 뉴클레오타이드를 더하고 그런 후에 새로운 DNA 가닥의 끝부분에 상보적인 뉴클레오타이드를 하나씩 연결한다. 신장되는 속도는 세균에서는 대략 초당 500 뉴클레오타이드, 인간의 세포에서는 초당 50 뉴클레오타이드이다.

신장되는 DNA 가닥에 첨가되는 각각의 뉴클레오타이드는 하나의 염기와 세 개의 인산기 그룹을 가지는 당으로 구성되어 있다. 여러분은 이미 ATP(아데노신 3인산, 그림 6.9)와 같은 분자를 알고 있다. 에너지 대사에 사용하는 ATP와 DNA를 만드는 데 사용되는 아데닌뉴클레오타이드를 제공하는 dATP 사이의 차이점은 당의 구성 성분이다. DNA의 구조물은 데옥시리보오스이지만 ATP 경우에는 리보오스이다. ATP처럼 DNA 합성에 사용되는 3인산 단위체는 3인산기의 말단이 음의 잔기를 가진 불안정한 그룹을 가지고 있기 때문에 화학적으로 반응성이 높다. 각각의 단위체들은 신장되는 DNA 가닥의 말단에 결합하고 두 개의 인산기는 피로인산 분자(Ⓟ–Ⓟ$_i$)의 형태로 떨어지며, 피로인산가 수분해효소에 의하여 두 분자의 무기인산(Ⓟ$_i$)으로 분해된다. 이

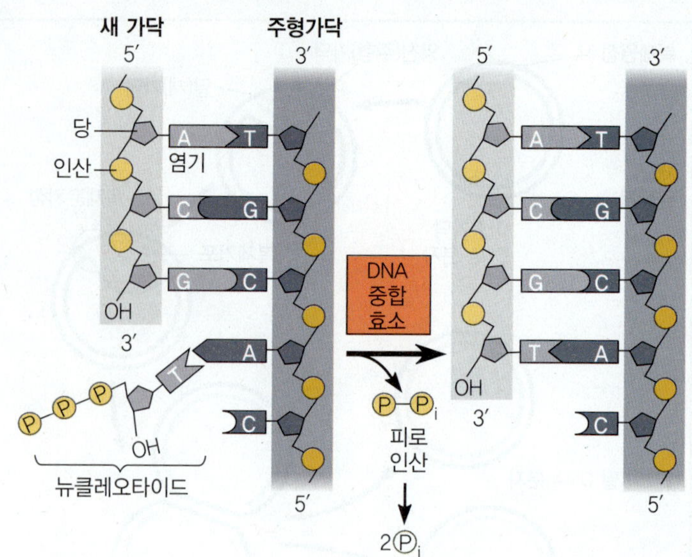

▲ **그림 16.14 DNA 가닥에 하나의 뉴클레오타이드의 결합.** DNA 중합효소는 신장되는 DNA 가닥의 3′ 말단에 하나의 뉴클레오타이드 첨가를 촉진한다. 반응 후 두 개의 인산이 방출된다.

? 각 DNA 가닥들이 방향성을 가진다는 말의 의미를 이 그림을 이용해 설명하라.

와 같은 피로인산의 가수분해 반응은 중합반응을 추진하는 발열반응이다(그림 16.14).

역평행 신장

이 장의 앞에서 언급한 바와 같이 DNA 가닥의 두 말단은 서로 다르기 때문에 일방통행 길과 같이 각 가닥에는 방향성이 있다(그림 16.5). 게다가 이중나선형의 DNA 두 가닥은 역평행인데, 이는 두 가닥의 DNA가 서로 반대 방향을 향하고 있음을 의미한다(그림 16.14). DNA 복제에 의해서 새로 형성된 DNA 가닥들도 당연히 주형가닥에 역평행하게 된다.

그렇다면 이중나선형의 역평행 구조는 복제에 어떻게 영향을 미치는가? DNA 구조 때문에, DNA 중합효소는 신장되는 DNA 가닥의 5′ 말단이 아니라 3′ 말단에만 뉴클레오타이드를 붙인다(그림 16.14). 그래서 새로운 DNA 가닥은 5′→ 3′ 방향으로 신장된다. 이것을 염두에 두고 복제기포에 있는 두 개의 복제분기점 중 하나를 자세하게 검토해 보자(그림 16.15). 하나의 주형가닥을 따라 DNA 중합효소 III는 5′→ 3′ 방향으로 새로운 가닥을 신장함으로써 연속적으로 상보적인 가닥을 합성할 수 있다. DNA 중합효소 III는 주형가닥에 있는 복제분기점에 남아 있고, 복제분기점이 진행됨에 따라 상보적인 가닥에 각각의 뉴클레오타이드를 연속적으로 붙인다. 이러한 기작으로 만들어진 DNA 가닥을 **선도가닥(leading strand)**이라고 부른다. DNA 중합효소가 선도가닥을 합성하는 데는 오직 한 개의 프라이머만 필요하다(그림 16.15).

또 다른 주형가닥에서 상보적인 새로운 DNA 가닥을 5′→ 3′

개요
복제원점
선도가닥
지연가닥
시발체
지연가닥
선도가닥
전체적인
복제 방향
1 RNA 프라이머가 만들어진 후, DNA 중합효소 III가 선도가닥을 합성하기 시작한다.
복제원점
3′
5′
RNA 프라이머
슬라이딩 클램프
DNA
중합효소 III
양친 DNA
2 새로운 가닥 중에서 선도가닥은 복제분기점이 진행됨에 따라 5′→ 3′ 방향으로 연속적으로 신장할 수 있다.

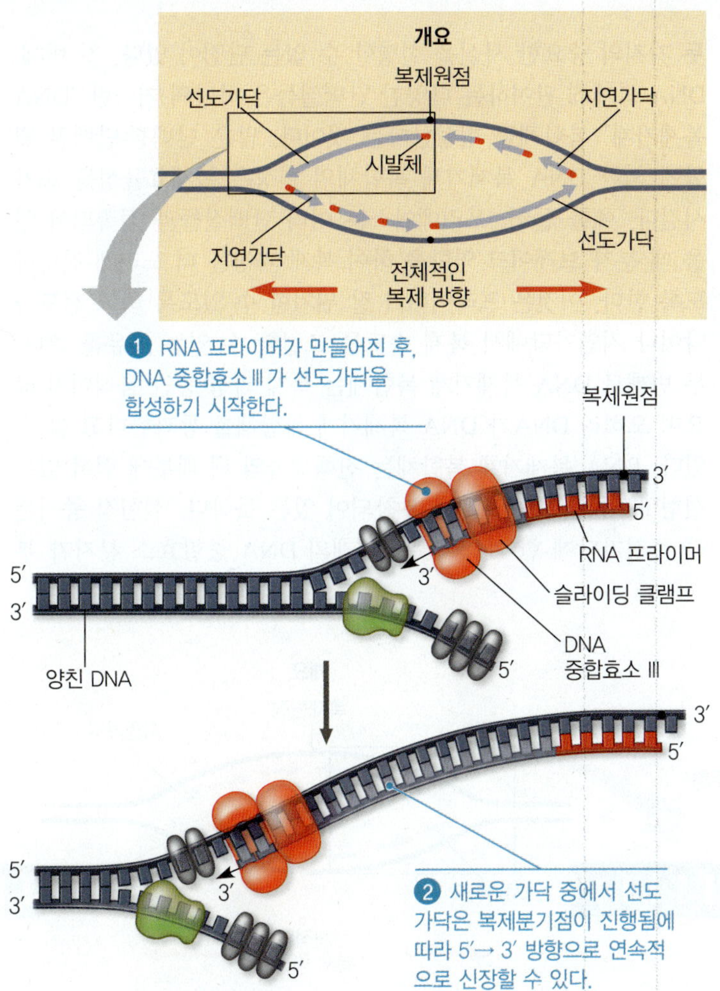

▲ **그림 16.15** **DNA 복제 과정 중 선도가닥의 합성.** 이 그림은 개요 그림에 있는 왼쪽 복제분기점에 초점을 맞추고 있다. 손가락을 오므리고 있는 모양의 DNA 중합효소 III는 새롭게 합성된 이중나선을 둘러싸고 있는 도넛 모양처럼 생긴, 슬라이딩 클램프라 불리는 단백질과 결합되어 있다. 슬라이딩 클램프는 DNA 중합효소 III를 주형 DNA 가닥을 따라 이동하도록 한다.

방향으로 신장하기 위해 DNA 중합효소 III는 복제분기점에서 반대 방향으로 작용하여야 한다. 이 방향으로 합성되는 DNA 가닥을 **지연가닥(lagging strand)***이라고 부른다. 연속적으로 신장되는 선도가닥과는 대조적으로 지연가닥은 일련의 조각들로 비연속적으로 합성된다. 지연가닥의 이러한 절편은 이것을 발견한 일본 과학자의 이름을 따라 **오카자키 절편(Okazaki fragment)**이라고 한다. 이 절편은 대장균에서는 1,000~2,000개 뉴클레오타이드의 길이를, 진핵생물에서는 100~200개 뉴클레오타이드의 길이를 갖는다.

그림 16.16은 한 복제분기점에서 지연가닥의 합성 과정을 보여준다. 선도가닥에서는 오직 한 개의 프라이머만 필요한데 지연가닥

* 선도가닥의 합성과 지연가닥의 합성은 동시에 같은 속도로 일어난다. 지연가닥은 선도가닥의 합성에 비하여 다소 늦게 합성되기 때문에 그렇게 이름 붙여진다; 즉 지연가닥의 각 새로운 조각은 복제분기점에서 충분한 주형이 노출되기 전까지 시작될 수 없다.

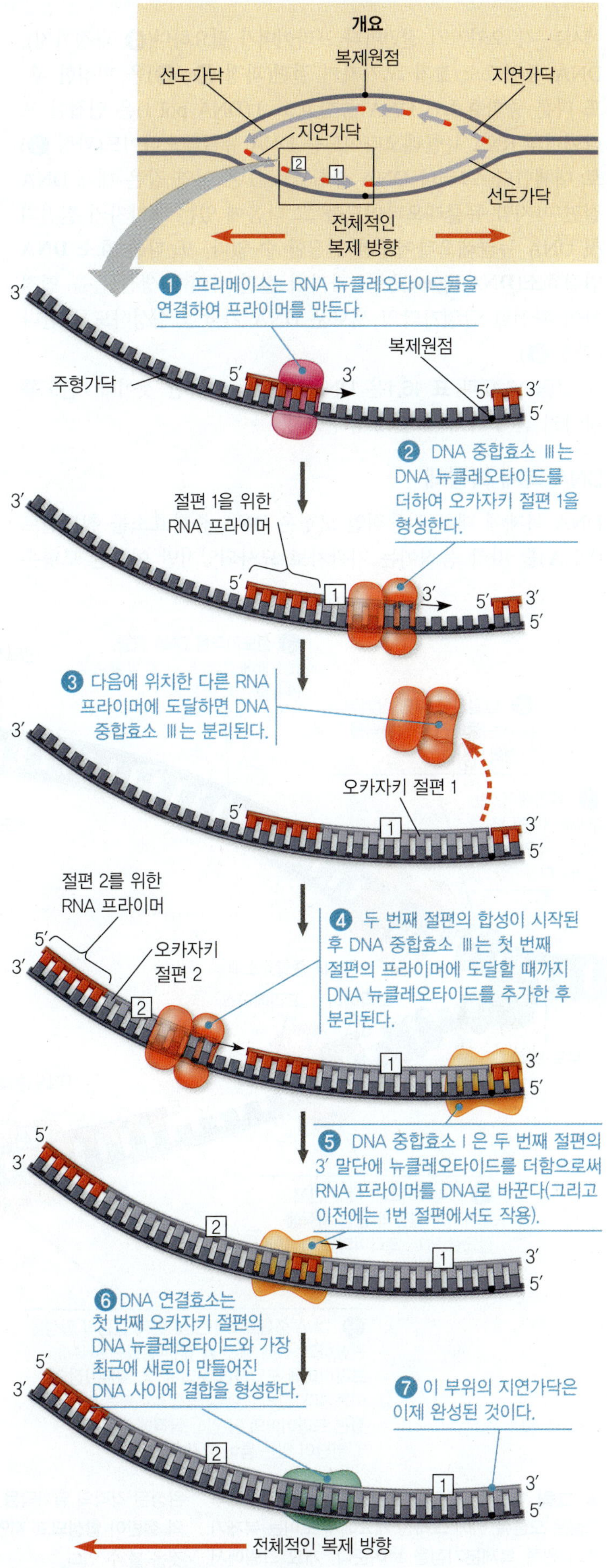

개요
복제원점
선도가닥
지연가닥
지연가닥
선도가닥
전체적인
복제 방향
1 프리메이스는 RNA 뉴클레오타이드들을 연결하여 프라이머를 만든다.
주형가닥
복제원점
2 DNA 중합효소 III는 DNA 뉴클레오타이드를 더하여 오카자키 절편 1을 형성한다.
절편 1을 위한
RNA 프라이머
3 다음에 위치한 다른 RNA 프라이머에 도달하면 DNA 중합효소 III는 분리된다.
오카자키 절편 1
절편 2를 위한
RNA 프라이머
오카자키
절편 2
4 두 번째 절편의 합성이 시작된 후 DNA 중합효소 III는 첫 번째 절편의 프라이머에 도달할 때까지 DNA 뉴클레오타이드를 추가한 후 분리된다.
5 DNA 중합효소 I은 두 번째 절편의 3′ 말단에 뉴클레오타이드를 더함으로써 RNA 프라이머를 DNA로 바꾼다(그리고 이전에는 1번 절편에서도 작용).
6 DNA 연결효소는 첫 번째 오카자키 절편의 DNA 뉴클레오타이드와 가장 최근에 새로이 만들어진 DNA 사이에 결합을 형성한다.
7 이 부위의 지연가닥은 이제 완성된 것이다.
전체적인 복제 방향

▲ **그림 16.16** **지연가닥의 합성**

에서는 각 오카자키 절편마다 프라이머가 필요하다(❹ 과정까지). DNA 중합효소 Ⅲ가 오카자키 절편(과정 ❷~❹)을 형성한 후, 또 다른 중합효소인 DNA 중합효소 Ⅰ(DNA pol I)은 인접한 프라이머의 RNA 뉴클레오타이드를 DNA 뉴클레오타이드(과정 ❺)로 대체한다. 그러나 DNA 중합효소 Ⅰ은 이와 같은 대체 DNA 절편 마지막 뉴클레오타이드를 그 다음에 있는 오카자키 절편의 첫 DNA 뉴클레오타이드와 연결할 수 없다. 또 다른 효소 **DNA 연결효소(DNA ligase)**는 오카자키 절편 사이에 생긴 틈을 연결하여 완전한 단일가닥의 새로운 DNA 가닥을 형성하도록 한다(과정 ❻).

그림 16.17과 **표 16.1**은 DNA 복제를 요약한 것이다. 진도를 나가기 전에 더 주의 깊게 공부하자.

DNA 복제 복합체

DNA 복제에 대한 전통적인 모형은 DNA 중합효소를 철도선로(DNA)를 따라 움직이는 기관차로 묘사되었지만 이러한 모형은 두 가지의 중요한 사실을 설명할 수 없는 단점이 있다. 첫 번째, DNA 복제에 관여하는 다양한 단백질들은 하나의 커다란 "DNA 복제기계" 복합체를 형성한다는 것이다. 많은 단백질-단백질 결합에 의한 DNA 복제기계 복합체의 형성은 복제효율성을 증가시킨다. 예를 들어, 프리메이스는 여러 단백질들과 접촉되어 있을 때 분자 브레이크 역할을 하여 복제 과정을 더 느리게 진행하도록 한다. 이것은 프라이머가 잘 위치할 수 있도록 하고 선도가닥이나 지연가닥에서 복제 속도를 조절할 수 있는 여유를 준다. 두 번째로 DNA 복제기계 복합체는 복제 과정 동안 움직이지 않으며 오히려 DNA가 DNA 복제기계 복합체를 통과한다고 할 수 있다. DNA 복제기계 복합체는 진핵생물의 핵 내부에 뻗어 있는 선형구조물인 핵구조체에 부착되어 있는 듯하다. 실험적 증거는 각 주형가닥에 한 개씩 있는 두 개의 DNA 중합효소 분자가 부

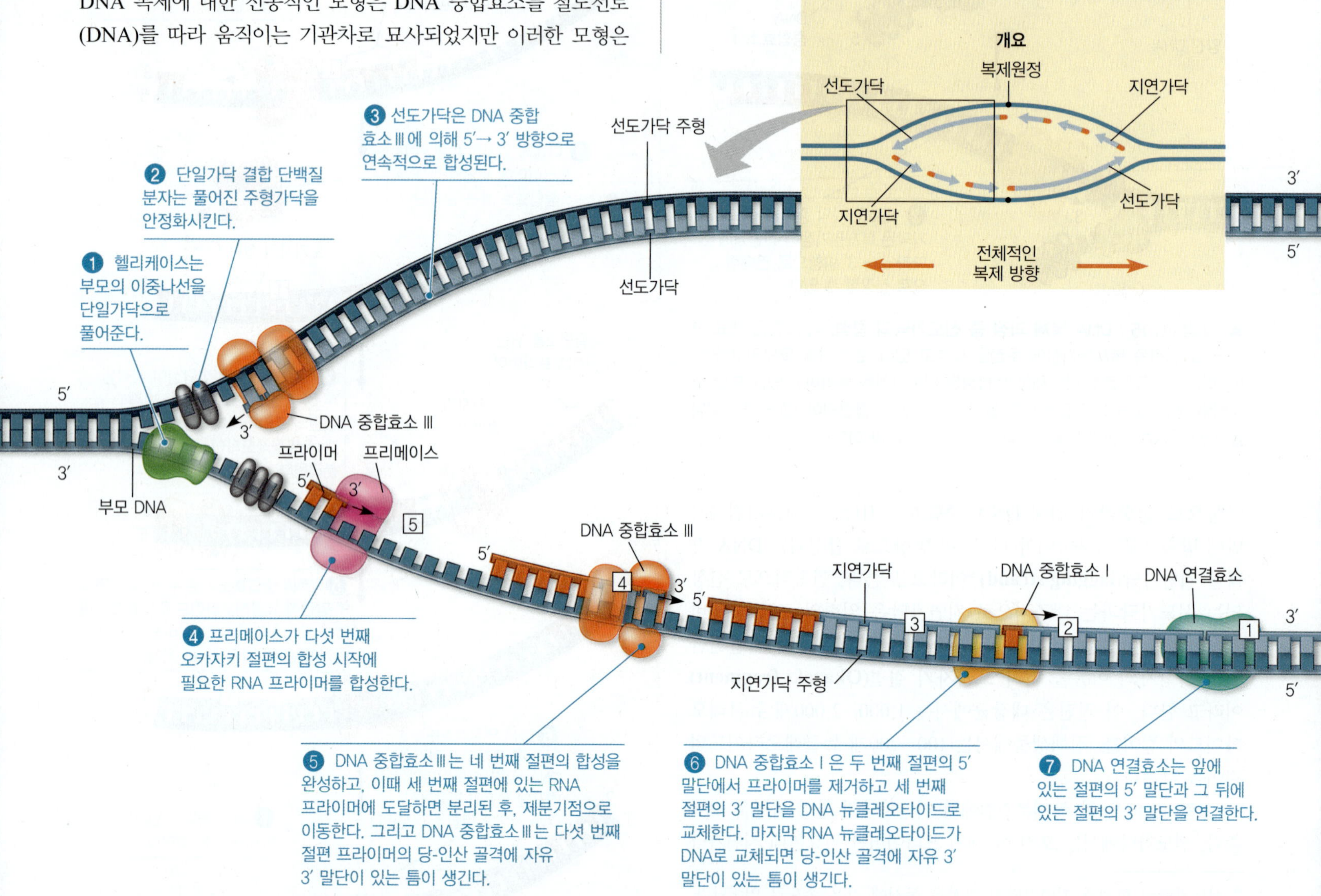

▲ **그림 16.17 세균 DNA 복제의 요약.** 이 세부 그림은 오른쪽 위에 그려진 개요에서 보이는 복제기포의 왼쪽 복제분기점을 보여준다. 개요 그림에서 완성된 각각의 딸가닥을 보면, 선도가닥에서 딸가닥의 절반이 합성되고 지연가닥에서 절반이 합성되는 것을 볼 수 있다.

DRAW IT 오카자키 절편들에 적절한 숫자를 기입하면서 복제기포의 오른쪽 복제분기점을 보여주는 비슷한 그림을 그려라.

표 16.1 세균 DNA 복제 단백질과 기능

단백질	기능
헬리케이스	복제분기점에서 부모의 이중나선을 푼다.
단일가닥 결합 단백질	단일가닥 DNA가 주형으로 사용될 때까지 이 가닥에 결합하고 안정화시킨다.
회전효소	DNA 가닥을 잘라 회전시켜 재연결함으로써 복제분기점 앞에 지나치게 감겨서 뒤틀린 부분을 완화시킨다.
프리메이스	선도가닥의 5′ 말단과 지연가닥의 각 오카자키 절편의 5′ 말단에서 RNA 프라이머를 합성한다.
DNA 중합효소 III	주형으로서 부모 DNA를 사용하여, RNA 프라이머나 이미 존재하는 DNA 가닥에 뉴클레오타이드를 첨가함으로써 새로운 DNA 가닥을 합성한다.
DNA 중합효소 I	5′ 말단부터 프라이머의 RNA 뉴클레오타이드를 제거하고 DNA 뉴클레오타이드로 교체한다.
DNA 연결효소	지연가닥의 오카자키 절편들을 연결한다; 선도가닥에서, 프라이머가 제거된 3′ 말단을 선도 DNA 가닥의 나머지에 연결한다.

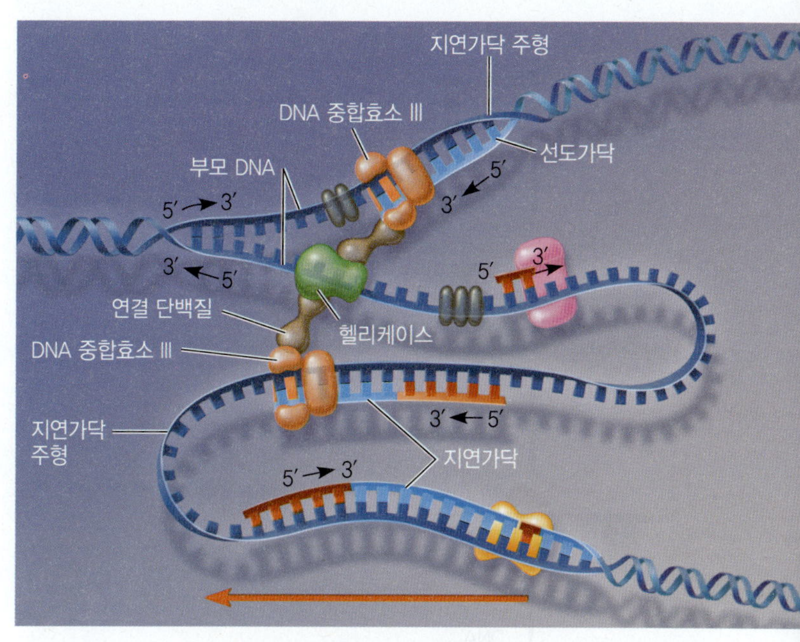

▲ **그림 16.18 DNA 복제 복합체에 대한 최신 모델.** 두 개의 DNA 중합효소 III가 헬리케이스와 다른 단백질을 가지고 있는 한 개의 복합체 내에서 같이 작동한다. 하나의 DNA 중합효소는 각 주형가닥에 작동한다. 지연가닥 주형 DNA는 복합체를 통해서 고리를 만드는데 슬라이드 트롬본을 닮았다. (이것을 흔히 트롬본 모형이라고 부른다.)

DRAW IT 여기서 나타난 전체 DNA 조각에서 지연가닥 주형을 추적하는 선을 그려보라.

모 DNA는 감아 올리고 새로 만들어진 딸 DNA는 밀어낸다는 한 모형을 지지하고 있다. 또 다른 증거는 지연가닥이 DNA 복제 기계 복합체에서 고리 모양이 되는 것을 보여준다(그림 16.18).

DNA 교정과 수선

DNA 복제의 정확성을 특이적 염기쌍 형성이라는 단 하나의 원인으로 돌릴 수는 없다. 주형가닥의 뉴클레오타이드와 새롭게 합성된 가닥의 뉴클레오타이드 사이에 존재하는 초기 염기쌍 오류는 10^5 염기쌍 중에서 1번의 오류를 가질 정도로 빈번히 일어난다. 그러나 복제가 끝난 DNA 분자에서 오류 확률을 조사하면 10^{10}(100억) 개의 뉴클레오타이드 중에서 한 개의 확률로 오류가 일어나는 것을 알 수 있다. 여기에는 10만 배 차이가 있는데 이것은 DNA 복제 동안 DNA 중합효소가 새로운 가닥에 대한 뉴클레오타이드를 검증하고 교정하기 때문이다. 잘못된 염기쌍을 이루고 있는 뉴클레오타이드가 발견되면 중합효소는 뉴클레오타이드를 제거하고 합성을 다시 시작한다. (이러한 작용은 키보드의 delete key를 사용함으로써 잘못 쓴 문자를 지우고 정확한 문자를 다시 쓰는 것과 유사하다.)

DNA 중합효소에 의한 교정을 피해 때때로 잘못된 염기쌍이 계속 존재하기도 한다. 이와 같이 잘못된 염기쌍을 수선하는 효소가 있는데 이러한 과정을 **부정합 수선(mismatch repair)**라 한다. 연구자들은 이러한 수선효소들의 유전적 결함이 대장암과 관련 있다는 점을 발견하고 이 효소들의 중요성에 대해 관심을 갖게 되었다. 수선효소의 유전적 결함이 있는 경우 암 유발 오류 뉴클레오타이드가 축적되면서 정상인보다 더 빠르게 암에 걸린다.

복제 후에도 잘못된 염기쌍이 만들어지거나 뉴클레오타이드에 돌연변이가 일어날 수 있다. DNA에 암호화된 유전적 정보의 보존은 DNA에 손상이 있는 경우 여러 번의 수선을 필요로 한다. 17장에서 논의할 것이지만, DNA 분자는 끊임없이 X선 등 해로운 화학적, 물리적인 약품에 손상을 받는다. 더욱이, 정상적인 세포내 환경에서도 DNA 염기에 저절로 화학적인 변화가 일어나기도 한다. 다행히 DNA에 변화가 생기면 계속 돌연변이 상태로 존재하기 전에 정확하게 수선된다. 모든 세포는 변화된 유전물질을 탐지하고 수선할 수 있는 시스템을 확보하고 있다. 손상된 DNA의 수선은 생물체의 생존에 중요하기 때문에 진화적으로 많고 다양한 DNA 수선효소가 발달되어 있다. 대장균에서는 거의 100가지 종류, 그리고 인간에서는 지금까지 130가지 종류의 수선효소가 밝혀졌다.

복제 과정에서 혹은 DNA 손상으로 발생한 잘못된 염기쌍은 세포 내에서 여러 가지 기작으로 수선된다. 이러한 수선 기작은 DNA의 염기쌍 구조를 이용한다. **뉴클리에이스(nuclease)**라는 효소는 손상된 DNA 가닥의 부위를 절단하고, 그 결과로 생

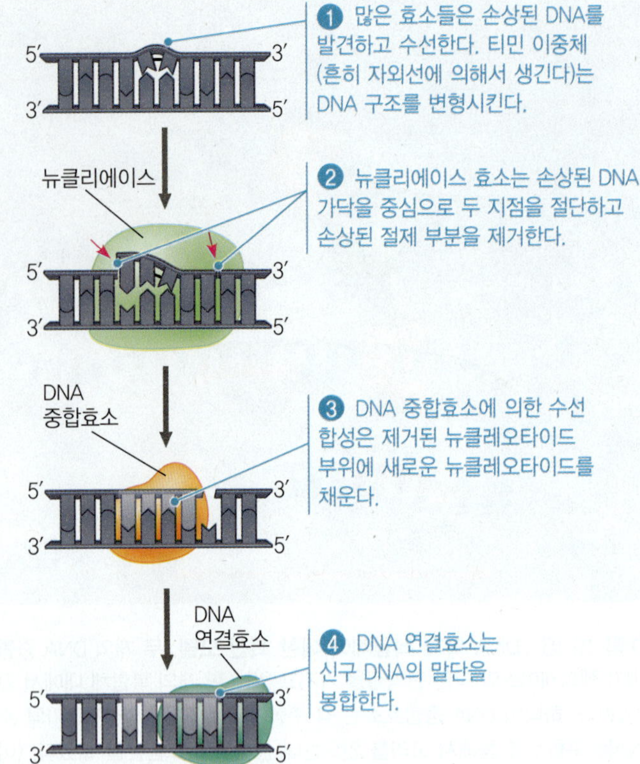

▲ 그림 16.19 DNA 손상의 뉴클레오타이드 절제 수선

긴 틈은 손상되지 않은 가닥에 있는 뉴클레오타이드와 쌍을 이룰 수 있는 뉴클레오타이드로 채워진다. 틈을 채우는 데 관여하는 효소는 DNA 중합효소와 연결효소이다. 이러한 DNA 수선은 **뉴클레오타이드 절제 수선(nucleotide excision repair)**이라고 한다(그림 16.19).

우리의 피부세포에서 DNA 수선효소의 기능은 햇빛의 자외선으로 인한 유전적 손상을 수선하는 것이다. 그림 16.19에서 보여주는 것처럼 손상의 한 예로 DNA 가닥의 티민 염기의 공유결합을 들 수 있다. 이러한 티민 이중체(thymine dimer)는 DNA를 비틀고 DNA 복제를 방해한다. 이러한 손상에서 수선의 중요성은 뉴클레오타이드 절제 수선효소의 유전적 결함으로 인해 발병하는 색소성 건피증(xeroderma pigmentosum)이라는 질병을 통해 알려지게 되었다. 이 질병을 가진 사람들은 햇빛에 과민하게 반응한다; 자외선에 의한 피부세포의 돌연변이는 교정되지 않으면 피부암을 일으킨다.

변형된 DNA 뉴클레오타이드의 진화적 의의

진화 정확한 유전체의 복제와 수선은 생물체가 제 기능을 발휘하고 다음 세대에 정확한 유전체를 승계하는데 있어서 매우 중요하다. 교정과 수선 후에 오류 확률은 매우 낮지만 그래도 일어나곤 한다. 일단 불일치된 뉴클레오타이드가 복제되면 변이된 염기서열은 어떤 후속 분자에서뿐만 아니라 딸분자에 영원히 보존된다. 이와 같이 DNA 서열에 생기는 영원한 변이를 돌연변이(mutation)라고 한다.

17장에서 배우게 되겠지만 돌연변이는 한 생물체의 표현형을 바꿀 수 있다. 그리고 돌연변이가 생식세포(배우자로 되는 세포)에서 일어난다면, 그 돌연변이는 자손에서 자손으로 승계된다. 그러한 돌연변이의 대부분은 효과가 없거나 치명적이지만, 소수는 이롭기도 하다. 어느 경우이든, 돌연변이는 진화과정 동안 자연선택이 작용할 수 있는 변이의 근원이 되며, 결국에는 신종의 출현을 일으킬 수도 있다. (여러분은 4단원에서 이 과정에 대해 더 배우게 될 것이다.) 복제와 수선 과정에 의한 정확성과, 비록 낮지만 오랜 기간에 걸친 돌연변이 사이의 균형은 종의 진화를 유도하여 오늘날 지구상에서 볼 수 있는 풍부한 종 다양성을 이끌었다.

DNA 분자의 말단 복제하기

진핵생물의 염색체 DNA와 같은 선형 DNA 복제에서는, 그 평범한 복제 장치로는 딸 DNA 가닥의 5′ 말단을 완성하지 못한다. 그 이유는 DNA 중합효소들은 이미 존재하고 있는 기존 폴리뉴클레오타이드의 3′ 말단에만 새로운 뉴클레오타이드를 첨가할 수 있기 때문이다. 오카자키 절편이 주형가닥의 맨 끝에 결합된 RNA 프라이머로부터 시작된다 하더라도, RNA 프라이머가 제거되고 나면, 뉴클레오타이드 첨가가 가능한 3′ 말단이 없기 때문에, 그곳은 DNA로 채워질 수 없다(그림 16.20). 이러한 이유로 반복된 복제는 엇갈린 말단을 가진 더욱더 짧은 DNA 분자가 생기게 한다.

대부분의 원핵생물은 말단이 없는 원형 염색체를 가지기 때문에 DNA가 짧아지는 일은 일어나지 않는다. 그러나 선형 염색체를 가진 진핵생물은 복제가 계속 진행되면 유전자가 사라질 수 있는데 무엇이 이러한 유전자를 보호하는가? 진핵생물의 염색체 DNA 분자에는 **텔로미어(telomeres)**라는 뉴클레오타이드 서열이 있다(그림 16.21). 텔로미어는 유전정보를 가지고 있지 않다. 그 대신, 텔로미어는 수많은 반복적인 짧은 뉴클레오타이드 서열로 이루어진다. 예를 들어, 인간의 텔로미어는 6개 뉴클레오타이드 염기서열 TTAGGG가 100~1,000번 정도 반복된다. 텔로미어는 두 가지 보호 기능을 가지고 있다.

첫 번째, 텔로미어 DNA와 관련된 특정 단백질이 딸분자의 엇갈린 말단 때문에 DNA 손상을 점검하는 세포 시스템이 활성화되는 일이 없도록 한다. (흔히 이중가닥의 파손으로 생기는 DNA 분자의 엇갈린 말단은 세포주기의 정지기 또는 세포 사멸를 이끄는 신호전달 경로를 유도한다.) 두 번째, 텔로미어 DNA는 생물체 유전자들의 소실을 막는 일종의 완충지역처럼 작동한다. 마치 신발 끈의 플라스틱으로 싸여진 끝이 그 풀림을 늦추게 하는 것과 같다. 그러나 텔로미어는 염색체 말단에 있는 유전자들의 소실은 막지 못한다. 단지 그 소실을 지연시킬 뿐이다.

그림 16.20을 보면, 텔로미어는 계속 복제되는 동안 점점 짧

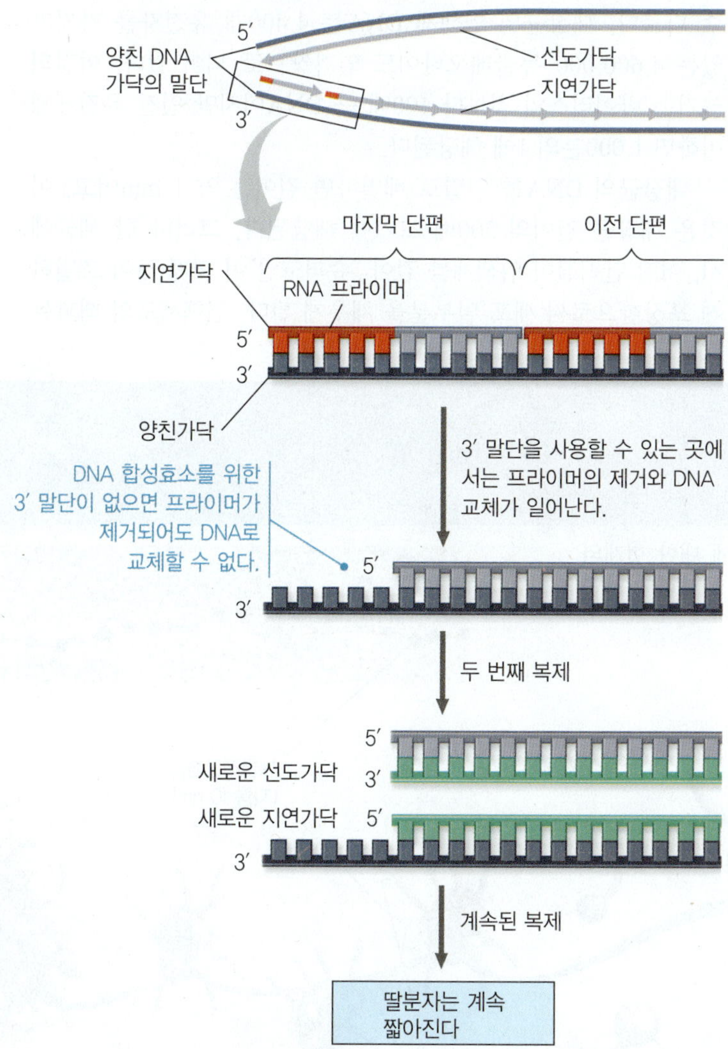

▲ **그림 16.20 선형 DNA 말단 부위의 단축.** 두 번 반복된 복제 과정을 통해 생성된 DNA 분자의 한 가닥을 보자. 첫 번째 복제가 이루어지고 난 후, 새로 생성된 지연가닥은 주형가닥보다 더 단축되었다. 두 번째 복제가 이루어지고 난 후, 선도가닥과 지연가닥 모두 본래의 부모가닥보다 더 짧아졌다. 여기서는 보여주지 않지만, 이 DNA 분자의 반대쪽의 말단도 단축되었다.

아진다. 예상대로, 텔로미어 DNA는 더 나이가 많은 사람들의 분열성 체세포와, 이미 여러 번 분열을 한 배양 세포에서 더 짧은 경향을 보인다. 텔로미어의 짧아짐은 특정 조직의 노화 과정과 연관이 있으며, 심지어 생물 전체의 노화와도 관련되어 있을 것이라고 한다.

그렇지만 어떻게 세포의 유전체는 수세대에 걸친 후손까지 변하지 않고 존속하고 있는 것일까? 만약 생식세포의 염색체가 매 세포주기마다 짧아진다면 근본적으로 필요한 유전자가 생식세포에서 없어질 것이다. 다행스럽게도 이러한 일은 일어나지 않는다. 즉, **텔로머레이스**(telomerase)라는 효소는 진핵생물의 생식세포에서 텔로미어가 길어지게 한다. 그래서 텔로미어의 원래 길이는 보존되고, DNA 복제 동안 일어나는 짧아짐을 보충하게 된다. 텔로머레이스는 대부분의 인간 체세포에서는 활성이 없고, 그 활성

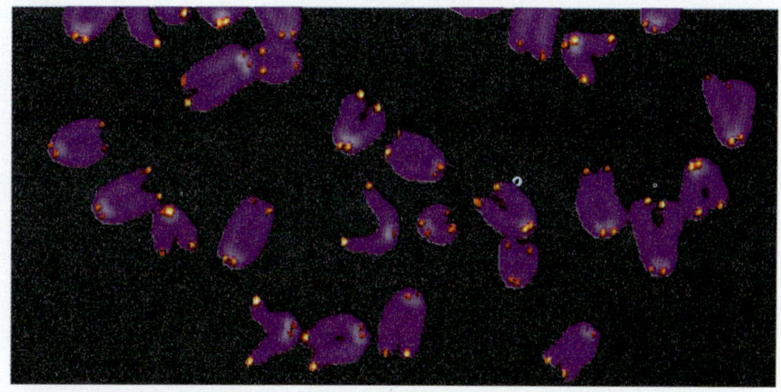

▲ **그림 16.21 텔로미어.** 진핵생물은 DNA의 말단에 존재하는 텔로미어라는 반복적, 비암호화된 서열을 가지고 있다. 생쥐 염색체의 텔로미어가 오렌지색으로 염색되어 보인다(LM).

은 조직에 따라 다양하다. 생식세포의 경우 그 활성도가 매우 높아 수정 후 접합체에서 가장 긴 텔로미어를 보유하게 된다.

텔로미어의 정상적 단축은 체세포가 진행할 수 있는 세포분열 수를 제한함으로서 암으로부터 생물체를 보호할 수 있다. 흔히 커다란 종양 세포들은 비정상적으로 짧은 텔로미어를 가지고 있는데, 그것은 그 세포들이 이미 여러 번의 세포분열을 했기 때문으로 생각된다. 추가적인 단축으로 인하여 종양세포는 아마도 자기사멸이 일어날 것이다. 텔로머레이스의 활성은 암에 걸린 체세포에서 비 정상적으로 높은데, 이는 텔로미어의 길이를 안정화시키는 텔로머레이스의 능력이 암세포를 유지하도록 한다는 것을 암시하고 있다. 많은 암세포는 불멸화된 배양세포가 하는 것처럼 무제한 세포분열을 할 수 있는 것 같다(12장). 수 년 동안, 과학자들은 암치료로 텔로머레이스 억제 연구를 해 왔다. 종양을 가지고 있는 생쥐에서 억제된 텔로머레이스는 암세포의 사멸을 유도했지만, 결국 암세포는 또 다른 경로를 통하여 텔로미어의 길이를 복구하였다. 이 분야는 유용한 암 치료법을 만들어낼 수 있는 현재 진행형 연구영역이다.

이 장에서, 여러분은 DNA 분자의 구조와 복제에 대해서 배웠다. 다음 절에서는 한 발자국 뒤로 가서 어떻게 DNA가 유전정보를 가지고 있는 염색체로 포장되는지 조사할 것이다.

개념 확인 문제 16.2

1. DNA 복제에서 상보적인 염기쌍은 무슨 역할을 하는가?
2. DNA 복제에서 DAN 중합효소 Ⅲ 의 두 가지 주요 기능을 확인하여 설명하라.
3. MAKE CONNECTIONS DNA 복제와 세포주기의 S 시기와의 상관관계는 무엇인가? 그림 12.6을 참조.
4. WHAT IF? 한 세포에서 DNA 중합효소 Ⅰ이 기능을 하지 않는다면, 선도가닥의 합성에 어떠한 영향을 미치는가? 그림 16.17의 개요박스에서 DNA 중합효소 Ⅰ이 선도가닥에서 작용하는 지점이 어디인지 찾아 표시하라.

정답은 부록 A 참조

개념 16.3

염색체는 단백질들로 싸여 있는 DNA 분자로 구성되어 있다

대부분의 세균에서 유전체의 주성분은 소량의 단백질이 연계되어 있는 한 개의 이중나선 원형 DNA 분자이다. 이러한 구조를 세균 염색체라고 부르기는 하지만, 많은 단백질이 관련되어 있고, 하나의 선형의 DNA 분자로 구성된 진핵세포 염색체와는 아주 다르다. 대장균의 염색체 DNA는 4,400개 유전자를 가지고 있는 4,600,000 뉴클레오타이드 염기쌍으로 되어 있다. 이것의 크기는 바이러스의 것보다 100배 큰 DNA이지만 인간 유전체에 비하면 1,000분의 1에 해당된다.

대장균의 DNA를 일렬로 배열하면 길이는 약 1 mm이고, 이것은 대장균 길이의 500배 크기에 해당된다. 그러나 한 세균에서, 어떤 단백질이 염색체를 감아 "슈퍼코일"이 되게 하여 조밀하게 포장함으로써 세포 일부분을 채우게 된다. 진핵세포의 핵과는

▼ 그림 16.22

탐구 진핵세포의 염색질 포장

일련의 그림들과 전자현미경 사진은 점진적인 단계로 DNA의 코일링과 접힘에 대한 현재의 모형을 설명하고 있다. 설명은 DNA 한 분자에서 중기 염색체까지 점차적으로 확대하여 보여주고 있다. 중기 염색체는 광학현미경으로도 관찰될 만큼 크다.

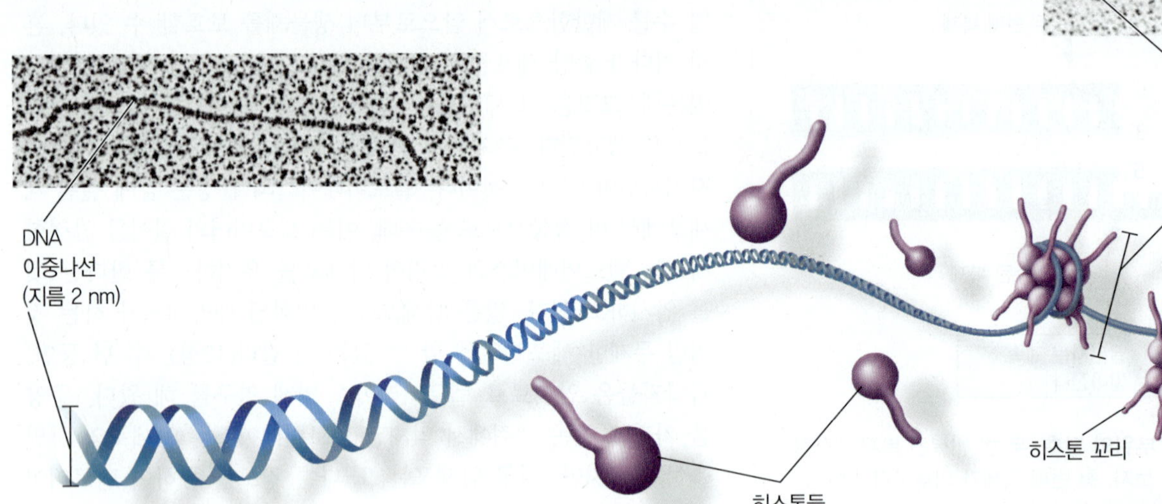

DNA 이중나선

여기서는 리본 모형 DNA를 보여주고 있다. 각각의 리본은 당-인산 골격을 의미한다. 골격에 있는 인산기는 음전하를 띠며 각 가닥의 바깥쪽으로 배열되어 있다. TEM 사진은 다른 단백질이 결합되어 있지 않은 상태로 있는 DNA 분자를 보여주고 있다. 이중나선의 지름은 2 nm이다.

히스톤

히스톤(histone) 단백질은 염색질에 있는 DNA 포장의 첫 번째 단계에 관여한다. 약 100여 개의 아미노산으로 구성되어 있는 각 히스톤은 작지만, 염색질에 있는 전체 무게는 대략 DNA 무게와 비슷하다. 구성 아미노산의 5분의 1은 리신이나 아르기닌과 같은 양전하이고 음전하를 띤 DNA와 단단하게 결합한다.

염색질에서 가장 흔한 4종류의 히스톤은 H2A, H2B, H3, H4이다. 히스톤 단백질들은 진핵생물종 간에 변화가 거의 없고 서로 유사하다. 예를 들어, 소와 완두콩 식물의 H4 히스톤을 서로 비교하면 2개의 아미노산만 다를 뿐이다. 이와 같이 진화적으로 큰 변화가 없는 것은 세포 내에서 DNA를 구성하는 히스톤의 중요한 역할을 뜻한다.

4종류의 히스톤은 다음 단계 DNA 포장에 매우 중요하다. (다섯 번째 히스톤인 H1은 그 다음 단계 염색질 포장에 관여한다.)

뉴클레오솜 혹은 "실에 꿰인 구슬"(10 nm 섬유)

전자현미경에서 접히지 않은 염색질은 지름이 10 nm(10 nm 섬유)이다. 그러한 염색질은 실에 꿰인 구슬들처럼 보인다. 각 구슬은 **뉴클레오솜(nucleosome)**이고 이것이 DNA 포장의 기본 단위에 해당된다. 구슬 사이의 "실"은 링커 DNA라 불린다.

뉴클레오솜은 8개 히스톤 단백질 중심부를 두 번 감고 있는 DNA로 구성되어 있다. 주요 히스톤 단백질(H2A, H2B, H3 , H4)은 각각 2개씩인 단백질로 되어 있다. 각 히스톤의 N-말단 꼬리는 뉴클레오솜 바깥으로 뻗어 있다.

세포분열주기의 DNA 복제기간 동안 잠시 동안만 히스톤이 DNA와 유리된다. 일반적으로 여러 세포 분자 기구가 DNA에 접근하는 또 다른 과정인 전사 과정에서 같은 상황이 발생한다. 뉴클레오솜은, 특히 히스톤 꼬리가 유전자 발현의 조절에 관여한다.

달리 이러한 세균세포의 한 부분에 밀집되어 있는 DNA를 핵양체(nucleoid)라고 하며, 핵양체는 핵막으로 싸여 있지 않다(그림 7.5).

진핵세포 염색체의 DNA는 하나의 선형 이중나선구조로 되어 있고, 인간에서는 약 1.5×10^8 뉴클레오타이드 염기쌍으로 되어 있다. 이것은 염색체의 길이를 감안하면 엄청난 양의 DNA이다. 이것을 일렬로 배열하면 4 cm 길이에 해당되는데, 세포핵 지름의 수천 배나 되지만, 그것은 다른 45개의 인간 염색체는 고려하지 않은 것이다.

진핵세포에는 DNA가 많은 양의 단백질과 결합하고 있다. 이러한 DNA 와 단백질의 복합체를 **염색질(chromatin)**이라고 하고, 여러 번의 정교한 포장 단계들을 거쳐 핵 안에 채워진다. 염색체로의 연속적인 DNA 포장에 관한 현재의 관점이 그림 16.22에 설명되어 있다. 다음 단원으로 넘어가기 전에 이 그림을 자세하게 공부해야 한다.

염색질은 세포분열주기 동안 포장되는 정도에 뚜렷한 변화가

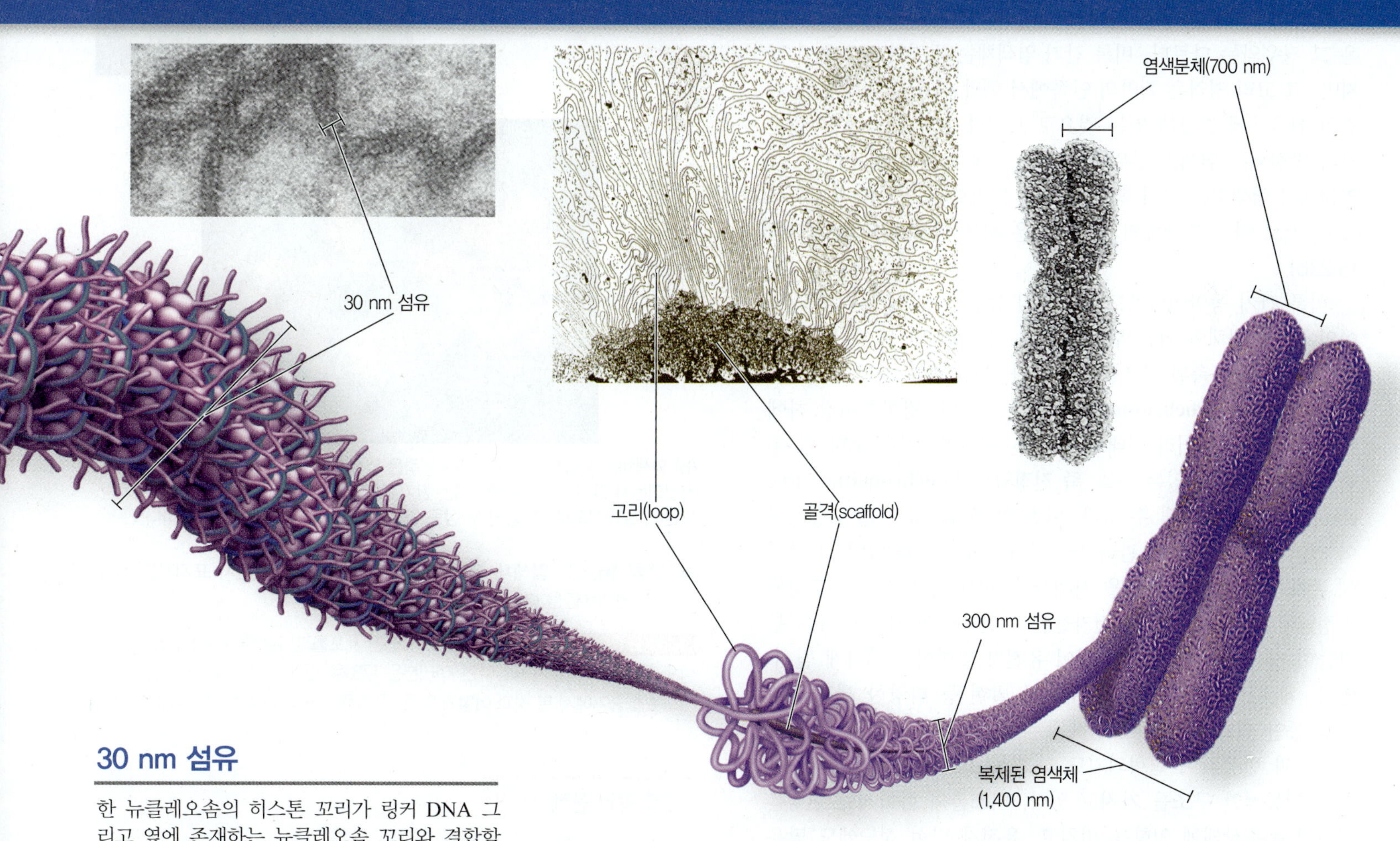

30 nm 섬유

한 뉴클레오솜의 히스톤 꼬리가 링커 DNA 그리고 옆에 존재하는 뉴클레오솜 꼬리와 결합함으로써 다음 단계의 DNA 포장이 일어난다. 다섯 번째 히스톤 H1이 이 단계에서 관여한다. 위와 같은 결합은 10 nm 섬유가 감기고 접혀져 지름이 30 nm 두께의 염색질 섬유를 형성하도록 한다. 간기의 핵에는 **30 nm 섬유** 형태가 우세하게 존재하지만, 뉴클레오좀이 이런 형태의 염색질로 포장되는 것에 관해서는 아직 논란이 남아 있다.

고리 모양 도메인(300 nm 섬유)

다음 단계로, 30 nm 섬유는 단백질로 구성된 염색체 골격(scaffold)에 붙어서 **고리 모양 도메인**이라고 불리는 고리 형태를 만들고, 이것은 결국 **300 nm 섬유**가 된다. 골격에는 한 종류의 DNA 회전효소가 풍부하고, H1 분자 또한 존재하는 것으로 보인다.

중기 염색체

체세포분열 염색체에서 고리 모양 도메인은 지금까지 알려지지 않은 방식으로 코일화되고 접혀져 점점 더 염색질을 응축하게 하여 위 그림에서 보여주는 특징적인 중기 염색체를 만든다. 염색분체 하나의 폭은 700 nm이다. 특정 유전자는 항상 중기염색체의 같은 부위에 있게 되는데, 이것은 DNA 포장 과정이 고도로 특이적이고 정교하다는 것을 나타낸다.

일어난다(그림 12.7). 세포주기의 간기에 광학현미경으로 염색질을 관찰하면, 염색질이 핵 전체에 퍼져 있는 형태로 보이는데 이는 염색질이 고도로 확장되어 있다는 것을 암시한다. 그러나 세포분열기에 관찰하면, 염색질은 코일화되고 응축되어 포장되는데, 결국 짧고 두꺼운 특성의 중기 염색체를 형성함으로써 광학현미경으로도 구별된다(그림 16.23a).

간기 염색질은 분열기의 염색체 염색질보다 일반적으로 훨씬 덜 응축되지만, 같은 수준의 상위 단계 포장을 여러 가지로 보여준다. 염색체를 구성하고 있는 몇몇 염색질은 10 nm 섬유질로 존재하고 있는 것처럼 보이지만, 많은 부분은 30 nm 섬유질로 응축되고 어떤 부위는 고리영역(looped domains)으로 더욱 접힌다. 초기에 생물학자들은 간기 염색질이 핵 내에서 마치 한 그릇의 스파게티처럼 엉킨 하나의 덩어리라고 추론하였지만, 이것은 그 경우와는 다르다. 비록 간기 염색체는 뚜렷한 구조물이 없지만, 그 고리 영역은 핵막의 안쪽에서 핵막 하층에 붙거나 핵 기질의 섬유들에 결합해 있는 것으로 보인다. 이러한 접촉은 유전자가 발현되는 염색질 부위를 구성하는 데 도움이 될 것이다. 각 염색체의 염색질은 간기 핵 내에서 특정 제한된 지역을 차지하고 있고, 서로 다른 염색체의 염색사들은 서로 엉켜 있지 않다(그림 16.23b).

비록 간기 동안이더라도 염색체의 동원체, 말단 부위 그리고 이외에도 염색체의 어떤 부위는 중기 염색체에서 볼 수 있는 것과 같이 매우 응축된 구조를 보여준다. 이와 같은 간기 염색질을 **이질염색질(heterochromatin)**이라고 하는데, 광학현미경 하에서 불규칙적인 덩어리 형태로 보인다. 이질염색질은 보다 덜 응축되고 좀 더 퍼져 있는 구조, 즉 **진정염색질(euchromatin**; "true chromatin")과 구분될 수 있다. 이질염색질 DNA는 많이 응축되어 있어 유전자 발현에 관여하는 분자들의 접근을 막아 그 부위에 존재하는 유전자 발현을 저해한다. 반대로, 느슨하게 포장된 진정염색질에 존재하는 유전자들은 유전자 발현에 관여하는 분자들이 자유로이 접근할 수 있어 유전자 발현이 용이하게 될 수 있다. 체세포분열, 감수분열, 유전자 발현 등 다양한 세포 처리 과정 동안 필요에 따라서, 염색체는 응축하거나 이완하고, 다른 분자들과 반응하여 변형되기도 하고 구조가 바뀌기도 하는 등 아주 역동적인 구조를 가지고 있다. 히스톤의 화학적인 변형은 염색질 농축상태에 영향을 미치고, 유전자 발현 정도에도 많은 영향을 끼치는데 18장에서 다루어질 것이다.

이 장에서, 여러분은 DNA 분자가 어떻게 염색체로 배열되고, 어떻게 DNA 복제가 자손에게 전달되는 유전자 복제물을 제공하는지에 대해서 배웠다. 그러나 유전자가 복제되고 전달되는 것만으로는 충분하지 않고, 유전자들이 가지고 있는 정보가 세포에 의해서 사용되어야 한다는 것이다. 즉, 유전자들은 발현되어야 한다는 것이다. 다음 장에서 우리는 DNA에 암호화되어 있는 유전정보를 세포가 어떻게 발현하는지에 대해서 조사할 것이다.

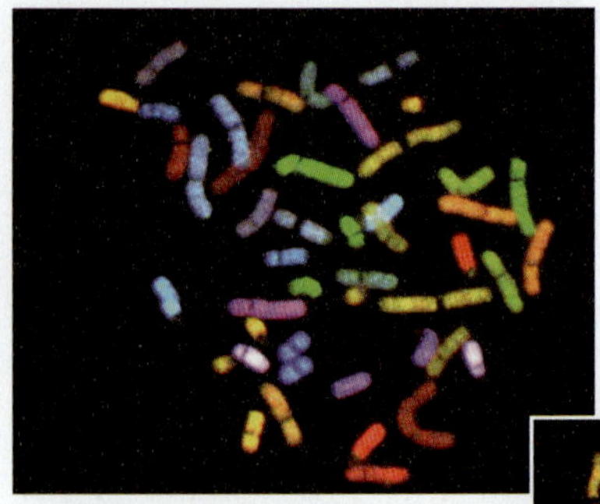

(a) 이 중기 염색체들은 채색되어 두 상동체들이 같은 색으로 보인다. 위의 것은 처리된 염색체가 퍼져있는 것이고, 오른쪽은 핵형으로 잘 구성된 것이다.

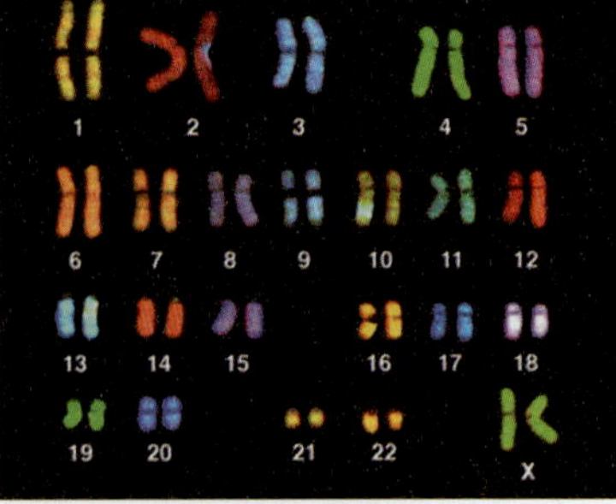

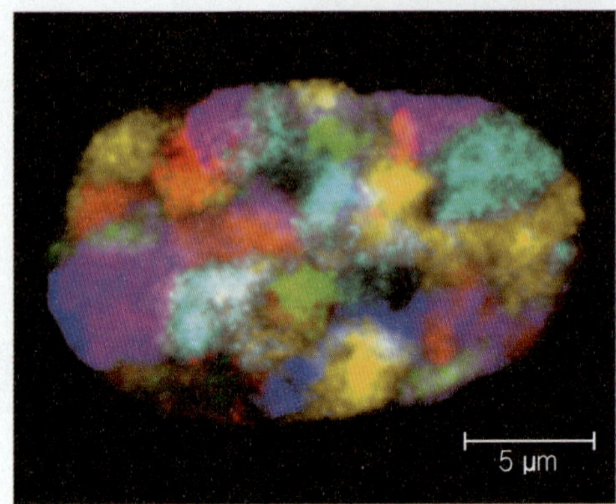

(b) 염색체를 시각적으로 구분하는 능력은 염색체가 간기 핵에서 어떻게 배열되는지 알게 한다. 각 염색체는 간기 동안 특정 영역을 차지하고 있는 것처럼 보인다. 일반적으로, 한 쌍의 두 상동 염색체라도 항상 같이 있는 것은 아니다.

▲ **그림 16.23 염색체 페인팅** 과학자들은 염색체에 분자 표지자를 처리하여 각 염색체들을 다른 색깔로 구분되게 할 수 있다.

MAKE CONNECTIONS 만약에 인간 세포를 감수분열 중기 I에 멈추고 염색체 페인팅 기술을 적용한다면, 여러분은 무엇을 관찰 할 수 있는가? 이것은 체세포분열 중기에서 본 것과 어떻게 다른가? 그림 13.8 과 그림 12.7를 다시 보시오.

개념 확인 문제 16.3

1. 진핵세포에서 DNA 포장의 기본단위인 뉴클레오솜의 구조에 대해서 서술하라.
2. 이질염색질과 진정염색질을 구분할 수 있는 구조적이며 기능적인 두 가지 특징은 무엇인가?
3. **MAKE CONNECTIONS** 간기 염색체들은 핵막 하층에 혹은 아마도 핵 기질에 부착되어 있는 듯하다. 이러한 두 구조에 대해서 설명하라. 그림 7.9와 관련된 본문을 참조.

정답은 부록 A 참조

16장 복습

핵심 개념의 요약

개념 16.1

DNA는 유전물질이다

- 세균과 **파지**를 이용한 실험은 유전물질이 DNA라는 증거를 제시하였다.
- 왓슨과 크릭은 DNA가 **이중나선형**이라는 것을 추론하였고 하나의 구조 모델을 만들었다. 두 **역평행**의 당-인산 사슬이 분자의 외부를 감고 있다. 질소염기는 안쪽으로 돌출되어 있는데, 그곳에는 A와 T, G와 C가 특이적 수소결합을 하고 있다.

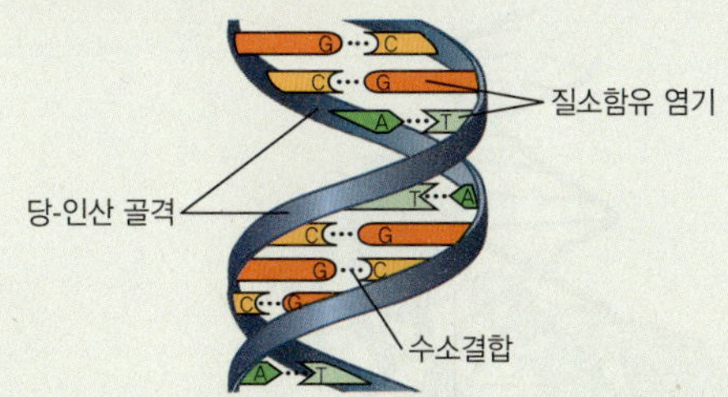

? 이중나선에서 두 가닥이 역평행으로 존재한다는 것을 무엇을 뜻하는가? 만일 두 가닥이 평행으로 존재한다면 이중나선의 끝은 어떻게 될까?

개념 16.2

많은 단백질이 DNA 복제와 수선에 관여한다

- 메셀슨-스탈 실험은 **DNA 복제**가 **반보존적**임을 보여주었다. 즉, 부모 분자는 풀어지고 각 가닥들이 염기쌍 법칙에 근거하여 새로운 가닥을 합성하는 데 있어서 주형가닥으로 제공된다.
- **복제분기점**에서의 DNA 복제가 여기에 요약되어 있다

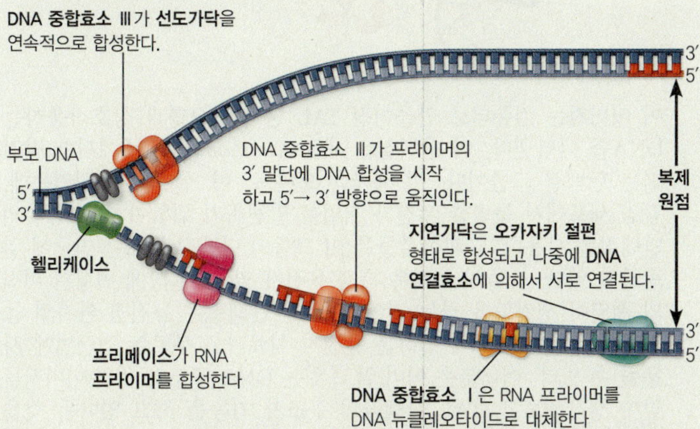

- DNA 중합효소는 부정확한 뉴클레오타이드를 교체함으로써 새롭게 만들어진 DNA를 교정한다. DNA의 **부정합 수선 기작**에서 효소는 잘못된 염기쌍을 교정한다. **뉴클레오타이드 절제 수선**은 **뉴클리에이스**가 DNA의 손상된 부위를 잘라내고 다른 효소들은 손상된 부위를 교체한다.
- 진핵생물의 염색체 DNA의 말단은 반복되는 복제로 점점 짧아진다. 선형 DNA 분자의 말단에 위치한 반복적 서열을 가지는 **텔로미어**는 유전자의 소실을 지연시킨다. 텔로머레이스는 생식세포에서 텔로미어의 신장을 촉진한다.

? 선도가닥과 지연가닥의 DNA 복제를 유사성과 차이점을 포함하여 서로 비교하라.

개념 16.3

염색체는 단백질들로 싸여 있는 DNA 분자로 구성되어 있다

- 대부분의 세균 염색체는 소량의 연관 단백질을 가지고 있는 원형 DNA 분자로, 핵양체를 구성한다. 진핵세포 염색체를 만드는 **염색질**은 DNA, **히스톤**, 그리고 다른 단백질로 구성되어 있다. 히스톤은 서로 간에도 결합되고, DNA와 결합하여 DNA 포장의 가장 기본 단위인 **뉴클레오솜**을 형성한다. 히스톤 단백질의 꼬리는 구슬 같은 각 뉴클레오솜 중심부위에서 바깥으로 뻗어 있다. 추가적인 코일링과 접힘에 의해 궁극적으로 중기 염색체의 고도로 응축된 염색질이 된다. 염색체는 간기 핵에서 제한된 영역을 차지하고 있다. 간기에는 대부분의 염색질이 좀 덜 응축되어 있지만(**진정염색질**), 일부는 고도로 응축되어 있다(**이질염색질**). 이질 염색질은 그렇지 않지만, 진정염색질에서는 일반적으로 유전자 전사가 일어난다.

? 간기의 핵에서 기대되는 염색질 포장 정도에 대해서 기술하라.

생각해보자

수준 I: 지식/이해

1. 폐렴 유발 세균과 생쥐를 가지고 한 연구에서, 그리피스는
   a. 병원성 세포에서 나온 단백질 껍질은 비병원성 세포를 형질전환할 수 있다.
   b. 열로 죽인 병원균 세포가 폐렴을 일으켰다.
   c. 병원성 세포에서 나온 어떤 물질이 비병원성 세포로 전달되어 병원성으로 바꾸었다.
   d. 세균의 다당류 껍질이 폐렴을 일으켰다.
2. DNA 분자의 선도가닥과 지연가닥이 합성되는 방식의 차이는 왜 생기는가?
   a. 복제기원이 5′ 말단에서만 일어난다.
   b. 헬리케이스와 단일가닥 결합 단백질은 5′ 말단에서 작동한다.
   c. DNA 중합효소는 이미 존재하는 가닥의 3′ 말단에만 새로운 뉴클레오타이드를 결합시킬 수 있다.
   d. DNA 연결효소는 3′에서 5′ 방향으로만 작동한다.
3. DNA 시료에서 다른 염기의 수를 분석하는데 있어서, 어떤 결과가 염기쌍 법칙과 일치되는가?
   a. A = G
   b. A + G = C + T
   c. A + T = G + C
   d. A = C
4. DNA 합성 과정 동안 선도가닥의 신장은?
   a. 복제분기점에서 멀리 떨어져서 진행된다.
   b. 3′에서 5′ 방향으로 일어난다.
   c. 주형가닥을 요구하지 않는다.
   d. DNA 중합효소의 작동에 의존한다.
5. 5. 뉴클레오솜에서 DNA는 (　　　) 주위를 둘러싸고 있다.
   a. 히스톤
   b. 리보솜
   c. 중합효소 분자
   d. 티민 이중체

수준 2: 응용/분석

6. 무거운 질소(^{15}N) 배양액에서 자란 대장균이 가벼운 질소(^{14}N) 배양액으로 옮겨져서 2세대(두 번의 DNA 복제) 동안 성장하게 되었다. 이 세포에서 추출한 DNA는 원심분리되었다. 이 실험에서 여러분이 기대하는 DNA 밀도 분포는 무엇인가?
   a. 하나의 고밀도와 하나의 저밀도 밴드
   b. 하나의 중간밀도 밴드
   c. 하나의 고밀도와 하나의 중간밀도 밴드
   d. 하나의 저밀도와 하나의 중간밀도 밴드

7. 생화학자가 DNA 복제에 필요한 다양한 분자를 추출하고 분리하여, 한 시험관 내에서 조합하는 실험을 하고 있다. 그녀가 약간의 DNA를 복합물에 첨가했더니 복제는 일어나지만, 각 DNA 분자는 수백 개의 뉴클레오타이드 길이로 되어 있는 많은 DNA 부위와 쌍을 이루는 정상 가닥으로 이루어져 있었다. 그녀는 혼합물로부터 무엇을 빠뜨렸을까?
   a. DNA 중합효소 b. DNA 연결효소
   c. 오카자키 절편 d. 프리메이스

8. DNA에 있는 아데닌으로부터 아미노 그룹의 자연적인 손실은 티민 반대쪽에 특이한 염기인 하이포산신(hypoxanthin)이 생기도록 한다. 어떤 단백질 조합이 그런 손상을 복구할 수 있는가?
   a. 뉴클레이스, DNA 중합효소, DNA 연결효소
   b. 텔로머레이스, 프리메이스, DNA 중합효소
   c. 텔로머레이스, 헬리케이스, 단일가닥 결합 단백질
   d. DNA 연결효소, 복제분기점 단백질, 아데니닐 사이클레이스

9. **MAKE CONNECTIONS** 대장균 염색체를 꼬이게 하는 단백질이 비록 히스톤이 아닐지라도, 그 단백질이 DNA에 결합하는 능력이 있다고 할 때 이들 단백질이 히스톤과 유사한 성질은 무엇인가? (그림 5.14 참조)

수준 3: 종합/평가

10. **진화적 관점**
어떤 세균은 세포분열 동안 일어나는 돌연변이 비율을 증가시켜 주위 환경 스트레스에 대응할 수 있다. 이러한 일은 어떻게 달성될까? 이러한 능력은 진화적 이점이 있는가? 설명하라.

11. **과학적 탐구**

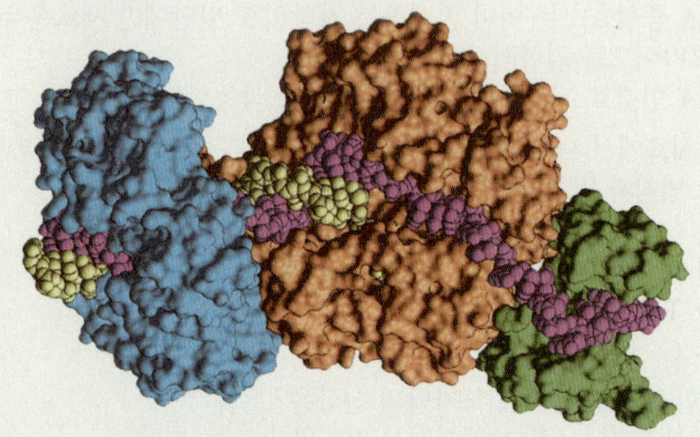

DRAW IT 모형을 만들어 보는 것은 과학적 탐구 과정에서 매우 중요하다. 위의 그림은 컴퓨터로 그려본 DNA 복제 복합체에 대한 모형이다. 부모가닥과 새롭게 합성된 DNA 가닥은 다음 세 가지 단백질인 DNA 중합효소 Ⅲ, 슬라이딩 클램프, 단일가닥 결합 단백질 각각에서처럼 다른 색으로 표시되어 있다. 각 DNA 가닥과 각 단백질을 표시하여 이 모형을 분명히 나타내라. 이를 위해서 이 장에서 배운 것을 사용하고, DNA 복제 방향도 표시하라.

12. **글쓰기: 정보**
생명체의 영속성은 DNA에 있는 유전정보에 기초하고 있고, 구조와 기능은 모든 생물학적 구성 단계와 관련되어 있다. 유전의 분자적 기초로서 DNA 구조가 그 역할과 어떻게 관련되어 있는지 짧은 글(100~150 단어)로 설명하라.

13. **종합적으로 생각해보기**

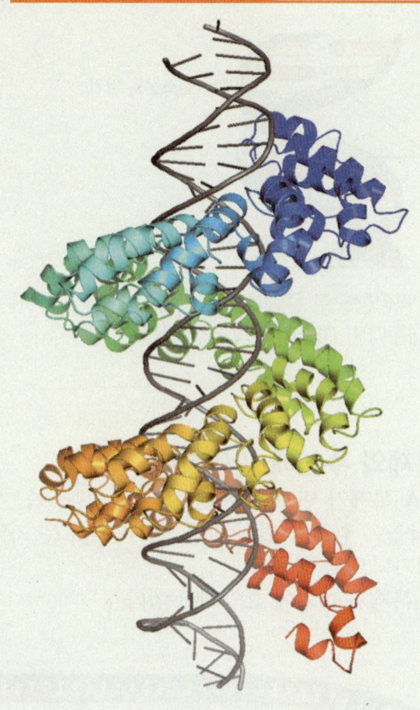

이 이미지는 컴퓨터로 만들어진 TAL 단백질 모형과 상호작용하는 DNA를 나타낸다. 이 단백질은 세균 *Xanthomonas* 종에서만 발견되는 단백질 그룹이다. 이 세균은 토마토, 벼, 귤을 감염시키는데, 감염 세포에서 특별한 유전자 서열을 발견하기 위하여 이런 종류의 단백질을 사용한다. 과학자들은 이 그룹의 단백질에 대한 연구에 열광하고 있다. 그들의 목적은 특정 유전자 염기서열상에 변형된 버전의 서열이 생기도록 하는 것이다. 그런 단백질은 유전병 환자의 돌연변이 유전자를 고치게 하는 유전자 치료라고 부르는 접근법에 사용될 수 있다. 여러분은 이미 알고 있는 DNA 구조와 위의 이미지를 깊이 생각해보고, TAL 단백질의 구조가 기능을 하고 있다는 것을 어떻게 암시하는지 설명하라.

정답은 부록 A 참조

17

유전자의 발현

핵심 개념

17.1 유전자는 전사와 번역을 통해서 단백질을 지정한다

17.2 전사는 DNA를 이용한 RNA 합성이다: 자세히 보기

17.3 진핵세포는 전사 후에 RNA를 변형시킨다

17.4 번역은 RNA를 이용한 폴리펩타이드 합성이다: 자세히 보기

17.5 하나 또는 몇 개의 뉴클레오타이드 돌연변이는 단백질의 구조와 기능에 영향을 줄 수 있다

▲ **그림 17.1 하나의 잘못된 유전자가 어떻게 백피증 사슴의 극적인 형상을 야기하는가?**

유전정보의 흐름

2006년에 독일의 동쪽 산악지방에서 백피증의 어린 사슴이 여러 갈색 사슴과 노는 모습은 사회적인 반향을 일으켰다(그림 17.1). 지방의 수렵협회는 이 알비노 사슴은 "유전적 결함"을 지녔고 죽여 없애야 한다고 하였다. 어떤 사람들은 집단의 유전자풀을 보호하기 위해 다른 사슴과 교미하는 것만 막으면 된다고 하였다. 또 다른 사람들은 이 사슴을 자연에 그대로 놓아두면 포식자의 눈에 잘 띄기 때문에 다른 장소로 격리하는 것을 더 원했다. 독일의 록 스타조차도 격리를 위한 기금마련을 위해 연주회를 열 정도였다. 무엇이 이러한 생생한 논쟁의 원인인 이 사슴의 표현형을 만들게 하였을까?

14장에서 유전형질은 유전자에 의해 결정되고, 백피증의 형질도 색소를 만드는 유전자의 열성 대립유전자에 의해 원인이 된다고 배웠다. 유전물질인 DNA의 정보 내용은 DNA 가닥을 따라 존재하는 뉴클레오타이드의 특정 서열의 형태이다. 그러나 이러한 정보는 어떻게 생물의 형질을 결정할까? 다시 말해, 유전자는 실제로 무엇을 표현할까? 그리고 이러한 메시지는 세포에 의해 어떻게 갈색머리, A형의 혈액형, 백피증 사슴에서와 같이 색소의 완전한 결핍 등과 같은 특별한 형질로 번역될까? 백피증 사슴은 핵심단백질, 즉 색소를 합성하는 데 필요한 효소의 잘못된 버전을 가지고 있다.

◀ **알비노 라쿤**

왜냐하면 이 단백질을 암호화하는 유전자가 잘못된 정보를 가지고 있기 때문이다.

이러한 예는 이 장의 중요한 요점을 설명해준다: 개체가 물려받은 DNA는 단백질 합성에 필요한 RNA와 단백질의 합성을 지배함으로써 특정 형질을 초래하게 한다. 다시 말해 단백질은 유전자형과 표현형을 잇는 가교이다. **유전자 발현(gene expression)**은 DNA가 단백질 합성(어떤 경우는 단지 RNA)을 하게 하는 과정이다. 단백질을 암호화하는 유전자의 발현은 전사와 번역이라는 두 단계를 거친다. 이 장에서는 유전자로부터 단백질에 이르기까지 정보의 흐름을 자세하게 다룰 것이다. 또한 어떻게 유전적 돌연변이가 단백질을 통해 생물에 영향을 주는지를 다룰 것이다. 생명의 세 영역에서 모두 유사하게 작동하는 유전자 발현의 과정을 이해하면, 이 장의 말미에서는 유전자의 개념에 대해 보다 더 자세히 다뤄 볼 수 있을 것이다.

개념 17.1

유전자는 전사와 번역을 통해서 단백질을 지정한다

유전자가 어떻게 단백질 합성을 지시하는지를 자세히 알기 전에 한 단계 뒤로 돌아가 유전자와 단백질 간의 기본적인 관계가 어떻게 발견되었는지를 살펴보도록 하자.

대사이상의 연구로부터의 증거

1902년 영국의 내과의사 개로드(Archibald Garrod)는 유전자는 세포 안에서 특정 화학반응을 촉매하는 단백질에 의해서 표현형을 지배한다는 사실을 처음으로 제시하였다. 개로드는 유전병의 증상은 개인이 특정 효소를 만들 능력이 없음을 반영한다고 제안하였다. 그는 이러한 질병을 "선천성 대사이상"이라고 설명하였다. 개로드는 한 예로 알캅톤뇨증(alkaptonuria)이라는 유전적 상황을 들었는데, 이 증상은 오줌에 포함된 화학물질인 알캅톤이 공기 중에 노출될 때 검게 변하기 때문에 오줌이 검게 된다. 개로드는 대부분의 사람들은 알캅톤을 분해하는 효소가 있는 반면, 알캅톤뇨증이 있는 사람은 알캅톤을 대사하는 효소를 만들 능력이 없음을 물려받았다고 판단하였다.

개로드는 멘델의 유전 법칙이 완두뿐 아니라 사람에게도 그대로 적용된다고 인식했던 첫 번째 사람이었을 것이다. 개로드의 생각은 그 시대를 훨씬 앞서 있었으나 유전자가 특정 효소의 생성을 지시한다는 그의 가설(즉, 하나의 유전자-하나의 효소설)은 수십 년 후에나 연구를 통해 지지되었다. 생화학자들은 세포가 특정 효소들에 의해 촉매되는 일련의 화학적 반응들로 이루어진 대사 경로를 통해, 대부분의 유기분자들을 합성하거나 분해한다는 많은 증거들을 축적했다(개념 6.1). 그러한 대사경로는 예를 들어 그림 17.1의 사슴이 우아한 갈색이 되게 하든지, 초파리의 눈 색깔을 결정하는 색소를 합성하게 하기도 한다(그림 15.3). 1930년대의 미국의 생화학자 비들(George Beadle)과 에프러시(Boris Ephrussi)는 초파리에서 눈 색깔에 영향을 주는 다양한 각 돌연변이가 특정 단계에서 그 단계를 촉매하는 효소의 합성을 못하게 함으로써 색소합성이 봉쇄된다고 추측하였다. 그러나 그 당시에는 그러한 화학반응이나 그를 촉매하는 효소가 알려지지 않았다.

*Neurospora*에서의 영양요구형 돌연변이: 과학적인 탐구

유전자와 효소와의 관계를 증명하는 데 있어서의 돌파구는 몇 년 후인 스탠퍼드 대학의 비들과 테이텀이 빵곰팡이인 *Neurospora crassa*를 가지고 연구를 시작할 때 찾아왔다. 두 과학자는 1920년대에 유전적 변화를 일으키는 것으로 알려졌던 X선을 *Neurospora*에 처리하여 살아남은 것 중에 야생형의 곰팡이와는 다른 영양분이 필요한 돌연변이를 찾으려 했다. 야생형의 *Neurospora*는 최소한의 영양분만을 요구한다. 이들은 실험실에서 고체배지인 한천에 무기염류, 포도당 비타민인 비오틴(biotin)만 섞어주면 자란다. 이러한 최소배지에서 곰팡이는 자기들의 대사경로를 사용하여 필요한 다른 모든 분자들을 만들어낸다. 비들과 테이텀은 이러한 최소배지에서 자라지 못하는 돌연변이체를 찾아냈는데 이는 최소한의 성분으로부터 꼭 필요한 특정 분자를 못 만들기 때문인 것으로 보인다. 비들과 테이텀은 최소배지에 20개의 아미노산과 약간의 다른 영양분을 첨가한 완전배지를 이용하여 영양요구성 돌연변이체들이 잘 자라게 하였다. 완전배지는 첨가한 영양분 중 하나를 합성하지 못하는 모든 돌연변이체도 살아가게 할 수 있었다.

각 영양요구성 돌연변이에서의 대사장애의 특성을 규명하기 위하여 비들과 테이텀은 완전배지에서 자라는 돌연변이체 시료를 취하여 여러 개의 시험관에 나누었다. 각 시험관에는 최소배지에 단일의 영양분이 첨가되어 있었다. 돌연변이체의 생장을 도와주는 최소배지의 특정 첨가물은 대사의 이상을 나타내는 것이다. 예를 들면, 돌연변이체가 생장하게 하는 영양분이 첨가된 시험관이 아미노산인 아르기닌을 함유하고 있었다면, 연구자는 야생형이 아르기닌을 합성하는 생화학적 대사경로에 장애가 있다고 결론을 내릴 수 있었다.

사실, 이러한 아르기닌 요구성 돌연변이체는 비들과 테이텀의 두 동료들이었던 숍(Adrian Srb)과 호로위츠(Norman Horowitz)에 의해 획득되고 연구되었는데, 이들은 *Neurospora*에서 아르기닌 합성에 관여하는 생화학적 과정을 조사하기를 원했다(**그림 17.2**). 숍과 호로위츠는 아르기닌을 요구하는 세 개의 돌연변이체 부류를 구분하기 위하여 각 돌연변이체의 대사장애를 추가적인 여러 실험을 통해 좀 더 구체적으로 밝혀나갔다. 각 부류의 돌연변이체들은 세 단계로 이루어진 아르기닌 생합성 경로를 따라 다른 세트의 화합물을 필요로 하였다. 이러한 실험과 비들과 테이텀

▼ 그림 17.2 탐구

각각의 유전자는 생합성 경로에서 작용을 하는 효소들을 지정하나?

실험 솝과 호로위츠는 그 당시 스탠퍼드대학에서 곰팡이 *Neurospore crassa*를 가지고 연구하면서 비들과 테이텀의 실험방법을 이용하여 배지에서 살아남기 위해 아르기닌이 필요한 돌연변이체를 분리하였다. 이 연구자들은 이 돌연변이체들이 세 개의 부류로 나뉘고 각 부류는 각기 다른 유전자에 결함이 있음을 보여주었다. 다른 증거들로부터 그들은 아르기닌 생합성의 대사경로는 전구영양물질과 중간물질인 오르니틴과 시트룰린이 필요하다고 추정하였다.

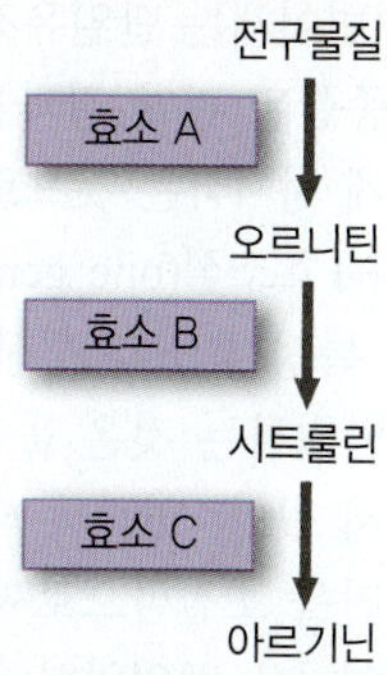

여기에 소개된 그들의 가장 유명한 실험은 '하나의 유전자-하나의 효소'라는 가설과 그들이 가정한 아르기닌 생합성경로를 동시에 시험하는 것이다. 이 실험에서 그들은 세 부류의 돌연변이체를 아래의 결과란에서 보듯이 네 개의 다른 조건 아래 배양하였다. 이들은 최소배지(MM)에서 야생형의 세포는 자라고 돌연변이체는 자라지 못하기 때문에 대조군으로 최소배지를 포함시켰다(옆의 시험관 참조).

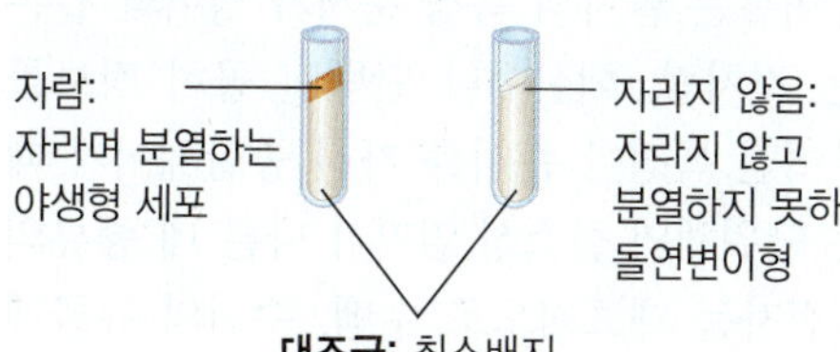

결과 오른쪽 표에 보이는 것처럼, 야생형 균주는 단지 최소배지만을 필요로 하고, 모든 배양조건에서 다 자랄 수 있었다. 다른 세 부류의 돌연변이체들은 각기 특정한 세트의 생장요구조건을 필요로 한다. 예를 들면 두 번째 부류의 돌연변이체는 오르니틴을 배지에 넣었을 때는 자라지 못하나 시트룰린이나 아르기닌을 넣었을 때는 자랐다.

결과표	*Neurospora crassa*의 분류			
조건	야생형	첫 번째 부류	두 번째 부류	세 번째 부류
최소배지 (MM) (대조군)				
MM + 오르니틴				
MM + 시트룰린				
MM + 아르기닌 (대조군)				
결과 요약	어떤 첨가물을 넣든 안넣든 자란다	오르니틴, 시트룰린 또는 아르기닌을 넣으면 자란다.	시트룰린 또는 아르기닌을 넣으면 자란다	반드시 아르기닌만 넣어야 자란다.

결론 돌연변이체의 생장양상을 보아 솝과 호르위츠는 각 돌연변이체는 아르기닌을 생합성하는 과정에서 한 단계만을 수행하지 못하는데, 그 이유는 오른쪽 표에서 보는 것처럼 필요한 효소가 없기 때문이라고 추론해 냈다. 각각의 돌연변이체는 단일 유전자가 돌연변이 되었기 때문에 그들은 각각의 돌연변이가 일어난 유전자는 정상일 때 하나의 효소를 합성하도록 지시한다고 결론지었다. 그들의 결과는 비들과 테이텀이 제시한 '하나의 유전자-하나의 효소'라는 가설을 지지하였으며 또한 포유류의 간에서 일어나는 아르기닌 합성 경로가 *Neurospora*에서도 작용함을 확인하였다. (결과 표에서 돌연변이체는 결함이 있는 과정 다음에 생성되는 화합물을 첨가해야만 결함을 극복하기 때문에 자랄 수 있음에 주목하라.)

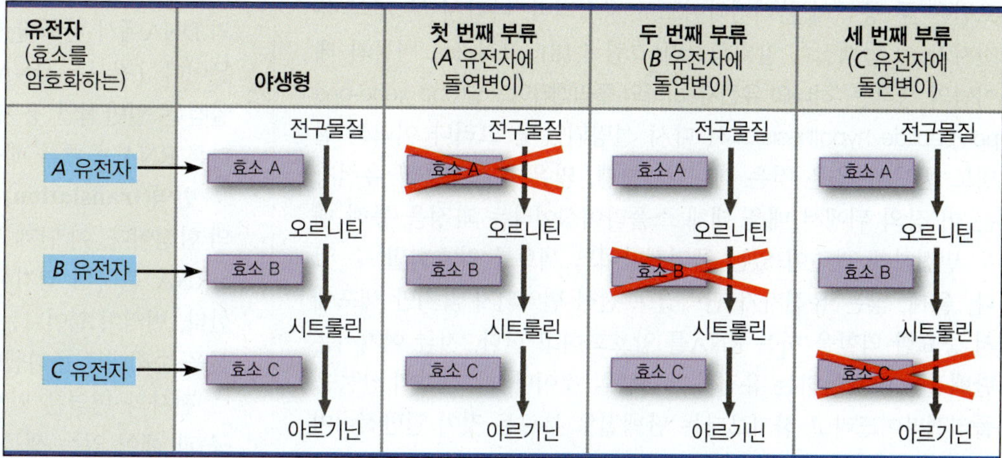

참고문헌 A. M. Srb and N. H. Horowitz, The ornithine cycle in Neurospora and its genetic control, *Journal of Biological Chemistry* 154: 129–139 (1944).

WHAT IF? 만약 이 연구에서 첫 번째 부류의 돌연변이체가 최소배지에 오르니틴이나 아르기닌을 첨가하면 자라며, 두 번째 부류는 시트룰린이나 오르니틴, 아르기니을 넣어주면 자란다고 가정하자. 과학자들은 생합성 경로와 두 부류의 돌연변이체의 결함과 관련하여 어떠한 결론을 내릴 것인가?

이 실행한 많은 유사한 실험의 결과로부터, 각 부류의 돌연변이체는 봉쇄된 단계를 촉매하는 효소가 존재하지 않기 때문에 생합성 경로의 특정 단계에서 봉쇄되었음이 제시되었다.

각 돌연변이체는 단일유전자에 이상이 있었기 때문에, 비들과 테이텀은 종합된 관찰 결과들이 그들이 앞서 제시했던 가설들을 매우 강하게 지지하는 것으로 생각했다. 이들이 반복하여 주장했던 1유전자-1효소설(one gene-one enzyme hypothesis)은 유전자의 기능은 특정 효소의 생산을 지정한다는 것이었다. 이 가설을 더욱더 뒷받침하는 것은 돌연변이체에 없는 특정 효소를 찾아내는 실험에서 왔다. 비들과 테이텀은 1958년에 "유전자는 특정한 화학적 사건을 조절함으로써 작용한다는 발견"으로 노벨상을 공동 수상하였다(노벨위원회의 표현 중에서).

오늘날, 우리는 어떤 유전자에서의 돌연변이가 잘못된 효소를 만들어 확인될 수 있는 특정 질병을 일으키는 많은 사례들을 알고 있다. 그림 17.1의 백피증의 사슴도 티로시네이즈로 불리는 중요 효소가 없어 멜라닌이라는 어두운 색소를 만들지 못하는 것이다. 멜라닌의 부재는 사슴의 신체나 털 등이 흰색으로 나타나게 한다. 이들은 코나 귀, 발굽, 눈이 핑크색인데 이러한 기관을 가로지르는 혈관의 붉은색을 가려주는 멜라닌이 없기 때문이다.

유전자 발현의 산물 : 발전된 이야기

과학자들이 단백질에 대하여 더 알게 되었을 때 '하나의 유전자-하나의 효소'설은 조금 고쳐지게 되었다. 우선 먼저 단백질들이 모두 효소인 것은 아니다. 동물 털의 구조단백질인 케라틴과 호르몬인 인슐린은 효소가 아닌 단백질의 두 가지 예이다. 효소가 아닌 단백질이라도 유전자산물이기 때문에 분자생물학자들은 '하나의 유전자-하나의 단백질'이라는 용어를 생각하게 되었다. 그러나 많은 단백질이 두 개나 그 이상의 다른 폴리펩타이드로 만들어지고 각 폴리펩타이드가 자신의 유전자에 의해 지정된다. 예를 들면 척추동물의 적혈구에서 산소를 운반하는 헤모글로빈은 두 종류의 폴리펩타이드로 구성되며, 따라서 두 개의 유전자가 이 단백질을 암호화한다(그림 5.18). 그러므로 비들과 테이텀의 생각은 '하나의 유전자-하나의 폴리펩타이드'설(one gene-one polypeptide hypothesis)로서 다시 설명되었다. 그러나 이러한 설명도 반드시 옳은 것은 아니다. 첫째, 많은 진핵생물의 유전자는 이 장의 뒤에서 배울 대체 스플라이싱이라는 과정을 통해 매우 밀접하게 관련이 있는 폴리펩타이드 세트를 암호화할 수 있다. 둘째, 많은 유전자가 단백질로 전혀 번역되지 않지만 세포에서 중요한 역할을 하는 RNA를 암호화하고 한다. 지금 여기서는 단백질을 암호화하는 유전자에 집중할 것이다. (유전자의 산물을 폴리펩타이드라고 하기보다는 단백질로 부르는 것이 일반적이며 이 책에서도 그렇게 할 것임을 주의하자.)

전사와 번역의 기본적인 원리

유전자는 특정 단백질을 만들도록 지시한다. 그러나 유전자는 직접적으로 단백질을 만들지는 않는다. DNA와 단백질 합성의 중간다리는 핵산인 RNA이다. 5장에서 배웠듯이 RNA는 당과 함께 데옥시리보오스 대신에 리보오스를 가진 것만 다르고 화학적으로 DNA와 유사하며, 티민 대신에 우라실을 질소성 염기로 갖는다(그림 5.24). 그러므로 DNA 가닥상의 각 뉴클레오타이드는 A, G, C, T 염기를, RNA 가닥은 A, G, C, U 염기를 갖는다. RNA 분자는 일반적으로 단일가닥으로 이루어진다.

언어학적인 용어로 정보의 흐름을 유전자에서 단백질로 기술하는 것은 관례이다. 그 이유는 글자의 특정 순서가 영어와 같은 언어로 정보를 공유하는 것처럼, 핵산이나 단백질 공히 정보를 운반하는 단위체로 이루어진 특정한 순서를 가진 중합체이기 때문이다. DNA나 RNA는 단위체의 질소성 염기가 다른 네 종류의 뉴클레오타이드이다. 유전자는 대표적으로 수백, 수천의 뉴클레오타이드 길이인데, 각 유전자는 특정 염기서열을 가진다. 단백질의 각 폴리펩타이드 역시 단위체가 직선의 특정 순서로 한 줄로 나열되어 있다(단백질의 1차구조). 그러나 여기서의 단위체는 아미노산이다. 그러므로 핵산과 단백질은 두 개의 다른 화학적 언어로 쓰인 정보를 갖는다. DNA에서 단백질에 이르게 하는 것은 두 개의 중요한 단계, 즉 전사와 번역을 필요로 한다.

전사(transcription)는 DNA에 있는 정보를 이용하여 RNA를 합성하는 것이다. 두 핵산은 같은 언어의 다른 형태로 쓰이며, 정보가 DNA에서 RNA 분자로 단순하게 전사 또는 다시 쓰인다. DNA가 DNA 복제 중에 새로운 상보적인 가닥을 합성하기 위해 주형으로 제공되는 것처럼, DNA는 RNA 뉴클레오타이드의 상보적인 서열을 갖추기 위해 주형으로 제공된다. 단백질을 암호화하는 유전자로서는, 만들어진 RNA 분자는 유전자의 단백질 합성을 지시하는 충실한 전사체이다. 이러한 RNA 분자를 **전령 RNA(messenger RNA, mRNA)**라고 부르는데 이 RNA가 세포의 DNA에서 단백질 합성기구로 유전적인 메시지를 전달하기 때문이다. (전사는 DNA 주형을 이용한 모든 종류의 RNA 합성을 일컫는 일반적인 용어이다. 이 장 이후에 전사에 의해 합성되는 다른 RNA 종류를 배울 것이다.)

번역(translation)은 mRNA의 정보를 이용한 폴리펩타이드의 합성이다. 이 단계 동안에 언어에 있어서 변화가 생긴다. 세포는 mRNA 분자의 염기서열을 폴리펩타이드의 아미노산서열로 번역한다. 번역이 일어나는 장소는 **리보솜(ribosome)**인데 이는 아미노산을 순서대로 폴리펩타이드로 연결을 도와주는 복잡한 입자이다.

전사와 번역은 막으로 둘러싸인 핵이 없는 생물(세균과 고세균)과 핵이 있는 생물(진핵생물)에서 공통적으로 일어난다. 전사와 번역에 관한 대부분의 연구가 세균과 진핵생물로 이루어져 이 장에 주요한 초점이 이들에 맞추어져 있다. 고세균에서의 이러한 과정의 이해는 약간 뒤처져 있으나, 마지막 절에서 고세균의 유전자 발현에 대하여 몇 측면은 논의할 것이다.

전사와 번역의 기본 기작이 원핵세포와 진핵세포에서 비슷하기는 하지만, 세포 안에서 유전정보의 흐름에는 중요한 차이가 있다. 세균은 핵이 없기 때문에 DNA가 리보솜이나 다른 단백질 합성기구와 격리되어 있지 않다(그림 17.3a). 후에 살펴보겠지만, 이렇게 격리가 되지 않은 것은 전사를 진행하는 동안에 mRNA의 번역이 가능하도록 한다(그림 17.3b). 반면 진핵세포에서는 핵막이 전사와 번역을 공간적으로 시간적으로 격리시킨다. 전사는 핵 안에서 일어나고 mRNA는 번역이 일어나는 세포질로 이동한다. 그러나 단백질을 암호화하는 유전자로부터 생성된 진핵세포의 전사체는 핵을 떠나기 전에 여러 방법으로 변화되어 마지막에 기능을 갖는 mRNA가 생성된다. 단백질을 암호화하는 진핵세포 유전자의 전사는 전구체 mRNA를 만들고(pre-mRNA), 또 다른 변화 단계를 통해 완결된 mRNA를 만들어낸다. 단백질로 번역되지 않는 RNA를 암호화하는 유전자를 포함해서, 모든 유전자에서 만들어진 처음의 RNA 전사체는 일반적으로 **1차전사체(primary transcript)**라고 한다.

요약하자: 유전자는 전령 RNA 양식으로 유전적 메시지를 전달하여 단백질을 합성하도록 프로그램되어 있다. 달리 말하면, 아래 화살표로 보는 것처럼 세포는 방향성을 가진 유전정보의 흐름을 일으키는 일련의 분자적 단계에 의해 관리된다:

1956년 크릭(Francis Crick)에 의해, 이러한 개념은 생명의 중심원리(central dogma)라는 이름이 주어졌다. 이 개념은 시간이 지남에 따라 어떻게 유지가 되었나? 1970년대에 과학자들은 어떤 RNA 분자는 DNA 합성에 대한 주형으로 작용할 수 있음을 알고 매우 놀라워했다. 이 과정은 26장에서 다룬다. 그러나 이러한 드문 예외들이 일반적으로 유전정보가 DNA로부터 RNA, 단백질로 흐른다는 생각을 무효로 하지는 못한다. 다음 절에서는 아미노산들을 특정한 순서로 모아 맞추라는 지령이 어떻게 핵산에 암호화되어 있는지 배울 것이다.

유전암호

생물학자들이 단백질 합성을 지시하는 정보가 DNA에 암호화되어 있다고 추측하기 시작했을 때, 다음과 같은 문제를 인식했다: 20개의 아미노산을 지정하기 위해 단 4개의 뉴클레오타이드만이 이용된다. 그러니, 유전암호는 중국어와 같이 한 문자가 한 단어에 해당하는 방식의 언어가 될 수 없다. 그렇다면 몇 개의 염기가 한 개의 아미노산에 해당할까?

코돈: 염기 세 개

만약 각 뉴클레오타이드 염기가 아미노산으로 번역된다면 20개의 아미노산 중 단 4개만 지정될 수 있다. 그러면 두 글자 암호로 된 단어의 언어면 충분할까? 예를 들어 염기순서 AG는 한 아미노산을 지정하고 GT는 다른 아미노산을 지정할 수 있다. 염기가 네 개이므로 이런 방식으로는 아직도 20개의 아미노산을 암호화하기에는 부족한, 16(즉, 4^2)개의 가능한 배열만을 얻을 수 있다.

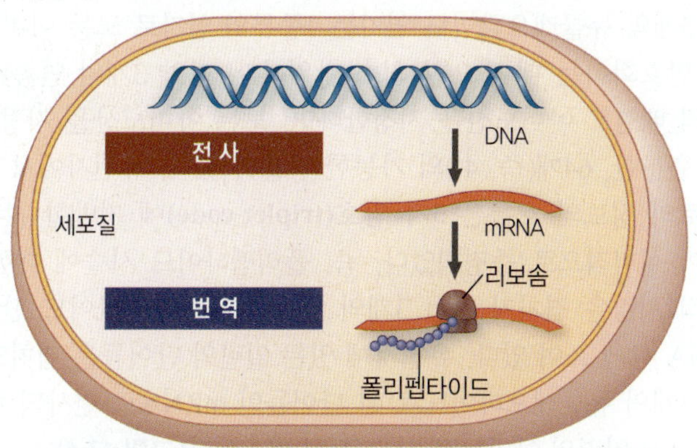

(a) **세균 세포.** 핵이 없는 세포에서 전사에 의해 생성된 mRNA는 추가적인 가공없이 즉시 번역된다.

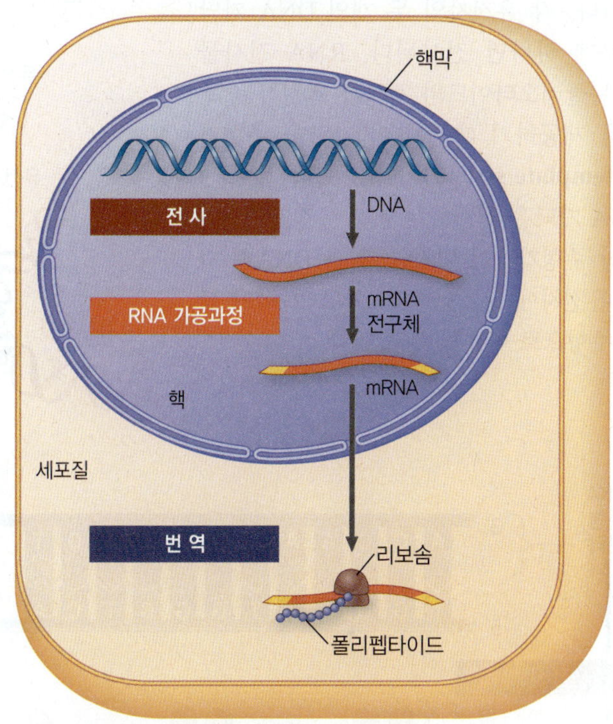

(b) **진핵세포. 핵은 전사를 위한 별도의 구획을 제공한다.** mRNA 전구체라고 불리는 처음 만들어진 RNA 전사체는 여러 방법으로 가공된 다음 mRNA가 되어 핵을 떠난다.

▲ **그림 17.3 개요: 유전정보의 흐름에서 전사와 번역의 역할.** 세포에서 유전정보는 DNA에서 RNA를 거쳐 단백질로 흐른다. 정보의 흐름에서 두 개의 주요 과정은 전사와 번역이다. 이 장의 뒷부분에 실린 여러 그림에는 (a)와 (b) 부분의 축소판이 같이 실려 있어서 각 그림들이 전체 과정에서 어디에 해당하는지 쉽게 확인하도록 도와준다.

3개의 뉴클레오타이드 염기는 4종류의 염기로 모든 아미노산을 암호화하는 데 필요한 최소 단위이다. 만약 3개의 연속된 염기의 배열로 아미노산을 지정한다면, 모든 아미노산을 지정하기에 충분한, 64개(즉, 4^3)의 가능한 암호가 있다. 유전자에서 단백질로의 정보의 흐름은 **3자 암호(triplet code)**에 기반한다는 사실이 실험적으로 증명되었다. 즉, 폴리펩타이드 사슬에 대한 유전적 지령은 겹치지 않는 3개의 연속된 뉴클레오타이드 단어로 DNA 상에 쓰여 있다. 유전자에 있는 일련의 단어들은 겹치지 않은 3개의 뉴클레오타이드로 된 단어들인 mRNA로 전사되며, 이는 다시 일련의 아미노산 사슬로 번역이 된다(그림 17.4).

전사 과정에서 유전자는 mRNA 분자의 길이를 따라 합성되는 염기서열을 결정한다. 각 유전자의 두 개의 DNA 가닥 가운데 하나만 전사된다. RNA 전사물의 뉴클레오타이드의 서열을 결정하는 주형을 제공하기 때문에 이 가닥을 **주형가닥(template strand)**이라고 한다. 주어진 DNA 가닥은 전사하는 어떤 유전자에서는 항상 주형가닥이 되지만, 같은 DNA의 다른 유전자에서는 반대의 DNA 가닥이 항상 주형으로 이용될 수도 있다.

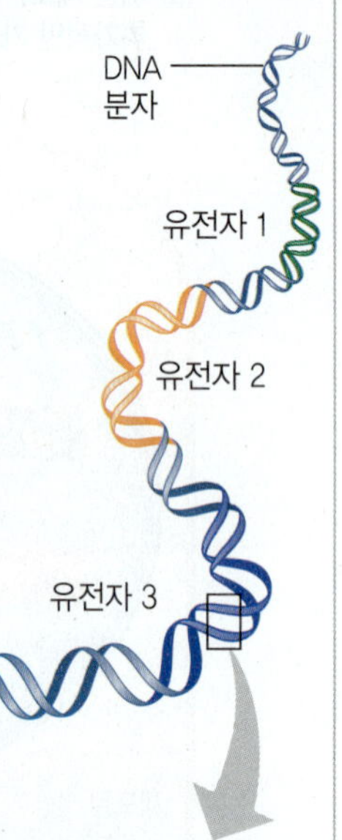

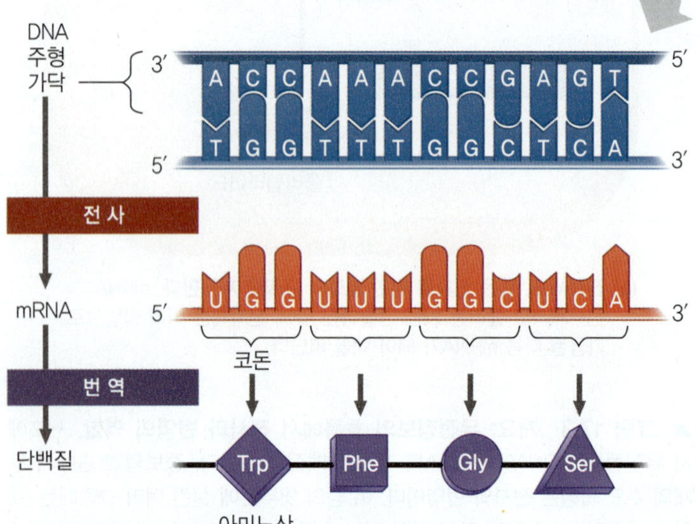

▲ **그림 17.4 3자 암호.** 각 유전자는 DNA 한 가닥이 mRNA 같은 RNA 전사에 주형으로 쓰인다. RNA에서 우라실(U)이 티민(T) 대신 쓰이는 것 외에는 DNA 합성에서의 염기쌍 형성규칙이 전사 과정에도 똑같이 적용된다. 번역 중에는 mRNA가 코돈이라고 하는 일련의 세 개의 염기로 읽힌다. 각각의 코돈은 아미노산을 지정하여 길어지는 폴리펩타이드 사슬에 더해진다. mRNA는 5′→ 3′ 방향으로 읽힌다.

? mRNA의 염기서열과 비주형가닥의 DNA 염기서열을 5′에서 3′으로 읽으면서 비교해보자.

mRNA 분자는 DNA 주형과 똑같은 것이 아니라 상보적이다. 왜냐하면 RNA 뉴클레오타이드가 염기쌍 형성규칙에 따라 주형에 결합되기 때문이다(그림 17.4). 그러한 염기쌍은 A와 쌍을 이루는 것이 T가 아니고 U라는 것과 데옥시리보오스 대신에 리보오스를 포함하는 것을 제외하고는 DNA 복제 과정에서 형성되는 염기쌍과 비슷하다. 새로운 DNA 가닥과 마찬가지로 RNA 분자는 DNA의 주형가닥과 역평행하게 합성된다(역평행과 핵산 사슬의 5′및 3′ 말단이 무엇을 의미하는지를 복습하기 위해서는 그림 16.7을 참조할 것). 그림 17.4에 있는 예를 들어 보면, DNA 상의 세 개의 염기 ACC(3′-ACC-5′으로 씀)는 mRNA 분자의 5′-UGG-3′을 위한 주형으로 제공된다. mRNA상의 세 염기를 코돈이라고 부르고, 관례에 따라 5′→3′ 방향으로 쓴다. 예를 들어 UGG는 아미노산 트립토판의 **코돈(codon)**이다(약자로 Trp). 코돈이란 용어는 때때로 비주형(non template) 가닥상의 DNA의 세 염기를 지칭하는 말로도 사용된다. 이러한 코돈은 주형가닥과 상보적이고 mRNA 서열과는 U 대신 T가 있는 것 외에는 똑같다. [이러한 이유로, 비주형 DNA 가닥은 어떤 경우에는 "암호화 가닥(coding strand)"이라고 불린다.]

번역 과정에서 mRNA 분자상의 코돈 서열은 폴리펩타이드 사슬을 구성하는 아미노산 서열로 번역된다. 번역기구는 mRNA를 따라 5′→3′ 방향으로 코돈을 읽어나간다. 각 코돈은 폴리펩타이드 상의 상응하는 위치에 20개의 아미노산 중 어떤 것을 집어넣을 것인지를 지정한다. 코돈은 세 개의 염기이기 때문에 유전적 메시지를 구성하는 뉴클레오타이드의 수는 단백질 산물을 구성하는 아미노산의 수보다 세 배 많아야 한다. 예를 들면 100개의 아미노산으로 구성된 폴리펩타이드를 암호화하려면 mRNA 가닥상에서 300개의 뉴클레오타이드가 필요하다.

암호 번역

분자생물학자들은 1960년대 초반 일련의 섬세한 실험을 통해 각각의 RNA 코돈이 어떤 아미노산으로 번역되는지 알아냄으로써 생명체의 암호를 파헤쳤다. 첫 번째 코돈은 1961년 미국 국립보건원의 니렌버그(Mashall Nirenberg)와 동료들에 의해 번역되었다. 니렌버그는 우라실을 염기로 갖는 동일한 RNA 뉴클레오타이드들을 이은 인공 mRNA를 합성했다. 이 메시지가 어디서 시작되고 정지되건 간에 이 mRNA는 오직 한 종류의 코돈 UUU만을 갖는다. 니렌버그는 이 "폴리-U" 를 아미노산, 리보솜, 단백질 합성에 필요한 다른 요소들을 포함하는 시험관 혼합물에 집어넣었다. 이 인공계는 폴리-U를 한 종류의 아미노산인 페닐아라닌(Phe)만 길게 연결된 폴리페닐알라닌으로 번역했다. 그러므로 니렌버그는 mRNA 코돈 UUU는 아미노산 페닐알라닌을 지정한다고 결정하였다. 곧 코돈 AAA, GGG, CCC에 의해 지정되는 아미노산이 결정되었다.

AUA, CGA와 같이 염기가 혼합된 코돈들을 번역하기에는 좀 더 정교한 기술이 필요하였지만 1960년대 중반까지 64개의 모든 코돈이 해독되었다. **그림 17.5**에서 보는 것 같이 코돈 64개 중 61개는 아미노산을 암호화한다. 세 개의 코돈은 아미노산을 지정하지 않는 정지 또는 종결신호이며 번역이 끝나는 곳을 표시한다. 코돈 AUG가 두 기능을 갖는 것에 유의하자. 하나는 아미노산 메티오닌(Met)을 암호화하며, 다른 하나는 시작을 알리는 코돈으로서 기능한다. 유전적 메시지는 보통 mRNA상의 코돈 AUG로 시작하는데 이 자리에서 단백질 합성기구가 번역을 시작하라는 신호이다. (AUG는 또한 메티오닌을 암호화하기 때문에 폴리펩타이드가 합성될 때는 항상 메티오닌으로 시작된다. 그러나 효소가 그 후에 폴리펩타이드 사슬에서 시작 아미노산을 제거하기도 한다.)

그림 17.5에서 유전암호에 중복성(redundancy)이 있으나 모호한 것은 없음에 유의하자. 예를 들어 코돈 GAA와 GAG는 둘 다 글루탐산을 지정하고(중복성) 둘 중 어느 것도 다른 아미노산을 지정하지는 않는다(명확성). 암호의 중복성은 무작위적이지 않다. 많은 경우 한 아미노산을 지정하는 여러 코돈들은 세 염기 중 세 번째 염기만이 다르다. 이장의 뒷부분에서 이러한 중복성이 갖는 가능한 장점에 대해 고려해 볼 것이다.

두 번째 mRNA 염기

첫 번째 mRNA 염기(5′ 코돈의 말단)	U	C	A	G	세 번째 mRNA 염기(3′ 코돈의 말단)
U	UUU Phe	UCU Ser	UAU Tyr	UGU Cys	U
	UUC Phe	UCC Ser	UAC Tyr	UGC Cys	C
	UUA Leu	UCA Ser	UAA 중지	UGA 중지	A
	UUG Leu	UCG Ser	UAG 중지	UGG Trp	G
C	CUU Leu	CCU Pro	CAU His	CGU Arg	U
	CUC Leu	CCC Pro	CAC His	CGC Arg	C
	CUA Leu	CCA Pro	CAA Gln	CGA Arg	A
	CUG Leu	CCG Pro	CAG Gln	CGG Arg	G
A	AUU Ile	ACU Thr	AAU Asn	AGU Ser	U
	AUC Ile	ACC Thr	AAC Asn	AGC Ser	C
	AUA Ile	ACA Thr	AAA Lys	AGA Arg	A
	AUG Met 또는 개시	ACG Thr	AAG Lys	AGG Arg	G
G	GUU Val	GCU Ala	GAU Asp	GGU Gly	U
	GUC Val	GCC Ala	GAC Asp	GGC Gly	C
	GUA Val	GCA Ala	GAA Glu	GGA Gly	A
	GUG Val	GCG Ala	GAG Glu	GGG Gly	G

▲ **그림 17.5 mRNA에 대한 유전암호 표.** mRNA 코돈의 세 개의 염기는 mRNA를 따라 5′→ 3′ 방향으로 순서대로 첫 번째, 두 번째, 세 번째 염기라고 명명되었다. (이 표를 이용하여 그림 17.4에 보이는 코돈들을 찾아 암호번역을 연습해보라.) 코돈 AUG는 아미노산 메티오닌을 가리키며 또한 리보솜에서 mRNA의 번역이 그 지점에서 시작되도록 하는 "개시" 신호로 기능한다. 64개의 코돈 중 세 개는 "종결" 신호로 기능하고 유전적 메시지의 끝을 표시한다. 모든 아미노산의 세 글자 약어의 목록은 그림 5.14를 참조하라.

쓰인 언어로부터 의도된 메시지를 파악하는 우리의 능력은 문자들을 정확히 묶어 읽는, 즉 정확한 **번역틀(reading frame)**을 따라 읽는 것에 달려 있다. 다음 문장을 생각해 보자. "The red dog ate the bug." 이 글자들을 잘못된 위치에서 시작하여 다르게 묶어보자. 그 결과는 "her edd oga tet heb ug."와 같이 이해할 수 없는 말이 된다. 번역틀은 세포의 분자적 언어에서도 대단히 중요하다. 예를 들어 그림 17.4에 나온 짧은 폴리펩타이드 서열은 mRNA 뉴클레오타이드를 왼쪽에서 오른쪽(5′→3′)으로 세 개씩 짝지어 그림처럼 UGG UUU GGC UCA로 읽어야만 제대로 만들어진다. 유전적 메시지를 기록하는 코돈 사이에는 띄어쓰기가 없지만, 세포의 단백질 합성기구는 메시지를 일련의 겹치지 않는 세 글자 단어로 읽는다. 메시지는 일련의 중복된 단어(−UGGUUU−등)로 읽히지는 않는데 겹쳐져 읽히면 매우 다른 의미의 메시지가 전해지게 된다.

유전암호의 진화

진화 유전암호는 세균에서 가장 복잡한 식물과 동물에 이르기까지 모든 생물에서 공유되며 거의 보편적이다. 예를 들어 RNA 코돈 CCG는 유전암호가 밝혀진 모든 생물에서 아미노산 프롤린으로 번역된다. 실험실 연구에서 유전자가 한 개체에서 다른 개체로 이식된 후에도 그 유전자는 동일한 방식으로 전사되고 번역되는데 그 결과는 때때로 대단히 놀라운 결과를 낳는다(**그림 17.6**). 의학적 목적으로 인슐린 같은 사람의 특정 단백질을 합성하기 위해 세균에 사람의 유전자가 삽입되도록 계획될 수 있다.

(a) **반딧불이의 유전자를 발현하는 담배.** 주입된 반딧불이 유전자의 산물이 촉매하는 화학반응에 의해 노랗게 빛을 낸다.

(b) **해파리 유전자를 발현하는 돼지.** 연구자들은 돼지의 수정란에 형광 단백질을 암호화하는 유전자를 찔러 넣었다. 이러한 수정란 중 하나는 형광을 내는 돼지로 발생하였다.

▲ **그림 17.6 다른 생물에서의 유전자 발현.** 다양한 형태의 생물은 공통적인 유전암호를 공유하기 때문에 한 종에 다른 종의 DNA를 이식함으로써 다른 종 특유의 단백질을 생산하도록 하는 것이 가능하다.

이러한 응용을 통해 생명공학 분야에서는 많은 혁신적 발전을 이룩하였다(19장).

유전암호의 보편성에 대한 예외로 몇 개의 유전암호가 표준 암호와 다른 번역체계가 있음에도 불구하고 유전암호의 보편성에 대한 진화적 관점의 의미는 매우 명확하다. 모든 생물들이 공유하는 언어는 생명의 역사에서 매우 일찍이, 아마도 모든 현생 생물들의 공통조상도 갖고 있었을 만큼 일찍이 활용되기 시작했을 것이다. 유전적 단어의 공유는 지구상의 모든 생명체를 묶는 하나의 친족관계를 떠올리게 한다.

개념 확인 문제 17.1

1. MAKE CONNECTIONS 1902년에 발표된 알캅톤뇨에 관한 논문에서 개로드는 사람은 두 개의 특징(대립유전자)을 물려받고, 자손이 이러한 증상을 가지려면 양 부모는 둘 다 잘못된 버전을 물려주어야한다고 주장했다. 오늘날의 관점으로 이러한 증상은 우성이라고 불러야 하나 아니면 열성이라고 해야 하나? (개념 14.4 참조.)
2. 30개의 뉴클레오타이드로 된 폴리-G mRNA로부터 기대할 수 있는 단백질 산물은 무엇인가?
3. DRAW IT 유전자의 주형가닥의 서열이 3′-TTCAGTCGT-5′이다. 비주형가닥의 서열과 mRNA의 서열을 그리고 5′과 3′ 말단을 표시하라. 두 염기서열을 비교하라.
4. DRAW IT 3번 문제의 주형가닥 대신에 비주형가닥의 서열을 번역했을 때를 상상해보라. mRNA의 서열을 그려보고 그림 17.5를 이용하여 번역해보라. (5′과 3′ 말단을 항상 염두에 두자.) 비주형가닥에서 번역된 단백질이 어쨌든 기능을 한다면 얼마나 잘할 것인지를 예상해 보라.

정답은 부록 A 참조

개념 17.2

전사는 DNA를 이용한 RNA 합성이다: 자세히 보기

지금까지 유전암호의 언어적 논리와 진화적 의미에 대해 생각해 보았다. 이제는 유전자 발현의 첫 번째 단계인 전사를 세밀하게 다시 조사해볼 차례이다.

전사에 참여하는 분자들

DNA로부터 세포의 단백질 합성기구로의 정보 운반책인 전령 RNA는 유전자의 주형가닥으로부터 전사된다. **RNA 중합효소(RNA polymerase)**라는 효소는 두 DNA 가닥을 벌리고 DNA 주형을 따라 염기쌍을 만들면서 RNA 뉴클레오타이드를 결합시켜 나간다(그림 17.7). DNA 복제에서 작용하는 DNA 중합효소처럼, RNA 중합효소는 폴리뉴클레오타이드를 5′→ 3′ 방향으로만 조립한다. 그러나 DNA 중합효소와는 다르게 RNA 중합효소는 처음부터 스스로 사슬을 만들 수 있으며 프라이머(primer)가 필요 없다.

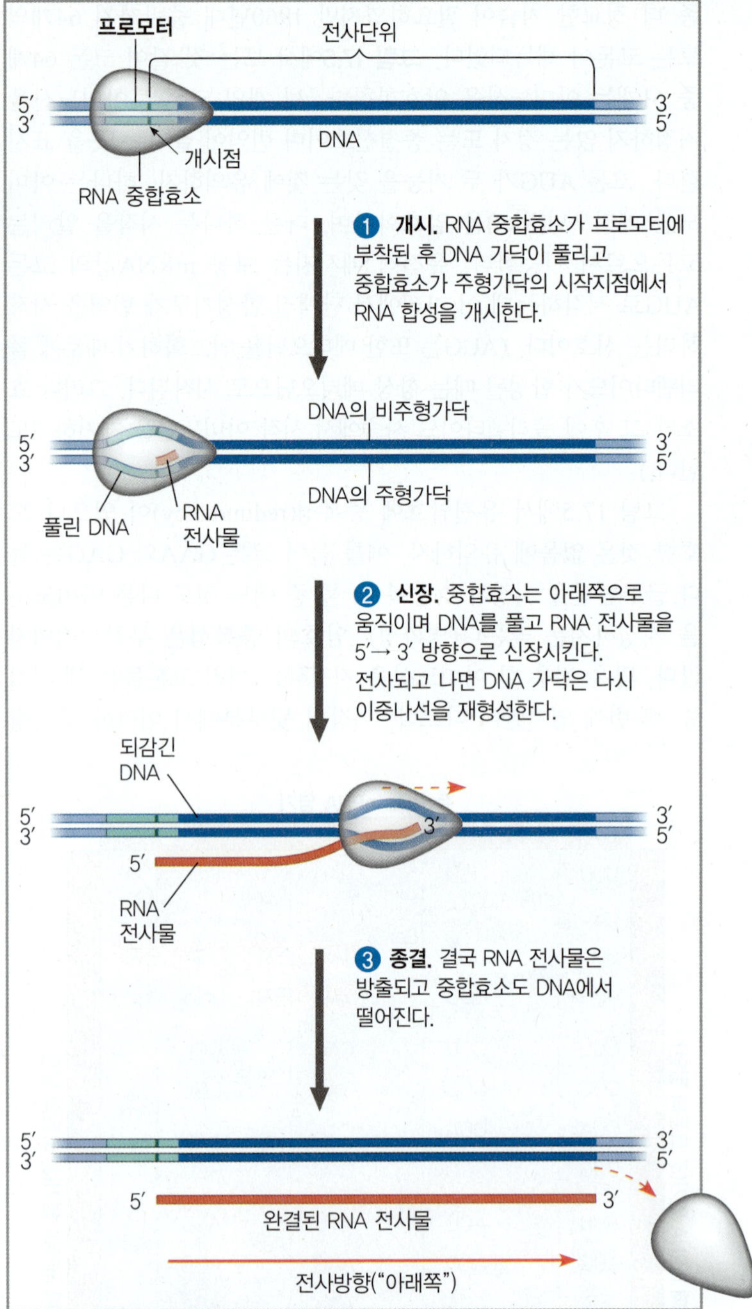

▲ **그림 17.7 전사의 단계: 개시, 신장, 종결.** 전사에 대한 이러한 일반적 묘사는 세균과 진핵생물에 모두 적용된다. 그러나 종결의 자세한 부분은 교재에서 설명했듯이 세균과 진핵생물에서 다르다. 또한 세균에서는 RNA 전사물이 즉시 mRNA로서 사용될 수 있지만 진핵생물에서는 mRNA가 되기 위해서 먼저 RNA 가공을 거쳐야 한다.

MAKE CONNECTIONS 전사와 복제 동안에 주형가닥의 사용에 대해 비교해보라. 그림 16.17 참조.

DNA상의 특정한 뉴클레오타이드 서열은 어디서 유전자의 전사를 시작하고 끝내는지를 지정한다. RNA 중합효소가 부착하여 전사를 개시하는 DNA 서열은 **프로모터(promoter)**라고 알려져 있다. 원핵세포에서는 전사의 종결을 신호하는 DNA 서열을 **종결자(terminator)**이라고 부른다. (진핵세포에서의 종결기작은 다르고 이는 뒤에 설명할 것이다.) 분자생물학자들은 전사의 방향을 "아래쪽(downstream, 하류)", 다른 방향을 "위쪽(upstream, 상류)"이라고 부른다. 이 용어는 DNA나 RNA에서 뉴클레오타이드 서열상의 위치를 기술하는 데에도 사용된다. 그러므로 DNA에서의 프로모터 염기서열은 종결자로부터 위쪽(상류)에 있다고 말할 수 있다. RNA 분자로 전사되는 DNA 영역을 **전사단위(transcription unit)**라고 부른다.

세균들은 mRNA만이 아니라 리보솜 RNA와 같이 단백질 합성에 필요한 다른 종류의 RNA까지 모두 합성하는 한 종류의 RNA 중합효소가 있다. 반면 진핵생물에는 적어도 세 종류의 RNA 중합효소가 핵 안에 있다. mRNA를 합성하는 데 사용되는 것은 RNA 중합효소 II이다. 다른 두 종류의 RNA 중합효소는 단백질로 번역되지 않는 RNA 분자를 전사한다. 이어지는 전사에 대한 논의에서는 원핵생물과 진핵생물에 공통적인 mRNA 합성의 특성들에 대해 다룰 것이고, 이어서 주요 차이점을 기술할 것이다.

RNA 전사물의 합성

그림 17.7과 다음 내용에서 설명하듯이 전사의 세 단계는 RNA 사슬의 개시, 신장, 종결이다. 각 단계와 이를 기술하는 데 사용되는 용어에 친숙하도록 그림 17.7을 공부하자.

RNA 중합효소의 부착과 전사의 개시

유전자의 프로모터는 **전사개시점**(RNA 합성이 실제로 시작되는 뉴클레오타이드)을 포함하며, 전형적으로 그곳으로부터 수십 또는 그 이상의 뉴클레오타이드 쌍 위쪽까지 이어져 있다. RNA 중합효소는 프로모터에 있는 정확한 위치에 정확한 방향으로 부착하여 전사가 시작되는 자리를 결정하는 것 외에, DNA 나선의 두 가닥 중 어느 가닥이 주형으로 이용되는지를 결정한다. 프로모터의 특정 부위는 RNA 중합효소가 부착하는데 특별히 중요하다. 세균에서는 RNA 중합효소 스스로 프로모터를 특이적으로 인지하고 부착한다. 진핵세포에서는 **전사인자(transcription factor)**라고 부르는 단백질들이 RNA 중합효소의 부착과 전사의 개시를 중개한다. 특정 전사인자들이 프로모터에 부착한 후에만 RNA 중합효소 II가 부착된다. 프로모터에 부착된 전사인자들과 RNA 중합효소 II의 완전한 조합을 **전사개시복합체(transcription initiation complex)**라고 한다. 그림 17.8은 전사인자들과 **TATA 상자(TATA box)**라는 핵심적인 프로모터 DNA 서열이 진핵세포에서 개시복합체를 형성할 때 수행하는 기능을 보여준다.

RNA 중합효소 II와 전사인자들의 상호작용은 진핵세포의 전사를 조절하는 데 단백질-단백질 상호작용이 중요하다는 것을

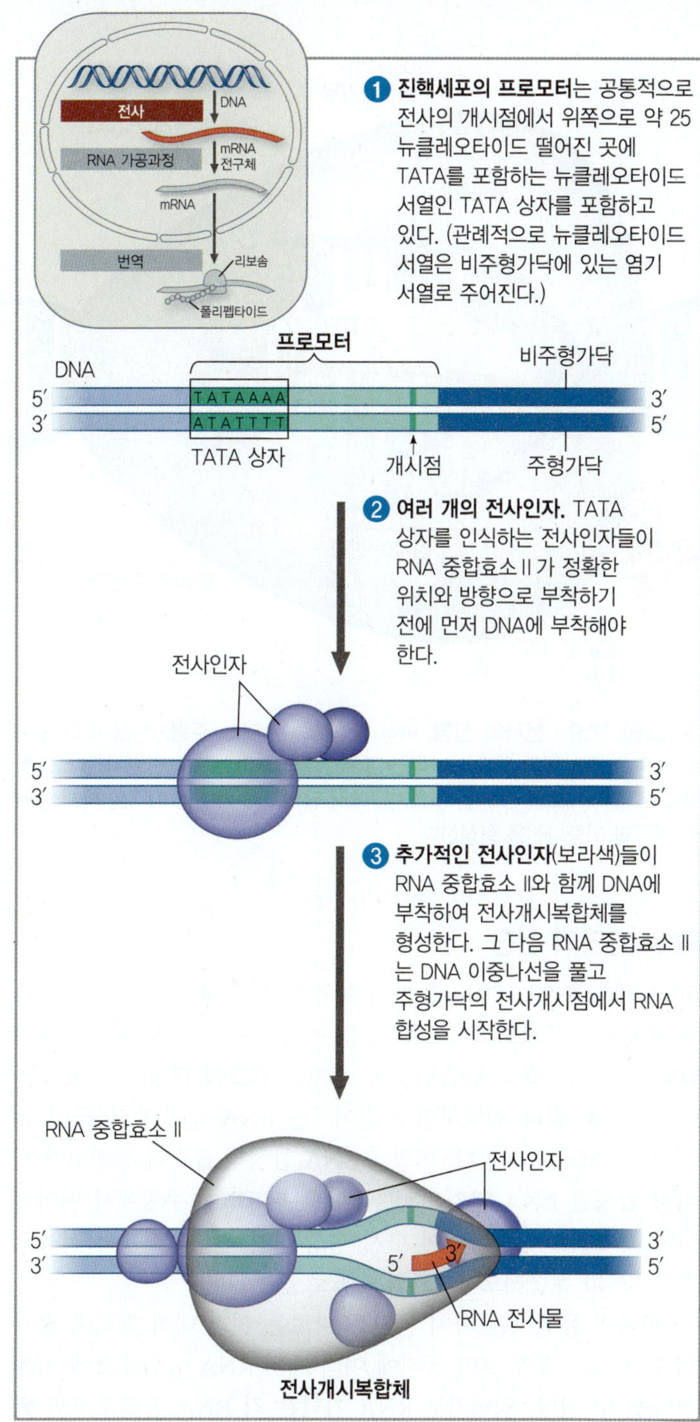

▲ **그림 17.8 진핵세포 프로모터에서의 전사 개시.** 진핵세포에서는 전사인자라고 불리는 단백질들이 RNA 중합효소 II에 의한 전사의 개시를 매개한다.

? 그림에서의 보여주는 RNA 중합효소와 프로모터의 상호작용이 세균에서의 전사의 개시와 어떻게 다른지 설명하라.

보여주는 예이다. 적당한 전사인자가 프로모터 DNA에 일단 견고하게 부착하고 RNA 중합효소가 정확한 방향으로 결합하게 되면, 이 효소는 전사개시부위의 DNA의 두 가닥을 풀고 주형가닥을 전사하기 시작한다.

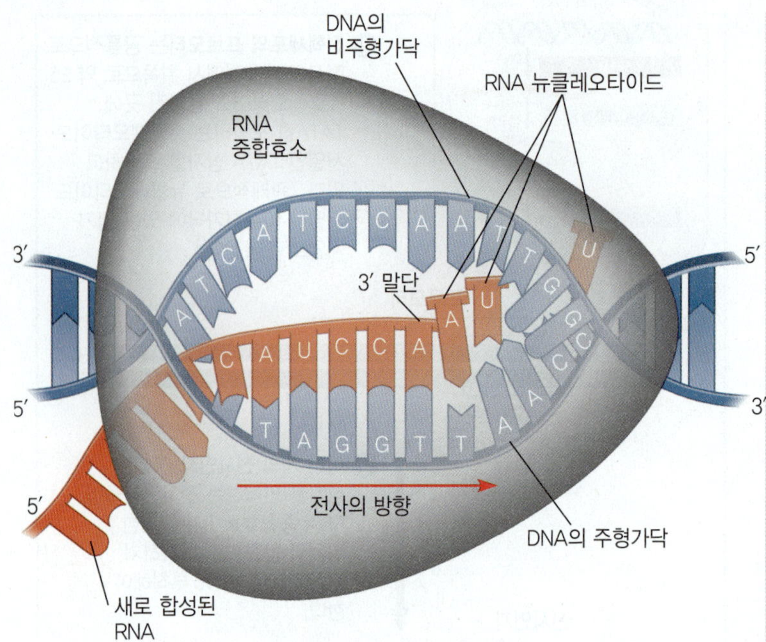

▲ **그림 17.9 전사의 신장.** RNA 중합효소는 DNA 주형가닥을 따라 길어지는 RNA 전사체의 3′에 상보적인 RNA 뉴클레오타이드를 연결시킨다. 중합효소 뒤쪽의 새로운 RNA는 주형가닥에서 떨어지고 비주형 가닥은 다시 원래의 가닥과 이중나선을 형성한다.

RNA 가닥의 신장

RNA 중합효소는 DNA를 따라 이동하면서, 이중나선을 계속 풀어 RNA 뉴클레오타이드와 쌍을 이룰 수 있는 약 10~20개의 DNA 염기가 항상 노출되도록 유지한다(**그림 17.9**). 이 효소는 이중나선을 따라 진행하면서 길어지는 RNA 분자의 3′ 끝에 뉴클레오타이드를 더한다. 이렇게 RNA 합성의 물결이 진행되면서, 이미 합성된 RNA 분자의 상류부분부터 DNA 주형에서 떨어져 나가고, DNA 이중나선이 다시 형성된다. 진핵세포에서 전사는 초당 약 40 뉴클레오타이드의 속도로 진행된다.

하나의 유전자는 마치 물건을 나르는 여러 대의 트럭이 줄지어 움직이는 것과 같이 동시에 여러 개의 RNA 중합효소에 의해 전사될 수 있다. 길어지는 RNA 가닥은 각 RNA 중합효소의 뒤에 늘어지는데, 그 길이는 효소가 주형을 따라서 개시점에서부터 얼마나 멀리 이동하였는지를 반영한다(mRNA 분자는 그림 17.22 참조). 하나의 유전자를 동시에 전사하는 다수의 RNA 중합효소들은 전사된 mRNA의 양을 증가시키는데, 이는 세포가 많은 양의 단백질을 만드는 데 도움을 준다.

전사의 종결

종결의 기작은 세균과 진핵세포에서 다르다. 세균에서는 전사가 DNA상의 종결서열을 지나 계속된다. 전사된 종결자(RNA 서열)는 종결신호로 기능을 하여 중합효소가 DNA로부터 떨어지게 하고 전사물을 방출하게 하는데, 이 전사물은 더 이상의 변형이 없이 mRNA로서 즉시 사용 가능하다. 진핵세포에서는 RNA 중합효소 II가 아데닐산중합반응 신호서열이라 불리는 DNA상의 서열을 전사하는데, 이는 mRNA 전구체의 아데닐산중합반응 신호(AAUAAA)를 암호화한다. 이 서열을 "신호"라고 하는데, 이 여섯 개의 연속된 뉴클레오타이드가 나타나게 되면 핵 안에 있는 특정 단백질들이 이곳에 곧바로 부착하기 때문이다. 그 다음, AAUAAA 신호로부터 10 내지 35 뉴클레오타이드 아래쪽에 위치한 지점에서 길어지는 RNA 전사물과 연결된 단백질들이 RNA를 끊어, RNA 중합효소에서 mRNA 전구체를 떨어지게 한다. mRNA 전구체는 다음 절의 주제인 RNA 가공과정을 거치게 된다. 이렇게 끊어져 mRNA의 말단을 만들지만 RNA 중합효소 II는 전사를 계속한다. 그러나 새로 생긴 5′ 말단은 캡에 의해 보호되지 않으면, 효소는 5′ 말단으로부터 RNA를 분해한다. 중합효소는 계속 전사를 진행하다가 특정 효소가 뒤따라와 RNA 중합효소에 도달하면 DNA에서 떨어져 나간다.

개념 확인 문제 17.2

1. 프로모터는 무엇이며, 전사단위의 위쪽에 있는가 아니면 아래쪽에 있는가?
2. 세균 세포에서 RNA 중합효소는 어떻게 어디서 정확하게 유전자의 전사를 시작해야 할지 아는가? 진핵세포에서는 어떤가?
3. **WHAT IF?** X선이 특정 유전자의 프로모터에 있는 TATA 상자의 서열에 변화를 일으킨다고 가정해보자. 그 유전자의 전사에는 어떠한 영향을 줄까? (그림 17.8 참조.)

정답은 부록 A 참조

개념 17.3

진핵세포는 전사 후에 RNA를 변형시킨다

진핵세포의 핵 안에 있는 효소들은 유전적 메시지가 세포질로 내보내지기 전에 mRNA 전구체를 특별한 방법으로 변형시킨다. 이러한 **RNA 가공(RNA processing)** 동안에 일반적으로 1차 전사물의 양 끝이 모두 변화된다. 그리고 대부분의 경우에 RNA 분자의 내부 일부분도 잘려나가고 나머지 부분들이 이어지게 된다. 이러한 변화는 번역이 될 준비를 마친 mRNA를 생산해낸다.

mRNA 말단의 변화

mRNA 전구체의 각 말단은 특별한 방법으로 변형된다(**그림 17.10**). 가장 먼저 전사된 5′ 말단은 20 내지 40 뉴클레오타이드가 전사된 후에 변형된 구아닌(G) 뉴클레오타이드가 앞에 결합되어 **5′ 캡(5′ cap)**을 형성한다. mRNA 전구체의 3′ 말단도 역시 세포질로 나가기 전에 변화된다. mRNA 전구체가 다중아데닐화 신호인 AAUAAA가 전사된 잠시 후 RNA 중합효소에서 방출

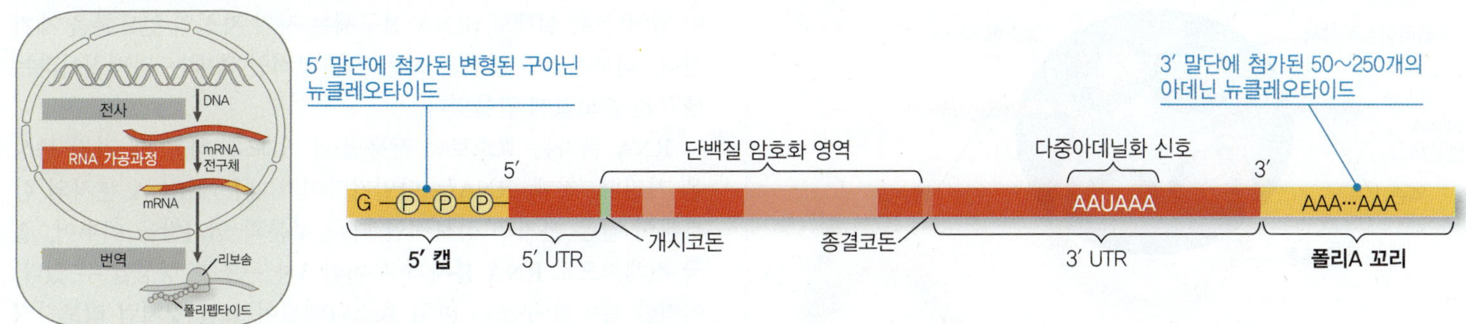

▲ **그림 17.10 RNA 가공: 5′ 캡과 폴리A 꼬리의 추가.** 효소가 진핵세포 mRNA 전구체의 양쪽 말단을 변형시킨다. 변형된 말단은 핵에서 mRNA가 빠져나가는 것을 도와주고 mRNA가 분해되지 않도록 보호해 준다. mRNA가 세포질에 도달하면 변형된 말단은 세포질의 단백질들과 함께 작용하여 mRNA가 리보솜에 부착되는 것을 촉진한다. 5′ 캡과 3′ 폴리A 꼬리는 5′과 3′의 비번역 부위(5′UTR, 3′UTR)와 마찬가지로 단백질로 번역되지 않는다. 핑크색 조각은 뒤에 설명할 것이다(그림 17.11 참조)

됨을 기억하자. 3′ 말단에 효소가 50~250개의 아데닌(A) 뉴클레오타이드를 붙여 **폴리A 꼬리(poly-A tail)**를 형성한다. 5′ 캡과 3′ 폴리A 꼬리는 여러 중요한 기능을 공통적으로 가진다. 먼저 이들은 성숙한 mRNA가 핵 밖으로 빠져나가는 것을 돕는 것으로 보인다. 둘째, mRNA가 가수분해효소에 의해 분해되지 않도록 보호해 준다. 셋째, mRNA가 세포질에 도달하면 이들은 리보솜이 mRNA의 5′ 말단에 부착하는 것을 도와준다. 그림 17.10은 캡과 꼬리를 가진 진핵세포 mRNA 분자를 나타낸 것이다. 그림에는 또 mRNA의 5′ 말단과 3′ 말단에 있는 비번역 부위(5′ UTR과 3′ UTR로 부름)가 나와 있다. UTR은 단백질로 번역되지는 않지만 리보솜 부착과 같은 다른 기능을 갖는 mRNA의 일부분이다.

분할 유전자와 RNA 스플라이싱

진핵세포의 핵에서 RNA 가공의 가장 주목할 만한 단계는 처음 전사된 RNA 분자의 많은 부분을 제거하는 것인데, 이러한 잘라 붙이는 작업을 **RNA 스플라이싱(RNA splicing)**이라고 한다. 이는 비디오테이프를 편집하는 것과 유사하다(**그림 17.11**). 진핵세포 DNA 분자의 평균 전사단위의 길이는 약 27,000 뉴클레오타이드 정도이므로 1차 전사물의 길이도 그 정도이다. 그러나 400개의 아미노산을 갖는 평균 크기의 단백질을 암호화하는 데는 약 1,200 뉴클레오타이드만이 필요하다. (각 아미노산은 3 염기조 뉴클레오타이드에 의해 암호화됨을 기억하자.) 이는 대부분의 진핵세포 유전자와 RNA 전사물은 번역되지 않는 긴 비암호화 뉴클레오타이드 서열을 갖고 있다는 뜻이다. 더욱더 놀라운 것은 대부분의 이러한 비암호화 서열이 유전자의 암호화 부분 사이, 즉 mRNA 전구체의 암호화 단편 사이에 끼어 흩어져 있다는 점이다. 달리 말하자면, 진핵세포의 폴리펩타이드를 암호화하는 DNA 뉴클레오타이드 서열은 일반적으로 연속적이지 않고 쪼개져 있다는 것이다. 암호화 영역 사이에 있는 핵산의 비암호화 단편을 개재서열(intervening sequences) 또는 짧게 **인트론(intron)**이라고 한다. 나머지 영역은 보통 아미노산 서열로 번역됨으로써 결국 발현되기 때문에 **엑손(exon)**이라고 한다. (RNA 말단의 엑손에 있는 UTR은 예외로 mRNA의 일부분을 구성하나 단백질로 번역되지 않는다. 이러한 예외 때문에 엑손을 핵 밖으로 나오는

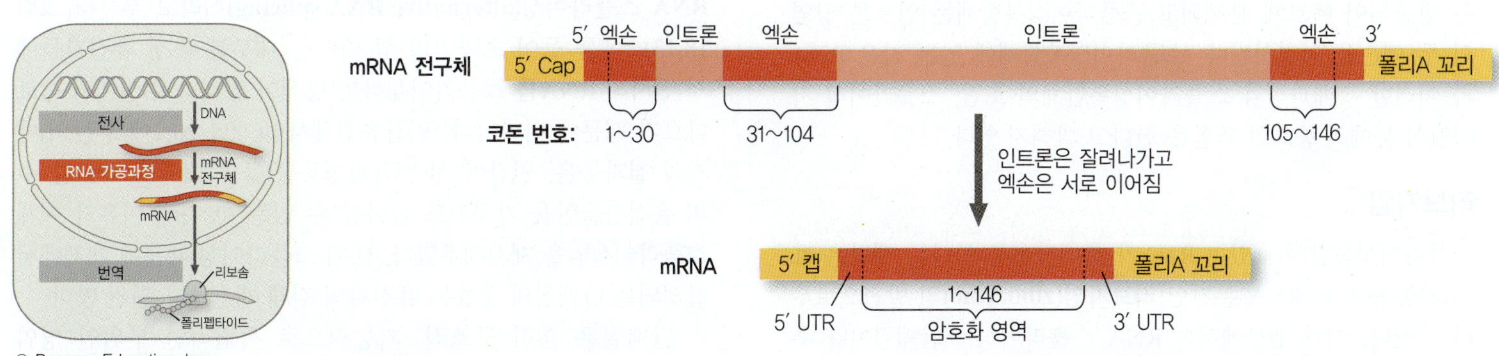

▲ **그림 17.11 RNA 가공: RNA 스플라이싱.** 여기에 그려진 RNA 분자는 헤모글로빈의 폴리펩타이드 중 하나인 β-글로빈을 암호화한다. RNA 밑의 숫자는 코돈을 나타낸다. β-글로빈은 146개의 아미노산으로 이루어져 있다. β-글로빈 유전자와 그것의 mRNA 전구체는 mRNA가 되어 핵을 떠날 서열에 해당하는 세 개의 엑손을 갖는다. (5′ UTR과 3′ UTR은 mRNA에 포함되기 때문에 엑손의 일부분이지만 단백질을 암호화하지는 않는다.) RNA 가공 중에 인트론은 잘려 제거되고 엑손만 서로 이어진다. 많은 유전자에서 인트론이 엑손보다 상대적으로 훨씬 크다

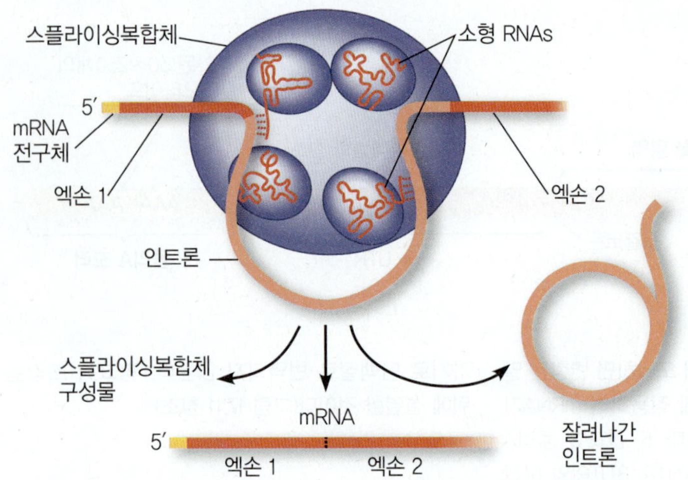

▲ **그림 17.12 mRNA 전구체를 스플라이싱하는 스플라이싱복합체.** 이 그림에는 두 개의 엑손(붉은색)들 옆에 하나의 인트론(분홍색)이 위치하는 mRNA의 전구체 일부만 나타나 있다. 스플라이싱복합체에 있는 소형 RNA는 인트론에 있는 특정 뉴클레오타이드 서열과 염기쌍을 이룬다. 그런 다음 스플라이싱복합체는 RNA 전구체를 잘라 엑손을 서로 이어붙인다. 인트론은 방출되어 재빨리 분해된다.

RNA 서열로 생각하면 편리할 것이다.) 인트론과 엑손이라는 용어는 RNA 서열과 이를 암호화하는 DNA 서열에 모두 사용된다.

유전자에서 1차 전사체를 합성할 때 RNA 중합효소 II는 DNA로부터 인트론과 엑손 모두를 전사하나, 세포질로 들어가는 mRNA는 이들의 요약판이다. 인트론은 잘려나가고 엑손만 서로 연결되어 연속적인 암호화 서열을 갖는 mRNA 분자를 형성한다. 이것이 RNA 스플라이싱의 과정이다.

mRNA 전구체 스플라이싱은 어떻게 수행되는가? 인트론의 제거는 커다란 단백질과 작은 RNA들로 구성되는 **스플라이싱복합체(spliceosome)**에 의해 수행된다. 이 복합체는 인트론 말단의 핵심서열들을 포함하여, 하나의 인트론에 걸쳐 있는 몇 개의 짧은 뉴클레오타이드 서열들에 결합한다(그림 7.12). 그 후 인트론은 방출되어 빠르게 분해되고 스플라이싱복합체는 인트론 양옆의 두 엑손을 연결시킨다. 스플라이싱복합체에 있는 작은 RNA가 이러한 촉매과정과 스플라이싱복합체의 조립, 스플라이싱 자리인식 등에서 중요한 역할을 한다고 밝혀져 있다.

리보자임

스플라이싱복합체에 있는 RNA가 촉매작용을 한다는 생각은 효소 기능을 하는 RNA 분자인 **리보자임(zibozyme)**의 발견으로부터 나왔다. 어떤 생물에서는 RNA 스플라이싱이 단백질이나 추가적인 RNA 분자 없이도 일어날 수 있다. 인트론 RNA가 리보자임으로 기능하며 자신을 잘라내는 것을 촉매한다. 예를 들어, 원생동물인 섬모충류(*Tetrahymena*)에서는 리보솜의 구성 성분인 리보솜 RNA(rRNA) 합성에서 자가 스플라이싱(self-splicing)이 일어난다. 실제로 rRNA 전구체는 자기 자신의 인트론을 제거한다. 리보자임의 발견은 모든 생물학적인 촉매는 단백질이라는 생각을 쓸모없게 만들었다.

RNA 분자는 효소로서 작용할 수 있도록 하는 세 가지 특성을 가진다. 첫째, RNA는 단일가닥이기 때문에 RNA 분자의 한 부분이 같은 분자의 상보적인 다른 부분과 염기쌍을 이루어, 결국 전체적으로 RNA 분자가 특이한 3차 구조를 형성할 수 있다. 이러한 특이적 구조는 마치 효소단백질이 그런 것처럼 리보자임의 촉매기능에 필수적이다. 둘째, 효소단백질의 특정 아미노산처럼 RNA에서 특정 염기들은 촉매작용을 수행하는 작용기를 가진다. 셋째, RNA가 다른 핵산분자(RNA 또는 DNA)와 수소결합을 할 수 있기 때문에 촉매활성의 특이성이 생긴다. 예를 들면, 스플라이싱복합체의 RNA와, 1차전사체의 RNA 간에 형성되는 상보적인 염기결합은 리보자임이 스플라이싱을 촉매하는 장소를 정확하게 위치하게 한다. 이 장의 뒤에서 이러한 RNA의 특성은 또한 세포에서 mRNA의 세 개의 염기를 인식하는 것과 같은 중요한 비촉매적인 기능을 수행할 수 있도록 함을 볼 것이다.

인트론의 기능적, 진화적 중요성

진화 진화의 역사에서 RNA 스플라이싱과 인트론의 존재가 선택적으로 장점을 갖게 하는지는 아직도 논란의 대상이다. 어떠하든 간에 가능한 적응적 혜택에 대해 생각해보는 것도 유용한 정보를 준다. 대부분의 인트론들에 대한 세세한 기능들이 모두 밝혀진 것은 아니지만, 적어도 일부는 유전자 발현을 조절하는 서열을 포함하고 있으며, 많은 것들이 유전자 산물에 영향을 미친다.

유전자에 인트론이 존재함으로써 생기는 중요한 결과 중 하나는 한 유전자가 두 종류 이상의 폴리펩타이드를 암호화할 수 있게 되었다는 점이다. 많은 유전자들이 RNA 가공 중에 어떤 DNA 조각을 엑손으로 취급하는지에 따라 두 개 이상의 서로 다른 폴리펩타이드를 만드는 것으로 알려졌는데 이를 **대체 RNA 스플라이싱(alternative RNA splicing)**이라고 부른다(그림 18.13). 예를 들어 초파리의 성 차이는 대부분 특정 유전자들에서 전사된 RNA를 스플라이싱하는 방식이 암컷과 수컷에서 서로 다르기 때문에 나타난다. 인간유전체사업(개념 20.1에서 논의)에서의 결과들은, 인간이 선충류(환형동물)들과 대체로 비슷한 수의 유전자들만을 가지고도 살아갈 수 있는 한 가지 이유가 대체 스플라이싱임을 제시해주었다. 대체 스플라이싱 때문에 개체에서 합성되는 단백질의 종류는 유전자의 전체 개수보다 훨씬 많다.

단백질은 흔히 구조적, 기능적으로 독립적인 부위인 **영역(domain)**들이 모여서 이루어지는 단위 구조를 갖고 있다. 예를 들어 효소단백질의 한 영역은 활성부위를 포함하며, 다른 영역은 단백질을 세포막에 부착시킨다. 많은 경우 다른 엑손은 단백질의 다른 영역을 암호화한다(그림 17.13).

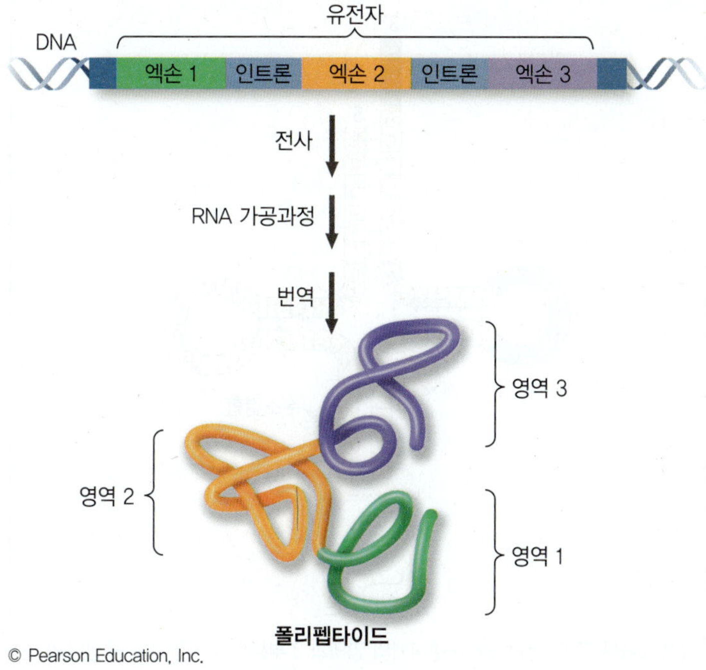

▲ 그림 17.13 **엑손과 단백질 영역 간의 관련성**

유전자에서 인트론의 존재는 엑손 뒤섞기(exon shuffling) 과정을 통해 유용할 수도 있는 새로운 단백질의 진화를 촉진할 수도 있다. 인트론은 암호화 서열을 흩뜨리지 않은 채 교차가 일어날 수 있는 부위를 넓혀줌으로써, 대립유전자의 엑손 사이에서 잠재적으로 유익한 교차가 일어날 확률을 증가시킨다. 엑손 뒤섞기는 새로운 조합의 엑손과 새로운 구조와 기능을 갖는 단백질을 만들어 낼 수 있다. 서로 완전히 다른 유전자(비대립유전자) 사이에서 엑손이 섞이고 맞춰지는 일이 일어날 수도 있음을 상상할 수 있다. 엑손 뒤섞기나 엑손의 새로운 정렬은 여러 개의 기능이 조합되어 있는 새로운 단백질을 만들어 낼 수 있다. 대부분의 뒤섞임은 유익하지 않은 변화를 야기하기만 때때로 유익한 변이가 나타날 수 있다.

개념 확인 문제 17.3

1. 사람이 약 21,000개 이하의 유전자를 가지고 있는데 어떻게 75,000~100,000개의 단백질을 만들 수 있을까?
2. RNA 스플라이싱이 일찍이 DVR을 이용하여 녹화된 것을 텔레비전 쇼에서 보는 것과 어떤 점에서 유사한가? 인트론은 이 유사한 점에서 무엇에 해당하는가?
3. **WHAT IF?** 세포에 mRNA에서 캡을 제거하는 물질을 처리하면 어떤 영향이 있을까?

정답은 부록 A 참조

개념 17.4

번역은 RNA를 이용한 폴리펩타이드 합성이다: 자세히 보기

이제 우리는 유전정보가 mRNA에서 단백질로 흐르는 과정인 번역에 대해 자세히 조사할 것이다. 전사에서처럼, 세균 세포와 진핵세포 모두에서 일어나는 번역의 기본 단계에 집중하면서 주요한 차이를 지적할 것이다.

번역에 참여하는 분자들

번역과정에서 세포는 유전적 메시지를 "읽고" 그에 따라 폴리펩타이드를 만든다. 메시지는 mRNA 분자상에 존재하는 코돈 서열이고 번역자는 **운반 RNA(transfer RNA, tRNA)**이다. tRNA의 기능은 세포질에 있는 아미노산 풀에서 아미노산을 리보솜으로 운반하는 것이다. 세포는 다른 화합물로부터 합성하거나 주

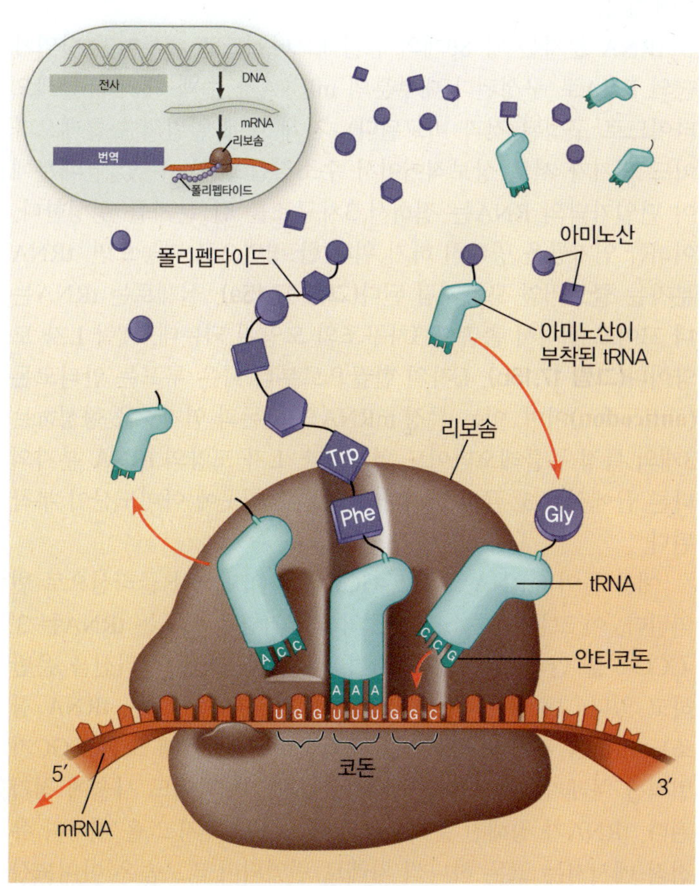

▲ 그림 17.14 **번역: 기본개념.** mRNA 분자가 리보솜을 통하여 이동함에 따라 코돈은 하나씩 차례대로 아미노산으로 번역된다. 번역자는 tRNA 분자이며 각 유형의 tRNA는 한쪽 말단에 특정한 안티코돈을, 다른 말단에는 해당 아미노산을 가진다. mRNA에 있는 상보적인 코돈에 tRNA의 안티코돈이 수소결합을 할 때 tRNA는 부착된 아미노산을 성장하는 폴리펩타이드 사슬에 덧붙인다. 이어지는 그림들은 세균 세포에서 번역과정의 세부사항들을 보여준다.

위 용액에서 흡수함으로써 세포질에 20종류 아미노산을 모두 저장해 놓는다. 단백질과 RNA로 구성된 구조인 리보솜은 tRNA에 의해 운반된 아미노산을 하나씩 폴리펩타이드 사슬의 성장하는 말단에 붙인다(그림 17.14).

번역은 원리에서는 간단하나 생화학이나 동력학적인 면은 매우 복잡한데, 특히 진핵세포에서 그러하다. 번역을 낱낱이 살펴보는데 있어서, 우리는 세균에서 일어나는 조금 덜 복잡한 과정에 집중할 것이다. 세포에서 일어나는 이 드라마의 몇몇 주된 연기자를 먼저 살펴본 후 이들이 어떻게 폴리펩타이드를 합성하기 위해 협동하는지 알아보도록 하자.

운반 RNA의 구조와 기능

유전적 메시지를 특정 단백질로 번역하는 핵심은 각 유형의 tRNA 분자가 특정 mRNA 코돈을 특정 아미노산으로 번역한다는 사실이다. 이것은 tRNA가 한 쪽 말단에는 특정한 아미노산을 가진 반면, 다른 쪽 말단에는 mRNA와 상보적으로 염기쌍을 형성할 수 있는 세 개의 뉴클레오타이드를 가지고 있기 때문에 가능해진다.

tRNA 분자는 약 80개의 뉴클레오타이드로 이루어진 단일가닥의 RNA로 구성된다(대부분의 mRNA가 수백 개의 뉴클레오타이드로 구성된 것과 비교된다). 자체 내에 일련의 뉴클레오타이드 염기가 서로 상보적이어서 수소결합을 할 수 있기 때문에 이 단일가닥의 RNA는 접혀서 3차구조를 한 분자를 형성한다. 이러한 염기쌍을 명확히 하기 위해 한 평면으로 펴놓으면, tRNA 분자는 클로버잎 모양처럼 된다(그림 17.15a). 실제로는 tRNA는 더 꼬이고 접혀서 촘촘한 3차구조의 모양이 되는데, 대략 L자 모양이다(그림 17.15b). L자의 한끝으로부터 나온 루프는 **안티코돈(anticodon)**이며, 이는 특정 mRNA의 코돈과 염기쌍을 형성하는 3개의 특정 뉴클레오타이드 염기이다. L자 모양의 tRNA 분자의 다른 끝에서는 3′ 끝이 삐져나와 있는데 이곳에 아미노산이 부착된다.

예를 들어 mRNA 코돈 5′-GGC-3′는 아미노산 글리신으로 번역된다. 이 코돈과 수소결합에 의해 염기쌍을 이루는 tRNA는 3′-CCG-5′를 안티코돈으로 가지며, 다른 말단에는 글리신을 운반하고 있다(그림 17.14에서 리보솜에 접근해 들어오는 tRNA 참조). mRNA 분자가 리보솜을 통과하며 이동할 때 코돈 GGC가 번역될 차례가 되면 언제나 글리신이 폴리펩타이드 사슬에 첨가된다. tRNA가 정해진 순서대로 아미노산을 가지고 올 때마다 유전적 메시지는 코돈 하나씩 차례로 번역되며 리보솜은 아미노산을 사슬로 연결한다. tRNA 분자는 핵산 언어(mRNA 코돈)를 읽고 그것을 단백질 언어(아미노산)로 번역하기 때문에 번역자라 할 수 있다.

mRNA나 다른 유형의 세포 RNA와 마찬가지로 운반 RNA 분자는 DNA 주형으로부터 전사된다. 진핵세포에서는 mRNA와 마찬가지로 tRNA도 핵에서 만들어진 다음에 번역이 일어나는 장소인 세포질로 이동하여야 한다. 세균과 진핵세포 모두에서 각 tRNA 분자는 세포질에서 해당아미노산을 싣고 이를 리보솜에 내어놓은 후 또 다른 아미노산을 싣기 위해 리보솜을 떠나는

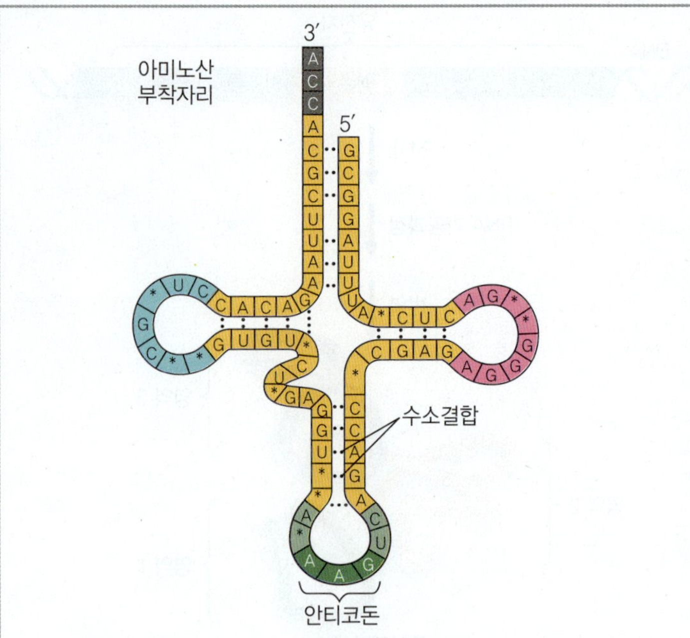

(a) **2차원 구조.** 염기쌍을 이룬 4개의 영역과 3 부분의 고리영역은 3′ 말단의 아미노산 부착 자리의 염기서열과 마찬가지로 모든 tRNA의 일반적인 특징이다. 안티코돈의 3염기조는 다른 두 개의 고리영역에 있는 약간의 염기서열들에서처럼, tRNA의 종류에 따라 서로 다르다. (별 표시는 tRNA의 특징인 화학적으로 변형된 염기를 표시한다. 변형된 염기는 아직 잘 밝혀져 있지 않은 방법으로 tRNA가 기능을 수행하는 데 공헌한다.)

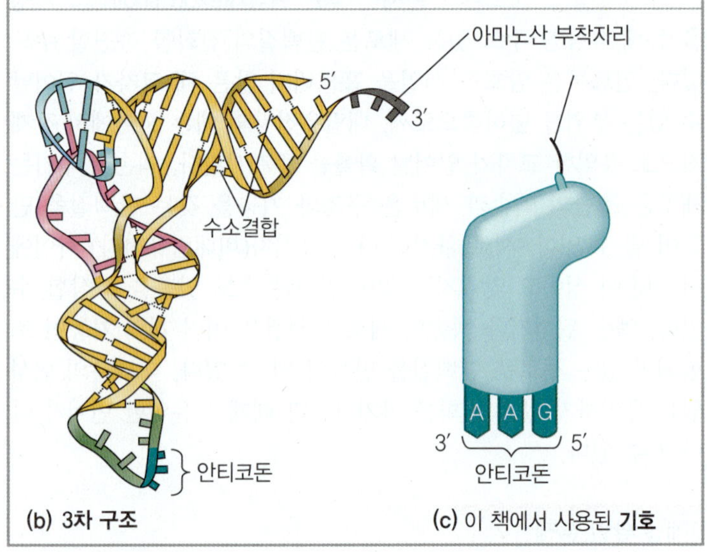

(b) **3차 구조** (c) 이 책에서 사용된 **기호**

▲ **그림 17.15** 운반 RNA(tRNA)의 구조. 안티코돈은 코돈이 5′→3′ 방향으로 쓰이는 코돈과 정확하게 정렬되도록 관례에 따라 3′→5′ 방향으로 쓰인다(그림 17.14 참조). 염기쌍을 형성하려면 두 RNA 가닥은 DNA와 마찬가지로 역평행으로 배열되어야 한다. 예를 들어 안티코돈 3′-AAG-5′은 mRNA 코돈 5′-UUC-3′과 쌍을 이룬다.

과정에 반복적으로 쓰인다.

유전적 메시지의 정확한 번역에는 두 번의 인식 단계가 필요하다. 먼저, 특정 아미노산을 지정하는 mRNA 코돈과 결합하는 tRNA는 오직 그 아미노산만을 리보솜으로 운반해야 한다. **아미노아실 tRNA 합성효소(aminoacyl-tRNA synthetase)**라고 불리는 여러 닮은 효소들이 각 아미노산을 정확한 tRNA와 결합시킨다(그림 17.16). 각 유형의 아미노아실 tRNA 합성효소의 활성부위는 오직 특정 조합의 아미노산과 tRNA에만 들어맞는다. 아미노산마다 하나씩 총 20종류의 서로 다른 아미노아실 tRNA 합성효소가 있다. 각 합성효소는 특정 아미노산을 암호화하는 모든 종류의 tRNA와 결합할 수 있다. 합성효소는 ATP를 가수분해하여 추진되는 과정을 통해 아미노산을 해당 tRNA에 공유결합시키는 것을 촉매한다. 이렇게 생성된 아미노아실 tRNA는 충전형 tRNA(charged tRNA)라고도 불리며, 효소에서 빠져나와 리보솜에서 신장 중인 폴리펩타이드 사슬로 아미노산을 실어나를 수 있게 된 상태이다.

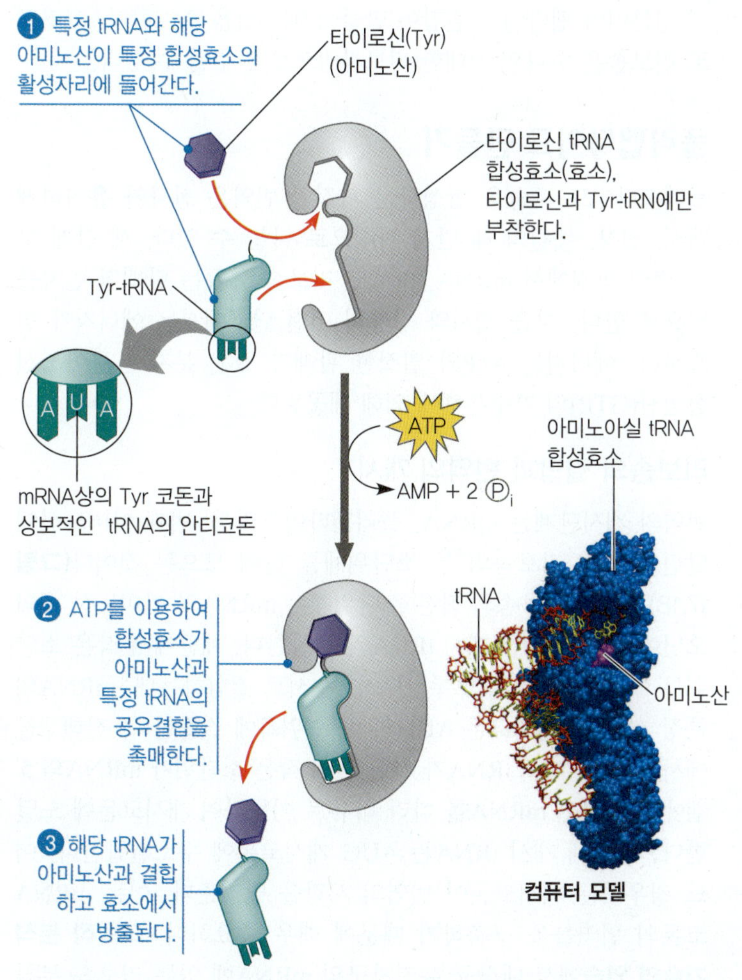

▲ **그림 17.16 아미노아실 tRNA 합성효소는 특정 아미노산을 tRNA에 연결한다.** tRNA와 아미노산의 결합은 ATP의 소모가 일어나는 흡열과정이다. ATP는 두 개의 인산기를 잃고 AMP(아데노신 일인산)가 된다.

두 번째 인식 단계는 tRNA의 안티코돈과 mRNA 코돈의 올바른 연결과 관계된다. 만약 한 종류의 tRNA가 아미노산을 지정하는 mRNA의 각 코돈을 위해 존재한다면, 61개의 tRNA가 있어야 한다(그림 17.5). 실제로는 약 45개가 있는데 이는 어떤 tRNA는 하나 이상의 코돈과 결합해야 함을 나타낸다. 이러한 융통성이 가능한 것은 코돈의 세 번째 염기와 tRNA 안티코돈의 해당 염기가 염기쌍 결합을 하는 규칙이 다른 코돈위치의 염기쌍 결합만큼 엄격하지 않기 때문이다. 예를 들어 tRNA 안티코돈의 5′ 말단에 있는 염기 U는 mRNA 코돈의 세 번째 위치(3′ 말단)에 있는 A나 G 모두와 쌍을 이룰 수 있다. 이러한 염기쌍 형성규칙의 느슨함을 **동요(wobble)**라고 한다. 동요는 왜 특정 아미노산에 대한 동의코돈들(synonymous codon; 같은 아미노산을 지정하는 서로 다른 코돈들)이 다른 자리가 아니라 꼭 세 번째 뉴클레오타이드 염기에서만 종종 달라지는지를 설명해준다. 이에 해당하는 예를 들자면 안티코돈이 5′-UCU-3′인 tRNA는 mRNA의 코돈이 둘 다 아르기닌을 암호화하는 5′-AGA-3′이나 5′-AGG-3′와 염기결합을 한다(그림 17.5).

리보솜

리보솜은 단백질 합성 동안에 tRNA의 안티코돈과 mRNA 코돈의 특이적인 결합을 촉진한다. 리보솜은 큰 소단위체와 작은 소단위체로 불리는 두 개의 소단위로 구성되며 이들은 한 개 또는 그 이상의 **리보솜 RNA(ribosomal RNA, rRNA)**로 불리는 RNA 분자들과 단백질들로 구성된다(그림 17.17). 진핵세포에서는 이 소단위체가 인에서 만들어진다. 리보솜 RNA 유전자는 전사되고 가공되어 세포질에서 핵으로 수송된 단백질들과 함께 리보솜으로 조립된다. 만들어진 리보솜 소단위체는 핵공을 통하여 세포질로 나간다. 세균과 진핵세포에서 모두 큰 소단위체와 작은 소단위체는 mRNA 분자에 부착될 때에만 서로 붙어 기능을 갖는 리보솜을 형성한다. 리보솜 질량의 1/3이 단백질로 구성되고, 나머지는 rRNA인데, 세균은 3개, 진핵세포는 4개의 rRNA를 가진다. 대부분의 세포는 수천 개의 리보솜을 가지고 있기 때문에 rRNA는 세포에서 가장 풍부하게 존재하는 RNA이다.

세균과 진핵세포의 리보솜 구조는 기능이 매우 유사하지만, 진핵세포의 리보솜이 원핵세포의 리보솜보다 약간 크며 분자구성도 약간 다르다. 이러한 차이는 의학적으로 의미가 있다. 어떤 종류의 항생제는 진핵세포의 단백질 합성 능력을 억제하지 않으면서 세균 리보솜만을 불활성화시킨다. 테트라사이클린과 스트렙토마이신을 포함하는 이러한 항생제는 세균 감염을 물리치는 데 사용된다.

세균 리보솜의 구조는 원자수준까지 밝혀져 있다(2장 앞에 실려 있는 벤키 라마크리슈난의 인터뷰를 참고하라). 이러한 구조는 아미노산과 결합한 tRNA와 mRNA를 한곳에 모으는 리보솜의 기능을 반영한다. 리보솜에는 mRNA 결합자리 외에 그림

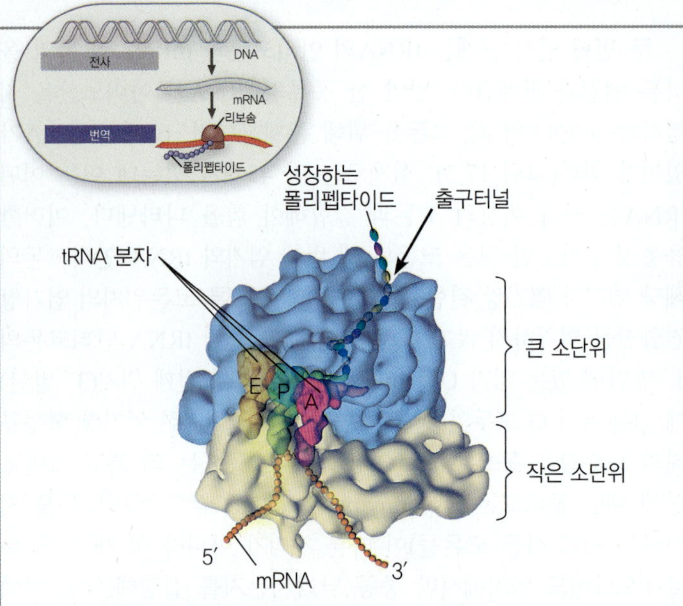

(a) **기능을 수행하는 리보솜의 컴퓨터 모델.** 이 그림은 세균 리보솜의 모델로 전체적인 모양을 보여준다. 진핵생물의 리보솜도 이와 대체적으로 유사하다. 리보솜의 소단위체는 리보솜 RNA와 단백질의 복합체이다.

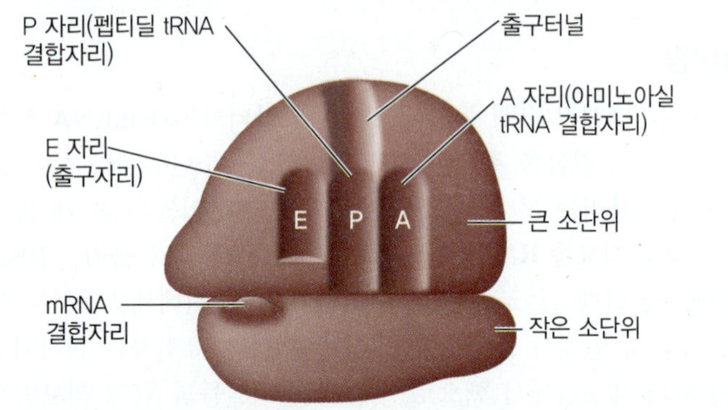

(b) **결합자리를 보여주는 도식적인 모델.** 리보솜은 mRNA 결합자리와 세 개의 tRNA 결합자리를 갖고 있는데 A, P, E 자리로 알려져 있다. 이 도식적인 리보솜은 뒤에 여러 모식도에서 나올 것이다.

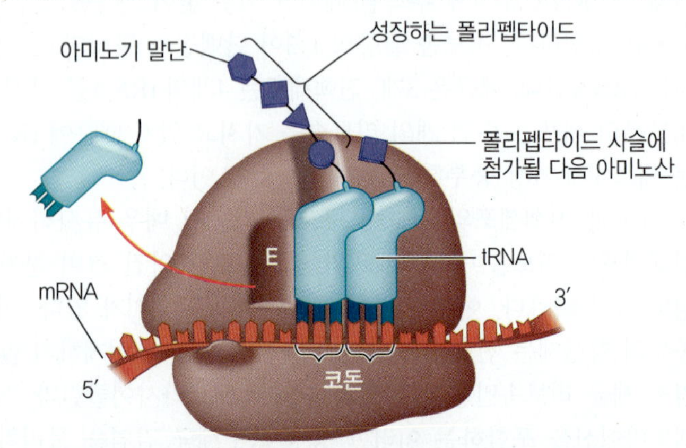

(c) **mRNA와 tRNA를 포함한 도식적인 모델.** tRNA는 안티코돈이 mRNA의 코돈과 염기쌍을 이루면 결합자리에 딱 맞는다. P 자리는 성장하는 폴리펩타이드에 부착된 tRNA를 붙들고 있다. A 자리는 폴리펩타이드 사슬에 첨가될 다음 아미노산을 가진 tRNA를 붙잡고 있다. 아미노산이 떨어져 나간 tRNA는 E 자리에서 떨어져 나간다. 폴리펩타이드는 카르복실 말단에서 길어진다.

▲ **그림 17.17 기능을 수행하는 리보솜의 구조**

17.17에서 보는 것처럼 세 개의 tRNA 결합자리가 있다. **P 자리(P site;** 펩티딜 tRNA 자리)는 성장하는 폴리펩타이드 사슬을 달고 있는 tRNA를 잡는 자리인 반면, **A 자리(A site;** 아미노아실 tRNA 자리)는 사슬에 붙여질 다음 아미노산을 달고 있는 tRNA를 잡는 자리이다. 아미노산을 넘겨 준 tRNA는 **E 자리(E site;** 출구자리)로부터 리보솜을 떠난다. 리보솜은 tRNA와 mRNA를 매우 가까운 위치에서 붙잡아두며 새로 추가할 아미노산을 길어지는 폴리펩타이드 사슬의 카르복실기 말단에 위치시킨다. 그 다음에 리보솜은 펩티드 결합의 형성을 촉매한다. 폴리펩타이드 사슬은 길이가 길어짐에 따라 리보솜의 큰 소단위체에 있는 **출구터널(exit tunnel)**을 통과해 빠져나간다. 폴리펩타이드가 완성되면 출구터널을 통해 방출된다.

많은 연구는 단백질이 아닌 rRNA가 리보솜의 구조와 기능에 대한 1차적 책임이 있다는 가설을 강하게 지지한다. 단백질은 주로 리보솜의 외부 쪽에 있으며, rRNA 분자가 번역 과정에서 촉매작용을 수행할 때 그 입체구조상의 변화에 도움을 준다. 리보솜 RNA는 두 소단위체의 경계면 및 A 자리와 P 자리의 주된 구성 성분이며 펩타이드 결합이 만들어지는 것을 촉매한다. 그러므로 리보솜은 하나의 거대한 리보자임으로 간주될 수 있다.

폴리펩타이드 만들기

폴리펩타이드 사슬을 합성하는 과정인 번역은 전사와 유사하게 개시, 신장, 종결의 세 단계 과정으로 나눌 수 있다. 세 단계 모두 번역 과정에서 mRNA, tRNA, 리보솜을 돕는 단백질 인자를 필요로 한다. 사슬 개시와 신장의 어떤 단계에서는 에너지가 필요하다. 에너지는 ATP와 밀접한 관계가 있는 분자인 구아노신 삼인산(GTP)의 가수분해에 의해 제공된다.

리보솜의 결합과 번역의 개시

번역의 개시단계는 mRNA, 폴리펩타이드의 첫 번째 아미노산이 달린 tRNA, 리보솜의 두 소단위체를 한데 모으는 것이다(**그림 17.18**). 첫째, 리보솜의 작은 소단위체는 mRNA와 아미노산 메티오닌이 달린 특수한 개시 tRNA와 결합한다. 세균에서 작은 소단위는 이들과 두 가지 모두 가능한 순서로 결합하는데, mRNA의 특정 서열 즉 개시코돈 AUG의 바로 위쪽에 결합한다. 진핵생물에서는, 이미 개시 tRNA가 결합한 채 작은 소단위가 mRNA의 5′ 캡에 결합하고 mRNA를 따라 하류로 이동하여 개시코돈에 도달한다; 다음에 개시 tRNA는 AUG 개시코돈에 수소결합한다. 어느 경우이든 개시코돈이 번역의 시작을 알려준다. 이는 mRNA 코돈의 번역틀을 구축하기 때문에 매우 중요하다. **과학적 분석 기술의 연습**에서 대장균 유전자군의 mRNA에 있는 리보솜 부착자리를 암호화하는 DNA 염기서열을 이용하여 어떤 정보를 알 수 있는지 생각해보자.

mRNA, 개시 tRNA, 리보솜 작은 소단위체가 결합한 후에 리

과학적 분석 기술의 연습

염기서열 로고 해석

염기서열 로고가 어떻게 리보솜 부착자리를 찾아내는데 이용되나? 번역을 시작할 때, 리보솜은 mRNA의 AUG 시작코돈 위쪽에 있는 리보솜 부착자리에 부착한다. 다른 여러 유전자에서 만들어진 mRNA가 리보솜 부착자리에 모두 부착할 수 있기 때문에 이러한 mRNA를 암호화하는 유전자들은 리보솜이 붙는 장소의 염기서열이 유사할 가능성이 있다. 그러므로 mRNA상의 예상 리보솜 부착자리는 생물에서 여러 유전자들의 DNA 염기서열(따라서 mRNA 염기서열도 해당함)을 비교함으로써 찾아낼 수 있다. 즉, 시작코돈 위쪽에 펼쳐져 있는 보존된 공통의 염기서열을 탐색해보면 된다. 이번 연습에서는 서열 로고(sequence logo)라 불리는 시각적 그래픽에 의해 제시된 여러 유전자들의 서열들을 분석해본다.

실험 방법 대장균의 유전체에서 149개 유전자의 염기서열을 정렬시키고 컴퓨터 소프트웨어로 분석하였다. 목적은 각 유전자들에서 적당한 위치의 비슷한 서열들—잠재적인 리보솜 결합 자리—을 찾는 것이었다. 연구자들은 149개의 서열 자료들을 나란히 병렬로 비교하는 서열 정렬(sequence alignment) 방법으로 나타내기보다는 서열 로고를 사용하였다.

실험 데이터 염기서열 로고가 어떻게 만들어졌는지 보이기 위해 대장균 유전자 10개의 리보솜 부착 가능성이 있는 영역을 아래 보이는 것처럼 정렬시키고, 정렬된 서열로부터 염기서열 로고를 얻어냈다. 보이는 염기서열은 DNA 염기서열이 일반적으로 주어지는 비주형(암호화)가닥이다.

thrA G G T A A C G A G G T A A C A A C C A T G C G A G T G
lacA C A T A A C G G A G T G A T C G C A T T G A A C A T G
lacY C G C G T A A G G A A A T C C A T T A T G T A C T A T
lacZ T T C A C A C A G G A A A C A G C T A T G A C C A T G
lacI C A A T T C A G G G T G G T G A A T G T G A A A C C A
recA G G C A T G A C A G G A G T A A A A A T G G C T A T C
galR A C C C A C T A A G G T A T T T T C A T G G C G A C C
metJ A A G A G G A T T A A G T A T C T C A T G G C T G A A
lexA A T A C A C C C A G G G G G C G G A A T G A A A G C G
trpR T A A C A A T G G C G A C A T A T T A T G G C C C A A

5′ −18 −17 −16 −15 −14 −13 −12 −11 −10 −9 −8 −7 −6 −5 −4 −3 −2 −1 0 1 2 3 4 5 6 7 8 3′

▲ 서열의 정렬

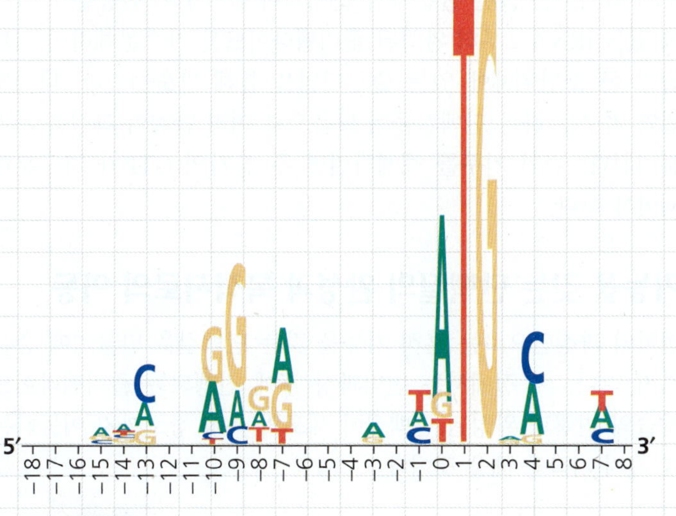

▲ 서열 로고

데이터 해석

1. 왼쪽 밑의 염기서열 로고에서, 수평선은 뉴클레오타이드 위치를 나타내는 DNA 1차 염기서열이다. 각 염기에 대한 글자들은 정렬된 서열의 그 위치에서 상대 빈도에 따라 쌓여진다. 가장 공통적으로 사용되는 염기는 쌓인 곳의 꼭대기에 가장 큰 글자로 표시된다. 각 글자의 높이가 그 위치에서의 해당염기의 상대 빈도를 나타낸다. (a) 염기서열 정렬에서 −9 위치에 있는 각 염기를 세어보라. 가정 많이 쓰인것부터 적게 쓰인 것의 순서는? 이를 로고에서 −9에 있는 각 염기의 크기와 배치를 비교하라. (b) 0와 1의 위치에서도 실행해보라.
2. 로고에 쌓여진 글자의 높이는 쌓임의 예상 강도(통계적으로 결정된)를 나타낸다. 쌓임의 높이가 높다면 우리는 새로운 염기서열이 로고에 적용될 때 그 위치에 어떤 염기가 올지 확신을 가지고 예상할 수 있다. 예를 들면, 2 위치에서 10개의 모든 염기가 G면, 새로운 염기서열에서 그 위치에 G를 찾을 확률은 이곳의 쌓임의 높이와 같이 매우 높다. 낮게 쌓인 것에는 그곳에 모든 염기가 같은 빈도로 존재하여 이곳에 어떤 염기가 올지 예상하기 어렵다. (a) 가장 예상이 가능한 두 개의 위치는? 새로운 유전자가 서열이 결정되었다면 두 위치에 예상되는 염기는? (b) 가장 예상이 어려운 12곳의 위치는? 이를 어떻게 아는가? 이것이 어떻게 10개의 서열에서 보이는 염기의 상대빈도를 반영하는가? 12개의 위치 중 가장 왼쪽 두 개에만 답하라.
3. 실제 실험에서 연구자들은 149개 유전자의 염기서열을 이용하여 아래와 같이 염기서열 로고를 만들었다. 각 위치에는 아무리 짧아도 쌓임이 있다. 이는 염기서열 로고를 더 많은 자료를 이용하여 만들었기 때문이다. (a) 염기서열 로고 중 가장 예측하기 쉬운 위치 3개는? 각 위치에 빈도가 가장 높은 염기는? (b) 가장 염기를 예측하기 어려운 위치는? 어떻게 그것을 알 수 있었나?

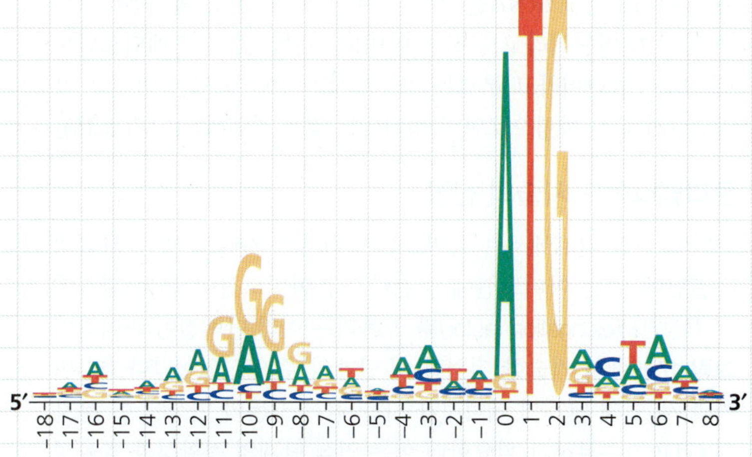

4. 공통서열은 세트의 염기서열에서 각 위치에 가장 빈번히 오는 염기를 일컫는다. (a) 이 비주형가닥의 공통서열을 적어라. 염기를 결정할 수 없는 위치에는 '–'로 한다. (b) 공통서열과 염기서열 로고 중 어느 것이 더 많은 정보를 제공하는가? 정보를 덜 제공하는 방법에서는 무엇을 잃는가?
5. (a) 로고를 기초로 하여, 리보솜 부착에 가장 관여할 것으로 보이는 5′ UTR에 서로 가까이 있는 5개의 염기위치는? 설명해보라. (b) 0~2의 위치에 있는 염기는 무엇을 나타내는가?

참고문헌 T.D. Schneider and R.M. Stephens, Sequence logos: A new way to display consensus sequences, *Nucleic Acids Research* 18:6097–6100 (1990).

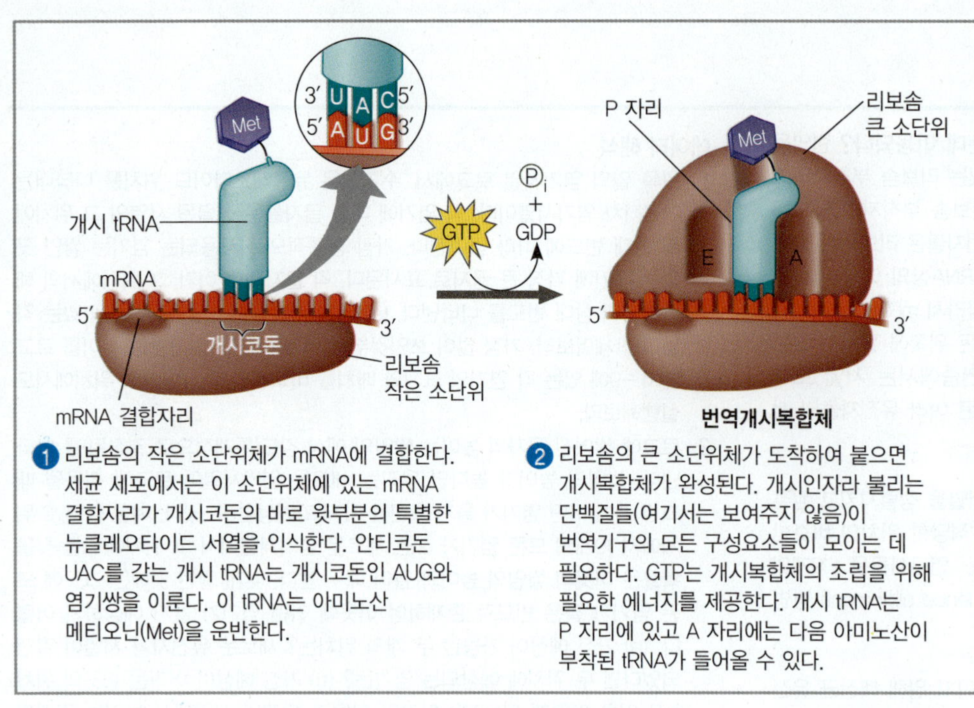

❶ 리보솜의 작은 소단위체가 mRNA에 결합한다. 세균 세포에서는 이 소단위체에 있는 mRNA 결합자리가 개시코돈의 바로 윗부분의 특별한 뉴클레오타이드 서열을 인식한다. 안티코돈 UAC를 갖는 개시 tRNA는 개시코돈인 AUG와 염기쌍을 이룬다. 이 tRNA는 아미노산 메티오닌(Met)을 운반한다.

❷ 리보솜의 큰 소단위체가 도착하여 붙으면 개시복합체가 완성된다. 개시인자라 불리는 단백질들(여기서는 보여주지 않음)이 번역기구의 모든 구성요소들이 모이는 데 필요하다. GTP는 개시복합체의 조립을 위해 필요한 에너지를 제공한다. 개시 tRNA는 P 자리에 있고 A 자리에는 다음 아미노산이 부착된 tRNA가 들어올 수 있다.

◀ **그림 17.18 번역의 개시**

보솜 큰 소단위체가 부착되어 **번역개시복합체**가 완성된다. 개시인자(initiation factor)라고 불리는 단백질들이 이 모든 구성요소들 한데 묶어주기 위해 필요하다. 세포는 또한 개시복합체를 형성하기 위하여 GTP 분자의 형태로 에너지를 소모한다. 개시과정이 완결되면 개시 tRNA가 리보솜의 P 자리에 들어가 있고, 빈 A 자리는 다음 아미노아실 tRNA를 받을 준비가 되어 있다. 폴리펩타이드는 항상 N-말단이라고도 하는 아미노기 말단의 개시 메티오닌으로부터 C-말단이라고 부르는 카르복실기 말단에 있는 마지막 아미노산까지 한 방향으로만 합성된다는 것을 기억하라(그림 5.15).

폴리펩타이드 사슬의 신장

번역의 신장 단계에서는 아미노산이 하나씩 자라고 있는 사슬의 C-말단에 있는 아미노산에 붙는다. 각 아미노산이 붙는 과정에는 신장인자(elongation factor)라고 불리는 여러 단백질이 관여하며 **그림 17.19**에서 기술한 것처럼 세 단계의 주기로 일어난다. 첫 번째와 세 번째 단계에 에너지가 사용된다. 코돈의 인식에 한 분자의 GTP 가수분해가 필요한데 이는 인식 단계의 정확성과 효율성을 높여준다. 이동 단계에 에너지를 공급하기 위해 GTP 분자가 한 개 더 가수분해된다.

mRNA는 리보솜을 통해 5′ 말단이 앞쪽이 되는 방향으로만 이동한다. 이는 리보솜이 mRNA 상에서 5′→ 3′ 방향으로 움직이는 것과 같다. 중요한 것은 리보솜과 mRNA가 서로 상대적으로 한 방향으로만 코돈 하나씩 이동한다는 것이다. 신장 주기는 세균에서 1/10초 미만이며, 폴리펩타이드 사슬이 완성될 때까지 사슬에 아미노산을 하나씩 붙이는 신장 주기가 반복된다. E 자리에서 방출된 빈 tRNA는 세포질로 돌아가 거기에서 적절한 아미노산으로 재충전된다(그림 17.16).

번역의 종결

번역의 마지막 단계는 종결이다(**그림 17.20**). 신장은 mRNA상의 종결코돈이 리보솜의 A 자리에 도달할 때까지 계속된다. 3 염기조 UAG, UAA, UGA는 아미노산을 암호화하지 않고 대신 번역을 종결하라는 신호로 작용한다. 아미노아실 tRNA의 구조와 비슷하게 생긴 **방출인자**(release factor)라고 불리는 단백질이 A 자리의 종결코돈에 직접 결합한다. 방출인자는 폴리펩타이드 사슬에 아미노산 대신 물분자를 첨가하게 한다. (액체로 되어 있는 세포의 환경에는 많은 물분자가 준비되어 있다.) 이 반응은 P 자리에 있는 tRNA로부터 완성된 폴리펩타이드를 가수분해하여 리보솜의 큰 소단위체에 있는 출구터널을 통해 방출시킨다. 나머지 번역 기구는 다른 단백질들의 도움으로 여러 단계의 과정을 거쳐 분리된다. 번역 기구를 해체하려면 두 분자의 GTP가 가수분해되어야 한다.

기능을 갖는 단백질의 완성과 목적지로의 이동

번역의 과정만으로는 흔히 기능을 갖는 단백질을 만들기에 충분하지 않다. 이 절에서는 번역과정 후에 진행되는 폴리펩타이드 사슬의 변형과 완성된 단백질이 세포의 특정 장소까지 이동하는 몇 가지 기작을 배울 것이다.

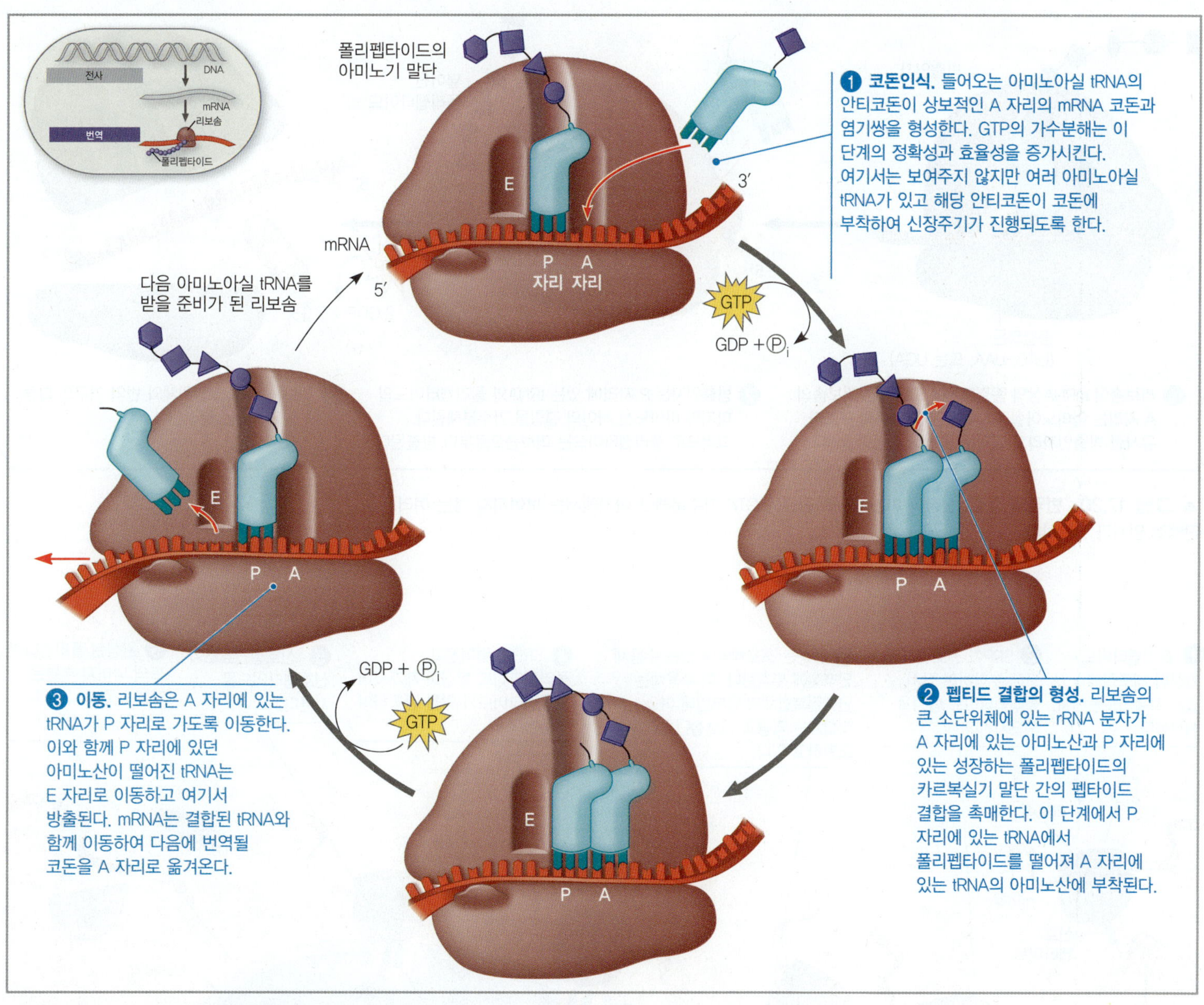

▲ **그림 17.19 번역의 신장 주기.** GTP의 가수분해는 신장 과정에서 중요한 역할을 한다. 모식도에서 보여주지는 않지만 신장인자라는 단백질들이 존재한다.

단백질의 접힘과 번역 후 변형

폴리펩타이드 사슬은 합성되는 동안 아미노산 서열(1차구조)을 이용하여 스스로 꼬이고 접히기 시작하여 특정한 입체구조를 갖는 기능적인 단백질을 형성한다. 즉, 2차구조와 3차구조를 갖는 3차원의 분자가 된다(그림 5.18). 따라서 유전자는 1차구조를 결정하고 1차구조는 입체구조를 결정한다. 많은 경우 샤페론 단백질(chaperonin)이 폴리펩타이드가 정확하게 접히도록 돕는다(그림 5. 21).

세포에서 단백질이 그 기능을 수행하기 시작하기 전에 추가적인 단계인 번역 후 변형 과정이 필요할 수도 있다. 어떤 아미노산은 당, 지질, 인산기, 또는 다른 첨가물이 부착되어 화학적으로 변형될 수 있다. 효소가 폴리펩타이드 사슬의 앞쪽 아미노기 발단에서 아미노산 한 개나 몇 개를 제거하는 경우도 있다. 어떤 경우는 단일 폴리펩타이드 사슬이 효소에 의해 끊어져 두 개나 그 이상의 조각으로 나뉜다. 예를 들면 인슐린이라는 단백질은 처음에는 단일 폴리펩타이드 사슬로 합성이 되나 효소가 사슬의 가운데 부분을 떼어내 이황화결합 다리에 의해 연결된 두 개의 폴리펩타이드로 이루어진 단백질이 되어야 활성을 갖는다. 다른 사례로는 두 개 또는 그 이상의 폴리펩타이드가 별도로 합성된 다음 함께 모여 4차구조를 갖는 단백질의 각 소단위를 형성하는 경우가 있다. 이 경우의 익숙한 예가 헤모글로빈이다(그림 5.18)

방출인자
떨어진
폴리펩타이드
5′
3′
5′
3′
3′
5′
3′
2 GTP
2 GDP + 2 Ⓟi
종결코돈
(UAG, UAA, 또는 UGA)
1 리보솜이 mRNA상의 종결코돈에 도달하면 리보솜의 A 자리는 아미노아실 tRNA 대신에 tRNA와 구조가 유사한 방출인자라고 불리는 단백질을 받아들인다.
2 방출인자는 P 자리에 있는 tRNA와 폴리펩타이드의 마지막 아미노산 사이의 결합을 가수분해한다. 그러므로 폴리펩타이드는 리보솜으로부터 방출된다.
3 리보솜의 두 소단위체와 번역 기구의 다른 구성요소들은 분리된다.

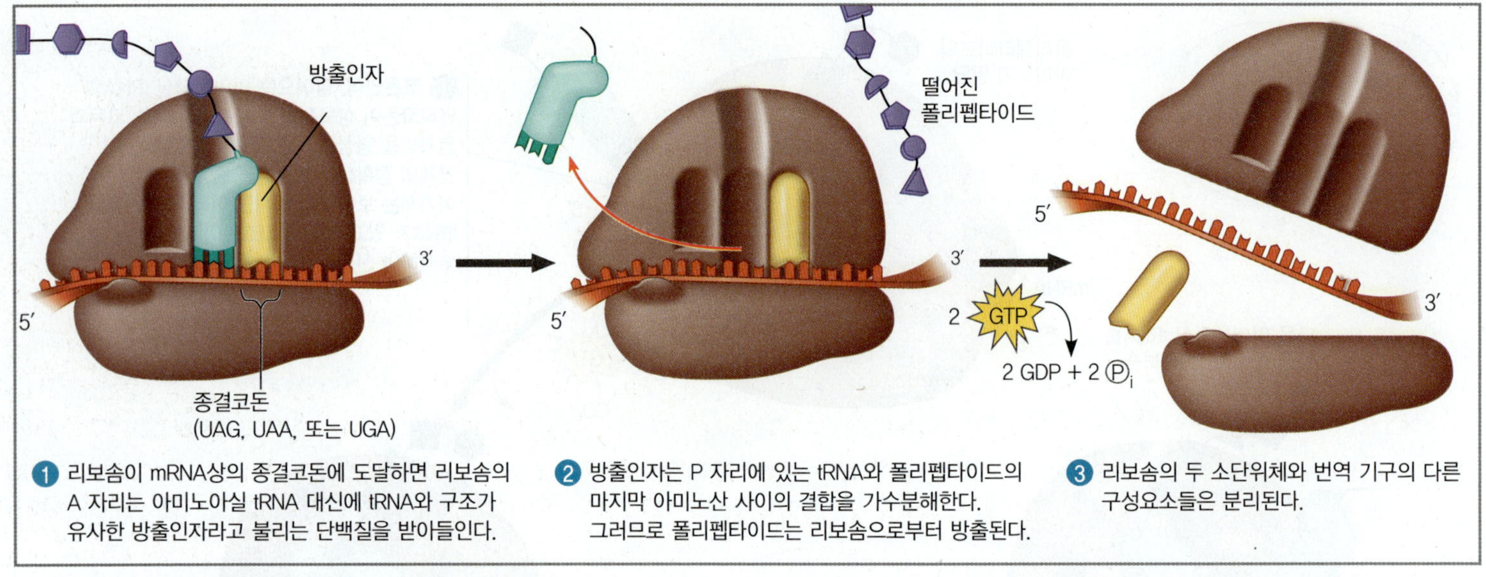

▲ **그림 17.20** **번역의 종결.** 신장과 마찬가지로 종결은 GTP 가수분해와 여기에서는 보여지지 않는 여러 단백질 인자가 필요하다.

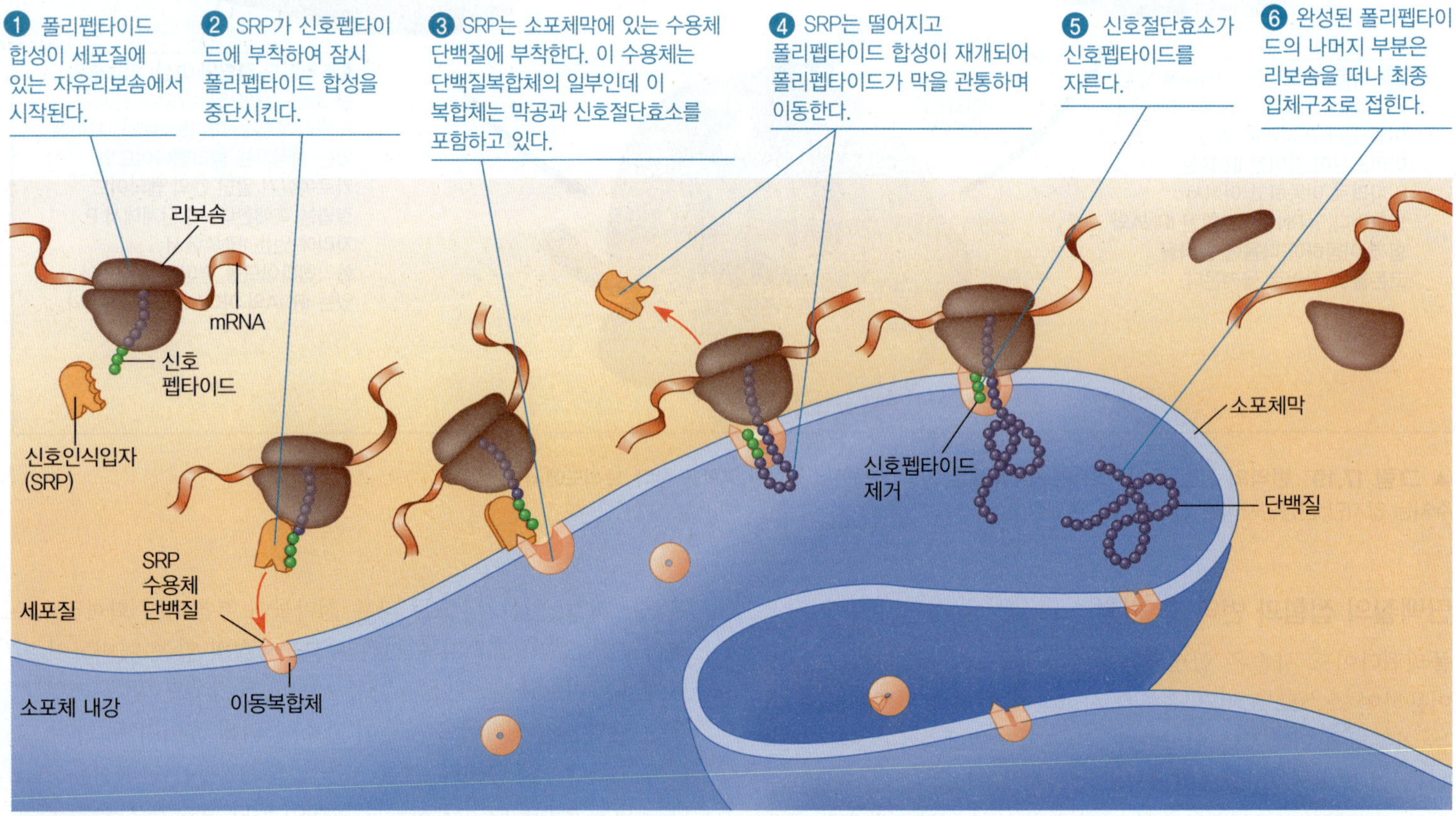

1 폴리펩타이드 합성이 세포질에 있는 자유리보솜에서 시작된다.
2 SRP가 신호펩타이드에 부착하여 잠시 폴리펩타이드 합성을 중단시킨다.
3 SRP는 소포체막에 있는 수용체 단백질에 부착한다. 이 수용체는 단백질복합체의 일부인데 이 복합체는 막공과 신호절단효소를 포함하고 있다.
4 SRP는 떨어지고 폴리펩타이드 합성이 재개되어 폴리펩타이드가 막을 관통하며 이동한다.
5 신호절단효소가 신호펩타이드를 자른다.
6 완성된 폴리펩타이드의 나머지 부분은 리보솜을 떠나 최종 입체구조로 접힌다.
리보솜
mRNA
신호
펩타이드
신호인식입자
(SRP)
SRP
수용체
단백질
세포질
소포체 내강
이동복합체
신호펩타이드
제거
소포체막
단백질

▲ **그림 17.21** **단백질을 소포체로 이동시키는 신호 기작**

MAKE CONNECTIONS 단백질이 분비되는 것이라면 합성이 끝난 뒤에 어떤 일이 벌어지나?

폴리펩타이드의 특정 장소로의 이동

단백질 합성이 활발한 진핵세포를 전자현미경으로 관찰하면 두 집단의 리보솜과 폴리리보솜이 분명히 보인다. 자유리보솜과 부착리보솜이 그 집단들이다(그림 7.10). 자유리보솜은 세포질에 흩어져 있으며 세포질에 녹아 있고 세포질에서 기능을 하는 단백질을 대부분 합성한다. 반면 부착리보솜은 소포체(ER)의 세포질 쪽 면이나 핵막에 붙어 있다. 부착리보솜은 내막계(핵막, 소포체, 골지체, 리소좀, 액포, 세포막 등)의 단백질을 합성하며, 인슐린 같이 세포 밖으로 분비되는 단백질을 합성한다. 중요한 점은 두 종류의 리보솜은 동일하며 자유 상태와 부착 상태를 오갈 수 있다는 것이다.

리보솜이 특정 시간에 세포질에서 자유 상태로 있을지 조면 소포체에 붙어 있을지는 무엇이 결정할까? 폴리펩타이드 합성은 항상 세포질에서 시작되며, 자유리보솜이 mRNA 분자의 번역을 시작한다. 성장하는 폴리펩타이드 자체가 리보솜을 소포체에 붙이라는 신호를 주지 않는 한 세포질에서 번역이 완성된다. 내막계로 가거나 분비될 운명인 단백질의 폴리펩타이드는 **신호펩타이드(signal peptide)**로 표지되어 있는데 신포펩티드는 단백질을 소포체로 이동시킨다(**그림 17.21**). 폴리펩타이드가 시작되는 아미노기 말단이나 그 근처에 있는 약 20개의 아미노산 서열인 신호펩티드는 리보솜에서 빠져나오면 **신호인식입자(signal recognition particle, SRP)**라는 단백질-RNA 복합체에 의해 인지된다. 이 입자는 리보솜을 소포체막에 존재하는 수용체 단백질로 가져오는 안내자로서의 역할을 한다. 이 수용체는 여러 단백질로 된 이동복합체의 일부분이다. 폴리펩타이드 합성이 여기서 계속되고, 성장하는 폴리펩타이드는 막에 있는 단백질 구멍을 통해 막을 통과하여 소포체의 내강으로 들어간다. 신호펩티드는 대부분 효소에 의하여 제거된다. 만약 분비단백질이라면, 완성된 폴리펩타이드의 나머지 부분은 소포체 내강 안에 있는 용액으로 방출된다(그림 17.21에서처럼). 그러나 폴리펩타이드가 막단백질이라면, 단백질은 소포체의 막에 부분적으로 끼어들어가게 된다. 두 경우 모두 이들은 이동 소낭 안에서 목적지까지 이동을 한다(예를 들어 그림 8.9 참조).

여러 종류의 신호펩티드들이 폴리펩타이드를 미토콘드리아, 엽록체, 핵의 내부, 내막계의 일부분이 아닌 세포 소기관 등으로 인도하는 데 이용된다. 이러한 경우들의 중요한 차이는 폴리펩타이드가 세포 소기관으로 이동하기 전에 번역이 세포질에서 완성된다는 점이다. 이동 기작은 다양하나 지금까지 밝혀진 모든 경우에서 단백질을 분비시키거나 세포의 다른 장소로 이동시키도록 지시하는 "우편번호(zip code)"는 여러 종류의 신호펩타이드들이다. 세균도 역시 단백질을 분비시키기 위해 신호펩티드를 이용하고 있다.

세균과 진핵세포에서 다수의 폴리펩타이드 합성

앞 절에서는 하나의 단일 폴리펩타이드를 mRNA에 있는 정보를 이용하여 합성하는 것을 배웠다. 그러나 세포 안에서 폴리펩타이드를 필요로 할 때는 하나가 아닌 여러 개다.

단일 리보솜은 평균 크기의 폴리펩타이드를 1분 안에 합성할 수 있다. 그러나 세균이나 진핵세포에서 일반적으로 하나의 mRNA는 여러 개의 폴리펩타이드를 동시에 만드는 데 사용된다(**그림 17.22**). 즉 여러 개의 리보솜이 하나의 mRNA에서 동시에 메시지를 번역한다. 일단 리보솜이 개시코돈을 떠나면 두 번째 리보솜이 mRNA에 부착하고 결국 여러 개의 리보솜이 한 mRNA상에서 앞선 리보솜을 따라 움직일 것이다. 이러한 일련의 리보솜을 **폴리리보솜(polyribosome** 또는 **polysome)**이라고 부르는데, 전자현미경 상에서 볼 수 있다(그림 17.22). 이들은 세포가 여러 개의 폴리펩타이드 복사물을 빠르게 만들 수 있도록 한다.

세균과 진핵생물이 여러 사본의 폴리펩타이드를 만드는 다른 방법은 앞에서 언급한 것처럼 같은 유전자에서 여러 mRNA를 전사하는 것이다. 그러나 전사와 번역 과정의 협조는 이 두 그룹

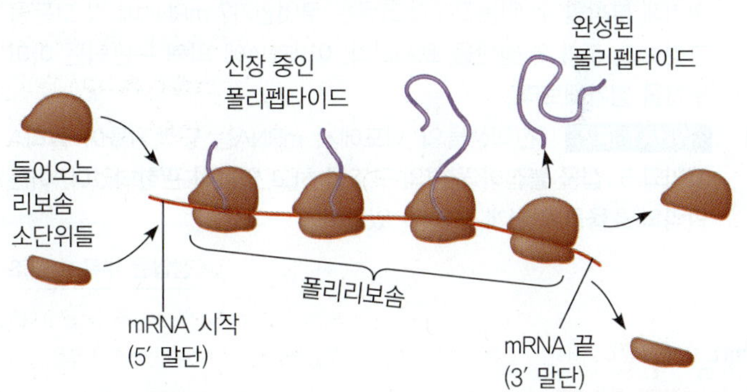

(a) mRNA 분자는 일반적으로 폴리리보솜이라고 불리는 일련의 여러 리보솜에 의해 동시에 번역된다.

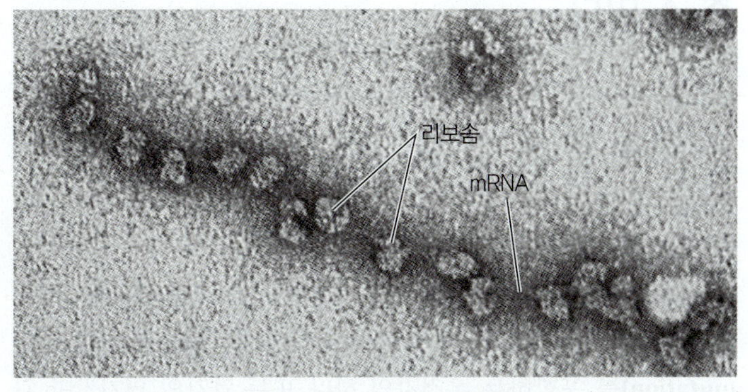

(b) 이 현미경상은 세균에서의 커다란 폴리리보솜을 보여주고 있다. 신장 중인 폴리펩타이드들은 여기서는 보이지 않는다(TEM 사진).

▲ **그림 17.22 폴리리보솜**

간에 다르다. 세균과 진핵생물 간의 가장 큰 차이는 세균 세포에 분획구조가 없다는 것이다. 세균은 하나의 방에서 일하는 것처럼 전사와 번역이 묶여 능률적으로 작동한다. 핵이 없이 같은 유전자에서 동시에 전사와 번역을 수행할 수 있다(**그림 17.23**). 새로 만들어진 단백질은 기능을 하는 곳으로 재빨리 이동할 수 있다.

반면에 진핵생물의 세포는 핵막이 전사와 번역을 분리해놓고 RNA 가공을 위해 구획을 제공하고 있다. 이러한 가공 단계는 앞서 설명한대로 여러 과정을 포함하는데, 각 과정을 조절함으로써 진핵세포의 정교한 활동들을 통합할 수 있도록 돕는다. **그림 17.24**는 진핵생물 세포의 유전자에서 폴리펩타이드가 만들어지는 과정을 요약한 것이다.

개념 확인 문제 17.4

1. 성장하는 폴리펩타이드 사슬에 정확한 아미노산이 더해지도록 보장하는 두 가지 과정은 무엇인가?
2. rRNA의 구조가 리보솜의 기능에 기여하는 방법을 논의하라.
3. 분비될 폴리펩타이드가 어떻게 내막계로 수송되는지를 기술하라.
4. **WHAT IF?** **DRAW IT** tRNA의 안티코돈이 3′-CGU-5′이라면, 여기에 부착할 수 있는 2개의 코돈은 무엇인가? mRNA에 각 코돈을 그려보고, 5′과 3′ 말단을 표시하라. 이 tRNA에 의해 운반되는 아미노산을 첨가해보라.
5. **WHAT IF?** 진핵생물의 세포에서 mRNA는 단백질들이 폴리A 꼬리와 5′ 캡을 붙잡아 원형의 구조를 하고 있음이 관찰되었다. 이는 번역의 효율을 어떻게 높일 수 있을까?

정답은 부록 A 참조

개념 17.5

하나 또는 몇 개의 뉴클레오타이드 돌연변이는 단백질의 구조와 기능에 영향을 줄 수 있다

유전자발현과정을 살펴보았으니 이제는 세포의 유전정보 변화가 어떠한 영향을 미치는지를 이해하자. **돌연변이(mutation)**라고 불리는 이런 변화들은 이들이 궁극적으로 새로운 유전자들의 원천이 되기 때문에, 생물들 사이에서 발견되는 거대한 유전자 다양성에 기여했다. 앞에서는 DNA의 긴 조각에 영향을 미치는 염색체의 재배열과 같은 대규모 돌연변이를 생각해보았다(그림 15.14); 이는 대규모 돌연변이이다. 여기서는 **점돌연변이(point mutation)**를 포함하는 유전자의 하나 또는 약간의 염기쌍만 관여된 소규모 돌연변이에 대하여 살펴볼 것이다.

만약 점돌연변이가 배우자나 배우자를 생산하는 세포에 일어난다면 자손에게 전달되고 미래 세대에까지 전달될 수 있다. 돌연변이가 개체의 표현형에 불리한 영향을 미친다면 이를 유전적

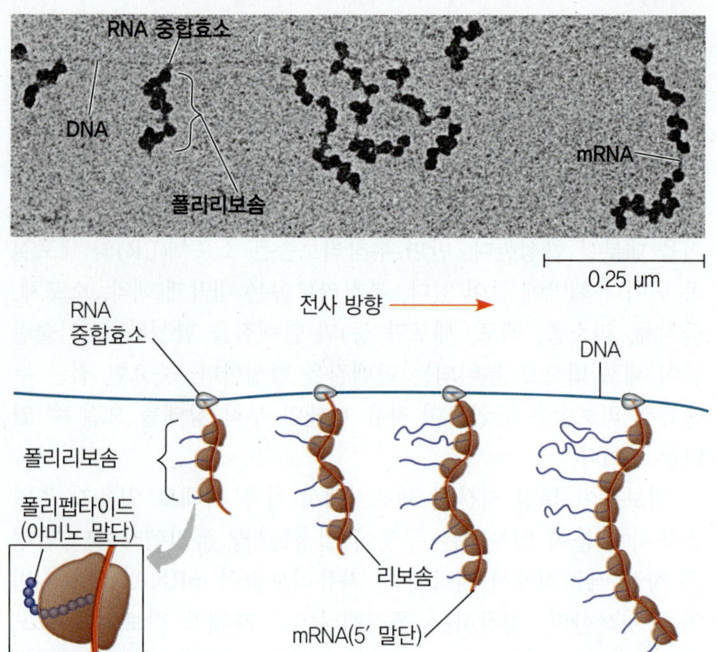

▲ **그림 17.23 세균에서의 전사와 번역의 연결.** 세균 세포에서는 mRNA의 번역이 DNA 주형에서 mRNA의 5′ 말단이 떨어져 나오는 순간부터 시작된다. 이 투과전자현미경 사진은 대장균의 DNA 가닥이 RNA 중합효소 분자에 의해 전사되는 것을 보여준다. RNA 중합효소 분자에 붙은 것은 길어지는 mRNA 가닥이며 이는 이미 리보솜에 의해 번역되고 있다. 새로 합성된 폴리펩타이드는 사진에는 보이지 않으나 밑의 모형에는 보인다.

? 어느 mRNA 분자가 먼저 전사된 것인가? 그 mRNA에서 어느 리보솜이 번역을 먼저 시작하는가?

이상 또는 유전병으로 간주한다. 예를 들어 낫모양적혈구 빈혈증의 유전적 배경을 추적할 수 있는데, 이는 헤모글로빈의 β-글로빈 폴리펩타이드를 암호화하는 유전자에서 생긴 염기쌍 하나의 돌연변이다. DNA 주형가닥의 한 뉴클레오타이드의 변화가 비정상적인 단백질 생성을 초래한다(**그림 17.25**와 그림 5.19). 돌연변이 대립유전자에 동형접합인 생물은 변화된 헤모글로빈에 의해 야기된 적혈구의 낫적혈구화로 인해 낫모양적혈구 빈혈증과 연관된 여러 가지 증상을 나타낸다(개념 14.4와 그림 23.17 참조). 또 다른 점돌연변이에 의해 야기되는 예는 가족성 심근증(familial cardiomyopathy)이라고 부르는, 젊은 운동선수의 돌연사를 야기하는 심장병이다. 근육 단백질들을 암호화하는 여러 유전자들에서 점돌연변이들이 확인되었고, 이들은 이러한 장애를 초래한다.

소규모 돌연변이의 종류

소규모 돌연변이가 어떻게 단백질의 기능에 영향을 주는지 알아보자. 유전자 내에서의 점돌연변이는 (1) 염기쌍 치환과 (2) 염기쌍 삽입 및 결실이라는 두 개의 일반적인 범주로 나뉜다. 삽입과 결실에는 하나 또는 여러 개의 뉴클레오타이드 쌍이 관여한다.

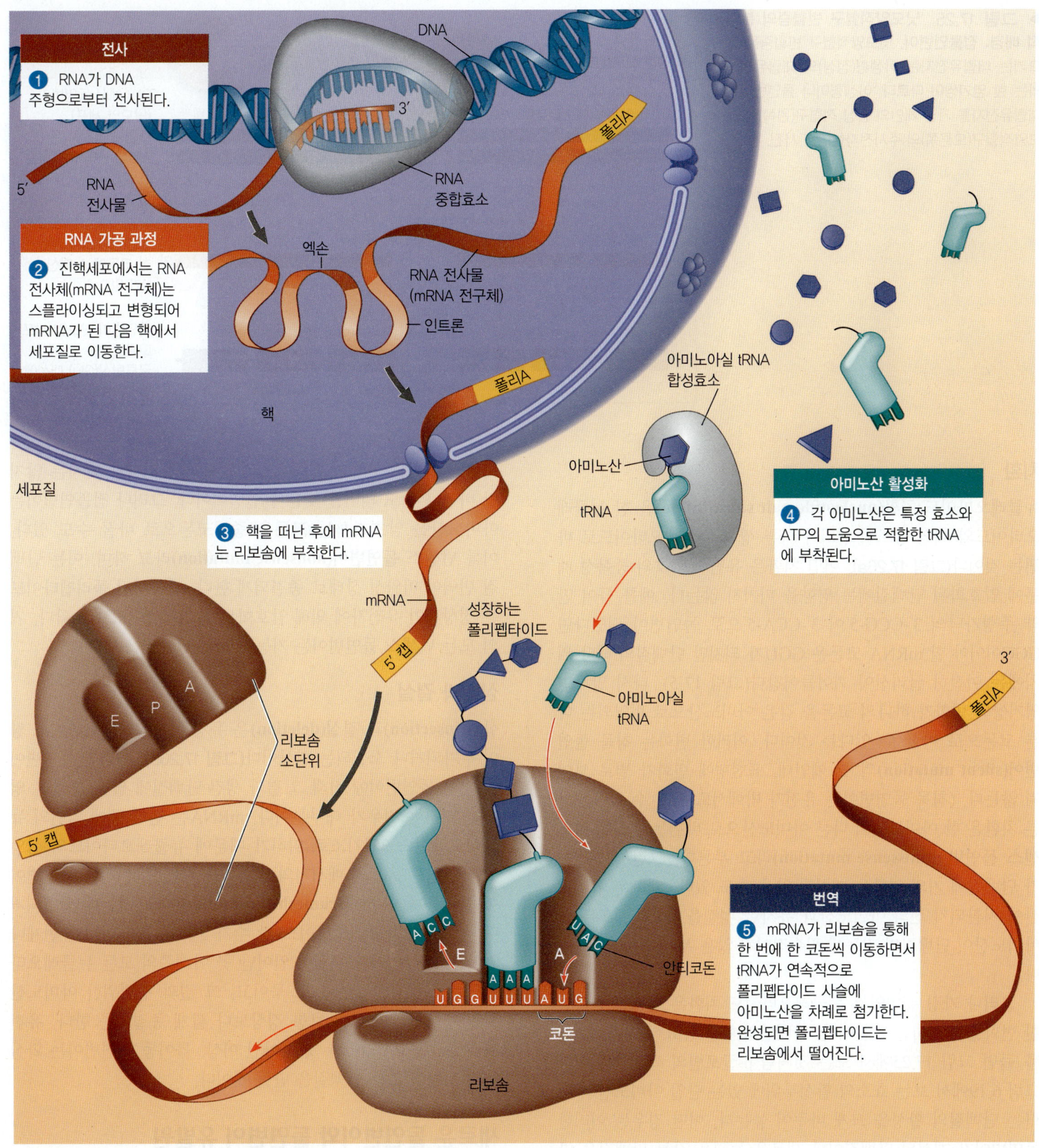

▲ **그림 17.24** **진핵세포에서의 전사와 번역의 요약.** 이 모식도는 하나의 유전자로부터 폴리펩타이드를 만드는 과정을 보여주고 있다. DNA에서 각 유전자는 반복해서 전사되어 많은 RNA 분자를 만들고 각 mRNA는 반복적으로 번역되어 많은 폴리펩타이드 분자를 생성한다는 것을 기억하라. (또한 일부 유전자의 최종 산물은 폴리펩타이드가 아니고 tRNA나 rRNA 같은 RNA 분자인 것을 기억하라.) 일반적으로 전사와 번역의 각 단계는 세균, 고세균, 진핵세포에서 유사하다. 주요 차이점은 진핵세포의 핵에서 RNA 가공이 일어난다는 점이다. 다른 중요한 차이는 전사와 번역의 개시와 전사 종결의 단계에서 발견된다.

▶ **그림 17.25 낫모양적혈구 빈혈증의 분자적 배경: 점돌연변이.** 낫모양적혈구 빈혈증을 일으키는 대립유전자는 야생형(정상)의 대립유전자와는 한 염기쌍이 다르다. 야생형이나 돌연변이형 대립유전자를 가진 개인의 정상 적혈구(왼쪽)와 낫모양적혈구(오른쪽)의 주사전자현미경 사진.

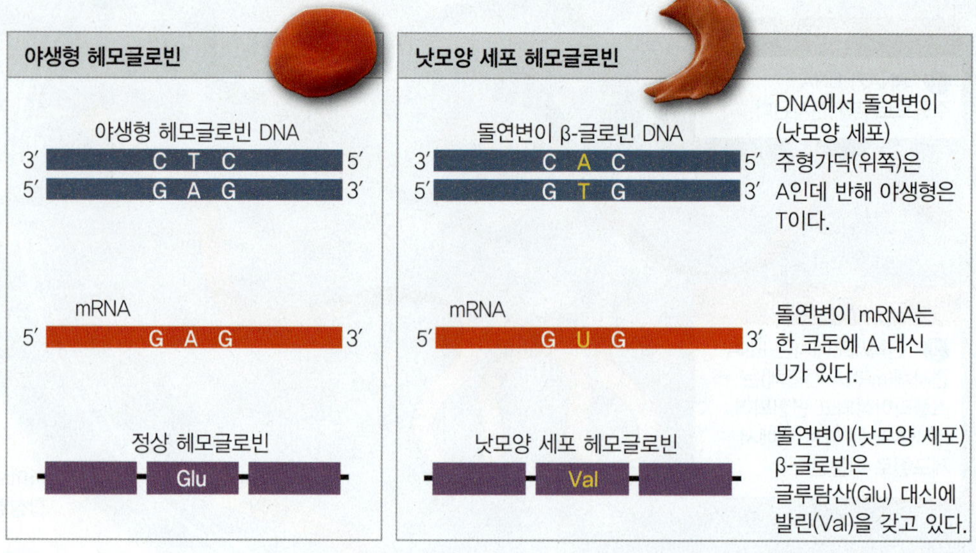

치환

뉴클레오타이드 치환(nucleotide-pair substitution)은 한 뉴클레오타이드와 이의 상보적 염기가 다른 쌍의 뉴클레오타이드로 바뀌는 것이다(**그림 17.26a**). 어떤 치환은 유전적 암호의 중복성 때문에 암호화된 단백질에는 영향을 미치지 않는다. 예를 들어 만약 주형가닥의 3′-CCG-5′이 3′-CCA-5′으로 돌연변이 되었다면 GGC이어야 할 mRNA 코돈은 GGU가 되지만 단백질의 해당 위치에는 여전히 글리신이 끼어들어간다(그림 17.5). 다시 말하면 염기쌍의 변화가 하나의 코돈을 같은 아미노산으로 번역되는 다른 코돈으로 바꿀 수 있다는 것이다. 이러한 변화는 **침묵 돌연변이(silent mutation)**의 한 예인데, 표현형에 변화가 별로 보이지 않는다. (침묵 돌연변이는 유전자 밖에서도 생길 수 있다.) 다른 치환은 한 아미노산이 다른 아미노산으로 바뀌는 것인데 **미스센스 돌연변이(missense mutation)**라고 부른다. 그런 돌연변이가 단백질에 거의 영향을 미치지 않을 수도 있다: 새로운 아미노산이 치환되기 전의 아미노산과 유사한 성질을 갖거나, 혹은 그 아미노산이 단백질의 기능에 필수적이지 않은 부분에 있을 수 있다.

그러나 가장 흥미있는 뉴클레오타이드 치환은 단백질에 확연한 변화를 야기하는 치환이다. 단백질의 매우 중요한 영역, 즉 예를 들면 그림 17.25에서 보는 것처럼 β-글로빈의 특정 영역이나 그림 6.19에서 보는 효소의 활성부위에 있는 단일 아미노산의 변화는 단백질의 활성을 크게 바꾸어 놓는다. 어떤 경우는 이러한 돌연변이가 개선된 단백질이나 새로운 능력을 갖는 단백질을 만들어 낼 수도 있지만, 대부분의 경우 그러한 돌연변이는 중립적이거나 유해하여 세포의 기능에 해를 입히는 쓸모없거나 활성이 떨어지는 단백질을 만들어낸다.

치환 돌연변이는 대부분 미스센스 돌연변이, 즉 바뀐 코돈이 여전히 아미노산을 암호화하므로 정확하게 의미가 맞지는 않지만 바뀐 후에도 의미를 갖는 돌연변이이다. 그러나 점돌연변이는 아미노산을 암호화하는 코돈을 종결코돈으로 바꿀 수도 있다. 이를 **넌센스 돌연변이(nonsense mutation)**라고 하며, 이는 단백질 번역이 미완성 상태로 종결되게 한다. 만들어진 폴리펩타이드는 정상적인 유전자에 의해 암호화된 폴리펩타이드보다 짧다. 거의 모든 넌센스 돌연변이는 기능이 없는 단백질을 만든다.

삽입과 결실

삽입(insertion)과 **결실(deletion)**은 유전자에 뉴클레오타이드 쌍이 추가되거나 소실되는 현상이다(**그림 17.26b**). 이러한 돌연변이는 치환 돌연변이에 비해 그 결과 생긴 단백질에 훨씬 안 좋은 영향을 미치는 경우가 대부분이다. mRNA는 번역 중에 일련의 뉴클레오타이드 3염기조로 읽히기 때문에 뉴클레오타이드의 삽입이나 결실은 유전적 메시지의 번역틀을 바꾼다. 이러한 돌연변이를 **틀이동 돌연변이(frameshift mutation)**라고 하는데 삽입되거나 결실되는 뉴클레오타이드 쌍 수가 3의 배수가 아니면 언제나 일어난다. 삽입이나 결실이 일어난 곳 아래쪽의 모든 뉴클레오타이드는 부적당한 코돈으로 묶이고, 그 결과 광범위한 아미노산 서열 변화가 일어나며 보통 정상보다 짧게 종결되곤 한다. 유전자의 끝 쪽에서 일어난 것이 아닌 이상, 틀이동 돌연변이는 확실하게 기능이 없는 단백질을 만들 것이다.

새로운 돌연변이와 돌연변이 유발원

돌연변이는 여러 가지 방법으로 일어날 수 있다. DNA 복제, 재조합 중에 일어난 실수는 DNA의 긴 범위에 영향을 미치는 돌연변이뿐 아니라 염기쌍의 치환, 삽입, 결실 등을 초래할 수 있다. 예를 들어 복제 중에 길어지는 사슬에 부정확한 염기가 끼어들

▼ 그림 17.26 mRNA 염기서열에 영향을 주는 소규모 돌연변이의 종류. 여기서 보이는 여러 종류(한 종류 제외)의 돌연변이는 폴리펩타이드를 암호화하는 아미노산 서열에 영향을 준다.

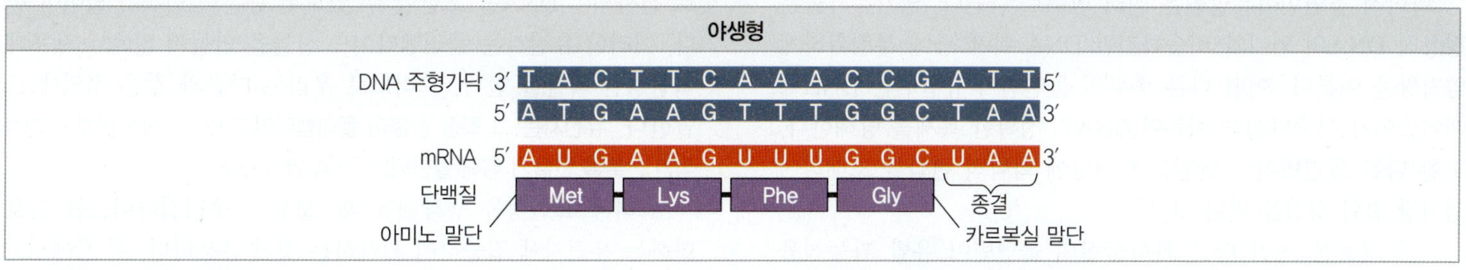

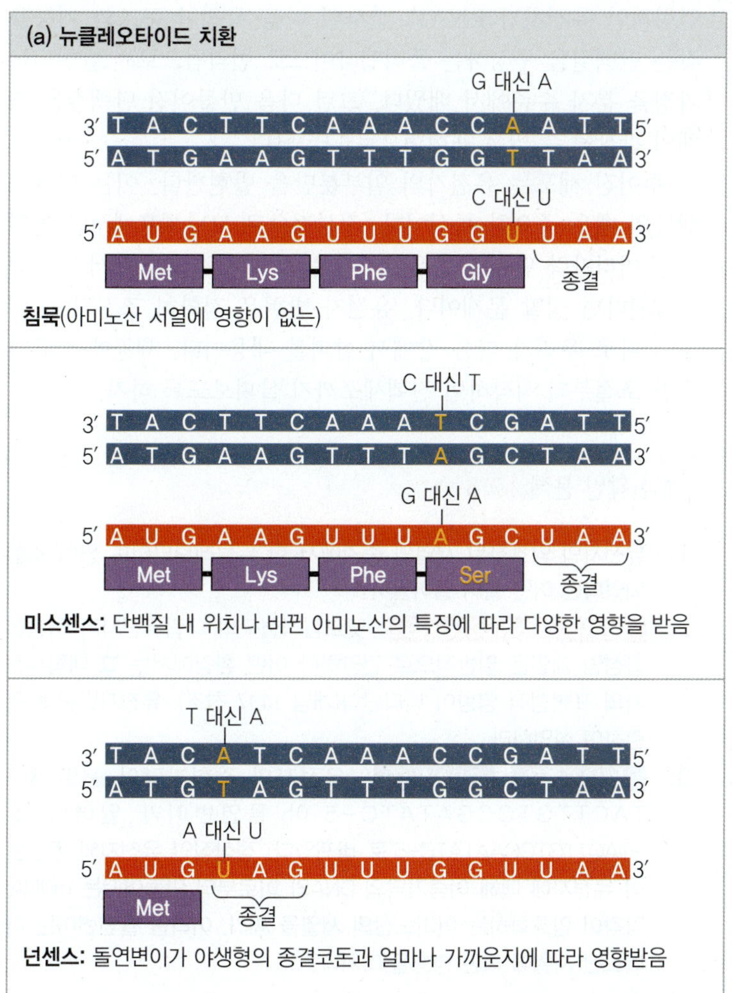

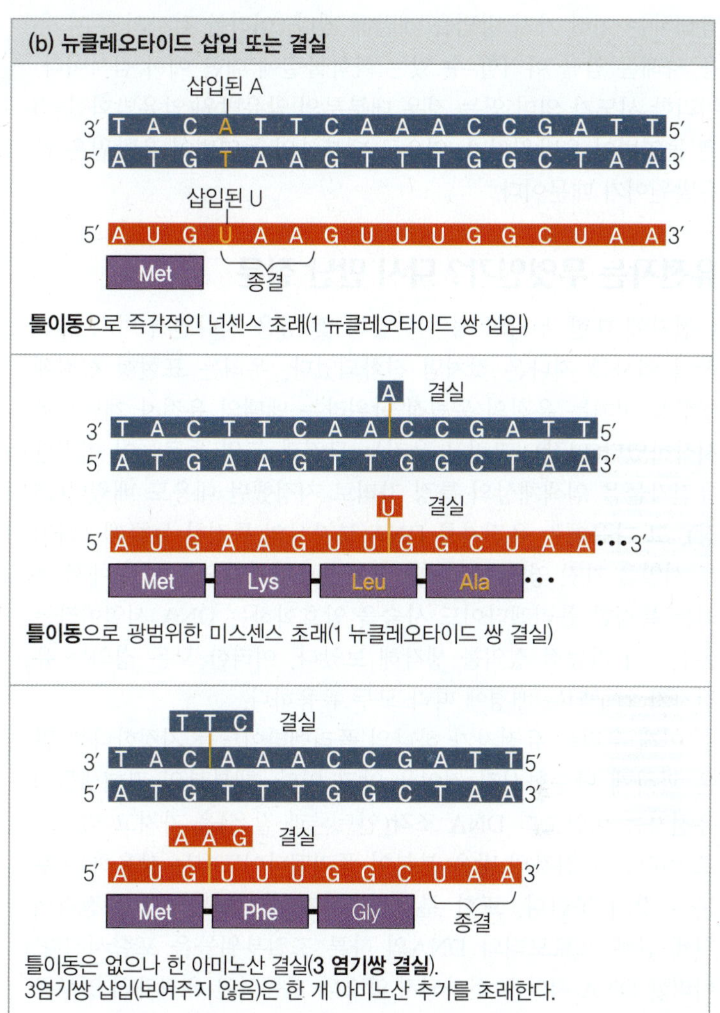

어간다면, 이 염기는 다른 가닥의 DNA에 있는 염기와는 상보적이 아닐 것이다. 많은 경우 이러한 오류는 DNA 교정과 수선 체계에 의하여 회복된다(개념 16.2). 그렇지 않으면 부정확한 염기는 다음 세대에서 복제될 때 주형으로 이용될 것이고 이는 곧 돌연변이를 초래할 것이다. 이러한 돌연변이를 **자연발생 돌연변이(spontaneous mutation)**라고 한다. 이러한 돌연변이가 일어나는 비율을 계산하기는 어렵다. DNA 복제 중에 일어나는 돌연변이율을 어림잡아 보면 대장균과 진핵생물이 비슷하다. 약 10^{10} 뉴클레오타이드 중 하나가 바뀌어 다음 세대로 전달된다.

돌연변이 **유발원(mutagen)**이라고 하는 여러 물리적, 화학적 원인들은 여러 가지 방법으로 DNA와 작용하여 돌연변이를 야기한다. 1920년대에 멀러(Hermann Muller)는 X선이 초파리에 유전적 변화를 야기한다는 것을 발견하였다. 그는 X선으로 유전학 연구에 사용할 수 있는 초파리(*Drosophila*) 돌연변이를 만들 수 있었다. 그러나 그는 또한 자신의 발견이 내포하고 있는 위험성 역시 깨달았다: X선과 다른 형태의 고에너지 방사선은 실험실 생물뿐만 아니라 사람의 유전물질에서도 위험하다는 것이다. 돌연변이를 유발하는 물리적 돌연변이 유발원인 방사선은 자외선을 포함하는데 이는 DNA에서 파괴적인 티민 이합체를 만들어낸다(그림 16.19).

화학적 돌연변이유발원은 여러 범주로 나뉜다. 염기유사물은 정상적 DNA의 염기와 비슷하지만 DNA 복제 중에 부정확하게 염기쌍을 이룬다. 어떤 다른 종류의 돌연변이 유발원은 DNA에 끼어들어가 이중나선을 비틀어 DNA의 정확한 복제를 방해한다. 또한 다른 돌연변이 유발원은 염기쌍에 화학적 변화를 초래하여 염기쌍 결합 성질을 변화시킨다.

연구자들은 여러 다른 화학물질의 돌연변이 유발 가능성을 탐색하는 여러 가지 방법을 개발해 냈다. 이러한 검사의 주된 응용 사례는 암을 야기할 수 있는 화학물질에 대한 예비 검사이다. 이러한 시도가 의미 있는 것은 대부분의 암유발원(암유발화합물)은 돌연변이 유발원이며, 역으로 대부분의 돌연변이 유발원은 암유발원이기 때문이다.

유전자는 무엇인가? 다시 만난 질문

유전자에 대한 우리의 정의는 앞의 몇 장을 지나면서 마치 유전학의 역사를 지나온 것처럼 진화되었다. 우리는 표현형 형질에 영향을 미치는 유전의 독립적 단위라는 멘델의 유전자 개념으로 시작하였다(14장). 그리고 우리는 모건과 그의 동료들이 이러한 유전자들을 염색체상의 특정 자리로 지정했던 내용도 배웠다(15장). 그 다음에는 유전자를 DNA 분자상의 특정한 뉴클레오타이드 서열을 가진 영역으로 보았다(16장). 마지막으로 이 장에서 우리는 특정한 폴리펩타이드 사슬을 암호화하는 DNA 서열이라는 유전자의 기능적 정의를 생각해 보았다. 이러한 모든 정의는 유전자가 연구되는 배경에 따라 모두 유용하다.

이제 우리는 유전자가 하나의 폴리펩타이드를 지정한다는 말은 과하게 단순화시킨 것임을 알고 있다. 대부분의 진핵생물의 유전자는 비암호화 DNA 조각(인트론과 같은)을 가지고 있으므로 이러한 유전자의 많은 부분이 폴리펩타이드에는 상응하는 부분을 갖지 못한다. 또한 분자생물학자들은 빈번하게 유전자의 경계 안에 프로모터와 DNA의 다른 조절부위들을 포함시킨다. 이러한 DNA 서열은 전사되지 않으나 기능적인 유전자의 일부분으로 간주되는데, 이는 전사를 하는 데에 반드시 필요하기 때문이다. 유전자의 분자적인 정의는 rRNA, tRNA, 다른 RNA 등으로 전사되는 DNA를 포함할 수 있도록 충분히 범위가 넓어야 한다. 이러한 유전자는 폴리펩타이드 산물을 만들지 않으나 세포에 핵심적인 역할을 한다. 그러므로 우리는 다음과 같은 정의에 도달한다. **유전자는 그 최종 산물이 폴리펩타이드 또는 RNA 분자인 기능적인 산물을 만들기 위해 발현되는 DNA 영역이다.**

그러나 표현형을 생각해볼 때, 보통은 폴리펩타이드를 암호화하는 유전자에 집중하여 시작하는 것이 유용하다. 이 장에서는 전형적인 유전자가 RNA로 전사된 다음 특정한 구조와 기능을 갖는 단백질을 구성하는 폴리펩타이드로 번역됨으로써 발현되는 과정을 분자 수준에서 배웠다. 그런 다음 만들어진 단백질은 개체의 관찰될 수 있는 표현형으로 나타난다.

주어진 세포는 유전자의 일부분만을 발현한다. 이는 다세포 생물의 매우 중요한 특성이다. 정상적으로 모낭세포에서만 발현되는 머리카락 단백질의 유전자가 눈의 수정체 세포에서 발현이 시작된다면 정말 문제이다. 유전자 발현은 정확히 조절되며, 이것이 바로 우리가 다음 장에서 살펴볼 내용이다. 세균에서의 단순한 조절부터 시작하여 진핵세포까지 살펴보도록 하자.

개념 확인 문제 17.5

1. 유전자의 암호화된 서열의 중간에서 한 뉴클레오타이드 쌍이 소실되었다면 어떤 일이 일어날까?
2. MAKE CONNECTIONS 낫모양적혈구의 대립유전자가 이형접합성인 개인은 일반적으로 건강하나 어떤 환경에서는 그 대립유전자의 표현형적 영향이 나타난다(개념 14.17 참조). 유전자발현과 관련하여 설명하라.
3. WHAT IF? DRAW IT 유전자의 주형가닥이 서열 3′-TACTTGTCCGATATC-5′이 돌연변이가 일어나 3′-TACTTGTCCAATATC-5′로 바뀌었다. 정상적인 유전자와 돌연변이 유전자에 대해 이중가닥의 DNA와 이로부터 만들어지는 mRNA, 각각이 암호화하는 아미노산의 서열을 써라. 이러한 돌연변이는 아미노산 서열에 어떤 영향을 미치나?

정답은 부록 A 참조

17장 복습

핵심 개념의 요약

개념 17.1

유전자는 전사와 번역을 통해서 단백질을 지정한다

- 비들과 테이텀의 *Neurospora* 돌연변이 균주를 이용한 실험은 하나의 유전자-하나의 폴리펩타이드 가설에 이르게 했다. **유전자 발현(gene expression)**이라는 과정을 통하여 유전자에 암호화된 정보는 폴리펩타이드 사슬(효소와 여러 단백질들)이나 RNA 분자를 만드는 데 사용된다.
- **전사(transcription)**는 DNA의 주형가닥과 상보적인 RNA를 만들며, 정보를 뉴클레오타이드 대 뉴클레오타이드로 전달하는 과정이다. **번역(translation)**은 **mRNA**의 뉴클레오타이드 서열에 의해 암호화된 아미노산 서열을 가진 폴리펩타이드의 합성이다.
- 유전정보는 겹치지 않는 3염기조 서열, 즉 **코돈(codon)**으로 암호화되어 있다. 전령 RNA(mRNA)의 코돈은 아미노산으로 번역되거나(64 코돈 중 61) 번역종결신호(3 코돈)로 기능을 한다. 코돈은 정확한 **번역틀(reading frame)**을 따라 읽혀져야 한다.

? 생물의 표현형에 영향을 미치는 유전자 발현 과정에 대해 설명하라.

개념 17.2

전사는 DNA를 이용한 RNA 합성이다: 자세히 보기

- RNA 합성은 **RNA 중합효소(RNA polymerase)**에 의해 촉매된다. 이는 DNA 주형가닥에 상보적인 RNA 뉴클레오타이드를 서로 연결시킨다. 이러한 과정은 RNA에서 티민이 우라실로 치환되는 것을 제외하고는 DNA 복제와 똑같은 염기쌍 형성규칙을 따른다.

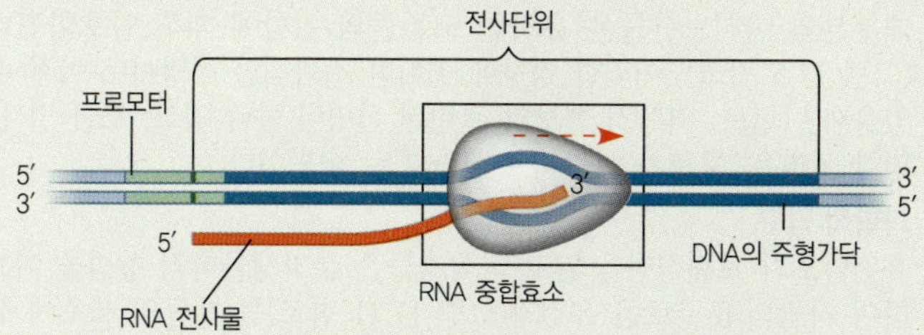

- 전사의 세 단계는 개시, 신장, 종결이다. **프로모터(promoter)**는 RNA 합성 개시 장소를 제공하며 진핵생물에서는 **TATA 상자(TATA box)**가 포함된다. **전사인자(transcription factor)**는 진핵생물의 RNA 중합효소가 프로모터 서열을 인지하여 **전사개시복합체(transcription initiation complex)**가 형성되도록 도움을 준다. 종결 기작은 세균과 진핵생물에서 서로 다르다.

? 세균과 진핵생물의 유전자 전사개시에 있어 유사점과 차이점은 무엇인가?

개념 17.3

진핵세포는 전사 후에 RNA를 변형시킨다

- 진핵세포의 mRNA 분자는 핵을 떠나기 전에 말단의 변화와 RNA 스플라이싱에 의해 가공된다. 또한 5′ 말단은 변화된 뉴클레오타이드 **5′ 캡(5′ cap)**을 달고 3′ 말단은 **폴리A 꼬리(poly-A tail)**를 단다.
- 대부분의 진핵생물 유전자는 쪼개져 있다: 암호화 부위인 **엑손(exon)**(mRNA에 포함될 영역) 사이사이에 **인트론들(introns)**이 퍼져 있다. **RNA 스플라이싱(RNA splicing)**에서 인트론은 제거되고 엑손들이 하나로 이어진다. RNA 스플라이싱은 **스플라이싱복합체**에 의해 수행된다. 어떤 경우에는 RNA 혼자서 스플라이싱을 촉매하기도 한다. **리보자임(ribozyme)**이라고 부르는 일부의 RNA 분자의 촉매능력은 RNA의 내재적인 특성에서 기인한다. 인트론의 존재는 **대체 RNA 스플라이싱(alternative RNA splicing)**을 가능하게 한다.

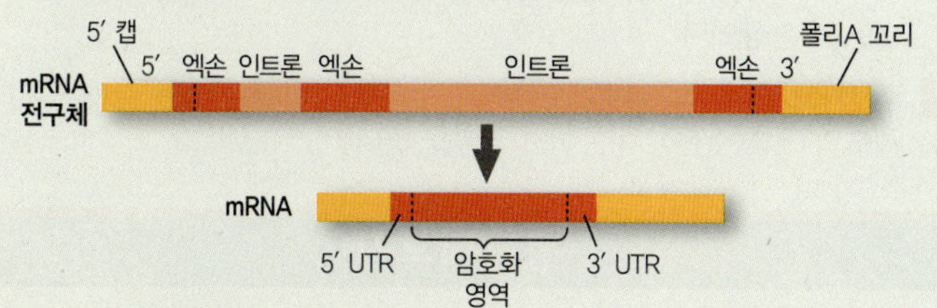

? 5′ 캡과 폴리A 꼬리는 진핵생물의 mRNA에서 어떤 기능을 하는가?

개념 17.4

번역은 RNA를 이용한 폴리펩타이드 합성이다: 자세히 보기

- 세포는 mRNA 메시지를 **운반 RNA(tRNA)**를 이용하여 단백질로 번역한다. **아미노아실 tRNA 합성효소**에 의해 특정 아미노산을 붙인 다음 tRNA 분자는 mRNA의 코돈과 상보적인 **안티코돈**을 이용하여 정렬한다. **리보솜 RNA(rRNA)**와 단백질로 이루어진 **리보솜**은 mRNA와 tRNA를 위해 결합자리를 제공해 이들의 결합을 촉진한다.
- 리보솜은 번역의 세 단계인 개시, 신장, 종결 단계를 조정한다. 아미노산 간의 펩티드 결합의 형성은 rRNA에 의해 촉매되며, tRNA는 **A 자리**와 **P 자리**를 통해 이동하며 **E 자리**를 통해 빠져나간다.

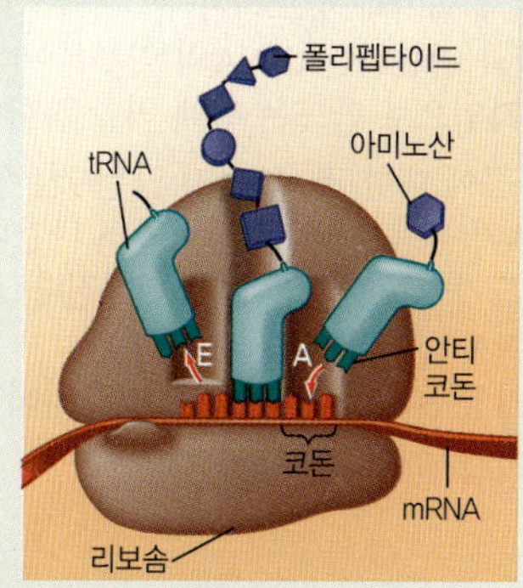

- 번역 후에 단백질은 구조에 영향이 있을 만큼 변화될 수 있다. 세포질에 있는 자유리보솜이 모든 단백질의 번역을 개시하지만, **신호펩타이드(signal peptide)**를 가지고 있는 단백질은 ER에서 합성된다.
- 유전자는 여러 개의 RNA 중합효소에 의해 동시에 전사될 수 있다. 하나의 mRNA 분자도 **폴리리보솜(polyribosome)**을 형성하면서 여러 개의 리보솜에 의해 동시에 번역이 될 수 있다. 세균에서는 이 두 과정이 연계되어 있으나 진핵세포에서는 핵막에 의해 시공간적으로 분리되어 있다.

? 번역의 과정에서 tRNA는 어떤 역할을 수행하는가?

개념 17.5

하나 또는 몇 개의 뉴클레오타이드 돌연변이는 단백질의 구조와 기능에 영향을 줄 수 있다

- 점돌연변이를 포함하는 작은 규모의 돌연변이들은, DNA의 한 뉴클레오타이드 쌍이 변화하는 것으로, 비기능적인 단백질이 생산되도록 할 수 있다. **염기쌍 치환(nucleotide-pair substitution)**은 **미스센스 돌연변이(missense mutation)**나 **넌센스 돌연변이(nonsense mutation)**를 일으킬 수 있다. 염기쌍 **삽입(insertion)**이나 **결실(deletion)**은 **틀이동 돌연변이(frameshift mutation)**를 일으킬 수 있다.
- 자연발생 돌연변이는 DNA 복제, 재조합, 수선 과정에서 일어날 수 있다. 화학적, 물리적인 **돌연변이** 유발원 역시 유전자 변화를 가져오는 DNA의 손상이다.

? 유전자에서 하나의 뉴클레오타이드의 화학적 변화는 어떤 결과를 초래하나? 세포의 DNA 수선장치는 어떤 역할을 하나?

생각해보자

수준 1: 지식/이해

1. 진핵세포에서 전사는 언제까지 시작될 수가 없나?
  a. 두 DNA 가닥이 완전히 떨어져서 프로모터를 드러낼 때까지
  b. 여러 개의 전사인자가 프로모터에 부착할 때까지
  c. 5′ 캡이 mRNA에서 제거될 때까지
  d. DNA 인트론이 주형에서 제거될 때까지

2. 다음 중 코돈에 관하여 맞지 않는 것은?
  a. 다른 코돈이 같은 아미노산을 암호화할 수 있다.
  b. 하나보다 많은 아미노산을 암호화할 수 없다.
  c. tRNA 분자의 한쪽 끝에 돌출되어 있다.
  d. 유전암호의 기본 단위이다.

3. 특정 tRNA 분자의 안티코돈은?
  a. mRNA 해당 코돈과 상보적이다.
  b. rRNA의 해당 세 염기와 상보적이다.
  c. 특정 아미노산과 결합하는 tRNA의 일부분이다.
  d. tRNA를 리보자임으로 만드는 촉매 역할을 한다.

4. 다음 중 RNA 가공에 대한 것 중 맞지 않는 것은?
  a. 엑손은 mRNA가 핵을 떠나기 전에 잘려 나간다.
  b. 뉴클레오타이드가 RNA의 양 끝에 더해진다.
  c. 리보자임이 RNA 스플라이싱에 관여한다.
  d. RNA 스플라이싱은 스플라이싱복합체에 의해 촉매된다.

5. 다음 중 번역에 직접 관여하지 않는 것은?
  a. GTP
  b. DNA
  c. tRNA
  d. 리보솜

수준 2: 응용/분석

6. 그림 17.5를 이용하여, 펩타이드 서열 Phe-Pro-Lys을 암호화하는 mRNA를 위한 DNA 주형의 염기서열을 5′에서 3′으로 쓴 것을 찾으시오.
  a. 5′-UUUGGGAAA-3′
  b. 5′-GAACCCCTT-3′
  c. 5′-CTTCGGGAA-3′
  d. 5′-AAACCCUUU-3′

7. 다음의 돌연변이 중에서 생물에 해가 될 가능성이 가장 높은 것은?
  a. 유전자의 중간에 세 개의 뉴클레오타이드 결실
  b. 인트론의 중간에 한 개의 뉴클레오타이드 결실
  c. 암호화 서열 끝부분에 한 개의 뉴클레오타이드 결실
  d. 암호화 서열 시작부분의 바로 아래에 한 개의 뉴클레오타이드 삽입

8. 그림 17.23에서 보이는 과정의 연계는 진핵세포에서 보이는가? 보이는지 아닌지의 이유를 설명하라.

9. DRAW IT 다음 표를 채우라.

RNA 종류	기능
전령 RNA(mRNA)	
운반 RNA(tRNA)	
	리보솜에서 촉매(리보자임)와 구조적 역할을 함
1차 전사물	
소형 핵 RNA(snRNA)	

수준 3: 종합/평가

10. 진화적 관점
대부분의 아미노산들은 유사한 코돈들의 집합에 의해 암호화된다(그림 17.5 참조). 이러한 경향에 어떠한 진화적인 설명이 주어질 수 있을까? (힌트: 역사적 계보와 관련된 설명이 하나 있고, 조금 덜 분명한 설명은 "구조가 기능에 부합한다는 설명"이다.)

11. 과학적 탐구
유전암호가 보편적임을 알고 과학자들은 분자생물학적 방법을 이용하여 사람의 β-글로빈 유전자(그림 17.11 참조)를 세균의 세포에 삽입하려 한다. 이렇게 하여 세균 세포가 이를 발현하고 기능을 갖는 β-글로빈 단백질이 만들어지기를 희망한다. 그런데 세균에서 만들어진 단백질은 기능을 하지 않고 진핵세포에서 만들어진 β-글로빈보다 여러 개의 아미노산이 적은 단백질을 갖는 것으로 나타났다. 이유를 설명하라.

12. 글쓰기: 정보
진화는 생명의 동질성과 다양성을 설명해 준다. 생명의 연속성은 DNA 형태의 유전정보에 기초한다. 짧은 글(100~150 단어)로 DNA가 진화과정과 관련하여 어떻게 정확히 유전되는지 논의해보자. (개념 16.2에 있는 DNA 교정과 수선에 관련된 논의를 다시 복습하자.)

13. **종합적으로 생각해보기**

어떤 돌연변이는 특정 온도에서 기능을 하는데 다른 온도(흔히 더 높은 온도)에서는 기능을 못하는 단백질을 만든다. 샴고양이는 털에 흙빛 색소를 만드는 효소를 암호화하는 유전자에 "온도 민감성" 돌연변이를 가지고 있다. 이 돌연변이는 고양이가 특색있게 일정 부분이 검게 보이며 신체는 밝은 색깔로 보이도록 한다(사진 참조). 이 정보와 이 장에서 배운 것을 이용하여 이 고양이의 털 색소의 패턴을 설명하라.

정답은 부록 A 참조

18

유전자 발현 조절

핵심 개념

18.1 세균들은 전사 조절을 통해서 환경 변화에 반응한다

18.2 진핵생물의 유전자 발현은 여러 단계에서 조절된다

18.3 비번역 RNA는 다양한 방식으로 유전자 발현을 조절한다

18.4 다세포생물에서 여러 가지 세포유형으로의 분화는 차등적 유전자 발현을 통해 이루어진다

18.5 암은 세포주기를 조절하는 유전자의 돌연변이에 의해 발생한다

▲ **그림 18.1 이 물고기는 어떻게 공기와 물속에서 모두 잘 볼 수 있을까?**

차등적 유전자 발현

그림 18.1의 물고기는 먹이를 잡기 위해 물 밖으로 눈을 내놓고 있다. 정확하게 표현하면, 눈의 반쪽을 내놓고 있는 이 물고기는 *Anableps anableps*로 일명 "네눈박이"라 불린다. 중앙아메리카 및 남아메리카의 호수와 연못에 서식하는 네눈박이 물고기는 눈의 윗부분 반쪽을 물 밖으로 내 놓은 채 헤엄친다. 눈의 위쪽 반은 공기 속 시야를 보는 데 적합하며, 눈의 아래쪽 반은 물속 시야를 보는 데 적합한 구조를 지닌다. 네눈박이 물고기 눈 구조의 특수화 현상에 대한 분자적 기작이 최근에 알려졌다: 눈의 윗부분과 아래 부분에 존재하는 세포들은 매우 유사하며 동일한 유전체를 가지고 있지만, 각각 약간 다른 세트의 유전자들을 발현한다. 이런 놀라운 특징을 가능하게 하는 선별적 유전자 발현의 생물학적 기작은 무엇일까?

원핵세포와 진핵세포의 특징은 언제나 정교하고 정확한 유전자 발현 조절을 통해 결정된다. 이 장에서는 우선 다양한 환경에서 세균들이 유전자들의 발현을 어떻게 조절하는지 탐구할 것이다. 또한 진핵생물에서 유전자 발현 조절을 통해 다양한 유형의 세포들을 유지하는 기작과 진핵세포의 유전자 발현 조절에 작용하는 RNA 분자의 다양한 역할에 대해 알아볼 것이다. 마지막으로 정교한 유전자 발현 조절의 대표적 예인 배아 발생과 유전자 발현 조절 이상으로 발생하는 암에서 유전자 조절의 역할을 살펴볼 것이다. 모든 세포에서 정확한 유전자 발현 조절은 생명체의 기능에 필수적이다.

개념 18.1

세균들은 전사 조절을 통해서 환경 변화에 반응한다

자원과 에너지를 보존할 수 있는 세균세포들은 그렇지 못한 다른 세포에 비해 선택적 이점을 가진다. 따라서 자연선택은 세포에 의해 요구되는 산물의 유전자만 발현하는 세균들을 우호적으로 선택해왔다.

변덕스러운 환경인 인간의 대장에 살면서 숙주의 변덕스러운 식습관에 의존하여 영양분을 취하는 대장균(*E. coli*)을 생각해 보자. 만약 세균의 생존에 필요한 트립토판 아미노산이 주위 환경으로부터 제공되지 못한다면, 이에 대응하여 세균들은 다른 물질로부터 트립토판을 만들 수 있는 대사과정을 활성화시킨다. 나중에 숙주인 사람이 트립토판이 충분한 음식을 섭취하게 된다면, 세균은 이제 트립토판을 만드는 것을 중단함으로써 주위환경에서 획득 가능한 물질을 생산하는 데 필요한 자원을 낭비하지 않을 수 있다. 이는 세균들이 환경 변화에 반응하여 물질대사를 조절하는 한 예에 해당한다.

그림 18.2에서 볼 수 있듯이, 트립토판 합성에 관한 대사 조절은 두 가지 방식으로 일어난다. 첫 번째로, 세포는 이미 존재하는 효소의 활성을 조절할 수 있다. 이는 매우 빠른 반응이며, 효소 활성을 억제하거나 증가시키는 화학적 신호들에 대한 효소들의 민감성에 의해 좌우된다(개념 6.5). 트립토판 합성경로에서 첫 번째 효소의 활성은 대사경로의 최종산물에 의해 억제된다**(그림 18.2a)**. 따라서 세포 내에 트립토판이 축적되면 효소의 활성을 억제하여 더 이상의 트립토판 합성을 막는다. 이와 같은 전형적인 동화(생합성)경로에서 나타나는 **되먹임 억제**(**feedback inhibition**) 현상을 통해 세포는 필요로 하는 물질의 단기적인 공급 변동에 적응할 수 있다.

두 번째로, 세포는 효소를 암호화하고 있는 유전자의 발현을 조절함으로써 특정 효소의 생산량을 조절할 수 있다. 예를 들어, 만약 트립토판이 환경으로부터 충분하게 공급된다면 세포는 트립토판 합성을 촉매하는 효소의 합성을 중지한다**(그림 18.2b)**. 이 경우 효소 합성의 조절은 이러한 효소를 암호화하는 전령 RNA를 생산하는 전사단계에서 진행된다. 일반적으로 세균 유전체에 존재하는 많은 유전자들의 발현은 세포대사 상태의 변화에 맞추어 조절된다. **오페론 모델**(**operon model**)이라 일컫는 이와 같은 세균 유전자 발현 조절에 대한 기본적인 기작은 파스퇴르 연구소의 자코브(Francois Jacob)와 모노(Jacques Monod)가 1961년에 처음 발견하였다. 지금부터 오페론이 무엇이며 어떻게 작동하는지 살펴보자.

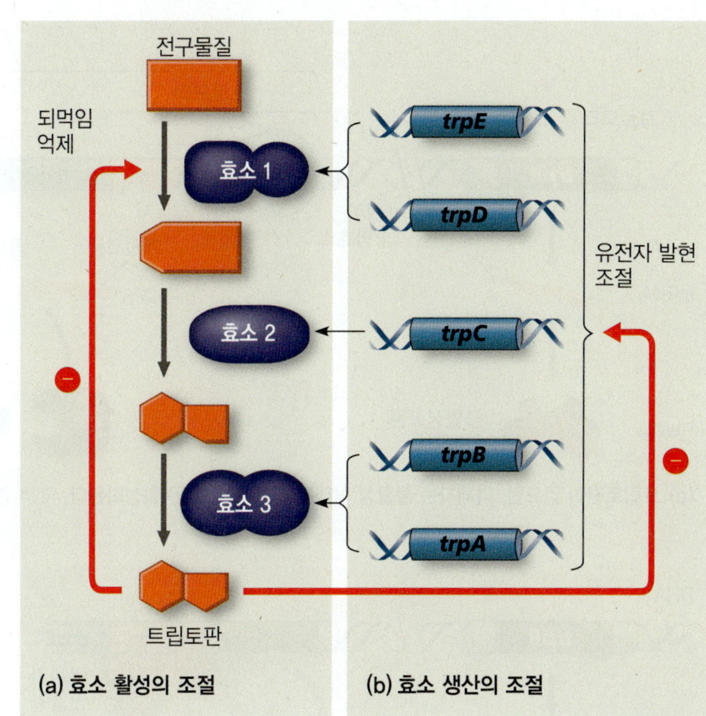

▲ **그림 18.2 물질대사경로의 조절.** 트립토판 합성경로에서 트립토판이 충분한 경우 (a) 즉각적인 반응으로서 대사경로에서 첫 효소의 활성을 억제하는 되먹임 억제는 물론, (b) 느린 반응으로서 대사경로의 모든 효소 소단위체를 암호화하는 유전자들의 발현을 억제할 수 있다. *trpE*와 *trpD* 유전자들은 효소 1의 두 소단위체를 암호화하며, *trpB*와 *trpA* 유전자는 효소 3의 두 소단위체를 암호화한다. 유전자들의 이름은 대사경로에서 작용하는 순서가 알려지기 이전에 명명되었다. ⊖ 기호는 억제를 의미한다.

오페론: 기본 개념

그림 18.2에서 볼 수 있듯이, *E. coli*는 전구물질에서부터 3단계의 경로를 통해 트립토판 아미노산을 합성한다. 각 합성단계는 특정 효소에 의해서 촉매되는데, 이러한 효소들의 소단위체를 암호화하는 5개의 유전자는 세균 염색체의 한 곳에 군집을 이루고 있다. 하나의 프로모터가 이 5개의 유전자 모두의 발현에 관여하며, 이들은 하나의 전사 단위를 이룬다. (개념 17.2에서 이미 살펴보았듯이 프로모터는 RNA 중합효소가 결합하여 전사를 시작하는 DNA 자리이다.) 따라서 전사를 통해 트립토판 합성에 작용하는 여러 효소들을 만드는 5개의 폴리펩타이드들이 한 분자의 긴 mRNA에 의해 암호화되어 한 단위로 합성된다**(그림 18.3a)**. mRNA는 각 폴리펩타이드의 암호화 서열이 어디에서 시작하고 어디에서 끝나는지를 지시하는 개시코돈과 종결코돈으로 나누어져 있으므로, 세포는 하나의 mRNA로부터 5개의 폴리펩타이드를 각각 번역해 낼 수 있다.

기능적으로 연관된 유전자들을 하나의 전사 단위로 묶음으로써 하나의 "개폐 스위치"를 작동시켜 유전자 발현을 조절할 수 있다는 것은 오페론 구조의 중요한 장점이다. 다시 말해, 오페론 내 유전자들은 **통합조절**(**coordinate control**)된다. *E. coli*가 주위환

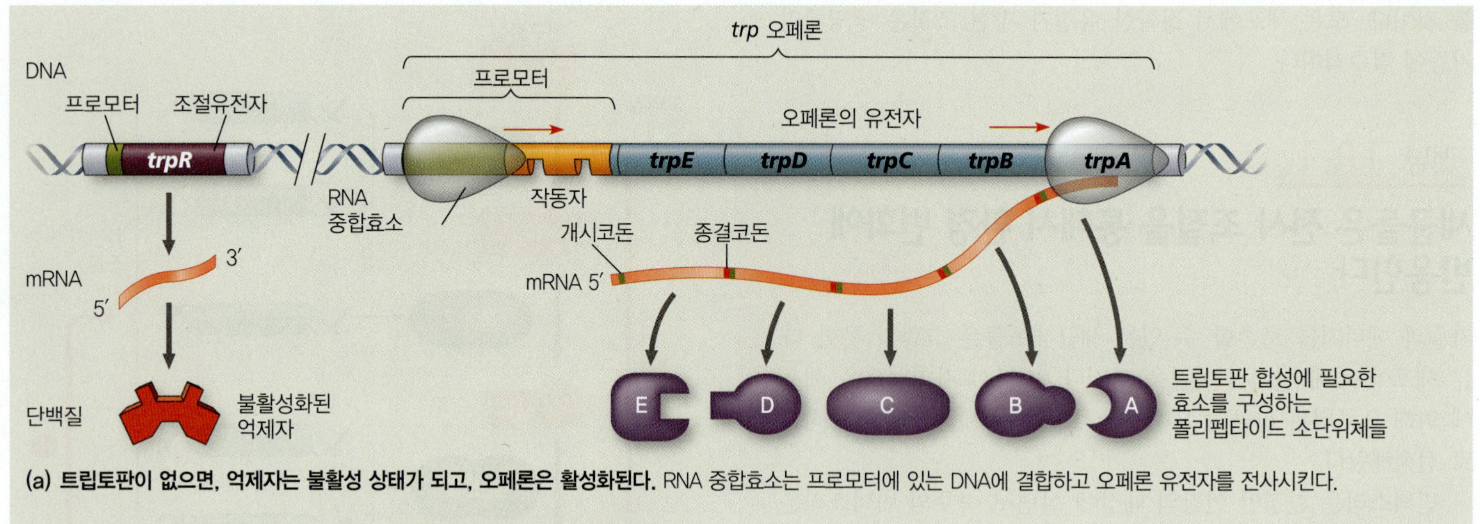

(a) 트립토판이 없으면, 억제자는 불활성 상태가 되고, 오페론은 활성화된다. RNA 중합효소는 프로모터에 있는 DNA에 결합하고 오페론 유전자를 전사시킨다.

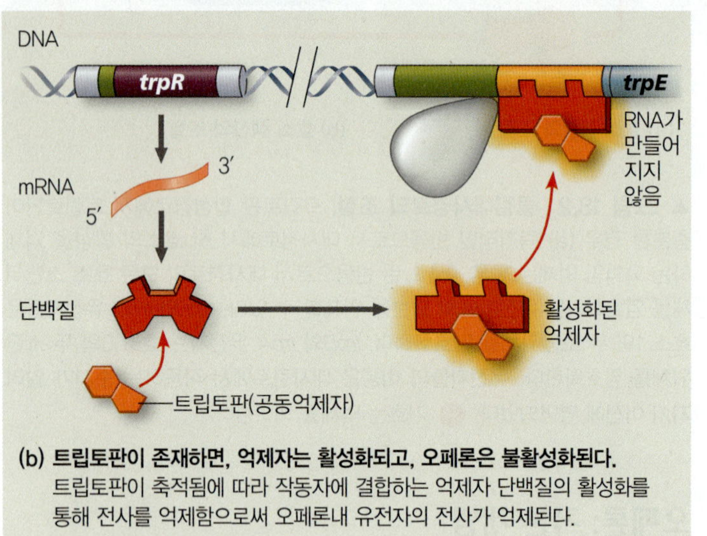

(b) 트립토판이 존재하면, 억제자는 활성화되고, 오페론은 불활성화된다. 트립토판이 축적됨에 따라 작동자에 결합하는 억제자 단백질의 활성화를 통해 전사를 억제함으로써 오페론내 유전자의 전사가 억제된다.

▲ **그림 18.3** ***E. coli*의 *trp* 오페론: 억제성 효소의 합성 조절.** 트립토판은 억제가 가능한 효소들에 의해 촉매되는 동화반응경로를 통해 합성된다. (a) 트립토판 합성경로에 작용하는 효소들을 암호화하는 5개의 유전자들(그림 18.2)은 하나의 프로모터와 함께 *trp* 오페론에 군집으로 존재한다. 억제자 결합 부위인 *trp* 작동자는 RNA 중합효소가 결합하는 부위인 *trp* 프로모터 내에 존재한다. (b) 합성경로의 최종 산물인 트립토판이 축적되면 *trp* 오페론의 전사는 억제되고 경로에 존재하는 모든 효소의 합성이 중단된다.

? 세포가 자신의 트립토판을 모두 소모하였을 때 *trp* 오페론에서는 어떠한 일이 일어나는지 설명하라.

경으로부터 트립토판을 공급받지 못해 스스로 트립토판을 합성해야 할 경우, 트립토판 합성경로에 관여하는 유전자들은 한꺼번에 발현된다. **작동자(operator)**라 부르는 DNA 부분이 스위치로 작용한다. 작동자는 프로모터 내에 존재하거나 혹은 가끔 효소를 암호화하는 유전자와 프로모터 사이에 위치함으로써 RNA 중합효소가 유전자에 접근하는 것을 조절한다. **오페론(operon)**은 작동자, 프로모터 및 이들에 의해 조절되는 유전자들을 포함하는 일련의 DNA로 구성되어 있다. *E. coli*에는 수많은 오페론이 존재하며 *trp* 오페론(*trp*은 트립토판의 약자)은 이들 중 하나이다(그림 18.3).

작동자가 오페론 내 유전자의 전사를 조절하는 스위치라면, 이러한 스위치는 어떻게 작동하는 것일까? *trp* 오페론은 스스로 켜진다. 즉 RNA 중합효소가 프로모터에 결합하면 오페론에 있는 유전자들은 전사된다. 오페론은 *trp* **억제자(repressor)** 단백질에 의해 꺼질 수 있다. 억제자는 작동자에 결합하여 RNA 중합효소가 프로모터에 결합하는 것을 막음으로써 유전자들의 전사를 억제한다(**그림 18.3b**). 억제자 단백질은 특정 오페론의 작동자별로 특화되어 있다. 예를 들어, *trp* 작동자에 결합하여 *trp* 오페론을 끄는 스위치인 억제자 단백질은 *E. coli* 유전체에 존재하는 다른 오페론에는 전혀 효과를 나타내지 않는다.

trp 억제자는 *trpR*이라 불리는 **조절유전자(regulatory gene)**로부터 만들어지는데, 이 유전자는 *trp* 오페론과 약간 떨어진 곳에 위치하며 독자적인 프로모터를 가지고 있다. 조절유전자는 비록 낮은 빈도이기는 하지만 지속적으로 발현되며, 적은 양의 *trp* 억제자는 *E. coli* 세포에 항상 존재하고 있다. 그렇다면 왜 *trp* 오페론은 지속적으로 꺼져 있지 않을까? 첫 번째로 억제자는 가역적으로 작동자에 결합한다. 즉, 작동자는 억제자와 결합하거나 혹은 결합하지 않은 가역적인 두 가지 상태로 존재할 수 있다. 세포 내에 활성화된 억제자가 많이 존재하면, 상대적으로 작동자는 억제자가 결합한 상태로 유지된다. 둘째, *trp* 억제자는 대부분의 조절 단백질이 그러하듯이 활성과 불활성의 두 가지 선택적인 모양을 가지는 다른 자리 입체성(allosteric) 단백질이다(그림 6.20). 새로 합성된 *trp* 억제자는 *trp* 작동자에 결합하지 못하는 불활성 형태이다. *trp* 억제자는 트립토판이 *trp* 억제자의 다른 자리 입체성 부위에 결합할 때에만 활성 형태로 바뀌어 작동자에 결합하며, 오페론의 작동을 멈추게 할 수 있다.

이 시스템에서 트립토판은 억제자 단백질과 함께 오페론의 작동을 멈추게 하는 작은 분자인 **공동억제자(corepressor)**로 작용한다. 트립토판이 세포에 축적될수록 더 많은 *trp* 억제자와 결합하게 되고, 이들은 *trp* 작동자에 결합함으로써 트립토판 합성에 관여하는 효소들의 생산을 중지시킨다. 만약 세포 내의 트립토판 양이 감소하게 되면 오페론 내의 유전자들은 발현을 재개한다. 이는 세포 내부 및 외부환경의 변화에 반응하여 어떻게 유전자 발현이 조절될 수 있는지를 보여주는 하나의 예이다.

억제성 및 유도성 오페론: 두 종류의 음성 조절

trp 오페론의 전사는 평상시에는 잘 일어나지만, 특정한 작은 분자(이 경우 트립토판)가 조절 단백질인 *trp* 억제자에 다른 자리 입체성으로 결합할 때에 전사가 억제되므로 *trp* 오페론은 **억제성 오페론(repressible operon)**이라 한다. 이와는 반대로, **유도성 오페론(inducible operon)**은 평상시에는 발현하지 않지만 특정한 작은 분자가 조절 단백질에 결합할 때에 전사가 촉진되거나 유도된다. 유도성 오페론의 고전적인 예로서 *lac* 오페론(*lac*은 젖당을 의미함)을 들 수 있다.

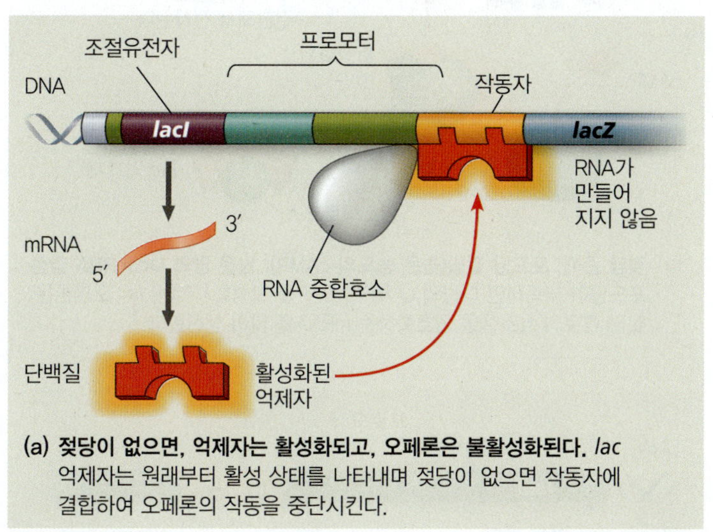

(a) 젖당이 없으면, 억제자는 활성화되고, 오페론은 불활성화된다. *lac* 억제자는 원래부터 활성 상태를 나타내며 젖당이 없으면 작동자에 결합하여 오페론의 작동을 중단시킨다.

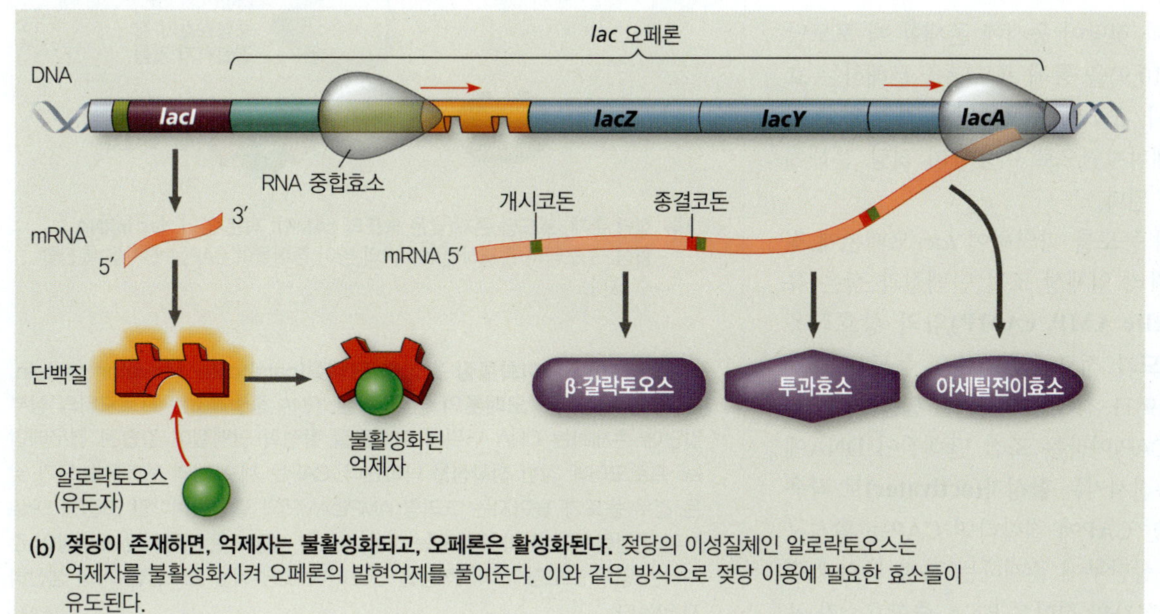

(b) 젖당이 존재하면, 억제자는 불활성화되고, 오페론은 활성화된다. 젖당의 이성질체인 알로락토오스는 억제자를 불활성화시켜 오페론의 발현억제를 풀어준다. 이와 같은 방식으로 젖당 이용에 필요한 효소들이 유도된다.

사람이 우유를 마시면 숙주의 대장에 존재하는 *E. coli*는 이당류인 젖당을 이용할 수 있게 된다. 젖당의 물질대사는 β-갈락토오스 가수분해효소에 의해 이당류가 단당류인 포도당과 갈락토오스로 가수분해되면서 시작된다. 젖당이 없는 환경에서는 소량의 갈락토오스 가수분해효소가 *E. coli* 세포 내에 존재한다. 그러나 젖당이 투입되면 세균의 β-갈락토오스 가수분해효소는 약 15분 안에 1,000배 정도 증가한다.

β-갈락토오스 가수분해효소 유전자(*lacZ*)는 *lac* 오페론의 일부로서, *lac* 오페론은 젖당의 이용에 관여하는 다른 두 개의 유전자도 포함하고 있다. *lac* 오페론의 전사 단위는 하나의 작동자와 프로모터에 의해서 통제된다. 조절유전자인 *lacI*는 이 오페론의 외부에 존재하며, 작동자에 결합하여 *lac* 오페론의 발현을 중지시킬 수 있는 다른 자리 입체성 억제자 단백질을 암호화한다. 이는 현재까지 *trp* 오페론의 조절과 비슷한 것처럼 보이지만, 한 가지 면에서 매우 다르다. *trp* 억제자 자체는 불활성 상태로 작용하며, 작동자에 결합하기 위해서는 공동억제자인 트립토판을 필요로 한다. 이와는 달리 *lac* 억제자 자체는 활성 상태이므로 작동자에 결합하여 *lac* 오페론을 발현하지 못하도록 한다. 이 경우 **유도자(inducer)**라 일컫는 특별한 작은 분자가 억제자를 불활성화(inactivate)시킨다.

lac 오페론에 있어서 유도자는 알로락토오스로, 세포 내부로 들어간 젖당으로부터 소량으로 만들어지는 이성질체이다. 젖

◀ **그림 18.4** ***E. coli*의 *lac* 오페론: 유도성 효소의 합성 조절.** *E. coli*는 3가지 효소를 이용하여 젖당을 받아들여 물질대사를 수행한다. 이러한 3가지 효소를 암호화하는 유전자는 *lac* 오페론에 모여 있다. 첫 번째 유전자는 *lacZ*로서 β-갈락토오스 가수분해효소를 암호화하며 젖당을 포도당과 갈락토오스로 가수분해한다. 두 번째 유전자는 *lacY*로서 젖당을 세포 내로 유입시키는 막성 단백질인 투과효소를 암호화한다. 세 번째 유전자는 *lacA*로서 아세틸전이효소를 암호화하는데, 젖당 물질대사에서의 기능은 아직 불분명하다. *lac* 억제자를 암호화하는 유전자는 *lacI*로서 이례적으로 *lac* 오페론에 근접하여 존재한다. 프로모터의 상부(왼쪽) 말단에 존재하는 짙은 초록색 부위의 기능은 그림 18.5에 나타나 있다.

당이 없으면 알로락토오스도 없게 되어 *lac* 억제자는 활성 형태를 나타내며, *lac* 오페론의 유전자들은 발현되지 않는다**(그림 18.4a)**. 만일 젖당이 존재하면, 알로락토오스는 *lac* 억제자에 결합하여 억제자 단백질의 3차 구조를 변화시킴으로써 억제자는 작동자에 결합하지 못하게 된다. 억제자가 결합하지 않으면 *lac* 오페론은 젖당을 이용하는 데 필요한 효소들을 암호화하는 mRNA를 전사한다**(그림 18.4b)**.

젖당 대사경로 효소들은 화학적 신호(이 경우 알로락토오스)에 의해 유도되므로, 이들은 유전자 조절 측면에서 **유도성 효소**(inducible enzyme)라 불린다. 이와 마찬가지로 트립토판 합성에 관여하는 효소들은 억제성이라 말할 수 있다. **억제성 효소**(repressible enzyme)들은 일반적으로 동화작용경로에 작용하여 전구물질로부터 생존에 필요한 최종산물을 만들어 낸다. 이미 이러한 최종산물이 충분할 경우, 세포는 이 반응경로를 억제함으로써 전구물질과 에너지를 다른 일에 할당할 수 있다. 이와는 대조적으로 유도성 효소들은 일반적으로 이화작용경로에 작용하여 영양물질을 단순한 분자로 분해한다. 세포는 특정한 영양분이 존재할 때에만 필요한 효소를 만들어 냄으로써 에너지와 전구물질의 낭비를 막을 수 있다.

trp 오페론과 *lac* 오페론의 조절은 활성 상태의 특정한 억제자 단백질에 의해 오페론의 발현이 억제되기 때문에 유전자의 음성조절에 해당한다. 이는 *trp* 오페론에서 쉽게 파악할 수 있으며, 실제 *lac* 오페론에서도 일어난다. 알로락토오스는 직접 유전체에 작용하는 것이 아니라 억제자의 음성 조절로부터 *lac* 오페론을 해방시켜 효소들의 합성을 유도한다. 조절 단백질이 직접 유전체에 작용하여 전사를 일으키는 경우에만 양성 유전자 조절이라고 할 수있다.

양성 유전자 조절

*E. coli*는 주위환경에 포도당과 젖당이 동시에 존재할 때 포도당을 선호한다. 해당과정(그림 10.9)을 통해 포도당을 분해하는 효소는 세포 내에 항상 존재한다. *E. coli*는 포도당이 거의 없고 젖당만이 존재할 때, 젖당을 에너지원으로 이용하며 젖당 분해에 적절한 양의 효소를 합성하게 된다.

*E. coli*는 어떻게 포도당의 농도를 파악하여 *lac* 오페론에 정보를 전달할까? 역시 다른 자리 입체성 조절 단백질과 작은 유기물질인 **고리형 AMP(cyclic AMP, cAMP)**와의 상호작용에 의존하는데, 포도당의 농도가 적으면 cAMP의 농도는 증가한다(cAMP의 구조는 그림 9.11 참조). 이화물질 활성화 단백질(catabolite activator protein, CAP)이라는 조절 단백질이 DNA에 결합하여 유전자의 전사를 촉진시키는 **활성자(activator)**로 작용한다. cAMP가 조절 단백질인 CAP에 결합하면 CAP는 활성구조를 나타내어 *lac* 프로모터 상단부에 존재하는 특정 부위에 결합할 수 있다**(그림 18.5a)**. 활성자의 결합은 RNA 중합효소가 프로모터에 더 잘 결합할 수 있도록 돕는다. *lac* 오페론에서 RNA 중합효소와 프로모터 간의 결합은 억제자가 작동자에 결합되어 있지 않더라도 매우 약하다. CAP의 프로모터 결합은 RNA 중합효소의 프로모터 결합을 촉진하고, 이에 따라 전사 빈도를 증가시킴으로써 유전자 발현을 직접적으로 촉진한다. 따라서 이러한 기작은 양성 조절에 해당한다.

세포 내에 포도당 농도가 증가하면 cAMP 농도는 감소하게 되고, cAMP가 없는 상태에서 CAP는 오페론에서 분리된다. CAP가 불활성 상태이므로 RNA 중합효소는 프로모터에 잘 결합하지 못하게 되어 *lac* 오페론의 전사는 젖당이 존재하더라도

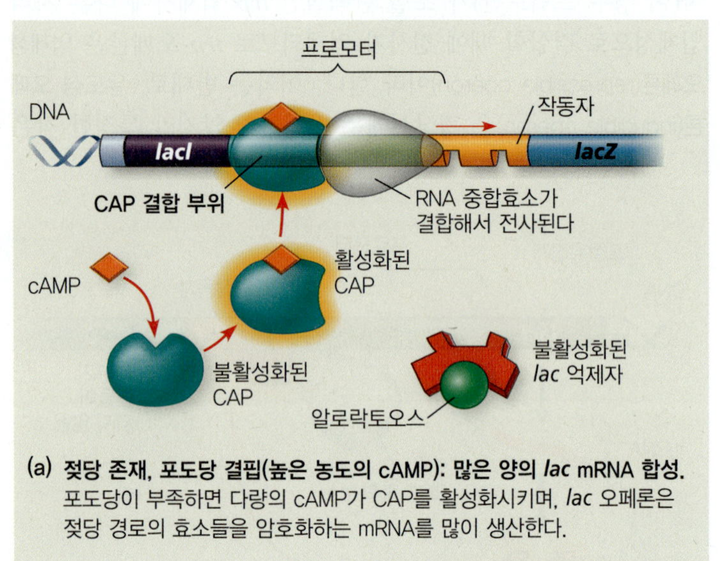

(a) **젖당 존재, 포도당 결핍(높은 농도의 cAMP): 많은 양의 *lac* mRNA 합성.** 포도당이 부족하면 다량의 cAMP가 CAP를 활성화시키며, *lac* 오페론은 젖당 경로의 효소들을 암호화하는 mRNA를 많이 생산한다.

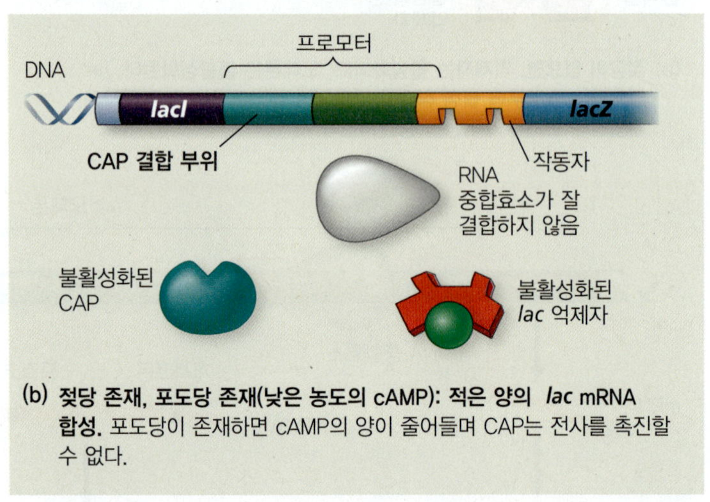

(b) **젖당 존재, 포도당 존재(낮은 농도의 cAMP): 적은 양의 *lac* mRNA 합성.** 포도당이 존재하면 cAMP의 양이 줄어들며 CAP는 전사를 촉진할 수 없다.

▲ **그림 18.5 이화물질 활성화 단백질(catabolite activator protein, CAP)에 의한 *lac* 오페론의 양성 조절.** RNA 중합효소는 프로모터의 상부 말단에 존재하는 DNA 부위에 이화물질 활성화 단백질이 결합된 경우에만 *lac* 프로모터에 강한 친화성을 나타낸다. CAP는 세포 내의 포도당 농도가 낮은 경우 농도가 높아지는 고리형 AMP(cAMP)와 결합하여야만 조절성 DNA 부위에 결합한다. 따라서 세포는 이용 가능한 젖당도 존재하지만 포도당이 존재하는 경우 포도당의 이화작용을 선호하며 젖당-이용 효소들을 거의 생산하지 않는다.

매우 낮은 수준으로 진행된다(그림 18.5b). 따라서 *lac* 오페론은 *lac* 억제자에 의한 음성 조절과 CAP에 의한 양성 조절의 이중 조절을 받는다. *lac* 억제자는 알로락토오스의 결합 여부에 따라 *lac* 오페론내 유전자들의 발현 여부를 결정하며, 억제자가 결합하지 않은 오페론에서 CAP는 cAMP의 결합 여부에 따라 전사 빈도를 조절한다. 오페론은 개폐 스위치와 소리 조절 버튼을 모두 지니고 있다고 볼 수 있다.

CAP는 *lac* 오페론 외에도 이화작용경로에 이용되는 효소를 암호화하는 다른 오페론들도 조절한다. CAP는 *E. coli*에서 100개 이상의 유전자 발현을 조절할 것으로 추정하고 있다. 포도당이 충분하여 CAP가 불활성화되면, 전반적으로 포도당 이외의 에너지원을 이용하는 효소의 합성은 감소된다. 세포는 포도당이 존재하지 않는 경우에 젖당과 같은 다른 에너지원을 이용함으로써 살아갈 수 있다. 세포에 존재하는 화합물들은 해당 유전자의 프로모터와 활성자 및 억제자 단백질간의 상호작용을 통하여 어떤 오페론을 작동시킬지를 결정한다.

개념 확인 문제 18.1

1. *trp* 공동억제자 및 *lac* 유도자는 각각 해당 억제자 단백질과 결합하여 어떻게 억제자 단백질의 기능과 오페론의 전사를 변화시키는가?
2. 젖당과 포도당이 모두 결핍된 경우 *lac* 오페론에서의 RNA 중합효소, 억제자 및 활성자의 결합에 대해 설명하라. *lac* 오페론 전사에는 어떤 영향을 미칠까?
3. WHAT IF? *E. coli*의 *lac* 작동자에 특정 돌연변이가 일어나 활성의 억제자가 결합하지 못한다. 이때 세포의 β-갈락토오스 가수분해효소 생산에는 어떠한 영향을 미칠까?

정답은 부록 A 참조

개념 18.2

진핵생물의 유전자 발현은 여러 단계에서 조절된다

진핵생물과 원핵생물을 막론하고 모든 생명체는 주어진 시간에 어떤 유전자들을 발현해야 하는지를 결정해야 한다. 단세포 생물과 다세포 생물 모두는 세포 내외 환경 신호에 반응하여 지속적으로 유전자들의 발현 스위치를 조절하여야 한다. 유전자 발현 조절은 다양한 유형의 세포로 구성된 다세포 생물의 세포분화에도 중요하게 작용한다. 각 유형의 세포는 고유한 기능을 담당하기 위해서 어떤 유전자들은 발현시키고 다른 유전자들은 발현시키지 않도록 하는 고유한 유전자 발현 프로그램을 유지해야 한다.

차등적 유전자 발현

전형적인 인간세포는 유전자 중 20% 정도만 발현하는 것으로 추정되고 있다. 근육이나 신경세포와 같이 완전히 분화된 세포는

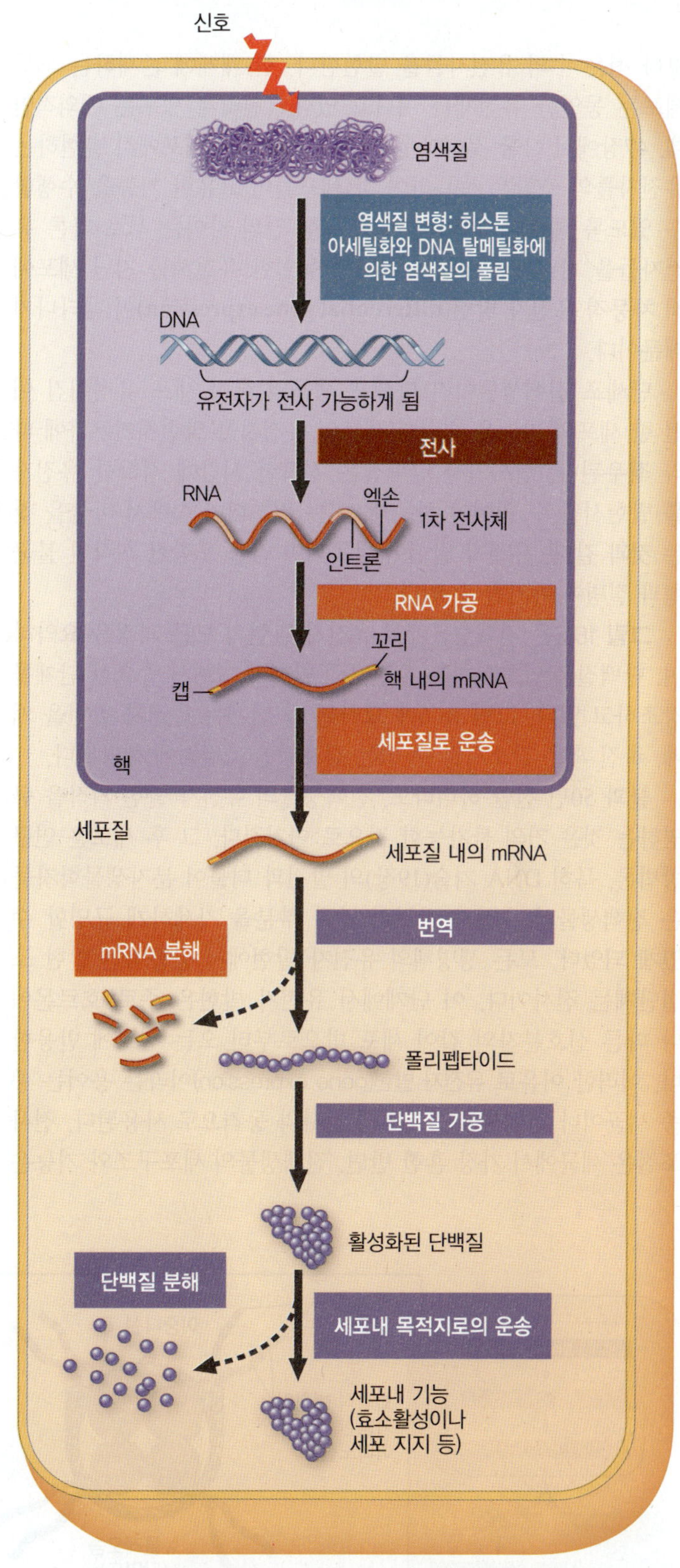

▲ **그림 18.6 진핵생물에서 조절될 수 있는 유전자 발현 조절의 단계들.** 이 그림에서 색깔이 칠해진 글상자는 가장 많이 조절되는 과정들이다. 각각의 색은 영향 받는 물질을 나타낸다(파란색 = DNA, 주황색 = RNA, 자주색 = 단백질). 진핵생물에는 전사와 번역을 분리시키는 핵막이 존재하므로 원핵생물에는 존재하지 않는 전사 후 조절 과정을 가지게 된다. 더군다나 진핵생물은 전사 전과 번역 후에 작동하는 여러 가지 조절 기작을 가지고 있다. 그러나 어떤 한 유전자의 발현 조절이 모든 단계에서의 조절을 포함하는 것은 아니다; 예를 들어, 단백질 가공과정 중에는 일부 폴리펩타이드들이 절단되지만, 그렇다고 모든 폴리펩타이드들이 잘리는 것은 아니다.

보다 적은 수의 유전자들을 발현한다. 한 개체에 존재하는 모든 세포는 동일한 유전체를 지니고 있다. (면역계 세포는 예외적인데, 47장에서 다룰 것이다.) 그러나 각 유형의 세포에서 발현하는 유전자들의 조합은 독특하여 각 세포들이 고유한 기능을 수행할 수 있도록 해준다. 따라서 세포 유형 간의 차이는 서로 다른 유전자들을 지니고 있어서가 아니라 동일한 유전체를 지닌 세포에서 **차등적 유전자 발현(differential gene expression)**이 나타나기 때문이다.

단세포 진핵생물이건 다세포 생물의 특정 세포 유형이건 어떤 한 세포의 기능은 적절한 세트의 유전자를 발현시키는가에 따라 좌우된다. 전사인자 단백질은 정확한 시간에 정확한 유전자를 발현시킬 수 있어야 하는데, 이는 건초더미 속에서 바늘을 찾는 것과 같다. 유전자 발현이 잘못되면 암을 포함한 심각한 불균형과 질병이 야기될 수 있다.

그림 18.6은 진핵생물에서 유전자 발현의 모든 과정을 요약하며, 단백질을 암호화하는 유전자의 발현에 있어서 중요한 단계를 강조하고 있다. 그림 18.6에 묘사된 각 단계는 유전자 발현을 개폐, 촉진 혹은 감소시킬 수 있는 잠재적인 조절점에 해당된다.

불과 50년 전만 하더라도, 진핵생물의 유전자 발현 기작을 규명하는 것은 거의 불가능한 것으로 여겨졌다. 그 후 새로운 연구 방법론, 특히 DNA 기술(19장)의 발전과 더불어 분자생물학자들은 진핵생물의 유전자 발현의 많은 부분을 자세하게 규명할 수 있게 되었다. 모든 생명체의 유전자 발현에서 공통적인 발현 조절단계는 전사이다. 이 단계에서 유전자 발현은 주로 호르몬이나 다른 신호분자와 같이 세포 밖으로부터 오는 신호에 반응한다. 이러한 이유로 유전자 발현(gene expression)이라는 용어는 종종 세균이나 진핵생물 모두에서 전사와 동격으로 사용된다. 전사조절은 세균에서 가장 흔한 반면, 진핵생물의 세포구조와 기능은 더욱 복잡하므로 다른 단계에서의 유전자 발현 조절도 필요하다(그림 18.6). 이제부터 진핵생물의 유전자 발현의 주요 조절점들에 대하여 살펴보도록 하자.

염색질 구조의 조절

진핵세포의 DNA는 단백질과 함께 뉴클레오솜이라는 기본 단위로 이루어진 염색질이라는 정교한 구조를 이루고 있음을 상기하자(그림 16.22). 염색질 구조는 세포의 DNA를 간결한 상태로 정렬시켜 핵 내에 들어갈 수 있도록 포장할 뿐만 아니라 여러 가지 방식으로 유전자 발현을 조절한다. 유전자의 전사는 뉴클레오솜이 위치한 부위와 염색체 골격에 부착한 DNA 부위에 대한 프로모터의 상대적인 위치에 따라 영향을 받는다. 더욱이 고도로 응축된 이질염색질에 존재하는 유전자는 보통 발현되지 않는다. 마지막으로, 염색질내 히스톤 단백질과 DNA의 특수한 화학적 변형이 염색질 구조와 유전자 발현 모두에 영향을 줄 수 있다. 이제 특정 효소에 의한 염색질의 구조적 변형에 대해 알아보도록 한다.

히스톤 변형과 DNA 메틸화

뉴클레오솜에서 DNA가 감싸고 있는 히스톤 단백질의 화학적 변형이 유전자의 전사 조절에 직접적으로 작용한다는 증거는 많이 있다. 뉴클레오솜에 있는 각 히스톤 분자의 N-말단은 뉴클레오솜의 바깥쪽으로 돌출되어 있다(그림 18.7a). 이러한 히스톤 꼬리는 특정 화학 잔기들(아세틸기, 메틸기, 인산기 등)을 첨가하거나 제거하는 여러 가지 히스톤 변형 효소들의 접근을 용이하게 해준다. 일반적으로 **히스톤 아세틸화(histone acetylation)**는 염색질 구조를 느슨하게 하여 전사를 촉진하는 반면(그림 18.7b), 메틸기의 첨가는 염색질 구조를 응축시켜 전사를 억제한다.

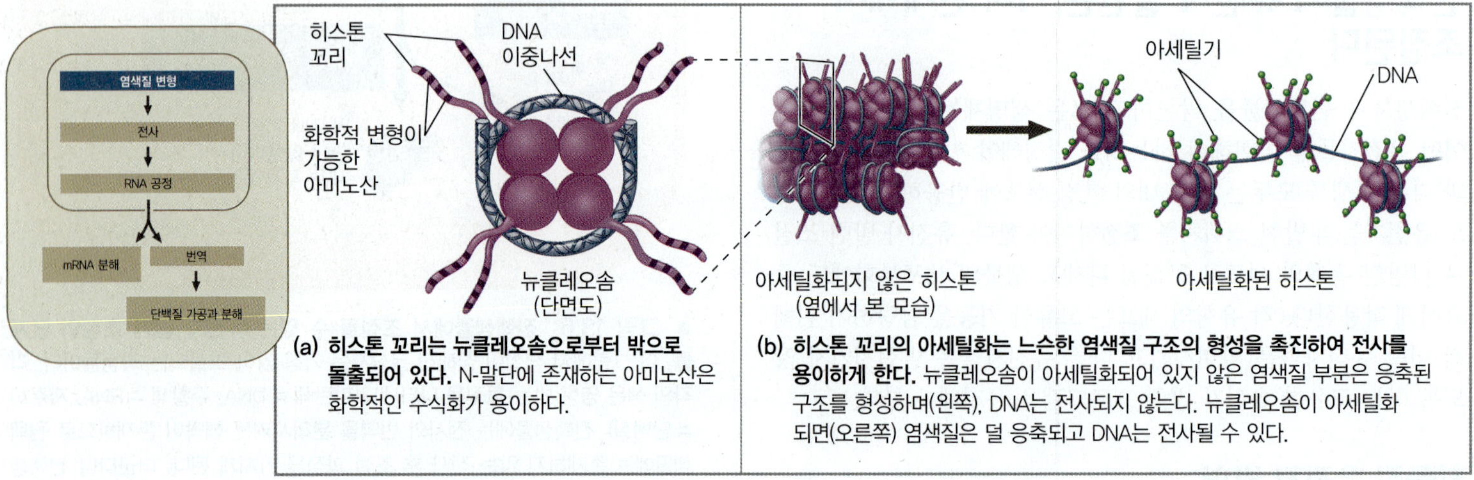

(a) **히스톤 꼬리는 뉴클레오솜으로부터 밖으로 돌출되어 있다.** N-말단에 존재하는 아미노산은 화학적인 수식화가 용이하다.

(b) **히스톤 꼬리의 아세틸화는 느슨한 염색질 구조의 형성을 촉진하여 전사를 용이하게 한다.** 뉴클레오솜이 아세틸화되어 있지 않은 염색질 부분은 응축된 구조를 형성하며(왼쪽), DNA는 전사되지 않는다. 뉴클레오솜이 아세틸화되면(오른쪽) 염색질은 덜 응축되고 DNA는 전사될 수 있다.

▲ **그림 18.7 간단한 히스톤 꼬리 모델과 히스톤의 아세틸화 효과.** 히스톤은 아세틸화와 더불어 여러 가지 유형의 수식화를 통해 특정 지역의 염색질 구조 결정을 돕게 된다.

히스톤 단백질의 꼬리가 일부 효소에 의해 메틸화되는 반면, DNA 자체, 일반적으로 사이토신 염기도 일련의 효소들에 의해 메틸화될 수 있다. **DNA 메틸화(methylation)**는 대부분의 식물, 동물 및 곰팡이에서 나타난다. 일반적으로 불활성화된 포유동물의 X 염색체(그림 15.8)와 같은 긴 영역의 불활성 DNA는 활동적인 전사를 나타내는 DNA에 비해 더 많이 메틸화되어 있다. 세포마다 발현되지 않는 개별 유전자들은 보통 발현되는 유전자보다 더 많이 메틸화되어 있다. 이러한 여분의 메틸기를 실험적으로 제거하면 일부 유전자들은 발현될 수 있다.

한 개체에서 한 번 메틸화된 유전자들은 보통 연속적인 세포분열을 하더라도 메틸화 양상이 계속 유지된다. DNA 복제 후에 한쪽 가닥에 이미 메틸화된 DNA 부위가 있으면 딸 DNA 가닥도 메틸화 효소에 의해 정확하게 메틸화된다. 이에 따라 메틸화 양상은 유지되며, 특정 조직을 이루는 세포는 배아발생 동안 일어난 화학적 기록을 유지한다. 이러한 방식으로 유지되는 메틸화 양상은 포유동물의 유전체 각인(genomic imprinting)에도 관여하여, 발생의 시작단계부터 특정 유전자들에 대한 모계 혹은 부계 대립유전자의 발현을 메틸화를 통해 지속적으로 조절한다(그림 15.17).

후성 유전

우리가 방금 논의한 염색질 변형은 DNA 서열 변화를 동반하는 것은 아니지만, 세포의 다음 세대에 지속적으로 전달된다. 뉴클레오타이드 서열 자체와 관련 없는 기작에 의한 형질의 유전을 **후성 유전(epigenetic inheritance)**이라고 한다. DNA의 돌연변이는 영구적인 변화인 반면, 염색질 변형은 복원될 수 있다. 예를 들어, 배우자 형성 동안 DNA 메틸화 양상은 대부분 제거되며 재설정된다.

연구자들은 유전자 발현의 조절에 있어서 후성적 정보가 중요하다는 많은 증거들을 확보하고 있다. 일란성 쌍둥이들이 동일한 유전체를 지녔음에도 불구하고 한 쌍둥이는 정신분열증과 같은 유전질환을 나타내는 반면, 다른 쌍둥이에서는 그렇지 않은 이유를 후성적 변이에 의해 설명할 수 있다. 일부 암에서 정상적인 DNA 메틸화 양상에 변화가 관찰되며, 이는 비정상적인 유전자 발현과 관련된다. 염색질 구조를 변형시키는 효소들은 진핵세포의 전사 조절기구 중 중요한 부분임에 틀림없다.

전사개시 조절

염색질 변형 효소는 DNA 부위에 전사기구가 얼마나 잘 결합할 수 있는지를 조정함으로써 유전자 발현의 초기 조절에 관여한다. 염색질이 일단 유전자 발현을 위한 최적의 조건으로 변형되었다면, 다음 단계의 유전자 발현 조절은 전사개시이다. 세균에서와 마찬가지로 진핵세포의 전사개시 조절도 RNA 중합효소의 결합

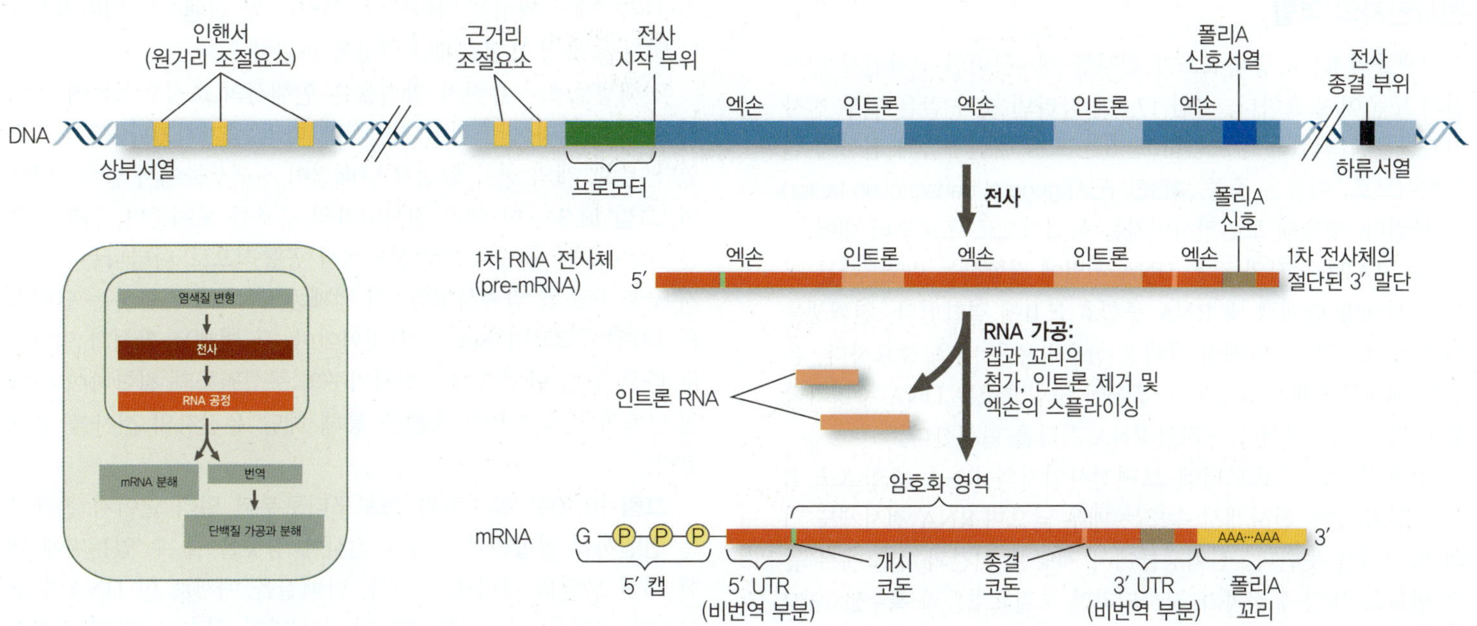

▲ **그림 18.8 진핵생물의 유전자와 전사체.** 진핵생물의 유전자는 RNA 중합효소가 결합하여 하부의 전사를 시작하게 하는 DNA 서열인 프로모터를 지니고 있다. 많은 조절요소들(금색)은 전사개시 조절에 관여한다. 이들은 프로모터 근처(근거리)에 있을 수도 있고 혹은 프로모터로부터 멀리 떨어져(원거리) 있을 수도 있다. 원거리 조절요소들은 인핸서 군집들을 이룰 수 있는데, 이 유전자에서는 이들 중 하나만 나타내었다. 마지막 엑손에 존재하는 아데닐산 중합반응(폴리A) 신호서열은 어디에서 전사체를 절단하고 폴리A 꼬리를 붙여야 하는지에 대한 신호를 나타낸다. 전사는 폴리A 신호를 지나 수백 뉴클레오타이드를 더 진행한 후 종결된다. 1차 전사체로부터 기능성 mRNA를 만드는 RNA 가공은 5′ 캡, 폴리A 꼬리 첨가 및 스플라이싱의 3가지 단계로 구성되어 있다. 세포에서 5′ 캡은 전사개시 후 바로 첨가되며, 스플라이싱과 폴리A 꼬리의 첨가는 전사가 진행 중인 상태에서도 일어난다(그림 17.10).

을 촉진하거나 억제하는 역할을 수행하는 DNA 결합 단백질에 의해 이루어진다. 그러나 진핵생물에서 전사개시 조절은 매우 복잡하다. 진핵생물이 어떻게 유전자의 전사를 조절하는지를 살펴보기에 앞서 진핵세포 유전자의 전형적인 구조와 전사체에 관해 살펴보자.

진핵생물의 전형적인 유전자 구조

진핵생물의 유전자와 이를 조절하는 DNA 요소(영역)는 일반적으로 그림 18.8에서 보는 바와 같이 구성되어 있는데, 진핵생물의 유전자는 17장에서 자세히 공부하였다. **전사개시복합체(transcription initiation complex)**라 불리는 일련의 단백질 복합체가 유전자 상부의 말단에 존재하는 프로모터에 조립된다는 사실을 상기하자. 이어서 복합체 단백질 중의 하나인 RNA 중합효소 II가 유전자를 전사시켜 1차 RNA 전사체(pre-mRNA)를 합성한다. 인트론을 제거하는 스플라이싱과 함께 효소에 의한 5′ 캡과 폴리A 꼬리를 붙이는 RNA 가공을 통해 성숙한 mRNA가 만들어진다. 대부분의 진핵생물 유전자는 여러 개의 **조절요소(control element)**를 가지며, 전사인자 단백질은 비암호화 DNA 영역인 조절요소 DNA에 결합하여 전사를 조절하게 된다.

즉, 조절요소들과 이에 결합하는 단백질들은 서로 다른 여러 유형의 세포에서 나타나는 정확한 유전자 발현 조절에 있어서 매우 중요하다.

전사인자의 역할

진핵생물의 RNA 중합효소가 전사를 개시하려면 전사인자 단백질의 도움이 필요하다. 그림 17.8에 나타낸 것과 같은 일부 전사인자들은 단백질을 암호화하고 있는 모든 유전자들의 전사에 필수적이므로, 이들은 종종 **보편전사인자(general transcription factor)**라 불린다. 몇몇의 보편전사인자는 독립적으로 프로모터 내에 존재하는 TATA 상자와 같은 DNA 서열에 결합하는 반면, 다른 것들은 상대방 단백질 및 RNA 중합효소 II에 결합한다. 진핵생물의 전사에 있어서 단백질-단백질 상호작용은 매우 중요하다. 온전한 개시복합체가 조립된 다음에야 중합효소는 DNA 주형가닥을 따라 이동하면서 상보적인 RNA 가닥을 합성한다.

일반적으로 프로모터에 보편전사인자와 RNA 중합효소 II가 결합할 경우 전사개시 속도는 매우 낮으며 RNA 전사체도 거의 합성되지 못한다. 진핵생물에서 적당한 시간과 장소에서 높은 빈도로 특정 유전자가 전사되려면 조절요소들과 **특수전사인자(specific transcription factor)**인 일련의 조절 단백질 사이의 상호작용이 필요하다.

인핸서와 특수전사인자 그림 18.8에서 볼 수 있듯이, **근거리 조절요소(proximal control element)**라 불리는 일종의 조절요소들이 프로모터 근처에 위치해 있다. (일부 학자들은 근거리 조절요소를 프로모터의 일부라고 생각하고 있으나, 이 책에서는 서로 다른 것으로 간주한다.) **인핸서(enhancer)**라 부르는 **원거리 조절요소(distal control element)**는 유전자의 상부나 하부에 수천 뉴클레오타이드 떨어져 존재하거나, 심지어는 인트론 내부에 존재하기도 한다. 하나의 유전자는 다수의 인핸서를 지니고 있을 수 있으며, 이들 각각은 서로 다른 시간이나 개체의 서로 다른 세포 유형이나 위치에서 활성을 나타낸다. 그러나 각 인핸서는 일반적으로 단 하나의 특정 유전자에만 영향을 미친다.

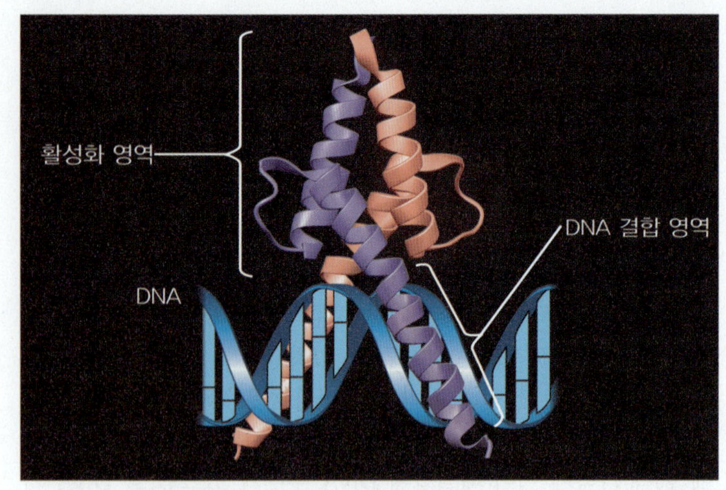

▲ 그림 18.9 활성자로 작용하는 특수 전사인자 MyoD 단백질의 구조. MyoD 단백질은 긴 알파-나선 구조를 지닌 두 개의 소단위체(보라색과 주황색)로 구성된다. 각 소단위체는 DNA 결합 영역과 활성화 영역을 지닌다. 활성화 영역은 다른 소단위체 혹은 다른 단백질과 결합하는 자리로 작용한다. MyoD 단백질은 척추동물의 근육 발생에 관여하며, 개념 18.4에서 다룰 것이다.

진핵생물에서 유전자 발현율은 인핸서의 조절요소들에 활성자 혹은 억제자 단백질이 결합함에 따라 증가하거나 감소될 수 있다. 수백 개의 전사 활성자 단백질이 진핵생물에서 발견되었으며, 그림 18.9는 한 예로 전사인자의 구조를 보여준다. 과학자들은 많은 수의 활성자 단백질들에서 공통적으로 나타나는 두 가지 구조 요소를 발견하였다. 첫 번째는 DNA에 결합하는 단백질의 3차원 구조인 DNA 결합 영역이며, 두 번째는 활성화 영역으로 다른 조절 단백질이나 전사기구의 구성원들과 결합하여 단백질-단백질 상호작용의 촉진을 통해 해당 유전자의 전사를 유도한다.

그림 18.10은 활성자가 프로모터로부터 멀리 떨어져 존재하는 인핸서에 결합하여 어떻게 전사에 영향을 줄 수 있는지에 대한 최신 모델을 나타내고 있다. 단백질을 매개로 한 DNA의 구부러짐 현상은 인핸서에 결합한 활성자가 일련의 **매개자 단백질(mediator protein)**과 연결될 수 있게 하며, 이에 따라 프로모터에 존재하는 단백질과도 결합하는 것으로 추정된다. 이러한 다수의 단백질-단백질 상호작용은 프로모터에 개시복합체가 조립되어 위치하도록 한다. 생쥐 글로빈 유전자의 발현을 조절하는 단백질들이 유전자의 프로모터 및 약 50,000 뉴클레오타이드 상류에 위치한 인핸서에 결합한다는 연구 결과를 포함하여 많은 연구는 이

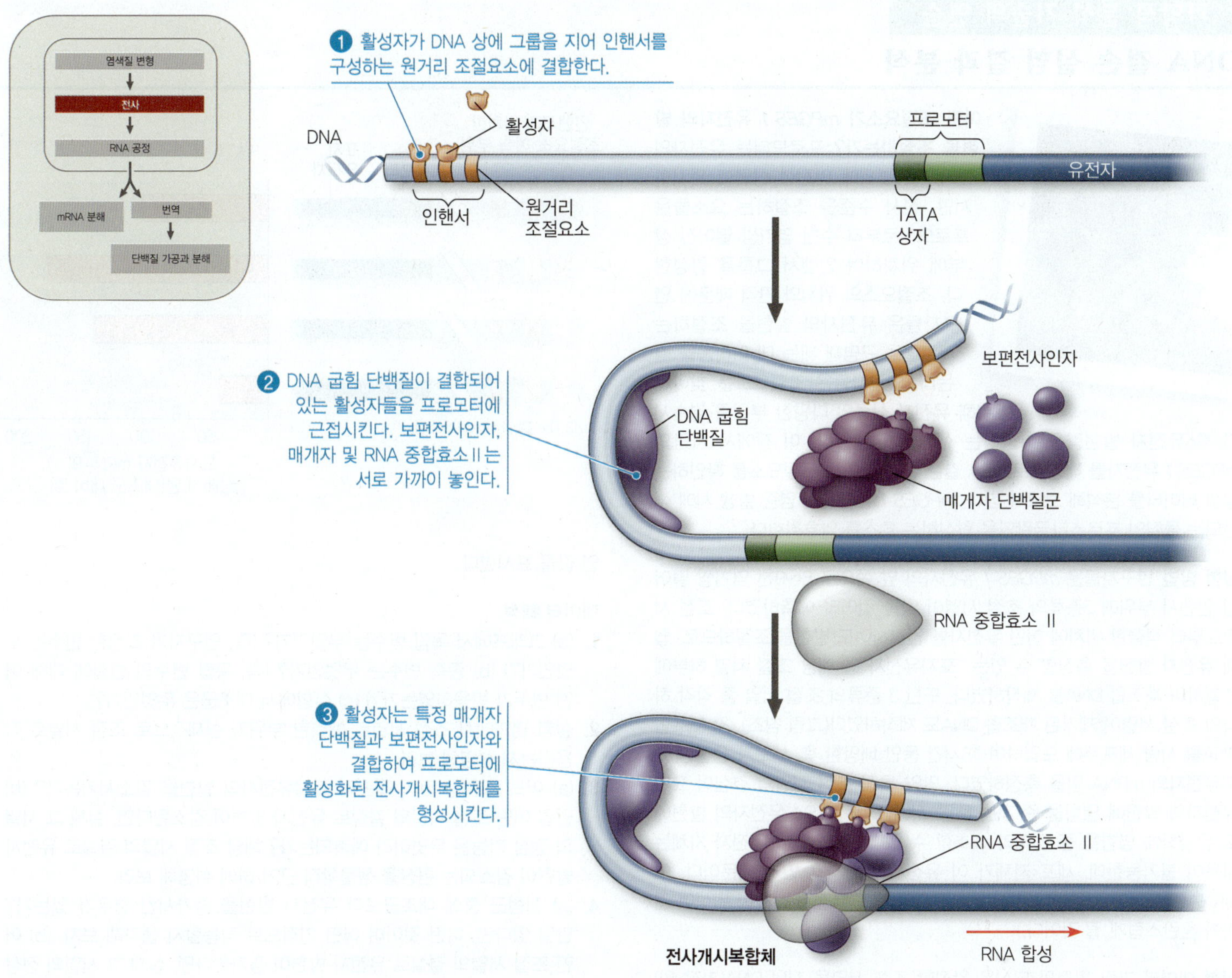

▲ **그림 18.10 인핸서의 작동 모델과 전사 활성인자.** 단백질에 의한 DNA의 구부러짐은 인핸서가 수백 염기에서 수천 뉴클레오타이드 밖에서도 프로모터에 영향을 미칠 수 있게 해준다. 활성자라 부르는 특수전사인자는 순차적으로 인핸서 DNA 서열, 다수의 매개자 단백질들 및 보편전사인자들과 결합하여 전사개시복합체를 형성한다. 이러한 단백질-단백질 상호작용은 전사개시복합체가 프로모터에 정확하게 위치하여 RNA 합성이 개시되도록 해준다. 여기에서는 3개의 오렌지색 조절요소를 지닌 하나의 인핸서만 나타내었지만, 하나의 유전자는 서로 다른 시간 혹은 서로 다른 세포유형에서 작용하는 여러 개의 인핸서를 가질 수도 있다.

러한 모델을 뒷받침한다. 프로모터와 인핸서 부위는 DNA 상에서 매우 멀리 떨어져 위치하지만, 단백질 간의 상호작용을 통해 특별한 방식으로 함께 작용할 수 있다. **과학적 분석 기술의 연습**에서 특정 유전자의 인핸서에 존재하는 조절 요소의 작용을 규명한 실험 결과를 살펴볼 수 있다.

억제자로 작용하는 특정 전사인자들은 여러 가지 방식으로 유전자 발현을 억제한다. 일부 억제자는 인핸서나 혹은 다른 조절요소 DNA에 직접 결합하여 활성자의 결합을 막는다. 다른 억제자들은 활성자 자체의 작용을 방해하여 DNA에 결합하지 못하도록 한다.

일부 활성자와 억제자는 직접적으로 전사에 영향을 미치면서 간접적으로 염색질 구조에 영향을 주기도 한다. 효모와 동물세포를 이용한 실험에서 일부 활성자는 특정 유전자의 프로모터 주위의 히스톤을 아세틸화시키는 단백질을 끌어와 전사를 촉진한다는 사실이 알려졌다(그림 18.7). 이와 유사하게 일부 억제자는 히스톤을 탈아세틸화시키는 단백질을 끌어와 **유전자억제(silencing)**로 알려진 전사 감소 현상을 일으킨다. 실제 진핵생물에서는 염색질-변형 단백질의 유인현상이 가장 보편적인 전사 억제기작이다.

과학적 분석 기술의 연습

DNA 결손 실험 결과 분석

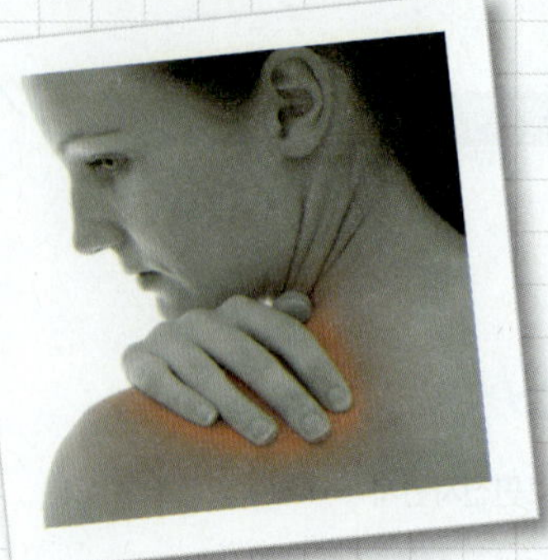

어떤 조절요소가 *mPGES-1* 유전자의 발현을 조절하는가? 프로모터는 유전자의 전사 개시부위에 인접한 상류에 위치하지만, 전사 수준을 조절하는 요소들은 프로모터로부터 수천 염기쌍 떨어진 상부에 위치하여 인핸서 그룹을 형성한다. 조절요소의 위치와 간격 때문에 연구자들은 유전자의 발현을 조절하는 서열들을 규명해 내는 데 어려움을 겪는다. 연구자들은 조절요소를 찾아내기 위해 유전자 상류의 다양한 부위를 결손시킨 후 유전자 발현량을 측정하는 실험을 진행한다. 이 장에서 사람의 *mPGES-1* 유전자를 대상으로 DNA 결손 실험을 통해 조절요소를 확인하는 실험 데이터를 분석해 보고자 한다. *mPGES-1* 유전자는 염증 발생 시에 생산되는 물질인 프로스타글란딘을 합성하는 효소를 암호화한다.

실험 방법 연구자들은 *mPGES-1* 유전자의 앞 쪽으로 8~9천 염기쌍 떨어진 인핸서 부위에 3종류의 조절 서열이 있을 것이라 예측하였다. 조절 서열로부터 적절한 위치에 어떤 유전자를 연결하여도 발현을 조절하므로, 쉽게 유전자 발현을 측정할 수 있는 "표지유전자"를 해당 조절 서열 하부에 연결하여 재조합 DNA를 제작하였다. 또한 3 종류의 조절 서열 중 각각 하나의 조절 서열이 제거된 재조합 DNA도 제작하였다(그림 참조). 각 재조합 DNA를 사람 세포주에 도입하여 48시간 동안 배양한 후, 세포가 생산한 표지유전자의 mRNA 양을 측정하였다. 만약 특정 조절 서열의 결실이 표지유전자의 발현에 영향을 준다면, 해당 서열은 *mPGES-1* 유전자의 발현에도 유사하게 영향을 줄 것이라 예측할 수 있다. (*mPEGS-1* 유전자 자체는 사용이 불가능한데, 세포 자체가 이 유전자를 가지고 있기 때문이다. 이 mRNA를 측정에 사용한다면 실험 유전자와 세포 유전자 산물이 뒤섞여 결과가 혼란스럽게 될 것이다.)

실험 데이터 그림 왼편의 도식은 완전한 조절 서열을 지닌 DNA(가장 위)와 세 종류의 실험군 DNA에 대한 결과를 보여준다. 붉은색의 X는 각 실험군 DNA에서 제거된 조절 서열(1, 2, 3)을 표시한다. 재조합 DNA에 표시된 사선은 프로모터와 인핸서 사이에 위치한 8천 염기쌍을 나타낸다. 그림 오른편의 그래프에 표시된 수평 막대는 표지유전자의 mRNA 양을 분석한 것으로, 전체 조절 서열을 지닌 경우를 100%로 하고, 실험군의 경우 상대적인 값을 표시한다.

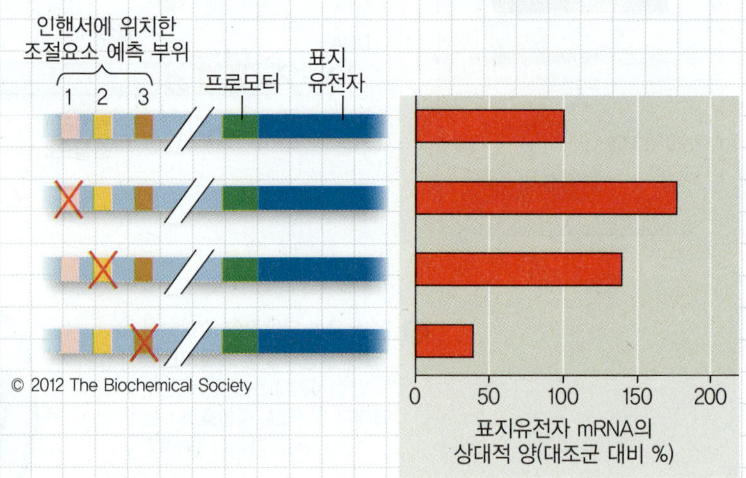

데이터 해석

1. (a) 그래프에서 독립 변수는 무엇인가? (즉, 연구자가 조정한 변수는 무엇인가?) (b) 종속 변수는 무엇인가? (즉, 독립 변수의 변화에 대해 어떤 변수가 반응하였는가?) (c) 실험에서 대조군은 무엇인가?
2. 실험 결과에서 조절 서열로 예측한 부위가 실제적으로 조절 서열로 작용하는지 설명해 보라.
3. (a) 어느 조절 서열의 결손이 표지유전자의 발현을 감소시키는가? (b) 만일 어떤 조절 서열의 결실로 유전자 발현이 감소된다면, 실제 그 서열의 정상 기능은 무엇이라 예측되는가? 해당 조절 서열의 결실로 유전자 발현이 감소되는 현상을 생물학적 근거 하에 설명해 보라.
4. (a) 실험군 중에 대조군보다 유전자 발현을 증가시킨 경우가 있는가? 만일 있다면, 어떤 것이며 어떤 기작으로 작동할지 생각해 보자. (b) 어떤 조절 서열의 결실로 유전자 발현이 증가한다면, 실제 그 서열의 정상 기능은 무엇이라 예측되는가? 해당 조절 서열의 결실로 유전자 발현이 증가되는 현상을 생물학적 근거 하에 설명해 보라.

참고문헌 J. N. Walters et al., Regulation of human microsomal prostaglandin E synthase–1 by IL–1b requires a distal enhancer element with a unique role for C/EBPb, *Biochemical Journal* 443:561 – 571 (2012).

유전자 활성화의 조합 조절 진핵생물에서 정확한 전사 조절은 주로 DNA 조절요소에 활성자가 결합함으로써 이루어진다. 식물이나 동물 세포에서 서로 다르게 조절되어야만 하는 유전자들이 많음에도 불구하고 완전히 다른 뉴클레오타이드 서열을 가진 조절요소의 수는 예상 외로 매우 적다. 12개 정도의 짧은 뉴클레오타이드 서열이 여러 다른 유전자들의 조절요소에서 반복적으로 나타난다. 각 인핸서는 평균적으로 약 10개의 조절요소들로 구성되어 있으며, 각각에는 한두 개 정도의 특수전사인자가 결합한다. 유전자의 전사 조절에 있어서 각 유전자의 인핸서에 단 하나의 특정 조절요소가 존재하는 것보다 특정 조합(combination)의 조절요소가 존재하는 것이 훨씬 중요하다.

단지 12개 정도의 조절요소 서열을 가지고서도 매우 많은 수의 조합이 가능하다. 조절요소의 특정 조합을 통하여 적절한 활성자 단백질들이 존재할 때에만 전사를 활성화시킬 수 있으며, 이는 발생 중의 정확한 시기 혹은 특정 세포유형에서 일어날 것이다. **그림 18.11**은 두 개의 서로 다른 유형의 세포(간세포와 수정체세포)에서 적은 수의 조절요소들이 서로 다른 조합을 이루어 차등적 전사 조절이 가능함을 보여주고 있다. 이것은 각 세포가 서로 다른 조합의 활성자 단백질들을 지니고 있기 때문에 가능하다. 배아를 구성하는 모든 세포는 수정란으로부터 형성되지만,

▶ **그림 18.11 세포 유형 특이적 전사.** 간세포와 수정체 세포 모두 알부민과 크리스탈린 단백질을 만드는 유전자들을 지니고 있지만, 간세포만이 알부민(혈액 단백질)을 만들고 수정체 세포만이 크리스탈린(수정체의 주 단백질)을 만든다. 세포에서 생성되는 특수 전사인자들은 어떤 유전자들을 발현시킬지를 결정한다. 이 예에서 알부민과 크리스탈린을 암호화하는 유전자를 각각 3개의 조절요소로 구성된 하나의 인핸서와 함께 나타내었다. 두 유전자의 인핸서에는 하나의 조절요소(회색)를 공유하고 있지만, 각 인핸서는 독특한 조합의 조절요소들을 지니고 있다. 높은 수준의 알부민 유전자의 발현에 필요한 모든 활성자들은 단지 간세포(**a**)에만 존재하는 반면, 크리스탈린 유전자의 발현에 필요한 활성자들은 수정체 세포(**b**)에만 존재한다. 특정 유형의 세포에서 억제자의 존재 여부 역시 전사에 영향을 미치지만, 여기에서는 단순화시켜 활성자의 역할만 고려한다.

? 각 세포에서 알부민 유전자의 인핸서에 대해 설명하라. 간세포에 존재하는 이 인핸서의 뉴클레오타이드 서열은 수정체 세포에 존재하는 것에 비해 어떠한 차이점을 나타낼까?

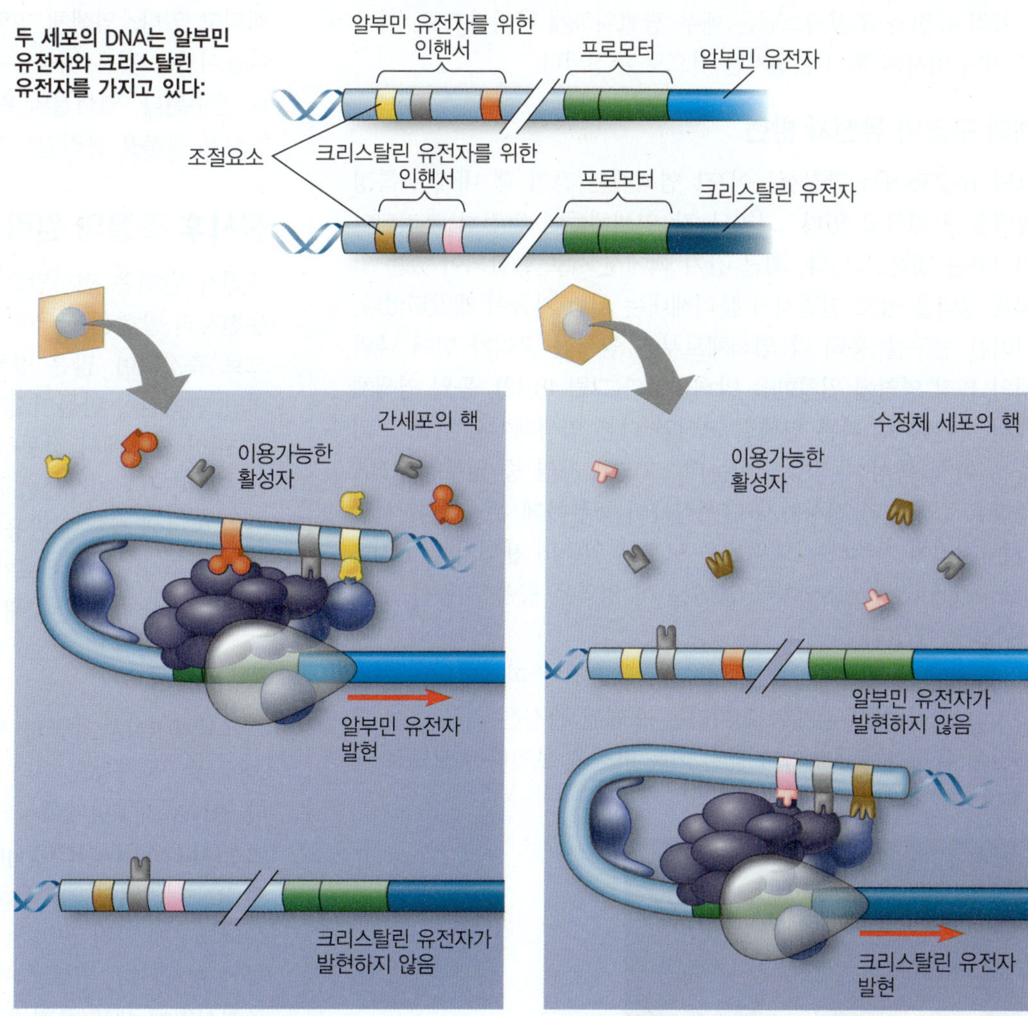

(a) **간세포.** 알부민 유전자는 발현되고 크리스탈린 유전자는 발현되지 않는다.

(b) **수정체 세포.** 크리스탈린 유전자는 발현하고 알부민 유전자는 발현되지 않는다.

배아발생 과정 동안 다양한 분화 경로를 통해 각 세포 유형마다 서로 다른 조합의 활성자 단백질을 가지게 된다. 어떻게 서로 다른 유형의 세포가 형성되는지는 개념 18.4에서 다룰 것이다.

진핵생물에서 통합적으로 조절되는 유전자들

진핵생물에서 동시에 발현이 개폐되어야 하는 서로 관련된 유전자들은 어떻게 통제될까? 이 장의 앞부분에서, 세균에서는 통합적으로 조절되어야 하는 유전자들은 종종 오페론에 군집을 이루어 존재하며, 하나의 프로모터에 의해 조절되어 하나의 mRNA 분자로 전사됨을 배운 바 있다. 따라서 오페론내 유전자들은 함께 발현하고 암호화된 단백질들은 동시에 생산된다. 일부 예외가 있기는 하지만 진핵생물에서 오페론은 발견되지 않는다.

진핵생물에서 물질대사경로의 효소들을 암호화하는 유전자처럼 동시-발현 유전자들은 주로 다른 염색체에 산재되어 있다. 이러한 경우 통합적 유전자 발현은 산재되어 있는 모든 유전자들이 공통된 특정 조합의 조절요소를 가짐으로써 가능하다. 핵 내의 활성자 단백질들은 이러한 조절요소들이 유전체의 어디에 있든 상관없이 인지하고 결합함으로써 유전자들을 동시에 전사시킨다.

진핵생물의 세포에서 산재된 유전자들의 통합조절은 종종 세포 외부로부터의 화학적 신호에 반응하여 일어난다. 예를 들어, 스테로이드호르몬은 세포 내로 들어가 특정 세포내 수용체 단백질과 결합하여 전사 활성자로 작용하는 호르몬-수용체 복합체를 형성한다(그림 9.9). 특정 스테로이드호르몬에 의해 전사가 촉진되는 모든 유전자는 염색체상의 위치에 상관없이 호르몬-수용체 복합체가 인지하는 조절요소를 지니고 있다. 이는 에스트로젠이 자궁세포의 분열을 촉진하는 유전자군을 어떻게 활성화시켜 임신에 적합한 자궁을 준비하는지를 설명해 준다.

비스테로이드성 호르몬이나 생장인자와 같은 많은 신호분자들은 실제 세포 안으로 들어가지 않고 세포 표면에 존재하는 수용체에 결합한다. 이러한 분자들은 특정 전사 활성자 혹은 억제자를 활성화시키는 신호전달계를 간접적으로 작동시켜 유전자 발현을 조절할 수 있다(그림 9.15). 이 경우에도 통합 조절의 원리는 스테로이드호르몬의 경우와 동일하다. 동일한 세트의 조절요소를 지닌 유전자들은 동일한 화학신호에 의해 활성화된다.

통합적 유전자 조절시스템은 매우 광범위하게 나타나므로, 아마도 진화 역사의 초기에 생겨난 것으로 추정된다.

핵의 구조와 유전자 발현

그림 16.23b에서 관찰했듯이 각 염색체는 간기 핵 내에서 특정 영역을 차지하고 있다. 그러나 각 염색체들이 완전히 분리되어 위치하는 것은 아니다. 최근 간기 핵에서 서로 결합되어 있는 염색체 영역을 상호 연결시켜 분리해내는 실험 기술이 개발되었다. 이러한 연구를 통해 각 염색체로부터 염색질 고리가 뻗어 나와 핵의 특정 영역에 위치함을 밝혀내었다(그림 18.12). 동일 염색체에서 나온 서로 다른 염색질 고리와 다른 염색체에서 나온 고리들은 함께 특정 자리에 모이는데, 그러한 자리 중 일부는 RNA 중합효소와 여러 전사인자 단백질들이 풍부하게 존재한다. 서로 다른 지역에 거주하는 회원들을 모으는 일종의 센터처럼, 전사공장(transcription factory)이라 불리는 이 영역은 공통 기능을 위해 특수화되어 있다.

핵 내부에 염색체 가닥들이 접시에 담긴 스파게티 가닥처럼 특정한 형식 없이 존재할 것이라는 오래된 관점은 최근 들어 염색질이 특징적인 구조와 조절된 이동 양식을 보인다는 모델로 대체되고 있다. 염색체 영역에서 어떤 유전자를 전사공장 위치로 이동시키는 것은 해당 유전자의 전사를 준비시키는 과정의 일부로 간주된다. 염색질의 위치와 구조에 대한 연구 분야는 많은 흥미로운 질문을 불러일으키는 최신 연구 과제이다.

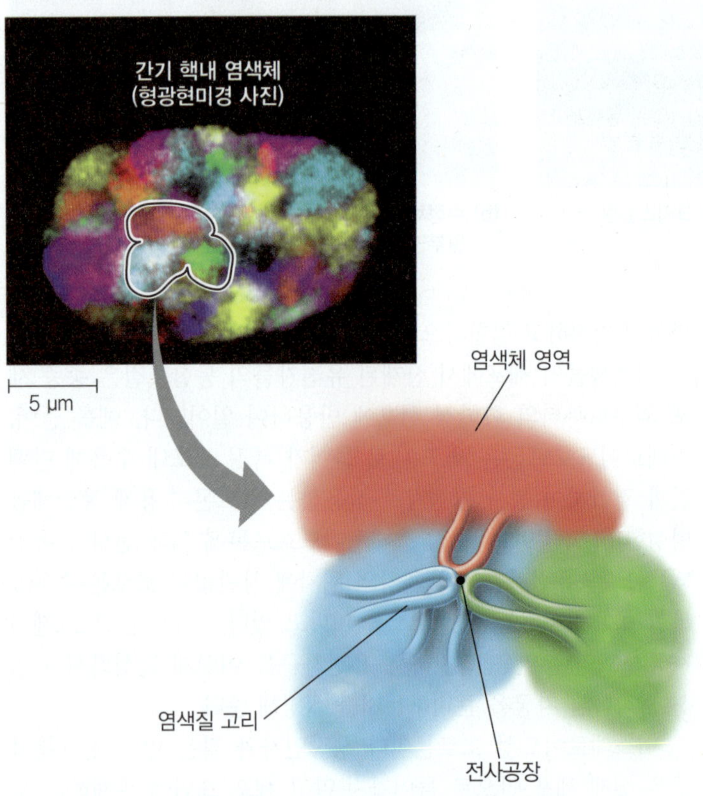

▲ **그림 18.12 간기 핵에서의 염색체 상호 작용.** 핵 내에서 각 염색체는 각자 고유의 영역을 차지하고 있지만(그림 16.23b), 염색질 고리는 다른 위치로 뻗어나갈 수 있다. 동일 염색체에서 유래한 여러 염색질 고리(푸른색 고리)와 다른 염색체에서 유래한 염색질 고리(붉은색 고리와 녹색 고리)가 상호작용하며 차지하고 있는 부위를 전사공장이라 부른다.

전사후 조절의 원리

유전자 발현은 전사만으로 구성된 것은 아니다. 단백질-암호화 유전자의 발현은 궁극적으로 세포가 만드는 기능적 단백질의 양으로 측정되며, 많은 경우 RNA 전사체의 합성에서부터 활성을 지닌 단백질이 만들어지기까지의 여러 단계에서 조절된다. 전사 후 여러 단계에서 작동하는 많은 조절 기작들이 존재한다(그림 18.6). 이러한 기작들은 세포가 전사 유형을 변경하지 않고서도 환경 변화에 빠르게 반응하여 유전자 발현을 미세하게 조절할 수 있게 해준다. 이제 세포가 유전자의 전사 후에 유전자 발현을 어떻게 조절할 수 있는지에 대하여 논의한다.

RNA 가공

핵에서의 RNA 가공과 세포질로의 성숙된 RNA 수송은 원핵생물에서는 불가능한 여러 가지 유전자 발현 조절의 기회를 제공한다. RNA 가공단계에서 조절되는 하나의 예로 **대체 RNA 스플라이싱(alternative RNA splicing)**을 들 수 있는데, 이 과정 중에 어떤 RNA 영역이 엑손으로 간주되고 어떤 영역이 인트론으로 간주되느냐에 따라 동일한 1차 전사체로부터 서로 다른 mRNA 분자가 형성된다. 인트론-엑손의 선택은 1차 전사체 내에 존재하는 조절서열에 세포 유형-특이 조절 단백질이 결합함으로써 조절된다.

서로 다른 두 개의 단백질을 생산해 내는 트로포닌 T 유전자에 대한 대체 RNA 스플라이싱의 간단한 예를 그림 18.13에 나타내었다. 다른 유전자들은 더 많은 수의 산물을 만들 수 있는 가능성을 제공한다. 예를 들어, 과학자들은 대체 스플라이싱에 의해 세포외영역이 다른 무려 19,000개가 넘는 막단백질을 만들 수 있는 초파리의 유전자를 발견한 바 있다. 이 유전자로부터 최소한 17,500가지(약 94%)의 mRNA가 실제로 합성되었다. 초파리의 발생 중인 신경세포에서 서로 다른 형태의 단백질이 발현되어 각 세포 표면에서 인식 표지자로 작용한다.

대체 RNA 스플라이싱은 진핵생물의 유전체 정보를 상당히 증가시키는 역할을 한다. 사실 인간유전체사업이 끝나고 알게 된 인간의 유전자 개수는 놀랍도록 적은 수였다. 하지만 대체 RNA 스플라이싱 기작이 하나의 해결책으로 제시되었다. 인간의 유전자 수는 토양 선충류, 겨자과 식물, 혹은 말미잘의 유전자 수와 비슷한 것으로 밝혀졌다. 이러한 발견은 만일 유전자의 수가 아니라면, 인간의 훨씬 더 복잡한 구조를 무엇으로 설명할 수 있는가라는 문제를 제기하였다. 여러 개의 엑손을 지닌 인간 유전자 중 75~100%는 대체 RNA 스플라이싱을 하는 것으로 나타났다.

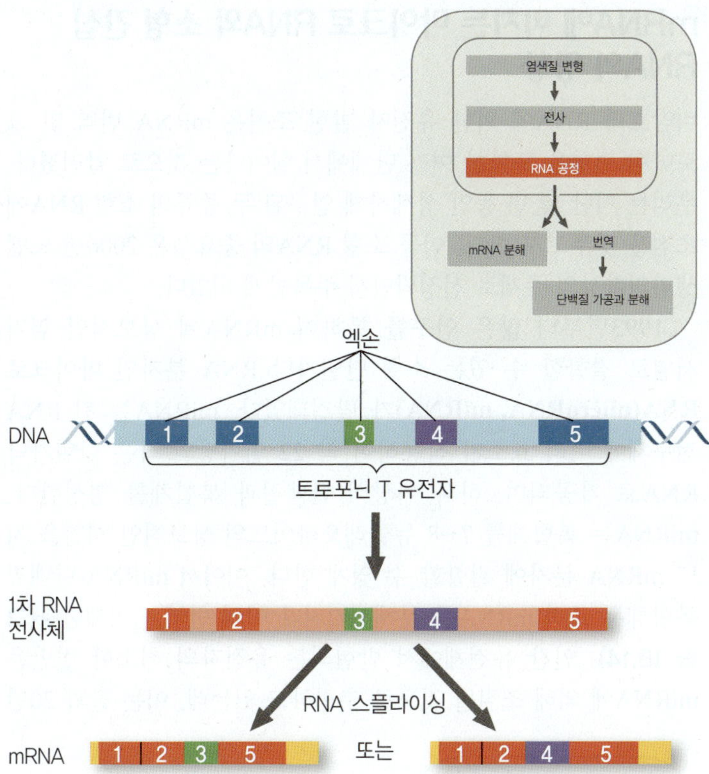

▲ **그림 18.13 트로포닌 T 유전자의 대체 RNA 스플라이싱.** 이 유전자의 초기 전사체는 한 가지 이상의 방법으로 스플라이싱이 일어날 수 있어서 여러 가지의 mRNA 분자들을 만들어 낸다. 하나의 mRNA는 3번 엑손(녹색)을 포함하고 있지만 다른 것은 4번 엑손(자주색)을 지니고 있음에 주목하라. 이러한 두 개의 mRNA는 서로 다르지만 유사한 근육 단백질로 번역된다.

따라서 대체 RNA 스플라이싱의 범위는 인간 단백질의 종류를 엄청나게 증가시킬 수 있으며, 또한 복잡한 형태와 구조를 잘 설명해 줄 수 있을 것이다.

번역개시와 mRNA 분해

번역은 유전자 발현 조절의 또 다른 기회를 제공한다. 번역 조절은 대부분 개시단계에서 일어난다(그림 17.18). 일부 mRNA의 번역개시는 mRNA의 5′ 또는 3′ 말단의 비번역 부위(5′ 또는 3′ UTR)에 존재하는 특정 서열이나 구조를 인지하여 결합하는 조절 단백질에 의해 방해될 수 있다. (17장에서 배웠듯이 mRNA 분자의 5′ 캡과 폴리A 꼬리 모두 리보솜 결합에 중요함을 상기하라.)

세포에 존재하는 모든 mRNA의 번역이 동시에 조절될 수도 있다. 이와 같은 "전반적인" 조절은 진핵생물에서 보통 번역개시에 필요한 하나 이상의 단백질 인자를 활성화시키거나 혹은 불활성화시킴으로써 이루어진다. 이러한 조절을 통해 난자에 저장되어 있는 mRNA의 번역개시가 이루어진다. 수정 직후 갑작스러운 번역개시인자들의 활성화에 의해 번역이 시작되며, 저장성 mRNA에 암호화된 단백질이 한꺼번에 합성되는 반응이 나타난다. 일부 식물과 조류(algae)는 암기 동안에는 mRNA를 저장하다가, 햇빛에 의해 번역기구가 활성화된다.

세포질 내에서 mRNA의 수명은 세포에서 단백질 합성 수준을 결정하는 데 있어서 중요하다. 세균의 mRNA는 일반적으로 세포 내에 존재하는 효소에 의해 몇 분 내에 분해된다. 이러한 mRNA의 짧은 수명은 환경 변화에 반응하여 세균들이 빠르게 단백질 합성 유형을 변화시킬 수 있게 해준다. 이와는 대조적으로, 다세포 진핵생물의 mRNA는 일반적으로 몇 시간, 며칠, 혹은 몇 주 동안 유지될 수 있다. 일례로 발생 중인 적혈구 세포에서 헤모글로빈 폴리펩타이드(α-글로빈과 β-글로빈)의 mRNA 수명은 매우 안정하며, 이들 mRNA는 적혈구 세포에서 반복적으로 번역된다.

얼마나 오랫동안 mRNA가 온전하게 존재할지를 결정하는 뉴클레오타이드 서열이 종종 mRNA 분자의 3′말단부에 있는 비번역 부위(UTR)에서 발견된다(그림 18.8). 과학자들이 생존기간이 짧은 생장호르몬 mRNA에 존재하는 이러한 조절 서열을 매우 안정한 글로빈 mRNA의 3′ 말단으로 이동시킨 실험을 수행한 결과, 글로빈 mRNA는 빠르게 분해되었다.

최근 몇 년 동안 mRNA 분자를 분해시키거나 혹은 발현을 억제하는 다른 여러 가지 기작들이 밝혀졌다. 이러한 조절 기작들은 여러 단계에서 유전자 발현을 조절하는 새로 발견된 RNA 분자들에 의해 이루어지며, 이들에 대해서는 이 장의 후반부에서 다룰 것이다.

단백질 가공과 분해

유전자 발현을 조절할 수 있는 마지막 기회는 번역 후에 주어진다. 진핵생물의 폴리펩타이드는 종종 가공되어야만 기능성 단백질이 된다. 예를 들어, 초기의 인슐린 폴리펩타이드(프로-인슐린)는 절단된 후 활성을 지닌 호르몬이 된다. 더군다나 많은 단백질들은 화학적 변형을 거쳐야만 기능을 나타낸다. 조절 단백질들은 주로 인산 잔기의 가역적인 첨가에 의해 활성화되거나 혹은 비활성화되며, 동물세포의 표면으로 운반될 운명을 가진 단백질들은 당과 결합한다. 세포-표면 단백질들과 그 외의 많은 단백질들은 기능을 발휘하기 위해서 세포의 표적 위치로 이송되어야만 한다. 조절은 단백질 변형이나 혹은 이동과 관련된 모든 단계에서 일어날 수 있다.

마지막으로, 세포 내에서 활동하는 각 단백질의 수명은 선택적 분해에 의해 엄격하게 조절된다. 세포주기 조절에 관계하는 사이클린과 같은 많은 단백질들의 수명은 정상적으로 기능하는 세포에서 비교적 짧아야만 한다(그림 12.16). 세포는 분해될 특정 단백질을 표지하기 위하여 단백질에 주로 유비퀴틴(ubiquitin)이라는 작은 단백질 분자들을 부착시킨다. 이어서 프로테아좀(proteasome)이라 불리는 거대한 단백질 복합체가 유비퀴틴이 부착된 단백질을 인지하고 분해시킨다.

개념 확인 문제 18.2

1. 히스톤의 아세틸화와 DNA의 메틸화는 일반적으로 유전자 발현에 어떠한 영향을 미치는가?
2. 유전자 발현 조절에 있어서 보편전사인자와 특수전사인자의 역할을 비교하라.
3. **WHAT IF?** 근육세포에서만 발현하는 세 개의 유전자의 인핸서에 있는 원거리 조절요소들의 뉴클레오타이드 서열을 비교하였다고 가정하자. 어떤 점을 발견할 수 있을까? 이유는?
4. 특정 단백질을 암호화하는 mRNA가 세포질에 도착하였다고 가정할 때, 세포에서 활성을 지니는 단백질의 양을 조절할 수 있는 4가지 조절 기작은 무엇인가?

정답은 부록 A 참조

개념 18.3

비번역 RNA는 다양한 방식으로 유전자 발현을 조절한다

인간 유전체의 경우 단 1.5%만이 단백질을 암호화하고 있으며 다른 여러 다세포 진핵생물에서도 유전체의 적은 부분만이 단백질을 암호화하고 있음을 상기하자. 나머지 부분 중에서 극히 일부는 리보솜 RNA와 운반 RNA와 같은 작은 RNA에 대한 유전자로 구성되어 있다. 최근까지 비암호화 DNA의 대부분은 전사되지 않는 것으로 여겨졌다. 비암호화 DNA는 단백질이나 일부 알려진 유형의 RNA를 암호화하지 않으므로 의미 있는 유전정보를 포함하지 않을 것으로 생각되었다. 그러나 최근의 많은 연구 결과는 이러한 생각을 반박하고 있다. 예를 들어, 2012년에 수행된 인간 유전체 전체에 대해 연구에서 대략 75%의 유전체가 특정 세포의 특정 시기에 전사된다는 것을 밝혀내었다. 인트론 역시 전사되는 RNA, 즉 비번역 RNA의 일부를 차지한다. 여러 연구 결과들은 매우 많은 유전체가 다양한 소형 RNA를 포함하는 비암호성 RNA(noncoding RNA, ncRNA)라 불리는 비단백질-암호화 RNA로 전사됨을 암시하고 있다. 이러한 RNA의 기능에 대한 많은 의문점들에 대해 정확한 해답은 알려지지 않았지만, 과학자들은 이들의 생물학적 기능에 대한 증거를 얻기 위한 연구를 수행하고 있다.

생물학자들은 최근의 연구에 매우 고무되어 있는데, 세포에 존재하는 많은 다양한 RNA 분자 집단이 유전자 발현 조절에 절대적인 역할을 수행한다는 발견 때문이다. mRNA가 단백질을 암호화한다는 이유로 세포에서 기능하는 가장 중요한 RNA라는 오래된 견해는 분명히 수정되어야 한다. 즉 생물학계에서는 중요한 사고의 변화가 일어난 것이다. 이는 우리가 유명한 스타에만 집중해 왔기 때문에 무대 뒤에서 일하는 많은 스텝들을 간과했던 것과 비슷하다고 볼 수 있다.

mRNA에 미치는 마이크로 RNA와 소형 간섭 RNA의 영향

비암호화 RNA에 의한 유전자 발현 조절은 mRNA 번역 및 크로마틴 변형을 포함한 여러 단계에서 일어나는 것으로 알려졌다. 우리는 지난 몇 년 동안 상세하게 연구된 두 종류의 소형 RNA에 초점을 맞추고자 한다. 이들 소형 RNA의 중요성은 2006년 노벨 생리의학상의 주제로 선정되면서 주목받게 되었다.

1993년부터 많은 연구를 통하여 mRNA에 상보적인 염기서열로 결합할 수 있는 소형 단일가닥 RNA 분자인 **마이크로 RNA(microRNA, miRNA)**가 발견되었다. miRNA는 긴 RNA 전구체에 여러 효소가 작용하여 약 22 염기쌍의 작은 단일가닥 RNA로 가공되며, 하나 이상의 단백질과 복합체를 형성한다. miRNA는 복합체를 7~8 뉴클레오타이드의 상보적인 서열을 지닌 mRNA 분자에 결합할 수 있게 한다. 이어서 miRNA-단백질 복합체는 표적 mRNA를 분해시키거나 이의 번역을 억제한다(그림 18.14). 인간 유전체에서 발현되는 유전자의 최소한 절반은 miRNA에 의해 조절될 것으로 추정하고 있는데, 이는 불과 20년

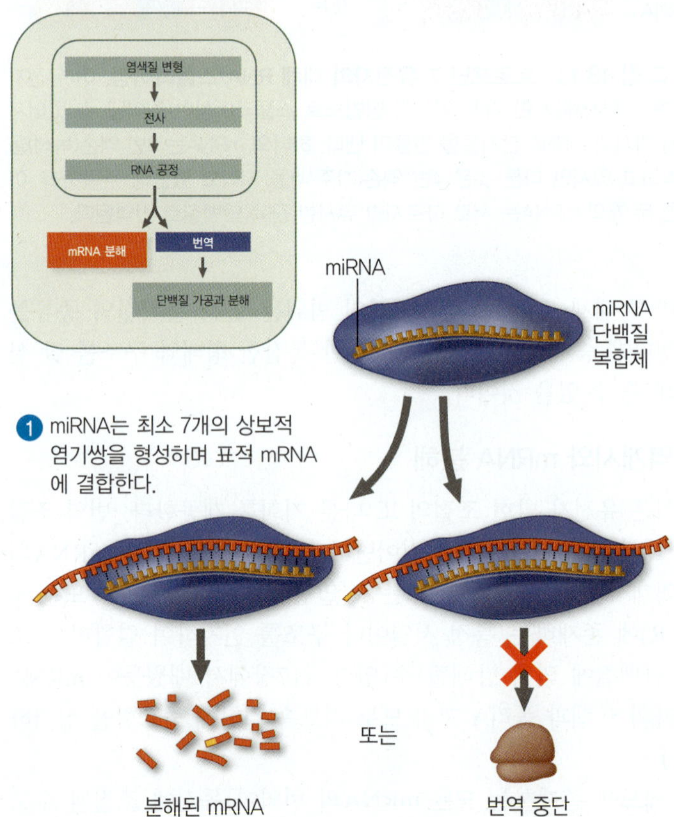

▲ **그림 18.14 miRNA에 의한 유전자 발현의 조절.** RNA 전구체로부터 효소 가공을 통해 형성된 22 뉴클레오타이드 길이의 miRNA는 여러 단백질과 결합하여 복합체를 이룬다. miRNA-단백질 복합체는 표적 mRNA를 분해하거나 번역을 방해한다.

전만 하더라도 miRNA의 존재가 알려지지 않았음을 감안하면 괄목할 만한 것이다.

miRNA와 구조와 기능 면에서 유사한 **소형 간섭 RNA(small interfering RNA, siRNA)**는 동일한 단백질과 결합하여 유사한 결과를 나타낸다. siRNA 전구체에 해당하는 RNA를 세포에 주입하면, 세포 기구에 의해 siRNA로 가공된 후 상보적인 서열을 지닌 유전자의 발현을 억제하게 된다. 이것은 miRNA가 작동하는 기작과 유사하다. miRNA와 siRNA의 차이점은 두 경우 모두 대부분 이중가닥 RNA 전구물질로부터 형성되나, 전구물질의 구조에서 약간의 차이를 보인다. siRNA를 이용하여 유전자 발현을 억제하는 현상을 **RNA 간섭(RNA interference, RNAi)**이라 하며, 유전자의 기능을 분석하기 위해 실험적으로 특정 유전자의 발현을 차단하는 방법으로 사용된다.

RNAi 경로는 어떻게 진화한 걸까? 26장에서 배우게 되겠지만, 몇몇 바이러스는 이중가닥 RNA 유전체를 지니고 있다. 세포 내 RNAi 경로는 이중가닥 RNA를 가공하여 상보적인 서열을 지닌 RNA의 분해를 유도할 수 있기 때문에, 이러한 기작은 바이러스 감염에 대한 자연적인 방어 기작의 하나로서 진화되었을 것이라 생각된다. 그러나 RNAi 경로가 비바이러스성 세포내 유전자들의 발현에도 영향력을 행사한다는 사실은 RNAi 경로에 대한 또 다른 진화적 기원이 있음을 암시한다. 더군다나 포유류를 포함한 많은 종들은 siRNA와 같은 소형 RNA를 만들기 위한 긴 이중가닥 RNA 전구체를 자체적으로 생산하고 있다. 다음에 논의하겠지만, 일단 생산된 이러한 RNA들은 번역 이외의 단계에서도 유전자 발현을 방해할 수 있다.

비암호화 RNA에 의한 염색질의 재배열

유전자 발현 조절에 있어서 비암호화 RNA의 역할은 점점 명백해지고 있으며, 지금부터 비암호화 RNA의 다른 기능에 대해 알아보도록 한다. 한 예로, 효모에서 연구된 비암호화 RNA는 효모 염색체의 동원체에 존재하는 이질염색질의 형성에 필요한 것으로 알려져 있다.

세포주기의 S기 동안 동원체 부분은 복제를 위해 느슨해져야 하며, 이후 유사분열을 위해 이질염색질 상태로 다시 응축되어야 한다. 일부 효모는 자체적으로 생산한 siRNA를 사용하여 동원체를 이질염색질 상태로 재형성시킨다. 그림 8.15에 이러한 작동 기작이 묘사되어 있다. 이 과정이 어떻게 시작되는지와 각 단계의 순서에 대해서는 여전히 논란 중이지만, 과학자들은 일반적인 개념에는 모두 동의한다. 효모에서 siRNA 시스템은 여러 비암호화 RNA뿐만 아니라 동원체의 염색질 구조를 변형하기 위해 염색질-변형 효소와도 상호작용한다. 대부분의 포유류 세포에서 유사한 siRNA가 작동하는지는 알려져 있지 않으며, 동원체 DNA의 응축 기작에 대해서도 자세히 밝혀져 있지 않다. 그러나 다른 과정에 관여하는 작은 비암호화 RNA에 대해 알아보도록 하자.

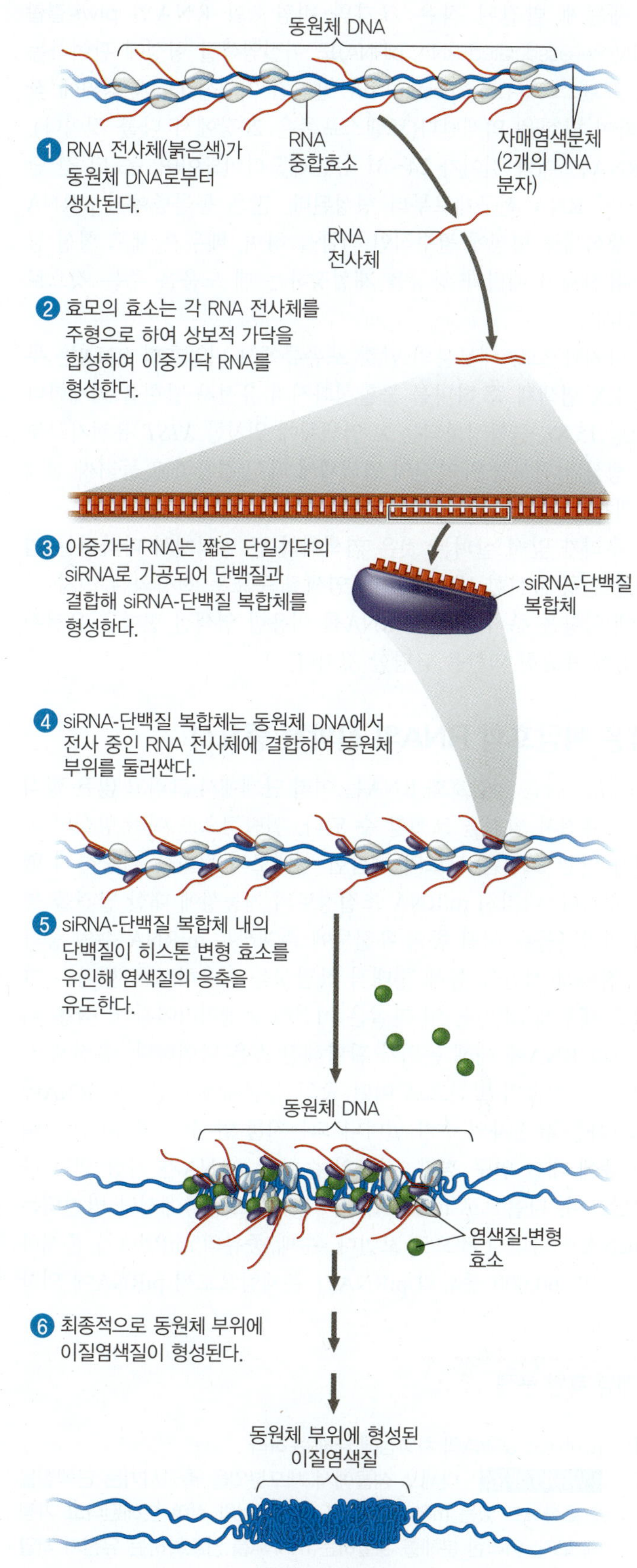

▲ **그림 18.15 동원체에서 염색질의 응축.** 한 종류의 효모에서, siRNA와 다소 긴 비암호화 RNA가 공동으로 작용하여 DNA 복제 후 각 염색분체의 동원체에서 매우 응축된 이질염색질을 재형성시킨다.

새롭게 발견된 작은 크기의 비암호화 RNA인 piwi-결합 RNA(piwi-associated RNA, piRNA)도 이질염색질 형성에 관여하는데, 트랜스포존(transposon)이라 알려진 기생성 DNA 영역에 작용하여 발현을 억제한다(트랜스포존은 20장에서 다룰 것이다). piRNA는 대략 길이가 24~31 뉴클레오타이드이며, 좀 더 긴 단일가닥 RNA 전구체로부터 형성된다. 많은 동물종에서 piRNA는 생식세포 형성에 필수적인 역할을 하며, 배우자 세포 형성 동안 유전체의 메틸화 양상을 재설정하는 데 도움을 주는 것으로 보인다.

마지막으로, 대부분의 암컷 포유류에서 비암호화 RNA는 두 개의 X 염색체 중 하나를 불활성화시켜 유전자 발현을 억제한다(그림 15.8). 불활성화되는 X 염색체에 위치한 *XIST* 유전자로부터 생성된 전사물은 자신의 염색체에 다시 결합하고 둘러싸 전체 염색체를 이질염색질 상태로 응축시킨다.

우리가 앞서 살펴본 것은 염색체의 큰 영역에서 나타나는 염색질 변형에 관한 내용이었다. 염색질 구조는 전사와 유전자 발현에 영향을 주기 때문에, RNA를 이용한 염색질 변형은 유전자 조절에 중요한 역할을 담당할 것이다.

작은 비암호화 RNA의 진화적 중요성

진화 작은 비암호화 RNA는 여러 단계에서 그리고 많은 방식으로 유전자 발현을 조절할 수 있다. 일반적으로 여러 방식의 유전자 발현 조절은 고도의 복잡한 형태로의 진화를 가능하게 했을 것이다. 따라서 miRNA 조절경로의 기능성에 대한 발견을 통해 과학자들은 어떤 종의 유전체에 존재하는 miRNA 수의 증가는 진화적 시간을 통해 형태적 복잡성을 허용하도록 했다는 가설을 세우게 되었다. 이 가설은 여전히 논쟁거리이지만, 작은 비암호화 RNA에 대해 논의가 활발해진 것은 당연하다. 유전체 서열 분석 기술의 발전으로 어떤 종의 유전체에 비암호화 RNA에 해당하는 유전자의 수가 얼마나 되는지를 알 수 있게 되었다. 여러 종에 대한 연구 결과, 진화의 순서상 siRNA가 가장 먼저 나타났으며, 다음으로 miRNA, 그 다음으로 동물에서만 발견되는 piRNA가 나타난 것으로 보인다. 수백 종류의 miRNA가 존재하는 반면, 60,000 종류의 piRNA가 존재함으로써 piRNA에 의한 매우 정교한 유전자 발현 조절이 가능할 것으로 추정된다.

비암호화 RNA의 광범위한 기능성을 고려할 때, 현재까지 밝혀진 비암호화 RNA가 배아발생 과정에서도 중요한 역할을 담당할 것임은 당연하다. 배아발생은 정확하게 조절되는 유전자 발현 조절의 궁극적인 예라 할 수 있다.

개념 확인 문제 18.3

1. miRNA와 siRNA의 차이점에 대해 논하라.
2. **WHAT IF?** 다세포 생물에서 세포분열을 촉진시키는 단백질을 암호화하고 있는 mRNA가 그림 18.14에서와 같이 분해된다고 가정해 보자. 이러한 분해를 유발하는 miRNA를 암호화하는 유전자 서열에 돌연변이가 생겨 작동을 할 수 없다면, 세포와 생명체 자체에는 어떠한 일이 일어나겠는가?

정답은 부록 A 참조

개념 18.4

다세포 생물에서 여러 가지 세포유형으로의 분화는 차등적 유전자 발현을 통해 이루어진다

다세포 생물의 배아발생 과정에서, 수정란(접합자)으로부터 각각 서로 다른 구조와 독특한 기능을 지니는 다양한 유형의 세포들이 형성된다. 세포는 전형적으로 조직을 이루고 조직은 기관을, 기관은 기관계를, 그리고 기관계는 온전한 개체를 이룬다. 따라서 모든 발생 프로그램은 독특한 양식에 의해 3차원적으로 고도의 구조를 이루는 서로 다른 유형의 세포를 만들어야 한다. 식물과 동물의 발생 과정 동안에 진행되는 현상에 대해서는 35장과 46장에서 각각 자세히 다루게 된다. 이 장에서는 몇 종의 동물을 예로 들어 발생을 지휘하는 유전자 발현의 조절 프로그램에 대해 알아본다.

배아발생의 유전적 프로그램

그림 18.16에 나타낸 사진은 접합자와 이로부터 생겨난 개체 사이의 확연한 차이점을 보여주고 있다. 이러한 괄목할 만한 전환은 세포분열, 세포분화 및 형태형성이라는 연관된 세 가지 기작에 의해 나타난다. 연속적인 유사분열을 통하여 접합자는 많은 수의 세포를 만들어 낸다. 그러나 세포분열 자체는 단지 동일한 세포 군집만을 만들 뿐이지 올챙이를 만들어 내지는 못한다. 배아발생 동안 세포는 숫자만 늘어나는 것이 아니라 세포의 구조와 기능면에서 특성화되는 과정인 **세포분화(cell differentiation)**

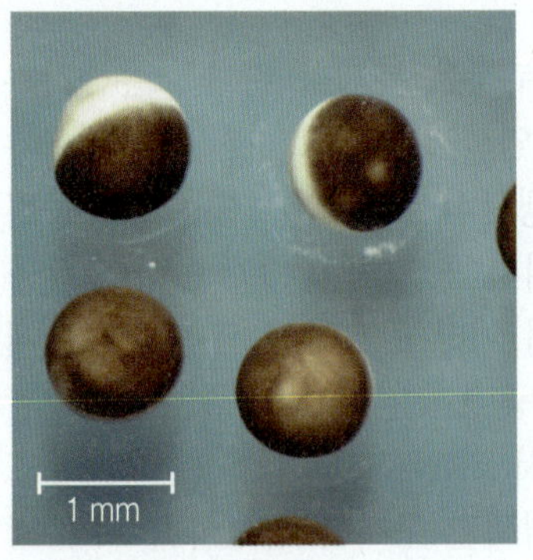

(a) 수정된 개구리알

(b) 새롭게 부화된 올챙이

▲ **그림 18.16 수정란에서 성체동물까지: 4일 동안에 생겨난 엄청난 차이.** (a)에 나타낸 각각의 개구리 수정란이 세포분열, 분화, 그리고 형태형성을 통해 (b)에 나타낸 것과 같은 올챙이로 변형되는데 단지 4일이 소요된다.

를 거치게 된다. 더구나 다양한 유형의 세포들은 무작위로 분포하는 것이 아니라 특정의 3차원적 구조상에서 조직과 기관으로 조직화되어 있다. 한 개체의 형태를 만드는 물리적인 과정을 **형태형성(morphogenesis)**이라 하며, 한 개체의 각 구조적 형태를 발생시키게 된다.

세 가지 과정 모두 세포 행동에 기반을 두고 있다. 개체의 모양을 갖추는 형태형성에서조차도 배아의 여러 영역을 만드는 세포들은 모양, 이동성 및 여러 특성의 변화를 통해 개체의 형태를 잡아가게 된다. 이미 살펴보았듯이, 세포의 활성은 발현하는 유전자와 이로부터 만들어지는 단백질에 의존한다. 한 개체에 존재하는 거의 모든 세포는 동일한 유전체를 지니고 있으며, 각 세포 유형에서 차등적 유전자 발현이 나타난다.

그림 18.11에서 서로 다른 두 세포유형인 간과 수정체 세포에서 어떻게 차등적 유전자 발현이 일어나는지에 대한 간단한 예를 살펴본 바 있다. 이와 같이 완전히 분화된 세포들은 각각 일단의 유전자 군집을 발현시키는 독특한 집단의 특정 활성자들을 가지고 세포에 필요한 단백질들을 만들어 낸다. 두 세포가 하나의 공통된 수정란으로부터 연속적인 유사분열을 통해 생겨난다는 사실은 필연적으로 다음과 같은 의문점을 제기한다. 어떻게 서로 다른 활성자의 집단이 두 세포에 존재하게 되는가?

난자에 축적된 모계에서 기원한 물질들은 세포가 분열함에 따라 순차적인 유전자 조절 프로그램을 가동시키고, 이 프로그램은 배아발생 동안 세포분화를 통합적으로 조정한다. 이러한 작동 기작을 알기 위해서 우리는 기본적인 두 가지 기초적인 발생과정을 살펴볼 것이다. 첫째로 초기 배아의 유사분열에 의해 생겨난 세포들이 어떻게 차이를 만들어 내어 각자의 분화과정을 거치는지에 대해 살펴볼 것이다. 두번째로 근육발생 과정을 예로 들어 세포분화가 특정 세포유형을 어떻게 유도하는지 살펴볼 것이다.

세포질 결정인자와 유도신호

초기 배아의 세포에서 나타나는 첫 번째 차이는 무엇에 의해 만들어질까? 그리고 발생과정을 통해 나타나는 모든 다양한 세포유형의 분화는 무엇이 관장할까? 이 장을 공부한 시점에서 답을 추론할 수 있을 것이다. 발생 중인 개체의 각 세포에서 발현하는 특정 유전자들이 세포의 행보를 결정한다. 여러 종에서 세포는 두 가지 정보에 의해 배아발생 과정의 특정 시기에 어떤 유전자를 발현할지 결정한다.

초기 발생과정에 중요한 첫 번째 정보는 난자의 세포질에 존재하는 어미 세포로부터 온 RNA와 단백질이다. 미수정란의 세포질은 균일하지 않다. 미수정란에서 mRNA, 단백질, 그 외의 다른 물질들 및 세포소기관은 균일하지 않게 분포하고 있으며, 이러한 물질의 편재는 많은 종에서 미래 배아의 발생에 매우 중요한 영향을 미친다. 초기 발생과정에 영향을 미치는 난자의 모계기원 물질들을 **세포질 결정인자(cytoplasmic determinant)**라

▼ **그림 18.17 초기 배아에 나타나는 발생 정보**

(a) 난자에 존재하는 세포질 결정인자

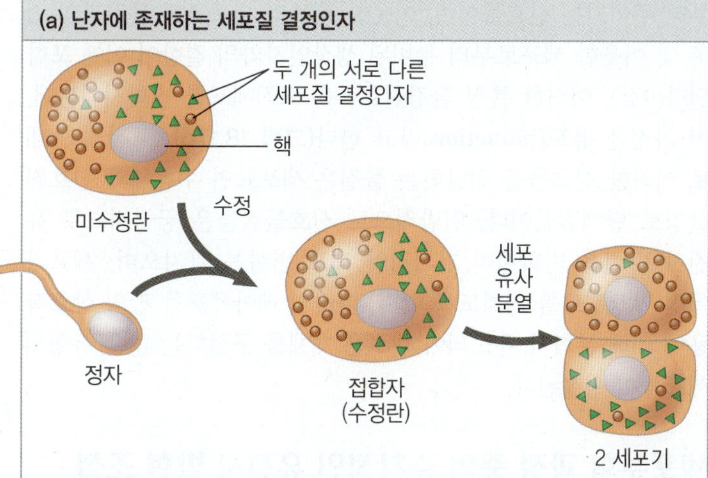

미수정란의 세포질 내부에는 어미의 유전자로부터 기원한 발생에 영향을 미치는 물질들이 축적되어 있다. 이러한 세포질 결정인자들은 그림에 나타난 2개의 인자와 같이 난자에 불균등하게 분포한다. 배아의 세포핵은 수정과 유사분열 후에 서로 다른 세포질 결정인자 군들에 노출되어 결국 서로 다른 유전자들을 발현시킨다.

(b) 이웃세포에 의한 유도

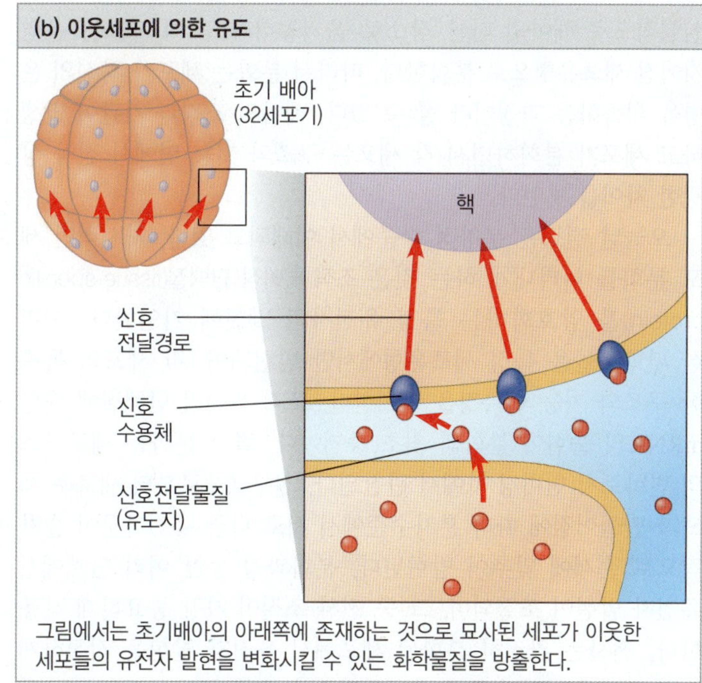

그림에서는 초기배아의 아래쪽에 존재하는 것으로 묘사된 세포가 이웃한 세포들의 유전자 발현을 변화시킬 수 있는 화학물질을 방출한다.

부른다(그림 18.17a). 수정 후 초기 접합자의 세포질은 유사분열에 의해 분리되어 서로 다른 두 세포에 나누어지게 된다. 따라서 이 두 세포의 핵은 접합자의 어느 세포질 부분을 받느냐에 따라 서로 다른 세포질 결정인자들에 노출된다. 각 세포에 존재하는 세포질 결정인자들의 조합은 세포분화 과정 중에 유전자 발현을 조절함으로써 발생의 운명 결정에 영향을 미친다.

또 하나의 중요한 발생 정보는 세포 주변의 특정 환경인데,

이는 배아의 세포 수가 증가함에 따라 그 중요성도 증가하게 된다. 하나의 배아세포에 가장 영향력이 있는 것은 이웃한 세포로부터 주어지는 신호들이며, 이웃한 세포의 세포표면 물질과의 접촉 및 이웃한 세포로부터 분비된 생장인자와의 결합이 이에 포함된다(9장). 이러한 특정 환경신호들은 표적세포를 변화시키는데, 이 과정을 **유도(induction)**라고 한다(그림 18.17b). 표적세포 내로 이러한 신호들을 전달하는 물질은 세포표면 수용체와 신호전달경로 단백질들이다. 일반적으로 신호물질들은 궁극적으로 유전자 발현을 변화시켜 가시적인 세포 변화를 가져오며, 세포가 특정 발생경로를 거치도록 한다. 따라서 배아세포들 간의 상호작용에 의해 분화가 유도되어 새로운 개체를 구성하는 많은 유형의 세포들이 형성된다.

세포분화 과정 중의 순차적인 유전자 발현 조절

세포의 분화 경로를 설정하는 첫 번째 변화는 미묘한 것으로서 단지 분자 수준에서만 나타난다. 생명과학자들이 배아에서 일어나는 분자적 변화에 대해 잘 알기도 전에, 배아세포가 비가역적으로 특정 세포 유형으로 운명이 정해지는 **결정(determination)**이란 용어를 사용하기 시작하였다. 결정이 이루어진 배아세포를 실험적으로 배아의 다른 장소로 옮겨놓더라도, 이 세포는 운명지어진 세포유형으로 분화한다. 따라서 분화는 세포가 자신의 운명을 획득하는 과정이라 할 수 있다. 배아의 조직과 기관이 발생하고 세포가 분화하면서 각 세포는 구조와 기능 면에서 점차 상당한 차이를 보인다.

오늘날 결정은 분자적 수준에서 이해되고 있다. 가시적인 세포 분화를 나타내게 하는 것은 조직 특이적 단백질(tissue-specific protein)을 암호화하는 특정 유전자의 발현에 기인한다. 이러한 단백질들은 특정 세포유형에서만 발현되며, 각 세포의 독특한 구조와 기능적 특징을 부여한다. 조직 특이적 단백질에 대한 mRNA의 출현이 분화의 최초 증거이다. 결국 분화는 세포구조의 변화로서 현미경 하에서 관찰된다. 전구세포로부터 새로운 세포가 만들어짐에 따라 분자수준에서 서로 다른 유전자군이 순차적으로 순서에 맞추어 발현된다. 분화과정 동안 여러 단계에서 유전자 발현이 조절되며, 그 중 전사 조절이 가장 중요하게 작용한다. 전사는 완전히 분화된 세포에서 유전자 발현을 적절하게 유지하는 데 있어서 중요한 조절점으로 작용한다.

분화된 세포는 조직 특이적 단백질을 만드는 특화된 세포이다. 예를 들어, 간세포는 전사 조절을 통하여 알부민을 만드는데 특화되어 있고, 수정체 세포는 크리스탈린을 만드는 데 특화되어 있다(그림 18.11). 척추동물의 골격근 세포 역시 다른 좋은 예이다. 골격근 세포 각각은 하나의 세포질에 여러 개의 핵을 지니고 있는 긴 섬유이다. 골격근 세포는 근육 특이적인 수축성 단백질인 마이오신과 액틴은 물론 신경세포로부터 신호를 감지하는 막성 수용체 단백질을 많이 지니고 있다.

근육세포는 배아전구세포로부터 발생되는데, 배아전구세포는 연골세포와 지방세포를 포함하여 다양한 유형의 세포들을 발생시킬 수 있는 능력을 지니지만, 특정 조건에서는 근육세포로 분화된다. 비록 운명이 정해진 세포가 현미경 하에서는 변화되지 않은 것처럼 보여도, 결정이 이루어졌다면 이 세포는 이미 근원세포(myoblast)가 된 것이다. 궁극적으로 근원세포는 많은 근육-특이적 단백질을 생산하기 시작하고 서로 융합함으로써 길쭉하고 핵을 여러 개 지닌 성숙된 골격근 세포가 된다.

과학자들은 근원세포를 배양하여 19장에서 배우게 되는 분자생물학적 방법론을 적용함으로써 분자 수준에서 근육세포의 분화과정 중에 어떤 일이 일어나는지를 연구하였다. 그들은 일련의 실험을 통하여 여러 유전자들을 동정하고, 각각을 독립된 배아전구세포에서 발현시켜 근원세포와 근육세포로의 분화 여부를 관찰하였다. 그들은 이러한 방법을 통하여 소위 "지배자 조절유전자(master regulatory gene)"라 부르는 여러 개의 유전자를 동정하였다. 이 유전자들의 단백질 산물은 세포의 운명을 결정하여 골격근 세포로 만든다. 따라서 근육세포의 경우 하나 이상의 지배자 조절유전자들의 발현이 결정의 분자적 기초를 제공한다.

근육세포로의 분화 운명 결정이 어떻게 일어나는지를 자세히 이해하기 위하여 *myoD*라 불리는 지배자 조절유전자에 초점을 맞추자(그림 18.18). MyoD 단백질을 암호화하는 유전자는 다양한 표적유전자의 인핸서에 존재하는 특정 조절요소에 결합하여 이들의 발현을 촉진한다(그림 18.18). *myoD* 표적유전자의 일부는 역시 다른 종류의 근육-특이 전사인자를 암호화하고 있다. MyoD는 *myoD* 유전자 자체의 발현을 촉진하여 양성 되먹임 경로를 통해 분화된 세포 상태를 유지한다. myoD에 의해 촉진되는 모든 유전자들은 아마도 myoD에 의해 인지되는 인핸서 조절요소를 지니고 있어서 통합적으로 조절되는 것 같다. 마지막으로 2차 전사인자들이 골격근 세포의 독특한 특성을 나타내는 마이오신과 액틴과 같은 단백질의 유전자들을 활성화시킨다.

myoD 유전자는 지배자 조절유전자라는 이름에 맞는 역할을 수행한다. 과학자들은 MyoD 단백질이 지방세포와 간세포처럼 완전히 분화된 비근육 세포 중 일부 세포를 근육세포로 변화시킴을 확인한 바 있다. 왜 이러한 현상이 모든 유형의 세포에서 일어나지 않을까? 한 가지 그럴듯한 설명은 근육-특이 유전자의 활성화는 전적으로 MyoD에 의존하기보다는 조절 단백질의 특별한 조합을 필요로 하며, MyoD에 반응하지 않는 세포에서는 이 조합 중 일부가 결핍되었기 때문이라 할 수 있다. 다른 세포유형에서의 결정과 분화도 이와 유사하게 작동될 것이다.

지금까지 수정란에서 활성화되는 다양한 유전자 발현 프로그램에 의해 어떻게 분화된 세포와 조직이 만들어지는지 살펴보았다. 그러나 온전한 한 개체에서 조직들이 기능하려면 개체의 전체 3차원적 배열인 체제(body plan)가 형성되어야 하며 분화과정에 맞추어 조화롭게 이루어져야 한다. 이제 잘 연구된 초파리

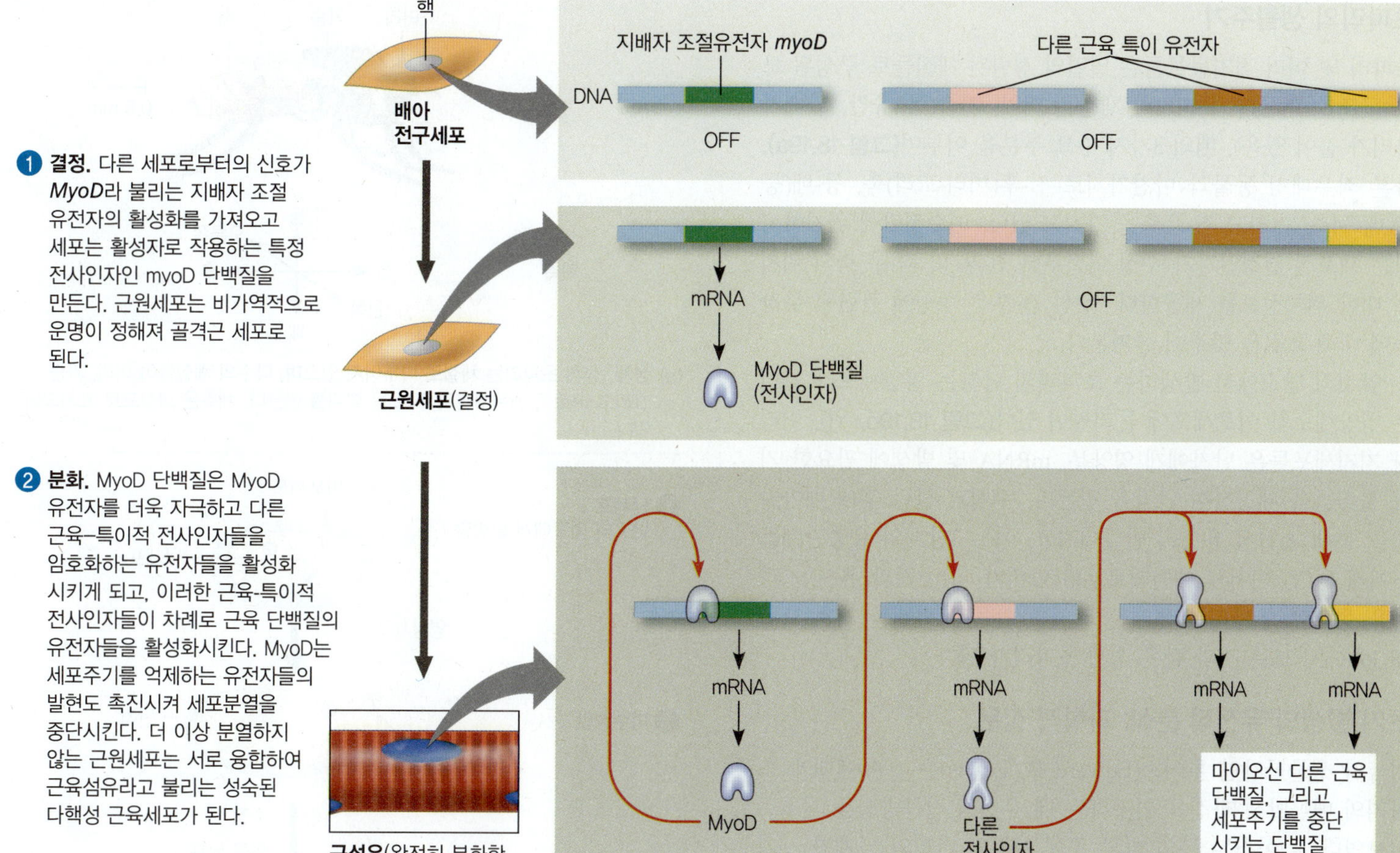

▲ **그림 18.18 근육세포의 결정과 분화.** 골격근 세포는 배아세포로부터 유전자 발현의 변화를 통해 만들어진다. (이 그림에서는 유전자 활성화 과정이 극도로 단순화되어 있다.)

WHAT IF? *myoD* 유전자에 돌연변이가 일어나 MyoD 단백질이 *myoD* 유전자를 활성화하지 못한다면 어떤 일이 일어날까?

(*Drosophlia melanogaster*)를 예로 들어 체제 형성의 분자적 기초를 살펴보도록 한다.

패턴형성: 체제의 형성

개체의 조직과 기관이 모두 특징적인 위치에 놓이게 되는 공간 배열의 형성, 즉 **패턴형성(pattern formation)** 과정에도 세포질 결정인자와 유도신호 모두가 작용한다.

건물을 짓기 전에 먼저 앞, 뒤, 그리고 옆의 위치를 결정하는 것처럼, 초기 배아에서 동물의 중심축이 형성되는 시점부터 패턴 형성이 시작된다. 좌우대칭 동물에서 기관이 나타나기 전부터 동물의 머리와 꼬리, 좌측과 우측, 그리고 배와 등의 상대적인 위치, 즉 3개의 중심 체축이 설정된다. 패턴형성을 조절하는 분자적 신호들을 통칭하여 **위치정보(positional information)**라고 하며, 이는 세포질 결정인자와 유도신호에 의해 제공된다(그림 18.17). 이러한 신호들은 세포에 체축 및 이웃세포에 대한 상대적 위치를 제공해 주며, 세포 자신과 자손세포가 향후의 분자신호에 어떻게 반응해야 하는지 결정해 준다.

고전 발생학자들은 20세기의 전반기 동안 다양한 종을 대상으로 배아발생에 대한 자세한 해부학적 관찰을 해왔으며 배아조직을 조작하는 실험을 수행하였다. 비록 이러한 연구가 발생 기작을 이해하는 초석을 제공하였지만, 발생을 유도하는 특정 분자를 규명하거나 어떻게 패턴 형성이 이루어지는지 밝혀내지 못하였다.

과학자들은 1940년대에 돌연변이를 분석하는 유전적 접근을 통하여 초파리의 발생을 연구하기 시작하였다. 이 접근은 대단한 성과를 이루었다. 돌연변이 분석 연구를 통하여 특정 유전자가 발생과정을 조절한다는 것을 알게 되었고, 세포의 공간적 위치 결정과 조직의 분화 유도에 작용하는 특정 물질의 역할을 이해할 수 있게 되었다. 과학자들은 초파리의 발생 연구에 해부학, 유전학 및 생화학적 접근방법들을 이용함으로써 사람을 포함한 많은 종에서 발생과정의 공통적인 원칙을 발견하였다.

초파리의 생활주기

초파리 및 여러 절지동물들은 일련의 정렬된 체절들로 구성된 모듈 구조를 이룬다. 초파리의 체절은 머리, 가슴(몸 중간, 날개와 다리가 붙어 있음), 배의 3가지 주요 부분을 이루며(**그림 18.19a**), 다른 좌우대칭 동물과 마찬가지로 전-후(머리-꼬리)축, 등-배(등쪽-배쪽)축, 그리고 좌-우축을 가지고 있다. 미수정란에 위치하고 있는 세포질 결정인자가 수정 이전부터 전-후 및 좌-우 축의 위치에 대한 위치정보를 제공한다. 우선 전-후축 형성에 관련된 분자들에 대해 초점을 맞추어 살펴본다.

암컷의 난소에서 발생하는 초파리의 난자는 영양세포라 불리는 영양세포와 여포세포에 둘러싸여 있다(**그림 18.19b**, 위). 이러한 지지세포들은 난자에게 영양분, mRNA 및 발생에 필요한 기타 물질들을 제공하며 난각을 만든다. 수정과 산란 후에 배아발생을 통해 체절성 유충이 만들어지고, 이는 3단계의 유충단계를 거치게 된다. 이어서 애벌레로부터 나비가 되는 것과 유사한 과정을 통하여 초파리 애벌레는 고치를 만들고 변태를 거쳐 그림 18.19a에서 보는 것과 같은 성체 초파리가 된다.

초기 발생의 유전적 분석: 과학적 질문

미국의 생물학자인 루이스(Edward B. Lewis)는 1940년대에 초파리의 배아발생 과정을 연구하는 데 유전적 접근방법을 최초로 선보였다. 루이스는 몸의 다른 곳에 여분의 다리와 날개가 생기는 발생학적 결함을 지닌 괴상한 돌연변이 초파리를 연구하였다 (**그림 18.20**). 그는 초파리의 유전자 지도에서 이 돌연변이 유전자의 위치를 확인하여, 발생 이상을 특정 유전자와 연관 지었다. 이 연구는 유전자가 발생과정을 지시한다는 확고한 증거를 최초로 제공하였다. 루이스가 발견한 **호메오유전자(homeotic gene)**는 후기 배아, 유충 및 성체의 패턴형성을 조절한다.

초기 배아발생 중의 패턴형성에 대한 이해는 30년이 지난 후에 독일의 두 과학자인 뉘슬라인-폴하르트(Christiane Nüsslein-Volhard)와 비샤우스(Eric Wieschaus)가 초파리의 체절형성에 관여하는 모든 유전자를 규명함으로써 가능해졌다. 이 연구는 3가지 이유 때문에 상당한 어려움이 있었다. 첫째, 현재 14,000개로 알려진 초파리의 유전자의 개수 때문이었다. 체절형성에 영향을 미치는 유전자는 마치 건초더미에서 몇 개의 바늘을 찾는 것과 같을 수도 있으며, 그 수가 너무 많고 변이도 많아 이들을 이해하기 어려울 수도 있었다. 두 번째, 체절형성과 같이 발생의 기본적인 과정에 영향을 미치는 유전자의 돌연변이는 분명히 배아 혹은 유충시기에 죽게 되는 표현형인 **배아치사(embryonic lethal)**일 것이다. 배아치사 돌연변이를 지니는 개체는 생식을 하지 못하므로 연구를 위한 교배가 불가능하다. 연구자들은 이 문제를 극복하기 위해 이형접합 유전자형을 지닌 초파리를 교배시켜 열성 돌연변이를 관찰하였다. 세 번째, 난자에 존재하는 세포질 결정인자가 배아의 축 형성에 중요한 역할을 하는 것으로 알려져

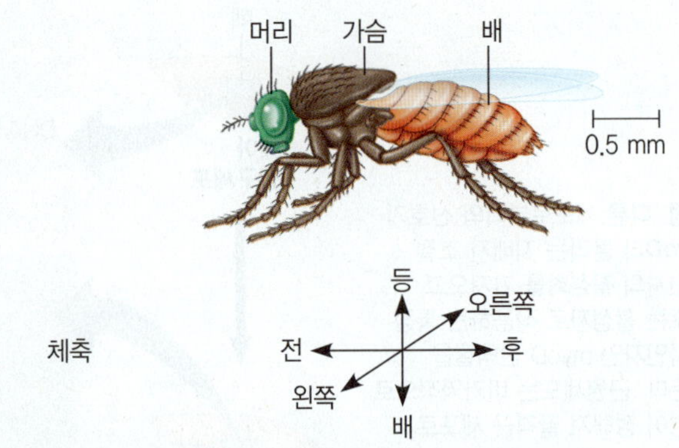

(a) **성체.** 성체 초파리는 체절로 나누어져 있으며, 다수의 체절들이 머리, 가슴 그리고 배로 구성된 3개의 주요 몸 부위를 만든다. 체축은 화살표로 표시되어 있다.

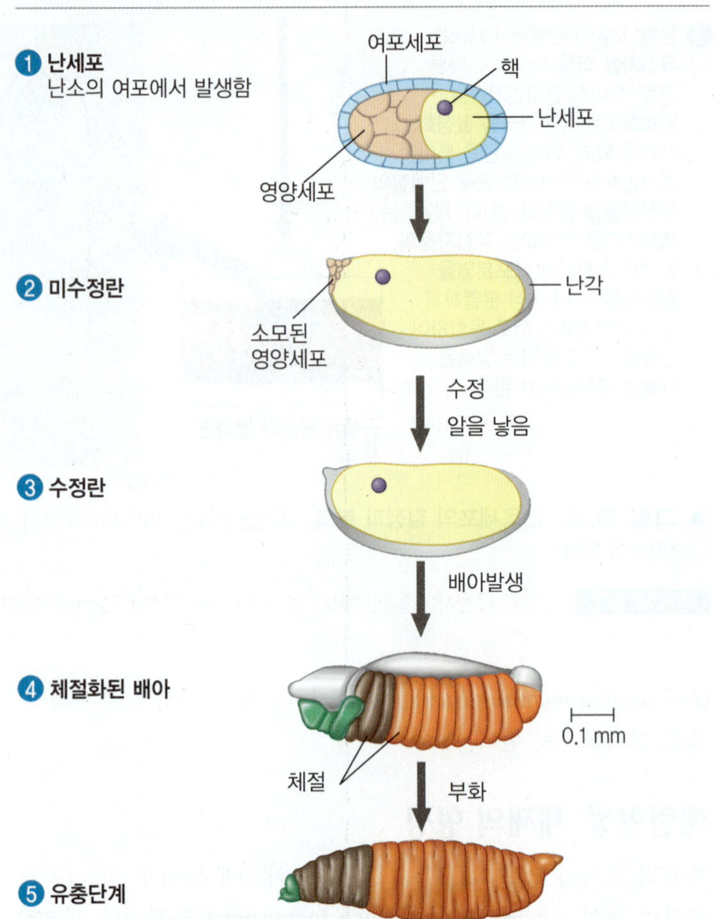

(b) **난자로부터 유충의 발생.** 1 어미 난소에서 노란 난자세포는 다른 세포들에 둘러싸여 여포라 불리는 구조를 형성한다. 2 영양세포는 영양분과 mRNA를 발생 중인 난자에 공급하면서 점점 쭈그러들며, 난자는 점점 커진다. 궁극적으로 성숙된 난자는 여포에서 분비된 난각을 꽉 채운다. 3 난자는 어미 내부에서 수정된 후 알로 나온다. 4 배아발생을 통해 유충이 형성된다. 5 유충은 세 단계를 거친다. 세 번째 단계에서 고치(표시하지 않음)를 만들고, 이의 안쪽에서 유충은 변태를 하여 (a)에 나타낸 성체가 된다.

▲ **그림 18.19 초파리의 생활사에서 주요 발생 현상**

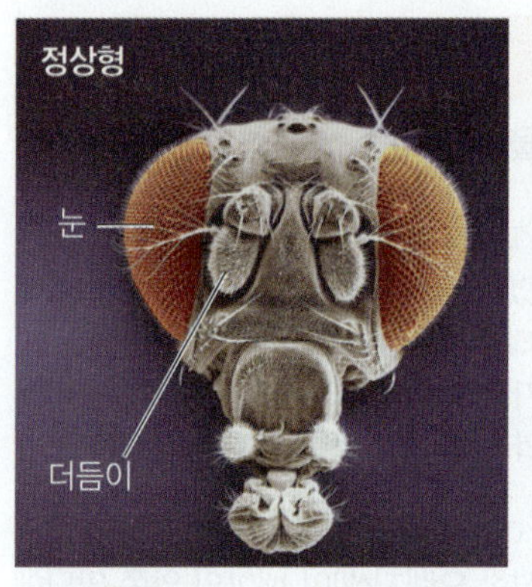

▲ **그림 18.20 초파리의 비정상적 패턴형성.** 호메오유전자라 부르는 특정 조절유전자의 돌연변이는 동물에서 다른 위치에 구조물들이 생기게 한다. 이 전자현미경 사진에서는 한 쌍의 작은 더듬이를 지닌 정상 초파리의 머리와 안테나 대신에 한 쌍의 다리를 가진 호메오 돌연변이 초파리의 머리를 보여준다.

있었으므로, 연구자들은 배아의 유전자는 물론 모계의 유전자도 함께 연구해야 한다는 사실을 알았다. 모계 유전자들에 대해서는 발생 중인 수정란에서 어떻게 앞-뒤축이 형성되는지를 논의할 때 살펴볼 것이다.

뉘슬라인-폴하르트와 비샤우스는 초파리 배우자에 영향을 주는 돌연변이 유발 화학물질을 초파리에 처리하여 체절형성 유전자를 찾기 시작하였다. 돌연변이를 유발시킨 초파리들을 교배시키고 그들의 자손 중 비정상적인 체절이나 다른 결함으로 죽은 배아 혹은 유충이 있는지를 조사하였다. 예를 들어, 그들은 앞-뒤축 형성에 관여하는 유전자를 찾기 위해서 양쪽 말단부에 모두 머리를 가지거나 혹은 모두 꼬리를 가진 비정상적인 배아나 유생을 관찰하였다. 그러한 결함은 분명 자손의 머리와 꼬리 부분을 정확하게 지정해주는 역할을 하는 모계유전자의 돌연변이에 기인한 것이라 추정할 수 있다.

뉘슬라인-폴하르트와 비샤우스는 궁극적으로 이러한 연구방법을 통해 배아발생 중 패턴형성에 필수적인 약 1,200개의 유전자를 동정하였다. 이들 중 약 120개는 정상적인 체절형성에 필수적인 것이었다. 연구자들은 수년에 걸쳐 체절형성 유전자들을 보편적인 기능에 따라 분류하고, 염색체상의 위치를 찾고, 후속 연구를 위해 클로닝을 하였다. 이 결과로부터 초파리의 초기 패턴형성 과정을 분자 수준에서 자세히 이해할 수 있게 되었다.

뉘슬라인-폴하르트와 비샤우스의 결과와 루이스의 초기 업적을 합쳐 초파리 발생에 대한 일목요연한 영상이 나오게 되었다. 이 세명의 과학자들은 그들의 업적을 인정받아 1995년에 노벨생리의학상을 수상하였다. 지금부터 뉘슬라인-폴하르트, 비샤우스 및 동료과학자들이 발견한 유전자들에 대해 논의해 보기로 하자.

축 형성

앞에서 논의하였듯이, 난자의 세포질 결정인자는 초파리의 초기 발생에서 체축을 설정하는 물질들이다. 이 물질들은 어미의 유전자에 의해 암호화되어 있으므로 **모계 영향 유전자(maternal effect gene)**라 부른다. 모계 영향 유전자는 자손 자체의 유전자형에 상관없이 어미의 유전자에 이상이 있을 때에 자손에게 돌연변이 표현형을 일으키는 유전자이다. 모계 영향 유전자의 mRNA나 단백질 산물은 초파리 발생과정 중 어미의 난소에 존재하는 난자에 위치한다. 어미의 유전자에 돌연변이가 있다면, 어미는 비정상적인 유전자 산물을 만들거나 혹은 유전자 산물 자체를 만들지 못할 것이며, 난자는 결함을 가지게 될 것이다. 이러한 난자가 수정하게 되면, 발생은 정상적으로 진행되지 못할 것이다.

모계 영향 유전자는 난자와 이로부터 발생되는 초파리의 방향성(극성)을 조절하기 때문에 **난자-극성 유전자(egg-polarity gene)**라 부르기도 한다. 한 그룹의 모계 영향 유전자는 배아의 앞-뒤축을 결정하며, 다른 그룹은 등-배축을 결정한다. 모계 영향 유전자의 돌연변이도 일반적으로 패턴형성 유전자의 돌연변이처럼 배아치사를 나타낸다.

Bicoid: 머리구조를 결정하는 형태형성물질 모계 영향 유전자가 어떻게 자손의 체축을 결정하는가를 알아보기 위해 우리는 ***bicoid***("두 개의 꼬리"라는 의미를 가진다) 유전자에 초점을 맞추어 보기로 한다. 어미 초파리의 *bicoid* 유전자에 돌연변이가 있으면, 그 자손은 몸의 앞쪽 부분이 없으며, 양쪽 말단부에 모두 꼬리 구조를 가지게 된다(**그림 18.21**). 뉘슬라인-폴하르트와 그녀의 동료들이 밝혀낸 이러한 표현형을 통해 모계의 *bicoid* 유전자 산물이 초파리의 앞부분을 결정하는 데 필수적이며, 아마도 배아에서 장차 앞부분이 될 지역에 집중적으로 존재할 것이라고 추측할 수 있다. 이 가정은 **형태형성물질(morphogen)**이라 불리는 물

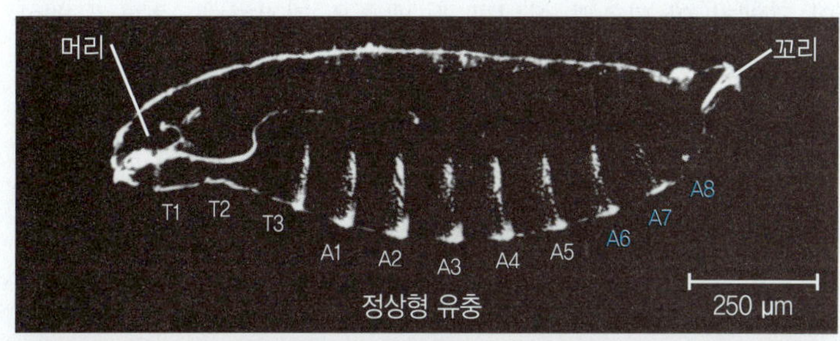

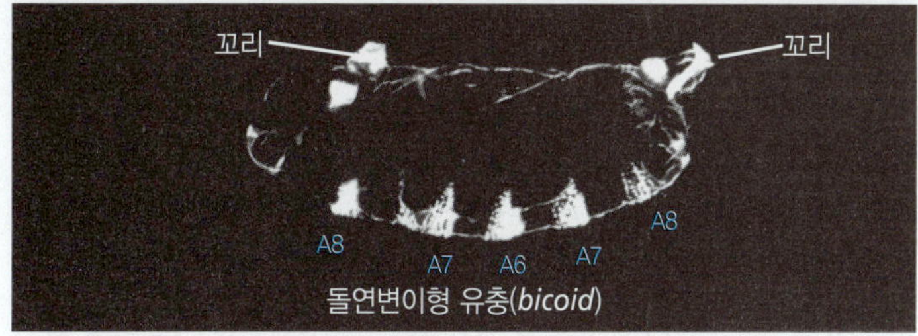

▲ **그림 18.21 초파리 발생과정에서 *bicoid* 유전자의 역할.** 정상 초파리 유충은 머리, 3개의 흉부 체절(T), 8개의 복부 체절(A) 및 꼬리로 구성된다. 두 개의 *bicoid* 유전자 모두가 돌연변이된 어미에서 기원한 유충은 두 개의 꼬리 부위를 가지며 머리 쪽 구조물이 없다.

질의 구배가 배아의 축과 여러 형태적 특성을 결정한다는, 1세기 전에 배아학자들이 제안했던 형태형성물질 구배 가설(morphogen gradient hypothesis)에 잘 들어맞는 예이다.

재조합 DNA 기술과 현대 생화학 방법론을 통해 *bicoid* 산물이 어떻게 초파리의 앞-뒤축을 결정하는 형태형성물질로 작용하는가를 알아볼 수 있게 되었다. 우선, *bicoid* mRNA와 단백질 산물이 미수정란의 어느 위치에 존재하는지를 알아본 결과, 예측했던 대로 *bicoid* mRNA는 성숙 난자의 가장 앞쪽 부위에 고농도로 존재하였다**(그림 18.22)**. 성숙난자의 수정 이후, *bicoid* mRNA는 단백질로 해독되고, 단백질은 앞쪽에서 뒤쪽으로 확산되어 초기 배아에서 Bicoid 단백질이 앞쪽 말단에 고농도로 뒤쪽으로 갈수록 줄어드는 형태의 농도구배를 나타낸다. 이러한 결과는 Bicoid 단백질이 초파리의 앞쪽 말단을 결정하는 역할을 할 것이라는 가정을 지지해 준다. 더 확실한 증명을 위해, 연구자들은 *bicoid* mRNA를 초파리 초기 배아의 여러 부위에 주입하여 관찰한 결과, 주입된 바로 그 부위에서 해독된 Bicoid 단백질이 초파리의 앞 구조물인 머리 부위를 형성함을 관찰하였다.

*bicoid*에 관한 연구는 여러 면에서 선구자적인 의미를 지닌다. 우선, 패턴형성의 가장 초기 단계에 작용하는 특정 단백질을 규명했다는 점이다. 즉, 배아의 서로 다른 부위에서 다양한 발생경로를 지닌 세포들이 어떻게 형성될 것인가에 대한 문제를 이해할 수 있는 근거를 마련한 셈이다. 두 번째로, 배아의 초기 발생과정에 모계 유전자의 역할이 중요함을 실제적으로 보여주었다. 마지막으로, 형태형성물질의 구배가 배아의 극성과 위치를 결정한다는 원칙이 여러 종에서 중요한 발생학적 개념으로 자리잡게 되었다.

모계 기원 mRNA는 여러 종의 발생과정에 중요하게 작용한다. 초파리에서 모계 기원 mRNA로부터 만들어진 특정 단백질의 구배가 앞-뒤축뿐 아니라 등-배축을 결정한다. 초파리 배아가 발생하면서 배아 자체의 유전자 발현 프로그램이 시작되면서 모계 기원 mRNA는 분해된다(초파리 및 여러 종에서 이 과정에 miRNA가 사용된다). 나아가, 배아 유전자로부터 제공된 위치 정보들은 훨씬 더 미세하게 작동하여 체절의 수와 각 체절의 정확한 위치를 설정하며, 각 체절이 최종적으로 특징적인 구조물을 형성하도록 한다. 이 마지막 단계에 작용하는 유전자에 이상이 생기면, 그림 18.20에서 보는 것처럼 성체의 구조는 비정상적으로 된다.

진화 발생 생물학

진화 그림 18.20에 소개된 머리에서 다리가 형성된 초파리는 하나의 유전자에 돌연변이가 일어나 발생한 것이다. 이 유전자는 더듬이를 만드는 단백질을 암호화하는 것이 아니라 다른 유전자의 발현을 조절하는 전사인자를 암호화하며, 돌연변이로 인한 기능 이상으로 더듬이 대신 다리 형성과 같이 잘못된 구조물을 형성시킨다. 발생 동안 유전자 조절의 변화로 몸의 형태에 이러한

▼ 그림 18.22 탐구

Bicoid 단백질이 초파리의 앞쪽을 결정하는 형태형성물질인가?

실험 초파리 발생 과정을 연구하던 과학자들은 유전학 실험기술을 이용하여 *bicoid* 유전자의 발현을 분석하였다. 연구자들은 Bicoid 단백질이 배아의 머리 부분(앞쪽)을 결정하는 형태형성물질일 것이라 예측하였다. 이 가설을 증명하기 위해, 분자생물학 기술을 이용하여 정상 초파리의 미수정란과 초기 배아에서 *bicoid* mRNA와 단백질의 발현 위치를 분석하였다.

결과 *Bicoid* mRNA(진한 푸른색)은 미수정란의 앞쪽에 한정되어 존재하였다. 발생과정 동안, Bicoid 단백질(진한 오렌지색)이 배아의 앞쪽 말단에 집중적으로 분포하였다.

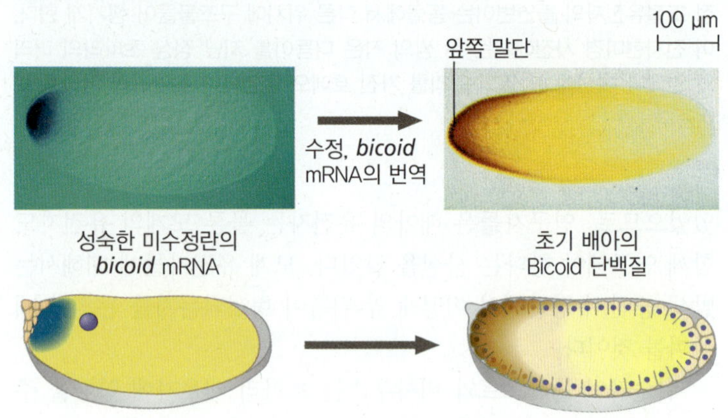

결론 *bicoid* mRNA의 위치와 Bicoid 단백질의 농도구배에 따른 분포도는 Bicoid 단백질이 머리 구조물 형성을 지정하는 형태형성물질로 작용함을 보여준다.

참고문헌 C. Nüsslein-Volhard et al., Determination of anteroposterior polarity in *Drosophila, Science* 238:1675–1681 (1987); W. Driever and C. Nüsslein-Volhard, A gradient of *bicoid* protein in *Drosophila* embryos, Cell 54:83–93 (1988); T. Berleth et al., The role of localization of *bicoid* RNA in organizing the anterior pattern of the *Drosophila* embryo, *EMBO Journa* 7:1749–1756 (1988).

WHAT IF? 만일 위 가설이 맞다면, *bicoid* 유전자에 돌연변이가 일어난 초파리에서 얻은 수정란의 앞쪽 말단에 *bicoid* mRNA를 주입한다면, 어떻게 될까?

큰 변화가 유발된다는 관찰로 인해 연구자들은 이러한 종류의 돌연변이가 새로운 몸 형태를 생성하여 진화에 영향을 주었을 것이라 제안하게 되었다. 궁극적으로 이러한 제안과 질문은 새로운 영역의 학문인 진화 발생 생물학("evo-devo")을 탄생시켰으며, 20장에서 자세히 다룰 것이다.

이 장에서는 고도로 조절되는 연속적 유전자 발현 프로그램을 통해 수정란이 다세포 생물체로 변화하는 과정을 살펴보았다. 이 유전자 발현 프로그램은 특정 지역에서 특정 유전자만을 발현시키고 나머지 유전자는 발현시키지 않도록 균형을 이루고 있다. 유전자 발현은 심지어 성체가 된 초파리에서도 발생과정에서와 유사하게 고도로 조절되는 양상을 따른다. 이 장의 마지막 부분에서는 몇몇 유전자 발현의 특이적 변화로 암이 발생하는 과정을

살펴봄으로써, 유전자 발현이 얼마나 정교하게 조절되어야 하는지를 알아볼 것이다.

개념 확인 문제 18.4

1. MAKE CONNECTIONS 12장에서 배운대로, 세포분열을 통해 형성된 두 딸세포는 유전적으로 모세포와 동일하다. 그러나 여러 번의 세포분열 후 생성된 세포들은 모두 동일하지는 않다. 왜 그럴까?
2. MAKE CONNECTIONS 배아세포에서 분비된 신호물질이 이웃 세포 내로 들어가지 않고도 어떻게 변화를 유도할 수 있는지 설명하라(그림 9.15, 9.16 참조).
3. 초파리의 모계 영향 유전자를 극성유전자라 부르는 이유는 무엇인가?
4. WHAT IF? 그림 18.17b의 확대사진에서, 아래쪽 세포는 신호물질을 합성하고, 위쪽 세포는 신호 수용체를 가지고 있다. 유전자 발현 조절의 측면에서 어떻게 이 두 종류의 세포는 서로 다른 단백질을 합성할 수 있게 되었을까?

정답은 부록 A 참조

개념 18.5

암은 세포주기를 조절하는 유전자의 돌연변이에 의해 발생한다

암은 세포분열을 정상적으로 제한시키는 조절장치에 이상이 생겨 일어나는 병이라는 것을 12장에서 배웠다. 또한 유전자 발현과 조절에 대해서도 충분히 공부하였으므로, 이제 암에 대해 좀 더 자세히 살펴보기로 한다. 배아발생, 면역반응 및 다양한 생명현상에서 중요한 역할을 담당하는 유전자 조절 시스템에 이상이 생길 경우 암이 발생하게 된다. 따라서 암의 분자유전학 연구는 다양한 영역의 생물학과 정보를 공유하며 발전해 왔다.

암 발생과 관련된 유전자

세포주기 동안 세포 생장 및 분열을 조절하는 유전자는 생장인자, 생장인자 수용체, 세포내 신호전달 단백질 등을 생산한다(신호전달은 9장, 세포주기는 12장 참조). 체세포에서 이들 유전자 중 어떤 것에 돌연변이가 생기면 암이 발생한다. 암을 유발하는 돌연변이는 자발적으로 생겨날 수도 있지만, 일반적으로 화학적 발암물질, X선, 고에너지파 및 바이러스와 같이 환경적 요인에서 기인하는 경우가 많다.

암 연구를 통해 특정 종류의 바이러스(26장)에서 **발암유전자(oncogene**, 그리스어 *onco*는 종양을 의미함)를 발견하게 되었다. 또한 발암유전자와 매우 유사한 서열을 지닌 유전자를 사람 및 여러 동물의 유전체에서 발견하게 되었다. 정상 세포에 존재하는 이 유전자를 **원발암유전자(proto-oncogene)**라 부르는데, 이들은 정상적인 세포생장과 분열을 촉진하는 기능을 담당한다.

그렇다면 어떻게 세포에서 정상 기능을 수행하는 원발암유전자가 암을 일으키는 발암유전자로 변하는 것일까? 일반적으로 원발암유전자에 유전적 변이가 일어나 정상보다 많은 양의 단백질을 생산하거나 혹은 단백질 활성이 정상보다 높아지게 되면 발암유전자로 변하게 된다. 이러한 유전적 변이는 크게 3가지로 구분되는데, 유전체 내 DNA의 이동, 원발암유전자 서열의 증폭, 원발암유전자 자체 혹은 조절 부위의 점돌연변이를 들 수 있다(그림 18.23).

암세포는 종종 상호 전좌된 염색체를 가진다(그림 15.14). 우리는 유전자 발현 조절에 대해 이미 배웠으므로 염색체 전좌로 인해 나타나는 결과를 예측해 볼 수 있다. 만일 전좌된 원발암유전자가 굉장히 활성을 띤 프로모터나 조절 부위 바로 뒤에 놓이게 된다면 유전자의 전사가 증가됨으로써 발암유전자로 작용하게 된다. 두 번째 종류의 유전적 변이인 증폭은 세포에서 반복적

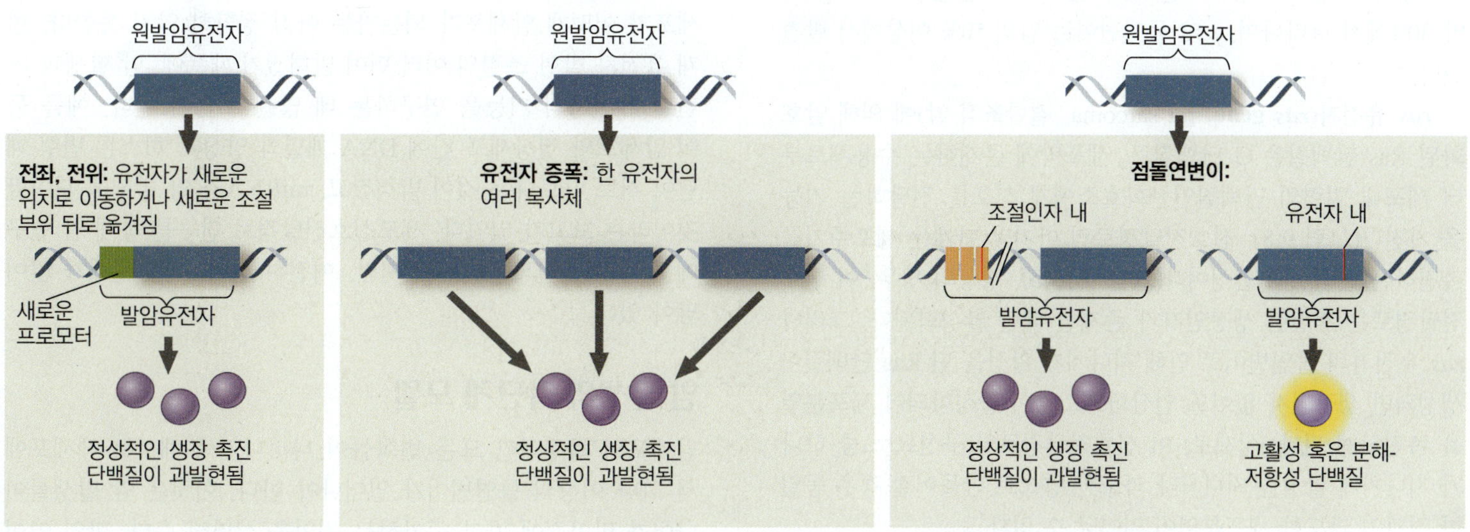

▲ 그림 18.23 원발암유전자를 발암유전자로 변화시키는 유전적 변이

인 유전자 중복(20장)을 통해 원발암유전자의 사본 수를 늘리게 된다. 마지막으로 점돌연변이의 경우 (1) 원발암유전자의 프로모터나 조절부위에서 변이가 생겨 유전자 발현이 증가되거나 (2) 유전자의 암호화 부위에 변이가 생겨 단백질의 활성이 정상보다 높거나, 분해가 잘 되지 않는 성질을 가짐으로써 발암유전자로 변하게 된다. 이 모든 경우에서 세포주기는 비정상적으로 촉진되며, 세포는 악성종양의 길로 들어서게 된다.

종양 억제유전자

세포는 분열 촉진에 관여하는 유전자 산물도 필요하지만, 세포분열을 억제하는 기능을 지닌 단백질도 필요로 한다. **종양 억제유전자(tumor-suppressor gene)**는 바로 비정상적으로 세포 생장이 일어나는 것을 억제하는 단백질을 만들어 낸다. 종양 억제 단백질의 정상 기능이 감소된 유전적 변이는 암 발생에 유리하며, 실제 세포 생장의 억제가 없는 상황에서 세포분열은 촉진될 수 있다.

종양 억제유전자의 단백질 산물은 여러 기능을 담당한다. 일부는 손상된 DNA를 복구하여 암 유발 돌연변이의 축적을 억제한다. 다른 종양 억제유전자 산물은 세포간 결합 혹은 세포외기질에 대한 결합을 조절하기도 한다. 정상 조직에서 세포 부착은 매우 중요하며, 암세포는 이러한 부착능력을 잃어버리는 경우가 많다. 또한 어떤 종양억제 단백질은 세포주기를 억제하는 세포신호 전달경로의 한 요소로 작용한다.

정상 세포신호 전달경로의 방해

많은 원발암유전자와 종양 억제유전자의 단백질 산물은 세포신호 전달경로의 구성원으로 작용한다. 이들 유전자 산물이 정상 세포에서는 어떻게 작용하며, 암세포에서는 어떻게 기능이 변화되는지 살펴보도록 하자. 두 개의 주요 유전자인 *ras* 원발암유전자와 *p53* 종양 억제유전자를 예로 들면, *ras* 돌연변이는 인간의 암 30%에서 나타나며, *p53* 돌연변이는 암의 50% 이상에서 발견된다.

***ras* 유전자(*ras* gene**; rat sarcoma, 결합조직 암)에 의해 암호화된 Ras 단백질은 G 단백질로, 세포막에 존재하는 수용체로부터 세포내 일련의 단백질인산화효소에게 신호를 전달하는 기능을 가진다(그림 9.8). 신호전달경로의 마지막 단계는 세포주기를 촉진하는 단백질의 합성이다(그림 18.24a). 정상의 경우, 이 신호전달경로는 적절한 생장인자가 존재할 때만 활성화된다. 그러나 *ras* 유전자의 돌연변이로 인해 지나치게 활성을 띤 Ras 단백질이 생성되면 생장인자 없이도 인산화효소들이 활성화되어 세포분열을 촉진하게 된다. 실제로, 이 신호전달경로의 구성요소 중 하나가 지나치게 활성을 지니거나 과도한 양으로 만들어질 경우 동일한 결과인 과도한 세포분열이 일어날 수 있다.

그림 18.25a에서는 세포주기를 억제하는 단백질을 만들어 내는 신호전달경로를 보여준다. 이 경우, 신호는 자외선 노출로 인한 DNA 손상이며, 신호전달경로가 작동되어 손상이 복구될 때까지 세포주기는 억제된다. 세포주기가 억제되지 않는다면, DNA 손상은 돌연변이나 염색체 이상을 일으켜 암을 유발하게 될 수도 있다. 세포주기를 억제하는 신호전달경로의 구성요소인 ***p53* 유전자(*p53* gene)**는 종양 억제유전자로 단백질 크기가 53,000달톤이라 그렇게 명명되었다. *p53* 유전자의 단백질 산물은 전사인자로 세포주기를 억제하는 단백질 합성을 촉진시킨다. *p53* 유전자의 기능을 소실시키는 돌연변이는 높은 활성의 Ras 단백질이 생성되는 돌연변이와 마찬가지로 과도한 세포 생장과 암을 유발하게 한다(그림 18.25b).

p53 유전자는 "유전체의 수호천사"라 불리기도 하는데, 일단 DNA 손상으로 활성화된 p53 단백질은 여러 유전자를 발현시키게 된다. 그 중 하나가 *p21* 유전자인데, p21 단백질은 사이클린-의존성 인산화효소에 결합하여 세포주기를 멈추게 하고, 그 동안 세포에서 p53 단백질은 DNA 복구에 필요한 시간을 주게 된다. 최근 연구자들은 p53 단백질이 세포주기를 억제하는 일련의 miRNA 발현을 활성화시키는 것을 발견하였다. 또한 p53 단백질은 DNA 복구에 직접적으로 관여하는 유전자들의 발현도 활성화시킨다. 마지막으로 DNA 손상을 복구할 수 없을 경우, p53 단백질은 "자살" 유전자를 발현시켜 프로그램화된 세포 죽음(apoptosis, 그림 9.20)을 일으킨다. 이러한 여러 방식으로 p53은 DNA 손상에 의해 돌연변이를 지닌 세포의 분열을 막게 된다. 만일 *p53* 종양 억제유전자가 결손되거나 제대로 기능하지 못하게 되면, 돌연변이가 축적된 세포가 생존하여 계속 분열하게 되고 마침내 암이 생성될 것이다. *p53* 유전자의 여러 기능을 고려해 볼 때, 정상 세포에서 *p53* 유전자에 의한 조절은 매우 복잡할 것임을 시사한다.

그림 18.24와 18.25는 유전자 돌연변이가 어떻게 암을 유발하는가를 보여주는 현재의 가장 정확한 모델이다. 하지만 특정 세포가 어떻게 암세포가 되는가는 아직 정확히 알지 못한다. 현재 유전자 발현 조절의 여러 면이 밝혀졌기 때문에, 암 발생과 관련된 유전자의 기능을 연구하는 데 많은 도움이 된다. 예를 들어 암세포와 정상세포 간에 DNA 메틸화 양상과 히스톤 변형 패턴이 서로 다르다는 것이 밝혀졌고, miRNA가 암 발생에 관여할 것이라는 보고가 있었다. 세포신호전달경로 연구를 통해 암 연구에 획기적인 결과를 가져왔지만, 여전히 풀어야 할 문제가 많이 남아 있다.

암 발생의 다단계 모델

암세포의 특징적인 모든 변화들이 나타나기 위해서는 체세포에서 하나 이상의 돌연변이가 일어나야 한다. 이것은 암 발생률이 나이가 많아짐에 따라 증가하는 원인을 설명해 준다. 만일 암이 체세포 돌연변이의 축적으로 일어나고, 돌연변이가 일생에 걸쳐

▶ 그림 18.24 세포주기-촉진 신호전달 경로에서의 정상 및 비정상 경로. **(a)** 정상 경로는 생장인자❶이 세포막에 있는 수용체 단백질❷에 결합하면서 시작된다. 신호는 Ras 단백질❸에 전달되며, Ras는 모든 G 단백질처럼 GTP가 결합하면 활성화된다. Ras는 신호를 일련의 단백질인산화효소❹에 전달하며, 마지막 인산화효소가 전사 활성자❺를 활성화시켜 세포주기를 촉진하는 데 필요한 일련의 단백질❻을 합성하도록 한다. **(b)** 만일 Ras 단백질이나 신호전달경로내 다른 단백질이 비정상적으로 활성화될 경우, 과도한 세포분열이 일어나 암이 발생한다.

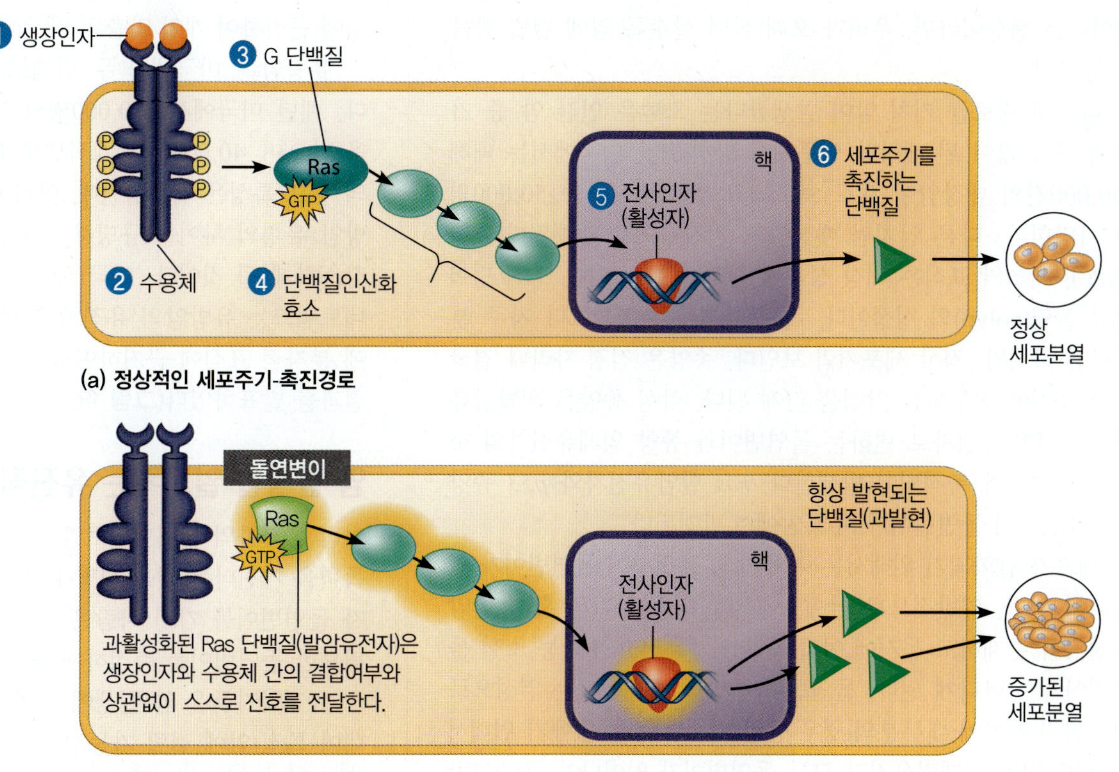

▶ 그림 18.25 세포주기-억제 경로에서의 정상 및 비정상 경로. **(a)** 정상 경로에서, 세포내 신호인 DNA 손상❶이 단백질인산화효소❷에 전달되어 p53 단백질❸을 활성화시킨다. 활성화된 p53 단백질은 특정 유전자의 전사를 촉진하여❹ 세포주기를 억제하는 단백질을 생산하게 된다❺. 그 결과 세포분열은 일시 정지되어 손상된 DNA가 복제되지 않도록 한다. 만일 DNA 손상을 복구할 수 없으면, p53 신호는 프로그램화된 세포 죽음을 유도한다. **(b)** 이 경로에 돌연변이가 생기면 암이 발생하는 데 도움을 주게 된다.

? 암 발생에 관여하는 종양 억제유전자의 돌연변이는 우성 혹은 열성 돌연변이 중 어느 것인지를 설명하라.

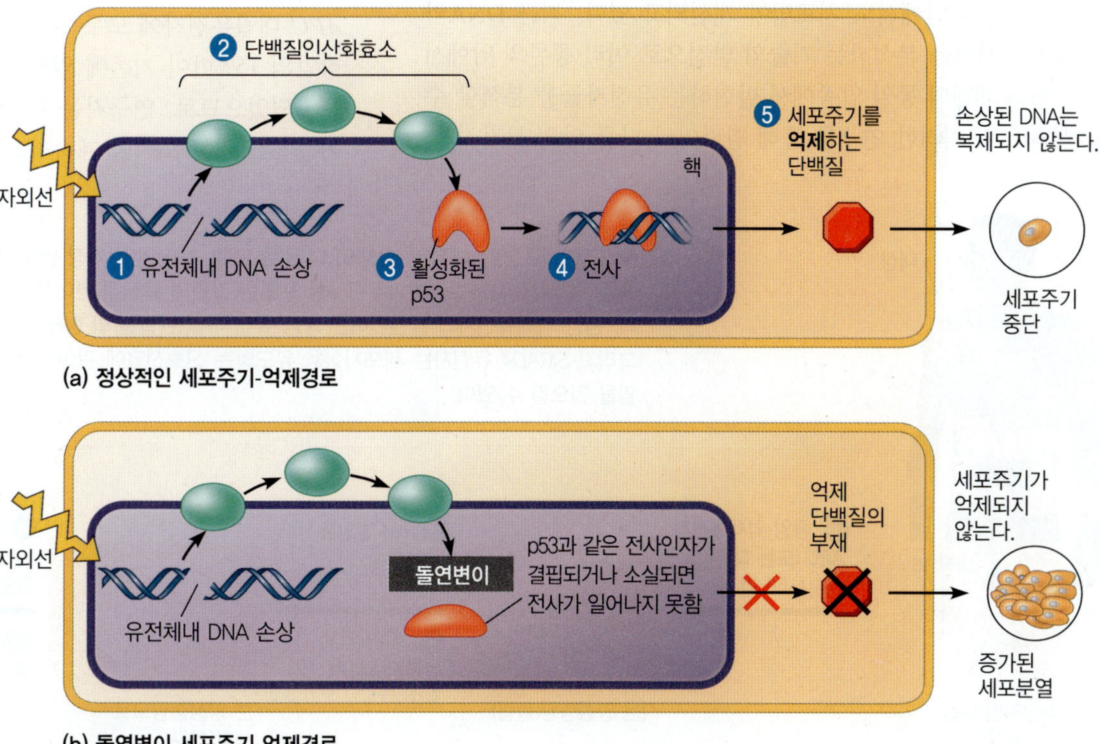

일어나는 현상이라면, 우리가 오래 살면 살수록 암에 걸릴 확률은 높아진다.

다단계 경로를 거쳐 암이 발생한다는 모델은 인간 암 중 가장 연구가 많이 된 대장암 연구에서 밝혀졌다. 미국에서는 매해 140,000건의 대장암이 새로 보고되고 있으며, 그 중 50,000명이 사망한다. 다른 암처럼 대장암도 점진적으로 진행된다**(그림 18.26)**. 최초의 표식은 대장 상피에 작고 해롭지 않은 조직 덩어리인 폴립(polyp)의 형성이다. 폴립의 세포는 정상보다 자주 분열하긴 하지만, 정상 세포처럼 보인다. 종양은 점점 자라나 결국 다른 조직에 침투하는 악성을 갖게 된다. 악성 종양은 원발암유전자가 발암유전자로 변하는 돌연변이와 종양 억제유전자의 소실 돌연변이가 축적되어 발생한다. *ras* 발암유전자와 *p53* 종양 억제유전자의 돌연변이가 여러 암에서 발견된다.

세포가 암화되기 위해서는 여러 개의 유전자에 돌연변이가 일어나야 한다. 일반적으로 암세포에서는 최소 하나의 활성 발암유전자가 존재하고 동시에 여러 종양 억제유전자의 기능 소실 돌연변이가 나타나게 된다. 돌연변이 종양 억제유전자는 열성으로 작용하기 때문에 대부분의 경우 종양 억제 기능을 없애기 위해서 유전체 내의 두 대립유전자 모두 돌연변이가 일어나야 한다. (반대로, 발암유전자는 우성으로 작용한다.) 각 돌연변이는 상대적 중요성이 다르기 때문에, 암세포에서 돌연변이가 일어나는 순서는 현재 연구 중이다.

대장암 발생 과정에 대한 많은 정보로 인해 대장암의 조기 발견과 폴립 단계의 치료가 가능하게 되었다. 이러한 진단 검사와 치료의 발전으로 지난 20년간 대장암 사망률은 점차 감소하고 있다. 다른 암에서도 치료법이 개선되고 있다. 최근 DNA와 mRNA의 서열을 분석하는 기술의 발전으로 여러 종류의 암에서 혹은 여러 개체의 동일 암종에서 발현하는 유전자들을 분석할 수 있게 되었다. 이러한 연구를 통해 환자마다 다른 암의 분자적 특성에 근거하여 개인 맞춤의 암 치료가 가능해졌다.

유방암은 미국에서 두 번째로 흔하며, 여성의 경우 가장 많다. 매년 미국에서 230,000명의 여성(일부 남성)이 유방암 진단을 받으며, 40,000명(세계적으로 450,000명)이 사망한다. 유방암의 주요 특성은 이질성인데, 여러 면에서 다른 성질을 보인다. 유방암 유형의 차이를 규명하게 되면 치료법의 개선으로 사망률이 감소하게 될 것이다. 미국 국립보건원의 후원으로 암유전체지도 네트워크는 유방암의 유전체 분석을 진행하였으며, 2012년 11월에 분자적 표식에 근거하여 유방암을 주요 4개 유형으로 분류한 결과를 발표하였다**(그림 18.27)**.

암 발생을 일으키는 유전적 요소와 비유전적 요소

여러 유전자의 돌연변이로 암세포가 발생한다는 사실은 암이 가족력을 가진다는 점을 설명해 준다. 발암유전자나 종양 억제유전자 돌연변이를 가진 사람은 그렇지 않은 사람에 비해 암 발생에 필요한 돌연변이를 축적하게 될 확률이 높아진다.

유전학자들은 암 발생에 관여하는 유전성 대립유전자를 찾아내어 특정 암에 걸릴 가능성을 조기에 진단하고자 한다. 약 15%의 대장암에서 유전성 돌연변이가 관찰되었는데, 그 중 **가계성 선종 폴립증**(adenomatous polyposis coli, APC)이라는 종양 억제유전자의 돌연변이가 흔하게 나타난다(그림 18.26). 이 유전자는 세포에서 여러 기능을 수행하는데, 세포 이동과 세포 부착을 조절하는 역할을 주로 담당한다. 심지어 가족력이 전혀 없는 대장암 환자 중 60% 정도가 *APC* 유전자에 이상이 생긴 것으로 보고되었다. 가족력이 없는 환자에서는 새로운 돌연변이가 두 개의 *APC* 대립유전자에 모두 일어나야만 유전자 기능이 소실된다. 대장암의 15%만이 기존에 알려진 유전성 돌연변이를 가진 것으로 보고되었으므로, 연구자는 대장암 발생을 높이는 유전성 돌연변이를 찾으려는 노력을 계속하고 있다.

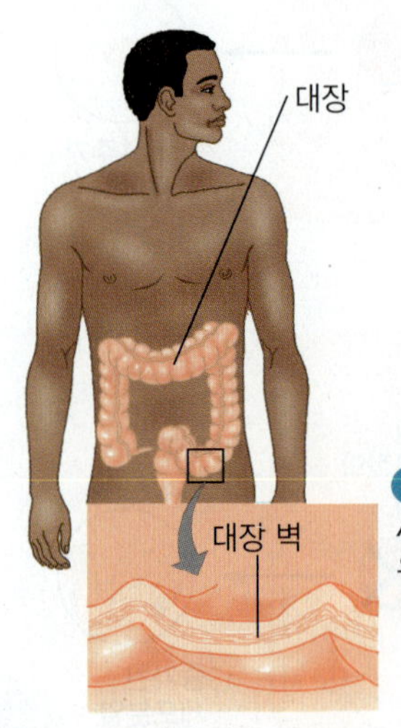

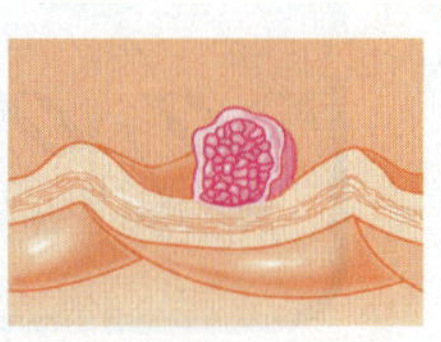

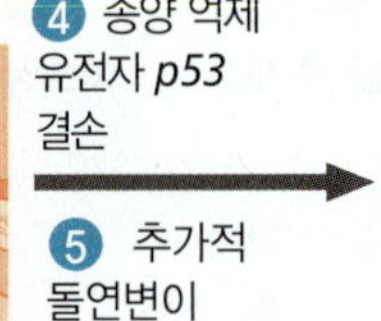

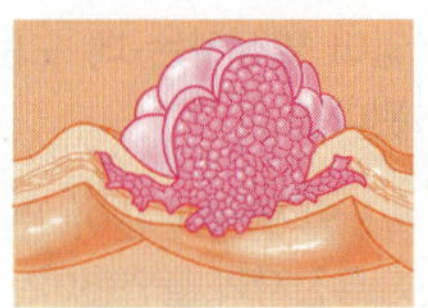

▼ **그림 18.26 대장암 발생의 다단계 모델.** 대장암은 가장 많이 밝혀진 암의 하나이다. *p53*과 같은 여러 종양 억제유전자와 *ras* 발암유전자를 포함한 일련의 유전적 변이로 인해 나타나는 세포의 변화 양상을 보여준다. 종양 억제유전자의 돌연변이는 종종 유전자 결손(결실)의 형태로 나타난다. *APC*는 "가계성 선종폴립증"을 그리고 *SMAD4* 유전자는 세포자살을 유도하는 신호전달에 관여한다. 다른 순서로 돌연변이가 일어나도 대장암을 일으킬 수 있다.

▼ 그림 18.27

MAKE CONNECTIONS

유전체학, 세포신호전달과 암

분자유전체학과 세포신호전달 연구의 결합으로 현대 의학은 유방암 등의 여러 질병에 새로운 치료법을 제시한다. 마이크로어레이(microarray) 분석(그림 19.13)과 여러 기술을 이용하여 많은 종류의 유방암을 대상으로 모든 유전자의 mRNA 전사체의 상대적 양을 측정하였다. 이 결과를 바탕으로 세포 생장과 분열(그림 9.8, 9.9)을 조절하는 3종류의 신호 수용체의 발현 차이를 근거로 유방암을 주요 4가지 유형으로 분류하였다. 아래 그림에서 가장 오른쪽은 정상 유방세포에서 발현하는 3종류의 신호 수용체의 정상 발현량을 보여준다(+로 표시). 이들 수용체가 발현하지 않거나(−) 혹은 과도하게 발현할 경우(++ 혹은 +++), 비정상적인 신호전달로 인해 부적절한 세포분열이 일어날 수 있으며 암으로 발전할 수 있다(그림 18.24). 특정 암 유형에 따라 유방암 치료가 적절히 이루어진다면 더 효과적일 수 있다.

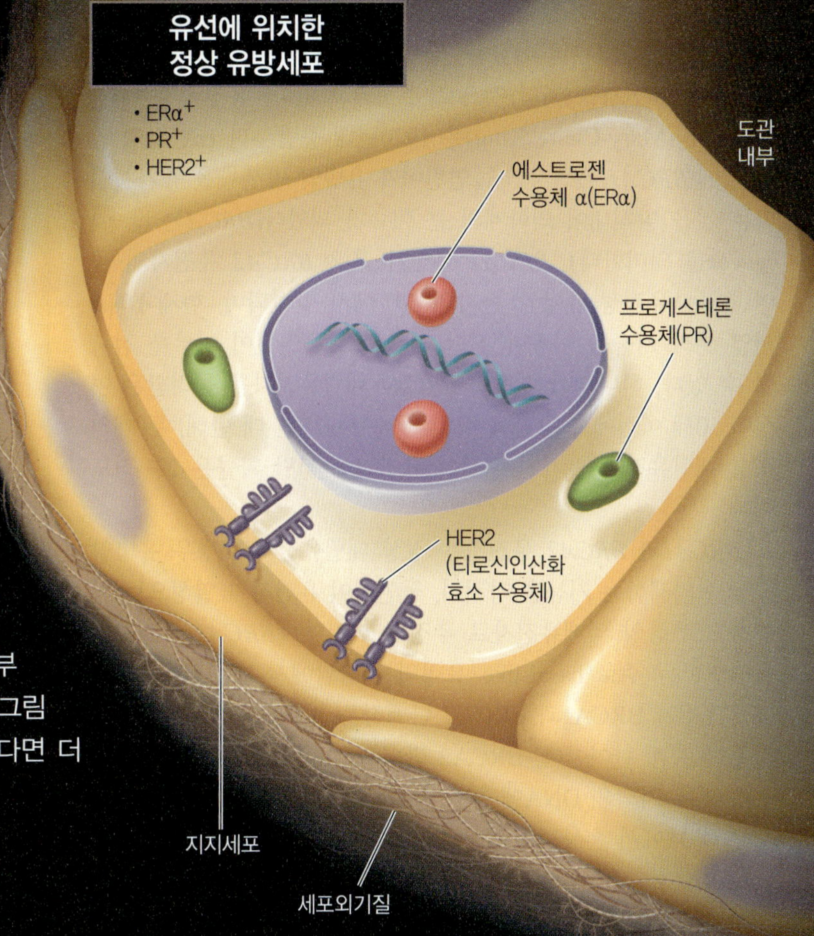

유방암 유형

Luminal A

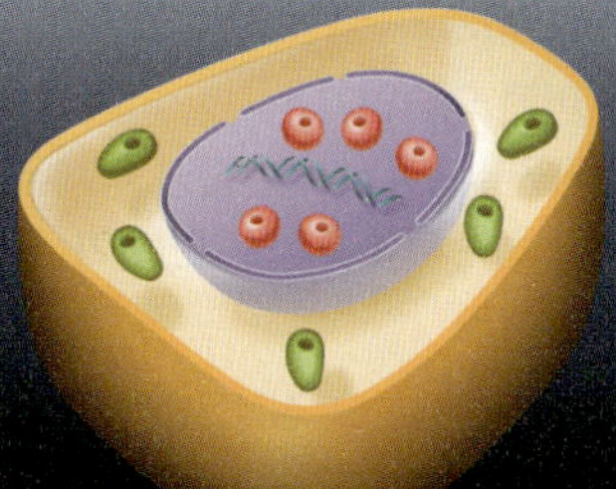

• ERα^{+++}
• PR^{++}
• HER2^{-}
• 유방암의 40%
• 좋은 예후

Luminal B

• ERα^{++}
• PR^{++}
• HER2^{-} (shown); 일부는 HER2^{++}
• 유방암의 15~20%
• luminal A 유형보다 나쁜 예후

HER2

• ERα^{-}
• PR^{-}
• HER2^{++}
• 유방암의 10~15%
• luminal A 유형보다 나쁜 예후

Basal-like

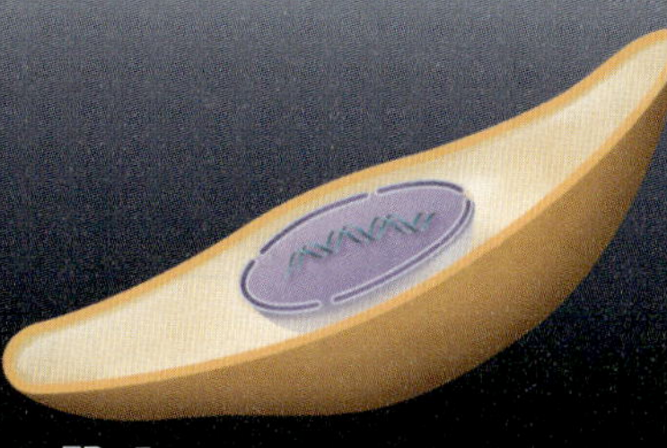

• ERα^{-}
• PR^{-}
• HER2^{-}
• 유방암의 15~20%
• 훨씬 공격적이며, 다른 유형보다 나쁜 예후

두 종류의 luminal 유형은 ERα(luminal A가 luminal B보다 많이 발현)와 PR을 과발현하며, 일반적으로 HER2를 발현하지 않는다. 두 경우 ERα를 표적으로 불활성화시키는 약물을 사용하며, 가장 잘 알려진 약물은 타목시펜(Tamoxifen)이다. 또한 에스트로젠 합성을 억제하는 약물로도 치료 가능하다.

HER2 유형은 HER2를 과발현하며, ERα와 PR은 정상 수준으로 발현하지 않기 때문에 두 수용체를 표적으로 한 약물에는 반응하지 않는다. 그러나 HER2 유형의 경우, HER2 단백질의 티로신 인산화효소 활성을 불활성화시키는 항체인 허셉틴(Herceptin)으로 치료 가능하다(개념 12.3).

Basal-like 유형은 ERα, PR 및 HER2를 모두 발현하지 않으므로, "3중 음성(triple-negative)"이라 한다. 이 유형은 주로 종양 억제유전자 *BRCA1*의 돌연변이(개념 18.5)를 동반한다. ERα, PR 혹은 HER2를 표적으로 한 치료는 비효율적이며, 새로운 치료법이 개발 중이다. 현재 3중 음성의 유방암의 경우, 빠르게 분열하는 세포를 선택적으로 죽이는 세포독성 화학요법을 사용한다.

MAKE CONNECTIONS 정상 유방세포와 유방암 세포를 대상으로 유전자 발현 양상을 비교한 결과, 가장 큰 발현의 차이를 보이는 유전자들은 신호수용체를 암호화하는 것으로 밝혀졌다. 우리가 9, 12, 18장에서 배운 내용을 토대로 이러한 결과가 당연한 이유를 설명해 보라.

유방암의 빈도와 중요성으로 인해 유전성 돌연변이에 대한 연구가 초창기부터 이루어졌다. 유방암 환자의 5~10%는 유전성 돌연변이 유전자를 지닌 것으로 추정되고 있다. 유전학자 메리-클레어 킹(Mary-Claire King)은 1970년대 중반부터 16년간의 연구 끝에 *BRCA1* 유전자의 돌연변이가 유방암 발생률을 증가시킨다는 것을 밝혀내어 의학계의 큰 이슈가 되었다(*BRCA*는 breast cancer를 의미한다). *BRCA1* 유전자 혹은 *BRCA2* 유전자의 돌연변이는 유전성 유방암 환자의 50%에서 발견되며, 현재 DNA 서열 분석 기술을 이용한 진단 테스트로 돌연변이 여부를 검사할 수 있다. 하나의 돌연변이 *BRCA1* 대립유전자를 물려받은 여성이 50세 이전에 유방암에 걸릴 확률이 60%인 데 반해, 두 개의 정상 대립유전자를 가진 여성이 유방암에 걸릴 확률은 2% 정도이다.

*BRCA1*과 *BRCA2* 유전자는 정상 대립유전자의 경우 유방암 발생을 억제하는 기능을 가지며, 돌연변이 유전자가 열성으로 작용하므로 종양 억제유전자로 추정되고 있다. (*BRCA1* 유전자의 돌연변이는 주로 basal-like 유형의 유방암에서 발견된다; 그림 18.27) 실제 BRCA1과 BRCA2 단백질은 세포에서 DNA 손상을 복구하는 데 관여한다. BRCA2 단백질은 다른 단백질과 상호작용하여 두 가닥의 DNA에 형성된 절단을 복구하는 데 작용하며, 세포 핵 내에서 손상되지 않은 DNA를 유지하는 데 중요하다.

DNA 절단은 암 발생을 촉진하므로, 암 발생을 낮추려면 자외선이나 담배 연기 속의 화학물질과 같이 DNA-손상 물질에 노출되지 않도록 해야 할 것이다. 그림 18.27에 소개한 것처럼 특정 암에 대한 유전체 기반의 새로운 분석을 통해 암의 조기 진단과 암 발생에 중요한 유전자의 발현을 억제하는 치료법 개발에 도움을 줄 것이다. 궁극적으로, 이러한 접근방식이 암으로 인한 사망률을 감소시킬 것이다.

암 발생과 바이러스

암 발생에 관여하는 유전자에 관한 연구를 통해 우리는 정상 유전자의 기능이나 발현에 이상이 생기면 어떻게 질병이 발생하는지에 대한 이해를 심화시킬 수 있다. 이 장에서 소개한 돌연변이와 다양한 유전적 변형뿐만 아니라, 여러 **종양 바이러스**(tumor viruse)는 인간을 포함한 동물종에서 암을 발생시킨다. 암 연구의 최초 시도는 1911년 미국 병리학자인 라우스가 닭에서 암을 일으키는 바이러스를 발견한 것이었다. 엡스타인-바(Epstein-Barr) 바이러스가 일으키는 전염성 단핵구증은 인간의 여러 종류의 암, 특히 버킷 림프종과 관련되어 있다. 파필로마바이러스는 자궁경부암과 관련되며, HTLV-1 바이러스는 성인 백혈병을 유발할 수 있다. 전 세계적으로 암의 15% 정도가 바이러스 감염에 의해 유발되는 것으로 추정된다.

바이러스 감염으로 인한 암 발생은 유전자 돌연변이에 의한 암과는 다를 것이라 생각했다. 그러나 바이러스가 자신의 유전체를 세포의 DNA에 삽입함으로써 다양한 방식으로 유전자 발현 조절을 방해한다는 사실이 밝혀졌다. 바이러스의 삽입으로 세포는 바이러스성 발암유전자를 가지게 되거나, 종양 억제유전자의 기능이 소실되거나, 혹은 원발암유전자가 발암유전자로 변환되기도 한다. 또한 어떤 암 유발 바이러스의 단백질은 p53 단백질과 여러 종양억제 단백질을 불활성화시켜, 세포가 암화되도록 돕는다. 바이러스는 강력한 생물학적 물질이며, 우리는 바이러스가 어떻게 기능하는지에 대해 26장에서 다룰 것이다.

개념 확인 문제 18.5

1. **MAKE CONNECTIONS** p53 단백질은 세포사, 즉 프로그램화된 세포의 죽음에 관여하는 유전자를 활성화시킨다. 세포사에 관여하는 단백질을 암호화하는 유전자의 돌연변이가 어떻게 암을 유발할 수 있는지를 설명해 보라(개념 9.5 참조).
2. 암이 유전적 요소를 가진다는 것은 어떤 의미인가?
3. **WHAT IF?** 암이 발생하기 위해 원발암유전자와 종양 억제유전자는 어떤 종류의 돌연변이를 가져야 하는지와, 각 돌연변이가 유전자 산물의 활성에 미치는 효과를 기술하라.

정답은 부록 A 참조

18장 복습

핵심 개념의 요약

개념 18.1

세균들은 전사 조절을 통해서 환경 변화에 반응한다

- 세포는 효소의 활성을 조절하거나 효소를 만들어 내는 유전자의 발현을 조절함으로써 세포대사를 조절한다. 세균들의 유전자는 종종 기능별로 집단을 이루어 오페론(operon) 구조를 만들고, 하나의 프로모터가 오페론 내의 인접 유전자의 발현을 조절한다. 작동자(operator) 서열은 오페론 내의 유전자를 통합적으로 발현시키는 스위치 역할을 한다.

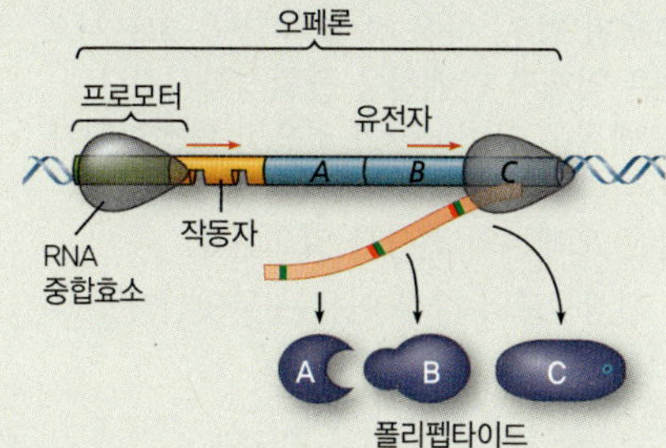

- 억제성 및 유도성 오페론은 음성 조절의 대표적 예이다. 두 종류의 오페론에서 특정 **억제자(repressor)** 단백질은 작동자 서열에 결합하여 전사를 억제시킨다. [억제자는 해당 오페론과는 개별적으로 **조절유전자(regulatory gene)**에 암호화되어 있다.] 억제성 오페론에서 억제자는 보통 생합성경로의 최종산물인 **공동억제자(corepressor)**와 결합하면 활성을 띠게 된다.

억제성 오페론:

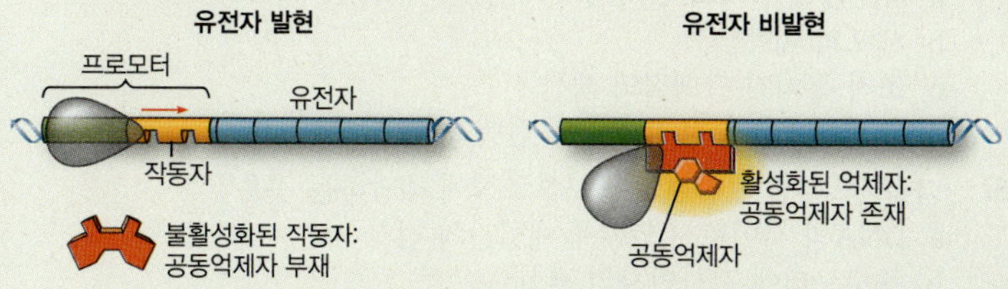

유도성 오페론에서 **유도자(inducer)**는 평상시 활성을 띠고 있는 억제자에 결합하여 기능을 불활성화시켜 전사를 유도하게 된다. 유도성 오페론에서 발현된 효소는 보통 이화작용에 관여한다.

유도성 오페론:

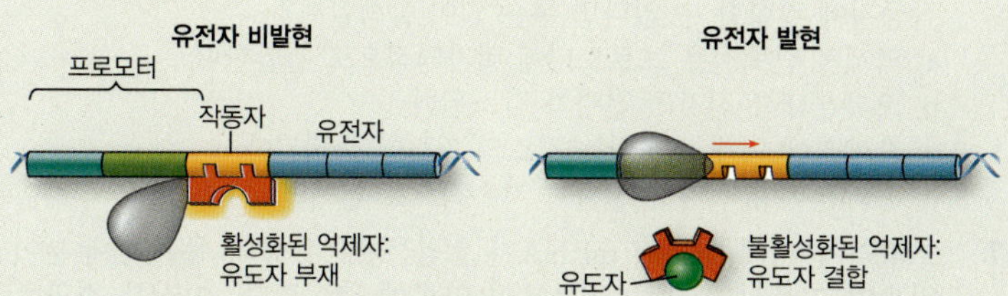

- 어떤 오페론은 양성 조절인자인 **활성자(activator)** 단백질에 의해 조절된다. CAP 같은 활성자 단백질은 **고리형 AMP(cyclic AMP)**의 결합으로 활성화된 후, 프로모터내 서열에 결합하여 전사를 촉진시킨다.

? 음성 조절 오페론에서 공동억제자와 유도자의 역할을 비교 분석해 보라.

개념 18.2

진핵생물의 유전자 발현은 여러 단계에서 조절된다

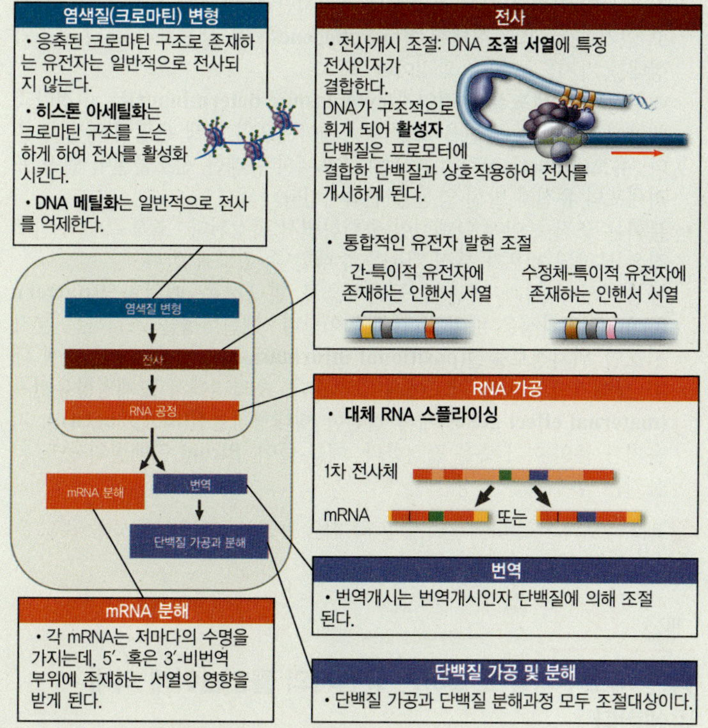

? 세포 특이 유전자가 해당 세포에서 전사되기 위해서는 무슨 일이 일어나야 하는지 기술하라.

개념 18.3

비번역 RNA는 다양한 방식으로 유전자 발현을 조절한다

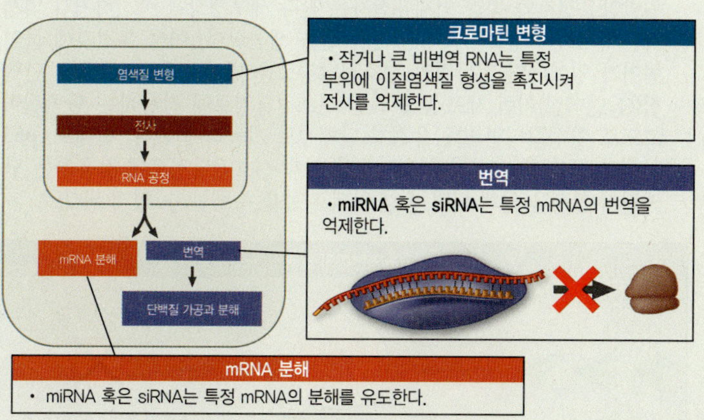

? miRNA는 어떤 면에서 비암호화 RNA에 속하는가? 또한 miRNA는 유전자 발현 조절에 어떻게 작용하는지 설명하라.

개념 18.4

다세포 생물에서 여러 가지 세포유형으로의 분화는 차등적 유전자 발현을 통해 이루어진다

- 배아세포는 특정 운명으로 결정되며, **분화(differentiation)**과정을 통해 결정된 운명대로 특수한 구조와 기능을 가지게 된다. 세포가 구조와 기능면에서 서로 다른 것은 그들이 서로 다른 유전자를 가지고 있기 때문이 아니라 같은 유전체를 가지지만 서로 다른 유전자를 발현하고 있기 때문이다. **형태형성(morphogenesis)**은 생물체가 특정 구조와 형태를 가지도록 하는 과정이다.
- 미수정란의 **세포질 결정인자(cytoplasmic determinant)**는 수정란과 배아에서 유전자 발현을 조절하여 배아세포의 발생 운명에 영향을 준다. **유도(induction)**과정 중 배아세포에서 유래한 신호물질이 인접 표적세포의 유전자 발현 양상을 변화시킨다.
- 분화는 조직 특이적 단백질이 출현하면서 확정된다. 조직 특이적 단백질은 분화된 세포가 특정 기능을 수행할 수 있도록 한다.
- 동물에서 조직과 기관이 공간적으로 발생하는 **패턴형성(pattern formation)**과정은 배아 초기에 일어난다. 패턴형성을 조절하는 분자 신호인 **위치정보물질(positional information)**은 몸의 여러 축에 대한 상대적인 위치를 세포에게 알려준다. 초파리에서 **모계영향유전자(maternal effect genes)**에서 기원한 **형태형성물질(morphogen)**의 기울기가 몸의 여러 축을 결정한다. 예를 들어, **Bicoid** 단백질의 농도 기울기는 앞-뒤축을 결정한다.

? 배아세포가 서로 다른 경로를 따라 최종 운명이 결정되도록 하는 주요 두 과정을 제시하라.

개념 18.5

암은 세포주기를 조절하는 유전자의 돌연변이에 의해 발생한다

- **원발암유전자(proto-oncogene)**와 **종양 억제유전자(tumor-suppressor gene)** 산물은 세포분열을 조절한다. 돌연변이로 인해 원발암유전자가 과도하게 활성화되면 **발암유전자(oncogene)**로 전환되어 과도한 세포분열로 인해 암이 발생한다. 종양 억제유전자는 비정상적인 세포분열을 억제하는 단백질을 생산한다. 종양 억제유전자 단백질 산물의 기능을 저해하는 돌연변이가 일어나면 과도한 세포분열과 함께 암이 발생할 수 있다.
- 원발암유전자와 종양 억제유전자는 각각 세포생장을 촉진하거나 억제하는 신호전달경로의 구성원 단백질을 생산한다. 이들 유전자에 돌연변이가 일어나면 정상적인 신호전달경로를 방해하게 된다. **Ras** 단백질(G 단백질)처럼 세포생장 촉진 신호전달경로에 작용하는 단백질이 고도로 활성화되면 발암유전자 단백질로 기능하게 된다. 반대로, **p53** 단백질(전사 활성자)처럼 세포생장 억제 신호전달경로에 작용하는 단백질이 활성을 잃게 되면 종양 억제 기능을 수행할 수 없게 된다.

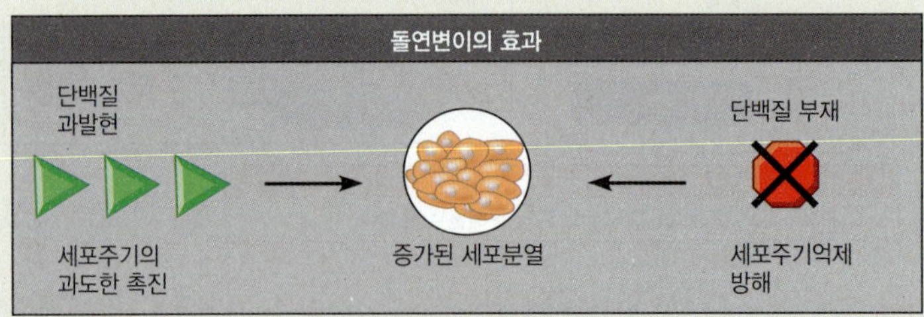

- 암 발생의 다단계 모델에서 살펴보면, 정상 세포는 원발암유전자와 종양 억제유전자의 돌연변이가 축적되어 암세포로 전환된다. DNA 및 mRNA 서열 분석 기술의 발전으로 개별화된 암 진단 및 치료가 가능해지고 있다.
- 유전체 기반의 연구를 통해 암세포의 유전자 발현 패턴에 따라 유방암을 4가지 유형으로 분류할 수 있다.
- 부모에게서 돌연변이 발암유전자나 돌연변이 종양 억제유전자의 대립인자를 물려받은 자손은 암이 발생할 확률이 높아지게 된다. 특정 바이러스는 자신의 DNA를 세포의 유전체에 주입시켜 암 발생을 일으킨다.

? 정상 세포에서 원발암유전자 산물과 종양 억제유전자 산물의 일반적 기능을 비교해 보자.

생각해보자

수준 1: 지식/이해

1. 어떤 오페론이 필수아미노산 합성 효소를 암호화하며, *trp* 오페론과 유사하게 조절될 경우, 다음 중 맞는 것을 고르시오.
   a. 아미노산은 억제자 단백질을 불활성화시킨다.
   b. 억제자 단백질은 아미노산이 없으면 활성화된다.
   c. 아미노산은 공동억제자로 작용한다.
   d. 아미노산은 오페론의 전사를 일으킨다.
2. 근육세포가 신경세포와 다른 이유는 무엇인가?
   a. 서로 다른 유전자를 발현하기 때문
   b. 서로 다른 유전자를 지니기 때문
   c. 서로 다른 유전암호를 사용하기 때문
   d. 독특한 리보솜을 가지기 때문
3. 인핸서의 기능은 무엇인가?
   a. 원핵생물의 프로모터와 동등하게 진핵생물에서 기능한다.
   b. 유전자 발현의 전사를 조절한다.
   c. 개시인자에 의한 번역개시를 촉진한다.
   d. 번역후 조절을 통해 특정 단백질을 활성화시킨다.
4. 세포분화에서 항상 나타나는 현상은?
   a. *myoD* 유전자의 전사
   b. 세포의 이동
   c. 조직 특이적 단백질의 생산
   d. 유전체에서 특정 유전자의 선택적 제거
5. 다음 중 유전자 발현의 전사후조절에 해당하는 것은?
   a. DNA의 사이토신 염기에 메틸기의 첨가
   b. 프로모터에 전사인자의 결합
   c. 인트론의 제거와 엑손의 대체 스플라이싱
   d. 유전자 증폭으로 인한 암의 발생

수준 2: 응용/분석

6. 만일 유도성 오페론에 작용하는 억제자 단백질에 돌연변이가 일어나 작동자에 결합할 수 없다면 무슨 일이 발생할까?
   a. 억제자 단백질은 프로모터에 비가역적으로 결합한다.
   b. 오페론내 유전자의 전사가 감소된다.
   c. 오페론에 의해 조절되는 경로의 기질이 축적된다.
   d. 오페론내 유전자의 전사가 지속적으로 일어난다.
7. 초파리 난자에 *bicoid* mRNA가 없을 경우 유충의 몸은 앞부분이 없으며 거울상 형태로 뒤부분이 양쪽에 형성된다. 이러한 결과는 *bicoid* 유전자 산물의 기능에 관해 어떤 증거를 제공하는가?
   a. 정상적으로 머리 구조를 형성시킨다.
   b. 정상적으로 꼬리 구조를 형성시킨다.
   c. 초기 배아에서 전사된다.
   d. 모든 머리 구조에 존재하는 단백질이다.

8. 다음에서 당신의 뇌세포에 있는 DNA에 관한 설명 중 옳은 것은?
   a. 대부분의 DNA는 단백질을 암호화한다.
   b. 대부분의 유전자가 전사된다.
   c. 당신의 간세포에 있는 DNA와 동일하다.
   d. 각 유전자는 인핸서 근처에 위치한다.
9. 세포에서 어떤 mRNA로부터 생산된 단백질의 양은 무엇에 의해 영향을 받는가?
   a. DNA 메틸화 정도
   b. mRNA가 분해되는 속도
   c. mRNA에 존재하는 인트론의 수
   d. 세포질에 존재하는 리보솜의 종류
10. 원발암유전자는 암을 유발하는 발암유전자로 변형될 수 있다. 다음 중 진핵세포에 존재하는 이러한 잠정적인 시한폭탄의 존재에 대해 가장 잘 설명한 것은?
   a. 원발암유전자는 바이러스 침입으로 처음 생겨났다.
   b. 원발암유전자는 정상유전자의 돌연변이 형태이다.
   c. 원발암유전자는 유전적 "쓰레기(junk)"이다.
   d. 원발암유전자는 정상적으로 세포분열을 조절하는데 도움을 준다.

수준 3: 종합/평가

11. **DRAW IT** 어떤 종에 존재하는 다섯 개의 유전자를 나타내었다. 오렌지, 파랑, 녹색, 검정, 보라색의 활성인자 단백질이 각 유전자의 인핸서 부위에 존재하는 동일 색상의 조절서열에 결합한다고 가정하자.

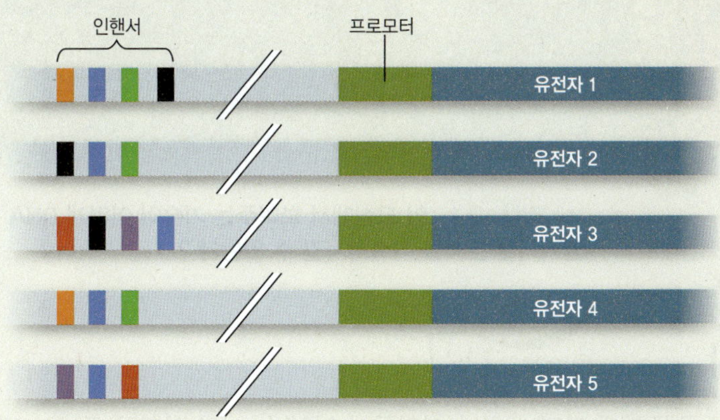

   a. 5번 유전자만이 전사되는 세포에 존재하는 활성자 단백질이 결합하는 인핸서 서열에 X 표를 하라.
   b. 녹색, 파랑, 오렌지 활성자 단백질이 존재하는 세포에서 어떤 유전자들이 전사될까?
   c. 유전자 1, 2, 4는 신경세포 특이적으로 발현하며, 유전자 3, 5는 피부세포 특이적으로 발현한다고 가정하자. 세포 특이적인 유전자 발현을 위해 어떤 활성자 단백질이 각 세포에 존재하여야 하는가?
12. **진화적 관점**
DNA 서열은 "진화를 재는 척도"로 사용되기도 한다. 사람의 전체 염기서열을 분석하는 중에 알게 된 놀라운 사실은 종간 보존이 매우 높은 서열 중 일부가 단백질을 암호화하지 않는 부위라는 것이다. 이러한 결과에 대해 가능한 해석을 제안해 보라.
13. **과학적 탐구**
전립샘 세포는 생존을 위해 테스토스테론과 여러 남성호르몬을 필요로 한다. 그러나 전립샘암세포는 남성호르몬을 제거하는 치료를 해도 계속 분열한다. 한 가지 가설은 전립샘암세포에서 여성호르몬인 에스트로겐이 정상세포에서 안드로겐에 의해 조절되는 유전자들의 발현을 활성화시킨다는 것이다. 이 가설을 증명하기 위한 실험을 디자인해 보라.
14. **과학, 기술, 사회**
베트남 전쟁 당시 식물에 살포된 고엽제인 Agent Orange에는 다이옥신(dioxin)이 미량 포함되어 있다. 동물 실험에서 다이옥신은 기형아 출산, 암, 간과 흉선의 기능이상, 면역계 약화 등의 증상을 일으키며, 때로 사망에 이르게 할 수도 있다고 보고되었다. 그러나 동물 실험은 모호한 부분이 있는데, 기니피그를 치사시키는 양의 다이옥신은 햄스터에게는 아무런 영향을 주지 않는다. 다이옥신은 스테로이드호르몬과 유사하게 작용하는데, 세포 내로 들어가 수용체 단백질에 결합한 후 핵 내 DNA에 결합한다. 이러한 다이옥신의 작용기작과 연관하여 신체 각 기관과 서로 다른 종에서 다이옥신이 어떻게 다양한 효과를 나타낼 수 있는지 설명해 보라. 어떤 종류의 질환이 다이옥신 노출과 관련이 있는지 혹은 없는지를 어떻게 결정할 수 있을까? 어떤 사람이 다이옥신 노출로 인해 질병을 얻었는가를 어떻게 알 수 있을까? 어느 것이 증명하기가 더 어려우며, 왜 그러한가?
15. **글쓰기: 정보**
그림 18.2에서 보여주는 과정이 어떻게 세균 세포에서 생물 시스템을 조절하는 피드백 기작의 예가 될 수 있는가를 짧게 기술해 보라.
16. **종합적으로 생각해보기**

발광물고기는 눈 아래에 빛을 발사하는 기관을 가지는데, 이 빛으로 포식자를 위협하거나 먹이를 유인하고 다른 물고기와 소통하게 된다. 어떤 물고기는 빛 발사기관을 안과 밖으로 회전시켜 빛을 플래쉬처럼 껐다 켤 수 있다. 실제로 빛은 물고기 자체가 내는 것이 아니라 빛 기관에 공생 관계로 살고 있는 세균들이 발사하는 것이다. (물고기에게 빛을 제공하는 세균들은 물고기에 거주하며 영양분을 제공받는다. 사실 이 세균들은 다른 곳에서 생존할 수 없다.) 세균들은 빛 기관에서 특정 농도가 될 때까지 분열해야 하며("정족수" 개념 11.1 참조), 해당 농도가 되면 동시에 빛을 발사하게 된다. 여섯 개 정도의 *lux* 유전자 그룹은 빛 형성에 필수적인 단백질을 암호화한다. 이 유전자들이 동시에 조절되는 것으로 보아, *lux* 유전자 그룹이 어떻게 배열되고 조절되는지에 대해 가설을 제안해보라.

정답은 부록 A 참조

19

DNA 테크놀로지

핵심 개념

19.1 DNA 염기서열 결정과 DNA 클로닝은 유전공학과 생물학적 탐구에 귀중한 도구이다

19.2 생물학자들은 유전자 발현과 기능을 연구하기 위하여 DNA 기술을 이용한다

19.3 복제된 생물체와 줄기세포는 기초 연구와 다른 응용에 유용하다

19.4 DNA-기반 생명공학 기술의 실질적인 응용은 여러 면에서 우리의 삶에 영향을 미친다

▲ **그림 19.1 이 모형에서 보여주는 기술이 어떻게 DNA 염기서열 분석을 가속화시킬 수 있는가?**

DNA 도구상자

지난 5~10년 동안 생물학에 몇몇 엄청난 업적들이 있었다. 이런 업적들 중에는 털북숭이 매머드(아래 왼쪽), 네안데르탈인, 700,000년 된 말 등을 포함하여 멸종된 종들의 완전한 DNA 염기서열을 결정한 사건도 포함된다. 이러한 발견들에서 중심이 되는 것은 2003년에 완성된 인간 유전체의 염기서열 결정이다. 이 사건은 DNA 염기서열을 결정하는 데 있어서 놀랄만한 기술적 진보를 촉발했기 때문에 생물학에서는 큰 전환점으로 기록된다.

처음 인간 유전체 염기서열 결정은 10억 달러의 비용으로 몇 년이 걸렸다; 그 이후 한 유전체의 염기서열을 결정하는 데 소요되는 시간과 비용은 급락하였다. 그림 19.1은 염기서열 결정기술의 한 모형을 보여주고 있으며, 단일가닥의 DNA 염기들이 한 개씩 단일막 내에 있는 작은 구멍을 통하여 지나가고, 그 결과 전류에서의 작은 변화는 염기서열을 결정하는 데 사용된다. 이 장 후반부에 배우게 될 이 기술의 개발자들은 궁극적으로 껌 한 통 크기의 $900 가격의 장치에서 약 6시간 내에 인간 유전체 염기서열 결정을 할 수 있을 것이라고 주장한다.

이 장에서는 먼저 주요 DNA 염기서열 결정 및 조작 기술—**DNA 기술(DNA technology)**—그리고 유전자의 발현을 분석하는 기술에 대해서 설명한 후 생명체 복

제, 줄기세포 제작, 생물학의 기본 이해를 넓히고 지구 문제들을 이해하는 데 응용할 능력을 향상시킨 여러 가지 기술에 대해서 그 다음에 설명할 것이다. 마지막 부분에서는 생명체 조작이나 그 성분을 유용한 생산물로 만드는 DNA-기반 **생명공학(biotechnology)** 기술의 실질적인 적용에 대해서 살펴볼 것이다. 오늘날, DNA 기술의 적용은 농업, 범죄학 및 의학연구에까지 모든 분야에 영향을 미치고 있다. 우리는 생명공학기술이 우리의 생활에 널리 사용됨에 따라 나타나고 있는 몇몇 사회적, 윤리적인 논점에 대해 생각해보면서 이 장을 마무리한다.

개념 19.1

DNA 염기서열 결정과 DNA 클로닝은 유전공학과 생물학적 탐구에 귀중한 도구이다

상보적 이중가닥으로 되어 있는 DNA 분자 구조의 발견으로 오늘날 DNA 염기서열 결정과 생물학적 연구에 사용되는 많은 다른 기술들이 개발될 수 있었다. 이러한 많은 기술의 핵심은 한 핵산의 한 가닥과 다른 핵산분자의 한 가닥에 있는 상보적인 염기들이 염기쌍을 형성하게 하는 **핵산혼성화법(nucleic acid hybridization)**이다. 이 부분에서, 우리는 DNA 염기서열 결정 기술에 대해서 설명한 다음, 실질적 목적을 위하여 유전자를 조작하는 **유전공학(genetic engineering)**에서 사용되는 다른 중요한 방법들을 탐구할 것이다.

DNA 염기서열 결정

연구자들은 DNA 한 분자의 완전한 뉴클레오타이드 염기서열을 결정하기 위하여 상보적 염기쌍의 원리를 이용하는데 그 과정을 **DNA 염기서열 결정(DNA sequencing)**이라고 한다. DNA는 처음에 절편으로 잘려지고, 그 다음 각 절편의 염기서열이 결정된다. 오늘날, 염기서열 결정은 기계들에 의해서 실행된다 **(그림 19.2)**. 첫 번째 자동화 과정은 디데옥시리보뉴클레오타이드(dideoxyribonucleotide 또는 dideoxy) 사슬종결 염기서열 결정(chain termination sequencing)이라고 부르는 기술을 사용하였다. 이 기술에서, DNA 절편의 한 가닥은 구간이 설정된 상보적 절편을 합성하기 위한 주형으로 사용되고, **그림 19.3**에서 상세히 설명하여 나타냈듯이 그 절편들은 염기서열 결과를 내기 위하여 추가적으로 분석되었다. 생화학자 생거(Frederick Sanger)는 이 방법을 개발한 공로로 1980년도에 노벨상을 받았다. 디데옥시 염기서열 결정법은 그림 19.2a에서 나타나 있는 기구에서 오늘날 소규모 염기서열 결정 작업으로 여전히 널리 사용되고 있다.

지난 10년 동안 사슬 종결법에 의존하지 않는 차세대 염기서열 결정 기술들이 개발되었다. 대신, DNA 절편들은 많은 수의 같은 절편을 생산하기 위하여 증폭(복사)된다**(그림 19.4)** 각 절편의 특이적 가닥은 고정되어 있고, 상보적 가닥은 한번에 한 뉴클레오타이드씩 합성된다. 화학적 기술은 전자 모니터로 하여금 4개의 뉴클레오타이드 중 어떤 것이 첨가되는지를 확인하게 하기 때문에 이 방법을 합성에 의한 서열분석방법(sequencing by synthesis)이라고 부른다. 약 400~1,000 뉴클레오타이드 길이로 되어 있는 수십만 또는 수백만 절편이 그림 19.2b에 나타난 것처럼 기기 안에서 동시에 염기서열 결정이 이루어지기 때문에 시간당 높은 비율의 뉴클레오타이드 염기서열 결정을 설명할 수 있다. 이것은 "고속대량" DNA 기술의 한 사례이고, 현재 많은 수의 DNA 시료—심지어 유전체 전체—의 염기서열 결정을 하고자 하는 연구에서 선택되는 방법이다.

개선된 기술적 개발은 이미 3세대 염기서열 결정기술로 넘어 갔고, 이전의 기술보다 빠르고 덜 비싼 새로운 기술이다. 새로운 방법에서는 DNA를 절편으로 자르지도 않고 증폭하지 않아도 된다.

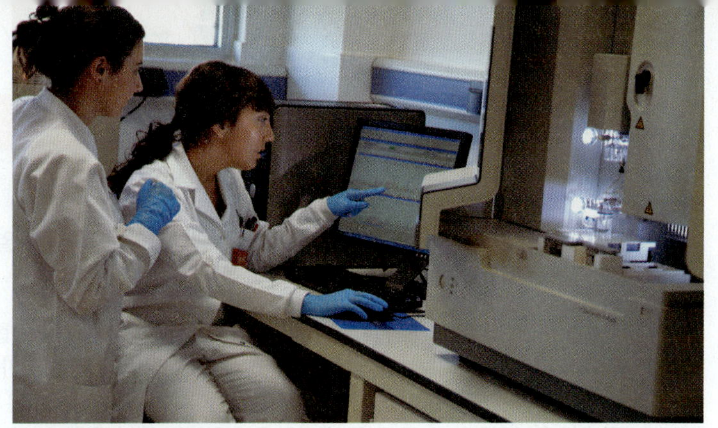

(a) 표준 염기서열 분석기

(b) 차세대 염기서열 분석기

▲ **그림 19.2 DNA 염기서열 분석기.** **(a)** 표준 염기서열 분석기는 디데옥시 사슬종결 방법을 사용한다(그림 19.3). 12시간 내에 약 120,000 뉴클레오타이드 이상을 결정하고, 짧은 염기서열을 가진 작은 수의 염기서열 결정에 이용된다. **(b)** 차세대 염기서열 분석기는 "합성을 하면서 염기서열 결정"을 하는 방법을 이용한다(그림 19.4). 오늘날의 분석기는 10시간 내에 7~9억 뉴클레오타이드를 결정할 수 있고, 많은 양의 염기서열 결정에 이용된다.

▼ 그림 19.3 **연구 방법**

DNA 염기서열 결정을 위한 디데옥시 사슬 종결 방법

적용 대략 800~1000 염기쌍 길이의 DNA 절편 뉴클레오타이드 염기서열은 반응 수행 후 표지된 반응 산물을 길이별로 분리하는 실험기구로 빠르게 결정된다.

방법 이 방법은 DNA 절편의 단일가닥에 상보적인 한 구간의 DNA 가닥 합성에 기초한 것이다. 각 새로운 가닥은 같은 프라이머로 시작하고 디데옥시리보뉴클레오타이드(ddNTP)로 끝난다. ddNTP가 결합하면 합성되는 DNA 가닥은 다음 뉴클레오타이드 결합 위치인 3′-OH 그룹이 없기 때문에 종결된다(그림 16.14). 새로운 가닥에서, 원래 가닥의 각 뉴클레오타이드의 위치는 그 지점에서 상보적인 ddNTP로 끝난 가닥들에 의해 드러나게 된다. 각 형태의 ddNTP는 뚜렷한 형광 표지를 가지고 있으므로, 새로운 합성 가닥의 마지막 뉴클레오타이드가 무엇인지 알 수 있고, 결국 원래 가닥의 전체 서열이 결정될 수 있다.

1 염기서열을 결정할 DNA 절편은 단일가닥으로 분해되고, DNA 합성에 필요한 성분(주형가닥의 알려진 3′ 말단과 염기결합하는 것으로 설계된 프라이머, DNA 중합효소, 4개의 dNTPs, 특정 형광분자로 표지된 4개의 ddNTPs)이 들어 있는 시험관에서 반응시킨다.

2 각 새로운 가닥의 합성은 프라이머의 3′ 말단에서 시작하고, dNTP 대신 ddNTP가 삽입될 때까지 계속 진행된다. 결합된 ddNTP는 가닥의 지속적 연장을 막는다. 최종적으로, 염기서열 내의 마지막 뉴클레오타이드를 나타내는 색으로 표식된 일련의 라벨된 가닥들이 만들어지게 된다.

3 혼합물에 들어 있는 표지된 가닥은 보다 짧은 가닥들이 긴 가닥보다 빨리 움직이는 젤을 통과함으로써 분리된다. DNA 염기서열 결정을 위해서, 젤은 캐필러리 시험관(capillary tube)에 들어 있고, 형광 감지기가 짧은 가닥이 캐필러리관을 통과해서 나올 때 형광 표식을 감지한다. 단 하나의 뉴클레오타이드만큼 길이가 다르다고 하더라도 서로 구분된다.

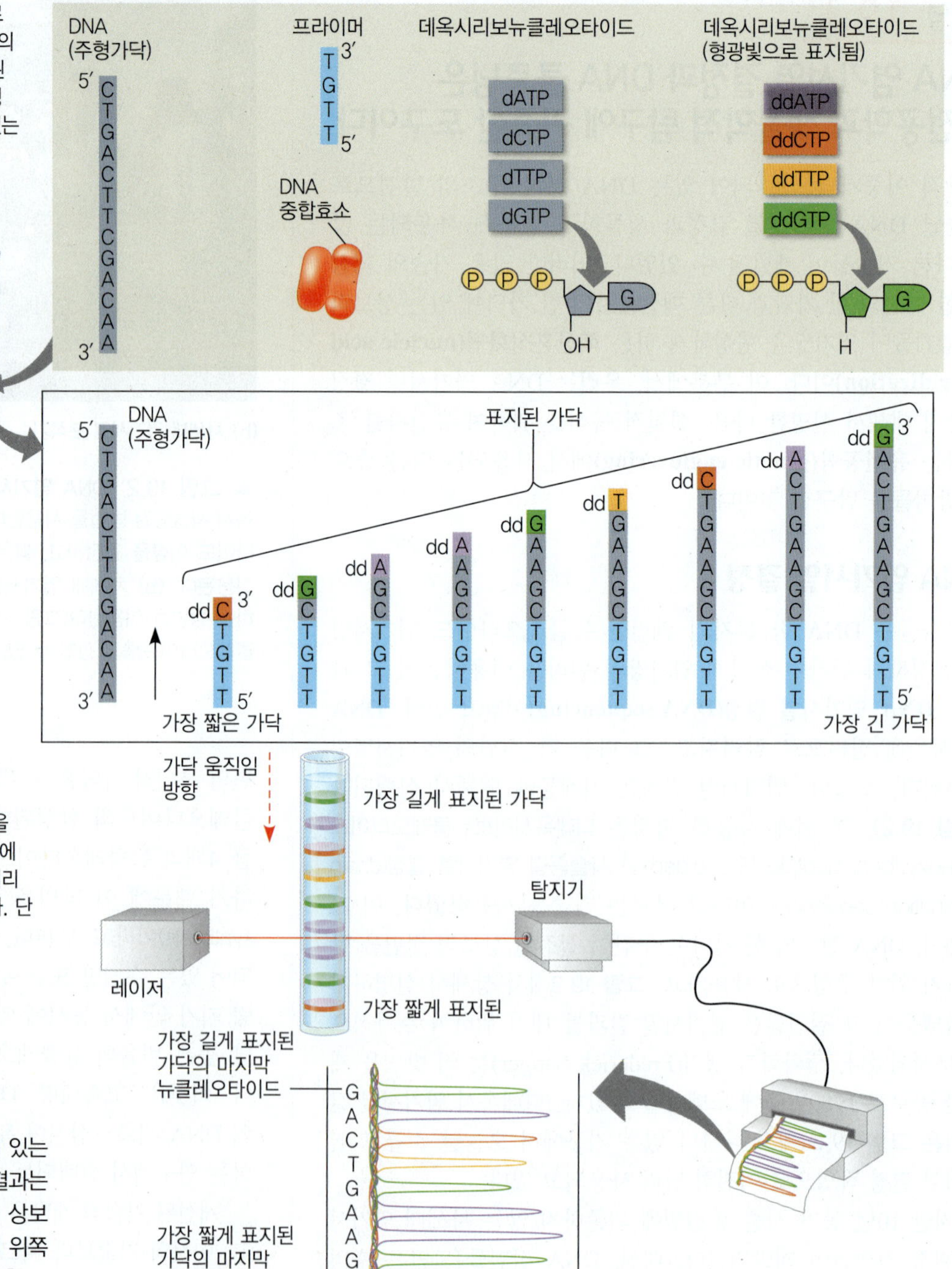

결과 각 가닥의 형광표식 색으로 3′ 말단에 있는 뉴클레오타이드가 무엇인지를 알 수 있다. 결과는 스펙트럼으로 출력되어 나오고, 주형가닥과 상보적인 염기서열은 아래쪽(가장 작은 가닥)에서 위쪽(가장 긴 가닥)으로 읽힌다. (여기서, 염기서열은 프라이머 이후부터 시작된다는 것을 기억하라.)

▼ 그림 19.4 **연구 방법**

차세대 염기서열 결정법

응용 현재의 차세대 염기서열 결정기술에서, 각 단편은 400~1,000 뉴클레오타이드 길이다; 동시에 여러 단편들의 염기서열을 분석함으로써 7~9억 뉴클레오타이드가 10시간 이내에 결정될 수 있게 됐다.

기술 번호로 표시된 각 과정과 개략적인 그림을 보라.

❶ 유전체 DNA를 조각내고, 400~1,000 염기쌍 크기의 절편들만 선택한다.

❷ 각 절편은 액체방울 안에 있는 작은 구슬(bead)로 분리해 낸다.

❸ 그 절편은 PCR 기술로 계속 복제된다. 작은 구슬이 단일가닥의 모든 5′ 말단을 특이적으로 붙잡는다. 최종적으로, 단일 주형 가닥으로 사용될 100만 개의 정확히 같은 단일가닥 복제 염기서열은 작은 구슬에 결합된다.

❹ 작은 구슬은 작은 홈에 DNA 중합효소와 단일 주형가닥의 3′ 말단에 결합할 수 있는 프라이머와 함께 놓인다.

DNA 중합효소

DNA의 주형가닥

5′ 3′ 3′ 5′ 프라이머

A T G C

❺ 홈은 다중홈 접시에 있는 200만 개 중의 하나고, 각 홈에는 염기서열이 분석될 다른 DNA 절편이 있다. 4개의 뉴클레오타이드 중의 하나를 포함하는 용액이 모든 홈에 첨가된 후 세척된다. 이러한 과정이 4개의 뉴클레오타이드(dATP, dTTP, dGTP, dCTP)에 대해서도 연속적으로 행해진다. 그 다음 전과정이 반복된다.

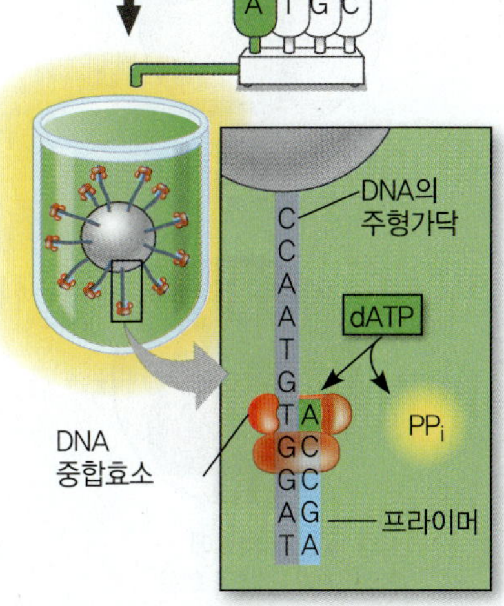

❻ 각 홈에서, 주형가닥(예를 들면, T) 옆의 염기가 첨가된 뉴클레오타이드(이 경우, A)에 상보적이라면, 그 뉴클레오타이드는 PP_i 를 방출하면서 성장하는 가닥에 결합된다. 방출된 PP_i는 불빛을 일으켜서 기록된다.

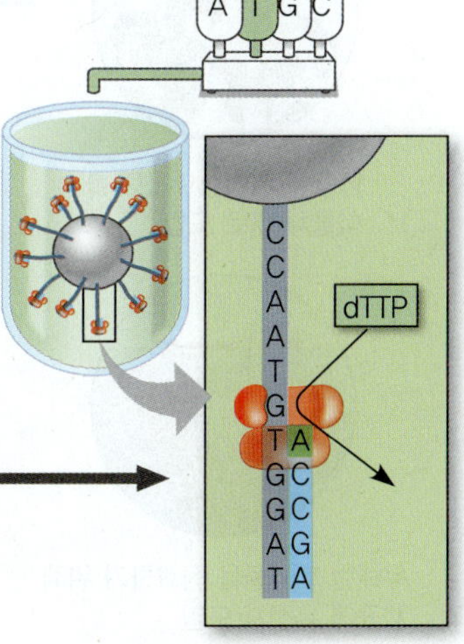

❼ 뉴클레오타이드는 세척되고, 다른 뉴클레오타이드(dTTP)가 첨가된다. 만약 그 뉴클레오타이드가 다음 주형 연기(이 경우, G)에 상보적이지 않으면, 그 가닥에 결합되지 않으며 불빛도 생기지 않는다.

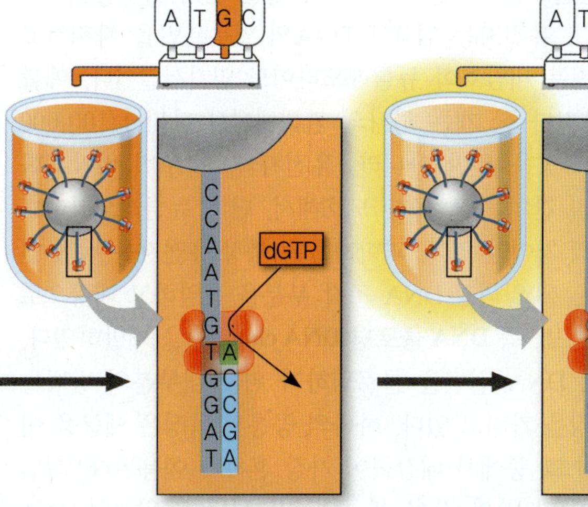

❽ 4개의 뉴클레오타이드를 첨가하고 세척하는 과정은 각 절편이 완전한 상보적 가닥을 가질 때까지 반복된다. 불빛들의 형태로 각 홈에 있는 원래 절편의 염기서열을 알게 된다.

결과 다른 절편이 들어 있는 다중홈 접시(multiwell plate)의 2,000,000 홈 각각은 다른 염기서열을 생산한다. 하나의 절편 결과는 아래 순서도처럼 나타난다. 전체 절편의 염기서열은 모든 염기서열을 서로 올바르게 엮어주는 컴퓨터 소프트웨어를 사용하여 분석된다.

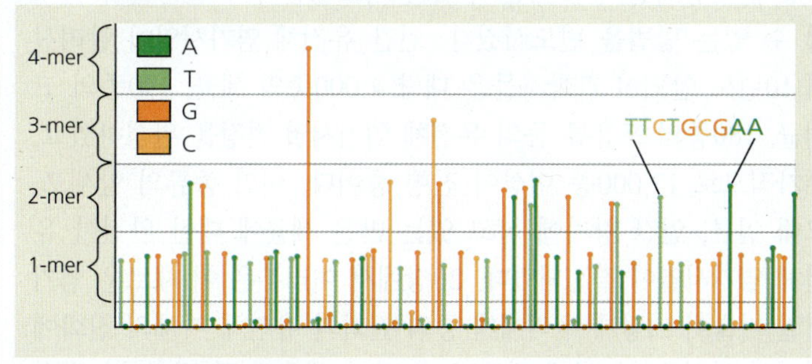

INTERPRET THE DATA 만약 주형가닥이 한 열에서 두 개 이상의 같은 뉴클레오타이드를 가지고 있다면, 상보적 뉴클레오타이드는 같은 단계에서 차례로 첨가될 것이다. 한 열에서 두 개 이상의 뉴클레오타이드가 어떻게 순서도에서 확인되는가? (오른쪽 예) 위의 순서도에서 첫 25 뉴클레오타이드 염기서열을 쓰라.(매우 짧은 선들은 무시하라.)

대신, 단일의 긴 DNA 분자 자체로 염기서열 결정이 이루어진다. 여러 연구그룹은 막에 있는 매우 작은 구멍(nanopore)으로 단일 가닥의 DNA 분자를 이동시키는 생각을 가지고 연구해 왔고, 각 염기는 전자흐름을 방해함으로써 각 염기가 순차적으로 확인된다. 이 개념의 한 모형은 그림 19.1에 타나나 있으며, 그 곳에서 작은 구멍은 지질막으로 박혀 있는 단백질 통로이다. (다른 연구자들은 인공적인 막과 나노포어를 사용한다.) 주요 개념은 각 염기가 약간씩 다른 시간 길이로 전류를 방해한다는 것이다. 이러한 예는 염기서열 결정의 속도를 증가시키고 비용을 줄이기 위한 많은 다른 접근들 중 유일한 것이다.

발전된 DNA 서열화 기법들은 진화에 대한, 그리고 생명이 어떻게 작동하는지에 대한 우리의 기초생물학적 질문들이 탐색될 수 있는 방법을 변모시켰다. 인간 유전체 염기서열이 알려진지 10년도 안되어 과학자들은 대략 4,000종의 세균, 190종의 고세균, 180종의 포유류 등의 유전체 염기서열 결정을 완성하였고, 추가적으로 17,000종 이상이 진행 중이다. 여러 종류의 암세포, 고대 인류, 인간 창자에 살고 있는 많은 세균에 대한 완전한 유전체 염기서열이 결정되었다. 20장에서 여러분은 이 새로운 염기서열 기술이 어떻게 우리에게 종의 진화와 유전체 자체의 진화에 대해서 알려주었는지에 대해서 더 많이 배우게 될 것이다. 지금, 각 유전자가 어떻게 연구되고 있는지 생각해 보자.

하나의 유전자 또는 다른 DNA 조각으로부터 다수의 복제물 만들기

분자생물학자들은 한 개 또는 다수의 특정 유전자를 연구하는 과정에서 여러 가지 문제점에 직면한다. 자연적으로 발견된 DNA 분자들은 매우 길고, 하나의 단일 분자는 흔히 수백 또는 수천 유전자들을 가지고 있다. 게다가, 많은 진핵생물 유전체에서 단백질 암호 유전자는 염색체 DNA의 일부분만을 차지하고 있으며, 나머지는 비암호화 뉴클레오타이드 염기서열이다. 예를 들어, 인간 유전자 한 개는 하나의 염색체에서 단지 1/100,000만을 구성하고 있을 뿐만 아니라, 유전자와 그 주변 비암호화 DNA 염기서열 간의 구별 또한 모호해서, 단지 뉴클레오타이드 염기서열에서의 차이만 있다. 과학자들은 특정 유전자를 직접 연구하기 위하여, 잘 알려진 DNA 조각 부분을 동일하고 대량으로 만들 수 있는 방법, 즉 **DNA 클로닝(DNA cloning)**을 개발하였다.

실험실에서 DNA 절편을 클로닝하기 위한 대부분의 방법들은 일반적 특징을 가지고 있다. 하나의 공통된 특징은 세균을 이용하는 것인데 그 중에서 대장균이 가장 흔하게 이용된다. 그림 16.12에서 보았던 바와 같이 세균의 염색체는 큰 원형의 DNA이다. 또한 대장균이나 다른 세균들은 **플라스미드(plasmid)**라는 비교적 작고, 염색체로부터 독립적으로 복제하는 원형의 DNA를 가지고 있다. 플라스미드는 몇 개의 유전자만 가지고 있고, 이 유전자들은 일반적인 환경 조건 아래서는 생존 또는 복제에 필요하

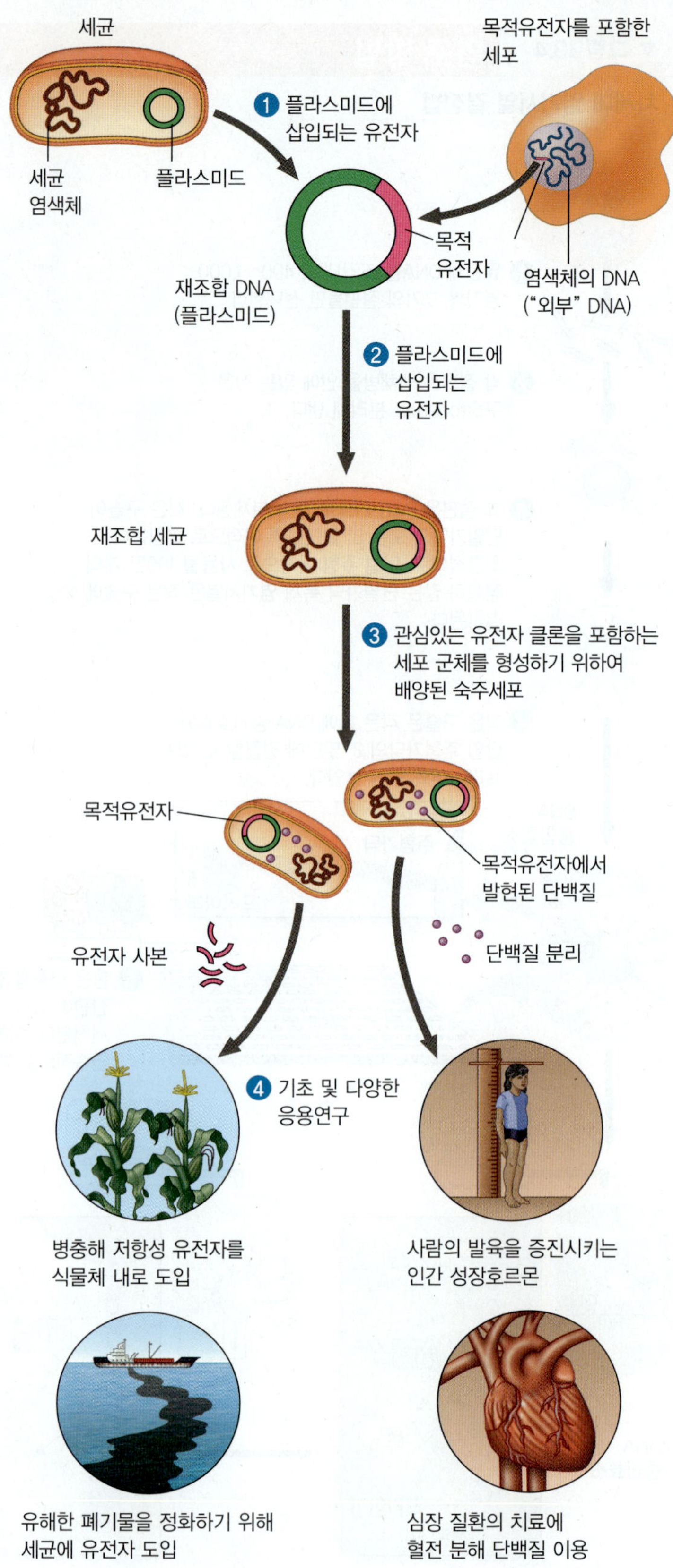

▲ **그림 19.5 유전자 클로닝과 클론된 유전자의 다양한 이용.** 실험실에서 사용되는 유전자 클로닝에 대해서 요약한 것이다. 유전자 클로닝은 세균 세포에서 플라스미드를, 다른 생물체로부터 목적유전자를 분리하는 것에서부터 시작된다. 하나의 플라스미드와 하나의 목적유전자 절편만이 그림의 상단에 나타나지만, 실제로는 많은 DNA들이 존재한다.

지 않지만, 세균들이 특정 환경조건에 있을 때 유용하게 사용될 수 있다.

DNA 절편을 클로닝하기 위해서는, 연구원들은 먼저 플라스미드를 세균에서 분리하고 효율적 클로닝을 위하여 유전적으로 조작한 후 외부의 DNA를 플라스미드에 집어넣는다(그림 19.5). 그 결과 플라스미드는 이제 **재조합 DNA**가 된다. 재조합 플라스미드를 다시 세균 세포에 넣어주면 **재조합 세균**(recombinant bacterium)이 된다. 이와 같은 단일 세포는 반복적인 세포분열을 통해 유전적으로 동일한 클론(clone)을 복제하게 된다. 세균들의 증식으로 세포 내에 있는 재조합 플라스미드는 대량 복제하게 되고 따라서 클론화된 외부의 유전자를 대량 생성하는 결과를 낳는다. 이와 같이 어떤 유전자를 대량으로 복제하는 것을 **유전자 클로닝(gene cloning)**이라 한다.

그림 19.5에서, 플라스미드는 외부 DNA를 가질 수 있는 DNA 분자로서 세균 세포 내에서 복제되는 **클로닝벡터(cloning vector)**의 역할을 한다. 세균의 플라스미드는 여러 가지 이유 때문에 클로닝벡터로 광범위하게 이용된다: 상업적 공급자로부터 쉽게 확보할 수 있고, 시험관내(*in vitro*)에서 외부 DNA를 도입함으로써 재조합 플라스미드를 만들 수 있으며, 쉽게 세균 세포에 도입할 수 있다. 게다가, 재조합된 세균 플라스미드들(그리고 거기에 붙은 외래 DNA도)은 숙주세포(세균)의 높은 증식 속도로 인해 빠르게 복제된다. 그림 19.5에서 외부 DNA는 진핵세포 유전자이다; 우리는 외부 DNA 조각이 어떻게 얻어졌는지 이 절의 후반에 상세히 설명할 것이다.

클론된 유전자는 특정 유전자의 대량 증폭 및 단백질 생산과 같은 두 가지 면에서 유용하다(그림 19.5). 과학자들이 유전자를 클로닝하는 이유는 클론된 유전자에 대한 연구를 위해서거나, 혹은 생물체에게 병충해에 대한 저항성과 같은 새로운 대사능력을 부여하기 위해서이다. 예를 들어, 어떤 작물에 존재하는 병충해 저항성 유전자는 클론화되어 다른 종의 식물을 형질전환시키는데 사용될 수 있다. 또한 인간 성장호르몬과 같이 의학적으로 사용되는 단백질 유전자를 세균에서 클로닝하고 배양함으로써 많은 양의 단백질을 생산할 수 있다. (뒤에 우리는 클론된 유전자를 발현시키기 위한 기술을 설명할 것이다.)

한 개의 유전자는 세포의 총 DNA 중 아주 일부분이다. 그러므로 이와 같이 적은 DNA 절편을 대량생산하는 기술은 단일 유전자를 이용하는 연구에서는 필수적인 기술이 되고 있다.

재조합 DNA 플라스미드 제작을 위한 제한효소의 이용

유전자 클로닝과 유전공학은 특정 염기서열을 인지하고 절단하는 효소의 발견에 의해서 가능하게 되었다. **제한효소(restriction enzyme)**라고 명명된 이 효소는 세균들을 연구하던 연구자들에 의해 1960년대 후반에 발견되었다. 자연에서 이러한 효소들은 파지 혹은 다른 생명체에서 오는 외부 DNA를 절단하여 세균 세포 내로 들어오는 것을 막아 세포를 보호한다(개념 26.2).

수백 종류의 제한효소들이 밝혀졌고 세균들로부터 분리 정제되었다. 각각의 제한효소는 **제한효소자리(restriction site**; 일반적으로 4~8개 염기서열)라는 특정 염기서열을 인지하고 DNA 두 가닥을 자른다. 세균들은 자신의 DNA 제한효소자리에 존재하는 아데닌이나 사이토신에 메틸기($-CH_3$)를 첨가함으로써 제한효소로부터 자신의 DNA를 보호한다.

그림 19.6은 DNA 절편을 서로 연결시키는 클로닝 동안 제한효소가 어떻게 사용되는지를 보여준다. 그림 19.5에 나타나 있는 것처럼 상단부는 대장균으로부터 분리한 특정 제한효소에 의해 인식되는 단일 제한효소자리 염기서열을 가지고 있는 세균 플라스미드이다. 그림 19.6에서 보여주듯이 대부분의 제한 부위는 대칭적이다. 즉 염기서열을 5′→ 3′ 방향으로 읽을 때 양쪽 가닥이 동일하다는 것이다. 대부분의 제한효소들은 4~8개의 염기를 포함하는 서열을 인식한다. 이러한 짧은 서열은 보통(우연적으로) 긴 DNA 분자 내에서 여러 번 나타나므로 제한효소는 다양한 크기의 DNA 분자, 즉 **제한효소절편(restriction fragment)**을 만들 수 있다. 특정 DNA 분자들의 모든 사본들은 같은 제한효소에 노출되었을 때 항상 동일한 제한효소절편들을 생성한다. 다르게 말해서, 한 종류의 제한효소는 언제나 같은 방식으로 DNA를 자른다.

가장 유용한 제한효소는 그림 19.6에서 나타낸 것처럼 엇갈린 방법(staggered way)으로 DNA 두 가닥의 인산화 당구조를 절단하는 것이다. 그 결과 양가닥 제한효소절편들은 **점착말단(sticky end)**이라고 불리는 단일가닥 말단을 가지게 된다. 이 짧은 단일가닥 말단 부위는 동일한 효소로 절단된 DNA의 상보적인 점착말단과 수소결합 염기쌍을 형성할 수 있다. 이렇게 형성된 결합은 일시적이고, 이들 일시적 결합은 **DNA 연결효소(DNA ligase)**라는 효소에 의해서 영구적 결합이 된다. 그림 16.16에서 보듯이, 이 효소는 인접한 인산화 당구조 간에 공유결합을 형성하는 효소작용을 한다. 그림 19.6의 하단부에서 볼 수 있듯이, 재조합 플라스미드 예에서처럼 DNA 연결효소는 두 개 DNA의 결합을 촉매시켜 재조합 DNA를 생성한다.

숙주세포에서 여러 번 복제된 후 재조합 플라스미드 산물을 확인하기 위하여(그림 19.5), 과학자는 같은 제한효소를 이용하여 재조합 플라스미드를 다시 자르게 된다. 그림 19.6의 윗부분에서 사용한 플라스미드와 목적 DNA 절편 크기로된 두 종류의 DNA 절편이 나올 것이다. 서로 다른 길이의 DNA 절편을 분리하고 시각화하기 위하여 과학자는 **젤 전기영동(gel electrophoresis)**이라는 기술을 실행한다. 이 기술은 핵산(또는 단백질) 혼합물을 크기, 전하, 물리적 특징을 기초로 분리해내는

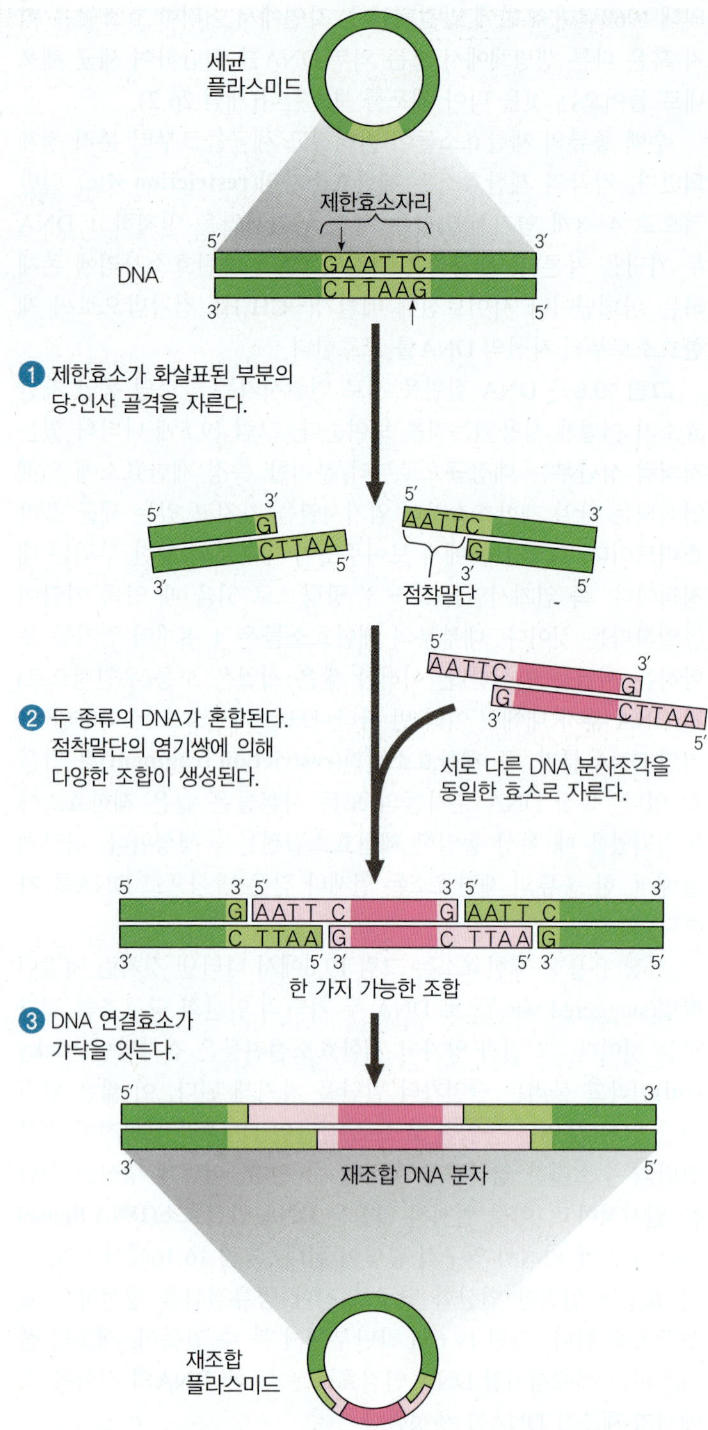

▲ **그림 19.6 제한효소와 DNA 연결효소를 사용해서 재조합 DNA를 만들기** 여기에서 보여주는 제한효소(EcoRI)는 특정한 여섯 개의 염기쌍을 제한 부위로 인식하고, 이 서열의 인산-당 구조에 엇갈린 절단을 만들어 점착말단들을 가진 절편을 형성한다. 상보적인 점착말단들을 가진 외부 DNA 절편은 플라스미드의 말단과 염기쌍을 형성할 수 있다; 그 연결된 산물은 재조합 플라스미드가 된다. (또한, 플라스미드의 두 점착말단은 염기쌍을 만들 수 있고, 연결결과 원형의 비 재조합 플라스미드가 만들어진다.)

DRAW IT 제한효소 *Hind* III는 5′-AAGCTT-3′ 염기서열을 인지하고 AA 사이를 자른다. 제한효소가 자르기 전과 후를 이중가닥 염기서열로 그려보라.

일종의 분자크기의 체로서, 중합체(polymer)로 만들어진 젤을 이용한다(그림 19.7). 젤 전기영동은 분자생물학 분야에서 DNA 염기서열 결정을 포함하여 많은 다른 기술들과 함께 융합되어 사용된다(그림 19.3).

지금까지 클로닝 벡터에 대해서 상세하게 얘기했고, 이제 삽입할 목적 DNA를 생각해 보자. 클로닝할 유전자의 많은 복제물을 얻기 위한 가장 공통적인 방식은 PCR을 이용하는 것이다.

DNA 증폭: 중합연쇄반응과 DNA 클로닝 활용

오늘날, 대부분의 과학자들은 클로닝하고자 하는 유전자나 DNA 조각의 염기서열에 대해서 이미 약간의 정보를 가지고 있

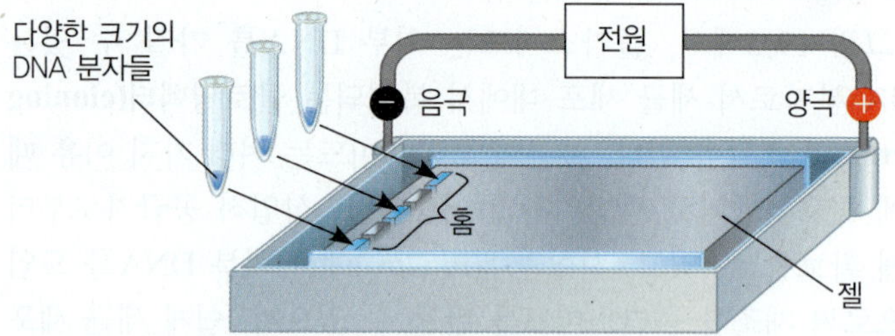

(a) 서로 다른 각 DNA 분자 혼합물 시료는 얇은 아가로오즈 젤 판의 한쪽 끝 근처에 있는 분리용 홈(well)에 넣는다. 젤은 작은 플라스틱 지지대에 넣고, 완충용액이 들어 있는 양쪽 끝에 전극이 있는 통에 담근다. 그 다음 음전하를 띤 DNA 분자가 플러스 전극 쪽으로 움직이도록 직류전기를 켠다.

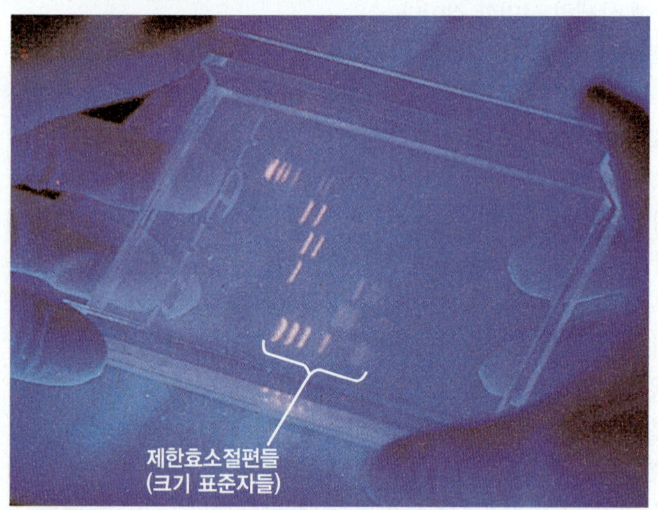

(b) 더 짧은 분자들은 긴 것들보다 젤을 더 빠르게 통과한다. 전류가 꺼진 후에는, UV광에서 분홍 형광을 띠는 DNA 결합 염료가 첨가된다. 분홍색의 각 밴드들은 같은 길이의 수많은 DNA들을 나타내는 것이다. 이 젤의 아래쪽에 보이는 수평의 사다리형 밴드들은 길이를 모르는 시료들과 비교하기 위해 알고 있는 크기의 제한절편들을 모아 놓은 것이다.

▲ **그림 19.7 젤 전기영동.** 중합체(polymer)로 만들어진 젤(gel)은 크기, 전하, 물리적 특성이 다른 핵산 또는 단백질 혼합물을 분리하기 위한 일종의 분자크기의 체로 작용한다. DNA 분자는 다당류인 아가로오즈(agarose)로 만들어진 젤에서 크기에 따라 분리된다.

▼ 그림 19.8 **탐구**

중합효소연쇄반응(PCR)

적용 PCR을 사용하여 DNA 샘플 내의 특정한 부분(표적 서열)을 생체 밖에서 완벽하게 여러 번 복제하여 증폭할 수 있다.

기술 PCR의 시작물질에는 복제되는 표적 염기서열을 포함하는 두 가닥의 DNA, 열 저항성 DNA 중합효소, 네 가지 뉴클레오타이드, 그리고 프라이머로 사용되는 15~20 뉴클레오타이드로 된 두 가지의 단일가닥 DNA 분자가 존재한다. 하나의 프라이머는 대상 서열의 한쪽 말단의 주형 가닥과 상보적이다. 다른 하나는 다른 가닥의 말단 서열과 상보적이다.

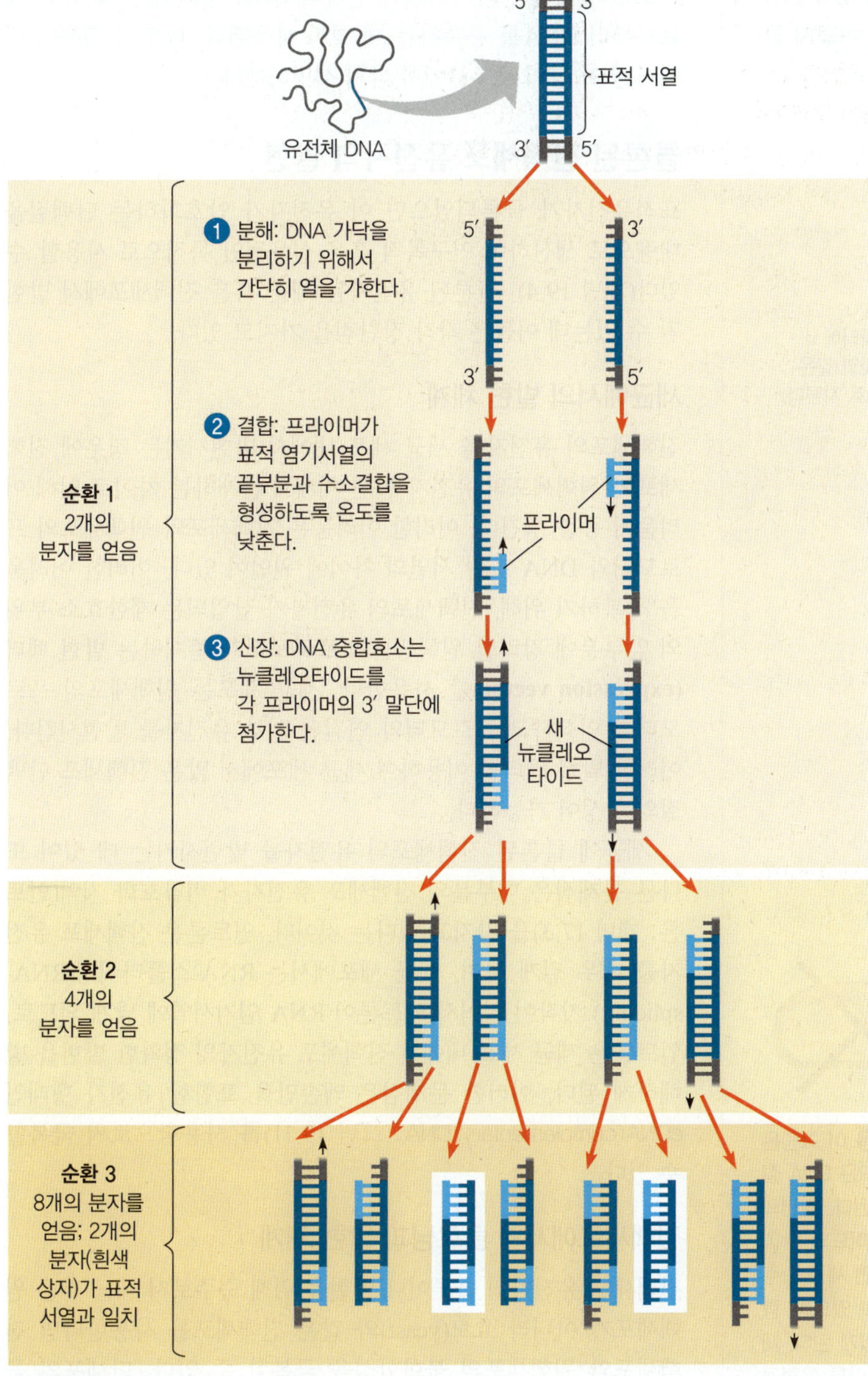

결과 세 번 순환하면 두 개의 분자가 표적 서열과 정확하게 일치한다. 30번째 순환반응 후에는, 10억 개의 분자들이 표적 서열 분자와 일치한다.

다. 이러한 정보를 사용하여 관심있는 종의 유전체 DNA를 전부 수집할 수 있고, **중합효소 연쇄반응(polymerase chain reaction)** 또는 **PCR** 기술을 이용하여 바라는 유전자를 많이 복제할 수 있다. **그림 19.8**은 PCR 단계를 그림으로 나타낸 것이다. 이 기술은 시료 내에서 특정 목적의 DNA 부분이 전체 DNA의 0.001% 이하로 이루어져 있다 하더라도 몇 시간 내에 수십억 개로 복제할 수 있다.

PCR은 세 단계의 과정을 반복하는데 그 결과 동일한 DNA의 분자 수가 기하급수적으로 증가한다. 각 순환 과정의 첫 단계에서는 반응 혼합물의 DNA 가닥을 분리하기 위해서 높은 온도에 방치한다. 두 번째 단계는 표적 DNA의 양쪽 말단에 상보적인 서열을 가지는 짧은 단일가닥의 DNA 프라이머들이 결합(수소결합)할 수 있도록 낮은 온도에 방치한다. 세 번째 단계에서는 열에 안정적인 DNA 중합효소가 대상 서열과 결합한 프라이머들을 5′→ 3′ 방향으로 연장시켜 준다. 일반적인 DNA 중합효소가 사용되었다면 그 단백질은 처음 열을 가하는 단계에서 DNA와 함께 변성되기 때문에 각 순환 과정 후에 교체되어야 한다. PCR의 자동화를 가능하게 한 것은 높은 온도에도 안정적인 활성을 보여주는 DNA 중합효소의 하나인 Taq 중합효소의 발견이었다. 이 효소는 온천에서 사는 원핵생물(*Thermus aquaticus*)로부터 처음 분리되었는데 이 중합효소의 높은 열 안정성은 이 세균들이 95°C의 높은 온도에서도 생존하고 증식할 수 있도록 한 진화적 적응이다.

PCR은 속도가 빠르고 매우 특이적(specific)이다. 시작물질 내의 DNA는 아주 미세한 양으로 존재하기도 하고 혹은 부분적으로 분해된 상태일 수도 있다. 그러나 이러한 상태일지라도 PCR을 통해서 원하는 DNA의 증폭은 가능하다. 이러한 높은 특이성은 오직 대상 서열의 상대편 말단 서열하고만 수소결합을 하는 프라이머의 사용에 있다. (높은 특이성을 갖게 하기 위해서는 프라이머에 적어도 15개 이상의 뉴클레오타이드가 있어야 한다.) 세 번째 순환 후에 DNA 분자의 1/4은 표적 단편과 동일한 것으로 양쪽 가닥의 길이가 적절하다. 각각의 순환 과정이 성공적이면 정확한 길이를 가지는 대상 서열분자의 수는 두 배가 되며, 순환 과정이 반복되면서 모든 DNA 분자의 수는 크게 증가한다. 순환 과정이 *n*번이 반복되면 분자 수는

2^n이 된다. 30회 순환이면 약 10억 개가 된다.

PCR의 속도와 특이성의 우수성에도 불구하고 많은 양의 유전자가 요구될 때 PCR 증폭은 유전자 클로닝을 대신할 수 없다. PCR을 사용한 복제 과정 동안에 복제 오류가 가끔 나타나므로 PCR을 통해서 만들 수 있는 DNA의 양에는 한계가 있다. 그래서 PCR은 벡터 내로 집어넣어 클로닝하기 위한 목적으로 특정 DNA 절편을 만드는 데 점점 더 많이 사용되고 있다. PCR 프라이머는 DNA 절편의 각 말단에서 클로닝 벡터에 있는 자리와 일치하는 제한효소자리를 포함하도록 합성된다. 그 다음 DNA 절편과 벡터는 절단되고, 다시 함께 연결된다(**그림 19.9**). 이렇게 클로닝된 유전자를 염기서열 분석을 한 후 오류가 없는 유전자를 가진 클론을 선별한다.

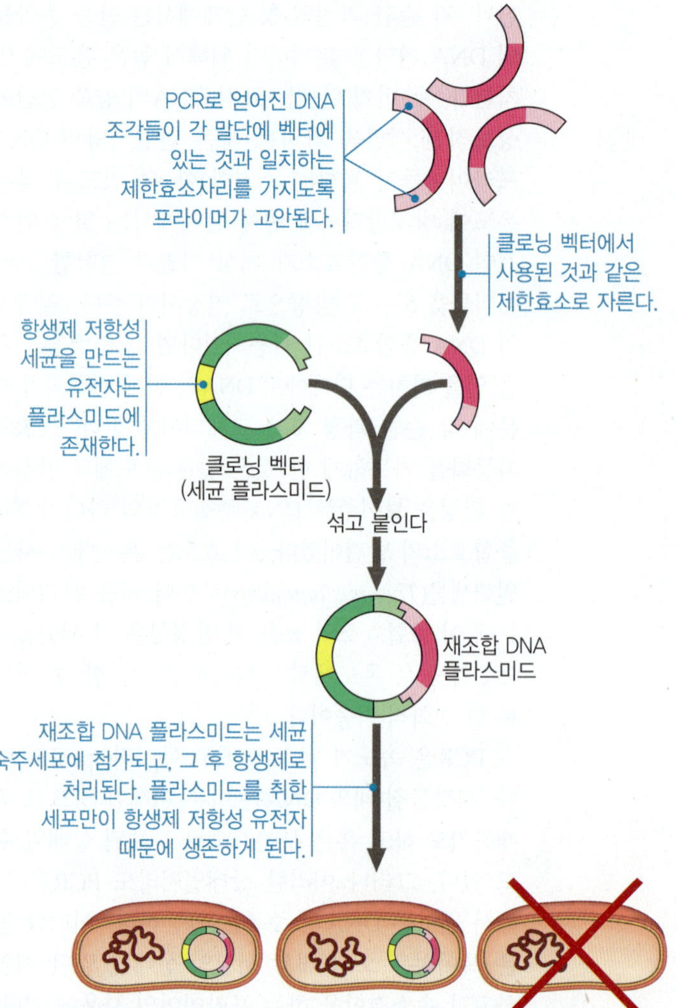

▲ **그림 19.9 유전자 클로닝을 위한 제한효소 및 PCR 활용** 이 그림은 그림 19.5의 윗부분에 나타난 과정을 상세히 나타낸 것이다. PCR은 DNA 절편이나 관심 있는 유전자의 사본을 다수 생산하기 위하여 사용된다. 절편의 말단은 클로닝 벡터와 같은 제한효소자리를 가지고 있다. 플라스미드와 DNA 절편은 같은 제한효소로 절단된 후 점착말단들이 결합해 연결되면 세균 숙주세포로 도입된다. 플라스미드는 항생제 저항성 유전자를 포함하고 있으며, 항생제가 존재할 때 플라스미드를 가지고 있는 세포만 생존할 수 있게 된다. 재조합되지 않은 플라스미드를 가진 세포들을 제거하기 위해서는 다른 유전공학 기술이 사용된다.

1985년에 발명된 PCR은 생물학적 연구와 생명공학에 커다란 공헌을 하고 있다. PCR은 40,000년 전에 얼어붙은 매머드(이 장 첫 페이지의 사진)에서 얻은 DNA 절편 혹은 범죄 현장에서 발견된 적은 양의 혈액 혹은 조직, 정액으로부터 발견된 DNA, 태아의 유전적 질병(그림 14.19)의 빠른 진단을 위한 단일 배아세포 DNA 그리고 HIV와 같이 추적하기 힘든 바이러스에 감염된 세포로부터 분리한 바이러스 유전자의 DNA 등과 같은 다양한 재료로부터 DNA를 증폭하는 데 널리 사용된다. PCR의 적용에 대해서는 이 장의 뒷부분에서 다시 설명하겠다.

클론된 진핵세포 유전자의 발현

표적유전자가 클론되었으면 이 유전자가 암호화하는 단백질을 대량으로 생산하여 연구목적 혹은 실용적인 목적으로 사용할 수 있다(개념 19.4). 클론된 유전자는 세균 혹은 진핵세포에서 발현될 수 있는데 이들은 각각 장단점을 가지고 있다.

세균에서의 발현 체계

진핵세포의 유전자를 세균 세포 내에서 발현시키는 경우에 진핵세포와 원핵세포의 유전자 발현 체계에 존재하는 차이로 인해 어려움이 종종 생긴다. 이러한 어려움은 진핵세포와 원핵세포의 프로모터와 DNA 조절 서열의 차이에 원인이 있다. 이러한 어려움을 극복하기 위해, 진핵세포의 유전자가 삽입되는 제한효소 부위의 앞부분에 강력한 원핵생물의 프로모터가 존재하는 **발현 벡터(expression vector)**를 사용한다. 세균 세포는 원핵세포의 프로모터를 인식하고 프로모터와 연결된 외부 유전자를 발현시킨다. 이러한 발현 벡터를 이용하여 세균 세포에서 많은 진핵세포 단백질의 합성이 가능하다.

세균에 클론된 진핵세포의 유전자를 발현시키는 데 있어 또 다른 문제점은 대부분의 진핵세포 유전자가 비암호화 지역(인트론; 개념 17.3)을 가지고 있다는 것이다. 인트론은 진핵세포 유전자를 매우 길게 하며, 세균 세포에서는 RNA-스플라이싱(RNA-splicing) 기작이 없어서 인트론이 RNA 염기서열에 남게 되므로, 인트론은 세균 세포 내에서 진핵세포 유전자의 정확한 발현을 방해하게 된다. 이러한 문제점은 엑손만을 포함한 유전자 형태인 cDNA(complementary DNA; 그림 19.11)를 사용함으로써 극복할 수 있다.

진핵세포에서의 클로닝과 발현 체계

진핵세포 유전자의 클론이나 발현을 위해 숙주로서 세균 같은 원핵세포가 아니라 효모(yeast)와 같은 진핵세포를 사용한다면 진핵세포와 원핵세포의 불화합성을 극복할 수 있다. 단세포의 곰팡이 종류인 효모세포는 두 가지 이점을 가지고 있다. 효모세포는 세균들만큼 배양하기 쉬우며 진핵세포 사이에서는 드물게 플라스미드를 가지고 있다. 과학자들은 효모와 세균의 DNA를 결합시켜 효모와 세균 모두에서 클로닝이 가능한 재조합 플라스미드를 만들 수 있었다.

클론된 진핵세포 유전자를 발현하기 위해서 숙주세포로 진핵세포를 사용하는 또 다른 이유는, 진핵세포의 단백질에 번역 후의 변형이 없으면 많은 진핵세포의 단백질들이 기능을 못하기 때문이다: 예를 들어 탄수화물(당화)이나 지질의 첨가에 의한 변형이 있다. 세균 세포는 이러한 변형을 할 수 없다. 그리고 만약 단백질이 포유동물의 세포에서 일어나는 변형 과정을 필요로 한다면 효모세포조차도 단백질의 정확한 변형을 할 수 없다. 숙주세포로 동물세포와 곤충세포의 배양이 매우 좋은 효과를 내는 것으로 알려져 있다: 곤충세포는 재조합 DNA를 함유하는 바이러스(baculovirus) 로 감염시켜 사용한다.

과학자들은 진핵세포 내로 재조합 DNA를 도입하기 위해 다양한 방법을 개발했다. **전기천공법(electroporation)**은 세포를 포함하고 있는 시료에 짧은 전기적 자극을 주어 세포의 원형질막을 통해 DNA가 들어갈 수 있는 일시적인 구멍을 만드는 방법이다. (이 기술은 현재 세균에서도 일상적으로 사용된다.) 그 밖에 얇고 미세한 바늘을 사용하여 직접적으로 단일 진핵세포 내로 DNA를 주입하는 방법도 있다. 나중에 배우게 되는 토양 세균인 *Agrobacterium tumefaciens*을 사용하여 식물세포 내로 DNA를 도입할 수도 있다. 방법이 무엇이든, 세포 내로 들어간 DNA와 세포의 유전체가 유전적으로 재조합되면 세포 내로 들어간 DNA는 세포에 의해서 발현될 수 있다.

특정 단백질의 기능을 연구하기 위하여, 과학자들은 그 단백질 유전자의 다른 돌연변이체들을 진핵생물세포에 도입하기도 한다. 세포는 그 단백질의 다른 버전을 발현하고, 그 결과로 나타나는 표현형은 정상 단백질의 기능에 대한 정보를 제공한다. 이러한 목적을 위하여, 과학자들은 바이러스 DNA 염기서열을 가진 클로닝 벡터를 사용하여 도입된 DNA가 염색체에 결합하게 함으로써 안정적으로 발현될 수 있게 한다. 같은 접근법이 세포에서 유전자 조절 물질로서의 비암호화 RNA의 역할을 연구하기 위하여 비암호화 RNA를 발현시키는 데 사용될 수 있다. (비암호화 RNA는 개념 18.3에서 논의된다.)

종간의 유전자 발현과 진화적 조상

진화 세균에서 진핵세포의 단백질을 발현시킬 수 있는 것은 (비록 단백질에 적절하게 당이 부착되지는 않았지만) 세균과 진핵세포의 서로 다른 점을 고려해볼 때 매우 놀라운 일이다. 어떤 종에서 유래된 유전자가 매우 다른 종에 삽입되어 발현되고 그 기능이 완벽하게 발휘되는 예는 많이 있다. 이와 같은 결과는 오늘날 생존하는 종들의 공통적인 진화적 조상의 존재를 강조하고 있다.

한 예로써 *Pax-6*라는 유전자를 들 수 있는데 이 유전자는 척추동물에서 초파리에 이르기까지 다양한 생물에서 발견된다. 척추동물 *Pax-6* 유전자의 발현 단백질(PAX-6 단백질)은 단일 렌즈를 가지고 있는 척추동물 안구 형성에 관련된 유전자들의 발현을 촉진시킨다. 초파리 *Pax-6* 유전자는 척추동물과는 매우 다른 겹눈 형성에 관여한다. 과학자들이 생쥐 *Pax-6* 유전자를 초파리 배아에 삽입했을 때 놀랍게도 겹눈 형성을 유도하였다(그림 50.16). 역으로, 초파리 *Pax-6* 유전자를 척추동물(이 경우에 개구리) 배아에 삽입했을 때 개구리 눈 형성을 유도하였다. 척추동물과 초파리의 유전 프로그램은 비록 서로 다를지라도 각각의 *Pax-6* 유전자는 서로 대체가 가능하였고 이러한 결과는 두 생물체는 공통적인 조상에서 진화되었다는 것을 증명하고 있다.

더 명료한 예를 그림 17. 6에서 볼 수 있는데 개똥벌레 유전자가 담배식물에서 그리고 해파리 유전자가 돼지에서 발현되었다. 모든 살아 있는 생명체들이 가지고 있는 공통의 유전자 발현 기작은 고대 진화론적 뿌리에 기초하고 있다. 그 공통성은 이 장에서 기술하고 있는 많은 재조합 DNA 기술의 기초가 되고 있다.

개념 확인 문제 19.1

1. 제한효소 *Pvu*I이 인지하는 염기서열은 다음과 같다.

   5′–C G A T C G–3′
   3′–G C T A G C–5′

   각 가닥에 있는 T와 C 사이에서 잘려지는데, 이때 어떤 종류의 결합이 잘려지는가?

2. DRAW IT DNA의 한 가닥이 다음과 같다.

   5′–CCTTGACGATCGTTACCG–3′

   상보적인 다른 가닥을 그려라. 제한효소 *Pvu*I이 이 염기서열을 인지하는가? 한다면 어디에서 어떻게 잘려지는지 그려보라.

3. 클론된 진핵세포 유전자의 단백질을 플라스미드 벡터와 세균 숙주세포를 사용하여 대량으로 생산하고자 할 때 잠재적인 문제점은 무엇인가?

4. MAKE CONNECTIONS 그림 19.8과 그림 16.20을 비교하라. PCR 과정에서 어떻게 DNA 말단들의 복제가 절편들의 길이를 짧게 하지 않고 진행되는가?

정답은 부록 A 참조

개념 19.2

생물학자는 유전자 발현과 기능을 연구하기 위하여 DNA 기술을 이용한다

생물학적 체계가 어떻게 작동하는지 보기 위하여, 과학자들은 그 체계의 각 성분들이 어떻게 기능하는지를 이해하려고 한다. 단일 또는 그룹 유전자가 언제 그리고 어디에서 발현되는지 분석하는 것은 그 유전자의 기능에 대한 중요한 단서를 제공할 수 있다.

유전자 발현 분석하기

다세포 생물의 여러 세포 형태들, 암세포들, 혹은 발생 중인 배아 조직 등을 이해하려고 하는 생물학자들은 우선 그 관심 세포들에 의해 어떤 유전자들이 발현되는지를 알아내려고 한다. 가장 직접적인 방법은 일반적으로 만들어지고 있는 mRNA를 확인하는 것이다. 우리는 특정 개별 유전자의 발현 패턴을 찾는 기술을 살펴 볼 것이다. 다음, 관심있는 세포나 조직에서 발현되는 유전자 그룹의 특성을 규명하는 방법을 탐험할 것이다. 이러한 모든 과정은 상보적 뉴클레오타이드 염기서열 사이에서 염기쌍을 형성하는 방법들에 의존한다는 것을 알게 될 것이다.

단일 유전자 발현 연구하기

초파리(Drosophila melanogaster) 배아 발달에 중요할 것이라고 생각되는 유전자를 클로닝했다고 생각해 보자. 우선 궁금한 것은 어떤 배아 세포들이 그 유전자를 발현하는지, 다시 말해 배아의 어떤 부분에서 해당 mRNA가 발견될지에 관한 것이다. 어떤 방법으로든 우리가 추적할 수 있는 상보적 서열을 가진 분자를 이용하여 핵산 혼성화를 함으로써 그 mRNA를 추적할 수 있다. RNA이든 DNA이든 상관 없지만, 상보적으로 결합하는 그 짧고 단일 가닥인 핵산을 **핵산 탐침(nucleic acid probe)**이라고 한다. 우리가 분리한 유전자를 주형으로 사용하면 그 mRNA에 상보적인 탐침자를 합성할 수 있다. 예를 들면, 만약 mRNA 염기서열 부분이

5′ ···CUCAUCACCGGC··· 3′

이라면 우리는

3′ GAGTAGTGGCCG 5′

와 같은 단일가닥의 DNA 탐침을 합성할 수 있을 것이다. 각 탐침분자는 합성되는 동안 형광으로 표지되고 따라서 추적이 가능해진다. 용액에 들어 있는 탐침분자는 초파리 배아에 적용되면 배아세포가 전사하는 많은 mRNA에서 상보적인 염기서열과 특이적으로 혼성화된다. 이러한 기술로 우리는 생명체 내의 장소에서 mRNA를 볼 수 있고, 이를 **제자리 혼성화(*in situ* hybridization)**라고 한다. 다른 탐침은 다른 형광 색소로 표지될 수 있어서 종종 놀라울 정도로 아름다운 결과가 나오기도 한다 (그림 19.10).

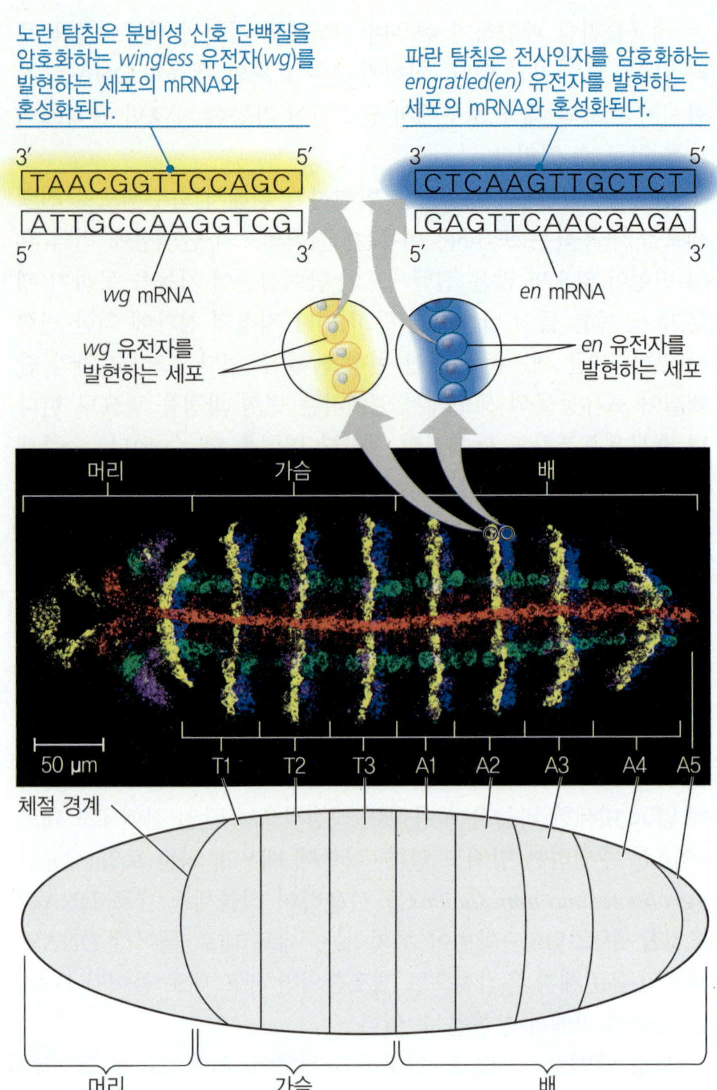

▲ **그림 19.10 제자리 혼성화(*in situ* hybridization)기법으로 유전자 발현 부위 결정하기.** 초파리 배아를 다섯 종류의 mRNA 탐침이 들어 있는 용액과 반응시켰다. 각각의 탐침은 서로 다른 형광색으로 표지되었다. 형광현미경을 사용하여 배아의 배(ventral)쪽을 볼 수 있다. 결과로 얻어진 형광현미경상이 위 그림의 중앙에 나와 있다. 각 색은 특정 유전자가 mRNA로 발현되는 위치를 표시한다. 현미경상에서 노란 세포 집단과 파란 세포 집단에서 나온 화살표는 그 mRNA와 혼성화된 적절한 색깔의 핵산 탐침분자들을 확대해서 보여준다. 노란 세포들(*wg* 유전자를 발현)은 파란 세포들(*en* 유전자를 발현)과 상호작용한다; 그들의 상호작용은 체절 패턴을 확립하는데 도움을 준다. 맨 아래의 도식은 이 방향에서 볼 수 있는 8개의 체절들을 분명하게 나타낸 것이다.

다른 mRNA 탐지 기술은 다른 종류의 세포나 발달 단계가 다른 배아처럼 같은 시점에 여러 시료에서 특정 mRNA의 양을 비교하는 데 용이하다. 널리 사용되고 있는 한 방법은 **역전사효소-중합효소 연쇄반응(reverse transcriptase-polymerase chain reaction, RT-PCR)**이라고 한다.

RT-PCR은 mRNA를 염기서열이 일치하는 이중가닥 DNA로 전환함으로써 시작된다. 첫째 단계는 역전사효소(그림 26.8)가 각 mRNA 분자의 역전사체인 단일가닥의 DNA를 만드는 데 사용된다(그림 19.11). mRNA의 3′ 말단은 폴리-A 꼬리(poly-A tail)라고 하는 일련의 아데닌(A) 뉴클레오타이드로 되어 있음을 기억하라. DNA 가닥 합성을 위한 프라이머로서 짧은 상보적 가닥의 티민 디옥시리보뉴클레오타이드(poly-dT)의 사용이 가능하

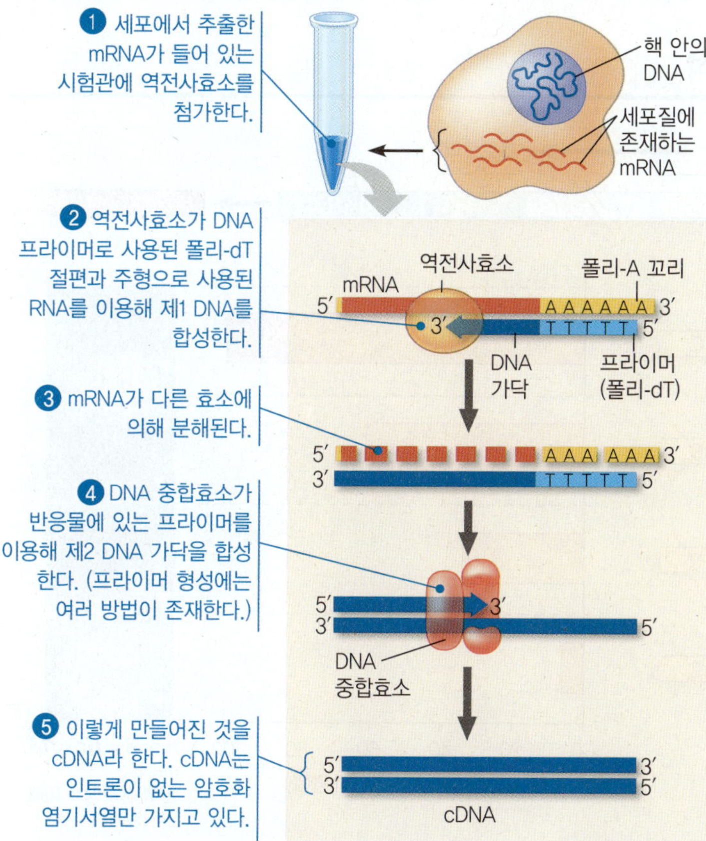

▲ **그림 19.11 진핵생물 유전자의 상보성 DNA(cDNA) 만들기.** 상보성 DNA는 mRNA를 주형으로 하여 시험관에서 만들어진 DNA이다. mRNA는 엑손만 포함하므로 두 가닥 cDNA는 유전자의 연속된 암호화 부위를 갖게 된다. 그림에서는 한 개의 mRNA만 보여주고 있지만 세포에서 발현하는 모든 mRNA가 cDNA로 된다. 그림 19.12는 관심 cDNA가 어떻게 확인되는지 보여주고 있다.

다. mRNA의 효소분해 후, 첫 번째 DNA 가닥과 상보적인 두 번째 DNA 가닥이 DNA 중합효소에 의해서 합성된다. 그 결과로 **상보적 DNA(complementary DNA, cDNA)**라고 하는 이중가닥 DNA가 만들어진다. (mRNA으로부터 만들어진 cDNA는 인트론이 없으므로, 앞서 언급한 대로 세균에서의 단백질 발현에 사용될 수 있다). 예를 들면, 관심있는 초파리 유전자의 발현 시점을 분석하기 위하여 여러 단계의 초파리 배아로부터 mRNA 분리 후, 각 단계의 cDNA를 만든다(**그림 19.12**). 그 다음, 관심 유전자의 cDNA를 찾기 위하여 PCR를 사용한다.

그림 19.8에서 배웠던 것처럼, PCR은 관심 부위의 서로 반대 말단에 혼성화되는 프라이머들을 사용하여 특정 이중가닥 DNA를 빠르고 많이 복제할 수 있는 방법이다. 각각의 시료에서 PCR 증폭 주형으로 각 배아단계의 cDNA를 사용하여 초파리 유전자 부위와 일치하는 프라이머들이 첨가된다. 산물이 젤에서 분석될 때, 관심 유전자의 mRNA를 가지고 있는 시료만 증폭부위의 복제 DNA 밴드를 보여주게 된다. 최근의 형광 색소는 이중가닥

▼ **그림 19.12 연구 방법**

단일 유전자 발현의 RT-PCR 분석

적용 RT-PCR은 PCR과 전기영동뿐만 아니라 역전사효소(RT)도 사용한다. RT-PCR을 사용하여 배아 발생의 서로 다른 단계 간에, 조직들 간에, 혹은 다른 조건 아래에 있는 세포들 사이에서 특정 유전자의 발현 정도를 비교할 수 있다.

방법 초파리의 6단계 배아들로부터 추출한 mRNA 시료들에 대해 아래 설명처럼 특정 mRNA가 있는지 분석되었다. (1과 2과정에서는 한 단계의 mRNA만 보여준다.)

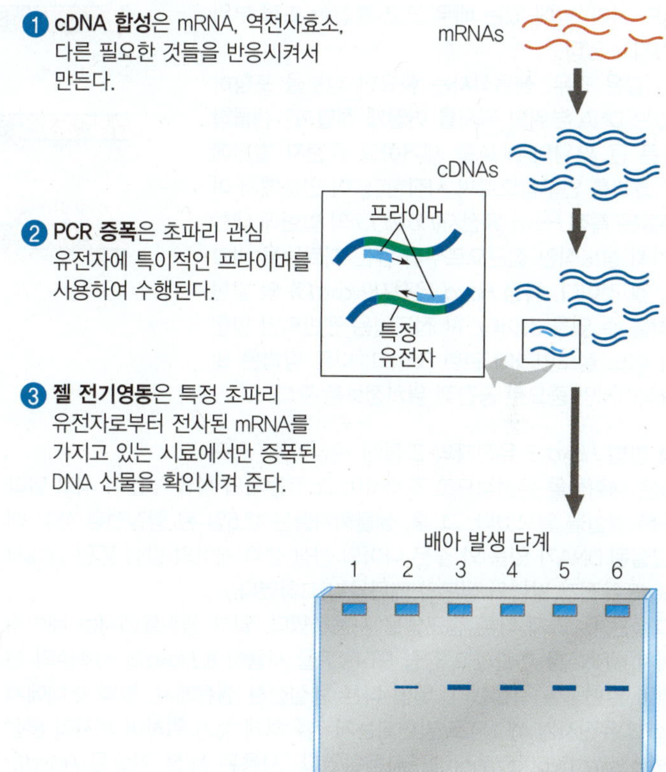

결과 이 유전자에 대한 mRNA는 처음에 2번째 단계에서 발현되고 6번째 단계까지 계속 발현된다. 증폭된 DNA 절편의 크기(젤의 위치로 봤을 때)는 사용한 프라이머들 사이의 거리에 달려 있다(mRNA 크기에 달려 있지 않음).

PCR 산물에 결합될 때만 형광을 나타내고, 더 뚜렷하게 DNA 밴드를 볼 수 있게 되었다. 새로운 PCR 기구는 빛을 탐지할 수 있고 PCR 산물을 측정할 수 있기 때문에 전기영동 필요 없이 정량적 데이터 제공이 가능하다. 서로 다른 조직들로부터 얻은 mRNA를 이용하여 어느 조직이 특정 mRNA를 만드는지를 한 번에 알아내기 위해서는 RT-PCR이 사용될 수도 있다.

과학적 분석 기술의 연습에서는, 생쥐 발 형성과 관련된 유전자 발현을 분석한 실험 데이터를 가지고 공부해 본다. 그 연구에서는 두 가지 기술을 이용하여 mRNA 발현을 조사하였다. 한 방법은

과학적 분석 기술의 연습

유전자 발현량 및 발현 위치에 대한 데이터의 분석

동물 발의 발생 동안 하나의 특정 *Hox* 유전자는 어떻게 조절되는가? *Hox* 유전자는 동물 발생에 중요한 유전자들을 조절하는 전사인자 단백질을 암호화한다(*Hox* 유전자 정보를 더 많이 보기 위해서는 개념 20.6을 참조). 한 그룹의 *Hox* 유전자인 *Hoxd* 유전자는 팔 다리 끝에 있는 여러 손가락과 발가락의 패턴을 확립하는 데 중요한 역할을 한다. 18장의 과학적 분석 기술 연습에서 언급된 *mPGES-1*과 달리, *Hox* 유전자는 수백 킬로 염기쌍(kb; 1000개의 뉴클레오타이드 거리) 밖에 있는 매우 크고 복잡한 조절 부위를 가지고 있다.

이 같은 경우, 생물학자는 중요한 성분을 포함하고 있는 DNA 부위의 위치를 어떻게 정할까? 생물학자들은 큰 부위의 DNA를 제거하고 유전자 발현에 대한 효과를 연구함으로써 시작한다. 이 연습에서 여러분들은 특정 *Hoxd* 유전자(*Hoxd 13*)의 발현에 대한 두 가지 상보적인 접근으로부터 얻은 자료들을 비교하게 될 것이다. 특정 *Hoxd* 유전자(*Hoxd13*) 의 발현을 찾을 수 있을 것이다. 한 접근법은 전반적인 발현량이 어느 정도인가에 관한 것이고; 다른 방법은 덜 정량적이지만 중요한 공간적 위치정보를 준다.

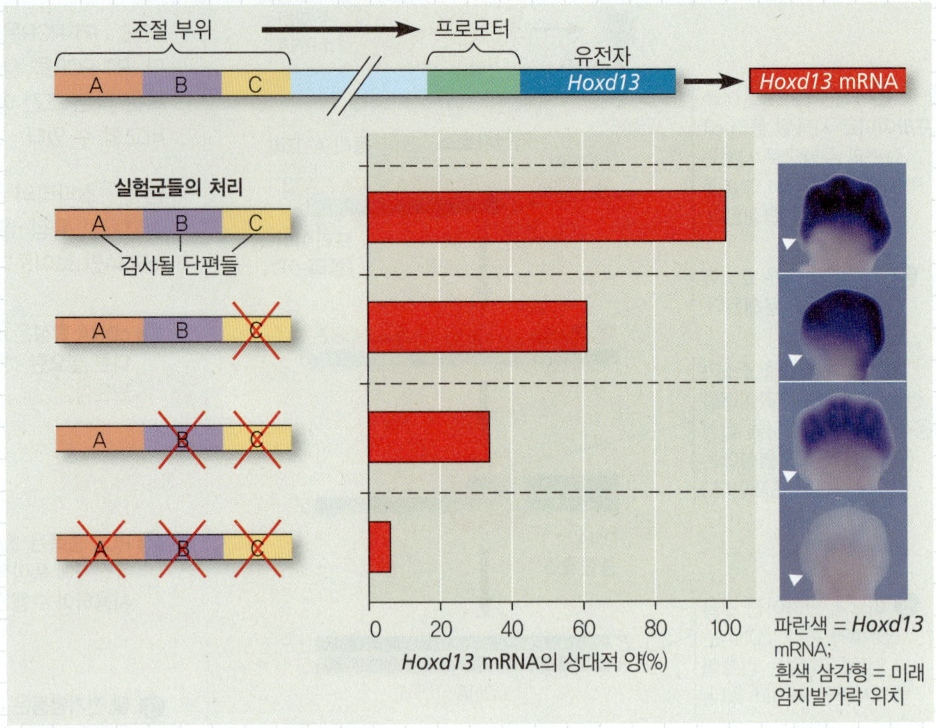

실험 방법 *Hoxd13* 유전자의 조절에 관심 있는 연구자들은 생쥐들을 유전적으로 조작하여 그 유전자의 상류 부분이 서로 달라지도록 결실을 일으켰다. 그 후, 생물학자들은 12.5일 된 형질전환 생쥐 배아(결실된 DNA가 있음)와 같은 나이의 정상 생쥐 배아의 발생 중인 발에서 *Hoxd13* 유전자 발현의 정도와 패턴을 비교하였다.

그들은 두 가지 다른 접근법을 사용하였다. 일부 생쥐들에서는 배아의 발에서 mRNA를 추출하고 정량 RT-PCR을 사용하여 *Hoxd13* mRNA의 전반적인 발현량을 측정했다. 몇몇 다른 형질전환 생쥐에서, 발의 어디에서 *Hoxd13* 유전자가 mRNA로 발현되는지 정확하게 찾기 위하여 제자리 혼성화법(*in situ* hybridization)을 사용하였다. 사용된 특정 기술은 *Hoxd13* mRNA를 파란색으로 나타나게 한다. 검은색은 가장 높은 mRNA 수준을 나타낸다.

실험 데이터 맨 위의 도형(위 오른쪽)은 *Hoxd13* 유전자 앞쪽의 매우 큰 조절 부위를 그림으로 나타낸다. 그은 빗금선들 사이는 프로모터와 조절부위 사이에 위치한 길게 뻗어 있는 DNA를 나타낸다.

막대그래프의 왼쪽 도형은 완전한 DNA(830 kb; 첫 번째)와 3개의 변형된 DNA 염기서열들을 보여준다. (각각은 "결실"이라고 한다. 왜냐하면 DNA의 특정 부위가 빠져 있기 때문이다.) 빨간색 X는 각 실험의 처리에서 결실된 부위(A,B와/혹은 C)를 나타낸다.

수평 막대그래프는 12.5일 된 각 돌연변이 배아 발의 손발 형성 지역에 존재하는 *Hoxd13* mRNA의 양과 완전한 조절 부위를 가진 생쥐의 손발 형성 지역에 존재하는 *Hoxd13* mRNA 양의 비율을 나타낸다.

오른쪽의 이미지는 *Hoxd13* mRNA의 위치를 보여주는 배아 발의 형광현미경상이다(염색은 파랑 또는 검정을 나타낸다). 흰색 삼각형들은 엄지 손가락을 형성하는 위치를 나타낸다.

데이터 해석

1. 과학자들이 3개의 조절 부위(A, B, C)는 *Hoxd13* 유전자의 완전한 발현에 필요하다고 가정하였다. 배아 발 지역에서 *Hoxd13* mRNA의 양을 측정함으로써, 그들은 조절 부위의 단독 및 조합 효과를 측정할 수 있다. 이러한 질문에 답하기 위하여 그래프를 참조하면, 조사 중인 부위가 수직축에 나타나게 되고 *Hoxd13* mRNA의 상대적 양이 수평축에 나타난다. (a) 4개의 처리 중 어떤 것이 실험을 위한 대조군으로 사용되었는가? (b) 가설은 *Hoxd13* 유전자의 가장 높은 발현에 3개 부위 모두가 요구된다는 것이다. 결과는 이 가설을 뒷받침하는가 ? 답을 설명하라.
2. (a) B와 C 부위 모두가 결실될 때 대조군과 비교하여 *Hoxd13* mRNA 양에 관한 효과는 무엇인가? (b) 이 효과는 제자리 혼성화 실험의 파란색 염색 지역에서 보이는가? 여러분은 B와 C 부위가 없는 배아 발에서 유전자 발현의 공간적 패턴을 어떻게 설명할 것인가? (여러분은 각 발의 다른 지역을 주의 깊게 보고 또한 그것이 어떻게 다른지 잘 살펴보라.)
3. (a) 단지 C 부위만 결실될 때 대조군과 비교하여 *Hoxd13* mRNA 양에 관한 효과는 무엇인가? (b) 이 효과는 제자리 혼성화 실험에서 보이는가? 여러분은 단지 C 부위가 없는 배아 발에서 유전자 발현의 공간적 패턴을 대조군 및 B와 C 부위가 없는 발과 비교했을 때 어떻게 설명할 것인가?
4. 만약에 과학자들이 *Hoxd13* mRNA의 양만 측정하고 제자리 혼성화 실험을 수행하지 않는다면, 발 발생동안 *Hoxd13* 유전자 발현 동안 조절 부위 역할에서 어떤 중요한 정보가 빠지게 되는가? 역으로, 제자리 혼성화 실험만 수행한다면 접근할 수 없는 정보는 무엇인가?

참고문헌 T. Montavon et al., A regulatory archipelago controls *Hox* genes transcription in digits, *Cell* 147:1132–1145 (2011)

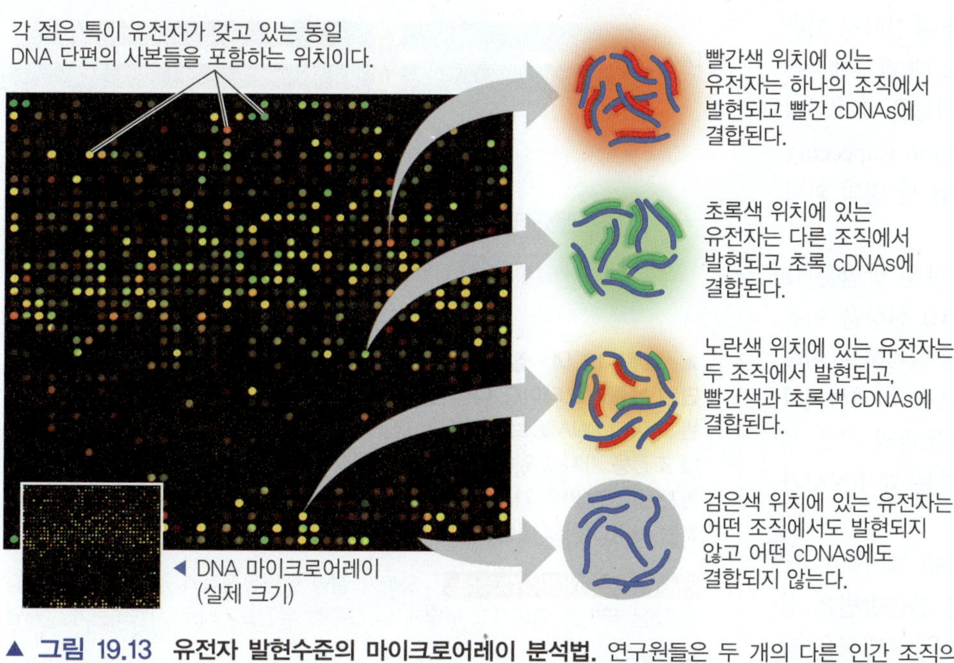

▲ **그림 19.13 유전자 발현수준의 마이크로어레이 분석법.** 연구원들은 두 개의 다른 인간 조직의 mRNAs로부터 빨간색 또는 녹색 형광으로 표지된 두 세트의 cDNAs를 합성하였다. cDNA는 5,760개(인간 유전자의 약 25%)의 인간 유전자를 가지고 있는 마이크로어레이와 혼합되었고, 이 사진은 그 결과이다. 각 점에서 형광 강도는 두 시료 유전자의 상대적 발현량이다. 빨간색은 한 조직에서의 유전자 발현을 나타내고, 녹색은 비교된 조직에서의 유전자 발현을 나타내며, 노란색은 두 시료 모두에서의 유전자 발현을 나타내고, 검은색은 두 시료 모두에서 유전 발현이 전혀 없음을 나타낸다.

정성적(*in situ* hybridizaton)이고, 다른 방법은 정량적(PCR)이다.

상호작용하는 유전자들의 발현에 대한 연구

생물학자들의 주요 목표 중 하나는 생명체를 만들어내고 그 기능을 유지하게 하는데 유전자가 어떻게 서로 협동하는지를 알아내는 것이다. 많은 생물종들의 유전체 염기서열이 밝혀진 현시점에서 많은 유전자들의 발현 연구가 가능하다–그래서 **시스템 접근**(system approach)으로 불리고 있음. 과학자는 유전체 DNA를 사용하여 다른 조직이나 다른 발생 단계에서 발현되는 유전자가 어떤 것인지를 조사할 수 있다. 한 가지 목적은 완전한 유전체에서 유전자 발현의 네트워크를 확인하는 것이다.

유전체 수준의 발현 연구는 **DNA 마이크로어레이 분석법(DNA microarray assays)**을 이용하여 실행될 수 있다. DNA 마이크로어레이는 많은 수의 단일 DNA 가닥들을 아주 소량으로 유리슬라이드 위에 격자형으로 배열해 단단히 고정시킨 것이다. (이러한 어레이는 컴퓨터칩과 비교하여 DNA 칩이라고 부르기도 한다.) 이상적으로는 이러한 조각들은 한 생물체의 모든 유전자들을 대표한다.

이러한 연구의 기본전략은 관심 세포에서 만들어진 mRNAs를 분리하고, 역전사로 그 mRNA와 일치하는 cDNA를 만들기 위한 주형으로 사용하는 것이다. 마이크로어레이 분석법으로 cDNA는 형광분자로 표지된 후 DNA 마이크로어레이에 혼성화 된다. 가장 흔하게 두 종류의 시료 cDNA(예: 다른 조직)는 다른 색을 방출하는 분자로 표지되고 같은 마이크로어레이에서 분석된다. **그림 19.13**은 서로 다른 조직에서 발현되는 유전체 내의 일련의 유전자를 비교하고 확인하는 실험의 결과를 보여주고 있다. DNA 기술은 자동화로 인하여 그러한 연구를 가능하게 하고, 연구의 규모도 크게 수행된다. 과학자들은 지금 한번에 수천 개의 유전자 발현을 측정할 수 있다.

다른 방법은 빠르고 값싼 DNA 염기서열 결정법으로써, 연구자들은 발현되는 유전자를 발견하기 위하여 다른 조직 또는 다른 배아 단계의 cDNA 염기서열을 간단히 결정할 수 있다. 이러한 직접적인 방법은 **RNA 염기서열 결정법**(RNA sequencing) 또는 RNA-seq(발음은 "RNA-seek")이라고 하며, 그러나 실제로 분석되는 것은 cDNA이다. DNA 염기서열 분석 비용은 급격히 떨어지고 있기 때문에 점점 더 널리 응용되고 있다. 그러나 대부분의 경우, 개별 유전자의 발현은 RT-PCR로 확인될 필요가 있다.

유전자 상호작용을 밝히고 유전자 기능에 대한 단서를 얻는 것에 더하여, DNA 마이크로어레이 분석법과 RNA-seq은 특정 질병을 더 잘 이해하며, 새로운 진단법이나 치료법을 제시하는 데 공헌할 수도 있다. 예를 들어, 유방암종양과 비종양 유방조직에서의 유전자 발현의 패턴을 비교함으로써 이미 이에 대한 많은 정보와 효과적인 치료 프로토콜을 얻을 수 있었다(그림 18.27). 궁극적으로, 이러한 방법들로부터 얻어지는 정보들은 생명체를 형성하도록 하는 유전자 상호작용이 어떻게 조화를 이루는지에 대한 더 큰 안목을 우리에게 제공해 준다.

유전자의 기능 결정하기

과학자들이 관심 유전자를 확인한 후, 그 유전자의 기능을 어떻게 규명할까? 어떤 유전자의 염기서열은 다른 종의 염기서열과 비교될 수 있다. 만약 어떤 종에서 비슷한 유전자의 기능이 알려졌다면, 그 유전자는 비슷한 기능을 할 것이다. 유전자 발현의 위치와 시점에 대한 데이터는 제시된 기능이 맞음을 확인시켜 줄 수 있다. 더 강한 증거를 얻기 위한 접근방법은 유전자의 기능을 손상시킨 후 손상된 세포나 생명체의 변화를 관찰하는 것이다. 이러한 접근방법을 **시험관내 돌연변이 생성유발(*in vitro* mutagenesis)**이라 하고, 클론된 유전자에 돌연변이를 야기하고 돌연변이된 유전자를 세포에 도입한다. 만약에 삽입된 돌연변이가 유전자의 기능을 파괴한다면("knock-out"), 돌연변이된 세포의 표현형은 정상 단백질의 기능을 이해하는 데 도움이 될 것이다. 과학자들은 1980년대에 확립된 분자생물학과 유전학적 기술을 사용하여 특정 유전자가 결손된 생쥐를 만들고 배 발생에서부터 성체까지 생쥐를 분석하여 결손된 유전자의 기능을 추정하였다. 이러한 기술의 확립에 대한 공로로 카페키(Mario Capecchi), 에반스(Martin Evans), 스미시스(Oliver Smithies) 세 명의 과학자가 2007년 노벨의학상을 수상하였다.

선택된 유전자의 발현을 억제시키는 가장 새로운 방법은 18장에 서술된 **RNA 방해(RNA interference, RNAi)** 현상을 이용한다. 이러한 실험적 접근방법은 특정 염기서열에 일치하는 이중가닥 RNA를 합성한 후 세포에 도입하여 mRNA를 파괴하거나 RNA의 해독을 저해하도록 한다. 선형동물이나 초파리 같은 생명체에서는 이미 많은 유전자들의 기능을 분석하는 데 RNAi가 이용되고 있다.

유전자의 기능을 알기 위하여 인간의 유전자를 제거하는 것은 윤리적인 측면을 고려했을때 불가하다. 다른 접근방법은 심장병이나 당뇨병과 같은 특정 병에 걸렸거나 혹은 표현형을 알 수 있는 사람들의 유전체를 광범위하게 수집하여 정상인 집단과 비교 분석하는 것이다. 이러한 차이는 하나 이상의 기능장애 유전자와 관련되어 있을 것이라는 것을 추측하게 되는데 이를 자연 발생적 유전자 파괴라고 한다. 이와 같은 대규모 스케일의 **전유전체 연관연구(genome-wide association studies)**는 두 대조군의 모든 유전체의 염기서열을 밝힐 필요는 없고 대신에 **유전 표지자**(genetic markers)를 이용한다. 유전 표지자는 인간 집단의 유전체에서 변이가 많이 있는 DNA 염기서열이다. 한 유전자에서 그러한 변이는 겸상적혈구빈혈증(그림 17.25)에서 관찰된 서로 다른 대립유전자를 만드는 기초가 된다. 유전자들의 암호화 서열들과 마찬가지로, 염색체상의 특정 유전자 좌위에서 비암호화 DNA는 개인간에 작은 뉴클레오타이드 차이를 나타낼 수 있다. 집단 사이에서 암호화 또는 비암호화 DNA에서의 변이를 다형성(polymorphism)이라고 하며, 그리스어로 많은 형태("many forms")라는 어원에서 유래되었다.

질병이나 장애를 일으키는 유전자를 추적하는 데 가장 유용한 유전적 표지자들 중에는 인간 집단의 유전체들에 존재하는 단일 염기쌍 변화들이 있다. 어떤 변이가 집단에서 1%보다 많이 존재하면 **단일 뉴클레오타이드 다형성(single nucleotide polymorphism, SNP**, "snip"이라고 발음한다)이라 한다. SNP는 평균적으로 100~300개의 염기서열마다 1개씩 존재하고 단백질 암호화 혹은 비암호화 DNA 모두에서 발견된다. SNP를 발견하기 위하여 다수 개인의 DNA의 염기들을 서열화하지 않고도 오늘날에는 PCR이나 마이크로어레이를 사용하여 발견할 수 있다.

환자는 가지고 있지만 정상인에게는 없는 SNP를 포함하는 부위가 발견되면 과학자들은 그 부위에 관심을 가지고 염기서열을 규명한다. 대부분의 경우에는 SNP는 단백질 비암호화부위에 존재하고 SNP 자체는 병의 원인도 아니다. 대신에 SNP와 유전자 자체가 충분히 거리가 가깝다면 배우자 형성(gamete formation) 시에 표지자와 유전자 간의 교차가 거의 일어나지 않는다. 그러므로 표지자가 해당 유전자의 일부분이 아님에도 거의 항상 그 유전자와 함께 유전된다(**그림 19.14**). 당뇨병, 심장 질환, 여러 암과 연관된 SNP들이 이미 발견되었고 현재는 병과 직접 관련이 있다고 생각되는 유전자 상에 존재하는 SNP를 찾고 있다.

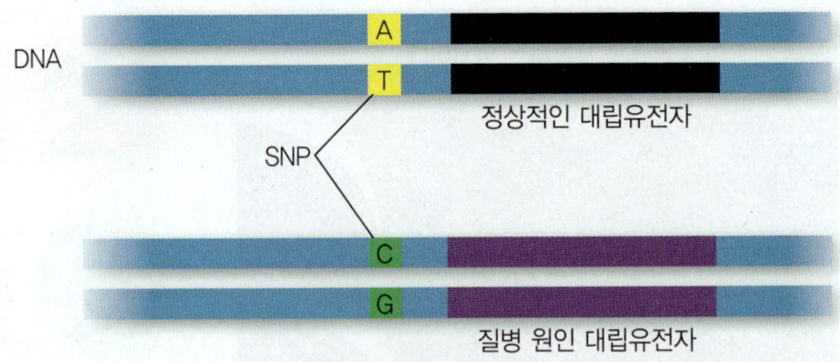

▲ **그림 19.14 질병 유발성 대립유전자에 대한 유전적 표지자로서의 단일 뉴클레오타이드 다형성들(SNPs).** 이 그림은 두 집단의 사람들에서 상동 좌위의 DNA를 보여준다. 한 집단의 사람들은 유전적으로 특별한 질병이나 조건을 가지고 있다. 정상인은 특별한 SNP 좌위에 A/T 쌍을 가지고 있고, 환자는 C/G 쌍을 가지고 있다. 이러한 방식으로 다양한 SNP는 질병에 기여하는 하나 이상의 대립유전자와 밀접하게 연관되어 있는 것 같다.

MAKE CONNECTIONS SNP가 질병 대립유전자와 강하게 연관되었다는 것은 무엇을 의미하고 어떻게 이 SNP를 유전표지자로 사용하는가? (개념 15.3 참조)

지금까지 배운 실험적 접근법들은 생물분자들, 즉 DNA나 단백질들에 관한 연구들에 초점이 맞춰져 있었다. 이와 병행하여, 생물학자들은 다세포 생물체 전체를 복제하는 강력한 기술들을 개발해왔다. 이러한 연구의 궁극적인 목표는 모든 종류의 조직으로 분화되는 줄기세포라고 하는 특수한 종류의 세포를 얻는 것이다. 줄기세포 조작이 가능해지면서 과학자들은 질병치료 용도로 줄기세포를 변형하기 위해서 DNA-기반 방법들을 이용하게 되었다. 개체 복제와 줄기세포 생산과 관련된 방법은 다음 절에서 다루어질 것이다.

개념 확인 문제 19.2

1. RT-PCR과 마이크로어레이 분석 과정에서 상보적 염기쌍의 역할에 대해서 설명하라.
2. **WHAT IF?** 그림 19.13에 있는 마이크로어레이를 생각해 보라. 만약 정상 조직의 시료가 초록색 염료로 표지된다면, 암연구를 하고 있는 경우 여러분이 관심 가지고 있는 유전자는 무슨 색으로 나타날까? 설명하라.

정답은 부록 A 참조

개념 19.3

복제된 생물체와 줄기세포는 기초 연구 및 다른 응용에 유용하다

과학자들은 DNA 기술을 발전시켰을 뿐만 아니라 하나의 세포에서 다세포 생물체를 복제하는 방법도 개발하고 개선시켰다. 이 내용에서, 복제(cloning)라고 하는 것은 한 개의 세포를 공여해 준 "부모"와 유전적으로 같은 생물체를 하나 이상 만드는 것을 뜻한다. 유전자 클로닝(gene cloning)이나 무성생식 세포를 유전적으로 동일한 세포로 분열하게 하는 세포 복제(cell cloning)와 혼동을 피하기 위하여 **개체 복제**(organismal cloning)라고 부르기도 한다. (공통적인 것은 부모의 유전자와 같은 것을 만들어 낸다. *clone*의 뜻은 그리스어 *klon*에서 유래되었고 "쌍둥이"를 의미한다.) 개체 복제가 각광을 받는 것은 여러 조직으로 분화될 수 있는 줄기세포를 만들어 낼 수 있다는 가능성이 있기 때문이다. **줄기세포(stem cell)**는 스스로 무한정 재생되고 적절한 환경에서는 하나 이상의 특정세포로 분화할 수 있는 상대적으로 특정화되지 않은 세포이다. 줄기세포는 손상된 세포를 재생할 수 있는 훌륭한 잠재력을 가지고 있다.

식물과 동물 복제는 50년 전에 기본적인 생물학적 의문점들에 대한 해답을 얻기 위해 계획된 어떤 실험에서 처음 시도되었다. 예를 들면, 한 생물체 내에서 얻어진 세포들은 같은 유전자들을 가지고 있는지 혹은 분화 과정에서 유전자의 손실 등이 생겨 유전자의 양적인 면에서 변화가 있는지에 대한 것이었다(개념 18.4). 이러한 의문점에 답할 수 있는 한 방법은 하나의 분화된 세포가 하나의 생물체를 다시 재생시킬 수 있는지를 알아보는 것이다. 다시 말하면, 한 생물체를 복제하는 것이 가능한지 알아보는 것이다. 개체 발생에 대한 최근 연구와 줄기세포 생산 절차에서 가장 최근의 진전을 고려하기 전에 초기 기술에 대해서 먼저 이해하도록 하자.

식물 복제: 단일세포 배양

1950년대에 코넬 대학교의 스튜어드(F. C. Steward)와 그 제자들이 당근의 분화된 세포에서 완전한 생명체를 성공적으로 클로닝하였다(**그림 19.15**). 그들은 뿌리(당근)에서 얻은 분화된 세포를 배양액에 넣었을 때 정상 성체식물로 자라날 수 있었고, 이들 각각은 "부모" 식물과 유전적으로 동일하다는 것을 발견했다. 이러한 결과는 분화가 DNA상의 비가역적 변화와 반드시 관련되지 않는다 것을 보여주었다. 최소한 식물에서는 성숙한 세포가 역분화하여 성숙한 생명체의 모든 특정 세포를 만들어 낼 수 있다. 이러한 잠재력을 가진 세포를 **전능성(totipotent)**을 가지고 있다고 말한다.

▲ **그림 19.15 하나의 당근 세포로부터 성체 당근 식물체의 클로닝**

식물 복제는 농업 분야에서 다양하게 이용되고 있다. 난초를 포함한 여러 식물들은 상업적인 관심에서 복제되어 왔다. 병저항성과 같은 가치있는 형질을 가진 식물을 재생할 목적으로 복제가 수행되기도 한다. 누구나 식물 복제자가 될 수 있다. 만일 여러분이 꺾꽂이 방법으로 새로운 식물을 키워본 경험이 있다면 식물 복제를 실습해 본 것이다.

동물 복제: 핵 이식

동물의 분화된 세포는 일반적으로 배양 상태에서는 분열하지 않으며 더 이상 새로운 생명체의 다양한 세포로 발생하지 않는다. 따라서 동물 연구자들은 분화한 동물세포가 전능성을 갖는가 하는 의문을 풀기 위해 다른 접근법을 이용해야만 했다. 그들의 접근법은 미수정 또는 수정 난자의 핵을 제거하고 분화된 세포의 핵으로 대체하는, **핵 이식**(nuclear transplantation)이라는 방법이다. 만일 분화된 공여세포가 온전한 유전적 능력을 가지고 있다면, 수용체 세포는 생명체의 모든 조직과 기관을 발생시킬 것이다.

1950년대에 브릭스(Robert Briggs)와 킹(Thomas King)이 개구리(*Rana Pipiens*)로 이러한 실험을 수행했으며, 1970년대에 거든(John Gurdon)이 다른 개구리 종(*Xenopus laevis*)에서 수행했다(**그림 19.16**). 이 연구자들은 배아 또는 올챙이에서 얻은 핵을 같은 종의 핵을 제거한 알에 이식했다. 거든의 실험에서는, 이식

▼ 그림 19.16 **탐구**

분화된 동물세포에서 얻은 핵이 개체 발생을 유도할 수 있을까?

실험 영국 옥스퍼드 대학교의 거든과 그의 동료들은 개구리(*Xenopus laevis*) 알을 자외선에 노출시킴으로써 핵을 파괴하였다. 개구리 배아와 올챙이에서 핵을 추출하여 핵이 제거된 알에 이식한다.

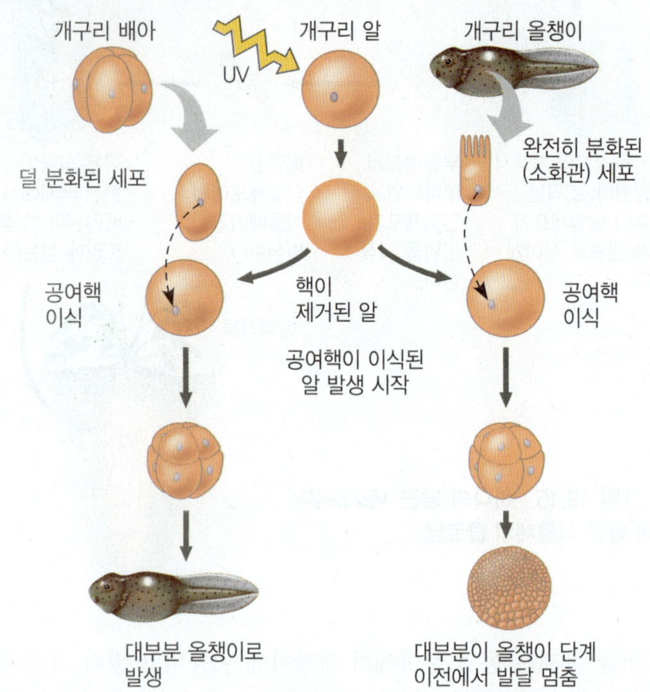

결과 이식받은 알 대부분은 상대적으로 미분화 상태인 초기 배아의 세포로부터 핵이 이식되었을 때 올챙이로 발생했다. 하지만 완전히 분화된 올챙이의 소화관 세포에서 얻은 핵을 이식한 경우, 2% 이하의 알만 정상적인 올챙이로 발생했으며 배아 대부분이 훨씬 이른 단계에서 발달을 멈췄다.

결론 개구리의 분화된 세포에서 유래한 핵은 올챙이의 발생을 유도할 수 있다. 그러나 그 능력은 핵을 공여하는 세포가 더 많이 분화된 것일수록 감소하는데, 이는 핵 내의 변화 때문인 것으로 보인다.

참고문헌 J. B. Gurdon et al., The developmental capacity of nuclei transplanted from keratinized cells of adult frogs, *Journal of Embryology and Experimental Morphology* 34:93–112 (1975).

WHAT IF? 4세포 배아의 각 세포가 이미 분화되어 전능성을 잃었다면 그림의 왼쪽 실험에서 어떤 결과가 나올까?

된 핵이 자주 알에서 올챙이로의 정상적 발생을 진행시켰다. 그러나 그가 발견한 것은 이식된 핵이 정상적인 발생을 진행시키는 "능력"은 공여자의 나이와 역의 관계에 있었다. 즉, 더 늙은 공여자의 핵에서는 정상적으로 발생하는 올챙이의 비율이 더 낮았다(그림 19.16).

이러한 결과로부터 거든은 핵 안의 무엇인가가 동물세포가 분화함에 따라 바뀐다는 결론을 내렸다. 개구리와 대부분의 다른 동물에서 핵의 능력은 배아 발생과 세포분화가 점점 더 진행됨에 따라 점점 더 제한되는 경향을 나타낸다. 이러한 결과들은 궁극적으로 줄기세포 기술을 이끌 토대가 되는 실험이었고, 이러한 공로로 거든은 2012년에 노벨의학상을 받았다.

포유동물의 생식적 복제

개구리 복제에 더해서, 과학자들은 오랜 기간 다양한 초기 배아로부터 얻은 핵이나 세포를 이용하여 포유동물을 복제할 수 있었다. 하지만 완전히 분화한 세포에서 얻은 핵이 전능성을 가지도록 "재프로그램"될 수 있는지의 여부는 알려지지 않았다. 그러나 1997년 스코틀랜드 로슬린 연구소 과학자들이 분화된 세포의 핵을 이식하여 클로닝된 성체 양 돌리(Dolly)의 탄생을 발표하여 신문의 머리기사를 장식했다. 돌리는 성체 양의 분화된 세포에서 핵 이식법으로 복제되어 태어난 어린 양이었다(**그림 19.17**). 이들은 젖샘세포를 영양성분이 적은 배양액에서 배양함으로써 공여핵을 역분화시키는 데 성공했다. 그 다음, 연구자들은 이들 세포를 핵이 제거된 양의 난자와 융합시켰다. 이렇게 얻어진 이배체 세포는 분열하여 초기 배아를 형성했고, 이것을 대리모의 자궁에 착상시켰다. 수백 개의 착상된 배아 중에서 하나가 성공적으로 정상적인 발생을 완료함으로써 돌리가 태어났다.

이후의 분석은 돌리의 염색체 DNA가 핵을 공여한 양의 것과 동일하다는 것을 보여주었다. (예상했던 것처럼 돌리의 미토콘드리아 DNA는 공여된 난자에서 유래했다.) 6살 된 돌리는 더 늙은 양에서 흔히 보이는 폐 질환의 합병증으로 고통받다가 안락사되었다. 돌리의 이른 죽음과 관절증상은 그의 세포가 보통의 양만큼 건강하지 않았기 때문이며, 원래 이식된 핵의 불완전한 재프로그래밍을 반영하는 것이라는 추측을 불러일으켰다.

그 이후로 과학자들은 생쥐, 고양이, 소, 말, 돼지, 개, 원숭이 등 많은 포유동물에서 클로닝을 재현해냈다. 대부분의 경우, 목표는 새로운 개체를 얻는 것이었으며, 이를 **생식적 클로닝**(reproductive cloning)이라고 한다. 우리는 이미 이러한 실험들에서 많은 사실들을 배웠다. 예를 들면, 클로닝된 같은 종의 동물들이 항상 똑같게 보이거나 똑같이 행동하지는 않는다는 사실이다. 같은 세포주에서 클로닝된 소떼 안에서 어떤 소는 성질이 드세고, 또 어떤 소는 좀 더 유순하다. 또 다른 예는 탄소(carbon)로 된 복사(copy)용 먹지에서 이름을 딴 씨씨(CC)라고 이름 붙여진 최초의 클론 고양이이다(**그림 19.18**). 이 고양이는 어미 고양이와 마찬가지로 얼룩무늬(calico coat)를 가졌지만, 배아 발생 과정에서 일어나는 무작위적 X 염색체 비활성화 때문에 색과 무늬 형태는 어미와 다르다(그림 15.8). 쌍둥이는 "자연산 복제"라고 할 수 있는데 이들도 조금씩 다르다. 환경적 영향과 무작위적인 현상이 발생 과정에서 비중 있는 역할을 담당할 수 있다는 것은 명확한 사실이다.

▼ 그림 19.17 탐구

핵 이식에 의한 포유동물의 생식적 복제

적용 이 방법은 핵을 제공하는 동물 핵 유전자와 동일한 핵 유전자를 가진 복제 동물을 생산하는 데 이용된다.

방법 분화된 세포의 핵을 이용하여 클로닝된 최초의 보고 사례인 돌리를 만들었던 과정을 보여주고 있다.

결과 클로닝된 동물은 외관이나 유전적으로 핵을 제공한 공여 동물과 동일하지만, 난자 공여 양이나 대리모 양과는 다르다. (난자 공여 양과 대리모 양은 검은 얼굴을 가진 "스코틀랜드산 검은 얼굴" 양이다.)

▲ **그림 19.18 최초로 복제된 고양이 씨씨와 단일 부모.** 고양이 레인보우(왼쪽)의 핵이 사용되었고 복제 과정을 거쳐 씨씨(오른쪽)가 태어났다. 두 고양이가 서로 다른 것을 알 수 있다. 레인보우는 주황색 무늬를 가진 전형적인 삼색 고양이고 수줍음을 타는 고양이지만, 씨씨는 회색과 흰색의 털을 가지고 있고 장난치기를 좋아하는 고양이다.

동물 클로닝과 관련된 문제점들

현재까지 대부분의 핵 이식 연구에서는 매우 적은 비율의 복제 배아만이 정상적으로 발달하여 출생하였다. 그리고 돌리처럼 많은 클론 동물들이 다양한 결함을 나타내고 있다. 예를 들어, 클론 생쥐는 비만, 폐렴, 간 이상, 조기 사망 등의 경향이 높다. 과학자들은 클론 동물이 정상으로 보이더라도 잠재된 결함이 있을 것으로 믿고 있다.

최근 몇 년간, 우리는 클로닝의 낮은 효율과 높은 결함률의 원인을 찾고 있다. 완전히 분화된 세포의 핵에서는 낮은 비율의 유전자만이 작동하고 나머지 유전자의 발현은 억제되어 있다. 이러한 유전자 발현의 조절은 보통 히스톤의 아세틸화(acetylation) 또는 DNA의 메틸화 같은 후성적 변화(epigenetic change)의 결과이다(그림 18.7). 핵 이식 과정 동안, 발생 초기에 유전자의 발현과 억제를 적절히 하기 위해서는 공여 동물의 핵에서 일어난 후성적 변화의 대부분이 정확하게 수정란의 핵 상태로 되돌려져야 한다. 연구자들은 클론 동물의 배아세포의 DNA가 분화된 세포와 마찬가지로 같은 종의 대조군 정상 배아에 비해 더 많은 메틸기를 갖고 있다는 사실을 발견했다. 이러한 발견은 공여핵의 재프로그래밍은 복제 과정 동안 일어나는 것보다 좀 더 정교하고 완전한 염색질 재구성을 필요로 한다는 것을 제시하고 있다. DNA의 메틸화가 유전자의 발현을 조절하기 때문에 공여핵의 DNA상에서 잘못 배치된 메틸기는 정상적인 배아 발생에 필요한 유전자 발현을 방해할 수 있다. 실제로 많은 경우에 동물 클로닝 실험의 성공 여부는 공여핵의 염색질 구조를 인위적으로 변형시

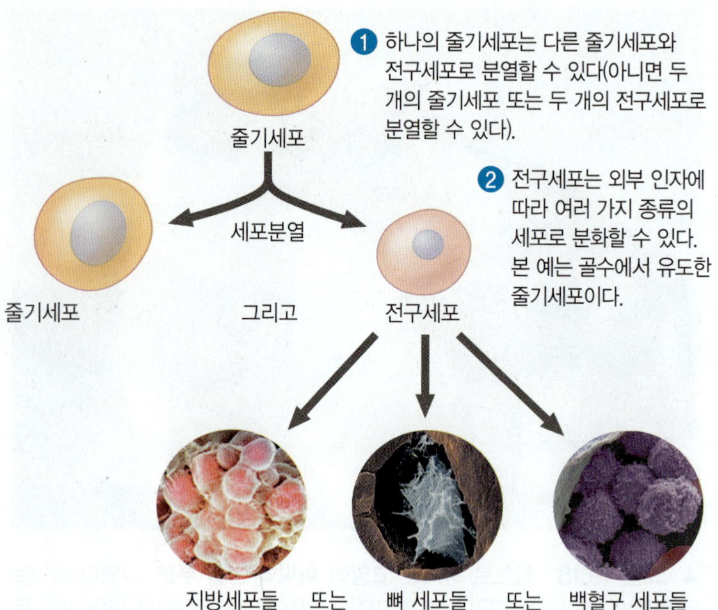

▲ **그림 19.19 줄기세포는 어떻게 자기 집단을 유지하고 분화된 세포를 생산하는가?**

켜 수정란의 염색질 구조와 닮게 할 수 있는지에 달려 있다.

동물 줄기세포

유인원을 포함한 동물배아 복제 연구의 진전으로 달성되지 않은 인간 복제에 대한 추측이 높아졌다. 인간 배아 복제의 주된 이유는 생식이 아니라 인체 질환을 치료하기 위한 줄기세포의 제작에 있다. 줄기세포(stem cell)는 상대적으로 덜 특수화된 세포로서 스스로를 무제한적 재생할 수 있으며, 동시에 적절한 환경 하에서는 하나 이상의 특정 세포로 분화될 수 있다(**그림 19.19**). 따라서 줄기세포는 자기 집단을 계속 보충할 수 있고, 동시에 특정 분화경로를 통해서 다양한 세포들을 생산할 수 있다.

배아와 성체 줄기세포

초기 단계의 동물배아는 어떤 형태의 세포로든지 분화할 수 있는 줄기세포를 가지고 있다. 줄기세포는 포배 상태 또는 인간의 경우 그에 해당하는 배반포 시기의 초기 배아로부터 분리해 낼 수 있다. 배양 환경에서 이들 **배아줄기세포**(embryonic stem cell, ES cell)는 무제한적으로 재생하고, 또한 배양 조건에 따라 난자와 정자마저도 포함된, 수많은 특정 세포로 분화할 수 있다(**그림 19.20**).

성체 역시 줄기세포를 가지고 있는데, 이들은 필요에 따라 재생되지 않는 특정 세포를 교체한다. 전능성 배아줄기세포와는 달리, **성체줄기세포**(adult stem cell)는 생명체에 있는 다양한 세포로 분화할 수 있는 것은 아니다. 예를 들어, 골수의 줄기세포는 모든 종류의 혈구세포로 분화할 수 있으며(그림 19.20), 다른 줄기

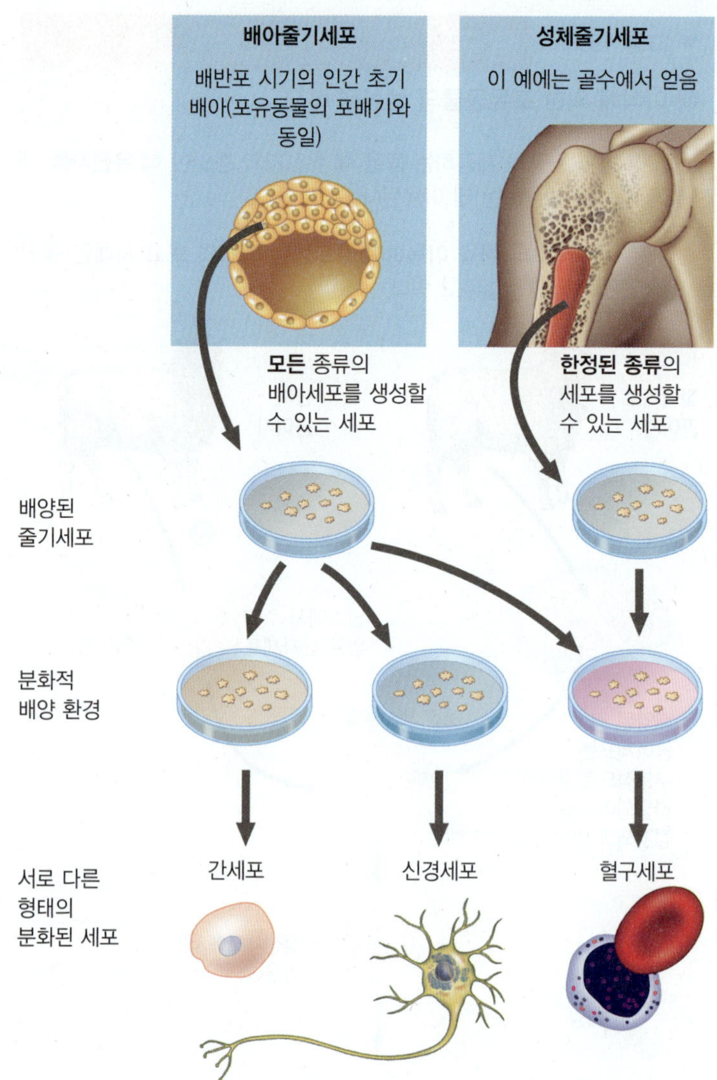

▲ **그림 19.20 줄기세포 연구.** 동물 줄기세포는 초기 배아 또는 성체조직에서 분리하여 배양시킬 수 있으며, 스스로 증식하는 비교적 미분화된 세포들이다. 배아줄기세포는 성체줄기세포보다 기르기 쉬우며 이론상 모든 종류의 세포로 분화가 가능하다. 성체줄기세포로부터 유래될 수 있는 세포들의 범위는 아직 완전히 밝혀지지 않았다.

세포는 뼈, 연골, 지방, 근육, 혈관 내벽으로 분화할 수 있다. 많이 놀라운 사실은 성체의 뇌가 특정한 종류의 신경세포를 지속적으로 만드는 줄기세포를 포함하고 있다는 것을 발견한 것이다. 그리고 최근에 과학자들은 피부, 체모, 눈, 치수에서 줄기세포를 발견하였다고 보고하였다. 성체 동물이 아주 적은 수의 줄기세포만을 가졌지만 과학자들은 다양한 조직에서 이런 세포를 동정하고 분리하는 방법을 밝히는 중이며, 이 세포들을 배양하는 데 성공한 몇 가지 사례가 보고되기도 하였다. 올바른 배양 조건으로(예를 들어, 특정한 성장인자의 첨가), 성체 동물에서 분리하여 배양한 줄기세포는 비록 배아줄기세포 만큼은 다양하지 않을지라도 여러 종류의 특화된 세포로 분화되었다.

배아 또는 성체 줄기세포를 이용한 연구는 분화에 관한 가치 있는 정보를 제공해 주며 의학적으로도 무한한 잠재력을 가지고 있다. 줄기세포 연구의 궁극적인 목적은 손상되거나 병든 기관을 고치기 위한 세포를 공급하는 것이다. 예를 들어, 당뇨 환자에게 인슐린을 생성하는 췌장(이자)세포를 제공한다든지, 파킨슨병이나 헌팅턴 무도병 환자에게 특정 종류의 신경세포를 공급하는 것이다. 유전에 의해서 혹은 암치료를 위한 방사선으로 인해서 면역세포를 생성할 수 없는 환자에게 골수의 성체줄기세포는 면역세포를 생성할 수 있는 원천으로 사용되어 왔다.

성체줄기세포의 분화 능력은 특정 조직으로 국한된다. 배아줄기세포는 다양한 세포로 분화할 수 있는 **다능성(pluripotent)**을 갖고 있기 때문에 대부분의 의학적 용도에 대해서 성체줄기세포보다 더 많은 잠재력을 가지고 있다. 그러나 현재 배아줄기세포를 확보할 수 있는 유일한 방법은 인간 배아로부터 가능하기 때문에 윤리와 정치적 논쟁을 불러일으킨다.

배아줄기세포는 현재 불임 치료를 받는 환자에게서 배아를 기증 받거나 기증된 배아에서 추출한 세포를 장기간 배양하여 확립한다. 만약 과학자들이 인간 배아를 배반포 시기까지 복제할 수 있다면, 미래 배아줄기세포의 공급원으로서 그러한 클론을 활용할 수 있을 것이다. 더욱이, 특이 질환을 가지고 있는 환자의 핵으로 환자 본인과 일치하고 면역거부 반응이 없는 배아 줄기세포를 생산할 수 있다면 이 세포는 치료용으로도 활용될 수 있을 것이다. 클로닝의 주된 목적이 질병 치료를 위한 배아줄기세포 생산하는 것이라면, 이 과정을 **치료용 복제(therapeutic cloning)**라고 한다. 대부분의 사람들이 인간의 생식적 복제는 비윤리적이라고 믿고 있지만, 치료용 복제의 도덕성에 관한 여론은 다양하다.

역분화 줄기세포

윤리적 논쟁을 푸는 것이 이제는 좀 덜 시급해진 것 같이 보이는데, 과학자들이 완전히 분화된 세포에서 시계를 되돌려 그것을 ES 세포처럼 행동하도록 하는 방법을 배웠기 때문이다. 매우 어려운 일이라던 이런 성과는 2007년 생쥐의 피부 세포를 이용했던 실험실에서 발표된 것이었지만 곧 인간의 피부와 기타 다른 장기들 및 조직을 이용한 연구팀에서도 보고되었다. 모든 경우에서, 연구자들은 분화된 세포를 레트로바이러스를 사용하여 배아줄기세포로 형질전환시켰다(표 26.1). 4개의 "줄기세포" 조절 유전자를 가지고 있는 레트로바이러스가 분화된 세포에 도입하기 위하여 사용된다. 분화된 세포를 분화되지 않은 세포로 되돌리기 위해서 꽤 간단한 실험실 기술을 사용하였고, 또한 만능성이 복원되었기 때문에 역 프로그램된 세포는 **유도성 만능 줄기세포(induced pluripotent stem cells, iPS cells)**라고 한다. 인간의 분화된 세포를 iPS 세포로 전환시킨 최초의 실험이 **그림 19.21**에 설명되어 있다. 야마나카(Shinya Yamanaka)는 이 공로로 2012년에 거든과 함께 노벨의학상을 받았다.

▼ **그림 19.21** **탐구**

완전히 분화된 인간세포에서 역 프로그램되어 줄기세포가 될 수 있을까?

실험 일본 교토대학 야마나카와 동료들은 완전히 분화된 인간 피부 섬유아세포에 4개의 줄기세포 조절 유전자를 도입하기 위하여 레트로바이러스 벡터를 사용하였다. 그 후, 세포는 줄기세포의 성장을 지원할 수 있는 배양액에서 배양되었다.

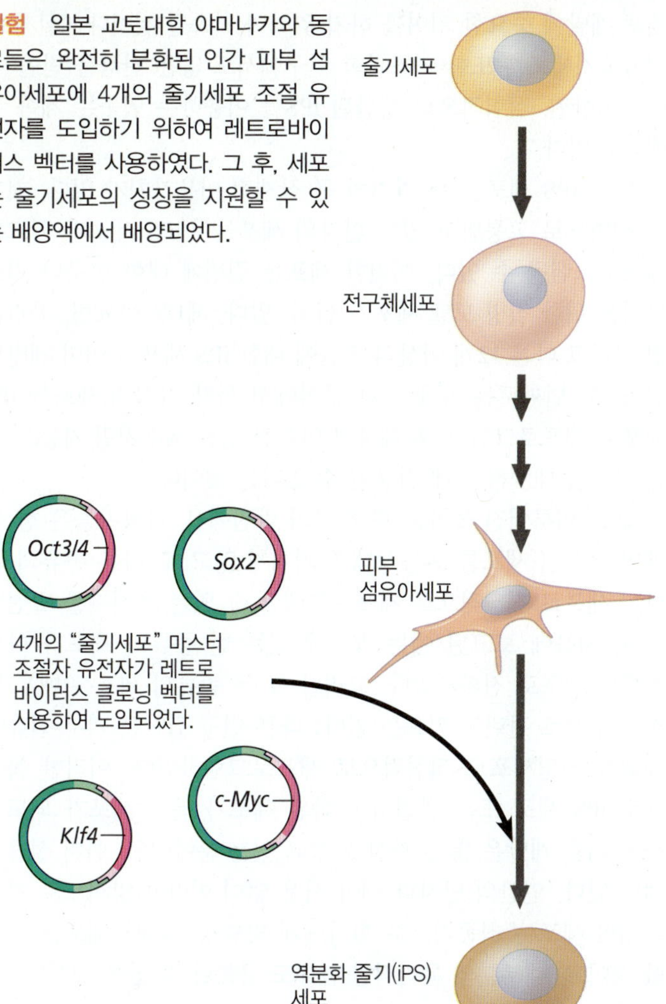

결과 2주 후, 세포는 모양에 있어서 배아줄기세포와 닮았고, 활발히 분열하였다. 유전 발현 패턴, 유전자 메틸화 패턴, 다른 특성들이 배아줄기세포와 일치하였다. iPS 세포는 심장세포뿐만 아니라, 다른 종류의 세포로 분화할 수 있었다.

결론 4개의 유전자는 분화된 피부세포를 배아줄기세포의 특성을 가진 만능 줄기세포가 되도록 유도하였다.

참고문헌 K. Takahashi et al., Induction of pluripotent stem cells from adult human fibroblasts by defined factors, *Cell* 131:861–872 (2007).

WHAT IF? 심장 질환, 당뇨병, 알츠하이머병과 같은 질환 환자는 자기 자신의 피부세포를 재프로그램하여 iPS 세포가 되게 할 수 있을 것이다. iPS 세포를 심장, 췌장, 또는 신경계 세포로 전환하기 위한 방법이 이미 개발되었다면, 환자 자신의 iPS 세포는 자신의 질병을 치료하는 데 사용될 것이다. 기관이 공여자로부터 질환이 있는 수혜자에게 이식될 때, 수혜자의 면역체계는 이식된 기관을 거부하여 심각한 상황이 되고 종종 생명에 치명적인 결과로 이어진다. iPS 세포의 사용이 같은 위험을 가질 것이라고 기대하는가? 왜 그런가 또는 왜 그렇지 않은가? 분화되지 않은 iPS 세포가 활발하게 분열한다고 했을 때, 이 방법은 무슨 위험을 동반할까?

여러 기준으로 보면, 유도성 만능 줄기세포는 대부분의 배아 줄기세포의 기능을 수행할 수 있지만, 유전자 발현이나 세포분열과 같은 세포기능에 있어서 차이가 있다. 이러한 차이점에 대해서 완벽하게 이해될 때까지는 배아줄기세포 연구는 치료용 줄기세포 개발에 중요한 기여를 하기 위하여 지속될 것이다. (실제로, 배아줄기세포는 또한 기초과학 연구에서도 많은 관심을 받을 것이다.) 한편, 실험적으로 생산된 iPS를 이용하는 연구는 계속 진행되고 있다.

인간 iPS 세포는 두 가지의 큰 잠재적 이용가치가 있다. 첫째는 질병으로 고통받고 있는 환자의 세포들이 iPS 세포가 되도록 재프로그램될 수 있다. 이러한 세포는 질병에 대한 연구나 치료 목적을 위한 질병 모델 세포가 될 수 있다. 제1형 당뇨병, 파킨슨병 그리고 다른 12개 이상의 질환에 대한 iPS 세포가 이미 개발되었다. 두 번째로는 재생 의학 분야에서 환자 자신의 세포를 iPS 세포로 재프로그램한 후 췌장의 인슐린 생산 세포처럼 기능을 잃은 조직을 대체하는 데 사용될 수 있다는 것이다.

최근 이루어진 놀라운 또 하나의 발전에서, 과학자들은 한 종류의 분화된 세포를 만능상태를 거치지 않고 또 다른 종류의 분화된 세포로 직접적으로 재프로그램할 수 있는 유전자를 발견하였다. 처음에 보고된 예는 췌장에 있는 한 종류의 세포가 다른 종류의 세포로 전환되었다. 그러나 그 두 종류의 세포는 매우 밀접하게 서로 관련될 필요는 없다: 다른 연구 집단은 피부 섬유아세포를 신경세포로 직접적으로 재프로그램하였다. 이러한 목적으로 iPS 세포 또는 완전히 분화된 세포가 특정 세포가 되도록 하는 기술 개발은 많은 관심을 받고 있는 분야이고, 이미 성공한 예도 있다. 인간의 난자나 배아 사용 없이 이러한 방식으로 창조된 iPS 세포는 최종적으로 환자에게 맞춤형 "대체" 세포를 제공할 것이고, 대부분의 윤리적인 반대도 극복할 수 있을 것이다.

개념 확인 문제 19.3

1. 현재 알려진 지식에 근거하여, 그림 19.16의 실험에서 수행된 2종류의 공여핵에서 발생한 올챙이 빈도에서의 차이를 어떻게 설명할 것인가?
2. 여러분이 그림 19.15에서 보여준 기술을 사용하여 당근을 복제한다면, 모든 자손 식물들(클론)은 동일하게 생겼을까? 왜 그런가 또는 왜 그렇지 않은가?
3. **MAKE CONNECTIONS** 다른 세포 종류로 분화되는 잠재력에 초점을 맞추어 그림 19.15에 있는 개별 당근 세포를 그림 18.18에 있는 완전히 분화된 근육세포와 비교하라.

정답은 부록 A 참조

개념 19.4

DNA-기반 생명공학 기술의 실제적인 응용은 여러 면에서 우리의 삶에 영향을 미친다

DNA 기술은 거의 매일 뉴스거리가 된다. 흔히, 대부분의 주제는 의학 분야에서 새롭고 전망 있는 응용에 대한 것이지만, 이 의학 분야는 DNA 기술과 유전공학에서 장점이 되는 수많은 분야 중 단지 하나일 뿐이다.

의학적 응용

DNA 기술에서 눈에 띄는 한 가지 장점은 유전 질환의 원인이 되는 인간 유전자의 돌연변이를 증명할 수 있다는 점이다. 이러한 발견은 질병의 진단, 처방 및 예방까지 가능하게 하는 방법을 제시해 준다. 또한 DNA 기술은 관절염부터 AIDS에 이르기까지, 개인의 유전자들이 이러한 질환에 대한 감수성에 영향을 미치기 때문에 "비유전적" 질환을 이해하는 데 공헌하였다. 게다가 이러한 종류의 질병은 영향받은 세포와 환자의 면역체계 내에서 유전자 발현의 변화가 관여한다. DNA 마이크로어레이 분석(그림 19.13)이나 다른 기술을 이용하여 건강하거나 질병이 있는 조직의 유전자 발현 양상을 비교하는 방식으로 연구자들은 이를 특정 질병 시에 켜지거나 꺼지는 다수의 유전자들을 찾기를 희망한다. 이러한 유전자들과 그들의 생산물들은 예방과 치료에 있어 잠재적인 목표가 된다.

질병의 진단과 치료

DNA 기술의 발달에 힘입어 감염 질환의 진단에 대한 새로운 장이 시작되고 있다. 특히 특정 감염원을 용이하게 찾아낼 수 있는 PCR과 표지된 핵산 탐침의 개발이 큰 공헌을 하였다. 예를 들어, HIV의 RNA 유전체 염기서열이 알려져 있기 때문에, RT-PCR을 이용해서 혈액이나 조직 시료에 미량으로 존재하는 HIV RNA를 증폭하여 검출할 수 있다(그림 19.12). RT-PCR이라 불리는 이러한 기술은 미량으로 존재해서 발견하기 어려운 감염 병원균을 검출하기 위한 가장 좋은 방법이다.

의과학자들은 이제 PCR과 클론화된 질환 유전자에 부합하는 프라이머들을 이용하여 인간의 수많은 유전적 질환들을 진단할 수 있다. 질병의 원인이 되는 돌연변이를 찾기 위해 유전자를 증폭시켜 염기서열을 분석한다. 지금까지 클론된 인간 질환 관련 유전자 중에는 겸상적혈구빈혈증(sickle-cell disease), 혈우병(hemophilia), 낭포성 섬유증(cystic fibrosis), 헌팅턴 무도병(Huntington's disease) 뒤셴 근위축증(Duchenne muscular dystrophy) 등의 유전자가 있다. 이러한 질환에 걸린 사람은 증상이 시작되기 전에 알아낼 수 있으며 심지어 태어나기 전에도 감지할 수 있다(그림 14.19). PCR은 잠재적으로 해로운 열성 대립유전자들의 무증상(symptomless) 보인자를 알아내는 데도 사용될 수 있다.

앞에서 배웠듯이 유전체 연관성 연구를 통해 질병유발대립유전자에 연관되어 있는 SNPs(단일 뉴클레오타이드 다형성)를 정확히 찾아낼 수 있다(그림 19.13). 사람들은 비정상 대립유전자의 존재를 알려주는 SNP를 가지고 있는지 PCR과 염기서열 결정법으로 조사받을 수 있다. 특이 SNPs의 존재는 심장병, 알츠하이머병, 그리고 몇 종류의 암의 발병 위험성과 밀접하게 관련되어 있다. 질환 발병 위험도에 대한 유전자 테스트를 해주는 회사는 이전에 확인되고, 연관된 이러한 SNPs를 찾고 있다. 이러한 유전자 테스트의 결과는 질환이 발병될 것이라는 예견이 아니라 상호 밀접성을 반영한다고 이해하면, 각 개인이 자신의 건강 위험도에 대해서 배우는 것은 도움이 될 것이다.

이 장에서 서술된 기술들은 질병 치료법 개선에 기여를 한다. 유방암 환자에서 많은 유전자의 발현을 분석함으로써, 과학자들은 다른 종류의 유방암을 이해할 수 있다(그림 18.27). 특이 유전자의 발현 수준을 알게 되면 의사가 암 발병의 가능성을 결정하고, 적절한 치료법을 계획하는 데 도움을 줄 수 있다. 저위험성 환자군의 96%는 어떠한 처방없이도 10년 이상 생존한다는 것이 알려져 있기 때문에, 유전자 발현분석은 의사와 환자가 처방을 고려할 때 유용한 정보가 된다.

미래에는 "개인 맞춤의학(personalized medicine)"의 발전으로 개인의 유전정보 프로파일에 근거해서 특정 질병에 대한 위험도와 처방 정도가 결정될 수 있다. 이 장의 후반에 살펴보겠지만, **유전정보 프로파일**(genetic profile)은 SNP 같은 유전적 표지자들의 모음이라는 의미로 받아들여진다. 그러나 장차 염기서열 분석비가 저렴하게 되면 궁극적으로 개개인의 모든 염기서열이 유전 표지자가 될 것이다. 개인 유전체를 빠르고 낮은 비용으로 염기서열 결정하는 능력은 우리가 규명한 질병조건에 대한 적절한 치료법을 개발하는 것보다 빠르게 진전되고 있다. 그래도 이런 조건들에 관련된 유전자들을 찾아내는 것은 치료를 위해 어떤 일을 해야 할 것인지를 알려주는 좋은 자료가 된다.

인간 유전자 치료

유전자 치료(gene therapy; 치료목적으로 유전자를 환자에 도입)는 단일 유전자의 결함(single defective gene)에 의해서 야기되는 상대적으로 적은 수의 질병를 치료하는 데 대단히 유망한 치료 방법이다. 이론상으로 결함유전자에 상응하는 정상적인 대립유전자는 질병으로 영향받은 조직의 체세포 안으로 도입될 수 있다.

체세포의 유전자 치료가 영구적이기 위해서는 정상 대립유전자를 받은 세포가 환자의 일생 동안 분열되어야만 한다. 혈액과 면역체계 세포를 만들어 내는 줄기세포를 포함하는 골수세포가 1차 후보자이다. **그림 19.22**는 단일 유전자 결함 때문에 골수세포에서 주요한 효소를 생산하지 못하는 사람의 유전자 치료방법 개요를 서술한 것이다. 중증복합면역결핍증(SCID)의 한 형태가 이런 종류의 결함에 의해 발병한다. 만약에 치료가 성공적이라면 이 환자의 골수세포는 손실된 단백질을 만들기 시작할 것이고, 따라서 이 환자는 치료가 될 것이다.

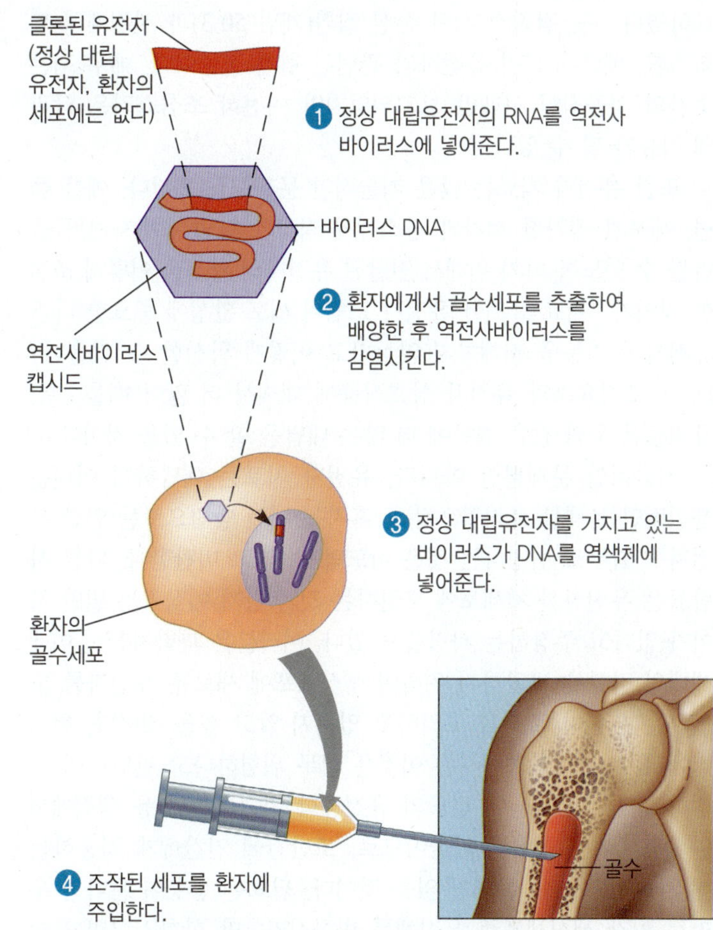

▲ **그림 19.22 레트로바이러스 벡터를 이용한 유전자 치료.** 해가 없도록 변형된 레트로바이러스가 이 과정에서 벡터로 이용된다. 이 방법은 레트로바이러스가 자기의 RNA 유전체의 DNA 전사체를 숙주세포의 염색체 DNA로 삽입할 수 능력을 이용하는 것이다(그림 26.8). 만약 레트로바이러스 벡터가 가지고 있는 외부 유전자가 발현되면, 세포는 유전자 산물을 가질 것이다. 골수세포와 같이 전 생애 동안 재생되는 세포는 유전자 치료의 이상적인 후보자이다.

그림 19.22에서 보여준 치료방법으로 SCID 환자의 유전자 치료가 시도되었다. 2000년에 프랑스에서는 SCID에 걸린 10명의 어린아이들을 같은 방법으로 치료하였다. 2년 후에 이들 환자 중 9명은 매우 호전된 증상을 보여주었고 이것은 유전자 치료가 성공한 첫 사례라 할 수 있다. 그러나 환자 중 3명은 혈액암 세포를 가진 백혈병으로 진행되었고 한 명은 사망하였다. 레트로바이러스 벡터가 혈액세포의 증식에 관여하는 유전자의 근처에 삽입됐었을 것으로 결론 내렸다. 레트로바이러스 유래가 아닌 바이러스 벡터의 사용으로, 임상과학자는 적어도 3개의 다른 유전병을 치

료하였다. 즉, 점진적 시력 손실 질환(개념 50.3)과 신경계의 퇴화질환, 베타-글로빈 유전자와 관련된 혈액 질환이다. 매우 적은 숫자의 성공적인 사례만 보고되었지만 여전히 조심스러운 낙관의 이유가 될 수 있다.

또한 유전자 치료는 많은 기술적인 문제를 일으킨다. 예를 들면, 세포가 정확한 시간과 장소에서 적절한 양의 유전자 산물을 만들 수 있도록 하기 위해서 전달된 유전자의 활성을 어떻게 조절할 것인가? 치료를 위한 유전자 도입이 세포 활성에 중요한 다른 유전자의 기능을 저해하지 않는다고 어떻게 확신할 수 있을까? DNA 조절요소와 유전자 상호작용에 대해서 더 많이 배울수록, 우리들은 위와 같은 질문에 더 많은 대답을 할 수 있을 것이다.

기술적인 문제뿐만 아니라, 유전자 치료는 대답하기 어려운 윤리적인 문제를 불러일으킨다. 혹자는 어떤 방법으로든 인간 유전자를 함부로 변경하는 것은 비도덕적이라고 비판한다. 다른 사람들은 유전자를 체세포에 도입하는 것과 장기 이식과는 별반 차이가 없다고 주장하는 사람들도 있다. 여러분은 과학자들이 미래 세대의 결함을 보완하기 위하여 생식세포에 새로운 유전자를 도입하는 유전자 조작을 고려하고 있는지 알고 싶을 것이다. 현시점에서 주류 과학계에서는 이것은 너무 위험하다고 판단하여 고려하고 있지 않다. 이 정도의 유전공학 기술은 실험용 생쥐에서 일상적으로 수행되는 기술이므로, 조만간에 인간에게 적용하는데 기술적으로 큰 문제가 없을 것이다. 필요한 상황이 온다면 우리는 인간 생식세포주 유전체를 변화시켜야만 할까? 그리고 이러한 시도는 인간의 유전적 구조를 조작하려고 하는 우생학 연구로 이어질 것인가? 비록 우리들이 여기에 대한 해답을 지금 구할 수는 없더라도 조만간 이러한 문제에 대해 답해야 하는 시기가 도래하므로 심사숙고를 할 가치가 있다.

약품의 생산

DNA 기술의 발달과 유전 연구들이 질병을 치료할 수 있는 약품들의 개발에 적용되면서 그로 인해 제약산업이 발전했다. 의약품들은 산물의 성질에 따라 유기화학 혹은 바이오테크놀로지 기술을 사용하여 합성된다.

약으로 사용될 수 있는 작은 분자들의 합성 암세포 성장에 필수적인 단백질의 서열과 구조에 대에 규명하고 이러한 지식을 바탕으로 이 단백질의 기능을 무력화하는 방법으로 암세포와 싸울 수 있는 작은 분자를 발견하였다. 상품명으로 글리벡이라고 불리는 이마티닙(imatinib)은 티로신 키나아제 수용체의 기능을 방해하는 물질이다(그림 9.8). 염색체 전좌로 인한 티로신 키나아제의 과발현은 만성 백혈병(CML; 그림 15.16)을 야기한다. CML 초기 증상에 있는 환자를 이마티닙으로 처방했을 때 거의 완벽하고 지속된 효과가 있었다. 같은 원리로 개발된 약물들이 폐암과 유방암에 성공적으로 처방되고 있다. 이러한 접근방식은 분자수준의 기초가 잘 알려진 암에 대해서만 가능하다.

그러나 약물로 치료된 많은 암의 경우, 새로운 약물에 저항하는 세포가 나타난다. 한 연구에서, 약물 저항성을 나타내기 전과 후에 종양 세포의 유전체 염기서열을 결정하였다. 염기서열 비교에서 종양세포가 약물억제 단백질 주변으로 돌아 다니게 하는 유전적 변화가 나타났다. 그래서 암세포는 진화의 원리를 증명한다는 것을 알 수 있다. 즉, 어떤 종양세포는 무작위 돌연변이를 가지고 있고 이로 인해서 특정 약물이 있어도 생존하게 된다. 그리고 약물이 존재할 때, 자연선택의 결과로서 생존하고 증식하는 세포가 되는 것이다.

세포배양을 통한 단백질 합성 단백질 제약품은 일반적으로 세포배양을 이용해서 대량으로 생산될 수 있다. 이 장의 앞 부분에서 자연에서는 단지 적은 양으로 존재하는 단백질을 대량으로 생산하기 위한 유전공학 기술인 DNA 클로닝과 발현 체계에 대해서 배웠다. 그러한 발현 시스템에서 사용되는 숙주세포도 단백질이 생성되면서 분비되도록 조작될 수 있고 그러므로 전통적인 생화학적 방법을 이용하여 단백질을 쉽게 정제할 수 있다.

처음 이러한 방법을 통해서 "제조된" 제약 생산물은 인간의 인슐린과 인간성장호르몬(HGH)이다. 미국에서 당뇨에 걸린 200만 명의 사람들이 인슐린 처방에 의존한다. 인간성장호르몬은 인간성장호르몬 결핍으로 왜소증을 가지고 태어난 아이들에게 요긴한 것이 되었다. 유전자 기술에 의해서 생산된 또 다른 중요한 제약 생산물은 혈전증 치료물질인 조직 플라스미노겐 활성자(tissue plasminogen activator, TPA)이다. 만약 심근 경색 후 즉시 투여하면 TPA라는 단백질은 혈전을 분해하는 데 도움을 주어서 심근 경색의 위험을 줄여준다.

과거 25년 동안, 과학자들은 또한 식물세포 배양으로 단백질을 생산하였다. 최근에 인간의 희귀 질환을 치료하는 데 사용되고 지방분해와 관련되어 있는 효소를 만드는 데 당근 세포 배양을 이용했다. 식물세포는 세포배양으로 쉽게 자라고(그림 19.15), 동물세포보다 덜 정교한 배양 조건이 요구된다. 또한 때때로 동물세포는 감염에 의해 효소 생산이 중지되기도 하지만, 식물세포는 동물을 감염시킬 수 있는 바이러스에 감염이 되지 않는 경향이 있다. 미래에는 이러한 성공적인 업적이 다른 치료용 단백질로 더욱 확장될 것 같다.

"제약" 동물을 사용한 단백질 생산 대량으로 단백질을 생산하기 위하여 세포를 배양하는 방법 대신에, 제약 과학자들은 동물 자체를 사용할 수 있다. 과학자들은 한 동물의 유전자를 가끔 다른 종의 다른 동물의 유전체로 삽입할 수 있는데, 이러한 동물을 **형질전환동물(transgenic animal)**이라고 한다. 이러한 동물을 만들기 위해서는 수령자 종의 암컷으로부터 난자세포를 추출하고 시험관 내에서 수정시킨다. 한편 공여자 생명체로부터 원하는 유전자를 클로닝하고, 수정란의 핵에 클로닝된 유전자를 바로 삽입한다. 몇몇 세포는 외부의 DNA, 형질전환유전자가 수정란의 핵 유

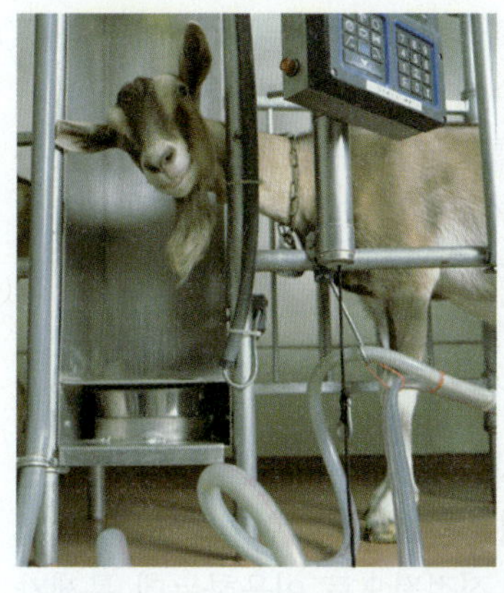

▲ 그림 19.23 **"제약" 동물로서 염소.** 형질전환 염소들은 인간의 혈액 단백질, 안티트롬빈(antithrombin) 유전자를 가지고 있어서 그들의 젖으로 인간 혈액 단백질을 분비해낸다. 이 단백질이 결핍된 희귀 유전 질환 환자들은 혈관에 형성된 혈액 응고로 고통을 받는다. 염소의 젖에서 쉽게 분리되는 이 단백질은 수술이나 분만시 혈액 응고를 막는 데 사용된다.

전체로 완벽하게 끼어들어가서 발현하게 된다. 접합자로부터 발생한 이런 조작된 배아들은 외과적으로 대리모에 착상된다. 만약 배아가 성공적으로 발달한다면, "외부" 유전자를 발현하는 형질전환동물이 태어나게 되는 것이다.

도입된 유전자가 많은 양의 원하는 단백질을 생산하게 되면, 이러한 형질전환동물은 제약 "공장"으로 역할을 할 수 있다. 예를 들어, 혈액의 응고를 막는 안티트롬빈(antithrombin)과 같은 인간 혈액 단백질 유전자가 염소의 유전체에 삽입되고, 이 유전자들의 산물이 동물의 젖으로 분비되는 경우를 들 수 있다(그림 19.23). 단백질을 세포배양에서 얻는 것보다 훨씬 수월하게 이와 같은 방법으로 우유에서 분리해 낼 수 있다.

형질전환 가축에서 생산되는 인간 단백질은 자연적으로 만들어지는 인간 단백질과 단백질 변형(modification)에서의 미묘한 차이 때문에 다소 다른 것 같다. 그러므로 그러한 단백질이(또는 가축에서 나오는 오염물질) 환자에게 알레르기 반응 또는 다른 부작용을 일으키지 않을 것이라는 것을 확신하도록 신중하게 검사되어야 한다.

법의학적 증거와 유전자 프로파일

폭력 범죄에 있어서, 피해자 혹은 가해자의 체액이나 인체조직의 일부가 범죄 현장이나 그들의 옷, 소지품 등에 남아 있을 수가 있다. 만약 이러한 증거물에서 충분한 양의 혈액, 정액, 혹은 조직을 얻을 수 있다면, 범죄 수사 기관에서는 세포 표면의 단백질을 검출할 수 있는 항체를 사용하여 혈액형이나 조직의 유형을 알아낼 수 있다. 그러나 이러한 방법으로 검사를 하기 위해서는 깨끗하고 신선한 많은 양의 시료가 요구된다. 뿐만 아니라, 많은 사람들이 같은 혈액형 혹은 조직유형을 가지고 있기 때문에, 이러한 방법은 혐의의 여부에 도움이 될 뿐, 유죄의 여부에 대한 강력한 증거가 될 수는 없다.

반면 DNA 검사는 개개인이 모두 서로 다른 DNA 서열을 가지고 있기 때문에(단, 쌍둥이의 경우는 제외) 유죄의 여부를 판단하는 데 있어서 높은 신뢰성을 가지고 있는 검사방법이다. 인간 DNA에 다양한 변이가 있는 유전적 표지자(genetic marker)들은 개개인의 유전자 세트, 즉 **유전 프로파일(genetic profile;** 법의학자들은 "DNA 지문"이라는 용어를 선호한다. 법의학자는 유전적 표지자들이 젤상에서 눈에 확인되는 하나의 패턴을 만들어 낸다는 사실보다 표지자들의 유전적 측면을 강조하길 원한다)을 판단하는 데 있어서 매우 유용하다. FBI는 1988년부터 DNA 기술을 사용하기 시작하였다. DNA 시료에서 유사성과 차이성을 탐지해 내기 위하여 전기영동과 핵산 혼성화법을 사용하고 있다. 이 방법은 초기 방법보다 훨씬 적은 양(약 1,000개의 세포 수)의 혈액이나 조직만 필요로 한다.

오늘날, 법의학자들은 **단순반복서열(short tandem repeat, STR)**이라 불리는 길이가 매우 다양한 유전 표지자들을 이용해 정확도가 매우 높은 방법을 사용한다. STR은 유전체 특정 부위에서 둘에서 다섯 개의 뉴클레오타이드 염기서열이 계속적으로 반복되는 곳이다. 반복되는 정도는 사람마다 다양하고(polymorphic), 한 개인에게도 STR의 두 대립인자가 서로 다르기도 하다. 예를 들어, 어떤 사람은 유전체 특정 부위에 있는 한 대립인자에 ACTA가 30번 반복되고 다른 상동 대립인자에는 15번 반복되는가 하면 다른 사람은 같은 부위에서 ACTA가 두 대립인자 모두 18번 반복된다. (이러한 두 유전형은 두 개의 반복된 수로 표현할 수 있다: 30,15와 18,18.) 이와 같은 STR을 증폭시키기 위하여 서로 다른 색으로 표지된 프라이머들을 포함한 PCR을 사용한다. 반응물을 전기영동하여 길이를 결정하고 반복된 정도를 추정할 수 있다. PCR 과정은 DNA 상태가 좋지 않거나 아주 적은 양만 있을 때라도 STR 방법을 사용할 수 있게 한다. 20개 이하의 세포를 가지고 있는 조직 시료의 경우에도 중합효소연쇄반응 증폭을 하기에는 충분하다.

예를 들면, 살인 범죄의 경우에 사건 현장에서 채취한 아주 적은 양의 혈액으로도 이러한 방법을 사용하여 피해자와 용의자의 DNA를 비교할 수 있다. 법의학자들은 일반적으로 유전체의 13개의 STR 표지자 부위만 조사한다. 이와 같이 적은 부위로도 법의학적으로 유용한 유전 프로파일이 될 수 있는데, 그러한 이유로는 두 사람이 같은 세트의 유전자 마커를 가질 확률이 매우 낮기 때문이다. 법정에서 유죄로 잘못 기소된 사람을 도와주는 "무죄 프로젝트"라는 이름을 가진 사단법인은 사건 현장에서 발견된 시료에서 DNA를 추출하여 STR를 분석한다. 2013년 현재 300명 이상이 법인에 의해서 수행된 법의학적 결과에 근거해서 무죄 방면되었다(그림 19.24).

(a) 1984년 워싱톤(Earl Washington)씨는 1982년에 있었던 윌리엄 양에 대한 강간살해사건의 범인으로 유죄로 인정되어 사형선고를 받았다. 그러나 1993년 증거 불충분을 인정받아 무기로 감형되었다. 2000년 법의학자들이 STR 분석을 수행한 결과 워싱톤 씨는 무죄임이 판명 되었다. 이 사진은 17년 동안 감옥에서 지내고 2001년 무죄방면 직전에 찍은 사진이다.

시료 채취	STR 마커 1	STR 마커 2	STR 마커 3
피해자에 있는 정액	17,19	13,16	12,12
워싱톤	16,18	14,15	11,12
틴슬리	17,19	13,16	12,12

(b) STR 분석에서 DNA 시료에 있는 STR 마커들이 PCR 방법으로 증폭되고 PCR 산물은 전기영동으로 분리된다. 이러한 과정을 거치면 시료의 STR 부위에 몇 개가 반복되었는지를 알게 된다. 인간에게는 STR 부위마다 2개씩의 대립인자가 존재하고 각자의 반복 개수가 있다. 이 표는 세 가지 시료, 즉 피해자와 워싱톤 그리고 다른 혐의 때문에 수감되었던 틴슬리에서 얻은 정액들로부터, 세 가지 STR 마커들이 나타내는 반복횟수를 보여주고 있다. 이 자료와 여기 보여주지 않은 다른 STR 데이터로 인해 워싱톤 씨는 풀려났으며 틴슬리는 살인혐의가 입증되었다.

▲ **그림 19.24 무죄석방에 사용되는 STR 분석법**

유전 프로파일은 다른 용도로도 사용될 수도 있다. 친자확인을 위하여 어머니, 아이, 그리고 조사하고자 하는 아버지의 DNA를 비교할 때 사용된다. 친자 확인은 역사적인 흥밋거리를 만들어 내기도 하였다. 최근에 유전 프로파일을 사용해서 제퍼슨(Thomas Jefferson) 또는 그의 가까운 남자 친척 중 한 명이 그의 노예인 헤밍스(Sally Hemings)의 아이들 중 적어도 한 명의 아버지임을 증명하는 강력한 증거를 제시하기도 하였다. 유전 프로파일은 대재앙의 피해자도 찾을 수 있다. 2001년에 월드 트레이드 센터 공격 사건에서 피해자의 신원 파악을 위해 10,000개의 DNA 시료를 확보하여 가족들의 구강세포 DNA와 비교하였다. 법의학자들은 3,000명 사망자들을 이 방법으로 확인하였다.

유전 프로파일 검사 결과는 신뢰성이 얼마나 있을까? 조사된 표지자의 수가 많으면 많을수록 신뢰성이 높아진다. 13개 표지자들에 대한 STR 분석을 해서 두 사람이 같게 나올 확률은 백억 혹은 수천억 분의 일이다. (참고로, 현재 세계 인구는 70~80억 명 정도이다.) 정확성의 정도는 인간 집단에 존재하는 각 표지자들의 빈도 수에 의존한다. 표지자들의 빈도 수는 인종, 민족마다 다르므로 이것에 대한 정보는 정확성을 판단하는 데 있어서 매우 중요하다. 각 표지자들의 빈도 수에 대한 정보가 축적되어 이제는 매우 신뢰할만한 정확한 통계를 계산할 수 있다. 비록 불충분한 정보, 인간 실수, 거짓 정보 등이 있을지라도 유전 프로파일은 주목할 만한 증거라는 것을 법의학자, 과학자 모두 인정한다.

환경정화

화학제품을 다른 형태로 변형시킬 수 있는 미생물의 어떤 특정한 능력이 환경 정화에 점점 많이 이용되고 있다. 만일 그러한 미생물을 배양하는 데 어려움이 있어 직접적으로 이용하는데 문제가 있다면 그 미생물의 유용한 대사 유전자를 다른 미생물에 옮겨 환경정화에 이용할 수 있다. 예를 들어, 많은 세균들은 환경으로부터 구리나 납, 니켈들과 같은 중금속들을 흡수해서 황산구리, 황산납 같은 화합물로 전환하는데 이들은 쉽게 수거할 수 있다. 유전적으로 조작된 미생물들은 무기물질들을 얻거나(특히 저장된 광물이 고갈되었을 때) 유독한 폐기물들을 정화하는 데 있어서 매우 중요한 역할을 하게 될 것이다. 생명공학자들은 또한 염화 탄화수소나 다른 유해한 화합물들을 분해할 수 있는 미생물들을 응용 가능하게 할 수 있도록 노력하고 있다. 이러한 미생물들은 공장 등에서 폐수와 같은 화합물들이 외부로 유출되기 전에 처리하는 방법 등으로 사용될 수 있을 것이다.

농업에서의 응용

과학자들은 농업적으로 중요한 식물과 동물의 유전체에 대해서 더 많이 연구하고 있다. 그리고 오랜 세월 동안 그들은 농업 생산량을 증대시키기 위한 노력의 일환으로 DNA 조작 기술을 이용해 왔다. 돌연변이나 유전적 재조합은 자연적으로 발생하는데, 가축의 선별 교배는 몇 세기 동안 이것을 이용해왔다.

앞에서 언급한 것처럼 과학자들은 DNA 기술을 이용하여 형질전환된 동물을 만드는데 이것은 선별교배 과정을 빠르게 진행시키는 것이라 할 수 있다. 새로운 형질전환동물의 목표는 전통적인 육종의 목표와 크게 다르지 않다. 예를 들면, 더 좋은 양모를 가지고 있는 양을 만들고 싶다거나 혹은 더 부드러운 육질의 돼지, 혹은 단기간 내에 성장이 가능한 소 등을 만들고 싶다는 것이다. 과학자들은 소의 다양한 유전자 중에서 좀 더 좋은 상태의 근육을 발달시키는 유전자를 찾거나 복제하여 이를 한 소에서 다른 소로 이동시키거나 심지어는 양에게까지 이러한 유전자를 발현시키는 것을 가능하게 하기 위해 연구하고 있다. 그러나 낮은 생식력이나 질병에 대한 감수성이 이들에게 흔히 발생하는 문제들이다. 형질전환동물을 만들 때 고려해야 할 중요한 문제는 동물건강과 복지이다.

농업과학자들은 이미 익는 것을 늦추거나 썩거나 병뿐만 아니라 가뭄에 저항성을 가지는 것과 같이 원하는 특성을 가지는 농작물들을 많이 개발했다. 새로운 유전자를 식물세포로 도입할 때 자주 사용되는 벡터는 토양 세균인 *Agrobacterium tumefaciens* 로부터 온 Ti **플라스미드**(Ti plasmid)이다. 이 플라스미드는 자기의 DNA 조각을 식물세포의 염색체 DNA로 삽입시킨다(그림 32.25). 형질전환 식물을 만들기 위해, 과학자들은 관심 유전자를 가지고 있는 플라스미드를 조작하고 세포에 도입한다. 많은 식물종들에서, 세포배양으로 자란 단일 조직세포는 성체식물로 만들어질 수 있다(그림 19.15). 그래서 유전자 조작은 보통의 체세포에서도 실행될 수 있고 이런 세포들은 새로운 형질을 가진 생명체를 만드는 데 사용된다.

유전공학 기술은 전통적인 식물 생산방법을 빠르게 바꾸어 나가고 있다. 특히 제초제나 해충에 저항성을 나타내는 유전자 변형 식물을 만드는 연구 분야에서 그 속도가 빠르다. 예를 들어, 잡초는 제거하지만 농작물에는 피해를 입히지 않는 측면으로의 접근을 위해 유전적 조작기법을 이용할 수 있다. 이와 비슷하게 유전적으로 조작된 농작물은 해로운 미생물과 곤충에 대해 저항성을 가질 수 있고, 이는 화학적인 살충제의 오남용을 막을 수 있다. 인디아에서는 해안가에 자라는 맹그로브 식물로부터 염분 저항성 유전자를 분리하여 벼 유전체에 클로닝하였다. 그 결과 벼는 바닷물보다 세 배나 짠 물에서도 자랐다. 이 방법을 개발한 연구소의 통계에 의하면 식품공급에 심각한 위협이 되는 과도한 관개수와 지나친 화학적 성장제 사용으로 인하여 모든 관개수를 이용한 농지의 3분의 1이 높은 염분 농도를 가지고 있다고 보고하였다. 그러므로 염분 저항성 식물 개발은 세계적으로 곡물 증산에 매우 가치있는 연구라고 할 수 있다.

DNA 기술로 생긴 안전과 윤리적 문제

재조합 DNA 기술의 발달로 생길 수 있는 잠재적인 위험성에 대한 초기 우려는 해로운 재조합 병원균이 새로 탄생될 가능성에 초점에 맞춰졌다. 예를 들어, 암세포 유전자가 세균이나 바이러스로 전이될 경우에 어떠한 일이 일어날까? 해로운 변이 미생물의 출현을 막기 위하여 과학자들은 미국 등 여러 국가들은 정부 안전 규제 법안으로 채택된 수칙을 마련하였다. 한 가지 안전조치는 유전자 조작 세균에 의한 감염으로부터 연구자들을 보호하기 위한 것과 실험실을 떠날 때 우연히 미생물이 외부로 유출되지 않도록 엄격한 실험실 수칙을 정하는 것이다. 뿐만 아니라 재조합 DNA 미생물은 실험실 밖에서는 살아남을 수 없도록 유전적으로 무능력화되어야 한다. 마지막으로 명백히 위험하다고 판단되는 미생물 실험은 금지되고 있다.

오늘날, 위험물에 대한 대부분의 대중적 근심은 재조합 미생물의 위험성뿐만 아니라 **유전자 변형생물[genetically modified(GM) organisms]**이 음식으로써 사용되고 있다는데 초점이 맞춰져 있다. 유전자 변형생물이라 하는 것은 인공적인 방법으로 다른 생물로부터 유래된 유전자를 포함하고 있는 생물을 일컫는다. 예를 들어, 연어의 경우에는 연어의 성장호르몬에 관여하는 유전자를 좀 더 활성화시키기 위해서 유전자 조작 연구가 진행되고 있다. 그러나 우리의 음식으로 공급되는 유전자 변형생물의 대부분은 동물이 아닌 식물이다.

유전자 변형 곡물은 미국, 아르헨티나, 브라질에서 주로 생산된다: 이 국가들에서 생산된 곡물들은 세계 생산량의 80%를 점유하고 있다. 미국에서 생산되는 옥수수나 콩 및 카놀라 등 생산물 대부분은 유전자 변형 식물이고 유전자 변형식물인 것이 표시되어 있지 않다. 유전자 변형 혁명에 강한 거부감을 가지고 있는 유럽에서는 유전자 변형 식품이 계속적인 논란의 주제가 되고 있다. 2000년대 초반, 미국을 포함한 130개 국가의 대표들은 수출업자가 대량의 식품을 선적할 때는 반드시 유전자 변형 여부를 표기해야 하고, 수입국은 수입품이 환경 혹은 건강에 문제를 일으키지 않는 범위 내에서 수입 여부를 판단할 수 있다는 생물학적 안전에 대한 조약을 체결했다. (미국은 그 동의서에 서명하는 것을 거부했지만, 대부분의 다른 나라들은 그것을 원했기 때문에 조약이 발효되었다) 이때 이후로 유럽 국가들은 가끔 미국 혹은 다른 국가에서 생산되는 곡물의 수입을 거부하여 무역 갈등이 생기곤 하였다. 유럽에서도 적은 양의 유전자 변형 식물이 재배되고 있지만 시장에서 판매가 부진하다. 유럽인의 유전자 변형 식물에 대한 거부감 때문에 유럽 시장에서 유전자 변형 식물의 미래는 매우 불투명하다.

유전자 변형 농산물에 대한 조심스러운 접근을 주장하는 사람들은 유전자 변형 식물의 유전자들이 근처 다른 지역의 작물에게까지 전파될 가능성을 두려워하고 있다. 우리는 일반적으로 잔디나 곡류들은 꽃가루 전파를 통해서 유전자들이 야생형과 교환된다는 것을 알고 있다. 만약 제초제나 병, 혹은 해충에 대해서 저항성 유전자를 가지고 있는 유전자 변형 식물이 야생형과 수분되면 자손은 조절이 매우 어려운 "강력한 잡초"가 되어버릴지도 모를 일이다. 유전자 변형 식품이 인류 건강에 해를 끼치는 것을 걱정하는 사람들은 변이유전자의 단백질 산물이 알레르기 반응을 일으킬 것으로 걱정하기도 한다. 비록 이러한 일이 일어난 몇몇의 증거가 있기는 하지만 이러한 단백질들이 알레르기를 유발하는지 여부에 대해서는 검증이 가능하다고 유전자 변형 식품 옹호론자들은 주장한다. (식물 생명공학과 GM 작물에 대한 더 많은 논의를 위하여 개념 38.3을 보라.)

오늘날, 세계의 많은 정부기관들과 감독기관들은 농업, 산업, 그리고 의학 분야에서 생명공학의 이용을 촉진시킬 방법을 찾고 있는 한편, 새로운 생산품이나 과정들이 안전하다는 것을 입증하기 위해서도 애쓰고 있다. 미국 식품의약국(FDA), 미국 환경보호국(EPA), 미국 국립보건원(NIH), 미국 농무부(USDA) 같은 많은 검사 기관은 생명공학기술의 응용으로 파생되는 위험요소들을 분석하고 평가한다. 한편, 위에서 명시한 기관들과 대중들은 생명공학기술의 응용에 의해서 발생될 수 있는 윤리적인 문제들을 심각하게 고려해야 한다.

생명공학기술의 발달로 인간을 비롯한 많은 종들의 유전체 서열이 규명되어 유전자에 대한 많은 귀중한 정보를 제공하고 있다. 종(species) 간에 유전자가 어떻게 다른지 그리고 유전자들이 어떻게 진화되는지에 대해서도 질문을 할 수 있다. (이런 것들은 20장에서 다뤄질 것들이다.) 한편으로 인간의 유전자 지도가 완성됨으로써 윤리적인 문제는 더욱더 커지고 있다. 누군가가 어떤 다른 인간의 유전자를 실험하는 것이 옳다고 생각하는가? 어떻게 정보를 사용하여야만 하는가? 인간의 유전체가 구직이나 보험가입 적합성을 판단하는 잣대로 사용될 수 있는가? 윤리적인 문제, 환경보호, 건강의 위험에 대한 우려는 생명공학기술의 응용을 느리게 한다. 언제나 너무 많은 간섭과 제한은 기초과학의 발전과 이로 인해 발생할 수 있는 이익을 억누를 것이다. 그렇지만 수천 년 동안 천천히 진화되어 온 종을 DNA 기술과 유전적 조작의 기술로 빠르게 변화시켜 나가는 데 있어서는 우리의 겸손과 조심성을 요구하고 있다.

개념 확인 문제 19.4

1. 유전자 치료를 위해 줄기세포를 이용하는 장점은 무엇인가?
2. 유전자 변형을 거친 농작물이 가지고 있는 특성을 3개 이상 열거하라.
3. **WHAT IF?** 내과의사인 여러분에게 A형 간염이 감염된 듯한 증세를 보이는 환자가 찾아왔다고 가정하자. 환자 혈액에서는 바이러스 단백질을 검출할 수가 없었다. A형 간염은 RNA 바이러스에 의해 야기된다. 진단에 도움이 될 수 있는 실험으로 어떤 테스트가 적절한가? 테스트 결과가 의미하고 있는 것은 무엇인가?

정답은 부록 A 참조

19장 복습

핵심 개념의 요약

개념 19.1

DNA 염기서열 결정과 DNA 클로닝은 유전공학과 생물학적 탐구에 귀중한 도구이다

- 핵산의 한 가닥이 또 다른 핵산의 한 가닥에 있는 상보적 염기서열과 염기쌍을 형성하도록 하는 **핵산 혼성화법**은 DNA 기술에 광범위하게 사용된다.
- **DNA 염기서열 결정**은 자동화된 염기서열 분석 기구에서 디데옥시 사슬 종결 방법을 사용하여 실행될 수 있다.
- DNA 염기서열 결정을 위한 차세대 대량 기술은 합성 중 염기서열 결정(sequencing by synthesis)을 바탕으로 한다. 즉, DNA 중합효소가 하나의 단일 가닥 주형으로부터 한 줄의 DNA을 합성하는 데 사용된다. 그리고 뉴클레오타이드가 첨가될 때의 순서로 염기서열을 밝힌다.
- **유전자 클로닝**(또는 DNA 클로닝)은 DNA를 분석하고 조작하는데 사용될 수 있고 이로운 특성을 가진 유용한 새로운 산물 또는 생명체를 생산하는 데 사용될 수 있는 유전자(또는 DNA 절편)를 다수의 복제물로 생산하는 기술이다.
- **유전공학**에서, 미생물의 **제한효소**는 짧고 특정 뉴클레오타이드 염기서열(**제한장소**)을 가진 DNA 분자를 자르는 데 사용되고, 단일가닥 **점착성 말단**을 가진 이중가닥 **제한절편**을 생산한다.

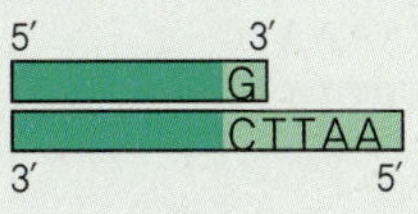

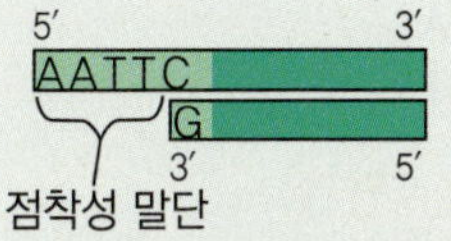

- 한 DNA 시료의 **제한 절편**에 있는 점착성 말단들은 다른 DNA 분자의 제한절편들에 있는 점착성 말단과 상보적으로 염기쌍을 형성할 수 있다. **DNA 라이게이즈(DNA ligase)**로 염기가 쌍을 이룬 절편을 봉합하면 **재조합 DNA** 분자가 생산된다.
- 다른 길이의 DNA 제한절편들은 **젤 전기영동**으로 분리될 수 있다.
- **중합효소연쇄반응(PCR)**은 시험관내(*in vitro*)에서 원하는 염기서열을 내포할 수 있도록 하는 프라이머와 열 저항성 DNA 중합효소를 사용하여 DNA의 특정 표적 부위를 증폭하여 많은 복제물을 만들어 낼 수 있다.
- 진핵생물 유전자를 클로닝하기 위하여, 재조합 플라스미드는 숙주세포로 되돌아가고, 그들 각각은 세포클론을 형성하기 위하여 분열한다.

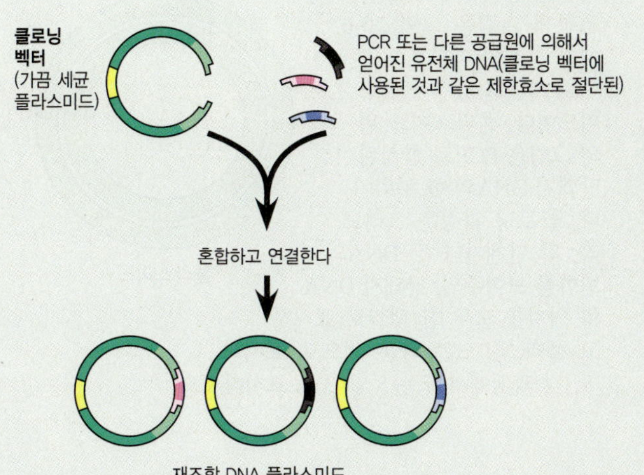

- 여러 기술적 어려움들이 미생물 숙주세포에서 클론된 진핵세포 유전자의 발현을 방해한다. 적절한 **발현 벡터**를 사용하면 이러한 문제들을 피하는 데 도움이 된다.

? 유전자 클로닝 과정이 어떻게 재조합 플라스미드를 포함하고 있는 세포 클론을 만들어내는지 설명하라.

개념 19.2

생물학자는 유전자 발현과 기능을 연구하기 위하여 DNA 기술을 이용한다

- 몇몇 기술은 특정 mRNAs의 존재를 검출하기 위하여 **핵산탐침**의 혼성화를 사용한다.
- **제자리 혼성화**와 **RT-PCR** 기술은 조직이나 RNA 시료에서 mRNA 존재를 검출할 수 있다.
- **DNA 마이크로어레이**는 한 그룹의 세포에서 동시에 발현되는 일련의 유전자를 검출하는 데 사용된다. 다른 방법으로써, 유전자의 cDNAs는 RNA-seq 기술로 염기서열이 결정될 수 있다.
- 기능이 알려지지 않은 유전자는 실험으로 그 유전자를 불활성화(유전자 결실)시키고 그 결과로 나오는 표현형적 효과로 그 유전자의 기능에 단서를 제공할 수 있다. 인간에서 **유전체 연관 연구**와 특정 조건과 관련되어 있는 대립유전자의 유전적 표지자로서 **단일 뉴클레오타이드 다형성(SNPs)**을 사용한다.

? 특정 유전자 발현을 검출함으로써 얻어지는 유용한 정보는 무엇인가?

개념 19.3

복제된 생물체와 줄기세포는 기초 연구 및 다른 응용에 유용하다

- 생명체 내의 모든 세포들이 같은 유전체를 가지고 있는가에 대한 궁금증이 생명체 복제의 첫 시도를 촉발시켰다.
- 식물의 단일 분화세포는 흔히 온전한 새로운 식물의 모든 조직을 만들어 낼 수 있는 **전능성**이 있다.
- 분화된 동물세포의 핵을 핵이 제거된 난자로 이식하면 때때로 새로운 동물을 탄생시킬 수 있다.
- 동물 배아로부터 유래한 **배아줄기세포**와 성체 조직으로부터 유래한 특별한 성체줄기세포는 실험실과 생명체에서 증식될 수 있고, 그래서 의학적으로 유용한 잠재력이 제안되고 있다. 배아줄기세포는 **만능성**이 있지만 획득하기가 어렵다. 분화된 세포를 재프로그램하여 만든유도 만능 줄기세포는 분화능에서 배아줄기세포와 닮았다. 몇몇 분화된 세포는 다른 종류의 세포가 되도록 직접적으로 재프로그램되었다. 이들 세포와 iPS 세포는 의학연구와 재생의학에 희망을 줄 것이다.

? 어떤 과학자가 (1) 생명체 복제, (2) 배아줄기세포 생산, (3) iPS 세포 제작을 어떻게 수행할 수 있는지 설명하라. 한 예로써 생쥐를 사용하여 세포들이 어떻게 재프로그램되는지 초점을 맞추어라. (방법은 생쥐와 인간에서 기본적으로 같다.)

개념 19.4

DNA-기반 생명공학 기술의 실질적인 응용은 여러 면에서 우리의 삶에 영향을 미친다

- SNPs와 같은 유전적 표지자들의 분석을 포함하여 DNA 기술은 유전병이나 다른 질병들의 진단에 점점 더 많이 사용되고 있고, 유전병 치료에 더 좋은 가능성을 제시하고 있으며(**유전자 치료**를 통한 영구적 치료를 하거나), 뿐만 아니라 암 치료에도 더 많은 정보를 주고 있다. DNA 기술은 치료 용도가 있는 호르몬 단백질과 다른 단백질의 세포 배양을 통한 대량 생산에도 함께 사용된다. 어떤 치료용 단백질은 형질전환 "제약" 동물에서 생산되고 있다.
- 범죄현장에서 발견된 조직이나 체액에서 추출한 DNA에 있는 **STRs**과 같은 유전적 표지자들의 분석은 **유전 프로파일**을 이끌어 낸다. 유전 프로파일 사용은 용의자의 혐의 입증에 뚜렷한 증거를 제공할 수 있다. 그러한 분석은 또한 친자감별 논쟁에 유용하고, 범죄피해의 흔적을 확인하는 데도 유용하다.
- 유전적으로 조작된 미생물체는 환경에서 광물질을 추출하거나 다양한 독성 폐기물을 분해하는 데도 사용될 수 있다.
- 형질전환 식물과 동물을 개발하는 목적은 농업 생산과 식품의 질을 개선하는 것이다.
- 유전공학의 잠재적 이점들은 인간이나 환경에 해로운 잠재력과 비교하여 주의 깊게 다루어져야 한다.

? 어떤 유전병이 있을 때, 이 병이 성공적 유전자 치료의 좋은 후보가 될 수 있는지에 영향을 미치는 요소들은 무엇인가?

생각해보자

수준 1: 지식/이해

1. DNA 기술에서, 벡터라는 용어는 다음 중 하나로 나타낼 수 있다.
   a. DNA를 제한절편으로 자르는 효소
   b. DNA 절편의 점착성 말단
   c. SNP 마커
   d. 살아 있는 세포에 DNA를 전달하는 플라스미드
2. 다음 DNA 기술 도구들 중 그 용도와 연결이 잘못된 것은 어떤 것인가?
   a. 전기영동—DNA 절편의 분리
   b. DNA 연결효소—제한절편의 점착성 말단을 만들어내는 DNA을 자르는 것
   c. DNA 중합효소—DNA 부위를 증폭하는 중합효소연쇄반응
   d. 역전사효소—mRNA에서 cDNA의 생산
3. 유전공학기술에 의해서 식물이 동물보다 더 쉽게 조작되는 이유는
   a. 식물 유전자는 인트론을 포함하지 않는다.
   b. 재조합 DNA를 식물세포로 전달하는 데 유용한 벡터가 더 많다.
   c. 체세포 식물체는 흔히 온전한 식물로 분화된다.
   d. 식물세포는 좀 더 큰 핵을 가지고 있다.
4. 한 고생물학자가 400년간 보존되어 있던 도도새(멸종한 조류)의 피부로부터 소량의 조직을 얻었다. 도도새의 특정 DNA 부위를 살아 있는 새의 DNA와 비교하기 위하여, 검사용 도도새 DNA 양을 증가시키려면 다음 중 어떤 것이 가장 유용한가?
   a. SNP 분석
   b. 중합효소연쇄반응(PCR)
   c. 전기천공법
   d. 젤 전기영동
5. DNA 기술은 의학적 응용 범위가 넓다. 현재 일상적으로 행해지고 있지 않는 것은 다음 중 어떤 것인가?
   a. 당뇨병과 왜소증을 치료하는 호르몬 생산
   b. 독성물을 대사할 수 있는 미생물 생산
   c. 유전적으로 조작된 유전자를 인간 접합자에 도입
   d. 유전 질환 대립유전자의 출생전 동정

수준 2: 응용/분석

6. 인간의 뇌조직을 사용하여 생산된 cDNA에 대한 설명 중 사실이 아닌 것은?
   a. PCR로 증폭될 수 있다.
   b. 역전사효소를 사용하여 mRNA 전구체로부터 생산된다.
   c. 뇌에서 발현되는 유전자를 검출하기 위하여 탐침으로 표지되고 사용된다.
   d. mRNA 전구체 인트론이 없다.
7. 세균 세포에서 클론된 진핵세포 유전자의 발현에는 많은 어려움이 있다. mRNA와 역전사효소의 사용은 다음의 어떤 문제를 해결하기 위한 전략의 일부인가?
   a. 전사 후 과정
   b. 전이 후 과정
   c. 핵산 혼성화
   d. 제한절편 연결
8. 이중가닥 DNA에 있는 다음 염기서열 중 제한효소 절단 장소로 가장 잘 인식될 수 있는 것은 어떤 것인가?
   a. AAGG
      TTCC
   b. GGCC
      CCGG
   c. ACCA
      TGGT
   d. AAAA
      TTTT

수준 3: 종합/평가

9. **MAKE CONNECTIONS** 인간 눈의 수정체에 있는 크리스탈린 단백질을 연구한다고 가정하자(그림 1.8 참조). 충분한 양의 단백질을 얻기 위해서 크리스탈린을 암호화하는 유전자를 클로닝하려고 한다. 여러분은 이 유전자의 염기서열을 알고 있다고 가정하자. 여러분은 어떻게 이 실험을 수행하겠는가?
10. **DRAW IT** 벡터로 세균 플라스미드를 이용하여 땅돼지 유전체 도서관을 만들고자 한다. 아래 초록색 그림은 그림 20.6에서 사용된 제한효소 부위를 가지고 있는 플라스미드이다. 플라스미드 위의 그림은 PCR로 합성된 땅돼지 DNA의 한 부위이다. 클로닝 과정을 그려보라. 각 단계마다 두 DNA의 변화를 보여주되, 땅돼지 DNA와 염기를 모두 한 색깔로 표시하고 플라스미드는 다른 색으로 표시하라. 각 과정에서 모든 5′과 3′를 표시하시오.

5′ GAATTCTAAAGCGCTTATGAATTC 3′
3′ CTTAAGATTTCGCGAATACTTAAG 5′

땅돼지 DNA

플라스미드

11. 진화적 관점

윤리적 고려는 접어두고, DNA 기술이 널리 사용된다면, 과거 40억 여 년 동안 진행되어 온 자연적인 진화와 비교했을 때 이들이 진화의 방향을 어떻게 바꾸어 나가게 될 것인가?

12. 과학적 탐구

신경전달물질을 암호화하고 있는 유전자에 대해서 연구할 때 그 단백질의 아미노산 서열을 알아야 한다. 다음 질문들에 대한 답을 설명하라. (a) 특이한 유형의 뇌세포에서 발현되는 유전자를 어떻게 동정하는가? (b) 신경전달물질에 대한 각각의 유전자를 어떻게 동정하는가? (c) 생명공학 연구를 위한 유전자들의 다양한 복제물들은 어떻게 만들어지는가? (d) 약물치료를 위한 여러 가지 신경전달물질은 어떻게 만들어지는가?

13. 글쓰기: 정보

생명의 유전적 기초가 어떻게 생명공학기술 분야에서 중심 역할을 하고 있는지 100~150 단어로 논하라.

14. 종합적으로 생각해보기

여기에서 보이는 옐로스톤 공원 온천에 있는 물은 화씨로 약 160도(섭씨로 70도)이다. 생물학자들은 화씨로 약 130도(섭씨로 55도) 이상의 물에서 살 수 있는 생물종은 없는 것으로 생각했었다. 그래서 그들은 그곳에서 호열성(열을 좋아하는) 생물들에 속하는 여러 종의 세균들을 발견하고는 깜짝 놀랐다. 여러분은 *Thermus aquaticus*라고 하는 종으로부터 추출한 효소가 오늘날 실험실에서 사용되는 가장 중요한 DNA-기반 기술들 중의 하나를 어떻게 유용하게 만들었는지 이 장에서 배웠다. 그 효소는 무엇이고, 호열성 세균들로부터 추출된 그 효소의 존재 가치는 무엇인가? 이 세균에서 추출한 다른 효소 또한 가치가 있을 것으로 생각하는가?

정답은 부록 A 참조

20

유전체의 진화

핵심개념

20.1 인간유전체사업이 좀 빠르고 더 저렴한 염기서열화 기술을 발전시켰다

20.2 생물정보학으로 유전체와 그 기능을 분석한다

20.3 유전체의 크기, 유전자 수, 유전자 밀도는 종에 따라 다르다

20.4 다세포 진핵생물은 비암호화 DNA와 많은 다유전자군을 가진다

20.5 DNA의 중복, 재배열, 돌연변이 등이 유전체의 진화에 기여한다

20.6 유전체의 비교로 진화와 발생에 대한 정보를 얻을 수 있다

▲ **그림 20.1** 어떤 유전체 정보가 인간을 침팬지와 다르게 만들까?

생명의 나무에서 잎을 읽다

침팬지(*Pan troglodytes*)는 진화의 가지에서 인간과 가장 유연관계가 가까운 종이다. 그림 20.1의 소년은 그의 침팬지 친구와 잎을 관찰하고 있다. 하지만 오직 소년만이 잎에 대해 말로 표현할 수 있다. 진화의 역사에서 많은 유사점을 갖는 두 유인원 간의 이러한 차이를 무엇으로 설명할 수 있을까? 유전체 전체에 대하여 빠르게 염기서열을 결정하는 기술이 발달함으로써 이제 이와 같은 흥미로운 질문에 대하여 유전학적인 측면에서 해답을 얻기 시작했다.

인간 유전체 해독이 완료된 지 2년 후인 2005년에 이 침팬지의 유전체 전체가 해독되었다. 이제 인간의 유전체와 침팬지 유전체를 염기 하나하나의 수준에서 비교하는 것이 가능해졌고, 따라서 이 두 종의 유인원류에 대해 어떤 유전적 차이가 있는지에 대한 질문에 구체적인 접근이 가능해졌다.

인간과 침팬지의 유전체 서열을 해독하는 것에 그치지 않고 대장균(*E. coli*)을 포함한 여러 원핵생물과 옥수수, 초파리, 생쥐, 원숭이 등을 포함하는 다양한 진핵생물에 대한 유전체 해독도 완료되었다. 2010년에는 현 인류와 유연관계가 가까운 네안데르탈인(*Homo neanderthalensis*)의 유전체에 대한 초안이 발표되었다. 이러한 유전체 정보는 그 자체로도 흥미로울 뿐 아니라 진화와 여러 생물학적 과정에 대한 통찰력을 제공해 줄 수 있는 수준에 이르고 있다. 인간과 침팬지의 유전체 비교를 넘어 다양한 유인원류와 다른 생물체들과의 유전체 비교를 통해 특정 그룹을 특징짓는 유전자군을 찾아낼 수도 있다. 또한 세균, 고세균, 균류, 원생생물, 그리고 식물 등과의 유전체를 비교하면 아주 오랫동안 진화적으로 보존된 유전자와 유전자 산물에 대한 정보를 얻을 수도 있다.

여러 종의 유전체 해독이 완성됨에 따라 전체 유전자에 대해 그 성질과 상호작용 등을 연구할 수 있게 되었고 이를 **유전체학(genomics)**이라고 부른다. 이러한 접근에 의해 엄청난 양의 정보들이 쌓이고 있다. 이러한 엄청난 양의 정보를 분석하기 위한 **생물정보학(bioinformatics)** 분야도 생겨났다. 생물정보학은 계산학을 응용하여 생물학적 데이터를 분석하는 것이다.

우리는 이 장에서 유전체 서열 분석을 위한 두 가지 방법론을 먼저 공부하고, 생물정보학에 대한 공부를 할 것이다. 그리고 유전체 분석을 통해 얻은 결론은 어떤 것들이 있는지 고찰할 것이다. 다음으로는 인간유전체를 예로 하여 다세포 생물의 유전체 구조와 성분을 살펴볼 것이다. 마지막으로, 어떻게 유전체가 진화하는지에 대한 현재의 학설을 고찰하고, 발생과정의 진화가 어떻게 지구상의 생명체의 다양성을 가져왔는지 살펴볼 것이다.

개념 20.1

인간유전체사업이 좀 더 빠르고 더 저렴한 염기서열화 기술을 발전시켰다

유전체의 해독 작업은 1990년 **인간유전체사업(Human Genome Project)**이 공식적으로 발족하면서 시작되었다. 공공 자금의 지원을 받아 대학과 연구소의 국제적인 컨소시엄을 구성하였고, 6개 나라의 20개 대규모 유전체 센터가 운영되었으며 그 외 많은 수의 작은 연구실들도 가담하였다.

2003년에 대강의 유전체에 대한 해독이 완료된 후 각 염색체별로 자세한 분석을 하게 되었고, 일련의 논문으로 정리되었다. 2006년에 1번 염색체가 해독 완료되었고 논문으로 발표되었다. 이러한 정교한 분석이 완료된 후에야 비로소 인간 유전체의 서열화가 "실질적으로 완료"되었다고 규정하였다.

유전체 지도 작성의 궁극적 목표는 각 염색체의 염기서열 전체를 읽어내는 것이다. 인간 유전체를 위해서, 이 과정은 그림 19.3에서 공부한 바 있는 디데옥시 사슬 종결반응 방법을 이용한 염기서열 분석 장비에 의해 이루어졌다. 자동화된 과정임에도 불구하고 인간 염색체의 반수체에 해당하는 30억 염기를 결정하는 과정은 엄청난 작업이었다. 실제로도 인간유전체사업의 주요 과제는 보다 빠른 염기서열 분석 기술과 장비의 개발이었다(19장). 수년에 걸친 기술의 진보로 시간이 많이 걸리는 과정들을 없앨 수 있었고, 염기서열화의 속도는 놀라울 정도로 향상되었다. 1980년대에는 하루에 약 1,000 염기를 읽을 수 있었다고 한다면 2000년에 이르러서 인간유전체사업 연구소에서는 1초에 1,000 염기를 쉬지 않고 읽을 수 있게 되었으니 엄청난 발전인 것이다. 이와 같이 대규모로 생물학적 소재를 분석하여 엄청난 정보를 생산해 내는 과정을 "대량처리(high-throughput)"라고 한다. 염기서열 분석 장비는 대량처리 장비의 한 예이다.

두 방법이 서로 보완적으로 작용하여 완전한 염기서열을 얻을 수 있었다. 초기에는 인간유전체에 대한 기존 연구 결과를 바탕으로 체계적이고 단계적으로 접근하는 방법을 사용했다. 하지만 1988년에 벤터(J. Craig Venter)는 셀레라 지노믹스(Celera Genomics)라는 회사를 만든 후 다른 전략으로 전체 인간유전체의 염기서열을 분석하겠다고 선언하였다. 그가 이용한 방법은 '**전유전체 무차별적 접근법(whole-genome shotgun approach)**'으로 연관 지도 작성 및 물리적인 지도 작성 단계를 건너뛰고 바로 무작위적으로 잘라진 DNA 조각의 염기서열을 분석하기 시작하였다. 강력한 컴퓨터 프로그램이 아주 많은 수의 염기서열 조각들을 분석하여 조합함으로써 결과적으로 하나의 기다란 염기서열을 구성해 낼 수 있게 된다(그림 20.2).

비록 반복적인 염기서열 때문에 서열을 결정하는 것이 어려운 지역에서는 다른 접근법을 쓰기는 하지만 오늘날에는 전유

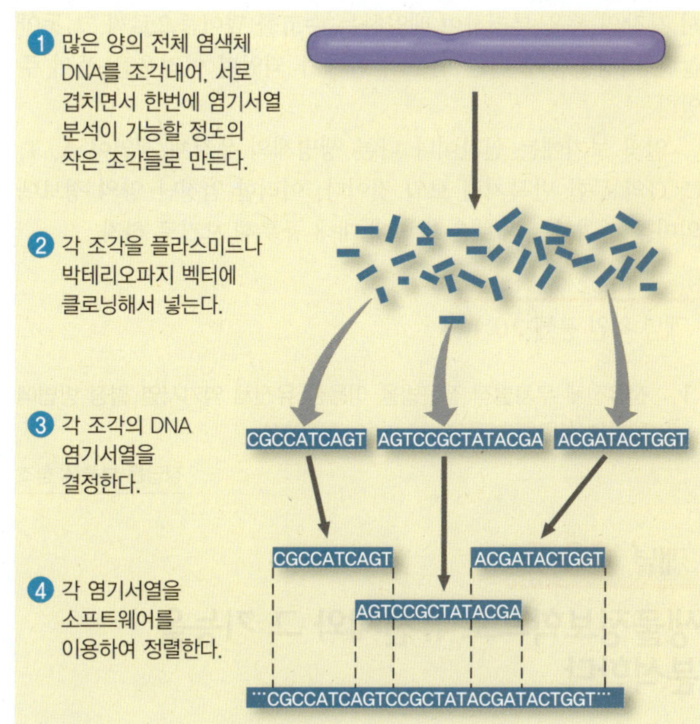

▲ **그림 20.2 전체 유전체 해독을 위한 샷건 접근법.** 벤터 및 그의 동료가 개발한 이 전략에 따르면, 무작위로 DNA 조각을 클로닝한 후(그림 19.5), 염기서열을 분석하여(그림 19.3), 서열을 이용하여 상대적인 위치를 결정한다.

? 이 그림 2단계의 DNA 조각들은 정렬되어 있기보다는 흩어져 있다. 이런 그림은 이 접근법의 어떤 점을 반영하는가?

전체 무차별적 접근법이 보편적으로 쓰이고 있다. 합성에 의한 서열분석방법(sequencing by synthesis, 그림 19.4)과 같은 더욱 새로운 서열분석기술의 발달은 전체 유전체를 분석하는 데 필요한 시간과 비용을 줄였다. 이러한 새로운 기술은 매우 작은 조각(400~1,000 bp)들을 동시에 염기서열 분석하여 컴퓨터를 이용하여 빠르게 전체서열을 완성한다. 이러한 기술의 정밀함 덕분에 클로닝 단계(그림 20.2의 ❷단계)를 거치지 않고 바로 서열분석에 들어간다. 초창기 인간유전체사업에 13년이라는 시간과 1억 달러라는 비용이 쓰인데 반해서 왓슨(James watson)의 유전체는 2007년에는 넉 달의 짧은 시간에 100만 달러라는 비용으로 분석되었고, 현재는 한 사람의 유전체 염기서열을 1,000달러보다 적은 비용으로 몇 시간 만에 분석하는 시대로 발전하고 있다.

이러한 기술의 진보는 환경으로부터 한 생물 집단의 DNA (metagenome)를 서열 분석하는 **메타지노믹스(metagenomics)**의 출현을 앞당겼다. 이 분야에서도 컴퓨터가 단편적인 염기서열을 분리하고 이들을 유전체 염기서열로 조합하게 된다. 이제까지 이러한 접근방법은 북대서양의 조해(sargasso sea)와 인간의 장 속과 같이 다양한 환경에서 발견되는 미생물에만 적용되었다. 2012년에 보여준 연구 결과는 인간의 장 속에 수많은 미생물들이 함께 살면서 사람의 생존에 기여하고 있다는 것을 알려 주었다. 혼합된 개체군의 DNA를 한꺼번에 서열 분석하는 능력은 실험실에서 각각의 종을 분리하여 배양하는 수고를 덜어줌으로써 그 동안 많은 미생물종에 대한 연구의 한계가 되었던 어려움을 풀어 주었다.

얼핏 보기에는 인간이나 다른 생명체의 유전체 서열이 A, T, C, G의 무한 반복처럼 보일 것이다. 이러한 엄청난 양의 정보에 의미를 부여하는 새로운 방법에 대해 공부해 보기로 하자.

개념 확인 문제 20.1

1. 전유전체 무차별적 접근법을 이용한 유전체 염기서열 결정 방법에 대하여 설명해 보자.

정답은 부록 A 참조

개념 20.2

생물정보학으로 유전체와 그 기능을 분석한다

인간유전체사업의 20여 개의 연구실에서 매일 엄청난 양의 DNA 서열 정보를 쏟아냈다. 이런 데이터가 축적되면서 모든 서열을 제대로 분석할 필요가 커졌고, 인간유전체사업의 과학자와 정부의 노력으로 인간유전체사업의 목표에 자료 은행(데이터베이스)의 설립과 분석법의 개발이 추가될 수 있었다. 데이터베이스와 분석 프로그램은 중앙 집중적으로 관리되어 인터넷을 통해 접속할 수 있도록 계획되었다. 이 목표가 달성됨으로써 생물정보학 정보가 전 세계의 연구자들에게 사용될 수 있었고 이에 따라 DNA 염기서열 분석에 가속도가 붙게 되었다.

유전체 분석 자료의 중앙 관리

정부가 지원하는 기구에서는 데이터베이스를 구축하고 연구자들이 활용할 수 있도록 소프트웨어를 제공하는 임무를 수행하였다. 예를 들어, 미국에서는 미국 의학도서관(NLM)과 미 보건원(NIH)의 공동 노력으로 국립생명공학센터(NCBI)라는 기구를 설립하여 다양한 생물정보학 자료를 가지고 있는 www.ncbi.nlm.nih.gov라는 웹사이트를 운영하게 되었다. 이 웹사이트에서는 데이터베이스, 소프트웨어, 그리고 엄청난 양의 유전체와 연관된 주제의 정보를 얻을 수 있다. 비슷한 성격의 웹사이트가 유럽분자생물학 연구센터(EMBL)와 일본의 DNA 데이터 뱅크, 중국의 베이징 유전체센터(BGI)에 의해 운영되고 있다. 이 세 센터들은 미국국립보건원(NCBI)과 협력관계에 있다. 이런 대규모 웹사이트들 이외에도 소규모 웹사이트들이 운영되고 있는데 주로 특정 개인 또는 소그룹의 연구자들에 의해 운영된다. 이들 소규모 웹사이트들은 주로 특정 목적의 데이터베이스와 소프트웨어를 제공한다. 예를 들어, 특정 암의 유전체 정보와 유전체 변화에 대한 정보를 담아 두는 사이트들이 운영된다.

NCBI의 염기서열 은행은 젠뱅크(Genbank)라고 불린다. 2013년 7월 현재, 16,500만 조각의 DNA 서열을 보관하고 있으며, 이는 약 1530억 염기에 해당한다! 젠뱅크는 계속 업데이트되고 있어서 그 정보량이 매 18개월마다 두 배로 늘어난다. 데이터베이스에 있는 어떤 정보라도 꺼내서 NCBI와 그 외의 기관에서 제공하는 소프트웨어로 분석할 수 있다.

NCBI가 제공하는 소프트웨어의 하나는 BLAST라는 소프트웨어이다. 이것을 이용하면 특정 DNA 서열을 NCBI의 모든 서열정보와 비교하여 유사한 서열을 찾아낼 수 있다. 연구자는 같은 종 혹은 다른 종의 유전자에서 유사한 염기서열을 찾을 수 있다. 다른 프로그램은 단백질 서열을 비교하는 데 사용된다. 또 다른 프로그램으로는 단백질 서열에서 기능이 알려진 아미노산의 뭉치[이를 도메인(domain)이라고 부른다]를 찾아낼 수 있고 다른 정보와 더불어 그 도메인을 포함하는 주위의 단백질 3차 구조를 예측할 수도 있다(그림 20.3). 심지어 어떤 프로그램을 이용하면 핵산 또는 단백질 서열을 여러 개 동시에 비교하여 서열의 유사성에 근거하여 진화의 나무를 그릴 수도 있다(그림 20.17).

미국의 러트거스 대학과 캘리포니아 대학(샌디에이고)의 연구센터는 현재까지 구조가 밝혀진 단백질의 3차 구조에 대한 단백질 데이터 뱅크를 전 세계적으로 운영하고 있다. 이들 구조는 화면상에서 회전시켜 단백질의 모든 면을 볼 수 있게 되어 있다. 데이터베이스는 www.wwpdb.org를 통해 접속할 수 있다. 이 책 전반을 통해서 여러분은 단백질 데이터 뱅크로부터 얻어진 단백질

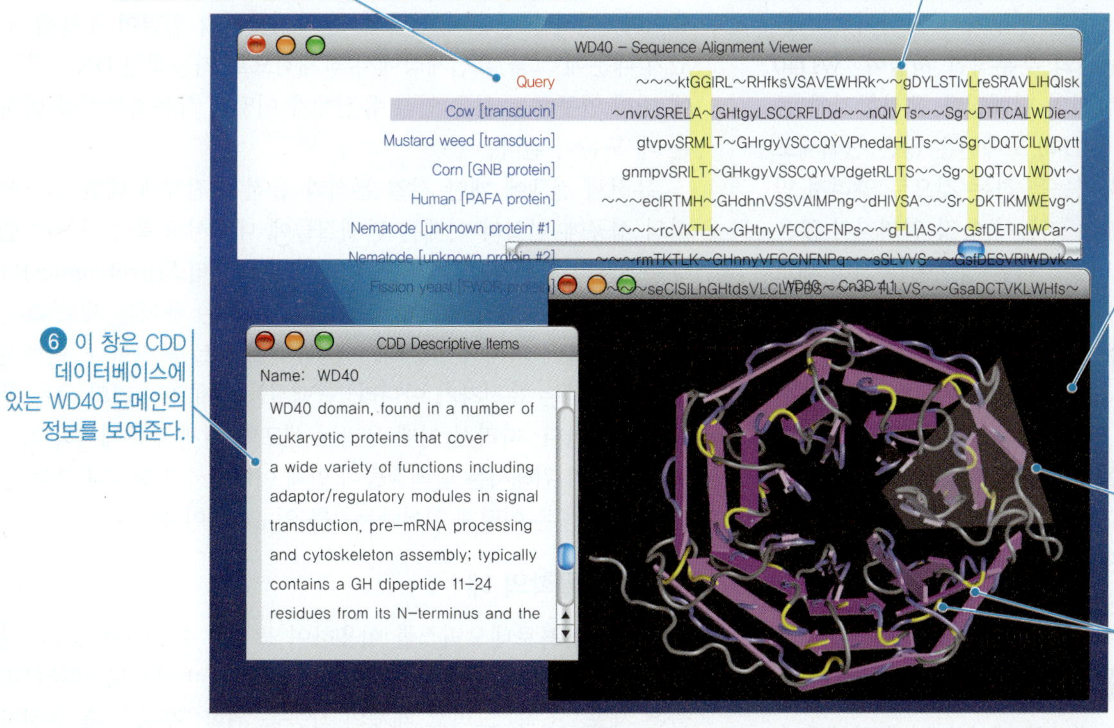

▲ **그림 20.3 인터넷상의 생물정보학 도구.** NCBI에서 운영하는 웹사이트를 활용하면 DNA와 단백질 정보 등을 얻을 수 있다. 이 사이트는 연관된 단백질들에서 유사 부위를 찾아낼 수 있는 단백질 구조 데이터베이스(CDD, 보존된 도메인 데이터베이스)와 연결되어 있고, 구조가 알려진 도메인의 3차 구조를 모델링하여 보여주는 Cn3D 소프트웨어 등과도 연결되어 있다. 이 그림은 머스크멜론의 한 아미노산 서열과 유사한 단백질을 탐색한 결과의 일부를 보여주고 있다. WD40 도메인은 진핵세포의 단백질에서 가장 많이 발견되는 도메인 중의 하나이다. 이러한 단백질들은 종종 신호전달과정에서 핵심적인 역할을 한다.

구조를 볼 것이다.

전 세계의 연구자들이 어디에서든지 비용 부담 없이 활용할 수 있는 정보가 무궁무진하다. 이제 이들 자료를 이용하여 던질 수 있는 질문을 생각해 보자.

단백질을 암호화하고 있는 유전자의 발견 및 기능의 이해

사용 가능한 DNA 염기서열을 활용하여 유전학자는 이제 전통적 유전학에서 해야 하는 것처럼 표현형질로부터 유전형질을 유추하지 않고도 유전자 기능을 직접 연구할 수 있다. 그러나 이런 최근의 접근법은 새로운 도전을 제시한다: 유전자가 실제 하는 일은 무엇인가? 젠뱅크와 같은 데이터베이스에서 정보 분석이 되어 있지 않은 긴 DNA 서열이 있다면 과학자들은 서열상의 모든 단백질 암호화 유전자를 찾아내어 궁극적으로 그 기능을 알아내려고 한다. 이러한 과정을 **유전자 주석달기(gene annotation)**라고 한다.

과거에는 유전자 주석달기는 특정 유전자에 관심 있는 일부 과학자들에 의해 수동적으로 수행되었는데 이제는 상당부분 자동화되었다. 통상적인 방법은 우선 소프트웨어를 이용하여 단백질 합성 개시 부위, 종결 부위, 스플라이싱 자리 등을 찾아내는 것이다. 또한 소프트웨어는 알려진 mRNA들을 지정하는 짧은 서열들도 검색한다. 이런 작은 염기서열 조각을 EST(expressed sequence tags)라고 부르는데, 이들은 cDNA 서열분석을 통해 축적된 정보이다. 이런 분석을 통해 이전에는 알려지지 않았던 새로운 단백질 암호화 유전자를 동정해 낼 수 있는 것이다.

인간 유전자의 절반 가량의 실체는 인간유전체사업이 시작되기 전에 이미 알려져 있었다. 하지만 DNA 서열 분석만으로 유추해야 하는, 기존에는 알려져 있지 않던 유전자의 경우는 어떤가? 이들의 실체는 앞에서 언급한 프로그램 등을 이용하여 유전자 후보들의 서열과 기존에 알려진 다른 종의 유전자 서열을 비교하여 유추할 수 있다. 유전 암호의 중복성(redundancy)으로 인해 DNA 서열은 단백질의 아미노산 서열에 비해 차이가 더 클 수 있으므로 예측된 아미노산 서열로 비교하는 것이 더 정확한 유추를 가능하게 한다.

종종 새로 동정된 서열은 기능이 잘 알려져 있는 유전자 또는 단백질과 부분적으로라도 맞아떨어질 수 있다. 예를 들면, 머스크멜론에서 신호전달을 연구하고 있는 연구자가 자신이 발견한 유전자로부터 만들어지는 아미노산의 부분적인 서열이 "WD40 도메인"을 가지고 있는 다른 종에서의 단백질과 유사한지에 큰 관심을 가질 수 있다(그림 20.3). WD40 도메인은 많은 진핵세포에서 나타나며 신호전달회로에서 기능을 하는 것으로 알려져 있다. 다른 경우에는 새로운 유전자가 기능이 아직 알려지지 않은 기존의 유전자와 유사할 수도 있다. 또 다른 경우에는 전혀 새로운 유전자로 밝혀질 수도 있다. 대장균의 유전체가 분석 완료되었을 때 그 유전자들의 1/3 정도는 여기에 해당하였다. 이런 경우 단백질 기능은 생화학적, 기능적 연구를 통해 밝혀야 한다. 생화학적 연구라 함은 단백질의 3차 구조 결정, 다른 분자와의 결합 가능 부위 등을 밝히는 과정 등을 포함한다. 일반적으로 기능적 연구에는 기능적 연구는 그 유전자의 기능을 없애고 어떤 표현형질을 나타내는가를 조사하는 것이 포함된다. 개념 18.3에서 설명한 RNAi가 유전자 기능 저해를 위한 실험 방법이 될 수 있다.

시스템 수준에서의 유전자와 유전자 발현의 이해

생물정보학의 수단들이 제공하는 대단한 계산 능력에 힘입어 유전체 전체 유전자들에 대한 연구가 가능해졌고, 서로 다른 종의 유전체 사이의 비교 또한 가능해졌다. 유전체학은 유전체 구조, 유전자 발현 조절, 성장과 발생, 그리고 진화에 대한 통찰력을 제공하는 정보를 제공해줄 수 있게 되었다.

2003년에 DNA 백과사전인 ENCODE(Encyclopedia of DNA Element)라고 불리는 사업이 정보를 얻기 위한 접근방법으로 착수되었다. 이 프로젝트의 목적은 다양한 실험 방법을 동원하여 사람 유전체에서 기능적으로 중요한 모든 부분을 알아내는 것이다. 연구자들은 단백질을 암호화하고 있는 부분 및 인핸서와 프로모터처럼 단백질을 암호화하고 있지 않지만 유전자 발현에 중요한 염기서열 부분들을 밝히고자 노력해 왔다. 뿐만 아니라 DNA, 히스톤 변형 및 염색체 구조를 집중적으로 조사하였다. 이 프로젝트의 다음 단계는 32개 연구 그룹의 440명 이상의 과학자들이 관여하여 1,600개의 커다란 데이터 세트를 설명하는 것으로 2012년에 30개의 논문을 동시에 발표하는 것으로 정점을 이루었다. 이 프로젝트의 힘은 서로의 연구 결과로부터 나온 결과를 비교할 수 있도록 해 줌으로써 전체 유전체에 대해 좀 더 잘 이해할 수 있도록 해 준다.

아마도 가장 놀라운 발견은 유전체의 약 2% 미만 정도만이 단백질을 암호화하고 있음에도 불구하고, 적어도 한 가지 형태 이상의 세포들에서 어느 시점엔가는 전사되는 유전체 부분이 75% 가량 된다는 점이었을 것이다. 게다가, 적어도 80%의 유전체를 구성하고 있는 DNA 요소들에 생화학적 기능들이 부여되었다. 기능적인 요소의 다른 형태를 이해하기 위하여 두 모델 동물인 꼬마선충(*Caenorhabditis elegans*) 및 초파리(*Drosophila melanogaster*)의 유전체를 대상으로 병행 연구 사업들이 진행중이다. 이러한 종은 유전학적, 분자생물학적 실험이 수행될 수 있기 때문에 그들 유전체상에서 잠재적으로 기능적인 DNA 부분에 대해 연구하는 것은 인간 유전체가 어떻게 작용하는가를 밝히는 데 도움이 된다.

유전체 전체에 대한 서열 분석과 유전자 전체에 대한 연구에서의 성공에 힘입어 이제는 단백질들에 대해서도 똑같이 시스템 수준에서의 연구가 가능하다. 이를 **프로테오믹스(proteomics)**라고 한다. 프로테옴(proteom, 단백질체)이라는 용어는 세포 혹은 세포의 그룹에 의해서 발현되는 전 단백질 세트를 말한다. 단백질을 암호화하는 유전자가 아니라, 단백질들이 세포의 거의 모든 활성을 수행한다. 따라서 이제 우리는 세포와 개체 수준에서의 기능 연구를 하기 위해서는 단백질들이 언제 어디에서 발현되며 그들 상호 간의 작용은 어떻게 일어나는가를 연구하여야 한다.

시스템생물학의 예

유전체학과 프로테오믹스를 이용하여 포괄적 수준에서 생명현상을 연구할 수 있다. 위에서 공부한 기술들을 바탕으로 생물학자들은 세포, 조직, 그리고 개체의 작동을 위한 "부품", 즉 유전자와 단백질의 목록을 작성하기 시작하였다. 이런 목록을 가지면 연구자들은 이제 각각의 부품이 아니라 생명시스템의 작동에 대해 관심을 가지게 되고 이를 연구할 수 있게 된다. 1장에서 언급한 바와 같이 **시스템생물학(systems biology)**의 목표는 전체 생명시스템의 역동적인 행동에 대해 모델링하고자 하는 것이다. 이런 유형의 연구로부터 나온 방대한 자료 때문에 컴퓨터 기술 및 유전정보학의 발전은 시스템생물학이 발전하기 위해서는 필수적이다.

시스템생물학적 접근의 중요한 목적 중의 하나는 유전자 회로를 정의하고 단백질 상호작용 네트워크를 정의해 내는 것이다. 예를 들어, 효모에서는 단백질 상호작용 네트워크를 규명하기 위하여 한 번에 한 쌍의 유전자를 녹아웃시켜 이중 돌연변이 세포를 만드는 정교한 기술이 사용되었다. 다음으로 세포가 만들어 내는 콜로니의 크기에 기초하여 각 이중 돌연변이의 적응도를 두 개의 단일 돌연변이의 적응도(fitnesses)와 비교하였다. 관찰된 적응도와 예측된 적응도가 일치하면 두 유전자는 서로 상호작용하지 않는 것이며, 관찰된 적응도가 예측된 것보다 크거나 작으면 그 유전자 산물은 세포 내에서 상호작용하는 것으로 생각하였다. 컴퓨터 소프트웨어는 이러한 상호작용의 유사성을 기초로 유전자 지도를 그린다. 그림 20.4는 유전적인 상호작용의 "기능적 지도"와 같은 네트워크를 보여준다. 이 실험들에서 유추된 단백질 상호작용을 정리하여 완성된 지도로 보여줄 수 있기 위해서는

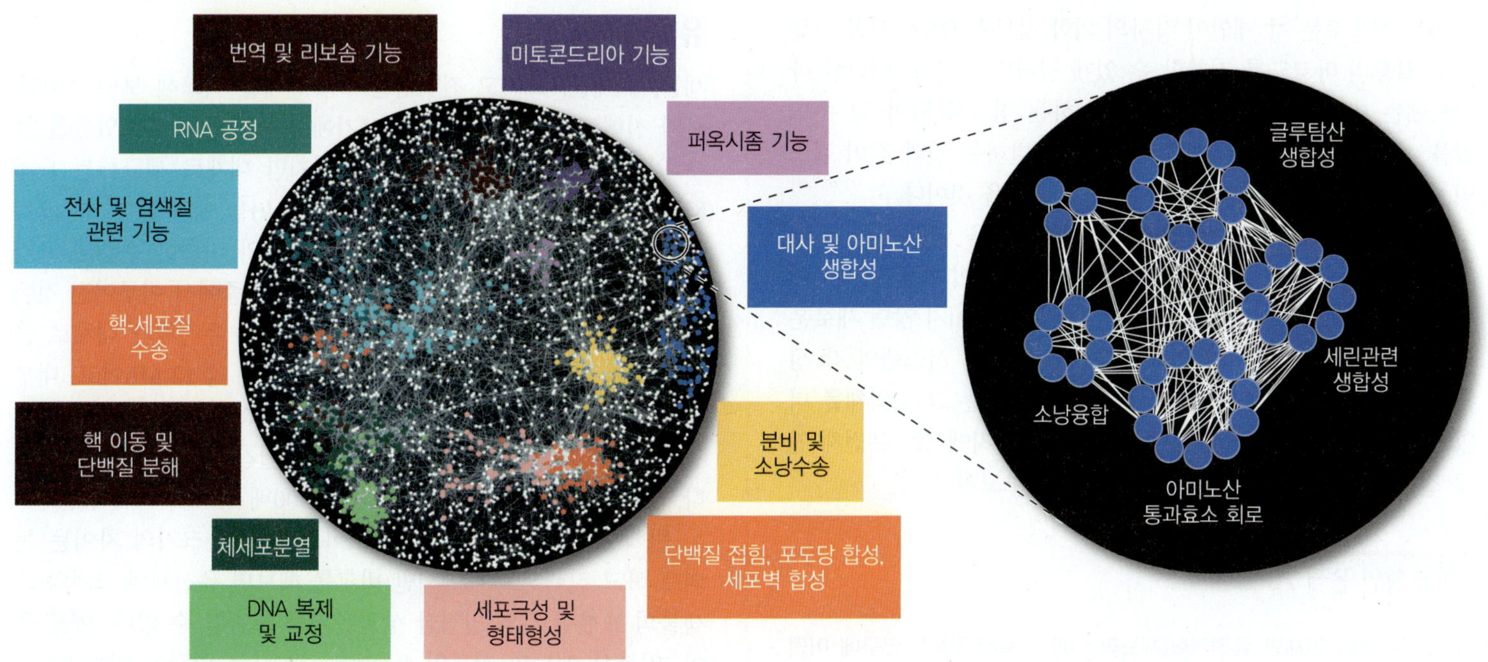

▲ **그림 20.4 단백질 상호작용 연구를 위한 시스템생물학적 접근법.** 전체적인 단백질 상호작용(실선) 지도는 효모에서 4,500개의 유전자 산물들(원으로 표시) 간의 상호작용을 보여준다. 같은 색으로 표시된 점은 지도 주변에 나열된 13가지 세포의 기능 중 하나에 해당하는 유전자 산물을 나타낸 것이다. 흰 점은 기능을 알지 못하는 단백질들이다. 오른쪽 확대된 그림은 아미노산 생합성 등을 수행하는 유전자 산물(파란 원)이 있는 부분을 상세히 보여준다.

강력한 컴퓨터, 수학적 기법, 그리고 새로이 개발되는 소프트웨어들이 필요하였다.

시스템생물학의 의학적 응용

종양 유전체 지도는 시스템생물학의 또 다른 좋은 예가 된다. 이 속에서 많은 수의 유전자 및 단백질 간 상호작용이 동시에 분석되고 있다. 미국 암연구소(NCI)와 국립보건원(NIH)이 공동으로 운영하는 이 프로젝트는 생물시스템의 어떠한 변화가 암으로 연결되는가를 밝히는 데 목표를 두고 있다. 2010년에 끝난 3년간의 시범 프로젝트는 폐암, 자궁암, 그리고 뇌암 등 세 가지 암들에서 공통적인 돌연변이들을 발견하기 위해 정상세포와 암세포 간에 유전자 서열 및 발현의 차이를 분석하는 것이었다. 교모세포종(glioblastoma)에 대한 연구는 몇몇 의심 유전자들의 기능을 확인하고, 이전에 알려지지 않았던 몇 개의 유전자들을 발견함으로써 치료를 위한 새로운 가능성 있는 표적들을 제시할 수 있었다. 이 접근법은 위의 세 가지 유형의 암을 치료하는 데 매우 효과적임이 증명되었으며, 사람에게서 좀 흔하게 나타나면서 치명적인 10종류의 다른 암에도 이 방법이 적용되었다.

고속 대용량 처리 기술이 좀 더 빨라지고 비용이 더 적게 들면서 암을 해결하는 쪽으로 이 기술에 대한 적용이 증가하고 있다. 단백질을 암호화하고 있는 유전자의 염기서열만을 분석하는 것이 아니라 특정 형태의 여러 종양 샘플들의 유전체를 분석함으로써 비정상적인 유전체에서 나타나는 일정한 패턴의 변화뿐만 아니라 공통적인 염색체 이상을 알게 되었다.

유전체의 염기서열을 밝히는 것뿐만 아니라, 실리콘이나 유리로 만든 "칩"이 인간 유전자 전체를 담을 수 있도록 한 마이크로어레이가 개발되어 있고, 이러한 칩은 암을 포함한 다양한 질환을 앓고 있는 환자들에서 유전자 발현 변화를 조사하는 데 사용되고 있다(**그림 20.5**). 특정한 암에서 어떤 유전자가 과량으로 발현되는지 아니면 정상보다 적은 양으로 발현되는지를 분석함으로써 의사가 각 환자의 유전적 배경과 암의 종류 등에 따라 개인에 맞추어 적절한 처방을 내릴 수 있을 것이다. 이러한 방법으로 특정 암에 대해서는 일정한 성과를 거두고 있으며, 유방암이 그 한 예이다(그림 18.27).

◀ **그림 20.5 인간 유전체 마이크로어레이칩.** 아주 미세한 점에 DNA를 담아 실리콘의 격자에 배열한 것으로 인간 유전자의 대부분을 대표하는 염기서열들이 심어져 있다. 이러한 칩을 이용하여 인간 유전자 전체에 대하여 동시에 발현 변화를 조사할 수 있다.

궁극적으로는 각 개인이 각자의 의학 정보와 DNA 서열 등을 담은 일종의 바코드를 지참할 수 있게 될지도 모른다. 이러한 바코드에는 어떤 질병에 취약하다든지 하는 정보를 담아 둘 수도 있을 것이다. 개인의 체질에 맞는 약을 개발하는 것과 같이 질병의 예방과 치료를 위해 큰 쓰임이 될 수도 있을 것이다.

시스템생물학은 분자 수준의 창발적 특성을 연구하는 데 매우 적합한 도구가 된다. 1장에서 배운 바와 같이 창발적 특성이란 성분들의 보합으로 인해 아래 단계에서는 보이지 않던 새로운 성질이 나타나는 것을 의미한다. 우리가 유전적 시스템의 각 성분과 그들 간의 상호작용을 많이 알수록 우리는 그 생명체를 더 많이 이해할 수 있게 될 것이다. 이 장의 나머지에서는 유전체 연구 결과 우리가 알 수 있게 된 것들을 살펴보고자 한다.

개념 확인 문제 20.2

1. 인터넷은 현재의 유전체학(제노믹스)과 프로테오믹스 연구에 어떤 역할을 하는가?
2. 암을 연구함에 있어 개별적인 유전자 연구에 비해 시스템생물학적 연구가 가지는 장점은 어떤 것이 있을까?
3. **MAKE CONNECTIONS** ENCODE의 시범프로젝트에서 유전체 부위의 75% 이상이 RNA로 전사된다는 것을 밝혀내었고, 이것은 단백질 암호화 유전자로 설명될 수 있는 것보다 훨씬 많은 양이었다. 개념 17.3 및 18.3을 살펴보고 이러한 RNA의 역할을 생각해 보자.
4. **MAKE CONNECTIONS** 19.2절에서 유전체 수준에서의 연관성 연구에 대해 살펴보았다. 이러한 연구가 시스템생물학적 접근법을 어떻게 이용하는지 설명하라.

정답은 부록 A 참조

개념 20.3

유전체의 크기, 유전자 수, 유전자 밀도는 종에 따라 다르다

2013년까지 약 4,300여 종 이상의 유전체 분석이 완료되었고, 약 9,600종 이상의 유전체와 370 이상의 메타지놈(metagenome)에 대한 분석이 진행 중에 있다. 분석이 완료된 종 가운데 약 4000종은 세균이고, 약 186종은 고세균이다. 그리고 나머지 약 183종의 진핵생물 중에는 척추동물, 무척추동물, 원생동물, 곰팡이, 그리고 식물 등이 포함되어 있다. 이렇게 축적된 유전체 서열들은 엄청난 정보들을 포함하고 있으며 우리는 이제 막 그 내용들을 발견하기 시작했다. 지금까지 우리는 유전체 서열 비교 등을 통해 무엇을 알아냈는가? 여기서는 유전체 크기, 유전자의 수, 그리고 유전자 밀도에 대해 알아보고자 한다. 이러한 성질들은 워낙 다양하여 일반적인 경향을 이야기할 수 있을 뿐, 예외는 언제나 존재할 수 있음을 유의하기 바란다.

유전체의 크기

세균, 고세균, 그리고 진핵생물의 유전체를 비교해 보면 원핵생물과 진핵생물 간에는 유전체 크기에서 현저한 차이가 있음을 알 수 있다(**표 20.1**). 약간의 예외가 있지만 대체로 세균류는 1~6 Mb 정도의 서열을 가진다. 대장균(*E. coli*)을 예로 들면, 그 크기가 4.6 Mb이다. 고세균의 경우도 세균류와 비슷한 수준의 크기를 가진다. (고세균의 유전체 분석은 많은 종에서 이루어진 것이 아니라 앞으로 변동 가능하다.) 진핵생물의 유전체가 대체로 큰 경향을 가진다. 단세포 생물인 효모(균류)는 약 12 Mb이고, 대부분 다세포 생물인 식물과 동물은 최소한 100 Mb 이상 크기의 유전체를 가진다. 초파리는 165 Mb이고, 인간은 3,000 Mb를 가진다. 이는 세균에 비교하면 약 500~3,000배 정도의 크기이다.

원핵생물과 진핵생물 간에 보이는 유전체 크기의 차이는 논외로 하고 진핵생물 내에서만 비교를 해보면 유전체의 크기와 그 생물의 표현형 간의 밀접한 상관관계를 도출할 수 없다. 예를 들어, 일본산 캐노피 식물인 *Paris japonica*는 인간에 비해 약 50

표 20.1 유전체의 크기와 예상 유전자 수

종	유전체 크기(Mb)	유전자 수	Mb당 유전자 수
세균			
Haemophilus influenzae	1.8	1,700	940
Escherichia coli	4.6	4,400	950
고세균			
Archaeoglobus fulgidus	2.2	2,500	1,130
Methanosarcina barkeri	4.8	3,600	750
진핵생물			
Saccharomyces cerevisiae (yeast, fungus)	12	6,300	525
Caenorhabditis elegans (nematode)	100	20,100	200
Arabidopsis thaliana (mustard family plant)	120	27,000	225
Daphnia pulex (water flea)	200	31,000	155
Drosophila melanogaster (fruit fly)	165	14,000	85
Oryza sativa (rice)	430	42,000	98
Zea mays (corn)	2,300	32,000	14
Ailuropoda melanoleuca (giant panda)	2,400	21,000	9
Homo sapiens (human)	3,000	<21,000	7
Paris japonica (Japanese canopy plant)	149,000	ND	ND

* 이 수는 유전체 프로젝트가 진행되어 가면서 수정될 수 있음.
Mb = 100만 염기. ND = 결정되지 않음.

배 이상이 되는 149,000 Mb를 가지는 한편, 단세포 아메바인 *Polychaos dubium*은 약 670,000 Mb를 가진다. (이 유전체는 아직 염기서열이 결정되지 않았다.) 좀 더 정교한 수준에서 관찰해 보면 같은 곤충류라 하더라도 많은 차이를 보이게 된다. 예를 들어, 귀뚜라미 유전체는 초파리에 비해 약 11배 크다. 원생생물, 곤충, 양서류, 그리고 식물 내에서는 유전체 크기의 변화가 다양한데 파충류나 포유류에서는 그 변이가 그리 크지는 않다.

유전자 수

유전자 수에 있어서도 원핵생물과 진핵생물 간의 차이가 존재한다. 세균과 고세균은 일반적으로 진핵생물보다 적은 수의 유전자를 가진다. 자유 생활을 하는 세균이나 고세균은 1,500에서 7,500개 정도의 유전자를 가지며 진핵생물은 5,000개(단세포 생물)에서 40,000개에 이르는 유전자를 가진다.

진핵생물 내에서는 유전자 수가 종종 유전체 크기를 볼 때 예상보다 훨씬 적은 경우가 있다. 표 20.1에서 보는 바와 같이 꼬마선충(*C. elegans*)은 약 100 Mb의 유전체 속에 20,000여 개의 유전자를 가지는데 초파리는 꼬마선충보다 훨씬 더 큰 165 Mb의 유전체 속에 약 2/3에 불과한 14,000개의 유전자를 가진다.

우리 가까이의 예를 보면 사람은 3,000 Mb의 유전체를 가지는데 이는 초파리나 꼬마선충의 10배 이상이다. 인간유전체사업의 초기에 예상하기로는 기존에 알려진 인간 유전자 수에 기초하여 50,000~100,000개의 유전자를 가질 것이라고 보았는데 실제로 유전체 프로젝트가 진행되면서 그 수가 계속 줄어들어 앞서 언급했던 ENCODE 사업에서는 21,000미만으로 축소되었다. 이 수는 꼬마선충의 유전자 수와 별반 다르지 않은데, 이는 인간의 유전자가 훨씬 많을 것으로 예상한 많은 생물학자를 놀라게 하기에 충분하다.

어떤 유전적 특성이 인간이나 다른 척추동물이 꼬마선충과 비슷한 수의 유전자만 가져도 되도록 했을까? 한 가지 중요한 점은 척추동물의 유전자는 암호화 부위에서 RNA 전사체의 대체 스플라이싱으로 인해 많은 다양성을 부여할 수 있다는 것이다. 대체 스플라이싱 과정은 하나의 유전자에서 한 종류 이상의 단백질을 만들 수 있게 한다(그림 18.13). 일반적인 인간 유전자는 10개의 엑손을 가지는데, 이런 다엑손 유전자의 90% 이상은 최소한 두 가지 이상의 스플라이싱 방식을 가지고 있다. 일부 유전자는 수많은 대체 스플라이싱 방법을 거치는데 어떤 것은 겨우 두 가지의 스플라이싱 형태를 갖는다. 이것은 인간 유전자의 수보다 훨씬 많은 수의 단백질을 설명할 수 있다.

여기에 더해 전구 단백질의 절단, 당의 추가 등 단백질 합성 이후의 변화가 더해지면 훨씬 많은 다양성을 확보할 수 있다. 마지막으로 조절 역할을 담당하는 마이크로 RNA(miRNAs)와 다른 작은 RNA(small RNA)도 다양성 증가에 도움을 준다(개념 18.3). 과학자들은 조절수준에서 이 RNA들이 존재하므로 유전자 수보다 더 많은 유기체의 복잡성을 만드는 데 기여할 것이라 생각한다.

유전자 밀도와 비암호화 DNA

유전체 크기와 유전자 수 이외에도 서로 다른 종에서 유전자 밀도를 비교할 수 있다. 유전자 밀도란 주어진 길이의 DNA에 몇 개의 유전자가 담겨 있는가를 나타낸다. 세균, 고세균, 그리고 진핵생물을 비교해 보면 진핵생물이 훨씬 큰 유전체를 가지지만 일정한 길이의 DNA당 유전자 수는 적음을 알 수 있다. 인간은 세균에 비해 수배, 수천 배 크기의 유전체를 가지나 유전자 수는 겨우 5~15배 정도에 불과하다. 따라서 인간의 유전자 밀도가 낮은 것이다(표 20.1). 효모와 같은 단세포 진핵생물도 세균에 비해 유전자 밀도가 낮으며 현재까지 서열이 완전 분석된 종에서는 인간을 포함하는 포유류가 가장 낮은 유전자 밀도를 가진다.

현재까지 연구된 세균의 유전체에서는 대부분의 DNA가 단백질, tRNA, rRNA 등을 암호화하고 있고 아주 적은 부분만이 비암호화 DNA 부분으로 남아 있다. 이 부분은 주로 프로모터 등과 같은 조절 부위로 쓰이고 있다. 원핵세포의 유전자 염기서열을 보면 시작부터 끝까지 중간에는 비암호화 DNA를 가지지 않는다. 반면에 진핵 유전체의 대부분은 단백질이나 RNA를 암호화하지 않는 비암호화 DNA 부분이며, 조절 부위 또한 복잡하다. 인간의 경우는 원핵세포에 비해 약 10,000배에 달하는 비암호화 DNA를 가진다. 비암호화 DNA의 상당 부분은 인트론(intron)으로 존재한다. 실제로 인간의 유전자 평균 길이 27,000 염기쌍과 원핵 유전자 평균 길이 1,000 염기쌍의 차이는 대부분 인트론 때문이다.

인트론 이외에도 다세포 생물은 유전자와 유전자 사이에 단백질을 암호화하고 있지 않은 엄청난 양의 DNA를 가진다. 다음으로 우리는 인간 유전체에서 이러한 비암호화 DNA의 성분과 배열 등에 대해 알아보고자 한다.

개념 확인 문제 20.3

1. 가장 정확한 추측에 의하면 인간 유전체에는 약 21,000개 보다 적은 수의 유전자가 있다. 하지만 인간세포들은 21,000종류 이상의 폴리펩타이드를 만든다. 어떤 과정이 이를 가능하게 하는가?
2. 염기서열 분석이 완료되는 종의 수는 계속 늘어나고 있다. www.genomesonline.org를 이용하여 현재 세균, 고세균, 진핵생물에서 각각 몇 종의 생물의 유전체가 분석 완료되었는지 확인해 보라. 현재 진행 중인 유전체는 몇 개인가? (힌트: 가장 최신의 정보를 얻기 위해서는 "Complete Projects"을 클릭한 후"Incomplete Projects" 페이지에서 "In progress"를 클릭하여라.)
3. **WHAT IF?** 어떤 진화적 과정으로 인해 원핵생물이 진핵생물에 비해 작은 유전체를 가지게 되었을까? 유추해 보라.

정답은 부록 A 참조

개념 20.4

다세포 진핵생물은 비암호화 DNA와 많은 다유전자군을 가진다

이 장에서 우리는 주로 단백질을 암호화하고 있는 유전자에 대해 살펴보았다. 하지만 이런 유전자와 더불어 rRNA와 tRNA, miRNA 유전자를 포함한다 해도 다세포 생명체의 유전체의 아주 일부분만을 차지할 뿐이다. 예를 들면, 인간유전체사업이 완성되었을 때 약 1.5%만이 단백질을 암호화하고 있거나 rRNA 혹은 tRNA로 전사되는 것으로 밝혀졌다. 그림 20.6은 유전체의 나머지 98.5%가 어떻게 구성되어 있는가를 보여준다.

유전자에 연관된 조절 부위와 인트론은 각각 약 5%, 20%를 차지한다. 나머지는 기능적인 유전자들 사이에 위치하는 것들로서, 유전자 단편들 같이 한 번만 존재하는 독특한 비암호화 DNA 서열, 그리고 이전에는 유전자였지만 오랜 시간 동안 돌연변이를 축적하여 더 이상 기능적인 단백질을 만들지 못하는 **위유전자들(pseudogenes)**을 포함한다. (작은 비암호화 RNA를 생산하는 유전자는 유전체에서 매우 낮은 비율이며, 20%의 인트론과 15%의 독특한 비암호화 서열 사이에 분포되어 있다.) 그러나 대부분의 유전자 사이 DNA들은 주로 **반복서열 DNA(repetitive DNA)**로서 유전체 속에서 반복적으로 나타나는 서열들이다. 이들 반복서열 DNA의 약 75%(전체 유전체의 약 44%)는 전이인자 또는 그와 연관된 서열들이다.

진핵 유전체의 상당 부분은 단백질 정보도 가지지 않고 심지어 RNA로 전사되지도 않는 비암호화 DNA 서열로 되어 있는 것이다. 이들 DNA 부위를 "쓰레기 DNA"라고 부르기도 하지만 지난 10년 동안 유전체 비교를 통해 수백 세대 동안 다양한 유전체에서 이러한 DNA가 나타나는 것을 알게 되었다. 예를 들어, 인간, 쥐, 그리고 생쥐의 유전체를 비교해 보면 약 500군데의 비암호화 DNA 부위가 세 종에서 정확히 보존되어 있음을 알 수 있다. 이는 단백질을 암호화하고 있는 유전자보다도 더 높은 진화적 보존인데, 이들 비암호화 DNA가 우리가 알지 못하는 중요한 기능을 하고 있음을 강력하게 시사하는 것이다. 여기서 우리는 인간의 유전체를 예로 들어 유전자와 비암호화 DNA 서열이 다세포 진핵생물의 유전체 속에서 어떻게 조직되어 있는지를 조사해 본다. 이러한 유전체 구조에 대한 이해는 유전체가 어떻게 진화해 왔고 진화해 갈 것인지에 대한 해답을 줄 수 있을 것이다(개념 20.5).

전이인자 및 그와 연관된 서열

원핵 및 진핵생물의 유전체는 유전체상에서 여기저기로 옮겨 다닐 수 있는 DNA 조각을 가지고 있다. 이러한 DNA 조각을 **전이인자**(transposable genetic element, **transposable element**)라고 부른다. 전이(transposition)의 과정을 통해 전이인자는 세포 DNA

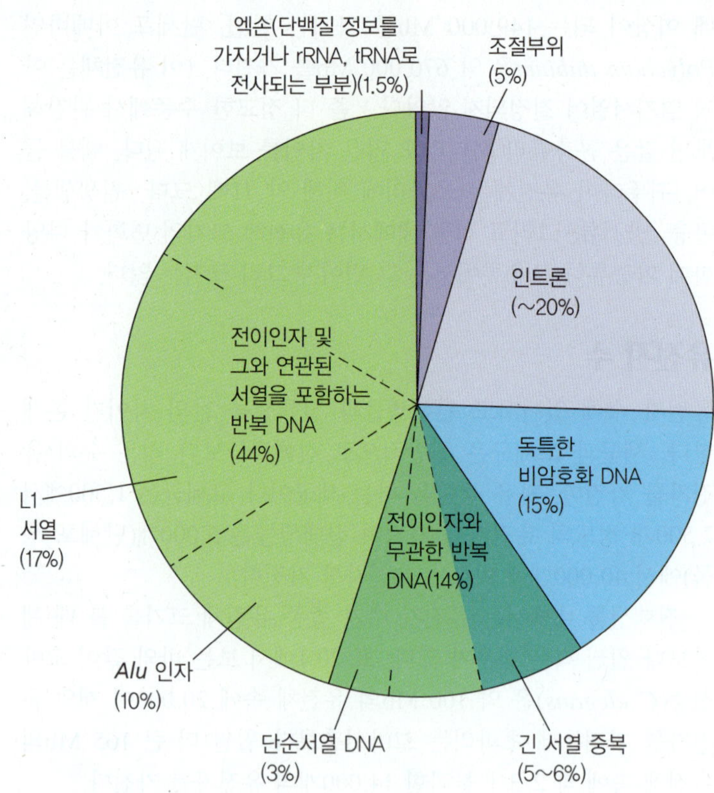

▲ **그림 20.6 인간유전체의 DNA 서열의 유형.** 단백질 정보를 암호화하거나 rRNA, tRNA 등으로 전사되는 서열은 1.5%에 불과하다(진한 보라색). 인트론과 조절 부위는 약 25%를 차지한다(연한 보라색). 그 외의 대부분의 인간유전체는 단백질이나 RNA 정보를 암호화하지 않은 서열로 그 중 많은 부분은 반복서열이다(진한 녹색 또는 연한 녹색). 반복서열은 그 서열을 결정하고 분석하기가 쉽지 않아 유전체 분석이 진행되면서 비율이 조금씩 달라질 수도 있다.

의 한 지점에서 다른 지점으로 옮겨갈 수 있는데 그 과정은 일종의 재조합 과정이다. 전이인자를 이전에는 "점프하는 유전자"라고 부른 적이 있지만 이는 잘못된 것이다. 왜냐하면 전이인자는 세포의 DNA로부터 완전히 떨어져 행동하지는 않기 때문이다. 원래의 자리와 새로 옮겨가는 자리는 DNA를 굽혀주는 효소나 단백질들의 도움을 받아 거의 붙어 있는 상태에서 전이가 일어난다.

전이인자 DNA에 대한 최초의 연구는 1940년대와 1950년대에 진행된 미국의 유전학자인 맥클린톡(McClintock)의 옥수수 연구에서 비롯되었다(그림 20.7). 맥클린톡은 옥수수에서 알갱이의 색깔 차이를 발견하고 이는 유전체의 한 부분에서 색을 나타내는 유전자로 끼어들 수 있는 유전물질의 존재를 가정할 때만 설명 가능하다는 제안을 하였다. 그녀의 제안은 한동안 아무런 주목을 받지 못했지만 한참 후에 세균에서 전이인자가 발견된 후에 비로소 인정받게 되었다. 그리고 마침내 1983년, 81세의 나이에 그녀의 선구적인 업적으로 노벨상을 수상하였다.

트랜스포존과 레트로트랜스포존의 이동

진핵세포의 전이인자는 두 종류가 있다. 첫 번째 형태는 DNA

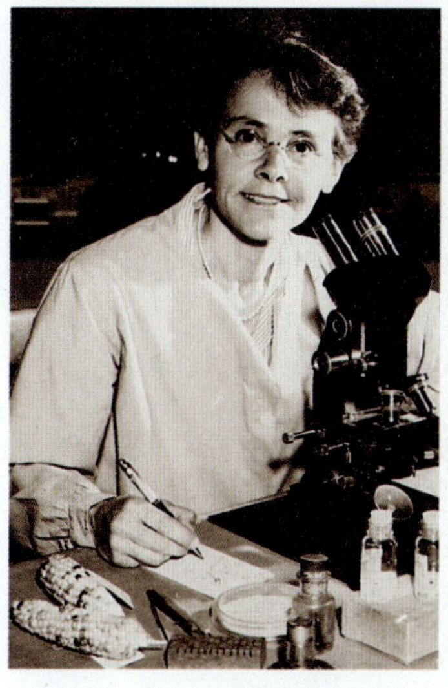

▲ **그림 20.7 전이인자가 옥수수 알갱이의 색에 미치는 효과.** 맥클린톡이 옥수수 알갱이(오른쪽)의 색 변이를 관찰한 후 처음으로 이동 가능한 유전 물질에 대한 가능성을 제안하였다.

를 중간 매개로 유전체 사이를 이동할 수 있는 **트랜스포존(transposon)**이다. 트랜스포존은 "자르고 붙이기(cut-and-paste)" 기전에 의해 기존의 위치에서 제거되어 이동하거나 "복사 후 붙이기(copy-and-paste)" 기전에 의해 기존의 위치에 트랜스포존을 남겨두고 새로운 곳으로 이동하는 방법을 사용한다(그림 20.8). 이 두 기전은 모두 트랜스포존에 의해 암호화된 **트랜스포제이스**(transposase)라는 효소를 필요로 한다.

두 번째 형태는 진핵생물의 유전체에 있는 대부분의 전이인자인 **레트로트랜스포존(retrotransposon)**이다. 레트로트랜스포존은 그 DNA의 전사물인 RNA 중간물질을 매개로 옮겨 다니는 전이인자로서, 항상 기존의 위치에 남겨진 채로 RNA로 전사되어 이동한다(그림 20.9). 새로운 삽입 위치에서 RNA는 레트로트랜스포존에 암호화된 역전사효소에 의해 다시 DNA로 역전사된 후 삽입된다. 따라서 레트로바이러스의 감염 없이도 세포 내에는 역전사효소가 존재할 수 있다(개념 26.2). 실제로 레트로바이러스가 이 레트로트랜스포존에서 진화했을 수도 있다. 세포 내의 또 다른 효소에 의해 역전사된 DNA가 삽입된다.

전이인자와 연관된 서열

진핵생물의 유전체에는 다수의 전이인자들뿐 아니라 그와 연관된 서열들이 흩어져 있다. 각 단위는 수백에서 수천 개의 염기쌍으로 되어 있는데 반복되어 있는 각 단위의 서열은 아주 비슷하지만 동일하지는 않다. 이들 중 일부는 자체 또는 다른 곳에서 만들어지는 전이효소에 의해 전이 가능한 전이인자이고 다른 것들은 전이의 성질을 이미 잃어버린 것도 있다. 전이인자와 그 연관 서열이 포유류 유전체에서 차지하는 비율은 25~50%에 달하며 양서류와 일부 식물에서는 그보다도 더 높다(그림 20.6). 사실, 일부 식물유전체의 크기는 매우 큰데 이는 여분의 유전자가

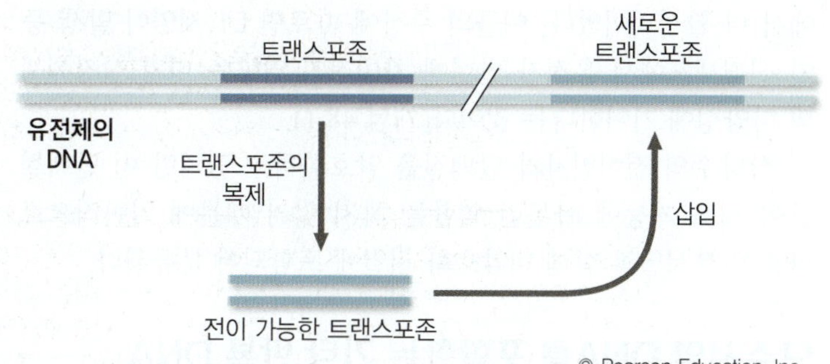

▲ **그림 20.8 트랜스포존의 이동.** 트랜스포존이 자르고 붙이기(cut-and-paste)나 복사 후 붙이기(copy-and-paste)에 의해 이동할 때에는 이중가닥 DNA가 유전체의 새로운 자리에 삽입된다.

? 그림에서 '잘라 붙이기' 기작이 작동한다면 이 그림은 어떻게 달라져야 하나?

더 있는 것이 아니라 전이인자 때문이다. 예를 들면, 옥수수 유전체의 85%는 전이인자와 같은 염기서열이 차지하고 있다!

인간과 영장류에서는 많은 전이인자와 연관된 염기서열이 Alu 인자(Alu element)라고 부르는 서열로 되어 있다. 이들 서열 자체만으로도 인간 유전체의 10% 정도를 차지한다. *Alu* 인자는 대부분의 기능이 있는 전이인자보다는 작아서 약 300 염기쌍으로 되어 있고 아무런 단백질 정보를 가지고 있지 않다. 하지만 상당수의 *Alu* 인자는 전사가 되어 RNA로 되며, 적어도 일부는 유전자 발현을 조절하는 것으로 알려져 있다.

인간 유전체의 약 17%는 *LINE-1* 또는 *L1* 인자라고 불리는 레트로트랜스포존으로 되어 있다. 이들은 *Alu* 인자보다 커서 약 6,500 염기쌍으로 되어 있으며 전이의 효율은 낮다. 하지만 쥐에서의 연구에 의하면 L1 레트로트랜스포존이 발생 중인 뇌의 세포

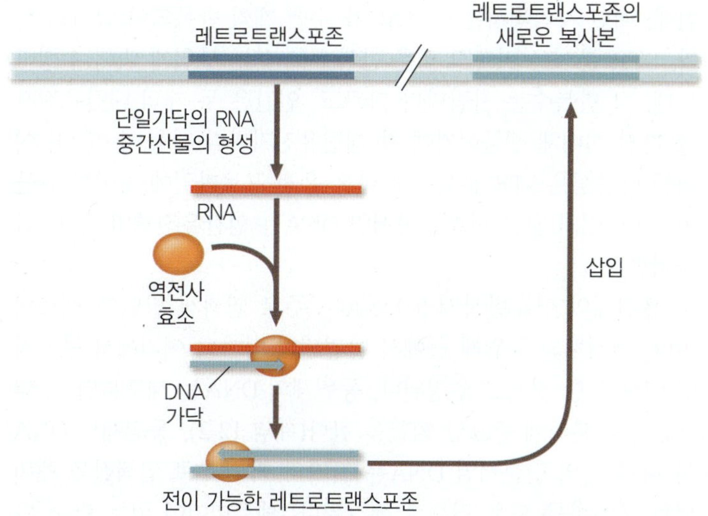

▲ **그림 20.9 레트로트랜스포존의 이동.** 전이인자의 이동은 단일가닥의 RNA 중간산물을 형성하면서 시작된다. 이후의 과정은 레트로바이러스의 복제기전과 동일하다(그림 26.8).

에서 더 활성적이었다. 이들의 주장에 따르면 L1 서열이 발생 중인 신경세포에서 유전자 발현에 차별적인 영향을 미쳐 신경세포의 다양성에 기여한다는 것이다(개념 48.1).

상당수의 전이인자가 단백질을 암호화하고 있지만 이 단백질들이 세포 기능에 아무런 역할을 하지 않기 때문에 일반적으로 다른 반복서열과 함께 비암호화 서열에 포함되어 분류된다.

단순서열 DNA를 포함하는 기타 반복 DNA

전이인자와 연관이 없는 반복서열들은 아마도 DNA 복제과정 등에서 실수로 도입되었을 것으로 추정된다. 이러한 서열은 사람 유전체의 약 14%를 차지한다(그림 20.6). 그중 1/3(인간 유전체의 5~6%)은 크기가 큰 중복 DNA 부분으로서 다른 염색체의 일부가 중복되어 나타나는 것으로 그 길이는 10,000~300,000 염기쌍에 이른다. 이런 긴 조각들은 하나의 염색체상에서 한 부분이 다른 자리로 복사되었거나, 다른 염색체에서 복사된 것으로 보이며, 아마도 일부 기능적 유전자들을 포함할 것으로 생각된다.

여기저기 흩어져 있는 긴 서열과는 달리 **단순반복서열 DNA(simple sequence DNA)**는 짧은 서열이 반복되어 연결된 형태로 나타나는데, 예를 들면

...GTTACGTTACGTTACGTTACGTTACGTTACGTTAC...

등과 같은 형태이다.

앞의 예는 GTTAC라는 다섯 개 염기서열이 반복되어 있는 것이고, 이러한 반복 단위는 거의 15 염기쌍 이내의 길이를 가지는데 가끔은 500 bp에 이르기도 한다. 반복의 단위가 2~5개의 염기로 되어 있으면 이를 **짧은 직렬 반복(short tandem repeat, STR)**이라고 한다. STR은 개념 19.4에서 공부한 바와 같이 유전 프로파일 연구에 활용되기도 한다. 반복의 횟수 또한 가변적인데, 어떤 자리에서는 GTTAC가 수백 개씩 반복되어 있기도 하다. STR 분석은 비교적 적은 반복수를 갖는 부위에 대해 수행하는데, 그 반복수는 사람마다 다르고, 인간은 두 개의 대립유전자를 가진 이배체 생물이기에 각 대립유전자마다 다를 수 있다. 이러한 다양성은 STR 분석으로 나온 유전 프로파일에 차이를 만들어 주며, 이와 같은 단순반복서열 DNA는 인간유전체의 약 3%를 차지한다.

유전체의 단순반복서열 DNA는 주로 염색체 말단인 텔로미어나, 염색체의 동원체 등에서 발견되며 아마도 여기에서 구조적인 역할을 할 것으로 추정된다. 동원체의 DNA는 세포분열 시 염색분체의 분리에 중요한 역할을 한다(개념 12.2). 동원체의 DNA와 다른 곳의 단순서열 DNA는 간기의 핵 내부로 염색질을 채워넣는 조직화를 도울 것으로 생각된다. 텔로미어에 있는 단순 반복서열은 세포분열 시 DNA 길이가 짧아지면서 생길 수 있는 유전자의 손실을 막아주는 역할을 한다(개념 16.2). 텔로미어 DNA는 또한 염색체 말단이 분해되는 것을 막아 주며 염색체 간의 비정상적인 결합을 막아 주는 역할을 한다.

이와 같은 짧은 반복서열들은 염기서열 분석 후 컴퓨터로 DNA 조각을 짜 맞추는 것을 어렵게 만들기 때문에 전유전체 무차별적 접근법에 대한 장애가 된다. DNA상의 단순반복서열들은 전체 유전체의 크기를 제대로 평가하는 것을 어렵게 한다.

유전자와 다유전자군

이제 진핵생물 유전체를 구성하는 여러 가지 종류의 DNA에 대한 논의를 유전자들을 자세히 관찰하는 것으로 정리하고자 한다. 단백질과 구조 RNA를 암호화하고 있는 유전자는 불과 1.5%에 불과하며(그림 20.6) 그 유전자들에 있는 인트론 등을 포함하는 조절 부위를 다 합쳤을 때 인간 유전체의 약 25% 정도가 된다. 즉, 평균적인 유전자들은 그 길이의 6%(25% 중 1.5%) 만이 마지막 유전자 산물에 기여하는 것이다.

원핵세포에서와 마찬가지로 진핵세포에서도 유전자들은 독특한 서열로 되어 있으며 한 염색체에는 하나만 존재하는 것이 일반적이다. 하지만 인간 및 많은 동식물의 유전체에서는 이러한 유전자는 약 절반 정도이고 다른 유전자들은 **다유전자군(multigene family)**으로 존재하는데 이는 동일 유전자나 유사한 유전자가 여러 개 있는 경우이다.

어떤 다유전자군은 동일한 서열로 되어 있는 여러 개의 유전자가 일렬로 붙어 있는 모습을 보인다. 히스톤 단백질을 예외로 한다면, 대부분의 동일 유전자 다유전자군은 최종산물로 RNA를 암호화하고 있는 유전자들이다. 대표적인 예는 세 개의 가장 큰 rRNA 분자를 암호화하고 있는 유전자군이다(**그림 20.10a**). 이들 rRNA 분자들은 다세포 생물의 유전체의 한 군데 또는 여러 군데에 수백에서 수천 개가 반복된 동일 전사 단위로 암호화되어 있다. 이러한 많은 수의 반복이 많은 수의 리보솜을 빠른 시간 안에 합성할 수 있게 하는 데 도움이 된다. 1차 전사체가 만들어진 후 절단되어 3개의 서로 다른 단위 rRNA로 성숙되는데, 이들은 단백질 및 다른 종류의 rRNA(5S rRNA)와 결합하여 리보솜을 형성하게 된다.

유사 유전자들로 이루어진 다유전자군의 전형적인 예로는 글로빈 단백질들을 암호화하고 있는 유전자군을 들 수 있다. 글로빈 단백질은 헤모글로빈의 알파(α)와 베타(β) 소단위 단백질을 포함하는 단백질 유형이다. 16번 염색체상에 있는 유전자군은 다양한 알파 소단위 단백질들을 암호화하고 있고 11번 염색체상의 다른 유전자군은 베타 소단위 단백질들을 암호화하고 있다(**그림 20.10b**). 서로 다른 모양의 글로빈 소단위 단백질들이 발생 동안 다른 시간에 발현되는데, 이로써 발생과정 중에 있는 동물의 변화하는 환경에 따라 헤모글로빈들이 효과적으로 기능할 수 있게 된다. 예를 들어, 사람에 있어서는 배아와 태아에서 만들어지는 헤모글로빈은 성체의 헤모글로빈에 비해 산소 농도에 대한 친화도가 높도록 만들어져서 모체로부터 제공되는 산소를 잘 섭취할

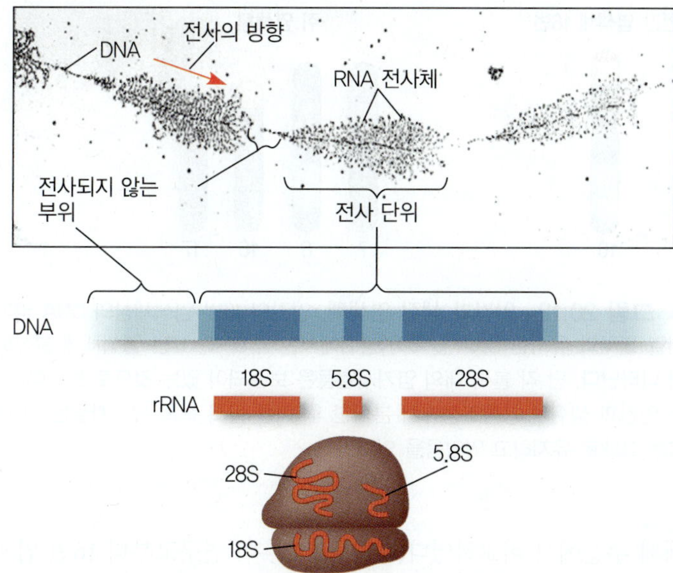

(a) **리보솜 RNA 유전자군.** 위쪽 그림은 TEM 사진으로 도롱뇽의 수백 개의 rRNA 전사 단위 중 3개를 보여주고 있다. 각 단위에는 약 100개의 RNA 중합효소(DNA 위의 진한 점)에 의해 왼쪽에서 오른쪽으로 전사되고 있는 단일 전사 단위들이 깃털 모양으로 보인다(빨간색 화살표). 전사되는 RNA가 DNA로부터 뻗어나오는 것을 볼 수 있다. TEM 사진 아래쪽에 하나의 전사 단위가 제시되어 있다. 세 가지 유형의 rRNA 유전자들(짙은 파랑)이, 전사는 되지만 이후에 제거되는 부분(중간 파랑)과 인접해 있다. 이들은 하나의 단위로 전사된 후 절단되어 각각의 rRNA로 성숙된다. 이들 rRNA(빨간색)가 리보솜의 부분을 구성하게 된다.

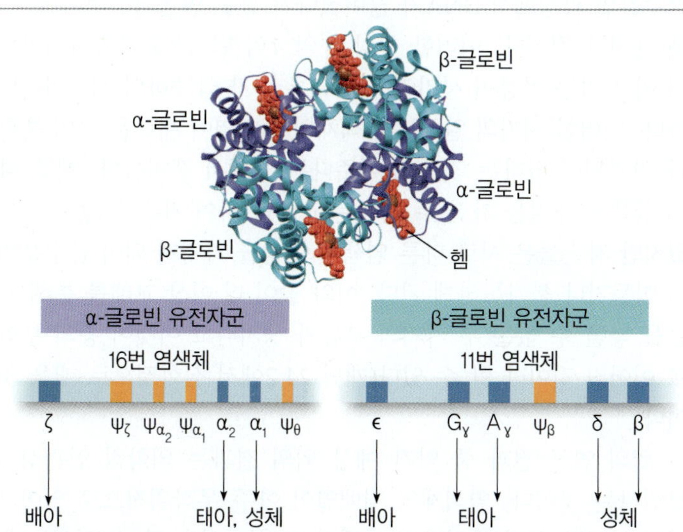

(b) **사람의 α-글로빈과 β-글로빈 유전자군.** 헤모글로빈은 두 개의 α-글로빈과 두 개의 β-글로빈으로 구성된다. α-글로빈과 β-글로빈을 암호화하는 유전자(어두운 청색)는 각각 유전자군으로 존재한다. 각 유전자군 내의 기능적인 유전자 사이에 있는 비암호화성 DNA(밝은 청색)는 위유전자(ψ; 노란색)를 포함하고 있다. 유전자와 위유전자는 그리스 문자로 표시되어 있다. 일부 유전자는 오직 배아나 태아에서만 발현된다.

▲ **그림 20.10 유전자군**

? (a)에서 빨간색으로 전사의 방향이 표시되어 있지 않다면 무엇으로 전사 방향을 알아낼 수 있을까?

수 있게 해준다. 글로빈 유전자군에서 보이는 또 다른 것은 위유전자(pseudogene)이다. 이는 유전자와 유사한 서열을 가지지만 실제로 발현되지는 않는 서열이다. 이 두 글로빈 유전자군에 대한 진화는 개념 20.5에서 더 심층적으로 다루어질 것이다.

유전자군에서 유전자의 배열을 분석함으로써 유전체의 진화에 대한 고찰을 할 수 있도록 해준다. 다음 절에서는 진화 기간에 다른 종의 유전체가 만들어졌던 과정을 살펴볼 것이다.

개념 확인 문제 20.4

1. 포유류의 유전체가 원핵세포에 비해 더 큰 이유에 대해 설명해 보라.
2. 그림 20.8과 20.9에 나타난 세 가지 기작에서 어떤 것이 새로운 위치뿐 아니라 원래의 위치에도 전이인자가 존재하도록 만드는가?
3. rRNA 유전자군과 글로빈 유전자군의 구조상의 차이를 설명하라. 유전자군은 어떤 이득이 있을지 설명해 보라.
4. MAKE CONNECTIONS 그림 18.8의 맨 위에 있는 DNA 단편의 각 단편을 그림 20.6의 원그래프 상에서 각 부분들에 배정해보라.

정답은 부록 A 참조

개념 **20.5**

DNA의 중복, 재배열, 돌연변이 등이 유전체의 진화에 기여한다

진화 지금까지 한 예로 사람의 유전체 구성에 대해서 알아보았는데 이제부터는 유전체의 구성을 살펴봄으로써 그것이 어떻게 진화를 해 왔는지 알아보자. 유전체상의 변화의 기본은 돌연변이이고 이것이 유전체 진화의 기본이 된다. 가장 초기의 생명체는 생존과 번식에 필요한 최소한의 수의 유전자를 가지고 있었던 것으로 보인다. 이것이 사실이라면 진화의 한 중요한 측면은 유전자 다양성의 기초가 될 수 있는 유전체 크기의 확대이다. 여기서 우리는 유전체의 확대기전에 대해 알아보고 그 기초 위에 어떻게 새로운 기능의 단백질과 RNA 산물이 진화했는지를 알아본다.

염색체 전체의 복제

감수분열의 실수가 염색체의 수를 증가시킬 수 있는데, 그 결과 배수체(polyploid)가 될 수 있다. 이러한 결과가 대부분의 경우는 치사에 이르게 하지만 드물게는 유전자의 진화에 기여한다. 배수체에서는 유전자의 한 세트만으로도 필수적인 기능을 수행할 수 있다. 복제되어 여러 개의 유전자가 존재하게 되면 그 여분의 유전자들은 변이의 축적에 의해 다양성을 획득할 수 있다. 이러한 개체가 살아남게 되면 번식할 것이고, 그 결과 이들 변이된 유전자들도 살아남는 것이다. 이러한 방법으로 새로운 기능의 유전자가 탄생할 수 있다. 필수 유전자의 하나가 정상적으로 작동하고 있으면 새로운 방식으로 기능하는 단백질 유전자가 만들어질 수 있고 그 결과 표현형이 달라질 것이다.

여러 유전자에서 변이가 축적되면 심지어 새로운 종의 출현도 가능하다. 배수체는 동물에서 매우 드물지만, 꽃이 피는 식물에서는 상대적으로 빈번하게 나타난다. 어떤 식물학자는 오늘날 살아 있는 식물의 80%가 조상 식물에서 배수체가 만들어짐으로써 생긴 것이라고 주장한다. 개념 24.2에서 배수체가 어떻게 식물의 종분화를 가져왔는지 살펴볼 것이다.

염색체 구조의 변화

유전자 정보가 엄청나게 늘어남에 따라 서로 다른 종간의 염색체 구조를 자세히 비교할 수 있게 되었다. 그 결과 염색체의 구성과 새로운 종의 출현에 대한 정보를 얻을 수 있게 되었다. 예를 들면, 약 600만 년 전에 인간과 침팬지의 조상이 서로 다른 종으로 분화할 때, 인간의 조상에서는 두 개의 염색체가 융합이 되어 인간(n = 23)과 침팬지(n = 24)에서의 염색체 수가 달라지게 되었음이 밝혀졌다. 염색체의 밴드패턴은 현재 침팬지 염색체의 12번과 13번의 조상형 버전이 융합되어 인간의 2번 염색체를 형성했다는 증거를 제시한다. 인간 2번 염색체에 대한 염기서열분석 결과는 이를 더욱 강력하게 뒷받침하는 증거이다**(그림 20.11)**.

또 다른 연구에서 인간의 유전자와 생쥐의 유전자를 전체 염색체 수준에서 비교하였다**(그림 20.12)**. 이 연구로부터 16번 염색체상에 집중되어 있는 유전자의 블록들이 생쥐에서는 4개의 염색체에 흩어져 분포하는 것을 알 수 있었는데, 이를 보면 생쥐나 각 블록 내의 유전자들이 생쥐와 사람의 공통조상 계보에서 함께 붙어 있었다는 것을 알 수 있다.

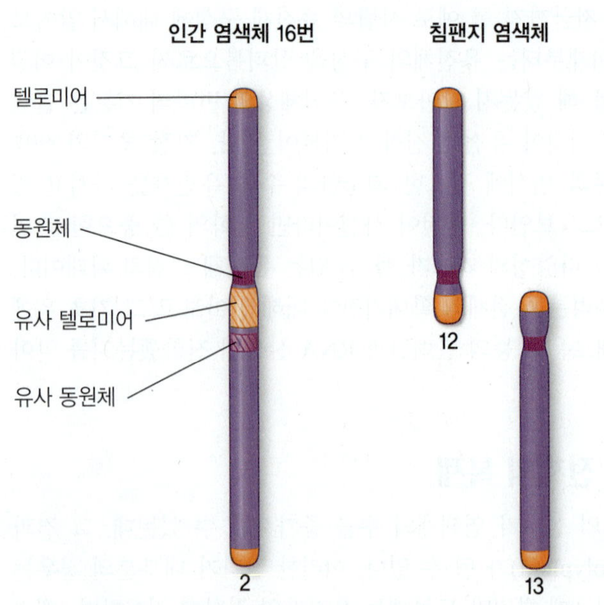

▲ 그림 20.11 인간과 침팬지의 염색체. 인간의 2번 염색체(왼쪽)의 유사 텔로미어(telomere-like), 유사동원체는 침팬지 12, 13번 염색체의 텔로미어 부분과 13번 염색체(오른쪽)의 동원체 부분과 일치한다. 이것은 과거에 12, 13번 염색체가 합쳐져서 인간의 2번 염색체가 만들어졌다는 것을 보여준다. 12번 조상염색체로부터 온 동원체는 사람의 2번 염색체에 기능적으로 남아 있지만, 13번 조상염색체로부터 온 동원체는 기능적이지 않다.

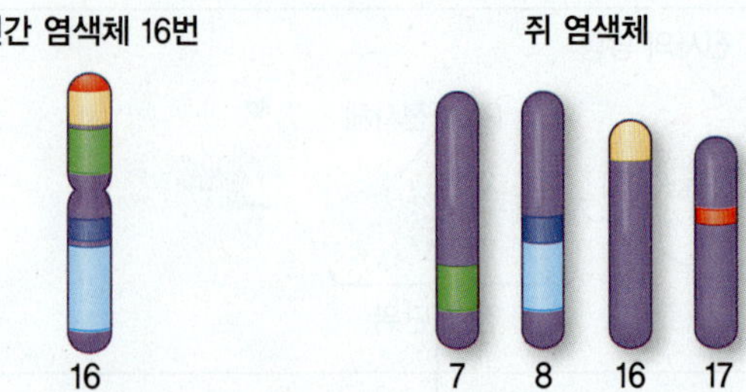

▲ 그림 20.12 인간과 생쥐 염색체. 인간의 16번 염색체상의 DNA 염기서열 블록과 유사한 DNA 블록이 생쥐에서는 7, 8, 16, 17번 염색체에 분산되어 나타난다. 단 각 블록 내의 염기서열들은 보존되어 있는 것으로 보인다. 이는 인간과 생쥐가 공통조상에서 분기한 후 이들 블록 속의 유전자들은 그 배열을 그대로 유지하고 있었음을 의미한다.

동일한 비교 연구를 인간과 다른 여섯 종의 포유류에서 수행한 결과 진화상에서의 염색체 재배열의 역사를 추적할 수 있게 되었다. 이 과정에서 많은 중복과 역위 현상이 관찰되는데 이는 감수분열 과정에서 DNA가 끊어졌다가 잘못 연결되는 실수로 인해 생겨난 것이다. 이러한 현상은 약 1억 년 전에 가속화되었는데 이 시기는 공룡이 사라지고 포유류 수가 급증하던 시기이기도 하다. 이러한 시기의 일치는 염색체의 재배열이 새로운 종의 출현과 연관되어 있다는 것을 보여준다는 점에서 흥미롭다. 서로 다른 염색체 배열을 가진 두 개체는 교배를 하여 자손을 낳을 수는 있지만 자손들은 서로 다른 염색체 구성을 가지게 되어 감수분열이 힘들거나 불가능하게 된다. 이와 같이 더 이상 교배를 통해 자손을 낳을 수 없는 두 가지의 부류가 생겨나고 이것이 종의 분화로 이어진 것이라 할 수 있다(개념 24.2에서 심화적으로 배울 것이다).

위의 연구 결과 중 약간 예상 외의 결과는 의학적 연관성도 보인다는 것이다. 염색체의 재배열이 아주 무작위적으로 일어난 것이 아니라 특정 부위가 반복해서 쓰이는 것을 알 수 있었는데, 이를 "핫 스팟(hot spot)"이라 한다. 이러한 부위들은 실제로 인간에서 선천성 질병과 연관되는 염색체 이상의 부위와도 일치하는 것으로 밝혀졌다(개념 15.4).

DNA 조각의 중복과 다양화

감수분열에서의 실수로 개별적인 유전자의 복제가 일어날 수도 있다. 감수분열의 제1전기에서의 교차과정에서 비정상적인 교차가 일어나면 한 염색체에는 결실이, 다른 염색체에는 중복이 발생하는 것이다. 전이인자들은 비록 정확하게 DNA 서열이 병렬

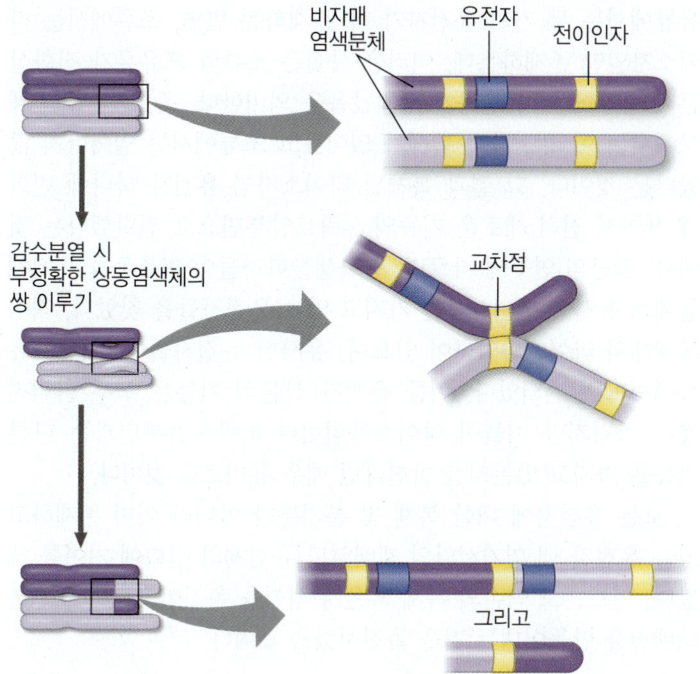

▲ **그림 20.13 불균형적인 교차에 의해 생기는 유전자 중복.** 유전자의 중복이 일어날 수 있는 기전 중 하나는 감수분열 중 전이인자들 사이에서 재조합이 일어나는 것이다. 이러한 재조합의 결과 한 염색분체에는 중복된 유전자를, 다른 염색분체에는 결실된 유전자를 남게 된다.

MAKE CONNECTIONS 그림 13.9에서 어떻게 교차가 발생하는지 설명하여라. 그리고 위의 그림에서 마지막의 두 염색체가 어떻게 생성되는지 각각 다른 색깔의 선을 사용하여 중간 그림에 표시해 보라.

되지 않은 상황에서도 교차 부위를 만들어 낼 수 있다**(그림 20.13)**.

DNA 복제과정에서도 실수가 있을 수 있는데, 주형이 새로운 상보적인 가닥에 대해 이동하면서 주형이 되는 DNA를 두 번 읽거나 건너뛰는 실수가 생기면 DNA의 일부가 결실되거나 중복될 수 있다. 이런 실수는 반복서열이 있는 곳에서 자주 일어날 수 있는데 STR 분석에 쓰이는 단순반복서열 DNA의 반복횟수가 개인마다 다른 것도 이런 오류에 기인하는 것이라고 할 수 있다. 불균등한 교차와 DNA 복제과정에서 일어나는 주형에서의 미끄러짐 현상이 유전자의 중복을 유발시킨다는 증거는 글로빈 유전자군과 같은 유전자군의 존재에서도 확인할 수 있다.

연관된 기능을 가지는 유전자의 진화: 인간의 글로빈 유전자

그림 20.10b는 인간 유전체 내의 α-글로빈과 β-글로빈 유전자군이 어떻게 구성되어 있는지를 보여준다. 지금부터 유전자의 복제가 어떻게 글로빈 유전자처럼 유사한 기능을 갖는 유전자로의 진화를 이끌게 되었는지 생각해 보자. 다유전자군 내의 유전자 간의 서열 비교로 어떤 유전자가 먼저 출현하였는지 추정할 수 있다. 이런 방식의 연구를 통해 모든 글로빈 유전자는 고대의 단일 유전자로부터 진화해 왔다는 것이 밝혀졌다. 고대 단일 유전자가 4.5~5억 년 전에 복제되어 α-글로빈과 β-글로빈 유전자의 원형유전자로 나누어졌다고 생각된다. 이들 유전자는 그 이후 다시 여러 번 복제되어 현재와 같이 서열이 조금씩 다른 유전자가 되었다는 것이다**(그림 20.14)**. 글로빈의 고대 유전자는 또한 근육에서 산소를 운반하는 기능을 하는 미오글로빈과 식물에서의 레그헤모글로빈으로 진화되기도 했는데, 이들은 헤모글로빈과는 달리 단위체(monomer)로 기능하는 종류이다. 이 모든 유전자들을 포괄해서 "글로빈 슈퍼유전자군"이라고 한다.

중복이 된 후 오랜 시간에 걸쳐 글로빈 유전자들에 돌연변이가 축적되어 서로 다른 유전자가 되었다. 현재의 모델에 의하면 α-글로빈에 의해 충족되는 필수 기능은 한 유전자로 담당하게 하고 다른 유전자들에는 돌연변이가 축적되었다는 것이다. 어떤 돌연변이는 개체에 해악을 끼치는 것으로 되기도 하고 어떤 변이는 아무런 영향을 주지 않을 수도 있다. 하지만 어떤 돌연변이는 단백질의 기능을 변화시켜 산소 운반 기능은 그대로 유지하면서도 특정 발생 단계에서 개체에 도움을 줄 수 있게 되기도 한다는 것

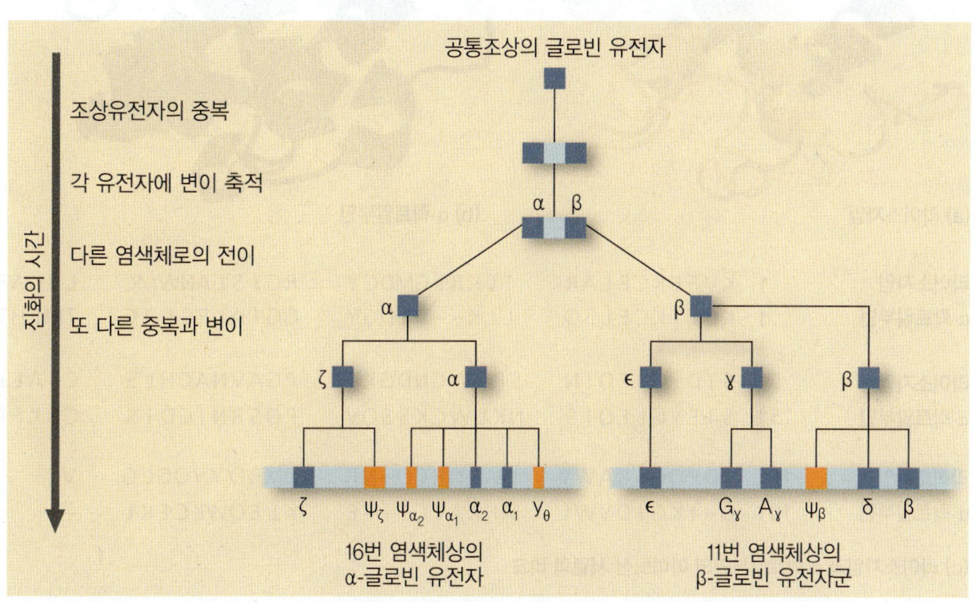

▲ **그림 20.14 단일의 고대 유전자로부터 사람의 α-글로빈과 β-글로빈 유전자가 진화해 왔다는 모델**

? 금 색깔은 위유전자이다. 이들이 유전자가 복제한 후에 어떻게 만들어질 수 있었는지 설명하여라.

이다. 아마도 자연선택 과정을 통해 이러한 변이들이 유지되면서 α-글로빈 단백질의 다양한 유형이 만들어졌을 것으로 보인다.

여러분은 **과학적 분석 기술의 연습**에서 글로빈 단백질군의 아미노산 서열을 비교하여 그림 20.14에 보이는 글로빈 유전자의 진화에 대한 모델을 만들어내는데 어떻게 이용하는지를 알게 될 것이다. 위유전자들이 기능적인 글로빈 유전자들 사이에 끼어 있다는 사실은 이 모델을 지지하는 것이다. 즉, 무작위적인 변이들이 이들 "유전자"에 축적되면서 기능 자체를 파괴했을 것이라는 것이다.

새로운 기능을 가지는 유전자의 진화

글로빈 유전자군의 진화과정이 유전자 복제와 변이의 축적이라는 과정을 통해 유사한 기능을 가지는 여러 개의 유전자로 진화한 경우라고 한다면, 복제된 하나의 유전자가 전혀 새로운 기능을 가지는 유전자로 진화하는 경우도 있다. 라이소자임(lysozyme)과 α-락트알부민(α-lactalbumin)이 그 좋은 예가 된다.

라이소자임은 세균의 세포벽을 분해함으로써 감염을 막는 효소이고 α-락트알부민은 효소 기능을 가지지 않은 단백질로서 포유류의 젖 생산에 관여하는 단백질이다. 이 두 단백질의 아미노산 서열은 상당히 유사하며 3차 구조도 유사하다(**그림 20.15**). 포유류에서는 두 가지 유전자가 다 존재하는 반면, 조류에서는 라이소자임만 존재하는데, 이러한 사실은 조류와 포유류가 진화상 분화된 후에 이 유전자가 생겨났음을 의미한다. 즉, 포유류의 계보에서는 이 유전자의 복제가 일어났고 조류에서는 일어나지 않았다는 것이다. 그 결과 복제된 라이소자임 유전자 하나에 변화가 생겨서 전혀 새로운 기능의 α-락트알부민으로 진화했다는 것이다. 최근의 연구에 따르면, 진화생물학자들이 척추동물 유전체들에서 유사한 염기서열을 가지고 있는 유전자들을 찾았다. 적어도 8개의 라이소자임군이 있으며, 유사한 유전자들이 다른 포유류에서도 발견되었다. 이들 유전자 산물의 기능은 모두 밝혀진 것은 아니지만 이들이 라이소자임이나 α-락트알부민과는 다른 기능을 가지고 있는지를 밝힌다면 매우 흥미로울 것이다.

모든 유전자에 대한 복제 및 분기뿐만 아니라 이미 존재하고 있는 유전자 내 염기서열의 재배열도 유전체의 진화에 기여를 해왔다. 인트론도 엑손의 복제 혹은 뒤섞임을 촉진함으로써 새로운 단백질을 만들어내는 것을 촉진시켰을 것이다.

유전자 부분의 재배열: 엑손 복제와 엑손 셔플링

개념 17.3에서 언급한 것처럼 엑손은 종종 한 단백질 영역, 즉 한 단백질 분자 내에서 구조나 기능적으로 독특한 부분을 암호화하

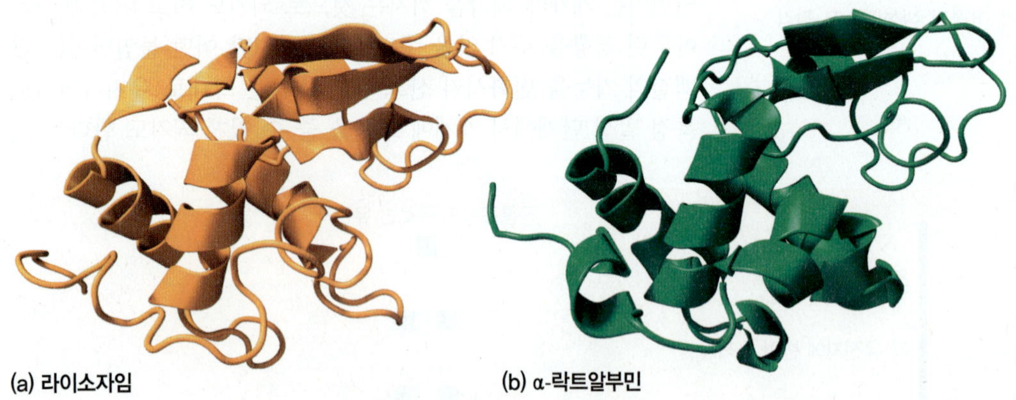

(a) 라이소자임 (b) α-락트알부민

라이소자임	1	KVFERCELAR	TLKRLGMDGY	RGISLANWMC	LAKWESGYNT	RATNYNAGDR
α-락트알부민	1	KQFTKCELSQ	LLK--DIDGY	GGIALPELIC	TMFHTSGYDT	QAIVENN--E
라이소자임	51	STDYGIFQIN	SRYWCNDGKT	PGAVNACHLS	CSALLQDNIA	DAVACAKRVV
α-락트알부민	51	STEYGLFQIS	NKLWCKSSQV	PQSRNICDIS	CDKFLDDDIT	DDIMCAKKIL
라이소자임	101	RDPQGIRAWV	AWRNRCQ-NR	DVRQYVQGCG	V	
α-락트알부민	101	D-IKGIDYWL	AHKALCT--E	KLEQWLCEKL	–	

(c) 라이소자임과 α-락트알부민의 아미노산 서열의 비교

▲ **그림 20.15 라이소자임과 α-락트알부민 단백질의 비교.** 컴퓨터 모델링을 통해 라이소자임(a)과 α-락트알부민 단백질(b)의 구조가 유사하는 것을 보여준다. 아미노산은 읽기 쉽게 10개씩 묶어 표시되어 있으며, 문자 하나는 한 아미노산을 나타낸다(그림 5.14). 같은 아미노산은 노란색으로 표시되어 있으며, 짧은 선은 아미노산 배열을 최적화하기 위해서 소프트웨어에 의해서 삽입된 것이다.

MAKE CONNECTIONS 두 아미노산이 같지 않더라도 어떤 아미노산들은 구조적으로 그리고 화학적으로 유사하여 비슷하게 기능을 한다. 그림 5.14를 이용하여 위 두 아미노산의 1~30의 위치에서 같지 않은 아미노산은 무엇이며, 유사한 것들은 무엇인지 표시해 보라.

고 있다. 감수분열 동안 불균등한 교차가 일어나면 한 염색체에는 유전자 일부분의 중복이 일어나고 다른 염색체에는 결실이 일어남을 이미 살핀 바 있다(그림 20.13). 비슷한 기전으로 특정 엑손이 한 염색체에서는 중복되고 다른 염색체에서는 결실될 수 있을 것이다. 중복된 엑손을 가지는 유전자는 동일한 도메인을 여분으로 가지는 단백질을 암호화하게 된다. 이러한 단백질 구조상의 변화는 이 단백질의 안정성을 증가시켜 그 기능을 향상시킬 수도 있고 다른 효과를 나타낼 수도 있다. 매우 많은 수의 단백질 유전자에는 유사한 도메인의 정보를 가지는 유사한 엑손이 다수 존재하며 이는 아마도 엑손 복제와 다양화 과정을 거쳤을 것이다. 세포외 단백질의 하나인 콜라젠(collagen)이 좋은 예가 된다. 콜라젠은 매우 반복된 아미노산 서열들로 이루어진 구조 단백질로서, 이것은 콜라젠 유전자 내의 반복된 엑손들에 의한 것이다.

다른 기전으로는 엑손 셔플링(exon shuffling)이라는 현상을 들 수 있는데, 감수분열 시 재조합 과정의 실수로 유전자내 또는 유전자 간의 엑손 뒤섞기를 생각할 수 있다. 이 과정을 통해서도 새로운 기능의 단백질을 만들어 낼 수 있다. 예를 들어, 조직 플라스미노젠 활성화 효소(tissue plasminogen activator, TPA)를 보면, 이 단백질은 세 가지 유형의 도메인을 네 개 가지는데, 각 도메인은 각각 하나의 엑손에 의해 암호화되어 있으며 한 엑손은 복제되어 있는 것으로 보인다. 이런 각 엑손들을 가진 각기 다른 단백질에 이미 존재한다는 사실로 미루어 보면, TPA 단백질 유전자는 엑손 이동과 복제라는 기전으로 만들어진 것으로 추정할 수 있다(그림 20.16).

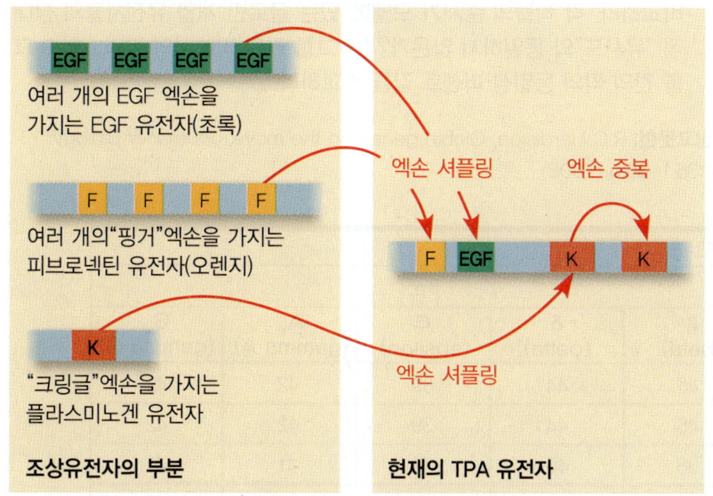

▲ **그림 20.16 엑손 셔플링에 의한 새로운 유전자의 진화.** 엑손 셔플링은 EGF, 피브로넥틴, 플라스미노젠 유전자의 고대 유전자로부터(왼쪽) 엑손을 이동시켜 현대의 TPA 유전자를 진화시켰을 것으로 추정된다(오른쪽). 플라스미노젠 유전자 내의 "크링글(kringle)" 엑손은 이동 후 복제되어 두 개의 도메인으로 TPA 유전자에 존재한다.

? 인트론 내의 전이인자의 존재가 엑손 셔플링을 어떻게 도와줄까?

전이인자가 유전체 진화에 기여한 점

전이인자가 현재의 유전체에 많은 부분을 차지할 만큼 남아 있다는 사실은 전이인자가 유전체 구성에 있어서 일정한 기여를 했을 것임을 짐작하게 해준다. 이 인자들이 유전체 진화에 기여할 수 있는 방법은 여러 가지가 있다. 가령 이들은 유전자 재조합을 촉진할 수 있고, 유전자를 파괴할 수도 있고, 조절 부위에 끼어들 수도 있다. 또한 유전자 전체나 엑손을 다른 새로운 장소로 이동시킬 수도 있다.

유전체 전체의 여러 부위에 비슷한 서열의 전이인자가 퍼져 있으면 다른 염색체들 간의 재조합을 가능하게 할 수 있다. 이러한 변화는 대부분 유해하며 종종 치사에 이르게 한다. 하지만 진화의 과정에서 이런 재조합이 드물게나마 개체에 이롭게 작용할 수도 있었을 것이다. (이러한 변화가 자손세대로 전달되기 위해서는 생식세포에서 발생하여야 한다.)

전이인자가 유전체 여기저기를 이동해 다님으로써 여러 가지 직접적 결과를 초래할 수 있는데, 예를 들어 단백질 유전자의 한가운데 끼어들게 되면 그 유전자 산물의 정상적 기능을 파괴할 수 있다. 조절 부위에 끼어들게 되면 특정 단백질의 발현을 증가 또는 감소시킬 수 있다. 맥클린톡(McClintock)이 발견한 옥수수의 색 변화 현상에서는 이들 두 가지 과정이 다 일어난 것으로 조사된 바 있다. 이러한 변화가 해로울 수도 있지만 종종 이득이 되는 경우에는 진화상에서 채택되는 것이다.

전이의 과정에서 전이인자는 유전자 또는 유전자 일부를 같이 이동시킬 수 있는데, 이런 현상으로 인해 서로 다른 염색체에 α-글로빈과 β-글로빈 유전자군이 위치하게 되었거나, 어떤 유전자군의 유전자들이 모여 있지 않고 여러 염색체에 흩어져 존재하게 되었으리라고 추정한다. 비슷한 방식으로 엑손 하나를 이동시키게 되면 다른 유전자 속으로 엑손 이동의 효과가 나타나게 된다. 예를 들어, 전이인자에 의해 어떤 인트론에 한 엑손이 이동되었을 경우 이 엑손이 스플라이싱 이후의 mRNA에 남아 있게 된다면 그 산물인 단백질에 새로운 도메인이 추가된 모양이 되는 것이다. 이런 단백질은 새로운 기능을 수행할 수도 있을 것이다.

이러한 과정은 아마도 당대에 나쁜 영향을 주거나 혹은 전혀 아무런 영향을 미치지 않겠지만, 진화상의 오랜 기간 동안에는 유전적 다양성을 제공하는 방편으로 활용됨으로써 자연선택에서의 선택 가능성을 제공해 주었을 것이다. 유전자와 그 산물의 다양화는 새로운 종의 진화에 있어 중요한 요인이 된다. 따라서 어느 한 종의 유전체에서 변화의 축적은 그 종의 진화 역사를 기록해 둔 것과 마찬가지이다. 이러한 기록을 읽기 위해서는 유전체의 변화를 찾아낼 수 있어야 하는데, 이제는 다른 종 간의 염기서열 비교가 가능해짐으로써 유전체가 어떻게 진화해 왔는지 짐작할 수 있게 되었다. 다음 절에서 보다 자세히 살피게 될 것이다.

과학적 분석 기술의 연습

아미노산 서열 일치도에 대한 해석

인간 글로빈 유전자의 아미노산 서열이 진화과정에서 어떻게 분기했는가? 글로빈 유전자의 진화 역사 모델을 구축하기 위해(그림 20.14), 연구자들은 이들이 암호화하고 있는 폴리펩타이드의 아미노산 서열을 비교하였다. 이 연습에서는 진화적 관계를 뚜렷이 드러내기 위해 글로빈 폴리펩타이드의 아미노산 서열을 비교 분석할 것이다.

실험 방법 과학자들은 8개의 글로빈 유전자 각각의 DNA 염기서열을 얻고 이들의 아미노산 서열을 "번역"하였다. 그런 다음 컴퓨터 프로그램으로 이 서열을 정렬시키고 각 짝별로 동일성 정도를 퍼센트로 나타내었다. 동일성 퍼센트는 글로빈 폴리펩타이드에 있는 전체 아미노산의 수에 대해 동일한 아미노산을 가지는 위치의 수를 반영한다. 이 데이터는 쌍방 간의 비교를 보여주는 표에 배열되어 있다.

실험 데이터 아래 표는 아미노산을 한 글자 표기법으로 나타낸 쌍방 간—α_1-글로빈과 ζ-글로빈의 아미노산 서열—정렬의 예를 보여준다. 아미노산 서열은 각 열의 왼쪽부터 첫 번째 아미노산으로 기술되어 있다. α_1-글로빈과 ζ-글로빈 아미노산 서열의 동일성 퍼센트 값을 일치하는 아미노산의 수(87)를 세고 이를 전체 아미노산 수(143)로 나눈 뒤 다시 100을 곱하여 얻었다. 이 결과 이 페이지의 아래쪽에 있는 아미노산 동일성 표에서 보여준 것과 같이 α_1-ζ 짝에서 61%의 동일성을 보였다. 다른 글로빈 짝 간의 값도 동일한 방법으로 얻었다.

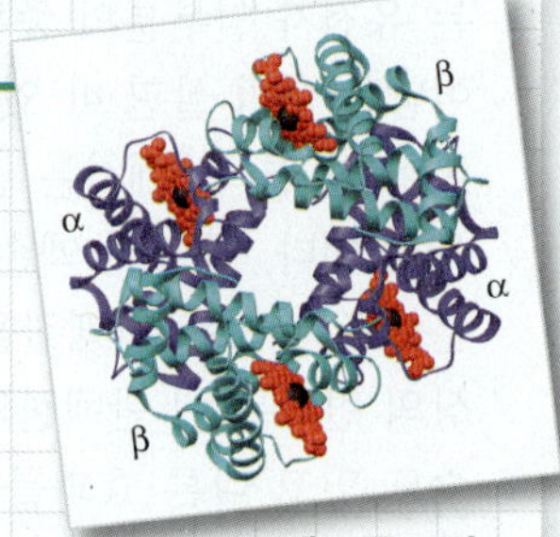

▲ 헤모글로빈

글로빈	글로빈 아미노산 서열의 정렬

```
α1    1 MVLSPADKTNVKAAWGKVGAHAGEYGAEAL
ζ     1 MSLTKTERTIIVSMWAKISTQADTIGTETL

α1   31 ERMFLSFPTTKTYFPHFDLSH-GSAQVKGH
ζ    31 ERLFLSHPQTKTYFPHFDL-HPGSAQLRAH

α1   61 GKKVADALTNAVAHVDDMPNALSALSDLHA
ζ    61 GSKVVAAVGDAVKSIDDIGGALSKLSELHA

α1   91 HKLRVDPVNFKLLSHCLLVTLAAHLPAEFT
ζ    91 YILRVDPVNFKLLSHCLLVTLAARFPADFT

α1  121 PAVHASLDKFLASVSTVLTSKYR
ζ   121 AEAHAAWDKFLSVVSSVLTEKYR
```

데이터 해석

1. 아래의 표에서 보면 데이터는 각 글로빈들끼리 비교할 수 있도록 정렬되어 있다. (a) 표에 있는 일부 칸은 선으로 표시되어 있다. 이 칸들 간의 비교에 사용되는 짝들을 보면 선에 몇 퍼센트가 들어가야 하겠는가? (b) 표의 아래 왼쪽 절반에 있는 칸은 비어 있다. 이 표에서 이미 제시된 정보를 이용하여 빈칸을 채워라. 이 칸들을 빈 채로 둔 것이 합리적인 이유는?
2. 중복된 유전자들에서 두 유전자가 더 빨리 생성되었을수록 이들의 염기는 더 많이 분기될 것이고, 단백질 산물의 아미노산은 더 많은 차이를 나타낼 것이다. (a) 이러한 전제에 따라 어떤 두 유전자가 가장 많이 분기했을까? 이들 간의 동일성 퍼센트는? (b) 같은 방법을 써서 어떤 두 유전자가 가장 최근에 중복되었을까? 이들 간의 동일성 퍼센트는?
3. 그림 20.14에서 보여준 글로빈 유전자 진화 모델은 조상 유전자가 α-와 β-글로빈으로 중복되었고, 이후 각각이 더욱 중복되고 돌연변이에 의해 변화되었음을 시사한다. 이 데이터들의 어떤 특징이 이 모델을 지지하는가?
4. 제일 윗 칸이 100%로 시작하는 표를 만들고, 그 표에 모든 동일성 퍼센트 값의 리스트를 찾아 넣어라. 각 수의 옆에 글로빈 짝과 동일성 퍼센트 값을 써 넣어라. α 계열에 해당하는 글로빈의 색깔 하나를 결정하고 β 계열의 글로빈에 대해서는 다른 색깔을 사용하라. (a) 그림 20.14에 보인 모델에서 그들의 위치와 여러분의 리스트 속에 있는 짝의 순서를 비교하라. 각 짝들의 순서가 모델에 있는 글로빈 계열 유전자들의 상대적 "유사도"와 동일하지 않은가? (b) 그룹 간의 짝에서의 값과 α와 β 그룹 간의 짝의 동일성 퍼센트 값을 비교하라.

참고문헌: R.C Hardision, Globin genes on the move, *Journal of Biology* 7:35.1–35.5 (2008)

아미노산 일치도 표

		α군			β군				
		α_1 (alpha 1)	α_2 (alpha 2)	ζ (zeta)	β (beta)	δ (delta)	∈ (epsilon)	A_γ (gamma A)	G_γ (gamma G)
α군	α_1	———	100	61	45	44	39	42	42
	α_2		———	61	45	44	39	42	42
	ζ			———	38	40	41	41	41
β군	β				———	93	76	73	73
	δ					———	73	71	72
	∈						———	80	80
	A_γ							———	99
	G_γ								———

개념 확인 문제 20.5

1. DNA 중복에 이르게 되는 세포 기능상의 오류들을 설명하라.
2. 다수의 엑손들이 피브로넥틴과 EGF(그림 20.16, 왼쪽)의 조상유전자에서 어떻게 생겨났을지 설명해 보라.
3. 전이인자가 유전체의 진화에 기여한 바 3가지를 설명해 보라.
4. **WHAT IF?** 2005년에 아이슬란드의 과학자들은 북부 유럽인의 약 20%에는 커다란 염색체 역위가 있음을 보고하였다. 이들에 의하면 이 역위를 가지는 여성이 그렇지 않은 여성에 비해 자손의 수가 많았다. 미래의 아이슬란드 인구 분포에 있어 이 역위의 빈도에는 어떤 변화가 생길지 예상해 보라.

정답은 부록 A 참조

개념 20.6

유전체의 비교로 진화와 발생에 대한 정보를 얻을 수 있다

진화 어떤 사람은 현대생물학을 항해 기술과 빠른 선박 제조 기술로 출현했던 15세기 탐험의 시대에 비교하기도 한다. 지난 25년 동안 우리는 유전체 염기서열 분석 속도에서 엄청난 진보를 이루었고 데이터 축적, 분석, 그리고 유전자 기능 분석을 위한 다양한 기술의 개발, 복합계 내에서 유전자와 그 산물들이 어떻게 작용하는가에 대한 분석이 가능해지면서 새로운 시대에 접어들게 되었다.

다양한 종에서의 유전체 비교로 생명 진화의 역사를 알 수 있게 되었고, 마찬가지로 다른 종들에서 발생을 일으키는 유전자의 네트워크들을 비교함으로써 오늘날의 생명체 다양성을 유발하게 된 기전에 대한 규명이 가능해졌다. 여기서는 위의 두 가지 접근법을 이용하여 알게 된 새로운 사실들에 대해 공부하기로 한다.

유전체의 비교

두 종 간에 유전자와 유전체의 염기서열이 비슷할수록 두 종은 진화적으로 가깝다. 근연종 간의 유전체 비교로 최근의 진화과정에 대한 것을 알 수 있고, 진화적으로 멀리 떨어져 있는 종끼리의 비교를 통해서는 고대의 진화 역사를 유추할 수 있다. 어떤 경우에도 공유되고 있는 특징이나 독특한 다양성을 가지는 특징은 생명과 생명현상의 진화를 이해하는 데 도움이 된다. 1장에서 공부한 바와 같이, 종 간의 진화적 연관관계는 나무의 형태로 그릴 수 있는데 여기서 각 가지가 나오는 지점이 새로운 계보가 출현하는 지점이 된다. **그림 20.17**은 이러한 진화의 나무를 보여주고 있다.

근연관계가 낮은 종 간의 비교

근연관계가 낮은 종 간의 비교에는 잘 보존되어 있는 유전자를 찾

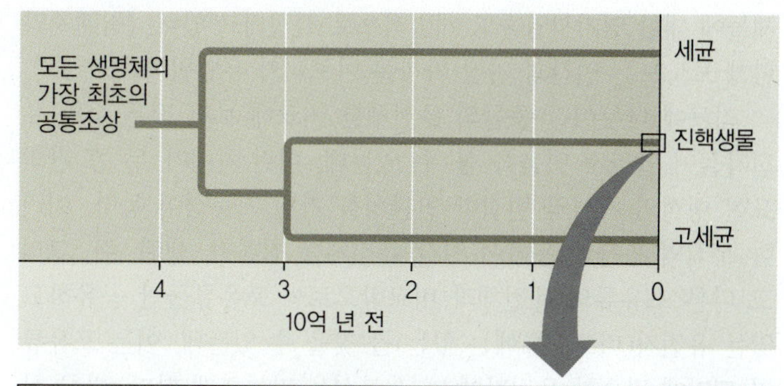

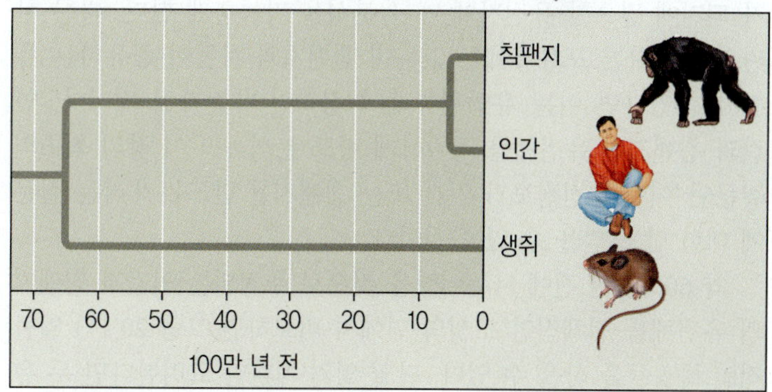

▲ **그림 20.17 생명의 세 영역들의 진화적 관계.** 이 모식도는 세균, 고세균, 진핵생물이 아주 오래전부터 나누어졌음을 보여준다. 진핵생물의 일부를 확대해서 보면 아래 그림과 같다. 포유류 세 종의 최근의 종분화를 볼 수 있다.

아 오랜 시간 전에 나누어진 이들 종 간의 관계를 연구할 수 있다. 세균, 고세균, 진핵생물 등의 유전체를 비교해 보면 이들 그룹은 20억~40억 년 전에 나누어졌다는 것을 추정할 수 있고, 이들이 생명의 근본적인 영역임을 알 수 있다(그림 20.17).

비교유전체학은 진화학에서 중요할 뿐만 아니라 모델 생물에서의 연구가 전반적인 생물학, 그리고 인간의 생물학에 적용될 수 있다는 점을 보여준다. 아주 오래 전에 진화된 유전자도 서로 다른 종에서 놀라울 정도로 잘 보존되어 있는 경우가 있다. 예를 들어 효모의 어떤 유전자는 사람의 질병 유전자와 흡사한 정도가 아주 높아 이들 유전자는 기능을 효모에서 연구하여 사람에게 바로 적용할 수 있을 정도이다. 이렇게 놀라울 정도의 진화적 보존은 이들 전혀 달라 보이는 종 간에도 공통된 근원이 있음을 보여주는 것이다.

근연관계가 높은 종 간의 비교

진화적으로 가까운 종의 유전체는 비슷한 구조를 가지고 있을 가능성이 많다. 이러한 유사성은 근연관계가 높은 종의 유전체 분석을 할 때 그 분석의 기초를 제공하기도 한다. 예를 들어, 인간 유전체를 기반으로 하여 침팬지의 유전체를 좀 더 빠르게 분석할 수 있었다. 새롭고 빠른 염기서열분석 기술이 발전함으로써 보노보 및 고릴라 유전체에서 이루어진 것처럼 대부분의 유전

체들에 대한 염기서열들도 개별적으로 결정되고 있다. (침팬지와 함께 보노보는 인간과 가장 가까운 아프리카 유인원이다.)

최근에 나누어진 종들의 유전체를 비교해 보면 적은 수의 유전자들이 달라져 있음을 볼 수 있는데, 이런 차이가 두 종 간의 표현 형질의 차이와 밀접한 연관성을 가질 가능성이 높다. 이러한 분석의 틀을 이용하여 인간 유전체를 침팬지, 생쥐, 쥐, 그리고 다른 포유류의 유전체과 비교함으로써 포유류들만 공유하고 있는 유전자(비포유류에는 없는)를 찾을 수 있는데, 이는 포유류가 되기에 필요한 유전자에 대한 분석을 가능하게 한다. 다른 한편으로는 다른 포유류에는 없는데 침팬지와 사람이 공유하는 유전자가 있다면 이는 유인원류에 특징적인 유전자일 것이다. 인간과 침팬지의 유전체를 정밀하게 비교 분석하면 이 장의 최초의 질문인 '어떤 유전정보가 인간 또는 침팬지를 만드는가'라는 질문에 대한 답도 얻을 수 있을 것이다.

약 600만 년 전에 나누어졌을 것으로 추정되는 인간과 침팬지의 유전체를 전체적인 조성의 면에서 비교하면(그림 20.17) 일반적인 특징들을 찾을 수 있다. 단일 염기 치환만 고려한다면 두 유전체는 1.2%의 차이만 보인다. 하지만 좀 더 조사해 보면, 삽입이나 결실 등으로 인해 약 2.7%의 차이를 보임을 알 수 있었다. 대부분의 삽입은 중복에 의하거나 반복서열에 의한 것이었다. 실제로 인간 유전체에서 보이는 중복의 1/3은 침팬지에는 없는 것이며, 이들 중복 부위가 실제로 인간의 질병과 연관성도 있음이 밝혀졌다. 인간에는 *Alu* 인자가 침팬지보다 많으며, 침팬지에는 레트로바이러스성 DNA가 많았다(26장). 이러한 관찰의 결과들은 두 종 간의 서로 다른 진화의 역사를 축적하여 보여주고 있는 것이다. 하지만 아직 완벽한 그림은 완성되지 않았다.

2012년에 보노보의 전 염기서열이 규명되면서 사람의 일부 염기서열은 침팬지와 보노보 간의 염기서열보다 침팬지 혹은 보노보와 더 가깝다는 것이 밝혀졌다. 이 세 종의 염기서열을 상세하게 비교함으로써 진화 역사를 재구성하는데 좀 더 자세한 정보가 이용될 수 있도록 도움을 주었다.

염기서열의 규명에 따른 유전적인 차이가 각 종에서 나타나는 분명한 특징적 차이를 어떻게 설명해 줄 수 있을지는 모른다. 인간과 침팬지의 표현형질상 차이의 원인을 규명하기 위하여 생물학자들은 인간과 침팬지에서 차이가 나는 유전자를 다른 포유류들과 비교하는 작업을 수행하고 있다. 이 방법을 통해 인간에서도 다른 포유류에 비해 빠른 속도로 진화하고 있는 유전자들을 발견할 수 있었다. 이 유전자 중에는 말라리아나 결핵에 내성을 가지 게 하는 유전자와 뇌의 크기를 크게 만드는 유전자 등이 포함되어 있다. 유전자들을 기능에 따라 분류해 보면, 진화적으로 가장 빠르게 변화(진화)하는 것은 전사인자들이다. 전사인자가 유전정보의 프로그램을 조화롭게 구성하는 데 있어 핵심적인 역할을 하는 단백질인 점을 감안하면 납득할 수 있는 결과이다.

인간 계보에서 빠르게 진화하고 있는 전사인자 유전자 중 하나는 *FOXP2*라는 전사인자 유전자이다(**그림 20.18**). 여러 증거에 의하면 *FOXP2* 유전자는 척추동물의 목소리를 내는 데 중요한 역할을 하는 유전자이다. 인간에 있어서도 이 유전자에 변이가 생기면 언어 능력에 문제가 생긴다. 노래를 부르는 새인 카나리아 등에서는 노래를 배우는 시점에 뇌에서 이 유전자가 강하게 발현되는 것이 보고되었다. 가장 강력한 증거는 *FOXP2* 유전자를 손상시킨 후 그 결과 나타나는 표현형을 분석했던 생쥐의 "녹아웃" 실험에서 나왔다(그림 20.18). 이 유전자의 변이를 가지고 있는 생쥐는 동형접합형일 경우 뇌의 비정상적 발생이 일어나고 정상적인 초음파 소리를 내지 못하였다. 이형접합형인 경우에도 목소리를 내는 데 문제를 보이는 것으로 미루어 *FOXP2* 유전자는 목소리 유전자임이 거의 확실하다.

더 나아가 과학자들은 인간과 침팬지에서 소통능력의 차이를 만드는 *FOXP2* 단백질에서 두 개의 아미노산에 주목하고, 생쥐의 *FOXP2* 유전자에 인간버전의 아미노산을 암호화하는 서열을 삽입시켰다. 생쥐는 대체로 건강했지만 미묘한 발성의 차이와 언어를 담당하는 뇌세포상의 변화를 보여주었다.

2010년에 아주 적은 양의 DNA로부터 네안데르탈인 유전체의 염기서열이 밝혀졌다. 네안탈인(*Homo neanderthalensis*)은 사람(*Homo sapiens*)과 같은 속에 속한다(개념 34.7). 두 종 간에 유전체를 비교한 결과 네안데르탈인이 30,000년 전에 지구상에서 사라지기 전에 일정 기간 동안 두 종 간에는 교잡이 있었다는 것을 보여주었다. 비록 네안데르탈인이 돼지처럼 꿀꿀거리는 정도의 소리밖에 내지 못하는 원시인으로 묘사되었지만 이들의 *FOXP2* 단백질은 사람의 것과 같았다. 이러한 연구 결과는 네안데르탈인이 어떤 형태의 말을 할 수 있었을 것으로 생각되며, 또 다른 유전자들의 유사성을 고려할 때 네안데르탈인에 대한 우리의 생각을 바꾸어야 할 것으로 보인다.

*FOXP2*에 대한 예는 광범위한 중요성을 가지는 생물학적 현상을 규명함에 있어 서로 다른 접근법이 어떻게 서로 도움이 되는가를 잘 보여준 예라 할 수 있다. 이 실험은 생쥐를 이용한 실험으로서 인간에게 이런 실험을 한다는 것은 윤리적으로 용납될 수 없기 때문이다. 생쥐와 인간은 약 6,550만 년 전에 나누어졌는데(그림 20.17), 유전체의 수준에서는 약 85%의 유사성을 가지고 있다. 이러한 유전적 유사성을 이용하여 인간의 유전질병을 연구하는 데 사용할 수 있는 것이다. 만약 특정 조직이나 기관이 특정 유전 질병에 의해 영향을 받는다면, 생쥐를 이용한 실험에서도 그와 같은 기관과 조직에서 발현되는 유전자들을 찾을 수 있을 것이다.

유전체 연구는 더 많은 수의 미생물, 유인원, 그리고 진화의 가지에서 소외되어 있던 종으로 확대되고 있다. 이러한 연구는 사람의 건강 및 생태를 포함하는 생물학 전반에 대한 이해뿐 아니라 진화에 대한 이해의 폭을 넓혀 줄 것이다.

▼ 그림 20.18 **탐구**

인간 계보에서 빠르게 진화하고 있는 *FOXP2* 유전자의 기능은 무엇인가?

실험 여러 증거들에 의해 *FOXP2* 유전자는 사람에서 말과 언어 발달 능력에 그리고 다른 척추동물에서는 발성에 중요한 역할을 한다고 알려졌다. 2005년에는 북스바움(Joseph Buxbaum) 등이 생쥐를 이용하여 *FOXP2* 기능 연구를 수행하였다. 생쥐를 목소리를 내는 척추동물의 대표로 하여 유전자를 돌연변이시켜 관찰하게 되었다. 연구자들은 유전공학적 방법을 이용하여 *FOXP2* 유전자 하나가 파괴된 이형접합체나 두 개의 복사본 모두가 파괴된 동형접합체를 생산하였다.

야생형: 정상 *FOXP2* 유전자 두 개

이형: *FOXP2* 유전자 한 개에 돌연변이

동형: *FOXP2* 두 유전자 모두에 돌연변이

그리고 이들 생쥐의 표현형질을 비교하였다. 그 중 두 가지는 뇌의 해부학적 구조와 소리를 낼 수 있는가였다.

실험 1: 뇌를 절단하여 자외선 하에서 뇌의 구조를 볼 수 있도록 반응액을 첨가한 후 현미경으로 관찰하였다.

실험 2: 자손들을 어미로부터 분리해 두고 초음파 소리를 얼마나 잘 내는가를 조사하였다

결과

실험 1 결과: *FOXP2* 유전자 둘 모두가 망가진 경우는 뇌의 조직이 많이 와해되었다. 이형접합형 개체에서도 문제가 있었지만 덜 심각하였다. (현미경 사진에 각 색깔은 다른 세포 혹은 조직을 나타낸다.)

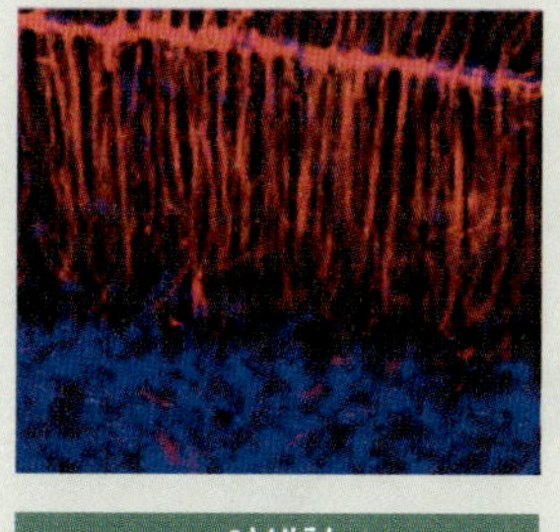

야생형

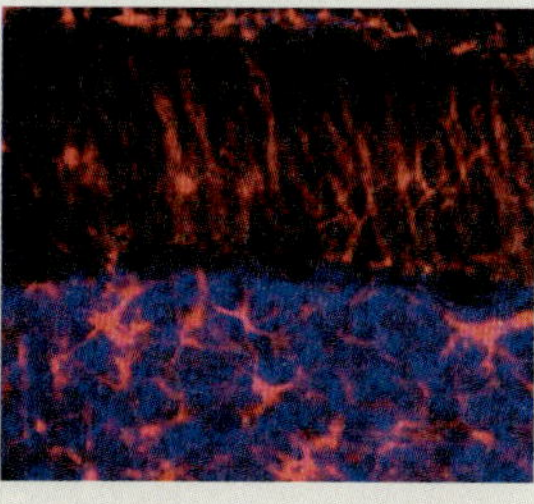

이형접합체

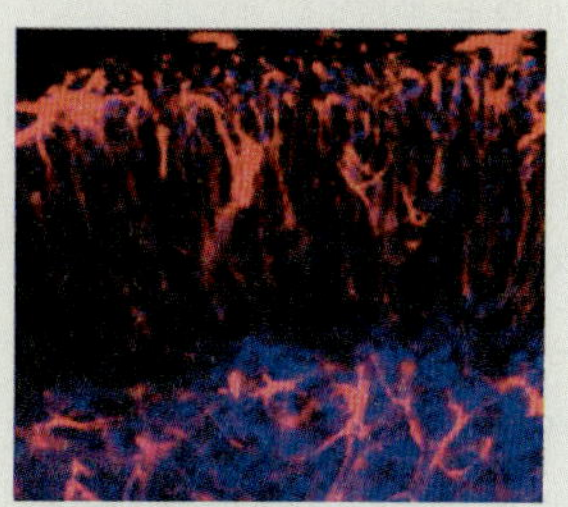

동형접합체

실험 2 결과: *FOXP2* 유전자가 모두 망가진 개체는 소리를 전혀 내지 못했고, 이형접합형 개체도 아주 낮은 빈도로 소리를 냈다.

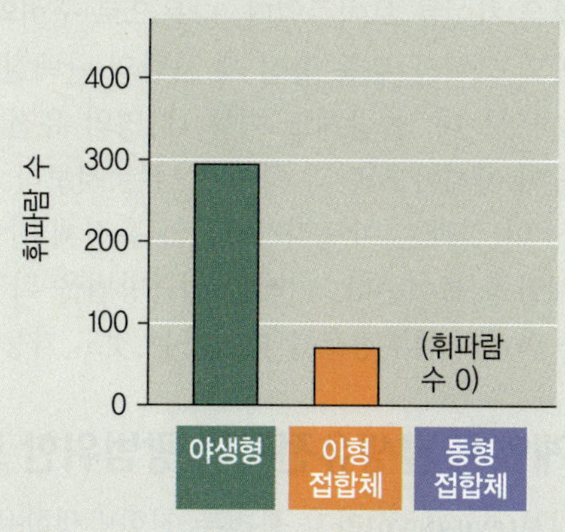

결론 *FOXP2*는 생쥐에서 기능적인 소통의 발달을 위해 중요한 역할을 한다. *FOXP2* 유전자는 인간이나 새에서의 연구 결과에서도 마찬가지였지만, 다양한 종에서 비슷한 역할을 수행할 것으로 보인다.

참고문헌 W. Shu et. al., Altered ultrasonic vocalization in mice with a disruption in the Foxp2 gene, *Proceedings of the National Academy of Sciences* 102:9643–9648 (2005)

WHAT IF? 이 결과들이 *FOXP2*가 목소리를 내는데 중요한 역할을 함을 증명한 것이라고 한다면, 인간의 FOXP2 단백질도 언어 능력에 중추적 역할을 할 것인가가 궁금해질 것이다. 사람의 정상적 FOXP2 단백질 아미노산 서열과 돌연변이형 아미노산 서열, 그리고 침팬지의 야생형 FOXP2 단백질 아미노산 서열이 주어진다면, 위의 질문에 답하기 위한 어떤 일을 할 수 있을까? 생쥐의 FOXP2 단백질 아미노산 서열과 비교하여 어떤 새로운 정보를 얻을 수 있을까?

종 내의 유전체 비교

유전체 분석 능력이 향상되면서 얻을 수 있는 또 다른 흥미로운 정보는 사람 간의 유전정보의 차이에 대한 것이다. 인간이라는 종의 역사는 아주 짧아서 약 20만 년 정도밖에 되지 않는데, 따라서 인간 사이에서의 유전체의 차이는 아주 작다고 할 수 있다. 사람들 간의 차이는 단일염기 다형성(SNP, 20장)이 주된 것으로 이는 주로 염기서열 분석에 의해서만 확인 가능하다. 인간 유전체 내에서 SNP의 빈도는 약 100~300 염기당 하나 정도라고 알

려져 있다. 과학자들은 이미 인간 유전체 내에 있는 수백만 개의 SNP 위치를 확인한 바 있으며, 그 수는 늘어날 전망이다.

유전체 분석의 과정에서 종종 역위, 결실, 중복과 같은 차이도 확인이 되었는데, 가장 놀라운 발견은 폭넓은 부위에서 발생하는 **복제수 변이형**(copy-number variant, CNV)으로 정상적인 두 개의 복사본이 아니라 한 개 혹은 여러 개의 복사본이 나타난다. 집단 내에서 유전체 부위의 중복이나 결실이 임의로 발생함에 따라 CNV가 발생한다. 최근에 40명을 대상으로 진행한 연구에서 유전체상의 유전자의 13%를 포함하는 8,000개 이상의 CNV가 발견되었는데, 이는 전체 중 일부에 지나지 않을 것이다. 이러한 CNV 변이체는 SNP보다 더 긴 DNA를 포함하기 때문에 돌연변이 표현형을 갖거나 복잡한 질병, 장애 등에 영향을 줄 가능성도 크다. 아무튼, CNV의 높은 발생률은 "정상적인 사람의 유전체"라는 말을 의심케 한다.

CNV와 SNP, 그리고 STR 같은 반복서열 DNA의 변이는 인간 진화를 연구하기 위한 유용한 유전학적인 표지자로 이용될 것이다. 어떤 연구에서 다른 집단 출신의 두 명의 아프리카인 유전체가 분석되었다. 한 명은 시민운동가이자 남아프리카 지역에서 다수를 차지하는 반투 부족출신의 투투였고, 다른 한 명은 나미비아공화국 코이산 부족 출신의 수렵채집인 구비였다. 특히, 구비는 가장 오래된 계보로 알려진 아프리카 소수 부족집단의 혈통이었다. 이 두 명의 아프리카인에 대한 비교분석은 우리의 예상대로 많은 차이를 보여주었다. 다음으로 구비와 부시맨으로 알려진 근방의 코이산 부족 출신 세 사람의 단백질 암호화 부위를 비교분석하였는데, 놀랍게도 이들 네 명의 유전체 간의 차이는 유럽 사람이 아시아 사람과 차이가 나는 것보다 더 큰 차이를 보여주었다. 이 결과는 아프리카인들의 유전체 간에 매우 큰 다양성이 존재함을 보여준다. 이러한 접근방법을 확장하면 인간집단의 차이와 과거의 이주경로를 파악하는 것도 가능할 것이다.

동물계에서 발생유전자의 광범위한 보존성

이보-디보(evo-devo)라고 불리는 진화발생학을 연구하는 과학자들에게는 서로 다른 다세포 생물들의 발생과정을 비교하는 것이 주된 연구 내용이다. 이러한 연구의 목표는 발생의 과정이 어떻게 진화해 왔는지, 이러한 변화가 기존의 개체 특성을 어떻게 변화시키고 새로운 형질을 만들어 내는 것인지 등을 알아내는 것이다. 분자 수준에서의 기술 발전과 유전체 정보의 축적으로 우리는 형태적으로는 전혀 다르지만 연관되어 있는 종들은 유전자의 서열과 조절에 있어서는 큰 차이가 없다는 사실을 알게 되었다. 이러한 차이에 대한 분자적 원인을 알게 되면 지구상에 존재하는 수없이 많은 다양한 형태의 근원과 진화에 대한 정보를 얻을 수 있게 된다.

18장에서 우리는 초파리의 체절 성질을 결정해 주는 호메오유전자에 대해 공부한 바 있다(그림 18.20). 초파리의 호메오유전자에 대한 분자 수준에서의 연구로 이들 유전자에는 공히 **호메오도메인**(homeodomain)이라는 60개짜리 단백질 도메인을 암호화하는 180 뉴클레오타이드가 존재함을 알게 되었다. 이를 **호메오박스(homeobox)**라고 부르는데, 이 호메오박스는 다양한 무척추동물과 척추동물의 호메오유전자에 잘 보존되어 존재한다. 이 호메오박스의 염기서열은 초파리와 사람에 있어 그 유사성이 매우 높아 초파리를 "날개 달린 작은 인간"이라고 부르는 사람들도 있다. 이러한 유사성은 각각의 호메오유전자에 국한되지 않고 이 유전자들의 조직화에도 그대로 적용된다. 초파리의 호메오유전

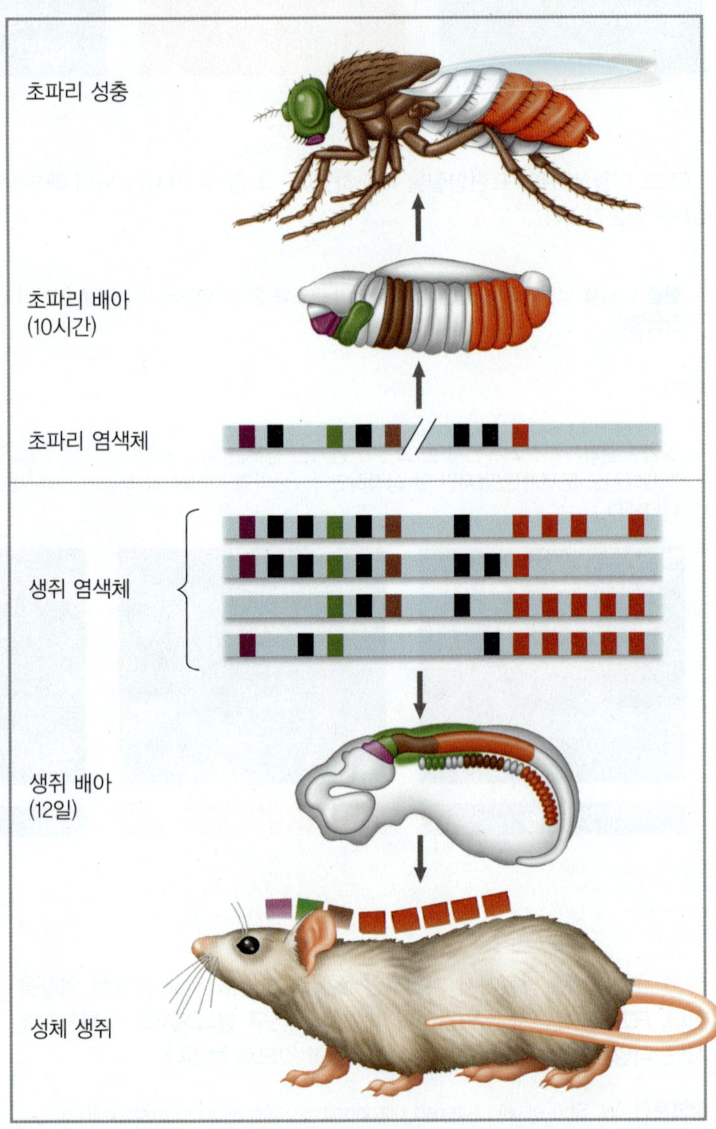

▲ **그림 20.19 노랑초파리와 생쥐에서 호메오유전자의 보존.** 몸의 앞과 뒤 구조의 형성을 조절하는 호메오유전자는 노랑초파리와 생쥐 염색체에 같은 순서로 위치한다. 여기에 표시된 염색체상의 각 색상 띠는 호메오유전자를 나타낸다. 노랑초파리에서 모든 호메오유전자는 하나의 염색체에서 발견된다. 생쥐와 다른 포유동물에서는 같거나 비슷한 세트의 호메오유전자들의 집단이 4개의 염색체에 나뉘어 있다. 색상은 이들 유전자가 발현하는 배아의 부위와 이것이 형성하는 성체 부위를 나타낸다. 검은색 띠로 나타낸 호메오유전자들을 제외한 모든 유전자는 노랑초파리와 생쥐에서 거의 동일한데, 검은색 띠로 나타낸 것은 두 동물 사이에서 차이가 큰 부분이다.

자들의 배열과 인간의 상동유전자들의 염색체상의 배열 순서는 똑같다(그림 20.19). 호메오박스 염기서열은 동물뿐 아니라 식물, 효모 등의 조절유전자에서도 종종 발견된다. 이러한 유사성을 볼 때 우리는 호메오박스 DNA 염기서열이 생명 역사의 아주 초기에 진화했으며 생명체들이 수억 년 동안 진화해 오면서 동물이나 식물에서도 큰 변화 없이 그대로 보존되어야 할 만큼 중요한 역할을 한다는 것을 유추할 수 있다.

동물에서의 호메오유전자들은 호메오박스를 가진 유전자(homeobox containing gene)들이라는 의미에서 짧게 혹스(*Hox*) 유전자라고 불리는데, 처음 발견되었던 호메오 유전자들이 이 서열을 공통적으로 가지고 있었기 때문이다. 나중에 동정된 다른 호메오박스 함유 유전자들은 호메오유전자의 역할을 하지는 않는 것도 있음이 밝혀졌다. 즉, 몸의 체절 부위의 성격을 결정하지는 않는 호메오박스 유전자들도 있는 것이다. 하지만 이들 유전자들도 대부분 최소한 동물에 있어서는 발생의 과정에서 중요한 역할을 하는 것으로 보아 이들 유전자가 아주 오래전부터 존재했으며 발생과정에서 근본적인 중요성을 가진다는 것을 알 수 있다. 예를 들어, 초파리의 경우 호메오박스는 호메오유전자뿐 아니라 난자의 극성을 제공해 주는 비코이드(*bicoid*) 유전자에도 있고(그림 18.21, 18.22), 체절화유전자, 그리고 눈 발생의 대표적 조절유전자 등에도 있다.

호메오박스에 의해 암호화된 호메오도메인은 DNA에 결합하는 전사인자로 작용하는 단백질의 일부분이다. 호메오도메인 이외의 도메인들은 덜 보존되어 있기는 하지만 다른 전사인자들과 상호작용하여 이 단백질이 특이적인 인핸서에 붙어 유전자를 조절하도록 해준다. 호메오도메인을 가지는 단백질들은 일련의 발생유전자들의 전사를 촉진 또는 억제하는 방식으로 발생과정을 조절한다. 초파리의 배발생 과정에서 보면 호메오박스 유전자의 서로 다른 조합들이 몸의 서로 다른 부위에서 활성을 가진다. 이러한 조절유전자들의 시간과 공간에서의 선택적 발현이 형태 형성의 중심축을 이룬다.

발생학자들은 호메오유전자 이외에도 많은 발생유전자들이 진화적으로 보존되어 있음을 밝혔다. 이들 중에는 신호전달 체계를 구성하는 유전자들이 포함되어 있다. 서로 다른 동물종에서 보이는 아주 잘 보존된 유사성은 '동일한 유전자들이 어떻게 아주 다른 모양의 동물들의 발생에 공통적으로 관여할 수 있을 것인가?' 하는 의문을 가지게 한다.

최근의 연구는 이 의문에 대한 답을 제공해 주고 있다. 어떤 경우에는 특정 유전자의 조절 부위에서 발생한 작은 변화가 유전자 발현 양상을 변화시키고 이로 인해 전혀 다른 형태를 만들어 낼 수 있다. 예를 들어 혹스 유전자들이 몸의 축을 따라 어느 범위로 발현되는가에 따라 체절을 가진 동물들에서 다리의 개수가 전혀 달라지게 된다(그림 20.20). 다른 경우에는 비슷한 유전자가 서로 다른 동물에서 전혀 다른 발생과정을 조절하기도 한다. 예를 들어 혹스 유전자 중 일부는 체절이 없어 전혀 다른 몸의 구성 체계를 가지는 성게의 배아나 유생 단계에서 발현되기도 한다. 성게 성체는 바늘꽂이 모양을 하고 있으며(그림 6.4), 아래 사진은 살아 있는 두 종의 성게를 보여준다. 성게는 전통적 배아 연구에 오랫동안 이용되고 있다(46장).

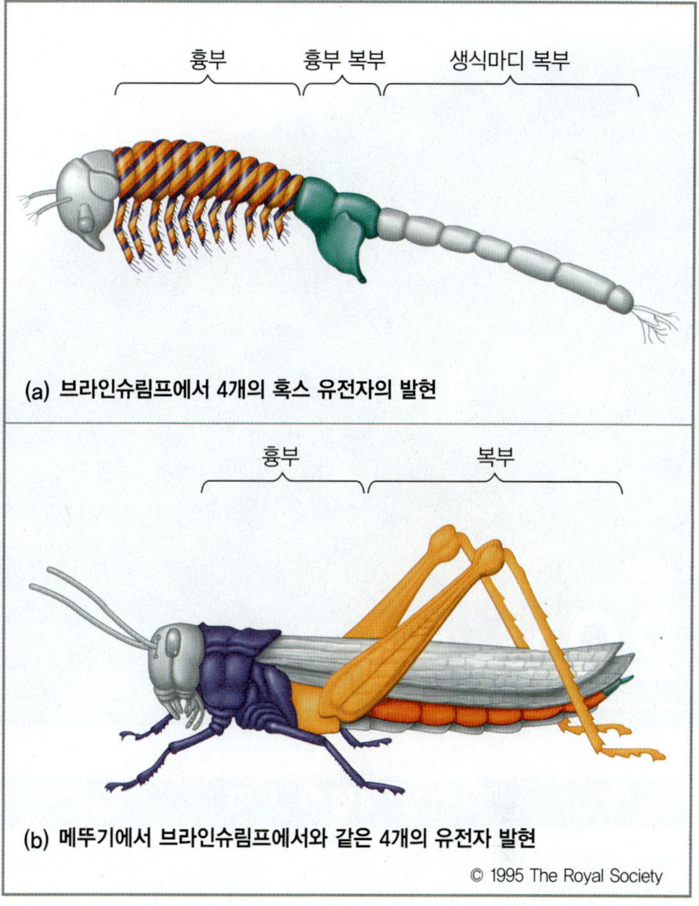

▲ 그림 20.20 **갑각류와 곤충에서의 혹스 유전자 발현 차이에 의한 효과.** 혹스 유전자의 발현 양상의 변화는 진화과정에 일어났다. 이러한 유전자 발현 변화는 부분적으로 갑각류인 브라인슈림프(brine shrimp, 위 그림)와 메뚜기의 체형이 다른 이유를 설명해 준다. 배아 시기에 특정 부위를 결정하는 4종류의 혹스 유전자의 발현이 성체의 몸에 다른 색깔로 표시되어 있다. 각 색깔은 특정 혹스 유전자의 발현을 보여주며, 브라인슈림프의 가슴에 있는 컬러 줄무늬는 3종류의 혹스 유전자가 함께 발현하는 것을 나타낸다.

유전학의 마지막 장에서 여러분은 유전체 분석과 유전체 비교로 어떻게 유전체가 진화해 왔는가를 알 수 있음을 배웠다. 또한 발생과정의 비교로 우리는 몸의 구성에 관여하는 분자와 세포 수준에서의 기전의 유사성을 보면서 생명의 통일성을 찾을 수 있음을 배웠다. 물론 발생을 조절하는 유전자들이 종마다 다를 수는 있지만 말이다. 유전체 간의 유사성을 보면서 우리는 지구상에서 생명의 공통조상의 근원을 볼 수 있었다. 하지만 유전체 간의 차이의 중요성도 배울 수 있었는데, 왜냐하면 그 차이들로 인해 종의 다양성이 진화할 수 있었기 때문이다. 앞으로는 우리의 관점을 확장하여 분자, 세포, 유전자의 수준을 넘어 개체 수준에서의 다양성에 대한 부분을 공부할 것이다.

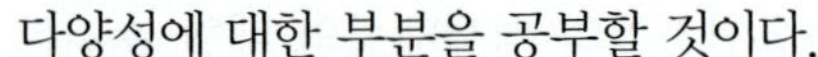

개념 확인 문제 20.6

1. 짧은 꼬리 원숭이의 유전체는 생쥐와 인간 중 어느 쪽과 더 유사성이 높을까? 이유는?
2. 호메오박스라 불리는 DNA 서열은 동물발생에서 중요한 역할을 하는 호메오 유전자에 있는데 생쥐에도 있고 초파리에도 있다. 이들의 유사성을 고려할 때 왜 이들 동물은 그렇게 다른 모양(형태)을 가지게 되었을까 설명해 보라.
3. WHAT IF? 침팬지의 유전체보다 사람의 유전체에서 3배나 많은 *Alu* 인자가 나타난다. 여러분은 이러한 여분의 *Alu* 인자가 어떻게 생겼다고 생각하는가? *Alu* 인자들이 이러한 두 종이 나누어지는데 어떤 역할을 하였을지 제시해 보라.

정답은 부록 A 참조

20장 복습

핵심 개념의 요약

개념 20.1

인간유전체사업이 좀 빠르고, 더 저렴한 염기서열화 기술을 발전시켰다

- **인간유전체사업(Human Genome Project)**은 염기서열을 규명하는 기술의 발달에 힘입어 2003년에 완성되었다.
- **전유전체 분석을 위한 무차별적(whole-genome shotgun)(샷건)** 접근방법에서, 전체 유전체를 아주 많은 수의 작은 절편으로 만들고 대량으로 서열 분석한다. 컴퓨터 소프트웨어로 이 서열들을 정렬하면 전체 유전체 서열을 완성하게 된다.

? 인간유전체사업은 어떻게 좀 더 빠르고, 저렴한 비용으로 DNA 염기서열을 규명하는 기술의 발달을 가져왔을까?

개념 20.2

생물정보학으로 유전체와 그 기능을 분석한다

- 컴퓨터를 이용한 분석으로 단백질을 암호화하는 유전자를 찾고**(gene annotation)** 그 기능을 결정할 수 있다. 새로운 유전자의 서열을 기존에 알려진 유전자들과 비교하여 그 기능을 유추하고, 기능을 알지 못하는 유전자에 대해서는 실험적으로 그 유전자의 기능을 없앤 후 나타나는 표현형질을 조사하여 기능을 유추할 수 있다.
- **유전체학(genomics)**과 **단백질체학(proteomics)**은 유전자와 유전자 산물들 전체를 하나의 시스템으로 간주하여 연구하는 것이다. 이를 위해 시스템 생물학에서는 컴퓨터를 활용한 **생물정보학(bioinformatics)**의 도구가 필요하다. 단백질 상호작용, 질병 유전자, 기능을 갖는 DNA에 대한 대규모의 분석 연구도 이 범주에 포함된다.

? ENCODE 사업의 가장 중요한 발견은 무엇인가? 이 사업은 왜 다른 동물도 포함하도록 확대되었는가?

개념 20.3

유전체의 크기, 유전자의 수, 유전자 밀도는 종에 따라 다르다

	세균	고세균	진핵생물
유전체의 크기	대부분 1~6 Mb		대부분 10~4,000 Mb이지만 더 큰 경우도 가끔 있음
유전자 수	1,500~7,500		5,000-40,000
유전자 밀도	진핵세포보다 높다		원핵세포보다 낮다(진핵생물 내에서는 유전체의 크기가 클수록 밀도가 낮다)
인트론	단백질을 암호화하고 있는 유전자에는 없다	일부 유전자에 나타난다	다세포 생물의 대부분의 유전자에서 나타나지만, 단세포 진핵생물의 일부 유전자에만 나타난다
다른 비암호화 DNA	거의 없다		많은 양으로 나타날 수 있다; 일반적으로 다세포 진핵생물에서는 비암호화 반복서열로 나타난다

? (a) 세 생물 영역에서, 그리고 (b) 진핵생물 내에서 유전체의 크기, 유전자의 수 및 유전자 밀도를 비교하라.

개념 20.4

다세포 진핵생물은 비암호화 DNA와 많은 다유전자군을 가진다

- 인간 유전체의 1.5%만이 단백질, rRNA, tRNA 등을 암호화하고 있다. 나머지는 비암호화 DNA로서 **위유전자(pseudogene)**와 **반복서열 DNA(repetitive DNA)**도 여기에 포함된다.

- 다세포 진핵 유전체에서 가장 흔하게 발견되는 것은 **전이인자(transposable element)**와 그 연관서열이다. 진핵세포에는 **트랜스포존(transposon)**과 **레트로트랜스포존(retrotransposon)**이라는 두 가지 유형의 전이인자가 있다. 전자는 DNA 중간매개체, 후자는 RNA 중간매개체를 거쳐 유전체에 삽입된다.
- **단순반복서열 DNA(simple sequence DNA)**를 포함하는 기타 반복 DNA는 짧은 염기서열이 많은 수로 직렬로 반복되어 있는 것이고 이런 서열은 동원체와 텔로미어에 특히 많이 분포한다. 주로 염색체의 구조적 역할을 한다.
- 보통 진핵세포의 유전자는 하나만 존재하지만 사람의 글로빈 유전자군과 같이 종종 유사한 서열의 유전자가 여러 개 존재할 수 있다.

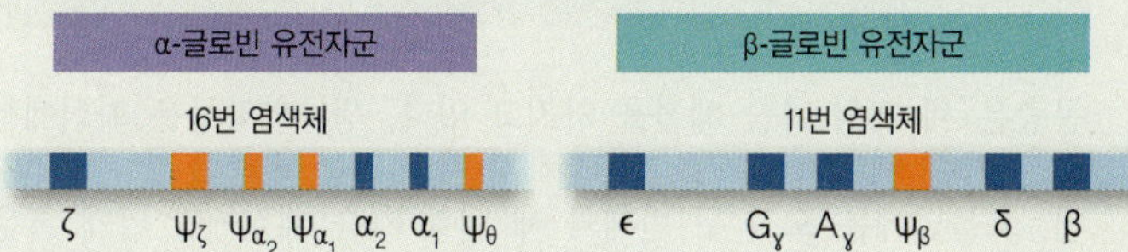

? 인간의 비암호화 DNA에 전이인자가 많은 이유를 설명해 보라.

개념 20.5

DNA의 중복, 재배열, 돌연변이 등이 유전체의 진화에 기여한다

- 세포분열의 이상으로 배수체 혹은 이수체가 만들어질 수 있으며, 변이가 축적되면 다양성이 증가한다. 배수체는 동물보다는 식물에서 많이 나타나며 종 분화에 기여한다.
- 유전체의 염색체상 구조를 서로 다른 종에서 비교할 수 있으며 이는 진화적 관점에서의 이해를 도와준다. 주어진 종 내에서 일어나는 염색체 구조의 변화는 새로운 종의 출현에 기여할 수 있다.
- 다양한 글로빈 단백질의 유전자들은 하나의 고대 유전자에서 유래한 것으로 보이며 이들은 복제되고 다양화되어 α- 및 β-글로빈 유전자들로 진화하였다. 이후에 글로빈 유전자가 복제되고 무작위적인 돌연변이가 일어나 현재와 같은 글로빈 유전자가 만들어졌으며, 이들은 모두 산소와 결합하는 단백질을 암호화하고 있다. 어떤 복제된 유전자는 그 변화가 아주 심해져서 원래의 기능과 전혀 관계없는 단백질(라이소자임과 α-락트알부민)로 진화하기도 한다.
- 유전자내 또는 유전자 간 엑손의 복제 또는 이동이 새로운 기능의 단백질을 만들 수 있게 한다.
- 전이인자의 이동과 재조합 등으로 인해 새로운 염기서열의 조합이 생길 수 있으며 이로써 유전자 기능의 변화, 유전자 발현과 조절의 변화가 초래될 수 있다.

? 염색체 재배열이 어떻게 새로운 종의 출현을 유도할 수 있는가?

개념 20.6

유전체의 비교로 진화와 발생에 대한 정보를 얻을 수 있다

- 다양한 근연관계의 종들에 대한 유전체 비교 연구로 진화의 역사를 찾아낼 수 있다. 종내 개체 간의 차이를 보이는 SNP와 CNV에 대한 연구로 그 종의 진화의 역사를 볼 수도 있다.
- 동물발생에 중요한 역할을 하는 호메오유전자와 일부 유전자는 호메오박스라는 공통된 DNA 서열을 가진다. 이 **호메오박스(homeobox)**는 다양한 종에서 진화적으로 매우 잘 보존된 서열이다**(evo-devo)**. 이와 연관된 DNA 서열은 효모나 식물에서도 발견된다.

? 근연관계가 멀거나 가까운 종을 비교하여 알 수 있는 정보는 무엇인가?

생각해보자

수준 1: 지식/이해

1. 생물정보학에 대한 설명으로 옳지 않은 것은?
a. 컴퓨터 프로그램을 이용하여 DNA 서열을 짝지어 배열하기
b. DNA 기술을 이용하여 서로 다른 유래의 DNA를 시험관에서 결합하기
c. 유전체 분석을 위해 컴퓨터 기반의 도구 개발하기
d. 수학적 도구를 이용하여 생물학적 시스템을 이해하기

2. 호메오유전자란?
a. 특정 해부학적 구조를 담당하는 유전자의 발현을 조절하는 전사조절인자를 암호화한다.
b. 초파리와 다른 절지동물에서만 발견된다.
c. 호메오박스 도메인을 가지는 유일한 유전자이다.
d. 초파리에서 해부학적 구조를 형성하는 단백질을 암호화한다.

수준 2: 응용/분석

3. 두 진핵세포의 단백질은 다른 부위는 매우 다르나 하나의 도메인을 공통적으로 가지고 있다. 이러한 유사성을 갖게 된 가장 그럴듯한 프로세스는 아래 중 어느 것인가?
a. 유전자 중복 b. RNA 스플라이싱
c. 엑손 뒤섞기 d. 무작위 점 돌연변이

수준 3: 종합/평가

4. DRAW IT 아래는 침팬지(C), 오랑우탄(O), 고릴라(G), 짧은 꼬리 원숭이(R), 생쥐(M), 그리고 인간(H) 등 서로 다른 여섯 종에서 얻은 FOXP2 단백질 중 4개의 짧은 조각의 아미노산 서열을 보여준다. 이러한 조각들은 여섯 종의 FOXP2 단백질에서 나타나는 모든 아미노산 차이를 포함하고 있다.

1. ATETI...PKSSD...TSSTT...NARRD
2. ATETI...PKSSE...TSSTT...NARRD
3. ATETI...PKSSD...TSSTT...NARRD
4. ATETI...PKSSD...TSSNT...SARRD
5. ATETI...PKSSD...TSSTT...NARRD
6. VTETI...PKSSD...TSSTT...NARRD

형광펜을 이용하여 종간에 차이를 보이는 아미노산을 표시해 보라. 그리고 다음 질문에 답하여라.
(a) C, G, R의 서열들은 동일하다. 어떤 줄이 이 서열에 해당하는가?
(b) H 서열은 C, G, R 종들의 서열과 두 아미노산이 다르다. H 서열에서 2개의 차이를 줄을 그어 나타내라.
(c) O 서열은 C, G, R 종들의 서열과 한 개의 아미노산에서 다르고 (A 대신에 V), H 서열과는 세 개의 아미노산에서 다르다. 어떤 줄이 O 서열인가?
(d) M 서열에서 C, G, R 서열과 다른 아미노산들에 동그라미를 그리고, H의 서열과 다른 아미노산에는 네모로 표시해 보라.
(e) 영장류와 설치류는 6,000만 년에서 1억 년 전에, 침팬지와 인간은 약 600만 년 전에 분화되었다고 한다. 생쥐와 C, G, R 종 간의 아미노산 차이를 비교하고, 인간과 C, G, R 종간의 차이를 비교함으로써 어떤 결론은 내릴 수 있는가?

5. **진화적 관점**
호메오박스 유전자와 같이 동물의 배발생에서 중요한 유전자들은 진화 과정 동안 상대적으로 잘 보존되어 왔다. 다시 말하면, 이들 유전자들은 서로 다른 종간에 좀 더 유사하다. 왜 그럴까?

6. **과학적 탐구**
인간의 SNP 지도를 작성한 과학자들은 일군의 SNP들이 함께 유전되는 경향을, 즉 5,000에서 200,000 염기쌍 정도 범위에서 반수체형(haplotype)이라고 알려진 블록을 형성하는 것을 인지하였다. 각 반수체형당 오직 넷 혹은 다섯 개의 공통적으로 나타나는 SNP 조합들이 있다. 이 장과 단원에서 배운 것을 전체 활용하여 이에 대한 설명을 제안해 보라.

7. **글쓰기: 정보**
생명의 연속성은 DNA의 형태에 들어 있는 유전 가능한 정보에 달려 있다. 단백질을 암호화하고 있는 유전자와 DNA상의 조절 부위에 대한 돌연변이가 진화에 어떻게 기여하는지 100~150자 내외로 글을 써 보자.

8. **종합적으로 생각해보기**

곤충은 세 개의 가슴 체절을 가지고 있다. 생물학자들은 화석에서 모든 가슴 체절에 날개를 한 쌍씩 가지고 있는 곤충을 발견하였지만, 오늘날에는 오직 두 번째와 세 번째 가슴 체절에만 날개 혹은 날개 관련 구조를 가지고 있다. 현대 곤충에서는 혹스 유전자가 첫 번째 가슴체절에서 날개 형성을 억제하고 있는 것을 발견하였다. 그림의 뿔매는 예외적인 동물이다. 두 번째 가슴 체절에는 날개가 있을 뿐만 아니라, 첫 번째 가슴 체절이 가시를 닮은 헬멧 모양을 하고 있는데 이것은 첫 번째 날개 쌍이 융합된 것으로 생각된다. 가시 헬멧은 나무 가지에서 뿔매미가 위장하기 좋은 형태로 잡혀 먹는 것으로부터 자신을 보호해 준다. 유전자 발현 조절에서의 변화가 어떻게 이와 같은 구조로의 진화를 이끌 수 있었을까?

정답은 부록 A 참조

UNIT 4 진화

버메이(Geerat Vermeij) 박사와의 인터뷰

네덜란드에서 태어난 버메이(Geerat Vermeij)는 3살 때 시력을 잃었다. 좌절하지 않고 그는 프린스턴과 예일대학교에 진학해서 학위를 받았고 현재는 데이비스 소재 캘리포니아대학교(University of California, Davis)의 석좌교수이다. 지질학과 교수이지만 그는 현생하는 생물뿐만 아니라 멸종한 해양 연체동물들의 구조, 진화, 생태학과 같은 생물학에 관심이 많다. 많은 연구 출판물들은 그가 매우 폭넓은 관심사를 가지고 있음을 보여주지만, 그는 특별히 오래 전에 멸종한 연체동물들과 그들의 포식자들 사이의 진화적 "군비 경쟁" 그리고 더 일반적으로는 생물들 상호작용이 진화에서 가지는 기능에 관한 연구로 유명하다. (그의 저작들 가운데 하나인 "자연: 경제학적 역사(*Nature: An Economic History*)"는 진화의 원리들을 경제학적 원리들에 관련시켰으며 한편 "특권을 가진 손: 과학자의 삶(*Privileged Hands: A Scientific Life*)" 제목의 회고록도 썼다. 버메이 박사는 맥아더(MacArthur) 상과 국립과학아카데미가 수여하는 엘리어트(Daniel Giraud Elliot) 메달을 포함해서 다수의 상들을 수상하였다. 데이비스 소재 캘리포니아대학교에 있는 그의 사무실은 매우 많은 해양생물 패각들과 화석 수집품들 그리고 광범위한 장서들을 갖추고 있다.

처음에 어떻게 생물학에 관심을 갖게 되었습니까?

기억나는 나의 가장 어린 시절을 떠올려보면 나는 언제나 자연사를 좋아했던 것 같습니다. 내가 네덜란드에서 어린시절을 보냈을 때 나뭇잎들, 솔방울과 씨앗 그리고 해변의 조개껍질들을 좋아했습니다. 나는 바깥에 있는 그 모든 분위기를 좋아했습니다. 또한 내 부모님은 관찰에 재능을 가지고 계셨는데, 그 분들은 야외에서 세상을 나에게 설명하시면서 많은 시간을 보내셨고, 내가 가능한 많은 것을 만져볼 수 있게끔 하셨습니다. 내가 9살 때 미국으로 이사를 했는데 그 당시 미국의 환경은 네덜란드와 완전히 달랐습니다. 내가 살던 뉴저지 주에는 거대한 덩굴식물들로 가득 찬 야생 숲들, 시끄러운 귀뚜라미와 매미들 그리고 처음 보는 새들 등 이 모든 것이 내가 두고 떠나온 곳과 너무도 달랐기 때문에 나는 이런 차이가 왜 생기는가에 대해서 의문을 갖기 시작했습니다. 내가 4학년 때 아주 훌륭하신 선생님이 한 분 계셨는데 선생님은 플로리다에서 수집한 조개 패각들을 수업시간에 가지고 오셨습니다. 나는 그것들을 살펴보면서 곧 흥미를 가지게 되었고, 그때 다시 네덜란드에서 내가 채집했던 것들과 이 플로리다 패각들이 왜 이렇게 다른지 궁금해 했습니다. 그 조개 패각들은 매우 아름다운 모양들을 가졌고 바깥과 안쪽 표면이 신기한 대조를 이루고 있었습니다. 나는 그만 홀딱 반해버렸습니다. 그리고 그때 이후로 내가 과학과 관련된 것을 하게 될 것을 알았습니다.

연구가 해양 연체동물에 집중되어 있습니다. 이 동물들에 대해서 말씀해 주시겠습니까?

연체동물들은 달팽이, 조개, 오징어, 문어, 그리고 아직 많이 알려져 있지 않은 그룹들을 포함합니다. 대략 10만여 현생종이 있고, 우리는 화석연대가 적어도 5억 4,000만 년 전으로 거슬러 올라가는 수만여 멸종한 종들의 화석을 알고 있습니다. 연체동물들은 생명의 나무에서 주요한 동물 그룹 가운데 하나입니다. 육상과 담수 그리고 바다에서 발견되고, 여러분이 상상할 수 있는 그 모든 것들을 합니다—이것들은 오징어와 같이 상위 포식자에서부터 부유물섭식자, 초식동물, 분해섭식자, 기생생물들에 걸쳐져 있습니다. 원래 모든 연체동물들은 몸 안의 거의 모든 기관들을 덮는 외투막과 같은 종류를 가지고 있습니다. 그것들은 아마도 패각이 없는 매우 단순한 생명체에서 시작됐을 거고 얼마 지나지 않아서 패각이 진화했을 것입니다. 일부 종들은 진화과정에서 패각을 소실했지만, 대부분의 현생 연체동물들은 패각을 가지고 있습니다.

연구하고 있는 조개 패각들을 어떻게 구별하십니까?

전적으로 만져서 알아냅니다. 아실 테지만 패각들은 크기, 모양, 재질 등이 다릅니다. 이 모든 것들은 손가락으로 쉽게 구별됩니다. 화석도 마찬가지고요. 패각들은 나처럼 맹인에게 이상적일 만큼 적당합니다.

수년간 연구를 해오셨는데 현재까지 답을 찾기 위해 노력해온 중요한 질문들에는 무엇이 있습니까?

그 질문들은 내 경력에 따라서 변해왔지만 가장 중요한 질문들은 다음과 같습니다. 서로 다른 생명체 계열들이—단지 연체동물들만이 아닌 모든 생명체들—오늘까지 그 각각으로 이어지게 한 적응 경로들은 무엇인가? 시간이 지나면서 생명체들이 놓여 있는 조건들이 어떻게 변화했는가? 시간이 지나면서 생명체들은 그 조건들에 어떠한 영향을 주었는가? 나는 생명의 역사 그리고 그 역사가 어떻게 형성되어 왔는지에 큰 관심이 있습니다.

그러한 질문들에 답하는 데에 연체동물 연구가 어떤 점에서 좋은 초점이 됩니까?

연체동물들은 몇 가지 상당한 이점을 가지고 있습니다. 물론 나 개인적으로도 그것들은 접근이 용이합니다. 대부분은 도망가지 않습니다 —오징어와 문어는 예외지만. 손으로 그것들의 패각을 관찰하는 것은 너무도 쉬운 일이고 고생물학자의 관점에서 중요한 것은 딱딱하게 광물화된 그 패각들이 매우 좋은 화석 기록들을 남겨두었다는 사실입니다. 이것은 엄청난 이점입니다. 우리가 시간을 거슬러서 연체동물들을 추적할 수 있을 뿐만 아니라, 패각들이 어떻게 일을 하는지에 대해서 많은 것을 알기 때문에 수억 년 전에 살다가 멸종한 동물들이 그 당시 어떻게 살았었는지를 알아낼 수 있습니다.

화석 연구가 DNA 증거를 통해서는 알아낼 수 없는 그 어떤 진화적 통찰을 제공할 수 있나요?

무엇보다도 먼저 나와 내 동료들은 DNA 서열정보를 이용하여 진화계통수의 가지들이 분기하는 순서들을 재구성하고 있습니다. 그러나 언제 이들 진화적 계열들이 발생했는지를 측정하기 위해서 우리는 연대를 알고 있는 화석으로 그 계통수를 보정할 필요가 있습니다. 더구나 우리는 살아 있는 생물 혹은 아주 일부 최근의 화석들에 대해서만 DNA를 얻을 수 있습니다. 그래서 여러분이 만약 아주 먼 과거를 탐구하려고 하면 그 당시 존재했던 생물들이 오늘날의 후손들로 다 이어지는 것은 아니기 때문에, 간단히 말해 많은 생물에서 DNA 증거를 사용하는 것이 불가능하게 됩니다. 그리고 과거의 동물들은 현생 동물들에서는 찾아볼 수 없는 형질들 조합을 종종 가지고 있습니다. 이런 면에서 화석은 과거 조상 생물들이 어떻게 생겼는지에 대해서 좋은 아이디어를 제공해 줍니다. 이 질문에 대한 해답은 DNA 서열정보만으로는 얻을 수 없습니다. 그래서 화석은 생명의 나무 뿌리 쪽에 가까운 초기 가지들을 재구성하려고 할 때 큰 도움이 됩니다.

박사님의 연구는 단순한 양상이 아닌 보다 근본적인 원리와 관련된 진화 방식에 어떻게 관련되어 있습니까?

매우 중요한 질문입니다. 나는 무엇이 실제로 일어났는가를 기술하는 것과 시간에 따른 진화적 사건들을 설명해 주는 방식들을 정말로 구분합니다. 내 연구의 상당히 많은 부분은 기술적이며 무엇이 일어났고 멸종한 동물들은 무엇과 비슷한지를 알아내는 일입니다. 그러나 또한 우리는 그 현상들을 설명해 주는 방식들을 밝혀내려고 노력합니다. 내 연구가 적응형질들 그리고 동·식물들과 환경 사이의 적합성에 관한 연구라고 할 때, 특별히 나는 생물들이 그들의 환경에 적응하는 방식들에 관심이 많습니다. 그것은 단순히 자연선택이 아닙니다. 그 안에는 동·식물들에 의한 환경변화도 들어 있습니다.

연구를 어떻게 하시는지 말씀해 주십시오.

나는 전 세계에 걸쳐 현장연구를 많이 했습니다. 나는 현장에서 자연에 서식하는 연체동물들을 관찰하고 때때로 그것들을 가지고 몇 가지 실험들을 합니다. 나는 연체동물들을 그것들의 포식자까지 포함하면서 그들이 살고 있는 환경에 어떻게 관련되는지를 이해하려고 합니다. 나는 그들이 어떻게 사는지, 예를 들어 얼마나 빠르게 움직이는지에 관심이 있습니다. 그리고 그곳에 살지 않는 다른 생물과 비교해서 또 환경 조건을 어렵게 만들면서 그 생물이 얼마나 능률적인지를 비교하는 일에도 관심이 많습니다.

나는 최근에 박물관 소장품들에 많은 시간을 보내고 있습니다. 그뿐만 아니라 대부분 수년 동안 내가 모아놓았던 매우 많은 연구 소장품들을 유지·관리하는 일에도 시간을 보냅니다. 이 모든 소장품들은 서로 다른 진화 그룹들에서 생물들의 모양이 어떠한지를 알아내는 데 매우 중요합니다. 나는 또한 다른 과학자들을 방문해서 그들로부터도 배웁니다. 그리고 나는 여러 가지들을 하나로 합하려는 목적으로 그리고 정보와 생각들을 종합하고 싶어 하기 때문에 상당히 많은 독서를

> "여러분이 이와 같은 일을 할 때에는 언제나 경이롭고 놀랄 만한 경험을 하게 됩니다... 나에게는 하루하루가 이와 같습니다."

▶버메이(오른쪽), 카인(가운데), 리스

합니다. 나는 일 년에 생물학에서 지질학 그리고 경제학에서 역사학에 이르는 매우 폭넓은 다양한 주제의 논문 수백 편을 읽고 있는데 이를 통해서 내가 하는 특정 연구를 보다 넓은 맥락 안에 놓을 수 있기 때문입니다. 과학자로서 나는 아무리 읽어도 지나치지 않다고 생각합니다.

표본 소장품을 가지고 일을 하거나 혹은 현장 아니면 도서관에서 연구를 하다 보면, 언제나 경이롭고 놀랄 만한 경험을 하게 됩니다. 아마도 이제까지 책에서나 표본들에서 본 적이 없는 새로운 패각일 수 있겠죠. 나에게는 하루하루가 이와 같습니다.

박사님은 진화의 "군비 경쟁(arms race)"에 관해서 썼습니다. 그것은 무엇을 뜻하는 용어인가요? 또 박사님이 연구하신 생물들 안에서 어떻게 작용하는지요?

모든 살아 있는 생물들은 자원을 놓고 벌이는 경쟁과 한 동물이 다른 동물 전체 혹은 일부를 잡아먹는 포식활동에 노출되어 있습니다. 내가 연구하는 동물들은 대부분 매우 빠르게 움직이지는 않습니다. 포식활동의 전형적인 결과 가운데 하나는 피식자들에서 패각과 같은 방호기관이 진화한다는 것인데, 연체동물의 패각은 처음에 아마도 방호기관으로서 진화했을 겁니다. 그러나 포식자들이 그들 간에 경쟁을 벌이면서 더 강력해지기 때문에 효과적인 패각의 성능 기준도 높아집니다. 오늘날 포식자가 많은 열대의 얕은 바다환경에서 생존하기 위해서 연체동물은 방호에 아주 좋은, 즉 두껍고 여기저기 울퉁불퉁하며 좁은 입구와 그 외 다른 많은 특징들을 가지는 패각이 필요합니다. 만약 여러분이 서식지를 최대한 일정하게 유지하는 조건에서 지질연대에 따른 패각들의 건축양식 변천을 살펴본다면 여러분은 일부 보호적 특징들이 최근에 진화한 생물들 계열에서나 찾아볼 수 있는 특징이고 또 연체동물 역사상 처음 몇억 년 동안에는 그 특징들이 거의 나타나지 않았다는 것을 알게 될 겁니다. 그러는 동안 포식자들 쪽에서는 연체동물의 방어를 극복하는 다양한 모든 방식들이 진화를 했습니다. 포식자들은 더 강력한 턱이나 발톱을 발전시켰습니다. 그것들은 패각의 벽을 관통해서 어떻게 구멍을 뚫을 수 있는지 "배웠습니다." 그것들은 큰 먹이를 먹어 삼키거나 감쌉니다. 이 같은 내용은 패각의 건축방식과 포식자들이 공격하는 방법 모두 향상됐다는 것을 의미하는 군비 경쟁이 있었음을 말해줍니다.

군비 경쟁과 함께 다른 어떤 종류의 생태학적 상호작용이 진화역사에 영향을 주었습니까?

경쟁과 포식은 근본적이며 불가피하지만 초기 생명체의 역사는 협동의 이야기이기도 합니다. 내가 생각하는 이유는 단순합니다. 협동에 의해서 어느 한 쪽만으로서는 할 수 없는 것을 할 수 있기 때문입니다. 그래서 협동 혹은 상호 호혜적 관계의 일부는 경쟁력 있는 놀라운 방식입니다. 틀림없이 생물학은 사회적 동물들, 서로 다른 종 개체들 간 상호 호혜적 관계들 등과 같은 사례들로 채워져 있습니다. 협동은 어떤 의미에서 생명계 전체의 창발적 특징입니다. 생물과 다른 생물 간의 상호작용은 개체적 구성요소들이 갖지 못한 특징을 발생시킵니다. 예를 들어, 조류와 곰팡이가 같이 사는 지의류는 각각의 참여자가 갖는 것들과는 다른 특징들을 가지고 있습니다.

생태적 상호작용들이 진화역사에 미치는 영향에 관해서 말씀하신 것들이 다윈의 주요 생각들과는 어떻게 어울립니까?

다윈은 정말 믿을 수 없을 만큼 똑똑한 사람이었습니다. 그가 옳았던 많은 것들 가운데 하나는 생물들이 그들의 물리적 환경과 상호작용을 함으로써 뿐만 아니라 다른 생물들과 상호작용함으로써도 자연선택이 발생할 수 있다는 것입니다. 자연선택은 현장에서 살아남지 못하는 자들을 제치고 생존자들을 골라내는 정체불명의 대행자가 아닙니다.

진화를 이해하는 것이 사람들한테 왜 중요합니까?

많은 이유들이 있습니다. 진화에 대한 이해는 의학과 농학에서 실용적인 중요성이 분명히 있습니다. 진화에 대한 이해는 우리가 나머지 생명체들과 밀접한 연관성을 갖도록 해줍니다. 또한 다른 모든 과학적 이론들처럼 일반 사람들이 진화이론을 자연현상을 설명하고 예측하게 하는 설명들과 사실들로 이루어져 있다고 이해하는 것이 매우 중요합니다. 진화에 대한 거부의 상당수는 진화는 어떤 식으론가 인생을 의미 없게 한다거나 목적이 없게끔 한다는 일부 사람들이 가지고 있는 생각으로부터 유래합니다. 이것에 대해서 나는 의미와 목적은 진화의 창발적 특징이라고 답합니다! 인생을 의미 있게 하는 것은 우리 자신의 책임입니다.

21

진화는 어떻게 작동하는가?

핵심 개념

21.1 다윈 혁명은 지구의 나이가 적으며, 생물 종들이 변하지 않고 그대로 살아왔다는 전통적 견해에 도전하였다

21.2 자연선택에 의한 변형 혈통은 생명체의 적응 그리고 생물의 통일성과 다양성을 설명한다

21.3 진화는 무수히 많은 과학적 증거들로 지지된다

▲ **그림 21.1** **이 애벌레는 어떻게 포식자로부터 자신을 보호할까?**

가장 아름다운, 끝이 없는 형태들

잔나뭇가지 모양을 하고 있는 이 얼룩나방(*Biston betularia*) 애벌레를 찾아내려면 아무리 배고픈 새라도 나뭇가지 사이를 아주 면밀히 살펴봐야만 할 것이다(**그림 21.1**). 지의류가 덮고 있는 나무줄기에 앉아 있는 이 종의 성체도 마찬가지로 찾아내기 어렵다(아래 사진 참조).

이 얼룩나방은 12만 종 이상을 포함하고 있는 다양한 나비목 곤충들(나방들과 나비들)의 한 구성원이다. 모든 나비목 종들은 잘 발달된 머리와 씹어 먹는 다수의 구기들이 특징인 유충기를 지난다. 우리는 이렇게 엄청난 식욕을 보여주는 이 효율적인 섭식 기계를 애벌레라고 부른다. 성체시기에 모든 나비목 종들은 세 쌍의 다리와 작은 비늘들로 뒤덮인 두 쌍의 날개와 같은 또 다른 특징을 공유한다. 그러나 많은 나비목 종들은 서로 다른 점들도 있다. 과연 이 수많은 나방들과 나비들은 어떻게 생겨난 것일까? 그리고 무슨 이유로 그들 간에 유사함과 차이들이 생겼을까? 이 얼룩나방과 그것의 가까운 친척 종들은 생명에 관한 세 가지 핵심 관찰을 보여준다:

- 생물체들이 자신을 둘러싼 환경*에서 생존하는데 적합하게 해주는 놀라운 방식들

* 여기서 환경이라고 지칭된 용어는 이 책 전체를 관통해서 한 생물의 물리적 환경뿐만 아니라 다른 생명체들까지 포함하는 의미를 갖는다.

• 생물들 간에 공유되고 있는 많은 특징들(통일성)
• 매우 높은 생물다양성

한 세기 반 이전에 다윈은 영감을 얻어 이 세 가지 관찰에 관한 과학적 설명을 개발하였다. 다윈이 그의 가설을 그의 책 "종의 기원(*The Origin of Species*)"으로 출판하였을 때, 그는 또 다른 과학적 혁명으로 안내하고 있었던 것이다 —바로 진화생물학의 시대.

오늘날 우리는 **진화(evolution)**를 **변형 혈통**(descent with modification) 혹은 변화의 대물림으로 정의를 하는데, 이는 다윈이 직접 사용한 말로서, 지구상에 존재하는 현재의 종들이 오늘날과는 다른 조상 종들로부터 변화가 축적되면서 유래된 후손이라는 것을 제안하는 내용이다. 진화는 세대를 거치면서 일어나는 집단(=개체군) 내의 유전적 구성의 변화를 나타내는 의미로 보다 좁게 해석될 수 있다(23장).

또한 우리는 두 가지 서로 연관되지만 다른 방식으로 진화를 바라볼 수 있다: 진화적 양상과 진화적 과정에 관한 것이다. 진화적 변화의 양상(pattern)은 생물학, 지질학, 물리학, 그리고 화학을 포함하는 많은 과학적 학문분야들이 제공하는 자료에 의해 나타난다. 이 자료들은 사실들로서 자연 세계에 대한 관찰들이다. 과정(process)으로서의 진화는 관찰된 변화의 양상을 만들어 낸 메커니즘들로 이루어져 있다. 이 메커니즘들은 우리가 관찰하는 자연적 현상들의 원인들을 나타낸다. 실로 통일 이론으로서 진화의 힘은 살아 있는 세계에 관한 수없이 많은 관찰들을 설명하고 연결하는 이 이론의 능력에 있다.

다른 여타의 일반적 과학 이론들처럼, 진화 이론이 새로운 관찰들과 실험 결과들을 설명할 수 있는지를 알아봄으로써 우리는 진화에 대한 우리의 이해를 계속 시험해볼 것이다. 우리는 이번 장과 다음 장에서 계속되고 있는 과학적 발견들이 어떻게 우리가 이해하고 있는 양상과 과정으로서의 진화를 형성해가고 있는지 탐구해 볼 것이다. 이를 위해서 우리는 먼저 생물의 적응, 통일성, 그리고 생물다양성을 지칭하면서 다윈이 표현한 "가장 아름다운, 끝이 없는 형태들"을 설명하기 위한 그의 탐구과정을 거슬러 올라가 조사해 볼 것이다.

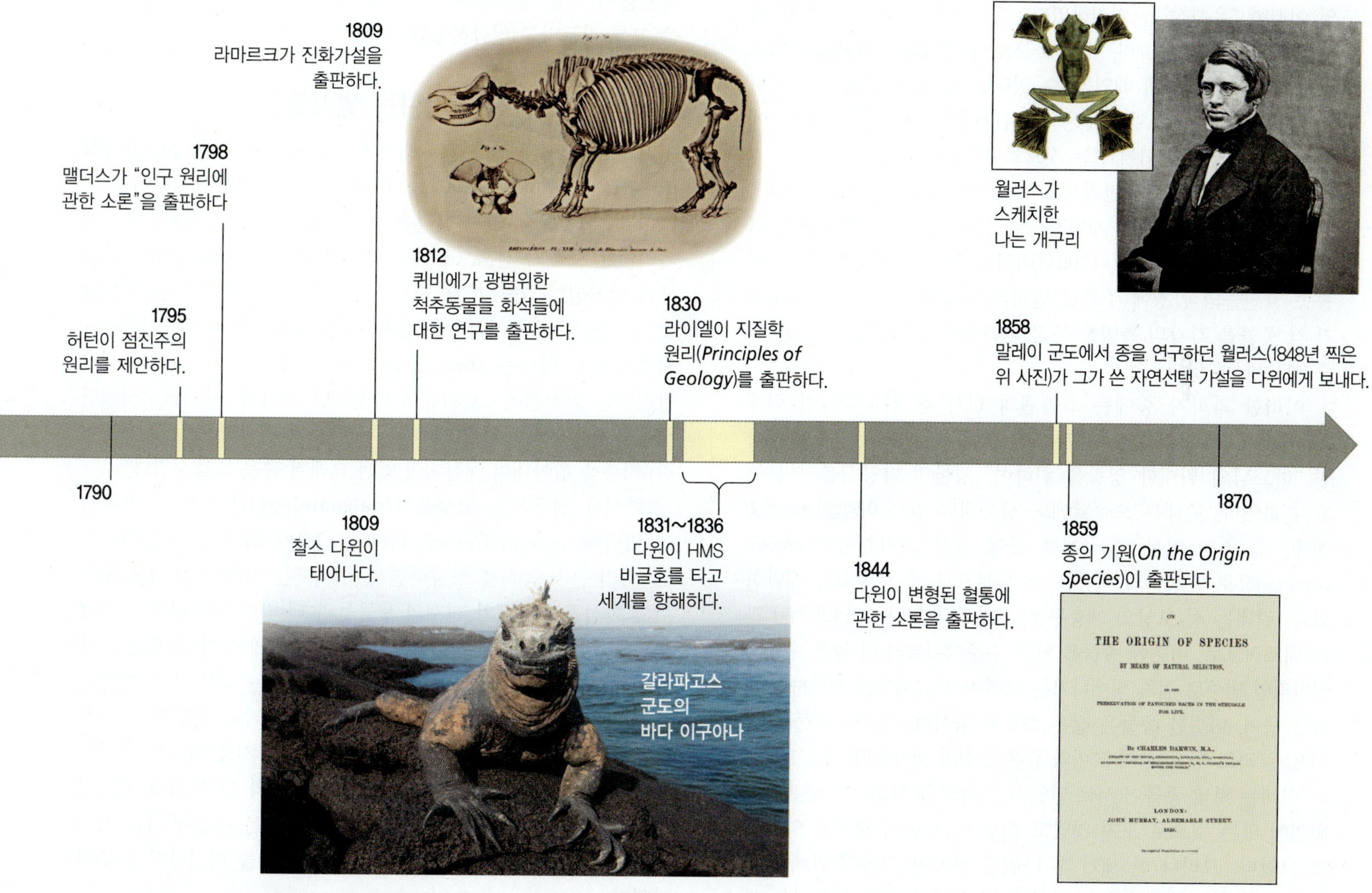

▲ 그림 21.2 **다윈 견해의 지성사적 맥락**

개념 21.1

다윈 혁명은 지구의 나이가 적으며, 생물종들이 변하지 않고 그대로 살아왔다는 전통적 견해에 도전하였다

무엇이 다윈으로 하여금 자기 당대에 팽배해 있던 지구와 지구의 생명체에 대한 기존 생각들에 도전하게 만들었을까? 다윈의 혁명적인 제안은 다른 사람들의 연구와 자신의 여행으로부터 영향을 받으면서 시간을 두고 발전되었다(그림 21.2). 앞으로 살펴볼 것이지만, 그의 생각 역시 깊은 역사적 뿌리를 가지고 있었다.

자연의 계단과 종의 분류

다윈이 태어나기 훨씬 이전 몇몇 그리스 철학자들은 생명체가 시간이 지나면서 점진적으로 변화해 왔다고 제안하였다. 그러나 초기 서구 과학에 지대한 영향을 주었던 철학자인 아리스토텔레스(Aristotle, 384~322 BCE)는 종을 고정된(변화하지 않는) 것으로 바라보았다. 자연 관찰을 통해 아리스토텔레스는 생물들 간의 어떠한 "유사성"을 인지하였다. 그는 생물 유형들이 점차 복잡성이 증가하는 사다리, 나중에 "자연의 계단(scala naturae)"으로 일컬어졌던 계단상에 배열될 수 있다고 결론 내렸다. 완전하며 영원한 각각의 생물 유형들은 이 사다리에 놓여 있는 발판들에 각자의 위치가 할당되어 있는 것으로 설명된다.

이러한 생각들은 일반적으로 구약의 창조 설명과 일치한다. 창조 설명은 생물종들이 개별적으로 신에 의해서 설계되었고, 그러므로 완전하다고 본다. 1700년대의 많은 과학자들은 생물들이 종종 자신들의 환경에 주목할 만하게 적응해 있는 것을 창조자가 각 종들을 각각의 특별한 목적을 위해서 창조하였다는 설명의 증거로 해석하였다.

이러한 과학자 중에는 스웨덴의 의사 겸 식물학자인 린네(Carolus Linnaeus, 1707~1778)가 있었는데, 그의 말을 따른다면 "하느님의 위대한 영광을 위하여" 생물의 다양성을 분류하고자 하였다. 린네는 오늘날에도 사용되고 있는 이명법(binomial) 체계, 즉 종의 이름 형식(예를 들어 인간을 지칭하는 *Homo sapiens*)으로서 생물의 이름을 두 부분으로 짓는 방식을 개발하였다. 린네는 선 모양의 계층구조를 가지고 있던 "자연의 계단"과는 대조적으로, 비슷한 종들을 낮은 수준에서부터 더 높은 수준의 일반적인 범주로 점차 묶어나가는 포괄적 분류체계를 채택하였다. 예를 들어, 비슷한 종들은 같은 속으로 묶이며, 비슷한 속들은 다시 같은 과로 묶이며, 이후 이와 같은 방식이 계속된다(그림 1.12).

린네는 몇몇 종들이 서로 닮았다는 사실을 진화적 혈연관계에 원인이 있는 것으로 보지 않았고 대신 이들 종이 창조된 양상으로 보았다. 그러나 한 세기 후 다윈은 분류가 진화적 관계에 기초해야 한다고 주장하였다. 또한 그는 린네 체계를 사용하는 과학자들이 종종 생물들의 진화적 관계가 반영된 방식으로 생물들을 그룹 짓는다고 언급하였다.

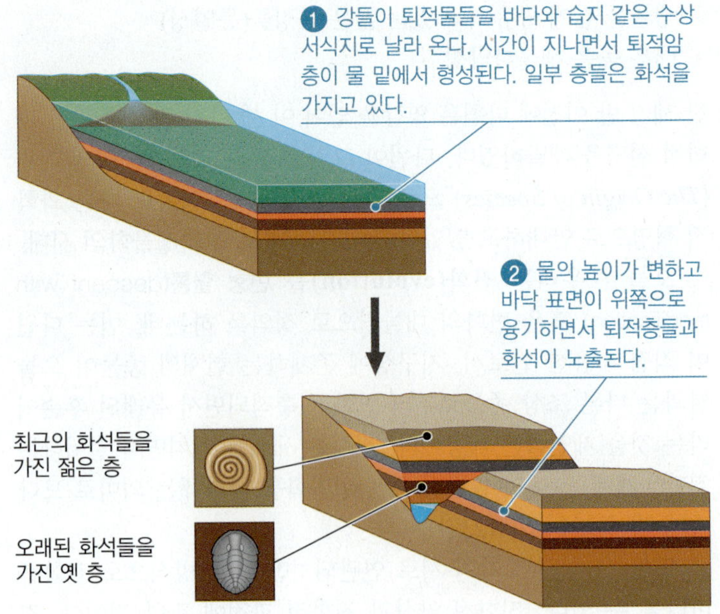

▲ 그림 21.3 화석을 가진 퇴적층의 형성 과정

시간이 지나면서 변한다는 생각들

여러 정보들 중에서 다윈은 과거 생물들의 잔해나 흔적들인 **화석(fossil)**을 연구하는 과학자들의 연구 결과로부터 아이디어를 이끌어 냈다. 대부분의 화석들은 바다, 호수, 그리고 습지 바닥에 가라앉은 모래와 진흙으로부터 형성된 퇴적암(sedimentary rock)에서 발견된다(그림 21.3). 새로운 침전물 층은 오래된 층들을 덮고 압력을 가해서 이것들을 겹쳐진 여러 층의 암석으로 이루어진 지층(strata, 단수는 *stratum*)으로 변화시킨다. 특정한 지층에서 발견되는 화석들은 그 지층이 형성되던 시기에 지구에 서식했던 생물들 일부를 볼 수 있게 해준다. 나중에 침식작용은 상부의(어린) 지층을 깎아내어 매장되어 있던 오래된 층을 노출시킨다.

화석을 연구하는 **고생물학(paleontology)**은 프랑스 과학자인 퀴비에(Georges Cuvier, 1769~1832)에 의해 크게 발전하였다. 파리 근처 암석을 조사하면서, 퀴비에는 지층이 깊을(오래될)수록 화석들의 형태가 현재의 생물들과 더 많이 다르다는 사실에 주목하였다. 또한 그는 인접한 지층들 사이에서 어떤 종들은 사라져가는 반면, 몇몇 새로운 종들이 나타나는 것을 관찰하였다. 그는 멸종이 흔하게 일어나던 사건이었음을 추론하였지만, 진화라는 생각에는 완강히 반대하였다. 퀴비에는 지층 사이의 경계들이 그곳에 살던 많은 종들을 멸종시킨 홍수와 같은 갑작스런 격변을 나타낸다고 추측하였다. 그러한 지역들은 나중에 다른 지역에 살던 다른 종들이 이주해 와서 다시 집단을 형성한다고 추리하였다.

이와 대조적으로 다른 과학자들은 느리지만 지속적인 과정들이 축적되어서 심원한 변화가 발생할 수 있다고 제안하였다. 1795년 스코틀랜드 지질학자였던 허턴(James Hutton, 1726~1797)은 지구의 지질학적 특징들이 오늘날에도 여전히 작용하고 있는, 강물에 의해 형성되는 계곡들처럼, 점진적인 기작들에 의해서 설명될 수 있다고 제안하였다. 다윈 시대 선도적 지질학자였던 라이엘(Charles Lyell, 1797~ 1875)은 허턴의 생각을 현재에도 과거와 똑같은 지질학적 과정들이 똑같은 속도로 일어나고 있다는 그의 제안에 통합하였다.

허턴과 라이엘의 생각은 다윈의 사고에 커다란 영향을 주었다. 다윈은 만약 지질학적 변화가 갑작스런 사건들에 의해서가 아니라 느리지만 지속적인 작용들에 의해서 일어난다면 지구의 나이는 그 당시 널리 받아들여지던 수천 년보다는 훨씬 오래됐을 거라는 점에 동의하였다. 예를 들어, 강이 침식작용에 의해 계곡을 깎아내는 데는 아주 오랜 시간이 걸릴 것이다. 나중에 그는 이와 유사하게 느리고 미세한 변화과정들이 큰 생물학적 변화를 일으킬 수도 있다고 추론하였다. 그러나 점진주의 생각을 최초로 생물학적 진화에 적용한 사람은 다윈이 아니었다.

라마르크의 진화 가설

18세기 몇몇의 자연주의자들이 생물들이 환경의 변화에 따라 진화한다고 제안하였지만, 오직 한 사람만이 시간이 지남에 따라 생물이 어떻게 변하는지에 대한 방식을 제안하였다: 그는 프랑스 생물학자 라마르크(Jean-Baptiste de Lamarck, 1744~1829)였다. 그러나 슬프게도 오늘날 라마르크는, 진화적 변화가 화석에 나타나는 패턴 그리고 생물들과 그들의 환경이 보여주는 조화를 설명한다는 그의 통찰력 있는 인식보다는, 주로 진화 방식에 대한 잘못된 설명을 통해 기억된다.

라마르크는 다윈이 태어난 해인 1809년에 그의 이론을 출판하였다. 그는 현재 살아 있는 종과 화석의 형태를 비교하면서 여러 개의 화석 계열들을 발견하였는데 이 계열들은 각각 오래된 화석으로부터 상대적으로 젊은 화석들을 거쳐 현재의 종까지 이어지는 일련의 연대기라고 할 수 있다. 그는 이 발견을 그 당시 널리 받아들여졌던 두 가지 원리로 설명하였다. 첫째는 **용불용설**(use and disuse)이었는데, 잘 사용되지 않는 신체 부분은 퇴화하는 반면, 많이 사용되는 신체 부분은 커지고 강해진다는 생각이다. 그는 많은 예들 가운데 높은 나무의 나뭇잎까지 목을 뻗치는 기린을 인용하였다. 두 번째 원리인 **획득형질의 유전**(inheritance of acquired characteristics)은 한 개체가 얻은 그러한 변화를 자손에게 전할 수 있다는 주장이다. 라마르크는 현생 기린의 긴 근육질 목은 오랜 세대를 거치면서 기린이 목을 더 높은 곳까지 뻗치려고 시도했기 때문에 진화했다고 추론하였다.

◀ **그림 21.4 획득형질들은 유전되지 못한다.** 이 분재 나무는 자르고 모양을 다듬어서 난쟁이처럼 자라도록 길러졌다. 그러나 이 나무의 씨앗은 보통 크기를 가진 자손을 생산한다.

또한 라마르크는 생물들이 더 복잡해지려는 타고난 본능을 가지고 있기 때문에 진화가 일어난다고 생각하였다. 다윈은 이 생각을 거부하였지만, 그 또한 부분적으로는 획득형질의 유전을 통해서 변이가 진화과정에 도입된다고 생각하였다. 그러나 오늘날 우리가 이해하는 유전학 지식에 따르면 이러한 방식들은 기각된다. 실험들은 한 개체의 일생 동안 사용을 통해 획득된 형질들이 라마르크가 제안한 방식으로 유전되지 않는다는 것을 보여준다(그림 21.4).

라마르크는 종이 진화한다는 것을 절대 부인한 퀴비에로부터 비방을 받았다. 그러나 돌이켜보면, 라마르크는 생물들과 환경 사이에 형성된 적합성이 점진적인 진화적 변화로 설명될 수 있다고 인식하였으며 이러한 변화가 어떻게 일어나는지를 시험해 볼 수 있는 설명을 제안하였다.

개념 확인 문제 21.1

1. 허턴과 라이엘의 생각은 다윈의 진화 개념에 어떤 영향을 주었는가?
2. MAKE CONNECTIONS 과학적 가설들은 반드시 시험될 수 있어야 한다(개념 1.3 참조). 이 기준을 적용한다면, 화석 기록에 대한 퀴비에의 설명과 라마르크의 진화 가설은 과학적이라고 할 수 있나? 각각에 대해 여러분의 답을 설명해 보라.

정답은 부록 A 참조

개념 21.2

자연선택에 의한 변형 혈통은 생명체의 적응 그리고 생물의 통일성과 다양성을 설명한다

19세기의 시작 무렵, 일반적으로 종은 창조 이후 변하지 않고 그대로 유지된다고 여겨졌다. 종의 영속성에 관한 의심이 조금씩 생겨나기 시작했지만, 누구도 지평선 너머 천둥치는 폭풍을 예측할 수 없었다. 다윈은 어떻게 혁명적 생물관을 받아들인 피뢰침 역할을 하게 되었을까?

다윈의 연구

다윈(Charles Darwin, 1809~1882)은 영국 서부 슈루즈버리에서 태어났다. 소년 시절부터 그는 자연에 대한 강한 호기심을 가졌다. 자연에 관한 책을 읽지 않고 있을 때는 낚시, 사냥, 승마, 그리고 곤충들을 채집하고 있었다. 그러나 내과 의사였던 다윈의 아버지는 그의 아들이 자연주의자로서는 미래가 없다고 보고, 그를 에딘버러에 있는 의과 대학에 보냈다. 그러나 찰스는 의학이 따분하게 느껴졌고 마취제가 없던 시절인 그 당시 수술을 대단히 무서워했다. 그는 의과대학을 중퇴하고 성직자가 되려고 캠브리지대학교에 입학하였다. (그 당시 많은 과학자들이 성직자들에 속해 있었다.)

캠브리지에서 다윈은 식물학 교수였던 헨슬로(John Henslow)의 제자가 되었다. 다윈이 졸업하자마자 헨슬로는 전 세계를 항해하려는 계획으로 조사선인 비글호(HMS *Beagle*)를 준비하고 있던 피츠로이(Robert FitzRoy) 선장에게 다윈을 추천하였다. 다윈은 자신이 비용을 내서라도 배에 올라 그 젊은 선장과 대화 상대가 되고자 했을 것이다. 그 자신도 재주가 많은 과학자였던 피츠로이는 다윈이 숙련된 자연주의자였고 또 사회적 계층과 나이가 자신과 비슷했기 때문에 그의 승선을 받아들였다.

비글호 항해

1831년 12월 다윈은 비글호에 승선하여 영국을 떠났다. 이 항해의 1차적인 목적은 조사가 덜 이루어졌던 남아메리카 해안선의 지도를 작성하는 일이었다. 그러나 다윈은 해변에서 수천 가지의 식물과 동물들을 관찰하고 채집하면서 대부분의 시간을 보냈다. 그는 브라질의 습기 찬 정글, 아르헨티나 대초원, 그리고 아주 높이 솟은 안데스 산맥과 같이 매우 다양한 서식처에 생물들이 적응하도록 하는 특징들을 서술하였다. 그는 또한 남아메리카의 온대 지역 식물과 동물들이 유럽의 같은 온대 지역에 사는 종들보다는 남아메리카의 열대 지역에 사는 종들과 더 닮았다는 사실에 주목했다. 더 나아가서 그가 발견한 화석들은 현생 종들과는 분명히 다르지만 남아메리카 대륙의 현생 생물과 의심할 나위 없이 닮아 있었다.

다윈은 또한 많은 시간을 지질학에 관해 생각하며 보냈다. 반복되는 뱃멀미로 고생을 하긴 했지만, 비글호 항해 동안 그는 라이엘이 쓴 지질학 원론을 읽었다. 한 번은 칠레 해안을 뒤흔든 격렬한 지진이 났는데, 그는 이때 처음으로 직접 지질학적 변화를 경험하였고, 지진 발생 후에 해안선을 따라 암석들이 몇 피트 상승한 것을 관찰하였다. 다윈은 안데스 산맥 높은 곳에서 해양생물들 화석을 발견하면서, 이 화석들을 포함하고 있는 암석들이 오랜 세월 동안 비슷한 많은 지진들로 인해서 그 높은 곳까지 상승했다고 추론하였다. 이 관찰들은 라이엘에게서 배운 것을 재확인해 주었다. 물리적 증거는 지구가 몇천 년밖에 안 된다는 전통적인 견해를 지지해주지 않았다.

그 지역에서 발견된 종들(또는 화석들)에 대한 다윈의 관심은 비글호가 갈라파고스(Galápagos)섬에 들르면서 더욱더 강렬해져 갔다. 갈라파고스는 남아메리카에서 서쪽으로 900 km 떨어져 적도 부근에 위치한, 지질학적으로 보면 젊은 몇 개의 화산섬들로 이루어진 군도이다(그림 21.5). 다윈은 그곳의 특이한 생물들에 매료되었다. 그가 채집한 조류 중에는 몇 가지 종류의 흉내

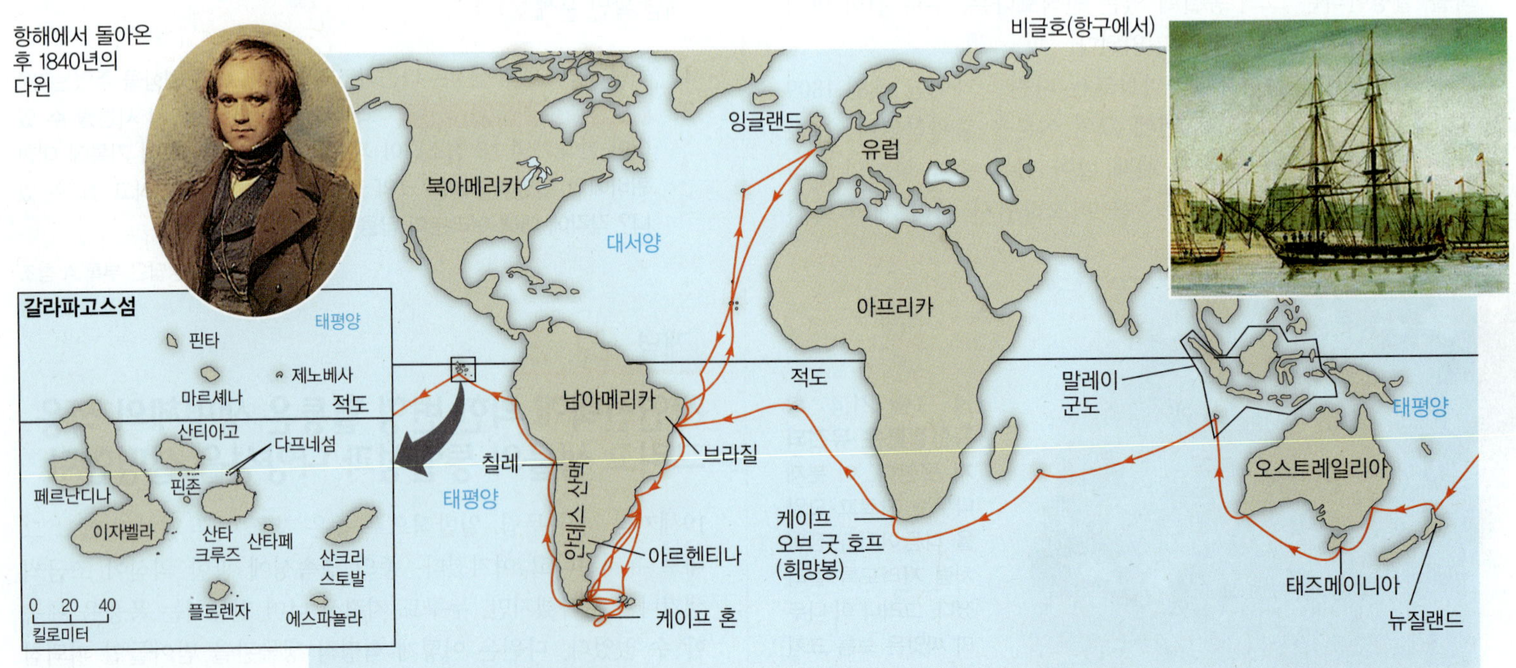

▲ 그림 21.5 HMS 비글호 항해(1831년 12월~1836년 10월)

지빠귀(mockingbird)들이 있었다. 이들 흉내지빠귀들은 매우 비슷하지만 서로 다른 종인 것 같았다. 몇몇 종의 경우에는 어느 한 섬에서만 발견되는 것도 있었고, 반면에 다른 종들은 둘 혹은 그 이상의 인접한 섬들에 분포하고 있었다. 갈라파고스 군도의 동물들이 남아메리카 본토에 살고 있는 종들을 닮기는 했지만, 갈라파고스 종들 대부분은 세상의 다른 어느 곳에서도 알려져 있지 않았다. 다윈은 남아메리카에서 길을 잃고 헤매던 생물들이 갈라파고스 어느 섬에 정착한 후 그 섬과 주변 섬들에서 다양화 과정을 거쳐 새로운 종들을 낳았으리란 가설을 제시하였다.

적응에 대한 다윈의 강조

비글호 항해기간 동안 다윈은 특정 환경에서 생물들의 생존과 번식을 증가시키는 생물의 유전된 특징들, 즉 **적응(adaptation)**에 대한 많은 사례들을 관찰하였다. 다윈이 항해에서 관찰한 모든 것을 재검토해 나갔을 때, 그는 환경에 대한 적응이라는 현상과 새로운 종의 기원을 서로 밀접하게 연결된 과정들로 인식하기 시작하였다. 이전과는 다른 환경에 적응하는 현상이 서서히 누적되어서, 조상 종으로부터 새로운 종이 생길 수 있을까? 다윈의 항해 후에 이루어진 연구들로부터, 생물학자들은 이것이 실제로 갈라파고스 군도에 사는 다양한 핀치 그룹에서 일어난 일이라고 결론짓고 있다(그림 1.20). 핀치들의 다양한 부리와 행동은 자신의 고향 섬에서 구할 수 있는 특정 먹이에 적응되어 있다(그림 21.6). 다윈은 그와 같은 적응에 대한 설명이 진화를 이해하는 데 필수적임을 깨달았다. 적응이 어떻게 일어나는지에 관한 그의 설명은 **자연선택(natural selection)**에 중심을 두고 있는데, 이 자연선택 과정에서는, 어떤 유전되는 형질을 가진 개체들이 그 형질들로 말미암아 그렇지 않은 개체들보다 더 높은 비율로 생존하고 생식하는 경향이 있다.

1840년대 초 다윈은 그의 가설의 주요한 특징을 완성하게 된다. 그는 이런 생각을 그가 변형혈통과 그것을 만드는 기작, 즉 자연선택에 관한 긴 논문을 썼던 1844년에 글로 구체화시켰다. 그러나 그는 여전히 그의 생각들을 발표하는 것을 주저하였는데, 부분적으로는 그의 생각들이 불러올 소동을 충분히 예상하고 있었기 때문이다. 이 기간에도 그는 계속해서 그의 가설을 지지하는 증거들을 모으고 있었다. 1850년대 중반에 그는 그의 생각들을 라이엘과 몇몇의 사람들에게 설명했다. 라이엘은 아직 그 자신이 진화를 확신하고 있지 않았지만 다윈에게 다른 사람이 같은 결론에 도달해서 첫 번째로 출판하기 전에 먼저 출판할 것을 강하게 주장하였다.

1858년 6월에 라이엘의 예상이 현실로 나타났다. 다윈은 남태평양 말레이 군도에서 연구하던 젊은 영국인 자연주의자인 월러스(Alfred Russel Wallace, 1823~1913)가 보낸 원고를 받았다(그림 21.2). 월러스는 다윈의 그것과 거의 동일한 자연선택 가설을 고안하였다. 그는 다윈이 그의 논문을 평가해주길 바랐고, 만약 출판할 만하다고 생각되면 이 논문을 라이엘에게 전달해 줄 것을 부탁하였다. 다윈은 라이엘에게 다음과 같이 편지를 쓰면서 그에게 동의하였다: "당신이 한 말이 하나도 틀림없이 이루어졌소... 나는 이보다 더한 우연의 일치를 본적이 없소... 그래서 나의 모든 고유한 업적은, 그것이 어느 정도냐에 관계없이 매우 큰 타격을 입게 될 것이오." 1858년 7월 1일 라이엘과 한 동료는 런던의 린네 학회에서 발표되지 않았던 다윈의 1844년 논문에서 발췌한 내용과 함께 월러스의 논문을 발표하였다. 다윈은 재빨리 그의 책을 완성하여 그 다음 해 「자연선택에 의한 종의 기원에 대하여(*On the Origin of Species by Means of Natural Selection*)」(흔히 「종의 기원(*The Origin of Species*)」으로 언급됨)이란 제목으로 출판하였다. 비록 월러스가 먼저 그의 생각을 논문으로 써서 출판했지만, 그는 다윈을 존경하였고, 다윈이 자연선택이란 아이디어를 너무도 광범위하게 발전시켰기 때문에 그가 이것의 대표 건

(a) **선인장을 먹는 핀치.** 선인장땅핀치(*Geospiza scandens*)의 길고 뾰족한 부리는 선인장 꽃과 과육을 찢어 먹는 데에 도움이 된다.

(b) **곤충을 잡아먹는 핀치.** 초록와블러핀치(*Certhidea olivacea*)는 가늘고 뾰족한 부리로 곤충을 잡는다.

(c) **씨앗을 먹는 핀치.** 큰땅핀치(*Geospiza magnirostris*)는 땅 위에서 발견되는 씨앗들을 깨는 데에 알맞은 큰 부리를 가지고 있다.

▲ **그림 21.6 갈라파고스 핀치 부리 변이의 세 가지 사례.** 갈라파고스 군도는 가까운 유연관계를 가지고 있는 12종 이상 핀치들의 고향이고, 이들 종 가운데 일부는 한 섬에서만 발견된다. 이들 간에서 볼 수 있는 놀라운 차이 중 하나는 특정한 먹이 종류에 알맞게 적응된 이들의 부리이다.

MAKE CONNECTIONS 그림 1.20을 다시 살펴보라. 선인장을 먹는 핀치는 위 그림에 있는 다른 두 종 가운데 어느 종과 더 근연관계인가(즉, 선인장을 먹는 핀치는 어느 종과 더 최근의 공통조상을 공유하는가)?

축가로 알려져야 한다고 생각했다.

10년도 안 되어서 다윈의 책과 지지자들은 생물다양성이 진화의 산물이라는 점을 그 당시 대부분의 생물학자들에게 확신시킬 수 있었다. 다윈은 흠 없는 논리와 수많은 증거들을 가진 설득력 있는 과학적 방식을 제시함으로써 이전의 진화론자들이 실패한 부분에서 성공하였다.

종의 기원

그의 책에서 다윈은 자연에 관한 세 가지 폭넓은 관찰들이—생명체의 통일성, 다양성, 그리고 생물과 환경 사이의 어울림—자연선택에 의한 변형된 혈통의 결과라는 많은 증거들을 모아 제시하였다.

변형 혈통

「종의 기원」 1판에서 다윈은 책의 맨 끝의 바로 앞까지 진화라는 단어를 사용하지 않았다(그 책의 마지막 단어는 "진화했다"로 끝나지만). 대신에 그는 그의 생물관을 요약하는 말로서 **변형 혈통(descent with modification)**을 논의하였다. 생물들은 많은 특징들을 공유하는데 이것이 다윈으로 하여금 생명체의 통일성을 인지하게 하였다. 그는 생명체 통일성의 원인을 모든 생물들이 먼 과거에 살았던 한 조상으로부터 내려온 자손들이라는 점에서 찾았다. 또한 그는 그 조상 생물의 후손들이 다양한 서식처로 흩어져 살면서 특별한 생활 방식에 적합한 다양한 변화 혹은 적응을 점진적으로 축적하게 되었다고 생각하였다. 다윈은 변형 혈통이 오랜 기간을 거쳐 궁극적으로 오늘날 우리가 보는 생명체의 풍부한 다양성을 낳았으리라 추리하였다.

다윈은 생명의 역사를 나무의 몸통에서 가지들이 뻗어나가 새로 생긴 잔가지들의 끝에까지 이어지는 나무로 그려보았다(**그림 21.7**). 그의 그림에서 A~D로 표시된 잔가지들의 끝은 오늘날 살고 있는 몇몇 생물 그룹들을 나타내고, 반대로 표시가 없는 가지들은 멸종된 그룹들을 나타낸다. 나뭇가지들의 갈래는 이 지점으로부터 기원한 모든 진화적 계통들의 가장 최근 조상을 나타낸

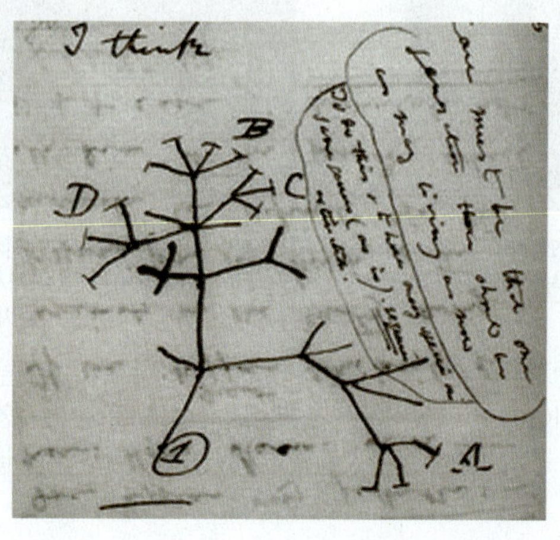

▶ **그림 21.7 "나는...라고 생각한다." 다윈이 1837년 그린 이 스케치는 그가 진화를 가지가 나누어지는 양상으로 상상했음을 보여준다.** A~D 표식이 있는 잔가지들에서 끝나는 가지들은 특정 현생 생물들의 그룹들을 나타낸다. 다른 가지들 모두는 멸종된 그룹들을 나타낸다.

바위너구리목 (바위너구리)
바다소목 (바다소와 근연종들)
† 뫼리테리움
† 베리테리움
† 데이노테리움
† 마무트
† 플라티벨로돈
† 스테고돈
† 매머드
아시아 코끼리 (아시아)
아프리카 코끼리 (아프리카)
둥근귀코끼리 (아프리카)
60 34 24 5.5 2 10^4 0
백만 년 전 년 전

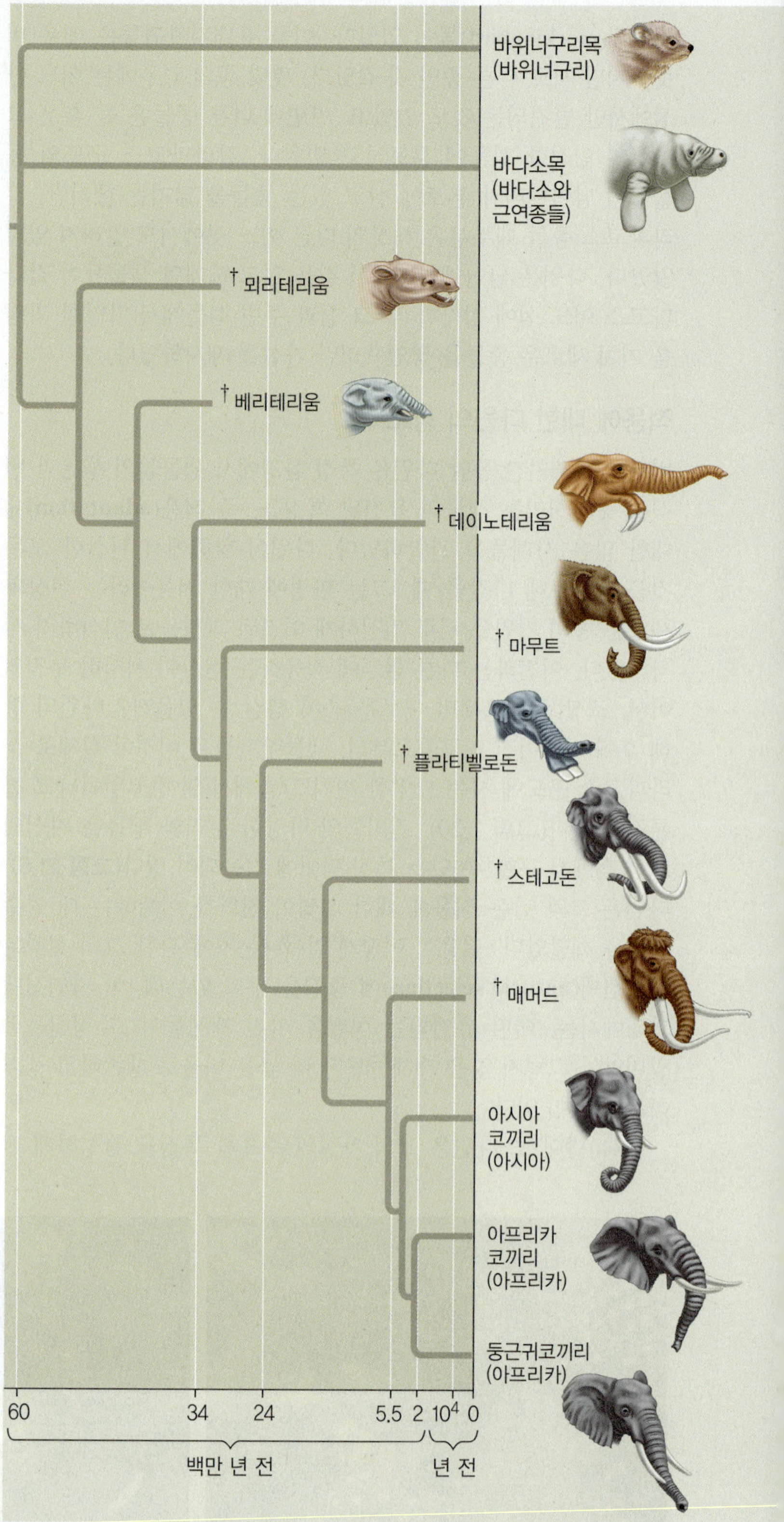

▲ **그림 21.8 변형 혈통.** 코끼리들과 그들의 친척들 간의 진화적 계통을 보여주는 이 계통수는 화석들의 해부학, 지층에 나타나는 순서, 그리고 지리적 분포 등 화석자료에 기반하고 있다. 대부분의 가지들이 멸종(†단검 기호로 표시됨)으로 끝나는 것에 주목하라. (시간 축은 물리적 시간에 비례하여 표시되지 않았다.)

? 여기 나온 계통수에 근거하여 매머드(woolly mammoths)류, 아시아코끼리, 그리고 아프리카코끼리가 상호 공유하는 가장 최근의 조상은 대략 언제쯤 살았었는가?

▶ **그림 21.9 인위선택.** 서로 다른 이 채소들은 단 하나의 종인 야생 겨자로부터 품종 개량되었다. 재배자들은 식물의 각기 다른 부분에 존재하는 변이들을 선택하는 방식으로 이와 같이 서로 다른 결과를 얻어냈다.

다. 다윈은 멸종 사건들과 함께 이렇게 나무 가지가 뻗어 나가는 과정이 때로 유연관계가 있는 생물 그룹들 간의 형태적인 간격을 설명해줄 수 있다고 추리하였다.

한 가지 예로써 현생하는 3종의 코끼리, 즉 아시아코끼리(*Elephas maximus*) 그리고 두 아프리카코끼리(*Loxodonta africana*와 *L. cyclotis*) 종들을 생각해보자. 이 근연관계의 종들은 매우 유사한데, 그 이유는 그림 21.8의 계통수가 보여주듯이 그들이 공통조상으로부터 비교적 최근에 갈라졌고 갈라지기 이전까지 똑같은 후손 계통이었기 때문이다. 코끼리와 유연관계가 있는 7가지 계통들이 과거 3,200만 년 기간 동안 멸종한 것에 주목하라. 그 결과 코끼리와 오늘날 코끼리의 가장 가까운 친척인 바다소와 바위너구리 사이의 형태적 간격을 메꿔주는 동물들은 살고 있지 않다. 그러한 멸종은 드문 일이 아니다. 사실 많은 진화의 가지들은 심지어 일부 주요 가지들도 죽은 가지들이다. 과학자들은 지구상에 살았던 모든 종들의 99% 정도가 현재는 멸종된 것으로 추정한다. 그림 21.8에서 멸종한 생물의 화석들은 오늘날에도 살아 있는 생물 그룹들 사이의 간격을 "메움"으로써 이들의 분기를 입증할 수 있다.

인위선택, 자연선택, 그리고 적응

다윈은 자연선택 방식으로 진화과정에서 관찰될 수 있는 패턴들을 설명하고자 하였다. 그는 그의 주장을 가장 회의적인 독자들 또한 설득할 수 있기를 희망하며 신중히 가다듬었다. 먼저 그는 잘 알려진 식물과 가축의 품종 개량 사례들을 논의하였다. 인간은 원하는 형질을 가진 개체들을 오랜 세대 동안 선택하고 교배시키는 **인위선택(artificial selection)**을 통해 다른 종들을 변화시켰다(그림 21.9). 인위선택의 결과 곡식, 가축 그리고 애완동물들은 흔히 그들의 야생 조상들과는 조금밖에 닮지 않게 되었다.

그 다음 다윈은 자연에서도 비슷한 일들이 일어난다고 주장했다. 그의 주장은 두 가지 관찰에 근거를 두고 있으며, 이 관찰로부터 두 가지 추론을 이끌어 냈다:

관찰 #1: 흔히 한 집단 안의 구성원들은 유전된 형질들이 매우 다양하다(그림 21.10).

관찰 #2: 모든 종들은 그들의 환경이 부양할 수 있는 정도보다 훨씬 더 많은 자손들을 만들어 낼 수 있고(그림 21.11), 이 자손들 중 많은 수는 생존하지 못하거나 자손을 남기지 못한다.

추론 #1: 어느 주어진 환경에서 높은 생존과 번식 확률을 제공하는 유전형질을 가진 개체들은 그렇지 못한 개체들보다 많은 수의 자손을 남기는 경향이 있다.

추론 #2: 이렇게 개체의 차별적인 생존과 번식 능력은 여러 세대를 거치면서 유리한 형질들의 축적으로 이어질 것이다.

▲ **그림 21.10 한 집단 내의 변이.** 아시아 무당벌레 집단 개체들은 색상과 반점 패턴에 변이가 있다. 자연선택은 그 변이들이 (1) 유전되며 (2) 딱정벌레들이 생존하고 번식하는 능력에 영향을 주는 조건에서만 작용할 것이다.

▶ **그림 21.11 자손의 과잉생산.** 한 주머니 버섯은 수십억의 자손들을 생산할 수 있다. 만약 이들 자손과 그들의 후손이 모두 생존하여 자란다면 주변 땅은 모두 카펫처럼 덮여버릴 것이다.

이 두 추론들이 제시하듯이, 다윈은 그가 생존 경쟁이라 부른 것으로부터 발생하는 자연선택과, 생물들이 자손을 과잉생산하는 능력 사이에 중요한 연결이 존재한다는 것을 보았다. 그는 맬더스(Thomas Malthus)의 인구 성장에 관한 논문을 읽은 후에 이 둘 사이의 연결고리를 만들기 시작했다. 맬더스는 인류가 가지고 있는 고통의 상당한 부분이—질병, 기아, 그리고 전쟁—식량과 다른 자원들의 공급보다 인구가 빠르게 증가할 수 있기 때문에 생기는 결과라고 주장하였다. 이와 유사하게 다윈은 자손을 과잉생산하는 능력이 모든 종들의 특징임을 깨달았다. 수없이 많은 알, 태어난 어린 것들 그리고 씨앗들 가운데서 극히 일부만이 발생을 완전히 끝내고 자손을 남긴다. 나머지들은 잡아먹히거나, 굶주리거나, 질병에 걸리거나, 짝짓기를 하지 못하거나 또는 염분농도나 온도와 같은 물리적 환경 조건에 견디어 살아남을 수 없다.

한 생물의 유전되는 형질들은 그 개체 자신의 능력에 영향을 줄 뿐만 아니라 환경 변화에 어떻게 맞서 나가는가에도 영향을 줄 수 있다. 예를 들어, 어떤 생물은 후손들이 포식자로부터 잘 피하거나 먹이를 잘 얻거나 또는 물리적 조건에 잘 견디게 해주는 이로운 형질을 가지고 있을 수 있다. 이러한 이로움이 생존하여 번식하는 자손의 수를 늘릴 때 그 선택된 형질들의 빈도는 다음 세대에서 매우 크게 증가할 것이다. 그러므로 시간이 지나면서 포식자, 먹이의 부족, 또는 불리한 물리적 조건들과 같은 결과로 발생하는 자연선택이 집단 내에 그 유리한 형질들의 비율을 증가시킬 수 있다.

얼마나 빠르게 이러한 변화들이 일어나는 것일까? 인위선택이 상대적으로 짧은 기간 동안 그렇게 큰 변화를 달성할 수 있다고 한다면, 다윈은 자연선택이 수백 세대에 걸쳐 상당한 종의 변화를 유발할 수 있을 거라고 추론하였다. 비록 일부의 유전 형질이 다른 형질들에 비해 그 유리한 정도가 미미할지라도 이들 변이들은 서서히 집단 안에 누적될 것이고 덜 유리한 변이들은 사라질 것이다. 시간이 지나면서 이 과정은 유리한 적응을 한 개체들의 빈도를 증가시킬 것이고 따라서 생물과 환경의 어울림을 더욱 정교하게 만들 것이다.

자연선택: 요약

자연선택의 주요 생각들을 되짚어 보자.

- 자연선택은 어떤 특정한 유전적 형질들을 가진 개체들이 그 형질들로 인해서 그 형질들을 가지지 않은 다른 개체들에 비해서 더 높은 비율로 생존과 번식을 하는 과정이다.
- 시간이 지나면서, 자연선택은 생물과 환경의 어울림을 증가시킬 수 있다(**그림 21.12**).
- 환경이 변하거나, 또는 어느 종에 속한 개체들이 새로운 환경

▲ **그림 21.12 진화적 적응의 한 예인 위장.** 사마귀로 불리는 곤충의 친척들은 서로 다른 환경에서 진화한 다양한 모양과 색을 가지고 있다.

? 이 사마귀들이 이번 장의 도입부에서 소개한 생명체에 대한 세 가지 핵심 관찰들(생물들과 그들의 환경 사이의 어울림, 통일성, 다양성)을 어떻게 입증하는지 설명하라.

으로 이주한다면, 자연선택은 때때로 새로운 종을 발생시키면서 생물이 그 새로운 조건들에 적응하게 할 수도 있다.

한 가지 미묘하지만 중요한 점은 비록 자연선택이 개체들과 환경 사이의 상호작용을 통해 일어나지만, 개체들 자신이 진화하는 것은 아니라는 것이다. 시간이 지나면서 진화하는 것은 집단이다.

두 번째 핵심은 자연선택은 집단 내 개체들 간에 차이가 있는 유전형질들의 빈도를 늘리거나 줄일 수 있을 뿐이라는 것이다. 비록 어느 한 형질이 유전된다고 하더라도 만약 그 집단 내 모든 개체들이 그 형질에 대해서 동일하다면 자연선택에 의한 진화는 일어날 수 없다.

세 번째로 환경요인들이 장소와 시간에 따라서 변한다는 것을 기억해야 한다. 어느 한 상황에서 유리한 형질이 다른 상황에서는 소용이 없거나 심지어 해로울 수도 있다. 자연선택은 언제나 작동하고 있지만 어느 형질이 유리할지는 그 종이 살고 있고 짝짓기를 하고 있는 환경적 맥락에 좌우된다.

다음에서 우리는 자연선택에 의한 진화라는 다윈주의를 지지해주는 폭넓은 관찰들을 조사해 볼 것이다.

개념 확인 문제 21.2

1. 변형 혈통 개념은 생명의 통일성과 다양성을 어떻게 설명하는가?
2. **WHAT IF?** 만약 높은 안데스 산맥에서 멸종된 포유류의 화석을 발견했다면 여러분은 이것이 오늘날 남미 정글에 사는 포유류와 아프리카 고산지대에 사는 포유류 둘 중 어느 것에 가깝게 닮았을 거라고 예상하는가? 설명하라.
3. **MAKE CONNECTIONS** 유전자형과 표현형 간의 관계를(그림 14.4와 14.6 참조) 검토하라. 어느 한 완두콩 집단에서 자연선택이 하얀색 표현형을 가진 꽃들을 선호한다고 가정하라. 시간이 지나면서 *p* 대립유전자 빈도가 그 집단에서 어떻게 될지 예측하고 그 이유를 설명하라.

정답은 부록 A 참조

개념 21.3

진화는 무수히 많은 과학적 증거들로 지지된다

종의 기원에서 다윈은 변형혈통의 개념을 뒷받침하기 위해서 폭넓은 증거들을 정리해 놓았다. 그가 인정했듯이 거기에는 아직 핵심 증거가 부족한 경우들이 있었다. 예를 들어, 다윈은 현화식물의 기원에 관해 "지독한 미스터리"라고까지 언급하면서 과거의 생물 그룹이 새로운 그룹을 발생시키는 것을 보여줄 화석자료들이 부족한 것을 한탄하였다.

지난 150년 동안 새로운 발견들이 다윈이 확인해 놓은 많은 빈 자리를 채워왔다. 예를 들어, 현화식물의 기원은 훨씬 더 많이 이해가 되었으며(30장), 새로운 생물 그룹들의 기원을 나타내는 많은 화석들이 발견되었다(25장). 이 절에서는 진화 양상을 기록하고 이것이 어떻게 일어나는지를 밝혀주는 네 가지 유형의 자료들(직접적 관찰, 상동성, 화석 기록, 그리고 생물지리)을 자세히 살펴볼 것이다.

진화적 변화에 대한 직접적 관찰들

생물학자들은 수천의 과학적 연구를 통해 진화적 변화를 기록해왔다. 우리는 이 단원을 통해 많은 연구들을 검토할 것이지만 여기서는 두 가지 사례를 살펴보자.

도입된 종들에 대한 반응과정에서의 자연선택

식물을 먹고 사는 초식동물들에서는 흔히 그들이 주로 먹는 먹이자원들을 효율적으로 섭취하는 데 도움이 되는 적응들이 있다. 만약 초식동물들이 특성이 다른 새로운 먹이로 먹이를 바꾸면 어떤 일이 벌어질까?

이 질문에 대한 해답을 연구할 수 있게 한 한 가지 기회가 제공되었다. 무환자나무 벌레들은 속이 빈 주사기 같이 기다랗게 생긴 "부리" 입을 사용하여 다양한 식물 열매들 속의 씨앗들을 먹고 산다. 남부 플로리다에서 무환자나무 벌레(*Jadera haematoloma*)는 이 지역 토착종인 풍선덩굴(*Cardiospermum corindum*) 식물을 먹고 산다. 그러나 중부 플로리다에서 풍선덩굴은 드물다. 대신 이 지역에서 무환자나무 벌레는 최근 아시아에서 도입된 모감주나무(*Koelreuteria elegans*)의 씨를 먹고산다.

무환자나무 벌레는 그들의 부리 입 길이가 열매 속에 있는 그 씨앗까지의 깊이와 서로 맞을 때 가장 효과적으로 먹이를 먹을 수 있다. 모감주나무 열매는 이파리 모양의 세 개의 엽상구조로 되어 있는데 씨앗의 위치는 둥글고 통통하게 생긴 토착식물인 풍선덩굴보다 표피에 훨씬 더 가깝다. 연구자들은 이러한 차이로 인해 무환자나무 벌레 부리의 길이가 풍선덩굴을 먹고사는 집단들보다 모감주나무를 먹는 집단들에서 자연선택에 의해 짧아졌을 거라고 예상하였다(**그림 21.13**). 실제로 부리 길이는 모감주나무를 먹는 집단들에서 더 짧았다.

또한 연구자들은 루이지애나, 오클라호마, 호주로 도입된 식물들을 섭식하는 무환자나무 벌레 집단들로부터 부리 길이의 진화를 연구했다. 이들 각 지역에서는 토착 식물들의 열매에 비해서 도입된 식물들의 열매가 더 크다. 그래서 연구자들은 도입된 종들을 섭취하는 집단들의 부리 길이는 자연선택에 의해서 더 길 거라고 예상하였다. 현장연구를 통해 얻어진 자료들은 이 예상을 다시 옹호해주었다.

관찰된 부리 길이의 변화는 중요한 결과를 가져왔다. 예를 들어 호주에서는 무환자나무 벌레들 부리 길이의 증가로 인해 이 벌레들이 짧은 부리를 가지는 개체들에 비해서 도입된 종들의 씨앗을 먹을 때 두 배나 성공할 수 있게 하는 차이를 보였다. 더 나

▼ 그림 21.13 **탐구**

한 집단의 먹이 자원 변화가 자연선택에 의한 진화를 낳을 수 있을까?

현장연구 무환자나무 벌레들은 그들의 "부리" 입 길이가 열매 속에 있는 씨앗까지의 깊이와 서로 잘 맞을 때 가장 효과적으로 섭식한다. 캐롤(Scott Carroll)과 그의 동료들은 토착종인 풍선덩굴 식물을 먹고사는 무환자나무 벌레 집단들에서 부리 길이를 측정하였다. 또한 그들은 도입된 모감주나무 식물 열매를 먹고사는 집단들에서도 부리 길이를 측정하였다. 그 다음 연구자들은 그 측정값들을 모감주나무가 도입되기 전에 두 지역에서 채집되어 박물관에 보관되어 있던 무환자나무 벌레 표본들로부터 측정한 값들과 비교하였다.

풍선덩굴 열매에 부리를 넣은 무환자나무 벌레

결과 부리 길이는 씨앗이 열매 안에 더 깊이 들어 있는 토착종들을 섭식하는 집단들보다 도입된 종을 섭식하는 집단들에서 더 짧았다. 각 집단에 속하는 박물관 표본들의 부리 길이 평균(빨간 화살표가 가리킴)은 토착종을 섭식하는 집단들에서 측정된 부리 길이와 비슷했다.

결론 박물관 표본들과 오늘날의 자료는 무환자나무 벌레 먹이자원의 크기 변화가 이 크기에 맞는 부리 크기에 대한 자연선택 작용으로 진화를 일으킬 수 있다는 것을 시사한다.

참고문헌 S. P. Carroll and C. Boyd, Host race radiation in the soapberry bug: natural history with the history, *Evolution* 46:1052–1069 (1992).

WHAT IF? 추가 연구들에서 얻은 자료는 다음의 결과를 보여주었다—풍선덩굴 열매를 섭식하는 무환자나무 벌레 집단들로부터 알들을 모아서 이것들을 모감주나무 열매들(또는 그 반대로) 위에서 길렀을 때 성충들의 부리 길이가 알들을 얻은 집단에서 측정된 값들과 비슷하였다. 이 결과들을 해석하시오.

아가서, 중부 플로리다에 모감주나무 식물이 도입된 때가 그 과학적 연구가 시작되기 35년 전이라는 역사적 자료를 감안하면, 이 결과들은 자연선택이 야생집단에서 빠른 진화를 일으킬 수 있음을 증명한다.

약제 저항성을 갖는 세균의 진화

인간에게 드라마틱한 영향을 주며 현재도 계속되고 있는 자연선택의 예는 병원체(질병을 일으키는 생물들과 바이러스들)의 약제-저항성 진화이다. 이것은 세균 그리고 바이러스와 관련된 특별한 문제인데 그 이유는 약제 저항성을 갖는 병원성 균주들이 매우 빠르게 급증할 수 있기 때문이다.

포도상구균(*Staphylococcus aureus*)의 약제 저항성 진화를 생각해 보자. 약 세 명 가운데 한 명이 피부 또는 콧구멍에 이 세균을 가지고 있는데 대부분 무해하다. 그러나 이 종 가운데 메티실린(methicillin)-저항성 포도상구균(MRSA)이라고 불리는 특정 유전적 변이형은 매우 무서운 병원체이다. "살을 파먹는 병"으로 알려져 있으며 목숨을 앗아갈 위험성이 있는 클론 USA300과 같은 병원성 MRSA가 과거 수십 년 동안 걱정스러울 만큼 증가하였다**(그림 21.14)**. 클론 USA300을 비롯해서 MRSA에 속하는 다른 균주들은 과연 어떻게 위험해진 것일까?

이야기는 페니실린이 최초로 광범위하게 사용되기 시작했던 1943년에 시작된다. 그 이후 페니실린과 다른 항생제들은 수백만 명의 목숨을 구했다. 그러나 1945년에 이미 병원에서 발견되는 포도상구균 균주들 가운데 20% 이상이 페니실린 저항성을 보인다는 사실이 발견됐다. 이 세균들은 페니실린을 파괴하는 한 효소인 페니실리네이스를 가지고 있었다. 연구자들은 페니실리네이스에 파괴되지 않는 항생제들을 개발했지만 이 새로운 약들에 대해서 일부 포도상구균 집단들은 몇 년이 지나지 않아 저항성을 발생시켰다.

1959년 의사들은 더욱 강력한 항생제인 메티실린을 사용하기 시작했지만 2년 이내에 메티실린-저항성 포도상구균 균주가 나타났다. 이처럼 저항성을 갖는 균주들은 어떻게 나타난 것일까? 메티실린은 세균의 세포벽을 만드는 데 사용되는 단백질 기능을 비활성화시켜 치료효과를 낸다. 그러나 다른 포도상구균 집단들은 그 구성원들이 메티실린 처리에 얼마나 민감히 영향을 받는가와 관련하여 변이를 보여주었다. 특히 일부 개체들은 메티실린 처리에도 살아남았으며 다른 개체들보다 높은 비율로 번식하였다. 시간이 지나면서 이 저항성을 보이는 개체들은 매우 흔하게 되었고 MRSA가 확산되는 결과를 가져왔다.

초기에 MRSA는 메티실린과는 다른 방식으로 작용하는 항생제들로 억제될 수 있었다. 그러나 이것은 일부 MRSA 균주들이 다수의 항생제들에 대해 저항성을 가지기 때문에 효클론 USA300의 환형 염색체는 그 염기서열이 해독됐는데, 2,872,769 bp 길이의 DNA로 구성되어 있다.

파란색 이외의 색들로 강조된 부위들은 이 균주의 병원성을 증가시키는 유전자들을 포함하고 있다(표시 참조).

1
250,000 base pairs
500,000
750,000
1,000,000
1,250,000
1,500,000
1,750,000
2,000,000
2,250,000
2,500,000
2,750,000

포도상구균 클론 USA300의 염색체 지도

적응 표시
메티실린(methicillin) 저항성
숙주에 서식하는 능력
병원성의 증가
유전자 교환(종 내)과 독소 생산 증가

(a) MRSA 감염의 대부분은 최근에 등장한 균주들 가운데 하나인 클론 USA300 같은 균주에 의한 감염이다. 다수의 항생제에 대해서 저항성을 보이며 매우 높은 감염성을 보이는 이 균주와 그리고 가까운 친척 균주들은 피부, 폐, 혈액에 치명적인 감염을 일으킬 수 있다. 여기에 나와 있는 것처럼 연구자들은 USA300 유전체에서 이 균주의 병원성의 원인이 되는 적응들을 암호화하고 있는 핵심적 부위들을 찾아냈다.

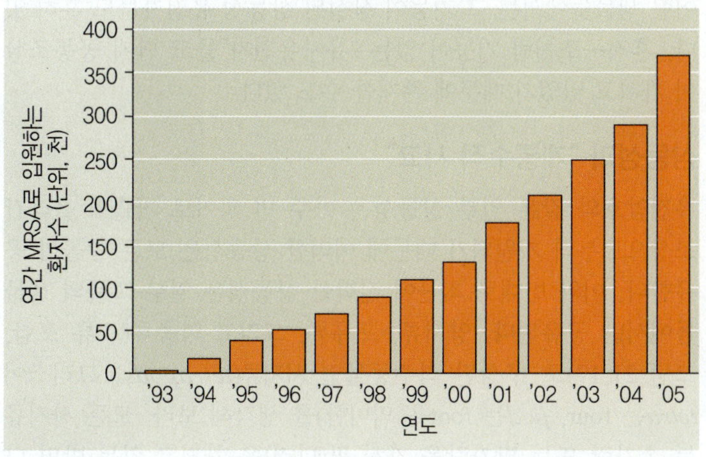

(b) 병원에 입원할 정도로 심한 MRSA 감염은 지난 수십 년 동안 급증했다.

▲ **그림 21.14 메티실린-저항성 포도상구균(*Staphylococcus aureus*, MRSA)의 발흥**

WHAT IF? 개발된 일부 약들은 포도상구균을 표적삼아 이 균들을 죽인다. 다른 약들은 MRSA를 죽이지는 않고 다만 성장 속도를 낮추는 것들이 있다. 자연선택이 작용하는 방식과 세균 종들 간의 유전자 교환이 가능하다는 사실에 비춰볼 때 이들 각 전략들이 왜 나름 효과적일 수 있는지 설명하라.

과가 작아졌다. 다수의 항생제에 대한 저항성은 아마도 세균들이 자신들과 같은 종에 속하거나 혹은 다른 종에 속하는 개체들과도 유전자를 교환할 수 있기 때문에 가능해졌을 것이다. 그러므로 오늘날 다약제-내성 균주들은 시간이 지나면서 서로 다른 항생제 저항성을 가지고 있는 MRSA 균주들이 서로 간에 유전자들을 교환하면서 생겨나게 되었을 것이다.

포도상구균과 무환자나무 벌레 사례들은 자연선택에 관해서 두 가지 중요한 핵심을 강조한다. 첫째, 자연선택은 창조 방식이라기보다는 편집과정이다. 약물이 저항성 병원체를 창조하지는 않는다. 대신 그것은 원래 집단 안에 들어 있던 저항성 개체들을 선택한다. 둘째, 자연선택은 시간과 공간에 의존한다. 자연선택은 유전적인 변이가 존재하는 집단 안에서, 이 집단이 놓여 있는 현재의 국지적 환경에서 이득을 줄 수 있는 형질들을 선호한다. 한 상황에서 이로운 것이 다른 상황에선 소용이 없거나 심지어 해로울 수도 있다. 자연선택은 무환자나무 벌레 집단의 구성원들이 주로 섭식하는 열매의 크기에 알맞은 부리 길이들을 선호한다. 그러나 한 열매 크기에 맞춰진 부리 길이는 다른 크기의 열매들을 먹을 때에는 불리해질 수 있다.

상동성

진화에 대한 두 번째 유형의 증거는 서로 다른 생물들 사이의 유사성을 분석하는 것에서 얻을 수 있다. 지금까지 논의했듯이 진화는 변형 혈통의 과정이다. 과거 조상 생물들이 가졌던 특징들이 다른 환경조건들에 놓이게 되면서 후손들에서의 그 특징은 시간에 따라 변화(자연선택에 의해)된다는 것이다. 그 결과 현재는 비록 다른 기능을 하고 있더라도 밑바탕에는 유사성이 깔려 있는 특징들을 친척 종들은 공유할 수 있다. 공통조상에서 기인하는 이와 같은 유사성은 **상동성(homology)**으로 알려져 있다. 이 절에서 서술할 것인데, 상동성에 대한 이해는 시험해볼 수 있는 예측들을 세우거나 수수께끼처럼 보일 수 있는 관찰들을 설명하는 데 사용될 수 있다.

해부학적 그리고 분자적 상동성

진화를 개조과정으로 보는 견해는 가까운 친척 종들이 유사한 특징들을 공유할 것이라는 예측으로 이어지며, 실제로도 유사성을 공유한다. 물론 가까운 종들은 그들의 관계를 결정하는 데 사용된 특징들을 공유하지만 그 밖에 많은 다른 특징들도 공유한다. 진화라는 맥락에서 바라보지 않는다면 이 공유된 특징들은 의미를 갖지 못한다. 예를 들어 인간, 고양이, 고래, 박쥐 등을 포함한 모든 포유류의 앞다리(팔)는 이 부속지들이 매우 다른 기능들(들어올리기, 걷기, 헤엄치기, 날기)을 가지고 있어도, 어깨로부터 손가락 끝까지 이어진 뼈들의 배열이 똑같다는 것을 보여준다(**그림 21.15**). 이렇게 놀라운 해부적인 유사함은 이들 구조가 각각의 종마다 새롭게 발생했었다면 가능하지 않았을 것이다. 그보다는 서로 다른 포유류의 팔, 앞다리, 지느러미 발 그리고 날개에 들어 있는 뼈들은 그들의 공통조상이 가지고 있던 한 가지 기원형의 변이 형태인 **상동기관(homologous structure)**일 것이다.

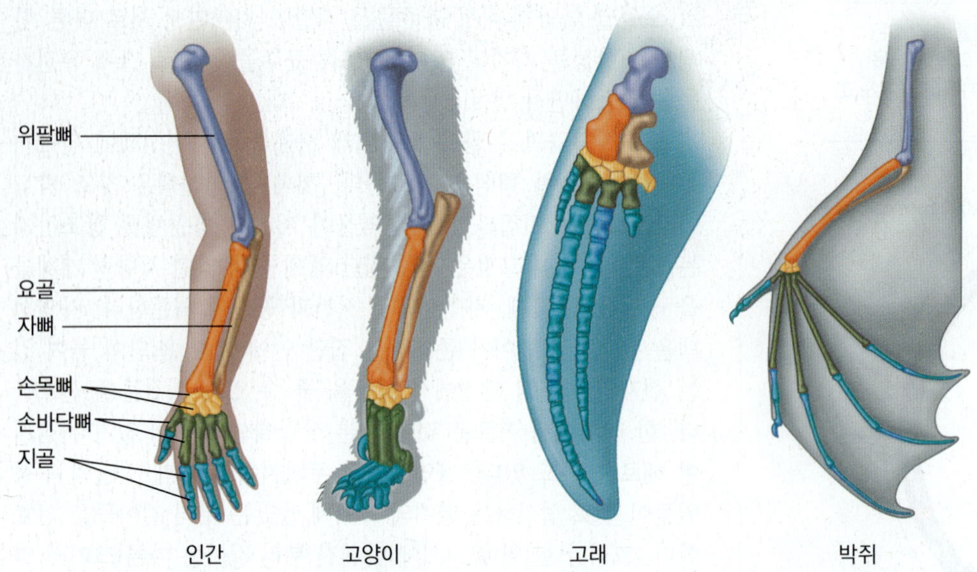

▲ **그림 21.15 포유류 앞다리(팔): 상동구조.** 비록 서로 다른 기능을 갖도록 적응했지만, 모든 포유류의 앞다리(팔)는 똑같은 기본 골격 요소로 구성된다. 하나의 큰 뼈(보라색)가, 보다 작은 2개의 뼈들에 부착되고(오렌지와 황갈색), 다시 이 두 뼈는 몇 개의 작은 뼈들에 부착되며(황금색), 다시 이 뼈들은 몇 개의 손바닥뼈에 부착되고(녹색), 이 뼈들은 다시 약 5개의 손(발)가락 또는 지골(파란색)에 부착된다.

서로 다른 동물들의 발생 초기단계 비교가 성체에서는 보이지 않던 추가적인 해부학적 상동성을 드러내기도 한다. 예를 들면, 모든 척추동물 배아는 발생 어느 시점에서 인두(목구멍)궁으로 불리는 구조뿐만 아니라 항문 뒤쪽으로 난 꼬리를 가진다(그림 21.16). 이 상동성 인두궁은 궁극적으로는 물고기의 아가미, 인간과 기타 포유류의 귀나 목구멍의 일부분 같이 서로 매우 다른 기능들을 가진 상동기관으로 발생한다.

가장 흥미를 끄는 상동기관은 이제는 거의 중요하지 않게 된 남겨진 구조들이다. **생물의 흔적구조(vestigial structure)**는 조상 때에 중요 기능을 담당하던 특징들의 유물이다. 예를 들면, 몇몇 뱀들의 골격은 걸어 다닌 조상의 골반과 다리 뼈 흔적을 가지고 있다. 동굴 장님물고기 종에서 관찰된 비늘 아래 묻혀 남아 있는 눈은 또 다른 한 사례이다. 만약 뱀과 장님물고기가 다른 척추동물들과는 구별된 기원들을 갖는다면, 우리들은 이 흔적구조들을 보지 못했을 것이다.

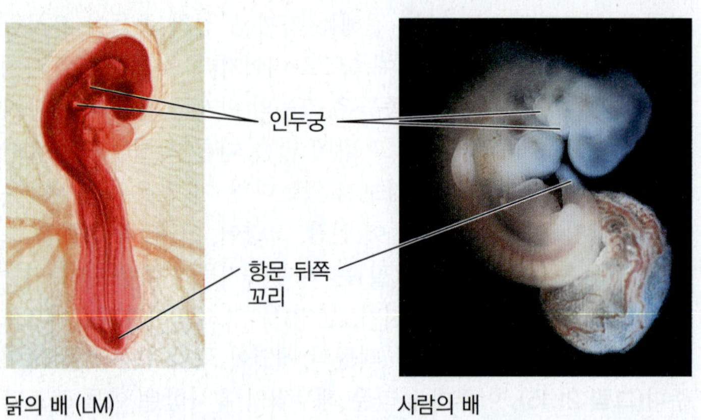

▲ **그림 21.16 척추동물 배의 해부적 유사성.** 모든 척추동물들은 배 발생의 어느 단계에서 항문 뒤에 위치하는(항문 뒤쪽 꼬리로 언급됨) 꼬리와 그리고 인두(목구멍)궁을 가진다. 공통조상으로부터 유래했다는 점이 이와 같은 유사성을 설명할 수 있다.

생물학자들은 분자 수준에서 존재하는 종들 간의 유사성도 목격한다. 모든 형태의 생물은 근본적으로는 똑같은 유전암호를 사용하는데, 이 점은 모든 종들이 이 유전암호를 사용했던 공통조상들에서 유래한 후손들임을 의미한다. 그러나 분자 상동성은 공유된 유전암호 이상이다. 예를 들어, 인간과 세균만큼이나 서로 다른 생물들이라도 아주 먼 과거의 공통조상으로부터 물려받은 유전자들을 공유한다. 이 상동성 유전자들의 일부는 새로운 기능들을 획득하였고, 단백질 합성에 사용되는 리보솜 소단위들을 암호화하는 유전자들처럼 또 다른 일부는 원래의 기능들을 간직해오고 있다(그림 17.17). 그리고 비록 유연관계에 있는 다른 종들에서는 기능이 완전히 남아 있더라도 반대로 어떤 생물들에서는 그 기능이 상실된 상동성 유전자들도 흔히 있다. 흔적구조처럼 기능이 없는 "유사유전자"들도 단지 공통조상이 가지고 있었기 때문에 존재할 수도 있다.

상동성과 "계통수적 사고"

유전암호와 같은 일부 상동성은 아주 먼 과거로 거슬러 올라간 조상으로부터 기원되기 때문에 이러한 상동성은 모든 종들이 공유한다. 이와 반대로 최근에 진화한 상동성은 일부 그룹의 생물들에서만 공유된다. 양서류, 포유류, 그리고 파충류(조류 포함, 그림 21.17)로 구성된 척추동물인 사지류(*tetrapods*; 그리스어 *tetra*는 four, *pod*는 foot을 의미함)를 생각해 보라. 모든 사지류는 손가락 또는 발가락을 가진 팔(다리)을 가지고 있는 반면 다른 척추동물들은 가지고 있지 않다(그림 21.15). 그리하여 상동성의 형질들은 겹겹으로 쌓인 양상을 나타낸다. 즉, 모든 생물들이 공통으로 공유하는 상동성은 가장 깊은 안쪽 층에 위치하고, 현재로 가까이 오면서 연속적으로 점점 더 작은 집단들 사이에 존재하는 상동성이 나타난다. 이렇게 겹겹으로 쌓인 듯한 구조는 만약 생명체가 하나의 공통조상으로부터 변형 혈통과정을 통해 내려왔다면 예상되는 모양과 정확히 일치하는 양상이다.

생물학자들은 공통조상으로부터 내려오는 후손들의 양상을 **진화 계통수(evolutionary tree)**로 나타낸다. 진화 계통수는 생물 그룹들 사이의 진화적 관계들을 반영하는 그림이다. 우리는 진화

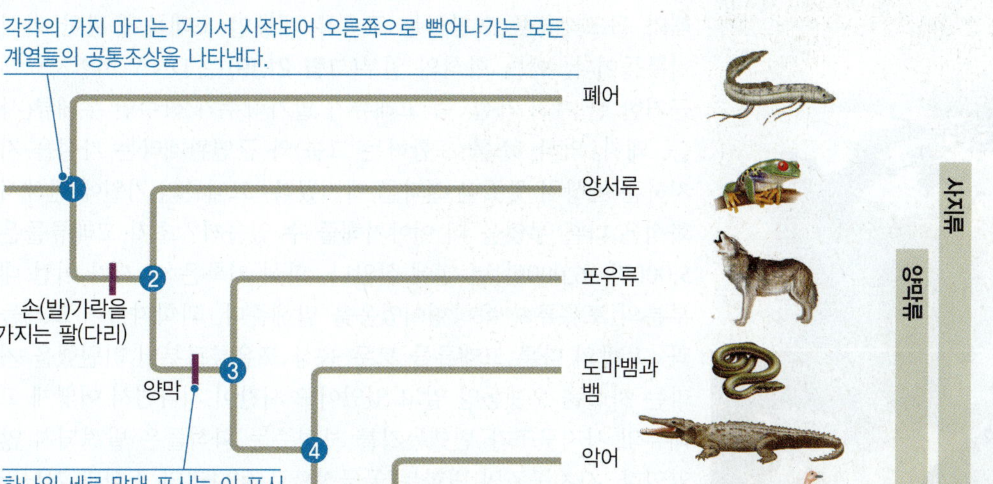

▲ **그림 21.17 계통수적 사고: 진화 계통수를 통해 제공되는 정보.** 사지류와 이들의 가장 가까운 친척들인 폐어에 대한 이 진화 계통수는 해부학적 그리고 DNA 서열 정보 자료에 기반하고 있다. 보라색 가는 막대는 세 가지 중요한 상동성의 기원을 나타내며, 이들 각각은 오직 단 한 번만 진화했다. 조류는 파충류로 둘러싸여 있고 파충류로부터 진화했다. 그러므로 "파충류"로 불리는 생물군은 기술적으로 조류를 포함한다.

? 악어류는 도마뱀과 조류 중 어디에 더 가깝게 연관되어 있나?

계통수가 만들어지는 자세한 내용들을 22장에서 탐구할 것이지만 지금은 그 같은 계통수를 어떻게 해석하고 사용하는지에 대해 살펴보도록 하자.

그림 21.17은 사지류와 이들의 가장 가까운 살아 있는 친척들인 폐어(lungfishes)의 진화 계통수이다. 이 그림에서 각각의 가지 마디는 그것으로부터 내려오는 모든 종들의 공통조상을 나타낸다. 예를 들어, 폐어와 모든 사지류는 조상 ❶번으로부터 내려오고, 반면에 포유류, 도마뱀과 뱀, 악어, 그리고 조류는 조상 ❸번으로부터 내려온다. 예상되듯이 계통수 위에 나타난 세 가지 상동성은(손 발가락을 갖는 팔다리, 배아를 보호하는 양막, 그리고 깃털) 겹겹이 쌓인 양상을 띤다. 손발가락을 갖는 팔다리는 공통조상 ❷번에 나타났고 그러므로 이 조상에서 내려온 모든 후손들에서 발견된다. 양막은 조상 ❸번에서만 나타났기 때문에 포유류와 파충류 같은 일부 사지류에서만 공유된다. 깃털은 오직 공통조상 ❻번에서만 나타났는데 이로 인해 오직 조류에서만 발견된다.

"계통수적 사고"를 좀 더 탐구해 보자. 포유류는 그림 21.17에서 조류에 비해 양서류에 더 가깝게 위치한 것에 주목하라. 그 결과 여러분은 포유류가 조류보다는 양서류에 더 가깝게 관련된다고 결론 내릴지도 모른다. 그러나 실제로 포유류는 양서류에 비해 조류에 더 가까운 관계에 있다. 그 이유는 포유류와 조류가 포유류와 양서류 사이의 공통조상 ❷번보다도 더 가까운 과거에 공통조상 ❸번을 공유하기 때문이다. 공통조상 ❷번 역시 조류와 양서류의 가장 최근 공통조상으로서 포유류와 조류가 양서류에 대해서 동등한 관계에 있도록 해준다. 끝으로 그림 21.17의 계통수는 사건들이 일어난 실제 연대가 아니라 상대적인 시간을 나타낸다는 점에 주의하라. 그러므로 우리는 조상 ❷번이 조상 ❸번보다 그 이전에 살았다고 결론내릴 수 있지만 그 때가 언제인지는 모른다.

진화 계통수는 후손들의 패턴에 대한 우리의 이해를 요약하는 가설이다. 여타의 가설처럼 이 후손들 관계에 대한 신빙성은 그 관계를 뒷받침하는 자료의 힘에 달려 있다. 그림 21.17의 경우 이 계통수는 해부학적 그리고 DNA 서열정보를 포함한 다수의 다른 자료들에 의해서 뒷받침된다. 그 결과 생물학자들은 이 계통수가 실제의 진화 역사를 반영한다고 확신한다. 과학자들은 이러한 신빙성 높은 진화 계통수를 이용하여 어떤 생물들의 생물학에 대해 놀랄만한 예측들을 한다(22장).

유사성의 다른 원인: 수렴진화

가까운 관계의 생물들은 공통조상으로 인해 어떤 형질들을 공유하는데, 먼 관계인 생물들도 **수렴진화(convergent evolution)**라는 또 다른 이유로 서로 닮을 수 있다. 수렴진화는 서로 다른 계열에서 유사한 특징들이 독립적으로 진화하는 것을 말한다. 포유류의 하나인 오스트레일리아에 사는 유대류를 생각해 보자. 유대류는 호주에는 거의 없는 태반포유류와는 구별된다. (태반 포유류는 자궁 안에서 배 발생을 완료하지만, 유대류는 배아로 태어난 후 모체의 외부 주머니에서 발생을 완료한다.) 일부 오스트레일리아 유대류는 태반류와 겉보기에 비슷한 모양과 적응을 보여준다. 예를 들어, 오스트레일리아 숲에 사는 유대류인 슈거 글라이더(sugar glider)는 겉보기에 북아메리카 숲에 사는 날다람쥐와 매우 비슷하다(**그림 21.18**). 그러나 슈거 글라이더는 북미 날다람쥐 또는 다른 태반류보다는 캥거루나 다른 오스트레일리아 유대류에 훨씬 가깝고, 분명히 유대류로 정의할 수 있는 다른 많은 특징들을 가지고 있다. 다시 한 번 진화에 대한 우리의 이해는 이러한 관찰을 설명할 수 있다. 두 포유류가 서로 다른 조상에서 독립적으로 진화했어도 이 두 포유류는 비슷한 환경에서 비슷한 방식으로 적응했다. 수렴진화로 인해 어떤 특징을 공유하는 종들의 경

▲ **그림 21.18 수렴진화.** 공중을 활강할 수 있는 능력은 서로 유연관계가 먼 이들 두 포유류에서 독립적으로 진화했다.

우 그 유사성을 상동성이 아닌 **상사성(analogous)**이라 부른다. 상사성 특징들은 유사한 기능을 공유하지만 공통조상을 공유하지는 않는다. 반면에 상동성 특징들은 공통조상을 공유하지만 반드시 유사한 기능을 공유하지는 않는다.

화석 기록

진화의 세 번째 유형 증거는 화석으로부터 얻는 것들이다. 화석 기록은 과거의 생물들이 오늘날 생물들과 달랐다는 것을 보여주고 많은 종들이 멸종되었음을 보여줌으로써 진화의 양상을 뒷받침한다. 화석들은 또한 많은 다양한 생물군에서 시간에 따라 일어난 진화적 변화들을 보여준다. 수백 가지 사례 중 하나로 연구자들은 큰가시고기 물고기 화석을 통해 시간이 지나면서 서로 다른 여러 호수에서 골반 뼈가 아주 작아졌음을 발견하였다. 이러한 일관된 변화의 본질은 골반 뼈 크기의 감소가 자연선택에 의한 결과라는 것을 제시한다.

화석은 새로운 생물군들의 기원도 밝혀준다. 한 가지 예는 고래와 돌고래류를 포함하는 포유류 계층인 고래목에 관한 화석 기록들이다. 이들 화석의 일부(**그림 21.19**)는 DNA 서열자료에 근거한 한 가지 가설, 즉 고래류가 발가락수가 짝수인 우제류(사슴, 돼지, 낙타, 소를 포함하는 그룹)와 근연관계라는 가설을 지지하는 예상치 못했던 결과를 가져왔다. 고래류의 기원에 관해서 화석은 다른 무엇을 더 이야기해줄 수 있을까? 초기 고래류들은 5,000만~6,000만 년 전에 살았다. 화석 기록은 이 시기 이전 대부분의 포유류가 육상형이었음을 말해준다. 과학자들이 고래들과 그 밖의 다른 고래류들 모두 육상 포유류로부터 기원했을 거라는 사실을 오랫동안 알고 있었어도 시간이 지나면서 어떻게 고래류의 사지구조가 변했는지를 보여주는 화석들은 발견되지 않았었다. 사지구조의 변화는 궁극적으로 뒷다리의 소실과 지느러미 발의 발생으로 이어졌다. 그러나 과거 수십 년 동안 주목할 만한 일련의 화석들이 파키스탄, 이집트 그리고 북미에서 발견되었다. 이 화석들은 조상형과 현생하는 고래류 사이의 빈 간격을 메우면서 육상 생물이 해양 생물로 전이해 간 단계들을 증명해준다(**그림 21.20**).

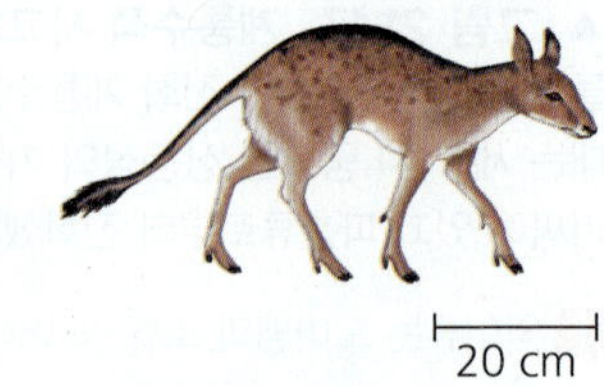

▲ **디아코덱시스(*Diacodexis*), 초기 짝수 발가락의 우제류**

종합해 보면 최근 이 화석들의 발견은 고래류라는 새로운 주요 포유류군의 기원을 증명한다. 또한 이 발견들은 고래류와 그들의 가까운 친척(하마, 돼지, 그 외 다른 짝수 발가락 수의 우제류)들이 파키세투스(*Pakicetus*)와 디아코덱시스(*Diacodexis*)와 같은 초기 짝수 발가락 수의 우제류들 사이에서 관찰되는 차이들보다 훨씬 더 다르다는 것을 보여준다. 비슷한 양상들이 포유류(25장), 현화식물(30장), 사지류(34장)를 포함한 새로운 주요 생물군들의 기원을 증명해주는 화석들에서 관찰된다. 이 모든 사례들에서 화석 기록은 변형 혈통이 유연관계에 있는 생물 그룹들 간의 차이들을 점점 더 늘렸으며, 궁극적으로는 오늘날 우리가 보는 생물 다양성을 낳았음을 보여준다.

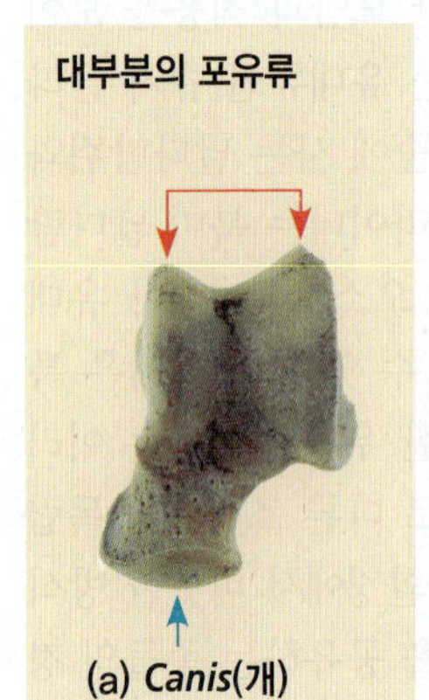

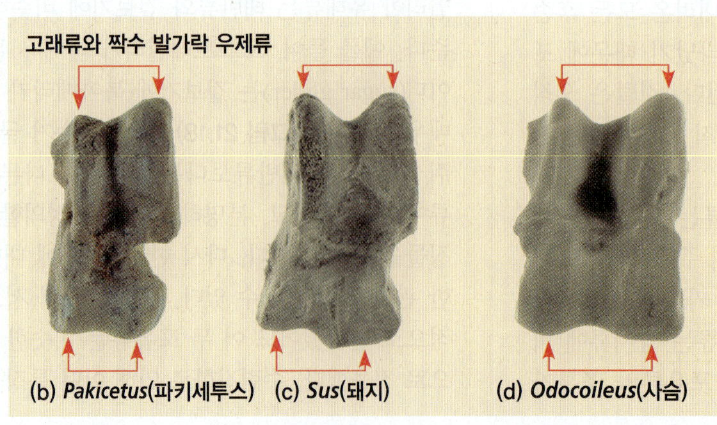

◀ **그림 21.19 복사뼈: 한 가지 수수께끼.** 화석과 오늘날 생물들의 복사뼈를 비교해보면 고래류가 발가락 수가 짝수인 우제류와 근연관계임이 제시된다. **(a)** 대부분의 포유류에서 복사뼈는 개의 그것과 비슷하게 생겼는데, 한 쪽 끝은 두 개의 혹이 튀어 오른 모양(빨간색 화살표)이지만 반대편 끝은 그렇지 않다(파란색 화살표). **(b)** 화석들은 초기 고래류인 파키세투스(*Pakicetus*)가 복사뼈 양쪽 끝 모두 두 개의 혹을 가졌다는 것을 보여주는데, 이것은 **(c)** 돼지와 **(d)** 사슴 그리고 짝수 발가락을 갖는 다른 모든 우제류에서만 발견되는 고유한 특징이다.

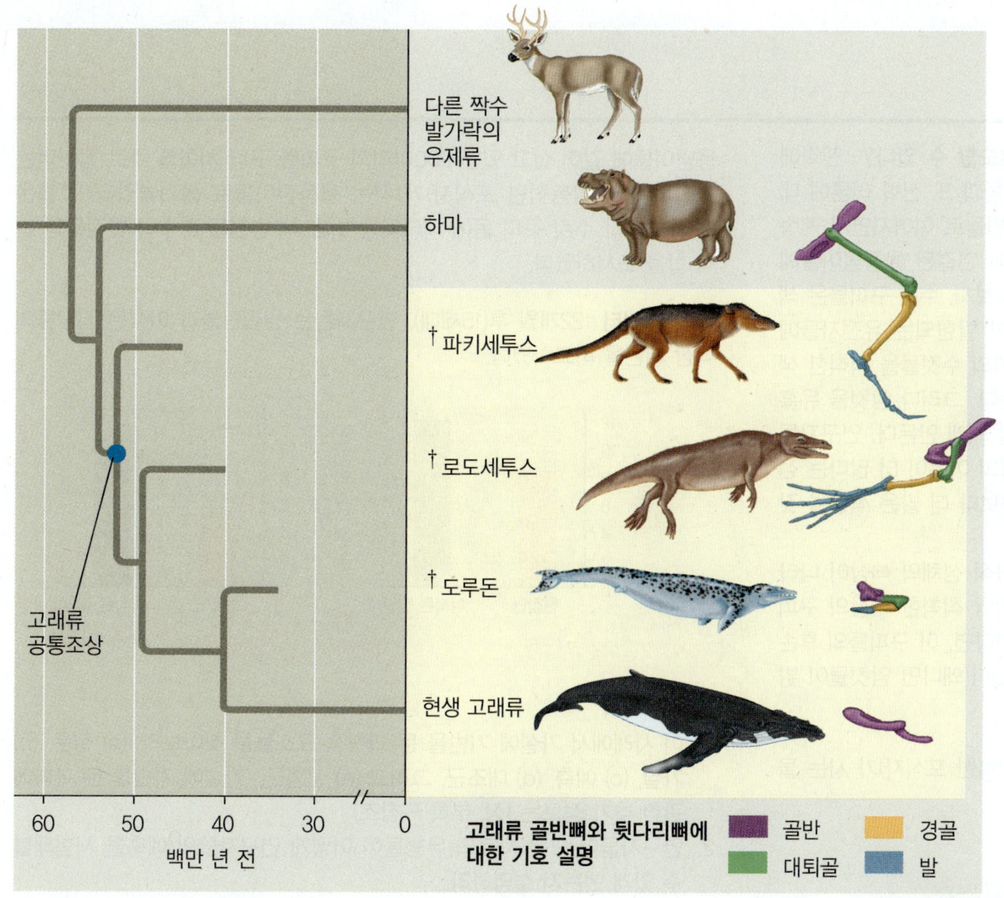

▲ **그림 21.20** **해양 생물로 전이.** 진화 계통수를 보여주는 위 그림에 나온 노란 바탕 부분은 고래류 계보들을 강조한다. 다수의 증거는 고래류가 육상 생물로부터 진화했다는 가설을 지지해준다. 파키세투스(*Pakicetus*), 로도세투스(*Rodhocetus*), 도루돈(*Dorudon*)을 포함한 멸종한 고래류 조상들의 화석들은 시간이 지나면서 골반뼈와 뒷다리뼈가 작아지는 것을 보여준다. DNA 서열 자료는 고래류가 하마와 가장 근연관계라는 가설을 지지해준다.

? 고래류의 진화과정에서 뒷다리 구조의 변화와 고래 꼬리의 기원 중 어떤 것이 먼저 발생했나? 설명하라.

생물지리

진화에 대한 네 번째 유형의 증거는 종의 지리적 분포를 연구하는 학문인 **생물지리(biogeography)**로부터 온다. 생물의 지리적 분포는 시간이 가면서 지구 대륙이 서서히 이동하는 **대륙이동**(continental drift)을 포함해서 그 밖의 다른 많은 요인들에 의해 영향을 받는다. 약 2억 5,000만 년 전 이 움직임은 **판게아(Pangaea**, 그림 25.16)라고 불리는 단 하나의 대륙으로 지구 땅덩어리들을 통합시켰다. 대략 2억 년 전 판게아는 쪼개지기 시작했고 오늘날 우리가 아는 대륙들은 2,000만 년 전에 현재의 위치들로부터 수백 킬로미터밖에 차이가 안 나는 위치에 오게 된다.

우리는 진화와 대륙이동에 관한 지식을 이용하여 서로 다른 생물 그룹들의 화석들이 어디에서 발견될 수 있는지 예측할 수 있다. 예를 들어 과학자들은 해부학적 자료에 근거하여 말들의 진화 계통수들을 작성하였다. 이 계통수들과 말 조상 화석들의 나이는 현생하는 말들을 포함하는 말(*Equus*) 속이 500만 년 전 북미에서 기원했음을 제시하였다. 그 당시 북미와 남미는 현재 위치에 가깝게 놓여 있었지만 그때까지 연결되지는 않았었기 때문에 말들이 그 사이를 지나가기는 어려웠다. 그러므로 우리는 가장 오래된 에쿠스 속 화석들이 이 그룹이 기원한 대륙(북미)에서만 발견되어야 한다고 예측해볼 수 있다. 이 예측과 다른 생물 그룹에 대한 비슷한 방식의 예측들은 더 많은 진화의 증거들을 제공하고 있으며 지지를 얻고 있다.

우리는 진화에 관한 우리의 이해를 사용하여 생물지리 자료들을 설명할 수 있다. 예를 들어, 일반적으로 섬들은 세상 다른 어느 곳에서도 발견되지 않는 많은 **토착(endemic)** 식물과 동물 종들을 가지고 있다. 그러나 다윈이 종의 기원 책에서 서술했듯이 섬에서 사는 대부분의 종들은 가장 가까운 본토나 혹은 이웃 섬에 사는 종들과 근연관계가 있다. 그는 섬들이 가장 가까운 본토의 종들이 와서 정착한다고 제안하면서 이 관찰을 설명하였다. 이 정착자들은 새로운 환경에 적응하면서 궁극적으로는 새로운 종을 낳게 된다. 또한 이와 같은 과정은 비슷한 환경의 멀리 떨어져 있는 두 섬에는 왜 근연관계의 종들이 아니라 때로 환경이 매우 다른 근처 본토의 종들과 근연관계의 종들이 분포하게 되는지를 설명해 줄 수 있다.

다윈주의 생물관에서 이론적인 것은 무엇인가?

일부 사람들은 다윈주의 생물관이 "단지 한 이론"일 뿐이라고 딱 잘라 거부한다. 그러나 우리가 보았듯이 진화의 양상(생명체가 시간에 따라 진화했다는 관찰)은 직접적으로 기록되었으며 수많은 양의 증거들로 지지를 받고 있다. 덧붙여서 진화과정에 관한 다윈의 설명은(자연선택이 관찰된 진화적 변화의 주요 원인이라는) 대단히 많은 양의 자료들을 의미 있게 한다. 자연선택의 효과는 자연계에서 관찰될 수 있고 시험될 수 있다. 이와 같은 실험의 하나가 **과학적 분석 기술의 연습**에 서술되어 있다.

그러면 진화에 관해 무엇이 이론적인 것일까? 이론(theory)이라는 용어는 과학과 일상적인 의미 간에 매우 다른 뜻을 가지고 있다는 사실을 명심하라. 일상회화에서 사용될 때 이론이란 과학자들이 가설이라는 용어로 의미하는 바에 가깝다. 과학에서 사용되는 이론은 가설보다는 훨씬 포괄적이다. 다윈의 자연선택에 의

과학적 분석 기술의 연습

예상하기와 시험해보기

포식행위가 구피의 몸 색깔에 대한 자연선택을 유도할 수 있나? 진화에 대한 우리의 이해는 새로운 관찰들이 새로운 가설들과 또 진화 이론에 대한 우리의 이해를 시험해해 볼 수 있는 새로운 방법들로 이어지면서 계속 변화하고 있다. 카리브 해 트리니다드 섬의 개울에 연결된 물웅덩이들에 사는 야생 구피(*Poecilia reticulata*) 물고기를 생각해보자. 수컷 구피들은 색상 패턴이 매우 다양한데, 이것은 수컷 성체에서만 발현되는 유전자들에 의해 조절되고 있다. 암컷 구피들은 밝은 색상 패턴의 수컷들을 칙칙한 색을 갖는 수컷들보다는 더 자주 짝짓기 상대로 삼는다. 그러나 암컷을 유혹하는 수컷들의 밝은 색들은 포식자들 눈에도 더 잘 띄게 만든다. 연구자들은 포식 종들이 거의 없는 물웅덩이에서 밝은 색상의 이득이 더 많다는 점과, 그 수컷들이 포식자가 많은 물웅덩이의 수컷들보다 더 밝은 색상을 갖는다는 것을 관찰했다.

구피 물고기의 포식자 중 하나인 킬리피쉬는 아직 성체의 색상이 나타나지 않은 구피 치어를 잡아먹는다. 연구자들은 만약 칙칙한 색상의 구피들을 킬리피쉬만이 포식자로 있는 물웅덩이로 옮긴다면, 이 구피들의 후손들은 더 밝은 색상들을 갖게 될 것이라고 예상하였다(왜냐면 암컷들이 밝은 색의 수컷들을 선호하기 때문에).

실험 방법 연구자들은 파이크-시클리드(구피의 강력한 포식자)가 사는 물웅덩이들에 같이 살고 있던 200마리의 구피를 구피 치어를 주로 잡아먹는 킬리피쉬(덜 활동적인 포식자)가 사는 물웅덩이들로 옮겨놓았다. 그들은 매 세대마다 수컷 구피 몸에 나타나는 밝은 색 반점들의 수와 반점들의 면적 합을 조사하였다.

실험 데이터 22개월 후(15세대), 연구자들은 원집단들과 이식된 집단들의 색상 패턴을 비교하였다.

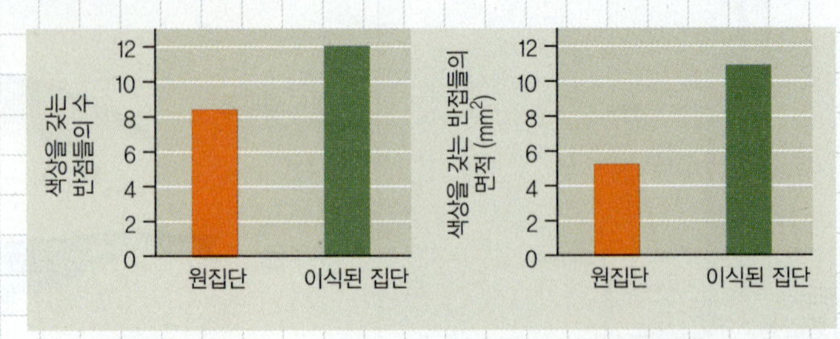

데이터 해석

1. 이 사례에서 가설에 기반을 둔 과학적 요소들을 찾아보라: (a) 질문, (b) 가설, (c) 예측, (d) 대조군, 그리고 (e) 실험군. (가설에 기반을 둔 과학에 관한 추가 정보는 1장, 부록 F 참조)
2. 연구자들이 모은 자료의 유형들이 어떻게 연구자들의 예측을 시험해볼 수 있게 했는지 설명하라.
3. (a) 위에 제시된 자료를 통해 여러분은 어떤 결론을 이끌어낼 수 있나? (b) 이 결론의 장점을 알아내기 위해서 여러분은 어떤 추가 질문을 할 수 있을까?
4. 만약 22개월 후 옮겨진 구피들을 다시 원래의 물웅덩이로 옮겨놓으면 어떤 일이 일어날지 예측해보라. 여러분의 예측을 시험해볼 수 있는 실험을 서술하라.

참고문헌 J. A. Endler, Natural selection on color patterns in *Poecilia reticulata, Evolution* 34:76–91 (1980).

한 진화론과 같은 이론들은 많은 관찰들을 설명해 주고, 대단히 다양한 현상들을 설명하고 통합한다. 이와 같이 통합적인 이론은 이론이 예측하는 바들이 추가 실험들이나 관찰들로 검증해 보았을 때 일치하지 못한다면 널리 받아들여질 수 없다(1장). 이 단원의 나머지 장들이 증명하듯이 자연선택에 의한 진화론은 확실히 많은 검증을 통과한 경우에 해당한다.

과학자들이 이론들을 계속해서 검증해나갈 때, 과학자의 회의론은 그 생각들이 교조적인 주장이 되는 것을 막아 준다. 예를 들어, 비록 다윈은 진화가 매우 느린 과정이라고 생각했어도, 우리는 이제 새로운 종들이 때로는 상대적으로 짧은 기간에(수천 년 가량, 24장) 형성될 수도 있음을 안다. 더군다나 요즘 진화생물학자들은 자연선택만이 진화의 유일한 기작이라고 인식하지는 않는다. 과학자들이 폭넓은 실험방법과 유전적 분석을 사용하여 새로운 발견들을 하고 있는 오늘날, 진화 연구는 사실 더 활발한 상황이다.

비록 다윈의 이론이 생명의 다양성 원인을 자연적인 과정들에 돌리지만, 그럼에도 진화의 다양한 결과들은 근사하고 영감을 주고 있다. 다윈은 종의 기원 마지막 문장을 이렇게 적고 있다. "이러한 생물관은 웅장함이 있다... 지극히 아름답고 경이로우며 끝이 없는 형태들이 진화해왔고 진화하고 있다."

개념 확인 문제 21.3

1. 다음의 진술이 왜 정확하지 않은지를 설명하라: "항생제들이 MRSA의 약제 저항성을 만들어내었다."
2. (a) 진화는 그림 21.15의 포유류들이 보여주는 비슷한 앞다리(팔)의 서로 다른 기능을 어떻게 설명하는가? (b) 그리고 그림 21.18의 유연관계가 먼 두 포유류가 나타내는 서로 비슷한 모양을 어떻게 설명하는가?
3. WHAT IF? 화석 기록은 공룡이 2억 5,000만 년~2억 년 전에 기원한 것을 보여준다. 여러분은 초기 공룡 화석들의 지리적 분포가 여러 대륙에 걸친 폭넓은 것인지 아니면 하나 혹은 몇 개의 대륙으로 제한된 좁은 것인지에 대해 어떻게 예상하는가? 설명하라.

정답은 부록 A 참조

21 장 복습

핵심 개념의 요약

개념 21.1

다윈 혁명은 지구의 나이가 적으며, 생물종들이 변하지 않고 그대로 살아왔다는 전통적 견해에 도전하였다

- 다윈은 생물다양성이 자연선택에 의해서 발생했다고 제안하였는데, 이는 당시 널리 퍼져 있던 견해들로부터 벗어나는 것이었다.
- 퀴비에는 화석을 연구했지만 진화가 일어난다는 것은 부인했다. 그는 어느 한 지역에서 종들을 사라지게 하는 원인이 과거에 갑작스럽게 일어났던 격변 사건들일 거라고 제안하였다.
- 허턴과 라이엘은 오늘날에도 비슷한 방식으로 작동하고 있는 과거의 점진적인 기작들에 의해서 지질학적 변화가 발생했다고 생각하였다.
- 라마르크는 종이 진화한다고 가정하였지만, 그가 제안한 근본적인 방식들은 증거에 의해 뒷받침되지 않는다.

? 진화에 관한 다윈의 생각에 지구의 나이는 왜 중요했을까?

개념 21.2

자연선택에 의한 변형 혈통은 생명체의 적응 그리고 생물의 통일성과 다양성을 설명한다

- 비글호 항해 기간 동안 이루어진 다윈의 경험은 새로운 종이 조상 종의 형태 이후로 계속 축적되어 온 **적응(adaptation)**들을 통해 기원한다는 생각을 갖게 만들었다. 그는 자신의 이론을 20년이 넘도록 정교하게 다듬었고, 월러스가 자기와 똑같은 생각에 도달했다는 사실을 알고 난 다음 최종적으로 1859년에 그 이론을 출판하였다.
- 그의 책 「종의 기원(*The Origin of Species*)」에서 다윈은 오랜 시간에 걸쳐 변형혈통이 **자연선택(natural selection)** 기작을 통해 생명의 풍부한 다양성을 만들어냈다고 제안했다.

관찰들

한 집단 안의 개체들은 유전되는 형질에 있어서 다양한 변이를 나타낸다.

생물들은 환경이 부양할 수 있는 것보다 더 많은 수의 자손을 낳는다.

추론들

환경에 보다 더 적합한 개체들은 그렇지 않은 다른 개체들에 비해서 더 많은 자손을 남기는 경향이 있다.

그리고

시간이 지나면서 유리한 형질들이 집단 내에 축적된다.

? 과잉생산과 유전적 변이가 어떻게 자연선택에 의한 진화에 관련되는지를 서술해 보라.

개념 21.3

진화는 무수히 많은 과학적 증거들로 지지된다

- 연구자들은 무환자나무 벌레 집단들과 MRSA 연구를 포함해서 자연선택이 적응적 진화를 유발하는 것을 많은 연구들을 통해서 직접적으로 관찰해오고 있다.
- 생물들은 공통조상의 후손(**상동성, homology**)이라는 이유로 혹은 비슷한 환경에서 비슷한 방식으로 진화하는(**수렴진화, convergent evolution**) 종들에 영향을 주는 자연선택 때문에 형질들을 공유한다.
- 화석은 과거의 생물들이 현재 살고 있는 생물들과 다르다는 것과 많은 종들이 멸종했다는 사실 그리고 종들이 오랜 시간을 두고 진화했다는 것을 보여준다. 또한 화석은 새로운 주요한 생물군들의 기원을 증명해준다.
- 진화 이론은 생물지리적 양상들을 설명할 수 있다.

? 고래류가 육상 포유류에서 유래했으며 발가락 수가 짝수인 우제류와 근연관계라는 가설을 지지해주는 서로 다른 증거들을 요약하라.

생각해보자

수준 1: 지식/이해

1. 다음 중 자연선택의 기초가 되는 관찰이나 추론이 아닌 것은?
   a. 개체들 간에 유전되는 변이가 있다.
   b. 적응을 잘하지 못한 개체들은 자손을 전혀 생산하지 못한다.
   c. 종들은 환경이 부양할 수 있는 수준보다 더 많은 자손을 생산한다.
   d. 한 개체의 자손들 가운데 오직 일부만이 생존할 수도 있다.

2. 다음 관찰들 가운데 다윈이 변형된 혈통 개념을 만들어내는 데 도움을 주었던 것은?
   a. 종의 다양성은 적도에서 멀어질수록 줄어든다.
   b. 섬에 사는 종들의 수는 근처 대륙보다 적다.
   c. 본토와 섬 사이의 거리가 새들이 쉬지 않고 한 번에 날 수 있는 최대 거리보다 먼 섬들에도 새들이 산다.
   d. 남미의 온대 식물들은 유럽의 온대 식물들보다 남미의 열대 식물들과 더 비슷하다.

수준 2: 응용/분석

3. 어느 한 지역사회에서 포도상구균 감염을 치료하기 위해 메티실린을 효과적으로 사용한 지 6개월 이내에 새로운 포도상구균 감염이 발생했는데, 이 새로운 감염 모두는 메티실린-저항성 포도상구균(MRSA)에 의한 것이었다. 이 현상을 가장 잘 설명한 것은?
   a. 어느 한 환자는 다른 지역사회로부터 온 MRSA에 감염됐음이 틀림없다.
   b. 포도상구균은 치료약에 대한 반응으로 그 약의 표적이 된 단백질의 약제저항성 버전 단백질을 만들기 시작했다.
   c. 일부 약제저항성 세균들이 치료약을 처방하는 시점에 존재했고, 자연선택이 그들의 비율을 증가시켰다.
   d. 포도상구균이 백신에 저항성을 갖는 진화를 하였다.

4. 사람과 박쥐류의 위쪽 팔은 매우 유사한 골격구조를 가지고 있는데 반해, 고래류에서는 이 뼈들의 모양과 비율이 매우 다르다. 그러나 유전학적 자료는 이 세 생물들 모두 비슷한 시기에 한 공통조상에서 갈라져 나왔음을 시사해준다. 다음 중 이러한 자료들을 가장 잘 설명하는 것은?
   a. 앞다리(팔)의 진화는 사람과 박쥐에서는 적응적이었지만, 고래류에서는 그렇지 않았다.
   b. 물환경에서 자연선택은 고래 앞다리(팔) 해부학적 구조에 중요한 변화들을 낳았다.
   c. 사람과 박쥐류에서보다 고래류에서 유전자들에서 돌연변이가 더 빠르게 발생한다.
   d. 고래류는 포유류로 제대로 분류되지 않는다.

5. 사람의 많은 유전자들의 DNA 서열은 침팬지의 상동성 유전자들 DNA 서열과 매우 유사하다. 이러한 결과를 가장 잘 설명할 수 있는 것은?
   a. 사람과 침팬지는 비교적 최근에 공통조상을 공유한다.
   b. 사람은 침팬지로부터 진화했다.
   c. 침팬지는 사람으로부터 진화했다.
   d. 수렴진화가 DNA 유사성을 초래했다.

수준 3: 종합/평가

6. **진화적 관점**
   흔히 해부학적 특징들과 분자적 특징들이 유사하게 겹겹이 쌓이는 패턴에 들어맞는 이유를 설명하라. 이와 함께 그렇지 않은 경우를 일으킬 수 있는 과정을 설명하라.

7. **과학적 탐구**
   DRAW IT 살충제 DDT에 저항성을 가지는 모기들은 1959년 인도에서 최초로 나타났지만 지금은 전 세계에서 발견된다. (a) 아래 표에 있는 자료의 그래프를 그려라. (b) 이 그래프를 조사해서 DDT에 대한 저항성을 가진 모기들의 비율이 왜 그렇게 빠르게 상승했는지에 대해 가설을 세워보라. (c) DDT 저항성의 지구적 확산에 대한 설명을 제안해 보라.

개월 수	0	8	12
DDT에 저항성*을 나타내는 모기들의 백분율	4%	45%	77%

참고문헌: C. F. Curtis et al., Selection for and against insecticide resistance and possible methods of inhibiting the evolution of resistance in mosquitoes, *Ecological Entomology* 3:273–287 (1978).

* 만약 모기들이 4% 농도의 DDT에 노출된 후 1 시간 안에 죽지 않는다면 저항성을 가졌다고 간주되었다.

8. **글쓰기: 상호작용**
   생물의 물리적 환경에 대한 변화들이 진화적 변화를 일으킬 수 있는지를 평가하는 짧은 글(약 100~150단어)을 작성하라. 그 이유를 뒷받침해줄 한 가지 사례를 사용하라.

9. **종합적으로 생각해보기**

이 꿀단지 개미(*Myrmecocystus* 속)는 불어나는 뱃속에 액체 음식을 저장할 수 있다. 여러분에게 익숙한 개미를 생각해보고, 어떻게 꿀단지 개미가 생명의 세 가지 핵심 특징들(적응, 통일성, 그리고 다양성)의 사례가 될 수 있는지 설명하라.

정답은 부록 A 참조

22

계통발생의 재구성

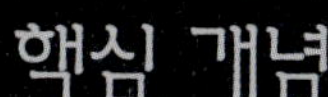

핵심 개념

22.1 계통발생은 진화적 관계를 보여준다

22.2 계통발생은 형태와 분자 자료로부터 추론된다

22.3 공유 형질은 계통수를 구성하는 데에 이용된다

22.4 생물 진화의 역사는 유전체에 기록되어 있다

22.5 분자시계를 통해 진화 시간을 추적할 수 있다

22.6 새로운 정보들로 인해 생물 계통수에 대한 이해는 계속 수정된다

▲ 그림 22.1 이 생물의 정체는?

생물의 계통수 연구

그림 22.1의 생물을 자세히 살펴보라. 비록 뱀을 닮았지만 이 동물은 사실 동부풀도마뱀(*Ophisaurus ventralis*)으로 알려진 일종의 다리 없는 도마뱀이다. 동부풀도마뱀을 왜 뱀으로 간주하지 않을까? 이 질문을 더 일반화시켜 보자. 생물학자들이 지구상의 수백만 종을 구별하고 범주화하는 방법은 무엇인가?

진화상의 관계를 이해하면 이러한 질문에 답할 수 있는 한 가지 방법을 찾을 수 있다. 우리는 한 종을, 근친 가능성이 큰 친족의 형질과 비교하여 그 종을 어느 위치에 놓을지 결정할 수 있다. 예를 들어, 동부풀도마뱀은 모든 뱀의 세 가지 공유형질인 많이 움직이는 턱, 많은 수의 척추뼈, 항문 뒤의 짧은 꼬리 등이 없다. 이들과 여타 특성으로 인해 겉보기에는 닮았지만 동부풀도마뱀은 뱀이 아닌 것으로 간주된다.

뱀과 도마뱀은 최초 생물로부터 오늘날 살고 있는 매우 다양한 종들로 확장되어 가는 생명 연속성의 일부이다. 이 단원에서는 이런 다양성을 살펴보고 다양성이 어떻게 진화되었는지 관련된 가설들을 설명할 것이다. 그렇게 하면서 (4단원에서 설명된 진화의 메커니즘인) 진화 과정(process)에서 (시간에 따라 만들어진 진화 산물을 관찰하는) 진화의 양상(pattern)으로 강조점을 옮길 것이다.

생명의 다양성을 살펴보기 위한 준비 단계로 이 장에서는 한 종이나 한 무리의 종

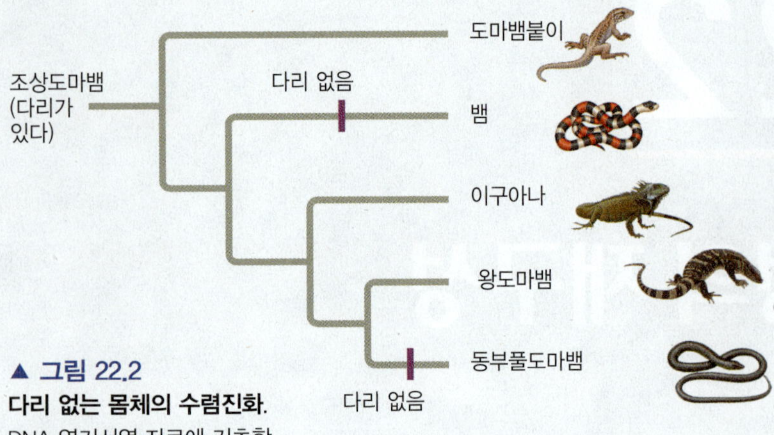

▲ 그림 22.2
다리 없는 몸체의 수렴진화. DNA 염기서열 자료에 기초한 계통발생에 따르면, 다리 없는 몸 형태는 다리를 가지고 있었던 동부풀도마뱀과 뱀 혈통의 공통조상으로부터 독립적으로 진화하였다.

들의 진화 역사인 **계통발생(phylogeny)**을 생물학자들이 어떻게 추적하는지 고찰한다. 예를 들어, 도마뱀과 뱀의 계통발생을 살펴보면, 동부풀도마뱀과 뱀이 모두 다리가 있는 도마뱀에서 진화했음을 알 수 있다. 그러나 이들은 다리가 있는 도마뱀의 상이한 계통들로부터 각각 진화했다(그림 22.2). 따라서 그들의 다리 없는 상태는 독립적으로 진화된 것으로 보인다. 앞으로 보겠지만 생물학자들은 생물을 분류하고 진화적 관계를 결정하는 데에 초점을 맞춘 학문인 **계통분류학(systematics)**을 이용하여 그림 22.2와 같이 계통발생을 구축하거나 해석한다.

개념 22.1

계통발생은 진화적 관계를 보여준다

생물들은 공통조상 때문에 다수의 특징을 공유한다(21장). 결과적으로 진화 역사를 안다면 종에 대해 많은 것을 알 수 있다. 예를 들어, 한 생물은 가까운 친족과 유전자, 대사경로, 그리고 구조 단백질의 많은 것을 공유할 것이다. 이런 정보의 실질적인 응용은 이 절의 마지막에서 고찰할 것이고 우선 생물에 이름을 어떻게 붙이고 분류하는지 **분류학(taxonomy)**이라는 과학적 분야에 대해 알아보자. 또한 진화의 역사를 나타내는 그림을 어떻게 해석하고 사용할지 살펴볼 것이다.

이명법

원숭이, 핀치, 수수꽃다리(lilac) 등 생물의 일반명은 일상적으로 사용할 때에 뜻은 통하지만, 혼동을 일으키기도 한다. 예를 들어, 이 이름들 각각은 한 종 이상을 지칭한다. 또한 어떤 일반명은 생물의 종류를 정확히 알려주지 못한다. 세 가지 "fish"를 생각해 보자: jellyfish(해파리; 자포동물), crayfish(대하; 작은 바닷가재와 유사한 갑각류), 그리고 silverfish(좀벌레; 곤충). 물론 다른 언어에서도 특정 생물을 가리키는 이름이 여럿 있다.

연구에 대한 논의를 할 때 모호함을 피하기 위해 생물학자들은 생물을 라틴 학명으로 표현한다. 흔히 **이명법(binomial)**이라고 불리는, 두 요소로 이루어진 학명은 18세기 린네가 제정하였다(21장). 이명의 첫 번째 요소는 그 종이 속하는 **속(genus**, 복수는 *genera*)의 이름이다. 각 종들의 별칭(종소명, specific epithet)이라고 불리는 두 번째 요소는 해당 속에서의 고유한 종을 뜻한다. 이명의 예로 *Panthera pardus*는 표범이라고 불리는 큰 고양이과 동물의 학명이다. 속명의 첫 글자는 대문자로, 모든 요소들은 이탤릭체로 표기해야 함을 주목하라. (또한 새로 만들어지는 학명은 라틴어화해야 한다. 발견한 곤충에 친구의 이름을 붙여도 좋지만 적절한 라틴 접미사를 붙여야 한다.) 린네가 명명한 11,000개가 넘는 이명 중 많은 것들이 오늘날 여전히 사용된다. 이 중에는 그가 우리 자신의 종을 "지혜로운 사람"이라는 뜻의 *Homo sapiens*라고 명명한 낙관적인 이름도 있다.

계층적 분류

린네는 종을 명명했을 뿐만 아니라 종들을 점점 더 포괄적인 범주의 계층구조로 묶어나갔다. 첫 번째 범주는 이명에 내재되어 있다. 가까운 관계에 있는 것으로 나타난 종들을 같은 속으로 묶는다. 예를 들어, 표범(*Panthera pardus*)은 아프리카 사자(*Panthera leo*), 호랑이(*Panthera tigris*)와 재규어(*Panthera onca*) 등을 포함하는 속에 속한다. 속 이상에 대하여 분류학자들은 점점 더 포괄적인 분류 범주를 사용한다. 린네의 이름을 딴 분류체계인 린네 체계는 관련된 속들은 같은 **과(family)**에 포함시키고, 과들은 **목(order)**으로 묶고, 목들은 **강(class)**으로, 강들은 **문(phyla**, 단수는 *phylum*)으로, 문들은 **계(kingdom)**로, 그리고 더 최근에는 계들을 **영역(domain)**으로 묶는다(그림 22.3). 결과적으로 특정 생물의 생물학적인 분류는 한 사람을 특정 아파트로, 많은 아파트가 있는 한 빌딩으로, 많은 빌딩이 있는 한 거리로, 많은 거리가 있는 한 도시로 지정하는, 우편 주소로 구분하는 것과 다소 비슷하다.

계층의 어느 수준이든 이름이 지어진 분류 단위를 **분류군(taxon**, 복수는 *taxa*)이라고 한다. 표범의 예에서 *Panthera*는 속 수준의 분류군이고, Mammalia는 포유류의 모든 목을 포함하는 강 수준의 분류군이다. 린네 체계에서 속보다 더 포괄적인 분류군은 대문자로 시작하지만 이탤릭체로는 표기하지 않는다.

종을 분류하는 것은 자연을 구조화하여 보는 우리의 방식이다. 우리는 일반적으로 소나무라 부르는 여러 나무 종들은 함께 묶고 노간주나무라고 하는 다른 나무들과 구별한다. 분류학자들이 소나무와 노간주나무가 아주 달라서 서로 다른 속에 속해야 한다고 결정했다. 하지만 소나무와 노간주나무는 같은 과(소나무과, Pineaceae)로 묶일 만큼 비슷하다. 소나무와 노간주나무와 같이 상위의 분류 수준은 일반적으로 분류학자들에 의해 선택된

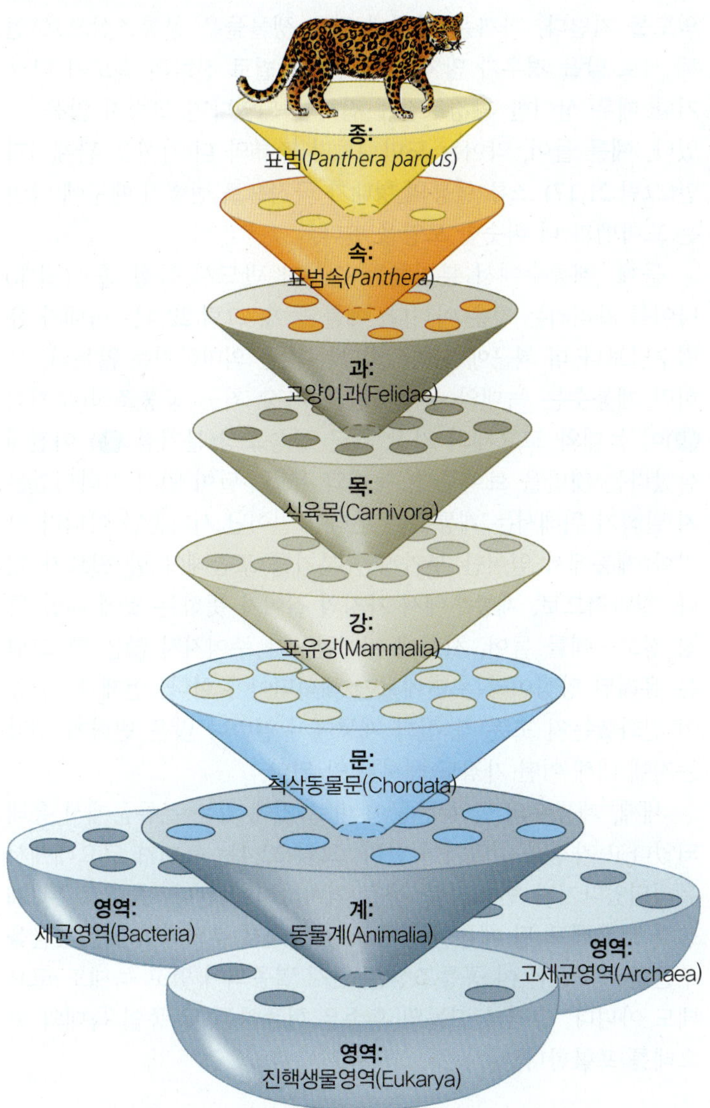

▲ **그림 22.3 린네식 분류.** 각 수준 또는 "등급"에서 종들은 더 포괄적인 집단에 속하게 된다.

특정 형질에 의해 결정된다. 그러나 한 집단의 생물들을 분류하는 데에 유용한 형질이 다른 생물들에게는 적절하지 않을 수 있다. 이런 이유로 더 포괄적인 범주들에서는 흔히 다른 계통들이 서로 대등하지는 않다. 즉, 달팽이의 한 목이 반드시 포유류의 한 목과 같은 정도의 형태적인 또는 유전적인 다양성을 보여주지 않는다. 더구나 앞으로 보겠지만 종을 목, 강 등으로 위치시키는 것이 반드시 진화 역사를 반영하는 것은 아니다.

분류와 계통발생을 연관 짓기

생물 집단들의 진화 역사는 **계통수(phylogenetic tree)**라고 하는 나뭇가지가 갈라지는 모양의 그림으로 표현될 수 있다. **그림 22.4**에서처럼 보통 분기 양상은 분류학자들이 생물 집단을 더 포괄적인 분류군에 집어넣은 방식과 부합된다. 그러나 가끔 분류학

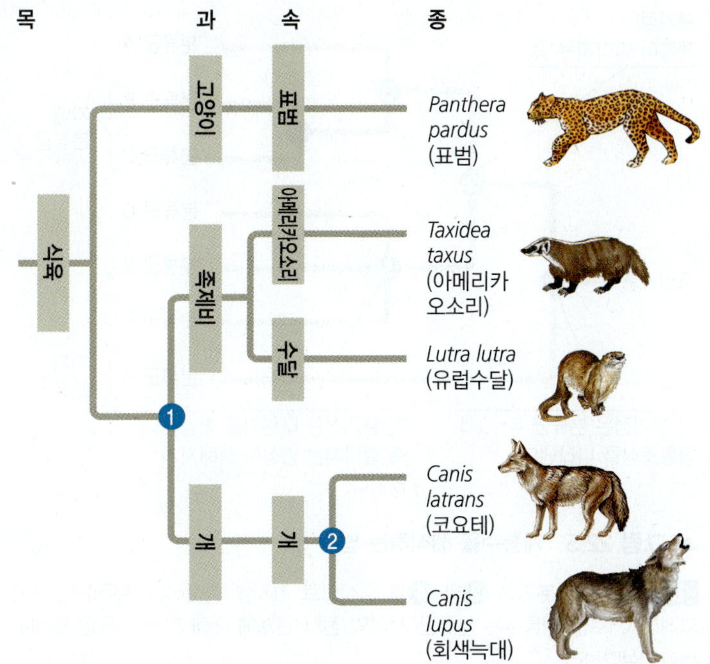

▲ **그림 22.4 분류와 계통발생의 연결.** 계층적 분류는 점진적으로 더 세분되는 계통수의 분기를 반영할 수 있다. 이 계통수는 포유강의 한 가지로 식육목내 일부 분류군 사이의 가능한 진화적 관계를 추적하여 보여준다. 분기점 ①은 족제비과(Mustelidae)와 개과(Canidae)의 모든 구성원의 가장 최근 공통조상을 나타낸다. 분기점 ②는 코요테와 회색늑대의 가장 최근 공통조상을 나타낸다.

? 이 계통수가 표범, 오소리, 늑대 사이의 진화적 관계에 대해 나타내는 것은 무엇인가?

자들은 한 종을 가장 가까운 관계에 있는 것이 아닌 속(또는 다른 분류군)에 위치시키기도 한다. 이러한 잘못된 분류가 일어나는 한 가지 원인은 진화가 일어나는 동안 한 종이 가까운 친족과 공유했던 핵심적인 특징을 잃기 때문일 것이다. 만약 DNA 증거나 다른 새로운 증거가 어떤 생물의 잘못된 분류를 알려주게 된다면, 그 생물은 그 진화 역사를 제대로 반영하는 방식으로 재분류될 수 있을 것이다. 또 감안할 점은 린네 체계가 포유류, 파충류, 조류 등 여타 척추동물과 같은 집단은 구분할 수 있지만 이 집단들 사이의 진화적 관계에 대해서는 아무 것도 설명할 수 없다는 점이다.

이와 같이 린네 분류를 계통발생과 맞추기 어렵기 때문에 일부 계통분류학자는 분류가 전적으로 진화적 관계에 기초해야 한다고 주장한다. 이러한 체계에서는 이름은 오직 하나의 공통조상과 이 조상의 모든 자손을 포함하는 집단만을 지칭하여야 한다. 이러한 접근 방법의 결과, 일반적으로 인식되던 일부 집단이 이전의 린네 체계에서 같은 수준이었던 다른 집단의 일부가 되었다. 예를 들어, 조류가 파충류에서 분화되었기 때문에 (린네 체계에서 강으로 지정한) 조강은 파충강(이것도 린네 체계의 강이다)

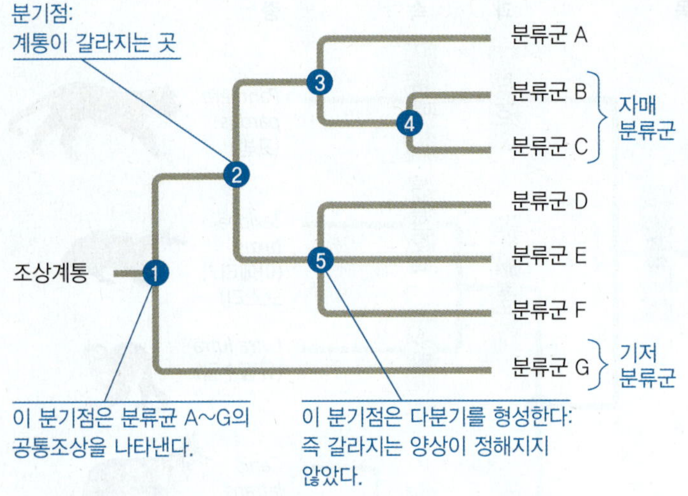

▲ **그림 22.5 계통수를 해석하는 법**

DRAW IT 분기점 ❷와 ❹를 중심으로 가지를 회전하여 계통수를 다시 그려라. 새로운 계통수는 분류군 사이의 진화 관계에 대해 다른 내용을 말해주는가? 설명하라.

의하위집단으로 여겨진다.

생물집단들이 어떻게 명명되는지에 상관없이, 계통수는 진화 관계에 대한 가설을 나타낸다. 이런 관계는 흔히 일련의 이분, 즉 **양방향 분기점(branch point)**으로 묘사된다. 각 분기점은 한 공통조상에서 두 진화 계통이 분기하는 것을 표시한다. 예를 들어, **그림 22.5**에서 분기점 ❸은 분류군 A, B, C의 공통조상을 표시한다. 분기점 ❸의 오른쪽에 있는 분기점 ❹의 위치는 분류군 B, C가 그들의 공통 계통이 분류군 A와 갈라진 후에 분기되었다는 것을 보여준다. 계통수의 가지는 진화적 관계를 바꾸지 않고 분기점에서 회전할 수 있음을 주의하라.

그림 22.5에서 분류군 B와 C는 **자매 분류군(sister taxa)**이다. 자매 분류군은 직전의 공통조상(분기점 ❹)을 공유하는 생물 집단으로 서로 가장 가까운 친족이다. 또한 이 책에 나오는 대다수 계통수처럼 이 계통수도 단일 기원에서 출발한다**(rooted)**. 이는 계통수 내의 한 분기점(일반적으로 가장 왼쪽)이 계통수의 모든 분류군의 최근 공통조상을 나타낸다는 것을 의미한다. **기저 분류군(basal taxon)**이란 특정 집단의 역사 속에서 일찌감치 분기한 계통을 이르는 용어인데 그림 22.5의 G 분류군처럼 해당 집단의 공통조상 가까이에서 유래한 가지에 위치한다. 마지막으로 분류군 D~F로 갈라지는 계통은 셋 이상의 자손집단이 갈라져 나오는 분기점인 **다분기(polytomy)**를 포함한다. 다분기는 자손 계통 사이의 진화적 관계가 아직 명확하지 않다는 것을 뜻한다.

계통수에서 알 수 있는 것과 알 수 없는 것

계통수에 대한 세 가지 핵심을 요약하고 의미를 알아보자. 첫째, 계통수는 표현형의 유사성이 아니라 혈통의 양상을 보여주려는 의도를 지닌다. 가까운 관계에 있는 생물들은 공통조상으로 인해 서로 닮을 경우가 많지만 만약 계통별로 진화의 속도가 다르거나 매우 상이한 환경조건에 접하게 되었다면 그렇지 않을 수 있다. 예를 들어, 악어는 도마뱀보다 조류와 더 가까운 관계이지만(그림 21.17) 조류 혈통의 형태가 극적으로 변했기 때문에 악어는 도마뱀과 더 비슷한 모양을 띤다.

둘째, 계통수에서 분기하는 순서가 반드시 특정 종의(절대) 나이를 가리키는 것은 아니다. 예를 들어, 그림 22.4는 늑대가 유럽수달보다 더 최근에 진화되었다는 것을 의미하지는 않는다. 오히려 계통수는 늑대와 유럽수달의 가장 최근 공통조상(분기점 ❶)이 늑대와 코요테의 가장 최근 공통조상(분기점 ❷) 이전에 살았다는 것만을 보여준다. 늑대와 유럽수달이 언제 진화되었는지 말하기 위해서는 계통수는 분리가 일어난 시기뿐만 아니라 각 진화 계통에서 일어난 부가적인 분기를 포함해야 할 필요가 있다. 일반적으로, 계통수에서 가지의 길이가 뜻하는 것에 대한 특정 정보—예를 들어, 시간에 비례함—가 주어지지 않는 한 그림은 유래된 양상이라는 면에서만 해석되어야 한다. 언제 특정 종이 진화했는지 또는 각 진화 계통에서 얼마나 많은 변화가 생겼는지에 대해 어떤 가정도 해서는 안 된다.

세째, 계통수의 한 분류군이 바로 옆에 있는 분류군에서 유래되었다고 가정하지 말아야 한다. 그림 22.4는 늑대가 코요테에서 유래되었다거나 반대라는 것을 의미하지 않는다. 늑대로 된 계통과 코요테로 된 계통이 공통조상 ❷에서 분화되었다는 것만을 추론할 수 있다. 이 공통조상은 현재 멸종되어 있고 늑대도 코요테도 아니다. 그러나 이들의 후손은 현존하는 두 종인 늑대와 코요테를 포함한다.

계통발생의 응용

계통발생을 이해하여 이를 실제로 응용할 수 있다. 아메리카 대륙에서 유래하였고 이제는 전 세계적으로 중요한 식량원이 된 옥수수를 보자. DNA 자료에 따른 옥수수 계통발생에서 연구자는 옥수수에 가장 근연인 현존 친족일 수 있는 초본 두 종을 밝혀냈다. 이들 두 근연 친족은 식물 육종이나 유전공학에 의해 재배 옥수수로 전이될 수 있는 유전자의 "저장소"로서 유용할 것이다(19장).

계통수가 활용되는 다른 예는 상이한 개체로부터 얻은 DNA 서열의 근친도를 분석하여 종의 정체를 추론하는 것이다. 연구자들은 이 방법을 이용하여 "고래고기"가 합법적으로 사냥이 허용된 종이 아닌 국제법에 의해 보호되는 고래종에서 불법적으로 얻은 것인지 여부를 조사하기 위하여 이 방법을 이용하였다(**그림 22.6**).

여기서 논의한 것과 같은 계통수를 연구자들은 어떻게 만드는가? 다음 절에서 계통발생을 추정하기 위해 사용되는 자료를 조사함으로써 이 질문에 대한 답을 시작할 것이다.

▼ 그림 22.6 탐구

고래 고기로 팔리는 식품의 종 정체는 무엇인가?

실험 베이커(C. S. Baker)와 팔룸비(S. R. Palumbi)는 일본의 여러 어시장에서 "고래 고기"의 표본 13개를 구입했다. 각 표본의 미토콘드리아 DNA(mtDNA)의 한 부위의 서열을 조사하여 알려진 고래종의 대응되는 DNA와 비교하였다. 표본의 종 정체를 추론하기 위해 베이커와 팔룸비는 분류군 사이보다는 DNA 서열 사이의 연관성 양상을 보여주는 유전자 계통수를 구성하였다.

결과 유전자 계통수 내에 예시된 종 중에서 일본에서 합법적으로 판매할 수 있는 종은 남반구에서 잡히는 밍크고래뿐이다.

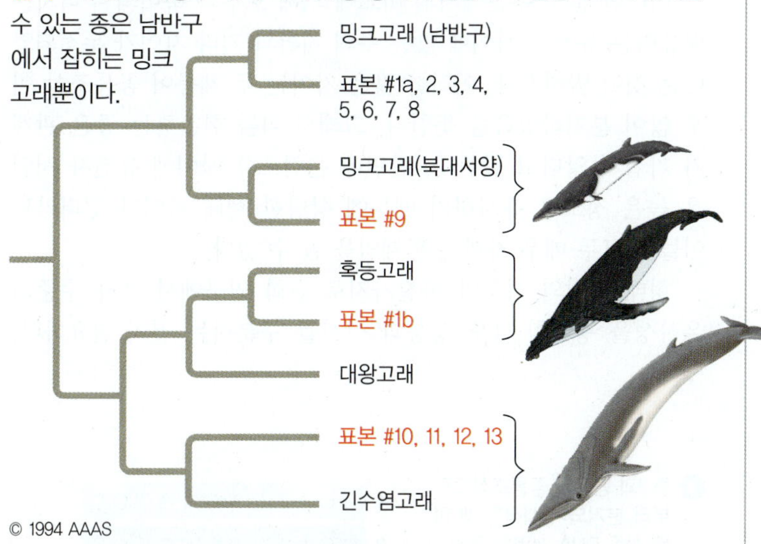

결론 이 분석은 미지 표본 6개(붉은색)의 mtDNA 서열이 불법으로 포획한 고래의 mtDNA 서열과 가장 가까웠다는 것을 보여주었다.

참고문헌 C. S. Baker and S. R. Palumbi, Which whales are hunted? A molecular genetic approach to monitoring whaling, *Science* 265:1538–1539 (1994). AAAS로부터 허락을 받아 재수록함

WHAT IF? 고래 고기가 불법으로 포획된 것이 아님을 나타내려면 결과가 어떻게 달라져야 할까?

개념 확인 문제 22.1

1. 그림 22.3에서 사람이 표범과 같이 묶여지는 분류 수준은 무엇인가?
2. 아래 세 계통수 중에서 다른 진화 역사를 나타내는 계통수 하나는 무엇인가? 그 이유를 설명하라.

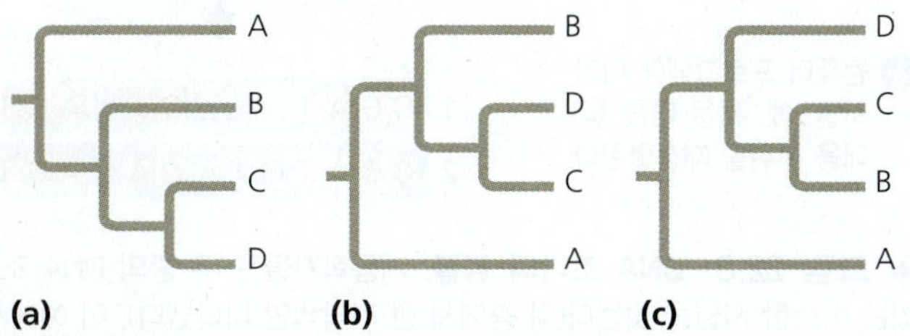

3. **WHAT IF?** 새로운 증거에 의해 그림 26.5의 분류군 E가 분류군 D와 F로 구성된 집단의 자매분류군이라는 것이 밝혀졌다면, 이것이 계통발생을 어떻게 바꿀 것인가? 이 새로운 발견을 수용하는 계통수를 다시 그려라.

정답은 부록 A 참조

개념 22.2

계통발생은 형태와 분자 자료로부터 추론된다

계통발생을 추론하기 위해서 계통분류학자는 관련된 생물들의 형태, 유전자 및 생화학에 대해 가능한 많은 정보를 수집해야 한다. 공통조상에서 유래한 특징에 집중하는 것이 중요한데 왜냐하면 이런 특징만이 진화 관계를 반영하기 때문이다.

형태와 분자 수준에서의 상동

공통조상 덕분에 생기는 표현형과 유전적 유사성을 상동(homology)이라고 함을 상기하자. 예를 들어, 포유류의 앞다리 뼈의 수와 배치의 유사성은 같은 뼈 구조를 가진 공통조상의 후손들이기 때문에 나타난다. 이것이 형태적 상동의 예이다(그림 21.15). 이와 마찬가지로 DNA 서열이 한 공통조상으로부터 유래되었다면 유전자나 기타 DNA 염기서열은 상동이다.

일반적으로 매우 유사한 형태나 DNA 염기서열을 공유하는 생물들은 구조나 서열이 매우 다른 생물보다 혈연적으로 더 가까울 가능성이 있다. 그러나 때로는 가까운 종들이 형태적으로는 매우 많이 다르지만, 유전적 차이는 적을 수 있다(반대의 경우도 있을 수 있다). 하와이 은검초류를 보면 일부는 크고 잔가지가 많은 나무이고, 다른 것들은 조밀하고 땅에 바싹 붙는 덤불이다(그림 25.22). 이렇게 현저하게 표현형이 다르지만 은검초류의 유전자는 매우 비슷하다. 이런 분자 수준에서의 작은 분기 정도에 근거하면, 은검초 집단은 가장 오래된 섬이 만들어진 약 500만 년 전에 갈라지기 시작한 것으로 추정된다. 과학자들이 이처럼 분기 시간을 추정하기 위해 분자 자료를 어떻게 이용하는지 이 장의 후반부에서 다룰 것이다.

상사와 상동 구분하기

계통발생을 구성할 때 문제를 일으키는 것은 조상이 같기 때문이(상동) 아니라 수렴 진화 때문에 생기는—**상사(analogy)**라 칭하는—유사성이다. 비슷한 환경 압력과 자연선택 때문에 진화적으로 다른 계통의 생물들이 비슷한(상사적인) 적응을 할 때 수렴 진화가 일어난다. 예를 들어, 그림 22.7에 있는 두더지처럼 생긴 동물들은 외모가 매우 비슷하다. 그러나 내부 해부구조, 생리와 생식계는 매우 다르다.

호주 유대류 "두더지"

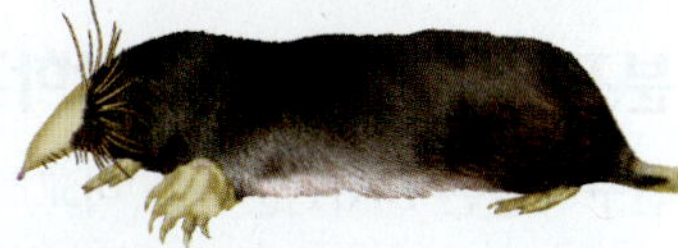

북미 태반류 두더지

▲ 그림 22.7 굴 파는 동물들의 수렴 진화. 길쭉한 몸, 큰 앞발, 작은 눈, 그리고 코를 보호하는 두꺼운 피부판 등 모두가 이 두 종에서 독립적으로 진화했다.

사실 유전적 비교와 화석 기록에 따르면 이 두더지들의 공통조상은 대략 1억 4,000만 년 전에 살았다. 이 조상과 후손종들 대다수는 두더지처럼 생기지 않았지만, 비슷한 생활 방식에 적응함에 따라 두 두더지 계통에서 상사적인 특징이 독립적으로 진화되었다.

상동과 상사의 구별은 계통발생을 재구성하는 데 결정적으로 중요하다. 이유를 알기 위해 모두 날 수 있도록 적응한 박쥐와 조류를 살펴보자. 이런 피상적인 유사성 때문에 박쥐가 날 수 없는 고양이보다 조류에 더 가까운 계통이라고 할 수도 있다. 하지만 더 자세히 살펴보면 박쥐 날개는 새의 날개보다도 고양이나 다른 포유류의 앞다리와 훨씬 더 비슷하다. 박쥐와 조류는 약 3억 2,000만 년 전에 살았던 공통 사지동물 조상에서 유래되었다. 이 공통조상은 날 수 없었다. 따라서 박쥐와 조류의 기본적인 골격계는 상동이지만 날개(wings)는 아니다. 비행은 다른 방법으로 가능해진다. 박쥐의 날개에서는 늘어나 펴진 막에 의해 가능해지며, 새의 날개에서는 깃털에 의해 가능해진다. 화석 기록에 의하면 박쥐와 새의 날개는 각기 다른 사지동물 조상의 앞다리에서 독립적으로 생겼다. 따라서 비행 면에서 박쥐의 날개는 새의 날개와 상동이 아니라 상사(analogous)이다. 독립적으로 형성된 상사구조를 **동류형성(homoplasy**; "같은 식으로 형상이 빗어진"이라는 뜻의 그리스어에서 유래)이라고도 한다.

확증적인 유사성이나 화석 증거 이외에 상동과 상사를 구별하게 하여 주는 다른 단서는 비교 대상인 형질의 복잡성이다. 두 복잡한 구조가 더 많은 면에서 닮았다면 공통조상에서 분화되었을 가능성이 더 크다. 예를 들어, 성인과 침팬지 성체의 두개골은 둘 다 함께 융합된 많은 뼈로 구성되어 있다. 이 둘 사이에서 두개골 구성은 뼈 대 뼈로 거의 완벽하게 대응된다. 이렇게 많은 세세한 부분이 대응되는 복잡한 구조들이 별개의 기원을 가질 개연성은 거의 없다. 더 나아가 두 두개골의 발생에 관련된 유전자들이 공통조상에서 유전되었을 가능성이 더 많다. 같은 논리가 유전자 수준의 비교에 적용된다. 유전자는 수천의 뉴클레오타이드 서열이다. 서열의 각각은 4개의 DNA 염기 중 하나, 즉 A(adenine), G(guanine), C(cytosine)나 T(thymine)의 형태로 유전되는 문자를 나타낸다. 만일 두 생물의 유전자가 뉴클레오타이드 서열의 많은 부분에서 일치한다면 유전자가 상동일 가능성이 높다.

분자 수준의 상동 평가하기

연구자들은 DNA 분자를 비교하는 중에 때때로 기술적인 문제에 봉착한다. 분자 서열이 결정된 후 첫 단계는 연구 대상인 두 종의 핵산 서열을 대응되게 정렬하는 것이다. 두 종이 아주 근연이라면 아마도 한 곳이나 몇 곳에서만 염기서열이 다를 것이다. 반면에 관계가 먼 종의 핵산 서열은 보통은 많은 곳에서 염기가 다르며 길이까지 다를 수 있다. 그 이유는 오랜 시간에 걸쳐 삽입과 결실이 누적되기 때문이다.

예를 들어, 두 종의 특정 유전자 근처에 위치한 비암호성 DNA 서열은 매우 유사하지만 한 종의 서열에서는 첫 번째 염기가 결실되었다고 가정하자. 그 결과 염기서열이 한 칸씩 뒤로 옮겨진다. 이 결실을 고려하지 않고 두 염기서열을 비교하면 실제로는 두 염기서열이 매우 잘 대응된다는 사실을 간과하게 될 것이다. 이러한 문제를 해결하기 위해 연구자들은 길이가 다른 DNA 단편을 비교하고 정렬하는 데에 최적의 방식을 찾는 컴퓨터 프로그램을 개발하였다(그림 22.8).

이러한 분자 수준에서의 비교에 의해 호주와 북미의 두더지는 대응하는 유전자 사이에 많은 수의 치환과 기타 차이가 누적되었다는 것이 밝혀졌다. 이러한 많은 차이는 두 계통이 공통조상 이후 많이 분기하였음을 뜻한다. 그래서 이들 현존하는 종은 관계가 가깝지 않다고 말한다. 반면에 은검초류 사이에 유전자 서열은 높은 정도로 유사하기 때문에 상당한 형태 차이가 있더라도 이들은 모두 매우 가까운 관계임을 알 수 있다.

형태 형질의 경우와 마찬가지로 진화 연구에서 분자 수준의 유사성을 평가할 때도 상동과 상사를 구분하는 것이 필요하다.

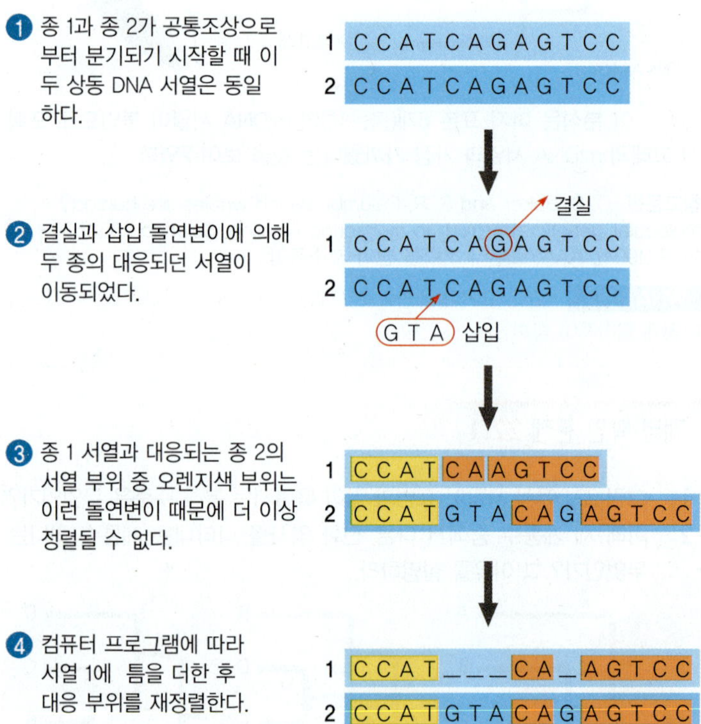

▲ **그림 22.8 DNA 조각의 정렬.** 계통학자들은 두 종의 DNA 조각상에 있는 비슷한 서열을 찾는다(각 종에서 한 가닥씩만 나타냈다). 이 예에서는 두 종이 분기된 이후 12개의 원래 염기 중 11개는 바뀌지 않았다. 그래서 일단 길이가 조정되면 비교되는 서열은 아직 정렬이 가능하다.

ACGGATAGTCCACTAGGCACTA

TCACCGACAGGTCTTTGACTAG

▲ **그림 22.9 분자 동류형성**

많은 염기가 서로 닮은 두 서열은 상동일 가능성이 매우 크다(그림 22.8). 가까운 관계가 아닌 생물들에서 매우 다른 서열 사이에 공유되는 염기들은 단순히 우연한 대응, 즉 분자 수준의 동류형성이다. 예를 들어, **그림 22.9**의 두 DNA 서열들은 서로 먼 관계의 생물에서 유래했다면 염기를 23% 공유하게 된 것은 우연일 것이다. DNA 서열이 25% 이상 공유된 것이 상동에 의한 것인지 여부를 결정하기 위한 통계적 도구도 개발되었다.

개념 확인 문제 22.2

1. 다음 각 쌍의 구조가 상사일 가능성이 더 큰지 상동일 가능성이 더 큰지 결정하고 그렇게 생각하는 이유를 설명하라: (a) 호저의 가시와 선인장의 가시; (b) 고양이의 앞발과 사람의 손; (c) 올빼미의 날개와 말벌의 날개.
2. **WHAT IF?** 종 A와 종 B는 외형이 비슷하지만 유전자 서열이 매우 다르며, 종 B와 종 C은 외형이 매우 다르지만 유전자가 유사하다고 가정하자. 어느 쌍이 관계가 가까울 가능성이 더 큰가: A과 B 또는 B와 C? 설명하라.

정답은 부록 A 참조

개념 22.3

공유형질은 계통수를 구성하는 데에 이용된다

앞에서 논의하였듯이 계통발생을 재구성할 때 핵심적인 단계는 상동의 특징을 상사의 특징과 구별하는 것이다(왜냐하면 전자만이 진화 역사를 반영하기 때문이다). 또한 이런 상동 형질에서 계통발생을 추론하는 방법을 선택해야 한다. 널리 사용되는 방법들이 분기학으로 알려진 학문이다.

분기학

분기학(cladistics)이라고 불리는 계통분류학의 접근법에서는 공통조상이 생물을 분류하는 데 사용되는 1차적인 기준이다. 이 방법을 이용하여 생물학자는 종을 **분기군(clades)**이라는 집단에 배치한다. 각 분기군은 한 조상종과 모든 후손을 포함한다**(그림 22.10a)**. 린네 체계의 분류 기준처럼 분기군은 더 포괄적인 분기군에 내포된다. 예를 들어, 그림 22.4에서 고양이 집단(Felidae)은 개 집단(Canidae)까지 포함하는 더 큰 분기군(Carnivora) 내에서 하나의 분기군이 된다.

그러나 분기군에 해당하는 분류군은 **단원적(monophyletic**; "단일 종족"을 의미하는 그리스어에서 유래)일 때만이다. 이는 한 조상종과 모든 후손으로 구성되었다는 것을 의미한다(그림 22.10a). 이것은 한 조상종과 후손(모두가 아닌) 일부만으로 구성되는**(그림 22.10b)** **의사단원적(paraphyletic**; "종족을 벗어나") 집단 또는 관계가 먼 종들을 포함하지만 가장 가까운 공통조상은 포함하지 않는**(그림 22.10c)** **다원적(polyphyletic**; "많은 종족")인 집단과 대조된다.

▼ **그림 22.10 단원적, 의사단원적, 그리고 다원적인 집단**

(a) 단원적 집단(분기군)

A
B
C
D
E
F
G
1
집단 I

A, B, C 등 세 종과 이들의 공통조상 ①으로 구성된 집단 I은 단원적 집단(분기군)으로 하나의 조상종과 이들의 모든 후손 종으로 구성되어 있다.

(b) 의사단원적 집단

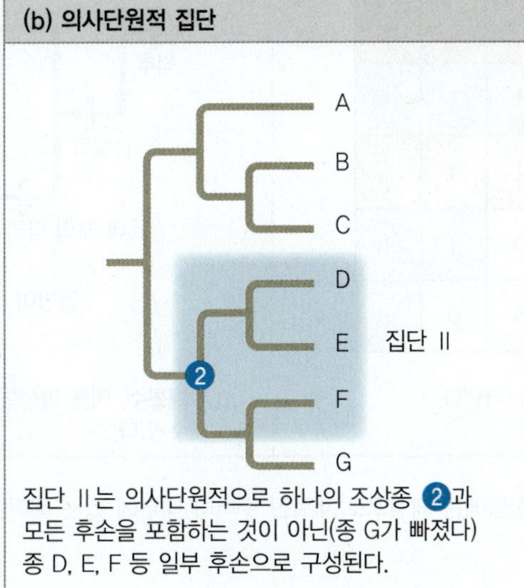

집단 II는 의사단원적으로 하나의 조상종 ②과 모든 후손을 포함하는 것이 아닌(종 G가 빠졌다) 종 D, E, F 등 일부 후손으로 구성된다.

(c) 다원적 집단

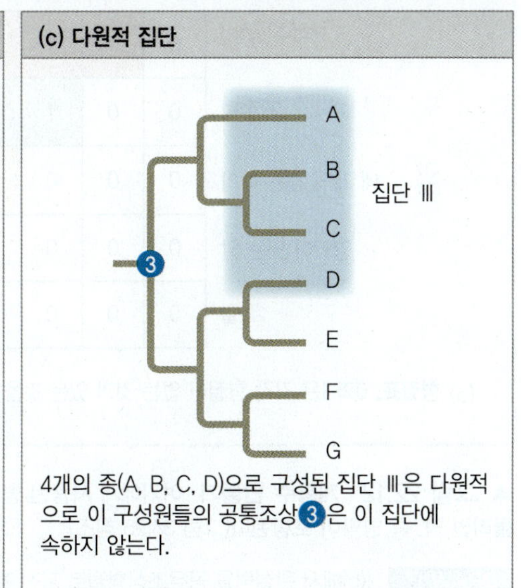

4개의 종(A, B, C, D)으로 구성된 집단 III은 다원적으로 이 구성원들의 공통조상③은 이 집단에 속하지 않는다.

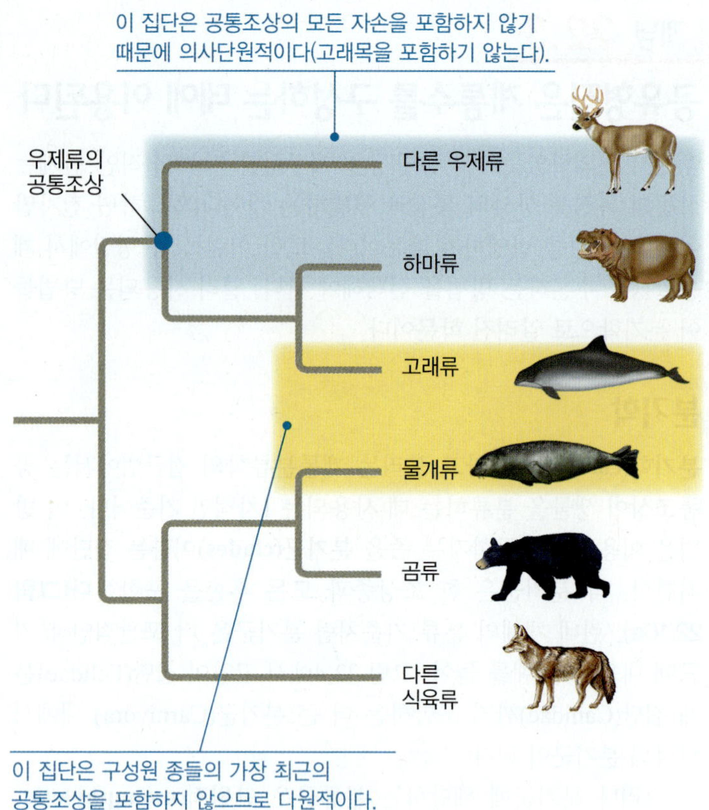

▲ **그림 22.11 의사단원적, 다원적 집단의 예**

? 고래류와 물개류의 가장 최근의 공통조상에 원을 그려라. 이 조상이 몸 형태의 유사성에 따라 정의된 고래-물개 집단의 일부가 될 수 없는 이유를 설명하라.

의사단원적 집단에서 이 집단의 모든 구성원들의 가장 최근의 공통조상은 이 집단의 일부이지만 다원적 집단에서는 가장 최근의 공통조상이 이 집단의 일부가 아님을 주의하라. 예를 들어, 우제류(하마와 사슴, 이들의 근연종들)와 이들의 공통조상으로 구성된 집단은 이들의 공통조상은 포함하지만 이로부터 유래한 자손인 고래목(고래, 돌고래, 상괭이)은 포함하지 않기 때문에 의사단원적이다(그림 22.11). 이와 대조적으로 (몸 형태가 비슷한 것에 근거하여) 물개류와 고래류를 함께 구성한 집단은 물개류와 고래류의 공통조상을 포함하지 않기 때문에 다원적이라 할 수 있다. 생물학자들은 이러한 다원적 집단들은 묶지 않으려고 한다; 만약 새로운 증거로 인해 기존의 한 집단이 다원적이라면 이 집단의 생물들은 다시 분류된다.

공유 조상 형질과 공유 파생 형질

변형혈통의 결과로 생물은 조상과 형질을 공유하면서도 조상과 다른 형질도 갖고 있다. 예를 들어, 모든 포유류는 척추가 있지만, 모든 척추동물도 척추가 있기 때문에 척추로 다른 척추동물과 포유류를 구분할 수 없다. 척추는 포유류 분기군이 다른 척추동물에서 분기되기 전부터 있었다. 따라서 포유류의 입장에서 척추는 이 분류군의 한 조상에서 기원된 형질인 **공유 조상 형질 (shared ancestral character)**이다. 반면에 털(hair)은 모든 포유류가 지니는 형질이지만 이들의 조상에서는 발견되지 않는다. 그래서 포유류에게 털은 특정 분기군에만 있는 독특한 진화적 신형인 **공유 파생 형질(shared derived character)**이다.

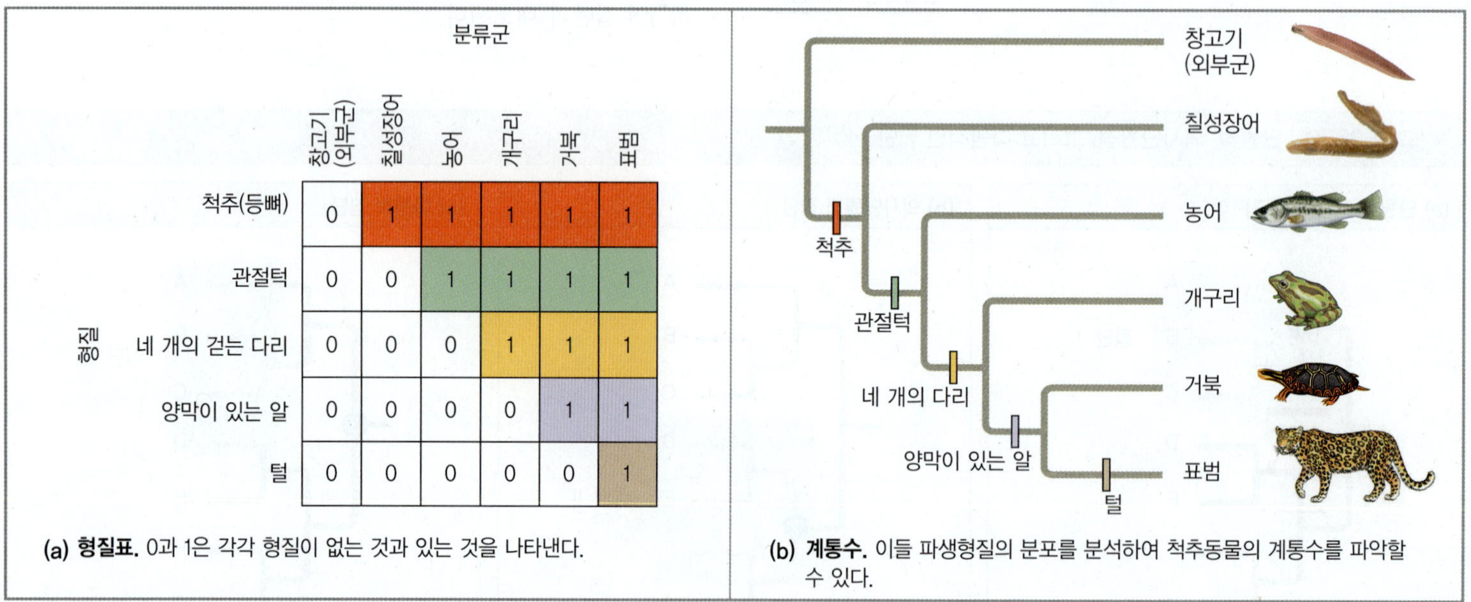

분류군

형질	창고기 (외부군)	칠성장어	농어	개구리	거북	표범
척추(등뼈)	0	1	1	1	1	1
관절턱	0	0	1	1	1	1
네 개의 걷는 다리	0	0	0	1	1	1
양막이 있는 알	0	0	0	0	1	1
털	0	0	0	0	0	1

(a) **형질표.** 0과 1은 각각 형질이 없는 것과 있는 것을 나타낸다.

(b) **계통수.** 이들 파생형질의 분포를 분석하여 척추동물의 계통수를 파악할 수 있다.

▲ **그림 22.12 계통수 만들기.** 여기에서 사용된 형질들에는 체액으로 채워진 주머니 내부에 있는 배아를 둘러싼 막, 즉 양막이 포함된다(그림 34.25 참조).

DRAW IT (b)에서 관절턱을 공유조상형질로 가진 가장 포괄적인 분기군에 원을 그려라.

특정 형질이 조상에서 유래한 것인지 파생한 것인지는 상대적인 것임을 유의하라. 척추도 공유 파생 형질이 될 수도 있는데 모든 척추동물을 다른 동물과 구분할 수 있는 더 깊숙이 들어간 분기점에서만 그렇다.

파생 형질을 이용하여 계통발생 추론하기

공유 파생 형질은 특정 분기군에 고유한 것이다. 생물의 모든 특징들이 해당 생물의 역사상 특정 시점에서 출현하기 때문에 각 공유 파생 형질이 처음 나타난 분기군을 밝히고 이 정보를 진화 관계를 추론하기 위해 이용할 수 있을 것이다.

이런 분석이 어떻게 이루어지는지 보기 위해 표범, 거북, 개구리, 농어와 칠성장어(턱이 없는 수생 척추동물) 등 5종의 척추동물의 각각에 대해 **그림 22.12a**에 보여준 몇몇 형질을 살펴보자. 비교의 근거로 외부군을 선택해야 한다. **외부군(outgroup)**은 우리의 연구 대상인 종들(**내부군, ingroup**)을 포함하는 계통 이전에 분기된 것으로 알려진, 진화 계통의 한 종이나 여러 종의 한 무리이다. 적절한 외부군은 형태, 고생물학, 배아 발생 및 유전자 서열의 증거를 바탕으로 결정할 수 있다. 이 경우 적절한 외부군은 창고기이다. 창고기는 개펄에 사는 작은 동물로 (척추동물처럼) 척삭동물문의 구성원이다. 그러나 척추동물과는 다르게 척추가 없다.

내부군의 구성원들을 서로 비교하거나 외부군과 비교하여 척추동물 진화의 여러 분기점에서 어느 형질이 파생되었는지 결정할 수 있다. 예를 들어, 내부군의 모든 척추동물은 척추가 있다. 이 형질이 조상 척추동물에는 존재하지만 외부군에는 없다. 이제 관절턱은 창고기에는 없는 형질이지만 내부군의 다른 구성원에서는 존재함을 주의하자. 따라서 이 형질은 척추동물 분기군에서 초기 분기점을 밝히는 데 도움이 된다. 이런 식으로 진행하면 형질 목록에 있는 자료를 공유 파생 형질에 근거하여 내부군 내에 있는 모든 분류군을 묶어 서열화하는 계통수로 변환할 수 있다(**그림 22.12b**).

비례적인 가지 길이의 계통수

지금까지 보여준 계통수에서 계통수의 가지 길이는 각 계통에서 진화 동안 일어난 변화의 정도를 나타내지 않았다. 더구나 계통수의 분기 형태로 표현된 연대기는 절대적(몇백만 년 전인지 여부)이라기보다는 상대적(시간적 선후 관계)이다. 하지만 일부 계통수 그림에서는 가지 길이가 진화상 변화의 양이나 특정 사건이 일어난 시간에 비례한다.

예를 들어, **그림 22.13**에서 계통수의 가지 길이는 한 계통에서 특정 DNA 서열에 일어난 변화의 수를 나타낸다. 계통수의 기저에서 생쥐까지 이어지는 수평선 총 길이(total length)가 외부군 종인 초파리(*Drosophila*)까지의 선 길이보다 짧음을 눈여겨보라. 이것은 한 공통조상에서 생쥐와 초파리가 분기된 이후의 시간 동안 생쥐 계통에서보다 초파리 계통에서 더 많은 유전적 변화가 일어났음을 암시한다.

비록 계통도에서 가지들의 길이가 상이하더라도, 현존하는 생물 중에서 한 공통조상에서 유래된 모든 계통들은 동일한 기간 동안 생존되어 온 것이다. 극단적인 예로, 사람과 세균은 30억 년

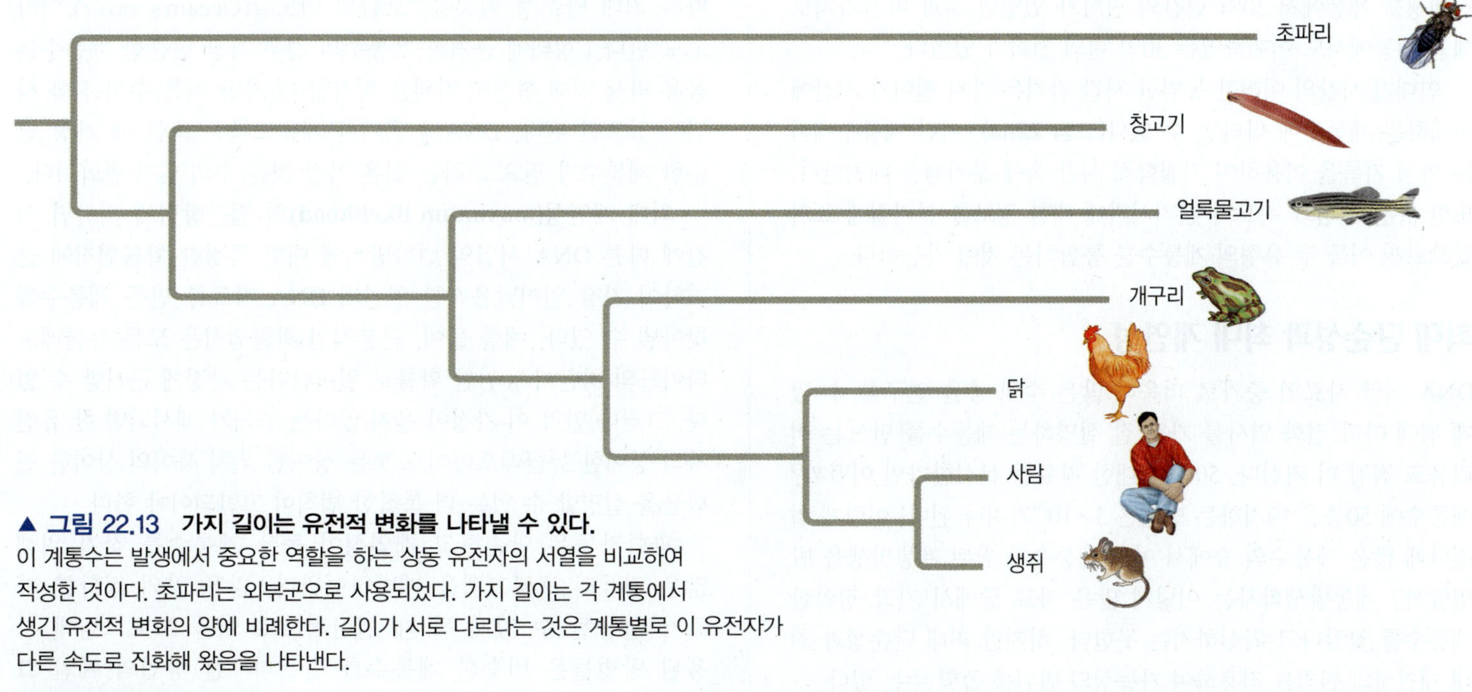

▲ **그림 22.13 가지 길이는 유전적 변화를 나타낼 수 있다.**
이 계통수는 발생에서 중요한 역할을 하는 상동 유전자의 서열을 비교하여 작성한 것이다. 초파리는 외부군으로 사용되었다. 가지 길이는 각 계통에서 생긴 유전적 변화의 양에 비례한다. 길이가 서로 다르다는 것은 계통별로 이 유전자가 다른 속도로 진화해 왔음을 나타낸다.

INTERPRET THE DATA 위 그림의 척추동물 계통 중 연구된 유전자에서 진화가 가장 빨리 일어난 계통은 무엇인가? 설명하라.

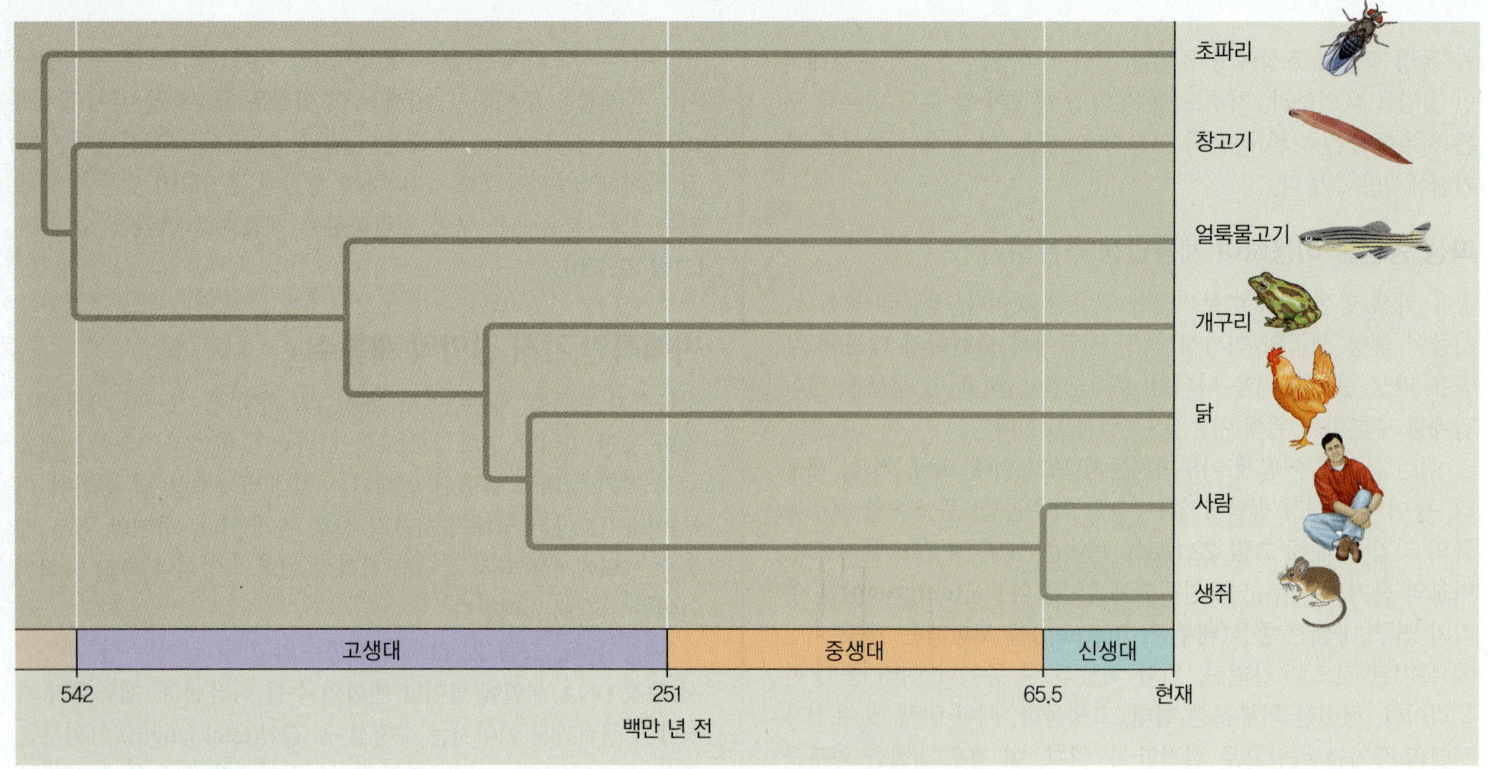

▲ **그림 22.14 가지의 길이는 시간을 나타낼 수 있다.** 이 계통수는 그림 22.13의 계통수와 동일한 자료에 근거한다. 그러나 각 분기점은 화석 증거에 근거한 연대에 맞추어 작성하였다. 그래서 가지 길이는 시간에 비례한다. 각 계통은 기저로부터 계통수 끝까지의 총길이가 동일하다. 이는 공통조상에서 유래한 모든 계통은 동일한 시간동안 분기해 왔음을 의미한다.

이전에 살았던 공통조상을 가지고 있다. 화석과 유전적 증거에 의하면 이 조상은 단세포 원핵생물이었다. 비록 세균들은 공통조상 이후 구조에 뚜렷한 변화가 거의 없었지만, 사람을 포함하는 진핵생물 계통에서 30억 년간의 진화가 있었던 것과 마찬가지로 세균 계통에서도 어찌하였든 30억 년의 진화가 있었다.

연대기 시간의 이러한 동일한 시간 간격은 가지 길이가 시간에 비례하는 계통수에 나타낼 수 있다(그림 22.14). 이런 계통수에서는 화석 기록을 이용하여 지질학적 시간 속에 분기점을 배치한다. 또한 유전적 변화 속도나 분기시기에 대한 정보를 분기점에 표기함으로써 이들 두 유형의 계통수를 통합하는 것이 가능하다.

최대 단순성과 최대 개연성

DNA 서열 자료의 증가로 더욱더 많은 수의 종을 연구할 수 있게 됨에 따라 진화 역사를 가장 잘 설명하는 계통수를 만드는 어려움도 점점 더 커진다. 50종에 대한 자료를 분석한다면 어떨까? 계통수에 50종을 배치하는 방법은 3×10^{76}가지나 된다! 이렇게 엄청나게 많은 계통수의 숲에서 어느 계통수가 참된 계통발생을 반영할까? 계통발생학자는 이렇게 많은 자료 중에서 가장 정확한 계통수를 찾았다고 확신하지는 못한다. 하지만 최대 단순성과 최대 개연성의 원칙을 적용하여 가능성의 범위를 좁힐 수는 있다.

최대 단순성(maximum parsimony)의 원칙에 따르면 우선 사실과 부합되는 가장 단순한 설명을 조사해야 한다. [불필요하게 복잡한 것을 "면도질해 없애 버리는" 최소주의적 문제 해결 방식을 주장한 14세기 영국 철학자 오캄(William Occam)의 이름을 따라 최대 단순성 원칙을 "오캄의 면도날(Occam's razor)"이라고도 한다.] 형태에 근거한 계통수의 경우 가장 단순한 계통수는 공유 파생 형태 형질의 기원을 평가할 때 가장 적은 수의 진화 사건이 있으면 된다. DNA에 근거한 계통도를 구축할 때 가장 단순한 계통수가 필요로 하는 것은 가장 적은 수의 염기 변화이다.

최대 개연성(maximum likelihood)의 접근방법에 의하면 시간에 따른 DNA 서열의 변화방식에 대한 특정한 확률법칙에 근거하여 가장 일어났음직한 일련의 DNA 자료를 만든 계통수를 찾아낼 수 있다. 예를 들어, 근본적인 확률법칙은 모든 뉴클레오타이드의 치환이 동일한 확률로 일어난다는 가정에 근거할 수 있다. 그러나 만약 이 가정이 옳지 않다는 증거가 제시되면 한 유전자의 상이한 뉴클레오타이드 또는 상이한 위치 사이의 상이한 변화율을 설명할 수 있는 더 복잡한 법칙이 고안되어야 한다.

과학자들은 단순하고 개연성이 높은 계통수를 찾기 위해 많은 컴퓨터 프로그램을 개발하여왔다. 많은 양의 정확한 자료가 활용될 수 있게 될 때 일반적으로 이들 프로그램에 사용된 방법들은 비슷한 계통수를 만든다. 한 방법의 예인 그림 22.15는 3종의 관계에 대한 문제와 관련하여 가장 단순한 분자 계통수를 찾아내는 과정을 보여준다. 비슷한 방식으로

▼ 그림 22.15 **연구 방법**

분자계통분류학 문제에 단순성 적용하기

적용 한 집단의 종들에 적용 가능한 계통발생을 고찰할 때 계통분류학자는 종들에 대한 분자 수준의 자료를 비교한다. 시작 단계에서 효과적인 방법은 가장 적은 수의 진화적 사건(분자 수준에서의 변화)이 발생하는 가장 단순한 가설을 찾는 것이다.

방법 관계가 가까운 세 종으로 만든 계통수 가설 문제에 단순성의 원리를 적용하려 한다면 번호를 매긴 단계를 따른다.

❶ 첫째, 종들에 대해 가능한 세 가지 계통발생을 그린다(세 종을 배열할 때는 단 세 개의 계통수만 있지만, 가능한 계통수의 수는 종의 수가 늘면 급격히 증가한다. 네 종에 대해 15가지의 계통수가, 그리고 10종에 대해서는 34,459,425가지의 계통수가 가능하다).

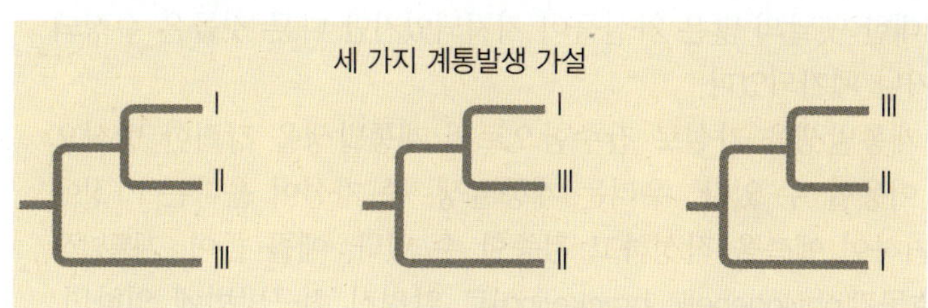

❷ 종에 대한 분자 자료를 표로 작성한다. 이 단순화한 예에서 자료는 단지 4개의 염기로 구성된 DNA 염기서열을 나타낸다. 조상 DNA 서열을 추론하기 위해 여러 외부군(나타나 있지 않음)에서 얻은 자료가 이용되었다.

위치	1	2	3	4
종 I	C	T	A	T
종 II	C	T	T	C
종 III	A	G	A	C
조상 서열	A	G	T	T

❸ 이제 DNA 서열 1번 위치에 집중하자. 가장 왼쪽의 계통수에서 위치 1 자료를 설명하기 위해서는 종 I과 종 II로 가는 가지에 보라색 교차마크로 표시한 (그리고 위치 1에서 염기 C로 변한 것을 1/C로 나타낸) 단일 염기 변화 사건 하나로 충분하다. 다른 두 개의 계통수에서는 두 번의 염기 변화 사건이 필요하다.

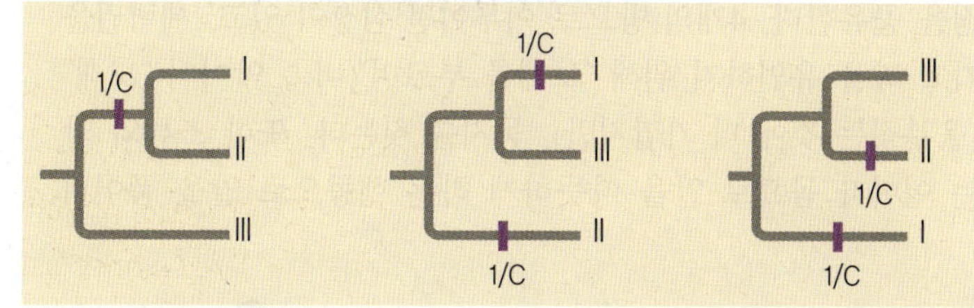

❹ 위치 2, 3, 4의 염기를 계속 비교하면 세 가지 계통수 각각은 총 5번의 부가적인 염기 변화 사건(자주색 교차마크)이 필요함을 알 수 있다.

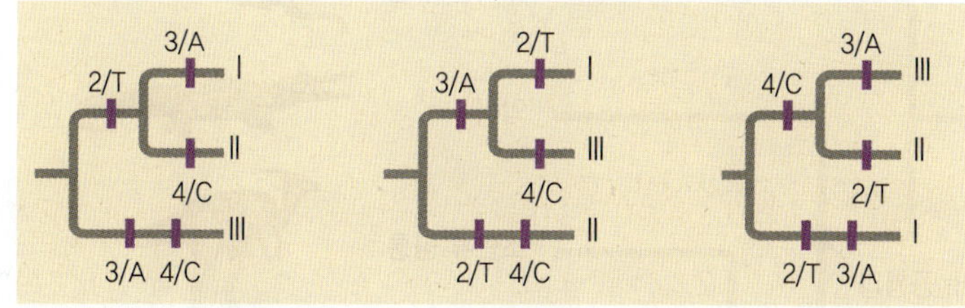

결과 가장 단순한 계통수를 밝히기 위해 3, 4단계에서 알아낸 염기 변화 사건을 모두 합한다. 우리는 첫 번째 계통수가 세 가능한 계통발생 중 가장 단순성이 큰 것으로 결론을 내릴 수 있다. (실제로는 더 많은 염기위치가 분석된다. 그래서 계통수들은 종종 염기 하나만 바뀌는 사건일 때보다 훨씬 많이 다르다.)

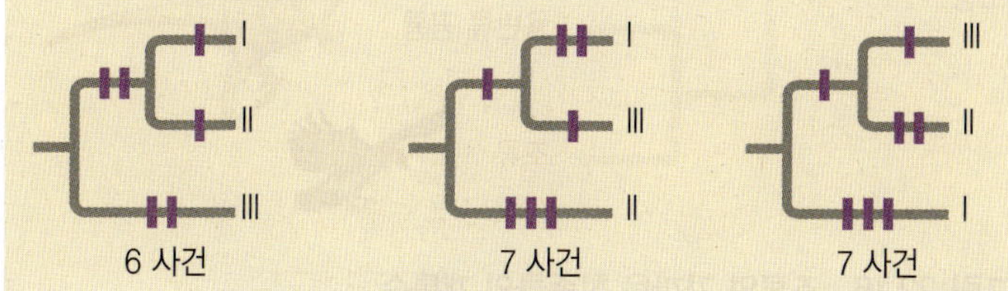

계통수를 추정하기 위해 컴퓨터 프로그램은 단순성의 원리를 이용한다. 매우 많은 수의 가능한 계통수를 조사하여 가장 적은 수의 진화상 변화가 요구되는 계통수(들)를 선택한다.

가설로서 계통수

여기서는, 어떤 계통수라도 그 안의 생물들이 어떻게 서로 관련되어 있는지에 대한 가설을 표현하고 있다는 사실을 재차 강조해야 할 것 같다. 가장 좋은 가설은 이용할 수 있는 모든 자료에 가장 잘 들어맞는 가설이다. 새로운 증거 때문에 계통분류학자가 계통수를 수정할 수밖에 없을 때 계통발생에 대한 가설이 수정될 것이다. 사실 형태와 분자 수준의 새로운 자료에 의해, 계통발생에 대한 옛날의 많은 가설들이 지지되었지만 다른 것들은 수정되었거나 폐기되었다.

계통발생을 가설로 간주함으로써 계통발생을 강력한 방식으로 이용할 수 있다: 우리는 계통발생, 즉 가설이 옳다는 가정에 근거하여 예측을 작성하고 검증할 수 있다. 예를 들어, **계통발생 괄호묶기(phylogenetic bracketing)**로 알려진 접근방법에 의하면, 독립적으로 제시된 자료들이 부정적이 않는 한(단순성에 의해), 가까운 관계의 생물 두 집단이 공유한 특징 형질이 공통조상과 모든 후손들에 존재한다는 예측을 할 수 있다. (여기서 "예측"은 앞으로 일어날 진화적 변화만이 아니라 과거 사건도 포함한다.)

이런 접근방법은 공룡에 대한 기발한 예측을 하기 위해 이용되었다. 예를 들어, 조류가 용반류 분기군내 이족 공룡군인 수각류에서 유래되었다는 증거가 있다. **그림 22.16**에서 볼 수 있듯이 조류의 가장 가까운 현존 친족은 악어이다. 조류와 악어는 많은 특징을 공유한다. 4개의 방으로 이루어진 심장이 있고, 세력권을 지키고 짝을 유인하기 위해 "노래를 부르며"(비록 악어의 "노래"는 울부짖는 것에 더 가깝지만), 둥지를 짓는다. 또한 조류와 악어는 어미가 몸으로 알을 따뜻하게 하는 행동으로 알을 품어서 돌본다. 조류는 알 위에 앉아서 품는 반면에 악어는 목으로 알을 덮는다. 조류와 악어가 공유하는 모든 특징이 공통조상(그림 22.16에서 파란 점으로 표시)과 모든 후손에 존재한다는 추론에 의해 생물학자들은 공룡들의 심장은 4개의 방으로 이루어져 있고, 노래하고, 둥지를 짓고, 알품기를 했다고 예상한다.

심장과 같은 내부 기관은 거의 화석으로 남지 않음은 물론 공룡이 세력권을 지키고 짝을 유인하기 위해 노래를 했는지 검증하기는 어렵다. 하지만 화석화된 공룡의 알과 둥지는 공룡의 알품기 예측을 지지하는 증거이다. 첫째, 아직 알 속에 있는 알도둑(*Oviraptor*) 공룡의 배아 화석이 발견되었다. 이 알은 오늘날 알을 품고 있는 조류와 비슷한 자세로 한 무리의 알 위에 웅크리고 있는 알도둑 공룡성체를 보여주는**(그림 22.17)** 또 다른 화석에서 발견된 알과 동일하였다. 연구자들은 이 두 번째 화석에 보존된 알도둑 공룡은 알을 품거나 보호하는 동안 죽었다고 생각한다. 이 연구에서 얻은 더 일반적인 결론, 즉 공룡이 둥지를 만들고 알품기를 했다는 결론은 이후 공룡의 다른 종들이 둥지를 만들고 알 위에 앉아 있는 화석이 추가적으로 발견되면서 지지되었다. 마지막으로 공룡의 둥지와 알품기 화석의 발견은 그림 22.16에 보여준 계통발생 가설에 근거를 둔 예측을 지지함으로써 이 가설이 옳다는 것을 보여주는 독립적인 자료를 제공한다.

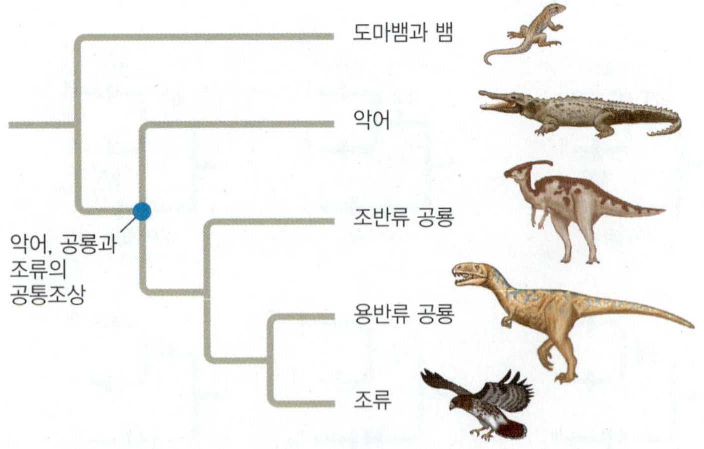

▲ **그림 22.16 조류와 가까운 친족들의 계통수**

? 이 계통수에서 가장 기저(기본적인) 분류군은?

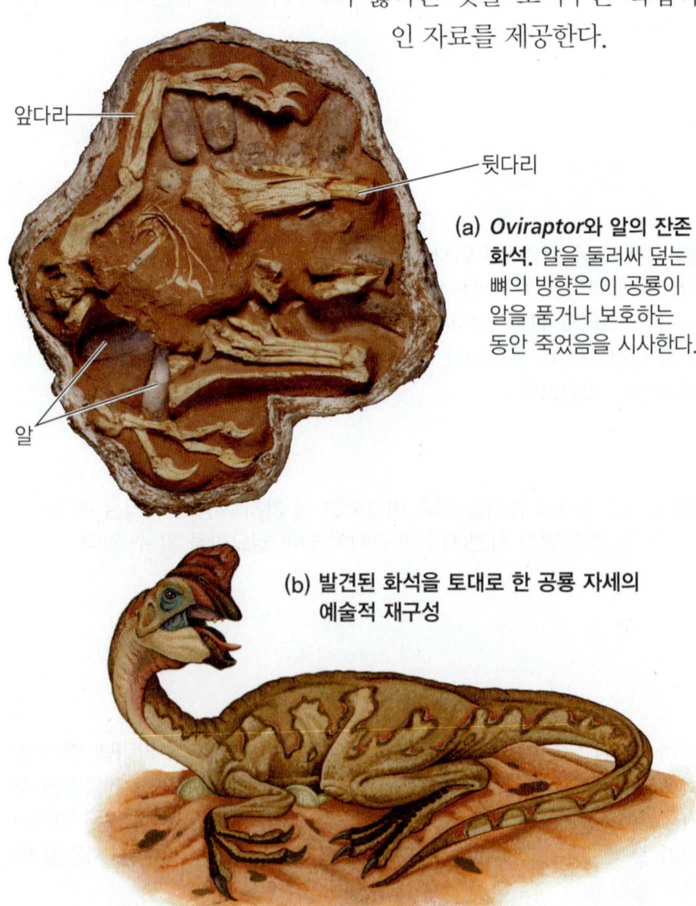

▲ **그림 22.17 화석은 계통발생적 예측을 지지한다.** 공룡이 둥지를 짓고 알을 품었다.

개념 확인 문제 22.3

1. 포유강에 해당하는 더 큰 분기군 내에서 포유류의 특정한 분기군을 구분하기 위한 것으로 털은 유용한 형질인가? 이유를 설명하라.
2. 가장 단순한 계통수가 반드시 특정 무리의 종들 사이의 진화적 관계를 나타내주는 가장 정확한 계통수는 아닐 수도 있다. 어떻게 그럴 수 있는가?
3. **WHAT IF?** 그림 25.7과 그림 22.16의 관계를 포함하는 계통수를 그려라. 전통적으로 조류와 포유류 이외의 모든 분류군을 파충류로 분류했다. 분기학적 접근은 이러한 분류를 지지하는가? 설명해 보자.

정답은 부록 A 참조

개념 22.4

생물 진화의 역사는 유전체에 기록되어 있다

이 장에서 논의하였듯이 근연관계를 추론하기 위해 핵산이나 다른 분자를 비교하는 분자계통분류학은 비교해부학처럼 분자 수준이 아닌 방법으로는 결정할 수 없는 계통발생의 관계를 밝혀낼 수 있다. 예를 들어, 분자계통분류학은 동물과 균류들처럼 형태 비교를 위한 공통된 근거가 거의 없는 집단 사이의 진화적 관계를 밝히는 데 도움을 준다. 그리고 분자 수준의 방법은 화석 기록이 전혀 없거나 부족한 현재의 생물들 사이의 계통발생을 재구성하는 것을 가능하게 한다.

서로 다른 유전자들은 동일한 진화 계통에서조차 다른 속도로 진화할 수 있다. 결과적으로 어떤 유전자를 이용하였는지에 따라 분자 계통수는 짧은 시간 또는 긴 시간을 나타낼 수 있다. 예를 들어, 리보솜 RNA(rRNA)를 암호화하는 DNA는 비교적 느리게 변해서 이 유전자의 DNA 서열 비교는 수억 년 전에 갈라진 분류군 사이의 관계를 조사하는 데 유용하다. 한 예로 rRNA 서열을 연구하여 균들이 녹색 식물보다 동물에 더 가깝다는 것이 밝혀졌다. 반면에 미토콘드리아 DNA(mtDNA)는 비교적 빠르게 진화하므로 최근의 진화 사건을 조사하는 데 이용될 수 있다. 한 연구팀이 mtDNA 서열을 통해 아메리카 토착인 집단 사이의 관계를 추적하였다. 분자 수준에서의 연구 결과로 애리조나의 피마족(Pima), 멕시코의 마야족(Maya)과 베네수엘라의 야노마미족(Yanomami)이 가까운 관계이고 아마도 이들이 약 15,000년 전 아시아에서 아메리카로 세 차례에 걸쳐 베링 육교를 건넌 이주자들 중 첫 이주자의 후예들일 것이라는 기존의 증거를 확인하게 되었다.

유전자 중복과 유전자군

분자계통분류학이 유전체 변화의 진화 역사에 대해 무엇을 밝혀주는가? 유전자 중복은 유전체 내에서 유전자 수를 증가시켜 진화적 변화가 더 일어날 수 있도록 기회를 많이 제공하기 때문에, 진화에서 중요한 역할을 담당한다. 이에 대해 고려해 보자. 현재의 분자생물기술로 인해 유전자 중복의 계통발생과 유전체 진화에 이들 중복이 미치는 영향을 추적할 수 있게 되었다. 이러한 분자 계통발생은 한 생물의 유전체 내에 있는 관련된 유전자의 무리(그림 20.11), 즉 **유전자군**(gene families)을 만들어 낸 반복적인 중복을 설명할 수 있어야 한다.

이러한 중복을 설명하려면 병렬과 직렬의 두 가지 상동 유전자를 구분하게 된다(**그림 22.18**). **병렬상동 유전자(orthologous gene**; '정확한'이라는 뜻의 그리스어 *orthos*에서 유래)의 경우, (하나의 종이 둘 또는 그 이상의 종으로 갈라지는) 종분화 결과

▼ **그림 22.18 두 가지 유형의 상동 유전자.** 색으로 표시된 띠는 염기서열의 차이가 축적 된 유전자 부위를 표시한다.

(a) 병렬상동 유전자의 형성: 종분화의 산물

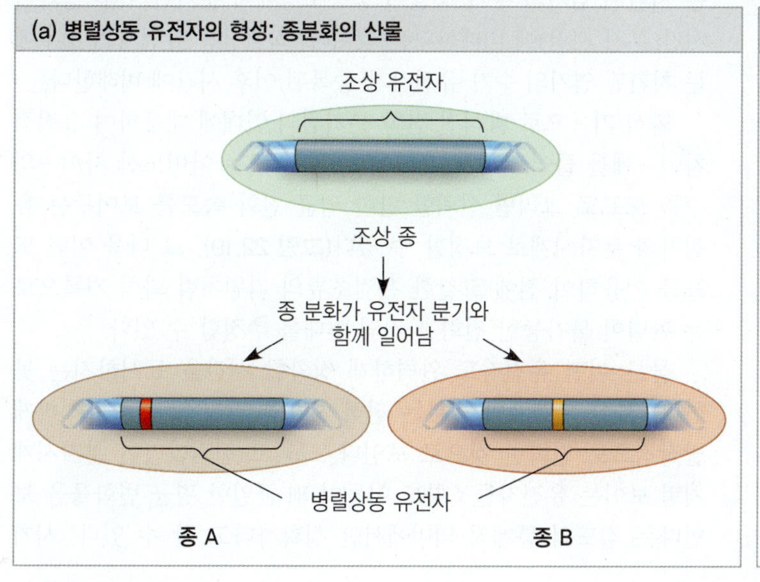

(b) 직렬상동 유전자의 형성: 종 내에서

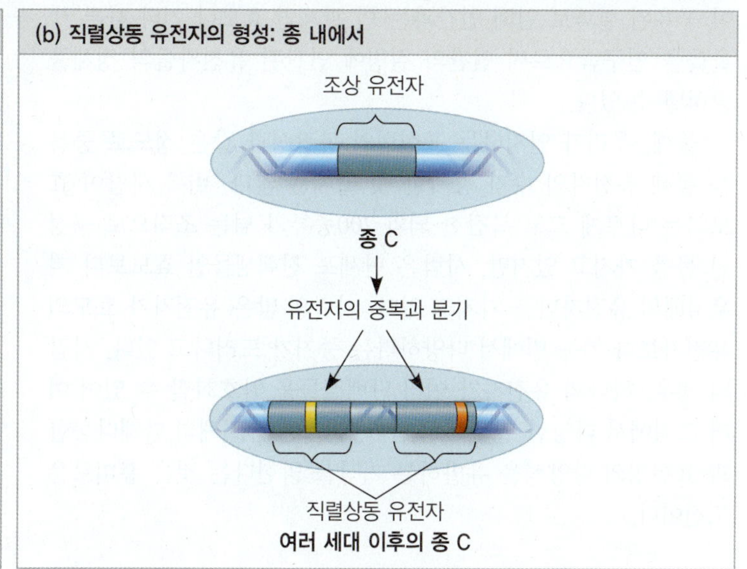

로 생기는 상동으로, 상이한 종의 유전자 사이에서 생겨난다(그림 26.18a). 예를 들어 사람과 개의 사이토크롬 *c* 유전자(전자전달계 단백질을 암호화하는 유전자)는 병렬상동이다. **직렬상동 유전자(paralogous gene**; '~의 옆에'라는 뜻의 그리스어 *para*에서 유래)는 유전자 중복의 결과 생긴다. 따라서 한 유전체에 둘 이상의 복사본으로 발견된다(그림 22.18b). 척추동물에서 여러 차례 중복이 일어난 후각 수용체 유전자를 23장에서 보게 될 것이다. 생쥐는 이러한 직렬상동 유전자를 1,000개 정도 지닌 반면 인간은 350개 정도를 갖고 있다.

병렬상동 유전자는 종분화가 일어난 후, 즉 상이한 유전체에서 이 유전자들이 발견된 후에만 분기할 수 있음을 주의하라. 예를 들어, 사람과 개의 사이토크롬 *c* 유전자는 기능이 비슷하지만 가장 가까운 공통조상 이후 현재까지 이르는 시간 동안 사람의 유전자 서열은 개의 서열과 분기해 왔다. 한편 직렬상동 유전자는 하나의 유전체에 둘 이상의 복사본으로 존재하기 때문에 한 종 내에서 분화될 수 있는 것이다. 사람에서 후각 수용체 유전자군을 구성하는 직렬상동 유전자들은 우리의 긴 진화 역사 동안 서로 다르게 분화되었다. 현재 이들 유전자는 여러 음식에서 성페로몬에 이르기까지 다양한 범위의 냄새를 느끼게 하는 단백질들을 지정한다.

유전체 진화

우리 자신을 포함해서 여러 동물의 전체 유전체를 비교할 수 있게 된 지금, 두 가지 양상이 주목할 만하다. 첫째, 오래 전에 분기한 계통들은 병렬상동 유전자를 공유한다. 예를 들어 사람과 생쥐 계통은 약 6,500만 년 전에 분기하였지만 사람과 생쥐 유전자의 99%가 병렬 상동이다. 효모와 사람은 10억 년 동안 분기되어 진화했음에도 불구하고 약 50%의 유전자가 병렬상동이다. 이러한 공통성은 왜 생물들이 서로 전혀 다름에도 불구하고 많은 생화학적, 발생학적 경로를 공유하는지를 설명한다. 이러한 경로들이 공유된 결과로 인해 인간과는 먼 관계인 효모나 기타 다른 생물들을 연구함으로써 인간의 질병에 연관된 유전자들의 정체를 밝혀낼 수 있다.

둘째, 우리가 인지하는 표현형의 복잡성과 같은 정도로 중복을 통해 유전자의 수가 증가한 것 같지는 않다. 비록 사람이 효모와는 다르게 크고 복잡한 뇌와 200종류가 넘는 조직으로 구성된 몸을 가지고 있지만, 사람은 단세포 진핵생물인 효모보다 겨우 4배의 유전자만을 가지고 있다. 사람의 많은 유전자가 효모의 유전자보다 기능 면에서 다양하다는 증거가 드러나고 있다. 사람의 경우, 하나의 유전자가 여러 단백질들을 암호화할 수 있어 여러 조직에서 다양한 일을 수행한다. 이러한 유전체의 다재다능함과 표현형의 다양성을 유발하는 기작을 밝힌다는 것은 흥미로운 도전이다.

개념 확인 문제 22.4

1. 두 종 사이의 단백질을 비교하여 진화적 관계에 대한 자료를 얻는 방법을 설명하라.
2. WHAT IF? 종 1과 종 2에서 유전자 A는 병렬상동이고 종 1에서 유전자 B는 유전자 A와 직렬상동이라고 하자. 다음과 같은 결과가 나올 수 있는 두 진화 사건의 순서를 제시하라.: 유전자 A는 종 사이에서 상당히 다르지만, 유전자 A와 유전자 B는 서로 차이를 거의 보여주지 않는다.
3. MAKE CONNECTIONS 그림 18.13을 살펴보고 특정 유전자가 하나의 생물 내의 여러 다른 조직에서 상이한 기능을 수행할 수 있는 방법이 무엇인지 제시해 보자.

정답은 부록 A 참조

개념 22.5 분자시계를 통해 진화 시간을 추적할 수 있다

진화생물학의 목적 중 하나는 화석 기록이 없는 생물을 포함하여 모든 생물들 사이의 관계를 이해하는 것이다. 그러나 만약 우리가 화석 기록을 넘어서까지 확장되는 계통발생의 시간을 결정하고자 한다면, 우리는 분자 수준에서의 변화가 어떻게 일어나는지에 대한 중요한 가정 하나에 의존할 수밖에 없다.

분자시계

앞에서 우리는 연구자들이 하와이 은검초류의 공통조상이 약 500만 년 전에 살았을 거라고 추정한 점을 언급했다. 어떻게 이런 추정을 하였을까? 일부 유전자와 유전체의 여타 부위가 일정한 속도로 진화한다는 관찰을 근거로, 진화적 변화의 절대적인 시간을 측정하는 방법인 **분자시계(molecular clock)**의 개념을 이용하였다. 분자시계를 뒷받침하는 가정은 병렬상동 유전자에 존재하는 치환된 염기의 수가 종들이 공통조상에서 분기한 이후 경과된 시간(분기 시간)에 비례한다는 것이다. 직렬상동 유전자의 경우에는 치환된 염기의 수가 유전자가 중복된 이후 시간에 비례한다.

화석 기록으로 밝혀진 진화 분기점의 연대에 대응하여 유전적 차이—예를 들어, 뉴클레오타이드, 코돈 또는 아미노산 차이—의 수를 도표로 그리면 신뢰할 만한 평균 진화 속도를 보여주는 유전자의 분자시계로 보정할 수 있다(그림 22.19). 그 다음 이런 도표를 이용하여 전에 고찰한 은검초류의 기원처럼 화석 기록으로는 판별이 불가능한 진화 사건의 연대를 추정할 수 있다.

물론 어떤 유전자도 완벽하게 정확한 시간을 표시하지는 못한다. 사실 유전체의 일부는 전혀 시계와 같지 않고 불규칙하게 발작적으로 진화한 것으로 보인다. 그리고 신뢰할만한 분자시계처럼 보이는 유전자들조차도 이들이 꽤 균일한 평균 변화율을 보인다는 정도의 통계적 의미에서만 정확하다고 할 수 있다. 시기

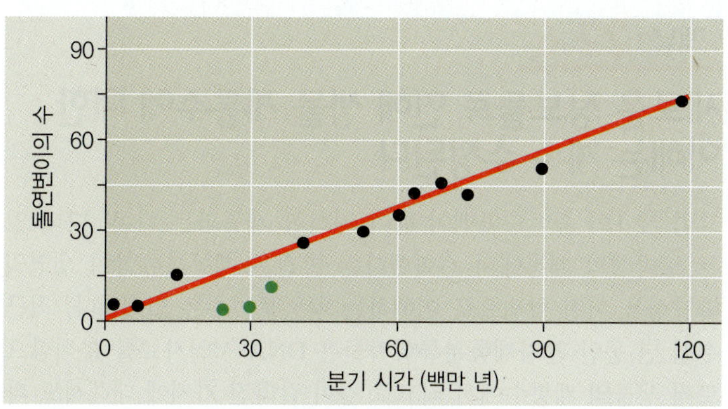

▲ **그림 22.19 포유류에 대한 분자시계.** 7가지 단백질에 축적된 돌연변이의 수는 대부분 포유류의 경우, 일관된 방식으로 시간에 걸쳐 증가하였다. 세 개의 녹색 점은 영장류를 나타내는데 이들의 단백질은 다른 포유류의 단백질보다 더 느리게 진화한 것으로 보인다. 각 점의 분기 시간은 화석 증거에 따랐다.

INTERPRET THE DATA 이 그래프를 이용하여 7가지 단백질에 총 30개의 돌연변이가 있는 포유동물의 분기 시간을 추정해 보자.

에 따라 평균 속도의 편차가 여전히 있을 것이다. 더구나 같은 유전자가 다른 생물 집단에서 다른 속도로 진화될 수도 있다. 마지막으로 시계와 같은 유전자들 사이에서조차 시계의 속도가 유전자마다 매우 다를 수 있다. 어떤 유전자는 다른 유전자보다 100만 배나 빠르게 진화한다.

시계속도의 차이

시계와 같은 유전자가 진화하는 데에 이러한 속도의 차이가 생기는 원인은 무엇일까? 답은 일부 돌연변이들이 이롭지도 해롭지도 않은 선택적으로 중립적이라는 사실과 관련이 있다. 물론 많은 새로운 돌연변이는 해롭고 그래서 선택에 의해 빠르게 제거된다. 그러나 나머지 대부분의 돌연변이가 거의 해롭지 않고 적응도에 약간 영향을 끼치거나 전혀 끼치지 않는다면 이런 중립 돌연변이들의 진화율은 사실 시계처럼 규칙적일 것이다. 유전자마다 시계속도가 다른 것은 유전자의 중요도에 따라 다르다. 만일 한 유전자가 지정하는 아미노산의 정확한 서열이 생존에 필수적이라면 대다수 돌연변이는 해로울 것이고 단지 소수만이 중립적일 것이다. 그 결과 이러한 유전자는 매우 천천히 변화한다. 그러나 아미노산 서열의 정확성이 덜 중요하다면 새로운 돌연변이가 해로운 경우는 더 드물 것이고, 더 많은 수가 중립적일 것이다. 이러한 유전자는 빠르게 변화한다.

분자시계의 잠재적인 문제들

사실 분자시계는 관련된 돌연변이가 선택적으로 중립적이라도 기대하는 것처럼 문제없이 작동하는 것은 아니다. 많은 불규칙성은 특정 DNA 변화가 다른 것에 비해 더 선호되는 자연선택의 결과일 가능성이 있다. 사실 제시된 증거에 따르면 두 초파리 종인 *Drosophila simulans*와 *D. yakuba*의 단백질 사이에서 아미노산 차이 중 거의 절반이 중립적이지 않은 자연선택의 결과이다. 그러나 장기간에 걸쳐 자연선택의 방향은 계속 바뀌기 (그래서 평균적으로 일정해지고) 때문에 선택을 겪었더라도 일부 유전자들은 시간 경과에 따른 대략적인 표지로 사용될 수 있다.

또 다른 문제는 연구자들이 분자시계를 화석 기록으로 포괄할 수 있는 시간범위 이전까지 연장시킬 때 발생한다. 일부 화석은 30억 년보다 더 오래된 것이지만 이런 것은 매우 드물다. 풍부한 화석기록은 겨우 약 5억 5,000만 년 정도까지 거슬러 올라간다. 그러나 분자시계는 10억 년 이전에 일어난 진화적 분기의 연대를 추정하는 데에 사용되어 왔다. 이러한 추정은 시간에 따라 이 시계가 일정한 속도로 작동한다고 가정하여 이루어진 것이다. 이러한 추정은 크게 불확실한 것이다.

일부 경우에는 분류군에 따라 상이한 속도로 진화한 유전자들에 대한 자료를 사용해 분자시계를 보정함으로써 이 문제를 피할 수 있다. 다른 경우에는 하나 또는 소수의 유전자를 사용하는 흔한 접근보다는 여러 유전자를 사용함으로 이 문제를 피할 수도 있다. 많은 유전자를 사용하면 오랜 시간에 걸쳐 변화하는 자연선택이나 다른 요인 때문에 생기는 진화 속도의 요동이 평균적으로 일정해질 것이다. 예를 들어, 일군의 연구자들은 논문으로 발표된 658개의 핵 유전자를 이용하여 분자시계를 만들었다. 적용된 시간이 길고(거의 6억 년) 자연선택이 이들 중 일부의 유전자에게 영향을 끼쳤음에도 불구하고 이들의 분기 시간에 대한 추정은 화석에 근거를 둔 추정과 일치하였다. 이 예에서 알 수 있듯이 주의 깊게 사용하면 진화적 관계를 이해하는 데에 분자시계의 도움을 받을 수 있다.

분자시계의 적용: HIV의 기원

연구자들은 사람에게 HIV가 감염되기 시작한 때를 추정하기 위해 분자시계를 이용하였다. 계통발생 분석에 의하면 AIDS의 원인 바이러스인 HIV는 침팬지와 다른 영장류에 감염되는 바이러스에서 유래되었다. (이 바이러스는 사람이 아닌 원래의 숙주에서는 AIDS 같은 질병을 일으키지 않는다.) 언제 HIV가 사람에게 전이되었을까? 이 바이러스가 사람에게 두 번 이상 전파되었기 때문에 간단한 해답은 없다. 이 바이러스의 다양한 변종(유전적 유형)이 여러 차례에 걸친 HIV의 기원을 반영한다. HIV의 유전물질은 RNA여서 다른 RNA 바이러스처럼 빠르게 진화한다.

사람에서 가장 널리 퍼져 있는 변종은 HIV-1 M이다. 최초의 HIV-1 M 감염을 알아내기 위해 연구자들은 1959년의 표본을 포함하여 유행하는 동안 여러 차례 수집한 바이러스 표본을 비교하였다. 유전자 서열을 비교한 결과는 1959년 이래로 이 바이러스가 시계와 같은 방식으로 진화하였음을 보여준다(그림 22.20). 연구자들은 분자시계를 바탕으로 시간을 거슬러 올라가는 외삽법을 활용한 결과, HIV-1 M 변종이 사람에게 처음 전파된 것이

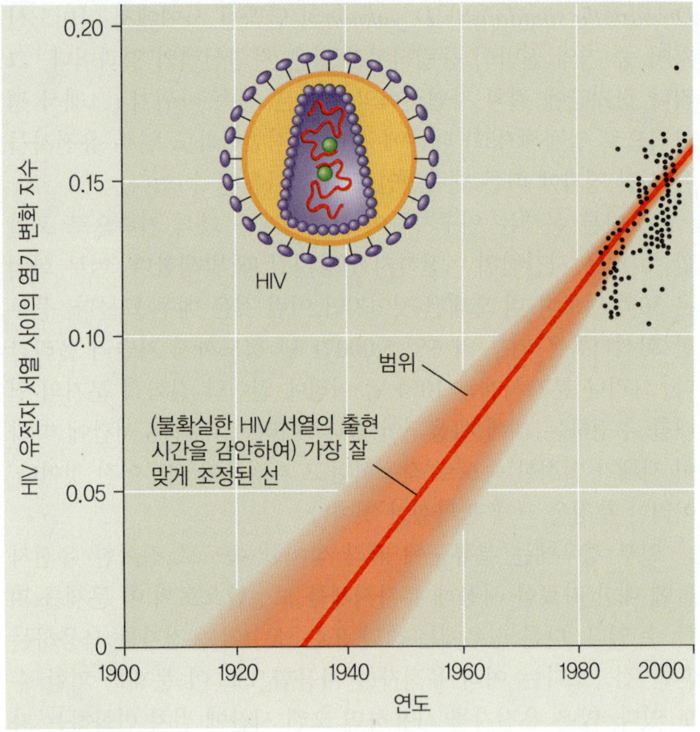

▲ 그림 22.20 **HIV-1 M의 기원 연대 측정하기.** 검은 점들은 여러 환자들의 혈액 표본으로부터 얻은 HIV 유전자의 DNA 염기서열을 토대로 얻은 자료이다. (환자들의 증상이 나타나기 몇 년 전에 바이러스에 노출되기 때문에 각각의 HIV 유전자가 언제 생겼는지는 불확실하다.) 유전자 변화율을 시간을 거슬러 연장하면 이 바이러스는 1930년대에 유래했음을 알 수 있다.

1930년임을 보여주었다. 이 책에서 설명한 것과 같은 더 발전된 분자시계 접근방법을 사용한 이후의 연구에 따르면 HIV-1 M 균주는 1910년 즈음에 최초로 인간에게 전염된 것으로 추정된다.

개념 확인 문제 22.5

1. 분자시계란 무엇인가? 분자시계를 이용하기 위한 가정은 무엇인가?
2. MAKE CONNECTIONS 개념 17.5를 살펴보자. 그리고 생물의 적응도에 영향을 주지 않으면서 어떻게 많은 염기 변화가 DNA에서 일어나는지를 설명하라.
3. WHAT IF? 분자시계에 의해 두 분류군이 8,000만 년 전에 분기하였다고 연대를 추정하였지만, 새로운 화석 증거는 이들 분류군이 최소 1억 2,000만 년 전에 분기했다는 것을 보여준다고 가정하자. 이런 일이 어떻게 일어났는지 설명하라.

정답은 부록 A 참조

개념 22.6

새로운 정보들로 인해 생물 계통수에 대한 이해는 계속 수정된다

그림 22.1의 풀발도마뱀이 뱀이 진화한 계통과는 다른, 다리 없는 도마뱀의 계통에서 진화했다는 발견은 계통분류학이 생명의 다양성을 어떤 방법으로 이해하는지를 보여주는 일례이다. 최근 수십 년 동안 분자계통분류학자들은 DNA 서열자료를 분석함으로써 생물의 계통수에서 최고로 깊이 갈라진 가지에 대해서도 파악하게 되었다.

2계에서 3영역으로

과거에 분류학자들은 알려진 모든 종을 식물과 동물의 두 계로 분류하였다. 많은 생물학자들이 모네라(Monera, 원핵생물), 원생생물(Protista; 대부분 단세포 생물로 구성된 다양한 계), 식물(Plantae), 균(Fungi), 동물(Animalia)의 5계를 인정하게 되면서 1960년대 후반에 이르러 둘 이상의 계가 있는 분류체계가 널리 받아들여졌다. 이 체계는 두 가지의 근본적으로 상이한 세포인 원핵세포와 진핵세포를 강조하였는데 다른 모든 진핵세포들과는 분리시켜 그들만의 계인 모네라에 원핵세포들을 배치하였다.

그러나 유전적 자료에 근거를 둔 계통발생이 이 체계의 근본적인 문제를 드러내기 시작했다: 일부 원핵생물들은 진핵생물과 다른 만큼이나 서로 많이 달랐다. 이런 차이 때문에 생물학자들은 3영역 체계를 채택하게 되었다. 세균(Bacteria), 고세균(Archaea), 진핵생물(Eukarya)의 3영역은 계 수준보다 상위 분류 수준이다. 이들 영역의 타당성은 이제 완전히 서열이 밝혀진 거의 100개의 유전체를 분석한 최근 연구를 포함하여 많은 연구에 의해 확인되었다.

세균영역은 현재까지 알려진 대부분의 원핵생물을 포함하는 반면, 고세균 영역은 매우 다양한 환경에서 서식하는 여러 집단의 원핵생물로 구성된다. 진핵생물 영역은 핵을 지닌 세포가 있는 모든 생물로 구성된다. 이 영역은 다세포인 식물, 균류, 동물뿐 아니라 여러 집단의 단세포 생물을 포함한다. **그림 22.21**은 3영역과 이들이 포괄하는 많은 계통에 대한 개연성이 있는 계통수 중 하나를 보여준다.

3영역 체계는 생명의 역사 중 많은 부분이 단세포 생물에 대한 것임을 강조한다. 두 원핵생물영역은 완전히 단세포 생물로 이루어져 있고 진핵생물영역에도 파란색으로 표시한 육상식물, 균류, 동물 가지에서만 다세포가 우세하다. 분류학자들이 예전에 인정한 5계 중 대부분의 생물학자는 식물계, 균계, 동물계는 지속적으로 인정하지만 모네라계와 원생생물계는 그렇지 않다. 모네라계는 상이한 두 영역으로 구성되어 있어 쓸모없게 되었다. 원생생물계도 와해되었다. 그 이유는 이 계에 다른 원생생물들보

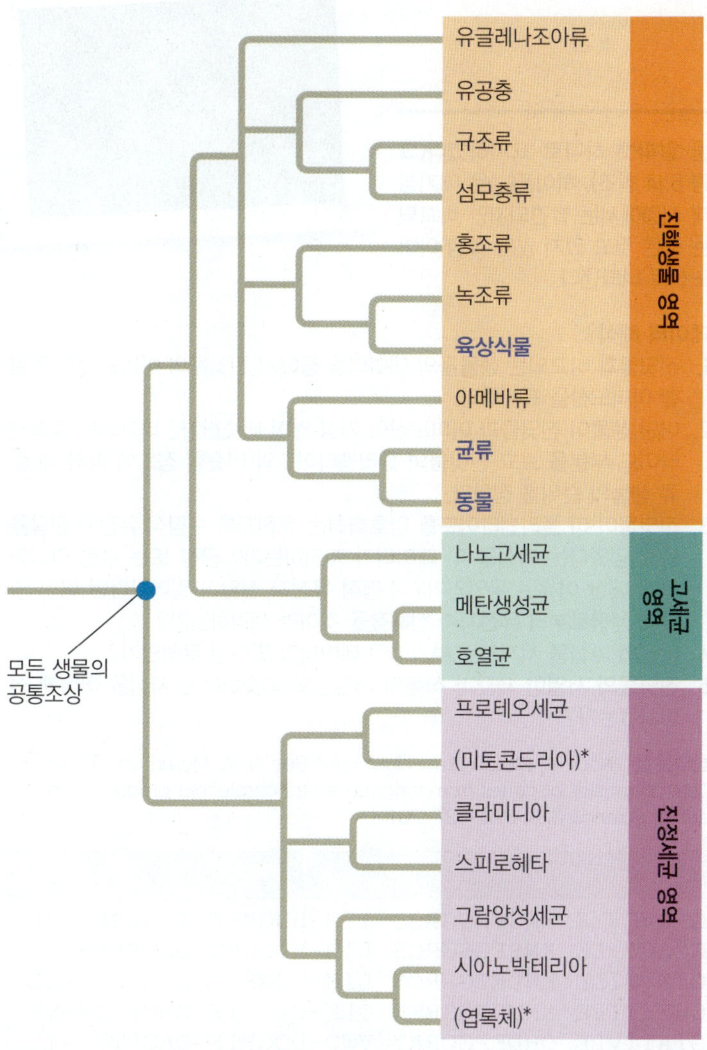

▲ **그림 22.21 생물의 3영역.** 이 계통수는 rRNA와 여타 유전자들의 염기서열에 근거한 것이다. 단순하게 표현하기 위해 각 영역마다 일부 주요 가지만 표현하였다. 진핵생물 계통 중 다세포 생물이 압도적으로 많은 진핵생물(식물, 균류, 동물)은 파란색으로 표시하였다. 별표로 표시한 두 계통은 세포소기관의 DNA에 근거한 것이다. 다른 모든 계통은 모두 또는 주로 단세포 생물로 구성된다.

MAKE CONNECTIONS 내부공생설을 다시 살펴본 후(그림 7.16 참조) 이 계통수에서 미토콘드리아와 엽록체 계통이 차지하는 독특한 위치에 대해서 설명하라.

다 식물, 균류, 또는 동물과 더 가까운 구성원들이 포함되기 때문이다(28장).

수평적 유전자 전달의 중요한 역할

그림 22.21의 계통수에 의하면, 생명의 역사에서 첫 번째 주요한 분기는 세균이 다른 생물로부터 갈라질 때 일어난다. 이 계통수가 옳다면 진핵생물과 고세균은 각각 세균과의 관계보다 서로 더 가까운 관계이다.

계통수의 이러한 구성은 리보솜의 RNA 성분을 암호화하는 rRNA 유전자의 서열 비교에 크게 의존한 것이다. 그러나 다른 유전자들에 따르면 생물들 사이의 관계가 다를 수 있다. 예를 들어 연구자들은 단세포 진핵생물인 효모의 경우, 대사에 영향을 미치는 많은 유전자들이 고세균 영역보다 세균 영역의 유전자들과 더 비슷함을 발견하였다. 이는 이 진핵생물이 고세균보다는 세균과 더 최근에 공통조상을 공유하였음을 제시하는 발견이다.

상이한 유전자들로부터 얻은 자료를 근거로 하여 계통수를 만들었을 때 이렇게 다른 결과가 생기는 이유는 무엇일까? 세 영역으로부터 얻은 완전한 유전체를 비교해 보면 상이한 영역의 생물들 사이에서 유전자들의 상당한 이동이 있었음을 알 수 있다. 이러한 이동은 전이인자와 플라스미드의 교환, 바이러스 감염(26장), 그리고 (숙주와 내부공생생물이 하나의 생물이 될 때처럼) 아마도 생물들의 융합 등의 메커니즘에 의해 한 유전체에서 다른 유전체로 유전자가 전이되는 과정인 **수평적 유전자 전달(horizontal gene transfer)**을 통해 일어났다. 최근의 연구에 따르면 수평적 유전자 전달이 중요하다는 견해는 더욱 강화되었다. 예를 들어 2008년의 한 분석에 따르면 181개의 원핵생물 유전체에서 평균적으로 전체의 약 80%에 해당하는 유전자가 진화과정 중 특정 시점에 종 사이에서 이동했음을 알 수 있다. 계통수는 유전자가 한 세대에서 다음 세대로 수직적으로 전해진다는 가정에 근거하기 때문에 이러한 수평적 전달은 상이한 유전자들을 이용하여 구축한 계통수들이 일치하지 않는 이유를 설명하는 데에 도움이 된다.

수평적 유전자 전달은 진핵생물들 사이에서도 일어날 수 있다. 예를 들어, 사람과 기타 영장류, 식물, 조류, 그리고 그림 22.22의 도마뱀붙이 등을 포함한 진핵생물에서 트랜스포존의 수

▼ **그림 22.22 전달된 유전자를 받은 동물: 지중해 집 도마뱀붙이(*Hemidactylus turcicus*).** 최근의 유전자 증거에 따르면 이 도마뱀붙이는 수평적 유전자 전달로 *SPIN* 트랜스포존을 얻게 된 17종의 파충류 중 하나이다. 이 트랜스포존은 흡혈곤충의 섭식활동에 의해 한 종에서 다른 종으로 전달된 것으로 보인다.

과학적 분석 기술의 연습

진화가설을 시험하기 위해 단백질 서열 이용하기

진딧물이 수평적 유전자 전달을 통해 카로티노이드를 만드는 능력을 얻었는가? 카로티노이드는 색깔이 있는 분자로 식물의 광합성, 동물의 빛 감지 등과 같이 많은 생물에서 다양한 기능을 한다. 식물과 많은 미생물들은 스스로 카로티노이드를 합성하지만 동물들은 보통 합성하지 못한다(이들은 먹이를 통해 카로티노이드를 얻어야 한다). 예외는 완두진딧물인 *Acyrthosiphon pisum*으로 식물에 서식하는 작은 곤충인데 카로티노이드를 만드는 데에 필요한 효소 유전자 모두를 가지고 있다. 다른 동물들이 이러한 유전자들을 갖고 있지 않기 때문에 진딧물이 미생물, 식물과 공유한 단세포 공통조상으로부터 이 유전자들을 물려받은 것은 아닌 것 같다. 그렇다면 이 유전자들은 어디에서 온 것일까? 진화생물학자들은 진딧물 조상이 먼 연관관계인 생물로부터 이 유전자들을 수평적 유전자 전달을 통해 얻었을 것이라는 가설을 세웠다.

실험 방법 과학자들은 진딧물류, 균류, 세균들, 식물들을 포함하는 여러 종들이 지닌 카로티노이드 합성 유전자들의 DNA 서열을 얻었다. 컴퓨터를 이용해 이 서열들을 암호화된 폴리펩타이드의 아미노산으로 "번역"하였고 이 아미노산 서열들을 배열하였다. 이로 인해 연구팀은 상이한 생물들의 상응하는 폴리펩타이드를 비교할 수 있게 되었다.

실험 데이터 아래의 서열은 식물인 애기장대(*Arabidopsis thaliana*, 맨 아래)와 식물이 아닌 종들의 상응하는 아미노산들인데 카로티노이드 합성 효소 중 한 폴리펩타이드의 첫 번째 60 아미노산을 보여준다. 여기서는 아미노산을 알파벳 하나로 표시하였다(그림 5.14 참조). 하이픈(–)은 애기장대 서열에서는 발견되지만 비교되는 종은 갖고 있지 않은 특정 아미노산을 나타낸다.

데이터 해석

1. 진딧물과 비교되는 생물들의 데이터들 중에서 진딧물의 아미노산과 동일한 아미노산을 표시하라.
2. 어떤 생물이 진딧물과 아미노산이 가장 많이 비슷한가? 비교되는 폴리펩타이드 부분을 보고 진딧물의 폴리펩타이드와 비슷한 정도에 따라 네 종류 생물의 순위를 정하라.
3. 진딧물이 이 폴리펩타이드를 암호화하는 유전자를 수평적 유전자 전달을 통해 얻었다는 가설을 이 데이터가 지지하는가? 긍정 또는 부정 각각의 답에 대한 이유는 무엇인가? 수평적 유전자 전달이 일어났다면 어떤 종류의 생물로부터 유전자가 전해졌을 것이라 생각하는가?
4. 당신의 가설을 지지하는 부가적인 데이터가 있다면 무엇인가?
5. 진딧물의 서열이 세균과 식물의 서열들과 비슷하다는 사실을 어떻게 설명하겠는가?

참고문헌 Nacy A. Moran, Yale University. See N. A. Moran and T. Jarvik, Lateral transfer of genes from fungi underlies carotenoid production in aphid, *Science* 328: 624–627 (2010)

생물 종류	아미노산 서열 배열
Acythosiphon (진딧물)	IKIIIIGSGV GGTAAAARLS KKGFQVEVYE KNSYNGGRCS IIR-HNGHRF DQGPSL--YL
Ustilago (균류)	KKVVIIGAGA GGTALAARLG RRGYSVTVLE KNSFGGGRCS LIH-HDGHRW DQGPSL--YL
Gibberella (균류)	KSVIVIGAGV GGVSTAARLA KAGFKVTILE KNDFTGGRCS LIH-NDGHRF DQGPSL--LL
Staphylococcus (세균)	MKIAVIGAGV TGLAAAARIA SQGHEVTIFE KNNNVGGRMN QLK-KDGFTF DMGPTI--VM
Pantoea (세균)	KRTFVIGAGF GGLALAIRLQ AAGIATTVLE QHDKPGGRAY VWQ-DQGFTF DAGPTV--IT
Arabidopsis (식물)	WDAVVIGGGH NGLTAAAYLA RGGLSVAVLE RRHVIGGAAV TEEIVPGFKF SRCSYLQGLL

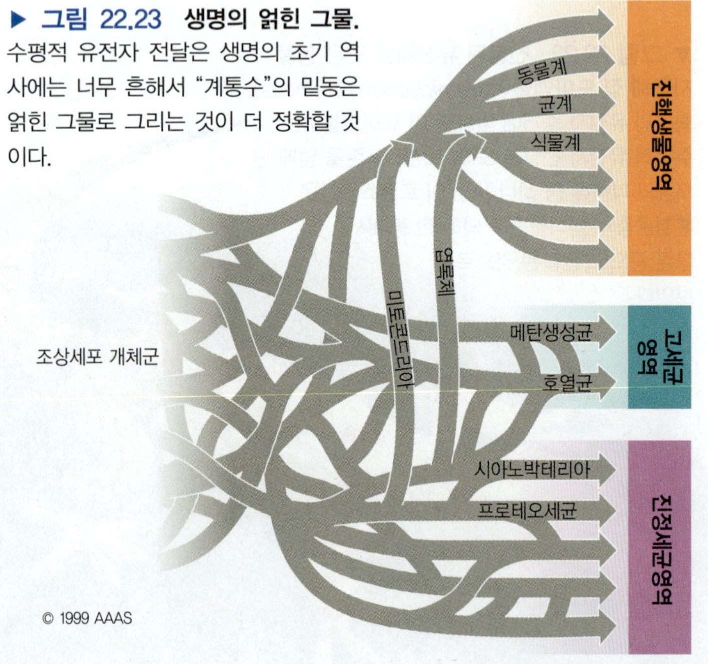

▶ **그림 22.23 생명의 얽힌 그물.** 수평적 유전자 전달은 생명의 초기 역사에는 너무 흔해서 "계통수"의 밑동은 얽힌 그물로 그리는 것이 더 정확할 것이다.

평적 유전자 전달에 대한 200개 이상의 사례가 보고되었다. 핵에 있는 유전자들도 한 진핵생물에서 다른 진핵생물로의 수평적인 이동이 일어났다. **과학적 분석 기술의 연습**은 다른 종의 생물로부터 진딧물로의 색소 유전자 전달에 대한 자료를 해석할 기회를 제공해준다.

수평적 유전자 전달은 생명진화의 역사를 관통하여 핵심적인 역할을 하였고 현재에도 일어나고 있다. 일부 생물학자들은 수평적 유전자 전달이 너무 흔해서 생명의 초기 역사는 그림 22.21처럼 이분법적으로 가지 치는 계통수가 아니라 가지가 연결되어 얽힌 그물로서 표현되어야 한다고 주장해 왔다(**그림 22.23**). 과학자들이 생명 역사의 초기단계가 나무 모양인지 또는 얽힌 그물인지에 대한 논란을 계속하고 있지만 최근 수십 년 동안 시간이 흐르면서 일어난 진화적 사건에 대한 흥미 있는 많은 발견이 이루어져 왔다. 우리는 이 단원의 나머지 장들에서 소진화를 시작으로 하여 이러한 일들의 근저를 이루는 메커니즘을 살펴볼 것이다.

개념 확인 문제 22.6

1. 왜 모네라계가 더 이상 타당한 분류군으로 간주되지 않는가?
2. 다른 유전자에 근거를 둔 계통발생이 생물의 범계통수에 대해 다른 분기 양상을 보여주는 이유를 설명하라.
3. WHAT IF? 세균영역, 고세균영역, 진핵생물영역의 진화 관계를 나타내는데 이분법으로 분기하는 계통수로 가능한 세 가지를 그려라. 이들 중 두 가지는 유전적 자료에 의해 지지된다. 나머지 세 번째 계통수도 그런 지지를 받을 가능성이 있는가? 이유를 설명하라.

정답은 부록 A 참조

22 장 복습

핵심 개념의 요약

개념 22.1

계통발생은 진화적 관계를 보여준다

- 린네의 **이명법(binomial)** 체계에 따라 생물은 **속(genus)**과 종소명의 두 요소로 된 이름을 가진다.
- 린네 체계 내에서 종은 점점 더 큰 분류군으로 묶이게 된다. 가까운 속들을 같은 과에, 과들은 목에, 목들은 강에, 강들은 문에, 문들은 계에, 그리고(더 최근에는) 계들은 영역 내에 위치한다.
- 계통분류학자는 진화 관계를 분기하는 **계통수(phylogenetic trees)**로 설명한다. 많은 계통분류학자들은 분류가 전적으로 진화 관계에 기초하여야 한다고 주장한다.

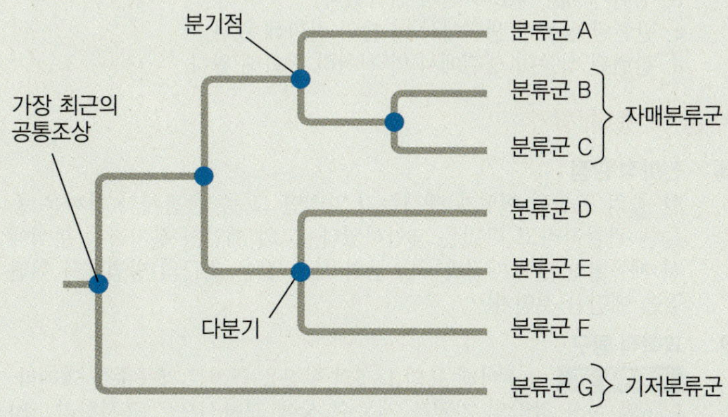

- 가지 길이가 시간이나 유전적 변화에 비례하지 않는 한, 계통발생은 혈통의 양상만을 표시한다.
- 진화의 역사로부터 종에 대한 많은 정보를 알 수 있다. 따라서 계통발생은 폭넓은 분야의 적용에 유용하다.

? 사람과 침팬지는 자매종이다. 이는 무엇을 의미하는가?

개념 22.2

계통발생은 형태와 분자 자료에서 추론된다

- 매우 비슷한 형태나 DNA 서열을 가진 생물들은 매우 다른 구조나 유전자 서열을 가진 생물들보다 더 가까운 관계에 있을 가능성이 크다.
- 계통발생을 추론하려면 **상사(analogy**; 수렴진화 때문에 생긴 유사성) 로부터 **상동(homology**; 공유하는 조상 때문에 생긴 유사성)을 구분하여야 한다.
- 오래 전에 분기한 분류군 사이에 대응되는 핵산 서열을 정렬하고 분자 수준의 상동을 우연한 일치와 구분하기 위해 컴퓨터 프로그램이 이용된다.

? 계통발생을 추론하는 데에 상동과 상사를 구분하는 것이 왜 필요한가?

개념 22.3

공유 형질은 계통수를 구성하기 위해 이용된다

- 하나의 **분기군(clade)**은 조상종과 그 종의 후손 종들 모두를 포함하는 단원적인 집단이다.
- 분기군은 **공유 파생 형질(shared derived characters)**에 의해 구별된다.

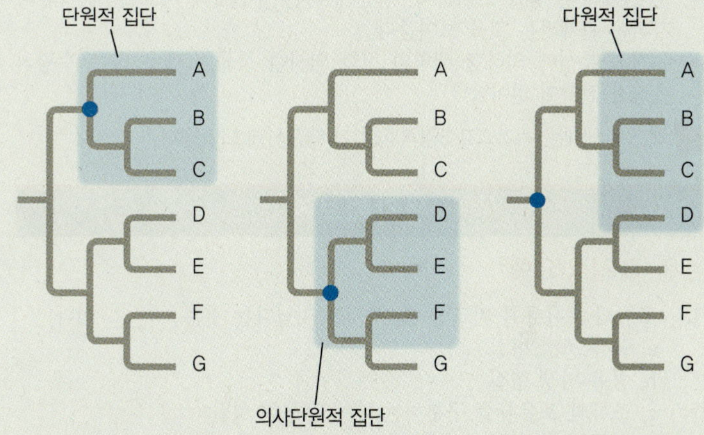

- 계통발생 중 가장 단순한 계통수는 가장 적은 수의 진화적 변화가 요구되는 계통수이다. 가장 개연성이 큰 계통수는 가장 일어날 가능성이 큰 변화의 양상에 근거를 둔 계통수이다.
- 지지를 많이 받는 계통발생 가설은 다양한 범위의 자료와 부합한다.

? 계통발생을 추론하는 데에 필요한 논리를 공유파생형질을 사용하여 설명하라.

개념 22.4

생물 진화의 역사는 유전체에 기록되어 있다

- **병렬상동 유전자(orthologous gene)**는 종분화 결과, 상이한 종에서 발견되는 상동유전자이다. **직렬상동 유전자(paralogous genes)**는 한 종 내에서 중복을 통해 만들어지는 상동 유전자이다. 이러한 유전자들은 분기될 수 있고 종종 새로운 기능이 추가될 가능성이 있다.

- 관계가 먼 종들이 많은 병렬상동 유전자를 가질 수도 있다. 다양하게 복잡한 생물들에 있는 유전자 수에 변화가 적다는 것은 유전자들이 다재다능하고 다수의 기능을 수행할 수 있다는 것을 뜻한다.

? 계통발생을 구성할 때 병렬상동과 직렬상동 중 어떤 유전자를 사용하는 것이 더 적당한가? 설명해 보자.

개념 22.5

분자시계를 통해 진화 시간을 추적할 수 있다

- DNA의 일부 부위에서 염기서열이 매우 일정한 속도로 변하면 **분자시계(molecular clock)**로서 작용할 수 있다. 분자시계에서 유전적 변화의 정도는 과거 진화적 사건이 일어난 시간을 추산하는 데에 사용된다. 다른 DNA 부위들은 더 예측하기 어렵게 변화한다.
- 분자시계 분석에 의하면 HIV의 가장 흔한 변종이 1900년대 초기에 영장류에서 사람에게 옮겨졌다.

? 분자시계를 정의하는 데에 필요한 몇몇 가정과 분자시계의 한계를 기술하라.

개념 22.6

새로운 정보들로 인해 생물 계통수에 대한 이해는 계속 수정된다

- 과거 분류 체계는 계통수에 대한 현재의 견해에 자리를 양보하였다. 현재 계통수는 세균영역, 고세균영역 및 진핵생물영역의 **3영역(domains)**으로 구성된다.
- rRNA 유전자에 기초한 계통발생은 진핵생물이 고세균과 가장 가까운 관계라는 것을 보여준다. 반면에 다른 유전자의 자료는 세균과 더 가까운 관계라는 것을 보여준다.
- 유전적 분석에 의하면 생명의 진화 역사를 통틀어 매우 많은 수평적 유전자 전달이 일어났다.

? 왜 5계 체계는 폐기되고 3영역 체계가 대신하게 되었을까?

생각해보자

수준 1: 지식/이해

1. 조류와 포유류를 비교할 때, 사지를 지닌다는 것은 ______ 이다.
   a. 공유 조상 형질
   b. 공유 파생 형질
   c. 조류와 포유류를 구분하는 데에 유용한 형질
   d. 상동이 아닌 상사의 한 예
2. 계통수를 만드는 데에 단순성을 적용하려면
   a. 모든 진화적 변화가 동일한 개연성을 지닐 것으로 가정하는 계통수를 선택한다.
   b. 분기점이 가능한 한 많은 공유 파생 형질에 근거한 계통수를 선택한다.
   c. DNA 서열이나 형태 모두에서 가장 적은 진화적 변화를 나타내는 계통수를 고른다.
   d. 분기점이 가장 적은 나무를 고른다.

수준 2: 응용/분석

3. 그림 22.4에서 Canidae와 동일한 공통조상에 유래하여 비슷한 정도로 포괄적인 분류군은?
   a. Felidae　　b. Mustelidae
   c. Carnivora　　d. Lutra
4. 3개의 현존하는 종 X, Y, Z는 멸종한 종 U와 V처럼 공통조상 T를 공유한다. U와 V 모두를 제외하고 T, X, Y, Z로 구성된 집단이 형성하는 것은
   a. 단원적 분류군
   b. 외부군으로 U를 지닌 내부군
   c. 의사단원적 집단
   d. 다원적 집단
5. 아래의 계통수에 관해서 옳지 않은 설명은?

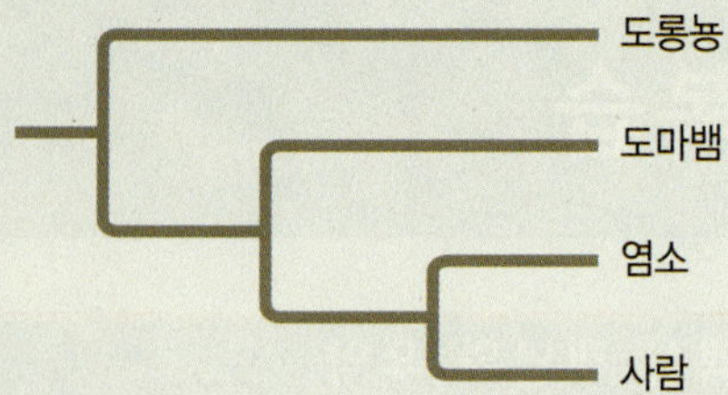

   a. 도롱뇽 계통은 기저 분류군이다.
   b. 도롱뇽은 도마뱀, 염소, 사람을 포함하는 집단에 자매인 집단이다.
   c. 도롱뇽은 사람과 가까운 정도만큼 염소와도 가깝다.
   d. 도마뱀은 사람보다 도롱뇽에 더 가깝다.
6. 고양이 계통의 동물들을 포함하는 계통수를 분기학을 이용하여 구축하려 한다. 다음 중 외부군으로 가장 좋은 것은?
   a. 늑대　　b. 집고양이
   c. 사자　　d. 표범
7. 그림 22.13의 계통도에서 개구리와 생쥐 가지의 상대적 길이로 알 수 있는 것은?
   a. 개구리가 생쥐보다 먼저 진화했다.
   b. 생쥐가 개구리보다 먼저 진화했다.
   c. 관련된 상동이 생쥐에서 더 빨리 진화해 왔다.
   d. 관련된 상동이 생쥐에서 더 천천히 진화해 왔다.

수준 3: 종합/평가

8. **진화적 관점**
   한 종의 조상이 어떻게 생겼는지 알려면 그 종과 관계가 가까운 종들을 관찰하라고 다윈은 제안하였다. 그의 제안이 분기학적 분석에서 계통발생 괄호매김과 외부군의 사용 같은 최근의 방법에서 어떤 점을 예견한 것인가?
9. **과학적 탐구**
   DRAW IT (a) 아래 표의 1~5의 형질을 근거로 계통수를 그려라. 1~6의 형질 각각의 기원을 계통수 상에 교차선으로 표시하라. (b) 참치와 돌고래가 자매종이라고 가정하고 그에 적절하게 계통발생을 다시 그려라. 여섯 형질 각각의 기원을 계통수 상에 교차선으로 표시하라. (c) 각 계통수에서 얼마나 많은 진화적 변화가 필요한가? 어느 계통수가 가장 단순한가?

형질	창고기 (외부군)	칠성장어	참치	도롱뇽	거북	표범	돌고래
(1) 척추	0	1	1	1	1	1	1
(2) 관절턱	0	0	1	1	1	1	1
(3) 사지	0	0	0	1	1	1	1*
(4) 양막	0	0	0	0	1	1	1
(5) 젖	0	0	0	0	0	1	1
(6) 등지느러미	0	0	1	0	0	0	1

* 성체 돌고래는 뚜렷한 사지(지느러미)는 두 개를 가지지만 배아 때에는 두 개의 뒤쪽 사지싹을 포함하여 4개의 사지를 가진다.

10. 글쓰기: 정보

짧은 글(100~150 단어)을 작성해서—변형혈통 과정에 대한 이해와 함께—유전정보를 이용하여 과학자들이 시간을 거슬러 수억 년을 연장하여 어떻게 계통발생을 재구성할 수 있는지 설명하라.

11. 종합적으로 생각해보기

이 서인도 매너티(*Trichechus manatus*)는 수생 포유류이다. 양서류와 파충류처럼 포유류는 4개의 다리를 가진 사지류이다. 뒷다리가 없음에도 불구하고 매너티가 사지류로 간주되는 이유를 설명하고 매너티가 표범과 다른 포유류(그림 22.12b 참조)와 공유할 것으로 보이는 형질을 제시하라. 매너티 혈통의 초기 구성원들은 현재의 매너티와 어떻게 다를까?

정답은 부록 A 참조

23

소진화

핵심 개념

23.1 유전적 변이는 진화를 가능하게 한다

23.2 하디-바인베르크 방정식은 집단이 진화하고 있는지 시험해 보는 데 사용될 수 있다

23.3 자연선택, 유전적 부동, 유전자 흐름은 한 집단의 대립유전자 빈도를 바꿀 수 있다

23.4 자연선택만이 적응 진화를 일관되게 일으키는 유일한 기작이다

▲ **그림 23.1** 이 핀치는 진화하고 있는 중일까?

진화의 최소 단위

진화에 관한 흔한 오해는 어느 한 생물 개체가 진화를 한다고 생각하는 것이다. 자연선택이 개체에 작용하는 것은 사실이다. 각 개체가 가진 형질들은 다른 개체들의 형질들과 비교되는 방식으로 그 개체의 생존 및 번식 성공도에 영향을 준다. 그러나 자연선택이 진화에 끼치는 영향은 오랜 시간을 두고 **생물 집단**(개체군, population) 안에서 일어나는 변화에서 명백히 드러난다.

갈라파고스 군도에 사는 식물의 씨앗을 먹이로 삼는 중간 크기의 땅핀치(*Geospiza fortis*)를 살펴보자(**그림 23.1**). 1977년, 다프네 메이저 섬에 사는 이 핀치 새는 오랜 가뭄으로 많은 수가 죽었다. 약 1,200여 마리 가운데 겨우 180마리만 살아남았다. 연구자 피터 그랜트와 로즈메리 그랜트(Peter and Rosemary Grant)는 가뭄 기간에 작고 부드러운 씨앗들이 줄어든 사실도 관찰했다. 그 결과 대부분 핀치들은 주변에 더 풍부한 크고 딱딱한 씨앗들을 먹고 살았다. 크고 두꺼운 부리를 가진 새들은 큰 씨앗들을 쪼갤 수가 있었고 이로 인하여 작은 부리를 가진 새들에 비해서 높은 비율로 생존할 수 있었다. 이 새들의 부리 크기는 유전되는 형질이기 때문에 그 다음 세대에서 부리 크기의 평균은 가뭄 이전 세대에 비해 더 커졌다(**그림 23.2**). 이 핀치 집단은 자연선택에 의해 진화하였다. 그러나 개개(individual)의 핀치들은 진화하지 않았다. 각각의 새

▶ **그림 23.2 먹이자원에 의한 선택의 증거.** 이 자료는 1977년 가뭄 전후 각 세대에서 부화한 중간 크기 땅핀치 성체들로부터 측정된 부리 깊이를 나타낸다. 한 세대 동안 자연선택은 그 집단의 평균 부리 크기를 크게 만들었다.

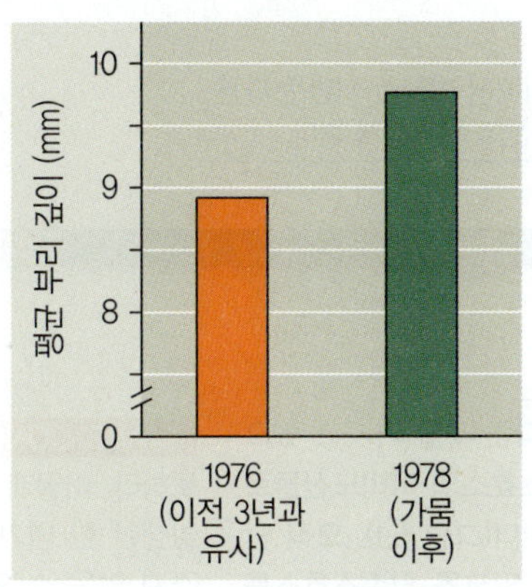

▲ **그림 23.3 말들의 표현형 변이.** 말의 가죽 색깔은 연속적인 변이를 보여주며 여러 유전자들의 영향을 받는다.

들은 특정 크기의 부리를 가졌을 뿐이고, 가뭄기간 동안 그들의 부리가 더 자란 것은 아니었다. 그보다는 집단 내 큰 부리를 가지는 개체들의 비율이 세대를 거치면서 증가했다. 그 집단이 진화한 것이지 집단에 속하는 구성원 개체들이 진화한 것은 아니었다.

집단에서의 진화적 변화에 초점을 맞추면, 우리는 **소진화(microevolution)**라고 불리는 가장 작은 크기의 진화를, 집단 내에서 여러 세대에 거쳐 나타나는 대립유전자 빈도에서의 변화로 정의할 수 있다. 이번 장에서 살펴볼 것인데, 자연선택만이 소진화의 유일한 원인은 아니다. 사실 대립유전자 빈도의 변화를 일으키는 세 가지 주요한 방식들이 있다. 자연선택, 유전적 부동(대립유전자 빈도를 바꾸는 우연적 사건들), 그리고 유전자 흐름(집단들 간의 대립유전자 이동)이 그것이다. 이 방식들 각각은 집단의 유전적 구성에 뚜렷한 효과를 나타낸다. 그러나 자연선택만이 생물체와 그것이 놓여 있는 환경 간의 조화(적응)를 일관되게 향상시킨다. 자연선택과 적응에 대해 자세히 살펴보기 전에 먼저 집단 내에서 이 과정들의 전제 조건인 유전적 변이를 다시 논의해 보자.

개념 23.1

유전적 변이는 진화를 가능하게 한다

「종의 기원(*The Origin of Species*)」에서 다윈은 지구상의 생명체들이 시간이 지나면서 진화했다는 많은 증거들을 제공하였다. 그리고 그는 변화의 주요 기작으로 자연선택을 제안하였다. 그는 개체들 간 유전된 형질들이 다르며 선택이 그러한 차이들에 작용하여 진화적인 변화를 낳는다는 것을 관찰하였다. 다윈은 유전 형질들의 변이가 진화의 전제 조건이라는 것을 깨달았음에도 불구하고, 생물들이 유전되는 형질들을 그들의 자손에게 어떻게 전달하는지에 대해서는 정확히 알 수 없었다.

다윈이 종의 기원을 출판한 후 몇 해가 지나지 않아서, 멘델(Gregor Mendel)은 완두콩 식물의 유전에 관한 창시적인 논문을 썼다(14장). 멘델은 이 논문에서 생물들이 분리된 유전 단위들(오늘날 유전자로 불림)을 자손에게 전달한다는 내용의 유전모델을 제안하였다. 다윈은 유전자에 대해 알지 못했지만, 멘델의 논문은 진화의 기반이 되는 유전적 차이들을 알아나가는 데 필요한 길을 열어주었다. 여기서 우리는 유전적 차이들과 그것들이 어떻게 생성되는지를 조사할 것이다.

유전적 변이

한 종 내에서 개체들은 특정 형질들에 있어서 변이를 나타낸다. 여러분은 사람들 가운데 얼굴모양, 키, 목소리에서 나타나는 표현형 변이를 쉽게 관찰할 수 있다. 실제로 개체 변이는 모든 종들에서 나타난다. 그리고 우리는 개인의 외모에서 그 사람의 혈액형(A, B, AB, 또는 O)을 알아낼 수는 없지만, 이것과 그리고 다른 많은 분자적 형질들 또한 개인들 간에 많은 변이를 보여준다.

그러한 표현형 변이는 유전자나 그 외 다른 DNA 서열들 구성에서 개체들 간 차이인 **유전적 변이(genetic variation)**를 반영한다. 일부 유전되는 표현형 차이는 멘델의 완두콩 꽃 색깔처럼 이것 아니면 저것이라는 방식으로 발생한다: 각 식물의 꽃은 보라색 아니면 하얀색이다(그림 14.3). 이런 방식으로 변이를 보이는 형질들은 일반적으로 상호 구분된 표현형들을 낳는 단일 유전자 좌위상의 서로 다른 대립유전자들에 의해서 결정된다. 이와는 대조적으로, 또 다른 표현형 차이들은 연속된 구간에서 점진적인 변이를 보여준다. 이와 같은 변이는 대개 단일 표현 형질에 둘 이상의 유전자들이 영향을 주어 발생한다. 사실 많은 표현형적 형질들은 다수의 유전자들로부터 영향을 받는데, 말들의 가죽색깔(**그림 23.2**), 옥수수의 낟알수, 그리고 사람의 키가 여기에 포함된다.

개체들 간 유전자들 그리고 DNA 서열들 사이에는 얼마나 많은 변이가 존재할까? 전체 유전자 수준에서 유전적 변이(유전자 변이성, gene variability)는 이형접합성인 유전자 좌위들의 평균 백분율로 정량화될 수 있다. (이형접합성 개체들은 주어진 유전자 좌위에 두 개의 서로 다른 대립유전자들을 가지고 있고 반면에 동형접합성 개체들은 동일한 두 개의 대립유전자를 갖는다

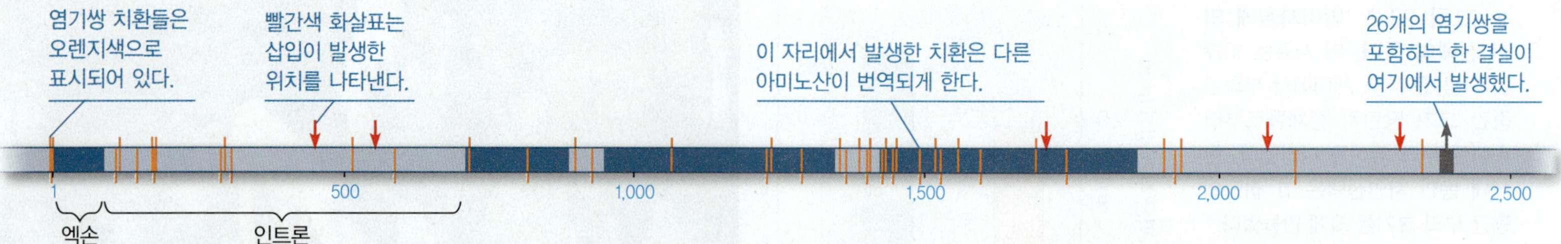

▲ **그림 23.4 분자수준에서 나타나는 대량의 유전적 변이.** 이 그림은 여러 노랑초파리(*Drosophila melanogaster*)들의 알코올 탈수소효소(*Adh*) 유전자 DNA 서열을 비교한 자료를 요약하고 있다. *Adh* 유전자는 인트론들(옅은 파란색)에 의해 분리된 네 개의 엑손들(진한 파란색)을 가지고 있으며, 이 엑손들은 알코올 탈수소효소의 아미노산들로 번역되는 암호부위들을 포함한다(그림 5.1). 오직 단 하나의 치환만이 다른 형태의 알코올 탈수소효소를 만드는 표현형 효과를 가지고 있다.

MAKE CONNECTIONS 그림 17.5와 17.10을 검토하라. 어떻게 *Adh* 유전자 좌위의 암호부위 내에서 발생한 한 염기쌍 치환이 아미노산 서열에는 영향을 주지 않을 수 있는지 설명하라. 그리고 한 엑손에서 발생한 삽입 돌연변이가 최종적으로 합성된 단백질에는 영향을 주지 않을 수 있는지도 설명하라.

는 사실을 기억하라.) 한 가지 사례로, 노랑초파리(*Drosophila melanogaster*)는 평균적으로 13,700개의 유전자 좌위 가운데 약 1,920개의 좌위(14%)가 이형접합성이고 나머지 좌위에서는 동형접합성이다.

상당한 양의 유전적 변이는 DNA 분자 수준에서 측정될 수 있다(뉴클레오타이드 변이성, nucleotide variability). 그러나 이들 변이의 소수만이 표현형 변이를 만들어낸다. 그 이유는 많은 차이들이 RNA 처리후 mRNA에 포함되는 엑손(exon)들 사이에 있는 비암호화 부위인 인트론에서 생기기 때문이다(그림 17.11). 그리고 엑손 내에서 생긴 변이들 가운데 대부분은 그 유전자들에 의해 암호되는 단백질의 아미노산 서열에 변화를 가져오지 못한다. 예를 들어 **그림 23.4**의 서열들 비교를 보면, 염기쌍 변이(치환이 일어난 곳)를 가진 43개의 뉴클레오타이드 자리들과 더불어 삽입과 결실이 생긴 몇몇 자리들이 존재한다. 비록 18개의 변이 자리들이 *Adh* 유전자의 네 개의 엑손들에서 발생하지만, 이들 중 오직 단 하나(1,490 자리에서)만이 아미노산 변화를 일으킨다. 그러나 이 단일 변이 자리는 유전자 수준에서 유전적 변이를 일으키기에 충분하다는 것을 주목하라—그래서 두 가지 다른 형태의 *Adh* 효소가 만들어진다.

일부 표현형 변이는 개체들 간의 유전적 차이들로부터 발생하지 않는다는 것을 명심하는 것이 중요하다(**그림 23.5**는 미국 남서부에 서식하는 한 애벌레의 놀랄만한 사례를 보여준다). 표현형은 유전되는 한 유전자형과 많은 환경 영향들의 산물이다(개념 14.3). 사람의 경우 육체미 선수들은 그들의 표현형들을 드라마틱하게 바꾸었지만, 자신들의 거대한 근육을 다음 세대에 전달하지는 않는다. 일반적으로 오로지 표현형 변이의 유전적 요소만이 진화적 결과를 초래할 수 있다. 이와 같이 유전적 변이는 진화적 변화의 원재료를 제공한다. 유전적 변이 없이는 진화는 일어날 수 없다.

유전적 변이의 원천

진화가 의존하는 유전적 변이는 돌연변이, 유전자 중복, 그 외 다른 과정들이 새로운 대립유전자들이나 유전자들을 만들어낼 때 비롯된다. 짧은 세대 시간들을 갖는 생물들에서는 유전적 변이들이 빠르게 생길 수 있다. 유성생식 또한 기존 유전자들을 새로운 방식으로 배열하기 때문에 유전적 변이를 낳을 수 있다.

새 대립유전자들의 형성

새로운 대립유전자들은 한 생물의 DNA 뉴클레오타이드 염기서열 변화인 돌연변이(mutation)에 의해 발생할 수 있다. 돌연변이는 어둠 속에서 총을 쏘는 것과 같은데, DNA의 어떤 부위가 변경될지 혹은 어떻게 일어날지 정확히 예측할 수 없다. 다세포 생물에서는 배우자를 생산하는 생식세포에서 일어난 돌연변이만이 자손에게 전달될 수 있다. 식물들과 곰팡이류에서는 이러한

▲ **그림 23.5 유전되지 않는 변이.** 나방(*Nemoria arizonaria*)의 애벌레들이 나타내는 서로 다른 겉모습은 먹이에 들어 있는 화합물에 따른 것이지 그들의 유전자형 차이에 의한 것은 아니다. **(a)** 참나무 꽃 위에서 꽃을 먹고 자란 애벌레들은 참나무 꽃들을 닮았고, **(b)** 참나무 잎에서 잎을 먹고 자란 형제자매의 애벌레들은 참나무의 가는 가지를 닮았다.

점은 제약이 될 수 없는데, 왜냐하면 다른 많은 세포 계열들이 배우자를 만들 수 있기 때문이다. 그러나 동물의 경우 대부분의 돌연변이들은 체세포에서 발생하며 자손에게 전달되지 않는다.

낫모양적혈구병에서 보이듯이(그림 17.25) 유전자의 염기 하나에서 일어나는 아주 작은 변화—"점돌연변이(point mutation)"—도 표현형에 중대한 영향을 줄 수 있다. 생물들은 과거에 있었던 수천 세대에 걸친 선택을 반영한다. 그러므로 그들의 표현형은 그들의 환경과 잘 어울리는 경향이 있다. 그 결과 표현형을 변화시키는 대부분의 새로운 돌연변이들은 적어도 약간은 해롭다. 일부 경우에 자연선택은 그와 같은 해로운 대립유전자들을 재빨리 제거한다. 그러나 이배체 생물들에서 열성의 해로운 대립유전자들은 선택으로부터 숨을 수 있다. 사실 해로운 열성 대립유전자는 이형접합성 개체들(그 대립유전자의 해로운 효과는 우성의 선호되는 대립유전자 때문에 감춰진다)을 통해 수세대 동안 지속될 수 있다. 이처럼 "이형접합자 보호"는 선택 조건상 선호되지 않지만 만약 환경이 변하면 이로울 수 있는 대립유전자들을 가진 거대한 풀을 유지한다.

많은 돌연변이들이 해롭지만, 다른 많은 돌연변이들은 그렇지 않다. 진핵생물 유전체의 상당히 많은 DNA 부위들이 단백질을 암호화하고 있지 않다는 것을 기억하라(그림 20.6). 이 부위에서의 점돌연변이들은 일반적으로 선택적 이득이나 불이익을 주지 않는 DNA 서열의 차이들인 **중립적 변이(neutral variation)**가 된다. 유전암호의 중복성(redundancy) 역시 중립적 변이의 또 다른 원인이다: 심지어 단백질 유전자에서 발생한 점돌연변이도 아미노산 구성이 바뀌지 않을 때에는 단백질의 기능에 아무런 영향을 주지 않을 것이다. 그리고 아미노산 변화가 있더라도 그것이 단백질 구조와 기능에 영향을 주지 않을 수도 있다. 끝으로 이번 장의 뒷부분에서 볼 테지만, 아주 드문 경우에 돌연변이 대립유전자는 그것을 가진 개체가 환경에 더 적합하게 하여 생식 성공을 높일 수도 있다.

유전자 수 또는 유전자 위치 변경

유전자 좌위를 소실시키거나, 파괴하거나, 자리를 재배열시키는 여러 가지 염색체 변화들은 대개 해롭다. 그러나 그렇게 큰 규모에서 일어난 변화들이 유전자를 원래 상태 그대로 남겨둘 경우에는, 그 돌연변이들은 그 생물의 표현형에 영향을 주지 않을 수 있다. 염색체 재배열은 아주 드문 경우 심지어 이로울 수도 있다. 예를 들어, 염색체의 일부를 다른 염색체로 옮기는 전좌는 긍정적 효과가 생기게 하는 방식으로 유전자들을 연결시킬 수도 있다.

한 가지 핵심적인 변이의 원천은 감수분열 시 생기는 실수(불균등 교차의 예), DNA 복제 시 생기는 미끄러짐, 또는 전이인자의 활성(개념 20.5) 등에 의한 유전자 중복이다. 염색체의 큰 일부분이 중복되는 경우는 다른 염색체 이상과 같이 종종 해롭지만, DNA의 작은 조각이 중복되는 경우는 그렇지 않을 수 있다. 만약 이러한 중복된 조각이 심각한 효과를 나타내지 않는다면, 이 부위에 새로운 돌연변이들이 더 생기면서 오랜 세대를 거쳐 유지될 수 있다. 그 결과 새로운 기능을 얻은 새로운 유전자들로 유전체 크기의 증가가 초래된다.

이와 같은 유전자 수의 증가는 진화에서 중요한 역할을 한 것 같다. 예를 들어, 포유류의 아주 먼 원시 조상들은 냄새를 맡는 기능을 갖는 단 하나의 유전자를 가졌는데, 이 유전자는 그 후 다양한 방식의 돌연변이들에 의해서 여러 번 중복되었다. 그 결과, 인간은 약 350개의 후각수용체 유전자들을 가지고 있고, 생쥐는 1,000개를 가지고 있다. 냄새를 맡는 유전자 수의 급격한 증가는 아마도 초기 포유류들이 희미한 냄새들을 맡을 수 있고 또 다른 많은 냄새들을 서로 구분할 수 있게 하면서 큰 도움을 주었을 것이다.

빠른 생식

식물과 동물의 돌연변이율은 아주 낮은 편인데, 평균 한 세대 동안 100,000 유전자들을 모두 통틀어서 단 하나의 돌연변이가 발생하는 정도이다. 돌연변이율은 원핵생물들에서는 더 낮은 편이다. 그러나 원핵생물들은 단위 시간당 더 많은 세대들이 존재하므로, 돌연변이들은 그 생물 집단들 내에 유전적 변이를 빠르게 만들어 낸다. 바이러스 경우도 마찬가지이다. 예를 들어, HIV의 한 세대 길이는 이틀이다. 이 바이러스는 RNA 유전체로 되어 있고 RNA 복구 기작이 숙주세포 안에 없기 때문에 전형적인 DNA 유전체보다 훨씬 높은 돌연변이율을 가진다(26장). 이러한 이유 때문에 단일 약물 치료는 HIV에 효과적이지 않은 것으로 보인다; 하나의 특정 약물에 대해 저항성을 가지는 돌연변이체 바이러스가 상대적으로 짧은 시간 안에 급증하는 경향을 보이곤 한다. 현 시점에서 가장 효과적인 AIDS 치료법은 몇 가지 치료 약물을 합한 "칵테일" 요법이다. 모든 약물들에 대해 저항성을 가질 수 있는 일련의 돌연변이들이 짧은 기간 동안에 발생할 가능성은 적다.

유성생식

유성생식으로 번식하는 생물들에서 한 집단 내 대부분의 유전적 변이는 각각의 개체들이 그들의 부모들로부터 물려받는 대립유전자들의 고유한 조합들로 인한 것이다. 물론 모든 대립유전자들 간의 차이는 뉴클레오타이드 수준에서 보면 과거에 발생한 돌연변이들로부터 기원한다. 그 다음 유성생식은 존재하는 대립유전자들을 다시 섞고 무작위로 다루어서 개체들의 유전자형을 만들어낸다.

세 가지 방식이 이 섞임에 기여하는데 그것들은 교차, 독립적 염색체 분리, 그리고 수정이다(13장). 감수분열 동안 각각의 부모로부터 하나씩 유전된 상동염색체들은 교차에 의해서 대립유전자들 일부를 교환한다. 이 상동염색체들과 그 위에 놓여 있는 대립유전자들은 무작위로 배우자 세포들로 전해진다. 한 집단 안에는 무수히 많은 짝짓기 조합이 가능하기 때문에 수정은 서로 다른 유전적 배경일 가능성이 높은 두 배우자들을 결합시킨다. 이런 세 가지 기작이 조합된 효과로 인해, 유성생식은 매 세대마다 대립유전자들을 새로운 조합으로 섞어, 진화를 가능케 하는 대부분의 유전적 변이를 제공할 수 있다.

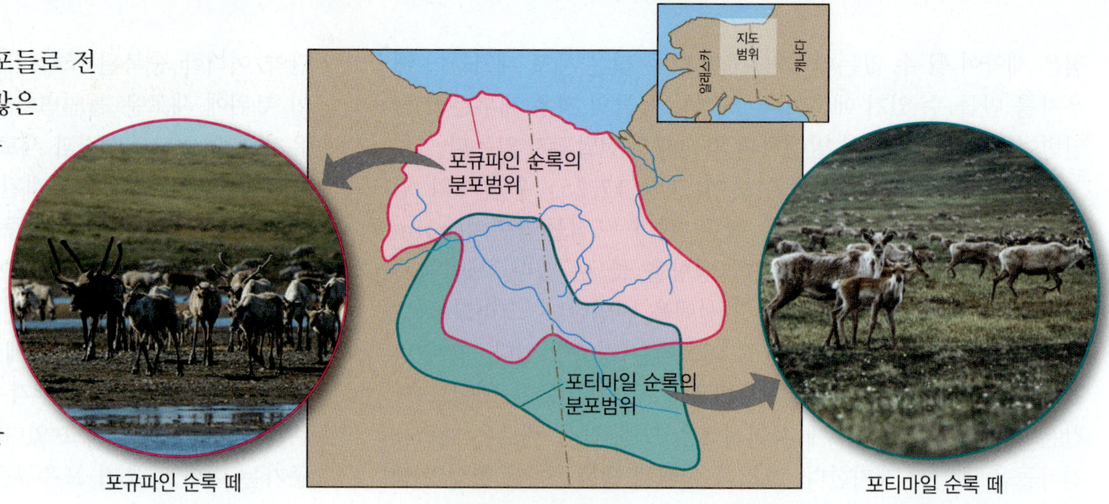

▲ **그림 23.6 한 종, 두 집단.** 알래스카 유콘 지역에 있는 이들 두 순록 집단은 완전히 격리되어 있지 않다. 그들은 때때로 같은 영역을 공유한다. 그래도 여전히 두 집단의 각 개체들은 자신들이 속한 집단 내에서 번식할 가능성이 높다.

개념 확인 문제 23.1

1. 한 집단 내의 유전적 변이가 진화의 전제 조건이 되는 이유를 설명하라.
2. 한 집단 내에 발생한 모든 돌연변이 가운데 오직 일부만이 널리 퍼지게 되는 이유는 무엇인가?
3. **MAKE CONNECTIONS** 만약 어떤 집단이 유성생식 방식을 멈춘다면(그러나 무성생식으로 계속해서 증식함), 유전적 변이는 시간이 지나면서 어떤 영향을 받는가? 설명하라(개념 13.4 참조).

정답은 부록 A 참조

개념 23.2

하디-바인베르크 방정식은 집단이 진화하고 있는지 시험해 보는 데 사용될 수 있다

비록 진화가 일어나기 위해서는 집단 내 개체들이 유전적으로 반드시 달라야 하지만 유전적 변이의 존재 자체가 어느 집단이 진화하리라는 것을 보증하지는 않는다. 진화가 일어나기 위해서는 진화를 일으키는 요인들 가운데 하나가 반드시 작동해야 한다. 이 절에서는 집단 내에서 진화가 일어나고 있는지를 검증할 수 있는 한 가지 방법에 대해서 탐구해 볼 것이다. 먼저 집단이 무엇을 뜻하는지 분명히 밝혀보자.

유전자 풀과 대립유전자 빈도

하나의 **집단(개체군, population)**은 같은 지역에 있으면서 상호 교배하여 생식력 있는 자손들을 생산할 수 있는, 한 종에 속하는 개체들로 이루어진 무리이다. 한 종 내의 서로 다른 집단들은 유전물질의 상호 교환이 매우 드물게 일어나는 채로 서로 격리되어 있을 수 있다. 이러한 격리는 아주 멀리 떨어진 섬들이나 서로 다른 호수에 사는 종들에서 흔하다. 그러나 모든 집단들이 격리된 것은 아니다(그림 23.6). 한 집단의 개체들은 전형적으로 다른 집단보다는 같은 집단 구성원들과 교배하므로 평균적으로 다른 집단 개체들보다 서로 유연관계가 높다.

한 집단의 **유전자 풀(gene pool)**에 대한 서술을 통해 그 집단이 가지는 유전적 구성의 특성을 파악할 수 있다. 유전자 풀은 집단 내 전 구성원들의 모든 유전자 좌위들에 존재하는, 모든 형태의 대립유전자 사본들로 구성된다. 만약 한 집단의 어느 특정 유전자 좌위에 오직 한 종류의 대립유전자만 존재한다면, 그 대립유전자는 유전자 풀에서 고정(fixed)됐다고 말할 수 있다. 그리고 모든 개체들은 그 대립유전자에 대해서 동형접합 상태이다. 그러나 한 집단의 어느 특정 유전자 좌위에 2개 이상의 대립유전자가 있다면, 이 집단 개체들은 동형접합성일 수도 있고 이형접합일 수도 있다.

예를 들어, 꽃 색소를 암호화하는 한 유전자 좌위에 2개의 대립유전자인 C^R과 C^W가 존재하는 야생화 식물 집단이 500개체로 구성되어 있다고 상상해 보자. 이 대립유전자들은 불완전 우성을 보여준다; 그렇기 때문에 각각의 유전자형은 독특한 표현형을 나타낸다. 대립유전자 C^R에 대해서 동형접합(C^RC^R)인 식물들은 빨간 색소를 생산해서 빨간색 꽃들을 가진다. 대립유전자 C^W에 대해서 동형접합(C^WC^W)인 식물들은 빨간 색소를 생산하지 못해서 흰색 꽃들을 가진다. 그리고 이형접합(C^RC^W)인 식물들은 빨간 색소를 약간 생산하여 분홍색 꽃들을 가진다.

각각의 대립유전자는 그 집단에서 빈도(비율)를 가지고 있다. 예를 들어, 우리의 집단이 빨간색 꽃을 가진 식물 320개체와 분홍색 꽃을 가진 식물 160개체, 그리고 흰색 꽃을 가진 식물 20개체가 들어 있다고 가정해 보자. 이 식물은 이배체 생물이기 때문에, 이 500개체들에는 꽃 색깔을 결정하는 유전자의 사본이 모두

1,000개가 있다. C^R 대립유전자는 이 사본들 가운데 800개를 차지한다(C^RC^R형 식물들에서 320 × 2 = 640, 여기에 더해서 C^RC^W형 식물들에서 160 × 1 = 160). 그러므로 C^R 대립유전자 빈도는 800/1,000 = 0.8(80%).

2개의 대립유전자가 있는 유전자 좌위를 연구할 때, 관례상 하나의 대립유전자 빈도를 p로 나타내고, 나머지 다른 하나의 대립유전자 빈도는 q로 나타낸다. 그러므로 이 집단의 유전자 풀에서 C^R 대립유전자 빈도 p = 0.8(80%)이다. 그리고 이 유전자에는 두 가지 형태의 대립유전자만이 존재하기 때문에, q로 표시되는 C^W 대립유전자 빈도는 반드시 $q = 1 - p = 0.2$(20%)이다. 2개 이상의 대립유전자들을 가지는 유전자 좌위에서 모든 대립유전자 빈도의 합은 반드시 1(100%)이어야 한다.

다음에 우리는 한 집단 내에서 진화가 일어나고 있는지를 시험해보기 위해서 대립유전자와 유전자형의 빈도를 어떻게 사용하는지에 대해 알아볼 것이다.

하디-바인베르크 방정식

특정 유전자 좌위에서 자연선택이나 다른 요인들이 진화를 일으키는지 여부를 평가해 보기 위한 한 가지 방법은, 진화가 없을 때 그 집단의 유전적 구성이 어떠할지를 결정해 보는 것이다. 그 다음 우리는 이 시나리오를 그 집단에서 실제로 관찰한 자료와 비교해 볼 수 있다. 만약 차이가 없다면 그 집단이 진화하고 있지 않다고 결론 내릴 수 있다. 만약 차이가 있다면 이것은 그 집단이 진화하고 있을지 모른다는 것을 시사한다. 그런 다음 우리는 왜 그런지를 규명해 볼 수 있다.

하디-바인베르크 평형

진화하고 있지 않은 집단의 어느 유전자 좌위에서 오직 멘델의 유전방식으로 대립유전자 분리와 재조합만이 일어난다면, 대립유전자와 유전자형 빈도는 세대 간에 일정하게 유지될 것이다. 이와 같은 집단은 1908년 서로 독립적으로 이 생각을 개발한 영국 수학자와 독일 내과의사 이름을 따서 **하디-바인베르크 평형(Hardy-Weinberg equilibrium)** 상태에 놓여 있다고 말할 수 있다.

어느 한 집단이 하디-바인베르크 평형에 놓여 있는지를 결정하기 위해서 새로운 방식으로 유전적 교배에 대해 생각해 보는 것이 도움이 된다. 앞서 우리는 유전적 교배에서 후손들의 유전자형을 알아보기 위해서 퍼넷(Punnett)사각형을 사용하였다(그림 14.5). 여기서는 한 번의 유전적 교배로부터 도출될 수 있는 대립유전자 조합들을 생각해 보는 대신, 하나의 집단 내에서 이루어질 수 있는 모든 대립유전자 조합들을 고려해볼 것이다.

한 집단 내 모든 개체들의 어느 한 유전적 좌위에 존재하는 모든 대립유전자들이 하나의 큰 상자 안에 들어 있다고 상상해 보자(그림 23.7). 우리는 이 상자를 그 유전적 좌위에서 그 집단이 가지는 유전자 풀을 담고 있는 것으로 생각해 볼 수 있다. "번식"은 이 상자에서 대립유전자를 무작위로 선택하는 방식으로 일어난다. 이와 같은 사건들은 자연에서 일어나는데, 물고기가 정자와 난자를 물속에 방출할 때나 식물의 정자를 가지고 있는 꽃가루가 바람에 날릴 때이다. 우리는 유전자 풀인 그 상자에서 대립유전자들을 무작위로 선택하고 결합시키는 과정으로 번식을 생각할 수 있는데, 이것은 효과적인 측면에서 짝짓기가 무작위로 일어난다는 것을 가정하는 것이다. 즉 모든 수컷과 암컷들의 짝짓기는 똑같은 가능성으로 일어날 수 있다.

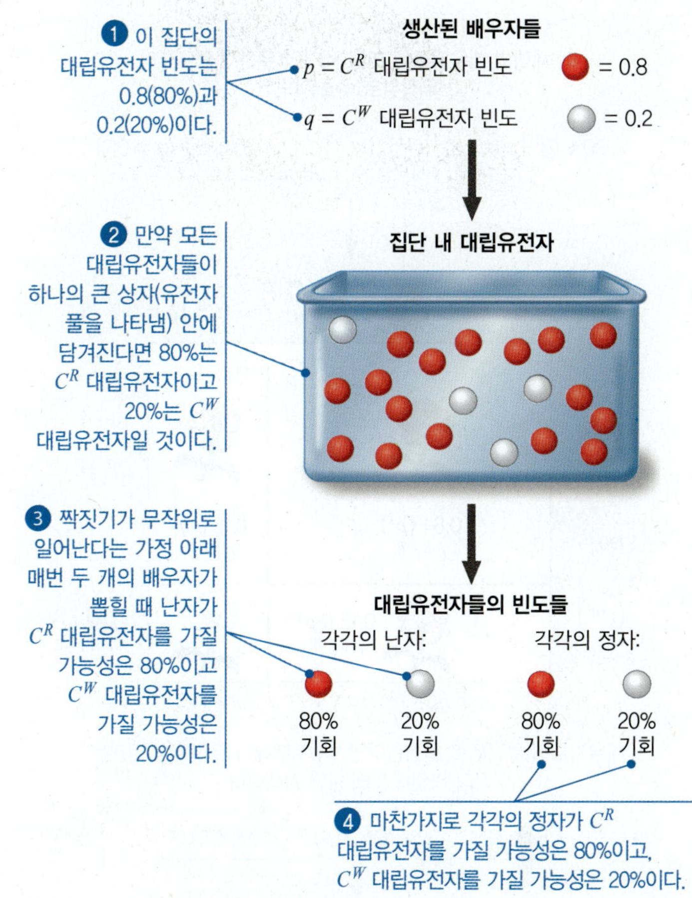

▲ 그림 23.7 **유전자 풀로부터 무작위로 대립유전자를 선택하기**

우리의 상자 비유를 앞에서 가정한 상상의 야생화 집단에 대해 적용해 보기로 하자. 500개의 꽃들을 가진 그 집단에는 빨간색 꽃을 결정하는 대립유전자(C^R) 비율은 p = 0.8이고 하얀색 꽃을 결정하는 대립유전자(C^W) 비율은 q = 0.2이다. 다른 말로 하면, 꽃 색을 결정하는 대립유전자 사본 1,000개를 가지는 야생화 유전자 풀 상자는 각각 800개의 C^R 그리고 200개의 C^W 대립유전자들을 가지고 있을 것이다. 무작위로 대립유전자들을 그 상자에서 선택하는 방식으로 배우자가 만들어진다고 가정한다면, 난자나 정자가 C^R 혹은 C^W 대립유전자를 가질 확률은 상자 안에 있는 대립유전자 빈도와 동일하다. 그러므로 그림 23.7이 보여주듯이 각각의 난자가 C^R 대립유전자를 가질 가능성은 80%이고 C^W 대립유전자를 가질 가능성은 20%이다. 각각의 정자 또한 마찬가지이다.

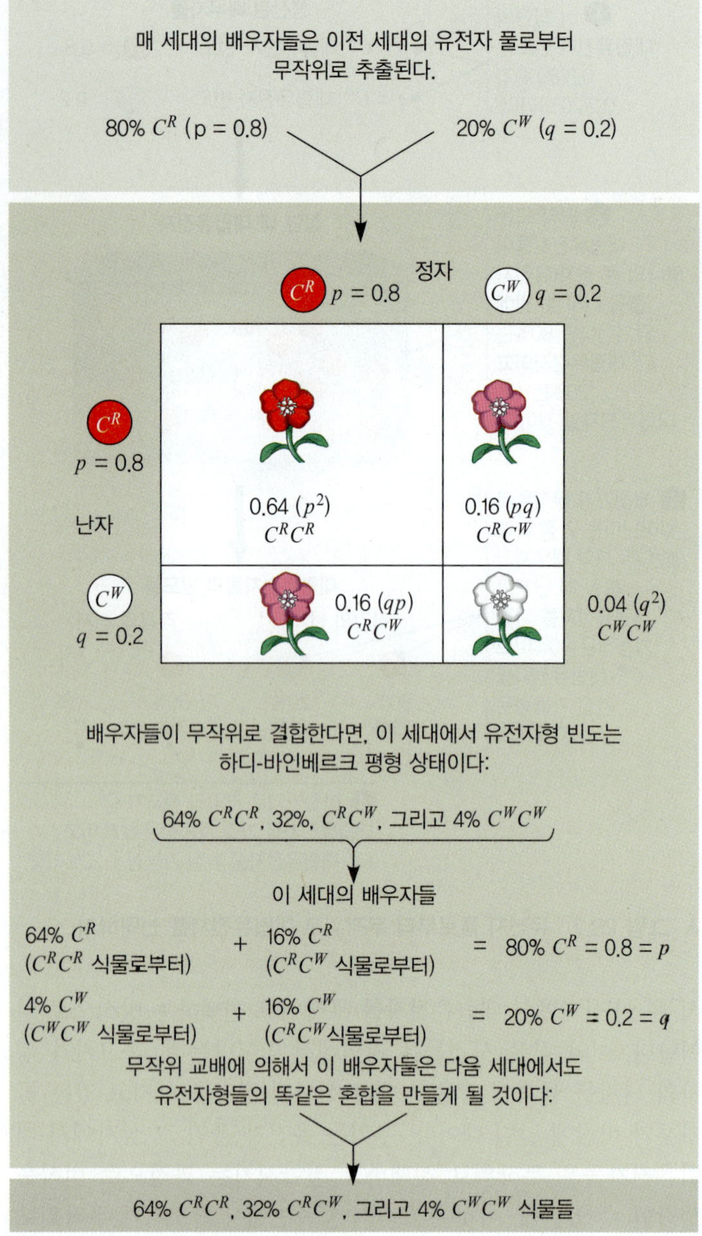

▲ **그림 23.8 하디-바인베르크 원리.** 우리의 야생화 집단에서 유전자 풀은 한 세대에서 그 다음 세대까지 일정하게 유지된다. 멘델 유전 과정만으로는 대립유전자 또는 유전자형 빈도를 바꿀 수 없다.

? C^R 대립유전자 빈도가 0.6일 때 C^RC^R, C^RC^W, 그리고 C^WC^W 유전자형들의 빈도를 예측하라.

곱셈 법칙을 이용해서(그림 14.9), 이제 우리는 정자와 난자가 무작위로 결합한다는 가정으로부터 세 가지 가능한 유전자형들의 빈도를 계산할 수 있다. 2개의 C^R 대립유전자들이 모일 확률은 $p \times p = p^2 = 0.8 \times 0.8 = 0.64$. 그러므로 다음 세대에서 식물의 약 64%가 C^RC^R 유전자형을 가지게 될 것이다. C^WC^W 유전자형을 갖는 개체들의 빈도는 $q \times q = q^2 = 0.2 \times 0.2 = 0.04$ 또는 4%로 예상된다. 이형접합성인 C^RC^W 유전자형은 두 가지 다른 방식으로 발생할 수 있다. 만약 정자가 C^R 대립유전자를 제공하고, 난자가 C^W 대립유전자를 제공하면, 그 결과인 이형접합자는 전체에서 $p \times q = 0.8 \times 0.2 = 0.16$ 또는 16%에 해당한다. 만약 난자가 C^R 대립유전자를 제공하고, 정자가 C^W 대립유전자를 제공하면, 이형접합자 자손은 또 다른 $q \times p = 0.2 \times 0.8 = 0.16$ 또는 16%를 만든다. 그러므로 이 두 가지 가능성의 합은 $pq + qp = 2pq = 0.16 + 0.16 = 0.32$ 또는 32%이다.

그림 23.8에서 보이듯이 다음 세대에서 모든 유전자형 빈도의 합은 반드시 1(100%)이 되어야 한다. 그러므로 하디-바인베르크 평형 방정식은 두 가지 대립유전자를 가지는 한 유전자 좌위에서 만들어지는 세 가지 유전자형이 다음과 같은 비율로 나타난다고 서술한다.

$$p^2 \quad + \quad 2pq \quad + \quad q^2 \quad = 1$$

p^2	+	$2pq$	+	q^2	= 1
유전자형 C^RC^R의 예상 빈도		유전자형 C^RC^W의 예상 빈도		유전자형 C^WC^W의 예상 빈도	

어느 한 유전적 좌위에 대립유전자 두 개를 갖는 경우에 가능한 유전자형은 세 가지이다(이 경우엔 C^RC^R, C^RC^W, 그리고 C^WC^W이다). 그 결과 어떤 집단에서든 이들 세 유전자형 빈도의 합은 반드시 1(100%)인데 이는 그 집단의 하디-바인베르크 평형 여부와는 상관이 없다. 하디-바인베르크 평형 상태는 실제 유전자형의 빈도가 어느 한 동형접합성은 p^2, 이형접합성은 $2pq$, 그리고 나머지 다 른 한 동형접합성이 q^2의 빈도로 나타나는 집단에서 이루어진다. 마지막으로 그림 23.8에 나온 것처럼, 만약 어느 한 집단이 하디-바인베르크 평형 상태이고 구성원들이 세대마다 무작위적 교배를 계속한다면, 대립유전자와 유전자형 빈도는 항상 일정할 것이다. 이러한 체계는 카드 한 벌과 다소 비슷한 면이 있다. 카드가 얼마나 자주 섞였는가에 관계없이, 카드 한 벌 자체는 항상 그대로이다. 에이스 카드가 잭 카드보다 더 많아지지는 않는다. 한 집단의 유전자 풀을 여러 세대에 걸쳐 반복해서 섞어준다고 해서 섞는 행위 자체가 대립유전자들의 상대적 빈도를 바꿀 수는 없다.

하디-바인베르크 평형 조건들

하디-바인베르크 접근법은 진화하지 않고 있는 가상적인 집단을 서술한다. 그러나 실제 집단에서는 대립유전자와 유전자형 빈도가 시간이 지나면서 가끔 변한다. 이러한 변화는 하디-바인베르크 평형의 다음 다섯 가지 조건들 중 하나 이상이 만족되지 못하면 발생할 수 있다.

1. **돌연변이 없음.** 만약 돌연변이들이 대립유전자들을 변경시키거나 전체 유전자들이 소실 혹은 중복되면 그 유전자 풀은 바뀐다.

2. **무작위 교배.** 만약 개체들이 근처의 이웃들 혹은 가까운 친족들(근친교배)처럼 집단 내 부분적인 그룹들과 짝짓기를 하는 경향이 있다면, 배우자는 무작위적으로 섞이지 않는다. 그리고 유전자형 빈도가 변한다.
3. **자연선택 없음.** 서로 다른 유전자형을 소유한 개체들의 차별적 생존과 번식은 대립유전자 빈도를 바꿀 수 있다.
4. **무한히 큰 집단 크기.** 집단이 작으면 작을수록, 세대 사이 대립유전자 빈도는 우연에 의해 더 잘 변할 것이다(유전적 부동으로 불리는 과정).
5. **유전자 흐름 없음.** 집단 안으로 혹은 밖으로 대립유전자를 이동시킴으로써 유전자 흐름은 대립유전자 빈도를 변화시킬 것이다.

이러한 조건들 가운데 어느 하나라도 벗어나게 되면 보통 우리가 앞서 설명한 것처럼 진화적 변화를 불러온다. 그리고 이러한 벗어남은 자연 집단들에서 흔하다. 그러나 자연 집단들이 어느 특정 유전자 좌위에서 하디-바인베르크 평형을 이루는 일도 흔하다. 이것은 만약 선택이 일부 유전자 좌위들에서는 대립유전자 빈도를 변경시키지만 다른 좌위들에서는 그렇게 하지 않으면 발생할 수 있다. 덧붙여서, 일부 집단들은 너무 느리게 진화하기 때문에 그들의 대립유전자 빈도와 유전자형 빈도는, 진화하지 않는 집단에서 예상한 값들과 별 차이가 없을 수 있다.

하디-바인베르크 방정식 적용

집단에서 진화가 일어나고 있는지 알아볼 때 초기 테스트로 하디-바인베르크 방정식이 자주 사용된다(개념 확인 문제 23.2의 3번 문제가 한 사례). 이 방정식은 유전병을 일으키는 대립유전자를 보유한 사람들의 비율을 측정하는 것과 같이, 의학에도 활용될 수 있다. 예를 들어 페닐케톤뇨증(PKU)을 생각해 보자. 이 질병은 열성 대립유전자에 대해서 동형접합일 경우 생기는 대사이상으로서 미국에서 신생아 10,000명당 한 명꼴로 발생한다. 치료 없이 그대로 놔두면 PKU는 정신지체와 다른 문제를 일으킨다. (개념 14.4에 서술된 것처럼 신생아들은 PKU 검사를 받으며, PKU 증상들은 페닐알라닌이 매우 적게 들어 있는 식이요법으로 많은 부분 피할 수 있다.)

하디-바인베르크 방정식을 사용하기 위해서는 우리는 새로운 PKU 돌연변이들의 도입이 없고(조건 1) 그리고 사람들이 이 유전자의 보유 여부에 따라서 배우자를 고르지 않으며 가까운 친척들과 결혼하지 않는다고(조건 2) 가정해야만 한다. 우리는 또한 PKU 유전자형들 간에 생존과 번식 성공의 차이로 인한 효과를 무시해야 하고(조건 3), 유전적 부동의 효과가 없으며(조건 4), 다른 집단들에서 미국으로 들어오는 유전자 흐름의 효과 또한 없다고(조건 5) 가정해야만 한다. PKU 유전자를 만들어 내는 돌연변이율이 낮고, 근친결혼과 그 외 여러 유형의 비무작위 혼인이 흔치 않고, 선택은 오직 드물게 있는 동형접합자만을 제거할 뿐이고(그리고 이 경우에도 식이제한을 따르지 않을 경우에만), 미국 집단의 크기가 매우 크며, 미국 밖의 집단들이 미국 내의 PKU 대립유전자 빈도와 비슷한 빈도를 가지고 있기 때문에 이 가정들은 합당하다. 이 가정들이 모두 들어맞는다면, 집단에서 PKU 증세를 가지고 태어나는 개체들의 빈도는 하디-바인베르크 방정식의 q^2(q^2 = 이 대립유전자에 대한 동형접합자 빈도)에 해당할 것이다. 이 대립유전자는 열성이기 때문에, 우리는 분홍색 꽃의 경우처럼 직접적으로 개체수를 셀 수 없으므로 이형접합자 수를 다른 방식으로 측정해야만 한다. 우리는 신생아 10,000명당 한 명꼴로 PKU가 발생함($q^2 = 0.0001$)을 알기 때문에, PKU 열성 대립유전자 빈도(q)는 다음과 같다.

$$q = \sqrt{0.0001} = 0.01$$

그리고 우성 대립유전자 빈도는 다음과 같다.

$$p = 1 - q = 1 - 0.01 = 0.99$$

PKU 증세는 없지만 PKU 대립유전자를 자손에게 전할 수 있는 이형접합인 사람들을 보인자라고 하는데, 이들의 빈도는 다음과 같다.

$$2pq = 2 \times 0.99 \times 0.01 = 0.0198$$
(대략 미국인의 2%)

하디-바인베르크 평형의 가정은 근사적인 결과만을 도출한다는 것을 기억하라. 실제 보인자 수는 아마 어느 정도는 다를 것이다. 그래도 여전히 우리의 계산은 이 유전자와 다른 유전자 좌위의 해로운 열성 대립유전자들이 건강한 이형접합자에 의해서 운반되고 있기 때문에 집단 내에 드러나지 않은 채로 존재할 것임을 시사한다.

과학적 분석 기술의 연습은 여러분이 하디-바인베르크 방정식을 대립유전자 자료에 적용해볼 수 있는 또 다른 기회를 제공한다.

개념 확인 문제 23.2

1. 한 집단에 700개체들이 있는데, 유전자형 *AA*는 85개체, *Aa*는 320개체, 그리고 *aa*는 295개체에서 나타났다. 대립유전자 *A*와 *a*의 빈도는 얼마인가?
2. 하디-바인베르크 평형상태의 집단에서 대립유전자 *a*의 빈도가 0.45이다. 유전자형 *AA*, *Aa*, 그리고 *aa*의 예상 빈도는 얼마인가?
3. **WHAT IF?** 신경박약증에 걸리는 데 영향을 주는 한 유전자 좌위에 두 대립유전자 *V*와 *v*가 있다. 어느 한 집단에서 16명은 *VV*, 92명은 *Vv*, 12명은 *vv* 유전자형을 가진다. 이 집단은 진화하고 있는가? 설명하라.

정답은 부록 A 참조

개념 23.3

자연선택, 유전적 부동, 유전자 흐름은 한 집단의 대립유전자 빈도를 바꿀 수 있다

어느 집단이 하디-바인베르크 평형에 있도록 하는 데 필요한 다섯 가지 조건들을 다시 기억하라. 이 조건들로부터 벗어나는 것은 진화의 잠재적 원인이 된다. 그러나 새로운 돌연변이들(조건 1의 위배)이 대립유전자 빈도를 수정할 수는 있지만, 그러나 돌연변이가 드물기 때문에 한 세대에서 다음 세대로 넘어가는 동안의 변화는 적을 것이다. 비무작위 짝짓기(조건 2의 위배)는 동형접합성 그리고 이형접합성 유전자형 빈도에 영향을 줄 수 있으나 그것 자체만으론 유전자 풀의 대립유전자 빈도에 영향을 주지 못한다. (만약 특정 유전형질들을 가진 개체들이 다른 개체들보다도 짝을 더 얻을 수 있다면, 대립유전자 빈도는 변할 수 있다. 그러나 이러한 상황은 무작위 짝짓기로부터 벗어날 뿐만 아니라 자연선택이 없다는 조건 3을 위배한다.)

이 절의 나머지 부분에서 우리는 대립유전자 빈도를 직접적으로 바꾸고 대부분의 진화적 변화를 일으키는 세 가지 주요 요인들인 자연선택, 유전적 부동 그리고 유전자 흐름에 초점을 맞출 것이다(조건 3~5 위배).

자연선택

자연선택 개념은 번식성공도 차이에 기반을 두고 있다. 한 집단의 개체들은 유전 형질들에 차이가 나고, 환경에 더 적합한 형질들을 가진 개체들은 환경에 덜 적합한 형질들을 가지는 다른 개체들에 비해서 더 많은 자손을 생산하는 경향이 있다(21장).

유전적인 측면에서 선택은 대립유전자들이 현 세대의 상대적 빈도와는 다른 비율로 다음 세대에 전달되도록 하는 결과를 낳는다. 예를 들면, 노랑초파리(*Drosophila melanogaster*)는 DDT를 포함한 몇 가지 살충제에 대해서 저항성을 갖는 어느 한 대립유전자를 가지고 있다. 이 대립유전자는 DDT가 사용되기 전인 1930년대 초 야외에서 채집된 노랑초파리 야생형 개체들로부터 유래된 실험실 계통에서는 그 빈도가 0%이다. 그러나 1960년(이때부터 20년 이상 DDT가 사용됨) 이후에 채집된 초파리들로부터 유래된 계통에서는 그 빈도가 37%이다. 우리는 이 대립유전자가 1930년과 1960년 사이에 발생한 돌연변이로부터 유래했거나

과학적 분석 기술의 연습

자료를 해석하고 예측하기 위해 하디-바인베르크 방정식 사용하기

어느 한 콩 집단에서 진화가 일어나고 있나? 어느 한 집단에서 진화가 일어나고 있는지를 시험해보는 한 가지 방법은 하디-바인베르크 방정식에 따라 어느 한 유전자 좌위에서 관찰된 유전자형 빈도를 진화가 일어나지 않는 집단에서 예상되는 값들과 비교해보는 것이다. 이번 실습에서 여러분은 클로로필 합성과 그로 인해 잎의 색깔에 영향을 주는 두 대립유전자 C^G와 C^Y를 가진 한 유전자 좌위에 대해서 어느 한 콩 집단이 진화를 하고 있는지 시험해볼 것이다.

실험 방법 학생들이 콩 씨앗을 심은 후 7일째와 21일째 되는 날 각각의 유전자형을 갖는 묘목들의 숫자를 세었다. 각 유전자형을 갖는 묘목들은 두 대립유전자 C^G와 C^Y가 서로 간에 불완전 우성이기 때문에 시각적으로 구분이 가능했다. C^GC^G 유전자형 묘목들은 녹색의 잎을 가지고, C^GC^Y유전자형 묘목들은 노란빛의 녹색 잎을 가지고, C^YC^Y유전자형 묘목들은 노란색의 잎을 갖는다.

실험 데이터

시간 (날 수)	묘목들의 개수			
	녹색 (C^GC^G)	노란빛의 녹색 (C^GC^Y)	노란색 (C^YC^Y)	합계
7	49	111	56	216
21	47	106	20	173

데이터 해석

1. C^G 대립유전자 빈도(p)와 C^Y 대립유전자 빈도(q)를 계산하기 위해서 7일째 자료에서 관찰된 유전자형들의 빈도를 이용하라.
2. 다음으로, 하디-바인베르크 평형상태의 집단에서 예상되는 C^GC^G, C^GC^Y 그리고 C^YC^Y 유전자형들의 빈도를 계산하기 위해 하디-바인베르크 방정식($p^2 + 2pq + q^2 = 1$)을 이용하라.
3. 7일째 자료로부터 관찰된 C^GC^G, C^GC^Y 그리고 C^YC^Y 유전자형들의 빈도를 계산하라. 이 빈도값들을 앞의 2단계에서 계산한 예상 빈도값들과 비교하라. 7일째 묘목 집단들은 하디-바인베르크 평형상태에 있나 아니면 진화가 일어나고 있나? 여러분의 추리를 설명하고 선택되거나 혹은 도태되고 있어 보이는 유전자형들이 있으면 찾아보라.
4. 21일째 묘목들로부터 관찰된 C^GC^G, C^GC^Y 그리고 C^YC^Y 유전자형들의 빈도를 계산하라. 이 빈도값들을 앞의 2단계에서 계산한 예상 빈도값들 그리고 7일째에서 관찰된 빈도값들과 비교하라. 21일째 묘목 집단들은 하디-바인베르크 평형상태에 있나 아니면 진화가 일어나고 있나? 여러분의 추리를 설명하고 선호되거나 배제되는 것으로 보이는 유전자형들이 있으면 찾아보라.
5. 동형접합성 C^YC^Y 개체들은 클로로필을 합성하지 못한다. 묘목들이 나이가 들고 자신들이 싹텄던 씨앗에 저장된 양분을 고갈해가기 시작하면서부터 광합성 능력은 더 중요해진다. 7일째와 21일째 자료를 설명하는 가설을 세워보라. 이 가설에 근거해서 두 대립유전자 C^G와 C^Y의 빈도가 21일째 이후에 어떻게 변하게 될지 예측하라.

또는 1930년에 존재하기는 했지만 빈도가 매우 낮았을 거라고 추론해 볼 수 있다. 어느 경우이든 DDT가 매우 강력한 독극물이기 때문에 이것에 노출된 집단에 강력한 선택압으로 작용했고, 그 동안 집단 내에서는 이 대립유전자의 빈도가 증가했을 것이다.

노랑초파리의 사례가 제시하듯이, 한 살충제에 저항성을 주는 대립유전자는 그 살충제에 노출된 집단 내에서 그 빈도가 증가할 것이다. 이러한 변화는 우연히 동시에 일어난 것이 아니다. 대신에 자연선택은 일관되게 어떤 대립유전자들을 다른 것들에 비해서 더 선호하는 방식으로 **적응 진화(adaptive evolution**; 생물체와 환경 사이에 더 나은 조화를 이루게 하는 진화)를 일으킬 수 있다. 이 장의 뒷부분에서 우리는 이 과정에 대해서 좀 더 자세히 탐구해 볼 것이다.

유전적 부동

만약 여러분이 동전을 1,000번 던진 결과, 앞이 700번 그리고 뒤가 300번 나왔다면 여러분은 그 동전을 의심하게 될 것이다. 그러나 여러분이 동전을 10번 던져서 그 결과 앞이 7번 뒤가 3번 나왔다면 놀라지 않을 것이다. 동전 던지기의 수가 작으면 작을수록 예상된 결과(이 경우 똑같은 수의 앞과 뒤)로부터 우연에 의해 벗어나는 정도가 높다. 마찬가지로, 특별히 집단의 크기가 작은 경우 우연한 사건들은 세대를 거치면서 대립유전자 빈도를 더 예측할 수 없이 변동시킬 수 있다. 이러한 과정을 **유전적 부동(genetic drift)**이라 부른다.

그림 23.9는 유전적 부동이 우리의 야생화 소집단에 어떻게 영향을 주는지 모형화했다. 이 사례에서 유전적 부동은 한 대립유전자가 유전자 풀에서 소실되게 하지만, C^R 대립유전자가 아니라 C^W 대립유전자가 소실되는 것은 오로지 우연성의 문제이다. 그와 같은 예상치 못한 대립유전자 빈도의 변화는 생존과 번식에 관련된 우연적인 사건들에 의해 일어날 수 있다. 아마도 무스와 같이 커다란 동물이 2번째 세대에서 C^WC^W 유전자형을 가지는 세 식물을 밟아버려서 죽게 한 후 C^R 대립유전자만이 다음 세대에 전달될 수 있는 기회를 늘렸을 수 있다. 대립유전자 빈도는 수정 시기에 일어나는 우연적 사건들에 의해서도 영향을 받을 수 있다. 예를 들어, C^RC^W 유전자형을 가진 두 개체들이 적은 수의 후손을 두었다고 생각해 보자. 오직 우연에 의해서 그 후손을 만든 모든 난자와 정자 쌍이 C^W 대립유전자는 하나도 없이 모두 C^R 대립유전자를 가지게 되었을 수 있다. 어떤 상황들은 유전적 부동이 집단에 중대한 영향을 끼치는 결과를 가져올 수 있다. 두 가지 사례가 있는데, 병목 효과와 창시자 효과이다.

창시자 효과

얼마 안 되는 수의 개체들이 큰 집단으로부터 격리될 때, 이 작은 무리는 유전자 풀이 원래의 집단과는 다른 새로운 한 집단을 이룰 수 있다. 이것을 **창시자 효과(founder effect)**라고 부른다. 예를 들어, 한 집단에서 적은 수의 개체들이 폭풍에 의해 새로운 섬으로 날려갈 때 창시자 효과가 일어날 수 있다. 그 경우 만약 폭풍이 원(source) 집단으로부터 다른 개체들을 제외한 일부 개체들(그리고 그들의 대립유전자)만을 옮겨간다면, 우연한 사건들이

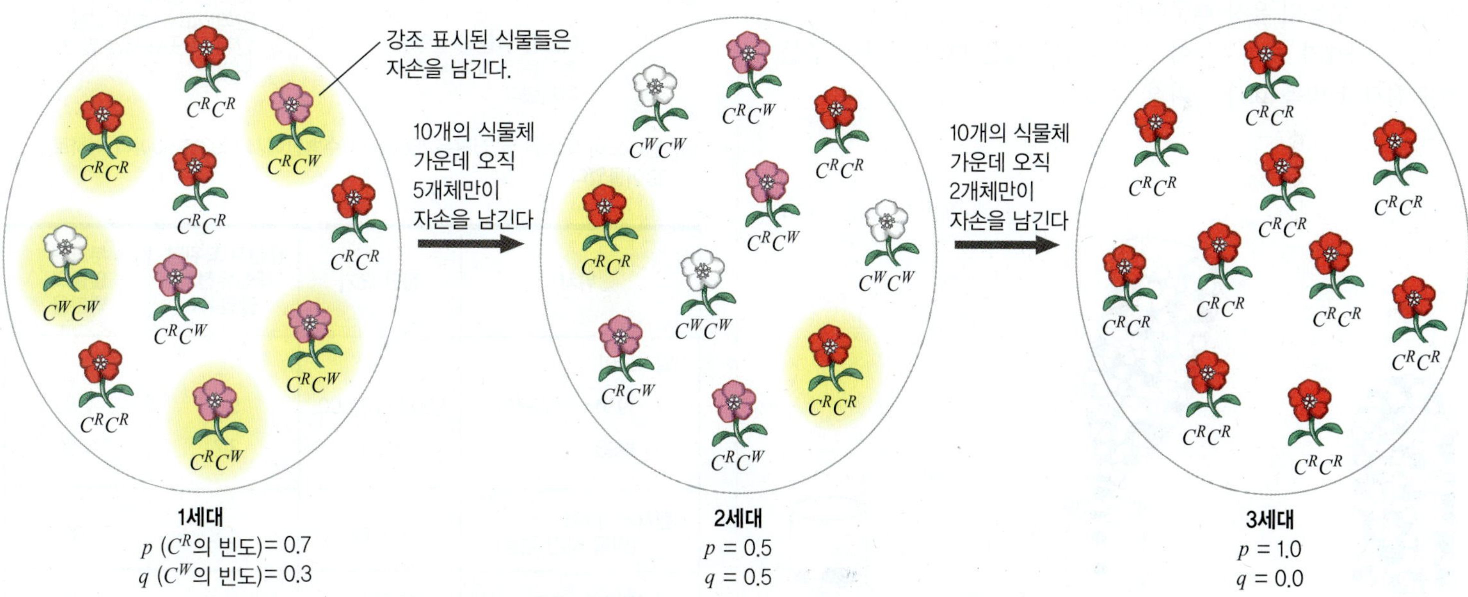

▲ **그림 23.9 유전적 부동.** 이 작은 야생화 집단은 10개체의 안정된 크기를 가지고 있다. 첫 번째 세대에서 우연에 의해 오직 5개체들만이(노란색으로 강조 표시된 개체들) 생식력 있는 자손을 생산한다고 가정해 보자. (예를 들어, 우연히 그 5개체들이 자손을 생산하는 데 필요한 영양분이 풍부한 땅에서 자랐다고 하면 이러한 일이 발생할 수 있다.) 다시 두 번째 세대에서 우연히 2개체만이 생식력 있는 자손을 남긴다. 그 결과 우연에 의해 두 번째 세대에서 먼저 C^W 대립유전자가 증가한 다음 세 번째 세대에서는 영(0) 으로 떨어진다.

대립유전자 빈도를 바꾸는 유전적 부동이 일어날 수 있다.

창시자 효과는 격리된 인류 집단들에서 특정 유전병들의 빈도가 상대적으로 높게 나타나는 이유가 될 수 있다. 예를 들어, 1814년 15명의 영국의 식민지 이주자들이 아프리카와 남아메리카 사이 중간쯤에 있는 트리스탄다쿠냐(Tristan da Cunha) 군도에 영국인 정착지를 건설하였다. 분명히 이들 이주자 가운데 한 사람이 진행성 시각 상실증인 망막색소증 열성 대립유전자를 가지고 있었다. 이 병은 열성 대립유전자의 동협접합자에서 증세가 나타난다. 1960년대 후반 이 섬에 살고 있었던 창시자들의 후손 240명 가운데 네 명이 망막색소증을 가지고 있었다. 트리스탄다쿠냐 군도에서 이 병을 일으키는 열성 대립유전자 빈도는 창시자들의 고향 집단에 비해서 10배나 크게 유지되고 있었다.

병목 효과

화재나 홍수 같은 갑작스런 환경의 변화는 집단의 크기를 급격히 줄일 수 있다. 집단 개체수의 급격한 감소는 **병목 효과(bottleneck effect)**를 일으킬 수 있다. 병목 효과라는 말은 집단이 그 크기를 줄이는 병목을 통과했기 때문에 그렇게 명명되었다(**그림 23.10**). 생존자들 가운데 우연히 어떤 대립유전자들은 비율이 증가하고, 다른 일부는 줄어들며, 또 일부는 집단에서 모두 없어진다. 집단이 충분히 커져서 우연적 변동의 효과가 줄어들 때까지 유전적 부동은 많은 세대 동안 계속해서 유전자 풀에 중대한 영향을 줄 수 있다. 그러나 병목을 통과한 집단이 궁극적으로 개체수를 회복하더라도 이 집단은 오랫동안 낮은 수준의 유전적 변이를 가지고 있을 수 있다. 그 이유는 집단이 작아졌을 때 일어난 유전적 부동의 유산 때문이다.

다음 사례가 보여주듯이 인간의 활동들은 때로는 다른 종들에게 심각한 병목 효과를 미칠 수 있다.

▲ **그림 23.10 병목 효과.** 좁은 병목을 통하여 몇 개의 구슬을 흔들어 떨어뜨리는 것은 집단 크기의 급격한 감소에 비유될 수 있다. 우연히 파란색 구슬들이 살아남은 집단에서 과도하게 나타났고, 금색 구슬은 없어졌다.

사례연구: 대초원 닭에 끼친 유전적 부동의 영향

한때 일리노이 주 초원에는 수백만 마리의 대초원 닭(*Tympanuchus cupido*)들이 살았다. 19세기와 20세기에 이 초원들이 농장과 그 밖에 다른 용도로 전환되면서 대초원 닭의 수는 급격히 감소했다(**그림 23.11a**). 1993년이 되어서 대초원 닭들은 50마리도 안 되는 수가 남았다. 얼마 안 되는 이 개체들은 유전적 변이가 매우 낮았고, 알의 부화율도 50%가 못되었다. 반면 캔자스와 네브래스카에 있는 훨씬 큰 집단들은 높은 부화율을 보였다(**그림 23.11b**).

이 자료들은 집단 병목현상 과정에서 일어난 유전적 부동이 유전적 변이의 소실과 해로운 대립유전자들의 빈도를 증가시켰을 것임을 시사한다. 이 가설을 조사하기 위해서 연구자들은 박물관에 보존된 일리노이 대초원 닭 15마리의 시료에서 DNA를 추출하였다. 15마리 가운데 10마리는 1930년대에 수집됐는데

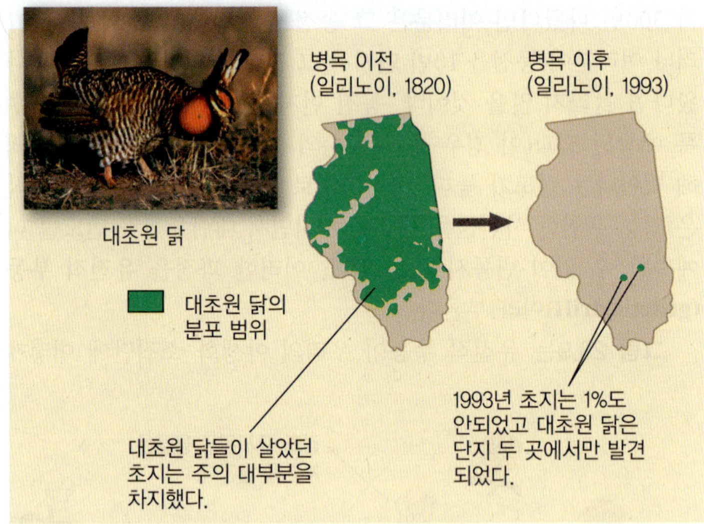

(a) 일리노이 대초원 닭 집단은 1800년대 수백만에서 1993년 50마리 이하로 줄어들었다.

위치	집단 크기	유전적 좌위당 대립유전자들의 수	부화된 알들의 백분율
일리노이			
1930~1960년대	1,000~25,000	5.2	93
1993	<50	3.7	<50
캔자스, 1998 (병목 사건 없음)	750,000	5.8	99
네브래스카, 1998 (병목 사건 없음)	75,000~200,000	5.8	96

(b) 집단 크기가 작은 일리노이 집단에서 유전적 부동은 유전자 좌위당 대립유전자들 수의 감소와 부화율 감소를 가져왔다.

▲ **그림 23.11 유전적 부동과 유전적 변이의 소실**

그 당시 일리노이에는 25,000마리의 닭들이 살고 있었다. 그리고 나머지 5마리는 1960년대에 수집됐는데 그 당시 일리노이에는 1,000마리의 닭들이 살고 있었다. 박물관에 남아 있는 닭들의 DNA를 조사해 옴으로써 이 연구자들은 일리노이 집단 크기가 급격히 줄어 몇 마리 안 남기 이전에 얼마만큼의 유전적 변이가 일리노이 집단에 있었는지를 알 수 있는 최소한의 측정값을 얻을 수 있었다. 이 기준 값은 대부분의 집단 병목 사례들에서 확보하기 어려운 핵심적 정보다.

그 연구자들은 6개의 유전자 좌위를 조사하였고 1993년 집단이 병목현상 이전의 일리노이 집단이나 혹은 현재의 캔자스와 네브래스카 집단들에 비해 유전자 좌위당 존재하는 대립유전자들의 수가 작다는 것을 발견했다(그림 23.11b). 그러므로 예상되었듯이 유전적 부동은 1993년 소수로 이루어진 집단의 유전적 변이를 감소시켰다. 또한 유전적 부동은 해로운 대립유전자 빈도를 증가시켜서 부화율을 낮추었을지도 모른다. 이 부정적 영향들을 막기 위해서 총 271마리의 닭들이 4년간 이웃 주들로부터 일리노이로 도입되었다. 이 전략은 성공하였다. 새로운 대립유전자들이 들어왔고, 부화율도 90% 이상 증가하였다. 종합해 보면 일리노이 대초원 닭에 대한 연구는 작은 집단에서 일어나는 유전적 부동의 강력한 영향을 보여주며 이 영향은 반전될 수 있다는 것 또한 보여준다.

유전적 부동 효과: 요약

우리가 설명한 이 사례들은 네 가지 요점을 강조한다.

1. **유전적 부동은 작은 집단에서 중요하다.** 우연한 사건들은 다음 세대에 어느 한 대립유전자의 빈도를 불균형적으로 높이거나 낮출 수 있다. 우연한 사건들은 모든 크기의 집단들에서 일어나지만 오직 작은 크기의 집단에서만 대립유전자 빈도를 상당히 변경시킬 수 있다.
2. **유전적 부동은 대립유전자 빈도를 임의로 변화시킬 수 있다.** 유전적 부동 때문에 어떤 해는 한 대립유전자의 빈도가 증가하고 그 다음에는 감소할 수도 있다. 연도에 따른 이 변화는 예측될 수 없다. 그러므로 유전적 부동은 특정 환경에서 일관되게 일부 대립유전자들을 선호하는 자연선택과 달리 시간에 따라 대립유전자 빈도를 무작위로 변화시킬 수 있다.
3. **유전적 부동은 집단 내의 유전적 변이를 소실하게 할 수 있다.** 대립유전자 빈도가 시간에 따라 무작위로 변하게 함으로써 유전적 부동은 집단 내 대립유전자들을 제거할 수 있다. 진화는 유전적 변이에 의존하기 때문에 이와 같은 소실은 집단이 환경 변화에 어떻게 효과적으로 적응하느냐에 영향을 줄 수 있다.
4. **유전적 부동은 해로운 대립유전자들을 고정시킬 수 있다.** 해롭지도 이롭지도 않은 대립유전자들은 유전적 부동으로 우연히 소실되거나 또는 고정될 수 있다. 아주 작은 집단들에서 유전적 부동은 약간 해로운 대립유전자들을 고정시킬 수도 있다. 이런 일이 일어날 때 그 집단의 생존은 위협 받을 수 있다(대초원 닭 사례처럼).

유전자 흐름

자연선택과 유전적 부동만이 대립유전자 빈도에 영향을 미치는 현상은 아니다. 대립유전자 빈도는 **유전자 흐름(gene flow)**에 의해서도 변할 수 있다. 유전자 흐름은 생식 능력이 있는 개체들이나 그들의 배우자가 집단 사이에 이동할 때 발생하는 대립유전자의 전달이다. 예를 들어, 우리의 가상적 야생화 집단 근처에 주로 흰색 꽃(C^WC^W)을 가진 개체들로 구성된 새로운 한 집단이 확립되었다고 가정해 보자. 이 새로운 집단의 꽃들로부터 곤충들이 원래의 집단으로 꽃가루를 운반해 수분을 일으킬 수 있다. 이와 같이 도입된 C^W 대립유전자들은 다음 세대에서 모집단의 대립유전자 빈도를 바꿀 수도 있다. 대립유전자가 집단들 사이에 이동되기 때문에, 유전자 흐름은 집단들 사이의 차이를 줄이는 경향이 있다. 사실 유전자 흐름이 아주 대규모로 일어나면, 두 집단이 공통의 유전자 풀을 가지는 하나의 큰 집단으로 합쳐질 수 있다.

유전자 흐름에 의해 전달되는 대립유전자들은 생물 집단들이 자신의 지역적 환경 조건들에 얼마나 잘 적응할 수 있는가의 문제에도 영향을 줄 수 있다. 네덜란드의 작은 섬 블리란드(Vlieland)에 사는 박새(*Parus major*)를 연구한 연구자들은 두 집단들 사이에 생존율 차이가 있음에 주목했다. 동부 집단에서 태어난 암컷의 생존율은 중부 집단에서 태어난 암컷들보다 두 배인데, 암컷들이 최종적으로 어디에 정착해서 새끼를 기르는가와는 무관하다(그림 23.12). 이 발견은 동부 집단에서 태어난 암컷들이 중부 집단의 암컷들에 비해서 섬 생활에 더 잘 적응되어 있음을 시사한다. 그러나 현장 연구는 그 두 집단이 높은 유전자 흐름과 짝짓기에 의해서 연결되어 있음을 보여주었는데, 그렇다면 이는 두 집단 사이에 유전적 차이를 줄이는 결과를 가져왔어야 한다. 과연 어떻게 동부 집단이 중부 집단에 비해서 블리란드 섬 생활에 더 잘 적응한 것일까?

그 해답은 본토로부터 오는 동일하지 않은 양의 유전자 흐름에 있었다. 매년 중부 집단에서 최초 번식을 하는 개체들의 43%는 본토에서 유입된 이주자들로서 동부의 경우에는 이 비율이 겨우 13%밖에 안 된다. 본토의 유전자형들을 가진 새들은 블리란드에서 생존과 번식을 잘 못하며, 동부 집단의 경우 선택이 이 유전자형들의 빈도를 낮춘다. 그러나 중부 집단에서는 본토로부터 오는 유전자 흐름이 높기 때문에 이 영향이 선택 효과를 압도한다. 그 결과 중부 집단에서 태어난 암컷들은 이주자 유전자들을 많이 가지고 있고, 따라서 그 집단 개체들이 섬 생활에 적응하는 정도가 낮아지게 된다. 현재 연구자들은 중부 집단에서 유전자

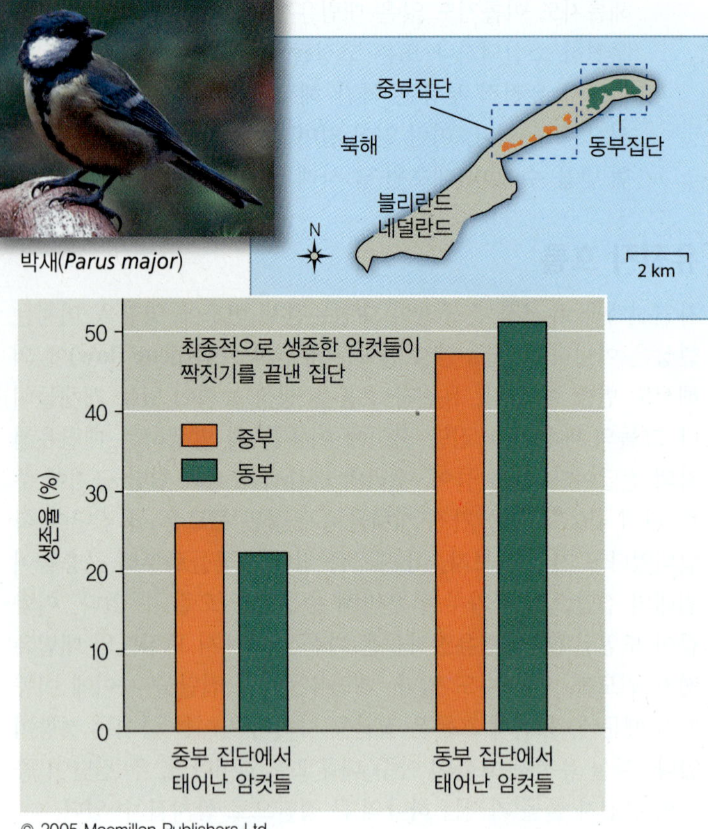

▲ **그림 23.12 유전자 흐름과 지역 적응.** 블리란드(Vlieland) 섬 박새(*Parus major*) 집단들 가운데 동부 집단에서 태어난 암컷의 그해 생존율은 중부 집단에서 태어난 암컷들보다 높다. 본토에서 중부 집단으로 향하는 유전자 흐름은 동부 집단으로 향하는 것에 비해서 3.3배나 높으며, 본토에서 온 새들은 이 두 지역 집단에서 선택에 불리하다. 이 자료들은 본토로부터 오는 유전자 흐름으로 인해 중부 집단이 지역 환경조건들에 적응되어 가는 것이 방해받고 있다는 것을 시사한다.

흐름이 왜 그렇게 더 높은지 그리고 본토 유전자형들을 가진 새들이 블리란드 섬에서 생존과 번식을 왜 잘 못하는지를 연구하고 있다.

또한 유전자 흐름은 집단들이 각 지역 조건들에 적응하는 능력을 향상시키는 데 도움이 되는 대립유전자들을 이동시킬 수 있다. 예를 들면, 웨스트나일 바이러스와 다른 질병들의 매개충인 빨간집모기(*Culex pipiens*)에서 유전자 흐름은 살충제 내성을 가지는 몇 가지 대립유전자들이 전 세계적으로 확산되는 결과를 가져왔다. 이들 대립유전자 각각은 지리학적으로 오직 단일 혹은 소수의 지역에서 발생한 돌연변이에 의한 것임이 뚜렷한 유전적 특징을 갖고 있다. 이들 대립유전자는 살충제 저항성을 제공해 주기 때문에 그것들의 기원이 된 집단들에서 빈도가 증가하였다. 그 다음 이 대립유전자들은 다른 새로운 집단들로 옮겨졌는데, 다시 그곳에서 자연선택에 의하여 빈도가 증가하였다.

마지막으로 유전자 흐름은 인간 집단들의 진화적 변화에도 점점 더 중요한 요인이 되어왔다. 오늘날 인간들은 과거에 비해 훨씬 자유롭게 세계 안에서 이주를 하고 있다. 그 결과 과거에는 접촉이 거의 없었던 집단 구성원들 사이의 혼인이 더 흔해지고 그 결과 그 집단들 사이의 대립유전자 교환과 유전적 차이의 감소가 유발된다.

개념 확인 문제 23.3

1. 어떤 의미에서 자연선택이 유전적 부동에 비해서 더 "예측 가능"한가?
2. 유전적 부동과 유전자 흐름이 (a) 어떻게 일어나며, (b) 미래에 한 집단의 유전적 변이에 대해 어떤 의미를 가지는지 구별하여 설명하라.
3. **WHAT IF?** 두 식물 집단이 꽃가루와 씨앗들을 교환한다고 하자. 한 집단에서는 *AA* 유전자형 개체들이 가장 흔한 반면(9,000 *AA*, 900 *Aa*, 100 *aa*), 다른 집단에서는 그 반대의 경우이다(100 *AA*, 900 *Aa*, 9,000 *aa*). 만약 어떤 대립유전자도 선택적 이득이 없다고 한다면 시간이 지났을 때 이 두 집단의 대립유전자와 유전자형 빈도는 어떻게 될 것인가?

정답은 부록 A 참조

개념 23.4

자연선택만이 적응 진화를 일관되게 일으키는 유일한 기작이다

자연선택에 의한 진화는 우연과 "가려내기"의 혼합인데, 우연은 새로운 유전적 변이들이 생성되는(돌연변이처럼) 것이고, 가려내기는 자연선택으로 어떤 대립유전자들이 다른 것들에 비해 더 선호되어 일어난다. 이 선호 효과 때문에 자연선택의 결과는 무작위적이지 않다. 진정 자연선택만이 생식적 이득을 주는 대립유전자들의 빈도를 일관되게 증가시킬 수 있고 그래서 적응적 진화로 이끈다.

자연선택: 자세히 살펴보기

어떻게 자연선택이 적응 진화를 낳게 되는지 조사하기 위해서 우리는 상대적 적응도라는 개념과 그리고 생물체의 표현형이 자연선택을 받는 다른 방식들을 조사하면서 시작할 것이다.

상대적 적응도

"생존경쟁"과 "적자생존"이라는 표현은 자연선택을 묘사하는 데 흔하게 사용되지만, 만약 이 표현들이 개체들 간의 직접적인 경쟁을 뜻하는 것으로 해석되면 오해를 가져온다. 교배하는 권리를 차지하기 위해 흔히 수컷 개체들 사이에서 뿔을 걸어 겨루거나 또는 다른 식으로 싸움을 하는 그런 동물 종들이 있다. 그러나 번식성공도는 이보다 더 미묘하고, 짝을 차지하기 위한 노골적인 싸움 이상의 많은 요인들에 의존한다. 예를 들어, 어떤 따개비는 수중에서 먹이를 수집하는 효율이 더 좋아서 다른 이웃들보다 더 많은 에너지를 비축할 수 있고 따라서 더 많은 수의 알을 낳을 수 있다. 어떤 나방은 몸 색깔이 포식자의 눈을 피하는 데 더 효과적이라서 다른 나방들에 비해서 더 오랜 기간 생존할 가능성이 높아 더 많은 자손을 낳을 수 있다. 이러한 사례들은 주어진 환경에서 특정 형질이 어떻게 더 큰 **상대적 적응도(relative fitness)**로 이어지는지를 설명해준다. 상대적 적응도란 한 개체가 다음 세대의 유전자 풀에 기여하는 정도를 다른 개체들의 기여도와 비교해 상대적인 값으로 나타낸 것이다.

비록 우리가 가끔 유전자형의 상대적 적응도를 언급하지만, 자연선택은 배후에 존재하는 유전자형이 아니라 개체 자체를 대상으로 작용한다는 것을 기억하라. 그러므로 선택은 유전자형보다 표현형에 더 직접적으로 작용하며, 유전자형이 표현형에 미치는 방식을 통하여 유전자형에 간접적으로 작용한다.

방향성 선택, 분단성 선택, 안정화 선택

자연선택은 집단에서 어떤 표현형이 유리한가에 따라 세 가지 방식으로 유전형질의 빈도 분포를 바꿀 수 있다. 이 세 가지 방식의 선택은 방향성 선택, 분단성 선택, 그리고 안정화 선택이다.

방향성 선택(directional selection)은 표현형 분포 범위 안에서 한 쪽 극단에 있는 표현형의 개체들이 선호될 경우 발생한다. 그리하여 표현형 특징들에 관한 집단의 빈도 곡선을 한쪽 또는 그 반대편 쪽으로 이동시킨다(**그림 23.13a**). 방향성 선택은 한 집단의 환경이 변할 때나 집단의 구성원들이 다른 환경 조건들을 가진 새로운 서식지로 이주하는 경우에 흔히 나타난다. 예를 들어, 먹이가 되는 씨앗들의 크기 증가가 갈라파고스의 한 핀치 집단에서 부리 크기의 증가로 이어졌다(그림 23.2).

분단성 선택(disruptive selection)은 조건들이 표현형 분포의 중간형 개체들보다 양 극단에 있는 개체들을 선호할 때 일어난다(**그림 23.13b**). 한 가지 사례는 검은 배를 가졌으며 씨앗을 쪼아 먹는 카메룬의 핀치이다. 이 새의 집단에는 두 가지 확연히 다른 부리 크기가 존재한다. 작은 부리를 가진 새는 부드러운 씨앗들을 주로 먹고 사는 반면 큰 부리를 가진 새들은 딱딱한 씨앗을 먹는 쪽으로 특화되어 있다. 중간 크기의 부리를 가진 새들은 양쪽 씨앗을 쪼는데 모두 비효율적이어서 상대적 적응도가 낮은 것 같다.

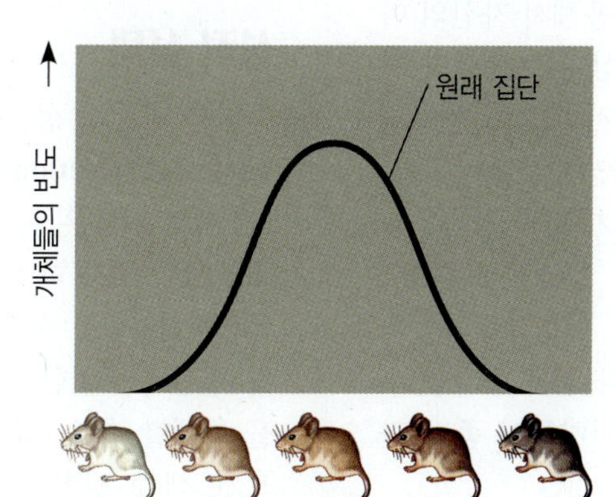

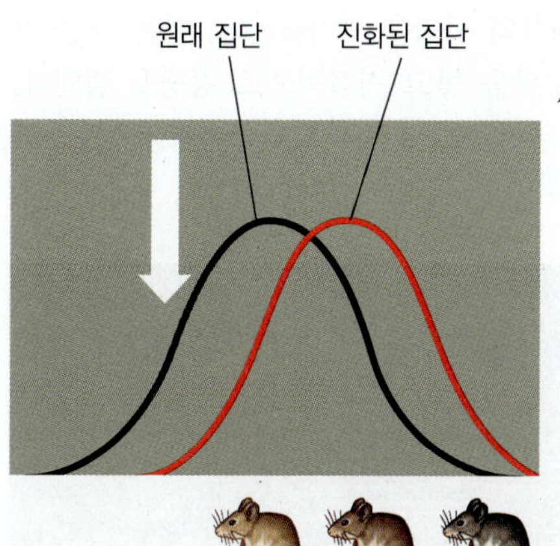

(a) **방향성 선택**은 분포의 한쪽 끝에 있는 변이체들을 선호함으로써 집단의 전반적 조성을 이동시킨다. 이 경우 밝은 색 생쥐들이 불리해지는데 이는 그들이 어두운 색 바위들 사이에서 살고 있어서 포식자들로부터 숨는 것이 어렵기 때문이다.

(b) **분단성 선택**은 분포의 양 끝에 있는 변이체들을 선호한다. 이 생쥐들은 밝고 어두운 바위들이 섞인 고르지 못한 서식지에 이주하였는데, 중간색을 가지는 생쥐들이 불리해지는 결과를 가져온다.

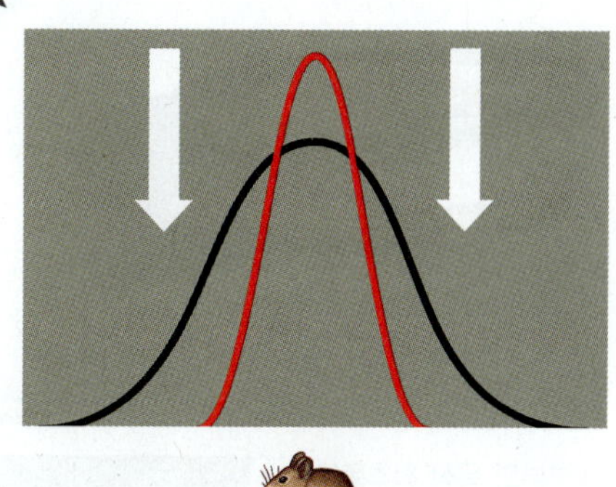

(c) **안정화 선택**은 집단으로부터 극단의 변이체들을 제거하고 중간형들을 보존한다. 만약 중간색의 바위로 이루어진 환경이라면 밝거나 어두운 털색을 가진 생쥐들은 선택적으로 제거될 것이다.

▲ **그림 23.13 선택의 방식.** 이 사례들은 유전되는 털색 변이를 가지고 있는 가상의 흰발 생쥐 한 집단이 진화할 수 있는 세 가지 방식을 설명한다. 털색은 밝은 것에서부터 어두운 것까지의 범위를 가진다. 그림은 다른 털색을 가진 개체들의 빈도가 시간에 따라 어떻게 변하는지를 보여준다. 큰 흰색 화살표는 특정 표현형들에 불리하게 작용하는 선택 압력을 상징한다.

MAKE CONNECTIONS 그림 21.13을 검토하라. 도입된 모감주나무를 섭식하는 무환자나무 벌레 집단들에서는 어떤 선택 방식이 일어났는가? 설명하라.

안정화 선택(**stabilizing selection**)은 양 극단의 표현형을 제거하는 쪽으로 작용하고, 중간형들을 선호한다(그림 23.13c). 이 방식의 선택은 변이를 줄이고 특정 표현형의 현재 상태를 그대로 유지한다. 예를 들어, 인간의 갓난아이 체중은 3~4 kg 범위 안에 있는데, 이보다 더 작거나 큰 아이들은 사망률이 높다.

그러나 선택 방식에 상관없이 기본적 방식은 여전히 똑같다. 선택은 유전되는 표현형질이 더 높은 번식 성공도를 제공하는 개체들을 선호하여 이루어진다.

적응 진화에서 자연선택의 핵심적인 역할

생물의 적응에는 놀랄 만한 사례들이 많다. 예를 들어 어떤 문어 종류들은 색을 재빨리 변화시킬 수 있는 능력을 가지는데 이러한 변화를 통해 서로 다른 배경색에 자신을 맞춰 간다. 또 다른 사례는 주목할 만한 뱀의 턱인데, 뱀은 이 턱을 사용해서 자신의 머리보다 큰 먹이를 삼킬 수 있다(수박 한 통을 삼키는 사람의 묘기에 비유될 수 있음; 그림 23.14). 저온 환경에서 기능이 향상되는 효소의 버전과 같이, 겉으로 보기엔 눈에 확연히 드러나진 않지만 생존과 번식 차원에선 비슷하게 중요성을 가진 다른 적응들이 존재한다.

그와 같은 적응들은 생존과 번식을 높이는 대립유전자들의 빈도를 증가시키는 자연선택에 의해 시간에 따라 점차 증가할 수 있다. 유리한 형질을 가진 개체들의 비율이 증가하듯이 종과 환경 사이의 어울림은 향상된다. 즉, 적응 진화가 일어난다. 그러나 어느 생물을 둘러싼 환경을 구성하고 있는 물리적 생물학적 요소들은 시간에 따라 변할 수 있다. 그 결과 적응 진화를 계속적으로 역동적 과정이 되게 하는, 생물과 환경 사이에 이루어진 "좋은 어울림"에 관련된 요소들은 움직이는 표적과 같다고 할 수 있다.

유전적 부동과 유전자 흐름은 어떠한가? 사실 두 가지 모두 생물과 환경 사이의 어울림을 높일 수 있는 대립유전자 빈도를 증가시킬 수 있지만, 그 어느 것도 일관되게 증가시키지는 못한다. 유전적 부동은 약간 이로운 대립유전자 빈도를 증가시킬 수 있지만 마찬가지로 그 같은 대립유전자 빈도를 감소시킬 수도 있다. 이와 유사하게 유전자 흐름도 유리한 대립유전자들을 도입할 수도 있지만 또한 불리한 대립유전자들도 도입할 수 있다. 자연선택만이 적응 진화로 일관되게 인도하는 유일한 진화 기작이다.

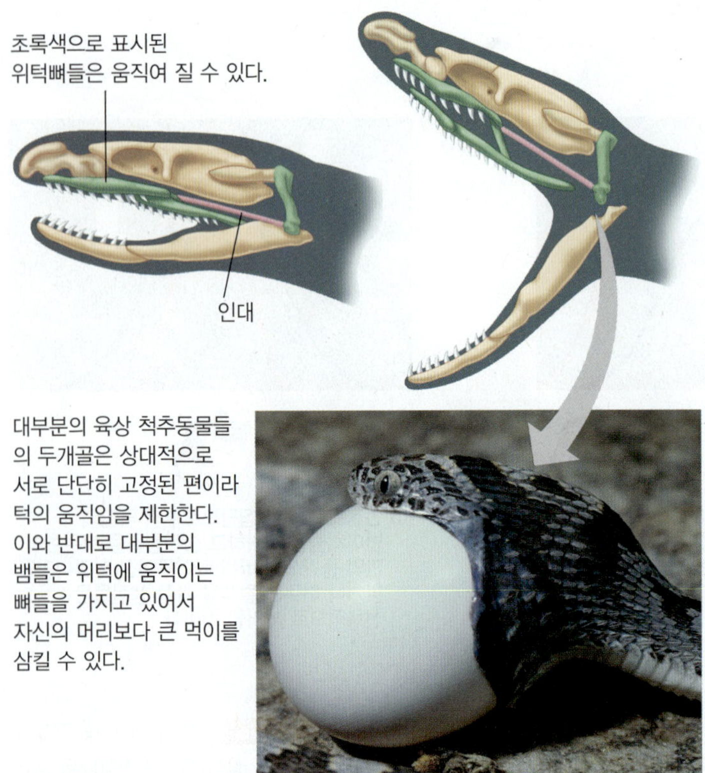

▲ 그림 23.14 **뱀의 움직이는 턱뼈들**

성적 선택

다윈은 짝짓기 성공에 관한 자연선택의 한 가지 유형인 **성적 선택(sexual selection)**이 가지는 의미를 제일 먼저 탐구한 사람이다. 성적 선택은 특정 유전형질을 가진 개체들이 그렇지 않은 개체들에 비해서 더 많은 짝을 얻을 가능성이 있다는 내용의 자연선택이다. 성적 선택은 한 종에 속하는 암컷들과 수컷들 사이 2차 성징에 뚜렷한 차이가 나는 **성적 이형성(sexual dimorphism)**을 초래할 수 있다(그림 23.15). 성별 간에 차이를 내는 성징들은 크기, 색깔, 장식, 그리고 행동을 포함한다.

성적 선택은 어떻게 작동하는가? **동성내 선택(intrasexual selection)**은 같은 성 안에서의 선택을 의미하는데, 같은 성을 가지는 개체들이 다른 성의 짝을 놓고 직접적으로 경쟁을 벌인다. 많은 종에서 동성내 선택은 수컷들에서 나타난다. 예를 들면, 한

▲ 그림 23.15 **성적 이형성과 성적 선택.** 공작 수컷(위에서 왼쪽)과 암컷(위에서 오른쪽)은 성적 이형성의 극단을 보여준다. 공작의 암컷들이 가장 화려한 수컷들을 고르는 이성간 선택이, 경쟁하는 수컷들 사이에서 벌어지는 동성내 선택에 이어서 발생한다.

마리의 수컷이 암컷 한 무리를 보호하면서 다른 수컷들이 그 암컷들과 교미하지 못하도록 막는다. 그 수컷은 때로 자기보다 작거나 약하거나 덜 사나운 수컷들을 싸움에서 물리쳐서 자신의 지위를 지킬 것이다. 종종 그 수컷은 직접 싸우는 경우보다는 잠재적인 경쟁자들의 기세를 꺾지만 자신의 적응도를 낮출 수 있는 부상을 피할 수 있는 의식화된 행동을 통해 심리적인 승리를 쟁취하는 경우가 더 많다(그림 52.16). 동성내 선택 또한 알락꼬리 여우원숭이(ring-tailed lemur)와 넓적코 실고기(broad-nosed pipefish) 경우처럼 다양한 종들의 암컷들 사이에서 일어난다.

짝 선택(mate choice)으로도 불리는 **이성간 선택(intersexual selection)**의 경우, 한쪽 성(보통 암컷들)의 개체들이 반대편 성을 가진 그들의 짝을 고를 때에 좀 더 까다롭다. 많은 경우 암컷의 선택은 수컷의 외양이나 행동의 화려함에 의존한다(그림 23.15). 다윈은 일부 수컷이 나타내는 화려함이 어떤 방식으로든 적응과는 무관해 보이며 또 사실 위험을 불러올 수 있다는 점에서 성적 선택에 관하여 호기심을 갖게 되었다. 예를 들어, 선명한 깃털은 포식자들 눈에 잘 띄게 만든다. 그러나 그와 같은 형질들이 수컷이 짝을 얻는 데 도움이 된다면, 그리고 이 이익이 포식자에게 받는 위협보다 크다면, 수컷의 선명한 깃털과 선명한 깃털에 대한 암컷의 선호 모두는 강화될 것이다. 왜냐하면 그 두 가지 모두가 번식 성공도를 높이기 때문이다.

수컷의 특정 형질들에 대한 암컷의 선호가 어떻게 진화하는가? 한 가지 가설은 암컷들이 "좋은 유전자들"과 상관관계가 있는 수컷의 형질들을 선호한다는 것이다. 만약 암컷에 의해 선호되는 그 형질이 수컷의 전반적인 유전적 질을 나타내는 것이라면, 수컷의 형질과 또 이것에 대한 암컷의 선호는 그 빈도가 증가할 것이다. **그림 23.16**도 이 가설을 검증하는 회색나무 청개구리 실험을 설명하고 있다.

다른 연구자들도 암컷들에게 선호되는 형질들이 수컷의 전반적인 건강과 관련되어 있음을 몇 가지 조류 종들에서 보여주었다. 여기서 암컷의 선호는 "좋은 유전자"들을 반영하는 형질들에 기반을 두는 것 같았으며, 이 경우의 대립유전자들은 건강한 면역계를 나타낸다.

균형선택

지금까지 보았듯이 유전적 변이는 선택의 영향을 받는 좌위들에서도 자주 관찰된다. 선택이 그 좌위들에서 불리한 대립유전자들을 도태시켜서 변이를 줄이는 것을 막는 것은 무엇일까? 앞에서 언급했듯이 이배체 생물들의 이형접합성 개체들이 가지고 있는 불리한 많은 열성 대립유전자들은 선택에 대해 숨기 때문에 지속된다. 이와 함께 선택 자체는 일부 유전자 좌위에서 변이를 보존할 수도 있는데, 그 결과 한 집단에 둘 이상의 유형들을 유지시킨다. **균형선택(balancing selection)**으로 알려져 있는 이 종류의 선택은 잡종강세와 빈도 의존적 선택을 포함한다.

▼ 그림 23.16 탐구

암컷들은 "좋은 유전자들"을 나타내는 형질들에 기초하여 짝들을 선택하는가?

실험 암컷 회색나무 청개구리(*Hyla versicolor*)들은 긴 짝짓기 울음소리를 내는 수컷들과 짝짓기하기를 선호한다. 미주리대학의 웰치(Allison Welch)와 동료들은 긴 울음(LC)을 가진 수컷들의 유전적 구성이 짧은 울음(SC)을 가진 수컷들 보다 더 우세한지를 시험하였다. 이 연구자들은 각각의 암컷들이 산란한 난자들의 절반을 LC 수컷 정자와 수정시켰고, 나머지 반은 SC 수컷의 정자와 수정시켰다. 두 번에 걸친 분리된 실험으로(한 번은 1995년에, 그리고 나머지 한 번은 1996년에) 태어난 자손들은 똑같은 환경에서 길러졌고, 그들의 생존과 성장이 조사되었다.

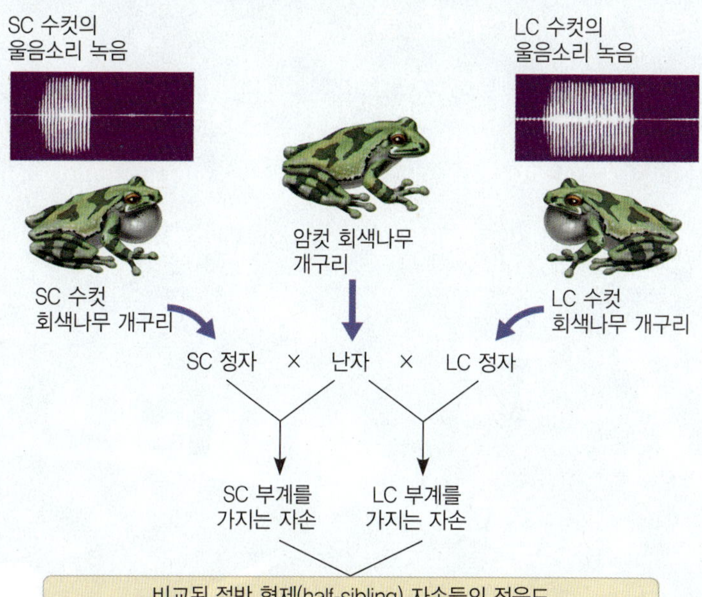

결과

자손의 능력	1995	1996
유생 생존	LC가 더 나음	NSD
유생 생장	NSD	LC가 더 나음
변태까지 시간	LC가 더 나음(더 짧음)	LC가 더 나음(더 짧음)

NSD = 유효한 차이 없음; LC 가 더 나음 = LC 수컷들의 자손들이 SC 수컷의 자손들보다 우세함.

결론 LC 수컷을 부계로 하는 자손들이 SC 수컷을 부계로 하는 자손들보다 더 나은 결과를 냈기 때문에, 이 연구 팀은 수컷의 짝짓기 울음소리의 길이가 수컷의 전반적인 유전적 질을 나타낸다고 결론 내렸다. 이 결과는 암컷의 짝짓기 선택이 수컷이 가진 어떤 형질에 기반할 수 있다는 가설을 지지해 주는데, 여기서 그 형질은 어느 수컷이 "좋은 유전자들"을 가졌는지를 나타내 주는 형질이다.

참고문헌 A. M. Welch et al., Call duration as an indicator of genetic quality in male gray tree frogs, *Science* 280:1928–1930 (1998).

탐구 활동 논문을 읽고 분석하여 과학 논문을 해석해보자.

WHAT IF? 왜 이 연구자들은 각각의 암컷 청개구리가 낳은 난자들을 반으로 나눠 둘로 만든 후 다른 수컷들로 수정시켰을까? 왜 그들은 각각의 암컷들을 하나의 수컷 청개구리하고만 짝짓게 하지 않았을까?

▼ 그림 23.17

MAKE CONNECTIONS

낫모양적혈구 대립유전자

이 어린이는 낫모양적혈구 대립유전자 사본 두 개를 가진 개인들에게 발생하는 유전적 이상인 낫모양적혈구병을 갖고 있다. 이 대립유전자는 적혈구 내 산소를 운반하는 단백질인 헤모글로빈의 구조와 기능에 이상을 일으킨다. 치료를 하지 않으면 낫모양적혈구병은 치명적인데도, 일부 지역에서 이 낫모양적혈구 대립유전자는 15~20% 가량 매우 높은 빈도까지 도달할 수 있다. 해로운 대립유전자가 어떻게 이와 같이 흔할 수 있을까?

분자 수준에서의 사건들

- 점돌연변이에 의해서 낫모양적혈구 대립유전자는 야생형 대립유전자와 단 하나의 뉴클레오타이드가 다르다. 그림 17.25 참조.
- 그렇게 해서 생긴 단 하나의 아미노산 변화는 저산소 조건에서 낫모양적혈구의 헤모글로빈 단백질들 사이에 소수성의 상호작용으로 이어진다.
- 그 결과 낫모양적혈구 단백질들은 서로 사슬처럼 결합되어 섬유를 형성한다.

세포에 생긴 결과들

- 그 비정상의 헤모글로빈 섬유는 심장으로 되돌아가는 혈관들에서 발견되는 저산소 조건에서 적혈구를 낫모양으로 변형시킨다.

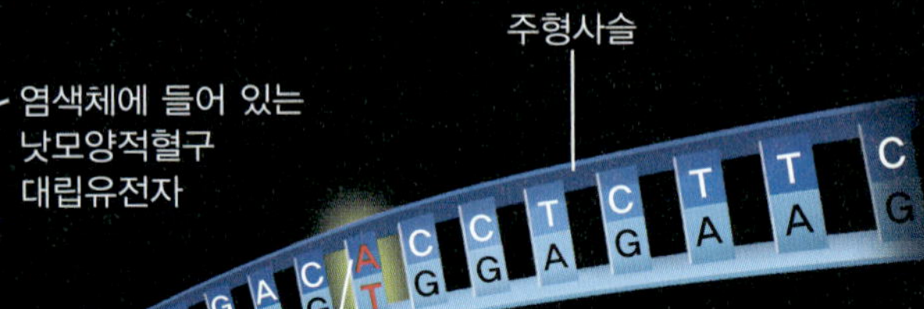

낫모양적혈구 대립유전자의 주형사슬에서 하나의 아데닌 염기가 티민 염기를 대체하는데, 이는 전사에 의해 생성된 mRNA에서 코돈 하나를 변화시킨다. 이 변화는 낫모양적혈구 헤모글로빈에서 아미노산 하나의 변화로 이어진다: 한 자리에서 발린이 글루타민산을 대체한다. 그림 5.19 참조.

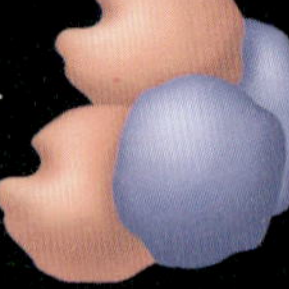

낫모양적혈구 헤모글로빈

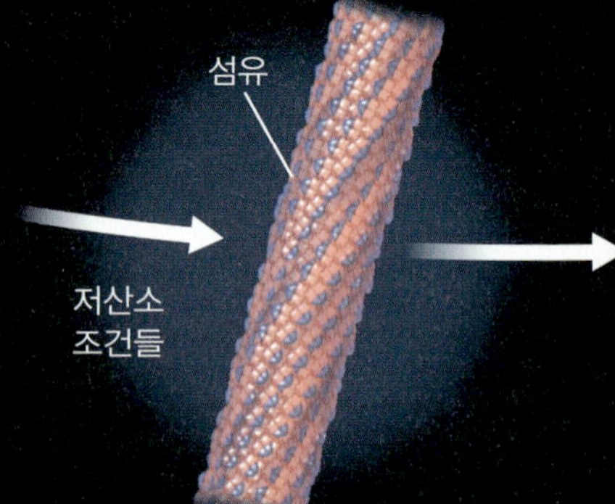

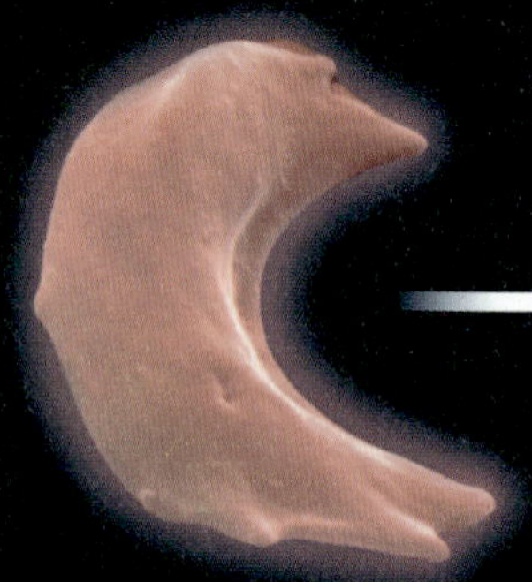

낫모양적혈구 세포

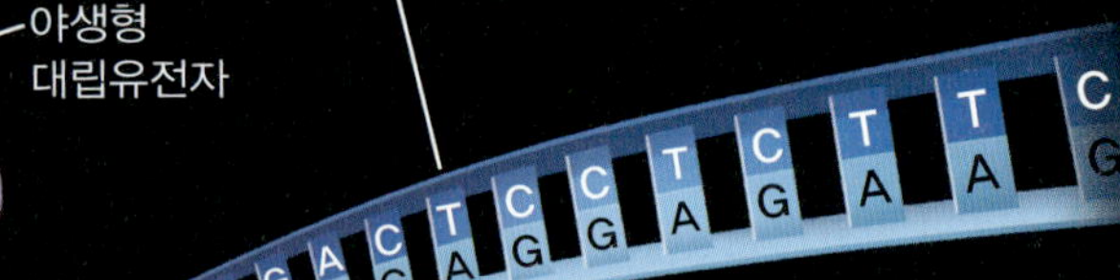

정상 헤모글로빈
(섬유로 응집하지 않음)

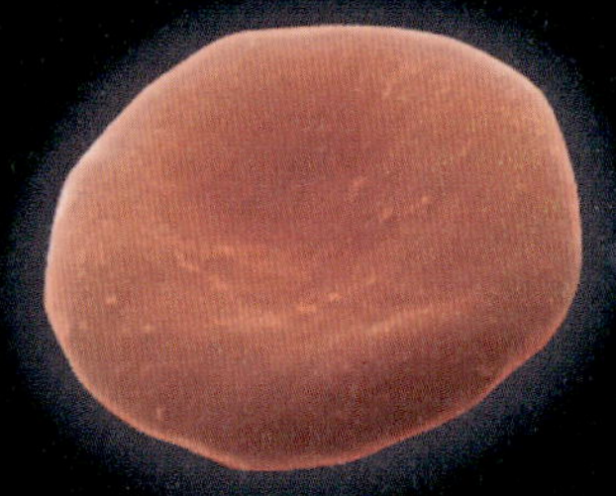

정상 적혈구 세포

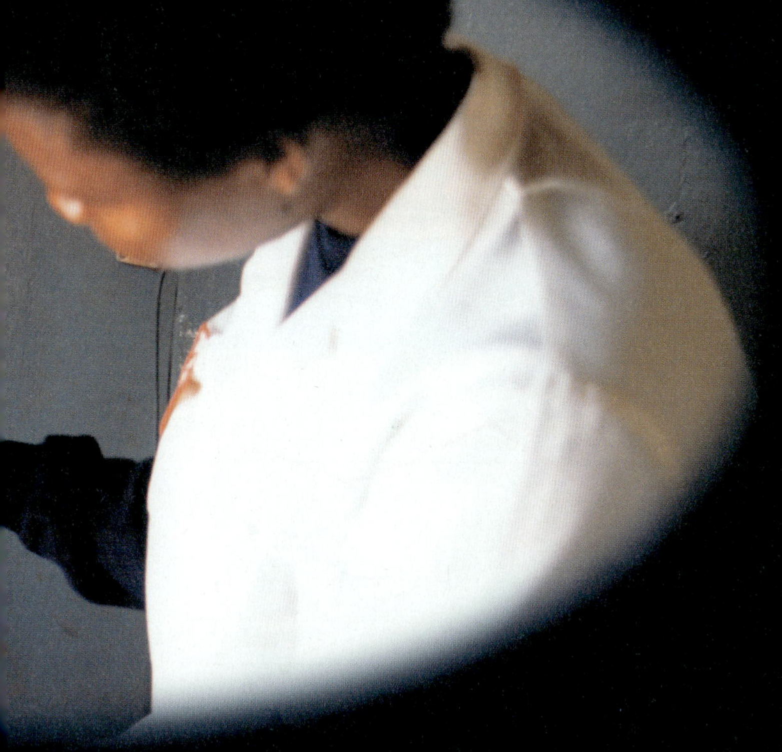

개인들에 미치는 효과

- 낫모양적혈구 형성은 낫모양적혈구 대립유전자 사본 두 개를 가진 동형접합자들이 낫모양적혈구병을 앓게 만든다.
- 이형접합자들에게서도 일부 낫모양적혈구병 증세가 발생하지만 병을 일으킬 정도는 아니다. 그들은 낫모양적혈구 형질을 가진다. 그림 14.17 참조.

동형접합자의 낫모양적혈구 세포들은 작은 혈관을 막으며 심한 고통을 유발하고 심장, 신장, 뇌 같은 기관에 손상을 준다.

정상의 적혈구 세포들은 유연하며 작은 혈관을 자유롭게 흘러갈 수 있다.

감염된 모기가 사람을 물을 때 말라리아를 퍼트린다. 그림 28.16 참조

집단들에서의 진화

- 낫모양적혈구 대립유전자에 대해서 동형접합자들은 낫모양적혈구병으로 인한 사망률 때문에 강력히 도태된다. 이와 반대로 이형접합자들은 낫모양병으로 인한 해는 별로 받지 않고, 말라리아에 걸려도 동형접합자들에 비해서 살아날 가능성이 더 높다.
- 말라리아가 흔한 지역들에서는 이와 같이 서로 반대되는 선택압들의 최종 효과는 잡종강세로 나타나다. 이것은 집단들에서 진화적인 변화를 일으켰다. 그 결과로, 아래 지도에 표시된 지역들에서 낫모양적혈구 대립유전자 빈도가 상대적으로 높게 나타난다.

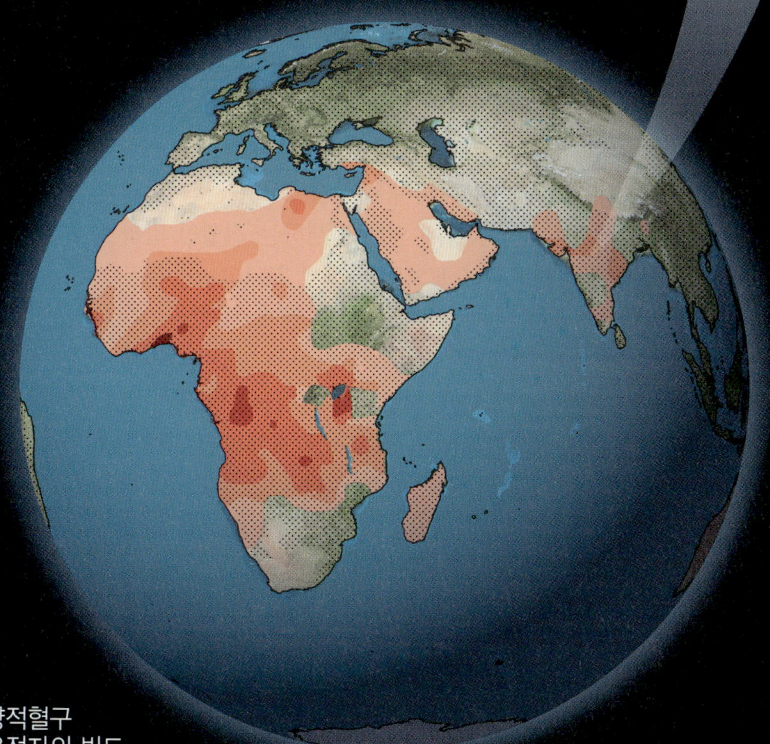

MAKE CONNECTIONS 말라리아가 없는 지역에서 낫모양적혈구 대립유전자에 대해 이형접합성인 개인들은 선택될까 아니면 도태될까? 설명하라.

잡종강세

어떤 유전자 좌위에서 이형접합성 개체들이 동형접합자들에 비해서 적응도가 더 높다면, 이 개체들은 **잡종강세(heterozygote advantage)**를 보인다. 이 경우 자연선택은 그 유전자 좌위에서 둘 이상의 대립유전자를 유지하려는 경향을 보인다. 잡종강세가 표현형이 아니라 유전자형(genotype)의 차원에서 정의됐다는 것을 주목하라. 그러므로 잡종강세가 안정화 선택을 할지, 혹은 방향성 선택을 할지 여부는 유전자형과 표현형 사이의 관계에 달려 있다. 예를 들어, 이형접합자의 표현형이 두 동형접합자의 중간이라면 잡종강세는 안정화 선택 유형을 나타낸다.

잡종 강세의 한 사례는 인간의 적혈구 세포에서 산소를 운반하는 단백질인 헤모글로빈의 β-폴리펩타이드 소단위를 암호화하는 유전자 좌위에서 발생하는 것이다. 이 유전자 좌위에서 어떤 한 유형의 열성 대립유전자에 대해 동형접합인 개체들은 낫모양적혈구빈혈증을 앓는다. 낫모양적혈구빈혈증을 가진 사람들의 적혈구는 흔한 모세혈관 상태인 저산소 조건들에서 모양이 변형되거나 낫모양(sickled)이 된다(그림 5.19). 이 낫모양의 세포들은 서로 응집될 수 있고 모세혈관의 혈류를 막을 수 있다. 이것은 신장, 심장, 그리고 뇌 같은 기관들에서 심각한 손상을 일으킨다. 이형접합성일 때는 일부 적혈구 세포들이 낫모양으로 변한다 해도 낫모양적혈구증을 일으킬 정도까지는 아니다.

낫모양적혈구 대립유전자에 대해서 이형접합성인 사람은 적혈구 세포를 감염시키는 기생생물에 의해 발생하는 질병인 말라리아의 가장 심각한 증세로부터 보호된다(그림 28.16). 이 부분적 보호의 한 가지 이유는 낫모양적혈구가 몸 안에서 재빨리 파괴되기 때문에 발생하며 그 결과 적혈구가 가지고 있던 그 기생생물들이 죽는다. 말라리아가 주요 사망요인인 열대 지역에서 말라리아로부터의 보호는 중요하다. 이 지방의 환경에서는 말라리아 효과에 더 취약한 우성 동형접합 개체들보다 이형접합자가 자연선택에 유리하며, 또한 낫모양적혈구빈혈증에 걸리는 열성 동형접합 개체들보다도 자연선택에 유리하다. 다음 두 페이지에 있는 그림 23.17을 더 탐구해보면, 이 선택압들은 말라리아 기생생물이 흔한 지역들에서 낫모양적혈구 대립유전자의 빈도를 상대적으로 높은 수준에 도달하게 만들었음을 알 수 있다.

빈도 의존적 선택

이 **빈도 의존적 선택(frequency-dependent selection)**의 경우 한 표현형의 적응도는 그 표현형이 그 집단 내에 얼마나 흔한가에 달려 있다. 아프리카 탕가니카 호수에 서식하는 비늘을 먹는 물고기(*Perissodus microlepis*)를 살펴보자. 이 물고기는 뒤쪽에서 다른 물고기들을 공격하는데, 쏜살같이 돌진하여 먹이 옆구리에 있는 몇 개의 비늘을 뽑아 먹는다. 이 비늘을 먹는 물고기의 한 가지 특징이 흥미로운데, 일부는 입이 왼쪽으로 치우쳐 있고 또 일부는 오른쪽으로 치우쳐 있다는 점이다. "오른쪽으로 치우친 입"을 갖게 하는 대립유전자가 "왼쪽으로 치우친 입"의 대립유전자에 대해서 우성을 나타내는 멘델의 유전법칙이 그 표현형들을 결정한다. 왼쪽으로 입이 치우쳐 있는 물고기들은 항상 그들 먹잇감의 오른쪽 옆구리를 공격한다(그림 23.18). (왜인가를 알아내기 위해서 여러분의 아래턱과 입술을 왼쪽으로 삐뚤어지게 해 본 다음 뒤에서 다가가면서 물고기 왼쪽을 한 입 깨무는 것을 상상해 보라.) 마찬가지로 오른쪽으로 입이 치우친 물고기들은 항상 먹이의 왼쪽을 공격한다. 먹이가 되는 종들은 이 비늘을 먹는 물고기 가운데 호수에서 가장 흔한 표현형의 공격에 대해 경계를 하고 있다. 그러므로 해마다 자연선택은 빈도가 흔치 않은 입 모양을 가진 물고기들을 선호한다. 그 결과 왼쪽과 오른쪽으로 치우친 입을 가진 물고기들의 빈도는 시간에 따라 진동한다. 그리고 균형선택(빈도 의존성에 따른)은 각각의 표현형 빈도를 50% 가깝게 유지한다.

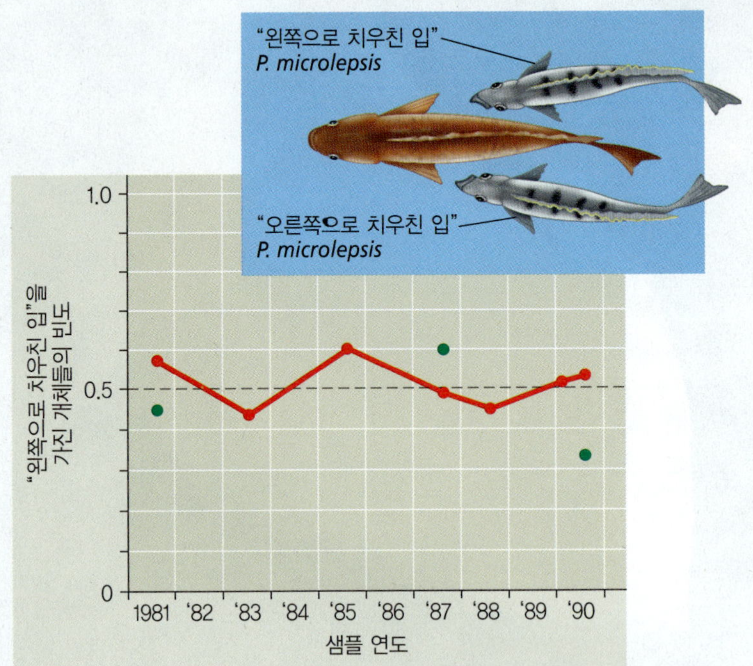

© 1993 AAAS

▲ **그림 23.18 빈도 의존적 선택.** 비늘을 먹는 물고기, *Perissodus microlepis*.한 집단에서 입이 왼쪽으로 치우친 개체들의 빈도는(빨간색 자료 점들) 규칙적으로 증감을 한다. 새끼를 낳은 성체들 가운데 왼쪽으로 치우친 입을 가진 개체들의 빈도도 세 해에 걸쳐서 샘플채집을 통해 기록되었다(녹색의 점으로 표시된 자료).

INTERPRET THE DATA 입이 왼쪽으로 치우친 개체들의 빈도를 번식을 하는 성체들에서 측정한 값과 전체 집단에서 측정한 값과 비교하라. 이 자료는 언제 자연선택이 입이 오른쪽으로 치우친 개체들보다 왼쪽으로 치우친 개체들을 선호하는지(혹은 그 반대의 경우에도)에 관한 질문에 대해서 무엇을 제시하나? 설명하라.

자연선택은 왜 완벽한 생물들을 만들 수 없는가

자연선택이 적응으로 이어지지만, 자연에는 그들의 생활양식과 관련해서 완벽하지는 못한 적응을 보여주는 생물들 사례가 아주 많다. 왜 그런지는 몇 가지 이유들로 설명할 수 있다.

1. **선택은 이미 존재하는 변이들을 편집할 수 있을 뿐이다.** 자연선택은 비록 완전무결한 형질들이 아닐지라도 오직 현재 집단에 있는 표현형들 중 최적의 표현형들에게만 유리할 뿐이다. 새롭고 이로운 대립유전자들은 필요하다고 해서 생겨나는 것은 아니다.
2. **진화는 역사적 제약을 받는다.** 각 종들은 조상형들로부터 변형된 혈통(변화의 대물림) 유산을 가지고 있다. 진화는 조상의 해부학적 특징들을 하나씩 뽑아내어 그로부터 새롭고 복잡한 개별 구조들을 만들어 내는 것이 아니다; 그보다는, 이미 존재하는 구조를 받아들여서 그것들을 새로운 상황들에 적응시킨다. 만약 육상형 동물이 나는 것이 더 유리한 환경에 적응하여 진화를 한다고 할 때, 날개 역할을 할 팔(다리)이 없다가 새로 생겨나는 것을 상상해 볼 수 있다. 그러나 진화는 이런 방식으로 작동하지 않는다. 대신 진화는 동물이 이미 가지고 있는 형질에 작용한다. 그러므로 조류와 박쥐에서는 날지 못하는 조상들로부터 진화하면서 이미 존재하던 한 쌍의 팔이 날기 위한 기능을 담당하게 되었다.
3. **적응은 때때로 절충이다.** 각각의 생물은 다른 많은 일들을 수행해야만 한다. 물개는 바위 위에서 일부 시간을 보낸다. 만약 물개가 지느러미 대신에 다리를 가지고 있다면 바위 위로 오르는 일을 훨씬 잘 할 테지만, 결코 헤엄을 잘 칠 수는 없을 것이다. 우리 인간은 쥐어 잡기에 적합한 손과 구부러지기 쉬운 다리를 가지고 있기 때문에, 다재다능한 기능과 운동성을 갖출 수 있다. 그렇지만 동시에 우리는 이러한 구조들 때문에 쉽게 손발이 삐거나, 인대가 끊어지거나, 관절 탈구를 당할 수 있다. 구조적 강화는 민첩성을 위해서 희생되었다.
4. **우연과 자연선택 그리고 환경은 상호작용한다.** 우연한 사건들은 그 사건 이후로 집단의 진화적 역사에 영향을 줄 수 있다. 예를 들어, 폭풍이 곤충들이나 새들을 바다 너머 수백 킬로미터 떨어진 섬으로 날려 보낼 때, 이 바람이 반드시 그 새로운 환경에 최적인 개체들을 옮겨오는 것은 아니다. 따라서 창시 집단의 유전자 풀에 있는 모든 대립유전자들이 "뒤에 남겨진" 대립유전자들보다 새로운 환경에 더 적합한 것은 아니다. 이에 덧붙여 어떤 위치의 환경은 1년 단위에서 예상할 수 없는 방식으로 변할 수 있는데, 이러한 변화는 다시 적응적 진화가 생물과 현재의 환경 조건 사이에 긴밀한 조화를 가져오게 하는 범위를 제한한다.

이 네 가지 제약들로 인해서 진화는 완전한 생물을 만들어 낼 것 같지 않다. 자연선택은 "다른 것보다는 더 나은"이라는 기조로 작용한다. 사실 우리는 진화의 결과로 생겨난 많은 불완전한 생물들을 통해서 진화의 증거를 볼 수 있다.

개념 확인 문제 23.4

1. 불임 노새의 상대적 적응도는 얼마인가? 설명하라.
2. 왜 자연선택만이 일관되게 적응적 진화를 낳는 유일한 기작인지를 설명하라.
3. **WHAT IF?** 어느 한 집단의 한 유전적 좌위에서 이형접합성인 개체들이(동형접합자들보다 큰 경우와 같이) 선택 이익을 주는 가장 극단적인 표현형을 가진다고 생각하자. 이러한 상황은 방향성, 분단성, 또는 안정화 선택 가운데 어느 것을 나타내는가? 설명하라.

정답은 부록 A 참조

23장 복습

핵심 개념의 요약

개념 23.1

유전적 변이는 진화를 가능하게 한다

- **유전적 변이(genetic variation)**는 한 집단 내 개체들 간의 유전적 차이를 가리킨다.
- 유전적 변이의 기초를 제공하는 뉴클레오타이드 차이들은 돌연변이와 유전자 중복이 새로운 대립유전자들과 유전자들을 만들어 낼 때 기원한다. 새로운 유전적 변이체들은 짧은 세대 시간을 가지는 종들에서 빠르게 생성된다. 유성생식 생물들의 개체 간 유전적 차이의 대부분은 교차, 독립적 염색체 분리, 그리고 수정에 의한 것이다.

? 일반적으로 한 유전적 좌위 안에서 발생한 대부분의 뉴클레오타이드 변이성은 표현형에 영향을 주지 않는다. 왜 그런지 설명하라.

개념 23.2

하디-바인베르크 방정식은 집단이 진화하고 있는지 시험해 보는 데 사용될 수 있다

- 한 종에 속하며 한 지역에 서식하는 생물들 그룹을 의미하는 **집단(population)**은 그것의 **유전자 풀(gene pool)**에 의해서 통합되어 있으며, 그 유전자 풀은 그 집단 내에 존재하는 모든 대립유전자들의 집합체이다.
- **하디-바인베르크 평형(Hardy-Weinberg equilibrium)** 상태에 있는 한 집단에서, 만약 그 집단의 크기가 크고, 무작위 짝짓기를 하며, 돌연변이는 무시할 정도이고, 유전자 흐름이 없고, 자연선택이 없다면, 그 집단의 대립유전자와 유전자형 빈도는 일정하게 유지될 것이다. 이러한 집단에서 어느 유전자 좌위에 대립유전자가 2개만 있고 각각의 상대 빈도를 p와 q로 나타낸다면 p^2은 한 종류의 동형접합자 빈도를, q^2은 다른 한 동형접합자 빈도를, 그리고 $2pq$는 이형접합자의 유전자형 빈도를 나타낸다.

? 어느 집단에서 관찰한 유전자형 빈도로부터 p와 q 빈도를 계산하고 다시 이 값들을 사용해서 그 집단이 하디-바인베르크 평형에 있는지를 시험해 보는 방식은 환원적인 논리인가? 답을 제시해 보라.

개념 23.3

자연선택, 유전적 부동, 유전자 흐름은 한 집단의 대립유전자 빈도를 바꿀 수 있다

- 자연선택에서는 어떤 특정 유전 형질들을 가진 개체들이 이 형질들로 말미암아 그렇지 않은 개체들에 비해서 더 높은 비율로 생존하고 생식하는 경향이 있다.
- **유전적 부동(genetic drift)**에서는 세대를 지나면서 일어나는 대립유전자 빈도의 우연한 변동이 유전적 변이를 줄이는 경향이 있다.
- 집단들 사이의 유전자 교환인 **유전자 흐름(gene flow)**은 시간이 지나면서 집단들 사이의 차이를 줄이는 경향이 있다.

? 두 개의 작은 집단들이 환경이 서로 다른 지역에 지리적으로 고립되어 있다고 할 때 그 두 집단이 서로 비슷한 방식으로 진화할 가능성이 있을까? 설명하라.

개념 23.4

자연선택만이 적응 진화를 일관되게 일으키는 유일한 기작이다

- 한 개체가 다른 개체에 비해서 더 많은 생식 가능한 자손을 남기면 그 개체는 다른 개체보다 더 큰 **상대적 적응도(relative fitness)**를 가진다. 자연선택의 방식들은 표현형에 미치는 그들의 효과 측면에서 다르다:

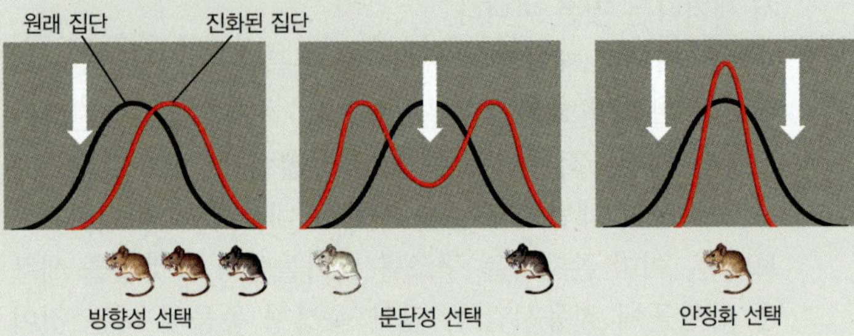

- 유전적 부동과 유전자 흐름과는 달리 자연선택은 생존과 생식을 증가시키는 대립유전자 빈도를 증가시키고, 그렇게 해서 생물들과 그들의 환경 사이의 어울림을 일관되게 향상시킨다.
- **성적 선택(sexual selection)**은 개체들이 짝짓기를 할 때 유리하게 해주는 2차 성징들의 변화에 영향을 준다.
- **균형 선택(balancing selection)**은 자연선택이 둘 이상의 유형을 유지할 때 일어난다.
- 진화에는 제약들이 존재한다. 자연선택은 이미 있는 변이에 작용할 수 있을 뿐이고, 구조들은 조상의 해부학적 구조를 바탕으로 변형되고, 적응은 때때로 절충적이며, 그리고 우연, 자연선택, 환경이 상호작용한다.

? 암컷들이 수컷들을 놓고 짝짓기 경쟁을 벌이는 종에서 암수 간에 2차 성징들은 어떻게 다를 수 있을까?

생각해보자

수준 1: 지식/이해

1. 일부 ______________은 다른 것들에 비해서 더 잘 생존하고 생식을 하기 때문에, 자연선택은 대립유전자 빈도를 변화시킨다.
   a. 대립유전자들　　b. 유전자좌위들
   c. 종들　　d. 개체들
2. 일란성 쌍생아를 제외하고 유전적으로 동일한 사람들은 없다. 사람들 사이에 유전적 변이의 주된 원천은?
   a. 앞 세대에서 발생한 새로운 돌연변이들
   b. 유전적 부동
   c. 유성생식에서 일어나는 대립유전자들의 새로운 섞임
   d. 환경적 효과

수준 2: 응용/분석

3. 어느 한 유전자 좌위에서 뉴클레오티드 변이성이 0%이면, 그 유전자 좌위의 유전자 변이성과 대립유전자 수는 얼마인가?
   a. 유전자 변이성 = 0%; 대립유전자 수 = 0
   b. 유전자 변이성 = 0%; 대립유전자 수 = 1
   c. 유전자 변이성 = 0%; 대립유전자 수 = 2
   d. 유전자 변이성 = 70%; 대립유전자 수 = 2

4. 1번 집단에 25개체들이 있고 유전자형이 모두 *AA*이다. 2번 집단에는 40개체들이 있고 모든 유전자형이 *aa*이다. 이 두 집단이 서로 멀리 떨어져 있고 환경 조건들이 매우 유사하다고 가정하자. 이 주어진 정보를 근거로 할 때 관찰된 유전적 변이의 대부분은 무엇으로 인한 것인가?
   a. 유전적 부동　　b. 유전자 흐름
   c. 비무작위 교배　　d. 방향성 선택

5. 한 초파리 집단이 어느 한 유전자에 *A1*과 *A2* 두 대립유전자를 가지고 있다. 조사를 했더니 이 집단에서 생산된 배우자들의 70%가 *A1* 대립유전자를 가지고 있다. 만약 이 집단이 하디-바인베르크 평형상태에 있다면, *A1*과 *A2* 둘 다를 갖는 개체들의 비율은 얼마인가?
   a. 0.7　　b. 0.49
   c. 0.42　　d. 0.21

수준 3: 종합/평가

6. **진화적 관점**
   최소한 두 가지 사례를 들어서 진화과정이 어떻게 살아 있는 생물들의 불완전성을 통해 드러나는지를 설명하라.

7. **과학적 탐구**
   INTERPRET THE DATA 연구자들은 뉴욕 롱아일랜드 섬 주변에서 해양성 홍합인 진주담치(*Mytilus edulis*)의 유전적 변이를 연구하였다. 그들은 염분과 물의 균형을 조절하는 데 관여하는 효소의 특정 대립유전자(lap^{94}) 빈도를 홍합에서 측정하였다. 이 연구자들은 대립유전자 빈도 값들을 샘플 채집 장소와 연관시켜서 지도에 표시하였는데, 염분 농도가 변하는 롱아일랜드 해협과 염분 농도가 일정한 대양 쪽 해안선을 따라 표시하였다.
   이들 11개 장소의 대립유전자(lap^{94}) 빈도에 관한 원그래프로부터 측정된 빈도 값을 나타내는 표를 만들어 보라.(힌트: 원그래프를 시계로 생각하면 색이 다른 면의 면적 비율을 계산하는 데 도움이 된다.) 1번부터 8번까지 빈도 그래프를 작성해 보고 롱아일랜드 해협(남서쪽으로부터 북동쪽으로)을 따라 염분 농도가 증가해가면서 어떻게 대립유전자 빈도가 변해 가는지를 보여라. 9번부터 11번 샘플 채집 장소의 값들과 이 해협 안쪽 자료 값들이 어떻게 비교되는지를 조사하라. 여러분이 그 자료에서 관찰한 패턴과 지도 다음에 제시된 두 관찰을 설명할 수 있는 가설을 세워보라.

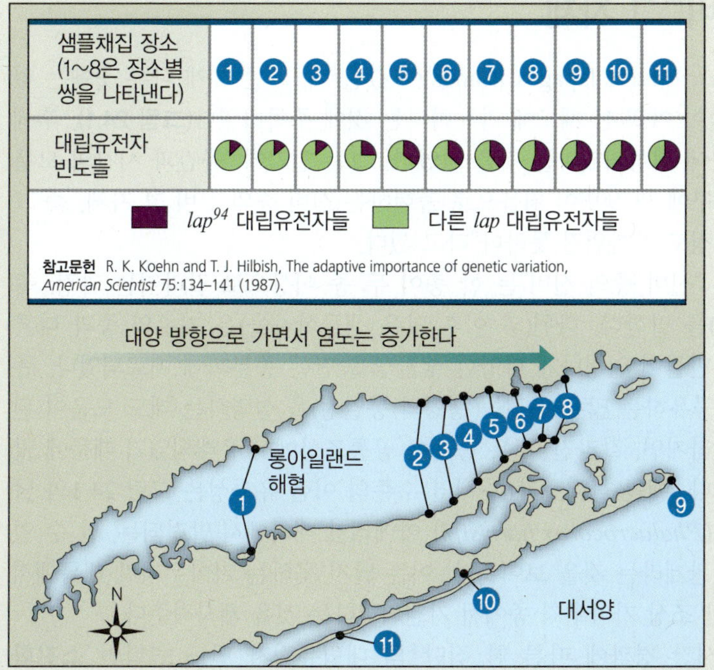

(1) 대립유전자(lap^{94})는 홍합이 높은 염분 농도를 가진 물에서 삼투압 균형을 맞추는 데 도움을 주지만 덜 짠 물에서는 효소작용에 에너지가 더 드는 문제를 가진다; (2) 홍합은 정착해서 성체로 자라기 이전에 먼 거리를 이동할 수 있는 유생을 생산한다.

8. **글쓰기: 지식의 체계화**
   낫모양적혈구 유전자 좌위에서 이형접합성은 정상과 비정상(낫모양적혈구) 헤모글로빈을 만든다(개념 14.4). 헤모글로빈 분자들이 이형접합자 적혈구 세포로 포장될 때 일부 세포들은 상대적으로 많은 양의 비정상 헤모글로빈을 받게 되고 그 세포들은 낫모양이 되기 쉽다. 이 분자와 세포에서 일어나는 사건들이 어떻게 생물 조직화 수준들 중 개체와 집단 수준에서 창발적 속성들을 유발시키는지에 대해서 짧은 글(약 100~150 단어)로 설명하라.

9. **종합적으로 생각해보기**

이 케틀 호수(kettle lake)는 14,000년 전에 주변 지역을 덮었던 빙하가 녹으면서 형성됐다. 처음에는 생물이 없었지만, 시간이 지나면서 이 호수에 무척추동물들과 다른 동물들이 정착했다. 돌연변이, 자연선택, 유전적 부동 그리고 유전자 흐름이 어떻게 이 호수에 정착한 집단들에 영향을 주어 왔을지 가설을 세워보라.

정답은 부록 A 참조

24

종과 종분화

핵심 개념

24.1 생물학적 종개념은 생식적 격리가 중심이 된다

24.2 종분화는 지리적 격리가 있거나 없거나 모두 일어날 수 있다

24.3 잡종 지대는 생식적 격리를 일으키는 요인을 보여준다

24.4 종분화는 빠르게도 느리게도 일어날 수 있으며, 적은 수 또는 많은 수의 유전자 변화로 일어날 수 있다

▲ **그림 24.1** **날지 못하는 이 새는 격리된 갈라파고스 제도에서 어떻게 살게 되었을까?**

"신비 중의 신비" 그 자체

다윈이 갈라파고스 제도(Galapagos Islands)에 갔을 때, 그는 세계 다른 곳에는 없는 식물과 동물이 이 화산 제도에 가득하다는 것에 주목하였다(**그림 24.1**). 후에 그는 이 종들이 최근에 형성되었다는 것을 알았다. 그는 일기에 "공간과 시간의 모든 측면에서, 우리는 지구에 새 생명이 처음으로 출현하는 신비 중의 신비 그 자체, 즉 그 위대한 사실에 어느 정도 가까워진 듯하다"라고 썼다.

다윈을 사로잡은 "신비 중의 신비"는 한 종이 두 종 이상으로 갈라지는 과정, 즉 **종분화(speciation)**를 말한다. 다윈(과 이후 많은 생물학자들)은 기존의 종과 다른 종을 반복적으로 만들어 엄청나게 다양한 생물상을 만든 종분화에 매료되었다. 종분화는 생물들이 공유하는 많은 특징들(생명의 통일성)을 설명하는 데도 도움이 된다. 한 종이 둘로 갈라지면, 갈라진 이 두 종들은 공통조상에서 유래되었기 때문에 많은 특성들을 공유한다. 예를 들어, DNA 서열 수준의 이런 유사성은 그림 24.1의 날지 못하는 가마우지(*Phalacrocorax harrisi*)가 아메리카 대륙에서 발견되는, 날 수 있는 가마우지와 근연관계라는 것을 보여준다. 이는 날지 못하는 가마우지가 대륙에서 갈라파고스로 날아간 조상 가마우지 종에서 기원되었다는 것을 제시해준다.

종분화는 또한 시간 경과에 따른 한 집단*의 대립유전자 빈도 변화인 **소진화**

(microevolution)와 종 수준 이상의 광범위한 진화 방식인 **대진화(macroevolution)** 사이의 개념적인 교량이 된다. 대진화적 변화의 예는 일련의 종분화 과정을 통해 포유류나 현화식물과 같은 생물의 새로운 무리가 기원되는 것이다. 23장에서 소진화를 일으키는 원인들을 다루었고, 25장에서는 대진화를 다룰 것이다. 이 장에서는 기존 종에서 새로운 종이 기원하는 원리, 즉 소진화와 대진화의 "교량"을 다룰 것이다. 우선 "종(species)"이 실제로 무엇을 뜻하는지 확실히 해보자.

개념 24.1

생물학적 종개념은 생식적 격리가 중심이 된다

단어 종(species)은 "종류"나 "겉모습"을 뜻하는 라틴어이다. 개와 고양이의 예처럼 일상에서 우리는 생물의 여러 종류를 흔히 겉모습의 차이로 구별한다. 그런데 생물들은 실제로 종이라고 부르는 뚜렷한 단위로 나뉘어 있는가? 아니면 이러한 분류가 자연계에 질서를 부여하려는 의도적인 시도인가? 이런 질문에 답하기 위해 생물학자는 여러 생물 무리들의 형태(체형)뿐만 아니라 구별이 덜 명확한 생리, 생화학과 DNA 서열 등의 차이도 비교한다. 그 결과 일반적으로 형태로 구분되는 종은 실제로 뚜렷한 독립된 무리이며, 체형 이외에도 많은 측면에서 구별된다는 것이 확인된다.

생물학적 종개념

이 책에서 사용되는 기본적인 종개념은 **생물학적 종개념(biological species concept)**이다. 이 종개념에 따르면, **종(species)**은 구성원들이 자연에서 서로 교배하여 생식 능력이 있는 자손을 낳을 수 있는 잠재력이 있는 집단들의 한 무리이지만, 다른 무리들의 구성원들과는 생식 능력이 있는 자손을 낳지 못하는 무리이다(그림 24.2). 그러므로 생물학적 종의 구성원들은 서로 생식이 가능한 것, 최소한 잠재적으로 가능한 것에 의해 하나로 묶인다. 예를 들어, 모든 인종의 사람들은 하나의 종에 속한다. 맨해튼(Manhattan)에 있는 직장여성이 몽고에 있는 낙농인과 만날 가능성은 거의 없지만, 그들은 생식 능력이 있는 어른이 될 아기를 낳을 수 있을 것이다. 반면에 사람과 침팬지는 많은 요인들이 상호 교배하고 생식 능력이 있는 자손을 낳는 것을 저해하기 때문에 같은 지역에서 살더라도 독립된 생물학적 종들로 유지

(a) **다른 종 사이의 유사성.** 동부 들종다리(*Sturnella magna*, 왼쪽)와 서부 들종다리(*Sturnella neglecta*, 오른쪽)는 몸의 형태와 색깔이 비슷하다. 그렇지만 그들의 지저귐과 기타 행동들이 매우 달라서 야생에서 만난다고 하더라도 상호교배가 이루어지지 않기 때문에 그들은 명백히 다른 생물학적 종이다.

(b) **한 종 내의 다양성.** 모든 인간들은 외모는 다양할지라도 성공적으로 상호교배를 할 수 있으므로 단일의 생물학적 종(*Homo sapiens*)에 속한다.

▲ **그림 24.2 생물학적 종개념은 신체의 유사성이 아니라 상호교배의 잠재성에 근거를 둔다.**

된다.

무엇이 한 종의 유전자풀**(gene pool, 유전자 총원)을 하나로 유지하게 하고, 구성원끼리 다른 종의 구성원보다 서로 더 닮게 하는가? 집단 사이의 대립유전자 이동인 **유전자 흐름(gene flow)**이라는 진화 동인을 다시 살펴보자(23장). 전형적으로 유전자 흐름은 한 종의 다른 집단들 사이에서 일어난다. 이렇게 진행되는 대립유전자의 교환이 집단들을 유전적으로 하나로 유지한다. 이 장에서 살펴볼 바와 같이 유전자 흐름의 부재는 새로운

* 집단(集團)은 population에 해당하는 용어이다. 개체군(個體群)이라고 번역하는 사례가 많은데 이는 일본 생태학계의 사투리(jargon)를 단순하게 차용한 것으로 집단의 개념에 대해 오해를 불러일으킬 수 있다. 개체군은 단순하게 개체들이 모여 있는 것을 표현하는 정적인 용어이다. 하지만 집단은 개체들이 단순하게 모여 있는 것이 아니라 새로운 속성이 창출되는 새로운 조직단위이다.

** gene pool은 한 집단에 있는 모든 대립유전자를 말한다. 따라서 "유전자 총원"이 적절한 용어이다. 과거에는 다음 세대의 유전자 구성원의 공급원이라는 의미에서 '유전자 급원'이라고 번역하기도 하였다. 현재 널리 쓰이는 점을 감안하여 본문에는 '유전자풀'을 사용하기로 한다.

▼ 그림 24.3

탐구 생식적 장벽

접합전 장벽이 짝짓기를 방해하거나 짝짓기가 되어도 수정을 방해한다

다른 종의 개체들

짝짓기 시도

서식지 격리

한 지역에서 두 종이 서로 다른 서식지를 점유한다면 산맥과 같은 명백한 물리적 장애로 격리되지 않아도 서로 거의 만나지 않을 것이다.

예: *Thamnophis* 속의 줄무늬뱀 두 종은 같은 지리적 지역에 분포하고 있지만, 한 종은 주로 물에서 살고(a) 다른 종은 주로 육상에서 산다(b).

(a)

(b)

시간적 격리

하루 중 다른 시간, 다른 계절, 또는 다른 해에 번식하는 종들은 생식세포가 합쳐질 수 없다.

예: 북아메리카에서 동부 얼룩스컹크(*Spilogale putorius*)(c)와 서부 얼룩스컹크(*Spilogale gracilis*)(d)는 지리적 분포가 겹치지만, *S. putoris*는 늦겨울에 짝을 짓고 *S. gracilis*는 늦여름에 짝을 짓는다.

(c)

(d)

행동적 격리

종 특이적인 짝을 유혹하는 구애 의식이나 기타 행동은 가까운 관계의 종 사이에서도 효과적인 생식적 장벽이다. 그런 행동 의식 때문에 같은 종의 잠재적인 짝을 구별하는 방법인 짝 인지(mate recognition)가 가능하다.

예: 갈라파고스에 사는 푸른발 가마우지들은 종에 특이한 구애 과시를 한 후에만 짝을 짓는다. "각본"의 일부가 수컷이 발을 높이 들며 걷는 것인데 이 행동 때문에 암컷이 수컷의 밝은 파란색 발에 끌리게 된다(e).

(e)

기계적 격리

짝짓기가 시도되지만 형태의 차이 때문에 성공적으로 끝내지 못한다.

예: *Bradybaena* 속의 달팽이 두 종은 껍데기가 다른 방향으로 꼬여 있다. 가운데로 모여들 때 한 종은 반시계 방향으로(f, 왼쪽), 다른 종은 시계 방향으로(f, 오른쪽) 꼬여 들어간다. 따라서 (화살표로 표시된) 달팽이의 생식공이 정렬되지 못하여 짝짓기를 완성할 수 없다.

(f)

접합후 장벽은 잡종 접합체가 생존 가능하여 생식 능력이 있는 자손으로 발생하는 것을 방해한다

생식세포 격리

한 종의 정자가 다른 종의 난자와 수정할 수 없을 것이다. 예를 들어 정자가 다른 종의 암컷 생식관에서 생존할 수 없거나, 생화학적 작용이 다른 종의 난자를 둘러싸고 있는 막을 통과하지 못하게 방해할 것이다.

예: 생식세포 격리가 성게와 같은 수중 동물의 근연종들을 갈라놓는다(g). 성게는 정자와 난자를 주변의 수중으로 방출하고, 거기서 정자와 난자가 융합하여 접합체가 된다. 여기 보여준 붉은 성게와 자주색 성게에서처럼, 다른 종들의 생식세포들은 난자와 정자의 표면에 있는 단백질이 서로 잘 결합하지 않기 때문에 융합하기가 어렵다.

잡종 생존력 약화

다른 부모종의 유전자들이 자신의 환경에서 잡종의 발생을 막거나 생존에 결함이 생기게 하는 방식으로 상호작용할 것이다.

예: *Ensatina* 속의 일부 도롱뇽 아종들은 같은 지역 서식지에서 사는데, 때때로 잡종을 만든다. 하지만 대다수 잡종은 발생을 완료하지 못하고, 설령 발생을 완료하더라도 쇠약하다(h).

잡종 생식능력 약화

설령 잡종이 강건하더라도 불임일 수 있다. 두 부모종의 염색체가 수나 구조에서 다르다면, 잡종의 감수분열이 실패하여 정상적인 생식세포를 만들지 못할 것이다. 불임의 잡종은 어느 부모종과 교배해도 자손을 낳지 못하기 때문에 부모종 사이에 유전자가 자유롭게 흐를 수 없다.

예: 수탕나귀(i)와 암말(j)의 잡종 자손은 노새(k)이고 강건하지만 불임이다. 암탕나귀와 수말의 자손인 버새(그림 없음)도 또한 불임이다.

잡종 와해

일부 첫 세대 잡종이 생존가능하고 생식력이 있지만, 서로 교배하거나 어느 한 쪽의 부모종과 교배하면 다음 세대의 자손은 연약하거나 불임이다.

예: 작물 벼의 품종들은 한 공통조상에서 갈라져 나오는 과정 중 두 좌위에서 다른 돌연변이 열성 대립유전자들이 축적되었다. 이들 사이의 잡종은 강건하고 생식능력이 있지만(l, 왼쪽과 오른쪽), 이들 열성 대립유전자가 너무 많은 다음 세대의 식물은 작고 불임이다(l, 가운데). 비록 이런 벼 품종들은 아직 다른 종으로 간주되지 않지만, 접합 후 장애에 의해 격리되기 시작했다.

종의 형성에 중요하다.

생식적 격리

생물학적 종이 생식적인 화합성 여부로 규정되기 때문에 새로운 종의 형성은, 두 종의 구성원들이 상호 교배하여 생존 가능하고 생식 능력이 있는 자손을 만드는 것을 방해하는 생물학적 요인(장벽)의 존재, 즉 **생식적 격리(reproductive isolation)** 여하에 달려 있다. 이런 장벽은 종 사이의 유전자 흐름을 막고, 종간교배로 생기는 자손인 **잡종(hybrid)**의 형성을 제한한다. 비록 한 장벽 요인이 모든 유전자 흐름을 막지는 못할지라도 여러 장벽 요인들이 결합하면 한 종의 유전자풀을 효과적으로 격리할 수 있다.

명백히 파리는 개구리나 양치류와 교배할 수 없다. 그러나 더욱 가까운 종들 사이의 생식적 장벽은 그렇게 명백하지는 않다. 그림 24.3에 설명된 대로 이런 장벽들은 수정을 기준으로 언제 생식적 격리에 기여하는지에 따라 분류될 수 있다. **접합 전 장벽(prezygotic barrier**; "접합체가 되기 전")은 수정이 일어나는 것을 차단한다. 이런 장벽은 전형적으로 세 가지 방식으로 작동한다. 다른 종의 구성원들이 짝짓기를 시도하는 것을 방해하는 것, 시도된 짝짓기가 성공적으로 끝나지 못하게 방해하는 것, 혹은 짝짓기가 성공하더라도 수정이 일어나지 못하게 훼방하는 것이다. 만약에 한 종의 정자가 접합 전 장벽을 극복하고 다른 종의 난자와 수정하면, 다양한 **접합 후 장벽(postzygotic barrier**; "접합체가 된 후")이 잡종 접합체가 형성된 후 생식적 격리가 작동하게 한다. 발생에서 오류가 생겨 잡종 배아의 생존이 낮아질 수 있다. 또는 출생 후에 문제가 발생해서 잡종이 불임이 되거나 생식을 할 만큼 충분히 오래 살지 못하게 할 수 있다.

생물학적 종개념의 한계

생물학적 종개념의 강점 중 하나는 우리가 종분화가 일어나는 방식, 즉 생식적 격리의 발생을 통한 종분화를 연구할 수 있도록 해준다는 것이다. 하지만 이 개념이 유용하게 적용될 수 있는 종의 수는 제한되어 있다. 예를 들면, 화석종의 생식적 격리 여부를 판단할 방법은 전혀 없다. 생물학적 종개념은 원핵생물처럼 항상 또는 대부분의 시기를 무성으로 생식하는 생물에도 적용하지 못한다.(27장에서 논의할 텐데, 많은 원핵생물들 사이에서도 유전자의 이동이 이루어지지만 이것은 생식 과정의 일부는 아니다.) 더구나 생물학적 종개념에서는 유전자 흐름의 부재에 의해 종이 규정된다. 하지만 형태적으로나 생태적으로 뚜렷이 구분되지만 유전자 흐름이 일어나는 종의 쌍들도 많이 있다. 한 예는 "회색북극곰(grolar bear)"이라고 불리는 잡종 자손을 만드는 회색곰(*Ursus arctos*)과 북극곰(*Ursus maritimus*)의 쌍이다(그림 24.4). 다음에 다루겠지만 자연선택은 그들 사이에 약간의 유전자 흐름이 있더라도 그런 종들이 별개로 유지되도록 작용할 수 있다. 생물학적 종개념의 한계 때문에 상황에 따라 다른 종개념들이 유용하다.

◀ 회색곰(*U. arctos*)

▼ 북극곰(*U. maritimus*)

◀ 잡종 "회색북극곰"

▲ **그림 24.4** ***Ursus*** **속의 곰 두 종 사이의 잡종**

종의 다른 정의들

생물학적 종개념이 생식적 장벽에 의한 종들 사이의 분리성(separateness)을 강조하는 반면에, 여러 다른 정의는 한 종 내의 단일성(unity)을 강조한다. 예를 들어, **형태적 종개념(morphological species concept)**은 몸의 형태와 기타 구조적인 특징으로 종을 구분한다. 형태적 종개념은 유성생식과 무성생식을 하는 생물에 적용될 수 있고, 유전자 흐름의 정도에 대한 정보가 없어도 적용될 수 있다. 실제에 있어서도 흔히 과학자들은 형태적 기준을 이용하여 종을 구별한다. 하지만 이 정의의 단점은 주관적 기준에 의존한다는 점이다. 어느 구조적 특징으로 종을 구별할 것인지에 대해 연구자들의 의견이 다를 수 있다.

생태학적 종개념(ecological species concept)은 종의 구성원이 환경의 생물적 요소나 무생물적 요소와 상호작용하는 방식의 총합인 생태적 지위로 종을 정의한다(개념 54.1). 예를 들어, 참나무 두 종은 크기가 다르거나 건조한 조건에 대한 내성 능력이 다를 수 있지만, 여전히 종종 상호 교배를 한다. 이들이 다른 생태적 지위를 차지하기 때문에, 비록 약간의 유전자 흐름으로 연결되어 있지만 이 참나무들은 별개의 종으로 여겨질 것이다. 생물학적 종개념과는 다르게 생태학적 종개념은 유성생식은 물론 무성생식을 하는 종에도 적용할 수 있다. 또한 이 개념은 생물이 다른 환경 조건에 적응할 때 일어나는 분열성 자연선택의 작용을 강조한다.

계통발생학적 종개념(phylogenetic species concept)은 공통 조상을 공유하는 개체들의 가장 작은 무리를 종이라고 규정하며, 생물 계통수의 한 가지를 이룬다. 생물학자는 형태나 분자 서열 같은 특성을 다른 생물과 비교하여 한 종의 계통발생의 역사를 추적한다. 이런 분석으로 충분히 달라 별개의 종으로 여겨질 수 있는 개체들의 무리들을 구분할 수 있다. 물론 이 종개념에 있는 어려움은 별개의 종으로 규정하는 데 요구되는 차이의 정도를 결정하는 것이다.

여기서 논의된 것 외에도 20가지 이상의 다른 종개념이 제안되었다. 각 정의의 유용성은 알고자 하는 연구 문제와 상황에 따라 결정된다. 새로운 종의 기원을 연구하는 목적에는 생식적 장벽에 초점을 둔 생물학적 종개념이 특히 유용하다.

개념 확인 문제 24.1

1. (a) 어느 종개념이 무성생식 종과 유성생식 종 모두에게 적용될 수 있는가? (b) 어느 개념이 야외 조사에서 종을 동정하는 데 가장 유용할까?
2. **WHAT IF?** 만약에 서로 교배하지 않는 것으로 알려진, 숲에 사는 두 종의 새를 연구한다고 가정하자. 한 종은 우듬지에서, 다른 종은 지면에서 먹이를 구하며 짝을 짓는다. 그런데 사로잡혀 있을 때는 두 종이 서로 교배하여 생식 능력이 있는 자손을 낳을 수 있다. 어떤 종류의 생식적 격리가 자연에서 이 두 종을 독립되게 유지할 가능성이 가장 큰가?

정답은 부록 A 참조

개념 24.2

종분화는 지리적 격리가 있거나 없거나 모두 일어날 수 있다

하나의 독특한 종이 무엇인지 논의하였고, 이제 기존의 종에서 그런 종이 형성되는 과정으로 돌아가자. 기존 종의 집단들 사이에서 유전자 흐름이 차단된 지리적 상황에 초점을 두고 이 과정을 설명할 것이다. 이소 종분화에서는 집단들이 지리적으로 격리되는 반면에 동소 종분화에서는 그렇지 않다(그림 24.5).

이소("다른 지역") 종분화

이소 종분화(allopatric speciation; '다른'이라는 뜻의 그리스어 *allos*와 '거주 장소'를 뜻하는 *patra*에서 유래)에서는 하나의 집단이 지리적으로 격리된 두 작은 집단으로 분리되었을 때 유전자 흐름이 차단된다. 예를 들면, 한 호수의 수면이 내려감으로써 분리된 집단들의 새 서식지가 되는 둘 이상의 작은 호수들로 나뉘게 된다(그림 24.5a). 또는 강의 물길이 바뀜으로써 강을 건널 수 없는 동물 집단을 나눌 수도 있다. 이소 종분화는 개체들이 멀리 떨어져 있는 지역으로 옮겨가 정착하고 그 자손들이 부모 집단과 지리적으로 격리될 때와 같이 지질학적인 재편성 없이도 일어날 수 있다. 그림 24.1의 날지 못하는 가마우지는 갈라파고스 제도로 이주한, 날 수 있는 조상종에서 이런 방식으로 발생되었을 가능성이 크다.

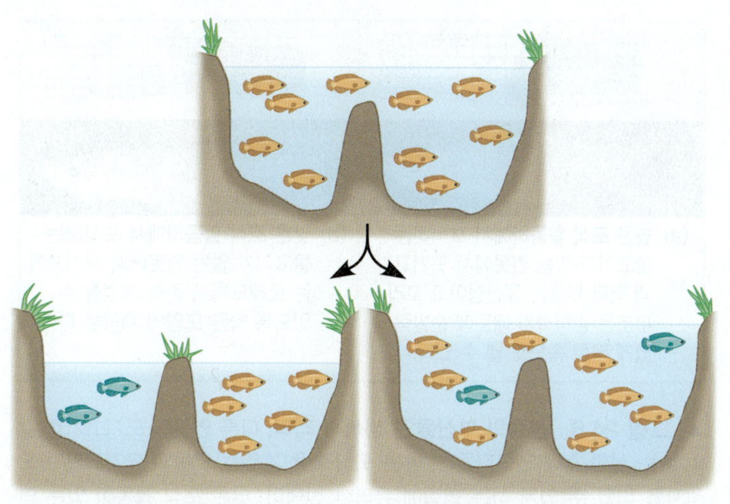

(a) 이소 종분화. 부모 집단과 지리적으로 격리되어 있는 동안 한 집단이 새로운 종으로 된다.

(b) 동소 종분화. 한 집단의 일부가 지리적으로 격리되지 않은 상황에서 새로운 종이 된다.

▲ **그림 24.5 종분화의 두 가지 주요 방식**

이소 종분화 과정

이소 종분화가 일어나기 위해서는 지리적 장벽이 얼마나 강력해야 하는가? 그 답은 생물의 이동 능력에 따라 달라진다. 새, 퓨마와 코요테는 바람에 날리는 소나무 꽃가루나 많은 현화식물의 씨처럼 강과 협곡을 건너 이동할 수 있다. 반면에 작은 설치류에게는 깊은 협곡이나 넓은 강은 엄청난 장벽이 될 것이다.

일단 지리적으로 격리가 되면, 분리된 유전자풀들이 달라질 것이다. 각 분리 집단에서 다른 돌연변이가 일어나고 자연선택과 유전자 부동이 대립유전자 빈도를 각기 다르게 변하게 할 것이다. 그다음 생식적 격리가 선택이나 부동으로 인한 유전적 분기의 부산물로 생길 것이다.

그림 24.6은 예를 보여준다. 바하마(Bahamas)의 안드로섬(Andros Island)에서 모기고기(*Gambusia hubbsi*)는 일련의 여러 연못에 정착하였고 후에 서로 격리되었다. 유전적 분석에 따르면 연못 사이에 유전자 흐름은 현재 거의 일어나지 않는다. 일부에는 많은 포식 어류가 있지만 다른 연못은 그렇지 않다는 것 이외에는 연못들의 환경은 매우 유사하다. "고도의 포식" 연못에서는 선택이 빠른 속도로 추진 가능한 체형의 모기고기로 분화하는 데 유리하게 작용하였다(그림 24.6a). 포식이 적은 연못에서는 선택이 오랜 시간 동안 수영할 수 있는 능력을 높이는 다른 체형

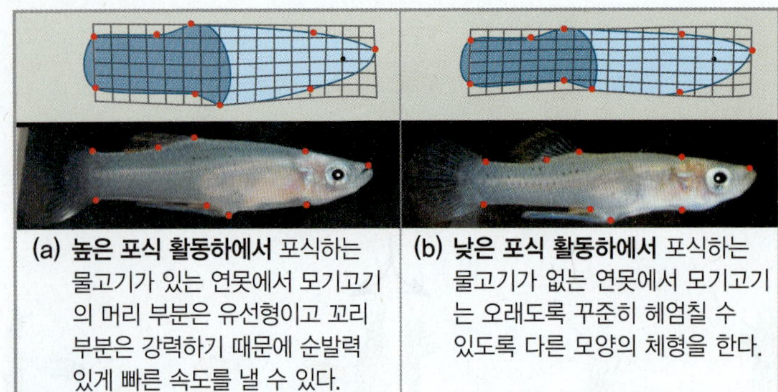

(a) **높은 포식 활동하에서** 포식하는 물고기가 있는 연못에서 모기고기의 머리 부분은 유선형이고 꼬리 부분은 강력하기 때문에 순발력 있게 빠른 속도를 낼 수 있다.

(b) **낮은 포식 활동하에서** 포식하는 물고기가 없는 연못에서 모기고기는 오래도록 꾸준히 헤엄칠 수 있도록 다른 모양의 체형을 한다.

▲ **그림 24.6 선택의 부산물인 생식적 격리.** 다른 연못의 모기고기를 같이 놓는 실험 후에 연구자들은, 높은 포식 활동이 있는 연못의 모기고기가 포식자를 피할 수 있게 하는 형질에 유리한 선택이, 낮은 포식 활동이 있는 연못의 모기고기와 생식적으로 격리되게 했다고 결론지었다.

에 유리하게 작용하였다(그림 24.6b). 이런 다른 선택압이 생식적 장벽의 발생에 어떻게 영향을 미쳤는가? 연구자들은 두 유형의 연못에 모기고기를 함께 놓음으로써 이 문제를 연구하였다. 그들은 암컷 모기고기가 자신과 비슷한 체형의 수컷과 짝짓는 것을 선호하는 것을 관찰하였다. 이런 선호가 포식자가 있는 연못과 없는 연못의 모기고기 사이의 생식적 장벽이 된 것이다. 따라서 포식을 회피하기 위한 선택의 부산물로, 생식적 장벽이 이들 이소 집단에서 형성되기 시작하였다.

이소 종분화의 증거

많은 연구들이 이소 집단에서 종분화가 일어날 수 있다는 증거를 보여주었다. 예를 들면, 실험실 연구들은 집단들이 실험적으로 격리되고 다른 환경 상태에 놓일 때 생식적 장벽이 생길 수 있다는 것을 보여준다(**그림 24.7**).

현장 연구들도 이소 종분화가 자연에서 일어날 수 있다는 것을 보여준다. 남북 아메리카를 잇는 육교인 파나마 지협 인근에 사는 *Alpeus* 속의 딱총새우류 30종을 살펴보자(**그림 24.8**). 이들 중 15종은 지협의 대서양 쪽에 살고 다른 15종은 태평양 쪽에 산다. 지협이 생기기 전에는 대서양과 태평양의 딱총새우 집단들 사이에 유전자 흐름이 일어났을 것이다. 지협의 다른 쪽의 종들이 이소 종분화로 기원되었는가? 형태와 유전적 자료에 따르면 이 새우들은 종의 구성원들이 가장 근연이 되는 15쌍의 자매종으로 무리 지을 수 있다. 이 15쌍 각각을 보면 자매종의 하나는 지협의 대서양 쪽에 살고 다른 하나는 태평양 쪽에 산다. 이는 두 종이 지리적 격리의 결과로 생겼다는 것을 강력히 말해준다. 또한 유전적 분석에 따르면 이 *Alpeus* 종들은 900만 년 전에서 300만 년 전 사이에 갈라졌는데, 가장 깊은 곳에 사는 자매종들이 처음에 분기하였다. 이런 분기 시간은 지협이 1,000만 년 전에 형성되기 시작하여 약 300만 년 전에 완전히 닫힐 때까지 서서히 형성되었다는

▼ **그림 24.7 탐구**

이소 집단들의 분기가 생식적 격리를 유발할 수 있는가?

실험 연구자가 초파리(*Drosophila pseudoobscura*) 집단을 나누어 일부 집단들은 전분 배지에서 키웠고 다른 집단들은 맥아당 배지에서 키웠다. 1년(약 40세대) 후에 자연선택에 의해 분기 진화가 이루어졌다. 전분 배지에서 키운 집단들은 전분을 더 효율적으로 소화하는 반면에 맥아당 배지에서 키운 집단들은 맥아당을 더 효율적으로 소화했다. 이후 연구자는 같은 집단의 파리끼리 혹은 다른 집단의 파리들을 짝짓기 통에 넣어 짝짓기 빈도를 측정하였다. 짝짓기 선호 시험에 이용된 모든 초파리는 표준 옥수수 배지에서 1세대 동안 키운 것이다.

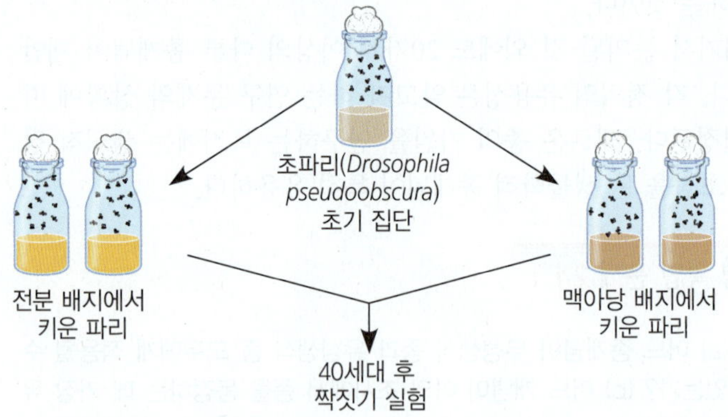

결과 다른 배지에서 키운 초파리 집단 사이의 짝짓기 양상은 다음과 같다. "전분 집단"의 초파리를 "맥아당 집단"의 초파리와 섞어놓았을 때 초파리들은 닮은 초파리와 짝을 짓는 경향을 보였다. (오른쪽에 나타낸) 대조군 실험에서는, 전분에 적응된 여러 집단의 초파리들은 자신과 같은 집단의 초파리와 마찬가지로 다른 집단의 초파리와도 짝을 지었다. 맥아당에 적응된 대조군에서도 비슷한 결과가 얻어졌다.

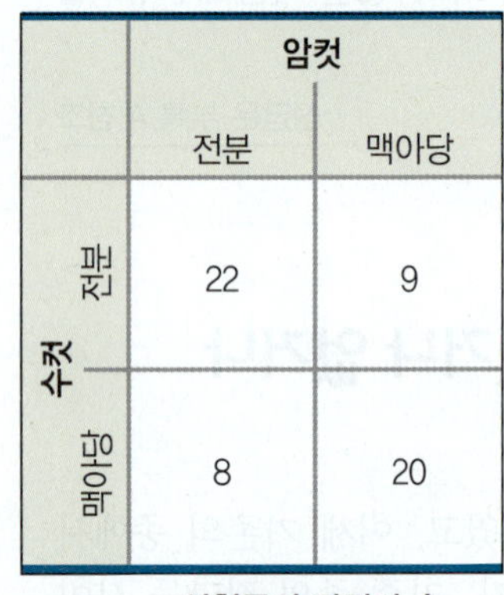

		암컷: 전분	암컷: 맥아당
수컷	전분	22	9
수컷	맥아당	8	20

실험군의 짝짓기 수

		암컷: 전분 집단1	암컷: 전분 집단2
수컷	전분 집단1	18	15
수컷	전분 집단2	12	15

대조군의 짝짓기 수

결론 실험군에서 "전분 초파리"와 "맥아당 초파리"가 같은 배지에 적응된 초파리를 배우자로 강하게 선호하는 것은 이들 파리 집단 사이에 생식적 장벽이 형성되었다는 것을 뜻한다. 비록 이 생식적 장벽이 완벽하지는 않았지만(전분 초파리와 맥아당 초파리 사이에 짝짓기가 일부 이루어졌다), 형성 과정에 있는 듯하다. 이들 이소 집단이 다른 먹이원에 적응하면서, 다른 선택압의 우연한 부산물로 발생한 구애행동의 차이에 의해, 이 장벽이 형성되었을 것이다.

참고문헌 D. M. B. Dodd, Reproductive isolation as a consequence of adaptive divergence in *Drosophila pseudoobscura*, *Evolution* 43:13081311 (1989).

WHAT IF? 왜 짝짓기 선호 시험에 이용된 모든 초파리를 (전분이나 맥아당 배지가 아닌) 표준 배지에서 키웠을까?

▶ **그림 24.8 딱총새우류(*Alpheus*)의 이소 종분화.** 그림에 나타낸 새우는 집단이 파나마 지협의 형성으로 분리되어 형성된 15쌍의 자매종 중 단 2쌍이다. 색의 표식은 자매종을 표시한다.

지질학적 증거와 부합한다.

이소 종분화의 중요성은 일반적으로 장벽에 의해 많이 나누어지거나 격리된 지역이 그런 특징이 없는 유사한 지역보다 더 많은 종이 있다는 사실로도 알 수 있다. 이를테면, 지리적으로 격리된 하와이 제도(Hawaiian Islands)에는 특이한 동식물들이 많이 발견된다(25장에서 하와이 종의 기원을 다룰 것이다). 현장 연구도 또한 두 집단의 생식적 격리가 둘 사이의 거리가 멀어짐에 따라 증가하는 것을 보여준다. **과학적 분석 기술의 연습**에서 지리적으로 격리된 도롱뇽 집단들의 생식적 격리를 탐구한 그러한 연구의 자료를 분석하게 될 것이다.

지리적 격리가 비록 이소 집단들의 구성원 사이에 교배가 일어나는 것을 방해하기는 하지만 물리적 격리가 생식에 대한 생물학적 장벽은 아니라는 것을 알아야 한다. 그림 24.3에 설명된 생물학

과학적 분석 기술의 연습

독립과 종속 변인 확인하기, 산포도 그리기, 그리고 자료 해석하기

도롱뇽 집단 사이 거리는 생식적 격리를 강화하는가? 집단들이 지리적으로 격리되고, 다른 집단의 개체들 사이의 교배를 방해하여 유전자 흐름이 중단될 때 이소 종분화는 시작된다. 집단 사이의 거리가 멀어짐에 따라 생식적 격리의 정도도 그럴 것이라는 것이 논리적이다. 이 가설을 검증하기 위해 연구자들이 남부 애팔래치아 산맥의 다른 지역에 살고 있는 검은 도롱뇽(*Desmognathus ochrophaeus*)을 연구했다.

실험 방법 연구학자들은 한 마리의 수컷과 한 마리의 암컷을 함께 놓아두고 후에 암컷에 정자가 존재하는지를 조사함으로써 도롱뇽 집단 쌍들의 생식적 격리를 검사했다. 각 집단 쌍(A와 B)에 대해 4개의 교배 조합을 검사하였다: 같은 집단 내 둘(암컷 A와 수컷 A, 그리고 암컷 B와 수컷 B)과 집단 사이 둘(암컷 A와 수컷 B, 그리고 암컷 B와 수컷 A).

실험 데이터 연구자들은 0의 값(격리 없음)에서 2의 값(완벽한 격리) 범위의 생식적 격리 지수를 사용했다. 각 교배 조합에 대한 성공적인 교배의 비율을 100% 성공 = 1과 실패 = 0으로 측정하였다. 두 집단에 대한 생식적 격리 값은 집단 내 각 유형(AA + BB)의 성공적인 교배의 비율의 합에서 집단 사이 각 유형(AB + BA)의 성공적인 교배의 비율의 합을 뺀 것이다. 표는 검은 도롱뇽 집단의 17쌍에 대한 거리와 생식적 격리 자료이다.

데이터 해석

1. 연구자들의 가설을 말하고, 이 연구에서 독립변인와 종속변인을 밝혀라. 연구자들이 집단의 각 쌍에 대해 4개의 교배 조합을 이용한 이유를 설명하라.
2. (a) 한 집단 내에서는 모든 교배가 성공적이지만 집단 사이 교배는 하나도 성공적이지 않았다면; (b) 도롱뇽들이 자신의 집단의 구성원과 다른 집단의 구성원 모두와 동일하게 교배에 성공적이었다면, 생식적 격리 지수의 값을 각각 계산하라.
3. 변인 사이의 관계를 보여줄 수 있는 어떤 양상을 시각화하는 데 도움이 되는 산포도를 만들어라. 독립변인을 x축에, 종속변인을 y축에 그려라. (도표에 대한 추가적인 정보에 대해서는 부록 F 참조)
4. (a) 변인 사이의 가능한 관계를 보여주는 양상을 말로 설명하고 (b) 그런 관계의 가능한 원인에 대한 가설을 세워 도표를 해석하라.

참고문헌 S. G. Tilley, A. Verrell, and S. J. Arnold, Correspondence between sexual isolation and allozyme differentiation: a test in the salamander *Desmognathus ochrophaeus*, *Proceedings of the National Academy of Sciences USA* 87:2715–2719 (1990).

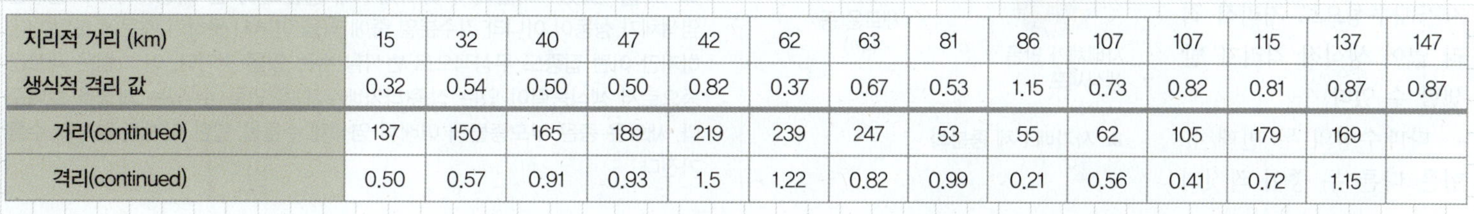

지리적 거리 (km)	15	32	40	47	42	62	63	81	86	107	107	115	137	147
생식적 격리 값	0.32	0.54	0.50	0.50	0.82	0.37	0.67	0.53	1.15	0.73	0.82	0.81	0.87	0.87
거리(continued)	137	150	165	189	219	239	247	53	55	62	105	179	169	
격리(continued)	0.50	0.57	0.91	0.93	1.5	1.22	0.82	0.99	0.21	0.56	0.41	0.72	1.15	

적인 생식적 장벽은 유기체 자체에 내재된 것이다. 따라서 다른 집단들의 구성원이 서로 만나게 될 때 서로 교배하는 것을 방해하는 것이 바로 생물학적 장벽이다.

동소("같은 지역") 종분화

동소 종분화(sympatric speciation; '함께'라는 그리스어 *syn*에서 유래)에서는 같은 지리적 지역에 사는 집단들에서 종분화가 일어난다(그림 24.5b). 구성원들이 여전히 서로 접촉하는데, 동소 집단들 사이에 어떻게 생식적 장벽이 발생할 수 있는가? 비록 그런 접촉(과 그 결과로 생기는 유전자 흐름) 때문에 동소 종분화는 이소 종분화보다 덜 흔하지만, 다배수성, 성적 선택, 서식지 분화 등의 요인에 의해 유전자 흐름이 감소된다면 동소 종분화가 일어날 수 있다. (이런 요인들은 이소 종분화도 촉진한다는 것을 알자.)

다배수성

잉여의 염색체 조합이 추가되는 세포분열 중의 실수, 즉 소위 **다배수성(polyploidy)** 상태로 인해 새 종이 시작될 수 있다. 다배수체 종분화가 동물에서 때때로 일어난다. 예를 들면, 회색나무개구리(*Hyla versicolor*, 그림 23.16)가 이런 방식으로 시작되었다고 생각된다. 그러나 다배수성은 식물에서 훨씬 더 흔하다. 식물학자들은 현존하는 식물종의 80% 이상이 다배수체 종분화로 형성된 공통조상에서 유래되었다고 추정한다.

다배수성의 두 가지 명백한 유형이 식물(과 몇 동물) 집단에서 관찰되었다. **자가배수체(autopolyploid**; '자기'라는 그리스어 *autos*에서 유래)는 한 종에서 유래된 염색체가 두 조합보다 더 많이 있는 개체이다. 예를 들면, 식물에서 한 번의 세포분열이 실패하면 세포의 염색체 수가 원래의 수($2n$)에서 사배체 수($4n$)로 두 배가 된다.

사배체는 자가수분이나 다른 사배체와 짝을 지어 생식 가능한 사배체 자손을 생산할 수 있다. 또한 이배체와 사배체 결합의 삼배체($3n$) 자손은 생식력이 줄어들기 때문에 사배체는 원래 집단의 이배체($2n$) 식물과 생식적으로 격리된다. 따라서 단지 한 세대만에 자가배수성으로 지리적 격리 없이 생식적 격리가 발생할 수 있다.

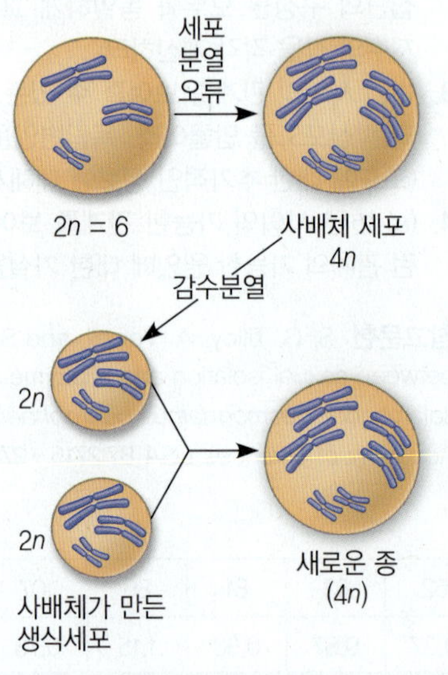

▲ 자가배수체 종분화

다배수성의 두 번째 유형은 다른 두 종이 짝짓기를 하여 잡종 자손을 낳을 때 발생될 수 있다. 대다수 그런 잡종은 감수분열 중 한 종의 염색체 조합이 다른 종의 조합과 짝을 이루지 못해 불임이다. 그렇지만 불임인 잡종은(많은 식물들이 그런 것처럼) 무성적으로 번식할 수도 있다. 이후 세대에서 다양한 작용에 의해 불임의 잡종이 **타가배수체(allopolyploid)**라고 하는 생식 능력이 있는 다배수체로 변할 수 있다(그림 24.9). 타가배수체는 서로 짝을 지을 때 생식 가능하지만 부모종의 어느 쪽과도 교배할 수 없다. 따라서 이들은 새로운 생물학적 종이 된다.

비록 야생에서 종분화를 연구하는 것은 어려움이 많지만, 과학자들은 1850년 이래 다배수체 종분화에 의해 기원된 최소 5가지 새 식물종을 보고하였다. 이런 예의 하나는 북서태평양에 있는

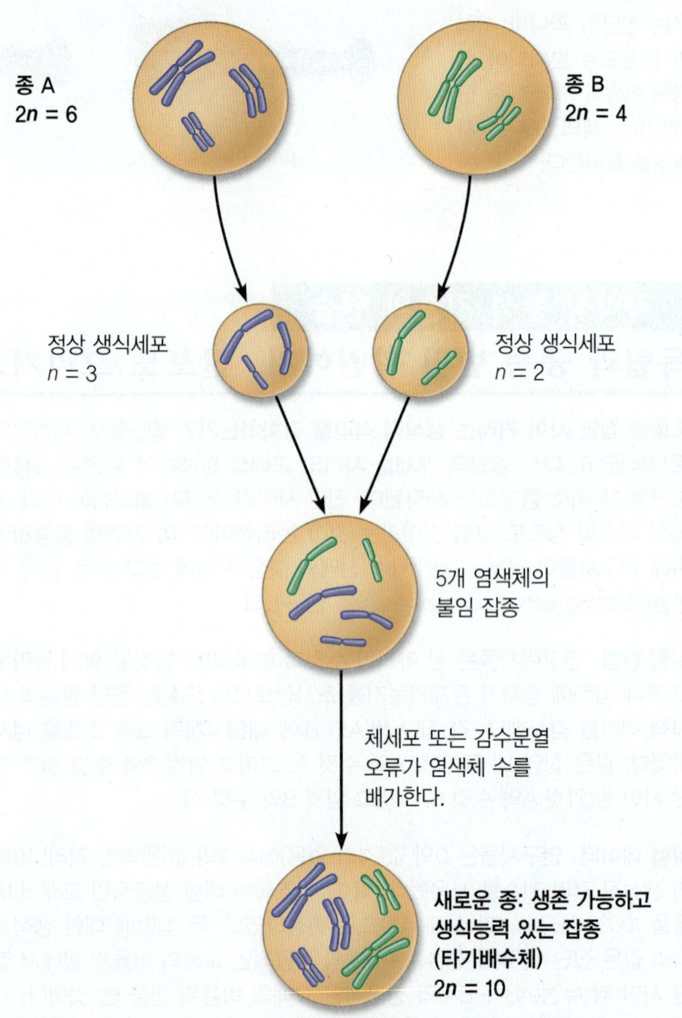

▲ **그림 24.9 식물에서 타가배수체 종분화의 한 과정.** 대다수 잡종은 염색체가 상동이 아니라 감수분열 중에 짝을 이루지 못하기 때문에 불임이다. 하지만 이런 잡종도 무성적으로 번식할 수는 있을 것이다. 이 그림은 새로운 종으로서 생식능력이 있는 잡종(타가배수체)을 만들 수 있는 과정을 보여준다. 새로운 종은 부모종들의 이배체 염색체 수들을 합한 이배체 염색체 수를 가진다.

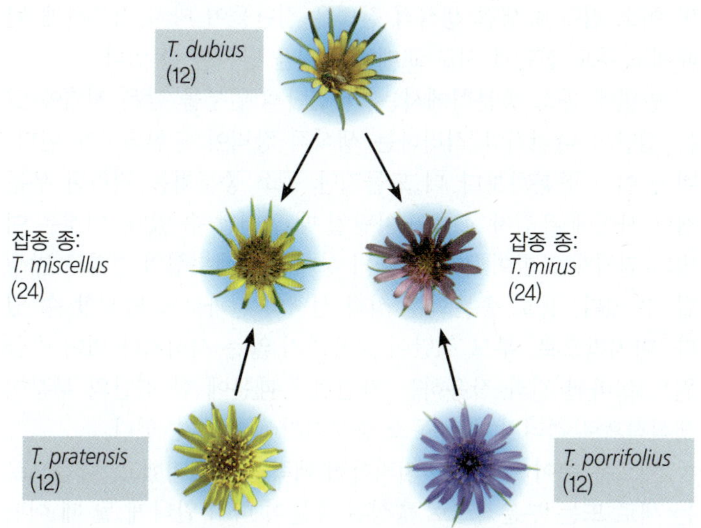

▲ **그림 24.10** **쇠채아재비속에서의 타가배수성 종분화.** 회색 사각은 세 부모종을 나타낸다. 각 종의 이배체 염색체 수는 괄호 안에 표시하였다.

쇠채아재비속(*Tragopogon*)의 신종 출현이다. 쇠채아재비는 1900년대 초에 사람들이 *T. pratensis*, *T. dubius*와 *T. porrifolius* 세 유럽종을 도입하여 이 지역에 처음 나타났다. 이들 세 종은 이제는 버려진 주차장이나 도시의 다른 빈터에 흔한 잡초이다. 1950년에 쇠채아재비속의 새로운 종이 세 유럽종 모두 발견되는 아이다호(Idaho)와 워싱턴(Washington)의 경계 지역에서 발견되었다. 유전 분석은 이 새로운 종 *T. miscellus*가 두 유럽종의 잡종이라는 것을 보여주었다**(그림 24.10)**. 비록 *T. miscellus* 집단은 주로 자신의 구성원 사이의 번식으로 성장하고 있지만, 조상종들 사이의 부가적인 잡종 형성이 일어나 *T. miscellus* 집단에 새로운 구성원이 계속 더해지고 있다. 이후 과학자들은 또 다른 새로운 *Tragopogon* 종, *T. mirus*를 발견했고, 이 종은 *T. dubius*와 *T. porrifolius*의 잡종이다(그림 24.10). 이 쇠채아재비속 이야기는 과학자들이 현재 진행되고 있는 종분화를 관찰한 잘 연구된 몇 예의 하나일 뿐이다.

귀리, 목화, 감자, 담배, 밀 등과 같은 많은 주요 농작물이 다배수체이다. 빵을 만드는 밀인 *Triticum aestivum*은 타가육배수체(다른 세 종에서 각각 2조씩 총 6조의 염색체)이다. 궁극적으로 현대의 밀이 되는 첫 번째 다배수성 형성은 초기 재배 밀과 야생 초본의 자발적인 잡종 형성으로 약 8,000년 전 중동에서 일어났을 것이다. 오늘날 식물 유전학자는 감수분열과 체세포분열의 실수를 유도하는 화학물질을 사용하여 실험실에서 새로운 다배수체를 만든다. 진화 과정을 이용하여 연구자들은 원하는 품질의 새로운 잡종, 예를 들어 밀의 높은 수확량과 호밀의 강인함이 결합된 잡종을 만들 수 있다.

성적 선택

동소 종분화가 성적 선택 덕에 발생될 수도 있다는 증거도 있다. 이런 일이 어떻게 일어날 수 있는지에 대한 실마리는 지구에서 동물 종분화가 활발하게 일어나고 있는 곳 중의 하나인 동아프리카 빅토리아(Victoria) 호수에 사는 시클리드(cichlid) 물고기에서 발견되었다. 한때 이 호수는 최대 600종의 시클리드 서식지였다. 유전 자료에 따르면, 다른 곳에 있는 호수와 강에서 온 작은 수의 이주종으로부터 지난 10만 년 내에 이들 종이 발생되었다. 유럽의 모든 곳에서 알려진 민물고기 종 숫자의 두 배보다 더 많은 종이 단 하나의 호수에서 어떻게 발생되었는가?

하나의 가설은 빅토리아 호수에서 원래 시클리드 집단의 부분집단들이 다른 먹이에 적응했고 뒤따른 유전적 분기가 종분화를

▼ **그림 24.11** **탐구**

시클리드의 성적 선택이 생식적 격리를 유발하는가?

실험 연구자들은 *Pundamilia pundamilia*와 *P. nyererei*의 수컷과 암컷을 두 개의 수조에 함께 넣었다. 한 수조는 자연광으로, 다른 수조는 단색의 주황색광으로 조명하였다. 자연광에서는 두 종의 수컷 교배색이 현저하게 다르다. 하지만 단색의 주황색광에서는 두 종은 색이 아주 유사하다. 그 다음 연구자들은 각 수조에서 암컷의 짝 선택을 관찰하였다.

결과 자연광에서는 각 종의 암컷이 같은 종의 수컷을 강하게 선호했다. 그런데 주황색광에서는 각 종의 암컷이 두 종의 수컷을 구별하지 않고 반응하였다. 이렇게 만들어진 잡종은 생존 가능하고 생식능력이 있었다.

결론 연구자들은 수컷의 교배 색을 기초로 하는 암컷의 짝 선택이 이들 두 종의 유전자 총원을 정상적으로 분리하는 주된 생식적 장벽이라고 결론지었다. 실험실에서 접합 전 행동적 장벽이 작동하지 못하게 하면 종들이 여전히 상호교배를 할 수 있기 때문에 종 사이 유전적 분기는 적을 가능성이 있다. 이는 자연에서 종분화가 비교적 최근에 일어났다는 것을 시사한다.

참고문헌 O. Seehausen and J. J. M. van Alphen, The effect of male coloration on female mate choice in closely related Lake Victoria cichlids (*Haplochromis nyererei complex*), *Behavioral Ecology and Sociobiology* 42:1–8 (1998).

WHAT IF? 오염된 호수의 탁한 물에 사는 암컷 시클리드가 색을 잘 구별할 수 없다고 가정하자. 그런 물에서 이들 종의 유전자 총원이 시간이 지나면서 어떻게 변할까?

이끌었다는 것이다. 그런데 (전형적으로) 암컷들이 외양에 따라 수컷을 선택하는 성적선택(개념 23.4) 역시 한 요인으로 작용했을 가능성이 있다. 연구자들은 주로 짝짓기하는 수컷의 색에 차이가 있는 유연관계가 가까운 시클리드의 두 동소종을 연구하였다. 번식기 *Pundamilia pundamilia* 수컷은 푸른 색조의 등이 있고, 번식기 *Pundamilia nyererei* 수컷은 붉은 색조의 등이다(**그림 24.11**). 연구 결과는 수컷의 번식기 색에 따른 짝 선택이 두 종의 유전자풀을 정상적으로 분리, 유지하는 주된 생식적 장벽이라는 것을 말해준다.

서식지 분화

부모 집단이 이용하지 않는 서식지나 자원을 부분집단이 이용할 때에도 동소 종분화가 일어날 수 있다. 사과의 해충인 북미의 사과과실파리(*Rhagoletis pomonella*)를 살펴보자. 이 파리의 원래 서식지는 토종 산사나무였다. 그런데 약 200년 전에 유럽인 정착민들이 들여온 사과나무에 일부 집단이 정착하였다. 사과과실파리는 보통 숙주식물이나 근처에서 짝을 짓는다. 이것이 사과를 먹는 집단과 산사나무 열매를 먹는 집단 사이의 접합 전 장벽(서식지 격리)이 된다. 게다가 사과는 산사나무 열매보다 더 빨리 익기 때문에 자연선택이 빨리 성장하는 사과 먹는 파리에 유리하게 작용했다. 사과를 먹는 집단은 이제 산사나무 열매를 먹는 *R. pomonella* 집단과 시간적으로 격리되어 두 집단 사이의 유전자 흐름에 대한 이차적인 접합 전 장벽이 생긴다. 연구자들은 한 숙주를 이용하는 파리에는 이롭지만 다른 숙주를 이용하는 파리에는 해로운 대립유전자도 발견하였다. 이런 대립유전자에 작용하는 자연선택 때문에 생식에 대한 접합 후 장벽이 발생되고, 더 나아가 유전자 흐름이 제한된다. 전체적으로 볼 때, 비록 두 집단은 아직 독립된 종이 아니라 아종으로 분류되지만, 동소 종분화가 잘 진행되고 있는 것으로 보인다.

▲ 산사나무 열매를 먹는 *R. pomonella*

이소 및 동소 종분화: 복습

새로운 종이 형성되는 두 가지 주요 방식을 다시 정리해 보자. 이소 종분화에서는 새로운 종이 부모 집단과 지리적으로 격리되어 있는 동안 형성된다. 지리적 격리는 유전자 흐름을 매우 제한한다. 그 결과 격리된 집단에서 일어난 유전적 변화의 부산물로서 부모 집단과의 생식에 대한 본질적인 장벽이 발생될 것이다. 다른 환경 조건하의 자연선택, 유전자 부동과 성적 선택 등을 포함해 많은 과정이 그런 유전적 변화를 일으킬 수 있다. 일단 형성되면 이소 집단에 생긴 생식적 장벽은 집단들이 다시 접촉하게 될 때에도 부모 집단과 서로 교배하는 것을 방지할 수 있다.

반면에 동소 종분화에서는 한 집단의 일부를 같은 지역에 있는 집단의 나머지와 격리하는 생식적 장벽이 출현되어야 한다. 비록 이소 종분화보다 더 드물지만 동소 종분화는 격리된 부분집단 사이에 유전자 흐름이 차단될 때 일어날 수 있다. 이것은 여벌의 염색체 조합이 있는 생물의 상태인 다배수성의 결과로 발생할 수 있다. 동소 종분화는 성적 선택의 결과로도 발생할 수 있다. 마지막으로, 부모 집단이 사용하지 않는 서식지나 먹이 공급원으로 바뀐 결과 작용하는 자연선택 때문에 한 집단의 부분이 생식적으로 격리될 때도 동소 종분화가 일어날 수 있다.

새로운 종이 형성되는 지리학적 맥락을 재정리했고, 다음으로는 새로 또는 부분적으로 형성된 종들이 다시 만나게 될 때 어떤 일이 일어 날 수 있는지 더 자세히 살펴볼 것이다.

개념 확인 문제 24.2

1. 이소와 동소 종분화 사이의 핵심적인 차이를 요약하라. 어느 유형의 종분화가 더 흔한가? 그 이유는?
2. 동소 집단들에서 유전자 흐름이 줄어들게 함으로써 동소 종분화가 더 잘 일어날 수 있게 하는 작용 두 가지를 설명하라.
3. **WHAT IF?** 크기가 같다면, 대륙에서 가까운 섬과 더 멀리 떨어진(격리된) 섬 중에 어느 섬에서 이소 종분화가 더 잘 일어날 것인가?
4. **MAKE CONNECTIONS** 그림 13.8에 있는 감수분열 과정을 참고하여 감수분열 중 일어난 실수가 어떻게 다배수성을 일으키는지 설명하라.

정답은 부록 A 참조

개념 24.3

잡종 지대는 생식적 격리를 일으키는 요인을 보여준다

생식적 장벽이 불완전한 종들이 다시 서로 만나게 되면 어떤 일이 일어나겠는가? 하나의 가능성은 다른 종의 구성원들이 만나 교배하여 조상 혈통이 혼합된 약간의 자손을 낳는 **잡종 지대(hybrid zone)**가 형성되는 것이다. 이 절에서는 잡종 지대와 잡종 지대가 밝혀주는 생식적 격리의 발생 요인을 살펴볼 것이다.

잡종 지대 내의 양상

일부 잡종 지대는 노랑 배 두꺼비(*Bombina. variegata*)와 근연종인 불꽃 배 두꺼비(*B. bombina*)에 대해 설명하는 **그림 24.12**에 나온 것처럼 좁은 띠를 이룬다. 지도에서 붉은 선으로 표시한 이 잡종 지대는 길이가 4,000 km에 달하지만 대부분 폭은 10 km보다

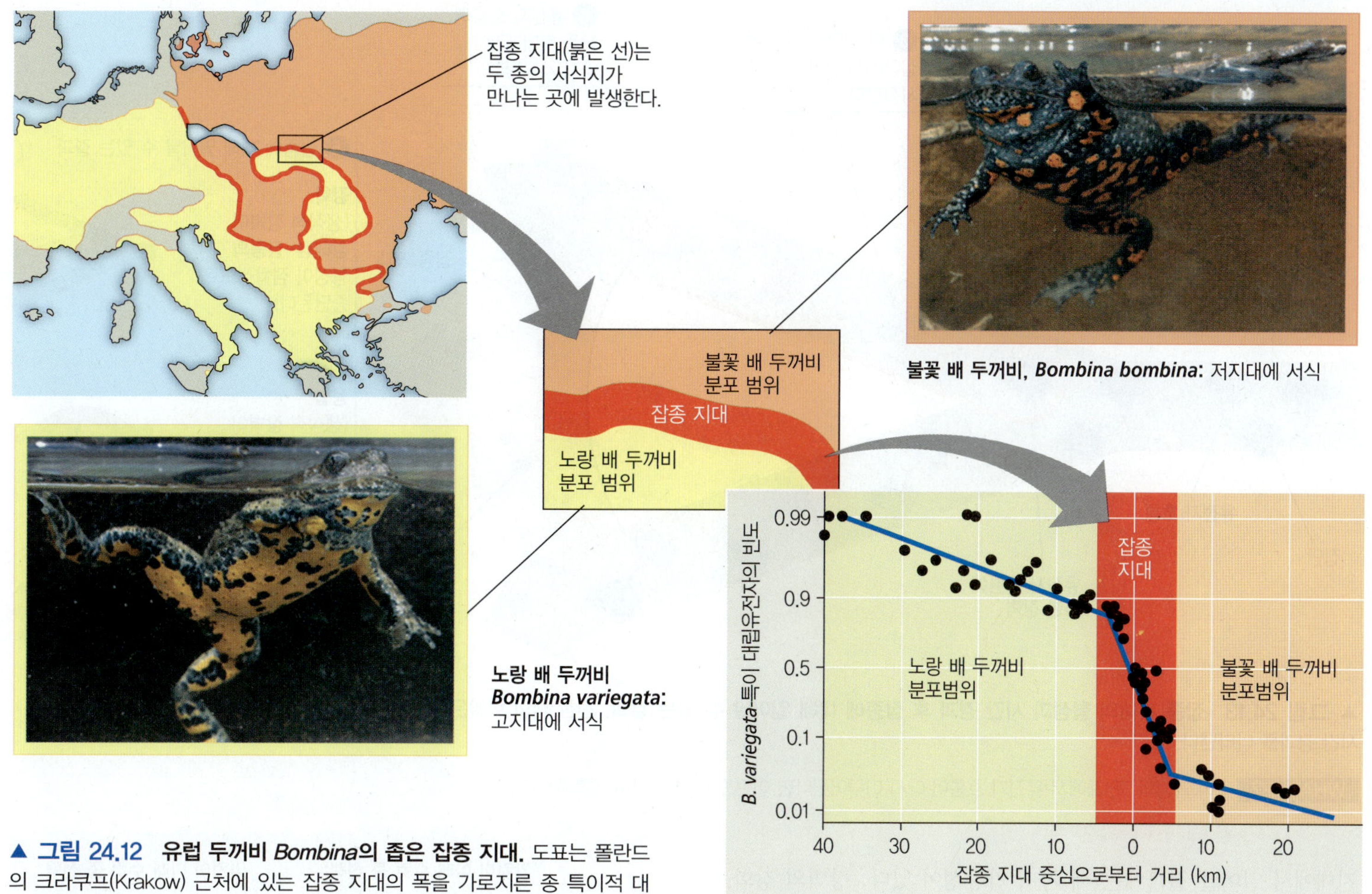

▲ **그림 24.12 유럽 두꺼비 *Bombina*의 좁은 잡종 지대.** 도표는 폴란드의 크라쿠프(Krakow) 근처에 있는 잡종 지대의 폭을 가로지른 종 특이적 대립유전자 빈도의 양상을 보여준다. 1에 가까운 빈도의 개체들은 노랑 배 두꺼비이고, 0에 가까운 빈도의 개체들은 불꽃 배 두꺼비이며, 중간 빈도의 개체들은 잡종으로 생각된다.

? 도표는 유전자 흐름에 의해 불꽃 배 두꺼비 대립유전자가 노랑 배 두꺼비의 분포 범위로 퍼지고 있다는 것을 보여주는가?

더 좁다. 이 잡종 지대는 노랑 배 두꺼비의 고지대 서식지와 불꽃 배 두꺼비의 저지대 서식지가 만나는 곳에 만들어진다. 잡종 지대의 한 단면을 가로질러 보면 노랑 배 두꺼비에 특이한 대립유전자의 빈도는, 노랑 배 두꺼비만 있는 가장자리에서는 100% 가까이, 잡종 지대의 중심부에서는 50%, 불꽃 배 두꺼비만 있는 가장자리에서는 0%로 감소한다.

무엇 때문에 잡종 지대를 가로지르는 대립유전자 빈도 양상이 나타나는가? 유전자 흐름에 대한 장애물이 있다고 추론할 수 있다. 그렇지 않다면, 한 부모종의 대립유전자는 다른 부모종의 유전자풀에서도 흔해야 할 것이다. 지리적 장벽이 유전자 흐름을 줄어들게 하는가? 두꺼비가 잡종 지대 안을 자유롭게 움직일 수 있기 때문에 이 경우에는 그렇지 않다. 더 중요한 요인은 잡종 두꺼비에서 배아 치사율과 다양한 형태적 기형률이 증가했다는 것이다. 형태적 기형으로는 등뼈와 융합된 갈비뼈나 기형의 올챙이 입 등을 들 수 있다. 잡종이 생존이나 생식에 빈약하기 때문에 부모종의 구성원과는 생존 가능한 자손을 거의 낳지 못한다. 결과적으로 잡종은 한 종에서 다른 종으로 대립유전자가 옮겨갈 수 있는 징검다리 구실을 거의 하지 못한다. 잡종 지대의 바깥에서는 부모종이 사는 다른 환경에서 작용하는 자연선택이 유전자 흐름의 부가적인 장애물이 되는 듯하다.

다른 잡종 지대는 일반적으로 상호교배하는 종들이 만나는 모든 장소에 위치한다. 이런 지역은 종종 그림 24.12에 있는 연속된 띠보다는 달마티안 점박이의 복잡한 공간 배치처럼 경관에 걸쳐 흩어져 있는 격리된 조각들의 한 무리와 유사하다. 하지만 공간 양상이 복잡하든 간단하든 생식에 대한 완전한 장벽이 결여된 두 종이 접촉하게 될 때 잡종지대가 형성된다. 일단 형성되면 잡종 지대는 시간이 경과하면서 어떻게 변할까?

시간에 따른 잡종 지대의 변화 과정

잡종 지대를 연구하는 것은 마치 자연에서 일어나는 종분화 실험을 관찰하는 것과 마찬가지다. 북서태평양의 쇠채아재비속에서 나타나는 다배수성처럼, 잡종은 부모와 생식적으로 격리되어 새로운 종이 형성될 것인가? 그렇지 않다면 시간이 지나면서 잡종

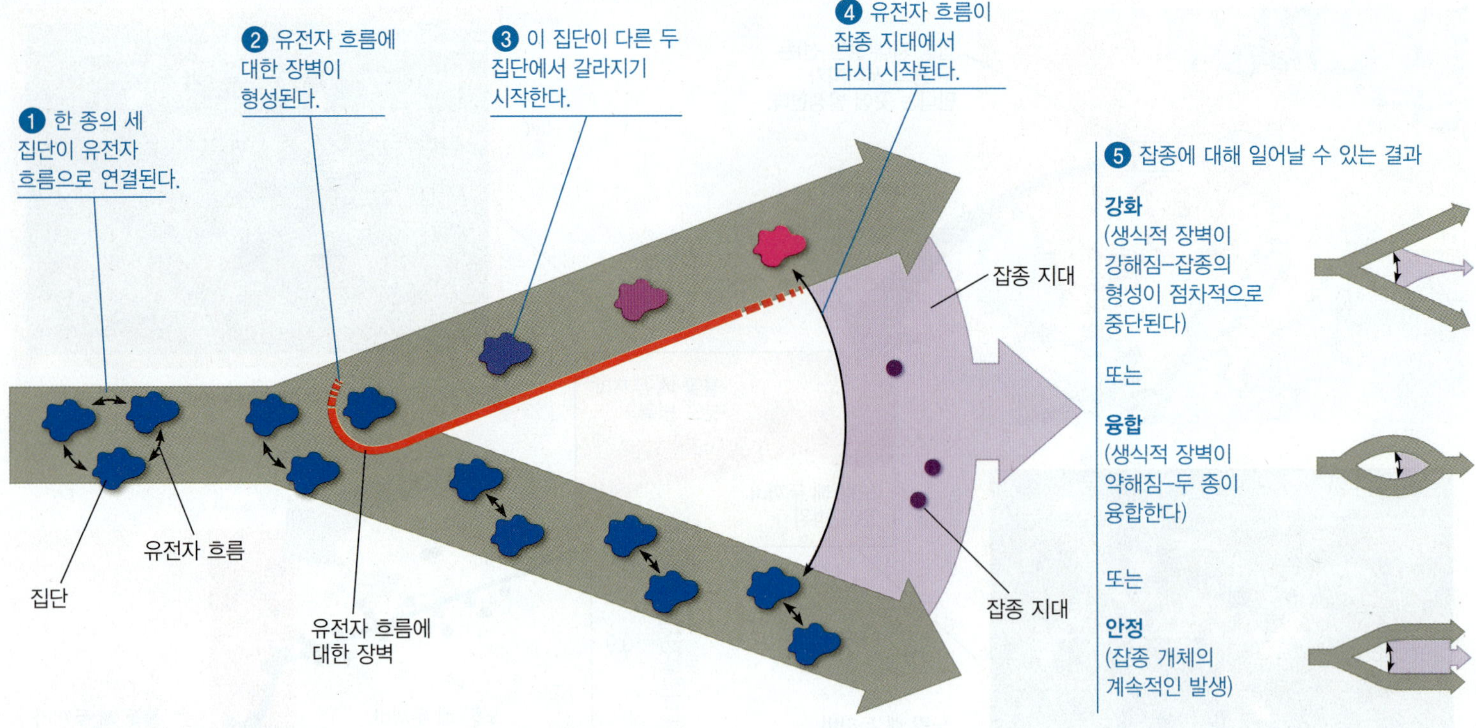

▲ **그림 24.13** **잡종 지대의 형성과 시간 경과 후 잡종에 대해 일어날 수 있는 결과.** 진한 색의 화살은 시간 경과를 나타낸다.

WHAT IF? 이 과정의 3단계에서 유전자 흐름이 다시 이루어진다면 어떤 일이 발생할지 예측해보라.

지대에서 일어날 결과에는 세 가지 가능성이 있다: 장벽의 강화, 종의 융합 또는 안정(**그림 24.13**)이다. 연구가 이 세 가능성에 대해 무엇을 알려주는지 알아보자.

강화: 생식적 장벽의 강화

잡종은 종종 부모종의 구성원보다 덜 적응적이다. 이런 경우 자연선택이 생식에 대한 접합 전 장벽을 강화함으로써 적응력이 없는 잡종 형성이 줄어들어야 한다. 이런 과정이 생식적 장벽을 강하게 만들기 때문에 **강화(reinforcement)**라고 한다. 강화가 일어나면 종 사이의 생식에 대한 장벽이 이소종에서보다 동소종에서 더 강해져야 한다는 것이 논리적 예측이다.

예로서, 근연의 유럽 딱새 두 종, 얼룩딱새와 깃딱새의 강화에 대한 증거를 알아보자. 이들 새의 이소 집단에서는 두 종의 수컷 들이 서로 매우 닮았다. 하지만 동소 집단에서는 두 종의 수컷이 상당히 다르게 생겼다. 얼룩딱새의 수컷은 흐린 갈색인 반면에 깃딱새의 수컷은 넓게 커진 흰 깃이 있다. 얼룩딱새와 깃딱새의 암컷들은 동소 집단의 다른 종 수컷을 택하지 않는다. 하지만 이소 집단의 수컷들에 대해서는 선택에 종종 실수를 한다(**그림 24.14**). 따라서 강화가 일어날 것이라고 예측된 대로 이소 집단의 새에서보다 동소 집단의 새에서 생식에 대한 장벽이 더 강하다. 비슷한 결과가 어류, 곤충, 식물과 다른 새들을 포함한 많은 생물에서 관찰되었다.

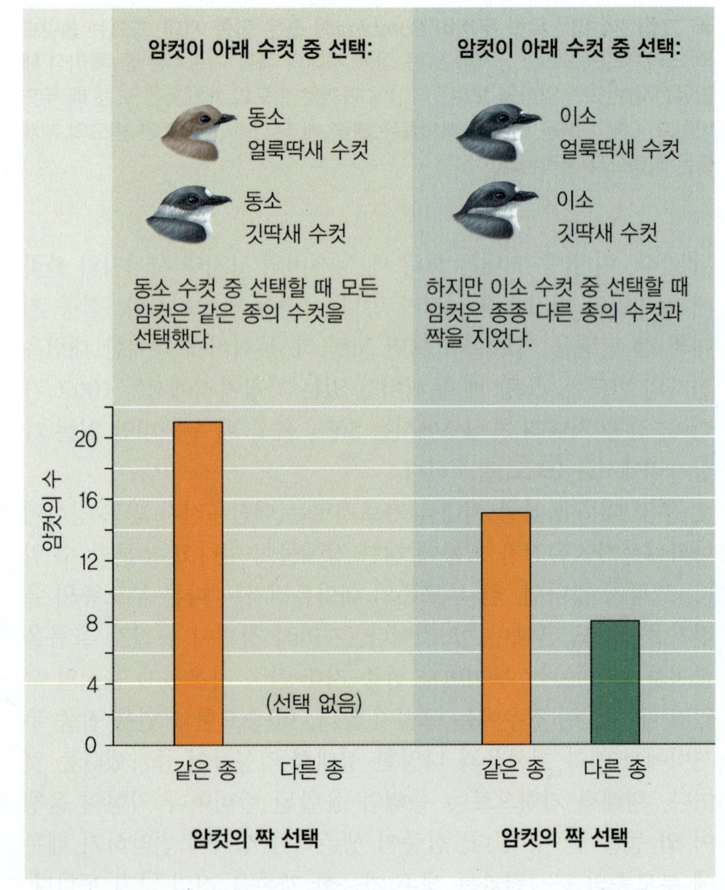

▲ **그림 24.14** **유럽 딱새의 근연종 사이의 생식에 대한 장벽의 강화**

융합: 생식적 장벽의 약화

이제 잡종 지대에서 두 종이 서로 만나는데 생식에 대한 장벽이 강하지 않은 경우를 알아보자. 유전자 흐름이 매우 많이 일어나서 생식적 장벽이 더욱 약해지고, 두 종의 유전자풀이 점진적으로 서로 똑같아질 것이다. 사실상 종분화 과정이 뒤집어져 결국 잡종이 진행되는 두 종은 하나의 종으로 융합된다.

이런 상황은 빅토리아 호수의 시클리드 사이에서 일어났을 것이다. 지난 30년 동안 예전에 600종이던 시클리드 중 200여 종이 사라졌다. 이들 중 일부는 도입된 포식자, 나일 농어(Nile perch) 때문에 멸종하였다. 그런데 나일 농어가 먹지 않는 많은 종들도 사라졌다. 아마도 종 융합으로 사라졌을 것이다. 생태적으로 유사한 시클리드 종의 많은 쌍들은 한 종의 암컷이 한 색의 수컷과 교배하는 것을 선호하는 반면, 다른 종의 암컷은 다른 색의 수컷과 교배하는 것을 선호하기 때문에 생식적으로 격리된다(그림 24.11). 현장과 실험실 연구의 결과는 오염으로 뿌옇게 된 물이 암컷들이 자신과 같은 종의 수컷을 근연종의 수컷과 구별하지 못하게 방해했다는 것을 보여준다. 일부 오염된 물에서 많은 잡종이 생산되었고, 부모 종들의 유전자풀의 융합과 종의 소멸로 이어졌다(**그림 24.15**).

Pundamilia nyererei

Pundamilia pundamilia

***Pundamilia* "흐린 물(*turbid water*),"**
흐린 물이 있는 곳의 잡종 자손

▲ **그림 24.15 융합: 생식적 장벽의 와해.** 지난 30년간 빅토리아 호수의 물이 점진적으로 탁해져서 *P. nyererei*와 *P. pundamilia* 사이의 생식적 장벽이 약해졌을 것이다. 탁한 물이 있는 지역에서는 두 종이 막대하게 잡종을 형성하여 유전자풀이 합쳐졌다.

안정: 잡종 개체의 지속적인 형성

많은 잡종 지대는 잡종이 계속 태어난다는 의미에서 안정적이다. 일부 경우에 최소한 특정 서식지나 기간에 잡종이 어느 부모 종의 구성원보다도 더 잘 살아남거나 번식하기 때문에 이런 일이 일어난다. 하지만 예상되는 결과와는 다르게 잡종이 도태되는 곳에서 또한 안정한 잡종 지대가 관찰되었다.

예를 들면, 무당개구리속(*Bombina*) 잡종 지대에서 잡종이 비록 심하게 도태되지만 계속 생긴다. 한 설명은 좁은 *Bombina* 잡종 지대와 관련된다(그림 24.12). 두 부모종의 구성원들이 잡종 지대의 바깥에 있는 부모 집단들에서 잡종 지대로 이주해 옴으로써 계속 잡종이 만들어진다는 증거가 있다. 잡종 지대가 더 넓다면 잡종 지대의 중심은 바깥에 있는 멀리 떨어진 부모 집단에서 들어오는 유전자 흐름이 거의 없을 것이기 때문에 이런 일이 일어날 가능성은 적다.

때로는 잡종 지대의 결과가 우리의 예상과 일치하고(유럽 딱새와 시클리드), 때로는 일치하지 않는다(*Bombina*). 그러나 우리의 예상이 맞든 틀리든 잡종 지대에서 일어나는 일은 근연 종 사이의 생식에 대한 장벽이 시간이 지남에 따라 어떻게 변하는지 이해하는 데 큰 도움을 줄 수 있다. 다음 절에서는 잡종을 만드는 종들 사이의 상호작용을 통해서 종분화의 속도와 유전적 조절을 어떻게 이해할 수 있는지 알아볼 것이다.

개념 확인 문제 24.3

1. 잡종 지대란 무엇인가? 왜 잡종 지대는 종분화를 연구할 수 있는 "자연 실험실"로 여겨질 수 있는가?
2. **WHAT IF?** 두 종이 지리적으로 격리되어 있는 동안 분기하였으나 생식적 격리가 완벽해지기 전에 다시 만났다고 가정하라. 만약에 두 종이 무차별적으로 교배를 하고 (a) 잡종 자손이 종내 교배의 자손보다 더 형편없게 살아남고 번식하거나, (b) 잡종 자손이 종내 교배의 자손과 마찬가지로 잘 살아남고 번식한다면 시간이 지나면서 어떻게 될지 예측하라.

정답은 부록 A 참조

개념 24.4

종분화는 빠르게도 느리게도 일어날 수 있으며, 적은 수 또는 많은 수의 유전자 변화로 일어날 수 있다

다윈이 "신비 중의 신비"인 종분화를 깊이 생각하기 시작했을 때 아직 답이 주어지지 않은 많은 질문들에 직면했다. 선택에 의한 진화가 생명의 다양성과 생물의 적응을 설명하는 데 도움이 된다는 것을 깨달았을 때 다윈은 그런 질문들 일부에 대한 답을 찾았다(개념 21.2). 하지만 다윈 이후 생물학자들은 종분화에 대해 중요한 질문들을 계속하였다. 새로운 종이 생기는 데 얼마나 걸리는가? 한 종이 둘로 갈라질 때 얼마나 많은 유전자가 변하는가? 이런 질문에 대한 답들도 드러나기 시작했다.

종분화의 시간 경과

화석으로 기록된 전체적인 양상에서, 그리고 (화석을 포함한) 형태적인 자료나 특정 무리의 생물에서 종분화 사건 사이의 시간 간격을 추정하는 분자생물학 자료를 이용한 연구에서, 우리는 새로운 종이 생기는 데 시간이 얼마나 걸리는지에 대한 정보를 얻을 수 있다.

화석 기록에서 나타나는 양상

화석 기록에는 한 지질층에 새로운 종이 돌연히 나타나고 여러 층에 걸쳐 본질적으로는 변화 없이 지속된 후 사라지는 사례가 많다. 예를 들어, 새로운 형태가 있는 화석 기록으로 무대에 나타났지만 멸종하기 전 수백만 년 동안 변화가 거의 없었던 수십 종의 해양무척추동물들이 있다. 미국 자연사 박물관(American Museum of Natural History)의 고생물학자 엘드리지(Niles Eldredge)와 하버드대학교의 굴드(Stephen Jay Gould, 1941~2002)는 갑작스런 변화로 중단되는 명백한 정체시기를 표현하기 위해 **단속평형(punctuated equilibria)**이라는 용어를 만들었다(그림 24.16a). 다른 종들은 단속된 방식을 보여주지 않는다. 대신 긴 시간에 걸쳐 좀 더 점진적으로 변한다(그림 24.16b).

단속적이거나 점진적으로 변하는 양상들이 새로운 종이 형성되는 데 시간이 얼마나 걸리는지에 대해 무엇을 알려줄 것인가? 한 종이 500만 년 동안 존속했지만 새로운 종으로 규정될 만한 형태 변화의 대부분이 첫 5만 년, 즉 전 존속기간의 단 1% 동안에 발생되었다고 가정하자. (지질학적 시간으로 볼 때) 이런 짧은 기간은 흔히 화석층에서 구별되지 않는다. 부분적으로는 퇴적 속도가 너무 느려서 이렇게 짧은 기간은 층으로 나뉠 수 없기 때문이다. 따라서 화석을 근거로 볼 때 종이 갑자기 나타났다가 멸종하기 전에 거의 변하지 않고 머뭇거린 것으로 나타날 것이다. 비록 그런 종이 화석에 나타난 것보다 더 느리게 (이 경우에는 5만 년 걸려서) 형성되었더라도, 단속된 양상은 종분화가 비교적 빠르게 일어난 것으로 나타난다. 또한 훨씬 더 천천히 화석이 변하는 종의 경우에 생식적 격리가 화석으로 남지 않기 때문에 정확히 언제 새로운 생물학적 종이 형성되었는지 알 수 없다. 그러나 그런 무리에서는 종분화가 비교적 천천히, 아마도 수백만 년에 걸쳐서 일어났을 가능성이 크다.

종분화 속도

단속 양상을 보여주는 화석들은 일단 종분화 과정이 시작되면 비교적 빨리 완료될 수 있다는 것을 말해준다. 이는 점점 더 많은 연구에서 확인되고 있다.

예를 들면, 빠른 종분화에 의해 야생 해바라기 *Helianthus anomalus*가 형성된 듯하다. 유전적 분석에 의하면 이 종은 두 해바라기 종 *H. annuus*와 *H. petiolaris*의 잡종에서 시작된 것으로 보인다. 잡종 *H. anomalus*는 두 부모종과 생태적으로 다르고 생식적으로 격리되었다(그림 24.17). 잡종형성 후에 염색체 수에 변화가 생기는 타가배수성 종분화와는 달리 해바라기의 경우에는 두 부모종과 잡종 모두 같은 수의 염색체가 있다($2n = 34$). 그러면 종분화가 어떻게 일어난 것일까? 이 질문에 답하기 위해 연구자들은 자연에서 일어난 일을 모방하도록 설계된 실험을 했다(그림 24.18). 실험 결과에 따르면 짧은 시간에 잡종 집단에서 막대한 유전적 변화가 자연선택에 의해 만들어졌을 수 있다. 이런 변화가 잡종이 부모와 생식적으로 분기되게 하여 새로운 종 *H.*

▲ **그림 24.16 종분화 속도의 두 모델**

▲ **그림 24.17 잡종 해바라기종과 건조한 사구 서식지.** 야생 해바라기 *Helianthus anomalus*는 가까운 곳이지만 더 습한 환경에서 사는 두 종의 다른 해바라기 *H. annuus*와 *H. petiolaris*의 잡종형성을 통해 시작되었다.

*anomalus*가 형성된 듯하다.

앞서 논의한 초파리, 빅토리아 호수 시클리드, 사과과실파리의 예와 함께 해바라기의 예는 새로운 종이 일단 분기하기 시작하면 빠르게 형성될 수 있다는 것을 말해준다. 그러면 종분화 사건 사이의 총 시간은 얼마나 되는가? 이 간격은 새로 형성된 종의 집단들이 서로 갈라지기 시작하기 전에 경과된 시간과 일단 분기가 시작되어 종분화가 완료되는 데 걸리는 시간으로 구성된다. 종분화 사건 사이의 총 시간은 상당히 다양한 것으로 판명되었다. 식물과 동물의 84 무리에 대한 조사 자료에서 종분화 사이의 간격은 4,000년[우간다 나부가보 호수(Lake Nabugabo)의 시클리드]에서 4,000만 년(일부 딱정벌레)의 범위가 나타났다. 종합적으로 종분화 사건 사이의 시간은 평균 650만 년이었고 50만 년보다 더 짧은 경우는 드물었다.

이런 자료는 평균적으로 새로 형성된 종에서 또 다른 새로운 종이 나오기 전까지 수백만 년이 지나야 할 것이라는 것을 말해준다. 25장에서 알아볼 텐데, 지구 생명이 대멸종에서 회복되는데 얼마나 걸릴 것인지 이 결과에서 짐작할 수 있다. 또한 새로운 종이 형성되는 데 걸리는 시간이 극히 다양하다는 것은 생물에 일정한 간격으로 새로운 종이 생기게 하는, 내재된 "종분화 시계"가 없다는 것을 의미한다. 그보다는, 아마도 몇 개체를 격리된 지역으로 옮겨놓는 폭풍처럼 예견되지 않는 사건, 또는 변하는 환경 상황 때문에 집단 사이의 유전자 흐름이 중단된 후에만 종분화가 시작된다. 그에 더하여 일단 유전자 흐름이 중단된 후에는, 다른 사건 때문에 유전자 흐름이 다시 시작되어 종분화 과정이 뒤집어지기 전에, 생식적으로 격리가 완전할 정도로 집단들이 유전적으로 분기되어야만 한다(그림 24.15).

▼ **그림 24.18 탐구**

어떻게 잡종화가 해바라기의 종분화를 일으켰는가?

실험 리스버그(Loren Rieseberg) 연구팀은 실험실에서 실험적인 잡종을 만들기 위해 해바라기 부모종 *H. annuus*와 *H. petiolaris*를 교배하였다. (각 생식세포에 대해 $n = 17$ 염색체들 중 두 개만 나타낸다.)

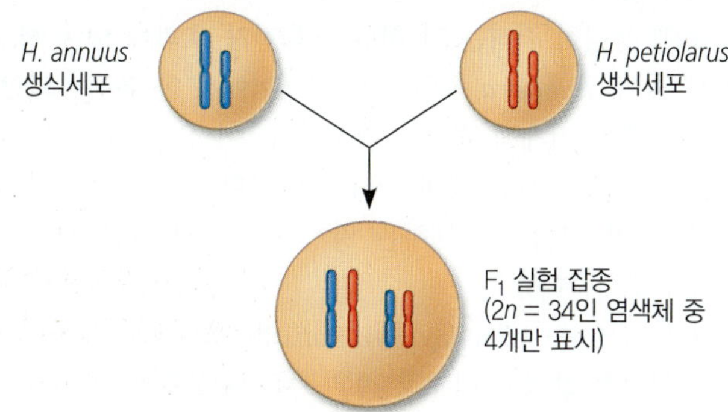

제1세대(F_1)에서 실험 잡종의 각 염색체는 부모종의 어느 한 종에서 온 DNA 전체로 구성되었다. 그 다음 연구자들은 실험 잡종의 F_1과 이후 세대가 생식능력이 있는지 검사하였다. 또한 실험 잡종의 염색체를 자연 발생 잡종 *H. anomalus*의 염색체와 비교하기 위해 종 특이 유전자 표지를 이용했다.

결과 비록 F_1 실험 잡종의 5%만 생식능력이 있었지만 추가된 단 4세대 후에 잡종의 생식능력이 90% 이상으로 올라갔다. 이 다섯 번째 세대 개체의 염색체는 F_1 세대의 염색체와는 달랐지만 자연 집단의 *H. anomalus* 개체의 염색체와는 유사했다.

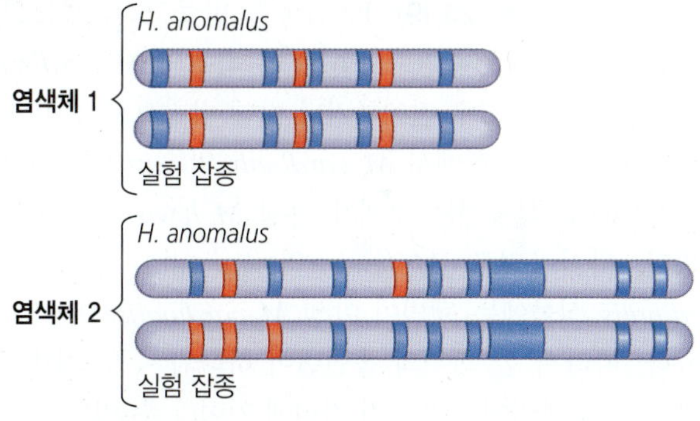

결론 시간이 지나면서 실험 잡종 집단의 염색체는 자연 집단의 *H. anomalus* 개체의 염색체와 유사해졌다. 이는 선택이 부모종에서 온 DNA 중 서로 적합하지 않은 부위를 제거했기 때문에 관찰된 실험 잡종의 생식능력 상승이 발생했다는 것을 시사한다. 종합적으로 보면 종분화 과정의 첫 단계는 빠르게 발생하며 실험실 실험에서 모방될 수 있는 것으로 나타났다.

참고문헌 L. H. Riesberg et al., Role of gene interactions in hybrid speciation: evidence from ancient and experimental hybrids. *Science* 272:741–745 (1996). Reprinted with permission from AAAS.

WHAT IF? 실험 잡종의 높아진 생식력은 실험 상황에서 번성에 유리한 선택 때문일 수도 있다. 결과에 대한 이러한 다른 설명을 평가하라.

종분화의 유전 연구

(잡종 지대에서처럼) 진행되고 있는 종분화 연구에서 생식적 격리를 일으키는 형질을 찾을 수 있다. 그런 형질을 조절하는 유전자를 밝힘으로써 과학자들은 "얼마나 많은 유전자가 새로운 종의 형성에 영향을 미치는가?"라는 진화생물학의 근본적인 질문을 탐구할 수 있다.

몇 경우에 생식적 격리는 단 하나의 유전자 효과에 의해 형성된다. 예를 들어, *Euhadra* 속의 일본 달팽이에서 한 유전자의 변화로 생식에 대한 기계적 격리가 발생된다. 이 유전자는 껍데기 나선의 방향을 조절한다. 껍데기 나선의 방향이 다르면 달팽이 생식기가 교배가 일어나지 못하는 방향으로 된다(그림 24.3f가 유사한 예를 보여준다).

꽈리의 두 근연종 *Mimulus cardinalis*와 *Mimulus lewisii* 사이의 주된 생식적 장벽도 비교적 적은 수의 유전자가 영향을 끼치는 것으로 나타난다. 이 두 종은 몇 가지 접합 전과 접합 후 장벽으로 격리된다. 이 중에서 접합 전 장벽인 수분 매개자 선택이 격리가 일어나게 하는 데 가장 중요하다. *M. cardinalis*와 *M. lewisii* 사이의 잡종 지대에서 수분 매개자의 약 98%가 한 종이나 다른 종에만 국한하여 찾아온다.

두 꽈리종에는 다른 수분 매개자가 찾아온다. 벌새는 붉은 꽃의 *M. cardinalis*를, 뒝벌은 분홍 꽃의 *M. lewisii*를 선호한다. 꽈리에서 최소 두 좌위가 수분 매개자 선택에 영향을 끼친다. 이 중 하나는 꽃 색에 영향을 끼치는 "노랑 상부(yellow upper)," 즉 *yup* 좌위이다(**그림 24.19**). F_1 잡종을 만들고 각 부모종과 검정교배를 반복함으로써 연구자들은 이 좌위의 *M. cardinalis* 대립유전자를 *M. lewisii*로 전이하거나 반대 방향으로 전이하는 데 성공하였다. 야외 실험에서 *M. cardinalis*의 *yup* 대립유전자가 있는 *M. lewisii* 식물에는 벌새가 야생 *M. lewisii*보다 68배 더 찾아왔다. 마찬가지로, *M. lewisii*의 *yup* 대립유전자가 있는 *M. cardinalis* 식물에는 뒝벌이 야생 *M. cardinalis*보다 74배 더 찾아왔다. 따라서 한 좌위의 돌연변이 하나가 수분 매개자 선호에 영향을 끼쳐 꽈리에서 생식적 격리에 기여할 수 있다.

다른 생물에서는 종분화 과정이 많은 유전자와 유전자 상호작용의 영향을 받는다. 예를 들면, 초파리 *Drosophila pseudoobscura*의 두 아종 사이의 잡종불임은 최소 4개의 좌위 사이의 상호작용 결과이고, 앞에서 논의한 해바라기 잡종 지대의 접합 후 격리는 최소 26곳의 염색체 부위(수를 모르는 유전자)의 영향을 받는다. 종합적으로, 연구에 따르면 적은 수나 많은 수의 유전자가 생식적 격리의 발생, 따라서 새로운 종의 출현에 영향을 끼칠 수 있다.

종분화에서 대진화로

이 장의 예에서 본 대로 종분화는 시클리드 등의 색처럼 작은 차이에서 시작될 수 있다. 그러나 종분화가 반복적으로 일어남에

(a) 전형적인 ***Mimulus lewisii***

(b) ***M. cardinalis*** **꽃 색 대립유전자가 있는** ***M. lewisii***

(c) 전형적인 ***Mimulus cardinalis***

(d) ***M. lewisii*** **꽃 색 대립유전자가 있는** ***M. cardinalis***

▲ **그림 24.19 수분 매개자 선택에 영향을 끼치는 좌위.** 수분 매개자 선호는 *Mimulus lewisii*와 *M. cardinalis* 사이의 생식에 대한 강력한 장벽이다. 꽃 색 좌위에 대해서 *M. lewisii*의 대립유전자를 *M. cardinalis*로 전이하거나 반대로 전이한 후에 연구자들은 일부 수분 매개자 선호의 변화를 관찰하였다.

WHAT IF? *M. lewisii*의 *yup* 대립유전자가 있는 *M. cardinalis* 개체를 꽈리의 두 종이 모두 있는 지역에 심었다면, 잡종 자손의 생성에는 어떤 영향이 나타날까?

개념 확인 문제 24.4

1. 종분화가 분기 중인 집단 사이에서 빠르게 일어날 수 있지만 종분화 사건 사이의 간격은 종종 백만 년 이상이다. 이런 외견상 모순을 설명하라.
2. 꽈리의 두 종에서 *yup* 좌위가 생식에 대해 접합 전 장벽으로 작용한다는 증거를 요약하라. 이 결과가 이들 종 사이에서 *yup* 좌위 하나만으로 생식에 대한 장벽이 조절된다는 것을 보여주는가?
3. **MAKE CONNECTIONS** 그림 13.11을 그림 24.18과 비교하라. 어떤 세포 수준의 과정 때문에 그림 24.18의 잡종 염색체가 두 부모종의 DNA를 모두 포함하게 되는가?

정답은 부록 A 참조

따라 그런 차이가 축적되고 더욱 현저해져 (땅에 사는 포유류에서 고래가 기원한 것처럼; 그림 21.20) 결국 조상과는 매우 다른 생물의 새로운 무리들이 형성될 수 있다. 또한 생물의 한 무리는 많은 새로운 종을 형성하여 종의 수가 증가하는데 다른 무리는 멸종으로 종을 잃어 크기가 줄어들 수 있다. 그런 많은 종분화와 멸종 사건의 축적된 효과가 화석에 기록된 전면적인 진화상의 변화가 만들어지는 데 기여했다. 다음 장에서는 대진화 학습의 시작으로 그런 대규모 진화상 변화를 다룰 것이다.

24장 복습

핵심 개념의 요약

개념 24.1

생물학적 종개념은 생식적 격리가 중심이 된다

- 생물학적 **종(species)**은 서로 교배하여 생존가능하고 생식능력 있는 자손을 낳을 수 있지만 다른 종의 구성원과는 그렇지 못한 개체들로 구성된 집단들의 무리이다. **생물학적 종개념(biological species concept)**에서는 유전자풀들을 분리하는 접합 전과 접합 후의 장벽을 통한 생식적 격리가 중심이 된다.
- 비록 종분화가 어떻게 일어나는지를 생각할 때는 유용하지만 생물학적 종개념은 한계가 있다. 예를 들어, 화석으로만 알려졌거나 무성생식으로만 번식하는 생물에게는 적용될 수가 없다. 그래서 **형태적 종개념(morphological species concept)**과 같은 다른 종개념들이 상황에 따라 사용된다.

? 생물학적 종개념에서 유전자 흐름의 기능을 설명하라.

개념 24.2

종분화는 지리적 격리가 있거나 없거나 모두 일어날 수 있다

- **이소 종분화(allopatric speciation)**에서는 한 종의 두 집단이 지리적으로 서로 격리되었을 때 유전자 흐름이 감소된다. 격리되어 있는 동안에 한 집단 또는 둘 모두에서 진화적 변화가 발생한 결과 생식에 대한 접합 전후 장벽이 형성될 것이다.
- **동소 종분화(sympatric speciation)**에서는 새로운 종이 부모종과 같은 지역에 머물면서 생긴다. 식물종이 (그리고 덜 흔하게 동물종이) 다배수성을 통해 동소적으로 분화하였다. 동소 종분화는 또한 서식지 이동과 성적 선택으로도 유발될 수 있다.

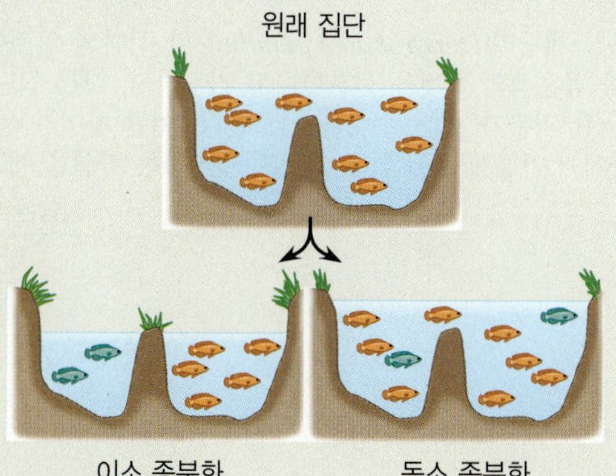

? 동소 종분화를 일으키는 요인이 이소 종분화도 일으킬 수 있는가?

개념 24.3

잡종 지대는 생식적 격리를 일으키는 요인을 보여준다

- 많은 종류의 생물들이 다른 종들의 구성원이 만나 교배하여 조상이 혼합된 자손이 일부 생기는 **잡종 지대(hybrid zone)**를 형성한다.
- 많은 잡종 지대는 잡종 자손이 계속 생산된다는 면에서 안정적이다. 다른 곳에서는 **강화(reinforcement)** 작용으로 접합 전 장벽이 강해져 부적응의 잡종 형성이 감소된다. 또 다른 잡종 지대에서는 생식에 대한 장벽이 시간이 지나면서 약해진 결과 종의 유전자풀들이 융합된다 (종분화 과정이 역행한다).

? 부모종들이 다른 환경에서 서식한다면 어떤 요인 때문에 잡종 지대의 장기간의 안정성이 유지될 수 있는가?

개념 24.4

종분화는 빠르게도 느리게도 일어날 수 있으며, 적은 수 또는 많은 수의 유전자 변화로 일어날 수 있다

- 새로운 종은 일단 분기가 시작되면 빠르게 형성될 수 있다. 그러나 그런 일이 일어나기 위해서는 수백만 년이 걸릴 수 있다. 종분화 사건 사이의 시간 간격은 수천 년에서 수천만 년까지 상당히 다양하다.
- 유전학 분야의 새로운 발전으로 일부 경우에 종분화와 관련된 특정 유전자를 밝힐 수 있었다. 결과는 종분화가 적은 수나 많은 수의 유전자에 의해 일어날 수 있다는 것을 보여준다.

? 종분화는 먼 과거에서만 발생한 것인가, 아니면 새로운 종이 오늘날도 계속 생기고 있는가?

생각해보자

수준 1: 지식/이해

1. 유전자 흐름이 쉽게 일어날 수 있는 가장 큰 단위는?
   a. 집단 b. 종 c. 속 d. 잡종
2. 하와이 제도의 한 지역에 사는 다른 초파리 *Drosophila* 종들의 수컷들은 정교한 구애의식이 다르다. 이 의식은 다른 수컷과 싸우는 것과 암컷을 유인하는 일정한 양식을 만드는 것과 관련된다. 이것은 어떤 유형의 생식적 격리를 보여주는 것인가?
   a. 서식지 격리 b. 시간적 격리
   c. 행동적 격리 d. 생식세포 격리
3. 단속평형 모델에 따르면
   a. 시간이 충분히 주어진다면, 대다수 기존 종은 점진적으로 새로운 종들로 분기할 것이다.
   b. 대다수 새로운 종은 자신의 고유한 특징들이 종으로 시작되면서 비교적 빠르게 누적되고, 이후 종으로 존속하는 기간의 나머지 동안 거의 변하지 않는다.

c. 대다수 진화는 동소 종분화로 일어난다.
d. 종분화는 일반적으로 단일 돌연변이에 의해 일어난다.

수준 2: 응용/분석

4. 조류 목록에 머틀 솔새와 오더본 솔새가 한 때 다른 종으로 기재되었다. 최근 이 새들은 한 종인 노랑둔부 솔새의 동부형과 서부형으로 분류되었다. 사실이라면 다음의 어느 증거가 이런 재분류의 이유일까?
   a. 두 형태는 자연에서 흔히 교배하고 이들 자손이 잘 생존하고 번식한다.
   b. 두 형태는 비슷한 서식지에 살고 먹이 요건이 비슷하다.
   c. 두 형태는 많은 유전자들이 공통이다.
   d. 두 형태는 외양이 매우 비슷하다.
5. 다음 요인들 중 이소 종분화에 기여하지 않는 것은?
   a. 분리된 집단이 작고, 유전자 부동이 일어난다.
   b. 격리된 집단이 조상 집단과 다른 선택압에 노출된다.
   c. 다른 돌연변이들 때문에 분리된 집단들의 유전자풀들이 구별되기 시작한다.
   d. 두 집단 사이의 유전자 흐름이 막대하다.
6. 식물종 A는 이배체 염색체 수가 12이다. 식물종 B는 이배체 수가 16이다. 새로운 종 C가 A와 B의 타가배수체로 형성된다. 종 C의 이배수체 수는 아마도 어느 것일까?
   a. 14 b. 16 c. 28 d. 56

수준 3: 종합/평가

7. 한 무리의 얼룩딱새 수컷이 깃딱새가 없는 지역에서 두 종이 모두 있는 지역으로 이주했다고 가정하자(그림 24.14). 이런 사건이 매우 드물다면, 다음 중 어느 각본이 일어날 가능성이 가장 적은가?
   a. 잡종 자손의 빈도가 증가할 것이다.
   b. 이주한 얼룩딱새 수컷은 상주한 얼룩딱새 수컷보다 더 적은 자손을 낳을 것이다.
   c. 이주한 수컷은 얼룩딱새 암컷보다 더 자주 깃딱새 암컷과 짝을 지을 것이다.
   d. 잡종 자손의 빈도가 감소할 것이다.
8. **과학적 탐구**
   DRAW IT 이 장에서 여러분은 빵밀(*Triticum aestivum*)은 세 가지 다른 부모종의 각각에서 온 두 조씩의 염색체가 있는 타가육배체라는 것을 읽었다. 유전적 분석에 따르면 다음 그림의 세 종들이 각각 *T. aestivum*에 염색체를 제공했다. (여기서 대문자는 개별 유전자가 아니라 한 조의 염색체를 나타낸다.) 또한 증거에 따르면 첫 번째 다배수화 사건은 초기 밀 재배종인 *T. monococcum*과 야생종(*Triticum*) 사이의 자발적인 잡종 형성이었다. 이런 정보를 기초로 하여 타가육배체인 *T. aestivum*가 생성될 수 있는 가능한 일련의 과정을 그림으로 그려라.

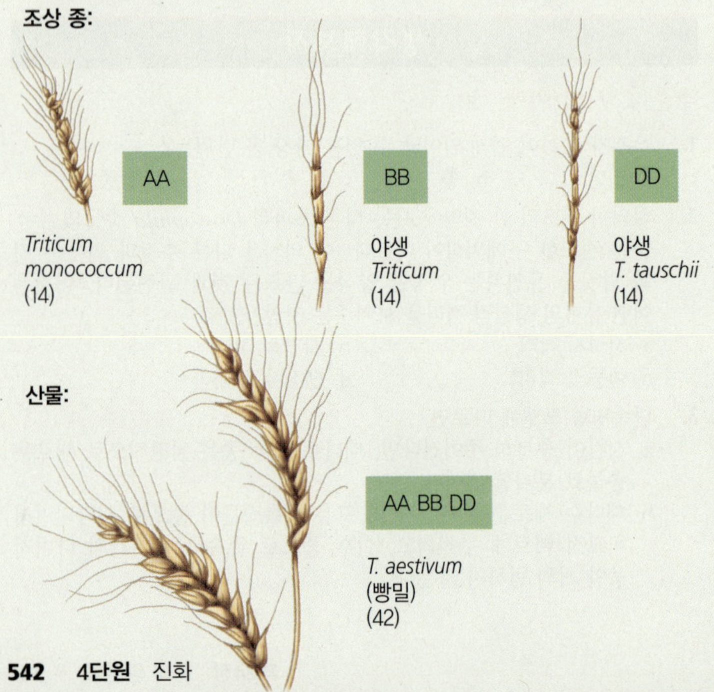

9. **진화적 관점**
   모든 사람 집단을 단일종으로 규정하는 생물학적 근거는 무엇인가? 미래에 두 번째 사람종이 시작되는 각본을 생각할 수 있는가?
10. **과학, 기술, 사회**
   미국의 희귀한 붉은 늑대(*Canis lupus*)는 훨씬 더 수가 많은 코요테(*Canis latrans*)와 잡종을 형성한 것으로 알려졌다. 비록 형태, DNA와 행동에 있어서 붉은 늑대와 코요테가 다르지만, 유전적 증거에 따르면 현존하는 붉은 늑대 개체들은 실제로 잡종이다. 위기종 법안에 따라 붉은 늑대는 위기종으로 지정되어 법적인 보호를 받는다. 일부 사람들은 남아 있는 붉은 늑대는 잡종이지 "순수한" 종의 구성원이 아니기 때문에 붉은 늑대의 위기종 지위는 철회되어야 한다고 생각한다. 이 생각에 동의하는가? 이유는?
11. **글쓰기: 정보**
   유성생식을 하는 종에서 각 개체는 양친에서 유전된 DNA로 생명을 시작한다. 짧은 글(100~150 단어)로 상동 염색체가 있는 두 종의 생물이 짝을 지어 잡종 자손(F_1)을 생산할 때 어떤 일이 발생하는지에 이 개념을 적용하라. 잡종(F_1)의 염색체 중 몇 퍼센트의 DNA가 부모종 각각에서 오는가? 잡종들이 짝을 지어 F_2와 이후 세대 잡종 자손을 생산할 때 재조합과 자연선택이 잡종 염색체의 DNA가 부모종의 어느 쪽에서 유래하게 될 것인지에 어떤 영향을 끼칠지 설명하라.
12. **종합적으로 생각해보기**

딸기독침 개구리(*Dendrobates pumilio*) 한 집단의 암컷이 밝은 붉은 색과 검은색의 수컷을 선호한다고 가정하자. 다른 집단에서는 암컷이 노란 피부가 있는 수컷을 선호한다. 이런 차이가 동소와 이소 집단들에서 어떻게 일어날 수 있는지 설명하는 가설을 제안하라.

정답은 부록 A 참조

25

대진화

핵심 개념

- 25.1 초기 지구의 환경 조건에서 생명의 기원이 가능했다
- 25.2 화석 기록은 생명의 역사를 증명하는 자료이다
- 25.3 생명의 역사에서 핵심이 되는 사건은 단세포 생물과 다세포 생물의 기원과 육상 진출이다
- 25.4 생물군의 흥망성쇠는 종분화와 멸종의 속도 차이를 반영한다
- 25.5 몸 형태의 주요한 변화는 발생 유전자들의 서열과 조절의 변화에서 초래될 수 있다
- 25.6 진화는 지향하는 목적이 없다

▲ **그림 25.1** 이 공룡들은 어느 대륙에 살았었을까?

◀ *Cryolophosaurus* 두개골

잃어버린 세계

초기 남극대륙 탐험가들은 지구에서 가장 혹독하고 메마른 환경, 액상의 물이 거의 없고 극단적으로 추운 땅을 마주쳤다. 남극의 생명체는 드물고 작다. 가장 큰 육상동물은 5 mm 길이의 파리이다. 이런 열악하고 혹독한 환경 속에서도 탐험가들은 놀라운 발견을 했다: 지금은 거의 존재하지 않는 곳에서 생명체가 한때 번성했다는 화석 증거를 발견했던 것이다. 이 화석은 5억 년 전에 남극 주위의 바닷물이 따뜻했고 열대성 무척추동물이 번성했다는 것을 보여준다. 후에 이 남극대륙은 수억 년 동안 숲으로 덮여 있었다. 다양한 시대에 걸쳐, 3 m 높이의 포식자 "공포의 새," 그리고 티라노스(*Tyrannosaurus rex*)의 연관종인 길이 7 m의 먹성 좋은 크리욜로포사우루스(*Cryolophosaurus*)와 같은 거대 공룡(**그림 25.1**) 등을 포함하여 다양한 종류의 동물들이 이 숲에서 포효했다.

세계의 다른 지역에서 발견된 화석도 비슷한 이야기를 말해준다. 과거 생물은 현재 살고 있는 것과는 많이 달랐다. 화석에서 드러난 지구 생명의 전면적인 변화는 종 수준 이상의 광범위한 진화인 **대진화(macroevolution)**를 설명해준다. 대진화적 변화의 특정한 예로는 일련의 종분화 사건을 통한 육상 척추동물의 출현, 생물다양성에 끼친 대멸종의 영향, 비행과 같은 핵심 적응의 기원 등을 들 수 있다.

종합적으로 그런 변화에서 지구 생명의 진화사를 총괄적으로 볼 수 있다. 생명의 기원에 대한 가설을 살펴보는 데서 시작할 것이다. 생명의 기원은 생명이 탄생하는 사건의 존재 증거가 되는 화석이 없기 때문에 전체 단원에서 가장 추론적인 주제이다. 다음으로 생명의 역사에서 주요 사건에 대한 화석 기록과 시간이 경과하면서 다른 종류의 생물군들을 번성하고 쇠퇴하게 한 요인들을 알아볼 것이다.

개념 25.1

초기 지구의 환경 조건에서 생명의 기원이 가능했다

초기 지구의 생명에 대한 직접 증거는 약 35억 년 전에 살았던 미생물 화석이다. 그런데 최초의 살아 있는 세포가 어떻게 나타났을까? 화학, 지질학과 물리학의 실험과 관찰을 통해 과학자들은 우리가 앞으로 살펴볼 하나의 각본을 제안했다. 그들은 지구에서 화학적, 그리고 물리적 과정이 일련의 4가지 주요 단계를 거쳐 단순한 세포를 만들었을 것이라는 가설을 세운다.

1. 아미노산이나 질소 함유 염기들 같은 작은 유기분자들이 무생물적으로 합성됨.
2. 이 작은 분자들이 단백질, 핵산 등 거대분자로 중합됨.
3. 외부와는 다른 내부의 화학을 유지하는 막이 있는 작은 방울인 **"원시세포(protocell)"**로 이 분자들이 봉입됨.
4. 궁극적으로 유전이 가능하도록 하는 자기복제 분자가 탄생함.

비록 추론이지만 이 각본에 따라 실험실에서 검증할 수 있는 예측을 할 수 있다. 이 절에서는 각 단계에 대한 증거를 살펴볼 것이다.

초기 지구에서 유기화합물의 합성

어린 태양 주위에 있던 먼지와 암석의 거대한 구름이 응축하여 약 46억 년 전 우리 행성이 형성되었다. 처음 수억 년 동안은 태양계가 형성되면서 남아 있던 거대한 조각의 암석과 얼음이 지구에 포탄처럼 떨어졌다. 이런 충돌로 많은 열이 발생하여 이용할 수 있는 물이 모두 증발되었기 때문에 바다나 호수가 만들어지지 못했다.

이런 막대한 포격은 약 40억 년 전에 끝났고, 우리의 어린 행성에 생명의 기원을 위한 무대가 마련되었다. 최초의 대기에는 산소가 거의 없었고, 아마도 수증기가 진하게 끼어 있었으며, 질소, 질소 산화물, 이산화탄소, 메탄, 암모니아, 수소 등을 포함하는, 화산 폭발로 분출된 각종 화합물이 많이 있었을 것이다. 지구가 냉각되면서 수증기는 응결하여 바다를 이루었고 많은 수소가 우주로 빠져나갔다.

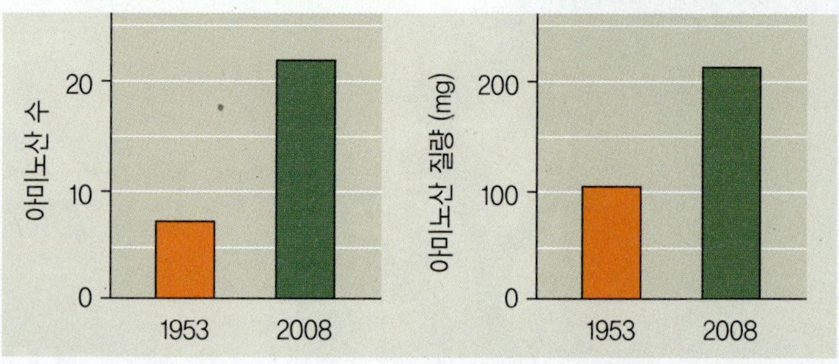

▲ **그림 25.2 모의 화산 분출 실험의 아미노산 합성.** 1953년 역사적인 연구 이외에도 밀러는 화산 분출을 모의하는 실험을 했다. 2008년에 이런 실험의 결과를 재분석하여 연구자들은 1953년의 원 실험 상황에서 생성된 것보다도 훨씬 더 많은 아미노산이 모의 화산 상황하에서 생성된 것을 발견하였다.

MAKE CONNECTIONS 2008년 실험에서 어떻게 20개보다 더 많은 아미노산이 생성되었을 수 있는가? (개념 5.4)

1920년대에 러시아 화학자 오파린(A. I. Oparin)과 영국과학자 홀데인(J. B. S. Haldane)이 지구의 초기 대기는 환원적(전자가 더해지는) 환경이라서 단순한 분자로부터 유기물이 만들어질 수 있었다는 가설을 독립적으로 제안하였다. 이런 합성을 위한 에너지는 번개와 자외선에서 얻어졌을 것이다. 홀데인은 초기 바다가 유기분자의 용액, 즉 생명이 생겨난 "원시 국(primitive soup)"이었다고 제안했다.

1953년에 시카고대학교의 유리(Harold Urey)와 연구하던 밀러(Stanley Miller)는 그 당시 과학자들이 초기 지구에 존재했던 상태라고 생각하던 것에 해당되는 실험실 조건을 만들어 오파린-홀데인 가설을 검증하였다(그림 4.2). 그의 장치에서 오늘날 생물체에서 발견되는 다양한 아미노산이 다른 유기화합물과 함께 만들어졌다. 그 이후 많은 실험실에서 대기 조성을 다르게 하여 밀러의 역사적인 실험을 재현하였고, 이들 실험 중 일부에서도 유기화합물이 만들어졌다.

하지만 일부 증거에 따르면 초기 대기는 주로 질소와 이산화탄소로 구성되었으며, 환원성도 산화성(전자를 제거하는)도 아니었을 것이다. 최근 이런 "중성"대기를 이용한 밀러-유리 방식의 실험에서도 역시 유기분자가 만들어졌다. 또한 화산 분화구 근처와 같은 초기 대기 중의 작은 부분들은 환원성이었을 수 있다. 아마 최초의 유기화합물은 화산 부근에서 만들어졌을 것이다. 이 가설을 위한 2008년 시험에서 연구자들은 밀러가 그의 실험에서 얻어 저장해 두었던 분자들을 현대 장비로 재분석했다. 이 연구에서는, 많은 아미노산들이 모의 화산분출 조건 하에서 형성됨이 밝혀졌다(그림 25.2).

또 다른 가설은 유기화합물이 가열된 물과 광물질이 지구 내부에서 바다로 분출되어 나오는 해저의 **심해 열수구(hydrothermal vent)**에서 처음으로 만들어졌다는 것이다. "검은 굴뚝(balck smoker)"이라고 알려진 일부 분출구에서 분출되는 물은 아주 뜨거워서(300~400℃) 거기에서 형성된 유기화합물들은 불

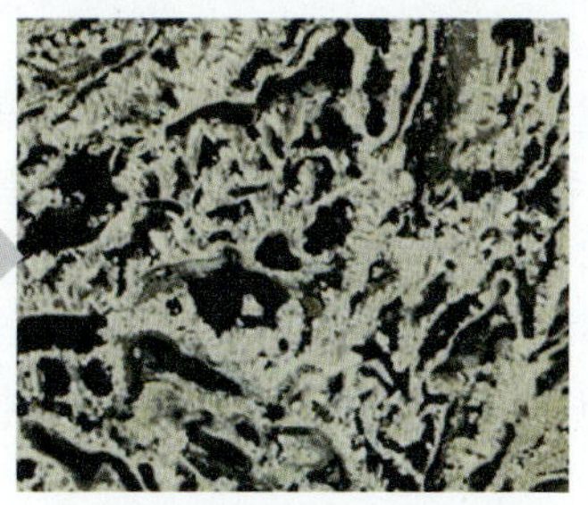

◀ **그림 25.3 생명이 심수 알칼리 분출구에서 기원했을까?** 첫 유기화합물—사실상 첫 세포—은 40,000년 전 중앙 대서양의 "잃어버린 도시" 분출구와 유사한 따뜻한 알칼리 분출구에서 생겼을 수 있다. 이런 분출구에는 탄화수소가 있고, 철과 기타 촉매 광물이 있는 작은 구멍이 가득하다(확대 삽화). 초기 바다는 산성이었으며, 그래서 분출구 내부와 주위 바닷물 사이에 pH 기울기가 형성되었을 것이다. 유기화합물의 합성 에너지는 이 pH 기울기를 이용해서 얻었을 수 있다.

안정했을 것이다. 하지만 **알칼리 분출구(alkaline vent)**라고 하는 다른 심해 분출구는 높은 pH(9~11)이며 따뜻한(40~90°C) 물을 분출하고, 생명의 기원에 더욱 적합한 환경일 것이다(그림 25.3).

화산-대기와 알칼리 분출구 가설과 관련된 연구는 여러 조건하에서 유기분자가 무생물적으로 합성될 수 있다는 것을 보여준다. 또 다른 유기분자의 공급원은 운석이었을 것이다. 예를 들어, 1969년 호주에서 발견된 45억 년 된 암석인 머치슨 운석(Murchison meteorite)의 조각에 80가지 이상의 아미노산이 있었고, 일부는 양이 많았다. 이들 아미노산은 D형과 L형 이성질체가 같은 양으로 들어 있기 때문에 지구에서 오염되었을 수 없다(4장). 생물은 몇 가지 드문 예외를 제외하고는 L형 이성질체만 만들고 이용한다. 최근의 연구에서 머치슨 운석에 지질, 단순당, 그리고 우라실 같은 질소 함유 염기 등을 포함하여 다른 핵심 유기분자가 들어 있다는 것이 알려졌다.

거대분자의 무생물적 합성

우리가 아는 한 아미노산과 질소 함유 염기 같은 작은 유기분자의 존재만으로는 생명이 출현하기에 충분치 못하다. 모든 세포에는 효소, 여타 단백질, 그리고 자기복제에 필수적인 핵산 등 매우 다양한 종류의 거대분자가 있다. 초기 지구에서 그런 거대분자가 만들어질 수 있었을까? 2009년의 한 연구에서는 한 가지 주요 단계가 증명되었는데, RNA 단량체들이 단순한 전구 분자들로부터 생물작용 없이 자발적으로 합성될 수 있었다. 또한 아미노산이나 RNA 뉴클레오타이드 용액을 뜨거운 모래나 점토 혹은 암석에 떨어뜨림으로써 연구자들이 이 분자들의 중합체를 만들 수 있었다. 효소나 리보솜의 도움 없이 중합체가 자발적으로 형성되었던 것이다. 단백질과는 다르게 그 아미노산 중합체들은 아미노산의 교차결합과 결합이 섞여 있는 복합체이다. 그렇지만 이런 중합체가 초기 지구에서 다양한 화학적 반응의 약한 촉매로 작용했을 가능성이 있다.

원시세포

모든 생물은 번식과 에너지 처리 과정(물질대사)을 수행할 수 있어야만 한다. DNA 분자에는 번식하는 동안 정확히 자신을 복제하는 데 필요한 지시 등 유전정보가 들어 있다. 그러나 DNA 복제에는 세포의 물질대사로 공급되는 많은 양의 뉴클레오타이드 성분과 함께 정교한 효소 장치가 필요하다. 이는 물질대사와 유사한 구성요소의 공급원과 자기복제 분자가 초기 원시세포에 동시에 출현했을 것이라는 것을 시사한다. 이러한 필수조건들은 막과 유사한 구조로 둘러싸인 액체로 채워진 방, 즉 소낭에서 충족되었을 것이다. 최근의 실험에서 무생물적으로 형성된 소낭이 외부 환경과는 다른 내부 화학적 환경을 유지할 뿐만 아니라 단순한 번식과 물질대사 등 생명의 특성을 보여줄 수 있다는 것이 밝혀졌다(그림 25.4).

예를 들어, 지질이나 다른 유기분자를 물에 첨가하면 소낭이 자발적으로 형성될 수 있다. 이런 일이 일어나면 혼합물에 있는 소수성 분자들이 세포막의 지질 이중층과 유사한 이중층의 구조가 된다. 화산재의 풍화로 만들어진 연한 광물점토인 **몬모릴로나**

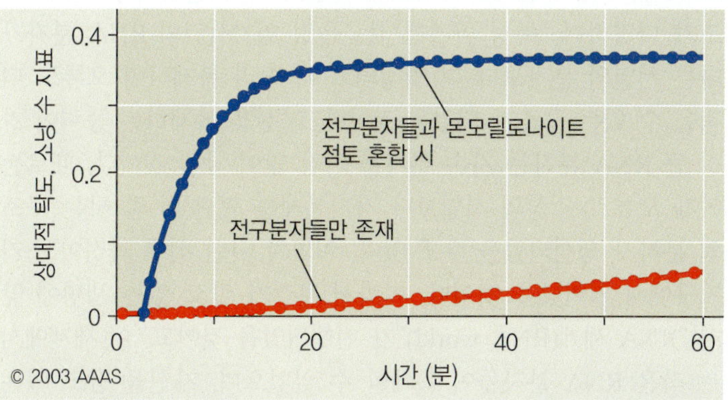

(a) **자가 형성.** 몬모릴로나이트 점토의 존재가 소낭의 자가 형성률을 크게 높인다.

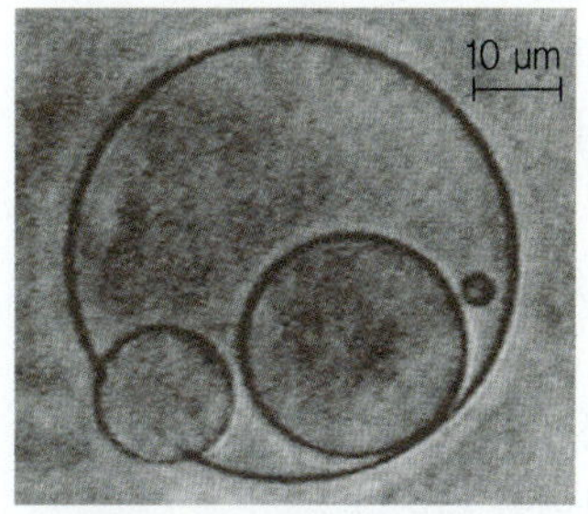

(b) **번식.** 이 소낭에서 더 작은 소낭(광학현미경 사진)의 "출산"에서처럼 소낭은 스스로 분열할 수 있다.

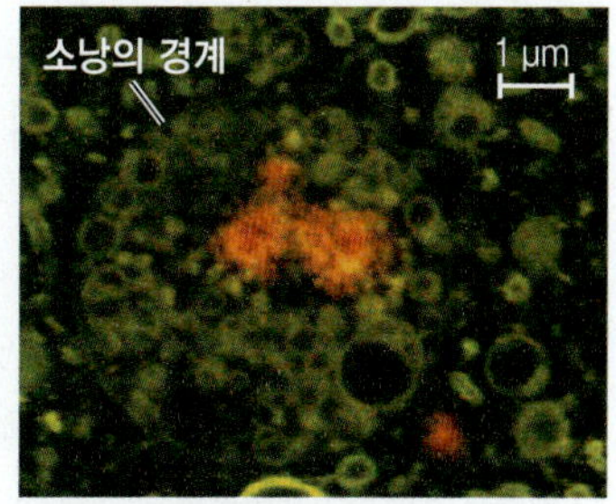

(c) **RNA 흡수.** 이 소낭은 RNA(주황색)로 피복된 몬모릴로나이트 점토 입자를 흡수했다.

▲ **그림 25.4 무생물적으로 만들어진 소낭의 특징**

이트(montmorillonite)와 같은 물질을 첨가하면 소낭의 자가 형성률이 매우 증가한다(그림 25.4a). 초기 지구에 흔했을 것으로 생각되는 이 점토는 유기분자가 농축되는 표면을 제공했고 이 분자들이 서로 반응하고 소낭을 형성할 가능성을 높인다. 무생물적으로 형성된 소낭은 스스로 "번식"할 수 있고(그림 25.4b), 자신의 내용물을 희석하지 않고 크기가 증가("성장")할 수 있다. 소낭은 또한 RNA와 기타 유기분자가 부착된 상태의 몬모릴로나이트 입자를 흡수할 수 있다(그림 25.4c). 마지막으로, 실험은 일부 소낭에 선택적 투과성 이중층이 있으며, 생명의 또 다른 중요한 선행 조건인 반응물의 외부 공급원을 이용한 물질대사 반응이 가능하다는 것을 보여주었다.

자기 복제하는 RNA

최초의 유전물질은 DNA가 아니라 RNA였을 가능성이 크다. RNA가 단백질 합성에서 중심적인 일을 하지만, 또한 효소처럼 촉매 기능을 할 수 있다(17장). 이런 RNA 촉매를 **리보자임(ribozyme)**이라고 한다. 일부 리보자임은 뉴클레오타이드 구성분이 공급되면 짧은 RNA의 상보적인 복제품을 만들 수 있다.

분자 수준의 자연선택이 실험실에서 자기복제를 할 수 있는 리보자임을 생성하였다. 이런 일이 어떻게 일어나는가? 균일한 나선 구조를 하는 이중나선의 DNA와는 다르게, 단일가닥인 RNA 분자는 뉴클레오타이드의 서열에 따라 결정되는 3차원 구조가 다양하다. 특정 환경에서는 특정 염기서열의 RNA 분자가 다른 서열의 분자보다 더 안정되고 더 빨리 복제하며 오류도 더 적을 수 있는 구조가 되었을 것이다. 자신을 복제하는 능력이 가장 큰 RNA 분자는 자손 분자를 가장 많이 남길 것이다. 때로는 복제 오류로 조상의 서열보다 자기복제를 훨씬 더 잘 하는 구조의 분자가 생성되었을 수도 있다. 이와 유사한 선택 과정이 초기 지구에서 일어났을 것이다. 따라서 우리가 알고 있는 생명에 앞서 "RNA 세계(RNA world)"가 선행되었을 것이고, 이 세계에서는 작은 RNA 분자들이 복제할 수 있었으며, 자신을 담고 있는 소낭에 대한 유전정보도 저장할 수 있었다.

자기복제를 하는 촉매 RNA가 있는 소낭은 그런 분자가 없는 많은 이웃들과는 달랐을 것이다. 그런 소낭이 성장하고 분열하며 자신의 RNA 분자를 딸에게 전달한다면, 딸은 원시세포일 것이다. 비록 이런 최초 원시세포에는 유전정보가 제한된 양만 있어 몇 가지 특성만 지정하였을 수 있지만, 그들의 유전되는 특성에 자연선택이 작용되었을 수 있다. 가장 성공한 초기 원시세포는 자원을 효과적으로 이용하고 자신의 능력을 다음 세대에게 전달할 수 있었기 때문에 그 수가 증가했을 것이다.

일단 유전정보가 있는 RNA 서열이 원시세포에 나타나면, 많은 추가적인 변화가 가능했을 것이다. 예를 들어, RNA는 DNA 뉴클레오타이드가 조합되는 주형이 되었을 수 있다. 이중가닥의 DNA는 더 취약한 단일가닥의 RNA보다 더 화학적으로 안정된 유전정보의 저장소이다. DNA는 또한 더 정확하게 복제될 수 있다. 유전자 중복과 기타 과정을 통해 유전체가 더 커지고 원시생물의 더 많은 특성이 유전정보로 지정되면서 정확한 복제가 유리해졌다. DNA가 나타나자 화석에 기록되어 우리가 보고 있는 변화인 새로운 생물 형태들이 번성할 수 있었던 무대가 마련되었다.

개념 확인 문제 25.1

1. 밀러가 역사적 실험에서 검증한 가설은 무엇인가?
2. 원시세포의 출현이 왜 생물 기원에서 핵심적인 단계를 대표하는가?
3. MAKE CONNECTIONS "RNA 세계"에서 오늘날의 "DNA 세계"로 변할 때 유전정보는 RNA에서 DNA로 전달되었어야 했을 것이다. 그림 17.3과 26.8을 검토한 후 이런 일이 어떻게 발생할 수 있었는지 설명하라. 오늘날에도 이런 전달이 일반적으로 발생하는가?

정답은 부록 A 참조

개념 25.2

화석 기록은 생명의 역사를 증명하는 자료이다

생명의 최초 흔적을 시작으로 화석 기록은 오래 전의 세계로 가는 창문을 열어 수십억 년에 걸친 생명의 진화를 감지할 수 있게 한다. 이 절에서는 과학적 증거의 형태로서 화석을 살펴볼 것이다. 화석이 어떻게 형성되었고, 과학자들이 화석에 대해 연대를 어떻게 밝히고 어떻게 해석하며, 생명 역사의 주요 변화에 대해 무엇을 알려주고 알려주지 못하는지 살펴볼 것이다.

화석 기록

퇴적암은 화석의 가장 풍부한 출처이다. 그 결과 화석 기록은 기본적으로 지층(strata)이라는 퇴적암의 층에 화석이 누적된 순서에 바탕을 둔다(그림 21.3). 호박(화석화한 수액)에 보존된 곤충과 얼음에 냉동된 포유류 등 다른 형태의 화석에서도 유용한 정보들이 얻어진다.

화석 기록은 시점에 따라 지구에서 생물의 종류가 크게 변해 왔음을 보여준다(그림 25.5). 많은 과거 생물은 오늘날 살고 있는 생물과 같지 않으며, 한때 흔했던 많은 생물이 지금은 멸종했다. 이후 이 절에서 살펴보겠지만, 화석은 또한 새로운 부류의 생물들이 이미 존재하는 생물들에서 형성되어 나왔다는 것을 기록으로 알려준다.

화석 기록이 중요하고 실질적인 것만큼이나 그것은 진화적 변화의 불완전한 연대기라는 것에 주의해야 한다. 지구의 많은 생물들이 화석으로 보존될 수 있게 알맞은 시간에 알맞은 장소에서 죽지 않았다. 만들어진 화석 중에서도 많은 것들이 나중의 지질학적 과정에서 훼손되었고, 나머지의 일부만이 발견되었다.

▼ 그림 25.5 생명 역사의 기록. 이 화석들은 여러 시점의 대표적인 생물을 보여준다. 비록 원핵생물과 단세포 생물은 그림의 하단에만 보여주었지만 이 생물들은 오늘날까지 번성하고 있다. 사실 지구 생물의 대부분은 단세포이다.

현재

100백만(억) 년 전

175

200

270

300

375

400

500

510

560

600

1,500

3,500

▼ *Rhomaleosaurus victor,* 수장룡(plesiosaur). 이런 큰 해양 파충류는 2억 년 전에서 6,550만 년 전 사이에 중요한 포식자였다.

1 m

▼ *Dimetrodon*, 이 당시 알려진 것 중 가장 큰 육식동물로 파충류보다는 포유류에 더 가깝다. 등의 두드러진 "돛"은 아마도 체온을 조절하는 기능을 하였을 것이다.

▼ *Tiktaalik*, 육상에 정착한 사지 척추동물의 가장 가까운 멸종 수서생물

▲ *Coccosteus cuspidatus,* 머리와 앞부분을 경골성 보호판이 덮고 있는 판피어류(placoderm; 물고기와 유사한 척추동물)

▶ *Hallucigenia*, 캐나다 로키산맥에 있는 버지스 셰일(Burgess Shale) 화석층에서 발견된 형태적으로 다양한 동물군의 구성원

1 cm

◀ *Dickinsonia costata*, 멸종된 연한 몸의 생물군인 에디아카라 생물상의 구성원

2.5 cm

▲ 일부 원핵생물은 퇴적물의 얇은 막과 결합하여 스트로마톨라이트라고 하는 층화된 암석을 만든다. 호주의 샥 베이(Shark Bay)에서 볼 수 있는 암석

▲ 화석화된 스트로마톨라이트의 단면

▶ *Tappania*, 조류나 균류로 생각되는 단세포 진핵생물

그 결과 알려진 화석 기록은 오랫동안 존속했고, 특정 환경에서 풍부하게 널리 분포했으며, 단단한 껍질, 뼈나 화석화가 촉진되는 부분이 있는 종에 치중되게 왜곡되었다. 하지만 이런 제약에도 불구하고, 화석 기록은 방대한 지질학적 시간에 걸친 생물학적 변화를 상당히 자세하게 설명해 준다. 게다가 최근에 발굴된 뒷다리가 있는 고래 조상의 화석에서 알 수 있는 것처럼(그림 21.19, 21.20) 화석 기록의 빈 곳이 새로운 발견으로 계속 채워지고 있다.

암석과 화석의 연대는 어떻게 측정하는가

화석은 생명의 역사를 재구성하는 데 귀중한 자료이지만 밝혀진 이야기의 어디에 맞아 들어가는지 결정할 수 있을 때만 가치가 있다. 암석 지층에서 화석의 순서는 화석이 만들어진 순서(상대적인 연대)를 알려주지만 실제(절대적인) 연대를 알려주지는 못한다. 화석의 상대적인 위치를 조사하는 것은 오래된 집에서 벽지를 하나씩 벗겨내는 것과 같다. 벽지가 발라진 순서를 알 수는 있지만 각 벽지가 덧붙여진 연도를 알 수는 없다.

화석의 절대 연대는 어떻게 결정할 수 있는가? ("절대"가 오류가 없다는 것을 뜻하지는 않지만, 연대가 '전'이나 '후'와 같이 상대적인 용어가 아니라 연도로 표시된다는 의미라는 것을 알자.) 가장 흔한 방법 중 하나는 방사성 동위원소의 붕괴를 바탕으로 하는 **방사성 연대측정법(radiometric dating)**이다(2장). 이 과정에서 방사성 "부모" 동위원소는 그 원소의 특이적 속도로 "딸" 동위원소로 붕괴된다. 붕괴 속도는 부모 동위원소의 50%가 붕괴하는 데 걸리는 시간인 **반감기(half-life)**로 표시된다(그림 25.6). 각 종의 동위원소는 특징적인 반감기가 있는데, 온도, 압력 또는 다른 환경 요인에 의해 영향을 받지 않는다. 예를 들어, 탄소-14는 비교적 빠르게 붕괴하는데 반감기가 5,730년이다. 우라늄-238은 느리게 붕괴하는데 반감기가 45억 년이다.

화석에는 생물이 살아 있을 때 체내에 축적된 동위원소가 있다. 예를 들어, 살아 있는 생물 체내에는 방사성 동위원소인 탄소-14뿐만 아니라 가장 흔한 탄소 동위원소인 탄소-12가 들어 있다. 생물이 죽으면 탄소 축적이 멈추고 조직에 있는 탄소-12의 양은 시간이 지나도 변하지 않는다. 하지만 죽을 때 있던 탄소-14는 천천히 붕괴되어 다른 원소인 질소-14가 된다. 따라서 화석에 있는 탄소-12와 탄소-14의 비율을 측정함으로써 화석의 연대를 결정할 수 있다. 이 방법은 최대 약 75,000년 전까지 화석 연대를 측정하는 데 이용된다. 이보다 더 오래된 화석에는 탄소-14가 너무 적어 현재의 기술로는 측정할 수 없다. 더 오래된 화석의 연대 측정에는 반감기가 더 긴 방사성 동위원소가 이용된다.

퇴적암에 있는 이런 더 오래된 화석의 연대를 결정하는 것은 매우 어렵다. 생물은 뼈나 껍질을 만들 때 우라늄-238처럼 반감기가 긴 방사성 동위원소를 이용하지 않는다. 게다가 퇴적암 자체도 연대가 다른 퇴적물들로 구성되는 경향이 있다. 그래서 이런 더 오래된 화석의 연대를 직접 측정할 수 는 없겠지만, 화산암의 두 층 사이에 끼어 있는 화석의 연대를 추정하기 위해 간접적인 방법이 이용될 수 있다. 용암이 화산암으로 냉각될 때 주위환경의 방사성 동위원소가 새로 형성되는 암석에 갇히게 된다. 갇힌 방사성 동위원소의 일부는 반감기가 길어 지질학자가 옛 화산암의 연대를 추정할 수 있다. 예를 들어, 화석을 둘러싸고 있는 두 층이 5억 2,500만 년과 5억 3,500만 년 된 것으로 결정되었다면 화석은 대략 5억 3,000만 년 된 것이다.

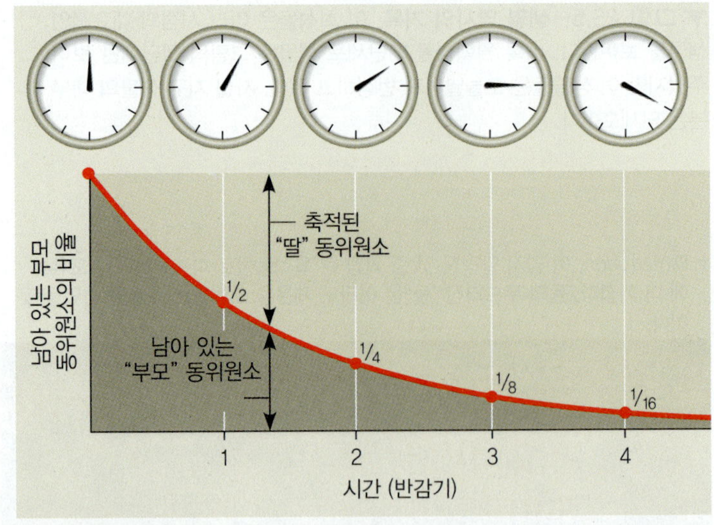

▲ **그림 25.6 방사성 연대측정법.** 이 그림에서 시계판의 각 구획은 반감기를 나타낸다.

DRAW IT 우라늄-238(반감기 = 45억 년)의 방사성 붕괴를 설명하기 위해 이 그래프의 x축의 시간 단위를 년으로 다시 표기하라.

새로운 생물군의 기원

일부 화석은 새로운 생물군의 기원을 자세히 알 수 있게 해준다. 그런 화석이 진화를 이해하는 데 중심이 된다. 화석은 생물의 새로운 특징이 어떻게 만들어지고 그런 변화가 일어나는 데 얼마나 걸리는지 설명해준다. 여기서 그러한 예로 포유류의 기원을 살펴볼 것이다.

양서류, 파충류와 함께 포유류는 4개의 다리가 있어서 이름이 지어진 **사지류**(tetrapod; 4를 뜻하는 그리스어 *tetra*와 발을 뜻하는 *pod*에서 파생됨)에 속한다. 포유류는 쉽게 화석화하는 특이한 해부학적 특징이 많이 있어 과학자가 특징의 기원을 추적할 수 있다. 예를 들어, 포유류에서는 아래턱이 하나의 뼈(하악골)로 되어 있지만 다른 사지류에서는 몇 개의 뼈로 되어 있다. 또한 포유류에서는 다른 사지류와는 다른 조합의 뼈 사이에 아래와 위턱 관절이 있다. 포유류는 또한 중이에서 소리를 전달하는 특이한 세 개의 뼈(망치뼈, 모루뼈, 등자뼈)가 있는 반면에, 다른 사지류는 한 개의 그런 뼈(등자뼈)만 있다(34장). 마지막으로 포유류의 이빨은 (찢는) 앞니, (뚫는) 송곳니, 그리고 (으깨고 가는) 다첨형

▼ 그림 25.7

탐구 포유류의 기원

1억 2,000만 년의 경로에서 포유류는 단궁류(synapsid)라는 사지류군에서 점진적으로 기원했다. 여기에 나타난 것들은 현존하는 포유류와 단궁류 조상 사이의 중간 단계를 보여주는 형태적 특징이 있는 여러 생물 화석들 중 일부이다. 포유류 기원의 진화적 내용은 오른쪽 계통수에 보여주었다(칼표식 † 은 멸종 계통을 표시한다).

다른 사지류

파충류 (공룡과 새 포함)

단궁류

† 디메트로돈 (*Dimetrodon*)

수궁류

견치류

† 최후기 (비포유류) 견치류

포유류

기호

단궁류 (3억 년 전)

단궁류는 아래턱에 다수의 뼈가 있고 단일 첨두의 이빨이 있다. 턱관절은 관절골과 방형골로 이루어졌다. 단궁류는 눈구멍 아래에 측두공이라는 구멍도 있다. 턱을 다무는 강력한 뺨 근육이 측두공을 지나갔을 것이다. 시간이 지나면서 이 구멍이 커지고 아래턱과 위턱 사이의 앞쪽으로 이동되었고, 그래서 턱이 닫힐 때의 힘과 정확도가 증가되었다. (문손잡이가 돌쩌귀에서 멀어지면 문을 닫기가 쉬워지는 것과 마찬가지이다.)

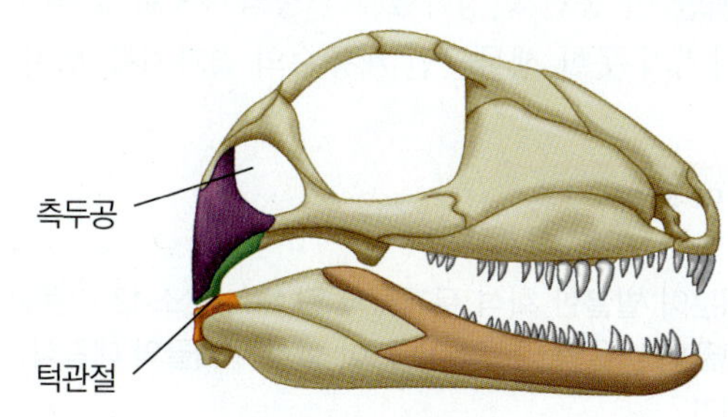

수궁류 (2억 8,000만 년 전)

후에 수궁류(therapsid)라는 단궁류의 한 군이 나타났다. 수궁류는 큰 하악골과 긴 얼굴, 그리고 첫 번째로 특화된 이빨, 즉 큰 송곳니가 특징이다. 이러한 경향들은 견치류라고 불린 수궁류 일부 군에서도 계속되었다.

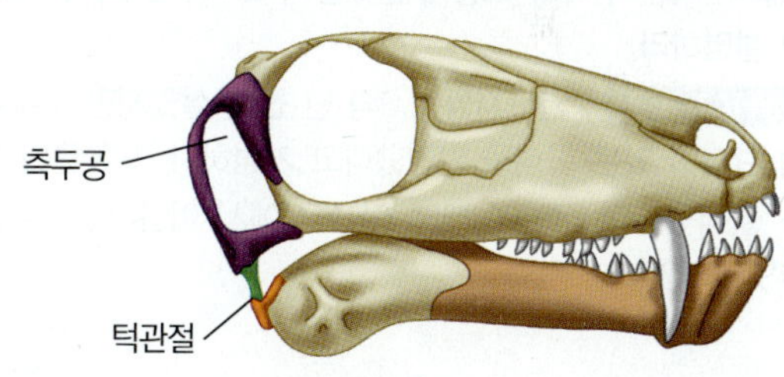

초기 견치류 (2억 6,000만 년 전)

초기 견치류(cynodont)에서는 아래턱에서 하악골이 가장 큰 뼈이고, 측두공이 크고 턱 관절의 앞에 위치하며, 몇 개의 첨두가 있는 이빨이 처음으로 나타났다(그림에는 보이지 않음). 초기 단궁류에서와 같이 턱에는 관절골-방형골의 관절이 있다.

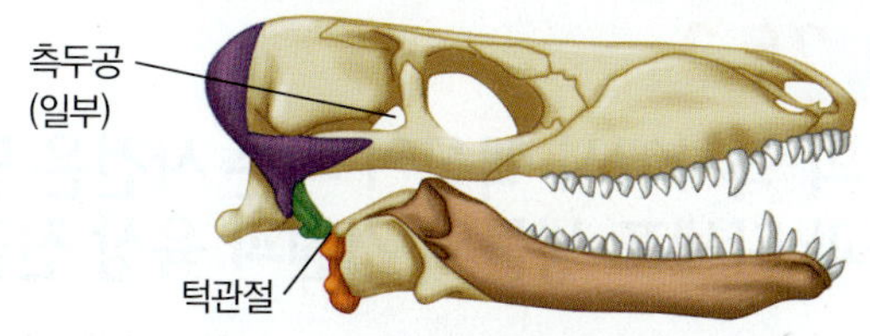

후기 견치류 (2억 2,000만 년 전)

후기 견치류는 복합 첨두 양상의 이빨이 있고 아래턱과 위턱의 두 곳에서 관절이 있다. 원래의 관절골–방형골 관절이 유지되었고 하악골과 비늘 모양뼈 사이에 두 번째 관절이 새로 형성되었다. (이 그림이나 아래 그림에 보인 각도에서는 견치류 두개골의 측두공이 보이지 않는다.)

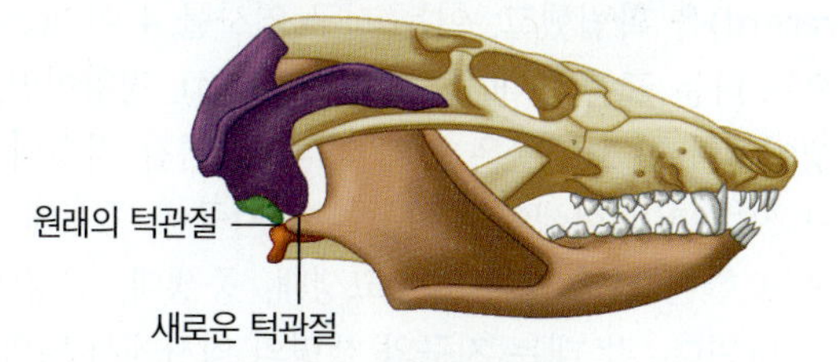

최후기 견치류 (1억 9,500만 년 전)

최후기 견치류와 포유류의 공통조상에서는 원래의 관절골-방형골 관절은 없어지고, 아래턱과 위턱 사이에 하악골-비늘형골 관절만이 유일하게 남았다(현존 포유류처럼). 관절골과 방형골은 귀 부위로 이동하였고(보이지 않음), 거기서 소리를 전달하는 기능을 했다. 포유류 계통에서는 후에 이 두 뼈가 망치뼈와 모루뼈가 되었다.

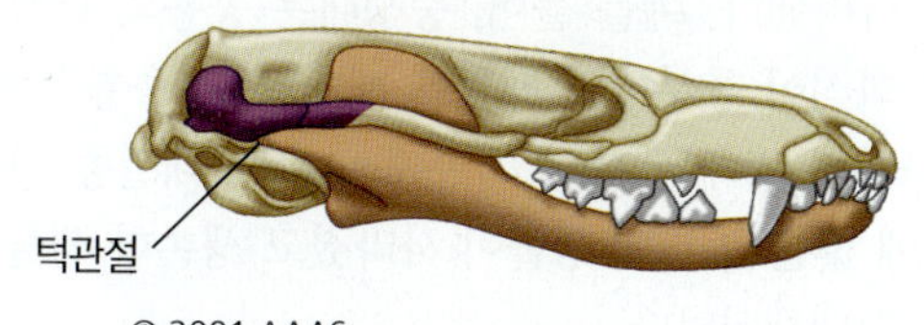

의 작은 어금니와 큰 어금니로 분화하였다. 대조적으로 다른 사지동물은 일반적으로 분화하지 않은 단일 첨형의 이빨이 줄지어 있다.

그림 25.7에 자세히 설명된 바와 같이 화석 기록은 포유류의 털과 이빨의 특이한 특징이 일련의 단계들을 통해 시간이 지나면서 점진적으로 분화한 것을 보여준다. 연구할 때 포유류의 기원을 기록하는 두개골 화석의 몇 예만을 포함하고 있다는 것을 알아야 한다. 이 연속선 상에 알려진 모든 화석을 형태에 따라 배열하고 나란히 놓는다면 이런 특징들이 한 군에서 다른 군으로 매끄럽게 어우러질 것이다. 이 화석들 중 일부는 오늘날 생명을 지배하는 한 군인 포유류의 특징이 기존의 군인 견치류(cynodont)에서 어떻게 점진적으로 형성되었는지를 반영할 것이다. 다른 일부는 수백만 년 동안 번성하였지만 궁극적으로 오늘날 생존하는 후손을 남기지 못한 생물군인 계통수의 곁가지를 보여줄 것이다.

개념 확인 문제 25.2

1. 여러분이 발굴한 화석 두개골의 탄소-14/탄소-12 비율이 현존 동물 두개골의 비율의 약 1/16이다. 이 화석 두개골의 대략적인 연대는 얼마인가?
2. 생물이 시간에 따라 어떻게 변했는지 보여주는 화석 기록의 예를 하나 설명하라.
3. WHAT IF? 연구자들이 3억 년 전에 살았지만 포유류의 이빨과 턱 관절이 있는 화석을 발견했다고 가정하자. 포유류의 기원과 새로운 골격구조의 진화에 대해 이 화석에서 이끌어낼 수 있는 추론은 무엇인가?

정답은 부록 A 참조

개념 25.3

생명의 역사에서 핵심이 되는 사건은 단세포 생물과 다세포 생물의 기원과 육상 진출이다

화석 연구를 통해 지질학자들은 지구의 **지질학적 기록(geologic record)**을 확립했고, 이는 지구 역사를 4 이언(eon)과 이의 세분으로 나눈 표준 연대 척도이다(표 25.1). 명왕이언, 시생이언과 원생이언의 첫 3 이언은 합계 약 40억 년간 지속되었다. 최근의 대략 5억 년인 현생이언은 동물이 지구에 존재해 온 시기 대부분을 포함한다. 현생이언은 고생대, 중생대, 신생대 3개의 대(era)로 나뉜다. 각 대는 지구와 생명의 역사에서 명확히 구별되는 시기를 나타낸다. 예를 들어, 중생대는 공룡의 화석을 포함하여 파충류 화석이 풍부하기 때문에 때때로 "파충류의 시대"라 불린다. 대 사이의 경계는 화석 기록에 나타난 대멸종 사건에 대응한다. 이때에 많은 종류의 생물이 사라졌고 생존한 생물에서 분화한 종류들로 대체되었다.

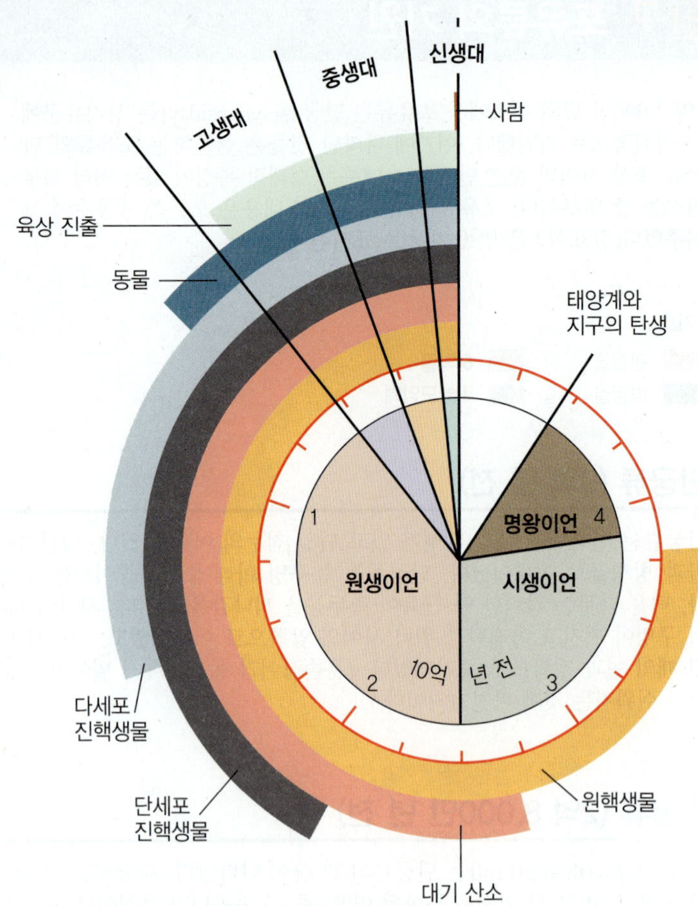

▲ **그림 25.8 지구 역사의 핵심 사건에 대한 시계 비유.** 시계는 46억 년 전 지구의 탄생부터 현재까지를 표시한다.

살펴본 대로 화석 기록은 지질학적 시간에 걸친 생명 역사의 포괄적인 개관을 보여준다. 여기서는 생명 역사에서 몇 개의 주요 사건에 대해 집중할 것이고 5단원에서 상세한 것을 학습할 것이다.

그림 25.8은 지질학적 기록의 맥락에서 이들 사건을 배열하기 위해 시계로 비유한 것이다. 이 시계는 다루는 사건이 언제 일어났는지를 보여주는 빠른 시각적인 보조 수단으로 이 절의 여러 곳에서 다시 나타날 것이다.

최초의 단세포 생물

생명에 대한 최초의 직접 증거는 35억 년 전으로 연대가 측정된 화석화한 스트로마톨라이트에서 나왔다(그림 25.5). **스트로마톨라이트(stromatolites)**는 원핵생물이 퇴적물의 얇은 막으로 결합될 때 형성된 여러 층으로 된 암석이다. 오늘날의 스트로마톨라이트는 몇 곳의 얕은

표 25.1 지질학적 기록

이언의 상대적 기간	대	기	세	연대 (100만 년 전)	생명의 역사에서 중요한 사건
현생이언	신생대	제4기	현세		역사시대
				0.01	
			홍적세		빙하기; *Homo* 속의 기원
				2.6	
		신제3기	선신세		이족보행 인간 조상 출현
				5.3	
			중신세		포유류와 속씨식물의 방산 지속; 최초 직접적인 인간 조상
				23	
		고제3기	점신세		많은 영장류의 기원
				33.9	
			시신세		속씨식물의 우점도 증가; 대다수 현존 포유류 목의 방산 지속
				55.8	
			효신세		포유류, 조류, 수분매개 곤충의 주된 방산
				65.5	
	중생대	백악기			현화식물(속씨식물)의 출현과 다양화; 말기에 대다수 공룡을 포함하여 많은 생물군 멸종
				145.5	
		쥐라기			겉씨식물 우점 지속; 풍부하고 다양한 공룡
				199.6	
		삼첩기			구과식물(겉씨식물)의 경관 우점; 공룡의 방산; 포유류의 기원
				251	
	고생대	페름기			파충류의 방산; 대다수 현존 곤충 무리의 기원; 말기에 많은 해양생물과 육상생물의 멸종
				299	
		석탄기			관다발식물의 광범위한 숲 형성; 첫 종자식물 출현 파충류의 기원; 양서류의 우점
				359	
		데본기			경골어류의 다양화; 최초 사지류와 곤충 출현
				416	
		실루리아기			초기 관다발식물의 다양화
				444	
		오르도비스기			풍부한 해양 조류; 다양한 균류, 식물, 동물의 육상 진출
				488	
		캄브리아기			많은 동물문의 급격한 다양성 증가(캄브리아 폭발)
				542	
원생이언		에디아카라기			다양한 조류와 연한 신체의 무척추동물 출현
				635	
				1,800	진핵세포의 가장 오래된 화석 출현
				2,500	
시생이언				2,700	대기 산소의 농도가 증가하기 시작
				3,500	세포(원핵생물)의 가장 오래된 화석 출현
				3,850	지표에서 가장 오래된 것으로 알려진 암석
명왕이언				약 4,600	지구의 기원

해양의 만에서 발견된다. 스트로마톨라이트와 여타 초기 원핵생물은 15억 년 이상 동안 지구의 유일한 거주자였다. 앞으로 보게 되겠지만 이 원핵생물이 우리 행성의 생물을 변형시켰다.

광합성과 산소 혁명

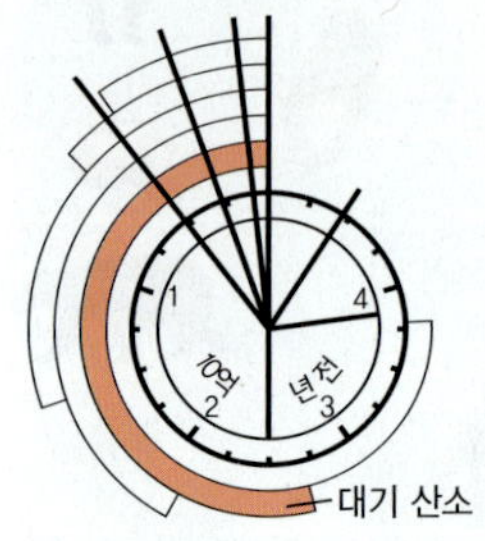

대기 산소(O_2)의 대부분은 생물에서 기원했고, 광합성에서 물이 분해되는 단계에서 만들어졌다. 산소를 생성하는 광합성이 처음 발생되었을 때 생성된 자유 O_2는 아마도 철을 포함하여 물에 녹아 있는 원소와 반응할 정도로 충분히 높은 농도에 달할 때까지 주위의 물에 용해되었을 것이다. 이렇게 되어서 철이 산화철로 침전되었을 것이고, 산화철이 퇴적물로 축적되었다. 이 퇴적물은 압축되어 오늘날 철광석의 원천인 산화철을 함유한 붉은 암석층의 띠가 되었다. 일단 용해된 철이 모두 침전되자 바다와 호수가 O_2로 포화될 때까지 O_2가 추가적으로 물에 용해되어 들어갔다. 그런 일이 일어난 후 O_2가 마침내 물에서 분출되기 시작하고, 대기로 유입되었다. 이런 변화는 약 27억 년 전에 시작된 철이 풍부한 육상 암석의 산화로 흔적을 남겼다. 이런 연대기는 오늘날의 남세균(산소를 방출하고 광합성을 하는 세균)과 유사한 세균이 27억 년 이전에 기원하였다는 것을 뜻한다.

대기 산소의 양은 약 27억 년 전에서 24억 년 전까지 점진적으로 증가했지만, 그 이후 현재 수준의 1%와 10% 사이에서는 비교적 빠르게 급증했다(그림 25.9). 이 "산소 혁명"은 생물에 막대한 영향을 끼쳤다. 특정화합물 형태로 산소는 화학결합을 공격하며 효소를 억제하고 세포를 파괴할 수 있다. 결과적으로 대기 산소의 증가된 농도는 많은 원핵생물군에 불운을 가져왔을 것이다. 일부 종들은 오늘날 우리가 그들의 살아 있는 후손들을 발견할 수 있는 혐기적 장소의 서식지들에 살아남았다(27장). 다른 생존자들 중에서 유기분자에 저장된 에너지를 얻는 과정에서 O_2를 사용하는 세포호흡 등 변하고 있는 대기에 대한 다양한 적응이 진화했다.

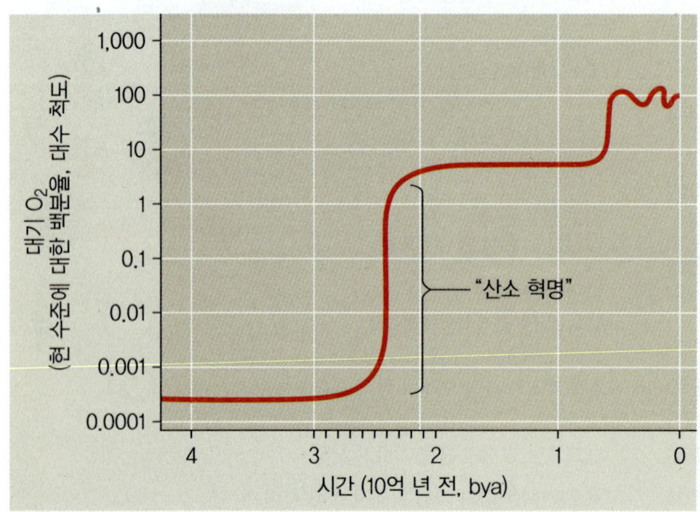

▲ **그림 25.9 대기 산소의 증가.** 고대 암석의 화학적 분석으로 지구 역사의 대기산소 농도를 재구성할 수 있었다.

대기 O_2 수준의 증가는 생명의 역사에 커다란 흔적을 남겼다. 수억 년 후에 진핵세포의 기원이라는 또 다른 근본적인 변화가 일어났다.

최초의 진핵생물

가장 오래된 것으로 널리 인정되는 진핵생물의 화석은 18억 년 전의 것이다. 진핵세포는 원핵세포보다 더 복잡한 조직으로 되어 있다는 것을 상기하자. 진핵세포에는 원핵세포에는 없는 핵막, 미토콘드리아, 소포체, 그리고 다른 내부 구조물들이 있다. 또한 원핵세포와는 다르게 진핵세포에는 형태를 바꿀 수 있게 하고 그래서 다른 세포를 둘러싸서 집어삼킬 수 있게 하는 특징인 잘 발달된 세포골격이 있다.

이러한 진핵세포 특징이 원핵생물에서 어떻게 분화하여 생길 수 있었을까? 많은 증거들이 미토콘드리아와 색소체(엽록체와 관련된 세포소기관의 총칭)가 더 큰 세포 내에 살기 시작한 이전의 작은 원핵세포들이었음을 주장하는 **내부공생이론 (endosymbiont theory)**을 지지한다. 내부공생자(endosymbiont)라는 말은 숙주세포(host cell)라는 다른 세포 내에 살고 있는 세포를 말한다. 색소체와 미토콘드리아의 원핵생물 조상은 소화되지 않은 먹이나 내부기생자로서 숙주세포 내에 들어오게 되었을 것이다. 이런 과정이 일어나지 않을 것 같지만, 먹이나 기생자로 시작한 내부공생자가 짧게는 5년 내에 숙주와 상호 이익을 주는 관계를 형성한 예를 과학자들이 직접 관찰하였다.

관계가 어떻게 시작되었든, 이런 공생이 어떻게 상호 이익을 주는 관계로 발전하는지 가설을 세울 수 있다. 예를 들어, 점점 더 호기적이 되는 세계에서 스스로는 혐기성인 숙주는 산소를 이용할 수 있게 만들어 줄 수 있는 내부공생자에게서 이익을 얻었을 것이다. 시간이 지남에 따라 숙주와 내부공생자는 서로 분리될 수 없는 단일 생물이 되었을 것이다. 비록 모든 진핵생물에는 미토콘드리아나 이 세포소기관의 잔재가 있지만, 그들 모두 색소체가 있지는 않다. 그래서 **연속 내부공생(serial endosymbiosis)** 가설은 연속된 내부공생의 사건에서 색소체 이전에 미토콘드리아가 들어왔다고 추정한다(그림 25.10).

상당히 많은 증거가 미토콘드리아와 색소체의 내부공생 기원을 지지한다.

- 두 세포소기관의 내막에는 현존하는 원핵생물의 원형질막에서 발견되는 것과 상동인 효소와 수송계가 있다.
- 미토콘드리아와 색소체는 원핵생물과 유사한 분열 과정으로 복제한다. 그리고 이 소기관들은 각각 세균 염색체들처럼 히스톤이나 기타 다른 단백질들과 결합되어 있지 않은 고리형 DNA 분자들이 들어 있다.
- 자유 생활을 하는 생물에서 유래된 세포소기관에서 기대되는 대로, 미토콘드리아와 색소체는 또한 자신의 DNA를 단백질로 전사하고 번역하는 데 필요한 (리보솜 등) 세포장치가 있다.
- 마지막으로, 크기, 뉴클레오타이드 서열, 특정 항생제에 대한 감수성의 측면에서 미토콘드리아와 색소체의 리보솜은 진핵세포의 세포질 리보솜보다는 원핵생물의 리보솜과 더 유사하다.

28장에서 진핵생물의 기원을 다시 다룰 것이고, 숙주와 내부공생 세포로 된 진핵생물 계통에 대해 밝혀준 유전체 자료에 집중할 것이다.

다세포 생물의 기원

관현악단은 바이올린 독주자보다 더 다양한 음악을 연주할 수 있다. 관현악단의 증가된 복합성이 더 다양한 변주를 가능하게 만든다. 마찬가지로 구조적으로 복잡한 진핵세포의 외양은 더 단순한 원핵세포에서 가능했던 것보다 형태적으로 더 다양하게 분화했다. 첫 진핵세포가 나타난 후 수많은 종류의 단세포 생물들이 분화하여, 오늘날까지 계속 번성하는 단세포 진핵생물의 다양성이 생겼다. 또 다른 다양화의 물결도 발생되었다. 일부 단세포 진핵생물에서 다세포 형태가 생겼고, 그 후손들이 다양한 조류, 식물, 균류와 동물 등이다.

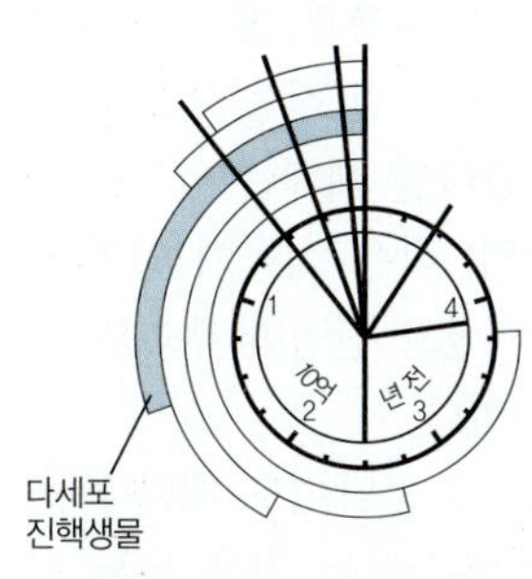

초기 다세포 진핵생물

분류학적으로 결정될 수 있는 다세포 진핵생물의 가장 오래된 것으로 알려진 화석은 약 12억 년 전에 살던 비교적 작은 홍조류이다. 더 오래된 화석의 경우는 18억 년 전으로 연대가 측정되고, 역시 작은 다세포 진핵생물이다. 더 크고 더 다양한 다세포 진핵생물은 약 6억 년 전까지 화석 기록에 나타나지 않는다(그림 25.5). 에디아카라 생물상(Ediacaran biota)으로 언급되는 이들 화석은 일부는 길이가 1 m가 넘는 연한 신체의 생물이며, 6억 년 전에서 5억 3,500만 년 전 사이에 살았다. 에디아카라 생물상은 분류학적 유연관계를 알 수 없는 다양한 생물과 함께 조류와 동물 모두 포함한다.

에디아카라기에 큰 진핵생물이 생긴 것은 생명 역사의 커다란 변화를 나타내준다. 이 시기 이전에는 지구가 미생물의 세계였다: 지구의 유일한 거주자는 현미경적 크기의 다양한 다세포 진핵생물과 단세포 원핵생물과 진핵생물들뿐이었다. 에디아카라 생물상의 다양화가 약 5억 3,500만 년 전에 가까워졌을 때 또 다른 훨씬 더 멋진 진화적 변화의 폭발이 일어날 수 있었던 무대가 되었다.

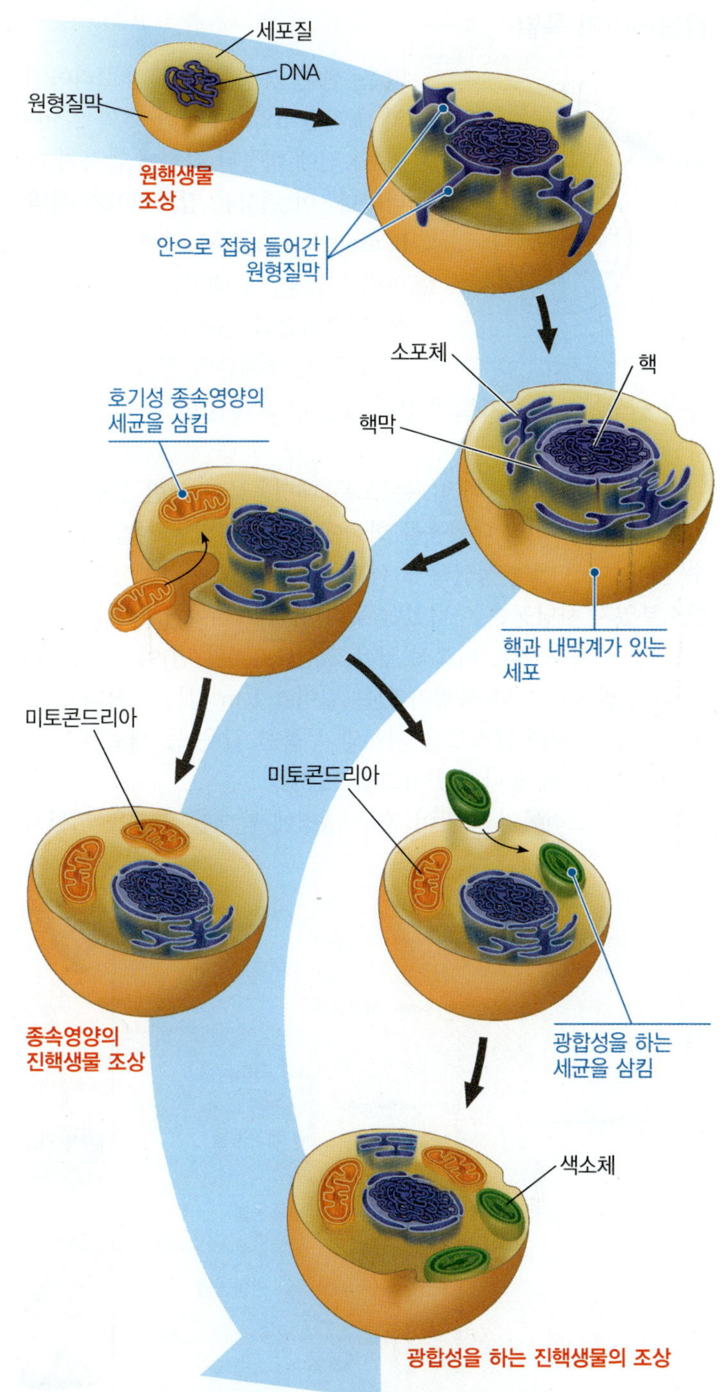

▲ **그림 25.10 연속 내부공생을 통한 진핵생물의 기원 가설.** 미토콘드리아의 제안된 조상은 호기성, 종속영양의 원핵생물이다(산소를 이용하여 다른 생물에서 얻은 유기분자를 대사한다는 뜻이다). 색소체의 제안된 조상은 광합성을 하는 원핵생물이다. 이 그림에서 화살표는 진화 시간에 따른 변화를 표시한다.

캄브리아기 폭발

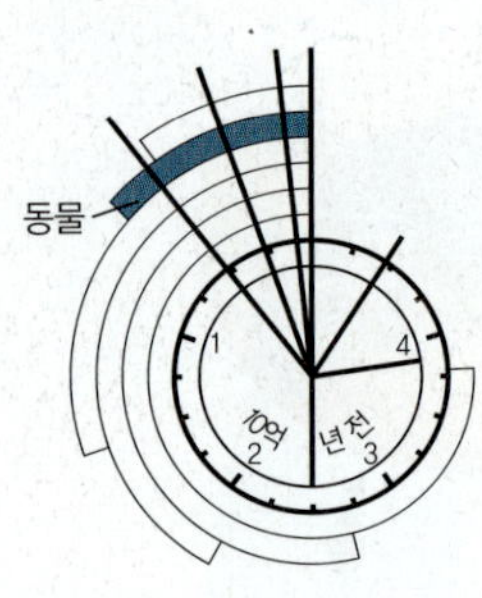

많은 현존 동물문들이 캄브리아기의 초기인 5억 3,500만~5억 2,500만 년 전에 형성된 화석에 갑자기 나타난다. 이 현상을 **캄브리아기 폭발(Cambrian explosion)**이라고 한다. 여러 동물군, 즉 해면동물류, 자포동물류(말미잘과 친척들)와 연체동물류(고둥류, 조개류와 친척들)의 화석들이 원생이언의 후기로 측정이 되는 더 오래된 암석에서조차 나타난다**(그림 25.11)**.

캄브리아기 폭발 이전에는 모든 대형동물이 연한 몸을 가졌다. 선캄브리아기의 대형동물 화석에서는 포식의 증거를 거의 볼 수 없다. 대신 이들 동물은 초식자(조류 섭식), 여과섭식자, 또는 청소부였지 사냥꾼은 아니었던 듯하다. 캄브리아기 폭발은 이런 모든 것을 바꾸었다. 비교적 짧은 기간(1,000만 년)에 먹이를 잡기 위한 발톱과 여타 특징이 있는 길이가 1 m 넘는 포식자가 출현하였다. 동시에 날카로운 가시와 두툼한 갑옷 등 새로운 방어 적응이 피식자에게 나타났다(그림 25.5).

비록 캄브리아기 폭발이 지구 생명에 막대한 영향을 끼쳤지만, 많은 동물문들이 이 시기보다 훨씬 이전에 나타났던 것으로 보인다. 최근의 DNA 분석에 의하면 초기 분기한 동물군인 해면동물류는 7억 년 전에 발생했다. 이 분석은 또한 캄브리아기 폭발 동안 방산된 절지동물, 척삭동물과 여타 동물문의 공통조상이 6억 7,000만 년 전에 살았다는 것을 보여준다. 연구자들은 7억 1,000만 년 된 화석을 발굴했는데, 해면동물의 특정 무리의 지표인 스테로이드를 함유하고 있었으며, 이는 분자 자료의 결과를 지지하는 것이다. 대조적으로, 현존하는 동물문으로 지정된 가장 오래된 화석은 연체동물 *Kimberella*의 화석이며, 5억 6,000만 년 전에 살았다. 전체적으로 캄브리아기 폭발에는 "긴 도화선"이 있었다. 이 도화선의 길이는 화석의 연대를 바탕으로 하면 최소 2,500만 년이며, 일부 DNA 분석으로 바탕으로 하면 수억 년이다. 캄브리아기 폭발이 시작되도록 했을 것으로 생각되는 요인들에 대해서는 32장에서 살펴볼 것이다.

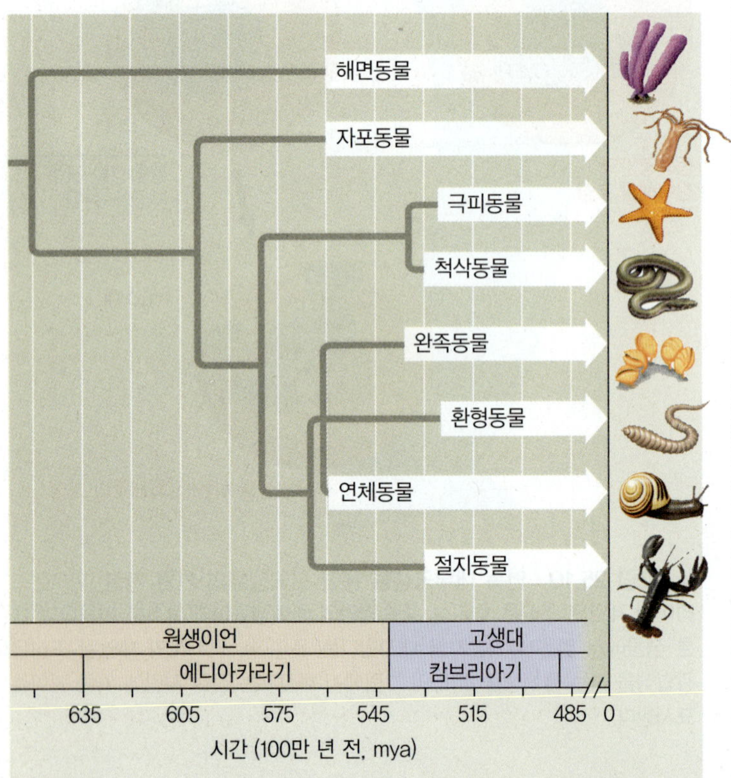

▲ **그림 25.11 선별된 동물군의 출현.** 흰 막대는 화석 기록에서 이들 동물군이 최초로 나타난 시기를 표시한다.

DRAW IT 척삭동물과 환형동물의 가장 최근 공통조상을 나타내는 분기점에 동그라미를 그려라. 이 조상의 연대에 대한 최소 추정치는 얼마인가?

육상 진출

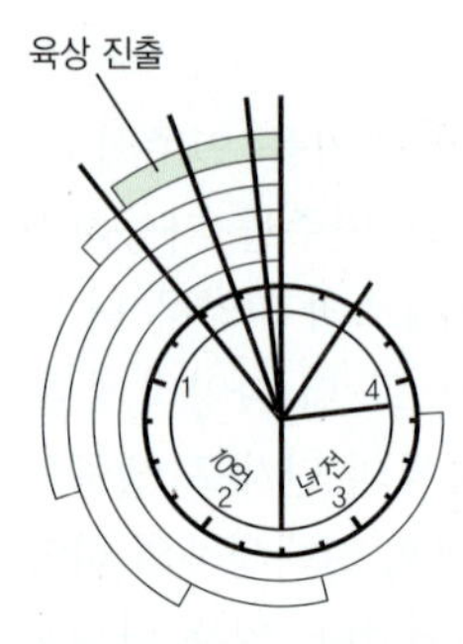

육지로 진출한 것은 생명 역사에서 또 다른 중대한 이정표였다. 남세균과 여타 광합성 원핵생물이 10억 년 이상 전에 습한 육지 표면을 덮고 있었다는 화석 증거가 있다. 하지만 균류, 식물, 동물 같이 더 큰 생물은 약 5억 년 전까지는 육지로 진출하지 않았다. 수중환경에서 점진적으로 벗어나는 이러한 진화적 모험은 탈수 방지를 돕고 육지에서 번식할 수 있게 만들어주는 적응들과 연관되어 있었다. 예를 들어, 많은 육상 식물은 오늘날 잎에서 대기로 수분을 잃는 속도를 늦추는 방수용 왁스 피복과, 물질을 내부적으로 수송하기 위한 관다발 체계가 있다. 이런 적응의 초기 징후는 4억 2,000만 년 전에 있었다. 그때 관다발 체계는 있지만 진정한 뿌리와 잎이 없는 (약 10 cm 높이의) 작은 식물이 있었다. 이후 4,000만 년까지 식물이 매우 다양해졌고 진정한 뿌리와 잎이 있는 나무 같은 식물과 갈대도 포함되었다.

식물은 균류와 함께 육지로 진출했다. 오늘날에도 대다수 식물의 뿌리는 토양에서 수분과 무기물을 흡수하는 것을 돕는 균류와 연관되어 있다(31장). 이런 **뿌리 균류(mycorrhizae)**는 대가로 식물에서 유기 영양분을 얻는다. 이러한 식물과 균류의 상호 이익이 되는 협력은 가장 오래된 화석 식물의 일부에서 명백하게 나타나며, 이런 관계는 육상으로 생명이 확산된 초기로까지 연대가 거슬러 올라간다.

비록 지금은 많은 동물군이 육상 환경에 있지만, 가장 널리 퍼져 있고 다양한 육상동물은 절지동물(특히 곤충류와 거미류)과 사지류이다. 절지동물은 대략 4억 5,000만 년 전에 육상에 진출한 첫 동물들 중 하나이다. 화석 기록에 있는 최초의 사지류는

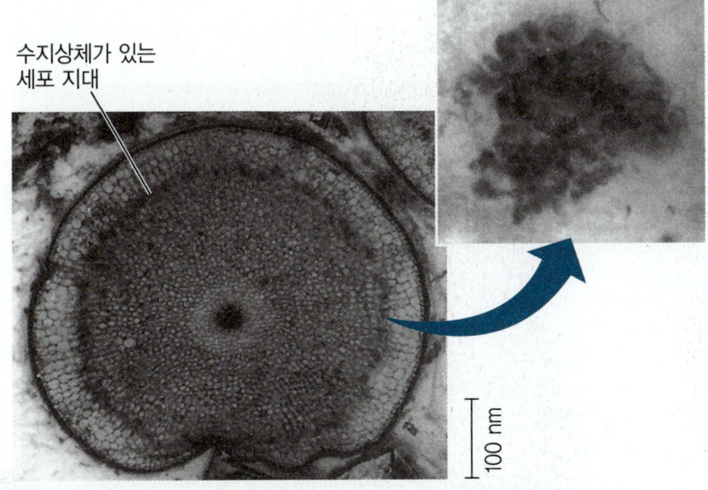

▲ **그림 25.12 고대의 공생.** 이 4억 500만 년 전 화석 줄기(횡단면)는 초기 육상식물 *Aglaophyton major*의 균근을 보여준다. 확대된 도면은 수지상체라고 하는 가지 친 균류 구조가 있는 세포를 보여준다. 화석 수지상체는 오늘날 식물 세포에서 보이는 것과 닮았다.

약 3억 6,500만 년 전에 살았으며, 둥근 돌출형 지느러미가 있는 총기어류[lobe-finned fishes; 총기는 뭉쳐 있는 다리(지느러미)를 의미. 육기어류라고 표현되기도 함]에서 분화한 것으로 보인다(34장). 비록 우리가 무대에 늦게 나타났지만 인간도 사지류에 속한다. 인류 계통은 600만~700만 년 전에 다른 영장류에서 분기되었고, 우리 종은 겨우 약 195,000년 전에 시작됐다. 지구 역사의 시계를 한 시간에 비유하면 인간은 0.2초 전보다도 더 최근에 나타났다.

개념 확인 문제 25.3

1. 대기에 처음으로 나타난 자유 산소가 그 당시 원핵세포들에서 나타난 대멸종의 거센 물결을 촉발하였을 가능성이 있다. 왜 그런가?
2. 진핵세포의 진화에서 미토콘드리아가 색소체보다 앞선다는 가설을 지지하는 증거는 무엇인가?
3. **WHAT IF?** 오늘날 생명의 화석 기록은 어떤 모습일까?

정답은 부록 A 참조

개념 25.4

생물군의 흥망성쇠는 종분화와 멸종의 속도 차이를 반영한다

초기부터 지구 생명은 생물군의 흥망성쇠를 겪어왔다. 혐기성 원핵생물은 기원하여 번성한 후 대기의 산소량이 증가하면서 쇠락하였다. 수십억 년 후에 첫 사지류가 바다에서 나타나 여러 새로운 주요 생물군들로 되었다. 이들 중 하나인 양서류는 다른 사지류(공룡과 이후 포유류 등)가 지배적인 육상 척추동물로서 그들을 대신할 때까지 10억 년 동안 육상에서 지배적인 생명이었다.

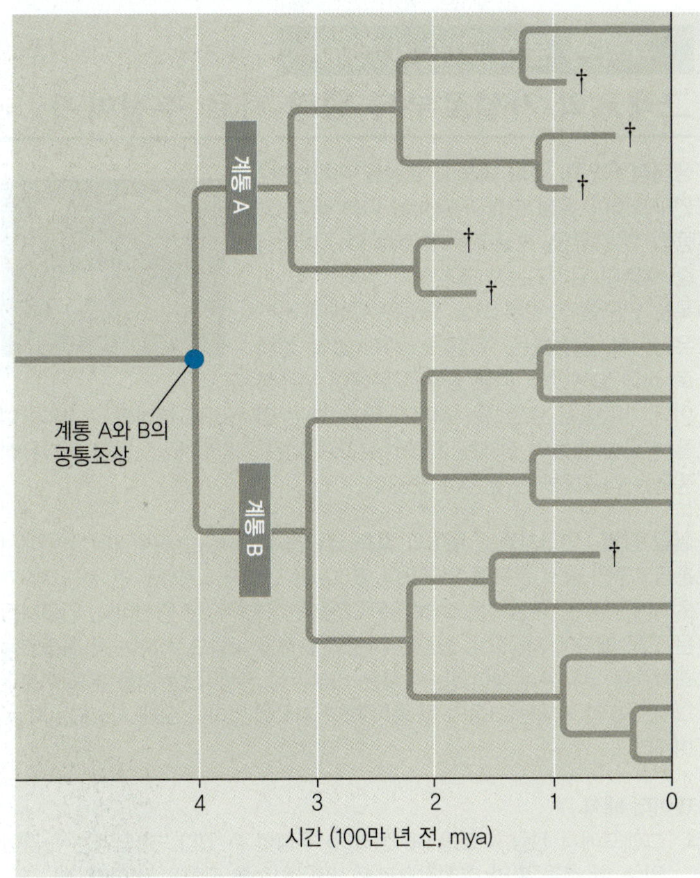

▲ **그림 25.13 종분화와 멸종이 다양성에 영향을 끼치는 방식.** 한 진화 계통의 종다양성은 멸종으로 소멸되는 것보다 더 많은 새로운 구성 종이 기원될 때 증가할 것이다. 이 가설적 예에서, 계통 A와 계통 B 둘 다 2백만 년 전까지 4종이 생겼고, 한 종도 멸종하지 않았다(단검 표식으로 표시). 하지만 시간 0까지 계통 A는 단 1종만 있는 반면에 계통 B는 8종이 있다.

INTERPRET THE DATA 2백만 년 전에서부터 시간 0까지의 기간을 생각해보자. 각 계통에 대해, 이 기간 동안 얼마나 많은 종분화와 멸종 사건이 일어났는지 결정하라.

이들과 기타 주요 생물군들의 흥망성쇠가 생명의 역사를 만들어왔다. 초점을 좁히면 특정 생물군의 흥망성쇠가 구성종의 종분화와 멸종의 속도와 관련이 있다는 것도 또한 알 수 있다**(그림 25.13)**. 출생이 사망보다 더 많을 때 집단의 크기가 증가하는 것과 마찬가지로 한 생물군의 융성은 멸종으로 잃는 것보다 더 많은 새로운 종이 만들어질 때 발생한다. 한 군이 쇠퇴할 때는 역의 일이 발생한다. **과학적 분석 기술의 연습**에서 초기 고제3기에 고둥 종의 한 군에서 일어난 변화에 대한 화석 기록의 자료를 해석할 것이다. 생물군 운명의 이런 변화는 판구조론, 대멸종과 적응방산과 같은 큰 규모의 과정에 영향을 받아왔다.

판구조론

지구 사진을 우주에서 10,000년마다 찍어 이어 영화를 만들면, 많은 사람들이 상상하기 어려운 것을 보여줄 것이다. 우리가 살

과학적 분석 기술의 연습

그래프와 가설로부터 정량 자료 추정하기

생태적 요인이 진화 속도에 영향을 끼치는가? 연구자들이 유생 분산의 방식에 따라 바다 고둥의 한 분류군, 홍줄고둥과(Volutidae) 내에서 종 수명이 달라지는지 조사하기 위해 화석 기록을 연구했다. 일부 고둥 종들은 유생이 비부유성이다. 이것들은 수영하는 시기 없이 성체로 직접 발생한다. 다른 종들은 유생이 부유성이다. 이것들은 수영하는 시기가 있고, 매우 먼 거리로 분산할 수 있다. 이들 부유성 종들의 성체는 지리적 분포가 넓은 경향이 있는 반면 비부유성 종들은 더 고립되는 경향이 있었다.

실험 방법 연구자들은 북미의 걸프 연안을 따라 있는 퇴적암의 노두에서 홍줄고둥의 층서 분포를 연구했다. 6,500만 년에서 3,700만 년 전 고제3기 초기에 형성된 이 암석은 잘 보존된 고둥 화석의 우수한 원천이다. 연구자들은 고둥 패각에 처음으로 형성된 나선의 특징을 바탕으로 하여 각 홍줄고둥 화석종을 부유성 유생이었는지 혹은 비부유성 유생이었는지를 분류하였다. 그래프의 각 막대는 고둥의 한 종이 화석 기록에 얼마나 오래 지속되는지 보여준다.

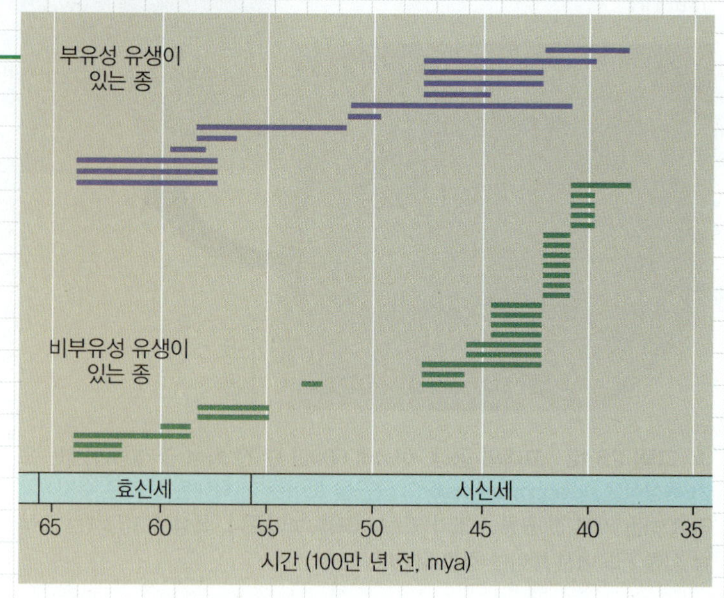

데이터 해석

1. 그래프에서 정량 자료를 (꽤 정확히) 추정할 수 있다. 첫 단계는 눈금이 있는 한 축을 따라 측정함으로써 변환 인수를 구하는 것이다. 이 경우 2,500만 년(25 my)은 7.0 cm의 길이로 나타난다(*x*축 상에서 6,500만에서 4,000만 년 전). 이래서 변환 인수(비율)는 25 my/7.0 cm = 3.6 my/cm이 된다. 이 그래프에서 수평 막대로 표시되는 기간을 추정하기 위해, 막대의 길이를 센티미터로 측정하고 이 측정값을 변환 인수 3.6 my/cm로 곱한다. 예를 들어, 도표에서 1.1 cm로 측정된 막대는 1.1 cm × 3.6 my/cm = 4,000만 년의 지속 시간을 나타낸다.
2. 부유성 유생이 있는 종들과 비부유성 유생이 있는 종들에 대해 평균 지속 시간을 계산하라.
3. 60 mya에 시작되는 각 무리에서 형성된 새로운 종의 수를 세라[각 무리의 첫 3 종은 약 64 mya(표집된 첫 기간)에 이미 존재하고 있었기 때문에 이들 종이 화석 기록에 언제 처음으로 나타났는지 모른다].
4. 부유성과 비부유성 유생이 있는 고둥 종의 진화적 수명 차이를 설명하는 가설을 제안하라.

참고문헌 T. A. Hansen, Larval dispersal and species longevity in Lower Tertiary gastropods, *Science* 199:885–887 (1978). Reprinted with permission from AAAS

고 있는 "돌덩이처럼 단단해" 보이는 대륙이 시간이 지나면서 움직인다. 지난 약 15억 년 동안 지구의 모든 땅 덩어리가 함께 모여 초대륙이 되고 그 다음 떨어져 나가는 세 번의 시기가 있었다(11억 년 전, 6억 년 전, 2억 5,000만 년 전). 분리될 때마다 대륙의 배치가 달라졌다. 미래를 예측하면, 대륙들이 다시 함께 모여들어 지금으로부터 약 2억 5,000만 년 후에는 새로운 하나의 초대륙이 될 것이라고 지질학자들이 추정한다.

판구조론(plate tectonics)에 따르면 대륙들은 본질적으로, 밑에 있는 뜨거운 중간층 위에 떠 있는 지구 지각의 커다란 판들의 일부이다(**그림 25.14**). 대륙이동(continental drift)이라는 과정에서 중간층의 움직임이 이 판들을 시간에 따라 이동하게 한다. 지질학자들은 현재 대륙이 이동하는 속도를 측정할 수 있으며, 일반적으로 1년에 겨우 몇 센티미터이다. 또한 암석이 형성될 때 암석에 기록된 자기장 신호를 이용하여 대륙의 과거 위치를 추정할 수 있다. 대륙이 시간이 지나면서 위치를 이동할 때 새로 형성되는 암석에 기록되는 자기 북극의 방향도 바뀌기 때문에 이런 방법이 유효하다.

지구의 주요 구조판을 **그림 25.15**에 보여준다. 산과 섬의 형성 등 많은 중요한 지질학적 과정이 판의 경계에서 발생한다. 일부 경우에는 현재 매년 2 cm의 속도로 떨어져 나가는 북미판과 유라시아판처럼 두 판이 서로 멀어져 간다. 다른 경우에는 두 판이 서로 미끄러져 지나가면서 지진이 흔한 지역을 형성한다. 캘리포니아의 악명 높은 산 앤드레아스 단층(San Andreas Fault)은 두 판이 서로 미끄러져 지나가는 경계 부분이다. 또 다른 경우에는 두 판이 충돌하며, 판 경계를 따라 격렬한 융기가 일어

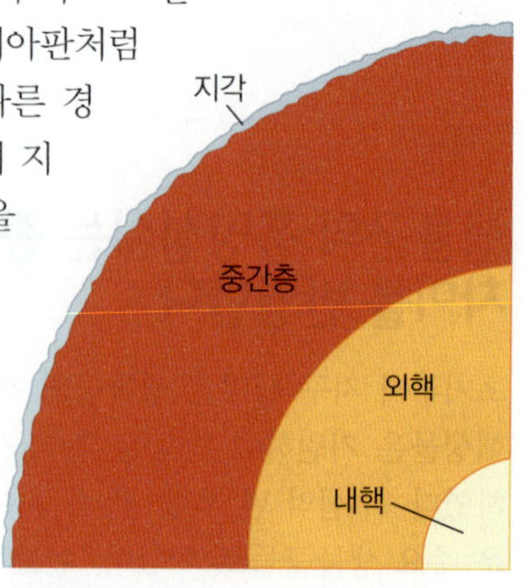

▲ **그림 25.14 지구의 절단면.** 지각의 두께는 과장되게 표현되었음.

나고 새로운 산맥이 형성된다. 이런 충돌의 엄청난 예가 인도판이 유라시아판에 충돌했을 때인 4,500만 년 전에 발생했고, 히말라야 산맥이 형성되기 시작했다.

대륙이동의 결과

판의 이동은 지형을 천천히 재배치하지만 그 누적 효과는 엄청나다. 우리 행성의 물리적 특징을 새롭게 하는 것일 뿐만 아니라 대륙이동은 지구 생명에도 주요한 영향을 끼친다.

생명에 큰 영향을 끼치는 한 이유는 대륙이동이 생물이 사는 서식지가 변형되도록 한다는 것이다. **그림 25.16**에 나타낸 변화를 살펴보자. 약 2억 5,000만 년 전에 판 이동으로 이전에 분리되었던 대륙이 한데 모여 **판게아(Pangaea)**라는 하나의 초대륙이 되었다. 해양 분지가 더 깊어져서 해수면은 낮아졌고 얕은 연안해는 바닥이 드러났다. 당시에도 지금처럼 대다수 해양종이 얕은 물에 살았고, 그래서 판게아의 형성으로 이러한 서식지의 상당 부분이 파괴되었다. 판게아의 내부는 춥고 건조했는데, 오늘날의 중앙아시아보다 훨씬 더 가혹한 환경이었을 것이다. 전체적으로 판게아 형성은 물리적 환경과 기후에 막대한 영향을 끼쳐서 일부 종은 멸종하게 됐으며 위기를 넘기고 살아남은 생물군들은 새로운 기회를 얻었다.

대륙이 위치가 바뀔 때 결과로 나타나는 기후 변화에 의해서도 생물은 영향을 받는다. 예를 들어, 캐나다의 래브라도 남단은 한때 적도 근처에 있었지만 지난 2억 년에 걸쳐 북쪽 40°로 이동했다. 이런 위치 이동이 수반하는 기후의 변화에 직면하였을 때 생물은 적응하거나, 새로운 장소로 이동하거나, 또는 멸종한다(이 마지막 결과는 남극에 갇혀 있던 많은 생물에서 발생되었다).

대륙이동은 또한 큰 규모에서 이소 종분화를 촉진한다. 초대륙이 분리되어 떨어져 나가면 한때 연결되어 있던 지역이 지리적으로 격리된다. 지난 2억 년에 걸쳐 대륙이 분리되어 이동하면서 각 대륙은 다른 대륙의 동식물과 분기하는 계통의 독립적인 진화의 활동무대가 된다.

마지막으로 대륙이동은 왜 페름기 민물 파충류의 같은 종의 화석이 브라질과 서부 아프리카 공화국 가나 두 곳에서 모두 발견되는지와 같은 멸종 생물의 지리적 분포에 대한 난제를 설명하는 데 도움이 될 수 있다. 지금은 바다를 사이에 두고 3,000 km 떨어져 있는 이 두 지역은 이들 파충류가 살고 있을 때는 하나로 연결되어 있었다. 또한 호주의 동·식물상이 세계의 다른 지역과 왜 뚜렷이 대조되는지와 같은 생물의 현재 분포에 대해 대륙이동이 설명을 잘 해준다. 다른 대륙에서 태반 포유류가 차지하는 생

▲ **그림 25.15 지구의 주요 구조판.** 화살표는 이동 방향을 표시한다. 붉은 주황색 점은 지각구조 활동이 활발한 지역을 표시한다.

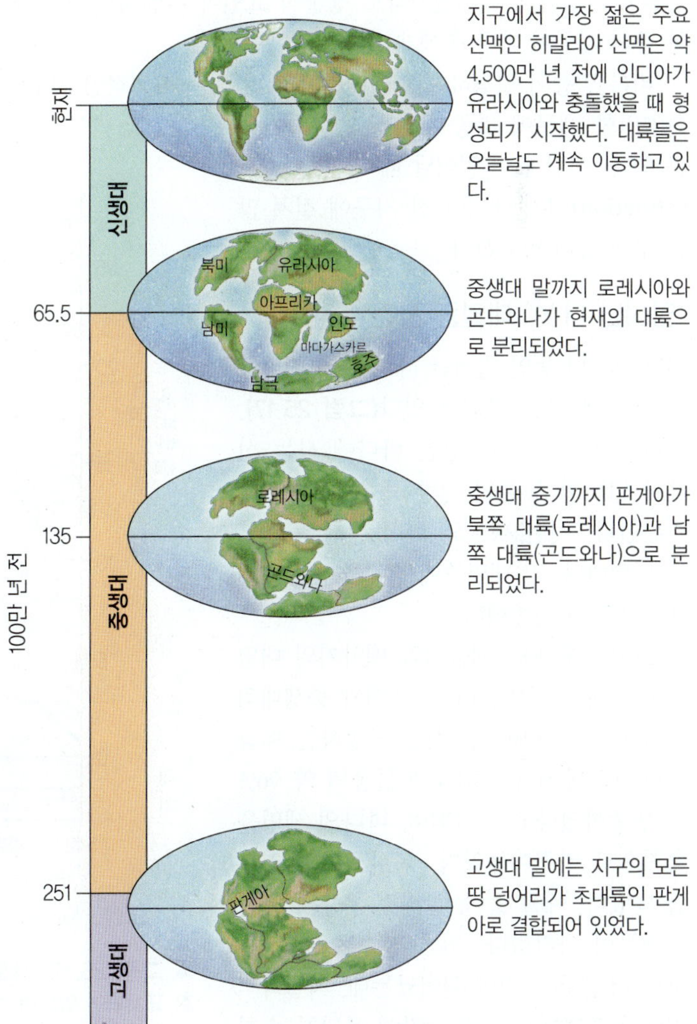

▲ **그림 25.16 현생이언 동안 대륙이동의 역사**

? 호주판의 현재 이동 방향(그림 25.15)은 지난 65,000만 년 전 동안 이동한 방향과 비슷한가?

태적 지위와 유사한 지위를 호주에서는 유대류가 차지한다(그림 21.18). 화석 증거는 대륙들이 아직 하나로 연결되어 있던 동안 지금의 아시아라고 불리는 곳에서 기원된 유대류는 남미와 남극을 통해 호주로 갔다는 것을 말해준다. 이후 대륙의 남쪽이 떨어져 나가면서 유대류의 대방주처럼 "표류하는" 호주가 되었다. 호주에서는 유대류가 다양해지고 살고 있던 몇몇 초기 태반 포유류는 멸종되었다. 반면 다른 대륙에서는 대다수 유대류가 멸종되었고 태반 포유류가 다양해졌다.

대멸종

화석 기록은 일찍이 살았던 종들 중 압도적인 다수가 지금은 멸종했음을 보여준다. 종은 다양한 원인으로 멸종한다. 서식지가 파괴되었거나 환경이 그 종에게 비우호적인 방식으로 변했을 수도 있다. 예를 들어, 해양의 온도가 단지 몇 도만 떨어져도 그렇지 않았다면 잘 적응했을 종이 사라질 수 있다. 환경의 물리적 요인들이 안정하게 유지될지라도 생물적 요인이 바뀔지도 모른다. 한 종의 기원이 다른 종에게 불행이 될 수 있다.

비록 멸종이 일정하게 일어나지만 어떤 때는 파괴적인 지구적 환경변화 때문에 멸종률이 급격히 증가되곤 했다. 이런 일이 일어날 때 **대멸종(mass extinction)**이 초래되어 전 지구에 걸쳐 많은 수의 종이 멸종한다.

"엄청난 다섯" 대멸종 사건

지난 5억 년 동안 일어난 다섯 번의 대멸종이 화석에 잘 기록되어 있다(**그림 25.17**). 이런 사건들은 특히 얕은 바다에 사는 신체가 단단한 동물의 대량 죽음에 대해 잘 기록한다. 이런 생물의 화석 기록은 대부분 완벽하다. 각 대멸종에서 지구 해양종의 50% 이상이 멸종했다.

2번의 대멸종, 페름기와 백악기의 대멸종이 가장 주목받는다. 고생대와 중생대의 경계(2억 5,100만 년 전)를 규정하는 페름기의 대멸종에서는 해양 동물종의 약 96%가 멸종하였다고 추산되며, 바다의 생명을 극적으로 바꾸어놓았다. 육상생물도 영향을 받았다. 예를 들어, 알려진 곤충의 27목 중 8목이 사라졌다. 이 대멸종은 50만 년보다 더 짧은 기간에 일어났는데, 지질학적 연대의 측면에서 보면 순간에 불과한 수천 년일 수도 있다.

페름기 대멸종은 지난 5억 년 동안 일어난 가장 지독한 화산 활동이 일어나는 동안에 발생하였다. 지질학적 자료는 시베리아 지역에서 (서유럽 크기의 대략 절반 정도인) 160만 km^2의 지역이 수백 미터 두께의 용암으로 덮였다는 것을 보여준다. 화산폭발은 전 지구의 기후를 6°C 정도 온난하게 하기에 충분한 이산화탄소를 만들었고, 온도-감수성이 큰 많은 종들에 해를 끼쳤다. 대기 CO_2 농도의 상승은 또한 해양을 산성화했을 것이고, 그럼으로써 보초를 만드는 산호와 패각을 만드는 많은 종들에 필요한 탄산칼슘염의 가용성을 떨어뜨렸을 것이다(그림 3.11). 화산폭발은 또한 생태계에 인과 같은 영양분을 더했을 것이고, 미생물의 성장을 촉진했을 것이다. 미생물이 죽을 때 세균 분해자를 위한 먹이를 제공했을 것이다. 세균은 사체를 분해할 때 산소를 사용하고, 따라서 산소 농도를 떨어뜨린다. 이는 산소 호흡자에게 해로웠을 것이고 독성의 대사 부산물인 황화수소(H_2S) 기체를 방출하는 혐기성 세균의 성장을 촉진했을 것이다. 종합하면, 화산 분출은 페름기 대멸종으로 귀결되는 일련의 재앙 사건을 촉발한 것으로 보인다.

백악기의 대멸종은 약 6,550만 년 전에 발생했다. 이 사건으

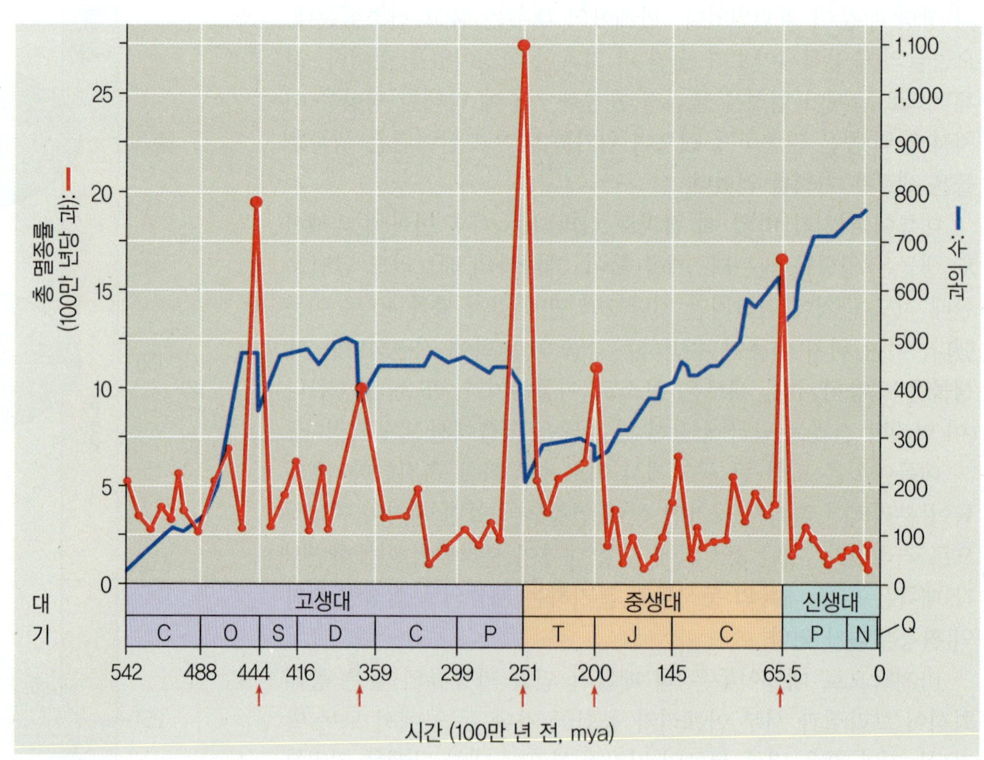

▲ **그림 25.17** **대멸종과 생명의 다양성.** 일반적으로 인식되는 다섯 번의 대멸종 사건들은 붉은 화살표로 표시되어 있으며, 해양 동물의 과(family)들에서 멸종률이 최대인 점을 가리킨다(붉은 선과 왼쪽 수직축). 이러한 대멸종들은 시간이 지나면서 해양동물 과의 수가 전반적으로 증가하는 것을 멈추게 하였다(파란 선과 오른쪽 수직축).

INTERPRET THE DATA 페름기 대멸종에서는 해양동물 종의 96%가 멸종했다. 파란 선은 왜 그때에 50% 감소만 일어난 것으로 보여주는지 설명하라.

로 모든 해양 생물종의 절반 이상이 절멸되었고, (같은 군의 구성원인 조류를 제외한, 34장 참고) 모든 공룡을 포함하여 육상 식물과 동물의 많은 과들이 없어졌다. 백악기 대멸종을 일으켰을 수 있는 원인을 알려주는 실마리는 (약 6,500만 년 전) 대멸종의 시기로 연대가 측정되는 이리듐이 풍부한 얇은 점토층이다. 이리듐은 지구에는 매우 희귀하지만 종종 지구에 떨어지는 운석과 여타 외계 물체에는 흔한 원소이다. 따라서 연구자들은 이 점토가 소행성 또는 큰 혜성이 지구와 충돌했을 때 대기로 퍼부어진 거대한 파편 구름의 낙진이라고 제안했다. 이 구름은 햇빛을 가렸을 것이고 몇 달 동안 지구 기후를 심각하게 교란했을 것이다.

이런 소행성이나 혜성의 증거가 있는가? 멕시코 해안의 퇴적물 아래 6,500만 년 된 흔적인 칙슬룹(Chicxulub) 운석공에 연구가 집중되었다**(그림 25.18)**. 이 운석공은 지름 10 km인 물체가 충돌하여 생길 수 있는 바로 그 크기이다. 대멸종을 설명하는 이런 가설과 다른 가설들에 대한 비판적인 평가가 계속되고 있다.

▼ **그림 25.18 지구와 백악기 생물들에 대한 충격.** 카리브해 밑에 있는 6,500만 년 된 칙슬룹 충돌 운석공은 지름이 180 km이다. 운석공의 말발굽 모양과 퇴적암에 있는 파편의 양상은 소행성이나 혜성이 남동쪽에서 낮은 각도로 충돌했다는 것을 보여준다. 이 도해는 충돌과 즉각적인 효과를 보여준다. 뜨거운 증기와 파편의 구름은 북미의 많은 동물과 식물을 몇 시간 내에 죽였을 것이다.

여섯 번째 대멸종이 진행되고 있는가?

56장에서 더 다루겠지만, 서식지 파괴와 같은 사람의 활동은 많은 종이 멸종 위협에 놓일 정도로 지구 환경을 변형하고 있다. 지난 400년 동안 1,000종이 넘게 멸종했다. 과학자들은 이런 멸종 속도는 화석 기록에 보이는 전형적인 배경 멸종 속도의 100배에서 1,000배라고 추정한다. 제6의 대멸종이 지금 진행되고 있는 것인가?

이 질문에 답하는 것은 어렵다. 부분적으로는 오늘날 일어나고 있는 멸종의 총수를 기록하는 것이 어렵기 때문이다. 예를 들어, 열대우림에는 발견되지 않은 많은 종들이 있다. 그 결과 열대림을 파괴하는 것은 존재를 알기도 전에 종을 멸종으로 몰아갈 수 있다. 이런 불확실성 때문에 현재 멸종위기의 정확한 규모를 평가하기 어렵다. 그렇다 하더라도 지금까지 멸종한 정도가 지구에 있는 종의 상당한 비율이 멸종한 "엄청난 다섯" 대멸종에 미치지는 못하는 것은 분명하다. 이것이 어떤 식으로든 오늘날 상황의 심각성을 평가절하하는 것은 아니다. 추적조사 연구는 많은 종이 서식지 소멸, 도입종, 과수확과 기타 요인들 때문에 놀라운 속도로 감소하고 있다는 것을 보여준다. 도마뱀, 소나무와 북극곰을 포함하여 다양한 종에 대한 최근 연구는 기후변화가 이런 감소를 촉진할 것이라고 제안한다. 화석 기록은 또한 기후 변화의 잠재적 중요성을 잘 보여준다. 지난 5억 년 동안 지구 기온이 높았을 때 멸종률이 증가하는 경향이 있었다**(그림 25.19)**. 전체적으로 볼 때, 증거들은 극적인 조치가 취해지지 않는 한 인위적인 원인으로 발생하는 제6의 대멸종이 다음 수백 년이나 수천 년 내에 일어날 가능성이 있다는 것을 말해준다.

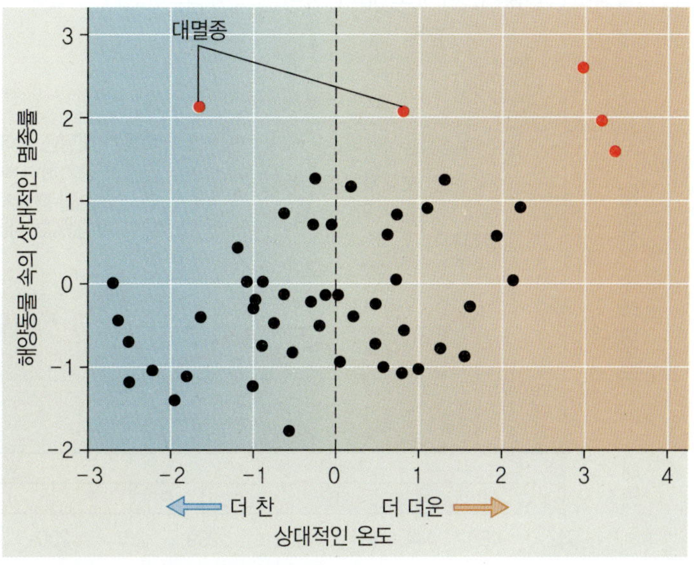

▲ **그림 25.19 화석 멸종과 온도.** 지구 기온이 높았을 때 멸종률이 증가했다. 기온은 산소 동위원소의 비율을 이용하여 추정하였고 총 평균 기온을 0으로 하는 지수로 변환하였다.

대멸종의 결과

대멸종은 중대한 장기적인 영향을 끼친다. 많은 수의 종을 제거함으로써 대멸종은 번성하고 복잡한 생태공동체를 그 자체의 창백한 흔적으로 줄어들게 할 수 있다. 그리고 진화계통은 일단 사라지면 다시 나타날 수 없다. 진화의 진로가 영원히 바뀌는 것이다. 6,600만 년 전에 살던 초기 영장류가 백악기 대멸종 때에 사라졌다면 어떤 일이 일어났을지 생각해 보자. 인간은 존재하지 않을 것이고 지구의 생물은 오늘날과는 완전히 다를 것이다.

화석 기록은 대멸종 이후에 이전의 수준으로 다양성을 회복하는 데 일반적으로 500만 년에서 1,000만 년이 걸린다는 것을 보여준다. 때로는 이보다 훨씬 더 오래 걸렸다. 페름기 대멸종 후에 해양생물 과의 수가 회복되는 데 약 1억 년이 걸렸다(그림 25.17). 이런 자료는 정신이 번쩍 나게 한다. 현재의 추세가 계속되고 제6의 대멸종이 일어난다면 지구의 생명이 회복하는 데 수백만 년이 걸릴 것이다.

대멸종은 또한 살고 있는 생물의 종류에 변화를 일으켜 생태공동체를 변형할 수도 있다. 예를 들어, 페름기와 백악기의 대멸종 이후 포식자인 해양생물의 비율이 상당히 증가했다(그림 25.20). 포식자 수의 증가는 피식자가 겪는 위험과 먹이를 위한 포식자 사이의 경쟁을 모두 높인다. 또한 대멸종은 새롭고 유리한 특징이 있는 계통을 빠르게 제거할 수 있다. 예를 들어, (조개 같은) 이매패의 패각에 구멍을 뚫고 속에 있는 동물을 먹을 수 있는 일군의 복족류(달팽이와 친척들)가 후기 삼첩기에 생겼다. 비록 패각을 뚫는 것은 새롭고 풍부한 먹이원에 접근할 수 있게 했지만, 삼첩기 말(약 2억 년 전)의 대멸종 동안에 이런 새로 형성된 군이 사라져 버렸다. 패각에 구멍을 뚫는 능력을 보여주는 또 다른 복족류(굴 뚫기, 나사조개)가 나타나기까지 또 다른 1억 2,000만 년이 지났다. 이전의 복족류들이 불행한 시기에 기원되지 않았다면 그들 역시 그랬었을 수 있듯이, 굴 뚫기는 이후 많은 새로운 종으로 다양해졌다. 마지막으로 아주 많은 종을 제거함으로써 대멸종은 새로운 생물군들이 급격히 늘어나는 적응방산의 길을 열 수 있다.

적응방산

화석 기록은 지난 2억 5,000만 년에 걸쳐 생물다양성이 증가했음을 보여준다(그림 25.17). 이런 증가는 **적응방산(adaptive radiation)**에 의해 가속되었다. 적응방산은 군집 내에서 여러 생태적 기능이나 지위를 차지하도록 적응하는 새로운 종들이 많이 형성되는 진화적 변화의 시기이다. 큰 규모의 적응방산은 다섯 번의 대멸종이 각각 일어난 후, 생존자들이 비워진 생태적 지위에 적응하게 되었을 때 일어났다. 씨나 신체를 둘러싸는 갑옷 외피와 같은 주요 진화적 신형이 생긴 생물군이나, 다른 종과 경쟁을 거의 겪지 않는 지역으로 진출한 생물군에서도 적응방산이 일어났다.

범세계적인 적응방산

화석 증거는 6,650만 년 전 육상 공룡이 멸종한 후 포유류는 극적인 적응방산을 하였다는 것을 보여준다(그림 25.21). 비록 포유류가 1억 8,000만 년 전에 기원하였지만 6,650만 년보다 더 이전의 포유류 화석은 대개는 작고 형태적으로도 다양하지 않다. 현존하는 야행성 포유류와 유사하게 큰 눈구멍을 보았을 때, 많은 종들이 야행성이었을 것이다. 몇몇 초기 포유류는 1억 3,000만 년 전에 살았던 1 m 길이의 포식자인 *Repenomamus giganticus*와 같이 중간 정도의 크기였다. 그러나 많은 공룡들만큼 크기가 커진 것은 없었다. 초기 포유류는 더 크고 더 다양한 공룡에게 먹히거나 경쟁에서 졌기 때문에 다양성과 크기에 있어서 제한되었을 것이다. (새를 제외한) 공룡이 사라지면서 포유류는 크기와 다양성이 크게 증대되어 육상 공룡이 한때 차지했던 생태적 지위를 차지했다.

생명의 역사 또한 생물군들이 공동체에서 전적으로 새로운 생태적 지위를 차지하면서 다양성이 증가한 방산에 의해 크게 변했다. 광합성을 하는 원핵생물의 등장, 캄브리아기 폭발 때 큰 포식자의 진화, 그리고 식물, 곤충, 사지류가 육상에 진출하면서 뒤따른 방산 등을 예로 들 수 있다. 이들 마지막 세 가지 방산은 각각 육상의 삶을 촉진하는 주요 진화적 신형과 연관되었다. 예를 들어, 육상 식물의

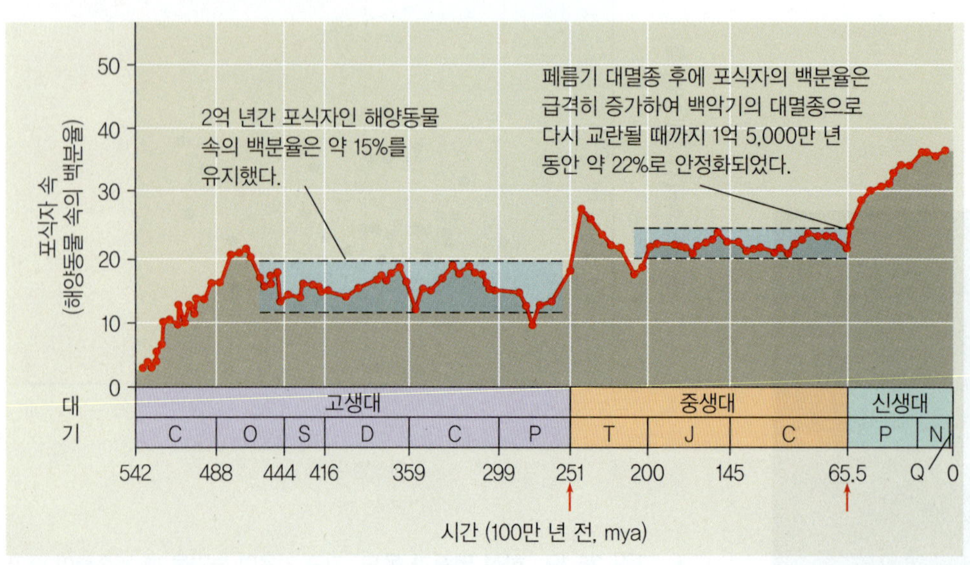

▲ **그림 25.20 대멸종과 생태.** 페름기와 백악기 대멸종(붉은 화살로 표시)은 포식자인 해양동물 속의 백분율을 높임으로써 바다의 생태를 바꾸었다.

포유류 조상
조상 견치류
단공류(5종)
유대류(324종)
진태반류
(태반 포유류;
5,010종)
250
200
150
100
50
0
시간 (100만 년 전, mya)

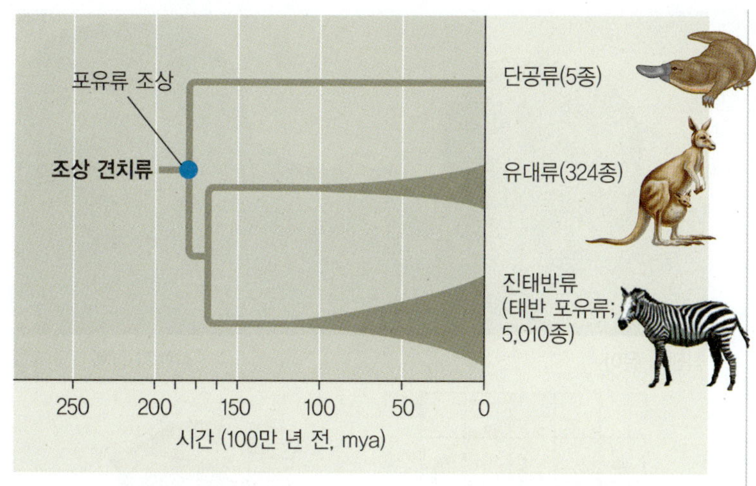

▲ **그림 25.21 포유류의 적응방산**

방산은 중력에 저항하며 식물을 지지하는 줄기와, 잎에서 수분 손실을 방지하는 왁스 피복 등 핵심 적응과 연관되어 있다. 마지막으로, 적응방산으로 생긴 생물은 다른 생물의 새로운 먹이원이 될 수 있다. 사실 식물의 다양화는 식물을 먹거나 수분을 매개하는 곤충에서 일련의 적응방산이 일어나는 것을 촉진하였으며, 이는 곤충이 오늘날 지구에서 가장 다양한 동물군이 된 이유이다.

지역적인 적응방산

인상적인 적응방산이 더 제한된 지리적 영역에서도 일어났다. 그런 방산은 몇 생물이 다른 생물과 경쟁을 비교적 적게 겪는 새로운, 종종 멀리 떨어진 곳으로 갔을 때 시작될 수 있다. 하와이 제도는 세계에서 이런 적응방산이 일어난 가장 훌륭한 전시장 중 하나이다(**그림 25.22**). 가장 가까운 대륙에서 약 3,500 km 떨어진 이 화산섬들은 열도를 따라 북서쪽으로 가면서 점점 더 오래되었다. 가장 최근의 섬인 하와이는 생겨난 지 100만 년이 안 되었고 아직 활화산이 있다. 각 섬은 "벌거숭이"로 생겨나 멀리 떨어진 육지나 제도 내의 더 오래된 섬에서 해류나 바람을 타고 도착한 생물들로 점차 뒤덮이게 되었다. 고도와 강수량의 큰 차이 등을 포함한 각 섬의 물리적 다양성 때문에 자연선택에 의한 분기의 기회가 많았다. 종분화 사건들이 뒤따른 여러 차례의 유입은 하와이에서 폭발적인 적응방산을 일으켰다. 그 결과 제도에 살고 있는 수천 종 대부분이 지구의 다른 곳에서는 발견되지 않는다.

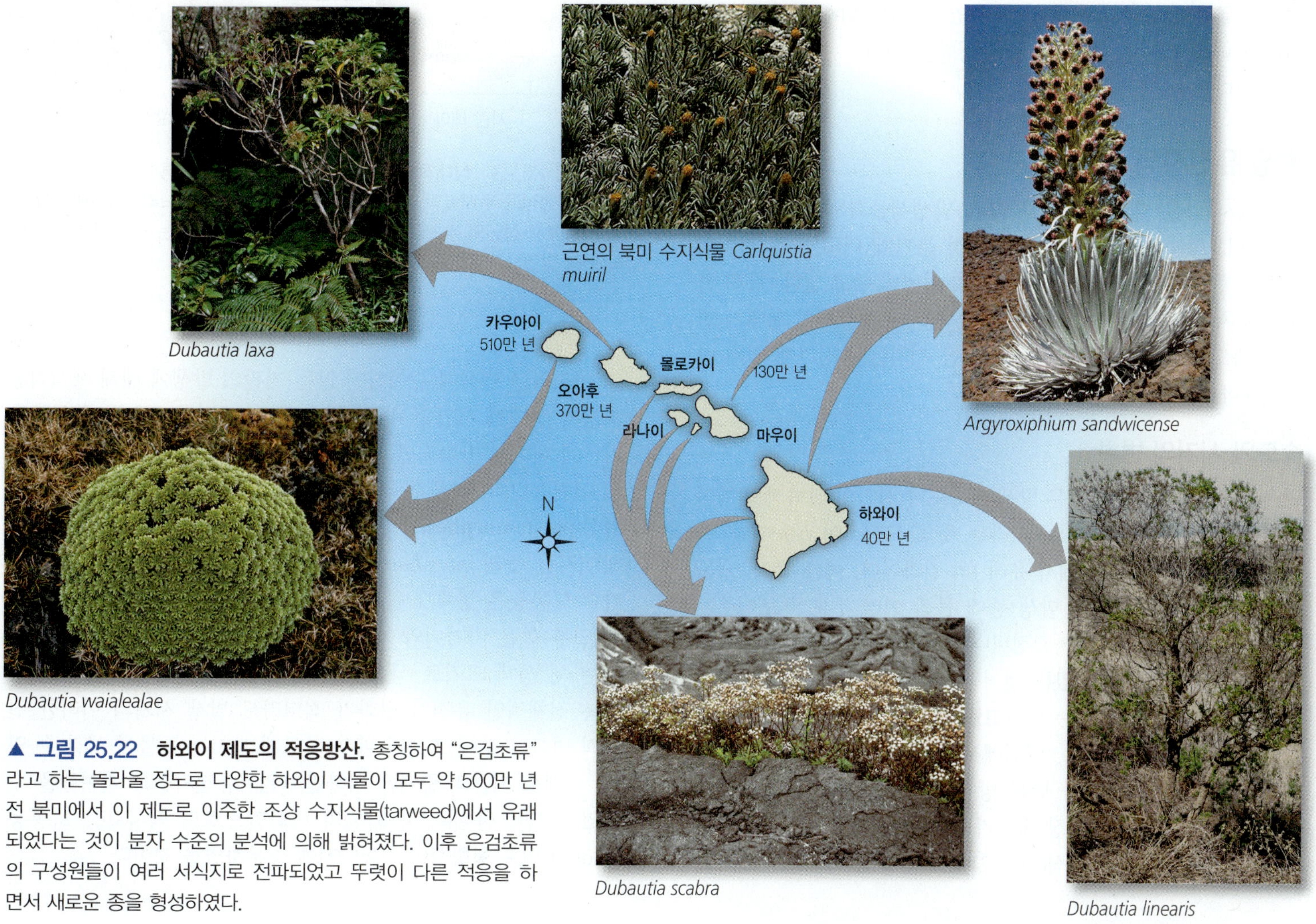

근연의 북미 수지식물 *Carlquistia muiril*
Dubautia laxa
카우아이
510만 년
오아후
370만 년
몰로카이
130만 년
라나이
마우이
하와이
40만 년
N
Argyroxiphium sandwicense
Dubautia waialealae
Dubautia scabra
Dubautia linearis

▲ **그림 25.22 하와이 제도의 적응방산.** 총칭하여 "은검초류"라고 하는 놀라울 정도로 다양한 하와이 식물이 모두 약 500만 년 전 북미에서 이 제도로 이주한 조상 수지식물(tarweed)에서 유래되었다는 것이 분자 수준의 분석에 의해 밝혀졌다. 이후 은검초류의 구성원들이 여러 서식지로 전파되었고 뚜렷이 다른 적응을 하면서 새로운 종을 형성하였다.

개념 확인 문제 25.4

1. 판구조역학이 지구상의 생물에 끼친 영향을 설명하라.
2. 적응방산을 촉진하는 요인은 무엇인가?
3. WHAT IF? 한 번의 갑작스런 재앙적인 사건 때문에 일어난 대멸종에서 한 무척추동물 종이 사라졌다고 가정하자. 화석 기록에서 이 종의 마지막 출현이 멸종이 실제 일어난 때에 반드시 가까울 것인가? 이 종이 희귀한 경우와 흔한(풍부하고 널리 퍼져 있는) 경우에 따라 답이 달라질 것인가?

정답은 부록 A 참조

개념 25.5

몸 형태의 주요한 변화는 발생 유전자들의 서열과 조절의 변화에서 초래될 수 있다

화석 기록은 생명의 역사에서 어떤 커다란 변화가 언제 일어났는지 알려준다. 게다가 판구조론, 대멸종과 적응방산을 이해하면 어떻게 이런 변화가 초래되었는지 그림을 그릴 수 있다. 그러나 우리는 화석 기록에 나타난 변화의 근간이 되는 내재적인 생물학적 원리를 이해하려고 노력할 수도 있다. 이를 위해 변화의 유전 원리를 다룰 것이며, 특히 발생에 영향을 끼치는 유전자에 주목할 것이다.

발생 유전자의 효과

20장에서 다룬 대로 진화생물학과 발생생물학의 접점 연구인 "이보-디보(evo-devo)"는 작은 유전적 분기가 어떻게 종 사이의 주요한 형태적 차이를 만들 수 있는지 설명해 주고 있다. 특히 큰 형태적 차이는 접합자에서 성체로 발생할 때 생물체의 형태가 변하는 속도, 시기와 공간 배치에 영향을 끼치는 유전자에 의해 만들어진다.

속도와 시기의 변화

많은 뚜렷한 진화상 변형은 발생의 속도나 시기의 진화적 변화인 **이시성(heterochrony**; '다른'이라는 뜻의 그리스어 *hetero*와 '시간'이라는 뜻의 *chronos*에서 유래)의 결과이다. 예를 들어, 생물체의 형태는 부분적으로 발생 중에 몸의 여러 부분이 보여주는 상대적 성장 속도에 따라 결정된다. 사람과 침팬지 두개골의 대조적인 형태에서 볼 수 있는 것처럼 이런 속도의 변화는 성체의 형태를 상당하게 바꿀 수 있다(**그림 25.23**). 이시성의 극적인 진화적 효과의 다른 예로는, 박쥐에서 손가락뼈의 빨라진 성장 속도가 날개의 골격 구조를 만든 방식(그림 21.15)과 고래에서 다리와 골반뼈의 느려진 성장 속도가 뒷다리를 축소, 더 나아가 궁극적으로 소실되게 한 방식(그림 21.20) 등이 있다.

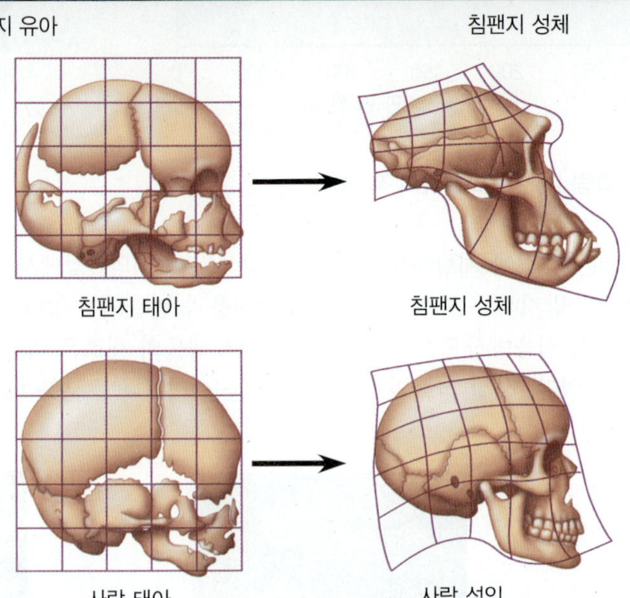

▲ **그림 25.23 상대적인 두개골의 성장률.** 사람 계통에서는 돌연변이들이 턱의 성장을 두개골의 다른 부위에 비해 상대적으로 느려지게 했다. 그 결과 사람에서 성인의 두개골은 침팬지 성체의 두개골보다는 침팬지 유아의 머리와 더 닮았다.

이시성은 번식에 관여하지 않는 기관의 발생에 대해 생식적인 발생의 상대적 시기를 바꿀 수도 있다. 생식기관의 발생이 다른 기관에 비하여 가속되면 그 종이 성적으로 성숙된 시기에 조상종의 어린 시기의 신체적 특징이 유지될 것이다. 이런 상황을 **유형형성(paedomorphosis**; '어린이'라는 뜻의 그리스어 *paedos*와 '형성'이라는 뜻의 *morphosis*에서 유래)이라고 한다. 예를 들어, 대다수 도롱뇽은 성체가 될 때 변태를 하는 수서 유생이 있다. 그런데 일부 종은 아가미와 기타 유생의 구조적 특징이 여전히 남아있는 채 성체 크기로 성장하고 성적으로 성숙한다(**그림 25.24**). 비록 전체적인 유전적 변화가 적더라도 발생 시기의 이러한 진화적 변화 때문에 조상과 매우 다르게 보이는 동물이 생길 수 있다. 실제로 최근의 증거에 의하면, 다른 유전자들도 기여했을 수 있었겠지만, 한 유전자 좌위의 변화만으로도 멕시코산 도롱뇽(axolotl)의 유형형성이 일어나기에 충분하였을 것이다.

▲ **그림 25.24 유형형성.** 일부 종의 성체는 조상의 어린 시기 특징을 보유한다. 이 도롱뇽은 멕시코산 도롱뇽(axolotl)이다. 아가미를 포함한 유생(올챙이)의 특징을 그대로 보유하고 있으면서 성적으로 성숙하는 수서생물 종이다.

공간 배열의 변화

신체 부위의 공간적 구조를 조절하는 유전자의 변화에 의해 상당한 진화적 변화가 일어날 수도 있다. 예를 들어, (18장과 20장에서 설명한) **호메오유전자(homeotic gene)**라고 하는 주된 조절유전자는 새의 어느 부분에 한 쌍의 날개와 한 쌍의 다리가 발생될 것인지 또는 식물의 꽃의 기관들이 어떻게 배열될 것인지와 같은 기본적인 특징들을 결정한다.

Hox 유전자라는 일군의 호메오유전자 산물은 동물 배아에서 위치 정보를 제공한다. 이 정보는 세포들이 특정한 위치에 적합한 구조로 발생하게 한다. *Hox* 유전자나 이 유전자가 발현되는 방식의 변화는 형태에 상당한 영향을 끼칠 수 있다. 예를 들어, 갑각류 중에서 두 *Hox* 유전자(*Ubx*와 *Scr*)가 발현되는 위치의 변화는 수영하는 데 이용되는 부속지가 먹이 먹는 데 사용되는 부속지로 변화되는 것과 연관되어 있다. 유사하게 식물을 비교할 때 *MADS-box* 유전자로 알려진 호메오유전자의 발현 변화는 형태가 극적으로 다른 꽃을 만들 수 있다(35장).

발생의 진화

그림 25.5에 나온 에디아카라 동물의 5억 6,500만 년 된 화석은 캄브리아기 폭발보다 최소한 2,500만 년 전에 복잡한 동물을 만드는 데 충분한 유전자 조합이 존재했다는 것을 말해준다. 그런 유전자가 그렇게 오랫동안 존재했다면 놀라운 다양성의 증가가 캄브리아기 폭발 동안과 이후에 나타난 것을 어떻게 설명할 수 있는가?

자연선택에 의한 적응 진화에서 이 의문에 대한 한 가지 답을 얻을 수 있다. 이 단원에서 살펴본 바와 같이 단백질 정보가 있는 유전자의 서열 차이를 추려냄으로써 선택이 적응을 빠르게 개선할 수 있다. 또한 (중복에 의해 만들어진) 새로운 유전자는 새로운 방식으로 조절되는 기존 유전자가 하는 것처럼 새로운 물질대사 기능과 구조적인 기능을 획득할 수 있다.

앞 절의 예들은 발생 유전자가 특히 중요했을 것이라는 것을 말해준다. 그래서 다음은 뉴클레오타이드 서열이나 발생 유전자의 조절에서 생긴 변화에 의해 새로운 형태가 어떻게 생기는지에 대해 다룰 것이다.

유전자의 변화

유전자 중복으로 생긴 새로운 발생 유전자는 새로운 형태의 기원을 촉진할 가능성이 매우 높다. 그러나 다른 유전적 변화도 같은 시기에 발생했을 수도 있기 때문에 과거에 일어난 유전적 변화와 형태적인 변화의 인과 관련성을 확립하는 것은 어려울 수 있다.

다리가 6개 이상이었던 갑각류형 조상으로부터 분기한 6족 곤충들의 발생학적 변화들에 대한 연구는, 유전적 변화와 형태적 변화를 연관지을 수 있도록 해주었다. *Drosophila* 같은 곤충에서 *Ubx* 유전자는 복부에서 발현되는 반면, *Artemia* 같은 갑각류에서는 몸의 주된 몸통에서 발현된다(**그림 25.25**). 발현되었을 때 *Ubx* 유전자는 곤충에서 다리 형성을 억제하지만 갑각류에서는 그렇지 않다. 이 유전자의 작용을 조사하기 위해 연구자들은 *Drosophila*와 *Artemia*에서 *Ubx* 유전자를 추출하였다. 그 다음 *Drosophila Ubx* 유전자나 *Artemia Ubx* 유전자가 신체 전역에서 발현되도록 유전적으로 조작한 *Drosophila* 배아를 만들었다. 예상대로 *Drosophila* 유전자는 배아에서 부속지를 100% 억제한 반면에, *Artemia* 유전자는 겨우 15%만 억제하였다.

다음으로 연구자들은 갑각류 *Ubx* 유전자에서 곤충 *Ubx* 유전자로 진화적 전이가 일어나는 데 관련된 핵심 단계를 밝히기 위

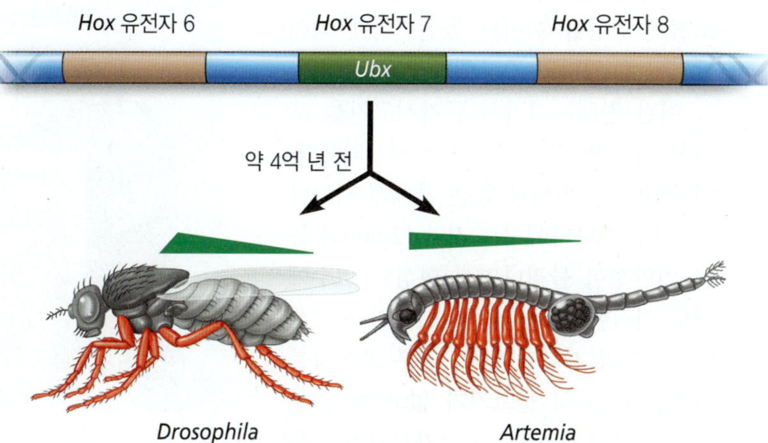

▲ **그림 25.25 곤충 신체 설계의 기원.** *Hox* 유전자인 *Ubx*의 발현은 초파리(*Drosophila*)에서 다리가 형성되는 것을 억제하지만 바다새우(*Artemia*)에서는 억제하지 않으며, 따라서 곤충의 신체 설계가 만들어지는 데 도움을 준다. 초파리와 바다새우의 *Hox* 유전자는 4억 년 동안 독립적으로 진화했다. 녹색 삼각형은 여러 신체부위들에서 *Ubx*가 발현되는 상대적인 양을 나타낸다.

해 노력했다. 그들은 *Artemia Ubx* 유전자가 다리 형성을 억제하게 하여 갑각류 유전자가 더 곤충 *Ubx* 유전자처럼 작용하게 하는 돌연변이를 찾아내는 접근을 했다. 그렇게 하기 위해 그들은 일련의 "잡종" *Ubx* 유전자들을 만들었다. 이들 각각은 *Drosophila Ubx* 유전자의 알려진 단편과 *Artemia Ubx* 유전자의 알려진 단편이 들어 있다. 이들 잡종 유전자(배아당 하나의 잡종 유전자)를 초파리 배아에 넣어주고 다리 발생에 끼치는 영향을 관찰함으로써 곤충에서 추가적인 다리 형성을 억제하는 데 책임이 있는 아미노산 변화를 정확히 찾아낼 수 있었다. 이렇게 해서 이 연구는 발생 유전자 서열의 특정한 변화를 주된 진화적 변화, 즉 다리가 6개인 곤충의 신체 설계와 연결하는 증거를 얻었다.

유전자 조절의 변화

뉴클레오타이드 서열의 변화는 유전자가 발현되는 곳은 어디에서나 기능에 영향을 끼칠 것이지만, 발생 유전자 조절의 변화는 한 가지 세포 유형에 국한될 수 있다(18장). 따라서 발생 유전자 조절의 변화는 유전자 서열의 변화보다 해로운 부작용이 더 적었을 것이다. 이런 논리를 근거로 하여 연구자들은 생물 형태의 변화가 종종 발생 유전자의 서열이 아니라 조절에 영향을 끼치는 돌연변이에 의해 야기될 수 있다고 주장했다.

이런 견해는 3가시 큰가시고기를 포함한 다양한 종의 연구에서 지지되었다. 이 물고기는 외해와 얕은 근해에 서식한다. 서부 캐나다에서는 지난 12,000년 동안 연안선이 물러나면서 형성된 호수에서도 서식한다. 바다 큰가시고기는 복부에 한 쌍의 가시가 있고, 일부 포식자를 저지한다. 포식 물고기가 없고 칼슘 농도도 낮은 호수에 사는 큰가시고기는 종종 이런 가시가 축소되거나 없다. 포식자가 없어 가시가 유리하지도 않고 제한된 칼슘은 가시를 만드는 것보다는 다른 목적을 위해 필요하기 때문에 가시가 소실

▼ 그림 25.26 탐구

무엇이 호수의 큰가시고기에서 가시가 사라지게 하는가?

실험 3가시 큰가시고기(*Gasterosteus aculeatus*)의 바다 집단은 복부 아래에 한 조의 방어적인 가시가 있다. 하지만 이 물고기의 일부 호수 집단에서는 이 가시가 없어지거나 축소된다. 스탠퍼드대학교의 샤피로(Michael Shapiro)와 킹슬리(David Kingsley) 연구진은 유전적 교배를 하여 가시 크기의 축소가 대부분 하나의 단일발생 유전자 *Pitx1*의 영향으로 생겼다는 것을 발견했다. 그 다음 연구자들은 *Pitx1*가 이런 형태변화를 어떻게 일으키는지에 대해 두 가지 가설을 검증하였다.

▲ 3가시 큰가시고기 (*Gasterosteus aculeatus*)

가설 A: *Pitx1*의 DNA 서열의 변화 때문에 호수 집단에서 가시가 축소되었다. 이 가설을 검증하기 위해 연구진은 큰가시고기의 바다 집단과 호수 집단 사이에 *Pitx1* 유전자의 유전부호가 있는 서열을 비교하기 위해 DNA 서열을 조사하였다.

가설 B: Pitx1의 발현 조절의 변화 때문에 가시가 축소되었다. 이 가설을 검증하기 위해 연구자들은 발생하는 배아의 어디에서 Pitx1 유전자가 발현되는지 조사하였다. 물고기에서 Pitx1 mRNA를 찾기 위해 Pitx1 DNA를 탐침으로 이용하여 전체 몸에서 in situ 혼성화(19장)를 실시하였다.

결과

가설 A 검증: 바다 큰가시고기와 호수 큰가시고기에서 *Pitx1*의 유전 부호가 있는 서열에 차이가 있는가? → **결과: 아니다** → *Pitx1* 단백질의 283개 아미노산이 바다와 호수의 큰가시고기 집단에서 동일하다.

가설 B 검증: *Pitx1* 발현의 조절에 차이가 있는가? → **결과: 그렇다** → 아래 사진에서 붉은 화살(→)은 *Pitx1* 유전자가 발현된 부위를 가리킨다. *Pitx1*이 발생하는 바다 큰가시고기에서는 입 부위와 복부 가시가 있는 부위에서 발현되지만 발생하는 호수 가시고기에서는 입 부위에서만 발현되었다.

바다 큰가시고기 배아

호수 큰가시고기 배아

입의 근접 사진

복부 표면의 근접 사진

결론 3가시 큰가시고기의 호수 집단에서 복부 가시의 소실이나 축소는 유전자 서열의 변화가 아니라 기본적으로 *Pitx1* 유전자 발현 조절의 변화 때문에 일어난 것으로 나타났다.

참고문헌 M. D. Shapiro et al., Genetic and developmental basis of evolutionary pelvic reduction in three-spine sticklebacks, *Nature* 428:717–723 (2004).

WHAT IF? 유전자 발현 조절의 변화보다 *Pitx1* 유전자의 유전부호가 있는 서열의 변화가 더 중요하다고 연구자들이 결론을 내릴 수 있게 할 수 있는 결과를 설명하라.

됐을 수 있다.

유전적 수준에서 발생유전자 *Pitx1*은 큰가시고기가 복부 가시가 있을지에 영향을 끼치는 것으로 알려져 있었다. 일부 호수 집단에서 가시의 축소는 *Pitx1* 유전자의 변화 때문이었을까, 아니면 유전자가 발현되는 방법의 변화 때문이었을까(그림 25.26)? 연구자들의 결과는 유전자 DNA 서열이 아니라 유전자 발현의 조절이 변했음을 보여준다. 게다가 호수의 큰가시고기에서는 *Pitx1* 유전자가 가시의 생성과 관련이 없는 조직(예를 들어, 입)에서 발현된다. 이는 다른 곳에서는 아니지만 몸의 일부에서는 발생 유전자 발현을 변경함으로써 어떻게 형태적인 변화가 초래될 수 있지 설명한다. 2010년 후속 연구에서 연구자들은 *Pitx1* 유전자의 발현에 영향을 끼치는 유전부호가 없는 DNA 부위인 *Pel* 인핸서의 변화가 호수 큰가시고기에서 복부 가시의 축소를 일으켰음을 보여주었다.

개념 확인 문제 25.5

1. 이시성에 의해 다른 체형이 어떻게 진화할 수 있는가?
2. 왜 *Hox* 유전자가 새로운 형태의 진화에 중요한 일을 할 가능성이 있는가?
3. **MAKE CONNECTIONS** 형태의 변화가 종종 유전자 발현의 조절 변화에 의해 일어난다면, 유전부호가 없는 DNA가 자연선택의 작용을 받을 가능성이 있을지 예견하라. 유전부호가 없는 DNA와 유전자 발현의 조절을 복습하기 위해 개념 18.3 참조하라.

정답은 부록 A 참조

개념 25.6

진화는 지향하는 목적이 없다

대진화 연구는 진화가 어떻게 작동하는지에 대해 무엇을 알려주는가? 하나의 배움은 생명의 역사 전체를 통해 보면 새로운 종의 기원은 23장에서 설명한 (집단에서 작용하는 자연선택 등) 소규모 요인들과 이 장에서 설명한 (지구 전체에 걸쳐 종분화의 격발을 촉진하는 대륙이동 등) 대규모 요인들 둘 다에 의해 영향을 받는다는 것이다. 또한 노벨상을 수상한 유전학자 자코브(François Jacob)의 말을 빌리면 진화는 기존 구조나 기존 발생 유전자의 변형에 의해 새로운 형태가 나오는, 어설픈 땜질과 같은 과정이다. 시간이 지나면서 그런 땜질은 21장에서 설명한 자연 세계의 세 가지 중요한 특징을 이끌었다: 생물들이 그들의 환경에 맞춰지는 놀라운 방법들; 생물들이 공유하는 많은 특징들; 그리고 생명의 풍부한 다양성이다.

진화적 신형

진화에 대한 자코브의 견해는 다윈의 변형에 의한 혈통 개념에 다시 귀를 기울이는 것이다. 새로운 종이 형성될 때, 새롭고 복잡한 구조는 조상 구조의 점진적인 변형으로 생겨난다. 많은 경우 복잡한 구조는 같은 기본적인 기능을 하는 더 단순한 판형에서 점진적으로 진화하였다. 예를 들어, 영상을 만들어 뇌로 전할 때 함께 작동하는 많은 부분들로 구성된 복잡한 기관인 사람의 눈을 살펴보자. 사람의 눈이 어떻게 점진적으로 발생되었을까? 눈이 기능을 하기 위해 모든 구성 부분이 필요하다면, 일부분만 있는 눈은 우리의 조상에게 아무 쓸모가 없었을 것이라는 주장이 있다.

다윈이 지적한 대로 이 주장의 오류는 복잡한 눈만이 유용하다는 가정에 있다. 사실 많은 동물들이 우리의 눈보다 훨씬 덜 복잡한 눈에 의지한다. 우리가 알고 있는 가장 단순한 눈은 빛에 민감한 광수용체 세포들로 이루어진 작은 조각 덩어리이다 . 현재 이 단순한 눈은 기원이 하나인 듯하고, 삿갓조개라는 작은 연체동물을 포함하여 다양한 동물에서 발견된다. 이런 눈에는 초점을 맞추는 장치가 없지만 동물이 명암을 구별할 수 있게 해준다. 삿갓조개는 그림자가 드리우면 암석에 더욱 견고하게 들러붙는다. 이는 잡아먹힐 위험을 줄이는 적응 행동이다(그림 25.27). 삿갓조개의 진화 역사가 길기 때문에 이들의 "단순한" 눈이 이들의 생존과 번식을 지지하는 데 매우 적절하다는 것을 보여주는 것이다.

동물계에서 복합 눈은 그런 기본적인 구조에서 여러 차례에 걸쳐 독립적으로 분화하였다(그림 25.28). 오징어와 문어 같은 일부 연체동물은 사람과 여타 척추동물의 눈과 같은 복합 눈이 있다. 비록 연체동물의 복합 눈이 척추동물의 눈과는 독립적으로 분화하였지만, 둘 다 공통조상의 단순한 광수용체 세포 덩어리로부터 분화하였다. 각각의 경우에 매 단계에서 눈의 소유자에게 이로운 일련의 단계들을 통해 복합 눈이 분화했다. 이들의 독립적인 진화의 증거는 이들의 구조에서 찾을 수 있다. 척추동물 눈

▲ **그림 25.27** **삿갓조개(*Patella vulgata*)**, 단순히 광수용체인 세포들이 모여 만들어진 눈으로 명암을 지각할 수 있는 연체동물.

▼ 그림 25.28 연체류에서 다양한 눈의 복잡성

(a) 색소세포의 조각 덩어리

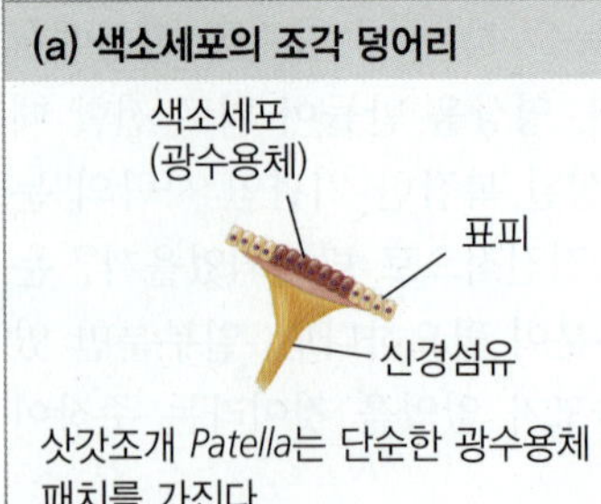

삿갓조개 *Patella*는 단순한 광수용체 패치를 가진다.

(b) 눈구덩이

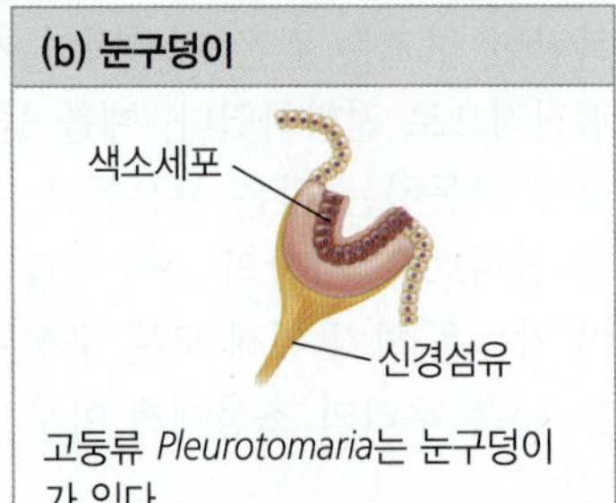

고둥류 *Pleurotomaria*는 눈구덩이가 있다.

(c) 바늘구멍 사진기형 눈

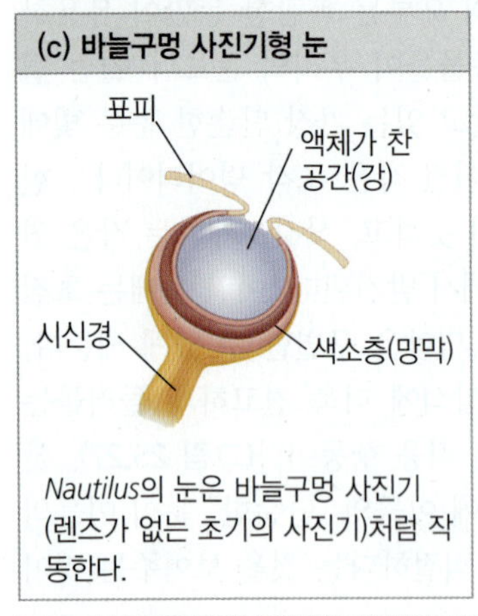

*Nautilus*의 눈은 바늘구멍 사진기(렌즈가 없는 초기의 사진기)처럼 작동한다.

(d) 원시적 수정체가 있는 눈

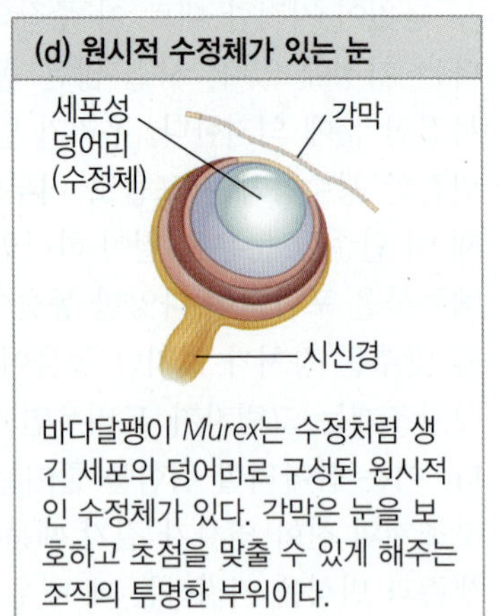

바다달팽이 *Murex*는 수정처럼 생긴 세포의 덩어리로 구성된 원시적인 수정체가 있다. 각막은 눈을 보호하고 초점을 맞출 수 있게 해주는 조직의 투명한 부위이다.

(e) 복합 사진기 렌즈형 눈

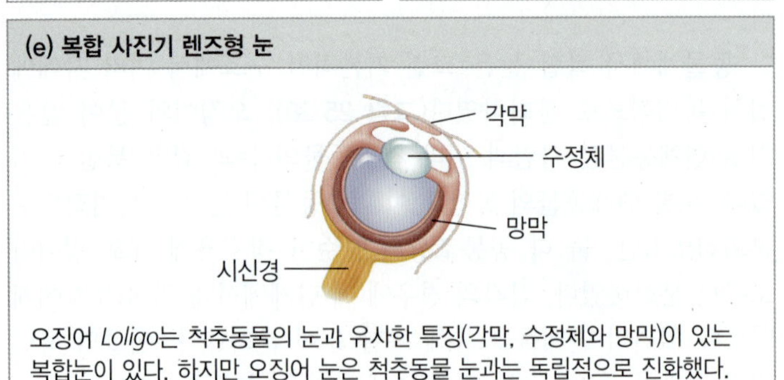

오징어 *Loligo*는 척추동물의 눈과 유사한 특징(각막, 수정체와 망막)이 있는 복합눈이 있다. 하지만 오징어 눈은 척추동물 눈과는 독립적으로 진화했다.

은 망막의 후면층에서 빛을 감지하고 신경 자극은 앞쪽으로 보내지지만 연체동물의 눈은 반대로 되어 있다.

진화의 역사 내내 눈은 기본적인 시각 기능을 유지했다. 그런데 진화적 신형은 원래 하나의 기능을 하던 구조가 점진적으로 다른 기능을 획득하였을 때 발생될 수도 있다. 예를 들어, 견치류(cynodont)에서 초기 포유류가 분화할 때 예전에 턱관절을 구성하던 뼈(관절뼈와 방형골; 그림 25.7)가 포유류의 귀 부위로 통합되고, 궁극적으로 소리를 전달하는 새로운 기능, 소리 전달을 하게 되었다(34장). 한 맥락에서는 진화라고 할 수 있지만 또 다른 기능이 새로 생긴 구조를 원래 구조의 적응적 기원과 구분하기 위해 때때로 **창출적응**(exaptation)이라고 한다. 창출적응이라는 개념은 한 구조가 어떻게든 미래의 소용을 예견하고 진화한다는 것을 뜻하는 것이 아니라는 것에 유의해야 한다. 자연선택은 미래를 예측할 수 없다. 다만 현재의 유용성 이라는 맥락에서 구조를 개선할 수 있을 뿐이다. 초기 포유류의 새로운 턱관절과 청소골과 같은 새로운 특징은 일련의 중간 단계를 거쳐 점진적으로 발생할 수 있으며, 각 단계에서는 생물의 그때 당시의 맥락에서 어떤 기능을 한다.

진화의 경향

대진화의 양상에서 우리는 또 다른 무엇을 배울 수 있는가? 화석 기록에서 관찰되는 진화의 "경향"을 살펴보자. 예를 들어, 일부 계통은 몸의 크기가 더 커지거나 작아지는 경향을 보여준다. 한 예는 현존하는 말(*Equus* 속)의 진화이다. 말은 5,500만 년 전의 *Hyracotherium*의 후손이다(**그림 25.29**). 큰 개 정도의 크기인 *Hyracotherium*은 앞발에 4개의 발굽, 뒷발에 3개의 발굽, 그리고 덤불과 나무의 새싹을 뜯어먹을 수 있도록 적응된 이빨이 있었다. 이에 비해 현존하는 말은 더 크고, 각 발에 한 개의 발굽만 있으며, 풀을 뜯어먹을 수 있도록 변형된 이빨이 있다.

하지만 화석 기록에서 획일적인 진화의 진행을 도출하는 것은 사실을 호도할 수 있다. 그것은 마치 하나의 작은 가지 쪽으로 이어지는 가지들만 따라가면서 덤불이 한 방향으로 자란다고 하는 것과 같다. 예를 들어, 이용 가능한 화석 중에 몇몇 종만을 선택하면, *Hyracotherium*과 현존하는 말 사이에서 크고 발굽이 하나인 종으로 가는 경향을 보여주는 중간 단계 동물의 계열을 만드는 것이 가능하다(그림 25.29에서 노란 계열). 하지만 지금까지 알려진 모든 말의 화석을 포함하면 이런 겉보기 경향은 없어진다. *Equus* 속은 한 줄로 진행되는 계통으로 분화하지 않았다. 그것은 덤불처럼 가지를 치는 계통수에서 살아남은 유일한 잔가지일 뿐이다. *Equus*는 실제로 몇 가지 적응방산을 포함하는 일련의 종분화 과정을 통해 계통을 이어왔다. 모든 종분화가 몸이 크고, 발굽이 하나이며 풀을 뜯는 방향으로 진행되지는 않았다. 사실 계통발생적 분석에 의하면 풀을 뜯어먹는 것이 포함된 모든 계통은 *Parahippus*와 근연이다. 많은 다른 말의 계통들은 모두 멸종되었는데, 3,500만 년 동안 여전히 다수의 발굽이 있고 나무의 새싹을 뜯어먹었다.

가지를 치는 진화는, 일부 새로운 종이 그러한 경향에 반할 때조차 실제 진화적 경향을 만들 수 있다. 장기 경향의 한 모형에서는 종을 개체에 비유한다. 종분화는 종의 탄생이고 멸종은 사망이며, 파생된 새로운 종은 자손에 해당된다. 이 모형에서 개체의 집단이 자연선택의 대상이듯 종도 **종선택**(species selection)의 대상이다. 가장 오래 지속되고 새로운 종을 가장 많이 생산한 종이 주된 진화 경향의 방향을 결정한다. 종선택 모형에 따르면 소진화의 차별적인 생식 성공도와 유사한 방식으로 "차별적인 종분화 성공도"가 대진화에서 중요한 일을 한다. 진화의 경향은 자연선택에 의한 직접적인 결과일 수도 있다. 예를 들어, 신생대 중기에 널리 퍼져 있던 초원으로 말의 조상이 들어왔을 때, 더 빠르게 포식자로부터 달아날 수 있는, 풀을 뜯어먹는 종에 선택이 더욱

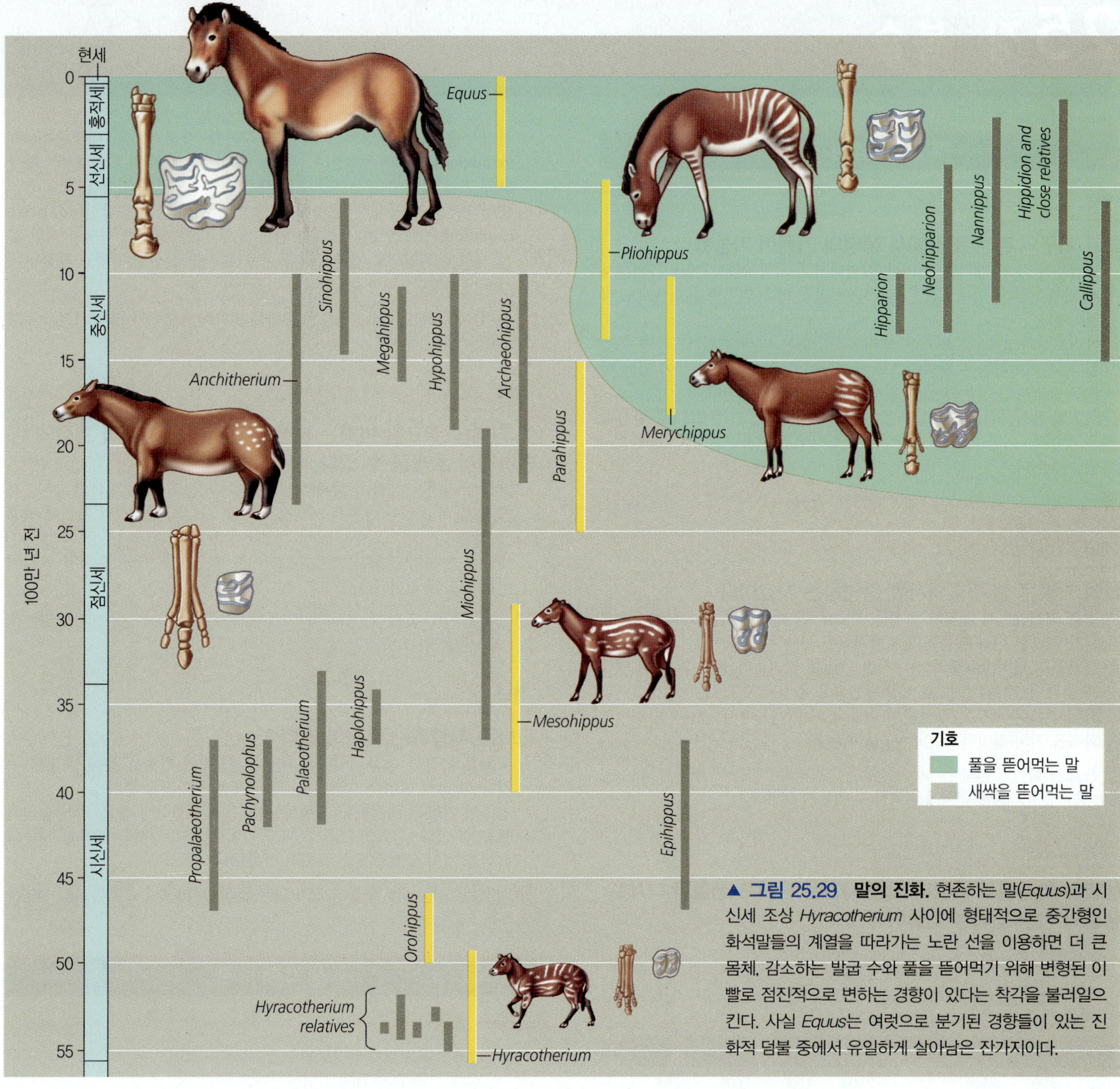

▲ **그림 25.29** **말의 진화.** 현존하는 말(*Equus*)과 시신세 조상 *Hyracotherium* 사이에 형태적으로 중간형인 화석말들의 계열을 따라가는 노란 선을 이용하면 더 큰 몸체, 감소하는 발굽 수와 풀을 뜯어먹기 위해 변형된 이빨로 점진적으로 변하는 경향이 있다는 착각을 불러일으킨다. 사실 *Equus*는 여럿으로 분기된 경향들이 있는 진화적 덤불 중에서 유일하게 살아남은 잔가지이다.

유리하게 작용하였다. 이런 경향은 광활한 초원이 없었다면 나타나지 않았을 것이다.

원인이 무엇이든, 경향이 보인다고 해서 특정한 표현형으로 진행되게 하는 내재적 추진력이 있다는 것은 아니다. 진화는 생물과 현재 환경 사이에서 일어나는 상호작용의 결과이다. 환경 조건이 바뀌면, 진화의 경향이 중단되거나 반대로 바뀔 수조차 있다. 생물과 환경 사이에서 진행되는 이러한 상호작용의 누적효과는 상당하다. 이런 상호작용을 통해 생명의 경이로운 다양성, 다윈이 말한 "가장 아름다운 끝없는 형태"가 생성되었다.

개념 확인 문제 25.6

1. 어떻게 다윈의 변형에 의한 혈통 개념으로 척추동물의 눈과 같이 복잡한 구조의 진화를 설명할 수 있는가?
2. **WHAT IF?** 점액종 바이러스는 예전에 이 바이러스에 노출된 적이 없는 집단에서 감염된 유럽산 토끼를 최대 99.8%까지 죽인다. 바이러스는 살아 있는 토끼 사이에서 모기가 전파한다. 토끼 집단이 처음으로 바이러스에 노출된 후 (토끼나 바이러스에서) 나타날 수 있는 진화의 경향을 설명하라.

정답은 부록 A 참조

25장 복습

핵심 개념의 요약

개념 25.1

초기 지구의 환경 조건에서 생명의 기원이 가능했다

- 그럴듯한 초기 대기를 모의한 실험에서 무기물 전구체에서 유기분자가 만들어졌다. 아미노산, 지질, 당과 질소 함유 염기가 운석에서도 발견되었다.
- 아미노산과 RNA를 뜨거운 모래, 점토 또는 암석에 떨어뜨리면 중합된다. 유기화합물은 자발적으로 모여들어 일부 세포의 특성이 있는 막으로 둘러싸인 작은 방울인 **원시세포(protocell)**가 된다.
- 최초의 유전물질은 자기복제를 하는 촉매 능력이 있는 RNA를 함유했을 것이다. 이런 RNA가 있는 초기 원시세포는 자연선택을 통해 증가했을 것이다.

? 몬모릴로나이트 점토와 소낭이 생명의 기원에서 담당했을 일을 설명하라.

개념 25.2

화석 기록은 생명의 역사를 증명하는 자료이다

- 주로 퇴적암에서 발견된 화석을 기초로 한 **화석 기록(fossil record)**은 시간에 따른 여러 생물군의 흥망성쇠를 보여준다.
- 퇴적층은 **화석(fossil)**의 상대적인 연대를 알려준다. 화석의 절대 연대는 방사성 연대측정법 등 여러 방법으로 추정될 수 있다.
- 화석 기록은 새로운 생물군이 어떻게 기존 생물에서 점진적인 변형의 과정을 거쳐 형성될 수 있는지 보여준다.

? 오래된 화석의 절대 연대를 추정하는 데 어려운 점은 무엇인가? 어떤 상황에서 이런 어려움을 어떻게 극복할 수 있는지 설명하라.

개념 25.3

생명의 역사에서 핵심이 되는 사건은 단세포 생물과 다세포 생물의 기원과 육상 진출이다

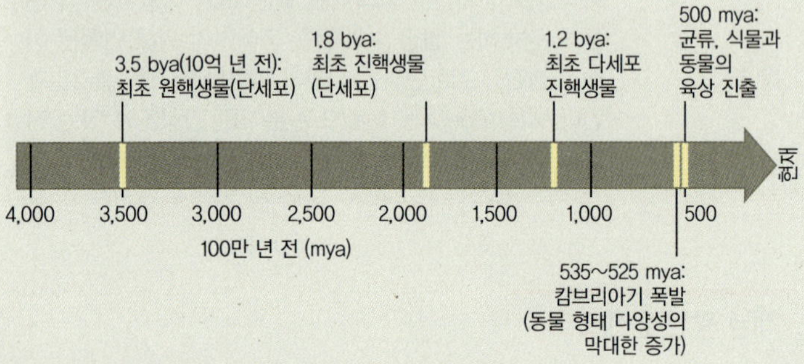

? "캄브리아 폭발"이 무엇인가? 그리고 이것이 왜 중요한가?

개념 25.4

생물군의 흥망성쇠는 종분화와 멸종의 속도 차이를 반영한다

- **판구조론(plate tectonics)**에서 대륙판은 시간이 지나면서 점진적으로 이동하며, 지구의 물리적 지형과 기후를 변하게 한다. 이런 변화 때문에 어떤 생물군은 멸종하고 다른 생물군은 종분화가 폭발적으로 일어난다.
- 진화사를 보면 생명의 역사를 급격하게 바꾼 5번의 **대멸종(mass extinction)**으로 단속되었다. 대멸종의 일부는 대륙의 위치 변화, 화산 활동 또는 운석이나 혜성의 충돌 때문에 발생되었을 것이다.
- 생명다양성의 커다란 증가는 대멸종에 뒤이은 **적응방산(adaptive radiation)**으로 생겼다. 적응방산은 또한 다른 생물과 경쟁이 거의 없는 새로운 지역으로 진출하거나 주요한 진화적 신형이 생긴 생물군에서도 일어났다.

? 왜 화석 기록에 나타난 폭넓은 진화적 변화가 종분화와 멸종 사건이 누적된 결과인가?

개념 25.5

몸 형태의 주요한 변화는 발생 유전자들의 서열과 조절의 변화에서 초래될 수 있다

- 발생 유전자는 생물이 성체로 발생할 때 생물의 형태 변화의 속도, 시기, 공간적 배열에 영향을 끼침으로써 종 사이의 형태적인 차이에 영향을 끼친다.
- 새로운 형태의 진화는 뉴클레오타이드 서열이나 발생 유전자 조절의 변화에 의해 일어난다.

? 하나의 단일 유전자나 DNA 부위의 변화가 어떻게 궁극적으로 새로운 생물군의 기원을 이끄는가?

개념 25.6

진화는 지향하는 목적이 없다

- 새롭고 복잡한 생물 구조는 일련의 점진적인 변형을 통해 발생할 수 있다. 각각의 변형은 그 변형이 있는 생물에 이점을 준다.
- 진화의 경향은 종선택이나 변하는 환경의 자연선택 같은 요인에 의해 생길 수 있다. 진화의 모든 측면과 같이 진화의 경향은 생물과 생물의 현재 환경의 상호작용을 통해서 나타난다.

? "진화는 지향하는 목적이 없다"라는 주장의 바탕이 되는 논거를 설명하라.

생각해보자

수준 1: 지식/이해

1. 화석화 스트로마톨라이트는
   a. 심해 분출구 주위에서 형성된다.
   b. 일부 얕은 바다의 만에서 오늘날 발견되는 세균 공동체에 의해 형성된 구조를 닮는다.
   c. 약 5억 년 전에 식물이 균류와 함께 육상에 진출한 증거를 제공한다.
   d. 18억 년 전으로 측정되는 진핵생물의 확실한 첫 화석이 들어 있다.

2. 산소 혁명은 지구환경을 획기적으로 바꾸었다. 다음 중 어느 것이 바다와 대기에 자유 산소가 존재하는 이점이었는가?
   a. 유기분자에서 에너지를 얻기 위해 산소를 이용한 세포호흡의 진화
   b. 혐기성 서식지에 일부 동물군들의 지속
   c. 산소의 부식하는 작용에 대해 초기 조류를 보호한 광합성 색소의 진화
   d. 초기 원생생물이 광합성 남세균을 통합한 후 엽록체의 진화

3. 인도의 동식물이 근처 동남아시아의 종들과 확연히 다르게 된 요인으로 가능성이 가장 큰 것은?
   a. 종들이 수렴진화에 의해 분리되었다.
   b. 두 지역의 기후가 비슷하다.
   c. 인도는 아시아의 다른 지역과 분리되는 과정에 있다.
   d. 인도는 4,500만 년 전까지 분리된 대륙이었다.
4. 적응방산은 다음 4 요인 중 3개의 직접적인 결과일 수 있다. 예외를 선택하라.
   a. 빈 생태적 지위
   b. 유전자 부동
   c. 적절한 서식지가 있고 경쟁 종이 거의 없는 고립된 지역에 정착
   d. 진화적 신형
5. 다음 단계 중 어느 것이 생명의 기원을 연구하는 과학자에 의해 아직 성취되지 않은 것인가?
   a. 리보솜에 의한 작은 RNA 합성
   b. 선택적으로 투과하는 막으로 쌓여 있는 분자 집합체의 형성
   c. 아미노산의 중합을 지시하기 위해 DNA를 이용하는 원시세포의 형성
   d. 유기분자의 무생물적 합성

수준 2: 응용/분석

6. *Hox* 유전자가 더 안쪽 대신에 척추동물 다리돌기의 끝을 따라 발현되도록 한 유전 변화는 사지동물 다리의 진화가 가능하게 하는 데 도움이 되었다. 이런 유형의 변화는 어느 것의 예증인가?
   a. 발생에 대한 환경의 영향
   b. 유형형성
   c. 신체 부위의 공간 구조를 바꾸는 발생 유전자나 그 유전자 조절의 변화
   d. 이시성
7. 부레는 물고기가 부력을 유지하는 것을 도와주는 기체가 차 있는 기낭이다. 조상 물고기의 공기 호흡 기관(단순한 허파)에서 부레의 진화는 어느 것의 예인가?
   a. 창출적응　　b. *Hox* 유전자 발현의 변화
   c. 유형형성　　d. 적응방산

수준 3: 종합/평가

8. **진화적 관점**
   유전자 흐름, 유전자 부동과 자연선택 모두 대진화에 어떻게 영향을 끼칠 수 있는지 설명하라.
9. **과학적 탐구**
   곤충에서 (식물을 먹는) 초식이 일반적으로 육식을 하거나 잔해물을 먹는 조상에서 반복되어 발생했다. (잔해물은 죽은 유기물이다.) 예를 들어, 나방과 나비는 식물을 먹는 반면, "자매군"(가장 관계가 가까운 곤충군)인 날도래는 동물, 균류 또는 잔해물을 먹는다. 다음 계통수에 설명된 대로 나방/나비와 날도래를 결합한 군은 파리, 벼룩과 공통조상이 같다. 날도래와 마찬가지로 파리와 벼룩도 식물을 먹지 않는 조상에서 분화한 것으로 생각된다.

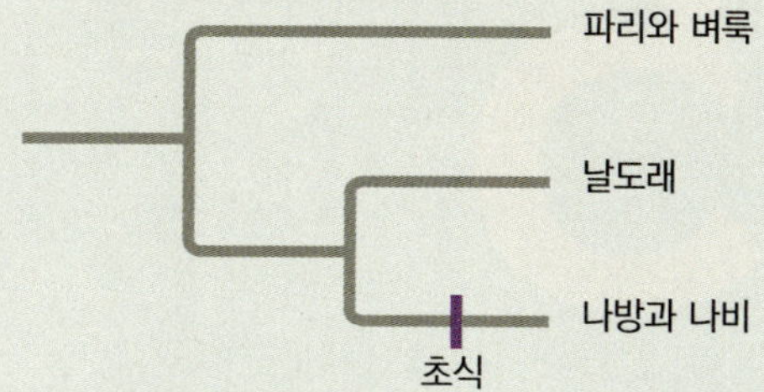

   14만 종의 나방과 나비가 있고, 7,000종의 날도래가 있다. 곤충에서 적응방산에 끼치는 초식의 영향에 관한 가설을 말하라. 이 가설을 어떻게 검증할 수 있을까?
10. **글쓰기: 지식의 체계화**
   생물학적 계층 구조의 모든 수준에서 어떻게 형태가 기능에 적합해지는지 많은 예를 보았다. 하지만 우리는 자연에서 실제 발견되는 형태보다 기능을 더 잘 할 수 있는 형태를 상상할 수 있다. 예를 들어, 새의 날개가 앞다리로부터 형성되지 않았다면 이런 가설적인 새는 날 수 있으면서도 여전히 앞다리로 물체를 집을 수 있을 것이다. 짧은 수필(100~150 단어)로 왜 자연에서 형태의 기능성에 한계가 있는지 설명하되 "땜질로서 진화"의 개념을 이용하라.
11. **종합적으로 생각해보기**

   2010년 몬트세랫의 카리브 섬에 있는 스프리에르 힐스(Soufriere Hills) 화산이 격렬하게 분출하였고, 재와 기체의 커다란 구름을 하늘로 토해냈다. 약 2억 5,100만 년 전에 일어난 페름기 말의 화산 분출과 판게아 형성이 진화의 역사를 바꾸는 사건들이 어떻게 가동되도록 했는지 설명하라.

정답은 부록 A 참조

UNIT 5 생명의 다양성

힐(Robert Hill) 박사와의 인터뷰

힐 교수는 애들레이드 대학의 학장이자 과학 분야 교수이며 남호주 박물관의 관장이다. 그는 고향인 애들레이드로 돌아오기 전까지 거의 20년을 태즈매니아 대학에서 지냈다. 그는 현생 호주초목 진화의 증거인 미화석기록을 집중적으로 연구하고 있다. 그는 4권의 책을 펴냈고 200편 이상의 연구논문과 책의 단원을 저술하였다. 그는 특히 남부의 소나무류와 현화식물인 *Nothofagus*속에 대해서 전문가이다. 최근에 그는 신생대 동안 호주대륙이 건조해짐으로 인해 식물들이 받은 영향에 관심을 가지고 있다.

과학에 흥미를 느끼게 한 자극은 무엇인가요?

나는 성장하면서 전형적인 시골 환경을 즐겼습니다. 대중오락의 시대가 오기 전에 주로 나 스스로 즐기는 법을 배웠습니다. 나는 렌마크에서 살았고 캥거루 섬에서 몇 년을 살았으며 그곳의 일반적인 환경 덕에 주변에 일어나는 일에 관심을 갖지 않을 수 없었습니다. 내가 살던 곳 근처의 바다 절벽에는 화석들이 있었습니다. 이 화석 덕에 나는 화석 기록이 있다는 것을 알았고 이들은 발견하기가 매우 쉽다는 것을 알게 되었습니다. 나는 내 가족 중 대학 공부를 한 첫 번째 사람이었습니다. 나는 처음에는 의학을 공부했습니다. 1년 반이 지나자 의학은 내게 맞지 않는다는 것을 깨달았습니다. 그래서 나는 내 마음이 움직이는 대로 과학을 공부하기 시작했습니다.

고생물학자로서 박사님은 화석식물을 연구합니다. 어떻게 연구대상을 찾으시나요?

태즈매니아에서 매우 큰 진흙 또는 바위 덩어리를 실험실로 옮겨오면 화석을 추출해낼 수 있습니다. 부드럽게 화석을 둘러싼 진흙을 제거하면 종종 이들의 보존상태가 너무 훌륭해 잎과 열매 전체를 빼낼 수 있고 가끔 꽃도 얻을 수 있습니다. 이는 꼼꼼히 수행해야 하는 일이지만 우리는 거의 10만여 개 이상의 화석을 보유할 수 있게 되었습니다. 우리는 이 화석들이 식물의 부식이 잘 일어나지 않는 화산 가장자리의 심한 무산소 환경에서 매우 빠르게 가라앉았기 때문에 태즈매니아의 화석이 아주 잘 보존되었다고 믿습니다.

위대한 고식물학자가 되려면 무엇이 필요합니까?

글쎄요. 식물의 형태학과 해부학을 알아야 합니다. 대상이 무엇인지 깨닫기 위해서는 지속적으로 열심히 대상 물질을 관찰해야 하기 때문에 인내와 훌륭한 관찰력이 있어야 합니다. 또한 이 일은 과학이지만 그만큼이나 예술적이기도 하기 때문에 잘 발달된 상상력도 발휘되어야 합니다. 자신의 상상력을 발휘하려는 의지가 필요합니다. 진전을 이루려면 가설을 세우고 손에 쥔 적은 양의 정보에 의존해서라도 추정을 할 필요가 있습니다. 사람들이 매우 불완전한 자료에 근거하여 가장 최선의 해석을 하고 있다고 인정해야 합니다. 자료에 부합한 아이디어를 내서 사람들이 이를 시험할 수 있게끔 하여 과학이 전진하도록 해야 합니다. 이렇게 하여 주요한 돌파구를 만들 수 있습니다.

재직 중에 무엇이든 가능했던 사건이 있었나요?

나는 태즈매니아에 가서 비교적 단순한 많은 종류의 화석 침전물들을 발견했습니다. 태즈매니아로 이동하면서 나의 경력은 모든 것이 달라졌습니다. 애들레이드에서 박사학위 과정 동안 내가 연구했던 화석들은 약 4,500만 년 된 것이었고 믿을 수 없을 만큼 복잡했습니다. 아마 200~300종의 매우 비슷한 것들로 뭐가 뭔지 밝혀내기가 악몽 같았습니다. 나는 이 하나의 화석에 관한 연구에 3년을 꽉 채웠습니다. 박사 과정이 끝날 때 즈음, 나는 이 화석에 *Casuarina* 속 하나와 소철 두 가지가 있음을 알았지만 그 밖에 나머지는 판별해 내지 못했습니다. 태즈매니아로 간 것은 내가 갖게 된 하나의 가장 커다란 휴식이었습니다. 왜냐하면 비교적 단순한 화석을 발견하는 것으로도 의미가 충분히 생기니까요. 왕도가 없습니다. 부지런히 일하면 조금씩 얻게 됩니다. 그러다가 갑자기 그림의 꽤 많은 것을 이해하고 있음을 깨닫게 됩니다.

박사님께 가장 의미 있는 발견은 무엇입니까?

나는 현재에는 뉴칼레도니아와 뉴기니 산악지대에만 서식하는 것으로 알려진 *Brassopora* 아속의 호주너도밤나무(*Nothofagus*)군의 거대 화석증거를 호주에서 발견하였습니다. 이들은 다른 호주너도밤나무들과는 다르게 매우 독특했는데 이들의 꽃가루가 유명했습니다. 지난 4,000만 년의 대부분 동안 이런 종류의 꽃가루가 호주 퇴적물에 압도적이었는데 누구도 이와 관련된 거대화석 증거를 찾지 못했었습니다. 이는 호주 고식물학에서 대답이 안 된 커다란 의문 중의 하나였습니다. 어느 날 나는 해부현미경으로 관찰하면서 진흙찌꺼기를 뒤지는, 시간이 매우 걸리는 일을 하고 있었습니다. 나는 정체가 무엇인지 모를 작은 삼각형 물건들을 한쪽으로 치우고 있었습니다. 갑자기 나는 이들이 *Brassopora Nothofagus*의 깍정이이고 이들을 몇 달 동안 관찰해왔음을 깨달았습니다. 이 발견으로 나는 처음으로 이 꽃가루와 함께 발굴된 거대화석을 기술하여 *Nature*에 논문으로 발표하였습니다. 이 논문은 이 꽃가루를 설명하려는 여러 기괴한 가설들을 떨쳐 버렸습니다.

현재 박사님의 연구 관심사에 대해 말씀해 주십시오.

남부호주의 화석구과식물들은 환상적입니다. 그들은 어떤 진화적 경향을 보여주며 속씨식물들이 많은 수로 출현했을 때 구과식물들에 어떤 일이 발생했는지도 증명해줍니다. 구과식물의 형태에서 있었던 정말 재미있는 변화를 볼 수 있습니다. 우리는 남부의 구과식물이 북부의 상응하는 식물들과 다르다는 것을 알고 있습니다. 우리가 알지 못하는 어떤 이유로 남부호주에는 신생대 제3기 초기에 믿기 힘들만큼 구과식물의 다양성이 크게 증가했어요. 태즈매니아의 한 구역은 시공간적으로 아직 어디에도 기록된 적이 없는 가장 큰 화석다양성을 나타냅니다. 태즈매니아에 26종의 구과식물이 있습니다. 이는 호주의 모든 구과식물이 지닌 다양성의 반에 해당합니다. 현대에도 특정 장소에서 구과식물 6종을 발견할 수 있습니다. 그러나 이들은 속씨식물들에 비해 매우 작은 집단입니다. 최근에 나는 남반구에서 커다란 과중의 하나인 Araucariaceae를 연구하고 있습니다.

"우리가 모르는 것은 너무나 많고 또 너무나 많은 커다란 질문들이 아직도 답을 기다립니다."

속씨식물의 다양성은 왜 그렇게 큰 것입니까?

매우 좋은 질문이군요. 속씨식물에 대해 잘 알려져 있지 않은 것 중의 하나는 이들이 그렇게 성공적이면서도 빠르게 진화한 이유입니다. 대략 10가지 정도의 가능한 답이 있습니다. 이 책을 읽은 사람들 중에는 미래에 이 이유 중 어떤 것이 옳은 것인지 또는 완전히 다른 질문이 필요한지 등의 여부에 대한 이해를 할 수 있을 것입니다.

백악기(1억 4,500만~6,500만 년 전) 동안 호주는 어떠했는지 박사님께서 연구를 통해 밝혀낸 것은 무엇입니까?

그 시대에 남부 호주는 남극과 가깝고 매우 높은 위도 지역이라 밤길이가 영향을 받았습니다. 이 지역에는 겨울 몇 달 동안 완전히 어두워지는 숲이 있었습니다. 하늘에 태양이 있더라도 지면에는 햇볕이 많이 닿지 않았지요. 결과적으로 빛은 작은 각도를 이루면서 도달하였고 나무들 사이 공간은 넓게 벌어질 수밖에 없었는데 그렇지 않으면 서로 그림자를 드리웁니다. 수관(canopy)은 나무들 가장자리를 폭포수처럼 밑으로 떨어지는 모습이었고 열대우림처럼 꼭대기에 퍼져 있지 않았습니다. 식물종들은 Norfolk 소나무처럼 생겼는데 이들은 키가 컸으며, 나뭇잎은 나무 측면에 아래도 자랐습니다. 이들은 고위도에서 진화한 것이 거의 확실했고 더 이상 필요하지 않은 조건에서도 고유의 성장습관을 유지했습니다. 이들 사이에 넓은 공간이 있었기 때문에 나무의 아래에는 매우 다양한 관목, 소철, 많은 속씨식물 등이 있었습니다. 호주가 북쪽으로 이동하면서 숲의 수관은 촘촘해지기 시작했습니다. 아래의 관목 식물들은 빛을 충분히 받지 못해 죽어갔습니다. 이런 환경적인 장면에 상응하는 현대판을 발견하기는 어렵습니다. 오늘날 고위도에서 가장 비슷한 숲은 북반구의 소나무 숲일 것입니다. 그러나 그곳들은 너무 추워 백악기에 남호주에서 진행되었던 일과 비슷했다고 보기 어렵습니다. 나는 그 시대에 대해서 꼭 더 알고 싶습니다.

다음으로 가장 큰 고식물학의 (대상) 영역은 어디입니까?

남반구에 있습니다. 누구든 여기에서 9,000만 년에서 6,000만 년 전까지 발생한 일을 거대한 규모로 밝혀낸다면 명성을 얻게 될 것입니다. 그 시기 동안, 몇몇 일들이 어우러져 일어났습니다. 현화식물이 고위도에 다다르게 되었고 곤드와나 대륙은 떨어져 나가면서 엄청난 교란을 만들어 냈습니다. 식물들은 양분이 부족한 토양에서 자라게 되었습니다. 많은 대륙들이 고위도에 위치하게 되면서 특이한 광주기성이 형성되었습니다. 이러한 요인들로 인해 이상한 일들이 진화적인 시간 규모로 볼 때 매우 빠르게 일어났습니다. 이 기간은 프로테아(Proteaceae)과, 목마황(Casuarinaceae)과, 노토파구스(nothofagaceae)과 등 몇몇 남반구의 주요 식물과가 생긴 때입니다. 우리는 이제 분자생물학을 통해서 이들의 가장 가까운 친척이 누구인지 알지만 그런 자료들이 이 식물들의 진화 방식을 이해하는 데에 많은 도움이 되지는 않습니다. 우리는 목마황이 어떻게 진화했는지에 대한 단서를 갖고 있지 않습니다. 소나무처럼 얇은 가시 같은 목마황의 잎들이 넓은 잎을 지닌 속씨식물군으로부터 왜 생겨났을까요? 이런 진화의 원동력은 무엇일까요? 5,500만 년 전의 목마황은 현재의 목마황과 매우 비슷합니다. 우리는 현재의 목마황과와 프로테아과를 추적할 수 있는 화석 기록 중에서 전이 종을 발견하지 못했습니다. 돌파구는 정확한 화석 퇴적물을 얻게 될 때만 마련될 것입니다.

현재의 식물들이 어떻게 온실효과에 반응하는지 화석 기록으로부터 얻을 수 있는 것은 무엇일까요?

글쎄요. 화석 기록이 조금은 알려줄 수 있습니다. *Science*에 발표된 한 논문에 따르면 5,000만 년 전의 CO_2 수준은 적어도 현재의 5배 정도 높다고 합니다. 이런 환경에서 식물은 매우 성공적으로 성장했습니다. 증가된 CO_2의 효과를 연구한 거의 모든 실험은 곡물에 대한 것입니다. 이들은 CO_2가 매우 적은 조건에서 진화했을 것이며 증가된 수준의 CO_2에 대해서도 별로 반응하지 않았을 것입니다. 우리는 현재 CO_2 수준을 증가시킨 조건에서 매우 오래된 구과식물을 가지고 실험을 시도하고 있습니다. 이 식물들이 현재보다 CO_2 수준이 5배가 되었던 조건에 대한 "기억"을 조금이라도 유지하는지 우리는 궁금합니다. 현재 우리가 알고 있는 하나는 CO_2 수준이 높을 때 성장한 화석 구과식물이 현재의 구과식물과 정확하게 동일하지는 않다는 것입니다. 그래서 CO_2 수준이 이들의 형태에 미치는 영향을 볼 수 있다면 흥미로울 것입니다.

과학을 연구하려는 학생들에게 어떤 충고를 하실 수 있습니까?

과학을 하려면 온 마음을 다하여 하십시오. 열정을 지닌다면 최고가 될 것이고 인정을 받을 것입니다. 게다가 자신이 하는 일을 즐기게 될 것이고 가치 있는 공헌을 할 것입니다. 우리가 모르는 것은 너무나 많고 또 너무나 많은 커다란 질문들이 아직도 답을 기다립니다. 엄청난 경력을 쌓을 수 있을 것입니다.

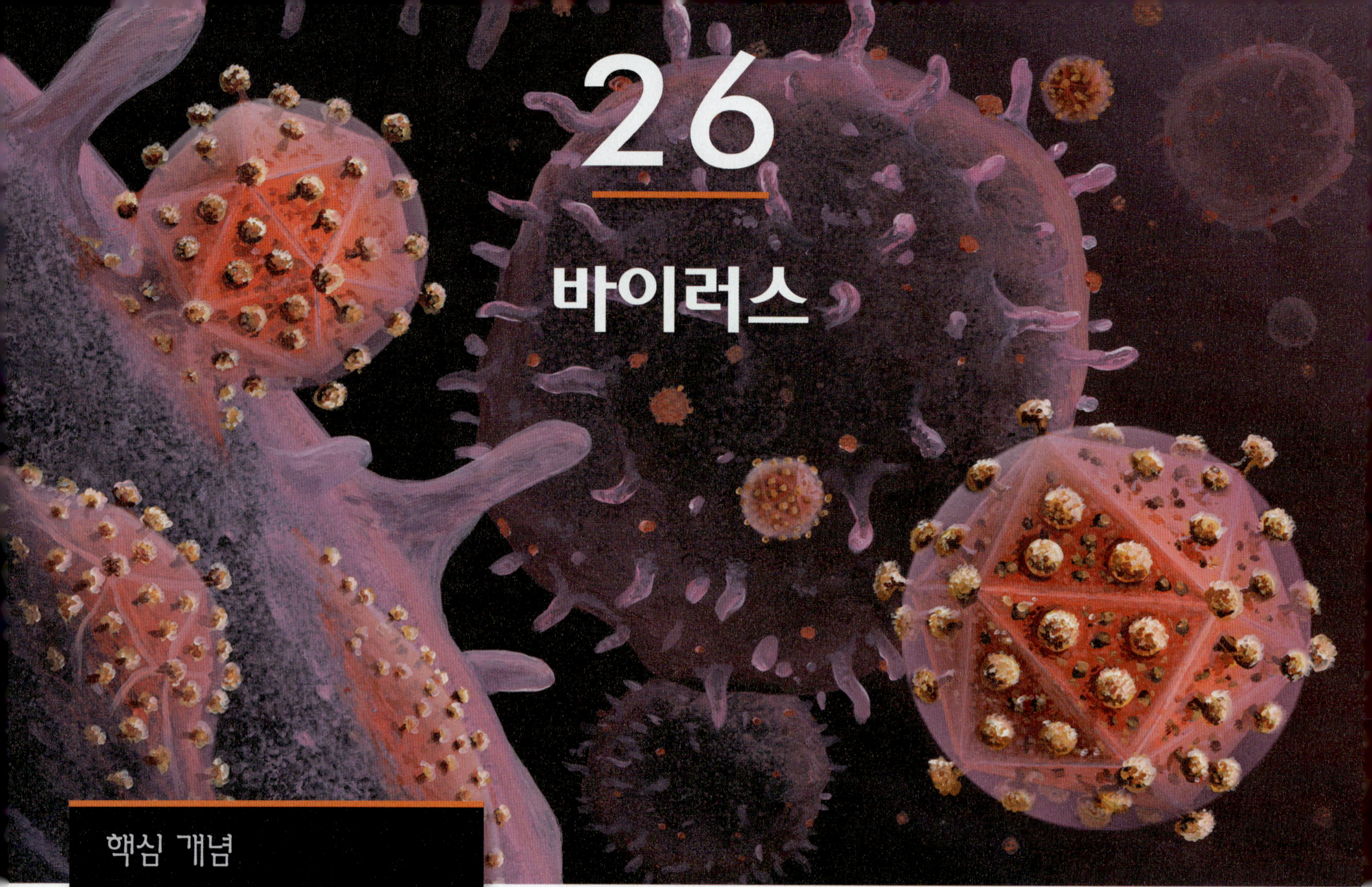

26

바이러스

핵심 개념

26.1 바이러스는 핵산이 단백질 껍질에 둘러싸인 구조를 이룬다

26.2 바이러스는 숙주세포에서만 증식한다

26.3 바이러스, 바이로이드, 프리온은 동식물에서 심한 질병을 일으킨다

▲ **그림 26.1** 이 세포에서 방출되는 바이러스 입자(붉은색)들은 살아 있는 것일까?

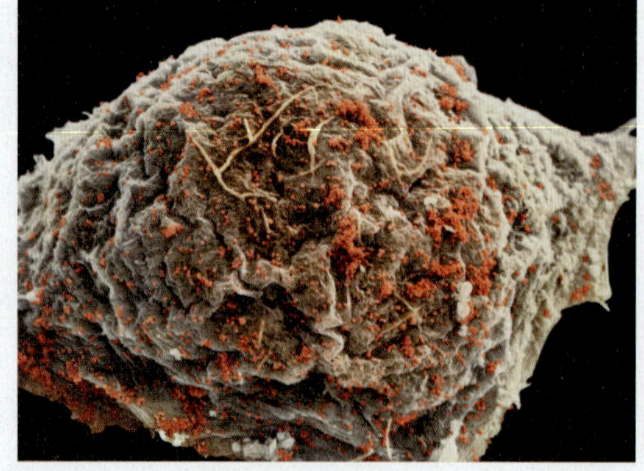

생명을 빌려 쓰다

그림 26.1은 놀라운 장면을 보여준다. 왼쪽에 있는 사람의 면역세포는 바이러스의 공격을 받아 더 많은 바이러스 입자를 만들어 방출하고 있다. 이들 바이러스 입자는 계속해서 다른 세포를 감염시킬 것이다. 면역세포를 공격한 것은 인간면역결핍바이러스(human immunodeficiency virus, HIV)이다. (같은 장면이 왼쪽 아래의 현미경 사진에 나타나 있다.) 바이러스 유전정보가 세포 안에 주입되면 단 하나의 바이러스가 세포를 장악하면서 세포의 기구를 활용하여 새로운 바이러스를 대량으로 증식시킨다. 치료하지 않으면 HIV는 주요 면역세포를 파괴시켜 후천성면역결핍증후군(acquired immunodeficiency syndrom, AIDS)을 일으킨다.

진핵세포, 심지어는 원핵세포에 비해서도 바이러스는 훨씬 더 작고 단순하다. **바이러스(virus)**는 세포의 구조나 대사 기구를 구성하지 못한 채 유전체가 단백질 껍질로 둘러싸여 있는 형태의 감염체이다.

바이러스는 살아 있는 생물일까? 아니면 무생물일까? 바이러스가 여러 종류의 질병을 일으킨다는 사실에 근거하여 1800년대 후기에 과학자들은 이들을 세균과 연관지어 생각하기 시작했고 이들을 가장 단순한 생물체의 형태라고 제안하기도 했다. 그러나 바이러스는 숙주세포를 떠나서는 스스로 증식할 수도, 대사 활동을 수행할 수도 없다. 오늘날 바이러스를 연구하는 대부분의 생물학자들은 이들 바이러스가 살아 있는 것은 아니지만 생명체와 화학물질을 가르는 불분명한 경계면에 존재하는 것이라 생각한다. 최근 두 명의 과학자가 바이러스를 묘사한 단순한 표현이 이들의 특성을 잘 나타내주고 있다. 바이러스는 "생명을 빌려서" 살아간다.

분자생물학은 세균 바이러스를 연구한 생물학자들의 실험실에서 탄생했다고 해도 지나친 말이 아니다. 바이러스를 이용한 실험을 통해 유전자가 핵산으로 이루어졌다는 중요한 증거를 얻었고, 이들 실험은 또한 DNA 복제, 전사, 번역의 기본적인 과정을 분자 수준에서 이해하는 데 핵심적인 역할을 했다.

실험 도구로서의 가치 외에 바이러스는 그 자체로도 흥미로운 독특한 유전적인 메커니즘을 지니고 있어 중요하다. 또한 바이러스 연구를 통해서 이들이 어떻게 질병을 일으키는지를 알 수 있다. 더불어 바이러스에 대한 연구로 인해 과학자들이 유전자를 조작하고 한 개체에서 다른 개체로 전달할 수 있는 기법을 개발할 수 있었다. 이와 같은 기법은 기초 연구나 생명공학 분야는 물론 의학적인 적용에 있어서도 중요한 역할을 한다. 예를 들어, 바이러스는 유전자 치료에서 유전자 전달의 매개체로 활용되기도 한다(개념 19.4).

이 장에서는 바이러스의 생물학에 대해 살펴볼 것이다. 구조에서 시작하여 어떻게 증식하는지 알아본 다음 질병을 일으키는 매개체, 즉 병원체로서의 바이러스를 살펴보고, 이보다 더 단순한 감염체인 바이로이드와 프리온에 대해 이야기하고자 한다.

개념 26.1

바이러스는 핵산이 단백질 껍질에 둘러싸인 구조를 이룬다

과학자들은 바이러스를 직접 보기 전부터 간접적으로 바이러스의 존재를 알 수 있었다. 바이러스의 발견은 19세기 말로 거슬러 올라간다.

바이러스의 발견: 과학적 탐구

담배모자이크병은 식물의 성장을 저해하고 잎을 얼룩덜룩하게 변색시킨다. 1883년 독일의 과학자 마이어(Adolf Mayer)는 병든 식물의 잎에서 수액을 추출하여 건강한 식물에 문지르면 질병을 옮길 수 있다는 사실을 발견했다. 마이어는 수액에서 감염성 미생물을 찾아내려는 시도를 하다 실패한 후, 이 질병은 현미경으로 관찰할 수 없을 정도의 매우 작은 세균이 일으키는 것이라는 제안을 했다. 후에 러시아 생물학자 이바노브스키(Dimitri Ivanowsky)가 이 가설을 검증하고자 감염된 담배잎의 수액을 세균을 걸러낼 수 있는 여과지에 통과시켜 보았다. 그러나 여과 후에도 수액에는 여전히 모자이크병을 일으키는 인자가 남아 있었다.

그러나 이바노브스키는 세균이 담배모자이크병을 일으킨다는 가설에 집착하고 있었다. 그는 세균이 너무 작아서 여과지를 통과하거나, 여과지를 통과할 수 있는 독소를 생성할 것이라 추론하였다. 네덜란드의 식물학자 베이에링크(Martinus Beijerinck)가 여과된 추출액에 있는 감염체가 여전히 증식할 수 있다는 사실을 보여주는, 이제는 고전이 된 실험을 수행함으로써 두 번째 가능성은 배제되었다(그림 26.2).

▼ 그림 26.2 탐구

담배모자이크병의 원인은 무엇인가?

실험 1800년대 후반 네덜란드 델프트의 기술학교에서 베이에링크는 담배모자이크병을 일으키는 감염체의 특성을 조사했다[당시에는 이를 반점병(spot disease)이라 불렀다].

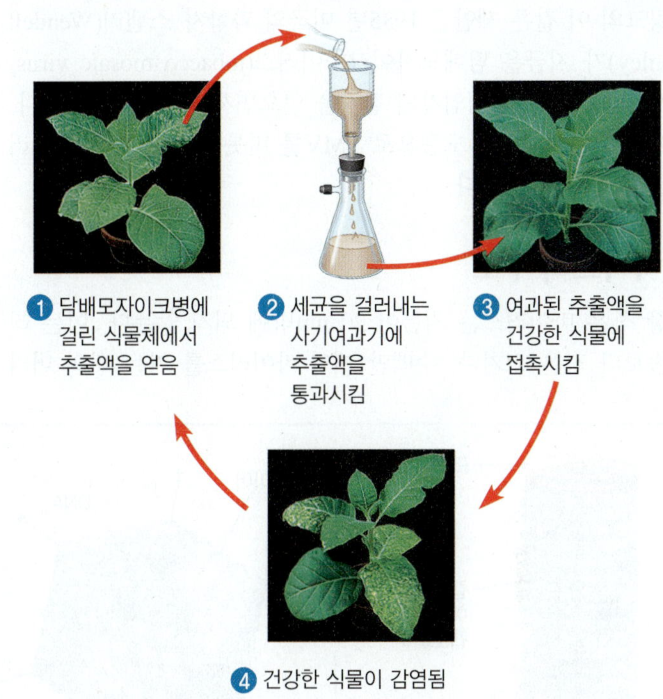

결과 여과된 추출액을 건강한 식물체에 문질렀을 때 건강한 식물이 감염되었다. 병든 식물에서 추출하여 여과한 여과액은 또 다시 다른 식물체를 감염시킬 수 있었다. 이 과정을 여러 차례 반복하여도 같은 결과를 얻었다.

결론 감염체가 세균을 걸러내는 여과기를 통과한 것으로 보아 세균은 아닌 것으로 보인다. 감염체가 식물체 사이를 여러 차례에 걸쳐 옮겨가도 여전히 병을 일으키는 것에서 감염체는 식물체 내에서 증식할 수 있어야 한다.

참고문헌 M. J. Beijerinck, Concerning a *contagium vivum fluidum* as cause of the spot disease of tobacco leaves, *Verhandelingen der Koninkyke akademie Wettenschappen te Amsterdam* 65:3–21 (1898). Translation published in English as Phytopathological Classics Number 7 (1942), American Phytopathological Society Press, St. Paul, MN.

WHAT IF? 베이에링크의 연구에서 병든 식물체의 추출액을 건강한 식물체에 옮길 때마다 감염증상이 약해져서 최종적으로는 더 이상 질병을 일으키지 못하는 결과를 얻었다면 어떤 결론을 내릴 수 있었을까?

사실 그 병원체는 감염시킨 숙주 안에서만 증식하였다. 베이에링크는 당시의 실험실에서 사용하였던 세균과는 달리 그 신비로운 모자이크병의 감염체를 시험관이나 페트리 접시의 영양배지에서 배양할 수 없었다. 베이에링크는 증식하는 입자가 세균보다 훨씬 더 작고 단순할 것이라 생각했다. 따라서 베이에링크는 최초로 바이러스라는 개념을 소개한 과학자로 인정받고 있다. 베이에링크의 이 같은 제안은 1935년 미국의 과학자 스탠리(Wendell Stanley)가 지금은 담배모자이크바이러스(tobacco mosaic virus, TMV)라 알려진 감염입자의 결정을 얻으면서 확인할 수 있었다. 이어서 전자현미경의 도움으로 TMV를 비롯한 다른 많은 바이러스를 확인할 수 있었다.

바이러스의 구조

가장 작은 바이러스는 지름이 20 nm밖에 되지 않는다. 이는 리보솜보다 작은 크기다. 수백만 개의 바이러스를 가는 핀의 머리 위에 올려놓을 수도 있을 정도이다. 가장 큰 것으로 알려진 바이러스도 지름이 수백 나노미터에 지나지 않아 광학현미경으로 겨우 확인할 수 있다. 스탠리가 일부 바이러스를 결정화할 수 있었던 것은 흥미롭기도 했지만 동시에 혼란스러운 결과였다. 가장 단순한 형태의 세포조차 규칙적인 결정의 형태를 형성할 수 없기 때문이었다. 바이러스가 세포가 아니라면 무엇이란 말인가? 바이러스의 구조를 더욱 상세하게 연구한 결과 바이러스는 핵산이 단백질 껍질로 둘러싸여 있는 구조라는 사실이 밝혀졌다. 때로는 막구조가 단백질 껍질을 덮고 있는 경우도 있다.

바이러스의 유전체

우리는 대체로 유전자가 전형적인 이중나선 구조를 한 이중가닥 DNA로 이루어졌다고 생각한다. 그러나 많은 바이러스는 이러한 전형에서 벗어난다. 바이러스의 유전체는 종류에 따라 이중가닥 DNA, 단일가닥 DNA, 이중가닥 RNA 또는 단일가닥 RNA

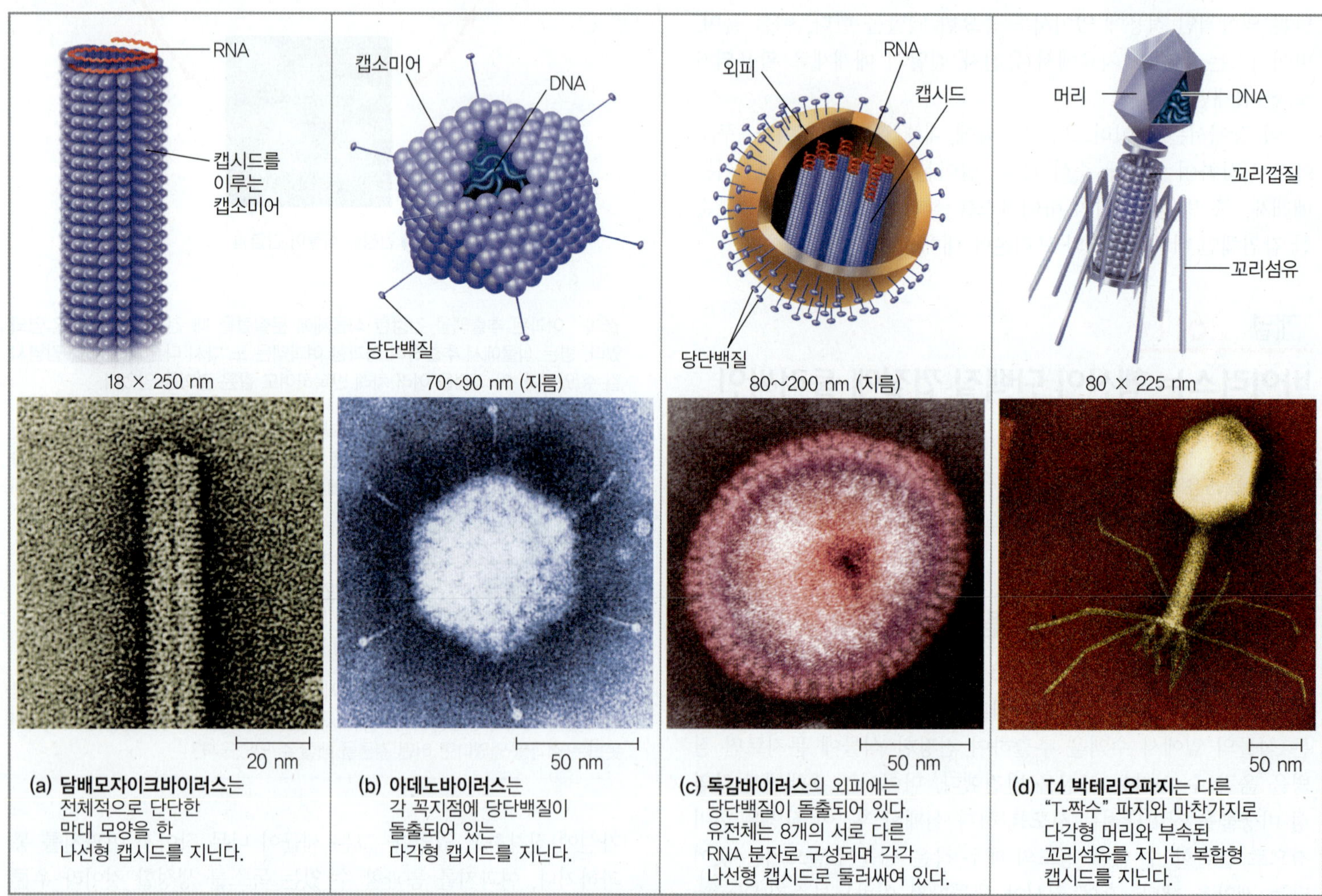

(a) **담배모자이크바이러스**는 전체적으로 단단한 막대 모양을 한 나선형 캡시드를 지닌다.

(b) **아데노바이러스**는 각 꼭지점에 당단백질이 돌출되어 있는 다각형 캡시드를 지닌다.

(c) **독감바이러스**의 외피에는 당단백질이 돌출되어 있다. 유전체는 8개의 서로 다른 RNA 분자로 구성되며 각각 나선형 캡시드로 둘러싸여 있다.

(d) **T4 박테리오파지**는 다른 "T-짝수" 파지와 마찬가지로 다각형 머리와 부속된 꼬리섬유를 지니는 복합형 캡시드를 지닌다.

▲ **그림 26.3 바이러스의 구조.** 바이러스의 핵산(DNA 또는 RNA)은 단백질 껍질(캡시드) 안에 들어 있다. 캡시드 바깥쪽을 외피가 둘러싸고 있는 바이러스도 있다. 캡시드를 구성하는 낱개 단백질 소단위를 캡소미어라 부른다. 바이러스의 크기와 모양은 다양하지만 구조에서는 공통적인 특징을 지닌다. (모든 현미경 사진은 투과전자현미경 영상에 색을 입힌 것임.)

로 이루어진다. 유전체를 이루는 핵산의 종류에 따라 바이러스를 DNA 바이러스 또는 RNA 바이러스라 부른다. 두 종류 모두 유전체는 대개 단일한 선형 또는 원형 핵산분자의 형태이나, 여러 분자의 핵산 조각으로 구성된 바이러스도 일부 존재한다. 지금까지 알려진 가장 작은 바이러스는 유전체에 단 3개의 유전자만 있는 반면, 가장 큰 바이러스의 유전체에는 수백에서 수천 개의 유전자가 포함되어 있다. 참고로 세균의 유전체에는 대략 200개에서 수천 개의 유전자가 들어 있다.

캡시드와 외피

바이러스의 유전체를 둘러싸는 단백질 껍질을 **캡시드(capsid)**라 한다. 바이러스의 종류에 따라 캡시드는 막대 모양이거나 다각형 또는 복합형의 형태를 이룬다. 캡시드는 캡소미어(capsomere)라 불리는 수많은 단백질 소단위가 모여 구성되나, 하나의 캡시드를 이루는 단백질의 종류는 그리 많지 않다. 담배모자이크바이러스는 단일 종류의 단백질 분자 수천 개가 나선형으로 배열되면서 단단한 막대형 캡시드를 이룬다. 막대형 바이러스는 이런 연유로 흔히 나선형 바이러스(helical viruse)라 불리기도 한다(그림 26.3a). 동물의 호흡기를 감염시키는 아데노바이러스의 캡시드는 252개의 동일한 단백질 분자가 20개의 삼각면을 이루는 20면체의 구조로 배열되어 있다. 아데노바이러스를 비롯한 다른 비슷한 형태의 바이러스는 정20면체 바이러스(icosahedral virus)라 부른다(그림 26.3b).

일부 바이러스에는 숙주세포 감염과정을 돕는 보조적인 구조가 있다. 예를 들어, 독감바이러스 등의 여러 동물바이러스에는 막으로 이루어진 외피가 캡시드를 둘러싸고 있다(그림 26.3c). 이들 **바이러스 외피(viral envelope)**는 숙주세포의 막에서 유래된 것으로 숙주세포의 인지질과 막단백질을 포함한다. 외피에는 또한 바이러스가 만들어 낸 단백질과 당단백질이 존재한다. (당단백질은 단백질에 탄수화물이 공유결합된 분자를 말한다.) 일부 바이러스는 캡시드에 한두 가지 바이러스 효소를 포함하기도 한다.

가장 복잡한 형태의 캡시드는 **박테리오파지(bacteriophage)** 또는 간단하게 **파지(phage)**라 불리는, 세균을 감염시키는 바이러스에서 볼 수 있다. 대장균을 감염시키는 7종의 파지가 가장 먼저 연구되었다. 이들 7종의 파지는 발견된 순서에 따라 1형(type 1, T1), 2형(type 2, T2) 등으로 명명되었다. 세 종류의 T-짝수 파지(T-even phage, T2, T4, T6)는 구조가 매우 비슷한 것으로 알려져 있다. T-짝수 파지의 캡시드는 길쭉한 20면체 머리(icosahedral head) 구조를 포함하며 그 안에 DNA가 들어 있다. 머리에는 단백질 꼬리(tail)가 달려 있고 꼬리에서는 꼬리섬유(tail fiber)가 뻗어 있으며 이들 꼬리섬유가 세균에 부착하는 역할을 한다(그림 26.3d). 다음 절에서는 어떻게 이 바이러스 부분들이 세포 성분들과 함께 기능하여 수많은 자손 파지들을 생산해 내는지 살펴보기로 한다.

개념 확인 문제 26.1

1. 담배모자이크바이러스(TMV)와 독감바이러스의 구조를 비교하라(그림 26.3 참조).
2. MAKE CONNECTIONS 박테리오파지를 이용해서 DNA가 유전정보를 지니는 물질이라는 증거를 얻었다(그림 16.4 참조). 허쉬와 체이스가 수행한 실험을 간략하게 서술하고 이들이 연구에 파지를 선택한 이유를 찾아보라.

정답은 부록 A 참조

개념 26.2

바이러스는 숙주세포에서만 증식한다

바이러스에는 대사 효소도 리보솜과 같은 단백질 합성기구도 없다. 이들은 절대 세포내 기생체로 숙주세포 안에서만 증식할 수 있다. 분리된 바이러스는 하나의 숙주세포에서 다른 숙주세포로 전달될 수 있도록 포장된 것에 불과하다고도 볼 수 있다.

각각의 바이러스는 제한된 종류의 숙주만 감염시킬 수 있다. 이런 특성을 바이러스의 **숙주범위(host range)**라 부른다. 이와 같은 숙주의 특이성은 바이러스가 인식체계를 진화시켜옴으로써 생겨났다. 바이러스의 표면 단백질과 숙주세포의 외부에 있는 특이적인 수용체 분자 사이에는 "열쇠와 자물쇠"와 같은 상호작용이 일어나며, 이와 같은 작용에 의해 숙주세포를 인식한다. (이와 같은 수용체는 원래 숙주세포에 필요한 기능을 수행하는 분자였으나 후에 바이러스가 감염 통로로 이용한 것이라는 가설이 있다.) 어떤 바이러스는 숙주범위가 넓다. 예를 들어, 웨스트나일바이러스(West Nile virus)나 말뇌염바이러스(equine encephalitis virus)는 서로 완전히 다른 바이러스지만 모기, 새, 말, 인간 등의 다양한 생명체를 감염시킬 수 있다. 반면 숙주범위가 좁아 단 한 종의 생물체만을 감염시키는 바이러스도 있다. 예를 들어, 홍역바이러스(measles virus)는 사람만 감염시킨다. 나아가 다세포 진핵생물에서는 특정한 바이러스가 대개 특정 조직만 감염시킬 수 있다. 감기바이러스는 상기도의 점막세포층만 감염시키는 반면, 에이즈바이러스는 일부 백혈구에만 존재하는 수용체에 결합한다.

바이러스 증식회로의 일반적 특징

바이러스가 숙주세포에 결합하여 유전체를 안에 주입하는 것으로 바이러스 감염이 시작된다(그림 26.4). 유전체가 주입되는 메커니즘은 바이러스나 숙주세포의 종류에 따라 다르다. T-짝수 파지는 정교한 꼬리구조를 사용하여 세균세포 안으로 DNA를 주입한다(그림 26.3d). 외피를 지니는 일부 바이러스는 세포내흡입(endocytosis) 또는 외피와 세포막과의 융합을 통해 세포 안으로 들어간다. 일단 바이러스 유전체가 세포 안에 들어가면 바이러스

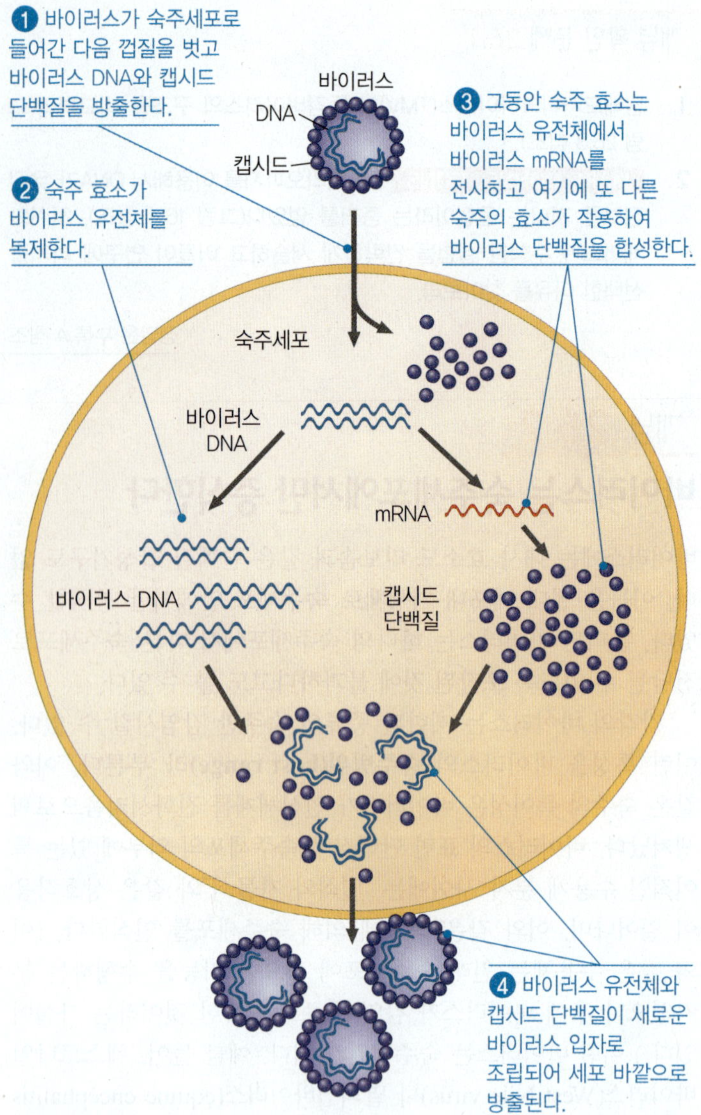

▲ **그림 26.4 바이러스 증식회로의 개요.** 바이러스는 숙주세포의 기구와 작은 분자들을 사용하여 증식하는 절대 세포내 기생체이다. 이 그림은 한 종류의 단백질로 구성된 캡시드를 지닌 DNA 바이러스의 가장 단순한 증식과정을 보여준다.

DRAW IT 이 그림에서 굵은 검은색 화살표가 지시하는 단계를 한 단어로 표기하라(그림 17.24 참조).

유전체에서 만들어 내는 단백질이 숙주세포를 관장하게 된다. 이 과정에서 세포의 합성 프로그램을 바꾸어 바이러스의 핵산과 단백질을 합성하도록 한다. 숙주는 이제 바이러스의 핵산 합성에 필요한 뉴클레오타이드를 비롯하여 효소, 리보솜, tRNA, 아미노산, ATP 등 바이러스 단백질 합성에 필요한 성분을 제공하는 역할을 하게 된다. 대부분의 DNA 바이러스는 숙주세포의 DNA 중합효소를 사용하여 바이러스 DNA를 주형으로 새로운 유전체를 합성한다. 반면 RNA 바이러스는 직접 RNA를 주형으로 하는 중합효소를 만들어 자신의 유전체를 합성한다. (바이러스에 감염되지 않은 세포는 대개 이 효소가 없다.)

바이러스의 핵산분자와 캡소미어가 만들어지면 저절로 새로운 바이러스 입자가 조립된다. 실제로 과학자들은 TMV의 RNA와 캡소미어를 따로 분리하여 이들을 적절한 조건에서 섞어주는 것만으로도 새로운 바이러스를 만들어낼 수 있었다. 가장 간단한 형태의 바이러스 증식회로는 감염된 숙주세포에서 수백 또는 수천의 자손바이러스가 방출되는 것으로 끝난다. 이 과정에서 종종 숙주세포가 손상되거나 파괴된다. 바이러스에 감염되었을 때 나타나는 여러 증상은 세포의 손상과 사멸 그리고 이에 따른 신체의 반응으로 인해 나타난다. 세포에서 방출된 자손 바이러스는 또 다른 세포를 감염시킴으로써 바이러스 감염이 전파된다.

지금까지 설명한 단순한 바이러스 증식회로와는 조금씩 다른 과정을 보이는 바이러스도 많다. 이제부터는 세균 바이러스(파지), 동물 바이러스, 식물 바이러스의 순서로 몇몇 바이러스의 특성을 자세히 살펴보면서 바이러스의 다양한 증식 양상을 알아보기로 한다.

파지의 증식회로

파지는 가장 잘 알려진 바이러스이며 일부 파지는 바이러스 가운데 가장 복잡한 종류에 속한다. 이중나선 DNA 파지는 용균성 회로와 용원성 회로의 두 가지 증식회로를 지닌다는 사실이 알려졌다.

용균성 회로

파지가 증식하면서 최종적으로 숙주세포를 사멸시키는 증식 경로를 **용균성 회로(lytic cycle)**라 한다(**그림 26.5**). 용균은 감염의 마지막 단계를 말하며, 세균이 파괴되면서(용균) 세포 안에서 생성된 파지 입자들이 방출된다. 이들 파지는 각각 또 다른 건강한 세포를 감염시켜 용균성 회로를 계속 반복하여 단 몇 시간 안에 전체 세균 집단을 완전히 전멸시키기도 한다. 용균성 회로만으로 증식하는 파지를 **독성 파지(virulent phage)**라 부른다. 그림 26.5는 전형적인 독성 파지인 T4의 용균성 회로를 단계별로 설명하고 있다. 그림에서 용균성 회로를 잘 이해한 후, 다음 단계로 넘어가자.

용균성 회로를 꼼꼼히 살펴보면 파지들이 용균성 회로로 증식하면서 모든 세균을 전멸시키지 못하는 이유가 무엇인지 궁금해질 것이다. 그것은 세균 또한 파지에 대한 방어책을 지니기 때문이다. 첫째, 특정한 파지가 인식하지 못하는 수용체를 갖는 돌연변이 세균이 자연선택될 수 있다. 둘째, 파지가 침입하면 파지의 DNA를 외부 물질로 인식하여 **제한효소(restriction enzyme)**라 불리는 세포내 효소가 이들을 절단한다. 이들 효소의 이름은 사실상 파지가 세균을 감염시키는 능력을 제한한다는 효소의 활성에서 유래하였다. 세균 자신의 DNA는 특수한 형태로 메틸화되어 있기 때문에 자신의 제한효소가 작용하는 것을 막을 수 있다. 그러나 자연선택으로 인해 바이러스가 인식하지 못하는 세균의 돌연변이 수용체 또는 효과적인 제한효소 활성이 선택되었다면,

▶ **그림 26.5 독성 파지 T4의 용균성 생활사.** T4 파지는 300개에 달하는 유전자를 지니며 이들 유전자는 숙주세포의 기구를 이용하여 전사되고 번역된다. 바이러스 DNA가 숙주세포에 들어간 다음 가장 먼저 번역되는 유전자 가운데 하나는 숙주세포의 DNA를 분해하는 효소 유전자이다(❷단계). 이 때 파지 DNA는 분해되지 않는데 이는 효소에 의해 인식되지 않도록 사이토신이 변형되어 있기 때문이다. 파지가 최초로 숙주의 표면에 접촉하는 시간부터 세포가 파괴될 때까지 전체 용균성 생활사가 진행되는 데 걸리는 시간은 37℃에서 20~30분밖에 걸리지 않는다.

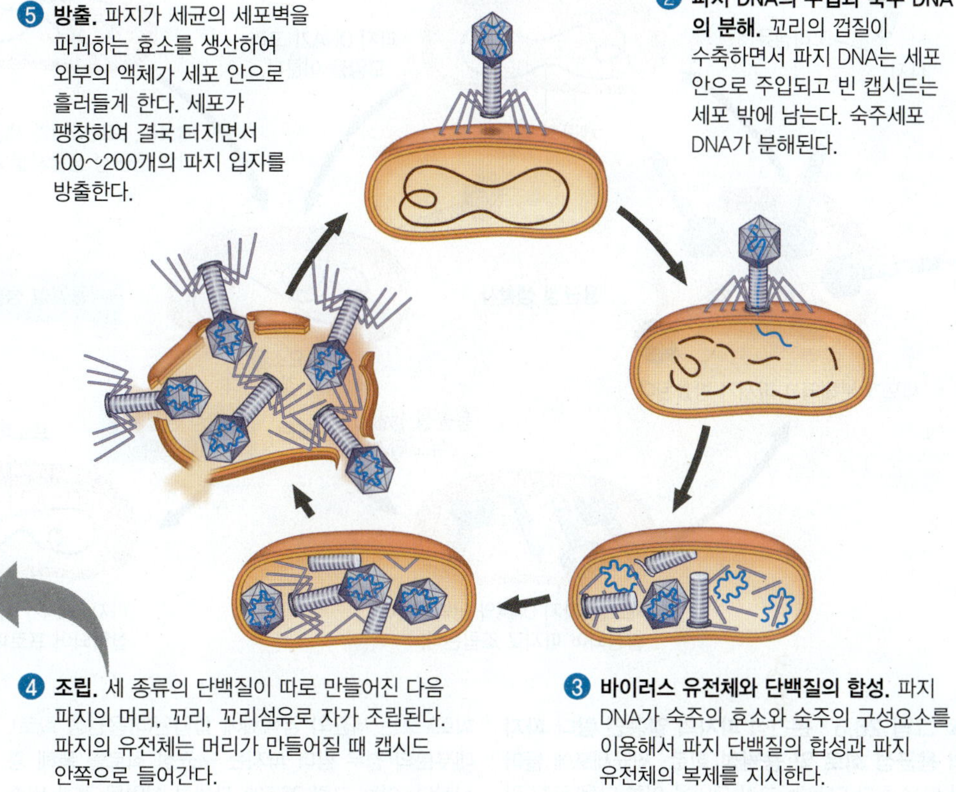

똑같은 방식으로 변형된 수용체에 결합하는 돌연변이 파지 또는 제한효소의 작용을 받지 않는 돌연변이 파지가 선택될 수 있다. 따라서 기생체와 숙주의 관계는 끊임없는 진화적 변화 과정에 놓여 있는 것으로 볼 수 있다.

또한 세균이 파지의 활성에도 불구하고 멸종되지 않고 살아남게 되는 중요한 세 번째 이유가 또 있다. 숙주세포를 용균시키는 대신 용원 상태(lysogeny)라 불리는 상태로 숙주와 공존하는 파지의 종류도 많다. 이에 대해 살펴보기로 하자.

용원성 회로

숙주세포를 파괴하는 용균성 생활사와는 달리 **용원성 회로(lysogenic cycle)**에서는 숙주세포를 파괴하지 않은 채 파지의 유전체가 복제된다. 이 두 가지 생활사를 모두 영위할 수 있는 종류를 **온건성 파지(temperate phage)**라 부른다. 그리스 문자 λ로 표기하고 람다라 부르는 온건성 파지는 생물학 연구에 널리 사용되어 왔다. λ 파지는 T4와 비슷하나 단 하나의 짧은 꼬리섬유를 지닌다.

λ 파지가 대장균을 감염시키는 과정은 파지가 세포 표면에 결합하여 선형 DNA 유전체를 주입하면서 시작된다(**그림 26.6**). 숙주 안에서 λ DNA 분자는 원형으로 변한다. 다음 단계는 용균성 회로와 용원성 회로 가운데 어느 쪽을 따르는지에 따라 달라진다. 용균성 회로에서 바이러스 유전자는 즉시 숙주세포를 λ-생성 공장으로 변환시켜 세포가 곧 용균되면서 바이러스 산물을 방출한다. 그러나 용원성 증식 회로로 접어들면 λ DNA 분자는 대장균 염색체의 특정한 자리에 삽입된다. 이때 파지에서 만들어 내는 단백질이 세균과 파지의 원형 DNA 특정 부위를 자른 다음 서로 연결시키는 작용을 한다. 이런 방식으로 세균 염색체에 삽입된 파지의 DNA를 **프로파지(prophage)**라 한다. 프로파지에 존재하는 유전자 하나는 대부분의 다른 프로파지 유전자의 전사를 억제한다. 따라서 파지 유전체는 세균세포 안에서 대체로 발현되지 않는 상태로 존재한다. 대장균 세포가 분열할 때마다 대장균은 자신의 염색체와 함께 그 일부로 존재하는 파지 DNA를 복제하여 딸세포에 전해준다. 감염된 세포 하나는 곧 프로파지의 형태의 바이러스를 지니는 거대한 개체군으로 성장할 수 있다. 이와 같은 메커니즘은 바이러스가 자신들이 의존할 수밖에 없는 숙주세포를 파괴하지 않고 증식하여 퍼질 수 있는 방법이다.

용원성(lysogenic)이라는 용어는 프로파지가 숙주세포를 파괴할 수 있는 활성화된 파지를 생성할 수 있는 잠재능력이 있다는 사실을 함축한다. 이러한 과정이 유도되면 λ 유전체는 세균 염색체에서 절제되어 나와 새로이 용균성 회로를 시작한다. 특정한

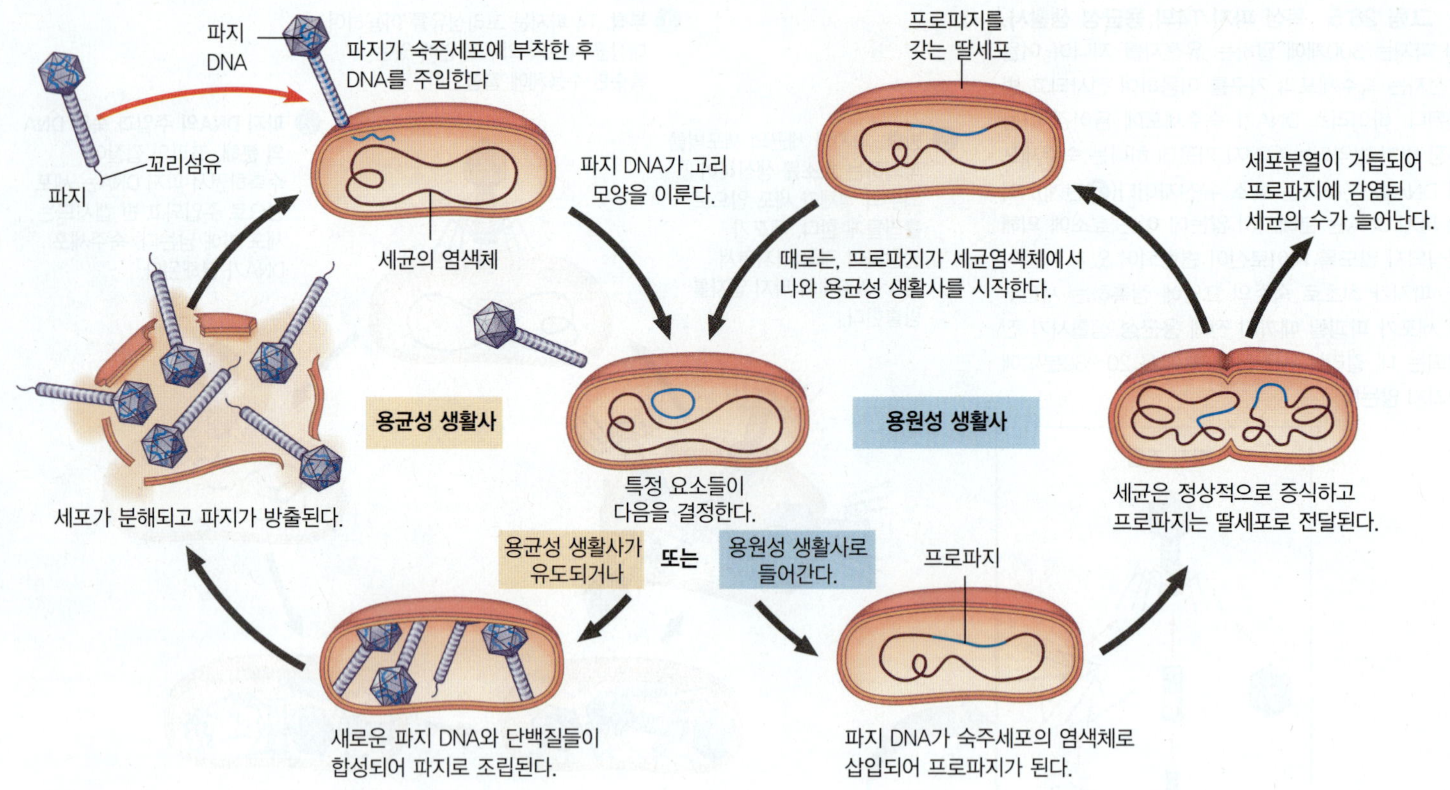

▲ **그림 26.6 온건성 파지의 일종인 람다 파지의 용균성 회로 및 용원성 회로.** 세균세포에 들어간 다음 람다 DNA는 고리 모양을 이룬 다음 곧장 많은 수의 자손 파지를 생성하기 시작하거나(용균성 회로) 또는 세균의 염색체에 삽입된다(용원성 회로). 대부분의 경우 람다 파지는 용균성 회로를 통해 증식한다. 이는 그림 26.5에 자세히 설명된 것과 비슷하다. 그러나 일단 용원성 회로를 시작하면 프로파지는 여러 세대 동안 숙주세포의 염색체에 삽입된 채 존재한다. 람다 파지에는 하나의 짧은 꼬리섬유가 있다.

화학물질이나 고에너지 방사선과 같은 환경으로부터의 신호가 용원성으로 존재하는 프로파지가 용균성 회로를 시작하도록 전환시킨다.

전사억제 단백질 유전자와 더불어 용원성 상태의 프로파지에서는 한두 가지 다른 단백질이 발현되기도 한다. 이들 유전자가 발현되면 숙주의 표현형이 달라질 수 있다. 이와 같은 현상은 의학적으로 중요한 의미를 지닌다. 예를 들어, 디프테리아, 보툴리누스 식중독, 성홍열과 같이 사람에게 심한 질병을 일으키는 3종의 세균은 이들이 지니는 프로파지에서 독소를 만들기 때문에 질병을 야기한다. 세균이 이들 프로파지에 감염되지 않았다면 사람에게서 질병을 일으키지 못한다는 것이다. 또한 우리 장 내에 정상적으로 서식하는 대장균 균주와 심각한 식중독을 일으키는 0157:H7 균주의 차이도 0157:H7이 지니는 프로파지에 의해 나타난다.

동물 바이러스의 증식회로

사람은 모두 편도선염이나 독감 또는 감기와 같은 바이러스 감염증으로 인해 고통받는다. 다른 모든 바이러스와 마찬가지로 사람이나 다른 동물에게 병을 일으키는 바이러스도 숙주세포 안에서만 증식할 수 있다. 바이러스의 감염과 증식 양상은 동물 바이러스 사이에서도 다양하다. 큰 차이 가운데 하나가 동물 바이러스가 지니는 바이러스 유전체의 특성(DNA인지 RNA인지 또한 이중나선인지 또는 단일가닥인지)이다. 이는 **표 26.1**에 나타난 바이러스의 일반적인 분류의 척도이다. 단일가닥 RNA 바이러스는 숙주 안에서 RNA 유전체가 어떻게 작용하는지에 따라 세 개의 유형(IV~VI)으로 더욱 세분할 수 있다.

몇몇 박테리오파지도 외피를 갖거나 RNA 유전체를 갖지만 동물 바이러스 중에는 이 두 가지 특성을 모두 지니는 종류가 많다. 사실상 RNA 유전체를 지니는 거의 모든 동물 바이러스가 외피를 지니고 있으며 일부 DNA 바이러스에서도 외피가 발견된다(표 26.1). 모든 바이러스를 다루기보다 여기서는 동물 바이러스의 특징이라 할 수 있는 외피의 기능과 RNA 유전체가 유전물질로 작용하는 과정에 집중해서 바이러스의 감염과 증식 메커니즘을 살펴보기로 한다.

바이러스의 외피

캡시드를 둘러싼 외막 구조인 외피를 지니는 동물 바이러스는 이를 이용하여 숙주세포에 침입한다. 이들 외피의 바깥쪽 표면에

표 26.1 동물 바이러스의 분류

유형/과	외피	질병을 일으키는 종류
Ⅰ. 이중가닥 DNA(dsDNA)		
아데노바이러스 (그림 26.3b 참조)	없음	호흡기바이러스; 동물종양바이러스
파필로마바이러스	없음	사마귀, 자궁경부암
폴리오마 바이러스	없음	종양
허피스바이러스	있음	단순허피스바이러스 1형과 2형(단순포진, 생식기포진); 수두 대상포진 바이러스(대상포진, 수두); 엡스타인바바이러스(전염성 단핵구증가증, 버킷림프종)
폭스바이러스	있음	두창바이러스; 우두바이러스
Ⅱ. 단일가닥 DNA(ssDNA)		
파보바이러스	없음	B19 파보바이러스(심하지 않은 발진)
Ⅲ. 이중가닥 RNA(dsRNA)		
레오바이러스	없음	로타바이러스(설사); 콜로라도진드기열바이러스
Ⅳ. 단일가닥 RNA(ssRNA); mRNA로 작용		
피코나바이러스	없음	리노바이러스(일반 감기); 소아마비바이러스; A형 간염바이러스; 그 밖의 장 바이러스
코로나바이러스	있음	중증급성호흡기증후군(severe acute respiratory syndrome, SARS)
플라비바이러스	있음	황열병바이러스, 웨스트나일바이러스, C형 간염바이러스
토가바이러스	있음	루벨라바이러스, 말뇌염바이러스
Ⅴ. ssRNA; mRNA 합성의 주형으로 작용		
필로바이러스	있음	에볼라바이러스(출혈열)
오소믹소바이러스	있음	독감바이러스(그림 26.3c, 26.9a 참조)
파라믹소바이러스	있음	홍역바이러스, 유행성이하선염바이러스
랍도바이러스	있음	광견병바이러스
Ⅵ. ssRNA; DNA 합성의 주형으로 작용		
레트로바이러스	있음	인간면역결핍바이러스(human immunodeficiency virus, HIV/AIDS, 그림 26.8 참조); RNA 종양바이러스(백혈병)

는 바이러스의 당단백질이 돌출되어 있고 이들이 숙주세포 표면에 존재하는 특수한 수용체 분자에 결합한다. 그림 26.7에 RNA 유전체를 지니는 외피 바이러스의 증식회로가 요약되어 있다. 외피에 포함된 당단백질의 단백질 부분은 숙주세포의 소포체에 붙어 있는 리보솜에서 만들어진다. 소포체와 골지체에 존재하는 숙주세포의 효소가 당분자를 합성된 단백질에 부착시킨다. 그 결과 만들어진 바이러스의 당단백질은 숙주세포에서 유래된 막에 삽입되어 세포표면으로 이동한다. 세포외배출과 비슷한 과정을 통해 새로운 바이러스 캡시드는 막으로 둘러싸이고 새싹이 땅속에서 나오듯이 세포 밖으로 방출된다. 따라서 바이러스의 외피는 숙주세포의 세포막에서 유래된 것이나 이 막에 존재하는 일부 단백질은 바이러스 유전자에서 특이적으로 합성된 것이다. 밖으로 떨어져 나온 외피 바이러스는 이제 다른 세포를 감염시킬 수 있다. 이 같은 과정은 용균성 파지의 증식회로와 달리 반드시 숙주세포를 사멸시킬 필요는 없다.

세포막에서 유래되지 않은 외피를 지니는 바이러스도 일부 존재한다. 예를 들어 허피스바이러스(herpesvirus)는 일시적으로 숙주의 핵막에서 유래된 막으로 둘러싸인다. 핵에서 세포질로 나오면 핵막을 벗고 골지체의 막에서 유래된 새로운 막으로 둘러싸인다. 이들 바이러스는 이중나선 DNA를 유전체로 지니고 숙주세포의 핵 안에서 바이러스와 숙주 효소를 함께 이용하면서 DNA를 복제하고 전사하여 증식한다. 허피스바이러스의 경우 바이러스 DNA의 복사본이 특정한 신경세포의 핵 안에 미니 염색체의 형태로 남아 있을 수 있다. 이들 바이러스 유전체는 잠복해 있다가 물리적인 또는 정서적인 변화가 신호로 작용하여 새로 바이러스 생성이 활성화된다. 이렇게 만들어진 새로운 바이러스가 다른 세포를 감염시켜 허피스바이러스 감염 증상인 물집이 형성되는데 주로 입술이나 생식기 주변에 나타난다. 따라서 일단 한 번 허피스바이러스에 감염되면 때때로 이러한 물집이 잡히는 증상이 평생 반복되어 나타날 수 있다.

바이러스 유전물질로서의 RNA

일부 파지와 대부분의 식물 바이러스도 RNA 유전체를 지니지만 RNA 바이러스의 대부분은 동물 바이러스에 속한다. 동물 바이러스에서 단일가닥 RNA 유전체를 지니는 바이러스로는 세 가지 유형이 존재한다. 제IV형 바이러스는 바이러스 유전체가 직접 mRNA로 작용하여 감염 즉시 바이러스 단백질을 번역해 낼 수 있다. 그림 26.7에는 제V형 바이러스가 나타나 있다. 이들 바이러스에서는 RNA 유전체가 mRNA 합성의 주형(template)으로 사용된다. RNA 유전체는 상보적인 RNA 가닥으로 전사되고 이것이 mRNA로 작용하는 동시에 또 다른 유전체 RNA 합성에서의 주형으로 사용된다. RNA를 주형으로 RNA를 합성하는 모든 바이러스는 이를 촉매하는 바이러스 효소를 가지고 있어야 한다. 대부분의 세포에는 이와 같은 효소가 존재하지 않는다. RNA를 주형으로 RNA를 합성하는 바이러스 효소는 캡시드 안에 유전체와 함께 포장된다.

RNA 동물바이러스 가운데 가장 복잡한 생활사를 갖는 것이 VI 유형인 **레트로바이러스(retrovirus)**다. 레트로바이러스는 **역전사효소(reverse transcriptase)**라 불리는 효소를 지녀 이 효소가 RNA 주형을 DNA로 전사한다. 따라서 보통의 유전정보 전달과는 달리 RNA 분자에서 DNA로 유전정보가 전달되는 메커

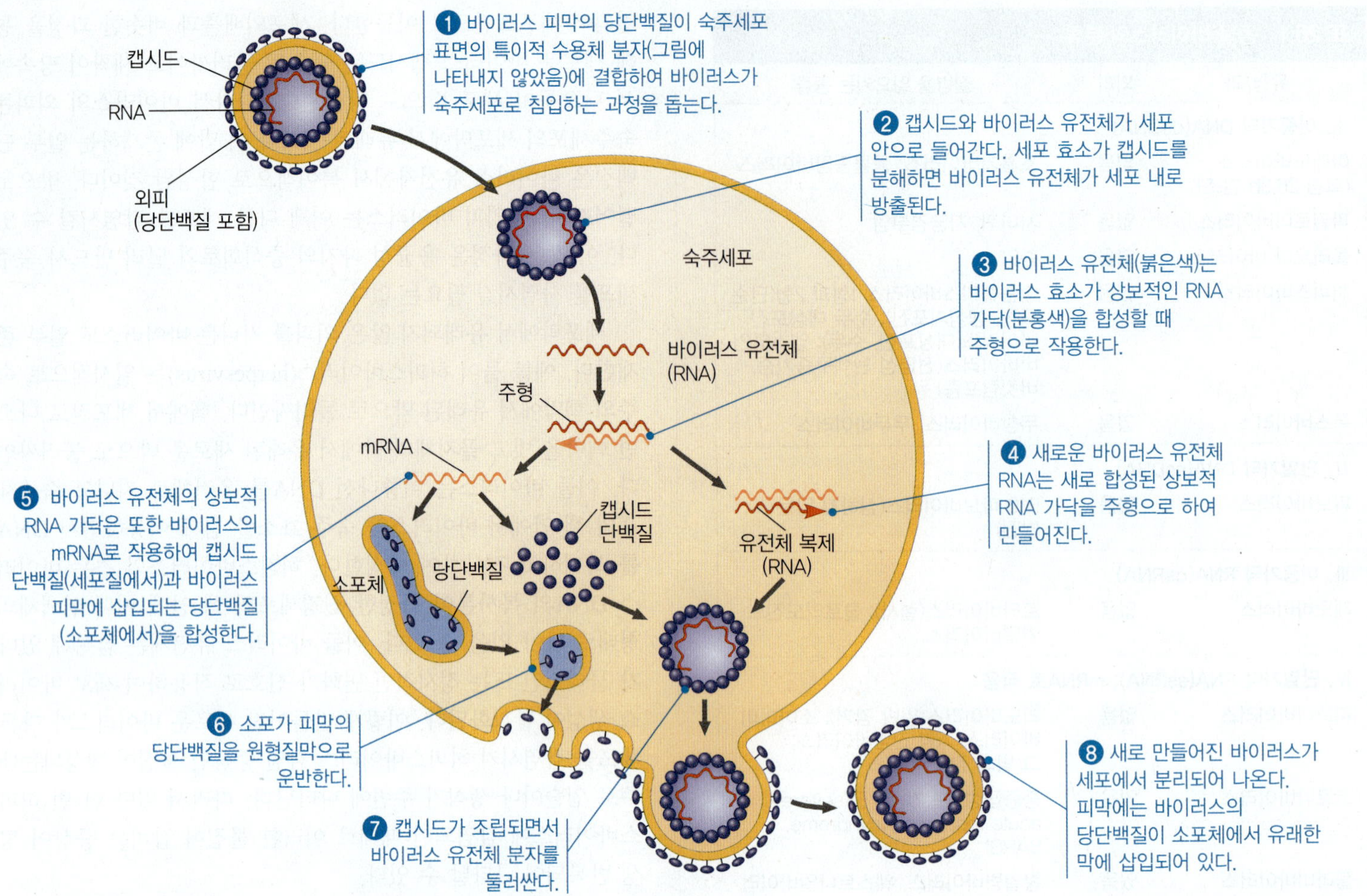

▲ **그림 26.7 외피가 있는 RNA 바이러스의 증식회로.** 이 그림은 단일가닥 RNA 바이러스의 증식회로를 보여준다. 이 바이러스의 유전체 RNA는 mRNA 합성의 주형으로 사용된다. 일부 외피 바이러스는 세포의 원형질막과 바이러스의 외피가 융합되면서 숙주세포 안으로 들어간다. 다른 바이러스는 세포내흡입 과정을 통해 침입한다. 외피를 지니는 모든 RNA 바이러스에서 자손 바이러스의 외피는 그림에 나타난 방식으로 형성된다.

? 자신이 감염된 적이 있는 바이러스 가운데 이와 같은 증식회로를 통해 증식하는 바이러스의 이름은? (힌트: 표 26.1 참조)

니즘을 지닌다. 이와 같은 독특한 현상으로 인해 레트로바이러스(*retro*는 "반대방향"을 의미)라는 이름을 얻게 되었다. 의학적으로 특히 중요한 종류로는 **에이즈(acquired immunodeficiency syndrome, AIDS)**의 원인이 되는 **HIV(human immunodeficiency virus)**를 들 수 있다. HIV를 비롯한 레트로바이러스는 외피를 지니는 바이러스로 두 분자의 동일한 단일가닥 RNA와 두 분자의 역전사효소를 지닌다.

HIV의 증식회로(**그림 26.8**)는 전형적인 레트로바이러스의 증식 과정을 보여준다. HIV가 숙주세포에 침입하면 역전사효소 분자가 세포질로 방출되어 바이러스 DNA의 합성을 촉매한다. 새로 만들어진 바이러스 DNA는 세포의 핵 안으로 들어가 염색체 DNA로 삽입된다. 삽입된 바이러스 DNA는 **프로바이러스(provirus)**라 부르는데 숙주의 유전체에서 제거되지 않고 영원히 세포에 존재한다. (용균성 회로를 시작할 때 숙주의 유전체에서 절제되어 나오는 프로파지와 다르다.) 숙주의 RNA 중합효소는 프로바이러스 DNA에서 RNA 분자를 전사하고 이렇게 전사된 mRNA가 바이러스 단백질 합성 및 새로운 바이러스 유전체로 사용된다. 바이러스 단백질과 새로운 유전체가 합성되면 자가조립되어 숙주에서 방출된다. 47장에서 HIV가 어떻게 면역체계를 억제하여 에이즈를 일으키는지에 대해 살펴볼 것이다.

바이러스의 진화

진화 이 장을 시작하면서 바이러스를 생명체로 볼 수 있는지 없는지에 대해 질문을 던졌다. 바이러스는 생명체에 대한 우리의 정의를 만족시키지 못한다. 분리된 형태의 바이러스는 생물학적으로 활성이 없고 유전자를 복제하거나 ATP를 합성할 수 없다. 그렇지만 바이러스는 보편적인 생명의 언어로 이루어진 유전 프로그램을 지닌다. 바이러스를 자연에 존재하는 가장 복잡한 분자

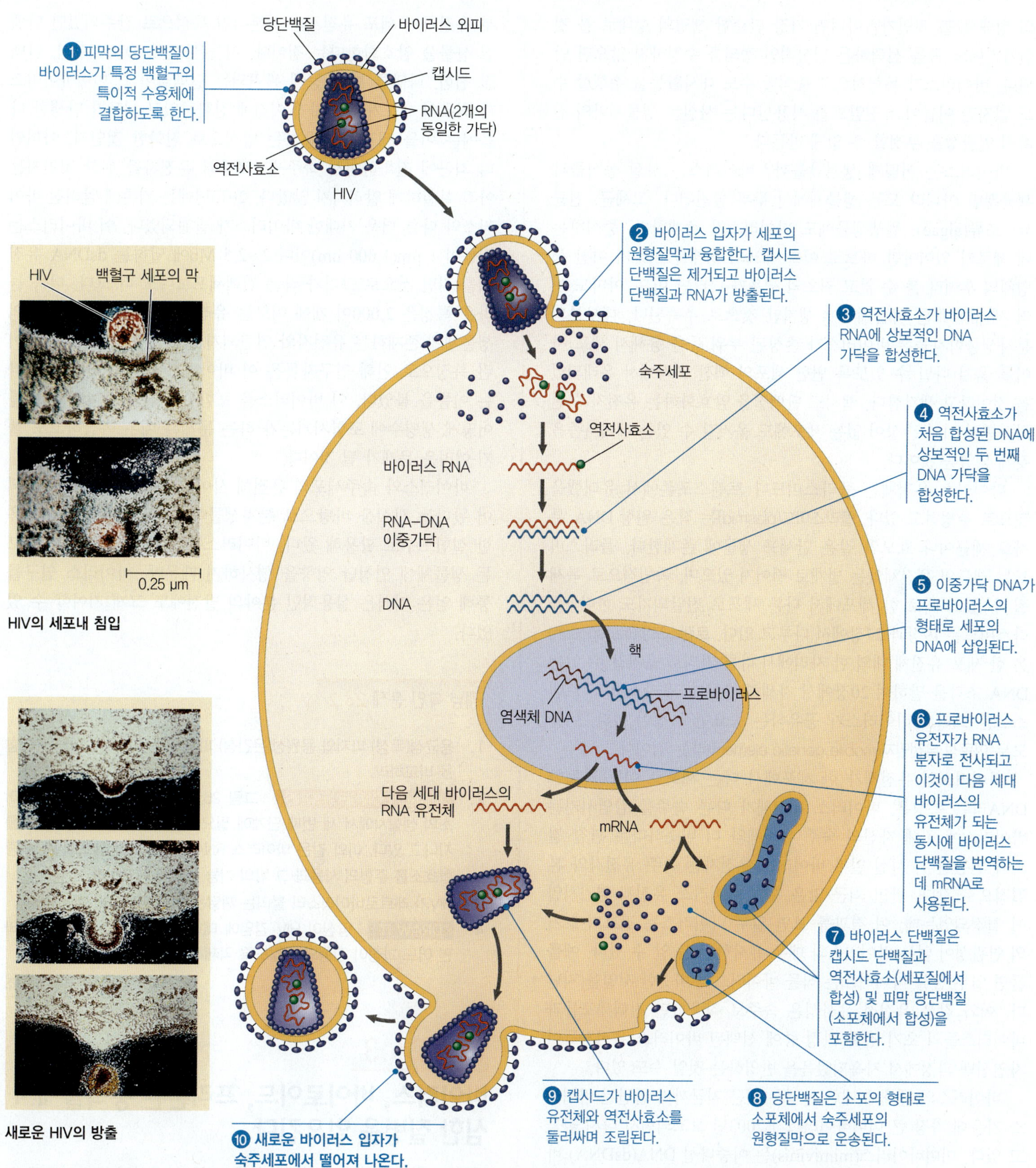

▲ **그림 26.8 AIDS를 일으키는 레트로바이러스, HIV의 생활사.** 바이러스 RNA 유전체에서 합성된 DNA는 5번째 단계에서 숙주세포의 염색체 DNA에 삽입된다. 이 부분이 레트로바이러스가 갖는 독특한 특징이다. HIV의 수용체로 작용하는 세포 표면 단백질은 그림에서 생략되어 있다. 왼쪽의 사진(채색된 TEM 영상)은 HIV가 사람의 백혈구 세포에 침입하는 과정과 방출되는 과정을 보여준다.

MAKE CONNECTIONS HIV가 면역세포에 결합하는 과정을 설명하라(그림 8.8 참조). 이 과정은 어떻게 알게 되었는가?

의 형태로 볼 것인가? 아니면 가장 단순한 생명의 형태로 볼 것인가? 어느 쪽을 선택하든 일상적인 정의를 수정하지 않으면 안 된다. 바이러스가 독립적으로 증식할 수도 대사활동을 수행할 수도 없지만 이들이 유전암호를 사용한다는 사실은 생물계와의 진화적 연관성을 부정할 수 없게 만든다.

바이러스는 어떻게 생겨났을까? 바이러스는 사실 동식물과 세균뿐만 아니라 모든 생물계에서 두루 발견된다. 고세균, 진균류, 조류(algae), 원생생물에도 바이러스가 존재한다. 증식하는데 세포가 있어야만 하므로 이를 세포의 형태를 이루기 이전 생명체의 후예라 볼 수 없고 최초의 세포가 나타난 이후, 아마도 여러 세대가 흐른 다음에서야 생겨난 것으로 추측된다. 대부분의 분자생물학자들은 바이러스가 손상된 부위 등을 통해서 세포 사이를 옮겨 다닐 수 있도록 변한 세포의 핵산 조각에서 유래되었을 것이라고 생각한다. 캡시드 단백질을 암호화하는 유전자가 진화하면서 아마 손상이 없는 세포에도 옮겨갈 수 있는 메커니즘을 갖게 되었을 것이다.

바이러스 유전체는 플라스미드나 트랜스포존에서 유래했을 것으로 추정하고 있다. **플라스미드(plasmid)**는 작은 원형 DNA 분자로 세균이나 효모와 같은 단세포 생물에 존재한다. 플라스미드는 세포의 유전체와는 별개로 떨어져 있으며, 독립적으로 복제될 수 있고 때로 한 세포에서 다른 세포로 전달되기도 한다. 플라스미드는 19장과 27장에서 다루고 있다. **트랜스포존(transposon)**은 한 세포 유전체 내의 한 자리에서 다른 자리로 옮겨갈 수 있는 DNA 조각을 말하며 20장에서 자세히 다룬다. 플라스미드, 트랜스포존 그리고 바이러스가 공유하는 중요한 특성이 있다. 이들 모두 **이동성 유전인자(mobile genetic element)**라는 점이다.

바이러스의 유전체가 한 세포에서 다른 세포로 이동 가능한 DNA라는 특성은, 바이러스 유전체가 다른 숙주를 감염시키는 바이러스에 비해 자신의 숙주 유전체와 더 비슷하다는 관찰 결과와 연관된다. 사실 일부 바이러스 유전자는 숙주 유전자와 본질적으로 같다. 반면 최근 많은 수의 바이러스 유전체 염기서열이 결정되었는데, 이 결과를 보면 일부 바이러스는 겉보기에 거의 연관성이 없는 바이러스와 매우 유사한 것을 알 수 있다. 예를 들면 일부 동물 바이러스는 식물 바이러스와 비슷한 서열을 지닌다. 이와 같은 유전적 유사성은 숙주로 작용했던 진핵세포들과 바이러스들의 초기 진화 과정 중에 선택된 바이러스 유전자들이 자연선택 과정에서 지속되었음을 반영하는 것일 수도 있다.

바이러스의 유래에 대한 논쟁은 최근 지금까지 발견된 바이러스 가운데 가장 큰 미미바이러스가 2003년 보고되면서 다시 불붙고 있다. 미미바이러스(mimivirus)는 이중나선 DNA(dsDNA) 바이러스로 정이십면체 캡시드의 지름이 400 nm에 이른다. 이 크기는 작은 세균의 크기와 비슷하다. 미미바이러스의 유전체는 120만 염기쌍(1.2 Mb)이며 대략 1,000개의 유전자를 포함한다. 이는 독감바이러스 유전체의 100배에 달한다. 가장 놀라운 특성은 일부 유전자가 세포 유전체의 기본적인 특성으로 간주되었던 단백질 산물을 암호화한다는 점이다. 이들은 번역, DNA 수선, 단백질 접힘, 다당류 합성 등에 관련되는 단백질이다. 미미바이러스가 최초의 세포가 탄생하기 이전에 진화하였고 세포가 탄생한 다음에는 이들 세포를 활용하는 방식으로 진화한 것인지, 아니면 더 최근에 진화하면서 숙주세포로부터 유전자를 취한 것인지는 아직 확실하게 알려지지 않았다. 2013년에는 기존에 알려진 바이러스와 다른 더욱 거대한 바이러스가 발견되었다. 이 바이러스는 지름이 1 μm(1,000 nm)이며 2~2.5 Mb에 달하는 dsDNA 유전체를 지닌 것으로 크기가 작은 진핵세포보다도 더 크다. 더욱 놀라운 특징은 2,000여 개에 이르는 유전자의 90% 이상이 기존의 생물체에 존재하는 유전자와 연관되지 않은 것이라는 점이다. 이런 특징으로 인해 연구자들은 이 바이러스에 판도라바이러스라는 이름을 붙였다. 이 바이러스를 포함한 다른 모든 바이러스를 어떻게 생명수에 포함시키는가 하는 문제는 매우 복잡하고도 풀기 어려운 문제가 될 것이다.

바이러스와 숙주세포의 유전체 사이의 진화적 관계가 지속되어 왔다는 사실을 바탕으로 분자생물학에서는 바이러스를 유용한 실험도구로 활용해 왔다. 바이러스는 질병을 일으키는 등 모든 생물체에 엄청난 영향을 행사하기 때문에, 바이러스 연구를 통해 얻은 지식은 실용적인 분야의 발전에도 크게 기여할 수 있었다.

개념 확인 문제 26.2

1. 용균성(독성) 파지와 용원성(온건성) 파지가 숙주세포에 미치는 영향을 비교하라.
2. MAKE CONNECTIONS 그림 26.7의 RNA 바이러스는 바이러스의 생활사에서 세 번째 단계에 필요한 바이러스 RNA 중합효소를 지니고 있다. 이와 같은 바이러스 RNA 중합효소와 세포의 RNA 중합효소를 주형의 사용과 그 밖의 기능 면에서 비교하라.
3. HIV가 레트로바이러스라 불리는 까닭은 무엇인가?
4. DRAW IT 당신이 HIV 감염에 대한 치료법을 연구하는 학자라면 어느 과정이 진행되지 않도록 억제하겠는가? (그림 26.8 참조)

정답은 부록 A 참조

개념 26.3

바이러스, 바이로이드, 프리온은 동식물에서 심한 질병을 일으킨다

전 세계적으로 인간, 농작물, 가축 모두가 바이러스 감염으로 인한 질병을 앓는다. 동물 바이러스부터 살펴보자. 바이러스보다 조금 더 작고 더 단순한 바이로이드나 프리온 또한 동식물에서 질병을 유발한다.

동물에서의 바이러스성 질병

바이러스 감염은 여러 가지 경로로 증상을 유발한다. 바이러스는 리소좀에서 가수분해효소가 방출되도록 하여 세포에 손상을 입히거나 세포를 사멸시킨다. 어떤 바이러스는 감염된 세포가 독소를 만들어 질환 증세를 보이고, 또 다른 종류는 외피 단백질과 같은 바이러스 단백질의 일부가 그 자체로 독성을 나타낸다. 특정한 바이러스가 얼마나 큰 손상을 입히는가는 감염된 세포가 세포분열을 하여 재생하는 능력과 일부 관련이 있다. 사람들은 대개 감기 증세에서 완벽하게 회복되는데, 이는 감기바이러스가 감염시키는 호흡기관의 상피세포가 효율적으로 손상을 회복시킬 수 있기 때문이다. 반면 성숙한 신경세포를 감염시키는 소아마비바이러스에 의한 손상은 영구적이다. 왜냐하면 이들 세포는 더 이상 분열하지 않고 대개는 대체되지도 않기 때문이다. 열이나 통증과 같은 바이러스 감염과 동반되는 많은 일시적인 증상은 바이러스가 직접 세포를 손상시키기 때문이라기보다 대개 우리 몸이 스스로 감염에 대항하기 때문에 나타난다.

면역체계는 복잡하고 중요한 신체의 자연 방어체계의 일부다(47장). 이는 또한 바이러스 감염을 예방하는 백신이 의학적으로 중요한 이유이다. **백신(vaccine)**이란 해로운 병원체에 대항하는 신체의 면역체계를 촉진하기 위해 사용되는 해롭지 않은 변이체 또는 병원체에서 유래된 산물을 말한다. 두창(천연두)은 한때 인류에게 치명적인 전염성 질환이었으나 세계보건기구(World Health Organization, WHO)가 주도한 백신프로그램으로 이제는 박멸되었다. 두창바이러스의 숙주범위가 매우 좁다는 사실(인간만 감염시킨다)은 이 프로그램 성공의 주된 원인이다. 비슷한 전세계적인 백신 캠페인이 현재 소아마비와 홍역을 박멸하기 위해 진행되고 있다. 풍진, 유행성 이하선염, B형 간염 등의 바이러스성 질병을 예방할 수 있는 효과적인 백신 또한 개발되어 있다.

백신으로 특정한 바이러스 질환을 예방할 수는 있지만, 대부분의 바이러스성 질환은 일단 감염되고 나면 치료할 수 있는 방법이 현재로선 거의 없다. 항생제는 세균성 감염을 치료할 수 있을 뿐 진핵세포나 바이러스가 만드는 효소에는 무용하다. 항생제는 특정한 세균에 특이적인 효소를 억제하여 세균을 사멸시키지만 진핵생물이나 바이러스가 만들어 내는 효소에는 영향을 미치지 못하기 때문이다. 그러나 바이러스가 만드는 일부 효소는 항바이러스 약제의 표적이 되기도 한다. 대부분의 항바이러스 약제는 뉴클레오사이드 유도체로 바이러스의 핵산 합성을 억제한다. 예를 들면, 아시클로버(acyclovir)라는 약제는 바이러스의 중합효소가 바이러스 DNA를 합성하는 과정을 억제함으로써 허피스바이러스의 증식을 막는다. 이와 비슷하게 아지도티미딘(azidothymidine, AZT)은 HIV와 같은 레트로바이러스의 역전사효소의 작용을 막아 증식을 억제한다. 지난 20여 년 동안 HIV를 치료하는 약제를 개발하기 위해 계속 노력해왔다. 현재는 "칵테일(cocktail)" 요법이라 불리는 다약제 처방법이 가장 효과적인 것으로 알려져 있다. 칵테일 요법에서는 보통 두 종류의 뉴클레오사이드 유사물질과 한 종류의 단백질 억제제가 포함되어 바이러스가 생성되는 데 필요한 효소들의 작용을 억제한다.

신종 바이러스

갑자기 나타나거나 또는 의학계에 새로 보고되는 바이러스를 보통 **신종 바이러스(emerging virus)**라 한다. 에이즈를 일으키는 HIV를 전형적인 예로 들 수 있다. HIV는 1980년대 초에 샌프란시스코에 난데없이 나타난 것처럼 보였다. 이후 연구를 통해 1959년 벨기에령 콩고에서 나타난 사례까지 거슬러 올라간다는 사실이 알려졌다. 1976년 최초로 중앙아프리카에서 발견된 에볼라바이러스는 **출혈열(hemorrhagic fever)**을 일으키는 여러 종의 신종 바이러스 가운데 하나다. 출혈열은 고열, 구토, 다량의 출혈, 순환계 장애 등의 여러 증상을 동반하는데 상당히 치명적이다. 뇌염을 일으키는 여러 종의 위험한 신종 바이러스도 발견되었다. 한 예가 웨스트나일바이러스(West Nile virus)로 1999년 북미 지역에 처음 나타난 다음 이후 미국에서 48개의 인접한 주에 전파되었다. 그 결과 2012년에는 5,000건 이상의 감염 사례와 300명이 넘는 사망자를 기록했다.

2009년 4월에는 멕시코와 미국 지역에 독감과 유사한 **유행성(epidemic)** 질병이 크게 번졌다. 감염체는 계절성 독감을 야기하는 바이러스와 연관된 독감바이러스의 하나라는 것이 밝혀졌다(**그림 26.9a**). 이 바이러스는 H1N1형으로 명명되었다. 독감바이러스의 명명체계는 뒤에서 설명하기로 한다. 이 바이러스 질환은 빠르게 확산되어 2009년 9월에 이르러 WHO에서는 이 질병을 전 세계적인 유행성 질병을 뜻하는 **범유행성(pandemic;** 광역유행성) 질병이라고 공표하기에 이르렀다. 11월까지 이 질명은 207

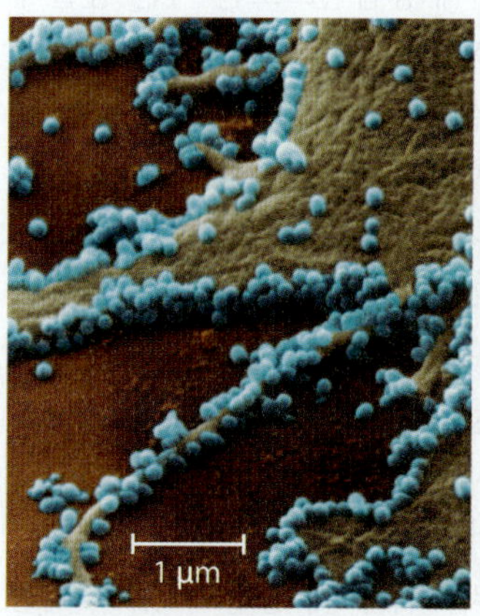

(a) **2009 범유행성 H1N1 A형 독감바이러스.** 바이러스(파란색)에 감염된 세포(초록색)를 보여주는 채색된 SEM 영상.

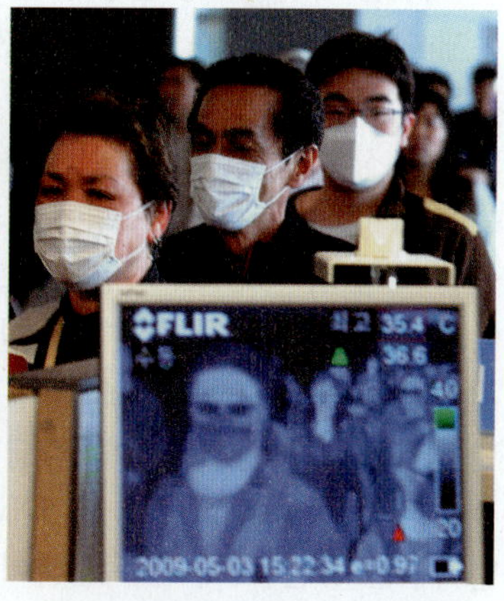

(b) **2009 범유행성 독감 진단.** 한국의 국제공항에서 열감지 장치를 통해 H1N1 독감에 걸려 열이 나는 승객을 검진하고 있다.

▲ **그림 26.9 사람의 독감**

개 나라로 확산되었으며 600,000명 이상이 감염되어 거의 8,000명이 사망한 것으로 집계되었다. 공중보건당국은 조속하게 휴교령과 공공장소에 대한 접근 차단령을 내리는 등의 지침을 확립하였고, 백신개발과 사전 진단을 위한 노력에 박차를 가하였다(그림 26.9b).

이런 바이러스들이 왜 이렇게 갑작스럽게 사람들에게 나타나는 것이며 또한 이전까지는 매우 드물거나 심지어는 전혀 알려지지 않았던 심각한 질병을 일으키는 것일까? 바이러스 질병이 새로 출현하는 것에는 세 가지 과정이 작용한다. 첫째로, 이것이 아마 가장 중요한 이유일텐데, 기존 바이러스에 돌연변이가 발생했기 때문이다. RNA 바이러스는 RNA 중합효소들은 교정(proofread)을 하지 않으며 RNA 유전체 복제시 오류를 교정하지 않기 때문에 돌연변이 발생률이 매우 높다. 어떤 돌연변이는 기존의 바이러스를 이 바이러스에 면역력을 가진 사람에게조차 질병을 일으킬 수 있는 새로운 유전적 변이형으로 바꾼다. 예를 들면 계절형 독감이 유행하는 까닭은 대체로 기존의 바이러스와 유전적으로 충분히 달라 사람들이 거의 면역력을 지니지 못하는 새로운 형태의 독감바이러스가 나타나기 때문이다. 이와 같은 사례를 **과학적 분석 기술의 연습**에서 살펴보게 될 것이다. 여기서 여러분은 2009년 독감 바이러스의 변이체에 나타난 유전적 변화를 분석하여 독감의 전파 과정과 연결시킬 수 있을 것이다.

바이러스성 질병의 출현을 야기하는 두 번째 과정은 작고, 격리된 인간 집단에서 바이러스성 질병이 전파되는 것이다. 예를 들어 에이즈는 세계적으로 퍼지기 전에 수십 년 동안 거의 그 존재를 알지도 이름이 붙어 있지도 않았다. 이와 같은 경우는 세계여행의 확산, 혈액투석, 개방적인 성생활, 정맥 주사약의 남용 따위와 같은 기술적이고 사회적인 요인으로 인해 이전에는 드물었던 질병이 세계적으로 유행하게 되었다.

새로운 바이러스성 질병의 세 번째 공급원으로는 다른 동물에 존재하던 바이러스가 사람에게 전파되는 것을 들 수 있다. 과학자들은 이런 방식이 사람의 신종 질환의 3/4가량을 차지하는 것으로 추정하고 있다. 동물이 특정한 바이러스를 몸에 지니고 이를 전파시킬 수는 있어도 병에 걸리지 않는 경우가 있다. 이런 동물을 해당 바이러스의 자연 저장고(reservior)라 한다. 앞에서 이야기한 2009년 독감 범유행을 일으킨 H1N1 바이러스는 돼지에서 사람에게로 전해진 것으로 추정된다. 이런 이유로 인해 2009년 범유행된 독감이 초기에는 "돼지 독감"이라고 불리기도 했다.

유행성 독감은 생물종 사이에서 전파되는 바이러스의 영향을 알려주는 좋은 사례다. 독감바이러스에는 세 종류가 있다. B형과 C형은 사람만 감염시키며 유행병을 일으키지 않는다. 그러나 A형은 새, 돼지, 말, 사람을 포함하여 다양한 동물을 감염시킬 수 있다. A형 독감바이러스는 지난 100년 동안 인류 집단에 네 차례의 주요 유행성 독감을 일으켰다. 가장 치명적이었던 첫 번째 사례는 1918~1919년 사이에 유행하여 400~500만 명을 죽음으로 몰아간 "스페인 독감" 범유행(pandemic)이다. 당시 제1차 세계대전에서도 수많은 병사들이 스페인 독감에 걸려 사망했다.

A형 독감을 일으키는 바이러스에는 종류별로 일정한 이름이 붙는다. 예를 들어 1918년과 2009년에 범유행성 독감을 일으킨 종류는 H1N1형이라 부른다. 이와 같은 이름은 바이러스의 표면에 존재하는 두 가지 단백질의 종류를 알려준다. H와 N은 각각 헤마글루티닌(hemagglutinin)과 뉴라미니데이스(neuraminidase)의 머리글자를 따온 것이다. 헤마글루티닌은 바이러스가 숙주세포에 부착하는 과정을 돕는 단백질로 서로 다른 16종이 알려져 있다. 감염된 세포에서 새로운 바이러스가 방출되는 과정을 돕는 효소인 뉴라미니데이스는 모두 9종이 알려졌다. 물새류에 기생하는 바이러스 종류에는 H와 N 사이의 모든 가능한 조합이 포함되어 있는 것으로 알려졌다.

1918년을 비롯한 독감의 범유행을 설명하는 그럴듯한 시나리오는 한 종의 숙주에서 다른 종의 숙주로 바이러스가 전해지면서 돌연변이가 발생했기 때문이라는 것이다. 돼지나 새와 같은 특정한 동물이 한 종류 이상의 독감바이러스에 감염되면 서로 다른 바이러스의 유전체 사이에서 유전자 재조합이 일어날 수 있다. 이때 서로 뒤섞인 RNA 분자가 완전한 재조합 바이러스 유전체를 이루어 바이러스 입자 안에 들어가면 새로운 형태의 바이러스가 탄생하는 것이다. 2009년 독감바이러스는 돼지의 몸 안에서 생성된 것으로 추정되는데, 그 안에는 새, 돼지 및 인간의 독감바이러스 서열이 뒤섞여 있었다. 돌연변이와 함께 독감바이러스의 유전체를 이루는 여러 분자의 RNA가 다른 종류의 바이러스 RNA와 뒤섞여 조립되는 방식으로도 사람 세포를 감염시킬 수 있는 새로운 바이러스가 탄생할 수 있다. 이렇게 변화된 형태의 바이러스에는 이전에 한 번도 감염된 적이 없기 때문에 사람들은 면역성을 나타내지 못하고, 그 결과 신형 바이러스는 심각한 병원성을 나타낼 수 있다. 만일 이렇게 심각한 병원성을 지닌 독감바이러스가 사람 사이에 널리 퍼질 수 있는 능력을 지닌 다른 바이러스와 재조합된다면 이 바이러스는 사람 사이에 쉽게 전파되어 심각한 유행성 질병의 발생을 야기할 수 있다.

장기적으로 볼 때 가장 큰 위협은 어쩌면 야생 조류 또는 가금류가 지니는 H5N1 바이러스일지도 모른다. 1997년 홍콩에서 최초로 새에서 사람에게 전파된 사례가 발생했다. 이후 H5N1 바이러스 감염에 의한 일반적인 사망률은 50%가 넘는 놀라운 수준을 보이고 있다. 게다가 H5N1의 숙주 범위가 확대되고 있어 서로 다른 바이러스와 유전물질을 뒤섞어 새로운 변종 바이러스가 출현할 가능성이 점점 높아지고 있다. 만일 H5N1 조류 바이러스가 쉽게 사람 사이에 전염되어 퍼질 수 있는 형태로 진화한다면 이는 1918년 범유행성 독감에 필적하는 심각한 위협이 될 수 있다.

이런 일이 얼마나 쉽게 일어날 수 있을까? 최근 사람의 독감 연구에 대한 작은 동물 모델로 쓰이는 족제비 연구자들에 따르

과학적 분석 기술의 연습

DNA 서열에 근거한 계통수를 분석하여 바이러스 진화 경로를 탐색하기

DNA 염기서열 자료를 이용해서 범유행 시기의 독감바이러스 진화 경로를 추적하는 방법은? 2009년, H1N1 독감바이러스가 전 세계적으로 크게 유행했다. 바이러스는 세계적으로 전파되면서 집단발병을 일으킬 때마다 계속해서 조금씩 표면구조를 바꾸어갔다. 대만 연구진은 널리 독감백신을 보급하였음에도 불구하고 계속해서 바이러스 감염이 나타나는 이유를 알고 싶었다. 그들은 H1N1 바이러스에서 새로 진화한 변이형은 사람의 면역계를 피할 수 있을 것이라는 가설을 세웠다. 이 가설을 검증하려면, 유행시기별로 서로 다른 H1N1 변이형이 집단발병을 일으켰는지를 결정할 수 있어야 했다.

실험 방법 과학자들은 대만의 H1N1 독감 환자 4,703명에게서 수집한 시료에서 독감바이러스의 유전체 염기서열을 결정하였다. 이 서열과 다른 바이러스들의 헤마글루티닌(HA) 유전자 서열을 비교하여 계통수를 작성하였다(계통수 작성 방법에 대해서는 그림 22.5 참조.)

▲ H1N1 독감 예방접종

A/California/07/2009 }1군
A/Taiwan/1164/2010 }3군
A/Taiwan/T1773/2009 }6군
A/Taiwan/T1338/2009
A/Taiwan/T0724/2009
A/Taiwan/T1821/2009
A/Taiwan/937/2009
A/Taiwan/T1339/2009
A/Taiwan/940/2009
A/Taiwan/7418/2009
A/Taiwan/8575/2009
A/Taiwan/4909/2009
A/Taiwan/8542/2009
A/Taiwan/1018/2011
A/Taiwan/552/2011 }9군
A/Taiwan/2826/2009
A/Taiwan/T0826/2009 }7군
A/Taiwan/1017/2009
A/Taiwan/7873/2009
A/Taiwan/11706/2009
A/Taiwan/6078/2009
A/Taiwan/6341/2009
A/Taiwan/6200/2009 }8군
A/Taiwan/5270/2010
A/Taiwan/3994/2010 }8-1군
A/Taiwan/2649/2011
A/Taiwan/1102/2011 }10군
A/Taiwan/4501/2011
A/Taiwan/67/2011
A/Taiwan/1749/2011
A/Taiwan/4611/2011
A/Taiwan/5506/2011
A/Taiwan/1150/2011
A/Taiwan/2883/2011
A/Taiwan/842/2010
A/Taiwan/3697/2011 }11군

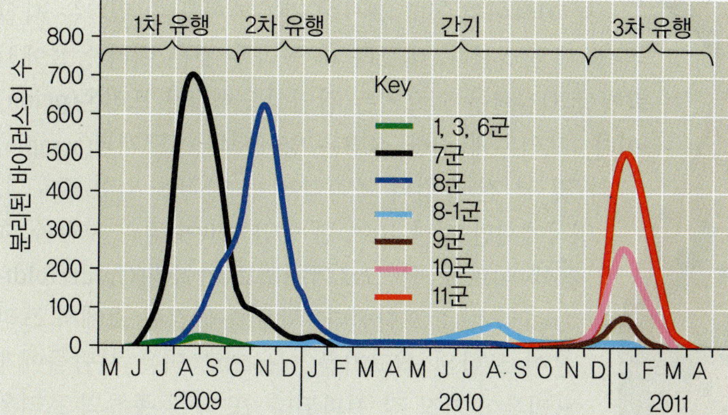

▲ 과학자들은 분리된 바이러스의 종류와 수량을 분리한 시기별로 도시함으로써 시기에 따라 서로 다른 바이러스 변이체가 사람들에게 활발하게 병을 일으켰다는 사실을 알 수 있었다.

실험 데이터 왼쪽 위 그림이 실험 결과 얻은 계통수의 그림이다. 계통수의 잔가지 끝에는 각기 독특한 HA 유전자 서열을 지닌 H1N1 바이러스 변이체가 위치한다. 이 계통수를 보면 H1N1 변이형들 사이의 진화적 연관관계에 대한 작업가설을 파악할 수 있다.

데이터 해석

1. 계통수는 H1N1 바이러스 변이형들 사이의 진화적 관계에 대한 다음과 같은 가설에 근거한다. 두 변이형 사이의 연관성이 높을수록 HA 유전자 서열이 더욱 비슷하다. 잔가지로 나뉘기 전의 매듭은 그 지점에서 서로 다른 돌연변이가 축적되면서 두 개의 계통으로 나뉘어졌음을 말한다. 가지의 길이는 두 종의 변이형 사이에 얼마나 많은 DNA 서열의 차이가 있는지, 즉 이들이 얼마나 멀리 떨어져 있는지를 측정하여 결정된다. 계통수를 참조하여 다음 두 쌍의 변이형들 가운데 서로 더 밀접하게 연관되어 있는 쌍을 고르고 이유를 설명하시오. (1) A/Taiwan1018/2011 와 A/Taiwan/552/2011, (2) A/Taiwan1018/2011 와 A/Taiwan/8542/2009
2. 과학자들은 계통수의 가지들을 체계적으로 배열하여 하나의 조상형과 이로부터 유래한 모든 후손, 돌연변이 변이형으로 이루어진 집단으로 묶었다. 이 그림에서는 집단별로 다른 색으로 표시해 두었다. 집단 11을 예로 삼아 변이형들의 계통을 추적하시오 (a) 모든 매듭은 같은 수의 가지 또는 가지끝을 지니고 있는가? (b) 이 집단에서 모든 가지의 길이는 동일한가? (c) 위의 결과는 무엇을 의미하는가?
3. 그래프에서 *y*축은 환자에게서 수집한 바이러스 시료의 수를 *x*축은 수집된 연월을 나타낸다. 각 변이형 집단별로 수를 집계한 다음 그 결과를 계통수와 같은 색으로 그래프에 나타내었다. (a) 어떤 변이형 집단이 대만에서 가장 먼저 100명 이상의 H1N1 독감 환자들을 발병시켰는가? (b) 한번 변이형 집단이 최대 감염자 수를 감염시킨 다음 같은 집단의 바이러스가 또 다른 집단 유행병을 일으켰는가? (c) 집단 1에서 한 변이형을 이용하여 범유행성 독감이 시작되는 매우 초기에 백신을 만들었다. 그래프에 근거하여 보았을 때 이 백신은 효과가 있는 것으로 보이는가?
4. 9, 10, 11군은 모두 H1N1 변이형을 지니고 있으며 대만에서 동시에 대규모의 감염을 일으켰다. 이 결과는 '새로운 변이형이 새로운 유행성 감염을 일으킨다'는 과학자들의 가설이 옳지 않다는 것을 의미하는가? 그 이유는?

참고문헌 J-R. Yang et al., New variants and age shift to high fatality groups contribute to severe successive waves in the 2009 influenza pandemic in Taiwan, *PLoS ONE* 6(11): e28288 (2011). doi:10.1371/journal.pone.0028288.

면 조류 독감바이러스에 단 몇 개의 돌연변이만 일어나도 사람의 비강이나 기도 세포를 감염시킬 수 있다고 한다. 더욱이 과학자들이 족제비 한 마리에서 다른 족제비로 비강 분비물을 연속적으로 옮겨주자, 돌연변이 바이러스가 직접 족제비들 사이에서 전파되는 것을 확인할 수 있었다. 2011년 연구자들이 이 연구 결과를 학회에 보고하자 즉시 이 결과를 공개적으로 발표할 것인지에 대한 폭발적인 논쟁이 일어났다. 결국 학계는 이 연구가 범유행성 전염병 예방에 대해 갖는 잠재적인 유용성이 이 연구 결과를 나쁜 의도로 사용할 위험보다 더 크다는 최종 판단을 내렸고, 연구 결과는 2012년에 발표되었다.

지금까지 살펴본 것처럼, 신종 바이러스들은 대개는 그 자체로 새로운 것이라기보다 기존에 있던 바이러스에 돌연변이가 일어나 현재보다 더 넓은 숙주범위를 지니게 된 것이 많다. 숙주의 행동이나 환경의 변화로 인해 새로운 질병을 일으키는 바이러스가 쉽게 이동할 수도 있다. 예를 들면, 새로운 길이 뚫린다면 이전에는 격리되어 살았던 집단 사이에서도 바이러스가 전파될 경로가 열릴 수 있다. 또한 숲을 파괴하여 작물을 심는 면적이 넓어지면서 사람을 감염시킬 수 있는 바이러스를 보유하는 다른 동물과 접촉하는 일이 많아지기도 한다.

식물에서의 바이러스성 질병

식물에서는 2,000종 이상의 바이러스성 질병이 알려졌고 이로 인해 농작물과 화훼작물이 손상되어 세계적으로 해마다 150억 달러에 달하는 손실을 가져오는 것으로 집계되고 있다. 바이러스에 감염되어 나타나는 흔한 증상은 잎이나 열매의 색이 변하거나 갈색 반점이 나타나고(오른쪽의 노란 호박 사진처럼), 성장이 느려지며, 꽃이나 뿌리가 손상되는 것 등으로 모든 증상이 작물의 수확량이나 질을 감소시킨다.

식물 바이러스는 기본 구조와 생활사가 동물 바이러스와 동일하다. 담배모자이크바이러스(TMV)를 포함하여 지금까지 발견된 대부분의 식물 바이러스는 RNA 유전체를 지닌다. TMV처럼 나선 캡시드를 지니는 것이 많으나, 정20면체 캡시드 구조를 이루는 것도 있다(그림 26.3).

식물의 바이러스성 질병은 두 가지 주요 경로를 통해 전파된다. 첫 번째 경로는 **수평전파**(horizontal transmission)라 불리는 것으로 외부로부터 온 바이러스에 식물체가 감염되는 것을 말한다. 침입한 바이러스가 식물체의 외부 보호층을 이루는 세포(상피세포)를 거쳐야 하므로 식물체가 바람, 상해, 해충 등으로 인해 손상을 입었을 때 바이러스 감염에 취약해진다. 특히 곤충과 같은 초식동물은 바이러스의 보인자 역할을 하여 식물과 식물 사이에 질병을 전파할 수 있기 때문에 이중의 위협이 된다. 농사짓는 사람들이나 화훼농장주들은 전지가위나 다른 도구를 잘못 사용해서 식물 바이러스를 옮기기도 한다. 또 다른 바이러스 감염경로는 **수직전파**(vertical transmission)라 불리는데 이는 식물이 어버이로부터 바이러스 감염을 물려받는 경우를 말한다. 수직전파는 무성생식을 통해서 이루어지며(예를 들면, 꺾꽂이), 유성생식에서도 감염된 종자로부터 수직적으로 바이러스가 전파될 수 있다.

일단 바이러스가 식물세포에 들어가면 증식하기 시작하여 바이러스 유전체와 연관된 단백질들이 원형질연락사를 통해 식물체 곳곳으로 퍼질 수 있다. 원형질연락사란 인접한 식물세포 사이의 세포벽이 뚫려 서로 세포질이 연결된 부분을 말한다(그림 36.18). 바이러스에서 유래된 고분자가 세포와 세포 사이로 이동하는 것을 촉진하기 위해 바이러스가 만들어 내는 단백질은 원형질연락사를 확장시킨다. 과학자들은 아직 대부분의 바이러스성 식물 질병에 대한 치료법을 개발하지 못하고 있다. 그 결과 주로 이러한 병이 퍼지는 것을 줄이거나 질병에 강한 작물을 재배하려는 시도에 노력을 기울이고 있다.

바이로이드와 프리온: 가장 단순한 감염체

바이로이드(viroid)는 바이러스만큼이나 작고 단순한 또 다른 종류의 감염체다. 이들은 2~3백 뉴클레오타이드에 불과한 원형 RNA 분자로 식물체를 감염시킨다. 바이로이드는 단백질을 암호화하지 않지만 숙주 식물세포 안에서 숙주세포의 효소를 이용하여 자신을 복제할 수 있다. 이 작은 RNA 분자는 식물의 성장을 조절하는 조절체계에 이상을 일으키는 것으로 생각된다. 바이로이드에 의한 질병의 전형적인 증상은 비정상적인 발달과 성장 저해다. 바이로이드가 일으키는 것으로 카당카당(cadang-cadang)이라 불리는 질병이 있는데 이는 필리핀에서 천만 그루 이상의 코코넛 야자나무를 죽이기도 했다.

바이로이드에서 얻을 수 있는 중요한 교훈은 단 하나의 분자가 질병을 일으키는 감염체로 작용할 수 있다는 것이다. 그러나 바이로이드는 핵산으로 이루어져 있고 핵산이 자가복제할 수 있다는 사실은 익히 알려졌다. 이보다 더 놀라운 것은 여러 동물에서 퇴행성 뇌질환을 일으키는 감염성 단백질인 **프리온(prion)**이다. 프리온에 의한 질병은 양에서의 스크래피(scrapie)와 몇 년 전 유럽의 목축업에 큰 타격을 입힌 광우병, 영국에서만 지난 10여 년 동안 150여 명의 사람을 죽음에 이르게 한 크로이츠펠트-야콥병(Creutzfeldt-Jakob) 등을 포함한다. 광우병에 걸린 소에서 프리온이 포함된 쇠고기를 식용으로 먹은 사람들에게 프리온이 가장 잘 전파된다. 또 다른 종류의 프리온에 의한 질병으로 쿠루병(Kuru)이 있는데 이는 1900년대 초에 뉴기니의 사우스 포레(South Fore) 원주민 집단에서 처음 알려졌다. 1960년대에 이르러 쿠루병이

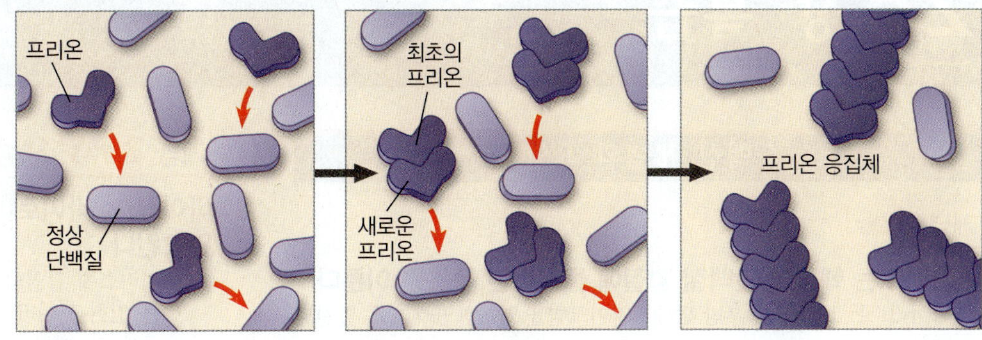

▶ 그림 26.10 **프리온의 증폭 과정을 설명하는 모형.** 프리온 단백질은 정상적인 뇌 단백질이 잘못 접혀서 생긴다. 프리온이 정상적으로 접힌 단백질과 접하게 되면 정상 단백질을 비정상적인 구조로 바꾼다. 이 같은 연쇄반응이 계속되면서 프리온 단백질이 축적되어 위험 수위에 이르면 세포의 기능이 제대로 이루어지지 않고 결국 뇌가 퇴화된다.

그 지역에서 크게 유행하여 쿠루병을 유전 질환이라 생각했던 여러 과학자들을 혼란에 빠뜨렸다. 그러나 결국 인류학적 연구를 통해 그 병이 어떻게 전해지는지 밝혀내었다. 당시 사우스 포레 원주민들 사이에 널리 퍼져 있었던 식인의식이 원인이었던 것이다.

프리온은 두 가지 주목할 만한 특징을 지닌다. 첫째, 프리온은 매우 천천히 작용한다. 증상이 나타나기 전에 적어도 10여 년 정도의 잠복기를 거친다. 잠복기가 길어지면서 감염원을 확인하지 못한 채 증상이 처음 나타나기도 전에 이미 여러 차례 전염되곤 한다. 둘째, 프리온을 파괴하는 것은 거의 불가능하다. 프리온은 보통의 조리온도에서는 파괴되지도 활성을 잃지도 않는다. 지금까지 프리온성 질환에 대한 치료법은 알려지지 않았다. 효과적인 치료법을 개발하기 위한 유일한 희망은 감염 과정을 이해하는 것이다.

스스로 복제할 수 없는 단백질이 어떻게 전염될 수 있을까? 현재의 주류 가설은 프리온은 정상적으로 뇌세포에 존재하는 단백질이 잘못 접혀진 형태라는 것이다. 프리온이 정상 단백질이 들어 있는 세포 안으로 침입하면 정상적인 단백질을 프리온 형태로 전환시킨다. 여러 분자의 프리온은 서로 사슬형태로 합쳐지면서 다른 정상 단백질을 프리온으로 바꿀 수 있는 복합체가 된다 (그림 26.10). 프리온이 응집되면 정상적인 세포 기능이 저해되어 질병이 나타난다. 1980년대 초반에 프루시너(Stanley Prusiner)가 처음 이와 같은 가설을 제시하였을 때 많은 사람이 회의적인 반응을 보였으나, 이제는 이 가설이 널리 수용되고 있다. 프루시너는 프리온에 대한 연구 업적으로 1997년 노벨상을 수상했다. 그는 최근 프리온이 또한 알츠하이머와 파킨슨병과 같은 퇴행성 뇌 질환에도 관여한다는 가설을 제시했다. 이들 작은 감염체에 대한 해결되지 않은 의문은 수없이 많이 남아 있다.

개념 확인 문제 26.3

1. 기존에 존재하였던 바이러스가 새로 출현하게 되는 과정을 설명하라.
2. 바이러스의 수평전파와 수직전파를 비교하라.
3. DRAW IT 거의 모든 담배 제품에서 TMV가 발견되었다. 그럼에도 불구하고 담배를 피우는 사람들 사이에서 TMV 감염이 문제가 되지 않는 이유는 무엇일까?

정답은 부록 A 참조

26장 복습

핵심 개념의 요약

개념 26.1

바이러스는 핵산이 단백질 껍질에 둘러싸인 구조를 이룬다

- 바이러스는 1800년대 후반 담배모자이크병을 연구하면서 처음 발견되었다.
- **바이러스(virus)**는 작은 핵산 유전체가 단백질 **캡시드(capsid)**로 둘러싸인 구조이며 막으로 이루어진 외피가 존재하는 경우도 있다. **외피(viral envelope)**에는 바이러스가 세포 안으로 침입하는 과정을 도와주는 바이러스 단백질이 존재한다. 바이러스 유전체는 단일가닥 또는 이중가닥의 DNA나 RNA로 이루어진다.

? 바이러스를 일반적인 생명체로 간주할 수 있을까? 그 이유는?

개념 26.2

바이러스는 숙주세포에서만 증식한다

- 바이러스는 숙주가 지니는 효소, 리보솜, 작은 분자 등을 이용하여 자손 바이러스 입자를 형성한다. 바이러스마다 **숙주범위(host range)**가 다르다.
- **파지(phage**; 세균을 감염시키는 바이러스)는 **용균성 회로(lytic cycle)**와 **용원성 회로(lysogenic cycle)**의 두 가지 과정으로 증식할 수 있다.

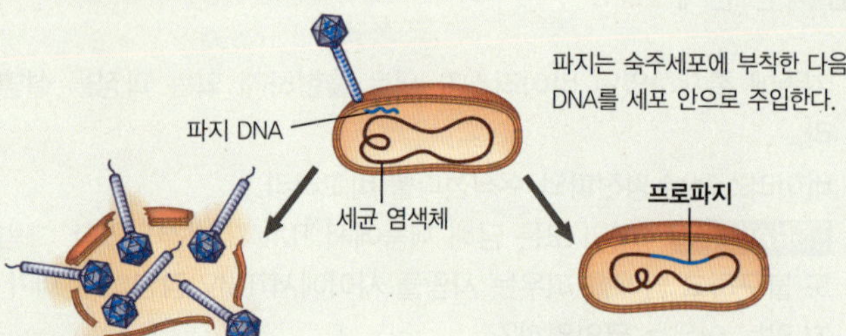

- 많은 종류의 동물 바이러스가 외피를 지닌다. **HIV**와 같은 **레트로바이러스(retrovirus)**는 **역전사효소(reverse transcriptase)**를 이용하여 자신의 RNA 유전체를 DNA로 복사한다. 복제된 DNA는 숙주의 유전체에 삽입되어 **프로바이러스(provirus)**의 형태로 존재하기도 한다.
- 바이러스는 세포 내에서만 증식할 수 있으므로 최초의 세포가 나타난 이후에 세포의 핵산 일부가 따로 포장되면서 생성되었을 것으로 생각된다. 바이러스의 유래에 대해서는 여전히 논쟁이 진행되고 있다.

? 대부분의 세포에는 존재하지 않지만 특정 종류의 바이러스 복제에는 반드시 필요한 효소에 대해 설명하라.

개념 26.3

바이러스, 바이로이드, 프리온은 동식물에서 심한 질병을 일으킨다

- 바이러스에 감염되었을 때 나타나는 증상은 바이러스가 세포에 직접 해를 입혀서 나타나는 것일 수도 있고 신체의 면역반응에 의한 것일 수도 있다. **백신(vaccine)**은 우리 몸의 면역체계를 촉진하여 특정한 바이러스를 방어할 수 있도록 해준다.
- 질병이 광범위하게 퍼져 발병하는 경우를 **유행성(epidemic)**이라 하며 이것이 여러 나라에 걸쳐 확산되는 경우를 **범유행성(pandemic)**이라 한다.
- "새로운"바이러스 질환의 집단 발병은 대개 기존에 존재하고 있었던 바이러스가 숙주의 범위를 확장하면서 나타난다. 2009년의 H1N1 독감바이러스는 돼지, 사람, 조류 바이러스 유전자의 새로운 조합형으로 범유행성 독감을 일으켰다. H5N1 조류 독감바이러스 또한 심각한 범세계적인 독감유행을 야기할 가능성이 있다.
- 바이러스는 손상된 세포벽을 통한 수평적 전파, 또는 어버이 세대에서 자식에게로 수직적 전파과정을 통해 식물세포에 침입한다.
- **바이로이드(viroid)**는 식물을 감염시켜 성장을 저해하는 RNA 분자다. **프리온(prion)**은 오랜 기간에 걸쳐 작용하는 사실상 파괴하기 어려운 감염성 단백질로 포유류에서 뇌질환을 일으킨다.

? RNA 바이러스의 어떤 특성이 DNA 바이러스에 비해 새로운 바이러스를 출현시키기 유리한가?

생각해보자

수준 1: 지식/이해

1. 다음 특성, 구조, 과정 가운데 세균과 바이러스가 공통적으로 갖는 것은?
a. 대사
b. 리보솜
c. 핵산으로 이루어진 유전물질
d. 세포분열

2. 신종 바이러스가 나타나는 까닭은?
a. 기존 바이러스의 돌연변이
b. 새로운 숙주로 기존의 바이러스가 전파
c. 숙주범위의 생물종 내부에서 기존의 바이러스가 더 널리 전파
d. a, b, c 모두 정답

3. H5N1 조류 독감바이러스가 인류 집단에서 범유행성 질병을 일으키려면?
a. 침팬지와 같은 유인원에게 전파되어야 한다.
b. 새로운 숙주 범위를 갖는 바이러스로 바뀌어야 한다.
c. 사람에게서 사람으로 전파될 수 있어야 한다.
d. 더욱 병원성이 강해져야 한다.

수준 2: 응용/분석

4. T2 파지의 단백질 껍질과 T4 파지의 DNA를 지니는 박테리오파지를 실험실에서 제조하여 세균에 감염시켰다. 자손 파지는 어떤 것이겠는가?
   a. T2 단백질과 T4 DNA
   b. T2 단백질과 T2 DNA
   c. T4 단백질과 T4 DNA
   d. T4 단백질과 T2 DNA

5. RNA 바이러스는 바이러스 자체에서 특정한 효소를 반드시 갖고 있어야 한다. 그 이유는?
   a. 숙주세포가 바이러스를 빠른 속도로 파괴하기 때문이다.
   b. 숙주세포에는 바이러스 유전체를 복제할 수 있는 효소가 없기 때문이다.
   c. 이들 효소가 바이러스 mRNA를 단백질로 번역하기 때문이다.
   d. 이들 효소가 있어야 숙주에 세포막을 뚫고 들어갈 수 있기 때문이다.

6. **DRAW IT** mRNA와 동일한 단일가닥 RNA 유전체를 지니는 바이러스(IV 유형 바이러스)의 생활사를 그림 26.7과 같은 형태로 그려라.

수준 3: 종합/평가

7. **진화적 관점**
   일부 바이러스는 숙주 내에서 진화할 수 있는 능력이 있어 성공적으로 생존해 왔다. 이런 바이러스는 빠른 속도로 변이를 일으키고 신체의 면역체계가 바이러스를 공격하기 전에 변형된 자손 바이러스를 다량으로 방출함으로써 숙주의 방어체계를 피한다. 따라서 감염 후기에 나타나는 바이러스는 숙주를 처음 감염시킨 바이러스와 다르다. 이와 같은 경우를 예로 들어 미소생태계 내에서의 진화를 설명하라. 어떤 바이러스 계통이 살아남는 경향을 보이겠는가?

8. **과학적 탐구**
   동물이 세균에 감염되면 몸 안에서 세균의 수가 기하급수적으로 증가한다(그래프 A). 그러나 독성 동물 바이러스에 감염된 경우에는 한 동안 바이러스가 감지되지 않는다. 그러고 나서 일정 시간이 지난 다음 바이러스의 수가 갑자기 늘어나는 과정이 몇 차례 반복된다(그래프 B). 세균과 바이러스의 생장곡선이 다르게 나타나는 이유를 설명하라.

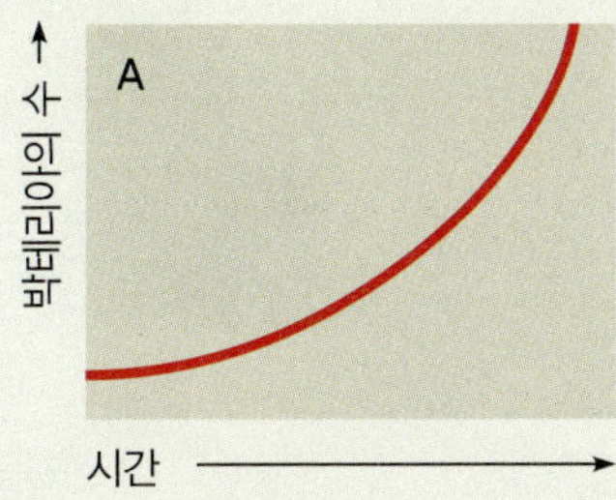

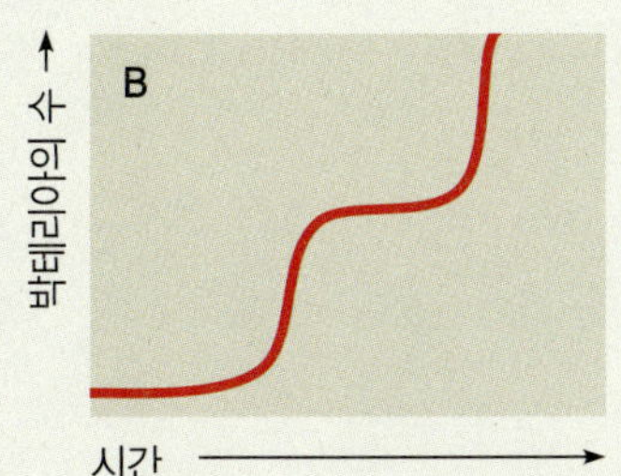

9. **글쓰기: 지식의 체계화**
   대부분의 과학자들이 바이러스를 무생물로 간주한다. 그러나 바이러스도 구조와 기능이 서로 연관되어 있다는 점을 포함하여 몇 가지 생명체의 특징을 지니고 있다. 100~150단어의 짧은 글을 지어 바이러스의 구조가 그 기능과 어떻게 연관되어 있는지를 논하라.

10. **종합적으로 생각해보기**

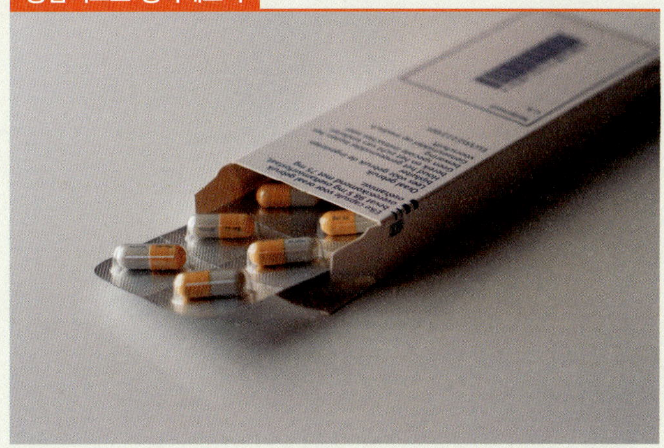

오셀타미비어(Oseltamivir, 제품명 타미플루)는 독감에 걸렸을 때 처방되는 약제로 뉴라미니데이즈 효소를 억제한다. 이 약물은 독감에 걸리는 것을 막아주거나 감염된 환자가 독감으로 고생하는 시간을 단축하기 위해 사용한다. 이 약제는 어떻게 이와 같은 효과를 나타낼 수 있을까?

정답은 부록 A 참조

27 원핵생물

핵심 개념

27.1 원핵생물은 구조적, 기능적 적응을 통해 성공적으로 진화했다

27.2 원핵생물은 증식 속도가 빠르고 돌연변이와 유전자 재조합의 빈도가 높아 유전적으로 매우 다양하다

27.3 원핵생물에서는 영양 방식과 대사 과정이 다양하게 진화했다

27.4 원핵생물은 전방위로 진화하여 다양한 계통을 형성해왔다.

27.5 원핵생물은 생물권에서 중요한 역할을 한다

27.6 원핵생물은 인간에게 이롭기도 하고 해롭기도 하다

▲ **그림 27.1** **이 호수의 물은 왜 분홍색일까?**

적응의 달인

갈수기에 아프리카 서쪽 세네갈의 레트바 호수(Lake Retba)는 분홍빛으로 변한다 (**그림 27.1**). 이는 물이 너무 짜서 살짝 닿기만 해도 피부에서 수분이 빠져나갈 수 있다는 신호다. 염분의 농도는 40%에 이르기까지 높아질 수 있으며 이는 바닷물 염분 농도의 거의 10배에 이른다. 그렇지만 이 정도의 악조건에서 호숫물의 색이 붉게 변하는 까닭은 호수에 남아 있는 무기질 같은 물질 때문이 아니라 바로 살아 있는 생물 때문이다. 도대체 어떤 생물체가 그처럼 황폐한 환경에서 살 수 있을까? 그리고 이들은 어떻게 살아갈까?

이 호수의 분홍빛은 고세균 영역과 진정세균 영역에 속하는 수많은 원핵생물이 빚어내는 색이다. 여기에는 고세균 영역의 할로박테리아(*Halobacterium*)도 포함된다. 이 고세균의 막에 있는 붉은색 세균로돕신(bacteriorhodopsin)은 빛에너지를 사용하여 ATP를 합성한다. 할로박테리아는 지구상에서 염분의 농도를 가장 잘 견디는 생물로, 다른 세포라면 탈수로 죽을 정도로 염분의 농도가 높은 환경에서도 살아간다. 이 고세균은 포타슘이온(K^+)이나 그 밖의 다른 이온을 세포 안으로 흡수하여 세포 안팎의 이온 농도를 맞춤으로써 삼투에 의한 수분 손실을 방지한다.

다른 원핵생물들도 할로박테리아처럼 높은 적응력을 나타낸다. 예를 들면, 데이

노코쿠스 라디오두란스(*Deinococcus radiodurans*)는 300만 라드의 방사능을 견딜 수 있다. (이는 사람에게 치명적인 방사능의 3,000배에 달한다.) 피크로필루스 오쉬마에(*Picrophilus oshimae*)는 pH가 0.03인 조건에서도 자랄 수 있다. 이는 금속을 충분히 녹일 정도로 낮은 pH다. 다른 원핵생물 또한 대부분의 생물이 살아가기에는 너무 춥거나 너무 뜨거운 환경에서 살아간다. 또 어떤 원핵생물은 지표면에서 3.2 km 아래의 지하에서 살아가기도 한다.

원핵생물은 대부분의 다른 생물이 살아가는 땅이나 물속과 같은 "정상적인" 서식처에서도 매우 잘 적응하여 살아간다. 원핵생물이 지구에서 가장 많은 수를 차지할 수 있는 것은 이처럼 광범위한 서식처에 적응할 수 있는 능력 때문이며 그런 까닭에 원핵생물은 지구상에 가장 많이 존재하는 생물이다. 비옥한 토양 한 줌에 지금까지 지구에 살아온 모든 사람들의 수보다 훨씬 많은 원핵생물이 존재한다. 이 장에서는 원핵생물의 적응, 다양성, 생태학적 영향을 비롯하여 생명의 세 개 영역 가운데 두 개를 차지하는, 이들 작지만 놀라운 생명체가 인간에게 얼마나 중요한지를 알아보고자 한다.

개념 27.1

원핵생물은 구조적, 기능적 적응을 통해 성공적으로 진화했다

지구상에 존재한 최초의 생물체는 원핵생물로 추정된다(25장). 길고 긴 진화의 역사를 통해서 원핵생물 개체군은 수많은 서로 다른 환경 조건 아래서 자연선택되어 왔고 또한 자연선택의 과정은 지금도 계속 진행되고 있다. 그 결과 오늘날 엄청난 다양성을 보이고 있다.

먼저 원핵생물의 형태를 살펴보자. 대부분의 원핵생물은 단세포성이나 일부 종은 한시적으로 또는 영구적으로 군체의 형태를 이루기도 한다. 전형적인 원핵세포의 지름은 0.5~5 μm 정도로 지름이 평균 10~100 μm에 이르는 진핵세포에 비해 훨씬 작다. [물론 예외도 있는데 티오마르가리타 나미비엔시스(*Thiomargarita namibiensis*)라는 거대한 원핵생물은 지름이 750 μm에 달해 육안으로도 볼 수 있을 정도이다.] 원핵세포는 여러 가지 모양을 지닌다(그림 27.2). 마지막으로 원핵생물은 단세포이고 크기는 작지만 잘 조직되어 하나의 세포 안에서 개체의 모든 생명활동이 이루어질 수 있다.

세포의 표면구조

거의 모든 원핵세포에서 핵심적인 특징은 세포벽에 있다. 세포벽은 세포의 모양을 유지하고 물리적으로 보호하며 세포가 저장액에서 파괴되는 것을 막아준다(그림 8.12). 고장액 환경에서 대부분의 세포는 수분을 잃고 세포벽에서 막이 분리되며 줄어든다(원형질 분리). 수분이 심하게 손실되면 세포의 증식이 억제된다. 이러한 원리를 이용하여 육류나 생선을 저장할 때 소금을 사용하는 것이다.

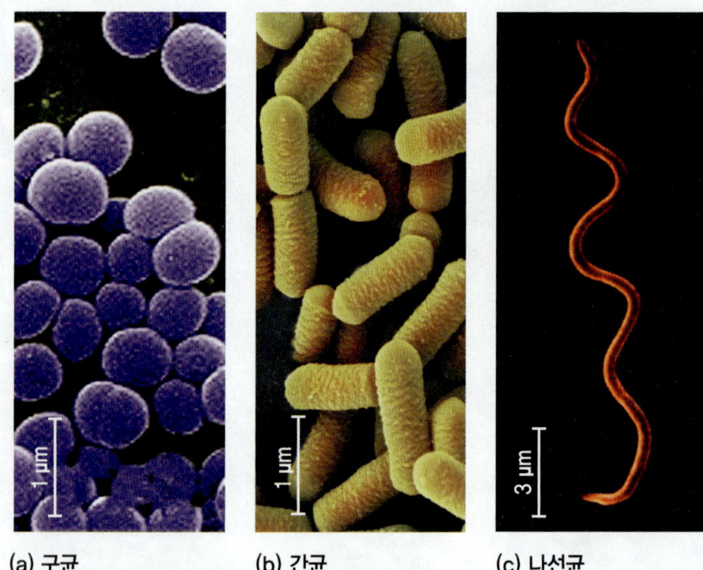

(a) 구균 (b) 간균 (c) 나선균

▲ **그림 27.2 가장 일반적인 원핵생물의 모양. (a)** 구균은 둥근 공 모양의 원핵생물이다. 구균은 각기 따로 존재하거나, 짝을 이루어 존재하거나(쌍구균), 여러 세포가 사슬 모양으로 늘어져 있거나(연쇄상구균, 위 그림), 포도송이처럼 모여 있는 경우도 있다(포도상구균). **(b)** 간균은 길쭉한 막대 모양을 하는 세균이다. 대개 단독으로 존재하나 가끔 사슬처럼 일렬로 배열하고 있는 것도 있다(연쇄상간균). **(c)** 나선형 원핵생물은 문장부호 쉼표 모양에서 긴 코일 모양에 이르기까지 다양한 길이를 갖는 나선균(spirilla)과 나사 모양의 긴 스피로헤타(spirochete, 위 그림)가 있다(채색된 SEM).

원핵생물의 세포벽은 진핵생물의 세포벽과 구조와 조성이 다르다. 진핵세포의 세포벽은 대개 셀룰로오스나 키틴으로 이루어졌다(개념 5.2). 반면 대부분의 세균 세포벽에는 **펩티도글리칸(peptidoglycan)**이 들어 있다. 펩티도글리칸은 짧은 폴리펩타이드로 연결된 변형된 당의 중합체가 망상구조를 이룬 것이다. 이와 같은 분자 수준의 망상구조는 전체 세포를 둘러싸고 다른 분자들을 지지하여 표면으로 돌출되도록 한다. 고세균의 세포벽에는 펩티도글리칸이 없고 다양한 다당류와 단백질이 포함되어 있다.

19세기 덴마크의 의사인 그람(Hans Christian Gram)이 개발한 **그람염색법(Gram stain)**을 이용하면 세포벽의 구조에 따라 대부분의 세균을 두 종류로 구분할 수 있다. 미생물이 포함된 시료를 먼저 크리스털 바이올렛과 아이오딘(요오드)으로 염색한 다음 알코올로 세척한다. 마지막으로 사프라닌과 같은 붉은색 염료로 다시 염색한다. 세균 세포벽 구조가 다르면 이와 같은 방법으로 염색을 했을 때 서로 다른 색을 나타낸다(그림 27.3). **그람양성(Gram-positive)** 세균은 펩티도글리칸의 함량이 높은 단순한 세포벽 구조를 이룬다. **그람음성(Gram-negative)** 세균의 세

▼ **그림 27.3 그람염색법**

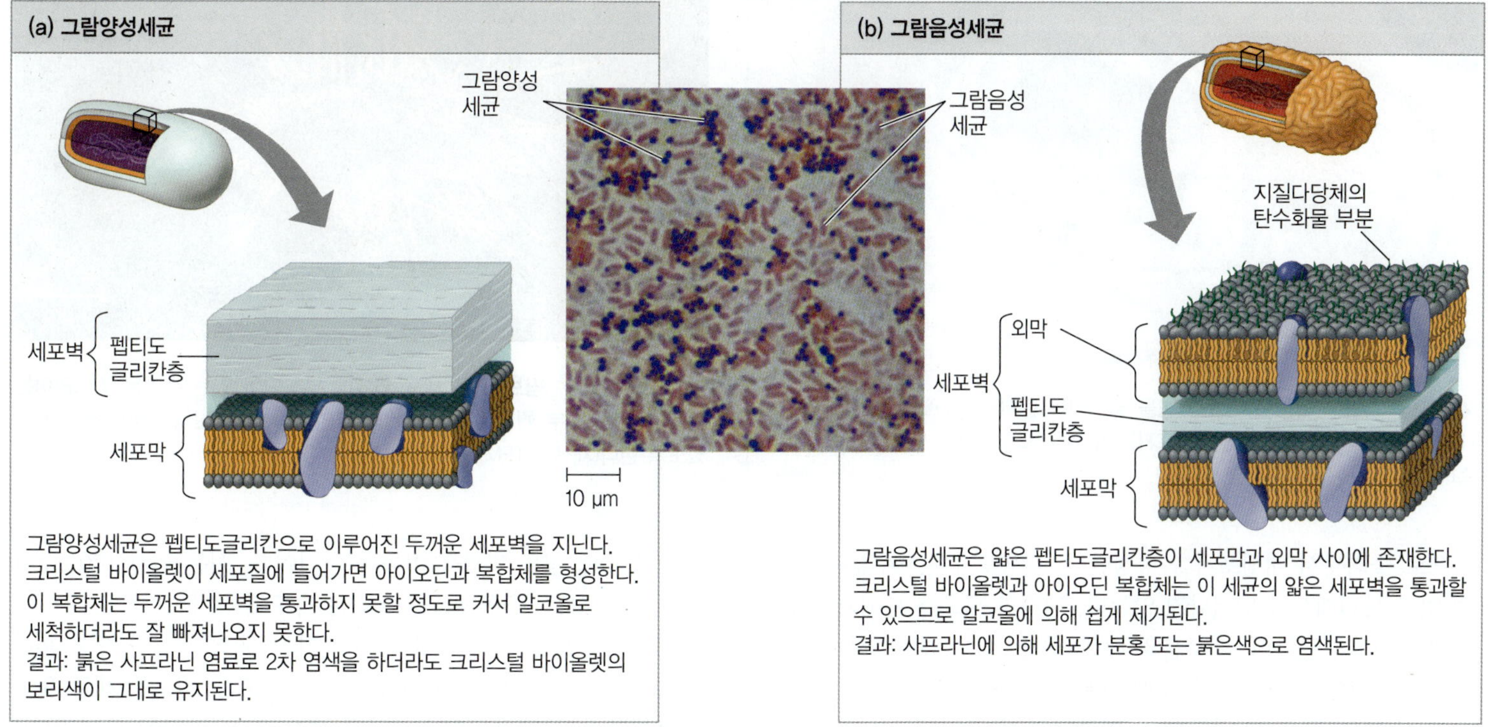

그람양성세균은 펩티도글리칸으로 이루어진 두꺼운 세포벽을 지닌다. 크리스털 바이올렛이 세포질에 들어가면 아이오딘과 복합체를 형성한다. 이 복합체는 두꺼운 세포벽을 통과하지 못할 정도로 커서 알코올로 세척하더라도 잘 빠져나오지 못한다.
결과: 붉은 사프라닌 염료로 2차 염색을 하더라도 크리스털 바이올렛의 보라색이 그대로 유지된다.

그람음성세균은 얇은 펩티도글리칸층이 세포막과 외막 사이에 존재한다. 크리스털 바이올렛과 아이오딘 복합체는 이 세균의 얇은 세포벽을 통과할 수 있으므로 알코올에 의해 쉽게 제거된다.
결과: 사프라닌에 의해 세포가 분홍 또는 붉은색으로 염색된다.

포벽은 펩티도글리칸의 양이 적고 구조가 복잡하여 세포벽 바깥쪽에 지질다당체(lipopolysaccharide)로 이루어진 막이 둘러싸고 있다.

그람염색법은 환자가 그람양성세균에 감염되었는지 그람음성세균에 감염되었는지를 쉽게 알 수 있어 치료에 큰 도움이 된다. 많은 그람음성세균의 세포벽에 포함된 지질다당체의 지질 성분은 독성이 있어 동물에게 열이나 쇼크를 일으킨다. 나아가서 그람음성세균의 외막은 동물 체내의 방어 체계로부터 세균을 보호한다. 그람음성세균은 또한 그람양성세균보다 항생제에 더 내성이 강한 경향을 보인다. 외막이 항생제의 투과를 저해하기 때문이다. 그러나 특정한 그람양성세균(예를 들면, 결핵균 등)은 한 종류 이상의 항생제에 내성을 지니기도 한다. (그림 21.14에서 이에 속하는 한 가지 사례를 다루고 있다. 다약제내성 황색포도상구균은 치명적인 피부감염을 일으킬 수 있다.)

페니실린계 항생제는 펩티도글리칸의 교차연결 형성을 저해함으로써 항생제로 작용한다. 펩티도글리칸이 교차연결되지 않으면 특히 그람양성세균에서 세포벽의 기능을 잃게 된다. 이와 같은 약제는 펩티도글리칸 성분을 포함하지 않는 인간세포에는 영향을 주지 않고 병을 일으키는 세균만을 파괴할 수 있다.

많은 원핵생물의 세포벽은 다당류 또는 단백질로 구성된 끈끈한 외층으로 둘러싸여 있다. 이 층이 조밀하고 다른 부분과 비교적 명확하게 구분되면 **협막**(**capsule**, **그림 27.4**)이라 하고 비교적 덜 구조화되어 있는 경우라면 **점액층**(slime layer)이라 부른다.

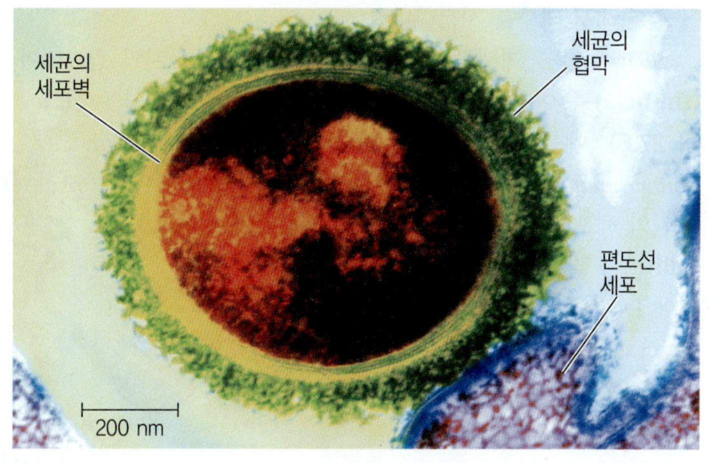

▲ **그림 27.4 협막.** 연쇄상구균, *Streptococcus*를 둘러싸고 있는 다당류 협막은 원핵세포가 호흡기관의 세포(채색된 위의 TEM 영상에서는 편도선 세포)에 부착시킨다.

두 가지 모두 원핵생물이 기질이나 다른 개체에 부착하여 콜로니를 형성할 수 있도록 돕는다. 일부 세균에서 협막이나 점액층은 탈수현상을 낮추고 또 다른 병원성 원핵생물에서는 숙주의 면역 체계가 세균을 공격하는 것을 막아준다.

세균이 열악한 조건에서도 견딜 수 있게 하는 또 다른 방편으로 일부 세균은 필수 영양물질이 부족할 때면 **내생포자**(**endospore**)라 부르는 견고한 구조를 형성한다(**그림 27.5**). 이때 원래의 영양세포는 염색체를 복제한 다음 이를 단단한 여러 겹의

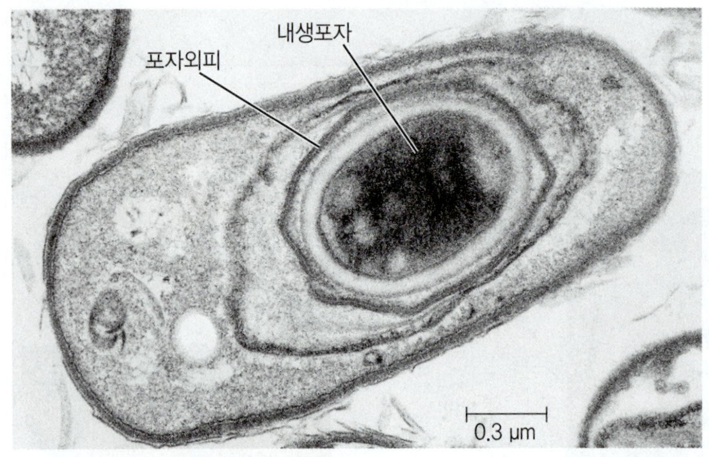

▲ **그림 27.5 내생포자.** 탄저병을 일으키는 탄저균(*Bacillus anthracis*)은 내생포자를 형성한다(TEM). 내생포자는 두꺼운 보호층으로 덮여 있어 토양 속에서 여러 해 동안 생존할 수 있다.

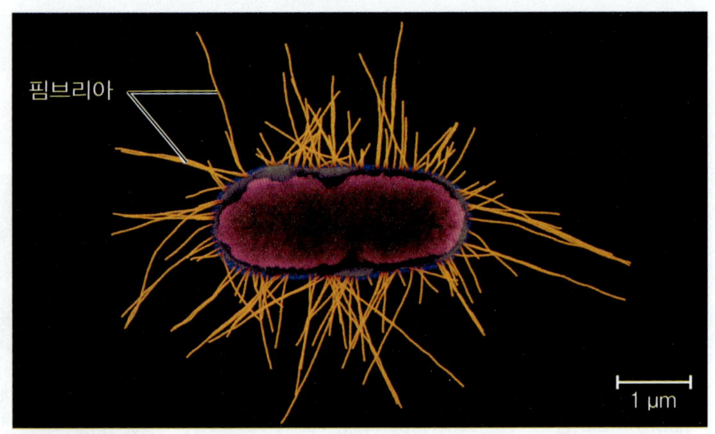

▲ **그림 27.6 핌브리아.** 세포 외부에 부착되어 있는 수많은 핌브리아는 이를 지니는 일부 원핵생물이 물체의 표면이나 다른 원핵생물에 부착할 수 있도록 한다(채색된 TEM).

벽으로 둘러싸서 내생포자를 형성한다. 내생포자에는 수분이 거의 없고 물질대사가 일어나지 않는다. 원래의 세포가 분해되면서 내생포자만 방출한다. 대부분의 내생포자는 매우 견고해서 끓는 물에서도 살아남는다. 그렇기 때문에 실험 기구는 고압의 조건에서 섭씨 121도로 가열 멸균한다. 이보다 덜한 환경에서는 내생포자가 휴면상태로 수백 년을 존속하다 환경이 좋아지면 다시 물을 흡수해서 대사를 시작한다.

또한 일부 원핵생물은 털과 같은 단백질 부속지인 **핌브리아(fimbria)**를 이용하여 기질이나 다른 세포에 달라붙는다(그림 27.6). 예를 들어 임질을 일으키는 임질균(*Neisseria gonorrhoeae*)은 핌브리아를 이용해서 숙주의 점막에 자신의 세포를 고정시킨다. 핌브리아는 대개 **선모(pili)**보다 짧고 수가 많다. 선모는 두 세포 사이에 DNA를 교환하기 전에 두 개의 세포를 서로 끌어당겨 주는 부속지를 말하며(그림 27.12), 때로 성선모(sex pili)라고도 부른다.

운동성

대략 절반 정도의 원핵생물이 방향성을 가지고 이동할 수 있는 능력인 **주성(taxis)**을 갖는다(그리스어로 *taxis*는 배열을 뜻한다). 예를 들어 화학주성(chemotaxis)을 보이는 원핵생물은 화학물질에 반응하여 운동성을 보인다. 세포는 영양물질 또는 산소가 있는 쪽으로 이동하거나(양성 화학주성) 독성물질이 없는 쪽으로 이동한다(음성 화학주성). 일부는 50 μm/sec 이상의 속도로 움직일 수 있다. 이는 1초에 자기 길이의 50배 정도 거리를 이동하는 것이다. 이는 키가 170 cm인 사람이 한 시간에 306 km를 달리는 속도에 해당한다!

원핵생물을 움직이게 하는 여러 가지 구조 가운데 가장 흔히 볼 수 있는 것이 편모(flagella)이다(그림 27.7). 편모는 세포 표면에 전체적으로 퍼져 있거나 한 쪽 또는 양쪽 말단에 모여 있다. 원핵생물의 편모는 진핵생물 편모와는 크게 다르다. 진핵세포의 편모에 비해 그 폭이 1/10 정도에 불과하며 원형질막으로 덮여 있지 않다(그림 7.24). 원핵생물의 편모는 또한 진핵 편모와는 분자적 구성 및 추진 방식이 전혀 다르다. 원핵생물들만 비교하자면 진정세균과 고세균

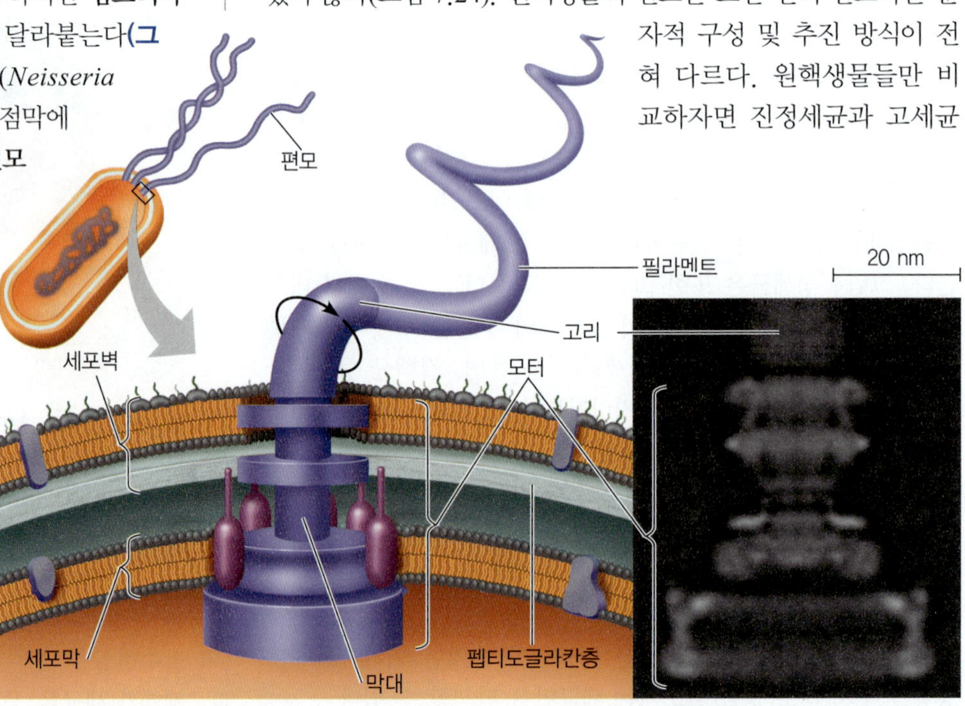

▲ **그림 27.7 원핵생물의 편모.** 원핵생물의 편모를 움직이는 모터는 세포벽과 세포막에 함몰되어 있는 고리구조인 기저체에 존재한다(TEM). 전자전달계는 양성자를 세포 밖으로 내보낸다. 밖으로 나간 양성자가 다시 세포 안으로 확산되면서 되돌아오는 힘으로 구부러진 고리구조를 회전시킨다. 이에 따라 고리에 연결된 필라멘트가 돌아가면서 세포의 운동을 추진한다. (이 모식도는 그람음성세균의 전형적인 편모구조를 나타낸다.)

의 편모는 그 크기와 회전 방식은 유사하지만, 서로 다른 단백질로 구성된다. 편모의 구조와 구성 분자를 전체적으로 비교한 결과, 진정세균, 고세균 및 진핵생물의 편모는 서로 독립적으로 진화한 것으로 추정된다. 이 세 영역들에서 개체의 편모는 비슷한 기능을 수행하지만 서로 공통조상에서 유래된 것이 아니라는 점에서 이 기관들은 상동기관이라기보다 상사기관으로 보는 편이 타당해 보인다.

진정세균 편모의 진화적 기원

그림 27.7에 나타난 진정세균의 편모는 크게 세 부분으로 나눌 수 있으며 도합 42종의 서로 다른 단백질로 구성된다. 어떻게 해서 이처럼 복잡한 구조가 진화할 수 있었을까? 사실 세균의 편모는 훨씬 간단한 구조가 오랜 기간에 걸쳐 단계적으로 변형되어 형성된 것으로 생각된다. 사람 눈의 경우와 마찬가지로(개념 25.6), 생물학자들은 지금처럼 복잡하게 기능을 지닌 형태로 변하기 이전 상태의 중간 단계가 어떻게 이를 지닌 생물에게 유용성을 줄 수 있을까 궁금해 했다. 수백 종의 세균 유전체를 분석한 결과 편모 단백질 구성성분의 절반 정도만이 고유의 기능을 지니는 것으로 알려졌다. 21종의 단백질은 지금까지 연구된 모든 세균종에서 필수적인 기능을 지니는 반면, 19종은 세균에서 다른 기능을 수행하는 단백질이 변형된 형태였다. 예를 들어 모터 부분을 이루는 10종의 단백질은 세균의 분비체계를 구성하는 10개의 유사한 단백질과 상동이다.(분비체계는 특정한 고분자를 세포 밖으로 분비하는 데 필요한 단백질 복합체다.) 모터를 이루는 또 다른 두 개의 단백질은 이온수송 기능을 하는 단백질과 유사하다. 이들 막대와 고리, 필라멘트를 이루는 단백질은 모두 서로 진화적인 연관성을 보이며 성선모와 유사한 튜브구조를 형성하는 조상 단백질에서 유래되었다. 이와 같은 결과는 이전에 만들어져 있었던 분비체계에 다른 단백질이 더해지면서 세균의 편모가 진화되어 왔다는 사실을 시사한다. 이는 기존의 구조가 여러 세대를 통해 전해지는 과정에서 변형되면서 새로운 기능을 갖는 과정인 굴절적응(exaptation, 창출적응)의 사례이다.

세포내부 구조 및 DNA

원핵세포는 진핵세포에 비해 세포의 내부 구조 및 유전체 구조가 단순하다(그림 7.5). 원핵세포는 진핵세포처럼 세포 내부가 복잡하게 막으로 나뉘어져 있지 않다. 그러나 일부 원핵세포에는 대사 기능을 하는 특수한 막구조가 존재한다(**그림 27.8**). 이들 막구조는 대개 세포막이 안으로 함입되면서 형성된 것이다. 최근 이루어진 발견에 따르면 어떤 원핵생물들은 단백질로 이루어진 단순한 구획 안에 대사 부산물을 저장하기도 한다. 그러나 이 구획들이 생체막 구조로 둘러싸여 있지는 않다.

원핵세포의 유전체는 구조적으로 진핵세포와는 매우 다르며 DNA 함량도 훨씬 적다. 대부분의 원핵세포에서 유전체는 한 분자의 원형 염색체로 구성되며 상대적으로 적은 양의 단백질이 유전체와 결합하고 있다(**그림 27.9**). 반면 진핵세포의 염색체는 선형이다. 또한 진핵세포와는 달리 원핵세포에는 막으로 둘러싸인 핵이 존재하지 않는다. 대신 원핵세포의 세포질을 전자현미경으로 관찰하면 주변의 세포질보다 더 밝게 보이는 **핵양체(nucleoid)**가 존재한다. 또한 전형적인 원핵세포에는 단일 염색체 외에도 염색체보다 훨씬 작으면서 독립적으로 복제되는 DNA 분자가 있는데, 이를 **플라스미드(plasmid)**라 부른다(그림 27.9). 플라스미드에는 대개 단 몇 개 정도의 유전자만이 포함되어 있다.

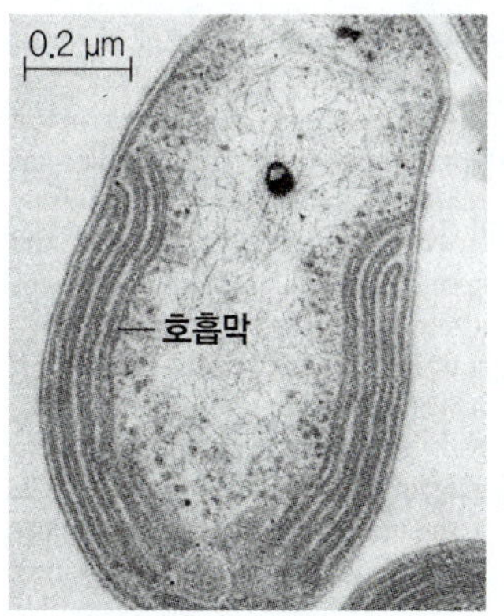

(a) 호기성 원핵생물

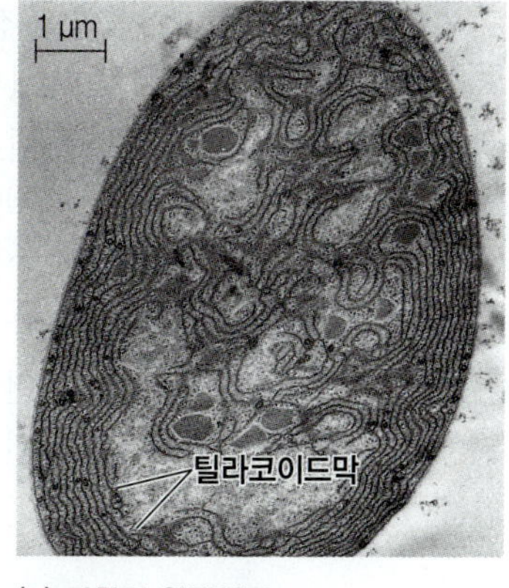

(b) 광합성 원핵생물

▲ **그림 27.8 원핵생물의 특수한 막구조.** **(a)** 미토콘드리아 크리스테 구조의 흔적을 볼 수 있는 세포막의 함입구조로 일부 호기성(유산소) 원핵생물은 이러한 막구조를 이용하여 세포호흡의 효율을 높인다(TEM). **(b)** 남세균(시아노박테리아)이라 불리는 광합성 원핵생물은 엽록체 구조와 매우 유사한 틸라코이드 막구조를 이룬다(TEM).

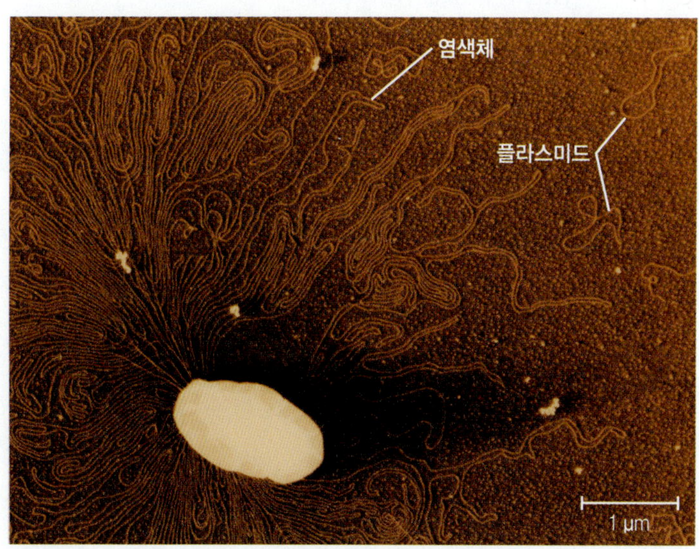

▲ **그림 27.9 원핵생물 염색체와 플라스미드.** 파괴된 대장균 세포 주변으로 이리저리 얽혀 있는 얇은 고리구조는 세포의 거대한 원형 염색체의 일부이다(채색된 TEM). 염색체보다 훨씬 작은 고리구조의 DNA인 플라스미드 3개도 보인다.

DNA 복제, 전사, 번역의 과정은 원핵세포와 진핵세포에서 기본적으로 동일한 과정이지만 세부적으로는 일부 다른 점도 있다(17장). 그 중 하나를 예로 들면, 원핵세포의 리보솜은 진핵세포의 리보솜보다 크기가 작고 단백질과 RNA 성분이 다르다. 이와 같은 차이로 인해 에리트로마이신이나 테트라사이클린과 같은 항생제는 원핵세포의 단백질 합성만 억제할 뿐 진핵세포에는 영향을 주지 못한다. 그 결과 이런 항생제를 이용하여 우리 신체에는 해를 입히지 않으면서 세균만 제거하거나 성장을 억제시킬 수 있는 것이다.

증식

원핵생물은 적절한 환경이 제공되면 매우 빨리 증식할 수 있다. 이분법(binary fission, 그림 12.12)에 의해 하나의 세포는 2개로, 또 4, 8, 16개로 계속 분열한다. 대부분의 원핵세포가 1~3시간마다 한 번씩 분열하지만 일부 세균은 최적조건에서 20분 만에 한 번씩 분열할 수 있다. 이러한 비율로 계속 증식하는 것이 가능하다면 원핵세포 단 하나가 분열하여 이틀 만에 지구보다 더 큰 덩어리를 이룰 수 있다.

물론 현실적으로 원핵세포가 무한정 증식할 수는 없다. 결국 영양물질이 고갈되고 대사 과정에서 독성물질이 생성됨에 따라 세균의 생장이 둔화되고 또한 다른 미생물과 경쟁을 해야 하며, 다른 생물에 의해 잡아먹히기도 한다. 그러나 많은 원핵생물이 빠르게 분열할 수 있다는 점에서 원핵세포 생물학의 세 가지 주요 특징이 드러난다. '원핵생물은 작고, 이분법에 의해 증식하며, 세대 시간이 짧다.' 그 결과 원핵생물의 집단은 수조 개의 개체로 이루어질 수 있으며, 동물이나 식물과 같은 다세포 진핵생물의 개체 수는 여기에 비할 바가 아니다.

개념 확인 문제 27.1

1. 다른 생물이 살아갈 수 없는 열악한 환경에서도 원핵생물이 살아남을 수 있는 적응의 방식을 적어도 두 가지 들고 설명하라.
2. 원핵생물과 진핵생물의 세포 및 DNA 구조를 비교하라.
3. MAKE CONNECTIONS 엽록체의 틸라코이드막이 남세균의 막 구조와 유사한 이유를 설명하는 가설을 제시하라. 그림 7.18과 그림 22.21을 참조하라.

정답은 부록 A 참조

개념 27.2

원핵생물은 증식 속도가 빠르고 돌연변이와 유전자 재조합의 빈도가 높아 유전적으로 매우 다양하다

4단원에서 살펴보았듯이 유전적 다양성이 진화를 가능하게 한다. 원핵생물이 지금처럼 광범위한 적응력을 보인 것은 이 집단들이 상당한 유전적 다양성을 확보하고 있다는 사실을 의미하며 실제로도 그렇다. 이 절에서는 원핵생물에서 유전적 다양성을 높여 준 세 가지, 빠른 증식, 높은 돌연변이 및 유전자 재조합에 대해 살펴보기로 한다.

빠른 증식과 돌연변이

유성생식의 방법으로 번식하는 생물에서는 특정한 유전자에서 새로운 돌연변이가 일어나 새로운 대립유전자가 생성되는 일은 흔치 않다. 대신 대부분의 유전적 다양성은 감수분열과 수정 과정에서 기존의 대립유전자가 새로운 형태로 재조합되면서 나타난다(13장). 원핵생물은 유성생식을 하지 않으므로 일견 이들이 유전적 다양성을 확보하고 있다는 사실은 뭔가 모순인 것처럼 보인다. 그러나 원핵생물은 빠르게 증식하고 돌연변이가 자주 일어나기 때문에 집단 내에 엄청난 유전적 다양성을 지닐 수 있다.

사람의 장 내에서 이분법으로 증식하는 대장균을 생각해 보자. 여러 번 반복해서 분열하더라도 대부분의 자손세포는 원래의 모세포와 유전적으로 동일하다. 그러나 삽입, 결실, 염기치환 등이 DNA상에서 일어나 유전적 조성이 약간 다른 자손도 일부 나타난다. 세포가 한 번 분열할 때, 특정 대장균 유전자에서 자연 돌연변이가 일어나는 확률은 평균 1,000만분의 1(1×10^{-7}) 정도에 불과하다. 그러나 한 사람당 대장 안에서 매일 새로 생성되는 대장균의 수가 2×10^{10} 마리에 이른다는 사실을 고려하면, 특정한 유전자 하나에 돌연변이가 일어난 세균의 수는 $(2 \times 10^{10}) \times (1 \times 10^{-7}) = 2{,}000$ 마리에 달한다는 사실을 알 수 있다. 대장균에 들어 있는 유전자의 수가 4,300개 정도이니, 한 사람의 몸 안에서 하루에 자라나는 대장균 가운데 돌연변이를 지니고 있는 세균의 수는 $4{,}300 \times 2{,}000 = 900$만 마리에 이른다는 계산이 나온다.

여기서 중요한 점은 유전자 하나당 돌연변이 발생률이 낮아도 세대 시간이 짧은 큰 집단에서는 새로운 돌연변이가 유전적 다양성을 상당히 높일 수 있다는 사실이다. 이러한 다양성은 또한 진화의 속도를 높일 수 있다. 환경에 유전적으로 잘 적응된 개체들로 구성된 세균의 집단은 적응이 덜 된 집단보다 생존을 잘 하고 또 더 빨리 증식할 것이다(**그림 27.10**). 원핵생물이 새로운 조건에 빠른 속도로 적응하는 능력은 세포구조가 진핵세포보다 더 간단하지만 이것이 원핵세포가 진화적 의미에서 "원시적"이거나 "열등한" 것이 아니라는 것을 의미한다. 사실 이들은 고도

▼ 그림 27.10 **탐구**

원핵생물은 환경변화에 대응하여 빠르게 진화할 수 있는가?

실험 미시간 주립대학교의 쿠퍼(Vaughn Cooper)와 렌스키(Richard Lenski)는 대장균 집단이 새로운 환경에 적응하는 능력을 검증하였다. 이들은 단일한 세포에서 무성생식의 방법으로 20,000세대(3,000일 동안)를 배양한 12개의 대장균 집단을 확립하였다. 지속적으로 자원을 공급하기 위하여 연구진은 매일같이 계대배양(serial transfer)을 하였다. 계대배양이란 각 집단의 0.1 mL를 9.9 mL의 신선한 배양액이 들어 있는 새로운 시험관에 옮겨주는 것을 말한다. 실험에서 사용된 배양액에는 생장에 필요한 아주 낮은 수준의 포도당과 다른 영양물질이 들어 있어 환경에서 압력이 가해지는 상태가 된다.

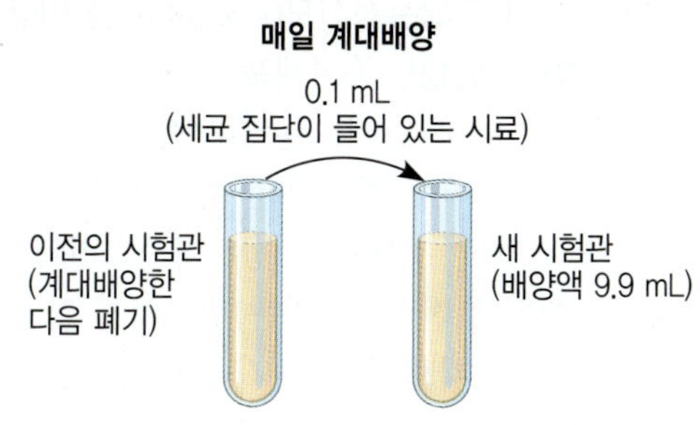

12개의 집단에서 주기적으로 시료를 채취하여 이 집단이 유래한 조상 균주보다 실험 조건(포도당 농도가 낮은 조건)에서 얼마나 빨리 자라는가를 비교하였다.

결과 실험 집단의 적응도는 각 집단의 성장률로 나타낼 수 있다. 실험 집단의 적응력은 처음 5,000세대(2년) 동안 급속히 증가하다 그 다음 15,000세대 동안 비교적 성장세가 둔화되었다. 아래의 그래프는 12개 집단의 평균을 나타낸다.

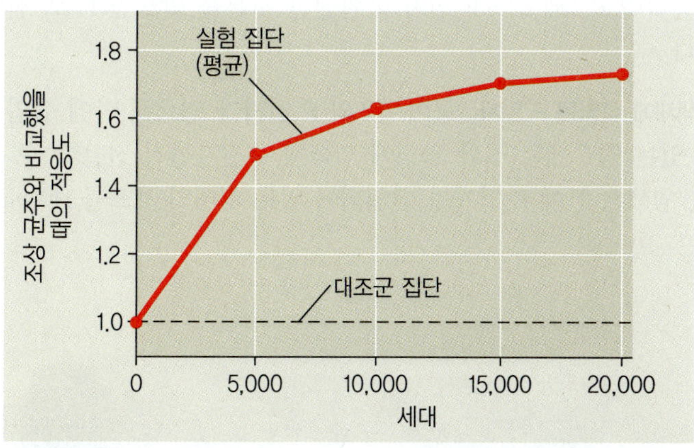

결론 무성생식으로 증식하는 대장균은 20,000세대에 걸쳐 유용한 돌연변이를 지속적으로 축적하여 새로운 환경에서 더 나은 적응력을 나타내는 방향으로 빠르게 진화하였다.

참고문헌 V.S. Cooper and R. E. Lenski, The population genetics of ecological specialization in evolving *Escherichia coli* populations, *Nature* 407:736–739 (2000).

WHAT IF? 실험집단이 포도당 농도가 낮은 환경에서 진화하는 동안 염기서열이나 발현 양상이 변화된 유전자는 어떤 기능을 가진 것일지 생각해 보라.

로 진화한 생물이다. 35억 년 이상 원핵생물 집단은 수많은 환경 변화에 성공적으로 적응해 왔다.

유전자 재조합

새로운 돌연변이 발생이 원핵생물 집단의 유전적 변이를 가져다 주는 주요 원천이긴 하지만, **유전자 재조합**(genetic recombination) 또한 다양성을 증가시키는 데 일정 역할을 담당한다. 진핵세포에서는 감수분열과 수정 과정을 통해 두 개체에서 유래한 DNA가 하나의 접합자 세포로 합쳐진다. 그러나 원핵생물에서는 감수분열도 수정도 일어나지 않는다. 그 대신 형질전환, 형질도입 및 접합의 세 가지 과정을 통해 서로 다른 두 개체의 DNA가 하나로 합쳐질 수 있다. 만일 다른 개체가 다른 종에 속하는 것이라면 이는 곧 **수평적 유전자 전달**(horizontal gene transfer)이 된다. 비록 과학자들이 서로 다른 종 사이는 물론 진정세균 영역과 고세균 영역 사이에서 이루어지는 DNA 전달 과정 모두에 대한 증거를 발견하긴 했지만 지금까지의 지식은 대부분 진정세균에 대한 연구를 통해 얻은 것이다.

형질전환과 형질도입

형질전환(transformation)이란 외부 환경으로부터 다른 개체의 DNA를 받아들여 원핵세포의 유전형 그리고 때로는 표현형까지 바뀌는 과정을 말한다. 연쇄상폐렴구균(*Streptococcus pneumoniae*)의 비독성 균주는 파괴된 독성 균주 세포에서 DNA를 획득하여 독성 균주로 형질전환될 수 있다(개념 16.1). 이러한 형질전환은 살아 있는 비독성 세포가 독성 대립유전자를 포함하는 DNA 조각을 받아들임으로써 일어난다. 외부에서 온 독성 대립유전자 조각은 DNA가 상호 교환되는 유전자 재조합 과정을 통해 비독성 세포의 염색체 안에 삽입된다. 이렇게 바뀐 세포를 재조합형이라 한다. 재조합형 세균의 염색체는 두 개의 서로 다른 세포에서 유래한 DNA를 포함한다.

실험실에서 형질전환 과정이 발견된 이후 오랫동안 대부분의 생물학자들은 형질전환이 매우 드물고 세균에게 위험한 과정이라고 생각하여 자연 상태에서는 중요한 역할을 하지 못하는 것으로 생각해 왔다. 그러나 이후 많은 세균의 표면에 그 세포와 매우 비슷한 종의 DNA를 인식하고 수송하는 표면 단백질을 지니고 있어 이러한 단백질이 외래 DNA를 유전체 안으로 삽입하는 역할을 한다는 사실을 알게 되었다. 외래 DNA도 일단 세포 안으로 들어오면 상동 DNA 재조합에 의해 유전체 안으로 삽입될 수 있다.

형질도입(transduction)이라 알려진 과정은 세균 바이러스인 파지가 한 숙주세포에서 다른 숙주세포로 세균의 유전자를 옮기는 것을 말한다. 형질도입은 수평적 유전자 전달의 일종이다. 대부분의 파지에서 형질도입은 파지의 증식회로가 제대로 진행되지 않았을 때 우연히 벌어지는 현상이다(**그림 27.11**). 세균 DNA

파지 DNA

1 파지가 염색체(갈색)상에 대립유전자 A^+와 B^+를 지니는 세균 세포를 감염한다. 이 세균이 공여세포가 된다.

A^+ B^+

공여세포

2 파지 DNA가 복제되고, 세포는 파지 유전자에서 암호화하는 단백질을 대량으로 합성한다. 그동안 파지 단백질은 숙주세포가 암호화하는 단백질이 합성되지 못하도록 막는다. 숙주세포의 DNA는 그림에서처럼 잘려진다.

A^+ B^+

3 새로운 파지 입자가 조립되는 동안 대립유전자 A^+를 포함하는 세균 DNA 조각이 파지의 캡시드 안에 포장되기도 한다.

A^+

4 A^+ 대립유전자를 지니는 파지가 A^-B^- 수용체 세포를 감염시키면, 공여세포 DNA(갈색)와 수용세포 DNA(녹색) 사이에 두 군데에서 재조합이 일어난다 (점선).

재조합

A^+

A^- B^-

수용세포

재조합 세포

5 그 결과 재조합세포(A^+B^-)의 유전형은 공여체(A^+B^+)나 수용체(A^-B^-)와 다른 형태로 나타날 수 있다.

A^+ B^-

▲ **그림 27.11 형질도입.** 파지 껍질에는 때때로 숙주 염색체의 일부가 포함된다. 이전 숙주 염색체의 일부를 지니는 파지 껍질은 다른 세균(수용자)에 감염하여 원래 숙주세포(공여자)의 유전자를 전달한다. 전달된 DNA는 수용자의 유전체에 재조합되어 재조합 세포를 형성한다.

? 형질도입이 수평 유전자 전달을 초래하는 조건은?

를 포함하는 바이러스 입자는 자신의 유전물질이 없으므로 복제되지 못한다. 그러나 이 바이러스 입자도 다른 세균(수용체)에 부착하여 그 전의 세포(공여체)에서 획득한 세균 DNA의 일부를 주입할 수는 있다. 이렇게 다음 세균으로 들어간 DNA의 일부가 수용체 세포 염색체의 상동 서열과 재조합되면, 재조합 세포가 형성된다.

접합과 플라스미드

접합(conjugation) 과정에서는 일시적으로 서로 인접해 있는 두 개의 세균세포(대개는 같은 종) 사이에서 유전물질이 직접 전달된다. 세균에서 DNA는 항상 한쪽 방향으로만 전해져서, 한 세포가 DNA를 공여하면 다른 세포가 이 DNA를 수용한다. 여기서는 대장균에서의 접합과정을 살펴보기로 하자.

먼저 공여세포는 성선모(sex pilus)를 이용하여 수용세포를 붙잡는다(**그림 27.12**). 공여세포는 성선모를 수축시켜 수용세포를 잡아당긴다. 다음 단계로는 일시적인 "접합통로(mating bridge)"가 두 세포 사이에 형성되는 것으로 생각되며, 이 통로를 통해 DNA가 전달될 것으로 추정된다. 그러나 아직 접합 과정에서 DNA가 어떻게 전달되는지는 명확하게 알려지지 않았다. 최근에 알려진 증거에 따르면 DNA가 속이 텅 빈 성선모 내부를 직접 통과할 가능성도 있는 것으로 보인다.

대부분의 경우 접합이 일어날 때, 성선모를 형성하고 DNA를 공여하는 능력은 **F 인자(fertility factor)**라 불리는 특수한 DNA 조각에 존재한다. F 인자는 25개의 유전자로 이루어져 있고 이들은 대부분 성선모를 형성하는 데 필요한 유전자들이다. **그림 27.13**에 나타나 있는 것처럼, F 인자는 세균 염색체의 일부로 존재할 수도 있으며 따로 플라스미드의 형태로 존재하기도 한다.

플라스미드 형태로 존재하는 F 인자 F 인자는 **F 플라스미드(F plasmid)**라 불리는 플라스미드의 형태로 존재하기도 한다. F 플라스미드를 포함하는 세포를 F^+라 표기하며 접합이 이루어질 때 DNA를 공여한다(**그림 27.13a**). F 인자가 없는 세포는 F^-라고 표기하며 접합 시에 F^+가 공여하는 DNA를 받는다. F 인자는 전달 가능하여 F^- 세포도 F 인자의 완전한 사본을 받으면 F^+로 전환된다.

염색체에 삽입된 F 인자 공여세포의 F 인자가 염색체 안에 삽입되어 있는 경우에는 접합 과정에 염색체 유전자까지 전달할 수 있다. 염색체 안에 F 인자가 삽입되어 있는 형태의 세포를 Hfr(*high*

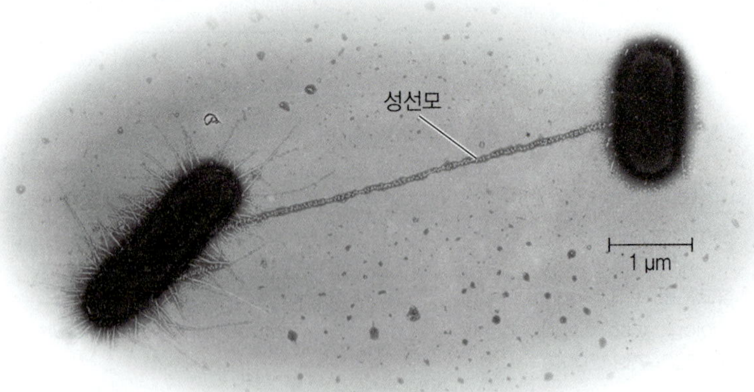

▲ **그림 27.12 세균의 접합.** 대장균의 공여세포(왼쪽)에서 성선모가 뻗어 나와 수용세포(오른쪽)에 부착한다. 이는 DNA 전달에 핵심이 되는 첫 단계이다. 성선모는 단백질 소단위로 이루어져 있으며 자유자재로 구부러지는 관 모양의 구조다(TEM).

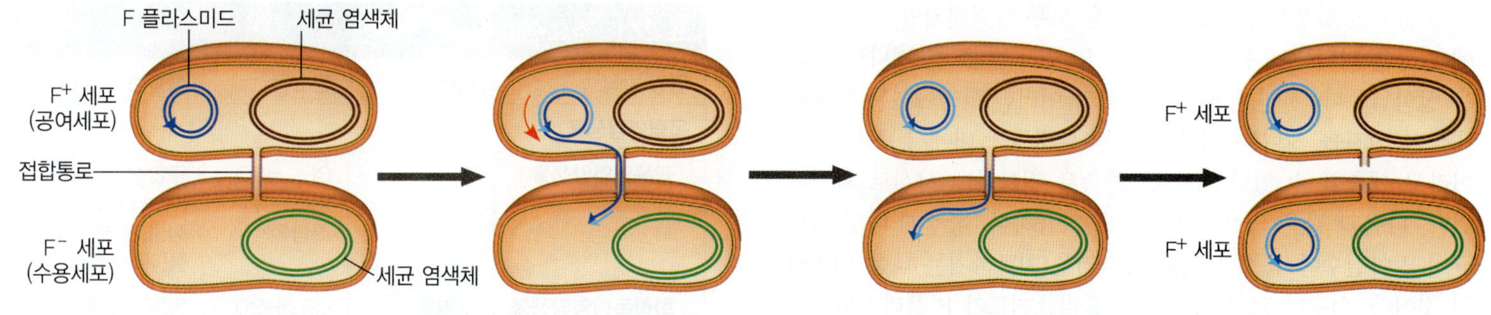

❶ F 플라스미드를 지니는 F^+ 세포는 F^- 세포와 접합통로를 형성한다. 화살머리로 표시된 지점에서 플라스미드 DNA의 한 가닥이 끊어진다.

❷ 끊어지지 않은 가닥을 주형으로 삼아 세포는 새로운 가닥(하늘색)을 합성한다. 그동안 끊어진 가닥은 떨어져 나와(붉은 화살표), 한 쪽 끝이 F^- 세포로 들어간다. 거기에서 상보적인 가닥이 합성되기 시작한다.

❸ 공여세포와 수용세포에서 DNA 복제가 계속되는 동안 전달되는 플라스미드 가닥은 수용세포 쪽으로 더 많이 이동한다.

❹ DNA 전달과 합성이 끝나고 난 다음, 수용세포에서 플라스미드가 원형으로 연결된다. 이제 두 세포 모두 F^+ 세포가 되었다.

(a) 접합과 F 플라스미드의 전달

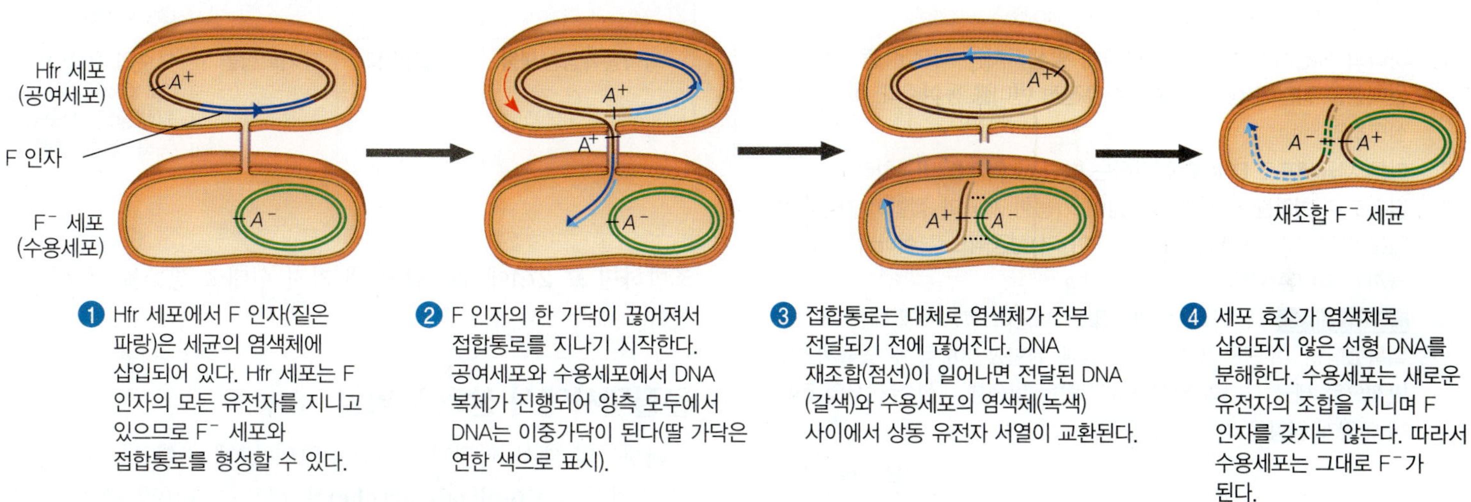

(b) 접합과 Hfr 세균 염색체 일부가 전달되면서 일어나는 재조합

▲ **그림 27.13 대장균에서의 접합과 재조합.** F 플라스미드 또는 Hfr 세균 염색체 일부가 수용세포로 전달되는 과정에는 DNA 복제가 수반된다. 이때 DNA는 회전환 복제 방식으로 복제된다. 공여세포 DNA의 한쪽 가닥이 풀리면서 상보적인 가닥이 합성될 때, 어버이 DNA에서 이어져 있는 고리형 DNA 가닥이 계속 회전하며 돌아가는 것처럼 보이기에 이런 이름이 붙었다.

*fr*equency of *r*ecombination) 세포라 한다. F^+ 세포와 마찬가지로 Hfr 세포도 접합을 통해 DNA를 공여할 수 있다**(그림 27.13b)**. 이때 Hfr 세포에서 염색체 DNA가 F^- 수용세포로 전달될 때, Hfr과 F^- 염색체에서 서로 상동인 부분이 나란히 배열되고 그 사이에서 DNA가 서로 교환된다. 그 결과 수용세포는 두 개의 서로 다른 세포에서 유래된 유전자가 공존하는 재조합 세포가 된다. 진화가 작용할 수 있는 새로운 유전적 변이체가 생성된 것이다.

R 플라스미드 및 항생제 내성 1950년대에 일본에서 심한 세균성 설사 증세를 보이던 일부 병원의 환자들이 당시 널리 사용되고 있었던 항생제로는 치료되지 않는다는 사실이 알려지기 시작하였다. 그 이유는 설사병을 일으키는 병원균인 시겔라(*Shigella*) 종의 일부 균주가 이 항생제들에 대한 내성을 나타내는 변종으로 진화하였기 때문이다.

연구 끝에 과학자들은 시겔라를 비롯한 다른 병원성 균주에서 항생제에 내성을 나타내는 특정한 유전자가 있다는 사실을 알아냈다. 때로는 병원성 세균의 염색체 유전자에 돌연변이가 일어나 특정한 항생제에 내성을 나타내기도 한다. 예를 들면, 어떤 유전자에 돌연변이가 일어나면 병원균은 특정한 항생제를 세포 안으로 들여보내지 않을 수도 있다. 또 다른 유전자의 돌연변이는 항생제 분자가 작용하는 표적 단백질을 변형시켜 항생제의 효과를 감소시키기도 한다. 테트라사이클린이나 암피실린과 같은 특정한 항생제를 특이적으로 분해하는 효소 유전자를 갖고 있는 세균도 있다. 이러한 종류의 내성 유전자는 주로 **R 플라스미드**(**R plasmid**; 여기서 R은 *r*esistance를 의미한다)에 존재한다.

세균 집단이 실험실 배양조건에서나 숙주 내에서 특정 항생제에 노출되면 항생제에 민감한 세균은 모두 파괴되지만 그 항생제에 내성을 나타내는 유전자가 있는 R 플라스미드를 지니는 세균은 살아남는다. 자연선택 이론에 따라 이러한 환경에서는 항생제 내성 유전자를 지니는 세균의 비율이 개체군 내에서 증가할 것이라고 예측할 수 있다. 이러한 예측은 정확하게 사실로 확인되었다. 다음과 같은 의학적인 예측도 가능하다. 항생제 내성 병원균이 많아질수록 특정한 세균성 감염을 치료하기는 더욱 어려워질 것이다. 더구나 많은 종류의 R 플라스미드가 F 플라스미드처럼 성선모 유전자를 지니고 있어 접합을 통해 한 세포에서 다른 세포로 전달될 수 있다는 것이 문제다. 더 심각한 문제는 일부 R 플라스미드에는 많게는 10여 종에 달하는 항생제 내성 유전자가 들어 있다는 사실이다.

개념 확인 문제 27.2

1. 하나의 유전자에서는 매우 드물게 발생하지만 새로운 돌연변이는 원핵생물 집단에 상당한 정도로 유전적 변이를 높여준다. 이 과정을 설명하라.
2. 다른 세균세포로 DNA를 전달하는 방법 세 가지를 비교하라.
3. 급속도로 변하는 환경에서 접합이 가능한 세균과 접합이 가능하지 않은 세균 집단 가운데 어느 집단이 더 성공적으로 살아남을 수 있을까? 그 이유는?
4. WHAT IF? 만일 병원성이 없는 세균이 항생제에 대한 내성을 획득했다면, 이 균주가 사람의 건강에 위험요인이 될 수 있을까? 일반적으로 세균 사이의 유전자 재조합은 항생제 내성 유전자의 전파에 어떻게 영향을 미칠 수 있을까?

정답은 부록 A 참조

개념 27.3

원핵생물에서는 영양 방식과 대사 과정이 다양하게 진화했다

원핵생물 집단의 높은 유전적 변이는 또한 이들이 다양한 방식으로 영양을 섭취하여 적응할 수 있게 했다. 다른 모든 생물과 마찬가지로 원핵생물은 영양방식, 즉 에너지를 얻고 세포를 구성하는 유기분자를 형성하는 데 필요한 탄소원을 얻는 방식에 따라 분류할 수 있다. 진핵생물에서 볼 수 있는 모든 영양 방식이 원핵생물에서도 나타나며 더불어 일부 원핵생물에만 볼 수 있는 고유한 방식도 존재한다.

빛에서 에너지를 얻는 생물을 **광영양생물(phototroph)**이라 하고 화학물질에서 에너지를 얻는 생물을 **화학영양생물(chemotroph)**이라 한다. 무기화합물인 CO_2를 탄소원으로 사용하는 생물은 **독립영양생물(autotroph)**이다. 반면 **종속영양생물(heterotroph)**은 다른 유기화합물을 만들기 위해 적어도 한 가지 이상의 유기물(예를 들면 포도당과 같은)이 필요하다. 이 같은 탄소원 및 에너지원을 조합하면 **표 27.1**에서와 같이 네 가지 형태로 생물을 구분할 수 있다

표 27.1 주요 영양 방식

영양 방식	에너지원	탄소원	생물종
독립영양생물			
광독립영양생물	빛	CO_2, HCO_3^-, 기타 관련 화합물	광합성 세균(예: 남세균), 식물, 일부 원생생물(예: 조류)
화학독립영양생물	무기물(H_2S, NH_3, Fe^{2+} 등)	CO_2, HCO_3^-, 기타 관련 화합물	원핵생물에만 고유하게 나타남(예: *Sulfolobus*)
종속영양생물			
광종속영양생물	빛	유기화합물	일부 수생 및 호염 원핵생물에만 고유하게 나타남(예: *Rhodobacter, Chloroflexus*)
화학종속영양생물	유기화합물	유기화합물	다수의 원핵생물(예: *Clostridium*), 원생생물, 진균류, 동물, 일부 식물

물질대사에서 산소의 역할

원핵생물의 대사 과정과 산소(O_2)와의 관계 또한 다양하다. 절대 **호기성 생물(obligate aerobe)**은 세포호흡(10장)에 O_2를 사용하며 없으면 자라지 못한다. 반면 절대 **혐기성 생물(obligate anaerobe)**에는 O_2가 독성을 나타낸다. 일부 절대 혐기성 생물은 호흡을 하지 못하고 전적으로 발효 과정에 의존해서 살아간다. 또 다른 절대 혐기성 생물은 **혐기적호흡(anaerobic respiration;** 혐기성 호흡이라고도 한다)을 통해 에너지를 얻는데, 혐기적 호흡에서는 O_2 대신 질산이온(NO_3^-)이나 황산이온(SO_4^{2-})을 전자전달계의 최종 전자 수용체로 사용한다. **조건부 혐기성 생물(facultative anaerobe)**은 O_2가 있으면 산소호흡으로 살아가고 O_2가 없는 환경에서는 발효 또는 혐기적 호흡을 한다.

질소대사

질소는 모든 생물에서 아미노산과 핵산 등의 합성에 꼭 필요한 원소다. 진핵생물은 사용할 수 있는 질소화합물이 매우 제한적이지만 원핵생물은 여러 형태의 질소화합물을 사용할 수 있다. 예를 들어, 몇몇 남세균(cyanobacteria)을 포함하는 일부 원핵생물은 대기 중의 질소(N_2)를 암모니아(NH_3)로 전환한다. 이를 **질소 고정(nitrogen fixation)**이라 한다. 세포는 이렇게 "고정된" 질소

를 아미노산이나 다른 유기분자를 합성하는 데 사용한다. 질소고정 남세균은 독립영양생물의 전형이라 할 수 있다. 빛만 있으면 CO_2, N_2, 물 그리고 몇 종류의 무기물만으로도 충분히 살아갈 수 있기 때문이다.

원핵생물의 질소고정은 다른 생물에도 크게 영향을 미친다. 예를 들어, 질소고정 원핵생물은 식물이 가용할 수 있는 질소의 함량을 높여준다. 식물체는 대기 질소를 직접 쓰지 못하고 원핵생물이 암모니아로부터 생성하는 질소화합물만을 사용할 수 있기 때문이다. 개념 55.4에서 이를 비롯하여 생태계의 질소 순환에 원핵생물이 핵심적인 역할을 하는 내용을 다루게 될 것이다.

대사협력

원핵생물은 서로 협력하여 개별 세포가 단독으로는 사용할 수 없는 주변 환경의 자원을 활용할 수 있다. 어떤 경우에 이러한 협력은 콜로니를 이루는 특수한 세포들 사이에서 일어나기도 한다. 예를 들어, 남세균의 하나인 아나베나(*Anabaena*)에는 광합성 유전자와 질소고정 유전자가 모두 있다. 그러나 하나의 세포에서 동시에 두 가지 과정이 모두 일어나지는 않는다. 광합성에서 발생하는 O_2가 질소고정효소를 비활성화시키기 때문이다. 아나베나는 사상형 군체를 이룬다(**그림 27.14**). 군체를 이루는 대부분의 세포는 광합성만 하는 반면, **이형세포**(*heterocyte*, 과거에는 **heterocyst**라 부름)가 몇 개 분화하여 여기서만 질소고정반응이 일어난다. 이형세포는 두꺼운 세포벽으로 둘러싸여 주변의 광합성 세포가 생성하는 O_2가 세포 안으로 투과되지 못한다. 이형세포와 다른 세포 사이에는 세포간 연접이 형성되어 고정된 질소와 광합성에 의해 만들어진 탄수화물이 서로 교환된다.

서로 다른 원핵생물종 사이의 대사협력은 표면을 뒤덮고 있는 **생물막(biofilm)**에서 잘 나타난다. 세포는 신호전달분자를 분비하여 주변의 세포를 끌어들여 생물막 형태의 콜로니가 자라게 된다. 이때 세포는 기질이나 다른 세포에 부착할 수 있도록 하는 다당류와 단백질을 분비한다. 이 다당류들과 단백질들은 이 장의 앞에서 이야기한 협막이나 점액층을 형성한다. 생물막에는 또한 물질이동 통로가 있어 영양물질이 내부에 존재하는 세포로 전달되고 노폐물은 배출된다. 생물막은 자연계에서 흔하게 형성되는 것으로 산업 및 의료 기구를 오염시키고 충치 또는 이보다 더 심각한 질병을 일으키기도 한다. 모두 합해서 연간 거의 수십조 달러에 이르는 손실을 야기하고 있다.

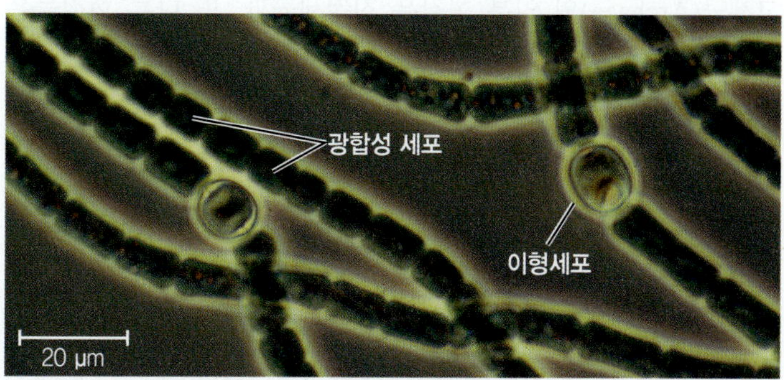

▲ **그림 27.14 원핵생물의 대사협력.** 민물에 서식하는 필라멘트형(사상형) 남세균인 아나베나(*Anabaena*)에는 질소를 고정하는 특수한 세포인 이형세포가 따로 존재하고 나머지 세포는 광합성을 수행한다(LM).

원핵생물 사이에 이루어지는 협력의 또 다른 예는, 황산을 이용하는 진정세균과 메탄을 이용하는 고세균이 해저에서 공 모양의 집합체를 형성해서 살아가는 모습에서 볼 수 있다. 진정세균은 유기화합물이나 수소와 같은 고세균의 노폐물을 이용하는 것으로 생각된다. 이에 대한 보답으로 진정세균은 고세균이 무산소 상태에서 메탄을 이용할 때 산화제로 사용하는 황화합물을 생성한다. 이들의 공생관계는 전 지구에 영향을 미친다. 해마다 이들 고세균은 3,000억 kg의 메탄을 소비함으로써 온실효과를 억제하는 데 크게 기여하고 있다(개념 56.4).

개념 확인 문제 27.3

1. 네 종류의 주요 영양 방식을 구별하고 이 가운데 원핵생물에서만 나타나는 영양 방식이 무엇인지 지적하라.
2. 아미노산의 일종인 메티오닌만을 유일한 유기영양물질로 필요로 하는 어떤 세균이 빛이 없는 동굴에서 살고 있다. 이 세균은 어떤 영양 방식으로 살아갈 수 있는지 설명하라.
3. WHAT IF? 만약 사람이 남세균처럼 질소를 고정할 수 있다면 식사 시간에 주로 무엇을 먹겠는가?

정답은 부록 A 참조

개념 27.4
원핵생물은 전방위로 진화하여 다양한 계통을 형성해왔다

35억년 전 원핵생물이 탄생한 이래 원핵생물의 구조와 대사 양식은 광범위하게 다양한 방식으로 적응하여 전방위로 진화해 왔다. 이와 같은 적응을 거치면서 원핵생물은 생명활동이 가능하다고 알려진 모든 환경에 서식한다. 만일 어딘가에 생물체가 존재한다면 거기엔 반드시 원핵생물이 살고 있을 것이다. 최근 유전체학의 도움으로 원핵생물의 다양성이 어느 정도인지를 파악할 수 있게 되었다.

원핵생물의 다양성

1970년대에 이르러 미생물학자들은 리보솜 작은 소단위에 들어있는 rRNA 서열을 바탕으로 생물종 사이의 진화적 유연관계를 이해하기 시작했다. 그 결과 이전까지 세균으로 분류되었던 많은 종의 원핵생물이 사실상 세균보다 진핵생물에 더욱 가깝다는 것

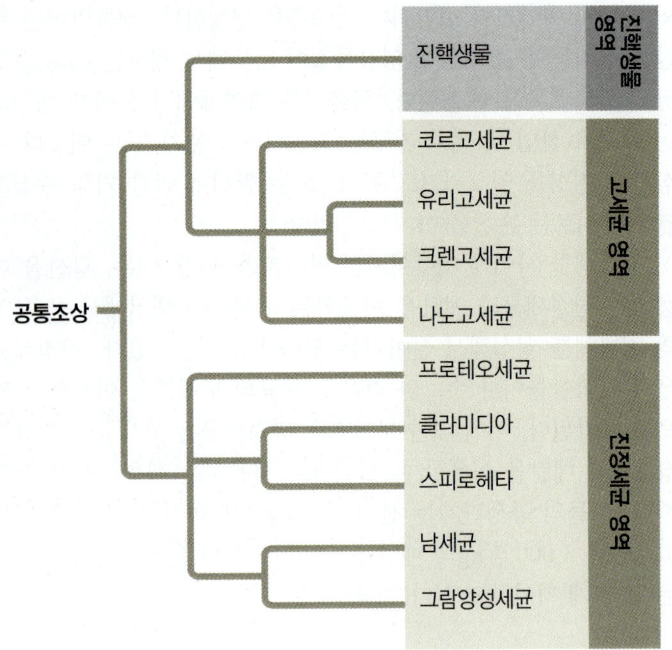

▲ **그림 27.15 원핵생물의 약식 계통수.** 이 계통수는 이 장에서 다루고 있는 주요 원핵생물 분류군 사이의 관계를 드러내는 분자 수준의 자료를 근거로 만들어졌다. 고세균 영역 내에서 코르고세균과 나노고세균의 위치는 명확하게 알려지지 않았다.

? 고세균의 자매 분류군에 해당되는 영역은?

을 알 수 있었다. 이런 종류의 생물들을 따로 고세균(Archaea)이라는 새로운 영역으로 분리시켰다. 이후 미생물학자들은 1,700여종 이상의 전 유전체 서열을 비롯하여 엄청난 양의 유전정보를 분석할 수 있었다. 이러한 유전자 서열분석 결과 남세균과 같은 소수의 전통적인 분류군들만이 실제로 단계통군이라는 사실을 알게 되었다. 반면 그람음성세균과 같은 분류군에는 전체 원핵생물 계통의 여기저기에 나뉘어 있어야 할 다양한 종이 한데 묶여 있었다. **그림 27.15**는 분자계통분류학을 바탕으로 작성한 원핵생물의 주요 분류군의 계통수를 보여주고 있다.

원핵생물의 계통분류를 통해서 알 수 있는 것 중 하나는 원핵생물이 엄청난 유전적 다양성을 지니고 있다는 점이다. 초기에 원핵생물의 유전자 서열을 결정하기 시작하였을 때, 과학자들은 실험실에서 배양할 수 있는 극소수의 세균만을 조사할 수 밖에 없었다. 1980년대에 이르러 중합효소연쇄반응(Polymerase chain reaction, PCR; 그림 19.8)을 사용하기 시작하면서 연구자들은 흙이나 강물과 같은 자연 환경에서 직접 수집한 원핵생물의 유전자를 분석할 수 있게 되었다. 이러한 "유전물질 탐사활동"은 이제 널리 이용되고 있다. 오늘날에는 환경에서 직접 채취한 시료에 존재하는 모든 원핵생물의 유전체를 분석하는 메타유전체학(metagenomics, 20장) 연구도 활발하게 진행되고 있다. 이를 통해 해마다 생물 계통수에 새로운 가지가 더해지고 있다. 지금까지 단 10,500종 가량의 원핵생물종에만 학명이 붙여진 반면, 한 줌의 토양에 포함된 원핵생물이 10,000여 종에 이른다는 조사결과도 있다. 원핵생물의 다양성을 완전히 이해하려면 여러 해를 더 기다려야 할 것이다.

원핵생물의 계통분류를 통해 알게 된 또 하나의 사실은, 원핵생물의 진화 과정에서 수평적 유전자 전달이 매우 중요한 역할을 하였다는 것이다. 수억 년 동안 원핵생물은 별로 유연관계가 없는 종에서도 유전자를 획득하였고 이런 과정은 현재도 계속 일어나고 있다. 그 결과 많은 원핵생물 유전체의 상당 부분이 다른 종에서 수입해 온 유전자가 모자이크된 형태로 이루어져 있다.

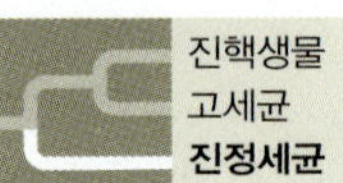

예를 들면, 2011년에 발표된 329종 세균의 각 유전체에서 평균 75%의 유전자가 진화 과정의 어떤 시점에서 수평적으로 전달된 유전자라는 것이 밝혀졌다. 22장에서 보았듯이, 수평적 유전자전달은 생명수의 뿌리가 정확히 어느 위치에 존재하는지 알기 어렵게 한다. 그렇지만 생명의 진화가 시작된 아주 초기인 수십 억 년 전 어느 시점엔가 원핵생물이 둘로 나뉘어 진정세균과 고세균 영역을 이루었다는 점은 분명하다(그림 27.15).

진정세균

그림 27.16을 보면 여러 종류의 주요 진정세균 분류군이 자세히 소개되어 있다. 진정세균(Bacteria)은 편도선염이나 결핵 등의 질

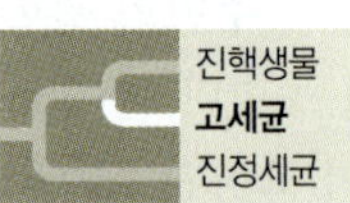

병을 일으키는 병원균에서 스위스 치즈나 요거트를 만드는 데 사용되는 이로운 세균에 이르기까지 사람들이 잘 알고 있는 원핵생물의 대부분을 차지한다. 진정세균에는 주요한 유형의 영양방식이나 대사양식이 모두 나타나며 규모가 작은 분류군 내에서도 다양한 영양방식이 존재한다. 앞으로 살펴보겠지만 진정세균과 고세균의 다양한 영양 및 대사능력은 지구와 지구상의 생명체에 이 작은 생물들이 미치는 거대한 영향력의 원천이다.

고세균

고세균(Archaea)의 일부 형질은 진정세균과, 또 다른 형질들은 진핵생물과 비슷하다(**표 27.2**). 그러나 고세균에만 고유한 특성 또한 여러 가지가 있다. 오랫동안 다른 계통과 분리된 채 진화해 왔다는 점을 생각할 때 이는 충분히 예상할 수 있는 사실이다.

고세균 영역으로 분류된 최초의 원핵생물들은 다른 생물이 거의 생존할 수 없는 극한 환경에서 사는 종류였다. 이런 생물을 극한 조건을 "좋아"한다는 뜻에서 **호극성 생물(extremophile)**이라고 부르기도 한다(호감을 표시하는 그리스어 *philos*에서 유래). 호극성 생물에는 극호열균과 극호염균 등이 포함된다.

극호염균(extreme halophile, 그리스어에서 *halo*는 소금을 뜻한다)은 이스라엘의 사해나 세네갈의 레트바 호수(그림 27.1)

특성	영역		
	진정세균	고세균	진핵생물
핵막	없다	없다	있다
막으로 둘러싸인 소기관	없다	없다	있다
세포벽의 펩티도글리칸 성분	있다	없다	없다
막지질	곁가지가 없는 탄화수소	일부 가지 달린 탄화수소	곁가지가 없는 탄화수소
RNA 중합효소 단백질 합성에 사용되는 개시 아미노산	한 종류 포밀메티오닌	여러 종류 메티오닌	여러 종류 메티오닌
인트론(유전자의 비암호화 부위)	매우 드물다	일부 유전자에 있다	있다
스트렙토마이신 및 클로람페니콜에 대한 반응	생장이 억제된다	생장이 억제되지 않는다	생장이 억제되지 않는다
히스톤과 결합된 DNA	없다	일부 존재한다	있다
원형 염색체	있다	있다	없다
100°C 이상에서 자랄 수 있는 능력	없다	일부 존재한다	없다

표 27.2 세 가지 생물 영역의 비교

와 같이 염분의 농도가 높은 환경에서 살아간다. 이 가운데 일부는 단지 높은 염분을 견딜 수 있는 반면, 바닷물 농도(염분 농도 3.5%)의 몇 배에 해당하는 고농도의 염분이 있어야 살 수 있는 종도 있다. 예를 들어, *Halobacterium*의 단백질과 세포벽은 염분의 농도가 아주 높은 환경에서 잘 작용하는 독특한 특성을 지니며 이로 인해 염분의 농도가 9% 이하로 떨어지면 살아남지 못한다.

극호열균(extreme thermophile, 그리스어에서 *thermo*는 뜨겁다는 의미)은 매우 뜨거운 환경에서 생존한다(**그림 27.17**). 예를 들어, *Sulfolobus*속의 고세균은 90°C 정도의 황이 풍부한 화산 온천에서 살아간다. 이 정도로 높은 온도에서는 DNA가 이중나선을 형성하지 못하고 대부분의 단백질이 변성되기 때문에 거의 모든 생물체의 세포는 사멸한다. *Sulfolobus*를 비롯한 다른 극호열성 생물은 DNA와 단백질이 높은 온도에도 안정한 형태로 적응하여 이러한 상황을 피한다. 대서양 심해의 **열수공**(hydrothermal vent) 근처에 사는 극호열성 세균 중 하나는 일명 “균주 121”으로 알려졌는데 이는 121°C에서도 세포가 증식할 수 있기 때문이다. 또 다른 극호열성 세균인 *Pyrococcus furiosus*의 DNA 중합효소는 중합효소연쇄반응(PCR)에 사용되는 등 생명공학기술에도 널리 활용되고 있다(그림 19.8).

비교적 온화한 환경에서 살아가는 고세균도 많이 있다. **메탄생성균(methanogen)**은 CO_2를 이용하여 H_2를 산화시키는 과정에서 노폐물로 메탄가스를 생성한다. 메탄생성균은 O_2에 의해 치명적인 해를 입는 절대 혐기성 세균에 속한다. 일부 메탄생성균은 그린란드 빙하 속 수 킬로미터 지점과 같은 극한 환경에서 서식하기도 하지만, 대부분의 메탄생성균은 주로 다른 미생물들이 O_2를 모두 소모하여 O_2가 더 이상 존재하지 않는 늪지 등에서 살아간다. 이 고세균들이 만들어 내는 메탄가스 때문에 늪에서 독특한 냄새가 나는 것이다. 일부 메탄생성균은 소, 흰개미 또는 다른 초식동물의 장에 서식하면서 이 동물들의 영양에 필수적인 역할을 한다. 메탄형성균은 또한 하수처리시설의 중요한 분해자이기도 하다.

▲ **그림 27.17 극호열성 생물.** 호열성 원핵생물들인 주황색과 노란색 콜로니들이 네바다 간헐천의 뜨거운 물에서 생장하고 있다.

MAKE CONNECTIONS 호열성 생물의 효소는 다른 생물에 존재하는 효소와 어떤 점에서 다를까?

많은 극호염균과 지금까지 알려진 모든 메탄생성균은 유리고세균문(Euryarchaeota)에 속한다(그리스어로 *eurys*는 넓다는 뜻으로 이 고세균들이 광범위한 서식처에서 살아갈 수 있다는 뜻을 포함한다). 유리고세균문은 또한 일부 극호열균도 포함하지만 대부분의 호열성 고세균은 고세균의 두 번째 분기군인 크렌고세균문(Crenarchaeota)에 속한다(그리스어로 *cren*은 샘을 의미하는데 여기서는 해저에서 고온의 물이 솟아나오는 해저 열수공을 뜻한다). 최근의 메타유전체학 연구를 통해 고세균의 두 분류군에 속하지만 호극성은 아닌 여러 종들을 발견할 수 있었다. 이들 고세균은 농장의 토양에서부터 호수의 침전물 그리고 넓은 대양의 해수 표면에 이르기까지 매우 넓은 범위의 환경에 서식하고 있다.

새로운 종이 계속 발견되면서 고세균의 계통수는 계속 보완되고 있다. 1996년 미국의 옐로스톤 국립공원의 온천에서 유리고세균문이나 크렌고세균문 어디에도 속하지 않는 새로운 고세균이

▼ 그림 27.16

탐구 진정세균의 주요 분류군

프로테오세균

이 분류군은 그람음성세균에서 매우 크고 다양한 분기군으로 이루어져 있으며 광독립영양생물, 화학독립영양생물 및 종속영양생물 등을 포함한다. 일부 프로테오세균들은 산소 없이 살아가며 일부는 산소를 이용한다. 분자계통분류학에 따라 현재 5개의 아군으로 분류한다. 오른쪽의 계통수는 분자적인 자료를 기초로 관계를 설정한 것이다.

아군: 알파 프로테오세균

여기 속하는 많은 종들은 진핵생물 숙주와 긴밀한 관계를 맺으며 살아간다. 예를 들어, 리조비움(*Rhizobium*)에 속하는 종은 콩과식물의 뿌리혹에서 살아간다. 뿌리혹 안에서 세균은 대기 중의 질소를 숙주 식물이 단백질 합성에 사용할 수 있는 형태로 전환한다. 아그로박테리아(*Agrobacterium*)속에 속하는 종은 식물에 종양을 일으킨다. 유전공학자들은 이 세균들을 외부의 DNA를 작물의 유전체 안에 전달하는 과정에 활용하기도 한다. 과학자들은 미토콘드리아를 내부공생한 호기성 알파 프로테오세균에서 유래했다고 생각한다.

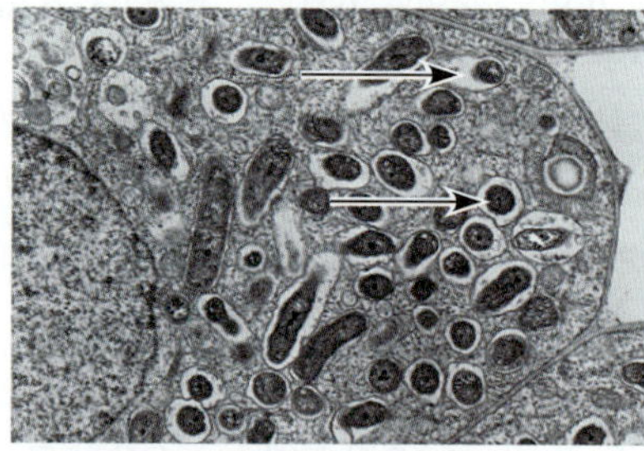
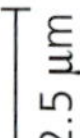

콩과식물의 뿌리세포 내부에 서식하는 리조비움 (TEM 사진의 화살표)

아군: 베타 프로테오세균

영양 방식이 다양한 세균이 포함되어 있다. 니트로소모나스(*Nitrosomonas*)속은 토양세균으로 암모니아(NH_4^+)를 산화하여 아질산(NO_2^-)을 생성해 배출함으로써, 생태계의 질소 순환에 중요한 역할을 담당한다. 광종속영양세균인 루브리비박스(*Rubrivivax*) 등 물속에 서식하는 다양한 종을 비롯하여 임질을 일으키는 임균(*Neisseria gonorrhoeae*)도 여기 속한다.

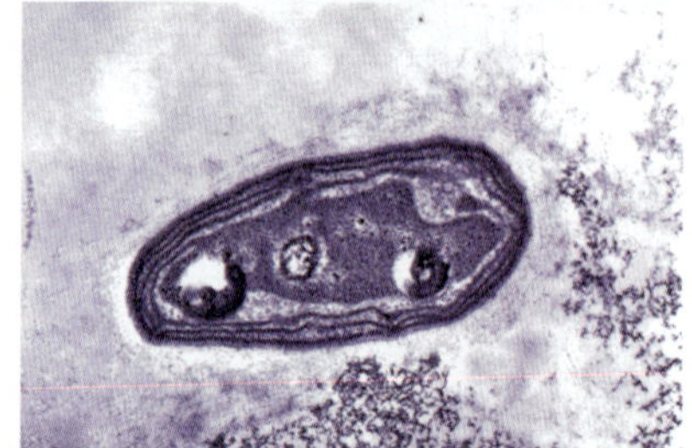

Nitrosomonas (채색된 TEM 사진)

아군: 감마 프로테오세균

여기에 속하는 독립영양세균으로는 티오마르가리타 나미비엔시스(*Thiomargarita namibiensis*)와 같은 황세균이 있다. 이 세균은 황화수소(H_2S)를 산화하여 에너지를 얻고 노폐물로 황을 생성한다(오른쪽 사진에서 작은 덩어리는 황 노폐물이다). 일부 종속영양 감마 프로테오세균은 병을 일으킨다. 레지오넬라(*Legionella*)는 재향군인병(Legionnaires' disease)을, 살모넬라(*Salmonella*)는 식중독을, 콜레라균(*Vibrio cholerae*)은 콜레라를 일으킨다. 사람과 여러 포유류의 장에 서식하는 대장균(*Escherichia coli*)은 대개는 병원성을 갖지 않는다.

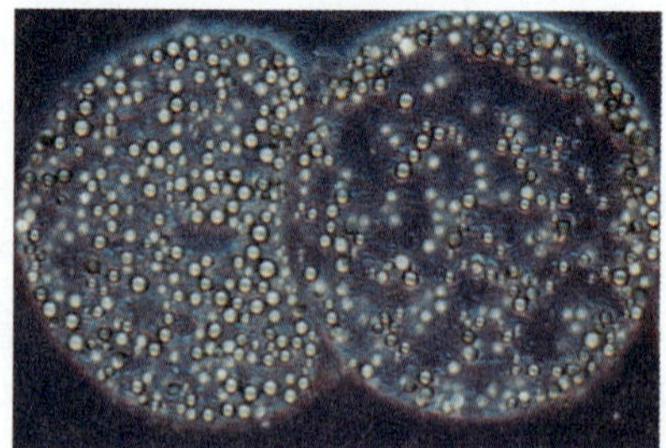

황 과립이 들어 있는 *Thiomargarita namibiensis* (LM 사진)

아군: 델타 프로테오세균

점액질을 분비하는 점액세균류(myxobacteria)가 여기 속한다. 토양이 건조해지거나 영양물질이 줄어들면, 이 세포들이 한데 모여 환경에 대한 내성이 큰 "믹소포자(myxospore)"를 방출하는 자실체를 형성한다. 포자가 적절한 환경을 만나게 되면 활성이 나타나서 새로운 콜로니를 이룬다. 브델로비브리오(bdellovibrios)는 다른 세균을 포식하는 세균이다. 이들은 먹이가 되는 세균을 100 μm/초의 속력으로 뒤쫓는데 이는 사람이 600 km/시의 속력으로 뛰는 것에 해당한다. 먹이를 잡으면 초당 100번을 회전하여 먹이가 되는 세균에 구멍을 뚫고 들어간다.

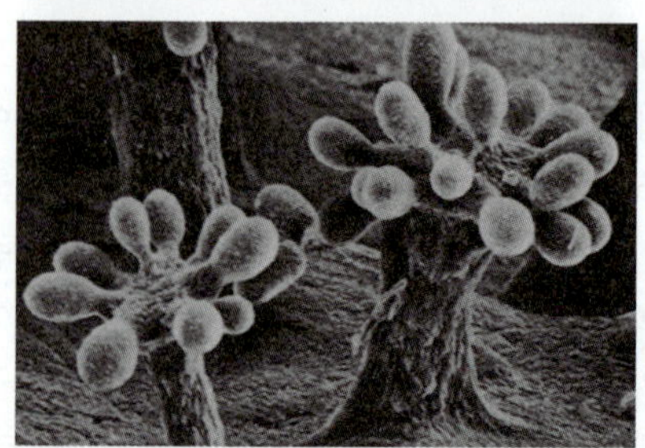

점액세균의 일종인 *Chondromyces crocatus*의 자실체 (SEM 사진)

아군: 엡실론 프로테오세균

여기 속하는 대부분의 종은 사람이나 동물에 병원성이 있다. 캄필로박터(*Campylobacter*)는 혈액독성을 나타내고 장 염증을 일으킨다. 헬리코박터 파일로리(*Helicobacter pylori*)는 위궤양의 원인균이다.

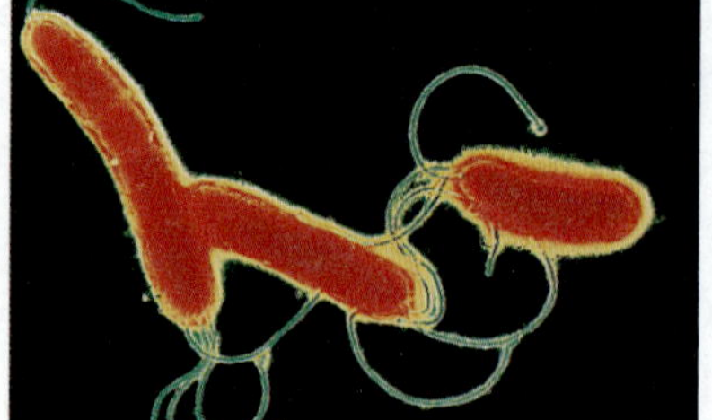

Helicobacter pylori (채색된 TEM 사진)

클라미디아

ATP와 같은 기본적인 자원을 숙주세포에서 얻어야만 하기 때문에 동물세포 안에서만 생존할 수 있는 절대 기생세균이다. 그람음성세균이지만 세포벽의 조성이 독특하여 펩티도글리칸 성분을 포함하지 않는다. 트라코마균(*Chlamydia trachomatis*)은 세계적으로 실명을 일으키는 가장 큰 원인이며 비임균성 요도염을 일으킨다. 이는 미국에서 가장 흔한 성병이다.

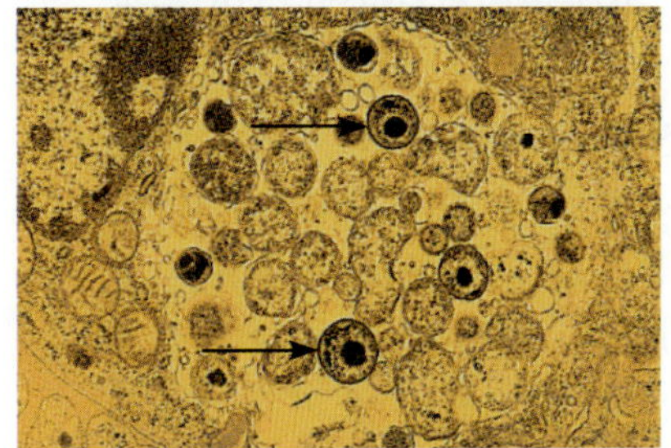

동물세포 안에 있는 *Chlamydia* (채색된 TEM 사진 내의 화살표)

스피로헤타

나선형의 종속영양 그람음성세균으로 세포 내에 편모와 같은 섬유가 나선형으로 회전함으로써 이동한다. 대부분은 자유생활을 하나 일부는 심각한 질병을 일으키며 숙주에서 기생생활을 한다. 매독균(*Treponema pallidum*)은 매독을 일으키고 라임균(*Borrelia burgdorferi*)은 라임병을 일으킨다(그림 27.20 참조).

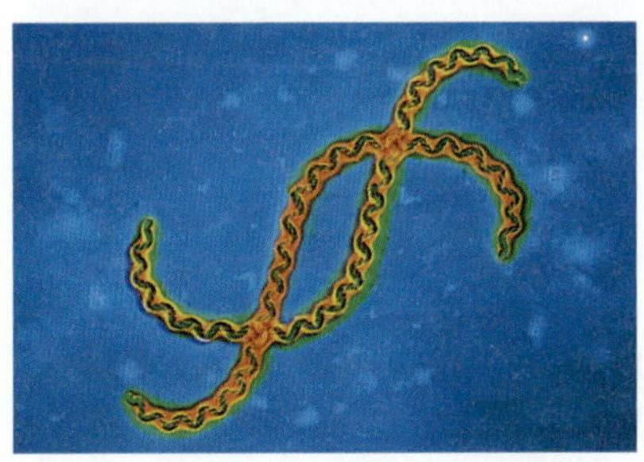

스피로헤타의 일종인 *Leptospira* (채색된 TEM 사진)

남세균

광독립영양세균으로 식물과 같은 산소발생 광합성을 수행하는 유일한 원핵생물이다. 녹색식물의 엽록체는 내부공생하는 남세균에서 유래한 것으로 생각되고 있다. 단독으로 생활하거나 사상형 군체를 형성하는 남세균은 담수 또는 해양 식물플랑크톤(phytoplankton)의 엄청난 부분을 차지한다. 식물플랑크톤은 수표나 표면 근처에 떠다니는 광합성 생물의 총칭이다. 일부 사상형 군체에는 질소고정을 할 수 있는 특수한 세포가 분화하여 대기 중의 질소를 고정함으로써 단백질이나 다른 유기분자를 합성한다(그림 27.14 참조).

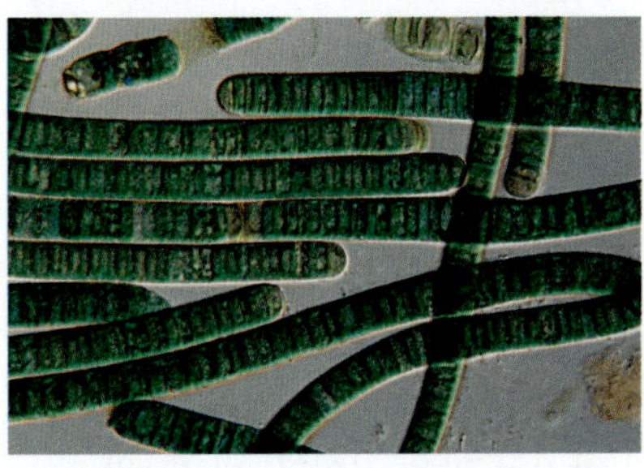

사상형 남세균인 *Oscillatoria*

그람양성세균

그람양성세균은 프로테오세균과 견줄 정도로 다양한 세균 종류를 포함한다. 아군의 하나에 해당되는 방선균류(actinomycetes)는 세포가 모여 가지 달린 사상형 군체를 이룬다(그리스어로 *mykes*는 곰팡이라는 뜻인데 예전에 이 세균을 곰팡이로 오인하여 붙여진 이름이다). 방선균에 속하는 두 개의 종이 각각 결핵과 한센병을 일으킨다. 그러나 대부분의 방선균은 단독으로 자유생활을 하며 토양의 유기물을 분해한다. 스트렙토마이세스(*Streptomyces*, 위 그림)속에서 토양에 서식하는 종은 스트렙토마이신을 포함하여 여러 가지 항생제를 생산하므로, 제약회사에서 많이 연구하고 있다.

그람양성세균에는 단독 생활을 하는 종류도 많이 있는데, 탄저병을 일으키는 탄저균(*Bacillus anthracis*, 그림 27.5), 보툴리누스 식중독을 일으키는 보툴리누스균(*Clostridium botulinum*) 등이 여기 속한다. 포도상구균(*Staphylococcus*)이나 연쇄상구균(*Streptococcus*)에 속하는 많은 종들 역시 그람양성세균이다.

마이코플라스마(mycoplasma, 아래 그림)는 유일하게 세포벽이 없는 세균이다. 또한 가장 작은 세포로 지름이 0.1 μm 정도에 불과하다. 이는 리보솜 하나 크기의 다섯 배에 지나지 않는다. 마이코플라스마의 유전체 또한 매우 작아서 마이코플라스마 제니탈리움(*Mycoplasma genitalium*)의 유전체에는 517개의 유전자만 존재한다. 많은 종류의 마이코플라스마는 단독으로 자유 생활하는 토양 세균이지만 질병을 일으키는 종도 있다.

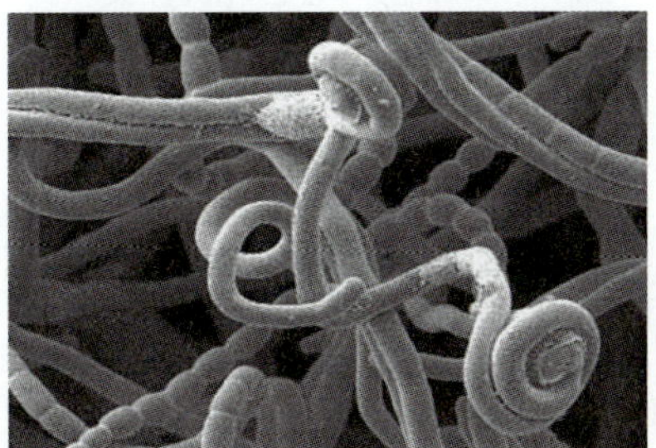

여러 가지 항생제를 생산하는 *Streptomyces* (SEM 사진)

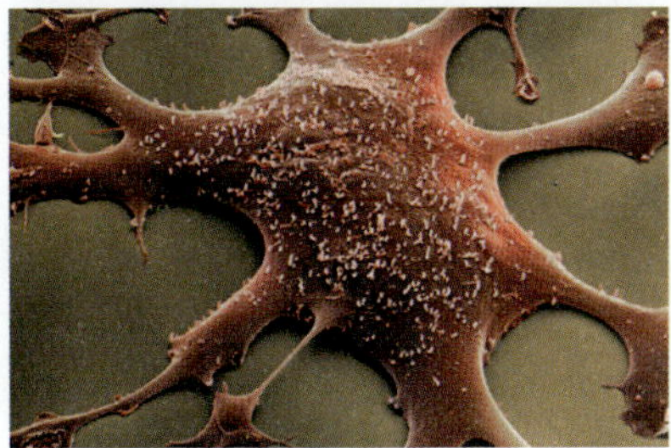

수백 마리의 마이코플라스마가 사람의 섬유아세포를 뒤덮고 있는 모습 (채색된 SEM 사진)

발견되었다. 연구진은 이 고세균을 코르고세균문(Korarchaeota)이라는 새로운 분기군에 포함시켰다(그리스어에서 *koron*은 젊은 이를 뜻한다). 2002년 아이슬랜드 해안의 열수공을 탐사하던 연구진은 지름이 0.4 μm에 불과한 고세균을 발견하였다. 이 세포는 훨씬 크기가 큰 크렌고세균에 붙어 있었다. 이 꼬마 고세균의 유전체의 크기는 지금까지 알려진 어떤 생물보다도 작아서 50만 염기쌍에 불과했다. 유전체를 분석한 결과 이 원핵생물은 네 번째 고세균 분기군인 나노고세균문(Nanoarchaeota)에 속하는 것으로 분류되었다(그리스어로 *nanos*는 작다는 뜻). 새로 이름이 붙여진 지 1년 안에 벌써 나노고세균에 속하는 세 가지 신종의 DNA 염기서열이 확인되었다. 하나는 옐로스톤 온천수에서, 다른 하나는 시베리아 온천에서, 그리고 세 번째는 태평양의 열수공에서 각각 발견되었다. 메타유전체학 탐사가 계속 진행되면서 그림 27.15에 제시된 계통수는 앞으로 또 바뀌게 될 것이다.

개념 확인 문제 27.4

1. 분자계통분류학과 메타유전체학이 원핵생물의 계통과 진화를 이해하는 데 어떻게 기여했는지 설명하라.
2. WHAT IF? 만일 메탄을 생성하는 진정세균이 발견되었다면 메탄 대사경로의 진화 과정을 어떻게 이해할 수 있을까?

정답은 부록 A 참조

개념 27.5

원핵생물은 생물권에서 중요한 역할을 한다

만약 내일 인간이 지구상에서 사라진다면, 많은 종의 생물이 변하겠지만 멸종에 이르는 종이 그리 많지는 않을 것이다. 반면, 원핵생물이 생물권에 미치는 영향은 너무 중요해서, 만일 원핵생물이 사라진다면 다른 많은 생물의 미래도 그리 밝지만은 않을 것이다.

화학적 순환

모든 생물체의 유기분자를 이루는 원자들은 한때 무기화합물의 형태로 토양, 대기, 물에 들어 있었다. 이곳은 조만간 유기분자 속의 원자들이 다시 돌아갈 곳이기도 하다. 생태계는 생물권과 무생물권 사이에 지속적으로 화학물질이 순환되면서 유지된다. 원핵생물은 이러한 순환 과정에서 핵심적인 역할을 담당한다. 예를 들어, 화학종속영양 원핵생물은 **분해자(decomposer)**로서 동식물의 사체와 노폐물을 분해한다. 따라서 탄소, 질소 및 그 밖의 물질이 한곳에 갇혀 있지 않고 계속 공급될 수 있다. 원핵생물이나 곰팡이 같은 다른 분해자가 작용하지 않으면 모든 생명활동은 정지된다. (물질의 화학적 순환에 대해서는 개념 55.4에서 자세히 알아보기로 한다.)

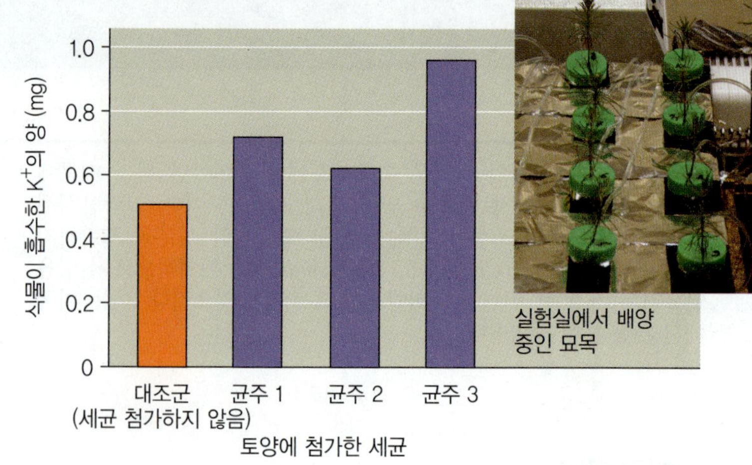

▲ **그림 27.18 세균이 토양 영양물질 가용성에 미치는 영향.** 진정세균에 속하는 부르크홀데리아 글란테이(*Burkholderia glathei*)의 세 가지 균주 가운데 하나가 첨가된 토양에서 자라는 소나무 종자는 세균이 없는 토양에서 자라는 종자보다 포타슘을 더 많이 흡수한다. 여기에 제시되지 않은 또 다른 실험 결과에 따르면 균주 3은 무기물 결정체에서 더 많은 양의 포타슘이 토양에 방출되도록 한다.

WHAT IF? 세균이 포함된 토양에서 종자에 흡수된 포타슘이온의 평균량을 측정하라. 만약 세균이 영양물질의 가용성에 영향을 미치지 않는다면 이 평균값의 크기는 어떻게 나올 것으로 예상되는가?

원핵생물은 또한 무기화합물을 다른 생물체가 흡수할 수 있는 형태로 전환한다. 남세균을 비롯한 독립영양 원핵생물은 CO_2를 이용하여 당과 같은 유기화합물을 만들고 이 유기화합물은 먹이사슬을 따라 다른 생물에게 공급된다. 남세균은 대기의 O_2를 생성하고 일부 종들은 또한 대기 중의 질소를 고정하여 다른 생물들이 단백질과 핵산을 합성하는 재료로 쓸 수 있는 형태로 전환시킨다. 어떤 조건에서 원핵생물은 질소, 인, 포타슘과 같은 식물 생장에 필요한 영양물질의 가용성을 높여준다(**그림 27.18**). 원핵생물은 또한 핵심적인 식물 영양물질의 가용성을 낮추기도 한다. 이런 사실은 원핵생물이 외부의 영양물질을 사용하여 분자를 합성하여 세포 안에 고정시키기 때문이다. 따라서 원핵생물은 토양 영양물질의 농도에 복잡한 영향을 미친다. 해양 환경에서 크렌고세균에 속하는 고세균 한 종이 질소 순환에서 핵심단계인 질산화 작용을 한다는 연구가 보고되었다(그림 55.14). 크렌고세균은 해양 미생물의 다수를 점하여 거의 10^{28}개 세포가 존재하는 것으로 추정되고 있다. 단순히 수가 많다는 것만으로도 이 고세균이 지구의 질소 순환에 큰 영향을 줄 것이라는 사실을 짐작할 수 있다. 현재 과학자들이 이 물음에 대한 해답을 찾고 있다.

생태계의 상호작용

원핵생물은 많은 생태계 상호작용에서 중심역할을 한다. 서로 가까이 사는 두 종의 생태계 상호작용인 **공생(symbiosis**; 그리

▲ **그림 27.19 상리공생: 세균성 "전조등".** 전등물고기(*Photoblepharon palpebratus*)의 눈 밑에 보이는 빛나는 타원형 구조 안에는 빛을 내는 세균이 들어 있다. 이 물고기는 빛을 이용해 먹이를 유인하고 짝짓기 상대에게 신호를 보낸다. 세균은 물고기로부터 영양물질을 받는다.

스어로 "함께 삶"을 뜻한다)을 고려해 보자. 원핵생물은 주로 더 큰 생물과 공생관계를 형성한다. 일반적으로 공생관계를 이루는 두 생물 가운데 더 큰 것을 **숙주(host)**, 작은 것은 **공생체(symbiont)**라 부른다. 원핵생물과 그 숙주생물이 서로에게 이로움을 주는 **상리공생(mutualism)** 관계를 형성하는 경우도 많다(그림 27.19). **편리공생(commensalism)**은 한쪽은 이익을 얻는 반면, 다른 한 쪽은 특별히 이롭거나 해롭지 않은 관계를 말한다. 예를 들어 사람의 신체 표면에는 150여 종의 세균종이 살고 있는데 제곱센티미터 당 1,000만 개의 세균세포가 피부를 뒤덮고 있는 부분도 있다. 이들 가운데 일부는 편리공생체이다. 사람은 이들에게 땀샘에서 분비하는 피지와 같은 먹이와 서식처를 제공하는 반면, 이들은 사람에게 해를 입히지도 이로움을 주지도 않는다. 마지막으로 일부 원핵생물은 **기생(parasitism)**을 하는데, **기생체(parasite)**가 숙주의 세포질이나 체액 내용물에서 영양물질을 섭취한다. 보통 기생체가 숙주에게 해를 입히기는 하지만 숙주를 적어도 즉시 죽이지는 않는다는 점에서 포식자와 다르다. 질병을 일으키는 기생체를 **병원체(pathogen)**라 하며 많은 병원체가 원핵생물에 속한다. (상리공생, 편리공생, 기생에 대해서는 54장에서 더 자세히 다룰 것이다.)

생태계의 존립은 원핵생물에 달려 있다. 열수공에서 볼 수 있는 다양한 생태적 군집을 예를 들어보자. 이런 군집들에는 벌레, 조개, 게, 물고기 따위의 수많은 서로 다른 종류의 동물들이 밀집해 있다. 그러나 햇빛이 심해의 바닥에까지 이르지 못하기 때문에 군집에는 광합성 생물이 포함되어 있지 않다. 대신 그 군집이 살 수 있게 하는 에너지는 화학독립영양 세균의 대사 활동에서 얻는다. 이 세균들은 열수공에서 배출되는 황화수소(H_2S)와 같은 화합물에서 화학 에너지를 취한다. 활발하게 활동하는 열수공 근처에는 수백 종의 진핵생물이 살아가지만 열수공의 활동이 멈춰 화학물질이 더 이상 방출되지 않으면 화학독립영양 세균이 살지 못하게 된다. 그렇게 되면 전체 열수공 군집이 사라지고 만다.

개념 확인 문제 27.5

1. 비록 원핵생물 하나하나의 크기는 매우 작지만 원핵생물 집단이 지구와 지구상의 생명에 미치는 영향은 지대하다. 이에 대해 설명하라.
2. MAKE CONNECTIONS 그림 11.6에 나타난 광합성 과정을 복습하라. 이를 바탕으로 남세균이 유기화합물을 만들면서 O_2를 생성하고 CO_2를 사용하는 주요 단계를 요약하라.

정답은 부록 A 참조

개념 27.6

원핵생물은 인간에게 이롭기도 하고 해롭기도 하다

가장 잘 알려진 원핵생물은 인간에게 병을 일으키는 것들이다. 그러나 이런 병원균은 전체 원핵생물종의 극히 일부에 지나지 않는다. 다른 많은 원핵생물들은 인간과 좋은 관계를 맺고 있으며, 일부는 농업과 산업에 필수적인 역할을 한다.

상리공생 세균

사람을 포함한 많은 진핵생물의 삶의 질은 상리공생하는 원핵생물에 달려 있다. 예를 들어, 사람의 장에는 거의 500~1,000종에 달하는 세균이 살고 있는 것으로 추정된다. 이런 세균들의 수는 사람의 몸을 구성하는 진핵세포 수의 거의 10배가 된다. 장의 서로 다른 부위에 사는 미생물종도 서로 다르며 이들이 주로 섭취하여 소화하는 먹이의 종류도 다르다. 이들 가운데 많은 종이 사람이 소화하지 못하는 음식을 분해해 주는 상리공생체이다. 장내 상리공생 세균의 하나인 *Bacteroides thetaiotaomicron*의 유전체에는 탄수화물, 비타민 그리고 사람이 필요한 다른 영양물질을 합성하는 유전자들이 다수 포함되어 있었다. 이 세균이 발생하는 신호에 따라 음식을 흡수하는 데 필요한 장의 혈관 형성을 촉진하는 사람의 유전자가 활성화된다. 또 다른 신호는 사람의 세포가 *B. thetaiotaomicron*은 영향을 받지 않는 항미생물 제제를 합성하도록 유도한다. 이와 같은 작용은 다른 미생물 집단의 크기를 줄일 수 있다. 다른 경쟁 세균을 장에서 제거함으로써 숙주인 사람과 *B. thetaiotaomicron*은 둘 다 이익을 얻을 수 있다.

병원성 세균

지금까지 병을 일으키는 것으로 알려진 원핵생물은 모두 진정세균이며, 세균에 대한 부정적인 생각은 이로 인한 것이다. 전체 인간 질병의 절반가량을 진정세균이 일으킨다. 한 해에 백만 명 이

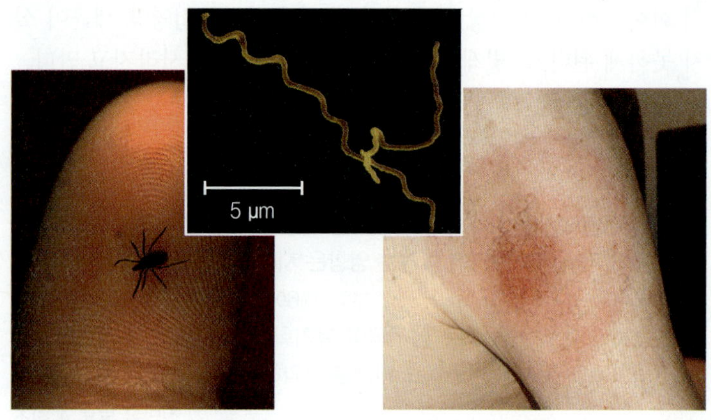

▲ **그림 27.20 라임병.** 익소드(Ixodes)속의 진드기는 스피로헤타의 일종인 보렐리아 부르그도르페리(*Borrelia burgdorferi*, 채색된 SEM)를 옮겨 라임병을 전파시킨다. 진드기에 물린 자리에 발진이 생기며 때로 상당히 커다란 고리 모양이 나타나기도 한다.

상이 결핵균(*Mycobacterium tuberculosis*)에 감염되어 폐결핵으로 사망한다. 또한 200만 명 정도가 여러 종의 진정세균에 의한 설사병으로 죽는다.

일부 세균성 질병은 벼룩이나 진드기와 같은 다른 생물종에 의해 전파된다. 미국에서 라임병은 가장 널리 퍼진 병으로 해마다 15,000~20,000명이 감염된다**(그림 27.20)**. 사슴이나 들쥐에 기생하는 진드기가 세균을 옮겨 사람에게 라임병을 일으킨다. 라임병을 치료하지 않으면 관절염, 심장병, 신경 장애 등이 나타난다.

병원성 원핵생물은 대개 독소를 만들어 병을 일으킨다. 독소는 크게 외독소와 내독소로 구별한다. **외독소(exotoxin)**는 특정한 세균이나 다른 생물이 분비하는 단백질이다. 심한 설사 증세를 일으키는 콜레라는 프로테오세균에 속하는 콜레라균(*Vibrio cholerae*)이 방출하는 외독소 때문에 증상이 나타난다. 이 독소는 장세포를 자극해서 염소이온을 장 내로 방출시킨다. 그 결과 삼투현상에 의해 수분이 장으로 빠져나가는 것이다. 그람양성균인 보툴리누스균(*Clostridium botulinum*)은 오염된 고기, 해산물, 야채 등의 통조림 제품을 발효시킨다. 이때 분비되는 외독소인 보툴리누스 독소는 보툴리누스 식중독을 일으킨다. 보툴리누스 독소를 비롯한 외독소는 음식을 섭취하는 시점에 독소를 만드는 세균이 더 이상 존재하지 않더라도 독소에 노출되기만 하면 병을 일으킨다. 심한 설사병을 유발하는 *C. difficile* 또한 외독소를 분비하며, 이로 이해 미국에서만 연간 12,000명 이상이 사망한다.

내독소(endotoxin)는 그람음성세균의 외막을 구성하는 지질다당체 성분이다. 외독소와는 달리 내독소는 세균이 죽어 세포벽이 분해되는 경우에만 방출된다. 내독소를 생성하는 세균의 예로 살모넬라속을 들 수 있다. 여기에는 사람과 동물에 장티푸스를 일으키는 장티푸스균(*Salmonella typhi*)이 속한다. 여러 종의 살모넬라가 가금류, 과일과 채소 따위에서 발견될 수 있으며, 제대로 관리하지 않을 경우 식중독을 일으킨다.

19세기 이후 선진국에서는 위생 상태가 개선되면서 병원성 세균의 위협이 크게 줄었다. 항생제를 사용하면서 많은 사람의 생명을 구할 수 있었고 질병 발생률은 크게 떨어졌다. 그러나 최근 항생제에 저항성을 지닌 균주가 진화하고 있다. 앞에서 살펴보았듯이 원핵생물은 번식 속도가 빨라 자연선택에 의해 원핵생물 집단 전체에 내성이 빨리 퍼질 수 있다. 또한 이 유전자들은 수평적 유전자 전달에 의해 다른 종으로 전파될 수도 있다.

수평적 유전자 전달은 또한 독성과 관련된 유전자를 전파하여 정상적으로는 해가 없는 원핵생물을 치명적인 병원체로 바꿀 수도 있다. 예를 들어, 대장균은 사람의 장에서 정상적으로 서식하는 해가 없는 공생체이다. 그러나 출혈성 설사병을 일으키는 병원성 균주가 나타났다. 이 가운데 가장 위험한 균주가 전 세계를 위협하고 있는 O157:H7이다. 미국에서만 매년 O157:H7에 감염된 사례가 75,000건에 이르며 때로 쇠고기나 기타 농축산물이 오염되어 나타난다. 2001년 O157:H7의 유전체 염기서열이 결정되었고 이를 무해한 균주인 대장균 K-12와 비교하였다. 그 결과 전체 5,416개의 O157:H7 유전자 가운데 1,387개의 유전자가 K-12에는 없는 것이었다. 이들 1,387개의 유전자는 대부분 박테리오파지에 의해 O157:H7 균주로 수평 전달된 것으로 추정하고 있다(형질도입). O157:H7 균주에만 있는 일부 유전자는 독성과 관계되며, 여기에는 O157:H7 균주를 장벽에 부착시켜 영양물질을 빨아들이는 부착성 핌브리아를 암호화하는 유전자도 포함된다.

연구와 기술에 활용되는 원핵생물

우리는 진정세균과 고세균의 다양한 대사능력에서 많은 이익을 얻고 있다. 예를 들어, 사람은 오래 전부터 세균이 우유를 치즈나 요거트로 전환한 것을 활용해 왔다. 최근에는 원핵생물에 대해 더 잘 알게 되면서 이 원핵생물들을 생명공학기술에 더욱 다양하게 활용하고 있다. 대장균을 유전자 클로닝에 이용한다거나(그림 19.2), 아그로박테리아(*Agrobacterium tumefaciens*)를 형질전환 식물을 만드는 데 이용하는 것 등이 비교적 잘 알려진 사례에 해당된다(그림 35.25). 자연에 서식하는 토양 세균은 작물에 영향을 주는 질병을 극복하는 데 도움이 될 수 있다. **과학적 분석 기술의 연습**에서 이와 같은 세균의 영향을 연구하기 위한 실험 자

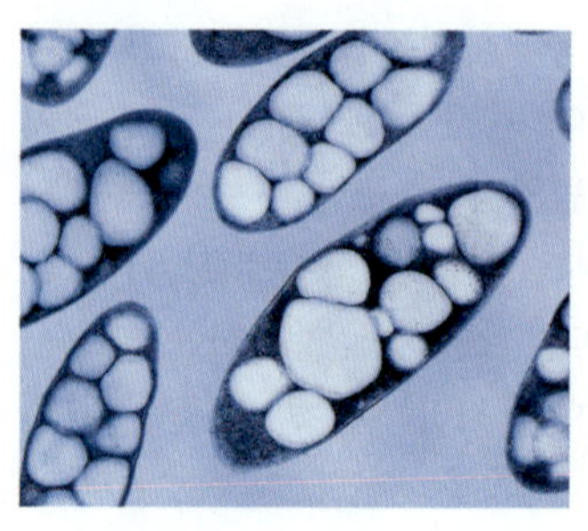

◀ **그림 27.21 생분해성 플라스틱의 성분인 PHA를 합성, 저장하는 세균**

과학적 분석 기술의 연습

막대그래프 작성 및 자료 해석

토양 미생물은 작물의 질병을 막아줄까? 식물의 뿌리를 둘러싸고 있는 토양층을 *근계(rhizosphere)*라 하는데 여기서는 고세균, 진정세균, 진균, 식물이 서로 상호작용하여 복잡한 군집을 이룬다. 작물이 병을 일으키는 진균이나 세균의 공격을 받을 때 근계의 토양층은 식물이 또다시 감염되는 것을 막아주기도 한다. 이와 같은 보호 역할을 하는 토양을 질병억제 토양이라 한다. 질병억제 토양에서 자라난 식물은 병원체의 공격에 비교적 덜 취약한 것으로 나타난다. 질병억제 토양이 보호 역할을 하는데 미생물이 얼마나 영향을 미치는지를 연구하면서 얻은 실험 자료를 해석해 보자.

실험 방법 네덜란드에서 무작위로 고른 25개의 농지에서 질병억제 토양을 채취했다. 이런 농지들에서 자라는 사탕무는 기존에 *Rhizoctonia solani*라는 병원성 진균에 감염된 적이 있는데 감자와 벼 또한 이 진균에 취약하다. 연구원들은 사탕무를 키우지 않는 농지의 풀밭 가장자리에서도 토양을 채취했다. 이는 병원체에 대해 보호 능력이 없을 것으로 예상하여 취한 것이다. 연구원들은 이 토양들을 다섯 가지 방식으로 처리한 다음 이 토양에 사탕무를 심고 온실에서 키웠다. 각각의 방식으로 처리된 토양을 각기 네 개의 화분에 담고 각각의 화분에는 8포기의 사탕무를 심었다. 그런 다음 화분에 *R. solani*를 접종하였다. 20일 후에 사탕무의 씨 가운데 감염된 빈도를 측정하여 평균을 냈다.

실험 데이터

토양 처리 방식	진균에 감염된 씨의 평균 백분율
질병억제 토양	3.0
농지 가장자리에서 취한 토양	62
농지 가장자리에서 취한 토양 + 10% 질병억제 토양	39
50°C에서 1시간 열처리한 질병억제 토양	31
80°C에서 1시간 열처리한 질병억제 토양	70

데이터 해석

1. 이 연구에서 검증하고자 하는 가설은 무엇인가? 이 연구에서 독립변수는 무엇인가? 종속변수는?
2. 이 실험에서 화분은 모두 몇 개가 사용되었나? 몇 포기의 식물체가 각각의 방식으로 처리되었는가? 각각의 처리 방식에서 여러 개의 화분과 여러 포기의 식물체를 사용한 이유는 무엇인가?
3. 표에 제시된 자료로 막대그래프를 그리시오. 그 다음 다섯 가지 처리결과를 기술하고 서로 비교하시오.
4. 연구원은 다음과 같은 언급을 했다. "종합적으로 이 결과는(토양의) *R. solani*에 대한 질병억제 능력이 자연계에 존재하는 미생물에 의한 것임을 시사한다" 이와 같은 결론이 자료에서 뒷받침되고 있는지 설명하라.

참고문헌 R. Mendes et al. Deciphering the rhizosphere for disease-suppressive bacteria, *Science* 332:1097–1100 (2011).

료를 해석해 보자.

세균은 곧 주요 산업 분야의 하나인 플라스틱 제조산업에서 두각을 나타내게 될지도 모른다. 전 세계적으로 해마다 3,500억 파운드의 플라스틱이 원유에서 생산되며 이를 이용해서 장난감, 저장용기, 음료수병 등의 용품을 만든다. 이제 세균을 이용해서 천연 플라스틱을 만들 수 있다**(그림 27.21)**. 어떤 세균은 PHA(polyhydroxyalkanoate)라는 중합체를 합성하여 화학에너지를 저장하는 데 사용한다. 이 세균들을 옥수수에서 추출한 당분을 주어 배양하면 세균에서 PHA 성분을 추출할 수 있다. 이를 이용해서 견고하면서도 생분해가 가능한 플라스틱을 만든다.

원핵생물은 또한 생물학적 복원에도 활용된다. **생물복원(bioremediation)**이란 생물을 이용하여 토양, 대기 또는 수질을

▶ **그림 27.22 기름 유출 지역의 생물복원.** 기름이 스며든 지역에 비료를 뿌려 토착 세균이 기름을 분해하는 것을 촉진한다. 경우에 따라 자연분해속도의 5배 정도까지 분해를 촉진시킬 수 있다.

◀ **그림 27.23 연료 생산.** 과학자들은 재생 가능한 식물체를 분해하여 에탄올(E-85)을 생산하는 세균을 개발 중이다.

오염시키는 물질을 제거하는 작업을 말한다. 예를 들어, 혐기성 세균 및 고세균은 하수처리장에서 유기물질을 분해하여 이후 화학적 멸균 과정만 거치면 그대로 매립하거나 비료로 쓰일 수 있게 만든다. 또 다른 생물복원의 응용 사례로 기름유출 사고를 처리하거나(그림 27.22), 지하수에서 우라늄과 같은 방사성 물질을 침전시키는 작업 등을 들 수 있다.

유전공학적 방법으로 세균을 변형시켜 비타민, 항생제, 호르몬 등의 다양한 산물이 생산되고 있다(19장 참조). 또한 농업 폐기물이나 수숫대, 재활용되지 않은 폐지 따위의 도시 폐기물 등을 분해하여 에탄올을 생성할 수 있는 유전자 변형 세균을 이용함으로써 화석연료의 사용량을 줄이고자 하는 시도도 진행되고 있다(그림 27.23).

원핵세포가 유용한 까닭은 대부분 영양물질과 대사 과정이 다양하기 때문이다. 이러한 모든 물질대사의 다양성은 진핵생물의 진화를 이끌어낸 생물체의 구조적 혁신이 나타나기 전에 진화한 것이다. 다음 몇몇 장에서는 진핵생물 영역에 대해 살펴보게 될 것이다.

개념 확인 문제 27.6

1. 원핵생물이 오늘날 우리에게 긍정적인 영향을 주는 측면을 적어도 두 가지 이상 제시하라.
2. 어떤 병원성 세균의 독소로 인해 이 세균이 한 숙주에서 다른 숙주로 퍼질 수 있는 기회를 높이는 증상이 나타난다. 이 사실을 바탕으로 이 독소가 외독소인지 내독소인지 알 수 있겠는가? 판단의 근거를 설명하라.
3. WHAT IF? 식습관을 갑자기 그리고 급격히 바꾸면 장내 원핵생물의 다양성에 어떤 영향을 주게 될까?

정답은 부록 A 참조

27장 복습

핵심 개념의 요약

개념 27.1

원핵생물은 구조적, 기능적 적응을 통해 성공적으로 진화했다

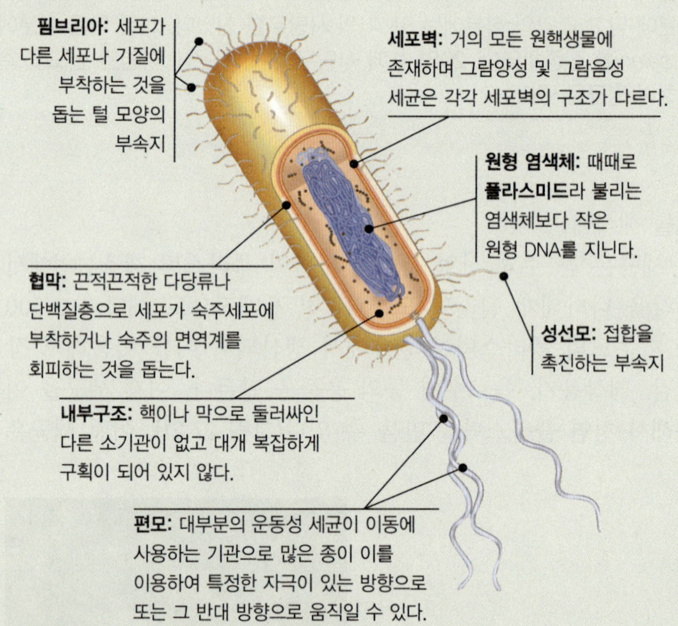

- 많은 원핵생물은 이분법에 의해 빠르게 증식하여 엄청난 수의 개체로 이루어진 집단을 형성한다. 일부 세균은 열악한 조건에서도 오랜 기간 생존 가능한 내생포자를 형성한다.

? 원핵생물이 광범위한 서로 다른 환경에서 생존하게 하는 특징이 무엇인지 설명하라.

개념 27.2

원핵생물은 증식 속도가 빠르고 돌연변이와 유전자 재조합의 빈도가 높아 유전적으로 매우 다양하다

- 원핵생물은 빠르게 증식하기 때문에 돌연변이가 발생하면 쉽게 집단의 유전적 변이를 높일 수 있다. 이에 따라 원핵생물 집단은 변화하는 환경에 대응하여 짧은 시간 동안 진화할 수 있다.
- 원핵생물에서의 유전적 다양성은 서로 다른 두 세포 사이에서 (형질전환, 형질도입, 접합 등의 방법으로) DNA가 재조합됨으로써 증가될 수 있다. 항생제 저항성 유전자와 같은 유리한 대립유전자를 전달해 주는 방식으로 유전자 재조합은 원핵생물집단의 적응적 진화를 촉진한다.

? 돌연변이는 드물고 원핵생물은 무성생식을 한다. 그렇지만 원핵생물 집단은 높은 유전적 다양성을 지닐 수 있다. 그 이유는?

개념 27.3

원핵생물에서는 영양 방식과 대사 과정이 다양하게 진화했다

- 원핵생물은 진핵생물에 비해 영양방식이 훨씬 더 다양하다. 원핵생물 분류군 내에서는 광독립영양, 화학독립영양, 광종속영양 및 화학종속영양의 네 가지 영양 방식의 사례가 모두 발견된다.
- 원핵생물 가운데, **절대 호기성** 생물은 O_2가 필요한 반면 **절대 혐기성** 생물에게는 O_2가 독성을 나타낸다. **조건부 혐기성** 생물은 O_2의 존재 여부와 관계없이 생존 가능하다.
- 진핵생물과는 달리 원핵생물은 광범위한 질소화합물을 대사할 수 있다. 일부 세균은 질소고정 과정을 통해 대기 중의 질소를 암모니아로 전환할 수 있으며 이를 **질소고정**이라 한다.
- 원핵세포나 심지어 원핵생물의 종 차원에서도 이들은 다른 생물과 대사적으로 협력하며 살아간다. 아나베나(*Anabaena*)에서 광합성 세포는 질소고정 세포와 서로 대사산물을 교환한다. 대사적 협력은 또한 물체의 표면을 뒤덮으며 여러 종이 함께 자라는 **생물막**에서도 나타난다.

? 원핵생물의 대사적 적응 범위를 설명하라.

개념 27.4

원핵생물은 전방위로 진화하여 다양한 계통을 형성해왔다

- 분자계통분류학을 통해 원핵생물의 계통적 분류가 가능해졌으며 새로운 주요 분기군들을 확인할 수 있었다.
- 다양한 영양 방식이 진정세균의 주요 분류군에 나타난다. 가장 큰 분류군은 프로테오세균과 그람양성균이다.
- 일부 고세균은 극한 환경에서 살아가며, 극호열균과 극호염균이 여기 속한다. 그밖의 고세균은 토양이나 호수와 같은 온건한 환경에 서식한다.

? 원핵생물의 계통분류에 분자수준의 자료는 어떤 정보를 제공했는가?

개념 27.5

원핵생물은 생물권에서 중요한 역할을 한다

- 종속영양 원핵생물에 의한 분해와 독립영양 및 질소고정 원핵생물의 합성 활동은 생태계의 물질 순환에 중요한 역할을 담당한다.
- 많은 원핵생물이 다른 숙주생물과 공생관계를 유지하며 살아간다. 공생관계에는 상리공생, 편리공생, 기생 등 다양한 형태가 있다.

? 어떤 면에서 원핵생물은 다른 생물종의 생존에 중요한 역할을 하는가?

개념 27.6

원핵생물은 인간에게 이롭기도 하고 해롭기도 하다

- 사람들은 상리공생 원핵생물에 의존해서 살아간다. 여기에는 우리의 장내에 서식하며 음식의 분해를 돕는 수백여 종의 장내세균이 포함된다.
- 병원성 진정세균은 일반적으로 외독소를 분비하거나 내독소를 지녀 질병을 일으킨다. 수평적 유전자 전달로 무해한 균주에 독성을 나타내는 유전자가 전파될 수 있다.
- 원핵생물은 생물학적 복원, 생분해성 플라스틱의 합성, 비타민이나 항생제 등의 산물을 합성하는 데 유용하게 활용된다.

? 원핵생물이 인간에 미치는 이로운 점과 해로운 점을 기술하라.

생각해보자

수준 1: 지식/이해

1. 세균 집단에서 유전적 변이를 축적하는 데 기여하지 않는 것은?
   a. 형질도입
   b. 접합
   c. 돌연변이
   d. 감수분열
2. 광독립영양생물은 탄소원과 에너지원으로 다음을 사용한다.
   a. 빛을 에너지원으로 이산화탄소를 탄소원으로
   b. 빛을 에너지원으로 메탄을 탄소원으로
   c. 질소를 에너지원으로 이산화탄소를 탄소원으로
   d. 이산화탄소를 에너지원과 탄소원으로
3. 다음 진정세균과 고세균의 특징 중 옳지 않는 것은?
   a. 고세균과 진정세균의 막 지질은 서로 다르다.
   b. 고세균의 세포벽에는 펩티도글라이칸이 없다.
   c. 진정세균의 DNA에만 히스톤이 결합되어 있다.
   d. 일부 고세균만 이산화탄소를 이용하여 수소를 산화시키면서 메탄가스를 방출한다.
4. 원핵세포들 사이에서의 대사적 협력이 나타나는 것은?
   a. 이분법에 의한 분열
   b. 내생포자 형성
   c. 생물막
   d. 광독립영양
5. 진정세균은 다음과 같은 생태학적 기능을 수행한다. 이 중 어떤 역할이 전형적인 공생과 관계되어 있지 않은가?
   a. 피부 편리공생자
   b. 분해자
   c. 장내 상리공생자
   d. 병원체
6. 산소 기체를 방출하는 식물과 같은 형태의 광합성을 하는 미생물은?
   a. 남세균
   b. 그람양성세균
   c. 고세균
   d. 화학독립영양세균

수준 2: 응용/분석

7. **진화적 관점**
   항생제에 내성을 갖지 않는 결핵균주에 감염된 환자에게 약물 치료를 하면 몇 주일 안에 결핵의 증상은 완화되나 감염된 세균을 완전히 치료하려면 훨씬 더 긴 시간이 필요하다. 따라서 환자들은 아직

세균이 몸 안에 남아 있는 채로 치료를 중단하곤 한다. 이와 같이 항생제 치료를 중단함으로써 항생제 내성 병원균의 진화를 조래할 수 있는 이유는?

수준 3: 종합/평가

8. 과학적 탐구

INTERPRET THE DATA 질소고정 세균인 리조비움은 특정 식물종의 뿌리를 감염시켜 세균은 식물에 질소를 제공하고 식물은 세균에 탄수화물을 제공하는 상리공생 관계를 형성한다. 과학자는 특정 종의 아카시아(*Acacia irrorata*) 뿌리에 6종의 서로 다른 리조비움을 감염시켰을 때 12주 동안 식물체의 성장이 어떻게 변하는지 조사하였다. (a) 다음의 자료를 그래프로 그리고 (b) 그래프를 해석하라.

리조비움 균주	1	2	3	4	5	6
12주 성장 후의 식물량 (g)	0.91	0.06	1.56	1.72	0.14	1.03

참고문헌: J. J. Burdon, et al., Variation in the effectiveness of symbiotic associations between native rhizobia and temperate Australian Acacia: within species interactions, *Journal of Applied Ecology*, 36:398–408 (1999).

비고: 리조비움이 없는 경우 12주 후 아카시아의 식물량은 대략 0.1 g 정도가 된다.

9. 글쓰기: 에너지

원핵생물과 다른 열수공 주변 환경의 생물 군체의 구성원들이 어떻게 에너지를 전달하고 또 전환하는지에 대해 약 100~150 단어의 글로 설명하라.

10. 종합적으로 생각해보기

세균의 작은 크기와 빠른 번식력이 어떻게 (이 그림에 나타난 핀의 끝에 형성된 세균집단처럼) 크고 또한 유전적으로 다양한 집단을 형성하는 데 기여할 수 있는지 설명하라.

정답은 부록 A 참조

28

진핵생물의 기원과 진화

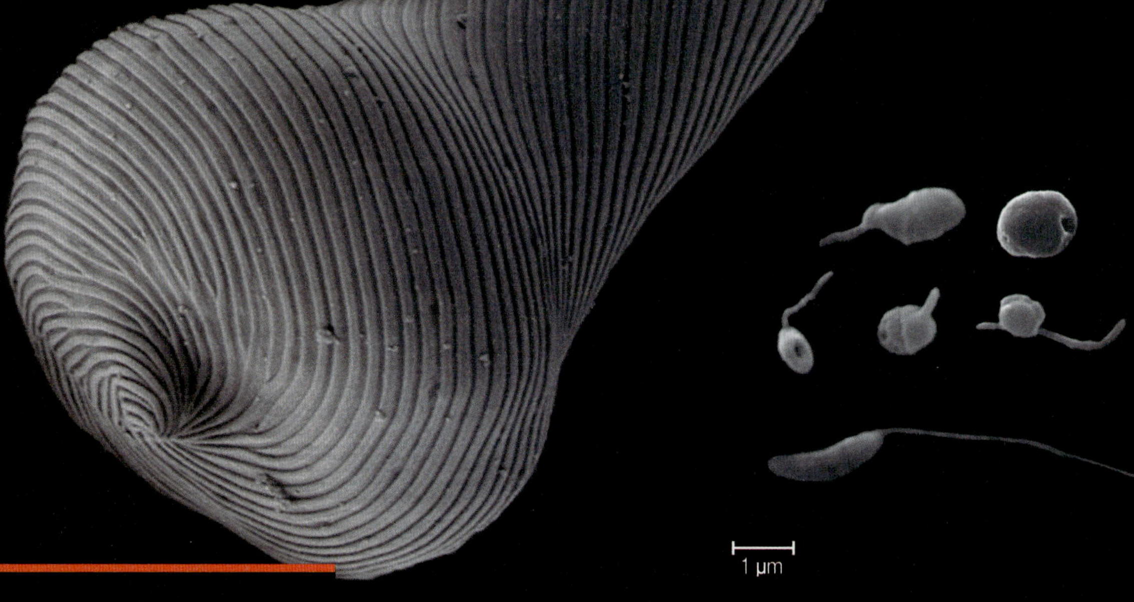

핵심 개념

28.1 진핵생물은 대부분 단세포 생물이다

28.2 섭식구굴착류에는 변형된 미토콘드리아를 가진 원생생물과 독특한 편모를 가진 원생생물이 있다

28.3 SAR 분기군은 DNA 유사성으로 정의되는 매우 다양한 원생생물군이다

28.4 홍조류와 녹조류는 육상식물과 유연관계가 가장 가까운 친척이다

28.5 단편모류는 균류 및 동물과 유연관계가 가까운 원생생물이다

28.6 원생생물은 생태 군집에서 핵심적인 역할을 한다

▲ **그림 28.1** **이들 중 어떤 생물이 원핵생물이고 어떤 생물이 진핵생물일까?**

▼ **트럼펫 형태를 가진 원생생물** (*Stentor coeruleus*)

작은 생명체

대부분의 원핵생물(prokaryotes)들이 굉장히 작은 생물이라는 것을 안다면, 아마도 여러분은 **그림 28.1**은 여섯 가지 원핵생물과 아주 거대한 한 가지 진핵생물을 보여주는 것이라고 추정할 것이다. 그러나 실제로 눈금자 바로 위에 있는 생물만이 원핵생물이다. 나머지 다른 여섯 가지 생물은 다양한 단세포 진핵생물로서 더 이상 공식적으로 사용될 수 없는 이름인 **원생생물(protists)**로 알려져 있다. 매우 작은 이 진핵생물들은 네덜란드의 과학자 레벤후크(Antoni van Leeuwenhoek)가 최초로 광학현미경의 도움으로 관찰한 이후 300년 이상 생물학자의 호기심을 자극해 오고 있다. 어떤 원생생물은 부정형의 부속지로 기어가며 형태를 바꾸지만, 다른 원생생물은 아주 작은 트럼펫이나 보석 같은 형태를 가진다. 레벤후크는 이 생물을 관찰한 것을 회상하면서 "연못 물 한 방울에 수천의 생명체가 있다는 것, 이것보다 더 즐거운 것을 본 적은 없다"고 기록했다.

레벤후크의 마음을 사로잡았던 원생생물이 오늘날까지도 우리를 놀라게 한다. 메타유전체학(초유전체학) 연구로 현미경적 생물의 세계에서 이전에 알려지지 않았던 귀중한 원생생물들을 발견하게 되었다. 이들 새롭게 발견된 많은 생물들은 원핵생물들만큼 작아서 세포지름이 겨우

0.5~2 μm이다. 유전학과 형태학적 연구 결과 또한 어떤 원생생물은 다른 원생생물보다는 식물, 균류 혹은 동물에 더 가깝다는 것을 보여주었다. 결과적으로, 한때는 모든 원생생물들을 포함하도록 분류되었던 원생생물계(kingdom Protista)는 폐기되었고, 원생생물 내의 다양한 계열(계보, lineages) 자체를 각각의 계(kingdom)로 인식하게 되었다. 대부분 생물학자들은 여전히 **원생생물(protist)**이란 용어를 사용하는데, 다만 식물, 동물 그리고 균류도 아닌 진핵생물을 그렇게 부르기에 편리하기 때문이다.

이 장에서는 원생생물 중에서 가장 중요한 무리의 일부를 살펴보게 될 것이다. 이 생물들의 구조와 생화학적 적응뿐만 아니라 생태계, 농업, 산업, 그리고 인간 건강에 미치는 막대한 영향을 배우게 될 것이다.

개념 28.1

진핵생물은 대부분 단세포 생물이다

식물, 동물 그리고 균류와 함께 원생생물은 진핵생물로 분류되고 생물 전체의 3가지 영역(도메인, domain) 중의 하나인 진핵생물영역(domain Eukarya)에 속한다. 원핵생물의 세포와는 다르게 진핵생물의 세포에는 핵과 막으로 둘러싸인 미토콘드리아나 골지체 같은 세포소기관이 있다. 이런 세포소기관은 특정 세포기능이 수행되게끔 특정한 곳에 위치하고 있다. 이런 특성 때문에 진핵생물 세포의 구조와 조직이 원핵생물 세포의 것들보다 더 복잡하다.

진핵세포는 또한 세포 전체에 퍼져 있는 잘 발달된 세포골격을 가진다(그림 7.20). 세포골격은 진핵세포가 비대칭(비정형)적 형태를 갖게 하거나, 섭식, 이동, 성장할 때 형체를 변하게 해 준다. 그에 반해서, 원핵세포는 잘 발달된 세포골격이 없어서, 시간에 따라 형체를 바꾸거나 비대칭적 형태를 유지하는 정도에 한계가 있다.

우리는 이 단원의 나머지 장들을 통해 진핵생물의 다양성을 살펴보게 될 것이다. 우선 이 장에서는 원생생물부터 시작하자. 이 주제를 탐색하면서 여러분은 다음을 기억해두기 바란다:

- 진핵생물 계열(계보)에 속한 대부분의 생물은 원생생물이고,
- 대부분의 원생생물은 단세포이다.

이와 같이 생명체는 우리가 보통 생각하고 있는 바와 엄청나게 차이가 난다. 우리가 잘 알고 있는 식물, 동물 그리고 균류와 같은 크기가 큰 다세포 생물은 계통수(그림 22.21)에서 일부 가지의 끝에 위치해 있을 뿐이다.

원생생물에서 구조와 기능의 다양성

원생생물들이 여러 가지 서로 다른 계들로 분류된다는 점을 고려하면, 예외없이 이들의 일반적 특징이라고 언급할 만한 것이 별로 없다는 것은 놀랄만한 일이 아니다. 사실 원생생물은 우리가 가장 잘 아는 동물, 식물, 진균류들 같은 진핵생물보다도 그 구조와 기능이 더 다양하다.

예를 들면, 대부분의 원생생물은, 비록 군체와 다세포성인 종이 있지만, 단세포 생물이다. 당연히 단세포 원생생물은 가장 간단한 진핵생물이라고 할 수 있지만 세포단계에서 보면 많은 원생생물은 매우 복잡하고 모든 세포 중에서 가장 정교하다. 다세포 생물에서는 기관이 필수적인 생물학적 기능을 수행한다. 단세포 생물도 동일한 필수적인 생물학적 기능을 수행하지만 다세포 기관이 아닌 세포보다 아래 단계의 세포소기관을 사용한다. 원생생물이 사용하는 세포소기관은 핵, 소포체, 골지체, 리소좀 등이 있고 이들은 대부분 7장에서 논의되었다. 또한 일부 원생생물은, 대부분의 다른 진핵생물에서 발견되지 않는, 세포에서 잉여의 물을 배출하는 수축포와 같은 세포소기관에 의존한다(그림 8.13).

원생생물은 또한 매우 다양한 영양방식을 취한다. 일부의 원생생물은 엽록체를 가진 광독립영양생물로, 일부는 유기물을 흡수하거나 큰 먹이입자를 섭식하는 종속영양생물로, 나머지 일부의 원생생물은 종속영양과 광합성을 겸비한 **혼합영양생물(mixotrophs)**로 불린다. 광독립영양, 종속영양과 혼합영양은 모두 여러 다양한 원생생물 계열에서 독립적으로 생겨난 것이다.

생식과 생활사도 원생생물에서 굉장히 달라졌다. 일부 원생생물은 무성생식만 하고 있고, 나머지 원생생물은 유성생식을 하거나 적어도 감수분열과 수정을 하는 유성생식 과정을 거친다. 대부분 원생생물은 이런 세 가지의 기본적인 유성적 생활사를 보이지만 이런 유형의 생식을 따르지 않는 변이도 있다(그림 13.6). 이 장 후반에서 우리는 몇 가지 원생생물들의 생활사를 알아볼 것이다.

진핵생물의 네 가지 상위그룹

최근 진핵생물 다양성의 진화역사에 대한 이해는 끊임없이 변하는 상태에 있다. 원생생물계가 포기되었을 뿐 아니라 다른 가설들 또한 폐기되었다. 예를 들면, 많은 생물학자들은 현존하는 진핵생물의 가장 오래된 계열은 통상적인 미토콘드리아가 없고 다른 원생생물 그룹보다 막으로 둘러싸인 세포소기관을 적게 갖는 생물인 "미토콘드리아 없는 원생생물(amitochondriate protists)"이라고 생각했다. 그러나 최근의 구조와 DNA 자료는 이 가설을 지지하지 않는다. 소위 많은 "미토콘드리아 없는 원생생물"은 비록 축소된 것이지만 미토콘드리아를 가지는 것으로 알려졌고, 이러한 생물의 일부는 이제 완전히 다른 그룹으로 분류된다.

진핵생물의 계통에 대한 이해가 계속 바뀌는 것은 배우는 사람이나 가르치는 사람 모두에게 어려움을 야기한다. 이들의 유연관계에 대한 가설은 과학활동의 핵심이지만 새로운 자료가 이전의 생각을 변형시키거나 폐기하도록 함에 따라 빠르게 변한다. 우리는 여기서 현재 통용되는 하나의 가설인 **그림 28.2**의 네 가지 상위 진핵생물 그룹들에 초점을 맞출 것이다. 진핵생물 계통

수의 뿌리가 알려지지 않았기 때문에, 모든 네 가지 상위그룹은 하나의 공통조상으로부터 동시에 갈라지는 [분기하는] 것으로 나타나 있다. 이것이 정확하지 않다는 것을 알지만, 어느 생물이 다른 생물로부터 먼저 갈라지는지 우리는 알지 못한다. 게다가, 형태와 DNA 자료로 그림 28.2의 일부 그룹이 잘 지지되는 반면, 다른 그룹은 더 논란이 있다. 여러분이 이 장을 읽을 때는, 생물군의 특정한 이름보다는, 왜 그 생물들이 중요하고 진행 중인 연구가 어떻게 그들의 진화적 관계를 밝히는지에 더 초점을 맞추는 것이 도움이 될 것이다.

진핵생물 진화 과정에서의 내부공생

오늘날 존재하는 원생생물이 엄청 다양하게 된 것은 무엇 때문일까? 원생생물들의 다양성 중 많은 부분은, 한 생물이 다른 생물(숙주)의 세포 내부에 살아가는 관계인 **내부공생(endosymbiosis)**에 그 기원이 있다는 많은 증거들이 있다. 특히, 개념 25.3에서 논의했던 것처럼 구조적 자료와 생화학적 자료들, 그리고 DNA 서열 자료들 모두 미토콘드리아와 색소체가 초기 진핵세포 조상이 삼켰던 원핵생물에서 유래한 것임을 가리킨다. 또한 미토콘드리아는 색소체보다 먼저 진화했다고 제시한다. 따라서 진핵생물 기원의 결정적 순간은 숙주세포가 어떤 세균(나중에 모든 진핵세포에서 발견되는 세포소기관인 미토콘드리아로 변하게 되었던)을 삼켰을 때 일어났다.

어떤 원핵생물 계열이 미토콘드리아가 되었는지를 결정하기

과학적 분석 기술의 연습

유전자 서열 비교 해석하기

어떤 원핵생물이 미토콘드리아와 가장 가깝게 연관되어 있는가? 최초의 진핵생물은 내부공생으로 미토콘드리아를 얻었다: 숙주세포는 호기성 원핵생물을 삼키고, 삼켜진 원핵생물이 숙주 세포질 내에 상존하여 양쪽 세포에게 모두 이익을 준다. 미토콘드리아와 가장 유연관계가 높은 살아 있는 원핵생물에 대한 연구에서, 연구자들은 리보솜 RNA(rRNA) 서열을 비교했다. 대부분의 세포는 수많은 리보솜을 가지기 때문에 rRNA가 살아 있는 세포에서 가장 흔한 형태이고, 심지어 유연관계가 먼 종에서도 비교하는 것이 용이하다. 이 연습(훈련)에서, 여러분은 미토콘드리아의 계통에 관한 결론을 도출하기 위하여 연구자료의 일부를 해석할 것이다.

실험 방법 연구자들은 밀(진핵생물)과 다섯 가지 세균종에서 소단위 rRNA 분자를 암호화하는 유전자로부터 뉴클레오타이드 서열을 분리하고 클로닝하였다:

- 밀, 미토콘드리아 rRNA 유전자의 공급원으로 사용되었다.
- *Agrobacterium tumefaciens*, 알파프로테오세균의 일종으로, 식물 조직 내에 서식하여 숙주에 종양을 유발한다.
- *Comamonas testosteroni*, 베타프로테오세균의 일종.
- *Escherichia coli*, 인간의 장에 서식하는, 잘 연구된 감마프로테오세균의 일종.
- *Mycoplasma capricolum*, 그람양성세균의 일종인 마이코플라스마는 세포벽이 없는 유일한 세균군이다.
- *Anacystis nidulans*, 남세균의 일종.

▲ 밀, 미토콘드리아 RNA의 출처로 사용됨

실험 데이터 여섯 가지 생물에서 분리된 rRNA 유전자의 서열을 정렬하고 비교하였다. 비교행렬(*comparison matrix*)로 불리는 아래의 자료표에 유전자 서열로부터 617개 위치의 뉴클레오타이드를 비교한 것을 요약하였다. 표에서 각각의 값은 해당 생물의 쌍에 대한 617개 위치의 뉴클레오타이드에서 동일한 조성을 갖는 백분율이다. 이 비교행렬 표에서, 전체 여섯 가지 생물에서 rRNA 유전자 서열이 동일한 맞은편의 값은 생략되어 있다.

데이터 해석

1. 맨 먼저, 비교행렬을 어떻게 읽는지 확실히 이해하라. *C. testosteroni*와 *E. coli*를 비교한 것을 나타내는 칸을 찾아라. 이 칸에는 어떤 값이 주어져 있는가? 이 두 가지 생물에서 rRNA유전자 서열을 비교한 값은 무엇을 의미하는가? 일부의 칸에서는 값 대신 대시(–) 부호가 사용된 이유를 설명하라. 왜 일부의 칸에는 값이 없이 회색으로 음영을 넣었는가?
2. 왜 연구자들은 비교행렬에 하나의 식물 미토콘드리아와 다섯 종의 세균을 선택하여 포함시켰는가?
3. 세균 중에는 어떤 종의 rRNA 유전자가 밀의 미토콘드리아의 것과 가장 유사한가? 이러한 유사성의 중요성은 무엇인가?

참고문헌 Yang D et al., Mitochondrial origins. *Proceedings of the National Academy of Science USA* 82: 4443–4447 (1985).

	밀의 미토콘드리아	*A. tumefaciens*	*C. testosteroni*	*E. coli*	*M. capricolum*	*A. nidulans*
밀의 미토콘드리아	–	48	38	35	34	34
A. tumefaciens		–	55	57	52	53
C. testosteroni			–	61	52	52
E. coli				–	48	52
M. capricolum					–	50
A. nidulans						–

▼ 그림 28.2

탐구 진핵생물 다양성

아래 계통수는 오늘날 지구상의 모든 진핵생물들 간의 유연관계를 나타내는 계통적 가설이다. 가지 끝에 있는 진핵생물 그룹은 계통수의 오른쪽 끝에 수직으로 표지된, 보다 규모가 큰 "상위그룹"과 유연관계를 가진다. 이전에 원생생물계로 분류되었던 그룹은 노란색으로 강조되어 있다. 점선은 불확실한 진화적 관계나 논란이 심한 분기군을 나타낸다. 명확성을 위하여, 이 계통수에서는 각 상위그룹에서 대표적인 분기군만 포함시켰다. 게다가, 최근에 발견된 많은 새로운 진핵생물 그룹은, 진핵생물 다양성이 여기서 보여준 것보다 훨씬 더 크다는 것을 나타낸다.

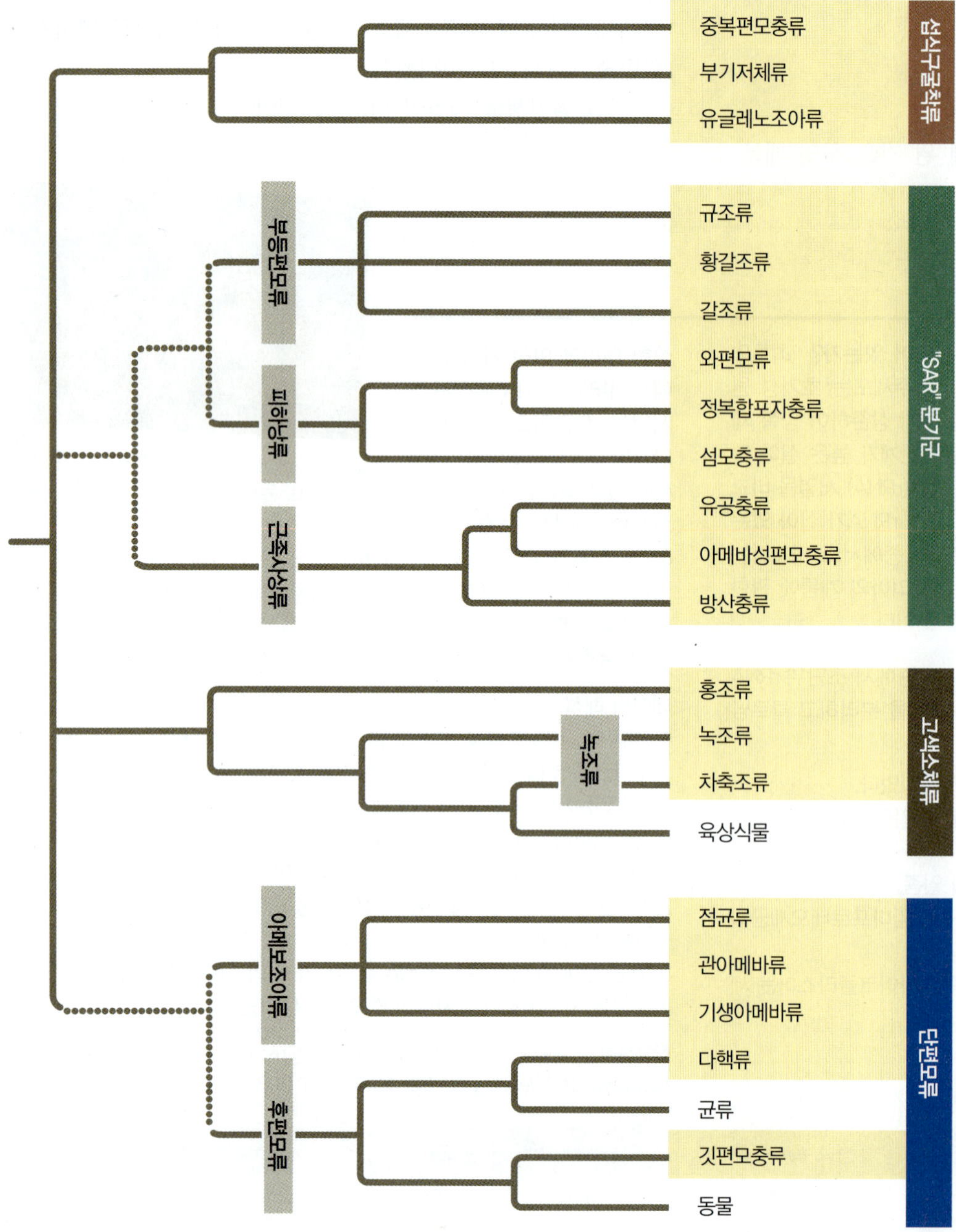

■ 섭식구굴착류

이 상위그룹에 속하는 일부 구성원은 세포 몸체의 한 면에 "굴착된" 홈이 있다. 주요한 두 개의 분기군(중복편모충류와 부기저체류)은 변형된 미토콘드리아를 가지고 있고; 나머지(유글레노조아류)는 구조적인 면에서 두 개 분기군의 것과는 다른 편모를 가진다. 섭식구굴착류에는 흡반편모충(*Giardia*)과 같은 기생충뿐 아니라 포식성이거나 광합성하는 많은 종들이 있다.

5 μm

중복편모충류 기생충의 일종인 내장흡반편모충(*Giardia intestinalis*). 이 중복편모충류(채색된 SEM 사진)는 섭식구굴착류의 특징인 표면 홈이 없고, 포유류의 장에 서식한다. 사람들이 흡반편모충의 포낭이 포함된 분변으로 오염된 물을 마실 때, 감염될 수 있다. 겉으로 보기에 깨끗한 개울이라도 이들로 오염된 물을 마시면 심한 설사를 하게 되며, 물을 끓이면 기생충은 죽는다.

■ "SAR" 분기군

이 상위그룹은 그 규모가 크고 매우 다양한 세 가지 분기군들을 포함한다(또한 그 이름이 유래함): 부등편모류(Stramenopila), 피하낭류(Alveolata)와 사상근족류(Rhizaria). 부등편모류는, 여기에서 보인 규조류와 같이, 지구상에서 가장 중요한 광합성 생물의 일부가 포함된다. 피하낭류 또한 많은 광합성종들뿐 아니라, 말라리아를 발병시키는 열원충(*Plasmodium*)과 같은 중요한 병원체도 포함한다. 피하낭류와 광합성하는 부등편모류 중 많은 핵심 그룹은 2차 내부공생에 의해서 생겼다고 여겨진다.

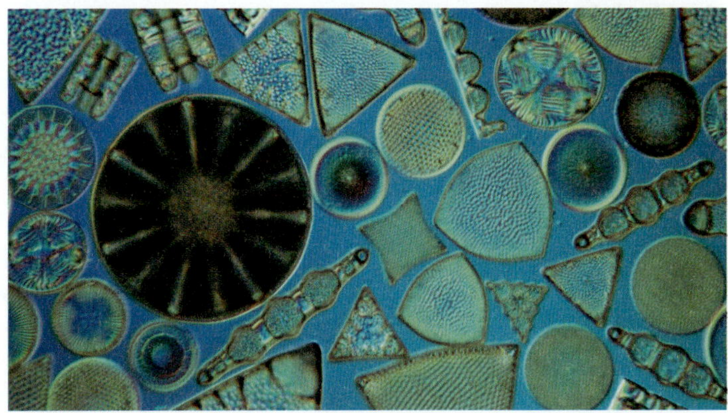

다양한 규조류. 이 아름다운 단세포 원생생물들은 수중 군집에서 중요한 광합성 생물이다(LM 사진).

SAR 분기군의 하위그룹인 근족사상류는 여러 아메바 종들을 포함하며, 대부분은 실과 같은 형태의 위족을 가지고 있다. 위족은 세포의 어느 부위에서나 불거져 나올 수 있고 이동하거나 먹이를 잡는 데 사용된다.

***Globigerina*, SAR 분기군에 속한 근족사상류.** 이 종은 유공충류의 일종으로, 이 그룹의 구성원은 껍질 또는 외각의 구멍으로부터 실과 같은 형태로 뻗어져 나오는 위족을 가진다(LM 사진). 삽입된 SEM 사진은 탄산칼슘으로 단단하게 된 유공충의 껍질이다.

■ 고색소체류

이 그룹에 속한 진핵생물로는 육상식물(식물계)과 함께 홍조류와 녹조류가 있다. 홍조류와 녹조류에는 단세포성 종, 군체성 종[녹조류 볼복스(*Volvox*)를 포함]과 다세포성 종이 있다. 비공식적으로 "해조류"로 알려진 많은 대형 조류는 다세포성 홍조류 또는 녹조류이다. 고색소체류(archaeplastida)에 속하는 원생생물에는 일부 수서군집에서 먹이망의 근간을 형성하는 핵심적인 광합성 종이 포함된다.

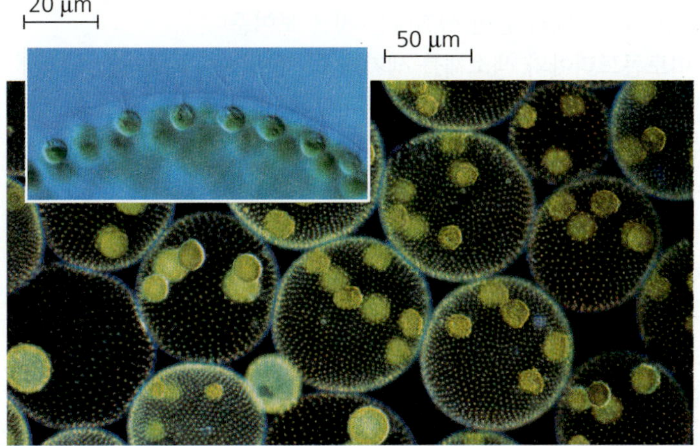

볼복스(*Volvox*), 군체성 담수 녹조류. 군체는 속이 빈 공의 형태로, 젤라틴 기질로 된 공의 벽에는 두 개의 편모를 가진 수백 개의 세포(삽입된 광학현미경 사진 참조)들이 박혀 있다. 가장자리 벽의 각 세포는 일련의 세포질로 연결되어 있고, 만약 분리되면, 이 세포들은 생식을 하지 못한다. 여기에 나타낸 거대한 군체는 마침내 그들의 내부에 있는 작은 "딸" 군체를 방출할 것이다(LM 사진).

■ 단편모류

이 그룹의 진핵생물에는 귓불형이거나 관형 위족을 가지는 아메바들이 포함되며, 동물과 진균류, 그리고 이들과 가깝게 연관되어 있는 비아메바성 원생생물들 역시 포함된다. 최근의 한 가설에 의하면 단편모류(unikonts)는 다른 진핵생물들로부터 분지된 최초의 진핵생물일 것이라고 한다. 그러나 아직 이 가설은 널리 지지를 얻지는 못하고 있다.

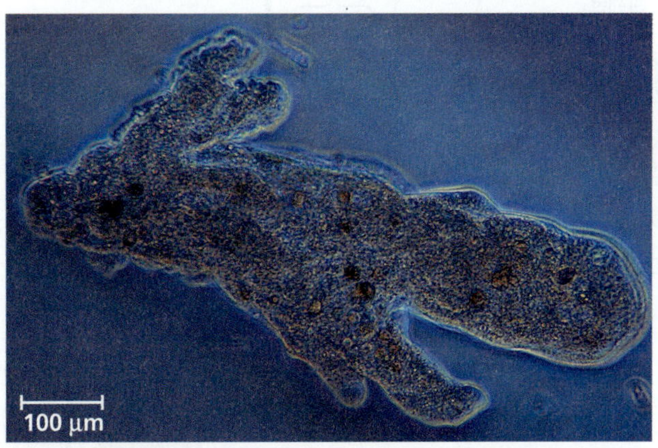

단편모 아메바. 이 아메바(*Amoeba proteus*)는 이동하기 위해서 위족을 사용하고 있다.

위하여 연구자들은 미토콘드리아 유전자(mtDNA)의 DNA 염기서열과, 세균과 고세균의 주요 분기군에서 발견된 염기서열을 비교했다. **과학적 분석 기술의 연습**에서, 그러한 한 세트의 DNA서열을 비교한 것을 해석하게 될 것이다. 그러한 연구를 총괄해 보면, 미토콘드리아가 알파프로테오세균에서 유래했다는 것을 나타낸다(그림 27.16). mtDNA 염기서열 분석 결과 또한 원생생물, 동물, 균류와 식물의 미토콘드리아가 하나의 공통조상에서 유래했다는 것을 나타내고, 그래서 미토콘드리아는 진화 과정 동안 단지 한번만 생겼다는 것을 제시한다. 유사한 분석에서 색소체도 삼켜진 남세균에서 한번 생겼다는 것을 보여준다.

미토콘드리아와 색소체를 생기게 한 계보는 밝혀졌지만, 알파프로테오세균을 삼키고 그렇게 해서 진핵생물 기원의 기초를 마련한 숙주의 정체에 대해서는 의문이 남는다. 최근의 유전체 연구에 의하면, 숙주는 고세균 계열에서 유래했지만 어느 계보인지 결정되지 않았다. 게다가, 숙주는 고세균일 수도 있었겠지만 또한 숙주가 고세균 조상으로부터 분화하였거나 연관된 한 계열의 구성원일 수도 있었을 것이다. 후자의 경우에, 숙주는 형태를 변화시킬 수 있는(그래서 알파프로테오세균을 삼킬수 있는) 세포골격과 같은 진화한 진핵세포의 특징을 갖는, "원시진핵생물(protoeukaryote)"일 수 있을 것이다.

색소체 진화: 자세히 살펴보기

여러분이 보아왔듯이, 현재의 증거는 미토콘드리아가 고세균 계열의 세포에 의해서 삼켜진 세균에서 유래했다는 것을 나타낸다. 이 사건으로 진핵생물이 생겨났다. 또한 진핵생물 역사의 후반에, 종속영양성 진핵생물 계열이 광합성 남세균 공생자를 추가적으로 획득하여 색소체로 진화했다는 많은 증거가 있다. **그림 28.3**에 나타낸 가설에 따르면, 색소체를 가진 계열은 광합성 원생생물 혹은 **조류(algae)**인 홍조류와 녹조류 두 개의 후손 계열을 만들었다.

그림 28.3에서 보여준 일부의 단계를 보다 자세히 살펴보자. 우선, 남세균들은 그람음성인데, 이런 세균들은 두 개의 세포막, 즉 안쪽의 세포막과 세포벽의 일부인 바깥쪽 막을 가진다는 것을 상기하자(그림 27.3). 홍조류와 녹조류의 색소체들 역시 두 개의 막으로 둘러싸여 있다. 이들 막에 있는 수송단백질은 남세균의 내막과 외막에 존재하는 단백질과 상동적이어서 색소체가 내부공생자인 남세균에서 유래했다는 가설을 더 지지한다.

진핵생물 진화에서 몇 차례 홍조류와 녹조류는 종속영양성

▼ 그림 28.3 내부공생으로 만들어진 색소체의 다양성. 색소체를 가진 진핵생물의 연구에서 색소체는 종속영양성 진핵생물의 조상에게 삼켜진 남세균에서 진화했다(1차 내부공생)고 시사된다. 그 조상이 홍조류와 녹조류로 다양화되었고, 이들의 일부는 그 후에 다른 진핵생물에 의해서 삼켜졌다(2차 내부공생).

MAKE CONNECTIONS 클로라라크니오조류의 세포는 뚜렷이 구분되는 유전체를 얼마나 많이 가질까? 설명하라(그림 7.17과 7.18 참조).

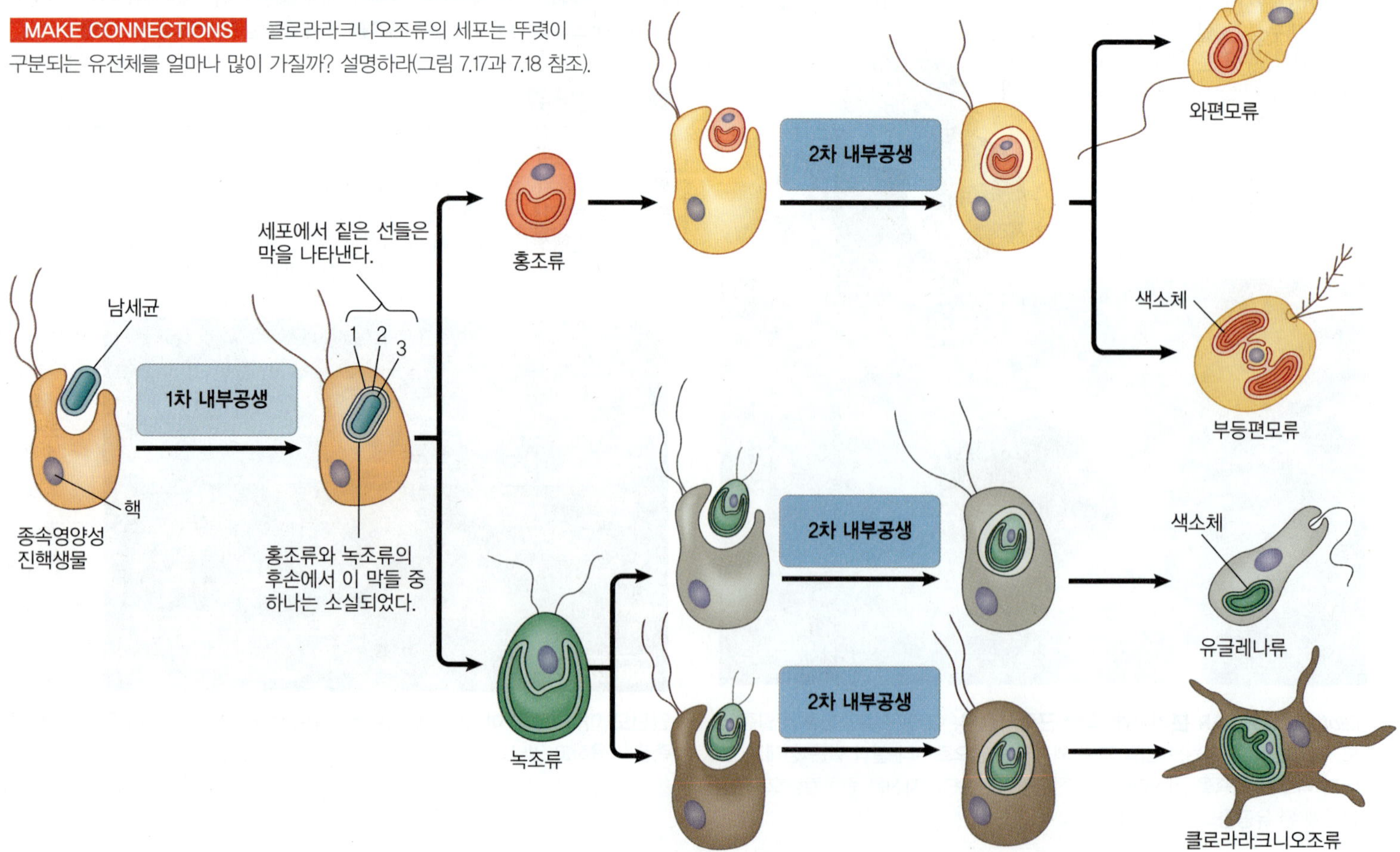

진핵생물의 식포에 섭취되어 스스로 내부공생자가 되는, **2차 내부공생(secondary endosymbiosis)**을 겪었다. 예를 들면, 클로라라크니오조류로 알려진 원생생물은 종속영양성 진핵생물이 녹조류를 삼켰을 때 진화했을 것 같다. 이 과정의 증거는 삼켜진 세포 내에 포함된 작은 흔적 핵인 핵소체(nucleomorph, **그림 28.4**)에서 발견될 수 있다. 핵소체의 유전자는 여전히 전사되고, 그들의 DNA 서열은 삼켜진 세포가 녹조류였다는 것을 나타낸다.

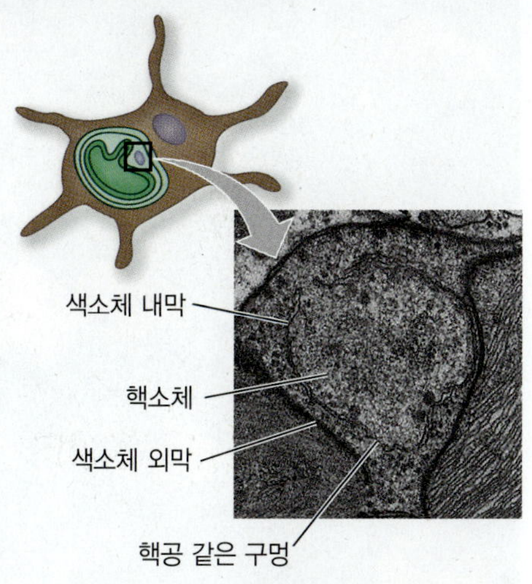

▲ **그림 28.4 클로라라크니오조류의 색소체 안에 있는 핵소체**

개념 확인 문제 28.1

1. 원생생물에서 구조와 기능의 다양성에 대해서 적어도 4가지 예를 들라.
2. 진핵생물의 진화에서 내부공생의 역할을 요약하라.
3. **WHAT IF?** 그림 28.2를 공부한 후 진핵생물의 4가지 상위그룹만을 보여주는 간단한 계통수를 그리고, 만약 단편모류가 다른 진핵생물로부터 분지된 최초의 진핵생물이라면 계통수는 어떤 모양일지 그려보라.

정답은 부록 A 참조

개념 28.2

섭식구굴착류에는 변형된 미토콘드리아를 가진 원생생물과 독특한 편모를 가진 원생생물이 있다

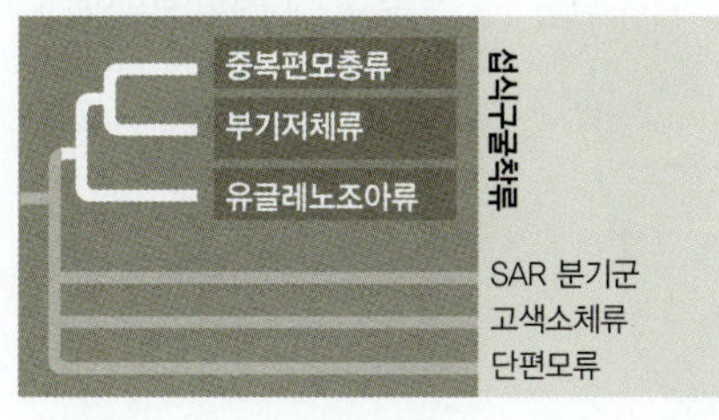

진핵생물 진화에 대해 대략의 윤곽을 파악했기 때문에 이제 우리는 그림 28.2에 제시된 4가지 주요 원생생물군에 대해서 좀 더 자세하게 살펴볼 것이다.

우선, 세포골격에 대한 형태학적 연구에 근거해서 원래 제안되었던 분기군인 **섭식구굴착류(Excavata**, excavates)를 알아본다. 이 계통에 속하는 다양한 생물 중 일부는 세포 몸체의 한 면에 "굴착된" 섭식용 홈이 있다. 섭식구굴착류에는 중복편모충류, 부기저체류, 유글레노조아류가 있다. 분자적 증거자료에 의하면 이 세 가지 그룹의 각각은 단일계통적이고, 최근의 유전체 연구는 상위그룹 섭식구굴착류의 단일계통성을 지지한다.

중복편모충류와 부기저체류

이 두 그룹의 원생생물은 색소체가 없고 매우 변형된 미토콘드리아를 가진다(최근까지 모두 미토콘드리아가 없는 것으로 생각되었었다). 대부분의 중복편모충류와 부기저체류는 혐기성 환경에서 발견된다.

중복편모충류(diplomonads)는 미토솜(mitosome)이라는 변형된 미토콘드리아가 있다. 이 세포소기관은 전자전달계의 기능이 없어 탄수화물과 기타 유기물로부터 에너지를 얻는 데 도움을 주는 산소를 사용할 수 없다. 대신, 중복편모충류는 필요한 에너지를 혐기성 생화학 경로를 거쳐서 얻는다.

구조적으로 중복편모충류는 동일한 크기의 2개의 핵과 다수의 편모를 가진다. 진핵생물의 편모는, 세포의 원형질막으로 덮여 있는 미세소관 다발로 구성된 세포질의 연장임을 기억하라(그림 7.24). 이 편모는, 세포 표면에 부착된 구형 단백질로 구성된 섬유상의 원핵생물의 편모와는 다르다(그림 27.7).

부기저체류(parabasalid)도 수소발생소포(hydrogenosome)라는 축소된 미토콘드리아를 가지는데 이 세포소기관은 혐기상태에서 약간의 에너지를 생성하고 부산물로 수소가스를 방출한다. 가장 잘 알려진 부기저체류는 질(세모)편모충(*Trichomonas vaginalis*)으로 매년 약 500만 명의 사람을 감염시키며 성관계를 통하여 전달되는 기생충이다. 이 종은 편모와 물결 모양의 원형질막을 이용해서 사람의 생식관과 요도관의 점액질 내벽을 따라 이동한다(**그림 28.5**). 여성의 경우, 질의 정상적인 산성도가 교란되면 질(세모)편모충은 이로운 세균을 물리치고 질을 감염시킨다. 이 편모충은 남성의 요도를 감염시킬 수 있으나 흔히 증상은 없을 수 있다. 이 종은, 질의 상피세포를 섭식할 수 있도록 감염을 촉진시키는 유전자를 가진다. 연구 결과, 질(세모)편모충은 질 내의 기생세균으로부터 수평적 유전자 전달(horizontal gene transfer)을 통하여 이 유전자를 얻었다고 한다.

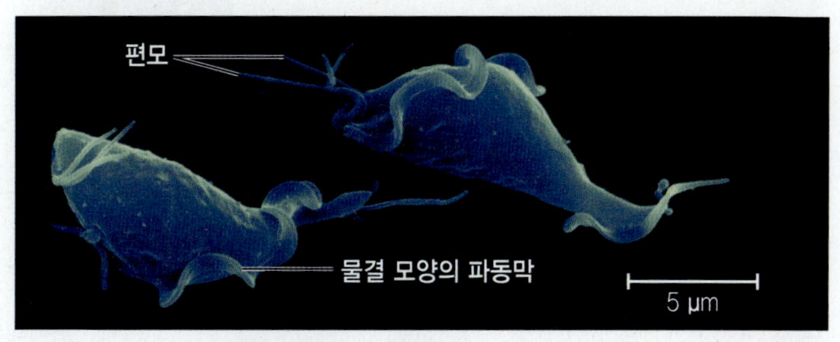

▲ **그림 28.5 부기저체류의 기생충, 질(세모)편모충(*Trichomonas vaginalis*)(채색된 SEM 사진)**

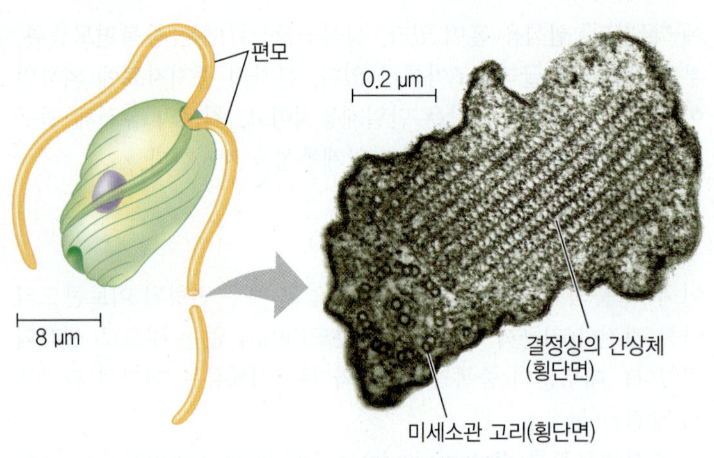

▲ **그림 28.6 유글레노조아류의 편모.** 대부분의 유글레노조아류는 편모 내부에 결정상의 간상체가 있다(TEM 사진은 편모의 횡단면임). 간상체는 모든 진핵생물 편모에서 발견되는 9 + 2의 미세소관 고리를 따라서 위치한다(그림 7.24와 비교).

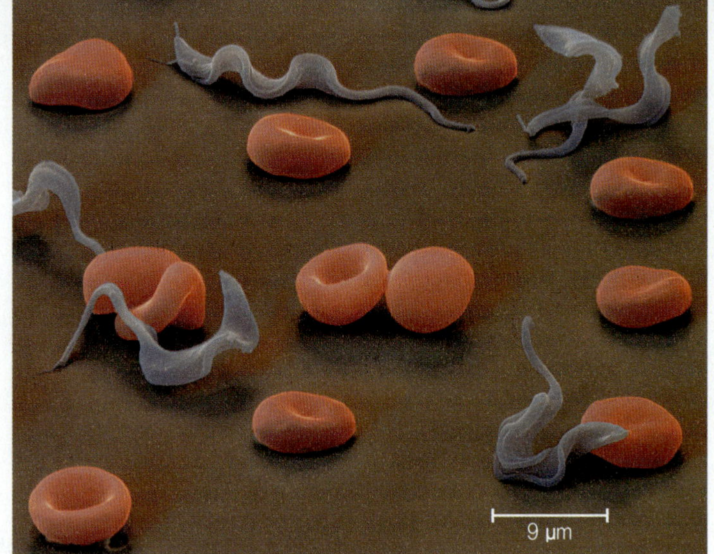

▲ **그림 28.7 파동편모충(*Trypanosoma*), 수면병을 유발하는 운동핵편모충류.** 적혈구 사이에 보라색 리본처럼 구불구불한 것들이 파동편모충이다(채색된 SEM 사진).

유글레노조아류

유글레노조아류(euglenozoans)라 불리는 원생생물은 포식성의 종속영양생물, 광합성 독립영양생물, 혼합영양생물, 그리고 기생생물 등 다양한 생물을 포함하는 한 분기군에 속한다. 이 분기군이 다른 원생생물과 구별되는 주요한 형태적 특징은 그들의 각 편모 내에 나선형 또는 결정상의 간상체 구조가 있다는 것이다 **(그림 28.6)**. 유글레노조아류 중에서 가장 연구가 잘 된 그룹은 운동핵편모충류(kinetoplastids)와 유글레나류(euglenids)이다.

운동핵편모충류

운동핵편모충류(kinetoplastids)는 동원질체(kinetoplast)라 불리는 잘 조직된 DNA 덩어리가 포함된 단 하나의 대형 미토콘드리아를 가진다. 이 원생생물은 담수, 해양 그리고 습기 찬 육상생태계에서 원핵생물을 섭식할 뿐 아니라 동식물과 다른 원생생물에 기생하는 종도 있다. 예를 들어, 파동편모충(*Trypanosoma*) 속에 속하는 운동핵편모충류는 인간에게 감염하여 신경성 질병인 수면병을 유발하는데, 이 질병은 치료하지 않으면 예외없이 치명적이다. 전염병 매개체인 아프리카 체체파리가 물어서 감염된다**(그림 28.7)**. 또한 파동편모충은 샤가스병(Chagas' disease)을 유발하는데 이 병은 흡혈 곤충에 의해 전파되며 울혈성 심부전의 원인이 될 수 있다.

파동편모충은 효과적인 “유혹과 바꿔치기” 방어로 면역감시망을 피한다. 파동편모충의 표면은 한 가지 단백질이 수백만 개로 복제된 것으로 덮여 있다. 그러나 숙주의 면역체계가 이 단백질을 인식하여 공격하기 전에, 이 기생충의 새로운 자손은 표면 단백질을 약간 다른 분자구조로 바꾸어버린다. 표면 단백질을 빈번하게 바꿈으로써 숙주가 면역력을 키울 수 없도록 한다(이 주제를 더 탐구하려면 47장의 **과학적 분석 기술의 연습** 참조하라). 파동편모충 유전체 양의 1/3 정도는 이런 표면 단백질을 만드는 데 사용된다.

▼ **그림 28.8 유글레나(*Euglena*), 연못 물에서 흔히 발견되는 유글레나**

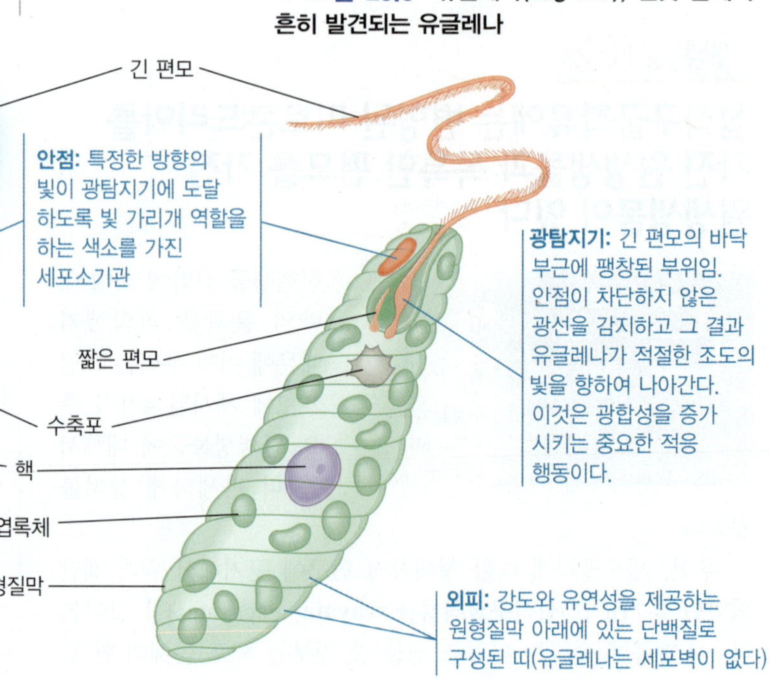

유글레나류

유글레나류(euglenid)는 세포의 한쪽 말단부에 한 개 또는 두 개의 편모가 나오는 주머니가 있다(**그림 28.8**). 일부 유글레나는 혼합영양생물이다: 태양 빛이 있으면 독립영양생물이지만 태양 빛이 없으면 환경으로부터 유기물을 흡수하는 종속영양생물이 된다. 많은 다른 유글레나류는 식세포작용으로 먹이를 삼킨다.

개념 확인 문제 28.2

1. 일부 생물학자들이 중복편모충류와 부기저체류의 미토콘드리아가 "매우 축소"되었다고 하는 이유는?
2. **WHAT IF?** 중복편모충류 1종, 유글레나류 1종, 식물 1종, 그리고 중복편모충류에 가장 가까운 미동정된 원생생물 1종의 DNA 서열자료를 확보하였다. 후속연구에 의하면 밝혀지지 않은 이 원생생물의 종은 완전하게 기능하는 미토콘드리아를 가진다고 한다. 이 자료에 근거하여, 그림 28.2의 계통수의 어느 지점에서 이 미지의 원생생물 계열이 다른 진핵생물 계열로부터 분지되었을 것인지를 설명하라.

(정답은 부록 A 참조)

개념 28.3

SAR 분기군은 DNA 유사성으로 정의되는 매우 다양한 원생생물군이다

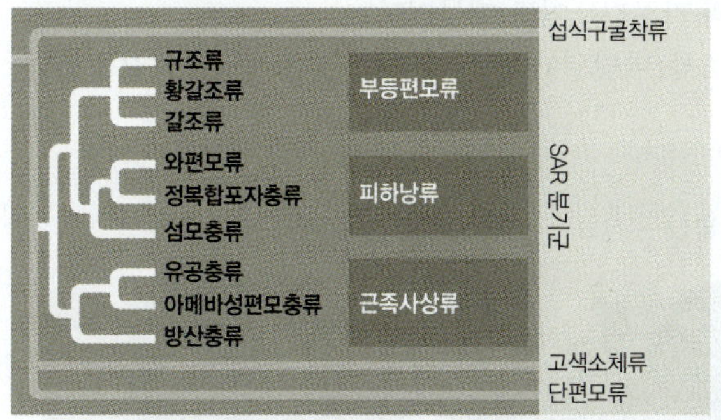

두 번째 상위그룹인 소위 **"SAR" 분기군(SAR clade)**은 유전체 전체의 DNA 서열 분석에 근거하여 최근에 제안되었다. 이들 연구로 원생생물의 세 가지 주요한 분기군인 부등편모류, 피하낭류, 근족사상류가 단일계통의 상위그룹을 형성한다는 것이 알려졌다. 이 상위그룹은 규모가 크고 극도로 다양한 원생생물의 무리를 포함한다. 지금까지, 이 상위그룹은 공식적인 이름을 얻지 못했지만 대신에 세 주요 분기군의 첫 글자인 SAR 분기군으로 알려져 있다.

일부 형태학적 자료와 DNA 서열 자료에 의하면 부등편모류와 피하낭류의 두 그룹은 10억 년보다 훨씬 이전에 두 분기군의 공통조상이 단세포성 광합성 홍조류를 삼켜서 유래한 것이라고 생각한다. 홍조류는 1차 내부공생으로 유래된 것으로 생각되기 때문에(그림 28.3) 그러한 부등편모류와 피하낭류의 기원은 2차

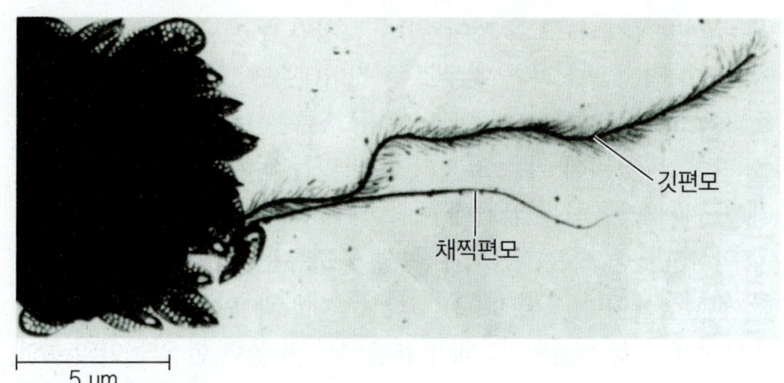

▲ **그림 28.9 부등편모류의 편모.** 대부분의 부등편모류는, 가령 *Synura petersenii*에는, 2개의 편모가 있다. 하나는 미세하고 억센 털로 덮여 있고 다른 짧은 것은 털이 없이 매끈하다.

내부공생으로 간주된다. 다른 연구자들은 이 그룹의 일부 종이 색소체나 그 잔류물(그들의 핵 DNA에 어떠한 색소체 유전자의 흔적을 포함하여)을 갖지 않는다는 점에 주목하면서 이러한 생각에 의문을 갖는다.

이 그룹의 공식적 이름이 없다는 점은 이 장에서 언급된 4개의 상위그룹 중에서 SAR 분기군이 가장 논쟁의 여지가 많은 것 중의 하나임을 암시한다. 그렇기는 하지만, 많은 과학자들에게 이 상위그룹은 이제 우리가 살펴볼 커다란 세 가지 원생생물 분기군들의 계통에 대한 가장 최신 가설로 제시되고 있다.

부등편모류

SAR 분기군에서 주요한 하위그룹 중의 하나인 **부등편모류(stramenopiles)**는 지구상에서 가장 중요한 광합성 생물의 일부이다. 그 이름은('빨대 또는 짚'을 뜻하는 라틴어 *stramen*과 '털, 깃털'을 의미하는 *pilos*에서 유래) 그들의 특징적인, 수많은 미세한 털 모양의 돌기를 가진 편모를 의미한다. 대부분의 부등편모류에서 이 "깃(hairy)편모"는 짧고 털없이(nonhairy) 매끈한 "채찍편모"와 짝을 이루고 있다(**그림 28.9**). 여기서 우리는 부등편모류의 세 그룹인 규조류, 황갈조류와 갈조류에 초점을 둘 것이다.

규조류

광합성 원생생물 중의 핵심 그룹인 **규조류(diatoms)**는 단세포 조류로서, 유기물 기질에 묻힌 이산화규소들로 만들어진 독특한 유리 모양 벽을 가진다(**그림 28.10**). 이

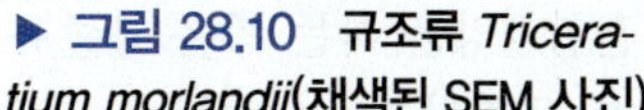

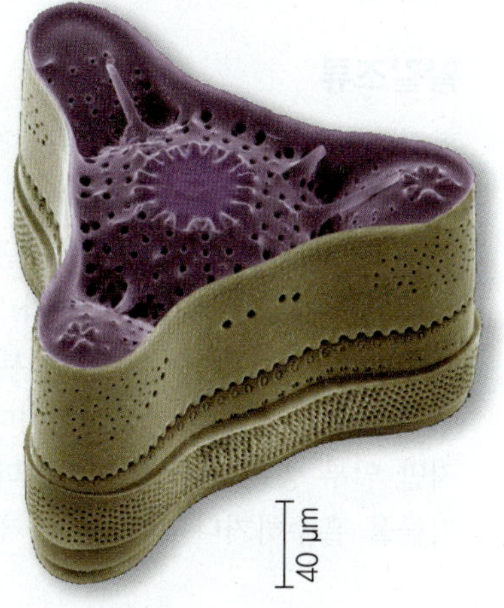

▶ **그림 28.10 규조류 *Triceratium morlandii*(채색된 SEM 사진)**

벽은 신발상자와 그 뚜껑이 겹친 것처럼 두 부분으로 구성되어 있다. 이 벽은 포식자가 짓누르듯 씹어대는 턱으로부터 규조류를 효과적으로 보호한다: 살아 있는 규조류는 140만 kg/m^{2}의 압력을 견딜 수 있는데 이는 코끼리 한 마리를 받치고 있는 탁자의 다리 한 개에 작용하는 압력에 해당한다!

약 10만 종으로 추산되는 현생 규조류는 굉장히 종류가 다양한 원생생물이다(그림 28.2). 그들은 해양과 호수 모두에서 가장 풍부한 광합성 생물이다: 해양 표층에서 퍼 올린 한 양동이의 물에는 수백만 개체의 미세한 크기의 조류가 들어 있을 것이다. 과거에 규조류가 풍부했던 것은 화석기록에서도 명백하고, 엄청난 양의 화석화된 규조류의 세포벽이 축적되어 **규조토**(diatomaceous earth)로 알려진 퇴적물의 주된 구성성분을 이룬다. 규조토는 좋은 여과용 매질이기도 하고 쓰이는 곳도 많아 채굴된다.

규조류는 광범위하고 풍부하게 분포하여 그들의 광합성 활동은 지구 전체의 이산화탄소 농도에 영향을 미친다. 충분한 영양염이 공급되면 급격한 개체군 성장 혹은 **대발생**(blooms)이 발생하는 사건 때문에 부분적으로 이러한 영향을 미친다. 전형적으로 다양한 원생생물과 무척추동물이 규조류를 먹어치우지만, 대발생 동안에는 많은 규조류가 살아남는다. 먹히지 않은 규조류가 죽게 되면 사체는 해저로 가라앉는다. 해저로 가라앉은 규조류는 세균이나 다른 분해자에 의해서 분해되는데 수십 년에서 수백 년이 걸린다. 그 결과, 사체에 있던 탄소는 분해자의 호흡으로 즉시 이산화탄소로 방출되기보다 상당기간 그곳에 남아 있다. 이러한 사건의 전반적인 효과는 광합성으로 규조류에 흡수된 이산화탄소를 해저로 수송하거나 "주입하게" 된다는 것이다.

대기 중의 이산화탄소 농도를 낮춤으로써 지구온난화를 줄이려는 안목으로, 일부 과학자들은, 철과 같은 필수 영양염으로 해양을 비옥하게 만들어, 규조류의 대발생을 촉진해야 한다고 주장한다. 2012년 한 연구에서, 과학자들은 해양의 일부 지역에 철을 주입한 이후에 정말로 이산화탄소가 해저로 주입된 것을 발견했다. 철 비료를 준 것이 바람직하지 않은 부작용(산소고갈이 발생했거나, 이산화탄소보다 더 강력한 온실기체인 아산화질소가 생성되는 등)을 일으켰는지에 대한 조사를 위해 후속 검사가 계획되었다.

황갈조류

황갈조류(golden algae)의 특징적인 색깔은 황색과 갈색의 카로티노이드 때문이다. 황갈조류의 세포는 전형적으로 편모가 두 개이고 두 편모는 세포의 한쪽 말단에 붙어 있다.

많은 황갈조류는 담수와 해수에서 부유생물(플랑크톤, plankton)을 구성하며, 수표면 부근에서 해류에 표류하는 대부분이 현미경적 크기의 생물군집이다. 모든 황갈조류는 광합성을 하지만 일부 종은 혼합영양을 한다. 혼합영양을 하는 종은 용존유기물을 흡수하거나 살아 있는 세포를 포함한 먹이입자를 식세포 작용으로 섭취할 수 있다. 대부분의 종은 단세포이지만 담수의 *Dinobryon*속에 속한 황갈조류는 군체를 형성한다(**그림 28.11**). 환경이 열악해지면 많은 종들이 수십 년을 생존할 수 있는 보호성 포낭(cyst)들을 만든다.

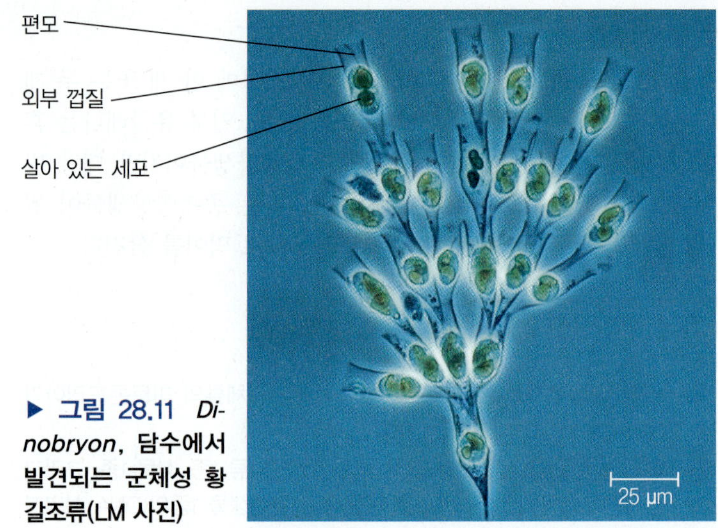

▶ **그림 28.11 *Dinobryon*, 담수에서 발견되는 군체성 황갈조류(LM 사진)**

갈조류

가장 크고 복잡한 조류는 **갈조류(brown algae)**이다. 모두 다세포 생물이고 대부분 해양에 산다. 갈조류는 특히 차가운 해류가 흐르는 온대 연안에 흔하다. 갈조류의 특징인 갈색 또는 올리브색은 색소체의 카로티노이드 때문이다.

흔히 "해조류(바닷말)"라고 불리는 많은 종들이 갈조류다.

▲ **그림 28.12 해양의 가장자리에 적응한 해조류.** 물범손말(*Durvillaea*)은 남반구의 온대나 아극지역의 노출된 해안 암반에 서식한다. 사진의 표본은 뉴질랜드 남섬에서 극도로 노출된 서해안에 산다. 이 갈조류의 엽상체는 강한 파도에도 불구하고 굳세게 버티는 부착기로 잘 적응하고 있다.

일부 갈조류들은 식물의 것과 닮은 특수화된 조직과 기관들을 가지는데, 이 해조류들을 부착시키는 뿌리 모양의 **부착기(holdfast)**, 잎을 닮은 **엽신(blade)**, 그리고 엽신을 지지하는 줄기 모양의 **엽병(stipe)**이다(그림 28.12). 그러나 형태 및 DNA 증거들은 이들 유사성이 조류와 식물 계열에서 각기 독립적으로 진화했다는 것을 보여주고, 그래서 상동적이지 않고 상사적이다. 게다가, 식물이 중력에 맞서 지지할 수 있게(가령, 뻣뻣한 줄기) 적응했지만 갈조류는 주된 광합성 표면(잎 같은 엽신)이 수표면 가까이 있을 수 있도록 적응했다. 일부 갈조류는 공기가 채워진 방울 모양의 부유기(float)로 이러한 과업을 완수한다. 깊은 바다에 서식하는 대형 갈조류(kelp)로 알려진 거대한 해조류는 다른 수단을 이용한다: 이 갈조류의 엽병에 붙어 있는 엽신은, 축구장 길이의 절반 이상인 60 m까지 해저에서 높이 자랄 수 있다.

갈조류는 인간에게 중요한 일용품이다. 다시마(*Laminaria*; 일본어로 "콤부")를 비롯한 일부의 종들은 식용으로 국 끓이는 데 쓰인다. 뿐만 아니라, 갈조류의 세포벽에서 젤을 형성하는 물질인 알긴(algin)은 푸딩이나 샐러드 드레싱 같이 많은 가공식품을 걸쭉하게 만드는 데 사용된다.

세대교번

다양한 생활사가 다세포 조류에서 진화했다. 가장 복잡한 생활사에는 다세포로 된 배수체와 반수체가 교대로 나타나는 **세대교번(alternation of generation)**이 있다. 모든 유성생식 생활사에서 반수체와 배수체가 교대되지만—예를 들어, 인간의 생식세포는 반수체임—세대교번이란 용어는 반수체와 배수체의 두 단계 모두가 다세포인 생활사에만 적용되는 말이다. 29장을 읽어보면 알게 되겠지만 세대교번은 식물에서도 진화하였다.

갈조류인 다시마(*Laminaria*)의 복잡한 생활사는 세대교번의 예를 보여준다(그림 28.13). 이배체인 개체는 **포자체**(sporophyte)라 불리는데, 왜냐하면 이 개체가 포자를 생산하기 때문이다. 그

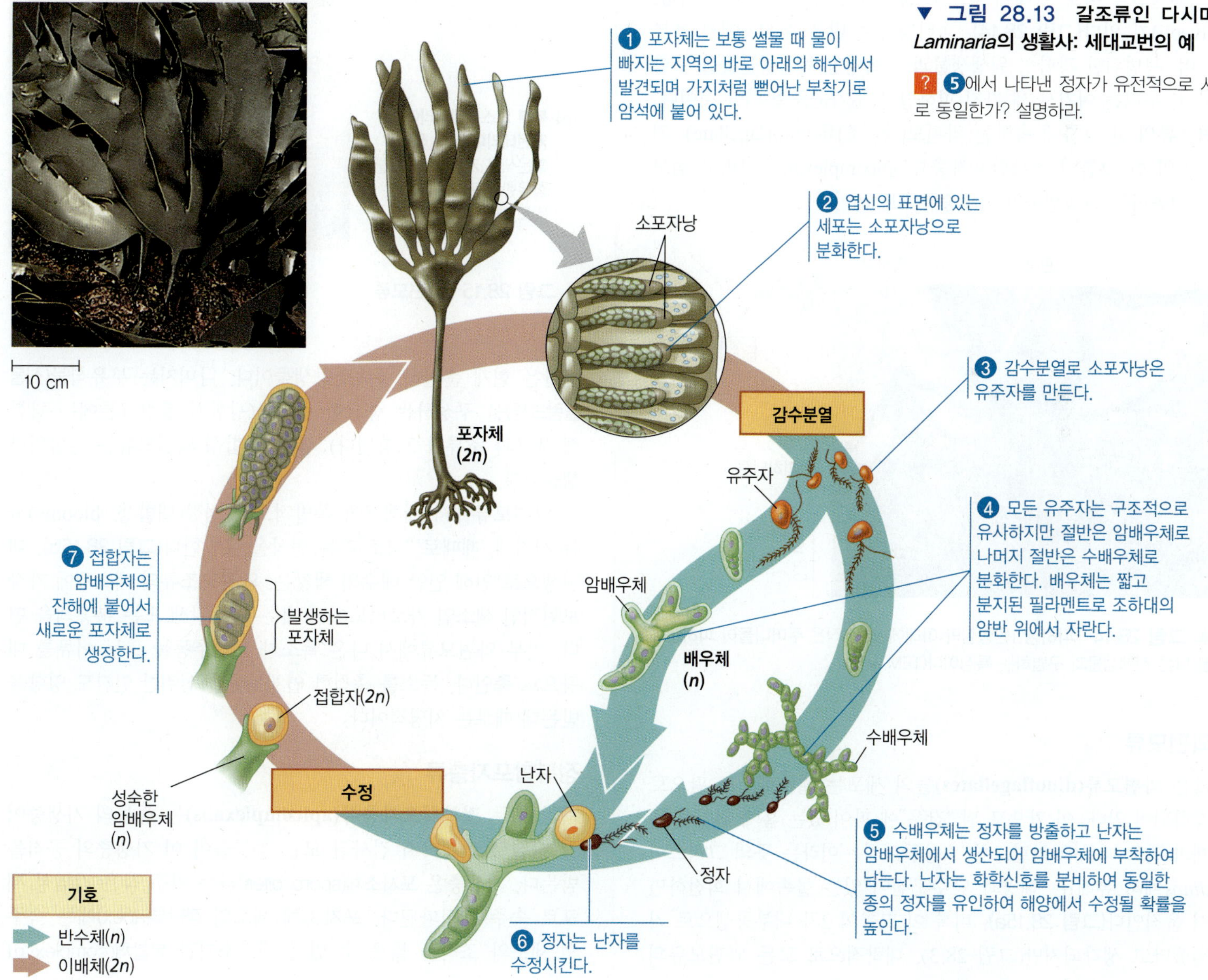

▼ **그림 28.13 갈조류인 다시마 *Laminaria*의 생활사: 세대교번의 예**

? ❺에서 나타낸 정자가 유전적으로 서로 동일한가? 설명하라.

포자는 반수체이고 편모로 이동한다; 그들을 유주자(zoospore)라고 한다. 유주자는 반수체성 다세포인 암수의 배우체(gametophytes)로 분화되고 암수의 배우체는 암수의 생식세포(배우자)를 만든다. 암수 생식세포의 결합(수정, fertilization)으로 이배체의 접합자가 만들어지고 나면 이로부터 새로운 다세포의 포자체가 형성된다.

다시마에서 이러한 두 세대는 포자체와 배우체가 구조적으로 다른 **이형(heteromorphic)**을 보인다. 다른 조류의 생활사는 **동형(isomorphic)** 세대교번을 보이는데 비록 염색체수는 다르지만 포자체와 배우체가 형태적으로 유사하다.

피하낭류

SAR 분기군의 다음 하위그룹의 구성원은 **피하낭류(alveolates)**로 원형질막 바로 아래에 막으로 둘러싸인 작은 주머니(피하낭, alveoli)가 있다**(그림 28.14)**. 피하낭류는 많은 서식처에서 풍부하며, 광범위한 광합성 원생생물과 종속영양 원생생물들을 포함한다. 우리는 여기서 세 가지 피하낭류 분기군을 논의할 것이다: 편모류의 한 그룹에 속하는 와편모(충, 조)류(dinoflagellate), 기생충의 한 그룹인 정복합포자충류(apicomplexan), 그리고 섬모로 이동하는 원생생물인 섬모충류(ciliate)이다.

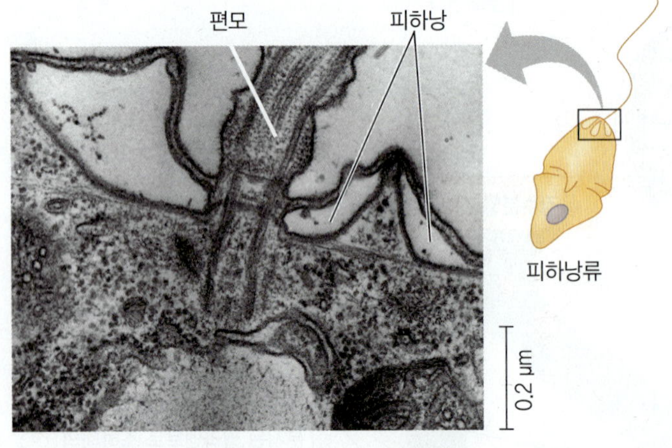

▲ **그림 28.14 피하낭.** 원형질막 아래에 있는 작은 주머니들이 피하낭류를 다른 진핵생물과 구별하는 특징이다(TEM 사진).

와편모류

많은 **와편모류(dinoflagellates)**들의 세포는 셀룰로오즈 판으로 강화되어 있다. 이 판으로 된 "갑옷"에 파여 있는 홈에 위치한 두 개의 편모 때문에 와편모류('소용돌이치는'이라는 뜻의 그리스어 *dinos*에서 유래)는 해양과 담수군집이 있는 물속에서 회전하면서 움직인다**(그림 28.15a)**. 비록 이 그룹이 2차 내부공생으로 기원했다고 생각되지만(그림 28.3), 대략적으로 모든 와편모류의

(a) **와편모류의 편모.** 세포를 둘러싼 홈에 위치한 나선형 편모를 퍼덕임으로써 이 *Pfiesteria shumwayae*의 표본을 회전시킨다(채색된 SEM 사진).

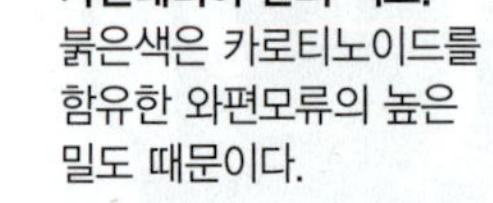

(b) **북부 오스트레일리아 카펀테리아 만의 적조.** 붉은색은 카로티노이드를 함유한 와편모류의 높은 밀도 때문이다.

▲ **그림 28.15 와편모류**

절반은 현재 순전히 종속영양생물이다. 나머지는 부유식물(식물 플랑크톤)을 구성하는 중요한 종이다(광합성 플랑크톤에는 광합성 세균과 조류가 포함된다); 많은 광합성 와편모류는 혼합영양생물이다.

와편모류에서 개체군이 폭발적으로 성장(대발생, blooms)하는 시기에, 때때로 "적조"라는 현상을 유발한다**(그림 28.15b)**. 대발생으로 인해 연안 해수의 색깔은, 와편모조류의 색소체에 가장 보편적인 색소인 카로티노이드 때문에, 적갈색 또는 분홍색을 띤다. 일부 와편모류에서 나온 독소가 무척추동물 또는 어류를 대량으로 죽인다. 독소를 축적한 연체동물을 섭취한 인간도 영향을 받는데 때로는 치명적이다.

정복합포자충류

거의 모든 **정복합포자충류(apicomplexans)**는 동물의 기생충이고 사실상 현재까지 검사된 모든 동물들이 이 기생충의 공격을 받는다. 기생충은 **포자소체**(sporozoites)라는 아주 작은 감염성 세포로 숙주에 전파된다. 포자소체 세포의 **정단부**(apex)에는 숙주의 세포와 조직을 뚫을 수 있는 세포소기관 **복합체**(complex of organelles, 정복합체 apical complex)가 특수화되어 있기 때문에 정복합포자충류라는 이름이 지어졌다. 정복합포자충류는 광합성을 하지 않음에도 불구하고, 최근 자료는 그들이 홍조류에서 유래된 것으로 보이는 변형된 색소체(정단색소체, apicoplast)를 보유하고 있음을 보여준다.

대부분의 정복합포자충류는 유성생식과 무성생식 단계를 모두 거치는 복잡한 생활사를 가진다. 이런 생활사를 완수하기 위해서는 종종 두 종 이상의 숙주가 필요하다. 예를 들어, 말라리아를 유발하는 기생충인 열원충(*Plasmodium*)은 인간과 모기 안에 산다**(그림 28.16)**.

역사적으로 말라리아는 결핵에 비길 만한 전염병으로 인간 사망의 주요 원인이었다. 말라리아 발생률은 1960년대에 크게 감소했는데 그 원인은 살충제의 사용으로 이 병을 옮기는 말라리아모기(*Anopheles*) 개체군이 줄었고, 다른 원인은 인간의 몸속에 있는 열원충(*Plasmodium*)을 죽이는 약을 사용했기 때문이다. 그러나 내성이 있는 말라리아모기와 열원충의 변이체가 모두 출현하면서 말라리아병이 다시 퍼지기 시작했다. 적도지방에 약 2억 5,000명의 사람들이 최근 이 질병에 감염되어 있으며 매년 90만 명이 사망하고 있다. 말라리아가 흔한 지역에서, 이 질병의 치명적 효과는 낫모양 적혈구 대립인자의 빈도가 높아지도록 하는 진화를 야기했다; 이 관계의 설명은 그림 23.17을 참조하라.

열원충이 주로 세포 안에서 살며, 숙주의 면역체계로부터 숨어 있기 때문에 말라리아 백신을 찾는데 방해를 받아왔다. 게다가, 파동편모충처럼 열원충도 표면 단백질을 계속해서 바꾼다. 치료제가 급히 필요했기 때문에, 연구자들은 기생충(열원충) 생활사의 다양한 시점에서 그 기생충의 대부분의 유전자들이 어떻

▼ 그림 28.16 말라리아를 유발하는 정복합포자충류인 열원충(*Plasmodium*)의 두 숙주를 거치는 생활사

? 포자소체, 분열소체와 생식모세포 간의 형태적인 차이는 다른 유전체 때문인가 아니면 유전자 발현 때문인가? 이를 설명하라.

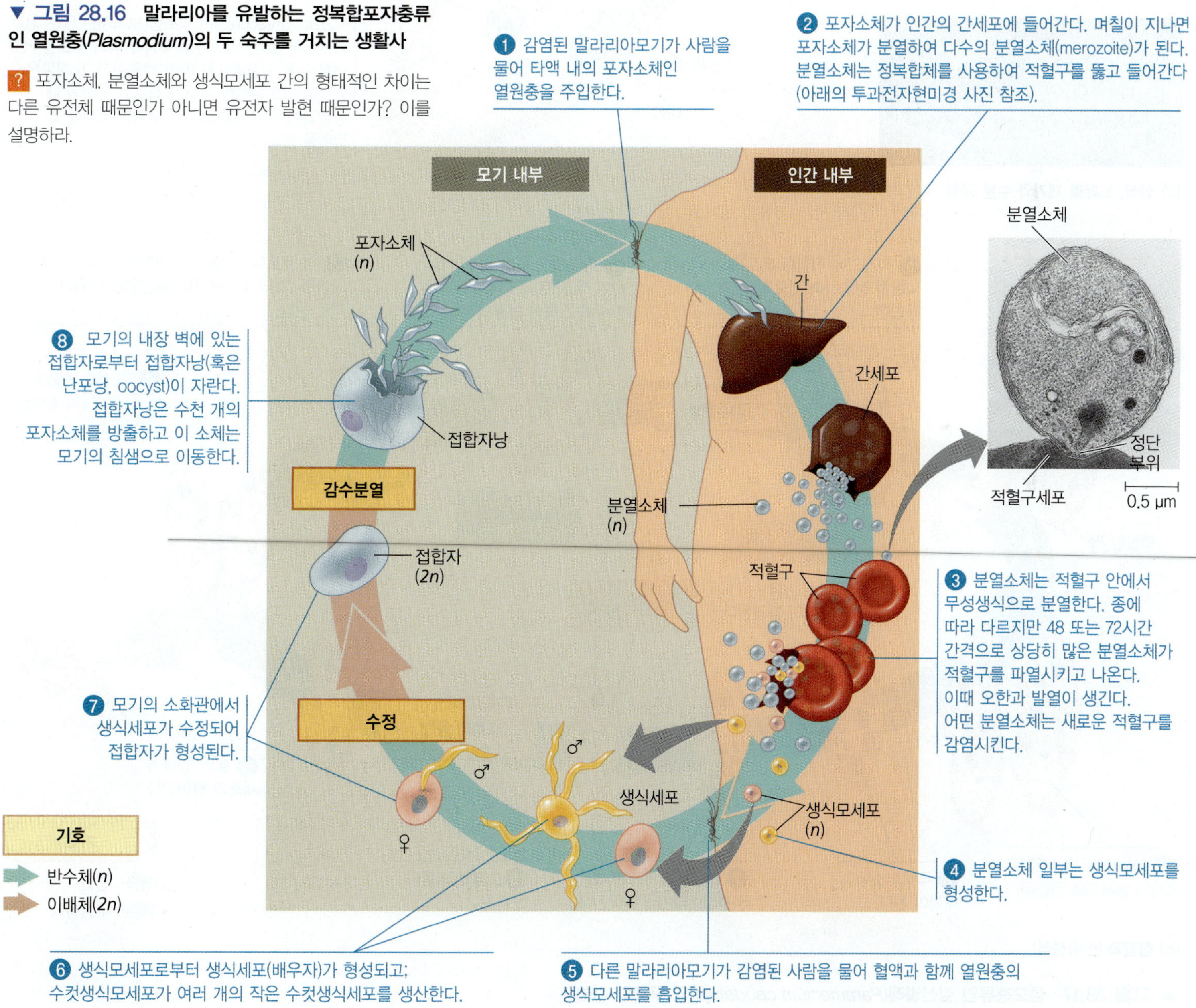

게 발현되는지를 추적했다. 이 연구는 백신 표적들을 찾아내는 데 도움을 줄 수 있었다. 또한 정단색소체(apicoplast)를 표적으로 하는 약이 개발 중이다. 원핵생물에서 2차 내부공생으로 유래된 정단색소체의 대사 과정이 인간의 것과는 다르기 때문에 이러한 접근은 효과적인 방법이 될 것이다.

섬모충류

섬모충류(ciliates)는 이동과 먹이를 섭취하는 데 사용되는 섬모(cilia) 때문에 그 이름이 붙여진, 분류군의 규모가 크고 다양한 원생생물군이다(**그림 28.17a**). 대부분의 섬모충류는 전형적으로 세균이나 작은 원생생물의 포식자이다. 그들의 섬모는 세포 표면

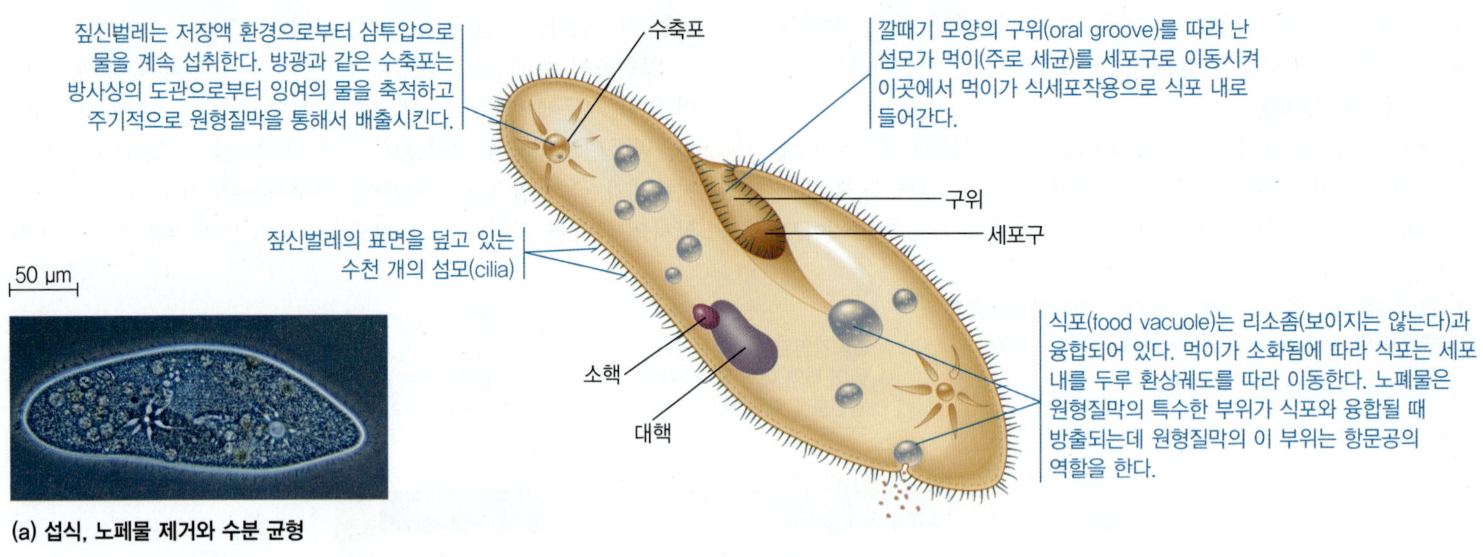

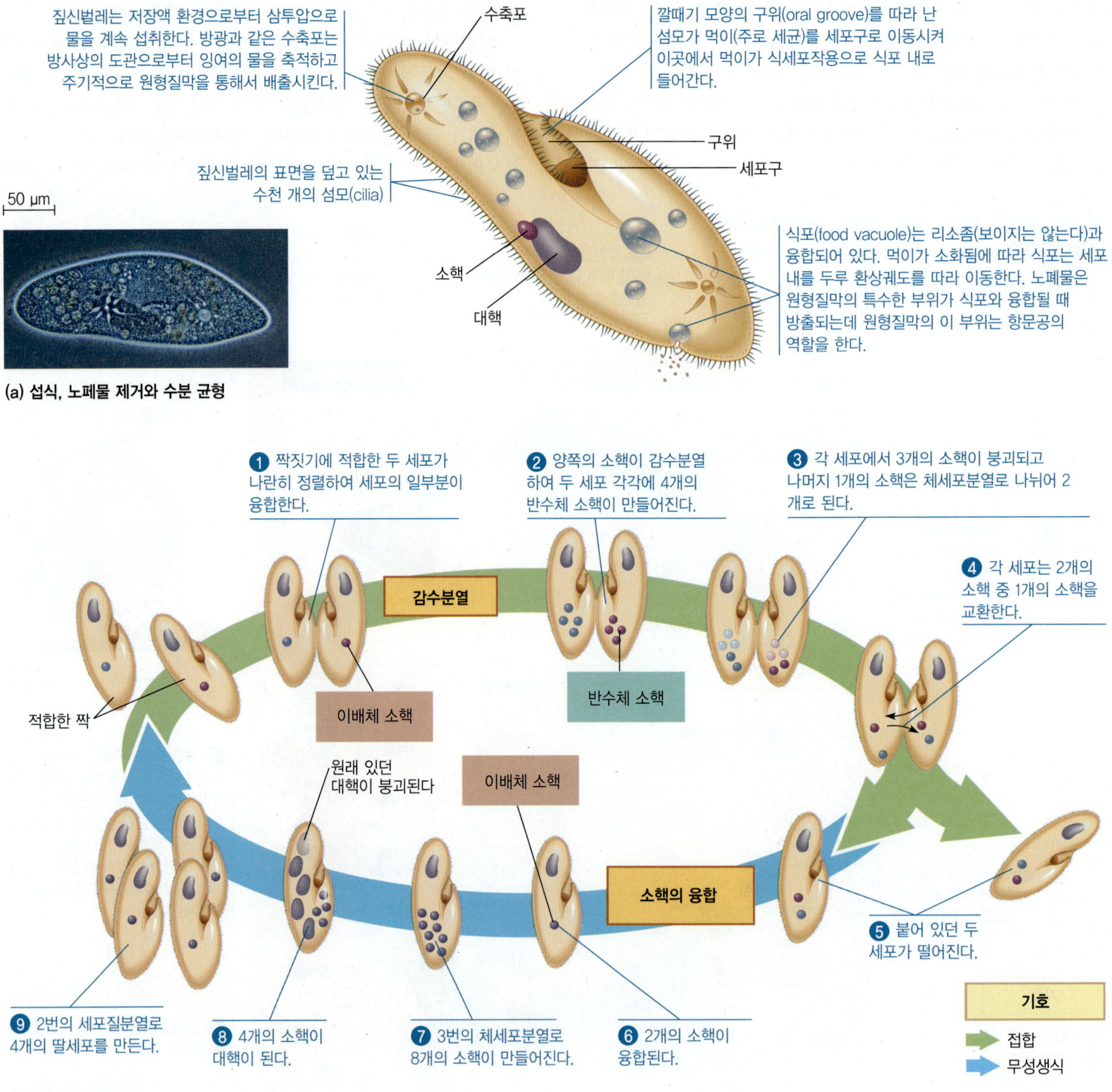

(a) **섭식, 노폐물 제거와 수분 균형**

(b) **접합과 번식(생식)**

▲ **그림 28.17 섬모충류인 짚신벌레(*Paramecium caudatum*)의 구조와 기능**

을 완전히 덮거나 몇 줄 또는 다발로 무리를 형성할 수 있다. 일부 종에서, 밀집한 섬모열은 집합적으로 작용하여 이동에 이용된다. 다른 종에서는 많은 섬모가 다발로 결합되어 다리와 유사한 구조로 종종걸음으로 움직인다.

섬모충류가 다른 생물과 분명하게 구별되는 것은 큰 대핵과 아주 작은 소핵이라는 두 가지 유형의 핵의 존재이다. 세포 내에는 두 유형의 핵이 각각 1개 이상씩 있다. 두 개체가 반수체인 소핵을 교환하는 유성적 과정인 **접합(conjugation)**으로 유전적 변이가 생겨나지만 번식하지는 않는다(그림 28.17b). 섬모충류는 일반적으로, 기존의 대핵이 붕괴되고 세포의 소핵에서 새로운 대핵이 형성되는 동안에, 이분법에 의해 무성적으로 번식한다. 각각의 대핵에는 전형적으로 섬모충류 유전체의 일부가 다수 복제되어 있다. 대핵의 유전자는 먹이섭취, 노폐물 제거, 그리고 수분 균형 유지와 같은 세포의 일상적인 기능을 조절한다.

근족사상류

SAR 분기군의 다음 하위그룹은 **근족사상류(rhizarians)**이다. 이 그룹의 많은 종은 **아메바(amoeba)**로 불리는 원생생물로, 세포 표면의 어느 곳에서든지 부풀어져 연장된 **위족(pseudopodia)**을 이용하여 이동하고 섭식한다. 아메바는 이동할 때 위족을 뻗어서 끝을 고정시키고 더 많은 세포질이 위족으로 흘러들어가게 한다. 아메바류는 단일계통군을 구성하지 않고 대신 유연관계가 먼 여러 진핵생물 분류군으로 분산되어 있다. 근족사상류에 속하는 대부분의 아메바류는 실 모양의 위족이 있어서 다른 아메바와 형태적으로 구별된다. 또한 근족사상류는 실 모양의 위족으로 섭식하는 편모를 가진(비아메바성) 원생생물도 포함한다.

지금부터 근족사상류의 세 그룹인 방산충류(radiolarians), 유공충류(forams)와 아메바성편모충류(cercozoa)를 살펴볼 것이다.

▲ **그림 28.18 방산충류.** 수많은 실 같은 위족이 방산충의 몸 중심으로부터 사방으로 퍼져 나간다(LM 사진).

방산충류

방산충류(radiolarians)라는 원생생물에는 일반적으로 규산질(실리카)의 미세한 좌우대칭을 이루는 내골격이 있다. 주로 해수에 사는 이 원생생물의 위족은, 미세소관의 다발로 보강되어 몸의 중앙에서, 사방으로 퍼져나간다(그림 28.18). 미세소관은 얇은 세포질 층으로 덮여 있고, 이 세포질은 위족에 부착된 더 작은 미생물을 둘러싸서 삼킨다. 삼켜진 먹이는 세포질 유동으로 세포의 중심부로 이동된다. 방산충류가 죽은 후 골격은 해저로 가라앉아 일부 지역에서는 수백 미터 두께의 진흙(연니, ooze)으로 축적된다.

유공충류

유공충류(foraminiferans; '작은 구멍'을 의미는 라틴어 *foramen*과 '지니다, 가지다'를 의미하는 *ferre*에서 유래) 또는 **유공충(forams)**은 작은 구멍이 있는 껍질인 **외각(test)** 때문에 붙여진 이름이다(그림 28.2). 유공충의 외각은 탄산칼슘으로 단단해진 한 조각의 유기물로 구성되어 있다. 이 구멍으로 뻗어 나온 위족은 유영, 외각 형성, 그리고 먹이 섭취 기능을 한다. 많은 유공충은 외각 안에 공생하는 조류의 광합성으로부터 영양분을 획득한다.

유공충은 해양과 담수에 산다. 대부분의 종은 모래 속에 또는 암석과 조류에 부착하여 생활하고 일부 종은 플랑크톤에 풍부하다. 가장 큰 유공충은 단세포이지만 외각의 지름이 수 센티미터로 자란다.

유공충류로 밝혀진 생물의 90%는 화석에서 알려졌다. 다른 원생생물의 석회질 유해와 함께 화석화된 유공충의 외각은, 현재의 육지를 형성하는 퇴적암을 포함하여, 해양퇴적물의 일부이다. 유공충 화석은 세계 각지의 퇴적암의 연대를 비교하는 탁월한 지표이다(그림 28.19).

▲ **그림 28.19 유공충류 화석.** 화석화된 유공충에서 마그네슘 농도를 측정하여, 연구자들은 어떻게 해수온도가 장기간에 걸쳐 변화했는지 알아내고자 한다. 유공충류는 냉수보다 온수에서 더 많은 마그네슘을 흡수한다.

색소포

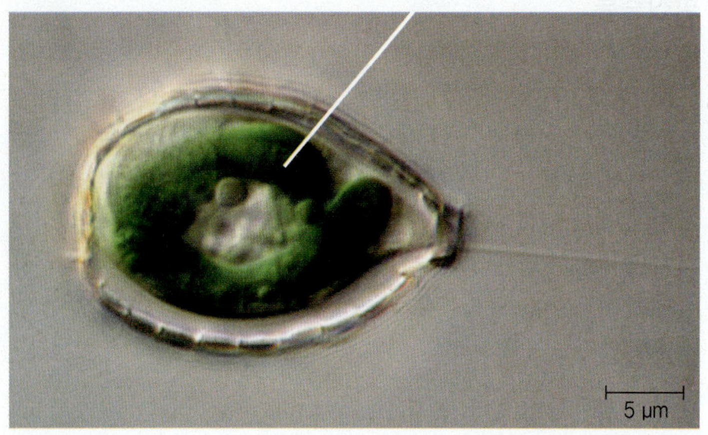

▲ **그림 28.20** **1차 내부공생의 또 하나의 예?** 아메바성편모충류인 *Paulinella*는 색소포라는 독특한 구조로 광합성을 한다(LM 사진). 색소포는 펩티도글리칸층의 막으로 둘러싸여 있는데 이는 그들이 세균에서 유래했음을 암시한다. DNA 증거에 의하면 색소포는 다른 색소체가 유래된 것과는 다른 남조류에서 유래되었다고 한다.

아메바성편모충류

분자계통연구로 처음으로 식별된, **아메바성편모충류(cercozoans)**는 대부분의 아메바류와 편모류를 포함하는 큰 원생생물군을 형성하며 실 같은 위족으로 섭식한다. 아메바성편모충 원생생물은 해양과 담수, 토양생태계에 흔히 서식한다.

대부분 아메바성편모충류는 종속영양을 취한다. 많은 아메바성편모충류는 동식물이나 다른 원생생물에 기생하고, 다른 많은 아메바성편모충류는 포식자이다. 이들은 수계나 토양생태계에서 세균의 가장 중요한 포식자로서, 다른 원생생물, 균류, 심지어 소형의 동물을 먹는 종을 포함한다. 아메바성편모충류의 작은 그룹인 클로라라크니오조류(2차 내부공생을 논의할 때 이전에 언급됨)는 혼합영양성이다. 이 생물은 작은 원생생물과 세균을 섭취할 뿐 아니라 광합성을 한다. 최소한 한 종의 다른 아메바성편모충류, *Paulinella chromatophora*는 빛에서 에너지를, 이산화탄소에서 탄소를 얻는 독립영양생물이다. 그림 28.20에서 기술한 바와 같이, *Paulinella*는 광합성 장치를 남조류에서 직접적으로 얻은 진핵생물 계열이라는, 아주 흥미로운 추가적인 진화의 예를 나타내는 것으로 보인다.

개념 확인 문제 28.3

1. 유공충은 왜 잘 보존된 화석기록을 갖는지를 설명하라.
2. WHAT IF? 광합성 와편모류, 규조류와 황갈조류의 색소체 DNA가 식물(진핵생물 영역)의 핵 DNA와 유사한가 아니면 남세균(세균 영역)의 염색체 DNA와 유사한가? 설명하라.
3. MAKE CONNECTIONS 그림 13.6의 세 가지 생활사 중 어느 것이 세대교번을 보여주고 있는가? 이것은 나머지 두 가지와 어떻게 다른가?
4. MAKE CONNECTIONS 그림 10.2와 그림 11.6을 검토하여 어떻게 이산화탄소와 산소가 클로라라크니오조와 다른 호기성 조류에서 이용되고 만들어지는지 요약하라.

정답은 부록 A 참조

개념 28.4

홍조류와 녹조류는 육상식물과 유연관계가 가장 가까운 친척이다

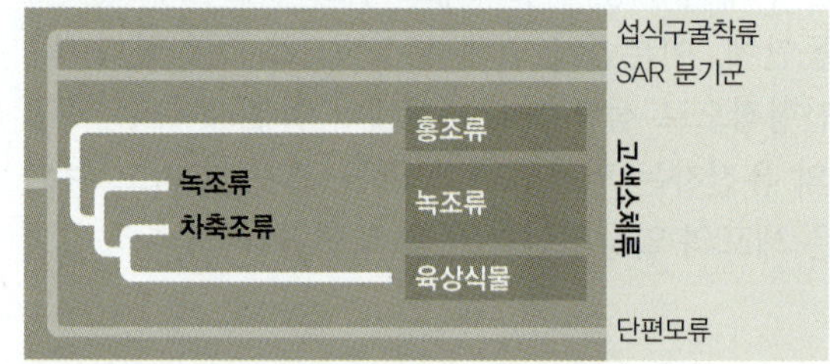

이전에 기술한 바와 같이 형태 및 분자적 증거에 의하면, 색소체는 종속영양 원생생물이 남세균 내부공생자를 얻어서 유래했다는 것을 나타낸다. 그 이후에, 이 고대 원생생물 중에 광합성하는 후손들이 홍조류와 녹조류로 진화하였다(그림 28.3). 홍조류, 녹조류, 그리고 육상식물이 진핵생물의 세 번째 상위그룹인 **고색소체류(Archaeplastida)**를 구성한다. 고색소체류는 남세균을 삼킨 고대 원생생물의 후손으로 단일계통군을 이룬다. 29장과 30장에서 육상식물을 살펴볼 것이다. 여기서 우리는 육상식물과 가장 가까운 조류인 홍조류와 녹조류의 다양성을 알아볼 것이다.

홍조류

알려진 6,000종의 **홍조류(red algae**, rhodophytes; '붉은색'을 뜻하는 그리스어 *rhodos*에서 유래) 가운데 많은 종은 홍조소(phycoerythrin)라는 보조색소가 녹색의 엽록소를 가려 덮기 때문에 붉은 색을 띤다(그림 28.21). 그러나 얕은 물에 적응한 다른 종들은 홍조소가 적다. 그 결과, 홍조류는 아주 얕은 물에서는 녹색을 띤 붉은색을, 중간 깊이에서는 선홍색을, 그리고 심해에서는 거의 검은색을 띤다. 일부 종은 색소가 전혀 없고 다른 홍조류에 기생해서 종속영양을 한다.

홍조류는 열대 해양의 따뜻한 연안 해역에서 가장 풍부하고 크게 자란다. 홍조소를 포함한 그들의 광합성 색소 때문에 수중의 깊은 곳까지 투과하는 청색 또는 녹색 광선을 흡수할 수 있다. 최근에 바하마 근처의 수심 260 m보다 깊은 곳에서 홍조류의 한 종이 발견되었다. 또한 담수와 육지에 사는 종도 조금 있다.

대부분 홍조류는 다세포이다. 대형 갈조류만큼 크지는 않지만, 가장 큰 다세포 홍조류에는 통상적 명칭인 "해조류(바닷말)"가 포함된다. 아마도 여러분은 이 다세포 홍조류 중의 하나인 김(*Porphyra*; 일본어로 "노리"), 초밥을 싸고 있는 바싹바싹한 종

▶ **갈고리풀속의 한 종 *(Bonnemaisonia hamifera)*.** 이 홍조류는 섬유 형태이다.

◀ **팔손이풀속의 한 종 덜스 *(Palmaria palmata)*.** 식용할 수 있는 이 종은 잎사귀 형태이다.

▼ **김.** 홍조류인 김*(Porphyra)*은 전통적인 일본 음식 자원이다.

해조류가 얕은 연안의 그물 위에서 재배된다.

종잇장처럼 얇고 윤이 나는 김은 밥, 해산물과 야채를 싸는 광물질이 풍부한 초밥의 재료이다.

▲ **그림 28.21 홍조류**

잇장 같은 것을 먹어 본 적이 있을 것이다(그림 28.21). 홍조류는 유성생식과 다양한 생활사를 가지며, 세대교번이 흔하다. 그러나 다른 조류와 달리, 홍조류는 편모를 가진 배우자(생식세포)가 없어서 수정하기 위해서는 배우자를 함께 모아주는 수류에 의존한다.

녹조류

녹조류(green algae)의 연두색 엽록체는 구조와 색소의 조성에서 육상식물의 엽록체와 아주 유사하다. 분자계통학과 세포 형태학적 관점에서 녹조류와 육상식물은 유연관계가 매우 높다는 점에는 이의가 없다. 사실, 일부 계통학자들은 녹조류를 포함하여 확장된 개념의 "식물"계인, 녹색식물계(Viridiplantae; 녹색을 뜻하는 라틴어 *viridis*에서 유래)를 주장한다. 계통학적으로 이러한 변화는 의미를 가진다. 그렇지 않으면 녹조류가 측계통군이 되기 때문이다.

녹조류는 두 가지 주요 그룹인 녹조류와 차축조류(charophyceans)로 구분된다. 차축조류는 육상식물에 가장 가까운 조류이기 때문에 그들에 대해서 29장에서 식물과 함께 살펴보게 될 것이다.

두 번째 그룹인 녹조류(chlrophyte; 녹색을 뜻하는 그리스어 *chloros*에서 유래)에는 7,000종 이상이 포함된다. 대부분 담수에 서식하나 바다에 사는 종도 많고 육상에 사는 종들이 일부 있다. 가장 단순한 녹조류는 단세포 생물인 클라미도모나스(*Chlamydomonas*)를 예로 들 수 있는데, 보다 복잡한 녹조류의 생식세포나 유주자를 닮았다. 다양한 단세포 녹조류의 종들이 플랑크톤으로 수계 서식처나 습한 토양에서 독립적으로 서식한다. 일부는 다른 진핵생물 안에서 광합성 산물로 숙주에게 먹이를 제공하면서 공생한다. 그리고 또 다른 녹조류들은 강한 가시광선과 자외선에 노출된 환경에서 서식한다. 이 종들은 세포질이나 세포벽 혹은 접합자의 표피에서 자외선 차단물질로 보호받는다.

녹조류는 다음 세 가지 상이한 기작을 통하여 크고 복잡한 생물로 진화했다:

1. 개별 세포들이 군체를 형성하는 것으로, 볼복스(*Volvox*, 그림 28.2)나 연못의 실 모양 부유물을 만드는 사상 형태에서 볼 수 있다.
2. 세포분열과 분화에 의한 진정한 다세포 몸체를 형성하는

(a) **갈파래 또는 바다상추(*Ulva*).** 이 식용 녹조류는 다세포성 엽상체가 잎과 같은 엽신으로 분화했다. 뿌리와 같은 부착기로 조류를 고정시킨다.

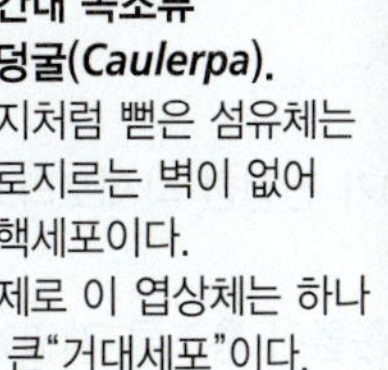

(b) **조간대 녹조류 옥덩굴(*Caulerpa*).** 가지처럼 뻗은 섬유체는 가로지르는 벽이 없어 다핵세포이다. 실제로 이 엽상체는 하나의 큰"거대세포"이다.

▲ **그림 28.22 다세포 녹조류**

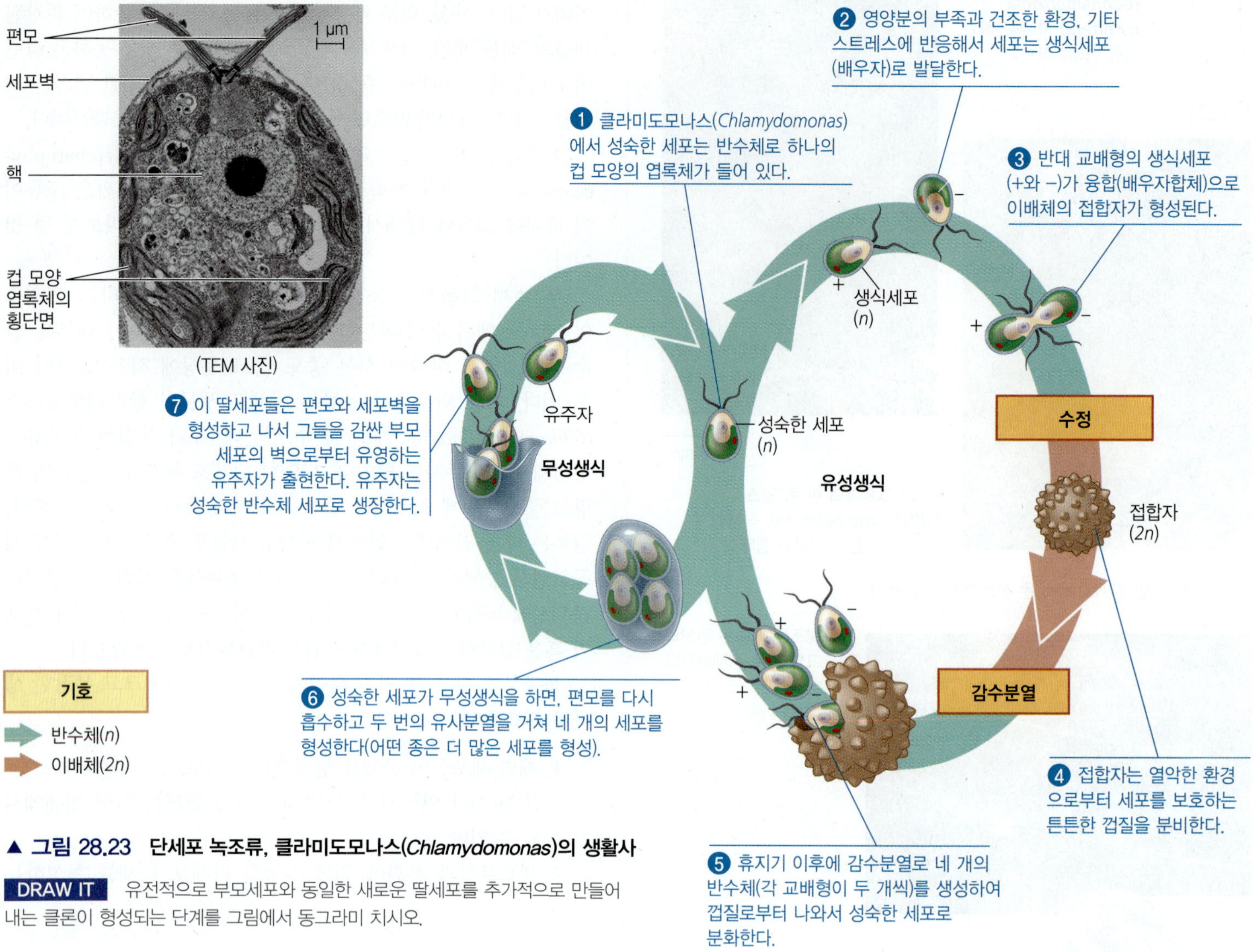

편모
세포벽
1 μm
핵
컵 모양 엽록체의 횡단면
(TEM 사진)
❶ 클라미도모나스(*Chlamydomonas*)에서 성숙한 세포는 반수체로 하나의 컵 모양의 엽록체가 들어 있다.
❷ 영양분의 부족과 건조한 환경, 기타 스트레스에 반응해서 세포는 생식세포(배우자)로 발달한다.
❸ 반대 교배형의 생식세포(+와 −)가 융합(배우자합체)으로 이배체의 접합자가 형성된다.
생식세포 (*n*)
+
−
수정
접합자 (2*n*)
❹ 접합자는 열악한 환경으로부터 세포를 보호하는 튼튼한 껍질을 분비한다.
감수분열
❺ 휴지기 이후에 감수분열로 네 개의 반수체(각 교배형이 두 개씩)를 생성하여 껍질로부터 나와서 성숙한 세포로 분화한다.
성숙한 세포 (*n*)
유성생식
무성생식
유주자
❻ 성숙한 세포가 무성생식을 하면, 편모를 다시 흡수하고 두 번의 유사분열을 거쳐 네 개의 세포를 형성한다(어떤 종은 더 많은 세포를 형성).
❼ 이 딸세포들은 편모와 세포벽을 형성하고 나서 그들을 감싼 부모 세포의 벽으로부터 유영하는 유주자가 출현한다. 유주자는 성숙한 반수체 세포로 생장한다.
기호
반수체(*n*)
이배체(2*n*)

▲ **그림 28.23 단세포 녹조류, 클라미도모나스(*Chlamydomonas*)의 생활사**

DRAW IT 유전적으로 부모세포와 동일한 새로운 딸세포를 추가적으로 만들어 내는 클론이 형성되는 단계를 그림에서 동그라미 치시오.

것으로, 갈파래(*Ulva*)에서 볼 수 있다(**그림 28.22a**).

3. 세포질의 분열 없이 반복된 핵 분열에 의한 것으로, 옥덩굴(*Caulerpa*)이 그 예이다(**그림 28.22b**).

대부분의 녹조류는 무성생식과 유성생식 단계를 모두 거치는 복잡한 생활사를 가진다. 거의 모든 녹조류는 컵 모양의 엽록체와 두 개의 편모를 가진 생식세포로 유성생식을 한다(**그림 28.23**). 세대교번은 갈파래(*Ulva*)를 포함한 일부 녹조류에서 진화하였다.

개념 확인 문제 28.4

1. 홍조류와 갈조류를 대조하여 설명하라.
2. 옥덩굴(*Caulerpa*)과 다르게 갈파래(*Ulva*)가 진정한 다세포라고 하는 정확한 이유는?
3. **WHAT IF?** 녹조류 계열에 속하는 종들이 홍조류 계열에 속한 종들보다 육지에서 더 잘 정착하는 가능한 이유를 제시해 보라.

정답은 부록 A 참조

개념 28.5

단편모류는 균류 및 동물과 유연관계가 가까운 원생생물이다

섭식구굴착류
SAR 분기군
고색소체류
점균류
관아메바류
기생아메바류
다핵류
균류
깃편모충류
동물
단편모류

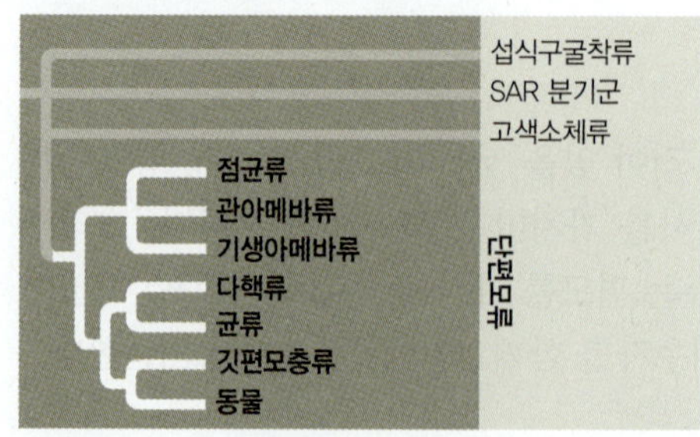

단편모류(unikonta)는 최근에 제안된 것으로 동물, 균류, 그리고 일부 원생생물이 포함된 굉장히 다양한 진핵생물의 상위그룹이다. 단편모류에는 두 개의 주요 분기군이 있는데 그것은 아메보조아류와 후편모류(opisthokonts; 동물, 균류 그리고 유연관계가

가까운 원생생물군)이다. 이 두 개의 주요 분기군들은 각기 분자 계통학적 연구로 강력하게 지지되고 있다. 아메보조아류와 후편모류가 유연관계가 가깝다는 것은 논쟁의 여지가 많다. 이 둘의 유연관계가 가깝다는 근거는 미오신 단백질의 비교와 전체 유전체 혹은 다중 유전자에 기반한 일부(전체는 아님) 연구이다.

단편모류에 관련된 또 하나의 논쟁은 진핵생물 계통수의 뿌리이다. 계통수의 뿌리는 시간의 축에 계통수를 고정시키는 것이다: 뿌리에 가장 근접한 가지가 가장 오래된 것이다. 현재 진핵생물 계통수의 뿌리는 불확실하다. 그래서 어느 진핵생물이 다른 진핵생물로부터 최초로 분지된 것인지 알 수 없다. 예를 들어, 미토콘드리아 없는 생물(amitochondriate) 가설과 같은 초기에 기술된 가설은 폐기되었지만, 연구자들은 대안으로 제시된 가설에 동의하지 않고 있다. 만약 진핵생물 계통수의 뿌리를 알 수 있다면 과학자들은 모든 진핵생물의 공통조상의 특징을 유추할 수 있을 것이다.

진핵생물 계통수의 뿌리를 결정짓기 위한 시도에서, 연구자들은 다른 유전자 세트에 근거하여 계통을 유추하였고, 그 결과의 일부는 상충된 결과를 도출하였다. 연구자들은 희귀한 진화적 사건이 발생하는지를 추적하는 다른 접근방식으로도 시도하였다 **(그림 28.24)**. 그들의 가설에 따르면, 단편모류는 다른 진핵생물로부터 분지한 최초의 진핵생물이었다. 이 "희귀한 사건" 접근법에서 얻은 결과는 단편모류가 다른 진핵생물에서 분지한 첫 번째 진핵생물이라고 제시한다. 만약에 이 가설이 옳다면, 동물과 균류가 초기에 분지한 진핵생물 그룹에 속하는 반면 전형적인 미토콘드리아가 없는 원생생물(예를 들어, 중복편모충류와 부기저체류)은 생물역사에서 훨씬 후기에 분지하였다. 이 아이디어는 논쟁의 여지가 있고 널리 수용되기 위해서는 더 많은 증거가 필요하다.

아메보조아류

아메보조아류(amoebozoans) 분기군에 속한 많은 종은, 근족사상류에서 발견되는 실 모양의 위족보다는, 귓불 또는 관 형태의 위족을 가진다. 아메보조아류에는 점균류, 무각아메바, 그리고 기생아메바류가 있다.

점균류

점균류(slime molds 또는 mycetozonas, "동균류, 곰팡이 동물"이라는 라틴어)는 한때 균류로 취급되었다. 왜냐하면 균류처럼 이들은 포자의 분산을 돕는 자실체를 만들기 때문이다. 그러나 DNA 서열분석 결과 점균류와 균류의 유사성은 수렴진화의 한 예라는 것을 나타낸다. 또한 DNA 서열분석 결과, 점균류가 단세포 조상에서 유래한 것—진핵생물에서 독립적으로 다세포성이 기원한 예를 보여준다.

점균류는 원형질성 점균류와 세포성 점균류, 즉 두 개의 주요한 가지로 분지했다. 우리는 그들의 특징과 생활사를 비교할 것이다.

▼ 그림 28.24 탐구

진핵생물 계통수의 뿌리는 무엇인가?

실험 진핵생물 계통수의 뿌리를 결정하는 어려움을 해결하기 위하여, 스테츠맨(Alexandra Stechmann)과 카발리에-스미스(Thomas Cavalier-Smith)는 새로운 접근법을 제시했다. 이들은 두 개의 유전자, 즉 디히드로엽산환원효소(dihydrofolate reductase, DHFR)과 티미딜산합성효소(thymidylate synthase, TS)를 암호화하는 유전자를 연구했다. 그들은 희귀한 진화적 사건을 이용하는 접근방식을 택했다: 일부 생물들에서 DHFR과 TS 유전자들을 융합하여 두 가지 효소 활성을 가지는 하나의 단백질을 생산하도록 하였다. 스테츠맨과 카발리에-스미스는 9개의 종(깃편모충류 1종, 아메보조아류 2종, 유글레나류 1종, 부등편모류 1종, 피하낭류 1종과, 근족사상류 3종)에서 DHFR과 TS 유전자를 증폭(PCR을 이용; 그림 19.8 참조)하고 염기서열을 밝혔다. 그들은 이 연구 결과의 자료를, 세균, 동식물 그리고 균류에 속한 종들에 대해 이전에 출판했던 자료와 통합했다.

결과 연구된 세균은 전부 DHFR과 TS가 분리된 유전자를 가지고 있었는데, 이것은 조상의 상태(아래 계통수에서 붉은 점)를 나타낸다. 분리된 유전자를 가진 다른 분류군은 붉은 글자로 표시되어 있다. 융합된 유전자는 파생된 형질로서 섭식구굴착류, SAR 분기군과 고색소체류 등 상위그룹의 특정 구성원(청색 글자)에서 발견되었다.

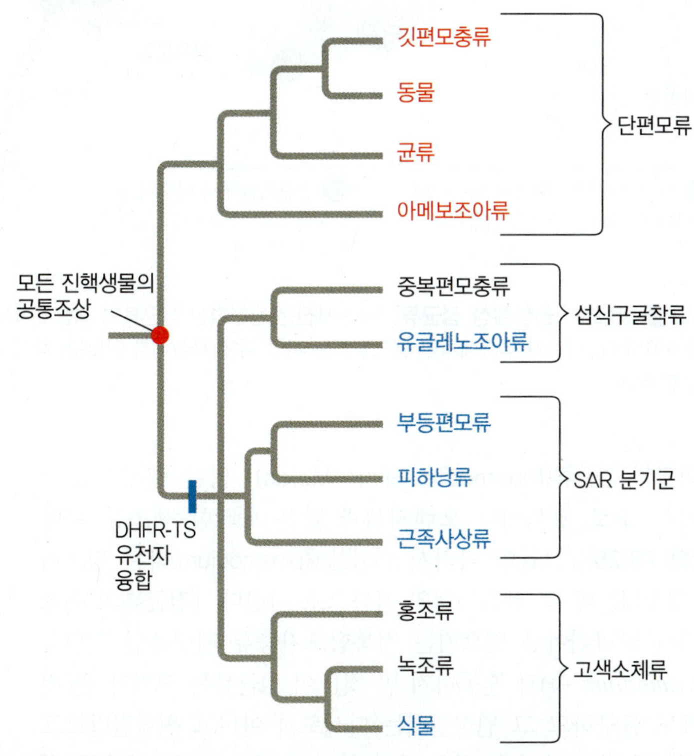

결론 이 연구결과에 의하면, 계통수의 뿌리는 단편모류와 나머지 모든 다른 진핵생물 사이에 위치한다는 가설을 지지하였고, 단편모류가 최초로 분지한 진핵생물 그룹이라는 것을 제시했다. 이 가설을 지지하는 것은 단 한 가지 형질에만—DHFR과 TS 유전자의 융합—기반을 두었기 때문에 이 주장의 타당성을 평가하기 위해서는 더 많은 자료가 필요하다.

참고문헌 A. Stechmann and T. Cavalier-Smith, Rooting the eukaryote tree by using a derived gene fusion, *Science* 297: 89–91 (2002).

WHAT IF? 스테츠맨과 카발리에-스미스는 결론으로 "유전자가 단 한번 융합되었고, 절대 2차적으로 분리되지 않을 때만 타당하다"고 썼다. 왜 이 가정이 그들의 접근방식에서 핵심적인가?

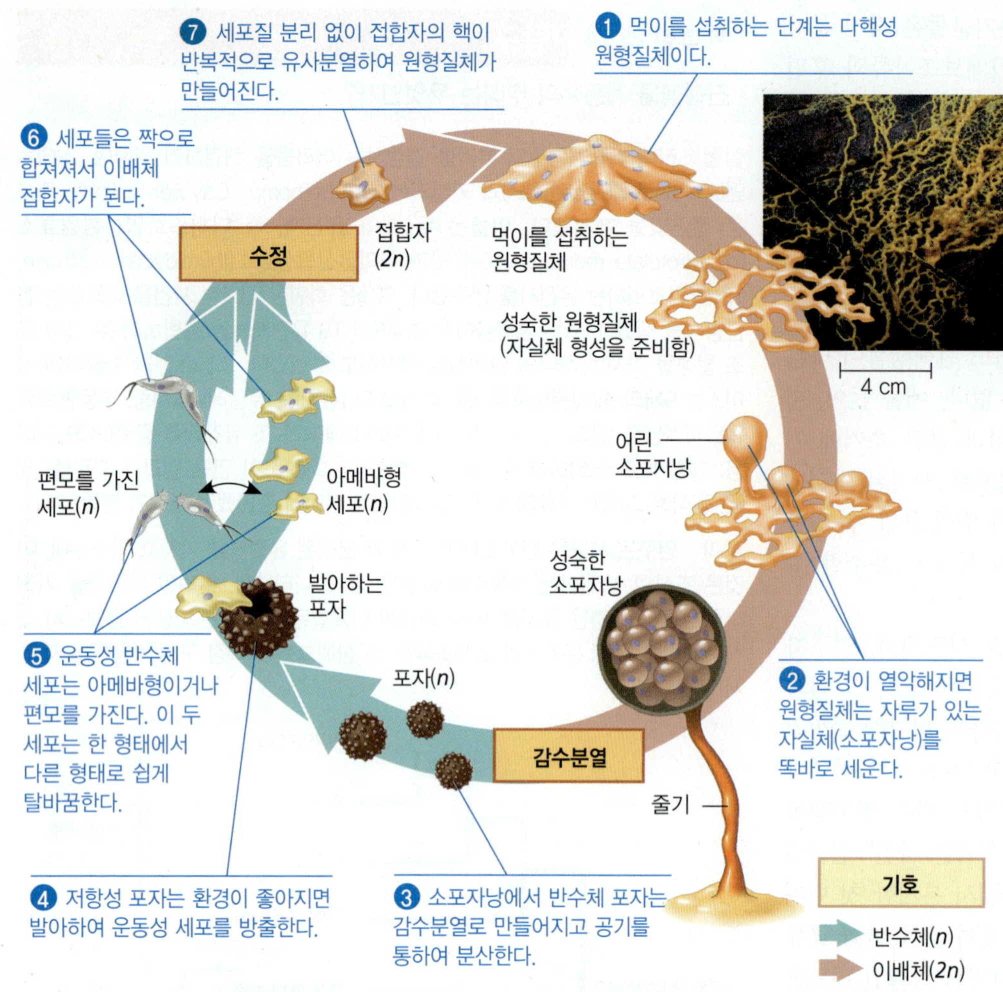

▲ **그림 28.25 원형질성 점균류.** 위의 사진은 원형질성 점균류의 생활사에서 섭식단계인 성숙한 원형질체를 보여준다. 먹이가 부족해지면 원형질체는 자루 위에 자실체를 만들고, 자실체는 유성생식하는 반수체 포자를 만든다.

원형질성 점균류(Plasmodial Slime Molds) 많은 원형질성 점균류는 주로 황색이나 오렌지색과 같은 화려한 색조를 띤다 **(그림 28.25)**. 그들이 자라서 원형질체(plasmodium)라는 덩어리가 형성되는데 수 센티미터의 지름으로 자란다. [점균류의 원형질체와 말라리아를 일으키는 정복합포자충류 기생충인 열원충(*Plasmodium* 속)과 혼동하지 말 것]. 이 점균류는 크기가 큰 것임에도 불구하고 그 원형질체는 다세포가 아니고 원형질막으로 나눠지지 않은 수많은 핵을 가진 하나의 세포질 덩어리이다. 이러한 "초대형 세포"는 체세포분열에서 핵분열이 일어난 후 세포질분열(cytokinesis)이 일어나지 않고 생긴 것이다. 점균류의 원형질체는 습한 토양, 잎 무더기, 또는 썩는 나무에 위족을 뻗어 식세포작용으로 먹이 입자를 삼키며 자란다. 서식처가 건조해지거나 먹이가 없어지면 점균류의 원형질체는 생장을 멈추고 유성생식 기능이 있는 자실체로 분화한다.

세포성 점균류(Cellular Slime Molds) 세포성 점균류의 생활사를 보면 생물의 개체가 무엇인가라는 질문이 제기된다. 먹이섭취 단계에서 홀로 있는 세포들은 개체로 역할을 수행하지만, 먹이가 고갈되면 세포들은 모여서 한 단위로 작용하는 민달팽이 같은 군체를 형성한다**(그림 28.26)**. 원형질성 점균류의 섭식단계(원형질체)와 달리, 이들 합쳐 모인 세포는 개별 원형질막으로 분리되어 있다. 궁극적으로 합쳐 모인 세포는 무성생식 자실체를 만든다.

숲속의 바닥에 흔한 세포성 점균류인 *Dictyostelium discoideum*은 생물이 다세포로 진화하는 과정을 연구하는 좋은 모델생물이 되었다. 어느 한 연구에서 점균류의 자실체 단계에 초점을 두었다. 이 단계 동안에 줄기를 형성하던 세포는 건조해짐에 따라 죽었지만 줄기 끝에 포자는 살아남아 생식력을 가진다(그림 28.26). 과학자들은, 하나의 유전자에 생긴 돌연변이로 *Dictyostelium*의 각 세포들이, 결코 줄기의 부분이 될 수 없는, "속임꾼(cheater)" 세포로 변한다는 것을 발견했다. 이러한 속임꾼 돌연변이 세포가 그렇지 않은 정상세포보다 생식적으로 더 유리하기 때문이다. 왜 모든 *Dictyostelium* 세포가 속임꾼 세포가 아닌지는 의문이다.

최근 발견들은 이 의문에 대한 하나의 답을 제시한다. 속임꾼 세포는 세포 표면에 특정 단백질이 없으며, 정상세포는 이 차이점을 인식할 수 있다. 정상세포는 다른 정상세포와 우선적으로 군체를 형성하여 속임꾼 세포가 정상세포를 속일 기회를 주지 않는다. 이러한 인식체계가 동식물과 같은 다세포 진핵생물의 진화에 중요했을 것이다.

관아메바류

관아메바류(tubulinids)는 크기가 크고 다양한 무리로 구성된 아메보조아류로 귓불이나 관 모양의 위족을 가진다. 이 단세포 원생생물은 토양, 담수 그리고 해양 등에 널리 서식한다. 대부분

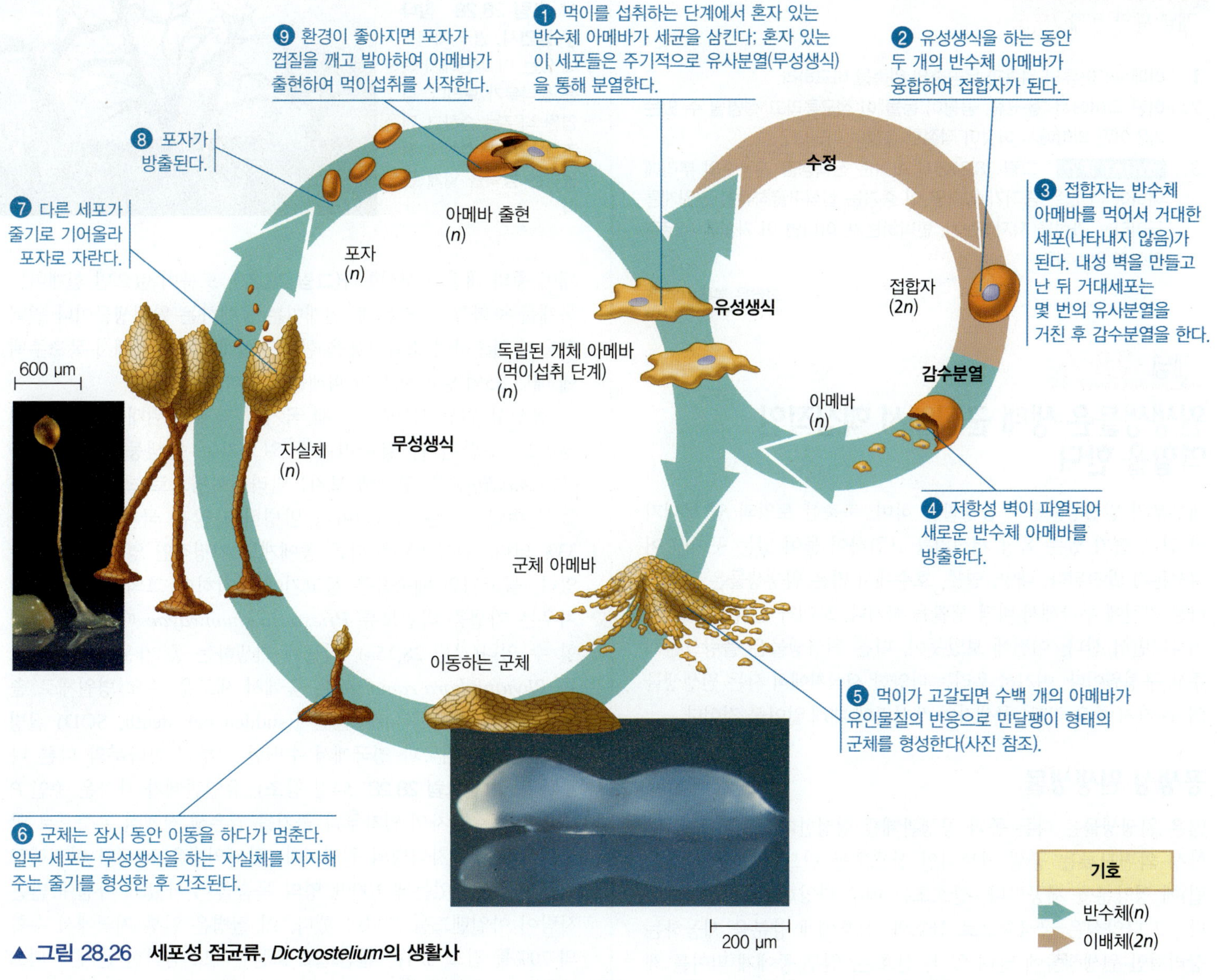

▲ **그림 28.26** **세포성 점균류, *Dictyostelium*의 생활사**

은 세균과 다른 원생생물을 활발히 찾아서 섭취하는 종속영양생물이다; 그러한 관아메바류의 일종인 *Amoeba proteus*는 그림 28.2에 나타낸 바와 같다. 또한 일부의 관아메바류는 유기쇄설물(detritus, 살아 있지 않은 유기물)을 먹고 산다.

기생아메바류

대부분의 아메보조아류는 자유생활을 하지만, 기생아메바속(*Entamoeba*)에 속하는 아메보조아류는 기생성이다. 기생아메바는 모든 강(classes)에 속한 척추동물과 일부 무척추동물을 감염시킨다. 인간은 적어도 여섯 종의 기생아메바의 숙주지만, 이질아메바(*Entamoeba histolytica*) 한 종만이 병원성이다. 이질아메바는 아메바성 이질을 유발하고 오염된 식수, 음식과 식사도구를 통하여 전파된다. 세계적으로 매년 10만 명의 목숨을 앗아가는 이 질병은, 말라리아(그림 28.16)와 주혈흡충증(그림 33.11) 다음으로, 진핵생물 기생충으로 인한 세 번째 주된 사망원인이다.

후편모류

후편모류(opisthokonts)는 동물, 균류, 그리고 몇 개의 원생생물군을 포함한 굉장히 다양한 진핵생물군이다. 균류와 동물의 진화역사는 31~34장에서 다룰 것이다. 후편모류 원생생물 중에서 다핵류(nucleariida)는 다른 원생생물보다 균류와 유연관계가 더 가까워 31장에서 공부할 것이다. 마찬가지로, 깃편모충류(choanoflagellates)는 다른 원생생물보다 동물과 유연관계가 더 가까워 32장에서 다룰 것이다. 다핵류와 깃편모충류는, 과학자들이 이전의 원생생물계를 폐기한 이유를 분명히 보여준다: 왜냐하면 단세포 진핵생물을 포함한 단일계통군은 이들과 유연관계가 가까운 다세포 동물과 균류를 포함시켜야 하기 때문이다.

개념 확인 문제 28.5

1. 아메보조아류의 위족과 유공충의 위족을 비교하라.
2. 어떤 의미에서 "동균류, 곰팡이 동물"이 점균류라고 설명될 수 있는가? 어떤 의미에서 이것이 적절한 설명이 아닌가?
3. WHAT IF? 그림 28.24에서 보여준 진핵생물 계통수의 뿌리에 대하여 더 많은 증거가 있다면 이 증거는 섭식구굴착류가 단일계통군이라는 가설을 지지하는가, 반박하는가, 아니면 이 가설에 아무런 관련이 없는가?

정답은 부록 A 참조

개념 28.6

원생생물은 생태 군집에서 핵심적인 역할을 한다

대부분의 원생생물은 수중생활을 하며, 축축한 토양과 잎 무더기와 같은 습기 있는 육상 서식처를 포함하여 물이 있는 곳이면 어디서든지 발견된다. 대양, 연못, 호수에서 많은 원생생물은 암석과 다른 기질에 부착해서 바닥 생활을 하거나, 모래와 침니 속으로 기어다니면서 산다. 이전에 보았듯이, 다른 원생생물은 플랑크톤의 주요 구성원이다. 여기서 우리는 다양한 서식처에서 사는 원생생물의 두 가지 주요 역할: 공생자와 생산자에 대해 알아볼 것이다.

공생성 원생생물

많은 원생생물은 다른 종과 공생관계를 형성한다. 예를 들어, 광합성 와편모류는 공생 파트너인 산호초를 만드는 동물(산호폴립)에 영양분을 제공한다. 산호초는 매우 다양한 생태적 군집이다. 그 다양성은 궁극적으로 산호와, 산호에게 양분을 제공하는 상리적인 원생생물에 달려 있다. 산호는, 일부 종에게 먹이를 제공하고 다른 많은 종에게 서식처를 제공하여, 산호초의 다양성을 지원한다.

다른 예로는 목재를 소화하는 원생생물인데, 이것은 많은 흰개미 종의 내장에 서식한다(그림 28.27). 도움이 없으면 흰개미는 목재를 소화할 수 없는데, 흰개미는 공생하는 원생생물이나 원핵생물에 의존하여 소화작용을 한다. 흰개미는 미국에서 목조주택에 매년 35억 달러 이상의 피해를 입힌다.

▶ **그림 28.27 공생성 원생생물.** 이 생물은 초편모충류(hypermastigote)이다. 이 종은 흰개미와 일부 바퀴벌레의 내장에 사는 부기저체류에 속하는 생물로 숙주가 목재를 소화하도록 한다(SEM 사진).

▶ **그림 28.28 참나무 돌연사.** 영국 에섹스에 있는 이 경관에서 죽은 참나무가 보인다. 감염된 나무는 습하고 건조한 날씨의 주기에 적응하는 능력을 잃게 된다.

공생성 원생생물에는 전체 국가의 경제를 위태롭게 하는 기생충도 포함된다. 말라리아를 일으키는 원생동물인 열원충(*Plasmodium*)을 생각해 보자: 말라리아병으로 초토화된 국가들의 수입수준은 말라리아가 발병하지 않은 국가의 수입보다 33% 낮다. 원생생물은 다른 종에게도 치명적인 영향을 끼칠 수 있다. 물고기의 떼죽음은 물고기에 부착하여 그의 피부를 먹어치우는 기생충 와편모류 *Pfiesteria shumwayae* 때문에도 발생할 수 있다(그림 28.15a). 식물에 기생하는 종 가운데 부등편모류 *Phytophthora ramorum*은 숲에서 새로운 주요 병원체로 출현했다. 이 종은 참나무 돌연사(sudden oak death, SOD) 질병의 원인으로 미국과 영국에서 수백만 그루의 참나무와 다른 나무를 죽였다(그림 28.28; 54장 참조). 유연관계가 가까운 종인 *P. infestans*는 감자의 잎자루와 줄기를 검은색 점액질 곤죽으로 만들어버리는 감자역병의 원인이다. 감자역병은 19세기 아일랜드 기근의 주범이었는데 100만 명의 목숨을 앗아갔고 마침내 많은 사람이 아일랜드를 떠나야 했다. 이 질병은 일부 지역에서 수확의 70%를 감소시키는 원인으로 오늘날에도 심각한 문제가 되고 있다.

광합성 원생생물

많은 원생생물은, 이산화탄소를 유기물질로 전환하기 위해 빛(또는 무기화합물)으로부터 나온 에너지를 사용하는 생물로서, 중요한 **생산자(producer)**이다. 생산자는 생태 먹이망의 기초를 이룬다. 수서 군집에서 주요 생산자는 광합성 원생생물과 광합성 원핵생물이다(그림 28.29). 그 군집에서 다른 모든 생물들은 직접(그들을 먹으면서) 또는 간접(생산자를 먹은 생물을 먹으면서)적으로 먹이 때문에 그들 생산자에 의존한다. 과학자들은 규조류, 와편모류, 다세포 조류, 그리고 다른 수서 원생생물이 지구상의 광합성의 대략 30%를 수행하는 것으로 추정하고 있다. 광합성 원핵생물은 또 하나의 20%에 기여하고, 육상식물은 나머지 50%를 담당한다.

생산자는 먹이망의 기초를 형성하기 때문에, 생산자에게 영향

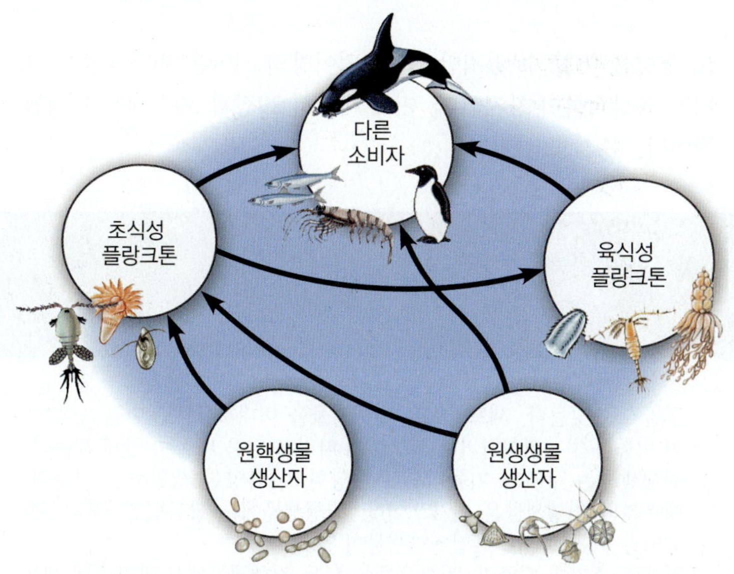

▲ 그림 28.29 **원생생물은 수서군집에서 핵심적인 생산자이다.** 단순화된 먹이그물에서 화살표는 먹잇감으로부터 그들을 포식하는 생물로 이어진다.

을 미치는 요인은 전체 군집에 극적으로 영향을 미칠 수 있다. 수서환경에서, 광합성 원생생물은 종종 저농도의 질소, 인산, 혹은 철에 의해 생장이 억제된다. 다양한 인간 행위가 수서 군집에서 이들 원소의 농도를 증가시킬 수 있는데, 예를 들어 밭에 비료가 사용되면 일부 비료는 비에 씻겨 호수 또는 바다로 흘러들어가는 강으로 유입된다. 이렇게 또는 다른 방법으로 인간이 수서환경에 영양분을 추가시키면 광합성 원생생물의 수가 갑자기 증가할 수 있다. 이러한 증가 때문에 55장에서 살펴보겠지만 수서 군집을 구성하는 다른 종의 수가 변화될 수 있다.

긴급한 질문은 지구온난화가 원생생물과 다른 생산자에 얼마나 영향을 미칠 것인가 하는 것이다. **그림 28.30**에 보인 바와 같이, 해수면의 온도가 증가함에 따라 많은 해역에서 광합성 원생생물과 원핵생물의 생장과 생물량이 감소하였다. 어떤 기작으로 해수면 온도의 상승이 해양 생산자의 생장을 감소시킬까? 한 가지 가설은 아래에서 올라오는 영양염이 풍부한 냉수의 상승 혹은 용승(upwelling)과 관련이 있다. 많은 해양 생산자는 이러한 방식으로 수면으로 올라오는 영양염에 의존한다. 그러나 해수면 온도의 상승으로 가볍고 따듯한 수층이 형성될 수 있고, 이것이 영양염 용승의 장벽으로 작용하여, 결과적으로 해양 생산자의 생장

개념 확인 문제 28.6

1. 광합성 원생생물이 생물권(biosphere)에서 가장 중요한 생물이라는 주장을 정당화해 보라.
2. 원생생물이 포함되는 공생 현상에 대해서 세가지를 기술하라.
3. **WHAT IF?** 높은 수온과 오염 때문에 산호가 그의 공생자인 와편모류를 방출해낼 수 있다. 그러한 "산호 백화현상"이 산호와 다른 종에 어떻게 영향을 미칠지 예측해 보라.
4. **MAKE CONNECTIONS** 세균의 일종인 *Wolbachia*는 모기세포 안에 서식하는 공생자로서 모기의 여러 개체군으로 빠르게 전파된다. *Wolbachia*는 모기가 열원충(*Plasmodium*)에 감염되는 것에 저항성을 갖도록 할 수 있다; 연구자들은 저항성을 갖게 하고 모기에게 해를 주지 않는 균주를 찾고 있다. 말라리아를 구제하기 위하여 모기를 죽이는 살충제를 사용하는 것과 그러한 *Wolbachia* 균주를 사용하는 것에서 일어날 수 있는 진화적인 변화를 비교하라. (그림 25.26과 개념 21.3을 검토)

정답은 부록 A 참조

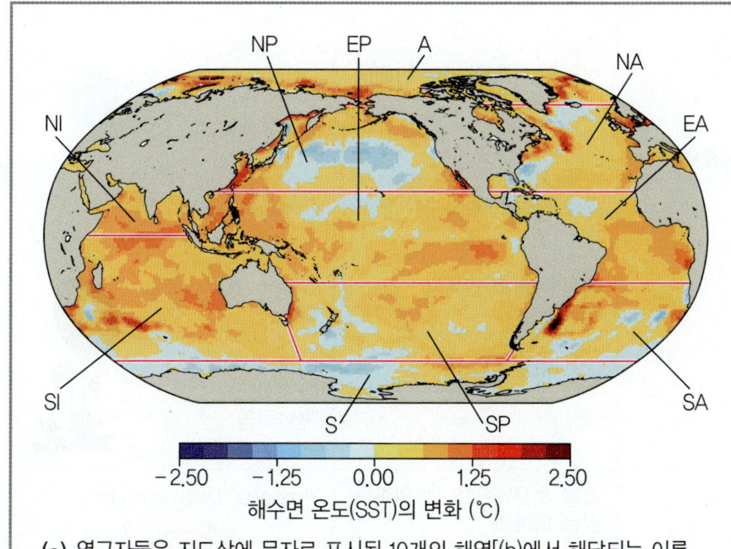

(a) 연구자들은 지도상에 문자로 표시된 10개의 해역[(b)에서 해당되는 이름 참조]을 연구했다. 해수면 온도(SST)는 1950년 이후로 대부분의 해역에서 증가했다.

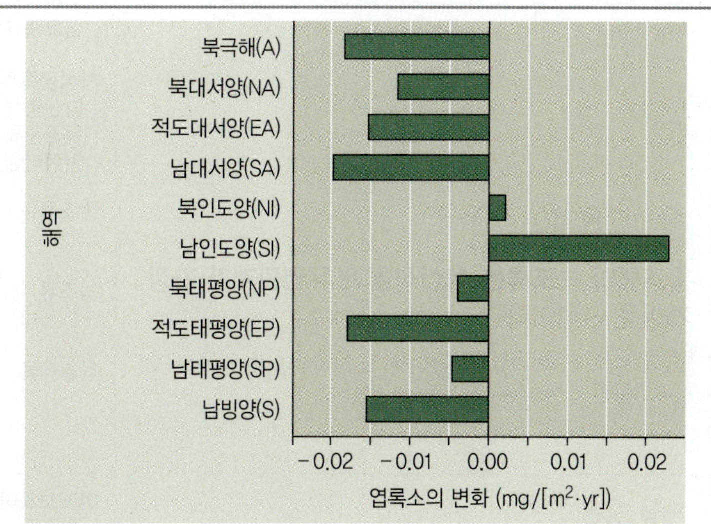

(b) 엽록소 농도는 해양생산자의 생장과 생물량을 나타내는 지표로, 대부분의 해역에서 같은 시기에 감소했다.

▲ 그림 28.30 **해양 생산자에 대한 기후변화의 효과**

이 감소된다. 만약 이런 상황이 지속된다면, 그림 28.29에서 보인 변화는 해양생태계, 어획량, 그리고 전지구 탄소순환에 광범위한 영향을 미칠 것이다(55장). 지구온난화는 육상의 생산자에게도 영향을 미칠 수 있지만, 육상 먹이망의 기반은 원생생물이 아니라 육상식물이 차지한다. 이에 대해서 29장과 30장에서 논의될 것이다.

28장 복습

핵심 개념의 요약

개념 28.1

진핵생물은 대부분 단세포 생물이다

- 진핵생물 영역(Domain Eukarya)에는, 동식물과 진균류, 그리고 많은 **원생생물(protists)** 그룹이 포함된다. 원핵생물과 달리, 원생생물과 다른 진핵생물은 핵과, 막으로 둘러싸인 다른 세포소기관뿐 아니라, 세포골격을 갖는다. 세포골격은 진핵생물을 비대칭형으로 만들고, 그들이 이동하거나 섭식하거나 생장함에 따라 모양을 바꿀수 있게 해준다.
- 원생생물은 구조와 기능적으로 다양하고, 다양한 생활사를 갖는다. 대부분의 원생생물은 단세포이다. 원생생물에는 광독립영양생물, 종속영양생물, 그리고 혼합영양생물이 있다.
- 현재의 증거에 의하면, 진핵생물은 모든 진핵생물에서 발견되는 세포소기관인 미토콘드리아로 진화되었을, 알파프로테오세균을 고세균 숙주(혹은 고세균 조상의 숙주)가 삼켰을 때 **내부공생(endosymbiosis)**

핵심개념/진핵생물 상위그룹	주요 그룹	핵심적인 형태적 특징	구체적 예
개념 28.2 **섭식구굴착류에는 변형된 미토콘드리아를 가진 원생생물과 독특한 편모를 가진 원생생물이 있다** ? 섭식구굴착류가 분기군을 이루는 증거는 어떤 것인가?	**중복편모충류와 부기저체류**	변형된 미토콘드리아	*Giardia, Trichomonas*
	유글레노조아류 운동핵편모충류 유글레나류	편모 안에 나선형 또는 결정상의 간상체	*Trypanosoma, Euglena*
개념 28.3 **"SAR" 분기군은 DNA유사성으로 정의되는 매우 다양한 원생생물군이다** ? 정복합포자충(예: *Plasmodium*)은 광합성을 하지 않지만 변형된 색소체를 가진다. 이러한 의견을 설명하는 현재의 가설을 기술하라.	**부등편모류** 규조류 황갈조류	털이 있는 깃편모와 매끈한 채찍편모	*Phytophthora, Laminaria*
	피하낭류 와편모류 정복합포자충류 섬모충류	원형질막 아래의 막으로 싸인 낭 (피하낭)	*Pfiesteria* *Plasmodium* *Paramecium*
	사상근족류 방산충류 유공충류 아메바성편모충류	실같은 위족을 갖는 아메바	*Globigerina*
개념 28.4 **홍조류와 녹조류는 육상식물과 유연관계가 가장 가까운 친척이다** ? 일부의 계통학자들이 육상식물을 홍조류나 녹조류와 같은 상위그룹인 고색소체류에 두는 근거는?	**홍조류**	홍조소(보조색소)	*Porphyra,*
	녹조류	식물 유형의 엽록체	*Chlamydomonas, Ulva,*
	육상식물	(29, 30장 참조)	이끼, 양치류, 구과식물, 현화식물
개념 28.5 **단편모류는 균류 및 동물과 유연관계가 가까운 원생생물이다** ? 단편모류에 속하는 주요 하위그룹 각각의 중요한 특징을 기술하라.	**아메보조아류** 점균류 관아메바류 기생아메바류	것불 혹은 관모양의 위족을 갖는 아메바	*Amoeba, Dictyostelium*
	후편모류	(굉장히 다양함: 31~34장 참조)	깃편모충류, 다핵류, 동물, 진균류

에 의해 기원했다고 한다.

- 색소체는 초기 진핵생물 세포가 삼킨 남세균의 후손이라 생각되고 있다. 색소체를 가진 계열이 마침내 홍조류와 녹조류로 진화되었다. 다른 원생생물의 무리는 홍조류 또는 녹조류 자체가 삼켜진 **2차 내부공생**(*secondary endosymbiosis*) 사건을 통해서 진화되었다.
- 한 가지 가설에 따르면, 진핵생물은 각각이 단일계통적 분기군인 4가지의 상위그룹인, 섭식구굴착류, "SAR" 분기군, 고색소체류, 그리고 단편모류로 구성된다.

? 원생생물과 다른 진핵생물 간의 차이점과 유사점을 기술하라.

개념 28.6

원생생물은 생태 군집에서 핵심적인 역할을 한다

- 원생생물은 그들 공생 파트너와 군집의 많은 다른 구성원에게 영향을 미치는, 넓은 범위의 상리공생과 기생 관계를 형성한다.
- 광합성 원생생물은 수서군집에서 가장 중요한 생산자이다. 먹이그물의 기반을 이루고 있기 때문에 광합성 원생생물에 영향을 미치는 요인은 군집의 많은 다른 종에게 영향을 미친다.

? 생태적으로 중요한 몇가지 원생생물을 기술하라.

생각해보자

수준 1: 지식/이해

1. 두 개 이상의 막에 의해서 둘러싸인 색소체는 다음 "무엇"의 증거이다.
   a. 미토콘드리아에서 진화 b. 색소체의 융합
   c. 고세균에서 색소체의 기원 d. 2차 내부공생
2. 생물학자들은 어느 정도 내부공생에 의해서 색소체 이전에 미토콘드리아가 생겼다고 생각한다. 왜냐하면
   a. 광합성 산물이 미토콘드리아의 효소 없이는 물질대사가 될 수 없다고 생각하기 때문이다.
   b. 모든 진핵생물은 미토콘드리아(혹은 그 흔적)를 갖지만 많은 진핵생물은 색소체를 갖지 않는다고 생각하기 때문이다.
   c. 미토콘드리아 DNA는 색소체의 DNA보다 원핵생물 DNA에 덜 유사하다고 생각하기 때문이다.
   d. 미토콘드리아에 의한 CO_2 생산없이는 광합성이 일어나지 않는다고 생각하기 때문이다.
3. 어느 그룹이 그에 대한 설명과 옳지 않게 짝지어졌는가?
   a. 규조류 – 수계 군집에서 중요한 생산자
   b. 홍조류 – 2차 내부공생으로 색소체를 얻음
   c. 정복합포자충류 – 복잡한 생활사를 가진 기생충
   d. 중복편모충류 – 변형된 미토콘드리아를 갖는 원생생물
4. 이 장에서 제시된 계통에 의하면, 다음 중 어떤 원생생물이 육상식물과 같은 진핵생물 상위그룹에 속하는가?
   a. 녹조류 b. 와편모류
   c. 홍조류 d. a와 c 모두
5. 세대교번을 하는 생활사에서 다세포 반수체형은 다음 어떤 것과 번갈아 생기는가?
   a. 단세포 반수체형 b. 단세포 이배체형
   c. 다세포 반수체형 d. 다세포 이배체형

수준 2: 응용/분석

6. 그림 28.2의 계통수에 근거하여 아래의 어떤 진술이 옳은가?
   a. 섭식구굴착류의 가장 최근 공통조상은 SAR 분기군의 공통조상보다 더 오래되었다.
   b. SAR분기군의 가장 최근 공통조상은 단편모류의 공통조상보다 더 오래되었다.
   c. 가장 기저의(처음으로 갈라진) 진핵생물 상위그룹은 결정될 수 없다.
   e. 섭식구굴착류는 가장 기저의 진핵생물 상위그룹이다.
7. **진화적 관점**
   DRAW IT 의학 연구자들은 인간을 감염시키는 병원체를 죽이거나 생장을 제한하지만 환자에게는 해로운 경우가 별로 없는 약을 개발하려는 노력을 하고 있다. 이런 약은 병원체의 신진대사를 방해하거나 병원체의 구조적 특징을 목표로 한다.
   조상 원핵생물과 섭식구굴착류, SAR 분기군, 고색소체류, 그리고 단편모류에 포함된 아메보조아류, 동물, 깃편모충류, 균류, 그리고 다핵류를 포함하는 계통수를 그리고 이름을 적어보라. 이 계통수를 기반으로 인간의 병원체인 원핵생물, 원생생물, 동물, 그리고 균류에 대항하는 약을 개발하는 것이 왜 그렇게 어려운 것인지에 대한 가설을 세워보라. (의약에 내성을 갖도록 진화한 병원체를 고려할 필요는 없다.)

수준 3: 종합/평가

8. **과학적 탐구**
   "만약...그러면"이라는 과학의 논리(1장 참조)를 적용해서, 식물이 녹조류로부터 진화했다는 가설로부터 예측할 수 있는 것이 무엇이 있을까? 다른 방법으로, 이 가설을 어떻게 검증할 것인가?
9. **글쓰기: 상호작용**
   생물은 물리적 환경과 생물적 환경 사이에서 서로 작용한다. 가용한 영양염의 감소에 대한 규조류 개체군의 반응이 어떻게 다른 생물에 영향을 미칠 수 있는지, 그리고 물리적 환경 측면에 어떤 영향을 미칠 수 있는지 짧은 에세이(100~150 단어)로 설명하라(예를 들면, 이산화탄소의 농도).
10. **종합적으로 생각해보기**

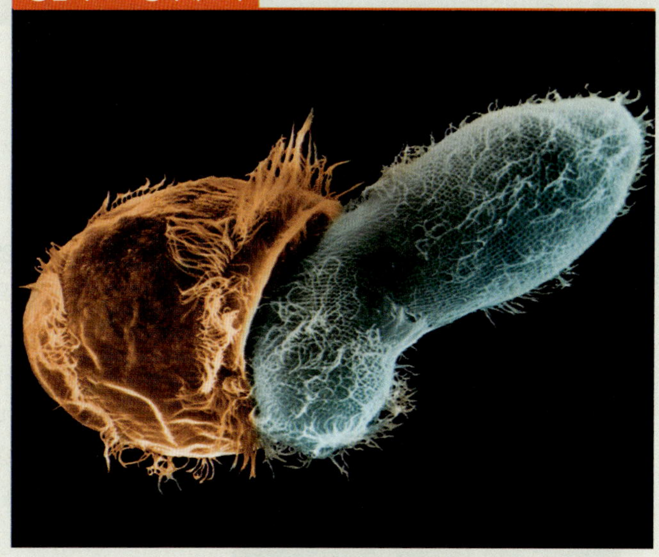

이 사진은 단세포 진핵생물인 섬모충류 *Didinium*(왼쪽)이 먹이생물인 다른 섬모충류 *Paramecium*을 막 삼키려는 순간의 장면이다. 섬모충류가 속하는 진핵생물 상위그룹을 알아보고 그 상위그룹의 진화역사에서 내부공생의 역할을 기술하라. 이들 섬모충류가 모든 다른 원생생물보다 육상식물, 균류 혹은 동물에 더 유연관계가 가까운지 설명하라.

(정답은 부록 A 참조)

29

비관다발식물 및 비종자관다발식물

핵심 개념

29.1 육상식물은 녹조류로부터 진화하였다

29.2 이끼류와 여러 비관다발식물 생활사는 배우체 세대가 우점한다

29.3 양치류와 여러 비종자관다발식물은 크게 자라는 최초의 식물이다

▲ 그림 29.1 식물계가 어떻게 세상을 변화시켰을까?

지구의 녹색화

그림 29.1에서 보는 산림과 같은 광활한 대지를 보면, 식물이나 다른 생명체가 없는 육지를 생각하기 어렵다. 지구의 초기 30억 년 역사 동안 지표면에는 생명체가 없었다. 지구화학적 증거는 약 12억 년 전에 육지에 남세균의 얇은 막이 존재했음을 제시한다. 그러나 작은 식물류 및 균류와 동물류가 바다 밖으로 함께 이주한 것은 단지 5억 년 전 일이었다. 결국, 약 3억 8,500만 년 전 지구상에 식물류가 출현하여 크게 자라 최초의 산림을 형성하였다(종 조성에서는 그림 29.1과는 크게 다르다).

오늘날, 식물계에는 약 29만 종이 존재한다. 식물은 몇몇 산꼭대기, 사막, 극지방의 빙하 등과 같은 극심한 환경을 제외하고는 거의 모든 서식지에 생육하고 있다. 거머리말류와 같은 일부 식물은 진화 과정 중 다시 수생 서식지로 돌아갔다. 이 장에서는 이들 식물이 수생이지만, 이들을 광합성 원생생물인 조류와 구분하기 위하여, 이들 모든 식물은 "육상식물(land plant)"이라고 통칭한다.

식물은 사람을 포함한 육지에 살고 있는 다른 생명체들을 지탱한다. 식물은 육상동물들에게 산소를 공급하고 궁극적으로 대부분의 먹이를 제공한다. 또한 식물뿌리는 토양을 안정화시켜 다른 생물들에게 서식지를 만들어 준다. 이 장에서는 선태류나 양치류와 같은 비종자식물의 출현을 포함한 식물 진화의 초기 1억 년 역사를 추론한다. 30장에서는 종자식물의 진화에 대하여 살펴볼 예정이다.

개념 29.1

육상식물은 녹조류로부터 진화하였다

28장에서 배운 바와 같이, 차축조류라 부르는 녹조류가 육상식물의 가장 가까운 친족이다. 여기서는 먼저 이들 관계에 대한 증거들을 자세히 살펴보자.

형태적 및 분자적 증거

육상식물의 여러 주요 형질들은 다양한 원생생물(주로 조류)에서도 나타난다. 예를 들어, 식물계는 다세포, 진핵성, 광합성 독립영양체인데, 갈조, 홍조 또는 녹조의 일부도 그렇다. 식물은 셀룰로오스로 만들어진 세포벽을 갖는데, 이는 녹조류, 와편모조류, 갈조류도 그러하다. 또한 엽록소 *a*와 *b*를 갖는 엽록체는 녹조류, 유글레나류, 일부 와편모조류, 식물계 등에 공통으로 존재한다.

그러나 차축조류는 다음의 특수화된 형질들을 육상식물과 공유하는데 이는 차축조류가 식물계에 가장 가까운 살아 있는 친족임을 의미한다.

- **셀룰로오스 합성 단백질의 링.** 육상식물과 차축조식물의 세포는 모두 원형질막에 특징적인 원형의 단백질 링을 가진다(오른쪽 그림). 이들 단백질 링들은 세포벽의 셀룰로오스 미세섬유를 합성한다. 반대로 비차축조류들은 선형의 셀룰로오스 합성 단백질들을 가진다.
- **편모성 정충의 구조.** 육상식물은 편모성 정충을 가지며, 이들의 구조는 차축조류의 정충과 구조적으로 매우 유사하다.
- **격막형성체의 형성.** 육상식물 및 차축조속(*Chara*)과 콜레오키트속(*Coleochaete*)을 포함한 특정 차축조류는 세포분열 과정에 미세한 특징들을 공유한다. 예로, 이들 생물체에는 격막형성체(phragmoplast)라 알려진 미세소관들이 분열하는 세포의 딸핵들 사이에 형성된다. 이후, 격막형성체의 중심부에서 분열하는 세포의 중앙을 가로질러 세포판이 발달한다(그림 12.10). 그리고 나서, 세포판은 두 개의 딸세포들을 분리하는 새로운 벽으로 발달한다.

30 nm

식물과 조류들을 포함한 다양한 식물들을 대상으로 핵과 엽록체 유전자를 비교한 연구 결과는 차축조류, 특히 차축조속과 콜레오키트속이 육상식물의 가장 가까운 살아 있는 친족이라는 점을 지지하고 있다. 이 증거는 육상식물이 차축조류의 한 계통군으로부터 진화했음을 의미하지만, 현존 육상식물이 현존 조류에서 발달했다는 것은 아니다. 그러나 현존하는 차축조류는 육상식물의 조류 조상에 대하여 우리에게 시사하는 바가 있다.

육지로 이동하기 위한 적응

차축조류의 여러 종들은 건조될 수 있는 연못과 호수 가장자리의 얕은 물속에 생육한다. 이와 같은 환경에서는 이들 조류가 물속에 잠기지 않아도 살아남도록 자연선택이 작용한다. 차축조류에는 **스포로폴레닌(sporopollenin)**이라 부르는 단단한 중합체 막이 존재하여 접합자가 건조되는 것을 방지한다. 이와 비슷한 화학적 적응이 식물포자를 싸고 있는 단단한 스포로폴레닌 벽에서도 발견된다.

차축조류의 조상 집단 중 최소한 하나 이상에서 이러한 형질들이 누적되어 육지에서 살 수 있는 후손으로(최초의 육상식물) 발전할 수 있었을 것이다. 이 같은 능력은 이후 무한한 이점을 제공하는 육상 서식지로의 신천지를 열었다. 찬란한 태양광이 물과 플랑크톤에 의해 여과되지 않고, 대기는 물에서보다는 보다 풍부한 이산화탄소를 제공하였으며, 물 가장자리의 토양은 여러 무기염류가 풍부하였다. 그러나 이와 같은 이점은 여러 가지 도전을 수반하였다. 즉, 상대적으로 물이 부족하고 중력을 지지할 구조가 결여되어 있었다. (이와 같은 지지조직이 중요하다는 것은 해파리의 부드러운 조직을 물에서 꺼내 밖에 두었을 때 어떻게 변하는지로부터 알 수 있다.) 육상식물은 이 같은 도전으로부터 살아남아 적응할 수 있도록 다양하게 분화하였다.

오늘날 어떠한 적응이 식물계에 유일한 것인가? 이 질문에 대한 대답은 조류로부터 식물계의 경계를 어떻게 설정하느냐에 달렸다(그림 29.2). 이 경계를 설정하는데 현재 논쟁이 계속되고 있으므로 이 책에서는 식물계와 유배식물류(embryophytes)를 동등하게 보는 전통적인 정의를 사용한다. 이 같은 개념으로 식물계를 근연의 조류로부터 구분할 수 있는 파생형질들을 살펴보자.

식물계의 파생형질들

육상식물들은 그들의 조류 조상으로부터 분화한 후, 건조한 땅

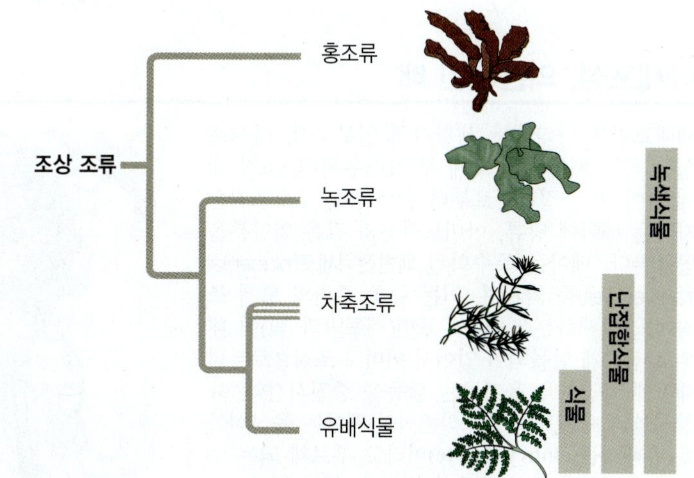

▲ **그림 29.2 세 가지 가능한 "식물계"의 정의**

? 3개의 평행선으로 표시한 분지는 이 군이 측계통군 임을 의미한다. 왜 차축조류가 측계통군으로 표시되었는지 설명하라.

▼ 그림 29.3

탐구 육상식물의 파생형질들

차축조류는 이 그림에서 설명하는 육상식물의 다음 주요형질들이 결여되어 있다: 세대교번, 다세포성이고 의존적인 배, 포자낭에서 생성되는 벽으로 싸인 포자, 다세포성 배우자낭 및 정단분열조직. 이들 다섯 가지 주요 형질은 육상식물과 차축조류의 공통조상에서는 없었으나 육상식물의 파생형질로 진화되었음을 의미한다. 모든 육상식물이 이 다섯 가지 형질을 모두 갖는 것은 아니며, 일부 육상식물의 계열에서는 시간이 지나면서 이 중 일부 형질이 없어지기도 하였다.

세대교번

육상식물의 생활사는 각각 서로를 생성하는 두 개의 다른 다세포성 생물체 사이를 교번한다: 배우체는 포자체를 만들고, 포자체는 다시 배우체를 생산한다. 이런 형태의 생식적 순환을 **세대교번(alternation of generation)**이라 하며, 이는 여러 군의 조류에서도 진화하였으나 육상식물에 연관이 깊은 차축조류에서는 발견되지 않는다. 우리는 세대교번을 육상식물에서 파생된 형질로 생각하며, 육상식물과 차축조류의 공통조상에서는 없었던 형질로 해석한다.

식물의 세대교번을 반수성 상태와 배수성 상태를 오가는 모든 유성생식 생물체의 생활사와 혼동하지 않기를 바란다(그림 13.6). 세대교번은 생활사에 다세포성 반수성 상태와 다세포성 배수성 상태가 모두 존재함으로써 구별된다. 다세포성의 반수체 **배우체(gametophyte**; "배우자를 생성하는 식물")는 그들이 유사분열인 체세포분열에 의해 반수체의 배우자(gamete)인 정자와 난자를 만들기 때문에 이런 이름이 붙었다. 두 배우자는 수정 중에 융합하여 이배체의 접합자(zygote)를 형성한다. 접합자는 유사분열을 거쳐 포자 생성기관인 **포자체(sporophyte)**를 만든다. 성숙한 포자체에서의 감수분열 결과 반수성의 **포자(spore)**가 생기며, 이것은 다른 세포와 융합하지 않고 반수체의 새로운 개체로 발달할 수 있는 생식세포이다. 이들 포자세포의 유사분열로 새로운 다세포성의 배우체가 생기고, 순환이 다시 시작된다.

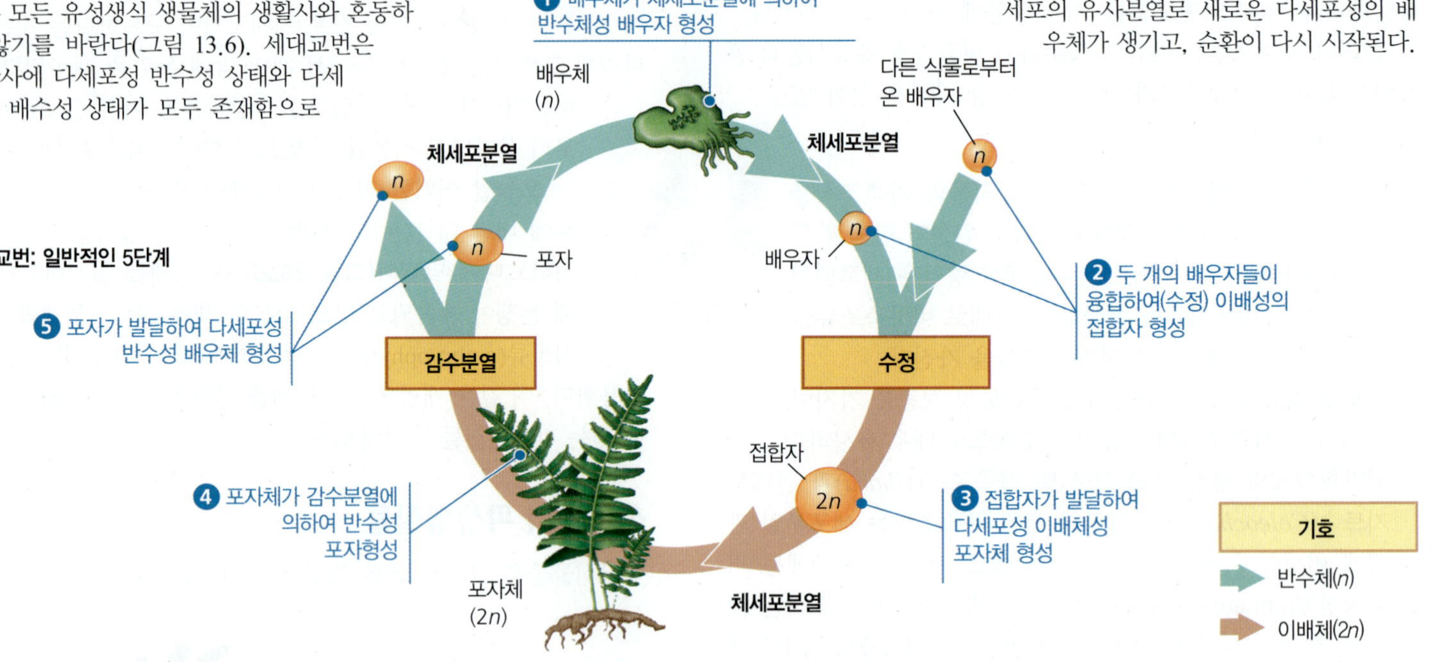

다세포성, 의존적인 배

세대교번을 나타내는 생활사의 일부로서, 다세포성인 식물 배아들은 모계 부모(배우체)의 조직 내에 남아 있는 접합자로부터 발생한다. 부모조직은 자라는 배아에 당류, 아미노산류와 같은 영양분을 공급한다. 배아는 특수화된 배반전위세포(placental transfer cell)를 가지며, 이는 종종 주변의 모계 조직에도 존재하는데, 세포 표면(세포막과 벽)이 내부로 심하게 함몰되어 있어서 어머니 조직으로부터 배아에 영양분을 옮겨주는 활동을 증진시킨다. 육상식물의 다세포성이고 의존적인 배아는 육상식물을 **유배식물(embryophyte)**이라고 부르게 되는 주요한 파생형질 중의 하나이다.

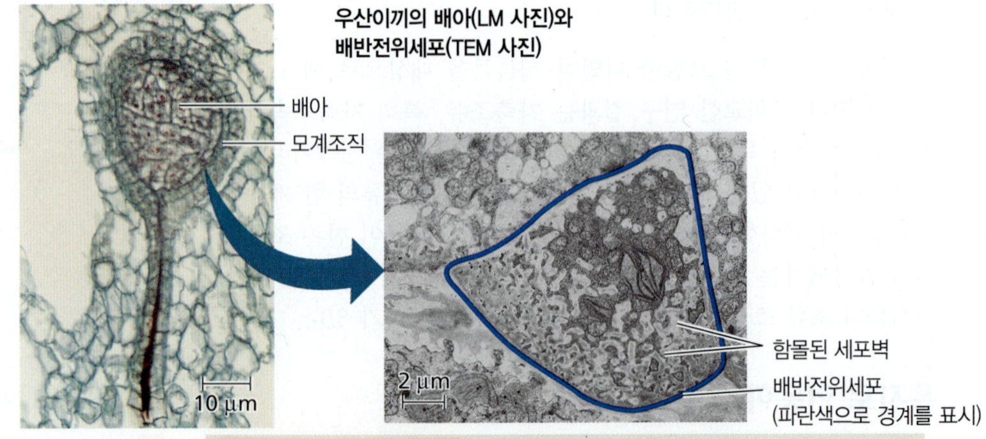

MAKE CONNECTION 그림 13.6의 유성생식 생활사를 복습하라. 어떤 생활사가 세대교번을 하는가? 그리고 이 생활사가 다른 생활사들과 어떻게 다른지 설명하라.

포자낭에서 형성되는 벽을 갖는 포자

식물의 포자는 반수성 생식세포로서 체세포분열(유사분열)을 거쳐 다세포성 반수성 배우체를 생성할 수 있다. 식물 포자의 벽은 중합체인 스포로폴레닌이라는 매우 단단한 층으로 싸여 있어서 극한 환경에서도 살아남을 수 있다. 이와 같은 화학적 적응은 포자가 건조한 공기 속에서도 손상을 입지 않고 분산되는 것을 가능하게 하였다.

포자체는 포자를 만드는 다세포성 기관인 **포자낭(sporangia)**을 갖는다. 포자낭 내에서 **포자모세포(sporocyte)**라 부르는 배수성 세포가 감수분열을 거쳐 반수성 포자를 형성한다. 포자낭의 외부조직은 자라나는 포자가 공기 중으로 방출될 때까지 보호하는 역할을 한다. 스포로폴레닌으로 강화된 세포벽을 갖는 포자를 생성하는 다세포성 포자낭은 육상식물을 육지에 적응하도록 유도한 주요 형질이다. 차축조류들은 포자를 만들지만 다세포 포자낭이 없으며, 편모를 가지고 있으면서 물에 의해 퍼지는 이들 포자는 스포로폴레닌이 없다.

포자
포자낭
물이끼 포자낭의 종단면 (LM 사진)
포자체
배우체

물이끼의 포자체와 포자낭

다세포성 배우자낭

조류 조상으로부터 초기 육상식물을 구분짓는 또 다른 특징은 **배우자낭(gametangia)**이라 부르는 다세포성 기관 내에서 생성되는 배우자이다. 자성배우자낭은 **장란기(archegonia,** 단수로는 archegonium)라 부르며, 각각의 장란기는 전구모양의 기관 속에 하나의 알세포를 생성하는(그림에서 오른쪽 위) 서양배 모양의 기관이다. 수배우체는 **장정기(antheridia,** 단수로는 antheridium)라 부르며 정자를 만들어 밖으로 방출한다. 여러 주요 식물군에서 정자는 많은 편모를 가지며 물방울 또는 물의 막을 헤엄쳐 알세포에 다다른다. 각각의 알세포는 장란기 안에서 수정되어, 접합자가 배아로 발달한다. 30장에서 살펴보겠지만, 종자식물의 배우체는 크기가 축소되었으며 어떤 식물군에서는 장정기와 장란기가 소실되었다.

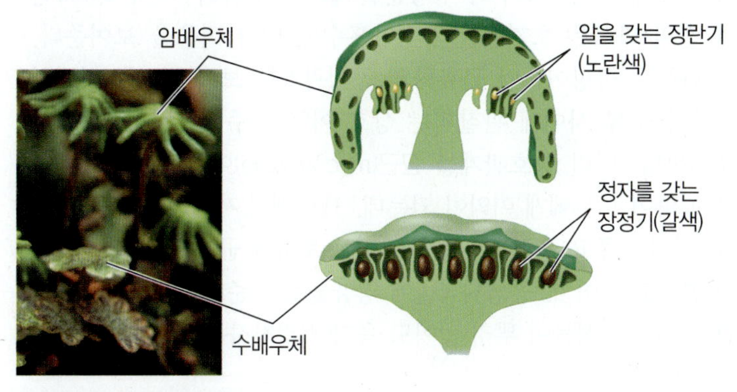

우산이끼의 장정기와 장란기

정단분열조직

육상 환경에서, 광합성을 하는 생명체는 두 개의 매우 다른 장소에서 기본적인 자원을 발견한다. 빛과 이산화탄소는 주로 지상에서 공급되며, 물과 무기염류는 주로 토양에서 발견된다. 식물은 이곳저곳 이동할 수 없으므로 그들의 뿌리와 줄기가 신장하여 환경적 자원에 노출되는 기회를 증진시킨다. 이와 같은 길이의 신장은 뿌리와 줄기 끝에만 있는 **정단분열조직(apical meristem)**의 활동에 의하여 식물생활사의 전 과정에 걸쳐 일어난다. 정단분열조직에서 생성된 세포들은 식물체를 보호하는 표피세포와 여러 가지 내부조직을 포함한 다양한 조직으로 분화한다. 줄기정단분열조직은 또한 식물의 잎을 생성한다. 그러므로 식물의 복잡한 체제는 지하부와 지상부 기관으로 분화된다.

식물의 뿌리와 줄기 정단분열조직: LM 사진은 줄기와 뿌리끝의 종단구조이다.

에서 생식과 번식을 쉽게 하기 위한 여러 가지 적응을 보여준다. 그림 29.3에 육상식물에서는 발견되지만 차축조류에는 없는 5가지 형질을 설명하였다.

위에 언급한 형질들에 부가하여, 육상생활에 연관된 다른 파생형질들이 여러 식물에서 발달하였다. 예로, 많은 식물종의 표피는 왁스와 여러 중합체들로 구성된 **큐티클(cuticle)**로 덮여 있다. 영구적으로 공기 중에 노출된 육상식물은 조상 조류보다 건조의 위험에 노출되어 있다. 큐티클은 방수작용을 하며, 지상부 기관으로부터 과도한 수분증발을 막고, 미생물의 공격으로부터 식물체를 보호하는 기능도 한다. 대부분의 식물은 **기공(stomata**, 단수 *stoma*)이라고 부르는 특수화된 구멍이 있어서 식물과 대기권 사이에 이산화탄소와 산소의 교환을 가능케 하여 광합성을 지원한다(그림 11.4). 기공은 식물로부터 물이 증발하는 주요 통로인데, 덥고 건조한 상태에서는 기공이 닫혀 물의 소실을 최소화한다.

최초의 육상식물은 뿌리와 잎이 없었다. 뿌리 없이 이들 식물이 어떻게 토양으로부터 영양분을 흡수하였을까? 4억 2,000만 년 전의 화석은 초기식물의 영양흡수에 대한 적응을 보여준다. 이 화석은 곰팡이들인 균류와의 공생관계를 보여주는데, 현대의 식물과 균류 사이에 관찰되는 상호 이익을 주는 관계와 구조가 유사하다. 이런 상호관계를 균근(mycorrhizae)이라 부르며, 식물과 곰팡이 모두에게 이익이 되는데, 31장에서 자세히 살펴볼 것이다. 여기서 주요 초점은 균근곰팡이는 토양에 균사체를 넓게 망처럼 펼치고 있어서, 공생체식물에 영양물질을 준다는 것이다. 이와 같은 이점이 식물이 뿌리 없이도 육지에 정착하는 데 도움을 주었을 것이다.

식물계의 기원과 다양화

육상식물로 진화한 조류에는 여러 단세포성 종들과 작은 군체의 종들이 포함된다. 이런 조상은 크기가 작으므로 최초의 육상식물의 화석을 찾는 일은 미세 세계에 초점이 맞추어져 있다. 이미 언급한 바와 같이 미생물들이 12억 년 전에 육지에 정착하였다. 그러나 육지의 생명체를 입증할 수 있는 미세화석들은 초기 육상식물로부터 포자가 나타나는 4억 7,000만 년 전에 근본적으로 달라졌음을 보여준다. 이 포자들은 조류 또는 균류와 어떻게 다른가? 하나의 증거는 화학적 조성으로부터 얻을 수 있는데, 이들은 현존하는 식물포자와 유사하며, 다른 생물들의 포자와는 다르다. 또한 이들 오래된 포자의 벽 구조가 어떤 육상식물(선류)의 포자에서만 발견되는 특징을 보인다는 점이다. 연구자들은 4억 5,000만 년 전으로 연대가 측정되는 암석에서 현존 식물의 포자를 갖고 있는 조직과 유사한, 식물의 큐티클 조직에 함몰되어 있는 포자와 유사한 것을 발견하였다(그림 29.4).

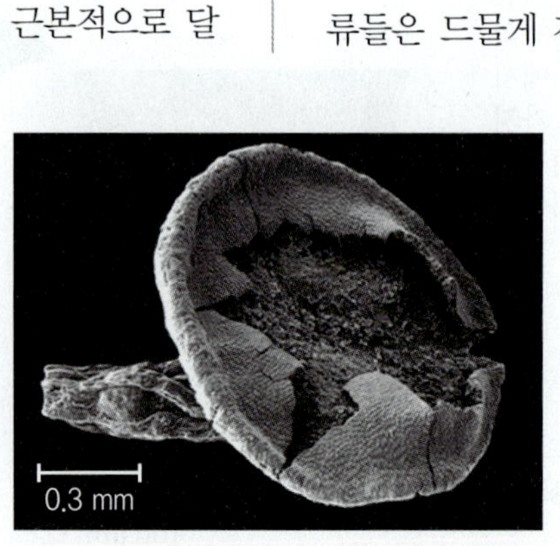

▲ 쿡소니아(*Cooksonia*) 포자낭 화석

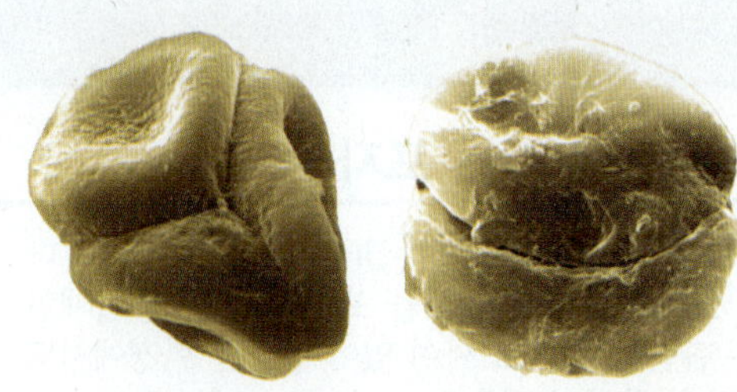
(a) 화석화된 포자. 이 4억 5,000만 년 전의 포자는 화학적 구성과 세포벽의 구조가 육상식물에서 발견되는 것과 일치한다.

(b) 화석화된 포자체 조직. 식물체로부터 기원한 조직 내에 포자들이 포함되어 있다.

▲ **그림 29.4 고대의 식물 포자와 조직**(채색된 SEM 사진)

여기 보여주는 *Cooksonia* 포자낭과 같이, 더 큰 식물구조의 화석은 식물 포자가 화석 기록에 처음 나타난 것보다 4,500만 년 후인 4억 2,500만 년 전으로 연대가 측정되었다. 최초의 육상식물에 대한 정확한 연대(유형)는 정확하지 않지만, 이들 조상종이 현존하는 매우 다양한 식물들로 진화하였다. 표 29.1은 이 책에서 사용한 10개 식물군의 분류체제를 요약한 것이다(현존계열은 멸종된 것이 아닌 살아 있는 것이다). 이 절의 다음 부분을 읽으면서 표 29.1과 그림 29.5를 동시에 비교해보기 바란다. 이 분류는 식물형태, 생화학, 유전학적 자료에 기반을 둔 것이다.

식물을 구분하는 한 가지 방법은 **관다발(관속)조직(vascular tissue)**의 존재유무인데, 관다발조직이란 식물체에 물과 영양분을 이동시킬 수 있도록 세포가 관상으로 연결된 것이다. 대부분의 식물들은 복잡한 관다발조직계를 가지므로 **관다발식물(vascular plant)**이라 부른다. 식물계 중 선류, 태류, 각태류와 같이 체계화된 수송조직을 갖지 않는 것을 비관다발식물(어떤 선류들은 드물게 간단한 관다발조직을 갖는 경우도 있음)이라 부른다. 이들 비관다발식물을 주로 비공식적으로 **선태류(bryophyte;** 그리스어 *bryon*, 이끼와 *phytono*, 식물의 합성어)라고도 부른다. 선태류라는 이름이 모든 비관다발식물을 의미하는 것으로 이용되지만, 분자생물학적 연구와 정충의 형태적 분석 결과는 선태류가 단계통군(분기군)을 형성하지 않는다는 결론이다.

관다발식물은 단계통군을 형성하며 모든 현존 식물종 중 93% 정도를 포함하는데, 다시 여러 작은 계열로 나눌 수 있다. 이 중 두 개의

표 29.1 현존하는 식물계의 10개 문

	일반명	대략 구성종
비관다발식물류(선태류)		
태류식물문	태류(우산이끼류)	9,000
선류식물문	선류(이끼류)	15,000
각태류식물문	각태류(뿔이끼류)	100
관다발식물류		
비종자관다발식물류		
석송식물문	석송류	1,200
양치식물문	양치류	12,000
종자식물류		
겉씨(나자)식물류		
은행식물문	은행	1
소철식물문	소철류	130
마황식물문	마황류	75
구과식물문	구과류	600
속씨(피자)식물류		
현화식물문	현화식물류	250,000

계열이 **석송식물류(lycophyte;** 석송류와 그 친족)와 **양치식물류 (monilophytes;** 양치류와 그 친족)이다. 이 두 계열은 종자가 없으므로 **비종자관다발식물(seedless vascular plant)**이라 부른다. 그러나 그림 29.5에서 보면 알 수 있듯이 비종자관다발식물도 선태류와 같이 단계통군을 형성하지 않는다.

선태류 또는 비종자관다발식물과 같은 그룹들은 때로 **계급군** (grade)이라 불리는데, 이것은 주요 생물학적 형질들을 공유하는 생물들의 모임을 의미한다. 계급군은 종자가 결여된 관다발을 갖는 특징과 같이 생물체를 그룹 지을 때 유용할 수 있다. 그러나 한 계급군의 생물은 단계통군의 생물들과는 달리 같은 공통 조상을 공유할 필요는 없다. 예로 들어, 양치류와 석송류는 모두 비종자성 관다발식물이지만, 양치류는 석송류보다는 종자식물과 보다 최근의 공통조상을 공유한다. 그 결과 우리는 양치류와 종자식물이 석송류에서 발견되지 않은 주요 형질을 공유한다는 것을 예견할 수 있으며, 실제로도 그러하다는 것을 개념을 29.3에서 학습하게 될 것이다.

관다발식물의 제3계열은 종자식물로 구성되어 있으며 현존하는 식물종의 대다수가 이에 속한다. **종자(seed)**란 배가 보호막 내부에 영양을 공급받도록 싸여 있는 것이다. 종자식물은 종자 성숙 시 일련의 조직막에 의해 둘러싸이는지의 유무에 따라 겉씨식물과 속씨식물로 나뉜다. **겉씨(나자)식물(gymnosperm;** 희랍어 *gymnos*는 나출, sperm은 종자라는 뜻)은 종자가 싸이지 않는 나출된 종자를 갖는 식물군이다. 현존 겉씨식물은 흔히 침엽수(conifers)라고 불리는 것들로, 단계통군을 형성하는 것으로 추론된다. **속씨(피자)식물(angiosperm;** 희랍어 *angion*은 용기라는 뜻)은 모든 현화식물로 구성된 거대한 단계통군이다. 속씨식물의 종자는 씨방이라 부르는 조직 막 내부에서 발달하며, 씨방은 꽃 내에서 기원하고 성숙하여 열매가 된다. 현존 식물종의 거의 90%가 속씨식물이다.

그림 29.5에 나타낸 계통도는 생존하는 식물계열의 연관관계

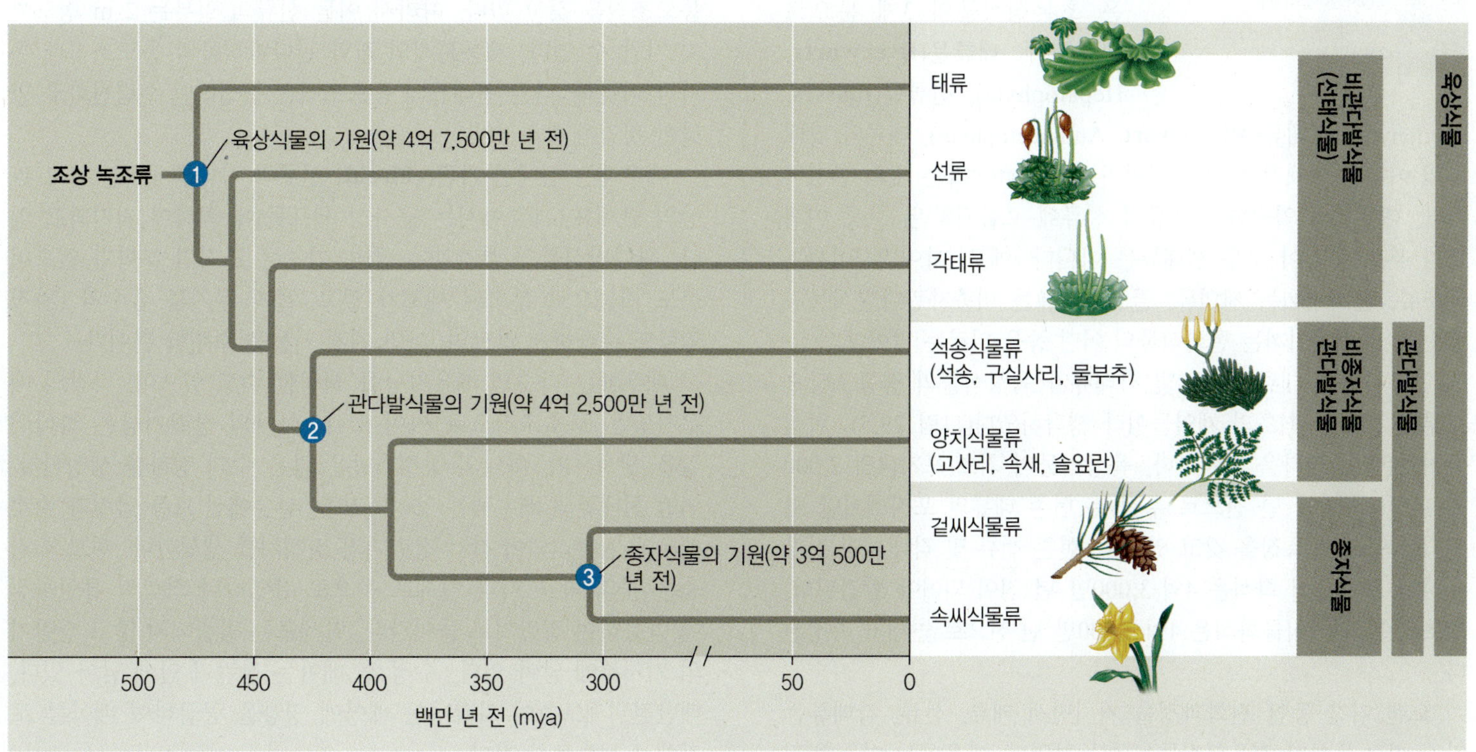

▲ **그림 29.5 식물 진화의 요약.** 이 계통수는 식물군 간의 관계에 대하여 가장 널리 받아들여지는 가설이다.

에 중점을 둔 것이다. 고식물학자들은 멸종한 식물계열에 속하는 화석들도 발견했다. 이런 화석들이 현재 지구상에서 발견되는 식물군들의 출현에서 중간단계를 알려줄 수 있다는 것을 이 장에서 배우게 될 것이다.

개념 확인 문제 29.1

1. 왜 연구자들은 다른 조류보다는 차축조류를 육상식물에 가장 가까운 군이라 생각하는가?
2. 식물계를 차축조류로부터 구별할 수 있으며, 식물계가 육상에 적응하는 과정에서 파생된 것으로 생각되는 3개의 형질을 기술하고 설명하라.
3. WHAT IF? 우리가 세대교번을 한다면 인간의 생활사는 어떻게 나타날까? 다세포성 이배체를 성인 인간으로 가정하고 설명하라.
4. MAKE CONNECTIONS 그림 29.5는 비관다발식물, 관다발식물, 비종자관다발식물, 종자식물의 계열들을 정의하고 있다. 이들 식물군이 단계통군인지 혹은 측계통군에 속하는지를 정의하라. 개념정리를 위하여 그림 22.10을 참조하라.

정답은 부록 A 참조

개념 29.2

이끼류와 여러 비관다발식물의 생활사는 배우체 세대가 우점한다

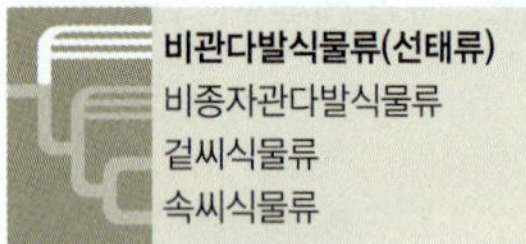

비관다발식물들(선태류)은 작은 초본성식물의 3개 문으로 대표된다: **태류문(liverworts**, Hepatophyta), **선류문(mosses**, Bryophyta), **각태류문(hornwort**, Anthocerophyta). 태류와 각태류의 이름은 형태적 특징과 접미어 초본(wort)이라는 뜻의 합성어이다. 대부분의 익숙한 이끼류가 선류에 포함되지만, 보통 이끼류라 부르는 것이 모두 선태류는 아니다. 예로, 아이리시이끼는 홍조류, 순록이끼는 지의류, 클럽이끼류는 비종자관다발식물인 석송류, 스페인이끼는 현화식물의 어떤 종을 일컫는 말이다.

연구자들은 태류, 선류 및 각태류가 육상식물의 공통조상으로부터 분화된 최초의 계열들이라 생각하였다(그림 29.5). 화석증거들은 이 생각을 지지한다. 육상식물의 최초 포자(4억 7,000만~4억 5,000만 년 전으로 추정)는 현존 태류의 포자에서만 발견되는 구조적 특징을 갖고 있으며, 현존 선류 및 각태류의 것과 유사한 포자들의 화석은 4억 3,000만 년 전이 되어야 발견된다. 최초의 관다발 식물화석은 4억 2,500만 년 전으로 연대가 측정된다.

오랜 기간 동안 진화과정을 거치면서 태류, 선류, 각태류는 각각 여러 독특한 적응형질들을 획득하였다. 다음에는 이들 형질들을 살펴보기로 한다.

선태류의 배우체

관다발식물과 달리 3개의 선태류문 모두에서 배우체는 포자체보다 생활사의 우점세대이다: **그림 29.6**의 이끼류 생활사에서 보는 바와 같이, 배우체는 포자체보다 크고 오래 생존한다. 포자체는 생활사의 일부에 지나지 않는다.

선태류의 포자가 습기가 있는 토양이나 나무껍질과 같은 좋아하는 서식지로 떨어지면, 발아하여 배우체로 자랄 수 있다. 예로, 발아하는 선류 포자는 녹색이고, 분지하며, 세포 굵기의 실 모양인 **원사체(protonema)**를 생성한다. 원사체는 물과 영양분 흡수를 증진시키기 위해 넓은 표면적을 갖는다. 적당한 조건에서 원사체는 하나 이상의 "싹"을 형성한다(주의: 비관다발식물에서 관다발식물의 싹, 줄기, 잎에 유사한 구조를 의미할 때는 이들 용어가 관다발식물의 기관에 기초하여 쓰는 용어이므로 이들과 구별하기 위해 따옴표를 쓴다). 각각의 싹 같은 생장체는 배우체를 생성할 수 있는 **배우체병(gametophore)**으로 발달할 수 있는 정단분열조직을 갖고 있다. 하나의 원사체와 하나 이상의 배우체병이 하나의 선류 배우체를 만든다.

선태류의 배우체들은 일반적으로 지표면에 서로 엉겨 카펫 모양인데 이는 각각의 배우체는 너무 얇아서 큰 식물을 지지할 수 없기 때문이다. 여러 선태류의 높이에 대한 두 번째 제한요인은 물과 영양을 원거리 이동시킬 수 있는 관다발(유관속)계가 결여되어 있다는 점이다(선태류의 얇은 조직은 특수화된 관다발 조직 없이 영양분의 분배를 가능하도록 한다). 그러나 솔이끼속(*Polytrichum*)의 어떤 종을 포함하는 이끼류는 "줄기"의 중앙에 통도조직을 갖고 있다. 따라서 이들 선류의 일부는 2 m 정도까지 자랄 수 있다. 계통분석의 결과 관다발식물의 통도조직과 유사한 이것과, 다른 선태류의 통도조직은 독립적인 수렴진화로 발달한 것임이 밝혀졌다.

배우체는 섬세한 **가근(rhizoid**; 선류와 각태류에서는 길고 관상의 단세포, 태류에서는 균사성 세포들)에 의하여 지지되고 있다. 관다발식물의 뿌리와는 달리, 가근은 조직의 분화가 없으며 통도 기능으로 분화된 세포가 없고, 물과 무기물 흡수의 1차적 역할도 수행하지 않으며, 다만 지지 기능을 수행할 뿐이다.

배우체는 다수의 배우자낭을 생성할 수도 있으며, 각각의 배우자낭은 보호조직으로 싸여 있다. 하나의 장란기낭은 하나의 알을 생성하며, 하나의 장정기낭은 많은 수의 정자를 생성한다. 어떤 선태류의 배우체는 양성이지만, 선류에선 보통 암컷과 수컷 배우체가 분리되어 각각 장란기와 장정기를 생성한다. 편모성 정충은 물의 막을 따라 알세포 쪽으로 유영하며 화학적 유인물질에 반응하여 장란기로 들어간다. 알세포는 방출되지 않고 장란기의 기저부에 남아 있다. 수정 후 배아는 장란기 안에 남아 있다. 태반전위세포층이 자라나는 배아에 영양을 공급하여 배아를 포자체로 성숙토록 한다.

선태류의 정충은 알에 도달하는데 물의 막을 필요로 한다. 이

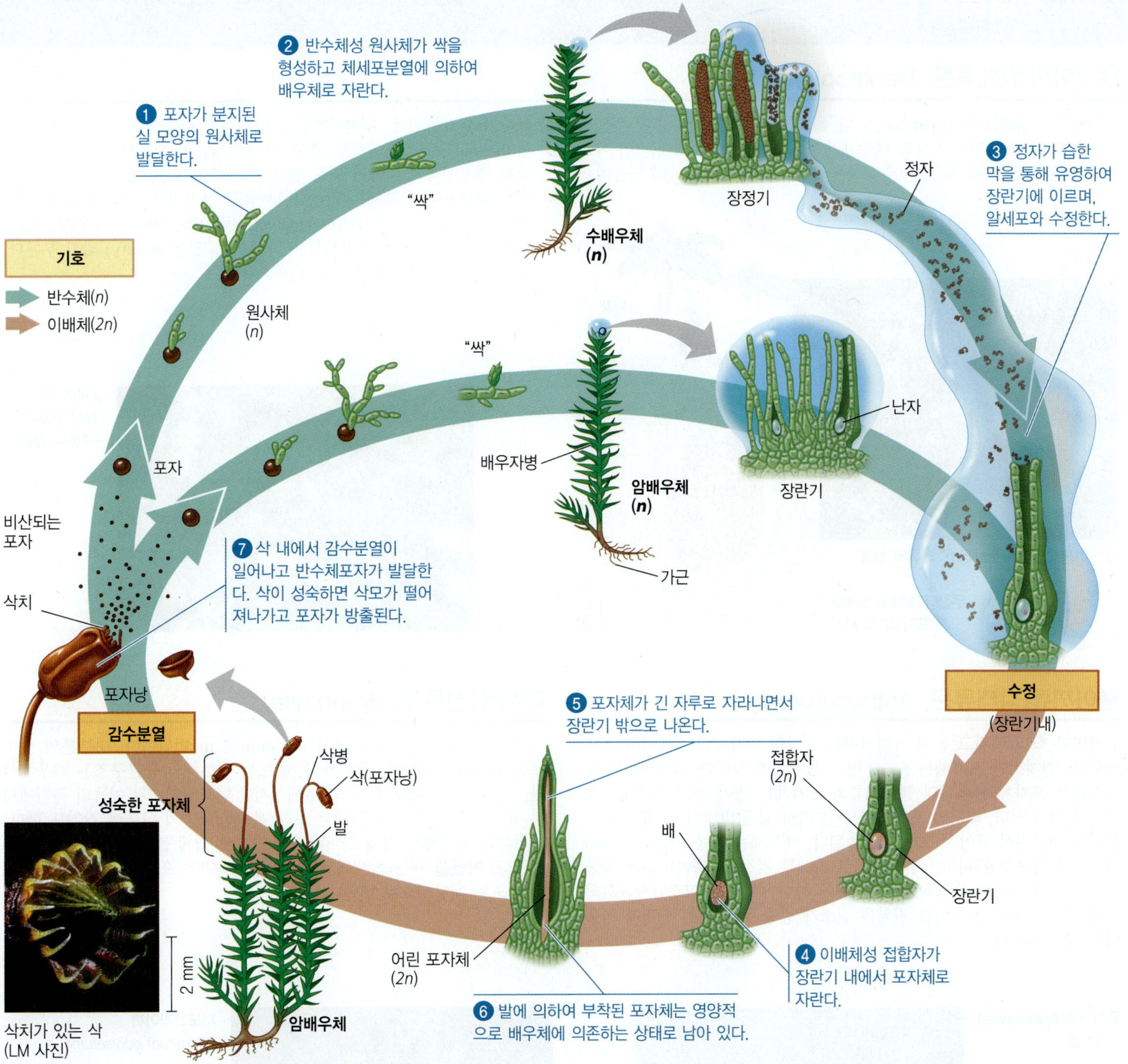

2 반수체성 원사체가 싹을 형성하고 체세포분열에 의하여 배우체로 자란다.

1 포자가 분지된 실 모양의 원사체로 발달한다.

"싹"

수배우체 (*n*)

장정기

정자

3 정자가 습한 막을 통해 유영하여 장란기에 이르며, 알세포와 수정한다.

기호

반수체(*n*)

이배체(2*n*)

원사체 (*n*)

"싹"

난자

배우자병

암배우체 (*n*)

장란기

가근

포자

비산되는 포자

7 삭 내에서 감수분열이 일어나고 반수체포자가 발달한다. 삭이 성숙하면 삭모가 떨어져나가고 포자가 방출된다.

삭치

포자낭

감수분열

수정 (장란기내)

5 포자체가 긴 자루로 자라나면서 장란기 밖으로 나온다.

접합자 (2*n*)

삭병

삭(포자낭)

성숙한 포자체

발

배

장란기

2 mm

삭치가 있는 삭 (LM 사진)

암배우체

어린 포자체 (2*n*)

4 이배체성 접합자가 장란기 내에서 포자체로 자란다.

6 발에 의하여 부착된 포자체는 영양적으로 배우체에 의존하는 상태로 남아 있다.

▲ **그림 29.6 선류의 생활사**

? 이 그림에서 알세포를 수정시키는 정세포가 알세포와 유전적으로 다른 이유를 설명하라.

와 같은 요구를 충족시켜야 하므로, 여러 선태류의 종들이 습한 서식지에서 발견되는 것은 자연스러운 일이다. 정충이 알에 도달하기 위하여 물을 통해 유영한다는 사실은 종들에서 암수배우체가 분리(대부분의 선류)되어 있다는 것을 의미하며, 유성생식은 개체들이 같은 장소에 서로 인접해 있을 때 보다 더 성공적일 것임을 의미한다.

여러 선태류종은 여러 가지 방법으로 무성생식을 통해 한 지역 내에서 개체수를 증가시킨다. 예로 어떤 이끼류는 모체식물에서 여러 소식물체가 분리되어 어버이와 유전적으로 동일한 새로운 개체들로 자라나는 무성번식을 한다.

▼ 그림 29.7

탐구 선태류의 다양성

우산이끼류(태류문, Hepatophyta)

일반명과 학명(라틴어 hepaticus는 "간"을 의미)은 북반구에 흔한 우산이끼류(*Marchantia*)의 간 모양 배우체에서 유래하였다. 중세에는 이 식물의 간을 닮은 형태 때문에 이 식물을 간 질환을 치료하는 데 도움이 된다고 생각하였다. 우산이끼류는 배우체의 편평한 모양 때문에 "엽상체(thalloid)"로 기재하기도 한다. 우산이끼류의 배우자낭은 작은 나무 같은 배우체병에 의하여 위로 발달한다. 포자체를 보기 위해서는 돋보기가 필요하며 포자체는 짧은 병과 둥근 포자낭을 갖는다. 아래 사진에서 볼 수 있는 날개이끼(*Plagiochila*)처럼, 어떤 태류의 배우체는 줄기 같은 구조에 잎 같은 부속체들은 가지므로 "잎상체(leafy)"라고 부른다. 잎상체 종들이 엽상체 종들보다 흔하다.

우산이끼, "엽상체(thalloid)" 태류의 일종

우산이끼(*Marchantia*) 포자체(LM 사진)

날개이끼의 "잎상체(leafy)" –태류의 일종

뿔이끼류(각태류문, Anthocerophyta)

일반명과 학명은 길고 끝이 가늘어지는 모양의 포자체의 형태에서 유래하였다. 전형적인 포자체는 5 cm 정도 높이까지 자란다. 우산이끼류나 이끼류의 포자체와는 달리 뿔이끼류의 포자체는 병이 없고 포자낭으로만 이루어져 있다. 하나의 포자낭이 축을 따라 길게 발달하며, 뿔의 끝부분부터 열리면서 찢어져 포자가 방출된다. 배우체는 보통 지름 1~2 cm 정도이며 옆으로 자라고, 여러 개의 포자체를 갖는다. 뿔이끼류는 습한 나지 토양에 최초로 정착하는 식물 중에 하나이며, 질소고정남세균과의 공생관계가 이와 같은(이들 지역은 질소가 종종 부족하다) 환경에 적응하는 데 기여한다.

이끼류(선류문, Bryophyta)

이끼류(선류)의 배우체의 높이는 1 mm~2 m 범위이며, 대부분의 종이 보통 15 cm 이내이다. 우리가 흔히 보는 이끼류의 융단구조는 배우체이다. "잎"은 주로 세포 한 층의 두께이지만 털모자이끼와 이들의 근친에서는 큐티클로 덮인 융기를 갖는 보다 복잡한 "잎"의 구조를 갖기도 한다. 이끼류의 포자체는 길게 늘어나서 육안으로 쉽게 볼 수 있으며 20 cm에 이른다. 어렸을 때는 녹색이고 광합성을 하지만, 포자방출기에 이르면서 갈색 또는 적갈색으로 변한다.

뿔이끼속(*Anthoceros*)의 한 종

파도꼬리이끼 (*Dicranum polysetum*)

선태류의 포자체

선태류의 포자체가 어렸을 때는 보통 녹색이고 광합성을 하지만 독립적으로 살아갈 수는 없다. 포자체는 부모 배우체에 부착되어 남아 있으며 이들이 흡수한 당, 아미노산, 무기염류 및 물 등을 공급받는다.

선태류는 현존하는 식물군 중 가장 작고 간단한 포자체를 갖는데, 이는 보다 크고 복잡한 포자체가 후기의 관다발식물에서만 진화되었다는 가설과 일치한다. 전형적인 선태류의 포자체는 하나의 발, 병, 포자낭으로 구성된다. **발(foot)**이란 장란기에 함몰되어 있으며 배우체로부터 영양을 흡수한다. **병(seta)**이란 이들 영양물질을 **포자낭(capsule)**으로 공급하는 조직이다. 포자낭은 캡슐이라고도 부르는데 감수분열에 의하여 포자를 생성한다.

선태류의 포자체는 다량의 포자를 생성한다. 예로, 하나의 선류 캡슐에서는 5,000만 개에 이르는 포자를 생성할 수 있다. 대부분의 선류에서는 병이 길어져 캡슐의 위치를 높여 포자의 비산을 증진시킨다. 대부분의 태류 중에서는 캡슐의 상부에 **삭치(peristome)**라고 부르는(그림 29.6) 이빨 모양의 환상구조를 갖는다. 이 삭치들은 건조할 때 열리고 습하면 닫힌다. 삭치는 점진적인 포자의 방출을 위하여 발달한 조직으로 포자가 주기적으로 바람에 의하여 멀리 비산되도록 돕는 역할을 한다.

선류와 각태류의 포자체는 태류의 것보다 보통 크고 복잡한 구조를 갖는다. 예로, 각태류 포자체는 얼른 보기에 벼과 식물의 잎을 닮았는데 큐티클을 갖는다. 선류와 각태류의 포자체는 모든 관다발식물에서와 같이 기공장치도 가지고 있다(태류에는 없음).

그림 29.7은 선태류문들에서 포자체와 배우체의 특징을 예로 설명하였다.

이끼류의 생태적, 경제적 중요성

바람에 의한 가벼운 포자의 비산은 이끼류가 전 세계에 분포하도록 하였다. 이 식물들은 특히 습한 산림과 습지에 흔하고 다양하다(그림 29.8). 어떤 이끼 종류는 척박한 사질토양에 정착하여 토양이 질소를 보존하는 데 도움을 주는 것으로 알려졌다. 북반구 침엽수림에서 깃털이끼(*Pleurozium*)와 같은 종은 질소고정 남세균을 가지고 있어서 생태계의 질소 입수 가능성을 높여준다. 또 다른 이끼류는 높은 산 정상, 툰드라, 사막과 같은 극한환경에서도 서식한다. 많은 이끼류는 매우 춥고 건조한 환경에도 생존할 수 있는데, 생체 수분의 대부분을 잃고도 살 수 있고, 수분이 이용 가능할 때는 재흡수할 수 있는 능력 때문이다. 관다발식물은 이와 같은 건조 상태에서는 거의 살 수 없다. 나아가, 이끼류의 세포벽에 있는 페놀화합물들은 사막이나 고산지역에 존재하는 해로운 수준의 UV 조사량을 흡수한다.

▼ 그림 29.8 **탐구**

선태류가 열대 산악지역에서 산사태를 방지하는 데 도움을 줄 수 있을까?

야외실험 열대의 저지대 산림은 선태류가 빈약하다. 그러나 고지대의 산림은 이끼수림 또는 구름수림(항상 구름이 덮고 있으므로)은 습도가 높고 온도가 낮아 수목의 가지를 선태류가 빽빽하게 덮고 있다. 나무에 붙은 선태류, 다른 식물류, 지의류 등을 부착식물이라 한다. 이들 열대 고산의 이끼수림 중 하나를 다음 사진에 보여주고 있다. 열대지역에서 많은 연구 경험이 있는 헝가리 식물학자 타마스(Tamás Pócs)는 아프리카 탄자니아 남쪽의 울루구루산에서 이 부착식물들의 생체량과 수분보존 능력을 측정하였다.

결과 울루구루산의 이끼수림에서 부착식물 전체의 생체량은 건조중량으로 1헥타르당 13.7톤이었다. 이중 부착성 선태류는 비가 오고 다음 비가 올 때까지의 한 주기 동안 1헥타르당 3만 리터(30톤)의 물을 보존하는 것으로 나타났다.

결론 나무나 토양을 두껍게 덮은 선태류는 대형 스펀지 역할을 하여 열대우림의 집중호우를 안화시키는 효과가 있으며, 토양소실 방지, 산사태 예방, 산의 토양 속의 영양염의 침식방지 등의 효과 있다. 선태류는 물을 보존하여 점진적으로 토양에 공급하여 농업에 중요한 물의 수급을 조절하는 효과도 있다.

참고문헌 T. Pocs. Tropical forest bryophytes. in A. J. E. Smith (ed.) *Bryophyte Ecology*, 59–104 (Chapman & Hall, 1982).

WHAT IF? 이끼수림 아래의 비탈은 커피농장과 같은 농업에 종종 이용된다. 만약 이끼수림이 없어진다면 이들 농장에는 어떤 영향이 있을까?

습지에 서식하는 이끼속의 하나인 물이끼속(*Sphagnum*, 또는 토탄이끼류)은 특히 널리 분포하는데 **토탄(peat)**이라 부르는 부분적으로 부패한 유기물질로 변하여 다량 축적된다(그림 29.9a). 이런 이끼류들이 우점하는 습지를 토탄습지라고 부른다. 세포벽에 포함된 저항성 페놀화합물 때문에 물이끼류는 쉽게 썩지 않는다. 더구나 이 이끼류는 세균의 활동을 저해하는 화합물을 분비한다. 토탄습지의 낮은 온도와 영양염수준 또한 부패를 방지한다. 따라서 토탄습지는 수천 년 된 미라 시체를 그대로 보존할 수 있다(그림 29.9b).

토탄은 유럽과 아시아에서 오랫동안 연료원으로 이용되고 있으며, 아일랜드와 캐나다 등에서는 아직도 연료용으로 수확하고 있다. 토탄이끼는 자신의 체중보다 20배 이상 물을 흡수할 수 있는 거대한 죽은 세포들을 갖고 있어서 토양조절제나 식물 운반 시 뿌리를 감싸는 물질로 이용되기도 한다.

토탄습지는 지구 표면적의 3%를 점유하고 있으며 세계 토양 내 탄소의 약 30%를 포함하고 있다. 세계적으로 4,500억 톤으로 추정되는 유기탄소가 토탄으로 저장되어 있다. 이들 탄소저장고는 지구상의 CO_2 농도를 안정화시키는 데 도움을 준다(55장). 현재 물이끼의 과다한 채취는 이로운 생태적 효과를 감소시키며, 저장된 CO_2를 방출시킴으로써 지구온난화에 기여할 수 있다. 게다가 지구온도의 상승이 계속되면, 여러 토탄습지의 수면 높이가 낮아질 것으로 예견된다. 이러한 변화는 토탄이 공기 중에 노출되어 분해되게 하고, 그 결과 토탄에 함유된 CO_2를 방출하게 만들어서, 지구온난화를 더욱 악화시킬 것이다. 전 지구적 기후에 대한 물이끼의 과거 및 미래에 예견되는 효과는 토탄습지의 보존과 관리의 중요성을 단적으로 보여준다.

(a) **토탄지대에서 토탄의 수확**

(b) **"톨룬드 맨(Tollund Man)", 기원전 405~100년으로 추정되는 늪지 미라.** 물이끼에 의해 만들어진 산성이고, 산소결핍 상태의 환경이 사람 또는 동물의 사체를 수천 년간 보존할 수 있다.

▲ **그림 29.9 물이끼 또는 토탄이끼: 경제적, 생태적, 고고학적으로 중요한 하나의 선태류**

이끼류는 기후변화에 오랫동안 영향을 미쳐왔다. **과학적 분석 기술의 연습**에서 우리는 이끼류가 암석의 풍화에 영향을 미침으로써 오르도비스기 동안에 기후변화에 어떤 역할을 하였는지 의문점을 탐구할 것이다.

개념 확인 문제 29.2

1. 선태류가 다른 종류의 식물들과는 어떻게 다른가?
2. 선태류에서 구조가 기능에 잘 들어맞는 세 가지 예를 들라.
3. MAKE CONNECTIONS 개념 1.1에서 되먹임 조절의 개념을 복습하라. 토탄지대에 대한 지구온난화의 영향은 이산화탄소의 농도를 음성되먹임으로나 양성되먹임을 일으키는 방식으로 변화시킬 수 있을까? 설명하라.

정답은 부록 A 참조

개념 29.3

양치류와 다른 비종자관다발식물은 크게 자라는 최초의 식물이다

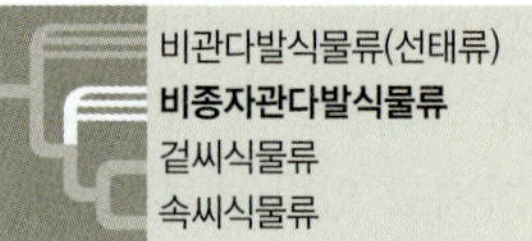

식물진화 초기 1억 년 동안에는 선태류와 선태류 같은 식물들이 육지에 뚜렷한 식생을 이룬 반면, 현재는 관다발식물이 대부분의 대지를 점령하고 있다. 관다발식물의 최초 화석은 4억 2,500만 년 전으로 측정된다. 이 식물들은 종자는 없으나 잘 발달된 관다발계를 갖고 있는데 이 진화적 혁신은 관다발식물이 선태류 상대보다 크게 자랄 수 있도록 하였다. 그러나 선태류와 마찬가지로, 양치류와 다른 비종자관다발식물의 정충은 편모를 가지고 있으며 난자에 도달하기 위하여 물의 막을 통하여 수영을 하여야 한다. 이들 유영성 정충 때문에 모든 현생 비종자관다발식물은 습한 환경에서 주로 생육한다.

관다발식물의 기원과 특징

비관다발식물과는 달리 초기 관다발식물들은 영양을 배우체에 의존하지 않는 분지된 포자체를 갖는다(**그림 29.10**). 이 관다발식물의 조상은 20 cm 이하로밖에 자라진 않았지만, 가지치기로 인해 몸체가 더 복잡해지고 다수의 포자낭을 가질 수 있었다. 식물체가 보다 더 복잡한 체제를 가지게 될수록 공간과 태양빛을 차지하기 위한 경쟁이 증가되었을 것이다. 보다시피, 그러한 경쟁은 관다발식물의 보다 폭넓은 진화를 유발하여, 궁극적으로 최초의 숲을 형성하게 되었을 것이다.

과학적 분석 기술의 연습

막대그래프 만들기 및 자료해석

비관다발식물들이 암석 풍화의 원인이 될 수 있었으며, 오르도비스기 동안 기후변화에 역할을 하였겠는가? 육상식물의 가장 오래된 화석은 4억 7,000만 년 전에 형성된 화석화된 포자이다. 이때와 오르도비스기 말인 4억 4,400만 년 전까지 사이에 대기권의 이산화탄소 수준이 반으로 감소하였으며 지구 온도가 급격히 감소하였다.

오르도비스기 동안 이산화탄소가 감소하게 된 한 가지 가능성은 암석의 풍화이다. 암석이 풍화되어 칼슘실리케이트(Ca_2SiCO_3)가 방출되면, 이 성분이 대기권의 이산화탄소와 반응하여 탄산염($CaCO_3$)을 생성한다. 지구 역사 후반기에는 관다발식물의 뿌리가 산을 분비하여 암석과 토양을 잘게 부수어 암석풍화와 무기염류 방출을 가속화시켰다. 비록 비관다발식물은 뿌리가 없었지만, 관다발식물과 같이 무기영양염류를 필요로 한다. 비관다발식물도 암석풍화를 증진시킬 수 있을까? 만약 그렇다면 오르도비스 동안 비관다발식물이 대기권의 이산화탄소 감소에 영향을 미쳤을 것이다. 이 연습에서는 이끼류가 두 가지 유형의 암석으로부터 무기염류 방출에 어떤 영향을 미치는지 연구 자료를 해석해보기로 하자.

실험 방법 연구자들은 암석으로부터 무기염류 방출을 측정하기 위한 두 개의 인위적인 미소생태계 실험구와 대조구를 만들었다. 먼저 연구자들은 작은 유리 용기 내에 화산기원의 두 가지 다른 암석 조각(화강암 또는 안산암)을 넣었다. 그리고 물과 이끼류 일종인 *Physcomitrella patens*를 잘게 자른 것을 섞었다. 그리고 이 물과 이끼로 된 혼합체를 미소생태계(72개의 화강암 및 41개 안산암)에 넣어 배양하였다. 대조구 미소생태계(77개의 화강암 및 37개의 안산암)에는 이끼류는 필터로 걸러내고 같은 양의 물만 넣었다. 130일 후에 대조구 미소생태계의 물속, 그리고 실험구 미소생태계의 물속, 그리고 실험구 미소생태계의 물속 및 이끼류에서 발견되는 여러 무기염류의 양을 측정하였다.

실험 데이터 이끼류는 실험구 미소생태계에서 자라 생체량이 증가하였다. 다음 표는 실험구의 물과 이끼류 속에서 측정한 여러 무기염류의 양(μmole)을 보여준다.

	Ca^{2+} (μmol)		Mg^{2+} (μmol)		K^{+} (μmol)	
	화강암	안산암	화강암	안산암	화강암	안산암
대조 미소생태계의 물에 방출된 평균 풍화량	1.68	1.54	0.42	0.13	0.68	0.60
실험 미소생태계의 물에 방출된 평균 풍화량	1.27	1.84	0.34	0.13	0.65	0.64
실험 미소생태계의 이끼류에 의하여 흡수된 평균 풍화량	1.09	3.62	0.31	0.56	1.07	0.28

데이터 해석

1. 왜 연구자들은 대조 미소생태계에는 잘게 자른 이끼류를 필터로 걸러낸 물을 첨가하였는가?
2. 대조구와 실험구에서 암석으로부터 풍화된 각 원소의 평균량을 비교할 수 있는 두 개의 막대그래프를 그려라(힌트: 실험 미소생태계는 암석으로부터 풍화된 총량을 합으로 표시할 수 있다.)
3. 전체적으로 이끼류가 암석의 화학적 풍화에 어떤 영향을 미치는가? 이 결과는 화강암과 안산암에서 비슷한가 다른가?
4. 이 실험 결과에 근거하여 연구자들은 오르도비스 기후 변화를 추론하는 모델을 만들기 위해 비관속식물에 의한 암석의 풍화 요소를 추가하였다. 새로운 모델은 이산화탄소 수준의 감소를 예견하였고, 오르도비스기 후반의 빙하기 형성에 충분한 전 지구적 온도감소를 예견하였다. 이 실험 결과를 이용하여 기후변화 모델을 만드는 데 있어서 연구자들은 어떤 가정을 하였는가?
5. "생명체는 지구를 근본적으로 변화시켰다" 이 실험 결과가 이 정의를 지지하는지 그렇지 않는지 설명하라.

참고문헌 T. M. Lenton et al., First plants cooled the Ordovician. *Nature Geosciences* 5:86–89(2012).

이 관다발식물의 조상은 이미 현존하는 관다발식물이 갖는 몇 가지 파생된 형질을 보여주지만, 뿌리가 없었으며 다른 주요 적응형질들은 나중에 진화하였다. 이 절에서는 현존 관다발식물을 특징짓는 주요 형질들—물관과 체관으로 구성된 관다발조직에 의한 물질수송, 뿌리의 존재 및 포자엽이라 부르는 포자를 갖는 잎을 포함한 잎의 존재 등—을 살펴보기로 한다.

포자체가 우점하는 생활사

이미 언급한 바와 같이 선류와 다른 선태류들은 배우체가 우점하는 생활사를 갖는다(그림 29.6). 화석은 관다발식물의 조상에서 이미 배우체와 포자체가 비슷한 크기로 발달되기 시작

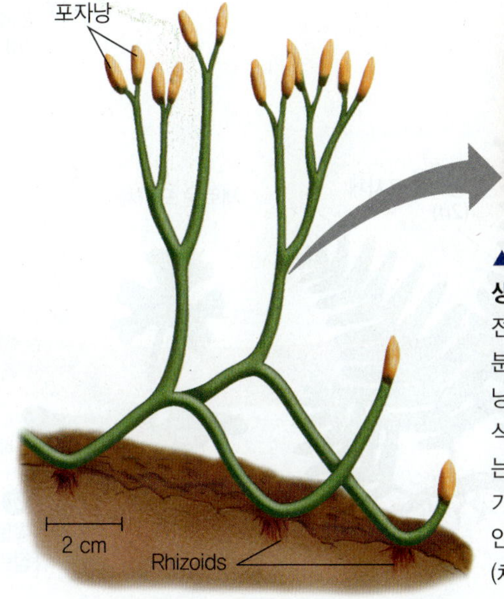

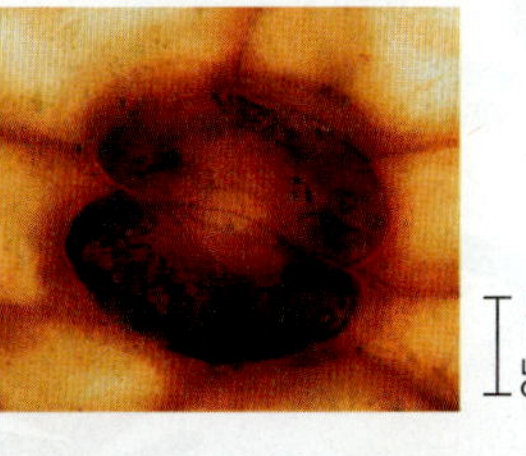

▲ **그림 29.10** ***Aglaophyton major*, 현생 관다발식물의 고대 친족.** 4억 500만 년 전의 화석으로부터 복원한 이 식물은 차상분지(dichotomous branching)와 정단 포자낭을 보여준다. 이런 형질들은 현존 관다발식물의 특징이지만, 비관다발식물(선태류)에는 없는 형질이다. *Aglaophyton*은 지하에 줄기를 고정시키는 가근을 가지고 있다. 네모 안은 *A. major*의 화석화된 기공을 보여준다(채색된 LM 사진).

하였음을 보여준다. 현존하는 관다발식물 사이에서는 배우체의 크기가 더욱 감소하는 것이 관찰되고, 이런 식물들의 세대교번에서는 포자체 세대가 보다 더 크고 복잡한 형태이다(그림 29.11). 예로 양치류에서 우리 눈에 익숙한 잎상체 식물은 포자체이다. 양치류의 배우체를 발견하기 위해서는 땅에 무릎을 꿇고 손으로 땅 위를 매우 자세히 찾아보아야만 토양 표면에서 자라는 매우 작은 배우체를 발견할 수 있을 것이다.

물관부와 체관부에서의 수송

관다발식물은 물관부(목부)와 체관부(사부)의 두 가지 종류의 관다발조직을 갖고 있다. **물관부(xylem)**조직은 대부분의 물과 유기염류의 통로이다. 모든 관다발식물의 물관은 뿌리로부터 물과 무기염류를 나르는 튜브 형태의 세포인 **가도관(tracheid)**을 갖는다(그림 35.10). (매우 작은 수생 속씨식물인 분개구리밥같은 특정종의 경우 가도관이 존재하지 않는다.) 관다발식물에서 물을 수송하는 세포는 리그닌화(lignified, 목질화)되었다. 즉, 세포벽이 페놀류의 다량체인 **리그닌(lignin)**으로 보강되어 있다. **체관부(phloem)**조직은 수송세포가 관상으로 배열되어 당, 아미노산, 다른 유기화합물들의 수송에 관여한다(그림 35.10).

목질화된 관다발조직은 선태류보다 관다발식물이 보다 크게 자라도록하는 데 기여하였다. 이들의 줄기는 강인하여 지지 기능이 강해지고, 물과 영양염류를 보다 높이까지 수송할 수 있었다. 크게 자라는 능력은 주요 진화적 혁신이었다. 큰 식물은 다른 식물에 그늘을 만들어, 광합성에 필요한 광의 이용 기회를 줄인다. 게다가 큰 식물의 포자는 작은 식물의 포자보다 멀리 퍼질 수 있었고 이는 큰 종들이 새로운 환경에 빨리 대량 서식하는데 일조했다. 종합적으로 주요 진화적 혁신인 크게 자랄 수 있는 능력은 관다발식물이 20 cm 이상 자라지 못하는 비관다발식물과의 경쟁에서 이기게 하였다. 관다발식물들 사이의 빛에 대한 경쟁도 심하게 되어 키가 큰 나무가 자연선택에 유리하였고 3억 8,500만 년 전에는 목본 식물이 최초의 숲을 형성하였다.

▼ **그림 29.11 양치류의 생활사**

WHAT IF? 양치류의 정충이 바람에 의하여 이동하도록 진화한다면 양치류의 생활사는 어떻게 바뀔까?

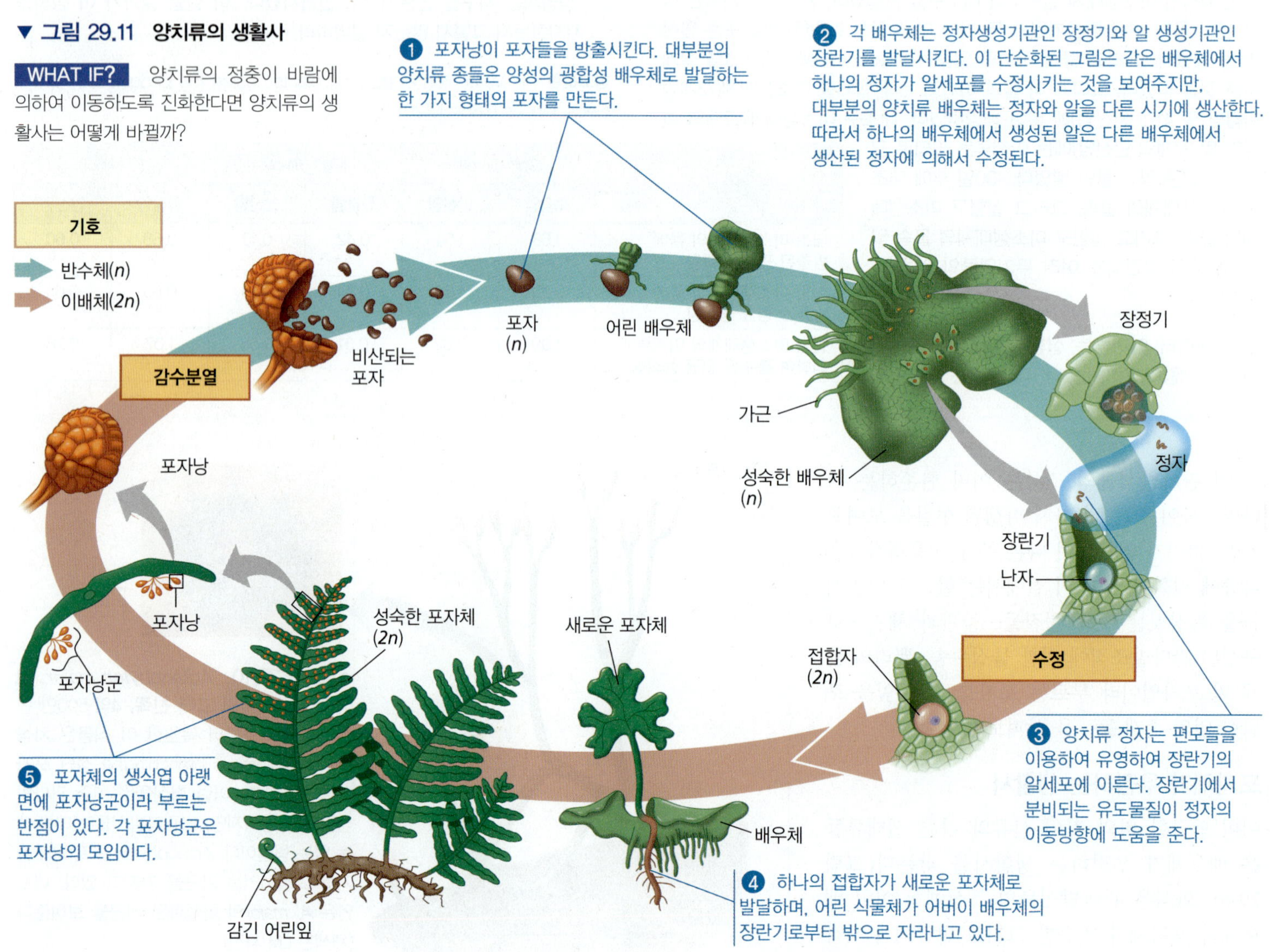

뿌리의 진화

관다발조직은 지하부에도 유용성을 제공하였다. 선태류의 가근 대신 거의 모든 관다발식물에서는 뿌리가 진화하였다. **뿌리(root)**는 관다발식물을 지지하고 토양으로부터 물과 영양물질을 흡수할 수 있도록 하는 기관이다. 뿌리는 또한 줄기시스템이 보다 크게 자라도록 도움을 주었다.

현존식물의 뿌리조직은 화석으로 보존된 초기 관다발식물의 줄기조직과 매우 유사하다. 이는 뿌리가 고대 관다발식물의 줄기 하단부 또는 지하줄기로부터 발달하였음을 의미한다. 뿌리가 모든 관다발식물의 공통조상에서 한번 진화하였는지, 여러 계열에서 독립적으로 진화하였는지는 명확하지 않다. 현존 관다발식물의 여러 군들의 뿌리들은 매우 유사하지만 화석학적 증거는 수렴진화의 실마리를 제공한다. 예로, 가장 오래된 석송류 화석은 이미 4억 년 전에 간단한 뿌리를 갖지만 이때는 양치류와 종자식물의 조상이 발달하기 이전이다. 여러 다른 관다발식물군들을 대상으로 한, 뿌리 발달 조절 유전자 연구는 이런 문제의 해결에 실마리를 제공할 것으로 보인다.

잎의 진화

잎(leaves)은 관다발식물의 체면적을 증가시키고 광합성의 주요 기관으로 역할을 한다. 크기와 복잡성에 따라 입은 대엽 또는 소엽으로 구별된다(그림 29.12). 모든 석송류(가장 오래된 현생관다발식물류)는 **소엽(microphyll)**을 갖는데, 주로 작고 침상형으로 하나의 엽맥을 갖는다. 다른 모든 관다발식물은 **대엽(megaphyll)**을 가지며, 보통 고도로 나눠진 엽맥을 갖는다. (몇몇 종의 경우 대엽으로부터 진화한 듯 보이는 퇴화된 대엽을 갖는다.) 이름과 같이 대엽은 소엽보다 크며, 대엽은 엽맥망의 넓은 표면적 때문에 보다 많은 광합성 생산성을 지지한다. 소엽은 화석학적으로 4억 1,000만 년 전에 출현하나, 대엽은 고생대의 데본기말 무렵인 3억 7,000만 년 전까지는 출현하지 않는다.

▼ 그림 29.12 소엽과 대엽

소엽

Selaginella kraussiana
(구실사리의 일종)

대엽

Hymenophyllum tunbrigense
(처녀이끼의 일종)

포자엽과 포자의 변이

식물진화에서 하나의 큰 변혁은 포자낭을 갖는 변형된 잎인 **포자엽(sporophyll)**의 출현이다. 포자엽은 구조적으로 매우 다양하다. 예로, 양치류 포자엽은 주로 포자엽의 하부에 **포자낭군(sori**, 단수형 *sorus*)이라 부르는 포자낭의 집합체를 형성한다(그림 29.11). 많은 석송류와 대부분의 겉씨식물에서는 포자엽의 무리가 모여 솔방울 같은 **포자수(strobili**, 단수형 *strobilus*, 그리스어 *strobilos*는 솔방울이라는 뜻)를 형성한다.

대부분의 비종자관다발식물종은 **동형포자성(homosporous)**으로, 양치류에서 보는 바와 같이 동일형의 포자엽이 동일 형태의 포자를 만들고, 이는 보통 양성배우체로 발달한다. 반대로, **이형포자성(heterosporous)** 종에서는 두 가지 형태의 포자엽을 가지며, 두 가지 종류의 포자를 생성한다. 대포자엽의 대포자낭에서는 **대포자(megaspore)**를 형성하며, 암배우체로 발달한다. 소포자엽의 소포자낭은 **소포자(microspore)**를 만들고, 소포자는 수배우체로 발달한다. 모든 종자식물과 상당수의 비종자관다발식물은 이형포자성이다. 다음 모식도는 두 가지 상태를 비교한 것이다.

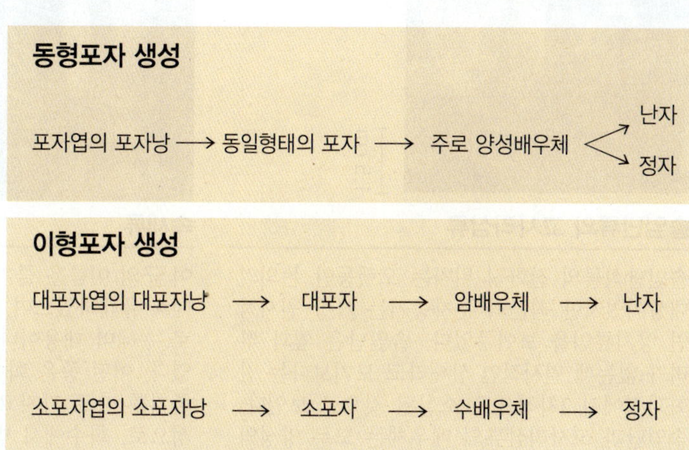

비종자관다발식물의 분류

이미 제시한 바와 같이 현생 비종자관다발식물은 석송식물류와 양치식물류의 두 개 계열을 형성한다. 석송식물류(석송식물문)는 석송류, 부처손속류, 물부추류 등을 포함한다. 양치식물류(양치

▼ 그림 29.13

탐구 비종자관다발식물의 다양성

석송류(석송식물문)

여러 종류의 석송류는 열대성 목본식물에 착생식물(epiphytes)로 살아가는데, 이들은 기생식물은 아니다. 다른 종들은 온대의 삼림내 임상에서 자란다. 또 다른 종들은 작은 배우체가 지상에 살며 광합성을 하기도 한다. 어떤 종들의 배우체는 지하에 살면서 공생균류에 의하여 영양을 공급받는다.

포자체는 많은 작은 잎을 갖는 직립하는 줄기와 차상 분지하는 뿌리를 형성하는 땅에 붙는 줄기를 갖는다. 부처손속(spike moss)들은 비교적 작고 옆으로 자란다. 여러 석송류와 부처손속들에서는 포자들이 모여서 곤봉모양의 솔방울(화수)을 형성한다. 물부추류는 잎 모양이 부추같다고 붙인 이름으로 1속만이 습지에 자란다. 석송류는 모두 동형포자성이나, 부처손속류와 물부추류는 모두 이형포자성이다. 석송류의 포자는 구름 모양으로 방출되는데, 유지성분이 매우 풍부하여, 마술사나 사진사들이 불을 붙여 연기 또는 빛을 내는 데 사용한 적도 있다.

부처손속의 한 종, *Selaginella moellendorffii*

1 cm

물부추류의 한 종, *Isoetes gunnii*

2.5 cm

포자수 (포자엽이 모인 것)

석송류의 한 종, *Diphasiastrum tristachyum*

양치식물류(양치식물문)

나도고사리삼류의 한 종, *Ophioglossum vulgatum*

쇠뜨기, *Equisetum arvense* 속새류

네가래류의 한 종, *Marsilea ephippiocarpa* 진정양치류

솔잎난류와 고사리삼류

솔잎난식물의 진화적 위치는 오랫동안 논의의 대상이었지만 최근의 분자증거는 가장 원시적인 양치류임을 보여주었다. 솔잎난은 잎과 뿌리가 없는데 원시적인 상태라고 보기보다는 진화과정에서 2차적으로 소실된 것으로 보인다. 솔잎난과 고사리삼류의 배우체는 모두 양성의 지하 배우체를 갖는데 특히 고사리삼류에서는 균류와 공생으로 살아간다. 하와이에서는 솔잎난 포자를 바디 파우더로 이용했던 적이 있다.

속새류

이 군의 이름은 줄기가 브러시 솔 같이 보이는 데서 유래하였으며, 껄끄러운 조직은 전통적으로 수세미 대용이나, 연마제로 이용되기도 하였다. 어떤 종은 화수를 갖는 생식줄기와 영양줄기를 따로 가지고 있다. 속새류는 동형포자성으로, 화수에서 방출된 포자는 양성의 배우체로 발달한다. 속새류는 줄기가 잘 발달하였고, 줄기가 주요 광합성 기관이다.

속새류는 줄기에 관절이 잘 발달된 특징으로 유절식물류(arthrophytes)라고도 부른다. 작은 잎 또는 줄기가 각 절에서 윤생으로 발달하지만, 줄기가 주요 광합성 기관이다. 줄기 안의 큰 공기통로를 따라 산소가 뿌리에 공급되므로 종종 침수된 토양에서도 잘 자란다.

진정양치류

양치식물은 3억 6,000만 년 전에 기원한 오랜 분류군이지만 오늘날 볼 수 있는 대부분의 종들은 1억 년 전에 일어났던 양치류의 대 방사진화 때 기원하였다. 양치류는 사막에서 물속까지 다양한 환경에서 자라면 세계적으로 분포한다. 양치류는 대부분 작지만 뉴질랜드의 나무고사리(*Cyathea medullaris*) 같은 종은 20 m까지 자란다. 고사리나 수생양치류인 생이가래 같은 몇몇 양치류는 문제성 잡초이기도 하다. 여러 양치류는 관상용으로도 중요하다. 3억 년 전에 자랐던 많은 양치류의 잔존체가 현재 지구 석탄 매장량에 크게 기여하였다.

식물문)는 양치류, 속새류, 솔잎난류와 이들의 친족을 포함한다. 외형이 크게 다르므로, 양치류, 속새류, 솔잎난류는 다른 식물문인 양치식물문, 속새식물문, 솔잎난식물문 등으로 오랫동안 구분하여 왔던 것들이다. 그러나 최근의 분자생물학적 비교 결과 이 세 개의 군이 하나의 단계통군을 이룬다는 증거가 제시되었다. 여러 계통학자들이 이들을 하나의 문인 양치식물문으로 처리하므로, 이 장에서도 하나로 처리하였다. 다른 학자들은 하나의 단계통군 내에서 세 개의 다른 문으로 구분하기도 한다. **그림 29.13**은 비종자관다발식물의 일반적인 두 개 군을 기재하고 있다.

석송식물문: 석송류, 부처손속류, 물부추류

현생 석송식물류는 가장 원시적인 관다발식물군으로 과거의 살아 있는 유물이다. 석탄기까지(3억 5,900만 년 전에서 2억 9,900만 년 전) 석송류에는 작은 초본성식물과, 지름 2 m 이상, 높이 40 m 이상에 이르는 대형목본성 식물의 두 가지 진화적 계열이 있었다. 대형석송류는 고온 다습한 환경에서 수백만 년간 살았으나 석탄기 말에 기후가 차가워지고 건조하게 됨에 따라 멸종하게 되었다. 작은 석송류는 살아남아 오늘날 약 1,200종으로 대표된다. 영어로는 보통 club moss(석송류), spike moss(부처손속류)라고 부르지만 이는 선태류의 이끼류가 아닌 관다발식물을 의미한다.

양치식물문: 양치류, 속새류, 솔잎난류와 친족

양치류는 데본기에 기원하여 방사진화하였으며 석탄기의 다습한 산림에서 목본성 석송류, 속새류들과 함께 번성하였다. 현재 양치류는 비종자관다발식물 중 가장 널리 분포하며 종수는 12,000종 이상이다. 열대지방에서 가장 다양하지만, 많은 양치류는 온대 산림에도 생육하고, 어떤 종들은 건조 지역에 적응하기도 하였다.

이미 언급한 대로, 양치류는 석송류보다 종자식물에 더 가깝다. 결과적으로, 양치식물류와 종자식물류는 석송류에서는 볼 수 없는 정단우성생장, 대엽으로 된 잎, 다양하게 분지하는 뿌리(석송류에서는 뿌리 끝 생장점에서만 분지하므로 Y자형임) 등의 특징을 공유한다.

속새류라 부르는 양치류는 석탄기에 매우 다양하였으며 15 m까지 자랐다. 오늘날에는 단지 석송속(*Equisetum*)의 1속 15종만이 살아남았으며 개천이나 강가 지역에서 흔히 볼 수 있다.

솔잎난속(*Psilotum*)과 연관 *Tmesipteris* 속은 주로 열대성 부착식물로 하나의 단계통군을 이룬다. 솔잎난은 진정한 뿌리와 잎이 결여된 유일한 관다발식물로 현존관다발식물의 고대 조상의 화석과 유사성이 깊어 살아 있는 화석이라 부른다(그림 29.10, 29.13). 그러나 DNA 염기서열과 정자의 구조를 포함한 많은 증거들이 솔잎난과 *Tmesipteris*가 양치류에 보다 연관이 깊음을 보여주고 있다. 이 가정은 이들 조상의 진정한 잎과 뿌리가 진화 과정 중 소실되었음을 의미한다. 오늘날 이들 두 속의 식물은 수많은 흡수가근(absorptive rhizoids)을 통하여 물과 영양소를 흡수한다.

▲ **그림 29.14 화석증거에 기초하여 재현한 석탄기의 삼림.** 소엽으로 줄기가 덮인 석송류가 대형 양치류 및 속새류와 함께 "석탄기 숲"에 서식하였다.

비종자관다발식물의 유의성

현존하는 석송류, 속새류, 양치류와 이들의 멸종된 비종자관다발식물 친족의 조상은 후기 데본기와 초기 석탄기 동안 큰 키로 자라 최초의 삼림을 형성하였다(**그림 29.14**). 이들의 극적 생장이 지구와 다른 생물들에 어떻게 영향을 미쳤을까?

한 가지 중요한 결과는 초기산림이 석탄기 동안 대기권의 이산화탄소 수준을 크게 감소시킨 원인이 되었고, 이는 지구의 냉각을 초래하여 빙하가 광범위하게 발달하게 된 원인이 되었다. 식물은 또한 망간과 칼슘 같은 화학물질이 암석으로부터 토양으로 방출되는 것을 가속화시킨다. 이 화학물질들은 빗물 속에 용해된 이산화탄소와 반응하여 칼슘염이나 망간염과 같은 화합물을 만들어 바다로 흘러들어가 암석으로 침적된다. 식물에 의해 시작된 이와 같은 과정의 전반적 결과는 공기 중에서 이산화탄소가 제거되어 해양 암석으로 침적되는 것이다. 암석에 침적된 탄소는 대기권으로 돌아올 수는 있지만 수백만 년 이상이 걸리는 과정이다(암석이 지표면으로 융기되고 풍화에 노출되는 지구화학적 과정을 거쳐).

또 다른 효과는 최초의 삼림을 형성하였던 비종자관다발식물이 오랫동안 대기권의 이산화탄소를 제거하고 결국 석탄으로 변하였다는 사실이다. 석탄기 늪지의 정체된 물에서는 죽은 식물체가 완전히 부패되지 않았다. 이 유기물은 두꺼운 토탄층으로 변화하였고 후에 바다에 의하여 덮였다. 바다의 퇴적층이 위에 쌓이게 되었고 수백만 년 동안 열과 압력을 받아 토탄은 석탄으로 변하게 되었다. 실제로 석탄기의 석탄퇴적층은 매우 넓게 형성되었다. 석탄은 산업혁명을 일으킨 주요 원동력이었으며, 아직도 인류는 세계적으로 매년 60억 톤 이상의 석탄을 태우고 있다. 지구냉각을 일으키며 식물에 의하여 형성된 석탄이 다시 대기권으로 이산화탄소를 방출하여 지구온난화의 원인이 되는 것은 아이러니가 아닐 수 없다(55.14).

석탄기 습지에서 비종자식물과 함께 자란 것 중에 하나는 원시적인 종자식물도 포함되어 있었다. 이 당시 종자식물이 우점한 것은 아니었지만 석탄기 말에 습지가 건조하게 됨에 따라 점진적으로 우세하게 되었다. 다음 장에서는 종자식물의 기원과 다양화를 추적하고, 식물의 육상환경에서의 적응 과정을 계속 살펴볼 예정이다.

개념 확인 문제 29.3

1. 양치류와 종자식물에서는 발견되지만 석송류에서는 발견되지 않는 주요 파생형질들에는 어떤 것들이 있는지 기술하라.
2. 비종자관다발식물과 비관다발식물의 주요 유사점과 차이점이 어떻게 이 식물들의 기능에 영향을 미쳤을까?
3. MAKE CONNECTIONS 그림 29.11로부터 만약 수정이 하나의 배우체 내에서 일어난다면, 유성생식에서 유전적 변이가 만들어지는 데 어떤 영향을 미칠 것인가? 개념 13.4를 참조하라.

정답은 부록 A 참조

29장 복습

핵심 개념의 요약

개념 29.1

육상식물은 녹조류로부터 진화하였다

- 형태학적, 생화학적 형질 및 핵과 엽록체 유전자의 유사성은 차축조류의 특정 군이 육상식물의 가장 가까운 친족임을 의미한다.
- **스포로폴레닌(sporopollenin)**의 보호막과 다른 형질들은 차축조류가 연못이나 호수 가장자리의 비정기적인 건조에서 살아남을 수 있도록 하였다. 이 형질은 식물의 조류 조상이 육지환경에 생존이 가능하도록 하였고 건조한 대지로 이주하는 길을 열게 되었을 것이다.
- 육상식물 분기군이 차축조류와 구별되도록 하는 파생형질들에는 세대교번, 다세포성이고 의존적인 배, 포자낭에서 생성되는 벽으로 싸인 포자, 다세포성 배우자낭 및 정단분열조직, 그리고 큐티클과 기공 및 뿌리의 발달 등을 들 수 있다. 이들 중 네 가지를 다음 그림에 요약하였다.

① 세대교번
② 정단분열조직
③ 다세포성 배우자낭
④ 포자낭 내의 벽이 있는 포자

- 화석학적 증거는 식물계가 최소한 4억 7,000만 년 전에 지구상에 출현했음을 보여주고 있다. 그 후 식물계는 선태류(비관다발식물), 석송류 및 양치류와 같은 비종자식물과 두 군의 종자식물(겉씨식물와 속씨식물)을 포함한 주요 군으로 분화하였다.

? 현재 알고 있는 육상식물의 계통을 설명하는 계통수를 그리고, 육상식물의 공통조상, 다세포성 배우자낭의 기원, 관다발조직 및 종자의 기원 등을 표시하라.

개념 29.2

이끼류와 여러 비관다발식물의 생활사는 배우체 세대가 우점한다

- 3가지의 현존 비관다발식물 분기군인 **선태류(bryophytes)**—선류, 태류, 각태류—는 최초로 분기한 식물 계통이다.
- 선태류에서 우점세대는 반수체 **배우체(gametophytes)**로 구성되는데 이끼류 카펫을 형성한다. **가근(rhizoid)**이 배우체를 자라는 기질에 고정시키는 역할을 한다. 편모성 정자는 **장정기(antheridia)**에서 만들어지며 **장란기(archegonia)**의 알세포로 이동하는 데 물의 막이 필요하다.
- 생활사의 이배체 세대인 **포자체(sporophyte)**는 장란기에서 자라나오며 배우체에 부착되어 있고 영양을 배우체에 의존한다. 선태류 포자체는 관다발식물의 포자체보다 작고 간단하며 주로 **발(foot)**, **병(seta)**, **포자낭(sporangium)**으로 구성되었다. 각태류와 태류의 포자체는 기공장치를 갖고 있다.
- 물이끼류 또는 토탄이끼류는 토탄지대로 알려진 넓은 지역에 흔하며 연료 같은 실질적 용도로 활용된다.

? 이끼류의 생태학적 중요성을 요약하시오.

개념 29.3

양치류와 여러 비종자관다발식물은 크게 자라는 최초의 식물이다

- 현존하는 관다발식물의 선조인 가장 오래된 화석은 4억 2,500만 년 전으로 거슬러 올라가며, 이 작은 식물은 독립적이고 분지된 포자체 및

관다발계를 가졌다.

- 시간이 흐르면서 포자체 우점의 생활사, 목질화된 관다발조직, 잘 발달된 뿌리와 잎 및 포자엽과 같은 현존하는 관다발식물의 다른 파생 형질들이 발달하였다.
- 비종자관다발식물은 **석송류(lycophytes**, 석송식물문; 석송류, 부처손속류, 물부추류)와 **양치류(monilophytes**, 양치식물문; 양치류, 속새류, 솔잎난류와 친족)를 포함한다. 현재의 증거는 비종자관다발식물들이 선태류와 마찬가지로 분기군(단계통군)을 형성하지 않음을 시사한다.
- 석송류의 원시 계열은 작은 초본식물과 큰 나무들을 포함한다. 그러나 현존하는 석송류들은 작은 모두 초본성 식물이다.
- 비종자관다발식물은 3억 8,500만 년 전에 최초의 삼림을 형성하였다. 이들의 생장은 석탄기 기간 동안에 일어난 지구의 전반적인 냉각화에 영향을 미쳤다. 최초 삼림의 부식 잔존체가 결국 석탄을 만들었다.

? 어떤 특징이 관속식물을 크게 자라게 하였으며, 왜 키가 큰 것이 생존에 유리하였는가?

생각해보자

수준 1: 지식/이해

1. 다음 중 3가지는 차축조류가 식물계의 가장 가까운 친족이라는 증거이다. 아닌 것을 고르시오.
   a. 유사한 정충 구조
   b. 엽록체의 존재
   c. 세포분열과정에서 세포벽 형성의 유사성
   d. 엽록체의 유전적 유사성
2. 식물계의 다음 형질 중 가장 가까운 차축조류에는 없는 것은?
   a. 엽록소 *b*　　b. 세포벽의 셀룰로오스
   c. 유성생식　　d. 다세포 세대의 교번
3. 식물계에서는 다음 중 어떤 것이 감수분열에 의하여 형성되는가?
   a. 반수체성 배우체　　b. 이배체성 배우체
   c. 반수체성 포자　　d. 이배체성 포자
4. 소엽은 다음 어느 식물군에서 발견되는가?
   a. 석송류　　b. 태류
   c. 양치류　　d. 각태류

수준 2: 응용/분석

5. 이끼류에서 큰 나무 높이에 다다르도록 물과 다른 물질들을 수송할 수 있는 효율적인 통도조직이 진화했다고 가정하라. 이 같은 종의 나무에서 다음 중 진실이 아닌 것은?
   a. 포자 전파거리가 증가할 것이다.
   b. 암컷은 단지 한 개의 장란기를 만들 것이다.
   c. 생체부분이 강화되지 않으면 이 나무는 쓰러질 것이다.
   d. 개체들은 광을 얻기 위해 보다 효율적으로 경쟁할 것이다.
6. 다음의 구조는 반수체인가 이배체인가?
   (a) 포자체　　(b) 포자
   (c) 배우체　　(d) 접합자
7. **진화적 관점**
   DRAW IT 현재의 우리의 이해를 반영하는 이끼류, 양치류, 석송류, 겉씨식물류의 진화적 관계를 반영하는 분지도를 그려보라. 차축조류를 외부군으로 이용하라. (계통수에 대하여 복습하기 위하여 26장 참조.) 분지도의 각각의 가지에 공통조상으로부터 그 군에서 유일하게 파생된 형질 한 가지 이상을 표시하라.

수준 3: 종합/평가

8. **과학적 탐구**
   INTERPRET THE DATA 깃털이끼(*Plaeurozium schreberi*)에는 질소고정세균이 공생한다. 과학자들이 북반구 산림에서 이 이끼류가 지상을 덮은 비율이 35~41년 전에 불이 난 숲에서는 5% 정도 덮고 있으며, 170년 전에 불이 난 숲에서는 70%로 덮은 면적이 증가함을 알았다. 또한 이 숲에서 자라는 이끼류의 질소고정에 대한 다음과 같은 자료를 수집하였다.

연도 (불이 난 이후의 연도)	질소 고정률 (kg/ha/년)
35	0.001
41	0.005
78	0.08
101	0.3
124	0.9
170	2.0
220	1.3
244	2.1
270	1.6
300	3.0
355	2.3

참고문헌: Data from O. Zackrisson et al., Nitrogen fixation increases with successional age in boreal forests, *Ecology* 85: 3327–3334 (2006).

   a. 이 자료를 이용하여 *x*축에 연대를, *y*축에 질소고정률을 표시하는 선 그래프를 그리시오.
   b. 질소고정에 의해 더해지는 질소와 함께, 1 ha당 매년 1 kg의 질소가 비와 작은 입자로 공기 중으로부터 산림에 더해진다. 서로 다른 연령의 북부 삼림에서 깃털이끼가 가용 질소량에 미치는 영향을 평가하라.
9. **글쓰기: 상호작용**
   대형 석송류 나무들은 소엽을 갖지만, 양치류와 종자식물류는 대엽을 갖는다. 석송류 나무들로 구성된 숲이 대형 양치류 또는 종자식물류로 구성된 숲과 어떻게 다른지를 100~150단어로 기술하시오. 답에는 이들 대형식물 아래에 자라는 소형식물들에 이들이 어떤 다른 영향을 주는지를 고려하라.
10. **종합적으로 생각해보기**

이 기공장치는 흔한 쇠뜨기의 잎으로부터 나온 것이다. 어떻게 이들 기공장치와 다른 형질들이 지구상의 생명체를 지탱케 하고 결국 최초의 숲을 형성하게 하였는지를 설명하라.

정답은 부록 A 참조

30

종자식물

핵심 개념

30.1 종자와 화분립은 육지 생활을 위한 주요 적응이다

30.2 겉씨식물은 주로 솔방울에 "나출된" 종자를 갖는다

30.3 속씨식물의 생식적 적응에는 꽃과 열매가 포함된다

30.4 인류 복지는 종자식물에 의존한다

▲ **그림 30.1** 이 식물들은 어떻게 이 외딴장소에 도착할 수 있었을까?

지구의 변환

1980년 5월 18일에 세인트헬렌산(Mt. St. Helens; 미국 북서부 워싱턴주 소재)이 히로시마 원자폭탄의 500배에 달하는 힘으로 폭발하였다. 불덩어리가 시간당 480 km 이상을 이동했던 폭발은 수백 헥타르의 산림을 파괴하고, 화산재로 뒤덮어 생명체가 없는 지역으로 만들었다. 그러나 몇 년 안가서, 붉은바늘꽃(*Chamerion angustifolium*) 같은 식물들이 이 척박한 땅에 정착하기 시작하였다(**그림 30.1**). 붉은바늘꽃과 또 다른 초기 정착자들은 종자로써 폭발지역에 도착하였다. **종자(seed)**는 배아와 그것에 영양을 공급하는 부분으로 구성되며, 보호성 종피로 싸여 있다. 성숙시에 종자는 바람이나 다른 수단에 의하여 어버이 식물체로부터 분산된다. 배아에 영양을 공급하고 보호하며, 어버이 식물체로부터 분리되어 멀리 떨어진 새로운 장소에 정착할 수 있다.

▲ 붉은바늘꽃 종자

식물은 세인트 헬렌산과 같은 지역을 복원하는데 영향을 미칠 뿐만 아니라 지구 자체도 변화시킨다. 이런 현상이 어떻게 일어났는지 살펴보기 위하여 이 장에서는 붉은바늘꽃이 속하는 종자식물의 출현과 진화 과정을 추적한다. 화석과 현생식물의 비교학적 연구는 3억 6,000만 년 전쯤의 종자식물의 기원에 대한 해결의 실마리를 제공한다. 이 새로운 군이 형성되면서 종자식물은 식물 진화의 방향을 크게 바꾸어 놓았다. 실제 종자식물이 육지에서 우점 생산자가 되었으며, 오늘날 식물다양성의 대부분

을 차지하게 되었다.

이 장에서는 먼저 종자식물의 일반적인 특징을 조사할 것이다. 그리고 종자식물의 진화역사를 살펴보고, 인간 사회에 미치는 거대한 영향에 대하여도 살펴본다.

개념 30.1

종자와 화분립은 육지 생활을 위한 주요 적응이다

우리는 이 절에서 선태류와 비종자관다발식물에 이미 존재하는 특징(29장)에 부가하여, 종자식물의 육지 환경에 대한 주요 적응 현상을 먼저 살펴보기로 하자. 종자에 더해, 모든 종자식물에 나타나는 공통 특징으로는 퇴화된 배우체, 이형포자, 밑씨, 화분(꽃가루) 등을 들 수 있다. 이와 같은 적응은 종자식물이 건조와 태양광의 자외선(UV)에 대한 노출과 같은 육지 환경에서 살아가는 새로운 방법을 제공하였다. 새로운 적응은 종자식물들이 수정에 물을 필요로 하지 않게 하고, 비종자식물보다 넓은 환경에서 생식을 가능하게 하였다.

퇴화된 배우체의 장점

선태류는 배우체 우점 생활사를 갖지만, 양치류와 기타 비종자관다발식물들은 포자체 우점 생활사를 갖는다. 배우체 축소의 진화경향은 관다발식물 계열에서 계속 진행되어 종자식물에 이른다. 비종자관다발식물의 배우체는 맨눈으로 볼 수 있으나, 종자식물의 배우체는 대부분 현미경으로만 관찰할 수 있다.

이와 같은 소형화는 종자식물들에 중요한 진화적 혁신이 발생하도록 했다. 소형 배우체는 어버이 포자체의 포자낭 내에 보존된 포자로부터 발달될 수 있다. 이 결과 연약한 암배우체(난자)는 환경스트레스로부터 보호된다. 예를 들면 포자체의 생식조직들이 배우체를 감싸서 UV나 건조로부터 보호한다. 이 과정은 또한 배우체가 포자체에 영양물질을 의존하도록 하였다. 반대로 비종자식물의 독립적인 배우체는 스스로 모든 것을 해결해야 한다. 그림 30.2는 비관다발식물, 비종자관다발식물, 종자식물 간

	식물군		
	선류와 비관다발식물	양치류와 비종자 관다발식물	종자식물(겉씨식물과 속씨식물)
배우체	우성	축소되었고, 독립적(광합성을 하고 독립생활)	축소되었고(주로 현미경적), 영양을 주변 포자체에 의존
포자체	축소되었고, 영양을 배우체에 의존	우성	우성
예	포자체 (2n) 배우체 (n)	포자체 (2n) 배우체 (n)	겉씨식물 밑씨솔방울 내의 현미경적 암배우체(n), 의존적 화분솔방울 내의 현미경적 수배우체(n), 의존적 포자체 (2n) 속씨식물 식물기관 내의 현미경적 암배우체(n), 의존적 식물기관 내의 현미경적 수배우체(n), 의존적 포자체 (2n)

▲ **그림 30.2 여러 가지 식물들에서의 배우체/포자체의 관계**

MAKE CONNECTIONS 종자식물에서 배우체가 포자체 안에 남아 있음으로써 배의 생존에 어떤 영향을 미치는가? (개념 17.5, 23.1, 23.4의 돌연변이 유발물질, 돌연변이, 적응 참조)

의 배우체-포자체 관계를 비교 설명한 것이다.

이형포자: 종자식물의 법칙

29장에서 우리는 대부분의 비종자식물은 동형포자(homosporous)—동일한 형태의 포자를 가지며 주로 양성배우체로 발달—라는 것을 살펴보았다. 종자식물의 가장 가까운 친족이 모두 동형포자인 것은 종자식물 또한 동형포자 조상을 가지고 있었을 것임을 시사한다. 어떤 시점에 이르러, 종자식물들과 그들의 조상들은 이형포자성(heterosporous)이 되어 두 종류의 포자들을 생산하게 되었다. 즉, 대포자엽의 대포자낭(megaspores)에서 암배우체를 만드는 대포자가 만들어지고, 소포자엽의 소포자낭(microspores)에서는 수배우체를 만드는 소포자가 생성된다. 각각의 대포자낭은 하나의 기능적 대포자를 만드나, 각각의 소포자낭은 다수의 소포자를 만든다.

이미 지적한 바와 같이 종자식물의 배우체 왜소화는 이들 계열의 크나큰 성공에 기여하였다. 다음에 우리는 하나의 밑씨 내에서 자성배우체의 발달과 하나의 화분립 내에서 웅성배우체의 발달에 대하여 살펴볼 것이다. 나아가 밑씨가 수정 후 종자로 변환되는 과정을 알아보도록 하자.

밑씨와 난자의 생성

몇몇 비종자식물이 이형포자를 갖지만 종자식물은 어버이 포자체 내에 대포자를 갖는 유일한 식물군이다. **주피(integument)**라 부르는 포자체 조직층이 대포자를 둘러싸 보호한다. 겉씨식물의 대포자는 하나의 주피층으로 싸이지만 속씨식물은 2층의 주피층을 갖는다. 대포자낭, 대포자, 그리고 이들을 싸는 주피를 통틀어 **밑씨(ovule**, 배주)라 부른다(그림 30.3a). 각각의 밑씨 내에 하나의 대포자로부터 하나의 암배우체가 발달하여, 하나 또는 그 이상의 알세포를 생성한다.

화분과 정자의 생성

소포자는 화분벽에 의해 둘러싸인 수배우체로 구성되는 **화분립(pollen grain)**으로 발달한다. (화분벽의 외층은 포자체 세포에서 분비되는 분자들로 구성되므로 수배우체는 화분립안에 존재하는 것이며 화분립과 동등한 의미가 아니다). 스포로폴레닌(sporopollenin)이라는 매우 단단한 중합체벽으로 보호된 화분립이 바람 또는 식물을 방문하는 동물의 몸에 붙어서 어버이 식물체에서 이동한다. 밑씨를 갖는 식물의 부위로 화분립이 이동하는 과정을 **수분(pollination)**이라 부른다. 만약 화분립이 발아하여 화분관을 생성하면 두 개의 정자를 밑씨 내의 자성배우체로 방출한다(그림 30.3b).

선태류와 양치류 같은 비종자관다발식물은 독립적인 배우체가 편모성 정충을 방출하며, 난세포에 다다르도록 물의 막을 통하여 유영하여야만 한다는 사실을 기억하도록 하자. 이들 정충이 이동할 수 있는 거리는 수 센티미터를 초과하기 힘들다. 반대로 종자식물에서는 화분립 내의 수배우체가 바람 또는 화분매개자에 의하여 장거리를 이동할 수 있어서 정자수송에 물의 의존성이 제거되었다. 종자식물의 정자는 화분관에 의해 알세포로 직접 운송되므로 이동성이 필요 없다. 현존 겉씨식물은 진화적 변화의 증거를 제시한다. 어떤 겉씨식물(은행나무, 소철)의 정자는 고대의 편모성 상태를 그대로 간직하고 있으나, 대부분의 겉씨식물과 모든 속씨식물에서는 정자에 편모가 소실되었다.

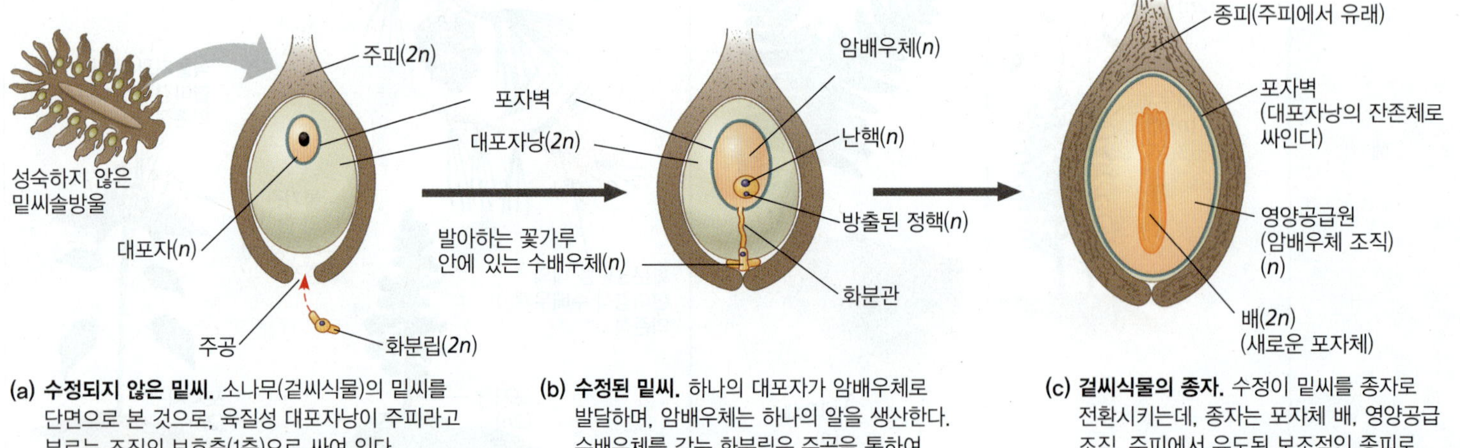

(a) **수정되지 않은 밑씨.** 소나무(겉씨식물)의 밑씨를 단면으로 본 것으로, 육질성 대포자낭이 주피라고 부르는 조직의 보호층(1층)으로 싸여 있다. 주피 사이로 열린 주공을 통하여 꽃가루가 들어올 수 있다.

(b) **수정된 밑씨.** 하나의 대포자가 암배우체로 발달하며, 암배우체는 하나의 알을 생산한다. 수배우체를 갖는 화분립은 주공을 통하여 들어온다. 수배우체는 화분관을 발달시켜 정자를 방출하고 알을 수정시킨다.

(c) **겉씨식물의 종자.** 수정이 밑씨를 종자로 전환시키는데, 종자는 포자체 배, 영양공급 조직, 주피에서 유도된 보조적인 종피로 구성된다. 대포자낭은 말라서 붕괴된다.

▲ 그림 30.3 **겉씨식물에서 밑씨로부터 종자의 발달**

? 겉씨식물의 종자는 몇 개의 다른 세대의 세포들을 포함하고 있는가? 각 세포를 밝히고 그들의 핵상이 반수체성인지 이배체성인지 말하라.

과학적 분석 기술의 연습

자료를 해석하기 위한 자연로그 사용

종자가 얼마나 오랫동안 휴면기에 있어도 발아할 수 있는가? 환경요인은 시간에 따라 크게 다를 수 있으며, 종자는 떨어질 당시에 발아하기에 조건이 좋지 않을 수 있다. 식물이 이와 같은 환경적 변이를 극복하는 하나의 방법이 휴면이다. 어떤 종의 종자들은 수년의 휴면기 이후에도 발아할 수 있다.

흑해부근의 2,000년 된 고대 유적지에서 대추야자나무(*Phoenix dactylifera*) 종자가 발견되면서 종자가 얼마나 오랜 기간 동안 휴면기를 갖다가 발아할 수 있는지 검증할 수 있는 드문 기회가 과학자들에게 주어지게 되었다. 2장의 과학적 분석 기술의 연습과 개념 25.2에서 살펴본 바와 같이, 과학자들은 화석이나 오래된 물건의 연대를 추정하는데 방사선연대 추정방법을 이용한다. 이 연습에서는 자연로그를 이용하여 오래된 종자 3개의 연대를 추정하게 된다.

실험 방법 과학자들은 이 오래된 대추야자나무 종자 3개에서 남아 있는 C-14의 비율을 측정하였다. 2개는 심지 않았고, 하나는 심었는데 발아하였다. 발아하는 종자를 검사하기 위해서 과학자들은 어린 싹의 뿌리부분으로 벗겨지는 종피 부분을 이용하였다(어린 싹은 자라서 사진 속의 식물이 되었다.)

실험 데이터 다음 표는 고대의 대추야자 종자 3개로부터 남아 있는 C-14의 비율이다.

	남은 C-14의 비율
종자 1 (심지 않음)	0.7656
종자 2 (심지 않음)	0.7752
종자 3 (발아함)	0.7977

데이터 해석 로그는 주어진 숫자 x를 생산하기 위한 밑수의 거듭제곱수로 표시된다. 예로, 밑수가 10이고 $x = 100$이면, $10^2 = 100$이므로, 100의 로그는 2이다. 자연로그(ln)는 밑수 e에 대한 숫자 x로 표현되는 로그이다($e \approx 2.718$). 자연로그는 방사선 붕괴와 같은 자연 과정을 계산하는 데 매우 유용하다.

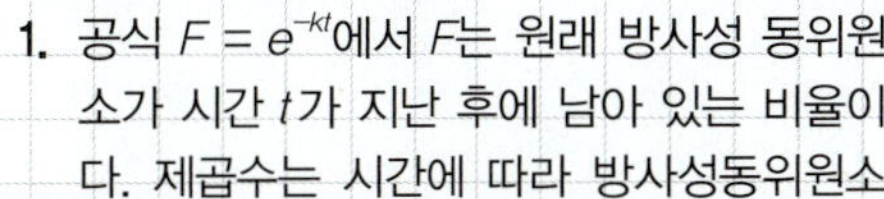

1. 공식 $F = e^{-kt}$에서 F는 원래 방사성 동위원소가 시간 t가 지난 후에 남아 있는 비율이다. 제곱수는 시간에 따라 방사성동위원소가 감소하므로(−)로 표현된다. 상수 k는 원래의 방사선 동위원소가 붕괴되는 속도에 대한 상수이다. C-14가 붕괴되어 N-14로 바뀌는 붕괴상수 $k = 0.00012097$이다. t를 계산하기 위하여 다음 3단계에 따라 공식을 재배치한다.
   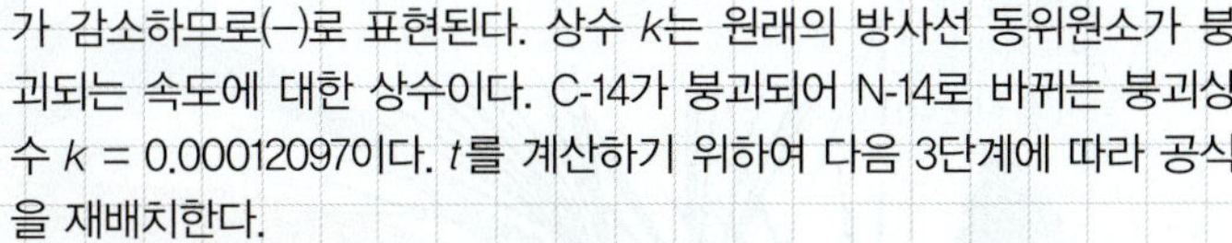
   (a) 양쪽에 모두 자연로그를 곱한다. $\ln(F) = \ln(e^{-kt})$. $\ln(e^x) = x\ln(e)$라는 법칙을 적용하여 오른쪽 항을 재배열한다. (b) $\ln(e) = 1$ 이므로 공식을 단순화시킨다. (c) 이제 t를 계산하고 "t = ______"에 숫자를 기입한다.
2. 이 공식과 표에 있는 자료 및 계산기를 활용하여 종자 1, 2, 3의 연대를 각각 추론한다.
3. 왜 발아한 종자에서 더 많은 C-14가 존재한다고 생각하는가?

참고문헌 S. Sallon, et al. "Germination, genetics, and growth of an ancient date seed." *Science* 320.1464 (2008).

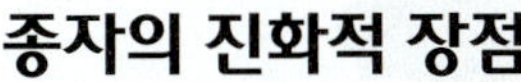

종자의 진화적 장점

만약 정자가 종자식물의 알세포를 수정시켰다면 접합자는 포자체인 배아(embryo, 배)로 자란다. **그림 30.3c**에서 보는 바와 같이 전체 밑씨가 하나의 종자로 발달하며, 종자는 배아와 그것에 영양분을 공급하는 조직 및 주피로부터 유도되어 이들을 둘러싸는 보호층(종피)으로 구성된다.

종자의 진화는 종자식물이 극한 환경에 잘 살아남고 자손을 널리 퍼뜨리는 데 이바지하였다. 종자의 발달 이전에는 포자가 생활사의 유일한 보호단계였다. 예로 이끼류 포자는 너무 덥거나 너무 춥거나 너무 건조하지 않는, 생존 가능한 환경에서만 살아남을 수 있다. 이끼류의 작은 포자는 휴면 상태여서 새로운 장소로 이동되고, 휴면 상태를 깰 수 있는 좋은 환경에 놓였을 때만 발아하여 새로운 배우체로 발달한다. 지구상에 식물이 출현한 초기 1억 년 동안은 포자가 이끼류와 기타 비종자식물들이 지구상에 퍼져나가는 주요 수단이었다.

이끼류 및 다른 비종자식물이 오늘날에서도 계속 성공적이긴 하지만, 종자는 종자식물 생활의 새로운 길을 여는 데 공헌한 주요 진화적 혁신을 대표한다. 종자가 포자보다 어떤 장점을 제공하는가? 포자는 주로 단세포성이지만, 종자는 여러 층의 조직으로 되어 있으며 종피가 배를 추가적으로 보호한다. 종자는 어버이식물로부터 방출된 후 며칠, 몇 달, 몇 년을 휴면 상태에 있을 수 있으나, 대부분의 포자는 보다 짧은 생존기간을 갖는다. 또한, 포자와는 달리, 종자는 저장된 영양물질을 공급할 수 있는 체제를 가지고 있다. 다수의 종자는 어버이 포자체 식물 가까이 떨어지나, 어떤 종자들은 바람 또는 동물에 의하여 수백 km에 이르는 장거리를 이동한다. 도착한 곳의 환경이 좋으면 종자는 휴면에서 깨어나 발아하는데, 종자에 저장된 영양물질은 포자체 배가 어린 유모로 생장하는데 중요한 역할을 한다. **과학적 분석 기술의 연습**에서 탐구한 대로 어떤 종자들은 1,000년 이상 이후에도 발아할 수 있다.

개념 확인 문제 30.1

1. 비종자식물의 정자전달 과정과 종자식물의 정자전달 과정을 비교 설명하라.
2. 비종자식물에 없는 종자식물의 어떤 특징들이, 지구상에서 종자식물의 크나큰 성공에 기여하는가?
3. **WHAT IF?** 종자가 휴면기가 없다면 배의 전달과 생존에 어떤 영향을 미칠 것으로 생각되는가?

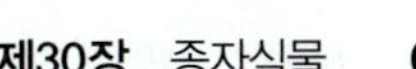

정답은 부록 A 참조

개념 30.2

겉씨식물은 주로 솔방울에 “나출된” 종자를 갖는다

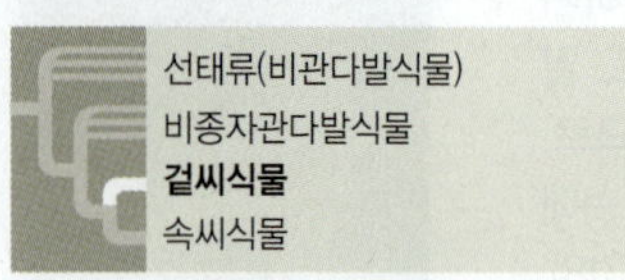

선태류(비관다발식물)
비종자관다발식물
겉씨식물
속씨식물

현존하는 종자식물은 겉씨속물과 속씨식물의 두 자매 분기군(단계통군)으로 나뉜다. 29장에서 겉씨식물은 종자가 씨방에 둘러싸이지 않고, 나출된 것이라고 정의한 내용을 기억하자. 이들의 종자는 보통 솔방울(화수)을 형성하는 변형된 잎에 나출되어 달려 있다. (반대로 속씨식물의 종자는 성숙한 씨방인 열매 내에 싸여 있다.) 대부분의 겉씨식물은 소나무류, 전나무류, 세쿼이아류 등과 같이 솔방울을 갖는 식물로 **구과식물(conifers)**이라고도 부른다.

소나무의 생활사

이 장의 초반부에서 밝혔듯이, 종자식물의 진화에는 3가지 주요

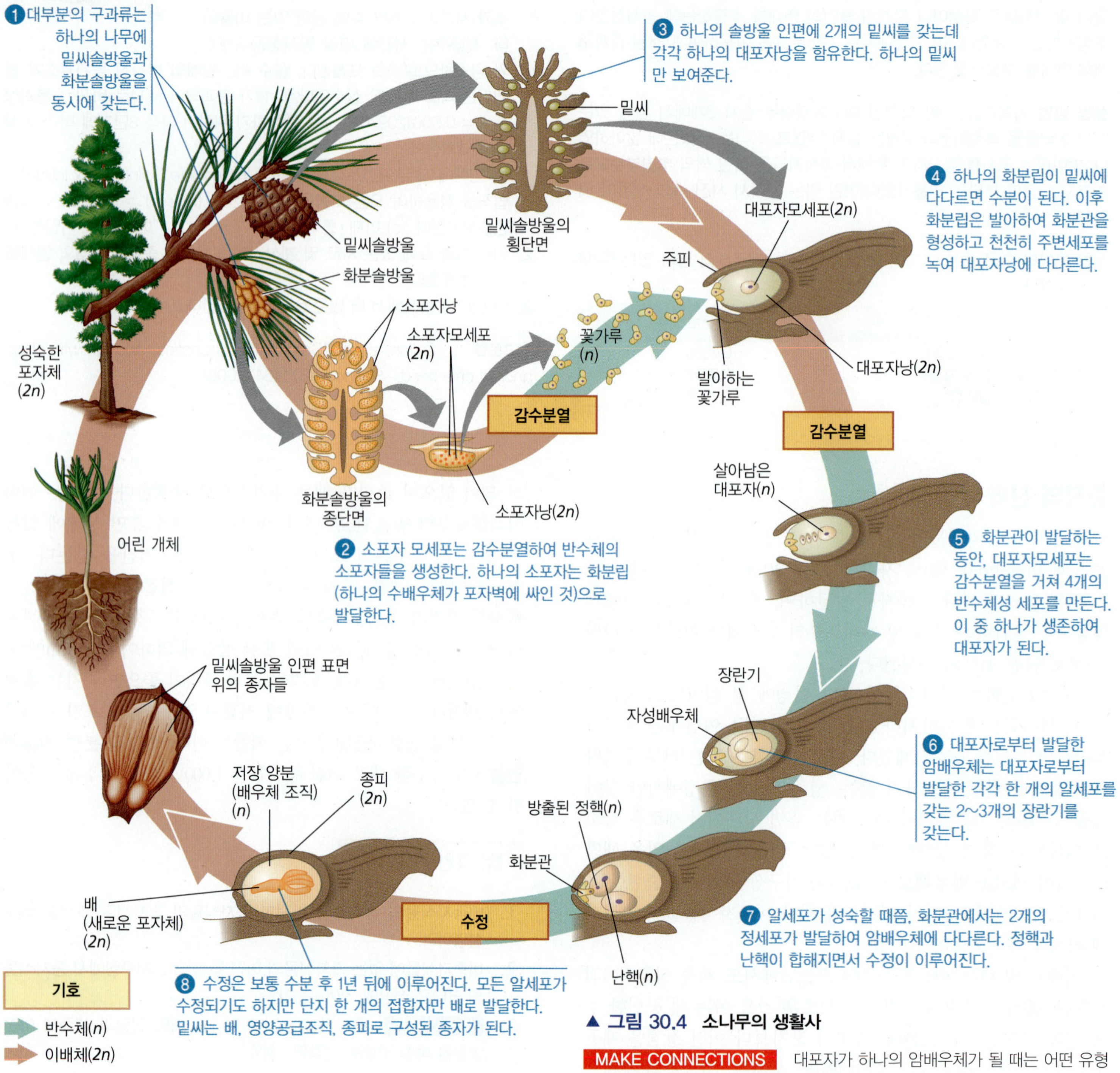

1 대부분의 구과류는 하나의 나무에 밑씨솔방울과 화분솔방울을 동시에 갖는다.
밑씨솔방울
화분솔방울
성숙한 포자체 (2n)
밑씨
밑씨솔방울의 횡단면
3 하나의 솔방울 인편에 2개의 밑씨를 갖는데 각각 하나의 대포자낭을 함유한다. 하나의 밑씨만 보여준다.
소포자낭
소포자모세포 (2n)
꽃가루 (n)
감수분열
화분솔방울의 종단면
소포자낭(2n)
2 소포자 모세포는 감수분열하여 반수체의 소포자들을 생성한다. 하나의 소포자는 화분립(하나의 수배우체가 포자벽에 싸인 것)으로 발달한다.
대포자모세포(2n)
주피
발아하는 꽃가루
대포자낭(2n)
4 하나의 화분립이 밑씨에 다다르면 수분이 된다. 이후 화분립은 발아하여 화분관을 형성하고 천천히 주변세포를 녹여 대포자낭에 다다른다.
감수분열
살아남은 대포자(n)
5 화분관이 발달하는 동안, 대포자모세포는 감수분열을 거쳐 4개의 반수체성 세포를 만든다. 이 중 하나가 생존하여 대포자가 된다.
어린 개체
밑씨솔방울 인편 표면 위의 종자들
장란기
자성배우체
6 대포자로부터 발달한 암배우체는 대포자로부터 발달한 각각 한 개의 알세포를 갖는 2~3개의 장란기를 갖는다.
방출된 정핵(n)
화분관
7 알세포가 성숙할 때쯤, 화분관에서는 2개의 정세포가 발달하여 암배우체에 다다른다. 정핵과 난핵이 합해지면서 수정이 이루어진다.
난핵(n)
저장 양분 (배우체 조직) (n)
종피 (2n)
배 (새로운 포자체) (2n)
수정
8 수정은 보통 수분 후 1년 뒤에 이루어진다. 모든 알세포가 수정되기도 하지만 단지 한 개의 접합자만 배로 발달한다. 밑씨는 배, 영양공급조직, 종피로 구성된 종자가 된다.
기호
반수체(n)
이배체(2n)

▲ **그림 30.4 소나무의 생활사**

MAKE CONNECTIONS 대포자가 하나의 암배우체가 될 때는 어떤 유형의 세포분열이 일어나는가? (그림 13.10 참조)

생식적 적응—즉, 배우체의 소형화, 환경을 극복할 수 있고 생활사에서 멀리 전파될 수 있는 종자의 발달, 배우체가 서로 만날 수 있도록 공기 중의 매개체를 이용하는 화분립의 출현—이 포함됨을 이해하였을 것이다. **그림 30.4**는 이들 적응이 우리에게 친숙한 소나무의 생활사에서 어떤 역할을 하는지 보여준다.

소나무는 포자체로, 포자낭은 솔방울(구과)의 촘촘히 포개진 인편상 구조 내에 위치한다. 다른 모든 종자식물과 같이, 소나무류는 이형포자를 갖는다. 소나무류에서는 두 가지 형태의 포자가 작은 화분솔방울과 큰 밑씨솔방울들의 각기 다른 솔방울에서 형성된다. 화분솔방울에선, 소포자모세포(소형포자모세포)가 감수분열을 거쳐 반수체성 소포자들을 만든다. 각각의 소포자는 하나의 웅성배우체를 갖는 하나의 화분립으로 발전한다. 소나무류와 기타 구과식물류는 노란 화분립이 다량 방출되어 먼지처럼 바람에 의하여 이동한다. 반면 밑씨솔방울에서는 대포자모세포(대형포자 모세포)가 감수분열을 거쳐 반수체성 대포자들을 만든다. 살아남은 대포자들은 자성배우체로 발달하여 포자낭에 남는다.

어린 화분솔방울과 밑씨솔방울들이 가지끝에 나타나서 암배우체와 수배우체가 형성되고, 이들이 함께하여 수정된 밑씨로부터 성숙한 종자가 형성되는데는 거의 3년이 걸린다. 밑씨솔방울 내에서 각각의 인편 사이가 벌어져, 종자가 바람에 의하여 비산된다. 종자가 발아할 수 있는 서식지에 닿으면, 배아는 발아하여 소나무 묘목으로 성장한다.

초기 종자식물과 겉씨식물의 출현

소나무 및 다른 현존 종자식물에서 발견되는 형질들의 기원은 데본기 후기(약 3억 8,000만 년 전)로 거슬러 올라간다. 이 시대의 몇몇 화석식물들은 현존하는 종자식물에 존재하는 대포자와 소포자와 같은 특징을 이미 갖고 있었음을 보여준다. 예로, 고생양치류(*Archaeopteris*)는 이형포자성 목본이었다(**그림 30.5**). 그러나 종자는 가지고 있지 않으므로 종자식물로 분류하지는 않는다. 이 식물은 20 m까지 자라는데 양치류 같은 잎들을 갖고 있다.

화석에 등장하는 최초의 종자를 갖는 식물은 3억 6,000만 년 전으로 추정되는 겉씨식물로, 최초의 겉씨식물보다 5,500만 년 전이며 최초의 속씨식물 화석보다 2억 년이 앞선 것이다. 이들 초기 겉씨식물 종들은 후기의 여러 겉씨식물계열과 함께 이미 멸종하였다. 이들 멸종한 종자식물의 어떤 계열이 결국 겉씨식물로 발전하였는지 불분명하다.

가장 빠른 겉씨식물의 화석은 약 3억 500만 년 전의 것이다. 초기 겉씨식물들은 석송류, 속새류, 양치류와 기타 비종자관다발식물이 우점하는 석탄기 생태계에서 살았다. 석탄기가 페름기(2억 9,900만 년 전~2억 5,100만 년 전)로 바뀌면서 기후가 매우 고온 건조하게 되었다. 결과, 석송류, 속새류 및 양치류가 우점하던 석탄기 늪지는 보다 건조한 기후에 잘 적응한 겉씨식물로 치환되었다.

▲ **그림 30.5** **중간 특성을 갖는 나무**

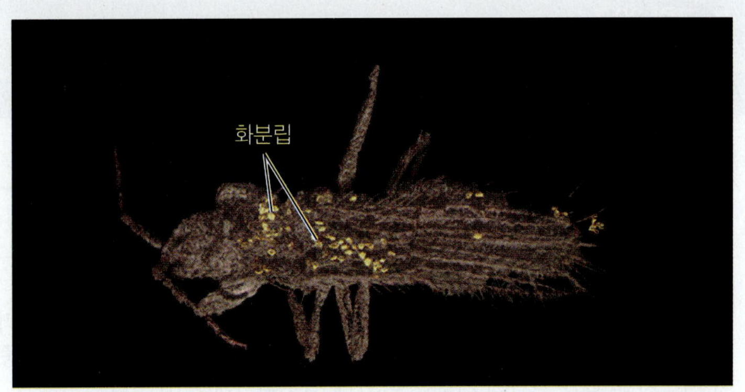

▲ **그림 30.6** **고대의 수분매개자.** 이 1억 1,000만 년 전의 곤충인 총채벌레(*Gymnopollisthrips minor*) 화석에서 화분립을 볼 수 있다. 화분립의 구조적 특징은 이것이 겉씨식물(멸종된 은행나무류나 소철류의 것으로 추정)에서 유래되었음을 제시해주고 있다. 현존하는 대부분의 겉씨식물은 풍매류이지만 여러 소철류는 충매류이다.

겉씨식물은 모든 종자식물에서 발견되는 종자나 화분과 같은 주요 육상적응형질을 가지고 있다. 부가적으로, 몇몇 겉씨식물은 두꺼운 큐티클과 비교적 표면적이 작은 침상 잎 때문에 건조한 환경에 특히 적합하다.

겉씨식물은 2억 5,100만 년 전에서 6,550만 년 전에 이르는 중생대 내내 육상생태계를 우점하였다. 이들 겉씨식물은 대형 초식성 공룡류에게 먹이를 제공하였고, 또 다른 방식들로 동물들과 상호작용했다. 예로, 최근에 발견된 화석자료는 특정 겉씨식물들이 1억 년보다 이전에 곤충에 의하여 수분되었음을 보여주는데, 이는 모든 식물군에서 가장 오래된 충매의 증거이다(**그림 30.6**). 중생대 후반기에 속씨식물들이 몇몇 생태계에서 겉씨식물을 대체하기 시작하였다.

겉씨식물의 다양성

현재 속씨식물이 대부분의 육상 생태계를 우점하고 있지만, 겉씨식물도 지구식물상의 중요한 부분으로 남아 있다. 예로, 북위도의 넓은 지역이 구과류 숲으로 덮여 있다(그림 51.11)

10개의 식물문 중(표 29.1), 4개가 겉씨식물이며 소철식물문, 은행식물문, 마황식물문, 소나무식물문(구과식물문)들로 구성된다. 이들 4개의 문 간 연관관계는 불확실하다. **그림 30.7**에서는 현존하는 겉씨식물의 다양성을 살펴본다.

▼ 그림 30.7

탐구 겉씨식물의 다양성

소철식물문(Cycadophyta)

현존하는 소철류 300여 종은 큰 솔방울과 야자 같은 큰 잎을 가지고 있다. 다른 종자식물과는 달리 소철류는 편모성 정충을 가지고 있는데, 이는 이동성 정충을 갖는 비종자성 관다발식물의 후예임을 의미한다. 소철류는 소철류의 시대 및 공룡의 시대로 알려진 중생대에 크게 번성하였다. 그러나 오늘날 소철류는 모든 식물군 중 가장 위협에 처해 있다. 75% 정도의 종들이 서식지 파괴와 인간의 간섭으로 인해 멸종위기에 처해 있다.

Encephalartos woodii

은행식물문(Ginkgophyta)

Ginkgo biloba

은행(*Ginkgo biloba*)이 이 문의 유일한 생존하는 종으로, 소철류와 같이 편모성 정충을 갖는다. 공작고사리 나무(maidenhair tree)라고도 알려진 은행나무는 가을이면 금색으로 변하는 낙엽성이며 부채모양의 잎을 갖고 있다. 은행나무는 대기오염에 강하므로 도시에서 널리 심는 관상수이다. 조경사들은 은행의 육질성 종자가 썩는 냄새가 독한 까닭에 암그루보다 수그루를 선호하여 심는다.

마황식물문(Gnetophyta)

마황식물문은 매마등속(*Gnetum*), 마황속(*Ephedra*) 및 웰위치아(Welwitschia) 등 3속을 포함한다. 몇몇 종은 열대성이며, 사막에서 생육하는 종들도 있다. 이들 3속은 크게 달리 보이지만 분자 자료에 기초하여 하나의 군으로 묶는다.

▶ ***Welwitschia*(웰위치아속)** 이 속은 단일종(*Welwitschia mirabilis*)으로 구성되며, 한 식물이 수천 년을 살 수 있고, 남서아프리카의 사막에서만 발견된다. 이 가죽 띠 같은 잎은 알려진 잎 중 가장 큰 것 중 하나이다.

밑씨 솔방울

Gnetum gnemon 잎

◀ ***Gnetum*(매마등속)** 이 속은 35종의 열대 교목, 관목, 덩굴을 포함하는데 주로 아프리카와 아시아에 자생한다. 이들의 잎은 현화식물의 것과 유사하며, 이들의 종자는 열매처럼 보인다.

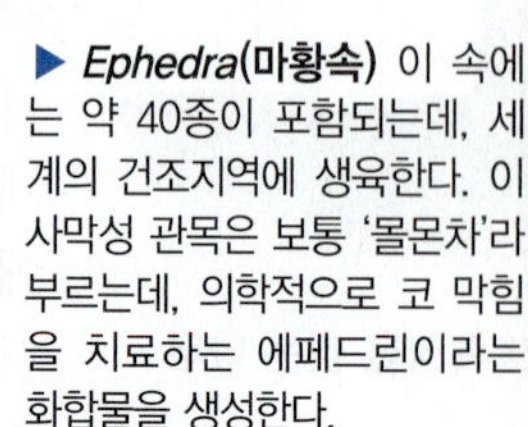

▶ ***Ephedra*(마황속)** 이 속에는 약 40종이 포함되는데, 세계의 건조지역에 생육한다. 이 사막성 관목은 보통 '몰몬차'라 부르는데, 의학적으로 코 막힘을 치료하는 에페드린이라는 화합물을 생성한다.

구과식물문(소나무식물문, Coniferophyta)

소나무문(구과식물문, Coniferophyta)은 겉씨식물의 가장 큰 문으로 600여 종의 구과류(라틴어 *conus*는 솔방울을, *ferre*는 갖는다는 뜻)를 포함하는데, 여러 큰 목본들이 이에 속한다. 대부분의 종은 목질성 솔방울을 갖지만, 일부 종은 육질성 솔방울을 갖는다. 소나무 같은 종들은 바늘모양의 잎을 가지며, 삼나무류는 비늘모양의 잎을 갖는다. 몇 가지 종들은 북반구 숲을 우점하며, 일부는 남반구에 자생한다.

대부분의 구과류는 상록성으로 잎이 1년 내내 붙어 있으며, 겨울에도 햇살이 따뜻한 날에는 부분적으로 광합성을 한다. 봄이 오면 이미 완전히 발달한 잎이 있으므로 보다 따사로운 햇살에서 장점을 발휘할 수 있다. 잎갈나무, 세쿼이아, 메타세쿼이아 같은 구과류는 가을에 잎이 지는 낙엽수이다.

▶ **미송나무.** 이 상록성 나무(*Pseudotduga menziesii*)는 다른 어떤 북미 수종보다도 가장 많은 목재를 생산한다. 집 짓는 곳, 합판, 종이펄프, 철도 침목, 박스, 거푸집 등 다양하게 이용된다.

▶ **일반향나무.** 일반향나무(*Juniperus communis*)의 장과는 육질성 포자엽으로 구성된 밑씨 생성 솔방울이 변형된 것이다.

◀ **유럽잎갈나무.** 이 낙엽성 구과류(*Larix decidua*)의 침엽은 가을에 떨어지기 전에 노랗게 변한다. 스위스 산악지대를 포함한 중부 유럽 원산으로, 이 종은 저온 저항성이 매우 높아서 영하 섭씨 50도 이하로 떨어지는 겨울에도 생존할 수 있다.

◀ **울레미소나무.** 한때는 화석으로만 알려졌던 구과류의 생존자인 현존하는 울레미소나무(*Wollemia nobilis*)는 호주 시드니에서 단지 150 km 떨어진 한 국립공원에서 1994년 발견되었다. 이 종은 2개의 작은 지역에 40개체만이 알려져 있다. 네모 안은 실제 화석과 생존하는 이 "살아 있는 화석"의 잎을 비교한 것이다.

▶ **나환송.** 뉴질랜드의 이 1,800년생 나무(*Podocarpus totara*)는 나환송속을 구성하는 105종 중 하나이다. 이들은 주로 남반부에서 발견되지만, 일부 종은 히말라야, 일본 및 멕시코에도 생육한다. 암컷 솔방울은 육질성 인편 속에 쌓인 1~2개의 종자로 퇴화되었다. 나환송속 나무는 비싼 고급의 가벼운 노란색 목재를 생산한다. 따라서 과거에 남벌되었으며, 이제는 아프리카의 일부 나라에서는 보호되고 있다.

▶ **브리슬콘소나무.** 이 종(*Pinus longaeva*)은 캘리포니아 화이트산맥에서 발견되는데, 어떤 것은 나이가 4,600년 이상으로, 살아 있는 가장 오래된 생물체에 속한다. 여기 사진에는 없지만 한 나무는 세계에서 가장 오래된 살아 있는 나무로 "므두셀라"라고 부른다. 이 나무를 보호하기 위하여 과학자들은 그 위치를 비밀에 부치고 있다.

개념 확인 문제 30.2

1. 그림 30.7에 기초하여, 여러 겉씨식물이 다르면서도 서로 유사한 점을 설명하라.
2. 소나무 생활사(그림 30.4)의 어떤 부분이 모든 종자식물에 공통적인 5가지 적응을 반영하고 있는지 설명하라.
3. **MAKE CONNECTIONS** 겉씨식물과 속씨식물이 자매군이라는 가정은 이들 두 계열이 동시에 기원하였음을 의미하는가? 그림 22.5 참고하라.

정답은 부록 A 참조

개념 30.3

속씨식물의 생식적 적응에는 꽃과 열매가 포함된다

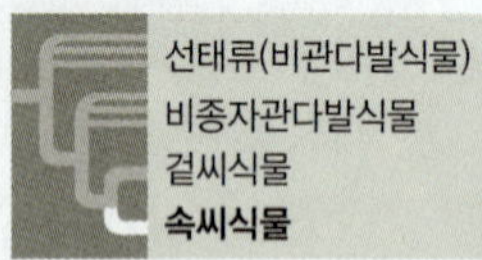

주로 현화식물로 알려진 속씨식물은 꽃과 열매라는 생식 구조를 생산하는 종자식물이다. 속씨(피자)식물(angiosperm; container라는 뜻의 그리스어 *angion*에서 유래)이라는 이름은 종자가 성숙한 씨방인 열매 내에 존재한다는 의미에서 유래하였다. 오늘날 속씨식물은 식물계 중 가장 다양하고, 널리 분포하며, 25만 종 이상의 종을 갖고 있다(전체 식물계의 약 90%).

속씨식물의 특징

모든 속씨식물은 현화식물문(Anthophyta; 꽃식물문)이라는 하나의 문으로 분류한다. 속씨식물의 진화를 논의하기 전, 주요 적응 형질인 꽃과 열매에 대하여 살펴보고, 속씨식물의 생활사에서 이들 주요 형질의 역할에 대하여 논의한다.

꽃

꽃(flower)은 속씨식물의 유성생식을 위하여 특수화된 구조이다. 여러 속씨식물들은, 곤충 또는 다른 동물들이 하나의 꽃에서 다른 꽃의 암컷기관으로 직접 화분을 매개토록 하는데, 이는 대부분의 겉씨식물에서 보는 바람에 의한 매개보다 직접적인 수분매개 방법이다. 그러나 몇몇 속씨식물은 풍매(wind-pollinated)인 경우도 있는데, 특히 밀집된 집단으로 서식하는 화본과 식물이나 온대산림을 구성하는 목본종들이 그러하다.

꽃은 꽃받침, 꽃잎, 수술, 암술이라 부르는, 4개의 꽃기관으로 변형된 잎들이 둥글게 배열된 4개 환으로 구성된 특수화된 줄기이다(그림 30.8). 꽃의 아래쪽에서부터 시작하여, **꽃받침(sepal)**은 주로 녹색이고 꽃이 열리기 전 꽃을 싸고 있다. 꽃받침 위쪽이 **꽃잎(petal)**이며, 대부분의 식물에서 화려한 색을 가지고 있으며 수분매개자를 유인한다. 그러나 풍매화는 일반적으로 화려한 색을 갖는 부분이 결여되어 있다. 꽃받침이나 꽃잎은 직접 생식과

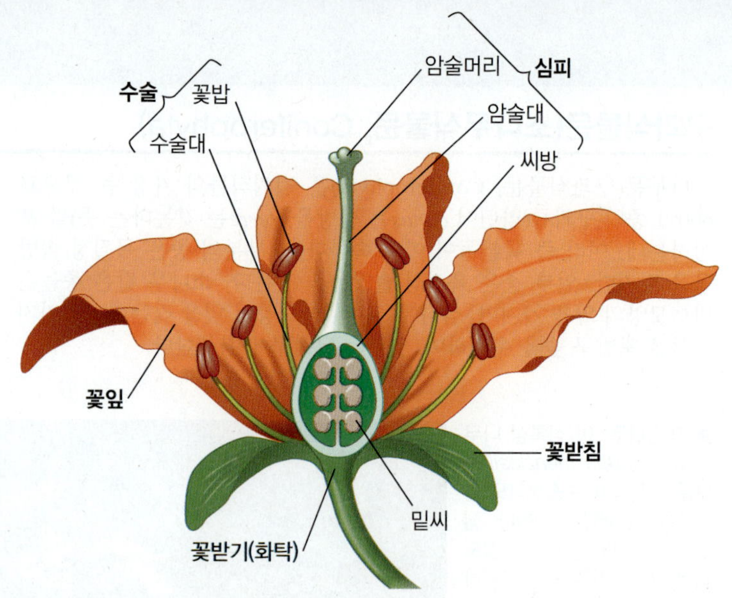

▲ 그림 30.8 이상적인 꽃의 구조

관련 없는 불임기관이다. 꽃잎열 내에 포자를 생산하는 꽃의 기관인 가임성 포자엽이 있다. 두 열의 포자엽은 수술 열과 암술(심피) 열이다. **수술(stamen)**은 소포자엽으로 수배우체를 갖는 화분립을 발달시키는 소포자를 생성한다. 수술은 **수술대(filament**, 화사)라 부르는 자루(병)와 끝부분에 하나의 낭을 갖는 **꽃밥(anther**, 약)이라 부르는 구조를 갖는데, 꽃밥 내에서 화분이 형성된다. **심피(carpel)**는 대포자엽으로 암배우체를 생성하는 대포

▲ 그림 30.9 꽃 구조에서의 변이들

자를 만든다. 많은 속씨식물의 꽃은 다심피를 갖는다. 심피의 끝은 끈끈한 **암술머리(stigma,** 주두)가 있어서 화분을 받아들인다. 암술머리는 심피 기저부의 **씨방(ovary,** 자방)으로 연결되며, 씨방은 하나에서 여러 개의 밑씨를 갖는다. 수정이 이루어지면 밑씨는 종자로 발달한다.

꽃의 4개 기관을 모두 갖는 꽃을 **완전화(complete flower)**라 부른다. 이 중 한두 기관이 결여된 꽃을 **불완전화(incomplete flower)**라 부른다. 예로, 어떤 꽃은 기능적 수술 또는 기능적 심피가 결여되었다. 꽃은 구조(그림 30.9), 크기, 색 및 냄새(그림 38.3) 등에서 변이가 크다. 이들 다양성의 많은 부분은 특정 수분 매개자에 대한 적응의 결과이다(그림 38.5, 38.6).

열매

하나의 **열매(fruit)**는 전형적으로 하나의 성숙한 씨방으로 구성되며 꽃의 다른 기관을 포함하기도 한다. 수정 후 밑씨로부터 종자가 발달하면 씨방벽은 두꺼워진다. 완두콩의 꼬투리는 열매의 하나의 예이며, 성숙한 씨방인 콩 꼬투리 내에 여러 개의 종자(성숙한 밑씨)가 놓여 있다.

열매는 휴면 상태의 종자를 보호하고 종자의 분산을 돕는다. 성숙한 열매는 육질(fleshy)인 것과 건질(dry)인 것이 있다(그림 30.10). 토마토, 자두, 포도 등이 육질과의 예인데, 하나 이상의 과피층이 성숙 과정에서 부드러워진 것이다. 건과에는 콩과, 견과, 영과(곡물) 등이 포함된다. 어떤 건과는 성숙시 열려서 종자를 방출하고, 또 다른 것들은 열매가 방출되지 않는다. 건조하고 바람에 의해 분산되는 화본과 열매는 식물체에서 수확되는 인간의 주요 식량자원이다. 밀, 옥수수, 쌀 및 기타 화본과의 곡류입자는 종자로 잘못 생각하기 쉬운데, 각각의 곡류입자는 실제로 건과피를 갖는 열매인 것이다.

▲ **그림 30.10 열매구조의 변이**

▲ **그림 30.11 종자의 전파를 증진시키는 열매의 적응**

그림 30.11에 보여준 바와 같이 열매와 종자의 여러 가지 적응이 종자의 확산을 돕는다(그림 38.12). 민들레나 단풍나무와 같은 현화식물의 종자는 바람에 의한 확산을 증진시키도록 적응한 낙하산이나 프로펠러와 같은 기능을 하는 기관을 열매에 발달시켰다. 코코넛과 같은 식물은 물에 의하여 전파되도록 적응하였다. 또 다른 속씨식물들은 종자의 전파를 동물에 의존한다. 이들 식물의 어떤 종자는 후크 모양으로 변형되어 사람의 옷이나 동물의 털에 달라붙기도 한다. 어떤 속씨식물들은 영양이 풍부하고 단맛을 가지며 찬란한 색을 갖고 있어, 성숙했음을 알리고 먹을 수 있는 열매를 생산한다. 동물들이 이들 열매를 먹었을 때 육질 부분은 소화되고, 단단한 종자는 동물의 소화관 밖으로 배출된다. 동물들은 열매를 먹은 곳으로부터 먼 곳에 비료공급원인 배설물과 함께 종자를 쌓아놓게 된다.

속씨식물의 생활사

전형적인 속씨식물의 생활사를 그림 30.12에 보여주었다. 포자체의 꽃은 수배우체를 형성하는 소포자와 암배우체를 형성하는 대포자를 생산한다. 수배우체는 꽃밥의 소포자 내에서 발달하는 화분립 내에 있다. 각각의 화분립은 두 개의 반수체성 세포를 갖는데, 이 중 하나인 생식세포(generative cell)는 분열하여 두 개의

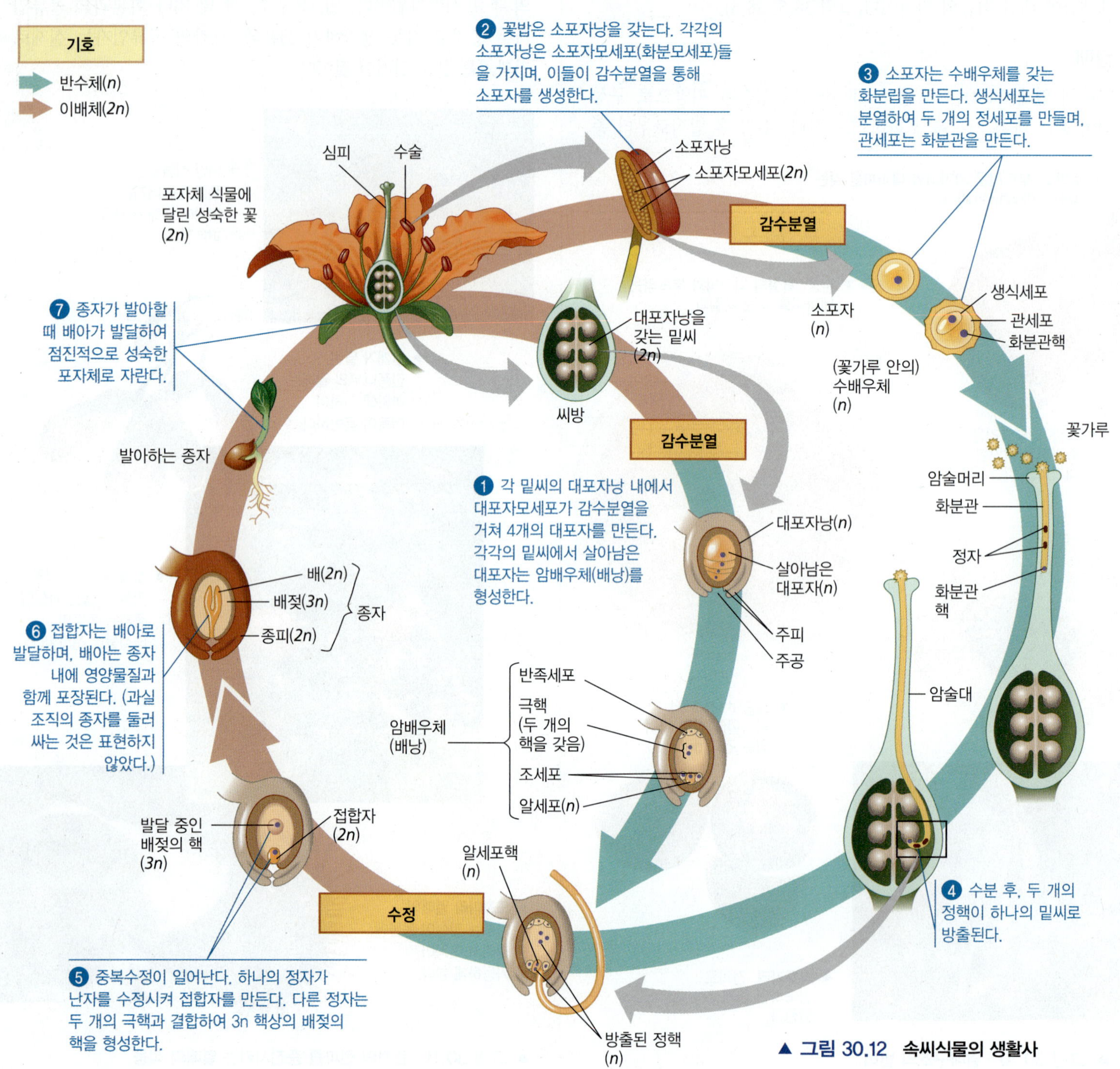

▲ 그림 30.12 속씨식물의 생활사

정자를 만들고, 또 다른 하나는 관세포(tube cell)인데 하나의 화분관을 생성한다. 씨방 내에서 발달하는 각각의 밑씨들은 **배낭(embryo sac)**이라고도 알려져 있는 암배우체를 하나씩 포함하고 있다. 각각의 배낭은 수 개의 세포(주로 8개)로 구성되는데, 이 중 하나가 알세포이다. (38장에서 배우체 발달에 대하여 보다 자세히 논의한다.)

꽃밥에서 방출된 화분은 심피 끝의 끈끈한 암술머리로 운반된다. 어떤 식물의 꽃은 자가수분을 하기도 하지만, 대부분 한 개체 내에서 나온 화분이 동일종의 다른 개체의 꽃 속 암술머리에 이르는 **타가수분(cross-pollination)**을 한다. 타가수분은 유전적 다양성을 증진시킨다. 어떤 경우는 하나의 꽃 내에서 수술과 암술이 시차를 두고 성숙하여 자가수분을 방지하기도 한다.

화분립은 심피의 암술머리에 부착된 후 발아한다. 이제 성숙한 수배우체는 화분관을 확장하면서 심피의 암술대 내부를 통과하여 내려간다. 씨방에 도달한 후 화분관이 밑씨의 주피 사이로 뚫린 **주공(micropyle)**을 관통해 들어가, 두 개의 정세포를 암배우체(배낭)에 방출한다. 하나의 정세포는 알세포와 수정하여 이핵성 접합자가 된다. 다른 정세포는 암배우체의 중앙부분에서 두 개의 극핵과 융합한다. 이를 **중복수정(double ferfilization)**이라 하며, 이는 속씨식물에만 존재하는 유일한 특징이다.

중복수정 후 밑씨는 종자로 성숙한다. 접합자는 흔적적 유근과 1~2개의 **떡잎(cotyledon,** 자엽)을 갖는 포자체 배로 발달한다. 암배우체의 중앙세포의 핵은 반복적으로 분열하여 **배젖(endosperm,** 배유)으로 발달하며, 전분과 기타 영양물질의 저장소가 된다.

속씨식물에서 중복수정의 기능은 무엇인가? 하나의 가정은 중복수정이 종자 내에서 배아의 발달과 영양물질의 저장발달을 일치화시킨다는 것이다. 만약 어떤 꽃이 수분되지 않거나 정세포가 배낭으로 방출되지 않아 수정이 이루어지지 않으면, 배아와 배젖 모두 형성되지 않는다. 따라서 중복수정은 현화식물이 불임성 밑씨에 낭비성 영양물질을 만드는 것을 방지하는 하나의 적응현상으로 생각된다.

마황식물에 속하는 몇몇 겉씨식물에서는 또 다른 형태의 중복수정이 일어난다. 그러나 이들 식물에서 중복수정은 배아와 배젖의 형성보다는 두 개의 배아를 형성하게 된다.

이미 살펴본 대로 종자는 배아, 배젖, 포자낭의 잔존체, 주피에서 유도된 종피 등으로 구성된다. 하나의 씨방은 하나의 열매로 발달하고 그 내부의 밑씨는 종자가 된다. 전파된 후 종자는 주변 환경이 좋으면 발아한다. 종피가 터지고 배아가 나와, 배젖과 떡잎에 저장된 영양물질을 이용하여, 어린 싹으로 자란다.

속씨식물의 진화

찰스 다윈은 속씨식물의 기원을 "지독한 미스터리"라고 여긴 적이 있었다. 그는 특히 속씨식물의 화석이 지리적으로 광범위한 지역에서 비교적 갑작스럽게 출현하는 것에 의문을 가졌다(다윈에게 알려진 화석자료에 기초하면 약 1억년 전). 최근의 화석증거와 계통분석은 다윈의 미스터리를 푸는데 진전을 보여 왔지만, 우리는 아직도 초기 종자식물로부터 속씨식물이 어떻게 진화했는지 완전히 이해하지 못하고 있다.

화석 속씨식물

이제 속씨식물은 백악기 초기인 1억 4,000만 년 전에 기원했을 것으로 추정된다. 백악기 중기가 되자(약 1억 년 전) 속씨식물은 몇몇 육상생태계를 우점하기 시작했다. 세계의 여러 곳에서 소나무류, 소철류 및 다른 겉씨식물들이 우점하던 경관이 속씨식물로 급격하게 변화되었다. 백악기는 공룡들과 다른 여러 동물군들이 대멸종한 6,500만 년 전에 끝나고, 속씨식물은 다양성과 중요성이 더 증가되었다.

어떤 증거가 속씨식물이 1억 4,000만 년 전에 진화하였음을 제시하는가? 첫째, 화분립은 쥐라기(2억 년 전에서 1억 4,500만 년 전) 암석부터 흔하지만, 이들 중 속씨식물의 특징을 갖는 것은 없다. 실제 속씨식물의 특징을 갖는 최초의 화석은 중국, 이스라엘, 영국 등의 1억 3,000만 년 전의 지층에서 발견되는 화분립이다. 보다 큰 현화식물의 구조를 갖는 화석은 *Archaefructus*(그림 30.13)와 *Leefructus*인데, 두 식물 모두 중국의 1억 2,500만 년 된 퇴적층에서 발견되었다. 종합적으로 살펴보면 초기 속씨식

(a) *Archaefructus sinensis*, 1억 2,500만 년 된 화석. 이 초본성 종은 단순한 꽃과 물에 떠 부유하는 데 이용된 것으로 추측되는 구상구조를 가지고 있는데 이는 이 식물이 수생식물임을 의미한다. 최근의 계통분석 결과는 *Archaefructus*가 수련군에 속할 수 있음을 제시하고 있다.

(b) 재현된 *Archaefructus sinensis*의 그림

▲ 그림 30.13 초기의 현화식물

물의 화석은 속씨식물이 2,000~3,000만 년에 걸쳐서 기원하였고 분화되기 시작하였음을 보여주는데, 이는 다윈의 생애에 알려진 화석이 제시하는 것보다는 더 천천히 진화한 것이다.

우리는 초기 속씨식물 화석에서 발견되는 특징으로부터 속씨식물의 공통조상이 갖는 특징을 유추할 수 있을까? 예로, *Archaefructus*는 초본성이었고, 물에 뜰 수 있는 확장된 기관을 갖는 점으로 보아 수생식물이었을 것으로 생각된다. 그러나 속씨식물의 공통조상이 초본성이고 수생식물이었는지를 밝히기 위하여 속씨식물에 친족으로 생각해왔던 다른 식물들의 특징들도 같이 살펴보아야 한다. 그런 식물들은 모두 목본이었으므로, 공통조상은 아마도 목본이었으며, 수생은 아니었을 것임을 시사한다. 앞으로 살펴볼 것처럼, 이런 결론은 최근의 계통분류학적 분석에 의해 지지되고 있다.

속씨식물의 계통

초기 속씨식물의 체제를 밝히기 위하여 과학자들은 화석식물을 포함하여 어떤 종자식물이 속씨식물과 가장 연관이 깊은지 오랫동안 연구해 왔다. 분자생물학 및 형태학적 증거는 현존하는 겉씨식물 계통들이 3억 500만 년 전에 속씨식물의 조상으로부터 분기했음을 제시한다. 이는 속씨식물이 3억 500만 년 전에 기원하였음을 의미하는 것이 아니고 겉씨식물과 속씨식물의 공통조상형이 그 당시에 생존하였음을 의미한다. 실제로 속씨식물은 현존하는 겉씨식물보다는 멸종된 종자식물의 여러 계열에 보다 더 가까운 것으로 보인다. 이 중 하나의 계열이 베네티탈리스(Bennettitales)인데 이 군은 곤충에 의해 수분되었을 것으로 보이는 꽃 같은 구조를 갖고 있다**(그림 30.14a)**.

속씨식물의 기원을 밝히는 데는 현존하는 속씨식물 계통군 간의 연관관계를 밝히는 것도 도움이 된다. 이 분야에서 최근 매우 중요한 발전이 있었다. 분자생물학 및 형태학적 증거들은 앰보렐라(*Amborella*)와 수련 무리가 현존하는 가장 원시적인 속씨식물의 두 개 계열이라는 점을 제시하였다**(그림 30.14b)**. 앰보렐라는 목본성으로 속씨식물의 공통조상이 아마도 목본성일 것이라는 이미 언급한 결론을 지지한다. 베네티탈리스와 같이 앰보렐라 및 다른 기저 속씨식물은 나중에 분기한 속씨식물 계통에서는 발달되어 있는 효율적인 물의 통도조직인 도관요소가 결여되었다. 전체적으로 조상종들과 앰보렐라와 같은 기저 속씨식물의 특징에 기초하여, 어떤 연구자들은 초기 속씨식물은 작은 꽃과 비교적 단순한 물 수송조직을 갖는 관목이었을 것이라 가정한다.

속씨식물과 동물과의 진화적 연결

식물과 동물은 수억 년 동안 상호 작용하여 왔으며, 이 관계는 상호 진화적 변화를 이끌어왔다. 예로, 초식동물들은 식물의 뿌리, 잎, 종자들을 먹음으로써 식물의 생식적 성공의 기회를 감소시켰을 수 있다. 결과적으로 초식자에 대항하여 새롭고 효율적인

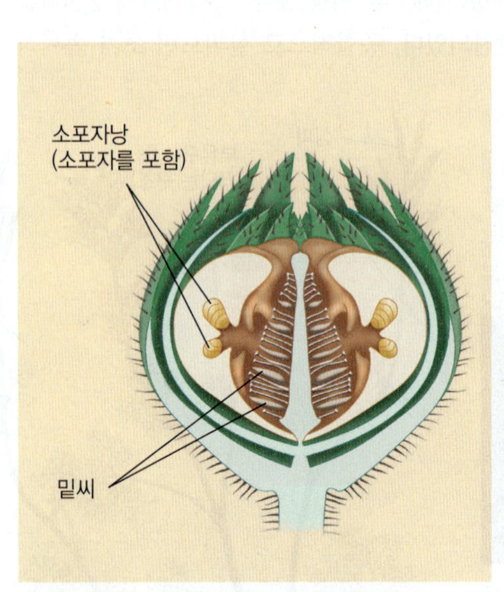

(a) **속씨식물의 가능한 조상?** 이 재구성 그림은 현존하는 겉씨식물들보다는 속씨식물들에 더 가까운 것으로 추정되는 멸종 종자식물군의 하나인 베네티탈리스의 꽃모양 구조를 세로로 절단한 것을 보여주고 있다.

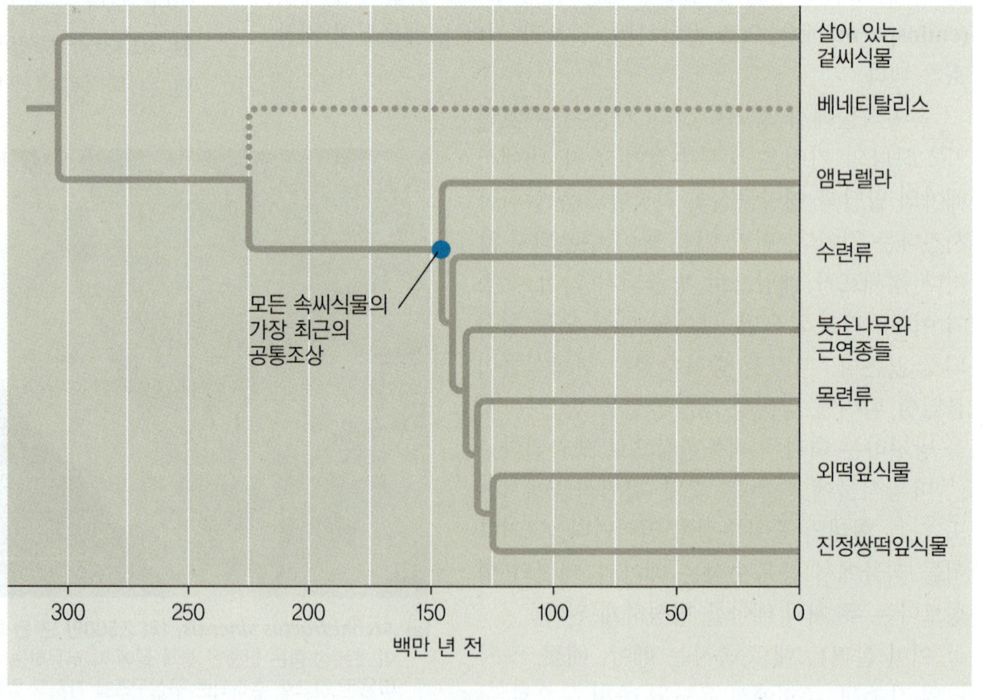

(b) **속씨식물의 계통.** 이 계통수는 형태와 분자적 증거에 기초한 속씨식물 진화관계에 대한 현재의 가정을 나타낸다. 속씨식물은 1억 4,000만 년 전에 기원하였다. 점선은 베네티탈리스와 속씨식물의 가능한 자매군에 대한 불확실한 관계를 나타낸다.

▲ **그림 30.14 속씨식물의 진화 역사**

? (b)에 나타난 분지 순서는 만약에 1억 5,000만 년 전의 외떡잎식물 화석이 발견된다면 다시 그려야 하는가?

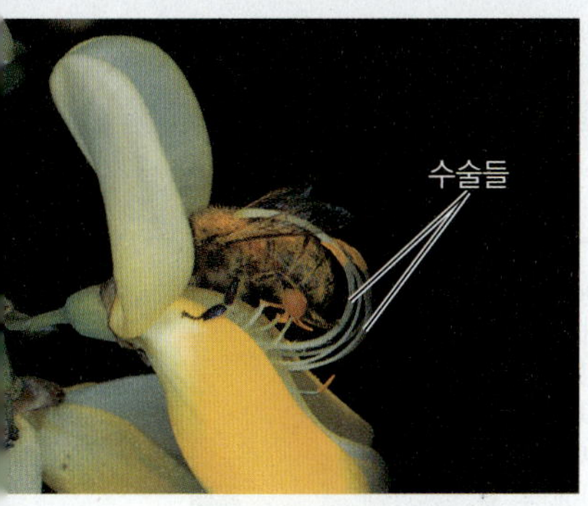

◀ **그림 30.15 좌우대칭화를 수분시키고 있는 벌.** 좌우대칭화인 이 꽃에서 꿀을 수확하기 위해서 벌은 사진에서 보는바와 같이 일정한 방향으로 착지하여야 한다. 이 과정에서 수술의 끝은 벌의 몸통에 닿으며 꽃가루가 방출되어 벌의 몸에 붙는다. 후에 이 벌이 같은 종의 다른 꽃을 방문하면 이 꽃가루가 주두에 묻게 된다.

방어기작을 발전시킨 식물들은 자연선택에서 유리하게 되었을 것이다. 식물과 화분매개자 및 다른 상호이익이 되는 관계도 유사한 진화적 효과를 낳게 되었다.

식물-수분매개자의 상호관계는 새로운 종 형성률에도 영향을 미쳤을 수 있다. 꽃의 대칭성에 관한 효과를 살펴보자(그림 30.9). 좌우대칭화에서는 곤충 수분매개자가 일정한 방향으로 꽃에 접근하여야만 꿀을 획득할 수 있다(그림 30.15). 이 같은 제한 조건에서 같은 곤충은 하나의 종 내의 한 꽃에서 다른 꽃으로 이동을 선호할 것이고, 이때 곤충 몸의 일정 부위에 붙은 화분립은 같은 종의 꽃 암술머리에 붙게 될 것이다. 그런 화분 전달의 특이성은 분기 중인 집단들 사이의 유전자 흐름을 감소시키고 좌우대칭 식물들의 종분화 속도를 증가시킬 수 있다. 따라서 연구자들은 방사대칭화보다는 좌우대칭화에서 종분화가 보다 빨리 일어날 것이라고 가정한다. 이 가정은 다음 도해에서 설명한 방법으로 검증할 수 있다. 검증에서 한 가지 중요한 단계는 방사대칭화를 갖는 분기군과 가까운 자매군으로써 방사대칭화를 갖는 분기군을 찾아내는 일이다. 최근의 한 연구는 방사대칭화와 좌우대칭화가 연관관계가 깊은 19쌍의 분기군들을 찾아냈다. 평균적으로 좌우대칭화 계열은 근연의 방사대칭화 계열보다 2,400여 종을 더 가지고 있었다. 이 결과는 꽃의 모양이 새로운 종 형성률에 영향을 주며, 종분화가 좌우대칭화 계열에서 보다 빠른 속도로 일어남을 의미한다. 전반적으로, 이와 같은 식물과 화분매개자의 관계는 백악기에 현화식물이 점차 우점화되고, 생태군집에서 속씨식물이 가장 중요하도록 되어 가는데 기여를 한 것으로 생각된다.

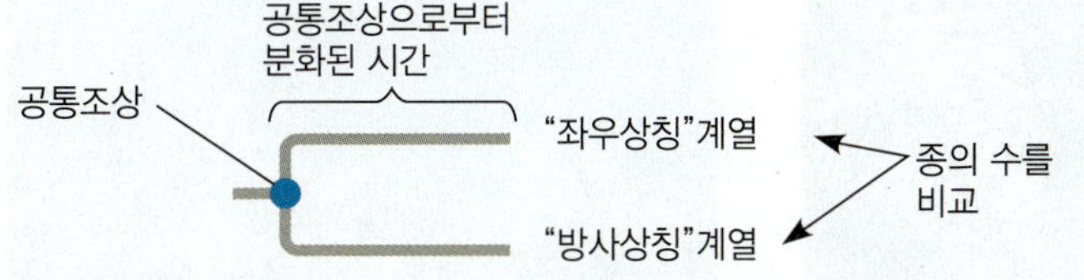

속씨식물의 다양성

중생대의 보잘 것 없는 조상으로부터 시작한 속씨식물은 현재 25만 종 이상으로 분화하여, 지구상의 대부분의 육상생태계를 우점하고 있다. 1990년대 후반까지 대부분의 계통학자들은 현화식물을 배아의 떡잎 숫자에 따라 두 개의 군으로 나누었다. 하나의 자엽을 갖는 종들을 **외떡잎(monocot, 단자엽)**, 두 개의 떡잎을 갖는 종들을 **쌍떡잎(dicot, 쌍자엽)**으로 불렀다. 꽃과 잎의 구조와 같은 타 형질들도 두 군을 정의하는 데 사용되었다. 그러나 최근 DNA 연구는 전통적으로 쌍떡잎식물이라 부르던 종들은 측계통군임을 보여준다. 한때 쌍떡잎식물이라 부르던 대다수의 종들은 하나의 큰 분기군을 형성하는데 이제 이 군은 **진정쌍떡잎식물(eudicots)**이라 부른다(그림 30.16). 이전 쌍떡잎식물의 나머지는 이제 4개의 작은 계열로 그룹지어진다. 이 작은 계열 중 3개군은 속씨식물의 가장 오래된 계열에 해당하므로 비공식적으로 **기저속씨식물(basal angiosperm)**이라고 부른다(그림 30.14b). 네 번째 계통군은 보다 나중에 분기한 **목련류(magnoliid)**이다. 그림 30.17에서 속씨식물 다양성을 개관하였다.

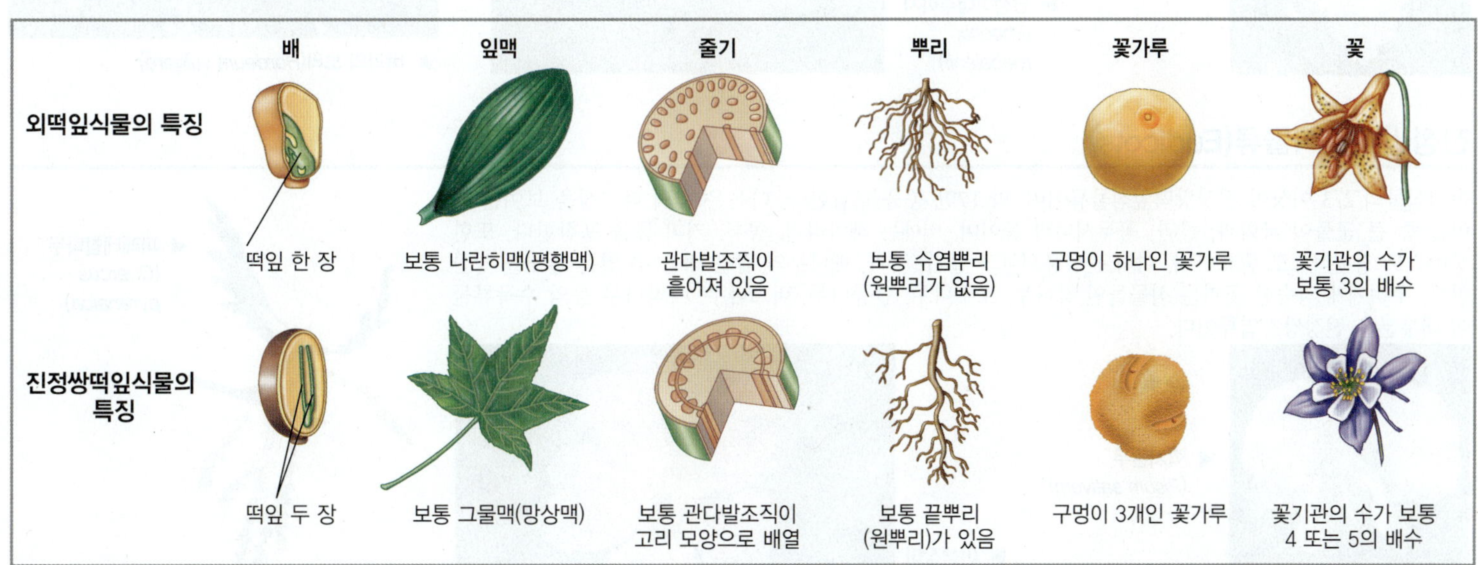

▲ **그림 30.16 외떡잎식물과 진정쌍떡잎식물의 형질**

▼ 그림 30.17

탐구 속씨식물의 다양성

기저속씨식물(Basal Angiosperms)

현존하는 기저속씨식물은 3개의 작은 계통으로 이루어져 있으며, 약 100종을 포함한다. 가장 오래된 계열은 단일종 *Amborella trichopoda*로 이루어져 있다(가장 오른쪽 사진). 두 개의 다른 현존 계열은 후에 분화하였는데, 수련류를 포함하는 분기군과, 붓순나무와 그 친족으로 구성된 분기군이다.

▶ **앰보렐라, *Amborella trichopoda***: 이 소관목식물은 남태평양 섬인 뉴칼레도니아에서만 발견되며, 속씨식물 계통수의 최하단에 위치한 유일한 생존체로 생각된다.

◀ **수련류(*Nymphaea*)**: 수련 종들은 세계의 수생서식지에서 볼 수 있다. 수련류는 *Amborella* 다음 두 번째로 분지한 원시적인 생존 속씨식물 계통군이다.

◀ **붓순나무류(*Illicium*)**: 이 속은 기저속씨식물의 제3의 살아 있는 계열이다.

목련류(Magnoliids)

목련류는 목련, 계수나무, 후추 등과 같은 식물로 대표되며, 약 8,000종으로 구성되었다. 목본성과 초본성이 동시에 포함된다. 꽃의 기관이 환상이 아닌 나선상으로 배열되는 등 기저속씨식물과 일부 원시적인 특징을 공유하지만, 실제 목련류는 외떡잎식물류와 진정쌍떡잎식물류에 더 연관관계가 깊다.

◀ **태산목(*Magnolia grandiflora*)**: 목련과의 이 종은 큰 나무이다. 태산목의 이 변종은 "골리앗"이라고 불리며 꽃의 지름이 30 cm에 이른다.

외떡잎식물류(Monocots)

속씨식물의 1/4 정도가 외떡잎식물로 약 7만 종이 포함된다. 이중 큰 군들이 난과, 벼과, 사초과, 야자나무과 등이다. 벼과는 가장 중요한 곡류인 밀, 옥수수, 쌀 등을 포함한다.

◀ **난(*Lemboglossum rossii*)**

▶ **난쟁이대추야자 (*Phoenix roebelenii*)**

▲ **벼과의 보리(*Hordeum vulgare*)**

진정쌍떡잎식물류(Eudicots)

속씨식물의 2/3 이상이 진정쌍떡잎식물류이며, 약 17만 종을 포함한다. 다음은 꽃의 다양성을 보여준다. 이들 중 큰 군들이 국화과, 콩과, 꼭두서니과 등이며, 이에는 해바라기, 콩류, 커피 등을 포함한다. 또한 장미과도 경제적으로 중요하며, 여러 관상용식물과 딸기, 사과, 배나무와 같은 먹을 수 있는 열매를 생산한다. 우리에게 익숙한 꽃피는 식물들인 참나무, 호두나무, 단풍나무, 버드나무, 자작나무 등의 수목류들이 대부분은 진정쌍자엽류이다.

◀ **피레네참나무 (*Quercus pyrenaica*)**

◀ **깍지완두 (*Pisum sativum*)**

▶ **야생장미 (*Rosa canina*)**

예로, 외떡잎식물은 주로 평행맥(화본과 식물)을 갖는 반면, 대부분의 쌍자엽식물은 망상맥(참나무 잎)을 갖는다. 외떡잎식물의 몇 가지 예로는 난류, 야자류, 밀, 옥수수, 쌀 등의 곡류 등을 들 수 있다. 쌍떡잎식물의 몇 가지 예로는 장미류, 콩류, 해바라기류, 단풍나무류 등을 들 수 있다.

개념 확인 문제 30.3

1. 도토리 나무는 도토리가 더 많은 도토리를 만들기 위한 방편이라고들 한다. 포자체, 배우체, 밑씨, 종자, 씨방, 열매 등의 용어들을 포함하여 이를 설명하라.
2. 구조 및 기능적 측면에서 솔방울과 꽃을 비교 설명하라.
3. **WHAT IF?** 현화식물의 연관 계열에서 종분화 속도가 꽃의 모양과 상관관계가 있는가? 또는 어떤 꽃의 유형이 종분화 속도와 관계가 있는가? 설명하라.

정답은 부록 A 참조

개념 30.4

인류의 복지는 종자식물에 의존한다

산림에서나 농장에서나 종자식물은 식량, 연료, 목재, 의약품 등의 주요 원천이다. 인간의 종자식물에의 의존은 식물다양성 보존의 중요성을 일깨워준다.

종자식물로부터의 생산품

우리 식량의 대부분은 속씨식물로부터 유래한다. 밀, 쌀, 옥수수, 감자, 카사바, 고구마 등의 6대 작물이 인간이 소비하는 전체 열량의 80%를 공급한다. 우리는 또한 육류를 위해 키우는 가축을 먹이는 데도 속씨식물에 의존하는데, 1 kg의 쇠고기를 얻기 위해 5~7 kg의 곡류를 소비한다.

현대의 작물은 12,000년 전 식물을 재배한 이후 인위선택에 의한 결과이다. 이들의 변화 정도는 재배 옥수수와 야생옥수수(teosinte, 그림 38.16)의 예와 같이 재배식물의 크기와 이들의 야생친척의 차이를 비교해 봄으로 알 수 있다. 과학자들은 작물과 이들의 야생친척 간의 유전자를 비교함으로써 재배에 관한 정보를 유전적 수준에서 찾을 수 있다. 재배옥수수의 경우, 야생옥수수에 대해 속대의 크기가 커지고, 낱알의 딱딱한 껍질이 제거되는 극단적인 변화가 5개 이내의 소수 유전자 돌연변이에 의하여 시작되었음을 알아내었다.

현화식물은 다른 먹을 수 있는 산물을 제공한다. 세상에서 가장 널리 이용되는 두 가지의 음료가 차잎과 커피열매에서 유래하며, 코코아와 초콜릿이 열대성 카카오나무에서 생산됨에 우리는 감사해야 한다. 향신료가 꽃(정향), 열매와 종자(바닐라, 후추, 겨자, 커민), 잎(나록풀, 박하, 세이지), 나무껍질(계피) 등 여러 가지 식물 부분에서 기원한다.

표 30.1 종자식물로부터 유래한 의약품류

화합물	원료식물	용도
아트로핀	미치광이풀	눈 검사 시 동공 확장제
디지탈린	디기탈리스	심장치료제
멘톨	유카리나무	감기약의 성분
퀴닌	신코나나무	말라리아 치료제
택솔	태평양주목	난소암 치료약
튜보쿠라린	쿠라레나무	수술 시 근육 이완제
빈블라스틴	일일초	백혈병 치료제

여러 종자식물은 비종자식물에서는 볼 수 없는 목재의 원료를 제공한다. 목재는 물관세포의 단단한 세포벽의 축적으로 이루어진다(그림 35.22). 목재는 인류의 1차 연료이며, 주로 소나무류와 전나무류와 같은 구과식물로부터 유래한 목재펄프는 종이의 주 원료이다. 아직도 목재는 세계적으로 가장 널리 쓰이는 건설재료로 남아 있다.

수백 년간, 인간은 의약품의 공급을 종자식물에 의존해 왔다. 고대 그리스의 의사 히포크라테스가 식물체를 처방한 것을 비롯하여, 여러 문화에서 식물치료법을 전통적으로 이용하여 왔으며, 과학적 연구는 이들 식물로부터 해당 2차 대사산물을 밝혀내고 있다. 1,800년경 과학자들은 버드나무의 의학적 효과가 살리신(salicin)이라는 화학물질임을 밝혀냈다. 합성 유도체인 아세틸살리신산(acetylsalicylic acid)은 아스피린으로 알려져 있다. 식물은 의약 화합물의 직접적인 원료이다(**표 30.1**). 예로, 미국에서 처방되는 약의 25% 정도가 식물(주로 속씨식물)에서 직접 추출 또는 유도된 하나 이상의 활성물질을 함유하고 있다.

식물다양성의 위협

식물은 재생 가능한 자원일 수 있지만 식물다양성은 그렇지 않다. 인구의 증가로 이를 부양하기 위한 공간과 자원의 요구는 예견치 못한 속도로 식물종의 멸종을 초래하고 있다. 이 문제는 열대지방에서 특히 심각하며, 이들 지역은 세계인구의 3분의 2 이상을 차지하고, 인구 증가가 가장 빠르다. 5,500 km^2(1,400만 에이커) 면적의 열대우림이 매년 파괴되고 있으며(**그림 30.18**), 현재의 파괴 속도가 지속되면 지구상에 남아 있는 11,000 km^2의 열대우림이 200년 내에 완전히 사라지게 된다. 산림의 소실은 광합성 과정에서 일어나는 대기 중의 이산화탄소의 흡수도 감소시킨다. 삼림이 사라지면 수천 종의 식물도 사라진다. 한번 멸종된 종은 더 이상 돌아오지 않는다.

식물종의 소실은 곤충과 다른 열대우림에 서식하는 동물종의 멸종을 동반하게 된다. 연구자들은 열대우림과 다른 생태계의 서식지파괴가 매년 수천 종으로 추산되는 생물종의 멸종 원인이라고 생각하고 있다. 열대와 다른 곳에서 현재의 속도로 서식지가

▲ **그림 30.18 열대우림의 개발.** 지난 수 세기 동안 열대우림의 절반정도가 베어져서 농지나 다른 목적으로 이용되고 있다. 왼쪽의 인공위성사진은 1975년 촬영한 것으로 브라질의 빽빽한 산림을 보여준다. 2012년에 이르면 이지역의 많은 산림이 베어 없어졌다(오른쪽 위성사진). 산림이 제거된 지역과 도시 지역은 갈색–자색으로 보인다.

파괴된다면, 과학자들은 다음 몇 세기 안에 지구상의 생물종 중 50% 이상이 멸종될 것으로 추산한다. 이 멸종 속도는 다른 어떤 시대의 멸종 속도보다 빠르며, 지사학적으로 페름기나 백악기의 대멸종보다도 빠르며 지구식물(다른 생물들 포함)들의 진화역사를 불가역적으로 바꿔놓을 것이다.

많은 사람들은 살아 있는 생명체의 멸종에 대하여 윤리적 걱정을 한다. 게다가 식물다양성의 소실에 대한 걱정에는 실질적인 이유도 내재되어 있다. 현재까지 우리는 29만 종의 알려진 식물 중 극소수에 대하여만 이용가능성을 조사한 바 있다. 예로 우리가 이용하는 식품은 20여 종의 재배 종자식물에 크게 의존하고 있다. 나아가 5,000종 이내의 식물종만이 의약품의 원천으로 연구되었다. 열대우림은 우리가 그들의 존재를 알기도 전에 멸종될 수 있는 의약품의 보고이다. 열대우림과 다른 생태계를 서서히 재생될 수 있는 보물이라고 생각한다면, 우리는 이들의 생성물을 지속가능한 속도로 수확해야 함을 알아야 할 것이다.

개념 확인 문제 30.4

1. 식물다양성을 재생 불가능한 자원이라고 생각하는 이유를 기술하라.
2. WHAT IF? 연구자들이 종자식물로부터 유래한 새로운 의약품을 찾는 효율을 증진시키는 데 계통수가 어떻게 이용될 수 있는가?

정답은 부록 A 참조

30장 복습

핵심 개념의 요약

개념 30.1

종자와 화분립은 육지 생활을 위한 주요 적응이다

종자식물의 다섯 가지 유도형질	
축소된 배우체	현미경적 암, 수 배우체(*n*)는 포자체(2*n*)에 의하여 영양을 공급받고 보호된다. (수배우체, 암배우체)
이형포자	소포자(하나의 수배우체로 발달) 대포자(하나의 암배우체로 발달)
밑씨	밑씨(겉씨식물): 주피(2*n*), 대포자(*n*), 대포자낭(2*n*)
화분	화분립은 수정에 물을 필요로 하지 않게 한다.
종자 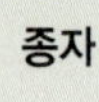	종자는 보호되지 않은 포자보다 잘 살아 남고 널리 전파될 수 있다. 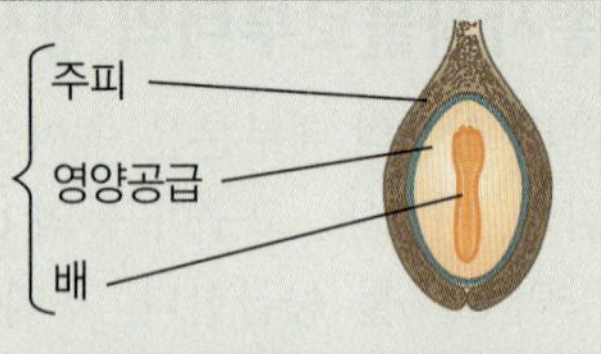

개념 30.2

겉씨식물은 주로 솔방울에 "나출된" 종자를 갖는다

- 포자체 세대의 우점, 숙성된 밑씨로부터 종자의 발달, 밑씨로 정자의 이동에 대한 화분의 역할 등은 겉씨식물 생활사의 주요 특징들이다.
- 겉씨식물은 식물화석 역사의 초기에 등장하여 중생대 육상생태계를 우점하였다. 살아 있는 종자식물은 겉씨식물과 속씨식물로 나눌 수 있다. 현존 겉씨식물은 소철류, 은행나무, 마황류와 구과식물류를 포함한다.

? 겉씨식물은 1,000종 이내이지만 진화학적 긴 수명, 적응, 지리적 분포의 관점에서는 매우 성공적인 군이다. 이를 부연 설명하라.

개념 30.3

속씨식물의 생식적 적응에는 꽃과 열매가 포함된다

- 꽃은 일반적으로 꽃받침, 꽃잎, 수술(화분생성), 심피(밑씨 생성)라 부르는 4열의 변형된 잎으로 구성되었다. 씨방이 성숙하여 열매가 되며, 종자는 바람, 물, 동물 등에 의하여 새로운 장소로 이동된다.

- 속씨식물은 1억 4,000만 년 전에 기원하였으며 백악기 중기가 되면서 (약 1억 년 전) 몇몇 육상생태계를 우점하게 되었다. 화석과 계통분석은 속씨식물의 기원에 대한 실마리를 제공한다.
- 여러 기저속씨식물류가 동정되었다. 속씨식물의 다른 주요 부류군들은 목련류, 외떡잎식물류, 진정쌍떡잎식물류를 포함한다.
- 속씨식물과 동물 간의 수분 및 다른 연관관계는 후반 1억 년 동안 속씨식물의 성공에 기여한 바 크다.

? 다윈은 왜 속씨식물의 기원을 "지독한 미스터리"라 불렀으며 화석증거와 계통분석으로부터 이에 관하여 무엇을 배웠는지 설명하라.

개념 30.4

인류의 복지는 종자식물에 의존한다

- 인류는 음식, 목재, 의약품 등과 같은 많은 것을 종자식물에 의존한다.
- 서식지 파괴가 이를 지탱하는 많은 식물종과 동물종들의 멸종 원인이다.

? 열대우림을 파괴하는 것이 왜 인간에게 해로우며 대멸종에 이르게 되는 이유가 되는지 설명하라.

생각해보자

수준 1: 지식/이해

1. 속씨식물의 어느 기관 어느 곳에서 대포자낭을 볼 수 있는가?
   a. 꽃의 암술대 안　　b. 꽃의 주두에 싸여 있음
   c. 꽃의 씨방 안의 밑씨 속　　d. 수술 꽃밥 안의 화분낭
2. 과일은 보통
   a. 성숙한 씨방.　　b. 비후된 암술대.
   c. 확장된 밑씨.　　d. 성숙한 암배우체.
3. 속씨식물에서 염색체 수가 잘못 표현된 것은?
   a. 알세포 – n　　b. 대포자 – $2n$
   c. 소포자 – n　　d. 접합자 – $2n$
4. 다음 중 속씨식물과 겉씨식물을 다른 식물에서 구별할 수 있는 형질이 아닌 것은?
   a. 의존적인 배우체　　b. 밑씨
   c. 화분립　　d. 세대교번
5. 다음 중 속씨식물과 겉씨식물의 공통점이 아닌 것은?
   a. 종자　　b. 화분립
   c. 씨방　　d. 밑씨

수준 2: 응용/분석

6. **DRAW IT** 문자 a~d를 이용하여 다음의 형질이 파생된 지점을 다음 계통수에 표시하라.
   a. 꽃　　b. 배아
   c. 종자　　d. 관다발조직

7. **진화적 관점**
   생명의 역사는 여러 차례의 대멸종에 의하여 변화되었다. 예로 백악기 말 운석의 충돌은 공룡류와 여러 형태의 해산생물들을 멸종시켰다(25장). 화석자료는 식물류가 이와 같은 대멸종에 의한 영향을 적게 받았음을 보여준다. 식물이 이와 같은 재앙으로부터 보다 더 내성적인데 식물의 어떤 적응이 이에 기여하였다고 생각하는가?

수준 3: 종합/평가

8. **과학적 탐구**
   DRAW IT 38장에 자세히 설명한 바와 같이 속씨식물의 암배우체는 주로 7개의 세포로 구성되는데 그 중 하나인 중심세포는 두 개의 반수체 핵들을 포함한다. 중복수정 후 중심세포는 삼배수성의 배젖으로 발달한다. 모든 외떡잎식물, 목련류, 진정쌍떡잎식물은 암배우체가 7개의 세포를 갖고 삼배수성 배젖을 갖는데 과학자들은 이들 상태가 속씨식물의 원시적 상태라고 가정해 왔다. 그러나 다음 최근의 발견들을 고려해 보자.
   - 속씨식물의 계통에 대한 우리의 이해는 그림 30.14b와 같이 변화되었다.
   - 앰보렐라는 8세포의 암배우체를 가지며 삼배체성 배젖을 갖는다.
   - 수련과 붓순나무는 4세포의 암배우체와 이배체성 배젖을 갖는다.

   (a) 위에서 언급한 암배우체의 세포수와 배젖의 배수성을 반영하여 계통수(그림 30.14b)를 그려라. 모든 붓순나무 무리는 4세포성 암배우체 이배체성 배젖을 갖는다고 가정하라.
   (b) 여러분이 그린 계통수에서는 속씨식물의 암배우체와 배젖의 진화에 대하여 어떤 제안을 담고 있는가?
9. **글쓰기: 지식의 체계화**
   세포는 모든 생물체에서 구조와 기능의 기본단위이다. 식물 생활사의 주요 특징은 다세포성 반수체 세대와 이배체성 세대의 교번이다. 수정과 감수분열 사이에 체세포 분열이 없는 현화식물을 상상하라. 이 세포분열의 변화가 식물의 생활사에 어떤 영향을 미칠지를 100~150자 내의 에세이로 기술하라.
10. **종합적으로 생각해보기**

이 전자현미경사진은 종자식물 6종의 화분립을 보여준다. 어떻게 화분립과 다른 적응형질들이 오늘날 식물군집에서 종자식물의 번성과 이들의 우점적 역할에 영향을 미쳤는지 기술하라.

정답은 부록 A 참조

31

균류

핵심 개념

31.1 균류는 흡수에 의해 영양분을 섭취하는 종속영양생물이다

31.2 균류는 유성생식 또는 무성생식의 생활사를 통하여 포자를 형성한다

31.3 균류는 단세포의 수생편모 원생생물에서 유래하였다

31.4 균류는 매우 다양한 계통으로 퍼져나갔다

31.5 균류는 영양물질의 순환, 생태적 상호작용과 인간의 생활에 중요 역할을 한다

▲ 그림 31.1 왜 나무는 생장하기 위해 이들 균류에 의존하는가?

대단한 버섯

제1차 세계대전 중 영국에서는 목재가 절대적으로 부족하였는데, 많은 나무들이 이 기간 중에 베어졌다. 따라서 전쟁 후 스코틀랜드의 북부 고지대에서와 같은 여러 식목 계획들이 마련되었다.

멸균된 토양의 화분에서 자란 소나무 묘목은 땅에 심어진 후 2~3년 안에 죽었다. 실험은 멸균되지 않은 토양에 심어진 묘목은 생존한다는 사실을 실험을 통해 확인하였다. 과학자들은 이 생존한 묘목들의 뿌리에 균류가 연합되어 있음을 발견하였다. 균근(mycorrhizae)이라고 불리는 이 균류와의 연합에서, 곰팡이들(진균, 균류)*은 영양분 섭취에 필수적인 역할을 수행하며, 식물을 토양 병원균으로부터 보호하는 데 도움을 주기도 한다**(그림 31.1)**.

여기에서 얻은 교훈은 소나무 묘목 주위에 균류가 서식하지 않으면 나무는 이곳 고지대에서 생존할 수 없다는 것이다. 토양 아래쪽에는 이들 균류의 미세한 섬유가 엄청난 양으로 존재하지만 우리들 대부분은 식용 버섯 외에는 균류를 잘 알지 못한다. 하지만 균류는 생물권의 거대하고 중요한 구성성분이다. 약 100,000종의 균류가 알려졌지만, 실제로는 150만 종이 존재한다고 추정된다. 대부분은 많은 경우 버섯이라고

* 이 장에서 균류이라 함은 곰팡이계(Fungi)에 속하는 생물을 말한다. 원생생물인 점균이나 원핵생물인 세균과의 구별을 위해 진균이라는 표현을 종종 사용한다.

알려진 지상부 구조를 포함하는 복잡한 다세포체를 형성하지만, 일부 균류는 단세포이다. 이런 다양한 진균들은 모든 육상 및 수생 서식지에서 발견되는데, 심지어 지상 160 km 상공에서도 포자가 발견된 적도 있다.

균류들은 다양하며 넓게 분포하고 있을 뿐만 아니라 대부분의 건전한 생태계를 위해서도 필수적이다. 균류는 유기물질을 분해하며 영양물질을 순환시킴으로써 다른 생물이 필요한 화학 원소를 흡수할 수 있게 한다. 우리 인간은 식량원으로서, 그리고 농업과 임업에서 이용하기 위해서 뿐만이 아니라 빵에서부터 항생제에 이르기까지 다양한 물질을 만들어 내는 데 균류를 이용한다. 그러나 균류 일부가 식물과 동물에 질병을 일으키는 것 또한 사실이다.

이 장에서는 균류의 구조와 진화 역사 및 균류의 종류를 조사해 보고자 하며, 또한 균류의 생태적 그리고 상업적 중요성에 대해 논의하고자 한다.

개념 31.1

균류는 흡수에 의해 영양분을 섭취하는 종속영양생물이다

엄청난 다양성에도 불구하고 모든 균류는 몇몇 중요한 특성을 공유하는데, 가장 중요한 특성은 영양분 섭취방식이다. 또한 많은 진균들이 먹이를 얻는 데 중요한 역할을 하는 구조인 다세포 섬유를 형성함으로써 생장한다.

영양과 생태학

동물과 마찬가지로 진균들은 식물이나 조류와 달리 스스로 자신의 먹이를 만들지 못하는 종속영양생물이다. 그러나 동물과는 달리 균류는 먹이를 먹어서 섭취하지는 못한다. 대신 균류는 체외 환경으로부터 영양분을 흡수한다. 많은 균류들을 그들의 주위로 강력한 가수분해효소를 분비하여 이 일을 수행한다. 이 효소들은 복잡한 분자를 작은 유기화합물로 분해하여 균류가 체내로 흡수하여 이용할 수 있게 한다. 다른 균류는 세포벽을 관통하는 효소를 이용하여 균류가 그 세포로부터 영양분을 흡수할 수 있게 한다. 총괄하여, 다양한 종류의 균류에 존재하는 여러 효소는 살아 있거나 또는 죽은 넓은 범위의 근원으로부터의 화합물을 소화시킬 수 있다.

이러한 식량원의 다양성은 분해자, 기생자 또는 상리공생자로 살아가는 많은 종들을 포함하는 생태적 군집에서의 다양한 균류의 역할과 일치한다. 분해자 균류는 쓰러진 통나무나 동물 사체, 생물의 노폐물과 같은 유기물을 분해하여 영양물질을 흡수한다. 기생균류는 살아 있는 숙주세포로부터 영양물질을 흡수한다. 식물에서 병을 유발하는 많은 종들을 포함하는 몇몇 기생균류는 병원성이다. 공생생활을 하는 균류 역시 숙주 생물로부터 영양물질을 흡수하지만, 숙주에게 이득을 주는 활동으로 상호 혜택을 교환한다. 예를 들어, 특정 흰개미류의 내부에서 공생생활을 하는 균류는 다른 흰개미종에서 공생생활을 하는 원생생물이 그러하듯이 목질을 분해하는 그들의 효소를 이용한다(그림 28.27).

균류가 넓은 범위의 음식원을 소화시킬 수 있게 하는 다재다능한 효소가 균류의 생태적 성공의 유일한 이유는 아니다. 다른 중요한 요소는 어떻게 그들의 몸체구조가 영양분 흡수의 효율을 증가 시키는가 하는 것이다.

몸체구조

가장 일반적인 균류의 몸체구조는 다세포 섬유형과 단세포형(**효모, yeast**)이다. 많은 종들이 섬유형과 효모형 모두로 생장할 수 있으나, 그보다 많은 종들이 섬유로만 자라고 비교적 적은 수의

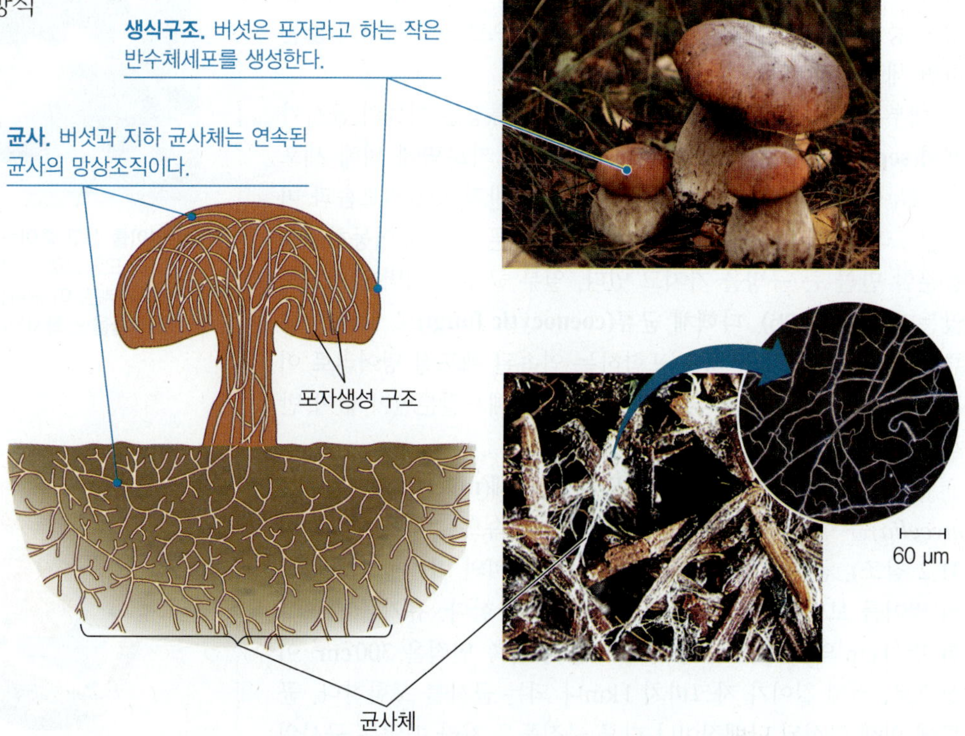

▲ **그림 31.2 다세포 균류의 구조.** 위쪽의 사진은 그물버섯(*Boletus edulis*)의 성 구조로서, 이 경우 버섯이라고 부른다. 아래 그림은 떨어진 침엽수 잎에서 자라는 균사체이다. 오른쪽 하단의 주사전자현미경(SEM) 사진은 균사를 보여준다.

? 위의 그림에서 버섯들은 비록 서로 다른 개체처럼 보이지만, 그들의 DNA는 동일하겠는가? 설명하라.

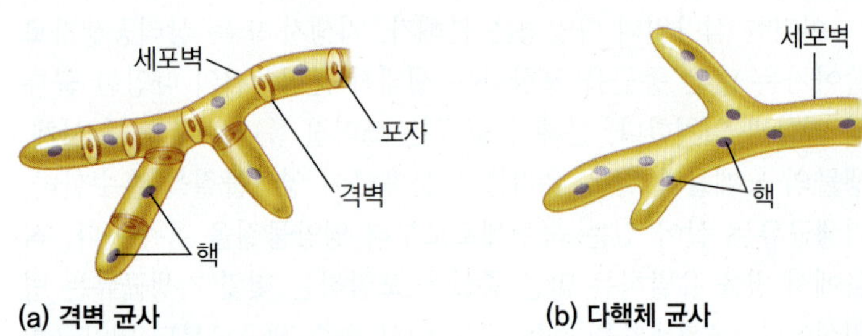

(a) 격벽 균사 (b) 다핵체 균사

▲ 그림 31.3 균사의 두 형태

종이 효 모로만 자란다. 효모는 보통 설탕이나 아미노산과 같은 용해성 영양분의 공급이 가능한 식물즙이나 동물조직과 같은 축축한 환경에서 서식한다.

다세포 균류의 형태는 환경으로부터 영양분을 향하여 자라고 이를 흡수하는 능력을 향상시키는 구조를 가진다(그림 31.2). 이들 균류의 몸체는 전형적으로 **균사(hyphae**, 단수는 *hypha*)라고 부르는 미세한 섬유의 망상구조를 형성한다. 균사는 세포질과 원형질막을 둘러싸는 관 모양의 세포벽으로 구성되어 있다. 균류의 세포벽은 강하고 유연성 있는 다당류인 **키틴(chitin)**에 의해 강화된다. 키틴이 풍부한 세포벽은 흡수에 의한 섭식을 향상시킬 수 있다. 균류는 외부 환경으로부터 영양분을 흡수하기 때문에 세포 내에서의 이들 영양분의 농도 증가는 삼투에 의해 물을 세포 안으로 이동시킨다. 이러한 균류 세포 내로의 물의 이동은 압력을 증가시켜 만약 세포가 단단한 세포벽으로 둘러싸이지 않는다면 세포를 터지게 만든다.

대부분 균류의 또 다른 중요한 구조적 특징은 이들의 균사가 **격벽(septa**, 단수는 *septum*)이라고 불리는 가로벽에 의해 세포로 나누어진 것이다(그림 31.3a). 격벽은 일반적으로 리보솜과 미토콘드리아, 심지어는 핵이 한 세포에서 다른 세포로 이동하기에 충분할 만큼 큰 구멍을 가지고 있다. 일부 균류는 격벽을 가지지 않는다(그림 31.3b). **다핵체 균류(coenocytic fungi)**로 알려진 균류는 수백, 수천 개의 핵을 포함하는 연속된 세포질 덩어리로 이루어진다. 나중에 언급되겠지만 다핵체는 세포질분열이 없이 반복된 핵분열의 결과로 생성된다.

균사는 서로 얽혀 덩어리 모양의 **균사체(mycelium**, 복수는 *mycelia*)를 형성하는데, 이 균사체가 먹이 속으로 침투한다(그림 31.2 참조). 균사체의 구조는 표면적 대 부피의 비율을 극대화시켜 먹이를 보다 효율적으로 흡수할 수 있게 한다. 유기물이 풍부한 단 $1\,cm^3$의 토양에서 균사와 토양의 접촉 면적은 $300\,cm^2$ 이상으로, 전체 길이가 자그마치 1 km나 되는 균사를 포함한다. 균류에 의해 합성된 단백질이나 다른 물질들은 자라고 있는 균사의 끝 부분까지 세포질 유동에 의해 이동되므로 균류의 균사체는 빠르게 생장한다. 균류는 균사의 굵기를 늘리기보다는 길이를 늘임으로써 전체적인 흡수면적을 넓혀 에너지와 자원의 흡수를 극대화시킨다. 균류는 전형적인 의미에서는 운동성이 없다. 즉, 먹이나 짝을 찾기 위해 뛰거나 수영하거나 날 수 없다. 그러나 균사는 생장하면서 균사의 끝 부분을 이전에 점유하지 않았던 곳으로 빠르게 뻗음으로써 새로운 영역으로 이동할 수 있다.

균근균류의 특수한 균사

일부 균류는 살아 있는 동물에서 먹이를 섭취할 수 있게 하는 특수한 균사를 가진다(그림 31.4a). 다른 균류종은 식물 숙주로부터 영양분을 추출하거나 또는 상호교환하는데 이용되는 **흡기(haustoria)**라고 하는 특수한 균사를 가진다(그림 31.4b). 균류와 식물 뿌리 사이의 상호 유익한 관계를 **균근(mycorrhizae**; "곰팡이 뿌리"란 의미)이라고 부른다.

균근을 형성하는 균류인 균근균류는 균류의 광대한 균사체의 망상조직이 토양으로부터 인산이온과 다른 무기질을 얻는 데 있어 식물의 뿌리보다 더 효과적이기 때문에 이러한 무기질을 식물

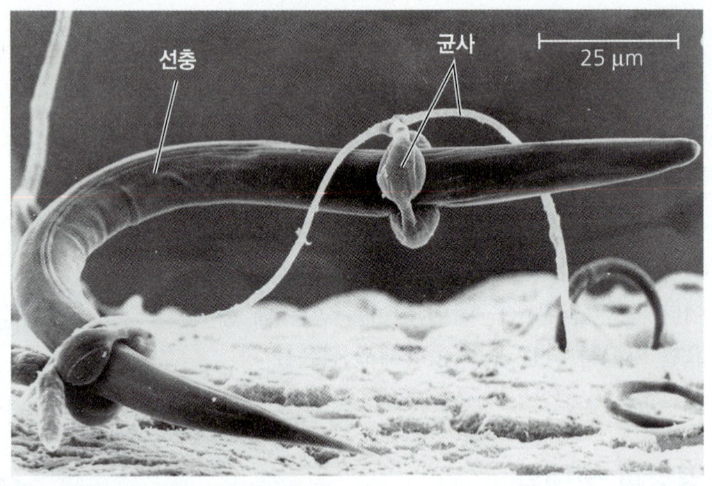

(a) **먹이를 잡고 죽이는 데 적합한 균사.** 1초 안에 선충류를 단단히 조일 수 있는 고리 모양으로 변형된 토양균류의 하나인 선충포식 균류(*Arthrobotrys*)의 균사 부분. 이 균류는 그 후 먹이의 몸을 뚫고 균사를 뻗어서 먹이의 내부 조직들을 소화시킨다(SEM 사진).

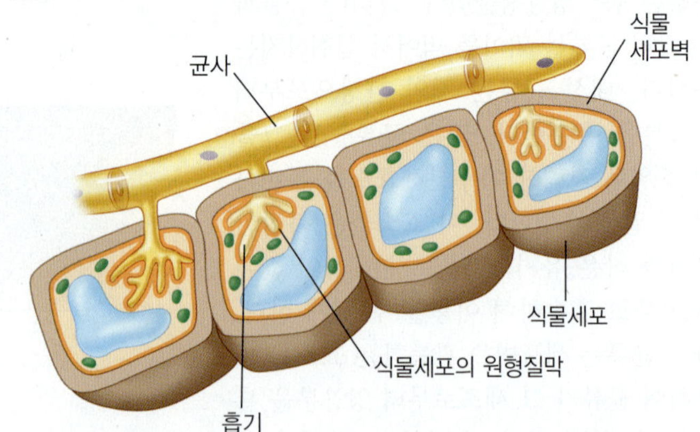

(b) **흡기.** 일부 상리공생 및 기생 균류는 살아 있는 식물세포로부터 영양분을 추출할 수 있는 흡기라고 하는 특수한 균사를 가진다. 흡기는 식물세포의 원형질막에 의해 식물세포의 세포질과 분리되어 있다(오렌지색).

▲ 그림 31.4 특수한 균사

과학적 분석 기술의 연습

유전체 데이터의 해석과 가설 설정

균근균류의 유전체 분석은 균근의 상호작용에 대하여 무엇을 밝혀줄 수 있는가? 최초로 유전체의 염기서열이 결정된 균근균류는 담자균인 큰졸각버섯(*Laccaria bicola*, 사진)이다. 자연 상태에서 *L. bicolor*는 포플러나 전나무와 같은 나무의 외생균근균류로서 살아갈 뿐만 아니라 토양에서 독립적인 생활을 하기도 한다. 이 버섯은 숲을 조성하는데 있어 묘목의 생장을 촉진시키기 위해 대규모로 접종하는 데 이용된다. 이 균류는 매우 쉽게 배양할 수 있으며 또한 실험실에서 나무뿌리와 균근을 형성할 수 있다. 연구자들은 *Laccaria* 유전체의 연구를 통해 균근 상대와 상호작용하는 과정과 나아가 다른 균류와의 상호작용에 대해 알 수 있기를 희망한다.

실험 방법 전유전체 샷건방식(그림 20.2 참조)과 생물정보학을 이용하여 연구자들은 *L. bicolor* 유전체의 염기서열을 결정하고 이것을 몇몇 비균근 담자균류의 유전체와 비교하였다. 미세배열을 이용한 유전자 발현 분석으로 균근의 균사체와 독립생활을 하는 균사체에서 유전자의 발현 수준이 다른 단백질 암호화 유전자와 발현 수준이 동일한 유전자를 비교하였다. 이 결과를 통해 연구자들은 균근에서 특이적으로 발현되는 유전자를 확인할 수 있었다.

실험 데이터

표 1. ***L. bicolor*와 4종의 비균근균류의 유전자 수**

	L. bicolor	1	2	3	4
단백질 암호화 유전자	20,614	13,544	10,048	7,302	6,522
막 수송 관련 유전자	505	412	471	457	386
작은 분비 단백질 유전자(SSP)	2,191	838	163	313	58

표 2. **더글러스 전나무 또는 포플러의 외생균근 균사체(ECM)와 독립생활을 하는 균사체(FLM)에서 매우 높게 발현되는 *L. bicolor* 유전자**

단백질 ID	단백질 특성 또는 기능	더글러스 전나무에서의 ECM/FLM 비율	포플러에서의 ECM/FLM 비율
298599	작은 분비 단백질	22,877	12,913
293826	효소 억제자	14,750	17,069
333839	작은 분비 단백질	7,844	1,931
316764	효소	2,760	1,478

데이터 해석

1. (a) 표 1의 데이터로부터, 어느 균류가 가장 많은 막 수송체 유전자(막 수송단백질: 8장 참조)를 가지는가? (b) 왜 이 유전자들이 *L. bicolor*에 특히 중요하겠는가?
2. 연구자들이 말하는 작은 분비 단백질(SSP)이란 균류가 분비하는 100 아미노산 이하 길이의 단백질로서, 이들의 기능은 아직 알려지지 않았다. (a) 표 1 데이터의 SSP에 대하여 가장 눈에 띄는 것은 무엇인가? (b) 연구자들은 SSP 유전자들이 분비를 하도록 정해진 암호화 단백질과 공통된 특징을 공유한다는 사실을 발견하였다. 그림 17.21과 이 그림의 설명에 근거하여 SSP 유전자의 공통된 특징이 무엇인지 예측하라. (c) 균근에서 SSP의 역할이 무엇인지 가설을 제안해 보라.
3. 표 2는 균근에서 전사가 가장 많이 증가되는 *L. bicolor*의 4 유전자의 발현 연구 데이터를 보여준다. (a) 첫 번째로 열거된 단백질을 암호화하는 유전자에 있어 숫자 22,877은 무엇을 가리키는가? (b) 표 2의 데이터는 2(C)에서 세운 여러분의 가설을 지지하는지 설명하라.
4. (a) 표 2에서 포플러 균근 데이터는 더글러스 전나무 균근 데이터와 어떻게 다른가? (b) 왜 이러한 차이가 생기는지 가설을 제안해 보라.

참고문헌 F. Martin et al., The genome of *Laccaria bicola* provides insights into mycorrhizal symbiosis. *Nature*. 452: 88–93(2008)

에 공급하는 것을 향상시킬 수 있다. 그 대신 식물은 균류에 탄수화물과 같은 유기 영양물질을 공급해 준다.

두 가지 주된 유형의 균근균류가 존재한다. **외생 균근균류(ectomycorrhizal fungi**, *ektos*는 그리스어로 바깥을 의미)는 뿌리표면에 걸쳐 균사로 덮개를 형성하며, 보통 뿌리 피층의 세포외 공간으로 침투하여 자란다(그림 37.13a 참조). **수지상 균근균류(arbuscular mycorrhizal fungi**; 나무를 뜻하는 라틴어의 *arbor*에서 유래)는 뿌리 세포의 세포벽을 따라 가지를 내뻗는 균사를 신장시켜 뿌리 원형질막의 만입(그림 31.4b)에 의해 형성된 관 안을 따라 자란다(그림 37.13b). **과학적 분석 기술의 연습**에서 균근을 형성하는 균류의 유전체 데이터와 그렇지 않은 균류의 유전체 데이터를 비교할 것이다.

균근은 자연생태계와 농업에 매우 중요하다. 거의 모든 관다발 식물은 균근을 가지며 필수 영양분을 균류 협력자에게 의존한다. 많은 연구는 균근을 가지는 식물과 그렇지 않은 식물의 생장을 비교함으로써 균근의 중요성을 증명하였다. 임학자는 일반적으로 생장을 촉진시키기 위해 소나무 묘목에 균근균류를 접종한다. 인간의 개입이 없다면, 균근균류는 발아 후 새로운 균사체를 형성하는 **포자(spore)**라고 불리는 반수체 세포의 분산으로 토양을 뒤덮는다. 다음에 다루겠지만, 포자의 분산은 균류의 생식과 새로운 곳으로의 번식에 매우 중요한 요인이다.

개념 확인 문제 31.1

1. 균류의 영양방식과 우리 자신의 영양방식을 비교하라.
2. **WHAT IF?** 어떤 균류는 그의 조상이 곤충의 몸 내부나 표면에서 살았던 기생충이었지만, 지금 이 균류는 숙주 곤충 내부에서 살아가는 상리공생자라고 가정하자. 이 상리공생하는 균류에서 어떤 파생 형질을 발견할 수 있는가?
3. **MAKE CONNECTIONS** 그림 11.4와 그림 11.6을 복습하라. 한 식물이 균근을 가진다면 식물의 기공을 통해 이산화탄소의 형태로 들어간 탄소는 결국 어디에 축적되겠는가? 식물인가 균근균류인가 또는 두 곳 모두인가? 설명하라.

정답은 부록 A 참조

개념 31.2

균류는 유성생식 또는 무성생식의 생활사를 통하여 포자를 형성한다

대부분의 균류는 유성생식 또는 무성생식을 통해 엄청난 수의 포자를 생성하여 번식한다. 예를 들어, 특정 균류의 생식구조인 말불버섯(puffballs)은 수조 개의 포자를 한 번에 구름처럼 보이도록 방출한다(그림 31.17). 포자는 바람이나 물에 의해 먼 거리까지 운반될 수 있으며, 먹이가 있는 습한 장소에 도달하면 발아하여 새로운 균사체를 형성한다. 포자가 분산에 얼마나 효과적인가를 알아보기 위해서는 멜론 한 조각을 그냥 공기 중에 방치하면 알 수 있을 것이다. 근처에 눈으로 보이는 포자의 근원이 없어도, 일주일 안에 멜론 위로 떨어진 미세한 포자로부터 자라는 솜털 같은 균사를 관찰할 수 있을 것이다.

그림 31.5는 균류 포자를 형성할 수 있는 여러 다른 생활사를 일반화한 것이다. 이 절에서는 균류의 무성생식 및 유성생식 생활사의 중요한 측면을 알아볼 것이다.

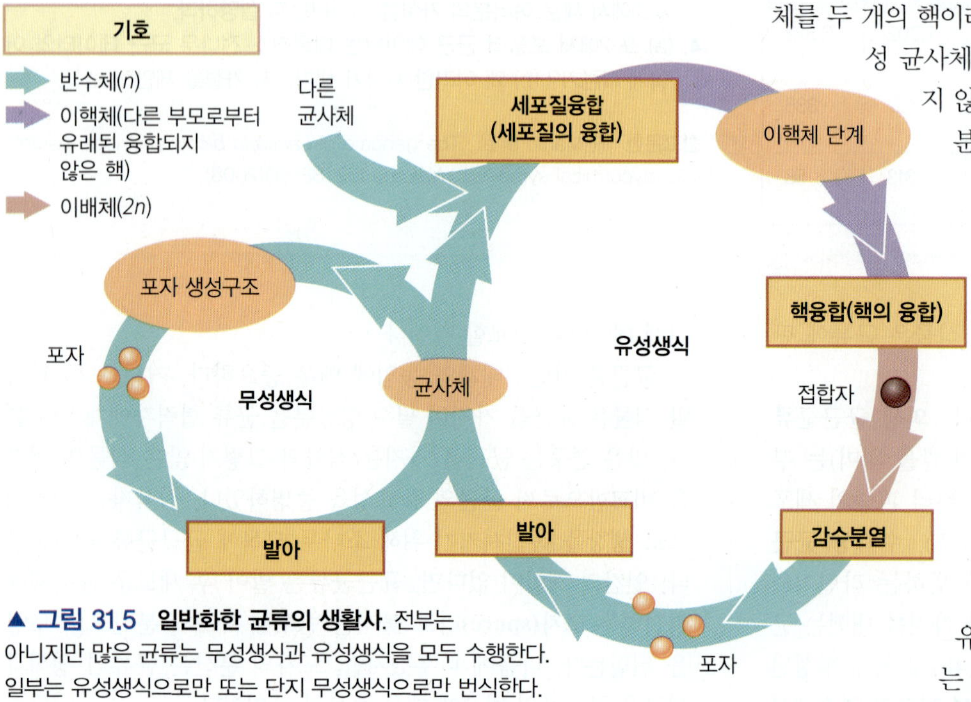

▲ **그림 31.5 일반화한 균류의 생활사.** 전부는 아니지만 많은 균류는 무성생식과 유성생식을 모두 수행한다. 일부는 유성생식으로만 또는 단지 무성생식으로만 번식한다.

? 생활사의 유성 및 무성시기에 생성되는 포자에서 발견되는 유전적 변이를 비교하고, 왜 이런 차이가 생기는지 설명하라.

유성생식

비록 많은 균류가 유성생활사 동안 형성하는 일시적인 이배체 단계를 가지지만, 대부분의 균류에서 균사와 포자의 핵은 반수체이다. 균류에서 유성생식은 보통 2개의 다른 균사체로부터의 균사가 **페로몬(pheromone)**이라는 성 신호분자를 방출함으로써 시작한다. 만약 균사체가 다른 교배형을 가졌다면 각 균사체로부터 온 페로몬은 다른 표면에 있는 수용체에 결합하고, 균사는 페로몬을 보낸 방향으로 뻗게 된다. 균사가 서로 만나면 융합하게 된다. 이러한 "적합성 검사"를 가지는 균류종에서, 이 과정은 동일한 균사체로부터 나온 다른 균사와의 융합이나 또는 유전적으로 동일한 다른 균사체로부터 나온 균사와의 융합을 방지하는 데 기여한다.

두 부모 균사체로부터의 세포질 융합을 **세포질융합(plasmogamy)**이라고 한다(그림 31.5). 많은 균류에서, 각 부모로부터 유래한 반수체 핵은 바로 융합하지는 않는다. 대신, 융합된 균사체의 일부분은 유전적으로 다른 핵 두 종류를 모두 포함한다. 이러한 균사체를 서로 다른 핵이라는 의미로 **이핵체(heterokaryon)**라고 한다. 몇몇 종에서는 반수체 핵이 각 부모로부터 하나씩 두 개가 짝을 지어 하나의 세포로 들어가기도 하는데, 이러한 균사체를 두 개의 핵이라는 의미로 **이핵체(dikaryon)**라고 한다. 이핵성 균사체가 생장함에 따라 각 세포의 두 핵은 융합하지 않은 채 나란히 분열한다. 이들 세포는 두 개의 분리된 반수체 핵을 포함하고 있기 때문에 하나의 핵 안에 상동염색체의 쌍을 가지고 있는 이배체 세포와는 다르다.

세포질 융합과 유성생식 주기에서 그 다음 단계인 **핵융합(karyogamy)** 사이는 몇 시간, 며칠이나 심지어 일부 균류에서는 수백 년이 걸리기도 한다. 핵융합 동안 각 부모로부터 유래한 반수체 핵은 융합하여 이배체 세포를 형성한다. 핵융합 동안 대부분의 균류에서 유일한 이배체 단계인 접합자와 기타 일시적인 구조가 형성된다. 그런 다음, 감수분열에 의해, 궁극적으로 유전적으로 다양한 포자의 형성으로 이르게 하는 반수체 단계로 돌아가게 된다. 감수분열은 유성생식에서 중요한 단계이므로 이러한 방식으로 생성된 포자를 때로는 "유성포자"라고 부른다.

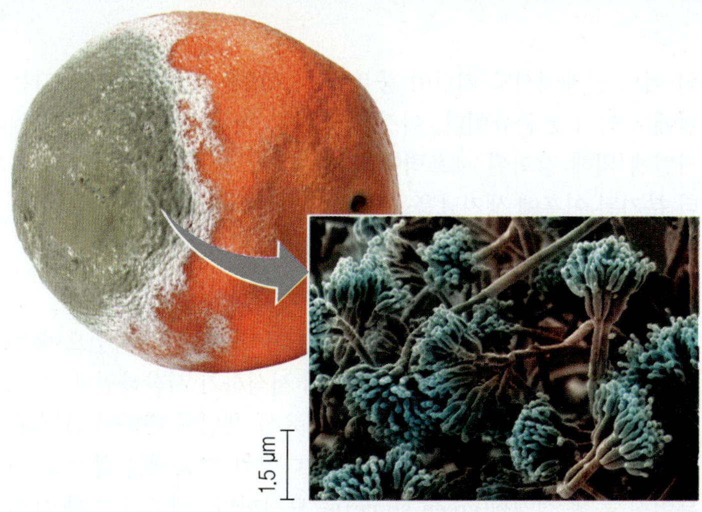

▲ 그림 31.6 **음식물의 분해자로 흔히 발견되는 곰팡이인 푸른곰팡이 (*Penicillium*).** 채색된 SEM 사진에서 보이는 구슬 같은 덩어리가 무성생식에 관여하는 구조인 분생자이다.

핵융합과 감수분열의 유성생식 과정은 자연선택의 전제 조건인 커다란 유전적 변이를 제공한다(성이 어떻게 유전적 다양성을 증가시키는가에 대해서는 13장과 23장을 참조). 또한 이핵체 상태는 하나의 반수체 유전체가 다른 반수체에서 생긴 유해한 돌연변이를 보상하는 이배체의 장점을 일부 가지게 한다.

무성생식

많은 균류가 유성적으로뿐만 아니라 무성적으로도 생식할 수 있지만 약 20,000종의 균류는 단지 무성적으로만 생식한다고 알려져 있다. 유성생식이 그러하듯이 무성생식 과정도 균류마다 매우 다양하다.

많은 균류는 체세포분열에 의해 반수체 포자를 생산하는 섬유상 균류로 자람으로 인해 무성적으로 생식한다. 이러한 종류는, 만약 눈에 보이는 균사를 형성한다면, 비공식적인 용어로 **곰팡이(mold)**라고 한다. 집안을 정리하는 습관에 따라 과일이나 빵 위를 덮으며 솜털 같은 모양으로 자라는 곰팡이를 부엌에서 볼 수도 있다(그림 31.6). 곰팡이는 대체적으로 빠르게 생장하며, 무성적으로 많은 포자를 생성하여 새로운 음식물에 군체를 형성할 수 있게 한다. 그러한 포자를 생산하는 많은 종은 다른 교배형을 가지는 그들 종의 일원과 만날 경우 유성생식으로도 번식을 할 수 있다.

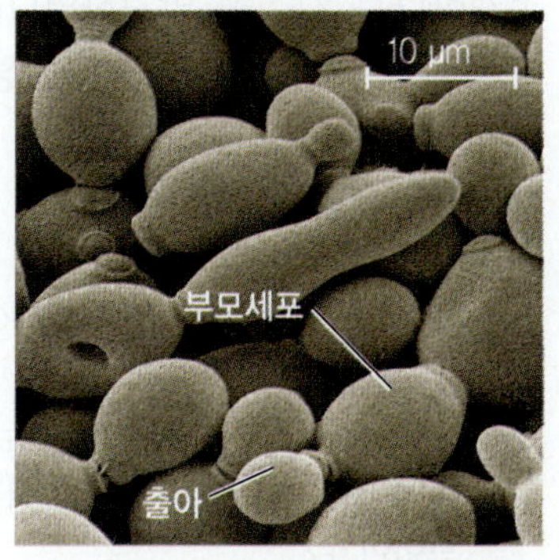

▲ 그림 31.7 **여러 출아 단계를 보이는 빵효모(*Saccharomyces cerevisiae*)(SEM 사진)**

다른 균류는 단세포 효모처럼 자람으로써 무성적으로 생식한다. 포자를 만드는 대신 효모에서의 무성생식은 보통의 세포분열이나 부모세포로부터의 출아에 의해 일어난다(그림 31.7). 이미 언급하였듯이 효모로 자라는 일부 균류는 섬유상 균사체로 자라기도 한다.

많은 효모와 섬유상 균류는 알려진 생활사에 유성생식 단계가 없다. 균류를 연구하는 초기의 균류학자들이 성적 구조의 유형에 따라 균류를 분류하였기 때문에 이것이 문제를 야기하였다. 균류학자들은 전통적으로 유성생식을 하지 않는 모든 균류를 **불완전 균류(deuteromycete**; 그리스어로 두 번째 균류라는 뜻)라는 무리로 묶어 버렸다. 불완전 균류의 유성생식 단계가 발견된다면 그 종은 형성하는 성적 구조의 유형에 따라 새로운 문으로 재분류될 것이다. 그러한 분류되지 않은 균류의 유성생식 단계를 찾는 것 이외에도, 현재 균류학자들은 그들을 분류하기 위하여 유전적인 기법을 사용할 수 있다.

개념 확인 문제 31.2

1. MAKE CONNECTIONS 반수체와 이배체의 관점에서 그림 31.5와 그림 13.6을 비교하라. 인간의 생활사와 균류의 생활사가 어떻게 다른가?
2. WHAT IF? 앞마당의 서로 반대편에 있는 두 버섯의 DNA를 조사하였더니 동일하였다. 이 결과를 설명할 수 있는 두 가설은 무엇인가?

정답은 부록 A 참조

개념 31.3

균류는 단세포의 수생편모 원생생물에서 유래하였다

고생물학과 분자계통분류학으로부터 얻은 여러 자료들은 초기 균류 진화를 들여다볼 수 있게 한다. 그 결과 현재 계통 분류학자들은 균류와 동물은 식물이나 또는 많은 다른 진핵생물보다 서로 더 가까이 연관되었다고 본다.

균류의 기원

계통분류학적 분석은 균류가 편모를 가진 조상으로부터 진화하였다고 본다. 대부분의 균류는 편모를 가지고 있지 않으나 처음으로 갈라져 나온 균류계통(병꼴균, 바로 다음 절에서 다룬다)은 편모를 가지고 있다. 더구나 동물 및 균류와 아주 밀접한 공통조상을 공유하는 원생생물들 역시 편모를 가진다. DNA 서열 데이터는 이 3군의 진핵생물—균류, 동물 및 그들의 원생생물 친족—이 하나의 분기군을 형성함을 나타낸다(그림 31.8). 28장에서 다루었지만 이 분기군의 일원을, 이들 생물의 뒤쪽에 편모가 위치함을 나타내는 명칭인 **후편모류(opisthokonts)**라고 부른다.

DNA 서열 데이터는 또한 균류가 다른 동물과 관련된 것에 비해 여러 무리의 단세포 원생생물과 더 밀접하게 관련되었음을 나타낸다. 이것은 균류의 조상이 단세포였음을 시사한다. 이러한

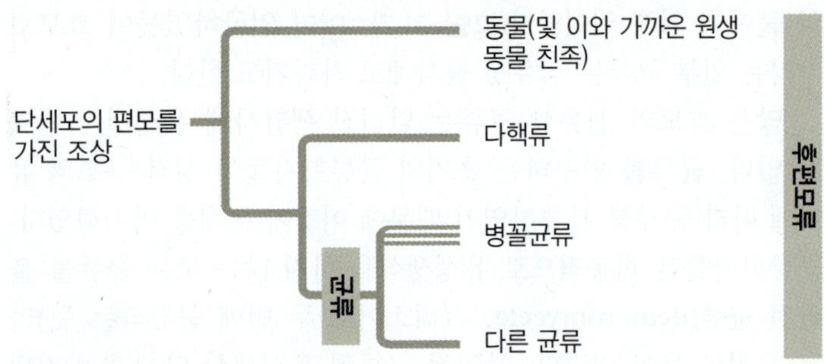

▲ **그림 31.8 균류 및 그와 가까운 친족.** 분자적인 증거는 단세포 원생생물의 무리인 다핵류가 균류와 가장 가까운 살아 있는 친족임을 나타낸다. 병꼴균류로 이르는 3개의 평행선은 이 무리가 측계통군임을 나타낸다.

단세포 원생생물의 한 무리인 **다핵류(nucleariids)**는 조류와 박테리아를 먹이로 하는 아메바류로 이루어져 있다. DNA 증거는 동물이 균류나 다핵류와 관련된 것에 비해 다른 무리의 원생생물(깃편모충류)과 더 밀접하게 관련되었음을 더 잘 나타낸다. 종합해 보면 이런 결과는 다세포성이 다른 단세포 조상으로부터 동물과 균류에서 독립적으로 진화하였음을 시사한다.

분자시계 분석을 이용하여 과학자들은 동물과 균류의 조상이 10~15억 년 전쯤 다른 계통으로 갈라졌을 것이라고 예측한다. 15억 년 전에 살았던 특정 단세포 해양 진핵생물의 화석은, 비록 논란은 있지만 균류로 여겨진다. 더구나 대부분의 과학자들은 균류가 수생환경에서 유래하였다고 생각하지만 균류라고 널리 받아들여지는 가장 오래된 화석은 약 4억 6,000만 년 전에 살았던 육상종이다(**그림 31.9**). 종합해 보면 균류가 어디로부터 유래하였는지 그리고 초기 계통에는 어떤 특징이 존재하였는지를 명확히 알기 위해서는 더 많은 화석이 필요할 것이다.

초기에 분지되는 균류 무리

초기에 분지되는 균류 무리의 특성에 대한 이해는 최근의 유전체 연구로부터 나오기 시작하였다. 예를 들어 여러 연구를 통해 *Rozella*속에 속하는 병꼴균은 균류의 공통조상으로부터 분기된 최초 계통의 하나로 확인되었다. 더구나 2011년 연구결과는 *Rozella*를 이전에는 알려지지 않았던 "크립토마이코타(cryptomycota)"라고 불리는 큰 단세포 균류 분기군에 포함시킨다. *Rozella* 및 일반적인 병꼴균과 마찬가지로 크립토마이코타 분기군에 속하는 균류는 편모가 달린 포자를 가진다. 현재의 증거는 *Rozella* 및 그 외 크립토마이코타에 속하는 종들은 생활사의 어느 단계에서도 키틴이 풍부한 세포벽을 합성하지 않는다는 점에서 독특한 균류이다. 이것은 균류의 핵심적인 구조적 특징인 키틴에 의해 강화된 세포벽이 크립토마이코타가 다른 균류로부터 분기된 이후에 생겨났음을 시사한다.

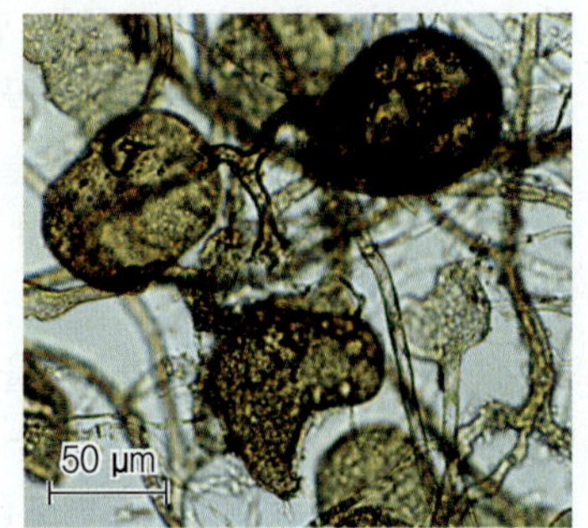

▲ **그림 31.9 오르도비스기의 균류의 균사와 포자 화석(약 4억 6,000만 년 전)(LM 사진)**

육지로의 이동

식물은 약 4억 7,000만 년 전 육상에 서식하기 시작하였으며(29장), 균류는 이보다 훨씬 전에 육상에 서식하기 시작하였다. 사실 연구자들은 식물이 서식하기 이전의 육상 생명에 대하여 남세균, 조류 그리고 균류를 포함하는 작고 다양한 종속생물 종으로 이루어진 녹색 점액질(green slime)로 묘사한다. 세포외 소화 능력을 가진 균류는 다른 초기의 육상 생물(또는 그 잔해물)을 먹고 살아가도록 잘 적응되었다.

일단 육상에 정착한 후 일부 균류는 초기 육상식물과 공생관계를 형성하였다. 예를 들어 초기 육상식물인 *Aglaophyton*의 4억 500만 년 전 화석은 식물과 균류의 균근관계(그림 25.12)의 증거를 보여준다. 이 증거는 식물세포 내로 침투하여 수지상균근의 흡기를 매우 닮은 구조를 형성한 균사 화석을 포함하고 있다. 이와 유사한 구조가 다양한 초기 육상식물에서 발견되는데, 이는 아마도 식물이 육상에 정착하던 아주 초창기에 균류와 유익한 관계를 형성하였음을 시사한다. 초창기의 육상식물은 뿌리가 존재하지 않았기 때문에 토양으로부터 영양분을 추출하는 능력이 제한적이었을 것이다. 오늘날과 같은 균근관계가 형성됨에 따라 토양의 영양분은 공생하는 균류에 의해 형성된 광대한 균사를 통해 초기 육상식물로 전달되었을 것이다.

균근 관계가 아주 오래되었다는 증거는 또한 분자생물학 연구로부터 왔다. 균근균류가 상대 식물과 공생관계를 형성하기 위해서는 균류에 존재하는 특정 유전자가 발현되어야 하며 또한 상대 식물에 존재하는 다른 유전자 또한 발현이 되어야 한다. 연구자들은 꽃식물에서 균근 형성에 필요한 식물 유전자("*sym*" 유전자라고 부른다)에 초점을 맞추었다. 연구자들은 이 유전자들이 우산이끼와 같은 기저 계통을 포함하여 모든 주요 식물 계통에 존재한다는 사실을 발견하였다(그림 29.7). 더구나 우산이끼의 이들 *sym* 유전자를 균근을 형성하지 못하는 꽃식물 돌연변이체

개념 확인 문제 31.3

1. 대부분의 균류가 편모가 없음에도 불구하고 왜 균류는 후편모류로 분류되는가?
2. 오늘날 및 육상에 정착하던 초기 시기에서 균근의 중요성에 대하여 설명하라. 균근 상호작용이 아주 오래되었다는 것을 증명하는 것은 무엇인가?
3. **WHAT IF?** 만약 균류가 식물에 앞서 육상에 서식하였다면, 균류는 어디에 서식하였을까? 그들의 먹이는 오늘날의 먹이와 다를까?

정답은 부록 A 참조

▼ 그림 31.10

탐구 균류의 다양성

최근 유전체 증거로 보아 병꼴균류와 접합균류는 측계통(평행선으로 나타냄)임을 시사하지만 대부분의 균류학자들은 현재 균류를 5개의 중요 무리로 인정하고 있다.

병꼴균류(1,000종)

병꼴곰팡이(*Chytridium*)와 같은 병꼴균류에서는, 구형의 자실체가 가지 달린 다세포성 균사를 형성한다(광학현미경 사진). 다른 종들은 단세포이다. 호수나 토양에 아주 흔한 병꼴균류는 편모달린 포자를 가지며 다른 균류에서 갈라져 나온 가장 초기의 균류 무리의 일부를 포함하는 것으로 여겨진다.

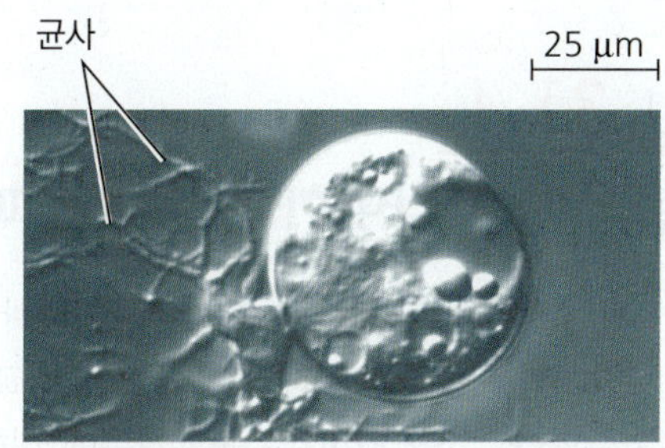

접합균류(1,000종)

사진의 털곰팡이(*Mucor*)를 포함하는 일부 접합균류의 균사는 과일이나 빵과 같은 음식물 위에서 빠르게 자란다(광학현미경 사진). 그렇게 함으로써 이 균류는 분해자(음식물이 살아 있지 않다면)로 또는 기생생물로 작용하기도 한다. 다른 종들은 편리공생생물로 살아간다.

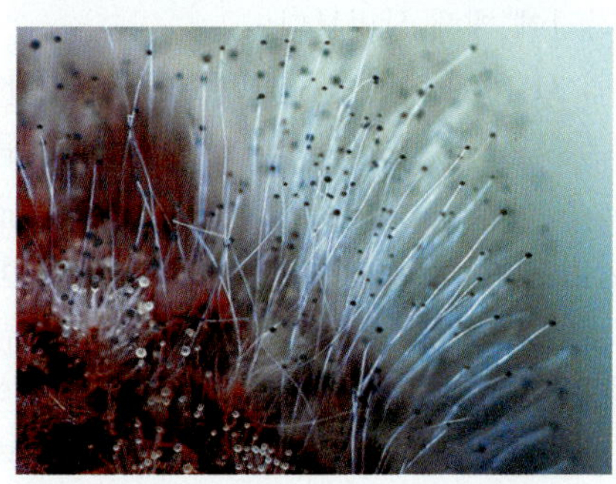

내생균근균류(160종)

내생균근균류는 식물 뿌리에 수지상 균근을 형성하여 무기염류와 그 외 다른 영양분을 뿌리에 공급한다. 모든 식물의 80% 이상이 내생균근균류와 이러한 공생관계를 형성한다. 이 광학현미경 사진은 식물 뿌리 안의 내생균근균의 균사(짙은 청색으로 염색된 실모양)를 보여준다.

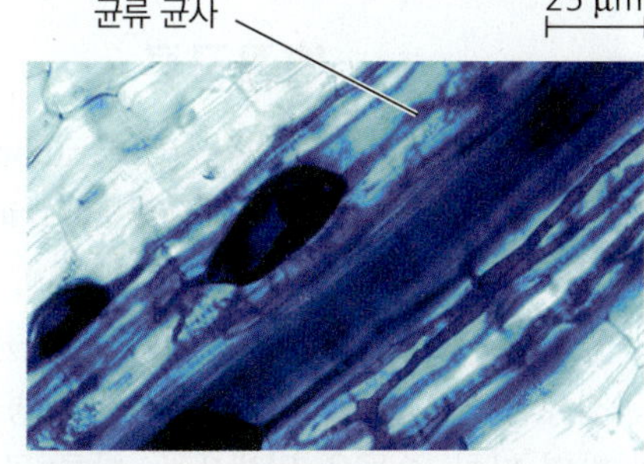

자낭균류(65,000종)

자낭균류는 해양, 담수와 육상 등 다양한 서식지에 존재한다. 여기에서 보는 것과 같이 들주발버섯(*Aleuria aurantia*)은 컵 모양의 자낭과(자실체)로 인해 오렌지 껍질 버섯이라고 불리기도 한다.

담자균류(30,000종)

종종 분해자와 외생균근균으로 매우 중요한 담자균류는 수명이 긴 이핵성(각 부모로부터 하나씩 유래한) 균사체를 가지는 점에서 특이하다. 이 광대버섯(*Amanita muscaria*)의 흔히 버섯이라 불리는 자실체는 북반구의 침엽수림에서 흔히 볼 수 있다.

에 도입하였더니 이 돌연변이체는 균근 형성능력을 회복하였다. 이러한 결과는 균근의 *sym* 유전자가 육상식물의 공통조상에 존재하였으며 이 유전자들의 기능은 식물이 계속하여 육상 생활에 적응하면서 수천만년동안 보존되었음을 시사한다.

개념 31.4

균류는 매우 다양한 계통으로 퍼져나갔다

지난 10년 동안의 분자적 분석은, 비록 얼마간 불확실한 부분이 있기는 하지만, 균류 사이의 진화관계를 비교적 명확하게 하는데 도움을 주었다. **그림 31.10**은 균류계통에 대한 현재 가설을 간단하게 나타낸 것이다. 이 절에서는 이 계통수에서 표시된 중요 균류의 각각에 대해 살펴본다.

그림 31.10에 나타낸 균류 무리는 엄청난 균류 다양성의 매우 작은 부분만을 나타낸다. 약 100,000종의 균류가 알려졌지만 과학자들은 실제로는 약 150만 종에 가까운 균류가 존재할 것으로 추측한다. 2011년에 발표된 두 메타 유전체학 연구로 크립토마이코타(개념 31.3)와 완전히 새로운 단세포균류 무리가 발견되었으며, 이들 무리 일부에서 발견되는 유전적 변이는 그림 31.10에 나타낸 모든 무리에서 발견되는 변이만큼 큰데, 이것은 이러한 추측을 뒷받침한다.

병꼴균류
접합균류
내생균근균류
자낭균류
담자균류

병꼴균류

병꼴균문(Chytridiomycota)으로 분류되는 **병꼴균류(chytrid)**는 호수와 토양의 어디에나 존재하며, 최근의 여러 메타유전체학 연구에서 20종 이상의 새로운 병꼴균류가 심해열수구와 해양 군집에서 발견되었다. 약 1,000종의 병꼴균의 일부는 분해자이며 반면 다른 종들은 원생생물, 다른 균류, 식물 또는 동물에 기생하는 기생생물이다. 이 장의 후반부에서 보겠지만 한 기생 병꼴균은 전 세계적인 양서류 집단의 감소에 기여한 것으로 보인다. 여전히 다른 병꼴균은 중요한 상리공생자이다. 예를 들어, 양이나 소의 소화관에 서식하는 무산소성 병꼴균은 식물물질의 분해를 도와 동물 생장에 중요한 기여를 한다.

앞서 언급하였듯이 분자적 증거는 병꼴균이 균류 진화 과정의 초기에 갈라져 나왔음을 보여준다. 병꼴균은 **동물성 포자(zoospore**, **그림 31.11**)라고 부르기도 하는 편모가 달린 포자를 가지는 독특한 특징은 이러한 가설을 지지한다. 다른 균류와 마찬가지로 병꼴균(최근에 발견된 크립토마이코타 분기군을 제외하고)은 키틴으로 만들어진 세포벽을 가지며, 또한 다른 균류군과 몇몇 중요 효소 및 대사경로를 공유한다. 일부 병꼴균은 균사로 균체를 형성하는 반면, 다른 병꼴균은 하나의 구형세포로 존재한다.

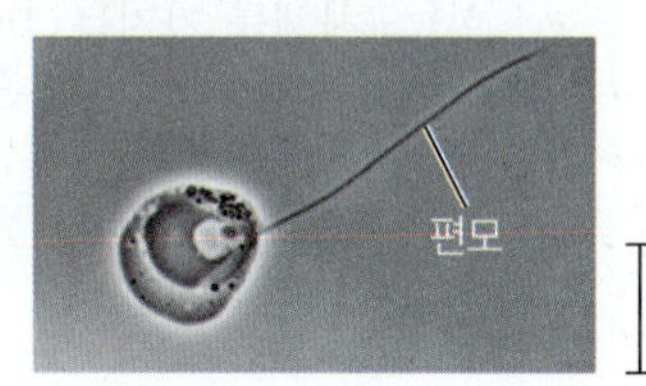

▶ **그림 31.11 편모가 달린 병꼴균 동물성 포자(TEM 사진)**

병꼴균류
접합균류
내생균근균류
자낭균류
담자균류

접합균류

접합균문에 속하는 균류인 **접합균류(zygomycetes)**에는 약 1,000종이 알려져 있다. 이 다양한 균류문은 저장 중인 빵, 복숭아, 딸기, 고구마와 같은 산물을 부패시키는 생장이 빠른 곰팡이 종들을 포함한다. 다른 접합균류는 기생생물이나 동물의 편리공생체로 살아간다.

검은빵곰팡이(*Rhizopus stolonifer*)의 생활사는 비교적 접합균류의 전형적인 생활사를 갖는다(**그림 31.12**). 균사가 음식물 표면으로 뻗어나가 음식물에 침투하여 영양물질을 흡수한다. 이 균사는 다핵성인데, 생식세포가 형성되는 곳에서만 격벽이 발견된다. 무성생식 시기에는 수직으로 자란 균사 끝에 공 모양의 검은색 포자낭이 발달한다. 각 포자낭 안에서는 유전적으로 동일한 수백 개의 반수체 포자가 발생하며, 공기를 통해 분산된다. 분산된 포자가 습한 음식물 위에 떨어지게 되면 발아하여 새로운 균사체로 자란다.

만약 모든 음식물을 소비해버린 경우처럼 환경 조건이 나빠지면 검은빵곰팡이는 유성생식으로 번식한다. 유성생식에서 부모는 보기에는 동일하게 보이지만 다른 화학 표시물질을 가지는 다른 교배형의 균사체이다. 세포질융합은 **접합포자낭(zygosporangium)**이라 부르기도 하는 견고한 구조를 생성하는데, 이곳에서 핵융합과 감수분열이 일어난다. 접합포자낭이 생활사에서 접합자($2n$)의 단계를 나타내지만 이것은 보통 의미의 접합자(이배체 핵 1개를 가진 세포)는 아니다. 오히려 접합포자낭은 우선은 두 부모로부터 받은 다수의 반수체 핵을 가진 이핵성 구조이며, 핵융합 후에는 많은 이배체 핵을 가지는 다핵성 구조가 된다.

접합포자낭은 동결과 건조에 저항성을 가지며 대사적으로는 불활성 상태이다. 조건이 좋아지면 접합포자낭의 핵은 감수분열

▶ **그림 31.13 좋은 먹이 쪽으로 향하고 있는 물방울곰팡이(*Pilobolus*)의 포자낭.** 이 접합균류는 동물 배설물을 분해한다. 이 접합균의 포자를 함유한 균사는 초본류가 있는 빛 쪽으로 휘어 신선한 초본 쪽으로 포자가 닿을 수 있게 한다. 그런 다음 이 접합균은 최대 2.5 m까지 물을 분출하여 포자낭을 발사한다. 풀을 뜯어 먹는 동물이 풀과 함께 이 균류를 삼켜 배설물로 포자를 널리 퍼뜨림으로 인해 다음 세대의 균류가 자랄 수 있게 한다.

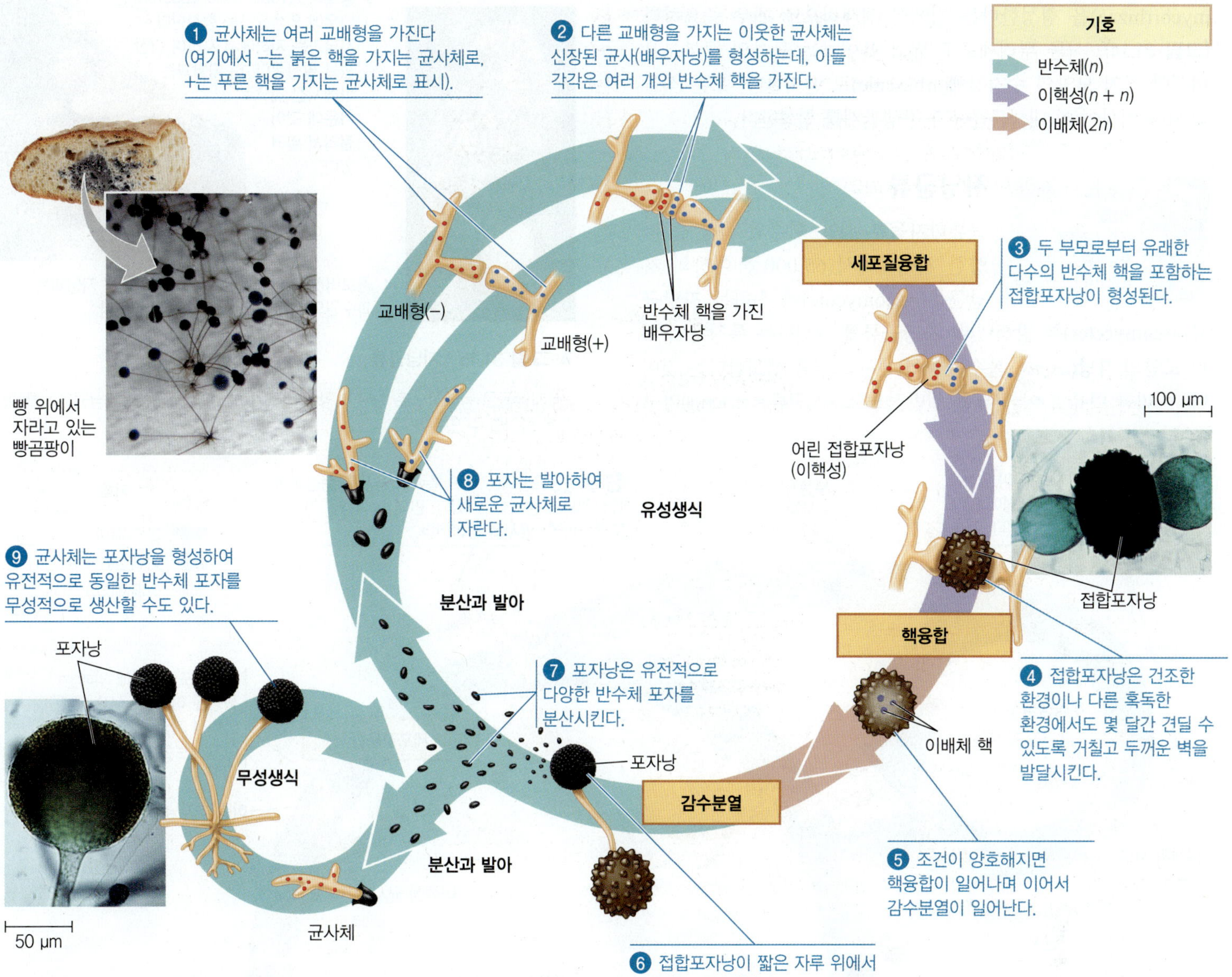

기호
반수체(n)
이핵성($n + n$)
이배체($2n$)

1 균사체는 여러 교배형을 가진다(여기에서 −는 붉은 핵을 가지는 균사체로, +는 푸른 핵을 가지는 균사체로 표시).

2 다른 교배형을 가지는 이웃한 균사체는 신장된 균사(배우자낭)를 형성하는데, 이들 각각은 여러 개의 반수체 핵을 가진다.

빵 위에서 자라고 있는 빵곰팡이

교배형(−)

교배형(+)

반수체 핵을 가진 배우자낭

세포질융합

3 두 부모로부터 유래한 다수의 반수체 핵을 포함하는 접합포자낭이 형성된다.

100 μm

어린 접합포자낭 (이핵성)

유성생식

8 포자는 발아하여 새로운 균사체로 자란다.

접합포자낭

9 균사체는 포자낭을 형성하여 유전적으로 동일한 반수체 포자를 무성적으로 생산할 수도 있다.

분산과 발아

핵융합

포자낭

4 접합포자낭은 건조한 환경이나 다른 혹독한 환경에서도 몇 달간 견딜 수 있도록 거칠고 두꺼운 벽을 발달시킨다.

7 포자낭은 유전적으로 다양한 반수체 포자를 분산시킨다.

이배체 핵

무성생식

포자낭

감수분열

분산과 발아

5 조건이 양호해지면 핵융합이 일어나며 이어서 감수분열이 일어난다.

50 μm

균사체

6 접합포자낭이 짧은 자루 위에서 포자낭으로 발아한다.

▲ **그림 31.12 검은빵곰팡이(*Rhizopus stolonifer*)의 생활사**

을 거쳐 포자낭으로 발아하고, 유전적으로 다양한 반수체 포자를 방출하여 새로운 곳에 균체를 형성하게 한다. 물방울곰팡이(*Pilobolus*)와 같은 일부 접합균류는 실제로 밝은 빛을 향해 조준한 다음 포자낭을 발사하기도 한다(**그림 31.13**).

내생균근균류

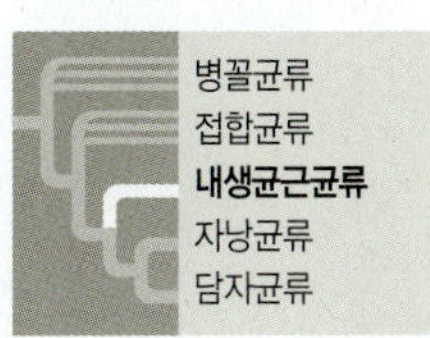

내생균근균문(Glomeromycota)으로 분류된 균류인 **내생균근균(glomeromycete)**은 이전에는 접합균류로 여겨졌었다. 그러나 수백 종의 균류로부터 얻은 DNA 서열 데이터의 계통발생 분석을 포함한 최근의 분자적 연구는 내생균근균이 별개의 분기군을 형성한다는 것을 보여준다. 현재까지 단지 160여 종만이 알려졌지만 거의 모든 내생균근균은 수지상균근(arbuscular

▼ **그림 31.14 수지상균근.** 대부분의 내생균근균은 식물뿌리와 수지상 내생균근을 형성하여 무기질과 다른 영양물질을 뿌리에 공급한다. 이 주사전자현미경 사진은 내생균근균인 *Glomus mosseae*의 수지상 균사인 수지상체가 막을 밀면서 뿌리세포 안쪽으로 돌출하는 것을 보여준다(사진에서는 뿌리의 세포질이 제거되었다).

mycorrhizae)을 형성한다는 점에서 생태적으로 매우 중요하다 **(그림 31.14)**. 식물 뿌리세포로 밀고 들어가는 균사의 끝부분은 미세한 가지 모양의 수지상체(arbuscule)로 분지한다. 모든 식물의 80% 이상이 이 내생균근균과 공생관계를 형성한다.

병꼴균류
접합균류
내생균근균류
자낭균류
담자균류

자낭균류

균류학자들은 해양, 담수와 육상 등 다양한 서식지에서 65,000종 이상의 자낭균문(Ascomycota)에 속하는 **자낭균류(ascomycetes)**를 밝혀냈다. 자낭균류를 정의하는 특징은 주머니 모양의 **자낭**(*ascus*, 복수는 **asci**)에서 포자를 생성한다는 것이다. 이러한 이유로 이 균류를 일반적으로 **자낭균류**(sac fungi)라고

▶ 송로버섯(*Tuber melanosporum*)은 나무에 외생균근을 형성한다. 자낭과는 지하에서 자라며 강한 향을 발산한다. 이 자낭과는 파헤쳐진 것으로, 가운데 것이 잘려서 열려 있다.

◀ 곰보버섯(*Morchella esculenta*)의 식용 자낭과는 과수원의 나무 아래에서 종종 발견된다.

▲ **그림 31.15 자낭균류**

? 자낭균은 형태적으로 매우 다양하다(그림 31.10). 한 균류가 자낭균인지를 어떻게 확인할 수 있는가?

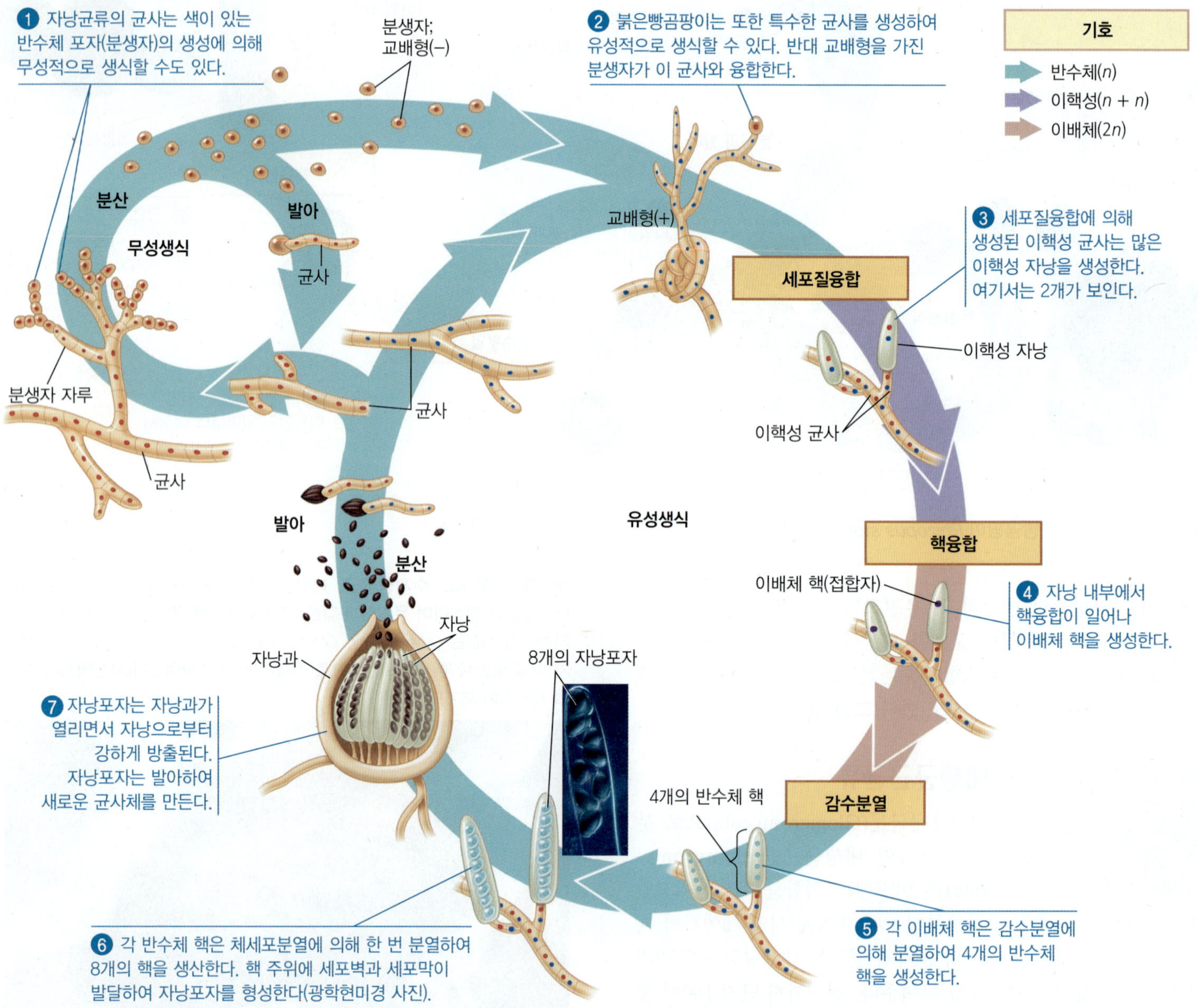

❶ 자낭균류의 균사는 색이 있는 반수체 포자(분생자)의 생성에 의해 무성적으로 생식할 수도 있다.

분생자; 교배형(−)

❷ 붉은빵곰팡이는 또한 특수한 균사를 생성하여 유성적으로 생식할 수 있다. 반대 교배형을 가진 분생자가 이 균사와 융합한다.

기호
반수체(n)
이핵성($n + n$)
이배체($2n$)

분산
발아
무성생식
균사
분생자 자루
균사
균사
교배형(+)
세포질융합

❸ 세포질융합에 의해 생성된 이핵성 균사는 많은 이핵성 자낭을 생성한다. 여기서는 2개가 보인다.

이핵성 자낭
이핵성 균사
유성생식
발아
분산
핵융합
이배체 핵(접합자)

❹ 자낭 내부에서 핵융합이 일어나 이배체 핵을 생성한다.

자낭
자낭과
8개의 자낭포자

❼ 자낭포자는 자낭과가 열리면서 자낭으로부터 강하게 방출된다. 자낭포자는 발아하여 새로운 균사체를 만든다.

4개의 반수체 핵
감수분열

❻ 각 반수체 핵은 체세포분열에 의해 한 번 분열하여 8개의 핵을 생산한다. 핵 주위에 세포벽과 세포막이 발달하여 자낭포자를 형성한다(광학현미경 사진).

❺ 각 이배체 핵은 감수분열에 의해 분열하여 4개의 반수체 핵을 생성한다.

▲ **그림 31.16 붉은빵곰팡이(*Neurospora crassa*)의 생활사.** 붉은빵곰팡이는 빵곰팡이이며 연구용 생물인데, 야생에서는 불에 탄 초목 위에서 자란다.

부른다. 접합균류와는 달리 대부분의 자낭균류는 유성단계 동안 **자낭과(ascocarp)**라 불리는 자실체를 발달시키는데, 이 자낭과는 미세한 것에서부터 큰 것에 이르기까지 그 크기가 다양하다 **(그림 31.15)**. 자낭과는 포자를 형성하는 자낭을 포함한다.

자낭균류는 크기와 복잡성이 단세포인 효모에서부터 복잡한 주발버섯과 곰보버섯에 이르기까지 다양하다(그림 31.15). 자낭균류 중에는 가장 파괴적인 식물 병원균들이 있는데, 이들은 나중에 다룬다. 그러나 많은 자낭균류는 식물체의 중요한 분해자이다. 모든 자낭균류의 25% 이상이 지의류의 형태로 녹조류나 남세균(시아노박테리아)과 유익한 공생관계를 이루며 살아간다. 일부 자낭균류는 식물과 균근을 형성한다. 그 외 많은 자낭균류는 식물 잎의 엽육세포 사이에서 살아가는데, 이들 종의 일부는 독성물질을 분비하여 식물이 곤충으로부터 보호받을 수 있게 한다.

비록 여러 자낭균류의 생활사는 생식구조와 과정의 세부적인 면에서는 다르지만, 여기서는 빵곰팡이인 붉은빵곰팡이(*Neurospora crassa*)를 사용하여 일부 공통적인 요소를 보여주고자 한다**(그림 31.16)**. 자낭균류는 **분생자(conidia**, 단수는 *conidium*)라고 부르기도 하는 엄청난 수의 무성포자를 생성함으로써 무성적으로 생식한다. 분생자는 대부분 접합균류의 무성포자와는 달리 포자낭 내부에서 형성되지 않는다. 오히려 분생자자루(conidiophore)라고 불리는 보통 긴 사슬 모양이나 다발로 존재하는 특수한 균사 끝부분의 외부에서 생성되어 바람에 의해 분산될 수 있게 한다.

분생자는 붉은빵곰팡이에서 볼 수 있듯이 다른 교배형의 균사체로부터 나온 균사와 융합함으로써 유성생식에 관여하기도 한다. 서로 다른 두 교배형이 융합한 후 핵융합이 일어나고, 그 결과 각각 두 부모로부터 온 2개의 반수체 핵을 가진 이핵성(dikaryotic)의 세포들을 형성하게 된다. 이 이핵성 균사의 끝부분에 있는 세포는 많은 수의 자낭으로 발생한다. 자낭 내부에서는 핵융합에 의해 두 부모의 유전체가 합쳐지고 감수분열에 의해 유전적으로 서로 다른 4개의 핵을 형성한다. 이후 보통 체세포분열에 의해 8개의 자낭포자가 형성된다. 자낭포자가 발생하여 결국 자낭과로부터 방출된다.

접합균류의 생활사와는 반대로, 자낭균류(그리고 담자균류)의 긴 이핵단계는 유전자 재조합의 기회를 증가시킨다. 예를 들어, 붉은빵곰팡이에서 많은 이핵성 세포들은 자낭으로 발생할 수 있다. 이들 자낭에서 이배체 핵은 융합하여 감수분열 동안 유전체를 재조합시킴으로써 그 결과 한 번의 교배에서 유전적으로 다른 많은 수의 자손을 생산한다(그림 31.16의 3~5단계).

표 31.1 붉은빵곰팡이, 초파리 및 사람의 유전자 밀도 비교

	유전체 크기 (백만 bp)	유전자 수	유전자 밀도 (백만 bp당 유전자 수)
붉은빵곰팡이 (*Neuropsora crassa*)	41	9,700	236
초파리(*Drosophilla melanogaster*)	165	14,000	85
사람(*Homo sapiens*)	3,000	<21,000	7

17장에서 언급되었듯이 1930년대에 생물학자들은, 1유전자-1효소설로 이르게 하는 연구에서 붉은빵곰팡이를 사용한 바 있다. 오늘날에도 여전히 붉은빵곰팡이는 모델생물로 이용되고 있다. 2003년에 붉은빵곰팡 유전체의 모든 염기서열이 결정되었다. 이 작은 균류는 초파리(*Drosophila*) 유전자의 3/4, 사람 유전자의 약 1/2 정도의 유전자를 가진다**(표 31.1)**. 붉은빵곰팡이 유전체에는 유전자들이 비교적 촘촘하게 배열되어 있어 사람과 다른

▶ 목질의 분해자로 중요한 구름버섯

◀ 포자를 방출하는 말불버섯

▶ 고기 썩는 냄새를 풍기는 버섯인 망태버섯 (*Dictyphora*)

▲ **그림 31.17 담자균류**

진핵생물의 유전체에서 많은 부분을 차지하는 비암호화 DNA 부분을 거의 가지지 않는다. 실제로 붉은빵곰팡이가 트랜스포존과 같은 비암호화 DNA가 축적되는 것을 막는 유전체 방어 기작을 가진다는 증거가 있다.

병꼴균류
접합균류
내생균근균류
자낭균류
담자균류

담자균류

버섯, 말불버섯 및 구름버섯을 포함하는 약 30,000여 종의 균류를 **담자균류(basidiomycete)**라 부르며 담자균문(Basidiomycota)으로 분류한다(**그림 31.17**). 또한 이 문은 균근을 형성하는 상리공생자와 아주 유해한 식물의 기생생물인 녹병균과 깜부기균을 포함한다. 담자균문의 명칭은 핵융합 후 바로 감수분열이 일어나는 세포인 **담자기(basidium)**에서 유래되었다. 곤봉 모양의 담자기로 인해 담자균은 일반명칭으로 **곤봉균류**(club fungus)라고 부른다.

담자균류는 목질과 다른 식물물질들의 중요한 분해자이다. 모든 균류 중에서 특정 담자균류가 목질에 풍부한 성분인 복잡한 중합체인 리그닌을 제일 잘 분해한다. 많은 구름버섯은 약하거나 손상을 입은 나무의 목질을 분해하는데, 나무가 죽은 후에도 계속 분해한다.

담자균류의 생활사는 일반적으로 오래 사는 이핵성 균사체를 포함한다(**그림 31.18**). 자낭균류에서처럼 긴 이핵성 단계는 많

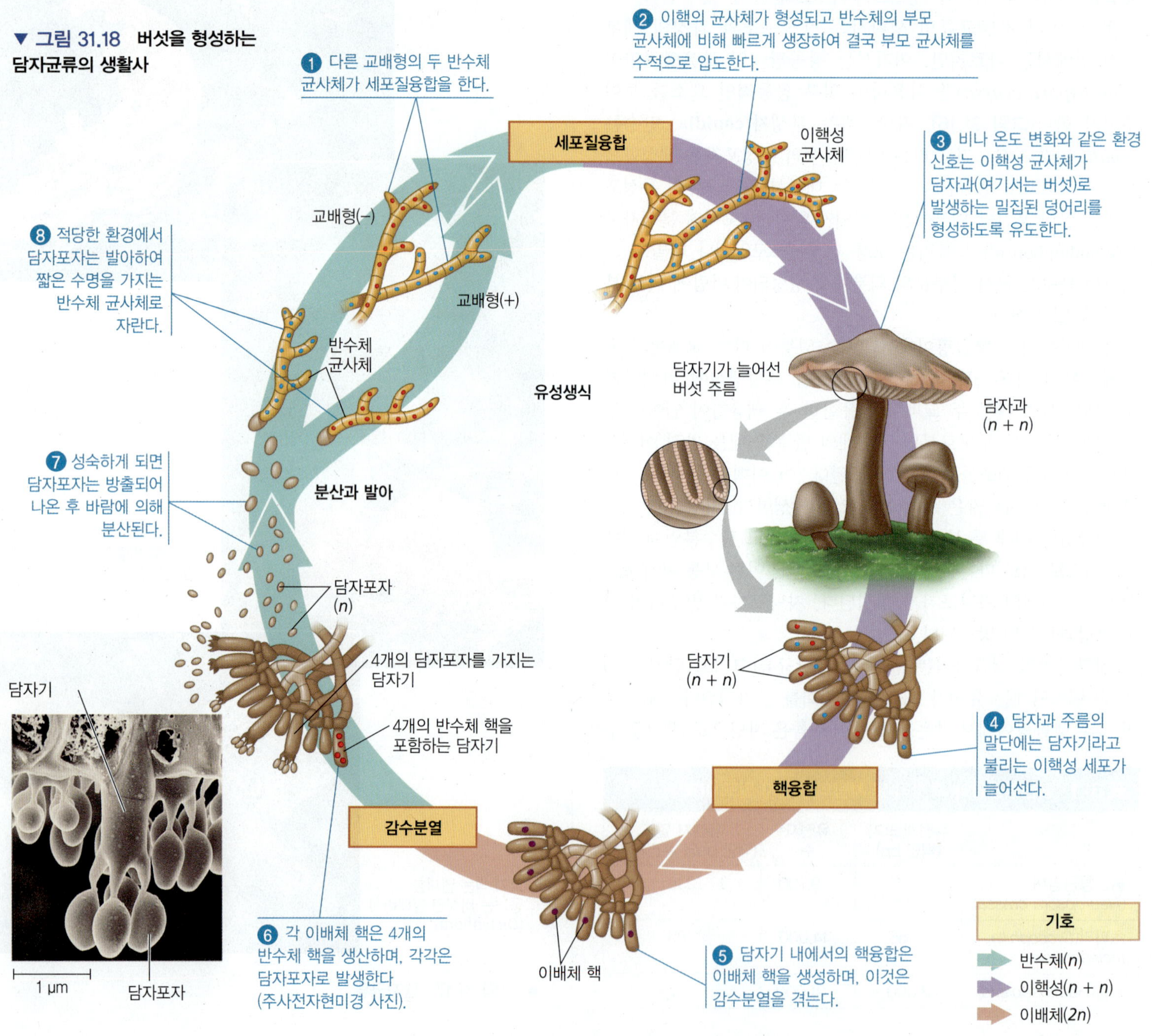

▼ **그림 31.18 버섯을 형성하는 담자균류의 생활사**

▲ 그림 31.19 **균륜.** 전설에 따르면 달빛 아래에서 요정들이 둥글게 춤을 춘 곳에 버섯이 싹튼다고 한다.(본문에서는 균륜이 형성되는 과정을 생물학적으로 설명하였다.)

은 유전자 재조합의 기회를 제공하여 한 번의 교배 결과를 배가시킨다. 주기적으로 환경 자극에 반응하여, 균사체는 **담자과(basidiocarp)**라고 부르기도 하는 정교한 자실체를 생성하여 유성으로 생식한다. 식료품점에 있는 양송이버섯은 담자과의 가장 잘 알려진 예이다.

버섯의 균사에 생장을 집중시킴으로써 담자균의 균사체는 단지 몇 시간 내에 자실구조를 일으켜 세울 수 있다. 즉, 버섯은 물을 흡수하고 이핵성 균사체로부터 세포질이 흘러들어옴에 따라 빠르게 솟아난다. 이러한 과정에 의해 소위 "균륜(fairy ring)"이라고 하는 원형으로 자란 버섯들이 말 그대로 하룻밤 사이에 잔디밭에 생겨나기도 한다(그림 31.19). 균륜 아래의 균사체는 생장함에 따라 토양 속의 유기물을 분해하며 1년에 약 30 cm의 속도로 원을 넓혀간다. 일부 큰 균륜은 수백 년 이상 된 것도 있다.

버섯이 형성된 다음 버섯의 갓은 주름에 존재하는 이핵성 담자기의 넓은 표면적을 지탱하고 보호한다. 핵융합 동안 각 담자기에 있는 두 핵은 융합하여 이배체 핵을 생성한다(그림 31.18). 그런 다음 이 핵은 감수분열을 겪어 궁극적으로 담자포자로 발생하는 4개의 반수체 핵을 생산한다. 수많은 담자포자가 생성되는데, 일반적으로 양송이버섯은 약 200 cm^2의 주름 면적을 가지며 10억 개의 담자포자를 방출하여 날려 보낸다.

개념 확인 문제 31.4

1. 병꼴균의 어떤 특징이 이들이 초기에 분기된 균류계통을 나타낸다는 가설을 지지하는가?
2. 접합균, 내생균근균, 자낭균과 담자균에서 특정 기능을 수행하기에 적합한 형태의 예를 들고 설명하라.
3. WHAT IF? 자낭균에서의 돌연변이가 생활사를 변화시켜, 원형질융합, 핵융합과 감수분열이 빠르게 연속해서 일어났다고 가정하자. 이것이 어떻게 자낭포자와 자낭과에 영향을 미칠 수 있겠는가?

정답은 부록 A 참조

개념 31.5

균류는 영양물질의 순환, 생태적 상호작용과 인간의 생활에 중요 역할을 한다

균류의 분류를 살펴보면서 우리는 균류가 다른 생물에 미치는 영향을 알아보았다. 이 절에서는 어떻게 균류가 분해자로, 상리공생자로 그리고 병원균으로 활동하는지에 초점을 맞추어 이러한 영향에 대해 보다 자세히 살펴보고자 한다.

분해자로서의 균류

균류는 식물세포벽의 셀룰로오스나 리그닌과 같은 유기물의 분해자로 잘 적응하였다. 실제로, 심지어 제트기 연료나 집에 바르는 페인트를 포함한 거의 모든 탄소 함유물질은 최소한 일부 균류에 의해 분해될 수 있다. 박테리아 또한 마찬가지이다. 그 결과 균류와 박테리아는 식물 생장에 필수적인 무기질 영양분이 비축된 생태계를 유지하는 데 중요한 책임을 지고 있다. 이들 분해자(decomposer) 없이는 탄소, 질소와 다른 원소들은 모두 유기물에 묶여 있을 것이다. 만일 이러한 일이 벌어진다면 이를 먹이로 하는 식물과 동물은 토양으로부터 흡수한 원소들이 순환되지 않으므로 존재할 수 없었을 것이다(55장 참조). 분해자가 없으면 알다시피 생명은 멈출 것이다.

상리공생자로서의 균류

균류는 식물, 조류, 남세균 및 동물과 상리공생관계를 형성할 수 있다. 상리공생하는 균류는 숙주 생물로부터 영양분을 흡수하지만, 대부분의 관다발식물과 균근관계를 형성하는 균류에서 이미 보았듯이, 그 대가로 숙주에게 이득을 준다.

균류-식물 상리공생

균근균류와 함께, 지금까지 연구된 모든 식물은 잎이나 식물의 다른 부분의 내부에 살면서 식물에는 해를 입히지 않는 균류인 공생하는 **내생균류(endophyte)**를 가지는 것으로 보인다. 지금까지 확인된 대부분의 내생균류는 자낭균류이다. 내생균류는 초식동물을 막는 독소를 만들거나 고온, 가뭄 또는 중금속에 대한 숙주식물의 저항성을 증가시킴으로써 일부 초본과 비목본식물에 이득을 주는 것으로 알려졌다. 그림 31.20에 언급되었듯이, 내생균류가 목본식물에 어떻게 영향을 미치는지 알아보기 위하여, 연구자들은 미세 내생균류인 *Rhizoctonia*가 유럽적송(*Pinus sylvetris*) 묘목에 이득을 주는지 조사하였다.

균류-동물 공생관계

이미 언급하였듯이, 일부 균류는 소나 다른 초식동물의 위장에서 식물물질의 분해에 도움을 주면서 동물과 소화작용을 공유한다.

▼ 그림 31.20 **탐구**

내생균류는 유럽적송에 이득을 주는가?

실험 내생균류는 지금까지 조사된 모든 식물의 체내에서 발견되는 공생 또는 병원성 미세 균류이다. 이들은 위도가 높은 지역보다 열대지방에서 더 다양하다. 핀란드 헬싱키 대학의 그뢴버그(Henrietta Grönberg) 연구팀은 미세한 내생균류인 *Rhizoctonia*가 북방침엽수림의 우점종 중 하나인 유럽적송(*Pinus sylvetris*) 묘목에 이득을 주는지 조사하였다. 유전적으로 서로 다른 4 종류의 내생균류를 소나무 묘목이 자라고 있는 영양분이 부족한 토양에 각각 접종하였다.

결과 접종 87일 후 지상부량과 특히 뿌리량은 균류를 접종하지 않은 대조군에 비해 균류를 접종한 묘목에서 월등히 높았다. 이러한 차이는 접종 후 240일이 지났을 때는 거의 사라졌다.

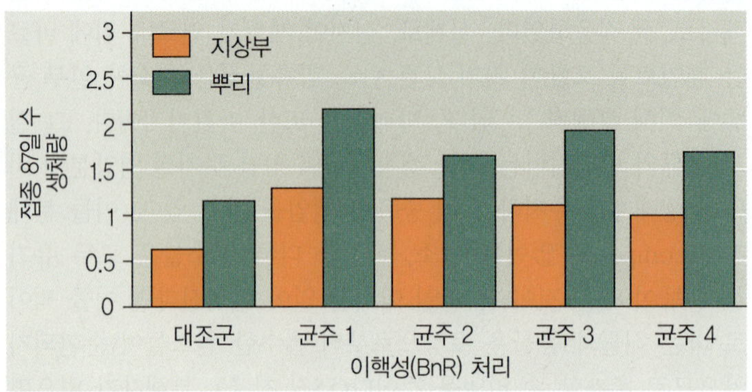

결론 내생균류는 초기 지상부와 뿌리의 생장을 증가시키는 식물생장 조절물질을 생산하였다. 그러나 이 효과는 묘목이 자라면서 사라졌다.

참고문헌 H. Grönberg et al., Binucleate *Rhizoctonia* (*Ceratorhiza spp*) as non-mycorrhizal endophytes alter Pinus sylvestris root architecture and affect growth of rooted cuttings. *Scandinavian Journal of Forest Research* 21:450-457 (2006).

WHAT IF? 식물은 보통 매우 많은 내생 균류를 가진다. 이 지식에 기초하여 또 다른 실험을 제안해 보라.

여러 개미종들이 "농장"에서 균류를 기르면서 이들 균류의 소화력을 이용한다. 예를 들어, 가위개미는 열대림을 뒤지고 다니면서 그들 자신은 소화시킬 수 없는 잎을 찾아 이것을 집으로 운반하여 균류에게 제공한다(그림 31.21). 균류가 생장함에 따라 균사는 단백질과 탄수화물이 풍부한 특수화된 팽창말단을 발생시킨다. 개미는 이러한 영양분이 풍부한 끝부분을 주로 먹이로 삼는다. 실제로 균류는 식물 잎을 곤충이 소화시킬 수 있는 작은 물질로 분해하고, 또한 곤충을 죽이거나 해를 입힐 수 있는 식물의 방어물질을 해독시킨다. 일부 열대림에서는 균류가 이들 곤충이 나뭇잎의 중요한 소비자가 되도록 도와주고 있다.

이러한 개미 농부와 그들의 균류 "작물"은 5,000만 년 이상 밀접하게 연결되어 진화해 왔다. 균류는 그들에게 먹이를 가져다주는 동물에 너무 의존적으로 되어 많은 경우에 이 개미들 없이는 그들 스스로 생존할 수 없게 되었고, 그 반대 또한 마찬가지다.

▲ 그림 31.21 **균류를 재배하는 곤충.** 이 잎을 자르는 가위개미는 식물물질을 자신이 소화시킬 수 있는 형태로 전환하기 위해 균류에 의존한다. 그 대신 균류는 개미가 그들에게 가져다주는 잎으로부터 영양물질을 섭취한다.

지의류

지의류(lichen)는 수백만 광합성 세포가 균류의 균사 덩어리에 붙어 있는 광합성 미생물과 균류의 공생체이다. 지의류는 암석, 썩어가는 통나무, 나무 및 지붕 표면 위에 다양한 형태로 자란다(그림 31.22). 광합성 공생자는 단세포 또는 섬유상 녹조류나 남

▼ 그림 31.22 **다양한 지의류의 생장 형태**

◀ 관목상(관목모양) 지의류

▶ 엽상(입모양) 지의류

◀ 각상(껍질모양) 지의류

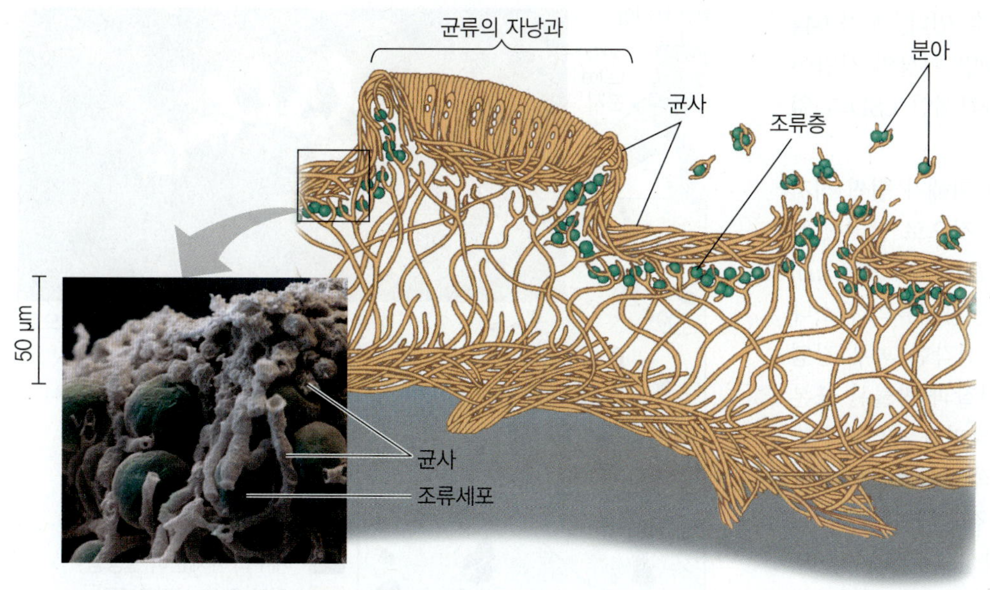

▲ **그림 31.23 자낭균 지의류의 해부구조**(채색된 SEM 사진)

병원균으로서의 균류

공생을 하는 균류와 마찬가지로 기생을 하는 균류 또한 살아 있는 숙주세포로부터 영양분을 흡수하지만 그 대가로 어떤 이득도 제공하지 않는다.

알려진 100,000여 종의 균류 가운데 약 30% 정도는 대부분 식물의 기생생물이거나 병원균이다**(그림 31.24)**. 예를 들어, 밤나무 줄기 마름병을 일으키는 자낭균인 밤나무줄기마름병균(*Cryphonectria parasitica*)은 미국 북동부의 경관을 완전히 바꾸어 버렸다. 1900년대 초 아시아로부터 수입된 나무에 의해 우연히 도입된 이 균류의 포자는 미국 밤나무 껍질의 틈새로 들어가 균사를 생성하여 나무를 죽인다. 한때 아주 흔했던 미국밤나무는 지금은 주로 이전나무의 그루터기로부터 나온 새싹으로 살아남아 있다. 또 다른 자낭균인 소나무 가지마름병균(*Fusarium circinatum*)은 전 세계에 걸쳐 소나무를 위협하는 질병인 소나무 가지마름병을 일으킨다. 세계 과실 수확량의 10~50% 정도가 매년 균류에 의해 소실되며, 곡물의 수확 역시 매년 심각한 손실을 입는다.

작물을 공격하는 일부 균류는 인간에게 유독한 화합물을 생산한다. 한 예로, 호밀에 자라는 자낭균류인 맥각균(*Claviceps purpurea*)은 호밀에 맥각이라는 보라색 구조를 형성한다(그림 31.24c) 이 병에 걸린 호밀이 제분되면 맥각으로부터 나온 독소가 괴저, 신경 경련, 심한 통증, 환각과 일시적인 정신이상 등의

세균이다. 균류 쪽 공생자는 주로 자낭균류이지만, 하나의 내생균근균과 75종의 담자균 지의류도 알려졌다. 균류가 지의류의 전반적인 형태와 구조를 제공하며, 균사에 의해 형성된 조직이 지의류의 대부분을 차지한다. 조류나 남세균은 일반적으로 지의류 표면 아래의 안쪽 층을 점유한다**(그림 31.23)**.

균류와 조류 또는 남세균과의 융합은 거의 완벽하여 지의류는 마치 단일 생물체인 것처럼 학명이 붙여졌다. 현재까지 17,000종의 지의류가 알려졌다. 그러한 "이중 생명체"에서 예상할 수 있듯이 지의류는 하나의 공생단위체로서 무성생식이 일반적이다. 이것은 부모 지의류의 절단이나 또는 조류에 묻혀 있는 작은 균사 덩어리인 **분아(soredia)**의 형성에 의해서 일어난다(그림 31.23). 많은 지의류의 균류는 또한 유성적으로 생식한다.

대부분의 지의류에서 각 공생자는 다른 공생자가 스스로 얻을 수 없는 무언가를 제공한다. 조류는 탄소화합물을 제공하며, 남세균은 질소를 고정하여(27장) 유기질소를 제공한다. 균류는 광합성 공생자에게 생장에 적합한 환경을 제공한다. 균사의 물리적 배열은 기체교환을 가능하게 하며 광합성 공생자를 보호하고, 대부분 공기 중의 먼지나 비로부터 흡수된 무기질과 물을 간직할 수 있게 한다. 균류는 또한 무기질의 흡수를 돕는 산을 분비한다.

지의류는 화산활동이나 불타버린 숲에서처럼 새로이 형성된 암석이나 토양 표면의 중요한 개척자 생물이다. 지의류는 물리적으로 뚫거나 또는 화학적으로 공격하여 이러한 표면을 분해하며, 또한 바람에 날려 온 토양을 잡아 둔다. 질소고정 지의류 또한 일부 생태계에 유기질소를 보충한다. 이런 과정이 식물의 천이를 가능하게 한다(54장). 화석 기록은 지의류가 4억 2,000만 년 전 육상에 출현하였음을 보여준다. 이런 초기의 지의류는 오늘날과 같이 암석이나 토양을 변형시켜 식물이 자랄 수 있게 해주었다.

(a) 옥수수의 깜부기병

(b) 단풍잎의 흑문병균

(c) 호밀의 맥각균

▲ **그림 31.24 식물 균병의 예**

증상을 보이는 맥각중독(ergotism)을 일으킬 수 있다. 서기 944년경 프랑스에서 맥각중독이 창궐하여 40,000명 이상의 사람이 죽었다. 맥각으로부터 분리된 한 화합물은 환각제인 LSD의 원료가 되는 리세르그산(lysergic acid)이다.

비록 동물은 식물에 비해 기생 균류에 의한 피해가 훨씬 적지만, 약 500종 정도의 균류가 동물에 기생하는 것으로 알려졌다. 기생균류인 한 병꼴균(항아리 양서류곰팡이, *Batrachochytrium dendrobatidis*)은 약 200여 종의 개구리와 다른 양서류의 감소나 멸종에 관련되었다(**그림 31.25**). 이 병꼴균은 심각한 피부 감염을 일으켜서 대량 죽음에 이르게 한다. 현지 관찰과 박물관 표본의 연구는 항아리 양서류곰팡이가 호주, 코스타리카, 미국 및 다른 나라에서 양서류 개체군이 감소하기 바로 직전에 그 개체군에 처음 나타났음을 보여준다. 더구나 개구리를 감염시키는 지역에서 이 병꼴균은 매우 낮은 수준의 유전적 다양성을 가진다. 이러한 발견은 항아리 양서류곰팡이가 최근에 나타나 전 세계적으로 빠르게 확산하여 많은 양서류 집단을 대량으로 죽인다는 가설과 일치한다.

기생 균류에 의해 야기된 감염을 일반적인 용어로 **진균증(mycosis)**이라고 한다. 사람의 피부 진균증은 피부에 원형으로 붉게 나타나는 버짐을 일으키는 질병인 백선을 포함한다. 가장 일반적으로 발에 백선을 유발하는 자낭균은 자라며 심한 가려움과 물집을 수반하는 무좀을 생기게 한다. 무좀과 백선은 전염성이 매우 강하지만 항진균제로 치료될 수 있다.

이와는 반대로 전신 진균증은 몸 전체로 번지며 일반적으로 심각한 질병을 일으킨다. 이 질병은 보통 포자의 흡입에 의해 유발된다. 예를 들어, 콕시디오이데스진균증(coccidioidomycosis)은 폐에 폐결핵과 유사한 증상을 일으키는 전신 진균증이다. 치료하지 않으면 치명적인 이 질병은, 매년 북미에서 수백 건이 발생하며 항진균제의 치료를 필요로 한다.

몇몇 진균증은 기회적이어서 몸의 미생물과 화학적 환경 또는 면역계에 변화가 생겨 병을 일으키는 균류가 자랄 수 있을 때만 생긴다. 예를 들어, 칸디다균(*Candida albicans*)은 질 벽과 같은 대부분의 상피에 정상적으로 서식하는 생물 중의 하나이다. 특정 환경 아래에서 칸디다균은 매우 빠르게 생장할 수 있어 병원성이 되며 소위 말하는 "효모 감염"을 일으킨다. 많은 다른 기회적 진균증은 최근 몇십 년간, 부분적으로는 면역계를 저해하는 에이즈 등으로 인해 점점 더 일반화되고 있다.

균류의 이용

균류에 의한 위험성이 그것의 막대한 이득을 빛이 바래게 하지는 못한다. 우리는 이들이 분해자로서 그리고 유기물의 재순환자로서 수행하는 생태적인 기능에 의존한다. 균근이 없다면 농업의 생산성은 훨씬 줄어들 것이다.

버섯만이 인간이 소비하는 인기가 많은 균류가 아니다. 균류는 로크포르 치즈와 여러 블루치즈를 숙성시키는 데 이용된다. 여러 자낭균류의 식용자실체인 곰보버섯과 송로버섯은 그 복잡한 맛이 매우 높게 평가된다(그림 31.15). 이 버섯들은 약 500 g에 수백에서 수천 달러씩에 팔리기도 한다. 송로버섯은 강한 향을 방출하여 그것을 먹고 포자를 퍼뜨리는 포유류나 곤충을 유인한다. 몇몇의 경우는 향이 일부 포유류의 페로몬(성적 유인물)과 흡사하다. 예를 들어, 몇몇 유럽 송로버섯의 향은 수퇘지에 의해 방출되는 성적 유인물과 흡사한데, 이것은 왜 이 버섯을 찾는 데 예로부터 암퇘지를 이용하였는지를 설명한다.

인간은 알코올 음료와 빵을 부풀리기 위해 수천 년 동안 효모를 사용해오고 있다. 산소가 없는 조건에서 효모는 당을 알코올과 CO_2로 발효시켜 반죽을 부풀린다. 비교적 최근에 와서야 보다 조절된 사용을 위하여 효모가 순수 배양균으로 분리되었다. 빵효모(*Saccharomyces cerevisiae*)는 배양된 균류 중에서 가장 중요하다(그림 31.7). 이 효모의 많은 균주가 빵효모나 양조효모로 사용된다.

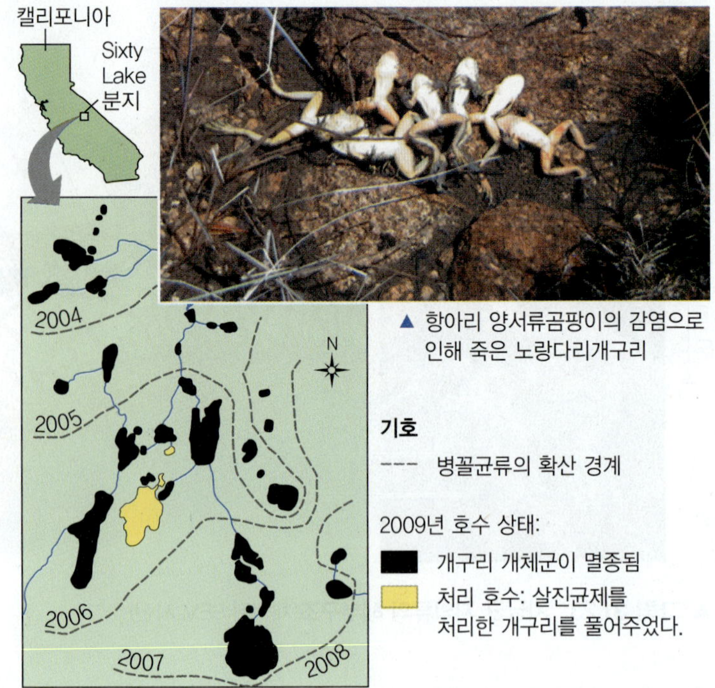

▲ **그림 31.25 공격을 받는 양서류.** 기생 균류가 지난 최근 수십 년간 많은 양서류 개체군을 감소시키거나 멸종을 야기할 수 있었겠는가? 한 연구팀은 병꼴균인 항아리양서류곰팡이(*Batrachochytrium dendrobatidis*)가 캘리포니아의 Sixty Lake 분지(Basin) 지역에 도달한 이후 노랑다리개구리(*Rana muscosa*)의 개체수가 급격히 감소하였음을 발견하였다. 2004년 그 병꼴균이 도달하기 전에는 이들 호수에 2,300마리 이상의 개구리가 있었으나, 2009년에는 단지 38마리의 개구리만이 남았다. 생존한 모든 개구리는 연구자들이 그 병꼴균류의 영향을 감소시키기 위해서 살진균제를 처리한 두 호수(노란색)에만 있었다.

INTERPRET THE DATA 제시된 데이터는 병꼴균이 개구리 수의 감소를 유발하였는지 또는 연관성이 있는지를 말하는가? 설명하라.

많은 균류는 또한 의학적으로도 매우 중요한 가치를 가진다. 예를 들어, 맥각으로부터 추출한 화합물은 고혈압을 낮추며 출산 후 산모의 출혈을 멈추는 데 이용된다. 일부 균류는 세균 감염치료에 필수적인 항생제를 생산한다. 사실, 최초로 발견된 항생제인 페니실린은 자낭곰팡이인 푸른곰팡이(*Penicillium*)에 의해 생성된다. 균류로부터 유래된 의약품의 또 다른 예는 콜레스테롤 수치를 낮추는 약품과 기관 이식 후 면역계를 억제하는 데 쓰이는 약품인 사이클로스포린을 포함한다.

균류는 또한 기초 연구에 매우 중요한 역할을 한다. 예를 들어 빵효모(*S. cerevisiae*)는 세포 배양과 조작이 용이하여 진핵생물의 분자유전학 연구에 사용된다. 과학자들은 효모균과 상동인 유전자의 작용을 연구함으로써 파킨슨병이나 사람의 다른 질병과 관련된 인간 유전자를 보다 더 잘 알 수 있게 되었다.

유전자 변형 균류 또한 매우 희망적이다. 예를 들어 과학자들은 인슐린 유사 생장인자를 포함하여, 사람의 당단백질을 생산하는 빵효모 균주를 유전공학 기법으로 만드는 데 성공하였다. 이렇게 균류가 생산하는 당단백질은 이런 화합물을 생산하지 못하는 질병을 가진 사람들의 치료에 이용될 수 있다. 반면 또 다른 연구자들은 목재나 농업 폐기물에서 자라며 자연적으로 디젤 연료에 함유된 것과 유사한 탄화수소를 생산할 수 있는 자낭균인 *Gliocladium roseum*의 유전체를 연구하고 있다(**그림 31.26**). 이들은 *G. roseum*이 탄화수소를 합성하는 대사경로를 알아내어, 옥수수에서 바이오 연료를 생산하는 경우와 같이 농지를 축소시키지 않고 바이오 연료를 생산할 수 있는 대사경로를 이용할 수 있기를 희망하고 있다.

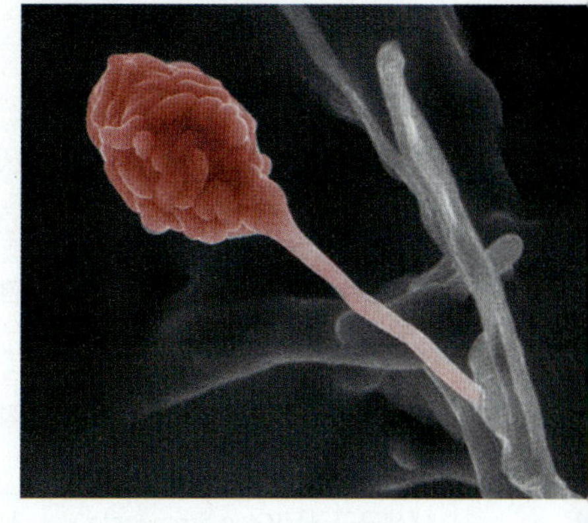

▶ **그림 31.26 이 균류가 바이오연료를 생산할 수 있을까?** 자낭균인 *Gliocladium roseum*는 디젤 연료에 함유된 것과 유사한 탄화수소를 생산할 수 있다(채색된 SEM 사진).

균류계에 대한 조사를 마치면서 이 단원의 나머지 부분에서는 우리 인간이 속하는 동물계에 대해 다루고자 한다.

개념 확인 문제 31.5

1. 지의류의 조류가 공생자인 균류로부터 얻을 수 있는 이득에는 무엇이 있는가?
2. 병원성 균류의 어떤 특성이 이들이 효과적으로 전파될 수 있게 하는가?
3. **WHAT IF?** 만약 균류와 다른 생물 간에 상리공생적인 관계가 생겨나지 않았다면 지구상의 생명체의 활동은 오늘날 우리가 알고 있는 것과 어떻게 다르겠는가?

정답은 부록 A 참조

31 장 복습

핵심 개념의 요약

개념 31.1

균류는 흡수에 의해 영양분을 섭취하는 종속영양생물이다

- 분해자와 공생자를 포함하여 모든 **균류(fungi)**는 영양물질을 흡수에 의해 섭취하는 종속영양생물이다. 많은 균류는 복잡한 분자를 흡수가 가능하도록 더 작은 분자로 분해할 수 있는 효소를 분비한다.
- 대부분의 균류는 **균사(hyphae)**라고 불리는 가는 다세포의 섬유로 자라며, 비교적 소수의 종이 오직 단세포 **효모(yeast)**로 자란다. 다세포 형태에서 균류는 먹이 흡수에 적합한 가지 있는 **균사(mycelia)**의 망상조직인 균사체로 이루어져 있다. 균근균류는 식물과 상호 공생관계를 형성하게 하는 특수한 균사를 가진다.

? 어떻게 다세포 균류의 형태가 영양물질 흡수의 효율성에 영향을 미치는가?

개념 31.2

균류는 유성생식 또는 무성생식의 생활사를 통하여 포자를 형성한다

- 균류에서 유성생식은 **세포질융합(plasmogamy)**과 **핵융합(karyogamy)**을 포함하며, 그 중간에 두 부모로부터의 반수체 핵을 가지는 세포단계인 이핵성 단계를 가진다. 핵융합의 결과로 생기는 이배체 세포기간은 짧으며 감수분열을 거쳐 반수체 **포자(spore)**를 생산한다.
- 많은 균류는 섬유상 균류나 효모와 같이 무성생식을 할 수 있다.

DRAW IT 균류의 일반적인 생활사를 그리고, 무성생식 및 유성생식, 감수분열, 세포질융합, 핵융합과 생활사에서 포자와 접합자가 생산되는 지점을 표시하라.

개념 31.3

균류는 단세포의 수생편모 원생생물에서 유래하였다

- 분자적 증거는 균류와 동물이 편모를 가진 단세포 공통조상으로부터 약 10~15억 년 전쯤 갈라져 나왔다는 가설을 뒷받침한다. 그러나 균류로 널리 받아들여지는 가장 오래된 화석은 4억 6,000만 년 전의 것이다.
- 병꼴균은 편모가 달린 포자를 가지는 균류무리이며, 일부 기저 계통을 포함한다.
- 균류는 가장 먼저 육상에 정착한 생물 중의 하나이다. 화석 증거는 이들이 초기 육상 식물과 공생체였던 종을 포함한다는 것을 보여준다.

? 다세포성이 균류와 동물에서 독립적으로 기원하였는가? 설명하라.

개념 31.4

균류는 매우 다양한 계통으로 퍼져나갔다

균류문	구별되는 특징
병꼴균문(Chytridiomycota) (chytrids)	편모를 가지는 포자
접합균문(Zygomycota) (zygomycetes)	유성단계로서의 저항성 접합포자낭
내생균근균문(Glomeromycota, 수지상균근균) (arbuscular mycorrhizal fungi)	식물과 수지상균근 형성
자낭균문(Ascomycota) (ascomycetes)	자낭이라고 불리는 주머니 내부에서 생성되는 유성포자(자낭포자); 많은 수의 무성포자(분생자)를 생산
담자균문(Basidiomycota) (basidiomycetes)	유성포자를 생산하는 많은 담자기를 포함하는 정교한 자실체(담자과)

DRAW IT 균류의 중요 무리의 계통수를 그려라.

개념 31.5

균류는 영양물질의 순환, 생태적 상호작용과 인간의 생활에 중요 역할을 한다

- 균류는 생물계와 비생물계 간의 물질 순환에 필수적인 기능을 수행한다.
- 지의류(lichens)는 균류와 조류 또는 남세균이 고도로 통합된 공생체이다.
- 많은 균류는 대부분 식물에 기생하는 기생균류이다.
- 인간은 균류를 식품이나 항생제를 만드는 데 이용한다.

? 균류가 분해자로, 상리공생자로 그리고 병원체로서 어떤 중요성을 가지는가?

생각해보자

수준 1: 지식/이해

1. 모든 균류는
   a. 공생적이다. b. 편모를 가진다.
   c. 종속영양체이다. d. 분해자이다.
2. 다음 세포나 구조 중 균류의 무성생식과 관계 있는 것은?
   a. 자낭포자 b. 접합포자낭
   c. 담자포자 d. 분생자 자루
3. 균류와 가장 가까운 친족으로 여겨지는 것은?
   a. 동물 b. 이끼
   c. 관다발식물 d. 점균류

수준 2: 응용/분석

4. 균사체가 가지는 실모양의 특징과 관련된 가장 중요한 적응적 이점은 무엇인가?
   a. 흡기를 형성하고 다른 생물에 기생하는 능력
   b. 거의 모든 육상 서식지에 살아갈 수 있는 능력
   c. 교배형 사이의 접촉 기회를 늘림
   d. 침투하여 생장을 하며 영양분을 흡수하는데 적절한 엄청난 표면적
5. **과학적 탐구**
   INTERPRET DATA 초본인 *Dichanthelium languinosum*은 고온의 토양에 사는데, *Curvularia*속의 균류가 내생균류로서 이 식물 속에서 자란다. 연구자들은 이 식물의 온도 저항성에 미치는 *Curvularia*의 영향을 알아보기 위해 현장 실험을 수행하였다. 그들은 여러 온도의 토양에 *Curvularia* 내생균류가 있거나(E+) 또는 없이(E−) 식물체를 키워 식물체의 무게와 새로 형성된 싹의 수를 측정하였다. 온도에 대한 식물체 무게의 결과를 막대그래프로 그리고 해석하라.

토양 온도	*Curvularia* (+ 또는 −)	식물 무게 (g)	새로운 싹의 수
30°C	E−	16.2	32
	E+	22.8	60
35°C	E−	21.7	43
	E+	28.4	60
40°C	E−	8.8	10
	E+	22.2	37
45°C	E−	0	0
	E+	15.1	24

참고문헌: R. S. Redman et al., Thermotolerance generated by plant/fungal symbiosis, *Science* 298:1581 (2002).

수준 3: 종합/평가

6. **진화적 관점**
   지의류를 형성하는 균류와 조류의 공생은 다른 균류군에서 독립적으로 여러 번에 걸쳐 진화한 것으로 보인다. 그러나 지의류는 뚜렷한 세 가지의 생장 형태로 분류된다(그림 31.22). 어떠한 연구로 다음의 가설을 증명할 수 있을까? **가설 1**: 관목상, 엽상 및 각상 지의류 각각은 단계통군을 나타낸다. **가설 2**: 각 지의류의 생장 형태는 분류적으로 다양한 균류에 의한 수렴진화를 나타낸다.
7. **글쓰기: 지식의 체계화**
   이 장에서 살펴보았듯이, 균류는 식물 및 조류와 오랫동안 공생관계를 형성하여 왔다. 이러한 두 유형의 공생관계가 어떻게 생물 군집의 창발적 특성을 만들 수 있겠는지 짧은 글(100~150 단어)을 지어라.
8. **종합적으로 생각해보기**

이 말벌은 곤충 병원성 균류의 불행한 희생자이다. 이 사진이 균류의 영양 방식, 몸체 구조 및 생태적 기능에 대하여 무엇을 보여주는지 한 문단으로 정리하라.

정답은 부록 A 참조

32

동물의 다양성

핵심 개념

32.1 동물은 종속영양을 하는 다세포 진핵생물로서 배엽으로부터 발달하는 조직으로 이루어진다

32.2 동물은 5억 년 이상의 역사를 가지고 있다

32.3 동물은 "체제"에 따라 특징이 결정된다

32.4 동물의 계통에 대한 견해들은 계속해서 새로운 분자생물학적 자료와 형태적 자료에 의해 변화한다

▲ **그림 32.1** 어떤 적응들이 카멜레온을 무시무시한 포식자로 만들었을까?

소비자들로 이루어진 생물계

그림 32.1의 카멜레온은 자신의 발로 천천히 움직이지만, 길고 끈끈한 혀를 눈에 보이지 않는 속도로 휘둘러 낌새를 느끼지 못하고 있는 먹이를 포획한다. 또한 많은 카멜레온 종들은 자신들이 잡아먹거나 잡아먹힐 수 있는 동물들 모두가 알아차리기 어렵도록 자신의 색깔을 변화시켜 주위환경과 섞인다.

카멜레온은 다른 생물체들을 효율적으로 소비하는 동물의 한 예이다. 다른 포식성 동물들은 자신들의 힘과 속도, 또는 독소들을 이용하여 먹이를 압도하며, 그 밖의 다른 동물들 역시 그물처럼 숨겨진 덫을 놓아 부주의한 먹이들을 포획한다. 이와 비슷하게 초식성 동물들은 잎과 씨를 날것으로 먹어치워 식물을 앙상하게 만들기도 하며, 기생성 동물들은 숙주의 조직과 체액을 소비하여 숙주를 약화시킨다. 이들 및 다른 동물들은 다른 생물체들을 탐지하고 포획하여 잡아먹으며 공격을 피해 도망칠 수 있도록 해주는 분화된 근육세포와 신경세포들을 가지고 있다는 점에서 효율적인 섭식기계들이다. 또한 동물들은 자신들이 먹은 음식물을 아주 훌륭하게 소화하는데, 대부분의 동물들은 양 끝에 입과 항문이 있는 효과적인 소화계를 사용하여 이를 수행한다.

이 장에서 우리는, 이후 2개의 장에 걸쳐 계속될 동물계에 대한 둘러보기를 시작할 것이다. 여기에서 우리는 모든 동물들이 공유하고 있는 특징들과 소비자들로 이루어진 이 생물계의 진화 역사를 살펴볼 것이다.

개념 32.1

동물은 종속영양을 하는 다세포 진핵생물로서 배엽으로부터 발달하는 조직으로 이루어진다

모든 동물들이 공유하는 특징들을 열거한다는 것은 거의 모두 예외가 존재하기 때문에 어려운 일이다. 그러나 동물의 몇몇 특징들을 함께 다룬다면 우리가 논의하고자 하는 동물이라는 무리를 충분히 설명할 수 있다.

영양방식

동물은 식물이나 균류(fungi)와 영양방식이 다르다. 식물은 광합성을 통하여 유기분자를 만들어 낼 수 있는 독립영양 진핵생물이다. 균류는 자신들의 먹잇감 위나 주변에서 영양분을 흡수(보통 자신들의 몸 밖의 먹이를 소화하는 효소를 분비한 후)하여 자라는 종속영양생물이다. 동물은 식물과는 달리 자신에게 필요한 모든 유기분자를 만들 수 없기 때문에 대부분 다른 살아 있는 생물체를 잡아먹거나 죽은 상태의 유기물을 먹어 이를 섭취한다. 그러나 균류와는 달리 대부분의 동물들은 먹이를 삼키고 난 후 자신들의 몸속에서 효소를 이용하여 먹이를 소화시켜 섭취한다.

세포구조와 특수화

동물은 진핵생물이며, 식물이나 균류와 같이 다세포성이다. 그러나 식물이나 균류와 달리 동물은 세포벽이라는 구조적 지지물을 가지고 있지 않다. 대신 세포막 외부에 자리하고 있는 다양한 단백질들이 동물 세포들을 구조적으로 지탱해주며 세포들을 서로 연결해준다(그림 7.28). 이러한 단백질들 가운데 가장 풍부한 것은 식물이나 균류에서는 발견되지 않는 콜라젠이다.

대부분의 동물에서 세포들은 기능적 단위의 역할을 하는 비슷한 세포들의 무리인 **조직(tissue)**을 구성한다. 예를 들면, 근육조직과 신경조직은 각각 운동과 신경 자극의 전도를 담당한다. 운동 능력과 신경 자극을 전도할 수 능력은 동물이(근육세포와 신경세포가 없는) 식물 및 균류와 구별되는 여러 가지 적응을 할 수 있는 바탕을 이룬다. 이런 이유 때문에 근육세포와 신경세포는 동물의 생활양식의 중심이 되고 있다.

생식과 발생

대부분의 동물들은 유성생식을 하며, 보통 생활사 가운데 이배체 단계가 주를 이룬다. 반수체 단계에서는 식물이나 균류의 경우와 달리 정자세포와 난자세포들은 배우체 시기를 거치지 않고 감수분열을 통하여 직접적으로 생성된다(그림 13.6). 대부분의 동물 종들에서는, 크기가 작고 편모를 가지고 있는 정자가, 크기가 크고 운동성이 없는 알과 수정하여 이배체의 접합자를 형성한다. 접합자는 세포분열 사이에 세포가 생장하지 않고 연속적으로 체세포분열을 하는 **난할(cleavage)**을 진행한다. 대부분의 동물들에서는 발생이 이루어지는 동안 난할의 결과 **포배(blastula)**라고 하는 다세포 단계가 형성되는데, 많은 동물들에서 포배는 마치 속이 비어 있는 공과 같은 구조를 나타낸다(그림 32.2). 포배기에 이어 **낭배형성과정(gastrulation)**이 진행되는데, 이 과정 동안 성체의 몸의 각 부분으로 발달하게 될 배아(embryo)의 조직층(배

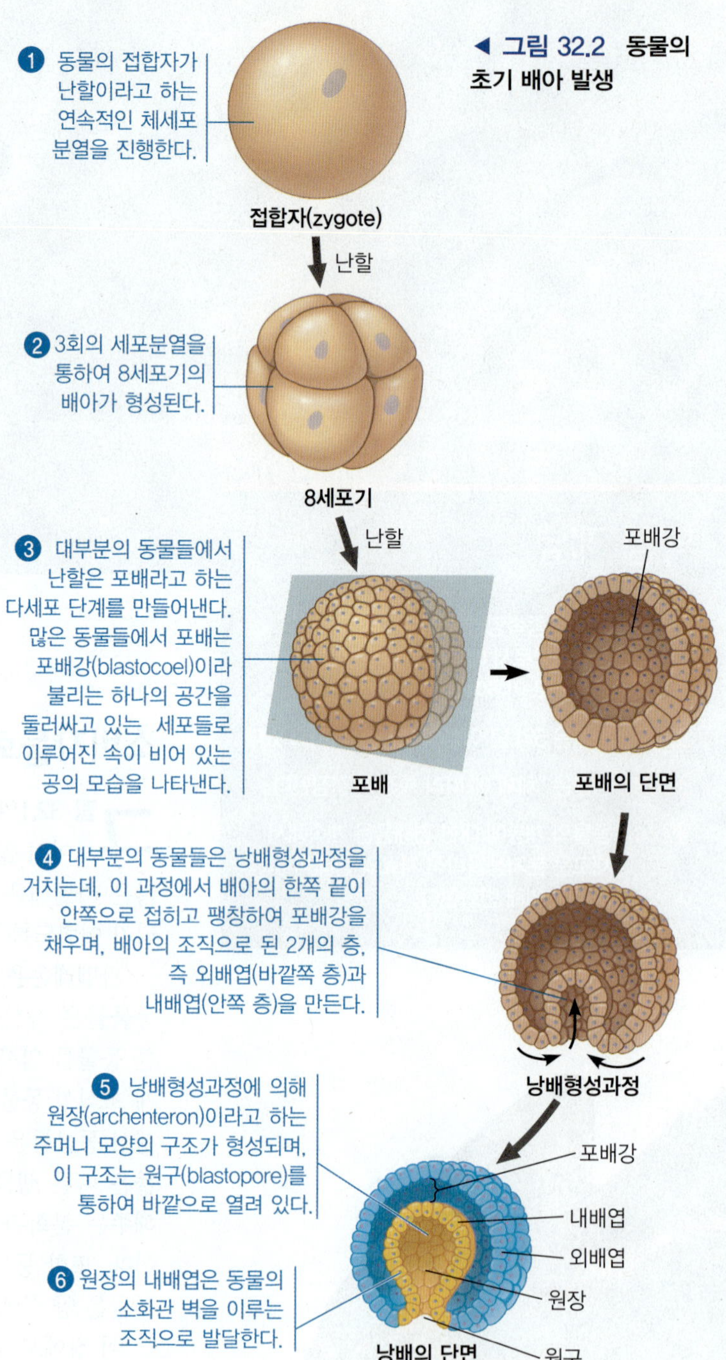

◀ 그림 32.2 동물의 초기 배아 발생

엽)이 만들어진다. 이 결과 나타나는 발생단계를 **낭배(gastrula)**라고 한다.

사람을 포함하는 몇몇 동물들은 일시적인 성숙단계들을 거쳐 성체로 직접 발달하지만, 많은 동물들의 생활사는 최소한 하나의 유생단계를 포함한다. **유생(larva)**은 성적으로 미성숙한 단계로서 성체 단계와 형태적으로 구별되며, 보통 성체와 다른 먹이를 먹고, 물속 생활을 하는 모기나 잠자리의 유충들처럼 성체와 다른 서식지를 가지기도 한다. 동물의 유생은 **변태(metamorphosis)**를 겪는데, 변태란 성체를 닮았으나 성적으로는 미성숙한 어린 개체를 만드는 일종의 발생상의 탈바꿈 과정이다.

비록 동물의 성체들이 형태적으로 많은 차이를 나타냄에도 불구하고, 동물의 발생을 조절하는 기초적인 유전자망은 아주 넓은 범위의 동물 분류군들 사이에서 서로 닮아 있다. 모든 진핵생물들은 다른 유전자들의 발현을 조절하는 유전자들을 가지고 있으며, 이러한 조절유전자들 가운데 다수는 호메오박스(homeobox)라고 하는 DNA 염기서열의 공통 부위를 포함하고 있다(20장). 특히 동물들은 혹스(*Hox*) 유전자로 알려진, 호메오박스를 포함하는 독특한 유전자군을 공유하고 있다. 혹스 유전자는 동물의 형태에 영향을 미치는 수십 개 또는 수백 개의 다른 유전자들의 발현을 조절함으로써 동물의 배아 발생에 있어서 매우 중요한 역할을 한다.

현존하고 있는 동물 가운데 가장 단순한 동물의 하나인 해면동물에는 혹스 유전자가 없다. 그러나 해면동물은 해면동물 형태의 가장 핵심적인 특징의 하나인 체벽의 수관계 형성을 조절하는 유전자들과 같이 자신의 모양형성에 영향을 미치는 다른 호메오박스 유전자들을 가지고 있다(그림 33.4). 보다 복잡한 구조를 가진 동물들의 조상에서는 초기 호메오박스 유전자들의 중복을 통하여 혹스 유전자군이 나타났다. 오랜 시간 동안 혹스 유전자군은 일련의 중복 과정을 거쳤으며, 이를 통하여 발생을 조절하는 보다 유용한 "도구상자(toolkit)"가 나타나게 되었다. 대부분의 동물들에서 혹스 유전자는 여러 가지 발생 과정들을 조절할 뿐만 아니라 전-후(앞-뒤)축의 형성을 조절한다. 파리와 인간은 서로 명백한 차이를 가지고 있고, 수억 년 동안 진화의 경로를 서로 달리하였음에도 불구하고 서로 비슷한 조합의 보존된 유전자들이 그들의 발생 과정을 조절한다.

개념 확인 문제 32.1

1. 동물 발생의 주요 단계들을 요약하라. 어떤 조절유전자군이 주요한 역할을 하는가?
2. WHAT IF? 먹이를 쫓고, 잡으며, 소화할 수 있는 가상의 식물(여전히 이 식물은 토양에서 영양분을 추출할 수 있으며 광합성을 할 수 있다)에 비해 동물의 특징들로서는 무엇이 필요할까?

정답은 부록 A 참조

개념 **32.2**

동물은 5억 년 이상의 역사를 가지고 있다

지금까지 생물학자들은 130만 종 이상의 동물들을 동정했으며, 실재 존재하는 종들의 수는 훨씬 많은 것으로 추정되고 있다. 이와 같은 엄청난 규모의 다양성은 산호로부터 바퀴벌레, 악어에 이르는 광대한 범위의 형태적 변이를 망라하고 있다. 다양한 연구들은 이러한 엄청난 규모의 다양성이 지난 마지막 10억 년 동안 기원하였다는 것을 알려주고 있다. 예를 들면, 연구자들은 스테로이드의 화석화된 잔존물이 포함되어 있는 7억 1,000만 년 전의 퇴적물을 발굴하였는데, 이 스테로이드는 오늘날 해면동물의 특정한 무리가 일차적으로 만들어내는 것이었다. 그러므로 이 화석화된 스테로이드는 동물이 7억 1,000만 년 전에 이미 등장하였다는 것을 암시하고 있다.

DNA 분석은 일반적으로 이 화석의 생화학적 증거와 일치하고 있는데, 예를 들면 최근의 분자시계 연구는 해면동물이 약 7억 년 전에 기원하였다는 추정을 한 바 있다. 또한 이러한 발견들은 오늘날의 모든 동물종들의 공통조상이 약 7억 7,000만 년 전에 살았다는 것을 제시하는 분자생물학적 분석들과 일치한다. 이 공통조상으로 여겨지는 것은 무엇이며, 또 동물들은 그들의 단세포 조상들로부터 어떻게 진화하였던 것일까?

다세포 동물의 기원에서의 단계들

동물의 기원에 대한 정보를 모으는 한 가지 방법은 동물들과 밀접한 관계에 있는 원생생물 무리들을 찾아내는 것이다. **그림 32.3**에서 보듯이 형태적 증거와 분자생물학적 증거는 입금(깃)편모충류(choanoflagellates)가 동물의 가장 가까운 살아 있는 친척 가운데 하나라는 것을 가리키고 있다. 이러한 결과들에 기초하여, 연구자들은 현존하는 동물들의 공통조상이 오늘날의 입금편모충류와 유사한 일종의 고착성 부유물섭식자였으리라는 가설을 세우고 있다.

다세포성의 기원에는 세포들이 서로 밀착(부착)하여 신호를 교환(소통)하는 새로운 방법들의 진화가 필요했으리라는 것에 주목하여, 과학자들은 동물들이 자신들의 단세포 공통조상들로부터 어떻게 진화하였는지를 탐색하고 있다. 킹(Nicole King) 박사와 그의 동료들은 단세포 입금편모충류의 한 종인 모노시가(*Monosiga brevicollis*)의 유전체를 대표적인 동물들의 유전체들과 비교하였다. 이들은 분석을 통하여 오직 동물들에서만 나타나는 것으로 알려진 78개의 단백질 영역들을 입금편모충류 모노시가에서 찾아냈다. (영역은 어떤 단백질의 핵심적인 구조, 또는 기능을 나타내는 부위이다.) 예를 들면, 입금편모충류 모노시가는 동물세포들이 서로 부착하는 데 핵심적인 역할을 하는 특정 단백질[카데린(cadherins)으로 알려져 있음] 영역을 암호화하는 유전

▼ **그림 32.3 입금(깃)편모충류가 동물과 밀접한 유연관계를 가지고 있다는 세 가지 증거들**

❸에서 설명된 자료들이 ❶과 ❷의 증거로부터 얻을 수 있는 예측들과 어울리는가? 설명하라.

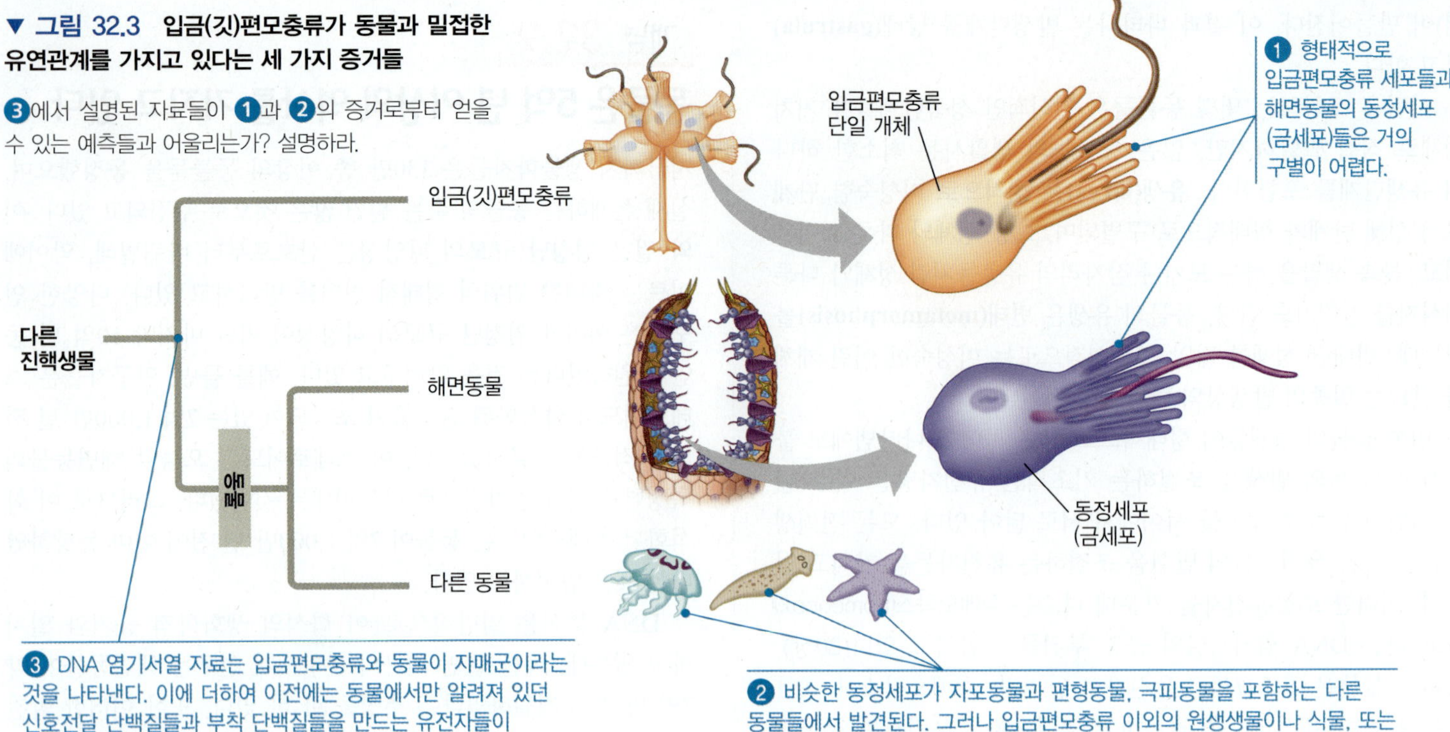

자를 가지고 있을 뿐 아니라 동물들(오직 동물들만)이 세포 신호전달 경로에 사용하는 단백질 영역을 암호화하는 유전자들도 가지고 있다.

앞에서 언급한 카데린 부착단백질을 자세히 살펴보도록 하자. DNA 염기서열분석은 동물의 카데린 단백질이 기본적으로 입금편모충류의 카데린과 비슷한 단백질에서도 발견되는 영역들로 구성되어 있다는 것을 보여준다(**그림 32.4**). 그러나 동물의 카데린 단백질은 입금편모충류의 단백질에서 발견되지 않는 높은 수준의 보전부위(그림 32.4에서 "CCD" 영역으로 표시된 부위)도 포함하고 있다. 이 자료는 카데린 부착단백질이 입금편모충류에서 발견되는 단백질 영역들의 재배열에 새로 통합된 단백질 영역인 CCD 보전부위가 더해져서 기원하였다는 것을 제시하고 있다.

전체적으로, 입금편모충류와 동물의 유전체 비교는 다세포성 동물이 되는 핵심단계들에, 입금편모충류에서 발견되는 유전자들에 의해 암호화되는 단백질이나 단백질 조각들을 사용하는 새로운 경로들이 포함되어 있었다는 것을 시사하고 있다.

다음에는 동물들이 4개의 지질시대를 거치면서 그들의 머나먼 공통조상으로부터 어떻게 진화해 왔는지에 관한 화석상의 증거를 살펴볼 것이다(지질시대를 정리한 표 25.1 참조).

신원생대(10억 년 전~5억 4,200만 년 전)

화석화된 스테로이드 및 분자시계 자료들은 동물의 기원이 훨씬 이른 시기임을 알려주고 있지만, 일반적으로 최초의 동물 화석으로 인정되고 있는 것은 약 5억 6,000만 년 전의 것들이다. 이 화

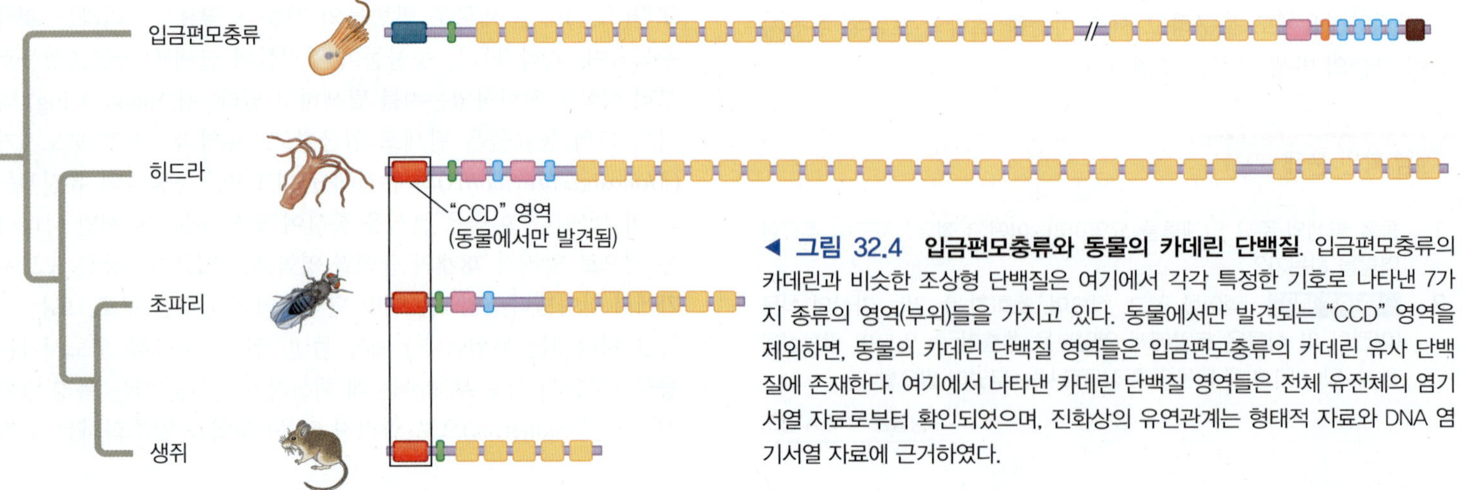

◀ **그림 32.4 입금편모충류와 동물의 카데린 단백질.** 입금편모충류의 카데린과 비슷한 조상형 단백질은 여기에서 각각 특정한 기호로 나타낸 7가지 종류의 영역(부위)들을 가지고 있다. 동물에서만 발견되는 "CCD" 영역을 제외하면, 동물의 카데린 단백질 영역들은 입금편모충류의 카데린 유사 단백질에 존재한다. 여기에서 나타낸 카데린 단백질 영역들은 전체 유전체의 염기서열 자료로부터 확인되었으며, 진화상의 유연관계는 형태적 자료와 DNA 염기서열 자료에 근거하였다.

(a) 마우소니테스(*Mawsonites spriggi*)

(b) 스프리기나(*Spriggina floundersi*)

▲ **그림 32.5 에디아카라 화석.** 약 5억 6,000만 년 전의 화석들로서 (a) 단순한 방사형의 동물들과 (b) 많은 수의 체절들을 가진 동물들을 포함하고 있다.

석들은 뭉뚱그려 **에디아카라 생물상(Ediacaran biota)**으로 알려져 있는 초기 다세포성 진핵생물 무리의 구성원들이다. 이 명칭은 이 동물들이 처음 발견되었던 오스트레일리아의 에디아카라 구릉지의 이름에서 유래되었다(그림 32.5). 이와 비슷한 화석들이 다른 대륙들에서도 발견되고 있다. 이들 중 어떤 것들은 해면동물이며, 다른 것들은 오늘날의 자포동물과 유연관계가 있는 것처럼 보인다. 동물을 닮은 가장 오래된 에디아카라 화석들 가운데 어떤 것들은 연체동물(달팽이와 그들의 친척들)로 여겨지며 다른 것들은 해면동물이나 자포동물(말미잘과 그들의 친척들)과 관련이 있는 것으로 여겨진다. 그 밖의 다른 것들은 여전히 현존하는 동물이나 조류 무리들 어느 것과도 가까운 유연관계를 보이지 않아서 아직도 분류에 어려움을 겪고 있다. 이처럼, 맨눈으로 관찰이 가능한 크기의 화석들 외에도, 신원생대의 암석들에는 초기 동물 배아(embryo)의 미소 화석들이 남아 있다. 이 미소 화석들은 오늘날 동물의 배아에서 보이는 기본 구조상의 체제를 나타내고 있지만 이 화석들이 진정한 동물의 화석들인지에 관한 논쟁이 계속되고 있다.

에디아카라기(6억 3,500만 년 전~5억 4,200만 년 전)의 화석 기록은 또한 포식의 초기 증거를 제공하고 있다. 삼각뿔들이 중첩된 둥지 모양의 껍질에 의해 몸이 보호되어 있는 소형 동물인 클로우디나(*Cloudina*)를 생각해보자(그림 32.6). 어떤 클로우디나 화석은 공격의 흔적을 보여주고 있는데, 둥근 "뚫린 구멍"은 오늘날 포식자들이 껍질 속에 있는 부드러운 몸의 생물체에 접근하기 위해 그들 먹이의 껍질을 뚫을 때 생기는 구멍들을 닮아 있다. 클로우디나처럼 일부의 다른 소형 에디아카라 동물들도 포식자들로부터의 보호를 위해 선택되었을 것으로 여겨지는 껍질들이나 다른 방어 구조물들을 가지고 있었다. 전체적으로 보았을 때, 화석기록은 에디아카라기가 그 경향이 고생대로 이어졌던 동물 다양성 증가의 시기였음을 가리키고 있다.

▲ **그림 32.6 포식의 초기 증거.** 이 5억 5,000만 년이 된 동물 클로우디나의 화석은 동물의 껍질에 구멍을 뚫는 포식자의 공격을 받은 증거를 보여주고 있다.

고생대(5억 4,200만 년 전~2억 5,100만 년 전)

동물 다양성 증가의 다른 파도가 5억 3,500만 년 전부터 5억 2,500만 년 전 사이의 고생대 캄브리아기 동안 나타났는데, 이러한 현상을 흔히 **캄브리아기 폭발(Cambrian explosion)**이라고

▲ **그림 32.7 캄브리아기의 바닷속 풍경.** 재구성된 이 그림은 캐나다 브리티시콜럼비아(British Columbia)주의 버제스 셰일암(Burgess Shale)에서 발견된 화석들에서 보이는 일련의 다양한 생물체들을 묘사하고 있다. 동물들 속에는 피카이아(*Pikaia*; 윗부분 왼쪽에 있는 장어 모양의 척삭동물), 마렐라(*Marella*; 왼쪽에서 헤엄을 치고 있는 절지동물), 아노말로카리스(*Anomalocaris*; 앞쪽에 잡을 수 있는 부속지와 둥근 입을 가지고 있는 몸집이 큰 동물) 및 할루키게니아(*Hallucigenia*; 바다 바닥과 삽화에 있는 이쑤시개 모양의 가시를 가진 동물)가 포함되어 있다.

한다(25장). 캄브리아기 폭발 이전에 형성된 지층에서는 단지 몇 개의 동물문(phylum)만이 관찰될 뿐이다. 그러나 고생물학자들은 5억 3,500만 년 전부터 5억 2,500만 년 전 사이에 형성된 지층에서 초기 절지동물과 척삭동물, 극피동물을 포함하는 현생 동물 문 전체의 약 절반에 해당하는 가장 오래된 화석들을 찾아냈다. 광물화된 단단한 골격들을 가지고 있는 최초의 동물 화석을 포함하여 이러한 멸종된 동물 화석의 다수는 현재 살고 있는 대부분의 동물들과 아주 다른 모습을 보이고 있다(**그림 32.7**). 그럼에도 불구하고 고생물학자들은 다양한 이들 캄브리아기 화석들을 현존 동물문들의 일원, 또는 최소한 가까운 친척들로 설정하고 있다. 특히, 캄브리아기 폭발에서 나타나는 화석들의 대부분은 **좌우대칭동물(bilaterians)**들인데, 좌우대칭동물은 그 구성

과학적 분석 기술의 연습

상관계수(correlation coefficients)의 계산과 해석

동물의 복잡성은 miRNA의 다양성과 상관관계가 있나? 동물문들은 조직과 대칭성이 없는 단순한 해면동물로부터 복잡한 척추동물에 이르기까지 형태가 매우 다양하다. 서로 다른 동물문의 구성원들이 비슷한 발생 유전자들을 가지고 있지만 miRNA의 수는 아주 차이가 크다. 이 연습에서 miRNA의 다양성이 형태의 복잡성과 관계가 있는지를 탐색해볼 것이다.

실험 방법 분석에서는 miRNA의 다양성을 한 문에서의 miRNA의 평균 개수(x)로 나타냈으며, 형태적 복잡성은 세포 종류의 수(y)로 나타냈다. 연구자들은 이 두 변수들 사이의 상관관계를 상관계수(r)를 계산하여 조사하였다. 상관계수들은 두 변수(x와 y)들 사이에서 선형관계의 방향성 및 −1과 1 사이 값의 범위를 나타냈다. $r < 0$일 때에는, y와 x가 음의 상관관계이며 y의 값이 작아질수록 x의 값이 커진다는 것을 의미한다. $r > 0$일 때에는, y와 x가 양의 상관관계이다(y의 값이 커질수록 x의 값이 커진다). $r = 0$일 때에는, 변수들은 서로 상관되어 있지 않다. 상관계수 r에 대한 식은 다음과 같다.

연구자료

동물문	i	miRNA의 수(x)	$(x_i - \bar{x})$	$(x_i - \bar{x})^2$	세포 종류의 수(y)	$(y_i - \bar{y})$	$(y_i - \bar{y})^2$	$(x_i - \bar{x})(y_i - \bar{y})$
해면동물(Porifera)	1	5.8			25			
편형동물(Platyhelminthes)	2	35			30			
자포동물(Cnidaria)	3	2.5			34			
선형동물(Nematoda)	4	26			38			
극피동물(Echinodermata)	5	38.6			45			
두삭동물(Cephalochordata)	6	33			68			
절지동물(Arthropoda)	7	59.1			73			
미삭동물(Urochoedata)	8	25			77			
연체동물(Mollusca)	9	50.8			83			
환형동물(Annelida)	10	58			94			
척추동물(Vertebrata)	11	147.5			172.5			
		$\bar{x}$ = s_x =		Σ =	$\bar{y}$ = s_y =		Σ =	Σ =

$$r = \frac{\frac{1}{n-1}\sum (x_i - \bar{x})(y_i - \bar{y})}{s_x s_y}$$

이 식에서, n은 관찰횟수, x_i는 변수 x에 대한 i번째 관찰 값, y_i는 변수 y에 대한 i번째 관찰 값, $\bar{x}$와 $\bar{y}$는 변수 x와 y의 평균값, s_x와 s_y는 변수 x와 y의 표준편차이다. 기호 "Σ"는 i가 1부터 n까지일 때 계산되는 $(x_i - \bar{x})(y_i - \bar{y})$의 값들을 모두 더하여 얻어지는 값을 나타낸다.

데이터 해석

1. 먼저, 표의 자료를 읽어보라. 8번째 관찰($i = 8$)에서 x_i와 y_i는 얼마인가? 이 자료들은 어느 문에 관한 것인가?
2. 다음으로, 각 변수에 대한 평균과 표준편차를 계산해보자.

   (a) 평균($\bar{x}$)은 자료의 합을 관찰횟수 n으로 나눈 값, $\bar{x} = \frac{\sum x_i}{n}$이다. miRNA 수의 평균값($\bar{x}$)과 세포 종류의 수의 평균값($\bar{y}$)을 구하여 표에 기입한다($\bar{y}$는 수식에서 x 대신 y를 넣어 구함). (b) 다음으로 각 관찰에 대한 $(x_i - \bar{x})$와 $(y_i - \bar{y})$를 구하고 그 결과를 해당되는 칸에 기입한다. 각각의 결과를 제곱한 값들을 $(x_i - \bar{x})^2$와 $(y_i - \bar{y})^2$의 칸에 기입하여 완성하고, 그 값들의 합계를 구한다. (c) 주어진 자료에서 발견되는 편차를 설명해주는 표준편차(s_x)는 다음과 같은 식으로 구할 수 있다.

$$s_x = \sqrt{\frac{1}{n-1}\sum (x_i - \bar{x})^2}$$

   (d) (b)에서 얻은 결과들을 표준편차를 구하는 공식에 넣어 s_x와 s_y를 계산한다.
3. 이어서, 변수 x와 y의 상관계수 r을 구해보자. (a) 먼저, 2(b)의 결과들을 이용하여 $(x_i - \bar{x})(y_i - \bar{y})$의 칸들을 완성하고 그 결과들의 합을 구한다. (b) 이제 2(c)에서 구한 s_x와 s_y의 값들과 3(a)의 결과들을 r을 구하는 식에 사용한다.
4. 이 자료들은 miRNA의 다양성과 동물의 복잡성이 음의 상관관계, 양의 상관관계, 또는 상관관계가 없음 중 어느 관계에 있다는 것을 나타내는가? 설명하라.
5. 분석 결과는 동물의 복잡성 진화에서의 miRNA 다양성의 역할에 대해 무엇을 알려주는가?

참고문헌 Bradley Deline, University of West Georgia, and Kevin Peterson, Darthmouth College, 2013.

원들이(해면동물이나 자포동물과는 달리) 완전한 소화관과 2개의 옆 부분으로 이루어진 형태, 즉 좌우대칭의 형태를 가지는 거대한 분기군이다. 이 장에서 나중에 다루겠지만, 좌우대칭동물은 연체동물과 절지동물, 척삭동물 및 대부분의 다른 현생동물 문들을 포함한다.

캄브리아기 동안 다양한 동물문들이 증가함에 따라 에디아카라 생명체들의 다양성은 감소하였다. 무엇이 이러한 흐름을 주도하였을까? 화석 증거는 캄브리아기 동안 포식자들이 피식자를 잡는 데 유용한 새로운 이동방식과 같은 새로운 적응을 획득한 반면, 피식자 종들은 보호용 패각과 같은 새로운 방어수단을 획득하였다는 것을 보여주고 있다. 새로운 포식자-피식자 관계가 등장함에 따라 자연선택이 부드러운 몸을 가졌던 에디아카라 종들의 감소와 다양한 좌우대칭동물문들의 증가를 이끌었을 것이다. 또 하나의 가설은 캄브리아기 폭발에 앞서 이루어진 대기 중의 산소 증가에 초점을 맞추고 있다. 보다 풍부한 산소는 높은 대사율과 큰 몸을 가진 동물들이 성공할 수 있는 기회를 제공하였을 것인데, 이것은 반면에 다른 종들에게 잠재적으로 해를 끼치는 것이었다. 세 번째 가설은 혹스 유전자의 기원 및 새로운 마이크로 RNA(유전자 조절에 포함되는 작은 RNA)들의 첨가와 같이 발생에 영향을 미치는 유전적 변화들이 새로운 체제를 가진 동물들의 진화를 촉진하였다는 것을 제안하고 있다. **과학적 분석 기술의 연습**을 통하여 다양한 동물문들에서 마이크로 RNA들(miRNAs, 그림 18.14)과 몸의 복잡성 사이에 상관관계가 있는지를 조사해볼 수 있다. 이러한 다양한 가설들은 서로 다른 가설들을 배제하지는 않는다. 즉, 포식자-피식자 관계, 대기의 변화, 그리고 발생 조절 기작의 변화가 각각 일정한 역할을 했을 수도 있다.

캄브리아기에 이어 오르도비스기, 실루리아기, 데본기를 거치면서, 비록 대멸종에 의해 간헐적으로 중단되기는 했지만 동물의 다양성은 꾸준히 증가하였다(그림 25.17). 바다의 먹이그물에서 척추동물(어류)들이 최상위 포식자로 등장하였다. 4억 5,000만 년 전 즈음에는 캄브리아기 동안 분화된 무리들이 육상으로 진출하게 되었다. 절지동물의 유해 조각들과 몇몇 대륙에서 출토된 노래기와 지네, 거미의 잘 보존된 화석들이 알려주는 바와 같이 절지동물은 육상 서식지에 적응한 첫 번째 동물이었다. 또 하나의 단서는 화석화된 양치식물의 영류(fern galls; 그 속에 살고 있는 곤충에 의해 만들어진 양치식물의 확장된 공간으로 곤충의 은신처 구실을 함)에서 볼 수 있다. 화석들은 양치식물 영류의 기원이 최소 3억 200만 년 전으로 거슬러 올라간다는 것을 알려주고 있는데, 이는 그 시대에 곤충과 식물이 이미 서로의 진화에 영향을 주고 있었음을 의미한다.

척추동물들은 약 3억 6,500만 년 전에 육상으로 진출하였고 수많은 육상동물 무리들로 다양화되었다. 그 가운데 오늘날 생존하고 있는 두 가지가 바로 양서류(개구리와 도롱뇽)와 양막류(파충류와 포유류, 조류 포함)이다. 이 무리들을 합하여 사지류(tetrapods)라고 하는데, 이들은 34장에서 보다 자세하게 다루어질 것이다.

중생대(2억 5,100만 년 전~6,550만 년 전)

고생대 동안 나타났던 동물문들은 이제 새로운 서식처로 퍼지기 시작하였다. 바다에서는 최초의 산호초가 형성되어 다른 해양 동물들에게 새로운 서식처를 제공하였다. 어떤 파충류들은 수중 환경으로 되돌아가 그들의 후손으로 수장룡(그림 25.5)과 다른 큰 몸집의 수중 포식자들을 남겨 놓았다. 육상에서는, 변형의 대물림(변형혈통)을 통하여 일부 사지류에서 익룡(pterosaurs)과 조류에서의 날개 및 다른 비행기구들의 원형이 나타났다. 육식동물 및 초식동물로서 몸집이 큰 공룡(dinosaurs)이 나타났다. 이와 동시에 몸집이 작고 야행성이며 곤충을 잡아먹었던 최초의 포유류가 모습을 드러냈다. 이에 더하여, 30장에 기술된 바와 같이 후기 중생대 동안 현화식물(겉씨식물)과 곤충이 함께 극적인 다양화의 길을 걷게 되었다.

신생대(6,550만 년 전~현재)

새로운 지질시대인 신생대에는 육상동물과 해양동물 양쪽 모두에서 대멸종이 먼저 나타났다. 멸종된 무리들 가운데에는 몸집이 크고 날지 못하는 공룡과 해양 파충류가 있었다. 초기 신생대의 화석 기록은 몸집이 큰 초식성 포유동물들과 포유동물 포식자들이 증가하여 빈 채로 남아 있었던 생태적 지위들을 차지하기 시작했음을 보여준다. 신생대를 거치면서 점점 추워진 지구의 기후는 많은 동물의 계통들에서 큰 폭의 변동을 초래하였다. 예를 들면, 영장류 가운데 아프리카의 어떤 종들은 이전에 울창한 숲이었던 곳이 사바나와 훤히 트인 삼림지대로 바뀜에 따라 바뀐 환경에 적응하였다. 우리 인간의 조상은 그러한 초원에 살았던 유인원이었다.

개념 확인 문제 32.2

1. 동물 진화에 관한 다음 사항들을 오래된 것부터 순서대로 나열하라. (a) 포유동물의 기원, (b) 육상 절지동물에 관한 최초의 증거, (c) 에디아카라 동물상, (d) 몸집이 크고 날지 못하는 공룡의 멸종.
2. WHAT IF? 균류와 동물 사이의 가장 가까운 공통조상이 10억 년 전에 살았다고 가정하라. 만약 최초의 균류가 9억 9,000만 년 전에 살았다면 동물 또한 그 시기에 살고 있었을까? 설명하라.
3. MAKE CONNECTIONS 동물에서 세포간 부착단백질의 생성이 변형혈통(변형된 후손들)을 설명할 수 있는지 평가해보라. (개념 21.2 참조)

정답은 부록 A 참조

개념 32.3

동물은 "체제"에 따라 특징이 결정된다

동물들은 종에 따라 엄청난 형태의 차이를 보이지만, 이들이 형태적으로 나타내는 극도의 다양성은 상대적으로 작은 수의 주요 "체제"에 따라 설명할 수 있다. **체제(body plan)**는 하나의 기능적인 전체, 즉 살아 있는 동물로 통합되는 일련의 형태적 특징들과 발생상의 특징들의 독특한 집합이다. 여기에서 영어로 표기하였을 때의 *plan*이라는 용어는 동물의 형태가 의식적인 설계나 고안의 결과라는 것을 의미하는 것은 아니다. 그러나 체제는 핵심적인 동물의 모습들을 비교하고 대비하는 데 있어서 간명한 도구가 되고 있다. 또한 체제는 **진화-발생**(evo-devo) 연구, 즉 진화와 발생 사이의 경계에 대한 연구에서의 관심사이기도 하다.

생물체의 모든 특징들처럼 동물의 체제들도 긴 시간에 걸쳐 진화해 왔다. 낭배형성과정의 핵심 단계들을 포함하는 몇몇의 경우에는 새로운 체제들이 동물 역사의 초기에 등장하였고 그 이후로 변화되지 않았다. 앞으로 논의되겠지만, 그러나 동물 체제상의 다른 국면들은 진화의 경로를 거치면서 여러 차례 변화해 왔다. 동물 체제상의 주요한 측면들을 살펴볼 때에는 비슷한 몸의 특징들이 서로 다른 계통에서 독립적으로 파생되었을 수도 있다는 점을 명심해야 할 것이다. 또한 진화의 경로를 거치는 동안 유연관계가 가까운 종들이 서로 아주 다른 모습을 나타내도록 몸의 특징들이 소실될 수도 있다.

대칭성

동물의 몸에서 나타나는 기본적인 특징은 어떤 대칭성을 나타내는가, 또는 대칭성이 없는가이다. (예를 들면, 많은 해면동물들은 대칭성을 전혀 나타내지 않는다.) 어떤 동물들은 화분에서 볼 수 있는 대칭성의 형태인 **방사대칭(radial symmetry)**을 나타낸다 **(그림 32.8a)**. 예를 들면, 말미잘은 윗면(입이 위치한 면)과 밑면을 가지고 있다. 그러나 말미잘에는 앞면과 뒷면이 없으며, 왼쪽과 오른쪽도 없다.

삽에서 보는 것과 같이 2개의 부분으로 이루어진 대칭형은 **좌우대칭동물(bilateral symmetry)**의 한 예이다**(그림 32.8b)**. 좌우대칭동물들은 두 축의 방향성, 즉 앞면과 뒷면 및 윗면과 밑면을 가지고 있다. 이러한 동물들은 **등쪽(dorsal**, 위) 면과 **배쪽(ventral**, 바닥) 면을 가지고 있을 뿐만 아니라 왼쪽 면과 오른쪽 면, 그리고 **앞쪽(anterior**, 머리) 끝과 **뒤쪽(posterior**, 꼬리) 끝을 가지고 있다. 좌우대칭형의 체제를 가지고 있는 많은 동물(절지동물이나 포유류와 같은)들은 머리 부위의 중추신경계("뇌")를 포함하여 앞쪽 끝부분에 집중되어 있는 감각기를 가지고 있다.

동물의 대칭성은 동물의 생활양식에 맞춰져 있다. 많은 방사대칭동물들은 고착형(기질에 부착해서 살아감) 또는 부유형(해파리처럼 떠다니거나 약하게 헤엄을 침)이다. 이들의 대칭성은 동물이 모든 방향에서 마주치는 환경에 대해 공평하게 잘 대처할 수 있도록 해준다. 이와는 반대로 좌우대칭동물들은 보통 장소를 바꿔가며 활발히 움직인다. 대부분의 좌우대칭동물들은 동물의 기어 다니기, 굴 파기, 날기, 헤엄치기에 포함되어 있는 복잡한 운동들을 조정할 수 있도록 해주는 중추신경계를 가지고 있다. 화석증거는 이와 같이 서로 근본적으로 다른 두 종류의 대칭형들이 최소 5억 5,000만 년 이상의 기간 동안 존재해왔다는 것을 알려주고 있다.

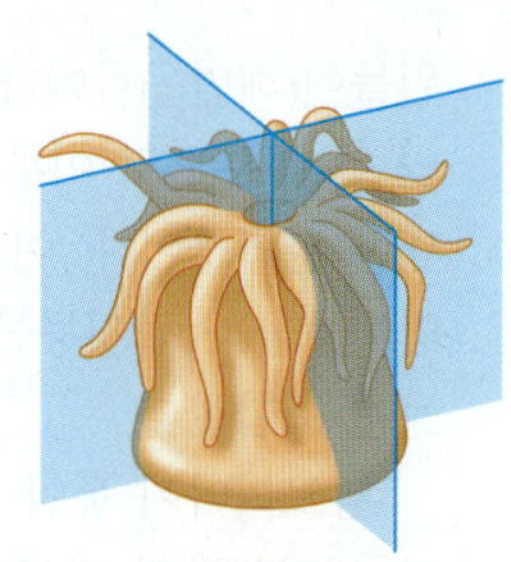

(a) **방사대칭.** 말미잘(자포동물문)과 같은 방사대칭동물에는 왼쪽 면과 오른쪽 면이 없다. 중심축을 포함하는 모든 절단면이 동물을 거울상의 두 부분으로 나눈다.

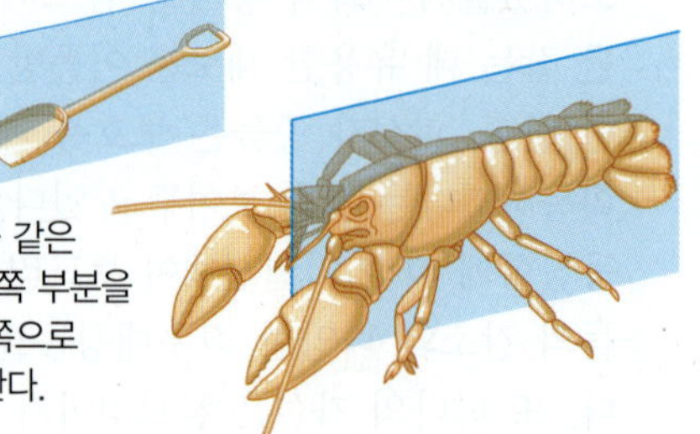

(b) **좌우대칭.** 바닷가재(절지동물문)와 같은 좌우대칭동물은 왼쪽 부분과 오른쪽 부분을 가지고 있다. 동물을 거울상의 반쪽으로 나누는 단 하나의 절단면이 존재한다.

▲ **그림 32.8 몸의 대칭성.** 방사대칭과 좌우대칭의 차이를 떠올리는 데 도움이 되는 화분과 삽.

조직

동물의 체제는 동물조직의 조직화 정도에 따라 달라진다. 동물에서, 진정한 조직은 분화된 세포들의 집합체이며 다른 조직과는 막으로 된 층에 의해 분리되어 있다. 해면동물과 소수의 다른 동물 무리들은 진정한 조직을 가지고 있지 않지만, 다른 모든 동물들에서는 낭배형성과정을 통하여 배아의 층이 형성된다. 발생과정이 진행됨에 따라 **배엽**(germ layer)이라고 하는 이 세포층은 몸의 다양한 조직과 기관을 형성한다. 배아의 표면을 덮고 있는 배엽인 **외배엽(ectoderm)**은 동물의 외피를 만들며, 몇몇의 동물문들에서는 중추신경계를 만들어 낸다. 가장 안쪽의 배엽 층인 **내배엽(endoderm)**은 낭배형성과정 동안 일종의 주머니(원장 archenteron)를 이루는데, 소화관(또는 소화강)의 벽과 이로부터 발달하는 척추동물의 간이나 허파와 같은 기관을 생성한다.

이러한 두 가지 배엽만을 가지는 자포동물과 소수의 다른 동물 무리들을 **이배엽성동물(diploblasts)**이라고 한다. 모든 좌우대칭동물들은 내배엽과 외배엽 사이 공간 대부분을 채우고 있는 **중**

배엽(mesoderm)이라고 하는 제3의 배엽을 가지고 있다. 따라서 좌우대칭동물들을 **삼배엽성동물(triploblasts;** 3개의 배엽을 가진 동물)이라고도 한다. 삼배엽성동물에서는 중배엽이 동물의 소화관과 외피 사이에 있는 근육과 다른 대부분의 기관들을 형성한다. 삼배엽성동물에는 편형동물로부터 절지동물과 척추동물에 이르는 모든 좌우대칭동물들이 포함된다. (몇몇 이배엽성동물들은 실제로 제3의 배엽을 가지고 있지만, 그것이 삼배엽성동물에서의 중배엽처럼 잘 발달되지는 않는다.)

체강

대부분의 삼배엽성동물들은 소화관과 바깥의 체벽 사이에 액체나 공기가 들어차 있는 공간인 **체강(body cavity**, 또는 **coelom;** 그리스어로 속이 비어 있음을 뜻하는 *koilos*에서 유래)을 지니고 있다. 소위 "진정한" 체강은 중배엽에서 발달된 조직들로 이루어진다. 체강을 둘러싸고 있는 안쪽과 바깥쪽의 조직층들이 연결되어 내장기관들이 매달려 있는 구조물을 형성한다. 진정한 체강을 지니는 동물들은 **진체강동물(coelomates)**로 알려져 있다(그림 32.9a).

어떤 삼배엽성동물들은 중배엽과 내배엽으로 이루어진 체강을 가지고 있다(그림 32.9b). 이와 같은 체강을 "의체강(pseudocoelom; 그리스어로 가짜를 뜻하는 *pseudo*에서 유래)"이라고 하며, 이러한 종류의 체강을 가지는 동물은 **의체강동물(pseudocoelomates)**이다. 이름과는 달리 의체강은 가짜가 아니라 제대로 된 기능을 하는 체강이다. 마지막으로, 어떤 삼배엽성동물들은 체강이 전혀 없는 몸을 가지고 있다(그림 32.9c). 이들을 뭉뚱그려 **무체강동물(acoelomates;** 그리스어로 없음을 뜻하는 *a*-에서 유래)이라고 한다.

체강은 많은 기능을 가지고 있다. 체강의 액체는 그 속에 매달려 있는 기관들을 완충하여 내상을 억제하는 데 도움을 주고 있다. 지렁이와 같이 부드러운 몸을 가진 진체강동물들은 체강에 비압축성의 액체를 가지고 있는데, 이 액체는 이것에 의지하여 근육이 일을 할 수 있도록 하는 일종의 골격과 같은 역할을 한다. 또한 체강은 내장기관들이 자랄 수 있도록 하고 바깥의 체벽과 독립적으로 움직일 수 있도록 해준다. 예를 들어, 만약 체강이 없다면 심장의 박동이나 창자의 연동이 있을 때마다 우리 몸의 표면은 뒤틀릴 수밖에 없을 것이다.

진체강동물, 의체강동물이라는 용어는 생물체들이 비슷한 체제를 가지고 있어서 같은 **등급군**(grade; 핵심적인 생물학적 특징들을 공유하고 있는 한 무리의 구성원들)에 속한다는 것을 말한다. 그러나 계통학적 연구들은 동물의 진화 과정에서 진체강과 의체강이 여러 번에 걸쳐 독립적으로 획득되거나 소실되었음을 알려주고 있다. 이와 같은 예에서 드러나듯이, 하나의 등급군이 반드시 하나의 **분기군**(clade; 조상종과 조상종의 모든 후손들을 포함하는 하나의 무리)과 일치될 필요는 없다. 따라서 한 생물을 진체강동물, 또는 의체강동물로 표현하는 것은 생물이 나타내는 특징들의 특정한 상태를 설명하는 데 도움이 되지만, 진화의 역사를 이해하고자 하는 입장에서는 이러한 용어들은 조심스럽게 해석되어야 할 것이다.

▼ 그림 32.9 **삼배엽성 동물의 체제.** 기관계는 배아의 3개 배엽으로부터 발달한다.

(a) 진체강동물

진체강
외피
(외배엽에서 유래함)
체강을 둘러싸는
조직층과 내장기관
(중배엽에서 유래함)
소화관
(내배엽에서 유래함)

지렁이와 같은 진체강동물들은 진체강, 즉 중배엽에서 발달한 조직으로 완벽하게 둘러싸여 있는 체강을 가지고 있다.

(b) 의체강동물

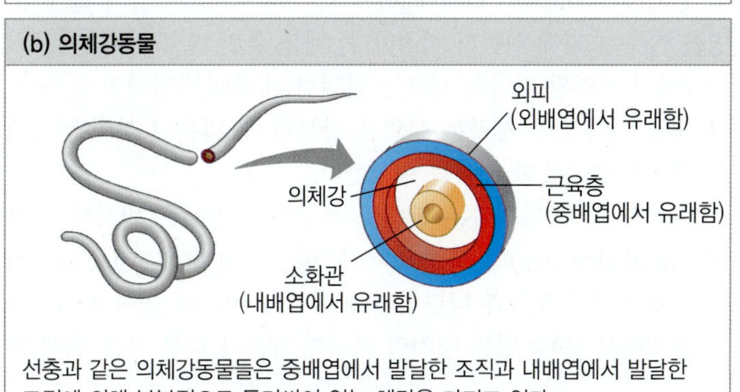

선충과 같은 의체강동물들은 중배엽에서 발달한 조직과 내배엽에서 발달한 조직에 의해 부분적으로 둘러싸여 있는 체강을 가지고 있다.

(c) 무체강동물

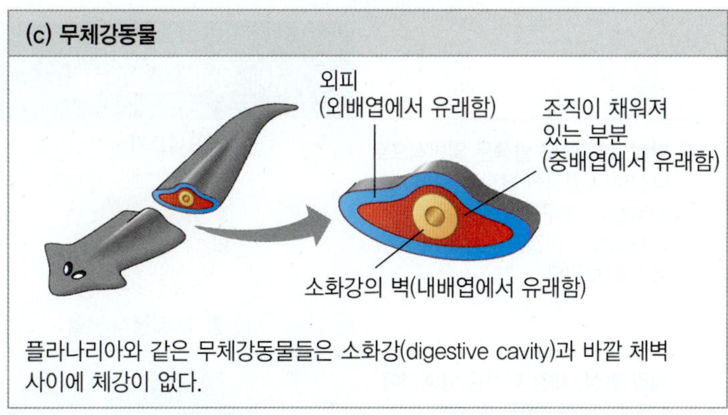

플라나리아와 같은 무체강동물들은 소화강(digestive cavity)과 바깥 체벽 사이에 체강이 없다.

구분
외배엽 중배엽 내배엽

선구동물 발생과 후구동물 발생

초기 발생 과정에서 보이는 특징들을 바탕으로 많은 동물들을 두 가지 발생양식, 즉 **선구동물 발생(protostome development)**

과 **후구동물 발생(deuterostome development)** 가운데 어느 발생양식을 가지고 있는가에 따라 나눌 수 있다. 두 가지 발생양식은 일반적으로 난할과 체강 형성, 원구의 운명에서의 차이점에 의해 구별된다.

난할

선구동물 발생을 따르는 많은 동물들은 **나선형 난할(spiral cleavage)**을 하는데, 이 경우 세포분열이 일어나는 면은 배아의 수직축에 대하여 비스듬히 놓여 있다. 즉, 8세포기 단계에서 볼 수 있듯이 크기가 작은 세포들은 크기가 크고 아래쪽에 자리하고 있는 세포들 사이의 홈에 놓인다(그림 32.10a, 왼쪽). 더군다나 이러한 발생양식을 가지고 있는 몇몇 동물들에서 나타나는 **결정적 난할(determinate cleavage)**은 각각의 배아세포들의 발생 운명을 아주 초기에 엄격히 결정한다. 예를 들면, 달팽이의 4세포기 단계에서 분리된 하나의 세포는 완전한 개체로 발달하지 못한다. 그 대신 이와 같은 세포는 분열을 반복한 후 많은 부분이 결여되어 생존이 불가능한 배아를 형성한다.

나선형 난할 방식과는 반대로 후구동물 발생은 **방사대칭 난할(radial cleavage)**의 특성이 우세하다. 난할면(cleavage plane)이 수정란의 수직축과 나란하거나 직각을 이루고 있어서, 8세포기 단계에서 볼 수 있는 것처럼 하나의 세포가 다른 세포 위에 똑바로 놓여 있는 모양으로 세포의 층이 정렬된다(그림 32.10a, 오른쪽). 후구동물 발생을 하는 대부분의 동물들은 **비결정적 난할(indeterminate cleavage)**을 한다는 또 하나의 특징을 보이는데, 이는 초기 난할에 의해 생성된 세포들이 각각 완전한 배아로 발달할 수 있는 능력을 유지하고 있다는 것을 의미한다. 예를 들어, 4세포기 단계의 불가사리 배아에서 세포들을 분리한다면 이들은 각각 유생으로 발생할 것이다. 인간의 수정란은 비결정적 난할을 하기 때문에 일란성 쌍둥이의 생성이 가능하다.

체강 형성

낭배형성과정 동안 배아에서 발달 중인 소화관은 **원장(archenteron)**이라고 하는 한쪽이 막힌 일종의 주머니를 만들기 시작하는데, 원장은 나중에 장이된다(그림 32.10b). 선구동물의 발생에서 원장이 만들어질 때는 단단한 중배엽의 덩어리가 갈라져 체강을 형성하기 시작한다. 이와는 반대로 후구동물 발생에서는 원장의 벽으로부터 중배엽이 싹터 나오며, 이 싹 내부의 공간이 체강이 된다.

원구의 운명

선구동물과 후구동물의 발생은 흔히 낭배형성과정 동안 원장의 형성을 이끄는 함입인 **원구(blastopore)**의 운명에 의해 달라진다

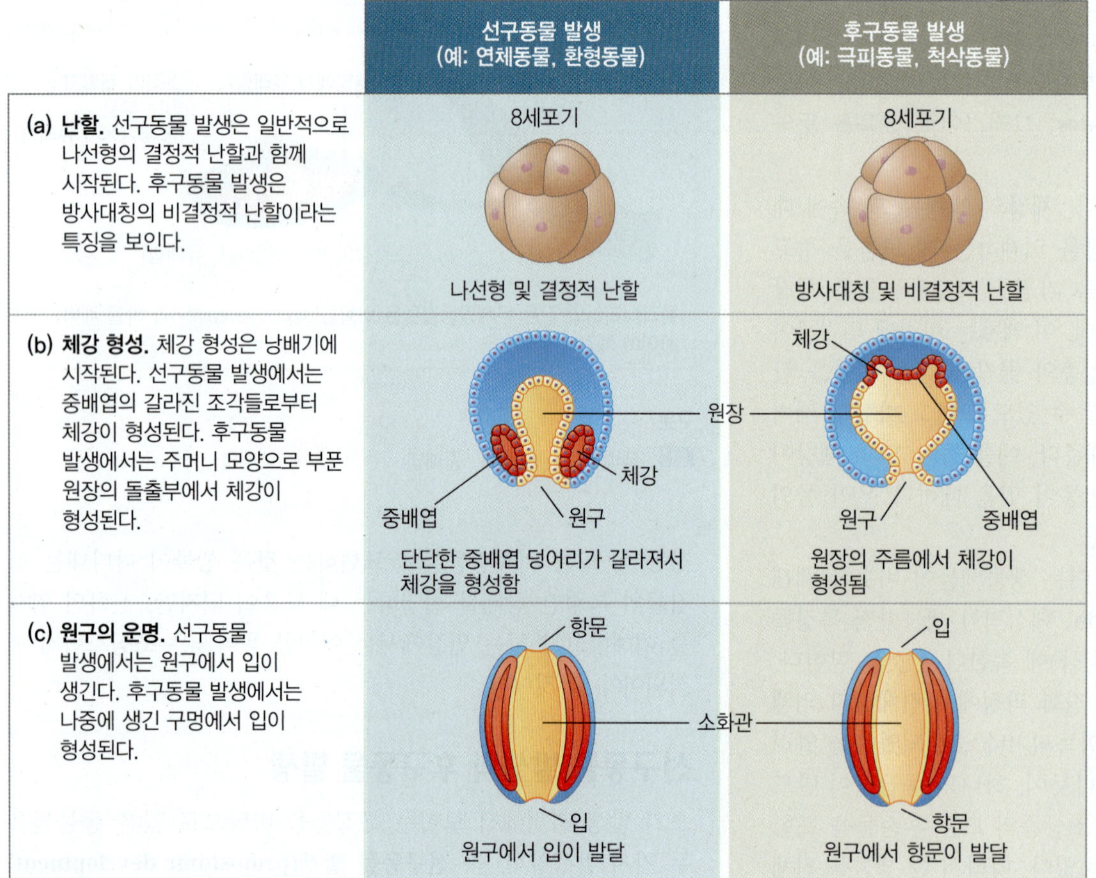

◀ **그림 32.10 선구동물 발생과 후구동물 발생의 비교.** 많은 변이와 예외가 있기는 하지만 제시된 자료들은 유용하면서도 일반적인 특징들이다.

MAKE CONNECTIONS 그림 19.21을 검토하라. 어떤 종류의 세포들로도 자랄 수 있는 능력을 가진 줄기세포들을 보다 많이 가지고 있을 것으로 여겨지는 초기 배아는 선구동물 발생을 하는 동물일까? 또는 후구동물 발생을 하는 동물일까? 설명하라.

(그림 32.10c). 대부분의 좌우대칭동물들에서는 원장이 발달하고 난 후, 낭배의 반대편 끝부분에서 또 하나의 구멍이 만들어진다. 많은 종들에서 나중에 만들어진 이 구멍이 원구와 함께 소화관의 두 구멍, 즉 입과 항문이 된다. 선구동물 발생에서는 일반적으로 처음에 생긴 구멍인 원구에서 입이 발달하는데, 이러한 특징으로부터 선구동물(protostome)이라는 용어가 유래하였다(그리스어로 처음을 뜻하는 *protos*와 입을 뜻하는 *stoma*에서 유래). 후구동물(deuterostome; 그리스어로 나중을 뜻하는 *deuteros*에서 유래) 발생에서는 입이 나중에 만들어진 구멍에서 생기며, 원구는 보통 항문을 형성한다.

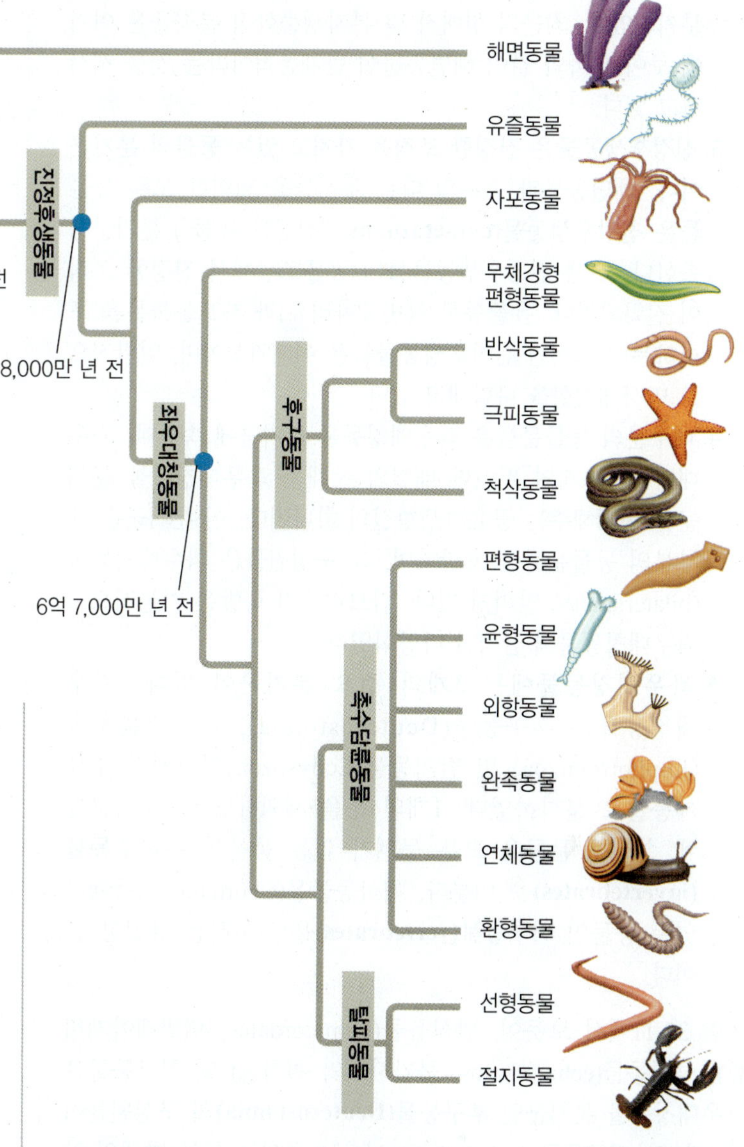

▲ **그림 32.11 현생 동물들의 계통.** 이 계통수는 선택된 동물 문들 사이의 유연관계에 관한 선도적인 가설을 보여준다. 좌우대칭동물은 후구동물과 촉수담륜동물, 탈피동물의 3가지 계통으로 나뉜다. 여기에서 밝힌 기원 시기들은 최근의 분자시계 연구 결과에 근거하였다.

? 이 계통수에서 좌우대칭동물의 자매군(sister group)은 어떤 문일까? 그것은 그림 32.11에서 자매군이 되는 문과 동일한가?

개념 확인 문제 32.3

1. 등급군(grade)과 분기군(clade)의 차이를 설명하라.
2. 달팽이(연체동물)와 사람(척삭동물)의 초기발생에서 나타나는 특징 3가지를 서로 비교하라.
3. WHAT IF? '각각의 독특한 형태의 자세한 점들을 무시한다면, 지렁이와 사람, 또는 그 밖의 거의 모든 삼배엽성 진체강동물들은 기본적으로 하나의 도넛과 비슷한 모양이다'라는 주장을 평가하라.

정답은 부록 A 참조

개념 32.4

동물의 계통에 대한 견해들은 계속해서 새로운 분자생물학적 자료와 형태적 자료에 의해 변화된다

다양한 체제를 가진 동물들이 초기 캄브리아기 동안 방산함에 따라 어떤 계통들은 등장하여 한동안 번창하다가 후손들을 남기지 못하고 소멸하였다. 그러나 5억 년 전에 이르렀을 때에는 오늘날 살고 있는 구성원들을 가지고 있는 대부분의 동물문들이 성립되었다. 다음으로 우리는 현재 유전체 자료를 이용하여 논의가 이루어지고 있는 몇몇 남겨진 문제점들과 함께 이 분류군들 사이의 관계를 알아볼 것이다.

동물의 다양화

오늘날 동물학자들은 약 36개의 동물문을 인정하고 있는데, 그들 중 15개 문이 그림 32.11에 나타나 있다. 연구자들은 형태적 특성들뿐만이 아니라 전체 유전체, 리보솜 RNA(rRNA) 유전자, 혹스 유전자, 단백질을 암호화하는 핵 유전자 및 미토콘드리아 유전자를 분석하여 이들 문 사이의 진화적 관계를 추론한다. 다음의 관점들이 그림 32.11에 어떻게 반영되었는지 주목하라.

1. **모든 동물들은 하나의 공통조상을 공유한다.** 오늘날의 증거는 동물이 단계통적(monophyletic)이며, 후생동물(Metazoa)이라는 하나의 분기군을 이루고 있음을 나타내고 있다. 모든 현생 동물들과 멸종된 모든 동물들의 계통들은 하나의 공통조상에서 비롯되었다.
2. **해면동물은 기초적인 동물(기저 동물)이다.** 현존하는 문들 가운데 해면동물(해면동물문)은 동물 계통수의 기초로부터

분지되었다. 최근의 형태적 및 분자생물학적 분석들은 여기에 보이는 바와 같이 해면동물이 단계통적이라는 것을 제시하고 있다.

3. **진정후생동물은 진정한 조직을 가지고 있는 동물의 분기군이다.** 해면동물과 소수의 다른 무리들을 제외한 모든 동물들은 **진정후생동물(eumetazoans**, "진정한 동물") 분기군에 속한다. 현생 진정후생동물들의 공통조상에서 진정한 조직이 진화되었다. 유즐동물문(빗해파리류)과 자포동물문을 포함하는 기초적인 진정후생동물들은 이배엽성이며, 일반적으로 방사대칭형을 나타내고 있다.
4. **대부분의 동물문들은 좌우대칭동물 분기군에 속한다.** 좌우대칭형과 3개의 뚜렷한 배엽의 존재는 좌우대칭동물 분기군을 정의해주는 공유파생형질의 하나이다. 이 분기군은 대부분의 동물문들을 포함하며, 그 구성원들은 좌우대칭동물(bilaterians)로 알려져 있다. 캄브리아기 폭발은 기본적으로 좌우대칭동물의 급격한 다양화였다.
5. **좌우대칭동물에는 3개의 주요 분기군이 있다.** 좌우대칭동물은 후구동물(Deuterostomia), 촉수담륜동물(Lophotrocozoa) 및 탈피동물(Ecdysozoa)의 3개의 주요 계통들로 분화하였다. 1개의 문을 제외하면 이 분기군들에 속하는 문들은 모두 등뼈가 없는 동물인 **무척추동물(invertebrates)**을 이룬다. 척삭동물문(Chordata)은 등뼈가 있는 동물인 **척추동물(vertebrates)**을 포함하는 유일한 문이다.

그림 32.11에서 보듯이, 반삭동물(hemicordates, 별벌레아재비류), 극피동물(echinoderms, 불가사리와 친척들) 및 척삭동물은 좌우대칭동물 분기군인 **후구동물(Deuterostomia)**의 구성원들이다. 따라서 **후구동물**(deuterostome)이라는 용어는 동물 발생의 양식뿐만이 아니라 이 분기군의 구성원들을 일컫는 데에도 사용된다.(후구동물 발생양식을 가지고 있는 어떤 생물체들은 후구동물 분기군의 구성원들이 아니기 때문에 이 용어의 이중적인 의미는 혼동될 수 있다.) 반삭동물은 아가미 틈과 등쪽 신경삭과 같은 일부 특징들을 척삭동물과 공유하지만 극피동물은 이 특징들이 없다. 이 공유형질들은 후구동물 분기군의 공통조상에서 존재했을 것이다(그리고 극피동물 계통에서 소실되었을 것이다). 앞에서 언급한 바와 같이 척삭동물문은 척추동물 구성원들을 가지는 유일한 문이며, 또한 무척추동물들을 포함한다.

좌우대칭동물은 또한 모두 무척추동물들로 이루어진 2개의 주요 분기군들, 즉 탈피동물과 촉수담륜동물로 분화되었다. **탈피동물(Ecdysozoa)**이라는 분기군의 명칭은 선형동물과 절지동물, 그리고 본문의 자료에는 포함되어 있지 않은 그 밖의 다른 탈피동물문들이 공유하고 있는 특징들에서 비롯되었다. 이 동물들은 외부 골격(외골격)을 분비하는데, 매미나 귀뚜라미의 단단한 껍질이 그 예이다. 동물이 생장할 때에는 몸을 꿈틀거려 자신의 오래된 외골격을 벗고 새로운 큰 외골격을 분비한다. 오래된 외골격을 벗는 과정을 탈피(ecdysis)라고 한다. 이 특징 때문에 이름이 붙여졌음에도 불구하고, 실제로 이 분기군은 주로 구성원들이 공동의 계통을 가지고 있다는 것을 뒷받침해주는 분자생물학적 증거들에 근거하여 제안되었다. 더욱이 거머리의 어떤 종류와 같이 분자생물학적 자료 때문에 이 분기군에 포함시키지 않고 있는 몇몇 분류군들은 실제로 탈피를 한다.

(a) 외항동물(태형동물)의 촉수관(lophophore) 섭식 구조물

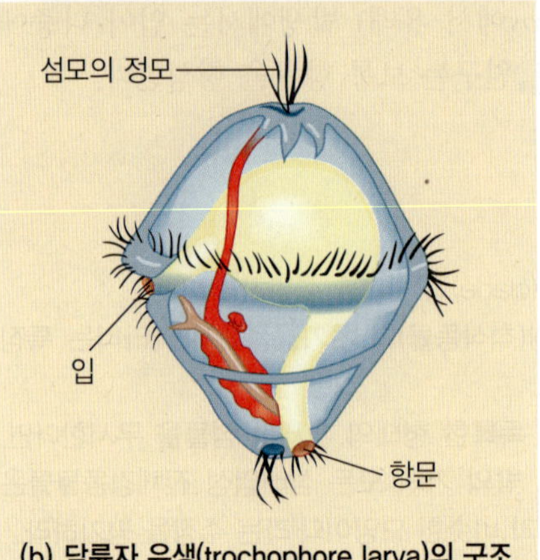

(b) 담륜자 유생(trochophore larva)의 구조

◀ **그림 32.12 촉수담륜동물의 형태적 특징**

촉수담륜동물(Lophotrochozoa)이라는 이름은 이 분기군에 속하는 몇몇 동물들에서 관찰되는 2개의 서로 다른 특징들에서 비롯되었다. 완족동물과 같은 몇몇 촉수담륜동물들은 섬모가 달린 촉수들로 이루어진 관이 섭식도구의 기능을 하는 **촉수관(lophophore**; 그리스어로 깃 장식을 뜻하는 *lophos*와 가지고 있다는 것을 뜻하는 *pherein*에서 유래)이라는 구조를 발달시킨다(그림 32.12a). 연체동물과 환형동물을 포함하는 다른 문의 개체들은 **담륜자 유생(trochophore larva)**이라고 하는 특징적인 유생단계를 거치는데(그림 32.12b), 이 때문에 촉수담륜동물이라는 이름이 붙여졌다.

동물계통분류학의 진행 방향

많은 과학자들이 오늘날의 증거가 그림 32.11에 보이는 진화상의 유연관계를 지지해준다고 생각하고 있지만 이 계통수의 양상들은 계속해서 논쟁이 되고 있다. 비록 교과서에 있는 계통수들이 마치 돌에 새겨진 기록과 같이 변함없이 기억될 수 있는 것들이 아니라는 것을 알고 실망할 수도 있겠지만, 이러한 그림들이 본래부터 가지고 있는 불확실성은 과학이 계속되어 진행되며 역동적인 탐구과정이라는 것을 일깨워 주는 유익한 존재이다. 진행되고 있는 연구의 핵심이 되는 3가지 질문으로 결론을 맺고자 한다.

1. **해면동물은 단계통적인가?** 전통적으로 해면동물은 해면동물문(Porifera)이라는 단일 문에 놓였다. 이러한 견해는 분자생물학적 연구들이 해면동물이 다계통적이라는 것을 제시하였던 1990년대에 들어 변화하기 시작하였다. 그 결과 해면동물은 동물 계통수의 기초 근처에서 분지되는 몇 개의 서로 다른 문들로 나뉘었다. 그러나 2009년 이후 몇몇의 형태적 및 분자생물학적 연구들은 그림 32.11의 전통적인 견해와 같이 결국에는 해면동물이 단계통적 무리라는 결론을 내렸다. 현재 연구자들은 해면동물이 정말로 단계통적인지를 알아보기 위하여 다양한 해면동물들의 전체 유전체들에 대한 염기서열을 분석하고 있다.
2. **유즐동물은 기초적인 후생동물인가?** 많은 연구자들은 해면동물이 기초적인 후생동물이라고 결론을 내렸다(그림 32.11). 그러나 최근의 몇몇 연구들은 빗해파리류(유즐동물문, phylum Ctenophora)를 동물 계통수의 기초에 위치시켰다. 해면동물을 동물 계통수의 기초에 위치시키는 것과 부합되는 자료들에는 화석화된 스테로이드의 증거, 분자시계 분석, 입금편모충류의 세포와 비슷한 해면동물의 깃세포(그림 32.3) 및 해면동물이 진정한 조직이 없는(기초적인 동물로 여겨질 수 있을 만큼) 아주 드문 동물 무리의 하나라는 사실이 있다. 반면에 유즐동물들은 진정한 조직을 가지고 있으며 그들의 세포들은 입금편모충류의 세포를 닮지 않았다. 오늘날 유즐동물이 기초적인 후생동물이라는 생각은 흥미롭지만 논란이 많은 가설로 남아 있다.
3. **무체강형편형동물은 기초적인 좌우대칭동물인가?** 최근의 일련의 분자생물학 논문들은 무체강형편형동물(무체강형편형동물문, phylum Acoela)이 그림 32.11과 같이 기초적인 좌우대칭동물이라는 것을 제시하였다. 이와는 다른 결론이 2011년의 한 분석에 의해 뒷받침되었는데, 이 분석에서는 무체강형편형동물이 후구동물로 분류되었다. 현재 연구자들은 무체강형편형동물이 기초적인 좌우대칭동물이라는 가설에 대한 보다 확실한 검증을 제공하기 위하여 몇몇 무체강동물들과 이들과 밀접한 관계에 있는 무리의 종들에서 유전체들의 염기서열을 분석하고 있다. 만약 진전된 증거가 이 가설을 뒷받침한다면, 이는 좌우대칭동물들이 현생 무체강형편형동물을 닮았던 하나의 공통조상, 즉 단순한 신경계와 하나의 구멍("입")이 있는 자루 모양의 장을 가지고 있었으며 배설기관이 없었던 하나의 공통조상으로부터 진화했다는 것을 제시하는 것이다.

개념 확인 문제 32.4

1. 자포동물이 해면동물보다 다른 동물들과 더 가까운 공통조상을 공유하고 있다는 것을 보여주는 증거를 기술하라.
2. **WHAT IF?** 유즐동물이 기초적인 후생동물이고 해면동물이 나머지 모든 동물들의 자매군이라고 가정하라. 이 가설에 따라 그림 32.11을 다시 작성하고 진정한 조직을 가지는 동물들이 하나의 분기군을 이룰 수 있는지를 논하라.
3. **MAKE CONNECTIONS** 그림 32.11의 계통수와 그림 25.11에 기초하여 "캄브리아기 폭발은 실제로 하나가 아닌 3개의 폭발로 구성된다."라는 서술을 평가하라.

정답은 부록 A 참조

32장 복습

핵심 개념의 요약

개념 32.1

동물은 종속영양을 하는 다세포 진핵생물로서 배엽으로부터 발달하는 조직으로 이루어진다

- 동물은 먹이를 섭취하는 종속영양생물이다.
- 동물은 다세포 진핵생물이다. 동물의 세포들은 콜라젠과 세포막 바깥쪽에 자리하고 있는 다른 구조단백질들에 의해 지탱되고 서로 연결된다. 신경조직과 근육조직은 동물만이 가지고 있는 조직들이다.
- 대부분의 동물들에서, **포배(blastula)**의 형성에 이어 **낭배형성과정(gastrulation)**이 진행되어 배아의 조직층들이 만들어진다. 모든 동물들은 몸의 형태 발생을 조절하는 혹스 유전자들을 가지고 있다. 혹스 유전자들은 진화의 과정을 거치면서 매우 잘 보존되어 왔지만, 이들은 동물의 커다란 형태적 다양성을 만들어 낼 수 있다.

? 동물이 식물 및 균류와 구분되는 핵심적인 특징들을 기술하라.

개념 32.2

동물은 5억 년 이상의 역사를 가지고 있다

- 화석의 생화학적 증거와 분자시계 분석들은 동물이 7억 년 전에 등장하였다는 것을 나타낸다.
- 유전체 분석들은 동물의 기원의 핵심 단계들이 입금편모충류에서 발견되는 유전자들에 의해 암호화되는 단백질들이나 단백질 조각들을 사용하는 새로운 경로들을 포함하고 있었다는 것을 시사하고 있다.

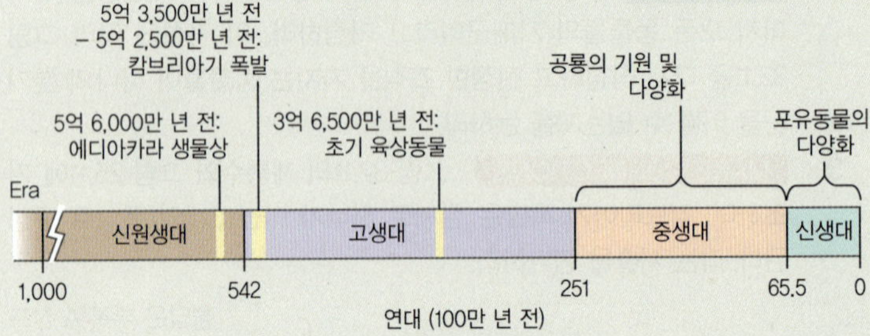

? 캄브리아기 폭발의 원인은? 오늘날의 가설들을 기술하라.

개념 32.3

동물은 "체제"에 따라 특징이 결정된다

- 동물은 대칭성을 전혀 보이지 않기도 하고 방사대칭이나 좌우대칭을 나타내기도 한다. 좌우대칭동물은 앞쪽과 뒤쪽 끝을 가지고 있을 뿐만 아니라 등쪽 면과 배쪽 면을 가지고 있다.
- 진정후생동물의 배아는 **이배엽성(diploblastic**; 2개의 배엽을 가짐)이거나 **삼배엽성(triploblastic**; 3개의 배엽을 가짐)이다. 체강을 가지고 있는 삼배엽성동물은 **의체강(pseudocoelom)**을 가질 수도 있고, **진체강(coelom)**을 가질 수도 있다.
- **선구동물(protostome)** 발생과 **후구동물(deuterostome)** 발생은 종종 난할의 방식, 체강의 형성 및 원구의 운명에서 차이를 보인다.

? 여전히 주의하여 해석해야 하는 것이기는 하지만, 과학자들이 진화학적 유연관계를 파악하고자 할 때 체제가 어떻게 유용한 정보를 제공하는지 기술하라.

개념 32.4

동물의 계통에 대한 견해들은 계속해서 새로운 분자생물학적 자료와 형태적 자료에 의해 변형된다.

이 계통수는 동물 진화의 핵심 단계들을 보여준다.

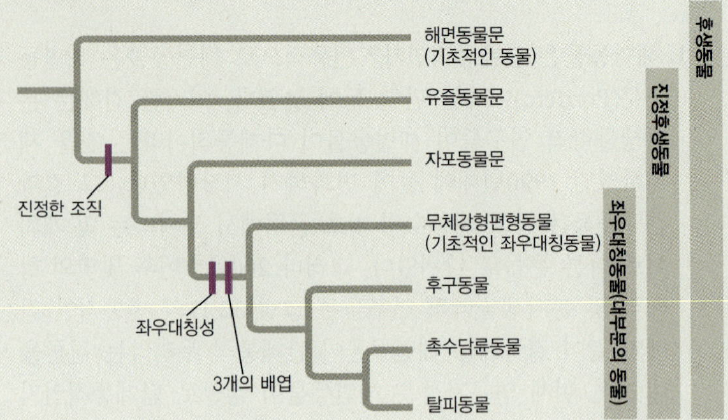

? 좌우대칭동물, 촉수담륜동물, 후생동물, 척삭동물, 탈피동물, 진정후생동물 및 후구동물 분기군들을 고려하라. 사람이 속하는 분기군들을 최다 분기군들을 포함하는 것부터 최소 분기군을 포함하는 것의 순으로 열거하라.

생각해보자

수준 1: 지식/이해

1. 다음의 특징들 중 동물에 독특한 것은
   a. 낭배형성과정
   b. 다세포성
   c. 양성생식
   d. 편모가 있는 정자
2. 해면동물과 다른 동물문들 사이의 구별은 주로 다음의 있고 없음에 근거하고 있다
   a. 체강
   b. 완전한 소화관
   c. 중배엽
   d. 진정한 조직
3. 다음 중 캄브리아기 폭발을 일으켰던 주요한 요인과 가장 거리가 먼 것은?
   a. 포식자-먹이 관계의 등장
   b. 대기 산소 농도의 증가
   c. 동물들의 육상으로의 이동
   d. 혹스 유전자의 기원

수준 2: 응용/분석

4. 그림 32.11의 계통수에 근거하였을 때 잘못된 진술은?
   a. 동물계는 단계통적이다.
   b. 무체강형편형동물은 환형동물보다는 극피동물과 더 가까운 관계이다.
   c. 해면동물들은 기초적인 동물들이다.
   d. 좌우대칭동물들은 하나의 분기군을 이룬다.

수준 3: 종합/평가

5. **진화적 관점**
교수가 "우리는 모두 벌레(worm)들이다."라는 문장의 말로 동물의 계통(그림 32.11에 있는)에 관한 강의를 시작했다. 교수가 전달하고자 했던 이 문장의 의미는?

6. **과학적 탐구**
INTERPRET THE DATA 아래 표에 있는 9개의 문들을 대상으로 그림 32.11의 진정후생동물 부분을 다시 그려보라. 원구의 운명, 즉 선구성(protostomy, 원구로부터 입이 발달함), 후구성(deuterostomy, 원구로부터 항문이 발달함), 또는 기타(원구가 막히고 입은 그 밖의 부위에서 발달)를 고려하라. 구성원들에서 나타나는 원구의 운명에 따라 하나의 문에 해당하는 각각의 가지에 P, D, N, 또는 이들의 조합을 표기하라. 조상형의 원구의 운명은 무엇인가? 진화의 경로를 거치는 동안 원구의 운명은 몇 번 변화하였는가? 설명하라.

원구의 운명	문
선구성(P)	편형동물, 윤형동물, 선형동물; 대부분의 연체동물, 대부분의 환형동물; 소수의 절지동물
후구성(D)	극피동물, 척삭동물; 대부분의 절지동물; 소수의 연체동물, 소수의 환형동물
기타(N)	무체강형편형동물

참고문헌: A. Henjnol and M. Martindale. The mouth, the anus, and the blastopore—open questions about questionable openings. In Animal *Evolution: Genomes, Fossils and Trees*, eds. D. T. J. Littlewood and M. J. Telford, Oxford University Press, pp. 33–40 (2009)

7. **글쓰기: 상호작용**
캄브리아기 폭발 동안, 어떤 무리들은 다양성이 팽창하고 다른 무리들은 다양성이 감소하면서 동물은 크게 변하였다. 이러한 사건들을 생물 군집 수준의 되먹임 조절로서 해석하는 간략한 글짓기(100~150 단어의 분량)를 하라.

8. **종합적으로 생각해보기**

이 생명체는 동물이다. 이 동물의 몸 구조와 생활양식에 대해 어떤 추론(그것이 동물의 모습에서는 명확하지 않을지라도)을 할 수 있겠는가? 이 동물은 후구동물 발생양식과 촉수관을 가지고 있다. 이 동물이 속하는 주요 분기군들은 어떤 것들일까? 선택한 결과를 설명하고, 이 분기군들이 언제 기원하였으며 그것들이 서로서로 어떻게 관련되어 있는지 기술하라.

정답은 부록 A 참조

33

무척추동물

핵심 개념

33.1 해면동물은 진정한 조직이 없는 기초적인 동물이다

33.2 자포동물은 오래된 진정후생동물 문의 하나이다

33.3 분자생물학적 자료들에 의해 확인된 분기군인 촉수담륜동물은 가장 다양한 몸의 형태를 나타낸다

33.4 탈피동물은 가장 종 수가 많은 동물 무리이다

33.5 극피동물과 척삭동물은 후구동물이다

▲ 그림 33.1 이 생물들 가운데 어느 것이 무척추동물일까?

등뼈가 없는 생명체

그림 33.1을 얼핏 본다면 그림 속의 동물로는 어류만 있다고 생각할 수도 있다. 그러나 여기에 보이는 다양한 생물체들은 레이스가 달린 나뭇가지와 두꺼운 줄기, 곱슬곱슬한 잎사귀를 닮아 보이는 것들을 포함하여 모두 동물이다. 이 동물들의 대부분은 **무척추동물(invertebrates)**, 즉 등뼈가 없는 동물이다.

무척추동물은 지금까지 알려진 동물종들의 95%를 차지하고 있다. 무척추동물들은 심해 "검은 굴뚝"의 열수구에서 흘러나오는 끓는 물로부터 남극의 얼어붙은 암석지대에 이르기까지 지구상의 거의 모든 서식지를 차지하고 있다. 이와 같은 다양한 환경에서의 진화는 세포들이 단순히 편평한 이중층을 이루고 있는 종으로부터 실을 만드는 분비샘, 회전형 가시, 그리고 흡반으로 덮여 있는 촉수와 같은 특징들을 가지고 있는 종들에 이르기까지 엄청난 형태상의 다양성을 만들어 냈다. 또한 무척추동물종들은 현미경적 크기의 생물체로부터 18 m의 크기(통학버스 길이의 1.5배)까지 자랄 수 있는 생물체에 이르기까지 크기에서도 막대한 다양성을 나타낸다.

이 장에서는 그림 33.2의 계통수를 안내자로 삼아 무척추동물 세계로의 여행을 하게 될 것이다. 다음의 3개 쪽들에 걸쳐 이어지는 그림 33.3은 무척추동물의

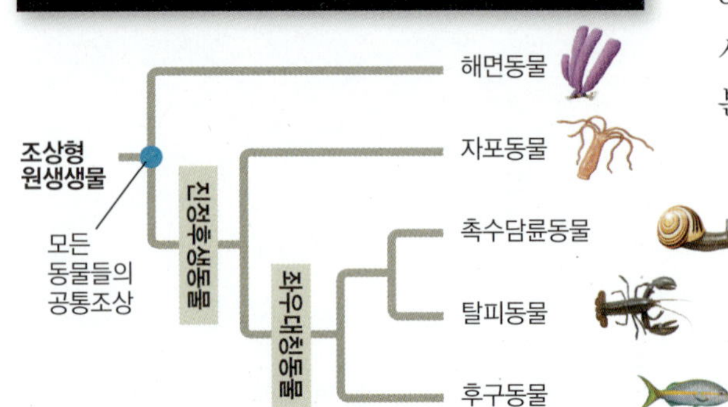

▲ 그림 33.2 **동물 계통의 개요.** 해면동물(해면동물문)과 소수의 다른 무리들을 제외하면 모든 동물들은 조직을 가지고 있으며 진정후생동물 분기군에 속한다. 대부분의 동물들은 다양한 좌우대칭동물 분기군에 속한다(보다 완전한 동물들의 유연관계는 그림 32.11을 참고하라).

▼ 그림 33.3

탐구 무척추동물의 다양성

동물계는 지금까지 알려진 130만 종을 망라하고 있으며, 전체 종수는 1,000만~2,000만 종에 이를 것으로 추정된다. 여기에서 다룬 23개 문들 가운데 12개 문들은 이 장과 32장, 또는 34장에서 보다 충분히 논의될 것인데, 각 문들과 관련되어 참고할 부분을 문에 대한 설명 끝에 밝혔다.

해면동물문(Porifera, 5,500종)

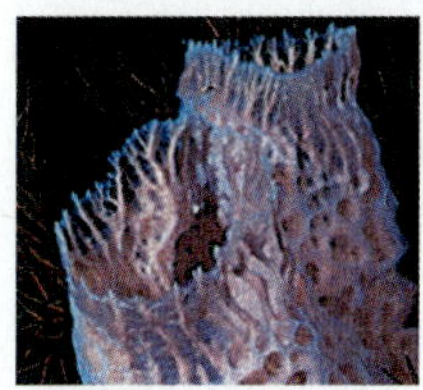
해면동물

이 문에 속하는 동물들은 보통 해면동물이라 불린다. 해면동물들은 진정한 조직이 없고, 고착생활을 하는 동물들이다. 이들은 자신의 몸 내부의 통로들을 통과하는 입자들을 포획하는 여과섭식자(filter feeder)들이다(개념 33.1).

자포동물문(Cnidaria, 10,000종)

자포동물은 산호충류, 해파리류, 히드라충류를 포함한다. 이 동물들은 입과 항문의 역할을 모두 하는 하나의 구멍을 가진 위수강(gastrovascular cavity)을 갖는 독특한 체제를 공유하고 있다(개념 33.2).

해파리

무체강형편형동물문(Acoela, 400종)

무체강형편형동물 (LM 사진)

무체강형편형동물은 단순한 신경계와 자루 모양의 장을 가지고 있어서 편형동물문에 속해 있었다. 그러나 일부 분자생물학적 분석들은 무체강형편형동물문이 3개의 주요 좌우대칭동물 분기군들이 분기되기 이전에 분리된 별개의 계통이라는 것을 나타내고 있다(개념 32.4).

판형동물문(Placozoa, 1종)

이 문에서 유일하게 알려진 종인 털납작벌레(*Trichoplax adhaerens*)는 전혀 동물처럼 보이지 않는다. 이 동물은 수천 개의 세포들로 구성된 단순한 이중층을 이루고 있다. 판형동물은 기초적인 동물로 여겨지고 있지만, 이 동물이 해면동물문이나 자포동물문과 같이 초기에 분기한 다른 동물 무리들과 어떻게 관련되어 있는가는 여전히 알려져 있지 않다. 털납작벌레는 두 개체로 나뉘는 이분법이나 여러 다세포 개체들을 만들어 내는 출아법으로 생식을 한다.

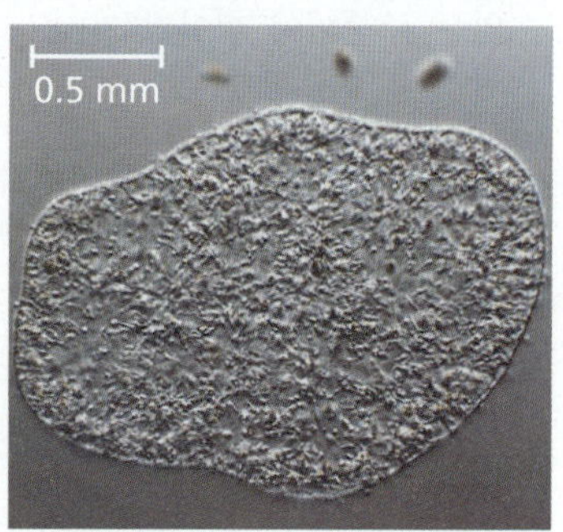

판형동물(LM 사진)

유즐동물문(Ctenophora, 100종)

유즐동물, 또는 빗해파리

유즐동물(빗해파리류)은 자포동물과 같이 이배엽성이며 방사대칭형이어서 두 문이 진화 과정의 아주 이른 시기에 다른 동물들과 갈라졌음을 나타내고 있다(그림 32.11). 빗해파리류는 대양의 플랑크톤 생물량의 많은 부분을 차지하고 있다. 이들은 동물이 물속을 헤쳐 나갈 수 있도록 추진력을 제공해 주는 섬모가 있는 8개의 "즐판(comb)"을 포함하여 많은 독특한 특징들을 지니고 있다. 작은 동물이 빗해파리의 촉수들에 닿으면, 특수화된 세포들이 터지면서 끈적거리는 실들을 쏟아내 먹이를 둘러싼다.

촉수담륜동물(Lophotrochozoans)

편형동물문(Platyhelminthes, 20,000종)

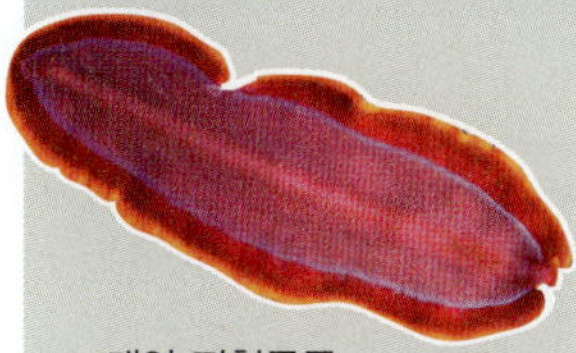
해양 편형동물

편형동물(촌충류, 플라나리아류, 흡충류를 포함)은 좌우대칭형이며, 여러 감각구조들에서 얻어지는 정보를 처리하는 중추신경계를 가지고 있다. 체강이나 분화된 순환기관은 없다(개념 33.3).

윤형동물문(Rotifera, 1,800종)

윤형동물은 현미경적 크기를 가지고 있음에도 불구하고 소화관(입과 항문 모두를 가지고 있음)을 포함하는 특수화된 기관계들을 가지고 있다. 이들은 물속에 부유하고 있는 미생물들을 잡아먹는다(개념 33.3).

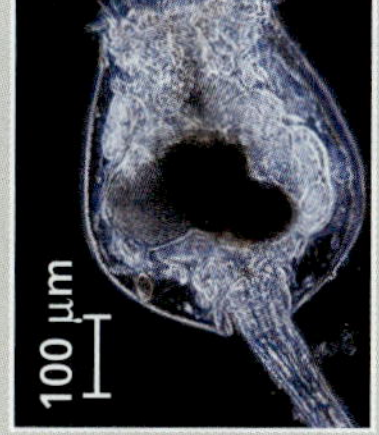

윤형동물(LM 사진)

외항동물문(Ectoprocta, 4,500종)

외항동물

외항동물[태형동물(bryozoans)로도 알려져 있음]은 군체를 이루어 고착생활을 하며, 단단한 외골격으로 덮여 있다(개념 33.3).

완족동물문(Brachiopoda, 335종)

완족동물

조개사돈류라고 불리기도 하는 완족동물들은 조개류나 다른 연체동물들과 혼동하기 쉽다. 그러나 대부분의 완족동물들은 촉수관이라 불리는 섬모들의 관뿐만 아니라 기질에 자신들의 몸을 부착시키는 독특한 자루를 가지고 있다(개념 33.3).

(다음 쪽에 계속)

촉수담륜동물 (계속)

구두동물문(Acanthocephala, 1,100종)

구두동물은 몸의 앞쪽 끝에 있는 주둥이에 휘어진 가시들이 나 있기 때문에 보통 구두충(가시머리벌레)으로 불린다. 모든 종들이 기생동물이다. 어떤 구두동물들은 자신들이 최종숙주(일반적으로 척추동물)에 도달할 기회를 높이는 방향으로 중간숙주(일반적으로 절지동물)를 조종한다. 예를 들면, 뉴질랜드 부채게류(New Zealand mud crabs)에 감염하는 구두동물은 게를 자신의 최종숙주가 되는 새에게 쉽게 잡아먹힐 수 있는 장소인 눈에 잘 띄는 해안의 한 곳으로 이동시킨다. 어떤 계통진화학적 분석들은 구두동물을 윤형동물문에 포함시키기도 한다.

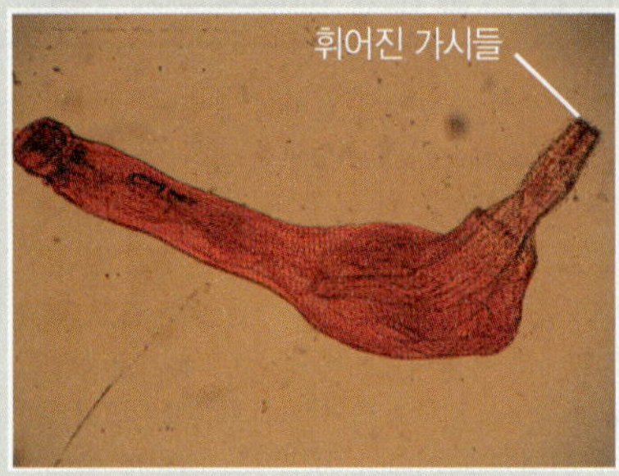

구두동물(LM 사진)

구륜동물문(Cycliophora, 1종)

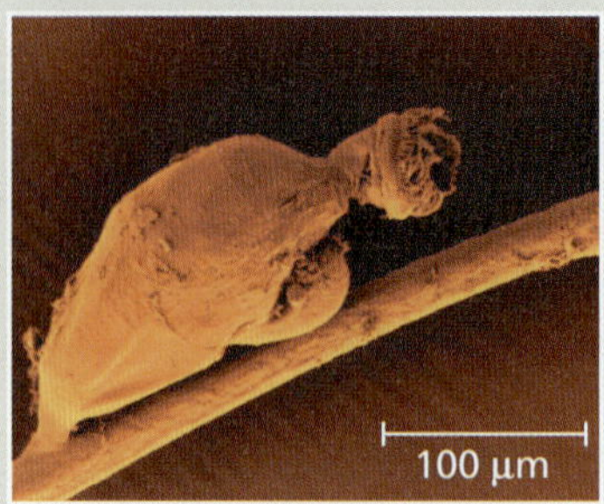

구륜동물(채색된 SEM 사진)

현재 알려진 유일한 구륜동물인 판도라구륜벌레(*Symbion pandora*)는 1995년 바닷가재의 구기(mouthpart)에서 발견되었다. 크기가 작고 꽃병 모양을 하고 있는 이 동물은 독특한 체제와 기묘한 생활사를 가지고 있다. 수컷은 어미의 몸속에서 아직 발달하고 있는 암컷을 임신시킨다. 임신한 암컷은 어미의 몸 밖으로 빠져나와 바닷가재의 어느 한 부위에 정착을 하고 새끼들을 출산한다. 새끼들은 바닷가재를 떠나 자신들이 부착할 새로운 바닷가재를 찾는다.

끈벌레

유형동물문 (Nemertea, 900종)

주둥이벌레류, 또는 끈벌레류로도 불리는 유형동물들은 물속을 헤엄치거나 모래에 굴을 파며, 독특한 주둥이(구문, proboscis)를 뻗어 먹이를 포획한다. 편형동물과 같이 진정한 체강을 가지고 있지 않다. 그러나 편형동물과는 달리 유형동물은 소화관을 가지고 있으며, 혈액이 혈관 속에 들어 있어서 체강 속의 액체와 구별되는 폐쇄혈관계를 가지고 있다.

환형동물 (Annelida, 16,500종)

환형동물은 체절을 가지고 있다는 점에서 다른 동물들과 구분된다. 이 문에서는 지렁이가 가장 친숙하지만 해양종과 담수종도 있다(개념 33.3).

갯지렁이 (해양 환형동물)

연체동물 (Mollusca, 93,000종)

연체동물(달팽이류, 조개류, 오징어류, 문어류 포함)은 부드러운 몸을 가지고 있으며, 많은 종들이 단단한 패각으로 보호되고 있다(개념 33.3).

문어

탈피동물(Ecdysozoa)

동갑동물문(Loricifera, 10종)

동갑동물(라틴어로 피갑을 뜻하는 *lorica*와 지니다를 뜻하는 *ferre*에서 유래)은 심해저에 서식하는 크기가 아주 작은 동물이다. 동갑동물은 복부를 둘러싸고 있는 6개의 판으로 이루어진 주머니인 피갑(lorica) 속으로 머리와 목, 가슴을 집어넣거나 빼낼 수 있다. 동갑동물의 생활사는 대부분 수수께끼로 남아있지만, 최소한 어떤 종은 세균을 잡아먹는 것으로 보인다.

동갑동물(LM 사진)

새예동물문(Priapula, 16종)

새예동물

새예동물은 몸의 맨 앞쪽에 크고 둥근 구문(proboscis)을 가지고 있다. [이 동물의 이름은 그리스의 생식의 신이며 거대한 음경으로 상징되는 프리아포스(Priapos)에서 유래하였다.] 몸의 길이는 0.5 mm에서 20 cm에 이르며, 대부분의 종들은 바다 바닥의 퇴적물 속에 굴을 파고 산다. 화석 기록은 새예동물이 캄브리아기 동안 주요 포식자 가운데 하나였음을 알려준다.

탈피동물 (계속)

유조동물문(Onychophora, 110종)

유조동물

우단충이라고도 불리는 유조동물은 캄브리아기 폭발 동안 나타났다(32장). 이들은 원래 바다에서 번창하였으나 어떤 시기에 육상으로의 이주에 성공하였다. 오늘날 이들은 습기가 많은 숲에서만 살고 있다. 유조동물은 육질의 더듬이와 주머니 모양의 다리 수십 쌍을 가지고 있다.

완보동물문(Tardigrada, 800종)

토실토실한 형태와 땅딸막한 부속지들, 그리고 쿵쿵거리며 나아가는 듯한 걸음걸이 때문에 완보동물(라틴어로 느리다는 것을 뜻하는 *tardus*와 걸음걸이를 뜻하는 *gradus*에서 유래)은 종종 곰벌레류라고도 불린다. 대부분의 완보동물들은 크기가 0.5 mm에 미치지 못한다. 바다나 민물에 살며, 어떤 종류는 식물이나 동물의 표면에 산다. 1 m^2 넓이의 이끼에서 200만 마리의 완보동물이 발견되기도 한다. 척박한 조건이 되면 완보동물은 휴면 상태에 들어가는데, 휴면 상태 동안에는 −200°C의 낮은 온도에서도 살아남을 수 있다!

완보동물(채색된 주사현미경 사진)

선형동물문(Nematoda, 25,000종)

선형동물

선충류(roundworms)로 불리기도 하는 선형동물은 토양과 수생 서식지에 엄청나게 풍부하고 다양하다. 많은 종들은 식물과 동물에 기생한다. 선형동물의 가장 독특한 특징은 몸을 감싸고 있는 질긴 큐티클을 가지고 있다는 것이다(개념 33.4)

절지동물문(Arthropoda, 1,000,000종 이상)

곤충류와 갑각류, 거미류를 포함하여 알려진 동물종의 절대 다수가 절지동물이다. 모든 절지동물들은 체절성의 외골격과 관절이 달린 부속지들을 가지고 있다(개념 33.4).

전갈[거미류(주형류)]

후구동물(Deuterostomia)

반삭동물(Hemichordata, 85종)

별벌레아재비

극피동물이나 척삭동물과 같이 반삭동물은 후구동물의 구성원이다(32장). 반삭동물은 새열(아가미 틈)이나 등쪽신경삭과 같은 몇몇 특징들을 척삭동물과 공유하고 있다. 반삭동물 가운데 가장 큰 무리는 장새류, 또는 별벌레아재비류이다. 별벌레아재비류는 해양성으로서 보통 진흙 속이나 돌 밑에 산다. 몸의 길이가 2 m를 넘기도 한다.

척삭동물(Chordata, 56,000종)

모든 척삭동물종들의 90% 이상이 등뼈를 가지고 있다(등뼈가 있는 동물을 척추동물이라고 한다). 그러나 또한 척삭동물문은 3개 군의 무척추동물들, 즉 피낭류와 창고기류, 먹장어류를 포함한다. 이 문에 대한 전체 내용은 34장을 참고하라.

피낭류

극피동물(Echinodermata, 7,000종)

성게

연잎성게류와 불가사리류, 성게류와 같은 극피동물들은 유생단계에서는 좌우대칭형을 나타내지만 성체들은 좌우대칭형을 보이지 않는 후구동물 분기군에 속하는 수생동물들이다. 이들은 수관계를 이용하여 몸의 각 부분으로 물을 보냄으로써 이동을 하고 섭식을 한다(개념 33.5).

다양성을 대표하는 23개 무척추동물 문들에 대한 전체적인 조망이다. 이 장의 나머지 부분에서는 다수의 무척추동물문들을 탐색할 것이다.

개념 33.1

해면동물은 진정한 조직이 없는 기초적인 동물이다

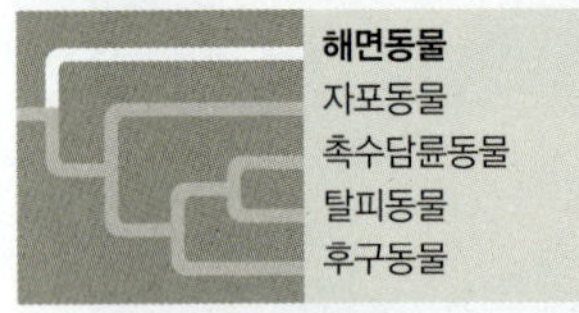

해면동물문(phylum Porifera)에 속하는 동물들은 보통 해면류로 알려져 있다. [최근의 분자생물학적 연구들은 해면동물이 단계통적(monophyletic)이라는 것을 제시하고 있는데, 여기에서 나타낸 계통수는 이를 따른 것이다. 그러나 어떤 연구들은 해면동물이 측계통적(paraphyletic)이라는 것을 보여주고 있기 때문에 이 부분은 논쟁거리로 남아 있다.] 가장 단순한 동물 가운데 하나인 해면동물들은 고착생활을 하기 때문에 고대 그리스인들은 이들을 식물과 혼동하였다. 대부분의 종들은 해양성이며, 크기가 수 mm인 것부터 수 m에 달하는 것까지 있다. 해면동물들은 **여과섭식자(filter feeder)**들이다. 이들은 주변의 물을 끌어 자신의 몸을 통과시면서 그 속에 떠있는 먹이입자들을 걸러내는데, 일부 종들의 몸은 구멍들이 뚫려 있는 주머니를 닮아 있다. 물은 구멍들을 통하여 **위강(spongocoel)**이라고 하는 중앙의 공간으로 끌려들어가며, **대공(osculum)**이라고 불리는 큰 구멍을 통하여 해면동물 밖으로 흘러나간다(그림 33.4). 구조가 더 복잡한 해면동물들은 체벽에 주름이 접혀 있으며, 많은 종들은 분지된 수관들과 몇 개의 대공들을 가지고 있다.

해면동물들은 동물 계통수의 뿌리 근처에서 발달하는 하나의 계통적 가지를 이루는데, 이를 따라 이들을 기초적인 동물(기저 동물)들이라고 한다. 거의 모든 다른 동물들과는 달리 해면동물들은 막으로 된 층에 의해 다른 조직들과 격리되어 있으며 기능 단위를 이루는 유사한 세포들의 무리인 진정한 조직이 없다. 그러나 해면동물의 몸은 몇 가지 서로 다른 유형의 세포들을 포함하고 있다. 예를 들어, 위수강의 내벽은 편모성 **동정세포(choanocyte)**들로 되어 있는데, 이들은 금세포(collar cell)라고도 불린다(편모 주위에 손가락 같은 돌기들이 '칼라'를 만들기 때문에 붙여진 이름이다). 이 세포들은 식세포작용(phagocytosis)을 하여 세균과 다른 먹이입자들을 삼킨다. 동정세포와 입금편모충류 사이의 유사성은 동물이 입금편모충류를 닮은 조상으로부터 진화하였다는 것을 제안하는 분자생물학적 증거를 지지해 주고 있다(그림 32.3).

해면동물의 몸은 **중교(mesohyl)**라고 하는 아교질 부위에 의해 분리되어 있는 2개의 세포층들로 이루어져 있다. 2개의 세포

예쁜이해면류의 한 종(*Callyspongia plicifera*)

▼ **그림 33.4 해면동물의 해부구조**

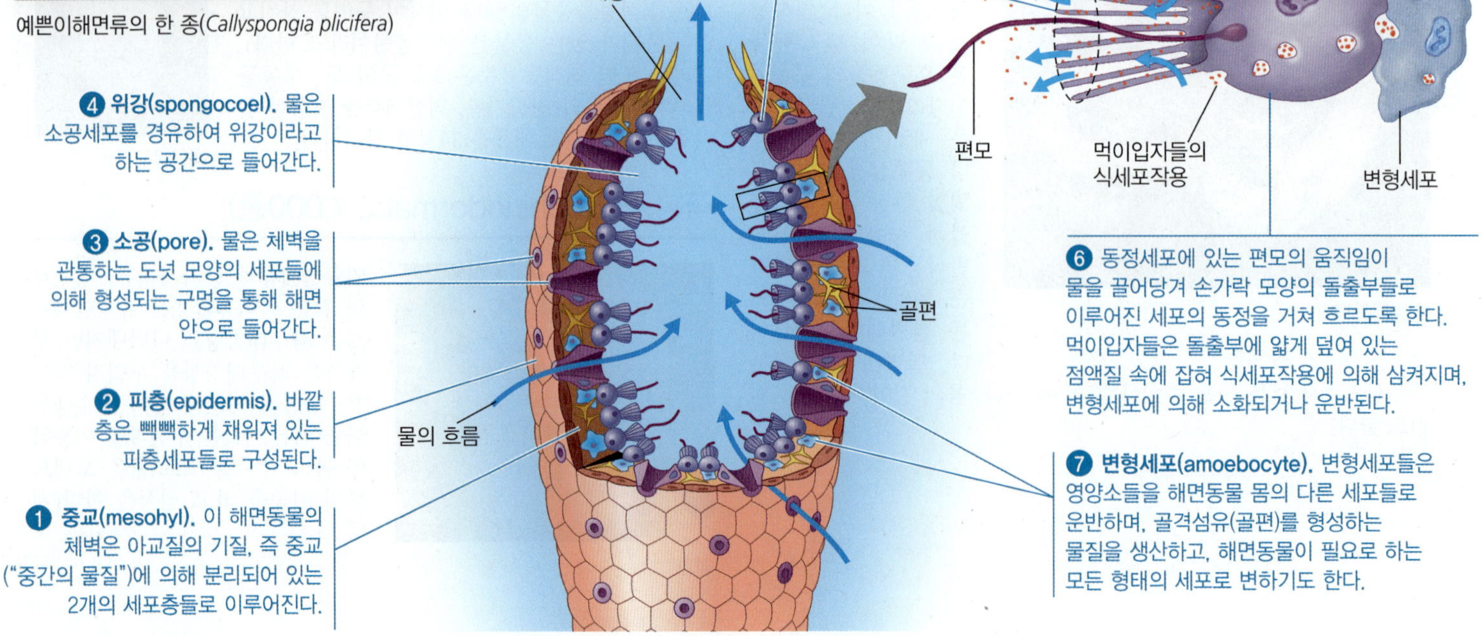

❺ 동정세포(choanocyte). 위강은 동정세포라 불리는 편모가 있는 세포들이 층을 이루고 있다. 동정세포들은 편모의 채찍운동을 일으켜 물이 소공으로 이끌려 들어가 대공을 거쳐 밖으로 빠져나오도록 하는 물의 흐름을 만든다.

대공
물의 흐름
골편
점액질 속의 먹이입자
동정
동정세포
편모
먹이입자들의 식세포작용
변형세포

❹ 위강(spongocoel). 물은 소공세포를 경유하여 위강이라고 하는 공간으로 들어간다.

❸ 소공(pore). 물은 체벽을 관통하는 도넛 모양의 세포들에 의해 형성되는 구멍을 통해 해면 안으로 들어간다.

❷ 피층(epidermis). 바깥 층은 빽빽하게 채워져 있는 피층세포들로 구성된다.

❶ 중교(mesohyl). 이 해면동물의 체벽은 아교질의 기질, 즉 중교("중간의 물질")에 의해 분리되어 있는 2개의 세포층들로 이루어진다.

❻ 동정세포에 있는 편모의 움직임이 물을 끌어당겨 손가락 모양의 돌출부들로 이루어진 세포의 동정을 거쳐 흐르도록 한다. 먹이입자들은 돌출부에 얇게 덮여 있는 점액질 속에 잡혀 식세포작용에 의해 삼켜지며, 변형세포에 의해 소화되거나 운반된다.

❼ 변형세포(amoebocyte). 변형세포들은 영양소들을 해면동물 몸의 다른 세포들로 운반하며, 골격섬유(골편)를 형성하는 물질을 생산하고, 해면동물이 필요로 하는 모든 형태의 세포로 변하기도 한다.

층 모두가 물과 접하고 있기 때문에 세포층을 이루는 세포의 막을 투과하는 확산을 통하여 기체교환이나 노폐물의 제거와 같은 과정이 일어날 수 있다. 소위 **변형세포(amoebocyte)**라고 불리는 세포들에 의해 다른 임무들이 수행되는데, 이들의 이름은 이들이 위족을 사용하는 데에서 비롯되었다. 변형세포들은 중교 속을 움직여 다니며 많은 기능들을 한다. 예를 들면, 이들은 물과 동정세포들에서 먹이를 취하여 소화시키며, 영양소를 다른 세포들로 운반한다. 변형세포들은 또한 중교 내의 단단한 골격 섬유들을 제조한다. 해면동물의 몇몇 무리에서는 이 섬유들이 탄산칼슘이나 규산염으로 이루어진 날카로운 골편(spicule)을 만든다. 다른 해면동물들은 해면질(spongin)이라고 하는 성분의 단백질로 구성된 유연성이 있는 섬유들을 만들어 내는데, 이 유연한 골격들은 갈색의 푹신한 목욕용 스펀지로 팔리기도 한다. 아마도 가장 중요한 것으로 여겨지는 마지막 하나는, 변형세포들은 **전능성**(totipotent; 다른 종류의 해면동물 세포들로 될 수 있음) 세포라는 것이다. 이와 같은 능력은 해면동물의 몸이 주변의 물리적 환경(물 흐름의 방향과 같은)의 변화에 반응하여 적합한 모양을 만들어낼 수 있도록 하는 놀라운 유연성을 제공한다.

대부분의 해면동물들은 **암수한몸**(자웅동체, **hermaphrodite**)이며, 이는 각 개체들이 유성생식을 할 때 정자와 알을 모두 만들어 내기 때문에 수컷과 암컷 모두로 기능한다는 것을 의미한다. 대부분의 해면동물들은 처음에 어떤 한 성의 기능을 하고 다음에는 다른 성의 기능을 하는 순차적 자웅동체성을 나타낸다. 수컷의 기능을 하는 개체로부터 흐르는 물속으로 방출된 정자가 암컷의 역할을 하는 이웃한 개체 속으로 끌려 들어갈 때 타가수정이 이루어진다. 그 결과로 만들어진 접합자는 헤엄을 칠 수 있는 편모를 가진 유생으로 발달하여 어버이 해면동물을 떠난다. 알맞은 기질에 정착한 유생은 고착형의 성체로 발달한다.

해면동물은 다양한 항생제와 여러 방어용 화합물들을 생산하는데, 이들은 인간의 질병 치료제로서 발전할 가능성이 크다. 예를 들면, 해양성 해면동물로부터 분리된 크리브로스타틴(cribrostatin)이라고 하는 화합물은 암세포들과 페니실린에 대한 저항성을 가지고 있는 연쇄상구균(*Streptococcus*) 균주들 모두를 죽일 수 있다. 다른 해면동물에서 추출된 화합물에 대하여는 항암제로서의 가능성을 시험하고 있다.

개념 확인 문제 33.1

1. 해면동물의 섭식방법을 설명하라.
2. WHAT IF? 어떤 분자생물학적 증거는 동물의 자매군이 입금편모충류가 아니라 기생성 원생생물의 한 무리인 중생균충류(mesomycetozoans)라는 것을 나타내고 있다. 이 기생성 원생생물에는 동정세포들이 없다고 한다면 이 가설은 옳을 수 있을까? 설명하라.

정답은 부록 A 참조

개념 33.2

자포동물은 오래된 진정후생동물 문의 하나이다

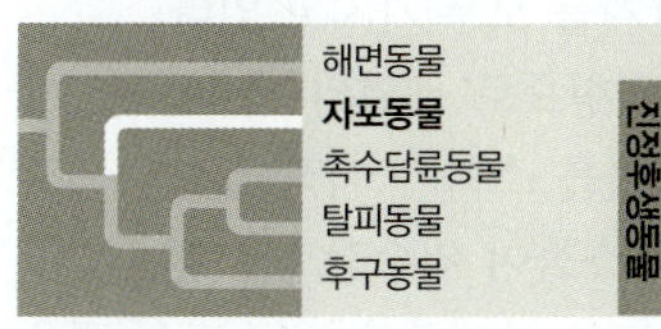

해면동물과 소수의 다른 무리들을 제외한 모든 동물들은 진정한 조직을 가지고 있는 동물 분기군의 하나인 **진정후생동물**[eumetazoans("진정한 동물")]에 속한다. 이 분기군 내에서 가장 오래된 계통 가운데 하나는 자포동물문(phylum Cnidaria)인데, DNA 분석에 따르면 이 문은 약 6억 8,000만 년 전에 기원하였다. 자포동물은 히드라충류와 산호충류, 해파리류를 포함하여 매우 다양한 고착성 및 운동성 형태들을 포함하고 있다. 대부분의 자포동물들은 약 5억 7,000만 년 전 초기 무리의 구성원들에 존재하였던 상대적으로 단순하고, 이배엽성이며, 방사대칭형인 체제를 여전히 유지하고 있다.

자포동물의 기본적인 체제는 중앙의 소화 구획, 즉 **위수강(gastrovascular cavity)**을 가지고 있는 주머니이다. 위수강에 열려 있는 단 하나의 구멍은 입과 항문의 역할을 모두 한다. 이 체제에는 두 가지의 변이가 존재하는데, 고착성의 폴립형과 운동성의 해파리형이 그것이다(그림 33.5). **폴립형(polyp)**은 원통형 구조로서 입의 반대 방향의 몸 끝부분을 기질에 부착한 채, 먹이를 기다리면서 촉수들을 뻗고 있다. 폴립형의 예에는 히드라류와 말미잘류가 포함된다. 기본적으로는 고착성이지만, 많은 폴립들은 몸의 입 반대쪽 끝에 있는 근육들을 사용하여 기질을 가로질러 느리게 움직일 수 있다. 일부의 말미잘들은 포식자로부터 위협을 느꼈을 때 기질에서 떨어져 나와 몸통을 앞뒤로 굽히거나 촉수들을 허우적거려 "헤엄"을 치기도 한다. **해파리형(medusa**, 복수형은 *medusae*)은 입이 아래를 향해 있는 납작한 폴립형과 같다. 해파리형은 수동적인 표류와 종 모양의 몸을 수축시키는 운동을 조합하여 물속에서 자유로이 움직인다. 해파리형에는 자유롭게

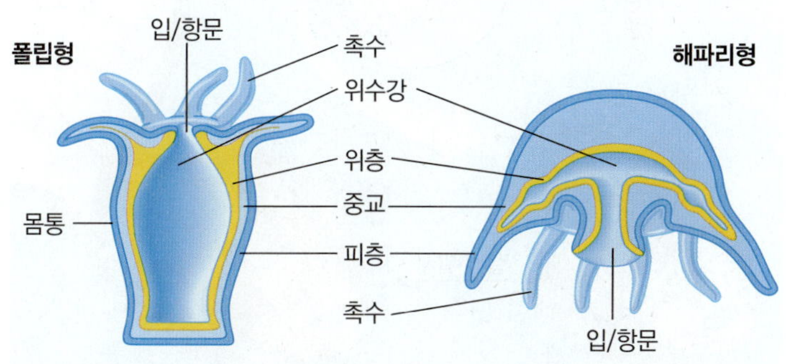

▲ **그림 33.5 자포동물의 폴립형과 해파리형.** 자포동물의 체벽은 2개의 세포층, 즉 바깥의 피층(짙은 파란색; 외배엽에서 유래)과 안쪽의 위층(노란색; 내배엽에서 유래)을 가지고 있다. 소화는 위수강에서 시작되며 위층의 세포들 속에 있는 식포 내부에서 완료된다. 피층과 위층 사이에는 중교라고 하는 일종의 아교질 층이 있다.

헤엄을 치는 해파리류가 포함된다. 해파리류의 촉수들은 입 부위의 표면에 매달려 아래를 향하고 있다. 일부 자포동물들은 폴립형이나 해파리형 가운데 하나만을 나타낸다. 다른 종류들은 생활사 속에 해파리형 단계와 폴립형 단계를 모두 가지고 있다.

자포동물들은 흔히 입 주변에 원형으로 배열된 촉수들을 사용하여 먹이를 포획하고 포획된 먹이를 소화가 시작되는 위수강 속으로 밀어 넣는 포식자들이다. 효소들이 위수강으로 분비되어 먹이를 일종의 영양물이 풍부한 수프로 분해한다. 위수강의 벽을 이루고 있는 세포들이 이 영양물들을 흡수하여 소화과정을 완료하는데, 소화되지 않고 남은 찌꺼기는 입/항문을 통하여 배출된다. 촉수는 방어와 먹이 포획의 기능을 하는 자포동물 특유의 세포들인 일련의 **자세포(cnidocyte)**들로 무장되어 있다**(그림 33.6)**. 자세포는 작은 주머니 모양의 세포소기관으로서 뒤집혀 발사되는 **자포**(cnida, 쐐기풀을 뜻하는 *cnide*에서 유래)를 가지고 있는데, 이것에서 자포동물이라는 문의 이름이 유래했다. 특수화된 **자포(nematocyst**, 또는 cnida)에는 먹이의 체벽을 관통할 수 있는 자사(찌르는 실)가 들어 있다. 다른 형태의 자포는 촉수에 부딪히는 작은 먹이들에 들러붙거나 엉기는 긴 실을 가지고 있다.

가장 단순한 형태의 수축조직과 신경이 자포동물에서 나타난다. 피층(바깥층)과 위층(안층)의 세포들은 수축성 섬유들을 형성하는 미세섬유의 다발들을 가지고 있다. 위수강은 수축성 세포들이 지지대로 삼아 작동할 수 있도록 해주는 유체골격(개념 50.6)으로 기능한다. 자포동물이 입을 닫아 내부 공간의 부피를 고정시킨 채 세포들을 선택적으로 수축하게 되면 동물의 형태가 변하게 된다. 운동은 신경망에 의해 통합적으로 조절된다. 자포동물은 뇌를 가지고 있지 않으며, 산만 신경망은 몸 주변에 방사상으로 분포되어 있는 단순한 감각기들과 연결되어 있다. 따라서 자포동물은 모든 방향의 자극들을 동등하게 감지하여 반응할 수 있다.

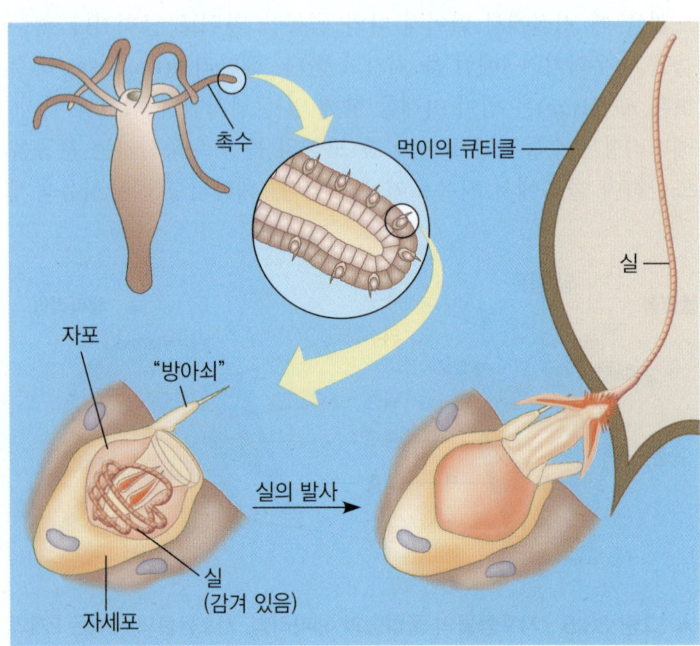

▲ **그림 33.6 히드라의 자세포.** 이 형태의 자세포는 자포라고 하는 쏘는 주머니를 가지고 있는데, 자포에는 뒤집혀 발사되는 실이 들어 있다. 접촉이나 화학물질에 의해 "방아쇠"가 자극되면 실이 튀어나와서 먹이를 뚫고 들어가 독을 주입한다.

화석 및 분자생물학적 증거는 자포동물문이 진화 역사 초기에 해파리류(Medusozoa)와 산호충류(Anthozoa)의 2가지 주요 분기군들로 갈라졌다는 것을 제시하고 있다**(그림 33.7)**.

해파리류

해파리형을 만들어내는 모든 자포동물들이 해파리류 분기군의 구성원들이며, 이 무리에는 히드라충류(hydrozoans)와 함께 그림 33.7a에 보이는 해파리류(scyphozoans, 해파리)와 입방해파리류(cubozoans, 입방해파리)가 포함된다. 혹히드라류(*Obelia*)의 생활사에서 보듯이**(그림 33.8)**, 대부분의 히드라충류(hydrozoans)들은 폴립형과 해파리형을 교대한다. 폴립 단계(혹히드라류의 경

▼ **그림 33.7 자포동물**

(a) 해파리류

많은 종류의 해파리류들은 발광을 한다. 촉수에 있는 자포에 의해 포획된 먹이는 입으로의 수송을 위해 특수화된 구엽(oral arm, 자포를 가지고 있지 않음)들로 보내진다.

바다말벌은 물고기와 (여기에서 보듯이) 다른 큰 먹이를 제압하는 독을 만들어 낸다. 바다말벌의 독은 코브라의 독보다 더 강력하다.

(b) 산호충류

말미잘류와 다른 산호충류들은 단지 폴립형만이 존재한다. 많은 산호충류들은 광합성을 하는 조류와 공생관계를 이룬다.

이 돌산호류들은 폴립형의 군체로 살아간다. 이들의 부드러운 몸은 기부에 있는 단단한 외골격으로 둘러싸여 있다.

우는 서로 연결되어 있는 폴립들의 군체)는 해파리 단계보다 눈에 더 잘 띈다. 민물에서 발견되는 극히 소수의 자포동물들 중 하나인 민물히드라류는 폴립형으로만 살아간다는 점에서 히드라충류 가운데 특이하다.

히드라충류와는 달리 대부분의 해파리류와 입방해파리류는 자신들의 생활사의 대부분을 해파리 단계로 보낸다. 예를 들면, 연안에 사는 해파리류들은 생활사 동안 종종 단순한 폴립 단계를 거치지만, 원양에 사는 해파리류들은 일반적으로 폴립 단계 전체가 없다. 이 동물의 이름("입방형의 동물"을 의미함)이 말해 주는 것처럼 입방해파리류는 상자 모양의 해파리 단계를 가지고 있다. 대부분의 입방해파리류들은 열대 지역의 바다에 살고 있으며, 맹독성의 자세포들을 가지고 있다. 오스트레일리아 북부 해안의 바다에 살고 있는 입방해파리의 일종인 바다말벌(*Chironex fleckeri*)은 지구상에서 가장 위험한 생물체의 하나로 알려져 있다. 이 동물에게 쏘이면 강한 통증과 함께 호흡곤란 및 심장마비가 일어나 몇 분 내에 죽음에 이르게 된다.

산호충류

말미잘류와 산호류는 산호충류 분기군(그림 33.7)에 속한다. 이 자포동물들은 폴립형으로만 나타난다. 산호류는 단독의 개체, 또는 군체의 형태로 살며, 종종 조류와 공생체를 이루기도 한다. 많은 종들은 탄산칼슘성분의 단단한 **외골격(exoskeleton;** 외부 골격)을 분비한다. 각각의 폴립형 세대는 이전 세대의 골격 위에 종에 따라 특징적인 구조의 "바위"를 만들면서 형성된다. 우리가 보통 산호라고 생각하는 것은 이 골격이다.

열대 바다의 산호초는 열대 지역의 우림과 같다. 산호초는 수많은 다른 종들에게 서식처를 제공한다. 불행하게도 산호초들은

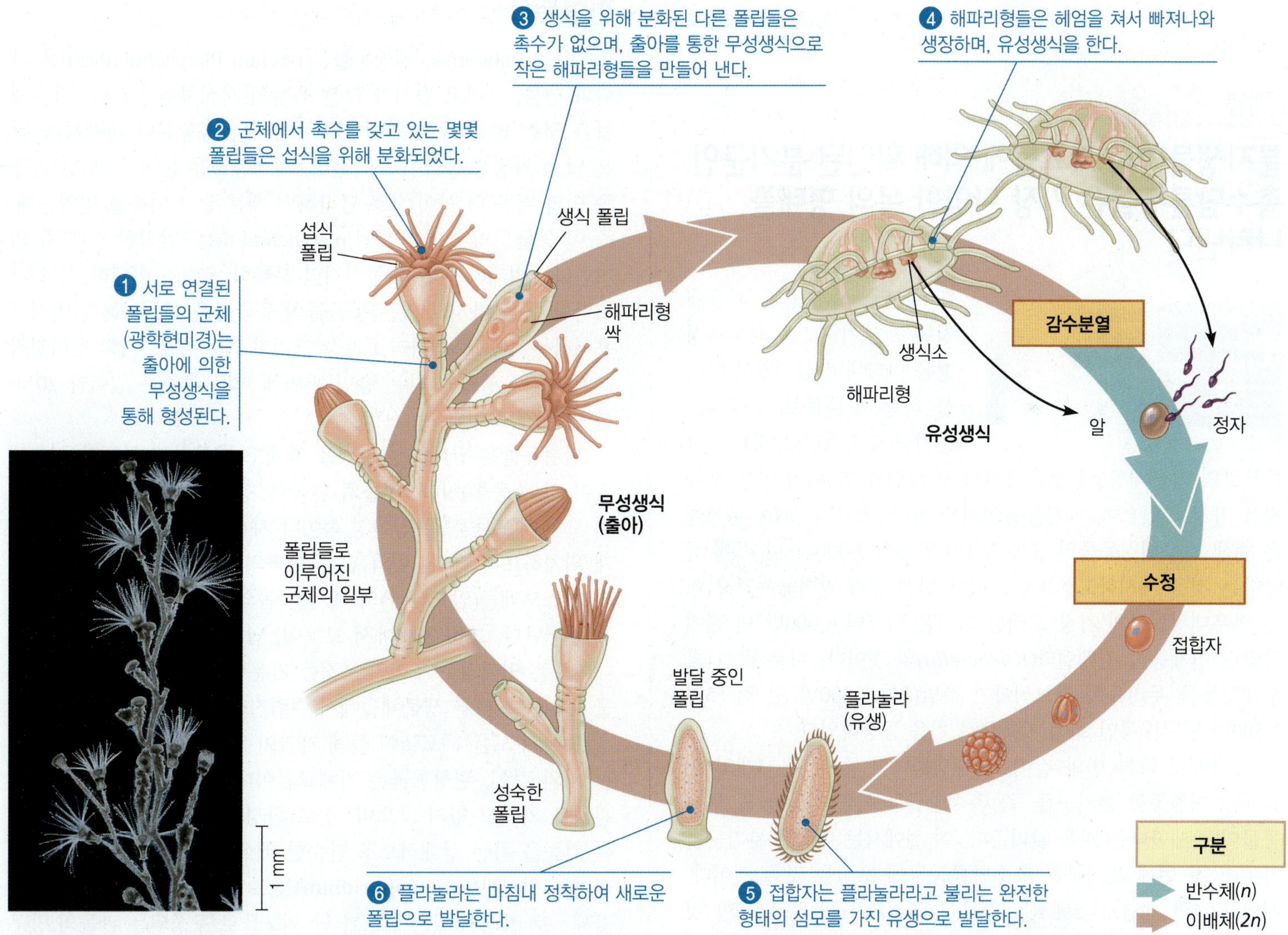

▲ **그림 33.8 혹히드라속(*Obelia*) 히드라충류의 생활사.** 폴립형은 무성생식 단계이며, 해파리형은 유성생식 단계로서 알들과 정자를 방출한다.

MAKE CONNECTIONS 혹히드라류의 생활사와 그림 13.6의 생활사들을 비교하고 대조하라. 그림의 어떤 생활사가 혹히드라류의 생활사와 가장 비슷한가? 설명하라. (그림 29.3도 참조하라.)

위험한 속도로 파괴되고 있다. 오염과 남획, 대양의 산성화(그림 3.11)가 주요 위협요인이며, 지구온난화 또한 산호류가 생존할 수 있는 좁은 범위의 온도 이상으로 해수온도를 상승시킴으로써 산호초의 쇠퇴를 일으키는 원인이 되고 있다.

개념 확인 문제 33.2

1. 자포동물의 폴립형과 해파리형의 공통점과 차이점을 비교하라.
2. 자포동물의 이름이 유래된 자세포의 구조와 기능을 설명하라.
3. **MAKE CONNECTIONS** 많은 새로운 동물의 체제들이 캄브리아기 폭발 동안, 또는 캄브리아기 폭발 이후에 나타났다. 이와는 반대로 오늘날의 자포동물들은 5억 6,000만 년 전의 자포동물들에서 발견되는 것과 동일한 이배엽성 및 방사대칭형의 체제를 유지하고 있다. 그러면 자포동물들은 다른 동물 무리들에 비해 성공하지 못했거나 "고도의 진화"를 하지 못한 것일까? 설명하라. (개념 25.3, 25.6 참조)

정답은 부록 A 참조

개념 33.3

분자생물학적 자료들에 의해 확인된 분기군인 촉수담륜동물은 가장 다양한 몸의 형태를 나타낸다

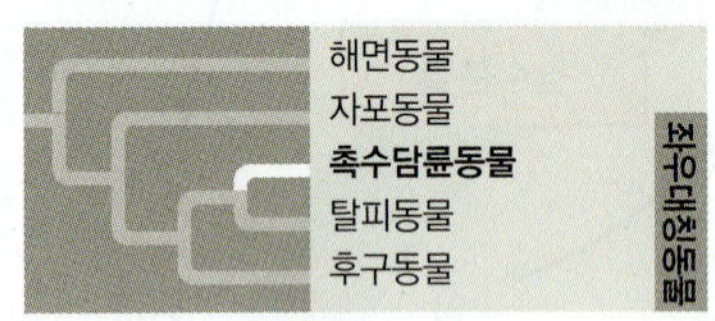

대부분의 동물종들은 좌우대칭동물 분기군, 즉 좌우대칭형을 나타내며 삼배엽성 발생을 하는 동물들로 구성되는 분기군에 속한다(32장). 또한 대부분의 좌우대칭동물들은 2개의 구멍(입과 항문)이 있는 소화관을 가지고 있으며, 체강동물이기도 하다. 최근의 DNA 분석들은 현생 좌우대칭동물의 공통조상이 약 6억 7,000만 년 전에 살았다는 것을 제시하고 있다. 그러나 현재 널리 받아들여지고 있는 좌우대칭동물의 가장 오래된 화석은 약 5억 6,000만 년 전에 살았던 연체동물 킴베렐라(*Kimberella*)의 것이다. 다른 많은 좌우대칭동물 무리들이 캄브리아기 폭발(5억 3,500만 년 전~5억 2,500만 년 전) 동안 화석 기록으로 처음 등장하였다.

32장에서 다룬 바와 같이, 분자생물학적 증거들은 3개의 주요 좌우대칭동물 분기군들, 즉 촉수담륜동물, 탈피동물 및 후구동물이 존재한다는 것을 알려준다. 이 절에서는 이러한 분기군들 가운데 첫 번째 분기군인 촉수담륜동물에 초점을 맞출 것이다. 개념 33.4와 개념 33.5에서는 다른 2개의 분기군들을 탐구할 것이다.

촉수담륜동물 분기군은 분자생물학적 자료들로부터 확인되었지만, 그 이름은 분기군의 몇몇 구성원들에서 발견되는 특징들에서 비롯되었다. 몇몇 촉수담륜동물들은 섭식할 때 기능을 하는 섬모가 나있는 촉수들의 관인 **촉수관**(lophophore)이라 불리는 구조물을 발달시키며, 다른 촉수담륜동물들은 **담륜자 유생**(trochophora larva)이라 불리는 독특한 단계를 거쳐 생장한다(그림 32.12). 이 무리의 다른 구성원들은 이 특징들을 전혀 가지고 있지 않다. 이 무리 내에서 넓게 공유되는 다른 독특한 형태적 특징들은 없으며, 실제로 촉수담륜동물들은 체제에 있어서 가장 다양한 동물들의 분기군이다. 이와 같은 형태의 다양성은 이 무리 내에서 분류되는 동물문들의 수에 반영되고 있다. 즉, 촉수담륜동물은 여느 다른 동물 분기군들에서 확인되는 문들의 수의 2배가 넘는 약 18개의 동물문들을 포함한다.

지금부터는 6개의 다양한 촉수담륜동물의 문들, 즉 편형동물, 윤형동물, 외항동물, 완족동물, 연체동물 및 환형동물을 소개할 것이다.

편형동물

편형동물[flatworms, 편형동물문(phylum Platyhelminthes)]은 바다와 민물, 그리고 습기가 많은 육상의 서식처에서 산다. 자유생활을 하는 많은 종들 외에 편형동물에는 흡충류나 촌충류와 같은 많은 기생성 종들이 포함된다. 편형동물은 몸이 등배 방향(등쪽 면과 배쪽 면 사이)으로 납작하기 때문에 그 이름을 얻었는데, 즉 이 동물문의 영어 이름인 platyhelminth는 "납작한 벌레"를 의미한다. (벌레라는 말은 공식적인 분류학 용어가 아니라 길고 가느다란 몸을 가지고 있는 동물들의 등급군을 지칭하는 일반적인 용어라는 것을 주의하라.) 가장 크기가 작은 종은 거의 현미경적 크기의 자유생활을 하는 종인 반면에 어떤 촌충은 길이가 20 m를 넘는 것도 있다.

편형동물은 삼배엽성 발생을 함에도 불구하고 무체강동물(체강이 없는 동물)이다. 이들의 납작한 형태는 표면적을 증가시키며 모든 세포들을 주변 환경 속이나 자신들의 장 속의 물에 가깝게 위치하도록 한다. 이와 같은 물과의 친숙성 때문에 기체교환과 질소노폐물(암모니아)의 제거는 몸의 표면을 통한 확산에 의해 일어난다. 그림 33.9에서 보듯이, 납작한 형태는 표면적을 극대화하는 몇몇의 구조적인 특징들 가운데 하나이며 서로 다른 동물 무리들과 다른 생물체들에서(수렴진화에 의해) 나타났다.

동물의 모든 세포들이 물에 가까이 있기 때문에 짐작할 수 있는 바와 같이, 편형동물은 기체교환이나 순환을 위해 분화된 기관들을 가지고 있지 않으며, 주로 환경과의 삼투 평형을 유지하는 기능을 하는 상대적으로 단순한 배설기를 가지고 있다. 이 배설기는 **원신관(protonephridium)**들로 구성되는데, 원신관은 불꽃세포로 알려져 있는 섬모가 난 세포들로 구성되는 관들의 망구조로서 불꽃세포는 액체를 끌어 바깥으로 열려 있는 가지들이 달린 관을 통하여 내보낸다(그림 44.9). 대부분의 편형동물들은 단 하나의 구멍이 있는 위수강을 가지고 있다. 편형동물은 순환계를

▼ 그림 33.9

MAKE CONNECTIONS

표면적의 최대화

일반적으로 한 생명체가 수행할 수 있는 대사 또는 화학적 활동량은 생명체의 생물량이나 부피에 비례한다. 그러나 대사율을 최대화시키기 위해서는 영양소 및 산소와 같은 천연물질과 에너지의 효율적인 흡수뿐만이 아니라 노폐물의 효과적인 배출이 필요하다. 크기가 큰 세포들, 식물 및 동물에서 이러한 교환과정은 단순 기하학에 의해 제한되는 잠재력(potential)을 가진다. 세포나 생물체가 모양의 변화 없이 생장할 때에는 부피가 표면적보다 훨씬 빨리 증가한다(그림 7.7). 그 결과 화학적 활성을 뒷받침할 수 있는 표면적이 상대적으로 줄어들게 되는 것이다. 표면적과 부피의 상관관계에 의해 제기되는 도전이 다양한 상황들과 생물체들에서 일어나지만, 이러한 도전을 만나는 진화적 적응들은 비슷하다. 납작해짐, 접힘, 가지치기 및 돌기형성을 통해 표면적을 최대화하는 구조들은 생물학적 계에서 필수적인 역할을 하고 있다.

이 그림들은 같은 부피(V)를 가지는 2개의 서로 다른 구조들에서의 표면적(SA)을 비교하여 나타내고 있다.

SA: 6 (3 cm×3 cm) = 54 cm^2
V: 3 cm×3 cm×3 cm = 27 cm^3

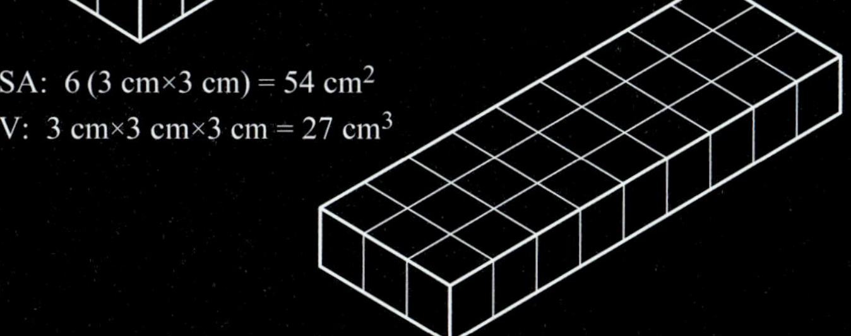

SA: 2 (3 cm×1 cm) + 2 (9 cm×1 cm) + 2 (3 cm×9 cm) = 78 cm^2
V: 1 cm×3 cm×9 cm = 27 cm^3

납작해짐

단지 몇 개의 세포들 두께의 몸을 가짐으로써 이 편형동물과 같은 생물체는 자신의 체표 전체를 교환에 사용할 수 있다.
그림 40.3 참조.

접힘

이 투과전자현미경(TEM) 사진은 식물 잎에 있는 2개의 엽록체들 일부를 보여주고 있다. 광합성이 엽록체에서 일어나는데, 엽록체는 틸라코이드막이라 불리는 납작하고 서로 연결된 내부 막들의 조합을 가지고 있다. 틸라코이드 막들의 접힘은 표면적을 증가시켜서 빛에 대한 노출을 높이며 이에 따라 광합성 효율을 증가시킨다.
그림 11.4 참조.

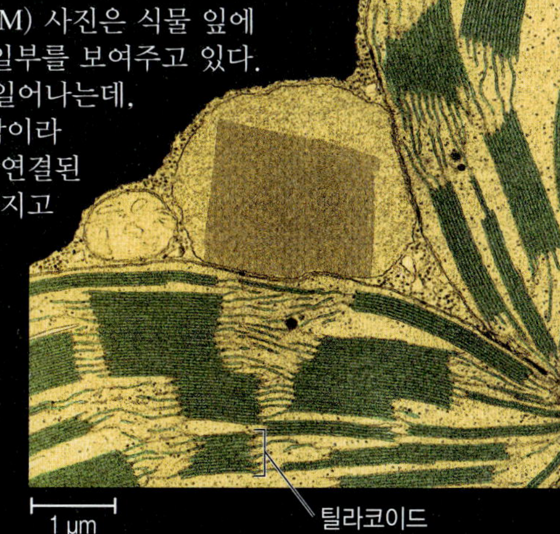

가지치기

수분흡수는 수동확산에 달려 있다. 균류 균사체의 수많은 가지를 친 필라멘트들은 환경으로부터 물과 무기이온들을 흡수할 수 있는 표면적을 증가시킨다. 그림 31.2 참조.

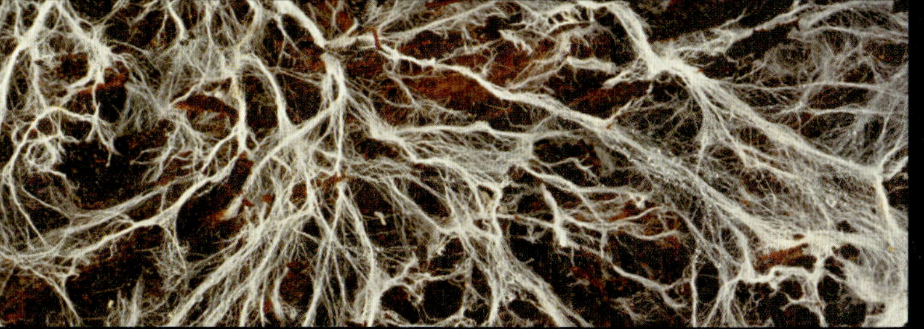

돌기형성

척추동물의 작은창자는 융털돌기라 불리는 손가락 모양의 돌기들이 층을 이루고 있는데, 융털돌기들은 음식물의 소화에 의해 분비되는 영양소를 흡수한다. 여기에 보이는 각각의 융털돌기들은 미세융모라 불리는 수많은 미세한 돌기들로 덮여 있어서, 사람에서는 테니스 코트 크기의 넓이인 약 300 m^2의 전체 표면적을 만든다. 그림 42.13 참조.

MAKE CONNECTIONS 납작해짐, 접힘, 가지치기, 돌기형성의 다른 예들을 찾아보라(7, 10, 35, 43장 참조). 각각의 예에서, 표면적의 최대화가 구조물의 기능에 왜 중요한가?

가지고 있지 않지만, 위수강의 미세한 가지들이 먹이를 직접 동물의 세포들로 분배한다.

편형동물은 진화의 초기 역사에서 2개의 계통, 즉 연쇄류(Catenulida)와 유봉류(Rhabditophora)로 분리되었다. 연쇄류는 약 100종의 편형동물들로 이루어진 작은 분기군으로서 대부분의 종들이 민물 서식처에서 살고 있다. 연쇄류는 몸의 뒤쪽 끝에서 출아를 하는 방법으로 전형적인 무성생식을 하여 번식한다. 새끼들은 어미로부터 떨어지기 전에 종종 자신들의 싹(bud)들을 만드는데, 이에 따라 유전적으로 동일한 2~4개의 개체들로 이루어진 하나의 사슬이 형성된다. 이러한 점 때문에 이들은 "사슬벌레(chain worm)"라는 비공식적인 이름을 가지고 있다.

다른 오래된 편형동물 계통인 유봉류는 약 2만 종의 담수종과 해양종들로 이루어진 하나의 다양한 분기군인데, 유봉류의 한 예가 그림 33.9에 나타나 있다. 여기에서는 자유생활을 하는 종들과 기생성 종들에 초점을 맞추어 이 분기군의 무리들을 보다 자세히 살펴볼 것이다.

자유생활을 하는 종

자유생활을 하는 유봉류들은 다양한 담수 및 해양 서식처에서 중요한 포식동물(predator) 및 청소섭식동물(scavenger)로 살고 있다. 이 무리에서 가장 잘 알려진 구성원들은 일반적으로 **플라나리아(planaria)**라고 불리는 플라나리아속(*Dugesia*)의 종들이다. 플라나리아는 오염되지 않은 연못과 하천에 풍부하며, 크기가 작은 동물을 잡아먹거나 죽은 동물을 먹고 산다. 이들은 배쪽 표면에 있는 섬모들을 이용하여 움직이는데, 자신들이 분비한 점액질의 얇은 막 위를 미끄러져 나간다. 다른 몇몇 플라나리아들은 근육을 이용하여 일종의 파동운동을 일으켜 물속을 헤엄친다.

플라나리아의 머리는 빛을 감지하는 한 쌍의 안점과 주로 특수한 화학물질을 감지하는 기능을 하는 양쪽 옆의 날개 모양 구조물들을 갖추고 있다. 플라나리아의 신경계는 자포동물의 신경망보다 더 복잡하고 집중화되어 있다(그림 33.10). 실험을 통하여 플라나리아가 자극에 대한 자신들의 반응 조절을 학습할 수 있다는 것이 알려졌다.

어떤 플라나리아들은 분열을 하여 무성생식을 한다. 어버이 개체의 몸 중간 부위가 잘록하게 나누어져 머리 부분과 꼬리 부분이 분리되며, 이렇게 나눠진 각각의 절반은 나머지 부분을 재생해낸다. 또한 유성생식도 일어난다. 플라나리아들은 자웅동체임에도 불구하고 전형적으로 한 쌍이 교미하여 서로 타가수정을 한다.

기생성 종

알려진 유봉류 종들의 절반 이상이 다른 동물들의 몸속이나 표면에 기생하여 살고 있다. 많은 종들이 숙주 동물의 내부 기관이나 외부 표면에 부착하기 위해 필요한 흡반(sucker)들을 가지고 있다. 대부분의 종들에서는 질긴 껍질이 숙주 내에서 기생동물을 보호해준다. 생식기관들이 이 동물들의 내부 거의 전부를 차지하고 있다. 여기에서는 생태학적 및 경제적으로 중요한 2개의 작은 무리들, 즉 흡충류(trematodes)와 촌충류(tapeworms)를 살펴보고자 한다.

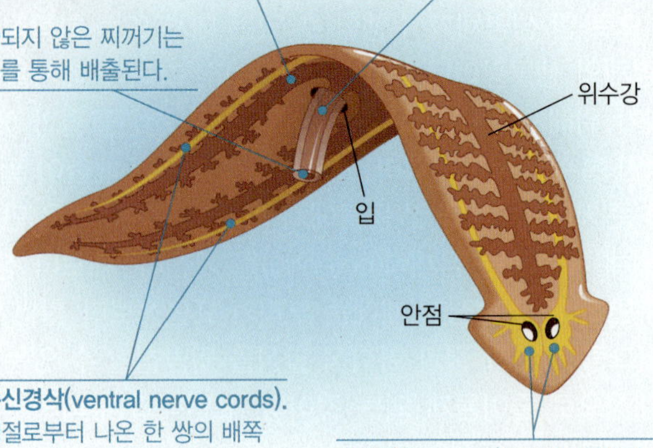

▲ 그림 33.10 **플라나리아의 해부구조**

흡충류 흡충류를 하나의 무리로 볼 때, 흡충류의 종들이 기생하는 숙주들은 매우 다양하며, 대부분의 종들은 유성생식과 무성생식을 교대하는 복잡한 생활사를 갖는다. 많은 흡충류들은 최종숙주에 감염하기 전에 그 속에서 유생들이 발달할 하나의 중간숙주가 필요하며, 성체들은 최종숙주 속에서 생활한다. 예를 들면, 사람에 기생하는 다양한 흡충류들은 자신들의 생활사 가운데 일부를 달팽이 숙주에서 보낸다(그림 33.11). 전 세계적으로 약 2억 명의 사람들이 주혈흡충(*Schistosoma*)에 감염되어 주혈흡충증(schistosomiasis)이라는 병을 앓고 있는데, 이 질병은 통증과 빈혈, 설사 등의 증상을 나타낸다.

흡충류들은 한 종류 이상의 숙주들 속에서 살아가기 때문에 자유생활을 하는 동물들에게는 해당되지 않는 특별한 요구에 직면하게 된다. 예를 들면, 주혈흡충은 달팽이와 사람의 면역계를 모두 피해야만 한다. 주혈흡충은 숙주들의 표면 단백질들을 흉내냄으로써 부분적인 면역학적 위장을 한다. 또한 주혈흡충은 기생동물의 존재를 묵인하도록 숙주의 면역계를 조정하는 분자들을 분비한다. 이와 같은 방어수단들은 매우 효과적이어서 흡충류의 개체들은 인체 내에서 40년 이상 기생할 수도 있다.

촌충류 촌충류는 기생성 유봉류 가운데 두 번째로 크고 다양한

1 성숙한 흡충은 사람의 장에 있는 혈관에서 산다. 오른쪽의 광학현미경 사진에서 보듯이, 흡충의 암컷은 큰 몸집을 가진 수컷 몸의 길이 방향으로 뻗어 있는 홈에 잘 들어맞는다.

수컷

암컷

1 mm

2 주혈흡충은 숙주인 사람 속에서 유성생식을 한다. 수정된 알들은 배설물에 섞여 숙주를 빠져나온다.

3 사람의 배설물이 연못이나 나른 수원지에 도달하게 되면, 알들은 섬모가 나있는 유생으로 발달한다. 이 유생들은 중간숙주가 되는 달팽이에 감염한다.

4 달팽이 속에서의 무성생식의 결과 또 다른 형태의 운동성이 없는 유생이 만들어지는데, 이 유생은 달팽이 숙주를 떠나게 된다.

달팽이 숙주

5 흡충류 유생들로 오염된 물이 경작지에 용수로 공급되었을 때, 이러한 유생들이 경작지에서 일을 하고 있는 사람들의 피부와 혈관을 뚫고 들어간다.

▲ **그림 33.11 흡충류의 하나인 주혈흡충(*Schistosoma mansoni*)의 생활사**

WHAT IF? 달팽이들은 비료 속의 영양소에 의해 생장이 촉진되는 조류(algae)를 먹는다. 비료에 의한 경작지 용수의 오염이 어떻게 하여 주혈흡충증의 발생에 영향을 줄 수 있는가? 설명하라.

무리이다(**그림 33.12**). 성체들은 인간을 포함한 대부분의 척추동물의 몸속에 산다. 많은 촌충류들은 몸의 앞쪽 끝부분인 머리마디(scolex)에 흡반들이나 갈고리(hook)들을 가지고 있는데, 동물들은 이것들을 이용하여 숙주의 장 내벽에 들러붙는다. 촌충류는 입과 위수강을 가지고 있지 않기 때문에 숙주의 장 속에서 소화되어 생성되는 영양소를 흡수한다. 흡수는 촌충의 몸 표면을 통하여 일어난다.

머리마디 뒷부분에서는 편절(proglottid)이라고 하는 단위들이 연결되어 긴 띠를 이루는데, 편절은 일종의 생식기관의 주머니에 지나지 않는다. 유성생식 후, 수천 개의 수정된 알들이 들어 있는 편절들은 촌충의 뒤쪽 끝에서 떨어져 나와 배설물에 섞여 숙주의 몸을 떠난다. 촌충 생활사의 한 형태에서는, 감염된 배설물이 촌충의 중간숙주가 되는 돼지나 소의 음식물과 물을 오염시키면, 촌충의 알들이 유생들로 발달하여 이 동물들의 근육 속에 포낭(cyst)들을 형성한다. 사람은 포낭들로 오염되어 있는 고기를 덜 익혀 먹음으로써 유생들을 몸 안으로 받아들이게 되고, 유생들은 사람의 몸속에서 성숙한 성체로 발달한다. 몸이 큰 촌충들은 장을 막고 과도한 영양소를 빼앗아 사람 숙주를 영양결핍 상태에 이르게 할 수도 있다. 여러 가지 경구용 약들이 촌충류 성체들을 죽일 수 있다.

윤형동물

윤형동물[rotifers, 윤형동물문(phylum Rotifera)]은 담수와 해양, 그리고 습기가 많은 토양의 서식처에 사는 크기가 작은 동물이다. 크기가 약 50 μm부터 2 mm 사이인 윤형동물들은 많은 종류의 원생동물들보다 크기가 작지만, 이들은 진정한 다세포동물이며 특수화된 기관계를 가지고 있다(**그림 33.13**). 자포동물과 편형동물이 위수강을 가지고 있는 데 비하여 윤형동물은 2개의 구멍, 즉 입과 항문을 갖춘 완벽한 **소화관(alimentary canal)**을 가지고 있다. 내부기관들

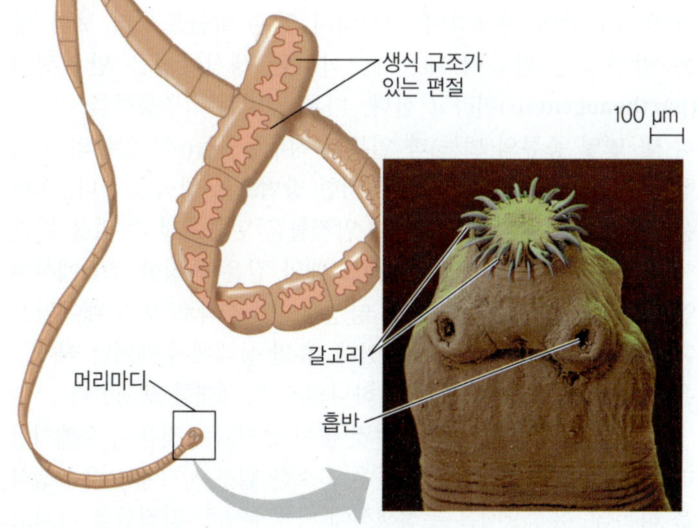

▲ **그림 33.12 촌충의 구조.** 사진은 확대된 머리마디의 모습을 보여준다 (채색된 SEM 사진).

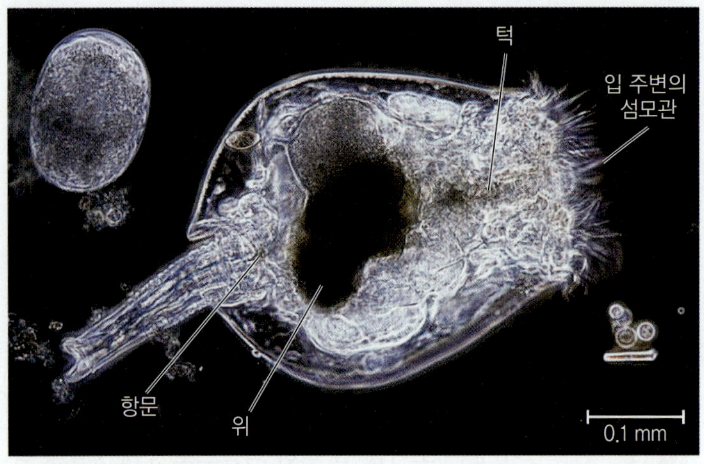

▲ **그림 33.13 윤형동물.** 많은 종류의 원생동물들보다 크기가 작은 이 의체강동물들은 일반적으로 편형동물보다 더 복잡한 해부학적 특성을 나타낸다 (LM 사진).

은 의체강, 즉 중배엽으로 완전히 둘러싸여 있지 않은 몸속의 공간 안에 자리하고 있다(그림 32.9b). 의체강에 있는 체액은 유체골격(hydrostatic skeleton)의 역할을 한다. 윤형동물의 몸의 움직임은 이 미소한 동물의 몸속에 있는 영양물질을 순환시키면서 체액을 몸 전체로 분산시킨다.

윤형동물(*rotifer*)이라는 이름은 "바퀴를 가지고 있는 동물"을 뜻하는 라틴어에서 유래하였는데, 이는 윤형동물이 물의 소용돌이를 일으켜 입 속으로 끌어들이는 섬모관(crown of cilia)을 가지고 있는 것을 가리킨다. 윤형동물들은 입의 뒤쪽에 저작기(trophi)라고 불리는, 주로 물속에 떠 있는 미생물 먹이를 으깨는 데 쓰이는 턱들이 있다. 계속하여 이어지는 소화관을 따라가면서 소화가 완전히 이루어진다. 대부분의 다른 좌우대칭동물들 또한 광범위한 먹이입자들을 단계적으로 소화할 수 있도록 해주는 하나의 소화관을 가지고 있다.

윤형동물은 특이한 생식 형태를 나타낸다. 어떤 종들은 단지 암컷들만이 존재하여 수정되지 않은 알들로부터 보다 많은 암컷들을 만들어 내는데, 이러한 생식방법을 **단위생식(parthenogenesis)**이라고 한다. 다른 몇몇 무척추동물들(예: 진디 및 몇몇 종류의 벌들)과 일부의 척추동물들(예: 일부의 도마뱀들과 일부의 어류들) 또한 이러한 방법으로 생식을 한다. 어떤 윤형동물들은 단위생식을 하여 암컷들을 만들어낼 수 있을 뿐만 아니라 동물의 밀도가 아주 높을 때와 같은 특정한 조건에서는 양성생식으로도 번식을 한다. 양성생식의 결과로 생긴 배아들은 휴면 상태로 몇 년을 견딜 수 있다. 휴면 상태에서 깨어난 배아들은 단위생식으로 번식하는 또 하나의 암컷 세대를 생성한다.

수많은 윤형동물 종들이 수컷 없이 유지되는 것은 수수께끼이다. 대부분의 동물들과 식물들은 최소한 일부 시기에는 유성생식을 하는데, 유성생식은 무성생식에 비해 분명한 장점들을 가지고 있다(개념 45.1). 예를 들면, 무성생식을 하는 종들에서는 유성생식을 하는 종들에 비해 유해한 돌연변이들이 유전체에 더 빨리 축적되는 경향을 보인다. 결과적으로 무성생식을 하는 종들은 보다 높은 멸종률과 보다 낮은 종분화율에 직면할 수밖에 없을 것이다.

이 특이한 무리를 이해하려는 노력이 진행되고 있는데, 연구자들은 질형류(Bdelloidea)라고 하는 무성생식을 하는 윤형동물의 한 분기군을 연구해오고 있다. 약 360종의 질형류 윤형동물들이 알려져 있으며, 이들은 모두 수컷이 전혀 없이 단위생식을 통하여 번식을 한다. 고생물학자들이 호박(amber) 속에 보존된 3억 5,000만 년 전의 질형류 윤형동물들을 발견하였는데, 이 화석들의 형태는 단지 암컷의 구조만을 닮았으며 수컷들에 대한 증거는 아무것도 없다. 과학자들은 질형류들의 DNA를 이들과 가장 가까운 유성생식을 하는 윤형동물 종들의 DNA와 비교하여 아마도 질형류들이 1억 년 동안 무성생식을 해왔을 것이라는 결론을 내렸다. 어떻게 하여 이 동물들이 일반적인 관례에 반하여 오랜 기간 동안 무성생식을 고수할 수 있었는지는 여전히 수수께끼로 남아 있다.

촉수동물: 외항동물과 완족동물

외항동물문(phylum Ectoprocta)과 완족동물문(phylum Brachiopoda)에 속하는 좌우대칭동물들은 **촉수동물**(lophophorates)로 알려져 있다. 이 동물들은 입을 둘러싸고 있는 촉수들의 관인 촉수관(lophophore)을 가지고 있는데, 촉수에는 섬모들이 나 있다(그림 32.12a). 섬모들이 물을 입쪽으로 끌어들이면 촉수들은 물속에 떠 있는 먹이입자들을 포획한다. U자 모양의 소화관을 가지고 있으며, 뚜렷한 머리를 가지고 있지 않다는 점 등의 다른 유사점들은 이 동물들이 고착생활을 하기 때문에 나타난 적응의 결과물들이다. 체강이 없는 편형동물이나 의체강을 가지고 있는 윤형동물과는 달리 촉수동물들은 중배엽으로 완전히 둘러싸인 진정한 체강을 가지고 있다(그림 32.9a).

외항동물(ectoprocts; 그리스어로 밖을 뜻하는 *ecto*와 항문을 뜻하는 *procta*에서 유래)은 언뜻 보면 이끼 덩어리를 닮은 군체형의 동물이다. [실제로는 "이끼벌레"를 의미하는 태형동물(bryozoans)로 더 잘 알려져 있다.] 대부분의 종들에서 군체는 촉수관을 뻗어 낼 구멍들이 있는 단단한 외골격(exoskeleton, 외부골격) 속에 들어 있다(그림 33.14a). 대부분의 외항동물 종들은 해양에 살고 있으며, 해양 고착성 동물들 가운데 가장 널리 분포하며 수가 많은 동물의 하나이다. 몇몇 종들은 산호초를 만드는 주요한 종들이다. 또한 외항동물들은 호수와 강에서도 산다. 민물에 사는 외항동물인 큰빗이끼벌레(*Pectinatella magnifica*)는 물속에 잠긴 나무토막이나 바위에 군체를 형성하여 지름이 10 cm를 넘는 공 모양의 아교질 덩어리로 자란다.

완족동물(brachiopods), 또는 조개사돈류(lamp shells)는 언뜻 보면 조개류나 경첩처럼 연결된 패각을 가진 다른 연체동물들을 닮아 있지만, 완족동물의 두 장으로 나뉜 패각은 조개류에

(a) 이 포복성 이끼벌레류의 한 종(*Plumatella repens*)과 같이 외항동물들은 군체를 이루고 사는 촉수동물이다.

(b) 이 조개사돈류의 한 종(*Terebratulina retusa*)과 같이 완족동물들은 경첩구조로 연결된 패각을 가지고 있다. 패각의 두 부분은 등쪽과 배쪽의 것들이다.

▲ **그림 33.14 촉수동물**

서 볼 수 있는 좌우 패각이 아니라 등쪽과 배쪽의 패각이다(**그림 33.14b**). 모든 완족동물들은 해양성이다. 대부분 촉수관을 통과해서 물이 흐르도록 자신의 패각을 조금 연 채 자루(stalk)를 이용하여 바다 바닥에 부착해서 산다. 현생 완족동물들은 3만 종의 고생대와 중생대 종들을 포함하여 과거에 한층 더 번성했던 종들의 잔재이다. 개맛속(*genus Lingula*)의 종들과 같은 몇몇 현생 완족동물들은 4억 년 전에 살았던 종들의 화석들과 거의 동일하다.

연체동물

달팽이류와 민달팽이류, 굴류와 조개류, 그리고 문어류와 오징어류는 모두 연체동물[molluscs, 연체동물문(phylum Mollusca)]이다. 연체동물문을 동물문들 가운데 두 번째로 다양한 문(절지동물문 다음, 나중에 설명할 것임)이 되도록 하는 100,000종의 연체동물들이 알려져 있다. 대다수의 연체동물들이 해양성이지만, 약 8,000종은 담수(민물)에 살며, 28,000종의 달팽이류와 민달팽이류는 육상에서 살고 있다. 모든 연체동물들은 부드러운 몸을 가지고 있는 동물이며, 대부분 탄산칼슘성분의 단단한 패각을 분비한다. 민달팽이류와 오징어류, 문어류는 퇴화된 내부 패각을 가지고 있거나, 진화 과정 동안 패각을 완전히 소실하였다.

겉모습은 서로 다르지만, 모든 연체동물들은 비슷한 체제를 가지고 있다(**그림 33.15**). 연체동물은 진체강동물이며, 몸은 3개의 주요 부분, 즉 보통 이동에 쓰이는 근육질의 **발(foot)**, 대부분의 내부기관들을 포함하는 **내장낭(visceral mass)**, 그리고 내장낭을 덮고 있는 조직의 층으로서 패각(만약 있다면)을 분비하는 **외투막(mantle)**으로 이루어진다. 많은 연체동물들에서 외투막이 내장낭 너머로 확장되어 **외투강(mantle cavity)**이라고 하는 물이 차 있는 방을 만드는데, 이 외투강 속에 아가미와 항문, 배설공이 들어 있다. 많은 연체동물들은 **치설(radula)**이라고 하는 가죽끈처럼 생긴 기관을 이용하여 먹이를 갈아서 먹는다.

대부분의 연체동물들은 암수딴몸이며, 내장낭에 생식소(난소 또는 정소)를 가지고 있다. 그러나 달팽이류의 많은 종들은 암수한몸이다. 많은 해양 연체동물들은 생활사에 담륜자(trochophore, 그림 32.12b)라고 하는 섬모를 가지는 유생단계를 포함하고 있는데, 이것은 또한 해양 환형동물들과 몇몇 다른 촉수담륜동물들의 특징이기도 하다.

연체동물의 기본적인 체제는 이 문에 속하는 8개의 분기군들에서 다양한 방식으로 진화해왔다. 여기에서는 그 가운데 4개의 분기군인 다판류(Polyplachophora; 군부류), 복족류(Gastropoda; 달팽이류와 민달팽이류), 이매패류[Bivalvia, 또

▼ **그림 33.15 연체동물의 기본 체제**

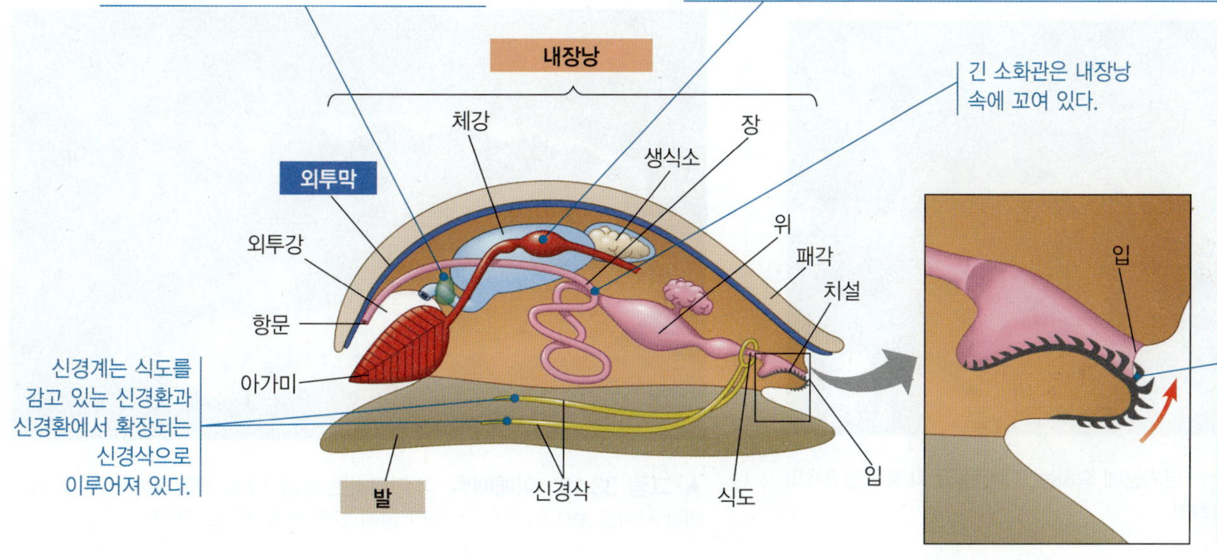

는 부족류(Pelecypoda); 조개류, 굴류], 두족류(Cephalopoda; 오징어류, 문어류, 갑오징어류, 앵무조개류)를 다룰 것이다. 그 다음에는 연체동물의 몇몇 무리들에게 들이닥친 위협들에 초점을 맞출 것이다.

(a) 육상 달팽이

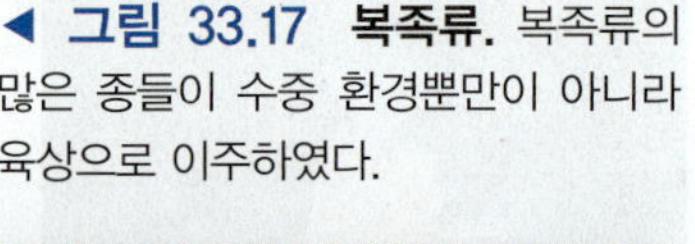

◀ **그림 33.17 복족류.** 복족류의 많은 종들이 수중 환경뿐만이 아니라 육상으로 이주하였다.

(b) 군소. 흔히 군소류라고 불리는 나새류(nudibranchs)는 진화 과정에서 패각을 소실하였다.

군부류

군부류(chitons)는 계란 모양의 몸과 8개의 판들로 이루어진 등쪽의 패각을 가지고 있다(그림 33.16). 그러나 군부의 몸 자체는 체절을 갖지 않는다. 물이 빠진 해안에서 바위에 붙어 있는 이 해양 동물들을 발견할 수 있다. 만약 손으로 군부를 떼어내려고 한다면, 군부가 자신의 발을 일종의 빨판으로 활용하여 바위를 얼마나 잘 움켜잡는지 놀라게 될 것이다. 군부는 또한 발을 이용하여 바위 표면에서 느리게 기어 다니기도 한다. 군부는 자신의 치설을 써서 바위 표면의 조류들을 깨끗이 벗겨낸다.

복족류

모든 현생 연체동물 종들 가운데 약 3/4이 복족류(gastropods)이다(그림 33.17). 대부분의 복족류들은 해양성이지만, 담수에 사는 종들 또한 많다. 다른 복족류들은 여전히 육상에서의 생활에 적응을 해오고 있는데, 달팽이류와 민달팽이류는 사막에서 우림에 이르는 범위의 서식처에서 번성하고 있다.

복족류들은 발을 물결처럼 움직이거나 섬모를 이용하여 달팽이 걸음이라는 표현 그대로 느리게 이동하는데, 이러한 느린 이동은 복족류들을 공격에 취약하도록 만들 수 있다. 대부분의 복족류들은 위협을 받으면 그 속에 몸을 숨길 수 있는 나선형의 단일 패각을 가지고 있다. 외투막 가장자리의 분비샘에서 분비되는 패각은 동물의 부드러운 몸을 상처와 탈수로부터 보호하는 것을 포함하여 몇 가지 기능을 가지고 있다. 패각의 가장 중요한 역할 가운데 하나는 포식자에 대한 방어로서, 이는 포식에 노출된 이력이 서로 다른 개체군들에 대한 비교를 통하여 알려진 바 있다(**과학적 분석 기술의 연습** 참조). 대부분의 복족류들은 천천히 이동하면서 치설을 이용하여 조류나 식물을 뜯어먹는다. 그러나 몇몇 무리들은 육식동물들이어서 다른 연체동물의 패각에 구멍을 뚫거나 먹이를 찢어낼 수 있도록 치설이 변형되었다. 청자고둥류에서는 치설의 이빨들이 먹이를 굴복시키는 데 이용되는 독창(poison dart)으로 작용한다.

많은 복족류들이 촉각의 말단에 눈이 있는 머리를 가지고 있다. 육상의 달팽이들은 수중생활을 하는 대부분의 복족류들이 전형적으로 가지고 있는 아가미가 없다. 그 대신 외투강의 내벽이 허파의 기능을 하여 호흡 기체들을 대기와 교환한다.

이매패류

이매패류 분기군에 속하는 연체동물들은 모두 수중생활을 하며, 조개류와 굴류, 담치류, 가리비류의 많은 종들을 포함하고 있다. 이매패류(bivalves)는 두 장으로 나눠진 패각을 가진다(그림 33.18). 두 장의 패각은 등쪽 가장자리의 중간 부위에서 경첩처럼 연결되는데, 강력한 폐각근(adductor muscle)들이 동물의 부드러

▲ **그림 33.16 군부.** 다판류 분기군에 속하는 연체동물들의 특징인 8개의 판으로 이루어진 패각을 주목하라.

▲ **그림 33.18 이매패류.** 이 가리비는 경첩구조로 연결되어 있는 두 장의 패각 사이로 보이는 많은 눈(진한 청색 반점)들을 가지고 있다.

과학적 분석 기술의 연습

실험 설계와 자료 해석 이해하기

포식자들에게 노출된 연체동물 개체군들에서 방어적 적응들에 관한 선택의 예가 있을까? 화석기록은 포식자들의 먹이 종에 대한 위험성이 증대됨에 따라 종종 피식자들에서의 방어기작 발현 역시 증가했었음을 보여주고 있다. 연구자들은 포식자인 유럽산 꽃게류 한 종(*Carcinus maenas*)의 개체군이 그들의 먹이인 연체동물 납작총알고둥류의 한 종(*Littorina obtusata*)에 비슷한 선택압을 가했는지를 연구하였다. 메인만(Gulf of Main)의 남쪽 지점들에 있는 총알고둥류들은 연당 1세대를 기준으로 100세대를 넘는 기간 동안 꽃게류의 포식에 시달려왔다. 비교적 최근에 이 꽃게류들이 만의 북부로 침입하여 퍼졌으므로, 만의 북쪽 지점들에 있는 총알고둥류들은 상대적으로 적은 세대 동안 침입하는 꽃게류들과 상호작용을 해왔다.

▲ 총알고둥류

이전의 연구들은 (1) 만에서 최근에 채집된 총알고둥류의 패각들이 1800년대 후반에 채집된 패각들보다 두껍고, (2) 만의 남쪽 정점들에 있는 총알고둥류 개체군들은 북쪽 정점들의 총알고둥류 개체군들보다 두꺼운 패각들을 가지고 있다는 것을 밝혔다. 여기에서는 북쪽 및 남쪽의 총알고둥류 개체군들에 대한 꽃게류의 포식률을 조사하는 연구자들의 실험에 관하여 실험의 설계와 결과를 해석하게 될 것이다.

실험 방법 연구자들은 해안선을 따라 450 km 거리로 분리되어 있는 메인만의 북쪽 및 남쪽 지점들에서 총알고둥류들과 꽃게류들을 채집하였다. 하나의 우리 안에 서로 다른 크기의 총알고둥류 8개체와 함께 한 마리의 꽃게류를 넣었다. 3일 후, 연구자들은 8개체의 총알고둥류들의 생사를 확인하였다. 북쪽 및 남쪽 개체군의 총알고둥류들을 제공한 상태에서 북쪽 및 남쪽 개체군의 꽃게류들을 가지고 4개의 서로 다른 처리구들을 준비하였다. 모든 꽃게류들은 비슷한 크기였으며 같은 수의 암컷들과 수컷들을 포함하였다. 각각의 실험적 처리는 12–14회 시험되었다.

실험의 두 번째 부분은, 북쪽 및 남쪽 개체군의 총알고둥류들을 패각을 제거하여 북쪽 및 남쪽 개체군의 꽃게류들에게 제공하였다.

실험 데이터

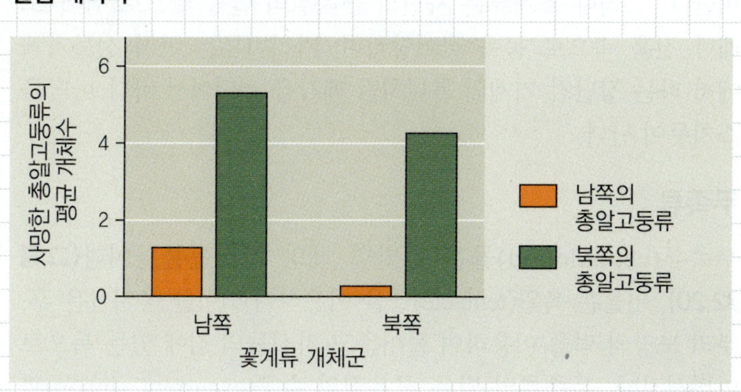

연구자들이 패각이 제거된 총알고둥류들을 꽃게류들에게 제공하였을 때, 모든 총알고둥류들이 1시간 안에 소비되었다.

데이터 해석

1. 이 연구에서 연구자들이 시험한 가설은 무엇인가? 이 연구에서 독립변수들은 무엇인가? 이 연구에서 종속변수들은 무엇인가?
2. 연구팀이 서로 다른 4개의 처리구들을 준비한 까닭은 무엇인가?
3. 연구자들이 꽃게류들에게 패각이 제거된 총알고둥류들을 제공한 까닭은 무엇인가? 이 부분의 실험 결과가 나타내는 것이 무엇인지 설명하라.
4. 실험의 결과들을 요약하라. 이러한 결과들은 질문 1에서 확인된 가설을 지지해주는가? 설명하라.
5. 자연선택이 최근 100년 이상의 기간 동안 메인만의 총알고둥류 개체군들에게 영향을 미쳐온 방식을 제시하라.

참고문헌 R. Rochette, S. P. Doyle, and T. C. Edgell, Interaction between an invasive decapod and a native gastropod: Predator foraging tactics and prey architectural defense, *Marine Ecology Progress Series* 330:179–188 (2007)

운 몸을 보호할 수 있도록 패각들을 빈틈이 없게 서로 끌어당긴다. 이매패류는 뚜렷한 머리를 가지고 있지 않으며, 치설은 소실되었다. 이매패류의 어떤 종들은 외투막의 바깥 가장자리를 따라 배열된 눈과 감각촉수들을 가지고 있다.

대부분의 이매패류 종들에서 외투강은 기체교환뿐만이 아니라 섭식에 이용되는 아가미를 포함하고 있다(**그림 33.19**). 대부분의 이매패류들은 부유물섭식자(suspension feeder)들이다. 이들은 아가미를 얇게 덮고 있는 점액질에 붙잡힌 미세한 먹이입자들을 섬모를 이용하여 입으로 운반한다. 물은 입수관(incurrent siphon)을 통하여 외투강으로 들어가며, 아가미를 거쳐 출수관(excurrent siphon)을 통하여 외투강을 빠져나간다.

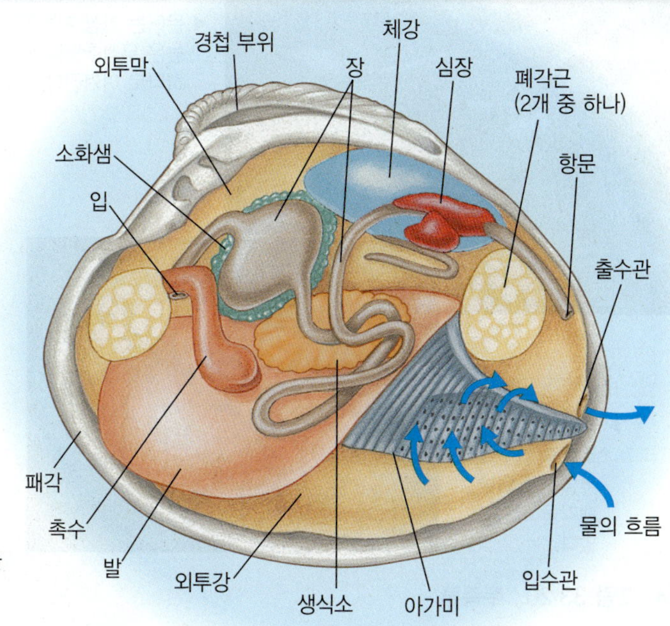

▶ **그림 33.19 대합조개의 구조.** 입수관을 통해 들어간 물속에 떠 있는 먹이입자들은 아가미에 의해 수집되며, 섬모들을 거쳐 입으로 보내진다.

대부분의 이매패류들은 부유물을 섭식하기에 알맞은 특징인 정주성 생활을 주로 한다. 고착성인 담치류는 자신을 바위나 방파제, 배, 다른 동물의 패각 따위에 붙들어 매는 질긴 실들을 분비한다. 그러나 조개류는 자신의 근육질의 발을 닻으로 삼아 모래나 진흙 속으로 몸을 끌어당기며, 가리비류는 마치 선물가게에서 파는 장난감 기계의 틀니처럼 패각을 퍼덕여서 바다 바닥을 스치듯이 난다.

두족류

두족류(cephalopod)들은 활발한 해양 포식동물들이다(**그림 32.20**). 이들은 촉완(tentacle)들을 이용하여 먹이를 움켜잡은 후, 부리 모양의 턱을 이용하여 물어뜯고 자신들의 침에 있는 독으로 마비시킨다. 두족류의 발은 근육질의 수공(excurrent siphon)과 일부의 촉완들로 변형되었다. 오징어류는 물을 외투강 안으로 끌어들인 후, 수공을 통하여 물을 분사시켜 쏘듯이 돌진하는데, 이들은 수공의 방향을 이리저리 바꾸어서 나아갈 방향을 조정한다. 문어류는 비슷한 방법을 써서 포식자를 피한다.

외투막이 두족류의 내장낭을 덮고 있지만, 패각은 퇴화하여 내부에 있거나(대부분의 종들) 완전히 소실되었다(일부 갑오징어류와 일부 문어류). 외부 패각을 가지고 있는 복족류의 한 작은 무리인 앵무조개류는 오늘날에도 생존하고 있다.

▶ 오징어는 부리 모양의 턱과 잘 발달된 눈을 가지고 있는 재빠른 육식동물이다.

◀ 문어는 가장 지능이 높은 무척추동물의 하나로 여겨진다.

▶ 앵무조개는 현생 두족류 가운데 유일하게 외부 패각을 가지고 있다.

▲ **그림 33.20 두족류**

두족류들은 **폐쇄순환계**(closed circulatory system)를 가지고 있는 유일한 연체동물들인데, 폐쇄순환계에서는 혈액이 체강의 체액과 분리되어 있다. 이들은 또한 잘 발달된 감각기관들과 복잡한 뇌를 가지고 있다. 학습능력과 복잡한 행동양식은 아마도 조개류와 같이 정주성 생활을 하는 동물들보다는 빠르게 움직이는 포식동물들에게 더 중요할 것이다.

문어류와 오징어류의 조상들은 아마도 포식자의 생활형을 나타냈던 패각을 지닌 연체동물들이었을 것이며, 패각은 진화 과정에서 나중에 소실된 것으로 여겨진다. **암모나이트(ammonites)**라고 불리는 패각을 가진 두족류의 일부 종류들은 트럭 타이어의 크기만큼 컸었는데, 6,550만 년 전 백악기 말의 대멸종 기간에 모습을 감출 때까지 수억 년 동안 이들은 바다의 지배적인 무척추동물 포식자였다.

대부분의 오징어 종들은 길이가 75 cm를 넘지 못하지만 어떤 것들은 아주 큰 몸을 가지고 있다. 예를 들면, 대왕오징어(*Architeuthis dux*)는 최대 길이가 암컷 13 m, 수컷 10 m로 추정되고 있다. 거대오징어(*Mesonychoteuthis hamiltoni*)는 더욱 커서 최대 길이가 14 m로 추정된다. 촉완에 큰 빨판들과 작은 이빨들을 가지고 있는 대왕오징어와 달리 거대오징어는 촉완의 끝 부분에 2열의 날카로운 갈고리들을 가지고 있는데, 이것은 치명적인 자상을 만들 수 있다.

대왕오징어와 거대오징어는 대부분의 시간을 심해저에서 큰 물고기들을 잡아먹으며 지내는 것으로 보인다. 두 종의 거대 오징어들의 잔해가 향유고래의 위 속에서 발견되어 왔는데, 향유고래는 아마도 이들의 유일한 자연계의 포식자일 것으로 여겨진다. 2005년에 과학자들은 최초로 수심 900 m 깊이에서 낚시 미끼를 공격하는 야생의 대왕오징어를 촬영하였다. 거대오징어는 아직도 자연 상태에서 관찰되지 않았다. 결론적으로, 이 바다의 거인들은 여전히 신비로운 무척추동물 중 하나로 남아 있다.

담수 및 육상 연체동물들의 보호

지난 400년간 멸종률이 극적으로 증가했는데, 이 때문에 인간에 의한 6번째 대멸종이 진행 중인게 아닌가 하는 우려가 커지고 있다(개념 25.4). 연체동물은 위협 아래 놓인 많은 분류군들 가운데 가장 많은 수의 멸종 기록을 가진 동물 무리일 수도 있다는 점에서 두드러진다(**그림 33.21**).

연체동물들이 받고 있는 위협은 담수 이매패류와 육상 복족류의 2개 무리에서 특히 심각하다. 자연산 진주(조개나 굴이 모래 알갱이나 다른 작은 자극물을 둘러싸는 광택층들을 분비할 때 형성되는 발아체)를 만들어낼 수 있는 담수 이매패류 무리인 민물진주조개류는 세계적으로 가장 위험에 처한 멸종위기종들이다. 한때 북아메리카 지역에 살았던 300종의 민물진주조개류 가운데 약 10%가 지난 100년 동안 멸종되었으며, 남아 있는 민물진주조개류들 가운데 2/3 이상이 멸종위기의 위협을 받고 있다.

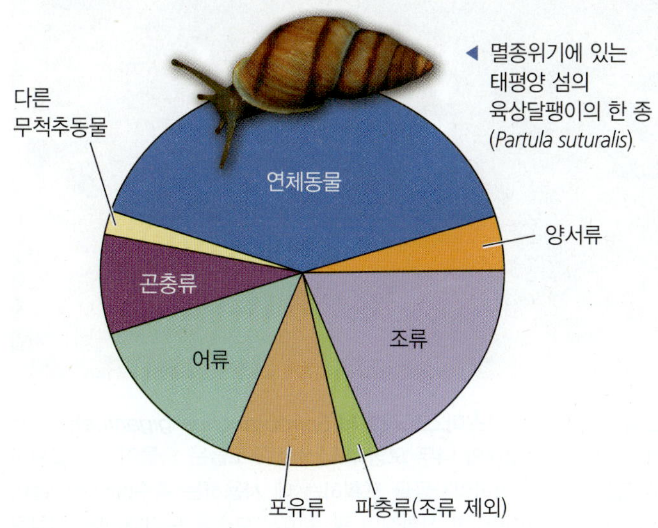

▲ 기록된 동물 종의 멸종

▲ 단추를 만들기 위해 수확된 민물진주조개류의 무덤에 있는 일꾼들(1919년 무렵)

▲ **그림 33.21 침묵의 멸종.** 멸종한 것으로 기록된 전체 동물 종들 가운데 40%가 연체동물이라는 것은 널리 알려지지는 않았지만 냉정한 사실이다. 이러한 멸종들은 서식처의 소실, 오염, 도입된 종들, 남획과 다른 인간 활동들에 의해 초래되었다. 예를 들면, 단추나 다른 상품들을 만드는 데 이용되는 패각들이 남획됨으로써 다수의 민물진주조개류 개체군들이 멸종에 이르게 되었다. 육상 달팽이류들은 동일한 위협들에 매우 취약하여 민물진주조개류처럼 세계적으로 가장 위험에 처한 동물 무리들에 속하고 있다.

MAKE CONNECTIONS 담수 이매패류들은 광합성을 하는 원생생물들과 세균들을 섭식하여 이들의 양을 감소시킬 수 있다. 이러한 점에서 볼 때, 담수 이매패류의 멸종이 수중생태계의 군집들에 미치는 영향은 약할까? 아니면 강할까(개념 28.6)? 설명하라.

그림 33.21의 달팽이와 같은 육상 복족류들의 운명 또한 더 좋을 것이 없다. 1800년 이후 수백 종의 태평양 섬의 육상 달팽이류들이 사라졌다. 전체적으로, 태평양 섬의 육상 달팽이류들의 50% 이상이 멸종되었거나 절박한 멸종위기에 처해 있다.

담수 및 육상의 연체동물들이 마주하고 있는 위협에는 서식처의 소실, 오염, 인간에 의해 인위적으로 도입된 종들에 의한 경쟁 또는 포식이 포함된다. 이러한 연체동물들을 보호하기에는 너무 늦은 것은 아닐까? 어떤 지역에서는 수질오염을 줄이고 댐의 물을 방류하는 방법을 변경함으로써 민물진주조개 개체군들의 극적인 재성장을 이끌었다. 이와 같은 결과는 개선책을 사용하여 다른 멸종위기의 연체동물 종들을 부흥시킬 수 있다는 희망을 주고 있다.

환형동물

환형동물(Annelida)은 "작은 고리들"을 의미하며, 이것은 환형동물의 몸이 유합되어 있는 일련의 고리들을 닮아 있다는 것을 말하고 있다. 환형동물들은 바다와 대부분의 담수 서식지 및 습기가 많은 흙 속에서 사는 체절성 동물들이다. 환형동물은 진체강동물로서 몸길이가 1 mm에 미치지 못하는 것부터 거대한 오스트레일리아산 지렁이의 한 종류와 같이 몸길이가 3 m에 이르는 것도 있다.

전통적으로 환형동물문(phylum Anellida)은 다모류(Polychaeta, 갯지렁이류)와 빈모류(Oligochaeta, 지렁이류), 거머리류(Hirudinea, 거머리류)의 3개 주요 무리로 나뉘었다. 이 무리들 가운데 처음 두 무리의 이름은 그들의 몸에 있는 키틴질의 질긴 털인 강모의 상대적인 개수를 반영하고 있다. 즉, 다모류(polychaetes; 그리스어로 많다는 뜻의 *poly*와 긴 털을 뜻하는 *chaitē*에서 유래)는 빈모류보다 체절당 훨씬 많은 수의 강모들을 가지고 있다.

그러나 2011년에 이루어진 유전체의 계통 연구와 다른 분자생물학적 분석들은 다모류(형태학적으로 정의되는)를 하나의 측계통군(paraphyletic group)으로 만들면서 빈모류가 실제로는 다모류의 아군(subgroup)이라는 것을 제시한 바 있다. 이와 비슷하게 거머리류는 빈모류의 아군이 되는 것으로 나타났다. 그 결과 이러한 전통적인 이름들은 환형동물의 진화 역사를 기술하는 데에서는 더 이상 사용되고 있지 않다. 대신에 오늘날의 증거는 환형동물이 생활양식에서 나타나는 많은 차이들을 반영하는 분류체계인 유영류(Errantia)와 저서류(Sedentaria)의 2개 주요 분기군들로 나뉠 수 있다는 것을 제시하고 있다.

유영류

유영류(Errantia; 여행을 한다는 것을 뜻하는 프랑스 고어인 *errant*에서 유래) 분기군은 크고 다양한 무리이며, 대부분의 구성원들은 해양성이다. 유영류들은 이름이 말해주듯이 이동성이 있는데, 일부는 플랑크톤(작고 부유성인 생물체) 사이를 헤엄치며, 많은 종들은 바다의 바닥을 기어 다니거나 굴을 파고 산다. 많은 종들이 포식자들이며, 반면에 다른 종들은 큰 다세포성 조류를 먹는 초식동물이다. 이 무리에는 관 모양의 집을 짓고 사는 좁쌀이빨참갯지렁이(*Platynereis*)와 같이 상대적으로 이동성이

▲ **그림 33.22** **육식성 유영류의 한 종인 *Nereimyra punctata*.** 이 해양성 다모류는 자신이 바다 바닥에 만든 굴속에 매복하여 있다가 먹이를 습격한다. *N. punctata*는 굴 밖으로 뻗어 나온 촉사(cirrus)라 불리는 긴 감각기관들을 가지고 측각으로 먹이를 감지하여 사냥한다.

없는 일부 종들도 포함되는데, 이 해양 종은 최근 신경생물학 및 발생학 연구의 모델 생물이 된 바 있다.

많은 유영류들에서 각 체절들은 측각(parapodium; "옆쪽의 발")이라 불리는 한 쌍의 노의 형태, 또는 두둑 형태의 구조물들을 가지고 있는데, 이것들은 이동할 때 기능을 한다(**그림 33.22**). 각각의 측각은 많은 수의 키틴질 강모들을 가지고 있다. (그러나 많은 강모들이 있는 측각들을 지니는 것이 유영류에서만 나타나는 특징은 아니며, 환형동물의 다른 주요 분기군인 저서류의 일부 구성원들도 이런 특징을 가지고 있다.) 많은 종들에서 측각에는 혈관이 풍부하게 분포해 있어서 아가미와 같은 기능을 한다. 유영류들은 또한 잘 발달된 턱과 감각기관을 가지는 경향이 있는데, 아마도 이리저리 먹이를 찾아 옮겨다녀야 하는 포식자나 초식동물의 특징으로 생각될 수 있다.

저서류

환형동물의 다른 주요 분기군인 저서류(Sedentaria; 앉는다는 것을 뜻하는 라틴어의 *sedere*에서 유래) 종들은 유영류 종들에 비해 적게 이동하는 경향을 가지고 있다. 일부의 종들은 바다의 바닥을 기어 다니거나 굴을 파고 살며, 다른 종들은 자신들의 부드러운 몸을 보호하고 지탱해주는 관 속에 산다. 관 속에 사는 저서류들은 종종 여과섭식에 사용되는 정교한 아가미들이나 촉수들을 가지고 있다(**그림 33.23**).

그림 33.23에 보이는 크리스마스트리벌레는 한때 "다모류"로 분류되었지만, 오늘날의 증거는 이 동물이 저서류라는 것을 가리키고 있다. 또한 저서류 분기군은 이어서 다룰 거머리류와 지렁이류의 두 무리들을 포함하는 과거의 "빈모류"를 포함한다.

거머리류 대부분의 거머리류(leeches)는 담수에서 살지만 해양성 종들과 습기가 있는 식생에서 사는 거머리류도 있다. 거머리류는 약 1 cm부터 30 cm에 이르는 몸길이를 갖는다. 많은 종류의 거머리류들은 다른 무척추동물들을 잡아먹는 포식자들이지만 어떤 종류들은 사람을 포함하여 다른 동물들에 일시적으로 들러붙어 피를 빨아먹는 기생동물들이다(**그림 33.24**). 어떤 기생성 종들은 칼날 모양의 턱으로 숙주의 피부에 상처를 낸다. 거머리류가 일종의 마취제를 분비하기 때문에 숙주는 보통 공격받은 사실을 잊어버린다. 숙주의 피부에 상처를 낸 후 거머리류는 히루딘(hirudin)이라는 또 하나의 화학물질을 분비하는데, 히루딘은 숙주의 피가 상처 부위에서 응고되는 것을 막는다. 이제 거머리류는 자신이 감당할 수 있을 만큼 양껏 피를 빨아먹는데, 흔히 자신의 몸무게의 10배 이상의 피를 빨아먹는다. 배불리 먹은 거머리류는 아무것도 먹지 않고 수개월을 버틸 수 있다.

▲ **그림 33.23** **크리스마스트리벌레(*Spirobranchus gigantus*).** 이 저서류가 지니고 있는 2개의 나무 모양의 나선형 구조들은 동물이 가스교환과 주위에 있는 물속의 먹이입자들을 포획하는 데 사용하는 촉수(tentacle)들이다. 촉수들은 동물이 분비한 석회질의 관 속에서 모습을 드러내는데, 석회질 관은 동물의 부드러운 몸을 보호하고 지탱해준다.

20세기가 될 때까지, 거머리류들은 방혈(blood-letting)에 빈번히 이용되었다. 오늘날에는 상처를 입거나 수술로 인하여 조직 속에 축적된 피를 빼내는 데 거머리류들을 이용한다. 여기에 더하여, DNA 재조합기술로 개발된 히루딘의 몇 가지 형태들은 수술 도중이나 심장 질환에 의해 예기치 않게 발생하는 혈액의 응고를 해결하는 데 이용된다.

지렁이류 지렁이류는 흙을 먹어서 먹이를 취하는 방식, 즉 흙이 소화관을 통과하는 동안 영양소를 추출하는 방식을 따르고 있다. 소화되지 않는 물질은 소화관으로 분비되는 점액과 섞여서 항문을 통하여 배설물로 배출된다. 지렁이들은 땅을 갈며, 이들의 배설물들은 토양의 질을 개선시키기 때문에 농부들은 이 동물들을 소중하게 생각하고 있다. (찰스 다윈은 영국의 단 1에이커

▶ **그림 33.24** **거머리.** 간호사가 혈종(hematoma; 내부 상처 주변의 비정상적인 혈액의 축적)에서 피를 빼내기 위해 약거머리(*Hirudo medicinalis*)를 환자의 염증이 생긴 손가락에 놓아두었다.

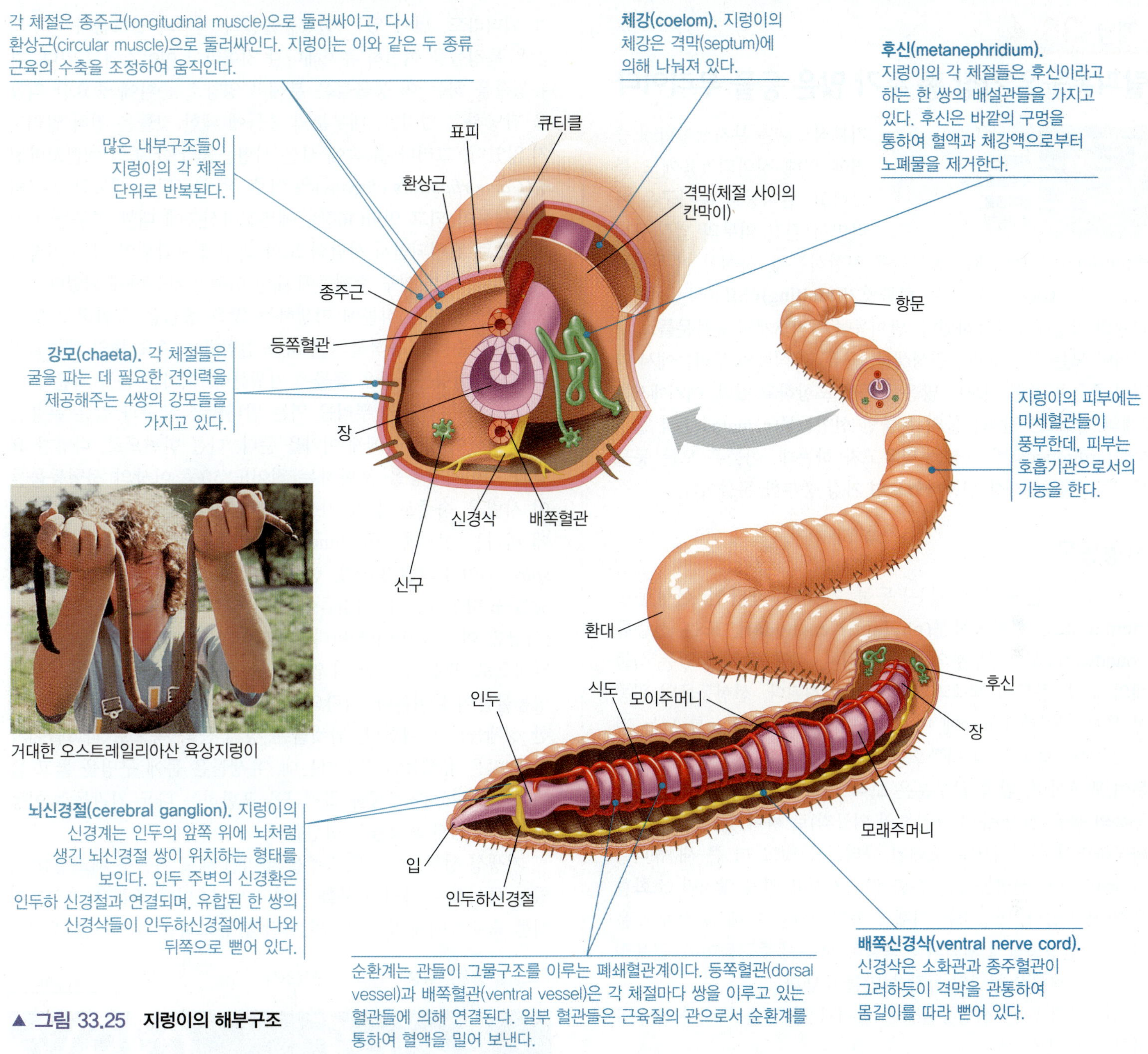

거대한 오스트레일리아산 육상지렁이

▲ **그림 33.25 지렁이의 해부구조**

면적의 농지에 약 5만 마리의 지렁이들이 들어 있으며 이들이 매년 18톤의 배설물을 만들어 낸다고 추정하였다.)

대표적인 환형동물인 지렁이의 해부구조와 이를 안내하는 설명을 그림 33.25에 제시하였다. 지렁이류는 암수한몸이지만 타가수정을 한다. 두 마리의 지렁이들은 몸을 나란히 하여 서로의 정액을 교환하는 방식으로 짝짓기를 하며, 짝짓기가 끝나면 서로 분리된다. 어떤 지렁이류는 재생을 수반하는 절단법(fragmentation)으로 무성생식을 하기도 한다.

윤형동물문과 태형동물문, 연체동물문, 환형동물문과 같은 구성원들을 통하여 설명하였듯이 하나의 무리로서의 촉수담륜동물은 주목할 만한 체제의 범위를 망라하고 있다. 다음으로는 단순히 종의 수를 기준으로 보았을 때 지구상에서 우점적으로 존재하는 탈피동물(Ecdysozoa)의 다양성을 알아보도록 할 것이다.

개념 확인 문제 33.3

1. 어떻게 체강과 입, 소화계, 또는 배설계가 없는 촌충류가 생존할 수 있는지를 설명하라.
2. 환형동물의 구조를 "관 속의 관"으로 묘사할 수 있다. 이를 설명하라.
3. MAKE CONNECTIONS 복족류의 연체동물 발과 두족류의 수공이 어떻게 하여 후손에서의 변형을 나타내는 한 예가 되는지 설명하라(개념 21.2 참조).

정답은 부록 A 참조

개념 33.4

탈피동물은 가장 종 수가 많은 동물 무리이다

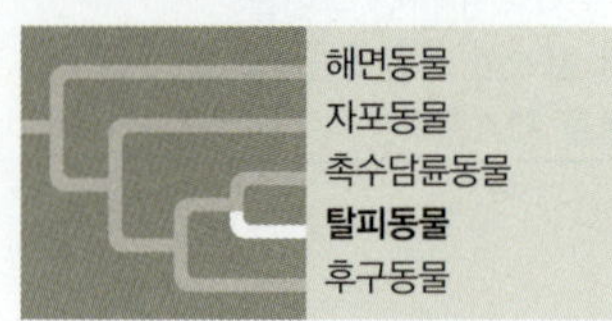

기본적으로는 분자생물학적 증거에 의해 정의되었음에도 불구하고, 탈피동물 분기군은 자라면서 질긴 외부의 껍질[**큐티클(cuticle)**]을 벗어내는 동물들을 포함하는데, 사실상 이 무리의 이름은 탈피(ecdysis), 또는 **허물벗기(molting)**라고 하는 이러한 과정의 명칭에서 유래하였다. 탈피동물은 약 8개의 동물문들로 구성되며 모든 다른 동물, 원생생물, 균류 및 식물의 무리들에서 알려진 종들을 합한 것보다 많은 종들을 포함하고 있다. 여기에서는 2개의 가장 큰 탈피동물의 문들인 선형동물(nematodes)과 절지동물(arthropods)에 초점을 맞추고자 하는데, 이들은 모든 동물 무리들 가운데 가장 성공하였으며 가장 풍부한 문들이다.

선형동물

가장 널리 분포하고 있는 동물 가운데 하나인 선형동물[nematodes, 선형동물문(phylum Nematoda)], 또는 선충류(roundworms)는 대부분의 수중 서식처, 토양, 습기가 있는 식물체의 조직, 동물의 체액과 조직에서 발견된다. 선형동물의 원통형 몸은 길이가 1 mm에 미치지 못하는 것부터 1 m를 넘는 것도 있으며, 보통 몸의 뒤쪽으로 가면서 점점 가늘어져 뒤쪽 끝부분이 뾰족하며, 앞쪽 끝부분은 보다 뭉뚝하다(그림 33.26). 선형동물의 몸은 질긴 큐티클(일종의 외골격)로 싸여 있는데, 동물은 생장하면서 주기적으로 오래된 큐티클을 벗고 더 큰 새 큐티클을 분비한다. 선형동물은 순환계를 가지고 있지 않지만 소화관을 가지고 있다. 영양소는 의체강 속의 체액을 통해 몸 전체로 운반된다. 선형동물의 체벽의 근육들은 모두 종주근들이며, 근육의 수축으로 채찍질 형태의 동작을 만들어 낸다.

엄청나게 많은 선형동물들이 습기가 많은 흙 속이나 호수와 바다 바닥에서 분해되고 있는 유기물속에 살고 있다. 약 25,000종이 알려져 있지만, 아마도 알려진 종수의 20배에 이르는 종들이 실제로 존재하고 있을 것이다. 지구상에 아무런 생물체도 없이 선형동물들만이 남게 되더라도, 남아 있는 선형동물들이 지구의 겉모습과 지구의 많은 특징들을 여전히 유지해나갈 것이라고 이야기되고 있다. 자유생활을 하는 이 동물들은 분해와 영양소 순환에 중요한 역할을 담당하고 있지만, 대부분의 종들에 대한 것들은 전혀 알려지지 않았다. 그러나 흙 속에 사는 선형동물의 한 종인 예쁜꼬마선충(*Caenorhabditis elegans*)은 아주 잘 연구되어 생물학 연구의 모델생물이 되고 있다(46장). 예쁜꼬마선충에 대한 연구들이 지속적으로 진행되면서 사람의 노화 과정에 포함되어 있는 기작들과 다수의 다른 연구 주제들에 대한 이해가 가능하게 되었다.

▲ **그림 33.26 자유생활을 하는 선형동물**(채색된 SEM 사진)

선형동물문은 식물에 기생하는 많은 종들을 포함하고 있는데, 몇몇 종들은 농작물의 뿌리를 침범하는 주요 농업 해충들이다. 다른 선형동물들은 동물에 기생한다. 이러한 종들 가운데 어떤 것들은 농작물의 뿌리를 먹는 밤나방류 유충과 같은 곤충들을 공격하여 사람들에게 이익을 준다. 다른 한편으로, 다양한 요충과 십이지장충을 포함하는 적어도 50종 이상의 선형동물들이 사람을 숙주로 삼아 기생한다. 악명이 높은 선형동물 가운데 하나는 선모충병(trichinosis)을 일으키는 선모충(*Trichinella spiralis*)이다(그림 33.27). 선형동물 유생들은 근육조직 속에 포낭들을 형성하는데, 이것들이 들어 있는 돼지고기나 다른 고기(사냥한 야생의 곰이나 바다코끼리 따위의 고기 포함)를 사람이 날것으로, 또는 잘 익히지 않고 먹음으로써 사람의 몸속으로 선형동물들이 들어온다. 사람의 장 속에서 유생들은 성적으로 성숙한 성체들로 발달한다. 암컷들은 장의 근육 속으로 파고들어가 보다 많은 유생들을 생산하는데, 유생들은 몸에 구멍을 뚫고 들어가거나 림프관을 통해 골격근을 포함하는 다른 기관들로 이동하여 그곳에서 포낭들을 형성한다.

기생성 선형동물들은 숙주들의 어떤 세포 기능을 재조정할 수 있는 특이한 분자적 도구를 가지고 있다. 어떤 종들은 자신들의 식물 숙주들에게 뿌리세포의 발달을 유도하는 분자들을 주입하

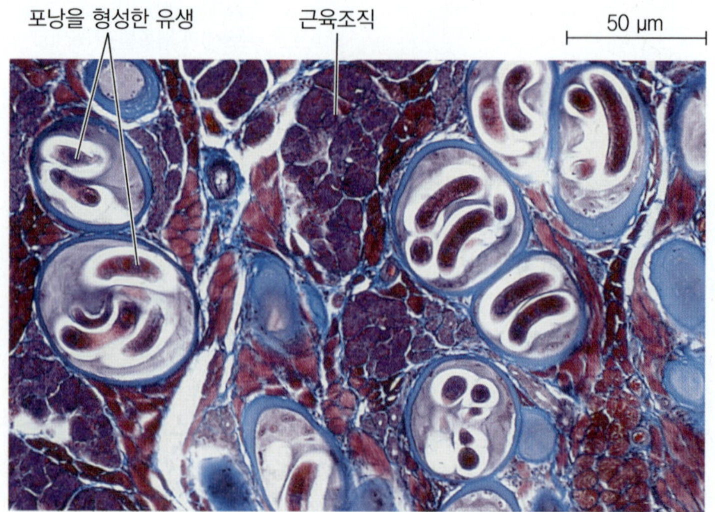

▲ **그림 33.27 사람의 근육조직 속에 포낭들을 형성한 기생성 선형동물인 선모충(*Trichinella spiralis*)의 유생들**(LM 사진)

는데, 발달된 뿌리세포들은 기생동물들에게 영양소를 공급한다. 선모충류(*Trichinella*)는 동물에 기생하게 되면 특정 근육세포 유전자들의 발현을 조절하는데, 이 유전자들은 선형동물이 그 속에 들어가 살 수 있기에 충분할 만큼 세포를 탄력적으로 만드는 단백질들을 암호화하고 있다. 이에 더하여, 감염된 근육세포는 새로운 혈관들의 생장을 촉진하는 신호물질들을 분비하는데, 새로운 혈관들은 선형동물에게 영양소를 공급한다.

절지동물

동물학자들은 약 10억 곱하기 10억(10^{18}) 개체의 절지동물들이 지구상에 살고 있을 것으로 추정하고 있다. 백만 종 이상의 절지동물 종들이 기재되어 있는데, 기재된 절지동물 종들의 대부분은 곤충류이다. 실제로 알려진 종들 가운데 3분의 2가 절지동물이며, 절지동물문의 구성원들은 지구상의 거의 모든 서식처들에서 발견된다. 종 다양성과 분포, 개체수를 기준으로 하였을 때, 절지동물을 모든 동물문들 가운데 가장 성공한 문으로 여겨야만 한다.

절지동물의 기원

생물학자들은 **절지동물(arthropods)**의 다양성과 성공이 그들의 체제, 즉 체절성의 몸과 단단한 외골격, 관절이 달린 부속지와 깊은 관계가 있다는 가설을 세우고 있다. 이러한 체제를 가지고 있는 초기 화석들은 캄브리아기 폭발(5억 3,500만 년 전~5억 2,500만 년 전)에서 발견되는데, 이것은 절지동물들이 최소한 그 시기만큼 오래되었다는 것을 말해준다.

캄브리아기 폭발에서의 절지동물에 관한 화석 기록에는 그로부터 절지동물들이 진화하였을 것이라고 여겨지는 많은 **엽지류**(lobopods) 종들이 포함되어 있다. 할루시게니아(*Hallucigenia*, 그림 32.7)와 같은 엽지류들은 체절성의 몸을 가지고 있었지만 이들의 체절들의 대부분은 서로 똑같은 것들이었다. 삼엽충류(trilobites)와 같은 초기 절지동물들 또한 체절들 사이의 변이를 거의 보이지 않았다**(그림 33.28)**. 절지동물들의 진화가 계속되면서 체절들은 서로 유합되어 체절의 수가 감소하는 방향으로 진화가 진행되었으며, 부속지들은 다양한 기능들을 위하여 분화되었다. 이와 같은 진화적 변화는 엄청난 다양화를 가져왔을 뿐만 아니라 몸의 서로 다른 부위들 사이에 노동의 분화가 가능하도록 해주는 효율적인 체제를 낳았다.

▶ **그림 33.28 삼엽충 화석.** 삼엽충은 고생대의 전 기간 동안 얕은 바다에서 흔히 볼 수 있었던 동물이었으나 약 2억 5,000만 년 전 페름기 대멸종과 함께 사라졌다. 고생물학자들에 의해 약 4,000종의 삼엽충들이 기재되었다.

어떤 유전적 변화가 절지동물들이 체제의 복잡성을 더해가도록 이끌었는가? 오늘날 살고 있는 절지동물들은 2개의 일반적인 혹스 유전자들을 가지고 있는데 두 유전자들 모두가 몸의 체절

▼ **그림 33.29 탐구**

절지동물의 체제는 새로운 혹스 유전자들에서 비롯된 것인가?

실험 하나의 가설은 절지동물에서 일반적으로 발견되는 2개의 혹스 유전자들, 즉 울트라비토락스[*Ultrabithorax*(*Ubx*)]와 아브도미날-*A* [*abdominal-A*(*abd-A*)]의 기원(유전자 중복에 의해)으로부터 절지동물의 체제가 비롯되었다는 것이다. 이 가설을 검증하기 위해 매디슨주 위스콘신대학교의 캐롤과 그의 동료들은 절지동물과 유연관계가 가까운 무척추동물 무리인 유조동물을 비교대상으로 삼았다. 많은 현생 절지동물들과는 다르게 유조동물들은 대부분의 체절들이 서로 똑같은 체제를 가지고 있다. *Ubx* 혹스 유전자와 *abd-A* 혹스 유전자의 기원이 절지동물에서 체절 다양성의 진화를 가져왔다면 이 유전자들은 아마도 진화계통수의 절지동물 가지에서 나타났을 것이다.

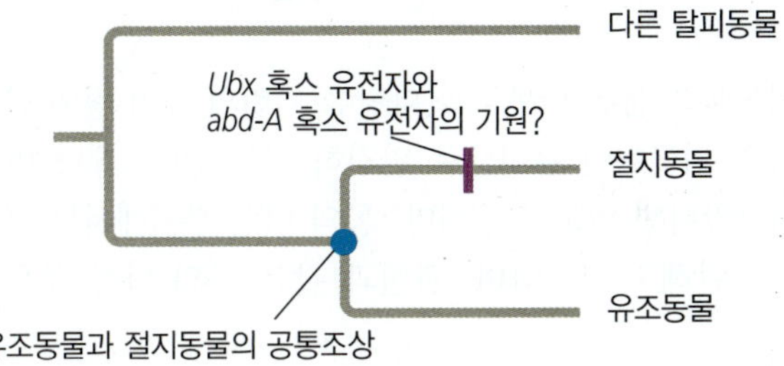

이 가설에 따르면, *Ubx* 혹스 유전자와 *abd-A* 혹스 유전자는 절지동물과 유조동물의 공통조상에 존재하지 않았을 것이며, 따라서 유조동물들은 이 유전자들을 가지고 있지 않아야 한다. 연구자들은 유조동물의 하나인 *Acanthokara kaputensis*의 혹스 유전자들을 연구하였다.

결과 유조동물 *A. kaputensis*는 *Ubx* 유전자와 *abd-A* 유전자를 포함하는 모든 종류의 절지동물 혹스 유전자들을 가지고 있었다.

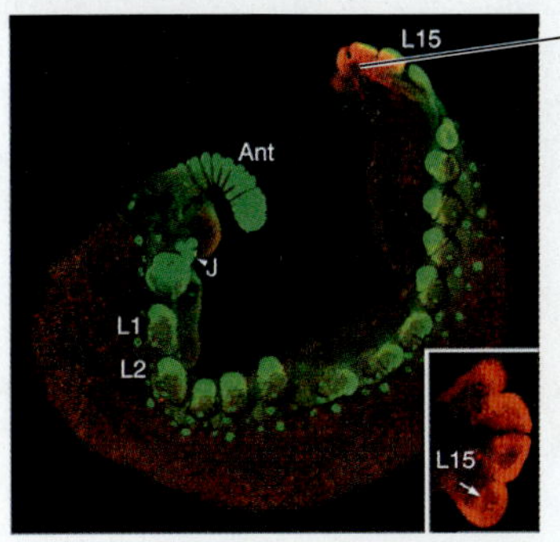

결론 절지동물들에서의 체절 다양성의 증가라는 진화는 새로운 혹스 유전자들의 기원과 아무런 관련이 없었다.

참고문헌 J. K. Grenier, S. Carroll et al., Evolution of the entire arthropod *Hox* gene set predated the origin and radiation of the onychophoran/arthropod clade, *Current Biology* 7:547–553 (1997).

WHAT IF? 만약 유조동물 *A. kaputensis*가 *Ubx* 혹스 유전자와 *abd-A* 혹스 유전자를 가지고 있지 않다고 가정하자. 이 연구의 결론은 어떤 영향을 받았을까? 설명하라.

화에 영향을 준다. 이 유전자들이 절지동물의 체절 다양성을 증가시키는 진화를 이끌었는지를 알아보기 위하여 연구자들은 절지동물과 가까운 유연관계를 가지는 유조동물(onychophorans, 그림 33.3)의 혹스 유전자들을 연구하였다(그림 33.29). 이들의 연구 결과는 절지동물 체제의 다양성이 새로운 혹스 유전자들의 획득에서 비롯되지 않았다는 것을 알려준다. 그 대신, 절지동물에서의 체절 다양성의 진화는 기존의 혹스 유전자들의 염기서열 또는 유전자 조절에서의 변화로부터 비롯되었을 것이다(개념 25.5).

절지동물의 일반적 특징

몇몇 절지동물들의 부속지들은 진화의 경로를 거치면서 걷기, 섭식, 감각 수용, 교미 및 방어와 같은 기능에 알맞도록 분화되었다. 부속지들이 위치하는 부위에 따라 분화된 구조들은 관절구조를 가지게 되었고 쌍을 이루게 되었다. 그림 33.30은 바닷가재의 다양한 부속지들과 그 밖의 절지동물로서의 특징들을 나타내고 있다.

절지동물의 몸은 단백질과 다당류 키틴의 층이 쌓여 만들어지는 일종의 외골격인 큐티클로 완전히 덮여 있다. 게나 바닷가재를 먹어보았다면 알고 있겠지만, 몸의 어떤 부위에서는 큐티클이 두껍고 단단해지기도 하며, 관절과 같은 몸의 다른 부위에서는 큐티클이 종잇장처럼 얇고 유연해지기도 한다. 단단한 외골격은 동물을 보호해주며, 부속지들을 움직이는 근육들이 부착할 수 있는 장소를 제공한다. 그러나 때때로 외골격을 벗어 버리고 더 큰 외골격을 만들어 내지 않는다면 외골격은 또한 절지동물들의 생장을 방해한다. 탈피라고 하는 이 과정은 에너지학적으로 값비싼 과정으로서 막 탈피를 한 절지동물들을 연약한 새 외골격이 단단해질 때까지 포식과 다른 위험들에 노출시킨다.

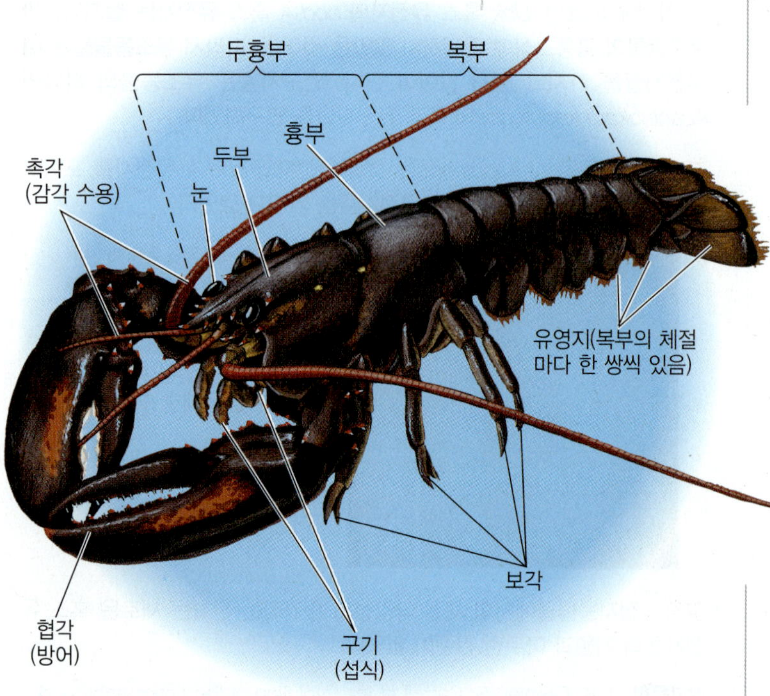

▲ **그림 33.30 절지동물의 외부 구조.** 절지동물의 여러 가지 특징적인 모습들이 이 바닷가재의 배면도에 나타나고 있다. 몸은 체절성이지만 이 특징은 단지 복부에서만 뚜렷하다. 부속지들[촉각, 협각(집게발), 구기, 보각, 유영지 포함]에는 관절이 있다. 두부에 한 쌍의 겹눈(다수의 수정체를 가진 눈)을 지닌다. 부속지들을 포함하여 몸 전체가 외골격으로 둘러싸여 있다.

바다에서 절지동물의 외골격이 처음 진화하였을 때는 아마도 외골격의 주요 기능은 보호와 근육의 부착이었겠지만, 나중에는 외골격이 일부 절지동물들을 육상에서 살 수 있도록 해주었다. 외골격은 상대적으로 물을 투과시키지 않아 건조를 막아주었고, 외골격의 단단함은 절지동물들이 물의 부력을 벗어났을 때 지탱할 수 있게 한다. 화석 증거는 절지동물이 대략 4억 5,000만 년 전에 육지로 진출한 최초의 동물들에 속한다는 것을 제시해주고 있다. 이러한 화석에는 아마도 노래기류의 굴로 여겨지는 것뿐만이 아니라 절지동물 유해의 조각들도 포함된다. 몇몇 대륙에서 발견된 절지동물 화석들은 4억 1,000만 년 전에 이르렀을 때 노래기류, 지네류, 거미류 및 다양한 무시류 곤충들이 모두 육상에 진출하였다는 것을 가리키고 있다.

절지동물들은 눈, 후각(냄새) 수용체, 그리고 접촉과 냄새를 모두 감지하는 촉각(antenna)을 포함하는 잘 발달된 감각기관들을 가지고 있다. 매우 흥미로운 예외들이 있기는 하지만, 대부분의 감각기관들은 동물의 앞쪽 끝부분에 집중되어 있다. 예를 들면, 나비의 암컷들은 자신들의 발에 있는 감각기관들을 사용하여 식물들의 "맛"을 본다.

많은 종류의 연체동물들처럼, 절지동물들은 **개방순환계(open circulatory system)**를 가지고 있는데, 개방순환계에서는 혈림프(hemolymph)라고 불리는 액체가 심장에 의해 짧은 동맥을 거쳐 조직들과 기관들을 둘러싸고 있는 공동(sinus)이라 불리는 공간으로 밀려 보내진다. (혈액이라는 용어는 폐쇄순환계의 액체에 대한 용어로 한정되어야 한다.) 혈림프는 보통 판막들을 갖추고 있는 구멍들을 통과하여 절지동물의 심장으로 다시 들어온다. 혈림프로 채워진 몸의 공동들을 뭉뚱그려 혈강(hemocoel)이라고 부르는데, 혈강은 체강의 일부분이 아니다. 절지동물은 진체강동물이지만, 대부분의 종들에서 배아 단계에서 형성되는 체강은 발생 과정이 진행되면서 매우 축소되며 성체에서는 혈강이 몸의 주 공간이 된다.

절지동물에서는 다양한 형태로 분화된 기체교환 기관들이 진화되었다. 이 기관들은 외골격이 있음에도 불구하고 호흡된 기체들이 확산되도록 해준다. 물속에서 사는 종들은 대부분 가느다란 깃털 모양의 구조가 달린 아가미들을 가지고 있는데, 이러한 구조는 주변의 물과 접촉하는 아가미의 표면적을 늘려준다. 육상 절지동물들은 일반적으로 기체교환을 위해 특수화된 내부 표면을 갖고 있다. 예를 들면, 대부분의 곤충류들은 기관계

▲ **그림 33.31** **투구게(*Limulus polyphemus*).** 미국의 대서양 연안과 멕시코만 연안에 흔한 이 "살아 있는 화석"은 수억 년을 지나는 동안 거의 변하지 않았다. 이들은 한때 바다를 차지하고 있었던 아주 다양한 협각류 가운데에서 살아남은 종이다.

(tracheal system)를 가지고 있는데, 기관계는 큐티클에 있는 구멍들로부터 내부를 연결하는 분지된 공기 도관들이다.

형태적 증거와 분자생물학적 증거는 현생 절지동물들이 이 문의 진화 초기에 분기된 3개의 주요 계통들, 즉 **협각류(chelicerates**; 바다거미류, 투구게류, 전갈류, 진드기류, 응애류, 거미류), **다지류(myriapods**; 지네류와 노래기류) 및 **범갑각류(pancrustaceans**; 최근에 정의된 다양한 무리로서 바닷가재류, 새우류, 따개비류 및 다른 갑각류뿐만이 아니라 곤충류도 포함한다)로 구성되어 있다는 것을 제시하고 있다.

협각류

협각류[협각류(Chelicerata) 분기군]는 **협각(chelicera)**이라 불리는 발톱 모양의 섭식 부속지들 때문에 이름이 붙여졌는데, 협각은 집게발이나 엄니의 구실을 한다. 협각류는 앞쪽의 두흉부(cephalothorax)와 뒤쪽의 복부(abdomen)를 가진다. 이들은 촉각이 없으며, 대부분 홑눈(수정체를 하나만 가진 눈)을 가지고 있다.

최초의 협각류는 **광익류(eurypterids)**, 또는 바다전갈류였다. 주로 바다와 민물의 포식자였던 이들은 3 m 길이까지 자랐다. 모든 광익류를 포함하여 대부분의 해양 협각류들은 멸종하였으며, 오늘날 생존하고 있는 해양 종들로는 바다거미류(pycnogonids)와 투구게류가 있다(그림 33.31).

현생 협각류들의 대부분은 전갈류, 거미류, 진드기류 및 응애류를 포함하는 무리인 **주형류(arachnids)**이다(그림 33.32). 많은 진드기류와 응애류는 기생성 절지동물의 큰 무리에 속한다. 거의 모든 종류의 진드기류(ticks)들은 파충류나 포유류의 몸 표면

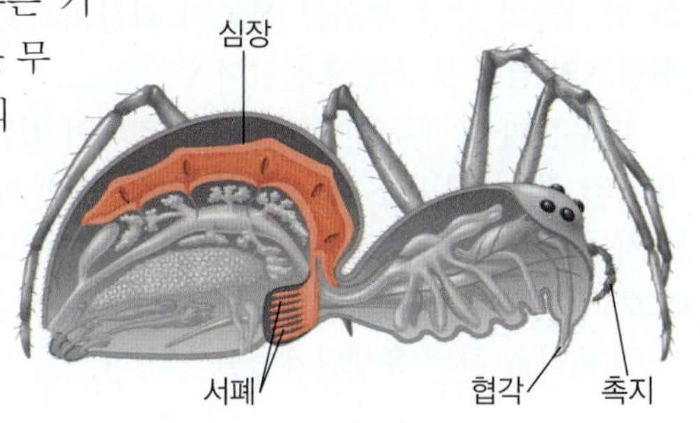

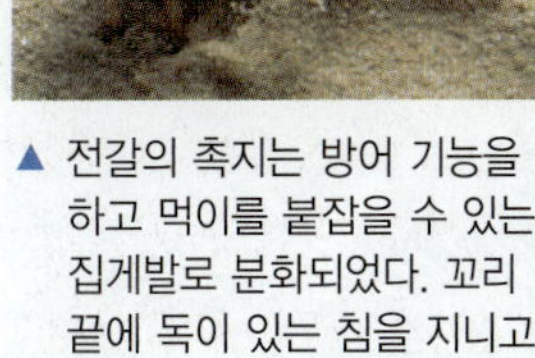

▲ 전갈의 촉지는 방어 기능을 하고 먹이를 붙잡을 수 있는 집게발로 분화되었다. 꼬리 끝에 독이 있는 침을 지니고 있다.

▲ 먼지진드기류는 사람의 주거지 도처에 있는 청소섭식동물들이지만 진드기에 대한 알레르기를 보이는 사람들을 제외하면 해롭지 않다.

◀ 그물을 짓는 거미들은 일반적으로 낮 동안 가장 활발하게 활동한다.

▲ **그림 33.32** **주형류**

에서 피를 빨아먹는 기생동물들이다. 기생성 진드기류(mites; 때로는 응애류)는 아주 다양한 척추동물들과 무척추동물들 및 식물들의 표면이나 내부에 산다.

주형류는 6쌍의 부속지, 즉 1쌍의 협각, 보통 감각 또는 섭식의 기능을 하는 1쌍의 **촉지**(pedipalp), 그리고 4쌍의 보각(walking leg)을 지니고 있다. 거미류는 독샘을 지니고 있는 엄니 모양의 협각을 먹이를 공격하는 데 쓴다. 협각이 먹이를 찌르면, 거미는 소화액을 먹이의 찢긴 조직들 속으로 흘려 넣는다. 먹이는 연해지며, 거미는 액체화된 먹이를 빨아먹는다. 대부분의 거미류들은 내부의 방 속에 판들이 쌓여 있는 **책허파(book lung**; 서폐)로 기체교환을 한다. 이 호흡기관의 넓은 표면적은 혈림프와 공기 사이의 산소(O_2)와 이산화탄소(CO_2)의 교환을 높이는 일종의 구조적 적응의 한 형태이다.

많은 거미류에서 나타나는 독특한 적응의 하나는 분화된 복부의 분비샘에서 만들어지는 액체상의 단백질인 거미줄로 그물을 지어 곤충들을 포획하는 능력이다. 거미줄은 방적돌기(spinneret)라는 기관에서 고체화된 실들로 만들어진다. 각각의 거미들은 종 고유의 독특한 그물 형태를 설계하며, 첫 번째 시도부터 완벽하게 그물을 짓는데, 이는 거미의 이러한 복잡한 행동

(a) 노래기

(b) 지네

▲ 그림 33.33 **다지류**

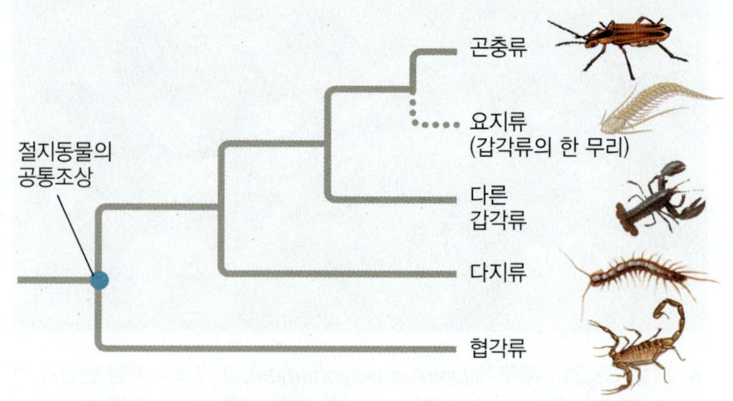

▲ 그림 33.34 **곤충류의 계통적 위치.** 최근의 연구결과들은 곤충류가 수서 갑각류들의 계통들 속에 자리한다는 것을 보여주고 있다. 수서 갑각류의 몇몇 무리들 가운데 하나인 요지류(remipedians)는 아마도 곤충류의 자매군일 것이다.

? 이 계통수에서 범갑각류에 해당하는 부분을 원으로 나타내라.

이 확실히 유전이 되는 것임을 나타내주는 것이다. 다양한 종류의 거미들이 거미줄을 다른 용도로도 이용하는데, 긴급 대피를 하는 낙하용 줄, 알들의 덮개, 그리고 구애행동을 하는 동안 수컷이 암컷에게 제공하는 먹이의 "선물 포장지"로도 쓰인다. 많은 종류의 크기가 작은 거미들은 거미줄을 공기 속으로 밀어내어 바람이 자신들을 운반할 수 있도록 하는데, 이 행동은 "풍선타기(ballooning)"로 알려져 있다.

다지류

노래기류(millipedes)와 지네류(centipedes)는 다지류(Myriapoda) 분기군에 속한다(그림 33.33). 모든 현생 다지류들은 육상에서 살고 있다. 다지류는 두부에 1쌍의 촉각과 턱 모양의 대악(mandible)을 포함하여 구기로 변형된 3쌍의 부속지들을 가지고 있다.

노래기류는 비록 영어식 이름이 의미하는 숫자인 1,000개보다는 적지만 아주 많은 수의 다리들을 가지고 있다. 각각의 몸통 체절들은 2개의 체절들이 유합되어 형성되며 2쌍의 다리들을 가지고 있다(그림 33.33a). 노래기류는 부패되고 있는 낙엽과 다른 식물성 물질을 먹는다. 이들은 아마도 선류(mosses; 이끼류)와 원시 관다발식물들을 먹고 살았던 가장 오래된 육상동물의 하나였을 것이다.

노래기류와는 달리 지네류는 육식동물이다. 지네의 몸통 부위의 각 체절들은 1쌍의 다리들을 가지고 있다(그림 33.33b). 지네류는 가장 앞쪽의 몸통 체절에 먹이를 마비시키고 방어를 돕는 독발톱들을 가지고 있다.

범갑각류

2010년의 유전체 계통 연구를 포함하여 일련의 최근 논문들은 육상 곤충류가 방금 논의한 육상의 무리인 다지류(노래기류와 지네류)보다 바닷가재 및 다른 갑각류들과 유연관계가 더 깊다는 증거를 제공하고 있다. 이 연구들은 또한 갑각류로 언급되었던 다양한 생물의 무리가 측계통적, 즉 갑각류의 일부 계통들이 다른 갑각류들보다 곤충류와 유연관계가 더 깊다는 것을 제시하고 있다(그림 33.34). 곤충류와 갑각류가 하나의 분기군을 형성하고 있지만, 분류학자들은 범갑각류(Pancrustacea; 그리스어로 전부를 뜻하는 *pan*에서 유래)라는 이름을 붙였다. 다음으로는 먼저 갑각류, 이어서 곤충류에 초점을 맞추어 범갑각류의 구성원들을 설명하고자 한다.

갑각류 갑각류(crustaceans; 게류, 바닷가재류, 새우류, 따개비류 및 다수의 다른 종류)는 넓은 범위의 해양, 담수 및 육상 환경에서 번성하였다. 많은 갑각류들은 고도로 분화된 부속지들을 가지고 있다. 예를 들면, 바닷가재류와 가재류는 19쌍의 부속지들로 이루어진 일종의 도구상자를 가지고 있다(그림 33.30). 가장 앞에 있는 부속지는 촉각인데, 갑각류는 2쌍의 촉각들을 가지고 있는 유일한 절지동물이다. 3쌍 또는 그 이상의 부속지들은 대악을 포함하는 구기로 변하였다. 보각들은 흉부에 있으며, 그들의 육상 친척들인 곤충류와는 달리 갑각류는 복부에도 부속지들을 가지고 있다.

크기가 작은 갑각류들은 큐티클의 얇은 부위를 통해 기체를 교환하며, 보다 큰 종들은 아가미를 가지고 있다. 질소노폐물 또한 큐티클의 얇은 부위를 통하여 확산되지만 1쌍의 분비샘들이 혈림프의 염분 평형을 조절한다.

대부분의 갑각류들에서 성은 분리되어 있다. 바닷가재류와 가재류의 경우, 교미를 하는 동안 수컷은 1쌍의 특수화된 복부 부속지들을 이용하여 정자들을 암컷의 생식공(reproductive pore)으로 전달한다. 대부분의 수중생활을 하는 갑각류들은 하나 이상의 헤엄을 치는 유생단계들을 거친다.

▲ **그림 33.35 십각류의 한 예인 달랑게.** 달랑게류(ghost crabs)는 모래 해안에 살며 세계적으로 분포한다. 기본적으로 야행성이며, 낮 동안에는 굴 속에 몸을 숨긴다.

▲ **그림 33.36 크릴.** 일부 고래들은 크릴로 알려져 있는 이 부유성 갑각류를 막대한 양으로 먹어치운다.

▲ **그림 33.37 따개비류.** 따개비류의 패각 밖으로 돌출된 관절이 달린 부속지들이 물속에 떠 있는 생물들과 유기물 입자들을 포획한다.

갑각류 가운데 가장 큰 무리의 하나(11,000종 이상)는 등각류(isopods)인데, 등각류는 육상종과 담수종, 해양종을 포함하고 있다. 어떤 등각류 종들은 심해 바닥의 서식지에 아주 풍부하다. 육상 등각류 가운데에는 축축한 통나무나 잎 아래에서 흔히 볼 수 있는 공벌레류, 즉 쥐며느리류가 있다.

바닷가재류와 가재류, 게류, 새우류는 모두 **십각류**(decapods)라고 불리는 상대적으로 크기가 큰 갑각류들이다(**그림 33.35**). 십각류의 큐티클은 탄산칼슘에 의해 단단하게 되어 있으며, 두흉부의 등쪽 면을 덮는 부분은 갑각(carapace)이라 불리는 일종의 방패를 형성하고 있다. 대부분의 십각류 종들은 해양성이다. 그러나 가재류는 담수에서 살며, 열대지역의 어떤 게류는 육상에서 살고 있다.

많은 종류의 소형 갑각류들은 해양 및 담수 플랑크톤 군집의 중요한 구성원들이다. 부유성 갑각류에는 모든 동물 가운데 가장 개체수가 많은 종류의 하나인 다수의 **요각류**(copepods) 종들이 포함된다. 몇몇 요각류들은 조류를 먹는 초식동물들이지만 다른 요각류들은 작은 동물들(크기가 더 작은 요각류 포함!)을 잡아먹는 포식자들이다. 요각류의 생물량은 약 5 cm의 길이까지 자라는 새우처럼 생긴 크릴(**그림 33.36**)과 맞먹는다. 수염고래류(흰긴수염고래와 큰고래 포함)의 주요 먹이원인 크릴은 현재 사람들에 의해 식량 및 농업용 비료로서 막대한 양이 수확되고 있다. 다수의 큰 몸집을 가지고 있는 갑각류들의 유생들 또한 플랑크톤들이다.

소수의 기생성 종들을 제외한 대부분의 따개비류들은 고착 생활을 하는 갑각류의 한 무리이며, 이들의 큐티클은 단단해져서 탄산칼슘을 함유하고 있는 일종의 패각으로 되어 있다(**그림 33.37**). 대부분의 따개비류들은 바위, 부표, 말뚝 및 물속에 잠긴 다른 물체의 표면에 자신들을 고정시킨다. 따개비류들이 쓰는 천연 접착제는 합성 접착제만큼 강하다. 이러한 따개비류들은 자신들의 껍질 밖으로 부속지들을 뻗어 물속의 먹이들을 잡아먹는다. 따개비류의 유생들이 다른 갑각류들의 유생들과 닮았다는 것을 박물학자들이 발견하였던 1,800년대가 되기까지 따개비류는 갑각류로 생각되지 않았다. 따개비류에서 발견되는 따개비류만의 독특한 특성들이 갑각류의 상동성과 뒤섞여 있다는 것은 다윈(Charles Darwin)으로 하여금 진화에 관한 그의 이론을 전개하도록 영감을 주었던 주요한 증거들 가운데 하나였다.

지금부터는 갑각류의 측계통군이 되는 곤충류를 살펴보기로 하자.

곤충류 곤충류(insects)와 6개의 다리를 가진 곤충류의 육상 친척들은 육각류(Hexapoda)라고 하는 거대한 분기군을 이룬다. 여기에서는 다른 모든 생물종들을 합한 수보다 많은 종수를 보이는 무리인 곤충류에 초점을 맞출 것이다. 곤충류는 거의 모든 종류의 육상 서식처들과 담수에 살며, 날아다니는 곤충류는 공중을 차지하고 있다. 우점적인 절지동물이 갑각류인 바다에는 곤충류가 드물지만, 전혀 없지는 않다. 여러 복잡한 기관계를 포함하는 곤충의 해부구조를 **그림 33.38**에 묘사하였다.

가장 오래된 곤충류 화석은 약 4억 1,500만 년 전까지 거슬러 올라간다. 그 후, 곤충류의 다양성은 석탄기와 페름기(3억 5,900만 년 전~2억 5,100만 년 전) 동안 곤충류의 비행능력이 진화되었을 때 폭발적으로 증가했다. 날 수 있는 동물은 많은 종류의 포식자들을 피해 도망칠 수 있으며, 먹이와 짝을 찾을 수 있고, 땅 위를 기어야만 하는 동물들보다 훨씬 빨리 새로운 서식처를 찾아 분산할 수 있다. 많은 종류의 곤충류들은 흉부의 등쪽에 한 쌍 또는 두 쌍의 날개들을 가지고 있다. 날개는 큐티클이 연장된 것이기 때문에 곤충류는 보각(걷는 다리)들을 전혀 희생하지 않고도 날 수 있다(**그림 33.39**). 이와는 반대로 새나 박쥐와 같이 날아다니는 척추동물들은 두 쌍의 보각들 가운데 한 쌍을 날개로 변형시켰으며, 이들은 땅 위에서는 일반적으로 움직임이 아주

▼ **그림 33.38 곤충류의 하나인 메뚜기의 해부구조.** 곤충류의 몸은 두부와 흉부, 복부의 3부분으로 이루어진다. 흉부와 복부의 체절성은 뚜렷하지만, 두부를 이루고 있는 체절들은 유합되어 있다.

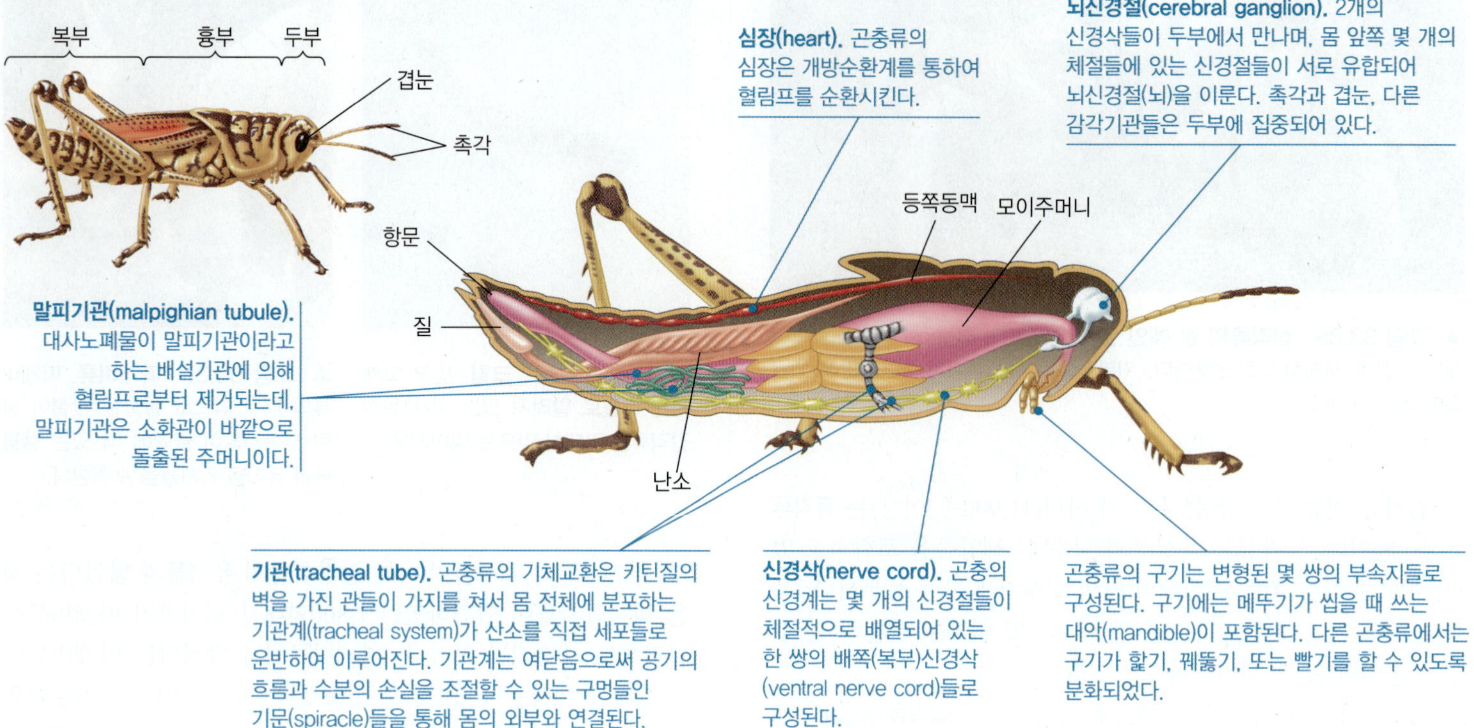

서툴다.

곤충류는 또한 새로운 먹이 자원을 제공하였던 새로운 식물 종들의 기원에 반응하여 방산하였다. 24장에서 기술한 종분화 기작에 따라 새로운 식물종을 섭식하는 곤충류 개체군은 다른 개체군들로부터 분기하여 결국 새로운 곤충류 종을 형성하는 것이다. 예를 들면, 다양한 곤충류 구기들의 화석 기록은 겉씨식물과 다른 석탄기 식물들에 대한 분화된 섭식방법이 곤충류의 초기 적응방산(adaptive radiation)에 기여했음을 알려주고 있다. 그 후, 곤충류 다양성의 본격적인 증가가 중기 백악기(약 9,000만 년 전) 동안 현화식물의 진화적 방산에 의해 촉진된 것으로 여겨진다. 백악기 대멸종 동안 곤충류의 다양성과 식물의 다양성이 감소하였지만, 그 후 6,500만 년을 거치는 동안 두 무리의 다양성은 회복되었다. 특정 곤충류 무리의 다양성 증가는 종종 그들이 먹이로 삼는 현화식물의 방산과 함께 이루어져 왔다.

▶ **그림 33.39 날고 있는 무당벌레**

많은 종류의 곤충류들이 발생을 하는 동안 변태를 한다. 메뚜기류와 몇몇의 다른 목들에서 나타나는 **불완전변태(incomplete metamorphosis)**에서 어린 개체(애벌레라고 부름)는 성체를 닮아 있지만, 크기가 작고, 성체와는 다른 몸의 비율을 가지고 있으며, 날개가 없다. 유충들은 일련의 탈피 과정들을 거치는데, 탈피가 거듭될 때마다 점점 성체와 가까운 모습으로 변한다. 최종적인 탈피와 함께 곤충은 완전한 크기에 도달하며, 날개를 갖추게 되고, 성적으로 성숙하게 된다. **완전변태(complete metamorphosis)**를 하는 곤충류들은 구더기, 굼벵이, 또는 풀쐐기와 같은 이름으로 알려진, 섭식과 생장을 위해 분화된 애벌레 단계를 가지고 있다. 애벌레 단계는 분산과 생식을 위하여 분화된 성체 단계와 완전히 다른 모습이다. 번데기 단계 동안 애벌레 단계로부터 성체로의 변태가 일어난다(그림 33.40).

곤충류의 생식은 보통 별개의 수컷들과 암컷 개체들이 존재하는 유성생식이다. 성체들은 밝은색(나비류), 소리(귀뚜라미류), 또는 냄새(나방류)로 같은 종의 구성원임을 알림으로써 함께 모이고 서로를 인식한다. 일반적으로 체내수정을 한다. 어떤 종들에서는 수컷이 정포(sperm packet)를 암컷의 몸 밖에 배출하면 암컷이 그것을 줍기도 하지만, 대부분의 종들에서는 교

▲ **그림 33.40 나비의 완전변태.** **(a)** 애벌레(풀쐐기)는 먹고, 생장하며, 생장에 따른 탈피를 하면서 시간을 보낸다. **(b)** 몇 번의 탈피 후 애벌레는 번데기로 발달한다. **(c)** 번데기 속에서 애벌레의 조직들은 분해되며, 애벌레에서는 휴면상태에 있던 세포들이 분열과 분화를 하여 성체가 만들어진다. **(d)** 마침내 번데기의 큐티클에서 성체가 우화하기 시작한다. **(e)** 혈림프를 날개의 시맥 속으로 밀어 보낸 후 다시 회수하여 시맥을 단단하게 만들면, 이 시맥이 날개를 지탱하는 버팀목이 된다. 섭식을 하는 애벌레에 의해 저장되었던 비축 영양물로부터 다량의 영양물을 획득하였기 때문에 곤충은 날아가 번식을 할 것이다.

미를 할 때 정자가 암컷의 질 속으로 직접 배출된다. 저정낭(spermatheca)이라 불리는 암컷의 내부 구조는 보통 한 번에 배란되는 알들을 충분히 수정시키고 남을 정도의 정자를 보관한다. 많은 종류의 곤충류들은 평생 단 한 번 짝짓기를 한다. 짝짓기 후에 암컷은 보통 다음 세대가 부화하자마자 곧 섭식을 시작할 수 있도록 적당한 먹이가 있는 장소에 알들을 낳는다.

곤충류는 30개 이상의 목(order)들로 분류되고 있는데, 그 가운데 8개의 목들을 그림 33.41에 제시하였다.

곤충류와 같이 수가 많고, 다양하며, 널리 분포하는 동물들은 사람을 포함하여 다른 모든 육상의 생물들에게 영향을 주지 않을 수 없다. 곤충류들은 엄청난 양의 식물체들을 소비하고 있으며, 한편으로는 포식자, 기생자 및 분해자로서의 핵심적인 역할을 하고 있고, 도마뱀이나 설치류, 조류와 같이 몸이 큰 동물들에게는 필수적인 먹이자원이 되고 있다. 사람들은 꿀벌류와 나비류, 그리고 많은 종류의 다른 곤충류들에 의존하여 농작물과 과수를 수분시킨다. 이에 더하여, 세계 여러 지역에서 사람들은 중요한 단백질 공급원으로 곤충류를 먹는다. 다른 한편으로 곤충류는 아프리카수면병[트리파노소마(*Trypanosoma*)를 매개하는 체체파리에 의해 전염됨; 그림 28.7]과 말라리아(말라리아병원충류인 *Plasmodium*을 매개하는 모기에 의해 전염됨; 그림 23.17, 28.16)를 포함하는 많은 질병의 매개자가 되고 있다.

곤충류들은 또한 사람들과 식량을 두고 경쟁을 한다. 예를 들면, 아프리카 일부 지역에서는 곤충류가 농작물의 약 75%를 가로채고 있다. 미국에서는 지금까지 개발된 가장 강한 맹독성의 농약을 막대한 양으로 농작물에 살포하면서 매년 수십억 달러를 살충제 구입에 쓰고 있다. 시도를 하기는 하지만 사람조차도 곤충류와 그들의 절지동물 친척들의 탁월함을 위협하지 못하고 있다. 한 저명한 곤충학자는 다음과 같이 말했다. "곤충류는 지구를 상속하고자 하지는 않는다. 지구는 현재 곤충류의 것이다. 따라서 우리는 지구의 주인과 화해하는 것이 좋을 것이다."

개념 확인 문제 33.4

1. 선형동물의 체제와 환형동물의 체제는 어떻게 다른가?
2. 곤충이 육상에서 번성할 수 있도록 하였던 두 가지 적응들을 기술하라.
3. MAKE CONNECTIONS 전통적으로 환형동물과 절지동물은 모두 체절성을 나타내고 있기 때문에 서로 가까운 유연관계에 있는 것으로 여겨졌다. 그러나 DNA 염기서열 자료는 환형동물이 절지동물이 속하는 분기군(탈피동물)과는 다른 분기군(촉수담륜동물)에 속한다는 것을 나타내고 있다. 체절화를 조절하는 혹스 유전자들의 발현을 연구하여 전통적인 가설과 분자생물학적 가설을 검증할 수 있겠는가(개념 21.6)? 설명하라.

정답은 부록 A 참조

▼ 그림 33.41

탐구 곤충의 다양성

30개 목 이상의 곤충류가 있으나 여기에서는 8개의 목들에 대해서만 초점을 맞출 것이다. 초기에 분기된 날개가 없는 곤충류(무시류)의 2개 무리들은 낫발이류[bristletails, 또는 고악류(Archaeognatha)]와 좀류[silverfish, 또는 Zygentoma]이다. 여기에서 다룬 다른 곤충류 무리들 사이의 계통유연관계는 논쟁 가운데 있으므로 계통수로 나타내지 않았다.

고악류[Archaeognatha(낫발이류, bristletails; 350종)]

날개가 없는 곤충류로서 나무껍질 밑이나 그 밖의 낙엽더미, 퇴비더미, 암석의 틈과 같은 어두운 서식처에서 발견된다. 조류와 식물의 부식질, 지의류를 먹고 산다.

좀류(Zygentoma, 또는 silverfish; 450종)

작고, 날개가 없는 곤충류로서 납작한 몸과 퇴화된 눈을 가지고 있다. 낙엽더미나 나무껍질 밑에서 산다. 가옥에 출몰하여 해충이 되기도 한다.

유시류(Winged insects, 다수의 목; 6개의 목이 아래에 제시됨)

완전변태(Complete metamorphosis)

딱정벌레목[Coleoptera, 또는 beetles; 350,000종]

사진에 있는 수컷 바구미류 *Rhiastus lasternus*와 같은 딱정벌레류는 곤충류 가운데 가장 종수가 많은 목이다. 2쌍의 날개들을 가지는데, 그 가운데 1쌍은 두껍고 가죽질이며, 나머지는 막상이다. 갑옷과 같은 외골격과 물어뜯고 씹기에 알맞도록 변형된 구기를 가진다.

파리목(Diptera; 151,000종)

1쌍의 날개를 가지며, 두 번째 쌍의 날개는 평형곤(halter)이라 불리는 평형기관으로 변형되었다. 두부는 크고 움직일 수 있으며, 구기는 빨기, 찌르기, 또는 핥기에 알맞도록 변했다. 파리류와 모기류는 청소섭식동물과 포식동물, 기생동물로서 살아가는 가장 잘 알려진 파리목 동물들이다. 다른 곤충류와 마찬가지로, 사진에 있는 침파리류 *Adejeania vexatrix*는 넓은 시야각과 빠른 운동체에 대한 탁월한 감지 기능을 제공해주는 잘 발달된 겹눈을 가지고 있다.

벌목(Hymenoptera; 125,000종)

개미류와 꿀벌류, 말벌류를 포함하는 대부분의 벌류는 높은 수준의 사회성 동물들이다. 이들은 2쌍의 막상 날개들과 움직일 수 있는 두부, 씹거나 빠는 구기를 가진다. 많은 종들에서 암컷은 뒤쪽에 침을 가진다. 사진의 유럽장수말벌 *Polistes dominulus*와 같은 다수의 종들은 정교한 보금자리를 짓는다.

나비목(Lepidoptera; 120,000종)

나비류와 나방류는 미세한 비늘들이 덮인 2쌍의 날개들을 갖는다. 사진의 벌새박각시나방(*Macroglossum stellatarum*)에서 보듯이, 이들은 섭식을 하기 위해 말려 있던 긴 주둥이(구문, proboscis)를 편다. 대부분 꿀을 먹고 살지만, 어떤 종들은 동물의 피나 체액을 포함하는 다른 물질을 먹고 산다.

불완전변태(Incomplete metamorphosis)

노린재목(Hemiptera; 85,000종)

노린재류(stink bugs), 빈대류(bed bugs), 침노린재류(assassin bugs)를 포함하는 소위 "반시류[영어 표현은 참벌레류(true bugs)]"이다. (영어표현에서는 때때로 다른 목에 속하는 곤충들을 벌레(bug)로 잘못 부른다.) 노린재류는 2쌍의 날개들을 가지는데, 1쌍은 부분적으로 가죽질이며, 다른 것들은 막상이다. 이들은 찌르거나 빠는 구기를 가지며, 사진의 성체 노린재가 새끼(애벌레)를 돌보는 장면에서 보듯이 불완전변태를 한다.

메뚜기목(Orthoptera; 13,000종)

메뚜기류와 귀뚜라미류 및 이들의 친척들은 대부분 초식성이다. 뛰어오르는 데 알맞은 큰 뒷다리와 2쌍의 날개들(1쌍은 가죽질, 1쌍은 막상), 물어뜯거나 씹는 구기를 가진다. 사진에 있는 '가시를 지닌 여치'라고 이름붙이기에 적당한 북미산 여치의 일종인 *Cophiphora* sp.는 위협적인 모습을 나타낼 수 있도록 잘 적응된 얼굴과 다리들을 가지고 있다. 메뚜기류의 수컷은 보통 뒷다리의 융기와 같은 몸의 부분들을 서로 문질러 소리를 내어 구애를 한다.

개념 33.5

극피동물과 척삭동물은 후구동물이다

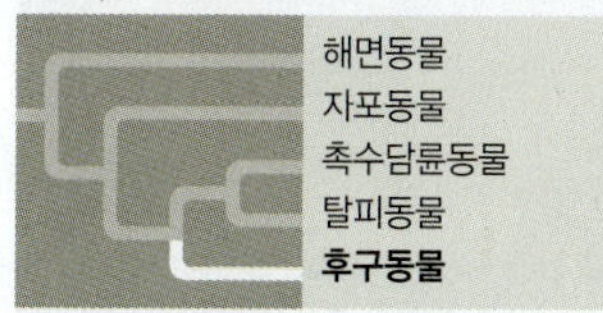

불가사리류와 성게류 및 다른 극피동물들(극피동물문)은 척추동물(등뼈를 가지고 있는 동물)이나 척삭동물문의 다른 구성원들과는 전혀 공통점이 없는 것처럼 보인다. 그러나 DNA 상의 증거는 극피동물과 척삭동물이 모두 좌우대칭동물의 후구동물 분기군에 속한다는 점과 함께 두 문들이 서로 가까운 유연관계에 있다는 것을 보여주고 있다. 또한 극피동물과 척삭동물은 후구동물의 특징적인 모습들, 즉 방사대칭 난할을 하며, 원구와 반대쪽에 있는 배아의 끝부분에서 입이 형성된다는 점을 공유하고 있다(그림 32.10). 그러나 개념 32.4에서 살펴보았듯이 외항동물과 완족동물을 포함하여 후구동물 발생의 특징을 보이는 구성원들을 가지고 있는 몇몇 동물의 문들은 후구동물 분기군에 속하지 않는다. 따라서 이름과는 관계없이 후구동물 분기군은 기본적으로 발생학적 유사성이 아닌 DNA 유사성에 의해 규정되고 있다.

극피동물

불가사리류(sea stars, 또는 starfish)와 다른 **극피동물(echinoderm,** 그리스어로 가시를 뜻하는 *echin*과 피부를 뜻하는 *derma*에서 유래)들은 대부분 천천히 움직이거나 고착생활을 하는 해양성 동물들이다. 얇은 피부가 단단한 석회질 판들로 되어 있는 내골격을 덮고 있다. 대부분의 극피동물들은 몸에 수많은 골격 융기들과 가시들을 지니고 있다. 극피동물들이 독특하게 지니고 있는 **수관계(water vascular system)**는 **관족(tube foot)**이라 불리는 연장부들로 분지된 물이 흐르는 관들의 그물망 구조로서, 관족들은 이동과 섭식, 기체교환의 기능을 한다(**그림 33.42**). 극피동물들은 대부분 유성생식을 하며, 보통 서로 구분되어 있는 암컷과 수컷 개체들이 물속에 배우자들을 방출한다.

극피동물들을 처음 관찰했을 때에는 방사대칭의 형태를 가지

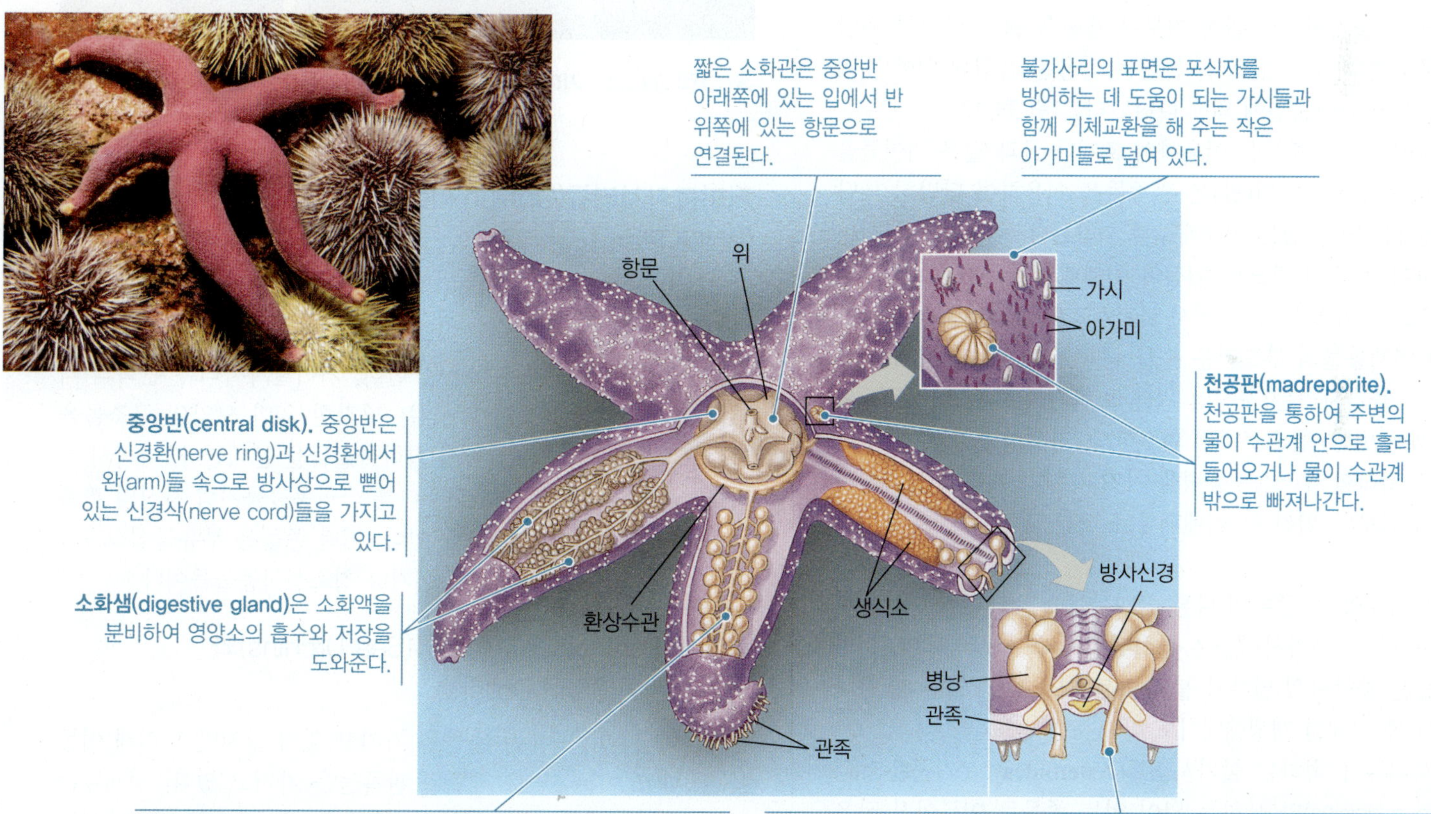

▲ 그림 33.42 **극피동물의 하나인 불가사리(위 그림)의 해부구조.** 사진은 극피동물의 성게류 분기군의 구성원들인 성게들로 둘러싸인 불가사리를 보여준다.

고 있는 것처럼 보이지만 이들은 좌우대칭형의 조상들로부터 진화하였다. 대부분의 극피동물들에서 몸의 내부구조들과 외부구조들은 중앙으로부터 방사상으로 배열되어 있으며, 보통 오방사대칭을 나타낸다. 그러나 극피동물 성체의 방사대칭 구조는 2차적 적응으로서, 극피동물의 유생들은 좌우대칭형을 나타내고 있다. 더욱이 극피동물 성체들의 대칭형은 완벽한 방사대칭이 아니다. 예를 들면, 불가사리의 수관계의 구멍(천공판)은 중앙에 있지 않고 어느 한쪽으로 치우쳐 있다.

현생 극피동물들은 5개의 분기군들로 나뉜다.

불가사리류(Asteroidea): 불가사리류(Sea Stars)와 바다데이지류(Sea Daisies)

불가사리류들은 중앙반(central disk)으로부터 방사대칭으로 뻗어 있는 완(arm)들을 가지고 있는데, 완의 아래쪽 표면에는 각각 흡반과 같은 기능을 하는 관족들이 있다. 근육과 화학작용의 조합에 의하여 관족은 기질에 들러붙거나 떨어질 수 있다. 불가사리는 관족들을 확장하고, 붙잡고, 수축하고, 놓고, 다시 확장하여 붙잡는 과정을 반복하면서 바위에 단단히 달라붙거나 느리게 기어 다닌다. 불가사리의 관족 기부는 흡반을 닮은 납작한 원반 모양의 구조를 가지고 있으나, 붙잡는 작용은 흡입에 의한 것이 아니라 부착성 화학물질에 의해 나타난다(그림 33.42).

불가사리들은 관족들을 이용하여 조개나 굴과 같은 먹이들을 포획한다. 불가사리의 완(팔)은 관족들을 이용하여 단단히 매달리면서 패각을 닫고 있는 이매패류를 껴안는다. 이때 불가사리는 입을 통하여 위를 바깥으로 뒤집어 이매패의 두 패각들 사이의 좁은 틈으로 밀어 넣는다. 이어서 불가사리의 소화계는 소화액을 분비하여 연체동물의 부드러운 몸을 패각 속에서 소화하기 시작한다. 이후 불가사리는 자신의 위를 소화가 완료된 연체동물의 (이제 액체로 변한) 몸으로부터 회수한다. 자신의 몸 바깥에서 소화 과정을 시작할 수 있는 능력을 가지고 있기 때문에 불가사리는 자신의 입보다 훨씬 큰 이매패류나 다른 먹이 종들을 먹어치울 수 있다.

불가사리류와 몇 종류의 다른 극피동물들은 대단한 재생능력을 가지고 있다. 불가사리들은 손실된 완들을 재생해내며, 어떤 속의 종들은 중앙반의 일부가 붙어 있는 채로 남아 있을 때 하나의 팔에서 몸 전체를 재생해내기도 한다.

불가사리류가 속하는 불가사리류(Asteroidea) 분기군은 바다데이지류(sea daisies)라고 하는 완이 없는 종들로 이루어진 작은 무리를 포함하고 있다. 단지 3종의 바다데이지류가 알려져 있는데, 모든 종들이 물속에 잠겨 있는 목재에 산다. 바다데이지류의 몸은 전형적인 원반형이다. 오방사형의 체제를 가지고 있으며, 크기는 지름이 1 cm에 못 미친다(그림 33.43). 몸의 가장자리를 둘러 작은 가시들이 나 있다. 바다데이지류는 몸을 둘러싸고 있는 막을 통하여 영양소들을 흡수한다.

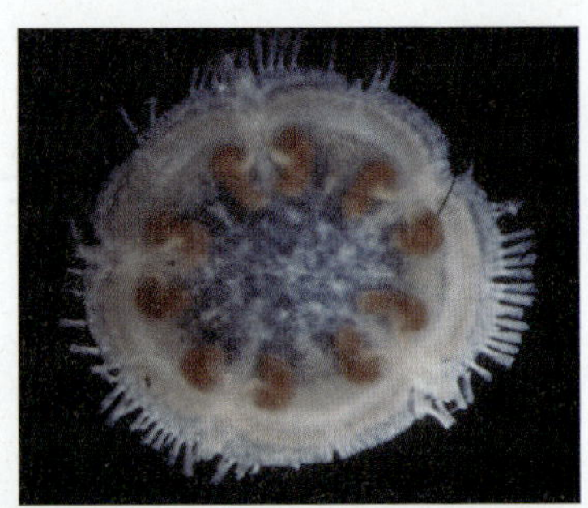

▶ 그림 33.43 바다데이지(불가사리류 분기군)

▲ 그림 33.44 거미불가사리(거미불가사리류 분기군)

거미불가사리류(Ophiuroidea): 거미불가사리류 (Brittle Stars)

거미불가사리류는 하나의 뚜렷한 중앙반과 길고 유연한 완들을 가지고 있다(그림 33.44). 이들은 기본적으로 자신들의 완들을 구불구불하게 움직여서 이동을 한다. 거미불가사리류 관족의 기부는 불가사리류에서 볼 수 있는 납작한 원반 모양의 구조물을 가지고 있지는 않지만 부착성 화학물질들을 분비한다. 따라서 거미불가사리류는 불가사리류나 다른 극피동물들처럼 자신의 관족들을 기질을 붙잡는 데 쓸 수 있다. 어떤 종들은 부유물섭식자들이며 다른 종들은 포식동물들이거나 청소섭식동물들이다.

성게류(Echinoidea): 성게류(Sea Urchins)와 연잎성게류(Sand Dollars)

성게류와 연잎성게류는 완들을 가지고 있지 않지만 느리게 이동을 할 때 쓰이는 5열로 배열된 관족들을 가지고 있다. 성게류는 또한 긴 가시들을 선회시키는 근육들을 가지고 있는데, 가시들의 선회는 방어뿐만이 아니라 동물의 이동에도 도움을 준다(그림 33.45). 몸의 아랫면에 위치하고 있는 성게의 입은 해조류와 다른 먹이들을 먹기에 알맞도록 변화된 턱 모양의 매우 복잡한 구조물들로 둘러싸여 있다. 성게류가 대체적으로 구형인 데 비하여 연잎성게류는 납작하고 원반 모양이다.

▲ 그림 33.45 성게(성게류 분기군)

바다나리류(Crinoidea): 바다나리류(Sea Lillies)와 깃별나리류(Feather Stars)

바다나리류는 자루로 기질에 몸을 고착하고 살며, 깃별나리류는 자신들의 길고 유연한 완들을 이용하여 이리저리 기어 다닌다. 두 무리 모두 완을 이용하여 부유물을 섭취한다. 완들은 기질로부터 멀리 떨어져 위를 향하고 있으며 입을 둥글게 둘러싼다(그림 33.46). 바다나리들은 진화의 경로를 거치는 동안 형태가 거의 변하지 않은 오래된 무리로서, 화석화된 약 5억 년 전의 바다나리류들은 오늘날 바다나리류 분기군의 구성원들과 극도로 닮아 있다.

해삼류(Holothuroidea): 해삼류(Sea Cucumbers)

관심을 갖지 않고 보면 해삼류는 다른 극피동물들과 그리 많이 닮지 않은 것처럼 보인다. 해삼류는 가시를 가지고 있지 않으며, 내골격이 많이 퇴화되어 있다. 이들에 대한 영어식 이름, 즉 '바다

▲ 그림 33.46 깃별나리(바다나리류 분기군)

▲ 그림 33.47 해삼(해삼류 분기군)

오이(sea cucumber)'라는 이름을 낳게 만든 입-항문 축 방향의 길쭉한 체형은 불가사리류 및 성게류와 관련된 이들의 관계를 감춰왔다(그림 33.47). 그러나 면밀한 조사에서 해삼류가 5열의 관족들을 가지고 있다는 것이 드러났다. 입 주변의 몇몇 관족들은 섭식을 할 때 쓰이는 촉수(tentacle)들로 발달해 있다.

척삭동물

척삭동물문(phylum Chordata)은 먹장어류와 척추동물들뿐만이 아니라 2개의 기초적인 무척추동물 무리들인 창고기류(lancelets)와 피낭류(tunicates)를 포함하고 있다. 척삭동물(chordates)은 체절화된 몸을 가지고 있는 좌우대칭형의 진체강동물들이다. 극피동물과 척삭동물이 서로 가까운 유연관계를 갖고 있다는 것은 어느 한 문이 다른 문에서 진화하였다는 것을 의미하지는 않는다. 실제로 극피동물과 척삭동물은 최소한 5억 년 동안 각각 독립적으로 진화해 왔다. 34장에서는 척추동물의 역사에 초점을 맞추어 척삭동물의 계통에 대해 알아볼 것이다.

개념 확인 문제 33.5

1. 불가사리의 관족들은 어떻게 하여 기질에 들러붙는가?
2. WHAT IF? 곤충류인 초파리(*Drosophila melanogaster*)와 선형동물인 예쁜꼬마선충(*Caenorhabditis elegans*)은 유명한 모델생물들이다. 이 종들이 사람과 다른 척추동물들에 관한 추론을 하는 데 가장 적합한 무척추동물들인가? 설명하라.
3. MAKE CONNECTIONS 어떻게 극피동물의 특징들과 다양성이 생명체의 통일성, 생명체의 다양성, 그리고 생물과 환경 사이의 조화를 설명하는 예가 되는지 기술하라(개념 21.2 참조).

정답은 부록 A 참조

33장 복습

핵심 개념의 요약

이 표는 이 장에서 살펴본 동물 무리들에 대한 개요이다.

핵심 개념		문	특징
개념 33.1 **해면동물은 진정한 조직이 없는 기초적인 동물이다** ? 해면동물은 어떻게 조직과 기관이 없이 기체교환이나 영양물의 수송, 노폐물의 제거와 같은 일들을 수행할까?	후생동물	해면동물문 (해면동물)	진정한 조직이 없음; 동정세포(금세포-편모를 가지고 있는 독특한 세포로서 세균과 미세한 먹이입자를 삼킴)를 가짐
개념 33.2 **자포동물은 오래된 진정후생동물 문의 하나이다** ? 자포동물의 체제와 2개의 주요한 변형을 설명하라.	후생동물 / 진정후생동물	자포동물문 (히드라류, 해파리류, 말미잘류, 산호류)	특수화된 세포(자세포) 속에 들어 있는 독특한 찌름 장치(자포); 이배엽성, 방사대칭형; 위수강(하나의 입구를 가지고 있는 소화 공간)
개념 33.3 **분자생물학적 자료들에 의해 확인된 분기군인 촉수담륜동물은 가장 다양한 몸의 형태를 나타낸다** ? 촉수담륜동물 분기군은 모든 구성원들이 공유하는 독특한 형태적 특징들에 의해 함께 묶이는가? 설명하라.	후생동물 / 진정후생동물 / 좌우대칭동물 / 촉수담륜동물	편형동물문 (편형동물)	등배로 납작한 무체강동물; 위수강을 가지거나 소화관이 없음
	촉수담륜동물	윤형동물문 (윤형동물)	소화관(입과 항문이 있는 소화가 이루어지는 관)을 가지고 있는 의체강동물; 턱(저작기); 머리에 섬모관이 있음
	촉수담륜동물	촉수동물: 외항동물문, 완족동물문	촉수관(섬모들이 나 있는 촉수들을 가지고 있는 섭식 구조)을 가지고 있는 진체강동물
	촉수담륜동물	연체동물문 (조개류, 달팽이류, 오징어류)	몸이 3개의 주요부(근육질의 발, 내장낭, 외투막)로 이루어진 진체강동물; 체강이 퇴화됨; 대부분 탄산칼슘 성분의 단단한 패각을 가지고 있음
	촉수담륜동물	환형동물문 (환형동물)	체절성의 체벽과 내부기관(체절성이 아닌 소화관 제외)을 가지고 있는 진체강동물
개념 33.4 **탈피동물은 가장 종 수가 많은 동물 무리이다** ? 선형동물과 절지동물의 생태학적 역할들을 설명하라.	후생동물 / 진정후생동물 / 좌우대칭동물 / 탈피동물	선형동물문 (선형동물)	말단부가 점점 가늘어지는 원통형의 의체강동물; 순환계가 없음; 탈피를 함
	탈피동물	절지동물문 (거미류, 지네류, 갑각류, 곤충류)	체절성의 몸, 관절이 달린 부속지, 단백질과 키틴으로 이루어진 외골격을 가지고 있는 진체강동물
개념 33.5 **극피동물과 척삭동물은 후구동물이다** ? 극피동물과 척삭동물이 가까운 유연관계를 가지고 있으며 5억 년 이상의 기간을 서로 독립적으로 진화해왔다는 것을 서술한 바 있다. 어떻게 이 두 가지 서술이 모두 옳을 수 있는지를 설명하라.	후생동물 / 진정후생동물 / 좌우대칭동물 / 후구동물	극피동물문 (불가사리류, 성게류)	좌우대칭형의 유생과 오방사형의 성체 체제를 가지는 진체강동물; 독특한 수관계; 내골격
	후구동물	척삭동물문 (창고기류, 피낭류, 척추동물)	척삭을 가지고 있는 진체강동물; 등쪽의 속이 빈 신경삭; 인두열; 항문 뒤에 있는 근육질 꼬리(34장)

생각해보자

수준 1: 지식/이해

1. 육상 달팽이와 조개, 문어가 모두 공유하는 것은
   a. 외투막. b. 치설.
   c. 아가미. d. 뚜렷한 머리.

2. 체절성의 몸을 가지고 있는 동물들로 특징되는 문은?
   a. 자포동물 b. 편형동물
   c. 절지동물 d. 연체동물

3. 극피동물의 수관계는
   a. 영양소를 몸의 세포들로 분배하는 순환계로서 기능한다.
   b. 이동과 섭식에서 기능한다.
   c. 동물의 성체는 좌우대칭이 아님에도 불구하고 좌우대칭형의 체제를 나타낸다.
   d. 여과섭식을 하는 동안 물을 동물의 몸을 통과하여 보낸다.

4. 다음 문과 문에 대한 설명으로 짝지은 것 중 잘못된 것은?
   a. 극피동물—유생일 때 좌우대칭, 진체강
   b. 선형동물—선충류, 의체강
   c. 편형동물—편형동물, 위수강, 무체강
   d. 윤형동물—위수강, 진체강

수준 2: 응용/분석

5. 그림 33.2에서, 가장 최근의 진정후생동물 공통조상으로부터 분기한 2개의 주요 분기군들은?
   a. 해면동물과 자포동물
   b. 촉수담륜동물과 탈피동물
   c. 자포동물과 좌우대칭동물
   d. 후구동물과 좌우대칭동물

6. **MAKE CONNECTIONS** 그림 33.8에서, 하나의 폴립형 군체로부터 2마리의 해파리형 개체들이 4단계에서 나타났다고 가정하라. 개념 12.1과 13.3을 검토하고, 체세포분열과 감수분열에 대한 지식을 이용하여 다음의 문장이 참인지 또는 거짓인지를 평가하라. 만약 거짓이라면 참인 서술을 하고 있는 정답을 선택하라. 2마리의 해파리형 개체들이 유전적으로 동일하다고 할지라도 한 개체에서 생성된 정자는 다른 개체에서 생성된 알과는 유전적으로 다를 것이다.
   a. 거짓(해파리형 개체들과 배우자들 모두 유전적으로 동일하다)
   b. 거짓(해파리형 개체들이나 배우자들 모두 유전적으로 동일하지 않다)
   c. 거짓(해파리형 개체들은 동일하지 않으나 배우자들은 동일하다)
   d. 참

수준 3: 종합/평가

7. **진화적 관점**
   INTERPRET THE DATA 이 장에서 자세히 소개한 10개의 좌우대칭동물의 문들을 포함하는 좌우대칭동물의 계통수를 그려보라. 각 문의 구성원들이 진체강동물(C), 의체강동물(P), 무체강동물(A) 가운데 어느 것인가에 따라 하나의 문으로 연결되는 각각의 가지들을 C, P, 또는 A로 표지하라. 표지된 계통수를 이용하여 다음의 질문에 답하라.
   (a) 3개의 주요 좌우대칭동물 분기군들 각각에 대하여 분기군의 공통조상이 체강을 가졌는지의 여부에 대한 어떤(있기만 하다면) 추론을 할 수 있는가?
   (b) 진화의 경로를 거치는 동안 동물에서 체강의 존재는 어떻게 변화되었을까?

8. **과학적 탐구**
   어둠 속에서 박쥐들은 초음파를 낸 후 되돌아오는 음파를 이용하여 불나방과 같은 날아다니는 곤충류들을 찾아내고 포획한다. 불나방의 어떤 종류들은 박쥐의 공격에 반응하여 자신들 고유의 초음파를 낸다. 연구자들은 불나방들이 내는 초음파가 (1) 박쥐의 음파탐지기를 방해하거나 (2) 나방이 독성이 있는 화학적 방어수단을 가지고 있다는 것을 경고하는 것이라는 가설들을 세우고 있다. 아래 그래프는 시간 경과에 따른 나방의 포획 연구에서 관찰된 두 가지 양상들을 보여준다.

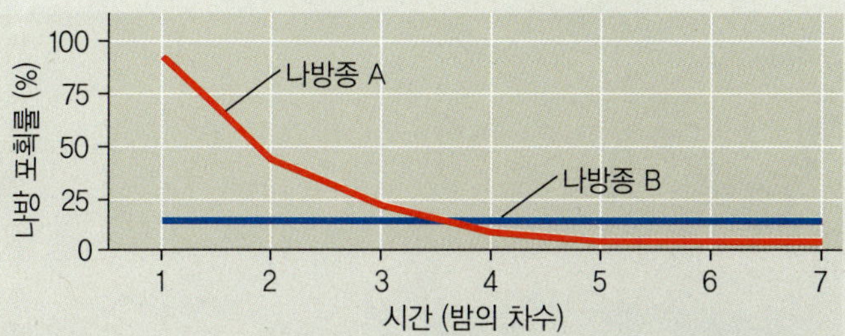

   이 실험에 사용된 박쥐들은 "경험이 없는 박쥐", 즉 실험 전에 불나방들을 사냥한 적이 없었던 박쥐들이었다. 실험의 결과들은 가설 (1)과, 가설 (2) 가운데 무엇을 지지하는가? 또는 두 가설 모두를 지지하는가? 연구자들이 왜 경험이 없는 박쥐들을 사용하였는지를 설명하라.

9. **글쓰기: 지식의 체계화**
   서로 다른 무척추동물 무리들에서 소화관의 구조가 그들이 먹을 수 있는 생물체의 크기에 어떻게 영향을 주었는지 간략한 글짓기(100~150 단어의 분량)를 하라.

10. **종합적으로 생각해보기**

   전체적으로, 이 딱정벌레들과 모든 다른 무척추동물 종들의 조합은 단계통군을 형성하는가? 정답을 설명하고 무척추동물의 진화 역사에 대한 개요를 작성하라.

정답은 부록 A 참조

34 척추동물

핵심 개념

34.1 척삭동물은 척삭을 가지며 등쪽에 속이 빈 신경다발이 있다

34.2 척추동물은 등뼈가 있는 척삭동물이다

34.3 유악류는 턱이 있는 척추동물이다

34.4 사지류는 팔다리가 있는 유악류이다

34.5 양막류는 육지 환경에 적응된 알을 갖는 사지류이다

34.6 포유류는 젖을 만들고 털이 있는 양막류이다

34.7 사람은 커다란 뇌를 가지며 두발로 걷는 포유류이다

▲ **그림 34.1** 이 고대 생물체와 인류는 어떤 관련이 있는가?

5억 년 등뼈의 역사

약 5억 3,000만 년 전, 캄브리아기 초기에 지구의 대양에는 이미 엄청나게 다양한 무척추동물들이 살고 있었다. 포식자들은 날카로운 발톱과 턱으로 먹잇감을 찢을 수 있었다. 많은 동물들은 자신을 보호하기 위한 가시와 갑피를 갖추고 있었으며, 구강에는 변형된 구조물이 있어 바닷물에서 먹잇감을 걸러낼 수 있었다.

이런 번잡함 속에, 물속을 미끄러지듯 헤엄쳐 다니는 3 cm 길이의 가느다란 생물체는 별로 주의를 끌 만한 것이 아니었다: *Myllokunmingia fengjiaoa*(그림 34.1). 비록 이 동물들이 갑피, 눈, 팔다리 같은 것을 갖추지는 않았지만, 이 고생물종은 지구에서 헤엄치거나, 걸어서 또는 미끄러져 다니거나, 날아다녔던 어떤 동물보다도 성공적인 동물군의 하나인 **척추동물(vertebrates)**과 밀접한 연관이 있었다. 척추동물이란 이름은 척주(vertebral column 또는 backbone)를 이루는 일련의 뼈들을 의미하는 등뼈(척추 또는 척추뼈, vertebrae)에서 유래하였다.

척추동물은 1억 5,000만 년 이상 해양으로 그 서식지가 국한되어 있었으나, 약 3억 6,500만 년 전에 척추동물의 한 계통에서 팔다리가 발달하면서 이들 척추동물이 육지로 진출할 수 있는 발판이 구축되었다. 육지에서 이들은 양서류, 파충류(조류 포함), 포유류로 다양하게 분기되었다.

100만이나 되는 곤충류의 종수에 비하면 척추동물은 약 57,000종으로 비교적 적은 편이다. 그러나 척추동물의 종다양성이 낮다는 사실은 그 특성상의 불균형(disparity)에 의해 충분히 보상된다. 몸무게와 같은 특성에 있어, 척추동물들은 종 사이에 매우 광범위한 차이를 보이는데, 예를 들어 40,000 kg(소형트럭 13대보다 무거운)에 이르는 초식성 공룡은 땅 위를 걸어 다녔던 어떤 동물보다도 육중한 것이었다. 이 지구상에 존재하였던 어떤 동물보다도 몸집이 큰 동물인 흰긴수염고래도 척추동물(포유류)이며, 그 몸무게는 100,000 kg에 달한다. 반면에 2004년에 발견된 물고기 *Schindleria brevipinguis*는 길이가 8.4 mm로써 그 몸무게는 흰긴수염고래의 약 1,000억분의 1에 불과하다.

이 장에서 여러분은 척추동물이 어떻게 무척추동물 조상으로부터 유래하였는지에 관한 최근 가설에 대해 배우게 될 것이다. 우리는 척추동물 몸설계(body plan)의 단계적 진화를 척삭에서부터 머리, 그리고 무기질화된 골격까지 추적할 것이다. 또한 우리 자신이 속한 종의 진화 역사를 탐구할 것이며, 현생동물과 멸종된 동물을 포함하는 척추동물의 주요 군들을 탐색하게 될 것이다.

개념 34.1

척삭동물은 척삭을 가지며 등쪽에 속이 빈 신경다발이 있다

척추동물은 척삭동물문(Chordata)에 속한다. **척삭동물(chordates)**은 좌우대칭동물(bilaterian)이며, 좌우대칭동물군(Bilateria) 중에서 후구동물군(Deuterostomia)으로 알려져 있는 분기군에 속한다(그림 32.11). **그림 34.2**에서 보이는 것처럼 무척추동물 중 후구동물의 두 군, 두삭동물(두삭류 또는 창고기류, cephalochordates)과 미삭동물(미삭류, urochordates)은 다른 어느 무척추동물보다도 척추동물에 더 가까운 편이다. 그러므로 이들 두 무척추동물군은 척추동물군과 함께 척삭동물문으로 분류된다.

척삭동물의 파생형질

모든 척삭동물은 일군의 파생형질을 공유하지만, 많은 척삭동물

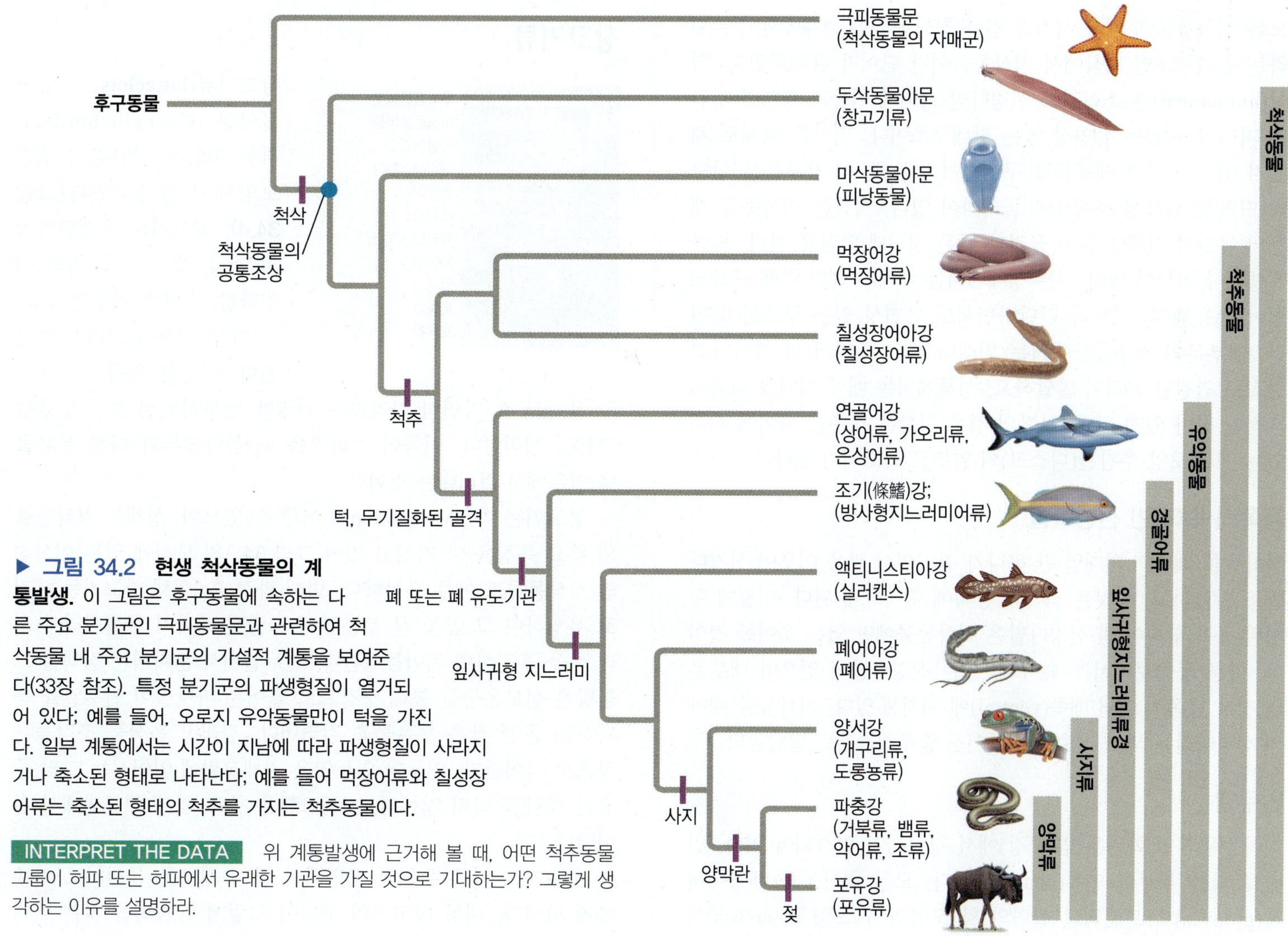

▶ **그림 34.2 현생 척삭동물의 계통발생.** 이 그림은 후구동물에 속하는 다른 주요 분기군인 극피동물문과 관련하여 척삭동물 내 주요 분기군의 가설적 계통을 보여준다(33장 참조). 특정 분기군의 파생형질이 열거되어 있다; 예를 들어, 오로지 유악동물만이 턱을 가진다. 일부 계통에서는 시간이 지남에 따라 파생형질이 사라지거나 축소된 형태로 나타난다; 예를 들어 먹장어류와 칠성장어류는 축소된 형태의 척추를 가지는 척추동물이다.

INTERPRET THE DATA 위 계통발생에 근거해 볼 때, 어떤 척추동물 그룹이 허파 또는 허파에서 유래한 기관을 가질 것으로 기대하는가? 그렇게 생각하는 이유를 설명하라.

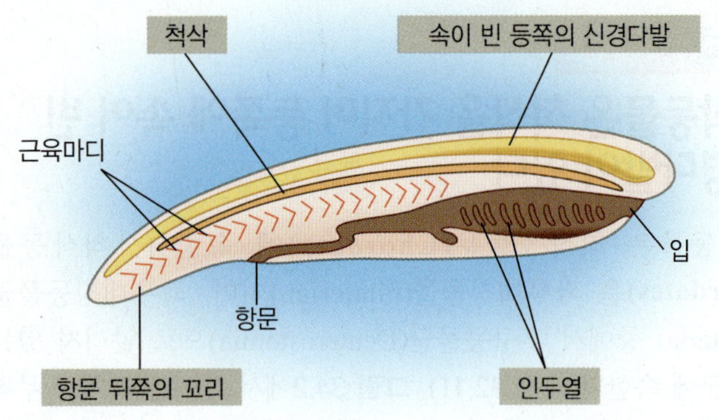

▲ **그림 34.3 척삭동물의 특징.** 모든 척삭동물은 그들이 척삭동물문에 속함을 나타내는 4가지 구조적 특징을 그 발생 과정 중 특정 시기에 보여준다.

종에서 이들 형질 중 일부는 오직 배 발생기에만 나타난다. **그림 34.3**은 척삭동물의 네 가지 핵심 형질(key characters)인 척삭, 등쪽의 속이 빈 신경다발, 인두열, 항문 뒤의 근육성 꼬리를 보여주고 있다.

척삭

모든 척삭동물의 배아 시기와 일부 척삭동물의 성체에서도 존재하는 골격구조인 척삭에서 척삭동물이란 단어가 유래하였다. **척삭(notochord)**은 소화관과 신경다발 사이에 이들과 평행하게 길게 자리잡고 있는 유연성 있는 막대구조이다. 척삭은 액체로 채워져 있는 커다란 세포들로 구성되어 있는데, 이 세포들은 상당히 딱딱한 섬유성 조직으로 둘러싸여 있다. 척삭은 척삭동물 개체의 몸길이 전체에 걸쳐 골격과 같은 지지대 역할을 한다. 또한 유생이나 척삭이 남아 있는 성체에서는 개체가 헤엄칠 때 근육의 힘이 작용할 수 있도록 단단하면서도 유연성 있는 구조물이 된다. 대부분의 척추동물에서는 원래의 척삭 주위에 더 복잡하고 관절로 연결된 골격이 발달하고, 성체에서는 배아 시기의 척삭이 흔적만 남아 있게 된다. 사람의 경우 척삭은 척추골 사이에 끼여 있는 젤리 모양 추간판(디스크)의 일부로 축소되어 있다.

등쪽의 속이 빈 신경다발

척삭동물 배아의 외배엽 판 하나가 감기면서 관을 이루어 신경다발로 발달하고, 이것은 척삭의 등쪽에 위치하게 된다. 이렇게 형성된 등쪽의 속이 빈 신경다발은 척삭동물에만 있는 특이한 것이다. 다른 동물문에서는 속이 차 있는 신경다발이 있으며 대부분의 경우 등쪽이 아닌 배쪽(ventral)에 위치해 있다. 척삭동물 배아의 신경다발은 뇌와 척수로 이루어진 중추신경계로 발달한다.

인두열

척삭동물의 소화관은 입(구강)에서 항문까지 연결되어 있다. 입 바로 다음 부분이 인두(pharynx)이다. 모든 척삭동물 배아에서 홈(grooves)으로 분리된 일련의 활 모양의 구조들(궁, arches)이 인두 바깥 표면에 배열되어 있다. 대부분 척삭동물에서 이들 홈들은 인두로 열리는 틈새를 만드는데, 이를 **인두열(pharyngeal clefts)**이라 한다. 입으로 들어온 물은 소화관 전체를 통과하지 않고 이들 **인두열(pharyngeal slits)**을 통해 몸통 밖으로 빠져나갈 수 있다. 많은 무척추 척삭동물들에서 인두열은 부유물을 걸러먹는 도구 역할을 한다. 척추동물에서는(팔다리가 달린 척추동물인 사지류는 예외임) 인두열과 이것을 지지하는 인두궁이 기체교환을 할 수 있도록 변형되었으며, 이것을 아가미라 부른다. 사지류에서는 인두열이 틈새로 발달하지 않는다. 대신, 인두열을 둘러싸는 인두궁은 귀의 일부, 그리고 머리와 목의 다른 구조들로 발달한다.

항문 뒤의 근육성 꼬리

척삭동물은 항문 뒤쪽으로 늘어진 꼬리를 가지는데, 많은 종에서 이 꼬리는 배아발생 과정에서 많이 축소된다. 반면, 대개의 비척삭동물에서는 소화관이 몸길이 전체에 걸쳐 있다. 척삭동물의 꼬리에는 골격 같은 구조와 근육이 있으며 이것은 많은 수생종들이 물속에서 앞으로 나아가는 추진력을 부여하도록 돕는다.

창고기류

창고기류(lancelets; 두삭동물아문, Cephalochordata) 라는 이름은 칼날같이 생긴 모양에서 유래하였다**(그림 34.4)**. 창고기는 유생단계에서 척삭, 속이 빈 등쪽의 신경다발, 수많은 인두열, 그리고 항문 뒤쪽에 꼬리가 발달한다. 이들은 위쪽으로 헤엄쳐 올라간 후 자연히 가라앉는 과정을 반복하면서 물속의 플랑크톤을 섭취한다. 이들이 가라앉을 때 플랑크톤과 다른 부유물을 인두에서 걸러내는 것이다.

창고기는 다 자라면 6 cm에 이를 수 있으며, 성체는 척삭동물의 주요 특징을 다 가지고 있어 그림 34.3의 도식에 있는 이상적인 척삭동물과 아주 흡사하다. 변태 과정 후, 성체 창고기는 해저로 유영하여 그 앞쪽 끝 부분만이 노출될 때까지 꿈틀거리며 모래 속을 후진하며 기어들어간다. 인두열에서 분비되는 점액성 그물망은 섬모운동을 통해 구강으로 들어온 바닷물이 인두열을 통과하는 동안 작은 부유물을 걸러낸다. 걸러진 음식물 조각들은 장으로 들어간다. 인두와 인두열은 기체교환에 있어서는 그리 중요한 역할을 하지 않는다. 기체교환은 주로 외부 체표면에서 일어난다.

창고기는 기존 은신처 구멍에서 나와 새로운 은신처로 자주 옮겨 다닌다. 비록 창고기의 헤엄이 그렇게 효율적인 것은 아니

▲ 그림 34.4 **두삭동물의 일종인 창고기 *Branchiostoma*.** 이 작은 무척추동물은 척삭동물의 네 가지 주요 형질을 다 가진다. 구강으로 흡입된 물은 인두열을 거쳐 위새강(atrium)이라 하는 작은 방으로 들어가는데, 여기서 위새강문(atriopore)을 통해 외부로 배출된다. 구강 입구에는 자모(cirri)라고 불리는 촉수 같은 돌출물이 있어 큰 조각들이 구강으로 들어가지 못하도록 막는다. 창고기는 열을 지어 배치된 근육마디들을 이용하여 파동 모양의 유영 운동을 한다.

지만, 이 무척추 척삭동물의 유영은 물고기류의 기본적인 유영 기법을 보여준다. 척삭의 측면을 따라 근육이 눕혀 놓은 V자 형태로 줄지어 배열되어 있어(>>>>) 이 근육의 조화로운 수축을 통해 척삭을 휘게 만들고 이것은 측면 방향의 파동을 일으켜 몸통이 앞으로 전진하게 만든다. 이렇게 줄지어 배열된 근육조직은 창고기의 분절에 대한 증거가 된다. 이 근육 분절들은 **체절**(somites)이라 불리는 중배엽 덩어리들에서 유래한 것이며, 모든 척삭동물 배아의 척삭 양쪽 측면을 따라 배열해 있다.

전 세계적으로 창고기는 비교적 희귀한 종류이다. 그러나 플로리다 해안의 탐파만과 같은 몇몇 지역에서는 때때로 창고기 서식밀도가 제곱미터당 5,000마리 이상에 이르기도 한다.

피낭동물

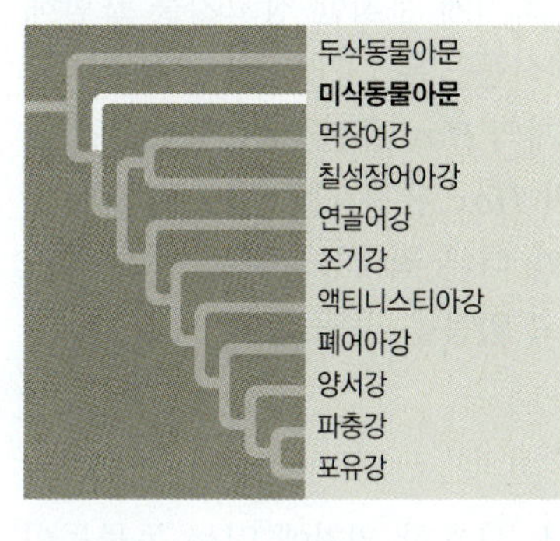

최근 분자 수준의 연구결과는 창고기보다도 **피낭동물**(**tunicates**, 미삭동물아문, 멍게류)이 다른 척삭동물들에 더 가깝다는 것을 시사한다. 피낭동물이 척삭동물의 특징적 형질을 가장 뚜렷이 나타내는 시기는 유생단계인데, 그 기간이 단 몇 분에 불과할 정도로 짧을 수도 있다(그림 34.5a). 피낭(동물)류에 속하는 많은 종의 유생은 빛과 중력에 민감한 세포로부터 신호를 받아 그 꼬리의 근육과 척삭을 이용하여 물속을 유영하면서 자신이 자리 잡을 만한 적당한 기질을 찾는다.

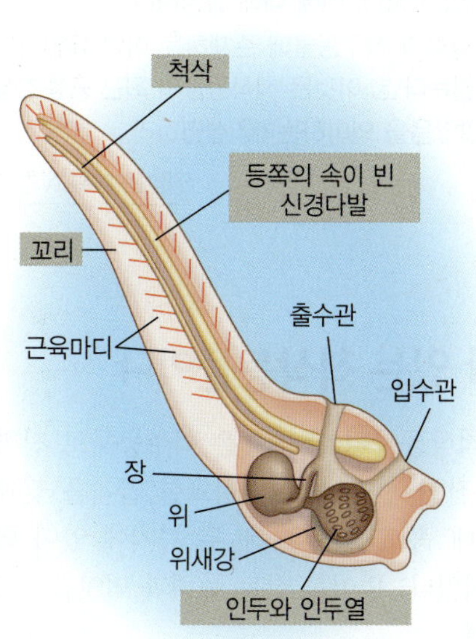

(a) 피낭동물 유생은 자유롭게 유영할 수 있지만 섭식은 하지 않는 "올챙이"이며, 척삭동물의 네 가지 주요한 형질 모두를 뚜렷이 가지고 있다.

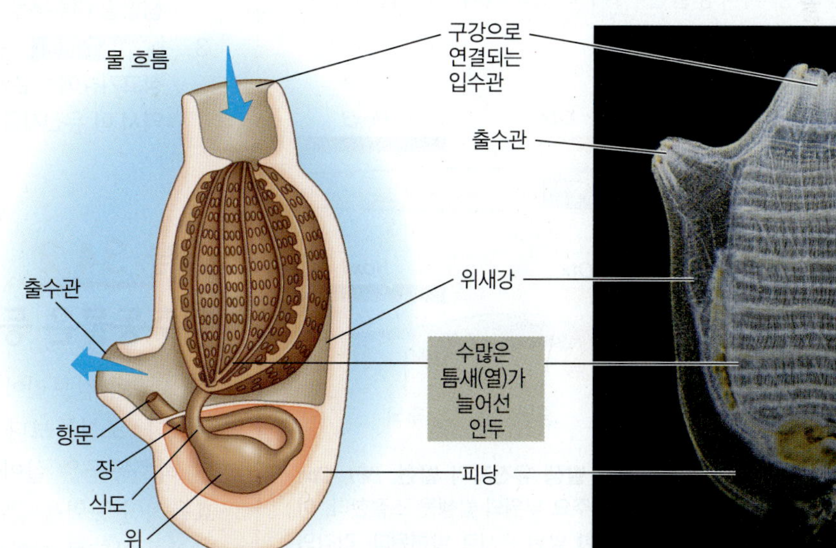

(b) 성체에서 인두열은 두드러진 특징이며 부유물 섭식에 중요한 기능을 한다. 그러나 나머지 다른 척삭동물 형질들은 성체에서 그리 뚜렷하지 않다.

(c) 성체 피낭동물(멍게류)은 고착성 동물이다(사진은 대략 실물 크기임).

▲ 그림 34.5 **피낭동물(미삭동물)**

피낭류 동물이 일단 기질에 자리 잡게 되면 급진적인 변태 과정을 거치게 되는데, 이 과정에서 척삭동물의 특성들이 많이 사라지게 된다. 꼬리와 척삭은 재흡수되고, 신경계는 퇴화하며, 남은 기관들은 90° 회전한다. 성체 피낭동물은 입수관으로 물을 빨아들이고, 이 물은 인두열을 통해 위새강(atrium)이라 불리는 방으로 들어가며 여기서 출수관을 통해 배출된다(**그림 34.5b,c**). 물속에 떠 있는 먹이 조각들은 점액성 그물망에 의하여 걸러지고 섬모운동에 의해 식도로 운반된다. 항문은 출수관으로 연결되어 배출에 사용된다. 어떤 피낭류는 공격을 받으면 출수관으로 물줄기를 뿜어내기 때문에 "바다물총(sea squirts)"이라 불리기도 한다.

성체단계에서 척삭동물의 특징적 형질이 퇴화되는 피낭동물의 특성은 피낭동물 계통이 다른 척삭동물로부터 분지한 이후에 비로소 발달한 것으로 보인다. 심지어 피낭동물의 유생도 고도로 파생된 형태를 보인다. 예를 들어, 초기에 분지한 창고기를 포함해서 지금까지 연구된 다른 모든 척삭동물은 13개의 *Hox* 유전자를 가지고 있는 반면, 피낭동물은 9개의 *Hox* 유전자를 가지고 있다. 멍게류는 그 진화 과정 중 4개의 *Hox* 유전자를 잃게 되었는데, 이것은 피낭동물 유생의 몸설계가 다른 척삭동물과는 다른 일련의 유전적 조절에 의해 이루어지고 있음을 말해 준다.

초기 척삭동물의 진화

비록 피낭류와 창고기류가 비교적 모호한 위치에 있는 동물들이기는 하지만, 이들은 생명의 역사에 있어 핵심적 위치를 차지하고 있고 척추동물의 진화적 기원에 관한 단서를 제공할 수 있다. 앞에서 본 바와 같이, 창고기는 척삭동물의 핵심 형질을 성체에서 나타내며 그 계통은 척삭동물 계통수의 기저에서 분지된다. 이러한 사실은 조상 척삭동물은 아마도 창고기와 비슷한 모습이었을 것이라는 점을 시사한다—즉, 앞쪽 끝에 구강; 척삭; 등쪽에 속이 빈 신경다발; 인두열; 항문 뒤에 꼬리가 있었을 것이다.

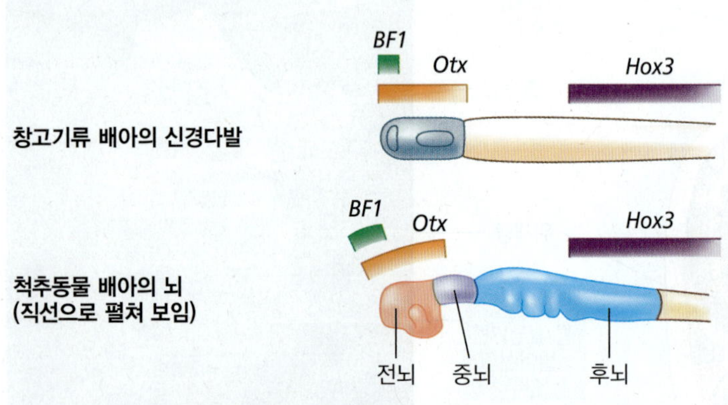

▲ **그림 34.6 창고기와 척추동물에서 발생 유전자의 발현.** *BF1*, *Otx*, *Hox3*와 같은 *Hox* 유전자들은 척추동물 뇌 주요 부위의 발생을 조절한다. 이 유전자들은 창고기류와 척추동물에서 동일한 앞뒤 순서로 발현된다. 각각의 색칠한 막대는 해당 유전자가 발생을 조절하는 뇌 부위의 바로 위에 그려져 있다.

MAKE CONNECTIONS 이러한 발현 양상과 그림 20.19의 발현 양상은 *Hox* 유전자와 그 진화에 관해 무엇을 말해 주는가?

창고기에 대한 연구 결과는 척삭동물 뇌 진화에 관한 중요한 단서들을 제공한다. 창고기에는 완전한 뇌구조가 존재하지 않고 등쪽 신경다발 앞쪽 끝에 약간 부푼 정도의 말단 부위가 있을 뿐이다(**그림 34.6**). 그러나 척추동물의 전뇌, 중뇌, 후뇌의 주요 부위를 조직하는 *Hox* 유전자와 동일한 유전자가 창고기류의 신경다발 말단의 작은 세포군에서도 동일한 양상으로 발현된다. 이러한 사실은 척추동물의 뇌가 창고기류의 간단한 신경다발 말단과 비슷한 조상구조에서 유래하였다는 점을 시사한다.

피낭동물에서와 같이, 창고기 유전체의 염기서열이 완전히 해독되었으며, 이 정보를 이용하여 초기 척삭동물에 존재하였던 유전자들을 유추할 수 있다. 이러한 접근 방식으로 연구한 연구자들은 조상 척삭동물이 심장이나 갑상샘과 같은 척추동물의 기관과 연관된 유전자를 가졌다고 제안하였다. 이러한 유전자들은 피낭동물이나 척추동물에서는 발견되었지만 척삭동물이 아닌 무척추동물에는 존재하지 않는다. 반면에 척추동물에서 신경자극을 먼거리로 이동시키는 기능과 관련된 많은 유전자들이 피낭동물에는 존재하지 않는다. 이러한 연구 결과는 이들 유전자들이 초기 척추동물에서 처음 발달하였으며 척추동물 진화계통에 독특한 것이라는 점을 시사한다.

개념 확인 문제 34.1

1. 모든 척삭동물에서 그 생애의 어느 시기엔가는 나타나는 네 가지 파생형질을 열거하라.
2. 당신은 척삭동물에 속한다. 그럼에도 불구하고 척삭동물의 주요 파생형질 대부분을 가지고 있지 않다. 이에 대해 설명하라.
3. **WHAT IF?** 만일 피낭류와 척추동물에 존재하는 어떤 유전자가 창고기류에는 존재하지 않는다면, 이것은 척삭동물의 최근 공통조상 역시 이 유전자를 갖지 않았음을 의미하는가? 설명하라.

정답은 부록 A 참조

개념 **34.2**

척추동물은 등뼈가 있는 척삭동물이다

5억 년 전, 캄브리아기에 척삭동물의 한 계통은 척추동물로 진화하였다. 조상들보다 더 복잡한 신경계와 더 정교한 골격을 갖게 된 척추동물은 살아가는 데 꼭 필요한 다음 두 가지에 있어 더 효율적인 능력을 갖추게 되었다: 먹이를 잡는 능력과 먹잇감으로 잡히지 않도록 피하는 능력.

척추동물의 파생형질

현생 척추동물들은 다른 척삭동물과 구별되는 그들만의 독특한 파생형질 여러 가지를 공유하고 있다. 척추동물은 유전자 복제에 의해 두 세트 또는 그 이상의 *Hox* 유전자군을 보유한다(창고기류와 피낭류는 *Hox* 유전자군 한 세트만 갖고 있음). 전사인자들과 신호전달분자들을 합성하는 데 필요한 다른 중요한 유전자군들도 척추동물에서는 중복되어 있다. 그 결과 얻어진 유전적 복잡성은 척추동물의 신경계 및 골격계의 혁신과 연계되어 있는 것으로 보인다. 이러한 혁신에는 두개골의 발달, 그리고 척추골로 이루어진 등뼈의 발달이 포함된다. 어떤 척추동물에서는, 척삭의 등쪽을 따라 배열된 작은 연골돌기에 불과한 것이 등뼈를 이루기도 한다. 그러나 대부분의 척추동물에서 등뼈는 척수를 둘러싸고 있으며, 척삭이 하던 기계적 역할을 대신 수행한다. 수생 척추동물은 지느러미가시에 의해 강화된 등지느러미, 가슴지느러미, 배지느러미를 획득하였다. 먹잇감을 쫓거나 포식자를 피해 헤엄칠 때, 이 지느러미가시를 이용하여 추진력을 얻고 방향을 조절할 수 있었다. 또한 아가미에서 더 효율적인 기체교환 체계를 갖추는 등, 더 빠르게 헤엄치기 위한 다른 형태의 적응도 이루어졌다.

먹장어류와 칠성장어류

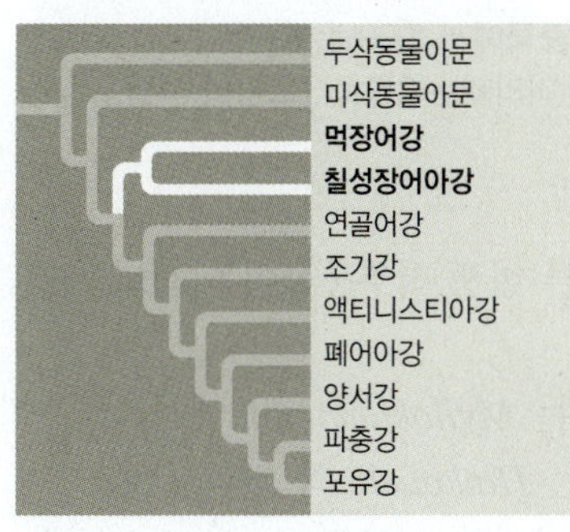

먹장어류(hagfishes; 먹장어강, Myxini)와 **칠성장어류(lampreys**; 칠성장어아강, Petromyzontida)는 척추동물 중 유일하게 턱이 없는 계통이다. 또한 칠성장어와 먹장어는 대부분의 척추동물과는 달리 척추뼈대가 없다. 그럼에도 불구하고 칠성장어는 전통적으로 척추동물로 분류되었는데 이는 칠성장어가 초보적인 척추골(뼈가 아닌 연골로 이루어진)을 갖고 있기 때문이다. 먹장어는 척추골이 아예 없는 것으로 생각되었고, 따라서 척추동물과 아주 가까운 무척추 척삭동물로 분류되었다.

그러나 지난 수 년간 이러한 해석에 변화가 있었다. 최근의 연구 결과는 칠성장어와 마찬가지로 먹장어 역시 초보적인 척추골을 갖고 있다는 것을 보여준다. 그 외에 일련의 분자계통 연구들은 먹장어 역시 척추동물에 속한다는 가설을 지지한다.

또한 이 장의 처음에 보여주었던 계통도에 나타난 바와 같이, 분자분석 결과는 먹장어류와 칠성장어류가 자매군이라는 점을 시사한다. 이 모든 사실을 종합해 볼 때, 먹장어와 칠성장어는 **원구류(cyclostomes)**라 불리는 현생 무악척추동물(턱이 없는 척추동물) 분기군을 형성한다. (턱이 있는 척추동물은 훨씬 더 큰 분기군인 유악동물 분기군을 이루며, 이들에 대해서는 개념 34.3에서 다루게 될 것이다.)

▲ 그림 34.7 먹장어

먹장어류

먹장어류는 턱이 없는 무악척추동물로서 매우 축소된 척추, 그리고 연골로 이루어진 두개골을 갖는다. 먹장어는 성체에서도 척삭이 유지되는데, 단단하지만 유연성 있는 연골막대 형태의 척삭을 갖는다. 먹장어는 근육마디들을 이용하여 척삭에 힘을 가하면서, 뱀 같은 방식으로 헤엄을 친다. 먹장어는 작은 크기의 뇌, 눈, 귀, 그리고 인두와 연결된 콧구멍이 있으며, 입에는 케라틴 단백질로 이루어진 이빨 같은 구조가 있다.

현존하는 먹장어류 30종은 모두 바다에 서식한다. 이들의 몸길이는 60 cm에 이르며, 대부분 바닥에 거주하는 청소섭식동물(scavenger, 그림 34.7)로서, 벌레 또는 아프거나 죽은 물고기를 먹는다. 먹장어의 허리에는 몇 줄의 점액선이 있는데 여기서 분비되는 물질은 물을 흡수해서 점액을 형성하고, 이것은 먹장어가 섭식하는 동안 다른 청소동물이 접근하지 못하도록 막아준다. 먹장어가 포식자에게 공격을 당하면 먹장어는 1분 이내에 몇 리터의 점액을 만들어 낼 수 있다. 이 점액은 공격하는 물고기의 아가미를 덮어서 물러서게 하거나 심지어 질식시켜 죽게 만들 수도 있다. 몇몇 생물학자와 공학자 팀은 먹장어 점액의 성질을 연구하고 있는데, 이들의 목적은 인공점액을 만들어 공간을 채우기 위한 젤로 사용하고자 하는 것이다. 예를 들어, 수술 중 지혈을 위해 이런 젤을 사용할 수 있을 것이다.

칠성장어류

칠성장어류는 먹장어류에 이어 현생 무악척추동물에 속하는 두 번째 동물군으로, 다양한 해양 및 민물 환경에서 살고 있는 약 35개의 동물종으로 이루어져 있다(그림 34.8). 대부분은 턱이 없는 둥근 입을 그들의 "숙주"인 살아 있는 물고기의 옆구리에 고정시켜 살아가는 기생체이다. 그 다음 이들은 거친 입과 혀로 물고기의 피부를 뚫고 피와 다른 조직을 갉아 먹는다.

칠성장어류는 유생 시기를 흐르는 민물에서 보낸다. 유생은

▲ **그림 34.8 바다 칠성장어.** 대부분 칠성장어들은 입(위, 확대한 그림)과 혀로 물고기의 옆구리에 구멍을 낸 다음, 숙주동물의 피와 다른 조직들을 빨아 먹는다.

창고기를 닮은 부유물 섭취자로서 많은 시간을 퇴적물 속에 일부 묻힌 채로 살아간다. 어떤 종의 칠성장어는 유생일 때에만 먹이를 먹는다. 흐르는 민물에서 여러 해를 보낸 다음 성적 성숙에 도달하고, 번식한 후 며칠 안에 죽는다. 그러나 대부분의 칠성장어는 성체가 된 후 바다나 호수로 이동한다. 바다칠성장어(*Petromyzon marinus*)는 지난 170년 동안 오대호에 침입해 왔으며, 여기에서 여러 양식어장을 초토화시켰다.

칠성장어의 골격은 연골로 되어 있다. 다른 척추동물의 연골과는 달리, 칠성장어의 연골에는 콜라젠이 없고, 대신 딱딱한 다른 단백질 기질로 채워져 있다. 먹장어와 마찬가지로 칠성장어의 척삭은 성체에서 주축 골격으로 유지된다. 그러나 칠성장어는 막대 같은 척삭을 둘러싸는 유연성 있는 외피를 가지고 있다. 이 외피의 길이 방향을 따라 척추뼈와 비슷한 연골돌기쌍이 등쪽으로 나와 있어 신경다발을 부분적으로 감싸고 있다.

초기 척추동물의 진화

1990년대 말 중국 고생물학자들은 척추동물로 진화하는 과정의 중간단계인 것으로 보이는 초기 척삭동물의 화석을 대량으로 발견하였다. 이들 화석은 5억 3,000만 년 전 캄브리아기 폭발시에 많은 동물군들이 급격히 다양화되고 있던 시기에 형성된 것이다(개념 32.2).

이 화석들 중 가장 원시적인 것은 3 cm 길이의 *Haikouella*이다(그림 34.9). 여러 면에서 *Haikouella*는 창고기를 닮았다. *Haikouella*의 구강구조는 아마도 이 생물이 창고기와 마찬가지로 부유물 섭취자였다는 것을 시사한다. 그렇지만 *Haikouella*는 척추동물의 몇 가지 형질도 동시에 가지고 있었는데, 예를 들어 척추동물의 물고기에서와 같이 잘 형성된 뇌, 작은 눈, 몸 전체의 근육마디가 있었다. 그러나 척추동물과는 달리 *Haikouella*에는 머리뼈나 청각기관은 없었다. 그러므로 머리뼈나 청각기관은 척삭동물 신경계가 더 혁신을 이룩한 다음 비로소 나타난 형질로 추측된다. (초창기의 "귀"는 균형을 유지하기 위한 기관이었다. 이 기능은 사람을 비롯한 다른 현생 척추동물이 아직도 사용하고 있다.)

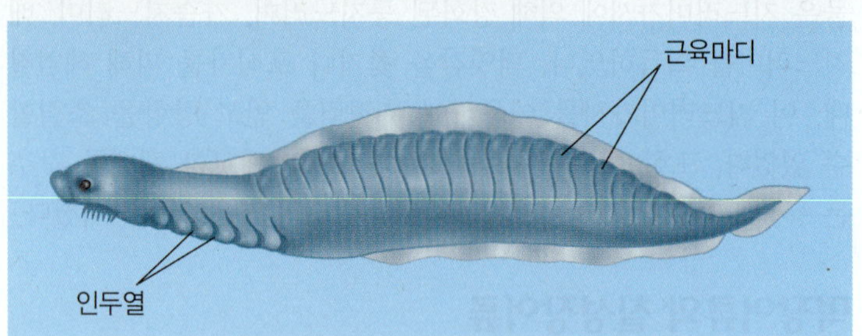

▲ **그림 34.9 척삭동물의 화석.** 남중국에서 1999년 발견된 *Haikouella*는 눈과 뇌는 있었지만 척추동물의 특성인 머리뼈는 없었다. 그림의 색깔은 상상에 의한 것이다.

초기의 머리뼈로 보이는 형태는 *Myllokunmingia*에서 나타난다(그림 34.1). *Myllokunmingia*는 *Haikouella*와 거의 같은 크기였는데 머리뼈의 일부로서 귀를 감싸는 이포(ear capsules)와 눈을 감싸는 안포(eye capsules)가 있었다. 이들 형질들과 다른 형질들에 근거하여, *Myllokunmingia*는 머리를 갖는 최초의 척삭동물로 간주된다. 머리는 등쪽 신경다발 앞 말단에 위치한 뇌, 눈과 다른 감각기관들, 머리뼈로 이루어져 있는데, 이 머리가 발달하게 됨으로 척삭동물은 좀 더 복잡한 운동과 섭식행동을 조절할 수 있게 되었다. 비록 *Myllokunmingia*가 머리를 갖추었지만 척추는 없었기 때문에 이들은 척추동물로 분류되지는 않는다.

초기 척추동물 화석은 5억 년 전의 것이며 여기에는 **코노돈트류(conodonts)**라고 하는 가늘고 부드러운 몸을 가진 척추동물이 포함되는데, 코노돈트류는 턱이 없고 연골로 된 내부 골격을 갖고 있었다. 이들은 커다란 눈을 갖고 있었는데 이것은 먹이를 추적하는 데 사용되었을 것이다. 또한 구강 앞쪽 끝에는 가시갈고리가 배열되어 있어 먹잇감을 찔러서 꼼짝 못하게 하였을 것이다. 이 갈고리들은 무기질화된(mineralized; 칼슘과 같은 무기질 성분의 침착으로 단단하게 된) 치아조직으로 구성되어 있었다(그림 34.10). 그 후 먹이는 인두로 보내지고, 여기에서 또 다른 형태의 치아요소(dental element)를 이용하여 먹이를 자르고 부수었다.

▼ **그림 34.10 코노돈트.** 코노돈트(conodont)는 초기 무악척추동물로서 5억 년 전부터 2억 년 전까지 살았다. 코노돈트는 먹장어나 칠성장어와는 달리 무기질화된 구강구조를 가지고 있었고, 이것을 이용하여 포식을 하거나 청소섭식(scavenging)을 하였다.

코노돈트류는 3억 년간에 걸쳐 극도로 번성하였다. 화석화된 이들의 치아요소는 너무나 흔해서, 석유지질학자들은 암석층 안에 있는 석유를 찾기 위한 연대 측정 지침으로 이들 치아요소를 수십 년간 사용해 왔다.

진화상의 추가적 혁신을 이룩한 척추동물들이 오르도비스기, 실루리아기, 데본기(4억 8,800만~3억 5,900만 년 전)에 걸쳐 출현하였다. 이들 척추동물은 지느러미 쌍을 가졌고, 칠성장어와 같이 평형감각을 제공하는 두 개의 반고리관이 들어 있는 내이도 갖고 있었다. 비록 턱은 없었지만, 이들은 근육질 인두를 갖추고 있었고 이것으로 해저에 거주하는 생물체나 먹이조각들을 흡입하였을 것이다. 이들은 또한 무기질화된 뼈로 이루어진 갑피로 몸을 덮고 있었는데, 몸을 감싸는 정도는 서로 달랐다(그림 34.11). 갑피를 가지고 헤엄치는 무악척추동물들이 많이 존재했지만, 그들은 데본기가 끝나기 전에 모두 멸종하였다.

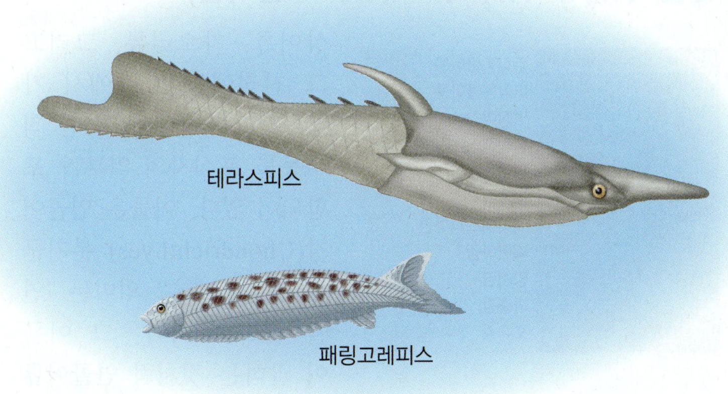

▲ **그림 34.11 갑피 무악척추동물들** 테라스피스(*Pteraspis*)와 패링고레피스(*Pharyngolepis*)는 오르도비스기, 실루리아기, 데본기에 출현하였던 많은 무악척추동물 속들(genera) 중 두 가지이다.

뼈와 치아의 기원

사람의 골격은 고도로 무기질화되어 있고, 연골은 골격 체계에서 부수적인 역할을 할 뿐이다. 그러나 경골로 이루어진 골격은 척추동물 역사에 있어 비교적 최근에 발전된 체계이다. 우리가 이미 살펴본 바와 같이, 척추동물의 골격은 무기질화되지 않은 연골구조로부터 시작하였다.

무엇이 척추동물에서 무기질화 과정을 시작하게 하였는가? 하나의 가설은 무기질화가 섭식기작의 변화와 관련되어 있다는 것이다. 초기 척삭동물은 창고기처럼 부유물 섭취자였을 것이다. 그러나 시간이 지남에 따라 이들의 몸집이 커졌고, 따라서 작은 동물과 같은 더 큰 조각들을 섭취할 수 있게 되었다. 척추동물에서 최초로 무기질화된 구조로 알려져 있는 것은 코노돈트의 치아요소이며, 이 치아요소 구조 덕분에 코노돈트는 청소섭식자(scavenger) 및 포식자로서 살아갈 수 있었을 것이다. 여기에 더하여, 과학자들이 후기 무악척추동물의 경골성 갑피를 현미경 하에서 관찰한 결과, 이 갑피가 작은 치아 모양의 구조로 이루어져 있다는 것을 발견하였다. 이러한 발견은 척추동물의 무기질화는 구강에서 시작되었고 나중에 보호를 위한 갑피에 응용되었다는 점을 시사한다. 나중에 더 많이 파생된 척추동물에 와서야 비로소 내골격의 무기질화가 시작되었고, 그 시초는 머리뼈였다. 개념 34.3에서 다루게 되겠지만, 후세의 척추동물 계통들은 더 심한 무기질화를 경험하였다.

개념 확인 문제 34.2

1. 칠성장어와 코노돈트 사이의 해부학적 차이가 두 동물의 섭식 방식에 어떤 영향을 미쳤는가?
2. **WHAT IF?** 몇몇 동물 계통에서 머리를 가진 생물이 처음 나타난 것은 약 5억 3,000만 년 전이었다. 이러한 발견이, 머리를 가지는 것이 자연선택에 의해 선호된다는 것에 대한 증거가 될 것인지 설명하라.
3. **WHAT IF?** 무기질화된 뼈가 초기 척추동물에서 맡은 주요 역할은 무엇이었는지 제안하라.

정답은 부록 A 참조

개념 34.3

유악류는 턱이 있는 척추동물이다

먹장어와 칠성장어는 무악유두동물이 흔했던 초기 고생대 시기부터 지금까지 살아남은 생존자들이다. 그 이후 **유악동물(gnathostomes)**이라 불리는, 턱이 있는 척추동물의 숫자는 무악척추동물을 압도해 왔다. 현존 유악동물은 상어류와 그 친척들, 방사형지느러미어류, 잎사귀형지느러미어류, 양서류, 파충류(조류 포함), 포유류를 포괄하는 다양한 동물군이다.

유악동물의 파생형질

유악동물, "턱이 있는 입"이라는 이름은 턱(jaws)에서 유래한 것이다. 턱은 경첩같이 생긴 구조로서, 특히 이빨과 함께 작용하여 유악동물이 음식물을 단단히 붙잡고 자를 수 있게 한다. 한 가설에 의하면, 유악동물의 턱은 이전에 앞쪽의 인두(아가미)열을 지지하던 골격막대가 변형되어 형성되었다고 한다. 그림 34.12는 이러한 골격막대들이 턱의 전구체(녹색)와 그 구조적 지지물들(붉은색)로 변형되어 가는 진화 과정의 단계를 보여준다. 이제는 더 이상 부유물 섭식을 하지 않기 때문에, 남은 아가미틈은 외부 환경과의 기체교환을 위한 호흡의 주요 부위로 남게 되었다.

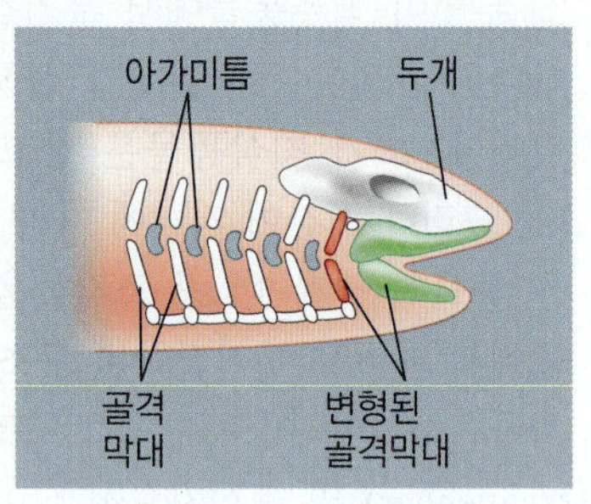

▲ 그림 34.12 **턱뼈 진화에서의 가설적 단계**

유악동물은 턱 외에도 다른 파생형질들을 공유한다. 모든 유악동물의 공통조상들에는 *Hox* 유전자의 부가적인 중복이 있었고, 결과적으로 초기 척삭동물에서 단일 유전자군으로 존재하였던 것이 이제 4개의 유전자군이 되었다. 사실상, 유전체 전체가 복제된 것으로 보이며, 이러한 많은 유전적 변화에 의해 유악동물에서 턱과 다른 혁신적 특징들이 기원할 수 있었을 것이다. 유악동물의 전뇌는 다른 척추동물에 비해 매우 커졌는데, 이것은 주로 후각과 시각능력의 향상과 관련이 있다. 수생 유악동물에 존재하는 부가적인 특징 하나는 **측선계(lateral line system)**이다. 몸 양쪽 옆구리에 길이 방향으로 나 있는 이 기관은 주변의 물의 진동을 감지한다. 측선계의 초기 형태는 일부 무악척추동물의 머리덮개에 있었다.

화석 유악동물들

유악동물이 처음 화석 기록에 나타난 것은 약 4억 4,000만 년 전이었고, 이후 점차 다양화되었다. 이들이 번성할 수 있었던 이유는 유악동물의 해부학적 특성들이 복합적으로 작용한 결과였던 것으로 보인다: 지느러미 쌍들과 꼬리가 있었기 때문에 먹이를 효율적으로 추적할 수 있었고, 턱이 있었기 때문에 먹이를 단단히 잡거나 또는 고기덩이를 뜯어 먹을 수 있었다. (단, 꼬리는 무악척추동물에도 존재한다.)

최초의 유악동물에는 **판피어류(placoderms)**라고 총칭하는, 멸종된 갑피 척추동물 계통이 포함되어 있다. 판피어류는 "판형 피부를 가진" 동물이라는 뜻이다. 대부분 판피어류는 1 m 이내이지만 10 m가 넘는 거대한 것도 있었다(그림 34.13). **가시상어류(acanthodians)**라 불리는 또 다른 유악척추동물군이 대략 비슷한 시기에 출현하였고 실루리아기와 데본기에 방산하여(4억 4,400만~3억 5,900만 년 전) 다양한 새로운 형태들로 진화하였다. 판피어류는 3억 5,900만 년 전에 모두 사라졌으며, 가시상어류는 약 7,000만 년 뒤에 멸종하였다.

▲ 그림 34.13 **초기 유악동물 화석의 한 종류** 위협적인 포식자 판피어류의 하나인 *Dunkleosteus*의 길이는 10 m에 달했다. 그 턱 구조는 *Dunkleosteus*가 그 턱 말단에서 560 kg/cm^{2}의 힘을 가할 수 있음을 시사한다.

종합하면, 최근에 발견된 일련의 화석들은 4억 4,000만~4억 2,000만 년 전의 시기가 진화적 변화의 격동기였음을 밝혀 주었다. 이 시기에 살았던 유악동물들은 고도로 다양한 형태를 보인다. 이들은 4억 2,000만 년 전까지 세 가지 유악척추동물 계통으로 분화하였고 이들은 현재까지 살아남아 있다: 연골어류, 방사형지느러미어류, 잎사귀형지느러미류.

연골어류(상어류, 가오리류, 그 친척들)

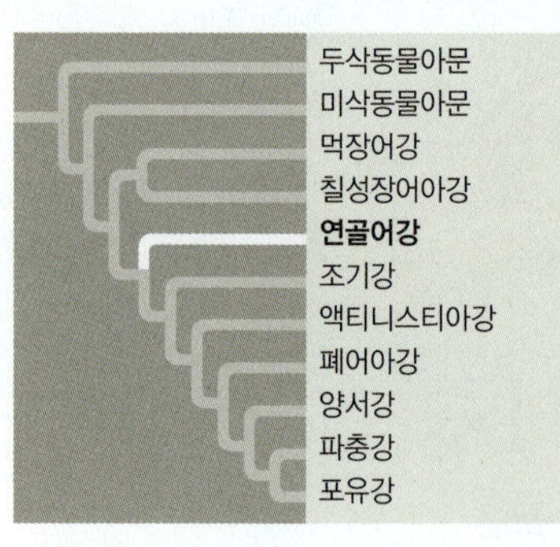

상어류, 가오리류, 그리고 그 친척에는 바다에서 가장 크고 가장 성공적인 척추동물 포식자의 일부가 포함되어 있다. 이들은 연골어강(Chondrichthyes) 분기군에 속하는데 그 의미는 "연골 물고기"이다. 그 이름이 말하는 것처럼 **연골어류(chondrichthyans)**는 주로 연골로 이루어진 골격을 갖고 있는데, 이 연골에는 흔히 칼슘이 침착되어 있다.

처음 연골어강이라는 이름을 사용하기 시작한 1800년대에 과학자들은 연골어류는 척추골격 진화의 원시단계를 대표하며, 무기질화는 오직 "경골어류"와 같이 더 파생된 계통에서만 나타났다고 생각했다. 그렇지만 코노돈트와 갑피무악척추동물이 말해주듯이, 척추동물 골격의 무기질화는 연골어류 계통이 다른 척추동물로부터 분지해 나가기 전에 이미 시작되었다. 더욱이 석탄기에 살았던 상어의 지느러미 골격에서 보듯이, 초기 연골어류에서 뼈 같은 조직이 발견되었다. 현생 연골어류에서도 뼈의 흔적을 찾아볼 수 있다. 예를 들어, 비늘이나 치아뿌리, 그리고 어떤 상어류에서는 척추골 표면의 얇은 층에 뼈(경골)의 흔적이 있다. 이러한 사실들은 연골어류 체내에 뼈가 제한적으로만 분포하는 상태는, 연골어류가 다른 유악어류에서 분지한 이후에 파생된 특성임을 강력히 시사한다.

현생 연골어류에는 약 1,000종의 동물이 있다. 가장 크고 다양한 그룹에는 상어류, 가오리류, 홍어류가 있다(그림 34.14a, b). 다음으로 큰 그룹에는 수십 종으로 이루어진 은상어류(ratfishes 또는 chimaeras; 그림 34.14c)가 있다.

대부분의 상어는 유선형의 몸체를 가지고 재빠르게 헤엄칠 수 있지만, 정교한 조종에는 그리 능하지 않다. 몸통과 뒤(꼬리)지느러미를 힘차게 움직여 앞으로 나아가며, 등지느러미는 주로 안정을 유지하고, 가슴지느러미쌍(앞)과 배지느러미쌍(뒤)은 상어가 헤엄칠 때 방향을 조절한다. 상어는 커다란 간에 많은 양의 기름을 저장함으로 부력을 얻기도 하지만, 그래도 이 동물은 물보다 더 밀도가 높다. 따라서 상어가 헤엄을 치지 않으면 가라앉게 된다. 또한 상어는 지속적으로 헤엄침으로써 물이 입으로 흘러들어가 기체교환이 일어나는 아가미로 물이 공급되도록 한다. 그러나 일부 상어류, 그리고 많은 홍어류와 가오리류는 해저에서 휴식을 취하는 데 상당히 많은 시간을 보낸다. 쉬고 있을 때, 이들은 턱과 인두의 근육을 사용하여 물을 아가미로 흘려보낸다.

가장 몸집이 큰 상어류와 가오리류는 플랑크톤을 먹는 부유물 섭취자이다. 그러나 대부분의 상어류는 육식동물로서, 먹이를 통째로 삼키거나, 또는 한 입에 삼킬 수 없을 정도로 큰 먹이는 강한 턱과 날카로운 이빨로 살점을 뜯어낸다. 상어류는 여러 줄로 되어 있는 치아열을 가지는데, 이들은 계속 앞쪽으로 이동하여 구강의 앞쪽에 있는 오래된 이빨이 없어지면 뒷줄의 이빨이 이를 대치하게 된다. 상어류 중 많은 종의 소화관 길이는 비율로 볼 때 다른 척추동물의 소화관보다 비교적 짧은 편이다. 상어의 장 내에는 **나선판**(spiral valve)이라고 하는 코르크마개뽑이같이 생긴 융기구조가 있어 표면적을 넓히고, 음식물이 소화관을 통과하는 속도를 늦추는 역할을 한다.

상어는 활동적인 육식동물 생활양식에 부합하도록 민감한 감각능력이 발달하였다. 상어는 예리한 시각을 가지나 색깔구별 능력은 없다. 대부분 다른 수생척추동물과 같이, 상어의 콧구멍은 컵 모양 같이 끝이 막혀 있는 구멍 구조이다. 콧구멍은 오직 후각(냄새)을 위한 기능뿐이고 호흡에는 관여하지 않는다. 또한 상어는 주변 동물이 근육 수축 시 생성하는 전기장을 검출할 수 있는 한 쌍의 부위를 머리 피부에 갖고 있다. 다른 모든 수생척추동물

(a) **검정지느러미상어(Blacktip reef shark; *Carcharhinus melanopterus*).** 상어는 감각이 매우 민감하고 빠르게 헤엄치며, 다른 유악동물과 마찬가지로 가슴과 배지느러미를 양측에 쌍으로 가지고 있다.

(b) **남방노랑가오리(Southern stingray; *Dasyatis americana*).** 대부분 가오리는 납작한 저생동물(bottom-dwellers)이며 연체동물과 갑각류를 부수어 먹는다. 어떤 가오리류는 물속을 유영하며 먹이를 크게 벌린 입 속으로 밀어 넣는다.

(c) **점박이은상어(Spotted ratfish; *Hydrolagus colliei*).** 은상어는 대개 80 m 이상 깊은 곳에 살며, 새우류, 연체동물, 성게류를 포식한다. 어떤 종은 등지느러미 앞에 독가시가 있다.

▲ **그림 34.14 연골어류**

(포유류 제외)과 같이, 상어는 고막이 없다. 고막은 육상척추동물이 공기 중의 음파를 청각기관에 전달하기 위한 기관이다. 소리는 물을 통해 상어 몸에 도달하고, 상어의 몸 전체가 그 소리를 내이의 청각기관으로 전달한다.

상어의 알은 체내에서 수정된다. 수컷은 배지느러미에 한 쌍의 교미기를 갖고 있어서, 이것을 통해 정자가 암컷의 생식관으로 이동한다. 상어의 어떤 종들은 **난생(oviparous)**이다. 이들은 알을 낳고 알은 어미의 몸 밖에서 부화한다. 이들 상어는 알을 보호막에 싸서 낳는다. 다른 종들은 **난태생(ovoviviparous)**이다. 이들의 난자는 수정 후 난관에 그대로 남아 있는다. 배아는 난황으로부터 영양을 공급받아 발달하고, 자궁에서 부화 후 새끼로 태어나게 된다. 일부 종은 **태생(viviparous)**이다. 새끼는 태어나기 전에 양분을 얻어 자궁 안에서 자란다. 새끼는 난황낭 태반(yolk sac placenta)을 통해 어미의 혈액으로부터 양분을 공급받거나, 자궁에서 생산한 영양액을 흡수하거나, 다른 알들을 먹어서 양분을 얻는다. 상어의 생식관, 배설계(excretory system), 소화관은 모두 함께 공통적 방(chamber)인 **총배설강(cloaca)**으로 열려 있는데, 이것은 하나의 구멍을 통해 체외로 연결된다.

비록 가오리가 상어와 아주 가까운 관계이지만, 이들은 상어와는 매우 다른 생활양식을 받아들였다. 대부분 가오리는 납작하게 생긴 저생동물(bottom-dwellers)이며, 턱을 이용하여 연체동물과 갑각류를 부수어 먹는다. 이들은 엄청나게 확장된 배지느러미를 마치 물속을 날아다니는 날개처럼 활용하여 앞으로 나아간다. 가오리의 꼬리는 채찍같이 생긴 것이 많으며, 어떤 종에서는 꼬리에 방어기능을 하는 독가시를 가진 것도 있다.

연골어류는 지난 4억 년간 번성해 왔다. 그러나 오늘날 이들의 생존은 남획으로 인해 심각하게 위협받고 있다. 예를 들어, 2012년의 한 보고는 태평양의 상어 개체군이 95%까지 감소한 것으로 추측하였고, 사람과 가장 가까이 살고 있는 개체군이 가장 크게 감소한 것으로 보고하였다.

방사형지느러미어류와 잎사귀형지느러미류

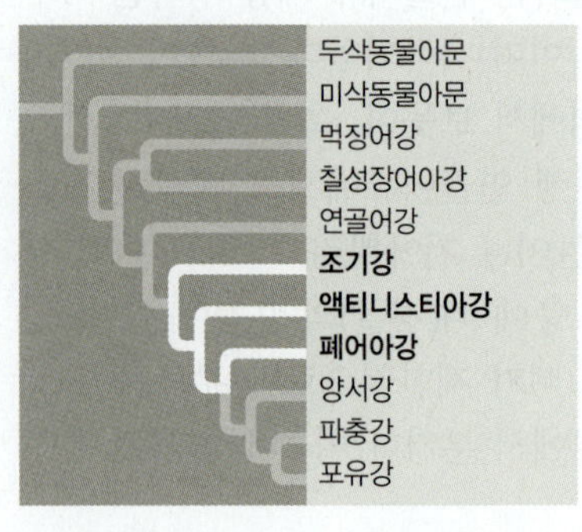

거의 대부분 척추동물은 경골어류라고 하는 유악동물의 한 분기군에 속한다. 연골어류와는 달리, 거의 모든 현생 **경골어류(osteichthyans)**는 단단한 인산칼슘 기질로 채워진, 골(뼈)화된 내골격을 가지고 있다. 다른 많은 분류학적 이름이 그러하듯, 경골어류(Osteichthyes; "뼈 있는 물고기")는 계통분류학이 발달하기 전에 붙여진 이름이다. 이 군의 이름을 처음 정의하였을 때는 사지류를 제외하였으나, 지금 우리는 그러한 분류군은 실제로 측계통군이 될 것이라는 것을 잘 알고 있다(그림 34.2). 그러므로 오늘날 계통분류학자들은 경골어류 분기군에 경골어류와 함께 사지류도 포함시킨다. 이 이름은 이 군에 속한 모든 구성원들을 일컫는 정확한 이름이 아니다.

이 절에서 우리는 비공식적으로 물고기(어류)라 불리는 수생 경골어류에 대해 다루게 될 것이다. 대부분 경골어류는 4쌍 또는 5쌍의 아가미로 물을 흡입하여 호흡하는데, 아가미는 **아가미뚜껑(operculum**; 그림 34.15)이라 불리는 보호 골편으로 덮힌 방 안에 위치한다. 아가미뚜껑의 움직임과 아가미방들을 둘러싼 근육의 수축에 의하여 물이 입으로 빨아들여지고 인두를 지나 아가미 사이를 거쳐 나가게 된다.

대부분 어류는 **부레(swim bladder)**라 불리는 공기주머니를 채워 부력을 주변의 물과 같게 유지한다. (만일 물고기가 물 속 깊이 잠수하거나 또는 물 표면으로 오르게 되면 수압에 변화가 생기고, 이에 따라 물고기는 혈액과 부레 사이에 기체를 교환시켜 부레 내의 기체 부피를 일정하게 유지시킨다.) 찰스 다윈은 사지류의 허파는 부레에서 유래하였을 것이라고 제안하였다. 이상

▶ 그림 34.15 **방사형지느러미 어류의 한 종, 송어의 해부도**

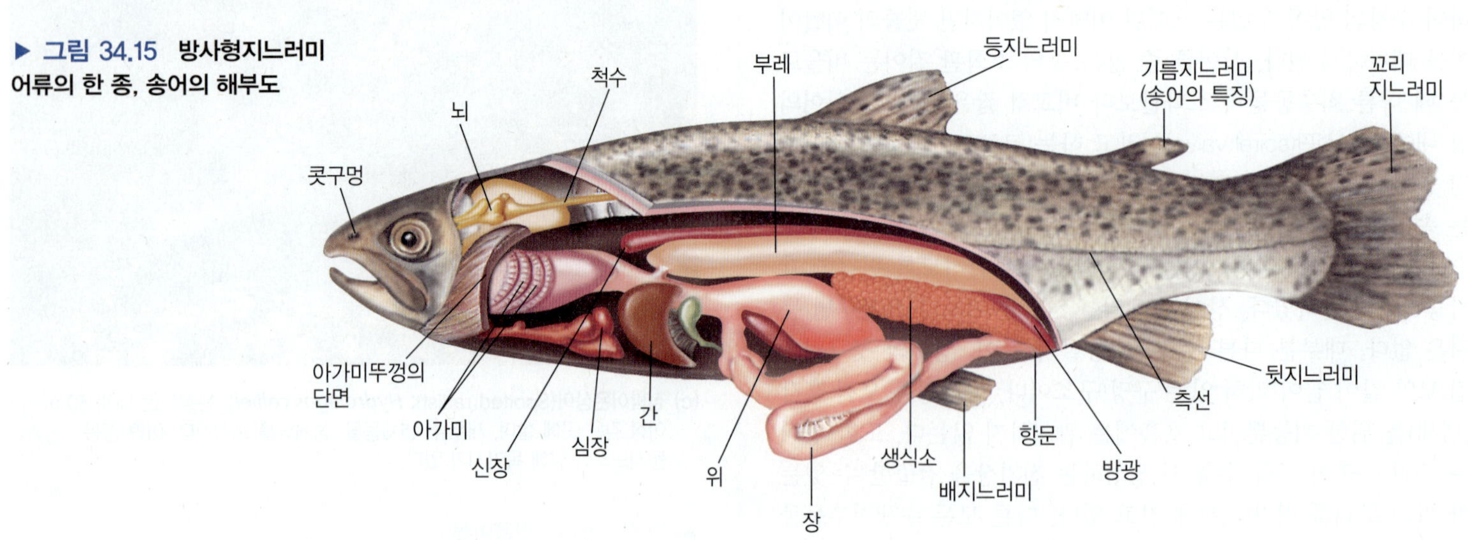

하게 들리겠지만, 그 반대가 사실인 것처럼 보인다. 초기에 분지된 많은 경골어류 계통들에도 허파가 있었다. 이들은 아가미에 의한 기체교환에 대한 보조수단으로 허파를 사용해 공기호흡을 하였다. 이러한 사실은 초기 경골어류에서 허파가 먼저 출현하고 나중에 일부 계통에서 부레로 진화하였다는 것을 시사한다.

거의 대부분 어류의 피부는 편평한 골질의 비늘로 덮여 있는데, 이것은 상어의 치아성(tooth-like) 비늘과는 그 구조가 다르다. 피부의 분비선은 끈적끈적한 점액을 피부 위로 분비하고, 이것은 헤엄칠 때 마찰을 줄이도록 적응한 결과이다. 앞에서 언급한 고대 수생 유악동물류와 같이 어류에는 측선계가 있으며, 이 구조는 몸통의 양쪽 옆구리 피부에 줄지어 있는 아주 작은 홈들로 뚜렷이 나타난다.

물고기의 세부적인 번식방법은 매우 다양하다. 대부분 종들은 난생으로, 암컷이 수많은 작은 알들을 낳은 다음 체외수정으로 번식한다. 그러나 어떤 종에서는 체내수정을 하고 새끼를 낳기도 한다.

방사형지느러미어류

우리에게 친숙한 거의 모든 수생 경골어류는 27,000종이 넘는 **방사형지느러미어류(ray-finned fishes**; Actinopterygii, 조기강條鰭綱)에 속한다(그림 34.16). 방사형지느러미어류의 이름은 그 지느러미를 지지하는 가시뼈에서 유래하였으며 이들은 실루리아기(4억 4,400만 ~ 4억 1,600만 년 전)에 출현하였다. 이후 이 동물군은 고도로 다양화되어 수많은 종들을 생성하였으며 몸 형태와 지느러미 구조에서 많은 변형이 일어났다. 이러한 몸 형태와 지느러미 구조의 변이는 헤엄칠 때 정교한 조종과 방어 및 다른 기능에 영향을 주게된다(그림 34.16).

방사형지느러미어류는 인류의 주요한 단백질 공급원으로서, 지난 수천 년 동안 사람들은 이들을 잡아 식량으로 이용해 왔다. 그렇지만 오늘날 산업화한 어업은 세계에서 가장 큰 어장 중 상당부분이 파국에 이르도록 위협하고 있다. 예를 들어, 수십 년 동안 막대한 양을 수확한 후, 1990년대에 북서대서양의 대구(*Gadus morhua*) 어획량은 한창 때의 불과 5% 수준으로 줄어들었고, 이에 따라 대구잡이 어업이 거의 고사 상태에 이르렀다. 지금도 계속되고 있는 대구잡이 어업에 대한 제한 조치에도 불구하고, 지속가능한 수준의 대구 개체군은 아직 회복되지 못하고 있다. 사람이 방사형지느러미어류에게 가하는 또 다른 압박으로 댐 건설에 의한 강 흐름의 변화와 같은 것들이 있다. 물흐름 양상의 변화는 물고기들이 먹이를 얻는 능력을 저해하고 이동경로와 산란지를 간섭한다.

잎사귀형지느러미류

경골어류의 또 다른 주요 계통인 **잎사귀형지느러미류(lobe-fins**; 육기류, Sarcopterygii) 역시 방사형지느러미어류와 마찬가지로

▲ 황다랑어(yellowfin tuna; *Thunnus albacares*)는 빠르게 헤엄치며 무리를 이루는 물고기로서 상업적으로도 중요한 종이며 그 규모는 세계적이다.

▶ 태평양의 산호초에 서식하며 현란한 색깔을 가지는 레드라이언피시(red lionfish; *Pterois volitans*)는 독가시를 갖고 있어 사람이 여기에 찔리면 매우 심한 통증 반응을 일으킨다.

▲ 위 그림 *Hippocampus ramulorus*의 예에서 보는 바와 같이 해마(sea horse)는 고도로 변형된 체형을 갖고 있다. 해마는 배아 발생이 수컷의 몸 안에서 일어나는, 동물계에서는 특이한 존재이다.

▲ 가는점박이곰치(fine-spotted moray eel; *Gymnothorax dovii*)는 산호초 틈에 살면서 매복하고 있다가 먹이를 기습적으로 잡아먹는다.

▲ **그림 34.16 방사형지느러미어류(조기강)**

실루리아기에 출현하였다(그림 34.17). 잎사귀형지느러미류의 주요 파생형질은 가슴지느러미와 배지느러미에 두꺼운 근육층으로 둘러싸인 막대 모양 뼈들이 있다는 것이다. 데본기(4억 1,600만 ~3억 5,900만 년 전)에 잎사귀형지느러미류는 해안의 습지대와 같은 반염수에서 살았다. 여기에서 이들은 아마도 잎사귀형지느러미를 이용하여 헤엄치고 물 아래에서 바닥 위를 "걸어" 다녔을 것이다(현재 살아 있는 일부 잎사귀형지느러미류가 하는 것과 같이). 어떤 데본기 잎사귀형지느러미류는 엄청나게 큰 포식자여서, 사람 엄지손가락만한 대못 모양의 데본기 이빨 화석을 그리 드물

▲ 그림 34.17 **고대 잎사귀형지느러미류의 재현도.** 2009년에 발견된 *Guiyu oneiros*는 알려진 잎사귀형지느러미류 중 가장 오래된 것으로 4억 2,000만 년 전에 살았다. 이 종의 화석은 거의 완벽히 보존되어 세밀한 재현도를 그릴 수 있었다. 회색으로 표시된 부분은 화석에 존재하지 않는 부위이다.

지 않게 발견할 수 있다.

데본기 말기에 이르러 잎사귀형지느러미류의 다양성은 쇠퇴하였고, 오늘날에는 오직 세 계통만이 살아남았다. 그 중 하나인 실러캔스(coelacanth; 액티니스티아강, Actinistia)는 해양으로 이동하였다. 한때 과학자들은 실러캔스가 7,500만 년 전에 멸종하였다고 생각하였다. 그러나 1938년 남아프리카의 동쪽 해안에서 어부들이 살아 있는 실러캔스를 잡았다(그림 34.18). 1990년대까지 모든 실러캔스는 서인도양의 코모로스섬 가까이에서만 발견되었다. 그러나 1999년 이후 실러캔스는 아프리카 동쪽 해안 여러 지역에서, 그리고 인도네시아 근처 동인도양에서도 발견되었다. 인도네시아 집단은 동인도양의 것과는 다른 종일 수 있다.

현존하는 잎사귀형지느러미류의 두 번째 계통은 폐어류

▲ 그림 34.18 **실러캔스(*Latimeria*).** 남아프리카와 인도네시아의 해안가에서 이들 잎사귀형지느러미류가 살고 있는 것이 발견되었다.

(lungfishes; 폐어강, Dipnoi)로서 3속 6종으로 이루어져 있는데, 이들은 모두 남반구에 살고 있다. 폐어는 바다에서 진화하였으나 현재는 민물에서만 볼 수 있고, 일반적으로 고여 있는 연못이나 늪지에 살고 있다. 이들은 물 표면으로 올라와서 공기를 삼켜서 인두로 연결된 허파로 보낸다. 폐어는 아가미도 갖고 있는데, 호주산 폐어의 경우 아가미는 기체교환을 하는 주요 기관이다. 건기에 연못이 말라버리면 어떤 폐어는 진흙 속으로 파고들어 여름잠을 잔다(휴면 상태로 기다림; 개념 40.4).

현존하는 잎사귀형지느러미류의 세 번째 계통은 실러캔스류나 폐어류보다 훨씬 다양하다. 데본기 중기에 이들 생물체는 다리와 발을 가진 척추동물로 발달하였으며, 이 계통을 사지류라 부르고 우리 인간도 여기에 속한다. 사지류 분기군은 다음 절의 주제이다.

개념 확인 문제 34.3

1. 상어와 참치는 어떤 파생형질을 공유하는가? 상어와 참치를 구별하는 특성에는 어떤 것들이 있는가?
2. 수생 유악동물이 적응한 주요 방식에 대해 설명하라.
3. **DRAW IT** 그림 34.2를 다음 4가지 계통이 나타나도록 다시 그려보자: 원구류, 창고기류, 유악동물, 피낭동물. 척추동물의 공통조상을 표시하고 사람을 포함하는 계통에 동그라미로 표시하라.
4. **WHAT IF?** 생명의 역사를 재현할 수 있다고 상상해 보자. 땅 위에 살게 된 척추동물들 중 어떤 군은 잎사귀형지느러미류가 아닌 다른 종류의 수생 유악동물에서 유래하였을 가능성이 있는가?

정답은 부록 A 참조

개념 34.4

사지류는 팔다리가 있는 유악류이다

척추동물 역사에 있어 가장 의미심장한 사건 중 하나는 3억 6,500만 년 전 일부 잎사귀형지느러미류의 지느러미가 사지류의 다리와 발로 진화한 일이었다. 이때까지 모든 척추동물은 물고기 형태의 동일한 기본적 해부구조를 공유하고 있었다. 일단 사지류가 육지로 이동하자, 이들은 높이 뛰어다니는 개구리로부터 날아다니는 수리, 그리고 두 발로 걷는 사람까지 매우 다양한 새로운 형태를 취하게 되었다.

사지류의 파생형질

그리스어로 "네 발"을 의미하는 **사지류(tetrapods)**란 이름은, 이 동물들의 가장 중요한 형질에서 유래한 것이다. 사지류는 가슴과 배지느러미 대신에 땅 위에서 몸무게를 지탱할 수 있는 발가락 달린 네 발을 가지고 있어 걸어 다닐 때 근육이 생성한 힘을 땅으로 전달시킬 수 있다.

땅 위에서 살게 되면서 사지류의 몸 설계에는 무수히 많은 다른 변화들이 일어났다. 사지류의 머리는 목에 의해 몸으로부터 분리되었다. 목은 원래 척추뼈 하나로 이루어져 그 위의 두개골이 아래위로 움직일 수 있었다. 후에 두 번째 척추뼈가 목에서 발달하면서 머리를 옆으로 돌릴 수도 있게 되었다. 뒷다리가 연결되어 있는 요대(pelvic girdle)의 뼈는 척주와 결합하였고, 이에 따라 뒷다리가 땅을 밀 때 생성되는 힘이 몸의 나머지 부분에 전달된다. 아래에 언급된 멕시코도롱뇽(axolotl)과 같이 전적으로 수생 생활을 하는 일부 종을 제외하면 현생 사지류는 아가미가 없다. 대신, 인두열은 배아 발생기에 귀의 일부, 특정 분비샘, 그리고 다른 구조로 발달한다.

앞으로 보게 되겠지만, 이러한 형질의 일부는 사지류의 다양한 계통에서 극적으로 변형되거나 사라지게 된다. 예를 들어, 앞다리는 조류에서 날개가 되고, 고래에서는 전체 몸이 물고기 같은 모양으로 수렴하였다.

사지류의 기원

앞에서 본 바와 같이, 데본기의 해안 습지는 다양한 잎사귀형지느러미류의 고향이다. 산소가 결핍된 얕은 물로 들어간 동물들은 허파를 이용하여 공기를 호흡할 수 있었다. 아마도 어떤 종들에게는 튼튼한 지느러미가 통나무를 넘어가거나 질퍽거리는 바닥에서 움직이는 데 도움이 되었을 것이다. 그러므로 사지류의 몸 설계는 "무에서 유가 나온" 것이 아니고 이미 존재하였던 몸 설계가 단순히 변형된 것이었다.

2006년에 발견된 화석 틱타알릭(*Tiktaalik*)은 이러한 진화의 세부과정에 대한 새로운 사실을 알려준다. 이 종은 물고기와 같이 지느러미, 아가미, 허파가 있었고 몸은 비늘로 덮여 있었다. 그러나 틱타알릭은 물고기와는 달리 갈비뼈 세트를 모두 갖추고 있어 공기 호흡을 더 쉽게 할 수 있었고 몸을 지탱하는 데도 도움을 주었다(**그림 34.19**). 또한 틱타알릭은 물고기와 다르게 목과 어깨가 있어 머리를 움직일 수 있었다. 마지막으로 틱타알릭의 앞지느러미 뼈들은 모든 사지류에서 발견되는 똑같은 기본 양상을 보인다: 하나의 뼈(위팔뼈)에 이은 두 개의 뼈(노뼈와 자뼈), 그리고 이어서 손목을 이루는 작은 뼈 그룹. 비록 틱타알릭이 땅 위에서 걸어 다녔을 것으로 생각되지는 않지만, 앞 지느러미의 골격구조를 볼 때 그 지느러미를 이용해 물속에서 똑바로 버티고 설 수 있었을 것이라고 추측할 수 있다. 가장 오랜 것으로 알려진 어떤 사지류보다도 틱타알릭은 그 시기가 빠르다. 그러므로 틱타알릭의 특성으로 볼 때 손목, 갈비, 목과 같은 핵심적 "사

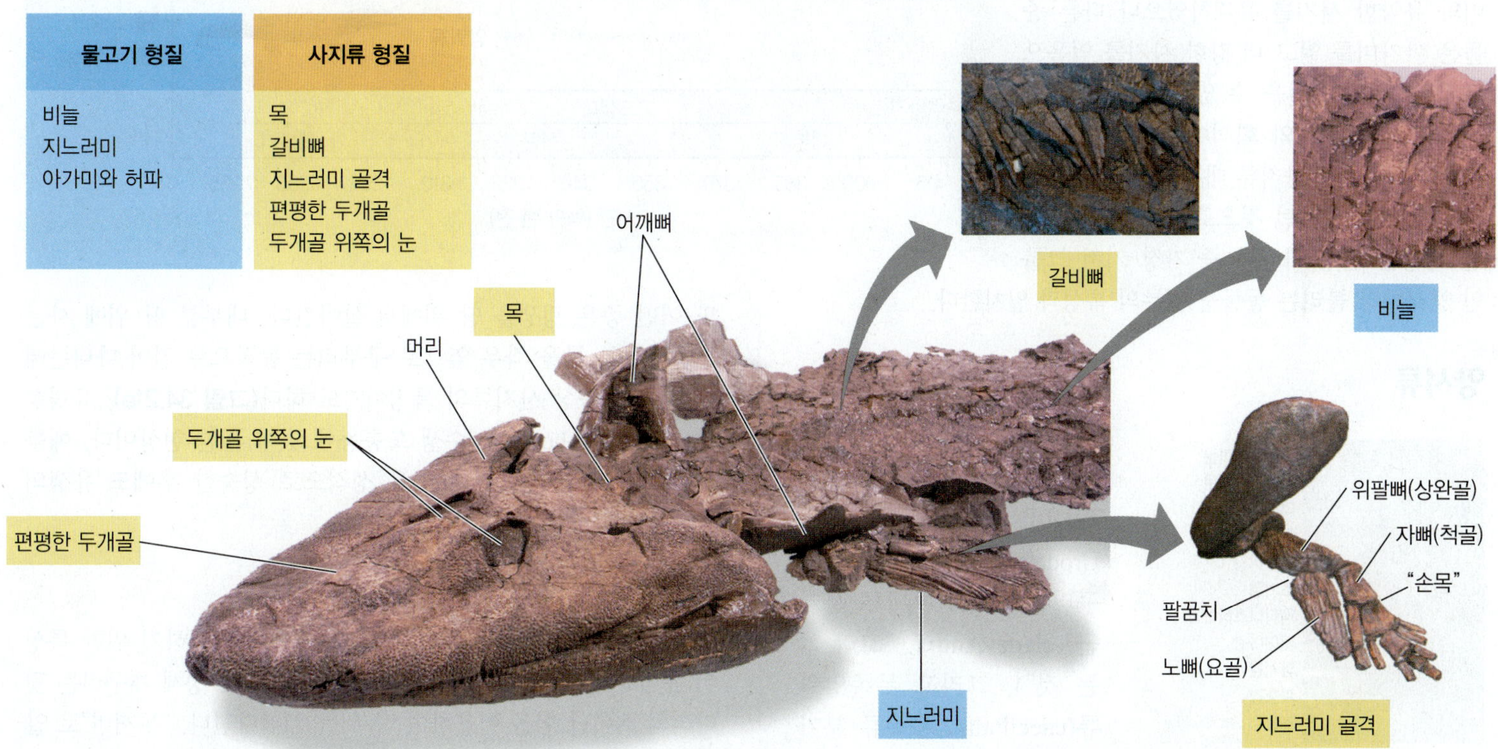

▲ **그림 34.19 "다리 달린 물고기(fishapod)" 틱타알릭(*Tiktaalik*)의 발견.** 고생물학자들은 사지류의 진화적 기원을 밝혀 줄 화석을 찾기 위해 전력을 다하고 있었다. 이미 발견된 화석들의 연대에 근거하여 연구자들은 암석 연대가 3억 6,500만~3억 8,500만 년 전 쯤 되는 발굴지를 찾아 다녔다. 캐나다 북극지역의 Ellesmere 섬은 이러한 화석이 있을 만한, 몇 안되는 후보지 중 하나였는데, 이는 이 섬이 한 때 강이 흐르는 곳이었기 때문이다. 이 지역을 발굴한 노력의 결과는 틱타알릭이라는 3억 7,500만 년 전에 살았던 잎사귀형지느러미류의 화석을 발견하는 것으로 크게 보상을 받았다. 위 표와 그림에서 보는 것처럼 틱타알릭은 물고기와 사지류의 형질을 다 갖고 있다.

MAKE CONNECTIONS 틱타알릭의 특징이 어떻게 다윈의 변형혈통(descent with modification) 개념의 예가 되는지 설명하라.

▶ **그림 34.20 손(발)가락이 달린 사지가 출현하기까지의 단계들.** 이 계통 그림에서 흰색 막대로 된 가지는 알려진 화석의 시대를 나타내고, 화살표는 오늘날까지 연결되는 계통을 의미한다. 멸종된 동물의 그림은 화석의 골격에 근거한 것이나 색깔은 상상에 의한 것이다.

WHAT IF? 툴러페톤(*Tulerpeton*)과 현생 사지류의 최근 공통조상이 3억 7,000만 년 전에 기원하였다면, 양서류가 기원한 시기는 어느 정도 범위이겠는가?

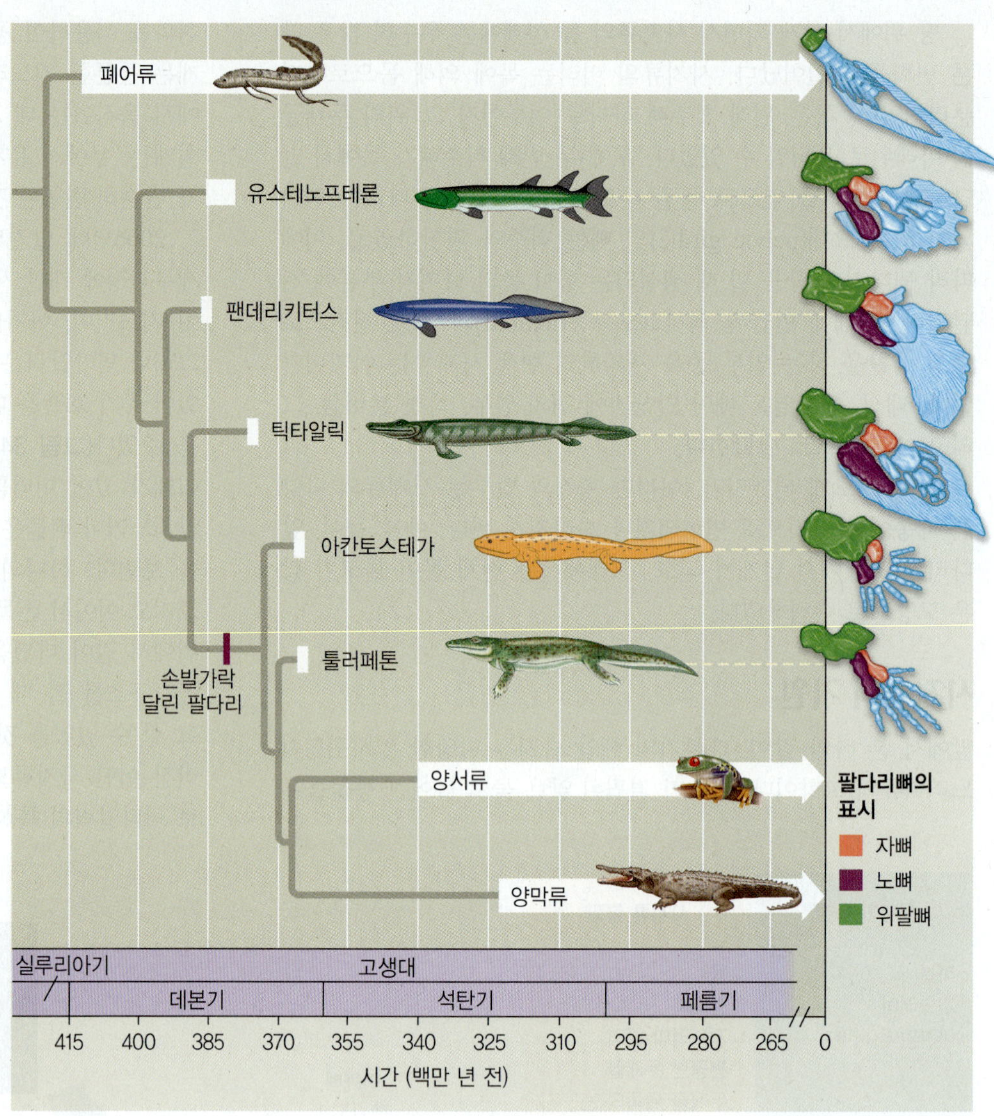

지류" 형질이 사실은 사지류 계통보다 더 앞선 것이라는 점을 시사한다.

틱타알릭과 같은 경이적인 화석들이 발견된 덕분에 고생물학자들은 어떻게 지느러미가 점진적으로 팔다리 모양으로 변천하여 최종적으로 3억 6,500만 년 전에 첫 사지류가 나타나게 되었는지 그 과정을 재구성할 수 있게 되었다(**그림 34.20**). 다음 6,000만 년에 걸쳐 매우 다양한 사지류들이 출현하였다. 이들 중 어떤 종들은 기능적인 아가미와 유약한 사지를 유지하였으나 다른 종들은 아가미를 잃고 더 강한 사지를 얻음으로써 땅 위에서 걸을 수 있게 되었다. 전반적으로 화석 형태와 화석이 발견된 위치로 볼 때 이들 초기 사지류 대부분은 여전히 물과 연결되어 있었던 것으로 보이는데, 이러한 특성은 현생 사지류 중 가장 기저 그룹인 양서류라 불리는 동물군 일부의 특성과 일치한다.

양서류

두삭동물아문
미삭동물아문
먹장어강
칠성장어아강
연골어강
조기강
액티니스티아강
폐어아강
양서강
파충강
포유강

양서류(amphibians)에는 현재 도롱뇽류(salamanders; 유미류 분기군, clade Urodela, "꼬리 있는 것"), 개구리류(frogs; 무미류 분기군, clade Anura, "꼬리 없는 것"), 그리고 무족영원류(caecilians; 무족류 분기군, clade Apoda, "다리 없는 것")에 속하는 약 6,150종의 동물종이 포함되어 있다.

도롱뇽류

현재 약 550종의 유미류 또는 도롱뇽류가 알려져 있다. 어떤 종은 완전히 수생성이나 어떤 종들은 성체일 때만 땅 위에서 살고 또 어떤 종은 평생을 땅 위에서 살아간다. 대부분 땅 위에 사는 도롱뇽류는 몸을 좌우 옆으로 구부리는 동작으로 걸어 다니는데 이는 초기 육상 사지류의 특징이기도 하다(**그림 34.21a**). 유형형성(paedomorphosis)은 수생 도롱뇽에 있어 흔한 현상이다. 예를 들어, 멕시코도롱뇽(axolotl)은 성적으로 성숙한 후에도 유생의 특성을 지니고 있다(그림 25.24).

개구리류

거의 5,420종에 달하는 무미류는 땅 위에서 이동하기 위한 특성이 유미류에 비해 더 발달하였다(**그림 34.21b**). 성체 개구리는 뒷다리의 뛰어난 힘을 이용하여 땅 위를 뛰어다닌다. "두꺼비"로 알려진 동물들은 그 모양이 특이해 보이기는 하지만 사실 이들은 단순히 땅 위 생활에 적응하기 위해 두꺼운 피부를 비롯한 다른 특징들을 갖게 된 개구리류의 일종이다. 개구리는 구강 앞에 달려 있는 길고 끈적끈적한 혀를 갑자기 뻗어서 낚아채듯이 곤충과 다른 먹잇감을 잡아먹는다. 개구리는 더 큰 포식자에게 잡아먹히지 않기 위해 아주 다양하게 적응하였다. 피부샘에서는 식욕

▼ 그림 34.21 **양서류**

(a) **유미목(Order Urodela).** 유미류(도롱뇽류)는 성체가 되어도 꼬리를 유지한다.

(b) **무미목(Order Anura).** 그림의 할리퀸두꺼비(variable harlequin toad)와 같이, 무미류의 성체는 꼬리가 없다.

(c) **무족목(Order Apoda).** 무족류 또는 무족영원류(caecilians)는 다리가 없이 주로 땅굴을 파며 살아간다.

을 잃게 하거나 심지어 독이 있는 점액을 분비하기도 한다. 독이 있는 많은 종들은 위장색 또는 밝은 색깔을 갖고 있는데, 포식자들은 이 색깔을 위험성과 연계시켜 인식하는 것으로 보인다(그림 54.5).

무족류

무족류 또은 무족영원류에는 약 170종이 존재하는데 다리가 없고, 시력이 거의 없으며, 겉보기에는 지렁이를 닮았다(**그림 34.21c**). 이들은 다리가 있는 조상으로부터 진화하였기 때문에, 다리가 없는 무족류의 특성은 2차적 적응에 의한 것이다. 대부분 무족영원류는 열대 숲의 습기찬 흙 속에 굴을 파고 산다.

양서류의 생활양식과 생태

많은 개구리 종들이 처음에는 물속에서, 그리고 나중에는 땅에서 살게 되는데, 양서류(amphibian; "두 가지의 삶"을 의미하는 *amphibious*에서 유래)라는 명칭은 이들의 단계적 삶을 가리키는 이름이다(**그림 34.22**). 올챙이라 불리는 개구리의 유생단계는 대개 수중 초식동물로 아가미와 측선계를 갖추고 있어 수생 척추동물을 닮았으며, 지느러미 형태의 긴 꼬리가 있다. 올챙이는 처음에는 다리가 없고, 꼬리를 흔들어 헤엄을 친다. "두 번째 삶"에 이르기 위한 변태 과정 중 올챙이는 다리, 허파, 한 쌍의 고막, 육식에 적응하기 위한 소화계가 발달하게 된다. 이와 동시에 아가미가 사라지며, 대부분의 종에서는 측선계도 사라진다. 어린 개구리는 물가로 기어오르고 육지의 사냥꾼이 된다. 그러나 양서류라는 이름에도 불구하고, 많은 수의 양서류는 수생과 육상생활, 두 개의 삶을 살지 않는다. 어떤 종류의 개구리, 도롱뇽, 무족영원류는 오직 수생생활만을 하거나, 또는 오직 육상생활만을 하는 것도 있다. 더군다나 도롱뇽과 무족영원류의 유생은 마치 성체와 같이 생겼고, 일반적으로 유생과 성체 시기 모두 육식성이다.

(a) 올챙이는 수생 초식동물로서 물고기 같은 꼬리와 내부 아가미를 가진다.

(b) 변태 과정에서 아가미와 꼬리는 흡수되고, 걸어 다니기 위한 다리가 발달한다. 성체 개구리는 땅에서 살아간다.

(c) 성체는 교미를 위해 물로 돌아온다. 수컷이 암컷을 끌어안음으로써 알을 배출하도록 자극한다. 알은 물속에 낳고 수정된다. 알들은 젤리성 보호막이 있으나, 단단한 껍질은 없어 공기 중에서는 말라 버린다.

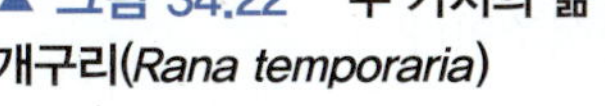

▲ 그림 34.22 **"두 가지의 삶"을 사는 개구리(*Rana temporaria*)**

대부분 양서류는 늪지나 우림 같은 습기찬 서식지에서 발견된다. 좀 더 건조한 서식지에 적응된 종류도 그 대부분의 시간을 굴이나 축축한 잎사귀 밑과 같이 습도가 높은 곳에서 지낸다. 양서류는 일반적으로 축축한 피부에 의존하여 대기와 기체교환을 한다. 육상생활을 하는 어떤 종류는 허파가 없고 호흡을 전적으로 피부와 구강에 의존한다.

대부분 양서류의 수정은 체외에서 일어난다. 수컷이 암컷을 끌어안고 자극을 주어 암컷이 알을 배출하면, 그 위로 정자를 뿌린다(그림 34.22c). 양서류는 일반적으로 알을 물속이나 땅 위의 습기찬 곳에 낳는다. 알은 단단한 껍질이 없기 때문에 공기 중에서는 신속히 말라버린다. 어떤 양서류 종은 엄청나게 많은 수의 알을 일시적인 물웅덩이에 낳기 때문에 폐사율이 높다. 대조적으로, 어떤 종들은 비교적 적은 수의 알을 낳고 부모가 여러 가지 방식으로 알을 보살펴 준다. 종에 따라 수컷 또는 암컷이 그 알들을 등에 지거나**(그림 34.23)**, 입에 넣거나, 심지어 위에 넣어 보호하기도 한다. 어떤 열대 나무개구리는 알덩이를 휘저어서 거품으로 둘러싸인 습기 찬 둥지를 만들어 건조를 막는다. 일부 난태생 또는 태생인 종도 있어 알을 암컷의 생식관에 유지함으로 배아가 건조되지 않고 발달할 수 있도록 한다.

많은 양서류가 복잡하고 다양한 사회적 행동을 보이는데, 특히 번식기에 이런 행동이 활발해진다. 개구리는 대체로 조용하지만 많은 종에서 수컷은 번식 영역을 방어하거나 암컷을 유인하기 위해 크게 소리 내어 운다. 일부 종에서는 특정 번식지로 이동할 때 음성 신호를 사용하거나, 천체 신호에 따르거나, 화학적 신호를 사용하기도 한다.

지난 30년 간 동물학자들은 전 세계적으로 양서류 집단들이 놀라운 속도로 감소하고 있다는 보고를 해왔다. 여기에는 질병을 일으키는 항아리곰팡이의 확산(그림 31.25), 서식지 소실, 기후 변화, 오염과 같은 몇 가지 원인이 있는 것으로 생각되고 있다. 이러한 원인들과 또 다른 원인들에 의해 양서류는 단지 개체군 크기만 줄어든 것이 아니라 아예 멸종되기도 하였다. 최근 보고에 의하면, 1980년 이후 적어도 양서류 9종이 멸종하였다. 그 외 100종 이상이 1980년 이후 관찰되지 않고 있으며 이들은 아마도 멸종되었을 것으로 생각된다.

▲ **그림 34.23 움직이는 보육원.** 난쟁이 유대류 개구리 *Flectonotus pygmaeus* 암컷은 그 등에 있는 피부 주머니에 알을 배양하여 포식자로부터 알을 보호한다. 알이 부화되면 암컷은 물에다 올챙이를 내려놓고 올챙이는 독립체로서 삶을 시작한다.

개념 확인 문제 34.4

1. 사지류의 기원에 대해 기술하고 그들의 주요 파생형질 몇 가지를 열거하라.
2. 어떤 양서류는 절대 물을 떠나지 않는 반면, 어떤 종류는 비교적 건조한 육지 환경에서 생존할 수 있다. 이들 두 가지의 생활양식을 가능하게 하는 적응 양식을 비교하라.
3. WHAT IF? 과학자들은 환경 문제에 대한 조기 경보 체계로 양서류 개체군을 활용할 수 있다고 생각한다. 양서류의 어떤 특성들 때문에 이들이 환경 문제에 특히 민감하게 되었는가?

정답은 부록 A 참조

개념 34.5

양막류는 육지 환경에 적응된 알을 갖는 사지류이다

양막류(amniotes)는 사지류의 한 동물군으로, 현존하는 구성원에는 파충류(조류 포함, 본 섹션에서 다룰 것임)와 포유류가 있다**(그림 34.24)**. 양막류는 진화 과정에서 땅 위 생활에 적응하기 위한 여러 특성을 새로 획득하였다.

양막류의 파생형질

양막류라는 이름은 이 분기군의 주요 파생형질인 **양막란(amniotic egg)**에서 유래하였는데, 이 양막란은 4가지의 특별한 막들을 가지고 있다: 양막, 융모막, 난황낭, 요막**(그림 34.25)**. 이 막들은 배외막(extraembryonic membranes)이라 불리는데, 왜냐하면 이들은 배아 자체 몸의 일부가 아니고 배아에서 자라나온 조직층으로부터 발달한 것이기 때문이다. 양막란은 이 막들 중 하나인 양막의 이름을 따서 붙인 것이다. 양막은 액체로 채워진 하나의 구획을 둘러싸고 있는데, 이 액체는 배아를 담고 있으면서 배아에 가해지는 충격을 흡수하는 역할을 한다. 다른 막들은 기체교환과, 저장된 영양분을 배아로 전달하고 노폐물을 저장하는 임무를 수행한다. 양막란은 육상 생활로의 진화에 있어 핵심적인 혁신이었다. 양막란은 육지에서 자신만의 개인적 "물웅덩이"에서 배아가 발달할 수 있도록 하였고, 이로써 사지류가 번식을 위해 수생환경에 대해 의존하는 정도를 줄여주었다.

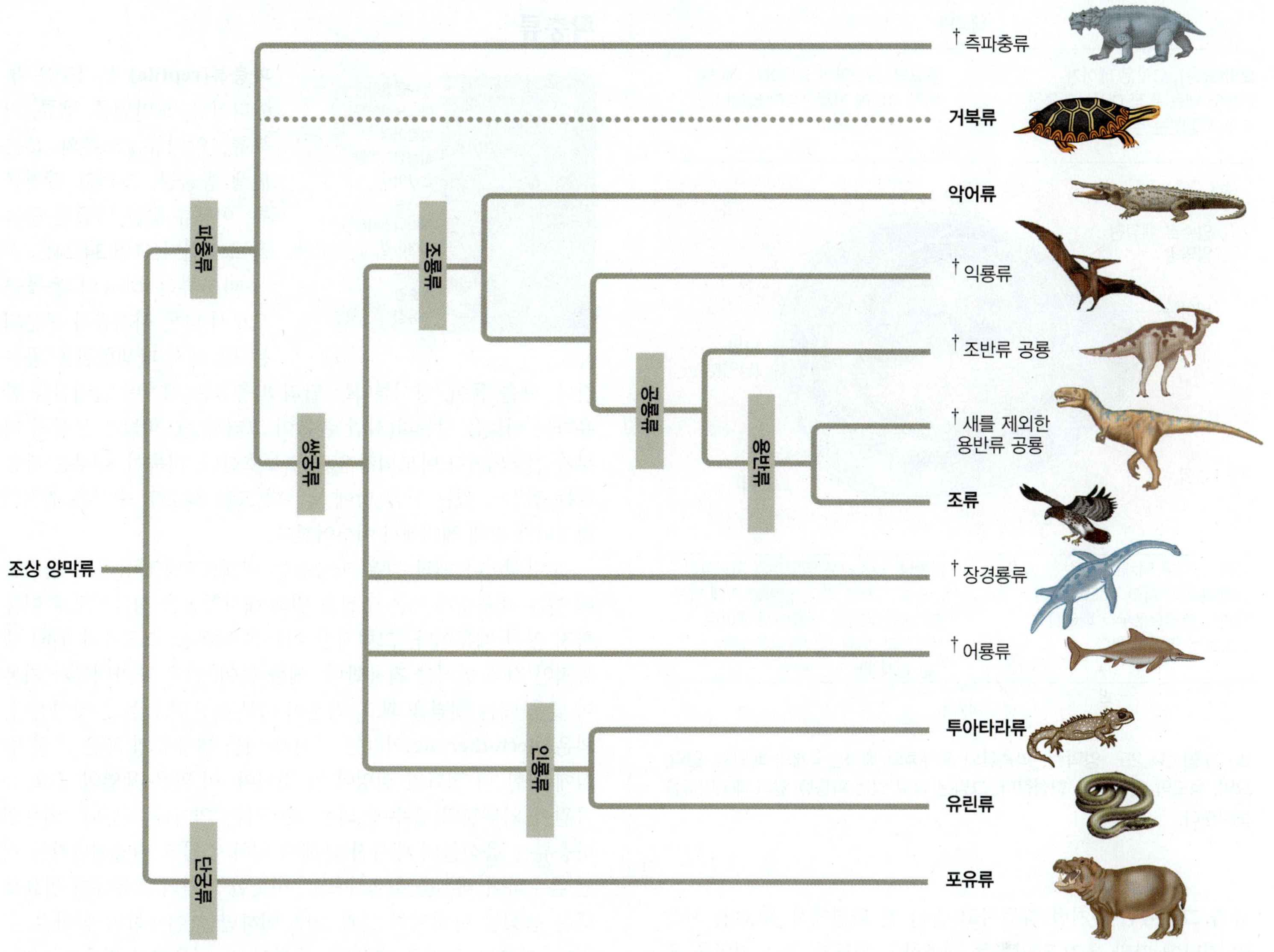

▲ **그림 34.24** **양막류의 계통발생.** 현존하는 동물군은 계통도 가지 끝에 굵은 글씨로 이름을 표시하였다. 칼표(†)는 멸종된 그룹을 표시한다. 점선으로 되어 있는 거북의 분지선은 다른 파충류와 거북 사이의 불명확한 관계를 나타낸다.

? 위 계통발생에 따르면, 익룡류(*Pterosaurs*)는 공룡인가? 새인가? 설명하라.

껍질이 없는 양서류의 알과는 달리, 대부분 파충류와 일부 포유류의 양막란은 껍질이 있다. 껍질은 알이 공기 중에서 건조되는 속도를 크게 늦춤으로써 양막류가 육상 서식지에 적응할 수 있도록 하였다. 그러므로 현존하는 양막류의 가장 가까운 친척인 양서류보다 양막류가 훨씬 더 넓은 범위의 육상 서식지를 차지하는 것이 가능하게 되었다. (개념 30.1에서 다룬 것처럼, 육상 식물의 진화에 있어 종자가 비슷한 역할을 하였다.) 대부분 포유류는 알껍질이 불필요하도록 진화되어 왔으며, 모체 내 양막 안에서 발생함으로써 배아가 건조되는 것을 막았다.

양막류는 육상생활에 적응하기 위해 다른 중요한 특성들도 얻었는데, 예를 들어 허파로 호흡하기 위해 흉곽(갈비뼈로 둘러싸인 공간)을 이용하는 것이다. 양서류가 피부호흡을 보충하기 위해 사용하는, 목에 의존하는 호흡법보다 흉곽을 이용한 호흡법은 더 효율적이다. 더 효율적인 흉곽 호흡 덕분에 양막류는 피부 호흡을 그만둘 수 있게 되었고, 이에 따라 투과성이 낮은 피부를 발달시킴으로 수분을 절약할 수 있게 되었다.

초기 양막류

현생 양서류와 양막류의 최근 공통조상은 약 3억 5,000만 년 전에 살았을 것이다. 그 시기 양막란 화석은 발견되지 않았는데, 그 알들이 매우 약하다는 것을 고려하면 그리 놀랄 일은 아니다. 그러므로 언제 양막란이 출현했는가에 대해서는 아직 명확히 말할 수 없지만, 현생 양막류는 모두 양막란을 가지고 있으므로 이들의 마지막 공통조상은 반드시 양막란을 가지고 있어야 했다는 것은 분명하다.

최초의 양막류 화석이 발견된 위치로 볼 때, 이들은 초기 사지

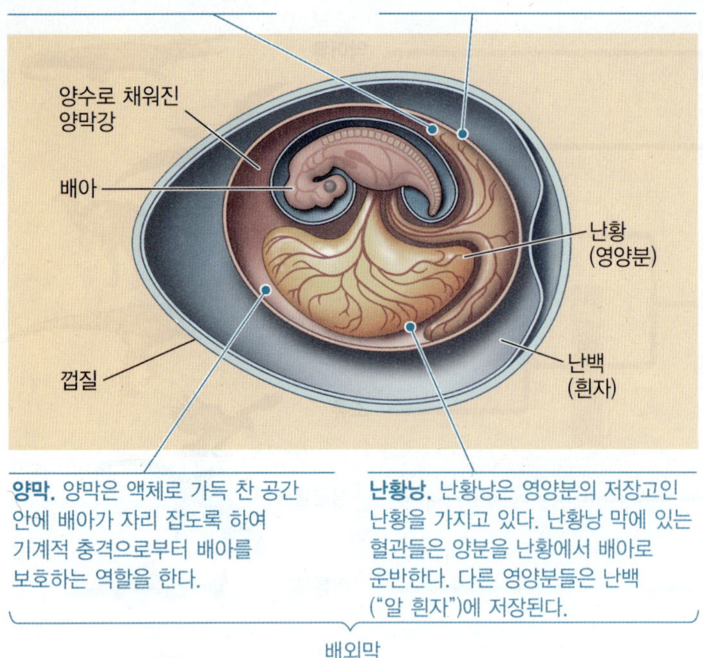

▲ **그림 34.25 양막란.** 파충류와 포유류의 배아는 4개의 배외막, 양막, 요막, 융모막, 난황낭을 형성한다. 그림은 껍질 있는 파충류 알의 배외막들을 보여준다.

류가 그러했던 것처럼 따뜻하고 습기 찬 환경에서 살았다. 시간이 지남에 따라 초기 양막류는 건조하고 위도가 높은 지역을 포함해 다양한 새로운 환경으로 확산되었다. 가장 초기의 양막류는 작고 날카로운 이빨을 가지고 있었는데 이는 이들이 포식자라는 표시이다(그림 34.26). 더 뒤에 나타난 그룹은 초식동물도 포함하게 되었는데, 이것은 갈아먹기 위한 형태의 이빨 구조와 다른 특징들로 보아 알 수 있다.

▲ **그림 34.26 화가가 재구성한 초기 양막류 하일로노머스** 약 25 cm 길이의 하일로노머스(*Hylonomus*)는 3억 1,000만 년 전에 살았고, 아마도 곤충과 같은 작은 무척추동물들을 먹이로 하였을 것이다.

파충류

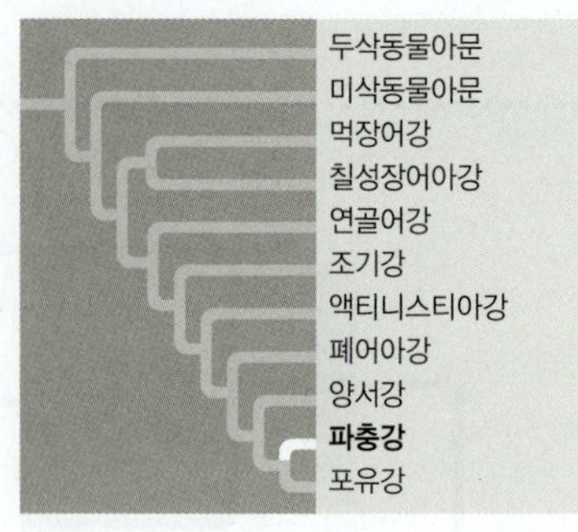

파충류(reptile) 분기군은 투아타라류, 도마뱀류, 뱀류, 거북류, 악어류, 조류와 같은 현생 동물군, 그리고 장경룡류, 어룡류 같은 멸종된 군들을 포함한다(그림 34.24).

파충류는 하나의 동물군으로서 다른 사지류와 구분되는 몇 가지 파생형질을 공유한다. 예를 들어, 양서류와는 달리 파충류는 케라틴 단백질을 함유하는 비늘을 갖는다(사람 손톱이 그러하듯). 비늘은 동물의 피부가 건조되거나 마모되지 않도록 보호한다. 더욱이, 대부분 파충류는 껍질이 있는 알을 땅에 낳는다(그림 34.27). 수정은 껍질이 형성되기 전에 체내에서 이루어진다.

도마뱀이나 뱀과 같은 파충류는 때때로 "냉혈"동물로 불리는데 이는 파충류가 체온 조절을 위해 대사활동을 적극적으로 이용하지 않기 때문이다. 그렇지만 이들은 체온을 조절하기 위해 행동적인 적응 방식을 활용한다. 예를 들어, 많은 도마뱀류가 기온이 낮을 때는 햇볕을 쬐고, 기온이 너무 높으면 그늘을 찾아간다. **외온성(ectothermic)**이라는 단어가 이들 파충류의 체온 조절 방식에 관한 더 정확한 설명이 될 것이며, 이 말은 체열의 주요 공급원이 외부열의 흡수에 의한 것이라는 의미를 지닌다. 외온성 파충류는 음식물의 대사적 분해에 의하지 않고 태양에너지를 직접 흡수하여 체온을 조절하므로, 비슷한 크기의 포유류가 필요로 하는 음식물 에너지의 불과 10% 이하만을 이용하며 살아갈 수 있다. 파충류 분기군 내 모든 동물이 다 외온성인 것은 아니다; 새들은 대사 활동을 통해 몸을 따뜻하게 유지할 수 있는 **내온성**

▲ **그림 34.27 부화하는 파충류.** 이 무타독사(bushmaster snakes; *Lachesis muta*)는 양피지 같은 껍질을 깨고 알에서 나오고 있다. 이런 형태의 껍질은 조류를 제외한 현생 파충류에서 일반적인 형태이다.

(endothermic) 동물이다.

파충류의 기원과 진화적 방산

화석 증거는 초기 파충류가 약 3억 1,000만 년 전에 살았고 도마뱀을 닮았다는 것을 시사한다. 도마뱀 같이 생겼던 조상으로부터 파충류가 분기되면서 가장 처음 출현한 주요 군의 하나는 **측파충류(parareptiles)**였는데, 이들은 대개 크고, 땅딸막하며, 네 발로 걷는 초식동물이었다. 어떤 측파충류는 피부에 판을 가지고 있었는데 이것은 포식자에 대한 방어도구 역할을 하였을 것이다. 측파충류는 약 2억 년 전 삼첩기 말에 멸종하였다.

측파충류가 감소하고 있을 때, 또 하나의 고대 파충류 분기군 **쌍궁류(diapsids)**가 분기하고 있었다. 쌍궁류의 가장 명확한 파생형질 중 하나는 안와 뒤 두개골 양측에 나 있는 한 쌍의 구멍이다; 이 구멍으로 근육 다발이 통과하여 턱에 부착되어 턱의 움직임을 조절하였다. 쌍궁류는 두 개의 주요 계통으로 이루어져 있다. 한 계통은 **인룡류(lepidosaurs)**로 진화하여 투아타라류, 도마뱀류, 뱀류가 되었다. 또한 이 계통에서 여러 해양 파충류가 유래하였는데, 거대한 모소사우르스(mososaurs)가 여기에 포함된다. 이들 중 어떤 것은 그 길이가 오늘날의 고래류에 비견되는 것도 있었으나 이들은 모두 멸종하였다. 또 다른 주요 쌍궁류 계통인 **조룡류(archosaurs)**는 악어류, 익룡류, 공룡류를 생성하였다. 여기서는 인룡류와 조룡류 중 멸종된 계통들을 먼저 다루고 이어서 현생 파충류에 대해서 다룰 것이다.

후기 삼첩기에 기원한 **익룡류(pterosaurs)**는 날개를 퍼덕이며 날기 시작한 최초의 사지류였다. 익룡류의 날개는 새나 박쥐의 날개와는 전혀 달랐다. 이 날개는 몸통 또는 뒷다리와, 앞다리의 아주 긴 발가락 사이에 늘어진, 콜라젠으로 강화된 막으로 이루어져 있었다. 가장 작은 크기의 익룡류는 참새보다 크지 않았으며, 가장 큰 것은 날개 전체 길이가 거의 11 m에 이르기도 하였다. 많은 경우, 이들은 나중에 새들이 수행한 생태적 역할과 같은 역할을 수행하였던 것으로 보인다. 어떤 종류는 곤충을 잡아먹었고, 어떤 것들은 바다에서 물고기를 낚아채 먹었으며, 또 어떤 종류들은 수천 개의 가는 바늘 모양의 이빨을 이용해 작은 동물들을 걸러서 먹었다. 그러나 익룡류는 6,550만 년 전 백악기 말까지 모두 멸종하였다.

육지에서 **공룡류(dinosaurs)**는 엄청나게 다양한 모양과 크기로 분화하여, 비둘기 크기의 두발동물부터 나무 꼭대기의 잎을 따먹을 정도로 긴 목을 가진, 45 m 길이의 네발동물까지 나타났다. 공룡류의 한 가지인 조반류(ornithischians)는 초식동물이었다; 조반류에는 포식자에 대항하는 정교한 방어수단으로 곤봉 모양의 꼬리, 등에 달린 뿔 등을 가진 많은 종들이 포함된다. 공룡류의 또 다른 주요한 가지인 용반류(saurischians)는 긴 목을 가진 거대공룡과 두발로 걷는 육식동물 **수각류(theropods)**를 포함한다. 유명한 티라노사우루스(*Tyrannosaurus rex*), 그리고 새(조류)의 조상도 수각류에 포함된다.

전통적으로 공룡류는 느리고 둔한 동물로 간주되었다. 그러나 1970년대 초부터 화석 발견과 연구를 통하여 많은 공룡류가 민첩하고 재빨리 움직였다는 결론을 얻게 되었다. 그 이전의 사지류가 팔다리를 옆으로 펴고 어그적거리며 걸어 다녔는데 비해 공룡류의 사지 구조는 걷고 뛰는데 훨씬 효율적이었다. 화석화된 발자국과 다른 증거들은 일부 종들에 사회성이 있었다는 사실을 제시한다—오늘날 많은 포유류가 그러하듯 이들은 무리를 지어 살았고 함께 이동하였다. 고생물학자들은 현생 조류가 그러하듯, 일부 공룡류가 둥지를 짓고 알을 품었다는 증거를 찾아내었다(그림 22.17). 마지막으로, 일부 해부학적 증거는 공룡류 중 최소한 일부 종류가 내온성이었다는 가설을 지지한다.

백악기 말기까지(6,550만 년 전) 조류를 제외한 모든 공룡류가 멸종하였다. 25장에서 기술한 것처럼, 소행성 또는 혜성의 충돌이 이들의 멸종에 적어도 부분적으로 기여하였을 것이다. 일부 화석기록에 대한 분석 결과는 백악기 말에 공룡의 다양성이 갑자기 감소함을 보여줌으로 이러한 생각과 일치한다. 그러나 다른 분석 결과는 백악기가 끝나기 수백만 년 이전에 이미 공룡의 종수가 감소하기 시작했다는 것을 보여준다. 이러한 논쟁이 해결되기 위해서는 더 많은 화석들이 발견되고 새로 분석되어야 할 것이다.

이제 우리는 파충류의 현생 계통들인 거북류, 인룡류, 그리고 조룡류의 두 그룹인 악어류와 조류에 관해 다룰 것이다.

거북류

거북류는 현존 파충류 중 가장 독특한 동물군 중 하나이다. 이들의 계통발생적 위치는 아직까지도 명확하지 않은 채로 남아 있다(그림 34.24). 일부 형태적 자료가 시사하는 것처럼 거북류는 측파충류의 한 자매군일 수 있다. 그러나 (다른 형태적 분석과 2012년의 miRNA 연구가 시사하듯) 거북류는 인룡류와 더 가까운 쌍궁류일 가능성도 있으며, 또는 (많은 분자적 연구가 시사하듯) 조룡류에 속할 가능성도 있다.

모든 거북은 상자 모양의 껍질을 가지고 있는데, 이 껍질은 위와 아래 피부판으로 이루어져 있고, 피부판은 등뼈, 쇄골(빗장뼈), 갈비뼈와 융합되어 있다**(그림 34.28a)**. 알려져 있는 307개의 종 대부분이 딱딱한 껍질을 가지고 있어 포식자에 대해 효과적인 방어수단이 된다. 가장 오래된 거북 화석 발견에 대한 연구 보고가 2008년에 있었는데 이것은 2억 2,000만 년 전의 것이었다. 이 화석은 완전히 발달한 아래 껍질을 가지고 있었으나 위 껍질은 불완전하였으며, 이는 거북 껍질이 단계적으로 발달한 것이라는 점을 시사한다. 과학자들은 거북 껍질의 기원을 밝히는데 단서가 될 화석을 찾는 일을 계속하고 있다.

최초의 거북은 머리를 껍질 안으로 들여 넣지 못했다. 머리를 껍질 속으로 넣는 기작은 거북류의 두 가지에서 각각 독립적으로 진화하였다. 곡경류(side-necked turtles)는 그 목을 옆으로 구부려 접는 반면, 잠경류(vertical-necked turtles)는 그 목을 상하 방향으로 접는다.

어떤 거북은 사막에 적응하였고, 다른 것들은 거의 전적으로 연못이나 강에서 살아간다. 또 다른 종류는 바다에 산다. 바다거북은 껍질이 줄어들고, 앞발이 커져서 물갈퀴 역할을 한다. 현생 거북류 중 몸집이 가장 크고 깊이 잠수할 수 있는 장수거북(leatherback)도 바다거북의 일종이다. 이 거북의 몸무게는 1,500 kg이 넘기도 하며 해파리류를 섭식한다. 장수거북을 비롯한 바다거북들은 고기잡이 어선들이 쳐 놓은 그물에 혼획되거나, 거북이가 알을 낳는 번식지 해변이 주거지로 또는 상업적으로 개발되면서 생존을 위협받고 있다.

인룡류

인룡류의 현생 계통의 하나에는 투아타라라고 불리는 도마뱀 비슷한 파충류 두 종이 속한다**(그림 34.28b)**. 화석 증거에 의하면 투아타라의 조상들은 최소 2억 2,000만 년 전에 살았었고, 이들은 여러 대륙에 퍼져서 백악기까지 번성하여 길이가 1 m에 이른 것도 있었다. 그러나 오늘날 투아타라는 뉴질랜드 해안에서 떨어진 30개의 섬에서만 발견된다. 750년 전에 사람이 뉴질랜드에 도래하면서 쥐들이 함께 따라 왔는데, 이들은 투아타라의 알들을 먹어 치웠고, 결국 뉴질랜드 본 섬들의 파충류를 전멸시켰다. 외진 섬에 살아남은 투아타라는 길이가 약 50 cm이며 곤충, 작은 도마뱀, 새의 알과 병아리를 잡아먹는다. 이들은 100살 이상 살 수 있다. 이들이 살아남기 위해서는 남아 있는 서식지에 쥐가 없는 상태가 유지되어야 한다.

인룡류의 또 다른 주요 현생계통은 도마뱀류와 뱀류로 이루어진 유린류(squamates)이며, 여기에는 약 7,900종이 포함되어 있다**(그림 34.28c,d)**. 유린류 중 많은 종류는 그 크기가 작다; 2001년에 도미니카 공화국에서 발견된 자라구아도마뱀은 16 mm에 불과하여 10센트 동전에도 충분히 올라갈 수 있을 정도이다. 반면에 인도네시아의 코모도왕도마뱀은 3 m에 이른다. 이들은 사슴과 같은 큰 동물을 사냥하여 이빨로 물어 독을 주입한다.

뱀은 다리가 있는 도마뱀에서 유래하였다—그래서 이들은 다리 없는 도마뱀으로 분류된다(22장의 첫 문단 참조). 오늘날 뱀의 어떤 종은 골반과 팔다리뼈의 흔적을 가지고 있어 그들의 유래에 관한 증거를 제공한다. 다리가 없음에도 불구하고 뱀은 땅 위에서 움직이는 데 매우 숙달되어 있다. 일반적으로 이들은 측면으로 휘는 파동을 만들어 머리부터 꼬리까지 파동을 전파하며 움직인다. 굴곡에 의하여 생성된 힘이 단단한 물체에 대해 작용하면서 뱀을 앞으로 나아가게 한다. 뱀은 또 복부 몇 군데의 비늘로 땅을 단단히 잡고, 그 중간 지점에 있는 비늘들을 땅에서 약간 들어올려 앞으로 당김으로써 움직일 수 있다.

뱀류는 육식동물로서 여러 가지 적응 양식이 먹잇감을 사냥하고 포식하는 데 도움을 주었다. 뱀은 민감한 화학적 감각 기관을 갖추고 있고, 비록 고막은 없지만 땅의 진동을 민감하게 감지하여 먹잇감의 움직임을 추적하는 데 도움을 준다. 방울뱀을 포함한 살모사의 눈과 콧구멍 사이에 있는 열감지 기관은 미세한 온도변화를 감지하여 이들 야간 사냥꾼이 온혈동물을 포착할 수 있도록 한다. 독사는 속이 비었거나 홈이 있는 한 쌍의 날카로운 이빨을 이용해 독을 주입한다. 혀에 독이 있는 것은 아니지만, 혀를 날름거림으로써 냄새를 입천장에 있는 후각기관으로 보내는 데 도움을 주게 된다. 느슨하게 연결된 턱관절과 탄력 있는 피부로 인해 대부분의 뱀들은 자신의 머리 굵기보다 더 큰 먹잇감을 삼킬 수 있다(그림 23.14).

이제 조룡류에 속하는 두 개의 현생 분기군인 악어류와 조류(새)에 대해 다루면서 파충류에 대한 고찰을 마칠 것이다.

악어류

앨리게이터류(alligators)와 크로커다일류(crocodiles; 두 종류를 합쳐 악어류 crocodilians로 통칭)는 삼첩기 후기까지 거슬러 가면 한 계통에 속한다. 이 계통에 속한 최초의 동물은 가늘고 긴 네 다리로 걷는 작은 육상생물이었다. 나중에 나타난 종들은 몸집이 커지고 수생 서식지에 적응하여 위로 향한 콧구멍으로 공기를 호흡하였다. 어떤 중생대 악어류는 12 m까지 자라는 것도 있어 물가에서 공룡이나 다른 먹잇감을 공격할 수도 있었다.

현재 지구상에 알려져 있는 악어류 23종의 분포 지역은 따뜻한 곳으로 국한되어 있다**(그림 34.28e)**. 미국 남동부의 앨리게이터는 멸종위기종 목록에 올려진 수년 만에 다시 회복되었다.

조류

전 세계에는 약 10,000종의 새들이 존재한다. 조류도 악어류와 같은 조룡류이나, 새들이 공중을 날아다니기 위해 적응하는 과정에서 거의 모든 해부학적 특성에 변화가 일어났다.

조류의 파생형질 새들의 많은 형질들은 원활하게 날기 위하여 적응한 결과이다. 여기에는 효율적으로 날기 위해 몸무게를 줄이는 변화가 포함된다. 예를 들어 새들은 방광이 없고, 대부분 종들의 암컷은 난소를 한 개만 가진다. 대개 암컷과 수컷 모두 생식선이

▼ 그림 34.28 현생 파충류(조류 제외)

(a) 장수거북(Leatherback turtle; *Dermochelys coriacea*)

작으며, 오직 번식기 때만 커진다. 또한 현생 조류는 모두 이빨이 없는데, 이는 머리의 무게를 줄이기 위해 적응한 결과이다.

비행을 위한 조류의 적응 중에서 가장 뚜렷한 것은 날개와 깃털이다(그림 34.29). 깃털은 β-케라틴이라는 단백질로 되어 있는데, 이 단백질은 다른 파충류의 비늘에도 존재한다. 깃털의 모양과 배열로 인하여 조류의 비행날개가 형성되는데, 그 구조는 항공기 날개의 설계에서 사용하는 것과 같은 종류의 기체역학적 원리의 일부를 보여준다. 날개를 퍼덕이는 힘은 흉골(복장뼈)의 용골돌기에 고정되어 있는 커다란 흉근이 수축할 때 나온다. 독수리나 매와 같은 새들은 공기의 흐름을 이용한 활공비행에 적합하도록 적응하여 날개짓은 가끔할 뿐이다. 벌새와 같은 다른 새들은 공중에 계속 떠 있기 위해 지속적으로 날개를 퍼덕여야만 한다(그림 34.33). 가장 빠른 새는 칼새(swifts)로서, 그 이름에 걸맞게 시속 170 km로 날 수 있다.

날 수 있다는 것은 굉장히 많은 이점을 부여한다. 비행으로 인해 사냥과 청소섭식의 효율이 더 향상되었다. 많은 새들이 날아다니는 풍부하고 영양가 높은 먹이원인 곤충을 잡아먹을 수 있게 되었다. 또 날아오름으로 지상의 포식자로부터 쉽게 달아날 수 있게 되었고, 어떤 새들은 먼 거리를 이동하여 다른 종류의 먹이원과 계절번식지를 이용할 수 있게 되었다.

공중을 날기 위해서는 대단히 많은 양의 에너지가 활동적인 대사 작용에 의해 생성되고 소비되어야 한다. 새들은 내온성 동물이다; 이들은 자신의 대사열을 이용하여 일정하게 높은 체온을 유지한다. 깃털, 그리고 일부 종에서는 지방층이 보온 기능을 제공하여 체온을 유지하도록 한다. 허파에는 폐와 탄력성 있는 기낭을 서로 연결시키는 매우 작은 관들이 있어 공기 흐름과 산소 흡수를 돕는다. 이러한 호흡계와, 네 개의 방으로 이루어진 심장을 가진 순환계는 매우 효율적인 구조로 되어 있어 조직들에 산소와 영양분을 충분히 공급함으로 높은 대사율을 유지할 수 있도록 한다.

비행을 위해서는 예리한 시각과 세밀한 근육조절이 요구된다. 새들은 색깔을 구별할 수 있는 매우 뛰어난 시각능력을 보유하고 있다. 조류의 뇌는 운동영역과 시각영역이 잘 발달되어 있다. 조류의 뇌 크기의 상대적 비율은 양서류나, 조류를 제외한 다른 파충류보다 크다.

새들은 일반적으로 매우 복잡한 행동 양상을 보이는데, 특히 번식기에 정교한 구애의식을 수행할 때 더욱 그렇다. 딱딱한 껍질을 가진 알을 낳기 때문에 수정은 반드시 체내에서 이루어져야 한다. 교미 시에 대개는 배우자끼리 항문, 즉 총배설강과 통하는 구멍을 접촉시킨다. 알을 낳은 후, 종에 따라서 부, 모, 또는 부모 둘 다 알을 품어 따뜻하게 유지시켜야만 배아가 발달할 수 있다.

조류의 기원 조류와 파충류 화석에 대한 분기분석 결과에 의하

(b) 투아타라(Tuatara; *Sphenodon punctatus*)

(d) 킹코브라(King cobra; *Ophiophagus hannah*)

(c) 코모도왕도마뱀(Komodo dragon; *Varanus komodoensis*)

(e) 나일악어(Nile crocodile; *Crocodylus niloticus*)

◀ **그림 34.29 기능에 적합한 형태: 조류의 날개와 깃털.** **(a)** 날개는 사지류 앞다리를 재구성한 변형체이다. **(b)** 많은 새 종류의 뼈 내부 구조는 공기로 채워진 벌집 모양이다. **(c)** 깃털의 중심에는 공기로 채워진 깃대(shaft)가 있고, 여기에서 깃가지(vanes)가 뻗어 있다. 깃가지는 우지(barbs)와 우지에서 뻗은 작은 가지인 우소지(barbules)로 이루어져 있다. 새들은 겉깃털(contour feather)과 솜깃털(downy feather)을 가지고 있다. 겉깃털은 뻣뻣하며, 새의 날개와 몸체가 공기역학적 모습을 이루는 데 기여한다. 겉깃털의 우소지는 작은 갈고리를 갖고 있어 이웃 우지의 우소지에 걸려 밀착하도록 되어 있다. 새가 부리로 날개를 다듬을 때, 부리로 겉깃털을 집어 길이 방향으로 나가면서 다듬는다. 이때 이웃한 갈고리끼리 서로 걸리게 하여 우지가 정확한 모양을 갖추도록 만드는 것이다. 솜깃털은 갈고리가 없어 우지가 자유로이 배열되어 보송보송한 구조를 만들고, 그 속에 공기가 채워져 단열재 역할을 하게 된다.

면, 조류는 수각류라는 두발로 걷는 용반류군에 속한다. 중국의 고생물학자들은 1990년대 말부터 깃털을 가진 수각류 화석들을 다수 발굴하였는데, 이들은 최초의 새에 관한 단서를 제공하고 있다. 조류와 매우 가까운 공룡의 몇몇 종들에 깃가지와 함께 깃털이 있었고, 더 다양한 종들에서는 섬유형 깃털이 발견되었다. 이러한 발견은 실제 능동적 비행이 이루어지기 오래 전에 깃털이 먼저 진화하였다는 점을 시사한다. 이들 초기 깃털은 절연체, 위장, 구애 시 과시행동 등의 기능을 가졌을 수 있다.

1억 6,000만 년 전에는 깃털을 가진 수각류가 이미 조류로 진화해 있었다. 많은 연구자들은 독일의 석회암 채석장에서 1861년 발견된 *Archaeopteryx*를 지금까지 알려진 최초의 새로 간주한다 (그림 34.30). *Archaeopteryx*는 깃털 날개가 있었으나 이빨, 날개의 발톱 달린 발가락, 긴 꼬리와 같은 원시형질도 남아 있었다. 이들은 빠른 속도로 잘 날 수 있었으나 현재의 새들과는 달리 가만히 서 있는 자세에서 날아오르지는 못하였다. 나중에 나타난 백악기의 조류 화석들에서는 이빨, 발톱 달린 앞다리와 같은 조상 공룡의 특징이 점차 사라지고, 대신 꽁지깃으로 덮인 짧은 꼬리 같이 현존하는 새들이 가지고 있는 혁신적 특성들을 획득하고 있음을 보여준다.

현생 조류 28개 목의 현생 조류를 포함하는 분기군인 신조류(Neornithes)가 6,550만 년 전 백악기와 제3기(Paleogene)의 경계 이전에 존재하였다는 증거는 명확하다. 어떤 현생 또는 멸종된

▲ **그림 34.30 *Archaeopteryx*는 최초의 새인가?** 화석 증거에 의하면 *Archaeopteryx*는 능동적인 비행을 할 수 있었으나, 조류가 아닌 다른 공룡류의 여러 형질을 여전히 유지하고 있었다. 이 화석은 오랫동안 최초의 새인 것으로 간주되어 왔지만, 최근에 발견된 화석은 이 점에 대해 논란을 일으켰다. 어떤 분석 결과는 *Archaeopteryx*가 새와 가깝지만 새가 아닌 공룡이라는 것을 시사한다. 또 다른 증거는 *Archaeopteryx*가 전통적으로 생각해 왔던 것처럼 새이기는 하지만 최초의 새는 아니라는 점을 시사한다.

▶ **그림 34.31 키위(kiwi; *Apteryx*), 뉴질랜드 토착종이며 날지 못하는 새의 한 종류**

동물군은 하나 또는 그 이상의 날지 못하는 새들을 포함한다. **주조류(ratites**; 타조목, order Struthioniformes)는 타조, 레아, 키위, 화식조, 에뮤로 이루어져 있고, 이들은 모두 날지 못한다(그림 34.31). 주조류는 흉골에 용골돌기가 없고, 흉근도 날 수 있는 새들에 비해 작은 편이다.

펭귄류는 날지 못하는 새인 펭귄목(order Sphenisciformes)을 이루나 이들은 나는 새들처럼 매우 발달한 흉근을 가지고 있어 물속에서 "날아다닐" 때 사용한다; 헤엄칠 때, 이들은 그 노 같은 날개를 전형적인 새의 날개짓을 닮은 방식으로 퍼덕인다(그림 34.32). 뜸부기류, 오리류, 비둘기류에 속하는 일부 종에도 날지 못하는 새들이 있다.

날아야 한다는 조건 때문에 많은 새들의 몸 형태가 서로 닮게 되었으나, 그럼에도 불구하고 경험 있는 탐조가는 새의 외형 윤곽, 색깔, 비행 방식, 행동, 부리 모양을 근거로 종들을 구분할 수 있다. 벌새류의 날개 골격은 특이해서 새들 중 유일하게 공중 정지 비행이 가능하고 또 뒤로 날 수도 있다(그림 34.33). 성체 조류는 이빨을 갖지 않으나 조류의 진화 과정 중 부리 모양은 각 종의 서로 다른 먹이에 적합하도록 매우 다양한 형태를 취하게 되었다. 앵무새와 같은 새들은 딱딱한 견과류와 씨앗을 깨뜨려 열 수 있는 강한 부리를 갖추고 있다. 홍학류와 같은 새들은 여과 섭식을 한다. 이들의 부리는 일종의 "체"와 같은 여과장치 구실을 해서 물속에 있는 먹이 조각을 걸러 먹는다(그림 34.34). 발의 구조에 있어서도 조류는 상당한 변이를 보인다. 여러 새 종류들이 발을 이용하여 나뭇가지 위에 올라앉거나(그림 34.35), 먹잇감을 움켜쥐거나, 방어 하거나, 수영 또는 걷기, 심지어 구애행동까지 한다(그림 24.3e).

▲ **그림 34.32 물속을 나는 킹펭귄(king penguin; *Aptenodytes patagonicus*).** 이들은 유선형 몸과 강력한 흉근을 갖고 있어 재빠르고 민첩하게 헤엄치는 수영 선수들이다.

▲ **그림 34.33 공중 정지비행 상태에서 먹이를 먹는 벌새.** 벌새는 그 날개를 모든 방향으로 회전시킬 수 있어 공중 정지비행이 가능하며 뒤쪽으로 날 수도 있다.

▲ **그림 34.34 특수한 부리.** 큰홍학(greater flamingo; *Phoenicopterus ruber*)은 그 부리를 물속에 넣고 먹이를 걸러서 먹는다.

▲ **그림 34.35 횃대에 앉을 수 있도록 적응된 발.** 박새(great tit; *Parus major*)는 참새목(Passeriform)의 한 종이며 참새목 새들은 횃대에 앉을 수 있다. 이 새들의 발가락은 나뭇가지나 철사를 둘러서 움켜질 수 있어 오랜 시간 동안 그 위에 앉아 쉴 수 있다.

개념 확인 문제 34.5

1. 양막류가 육지생활에 적응한 세 가지 주요 특성에 대해 기술하라.
2. 뱀은 사지류에 속하는가? 설명하라.
3. 비행을 위해 조류가 받아들인 네 가지 적응 양식에 대해 설명하라.
4. WHAT IF? 거북류가 다른 파충류보다 인룡류에 더 가깝다고 가정하자. 그림 34.24를 다시 그려서 이 새로운 관계를 보이고 모든 현생 파충류가 공유하는 최근 공통조상을 대표하는 분기점을 표시하라. 파충류 분기군을 이 조상에서 내려온 모든 후손으로 이루어진 분류군으로 정의하고 파충류에 속하는 동물군을 열거하라.

정답은 부록 A 참조

개념 34.6

포유류는 젖을 만들고 털이 있는 양막류이다

지금까지 논의했던 파충류는 양막류의 두 가지 주요 계통 중 하나이다. 양막류의 또 다른 계통 하나는 우리 자신이 속한 계통, 즉 **포유류(mammals)**이다. 현재 이 지구상에는 5,300종이 넘는 포유류가 살고 있다.

포유류의 파생형질

자손을 위하여 젖을 생산하는 유선은 포유류만의 특별한 형질이며, 여기에서 포유류의 이름이 유래하였다. 모든 포유류의 어미는 그 새끼에게 젖을 먹인다. 젖에는 지질, 당, 단백질, 무기물, 비타민과 같은 영양분이 풍부하고 균형 잡힌 비율로 함유되어 있다. 또 다른 포유류의 형질인 털, 그리고 피하 지방층이 체열을 유지하도록 돕는다. 포유류도 조류와 같이 내온동물이며, 대부분 높은 대사율을 갖는다. 효율적인 호흡계와 순환계(네 개의 방을 갖는 심장을 포함하여)는 포유류의 높은 대사율을 지탱한다. 또 횡격막이라고 하는 근육막이 허파가 숨을 들이쉬고 내쉬도록 돕는다.

조류와 마찬가지로 포유류는 일반적으로 같은 크기의 다른 척추동물보다 큰 뇌를 가지며, 많은 종들이 학습능력을 갖는다. 새들과 같이 포유류도 부모가 비교적 긴 기간 동안 후손을 돌보기 때문에, 후손은 부모를 관찰하면서 중요한 생존기법을 배울 시간을 더 오래 갖게 된다.

치아의 분화는 포유류의 또 다른 중요한 특성이다. 파충류의 치아는 일반적으로 그 크기와 모양이 일정하지만, 포유류의 치아는 많은 종류의 먹이를 씹을 수 있도록 다양한 크기와 형태로 적응하였다. 대부분 포유류와 같이, 사람은 끊기 위해(앞니와 송곳니), 그리고 으깨고 갈기 위해(작은어금니와 어금니) 각각 변형된 치아를 가진다.

포유류의 초기 진화

포유류는 **단궁류(synapsids)**로 알려진 양막류의 한 군에 속한다. 초기 비포유류 단궁류는 털이 없고 팔다리를 옆으로 뻗는 동작으로 걸으며 알을 낳았다. 단궁류의 독특한 형질 중 하나는 두개골의 양쪽 안와 뒤에 나 있는 구멍인 측두창이다. 사람도 이 특성의 흔적을 가지고 있다. 여러분의 턱 근육은 측두창을 통과하여 관자놀이에 고정되어 있다. 화석 증거는 초기 단궁류를 잇는 계통들에서 포유류의 특징이 점차 부각되면서, 턱이 재구성되었다는 것을 보여준다(그림 25.7); 이 모든 변화가 일어나는데 1억 년 이상이 걸렸다. 그 외에도, 턱관절을 형성하던 뼈 가운데 두 개(방형골과 관절골)가 포유류의 중이로 편입되었다(그림 34.36). 이러한 진화적 변화는 개체의 발생기에 일어나는 변화에 반영되었다. 예를 들어, 포유류 배아가 성장하면서 그 턱의 뒷부분—이 부분이 파충류에서는 관절골(articular bone)을 형성한다—이 턱에서 떨어져 나와 귀로 이동하여 망치뼈(malleus)를 형성하는 것을 관찰할 수 있다.

단궁류는 페름기(2억 9,900만~2억 5,100만 년 전) 동안 대형 초식동물과 육식동물로 진화하였으며, 한동안 이들은 우점적 사지류였다. 그러나 페름기-삼첩기의 멸종은 이들에게 많은 피해를 주었고, 이들의 다양성은 삼첩기(2억 5,100만~2억 년 전) 동안 감소하였다. 점차 포유류와 유사한 단궁류들이 삼첩기 말까지 출현하였다. 비록 진정한 포유류는 아니었지만, 이들 단궁류는 다른 양막류로부터 포유류를 구별하는 여러 파생형질을 획득하였다. 이들은 몸집이 작고, 아마도 털을 가졌고 밤에 곤충을 잡아먹었을 것이다. 이들의 뼈는 이들이 다른 단궁류보다 더 빨리 성장한다는 것을 보여주며, 이것은 이들이 아마도 높은 대사율을 가졌다는 것을 시사한다; 그러나 이들은 여전히 알을 낳고 있었다.

쥐라기(2억~1억 4,500만 년 전) 동안에 처음으로 진정한 포유류가 나타났고 많은 계통으로 다양화되었으나 그 대부분은 곧 멸종하였다. 매우 다양한 포유류 종들이 쥐라기와 백악기 기간에 공룡과 함께 살았으나 이들은 그 당시 군집 내에서 숫자가 많거나 우점한 종은 아니었고 대부분은 길이가 1 m에 이르지 못했다. 포유류 몸집이 왜 작았는지에 대해 가능한 한 가지 설명은, 그 당시 큰 몸집 동물이 들어갈 생태적 지위는 이미 공룡들이 차지하고 있었기 때문이라는 것이다.

포유류의 세 가지 주요 계통인 단공류(알을 낳는 포유류), 유대류(육아낭을 가지는 포유류), 태반류(태반을 가지는 포유류)가 백악기 초기(1억 4,000만 년 전)까지 출현하였다. 백악기 후기에 대형 공룡류, 익룡류, 해양파충류가 멸종한 이후 포유류는 적응방산하여 대형 포식자와 초식동물로, 그리고 날아다니거나 수생

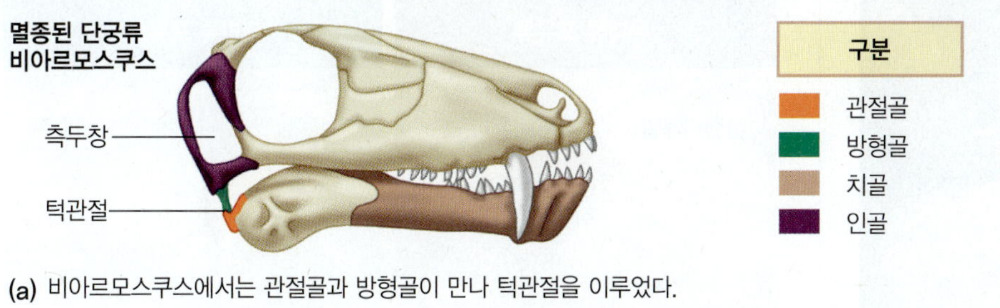

(a) 비아르모스쿠스에서는 관절골과 방형골이 만나 턱관절을 이루었다.

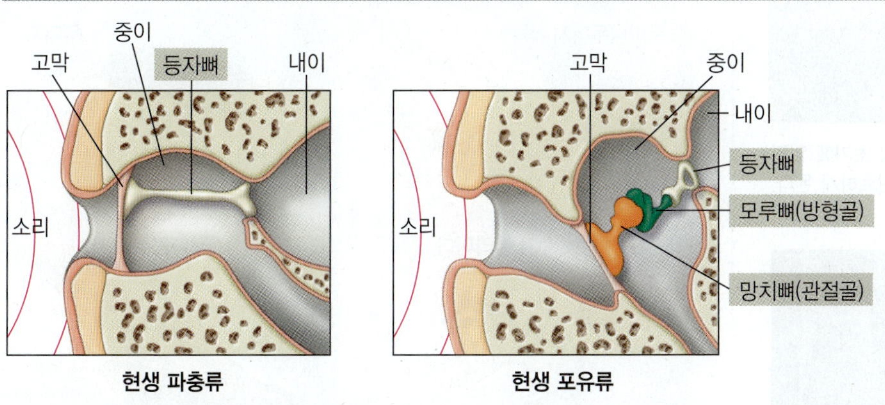

(b) 포유류 머리뼈의 진화적 재구성 과정 중, 치골과 인골 사이에 새로운 턱관절이 형성되었다(그림 25.7 참조). 턱에서 더 이상 필요가 없어진 방형골과 관절골이 중이로 편입되어, 소리를 고막에서 내이로 전달하는 3개의 뼈 중 2개가 되었다.

◀ **그림 34.36 포유류 귀뼈의 진화.** 비아르모스쿠스(*Biarmosuchus*)는 초기 단궁류의 하나인데, 단궁류는 최종적으로 포유류로 진화한 계통이다. 포유류 귀에서 소리를 전달하는 뼈들은 비포유류 단궁류의 턱뼈 일부가 변형되어 형성된 것이다.

MAKE CONNECTIONS 개념 25.6의 굴절적응(exaptation)의 정의에 관해 복습하라. 굴절적응이 일어나는 과정을 요약하고 관절골과 방형골이 포유류 내이로 편입된 것이 어떻게 그 예가 되는지 설명하라.

생활을 하는 종으로 진화하였다.

단공류

단공류(monotremes)는 호주와 뉴기니에서만 발견되며, 오리너구리(platypus) 한 종과 바늘두더지(echidnas, spiny anteaters; 그림 34.37) 네 종이 단공류에 속한다. 단공류는 알을 낳는다. 이 형질은 양막류의 원시형질이며, 대부분의 파충류에서 유지되고 있다. 다른 모든 포유류와 같이 단공류는 털이 있고 젖을 만들지만, 젖꼭지는 없다. 젖은 어미의 복부에 있는 선에서 분비된다. 알에서 깨어난 후 새끼는 어미의 털에서 젖을 빨아 먹는다.

유대류

북미산주머니쥐, 캥거루, 코알라는 **유대류(marsupials)** 동물의 예들이다. 유대류와 태반류, 두 군은 단공류에는 없는 파생형질을 공유한다. 이들은 높은 대사율과 젖을 분비하는 젖꼭지를 가지며, 어린 새끼를 낳는다. 배아는 암컷 생식관의 자궁 안에서 발달한다. 자궁 내막과 배아로부터 발달한 배외막은 **태반(placenta)**을 형성한다. 태반은 영양분이 어미의 혈액으로부터 태아로 확산되는 장소이다.

유대류는 발생 초기에 매우 일찍 태어나며, 배아 발생은 양육되는 동안 완성된다. 대부분의 종에서, 양육되는 새끼는 어미의 육아낭(marsupium) 안에서 자란다(그림 34.38a). 예를 들어, 붉은 캥거루는 수정 후 33일 만에 태어나며 이때 태아는 대략 꿀벌 정도 크기이다. 뒷다리는 단순한 하나의 돌기(bud)에 불과하지만, 앞다리는 매우 강해서 어미의 생식관으로부터 나와 어미의 몸 앞에 입구가 위치한 육아낭으로 이 앞다리를 이용해 기어오를 수 있다. 이 여행은 몇 분 정도가 걸린다. 어떤 종에서는 어미의 뒤쪽에 육아낭 입구가 있다. 큰빌비는 이런 구조로 인해 어미가 땅에 굴을 팔 때 새끼를 보호할 수 있다(그림 34.38b).

▼ **그림 34.37 짧은부리바늘두더지(short-beaked echidna; *Tachyglossus aculeatus*), 호주 단공류의 한 종.** 단공류는 털이 있고 젖을 만들지만 젖꼭지는 없다. 단공류는 포유류 중 유일하게 알(작은 그림)을 낳는다.

유대류는 중생대 동안 전 세계적으로 분포했으나, 오늘날 이들은 오직 호주와 남미, 북미지역에서만 발견된다. 유대류의 생물지리는 생물학적 진화와 지질학적 진화 사이의 상호작용의 한 예이다(개념 25.4). 초대륙 판게아가 분열된 이후, 남미와 호주는

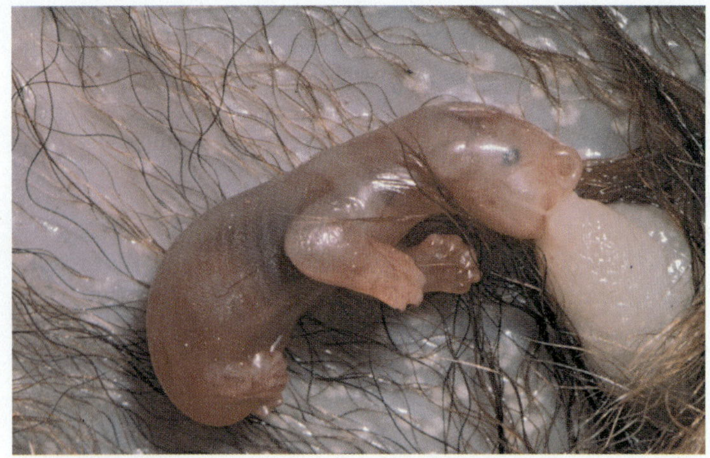

(a) **솔꼬리주머니쥐(brushtail possom) 새끼.** 유대류의 새끼는 발생 초기에 일찍 태어난다. 이들은 어미의 젖꼭지로부터 젖을 먹으면서 성장을 완료하게 된다. 대부분 종에서 이 양육 과정은 어미의 육아낭 내에서 일어난다.

(b) **큰빌비(greater bilby)** 큰빌비는 굴을 잘 파며, 다양한 식물의 씨앗, 뿌리, 구근과 함께 흰개미와 다른 곤충도 잡아먹는다. 이들은 육아낭 입구가 뒤쪽에 있어 어미가 굴을 팔 때 새끼를 먼지로부터 보호할 수 있다. 캥거루 같은 다른 유대류는 육아낭 입구가 앞에 있다.

▲ 그림 34.38 **호주 유대류**

섬 같은 대륙이 되었으며, 이들 대륙의 유대류는 북반구의 대륙에서 적응방산을 시작한 태반류와는 완전히 격리된 상태로 다양화되었다. 호주대륙은 신생대 초기, 약 6,500만 년 전 이후 다른 대륙과 접촉이 없었다. 호주에서는 다른 대륙에서 태반류가 수행하는 생태적 역할에 상응하는 다양한 유대류가 수렴진화의 결과로 나타났다(그림 34.39). 비록 남미대륙에는 다양한 유대류 동물상이 고제3기에 걸쳐 존재하였지만, 호주와는 대조적으로 남미 대륙에는 태반류가 몇 번에 걸쳐 이주하여 왔다. 300만 년 전쯤에 가장 중요한 이동 중 하나가 있었는데 이때 북미와 남미대륙이 파나마지협을 통하여 연결되었고, 이 육지통로를 통해 쌍방향으로 광범위한 동물 이동이 일어났다. 오늘날 호주대륙 바깥에서는 3개 과의 유대류만이 존재하며, 북미산주머니쥐(opossum) 몇 종만이 북미대륙 야생에 살고 있는 유일한 유대류이다.

▲ 그림 34.39 **유대류와 태반류의 수렴진화.** (그림은 비율을 고려하지 않은 것임)

태반류(태반포유류)

태반류(Eutherians, 진수류, 진태반류)는 흔히 태반포유류라고 부르는데 이는 태반류의 태반이 유대류보다 훨씬 복잡하기 때문이다. 유대류에 비해서 태반류는 임신기간이 길다. 태반류의 태아는 자궁 내에서 배아 발생을 완결한다. 이 시기에 태아는 태반을 통해 모체와 연결된다. 태반류의 태반은 모체와 태아 사이에 밀접하고 지속적인 결합을 가능하게 한다.

현생 태반류의 주요군들은 폭발적인 진화적 변화 과정에 의해 분기된 것으로 생각된다. 이 폭발의 시기는 확실하지 않다: 분자적 자료에 의하면 1억 년 전이고, 형태적 자료에 의하면 6,000만 년 전일 것으로 추측된다. 다음 두 쪽에 걸친 **그림 34.40**에서는 주요 태반류 목들을 탐색할 것이고, 그들 사이의 계통발생적 관계와 더불어 태반류, 단공류, 유대류 사이의 관계를 탐구할 것이다.

영장류

포유류 영장목(order Primates)은 여우원숭이류(lemurs), 안경원숭이류(tarsiers), 원숭이류(monkeys), 유인원(apes)을 포함한다. 사람은 유인원의 일종이다.

영장류의 파생형질 대개의 영장류는 물건을 쥘 수 있게 적응된 손과 발이 있으며, 이들의 손·발가락에는 다른 포유류에서 볼 수 있는 좁고 가는 발톱이 아닌 평평한 발톱이 있다. 영장류의 손과 발에만 있는 독특한 다른 특징들도 있는데, 예를 들어 손가락의 피부 융기 같은 것이 있으며 사람의 지문도 이 융기 무늬에 의해 만들어진다. 영장류는 다른 포유류에 비해 뇌가 크고 턱이 짧아 안면이 편평하다. 이들의 시야는 전방을 향하고 눈은 안면부의 앞에 서로 가까이 위치하고 있다. 또한 영장류는 부모가 새끼를 양육하는 특성이 잘 발달해 있고 복잡한 사회적 행동을 보인다.

알려진 최초의 영장류는 나무 위에서 살았고 영장류의 많은 특성들은 나무 위 생활에 필요한 적응 결과 얻어진 것들이다. 영장류는 쥘 수 있는 손발을 갖고 있어 나뭇가지 위에 매달릴 수 있다. 사람을 제외한 모든 현생 영장류의 발은 나뭇가지를 쥐어잡을 수 있도록 엄지발가락이 다른 발가락들로부터 멀리 떨어져 분리되어 있다. 모든 영장류는 비교적 유동적이고 다른 손가락들로부터 분리된 엄지손가락을 가지고 있다. 그러나 원숭이류와 유인원은 완전히 마주보는 **엄지손가락(opposable thumb)**을 가진다: 즉, 이들은 한 엄지손가락 바닥면으로 같은 손의 다른 네 손가락 끝 바닥면(지문이 있는 쪽)을 만질 수 있다. 사람을 제외한 원숭이류와 유인원은 마주보는 엄지손가락으로 물체를 "꽉 쥐는" 것이 가능하다. 그러나 사람은 엄지손가락 기저 부분의 특수한 뼈 구조로 인하여 더 정교한 손 조작이 가능하다. 사람의 독특한 손재주는 나무 위에 살았던 우리의 조상으로부터 물려받은 유산을 변형시킨 것이다. 나무 위에서의 능숙한 생활을 위해서는 눈과 손이 조화를 이루는 협동 작업이 절대적으로 요구된다. 앞쪽으로 향하는 양쪽 눈의 겹쳐지는 시야로 인하여 거리 감각을 향상시킬 수 있었고, 이것은 명백히 나무 위 가지에서 가지로 건너다닐 때 이점이 되었다.

현생 영장류 현생 영장류에는 세 가지 주요 군이 있다: (1) 마다가스카르의 여우원숭이류(lemurs; **그림 34.41**) 및 열대아프리카와 남아시아의 늘보원숭이류(lorises)와 갈라고원숭이류(bush babies); (2) 동남아시아에 사는 안경원숭이류(tarsiers); 그리고 (3) 원숭이류와 유인원을 포함하는 **진원류(anthropoids)**; 진원류는 전 세계에 분포한다. 첫 번째 동물군인 여우원숭이류, 늘보원숭이류, 갈라고원숭이류는 아마도 초기 수상(arboreal; 나무 위에서 사는) 영장류를 닮았을 것이다. 알려진 가장 오래된 안경원숭이 화석은 5,500만 년 전의 것이고 가장 오래된 진원류 화석은 4,500만 년 전의 것이다; DNA 증거와 더불어 이러한 화석들은 안경원숭이류가 여우원숭이군보다 진원류에 더 가깝다는 것을 보여준다(**그림 34.42**).

그림 34.42을 보면 원숭이류가 하나의 분기군을 이루는 것이 아니라 신세계원숭이 및 구세계원숭이, 두 그룹으로 이루어져 있음을 알 수 있다. 신세계 및 구세계원숭이 둘 다 아프리카 혹은 아시아에서 유래했을 것으로 생각되고 있다. 화석 기록에 의하면 신세계원숭이는 대략 2,500만 년 전에 처음으로 남미대륙에 자리 잡았다. 이때 남미대륙과 아프리카는 이미 분리되어 있었고, 원숭이들은 아프리카에서 남미대륙으로 통나무에 떠내려 왔거나 또는 다른 물체 조각에 실려 왔을 것이다. 신세계원숭이와 구세계원숭이가 수백만 년간 분리되어 있는 동안, 각각 별개의 적응방산을 겪었다는 것은 분명한 사실이다(**그림 34.43**). 모든 신세

▶ **그림 34.41**
베록스시파카(*Propithecus verreauxi*), 여우원숭이류의 한 종류

▼ 그림 34.40

탐구 포유류의 다양성

포유류의 계통발생 관계

수많은 화석과 분자적 분석에 의한 증거에 의하면, 단공류는 다른 포유류로부터 약 1억 8,000만 년 전에 분화되었고, 유대류는 태반류로부터 약 1억 4,000만 년 전에 분화되었다. 비록 태반류의 계통수에 대해 아직은 폭넓은 공감대가 확립되어 있는 것은 아니지만, 분자계통분류학적 연구는 태반류의 목들 사이의 진화적 관계를 명확히 하는 데 도움을 주었다. 최근의 한 가설에 의하면, 아래 그림에 제시된 계통수와 같이 태반류의 목들을 4개의 주요 분기군으로 묶을 수 있다.

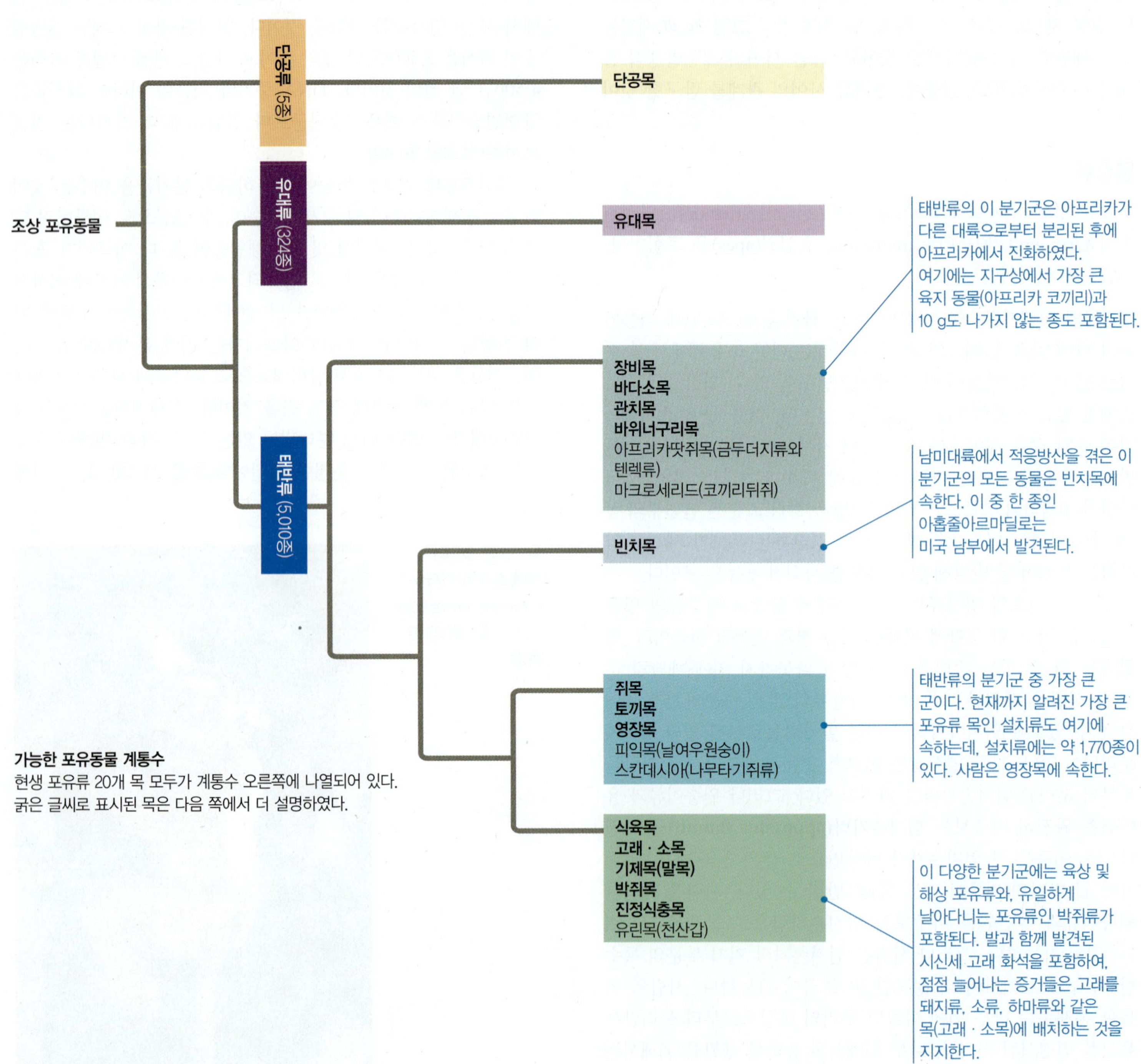

가능한 포유동물 계통수
현생 포유류 20개 목 모두가 계통수 오른쪽에 나열되어 있다. 굵은 글씨로 표시된 목은 다음 쪽에서 더 설명하였다.

목(orders)과 예	주요 특성
단공목(Monotremata) 오리너구리, 바늘두더지  바늘두더지	알을 낳는다; 젖꼭지가 없다; 새끼는 어미의 털에서 젖을 빨아먹는다
장비목(Proboscidea) 코끼리  아프리카 코끼리	긴 근육질 코; 두껍고 느슨한 피부; 윗앞니가 길어진 상아가 있다
바다소목(Sirenia) 매너티, 듀공  매너티	수생(물속에 사는); 지느러미 같은 앞다리는 있지만 뒷다리는 없다; 초식성
빈치목(Xenarthra) 나무늘보, 개미핥기, 아르마딜로  작은개미핥기	축소된 이빨이 있거나, 아예 없다; 초식성(나무늘보) 또는 육식성(개미핥기, 아르마딜로)
토끼목(Lagomorpha) 집토끼, 산토끼, 새앙토끼  북미산산토끼	끌 같은 앞니; 뒷다리가 앞다리보다 길며, 달리거나 뛰어오르기에 알맞게 적응
식육목(Carnivora) 개, 늑대, 곰, 고양이, 족제비, 수달, 바다표범, 바다코끼리  코요테	날카롭고 뾰족한 송곳니와 먹이를 자르기 위한 어금니; 육식성
고래 · 소목 (Cetartiodactyla) 우제류: 양, 돼지, 소, 사슴, 기린  큰뿔야생양	각각의 발에 짝수로 갈라진 발굽을 가지고 있다; 초식성
고래류: 고래, 돌고래, 상괭이류  태평양 흰옆줄상괭이	수생; 유선형 몸; 앞다리는 노 같은 형태이며 뒷다리는 없다; 두꺼운 절연지방층; 육식성
유대목(Marsupialia) 캥거루, 주머니쥐, 코알라  코알라	태아는 어미의 육아낭 속에서 성장을 마친다
관치목(Tubulidentata) 땅돼지  땅돼지	가는 관들의 유합으로 이루어진 이빨; 개미와 흰개미를 먹는다
바위너구리목 (Hyracoidea) 바위너구리 바위하이렉스	짧은 다리; 뭉툭한 꼬리; 초식성; 여러 개의 방으로 이루어진 복잡한 위
설치목(쥐목, Rodentia) 청서류(청설모류), 비버, 쥐, 호저, 생쥐  붉은다람쥐	끌과 같은, 갉아서 닳지 않으면 지속적으로 자라나는 앞니; 초식성
영장목(Primates) 여우원숭이, 원숭이, 침팬지, 고릴라, 사람  황금사자 타마린	마주보는 엄지손가락; 전방을 향하는 눈; 잘 발달한 대뇌피질; 잡식성
기제목(Perissodactyla) 말, 얼룩말, 맥(테이퍼), 코뿔소  인도코뿔소	각각의 발에 홀수 개의 발굽을 가지고 있다; 초식성
박쥐목(Chiroptera) 박쥐 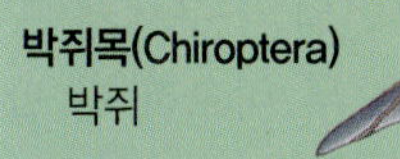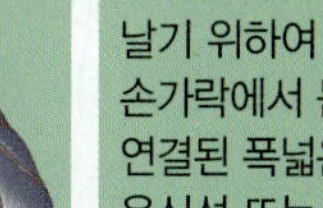 개구리잡이박쥐	날기 위하여 적응; 길게 늘어난 손가락에서 몸과 다리로 연결된 폭넓은 피부주름; 육식성 또는 초식성
진정식충목 (Eulipotyphla) "진정한 식충류": 일부 두더지류, 일부 뒤쥐류 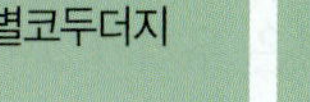 별코두더지	먹이는 주로 곤충과 작은 무척추동물이다

▶ **그림 34.42 영장류의 계통수.** 화석 기록은 진원류가 다른 영장류로부터 약 5,000만 년 전에 분기되기 시작했음을 보여준다. 신세계원숭이, 구세계원숭이, 유인원류(긴팔원숭이, 오랑우탄, 고릴라, 침팬지, 사람을 포함하는 분기군)는 지난 2,000만 년 동안 각각 별도의 계통으로 진화하여 왔다. 인류로 이어진 계통은 다른 유인원으로부터 600만 내지 700만 년 전에 분지되었다.

? 이 계통수는 사람이 챔팬지로부터 진화한 것이라는 관점과 일치하는가? 설명하라.

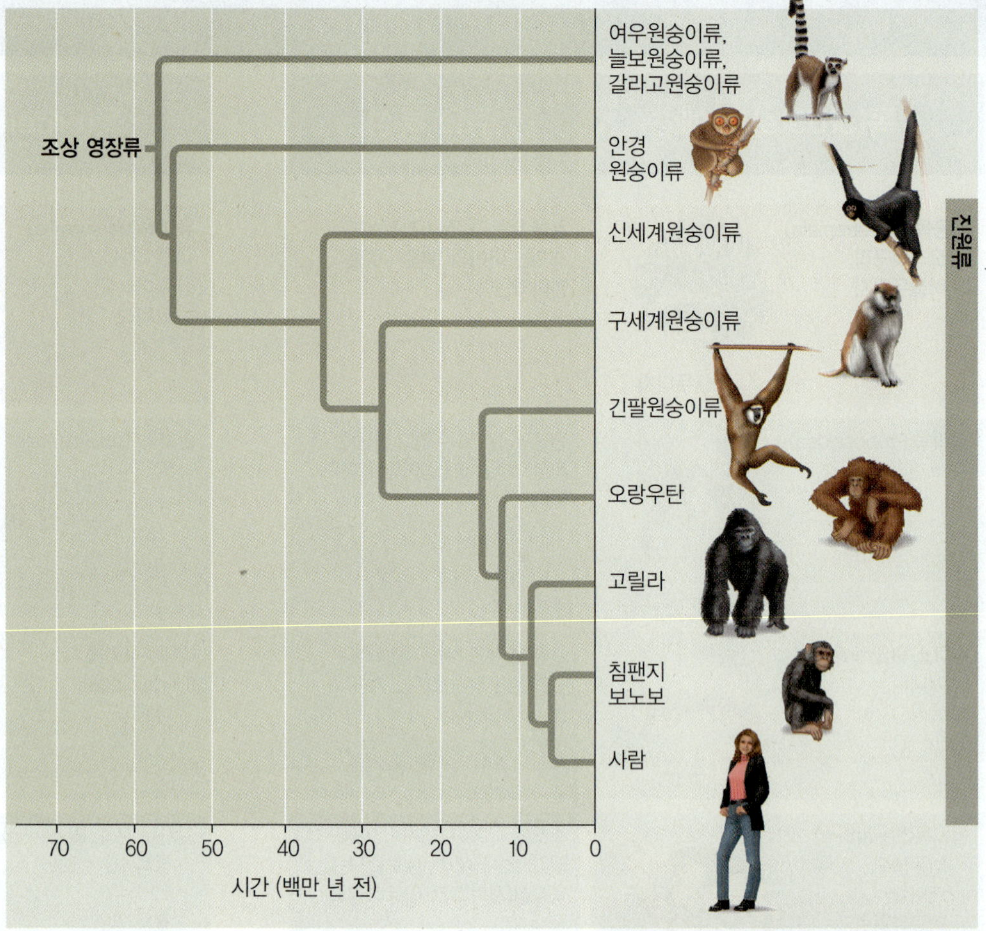

계원숭이 종들은 나무 위에서의 수상생활을 하는 반면, 구세계원숭이는 수상생활을 하는 종뿐 아니라 지상생활을 하는 종도 포함한다. 양쪽 군에 속하는 대부분의 원숭이는 주행성으로, 주로 낮에 활동을 하고 무리를 지어 사는데, 이 무리는 사회적 행동에 의하여 유대가 강화된다.

진원류의 또 다른 군은 비공식적으로 유인원(apes)이라 불리는 영장류로 이루어져 있다**(그림 34.44)**. 유인원에는 *Hylobates*(긴팔원숭이), *Pongo*(오랑우탄), *Gorilla*(고릴라), *Pan*(침팬지와 보노보), *Homo*(사람) 속이 들어 있다. 유인원은 구세계원숭이로부터 약 2,500~3,000만 년 전에 분기하였다. 오늘날 사람이 아닌 유인원은 예외 없이 구세계의 열대지역에서만 발견된다. 긴팔원숭이를 제외하고는 현생 유인원은 구세계 또는 신세계원숭이류보다 크다. 현생 유인원은 모두 비교적 긴 팔과 짧은 다리가 있고 꼬리는 없다. 비록 인간이 아닌 유인원류 모두 나무 위에서 시간을 보내기도 하지만, 긴팔원숭이과 오랑우탄만이 나무 위에서 주로 생활한다. 유인원류의 사회 조직은 종에 따라 차이가 많이 난다: 고릴라와 침팬지는 고도로 사회적인 동물이다. 마지막으로, 유인원은 몸 크기에 비한 뇌의 비율이 다른 영장류보다 높으며, 이들의 행동도 다른 영장류보다 유연성이 크다. 이러한 두 가지 특성은 우리가 고려할 다음 그룹인 사람류(hominin)에서 더욱 두드러진다.

(a) 거미원숭이(그림), 다람쥐원숭이, 카푸친원숭이와 같은 신세계원숭이류는 휘어 감을 수 있는 꼬리와 측면으로 열린 콧구멍을 갖고 있다.

(b) 구세계원숭이류는 휘어 감을 수 있는 꼬리가 없고 콧구멍은 아래로 열려 있다. 이 동물군에는 마카크(그림), 맨드릴, 비비, 레서스원숭이가 포함된다.

▲ **그림 34.43 신세계원숭이과 구세계원숭이**

(a) 이 그림의 뮬러긴팔원숭이(Muller's gibbon)와 같은 긴팔원숭이류는 동남아시아에서만 발견된다. 이들의 매우 긴 팔과 손가락은 나무의 가지와 가지 사이를 이동하기 위해 적응한 결과이다.

(b) 오랑우탄은 수줍음이 많고 단독생활을 하는 유인원으로, 수마트라와 보르네오의 우림 속에 산다. 이들은 대부분 시간을 나무 위에서 보낸다. 잡아 쥐는데 적응한 발과 마주보는 엄지손가락에 유의할 것.

(c) 고릴라는 가장 커다란 유인원이다. 어떤 수컷은 키가 거의 2 m, 몸무게가 약 200 kg에 달한다. 이들은 아프리카에만 살고 있고, 일반적으로 최대 20마리 정도로 구성된 무리를 지어 산다.

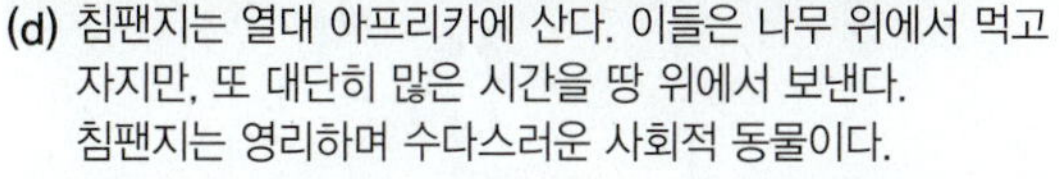

(d) 침팬지는 열대 아프리카에 산다. 이들은 나무 위에서 먹고 자지만, 또 대단히 많은 시간을 땅 위에서 보낸다. 침팬지는 영리하며 수다스러운 사회적 동물이다.

(e) 보노보는 침팬지와 같은 속(*Pan*)이지만 조금 작다. 이들은 현재 아프리카의 콩고에만 살아남아 있다.

▲ **그림 34.44 사람을 제외한 유인원류(apes)**

개념 확인 문제 34.6

1. 단공류, 유대류, 태반류가 새끼를 키우는 양식이 어떻게 다른지 비교하라.
2. 영장류의 파생형질 5개 이상을 열거하라.
3. MAKE CONNECTIONS 중생대에 포유류의 다양성이 증가한 이유를 설명하는 가설을 개발하라. 당신의 설명에는 대량 멸종과 대륙이동과 같은 요인과 더불어 포유류의 적응을 고려해야 한다(이러한 요인들을 개념 25.4에서 복습하라).

정답은 부록 A 참조

개념 34.7

사람은 커다란 뇌를 가지며 두발로 걷는 포유류이다

지구의 생물다양성을 탐구하는 우리의 여정은 이제 그 막바지인 우리 자신의 종, *Homo sapiens*에 도달하였다. 이 종이 지구에 살아온 지는 약 20만 년이 되었는데, 지구상에 생명이 탄생한 지 적어도 35억 년이 되었다는 점을 고려하면 우리 인간은 진화 역사상 명백히 신참에 속한다.

사람의 파생형질

사람을 다른 유인원으로부터 구분하는 여러 형질들이 있는데, 겉으로 보아 가장 뚜렷하게 드러나는 것은 사람은 똑바로 서서 두 발로 걷는다는 점이다. 사람은 다른 유인원류보다 훨씬 큰 뇌를 가지며, 언어를 사용하고, 상징적 생각을 할 수 있고, 복잡한 도구를 만들어 사용할 수 있다. 사람은 또한 축소된 턱뼈와 턱 근육, 그리고 짧은 소화관을 갖고 있다.

과학자들이 사람과 침팬지의 유전체를 비교함에 따라 분자 수준에서의 사람의 파생형질 목록은 계속 늘어나고 있다. 비록 두 종의 유전체 99%가 일치하지만, 30억 염기쌍을 가진 유전체 전체에서 1% 차이는 매우 커다란 변화를 의미하는 것이다. 더욱이 적은 수의 유전자 변화가 커다란 차이를 가져올 수 있다. 사람과 침팬지가 19가지의 조절유전자의 발현에 있어 차이가 있다는 최근의 연구 결과는 이러한 사실을 강조한다. 이들 조절유전자들은 다른 유전자들의 발현을 촉진 또는 억제하는 역할을 하기 때문에 사람과 침팬지의 많은 차이를 설명할 수 있다.

이러한 유전체의 차이가 어떤 파생 표현형 형질을 암호화하고 있던지 간에, 이 유전적 차이는 사람을 다른 현생 유인원류로부터 분리시키는 차이라는 점에 유의할 필요가 있다. 이러한 새로운 형질들 중 많은 수가 우리 자신의 종이 나타나기 이미 오래 전에 우리 조상들에서 맨 처음 출현하였다. 우리는 이들 특성이 어떻게 기원하였는지 알기 위하여 이들 몇몇 조상들을 살펴보게 될 것이다.

최초의 사람류

사람의 기원을 연구하는 학문을 **고인류학(paleoanthropology)**이라고 한다. 고인류학자들은 침팬지보다 사람에 더 가까운, 약 20종의 멸종한 종들의 화석을 발굴하였다. 이들 종은 **사람류(hominins)**라 알려져 있다(그림 34.45). (비록 대부분 고인류학자들은 현재 *hominin*이라는 용어를 사용하지만 이전의 동의어인 *hominid*라는 용어도 일부에서 계속 사용되고 있다.) 1994년 이후에 400만 년 이상 된 4종의 사람류가 화석 기록으로 발견되었다. 이들 중 가장 오래된 사람류인 사헬란트로푸스 차덴시스(*Sahelanthropus tchadensis*)는 약 650만 년 전에 살았었다.

사헬란트로푸스와 다른 초기 사람류는 현생 인류의 파생형질 일부를 공유하고 있었다. 예를 들어, 이들은 축소된 송곳니를 갖고 있었고, 일부 화석은 이들이 비교적 평평한 안면부를 가졌음을 시사한다. 이들은 또한 직립 두발걷기에 있어 다른 유인원보다 더 발달되었다는 징후를 보인다. 이들의 직립자세에 대한 단서 하나는 대후두공에서 찾을 수 있다. 대후두공은 머리뼈의 기저에 있는 구멍인데, 이곳을 통해 척수가 밖으로 나간다. 침팬지에서는 대후두공이 머리뼈의 비교적 뒤쪽에 위치하지만, 사람과 초기 사람류에서는 이것이 머리뼈의 아래쪽에 위치해 있다. 이러한 위치로 인하여 우리는 머리를 우리의 몸 바로 위에 놓을 수 있

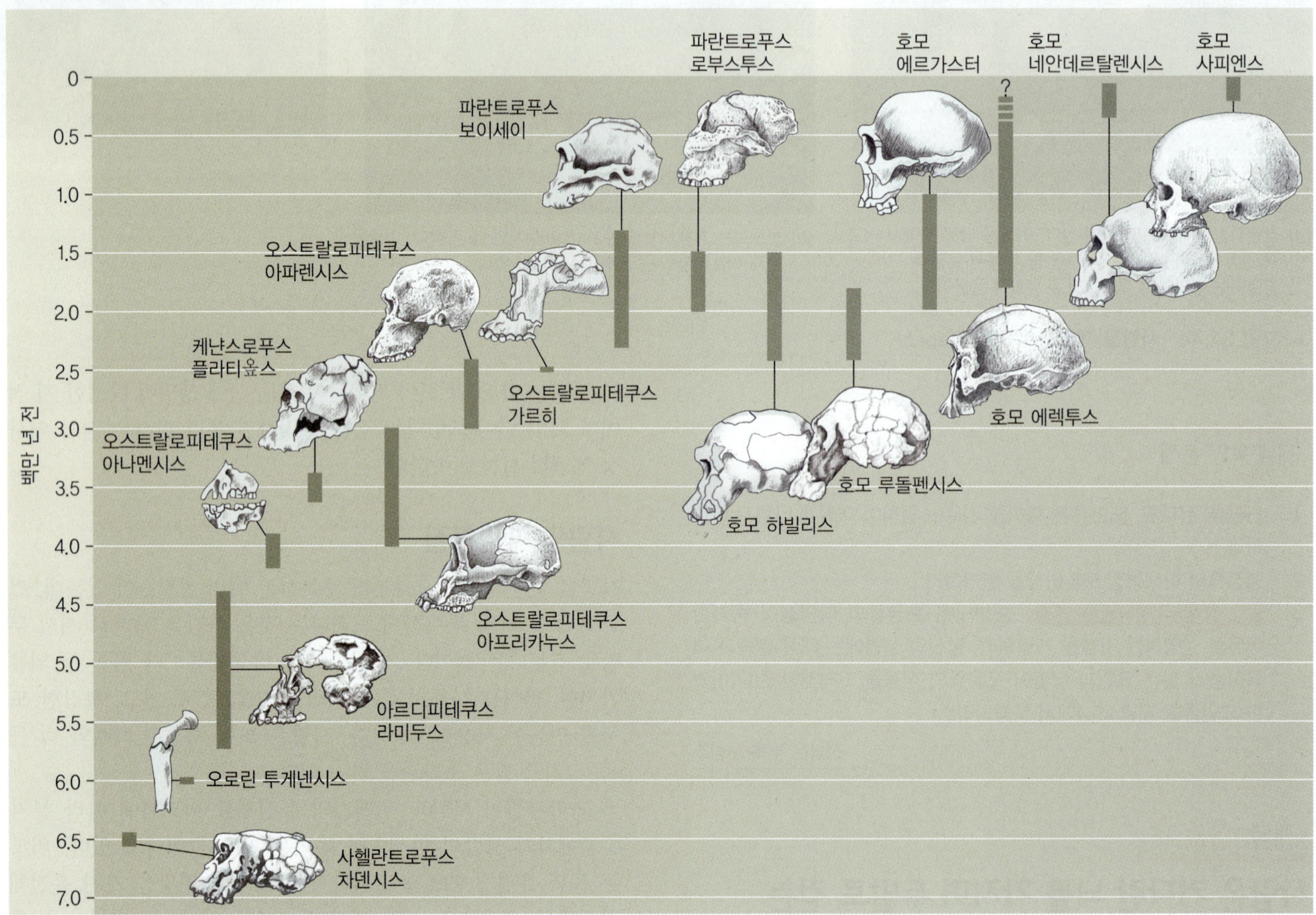

▲ **그림 34.45 일부 선택된 사람류 종들의 연대표.** 이들 화석은 대부분 아프리카 동부 및 남부 지역에서 발견되었다. 사람류 역사 대부분 시기에서 둘 이상 사람류 종들이 동시대에 살고 있었다는 점에 유의하라. 이들 중 일부는 논란의 대상이 되는 종도 있는데, 이것은 골격의 세부사항과 생물지리에 대한 해석에 있어 계통발생적 논쟁이 있음을 반영하는 것이다.

고, 초기 사람류도 역시 그러하였다. 440만 년 전에 살았던 사람류 아르디피테쿠스 라미두스(*Ardipithecus ramidus*)의 골반뼈, 다리뼈, 발 구조 또한 초기 사람류가 점차 두발걷기를 하게 되었음을 시사한다(**그림 34.46**). (나중에 우리는 두발걷기 주제로 다시 돌아가게 될 것이다.)

다른 현생 유인원류으로부터 사람을 구별하는 형질이 모두 다 동시에 발달한 것은 아니라는 점에 유의해야 한다. 초기 사람류가 두발걷기의 징후를 보이기는 하였지만, 그들의 뇌용적은 비교적 작아서 약 300~450 cm^3에 불과하였다. 호모 사피엔스(*Homo sapiens*)는 1,300 cm^3 정도이다. 또한 가장 초기의 사람류는 전체 몸집도 작았다. 예를 들어 아르디피테쿠스 라미두스는 몸무게가 50 kg에 불과했으며, 비교적 큰 치아와 안면 윗부분보다 튀어나온 아래턱을 가지고 있었던 것으로 추정된다. 반면에 사람은 비교적 평평한 안면부를 가진다. 여러분의 얼굴을 그림 34.44d의 침팬지 얼굴과 비교해 보라.

▲ 그림 34.46 440만 년 전 사람류 아르디피테쿠스 라미두스 "아르디"의 골격

이들 초기 사람류에 대하여 흔히 가지는 두 가지 일반적인 착각에 빠지지 않도록 하는 것이 중요하다. 그 첫 번째는 이들을 침팬지, 또는 침팬지로부터 유래한 것으로 생각하는 것이다. 침팬지는 진화에서 별도의 가지 끝에 해당하므로, 이들은 사람과의 공통조상에서 분기된 이후 그들 자신의 파생형질을 획득하게 되었다.

또 다른 착각은 사람의 진화 과정을 조상 유인원에서부터 호모 사피엔스에 이르기까지 직접적으로 연결되는 하나의 사다리로 상상하는 것이다. 이러한 오류는 흔히 사람류 화석의 행진을 보여주는 도해에서 나타나는데, 유인원 그림이 행진함에 따라 이들 화석 종들이 점점 우리 자신을 닮아 가는 과정으로 묘사되어 있는 것을 볼 수 있다. 만일 사람의 진화가 하나의 행진이라면 많은 군들이 대열에서 이탈하여 다른 진화경로로 빠지게 되는 매우 무질서한 행진일 것이다. 때때로 사람류의 몇몇 종들이 동시대에 공존하기도 하였다. 이들 종들은 흔히 그 두개골 모양, 몸 크기, 먹이(이빨로 추측한)에 있어 차이가 있었다. 최종적으로 호모 사피엔스에 이르는 한 계통을 제외하고는 모두 멸종하였다. 그러나 지난 650만 년 동안 살았던 모든 사람류의 특성들을 고려할 때, 호모 사피엔스는 하나의 직선적인 진화 경로의 최종 결과물로 나타난 것이 아니고, 매우 많은 가지를 친 진화의 나무에서 살아남은 유일한 생존자인 것으로 보인다.

오스트랄로피스

화석 기록은 사람류 다양성이 400만~200만 년 전 사이에 급격히 증가했음을 보여준다. 이 기간의 사람류 중 많은 종을 통칭하여 오스트랄로피스라 부른다. 이들의 계통에 있어 여러 문제점들이 아직 해결되지 않은 채 남아 있지만, 하나의 군으로서 이들은 거의 틀림없이 측계통군이다. 이 군 내에서 가장 오래된 종인 오스트랄로피테쿠스 아나멘시스(*Australopithecus anamensis*)는 420만~390만 년 전에 살았으며, 이 시기는 아르디피테쿠스 라미두스와 같은 더 오래된 사람류의 시대로부터 그리 멀지 않다.

오스트랄로피스는 남아프리카에서 1924년 발견된 오스트랄로피테쿠스 아프리카누스(*Australopithecus africanus*; "아프리카의 남쪽 유인원")에서 그 이름을 얻었다. 이들은 300만~240만 년 전에 살았었다. 더 많은 화석이 발견되면서 오스트랄로피테쿠스 아프리카누스는 완전 직립 두발걷기를 하였고, 사람 비슷한 손과 치아를 갖고 있었다는 것이 명백해졌다. 그러나 그 뇌는 현생 인류 뇌용적의 1/3에 불과하였다.

고인류학자들은 1974년 에티오피아의 아파(Afar) 지역에서 전체의 40%만 남아 있는 320만 년 전의 오스트랄로피테쿠스 골격을 발견하였다. "루시"라고 이름이 붙여진 이 화석은 1 m에 불과한 작은 것이었다. 루시와 그 비슷한 화석들은 오스트랄로피테쿠스 아파렌시스(*Australopithecus afarensis*)(아파 지역의 이름을 따서)라는 종명을 얻었다. 1990년대 초에 발견된 화석들은 오스트랄로피테쿠스 아파렌시스가 최소한 100만 년 동안 하나의 종으로서 존재하였다는 것을 보여준다.

비록 과도하게 단순화하는 위험성이 있기는 하지만, 오스트랄로피테쿠스 아파렌시스는 사람의 파생형질을 목 아래보다 목 위에 더 적게 가지고 있다고 말할 수 있다. 루시의 뇌는 연식야구공 만한 크기였는데, 이것은 루시 몸 크기 정도 침팬지의 머리 크기와 비슷한 크기의 뇌를 가지고 있었음을 말해 준다. 오스트랄로피테쿠스 아파렌시스의 머리뼈에는 또 긴 아래턱이 있었다. 또한 그 골격을 보면 몸 크기에 비해 비교적 긴 팔을 가지고 있었는데(사람의 몸체 비율과 비교해서), 이것은 이 종이 나무 위에서 이동하는 능력을 가지고 있었음을 시사한다. 그러나 골반과 머리뼈 조각들은 오스트랄로피테쿠스 아파렌시스가 두발로 걸었음을 말해 준다. 탄자니아의 래톨리(Laetoli)에 있는 화석화된 발자국들은 오스트랄로피테쿠스 아파렌시스 시대에 살았던 사람류가 두발걷기를 하였을 것이라는 골격 증거를 보강해 준다(**그림 34.47**).

또 다른 오스트랄로피스 계통은 "강건한" 오스트랄로피스

▶ 그림 34.47 사람류가 350만 년 전 직립보행을 했었다는 증거

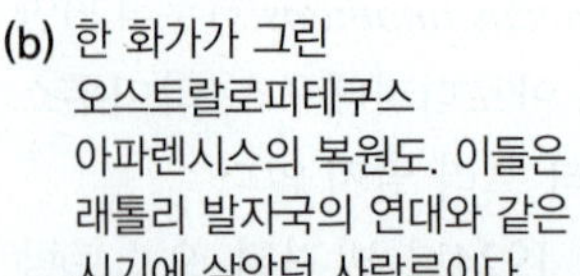

(a) 350만 년 이전의 화석인 래톨리 발자국은 사람류 역사에서 직립 자세가 상당히 일찍 진화하였음을 확인해 준다.

(b) 한 화가가 그린 오스트랄로피테쿠스 아파렌시스의 복원도. 이들은 래톨리 발자국의 연대와 같은 시기에 살았던 사람류이다.

로 구성되어 있었다. 이들 사람류는 파란트로푸스 보이세이(*Paranthropus boisei*)와 같은 종을 포함하였고 튼튼한 머리뼈를 가졌는데, 이 머리뼈에는 강한 턱과 큰 이빨이 있었다. 이빨은 딱딱하고 질긴 음식을 갈고 씹는 일에 적응되어 있었다. 이들은 오스트랄로피테쿠스 아파렌시스나 오스트랄로피테쿠스 아프리카누스와 같이 "가냘픈" 오스트랄로피스와는 대조적이다. 이들 가냘픈 오스트랄로피스는 좀 더 부드러운 음식에 적응하여 섭식을 위한 기관이 더 가벼웠다.

초기 사람류 화석과 후기 오스트랄로피스에 대한 훨씬 더 많은 화석 기록을 결합시켜서 사람류 진화에 있어 의미있는 경향에 대한 가설을 만들 수 있었다. **과학적 분석 기술의 연습**에서 당신은 시간이 지남에 따라 사람류의 뇌용적이 어떻게 변했는지, 그 경향을 검토해 볼 것이다. 여기서는 다른 두 가지 경향, 즉, 두발걷기과 도구 사용이 어떻게 출현했는가에 대해 고찰해 보고자 한다.

두발걷기

3,500만~3,000만 년 전, 우리의 진원류 조상들은 아직도 나무 위에서 살고 있었다. 그러나 약 1,000만 년 전에 인도판과 아시아판이 충돌한 후 히말라야 산맥이 형성되었다(그림 25.16). 기후는 건조해졌으며, 지금의 아프리카와 아시아에 해당하였던 지역의 삼림은 감소하였다. 그 결과 나무가 별로 없는 사바나(초원지대) 서식지 지역이 늘어났다. 연구자들은, 서식지가 바뀜에 따라 개활지를 효율적으로 돌아다니도록 적응된 특성들이 자연선택에 의해 선호되었다는 가설을 세웠다. 이 가설의 전제는 인간을 제외한 유인원들은 나무 타기에 고도로 적응되었고 지상 생활에는 그리 적합하지 않다는 사실이다. 예를 들어 침팬지가 지상에서 걸을 때는 사람이 걷는 것보다 4배 많은 에너지를 소모한다.

비록 이 가설의 일부 요소들이 아직도 유효하기는 하지만, 이제는 전체 그림이 그렇게 간단하지 않은 것으로 보인다. 최근에 발견된 초기 사람류의 화석들이 두발걷기의 징후를 얼마간 보이기는 하지만, 이들 중 어떤 것도 사바나에 살지는 않았다. 대신에 이들은 삼림지대에서부터 개활삼림지대에 이르는 혼합서식지에 살았다. 더욱이 두발걷기를 낳게 한 자연선택압이 무엇이었던지 간에, 사람류가 단순한 직선적 방식으로 두발걷기의 길로 들어선 것은 아니었다. 아르디피테쿠스의 골격 요소는 이들이 직립보행을 할 수도 있었지만 또한 나무타기에도 적합하였음을 시사한다. 오스트랄로피스는 여러 형태의 이동 양식을 갖고 있었고, 일부는 다른 종류보다 더 많은 시간을 땅 위에서 보냈다. 약 190만 년 전에 이르러서야 사람류는 두발로 먼 거리를 걷게 되었다. 이들 사람류는 좀 더 건조한 환경에서 살았는데, 이런 곳에서는 네발로 걷는 것보다는 두 발로 걷는 것이 에너지가 적게 들었다.

도구 사용

앞에서 본 바와 같이, 복잡한 도구를 만들고 사용하는 능력은 사람의 파생 행동형질이다. 사람류 진화에 있어 도구를 사용하기 시작한 기원을 밝히는 일은 오늘날 고인류학에 주어진 커다란 과제이다. 놀랍게도 다른 유인원 역시 복잡한 도구사용 능력을 가진다. 예를 들어, 오랑우탄은 굴집에서 곤충을 끄집어내기 위해 나무막대를 이용해 탐침을 만들 수 있다. 침팬지는 돌멩이로 음식을 부수어 열기도 하고 가시덤불 위를 걸어서 넘기 위해 나뭇잎을 발 밑에 깔기도 하는 등, 도구사용에 더 능숙하다. 초기 사람류도 이러한 종류의 간단한 도구사용 능력이 있었을 가능성이 크지만, 이들이 만든 변형된 나무막대나 신발로 사용한 잎사귀 화석을 발견한다는 것은 실질적으로 불가능한 일이다.

사람류가 도구를 사용하였다는 증거로서 일반적으로 받아들여지는 가장 오래된 것은, 에티오피아에서 발견된 250만 년 전의 동물뼈가 베어진 흔적이다. 이러한 흔적은 사람류가 동물뼈에서 살을 발라내기 위해 돌로 만든 도구를 사용하였다는 것을 시사한다. 흥미롭게도 이 동물뼈들이 발견된 곳 가까이서 발견된 사람류 화석은 비교적 작은 뇌를 갖고 있었다. 만일 오스트랄로피테쿠스 가르히(*Australopithecus garhi*)라고 이름 붙여진 이 사람류가 정말 이 동물뼈에 사용된 석기를 만들었다면, 이것은 사람류에서 큰

과학적 분석 기술의 연습

회귀분석선 방정식 풀기

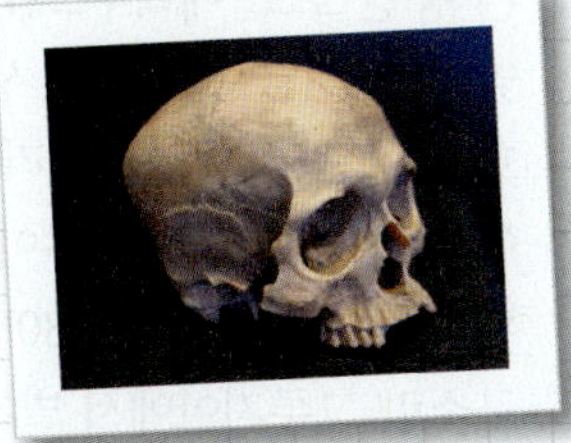

사람류 계통의 뇌용적은 시대에 따라 어떻게 변화하였는가? 사람류 분류군에는 호모 사피엔스와 함께, 사람의 초기 친척을 대표한다고 생각되는 약 20종의 멸종된 종들이 포함된다. 연구자들은 초기 사람류의 뇌용적이 침팬지의 뇌용적과 비슷한 300에서 450 cm^3 범위라는 것을 확인하였다. 현대 인류의 뇌용적은 1,200~1,800 cm^3 범위이다. 여러분은 본 연습에서 여러 사람류 종의 뇌용적이 시대에 따라 어떻게 변화했는지를 탐구하게 될 것이다.

실험 방법 아래 표에서 x는 각 사람류 종이 살았던 시기의 평균값이고 y는 평균 뇌용적(cm^3)이다. 음의 값을 보이는 연대의 단위는 백만 년으로 현재로부터 x 백만 년 전을 의미한다(현재의 연대는 0.0).

사람류 종	평균 연대 (백만 년; x)	$x_i - \bar{x}$	평균 뇌용적 (cm^3; y)	$y_i - \bar{y}$	$(x_i - \bar{x}) \times (y_i - \bar{y})$
아르디피테쿠스 라미두스	−4.4		325		
오스트랄로피테쿠스 아파렌시스	−3.4		375		
호모 하빌리스	−1.9		550		
호모 에르가스터	−1.6		850		
호모 에렉투스	−1.2		1,000		
호모 하이델베르겐시스	−0.5		1,200		
호모 네안데르탈렌시스	−0.1		1,400		
호모 사피엔스	0.0		1,350		

데이터 해석

연대에 따라 사람류 뇌용적은 어떻게 변화하였는가? 특히, 뇌용적과 시간 사이에 직선적인 관계가 존재하는가?

질문에 대한 답을 얻기 위해 직선회귀분석을 수행할 것이다. 이 기법을 통해 일련의 데이터에 "가장 적합"한 직선을 얻기 위한 방정식을 구할 수 있다. 두 개의 변수 x y 사이의 관계에 관한 직선 방정식은 다음과 같이 표현됨을 기억하라:

$$y = mx + b$$

위 방정식에서 m은 직선의 기울기를, b는 y 절편(직선이 y축을 만나는 점)을 의미한다. $m < 0$일 때, 직선은 음의 기울기 값을 가지며, 이것은 x값이 커질수록 y값은 작아진다는 것을 의미한다. $m > 0$일 때, 직선은 양의 값을 가진다. 이것은 x값이 커짐에 따라 y값도 커진다는 것을 의미한다. $m = 0$일 때, y는 고정 값(b)이 된다.

상관계수 r을 이용하여 직선회귀분석에서 m과 b값을 계산할 수 있다:

$$m = r\frac{s_y}{s_x} \quad \text{and} \quad b = \bar{y} - m\bar{x}.$$

이 방정식에서 s_x, s_y는 각각 변수 x, y의 표준편차이고 $\bar{x}$, $\bar{y}$는 이 두 변수의 평균값이다. (상관계수, 평균값, 표준편차에 대한 더 자세한 정보를 위해서는 32장의 과학적 분석 기술의 연습 참조.)

1. 표의 데이터로부터 평균값($\bar{x}$, $\bar{y}$)을 계산하라. 다음, 데이터 표의 $(x_i - \bar{x})$ 및 $(y_i - \bar{y})$ 열 빈칸을 채우고, 이 값들을 이용하여 표준편차 s_x, s_y를 계산하라.
2. 32장의 과학적 분석 기술의 연습에서 설명한 것처럼, 상관계수를 구하는 식은 다음과 같다

$$r = \frac{\frac{1}{n-1}\sum(x_i - \bar{x})(y_i - \bar{y})}{s_x s_y}$$

   데이터 표의 $(x_i - \bar{x}) \times (y_i - \bar{y})$ 열 빈칸에 곱셈 값을 채우라. 이 값들과 문제 1에서 계산된 표준편차 값을 이용하여 사람류 종의 뇌용적(y)과 이들 종들의 연대(x) 사이의 상관계수 r을 계산하라.
3. 문제 2에서 계산된 r 값에 근거해서 사람류 종들의 뇌용적과 이 종들의 평균 연대 사이의 관계에 대해 문장으로 설명하라.
4. (a) 당신이 계산한 r 값을 사용하여 이 데이터의 회귀직선 기울기(m)과 y 절편(b) 값을 계산하라. (b) 사람류 종들의 뇌용적과 이 종들의 평균 연대 사이의 관계에 대한 그래프를 그려라. 그래프의 축이 바뀌지 않고 정확한 표식을 하도록 주의하라. (c) 회귀직선 그래프에 표의 데이터 값을 기입하라. 이 회귀직선은 데이터 값과 대략 일치해 보이는가?
5. 이 회귀직선 방정식은 어떤 x 값에 대해 기대되는 y 값을 계산하는데 사용될 수 있다. 예를 들어 직선회귀분석이 $m = 2$, $b = 4$의 값을 제시한다고 가정하자. 이 경우, $x = 5$일 때, $y = 2x + 4 = (2 \times 5) + 4 = 14$가 된다. 문제 4에서 구한 m과 b값에 근거해서, 400만 년 전(즉, $x = -4$)에 살았던 사람류의 뇌용적 기대치를 구하기 위해 이 방식을 사용하라.
6. (x_1, y_1)과 (x_2, y_2)가 직선 상 두 점의 좌표라면, 직선의 기울기는

$$m = \frac{y_2 - y_1}{x_2 - x_1}$$ 로 나타낼 수 있다.

   이 때 기울기는 직선이 일정 정도 진행했을 때(수평상의 변화량) 그 직선이 얼마나 높아졌는가(수직상의 변화량)의 비를 나타낸다. 이 기울기에 대한 정의를 이용하여 사람류 진화 과정에서 뇌용적이 100 cm^3 증가하는데 걸린 시간을 추정하라.

참고문헌 Dean Falk, Florida State University, 2013.

뇌가 진화되기 이전에 석기를 먼저 사용했었다는 점을 시사한다.

초기 사람속

고인류학자들이 우리의 속, 호모로 분류하는 최초의 화석은 호모 하빌리스(*Homo habilis*)의 화석이다. 240만~160만 년 전의 이들 화석들은 목 위 부분에서 특정한 사람류 파생형질의 명확한 징후를 보인다. 오스트랄로피스와 비교할 때 호모 하빌리스는 더 짧은 턱과 더 큰 뇌용적, 약 600~750 cm^3을 가진다. 또한 호모 하빌리스의 일부 화석들은 날카로운 돌 도구와 함께 발견되었다. (호모 하빌리스는 "손재주 좋은 사람"을 의미한다.)

약 190만~150만 년 전 시기의 화석들은 사람류 진화의 새로운 단계를 보여준다. 많은 고인류학자들은 이 화석들을 별개의 종, 호모 에르가스터(*Homo ergaster*)로 인식한다. 호모 에르가스터는 호모 하빌리스에 비해 훨씬 더 큰 뇌를 가지며(900 cm^3

이상), 길고 날씬한 다리와 먼 거리를 걷는 데 잘 적응된 고관절을 갖는다(**그림 34.48**). 호모 에르가스터의 손가락은 비교적 짧고 똑바른 모양이었는데, 이것은 호모 에르가스터가 이전의 사람류들처럼 나무를 타지 않았음을 시사한다. 호모 에르가스터 화석들은 이전의 사람류보다 훨씬 더 건조한 환경에서 발견되었고, 더 복잡한 석기와 함께 발견되었다. 호모 에르가스터의 작은 치아 역시 이들이 오스트랄로피스와는 다른 음식(고기는 많고 식물성은 적은)을 먹었거나, 또는 음식을 익히거나 짓이기는 등 이빨로 씹기 이전에 가공하였다는 점을 시사한다. 이들이 음식을 조리했을 가능성과 일치하는 연구결과가 2012년에 보고 되었는데, 이 보고는 동굴에서 발견된 불에 탄 뼈 조각들에 관해 설명하고 있다; 연구자들은 사람의 조상이 그 시기에 이미 불을 사용하고 있었다고 결론 내렸다.

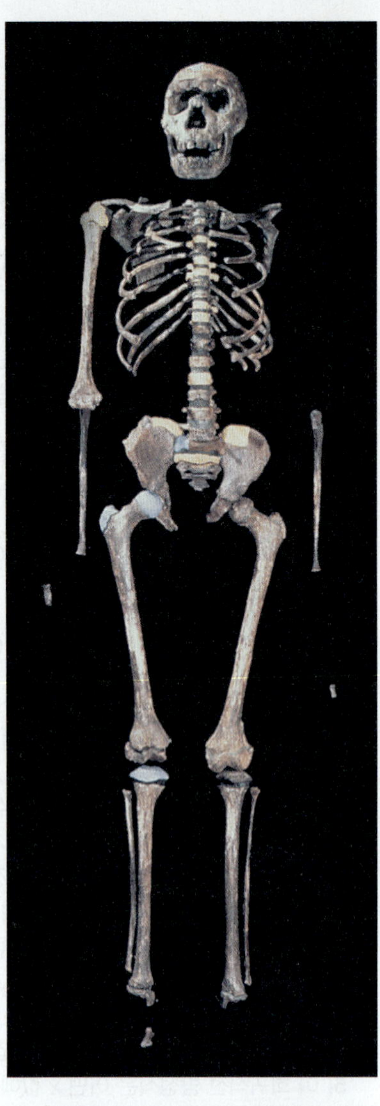

▲ **그림 34.48 호모 에르가스터의 화석.** 케냐에서 발견된 이 170만 년 된 화석은 젊은 남자 호모 에르가스터의 것이다. 이 남자는 키가 크고 말랐으며, 완전한 두 발걷기를 하였고, 비교적 큰 뇌를 가졌다.

호모 에르가스터는 성별에 따른 신체 크기에 있어서도 중요한 전환점을 이루었다. 영장류에 있어 수컷과 암컷의 크기 차이는 성적 이형성(sexual dimorphism)의 중요한 요소이다(23장). 평균적으로 고릴라와 오랑우탄 수컷은 같은 종 암컷보다 약 2배의 몸무게를 가진다. 오스트랄로피테쿠스 아파렌시스에서는 수컷이 암컷보다 약 1.5배 무거웠다. 그러나 초기 호모속에서는 성적 이형성이 현저히 줄어들었고, 이러한 경향은 우리 자신의 종에 이르기까지 계속되었다. 인간 남자는 여자보다 평균 몸무게가 1.2배 정도 무거울 뿐이다.

성적 이형성이 감소하는 현상은 멸종한 사람류의 사회체계에 대하여 얼마간의 단서를 제공한다. 현생 영장류에 있어 극도의 성적 이형성은 여러 암컷에 대한 수컷끼리의 치열한 경쟁과 연계되어 있다. 사람과 같이 좀 더 짝 결속(pair-bonding)이 발달한 종에서는 성적 이형성이 그리 심하지 않다. 그러므로 호모 에르가스터는 이전의 사람류보다 남녀 사이의 짝 결속이 더 강화되었을 것이라고 추정된다. 이러한 진화적 전환은 부 · 모가 공동으로 자식을 오랜 기간 양육하는 것과 연관되어 있을 가능성이 있다. 사람의 자식은 다른 유인원류보다 훨씬 긴 기간 동안 부모에게 의존하여 음식을 얻고 보호를 받는다.

지금 호모 에르가스터로 인식되고 있는 화석들은 원래 또 다른 종인 호모 에렉투스(*Homo erectus*)의 초기 구성원으로 간주되었었고, 지금도 이러한 생각을 고수하는 고인류학자도 일부 있다. 호모 에렉투스는 아프리카에서 기원하였고 아프리카에서 이동하여 나간 최초의 사람류이다. 아프리카 바깥에서 발견된 가장 오래된 사람류의 화석은 180만 년 전으로 거슬러 올라가며, 2000년에 구소련 그루지아에서 발견되었다. 호모 에렉투스는 최종적으로 인도네시아 군도까지 이동하였다. 화석 증거는 호모 에렉투스가 20만 년 전 이후 어느 시기에 멸종되었음을 보여준다; 그러나 자바의 한 집단은 대략 5만 년 전까지 지속되었을 가능성이 있다.

네안데르탈인

1856년에 독일의 네안더 계곡(Neander Valley) 한 동굴에서 광부들이 이상한 사람 화석들을 발견하였다. 이 4만 년 전의 화석은 튀어나온 이마와 두꺼운 뼈를 가진 큰 몸집의 사람류에 속하였다. 이 사람류는 호모 네안데르탈렌시스(*Homo neanderthanlensis*)라는 이름이 붙었으며 일반적으로 네안데르탈인으로 불린다. 네안데르탈인은 35만 년 전에 유럽에 살고 있었으며 이후 근동, 중앙 아시아, 시베리아 남부까지 확산되었다. 이들의 뇌용적은 현생 인류보다 컸고, 죽은 자를 땅에 묻었으며, 돌과 나무를 이용해 사냥에 필요한 도구를 만들었다. 그러나 네안데르탈인들이 이렇게 적응하고 문화를 이룩하였음에도 불구하고 약 28,000년에 멸종하게 된다.

네안데르탈인과 호모 사피엔스 사이에는 어떤 진화적 연관이 있는가? 유전적 데이터는 호모 사피엔스로 이르는 계통과 네안데르탈인으로 이르는 계통이 약 40만 년 전에 분기되었다는 점을 시사한다. 이것은 현생 인류와 네인데르탈인들이 최근의 공통조상을 공유하기는 하지만,(한 때 생각되었던 것처럼) 인류가 네안데르탈인의 직접적 후손은 아니라는 것을 의미한다.

또 다른 오래된 의문은 이들 두 종 사이에 교잡이 있었는가 하는 점이다. 일부 연구자들은 호모 사피엔스와 네안데르탈인의 특성이 섞여 있는 화석들이 존재하는 것을 볼 때 두 종 사이의 유전자 흐름이 있었다고 주장한다. 다른 연구자들은 이러한 결론을 논박한다. 최근까지 유전적 분석 결과도 명확하지 않았다. 그러나 2010년에 발표된 네안데르탈인의 유전체 DNA 염기서열 분석 결과는 두 종 사이에 제한적인 유전자 흐름이 있었다는 점을 시사한다(**그림34.49**). 또한 이 연구는 네안데르탈인과 사람의 유전체는 뉴클레오티드 부위의 99.7%가 동일함을 보여주었다. 2010년에 출판된 두 번째 유전체 연구는 네안데르탈인과 "데니소바인" 사이에도 유전자 흐름이 있었다는 점을 시사한다. 데니소바인은 아직 확인되지 않은 사람류로서 시베리아의 한 동굴에서 발견된 4만 년 전 뼈 조각의 주인이며, 여기에서 DNA를 추출하여 유전체 분석이 이루어졌다.

호모 사피엔스

우리는 화석 증거, 고고학, DNA 연구 결과들을 종합하여 우리 자신의 종, 호모 사피엔스가 어떻게 출현하였고 전 세계로 확산되었는지에 대해 더 잘 이해하게 되었다.

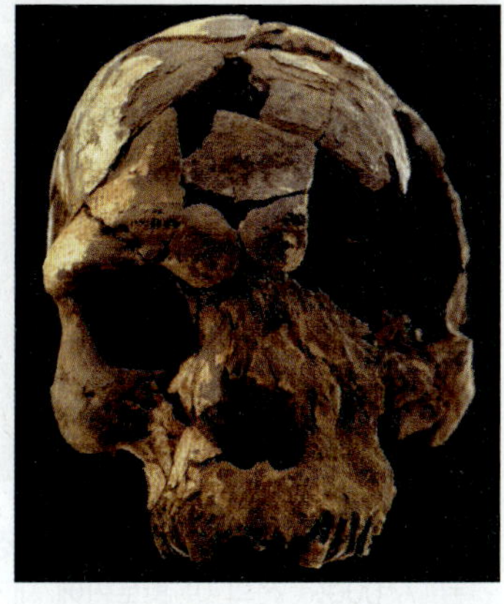

▲ 16만 년 된 호모 사피엔스의 화석

화석 증거는 사람의 조상이 아프리카에서 유래했다는 것을 시사한다. 오래된 종(아마도 호모 에르가스터 또는 호모 에렉투스)은 최종적으로 호모 사피엔스를 포함한 새로운 종으로 발전하였다. 우리 자신의 종의 알려진 화석 중 가장 오래된 것은 에티오피아의 두 곳에서 발견되었는데, 19만 5,000년 전과 16만 년 전의 표본들이 포함되어 있었다. 이들 초기 인류는 호모 에렉투스와 네안데르탈인에서 보이는 안와상융기가 그리 뚜렷하지 않았고 다른 사람류에 비해 더 날씬했다.

에티오피아의 화석은 분자적 증거에 근거한 사람의 기원에 대한 해석을 지지한다. DNA 분석결과는 현생 인류와 네안데르탈인과의 관계보다는 모든 현생 인류 사이의 관계가 훨씬 더 가깝다는 것을 보여준다. 사람 DNA에 대한 다른 연구에 의하면, 유럽인과 아시아인은 비교적 근래에 공통조상을 가졌고, 많은 아프리카 계통들이 사람 가계도의 더 기저 위치에서 분지해 나갔다는 것을 보여준다. 이러한 연구결과들은 모든 현생 인류는 아프리카에서 기원한 호모 사피엔스 조상을 갖고 있다는 것을 강력히 시사한다.

아프리카 밖에서 가장 오래된 호모 사피엔스 화석은 중동에서 발견되었고 약 11만 5,000년 전으로 거슬러 올라간다. 사람 Y 염색체에 관한 연구에 의하면, 사람이 아프리카를 벗어나는 확산의 물결은 한 번 또는 그 이상 있었는데, 처음에는 아시아로, 그 다음 유럽과 호주로의 확산이 있었다. 일반적으로 받아들여지는 가장 오래된 증거에 의하면 신세계에 사람이 최초로 도달한 시기는 15,000년 이전이라고 알려져 있지만, 이 문제는 아직 불명확하다.

사람 진화 계통에 대한 우리의 이해는 새로운 발견들에 의하여 계속 갱신되고 있다. 예를 들어, 2004년에 연구자들은 매우 놀랄 만한 발견을 보고하였다: 불과 18,000년 전의 성인 사람류의 골격이 발견되었고, 이것은 이전에 전혀 알려지지 않던 종이라는 것이었다. 이 종은 호모 플로레시엔시스(*Homo floresiensis*)로 명명되었다. 인도네시아 플로레스(Flores)섬의 석회암 동굴에서 발견된 이 개체는 호모 사피엔스보다 훨씬 작은 키에 작은 뇌용적을 갖고 있었고, 사실상 오스트랄로피스를 더 닮았다. 그러나 이 골격을 발견한 연구자들은 이 골격이 머리뼈 두께와 비율, 치아형태와 같은 많은 파생형질을 가지고 있어, 더 큰 호모 에렉

▼ 그림 34.49 **탐구**

네안데르탈인과 사람 사이에 유전자 흐름이 있었는가?

실험 일부 과학자들은 유럽에서 발견된 몇 개의 화석에 네안데르탈인과 인류의 특징이 섞여 있는 것으로 해석하였고, 이에 근거하여 인류가 네안데르탈인과 번식을 하였을 것이라고 추정하였다. 이러한 이론을 검증하기 위해 그린(Richard Green)과 파보(Svante Paabo) 및 그 동료들은 몇 개의 네안데르탈인 화석에서 DNA를 추출하여 네안데르탈인 유전체의 기초 염기서열을 작성하였다. 만일 네안데르탈인과 호모 사피엔스가 진화 계통에서 분리된 이후 거의 또는 전혀 유전자 흐름이 없었다면, 네안데르탈인과 인류의 유전체 유사성은 모두 같은 정도로 나타날 것이다. 즉 어느 지역의 인간에게서 얻은 유전체인지와는 상관없이 인간의 유전체는 네안데르탈인의 유전체와 비슷한 정도가 같아야 한다는 것이다.

이 가설을 검증하기 위해 연구자들은 네안데르탈인 유전체와, 지구상 5지역에 살고 있는 사람 유전체를 비교하였다: 남아프리카, 서아프리카, 아프리카 외 지역 세 군데(프랑스, 중국, 파푸아뉴기니). 이들은 유전적 유사성 지수 D를 사용하였는데, D는 어떤 특정 지역 사람 집단과 일치하는 네안데르탈인 DNA의 백분율에서, 두 번째 지역 사람 집단과 일치하는 네안데르탈인 DNA 백분율을 뺀 값을 의미한다. 만일 네안데르탈인과 사람 사이에 유전자 흐름이 전혀 또는 거의 없었다면, 각각의 이러한 비교에서 D값은 모두 거의 영에 가까운 수치를 나타낼 것이다. 만일 D값이 영보다 의미있게 더 큰 값이 나온다면, 이것은 비교 대상인 두 인간 집단 중 첫 째 집단에 네안데르탈인이 더 가깝다는 것을 의미한다. 즉, 이것은 네안데르탈인과 그 집단의 구성원 사이에 유전자 흐름이 있었다는 증거가 된다.

결과 분석 결과는 네안데르탈인이 아프리카인 보다는 비아프리카인과 더 많은 유전적 변이를 공유하고 있다는 것을 일관성 있게 보여준다. 이와는 대조적으로, 아프리카 이외 지역의 서로 다른 세 집단의 유전체와 네안데르탈인 유전체 사이의 연관성은 모두 같은 정도이다.

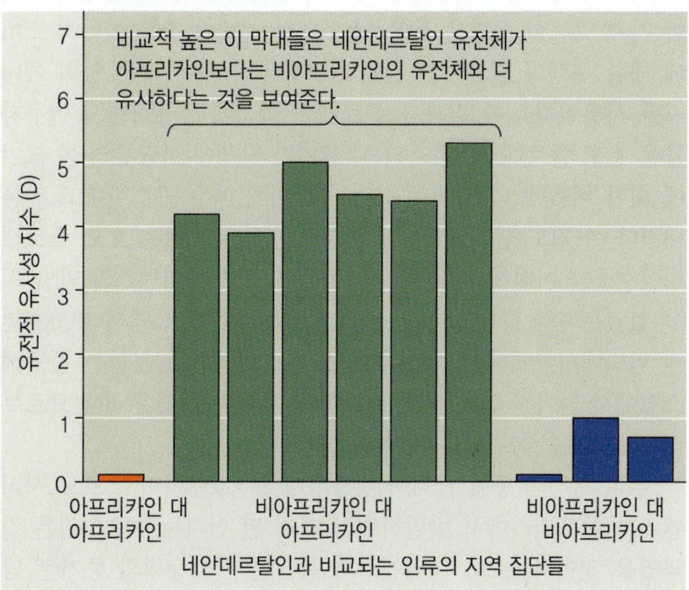

결론 유전체 분석 결과는 네안데르탈인과 아프리카 이외 (두 종의 서식 범위가 겹치는) 지역의 사람 집단 사이에 유전자 흐름이 있었다는 것을 시사한다.

참고문헌 R. E. Green et al., A draft sequence of the Neanderthal genome, *Science* 328:710 –722 (2010)

WHAT IF? 네안데르탈인의 화석은 유럽과 중동에서만 발견 되었다. 왜 네안데르탈인들이 유전적으로 아프리카인보다 비아프리카인들에 더 가까운지, 그리고 왜 네안데르탈인들이 프랑스, 중국, 파푸아뉴기니 사람들과는 같은 정도로 가까운지 설명하라.

투스에서 유래하였을 가능성을 시사한다고 주장하였다. 그러나 일부 다른 연구자들은 여기에 동의하지 않으며, 이들은 이 화석들이 소두증(microcephaly) 증상 때문에 변형된 작은 뇌를 가지는 작은 몸집의 호모 사피엔스의 하나였을 것이라고 주장한다.

그러나 2007년의 연구는 플로레스 화석들의 손목뼈 형태가 사람을 제외한 유인원 및 초기 사람류와 비슷하지만, 네안데르탈인과 호모 사피엔스의 형태와는 다르다는 것을 발견하였다. 이들 연구자들은 플로레스 화석은 네안데르탈인과 현생 인류를 포함하는 분기군의 기원 이전에 분지해 나간 계통의 한 종을 대표한다고 결론을 내렸다. 이후 플로레스 화석의 발뼈와 다른 사람류 발뼈를 비교한 연구 역시 호모 플로레시엔시스는 호모 사피엔스 이전에 출현했다는 것을 말해 준다. 사실상 이들 연구자들은 호모 플로레시엔시스는 심지어 호모 에렉투스 이전에 살았던, 아직 알려지지 않은 사람류로부터 유래했을 것이라고 제안하였다.

만일 호모 플로레시엔시스가 새로운 사람류의 하나라는 것이 더 많은 증거에 의해 보강된다면, 이 종은 명백히 진화 과정에서 "수축"된 것이다. 이에 대한 흥미로운 설명 중 하나는, 섬에서의 고립으로 인해 고도로 수축된 몸집에 대한 자연선택이 있었다는 것이다. 이러한 몸집의 극적인 수축 현상은 섬 고유종인 다른 난쟁이 포유동물에서 잘 연구되어 있다. 섬 고유종인 한 난쟁이 화석 하마에 대한 연구는 몸 전체에 대한 비율로 볼 때 난쟁이 하마의 뇌 크기는 더욱 작았다는 사실을 발견하였다. 이 발견에 대한 한 가지 가능한 설명은 작은 뇌에 대한 선택이 작은 에너지 소비에 대한 선택의 결과라는 것이다(포유류의 뇌는 많은 양의 에너지를 사용한다). 이 결과를 플로레스 화석에 응용하면서 연구자들은 호모 플로레시엔시스의 뇌 크기가 난쟁이 사람류의 몸 크기에 대한 비율에 의해 예측되는 뇌 크기에 매우 근접한다고 결론내렸다. 아직도 남아 있는 매우 궁금한 질문들에는 호모 플로레시엔시스가 어떻게 기원했는지, 이들이 호모 사피엔스와 만난 적이 있었는지와 같은 것들이 있다. 호모 사피엔스 역시 18,000년 전 인도네시아에서 살았었기 때문이다. 이러한 질문들은 플로레스섬에서 얻어진 인류학 및 고고학적 보물과도 같은 발견으로부터 답을 얻을 수도 있을 것이다.

우리 자신의 종이 급격히 팽창하게 된 것은 아마도 호모 사피엔스가 아프리카에서 발달하면서 얻게 된 인지능력에 힘입은 결과였을 것이다. 호모 사피엔스의 복잡한 사고능력의 증거는 남아프리카에서 2002년 발견된 77,000년 된 미술품—황토판에 새겨진 기하학적 무늬—에서 볼 수 있다(**그림 34.50**). 남부 및 동부 아프리카에서 작업하던 고고학자들은 2004년에 정교하게 구멍이 뚫어져 있는, 75,000년 된 타조 알과 달팽이 껍질을 발견하였다. 30,000년 전에 이르러, 사람들은 장대한 동굴 벽화를 그릴 수 있게 되었다.

이러한 인지능력의 발달로 인해 호모 사피엔스의 확산이 가능했다는 것을 이해할 수 있지만, 이것이 다른 사람류의 멸종에 있어 어떤 역할을 했는지는 확실하지 않다. 예를 들어 네안데르탈인들도 역시 복잡한 도구를 만들었고 상징적 사고능력이 있었다. 따라서, 네안데르탈인이 호모 사피엔스와의 경쟁에 밀려 멸종되었다는 이전의 제안에 대해 일부 과학자들은 의문을 제기하고 있다.

▲ **그림 34.50 예술, 사람의 특징.** 남아프리카의 블롬버스 동굴에서 발견된, 77,000년 전의 이 황토판에 새겨진 조각은 사람의 상징적 생각을 나타내는 최초의 징후 중 하나이다.

여러 장에 걸친 생물다양성에 대한 고찰은 사람에 대한 논의로서 끝나게 된다. 그러나 이 책의 이러한 구성은 생명이 미천한 미생물로부터 고결한 인간에 이르는 사다리로 이루어져 있다는 것을 암시하는 것은 아니다. 우리가 어떤 방식으로 생물다양성을 측정하든지 간에, 생물다양성은 분지하는 계통발생의 결과이지 사다리 모양의 "진보"가 아니다. 오늘날 살아 있는 방사형지느러미어류의 종 수가 다른 모든 척추동물 종을 합한 것보다 많다는 사실은, 우리의 지느러미 가진 친척들이 수준이 낮고 시대에 뒤떨어져서 물에서 벗어나지 못한 것이 아니라는 사실을 여실히 보여준다. 양서류, 파충류, 포유류로 구성된 사지류들은 잎사귀형지느러미류의 한 계통에서 파생된 것이다. 육지에서 사지류가 다양화되어 가는 동안, 물고기들은 생물권에서 가장 커다란 부피를 차지하는 영역에서 분지를 거듭하며 계속 진화해 왔다. 마찬가지로, 생물권 전체에 걸쳐 다양한 원핵생물이 보편적으로 존재한다는 사실은 비교적 간단한 이들 생물들이 적응진화를 통해 시대에 뒤떨어지지 않고 살아갈 수 있는 지속적 생존능력이 있다는 사실을 상기시켜 준다. 생물학은 과거와 현재의 생명의 다양성을 찬미한다.

개념 확인 문제 34.7

1. 유인원와 사람류를 구별할 수 있는 몇 가지 형질을 열거하라.
2. 사람류의 진화계통에 있어 생물의 다른 특성들이 서로 다른 속도로 발달한 예를 들라.
3. **WHAT IF?** 어떤 유전적 연구는 아프리카 외 지역에 살았던 호모 사피엔스의 최근 공통조상이 약 5만 년 전에 아프리카에서 나왔음을 시사한다. 이 연대를 교과서 내에 주어진 화석 연대와 비교하라. 유전적 결과와 화석에 의한 연대, 두 가지 모두 옳을 수도 있는가? 설명하라.

정답은 부록 A 참조

핵심 개념의 요약

핵심 개념	분기군	설명
개념 34.1 **척삭동물은 척삭을 가지며 등쪽에 속이 빈 신경다발이 있다** ? 척삭동물의 공통조상은 어떤 특성을 가졌을 것인지 기술하고 그렇게 생각하는 이유를 설명하라.	두삭동물아문 (창고기류)	원시적 척삭동물; 척삭동물의 4가지 주요 파생형질을 가지는 해양 부유물 섭식자
	미삭동물아문 (피낭동물,멍게류)	해양 부유물 섭식자; 유생은 척삭동물의 파생형질을 보임
	먹장어강 (먹장어류)	축소된 척추를 가지는 무악해양척추동물; 두개골, 뇌, 눈, 다른 감각기를 포함하는 머리를 가짐
개념 34.2 **척추동물은 등뼈가 있는 척삭동물이다** ? 초기 척추동물 화석이 공유하는 특징을 기술하라.	칠성장어아강 (칠성장어류)	축소된 척추를 갖는 무악 수생척추동물; 주로 살아 있는 물고기에 부착하여 그 피를 섭취
개념 34.3 **유악류는 턱이 있는 척추동물이다** ? 턱이 있는 생물이 출현함으로 생태적 상호작용이 어떻게 변화하였는가? 그 증거는 무엇인가?	연골어강(상어류, 가오리류, 홍어류, 은상어류)	수생 유악동물; 조상의 무기질화된 골격이 축소됨으로 이차적으로 진화한 특성인 연골성 골격을 가짐
	조기강(방사형 지느러미어류)	수생 유악동물; 경골성 골격을 가지며, 가시가 지지하고 조종이 가능한 지느러미를 가짐
	액티니스티아강 (실러캔스)	고대 수생 잎사귀형지느러미류 계통으로 현재도 인도양에 생존
	폐어강 (폐어류)	민물 잎사귀형지느러미류로 허파와 아가미를 동시에 가짐; 사지류의 자매군
개념 34.4 **사지류는 팔다리가 있는 유악류이다** ? 양서류의 어떠한 특성 때문에 양서류 대부분 종들이 수생 서식지 또는 습기찬 육상 서식지로 그 분포가 제한되었는가?	양서강 (개구리류, 도롱뇽류, 무족영원류)	변형된 지느러미로부터 유래한 4개의 다리를 가짐; 대부분은 기체교환 기능을 위한 축축한 피부를 가짐; 많은 종이 물(유생으로서)과 땅(성체로서), 양쪽에서 생활
개념 34.5 **양막류는 육지 환경에 적응된 알을 갖는 사지류이다** ? 왜 조류는 파충류에 속하는 것으로 간주되는지 설명하라.	파충강 (투아타라류, 도마뱀 및 뱀류, 거북류, 악어류, 조류)	현생 양막류 두 군의 하나; 육상생활 적응의 주요 특성인 양막성 알과 흉곽 호흡, 육상생활에의 핵심적 적응
개념 34.6 **포유류는 젖을 만들고 털이 있는 양막류이다** ? 포유류의 기원과 초기 진화에 대해 기술하라.	포유강 (단공류, 유대류, 태반류)	단궁류 조상으로부터 진화; 알을 낳는 단공류(바늘두더지, 오리너구리); 육아낭을 가진 유대류(캥거루, 주머니쥐 등); 태반류(설치류, 영장류와 같은 태반 포유류)를 포함

척삭동물: 척삭, 등쪽에 속이 빈 신경다발; 인두열; 항문 뒤 꼬리

유두동물: 두 세트의 *Hox* 유전자, 신경릉

유악동물: 턱, 네 세트의 *Hox* 유전자

경골어류: 경골 골격

잎사귀형지느러미류: 근육성 지느러미 또는 사지

사지류: 네 다리, 목, 융합된 요대

양막류: 양막성 알, 흉곽 호흡

개념 34.7

사람은 커다란 뇌를 가지며 두발로 걷는 포유류이다.

- 사람의 파생형질에는 두발걷기, 다른 유인원에 비해 짧은 턱과 큰 뇌 같은 것이 포함된다.
- 사람류는 사람을 포함해서 침팬지보다 사람에 더 가까운 종들을 말한다. 최초의 사람류는 약 600만 년 전 아프리카에서 기원했다. 초기 사람류는 작은 뇌를 가졌지만 아마도 똑바로 서서 걸었을 것이다.
- 최초로 도구를 사용했다는 증거는 250만 년 전의 것이다.
- 호모 에르가스터는 완벽한 두발걷기를 하고 큰 뇌를 가진 최초의 사람류이다. 호모 에렉투스는 아프리카를 벗어난 최초의 사람류이다.
- 네안데르탈인은 유럽과 근동지역에서 35만 년 전부터 2만 8,000년 전까지 살았다.
- 호모 사피엔스는 아프리카에 약 19만 5,000년 전에 나타났다. 이들은 약 11만 5,000년 전에 다른 대륙으로 퍼져나가기 시작했다.

? 사람의 진화 과정을 호모 사피엔스에 이르는 하나의 "사다리"로 묘사하는 것이 왜 오류로 이끌게 되는지 설명하라.

생각해보자

수준 1: 지식/이해

1. 척추동물과 피낭류가 공유하는 형질은
   a. 섭식을 위해 적응된 턱.
   b. 고도로 발달된 머리 구조.
   c. 두개골을 포함하는 내골격.
   d. 척삭, 그리고 등쪽의 속이 빈 신경다발.
2. 현생 척추동물은 두 개의 주요 분기군으로 나뉠 수 있다. 다음 중 맞는 쌍을 고르시오.
   a. 척삭동물과 사지류 b. 미삭동물과 두삭동물
   c. 원구류와 유악동물 d. 유대류와 태반류
3. 태반류와는 달리, 단공류와 유대류는 둘 다
   a. 젖꼭지가 없다.
   b. 태반 바깥에서 태아 발달이 일어난다.
   c. 알을 낳는다.
   d. 호주와 아프리카에 산다.
4. 다음 분기군 중 사람을 포함하지 않는 것은?
   a. 단궁류 b. 잎사귀형지느러미류
   c. 이궁류 d. 경골어류
5. 사람류가 다른 영장류로부터 분기함에 따라 다음 중 어떤 특성이 제일 처음 나타났는가?
   a. 턱뼈의 축소 b. 커다란 뇌
   c. 석기 제작 d. 두발 보행

수준 2: 응용/분석

6. 다음 중 현생 사지류의 최근 공통조상으로 간주할 수 있는 것은?
   a. 육상 척추동물과 비슷한 골격지지 구조를 갖춘 부속기관과 튼튼한 지느러미를 갖고, 얕은 물에 사는 잎사귀형 지느러미류의 한 종
   b. 두 쌍의 부속기관과 갑피, 턱을 갖는 판피어류
   c. 골격 지지가 발달한 지느러미 쌍을 갖는 초기 방사형지느러미류
   d. 골격에 의해 지지되는 다리를 갖지만 물고기와 같이 옆으로 굽는 운동으로 움직이는 도롱뇽
7. **진화적 관점**
   현생 척추동물 계통의 구성원은 그 계통의 초기 구성원과는 매우 다른 모습을 가질 수 있으며, 진화적 역전(형질 손실) 현상은 흔한 일이다. 이러한 현상의 예를 들고 그 진화적 원인에 대해 설명하라.

수준 3: 종합/평가

8. **과학적 탐구**
   INTERPRET THE DATA 몸집이 커다란 생물은 단순히 큰 몸집 때문에 작은 생물보다 커다란 뇌를 가지는 경향이 있다. 그러나 어떤 경우 그 몸집으로 비교해 볼 때 비슷한 크기의 다른 생물보다 상당히 큰 뇌를 가지는 생물도 있다. 몸 크기에 비해 큰 뇌를 발달시키고 유지시키려면 이와 관련된 높은 비용을 치러야 한다.
   (a) 사람류를 포함한 특정 계통에서 몸 크기에 비해 큰 뇌가 진화해 온 경향을 화석 기록은 일관성 있게 보여준다. 이러한 계통에서, 큰 뇌에 필요한 비용과 이득의 상대적 크기에 대해 어떠한 추론이 가능한가?
   (b) 이러한 큰 뇌를 유지하기 위한 높은 비용에도 불구하고, 자연선택이 큰 뇌가 진화하는 것을 선호하게 되는 이유에 대한 가설을 세우라.
   (c) 아래에 있는 표의 데이터를 사용하여 그래프를 도식하라. 기대되는 뇌의 크기로부터 편차를 x축에 놓고, 연간 성체 사망률을 y축에 놓으라. 뇌 크기와 성체 사망률 사이의 관계에 대해 어떠한 결론을 내릴 수 있는가?

기대되는 뇌의 크기로부터 편차*	−2.4	−2.1	2.0	−1.8	−1.0	0.0	0.3	0.7	1.2	1.3	2.0	2.3	3.0	3.2
성체 폐사율	0.9	0.7	0.5	0.9	0.4	0.7	0.8	0.4	0.8	0.3	0.6	0.6	0.3	0.6

D.Sol et al., Big−brained birds survive better in nature, *Proceedings of Royal Society B* 274:763−769 (2007)

* 0보다 작은 숫자는 뇌 크기가 기대되는 크기보다 작음을 의미; 0보다 큰 숫자는 뇌 크기가 기대되는 크기보다 큼을 의미.

9. **글쓰기: 지식의 체계화**
   초기 사지류는 도마뱀이 걷는 것처럼 어기적거리며 걸었다. 걷기 위해 오른쪽 앞다리가 앞으로 향하면 몸체는 왼쪽으로 휘었으며 따라서 왼쪽 흉곽과 허파는 짓눌려 수축되었다; 다음 단계에서는 반대쪽에서 같은 현상이 이어진다. 그러므로 걷는 동안에는 숨을 들이쉴 때마다 양쪽 허파가 똑같이 팽창되는 정상적인 호흡을 하기 어려웠고, 달릴 때는 정상적 호흡이 거의 불가능하였다. 공룡과 같은 생물은 그 허파를 짓누르지 않고도 이동할 수 있는 걸음걸이를 가지게 되었는데, 이러한 걸음걸이 특성을 가진 생물의 출현이 왜 생물군집에서 창발적 특징(Emergent Properties)으로 이어지게 되었는지 짧은 글(100~150 단어)로 설명하라.
10. **종합적으로 생각해보기**

위 그림의 동물은 털을 갖는 척추동물이다. 이 동물의 계통발생에 관해 어떤 해석이 가능한가? 이 장에서 설명된 정보를 활용하여 핵심적 파생형질을 가능한 많이 찾아내라.

정답은 부록 A 참조

1장

개념 확인 문제 1.1

1. 보기: 분자는 서로 결합된 원자로 구성된다. 각 세포소기관은 규칙적으로 배열된 분자들을 가진다. 광합성을 하는 식물세포는 엽록체라 불리는 세포소기관을 가진다. 조직은 유사한 세포그룹으로 구성된다. 심장과 같은 기관은 몇 가지 조직으로 구성된다. 식물과 같은 복잡한 생물체는 잎과 뿌리 등을 포함하는 여러 종류의 기관을 가진다. 개체군은 같은 종의 생물체의 집합이다. 군집은 특정 지역에 거주하는 여러 종의 개체군으로 구성된다. 생태계는 생명체에 중요한 무생물적 환경, 즉 공기, 토양, 물 등과 더불어 생물학적 군집으로 구성된다. 생물권은 지구상의 모든 생태계로 이루어진다. **2.** (a) 새로운 특성이 생물학적 구성 다음 단계에서 창발적으로 나타난다: 구조와 기능은 연관되어 있다. (b) 생명 과정은 유전정보의 발현과 전달을 수반한다. (c) 생명은 에너지와 물질의 전달과 변환을 필요로 한다. **3.** 가능한 해답: 구성(창발적 특성): 인간의 심장이 혈액순환을 하기 위해서는 완전한 형태를 갖추어야 한다. 심장의 조직이나 세포가 혼자서 작동해서는 그 기능을 수행할 수 없다. 구성(구조와 기능): 늑대의 강력하고 날카로운 이빨은 먹이를 붙잡고 찢기에 적합하다. 정보: 인간의 눈 색깔은 양 부모로부터 물려받은 유전자의 조합에 의해 결정된다. 에너지와 물질: 초본과 같은 식물은 태양으로부터 에너지를 흡수하여 저장된 양분으로 사용되는 분자로 전환한다. 동물은 식물의 일부분을 먹고 그들의 활동을 수행하는 데 필요한 에너지를 얻는다. 상호작용(생태계): 쥐는 밤이나 풀을 먹고 음식찌꺼기의 일부를 똥이나 오줌으로 배설한다. 둥지를 만드는 과정에서 물리적 환경을 변형시켜 그 성분의 일부를 빨리 분해되게 만든다. 생쥐는 또한 포식자에게는 먹이가 된다. 상호작용(분자): 위가 가득차면 당신의 뇌는 식욕을 떨어뜨리도록 신호를 보낸다. 진화: 모든 식물체는 엽록체를 가지는데 이는 공통조상에서 유래했음을 의미한다.

개념 확인 문제 1.2

1. 주소는 넓은 범주에서 좁은 범주, 즉 주, 도시, 우편번호, 거리, 건물번호로 좇아감으로서 위치를 찾는 방법이다. 이것은 점점 더 좁은 그룹을 묶어 나가는 생물학적 분류 구조와 유사하다. **2.** 개체군 내에 자연적으로 나타나는 유전적 변이는 자연선택에 의해 '편집'되는 것이다. 즉 환경에 더 잘 적응된 유전 형질을 가진 개체가 살아남아서 더 성공적으로 생식하게 되기 때문이다. 시간이 지남에 따라 더 잘 적응한 개체들은 살아남아 개체군 내에 이들의 빈도가 늘어나게 되고, 반면 덜 적응된 개체는 숫자가 줄어들게 되어 개체군 편집이 일어나는 것이다.

3.

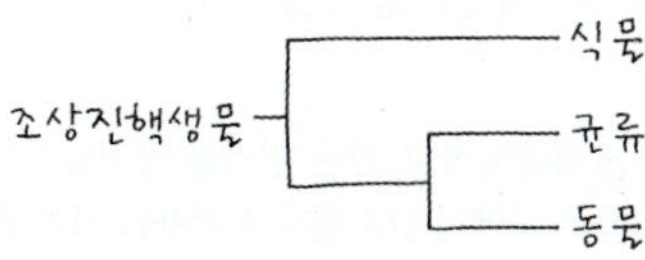

개념 확인 문제 1.3

1. 귀납적 추리는 특별한 경우에서 일반화를 이끌어내는 것이고, 연역적 추리는 일반 명제에서 특정한 결과를 예측하는 것이다. **2.** 생쥐 모형의 털 색깔은 연구자에 의해 의도적으로 변화하는 변수이기 때문에 독립변수이다. **3.** 가설에 비해 과학적 이론은 대개 보다 더 일반적이고 훨씬 더 많은 증거에 의해 입증된다. 자연선택은 모든 종류의 생물종에 적용되어 설명하는 아이디어로서 여러 가지 종류의 매우 다양한 증거에 의해 지지된다. **4.** 그림 1.25의 생쥐 털 색깔에 따라 모래 토양에 생존하는 생쥐는 밝은 털 색깔을 가질 것으로 기대되고, 용암 바위에 서식하는 생쥐는 훨씬 어두운 색깔일 것이라 기대된다. 실제로 연구자들이 관찰한 결과도 그러하였다. 각각의 털 색깔을 가진 생쥐는 다른 서식지보다 자신의 자연 서식지에서 훨씬 덜 먹이로 포획될 것이다. (연구자들의 결과는 이러한 예측을 지지한다.) 당신은 헥스트라의 실험을 두 유형의 생쥐를 닮게 색깔 칠한 모형으로 반복할 수 있을 것이다. 혹은 당신은 각 개체군의 일부 개체를 자연 서식지가 아닌 곳에 풀어놓아 이후 며칠 동안 얼마나 많이 다시 포획할 수 있는지 시험한 뒤 헥스트라의 실험과 비교해 볼 수 있다. (색깔 칠한 모형은 당연히 되찾기 훨씬 쉬울 것이다.) 살아 있는 생쥐를 풀어놓는 실험은 모르는 새로운 장소에 풀어놓은 생쥐가 나타내는 변수를 제거할 수 있어야 할 것이다. 당신은 이 실험에서 어두운 색깔의 생쥐 일부를 용암 지역에서 멀리 떨어진 장소에 풀어놓고 밝은 색깔의 생쥐 일부를 모래 토양에서 멀리 떨어진 장소에 풀어 놓음으로써 대조군으로 쓸 수 있다.

개념 확인 문제 1.4

1. 과학은 자연현상을 이해하고 어떻게 작동하는지 알아내는 것이 목적인 반면, 기술은 과학적 발견을 특정한 목적이나 특정한 문제를 푸는 데 응용하는 것이다. **2.** 자연선택이 작동하고 있는 것일 수 있다. 말라리아는 아프리카의 사하라 이남에 나타난다. 따라서 낫모양 적혈구빈혈증을 가진 사람들이 더 잘 생존하므로 진화적 이득이 있어서 그 유전자를 자손들에게 더 잘 전달할 것이다. 말라리아가 없는 미국에서 사는 아프리카 후손들 가운데에서는 진화적 이득이 없고 반대로 선택압에 의해 제거됨으로 낫모양 적혈구빈혈증 유전자를 가진 개체의 수가 줄어들 것이다.

핵심 개념의 요약 질문

1.1 진화는 지구상의 모든 생명체에서 가장 근본적인 양상을 설명한다. 이것은 모든 생명의 형태가 공유하는 공통적 특성이 공통조상에서 유래했기 때문임을 잘 설명해주고 있으며, 동시에 이 행성 위에 어떻게 이토록 다양한 생물체가 출현하게 되었는지를 설명해 준다. **1.2** 민들레의 조상은 비옥한 토양에 뿌리내릴 수 있도록 씨앗을 얼마나 잘 확산시키느냐 하는 능력에 변이를 보였을 것이다. 보다 멀리 날려 보낼 수 있는 종자를 생산하는 변이종은 경쟁이 적은 비옥한 토양에서 덜 경쟁할 수 있었을 것이다. 따라서 보다 잘 생존할 수 있고 더 많은 자손을 생산할 수 있었을 것이다. 시간이 지남에 따라 개체군 내에 점점 더 많은 빈도로 종자 확산에 도움을 주는 낙하산 구조물로 적응된 개체가 늘어났을 것이다. **1.3** 데이터를 모으고 해석하는 것은 과학 과정의 중심 활동이다. 이 활동은 세 가지 영역: 탐험과 발견, 집단 분석과 피드백, 사회적 혜택과 산출물에 의해 영향을 받기도 하고 주기도 할 것이다. **1.4** 서로 다른 수준에서 서로 다른 방법으로 자연현상을 연구하는 과학자들은 서로 상보적으로 도움을 줄 것이다. 따라서 연구 중인 각각의 문제에 대해서 더 많이 알게 될 것이다. 중요한 혁신이 종종 서로 다른 문화가 공존하며 섞이는 곳에서 일어나는 것처럼 과학자들 간의 다양한 배경은 좋은 아이디어를 낳는 결실을 얻게 될 것이다.

생각해보자

1. b **2.** d **3.** a **4.** c **5.** c **6.** c **7.** b **8.** c **9.** a **10.** d

11. 그림에서 다음을 보여야 한다 (1) 생물권은 지구에서 화살표로 열대 바다가 나오게, (2) 생태계는 멀리 떨어진 산호초의 경관을, (3) 군집은 산호초 동물과 조류, 산호와 물고기, 일부 바닷말, 그 외 생각할 수 있는 동물들의 집합을, (4) 개체군은 동종의 물고기 그룹을, (5) 생물체는 개체군 내 한 마리의 물고기를, (6) 기관은 물고기의 위를, 기관계는 전체 소화계(42장을 참조)를, (7) 조직은 위에서 유사한 세포 그룹을, (8) 세포는 조직에서 핵과 몇 개의 세포소기관을 보이는 하나의 세포를, (9) 세포소기관은 대부분의 DNA가 들어 있는 핵을, (10) 분자는 DNA 이중 나선을 보이라. 그림은 대략적으로 그려도 무방하다.

2장

그림 문제

그림 2.7 원자번호=12; 12개의 양성자, 12개의 전자; 3개의 전자껍질; 원자가전자에 2개의 전자. **그림 2.14** 한 가지 가능한 대답:

그림 2.17 이 식물은 물(H_2O)에 잠겨 있으며 물속에는 CO_2가 녹아있다. 태양에너지가 당을 만들기 위해 이용되고 이 당은 식물에서 발견되며 식물을 섭취하는 동물뿐만 아니라 식물 자신의 양분으로 작용한다. 산소(O_2)는 공기방울로 보이고 있다.

개념 확인 문제 2.1

1. 음식에 사용하는 소금(염화나트륨)은 소듐과 염소로 이루어져 있다. 우리는 화합물을 먹을 수 있으며, 이는 화합물이 금속(소듐)과 독성가스(염소)와는 다른 성질을 가지고 있음을 보여준다. **2.** 그렇다. 왜냐하면 생물체는 비록 적은 양이라고 하더라도 미량원소를 필요로 한다. **3.** 철분이 부족한 사람은 혈액에 산소가 낮아서 나타나는 피곤함 등의 증상을 보일 것이다.(이러한 증상을 빈혈이라고 하며 적혈구수가 적거나 헤모글로빈이 비정상일 때에도 나타난다.) **4.** 독성원소에 견딜 수 있는 변종의 조상 식물이 사문석 토양에서 자라서 번식할 수 있었다.(사문석질이 없는 토양에 적응된 식물은 사문석 지대에서 생존하리라고 기대할 수 없다.) 변종의 자손 역시 내성의 정도가 다양하며 사문석 조건에서 가장 잘 자랄 수 있는 개체가 가장 잘 생장하고 번식한다. 여러 세대를 거치는 동안 오늘날 우리가 볼 수 있는 사문석질에 적응된 식물이 생겨났을 것이다.

개념 확인 문제 2.2

1. 7 **2.** $^{15}_{7}N$ **3.** 9개의 전자; 두개의 전자껍질; 1*s*, 2*s*, 2*p*(3개); 원자가껍질을 채우기 위해 하나의 전자가 필요하다. **4.** 같은 가로열에 있는 모든 원소는 같은 숫자의 전자껍질을 가지며 같은 세로열에 있는 모든 원소는 원자가껍질에 동일한 개수의 전자를 갖는다.

개념 확인 문제 2.3

1. 각 탄소원자는 4개의 공유결합이 필요한데 이 경우 3개의 공유결합만을 가지고 있다. **2.** 반대 전하를 갖고 있는 이온들 사이의 인력에 의해 이온결합이 형성된다. **3.** 이러한 신호물질의 구조와 유사한 물질들을 만들 수 있다면 이러한 신호물질을 만들어내지 못해 유발되는 질병이나 증상들을 치료할 수 있게 될 것이다.

개념 확인 문제 2.4

1.

H : H + O::O → :O:H / H

H : H :O:H / H

$2H_2$ O_2 $2H_2O$

2. 평형상태에서는 정반응과 역반응의 속도가 동일하다.

3. $C_6H_{12}O_6 + 6\ O_2 \rightarrow 6\ CO_2 + 6\ H_2O$ + 에너지. 포도당과 산소가 반응하여 이산화탄소와 물, 에너지를 만들어낸다. 사람은 이 반응에 필요한 산소를 들이마시며 이 반응에서 생기는 부산물인 이산화탄소를 내뿜는다.(이 반응은 세포호흡이라 하며 10장에서 자세히 다룰 것이다.)

핵심 개념의 요약 질문

2.1 아이오딘(요오드, 갑상샘 호르몬 속)와 철(혈액의 헤모글로빈 속)은 모두 극미량만 요구되는 미량원소이다. 칼슘과 인(뼈와 치아의 성분)은 인체에서 훨씬 더 많은 양으로 필요로 된다.

2.2

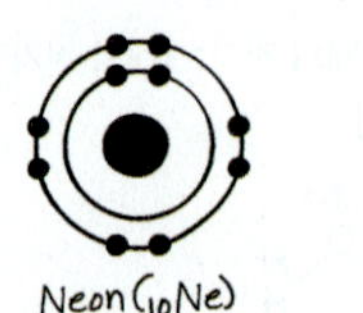

네온과 아르곤은 모두 원자가 껍질에 8개의 전자를 가지고 있어, 완전히 채워져 있다. 이들은 화학결합에 참여할 수 있는 홑전자를 가지고 있지 않다. **2.3** 비극성공유결합의 경우, 두 원자 사이에서 전자 두 개는 균등하게 공유된다. 극성공유결합에서는 전자가 전기음성도가 높은 원자로 가까이 끌려간다. 이온이 형성되는 경우는 전자가 하나의 원자에서 전기음성도가 훨씬 높은 다른 원자로 완전히 넘어가게 된다. **2.4** 생성물의 농도는 첨가된 반응물이 생성물로 전환되면서 증가된다. 그러나 결국에는, 다시 평형에 도달해서 정반응과 역반응이 동일한 속도로 일어나며 반응물과 생성물의 상대적인 농도비는 반응물을 더 첨가하기 전의 농도비로 돌아가게된다.

생각해보자

1. a **2.** d **3.** b **4.** a **5.** d **6.** b **7.** c **8.** d

9.

a. H:O:C:C::O (H H / H) 이 구조는 모든 원자가껍질이 완전히 채워졌고 모든 결합이 정확한 개수의 전자를 가지고 있어 성립이 된다.

b. H:C:H. C::O (H H / H) 수소는 단지 한개의 전자만을 가지고 공유할 수 있으므로 두 개의 원자와 결합을 형성할 수 없다. 따라서 이 구조는 맞지 않는다.

3장

그림 문제

그림 3.2 가능한 답 한 가지는 그림과 같다.

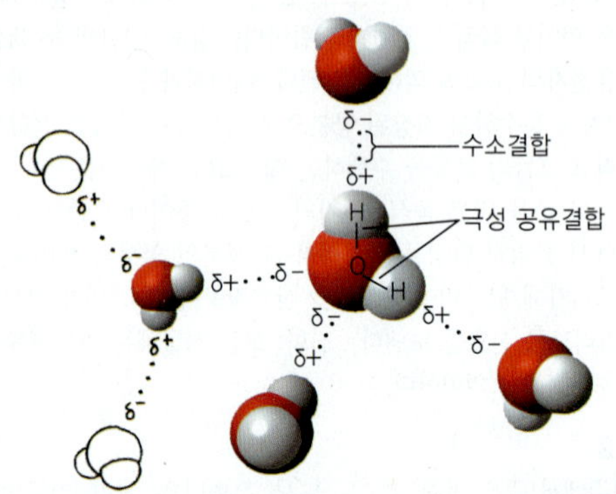

그림 3.6 수소결합이 없으면 물은 다른 작은 분자와 비슷하게 행동할 것이다. 즉, 고체 상태(얼음)가 액체 상태의 물보다 밀도가 높고 따라서 바닥으로 가라앉을 것이다. 이렇게 되면 물 전체에 대한 방온 효과를 내지 못하게 되고, 남극의 평균 기온이 −50도이므로 결국에는 전체 물이 다 얼고 말 것이다. 크릴 새우가 살 수 없게 된다. **그림 3.7** 용액을 가열하면 물이 상온에서 증발하는 것보다 빠른 속도로 증발될 것이다. 일정한 수준 이상으로 물이 증발되어 없어지면 물이 더 이상 염이온을 녹일 수 있는 선을 넘어가게 되고 따라서 염이 물에서 빠져나와 다시 결정화될 것이다. 궁극적으로는 물이 다 없어지고 원래 기둥 모양의 염만 남게 될 것이다.

개념 확인 문제 3.1

1. 전기음성도는 원자가 공유결합하고 있는 전자를 끌어당기는 것이다. 산소가 수소에 비해 전기음성도가 크므로 물에서 산소원자가 전자를 자신 쪽으로 더 끌어당기므로 상대적으로 전기적으로 음성이 되고 수소원자 쪽이 상대적으로 전기적 양성 상태가 된다. 인접한 물분자의 상반되는 전기적 성질을 가진 부분들이 서로 끌리는 것으로는 수소결합을 하게 된다. **2.** 한 분자 내의 수소원자는 상대적으로 전기적 양성을 띠게 되어 다른 분자의 수소원자를 밀어내게 된다. **3.** 물분자의 공유결합이 극성을 가지지 않게 될 것이고 따라서 수소결합이 생기지 않게 된다.

개념 확인 문제 3.2

1. 수소결합이 인접한 물분자들을 엮어 준다. 이러한 응집현상으로 물분자들이 잎에서 증발하면서 아래쪽의 물분자들이 물관세포에서 중력에 견디고 위로 올라갈 수 있게 된다. 물분자와 물관세포의 벽 사이의 흡착도 중력을 견디는 데 도움을 준다. **2.** 습도가 높으면 땀의 증발이 잘 안되어 온도를 낮추는 것이 방해받는다. **3.** 물이 얼면서 결정을 형성하는 과정에서 분자 간의 거리가 멀어져 부피가 늘어난다. 바위의 틈에 물이 들어가 얼게 되면 그 팽창으로 인해 바위가 깨질 수 있다. **4.** 가수성 물질은 물을 밀어내고 다리 끝이 물에 싸여 표면을 깨게 되는 것을 막아 줄 것이다. 만약 다리가 친수성 물질로 둘러싸여 있다면 물이 다리를 덮게 될 것이고 물 위를 걷기 힘들게 될 것이다.

개념 확인 문제 3.3

1. 10^5 또는 100,000 **2.** $[H^+] = 0.01\ M = 10^{-2}\ M$ 따라서 pH는 2이다. **3.** $CH_3COOH \rightarrow CH_3COO^- + H^+$. CH_3COOH는 산(수소이온 제공자)이고 CH_3COO^-는 염기(수소이온 수용자)이다. **4.** 물의 pH는 7에서 약 2로 바뀌게 된다. 아세트산 용액의 pH는 조금만 바뀌게 되는데 아세트산은 약산으로서 완충용액으로 작용하기 때문이다. 문제 3에서 본 바와 같이 반응이 왼쪽으로 치우치게 되어 CH_3COO^-가 수소이온을 받아들이게 되어 CH_3COOH로 된다.

핵심 개념의 요약 질문

3.1

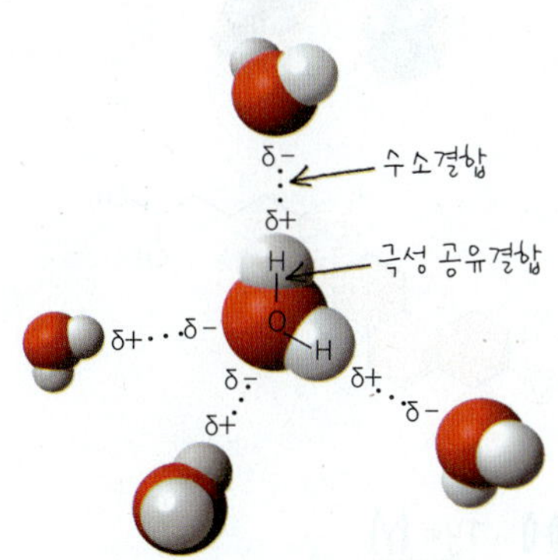

아니다. 공유결합은 전자를 두 원자가 공유하게 되는 강한 결합이고 수소결합은 전자 공유가 아니라 인접한 원자의 부분 전하간의 끌림 현상으로 나타나는 약한 결합이다. **3.2** 극성을 가진 물분자가 수화껍질을 만들게 되면 이온이 물에 녹는다. 극성을 가진 분자는 물분자와 수소결합을 하면서 물에 녹는다. 용액은 용매와 용질이 균질하게 분포하는 혼합체이다. **3.3** CO_2는 H_2O와 반응하여 탄산을 만들고 이는 H^+와 중탄산염 HCO_3^-로 해리된다. 탄산-중탄산염 반응이 완충 시스템이기는 하지만, CO_2를 더해 주면 반응이 오른쪽으로 기울고, H^+의 농도가 높아지게 된다. 즉, pH가 낮아지게 된다. 여분의 수소이온은 CO_3^{-2}와 반응하여 중탄산염을 만들게 되고 이로 인해 산호가 석회화 반응에 사용할 수 있는 탄산의 양이 줄어들게 된다.

생각해보자

1. c **2.** d **3.** c **4.** a **5.** d

6.

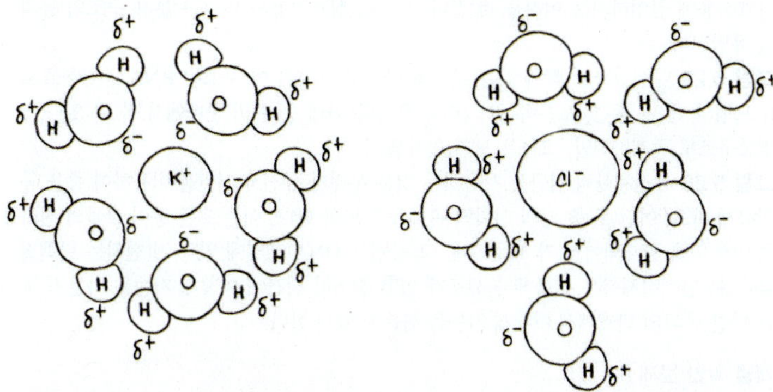

7. 분자 간의 수소결합 때문에 물의 비열, 즉 물의 온도를 1도 올리는 데 필요한 열의 양이 높다. 물이 열을 받을 때에는 물분자들의 운동이 늘어나고 온도가 높아지기 전에 수소결합을 끊는 과정에서 많은 열이 흡수된다. 반대로 물이 냉각될 때에는 많은 수소결합이 생겨나고, 많은 열이 방출된다. 이러한 열의 방출이 식물의 잎이 어는 것을 막아 주고, 세포가 손상을 입는 것을 막아준다.

4장

그림 문제

그림 4.2 2장에서 배운 것처럼 반응물의 농도가 평형상태에 영향을 미치기 때문에 CH_2O에 비해 HCN이 더 많아졌을 것이다. 질소를 가진 반응기체의 농도가 더 높았기 때문이다.

그림 4.4

Na· ·P· ·S: ·Cl:

그림 4.6 지방의 꼬리는 오직 탄소-수소 결합만을 가지고 있어서 상대적으로 비극성이다. 꼬리가 지방 분자의 거의 대부분을 차지하기 때문에 분자를 전체적으로 비극성으로 만들며 따라서 물과 수소결합을 형성할 수 없다.

그림 4.7

개념 확인 문제 4.1

1. 뵐러의 실험 전에 만연했던 견해는 오직 살아 있는 생물체만이 "유기"화합물을 생성할 수 있다는 것이었다. 뵐러가 살아 있는 생물체의 관여 없이 유기화합물인 요소를 만들었다. **2.** 방전은 대기 중 무기 분자에 에너지를 제공하여 서로 반응하게 만든다. (여러분은 에너지와 화학반응에 대해 6장에서 좀 더 배우게 될 것이다.)

개념 확인 문제 4.2

1.

a. b.

2. 그림 (b)의 C_4H_{10}의 형태들은 구조이성질체이며, 그림 (c)의 부텐도 마찬가지이다. **3.** 둘 다 크게 보아 탄화수소 사슬로 이루어져 있다. **4.** 아니다. 원자에는 다양성이 충분치 않다. 3개의 탄소가 서로 연결되는 데는 오직 한 가지 방법(선형으로)밖에 없기 때문에 구조이성질체를 형성할 수 없다. 이중결합이 없어 기하이성질체가 만들어질 수 없다. 각각의 탄소는 적어도 두 개의 수소가 붙어 있어 분자는 대칭이며 거울상이성질체를 가질 수 없다.

개념 확인 문제 4.3

1. 이것은 아민이 되게 하는 아미노 그룹($-NH_2$)과 카르복실산이 되게 하는 카르복실 그룹($-COOH$)을 모두 가지고 있다. **2.** ATP 분자는 인산을 하나 잃고 ADP가 된다. **3.** 염기로 작용할 수 있는 화학 그룹이 산으로 작용할 수 있는 그룹으로 대체되어 분자의 산성을 증가시켰다. 분자의 형태 또한 변화하여 반응할 수 있는 분자를 변화시킬 것이다. 원래 시스테인 분자는 가운데 비대칭 탄소를 가지고 있다. 아미노 그룹을 카르복실 그룹으로 치환하면 이 탄소는 더 이상 비대칭이 아니게 된다.

부록 A 정답

핵심 개념의 요약 질문

4.1 밀러는 초기 지구에 존재했을 것으로 추정되는 물리적, 화학적 조건 아래에서 유기분자가 형성될 수 있다는 것을 보였다. 이러한 비생물적 유기분자의 합성이 생명의 기원의 첫 단계였을 것이다. **4.2** 아세톤과 프로파날은 구조이성질체이다. 아세트산과 글리신은 비대칭 탄소가 없는 반면, 글리세롤 인산은 하나가 있다. 따라서 글리세롤 인산은 거울상이성질체 형태로 존재할 수 있지만 아세트산과 글리신은 안 된다. **4.3** 메틸기는 비극성이며 반응성이 없다. 나머지 여섯 개의 그룹은 화학반응에 가담할 수 있기 때문에 작용기라 한다. 또한 설프히드릴기를 제외한 나머지는 모두 친수성이며, 물속 유기화합물의 용해성을 증가시킨다.

생각해보자

1. b **2.** b **3.** c **4.** c **5.** a **6.** b **7.** a

8. 오른쪽에 있는 분자; 가운데 탄소는 비대칭이다.

9. ·Si· (최외각 전자 4개) Si는 4개의 최외각 전자를 가지는데 이는 탄소와 같다. 따라서 실리콘은 가지치기를 포함한 긴 사슬을 형성할 수 있으며 거대분자를 만들기 위한 뼈대 역할을 할 수 있다. 이것은 확실히 (최외각 전자가 없는) 네온이나 (3개의 최외각 전자를 가진) 알루미늄보다 훨씬 더 이런 역할에 잘 어울린다.

5장

그림 문제

그림 5.3 포도당과 과당은 구조이성질체이다.

그림 5.4

선형구조 → 고리형성 → 고리구조

5번 탄소에 결합한 산소원자는 양성자를 잃고, 카보닐 산소가 될 2번 탄소에 결합한 산소원자는 양성자를 얻는다. 4개의 탄소가 과당 고리에 있으며, 2개는 고리에 없다(후자의 2개 탄소는 고리에 있는 2번 탄소와 5번 탄소에 결합한다). 과당의 고리 구조는 고리 내에 5개의 탄소가 존재하는 포도당의 고리구조와 다르다(이 과당분자의 방향성은 그림 5.5b에 있는 것과 비교하여 수평으로 뒤집혀 있는 것에 주목하라).

그림 5.5

포도당 + 포도당 → 맥아당 (1–4 글리코시드 결합) + H_2O

포도당 + 과당 → 설탕 (1–2 글리코시드 결합) + H_2O

(과당은 그림 5.5b의 포도당 그리고 위 그림 5.4의 정답에 소개된 과당과 서로 다른 방향으로 놓여 있음에 주목하라.)

그림 5.11

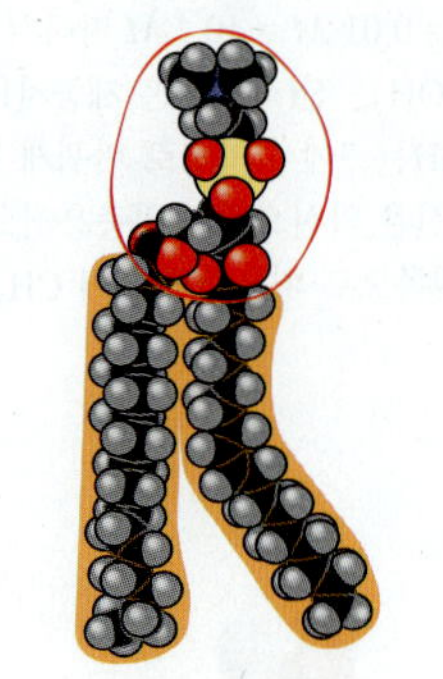

그림 5.12

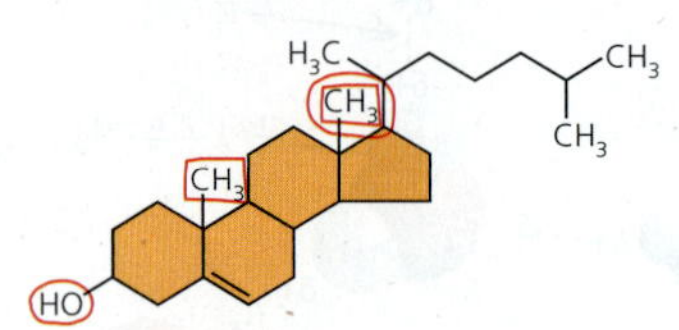

그림 5.15

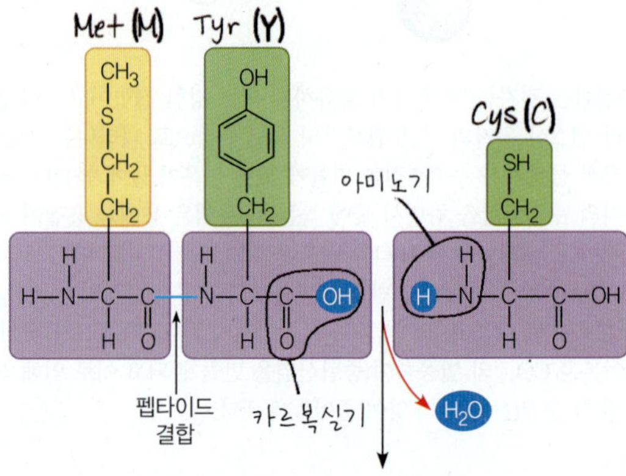

그림 5.19 글루탐산의 곁사슬 R 작용기는 산성이며 친수성이다. 반면, 발린의 경우는 비극성이며 소수성이다. 그러므로 발린은 글루탐산이 할 수 있는 것과 동일한 분자 내 상호작용에 참여하기는 어려울 것 같다. 이러한 상호작용의 변화는 분자 구조의 붕괴를 유발한다.

그림 5.22 나선상으로 뻗어 있는 것은 α 나선구조이다; 이 구조는 RNA 중합화효소 II 모형의 맨 밑 중간, 오른쪽 위 그리고 오른쪽 아래 등 여러 군데에서 볼 수 있다. β 병풍구조도 존재하지만, 그들은 보기 쉽지 않다.

그림 5.26 유전체학적 접근을 사용하는 것은 우리가 유전자 서열을 이용하여 종을 동정하게 하고, 어떤 두 종 간의 진화적 관계를 알도록 한다. 이는 모든 종이 그들의 진화 역사에 의해 관계되어 있기 때문인데, 그 증거는 DNA 서열에 있다. 발현되는 단백질을 보는 단백질체학은 생물체나 세포가 어떤 주어진 시간에 어떻게 기능을 하는지 또는 다른 종과의 관계에서 어떻게 기능을 하는지 알게 한다.

개념 확인 문제 5.1

1. 4개의 주된 종류는 단백질, 탄수화물, 지질 그리고 핵산이다. 지질은 중합체가 아니다. **2.** 9개이며, 이웃한 단위체 간의 연결을 가수분해하는 데 물 한 분자가 필요하다. **3.** 물고기 단백질의 아미노산은 가수분해 반응에 의해 방출되어야 하고, 탈수 반응에서 다른 단백질로 합쳐진다.

개념 확인 문제 5.2

1. $C_3H_6O_3$ **2.** $C_{12}H_{22}O_{11}$ **3.** 항생제 처치는 소의 장에서 셀룰로오스를 분해하는 원핵세포들을 죽일 수 있다. 이런 원핵세포의 부재는 음식물로부터 에너지를 얻는 소의 능력을 방해하여, 체중의 감소를 가져올 수 있고, 심하면 죽게 할 수도 있다. 그러므로 원핵세포 종들을 적절히 혼합한 배양액을 항생제 처치를 받은 소의 장에 재주입하여야 한다.

개념 확인 문제 5.3

1. 둘 다 지방산에 결합한 글리세롤 한 분자를 갖고 있다. 인지질의 글리세롤에는 2개의 지방산과 1개의 인산기가 결합되어 있지만, 지방의 글리세롤에는 3개의 지방산이 결합되어 있다. **2.** 사람의 성호르몬은 스테로이드인데, 이는 소수성으로 지질로 분류되는 화합물이다. **3.** 기름방울 막은 인지질의 이중층보다는 단일층으로 구성될 것이다. 왜냐하면 막 인지질의 소수성 꼬리가 기름 분자의 탄화수소 부위에 접촉하는 배열이 보다 안정하기 때문이다.

개념 확인 문제 5.4

1. 2차 구조는 폴리펩타이드 골격 원자 간에 형성되는 수소결합을 포함하고 있다. 3차 구조는 아미노산 소단위체의 곁사슬 원자 간에 형성되는 상호작용을 포함하고 있다. **2.** 포도당의 두 고리 구조는 글리코시드 결합이 어떻게 수산기를 드러내느냐에 따라 α형과 β형으로 부른다. 단백질은 사슬(곁사슬이 아님)의 반복 구성 성분 간 상호작용에 따라 폴리펩타이드에서 볼 수 있는 반복적인 구조 두 가지 유형으로 α 나선구조와 β 병풍구조를 가진다. 헤모글로빈 분자는 α-글로빈과 β-글로빈 두 종류의 폴리펩타이드로 되어 있는데, 이들을 각 두 분자씩 갖고 있다. **3.** 이들은 모두 비극성인 소수성 아미노산들이다. 그러므로 이 부위는 접힌 폴리펩타이드의 내면에 위치할 것이어서 세포 내 수용액 환경에 접촉하지 않을 것이다.

개념 확인 문제 5.5

1.

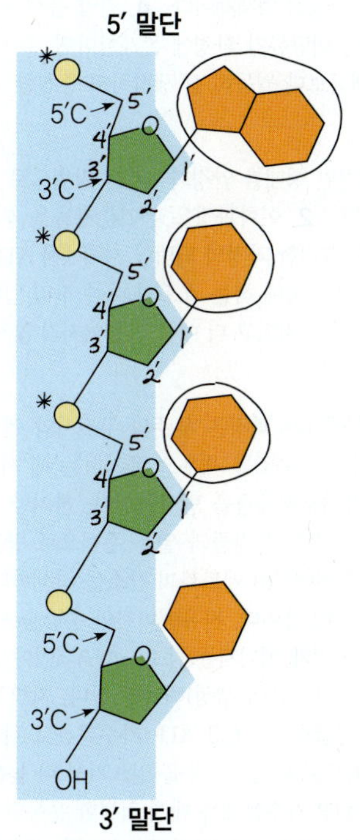

2.

5′–TAGGCCT–3′
3′–ATCCGGA–5′

개념 확인 문제 5.6

1. 생물체의 DNA는 그의 모든 단백질을 암호화하며, 단백질은 단세포나 다세포 생물체의 세포 일을 수행하는 분자이다. 생물체의 DNA 서열을 알아내면 과학자들은 또한 단백질 서열의 목록을 만들 수 있다. **2.** DNA 서열은 궁극적으로 특정 종의 형질을 결정하는 단백질을 만드는 데 필요한 정보를 담고 있다. 두 종의 형질이 비슷하기 때문에 단백질도 비슷할 거라고 기대할 것이다. 그러므로 유전자 서열 또한 높은 유사성을 가질 수 있다.

핵심 개념의 요약 질문

5.1 큰 탄수화물(다당류), 단백질, 핵산의 중합체는 3종류의 단위체로 구성되어 있다. (각기 단당류, 아미노산 그리고 뉴클레오타이드). **5.2** 녹말과 셀룰로오스는 포도당의 중합체이지만, 녹말의 포도당 단위체는 α형이고, 셀룰로오스는 β형이다. 그러므로 글리코시드 결합은 다른 기하학적 구조를 가져 중합체가 다른 형태를 갖게 되고 다른 성질을 지니게 된다. 녹말은 식물의 에너지 저장 화합물이고, 셀룰로오스는 식물 세포벽의 구성 성분이다. 사람은 녹말을 가수분해하여 에너지를 얻지만, 셀룰로오스를 가수분해할 수 없다. 셀룰로오스는 소화관을 지나는 음식물의 통과를 돕는다. **5.3** 지질은 중합체가 아닌데, 왜냐하면 단위체가 연결된 사슬 형태로 존재하지 않기 때문이다. 이들은 거대분자로 간주되지 않는데 많은 다당류, 단백질, 핵산과 같은 거대한 크기를 갖지 않기 때문이다. **5.4** 많은 아미노산이 특이적 순서(1차 구조)를 가지고 있는 폴리펩타이드는 나선과 병풍의 부위(2차 구조)를 가지며, 이는 불규칙한 뒤틀림(3차 구조)의 상태로 접히며, 다른 폴리펩타이드와 비공유 결합으로 연결(4차 구조) 되기도 한다. 다양한 성질의 곁사슬(R 작용기)을 가진 아미노산의 선형 순서는 단백질을 만들기 위해 어떤 2차와 3차 구조를 형성하는지 결정한다. 그렇게 만들어진 단백질의 독특한 3차원적 형태는 그의 특이적이고 다양한 기능의 핵심이 된다. **5.5** DNA 두 가닥의 상보적 염기쌍은 세포가 매번 분열할 때 DNA의 정확한 복제를 가능하게 하여 유전정보가 올바르게 전달되도록 한다. 어떤 종류의 RNA에서 상보적 염기쌍은 RNA 분자로 하여금 특이적 3차원적 형태를 갖게 하여 다양한 기능을 하도록 한다. **5.6** 사람의 유전자 서열이 쥐(다른 포유동물)의 유전자 서열과 가장 유사할 것으로 예상되며, 그 다음으로 물고기(다른 척추동물)의 유전자 서열과 유사할 것이다. 초파리(무척추동물)의 유전자 서열과는 가장 덜 유사할 것으로 예상할 수 있다.

생각해보자

1. d **2.** a **3.** b **4.** a **5.** b **6.** b **7.** c

8.

	단위체 또는 구성성분	중합체 또는 큰 분자	연결형태
탄수화물	단당류	다당류	글리코시드 결합
지질	지방산	트리아실글리세롤	에스터 결합
단백질	아미노산	폴리펩타이드	펩타이드 결합
핵산	뉴클레오타이드	폴리뉴클레오타이드	포스포디에스터 결합

9.

5′ 3′ OH
G C T A C G T A
OH 3′ 5′
원본 가닥 상보적 가닥

6장

그림 문제

그림 6.5 양성자 펌프(그림 8.17)를 갖고서, ATP에 저장된 에너지는 막을 가로지르는 양성자를 뿜어내기 위해 사용되고 세포 바깥 쪽으로 더 높은(작위적으로) 농도를 형성하며 그래서 이러한 과정은 더 높은 자유에너지를 생성한다. 용질 분자들(수소 이온들과 비슷한)이 (b)의 아래쪽에서의 임의 분포와 비슷하게 균일하게 분포되었을 때, 계는 (b)의 위쪽에서보다 적은 자유에너지를 갖는다. 아래쪽의 계는 일을 할 수 없다. 양성자 펌프(그림 8.17)에서 생성되는 농도기울기는 더 높은 자유에너지를 나타내기 때문에, 이 계는 일을 할 수 있는 포텐셜을 갖는다(10장에서 보게 되는 것처럼).

그림 6.10 글루탐산은 R기의 끝에 카르복실기를 갖는다. 글루타민은 R기에 수산화기(−OH) 대신에 아미노기가 있는 것을 제외하고는 글루탐산과 똑같은 구조를 갖는다. (R기의 산소원자는 합성반응 중에 떨어진다.)

그림 6.13

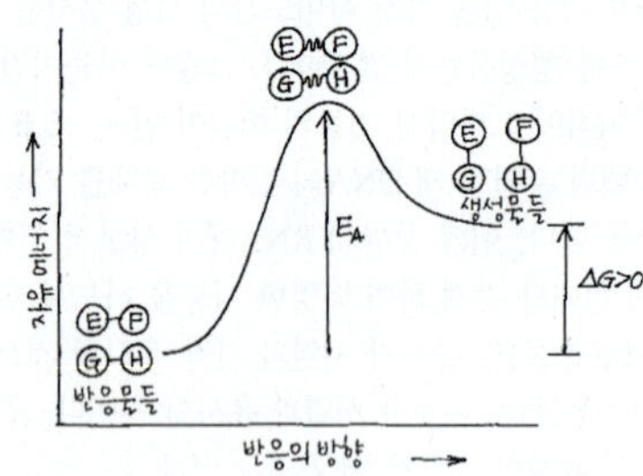

그림 6.16

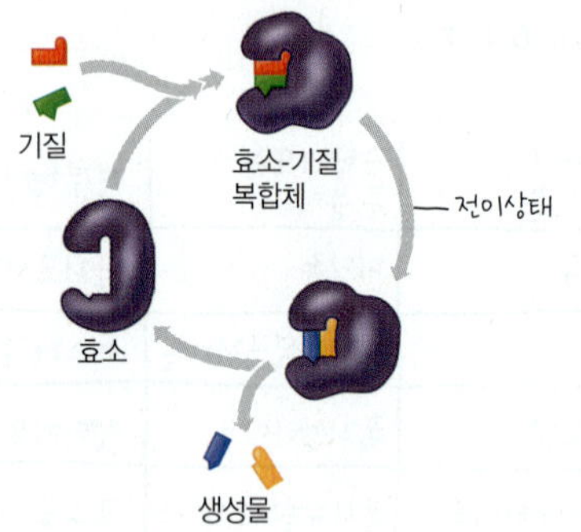

그림 6.17

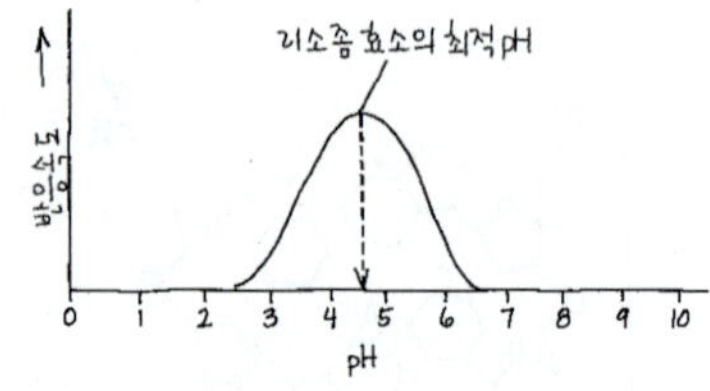

개념 확인 문제 6.1

1. 제2법칙은 무작위로 향하거나 엔트로피를 증가시키는 경향성이다. 막의 양쪽 면에서 어떤 물질의 농도가 동일할 때는 불균등한 경우보다 더 무작위적이다. 초기에 저농도이었던 영역으로 물질이 확산되는 것은 엔트로피를 증가시키며 제2법칙에 의해 설명된 대로 에너지 측면에서 우호적(자발적) 과정이 된다. 이것은 그림 8.10에서 보여주는 과정을 설명한다. **2.** 사과는 나무에 매달려 있는 위치에서 위치에너지를 가지며, 사과에 포함된 당과 다른 영양분들은 화학에너지를 갖는다. 사과는 나무에서 땅으로 떨어지면서 운동에너지를 갖는다. 마지막으로 사과가 소화되고 그 분자들이 분해됨에 따라 약간의 화학에너지는 일을 하는 데 사용되며 나머지는 열에너지로 소실된다. **3.** 설탕이 물에 녹고 무작위로 퍼지게 됨에 따라, 설탕 결정체는 질서가 덜한 상태가 된다(엔트로피가 증가한다). 시간이 지남에 따라, 물은 증발되어 물의 부피가 설탕을 더 이상 용액에 있게 하기에 불충분하게 되기 때문에 결정체는 다시 형성된다. 설탕 결정체가 다시 나타나는 것은 "자발적인" 질서의 증가(엔트로피의 감소)로 볼 수 있으나, 이는 용액인 물처럼 비교적 빽빽한 배열이 훨씬 더 느슨하고 무질서한 형태의 수증기로 변환된 물분자의 질서의 감소(엔트로피의 증가)에 의해 균형을 이룬 것이다.

개념 확인 문제 6.2

1. 세포호흡은 자발적이며 발열과정이다. 포도당에서 방출된 에너지는 세포 내에서 일을 하는데 사용되거나 혹은 열로 소실된다. **2.** (c)의 위쪽에서 아래쪽으로 이동할 때처럼, 이화작용은 유기 분자들을 분해하여 화학적 에너지를 방출하면서 보다 큰 엔트로피를 갖는 더 작은 분자를 생성한다. (c)의 아래쪽에서 위쪽으로 이동할 때처럼, 동화작용은 더 작은 분자에서 더 큰 분자로 합성하기 위해서 에너지를 사용한다. **3.** 반응은 에너지를 방출하기 때문에—이 경우에서는 빛의 형태로—발열반응이다. (이는 그림 6.1에서 보여주는 생물발광의 비생물학적 버전이다.)

개념 확인 문제 6.3

1. 다른 분자를 인산화(인산기를 첨가)시킴으로써 ATP는 항상 흡열과정에 에너지를 전달한다. **2.** 한 세트의 연계된 반응들은 첫 번째 조합을 다른 그룹으로 변환시킬 수 있다. 전체적으로 이것은 발열과정이기 때문에, ΔG는 음의 값이며 첫 번째 조합은 더 많은 자유에너지를 갖고 있어야 한다(그림 6.9). **3.** 능동수송: 용질은 농도기울기를 거슬러 이동되는데, ATP 가수분해로 제공되는 에너지를 필요로 한다.

개념 확인 문제 6.4

1. 자발적인 반응은 발열반응이다. 하지만 만약 그 반응이 좀처럼 도달되지 않는 높은 활성화 에너지를 갖는다면 반응의 속도는 낮을 것이다. **2.** 단지 특정한 기질(들)만 촉매작용을 수행하는 효소의 부분인 활성부위에 적합할 것이다. **3.** 말론산이 있는 가운데 정상적인 기질(숙신산)의 농도를 높여서 반응의 속도가 빨라지는지를 관찰하라. 만약 빨라진다면, 말론산은 경쟁적 억제제이다. **4.** 만약 음식 공급원으로서 락토오스 대신에 푸코오스를 함유하는 이당류가 환경에 존재한다면, 그 이당류를 소화할 수 있는 세균은 소화할 수 없는 세균보다 월등히 잘 생장하고 증식할 수 있을 것이다.

개념 확인 문제 6.5

1. 활성자는 효소의 활성적인 형태를 안정화시키는 방법으로 결합하는 반면 억제자는 불활성 형태를 안정화한다. **2.** 이화과정은 유기분자들을 분해하여 에너지를 생성하고 ATP 분자로 저장한다. 그러한 과정의 되먹임 저해에서 ATP(하나의 생성물)는 이화작용 과정에서의 초기 단계를 촉매 하는 효소의 다른 자리 입체성 저해제로 작용한다. ATP가 남아돌 때 그 과정은 중지되고 더 이상 만들어지지 않게 된다.

핵심 개념의 요약 질문

6.1 세포의 구조를 "질서화"하는 과정은 우주의 무질서와 엔트로피를 증가를 수반한다. 예를 들면, 동물세포는 그 구조를 세우고 유지하는 데 사용되는 물질과 에너지원으로서 아주 질서 있는 유기분자체들을 받아들인다. 하지만 동일한 과정에서 세포는 이산화탄소와 물과 같은 단순한 분자들과 열을 주변으로 방출한다. 뒤쪽 과정에서의 엔트로피의 증가는 앞쪽 과정에서의 엔트로피 감소를 상쇄한다. **6.2** 자발적인 반응은 마이너스 ΔG를 가지면 발열반응이다. 자유에너지의 순방출($-\Delta G$)을 진행하는 화학반응에 있어서 계의 엔탈피나 전체 에너지는 감소($-\Delta H$)되어야 하며 혹은 엔트로피나 무질서가 증가(훨씬 마이너스인 $-T\Delta S$ 생성)해야만 한다. 자발적인 반응은 세포 작업을 수행하기 위해 에너지를 공급한다. **6.3** ATP 가수분해로 나오는 자유에너지는 반응 분자체에 인산기를 이전함으로써 흡열반응을 일으켜서 더 높은 반응성의 인산화된 중간대사산물을 형성한다. ATP 가수분해는 대개 적절한 운동단백질의 모양 변화를 촉진시킴으로써 세포의 기계적 작업과 수송 작업에도 동력을 제공한다. 포도당의 이화분해 작용인 세포호흡은 ADP와 Ⓟ$_i$로부터 ATP를 흡열반응 재생을 위한 에너지를 제공한다. **6.4** 활성화 에너지 장벽은 자유에너지가 풍부한 세포의 복잡한 분자체들이 낮은 질서와 높은 안정성의 분자체로 자발적으로 분해되는 것을 막는다. 효소는 특정한 기질과 결합하여 세포의 화학반응에 대해 선택적으로 E_A를 낮추는 효소-기질 복합체를 형성하여 대사를 조절하게 한다. **6.5** 세포는 에너지와 물질에 대한 필요가 불안정한데 대응해서 대사과정을 빈틈없이 조절한다. 다른 자리 입체성 효소의 조절 부위에 활성자와 억제자가 결합하여 소단위의 활성 혹은 불활성 형태를 안정화시킨다. 예를 들면 충분한 ATP를 갖는 세포에서 이화작용 효소에 ATP가 결합하면 그 경로를 억제하게 된다. 그러한 형태의 되먹임 억제는 세포 내의 화학적 자원을 보존한다. 만약 ATP 공급이 소진된다면 ADP는 이화작용 효소의 조절 부위에 결합을 하여 그 과정을 활성화시켜서 더 많은 ATP를 생성하게 한다.

생각해보자

1. b **2.** c **3.** b **4.** A **5.** C **6.** D **7.** c

9.

A. 기질분자는 세포로 들어가는 중으로서 생성물은 아직 만들어지지 않는다.
B. 충분한 기질이 있어서 반응은 최대 속도로 진행된다.
C. 기질이 소진되어서 속도는 줄어든다(기울기는 덜 가파르다).
D. 새로운 기질이 남아 있지 않아서 새로운 생성물이 나타나지 않기 때문에 선은 편평하게 된다.

7장

그림 문제

그림 7.6 인지질은 일종의 지질로서, 글리세롤 분자에 2개의 지방산과 하나의 인산기가 결합하여 만들어진다. 여기에 글리세롤과 인산 말단 부분은 친수성인 인지질의 "머리" 부분을 구성하며, 지방산의 탄화수소 사슬은 소수성 존재인 "꼬리" 부분을 형성한다. 한 분자 내에 친수성과 소수성인 지역이 동시에 존재하기 때문에 인지질은 막을 형성하는 주요 구조로서의 역할을 수행하는 매우 이상적인 분자구조를 하고 있다. **그림 7.9** 한 염색체에 있는 DNA는 mRNA의 합성을 지시하며, 합성된 mRNA는 세포질로 이동한다. 이 정보는 리보솜에서 세포의 기능을 수행하는 단백질로 번역된다. **그림 7.22** 각각의 중심립은 3개로 구성된 미세소관 복합체의 9개 세트로 구성되어 있다. 따라서 중심체는 54개의 미세소관을 가지고 있다. 각각의 미세소관은 튜불린(tubulin) 이량체가 나선형으로 정렬된 구조로 이루어져 있다(표 7.1 참조).

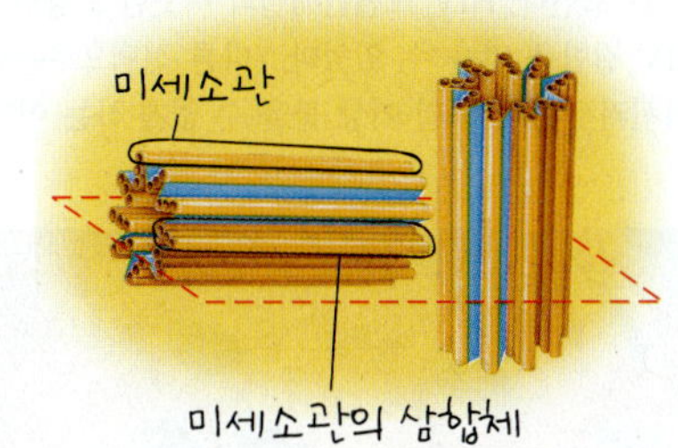

그림 7.24

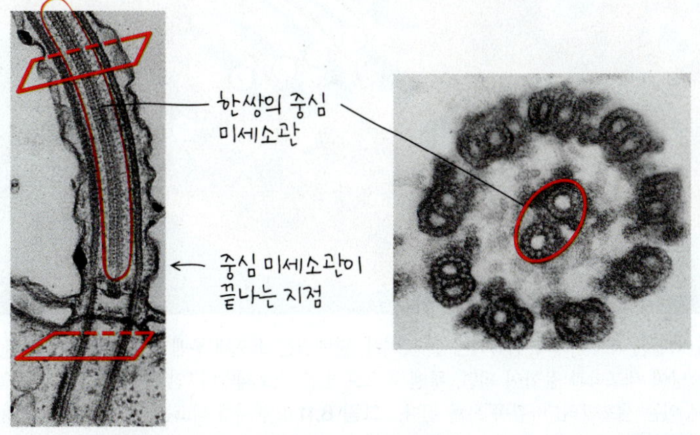

2개의 중심 미세소관은 기저체 위에서 끝나기 때문에 중심 미세소관은 기저체의 절단면에서는 나타나지 않는다[(a)의 빨간색 사각형 중 아래].

개념 확인 문제 7.1

1. 광학현미경을 통해 관찰하기 위해 사용되는 염색액은 색깔 있는 분자로 이 분자는 세포의 구성성분에 결합하여 빛이 통과하는 데 영향을 준다. 반면에 전자현미경을 통해서 관찰하기 위해 사용되는 염색액은 중금속으로, 전자빔(beams of electron)이 통과하는 데 영향을 준다. **2.** (a) 광학현미경(LM), (b) 주자전자현미경(SEM)

개념 확인 문제 7.2

1. 그림 7.8을 참조하라.
2.

이러한 세포는 2, 3번째 열의 세포들과 부피는 같지만, 2번째 열의 세포보다는 표면적이 넓고, 3번째 열의 세포보다는 표면적이 작다. 따라서 부피당 표면적의 비율은 1.2보다 크고, 6보다는 작을 것이다. 표면적의 넓이를 구하기 위해서는 6면의 면적을 더하면, 125 + 125 + 125 + 125 + 1 + 1 = 502를 얻을 수 있고, 따라서 부피당 표면적을 비율은 502 ÷ 125 = 4 이다.

개념 확인 문제 7.3

1. 세포질에 있는 리보솜은 핵에 있는 DNA로부터 mRNA를 거쳐 폴리펩타이드 사슬로 전달되는 유전정보를 번역한다. **2.** 인은 세포질로부터 유입된 단백질뿐만 아니라, DNA와 그것의 지시에 따라 만들어진 rRNA(ribosomal RNA)로 구성되어 있다. 더불어, rRNA와 단백질은 결합하여 크고 작은 두 종류의 리보솜 소단위체가 된다. (이것은 핵공을 통해서 세포질로 방출되고, 폴리펩타이드 합성과정에 참여한다.). **3.** 각 염색체는 하나의 긴 DNA 분자가 수많은 단백질과 붙어 있는 형태이다.

개념 확인 문제 7.4

1. 조면소포체와 활면소포체의 1차적인 차이는 소포체에서의 리보솜의 존재여부로 조면소포체에는 리보솜이 붙어 있다. 두 형태의 소포체들이 인지질을 합성하는 반면에 막단백질과 분비 단백질들은 조면소포체의 리보솜에서만 만들어진다. 활면소포체는 또한 해독작용, 탄수화물대사, 칼슘이온의 저장에 관여한다. **2.** 수송낭은 막과 이들이 감싸고 있는 물질을 내막계의 다른 성분들 사이로 이동시킨다. **3.** mRNA는 핵에서 합성되며, 핵공을 통과해 세포질로 이동한 후 조면소체포에 붙어 있는 리보솜에서 번역된다. 단백질은 소포체의 내강 속으로 합성되어 들어가며 그곳에서 변형된다. 수송낭이 단백질을 골지체로 운반한다. 골지체에서 좀 더 변형된 후 다른 수송낭이 단백질을 다시 소포체로 되돌려 운반한다. 소포체에서 이 단백질은 세포 기능을 수행한다.

개념 확인 문제 7.5

1. 두 세포소기관인 미토콘드리아와 엽록체는 각각 세포호흡과 광합성을 통해서 에너지전환에 관여한다. 이 두 세포소기관은 여러 막으로 되어 있으며 이러한 막을 통해서 그들의 내부를 구획 짓는다. 미토콘드리아의 가장 안쪽 막인 크리스타는 접혀 있으며, 엽록체의 틸라코이드막도 접혀 있어 넓은 표면적을 제공하며, 여기에 주요한 기능을 수행할 여러 효소들이 파묻혀 있다. **2.** 그렇다. 식물세포는 광합성을 통해서 자신이 필요한 양분(당류)을 만들 수 있으며, 진핵세포에 있는 미토콘드리아는 양분(당류)으로부터 세포에서 기능을 하는데 필요한 에너지를 만들 수 있다. **3.** 미토콘드리아, 엽록체 그리고 퍼옥시좀은 소포체로부터 생성되지 않으며, 물리적으로 연결되어 있지도 않고, 수송낭을 통해 내막계로 된 소기관으로 연결되지도 않는다. 소포체로부터 생성된 수송낭은 단일막으로 둘러싸여 있다는 점에서 미토콘드리아, 엽록체와는 구조적으로 상당한 차이를 가지고 있다.

개념 확인 문제 7.6

1. 운동에 관여하는 두 시스템은 긴 섬유를 가지고 있는데 이들 섬유(filament)들은 인접한 다량체를 잡고, 놔주고, 다시 잡고, 놔주는(grip and release) 운동단백질의 성질을 이용해 서로에 대해서 움직인다. **2.** 이러한 질병에 걸린 개체들은 미세소관을 기반으로 하는 섬모와 편모의 움직임에 문제가 있다. 따라서 정자의 경우에는 기능을 수행할 수 있는 편모가 존재하거나 아예 편모가 존재하지 않기 때문에 움직일 수 없으며, 기관에 있는 섬모가 기능을 하지 못하거나 섬모가 존재하지 않아 점액이 폐로부터 제거될 수 없기 때문에 기도에서 면역반응이 제대로 일어날 수 없게 된다.

개념 확인 문제 7.7

1. 식물세포와 동물세포가 단세포 생물과 가장 큰 차이가 나는 것은 식물세포에서는 세포질을 직접 연결시켜 주는 원형질연락사(plasmodesmata)가, 동물세포의 간극연접(gap junction)이 나타난다는 것이다. 이러한 연결 고리는 이웃세포가 세포질을 통해 연속적으로 연결되도록 해준다. **2.** 세포벽이나 세포외기질은 세포와 세포의 외부환경이 물질을 교환할 수 있도록 투과성을 가져야 하므로, 투과성이 없는 세포는 적절한 기능을 수행하지 못할 것이고, 아마도 곧 죽게 될 것이다. 세포의 외부 환경에 대한 정보를 제공하는 분자들뿐만 아니라, 에너지의 생산 및 사용을 수행하는 분자들도 세포 안으로 들어올 수 있어야 한다. 또한 배출을 위해서 세포가 합성한 산물이나 세포호흡의 부산물들과 같은 다른 분자들은 세포 밖으로 나갈 수 있어야 한다. **3.** 수분을 함유한 지역에 맞닿아 있는 단백질 부분은 극성이거나 수용성인 아미노산으로 연결되어 있고, 막을 통과한 단백질 부분은 무극성이거나 지용성인 아미노산으로 연결되어 있다. 세포질 단백질루프와 두 세포외기질 단백질 루프 부분의 꼬리는 극성 또는 전하를 띠고 있는 아미노산으로 이루어질 것으로 예측할 수 있다. 꼬리와 루프 사이에서 막을 통과하고 있는 네 부분의 아미노산은 무극성일 것으로 예측할 수 있다.

핵심 개념의 요약 질문

7.1 광학현미경과 전자현미경을 가지고 세포를 볼 수 있게 되어 세포내 구조와 세포소기관의 배열 등에 관해서 이해할 수 있었다. 세포분리기술은 세포내 구조물을 분리하고 생화학적으로 분석하여 세포내 구조물의 기능을 알아낼 수 있었다. 세포분리기술과 함께 현미경 관찰을 병행함으로 세포내 구조물의 기능과 세포의 생화학적 기능을 연결 지을 수 있다. **7.2** 세포소기관마다 다른 기능을 하도록 분리함으로써 여러 장점을 가진다. 반응물과 효소는 세포 전체에 퍼지는 것 대신에 한 부분에 집중해 있을 수 있다. 예를 들어, 낮은 pH와 같은 특정한 조건을 요구하는 반응은 구획화될 수 있다. 그리고 특정반응에 관여하는 효소는 세포소기관을 둘러싸고 있는 막이나 세포소기관의 막에 종종 끼워져 있기도 한다. **7.3** 핵은 DNA의 형태로 유전물질을 가지고 있으며, DNA는 mRNA를 암호화하고, 이 mRNA는 리보솜을 구성하는 단백질을 포함하여 단백질 합성을 위한 정보를 제공한다. DNA는 또한 rRNA를 암호화하는데, rRNA는 인에서 리보솜을 구성하는 단백질과 결합한다. 세포질에서 mRNA는 리보솜과 결합해 mRNA(유전정보)를 이용하여 폴리펩타이드를 만든다. **7.4** 수송소포는 조면소포체에서 합성된 단백질과 막을 좀 더 필요한 공정과정을 위하여 골지체로 운반하며, 다음으로 원형질막, 리소좀 혹은 세포의 다른 지역으로 운반하며, 여기에는 소포체로 다시 돌아오는 것도 포함된다. **7.5** 세포공생이론에 따르면, 미토콘드리아는 원시 진핵세포로 흡수된 산소를 이용하는 원시세포로부터 왔다. 시간이 지나면서 숙주와 내공생자는 하나의 생물로 진화하게 되었다. 엽록체는 미토콘드리아를 가지고 있는 진핵세포 중 일부가 광합성을 할수 있는 원핵생물을 흡수하는 것으로부터 기원했다. **7.6** 세포내부에서 세포내 성분들을 운반하기 위해 운동단백질은 세포골격과 상호작용을 한다. 운동단백질은 미세소관을 따라 소낭을 운반한다. 세포 내의 세포질의 움직임은 마이오신 운동단백질과 미세섬유(액틴섬유)의 상호작용이 관여된다. 세포는 편모나 섬모를 빠르게 구부림으로서 이동할 수 있는데 이것은 이들 구조 내에 운동단백질 의한 미세소관의 슬라이딩에 의해서 일어난다. 또한 세포 한쪽 끝에 액틴의 중합에 의해서 액틴섬유가 만들어져 위족이 형성되고, 이 위족의 끝은 향해 세포의 수축이 일어나 세포가 이동한다. 이것은 미세섬유와 마이오신의 상호작용으로 일어난다. 운동단백질과 근육세포의 미세섬유의 상호작용은 개체를 움직이게 할 수 있다. **7.7** 식물세포벽은 일차적으로 탄수화물과 단백질이 끼여 있는 셀룰로오스의 미세원섬유(microfibril)로 구성되어 있다. 동물세포의 세포외기질(ECM)은 주로 콜라겐과 파이브로넥틴과 같은 당단백질 섬유로 구성되어 있다. 이 섬유들은 탄수화물이 많은 프로테오글리칸에 박혀 있다. 식물세포벽은 구조적 지지의 역할을 한다. 지지의 역할뿐만 아니라 동물 세포의 세포외기질은 환경과의 커뮤니케이션에 중요한 역할을 한다.

생각해보자

1. b **2.** c **3.** b **4.** a **5.** a **6.** c **7.** c **8.** 그림 7.8을 참조하라.

8장

그림 문제

그림 8.2

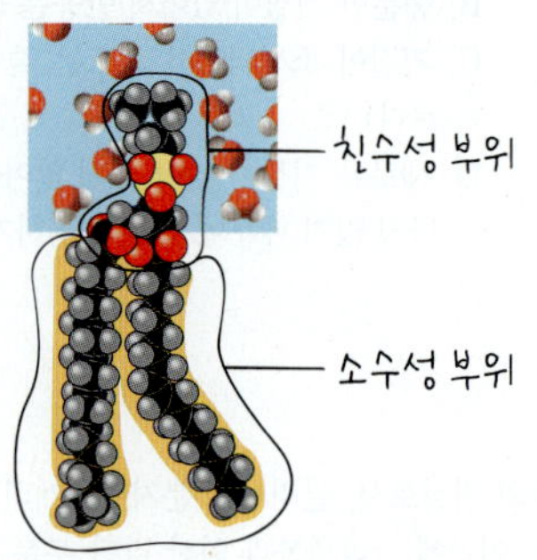

친수성 부분은 수성의 환경(세포질 혹은 세포외액)과 접촉하며, 소수성 부분은 이중층 안쪽의 다른 인지질들의 소수성 부분들과 접촉을 한다. **그림 8.4** 같은 종의 세포막내 단백질의 이동을 배제할 수 없다. 약간의 불화합성 때문에 한 종의 막지질과 막단백질은 다른 종의 그것과 서로 섞일 수 없었다고 가정할 수도 있다. **그림 8.7** (f)에 있는 인테그린 이량체와 같은 막관통 단백질은 특정한 세포외기질 분자와 결합을 하면서 그 모양이 변화될 수 있다. (c)에 보여주는 것처럼, 그러한 새로운 모양은 단백질의 내부 쪽 부분이 두 번째 세포질 단백질에 결합하게 하여 세포의 안쪽으로 정보를 전달할 수 있다. **그림 8.8** HIV 표면단백질의 모양은 수용체(CD4)와 공동수용체(CCR5)의 모양과 상보적인 것으로 보인다. HIV 표면단백질과 비슷한 모양인 분자체는 CCR5와 결합할 수 있었고 HIV 결합을 막을 수 있었다. (다른 선택으로는 CCR5에 결합하여 CCR5의 모양을 변화시켜서 HIV에 더 이상 붙을 수 없게 하는 어떤 분자체가 해당될 수 있다.)

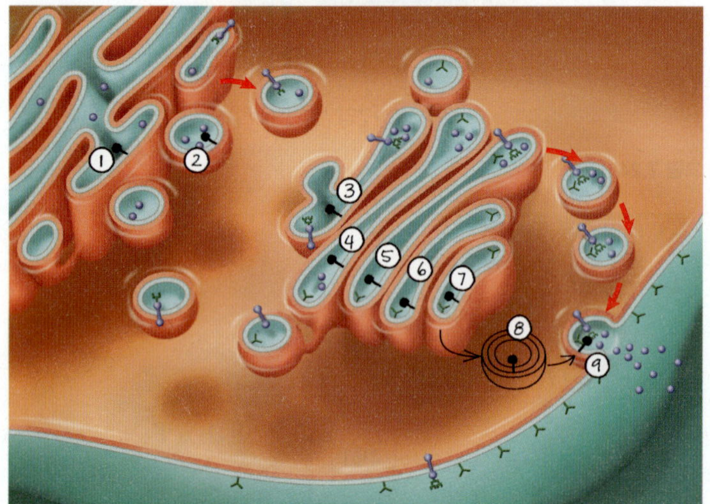

단백질은 세포외액과 접촉하게 될 것이다. 단백질은 소포체 루멘 안쪽으로 뻗어 있다. 소낭이 세포막과 융합이 되면, 루멘 쪽으로 있는 소포체막의 "안쪽"은 세포외액 쪽으로 있는 세포막의 "바깥쪽"으로 된다. **그림 8.11** 오렌지색 색소는 막의 양쪽 면의 용액에 골고루 분포하게 된다. 오렌지색 색소는 막을 통해 확산될 수 있고 농도가 균일하게 되기 때문에 용액 수면의 높이는 영향을 받지 않는다. 그래서 어떤 방향으로도 추가적인 삼투현상은 일어나지 않는다. **그림 8.16** 다이아몬드형 용질들은 세포 내로(아래로) 들어가고 원형의 용질은 세포 바깥으로(위로) 나간다. 두 가지 모두 각각의 농도 기울기를 거슬러 이동된다.

개념 확인 문제 8.1

1. 그들은 수송 소낭막의 안쪽 면에 있다. **2.** 저온 환경에서 자라는 풀들은 낮은 온도에서도 막에 있는 지방산들이 액체로 남아 있기 때문에, 막에는 더 많은 불포화지방산을 갖고 있을 것으로 기대된다. 온천수 바로 인근에서 자라는 풀들은 지방산들이 빈틈없이 "쌓일(stack)"수 있는 포화지방산을 더 많이 갖고 있을 것으로 기대되며, 이로써 막은 덜 유동적이게 되어 높은 온도에서도 손상되지 않고 유지될 수 있다. (콜레스테롤은 식물 세포막 내에서 발견이 되지 않기 때문에 막의 유동성에 미치는 온도의 효과를 완화할 수는 없다.)

개념 확인 문제 8.2

1. O_2와 CO_2는 둘 다 막의 소수성 중심부를 쉽게 관통할 수 있는 작은 비극성 분자들이다. **2.** 물은 극성인 분자로서, 인지질 이중층의 중간에 있는 소수성 지역을 매우 신속하게 통과할 수는 없다. **3.** 히드로늄이온은 전하를 띤 반면에 글리세롤은 띠지 않는데, 아쿠아포린 채널이 배척한다는 관점에서 보면, 아마도 크기보다는 전하가 더 중요하다.

개념 확인 문제 8.3

1. CO_2는 세포막을 통과하여 확산될 수 있는 작고 비극성인 분자이다. 이산화탄소는 확산되어 나가버려서 세포 바깥쪽의 그 농도는 낮은 상태이며, 이렇듯 계속적으로 세포 밖으로 빠져나간다. (이번 절에서 설명한 O_2와는 반대 경우이다.) **2.** *Paramecium caudatum*의 수축포의 활성은 감소한다. 액포는 세포 안으로 흘러들어오는 과다한 물을 퍼내는데, 이렇게 흘러들어오는 것은 저장성 환경에서만 일어난다.

개념 확인 문제 8.4

1. 펌프는 ATP를 사용한다. 전압을 구축하기 위해 이온들은 그 농도기울기를 거슬러서 퍼 올려야만 되는데, 이것에는 에너지가 필요하다. **2.** 각 이온은 그의 전기화학적 기울기를 거슬러 수송된다. 어느 한 이온이 그의 전기화학적 기울기를 따라서 수송된다면, 이것은 공동수송으로 간주될 수 있다. 3. 리소좀의 내부 환경은 산성이라서 세포질보다 높은 농도의 H^+ 이온을 갖고 있다. 그래서 리소좀의 막에는 그림 8.17에서 볼 수 있는 것과 같은 양성자 펌프를 갖고 있고 H^+ 이온을 리소좀 안으로 펌프할 것으로 생각해 볼 수 있다.

개념 확인 문제 8.5

1. 세포외배출작용. 수송소낭이 세포막과 융합될 때, 소낭막은 세포막의 일부분이 된다.

2.

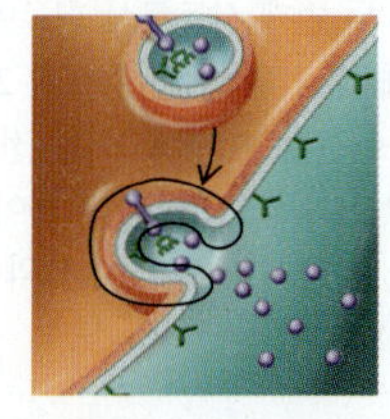

3. 당단백질은 ER 내부에서 합성되어 골지체를 통해 이동하여 가고 그래서 소낭 안에 있으면서 세포막까지 이동하여 세포외배출작용을 통해서 ECM의 부분이 된다.

핵심 개념의 요약 질문

8.1 세포막은 외부 환경과 세포내 구성성분들이 분리되게 한다. 이는 세포 내부의 조건들이 분자체들의 출입뿐 아니라 세포 기능을 조절하는 막단백질들에 의해 통제되도록 한다(그림 8.7). 생명과정들은 세포의 조절된 환경 내에서 수행될 수 있어서 막은 결정적으로 중요하다. 진핵세포에서 막은 세포질을 여러 가지 다른 분획화로 세분화하여 pH와 같이 달라지는 조건에서도 별개의 과정들이 일어날 수 있게도 한다. **8.2** 아쿠아포린은 통로단백질로서 극성이라서 막의 소수성인 내부를 통해 쉽게 확산되지 못하는 물에 대한 막의 투과성을 크게 높인다. **8.3** 고장액인 세포 바깥쪽으로 물의 순확산이 있을 것이다. 자유로운 물 농도는 용액보다 세포의 안쪽이 높다. (물분자들은 자유롭지 않지만 높은 농도의 용질 입자들 주변에 뭉쳐져 있다.) **8.4** 공동수송자에 의해서 이동되는 용질들 중의 하나는 농도기울기를 거슬러 능동적으로 이동된다. 이러한 수송에 필요한 에너지는 다른 용질의 농도기울기로부터 오는데, 이는 막을 통해 다른 용질을 수송하는 데 에너지를 사용하는 전기발생성 펌프에 의해서 확립된다. **8.5** 수용체 매개 세포내섭취작용에서 특정 분자체는 막의 수용체에 결합할 때 리간드로서 작용한다. 피막소와가 소낭을 형성하고 결합된 분자체들을 세포로 운반해 갈 때 세포는 이러한 분자체들을 많은 양으로 받아들일 수 있다.

생각해보자

1. b **2.** c **3.** a **4.** c **5.** b

6. (a)

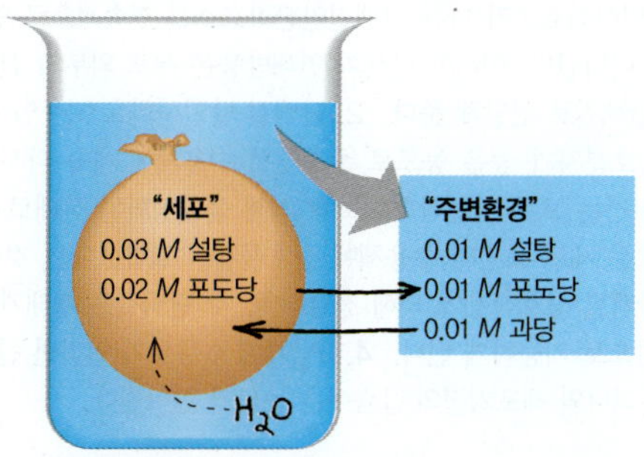

(b) 바깥쪽 용액은 저장성이다. 불투과성 용질인 설탕을 적게 갖는다. (c) 답 (a)를 참조. (d) 모조세포는 더 팽만하게 된다. (e) 결국 두 용액은 같은 용질 농도를 갖는다. 설탕은 같은 농도가 될 수는 없지만 물의 흐름(삼투현상)은 등장상태에 도달하게 한다.

9장

그림 문제

그림 9.6 에피네프린은 신호분자이다. 아마도 이것은 세포 표면의 수용체 단백질에 결합할 것이다. **그림 9.8** 이것은 수동 수송의 예이다. 이온은 농도기울기를 따라 이동하며, 에너지는 필요하지 않다. **그림 9.9** 알도스테론 분자는 소수성이며, 따라서 세포 원형질막의 지질 이중층을 직접 통과할 수 있다. (친수성 물질은 직접 통과할 수 없다.) **그림 9.10** 인산화 연쇄반응 전체가 작동하지는 않는다. 신호분자의 결합 여부와 관계없이 인산화효소 3은 항상 불활성화되어 있어 세포 반응을 일으키는 보라색 단백질을 활성화할 수 없다. **그림 9.11** 신호분자(cAMP)는 활성화된 상태로 남아 있으며, 계속 신호를 보낸다. **그림 9.16** 1억 개(100,000,000)의 포도당 분자가 방출된다. 첫 단계에서는 100배 증폭된다(하나의 에피네프린이 100개의 G 단백질을 활성화한다). 다음 단계에서는 증폭이 일어나지 않는다. 그 다음 단계에서 100배 증폭되고(100개의 아데닐산고리화효소가 10^4개의 cAMP 생성), 그 다음 단계에서는 증폭되지 않는다. 마지막 두 단계에서는 각각 10배와 100배 증폭된다. **그림 9.17** 그림 11.14에 나타난 신호경로는 PIP_2를 2차 전달자인 DAG와 IP_3로 쪼개어 주며, 그 결과 다른 반응이 나타난다. (DAG에 의해 나타나는 반응은 언급은 되어 있지만 그림에 나타나 있지 않다) B 세포에 나타낸 경로는 경로가 둘로 나누어져 두 가지 반응을 나타낸다는 점에서 유사하다.

개념 확인 문제 9.1

1. 서로 다른 교배형(**a** 또는 **α**)의 두 세포는 각각 신호물질을 분비하며, 이것은 서로 다른 교배형의 세포에 있는 수용체에만 결합한다. 따라서 **a** 교배인자는 **a** 세포에 결합하지 못하며, 따라서 **a** 세포 쪽으로 자라나가지 못한다. **α** 세포만이 신호물질을 받아 반응하여 그 방향으로 자라나간다(과학적 분석 기술의 연습 문제 참조) **2.** 포도당 가인산분해효소는 세 번째 단계, 즉 에피네프린 신호에 대한 반응에 사용된다. **3.** 포도당 1-인산은 생겨나지 않는다. 그 이유는 효소가 활성화되기 위해서는 세포막에 수용체를 가지고 있고, 신호전달경로가 정상인 완전한 세포가 필요하기 때문이다.

개념 확인 문제 9.2

1. NGF는 수용성(친수성)이며, 따라서 스테로이드 호르몬과 같이 지질막을 통과하여 세포내 수용체에 도달할 수 없다. 그러므로 NGF 수용체는 막에 있을 것으로 예상되며, 실제로도 그렇다. **2.** 잘못된 수용체를 가진 세포는 신호물질이 있어도 적절히 반응을 나타낼 수 없다. 이 수용체에 의한 세포의 활성 조절이 제대로 일어나지 못하므로, 세포에 불행한 결과를 가져오게 될 것이다. **3.** 리간드가 수용체에 결합하면 수용체의 형태가 변화하여, 수용체가 신호를 전달하는 능력에 변화가 생긴다. 효소에 다른자리조절자가 결합하면 효소의 형태가 변하여 효소의 활성이 증가하거나 저해된다. **4.** 수용체가 활발히 진호를 세포내부로 전달할 때 수용체는 G 단백질에 결합한다. 이 상태에서의 구조를 결정하려면 수용체를 G 단백질과 함께 결정화하는 것이 아마도 유

용할 것이다. (실제로 그림 11.8에 있는 G 단백질 결합 수용체의 구조가 이런 방법으로 결정됐다.)

개념 확인 문제 9.3

1. 단백질 인산화효소는 ATP의 인산기를 단백질에 전달하여 주로 단백질(때로는 다른 종류의 단백질 인산화효소)을 활성화시키는 효소이다. 여러 신호전환경로에서 각각의 인산화된 단백질인산화효소가 다른 단백질인산화효소를 연속적으로 인산화시키는 일련의 상호작용이 나타난다. 이러한 인산화 연쇄반응은 세포 외부의 신호를 반응을 담당하는 세포 내 단백질로 전달해 준다. **2.** 단백질 탈인산화효소는 인산화효소의 반대로 작용 한다. 신호분자가 높은 농도로 존재해서 수용체에 계속 다시 결합하지 않는 한 인산화효소 분자는 모두 탈인산화효소에 의해 불활성화된 상태로 돌아갈 것이다. **3.** 전달되는 신호는 세포 표면의 수용체에 신호물질이 결합했다는 것이다. 정보는 연속적인 단백질-단백질 상호작용에 의해 전달되며, 각 단백질은 형태가 변화하여 신호를 전달하는 방향으로 기능하게 된다. **4.** IP_3 개폐성 통로가 열리면 칼슘이온이 ER로부터 세포질로 흘러나와 세포기질의 칼슘이온 농도가 높아진다.

개념 확인 문제 9.4

1. 연속적인 활성화 연쇄반응의 각 단계에서 하나의 분자나 이온은 다음 단계의 여러 분자를 활성화시킬 수 있다. 이것이 각 단계에서 반응을 증폭시키며, 전체적으로 원래의 신호가 크게 증폭된다. **2.** 골격단백질은 신호경로의 구성요소들과 결합하여 하나의 복합체를 만든다. 다른 골격단백질은 다른 종류의 단백질과 결합하여 두 종류의 세포에서 다른 세포 반응을 일으킬 수 있다. **3.** 단백질 탈인산화효소의 기능에 이상이 생기면 특정한 수용체나 중계 단백질의 탈인산화가 일어나지 않을 수 있다. 그 결과 신호경로는 한 번 활성화되면 종료되지 않을 수 있다. (실제로 25%의 대장암에서 단백질 탈인산화효소의 변화가 관찰되었다.)

개념 확인 문제 9.5

1. 포유동물의 손이나 발의 형성 과정에서 손(발)가락 사이의 세포는 아폽토시스를 거치도록 예정되어 있다. 그 결과 물갈퀴가 아니라 손이나 발의 형태를 갖추게 된다. (이 부분에서 아폽토시스가 일어나지 않으면 이 물새는 물갈퀴 발을 가지게 된다.) **2.** 만일 세포사멸을 유도하는 신호분자에 대한 수용체 단백질에 이상이 생겨 신호분자 없이도 활성화 된다면 정상적이라면 일어나지 않을 아폽토시스가 일어나게 된다. 신호경로 중의 어떤 단백질에 비슷한 이상이 생겨 상위 단백질이나 2차전달자와의 상호작용 없이도 중계 단백질이나 반응 단백질이 활성화된다면 같은 결과가 나타날 것이다. 반대로 신호경로의 어떤 단백질에 이상이 생겨 상위 단백질이나 기타 물질 또는 이온들과 상호작용을 하지 못하게 되면 아폽토시스는 정상적으로 일어나지 못하게 된다. 예를 들면 세포사멸을 유도하는 리간드에 대한 수용체 단백질은 리간드가 결합하여도 활성화되지 않을 수 있다. 그러면 세포 내로 신호가 전달되지 않게 될 것이다.

핵심 개념의 요약 질문

9.1 세포는 세포 표면이나 세포 내부에 호르몬에 대한 수용체 단백질이 있을 때에만 그 호르몬에 대해 반응할 수 있다. 호르몬에 대한 반응은 세포 내부의 특정한 신호전환경로에 의존하며, 이 경로에 의해 특정한 세포 반응이 나타난다. **9.2** GPCR과 RTK는 모두 세포외부에 신호분자(리간드)에 대한 결합부위가 있으며, 막을 관통하는 α-나선 부분을 가진다. GPCR은 단량체가 기능을 하는 반면, RTK는 이량체나 커다란 RTK 군을 만든다. GPCR은 주로 하나의 신호전환경로를 활성화시키는 반면, RTK 이량체의 여러 활성화된 타이로신은 여러 신호경로를 동시에 활성화시킬 수 있다. **9.3** 단백질인산화효소는 다른 단백질에 인산기를 첨가하는 효소이다. 단백질 인산화효소는 종종 신호를 전달하는 인산화 연쇄반응의 부분이 된다. 2차 전달자는 작은 비단백질 분자 또는 이온으로 빠르게 확산되어 세포 내에서 신호를 전달한다. 단백질 인산화효소와 2차 전달자는 같은 신호경로에서 작동할 수 있다. 예를 들면 2차 전달자인 cAMP는 주로 단백질인산화효소 A를 활성화시켜 다른 단백질을 인산화한다. **9.4** 단백질 결합 경로에서 G 단백질의 GTPase 부분은 GTP를 GDP로 분해하여 G 단백질을 불활성화한다. 단백질 탈인산화효소는 활성화된 단백질로부터 인산기를 제거하여 단백질 인산화효소의 인산화 연쇄반응을 정지시킨다. 인산이에스테르가수분해효소는 cAMP를 AMP로 분해하여 신호전달 경로에서 cAMP의 영향을 감소시킨다. **9.5** 조절된 세포자살 메커니즘은 진핵세포 진화의 초기에 진화되었으며, 이러한 경로의 유전적 기초는 동물의 진화에서 상당히 잘 보존되어 있다. 이러한 메커니즘은 모든 동물의 발생과 유지에 필수적이다.

생각해보자

1. d **2.** a **3.** b **4.** a **5.** c **6.** c **7.** c

8. 이것은 한 가지 가능한 경로의 예를 나타낸 것이다. (이와 유사한 그림은 모두 맞는 답이다.)

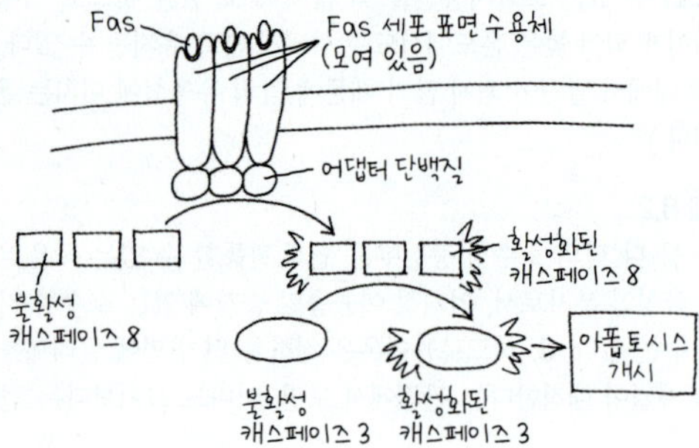

10장

그림 문제

그림 10.4 환원된 형태는 니코틴아마이드의 정점(N의 반대)의 탄소에서 1개의 수소와 2개의 전자를 더 갖는다. 두 형태에서 이중결합의 수와 위치가 서로 다르다: 산화된 형태는 고리에서 3개의 이중결합을, 환원된 형태는 고리에서 단지 2개의 이중결합을 가진다(고리에서 3개의 이중결합은 공명을 일으키거나 하나의 전자 고리로서 작용한다는 것을 유기화학에서 배웠거나 배우게 될 것이다). 산화된 형태의 N에 1개의 + 전하가 있고(4개의 전자쌍을 공유하고 있기 때문에), 환원된 형태에서 3개의 전자쌍을 공유한다(스스로 1개의 전자쌍을 가지고 있기 때문에). **그림 10.7** 이 반응에서 외부 에너지 원천이 없기 때문에 이 반응은 발열반응이어야 하며 반응물은 생성물보다 더 높은 에너지 수준을 갖는다. **그림 10.9** 이러한 제거는 5단계에서 바닥 쪽으로(DHAP를 향해서) 평형을 밀기 때문에 이 제거는 아마도 해당과정을 멈추게 하거나 최소한 느리게 할 것이다. 만약 글리세르알데히드-3-인산이 더 적게 제공되거나 아예 제공되지 않는다면 6단계는 느려지게 될 것이다(또는 일어날 수 없을 것이다). **그림 10.15** 맨 처음 전자가 복합체 III까지 전달되어 약간의 H^+ 기울기가 형성되기 때문에 소량의 ATP가 합성될 수 있다. 그러나 곧 전자들이 복합체 IV로 갈 수 없어서 복합체 III은 다시 산화될 수 없다. 따라서 더 이상의 전자들이 복합체 III으로 전달되지 않는다. **그림 10.16** 처음에피루브산 산화에서 2 NADH, 시트르산 회로에서 6 NADH가 생성 된다 8 NADH × 2.5 ATP/NADH = 20 ATP. 두 번째 시트르산 회로에서 2 $FADH_2$ 2 $FADH_2$ × 1.5 ATP/$FADH_2$ = 3 ATP. 세 번째 해당과정에서 생성된 2 NADH가 두 종류의 왕복 기구를 통해서 미토콘드리아로 들어간다. 이 NADH는 전자를 FAD로 전달시켜 $FADH_2$를 만들어서 결과적으로 3 ATP를 생성하거나 전자들이 NAD^+로 전달되어 NADH가 되기 때문에 5 ATP가 생성된다. 따라서 모든 NADH와 FADH2에 대해서 20 + 3 + 3 = 26 ATP 또는 20 + 3 + 5 = 28 ATP가 생성된다.

개념 확인 문제 10.1

1. 각각의 과정들은 해당과정, 시트르산 회로, 산화적 인산화를 포함한다. 유기호흡에서 최종 전자 수용체는 산소분자(O_2)이고 대조적으로 무기호흡에서 최종전자 수용체는 다른 기질이다. **2.** $C_4H_6O_5$는 산화되고 NAD^+는 환원될 것이다.

개념 확인 문제 10.2

1. NAD^+는 환원제로 작용하는 글리세르 3-인산으로부터 전자를 받으면서 6단계에서 산화제로 작용한다.

개념 확인 문제 10.3

1. NADH와 $FADH_2$ 이들은 전자전달계에 전자를 줄 것이다. **2.** CO_2는 해당과정의 최종산물인 피루브산으로부터 방출되며 CO_2는 또한 시트르산 회로에서 방출된다. **3.** 각각의 경우에 산화단계에서 전구체 분자는 1개의 CO_2 분자를 잃고 전자들이 전자전달계로 전달된다. 또한 그 생성물은 CoA 그룹의 부착으로 활성화된다.

개념 확인 문제 10.4

1. 산화적 인산화는 완전히 멈춰서 이 과정에 의해서 어떤 ATP도 생성하지 않는다. 전자들을 전자전달계로 끌어당기는 산소가 없이 H^+는 미토콘드리아의 막사이 공간으로

펌프되지 않고 화학삼투는 일어나지 않을 것이다. **2.** pH의 감소는 H^+의 추가이다. 전자전달계의 기능 없이 양성자 기울기를 만들 것이고 ATP 합성효소가 작용하여 ATP를 합성할 것이다. (사실 에너지-짝물림 기작과 같이 화학삼투에 대한 증거를 제공해 주는 이와 같은 실험이 있다.) **3.** 전자전달사슬의 화합물 중 하나인 유비퀴논(Q)은 원형질막에서 확산될 수 있어야 한다. 만약 원형질막이 딱딱하게 제자리에 고정되어 있다면 전자전달은 일어날 수 없다.

개념 확인 문제 10.5

1. 피루브산 유도체, 즉 알코올 발효 동안의 아세트알데히드 또는 젖산발효 동안의 피루브산 자체; 유기호흡 동안의 산소 **2.** 유기환경에 비해서 세포는 약 16배의 소모율로 포도당을 소모할 것이다(2분자의 ATP는 발효에 의해서 생성되는 반면 32분자의 ATP는 세포호흡에 의해서 생성된다).

개념 확인 문제 10.6

1. 지방은 보다 환원되어 있다. 지방은 많은 $—CH_2—$ 단위를 가지고 있고 전자들은 모든 결합에서 동일하게 공유되어 있다. 탄수화물에 존재하는 전자들은 산소와 결합되어 (결합에서 동일하지 않게 공유됨) 있기 때문에 이미 다소 산화되어 있다. 탄수화물에서 보듯이 동일하게 공유되지 않은 전자들보다 지방에서 보듯이 동일하게 공유되어 있는 전자들은 더 높은 에너지 수준을 가지고 있다. 따라서 지방은 탄수화물에 비해서 더 좋은 연료이다. **2.** 물질대사 과정에 필요한 것보다 더 많은 음식을 섭취할 때 인체는 나중에 사용될 에너지를 저장하기 위해서 지방을 합성한다. **3.** 인산과당 인산화효소를 자극하고 해당과정률을 증가시키면서 AMP가 축적될 것이다. 산소가 존재하지 않기 때문에 세포는 젖산발효로 피루브산을 젖산으로 전환시키면서 ATP를 생산한다. **4.** 산소가 존재할 때 지방에서 대부분의 에너지를 포함하고 있는 지방산 사슬들은 산화되어 시트르산 회로와 전자전달사슬로 들어간다. 그러나 격렬한 운동 동안에 근육세포에서 산소가 희박하기 때문에 ATP는 해당과정만으로 생성된다. 지방분자의 작은 부분인 글리세롤 뼈대는 해당과정으로 산화될 수 있으나 이렇게 생성된 에너지는 지방산에서 방출되는 에너지에 비해서 무시하여도 된다. (최대 심장박동률의 70% 이하에 해당되는 적당한 운동에서 충분한 산소가 근육에 공급되기 때문에 적당한 운동은 지방을 태우는 데에 좀 더 나은 방법이다.)

핵심 개념의 요약 문제

10.1 세포호흡에서 형성된 대부분의 ATP는 산화적 인산화에서 오는데, 전자전달사슬의 산화-환원 반응에서 방출된 에너지가 산화적 인산화를 통해서 ATP 생성으로 전환된다. 기질수준 인산화에서 어떤 효소는 중간기질에서 ADP로 인산을 직접 전달한다. 해당과정에서 모든 ATP는 기질수준 인산화에 의해서 생성되며 시트르산 회로의 어떤 단계에서 ATP가 기질수준 인산화에 의해서 생성된다. **10.2** 3탄당인 글리세르알데하이드 3-인산의 산화는 에너지를 생성한다. 이 산화에서 전자와 H^+는 NAD^+로 전달되어 NADH가 형성되고 하나의 인산기가 산화된 기질에 부착된다. 인산기가 ADP로 전달될 때 기질수준 인산화에 의해서 ATP가 생성된다. **10.3** 6분자의 CO_2 방출은 포도당의 완전한 산화를 나타낸다. 2분자의 피루브산이 아세틸 CoA로 되는 과정에서 완전히 산화된 카르복실기($-COO^-$)는 CO_2로 방출된다. 시트르산 회로를 돌면서 시트르산이 옥살로아세트산으로 산화될 때 남은 4분자의 CO_2가 방출된다. **10.4** ATP 합성효소를 통한 H^+의 흐름은 회전자와 축을 회전시켜 ADP와 Ⓟ$_i$로부터 ATP를 생성하는 마디부분의 촉매자리를 노출시킨다. ATP 합성효소는 미토콘드리아 내막, 진핵생물의 원형질막, 엽록체막에서 발견된다. **10.5** 무산소호흡은 보다 많은 ATP를 생성한다. 해당과정의 기질수준 인산화에 의해서 생성된 2 ATP는 발효의 전체 에너지 생성률을 나타낸다. NADH는 "고에너지" 전자들을 피루브산 또는 그 유도체에 전달하여 NAD^+를 재순화시켜서 해당과정을 계속하게 한다. 무산소호흡은 NADH에 있는 전자의 에너지를 전자의 에너지를 잡기 위해서 일련의 산화-환원 반응을 하는 전자전달사슬을 이용한다. 궁극적으로 전자는 산소 이외의 전자음성도가 큰 물질로 이동된다. 게다가 피루브산이 산화될 때 추가적인 NADH 분자들이 무산소호흡에서 형성된다. **10.6** 이화작용에서 형성된 ATP는 동화작용 경로를 추진한다. 게다가 해당과정과 시트르산 회로에서 나타난 많은 중간산물들은 세포분자들의 합성에 이용된다.

생각해보자

1. c **2.** c **3.** a **4.** b **5.** d **6.** a **7.** b

8. 해당과정으로 ATP가 생산되기 때문에 ATP 양이 점차적으로 늘어나면 이 과정을 늦춰야 할 것이다. 따라서 ATP는 다른 자리 입체 특이적으로 인산과당인산화효소를 억제할 것으로 보인다. **9.** 농도기울기에 역행하여 양성자를 펌프하기 위해서 ATP를 가수분해하면서 그림 7.17의 양성자펌프는 능동수송을 수행한다. ATP가 필요하기 때문에 이것은 능동수송이다. 그림 10.14의 ATP 합성효소는 농도기울기에 따른 양성자의 흐름을 이용하여 ATP를 합성한다. 양성자는 농도기울기에 따라서 이동하기 때문에 에너지가 필요하지 않아서 이것은 수동수송이다.

11.

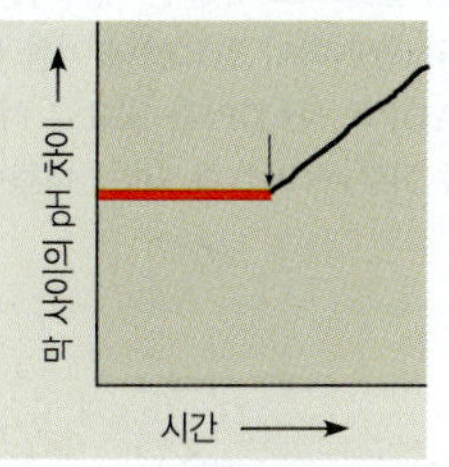

H^+는 막을 관통하여 막사이공간으로 계속 펌핑되어 기질과 막사이공간의 pH 차이를 증가시킨다. ATP 합성효소가 독극물에 의해서 억제되었기 때문에 ATP 합성효소를 통해서 H^+가 다시되돌아 흐를 수는 없어서 막사이의 pH 차이는 유지되기보다는 더욱더 증가한다(궁극적으로 막사이공간의 H^+ 농도는 너무 높아져서 더 이상의 H^+가 기울기에 역행하여 펌핑될 수 없지만 이 그래프에서 나타내진 않았다.).

11장

그림 문제

그림 11.3 CO_2가 방출되는 근원부 가까이에 조류 용기를 위치시킨 것은 이치에 맞다. 왜냐하면 조류가 광합성을 하기 위해 CO_2가 필요하기 때문이다. 광합성률이 높아지면 더 많은 식물기름이 생산될 것이다. 그와 함께 조류는 공장이나 자동차 엔진에서 방출되는 CO_2를 흡수하여 대기로 들어가는 CO_2 양을 줄일 것이다. **그림 11.12** 잎에서 광자 흡수로 인해 들뜨게 된 대부분의 엽록체 전자는 광합성 반응에 에너지를 공급하는 데 사용된다. **그림 11.16** 광계 I 탑의 맨 위에 있는 사람은 왼쪽으로 틀어서 그의 전자를 바구니 안으로 던지지 않을 것이다. 대신에 그는 광계 II 탑 바로 오른쪽에 있는 경사로 위로 던질 것이다. 전자는 경사로를 굴러 내려와서 광자에 의해 에너지를 받은 뒤 다시 그에게 돌아갈 것이다. 이런 회로는 빛이 있는 동안 지속될 것이다. (이것이 순환적 전자 흐름이라고 부르는 이유이다.) **그림 11.22** 그렇다. 식물은 세포호흡에 의해 포도당 형태로 있는 당을 분해하여 ATP를 생산하고, 이 ATP를 이용하여 발열적 화학 반응이나 막을 관통하는 물질 수송, 세포 내 분자 이동 등의 여러 가지 세포 활동을 수행한다. ATP는 또한 일부 식물세포에서 원형질 유동 동안에 엽록체의 이동에 이용되기도 한다. (그림 7.26 참조) **그림 11.23** 육탄당인산화효소를 암호화하는 유전자는 핵 속 염색체 DNA의 일부분이다. 여기에서 유전자는 mRNA로 전사되어 세포질로 수송이 되고, 이곳에서 자유로이 떠다니는 리보솜에 의해 해독되어 폴리펩타이드가 된다. 폴리펩타이드는 적절하게 접혀져 2차 구조와 3차 구조를 가진 기능성 단백질이 된다. 일단 기능을 가지게 되면 이 효소는 세포질 내에서 해당작용의 첫 반응을 수행하게 된다.

개념 확인 문제 11.1

1. CO_2는 기공을 통해 잎으로 들어가고, 물은 뿌리를 통해 들어와서 관속계를 통해 잎으로 운반된다. **2.** 과학자들은 산소의 무거운 동위원소인 ^{18}O를 표지로 이용하여, 광합성 과정 중 생성되는 산소가 CO_2로부터 생성된 것이 아니라, 물로부터 생성된다는 반 닐의 가설을 입증하게 되었다. **3.** 캘빈 회로에 의해 생성되는 $NADP^+$, ADP^+, 무기인산 없이는 명반응에 의해 지속적으로 NADPH와 ATP를 생성할 수 없다. 따라서 두 회로는 서로 의존적이다.

부록 A 정답

개념 확인 문제 11.2

1. 녹색 빛으로, 녹색 빛은 광합성 색소에 의해 흡수되지 않고 대부분 통과하거나 반사되기 때문이다. **2.** 물(H_2O)은 초기 전자공여제이며, $NADP^+$는 전자전달사슬의 마지막에서 전자를 받아 NADPH로 환원된다. **3.** 이 실험에서 ATP 합성률은 감소하다가 결국 합성이 중단될 것이다. 첨가된 화합물이 막을 경계로 한 양성자 농도기울기를 형성하지 못하게 하기 때문에 ATP 합성효소가 ATP 생성 반응을 촉매할 수 없다.

개념 확인 문제 11.3

1. 6, 18, 12 **2.** 분자가 보다 많은 위치에너지를 저장할수록 이 분자를 생성하기 위해서는 더 많은 에너지와 환원력을 필요로 한다. 포도당은 전자에 많은 위치에너지를 저장하고 있어 고도로 환원되어 있으므로 유용한 에너지원이다. CO_2가 포도당으로 환원되기 위해서는 많은 에너지와 환원력이 필요한데 이를 다수의 ATP와 NADPH 분자에서 얻는다. **3.** 명반응은 ADP와 $NADP^+$를 필요로 하는데, 이들은 ATP와 NADPH로부터 얻는다. 그러나 캘빈 회로가 멈추게 되면 이들이 충분한 양이 만들어지지 못하게 될 것이다.

4.

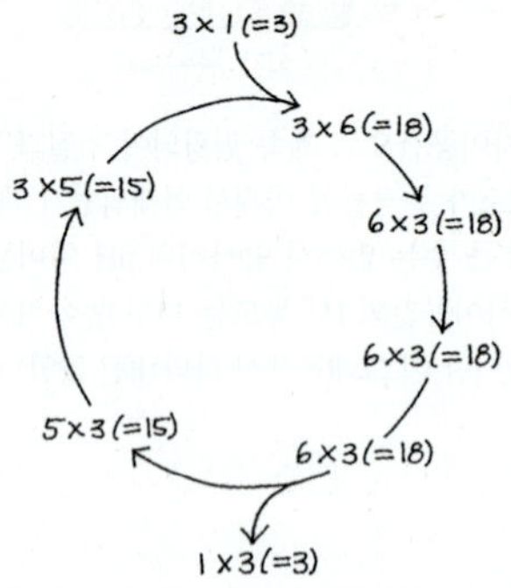

세 개의 탄소 원자가 각각의 CO_2당 하나씩 회로로 들어가게 되고, 회로 세 회전마다 한 분자의 3탄소 분자(G3P)가 회로를 떠나게 된다. **5.** 해당과정에서 G3P는 중간 대사산물로 작용한다. 6-탄소당인 과당-1, 6-이인산은 2 개의 3-탄소당으로 나누어지는데 그 중 하나가 G3P이다. 다른 하나는 이성질체인 디하이드록시아세톤인산으로 이성질체화효소에 의해 G3P로 전환될 수 있다. G3P는 다음 효소의 기질이기 때문에 계속해서 없어지게 되며, 반응 평형은 디하이드록시아세톤인산이 더 많은 G3P로 전환되는 방향으로 이동하게 된다. 캘빈 회로에서 G3P는 중간 대사산물인 동시에 최종 생성물이기도 하다. 매 세 개의 CO_2 분자가 회로를 들어갈 때마다 6개의 G3P분자가 형성되고, 이 중 다섯 개는 회로에 남아 3개의 5탄소 RuBP 분자를 재생한다. 하나 남은 G3P는 생성물로서 세 개의 CO_2 분자를 환원한 결과 얻은 것이다. 3-탄소 당은 후에 에너지를 생산하는 데 사용될 수 있다.

개념 확인 문제 11.4

1. 광호흡은 CO_2 대신 산소를 캘빈 회로에 첨가시켜 광합성 생산량을 감소시킨다. 결과적으로, 당이 만들어지지 않고(탄소가 고정되지 않고), O_2가 생성되지 않고 사용된다. **2.** 광계 II가 없으면, 유관속초세포에서 O_2가 생성되지 않는다. 따라서 이들 세포에서는 루비스코에 CO_2와 경쟁적으로 결합하려는 O_2 문제가 일어나지 않게 해준다. **3.** 두 문제는 모두 화석연료를 사용해서 지구의 대기가 급격하게 변화해서 일어난 것이다. CO_2 농도의 증가는 pH를 감소시킴으로써 해수의 화학적 성질에 영향을 주고, 그래서 해양 생물체의 석회화에 영향을 미친다. 육상에서 CO_2 농도와 대기 온도는 식물이 적응하게 되는 조건이므로, 이 특성의 변화는 식물의 광합성에 큰 영향을 준다. 그러므로 이 두 가지 기본적인 요인의 변화는 서로 다른 서식지에 사는 지구상 모든 생물체에 심각한 영향을 미칠 수 있다. **4.** C_4와 CAM 식물종이 많은 C_3 식물종을 대체하게 될 것이다.

핵심 개념의 요약 문제

11.1 CO_2와 H_2O는 호흡의 생성물이다; 이들은 또 광합성의 반응물이다. 호흡에서는 포도당으로부터 O_2까지 전자전달사슬을 통해 전자가 이동하면서 포도당이 CO_2로 산화되고 물이 생성된다. 광합성에서는 H_2O가 전자의 근원이 되는데, 빛에 의해 에너지를 충전한 전자는 일시적으로 NADPH의 형태로 저장되었다가, CO_2를 탄수화물로 환원시키는 데 사용된다. **11.2** 광합성의 작용 스펙트럼은 엽록소 a에 의해 흡수되지 않는 일부 파장의 빛도 광합성을 수행하는데 효과적이라는 것을 보여준다. 광계의 광수확복합체에는 엽록소 b와 카로티노이드 색소를 가지고 있는데, 이들은 다른 파장의 빛을 흡수하여 엽록소 a에게 에너지를 전달하므로 광합성에 효과적인 빛의 스펙트럼이 넓어진다.

11.3

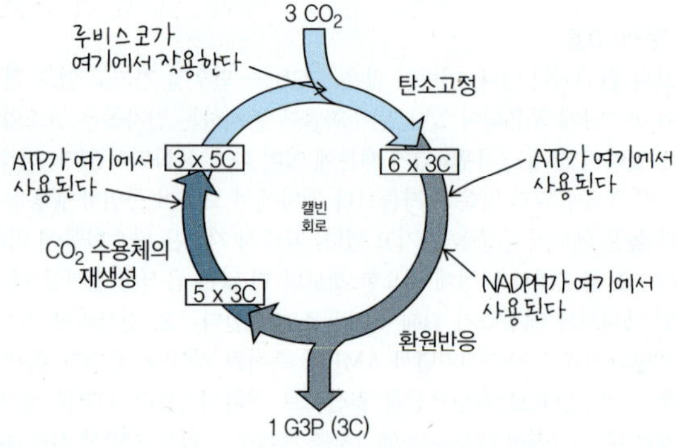

캘빈 회로의 환원 단계 동안에 ATP는 3-탄소화합물을 인산화시키고, NADPH는 이 화합물을 G3P로 환원시킨다. ATP는 또한 재생성 단계에서도 사용되는데, 5분자의 G3P는 3분자의 5-탄소화합물인 RuBP로 전환된다. 루비스코는 탄소고정의 첫 번째 단계인 RuBP에 CO_2를 첨가하는 반응을 촉매한다. **11.4** C_4 광합성과 CAM 광합성은 모두 초기 CO_2의 고정 반응에 의해 4-탄소화합물(C_4 식물은 엽육세포에서, CAM 식물은 밤에)을 생성한다. 이 화합물은 분해되어 CO_2를 방출하게 된다. (C_4 식물에서는 유관속초세포에서, CAM 식물은 낮 동안에). ATP는 초기에 CO_2와 결합하는데 사용될 분자를 재활용하는 데 필수적이다. 이러한 경로는 ATP를 소모하며, 덥고 건조하고 화창한 날, 기공을 닫을 때 C_3 식물의 광합성 생산성을 감소시키는 광호흡을 피하도록 해준다. 그러므로 덥고 건조한 기후는 C_4와 CAM 식물에게 이득을 준다.

생각해보자

1. d **2.** b **3.** c **4.** a **5.** c **6.** b **7.** c

10.

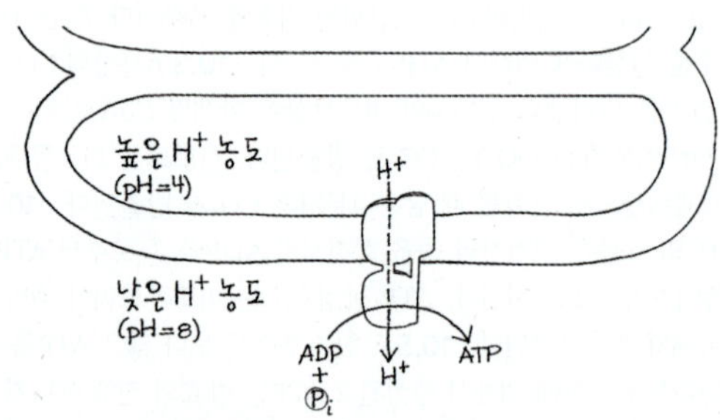

ATP는 틸라코이드막 바깥쪽에 있게 될 것이다. 틸라코이드막은 암 상태에서도 ATP를 생성할 수 있다. 연구자들이 틸라코이드막을 경계로 인위적으로 양성자 농도기울기를 만들어 놓았기 때문이다. 따라서 ATP 합성효소에 의한 ATP 합성에 필수적인 H^+ 농도기울기를 만드는 명반응이 필요없게 되었다.

12장

그림 문제

그림 12.4

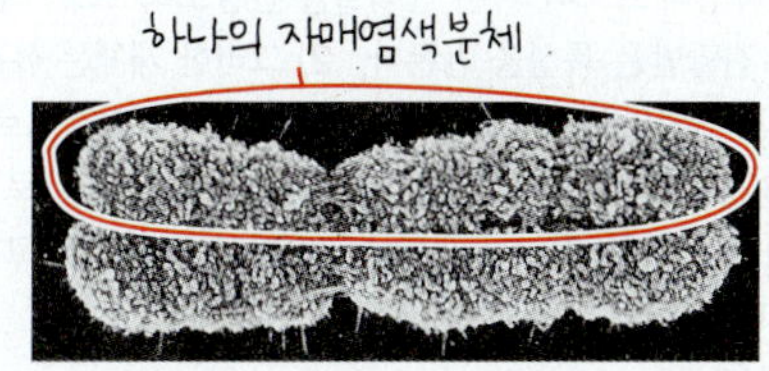

다른 염색분체를 원으로 표시해도 정답이다. **그림 12.5** 염색체는 4개의 팔을 갖는다. **그림 12.7** 12; 2; 2; 1

그림 12.8

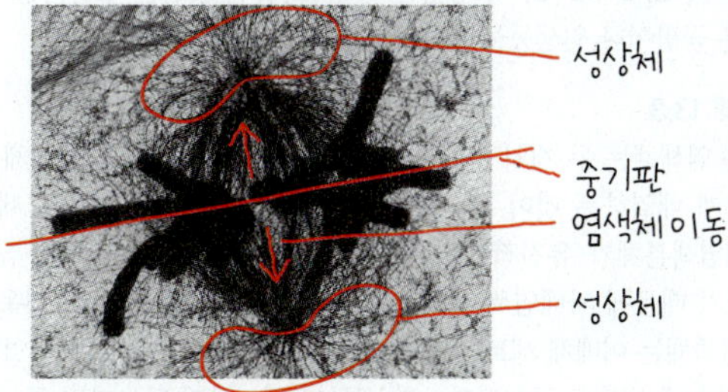

그림 12.9 표지는 가까운 극 쪽으로 이동할 것이다. 극과 표지 사이의 형광 미세소관의 길이는 짧아질 것이며, 염색체와 표지 사이의 길이는 같게 유지될 것이다. **그림 12.14** 두 경우 모두 G_1 핵은 정상적으로 S기로 들어갈 시간이 될 때까지는 그대로 유지될 것이다. 염색체의 응축과 방추체의 형성은 S와 G_2 시기가 끝날 때까지 일어나지 않을 것이다. **그림 12.16** 그래프에서 시간 축의 시작점에 해당하는 G_2 확인점을 지나가면 MPF의 활성과 사이클린의 농도(피크 위의 노란색 M 표지)가 최고에 이르는 분열기(그림의 노란색)로 들어가게 된다. 그림에서 G_1과 S기에는 C_{DK}는 있지만 사이클린이 없으며, 따라서 사이클린과 MPF의 활성은 모두 낮다. 그림의 굽은 보라색 화살표는 S기 말에서 G_2에 걸쳐 나타나는 사이클린 농도의 증가를 보여준다. 그 다음에는 세포주기가 다시 시작된다. **그림 12.17** 세포는 적절하게 분열할 수 없는 조건에서도 분열하게 될 것이다. 만일 딸세포와 그 자손도 확인점을 무시하고 분열한다면 곧 비정상적인 세포 덩어리가 될 것이다. (이런 비정상적인 세포분열은 암의 발생을 일으킬 수도 있다.) **그림 12.18** PDGF가 있는 배양용기의 세포는 생장인자 신호에 반응할 수 없기 때문에 분열하지 못한다. 배양 결과는 PDGF를 안 넣었을 때와 비슷할 것이다.

개념 확인 문제 12.1

1. 1; 1; 2 **2.** 39; 39; 78

개념 확인 문제 12.2

1. 6개의 염색체, 중복; 12개의 염색분체 **2.** 핵분열 이후 세포질분열에 의해 식물과 동물 모두 2개의 유전적으로 동일한 딸세포가 만들어진다. 그러나 세포질이 분열하는 메커니즘은 동물과 식물에서 서로 다르다. 동물에서 세포질분열은 모세포가 액틴 미세섬유로 이루어진 수축환에 의해 두 개로 나누어지는 분할에 의해 일어난다. 식물에서는 세포판이 세포의 중앙에 형성되어 자라나 모세포의 원형질막과 융합한다. 새로운 세포벽이 세포판 안에서 자라나온다. **3.** 간기의 S기 마지막부터 핵분열의 중기 끝까지. **4.** 진핵세포의 세포분열에서 튜불린은 방추체의 형성과 염색체의 이동에 관여하며, 액틴은 세포질분열에 기능한다. 세균의 이분법에서는 반대이다. 튜불린 유사 분자는 딸세포의 분리에 관여하는 것으로 여겨지며, 액틴 유사 분자는 세균의 딸 염색체를 세포의 양끝으로 이동시키는 데 관여한다. **5.** 방추사부착점은 방추체(자동차, 운동 단백질을 가지고 있다)와 염색체(운반하는 화물)를 연결한다. **6.** 미세소관은 튜불린으로 구성되며, 소낭이나 다른 세포소기관이 운동단백질과 미세소관의 튜불린 사이의 상호작용에 기초하여 이동할 수 있는 "철길"을 제공한다. 근육세포에서는 미세섬유의 액틴과 미오신 섬유의 상호작용에 의해 근육이 수축한다.

개념 확인 문제 12.3

1. 오른쪽의 핵은 원래 G_1기였다. 따라서 염색체가 아직 복제되지 않았다. 왼쪽의 핵은 M기이며, 따라서 이미 염색체가 복제되어 있다. **2.** G_2 확인점을 지나가기에 충분한 양의 MPF가 세포 내에 존재한다. 이것은 Cdk에 결합하여 MPF를 구성하는 사이클린 단백질의 축적에 의해 일어난다. **3.** 세포 내의 에스토로젠 수용체는 활성화되면 핵 안에서 전사인자로 작용하여 확인점을 지나 세포를 분열하게 만드는 유전자를 발현시킬 수 있다. HER2 수용체는 리간드가 결합하면 활성화하여 이량체를 만들고, 이 이량체의 각 단위체가 서로를 인산화한다. 그 결과 일련의 신호전환 단계가 시작되어 궁극적으로는 핵 안에서 유전자 발현을 유도한다. 에스토로젠 수용체의 경우와 마찬가지로 대상 유전자는 세포가 분열하는 데 필요한 단백질을 암호화하고 있을 것이다.

핵심 개념의 요약 질문

12.1 진핵세포의 DNA는 염색체라 불리는 구조를 형성하고 있다. 각각의 염색체는 수백에서 수천 개의 유전자를 가지고 있는 긴 DNA 분자이며, 염색체의 구조를 유지하고 유전자의 활성을 조절하는 여러 단백질이 결합되어 있다. 이 DNA와 단백질의 복합체를 염색질이라고 한다. 각 염색체의 염색질은 세포가 분열하지 않을 때에는 길고 가늘다. 세포분열 전에는 각 염색체가 복제되어 만들어진 자매염색분체가 동원체와 염색분체의 길이를 따라 형성되는 자매염색분체 결합에 의해 연결된다. **12.2** 염색체는 간기의 G_1기와 분열기의 후기 및 말기에는 하나의 DNA 분자로 존재한다. S기에는 DNA 복제에 의해 자매염색분체가 만들어지며, 이것이 간기의 G_2기에서 분열기의 전기, 전중기 및 중기까지 지속된다. **12.3** 확인점은 세포내 감시메커니즘이 세포가 다음 단계로 진행할 준비가 되어 있는지를 조사할 수 있게 해준다. 세포 내외의 신호에 의해 세포가 이들 확인점을 통과한다. G_1 확인점은 포유동물 세포에서는 제한점이라 불리며, 세포가 세포주기를 마치고 분열을 할지 아니면 G_0기로 들어갈지를 결정한다. 이 확인점을 지나기 위한 신호는 주로 생장인자와 같은 외부 신호이다. G_2 확인점을 지나기 위해서는 충분한 수의 활성을 지닌 MPF 복합체가 필요하며, MPF는 분열기의 여러 작용을 조절한다. MPF는 또한 자신의 사이클린 단위체의 분해를 시작하여 M기가 끝나도록 만든다. M기는 다음 S와 G_2기 동안에 충분한 양의 사이클린이 다시 만들어지기 전까지는 시작되지 못한다. M기 확인점을 지나기 위한 신호는 모든 염색체에 방추사부착점 미세소관이 결합하여 중기판에 배열될 때까지는 활성화되지 않는다. 그 이후에야 자매염색분체의 분리가 시작된다.

생각해보자

1. b **2.** a **3.** c **4.** c **5.** a **6.** b **7.** a **8.** d

9. 주요 사건에 대한 설명은 그림 12.7을 참조하시오. 각 단계에서 하나의 세포만 표시하였지만 이 현미경 그림에는 정답이 여러 개 있다.

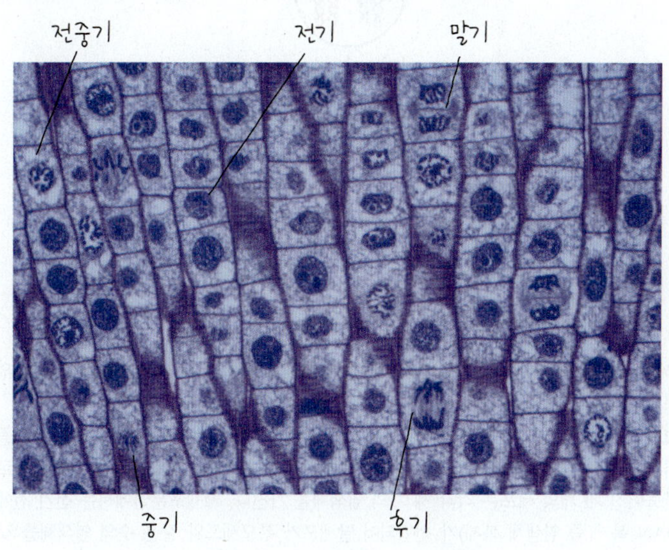

부록 A 정답

10.

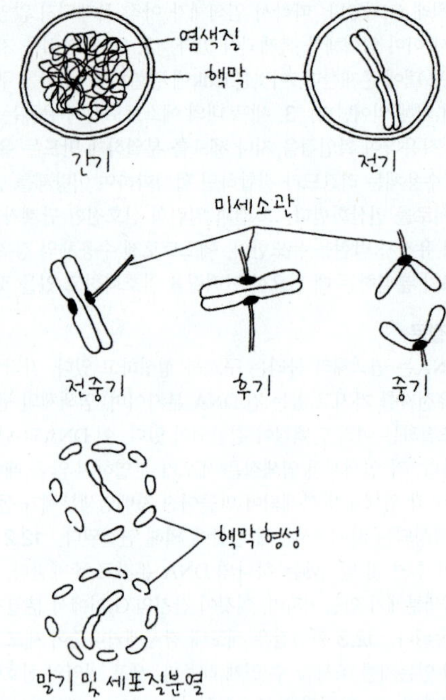

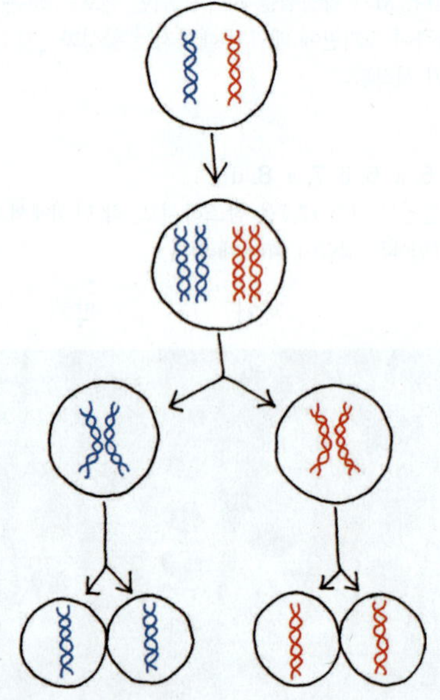

13장

그림 문제

그림 13.4 두 세트의 염색체가 있다. 세 쌍의 상동염색체가 있다.

그림 13.7

(여기서는 단순히 DNA의 짧은 가닥을 보여준다. 그러나 각 염색체나 염색분체는 매우 길게 꼬이고 접힌 DNA 분자이다.)

그림 13.8 여섯 개의 염색체를 가진 세포가 두 번의 체세포분열을 수행한다면, 만들어진 네 개의 세포 각각은 여섯 개의 염색체를 가지나, 그림 13.8과 같은 감수분열로 만들어진 네 개의 세포는 각각 세 개의 염색체를 가진다. 체세포분열에서는 전기 전에 DAN 복제(즉 염색체 복제)가 선행되어 딸세포가 부모세포와 같은 수의 염색체를 갖는 것을 보장한다. 반면에 감수분열에서는 DNA 복제가 전기 I(전기 II는 아님)에서만 일어난다. 그러므로 두 번의 체세포분열에서 염색체는 두 번 복제하고 두 번 분열하는데, 감수분열에서는 염색체는 한번 복제되는데 두 번 분열한다. **그림 13.10** 그렇다. 말기 I에서 보이는 여섯 개의 염색체(세포당 세 개)가 하나의 비재조합 염색분체와 하나의 재조합 염색분체를 갖는다. 그러므로 왼쪽의 세포당 여덟 개의 가능한 염색체 세트가 만들어지고 오른쪽의 세포도 여덟 개가 만들어진다.

개념 확인 문제 13.1

1. 부모는 유전자를 그들의 자손에 전달한다; 전령 RNA를 만드는 것을 제어함으로써 이 유전자는 세포가 특정의 효소와 다른 단백질을 만들도록 프로그램하며 이들의 축적된 행동이 각 개인의 전달받은 특성을 만든다. **2.** 그러한 개체는 유사분열로 생식하는데 돌연변이가 없으면 자손의 유전체가 부모의 유전체와 유전적으로 똑같은 복사본인 자손을 생산한다. **3.** 그녀는 클론을 만들어야 한다. 이들을 교배로 개량하는 것은 또 다른 변이를 갖는 자손을 만들 것이고, 그녀는 더 이상 그녀가 얻고자 하는 난을 갖기를 원하지 않는 것이다.

개념 확인 문제 13.2

1. 여섯 개의 염색체 각각은 본제되고, 따라서 각각은 두 개의 DNA 이중나선이 존재한다. 그러므로 세포에는 12개의 DNA 분자가 있다. 반수체 수, n은 3이다. 한 세트는 항상 반수체이다. **2.** 23; 2 **3.** 이 생물은 그림 13.6c에 보이는 생활사를 가진다. 그러므로 이 생물은 곰팡이나 원생동물 아니면 조류임에 틀림이 없다.

개념 확인 문제 13.3

1. 유사한 점은 염색체는 두 개의 자매염색분체로 이루어진 것과 각염색체는 중기의 적도판에 유사하게 배열하는 것이 유사하다. 다른 점은 체세포분열하는 세포에서는 각 염색체의 자매염색분체가 유전적으로 동일하나 감수분열하는 세포는 감수I분열에서 교차가 일어나기 때문에 자매염색분체가 유전적으로 별개인 점이다. 더욱이 유사분열의 중기에서 염색체는 이배체 세트나 반수체 세트로 구성되나, 감수II분열의 중기의 염색체는 항상 반수체 세트로 구성된다. **2.** 교차가 일어나지 않는다면 두 상동염색체는 어떤 방법으로든 연결되지 않을 것이다. 이는 중기 때에 상동 쌍을 부정확하게 배열시키고 결국은 염색체의 수가 비정상적인 생식세포를 형성하게 할 지도 모른다.

개념 확인 문제 13.4

1. 유전자의 돌연변이는 유전자의 다른 버전 (대립유전자)을 초래한다.

2. 교차가 없다고 하더라도 감수분열 I에서의 염색체의 독립적인 분리는 이론적으로 2^n의 가능한 반수체 배우자를 생성하고 무작위 수정은 $2^n \times 2^n$의 가능한 이배체 접합자를 생성한다. 메뚜기의 반수체 수는 23이고 초파리는 4이므로 두 마리의 메뚜기가 두 마리의 초파리보다 배우자를 훨씬 다양하게 만들어낸다. **3.** 교차가 일어난 모계와 부계의 염색분체의 조각이 유전적으로 동일하고 따라서 모든 유전자에 동일한 두 대립유전자를 갖는다면 재조합 염색체는 유전적으로 부모의 염색체와 동일하다. 교차는 유전자의 다른 형에서 재배열될 때에서만 유전적 다양성에 기여한다.

생각해보자

1. a **2.** b **3.** a **4.** d **5.** c

6. (a)

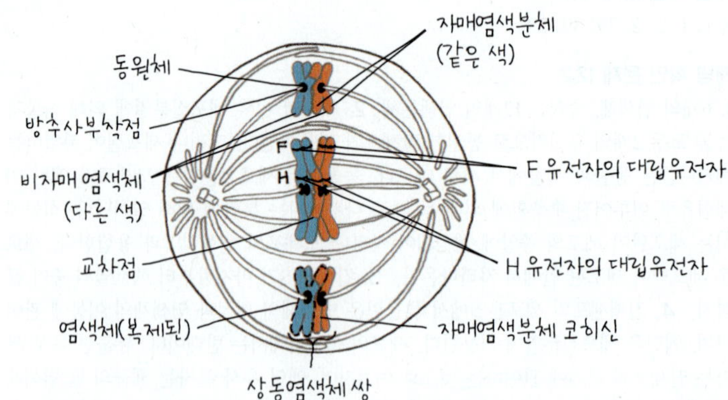

(b) 한 가지의 가장 긴 것 중간 길이 것, 짧은 염색체가 반수체 세트를 구성한다. 예를 들어 한 가지 색깔의 염색체는 반수체 세트를 구성한다. (교차가 일어나는 경우에는 한 가지 색깔의 반수체 세트에 다른 색깔의 염색분체 조각이 끼어 있다.) 붉은색과 푸른색 염색체 모두는 함께 이배체 세트를 구성한다. (c) 이 세포는 감수분열을 수행함에 틀림이 없다. 왜냐하면 상동염색체가 서로 중기판에 배열되어 있기 때문이다 이러한 경우는 체세포분열에는 일어나지 않는다.

14장

그림 문제

그림 14.3 모든 자손의 꽃 색깔은 보라색일 것이다. (비율은 보라색 1: 흰색 0) P세대 식물은 순종이므로 두 보라색 식물을 교배하면 자가수분과 같은 결과가 나온다. 모든 자손은 같은 형질을 나타낸다.

그림 14.8

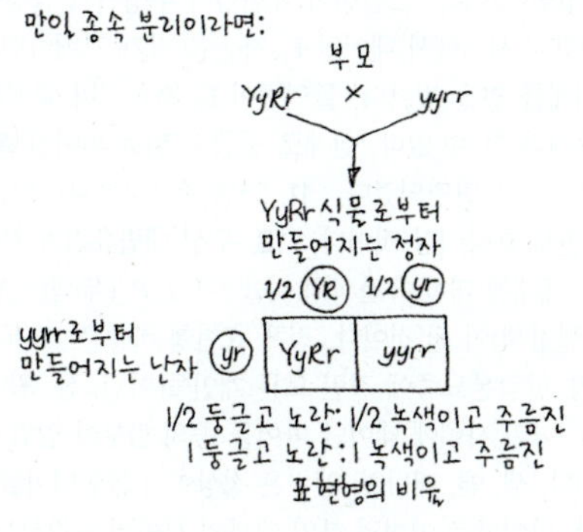

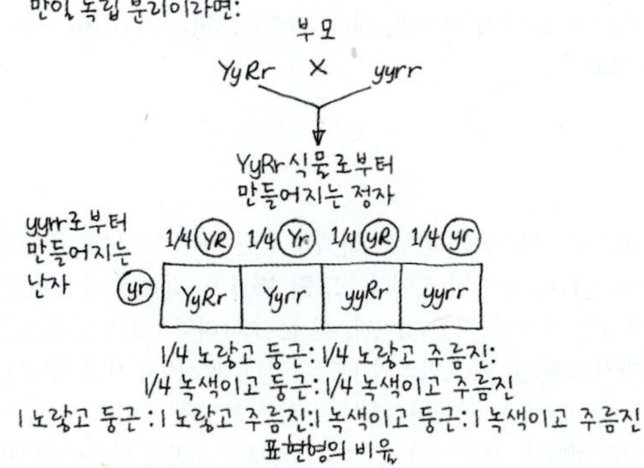

그렇다. 이 교배는 두 가설에 대한 서로 다른 예상을 가능하게 해 준다. 따라서 정확한 가설을 구별할 수 있다.

그림 14.10 당신의 급우는 혼합가설에 의해 F_1 세대 잡종은 두 부모의 중간 표현형을 나타낸다고 지적할 수 있다. F_1끼리 교배하여 분홍색인 자손 대신에 흰색 표현형이 다시 나타난 결과를 가지고 혼합가설이 지지되지 않음을 주장할 수 있다. **그림 14.11** I^A와 I^B 대립유전자는 탄수화물을 부착하지 않는 *i* 유전자에 대해 우성이다. I^A와 I^B 대립유전자는 공동우성이며 I^AI^B 이형접합자에서 모두 표현되어 AB형이 된다.

그림 14.12 이 표준 교배에서 마지막 "3"과 "1"은 모두 똑같은 하나의 표현형으로 나타난다. 그 이유는 *ee*인 개는 색소 침착이 안되기 때문이다. 따라서 유전자형에서 하나의 *B*를 갖는(보통 검은색) 개는 *bb*(보통 갈색)인 개와 구분할 수 없다.

그림 14.16 퍼넷사각형에서 정상 색깔을 갖는 세 명 중 두 명은 보인자이므로, 확률은 2/3이다. (확률을 계산할 때에는 알고 있는 모든 것을 고려해야만 한다: 그녀가 *aa*가 아닌 것을 알기 때문에 단지 세 가지 유전자형을 고려해야 한다.)

개념 확인 문제 14.1

1. 독립법칙에 따르면 25개의 식물(자손의 1/16)은 *aatt*, 즉 두 가지 특징에 대하여 열성일 것으로 예상된다. 실제 결과는 이 값과 약간 다를 것이다.

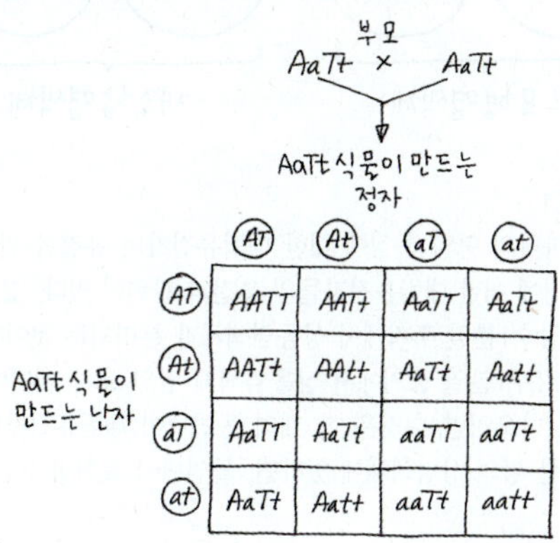

2. 그 식물은 8개의 다른 배우자(*YRI*, *YRi*, *YrI*, *Yri*, *yRI*, *yRi*, *yrI*, *yri*)를 만들 수 있다. 자가수분에서 모든 가능한 배우자를 기록하기 위하여 퍼넷사각형은 8개의 줄과 열이 필요할 것이다. 자손에서는 64개의 배우자 조합을 위한 칸이 될 것이다. **3.** 자가수분은 배우자를 형성하는데 감수분열이 일어나므로 유성생식이다. 따라서 자가수분에서 생긴 자손은 유전적으로 부모와 다르다. (개념 14.1의 시작 부위에 있는 각주에서 말했듯이 부모로서 단일 완두식물을 인용하면서 간단하게 설명하였다. 기술적으로 꽃에 있는 배우체는 두 개의 부모이다.)

개념 확인 문제 14.2

1. 1/2 우성 동형접합(*AA*), 0 열성 동형접합(*aa*), 1/2 이형접합(*Aa*). **2.** 1/4 *BBDD*, 1/4 *BbDD*, 1/4 *BBDd*, 1/4 *BbDd*. **3.** 이 조건에 적합한 유전자형은 *ppyyIi*, *ppYyii*, *Ppyyii*, *ppYYii*, *ppyyii*이다. 곱셈법칙을 사용하여 각 유전자형을 얻을 수 있는 확률을 구하라. 그 다음, 합의 법칙을 사용하여 이 문제의 조건에 맞는 전체 확률을 구하라.

ppyyIi 1/2(pp의 확률) × 1/4(yy) × 1/2(ii) = 1/16
ppYyii 1/2(pp) × 1/2(Yy) × 1/2(ii) = 2/16
Ppyyii 1/2(Pp) × 1/4(yy) × 1/2(ii) = 1/16
ppYYii 1/2(pp) × 1/4(YY) × 1/2(ii) = 1/16
ppyyii 1/2(pp) × 1/4(yy) × 1/2(ii) = 1/16

적어도 두 개의 열성 형질을 가질 비율 = 6/16 즉 3/8

개념 확인 문제 14.3

1. 불완전 우성은 하나의 유전자에 대한 두 개의 대립유전자 사이의 관계를 설명하는 반면, 상위는 두 개의 유전자(각 유전자의 대립유전자) 사이의 유전 관계를 설명한다. **2.** 아이들 중 반은 A형, 나머지 반은 B형을 가질 것으로 기대한다. **3.** 이형접합자가 회색이므로, 검은색과 흰색 대립유전자는 불완전 우성이다. 회색 수탉과 검은색 암탉을 교배하면 회색과 검은색 자손이 대략 반씩 나온다.

개념 확인 문제 14.4

1. 1/9(낭성섬유증은 열성 대립유전자에 의해 나타나므로 낭성섬유증을 갖는 베시와 톰의 형제, 자매들은 열성 동형접합이어야만 한다. 따라서 부모는 모두 열성 대립유전자에 대해 보인자이다. 베시와 톰은 모두 낭성섬유증이 없기 때문에 그들이 보인자일 확률은 각각 2/3이다. 만일 그들이 모두 보인자라면 자식이 낭성섬유증일 확률이 1/4이다. 따라서 2/3 × 2/3 × 1/4 = 1/9); 0. 낭성섬유증을 갖고 태어나려면 부모가 모두 보인자이어야 하므로 가능성이 없다. **2.** 정상 헤모글로빈에서 여섯 번째 아미노산은 산성(곁사슬에 음전하를 가지고 있는)의 글루탐산이다. 낫모양 헤모글로빈에서 글루탐산이 비극성 아미노산 발린으로 바뀌었다. 단백질(단백질의 아미노산 순서)의 1차구조가 궁극적으로 단백질의 형태와 기능을 결정한다. 글루탐산이 발린으로 바뀜으로써 헤모글로빈 분자가 서로 상호작용하여 기다란 섬유를 형성하고, 단백질의 기능에 결함이 생기고, 적혈구 세포가 기형이 된다. **3.** 조앤의 유전자형은 *Dd*이다. 다지증 대립유전자(*D*)는 5개의 손가락을 갖고 있는 정상(*d*)에 대하여 우성이기 때문에 다지증 형질은 *DD* 또는 *Dd*일 경우 표현된다. 만일 조앤의 어머니가 동형의 우성(*DD*)이라면 모든 자손은 다지증을 가질 것이다. 그러나 조앤의 아버지는 정상이므로 유전자형은 *dd*이다. 따라서 조앤은 아버지로부터 *d*를 물려받았을 것이고 다지증을 갖고 있는 그녀의 유전자형은 *Dd*이다. **4.** 꽃 색깔을 포함하는 단성교배에서 보라색: 흰색의 비율이 3.15:1이다. 어느 가족의 가계도의 제 3 세대에서 떨어진 귓불: 붙은 귓불의 비율은 1:1이다. 그 차이는 사람의 가족의 경우 표본 크기(두 명의 자손)가 작기 때문이다. 만일 제 2 세대 부부가 완두식물처럼 929명의 자손을 두었다면 비율은 3:1에 가까울 것이다. (표 14.1에서 완두식물 교배에서 정확히 3:1의 비율로 나오는 경우가 없다는 것을 유념하라.)

핵심 개념의 요약 질문

14.1 대립유전자라 부르는 유전자의 대체 유형은 성적 생식 동안 부모로부터 자식으로 전달된다. 보라색 꽃과 흰색 꽃의 순종 부모 사이에 교배가 일어나면 F_1 자손은 모두 이형접합이며 각각 부모 한쪽으로부터 보라색 대립유전자와 다른 부모로부터 흰색 대립유전자를 받는다. 우성인 보라색 대립유전자가 F_1 자손의 표현형이 보라색으로 되는 것을 결정하고 흰색 대립유전자의 발현은 감추어진다. 단지 F_2 세대에서 흰색 대립유전자가 동형접합 상태로 존재할 때 흰색 형질이 표현될 수 있다.

14.2

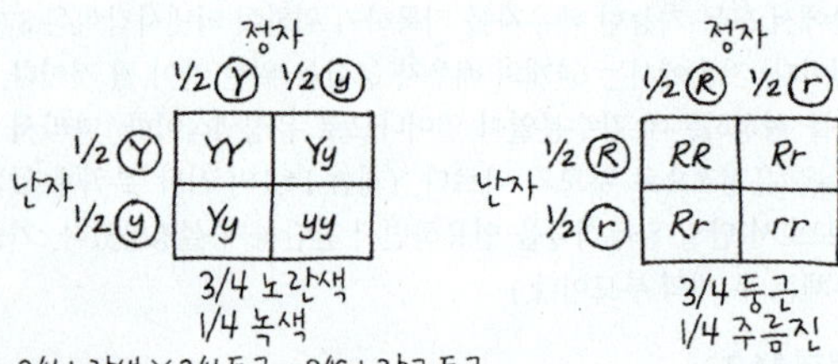

3/4 노란색 × 3/4 둥근 = 9/16 노랗고 둥근
3/4 노란색 × 1/4 주름진 = 3/16 녹색이고 주름진
1/4 녹색 × 1/4 주름진 = 1/16 녹색이고 둥근
1/4 녹색 × 1/4 주름진 = 1/16 녹색이고 주름진
= 9 녹색이고 둥근 : 3 노랗고 주름진 : 3 녹색이고 둥근 : 1 녹색이고 주름진

14.3 ABO 혈액형 그룹은 하나의 유전자가 두 개 이상의 대립유전자(I^A, I^B, i)를 가지고 있기 때문에 복대립유전자의 예이다. 대립유전자 중 두 개, I^A와 I^B는 두 개의 대립유전자가 유전자형에 동시에 존재할 때 두 개의 탄수화물(*A*와 *B*)이 동시에 존재하므로 공동우성을 나타낸다. I^A와 I^B는 i 대립유전자에 대하여 완전 우성을 나타낸다. 이 상황은 각 대립유전자가 뚜렷한 표현형을 보여주고, 그 결과 두 표현형의 중간이 아니기 때문에 불완전 우성의 예가 아니다. 이 상황은 하나의 단일 유전자가 관여하기 때문에 상위나 다인자 유전의 예가 아니다. **14.4** 아이가 태어나는 것은 각각 독립적인 사건이므로 다른 아이들과 마찬가지로 네 번째 아이가 낭성섬유증을 가질 확률은 1/4이다. 세 명의 아이가 보인자란 사실은 다음 아이가 낭성섬유증을 가질 확률에는 아무 관련이 없다. 부모가 모두 보인자인 유전자형이 단지 필요한 정보를 제공한다.

생각해보자

1.

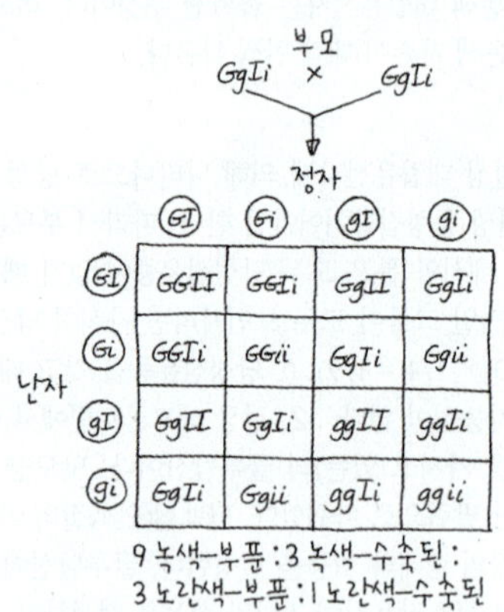

2. 남자 I^Ai; 여자 I^Bi; 아이 ii. 태어날 아이들의 유전자형은 1/4 I^AI^B, 1/4 I^Ai, 1/4 I^Bi, 1/4 ii로 예상된다. **3.** 1/2 **4.** $Ii \times ii$ 교배는 1 Ii(2:2도 맞다) : 1 ii의 유전자형 비율과 1 부푼 콩깍지 : 1 수축된 콩깍지의 표현형(2:2도 맞다)을 갖는 자손을 낳을 것이다.

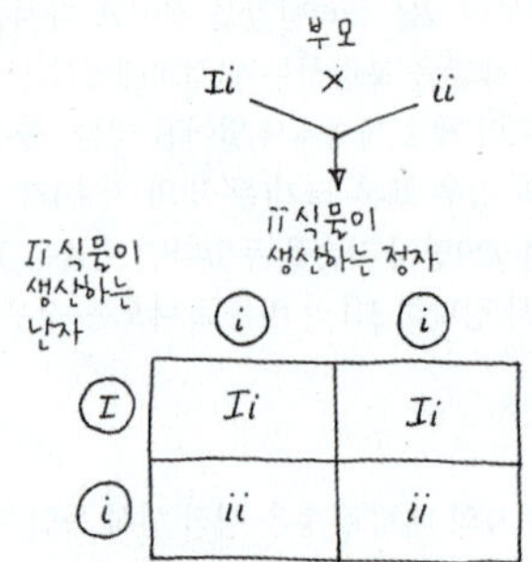

유전자형 비율: Ii : ii = 1:1
(2:2와 동일)

표현형 비율: 부푼 콩깍지 : 수축된 콩깍지 = 1:1
(2:2와 동일)

5. (a) 1/64; (b) 1/64; (c) 1/8; (d) 1/32 **6.** (a) 3/4 × 3/4 × 3/4 = 27/64; (b) 1−27/64 = 37/64; (c) 1/4×1/4×1/4=1/64; (d) 1−1/64 = 63/64 **7.** (a) 1/256; (b) 1/16; (c) 1/256; (d) 1/64; (e) 1/128 **8.** (a) 1; (b) 1/32; (c) 1/8; (d) 1/2 **9.** 1/9 **10.** 만일 둥글고 뒤로 휘어진 희한한 귀를 갖는 고양이의 표현형이 우성이라면, 그 돌연변이 고양이와 순종의 정상 고양이를 교배할 경우 돌연변이 표현형과 정상 표현형을 갖는 F_1 자손이 모두 태어 날 수 있다. 그러나 만일 그 돌연변이 표현형이 열성의 형질이라면, F_1 자손은 모두 정상일 것이다. 돌연변이 표현형이 우성인지 열성인지에 관계없이 돌연변이체와 정상 고양이 사이에서 태어난 F_1 자손을 자가 교배하면 F_2 자손 중에서 순종의 동형 돌연변이체를 얻을 것이다. 돌연변이 F_2 자손끼리 교배하여 돌연변이 자손만을 낳은 경우 순종이라 할 수 있다. 실제로 둥글고 뒤로 휘어진 희한한 귀를 갖는 고양이의 표현형은 우성으로 판명되었다. **11.** 25% 즉 1/4은 사시일 것이다; 사시 눈을 갖는 모든 자손은 흰색 호랑이일 것이다. **12.** 우성 대립유전자 I는 P/p 좌위에 대해 상위이다. 따라서 F_1 세대에 대한 유전자형 비율은 9 $I\_P\_$(무색) : 3 I_pp(무색) : 3 $iiP\_$(보라색) : 1 $iipp$(빨간색)이 될 것이다. 전체 표현형 비율은 12 무색 : 3 보라색 : 1 빨강색이다. **13.** 열성. 알캅톤뇨증에 걸린 모든 개인들(아린, 톰, 윌마, 칼라)은 동형의 열성 *aa*이다. 조지와 아린 사이에 태어난 아이들 중의 일부가 알캅톤뇨증을 갖고 있기 때문에 조지는 *Aa*이다. 샘, 앤, 대니얼, 앨런은 정상이며 돌연변이를 갖는 부모 한 명이 있기 때문에 *Aa*이다. 마이클은 이형의 부인 앤과의 사이에 알캅톤뇨증을 갖는 칼라를 낳았기 때문에 *Aa*이다. 샌드라, 티나, 크리스토퍼는 각각 *AA* 또는 *Aa* 유전자형을 갖고 있다. **14.** 1/6

15장

그림 문제

그림 15.2 비율은 노랗고 둥근 완두 : 녹색의 둥근 완두 : 노랗고 주름진 완두 : 녹색의 주름진 완두 = 1:1:1:1이 될 것이다. **그림 15.4** F_2 자손의 약 3/4은 빨간 눈을 가질 것이고 약 1/4은 흰 눈을 가질 것이다. 흰 눈 초파리의 1/2은 암컷, 1/2은 수컷이 될 것이다; 마찬가지로 빨간 눈 초파리의 1/2은 암컷, 1/2은 수컷일 것이다. (눈 색깔 대립유전자의 HOMOLOG는 퍼넷사각형에서 같은 모양일 것이고 각 자손은 두 대립유전자를 물려받을 것이다. 초파리의 성은 성염색체의 유전에 의해 결정된다. 따라서 당신의 퍼넷사각형은 정자에서 네 개, 난자에서 네 개의 조합을 가질 것이다; 그것은 16개의 사각형을 가질 것이다. **그림 15.7** 남자는 모두 색맹이고, 여자는 모두 보인자일 것이다. (이것을 답하는 다른 방법은 자손의 1/2은 색맹인 남성이고 자손의 1/2은 보인자 여성일 것이다.) **그림 15.9** 자손 중에서 두 종류의 부모형(순종의 부모 초파리의 표현형을 갖는 초파리)이 가장 많이 나타날 것이다. 그러나 지금 가장 많이 나오는 종류는 회색 몸—흔적 날개와 검은 몸—정상 날개일 것이다. 그 이유는 그것들이 P 세대에 있는 특수한 대립유전자 조합이기 때문이다. **그림 15.10** 아래 왼쪽의 두 염색체는 각각 한쪽 부모로부터 F_1 암컷으로 유전된, 두 개의 염색체와 같다. 이 두 염색체는 F_1 암컷에 의해 원래의 형태로 자손에게 유전되므로 "부모형(parental)"이라 부른다. 다른 두 개의 염색체는 F_1 암컷에서 감수분열 동안 교차가 일어난 후 생긴 것이다. 이 염색체들은 F_1 암컷의 염색체와 다르며 재조합 대립유전자를 갖기 때문에 재조합 염색체라 부른다. (이 예에서 재조합 염색체상의 대립유전자들인 b^+vg^+와 $b\ vg$는 그림 15.9와 15.10에 나온 교배에서 부모 염색체에 있는 대립유전자의 조합이다. 그것들을 부모형 염색체라 부르는 근거는 P 세대 염색체에 위치하는 대립유전자의 조합이기 때문이다.)

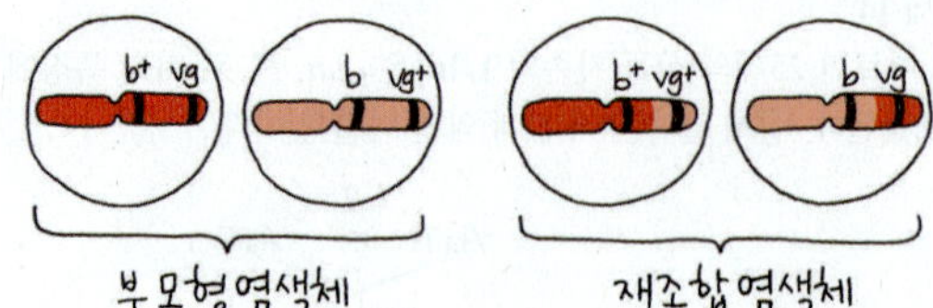

개념 확인 문제 15.1

1. 분리의 법칙은 하나의 단일 특징에 대한 대립유전자의 유전과 관련이 있다. 독립의 법칙은 두 개의 특징에 대한 대립유전자들의 유전과 관련이 있다. **2.** 분리의 법칙에 대한 물리적 근거는 감수1분열 후기에서 상동염색체가 분리되는 것이다. 독립 법칙에 대한 물리적 근거는 감수1분열 중기에서 상동염색체 쌍의 교차 배열이다. **3.** 수컷에서 돌연변이 표현형이 나오려면 수컷은 한 개의 돌연변이 대립유전자만 보유해도 된다. 만일 이 유전자가 한 쌍의 상염색체에 있다면, 돌연변이 표현형을 나타내는 개체는 두

개의 돌연변이 대립유전자를 가져야만 하는데, 이러한 가능성은 매우 낮다.

개념 확인 문제 15.2

1. 이 눈 색깔에 대한 유전자가 X 염색체에 있기 때문에, 모든 암컷 자손은 이형접합($X^{w^+}X^{w}$)의 빨간 눈을 가질 것이다. 모든 수컷 자손은 부모 세대의 수컷으로부터 Y 염색체를 물려받으며 흰 눈을 가질 것이다($X^{w}Y$). (이것을 말하는 다른 방법은 자손의 1/2은 빨간 눈의 이형접합(보인자) 암컷이고 자손의 1/2은 흰눈의 수컷일 것이다.) **2.** 1/4; (아이가 아버지로부터 Y 염색체를 물려 받아 아들일 확률 1/2) × (어머니로부터 유전병 대립유전자를 갖고 있는 X 염색체를 물려 받을 확률 1/2). 남자 아이가 유전병을 가질 확률은 1/2, 딸 아이가 유전병을 가질 확률은 0(그러나, 보인자가 될 확률은 1/2)이다. **3.** 우성 대립유전자에 의해 유발되는 질병의 경우 그 대립유전자를 갖는 개체들은 질병을 가지므로 보인자는 없다. 그 대립유전자가 우성이라면 하나의 대립유전자만 있어도 질병을 갖게 되므로 여성이 두 개의 X 염색체를 가졌다고 유리하지도 않다. 우성 대립유전자를 갖고 있는 남성은 우성 대립유전자를 딸에게 전달해주고 그 딸은 그 질병을 갖게 된다. 우성 대립유전자를 갖고 있는 여성은 아들과 딸에게 하나씩 전달해준다.

개념 확인 문제 15.3

1. 이형접합 부모에서 감수I분열 동안 교차가 일어나면 두 유전자에 대한 재조합 유전자를 갖는 배우자가 일부 생긴다. 재조합 표현형을 갖는 자손은 이중 돌연변이로부터 나온 동형 열성 배우자에 의해 재조합 배우자와 수정 결과 생긴다. **2.** 각 경우에 이 교배에서 부계는 열성 대립유전자만 가지고 있기 때문에, 모계로부터 받은 대립유전자(난자에 있는)가 표현형을 결정한다. 따라서, 자손의 표현형은 난자에 무슨 대립유전자가 포함되어 있는지를 말해준다. **3.** 아니오. 유전자 순서는 $A-C-B$ 또는 $C-A-B$일 것이다. B와 C 사이의 재조합 빈도를 알아야 두 개 중 어느 것이 옳은지 결정할 수 있다.

개념 확인 문제 15.4

1. 감수분열에서 결합된 14-21 염색체는 하나의 염색체처럼 행동한다. 만일 배우자가 그렇게 결합된 14-21 염색체와 정상적인 21번 염색체를 갖는다면 이 배우자와 정상 배우자 가 수정하여 21번 3염색체성이 생길 것이다.

2. 아니오. 아이는 I^AI^Ai 또는 I^Aii일 것이다. I^AI^A 유전자형의 정자는 감수II분열 동안 아버지에서 비분리가 일어나 생길 수 있다. 한편 ii 유전자형을 가진 난자가 감수I분열이나 감수II분열 동안 어머니에서 비분리가 일어나 생길 수 있다. **3.** 이 유전자가 활성화되면 이 카이네이즈가 너무 많이 합성될 수 있다. 만일 카이네이즈가 세포분열을 시작하게 하는 신호 경로에 관여한다면 많은 양의 카이네이즈가 통제되지 않는 세포분열을 일으켜 결국 암이 생기게 된다. (이 경우, 백혈구 세포 중 한 타입에 암이 생김)

개념 확인 문제 15.5

1. 암컷에서의 X 염색체 불활성화와 유전체 각인. X 염색체 불활성화 때문에 X 염색체에 있는 유전자들의 양은 암수 모두 동일하다. 유전체 각인의 결과로써 어떤 유전자의 두 대립 유전자 중 하나만 표현형으로 발현된다. **2.** 잎의 색을 결정하는 유전자는 세포질에 있는 색소체에 존재한다. 정상적으로 색소체 유전자는 모계로부터 자손에게 유전된다. 얼룩반점을 갖는 자손은 암컷부모가 변종 B일 경우에만 생기기 때문에 변종 B는 색소 유전자의 야생형과 돌연변이형을 모두 갖고 있으며 얼룩반점의 잎을 만든다고 결론지을 수 있다. (변종 A는 색소 유전자의 야생형만을 포함해야만 한다.) **3.** 각 세포에는 수많은 미토콘드리아가 있으며 미토콘드리아 유전병을 앓는 사람의 세포들은 정상과 비정상 미토콘드리아를 모두 포함하고 있다. 정상 미토콘드리아는 생존을 위한 충분한 세포호흡을 수행한다(이 상황은 엽록체에서도 비슷하다.)

핵심 개념의 요약 질문

15.1 성 염색체는 서로 다르고 자손의 성을 결정하기 때문에 모건은 표현형 특징으로서 자손의 성을 사용하여 부모 염색체를 추적하였다. (또한 그는 X와 Y 염색체가 다르게 보이기 때문에 현미경에서 성 염색체를 추적할 수 있었다.) 동시에 그는 눈 색 대립유전자를 추적하여 눈 색을 기록할 수 있었다. **15.2** 남성은 Y 염색체와 함께 X 염색체를 하나만 가지고 있지만, 여성은 두 개의 X 염색체를 가지고 있다. Y 염색체는 아주 적은 수의 유전자를 가지고 있지만, X 염색체에는 약 1,000개의 유전자가 있다. 어떤 질병의 원인이 되는 X-연관 열성 대립유전자를 어머니로부터 물려받은 남성은 Y 염색체에는 대립유전자가 없기 때문에 그 질병을 갖게 된다. (남성은 반접합성이다.) 여성은 X 염색체를 두 개 가지고 있기 때문에 그 질병을 갖기 위해서는 두 개의 열성 대립유전자를 가져야 하며, 따라서 드물게 나타난다. **15.3** 교차가 일어나면 새로운 조합의 대립유전자가 생긴다. 교차는 임의로 일어나며 두 유전자 사이의 거리가 멀수록 교차가 일어날 확률이 높아져 새로운 조합의 대립유전자가 생긴다. **15.4** 역위와 상호전좌의 경우 동일한 유전물질이 동일 량으로 존재하지만 구성이 다르다. 이수성, 중복, 결실, 비상호전좌의 경우 유전자의 많은 부분이 없거나 한 카피 이상 존재한다. 분명히 이런 종류의 불균형은 생물체에 해가 많이 된다. (비록 이것이 발생중인 배아에 치명적이 아니라도 필라델피아 염색체를 만드는 상호전좌는 중요한 유전자의 발현을 변형시킴으로써 암과 같은 심각한 상태를 초래할 수 있다.) **15.5** 대립유전자를 제공하는 부모의 성이 유전 양상에 영향을 미친다. 각인된 유전자의 경우, 각인에 따라 모계 또는 부계 대립유전자가 발현된다. 미토콘드리아와 엽록체 유전자의 경우, 난자의 세포질을 경유하여 자손들이 이 세포소기관들을 물려받기 때문에 자손의 표현형에 영향을 미치는 것은 모계가 기여한다.

생각해보자

1. 0; 1/2; 1/16 **2.** 열성; 만일 이 유전병이 우성이라면 유전병을 앓는 아이의 부모 중 적어도 한 명은 이 병을 갖고 있을 것이다. 이 병은 아들에게만 발견되기 때문에 성-연관 유전이다. 이 병을 가진 딸이 태어나기 위해서는 부모 양쪽으로부터 열성 대립유전자를 물려받아야 한다. X 염색체상에 열성 대립유전자를 갖고 있는 아들은 10대 초반에 사망하기 때문에, 이 경우는 아주 드문 현상이다. **3.** 17%; 예. 그것은 일관성이 있다. 그림 15.9에서 재조합 빈도는 또한 17%이다. (이 두 유전자는 같은 유전자이고 두 유전자 사이의 거리는 실험을 다시 하더라도 변하지 않기 때문에 여러분도 이것이 그 경우라고 기대했을 것이다.) **4.** T와 A 사이는 12%, A와 S 사이는 5% **5.** T와 S 사이는 18%; 유전자 순서는 $T-A-S$ **6.** 6%; 정상 날개와 빨강 눈에 대하여 이형접합인 야생형 초파리 × 흔적 날개와 보라색 눈에 대하여 열성 동형 초파리 **7.** 자손의 50%가 교차 결과 생기는 표현형을 보여준다. 이 결과는 A와 B가 같은 염색체에 있지 않은 교배 결과와 동일하다. 그 유전자들이 연관되지 않은 것으로 결과를 설명할 수 있다. (같은 염색체에 있는 다른 유전자를 이용한 교배를 통해서도 유전적 연관과 지도 거리를 알 수 있다.) **8.** 부모형(청색-타원형과 흰색-원형)이 각각 450이고 재조합형(청색-원형과 흰색-타원형)이 각각 50 **9.** 흔적 날개 좌위로부터 갈색 눈 좌위까지의 거리의 약 1/3. **10.** 바나나는 3배체이기 때문에 감수분열 동안 상동염색체 쌍이 형성되지 못한다. 그러므로 $3n$의 염색체 수를 갖는 접합자를 만들 수 있는 배우자가 만들어지지 않는다. **12.** (a) 각 유전자 쌍을 위하여 F_1 양성잡종 초파리를 만들어야 한다; 한 예로써 A와 B 유전자를 사용하자; 동형접합 부모형 초파리를 얻는다. 부모의 한쪽은 두 유전자가 모두 우성 대립유전자($AABB$)와 부모의 다른 한쪽은 모두 열성 대립유전자($aabb$)이거나 부모가 한 가지 유전자만 우성 동형접합이고 나머지 유전자는 열성 동형접합인 경우 ($AAbb$, 또는 $aaBB$)이어야 한다. 두 경우 모두 F_1 자손은 양성잡종($AaBb$)이며, $aabb$인 이중 동형접합 열성 초파리($aabb$)와 검정교배를 한다. 검정교배 자손은 부모형과 비부모형으로 구분한다. 재조합형 자손의 수를 전체 자손의 수로 나누어 재조합 비율(이 경우 8%)을 계산한다. 지도단위(8 지도단위)를 이용하여 다음과 같은 지도를 만들 수 있다.

(b)

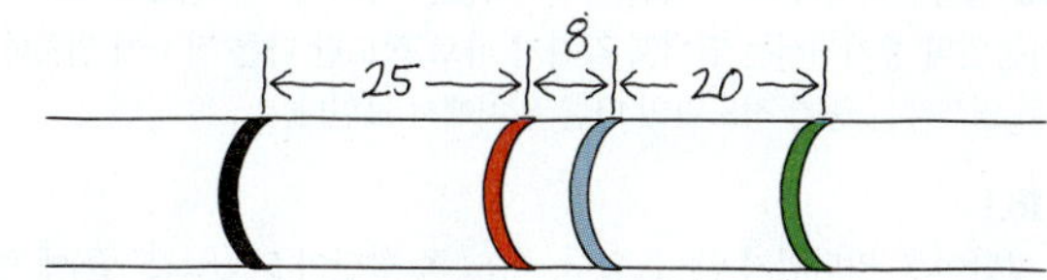

16장

그림 문제

그림 16.2 혈액시료에서 발견된 S형 세포는 분열을 하여 더 많은 S형 세포를 만들었다. 이것은 S형의 형질이 일시적으로 죽은 S형 세포의 피막을 사용해서 나타난 것이 아니고 영구적인 유전적 변화에 의해서 생겼다는 것을 알려주고 있다. **그림 16.4** 배치 1에서 단백질이 표지되었다면 세균 세포를 유전 지시대로 재프로그램시키기 위하여 세균 세포 안으로 들어갔을 수 있기 때문에 방사선 물질이 침전물에서 발견되었을 것이다. 오늘날 그것은 상상조차 하기 어려운 일이지만, DNA는 단백질이 주입될 수 있도록 구조적 역할을 했을 수 있다. 그러나 단백질은 세균 세포 밖에 남아 있었다. (그래

서 배치 2의 침전물에서는 어떠한 방사성 활성도 없었다) **그림 16.11** 첫 번째 복제 튜브에는 변화가 없이 중앙에 ^{15}N–^{14}N DNA 밴드가 관찰되었지만, 두 번째 튜브에서 연한 청색 밴드가 위쪽에 없다. 그 대신, 보존적 모형의 한 번 복제 후 예상된 결과의 아래 밴드처럼 아래쪽에 짙은 청색 밴드가 관찰된다. **그림 16.12** (b)에서 위쪽에 있는 복제 기포에 두 개의 복제 분기점을 나타내기 위하여 왼쪽과 오른쪽를 나타내는 화살표를 그려 넣는다. **그림 16.14** 모든 DNA 가닥은 한쪽 끝을 5′ 말단이라 하고 다른 끝을 3′ 말단이라 한다. 예를 들면, 5′ 말단에서 3′ 말단으로 읽어가면 인산기→ 당의 5′ C → 당의 3′ C → 인산 → 당의 5′ C → 당의 3′ C 순서로 진행된다. 역으로 읽어가면 3′ C → 5′ C → 인산 순서로 진행될 것이다. 이와 같이 두 방향은 뚜렷이 구별될 수 있기 때문에 DNA 가닥은 방향성이 있다고 말한다. (필요하면, 그림 16.5를 참조하라.)

그림 16.17

그림 16. 18

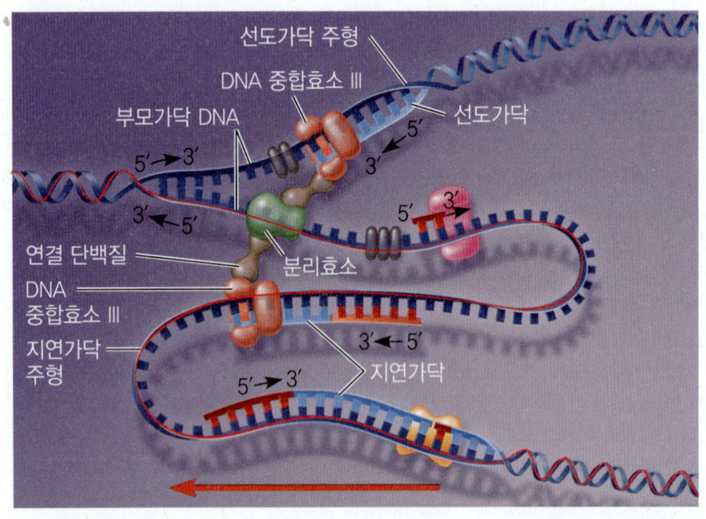

그림 16. 23 상동염색체의 두 구성원(같은 색)들은 중기에 적도판에 서로 붙어 있다. 그러나 유사분열의 중기에서는 염색체 각자가 따로 적도판 다른 장소에 위치하고 있어 같은 색의 두 염색체는 중기 적도판의 다른 위치에서 보인다.

개념 확인 16.1

1. 어느 쪽 말단이 5′ 말단인지 알 수 없다. 어느 쪽 말단이 5′ 탄소(5′ 끝)에 인산기를 혹은 3′ 탄소(3′ 말단)에 OH를 가지고 있는지 알아야 한다. **2.** 그는 다음과 같이 예상하였다: 어느 쪽도 홀로는 생쥐를 죽일 수 없기 때문에 살아 있는 R형 균주와 열처리로 죽은 독성 S형 균주가 같이 도입된 생쥐도 살아 남을 것이다.

개념 확인 16.2

1. 상보적인 염기쌍 형성은 두 딸분자들이 부모 분자의 정확한 복제분자라는 것을 보장하는 것이다. 두 가닥의 부모 분자가 분리될 때, 각각의 가닥은 염기쌍 법칙에 따라 뉴클레오타이드가 새로운 상보적 가닥으로 배열될 때 주형으로 사용된다. **2.** DNA 중합효소 III는 뉴클레오타이드를 새로운 DNA 가닥에 첨가하고, 그 첨가된 뉴클레오타이드가 올바르게 염기쌍을 형성하도록 교정한다. **3.** 세포주기에서 DNA 합성은 간기의 G_1과 G_2기 사이에 있는 S기에서 수행된다. 그러므로 DNA 복제는 유사분열기가 시작하기 전에 완성된다. **4.** 선도가닥의 합성은 RNA 시발체에 의해서 시작되고 합성 말기에 RNA 시발체는 제거되고 DNA로 교체되어야 하지만, 만약 세포의 DNA 중합효소 I이 기능을 하지 않는다면, 그러한 작업은 진행되지 않을 것이다. 그림 16.17에 있는 복제 기점의 좌편에 기능성 DNA 중합효소 I이 선도가닥(빨간색)에 있는 RNA 프라이머를 DNA 뉴클레오타이드(청색)로 교체하고 있다. 뉴클레오타이드는 이쪽 지연가닥의 마지막 오카자키 절편의 3′ 말단에 첨가 될 것이다(복제기포의 오른쪽 절반).

개념 확인 16.3

1. 뉴클레오솜은 네 가지 단백질이 2개씩 있어서 총 8개의 히스톤 단백질로 구성되며 그 주위에 DNA가 감겨 있다. 연결부위(링커) DNA는 한 뉴클레오솜에서 다음 뉴클레오솜으로 연결되는 부위이다. **2.** 진정염색질은 간기에 덜 응축된 상태로 있는 염색질이고 유전자 활성에 관여하는 세포 기계장치에 자유로이 접근할 수 있다. 그러나 이질염색질은 간기 동안에 많이 응축되어 있어 유전자 활성에 관여하는 세포 기계장치의 접근되지 않는 유전자를 포함하고 있다. **3.** 핵막 라미나는 핵막 안쪽에서 지지대 역할을 하는 섬유질 단백질의 그물망과 유사하고 핵 모양을 유지하게 한다. 핵 안쪽으로 뻗어 있는 섬유 모양의 단백질이 틀을 만든 형태인 핵 기질의 존재에 대해서도 또한 많은 증거가 나타났다.

핵심 개념 질문의 요약

16.1 이중나선의 각 가닥은 극성을 가졌다. 즉, 당의 5′탄소의 인산기를 가진 말단을 5′ 말단이라 하고 당의 3′ 탄소의 OH기를 가진 말단을 3′ 말단이라고 한다. 두 가닥은 서로 반대방향으로 진행는데, 한 방향은 5′에서 3′이고, 다른 쪽은 3′에서 5′으로 진행된다. 그러므로 각각의 말단은 5′ 말단 그리고 3′ 말단을 가지고 있다. 이러한 배열을 역평행 이라한다. 만일 두 가닥이 평행이면 그들은 두 가닥 모두 5′→3′ 같은 방향으로 진행된다. 이렇게 되면 분자의 말단은 두 개 모두 5′ 말단이든지 3′ 말단이 될 것이다. **16.2** 선도가닥 지연가닥 모두에서 DNA 중합효소는 프리메이스 의해서 생성된 RNA 프라이머의 3′ 말단에 오고 5′에서 3′ 방향으로 DNA를 합성한다. 그러나 양친가닥은 역평행이기 때문에 오직 선도가단만이 복제분기점에서 연속적으로 합성이 진행된다. 지연가닥은 분기점에서 먼 방향으로 조금씩 합성이 되고 오카자키 절편을 만들고 나중에 DNA 연결효소에 의해서 연결된다. 각 절편은 단일가닥 주형이 열리자마자 프리메이스 의해서 RNA 프라이머 합성에 의해서 시작된다. 양쪽가닥이 같은 속도로 합성될 지라도 지연가닥의 합성은 지연되는데 그러한 이유는 주형가닥이 충분하게 존재할 때 각 절편이 합성이 시작되기 때문이다. **16.3** 간기 핵에서 대부분의 염색질은 상당히 풀려 있다. 대부분은 30 nm 섬유질로써 존재하고 일부분은 10 nm 형태로 혹은 30 nm 섬유질의 루프 도메인 형태로 존재한다. (염색질 응축이 이와 같이 다르게 존재하는 것은 이러한 부위에 일어나는 유전자 발현의 차이를 반영하기 때문이다.) 또한 동원체나 텔로미어와 같은 염색질은 매우 응축이 된 이질염색질이다.

생각해보자

1. c **2.** c **3.** b **4.** d **5.** a **6.** d **7.** b **8.** a

9. 히스톤과 같이 대장균 단백질은 리신이나 아르기닌과 같은 염기성(즉, 양전하를 가진) 아미노산을 많이 가져서 음전하를 가진 DNA 분자의 당-인산 골격의 인산기와 약한 결합을 형성하는 것으로 생각된다.

11.

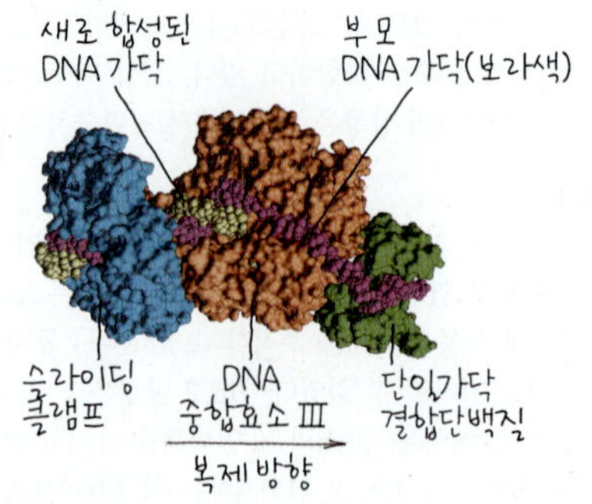

17장

그림 문제

그림 17.2 전에 예측한 경로가 틀렸을 것이다. 새로운 결과는 다음 과정을 지지한다: 전구물질-시트룰린-오르니틴-아르기닌. 이들은 또한 첫 부류의 돌연변이체가 두 번째 단계에 결함이 있고 두 번째 부류의 돌연변이체가 첫 번째 단계에 결함이 있음을 가리키는 것이다. **그림 17.4** mRNA의 서열 (5′-UGGUUUGGCUCA-3′)은 비주형 DNA 가닥 서열 (5′-TGGTTTGGCTCA-3′)과 같은데, 다만 mRNA에는 U가 DNA에서는 T이다. **그림 17.7** 그 과정은 중합효소가 반 평행인 DNA 주형 가닥과 상보적인 폴리뉴클레오타이드를 형성시키는 것에서 유사하다. 그러나 복제에서는 양쪽 가닥이 주형으로 쓰이는데, 전사에서는 한 가닥의 DNA 만 주형으로 사용된다. **그림 17.21** 이들은 소낭으로 둘러싸여 골지체로 이동해 또다시 가공된 다음 소낭으로 세포막에 도달한다. 이 소낭은 세포막과 융합되어 단백질을 세포 밖으로 방출한다. **그림 17.23** 가장 오른쪽에 있는 (가장 긴) mRNA가 처음 전사되었다. DNA에 가장 가까이 있는 가장 위의 리보솜이 번역을 처음 시작하는 가장 긴 폴리펩타이드이다.

개념 확인 문제 17.1

1. 열성 **2.** 10개의 Gly (글리신) 아미노산으로 구성된 폴리펩타이드
3.

주형의 염기서열(문제로부터):	3′-TTCAGTCGT-5′
비주형의 염기서열:	5′-AAGTCAGCA-3′
mRNA 염기서열:	5′-AAGUCAGCA-3′

비주형과 mRNA의 염기서열은 DNA의 비주형가닥에 T 대신 mRNA에 U가 있는 것만 제외하고는 같다.

4.

주형의 염기서열 (문제에서 3′ → 5′으로 쓰인 비주형염기서열로부터)	3′-ACGACTGAA-5′
mRNA 염기서열	5′-UGCUGACUU-3′
번역되면	Cys-STOP-Leu

(RNA는 DNA 가닥과 반 평행인 것을 기억하자) 비주형의 염기서열로부터 번역된 단백질은 완전히 다른 아미노산을 가지며 분명 기능을 가지지 못한다. (위에 보이는 mRNA의 종결신호와 또는 mRNA의 서열에서 앞쪽에 있을 수 있는 종결신호 때문에 짧은 단백질이 될 것이다.)

개념 확인 문제 17.2

1. 프로모터는 전사를 시작할 때 RNA 중합효소가 부착하는 DNA 영역이고 유전자의 위쪽에 위치한다. **2.** 원핵생물에서는 RNA 중합효소가 자기가 부착하는 유전자의 프로모터를 인지한다. 진핵생물에서는 전사인자들이 RNA 중합효소가 프로모터에 부착하는 것을 중재한다. 두 경우 모두 프로모터의 정확한 염기서열로 RNA 중합효소가 정확한 위치와 방향성을 가지고 부착하게 한다. **3.** TATA 서열을 인식하는 전사인자들은 부착할 수 없고 따라서 RNA 중합효소는 부착할 수 없으며 유전자의 전사는 일어날 수 없다.

개념 확인 문제 17.3

1. 엑손의 대체스플라이싱으로 인하여 각 유전자에서는 여러 개의 mRNA가 만들어질 수 있고, 따라서 종류가 다른 여러 단백질이 만들어질 수 있다. **2.** DVR에 녹화된 쇼를 시청함에 있어서, 쇼의 일부분씩 (엑손) 보는 것이고 광고는 빨리 앞으로 지나가게 하는 것이 인트론과 같다. **3.** mRNA가 핵 밖으로 나가면, 캡은 가수분해효소로부터 분해되는 것을 예방하며, 리보솜 부착을 돕는다. 만약 캡이 모든 mRNA에서 제거되면 세포는 어느 단백질도 합성못하며 죽을 것이다.

개념 확인 문제 17.4

1. 먼저, 각 아미노아실 tRNA 합성효소는 한 개의 아미노산을 정확하게 인지하여 해당하는 tRNA에만 부착시킨다. 둘째, 특정 아미노산이 부착된 tRNA는 그 아미노산에 해당하는 mRNA 코돈에만 부착한다. **2.** 리보솜의 구조와 기능은 리보솜의 단백질보다는 rRNA에 의존하는 것으로 보인다. rRNA는 단일 가닥이므로 RNA 분자는 자신과 다른 RNA 분자와 수소결합을 할 수 있다. RNA 분자는 두 리보솜 소단위 사이에 접촉면을 구성하고, 따라서 아마도 RNA-RNA 결합은 리보솜이 서로 결합하는 것을 도와줄 것이다. 리보솜에 있는 mRNA의 결합자리는 mRNA에 결합하는 rRNA를 포함할 것이다. 또한 RNA 분자 내에서의 상보적인 결합은 특정한 3차 구조를 만들도록 하여 RNA의 기능적인 부위와 함께 rRNA가 번역 동안에 펩타이드 결합을 촉매하도록 할 것이다. **3.** 폴리펩타이드의 앞쪽 끝에 위치한 신호펩타이드는 합성 중에 신호인식입자에 의해 인지되어 리보솜을 소포체막에 도달하게 한다. 거기에 리보솜은 부착하고 폴리펩타이드 합성을 계속하여 소포체의 내강에 들어가게 한다. **4.** 동요(wobble) 때문에, tRNA는 5′-GCA-3′이나 5′-GCG-3′에 부착할 수 있고, 이 둘은 모두 알라닌(Ala)을 암호화한다. 알라닌이 tRNA에 부착할 것이다.

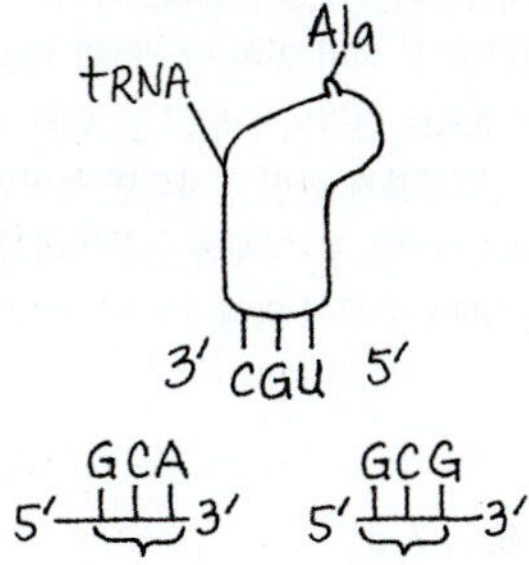

5. 한 개의 리보솜이 번역을 종결하고 떨어져 나가면, 두 소단위는 mRNA 5′ 캡에 매우 가깝게 위치한다. 이는 다시 부착하여 새로운 폴리펩타이드의 생성을 개시하는 것을 수월하게 하고, 따라서 번역은 효율성을 증진시킨다.

개념 확인 문제 17.5

1. mRNA에서 결실부위로부터 아래에 있는 번역틀은 이동되어 폴리펩타이드에서 부정확한 아미노산을 갖는 긴 사슬을 초래하고, 대부분의 경우에는 종결코돈이 생겨 미성숙한 종결을 초래한다. 이 폴리펩타이드는 대체로 기능을 하지 못한다. **2.** 낫모양적혈구 빈혈증 형질을 갖는다고 말하는 이형접합형 개인은 한 사본의 야생형 대립유전자와 한 사본의 낫모양 세포 대립유전자를 가지고 있다. 두 대립유전자는 발현을 하고 이러한 사람은 정상과 낫모양적혈구 헤모글로빈 분자를 가진다. 외관상 두 가지 형의 글로빈 분자가 섞이나 정상조건에서는 아무 영향이 없으나, 오랫동안 혈액내 낮은 산소인 상태가 지속되면 (고지대에 있는 것처럼) 이러한 사람은 낫모양적혈구 빈혈증을 보인다.

3.

정상적인 DNA 염기서열 (주형가닥이 위에 있다)	3′-TACTTGTCCGATATC-5′ 5′-ATGAACAGGCTATAG-3′
mRNA 서열	5′-AUGAACAGGCUAUAG-3′
아미노산 서열	Met-Asn-Arg-Leu-STOP

돌연변이 DNA 염기서열 (주형가닥이 위에 있다)	3′-TACTTGTCCAATATC-5′ 5′-ATGAACAGGTTATAG-3′
mRNA 서열	5′-AUGAACAGGUUAUAG-3′
아미노산 서열	Met-Asn-Arg-Leu-STOP

영향 없음: 돌연변이 전이나 후의 아미노산서열은 둘다 Met-Asn-Arg-Leu인데 이는 mRNA의 코돈 5′-CUA-3′과 5′-UUA-3′가 둘 다 Leu을 암호화하기 때문이다. (다섯번째는 종결코돈이다)

핵심 개념의 요약 질문

17.1 뉴클레오타이드 서열의 형식으로 유전정보를 가지는 유전자. 유전자는 먼저 RNA 분자로 전사가 되며, 전령 RNA 분자는 궁극적으로 폴리펩타이드로 번역된다. 폴리펩타이드는 단백질의 일부나 전부를 구성하고 기능을 수행하여 세포에서 생물의 표현형을 결정하는 데 공헌한다. **17.2** 세균과 진핵세포의 유전자는 RNA 중합효소가 부

착해 전사를 개시하는 영역인 프로모터를 가지고 있다. 진핵세포에서는 전사인자들이 먼저 프로모터에 부착한 다음 RNA 중합효소가 전사인자와 프로모터에 부착한다. **17.3** 5′ 캡과 폴리-A 꼬리는 mRNA가 핵 밖으로 이동하는 것을 돕고, 밖으로 나가면 mRNA의 안정성을 확보해주며 리보솜에 부착하는 것을 도와준다. **17.4** tRNA는 mRNA의 뉴클레오타이드 기반 언어와 폴리펩타이드의 아미노산 기반 언어 간에 통역사로서 역할을 한다. tRNA는 특정 아미노산을 운반하고 tRNA의 안티코돈은 아미노산을 암호화하는 mRNA에 있는 코돈과 상보적이다. 리보솜에서는 tRNA가 A 자리에 부착한다. 다음 만들어지고 있는 폴리펩타이드는 (현재 tRNA는 P 자리에) 새로운 아미노산이 연결되는데 이는 폴리펩타이드의 새로운 말단 (C-터미널)이 된다. 다음 A 자리에 있는 tRNA는 P자리로 이동한다. 폴리펩타이드가 새로운 tRNA에 옮겨지고 새로운 아미노산이 한 개 첨가되면, 이제 아미노산이 떨어진 tRNA는 P 자리에서 E 자리로 이동하여 리보솜 밖으로 빠져나간다. **17.5** 뉴클레오타이드 염기가 화학적으로 변화되면 이의 염기결합 특성이 변화한다. 이런 일이 발생하면 다음 DNA 복제 동안에 부정확한 뉴클레오타이드가 상보적으로 연결되게 되고 몇 회의 계속된 복제가 진행되며 이 돌연변이는 없어지지 않는다. 유전자가 한번 전사되면 돌연변이가 일어난 코돈은 다른 아미노산을 암호화하여 단백질의 기능을 억제하거나 변화시킨다. 염기에 화학적 변화가 감지되면 다음 복제 전에 DNA 수선에 의해 수선이 일어나고 아무런 돌연변이가 생기지 않는다.

생각해보자

1. b **2.** c **3.** a **4.** a **5.** b **6.** c **7.** d
8. 아니다, 진핵세포에서는 세포의 핵막이 있으므로 전사와 번역이 공간적으로나 시간적으로 별도로 일어난다.
9.

RNA 종류	기능
전령 RNA (mRNA)	DNA로부터 리보솜에 단백질의 아미노산 서열을 규정하는 정보를 가짐
운반 RNA (tRNA)	단백질을 합성할때에 어댑터 분자로 활동; mRNA 코돈을 아미노산으로 번역
리보솜 RNA (rRNA)	리보솜에서 촉매 (리보자임)와 구조적 역할을 함
1차 전사체	가공되기 전의 mRNA, rRNA, tRNA의 전구체. 어떤 인트론은 리보자임으로 작용하여 자신의 스플라이싱을 촉매함
소형핵 RNA (snRNA)	스플라이소좀에서 구조적 촉매적 역할을 함, 1차전사체를 스플라이싱 하는 단백질과 RNA의 복합체

18장

그림 문제

그림 18.3 세포 내 트립토판 농도가 떨어지면, 더 이상 억제자에 결합할 트립토판이 없어지게 될 것이다. 결국 억제자는 불활성화 상태의 구조를 취해 작동자 서열에서 분리된다. 즉 전사가 개시되어 트립토판 합성에 관여하는 효소가 생성되며 세포는 다시 트립토판을 합성하게 된다. **그림 18.11** 두 종류의 세포에서, 알부민 유전자의 인핸서는 노랑, 빨강, 회색을 띤 세 개의 조절 서열을 지닌다. 간 세포와 수정체 세포는 한 유기체에서 유래되었으므로, 두 세포에서 이 서열은 동일할 것이다. **그림 18.18** 돌연변이 MyoD 단백질이 *myoD* 유전자를 활성화시킬 수 없더라도 근육세포의 분화 경로에 있는 다른 유전자 (예를 들어 근육 특이적인 유전자 발현을 유도할 수 있는 전사인자)의 전사를 유발할 수 있다. 따라서 어느 정도의 분화는 일어날 수도 있다. 그러나 MyoD 단백질이 *myoD* 유전자 발현을 활성화시키는 기능을 대체할 수 있는 어떤 활성자가 나타나지 않는다면 세포는 분화된 상태를 유지할 수 없을 것이다. **그림 18.22** 정상 Bicoid 단백질은 앞쪽 말단에서 생성되어 모계에서 받은 돌연변이 *bicoid* mRNA의 기능을 대체할 것이다. 발생은 정상적으로 일어나, 머리 구조가 만들어질 것이다. **그림 18.25** 돌연변이는 열성으로 작용하는 것 같다. 왜냐하면 두 대립인자가 모두 돌연변이가 일어나 비정상적인 단백질만을 만들어 낼 때 효과를 나타내기 때문이다. 하나의 정상적인 유전자 사본이 존재할 경우, 이의 산물은 세포주기를 억제할 수 있다. (그러나 *p53* 우성 돌연변이가 사례들도 알려지고 있다.) **그림 18.27** 정상적인 조절 없이 세포분열이 일어나게 되면, 암이 발생한다. 생장인자(그림 12.18)가 세포표면 수용체(그림 12.19)에 결합하면 세포분열이 촉진된다. 암세포는 이러한 정상 조절을 벗어나 생장인자 없이도 분열할 수 있다. 즉 신호전달경로에 있는 수용체 단백질 혹은 다른 여러 요소들이 비정상적으로 작동하거나(예를 들어, 그림 18.24의 돌연변이 Ras 단백질) 혹은 이 그림에 나타난 수용체처럼 비정상적 수준으로 발현한다. 포유류에서 에스트로젠 및 프로게스테론 같은 스테로이드호르몬은 특정 환경에서 세포신호전달경로를 이용하여 세포분열을 촉진할 수 있다(그림 11.9). 신호수용체는 세포분열을 개시하는 데 관여하므로, 수용체단백질을 암호화하는 유전자에 이상이 생기면 암 발생에 심각한 영향을 줄 수 있다. 수용체단백질의 기능을 변화시키는 유전자 돌연변이가 일어나거나 혹은 비정상적인 유전자 발현을 일으키는 돌연변이가 나타날 경우, 전반적인 신호전달 경로 조절에 문제가 생길 것이다.

개념 확인 문제 18.1

1. *trp* 공동억제인자인 트립토판의 결합은 *trp* 억제자를 활성화시켜 *trp* 오페론의 전사를 차단한다. *lac* 유도자인 알로락토오스(allolactose)의 결합은 *lac* 억제자를 불활성화시켜 *lac* 오페론의 전사가 일어나게 된다. **2.** 포도당이 부족하면, cAMP가 CAP에 결합하게 되고 활성화된 CAP는 프로모터에 결합해 RNA 중합효소의 결합을 유도하게 된다. 그러나 젖당이 없으면 *lac* 억제인자가 작동자에 결합해 RNA 중합효소가 프로모터에 결합하는 것을 막게 된다. 따라서 오페론 내 유전자의 전사는 일어나지 않는다. 만일 또 다른 당이 존재하고 그 당을 이용하는 효소를 암호화하는 유전자들이 오페론 내에 존재하여 *lac* 오페론처럼 조절된다면 유전자 전사는 일어나게 될 것이다. **3.** 젖당이 없는 환경에서도 세포는 지속적으로 β-갈락토시다아제와 젖당 이용에 필요한 두 효소를 생산하게 된다. 즉 세포는 쓸데없이 자원 낭비를 하는 셈이다.

개념 확인 문제 18.2

1. 히스톤 아세틸화는 일반적으로 유전자 발현 촉진과 관련되는 반면 DNA 메틸화는 발현 억제와 연관된다. **2.** 보편전사인자는 모든 유전자의 프로모터에 전사개시복합체가 형성되도록 한다. 특수전사인자는 특정 유전사의 조절 서열에 결합하여 유전자 발현을 조절하는데, 활성자는 전사를 촉진하고 억제자는 전사를 감소시킨다. **3.** 세 유전자는 인핸서에 유사하거나 동일한 조절서열을 가지고 있다. 이러한 유사성으로 인해 근육세포에서 동일한 특정 전사인자가 세 유전자의 조절 서열에 결합하여 동시적으로 전사를 촉진하게 된다. **4.** 번역개시 조절, mRNA 분해, 단백질의 활성화(예를 들어 화학적 변형), 단백질 분해

개념 확인 문제 18.3

1. miRNA와 siRNA는 작은 크기의 단일가닥 RNA로 단백질과 복합체를 이루어 상보적인 서열을 지닌 mRNA에 염기쌍을 이루어 결합할 수 있다. 이러한 결합은 mRNA의 분해나 번역 억제를 유도하게 된다. 일부 효모에서, siRNA는 다른 단백질과 결합하여 복합체를 이루며, 이 복합체는 동원체 부위의 염색질에 결합하고 염색질 변형 효소를 유인하여 이질염색질 구조로 응축시킨다. miRNA와 siRNA는 모두 이중가닥 RNA 전구체의 가공으로 형성되지만, 각 전구체의 구조체는 약간 차이를 보인다. **2.** mRNA는 지속적으로 존재하고 세포분열-촉진 단백질로 번역되어, 세포는 분열할 것이다. 세포분열의 억제에 온전한 miRNA가 필요하다면, 이 세포의 분열은 부정확하게 될 것이다. 무절제한 세포분열로 인하여 정상적인 개체의 기능을 방해하는 세포 덩어리(종양)가 형성될 것이다.

개념 확인 문제 18.4

1. 배아의 발생 과정 동안 세포는 분화를 통해 서로 다른 세포를 만들게 된다. 성체는 특수화된 여러 종류의 세포로 구성된다. **2.** 수용자 세포 표면에 존재하는 수용체에 결합하여 신호전달 경로를 활성화 시켜 세포내 신호전달자 및 전사인자의 작용으로 결국 유전자 발현에 영향을 주게 된다. **3.** 모계에서 유래하여 난자에 저장되어 있던 물질이 배아(결국에는 성체 초파리)의 머리와 꼬리, 등과 배를 결정하기 때문이다. **4.** 아래쪽의 세포가 신호물질을 합성한다. 왜냐하면 특정 전사인자가 신호물질을 암호화하는 유전자의 인핸서에 결합하여 유전자 발현을 유도했기 때문이다. 특정 전사인자를 암호화하는 유전자는 아래쪽 세포에서만 발현하는데, 이는 전구체 세포에서 이미 전사인자를 활성화시키는 활성자가 존재했기 때문이다. 수용체를 발현하는 세포에도 유사한 설명이 적용된다. 즉 이 현상은 수정란의 특정 지역에 제한되어 존재하는 세포질 결정인

자에 의해 일어난다. 세포질 결정인자는 딸 세포에 불균등하게 분배되어 결국 두 세포는 서로 다른 발생 운명을 가지게 된다.

개념 확인 문제 18.5

1. 세포가 과도한 DNA 손상을 입으면 p53 단백질에 의해 세포예정사가 개시되며, 세포예정사는 암을 야기할 수 있는 세포를 제거하는 보호기능을 수행한다. 세포예정사 경로에 있는 유전자에 돌연변이가 생겨 세포예정사가 억제될 경우, 상기와 같은 손상을 지닌 세포는 분열을 계속하여 암 형성을 가져올 수도 있다. **2.** 하나의 발암유전자와 하나의 종양 억제유전자 돌연변이 대립인자를 가진 경우 **3.** 원발암유전자에 암 유발 돌연변이가 생기면 유전자 산물은 과도 활성을 띠게 되고, 종양 억제유전자의 암 유발 돌연변이는 일반적으로 유전자 산물의 기능을 소실시킨다.

핵심 개념의 요약 질문

18.1 공동억제인자와 유도자 모두 오페론에 작용하는 억제자에 결합하는 작은 분자로서 억제자의 모양을 변화시킨다. (트립토판과 같은) 공동억제인자의 경우, 이러한 억제자의 모양 변화에 의해 억제자가 작동자에 결합하여 전사를 저해한다. 이와는 대조적으로 유도자는 작동자로부터 억제자를 유리시켜 전사를 개시하도록 한다. **18.2** 염색질은 전사인자가 접근할 수 있어야 하므로 단단하게 응축되어 있지 않음에 틀림없다. 적절한 특수전사인자(활성자)는 유전자의 인핸서 조절부위에 결합해야 하는 반면, 억제자는 결합하지 않아야 한다. DNA는 굽힘 단백질에 의해 구부러져 있어 활성자가 매개자 단백질과 결합하여 프로모터에서 보편전사인자들과 복합체를 형성할 수 있다. 이후 RNA 중합효소가 결합하여 전사를 개시한다. **18.3** miRNA는 단백질의 아미노산을 암호화하지 않는다. 이들은 절대 번역되지 않는다. 각 miRNA는 일련의 단백질들과 복합체를 형성한다. 복합체가 상보적인 서열을 지닌 mRNA와 결합하면, mRNA는 분해되거나 번역이 억제된다. 이는 기능적 단백질로 번역될 수 있는 특정 mRNA의 양을 조절하므로 유전자 조절로 간주된다. **18.4** 첫 번째 과정은 모계에서 유래하여 수정란의 특정 위치에 놓인 mRNA와 단백질을 포함하는 세포질내 결정인자에 의해 이루어진다. 초기 세포분열과정 중 수정란의 서로 다른 위치에서 형성되는 세포들은 서로 다른 단백질을 가지게 되고, 이들은 서로 다른 유전자 발현 프로그램을 진행시킬 것이다. 두 번째 과정은 이웃한 세포로부터 분비된 신호분자에 반응하는 세포로부터 기인한다. 반응세포에서의 신호전달과정 역시 다른 유전자 발현 양상을 유도한다. 이러한 두 가지 과정의 상호작용에 의해 각 세포는 발생 중인 배아에서 독특한 경로를 가게 된다. **18.5** 보통 원발암유전자의 단백질 산물은 세포분열을 촉진하는 경로에 관여한다. 종양 억제유전자의 단백질 산물은 보통 세포분열을 억제하는 경로에 관여한다.

생각해보자

1. c **2.** a **3.** b **4.** c **5.** c **6.** d **7.** a **8.** c **9.** b **10.** d

11. (a)

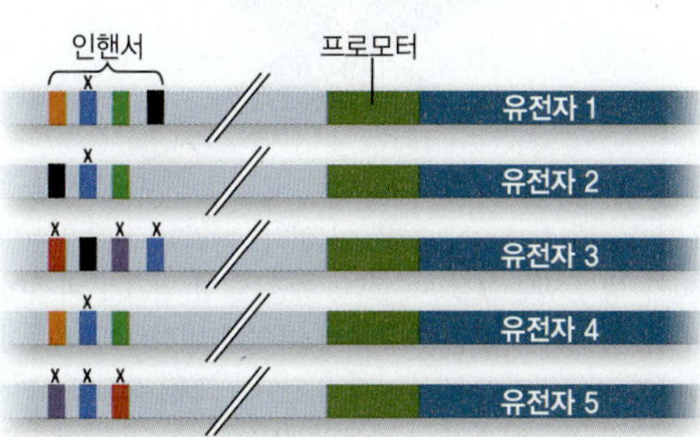

보라, 파랑, 빨강 활성자 단백질이 존재할 것이다.

(b)

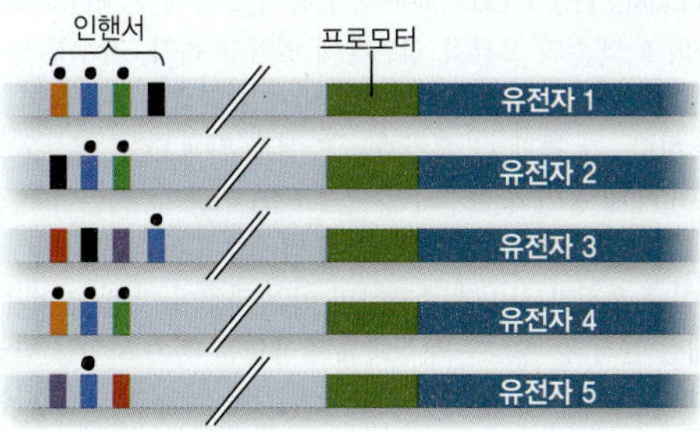

유전자 4만이 전사될 것이다.

(c) 신경세포에는 오렌지, 파랑, 녹색, 검정 활성자가 존재할 것이며, 유전자 1, 2 및 4의 전사를 촉진시킬 것이다. 피부세포에는 빨강, 검정, 보라, 파랑 활성자가 존재할 것이며, 유전자 3과 5를 활성화시킬 것이다.

19장

그림 문제들

그림 19.6

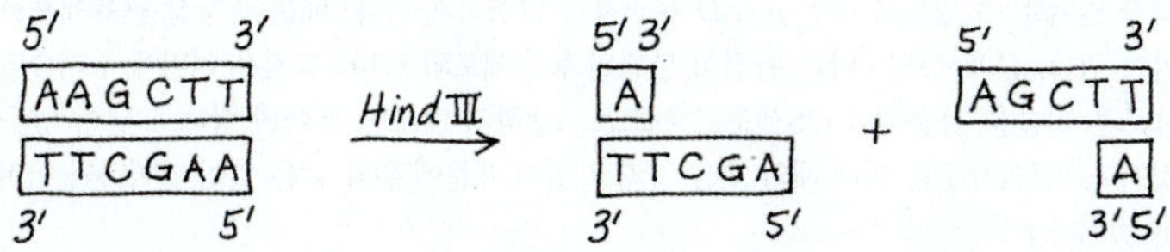

그림 19.14 재조합을 일으키는 교차는 무작위 사건이다. 두 개의 유전자 좌위 사이에서 일으나는 교차의 변화는 두 유전자 좌위 사이의 거리가 늘어날수록 늘어난다. SNP는 알려지지 않은 질병 원인 대립유전자에 매우 가까이 있다. 그래서 교차는 SNP와 대립유전자 사이에서는 거의 일으나지 않고, SNP는 특이 대립유전자가 존재한다는 것을 나타내는 유전적 표지자가 된다. **그림 19.16** 위의 왼쪽에서 4세포 배아-유래 이식 핵을 가지고 있는 어떠한 알도 올챙이로 발생되지 않는다. 또한 결과는 단지 올챙이의 일부 조직만을 가지게 될 것이지만, 그것은 어떤 핵이 이식되었는가에 따라 다르다. (이것은, 몇몇 개구리 종에서 그럴 수 있는 것처럼, 4개 세포를 분리할 방법이 있음을 추측하게 한다) **그림 19.22** 전환된 iPS 세포를 사용하면 같은 위험이 없을 수 있는데, 이것은 중요한 iPS 세포의 중요한 장점이다. 공여세포가 환자로부터 오기 때문에 그들은 완벽하게 맞을 것이다. 환자의 면역계는 그들을 자기 자신 세포로 인지하고 공격하지 않을 것이다(그것은 거부를 이끈다는 것이다). 반대로, 빠르게 분열하는 세포는 종양을 유도하거나 암으로 발달할 위험을 가질 수 있다.

개념 확인 19.1

1. DNA 가닥의 당-인산 공유결합 **2.** 예. *Pvu*I은 DNA를 다음과 같이 절단할 것이다.

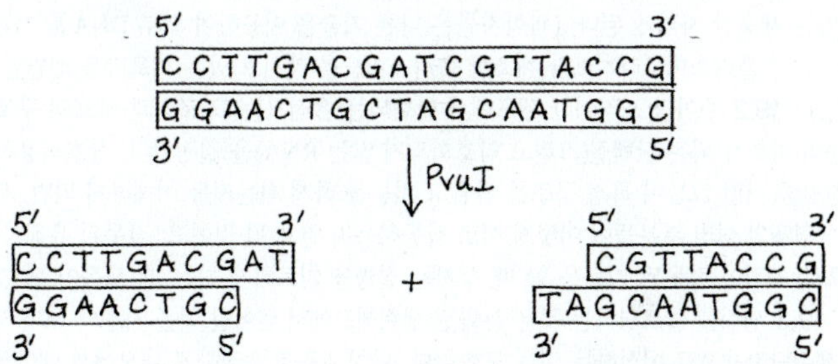

3. 일부 인간 유전자들은 너무 크기 때문에 세균 플라스미드에 포함할 수 없다. 세균 세포는 RNA 전사체를 mRNA로 처리할 수단이 없고, 비록 cDNA를 사용함으로써 RNA 처리 과정이 필요 없다 하더라도, 세균은 많은 인간 단백질이 적절히 기능을 하도록 하는 전이 후 과정을 촉매할 효소도 없다. **4.** 선형 DNA 말단(그림 16.20을 보시오)을 복제하는 동안, RNA 프라이머는 새로 합성된 가닥의 5′ 말단에 사용된다. 그 RNA는 DNA 뉴클레오타이드에 의해서 대체되어야 하지만, DNA 중합효소로는 새로 합성된 DNA 5′ 말단에 있는 긁힌 자국에서 시작하지 못한다. PCR 과정 동안, 프라이머는 이미 DNA 염기로 만들진다. 그래서 그 프라이머들은 교체될 필요가 없고, 새로운 가닥의 부분으로 남아 있게 된다. 그러므로 PCR 과정 동안에는 말단 복제에는 아무런 문제가 없고, 절편들은 각 복제로 인해서 짧아지지 않는다.

개념 확인 19.2

1. RT-PCR에서, 프라이머는 DNA 혼합물에서 많은 것들 중에서 한 특정한 지역에 있는 목적 유전자와 염기쌍을 형성해야만 한다. 마이크로어레이 분석에서 표지된 핵산 탐침은 상보적으로 핵산 혼성화 때문에 목적 유전자에만 결합한다(DNA-DNA 혼성화). **2.** 과학자는 암 발생에 관심이 있음으로, 여러분은 초록색 또는 빨간색 점으로 나타나는 유전자를 연구하게 될 것이다. 왜냐하면 이런 점들은 두 종류의 조직 사이에서 발현정도가 차이가 나는 유전자이다. 이 유전자들 중 일부는 암의 결과에 따라 다르게 다르게 발현될 것이지만, 다른 유전자들은 암을 일으키는데 어떤 역할을 할 것이다. 그래서 둘은 흥미있게 될 것이다.

개념 확인 19.3

1. 장 세포 핵의 염색질의 변형과 수정된 알에서 추출된 핵의 염색질의 변형된 정도가 서로 다르다. 이것은 왜 소수의 핵만 재프로그래밍될 수 이었는지를 설명하고 있다. 반대로, 4-세포 단계의 세포핵의 염색질은 수정된 알의 핵과 많이 유사하여 훨씬 쉽게 발생되도록 프로그래밍할 수 있다. **2.** 아니오. 환경 여건에서 미묘한 차이 때문에(아마도 그렇게 미묘하지 않을 것이다) **3.** 당근 세포는 훨씬 더 많은 잠재력을 가졌다. 클로닝 실험은 각 개개의 당근 세포가 성체식물의 모든 조직으로 분화될 수 있다는 것을 보여준다. 다른 한편으로, 근육세포는 항상 그것의 유전적 프로그램 (그것은 계속 분화가 일어날 수 있도록 하는 *myoD* 유전자를 발현하게 한다) 때문에 항상 근육세포로 남아 있다. 근육세포는 다른 완전히 분화된 동물세포와 같다: 그것은 여기에서 기술된 새로운 기술을 사용해서 iPS세포로 재프로그램하지 않으면 분화된 상태로 남아 있을 것이다. (근육세포는 여러 개의 핵을 가지고 있기 때문에 위와 같은 일이 일어나기 어려울 것이다.)

개념 확인 19.4

1. 줄기세포는 계속적으로 자기 자신들을 재생할 수 있다. 교정된 유전자 산물이 계속적으로 만들어지게 될 것이다 라는 것을 보장하는 것이다. **2.** 제초제 저항성, 해충 저항성, 질병 저항성, 염분 저항성, 가뭄 저항성, 늦춰진 숙성 **3.** A형 간염 바이러스는 RNA 바이러스이기 때문에, 여러분은 혈액에서 RNA를 추출하고 RT-PCR 법으로 A형 간염 바이러스 RNA를 검출할 수 있을 것이다. 첫째, 역전사효소를 사용하여 RNA로부터 cDNA를 합성하고, 그 다음 A형 간염 바이러스 염기서열에 특이적인 프라이머를 사용하여 cDNA 증폭하기 위하여 PCR를 사용한다. 만약 여러분이 전기영동 젤에 PCR 산물을 내리면, 적절한 크기의 밴드가 존재할 경우, 여러분의 가설은 증명되는 것이다.

핵심 개념 질문의 요약

19.1 플라스미드 벡터와 클로닝하고자 하는 유전자를 포함하는 외부 DNA를 둘 다 제한효소로 모두 자르고 제한효소로 절단하여 점착말단을 가진 제한효소 절편을 만든다. 이와 같은 절편을 서로 섞고, 연결한 후 세균 세포로 도입한다. 플라스미드는 항생제 저항성 유전자를 가지고 있다. 항생제는 숙주세포에 첨가되고, 플라스미드를 가지고 있는 세포만 자라게 된다. (과학자들은 다른 기술을 이용하여 외부 DNA를 가지지 않은 본래 플라스미드라기보다 재조합 플라스미드를 가지고 있는 세포만을 선발할 수 있다.) **19.2** 주어진 조직이나 세포에서 발현되는 유전자는 그 조직과 세포의 구조와 기능의 기초가 되는 단백질(그리고 암호화되지 않는 RNA)을 결정한다. 상호작용하는 유전자중 어떤 그룹이 특정 구조를 만들고 기능을 하게 하는지를 이해하게 되면, 우리는 생명체의 여러 부분들이 어떻게 서로 작동하는지 알게 될 것이고, 잘못된 유전자 발현으로 조직이 잘못된 기능을 할 때 생기는 질병을 치료하게 하는 데 도움이 될 것이다. **19.3** 생쥐를 클로닝하는 것은 분화된 생쥐세포에서 얻어진 핵을 자신의 핵이 제거된 생쥐난자세포로 이식하는 것을 포함한다. 난자세포를 수정하고 대모에서 배아체로 발생하게 하면 핵을 공여했던 생쥐와 유전적으로 같은 생쥐를 만들어 낸다. 이러한 경우에 분화된 핵들은 난자 세포질에 있는 인자들에 의해서 재프로그램된다. 생쥐 배아줄기세포는 생쥐 배반포에 있는 내세포로부터 생성되고 이런 경우에 그 세포들은 생식과 발생 과정에서 자연적으로 재프로그램된다. (클론된 생쥐 배아는 또한 배아줄기세포 공급원으로 사용될 수 있다.) iPS 세포는 배아 이용 없이 특정 전사요소를 첨가함으로써 분화된 성체 생쥐세포로부터 생성될 수 있다. 이러한 경우에 전사인자들은 세포가 전능성을 갖도록 재프로그램한다. **19.4** 첫 번째, 질병은 단일유전자에 의해서 야기되어야 하고 그 문제(발병 기전)를 분자생물학적 수준에서 이해해야 한다. 두 번째, 환자에게 도입하고자하는 세포는 신체 세포와 함께 융화되고 계속적으로 증식되어야 한다(그리고 필요한 유전자 산물을 공급한다.) 세 번째, 유전자 치료 도중 암을 얻게 된 예가 몇 건 있으므로 유전자는 안전하게 목적하는 세포로 도입되는지를 고려해야 한다. (이 과정은 생쥐에서 그 과정을 요구할 것이다. 더욱이, 안전한 운반체를 결정하는 인자들은 아직 잘 알려지지 않고 있다. 아마도 여러분 중 한 사람은 이런 문제를 해결하기 위하여 계속 가야 할 것이다!)

생각해보자

1. d **2.** b **3.** c **4.** b **5.** c **6.** b **7.** a **8.** b

9. 여러분은 유전자를 증폭하기 위하여 PCR를 이용할 것이다. 이것은 유전체 DNA로 실행될 수 있다. 다른 방법으로, mRNA는 망막세포에서 추출되고 cDNA를 만들기 위하여 역전사효소로 역전사될 수 있다. 그 다음 이 cDNA는 PCR로 사용될 수 있다.

10.

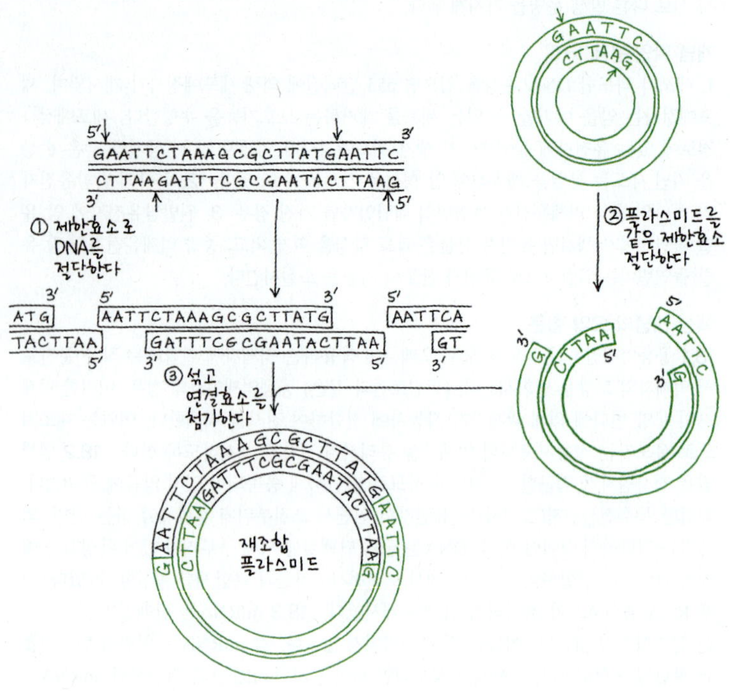

20장

그림 문제

그림 20.2 이 그림의 2단계에 있는 조각들은 그림 20.2 2단계의 조각들과 비슷한 것들이지만, 서로간의 상대적인 순서는 알려져 있지 않으며, 나중에 컴퓨터로 결정될 것이다. **그림 20.8** 전이성 인자(transposon)가 복제되지 않고 원래의 위치에서 잘려 나와 그림에서 전이인자가 빠져나간 후의 염기서열만 가지게 될 것이다. **그림 20.10** 전사되는 RNA 전사체의 길이가 왼쪽에서 오른쪽으로 가면서 길어져 있는 것을 볼 수 있다. 따라서 RNA 중합효소가 왼쪽에서 오른쪽으로 진행함을 알 수 있다.

그림 20.13

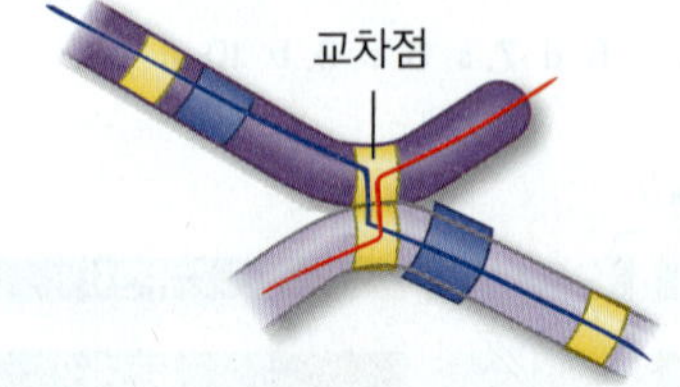

그림 20.14 위유전자(pseudogene)는 기능이 없다. 이러한 유전자는 복제된 두 번째 유전자에 돌연변이가 생겨 만들어질 수 있다. 예를 들면 염기가 바뀌어져 종결코돈이 만들어져 아미노산을 바꾸거나 혹은 프로모터 부위의 변화가 일어나서 더 이상 유전자가 발현되지 못하여 위유전자가 만들어지게 된다. **그림 20.15** 5번째 위치에 라이소자임에서는 R(아르기닌)이 있으며, α-락토알부민에는 K(리신)가 있다. 이들 둘 다 염기성 아미노산이다. 16번째 위치에 라이소자임은 G(글루탐산)가 있으며, α-락토알부민은 D(아스파르트산)가 있다. 둘은 산성 아미노산이다. **그림 20.16** 전이성 인자(transposable element, TE)가 EGF 엑손의 왼쪽 인트론에 존재하고 동일한 TE가 피브로넥틴 유전자의 F 엑손의 오른쪽 인트론에 있다고 하자. 감수분열의 과정에서 이들 TE들이 그림 20.13과 같이 상동염색체의 비자매 염색질 부분들이 부정확하게 쌍이 만들어지도록 한다. 그 결과 한 유전자는 F 엑손 뒤에 EGF 엑손을 가지도록 만들어질 수 있다. 여러 세대 동안의 실수가 쌓이게 되면 이들 두 엑손이 유전자의 다른 부분과 분리되어 하나 또는 중복된 K 엑손 뒤에 위치하게 될 수도 있다. 일반적으로 반복서열이 인트론이나 유전자 사이에 존재하면 이런 과정이 더 잘 일어날 수 있다. 왜냐하면 비자매 염색질 간의 쌍 형성이 부정확해져 새로운 엑손 조합을 만들기 쉽기 때문이다. **그림 20.18** 침팬지는 말을 하지 못하나 인간은 말을 할 수 있다는 것으로 보아

인간과 침팬지의 FOXP2 단백질의 아미노산이 얼마나 다른지, 그리고 그 차이가 실제로 기능에 영향을 미치는지 궁금할 것이다. (책에 설명되어 있는 것처럼 두 개 아미노산이 차이가 난다.) 인간은 이 유전자에 돌연변이가 생기면 심각한 언어장애를 갖게 된다. 언어능력을 상실하게 하는 *FOXP2* 유전자의 변이를 확인하고 이 돌연변이가 침팬지와 사람의 차이를 보이는 아미노산과 같다면 이 아미노산이 언어능력에 있어서 중요한 역할을 가지고 있다는 것을 알수 있다. 더 나아가 침팬지와 생쥐의 FOXP2 아미노산 서열을 비교하여 침팬지와 인간 사이보다 더 유사한지 알아볼 수 있다. (침팬지와 쥐는 하나의 아미노산만 차이가 나며 이는 두 개 아미노산의 차이를 가지는 침팬지와 사람의 관계보다 더 유사하며 세 개의 아미노산 차이를 가지는 인간과 쥐의 관계보다 더 유사하다.)

개념 확인 문제 20.1

1. 1. 전 유전체에 대한 산탄총식 방법에서는 여러 제한효소로 유전체를 잘라 짧은 DNA 조각을 만들었다. 이러한 조각들을 클로닝하고 염기서열을 분석한 후 중첩 지역을 파악하는 컴퓨터 프로그램을 활용하여 이들의 순서를 맞추었다.

개념 확인 문제 20.2

1. 인터넷으로 Genbank와 같은 데이터베이스나 BLAST와 같은 소프트웨어를 중앙관리할 수 있게 되었다. 중앙화된 데이터베이스에 모든 정보를 모아 두고 인터넷으로 누구나 접속 가능하게 함으로써 실수를 줄이고 서로 다른 데이터베이스를 사용하는 우를 피할 수 있다. 이런 방식으로 각자 가지만의 소프트웨어를 개발할 필요 없이 과학에 몰두할 수 있게 해준다. 정보의 제공과 오류의 정정 등이 적절한 방법으로 교정될 수 있다. 다른 많은 답이 가능하다. **2.** 암은 다인자성 질병이다. 한 유전자 또는 결함에 집중하다 보면 다른 요인들을 무시하는 우를 범할 수 있다. 시스템적 접근방법으로는 동시에 많은 요인들을 고려하므로 암의 원인과 치료제 개발에 가장 적절한 방법의 하나가 될 수 있다. **3.** 전사되는 일부분에는 인트론이 차지한다. 나머지는 small RNA, micro RNA(miRNA)와 같이 비암호화 RNA로 전사된다. 이러한 RNA들은 mRNA를 잘라내면서 번역을 억제하거나 프로모터 부분에 가서 전사를 억제하거나 또는 염색체 구조를 변화시킨다. 나머지 기능은 아직까지 밝혀지지 않았다. **4.** 염기서열 연구는 시스템생물학적 접근을 사용하여 SNP의 패턴과 심장병, 당뇨와 같은 특정 질병과의 관계를 알아낸다.

개념 확인 문제 20.3

1. 한 유전자에서 만들어진 RNA 전사체의 대체 스플라이싱과 단백질 합성 후의 변형. **2.** 완성된 유전체의 전체 수는 "Complete Projects"을 클릭하여 확인할 수 있다. 각 영역에 대한 완성된 유전체의 수는 이 페이지의 상단에 있다. 아직 진행 중에 있는 유전체의 수는 "In Complete Projects"에 있다. 영역에 의해 분절되어 있는 완성되지 않은 유전체를 보기 위해서는 여기를 클릭한다. 또한 진행 중인 유전체의 내역도 볼 수 있다. (주의: "Size" 버튼을 누르면 유전체 크기대로 재분류한 표가 보일 것이다. 화면 아랫부분에서 세 영역에서 상대적인 유전체 크기를 알 수 있다. 염기서열이 밝혀진 유전체의 대부분은 세균이다.) **3.** 원핵세포는 진핵세포보다 크기가 작다. 그리고 대부분 이분법으로 분열한다. 이 과정에 관여된 진화과정은 빠르게 증식하는 세포들에 대한 자연선택이라 할 수 있다. 복제할 DNA의 양이 적을수록 더 빨리 증식할 수 있다.

개념 확인 문제 20.4

1. 포유류의 유전자 수가 많고, 비암호화 DNA의 양도 많다. 인트론의 존재로 인해 유전자가 원핵세포의 유전자보다 크다. **2.** "잘라 붙이기" 인자 메커니즘과 역전사 전이인자에서. **3.** rRNA 유전자군에서는 세 개의 서로 다른 RNA를 암호화하고 있는 동일한 전사 단위가 길게 직렬식으로 반복되어 나타난다. 많은 수의 rRNA 유전자가 있기 때문에 단백질 합성에 필요한 충분한 양의 리보솜을 합성할 수 있는 양의 rRNA를 만들어낼 수 있다. 여러 rRNA가 하나의 전사 단위체로 만들어져 각 RNA의 상대적인 양을 일정하게 유지할 수 있다. 각 글로빈 유전자군은 동일하지 않은 소수의 유전자들로 구성되어 있다. 서로 다른 글로빈 단백질을 만들 수 있게 되어 발생단계의 생리적 환경에 잘 맞는 글로빈 단백질을 생산할 수 있게 한다. **4.** 엑손은 엑손 부분이 된다(1.5%); 원거리 조절 요소를 포함하는 인핸서 지역, 근거리 조절요소를 포함하는 프로모터에 가까운 지역, 그리고 프로모터 자체는 조절 염기서열로 구분되며(5%), 마지막으로 인트론은 인트론 지역으로 구분된다(20%).

개념 확인 문제 20.5

1. 감수분열이 완전히 잘못되면, 전체 유전체의 두 배가 하나 세포에 들어갈 수 있다. 교차에 오류가 생기면 염색체의 일부가 중복 또는 결실될 수 있다. DNA 합성과정에서 오류가 생기면 작은 부위의 중복이 생길 수 있다. **2.** 두 유전자 공히 감수분열 과정에서 교차의 오류로 인해 특정 엑손 부위가 중복되는 결과를 초래했을 수 있다. 이러한 과정이 반복해서 일어나면 특정 엑손이 여러 개 반복해서 있게 된다. **3.** 전이성 인자의 서열 유사성과 이들이 전체 유전체에 퍼져 있다는 사실로 인해 서로 다른 염색체 간의 교차가 가능해진다. 전이성 인자가 유전자 중간에 끼어 들어가면 유전자의 발현에 변화를 일으킬 수 있다. 전이 시에 엑손이 이동하고 유전자에 이것이 들어가게 되면 원래의 단백질에 새로운 기능도메인이 추가되게 되고 이것이 엑손 셔플링의 종류이다. (이러한 변화가 유전되려면 생식세포에서 일어나야 한다.) **4.** 이 역위를 가지는 여자들이 자손을 많이 가지게 되어 집단 속에서 남을 뿐 아니라 그 수가 늘어날 것이다. (실제로 이러한 증거를 바탕으로 인구집단에서 이 비율이 증가하고 있다고 연구자는 결론을 내릴 수 있다. 다음 장의 집단 유전체학에서 더 자세하게 배울 것이다.)

개념 확인 문제 20.6

1. 인간과 꼬리 짧은 원숭이는 유인원류이고 따라서 이들 간의 유전체 유사성이 생쥐에 비해 높을 것이다. 인간과 꼬리 짧은원숭이가 분리되기 전에 유인원류에서부터 쥐가 분리되어 나왔다. **2.** 호메오틱 유전자는 호메오박스 이외의 서열에서 차이를 보이는데 이들이 호메오틱 유전자 산물과 다른 전사인자와의 결합 정도를 다르게 할 수 있다. 두 개체에서 이러한 호메오박스 이외의 서열에서의 차이는 호메오박스 유전자의 발현 패턴을 다르게 한다. **3.** *Alu* 인자는 인간 유전체 속에서 어떤 이유에서든 더 활발하게 이동했을 것으로 짐작된다. 이들로 인해 더 많은 교차오류를 만들어 내고 따라서 빈번하고 다양한 중복을 만들어냈을 것이다. 두 유전체의 조성 및 구성 내용의 다양성은 두 개체의 염색체를 덜 유사하게 만들어 교배 시 수정 능력이 있는 자손을 더 적게 만듦으로써 두 종 간의 다양성을 가속화시켰을 것이다.

핵심 개념의 요약 질문

20.1 인간유전체사업의 핵심 중의 하나는 염기서열을 결정하는 과정을 빠르게 진행하기 위하여 염기서열을 결정하는 기술을 발전시키는 것이었다. 사업 기간 동안, 염기서열을 결정하는 획기적인 기술이 개발되어 빠르게 진행됨으로써 비용도 절감할 수 있었다. **20.2** 가장 중요한 발견은 연구된 인간 유전체의 90% 이상이 전사되었다는 것이며, 이것은 전사된 이 RNA들이 어떠한 알려지지 않은 기능을 수행하고 있다는 것을 제시해 준다. 이러한 프로젝트는 다른 동물에게까지 확대되었는데, 이는 전사된 유전자의 기능을 결정하기 위해서는 실험 동물로 이용될 수 있는 종의 유전체를 가지고 연구할 필요성이 있기 때문이다. **20.3** (a) 일반적으로 세균과 고세균은 진핵생물보다 작은 유전체, 적은 수의 유전자, 더 높은 유전자 밀도를 가지고 있다. (b) 진핵생물들 가운데 유전체 크기와 표현형과의 명확한 체계적 연관성은 없어 보인다. 유전자의 수가 유전체로부터 기대되는 것보다도 더 낮다. 다시 말하면, 유전자의 밀도가 더 큰 유전체를 가지고 있는 생명체에 낮다. (인간이 그 예이다.) **20.4** 전이성 인자와 연관된 염기서열은 유전체 내에서 이동을 할 수 있고 이동을 하면서 유전체 내에서 자신의 새로운 복사본을 만들어낸다. 그러므로 유전체 내에서 전이성 인자와 관련 부분이 상당한 비율을 차지하고 있으며, 진화과정이 길어질수록 이 비율은 증가할 것으로 예상된다. **20.5** 종 내에서의 염색체 재구성은 염색체의 배열이 다른 개체를 만들게 된다. 각 개인은 감수분열을 거쳐 배우자를 만들어내고, 다른 염색체 구성을 가진 배우자들이 수정을 하여 다양한 자손을 만들어내게 된다. 하지만 자손에서 일어나는 감수분열 과정 중에 모계에서 받은 염색체와 부계에서 받은 염색체가 쌍을 이루지 않아 만들어진 배우자가 불완전한 염색체 세트를 가질 수 있다. 종종 이러한 배우자에서 만들어진 접합자는 생존할 수 없다. 최종적으로 서로 다른 염색체 구성이 만나 집단 내에서 우세해지면 새로운 종이 만들어지게 되고, 연속적으로 개개인이 같은 염색체 구성을 가진 개인과 수정과정을 거칠 수 있다. **20.6** 가깝게 연관된 두 종 간의 유전체를 비교하는 것은 최근의 두 종간의 특징적 차이를 만든 진화적 변화에 대한 정보를 알려준다. 아주 멀리 떨어져 있는 종간의 유전체를 비교하는 것은 아주 오래 전에 일어났던 진화적 변화 사건에 대하여 알려줄 수 있다. 예를 들어, 멀리 떨어져 있는 두 종이 공통적으로 가지고 있는 유전자는 두 종이 갈라지기 전에 있었을 것으로 예상된다.

생각해보자

1. b **2.** a **3.** c

4.

1. ATETI...PKSSD...TSSTT...NARRD
2. ATETI...PKSSE...TSSTT...NARRD
3. ATETI...PKSSD...TSSTT...NARRD
4. ATETI...PKSSD...TSSNT...SARRD
5. ATETI...PKSSD...TSSTT...NARRD
6. VTETI...PKSSD...TSSTT...NARRD

(a) 1,3,5번이 C, G, R이다. (b) 4번이 인간 서열이다. 위 그림을 보면 사람과 C, G, R의 서열간에 차이를 알 수 있다. 밑줄 그은 아미노산에서 사람은 N을 가지고 있지만 C, G, R은 T를, 사람은 S를 가지고 있지만, C, G, R은 N을 가지고 있다. (c) 6번이 오랑우탄 서열이다. (d) 위 그림을 보면 생쥐(2번)와 C, G, R과는 하나의 아미노산의 차이를 보인다. 생쥐는 2번째 줄에서 원 속의 E를, C, G, R은 그 위치에 D를 갖는다. 생쥐와 인간 사이에는 3개의 아미노산 차이가 있다. (생쥐에서 박스 속의 E, T, N은 삶에서 각각 D, N, S로 바뀌어 있다.) (e) 생쥐와 C, G, R종이 나누어진 후 6,000만~1억 년 사이에 오직 하나의 아미노산 변화만 있었다. 그런데 침팬지와 인간 사이에는 2개의 아미노산 변화가 생겼다는 것은 놀라운 일이다. 왜냐하면 이 두 종이 나누어진 것은 불과 600만년 전이기 때문이다. 따라서 *FOXP2* 유전자는 인간 유전체에서 훨씬 빠른 속도로 진화한 유전자라고 할 수 있다.

21장

그림 문제

그림 21.6 선인장을 먹는 핀치와 씨앗을 먹는 핀치가 더 근연관계에 있다. 그림 1.22는 그들이 더 최근의 공통조상을 공유하는 것을 보여주며(씨앗을 먹는 종), 선인장을 먹는 핀치와 곤충을 잡아먹는 핀치는 이 보다는 더 오래 전에 공통조상을 공유한다. **그림 21.8** 그 공통조상은 5백5십만 년 이상 전에 살았다. **그림 21.12** 이 사마귀들의 색깔과 체형은 사마귀들이 주위 환경과 잘 혼재되게 해주는데, 이 사례는 생물들이 그들의 주변 환경과 어떻게 잘 어울려지게(적합하게) 되는지를 보여주고 있다. 또한 그 사마귀들은 서로 간에(그리고 다른 모든 사마귀들과) 6개의 다리, 사물을 쥐는 앞다리, 큰 눈과 같은 특징들을 공유한다. 이 공유된 특징들은 생명체에 관한 또 다른 핵심 관찰인 공통조상을 공유하는 것에서 기인한 통일성을 잘 나타내준다. 시간이 경과하면서 이 사마귀들은 한 공통조상으로부터 갈라지는데 이 과정에서 그들은 서로 다른 환경에 더 적합하게 하는 다른 적응들을 축적해간다. 궁극적으로 이 차이들은 커지게 되어 새로운 종들이 형성됐고 그리하여 거대한 생물다양성에 기여하였다. **그림 21.13** 이 결과들은 알들을 어느 한 식물종 혹은 다른 한 종에서 기르는 방식이 성체들이 가지는 부리들이 그 기주식물에 적당하게 들어맞게 하지는 않았다는 것을 보여준다. 대신 성체 부리 길이들은 알들을 어느 집단에서 취했느냐에 의해서 결정되어졌다. 풍선덩굴 집단에서 구한 알은 긴 부리의 부모들을 가졌을 것이고 반면에 모감주나무 집단에서 구한 알은 짧은 부리의 부모들을 가졌을 것이기 때문에 이 결과들은 부리 길이가 유전된 형질임을 가리킨다. **그림 21.14** 두 전략 모두 포도상구균이 새로운 약제에 저항성을 갖게 되기까지 걸리는 시간을 증가시킬 것이다. 만약 포도상구균에 해를 주는 어떤 약이 다른 세균들에 해를 주지 않는다면 자연선택은 그 다른 세균 종들에서 저항성을 선호하지 않을 것이다. 이것은 포도상구균이 다른 세균들로 저항성을 갖게 해주는 유전자들을 획득하는 기회를 줄일 것이다. 그리하여 저항성의 진화를 느리게 할 것이다. 이와 유사하게, 포도상구균을 죽이지는 않고 생장을 더디게 하는 약에 대한 선택은 포도상구균을 죽이는 약제에 대한 저항성의 선택보다 훨씬 작을 것이다. 이는 다시 저항성의 진화를 느리게 할 것이다. **그림 21. 17** 이 진화계통수에 근거하면 악어들은 도마뱀들과의 공통조상(조상 ❹)보다는 조류들과 공통조상(조상 ❺)을 더 최근에 공유하기 때문에 도마뱀들보다 조류에 더 가까운 유연관계를 가지고 있다. **그림 21.20** 뒷다리 구조가 먼저 변화하였다. 로도세투스(*Rodhocetus*)는 꼬리지느러미가 없는데 그것의 골반뼈와 뒷다리는 파키세투스(*Pakicetus*)가 가졌던 것과는 상당히 변화했다. 예를 들어, 로도세투스의 골반뼈와 뒷다리는 노를 젓듯이 헤엄치는 것에 맞춰진 것 같고 반면에 파키세투스의 그것들은 걷는데 맞춰졌다.

개념 확인 문제 21.1

1. 허턴과 라이엘은 과거의 지질학적 사건들도 오늘날에 작동하는 점진적인 속도와 똑같은 속도로 일어나는 똑같은 과정들에 의해서 일어난다고 제안하였다. 이 원리는 당시 널리 받아들여졌던 몇천 년밖에 안 되는 지구의 나이가 훨씬 더 오래됐을 게 틀림없다는 것을 시사한다. 허턴과 라이엘은 생각들은 다윈으로 하여금 화석기록에 남아있는 심대한 변화들이 궁극적으로는 작은 변화들의 느린 축적에 의해서도 가능하다는 추리를 하게끔 자극하였다. 이러한 맥락에서 다윈에게 지구의 나이는 중요했는데, 왜냐면 지구가 오래되지 않았다면 어떻게 진화가 그토록 충분치 않은 시간에 일어났을 수 있는지 상상할 수 없었기 때문이다. **2.** 이 기준에 따라서 화석기록에 대한 퀴비에의 설명과 진화에 대한 라마르크의 가설은 둘 다 과학적이다. 퀴비에는 시간 경과에 따라 종이 진화한다고 생각지 않았다. 또한 그는 갑작스런 격변 사건들이 특정 지역들에서 종들을 멸종을 일으켰고, 그러한 지역들은 나중에 다른 지역들에 살던 다른 종류의 종들이 이주해와 정착하여 살게 됐다고 제안하였다. 이 주장들은 화석기록을 통해 시험해볼 수 있는데, 종이 진화하지 않는다는 그의 주장들은 사실이 아님이 밝혀졌다. 라마르크와 관련하여, 그의 용불용설 원리는 새로운 서식지에 적응한 고래의 조상들과 같은 그룹의 화석에 관하여 시험해 볼만한 예측을 하는데 사용될 수 있다. 용불용설과 획득형질의 유전이라는 라마르크의 원리는 살아 있는 생물들에서 직접적으로 시험해볼 수 있는데, 이 원리들은 사실이 아닌 것으로 밝혀졌다.

개념 확인 문제 21.2

1. 생물은 그들의 공통조상을 공유하기 때문에 특징들을 공유한다(생명의 통일성). 거대한 생물다양성은 어느 조상들로부터 내려온 후손 종들이 다른 환경에 서서히 적응하고 그래서 조상과는 달라지는 경우에 새로운 종으로 생겨나는 일이 반복적으로 일어나기 때문에 일어난다. **2.** 포유류 화석 종(또는 그것의 조상들)은 아마도 가장 가능성 있기로는 남아메리카 대륙의 안데스 산맥 지역에 대량 서식하였을 것이다. 반면에 현재 아프리카 산지에서 발견되는 포유류의 조상들은 아마도 아프리카의 다른 지역에서 이동해와 그 지역에 대량 서식하였을 가능성이 제일 높다. 그 결과 안데스 화석 종들은 아프리카 포유류보다는 남아메리카 대륙의 포유류와 가장 최근의 공통조상을 공유할 것이다. 그러므로 포유류 화석 종들은 그 형질들에 있어서 아프리카 산지에 서식하는 포유류보다도 남아메리카 정글에 서식하는 포유류를 더 닮았을 것이다. 그러나 그 포유류 화석 종들이 수렴진화에 의해서 아프리카 산지 포유류를 닮을 수도 있다(비록 그들이 서로 간에 유연관계가 멀다고 하더라도). **3.** 하얀색 표현형(유전자형 *pp*에 의해 암호화된)이 계속 자연선택에 선호되는 한 *p* 대립유전자의 빈도는 그 집단에서 시간이 지나면서 증가할 것이다. 만약 하얀색 개체들의 비율이 보라색 개체들에 비해 상대적으로 증가한다면 열성 *p* 대립유전자의 빈도는 보라색 개체들에서만(그들의 일부는 또한 *p* 대립유전자 하나를 가진다) 나타나는 *P* 대립유전자의 비율에 비해 상대적으로 증가할 것이기 때문이다.

개념 확인 문제 21.3

1. 약물과 같은 하나의 환경적 요인이 약제 저항성과 같은 새로운 형질을 창조하는 것이 아니라, 그 집단 안에 이미 존재하던 형질들 가운데서 약제저항성 같은 형질을 선택하는 것이다. **2.** (a) 서로 다른 포유류의 앞(팔)다리는 비록 기능은 다름에도 불구하고 그들의 공통조상이 가지고 있던 구조의 변형된 형태를 나타내는 것이기 때문에 구조가 비슷하다. (b) 이것은 수렴진화의 한 사례이다. 서로 다른 조상을 가지고 있음에도 불구하고, 슈거 글라이더(sugar glider)와 날다람쥐 사이의 유사성은 비슷한 환경이 비슷한 적응을 선택했음을 나타낸다. **3.** 공룡이 기원하던 때에 지구의 땅덩어리는 단일한 거대 대륙, 판게아를 형성하였다. 많은 공룡들이 크고 또 운동성이 있었기 때문에, 이들 그룹의 초기 구성원들은 판게아의 여기저기 다른 곳에서 살았을 것이다. 판게아가 분리되었을 때, 이 생물들의 화석은 그것들이 묻힌 암석과 함께 이동했을 것이다. 그 결과 우리는 초기 공룡들의 화석들이 넓은 지리적 분포를 가지고 있었다고 예상해 볼 수 있다(이 예측은 뒷받침 받았다).

핵심 개념의 요약 질문

21.1 다윈은 변형된 혈통이 점진적이고 단계적인 과정을 통해 일어난다고 생각했다. 그에게 지구의 나이는 중요했는데 왜냐면 만약 지구가 수천 년밖에 안된 나이라면(관습적 지혜가 제시하듯이) 주요한 진화적 변화가 일어나기에는 충분치 않은 시간이었을 것이기 때문이다. **21.2** 모든 종은 과잉생산하는 잠재성을 가진다. 즉, 환경이 부양할 수 있는 수보다 더 많은 수의 자손을 생산하는 잠재성을 가진다. 이것은 다윈이 얘기

한 "생존 경쟁", 즉 많은 수의 자손이 잡아먹히고, 굶고, 병에 걸리거나 또는 다른 많은 이유들로 번식을 할 수 없게 되는 일이 일어나리라는 것을 확실케 한다. 집단 안의 구성원들은 유전되는 변이가 나타내는 어떤 범위를 보여주는데, 이들 변이의 일부를 가진 어떤 개체들은 다른 개체들보다 더 많은 수의 자손을 남길 수도 있다(예를 들어 일부는 포식자를 효과적으로 잘 피한다거나, 어떤 물리적 환경 조건에 더 큰 내성을 가질 수 있다). 시간이 지나면서 포식자, 먹이 부족, 물리적 환경 조건 등과 같은 요인들에 의해 부여되는 자연선택은 집단 내에서 선호될 수 있는 형질들을 가진 개체들의 비율을 증가시킬 수 있다(진화적 적응). **21.3** 고래류들이 육상형 포유류에서 기원했고 발가락수가 짝수인 우제류와 근연관계라는 가설은 몇 가지 증거들에 의해서 지지를 받는다. 예를 들어, 화석들은 초기 고래류가 육상 포유류의 후손일 생물들에서 예상되는 뒷다리를 가졌음을 증명한다. 이 화석들은 또한 시간이 지나면서 고래류의 뒷다리가 줄어드는 것을 보여준다. 다른 화석들은 초기 고래류가 짝수 발가락수의 우제류에서만 발견되는 유형의 발목뼈를 가졌음을 보여주는데, 이것은 육상형 짝수 발가락수의 우제류가 고래류와 가장 근연관계가 가깝다는 강력한 증거이다. DNA 서열 자료도 짝수 발가락수의 우제류가 고래류의 가장 가까운 근연과계임을 가리킨다.

생각해보자

1. b **2.** d **3.** c **4.** b **5.** a

7. (a)

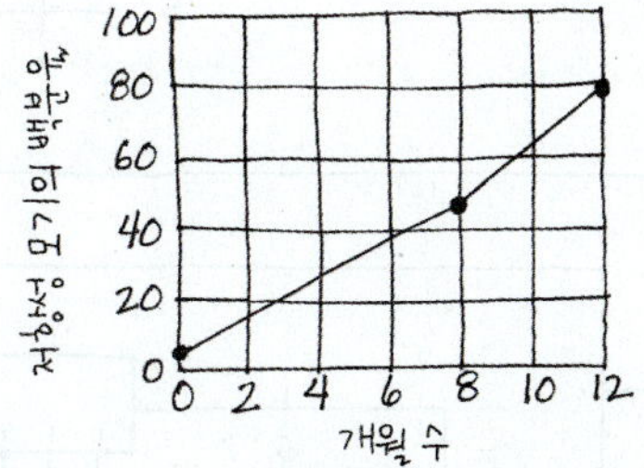

(b) DDT에 저항성을 갖는 모기 비율의 급상승은 저항성이 있는 모기들이 생존하여 번식할 수 있지만 저항성이 없는 모기들은 불가능하므로 자연선택에 의한 것일 가능성이 가장 높다. (c) DDT 저항성이 최초로 나타난 인도에서는 시간이 지나면서 자연선택이 저항성 모기들의 빈도를 높였을 것이다. 만약 그런 후 저항성 모기들이 인도에서 세계 다른 지역으로 이주하였다면(예를 들어 바람이나 비행기, 열차 또는 배로 옮겨짐), DDT 저항성 빈도는 인도와 마찬가지로 다른 곳에서도 증가했을 것이다.

22장

그림 문제

그림 22.4 이 계통수의 분기 양상에 따르면 오소리와 늑대는 이 두 동물이 표범과 공유하는 조상보다 더 최근의 공통조상을 공유한다. **그림 22.5** 아래에 있는 새로운 계통수는 그림 26.5에서 표시한 진화 관계에 대한 어떤 것도 변화시키지 않는다. 예를 들어 B와 C는 자매 분류군으로 남았고 분류군 A는 여전히 분류군 B에 분류군 C와 동일한 정도로 가까운 관계로 남아 있다.

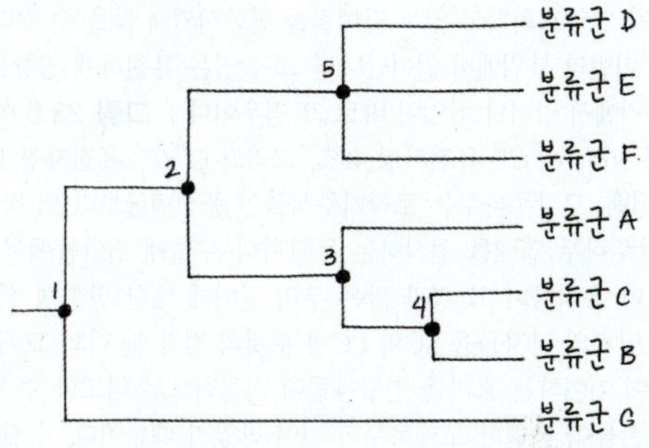

그림 22.6 미지 시료 1b(시료 1의 일부)와 미지 시료 9~13 모두 밍크고래(남반구)와 미지 시료 1a와 2~8로 이어지는 분지에 놓여야 한다. **그림 22.11** 가장 왼쪽(모든 분류군의 공통조상)에 그려진 분기점에 원을 그려야 한다. 고래류와 물개류 모두는 육상 포유류 혈통에서 유래했는데 이는 고래와 물개의 공통조상이 유선형의 체형을 가지지 않아서 고래와 물개 집단의 일부가 될 수 없음을 나타낸다. **그림 22.12** 가장 최근의 공통조상들과 함께 개구리, 거북, 표범 계통에 원을 그려야 한다. **그림 22.16** 도마뱀과 뱀 계통이 가장 기저에 가까운 분류군이다(계통수의 뿌리에서 가장 가깝다). 파란 점으로 표시한 공통조상의 후손 중에는 악어류가 가장 기저에 해당한다. **그림 22.21** 이 계통수에 따르면 미토콘드리아의 rRNA와 여타 유전자의 염기서열은 프로테오세균과 가장 가깝게 관련되어 있고 엽록체의 유전자 염기서열은 남세균과 가깝게 관련되어 있다. 이러한 유전자 서열의 관계는 미토콘드리아와 엽록체 모두 삼켜진 원핵세포 상태에서 유래했다는 것을 받아들이는 내부공생설로부터 예측된 것이다.

개념 확인 문제 22.1

1. 표범과 사람 모두 포유류이어서 영역에서 강 수준까지는 이들을 동일하게 분류할 수 있다. 표범은 식육목에 속하지만 사람은 그렇지 않다. **2.** (c)의 계통수가 상이한 진화 관계 양상을 나타낸다. (a)와 (b) 분류군에서 C와 D가 자매 분류군인 것에 반해 (c)에서는 C와 B가 자매 분류군이다.

3.

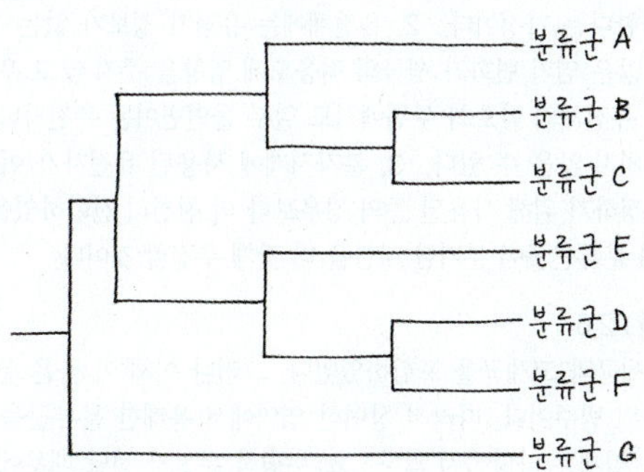

개념 확인 문제 22.2

1. (a) 상사이다. 왜냐하면 호저와 선인장은 가까운 관계가 아니고 대부분 다른 동물과 식물들은 유사한 구조를 가지고 있지 않다.; (b) 상동이다. 왜냐하면 고양이와 사람은 모두 포유류이고 상동의 앞다리가 있기 때문이다. 고양이의 앞발과 사람의 손은 이 앞다리의 아래 부위이다.; (c) 상사이다. 올빼미와 말벌은 가까운 관계가 아니고 이들의 날개 구조도 매우 상이하다. **2.** 종 B와 C가 가까운 관계일 가능성이 더 크다. 종 B와 종 C의 경우처럼 작은 유전적 변화가 분기한 신체적 외형을 유발할 수 있지만 종 A과 종 B처럼 많은 유전자가 매우 상이하다면 이 두 계통은 오래 전에 분기했을 것이다.

개념 확인 문제 22.3

1. 아니다. 털은 모든 포유류의 공유조상형질이다 따라서 포유류 내에서 상이한 집단을 구분하는 데에 도움이 되지 않는다. **2.** 최대단순성의 원리는 우리가 조사한 자연에 대한 가설이 우선 사실에 부합하는 가장 단순한 설명이어야 한다는 의미이다. 수렴진화와 같은 복잡한 요인 때문에 실제 진화적 관계는 단순성에 근거하여 추론한 것과 다를 수 있다. 3. 전통적인 분류는 진화 역사와 잘 들어맞지 않는다. 그래서 분류는 공통혈통에 근거해야 한다는 분기학의 근본원리에 위배된다. 조류와 포유류는 모두 전통적으로 파충류로 규정된 집단에서 기원하였는데 이는 (전통적으로 설명된 것처럼) 파충류가 의사단원적임을 나타낸다. 디메트로돈과 검치류를 파충류에서 제거하고 조류를 파충류 집단으로 (특히 공룡 집단으로) 간주함으로써 이러한 문제점을 해결할 수 있다.

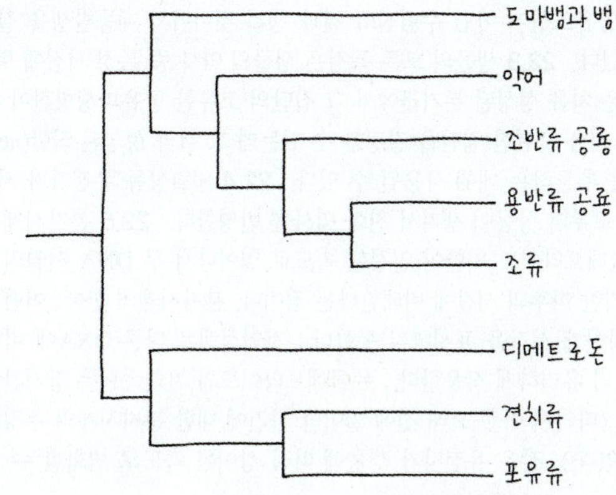

부록 A 정답

개념 확인 문제 22.4

1. 단백질은 유전자의 산물이다. 단백질의 아미노산 서열은 단백질을 암호화하는 DNA의 뉴클레오타이드 서열에 의해 결정된다. 그래서 두 종에 상응하여 비교 대상이 되는 단백질 사이의 차이는 종들이 서로 분기하면서 축적되어 생긴 근본적인 유전적 변화를 반영한다. 결과적으로 단백질 사이의 차이는 해당 종의 진화적 역사를 반영할 수 있다. **2.** 이러한 관찰에 따르면 종 1에서 유전자 중복이 일어나 유전자 A로부터 유전자 B가 만들어지기 전에 종 1과 종 2를 만들어낸 진화적 혈통들이 서로서로 분기하였다. **3.** RNA 가공 과정에서 엑손 또는 암호화되는 유전자 부위는 서로 다른 방식으로 잘라져(splice) 상이한 mRNA들을 만들어 상이한 단백질을 생산하게 된다. 그 결과, 동일한 유전자로부터 조직에 따라 상이한 단백질이 생산될 잠재적인 가능성이 크고 이로 인해 이 유전자가 이 상이한 조직에서 상이한 기능을 수행하게끔 한다.

개념 확인 문제 22.5

1. 분자시계란 병렬상동 유전자들에서 일어나는 염기변화의 수에 근거하여 진화적 사건의 실제 시간을 추정하는 방법이다. 이 방법의 근거는 비교되는 유전체 부위가 일정한 속도로 진화한다는 가정이다. **2.** 유전체에는 유전자 정보가 없는 부분이 많다. 이들 부분에서는 많은 염기 변화가 생물의 적응도에 영향을 주지 않고 우연에 의해 축적되었을 것이다. 유전체의 암호화 부위에서도 일부 돌연변이는 유전자나 단백질에 결정적인 영향을 미치지 않을 수 있다. **3.** 분자시계에 사용된 유전자가 이들 두 분류군에서는 시계를 보정하기 위해 사용된 종의 경우보다 더 천천히 진화하였을 것이다. 그 결과 이 시계는 이 분류군들이 분기한 시간을 더 짧게 추정할 것이다.

개념 확인 문제 22.6

1. 모네라계는 세균과 고세균을 포함하였었다. 그러나 이제 이 둘은 분리된 영역이다. 계는 영역의 하위 범주이다. 따라서 상이한 영역에서 유래한 분류군을 포함하는(모네라계와 같은) 단일계는 타당하지 않다. **2.** 수평적 유전자 전달 때문에 진핵생물의 일부 유전자들은 세균과 더 가까운 반면, 다른 유전자들은 고세균과 더 가깝다. 그래서 어떤 유전자를 사용했는지에 따라 DNA 자료에 근거하여 구성된 계통수는 상반된 결과를 만들 수 있다.

3.

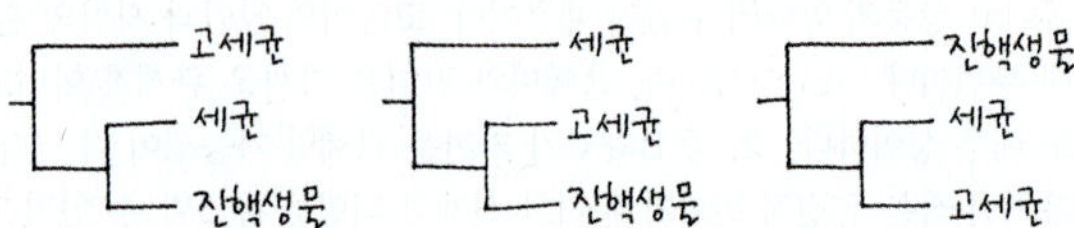

화석 기록에 따르면 진핵생물보다 훨씬 이전에 원핵생물이 유래하였다. 이러한 기록은 진핵생물 계통이 처음부터 분기하는 세 번째 계통수가 정확하지 않고 따라서 유전적 자료로 지지될 가능성이 없을 것으로 보인다.

핵심 개념의 요약 질문

22.1 사람과 침팬지가 자매군이라는 사실은 현존하는 다른 어떤 영장류 종보다 사람이 침팬지와 더 최근의 공통조상을 공유한다는 것을 의미한다. 그러나 이 사실은 사람이 침팬지로부터 진화했다거나 그 반대임을 의미하지 않는다. 대신 사람과 침팬지가 공통조상에서 유래한 후손들임을 나타낸다. **22.2** 상동 형질은 공유조상에서 유래한다. 시간에 따라 생물이 분기하면서 이들의 일부 상동 형질도 분기한다. 전형적으로 오래전에 분기한 생물들의 상동 형질끼리는 최근에 분기한 생물들의 상동 형질끼리 보다 더 상이하다. 결과적으로 상동 형질의 차이는 계통발생을 추론하는 데에 사용된다. 반면에 상사 형질은 공유조상이 아닌 수렴진화 결과 생긴 것이어서 계통발생을 잘못된 추산을 유발할 수 있다. **22.3** 생물의 모든 특징은 생물의 역사 중 특정 시점에 형성되었다. 새로운 특징은 처음 형성된 분기군에서 그 집단의 고유한 공유파생형질이 된다. 각 공유파생형질이 처음 출현한 집단을 결정할 수 있는데 그 결과 형성된 집합(nested) 양상은 진화 역사를 추론하는 데에 사용될 수 있다. **22.4** 병렬상동 유전자가 사용되어야 한다.; 종분화로부터 상동이 생겨서 진화 역사를 반영한다. **22.5** 분자시계의 핵심적인 가정은 뉴클레오타이드 치환이 일정한 속도로 일어나서 두 DNA 서열의 차이가 서열이 서로 분기한 이후의 시간에 비례한다는 점이다. 분자시계의 한계: 어떤 유전자라도 완전히 정확하게 시간을 표시하지 못한다.; 자연선택은 다른 DNA에 비해 특정 DNA의 변화에 더 유리하게 작용한다.; 뉴클레오타이드의 치환속도는 장기간에 걸쳐 변화할 수 있다. (따라서 아주 오래 전에 일어난 사건에 대한 분자시계의 추정은 매우 불명확해질 수 있다.); 같은 유전자가 생물에 따라 상이한 속도로 변화할 수 있다. **22.6** 유전적 자료에 따르면 많은 원핵생물들끼리 진핵생물과 다른 만큼 서로 다르다. 이는 생물들이 계를 뛰어넘는 (분류 수준인) 세 개의 영역(고세균, 세균, 진핵생물)으로 분류되어야 함을 의미한다. 이 자료들은 또한 (모든 원핵생물을 포괄하는) 이전의 모네라계가 생물학적 의미가 없어 폐기되어야 함을 의미한다. 그 이후의 유전적, 형태적 자료에 따르면 역시 일부 원생생물들은 다른 원생생물들보다 식물, 균류, 동물과 더 가까워(주로 단세포 생물을 포함하는) 원생생물계도 폐기되어야 한다.

생각해보자

1. a **2.** c **3.** b **4.** c **5.** d **6.** a **7.** d

8.

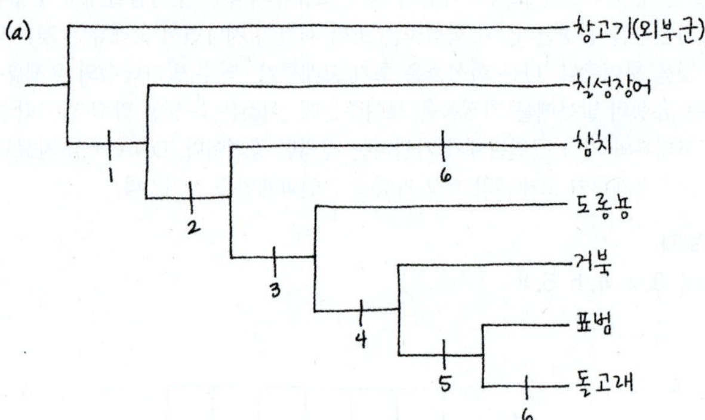

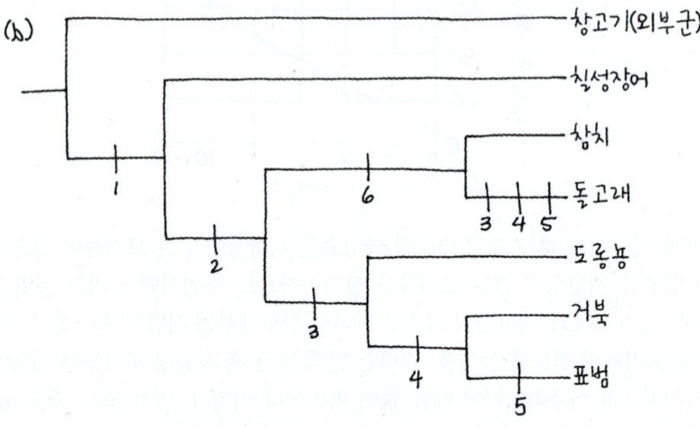

(c) (a) 계통수는 7번의 진화적 변화가 필요한 반면, (b) 계통수는 9번의 진화적 변화가 필요하다. 따라서 더 적은 수의 진화적 변화가 필요한 가설인 (a) 계통수가 더 단순하다.

23장

그림 문제

그림 23.4 유전암호는 중복성이 있는데 이는 하나 이상의 코돈이 동일한 아미노산을 암호화할 수 있다는 의미이다. 그 결과 *Adh* 유전자의 암호부위 안에서 특정 뉴클레오타이드 자리의 치환은 코돈을 변경할 수 있지만 다른 아미노산 번역으로 이어지지는 않아서 이 유전자가 암호화하고 있는 단백질을 변화시키지 않을 수 있다. 만약 어떤 삽입이 한 엑손의 비번역 부위에서 일어난다면 그 삽입은 유전자에 영향을 주지 못할 수 있다. (1,703 자리에서 일어난 삽입이 바로 그 경우이다.) **그림 23.8** 예상되는 빈도는 C^RC^R 유전자형 36%, C^RC^W 유전자형 48%, 그리고 C^WC^W 유전자형 16%이다. **그림 23.13** 방향성 선택. 모감주나무는 토착기주식물인 풍선덩굴보다 더 작은 열매를 가진다. 그래서 모감주나무 열매를 섭식하는 무환자나무 벌레 집단들에서는 부리 길이가 짧은 벌레들이 더 유리하며 그 결과 짧은 부리 길이에 대한 방향성 선택이 일어난다. **그림 23.16** 한 암컷의 난자들을 SC와 LC형 수컷의 정자 둘 다와 교배시키는 것은 다음 세대에 수컷이 기여하는 효과를 연구자들이 직접적으로 비교할 수 있게 하는데, 왜냐하면 양쪽 자손들이 동일한 모계로부터 기여 받았기 때문이다. 수컷의 효과를 분리해낸 이 연구는 연구자들이 SC와 LC형 수컷의 유전적 질 차이에 대한 결론을 이끌어 낼 수 있게 하였다.

개념 확인 문제 23.1

1. 한 집단 안에서 개체들 사이의 유전적 차이는 자연선택과 다른 기작들이 작용할 수 있는 원재료를 제공한다. 이러한 차이가 없다면 대립유전자 빈도는 시간이 지나도 변하지 않을 것이다. 따라서 그 집단은 진화할 수 없을 것이다. **2.** 많은 돌연변이는 배우자 세포를 만들지 않는 체세포에서 발생하며 그렇기 때문에 개체가 죽을 때 소실된다. 그리고 또 배우자 세포를 만드는 세포주에서 발생한 돌연변이들 가운데 많은 수는 자연선택이 작용할 수 있는 표현형에 영향을 주지 못한다. 다른 일부는 해로운 영향을 가져서 그 돌연변이들을 가지고 있는 개체들의 번식성공도를 낮추기 때문에 빈도가 늘어날 것 같지는 않다. **3.** 그것의 유전적 변이는 (유전자 수준에서 혹은 뉴클레오타이드 서열 수준에서 측정되든) 시간에 따라 아마 낮아질 것이다. 감수분열 동안 교차와 독립적 염색체 분리는 많은 새로운 대립유전자 조합들을 만들어낸다. 덧붙여서 한 집단은 상당히 많은 짝짓기 조합들을 가지고 있고, 수정은 서로 다른 유전적 배경을 가진 개체들의 배우자들을 결합시킨다. 그래서 유성생식은 교차, 독립적 염색체 분리, 그리고 수정을 통하여 매 세대마다 대립유전자들을 새로운 조합으로 다시 섞는다. 유성생식이 없다면 새 대립유전자 조합들을 만드는 속도가 대단히 줄어들 것이며 전체 유전적 변이의 양을 떨어뜨릴 것이다.

개념 확인 문제 23.2

1. 각 개체들은 두 개의 대립유전자들을 가지기 때문에 대립유전자들의 총합은 1,400개다. 대립유전자 A의 빈도를 계산하기 위해서 AA 유전자형의 85개체들은 각각 두 개의 A 대립유전자들을 가지고, Aa 유전자형의 320개체들은 하나의 A 대립유전자를 가지며, aa 유전자형의 295개체들은 영(0)의 A 대립유전자를 가지고 있음을 주의하라. 그러므로 A 대립유전자의 빈도(p)는 다음과 같다.

$$p = \frac{(2 \times 85) + (1 \times 320) + (0 \times 295)}{1{,}400} = 0.35$$

우리 집단에서는 단 두 개의 대립유전자들(A와 a)이 있기 때문에 대립유전자 a의 빈도는 틀림없이 $q = 1 - p = 0.65$ 이다. **2.** 대립유전자 a의 빈도가 0.45이기 때문에 대립유전자 A의 빈도는 틀림없이 0.55이다. 그러므로 예상되는 유전자형들의 빈도는 AA는 $p^2 = 0.3025$, Aa는 $2pq = 0.495$, aa는 $q^2 = 0.2025$이다. **3.** 이 집단에는 120개체들이 있으므로 240개의 대립유전자들이 있다. 이들 가운데 124개의 V 대립유전자가 있다(32개는 VV 유전자형 16개체로부터, 92개는 Vv 유전자형 92개체로부터). 그러므로 V 대립유전자의 빈도는 $p = 124/240 = 0.52$; 그리고 v 대립유전자는 $q = 0.48$. 하디-바인베르크 방정식에 근거하여, 만약 이 집단이 진화하지 않고 있으면, VV 유전자형의 빈도는 $p2 = 0.52 \times 0.52 = 0.27$; Vv 유전자형 빈도는 $2pq = 2 \times 0.52 \times 0.48 = 0.5$; 그리고 vv 유전자형의 빈도는 $q^2 = 0.48 \times 0.48 = 0.23$. 120개체로 구성된 이 집단에서 각 유전자형의 수는 VV형 32개체(0.27×120), Vv형 60개체(0.5×120), 그리고 vv형 28개체(0.23×120)로 예상된다. 이 집단의 실제 개체수(16 VV, 92 Vv, 12 vv)는 이와 같은 예상으로부터 벗어나다(예상에 비해서 동형접합자가 더 적고 이형접합자는 더 많음). 이것은 이 집단이 하디-바인베르크 평형상태에 있지 않으며 그러므로 진화가 이 유전자 좌위에서 일어나고 있음을 나타낸다.

개념 확인 문제 23.3

1. 자연선택은 대립유전자 빈도들을 비무작위적으로 변경시킨다는 점에서 더 "예측 가능"하다. 자연선택은 어느 환경에서 개체들의 번식성공도를 증가시키는 대립유전자의 빈도를 증가시키는 경향과 개체들의 번식 성공을 줄이는 대립유전자들의 빈도를 줄이는 경향이 있다. 유전적 부동의 영향을 받는 대립유전자들은 그것들이 이롭든 그렇지 않든 우연성 한 가지에 의해서 빈도가 늘거나 혹은 줄어든다. **2.** 유전적 부동은 세대에서 세대로 전해가는 동안 대립유전자 빈도가 우연에 따른 변화를 받아서 일어나며, 시간이 지남에 따라 변이를 감소시키는 경향을 나타낸다. 유전자 흐름은 집단들 사이에서 대립유전자들을 이동시키는 것인데, 새로운 대립유전자들을 어떤 집단에 도입할 수 있기 때문에 그 집단의 유전적 변이를 증가시킬 수 있는 과정이다(유전자 흐름의 비율이 종종 낮기 때문에 그 정도는 작지만). **3.** 선택은 이 유전자 좌위에서 중요하지가 않다. 더군다나 그 집단들은 상당히 크기 때문에 유전적 부동의 효과는 두드러질 수 없다. 유전자 흐름은 꽃가루와 씨앗의 이동을 통해 일어나고 있다. 그러므로 시간이 지나면서 이 집단들에서 대립유전자와 유전자형 빈도들은 유전자 흐름의 결과로 더 비슷해져 갈 것이다.

개념 확인 문제 23.4

1. 영(0). 적응도는 다음 세대에 대한 번식 기여를 의미하는데, 불임 노새는 자손을 낳을 수 없기 때문이다. **2.** 비록 유전자 흐름과 유전적 부동 둘 다 한 집단 안에 이로운 대립유전자들의 빈도를 증가시킬 수 있어도, 또한 그것들은 이로운 대립유전자들 빈도를 감소시킬 수도 있으며, 혹은 해로운 대립유전자들 빈도를 증가시킬 수도 있다. 오직 자연선택만이 생존 또는 번식을 높이는 대립유전자들 빈도를 일관되게 증가시킨다. 따라서 자연선택만이 일관되게 적응적 진화로 이끄는 유일한 기작이다. **3.** 세 가지 자연선택 방식(방향성, 안정화, 그리고 분단성)은 서로 다른 유전자형들이 아니라 서로 다른 표현형들이 나타내는 선택적 이익이라는 의미에서 정의 된다. 따라서 잡종강세로 표현되는 선택유형은 이형접합자들의 표현형에 달려 있다. 이형접합성 개체들이 양쪽 동형접합자들보다 더 극단적인 표현형을 가지고 있기 때문에, 이 질문에서 잡종강세는 방향성 선택을 나타낸다.

핵심 개념의 요약 질문

23.1 한 유전적 좌위에서 대부분의 뉴클레오타이드 변이성은 인트론들 안에서 발생한다. 인트론은 유전자 산물인 단백질을 암호화하지 않기 때문에 이들 자리에서의 뉴클레오타이드 변이성은 일반적으로 표현형에 영향을 주지 않는다. (주의: 어떤 경우에는 인트론에 생긴 변화가 RNA 스플라이싱에 영향을 줄 수 있고 그래서 궁극적으론 그 개체의 표현형에 일부 영향을 줄 수도 있다. 그러나 이러한 기작은 이 개론적 교재에서는 다뤄지지 않는다.) 엑손들에도 많은 뉴클레오타이드 변이 자리들이 있다. 그러나 엑손 내 변이 자리의 대부분은 그 유전자에 의해 암호되는 아미노산들 서열을 변경시키지 않는 DNA 서열상의 변화를 나타낸다. **23.2** 아님. 이것은 환원적 논리의 사례가 아니다. 관찰된 유전자형 빈도들로부터 p와 q를 계산하는 것은 그 유전자형 빈도들이 반드시 하디-바인베르크 평형에 있어야 한다는 것을 의미하지는 않는다. AA 유전자형의 195 개체들, Aa 유전자형의 10개체들, 그리고 aa 유전자형의 195개체들로 구성된 어느 한 집단을 생각해보자. 이 값들로부터 p와 q를 계산하면 $p = q = 0.25$ 가 측정된다. 하디-바인베르크 방정식을 이용하면 평형에서 예상되는 빈도들은, AA 유전자형은 $p^2 = 0.25$, Aa 유전자형은 $2pq = 0.5$, 그리고 aa 유전자형은 $q^2 = 0.25$다. 그 집단에 400 개체들이 있기 때문에 이 예상되는 유전자형 빈도들은 AA 개체가 100, Aa 개체가 200, 그리고 aa 개체가 100이 되어야 한다는 것을 나타내지만, 이 숫자들은 우리가 p와 q를 계산하기 위해서 이용한 값들과는 매우 다르다. **23.3** 그러한 두 집단들은 비슷한 방식으로 진화할 것 같지 않다. 그들이 환경이 매우 다르기 때문에 그 두 집단들에서 자연선택이 선호하는 대립유전자들은 서로 다를 것이다. 비록 이 두 작은 집단들에서 유전적 부동이 중요한 영향을 미치겠지만 유전적 부동은 대립유전자 빈도에 예상치 못한 변화를 주기 때문에 유전적 부동이 그 두 집단들을 비슷한 방식으로 진화하게 할 것 같지 않다. 두 집단들은 서로 지리적으로 격리되어 있기 때문에 유전자 흐름의 정도는 미미할 것이다(다시 한 번 이러한 상황은 그 두 집단들이 비슷하게 진화하게 하지는 않을 것이다). **23.4** 그러한 종의 암컷들은 수컷에 비해서 더 크고, 색상이 더 화려하고, 더 공들여 꾸며진 장식(예를 들어 공작의 꼬리와 같은 형태가 큰 특징)을 가질 것이다. 그리고 짝들의 관심을 끌기 위한 행동에 더 잘 관여하거나, 또는 다른 암컷들이 수컷 짝들을 차지하지 못하도록 방해할 것이다.

생각해보자

1. d **2.** c **3.** b **4.** a **5.** c

8. 대립유전자 lap^{94}의 빈도는 롱아일랜드 해협을 지나 남서쪽에서 북동쪽으로 가면서 증가한다. 대립유전자 lap^{94}의 빈도는 위치 1~7(해협 내)보다 위치 9~11(외해)에서 더 높다; 해협의 북동쪽 가장자리(위치 8)는 외해 위치들이 가지고 있는 것과 같이 거의 똑같은 대립유전자 lap^{94}의 빈도를 가진다.

부록 A 정답

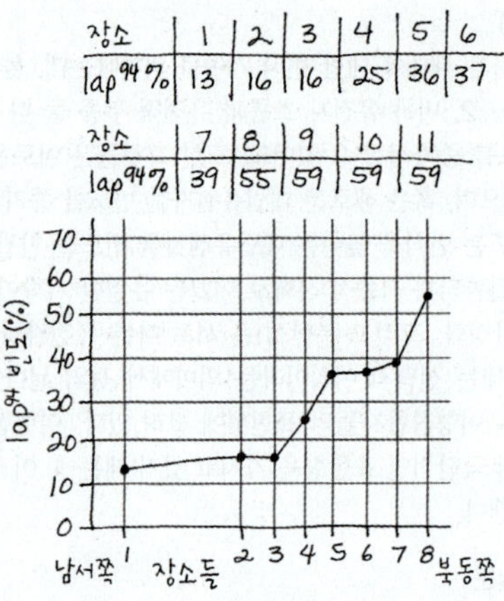

장소	1	2	3	4	5	6
lap^{94}%	13	16	16	25	36	37

장소	7	8	9	10	11
lap^{94}%	39	55	59	59	59

그래프의 모양을 설명하고 또 질문에서 명시된 관찰들을 설명하는 한 가지 가설은 서로 다른 위치에서 대립유전자 lap^{94}의 빈도는 선택과 유전자 흐름의 상호작용의 결과로 생긴다는 것이다. 이 가설에서는 그 해협의 남서쪽 부근에서 염분농도가 상대적으로 낮고 lap^{94} 대립유전자에 반대되는 자연선택이 강하다. 염분농도가 상대적으로 높은 북동쪽 방향과 외해로 이동하면서 선택은 높은 빈도의 lap^{94} 대립유전자를 선호한다. 그러나 홍합 유생이 먼 거리를 이동하기 때문에 유전자 흐름은 외해에서 lap^{94} 대립유전자가 고정되는 것을 막고 혹은 롱아일랜드 해협의 남서쪽 부근에서는 빈도가 줄어들어 영이 되는 것을 막는다.

24장

그림 문제

그림 24.7 이런 조치가 취해지지 않았다면 비슷하게 적응한 파리와 교배하려는 "전분 파리"와 "맥아당 파리"의 강한 선호가 일어났었을 것이다. 왜냐하면 파리들이 잠재적인 교배짝이 유생으로서 무엇을 먹었는지 (예를 들어 냄새 감지로) 알아챌 수 있었을 것이고 자신과 비슷한 냄새가 나는 파리와 교배하는 것을 선호했을 것이기 때문이다. **그림 24.11** 암컷이 색을 잘 구별하지 못하는 탁한 물에서 각 종의 암컷은 다른 종의 수컷과 종종 교배를 할 것이다. 따라서 이들 종 사이 잡종은 생존 가능하고 생식 능력이 있으므로 두 종의 유전자풀은 시간이 지나면서 더 비슷해질 수 있었다. **그림 24.13** 과정의 현 시점에서 집단이 서로 막 갈라지기 시작하였을 뿐이기 때문에 기존의 생식에 대한 장벽이 시간이 지남에 따라 약해질 가능성이 크다. **그림 24.18** 시간이 지나면서 실험 잡종의 염색체는 *H. anomalus*의 염색체와 닮아졌다. *H. anomalus*가 발견되는 야생의 상황과 매우 다른 실험실 상황에서 이런 일이 발생했고, 이는 실험실 상황에 유리한 선택이 강하지 않았다는 것을 말해준다. 따라서 실험 잡종의 생식능력의 관찰된 증가가 실험실 상황하의 삶에 유리한 선택 때문일 가능성은 적다. **그림 24.19** *M. lewisii*의 *yup* 대립유전자가 있는 *M. cardinalis*가 있으면 뒝벌이 두 꽈리 종 사이에서 꽃가루를 매개할 가능성이 더 커지게 될 것이다. 그 결과 잡종 자손의 수가 늘어날 것으로 예상된다.

개념 확인 문제 24.1

1. (a) 생물학적 종 개념을 제외한 모든 종 개념은 생식하는 능력이 아닌 다른 특징을 근거로 하여 종을 규정하므로 무성생식 또는 유성생식을 하는 종 모두에 적용될 수 있다. 반면에 생물학적 종 개념은 유성생식을 하는 종에만 적용 가능하다. (b) 야외 조사에서 가장 쉽게 적용할 수 있는 종 개념은 생물의 외형을 기초로 하기 때문에 형태적 종 개념일 것이다. 생태적 습성, 진화 역사와 생식에 대한 추가적인 정보가 요구되지 않는다. **2.** 이 새들은 매우 유사한 환경에서 살고, 포획 상태에서 성공적으로 교배할 수 있기 때문에 자연에서 생식적 장벽은 아마도 접합 전일 것이다. 서식지 선호에 종 사이의 차이가 있다고 하면, 생식적 장벽은 서식지 격리에서 발생되었을 것이다.

개념 확인 문제 24.2

1. 이소 종분화에서는 부모종과 지리적으로 격리되어 있는 동안 새로운 종이 형성된다. 동소 종분화에서는 지리적 격리 없이 새로운 종이 형성된다. 지리적 격리는 집단 사이의 유전자 흐름이 상당히 줄어들게 하는 반면에 동소 집단 사이에서는 지속적인 유전자 흐름은 더욱 쉽게 일어난다. 그 결과 동소 종분화가 이소 종분화보다 덜 흔하다. **2.** 같은 지역에 살고 있는 한 집단의 부분 무리 사이의 유전자 흐름은 다양한 방식으로 줄어들 수 있다. 일부 종에서, 특히 식물에서 염색체 수의 변화는 단 한 세대만에 유전자 흐름을 막고 생식적 격리를 확립할 수 있다. 또한 유전자 흐름은 (사과 과실 파리 *Rhagoletis*에서 본 것처럼) 서식지 분화와 (빅토리아 호의 시클리드에서 본 것처럼) 성적 선택에 의해서도 줄어들 수도 있다. **3.** 같은 크기라면 이소 종분화는 격리된 섬에서보다는 본토에 가까운 섬에서 일어날 가능성이 더 적을 것이다. 이런 결과를 예상하는 이유는 대륙 집단들과 가까운 섬 집단 사이에 유전자 흐름이 계속되어 이소 종분화가 일어날 정도로 충분한 유전적 분기가 일어날 기회가 줄어들기 때문이다. **4.** 모든 상동염색체가 감수 I 분열의 후기 동안 분리하지 못하면 일부 생식세포는 추가적으로 한 조의 염색체가 더 있게 된다(그리고 다른 생식세포는 염색체가 없게 된다). 한 조의 염색체가 더 있는 생식세포가 정상적인 생식세포와 융합하면 삼배체가 형성될 것이다. 한 조의 염색체가 더 있는 두 생식세포가 융합하면 4배체가 형성될 것이다.

개념 확인 문제 24.3

1. 잡종 지대는 다른 종의 구성원이 만나서 짝을 짓는 지역이며, 혈통이 혼합된 자손이 태어난다. 이런 지역은 과학자들이 생식적 격리가 생기게 하는 (또는 생기게 하지 못하는) 요인을 직접 관찰할 수 있기 때문에 종분화를 연구할 수 있는 "자연 실험실"로 볼 수 있다. **2.** (a) 잡종이 계속 생존하고 종내 교배의 자손에 비해 번식력이 약하다면, 강화가 일어날 수 있다. 그렇게 되면 자연선택은 부모종 사이의 접합 전 생식 장벽이 시간이 지나면서 강해지게 할 것이고, 적응력이 낮은 잡종의 생산이 적어지게 하고 종분화 과정이 완료되게 할 것이다. (b) 잡종 자손이 종내 교배의 자손과 마찬가지로 생존하고 번식한다면, 부모종 사이의 무차별적인 교배 때문에 많은 수의 잡종 자손이 생산될 것이다. 이런 잡종이 서로 그리고 두 부모종 모두의 구성원과 교배하기 때문에 시간이 지나면서 부모종의 유전자풀이 융합될 수 있고 종분화 과정이 되돌려 질 수 있다.

개념 확인 문제 24.4

1. 종분화 사건 사이의 기간에는 (1) 새로 형성된 종의 집단들이 생식적으로 서로 분기되기 시작하기까지 걸리는 기간과 (2) 일단 분기가 시작된 후 종분화가 완료될 때까지 걸리는 기간이 포함된다. 비록 집단들이 일단 서로 분기하기 시작하면 종분화가 빠르게 일어날 수 있지만, 분기가 시작될 때까지는 수백만 년이 걸릴 수 있다. **2.** 연구자들이 (꽃의 색에 영향을 끼치는) *yup* 좌위의 대립유전자를 한 부모종에서 다른 부모종으로 전이하였다. *M. cardinalis*의 *yup* 대립유전자가 있는 *M. lewisii*는 벌새가 일상보다 훨씬 더 많이 방문하였다. 벌새는 일반적으로 *M. cardinalis*의 수분을 매개하지만 *M. lewisii*는 피한다. 유사하게 *M. lewisii*의 *yup* 대립유전자가 있는 *M. cardinalis*는 뒝벌이 일상보다 훨씬 더 많이 방문하였다. 뒝벌은 일반적으로 *M. lewisii*의 수분을 매개하지만 *M. cardinalis*는 피한다. 따라서 *yup* 좌위의 대립유전자는 수분 매개자 선택에 영향을 끼칠 수 있다. 수분 매개자 선택은 이 종들에서 종간 교배의 1차적인 장벽이다. 그렇지만 이 실험이 *yup* 좌위만으로 *M. lewissii*와 *M. cardinalis* 사이의 생식적 장벽을 조절한다는 것을 입증하지는 않는다. 다른 유전자가 (꽃 색을 변경함으로써) *yup* 좌위의 효과를 촉진하거나 전혀 다른 생식적 장벽(예를 들어 생식세포 격리나 접합 후 장벽)이 생기게 할 수도 있다. **3.** 교차. 교차가 일어나지 않는다면 실험 잡종의 각 염색체는 F_1 세대와 똑같게 유지될 것이다. 즉 각 염색체가 한쪽 부모종의 DNA로만 구성된다.

핵심 개념의 요약 질문

24.1 생물학적 종 개념에 따르면 종은 구성원이 상호 교배하여 생존 가능하고 생식 능력 있는 자손을 낳는 집단들의 무리이고, 따라서 한 종의 집단들 사이에 유전자 흐름이 일어난다. 반면에 서로 다른 종들의 구성원들은 상호 교배하지 못하고 따라서 집단들 사이에 유전자 흐름이 일어나지 않는다. 그래서 종합적으로는 생물학적 종 개념에서 종은 유전자 흐름의 부재로 지정되는 것으로 간주될 수 있고, 유전자 흐름이 생물학적 종 개념에 중요한 중심이 되게 된다. **24.2** 동소 종분화는 다배수성, 서식지 이동, 성적 선택과 같은 요인에 의해 촉진될 수 있다. 이 요인들은 모두 큰 집단의 아집단들 사이의 유전자 흐름을 줄일 수 있다. 하지만 이런 요인들은 이소 집단에서도 일어날 수 있고, 따라서 이소 종분화를 촉진할 수도 있다. **24.3** 잡종이 선택적으로 불리할 때 부모종의 개체들이 규칙적으로 지나다니는 지역은 그들 사이의 교배로 잡종 자손이 생기어 잡종 지대로 지속될 수 있다. 잡종이 선택적으로 불리하지 않다면 계속적인 잡종 생산의 비용이 없고 많은 수의 잡종 자손이 생길 것이다. 하지만 다른 환경의 삶에 유리하게 작용하는 자연선택이 두 부모종의 유전자풀을 다르게 유지할 것이고, 따라서 (융합에 의한) 부모종의 소실을 억제하고 잡종 지대를 장시간에 걸쳐 안정되게 할 것이다.

24.4 쇠채아재비 식물, 바하마 모기고기와 사과과실파리의 예들이 보여준 대로 종분화는 오늘날도 계속 일어나고 있다. 새로운 종의 형성은 부모종의 집단들 사이에서 유전자 흐름이 감소될 때는 언제나 시작될 수 있다. 유전자 흐름의 그런 감소는 여러 방식으로 일어날 수 있다. 지리적으로 격리된 새로운 집단이 몇 이주자에서 시작될 수 있다. 부모종의 일부 구성원이 새로운 서식지를 이용하기 시작할 수도 있다. 그리고 성적 선택이 기존에 연결된 집단이나 아집단들을 격리할 수도 있다. 이런 것들과 다른 많은 그런 사건들이 오늘날도 일어나고 있다.

생각해보자

1. b **2.** c **3.** b **4.** a **5.** d **6.** c **7.** d

8. 하나의 가능성 예시.

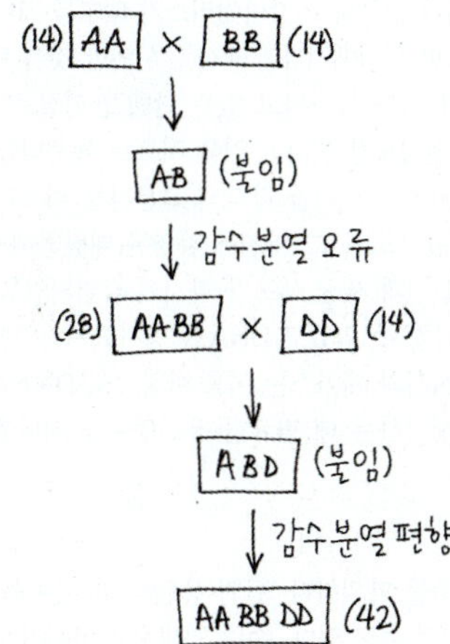

25장

그림 문제

그림 25.2 단백질은 거의 언제나 그림 5.14에 보여준 동일한 20개 아미노산으로 구성된다. 하지만 많은 다른 아미노산이 이 실험이나 다른 어떤 실험에서든 만들어질 잠재성이 있다. 예를 들어 그림 5.14에 있는 것과는 다른 R기가 있는 (하지만 여전히 하나의 α 탄소, 하나의 아미노기와 하나의 카르복실기가 있는) 어떤 분자도 아미노산이 될 것이다. 하지만 자연에서 흔히 발견되는 20개 아미노산 중 하나는 아닐 것이다. **그림 25.6** 우라늄-238의 반감기가 45억 년이기 때문에 x축은 (단위 10억 년의) 4.5, 9, 13.5, 18로 다시 표지될 것이다. **그림 25.11** 약 5억8천만 년 전(mya) 극피동물/척색동물 계통, 그리고 완족동물, 환형동물, 연체동물, 절지동물 계통으로 가는 계통수의 마디에 동그라미를 쳤을 것이다. 5억8천만 년이 추정값이지만 이 공통조상은 최소한 그 후손의 어느 것과 견주어도 최소의 추정값이다. 화석 연체동물의 연대가 약 5억6천만 년 전이기 때문에 동그라미를 친 분기점으로 표시된 공통조상은 최소 5억6천만 년 전이다. **그림 25.16** 호주판의 현재 이동 방향은 지난 6천5백만 년 동안 대륙이 이동한 북동 방향과 대략 비슷하다. **그림 25.25** *Pitx1* 유전자의 유전부호가 있는 서열은 바다와 호수 집단 사이에 다를 것이지만, 유전자 발현의 양상은 다르지 않을 것이다.

개념 확인 문제 25.1

1. 초기 지구의 환경조건에서 무기 성분에서 유기분자가 합성될 수 있었을 것이라는 가설 **2.** 개방된 용액에서 분자가 무작위로 섞이는 것과는 대조적으로 막에 의해 분자 체계가 분리되면 유기분자가 농축될 수 있어 생화학반응이 촉진되었을 것이다. **3.** 유전자의 DNA 서열이 특정 단백질 정보가 담겨 있는 mRNA를 합성하는 주형으로 사용될 때처럼 오늘날 유전정보는 일반적으로 DNA에서 RNA로 전달된다. 하지만 HIV와 같은 레트로바이러스의 생활사는 유전정보가 역방향으로(RNA에서 DNA로) 전달될 수 있다는 것을 보여준다. 이런 바이러스에서 역전사효소는 RNA를 DNA 합성의 주형으로 이용하는데, 이는 유사한 효소가 RNA 세계에서 DNA 세계로 전이되는 데 핵심적인 일을 했을 수 있다는 것을 시사한다.

개념 확인 문제 25.2

1. 22,920년(4번의 반감기: 5,730 × 4) **2.** 화석 기록은 다른 시점에는 다른 생물군이 지구의 생명을 지배했고 한때 살았던 많은 생물이 지금은 멸종했다는 것을 보여준다. 이 시점들의 특정한 예는 그림 25.5에서 찾아볼 수 있다. 화석 기록은 또한 견치류(cynodont) 조상에서 포유류가 기원한 것을 기록한 화석에 의해 설명된 것처럼 기존 생물의 점진적인 변경을 통해 새로운 생물군이 형성될 수 있다는 것도 보여준다. **3.** 그런 (가설적인) 화석생물이 발견된다면 포유류가 훨씬 더 최근에 기원된 것으로 생각되기 때문에(그림 25.7) 포유류의 기원에 대해 현재 이해하고 있는 견해가 옳지 않다고 해야 할 것이다. 예를 들어, 그런 발견은 이전에 발견한 화석의 연대가 옳지 않거나 그림 25.7에 보여준 계통이 포유류와 특징을 공유하지만 직접적인 조상이 아니라는 것을 뜻할 것이다. 그런 발견은 또한 알려진 화석 기록에서는 지지되지 않는 생각이지만 생물 골격구조의 많은 부분에서 근본적인 변화가 갑자기 생겼을 수 있다는 것도 시사할 것이다.

개념 확인 문제 25.3

1. 자유 산소는 화학결합을 공격하여 효소 활성을 저해하고 세포에 손상을 일으킬 수 있다. 그 결과 무산소 환경에서 번창했던 원핵생물은 산소가 풍부한 환경에서 힘겹게 살아남고 번식했을 것이고, 많은 종들이 멸종으로 내몰렸을 것이다. **2.** 모든 진핵생물에 미토콘드리아나 그 잔존체가 있지만 모든 진핵생물에 색소체가 있지는 않다. **3.** 현존 생물의 화석 기록은 (척추동물과 많은 해양 무척추동물과 같이) 단단한 신체 부위가 있는 많은 생물을 포함할 것이지만, 우리에게 아주 익숙한 일부 생물들이 포함되지 않을 수도 있다. 지리적 분포가 작거나 집단의 크기가 작은 생물(예를 들어, 거대 판다곰, 호랑이와 여러 종의 코뿔소와 같은 멸종위기종)을 예로 들 수 있다.

개념 확인 문제 25.4

1. 판구조론은 생물이 지리적으로 격리되는 정도는 물론 지구의 기후와 물리적 지형을 바꾸는 지구 대륙판의 이동을 설명한다. 이런 요인들이 멸종과 종분화 속도에 영향을 끼치기 때문에 판구조론(대륙 이동)은 지구생물에 중요한 영향을 끼친다. **2.** 대멸종; 주요 진화적 신형; (새로운 먹이원이 될 수 있는) 또 다른 생물군의 다양화; 경쟁종이 거의 없는 새로운 장소로 이주. **3.** 원칙적으로 흔하든 희귀하든 모든 종의 화석이 재앙적인 사건 직전까지 존재하고 사라졌을 것이다. 화석 기록이 완벽하지 않기 때문에 실제는 더욱 복잡하다. 그래서 비록 한 종이 대멸종 바로 직전에 멸종하지 않았을지라도 그 종의 가장 최근 화석은 대멸종이 있기 100만 년 전일 수 있다. 특히 이런 복잡함은 화석이 거의 형성되지 않거나 발견되지 않을 것이기 때문에 희귀종에서 흔히 발생할 것이다. 따라서 많은 희귀종의 경우 직전까지 생존했던 종이 화석 기록으로 남지 않을 수 있다.

개념 확인 문제 25.5

1. 이시성 때문에 다양한 형태 변화가 생길 수 있다. 예를 들어, 성적으로 성숙하는 시기가 달라지면 유생 특성을 보유하는 일(유형형성)이 생길 수 있다. 멕시코산 도롱뇽에서 보았듯이 유형형성은 형태에 큰 변화를 일으키는 작은 유전적 변화에 의해 초래될 수 있다. **2.** 동물 배아에서 *Hox* 유전자는 사지나 먹이를 먹는 데 이용되는 부속지와 같은 구조의 발생에 영향을 끼친다. 그 결과로 이런 유전자나 이런 유전자의 조절에서 생기는 변화가 형태에 커다란 영향을 끼칠 가능성이 있다. **3.** 유전학을 통해 유전자 조절은 전사인자가 조절요소라고 하는 유전부호 정보가 없는 DNA 서열에 얼마나 잘 결합하는지에 의해 변경된다는 것을 안다. 따라서 형태 변화가 종종 유전자 조절의 변화에 의해 이루어진다면, 유전부호 정보는 없고 조절요소는 있는 DNA 부분은 자연선택의 작용을 강하게 받을 가능성이 있다.

개념 확인 문제 25.6

1. 복잡한 구조는 한 번에 모두 진화하지 않고 자연선택이 앞선 구조의 적응적인 변화에 유리하게 작용하면서 점진적으로 진화한다. **2.** 비록 점액성 바이러스가 매우 치명적이지만, 처음부터 일부 토끼는 저항력이 있다(감염된 토끼의 0.2%는 죽지 않는다). 따라서 저항성이 유전되는 형질이라고 가정하면 토끼 집단은 바이러스에 대한 저항성이 증가하는 경향을 보여줄 것이라고 예상할 것이다. 또한 바이러스는 치사성이 낮아지는 경향을 보일 것으로 예상할 것이다. 이런 경향이 예상되는 이유는 덜 치명적인 바이러스에 감염된 토끼는 충분히 오래 살 수 있으므로 모기에 물려 다른 토끼에게 바이러스를 전파할 잠재력이 더 크기 때문이다. (모기가 바이러스를 다른 토끼에게 전파하기 전에 숙주를 죽이는 바이러스는 숙주와 함께 죽는다.)

핵심 개념의 요약 질문

25.1 몬모릴로나이트(montmorillonite) 점토의 입자는 유기분자들이 농축되어 서로

더욱 쉽게 반응되는 표면을 제공했을 것이다. 몬모릴로나이트 점토입자는 또한 짧은 RNA 가닥과 같은 핵심 분자가 소낭 안으로 이동하는 것도 촉진했을 것이다. 이런 소낭은 단순한 선구분자에서부터 자발적으로 형성될 수 있고, 스스로 "번식"과 "성장"을 하며 주위 환경과 다른 내부 분자 농도를 유지할 수 있다. 소낭의 이런 특징은 원시세포와 (궁극적으로는) 첫 생명의 세포 출현의 핵심 단계를 설명해준다. **25.2** 하나의 어려운 점은 생물이 골격이나 패각을 만드는 데 반감기가 긴 방사성 동위원소를 사용하지 않는다는 점이다. 그래서 75,000년보다 더 오래된 화석의 연대를 직접 측정할 수 없다. 화석은 흔히 퇴적암에서 발견된다. 하지만 그런 암석은 여러 연대의 퇴적물을 포함하는 것이 일반적이라 오래된 화석의 연대를 측정할 때 또 다른 어려움이 있다. 이런 어려움을 극복하기 위해 지질학자는 화석을 둘러싸고 있는 화성암층의 연대를 측정하며, 반감기가 긴 방사성 동위원소를 이용한다. 이런 방법으로 두 화성암층 사이에 끼어 있는 화석의 최저와 최고 연대를 추정한다. **25.3** "캄브리아 폭발"은 화석 기록에서 현존 동물문의 많은 형태들이 처음으로 나타난 비교적 짧은 시기(5억 3,500만~5억 2,500만 년 전)를 말한다. 큰 포식자와 방어능력이 큰 피식자의 출현 등 이 시기에 일어난 진화적 변화는 지난 5억 년에 걸쳐 생명의 역사에서 일어난 핵심 사건들 중 많은 사건을 위한 무대를 만들어 주었기 때문에 중요하다. **25.4** 화석으로 기록된 광범위한 진화적 변화는 생물의 주요 군의 부침을 반영한다. 또한 특정 군의 부침은 종형성과 멸종 속도 사이 균형의 결과이다. 구성종들이 새로운 종을 형성하는 속도가 멸종으로 구성종이 사라지는 속도보다 더 클 때 군은 크기가 커진다. 반대로 멸종 속도가 종형성 속도보다 더 크면 군의 크기가 작아진다. **25.5** 발생 유전자의 서열이나 조절의 변화는 중요한 형태 변화를 초래할 수 있다. 어떤 경우에는 그런 형태 변화가 생물이 새로운 기능을 할 수 있게 하거나 새로운 환경에서 살 수 있게 한다. 따라서 적응방산과 새로운 생물군의 형성이 일어날 가능성을 열어준다. **25.6** 진화적 변화는 생물과 현재 환경 사이의 상호작용 결과이다. 이 과정에는 목적이 관련되지 않는다. 환경이 시간이 지나면서 변하는 동안 자연선택이 유리하게 작용하는 생물의 특징도 변한다. 이런 일이 일어날 때 한 때 진화의 "목적"처럼 여겨졌던 것(예를 들어 이전에 자연선택이 유리하게 작용했던 특징의 기능 개선)이 더는 유리하지 않게 되거나 해로워질 수조차 있다.

생각해보자

1. b **2.** a **3.** d **4.** b **5.** c **6.** c **7.** a

26장

그림 문제

그림 26.2 베이링크는 감염체는 식물이 생산하는 독소이며 여과기는 통과할 수 있기는 하지만 점점 더 희석될 것이라는 결론을 얻었을 것이다. 이 경우 감염체는 복제할 수 없다.

그림 26.4

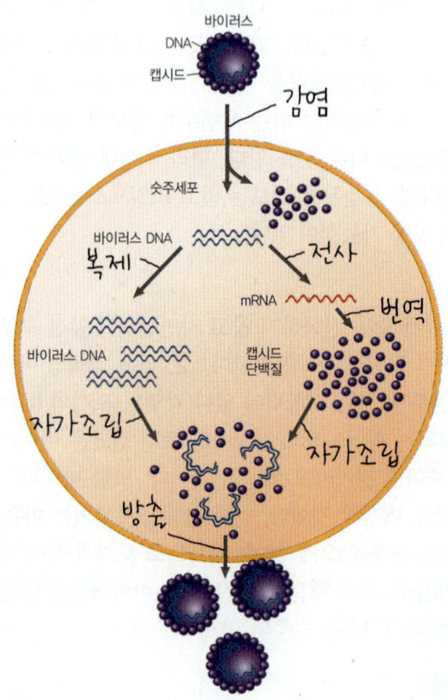

그림 26.7 독감, 홍역, 유행성이하선염 등을 일으키는 바이러스가 속하는 V 유형의 바이러스 **그림 26.8** HIV가 결합하는 세포 표면의 주요 수용체는 CD4라는 단백질이다. 그러나 HIV는 보조수용체로 CCR5라 불리는 단백질도 결합에 필요로 한다. HIV는 이들 두 종류의 단백질에 모두 결합한 다음 세포 안으로 들어간다. 연구자들은 여러 번 HIV에 노출이 되어도 이 바이러스에 감염되지 않는 사람들을 연구함으로써 이와 같은 과정을 알아낼 수 있었다. CCR5 단백질 유전자에 돌연변이가 일어나서 보조수용체의 역할을 하지 못하기 때문에 HIV가 세포 안으로 들어가지 못한다.

개념 확인 26.1

1. TMV 바이러스는 한 분자의 RNA 가 나선형 배열을 한 단백질로 둘러싸인 구조를 한다. 독감바이러스는 여덟 개의 RNA 분자가 나선형 배열을 한 단백질로 둘러싸여 있다. TMV 바이러스는 외피가 없으나 독감바이러스가 외피를 지니는 것이 또 다른 차이점이다. **2.** 허시와 체이스의 실험에서 T2 파지를 선택한 것은 탁월한 선택이었다. 왜냐하면 T2 파지는 DNA와 이를 둘러싸고 있는 단백질 껍질로만 구성되기 때문이다. DNA와 단백질이 바로 유전정보를 지니고 있을 것으로 예측되었던 두 가지 후보 물질이었다. 허시와 체이스는 파지에서 이들 각각의 고분자를 따로따로 방사능 표지를 할 수 있었고 방사능을 따라 감으로써 T2 파지에 감염된 대장균에서 대장균과 파지의 성분을 구별할 수 있었다. 그 결과 세균 세포가 파지에 감염되었을 때에 DNA만이 세포 안으로 들어가는 것을 확인할 수 있었고 DNA를 방사표지하였을 때에만 자손 파지에서 방사능이 검출되었다. 허시와 체이스는 이를 바탕으로 DNA가 파지가 세포를 재프로그램하고 자손 파지를 생성하는 데 필요한 유전정보를 지니고 있다는 결론을 내렸다.

개념 확인 26.2

1. 용균성 파지는 항상 숙주를 파괴한다. 반면 용원성 파지는 숙주를 파괴하는 경우도 있지만 숙주 염색체로 삽입될 수도 있다. 숙주 염색체로 바이러스 DNA가 삽입되는 경우 삽입된 바이러스 DNA(프로파지)는 숙주 염색체의 일부로 복제된다. 특정한 조건에서 프로파지는 숙주 염색체에서 절제되어 새로운 용균성 증식회로를 시작한다. **2.** 그림 17.9의 바이러스 RNA 중합효소와 세포의 RNA 중합효소 모두 주형 가닥에 대하여 상보적인 서열을 지닌 RNA 분자를 합성한다. 그러나 세포의 RNA 중합효소는 DNA 이중 나선의 한 가닥을 주형으로 사용하는 반면 바이러스 RNA 중합효소는 바이러스 유전체를 구성하는 RNA를 주형으로 사용한다. **3.** 이 바이러스가 RNA 유전체에서 DNA를 합성하기 때문이다. 이는 DNA에서 RNA로 정보가 전달되는 방향과 역(retro) 방향이다. **4.** 여러 단계에서 억제될 수 있다. 세포에 바이러스가 결합하는 단계, 역전사효소의 기능, 숙주세포 염색체로 바이러스 유전체의 삽입, 유전체 합성(이 경우 삽입된 프로바이러스에서 RNA가 합성되는 과정), 세포 안에서의 바이러스 입자 조립, 바이러스의 방출 등. (이 단계 전부는 아니지만 이들 가운데 많은 부분이 실제 HIV에 감염된 사람들에게서 감염의 진행을 막기 위한 신약의 표적이 되고 있다.)

개념 확인 26.3

1. 돌연변이가 일어나면 동물이 원래의 균주에 감염된 적이 있더라도 면역계가 더 이상 이 바이러스에 효과적으로 대응할 수 없는 형태의 새로운 바이러스 균주가 만들어질 수 있다. 바이러스는 한 종에서 다른 종의 숙주로 숙주의 변이를 일으킬 수 있다. 아주 적은 수의 바이러스가 존재하여 숙주에게 별로 영향을 미치지 못하다가도 숙주 집단이 조밀해지면서 새롭게 유행병을 일으킬 수도 있다. **2.** 수평전파에서 식물은 초식동물이 손상을 가한 표피세포 등을 통해 외부에서 들어온 바이러스에 감염된다. 수직전파에서 식물은 감염된 종자(유성생식의 경우)나 감염된 개체의 꺾꽂이(무성생식의 경우) 등으로 부모 개체에서 다음 세대로 바이러스가 전달할 수 있다. **3.** 인간은 TMV에 감염되는 숙주범위에 들어 있지 않아서 이 바이러스에 감염될 수 없다. (TMV는 사람 세포에 결합할 수 없으므로 감염시키지 못한다.)

개념 확인 문제의 요약

26.1 바이러스는 숙주세포 바깥에서는 복제될 수 없기 때문에 일반적으로 무생물로 간주된다. 복제를 하려면 바이러스는 숙주가 지니는 효소와 자원을 이용할 수 있어야 한다. **26.2** 단일가닥 RNA 바이러스는 자신의 유전체 RNA를 주형으로 RNA를 합성할 수 있는 RNA 중합효소가 있어야만 한다. (세포의 RNA 중합효소는 DNA를 주형으로 RNA를 합성한다.) 레트로바이러스는 RNA 주형을 이용하여 DNA를 합성하는 역전사효소가 있어야 한다. (일단 첫 번째 DNA 가닥이 만들어지면 같은 효소가 두 번째 DNA 가닥도 합성할 수 있다.) **26.3** RNA 바이러스의 돌연변이 발생율은 DNA

바이러스보다 높다. RNA 중합효소는 교정판독 기능이 없어 복제 과정에서의 실수가 수정되지 않기 때문이다. 돌연변이 발생률이 높다는 것은 RNA 바이러스가 DNA 바이러스보다 빠른 속도로 변할 수 있다는 것을 의미한다. 이러한 특성은 RNA 바이러스가 쉽게 숙주범위를 바꾸거나 숙주의 면역방어체계를 쉽게 피할 수 있도록 한다.

생각해보자

1. c **2.** d **3.** c **4.** c **5.** b

6. 아래 그림처럼 상보적인 RNA 가닥을 합성하지 않고도 바이러스 유전체에서 직접 캡시드 단백질과 외피의 당단백질이 합성될 수 있다. 그러나 상보적인 RNA 가닥도 여전히 만들어지는데 이들 상보적 가닥이 주형으로 작용하여 새로운 바이러스 유전체가 많이 복제될 수 있다.

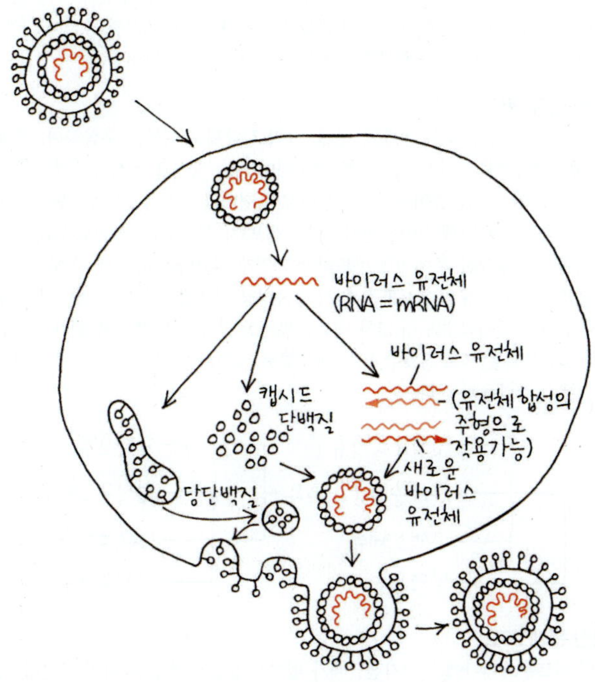

27장

그림 문제

그림 27.10 유전자의 발현 또는 유전자의 서열이 포도당 대사를 변화시키는 데 영향을 줄 수 있다. 더 이상 세포에서 필요로 하지 않는 대사 과정에 관여하는 유전자 또한 변했을 가능성이 있다. **그림 27.11** 형질도입은 숙주와 수용세포가 서로 다른 종인 경우 수평 유전자 전달을 야기한다. **그림 27.15** 진핵생물 **그림 27.17** 호열성 생물은 매우 뜨거운 환경에서 자라기 때문에 이들 효소는 다른 생물에서 합성되는 효소가 기능을 잃어버리는 높은 온도에서도 작용할 수 있다. 그러나 낮은 온도에서 호열성 생물의 효소는 다른 생물의 효소만큼 잘 작용하지 못할 수도 있다. **그림 27.18** 그래프에서 식물이 흡수하는 양은 균주 1, 2, 3 각각 0.7, 0.6, 0.95 (mg K^+)로 추정할 수 있다. 이들 값의 평균은 0.75 mg K^+로 계산된다. 만일 세균이 포타슘 흡수에 영향을 주지 않는다면 이들 균주 1, 2, 3가 포함된 흙에서 식물이 포타슘을 흡수한 양이 세균이 없는 토양에서의 흡수량인 0.5 mg K^+ 정도여야 한다.

개념 확인 27.1

1. 원핵생물의 적응 사례로 숙주의 면역계로부터 원핵생물을 보호해 주는 협막과 열악한 조건에서 세포가 생존하여 환경이 개선되었을 때 다시 살 수 있도록 하는 내생포자를 들 수 있다. **2.** 원핵세포는 진핵세포와 달리 세포 내부가 막으로 구별되어 있지 않다. 원핵세포의 유전체는 진핵세포의 유전체보다 DNA의 함량이 훨씬 적고 대부분 막으로 둘러싸인 핵이 없으며, 핵양체라 불리는 특정 위치에 하나의 원형 염색체를 지닌다. 더불어 많은 원핵생물이 적은 수의 유전자를 지니는 작은 원형 DNA 분자인 플라스미드를 지닌다. **3.** 엽록체와 같은 색소체는 내공생하게 된 광합성 원핵세포에서 진화한 것으로 생각되고 있다. 특히 그림 22.21에 나타난 계통수를 바탕으로 할 때 색소체는 남세균과 긴밀하게 연관되어 있다. 따라서 엽록체의 틸라코이드막이 남세균의 구조와 비슷한 것은 엽록체가 남세균의 내공생체이기 때문이라는 가설을 세울 수 있다.

개념 확인 27.2

1. 원핵생물의 집단은 그 크기가 엄청나다. 이는 부분적으로 세대 시간이 짧기 때문이다. 원핵생물 집단에서 많은 수의 개체는 각 세대마다 특정 유전자에 새로운 돌연변이를 지니는 개체를 수천 마리 정도 생성할 수 있다. 따라서 집단의 크기가 거대하기 때문에 집단 내에 상당한 수준의 유전적 다양성이 확보될 수 있다. **2.** 형질전환은 세균세포가 환경으로부터 외래 DNA 분자를 그대로 받아들이는 과정이다. 형질도입에서는 파지가 한 세균 세포에서 다른 세균 세포로 세균 유전자를 옮겨준다. 접합에서는 세균세포가 일시적으로 두 세포를 이어주는 접합통로를 이용하여 다른 세포에 직접 플라스미드 또는 염색체 DNA를 전달한다. **3.** 접합 가능한 개체를 포함하는 집단이 아마 더욱 성공적일 것이다. 이들 구성원 일부가 재조합 세포를 형성할 수 있으며 이 과정에서 만들어진 새로운 유전자 조합이 새로운 환경에 이점을 줄 수도 있기 때문이다. **4.** 맞다. 항생제 내성 유전자는 (형질전환, 형질도입, 접합 등의 과정을 통해) 비병원성 세균에서 병원성 세균으로 전해질 수 있다. 이러한 사실로 인해 병원체는 인류 건강에 더 큰 위협으로 간주될 수 있다. 일반적으로 형질전환, 형질도입, 접합은 저항성 유전자를 더욱 널리 퍼뜨리는 요인이 된다.

개념 확인 27.3

1. 광영양생물은 빛에서 에너지를 얻는 반면 화학영양생물은 화학물질에서 에너지를 취한다. 독립영양생물은 무기물(주로 CO_2)에서 탄소 공급을 받는 반면 종속영양생물은 유기물에서 탄소원을 얻는다. 따라서 광독립영양, 광종속영양(원핵생물에만 존재), 화학독립영양(원핵생물에만 존재), 화학종속영양의 네 가지 영양방식이 존재한다. **2.** 화학종속영양: 세균은 에너지원으로 화학물질을 이용해야 한다. 빛이 없기 때문에 유기 탄소원이 필요하다면 CO_2(또는 또 다른 탄소원인 중탄산염)에서 얻는 대신 종속영양방식을 취할 것이다. **3.** 사람이 질소를 고정할 수 있다면 대기 중의 질소 가스를 사용하여 단백질을 합성할 수 있을 것이고 따라서 육류나 어류와 같은 고단백 식품을 섭취할 필요가 없게 될 것이다. 그러나 우리의 식생활은 무기물과 물과 함께 탄소원을 요구한다. 따라서 전형적인 식사를 보면 탄소원으로 탄수화물이 있을 것이고 이와 함께 필수 무기질(그리고 추가적인 탄소공급원으로)을 제공하는 과일과 야채를 먹게 될 것이다.

개념 확인 27.4

1. 분자계통분류학이 발달하기 전에 분류학자들은 원핵생물을 표현형적 특징을 바탕으로 분류했다. 이와 같은 표현형적 특징은 진화적 연관관계를 나타내지 않는다. 진화적 연관관계를 근거로하는 분자계통분류학 연구를 통해 과거에 세균으로 분류되던 생물체가 진핵생물과 더욱 긴밀하게 연관되어 있다는 것을 알게 되었고 이는 고세균이라는 새로운 별도의 영역으로 분리시키게 되었다. 이와 같은 연구는 또한 수평적 유전자 전달이 흔히 일어나는 과정이며 원핵생물의 진화에 중요한 역할을 담당했다는 사실을 알려주었다. **2.** 지금까지 알려진 모든 메탄생성균은 고세균으로 유리고세균문에 속한다. 이는 유리고세균문 내의 오래된 종에서 메탄을 생성하는 독특한 대사 경로가 형성되었음을 시사한다. 진정세균과 고세균은 수십억 년 동안 서로 다른 진화 경로를 밟아왔으므로 진정세균 영역에서 메탄생성균이 발견되었다는 사실은 H_2를 산화해서 CO_2를 만들 수 있는 적응 메커니즘이 적어도 두 차례, 한 번은 고세균의 유리고세균문에서 그리고 또 한 번은 진정세균에서 발생했다는 것을 의미하는 것일 수 있다. (그러나 새로 발견된 메탄생성 진정세균이 수평적 유전자 전달을 통해 고세균 영역의 메탄생성균에서 이와 같은 대사 과정에 관계하는 유전자를 획득했을 가능성도 있다. 그러나 수평적 유전자 전달을 통해 이 과정에 관여하는 수많은 유전자가 다른 영역에 속하는 종 사이에 전해졌을 가능성은 그리 높지 않다 하겠다.)

개념 확인 27.5

1. 원핵생물은 작지만 수가 많고 대사능력이 다양해서 쓰레기를 분해하고, 화학물질을 재생하며 다른 생물이 쓸 수 있는 형태로 영양물질을 생성하는 등 생태계에서 핵심적인 역할을 한다. **2.** 남세균은 물을 광분해하여 산소를 생성한다. 캘빈회로를 통해 대기 중의 이산화탄소를 유지분자인 당으로 전환한다.

개념 확인 27.6

1. 답안 예시: 요거트, 효모로 만든 빵, 치즈 등과 같은 발효 음식을 먹을 수 있는 것; 하수처리를 하여 깨끗한 물을 얻는 것; 세균이 생산한 약을 먹는 것 등 **2.** 알 수 없다.

외독소로 독성성분이 분비되는 경우 독소를 분비한 살아 있는 세균이 다른 사람에게 전파될 수 있다. 그러나 내독소의 경우에도 이는 마찬가지다. 내독소라면 이 경우에는 독소를 생성하는 세균이 분열하여 일부는 죽어서 내독소를 만들어내더라도 또 다른 일부는 다른 개체를 감염시킬 수 있다. **3.** 여러 원핵생물종에서 일부는 사람의 장에 서식하면서 사람이 먹는 음식과 같은 자원을 빼앗는다. 원핵생물종마다 적응 양상이 다르므로 먹는 습관을 바꾸면 변화된 환경에서 가장 먼저 성장할 수 있는 종으로 번성하는 종의 양상이 바뀌게 된다.

핵심 개념의 요약 질문

27.1 원핵생물은 특별한 구조적 특징을 지님으로써 다양한 환경에서 살아갈 수 있다. 예를 들면 세포벽은 형태를 유지하고 외부 환경으로부터 세포를 보호하며, 편모를 통해 원하는 곳으로 이동할 수 있다. 협막이나 내생포자를 형성할 수 있기 때문에 자신을 열악한 조건에서 보호할 수 있다. 원핵생물은 또한 다양한 조건에서 생장할 수 있는 생화학적 적응력을 지니고 있어 매우 온도가 높거나 염분이 높은 환경에서도 견딜 수 있다. **27.2** 많은 원핵생물 종은 매우 빠르게 증식하여 집단의 크기가 수백억 세포에 달할 수 있다. 그 결과 돌연변이가 드물게 나타난다 해도, 매일 수많은 자손이 생겨나므로 특정 유전자 좌위에 새로운 돌연변이를 지니는 자손 또한 포함될 가능성이 높다. 이와 더불어 원핵생물이 무성생식을 통해 번식하므로 대부분의 자손은 부모와 유전적으로 동일하다고는 하나, 서로 다른 종 사이의 형질도입, 형질전환, 접합 등과 같은 과정을 통해 집단의 유전적 변이가 높아질 수 있다. **27.3** 원핵생물은 매우 광범위한 대사적 적응을 보인다. 원핵생물 집단에는 네 가지 영양 방식(광독립영양, 화학독립영양, 광종속영양, 화학종속영양)이 모두 포함되어 있다. 반면 진핵생물에는 단 두 종류의 영양방식(광독립영양, 화학종속영양)만 포함된다. 원핵생물은 또한 질소를 대사하여 여러 가지 다양한 형태로 전환하며(이 역시 진핵생물에서는 가능하지 않다), 같은 종 또는 서로 다른 종 사이에서 대사적으로 서로 협력하며 살아가는 모습을 보인다. **27.4** 모양, 운동성, 영양방식 따위의 표현형적 기준은 원핵생물의 진화적 과정을 이해하는데 명확한 정보를 제공하지 못한다. 반면 분자 수준의 자료를 통해 원핵생물의 여러 분류군 사이의 유연관계를 밝혀낼 수 있었다. 분자 수준의 자료는 또한 연구자들이 환경에서 직접 유전자 시료를 채취해서 얻어낼 수도 있다. 이와 같은 방법으로 계통수를 구성하는 방식으로 원핵생물의 주요한 새로운 분류군들을 발견할 수 있었다. **27.5** 원핵생물은 지구상의 생명이 유지될 수 있는 원천인 물질의 화학적 순환에 핵심적인 역할을 한다. 예를 들어 원핵생물은 주요 분해자로서 동물 사체나 노폐물질을 분해해서 영양물질을 환경에 되돌려줌으로써 다른 생물들이 활용할 수 있게 한다. 원핵생물은 또한 무기화합물을 전환해서 다른 생물체들이 사용할 수 있는 형태로 만든다. 원핵생물의 생태적 상호작용을 살펴보면, 많은 원핵생물이 다른 생물종들과 생명을 지속하게 하는 상리공생 관계를 맺고 있다. 일례로 열수공 군집을 살펴보면, 원핵생물의 대사활동은 수백 종의 다른 생물이 살아가는 에너지원을 제공한다. 여기서 원핵생물이 사라지는 것은 군집 전체의 생존에 위협 요인이 된다. **27.6** 사람의 웰빙은 우리와 상리공생하는 원핵생물에 달려 있다. 이들은 우리의 장에 서식하며 우리가 소화시키지 못하는 음식물을 분해한다. 사람들은 또한 원핵생물의 놀랍도록 다양한 대사 능력을 활용하여 매우 다양한 유용 산물을 생산한다. 원핵생물의 해로운 영향은 주로 질병을 일으키는 세균 병원체에 의해 나타난다.

생각해보자

1. d **2.** a **3.** c **4.** c **5.** b **6.** a

28장

그림 문제

그림 28.3 네 배. 첫 번째(이며 일차적인) 유전체는 클로라라크니오조류의 핵에 존재하는 DNA이다. 또한 클로라라크니오조류는, 핵소체(nucleomorph)에 위치한, 녹조류 핵의 흔적 DNA를 가진다. 마지막으로, 미토콘드리아와 엽록체는(다른) 세균으로부터 진화된 DNA를 갖는다. 이들 두 원핵생물 유전체는 클로라라크니오조류 내에 존재하는 세 번째와 네 번째 유전체를 구성한다. **그림 28.13** 도표에서, 정자세포는 단일 유주자의 무성적(체세포) 분열에 의해서 수컷배우체가 스스로 만들어졌고 하나의 수컷배우체에서 무성적(체세포) 분열에 의하여, 만들어진다. 그래서 모든 정자세포는 하나의 유주자로부터 유래했기 때문에 유전적으로 서로 동일하다. **그림 28.16** 분열소체는 반수체 포자소체의 무성적 세포분열(체세포분열, 유사분열)로 만들어진다; 유사하게 생식모세포도 분열소체의 무성적 세포분열로 생성된다. 여기서 이 세 단계의 각 단계는 동일한 유전자가 관계하고 있고 세 단계에서 만들어지는 형태적인 차이는 유전자 발현의 변화 때문이다. **그림 28.23** 다음 단계들이 동그라미로 표시되어야 한다: 6번째 단계에서는 성숙한 세포가 유사분열을 거쳐 네 개 이상의 딸세포를 형성한다. 7번째 단계에서는 유주자가 생장해서 결과적으로 성숙한 반수체 세포가 되지만 새로운 딸세포를 생성하지는 않는다. 비슷하게, 2번째 단계에서 성숙한 세포는 배우자로 생장하지만 새로운 딸세포를 생산하지는 않는다. **그림 25.24** 만약 이 가정이 옳다면, 그 결과는 DHFR-TS 유전자가 융합하여 진핵생물의 3가지 상위그룹(섭식구굴착류, SAR 분기군, 그리고 고색소체류)이 공유하는 파생형질을 나타낼 것이다. 그러나 이 가정이 옳지 않다면, 유전자 융합의 존재 유무가 계통의 역사에 대해 주는 정보가 거의 없을 것이다. 예를 들어, 만약 유전자 융합이 여러 번 일어났다면, 해당 그룹은 공동후손이라기 보다는 수렴진화로 인하여 형질을 공유하게 될 것이다. 만약 유전자가 2차적으로 분리되었다면, 그렇게 분리된 그룹은 다른 3가지 상위그룹 중의 하나에 정확히 배치되기 보다는 단편모류에(부정확하게) 배치될 수 있을 것이다.

개념 확인 문제 28.1

1. 가능한 대답: 원생생물은 단세포, 군체, 그리고 다세포 생물을 포함하며; 광독립영양생물, 종속영양생물, 그리고 혼합영양생물이며; 유성생식과 무성생식 혹은 두 가지 생식을 모두 보이는 생물종이며; 다양한 신체적 형태와 적응을 보이는 생물이다. **2.** 진핵생물은 숙주세포(고세균이나 원시고세균 세포)가 최초로 알파 프로테오세균을 삼켜서 공생관계를 형성한 후에 미토콘드리아를 얻게 되었다는 강력한 증거가 있다. 비슷하게 홍조류와 녹조류의 엽록체는 원시 종속영양 진핵생물이 삼킨 광합성 남세균의 후손에서 진화한 것처럼 보인다. 2차 내부공생은 또한 중요한 역할을 했다: 여러 가지 원생생물 계열들은 단세포 홍조류 또는 녹조류를 삼켜서 그 색소체를 얻게 되었다. **3.** 변형된 계통수는 다음과 같다:

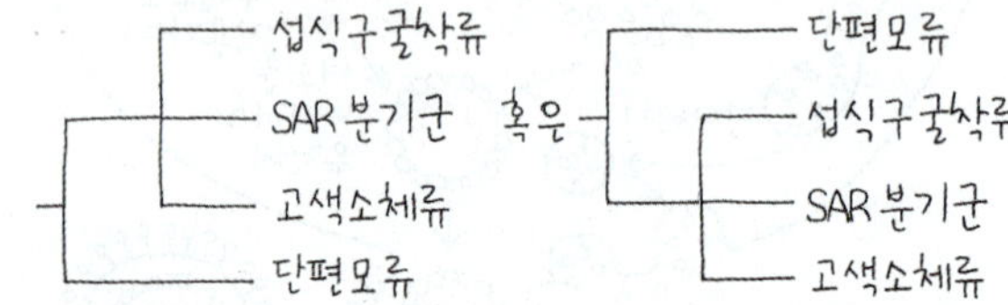

개념 확인 문제 28.2

1. 그들의 미토콘드리아에는 전자전달계가 없어서 유산소 호흡을 하지 못한다. **2.** 알려지지 않은 원생생물은 유글레나류보다는 중복편모충류와 더 유연관계가 가깝기 때문에 그 원생생물은 중복편모충류와 부기저체류가 유글레나류로부터 분지된 이후에 진화한 것이 틀림없다. 게다가, 알려지지 않은 종은 완전한 기능을 하는 미토콘드리아가 있기 때문에—물론 중복편모충류와 부기저체류는 미토콘드리아가 없다—알려지지 않은 종은 중복편모충류와 부기저체류의 최근 공통조상 이전에 진화한 것 같다.

개념 확인 문제 28.3

1. 유공충의 껍질이 탄산칼슘으로 딱딱해진 것이므로 해양의 퇴적물과 퇴적암에 장기간 존속하는 화석이 된다. **2.** 색소체 DNA는, 진핵생물 색소체(가령 진핵생물군의 명세포에서 발견되는 것들)는 진핵생물이 남세균을 삼킨 내부공생 사건에 의해서 기원했다는 잘 지지되는 가설에 근거해서, 남세균의 염색체 DNA에 더 가까운 것 같다. 만약에 색소체가 남세균에서 유래했다면 그 DNA는 세균 DNA에서 유래했을 것이다. **3.** 그림 13.6b. 세대교번을 거치는 조류와 식물은 다세포의 반수체 단계와 다세포 이배체 단계를 가진다. 다른 두 개의 생활사에서는 반수체 단계나 이배체 단계가 단세포이다. **4.** 광합성 동안, 호기성 조류는 이산화탄소를 쓰고 산소를 만든다. 산소는 광반응의 부산물로 만들어고 이산화탄소는 캘빈사이클(최종산물이 당이다)에서 투입되어 사용된다. 호기성 조류는 또한 세포호흡을 수행하는데 산소가 투입되어 사용되고 이산화탄소가 폐기물로 만들어진다.

개념 확인 문제 28.4

1. 많은 홍조류는 홍조소라는 보조색소가 있어서 붉은색을 띠고 상대적으로 깊은 연안해역에서 광합성할 수 있게 한다. 갈조류와 달리, 홍조류는 생활사에 편모 단계가 없어서 수정하기 위해서 생식세포를 모아주는 물의 흐름에 의존해야만 한다. **2.** 갈파래(*Ulva*)의 엽상체는 많은 세포로 되어있고, 잎과 같은 엽신과 뿌리와 같은 부착기로 분화되어 있다. 반면에, 옥덩굴(*Caulerpa*)의 엽상체는 세포를 구분하는 세포벽인 횡단벽이 없는 다핵성 섬유체로 구성되어 있어서 기본적으로 하나의 큰 세포에 불과하다.

3. 홍조류는 생활사에 편모 단계가 없어서 수정하기 위해서 생식세포를 모아주는 물의 흐름에 맡겨야만 한다. 이런 생물학적 특징으로 인해 육지에서는 번식하기 어렵다. 대조적으로, 녹조류의 배우자는 편모가 있기 때문에 얕은 물에서도 유영할 수 있다. 게다가, 다양한 녹조류는 강한 햇빛과 다른 육상환경에서 그들을 보호하는 물질이 세포질, 세포벽, 그리고 접합자의 외피에 있다. 이런 것들로 인해 녹조류의 후손이 육지에서 생존할 가능성을 높였다.

개념 확인 문제 28.5

1. 아메보조아류는 귓불 혹은 관모양의 위족이 있는 반면에 유공충은 실 같은 위족이 있다. **2.** 점균류는 포자가 분산하는 것을 돕는 자실체를 형성한다는 점에서 균류와 유사하고, 이동하고 먹이를 섭취하는 점에서 동물과 유사한다. 그러나 점균류는 균류와 동물보다는 관아메바와 기생아메바에 더 가깝다. **3.** 지지한다. 단편모류는 많은 섭식구굴착류가 공유하고 있는 독특한 세포골격의 특징이 없다(개념 28.2 참조). 그래서 단편모류가 다른 진핵생물로부터 분지한 최초의 진핵생물이라면(그림 28.24에 본 것처럼), 진핵생물의 공통조상은 오늘날 많은 섭식구굴착류에서 발견되는 세포골격이 없었을 것이다. 이런 결과는, 그들이 단일계통군인 섭식구굴착류의 구성원이기 때문에, 많은 섭식구굴착류가 세포골격의 특징을 공유하고 있다는 사실을 강화할 것이다.

개념 확인 문제 28.6

1. 광합성 원생생물은 수계 먹이그물의 기반이 되기 때문에, 많은 수서생물은 먹이를 위해서 직간접적으로 먹이그물에 의존하고 있다. (또한 지구상에서 광합성으로 생성된 산소의 상당한 양은 광합성 원생생물이 생산한 것이다.) **2.** 원생생물은 다른 생물과 상리공생 또는 기생공생의 관계를 형성한다. 그 예로서 광합성 와편모류는 산호폴립과 상리공생 관계를 형성하고, 흰개미와 상리공생을 하는 부기저체류, 참나무에 기생공생하는 부등편모류인 *Phytophora ramorum*이 있다. **3.** 산호는 양분섭취 때문에 그들의 공생자인 와편모류에 의존하고 있어서, 산호의 백화현상(bleaching)은 산호의 죽음을 예견할 수 있다. 산호가 죽게 되면 어류와 산호를 먹이로 하는 다른 종의 먹이가 적어질 것이다. 그 결과, 이러한 종의 개체군이 쇠퇴할 것이고 차례로 그 종의 포식자 개체군이 쇠퇴할 것이다. **4.** 아마도 일어났을 진화적 변화에 대한 두 접근법은 다르다. 열원충(*Plasmodium*)의 감염에 저항성을 가지며 모기를 해치지 않는 *Wolbachia* 균주는 모기 개체군에서 빠르게 전파했을 것이다. 이 경우, *Wolbachia*에 의한 감염 저항성을 극복했을 모든 열원충 개체가 자연선택되었을 것이다. 만약 살충제가 사용되었다면, 살충제에 저항성을 갖는 모기가 자연선택되었을 것이다. 그러므로 *Wolbachia*를 사용했다면 열원충 개체군의 진화를 야기했을 것이고, 살충제를 사용했다면 모기 개체군의 진화를 일으켰을 것이다.

핵심 개념의 요약 질문

28.1 견본 답안: 원생생물, 식물, 동물과 균류의 세포는, 원핵생물의 세포와 달리, 핵과 다른 막으로 둘러싸인 세포소기관을 가진다는 점에서 서로 유사하다. 이 막으로 둘러싸인 세포소기관 때문에 진핵생물의 세포가 원핵생물의 것보다 더 복잡하다. 원생생물과 다른 진핵생물은 그들이 섭식하고, 움직이고 생장할 때 형태를 변화시켜주고, 몸이 비대칭적 형태가 될 수 있도록 해주는 잘 발달된 세포골격을 가지고 있다는 점에서 원핵생물과 차이가 난다. 원생생물과 다른 진핵생물의 차이점은, 동물과 식물 그리고 대부분의 균류와 다르게 대부분의 원생생물은 단세포라는 점이다. 원생생물은 또한 다른 진핵생물보다 먹이에 대한 엄청난 영양적 다양성을 가진다. **28.2** 많은 섭식구굴착류는 독특한 세포골격 특징을 공유한다. 뿐만 아니라, 섭식구굴착류의 일부는 이 그룹의 이름이 유래한 굴착된 섭식구를 가진다. DNA증거는 섭식구굴착류 그룹을 강력히 지지하거나 부정하지 않는다. 전체적으로 이 그룹에 대한 증거가 상대적으로 빈약하다. **28.3.** 부등편모류와 피하낭류는 2차 내부공생으로 기원했다는 가설이 제기된다. 이 가설에 따라, 이 두 그룹의 공통조상은 색소체를 가졌고, 이 경우가 홍조류의 기원이라고 추론할 수 있다. 그래서 정복합포자충(과 피하낭류 혹은 부등편모류)는 진화과정에서 색소체를 가지게 되었거나 잃었을 것으로 기대할 수 있다. **28.4** 홍조류와 녹조류, 육상식물은 같은 상위그룹에 위치한다. 왜냐하면 이 생물들 모두 남세균 내부공생자를 획득한 원시 종속영양성 원생생물의 동일한 조상으로부터 유래했다는 상당한 증거가 있기 때문이다. **28.5** 단편모류는 다양한 진핵생물 그룹으로 동물과 균류 이외에 많은 원생생물이 포함된다. 단편모류에 속한 대부분의 원생생물은 아메보조아류로(근족사상류의 실같은 위족과 반대되는) 잎모양이나 관모양의 위족을 갖는 아메바 분기군이다. 단편모류에 속한 다른 원생생물은 진균류와 유연관계가 높은 일부 그룹과 동물과 유연관계가 높은 다른 일부의 그룹이 포함된다. **28.6** 견본 답안: 생태적으로 중요한 원생생물은 광합성 와편모류가 포함된다. 이들은 생태적 협조자인, 산호초를 형성하는, 산호에게 필수적인 에너지원을 제공한다. 다른 중요한 원생생물 공생자는 흰개미가 목재를 소화할 수 있도록 도와주는 원생생물과 말라리아를 일으키는 병원체인 열원충(*Plasmodium*) 등이 포함된다. 규조류 같은 광합성 원생생물은 수서군집에서 가장 중요한 생산자이다. 가령, 수서환경에서 많은 다른 종들이 먹이로써 규조류에 의존한다.

생각해보자

1. d **2.** b **3.** b **4.** d **5.** d **6.** c

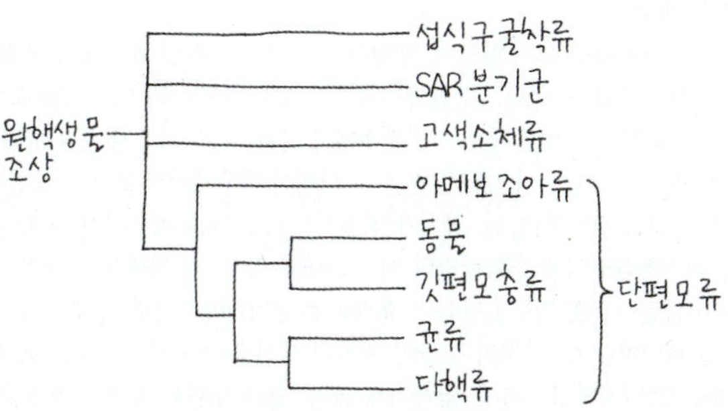

인간과 상대적으로 최근 공통조상을 공유한 병원체들은, 인간의 신진대사와 구조적 특징도 공유했을 것이다. 약은 병원체의 신진대사 또는 구조를 겨냥하기 때문에, 우리 인간과 가장 최근의 진화역사를 공유하는 병원체를 겨냥한 약을 개발하는 것은 가장 어려운 일이다. 시간을 거슬러 올라가, 계통수를 이용해서 인간이 다른 분류군에 속한 병원체와 공유한 공통조상을 결정하거나 순서를 매길 수 있다. 이런 과정에서 동물 병원체에 대항할 약을 개발하는 것이 가장 어렵고, 다음으로 깃편모충 병원체, 균류와 다핵류 병원체, 아메보조아류, 다른 원생생물 그리고 마지막으로 원핵생물 병원체의 순서로 대항할 약의 개발이 어려울 것이라는 예측을 가져온다.

29장

그림 문제

그림 29.2 그림 29.2에서 육상식물은 차축조류의 일부가 아니라 차축조류의 자매군임을 보여준다. 그러나 현재의 증거는 육상식물이 차축조류 내에서 발전하였음을 보여준다. 따라서 육상식물은 차축조로 진화한 군과 공통조상으로부터 발전하였음을 의미한다. 따라서 육상식물을 차축조류에서 제거하면 차축조류는 측계통군이 된다. **그림 29.3** 그림 13.6b의 생활사가 세대교번을 가지고 있고, 다른 것들은 그렇지 못하다. 동물생활사(그림13.6a)와는 달리 세대교번에서는 감수분열이 배우체가 아닌 포자를 생산한다. 이들 포자는 계속 체세포분열을 반복하여 다세포성 반수성개체인 배우체를 형성한다. 동물의 생활사에서는 다세포성 반수성 개체가 없다. 세대교번의 생활사는 또한 다세포성 이수성 상태도 갖지만, 동물의 생활사(그림13.6c)에서는 이 상태도 없다. **그림 29.6** 다르다. 그림에서 보는 바와 같이 정세포와 난세포는 같은 포자체에서 생성된 포자들의 체세포분열의 결과로써 생성된 것이 수정한다. 그러나 이들 포자는 감수분열의 결과로 생성된 것으로 유전적으로 서로 다른 것이다. **그림 29.8** 이끼류는 생태계에서 질소유실을 감소시키므로, 이끼류 이후에 토양에 정착하는 식물들에게는 보다 높은 토양질소를 공급하게 해준다. 이용가능한 질소의 증가는 식물 생장에 필수적이지만 종종 부족한 질소를 공급하여 이 식물들의 생장에 도움을 줄 것이다. **그림 29.11** 정충이 바람에 의하여 이동하는 양치류는 수정에 물을 필요로 하지 않을 것이다. 따라서 건조 환경에서 살아갈 때의 어려움이 제거될 것이다. 또한 정충이 지상에서 생성되도록 강한 선택압을 받을 것이다(현재는 어떤 양치류의 배우체는 지하에 있는 상태).

개념 확인 문제 29.1

1. 육상식물은 몇 가지 주요 형질을 차축조류와만 공유하는데, 이에는 ① 환모양의 셀룰로오스 합성 복합체, ② 정충구조의 유사성, ③ 세포분열시 격막형성체의 형성 등이 포함된다. 핵과 염색체 유전자들의 비교연구도 공통조상을 지지한다. **2.** 포자벽이 스포로폴레닌으로 강화된 것(격한 환경조건에 대한 보호), 다세포성 의존적인 배아(배아의 발달에 영양분을 공급하고 보호), 큐티클(수분 소실 방지)층의 발달, 기공장치(기체

부록 A 정답

교환 및 물의 소실 방지)의 발달 등이다. **3.** 생활사의 다세포성 2배체 상태가 배우체를 형성할 수 없다. 대신 남자와 여자가 감수분열에 의하여 반수성 포자를 만들어야 한다. 이들 포자는 다세포성인 반수체 상태의 남자와 여자를 만들 것이다(실제 우리는 단세포성 반수체인 정자와 난자를 갖고 있다). 다세포성 반수체는 배우체를 만들고 유성생식을 할 것이다. 인간 생활사의 다세포성 반수체 개체는 현재 우리와 비슷하거나 완전히 다를 수 있다. **4.** 육상식물, 관다발식물, 종자식물 등은 모두 하나의 공통조상과 이로부터 유도된 모든 군을 포함하므로 모두 단계통군이다. 비관속식물 및 비종자성 관다발식물들은 가장 최근의 공통조상으로부터 유도된 모든 군을 포함하지 않으므로 측계통군이다.

개념 확인 문제 29.2

1. 선태류는 유관속계를 갖지 않으며, 생활환이 포자체가 아닌 배우체가 우점한다. **2.** 다음 사항들이 포함될 수 있다. ① 원사체의 넓은 표면적이 물과 영양소의 흡수를 증진시킨다. ② 꽃병 모양의 장란기가 수정과정에서 알을 보호하고, 태반전위세포를 통하여 영양분을 배아에 전달한다. ③ 긴 병 같은 삭병이 배우체에서 포자를 형성하는 포자낭으로 영양물질을 전달한다. ④ 삭치가 점진적으로 포자를 비산시킨다. ⑤ 기공이 물의 소실을 최소화하면서 이산화탄소와 산소를 교환한다. ⑥ 가벼운 포자가 바람에 의하여 쉽게 비산된다. **3.** 지구온난화의 효과는 토탄지역에 양성되먹임 효과를 보일 것이다. 양성되먹임이란 한 과정의 산물이 지신의 생산을 증가시키는 과정을 의미한다. 지구온난화는 토탄지역의 수면을 낮아지게 한다. 결과 토탄이 공기 중에 노출되어, 보다 쉽게 분해되어, 대기 중의 이산화탄소 농도를 증가시키게 된다. 보다 많은 이산화탄소가 대기 중에 방출되게 되면 지구온난화는 증진되게 되고, 이는 수면을 더 낮아지게 만들며, 결과 보다 많은 이산화탄소가 방출되게 되고 지구온난화는 더욱 가중되게 된다. 이 과정은 반복된다. 즉 양성되먹임이다.

개념 확인 문제 29.3

1. 석송류는 소엽을 가지며 종자식물과 양치류(고사리류와 그 친족)는 대엽을 갖는다. 양치류와 종자식물은 줄기의 부등생장, 뿌리 축을 따라 여러 군데에서 새로운 뿌리 분지가 시작되는 등, 석송류에서는 발견되지 않는 특징들을 공유한다. **2.** 비종자관다발식물과 선태류(비관다발식물)는 수정에 수분을 필요로 하는 편모성 정충을 갖는데, 이 특징은 건조지역에 이들 종들이 적응하는 데 어려운 점이다. 주요 차이점으로는 비종자관다발식물은 목질화된 잘 발달한 유관속을 가지는데, 이 형질은 포자체가 크게 자라 숲을 형성함으로써 지구상의 생명을 전환시켰다. 비종자관속식물은 선태류에 비해 또한 진정한 잎과 뿌리를 갖는데, 이는 광합성을 위한 표면적을 증가시키고, 토양으로부터 영양염을 흡수하는 능력을 증가시켰다. **3.** 유성생식에서 유전적 변이는 ① 염색체의 독립적인 분리, ② 연관과 교차, ③ 무작위적 교배에 의하여 만들어진다. 하나의 배우체로부터 만들어진 배우자 사이에 수정이 일어난다면, 모든 후손은 유전적으로 동일할 것이다. 하나의 배우체에서 만들어진 모든 세포(정자와 난세포 포함)는 하나의 포자에서 만들어지므로 유전적으로 동일하다. 언급한 처음 두 가지 방법에 의한 유전적 변이는 지속적으로 만들어질 수 있으나(실제로는 동일하므로 변이 없음), 전체적으로 유성생식에 의하여 형성되는 유전적 변이의 양은 떨어지게 된다.

핵심 개념의 요약 질문

29.1

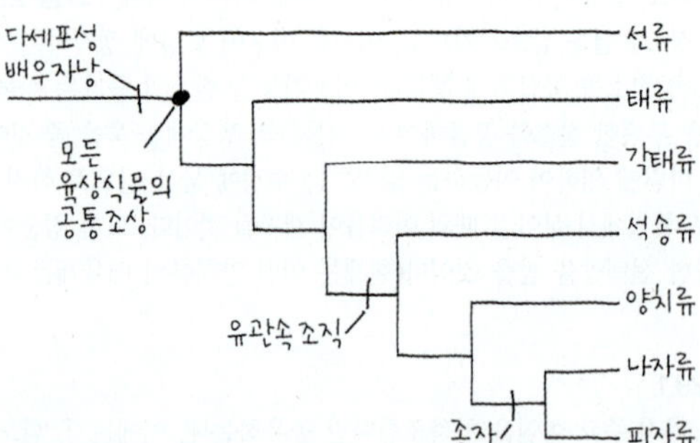

29.2 어떤 이끼류는 나지나 사질토에 생육하여 질소가 낮은 환경인 곳의 질소를 보존하는 역할을 한다. 또 다른 이끼류들은 질소고정 남세균이 공생하여 생태계에 이용가능한 질소를 증가시켜준다. 물이끼 종류는 토탄의 주요 요소이다. 토탄의 두꺼운 층이 덮은 토탄지역은 지리적으로 넓게 분포하고 많은 양의 탄소를 저장한다. 실제, 대기권의 이산화탄소를 제거함으로써 토탄지역은 지구의 기후에 영향을 미치는 생태적으로 중요한 지역으로 평가된다. **29.3** 목질화된 관다발조직은 중력에 대항하여 식물이 크게 자라는 지지역할을 할 뿐만 아니라, 지상부 높은 곳에 위치한 식물부분에 물과 영양분을 운반하는데도 중요한 역할을 한다. 뿌리는 식물체를 지하에 고정시키고 크게 자라도록 구조적 지지를 제공하는 또 다른 주요 특징이다. 큰 식물들은 작은 식물들에 그늘을 제공함으로써 광에 대한 경쟁 문제를 해결한다. 작은 식물의 포자보다는 큰 식물의 포자가 널리 전파되므로 큰 식물들이 작은 식물보다 새로운 서식지에 보다 빨리 퍼져나갈 수 있다.

생각해보자

1. b **2.** d **3.** c **4.** a **5.** b **6.** (a) 이배체 (b) 반수체 (c) 반수체 (d) 이배체
7. 주요식물군 진화에 대한 현재의 지식에 기초하여 계통수는 다음과 같은 4개의 분지점을 보여준다.

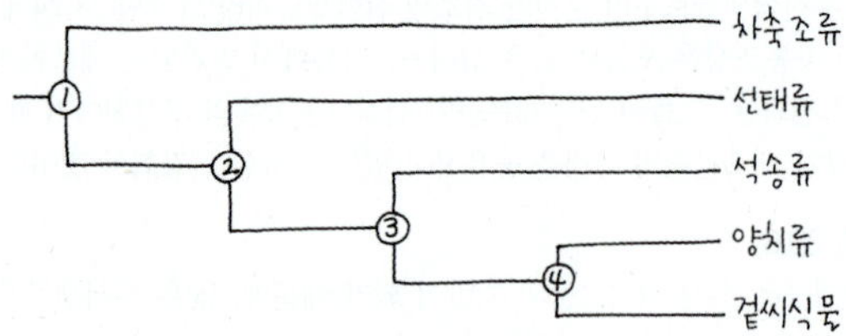

각 분지점에 대한 유일한 공유파생형질은 다음과 같다. 1) 환모양의 셀룰로오스 합성복합체, 편모성 정충 및 격막형성체 2) 정단분열조직, 세대교번, 포자낭 속에서 생성되는 벽을 갖는 포자, 다세포성 배우체낭 3) 포자체 우점의 생활사, 복합적인 관다발(목부 및 사부), 잘 발달한 뿌리와 잎 4) 대엽 및 부등적인 줄기 생장
8. (a)

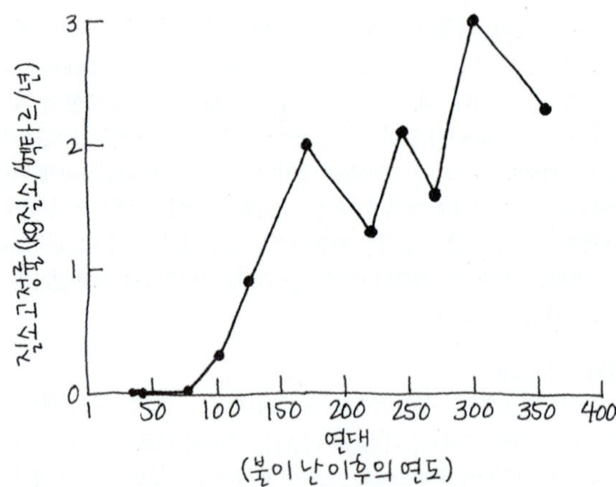

(b) 불이 난 이후 첫 40년 동안 질소고정률은 0.01 kg/헥타르/년으로 대기권으로부터 축적되는 질소량의 1%에 불과하였다. 따라서 불이 난 이후 최초 수십 년간은 깃털이끼와 이에 공생하는 질소고정세균의 질소고정효과는 극히 미미하였다. 그러나 시간이 경과하면서 깃털이끼와 공생질소고정세균의 질소고정 중요도가 점진적으로 증가하였다. 불이 난 지 170년 후에는 지상의 70% 정도로 이끼류의 피복율이 증가하였고, 따라서 공생균의 밀도도 증가하였다. 이 결과에서 예견되는 바와 같이 오래된 산림에서는 대기권에서 축적되는 질소보다 훨씬 많은 질소(130~300%)가 이끼류와 공생균으로부터 더해지고 있다.

30장

그림 문제

그림 30.2 포자체 내에 배우체를 갖고 있어서 UV와 같은 외부환경에 난세포를 갖는 배우체를 보호하는 역할을 한다. 대기권의 UV는 돌연변이 유발 물질이다. 포자체 내에 보호된 배우체에서 생산되는 난세포는 보다 작은 돌연변이를 일으키게 된다. 대부분의 돌연변이는 해로우므로, 보다 적은 돌연변이를 갖는 배아는 그렇지 못한 것에 비해서 생존율이 증가할 것이다. **그림 30.3** 3세대에서 유래한 세포들을 가지고 있다. (1) 현 세대의 포자체($2n$ 핵상세포, 종피 및 포자벽을 감싸는 대포자 낭의 잔존 세포

등) (2) 암배우체(n 핵상세포, 영양공급세포) (3) 다음 세대의 포자체($2n$ 핵상의 세포, 배세포) **그림 30.4** 체세포분열, 하나의 반수체 대포자가 체세포분열을 하여 다세포성, 반수체 암배우체를 형성한다. 같은 방법으로 하나의 반수체 소포자가 체세포분열을 하여 다세포성, 반수체 수배우체를 형성한다. **그림 30.14** 아니오. 엠보렐라와 다른 초기 속씨식물의 화석이 1억5천만 년 이전에 발견된다면 그림의 분지순서는 아직도 맞을 수 있다. 그러나 이 정도 오래된 속씨식물 화석은 발견되지 않았다. 이 상태에서 1억4천만 년 전으로 보는 속씨식물의 기원은 잘못된 것일 수 있다.

개념 확인 문제 30.1

1. 난세포에 도달하기 위해 비종자성 식물의 편모성 정자는 가까운 거리지만 물의 막을 따라 유영하여야 한다. 반대로 종자식물의 정자는 꽃가루 내에서 생성되므로 물을 필요로 하지 않고, 꽃가루가 바람이나 수분 매개자에 의하여 장거리 이동이 가능하다. 종자식물의 정자가 일부 종(은행, 소철)에서 편모를 갖지만 꽃가루가 난세포 주변의 밑씨에 직접 이동되고, 이로부터 화분관이 자라므로 정자의 이동성이 요구되지 않는다. **2.** 종자식물의 퇴화된 배우체는 포자체에서 영양을 공급받고, 건조 및 UV와 같은 외적 환경으로부터 보호된다. 꽃가루는 스포로폴레닌을 함유하는 포자벽으로 싸여 동물이나 바람에 의하여 전파되는 동안 보호된다. 종자는 1~2층의 보호 조직인 종피를 가지며, 이는 외적 환경으로부터 포자의 벽보다 더 보호하는 기능이 높아 생존율을 증진시킨다. 종자는 또한 발아하고 배아가 자라는 데 필요한 영양물질을 보존하고 있다. **3.** 종자에 휴면기가 없다면 배아는 수정 후 점진적으로 커질 것이고, 큰 배아는 비산에 불리할 것이다. 또한 휴면기가 없는 종자는 생장에 유리한 환경이 올 때까지 기다렸다가 발아할 수 없어 생존율이 감소할 것이다.

개념 확인 문제 30.2

1. 겉씨식물의 종자는 씨방이나 열매에 싸여 있지 않다는 점이 유사하나, 종자구조는 매우 다르다. 예로 소철류는 큰 솔방울 구조이고, 은행과 네텀 같은 겉씨식물은 과실은 아니지만 장과에 유사한 작은 솔방울을 갖는다. 잎 모양도 구과식물의 침상엽에서 소철의 장상엽, 네텀의 속씨식물 같은 잎에 이르기까지 다양하다. **2.** 소나무의 생활환은 이형포자를 보여준다. 즉 씨방을 갖는 솔방울에서 대포자, 꽃가루를 만드는 솔방울에서 소포자가 만들어진다. 배우체가 축소되어 미세한 암배우체가 대포자로부터 발달하고, 미세한 화분립이 소포자로부터 발달한다. 난세포가 밑씨에 가서 발달하며 화분관이 정자를 전달한다. 그림은 또한 종자가 보호적이고 영양을 공급하는 특징을 보여준다. **3.** 아니오. 화석종자는 겉씨식물이 3억5백만 년 전에 기원했음을 보여주지만 속씨식물이 그렇게 오래됐다는 뜻이 아니고, 겉씨식물과 속씨식물의 가장 최근의 공통조상이 3억5백만 년 전에 존재하였음을 의미한다.

개념 확인 문제 30.3

1. 참나무의 생활사에서, 참나무(포자체)는 꽃을 피우고, 꽃에는 화분립과 밑씨를 만드는 배우체를 포함하고 있다. 밑씨 내의 난세포가 수정되면, 씨방은 발달하여 성숙한 견과인 도토리가 된다. 도토리 내의 종자는 발아하여 어린 묘가 되고 이것이 성숙하여 참나무가 되며, 꽃을 피우며 다시 도토리를 만든다. **2.** 솔방울과 꽃은 모두 잎이 변형된 포자엽을 가지며 포자를 만든다. 소나무는 꽃가루를 만드는 수컷 솔방울과 밑씨를 갖는 암컷 솔방울을 따로 가진다. 꽃에서는 꽃가루가 수술의 약에서 생산되며 밑씨는 심피의 씨방 안에서 발달한다. 솔방울과 달리 대다수의 꽃은 꽃가루 밑씨를 하나의 꽃 내에서 생성한다. **3.** 좌우상칭인 꽃을 갖는 계열이 보다 많은 종을 가지며 꽃의 모양과 종분화율과 상관관계가 있다는 것이 관찰되었다. 꽃의 모양(방사상칭 또는 좌우상칭)이 또 다른 여러 요인과 연계되어 있어서 그 결과와 원인의 상관관계를 명확히 논증하기에는 어려운 것이 사실이다. 그러나 좌우상칭화와 방사상칭화의 꽃을 동시에 갖는 19개의 식물계열을 비교해 본 결과 꽃의 모양이 종분화율과 상관관계가 있으며, 좌우상칭화가 보다 높은 종분화율을 보인다는 사실이다. 일반적으로 원인과 결과의 상관관계는 조절된 상태의 실험결과에서 도출할 수 있으나 과거 진화 결과를 실험을 할 수는 없으므로 면밀한 분석적 결과에 의존할 수밖에 없다.

개념 확인 문제 30.4

1. 식물이 인간에게 많은 중요한 이익을 제공하므로 식물 다양성을 하나의 자원이라고 생각한다. 그러나 식물 다양성 자원은 종이 멸종되면 사라지고 영구적으로 없어지는 것이므로 재생 불가능한 자원이라 한다. **2.** 종자식물의 자세한 계통수는 여러 단계통군을 알려준다. 이 계통수를 이용하여 연구자들은 이미 발견된 의학적으로 유용한 화합물을 갖는 종들의 계열을 예견할 수 있다. 이와 같은 계열을 동정함으로써 현존하는 종자식물 25만 종을 대상으로 새로운 화합물을 찾는 것보다는 효율성을 크게 증진시킬 수 있다.

핵심 개념의 요약 질문

30.1 밑씨의 주피층은 종자의 종피로 발달한다. 밑씨의 대포자는 반수체의 암배우체로 발달하며, 종자의 두 부분이 암배우체와 관련되어 있다. 즉 종자의 영양분은 반수체 암배우체 세포에서 유도되며, 종자의 배아는 암배우체의 난세포가 정세포에 의하여 수정된 후 발달한다. 밑씨의 대포자낭의 잔존체는 포자벽을 둘러싸 배아와 종자의 영양을 공급하는 층을 감싼다. **30.2** 겉씨식물은 3억5백만 년 전에 진화하였으며, 긴 진화 기간 동안에 성공적인 군이었다. 겉씨식물은 퇴화된 배우체, 이형포자, 밑씨, 화분, 종자와 같은 종자식물의 공통적인 파생형질을 가지고 있어서 육상의 환경에 잘 적응하였다. 마지막으로 겉씨식물은 오늘날 지리적으로 널리 분포하는 것을 볼 때 분포적인 측면에서 성공적으로 잘 적응한 식물군이다. **30.3** 다윈은 화석자료에 다양한 속씨식물이 널리 퍼진 지역에서 갑자기 나타나는 점에 고심하였다. 현재의 화석자료는 속씨식물이 기원하여 약 2천만~3천만 년의 기간 동안에 분화되었음을 보여주는데, 이는 다윈 시기에 알려진 화석자료보다는 덜 급진적인 것이다. 이들 화석발견은 속씨식물에 유사한 멸종한 식물군인 목본성 종자식물의 일종인 베네티탈리스(Bennetitales)를 포함하고 있다. 이 식물은 꽃 같은 구조를 가지고 있으며 곤충에 의해 수분되었을 것으로 추측된다. 계통분석은 가장 기저속씨식물이 앰보렐라(*Amborella*)라는 것을 밝혀냈다. 이 식물 또한 목본성이다. 따라서 이 목본성 기저분류군은 속씨식물의 공통조상이 목본성이라는 것을 지지한다. **30.4** 열대우림을 잃게 되면 지구온난화(인간사회에 해로운 영향을 줌)의 원인이 되며, 지구의 가난한 지역의 농업 생산성을 감소시킬 것이다. 인류는 다양한 생산물과 서비스(예: 공기 중의 산소)를 지구생물 다양성에 의존하는데 열대우림의 파괴는 지구의 열대우림에 남아 있는 종들의 멸종을 가져올 것이며, 인류에게는 재앙이 될 것이다. 대 멸종의 관점에서 보면, 열대우림은 지구생물종의 50%를 가지고 있다. 만약 열대우림이 파괴되면, 이들 종의 많은 수가 멸종에 이르게 되고, 화석 기록에서 보여주는 5대 멸종에 버금가는 대멸종이 되게 될 것이다.

생각해보자

1. c **2.** a **3.** b **4.** d **5.** c

6.

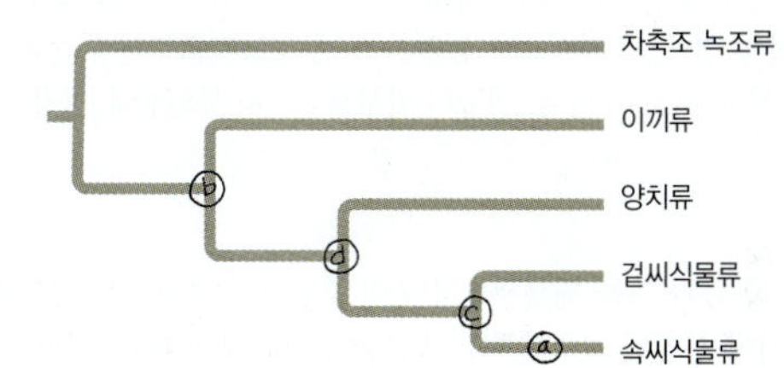

8. (a)

8세포, 3배체
엠보렐라
4세포, 2배체
수련류
4세포, 2배체
붓순나무류와 그 친족
목련류
7세포, 3배체
단자엽류
진정쌍자엽류

(b) 계통수는 기저속씨식물은 다른 속씨식물들과 암배우체의 세포 수 및 배유의 배수성이 다름을 보여준다. 이 자료만 가지고 속씨식물의 원시형질상태를 결정하기는 어렵다. 그러나 속씨식물의 공통조상이 7세포의 암배우체와 3배체의 배유를 갖는다면, 기저속씨식물에서 발견되는 8세포와 4세포 상태는 각각 파생된 것임을 유추할 수 있다. 대안적으로 8세포 또는 4세포 상태가 조상 상태를 나타낼 수도 있다.

31장

그림 문제

그림 31.2 각 버섯이 단일 균사 조직의 일부라면 이들 버섯 각각의 DNA는 동일할 것이다. **그림 31.5** 생활사의 유성생식기에 생성된 반수체 포자는 감수분열에 의해 생성된 반수체 핵으로부터 발달한다. 유전자 재조합이 감수분열 동안 일어나기 때문에 이들 포자는 서로 유전적으로 다를 것이다. 이와는 달리 생활사의 무성생식시기에 생성된 반수체 포자는 체세포분열에 의해 생성된 반수체 핵으로부터 발달한다. 이 결과 이들 포자는 서로 유전적으로 동일하다. **그림 31.15** 아래의 방법 중 하나나 둘 모두를 각 종에 적용해 볼 수 있다. DNA 분석은 자낭균류 분기군의 일원인지를 밝혀준다. 또는 유성 생활사 양상(예를 들어, 이 균류가 자낭과 자낭포자를 생성하는지 여부)이 이 균류가 자낭균인지를 말해준다. **그림 31.20** 가능한 두 대조군은 E−P−와 E+P−이다. E−P− 대조군의 결과는 E−P+ 실험의 결과와 비교할 수 있으며, E+P− 대조군의 결과는 E+P+ 실험의 결과와 비교할 수 있다. 동시에 이 두 비교는 병원균의 첨가가 잎의 사망률을 증가시키는지의 여부를 알 수 있다. 내생균류의 첨가가 식물체에 부정적인 효과를 미치는지를 결정하기 위해서는 또한 E−P− 실험의 결과와 두 번째 대조군 실험(E+P−)의 결과를 비교할 수 있다.

개념 확인 문제 31.1

1. 균류와 사람 모두 종속영양생물이다. 많은 균류는 먹이 속으로 효소를 분비하여 먹이를 체외에서 소화시킨 다음 그 결과 생긴 작은 분자들을 흡수한다. 일부 균류는 그러한 작은 분자들을 환경으로부터 직접 흡수하기도 한다. 이와는 달리 사람과 다른 동물들은 비교적 큰 먹이를 삼킨 다음 체내에서 먹이를 소화한다. **2.** 이러한 상리공생자의 조상은 곤충 숙주의 몸이나 또는 세포벽을 소화시키는 강력한 효소를 분비하였을 것이다. 그러한 효소는 숙주에 해가 되므로 상리공생자는 그러한 효소를 생산하지 않게 되었거나 또는 효소의 분비와 사용을 제한하였을 것이다. **3.** 기공을 통하여 식물체 내로 들어가는 탄소는 광합성 작용에 의해 당으로 고정된다. 이 당의 일부는 식물과 함께 균근을 형성하는 균류 동반자에 의해 흡수된다. 다른 일부는 식물체 내로 수송되어 식물에 의해 사용된다. 그러므로 탄소는 식물의 몸체 또는 균류의 몸체에 축적된다.

개념 확인 문제 31.2

1. 균류 생활사의 대부분은 반수체 단계이나 사람 생활사의 대부분은 이배체 단계이다. **2.** 두 버섯은 동일한 균사체(동일한 개체)에서 비롯된 생식구조로 보인다. 혹은 두 버섯은 무성생식(예를 들어, 유전적으로 동일한 두 무성포자로부터 나온)을 통하여 하나의 부모로부터 비롯된 서로 다른 두 생물의 일부분이어서 동일한 유전정보를 가진다.

개념 확인 문제 31.3

1. DNA 증거는 균류, 동물과 그들 원생생물 친족이 후편모류 분기군을 형성하였음을 나타낸다. 게다가 초기에 분기된 균류계통인 병꼴균은 대부분의 다른 후편모류가 그렇듯이 뒤쪽에 편모를 가진다. 이러한 사실은 다른 균류 계통은 편모를 가진 병꼴균으로부터 갈라져 나온 이후 편모가 소실되었음을 제시한다. **2.** 균근은 토양에 강대한 균사망을 형성하여 식물이 단독으로 하는 것에 비해 훨씬 더 효과적으로 영양분을 흡수한다. 이것은 오늘날에도 일어나며 유사한 관계가 뿌리가 없었던 초기 육상식물에 매우 중요하였을 것이다. 균근 관계가 아주 오래 되었다는 증거는 초기 육상식물인 *Agalophyton*에서의 수지상 균근을 보여주는 화석과 균근 형성에 필요한 유전자가 우산이끼 및 기초 식물계통에 존재함을 보여주는 분자적 연구 결과로부터 왔다. **3.** 균류는 종속영양생물체이다. 식물에 의해 육지에 군체를 형성하기 이전에 육상 균류는 다른 생물이 존재하여 음식물의 원천을 제공하는 곳에서만 서식하였을 것이다. 만약 균류가 식물 이전에 육지에 서식하였다면, 그들은 오늘날 많은 균류가 먹이로 삼는 식물이나 동물이 아니라 육지나 물가에 사는 원핵생물이나 원생생물 먹고 살았을 것이다.

개념 확인 문제 31.4

1. 편모성 포자; 분자 증거는 또한 병꼴균이 초기에 분지된 균류 계통임을 제시한다. **2.** 가능한 답은 다음과 같다: 접합균에서는 단단하고 두터운 벽을 가진 접합포자낭이 혹독한 조건을 견딜 수 있으며, 환경이 생식하기에 좋아지면 핵융합과 감수분열을 수행한다. 내생균근에서는 균사는 특수한 구조를 가지고 있어 균류가 식물체 뿌리와 수지상 균근을 형성하게 한다. 자낭균에서는 분생자라는 무성포자가 보통 긴 사슬 모양이나 다발로 분생자병라고 불리는 특수한 균사 끝 부분에서 생성되어 바람에 의해 쉽게 분산된다. 보통 컵 모양인 자낭과는 유성포자를 생성하는자낭을 싸고 있다. 담자균에서는 담자과는 담자기의 넓은 표면을 지탱하고 보호하며, 이 담자기에서 포자가 분산된다. **3.** 그러한 자낭균 생활사의 변화는 교배에 의해 생기는 자낭포자의 수와 유전적 다양성을 감소시킬 것이다. 교배는 단지 하나의 자낭이 형성되게 하므로 자낭포자의 수는 감소할 것이다. 또한 자낭균에서, 한 번의 교배로 많은 다른 이핵성 세포에 의해 자낭이 형성되게 하므로 자낭 포자의 유전적 다양성 또한 감소할 것이다. 그 결과 유전적 재조합과 감수분열은 여러 다른 시간에 독립적으로 일어날 것이다. 만약 하나의 자낭이 형성된다면 이것은 일어나지 않게 된다. 만약 이러한 자낭균이 자낭과를 형성한다면 자낭과의 모양은 가까운 친족에서 발견되는 것과 매우 다를 것이다.

개념 확인 문제 31.5

1. 생장에 적합한 환경, 물과 무기질의 보존, 강한 햇볕으로부터의 보호, 포식자로부터 보호 **2.** 단단한 포자 단계는 다양한 방법을 통해 숙주 생물체로 분산되는 것이 가능하게 해준다. 유리한 새로운 환경에서 빠르게 생장하는 능력은 숙주의 자원을 잘 이용할 수 있게 한다. **3.** 많은 다른 결과가 나타날 것이다. 현재 균류와 상리 공생관계를 유지하는 생물은 현재 그들의 균류 협력자에 의해 수행되는 일을 수행 할 수 있는 능력을 획득하였거나, 또는 다른 생물(세균과 같은)과 유사한 공생관계를 형성하였을 것이다. 아니면 다른 방법으로는 현재 균류와 상리 공생관계를 유지하는 생물은 현재의 환경에서 덜 효율적으로 살고 있을 것이다. 예를 들어, 식물에 의해 군체를 형성하는 이미 존재하던 것에 비해 더 어려웠을 것이다. 그리고 만약 식물이 균류 공생자 없이 육지에 서식하게 되었다면 매우 분지되고 확장된 뿌리계(부분적으로 내생균근을 대체)를 가지는 식물이 자연선택에 의해 살아남았을 것이다.

핵심 개념 요약 문제

31.1 다세포 균류의 몸체는 보통 균사라고 불리는 가는 섬유로 이루어져 있다. 이들 섬유는 서로 엮어져서 덩어리(균사체) 모양을 형성하는데, 이 균사체가 균류가 생장하고 먹이를 얻는 기질로 뚫고 들어간다. 각각의 섬유는 가늘기 때문에 균사체의 표면적 대 부피의 비가 극대화 되어 높은 효율로 영양물질을 흡수할 수 있도록 한다.

31.2

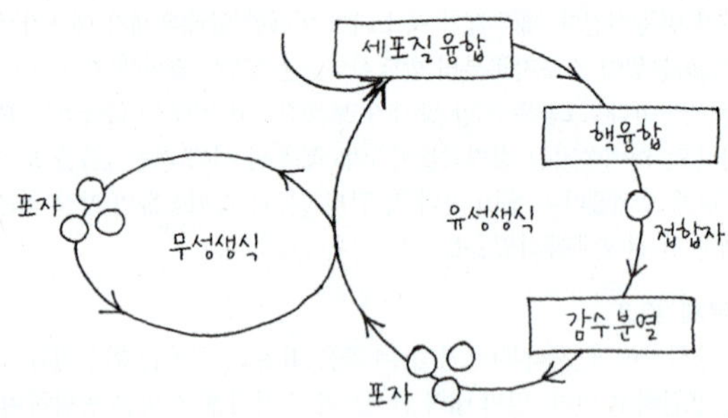

31.3 계통발생 분석은 균류와 동물은 그들이 다른 다세포 진핵생물(식물이나 다세포 조류)과 관련된 것에 비하면 이 둘은 보다 더 밀접하게 연관되어 있음을 보여준다. 이들 분석은 또한 균류는 동물보다는 뉴클레아리아류라고 불리는 단세포 원생생물과 보다 밀접하게 관련되었음을 보여준다. 반면 동물은 균류보다는 깃편모충류라고 불리는 다른 무리의 단세포 원생생물과 밀접하게 관련되어 있다. 이들을 연결지어 생각해 보면 이들 결과는 다세포성이 균류와 동물에서 각각 다른 단세포 조상으로부터 독립적으로 기원하였음을 말해준다.

31.4

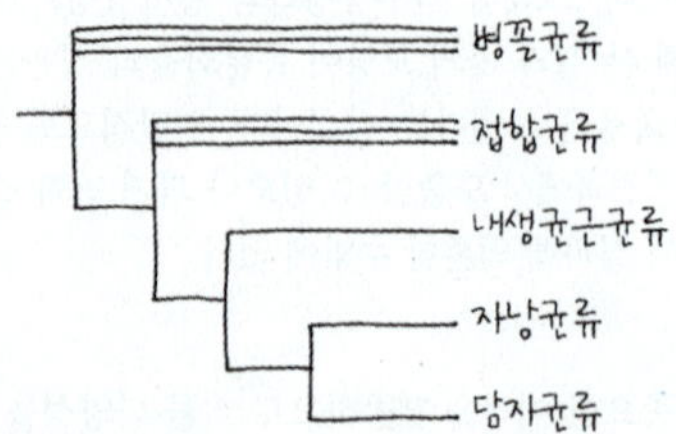

31.5 분해자로서 균류는 죽은 생물의 사체를 분해함으로써 생물적 환경과 비생물적 환경 사이에 원소를 순환시킨다. 균류와 세균 분해자의 활동 없이는 필수 영양물질이 유기물에 묶여 있게 되어 생명활동은 중단 될 것이다. 상호공생자로서 균류의 중요한

역할의 예는 식물과의 균근관계를 형성하는 것이다. 이러한 협력관계는 식물의 생장과 생존을 향상시키므로 사람을 포함하여 식물에 의존하는 많은 다른 종에 간접적으로 영향을 미친다. 병원체로서 균류는 다른 생물종에 해를 끼친다. 일부 경우 균류 병원체는 미국밤나무의 예에서 보듯이 넓은 지역에 걸쳐 숙주 집단의 감소를 일으키기도 한다.

생각해보자

1. b **2.** d **3.** a **4.** d

32장

그림 문제

그림 32.3 ❶과 ❷에 기술된 바와 같이 입금편모충류와 다양한 동물들이 동정세포들을 가지고 있다. 동정세포들은 식물과 균류, 또는 입금편모충류 이외의 원생생물들에서는 전혀 관찰되지 않는데, 이는 입금편모충류가 다른 진핵생물들보다 동물과 더 가까운 유연관계를 가지고 있을 수도 있다는 것을 나타내는 것이다. 만약 입금편모충류가 다른 어떤 무리의 진핵생물들보다 동물과 더 가까운 유연관계를 가지고 있다면, 입금편모충류와 동물은 다른 진핵생물들에서 발견되지 않는 다른 특징들을 공유하고 있을 것이다. ❸에서 기술된 자료들은 이 예상과 일치한다.

그림 32.10 선구동물 발생을 하는 초기 배아의 세포들은 전형적으로 특정한 발생상의 운명이 결정되어 있으나, 후구동물 발생을 하는 초기 배아의 세포들은 특정한 발생상의 운명이 결정되어 있지 않다. 따라서 후구동물 발생을 하는 배아는 어떠한 종류의 세포들로도 발달할 수 있는 줄기세포들을 보다 많이 포함하고 있을 것이다.

그림 32.11 이 그림에서 자매군이 되는 문은 자포동물이다.

개념 확인 문제 32.1

1. 대부분의 동물들에서 접합자는 난할을 하여 포배를 형성한다. 그 후 낭배형성과정에서 배아의 한쪽 끝이 안쪽으로 접혀서 배아 조직의 층들을 만든다. 이 층들의 세포들이 분화함에 따라 아주 다양한 동물의 형태들이 나타난다. 동물 형태의 다양성에도 불구하고, 동물의 발생은 아주 넓은 범위의 분류군들에 걸쳐 비슷한 혹스 유전자군에 의해 조절된다. **2.** 가상의 식물은 동물에서 발견되는 근육 및 신경세포들과 비슷한 세포들로 구성된 조직들이 필요할 것이다. 즉, "근육"조직은 식물이 먹이를 쫓는 데 필요할 것이며, "신경"조직은 식물이 먹이를 쫓을 때 식물의 운동들을 조정하는 데 필요할 것이다. 식물은 잡힌 먹이를 소화하기 위해서 효소들을 하나 또는 그 이상 소화강(파리지옥에서와 같이 변형된 잎들일 수도 있는)에 분비할 수 있거나 몸 밖으로 효소들을 분비하여 흡수를 통해 먹을 수 있어야 한다. 먹이를 쫓을 수 있더라도 토양에서 영양분을 추출하기 위해서는 우리가 알고 있는 식물의 뿌리들과 아주 다른 모습의 움츠릴 수 있는 "뿌리들"을 식물이 가지는 것이 필요하다. 광합성을 수행하기 위해서 식물은 엽록체들을 필요로 할 것이다. 전체적으로 이 가상의 식물은 엽록체들과 움츠릴 수 있는 뿌리들을 가진 동물과 아주 비슷할 것이다.

개념 확인 문제 32.2

1. c, b, a, d **2.** 동물이 균류보다 먼저 기원하였는지, 또는 나중에 기원하였는지를 추론할 수는 없다. 균류와 동물 사이의 가장 가까운 공통조상에 관하여 주어진 시기가 옳다면, 이는 동물이 지난 10억 년 이내의 어떤 시기에 기원하였다는 것을 의미한다. 화석 기록은 동물이 최소한 5억 6,500만 년 전에 기원하였다는 것을 알려주고 있다. 따라서 동물이 5억 6,500만 년 전부터 10억 년 전 사이의 어떤 시기에 기원하였다는 결론을 내릴 수 있을 것이다. **3.** 변형을 가진 후손들에서 한 생물체는 자신의 조상들과 특징들을 공유하며(혈통을 공유하기 때문에), 한편으로는 또한 자신의 조상들과 차이를 나타낸다(생물체들은 자신의 환경에 적응하면서 오랜 기간 동안 차이들을 축적하므로). 한 예로 다세포동물 기원의 핵심 단계인 동물의 카데린 단백질들의 진화를 생각해보자. 이 단백질들은 변형을 가진 후손의 이러한 양쪽 측면을 모두 나타낸다. 즉, 동물의 카데린 단백질들은 자신들의 입금편모충류 조상들에서 발견되는 카데린과 비슷한 단백질과 많은 단백질 영역들을 공유하고 있으며, 한편으로는 또한 입금편모충류에서 발견되지 않는 독특한 "CCD" 영역을 가지고 있다.

개념 확인 문제 32.3

1. 등급군 수준의 특징들은 진화의 역사에 관계없이 다수의 계통들이 공유하는 특징들이다. 어떤 등급군 수준의 특징들은 여러 번에 걸쳐 독립적으로 진화했을 수도 있다. 분기군들을 통합하는 특징들은 하나의 공통조상이 지녔던 것들로서 다양한 후손들에게 전해진 특징들이다. **2.** 달팽이는 나선형 및 결정적 난할 방식을 가지며, 사람은 방사대칭 및 비결정적 난할 방식을 가진다. 달팽이는 열체강적 발생(중배엽 덩어리가 분리되어 체강이 형성됨)을 하며, 사람은 장체강적 발생(원장의 주름에서 체강이 형성됨)을 한다. 달팽이에서는 원구에서 입이 형성되며, 사람에서는 원구에서 항문이 발달한다. **3.** 대부분의 삼배엽성 진체강동물들은 자신들의 소화관에 입과 항문의 2개 구멍들을 가지고 있다. 이러한 점에서 그들의 몸들은 도넛과 비슷한 구조를 가지고 있는데, 즉 소화관(도넛의 구멍)은 입에서 항문까지 연결되어 있으며 다양한 조직들(도넛의 실질적인 부분)로 둘러싸여 있는 것이다. 도넛과 비슷한 구조는 발생의 초기 단계들에서 가장 명백하다(그림 32.10c).

개념 확인 문제 32.4

1. 자포동물은 진정한 조직을 가지고 있지만, 해면동물에는 진정한 조직이 없다. 또한 자포동물은 대부분의 다른 동물문들과 같은 좌우대칭형이 아니라 방사대칭형이기는 하지만 해면동물과는 달리 몸의 대칭형을 나타낸다.

2.

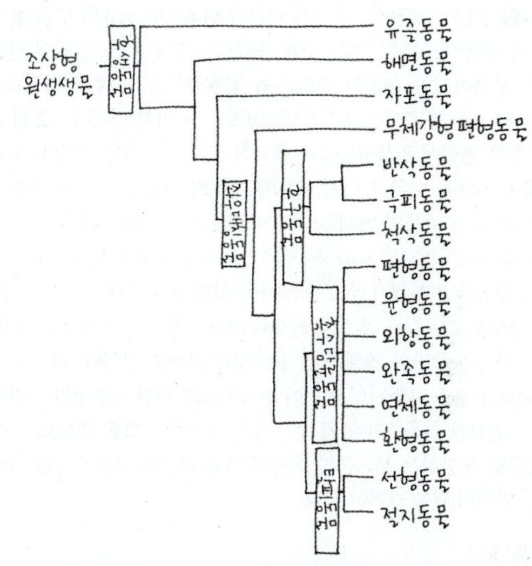

유즐동물이 기초적인 후생동물이라는 가설 하에서는, 해면동물(진정한 조직이 없음)은 모두 진정한 조직을 가지고 있는 다른 구성원들과 함께 하나의 분기군 속에 자리하게 된다. 그 결과 진정한 조직을 가지고 있는 동물들로 구성되는 무리는 하나의 분기군을 이루지 못하게 된다. **3.** 그림 32.11의 계통수는 연체동물들이 좌우대칭동물의 주요 3개 무리들 가운데 하나인 촉수담륜동물(나머지는 후구동물과 탈피동물)의 구성원들이라는 것을 나타내고 있다. 그림 25.11에서 보듯이, 화석 기록은 연체동물들이 캄브리아기 폭발이 있기 1,000만 년 전에 나타났다는 것을 보여주고 있다. 따라서 캄브리아기 폭발이 있기 오래 전에 촉수담륜동물 분기군이 형성되었고 후구동물과 탈피동물로 이어지는 진화상의 계통들이 독립적으로 진화하기 시작하였다. 그림 32.11의 계통수에 의하면 후구동물과 탈피동물로 이어지는 계통들은 캄브리아기 폭발 이전에 서로 분리되어 있었다는 결론을 내릴 수 있다. 따라서 3개의 주요 분기군들로 이어지는 계통들은 캄브리아기 폭발 이전에 서로 독립적으로 진화하였으며, 이는 폭발이 1번이 아닌 3번의 "폭발"로 이루어졌던 것으로 볼 수 있다.

핵심 개념의 요약 질문

32.1 먹이를 먹고사는 종속영양생물인 동물과 달리 식물은 독립영양생물이며, 균류는 먹잇감 위에서 자라면서 흡수를 통하여 먹이를 취하는 종속영양생물이다. 동물은 식물과 균류에서 보이는 세포벽을 가지고 있지 않다. 또한 동물은 식물이나 균류에서 볼 수 없는 근육조직과 신경조직을 가지고 있다. 동물의 정세포들과 난세포들은 식물 및 균류와 달리 감수분열을 통하여 생성된다(식물과 균류에서는 정자나 알과 같은 생식세포들이 체세포분열을 통하여 생성됨). 끝으로, 식물이나 균류에서는 볼 수 없는 독특한 유전자군인 혹스 유전자로 체제의 발달을 조절한다. **32.2.** 캄브리아기 폭발의 원인에 관한 오늘날의 가설들은 새로운 포식자-피식자 관계, 대기 중 산소의 증가, 혹스 유전자들의 기원 및 다른 유전적 변화들에 의한 발생상의 유연성의 증가를 포함한다. **32.3.** 체제는 생물체들의 핵심적인 특징들을 비교하고 대조하는 데 유용한 도구가 된다. 그러나 계통진화학적 분석들은 비슷한 체제들이 서로 다른 생물 무리들에서 독립

적으로 나타났음을 보여준다. 이러한 비슷한 체제들은 수렴진화에 의해 나타난 것으로 여겨지며, 따라서 진화학적 유연관계에 관한 정보가 되지는 못할 것이다. **32.4.** 사람이 속하는 분기군들을 최다 분기군들을 포함하는 것부터 최소 분기군을 포함하는 것의 순으로 열거하면 후생동물, 진정후생동물, 좌우대칭동물, 후구동물, 척삭동물이다.

생각해보자

1. a **2.** d **3.** c **4.** b

33장

그림 문제

그림 33.8 혹히드라류의 생활사는 그림 13.6a에 있는 생활사 가장 비슷하다. 혹히드라류에서는 폴립형과 메두사형 모두 이배체 생물들이다. 단지 단세포 배우자들만이 반수체인데, 이것은 동물의 전형적인 모습이다. 이와는 반대로 식물과 조류(그림 13.6b)는 다세포 반수체 세대와 다세포 이배체 세대를 가지고 있다. 혹히드라류는 또한 균류 및 일부 원생생물(그림 13.6c)과는 이 생물들의 이배체 단계가 단세포라는 점에서 차이를 보인다. **그림 33.11** 공급되는 용수에 비료가 더해지면 조류의 수를 증가시킬 것이고, 이것은 다시 달팽이(조류를 먹음) 수를 증가시킬 것이다. 또한 물이 인간의 배설물로 오염된다면, 달팽이 수의 증가는 주혈흡충(달팽이를 중간숙주로 필요로 함)의 수를 증가시킬 것이다. 그 결과 주혈흡충증의 발생빈도는 증가할 것이다. **그림 33.21** 담수 이매패류의 멸종은 광합성 원생생물들과 세균의 증가를 가져올 것이다. 이 생물체들은 수중 먹이그물의 기초를 이루고 있기 때문에 이들의 생물량 증가는 수중생태계의 군집에 주요한 영향(다른 종들의 개체수의 증가 및 감소 모두를 포함)을 나타낼 것이다. **그림 33.29** 그와 같은 결과는 *Ubx* 혹스 유전자와 *abd-A* 혹스 유전자가 절지동물의 체절 다양성이 증가된 진화에서 주요한 역할을 하였다는 것과 일치하는 것이다. 그러나 그 결과 하나만으로는 *Ubx* 혹스 유전자와 *abd-A* 혹스 유전자의 존재가 단지 절지동물의 체절 다양성의 증가와 관계가 있다는 것을 보여줄 뿐이다. 즉, 그것은 *Ubx* 혹스 유전자와 *abd-A* 혹스 유전자의 획득이 절지동물의 체절 다양성의 증가를 일으켰다는 것에 대한 직접적인 실험증거가 될 수는 없는 것이다. **그림 33.34** 곤충류와 요지류, 다른 갑각류를 포함하는 분기군과 이들의 가장 최근의 공통조상을 나타내는 분기점을 포함하는 범위의 원을 그려야 한다.

개념 확인 문제 33.1

1. 동정세포의 편모가 물이 먹이입자들을 붙드는 옷깃 모양의 세포 구조물들을 거쳐 흘러들도록 한다. 먹이입자들은 동정세포나 변형세포에 의해 식세포작용을 통하여 삼켜지고 소화된다. **2.** 해면동물의 동정세포들은 입금편모충류 세포와 뚜렷하게 닮아 있다. 이는 동물과 이들의 원생생물 자매군의 마지막 동통조상이 입금편모충류를 닮았으리라는 것을 알려준다. 그럼에도 불구하고, 여전히 중생균충류가 동물의 자매군일 수도 있다. 만약 중생균충류가 자매군일 경우, 중생균충류에 동정세포들이 없다는 것은 그들의 구조가 진화의 전 기간 동안 입금편모충류 세포를 더 이상 닮지 않도록 하는 경로로 진화해온 것임을 보여주는 것일 것이다. 또한 입금편모충류와 해면동물은 수렴진화의 결과로 비슷한 동정세포들을 공유하고 있는 것일 수도 있다.

개념 확인 문제 33.2

1. 폴립형과 해파리형 모두 아교질 층의 중교에 의해 분리되어 있는 바깥의 피층과 안쪽의 위층으로 이루어진다. 폴립형은 원통형 구조로서 입의 반대방향의 몸 끝부분을 기질에 부착하지만, 해파리형은 납작하고 입이 아래를 향해 있는 형태로서 물속에서 자유로이 움직인다. **2.** 자포동물의 쏘는 세포(자세포)는 방어와 먹이포획의 기능을 한다. 자세포는 작은 주머니 모양의 세포소기관(자포)을 가지고 있으며, 자포에는 뒤집혀 발사되는 실이 들어 있다. 실은 독을 주입하거나 작은 먹이에게 들러붙어 엉킨다. **3.** 진화는 목표지향적인 것이 아니다. 따라서 단순히 자포동물들의 구조가 지난 5억 6,000만 년 동안 상대적으로 거의 변하지 않았다고 해서 그들이 "고도의 진화"를 하지 못한 동물이라고 주장하는 것은 옳지 않은 일이다. 그 대신, 자포동물들이 수억 년 동안을 유지해왔다는 사실은 자포동물들의 체제가 아주 성공적인 체제의 하나라는 것을 보여준다.

개념 확인 문제 33.3

1. 촌충류는 부분적으로는 체강이 없으므로 나타낼 수 있는 아주 납작한 몸을 가지고 있기 때문에 몸의 표면을 통하여 환경으로부터 먹이를 흡수하고 암모니아를 환경으로 방출할 수 있다. **2.** 안쪽의 관은 몸의 길이방향을 따라 뻗어 있는 소화관이다. 바깥쪽의 관은 체벽이다. 2개의 관은 체강에 의해 분리되어 있다. **3.** 모든 연체동물들은 그들의 공통조상으로부터 발을 물려받았다. 그러나 서로 다른 연체동물 무리들에서 발의 구조는 시간이 지나면서 (자연선택에 의해) 각 분기군의 구성원들이 이동을 할 때 발을 사용하는 방법에 따라 변형되었다. 복족류에서는 발이 흡착기관으로 사용되거나 기질 위에서 천천히 움직일 때 사용된다. 두족류에서는 발이 촉완들의 일부와 수공으로 변형되었는데, 두족류들은 이것들을 사용하여 물을 밀어낸다(반대방향으로의 이동을 가져옴).

개념 확인 문제 33.4

1. 선형동물은 체절과 진정한 체강이 없지만, 환형동물은 두 가지를 모두 가지고 있다. **2.** 바다에서 이미 진화되었던 절지동물의 외골격은 육상 종들이 육지 환경에서 수분을 보존하고 몸을 지탱할 수 있도록 해주었다. 날개는 곤충이 새로운 서식지를 찾아 빠르게 분산하고 먹이와 짝을 찾을 수 있도록 해주었다. 기관계는 외골격이 있음에도 불구하고 효율적으로 기체교환을 할 수 있도록 해준다. **3.** 그렇다. 전통적인 가설에서 보면 환형동물과 절지동물에서의 체절화는 비슷한 혹스 유전자들에 의해 조절되는 것으로 여길 수 있다. 그러나 만약 환형동물이 촉수담륜동물에, 절지동물은 탈피동물에 속한다면, 체절화는 이 두 무리들에서 서로 독립적으로 진화하였을 것이다. 이 경우에는 서로 다른 혹스 유전자들이 두 분기군에서의 체절화의 발달을 조절하였을 것이라고 생각할 수 있다.

개념 확인 문제 33.5

1. 각 관족은 병낭과 관족으로 구성된다. 병낭이 압착되면 물이 관족 속으로 밀려들어가 관족이 팽창되어 기질에 닿도록 한다. 이렇게 되면 관족의 기부에서 부착성 화학물질이 분비되어 관족이 기질에 들러붙도록 한다. **2.** 곤충류와 선형동물 모두 좌우대칭동물의 3개 주요 분기군들의 하나인 탈피동물의 구성원들이다. 따라서 초파리와 예쁜꼬마선충이 공유하는 하나의 특징은 이들의 분기군에 속하는 다른 구성원들을 추론하는 정보로서 유용할 수 있지만, 후구동물의 구성원들을 추론하는 데에는 필요가 없다. 그 대신 그림 33.2는 극피동물이나 척삭동물에 속하는 한 종이 사람과 다른 척추동물들에 관한 추론을 할 수 있도록 하는 보다 적합한 무척추동물 모델이 될 수 있다는 것을 보여준다. **3.** 극피동물은 아주 다양한 체제를 가지고 있는 종들을 포함한다. 그러나 극피동물들이 서로 아주 다른 모습들을 나타낸다고 할지라도, 불가사리류나 해삼류와 같이 수관계와 관족을 포함하는 극피동물문의 독특한 특징들을 공유하고 있다. 극피동물들이 공유하는 특징들은 생명체의 통일성을 설명해주는 반면, 극피동물 종들 사이의 차이점들은 생명체의 다양성을 설명해준다. 불가사리류의 뒤집을 수 있는 위(자신의 입보다 크기가 큰 먹이를 소화할 수 있도록 해주는) 및 성게가 해초를 먹을 때 사용하는 복잡한 턱모양의 구조와 같은 극피동물의 특징들에서 생물체와 환경 사이의 조화의 예를 찾을 수 있다.

핵심 개념의 요약 질문

33.1 해면동물의 몸은 2개의 세포층들로 구성되어 있는데, 2개의 세포층들 모두 물과 접하고 있다. 따라서 기체교환과 노폐물의 제거는 몸을 이루는 세포들 속 및 밖으로 물질 확산을 함으로써 일어난다. 동정세포들과 변형세포들은 주변의 물속에서 먹이입자들을 삼킨다. 또한 동정세포들은 먹이입자들을 변형세포들 쪽으로 방출하고, 변형세포들은 먹이입자들을 소화해서 영양소로 만들어 다른 세포들로 보낸다. **33.2** 자포동물의 체제는 위수강이라고 하는 중앙의 소화 공간을 가지고 있는 일종의 자루모양의 구조로 되어 있다. 이 공간에 나 있는 하나의 구멍은 입과 항문의 역할을 모두 한다. 이 체제에서 나타나는 두 가지 주요한 변형들은 고착성의 폴립형(입/항문 반대편의 몸의 한쪽 끝을 기질에 부착)과 운동성의 해파리형(물속을 자유롭게 움직이며, 마치 납작한 폴립형이 입을 아래로 향하고 있는 모습)이다. **33.3** 그렇지 않다. 어떤 촉수담륜동물들은 섭식의 기능을 하는 섬모가 나있는 촉수들의 관(촉수관이라 불림)을 가지고 있지만 다른 종들은 담륜자 유생으로 알려져 있는 독특한 발생단계를 거친다. 다수의 다른 촉수담륜동물들은 이러한 특징들 가운데 어느 것도 나타내지 않는다. 따라서 이 분기군은 기본적으로 형태적 유사성이 아닌, DNA의 유사성에 의해 규명된 것이다. **33.4** 많은 선형동물 종들이 흙속이나 물속 바닥에 있는 침전물 속에서 살고 있다. 이와 같은 자유생활을 하는 종들은 분해 및 영양염류의 순환에서 중요한 역할을 한다. 다른 선형동물들은 기생동물들이며, 식물체의 뿌리를 침범하는 많은 종들과 동물(사람 포함)을 공격하는 몇몇 종들을 포함하고 있다. 절지동물들은 생태학의 전체 국면에 걸쳐 심대한 영향을 미치고 있다. 수중 환경에서는 갑각류가 초식동물(조류에 대한)과 청소

섭식동물, 포식동물로서 핵심적인 역할을 하며, 크릴과 같은 어떤 종들은 고래와 다른 척추동물들의 중요한 먹이자원이 되고 있다. 육상에서는, 곤충류나 거미류, 진드기류와 같은 다른 절지동물들에 의해 아무런 영향도 받지 않는 자연세계의 모습은 생각조차도 할 수 없다. 100만 종 이상의 곤충류가 존재하는데, 곤충류의 다수는 초식동물, 포식동물, 기생동물, 분해자 및 질병의 매개체로서 수많은 생태학적 영향들을 나타낸다. 곤충류는 또한 세계 여러 지역에서 인간을 포함하는 많은 생물들에게 핵심적인 먹이자원이 되고 있다. **33.5** 극피동물과 척삭동물 모두 좌우대칭동물의 3개 주요 분기군들 가운데 하나인 후구동물의 구성원들이다. 따라서 척삭동물(사람 포함)은 우리가 이 장에서 다룬 어떤 문의 동물들보다 극피동물과 가까운 유연관계에 있다. 그렇기는 하지만 극피동물과 척삭동물은 5억 년 이상 동안을 서로 독립적으로 진화해왔다. 이러한 사실은 극피동물과 척삭동물이 가까운 유연관계에 있다는 것과 모순되는 것이 아니라, "가까운"이라는 것이 상대적인 용어로서 두 문들이 각각 후구동물에 속하지 않은 어떤 동물문들보다 서로 가까운 유연관계를 보인다는 것을 의미한다는 것을 명확하게 해주고 있다.

생각해보자

1. a **2.** c **3.** b **4.** d **5.** c **6.** d

34장

그림 문제

그림 34.6 이 그림들에 나타난 연구 결과는 특정한 *Hox* 유전자 및 그 유전자들이 발현되는 순서가 오랜 진화 과정에 걸쳐 거의 변함없이 보전되어 왔다는 사실을 시사한다. **그림 34.19** 틱타알릭은 잎사귀형지느러미류 물고기의 하나로서 어류와 사지류의 형질을 동시에 갖고 있었다. 어류와 같이 이들은 지느러미, 비늘, 아가미가 있다. 이러한 공통 형질은 다윈의 변형혈통 개념에서 설명된 바와 같이 조상 종으로부터 물려받은 것이라 볼 수 있는데, 이 경우 틱타알릭과 어류의 공통 형질은 틱타알릭의 어류 조상으로부터 물려받은 것이다. 또한 틱타알릭은 편평한 두개골, 목, 완전한 갈비뼈 세트, 지느러미의 골격구조 등, 어류에는 없는 사지류 같은 특징도 갖고 있었다. 이러한 형질들은 변형혈통 개념의 두 번째 부분, 즉 조상 형질이 세월이 지남에 따라 어떻게 변형되었는지 보여주는 좋은 예시가 된다. **그림 34.20** 양서류가 기원한 시기는 3억 7,000만 년 전부터 3억 4,000만 년 전까지 사이의 어느 시기이다. 이러한 추론의 근거는 이렇다: 양서류는 Hynerpeton과 현생 사지류의 최근공통조상이 기원한 시기(3억 7,000만 년 전) 이후에 기원했어야 하며, 또한 알려진 최초의 양서류 화석 시기(그림에 나온대로 3억 4,000만 년 전) 이전에 출현했어야 하기 때문이다. **그림 34.24** 익룡류는 공룡류의 공통조상으로부터 유래하지 않았다; 그러므로 익룡류는 공룡이 아니다. 그러나 조류는 공룡류의 공통조상의 후손이다. 따라서 공룡류의 단계통 분기군에는 조류가 포함되어야 한다. 이러한 의미에서 조류는 공룡이다. **그림 34.36** 굴절적응 과정은 일반적으로 하나의 기능을 갖는 구조체가 일련의 중간단계를 거치면서 또 다른 기능을 획득하게 되면서 일어난다. 대개 이들 중간단계의 구조체 역시 그 생물체에서 어느 정도 기능을 갖게 된다. 관절골과 방형골이 포유류에서 귀 구조의 일부로 편입하게 된 것은 굴절적응의 한 실례인데, 이는 관절골과 방형골이 본래 턱뼈의 일부로서 턱 관절 역할을 하도록 진화하였으나 시간이 지남에 따라 이들이 소리의 전달이라는 또 다른 기능에 적응하게 되었기 때문이다. **그림 34.42** 그림의 계통수는 사람을 침팬지와 보노보가 속한 계통과 자매군 관계로서 묘사하였다. 계통수의 이러한 관계는 사람이 침팬지 또는 보노보로부터 유래하였다는 관점과 일치하지 않는다. 예를 들어 만일 사람이 침팬지에서 유래하였다면, 마치 조류가 파충류 분기군 내에 들어 있는 것처럼 사람 계통도 침팬지 계통 안에 들어가 있어야 할 것이다(그림 34.24 참조). **그림 34.49** 화석 증거에 의하면 네안데르탈인들은 아프리카에 살지 않았다; 그러므로 네안데르탈인과 아프리카 사람 사이에 교미(유전자 흐름)가 있었을 가능성은 매우 작다. 그러나 인류가 아프리카에서 확산되어 나옴에 따라 인류가 네안데르탈인과 처음 만난 지역인 중동에서 교미가 일어났을 수 있다. 네안데르탈인의 유전자를 일부 가지게 된 인류가 이후에 다른 지역으로 이주하였을 것이다. 이런 과정으로 인해 프랑스, 중국, 파푸아뉴기니의 사람들이 모두 네안데르탈인과 같은 정도의 유전적 연관도를 갖게 되었다고 설명할 수 있다.

개념 확인 문제 34.1

1. 네 가지 형질은 척삭; 등쪽의 속이 빈 신경다발; 인두열; 항문 뒤의 근육성 꼬리. **2.** 사람에 있어 이들 파생형질은 오직 배아시기에만 존재한다. 척삭은 척추골 사이의 추간판(디스크)이 되고, 꼬리는 거의 완전히 사라지며, 인두열은 여러 가지 성체 구조로 발달한다. **3.** 반드시 그런 것은 아니다. 척삭동물의 공통조상이 이 유전자를 가지고 있었으나 창고기 계통에서는 잃게 되었고, 다른 척삭동물에서는 유지되었을 수 있다. 그러나 만일 창고기가 다른 척삭동물에서 분지한 이후, 그러나 피낭동물이 다른 척삭동물에서 분지하기 이전에 이 유전자가 기원하였다면 척삭동물의 공통조상이 이 유전자를 가지고 있지 않았을 수도 있다.

개념 확인 문제 34.2

1. 칠성장어는 물고기에 흡착하기 위한 둥글고 거친 입을 갖고 있다. 코노돈트류는 무기질화한 치아요소 두 세트를 갖고 있어 먹이를 찌르고 작은 조각으로 자르는 데 사용할 수 있었을 것이다. **2.** 이러한 발견은 몇몇 서로 다른 진화적 계통들에서 머리를 갖는 초기 생물들이 자연선택에 의해 선호되었음을 시사한다. 비록 머리를 갖는 것에 이점이 있었다는 합리적인 주장을 할 수는 있지만, 화석만으로는 충분한 증거가 되지는 못한다. **3.** 갑피 무악척추동물에서 뼈는 포식자로부터 보호하는 외부 방어용 갑옷 역할을 하였다. 어떤 종은 무기질화 된 구강구조를 갖고 있어 이를 포식 또는 청소섭식에 사용할 수 있었다.

개념 확인 문제 34.3

1. 둘 다 유악동물로서 턱, 4개의 *Hox* 유전자군, 확장된 전뇌와 측선계를 갖는다. 상어의 골격계는 주로 연골로 이루어져 있는 반면, 참치는 경골 골격을 가지고 있다. 상어는 또한 나선판(spiral valve)을 갖고 있다. 참치는 아가미뚜껑과 부레, 그리고 지느러미를 지탱하는 유연성 있는 지느러미가시를 갖는다. **2.** 수생 유악동물은 턱(섭식을 위한 적응)을 가지며 지느러미쌍과 꼬리(물속 헤엄을 위한 적응)를 가진다. 수생 유악동물은 전형적으로 유선형의 체형을 가져 빠르게 헤엄칠 수 있고, 부레나 다른 방법(상어에서 기름을 저장하는 등)으로 부력을 유지한다.
3.

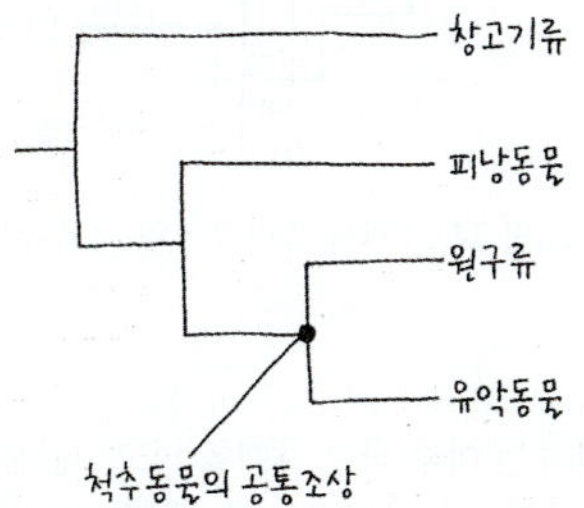

4. 그렇다. 그럴 가능성이 있다. 잎사귀형지느러미류 외에 수생 유악동물의 다리쌍이 사지의 발달을 위한 시발점이 되었을 수 있다. 잎사귀형지느러미류 외의 수생 유악동물이 육지로 와서 살게 되는 것은 폐를 가졌던 계통들에 의해 촉진될 수 있었는데, 이는 이들이 공기로 호흡할 수 있었기 때문이다.

개념 확인 문제 34.4

1. 사지류는 3억 6,500만 년 전에 일부 잎사귀형지느러미류의 지느러미가 사지류의 사지로 발달하면서 기원했다고 생각된다. 사지류의 이름이 유래한 핵심 파생형질인 사지 외에, 사지류의 파생형질에는 목(머리를 머리 외 몸로부터 분리시키는 척추뼈로 되어 있는), 척추와 융합된 요대가 포함된다. **2.** 일부 완전 수생성인 종들은 물에서의 성체 생활에도 유생의 특성을 유지하는 유형진화 현상을 보인다. 건조한 환경에서 살아가는 종들은 굴을 파 흙 속에 숨음으로, 습기찬 잎사귀 밑에서 살아감으로, 거품 둥지로 알을 보호함으로, 태생(viviparity)성 번식, 또는 다른 적응양식들을 통해 건조를 방지한다. **3.** 많은 양서류들은 그 생활사의 일부를 수생환경에서, 일부는 육지에서 보낸다. 그러므로 이들은 공기 및 수질 오염, 수생 혹은 육상 서식지 소실 또는 퇴화 등을 포함하는 광범위한 환경 문제에 노출될 수 있다. 여기에 더해서, 양서류는 투과성이 매우 높은 피부를 갖고 있어 외부 조건으로부터 보호받기가 비교적 어려우며, 그 알에는 보호 껍질이 없다.

개념 확인 문제 34.5

1. 양막 알은 배아를 보호하고 육상에서 배아가 발달할 수 있도록 함으로 번식을 위해 수생 환경에 의존할 필요성을 제거하였다. 또 다른 핵심적 적응 한 가지는 흉곽호흡인데, 이로 인해 공기 흡입의 효율성을 증진시켰으며 초기 양서류가 피부를 통한 호흡에

의존하지 않아도 되게 하였다. 마지막으로, 피부호흡이 필요 없게 됨으로 비교적 비투과성인 피부를 발달시킬 수 있게 되었으며, 그럼으로 수분을 절약할 수 있게 되었다. **2.** 그렇다. 비록 뱀은 다리가 없지만 이들은 사지가 있는 도마뱀에서 유래하였다. 어떤 뱀 종류에는 골반과 다리뼈의 흔적이 남아 있는데, 이것은 뱀이 다리가 있는 조상에서 유래하였다는 증거가 된다. **3.** 새들은 몸무게를 줄이기 위해 이빨과 방광을 없앴고 암컷은 한 개의 난소만을 갖게 되었다. 날개와 깃털은 비행을 위한 적응이며, 높은 대사율을 지탱하는 효율적인 호흡계와 순환계도 비행을 촉진시키기 위한 것이다.

4.

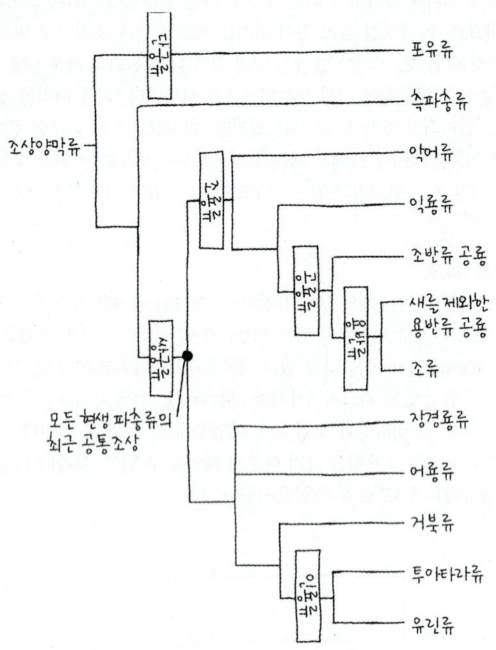

이러한 가정 하에서, 파충류는 그림 34.24에서 측파충류와 포유류를 제외한 모든 동물군을 포함한다.

개념 확인 문제 34.6

1. 단공류는 알을 낳는다. 유대류는 아주 작은 새끼를 낳고, 새끼는 육아낭 속에서 어미의 유두에 달라붙어 발달을 완성한다. 태반류는 좀 더 발달된 새끼를 낳는다. **2.** 움켜쥐는 기능이 발달한 손과 발, 편평한 손톱, 큰 뇌, 평평한 안면부에 위치하며 전방을 향하는 눈, 부모에 의한 양육, 구부릴 수 있는 엄지발가락과 엄지손가락. **3.** 포유류는 내온성이라 다양하고 넓은 범위의 서식지에서 살아갈 수 있다. 젖은 새끼에게 균형 잡힌 영양분 세트를 제공하고, 털과 피하지방층은 포유류가 열을 유지할 수 있도록 돕는다. 포유류는 분화된 이빨을 갖고 있어 많은 다른 종류의 음식을 먹을 수 있다. 포유류는 또한 비교적 큰 뇌를 가지며, 많은 종들은 학습이 가능하다. 백악기 말의 대량멸종 이후 지상 공룡이 사라짐으로 포유류에게 새로운 생태적 지위가 열리게 되었으며, 이것은 포유류의 적응방산을 촉진시켰다. 대륙이동에 의해 많은 포유류 군들이 서로 분리되어 많은 새로운 종들을 분화시키는 데 기여하였다.

개념 확인 문제 34.7

1. 사람류는 유인원 분기군 내의 한 분기군으로서, 다른 유인원보다 사람에 더 가까운 모든 종과 사람을 포함한다. 사람류의 파생형질에는 두발걷기, 비교적 큰 뇌와 같은 형질이 포함된다. **2.** 사람류에 있어 두발걷기는 큰 뇌보다 훨씬 앞서 발달하였다. 예를 들어 *Homo ergaster*는 완전 직립이었으며, 두 발로 걸었고 현대인만큼 키가 컸다. 그러나 그 뇌는 현대인에 비해 상당히 작았다. **3.** 그렇다. 두 가지가 다 옳을 수 있다. 화석 기록이 시사하는 것처럼, *Homo sapiens*는 115,000년 전에 아프리카 외의 지역에 이미 서식하기 시작했을 수 있다. 그러나 이들 아프리카 바깥의 초기 개체군은 현존하는 후손을 거의, 또는전혀 남기지 못했을 수 있다. 대신, 유전적 자료가 시사하듯 모든 현생 인류는 약 50,000년 전 아프리카를 벗어나 확산된 아프리카인의 후손일 수 있다.

핵심 개념의 요약 질문

34.1 창고기는 현생 척삭동물에서 가장 기저에 있는 동물군이며, 창고기 성체는 척삭동물의 핵심 파생형질을 갖는다. 이 사실은 척삭동물의 공통조상이 앞쪽 끝에 구강을 가지고 다음 네 가지 파생형질을 가진 점에서 창고기를 닮았을 것이라는 점을 시사한다: 척삭, 등쪽의 속이 빈 신경다발, 인두열, 항문 뒤의 근육성 꼬리. **34.2** 화석 기록에 맨 처음 나타나는 척추동물의 하나인 코노돈트류는 3 억 년 이상 매우 번성하였다. 비록 턱은 없었지만 이들은 잘 발달된 이빨이 있었고 이는 초기 경골 형성의 전조가 된다. 다른 무악척추동물 종들은 몸 외부에 갑피를 발달시켰는데, 아마도 이는 포식자로부터 자신을 보호하는 데 도움을 주었을 것이다. 이들 종은 칠성장어와 같이 이동을 위해 지느러미쌍을 가졌고, 균형감각을 위해 반고리관을 갖춘 내이가 있었다. 많은 종의 갑피 무악척추동물이 존재했었지만 이들은 3억 5,900만 년 전 데본기가 끝날 무렵까지 모두 멸종하였다. **34.3** 진화 역사에 있어 턱이 기원함으로 인해 화석 유악동물들이 먹이를 얻는 방식이 바뀌게 되었고, 이는 다시 생태적 상호작용에 커다란 영향을 주었다. 포식자들은 턱을 이용해 먹이를 잡거나 살덩이를 뜯어낼 수 있게 되었고, 이는 다시 피식자 종들이 자신을 방어하기 위해 점점 더 정교한 방법을 발달시키도록 촉진시키는 역할을 하였다. 이에 대한 증거는 화석 기록에서 볼 수 있는데, 몸길이가 10 m에 이르고 매우 강력한 턱을 갖춘 포식자 화석들, 그리고 전신을 둘러싼 갑피판과 같은 보호 장치가 잘 발달된 종으로 이루어진 계통들이 그 증거가 된다. **34.4** 양서류가 번식하기 위해서는 물이 있어야 한다; 양서류의 피부는 습기 차 있고 매우 투과성이 높아 수분이 몸에서 금방 빠져나간다; 또한 양서류의 알에는 껍질이 없어 건조에 약하다. **34.5** 조류는 수각류 공룡에서 유래하였고 공룡은 파충류의 주요 두 가지 계통의 하나인 조룡류 계통 안에 들어간다. 그러므로 조류와 같이 현생 조룡류 파충류의 하나인 악어류는 도마뱀보다 조류에 더 가깝다. 조류는 악어류와 함께 조룡류의 일부이지만 도마뱀은 파충류이면서도 조룡류는 아니기 때문이다. 따라서 조류는 파충류로 간주된다. (만일 파충류에서 조류가 제외된다면 파충류는 하나의 분기군을 이루지 못하고 측계통군이 될 것이다.) **34.6** 포유류는 단궁류라 불리는 양막류군의 한 구성원이다. 초기 (포유류가 아닌) 단궁류는 알을 낳았고 팔다리를 옆으로 뻗는 동작으로 걸었다. 화석 증거는 포유류의 특징이 1억 년 이상 걸쳐 점진적으로 나타났다는 것을 보여준다. 예를 들어 포유류 아닌 단궁류에서 턱은 오랜 시간에 걸쳐 변형되었으며 최종적으로 포유류의 턱을 닮게 되었다. 1억 8,000만 년 전까지는 최초의 포유류가 출현하게 되었다. 초기 포유류에는 많은 종이 있었지만 대부분 그 크기가 작았으며, 개체수가 많지도 않았고 군집 내에서 우세한 종 구성원도 아니었다. 포유류는 공룡이 멸종하기 전까지는 생태적 우위를 차지하지 못하였다. **34.7** 화석 기록은 450 만 년 전에서부터 250 만 년 전 사이에 다양한 종류의 사람류 종들이 직립보행을 했으나 이들의 뇌 크기는 비교적 작았다는 것을 보여준다. 약 250 만 년 전에 최초의 *Homo* 속 구성원들이 출현한다. 이들 종들은 도구를 사용하였고 이전의 사람류보다 큰 뇌를 갖고 있었다. 화석 증거는 당시 어느 시점에나 우리 자신의 속 내에 여러 구성원들이 함께 존재하였음을 시사한다. 더 나아가, 약 130만 년 전까지는 이들 여러 *Homo* 종들은 *Paranthropus*와 같은 초기 사람류 계통의 구성원과 함께 존재했었다. 같은 시기에 함께 살았던 사람류들은 그 몸 크기, 몸 형태, 뇌 크기, 이빨 모양, 도구 사용 능력에 있어 서로 달랐다. 결국은 *Homo sapiens*를 제외하고는 이 모든 종들은 멸종되었다. 그러므로 사람의 진화는 *H. sapiens*에 이르는 진화적 단일 경로가 아니라, 가지가 많이 달린 진화적 나무로 보는 것이 타당하다. 그 많은 가지들 중 살아남은 것은 우리 자신뿐이다.

생각해보자

1. d **2.** c **3.** b **4.** c **5.** d **6.** a

부록 B 주기율표

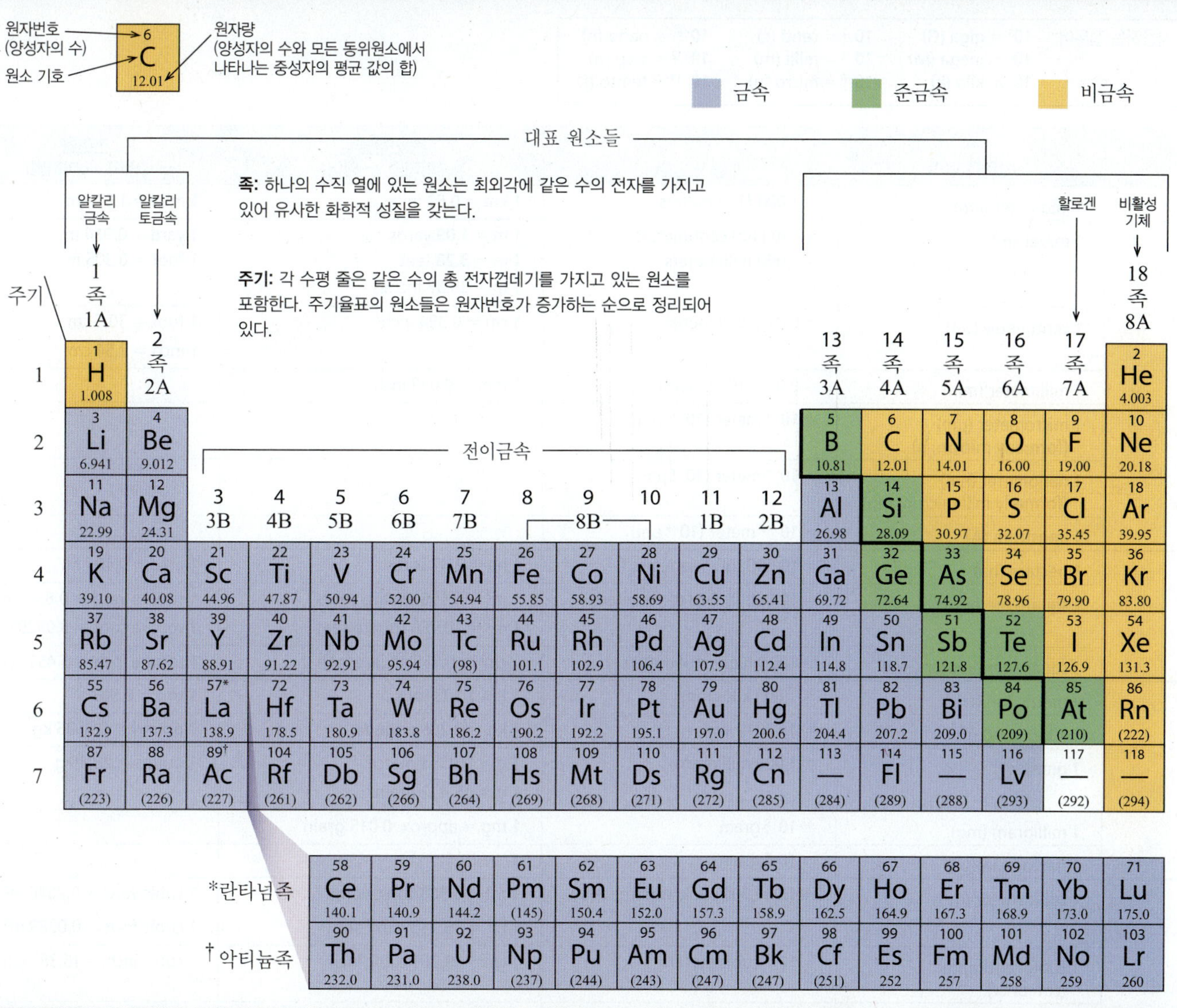

이름 (기호)	원자 번호	이름 (기호)	원자 번호	이름 (기호)	원자 번호	이름 (기호)	원자 번호	이름 (기호)	원자 번호
Actinium (Ac)	89	Copernicium (Cn)	112	Iodine (I)	53	Osmium (Os)	76	Silicon (Si)	14
Aluminum (Al)	13	Copper (Cu)	29	Iridium (Ir)	77	Oxygen (O)	8	Silver (Ag)	47
Americium (Am)	95	Curium (Cm)	96	Iron (Fe)	26	Palladium (Pd)	46	Sodium (Na)	11
Antimony (Sb)	51	Darmstadtium (Ds)	110	Krypton (Kr)	36	Phosphorus (P)	15	Strontium (Sr)	38
Argon (Ar)	18	Dubnium (Db)	105	Lanthanum (La)	57	Platinum (Pt)	78	Sulfur (S)	16
Arsenic (As)	33	Dysprosium (Dy)	66	Lawrencium (Lr)	103	Plutonium (Pu)	94	Tantalum (Ta)	73
Astatine (At)	85	Einsteinium (Es)	99	Lead (Pb)	82	Polonium (Po)	84	Technetium (Tc)	43
Barium (Ba)	56	Erbium (Er)	68	Lithium (Li)	3	Potassium (K)	19	Tellurium (Te)	52
Berkelium (Bk)	97	Europium (Eu)	63	Livermorium (Lv)	116	Praseodymium (Pr)	59	Terbium (Tb)	65
Beryllium (Be)	4	Fermium (Fm)	100	Lutetium (Lu)	71	Promethium (Pm)	61	Thallium (Tl)	81
Bismuth (Bi)	83	Flerovium (Fl)	114	Magnesium (Mg)	12	Protactinium (Pa)	91	Thorium (Th)	90
Bohrium (Bh)	107	Fluorine (F)	9	Manganese (Mn)	25	Radium (Ra)	88	Thulium (Tm)	69
Boron (B)	5	Francium (Fr)	87	Meitnerium (Mt)	109	Radon (Rn)	86	Tin (Sn)	50
Bromine (Br)	35	Gadolinium (Gd)	64	Mendelevium (Md)	101	Rhenium (Re)	75	Titanium (Ti)	22
Cadmium (Cd)	48	Gallium (Ga)	31	Mercury (Hg)	80	Rhodium (Rh)	45	Tungsten (W)	74
Calcium (Ca)	20	Germanium (Ge)	32	Molybdenum (Mo)	42	Roentgenium (Rg)	111	Uranium (U)	92
Californium (Cf)	98	Gold (Au)	79	Neodymium (Nd)	60	Rubidium (Rb)	37	Vanadium (V)	23
Carbon (C)	6	Hafnium (Hf)	72	Neon (Ne)	10	Ruthenium (Ru)	44	Xenon (Xe)	54
Cerium (Ce)	58	Hassium (Hs)	108	Neptunium (Np)	93	Rutherfordium (Rf)	104	Ytterbium (Yb)	70
Cesium (Cs)	55	Helium (He)	2	Nickel (Ni)	28	Samarium (Sm)	62	Yttrium (Y)	39
Chlorine (Cl)	17	Holmium (Ho)	67	Niobium (Nb)	41	Scandium (Sc)	21	Zinc (Zn)	30
Chromium (Cr)	24	Hydrogen (H)	1	Nitrogen (N)	7	Seaborgium (Sg)	106	Zirconium (Zr)	40
Cobalt (Co)	27	Indium (In)	49	Nobelium (No)	102	Selenium (Se)	34		

미터법에서 사용하는 접두어:	10^9 = giga (G)	10^{-2} = centi (c)	10^{-9} = nano (n)
	10^6 = mega (M)	10^{-3} = milli (m)	10^{-12} = pico (p)
	10^3 = kilo (k)	10^{-6} = micro (μ)	10^{-15} = femto (f)

측정	단위와 약어	등가 단위	전환율 (미터법 → 영어)	전환율 (영어 → 미터법)
길이	1 kilometer (km)	= 1,000 (10^3) meters	1 km = 0.62 mile	1 mile = 1.61 km
	1 meter (m)	= 100 (10^2) centimeters = 1,000 millimeters	1 m = 1.09 yards 1 m = 3.28 feet 1 m = 39.37 inches	1 yard = 0.914 m 1 foot = 0.305 m
	1 centimeter (cm)	= 0.01 (10^{-2}) meter	1 cm = 0.394 inch	1 foot = 30.5 cm 1 inch = 2.54 cm
	1 millimeter (mm)	= 0.001 (10^{-3}) meter	1 mm = 0.039 inch	
	1 micrometer (μm) (formerly micron, μ)	= 10^{-6} meter (10^{-3} mm)		
	1 nanometer (nm) (formerly millimicron, mμ)	= 10^{-9} meter (10^{-3} μm)		
	1 angstrom (Å)	= 10^{-10} meter (10^{-4} μm)		
면적	1 hectare (ha)	= 10,000 square meters	1 ha = 2.47 acres	1 acre = 0.405 ha
	1 square meter (m^2)	= 10,000 square centimeters	1 m^2 = 1.196 square yards 1 m^2 = 10.764 square feet	1 square yard = 0.8361 m^2 1 square foot = 0.0929 m^2
	1 square centimeter (cm^2)	= 100 square millimeters	1 cm^2 = 0.155 square inch	1 square inch = 6.4516 cm^2
질량	1 metric ton (t)	= 1,000 kilograms	1 t = 1.103 tons	1 ton = 0.907 t
	1 kilogram (kg)	= 1,000 grams	1 kg = 2.205 pounds	1 pound = 0.4536 kg
	1 gram (g)	= 1,000 milligrams	1 g = 0.0353 ounce 1 g = 15.432 grains	1 ounce = 28.35 g
	1 milligram (mg)	= 10^{-3} gram	1 mg = approx. 0.015 grain	
	1 microgram (μg)	= 10^{-6} gram		
부피 (고체)	1 cubic meter (m^3)	= 1,000,000 cubic centimeters	1 m^3 = 1.308 cubic yards 1 m^3 = 35.315 cubic feet	1 cubic yard = 0.7646 m^3 1 cubic foot = 0.0283 m^3
	1 cubic centimeter (cm^3 or cc)	= 10^{-6} cubic meter	1 cm^3 = 0.061 cubic inch	1 cubic inch = 16.387 cm^3
	1 cubic millimeter (mm^3)	= 10^{-9} cubic meter = 10^{-3} cubic centimeter		
부피 (액체와 기체)	1 kiloliter (kL or kl)	= 1,000 liters	1 kL = 264.17 gallons	
	1 liter (L or l)	= 1,000 milliliters	1 L = 0.264 gallon 1 L = 1.057 quarts	1 gallon = 3.785 L 1 quart = 0.946 L
	1 milliliter (mL or ml)	= 10^{-3} liter = 1 cubic centimeter	1 mL = 0.034 fluid ounce 1 mL = approx. 1/4 teaspoon 1 mL = approx. 15–16 drops (gtt.)	1 quart = 946 mL 1 pint = 473 mL 1 fluid ounce = 29.57 mL 1 teaspoon = approx. 5 mL
	1 microliter (μL or μl)	= 10^{-6} liter (10^{-3} milliliter)		
압력	1 megapascal (MPa)	= 1,000 kilopascals	1 MPa = 10 bars	1 bar = 0.1 MPa
	1 kilopascal (kPa)	= 1,000 pascals	1 kPa = 0.01 bar	1 bar = 100 kPa
	1 pascal (Pa)	= 1 newton/m^2 (N/m^2)	1 Pa = 1.0×10^{-5} bar	1 bar = 1.0×10^5 Pa
시간	1 second (s or sec)	= 1/60 minute		
	1 millisecond (ms or msec)	= 10^{-3} second		
온도	Degrees Celsius (°C) (0 K [Kelvin] = −273.15°C)		°F = 9/5°C + 32	°C = 5/9 (°F − 32)

광학현미경과 전자현미경의 비교

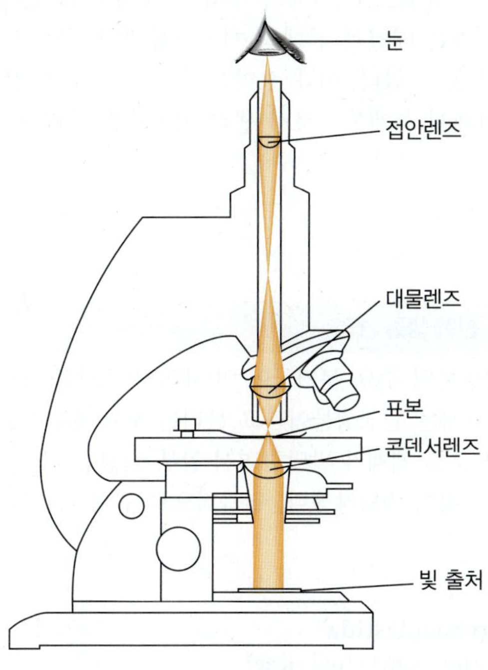

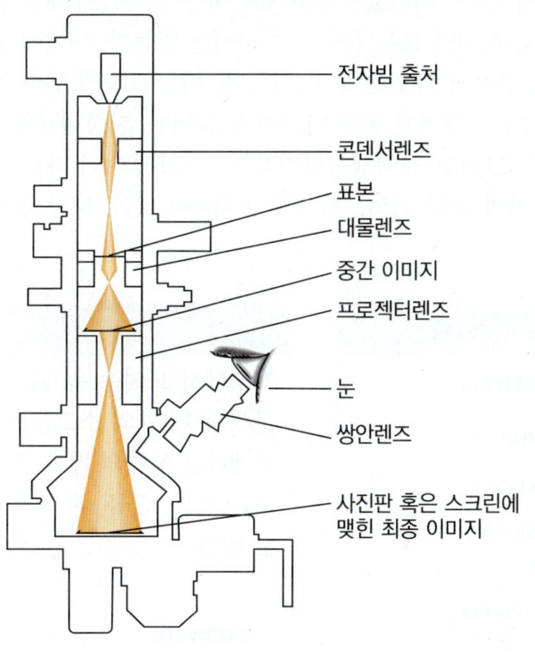

광학현미경(Light Microscope, LM)

빛이 유리 콘덴서렌즈에 의해 표본 위에 비춰지면 상이 대물렌즈와 접안렌즈에 의해 확대되고 이를 눈을 통해서 보거나 디지털 카메라, 디지털 비디오 카메라 혹은 사진으로 찍는다.

전자현미경(Electron Microscope, EM)

현미경의 꼭대기에 있는 전자빔이 빛 대신에 이용되며, 또한 전자석이 유리렌즈 대신에 이용된다. 전자빔이 콘덴서렌즈에 의해 표본 위에 쏘아지면 상이 대물렌즈와 프로젝터렌즈에 의해 확대되고 이를 스크린으로 보거나 사진을 찍는다.

여기서는 이 책에서 논의되었던 주요 현존하는 생물들에 대한 분류를 보여준다. 하지만 모든 문을 포함하지는 않는다. 여기에 표시된 분류는 3영역에 기초를 두고 있는데, 이는 원핵세포의 두 주요 그룹을 다른 영역으로 분리하여 만들어진 진정세균영역 및 고세균영역 그리고 진핵생물영역을 포함한다. 여러 다른 대안적인 분류 방법이 이 책의 5단원에서 다루어졌다. 분류의 혼란스러운 측면으로는 계의 수와 경계에 대한 논쟁, 린네 분류 체계에 의한 배열과 현대의 계통분류학적 분석에 의한 발견과의 논쟁 등이 있다. 아래 요약에서 별표는 현재 일부 분류학자들에 의해서 측계통으로서 생각되는 문을 나타낸 것이다.

진정세균영역

- **Proteobacteria**
- **Chlamydia**
- **Spirochetes**
- **Gram-Positive Bacteria**
- **Cyanobacteria**

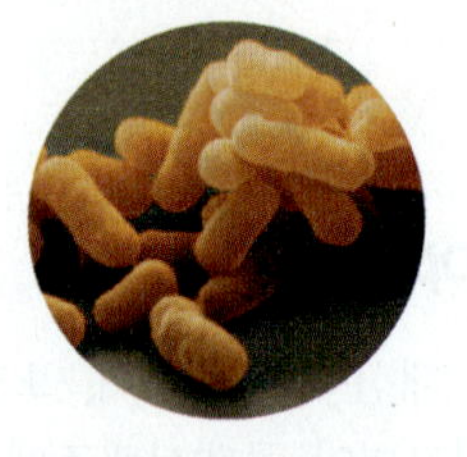

고세균영역

- **Korarchaeota**
- **Euryarchaeota**
- **Crenarchaeota**
- **Nanoarchaeota**

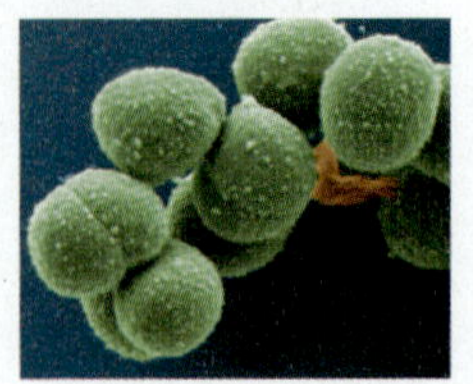

진핵생물영역

28장에서 보여준 측계통 가설에서는 진핵생물의 주요 분기군이 이 페이지와 다음 페이지에 진한 글씨체로 4개의 소그룹으로 나누어진다. 전에는 원생생물이라고 불리는 모든 진핵생물은 원생생물계라는 하나의 계로 분류되었다. 그러나 분류 체계가 발달하면서 일부 원생생물들은 그들 간보다는 식물, 균류, 혹은 동물에 더 가깝다는 것이 명확해졌다. 결과적으로 원생생물계는 사라져가고 있다.

Excavata

- Diplomonadida (diplomonads)
- Parabasala (parabasalids)
- Euglenozoa (euglenozoans)
  - Kinetoplastida (kinetoplastids)
  - Euglenophyta (euglenids)

"SAR" Clade

- Stramenopila (stramenopiles)
  - Chrysophyta (golden algae)
  - Phaeophyta (brown algae)
  - Bacillariophyta (diatoms)

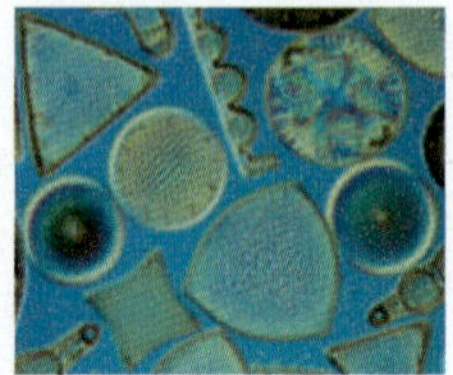

- Alveolata (alveolates)
  - Dinoflagellata (dinoflagellates)
  - Apicomplexa (apicomplexans)
  - Ciliophora (ciliates)
- Rhizaria (rhizarians)
  - Radiolaria (radiolarians)
  - Foraminifera (forams)
  - Cercozoa (cercozoans)

Archaeplastida

- Rhodophyta (red algae)
- Chlorophyta (green algae: chlorophytes)
- Charophyta (green algae: charophytes)
- Plantae
  - 비관속식물 (bryophytes)
    - Phylum Hepatophyta (liverworts)
    - Phylum Bryophyta (mosses)
    - Phylum Anthocerophyta (hornworts)
  - 종자 없는 관속식물
    - Phylum Lycophyta (lycophytes)
    - Phylum Monilophyta (ferns, horsetails, whisk ferns)
  - 종자식물
    - 겉씨식물
      - Phylum Ginkgophyta (ginkgo)
      - Phylum Cycadophyta (cycads)
      - Phylum Gnetophyta (gnetophytes)
      - Phylum Coniferophyta (conifers)
    - 속씨식물
      - Phylum Anthophyta (flowering plants)

진핵생물영역 (계속)

Unikonta

- Amoebozoa (amoebozoans)
  - Myxogastrida (plasmodial slime molds)
  - Dictyostelida (cellular slime molds)
  - Tubulinea (tubulinids)
  - Entamoeba (entamoebas)
- Nucleariida (nucleariids)
- 균계
  - *Phylum Chytridiomycota (chytrids)
  - *Phylum Zygomycota (zygomycetes)
  - Phylum Glomeromycota (glomeromycetes)
  - Phylum Ascomycota (ascomycetes)
  - Phylum Basidiomycota (basidiomycetes)

- Choanoflagellata (choanoflagellates)
- 동물계
  - Phylum Porifera (sponges)
  - Phylum Ctenophora (comb jellies)
  - Phylum Cnidaria (cnidarians)
    - Medusozoa (hydrozoans, jellies, box jellies)
    - Anthozoa (sea anemones and most corals)
  - Phylum Acoela (acoel flatworms)
  - Phylum Placozoa (placozoans)

  촉수동물
  - Phylum Platyhelminthes (flatworms)
    - Catenulida (chain worms)
    - Rhabditophora (planarians, flukes, tapeworms)
  - Phylum Nemertea (proboscis worms)
  - Phylum Ectoprocta (ectoprocts)
  - Phylum Brachiopoda (brachiopods)
  - Phylum Rotifera (rotifers)
  - Phylum Cycliophora (cycliophorans)
  - Phylum Mollusca (molluscs)
    - Polyplacophora (chitons)
    - Gastropoda (gastropods)
    - Bivalvia (bivalves)
    - Cephalopoda (cephalopods)
  - Phylum Annelida (segmented worms)
    - Errantia (errantians)
    - Sedentaria (sedentarians)
  - Phylum Acanthocephala (spiny-headed worms)

  탈피동물
  - Phylum Loricifera (loriciferans)
  - Phylum Priapula (priapulans)
  - Phylum Nematoda (roundworms)
  - Phylum Arthropoda (This survey groups arthropods into a single phylum, but some zoologists now split the arthropods into multiple phyla.)
    - Chelicerata (horseshoe crabs, arachnids)
    - Myriapoda (millipedes, centipedes)
    - Pancrustacea (crustaceans, insects)
  - Phylum Tardigrada (tardigrades)
  - Phylum Onychophora (velvet worms)

  후구동물
  - Phylum Hemichordata (hemichordates)
  - Phylum Echinodermata (echinoderms)
    - Asteroidea (sea stars, sea daisies)
    - Ophiuroidea (brittle stars)
    - Echinoides (sea urchins, sand dollars)
    - Crinoidea (sea lilies)
    - Holothuroidea (sea cucumbers)
  - Phylum Chordata (chordates)
    - Cephalochordata (cephalochordates: lancelets)
    - Urochordata (urochordates: tunicates)
    - Cyclostomata (cyclostomes)
      - Myxini (hagfishes)
      - Petromyzontida (lampreys)
    - Gnathostomata (gnathostomes)
      - Chondrichthyes (sharks, rays, chimaeras)
      - Actinopterygii (ray-finned fishes)
      - Actinistia (coelacanths)
      - Dipnoi (lungfishes)
      - Amphibia (amphibians: frogs, salamanders, caecilians)
      - Reptilia (reptiles: tuataras, lizards, snakes, turtles, crocodilians, birds)
      - Mammalia (mammals)

    } Vertebrates

그래프

그래프는 수치 결과를 시각적으로 보여준다. 그래프는 표로는 쉽게 인식하지 못하는 데이터의 패턴이나 경향을 보여준다. 그래프의 한 종류인 다이어그램은 데이터 세트에서 한 변수가 어떻게 다른 변수와 관련이 있는지 혹은 없는지 보여준다. 만약 다른 변수에 의존적인 종속 변수는 통상 y축에 표시하며, 독립변수는 x축에 표시한다. 생물학에서 빈번하게 이용하는 그래프의 형태는 분산그래프, 선그래프, 막대그래프, 히스토그램 등이 있다.

▶ **분산그래프(scatter plot)**는 모든 변수에 대한 데이터가 수치로 되어 있으면서 연속적일 때 이용한다. 각 테이터는 하나의 점으로 표시된다. **선그래프(line graph)**에서는 각 데이터의 점이 아래 그래프에서처럼 직선으로 다른 데이터를 나타내는 점과 연결이 된다. (산점도와 선 그래프를 그리고 해석하는 것을 연습하기 위해서 2, 3, 6, 8, 11, 13, 24, 26, 34, 46, 47, 49, 50, 51, 54, 56장의 과학적 분석 기술의 연습을 참조한다.)

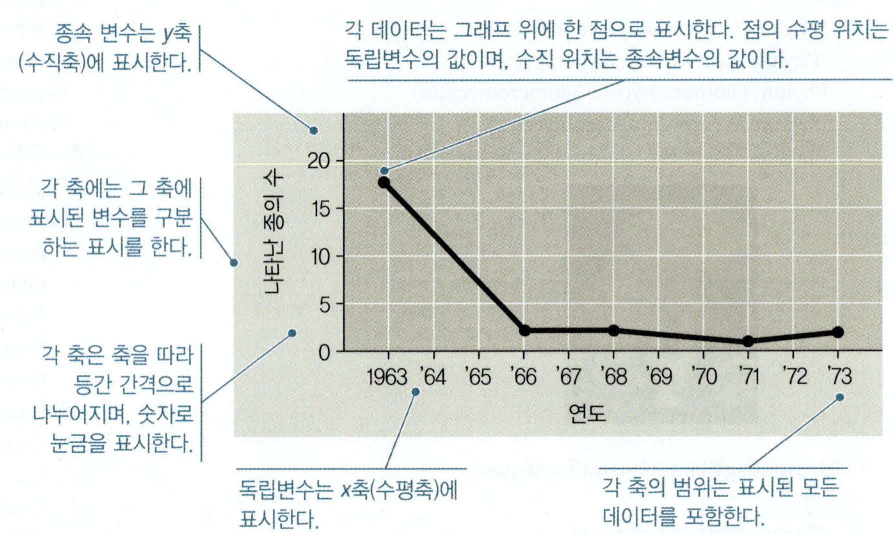

▼ 2개의 종속변수가 어떻게 같은 독립변수와 관련이 있는지를 보여주기 위해서 2개 혹은 그 이상의 데이터 세트를 한 그래프 위에 나타낼 수 있다. (2개 혹은 그 이상의 데이터 세트를 만들고 해석하는 것을 연습하기 위해서는 8, 46, 47, 49, 50, 51, 56장의 과학적 분석 기술의 연습을 참조한다.)

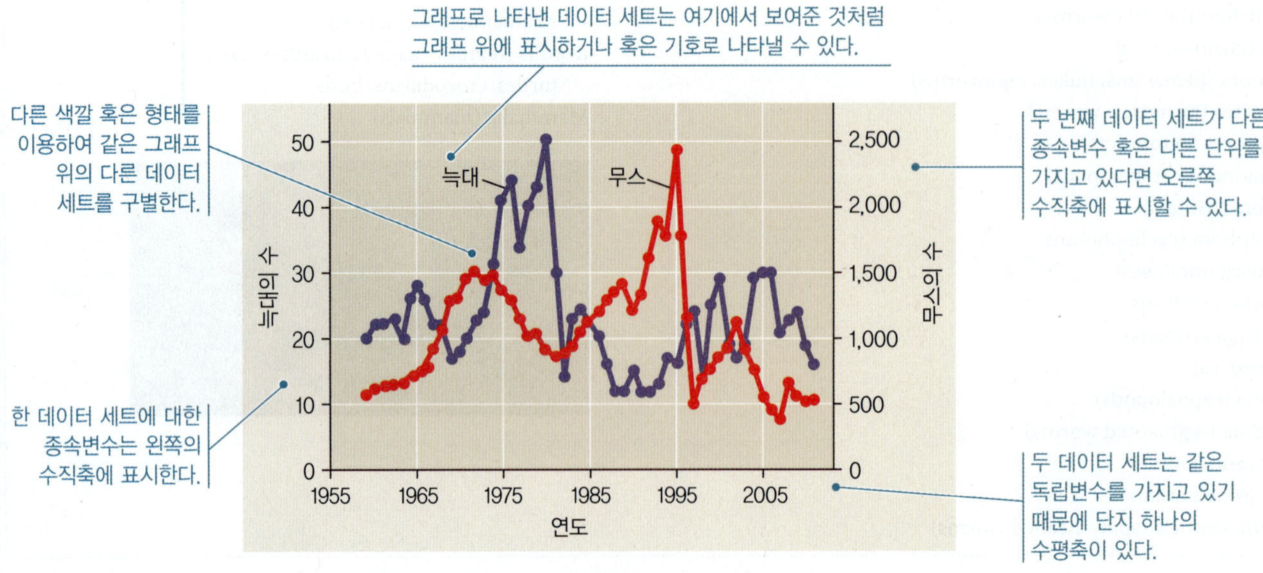

▼ 분산그래프에서는 데이터에서의 경향을 보여주기 위하여 직선 혹은 곡선으로 모든 데이터를 통과하는 그래프를 그린다. 수학적으로 데이터에 가장 적합한 직선은 회귀선(regression line)이다. 그렇지 않다면 데이터에 가장 적합한 수학적 함수는 최적곡선(best-fit curve)이라는 곡선을 설명해 줄 수 있다. (회귀선을 만들고 해석하는 것을 연습하기 위해서는 3, 11, 34장의 과학적 분석 기술의 연습을 참조한다.)

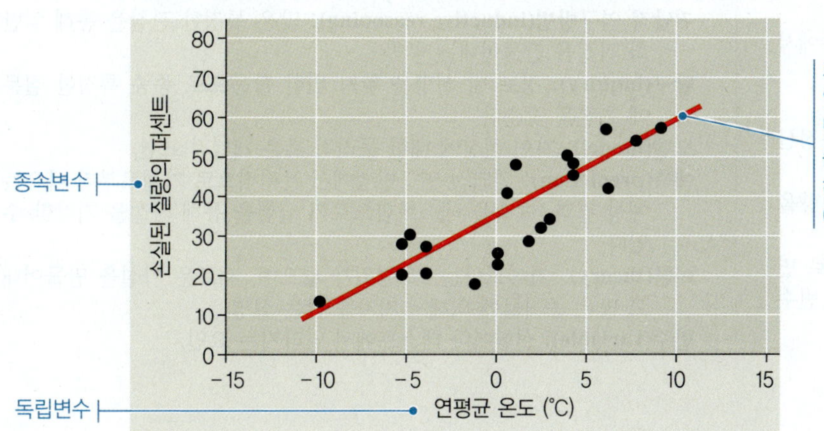

▼ **막대그래프(bar graph)**는 독립변수가 그룹 혹은 비수치화된 범주를 나타내는 그래프이며, 종속변수의 값을 막대로 나타낸다. (막대그래프를 만들고 해석하는 것을 이해하기 위해 1, 10, 18, 19, 21, 25, 27, 29, 33, 35, 39, 51, 52, 54장의 과학적 분석 기술의 연습을 참조한다.)

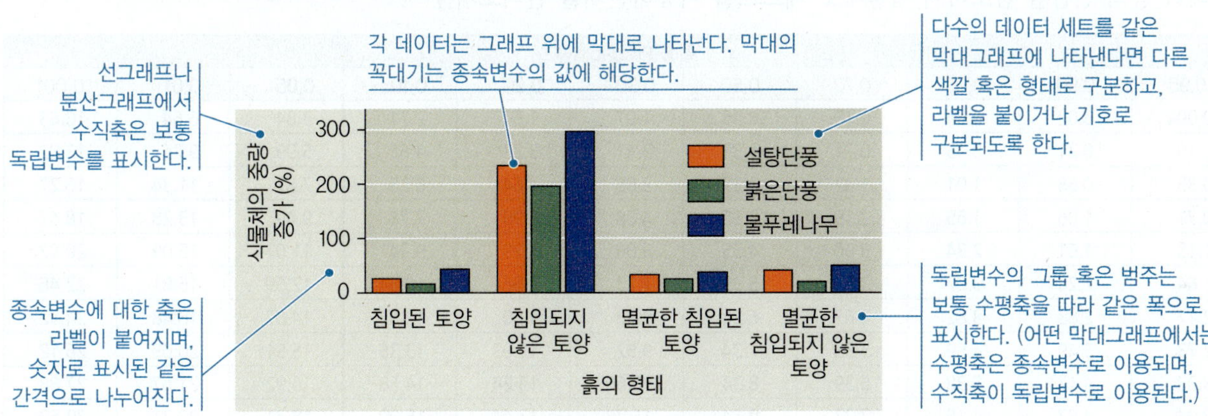

▶ **히스토그램(histogram)**이라고 하는 막대그래프의 변화된 형태는 수치화된 데이터를 x축 위의 변수를 같은 간격으로 묶어서 표시할 수 있다. 막대상자는 정수 혹은 어떤 수의 범위로 나타낼 수 있다. 아래의 히스토그램에서의 간격은 25 mg/dL 넓이로 되어 있다. 각 막대의 높이는 실험 주제의 퍼센트(%) 혹은 수치를 보여주는데 각 특징은 x축 위에 그려진 하나의 막대에 의해 설명된다. (히스토그램을 만들고 해석하는 것을 연습하기 위해서는 12, 14, 43장의 과학적 분석 기술의 연습을 참조한다.)

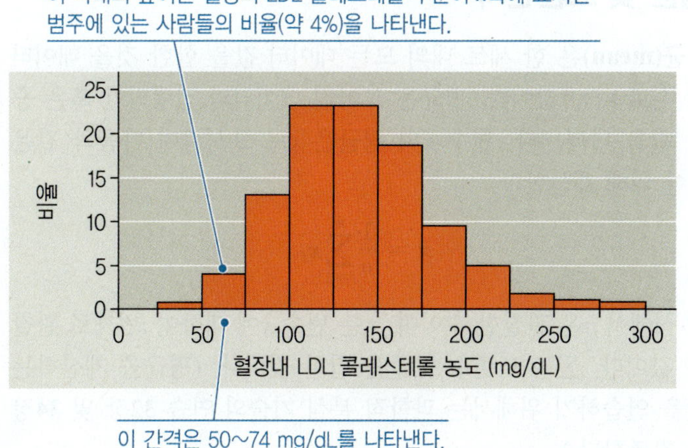

부록 F 과학적 기술에 대한 개관

과학 탐구 용어

과학탐구 과정에 대한 부가적인 설명은 개념 1.3을 참조한다.

대조군(control group): 대조군 실험에서는 특정한 실험 변수가 없는 일련의 주제들이 검증된다. 이상적으로는 대조군은 실험 변수 이외의 점에서는 실험군과 완전히 같아야 한다.

대조실험(controlled experiment): 실험군이 확인하고자 하는 변수에서만 다른 대조군과 비교하는 실험.

데이터(data): 기록된 관찰 결과.

연역적 연구방법(deductive reasoning): 일반적인 전제로부터 특정한 결과를 유추하는 방법.

종속변수(dependent variable): 실험에서 독립변수의 변화로 영향을 받아 값이 변하는 변수.

실험(experiment): 대조군 조건하에서 수행되는 과학적인 테스트로 변화의 효과를 알아보기 위해 시스템 내의 하나 혹은 그 이상의 변수를 조작하는 것을 포함한다.

실험군(experimental group): 대조군의 배경 하에 테스트를 하게 될 특정 요소를 갖는 일련의 주제.

가설(hypothesis): 데이터를 기초로 만들어진 관찰 사항에 대하여 귀납적으로 만들어진 실험 가능한 설명.

독립변수(independent variable): 종속변수에 대한 영향을 알아보기 위하여 실험하는 동안에 값이 조작되거나 변경되는 변수.

귀납적 연구방법(inductive reasoning): 많은 특정한 관찰을 통해 일반화 과정을 만들어내는 방법.

탐구(inquiry): 정보 및 설명을 찾기 위한 활동으로 종종 특정한 질문에 초점을 맞춘다.

모델(model): 자연 현상에 대한 물리적 혹은 개념적 표현.

예측(prediction): 연역적 연구방법에서 논리적으로 가설로부터 나오는 예상 결과. 예측을 테스트함으로써 실험을 통해 가설을 기각할 수 있다.

이론(theory): 가설보다는 그 범위가 넓으며, 새로운 가설을 만들어내고 많은 증거들에 의해서 지지를 받는 설명.

변수(variable): 실험이나 테스트에서 달라지는 요인.

카이제곱(x^2) 분포 표

표를 이용하기 위해서는 실험 중인 데이터 세트의 자유도에 일치하는 줄을 찾는다. 그 줄을 따라 오른쪽으로 이동하면서 여러분이 얻은 x^2 값이 위·아래의 사이에 들어가는 지점을 찾는다. 이 값으로부터 칼럼의 꼭대기로 이동하여 여러분이 얻은 x^2 값에 대한 확률을 발견한다. 확률이 0.05 혹은 그 이하라면 일반적으로 의미있게 다르다고 판단한다. (15장의 과학 능력 연습을 참조하여 어떻게 x^2 테스트를 이용하는지를 살펴보자.)

자유도(Degrees of Freedom, df)	확률(Probability)										
	0.95	0.90	0.80	0.70	0.50	0.30	0.20	0.10	0.05	0.01	0.001
1	0.004	0.02	0.06	0.15	0.45	1.07	1.64	2.71	3.84	6.64	10.83
2	0.10	0.21	0.45	0.71	1.39	2.41	3.22	4.61	5.99	9.21	13.82
3	0.35	0.58	1.01	1.42	2.37	3.66	4.64	6.25	7.82	11.34	16.27
4	0.71	1.06	1.65	2.19	3.36	4.88	5.99	7.78	9.49	13.28	18.47
5	1.15	1.61	2.34	3.00	4.35	6.06	7.29	9.24	11.07	15.09	20.52
6	1.64	2.20	3.07	3.83	5.35	7.23	8.56	10.64	12.59	16.81	22.46
7	2.17	2.83	3.82	4.67	6.35	8.38	9.80	12.02	14.07	18.48	24.32
8	2.73	3.49	4.59	5.53	7.34	9.52	11.03	13.36	15.51	20.09	26.12
9	3.33	4.17	5.38	6.39	8.34	10.66	12.24	14.68	16.92	21.67	27.88
10	3.94	4.87	6.18	7.27	9.34	11.78	13.44	15.99	18.31	23.21	29.59

평균 및 표준편차

평균(mean)은 한 세트 내의 모든 데이터 값을 합한 것을 데이터의 수로 나눈 값이다. 평균은 모아진 데이터의 전형적인 혹은 중앙 값을 나타낸다. 변수 x의 평균은 $\bar{x}$로 표시하며 다음과 같은 식에 의해 계산한다.

$$\bar{x} = \frac{1}{n}\sum_{i=1}^{n} x_i$$

이 식에서 n은 관찰한 수이며, x_i는 변수 x에 대하여 i번째로 관찰한 값이다. Σ는 x 변수 값들을 합한 것이다. (평균을 계산하는 것을 연습하기 위해서는 과학적 분석 기술의 연습 32장 및 34장을 참조한다.)

표준편차(standard deviation)는 데이터 세트에서 발견된 편차를 측정하는 것이다. x 값의 표준편차는 s_x로 나타내며 다음 식으로 계산할 수 있다.

$$s = \sqrt{\frac{\sum_{i=1}^{n}(x_i - \bar{x})^2}{n-1}}$$

이 식에서 n은 관찰한 수이며, x_i는 변수 x의 i번째 관찰 값이다. $\bar{x}$는 x의 평균값이다. Σ은 $(x_i - \bar{x})^2$의 n 값을 합한 것이다. (표준편차를 계산하는 것을 연습하기 위해서는 32장 및 34장의 과학적 분석 기술의 연습을 참조한다.

1기생장 primary growth 줄기와 뿌리를 신장시키는 정단분열조직에 의한 생장.

1염색체성 monosomic 정상적인 2개의 염색체 대신 한 개의 염색체를 가지는 경우.

1차 구조 primary structure 아미노산의 염기서열을 나타내는 단백질 구조의 단계.

1차 소비자 primary consumer 초식동물로 생태계의 영양단계에서 식물이나 조류를 먹는 생물.

1차면역반응 primary immune response 항원에 의해 처음으로 나타나는 후천성 면역반응으로 약 10~17일 후에 나타난다.

1차생산 primary production 주어진 기간에 생태계에서 독립영양생물에 의해 화학에너지(유기물 화합물)로 변환된 빛에너지의 양.

1차생산자 primary producer 독립영양생물, 보통 광합성 생물; 궁극적으로 모든 다른 단계의 생물을 부양하게 되는 생태계의 영양단계에 속하는 모든 독립영양생물.

1차세포벽 primary cell wall 식물에서, 어린 식물세포에 의해 처음 분비되는 비교적 얇고 유연한 층.

1차전사물 primary transcript 초기 RNA 전사물로, 단백질을 암호화하는 유전자로부터 전사되었을 때 pre-mRNA(mRNA 전구체)라고도 한다.

1차전자수용체 primary electron acceptor 엽록체의 틸라코이드막이나 혹은 몇몇 원핵생물의 막에서, 반응중심 복합체의 한 쌍의 엽록소 *a* 분자와 반응중심을 공유하는 특수화된 분자. 이 특별한 쌍의 엽록소로부터 전자를 받아들인다.

1차천이 primary succession 본래 생물이 없으며 토양이 아직 형성되지 않은 지역에서 나타나는 생태천이의 유형.

1회 결실 semelparity 단한번에 모든 자손을 낳는 생물의 생식. 빅뱅생식이라고도 부른다.

2기생장 secondary growth 목본류의 뿌리와 어린 싹을 비후시키는 측생 분열조직에 의한 생장.

2차 구조 secondary structure 펩타이드결합 사이의 수소결합의 형성 때문에 단백질 폴리펩타이드 골격의 국소적이고 반복된 꼬임이나 접힘.

2차 세포벽 secondary cell wall 식물에서, 식물세포의 보호와 지지를 위해 여러 얇은 판이 겹쳐서 된 층에 축적된 강하고 내구성 있는 물질.

2차 소비자 secondary consumer 초식동물을 먹는 육식동물.

2차내부공생 secondary endosymbiosis 종속영양 진핵세포가 삼킨 광합성 진핵세포가 종속영양 진핵세포 내에서 공생관계를 유지하게 되는 진핵생물 진화의 과정.

2차면역반응 secondary immune response 특정 항원에 2차로 혹은 계속된 노출에 의해 유도된 후천성 면역반응. 2차면역반응은 1차면역반응에 비해 보다 더 빠르며, 강도가 세고 오래 지속된다.

2차생산 secondary production 소비자의 음식물에 있는 화학에너지의 양으로, 주어진 시간 동안 새로운 생물량으로 전환된다.

2차신호전달자 second messenger 신호 수용체단백질에 의해 감지된 신호에 반응하여 신호를 세포 내부로 전달하는 칼슘이온이나 cAMP와 같이 작고 비단백질인 수용성 분자나 이온.

2차천이 secondary succession 존재하고 있는 군집이 어떤 교란에 의해 없어지지만 토양이나 기질은 그대로 남아 있는 장소에서 일어나는 천이 유형.

3염색체성 trisomic 정상적인 2개가 아닌 3개의 특정 염색체를 가지는 세포를 일컫는 용어.

3차 소비자 tertiary consumer 다른 육식동물을 먹는 육식동물.

3차구조 tertiary structure 소수성 상호작용, 이온결합, 수소결합과 이황화결합이 관련된 곁사슬의 상호작용으로 인해 단백질 분자가 불규칙하게 배열된 구조.

4차구조 quaternary structure 폴리펩타이드인 각 구성 단위체의 3차원 배열에 의해 규정되는 복잡한 단백질 집합체의 특정한 형태.

5′캡 5′cap mRNA 전구체의 5′말단에 있는 뉴클레오타이드에 첨가되는, 구아닌(G) 뉴클레오타이드의 변형.

가계도 pedigree 부모와 자손에서의 유전적 특징의 출현을 여러 세대에 걸쳐 나타낸 가족도.

가는필라멘트 thin filament 두 가닥의 액틴과 서로 꼬여 있는 두 가닥의 조절 단백질로 이루어진 필라멘트. 근육섬유의 근원섬유 성분이다.

가벼운사슬 light chain 항체분자와 B세포 수용체를 구성하는 두 종류의 폴리펩타이드 사슬 중 하나로 항원결합 부위인 가변부와 불변부로 구성된다.

가설 hypothesis 잘 짜여진 질문에 대한 임시적인 해답으로 검증을 요하는 이론이나 주제보다도 좁은 영역을 가진다.

가수분해 hydrolysis 중합체를 단량체로 분해시키는 기능을 하는, 물을 첨가하여 분자를 분해하는 화학적 과정.

가슴샘, 흉선 thymus 척추동물의 흉강에 있는 작은 기관으로 T세포의 성숙이 완성된다.

가시광선 visible light 약 380 nm에서 750 nm 파장 사이의 빛으로 사람의 눈에 의해 감지되는 전자기 스펙트럼의 범위.

가시상어류 acanthodian 데본기에 존재하던 고대의 턱이 있는 물고기(유악어류)의 종류.

각인 imprinting 동물 행동에서, 특정 개체나 물체에 반응하여 오래 지속되는 행동반응을 생활사 중 특정 단계에서 형성하는 것. 유전체 각인 참조.

각태류 hornwort 뿔이끼문에 속하는 작은 초본류의 비관다발식물.

간 liver 척추동물의 몸에서 가장 큰 기관; 간은 쓸개즙 생산, 질소노폐물의 처분 준비, 혈액내 독성물질의 분해 등 다양한 기능을 수행한다.

간극연접 gapjunction 세포 사이에 물질이나 전류를 통하게 하는 동물세포의 세포간 연접.

간기 interphase 세포가 분열하지 않는, 세포주기의 한 부분. 간기 동안 세포의 대사활동은 높으며 염색체와 세포소기관이 복제되며 세포 크기가 증가한다. 세포주기의 약 90%를 차지한다.

간문맥 hepatic portal vein 소장으로부터 영양분이 많은 혈액을 간으로 운반하는 혈관 시스템으로 혈액의 영양분 양을 조절한다.

갈조류 brown algae 색소체에 카로티노이드로부터 유래된 갈색 혹은 올리브색을 특징으로 가지는 다세포성 광합성 원생생물. 대부분의 갈조류는 해양성이며, 일부는 식물과 같은 구조를가진다.

감각수용 sensory reception 감각세포에 의한 자극 에너지의 감지.

감각수용기 sensory receptor 동물의 외부 및 내부 환경으로부터의 자극에 반응하는 세포 혹은 세포 내의 구조.

감각신경세포 sensory neuron 외부와 내부 환경으로부터 정보를 받아 신호를 중추신경계로 보내는 신경세포.

감각적응 sensory adaptation 반복적으로 자극을 받았을 때 감각 뉴런이 덜 민감해지는 경향.

감각전환 sensory transduction 자극에너지를 감각 수용체의 막전위 변화로 전환하는 것.

감마아미노부틸산 gamma aminobutyric acid (GABA) 척추동물의 중추신경계에서 중추신경계의 신경전달물질 기능을 하는 아미노산.

감수 I 분열 meiosis I 2단계의 세포분열 결과 원래 세포의 반에 해당하는 염색체 수를 가지는 세포를 형성하게 되는 세포분열 중 첫 번째 분열.

감수 II 분열 meiosis II 2단계의 세포분열 결과 원래 세포의 반에 해당하는 염색체 수를 가지는 세포를 형성하게 되는 세포분열 중 두 번째 분열.

감수분열 meiosis 단지 한번의 DNA 복제로 2회의 세포분열을 하는, 유성생식을 하는 생물에서 일어나는 세포분열의 변형된 유형. 그 결과 원래 세포의 반에 해당하는 염색체 수를 가지는 세포를 형성한다.

감응기, 수용기 sensor 항상성에서, 자극을 감지하는 수용체.

갑각곤충류 pancrustacean 곤충 및 6개의 다리를 가지는 곤충의 친족뿐만 아니라 바닷가재, 게, 따개비와 그 외 갑각류를 포함하는 다양한 절지동물 분기군의 무리.

갑상샘 thyroid gland 기도의 밑면에 존재하는 내분비샘으로, 아이오딘(요오드)을 포함하는 두 종류의 호르몬 (트리요오드타이로닌, T_3과 타이록신, T_4)과 칼시토닌을 생성 분비한다.

갑상샘호르몬 thyroid hormone 갑상샘에서 분비되는 아이오딘을 포함하는 두 호르몬(트라이요오드타이로닌과 타이록신) 중 하나로서, 척추동물의 물질대사, 발생 및 성숙을 조절한다.

강 class 분류에서 목(order)의 상위 단계.

강축 tetanus 연속적인 자극에 의한 활동전위의 빠른 빈도가 일으키는, 최대로 유지되는 골격근의 수축.

강화 reinforcement 접합전 생식장벽을 강화시켜 잡종의 형성을 감소시키는 자연선택 과정. 이런 과정은 잡종이 부모종에 비해 적응력이 떨어지는 경우에 일어난다.

개방순환계 open circulatory system 혈림프라고 불리는 액체가 조직과 기관에 직접 접해 있는 혈관계로, 순환하는 액체와 세포사이액과의 구별이 없다.

개시지점 start point 전사에서 RNA 중합효소가 RNA 합성을 시작하는 프로모터 상의 뉴클레오타이드의 위치.

개체군,집단 population 상호교잡이 가능하며 생식능력이 있는 자손을 생산할 수 있는 동일한 생물종에 속하는 개체의 지역적 무리.

개체군동태론 population dynamics 개체군 크기의 변화에 영향을 미치는 생물적, 비생물적 요인 간의 복잡한 상호작용에 관한 연구.

개체군생태학 population ecology 개체군의 밀도와 분포, 연령구조와 집단의 크기 변화에 대한 환경의 영향을 포함한 환경과 관련한 집단의 연구.

개체군통계학 demography 집단의 출생 및 사망과 관련된 통계 연구.

개체생태학 organismal ecology 개체가 생물학적 및 비생물학적 환경에 처했을 때 형태적, 생리적 및 행동 양식과 관련된 생태학의 한 분야.

개폐성이온통로 gated ion channel 특정 이온의 통로; 이온통로를 열거나 닫음으로써 세포는 막전위를 변경시킨다.

개화호르몬, 화성소 florigen 화학적으로 확인되지 않은 개화신호로, 한 종의 호르몬이나 여러 호르몬의 농도 변화로 여겨진다.

거미류 arachnid 중요 절지동물 무리인 협각류 분기군에 속하는 작은 무리(subgroup). 거미류는 4쌍의 걷는 다리를 포함한 6쌍의 부속지를 가지며 거미, 전갈과 진드기를 포함한다.

거울상이성질체 enantiomer 서로 거울상을 가지는 두 분자 중 하나.

거친면소포체, 조면소포체 rough ER 리보솜이 붙어 있는 소포체 부분.

건생식물 xerophyte 건조한 기후에 적응한 식물.

검문지점 checkpoint 세포주기에서 언제 세포주기를 멈추는지 혹은 계속 진행하는가를 결정하는 지점.

검정교배 test cross 미지의 유전자형을 가진 생물의 유전자형을 결정하기 위해 열성 동형개체와 교배하는 것. 자손에서 표현형의 비율이 미지의 유전자형을 결정한다.

겉씨식물 gymnosperm 노출된 씨앗—보호하는 방에 의해 둘러싸이지 않는 씨앗—을 형성하는 관다발식물.

겉질네프론, 피질네프론 corticalnephron 포유류와 조류에서 거의 신장(콩팥) 겉질 전반에 걸쳐 위치하는 헨레고리를 가지는 네프론.

게임이론 game theory 결과가 각 개체의 전략뿐만 이 아니라 다른 개체의 전략에도 의존하는 상황에서 선택적인 전략을 평가하는 연구방법; 집단에서 특정 행동의 적응도가 다른 행동에 의해 영향을 받는 상황에서 행동 진화에 관한 사고법.

격벽 septum 균류의 균사를 세로로 나누는 가로벽의 하나. 격벽은 일반적으로 리보솜, 미토콘드리아 심지어 핵도 통과할 수 있는 크기의 통로를 가진다.

결실 deletion (1) 손상으로 인한 염색체 절편의 손실. (2) 유전자로부터 하나 혹은 그 이상의 뉴클레오타이드의 손실.

결장, 주름창자 colon 척추동물 큰창자의 가장 큰 부위로 주로 물 흡수와 대변을 형성하는 기능을 가진다.

결정 determination 배가 발생함에 따라 각 세포의 운명이 보다 더 제한되게 하는 발생 잠재력의 점진적인 제한. 결정의 마지막에서는 세포의 운명이 결정된다.

결정적 난할 determinate cleavage 각 배세포의 발생 운명을 매우 초기에 확고하게 결정하는 선구동물의 배발생 유형.

결합조직 connective tissue 세포외기질 전체에 흩어져 있는 산재한 세포집단을 가지며, 주로 다른 조직을 지지하거나 결합하는 기능을 가지는 동물 조직.

겹눈 compound eye 수천 개의 홑눈으로 이루어진 곤충과 갑각류의 다면체 눈으로 움직임을 감지하는 데 매우 뛰어나다.

경고색 aposematic coloration 포식자에 대한 경고로 작용하는 데 매우 효과적인 물리적 화학적 방어 수단인 동물의 밝은 색상.

경골어류 osteichthyan 턱과 뼈를 가지는 척추동물의 한 무리.

경관 landscape 에너지의 교환, 물질과 생물에 의해서 연결된 몇 종류의 다른 생태계를 포함하는 지역.

경관생태학 landscape ecology 서식지 종류의 공간 배열이 어떻게 개체의 분포와 빈도 및 생태계 과정에 영향을 미치는지를 연구하는 학문.

경쟁적 배제 competitive exclusion 두 유사한 종의 집단이 제한된 자원을 두고 경쟁을 하면, 한 종은 그 자원을 보다 효과적으로 이용하며 생식적으로 성공하게 되어 결과적으로 다른 집단을 제거하게 된다는 개념.

경쟁적 저해제 competitive inhibitor 구조가 비슷하여 기질 대신에 효소의 활성자리에 결합하여 효소의 활성을 감소시키는 물질.

곁눈 axillarybud 곁싹이나 곁가지를 형성할 수 있는 능력을 가진 구조. 이 눈은 잎과 줄기 사이에서 형성된다.

곁뿌리, 측근 lateral root 이미 형성된 뿌리 내초로부터 생기는 뿌리.

곁사구체장치 juxtaglomerular apparatus(JGA) 혈압이나 혈액의 양이 감소되었을 때 레닌효소를 분비하는 네프론의 특수화된 조직.

계 kingdom 영역 다음으로 넓은 분류 단위.

계면활성제 surfactant 폐포에 의해 분비되는 물질로 폐포를 덮은 용액의 표면장력을 감소시킨다.

계통발생 phylogeny 종이나 연관된 종 무리의 진화 역사.

계통분류학 systematics 생물을 분류하고 그들의 진화적 관련성을 연구하는 학문 분야.

계통수 phylogenetic tree 생물 무리의 진화 역사에 관한 가정을 나타내는 분지도.

계통종개념 phylogenetic species concept 생물 계통수에서 한 가지를 형성하고, 공통조상을 공유하는 가장 작은 개체의 무리라는 종의 정의.

고리형 cyclic AMP(cAMP) 고리형 아데노신 1인산. ATP로부터 생성되는 고리 모양의 분자. 진핵세포의 세포내 신호분자(2차 신호전달자)로 매우 일반적이다. 또한 일부 박테리아의 오페론 조절물질로도 작용한다.

고막 tympanic membrane 외이와 중이 사이의 막.

고밀도지질단백질 high-density lipoprotein (HDL) 인지질의 단일층에 둘러싸인 콜레스테롤 및 다른 지질에 단백질이 박혀 있는 혈액내 입자. HDL 입자는 LDL에 비해 콜레스테롤을 더 적게 운반하며 혈관이 막히는 위험성의 감소와 관련이 있다.

고분자 macromolecule 보통 축합반응에 의해 작은 분자들이 결합하여 형성하는 거대분자. 다당류, 단백질과 핵산 등이 고분자이다.

고생물학 paleontology 화석을 연구하는 학문.

고세균 Archaea 원핵생물의 두 영역 중 하나로 다른 하나는 박테리아이다.

고인류학 paleoanthropology 인간의 기원과 진화

에 관한 학문.

고장액의 hypertonic 두 종류의 용액을 비교하였을 때, 더 높은 용질의 농도를 가지는 용액을 일컫는 용어. 고장액이 세포를 둘러싸게 되면 세포는 물을 잃게 된다.

고정행동양식 fixed action pattern 동물행동에서 기본적으로 변화되지 않는 일련의 행동으로, 한 번 시작되면 끝을 봄.

고혈압 hypertension 혈압이 비정상적으로 높게 유지되는 장애.

골격근 skeletal muscle 일반적으로 몸의 수의운동에 관여하는 근육. 가로무늬근이라고도 한다.

골격단백질 scaffolding protein 이 단백질에 다른 전달 단백질들이 동시에 결합하여 신호전달의 효율을 증진시키는 큰 전달 단백질 유형.

골지체 Golgi apparatus 진핵세포에서 소포체의 산물을 변형시키고 저장하며 분배하는 기능을 하는, 막으로 이루어진 납작한 주머니가 쌓인 모양의 세포소기관으로, 주로 비셀룰로오스 탄수화물을 생성한다.

곰팡이 mold 선형 균류로, 균류를 비공식적으로 지칭하는 용어. 유사분열에 의해 반수체 포자를 생성하며 눈으로 관찰되는 균사를 형성한다.

곱셈법칙 multiplication rule 둘 또는 그 이상의 독립적인 사건이 함께 일어날 확률은 그들 각각의 확률을 곱함으로써 결정될 수 있는 확률 법칙.

공간학습 spatial learning 환경의 공간구조를 반영하는 기억의 확립.

공간합 spatial summation 신경 통합의 현상으로 여기에서는 시냅스후 세포의 막전위가 다른 시냅스에 의해 거의 동시에 형성된 EPSP(흥분성 시냅스 후세포 전위) 혹은 IPSP(억제성 시냅스후전위)가 더해진 효과에 의해 결정된다.

공동수송 cotransport 어떤 물질의 한 방향으로의 확산과 짝을 이루는 다른 물질의 반대 방향으로의 확산.

공동억제자 corepressor 박테리아 억제 단백질에 결합하여 모양을 변화시켜 오페론 작동을 중지시키는 작은 분자.

공동우성 codominance 각 대립유전자가 각기 구분되는 방법으로 표현형에 영향을 미치므로, 두 대립유전자의 표현형이 이형 접합으로 나타나는 상황.

공룡류 dinosaur 몸의 모양과 크기 및 서식지가 매우 다양한 고대 파충류 무리.

공막 sclera 척추동물의 안구를 형성하는 단단한 하얀 외막의 연결조직.

공변세포 guard cells 기공 측면에 위치하여 기공 개폐를 조절하는 두 세포.

공생 symbiosis 서로 다른 두 종의 생물이 직접적이고 친밀한 접촉에 의해 함께 살아가는 생태적 관계.

공생체 symbiont 공생관계에서 숙주 속이나 혹은 위에서 살아가는 작은 공생 참여자.

공유 조상 형질 shared ancestral character 그 분기군의 일원이 아닌, 조상으로부터 유래된 특정 분기군 일원에 의해 공유되는 형질.

공유 파생 형질 sharedderivedcharacter 특정 분기군의 독특한 진화적 특성.

공유결합 covalentbond 두 원자가 한 쌍 혹은 그 이상의 전자를 공유함으로써 형성되는 매우 강한 화학결합.

공진화 coevolution 서로에 의해 유발된 선택에 반응하여 생기는, 상호작용하는 두 종 간의 공동의 진화.

과 family 분류에서 속의 상위 단계.

과민반응 hypersensitive response 감염된 부위 주변의 세포의 죽음을 수반하는, 병원균에 의한 식물의 국지적 반응.

과분극 hyperpolarization 휴지막 전위 상태일 때에 비해 세포 내부가 바깥쪽에 비해 더 음전하를 띠는 전기적 변화. 과분극은 뉴런에 의한 신경자극의 전달을 감소하게 한다.

과실 fruit 꽃의 성숙한 씨방. 과실은 휴면 중인 씨앗을 보호하고 씨앗의 분산을 돕는다.

과오돌연변이, 미스센스 돌연변이 missensemutation 다른 아미노산을 암호화하는 코돈을 유발하는 염기쌍 치환.

과학 science 자연 세계를 이해하기 위한 접근.

관다발식물 vascular plant 관다발조직을 가지는 식물. 관다발식물은 이끼, 우산이끼와 붕어마름을 제외한 모든 종을 포함한다.

관다발조직 vascular tissue 식물체에 영양분 및 물을 수송하는, 관으로 연결된 세포로 이루어진 식물 조직.

관다발조직계 vascular tissue system 관다발식물에서 물관과 체관에 의해 형성된 수송계. 물관은 물과 무기질을 수송하고, 체관은 광합성의 산물인 당을 수송한다.

관다발형성층 vascular cambium 2차 물관(목부)과 2차 체관이라 불리는 2차 관다발조직층을 형성하는 목본류의 원통형 분열조직.

관문(개폐성)통로 gated channel 특정 자극에 반응하여 열리고 닫히는, 세포막에 존재하는 막관통 단백질 통로.

관족 tube foot 극피동물 수관계의 많은 확장 부분 중의 하나. 이동, 먹이 섭취와 기체 교환 기능을 수행한다.

괄약근 sphincter 근육으로 된 관에서 변형된 근육으로 이루어진 고리 모양의 밸브로, 소화관의 몇몇 구획통과를 조절한다.

광계 II photosystem II(PSII) 엽록체의 틸라코이드막이나 일부 원핵생물막에 위치한 두 종류의 광수집 단위 중 하나로 반응중심에 두 분자의 P680 엽록소 *a*가 존재한다.

광계 I photosystem I(PSI) 엽록체의 틸라코이드막이나 일부 원핵생물막에 위치한 두 종류의 광 수집 단위 중 하나로 반응중심에 두 분자의 P700 엽록소 *a*가 존재한다.

광계 photosystem 많은 수의 집광복합체에 둘러싸인 반응중심으로 이루어진, 엽록체의 틸라코이드막에 위치한 광 수집 단위로, 광계 I과 II 등 두 종류가 있으며 각각은 제일 잘 흡수하는 파장의 빛이 서로 다르다.

광독립영양생물 photoautotroph 빛에너지를 이용하여 이산화탄소를 유기물로 합성하는 생물.

광수용기 photoreceptor 가시광선을 감지하는 전자기 수용기.

광역유행성 pandemic 세계적으로 퍼지는.

광익류 eurypterid 장구애비라 불리는 멸종된 육식성의 협각류.

광인산화 photophosphorylation 광합성의 명반응 동안 엽록체의 틸라코이드막에 의해 생성되는 광자에 의한 힘에 의해 ADP와 인산으로부터 ATP를 생성하는 과정.

광자 photon 입자처럼 행동하는 빛에너지의 양자.

광종속영양생물 photoheterotroph 빛에너지를 ATP 생성에 사용하지만 유기물의 형태로 탄소를 흡수하여야 하는 생물.

광주기성 photoperiodism 생물이 빛에 노출되는 24시간 주기인 광주기에 대한 생리적 반응. 꽃피는 것은 광주기성의 한 예이다.

광학현미경 light microscope(LM) 가시광선을 굴절시켜 시료의 상을 확대시키는 광학 기구.

광합성 photosynthesis 빛에너지를 화학에너지로 전환하여 포도당이나 다른 유기화합물로 저장; 식물, 조류 및 특정 원핵생물에서 일어난다.

광형태형성 photomorphogenesis 식물 형태에 대한 빛의 영향.

광호흡 photorespiration ATP와 산소를 소비하고 이산화탄소를 방출하는 대사경로이며 광합성의 산출량을 감소시킨다. 일반적으로 뜨겁고 건조하며 밝은 날 기공이 닫혀 잎에서의 산소 농도가 이산화탄소 농도를 초과할 때 일어난다.

교감신경계 sympathetic division 척추동물 자율신경계의 3부분 중 하나로, 일반적으로 에너지 지출을 늘리고 몸이 활동할 준비를 한다.

교란 disturbance 생물군집을 변화시키고 보통 군집으로부터 개체를 제거시키는 자연적 혹은 인간에 의한 사건. 화재와 폭풍과 같은 교란은 많은 생물군집의 구조에 중요한 역할을 한다.

교차 양육연구 cross-fosteringstudy 한 종의 어린 개체를 다른 종의 성체가 양육하게 하는 행동연구.

교차 crossing over 감수1분열 전기에 비자매 염색분체 사이의 유전물질의 교환.

교차점 chiasma 감수분열 동안 상동염색분체들 교차에 의한 유전물질의 교환된 부위를 나타내는 X 모양의 현미경적 부위로, 두 상동염색체는 자매염색분체의 결합으로 붙어 있게 된다.

구강 oralcavity 동물의 입.

구조이성질체 structuralisomer 동일한 구조식을 가지나 원자의 결합 배열이 다른 유기화합물.

국소분비 paracrine 이웃하는 세포를 표적으로 삼는 분비된 분자의 특성.

국소조절자 local regulator 인접한 세포에 영향을 미치는 분비된 분자.

군집 community 특정 지역에 서식하는 모든 생물의 집합으로 잠재적인 상호작용이 가능하도록 충분히 가깝게 살아가는 다른 종 집단의 집합.

군집생태학 community ecology 군집의 구조와 구성에 영향을 미치는 종 사이의 상호관계를 연구하는 학문.

굴광성 phototropism 식물의 싹이 빛을 향하거나 혹은 피해서 자라는 현상.

굴성 tropism 모든 식물기관이 차등적인 세포 신장률로 인해 자극 방향 혹은 반대 방향으로 휘게 하는 생장반응.

굴중성 gravitropism 동물이나 식물이 중력에 반응하는 것.

굴촉성 thigmotropism 접촉에 반응하여 식물이 방향성을 가지고 생장하는 현상.

굵은 필라멘트 thick filament 마이오신 분자의 배열로 이루어진 섬유로, 근섬유에서 근원섬유의 구성 성분.

귀납적 추리 inductive reasoning 많은 수의 관찰에 의해 일반화하는 논리 유형.

귀두 glans 성적 흥분과 관련된, 음핵이나 음경 끝에 있는 둥근 구조.

규조류 diatom 스트라메노파일 분기군에 속하는 광합성 조류. 유기 기질에 박혀 있는 이산화규소로 이루어진 유리와 같은 독특한 세포벽을 가진다.

균근 mycorrhiza 식물 뿌리와 균류의 상리공생 관계.

균사 hypha 균류의 총체적인 몸체를 형성하는 다수의 연결섬유 중의 하나.

균사체 mycelium 균류의 균사에서 매우 심하게 분지된 망상조직.

균형선택 balancing selection 집단에서 2개 혹은 그 이상의 표현형 형태를 유지시키는 자연선택.

그라나 granum 엽록체에서 막으로 둘러싸인 틸라코이드가 쌓여진 부분. 그라나는 광합성의 명반응을 수행한다.

그람양성 Gram-positive 그람음성 박테리아에 비해 세포벽이 구조적으로 덜 복잡하며 보다 더 많은 양의 펩티도글리칸을 포함하는 박테리아 집단을 일컬음. 그람양성 박테리아는 그람음성 박테리아에 비해 종종 덜 유독하다.

그람염색법 Gram stain 서로 다른 두 종류의 박테리아 세포벽을 구분하는 염색방법.

그람음성 Gram-negative 그람양성 박테리아에 비해 세포벽이 구조적으로 더 복잡하며 보다 더 적은 양의 펩티도글리칸을 포함하는 박테리아 집단을 일컬음. 그람양성 박테리아는 그람음성 박테리아에 비해 종종 더 유독하다.

극성 공유결합 polar covalent bond 전기음성도가 다른 원자 사이에서의 공유결합으로, 공유된 전자는 전기음성도가 보다 더 큰 원자 쪽으로 당겨져서 이 원자를 약간 음전하를 띠게 만들며, 다른 원자는 양전하를 띠게 만든다.

극성 polarity 대칭성이 없음. 식물의 뿌리 끝과 싹의 끝처럼 생물이나 구조의 반대편의 구조적 차이.

극성분자 polar molecule 물과 같이 분자의 다른 쪽 끝에 반대되는 전하를 띠는 분자.

극성화 활성대 zone of polarizing activity(ZPA) 사지 싹의 뒤편이 몸에 부착되는 외배엽 바로 아래 위치한 중배엽 덩어리. 싹의 앞-뒤축을 따라 적절한 패턴 형성에 요구된다.

극피동물 echinoderm 느리게 움직이거나 고착 생활을 하는 해양 후구동물로 물 순환계를 가지며 성체는 방사대칭의 구조를 가진다. 불가사리, 거미불가사리, 성게, 갯고사리와 해삼 등이 이에 속한다.

극호열균 extreme thermophile 60~80℃ 혹은 그 이상의 고온의 환경에서 서식하는 생물.

극호염균 extreme halophile 사해나 그레이트 솔트 레이크와 같은 고염의 환경에서 서식하는 생물.

근권 rhizosphere 식물 뿌리 근처의 토양 부분으로 높은 수준의 미생물 활동이 특징이다.

근권세균 rhizobacteriam 식물 뿌리와 가까운 토양 부위인 근권에서 개체군 크기가 매우 증가되는 토양 박테리아.

근소포체 sarcoplasmic reticulum(SR) 세포질에서 칼슘의 농도를 조절하는 특수한 소포체.

근원섬유 myofibril 근섬유(세포)에서 길이로 다발을 이루는 원섬유 집합체; 액틴섬유와 조절 단백질 그리고 마이오신 섬유로 구성된다.

근위세뇨관 proximal tubule 척추동물 신장에서 여액을 운반하고 정제하는 보우만주머니 바로 다음에 위치하는 네프론 부분.

근육조직 muscle tissue 신경신호에 의해 자극되었을 때 수축할 수 있는 긴 근육세포로 이루어진 조직.

근절 sarcomere Z선에 의해 구분되는 무늬근의 기본 반복 단위.

근초 coleorhiza 초본류 종자 배의 어린 뿌리의 덮개.

글루카곤 glucagon 혈액 내의 포도당 농도를 높이는 역할을 하는 호르몬으로 이자의 알파세포에서 분비된다. 간에 의한 글리코젠의 분해와 포도당의 방출을 촉진한다.

글루코코르티코이드 glucocorticoid 포도당 대사와 면역 기능에 영향을 미치는 부신겉질에서 분비되는 스테로이드호르몬.

글루탐산 glutamate 중추신경계의 신경전달물질로 작용하는 아미노산.

글리세르알데하이드-3-인산 glyceralde-hyde-3-phosphate(G3P) 캘빈회로로부터 직접적으로 생긴 3탄소 탄수화물. 또한 해당과정의 중간산물이다.

글리코시드결합 glycosidic linkage 탈수반응에 의해 두 단당류 사이에 형성되는 공유결합.

글리코젠 glycogen 동물의 간이나 근육에 존재하는 가지가 매우 많은 포도당 저장 다당류; 식물의 녹말에 해당한다.

기계적수용기 mechanoreceptor 압력, 접촉, 늘임, 운동, 소리와 연관된 환경의 물리적인 변화를 감지하는 수용체.

기공 stoma 잎과 줄기의 표피의 공변세포에 의해 둘러싸인 미세한 통로로 외부 환경과 식물체 내부와의 기체교환을 가능하게 한다.

기관 organ 여러 다른 조직으로 이루어져 몸의 기능을 수행하는 구조.

기관결정유전자 organ identity gene 새로 생기는 어떤 잎이 어떤 종류의 꽃기관으로 발생할 것인가를 결정하기 위해 위치 정보를 이용하는 식물 호메오 유전자.

기관계 organ system 생물의 생명유지에 필요한 기능을 수행하기 위해 함께 일하는 기관의 무리.

기관계 tracheal system 몸에 퍼져 있으며 산소를 직접 세포로 운반하는, 분지되고 키틴이 덮여 있는 관으로 이루어진 기체교환계.

기관지 bronchus 기도로부터 허파에 이르는 분지된 한 쌍의 호흡관.

기관형성과정 organogenesis 낭배기 후 삼배엽으로부터 기관 근원이 발생하는 과정.

기도 trachea 후두에서 기관지로 통하는 호흡관의 한 부분. 숨통이라고도 한다.

기본조직계 ground tissue system 저장, 광합성, 지지 등의 작용을 하는 유관속계나 표피계가 아닌 식물조직.

기생 parasitism 한 생물(기생생물)이 다른 생물(숙주)의 내부나 외부에 붙어서 숙주로부터 이득을 취하며 살아가는 공생관계.

기생생물 parasite 다른 생물(숙주)의 내부나 혹은 외부에 붙어서 숙주의 세포 내용물, 조직과 체액을 섭취하며 살아가는 생물. 기생생물은 숙주에 해를 끼치지만 죽이지는 않는다.

기술 technology 특정 목적을 위한 과학 지식의 응용으로, 기초 지식뿐만이 아니라 종종 기업이나 상업과 관련된다.

기억세포 memory cell 1차 면역반응 동안 생성되는 수명이 긴 림프구 클론의 하나로, 그것의 생성을 유발한 것과 동일한 항원에 노출되어 활성화될 때까지 림프기관에 존재한다. 활성화된 기억세포는 2차 면역반응을 유발한다.

기저 분류군 basal taxon 한 분류군의 진화적 계통이 그 무리의 역사 초기에서 분기된 한 특정한 생물 무리.

기저속씨식물 basal angiosperm 현존하는 꽃식물의 초기에 세 갈래로 나누어진 3분기군의 하나. 예로는 앰보렐라(*Amborella*), 수련과 붓순나무(staranise) 및 이들 관련 종이 있다.

기저체 basal body "9 + 0"의 미세소관 배열을 이루는 진핵생물의 세포소기관. 편모와 섬모의 미세소관 구조를 이루며, 중심립과 구조적으로 매우 유사하다.

기질 substrate 효소가 작용하는 반응물.

기질섭식자 substrate feeder 자신의 먹이 위나 먹이 속에 사는 동물.

기질수준인산화 substrate-level phosphorylation 동화작용에서 중간기질로부터 인산기를 직접 ADP로 전달하는 효소에 의한 ATP 생성.

기체교환 gas exchange 환경으로부터 산소를 흡수하고 이산화탄소를 내보냄.

기초대사율 basal metabolic rate(BMR) 편안한 온도에서 스트레스를 받지 않은 휴식 상태의 내온성 동물의 대사율.

기화열 heat of vaporization 1 g의 액체가 기체로 변화할 때 반드시 흡수하여야만 하는 열의 양.

기후 climate 한 지역의 날씨 조건.

기후도 climograph 특정 지역의 온도와 강수 도표.

긴장성 tonicity 세포가 수분을 얻거나 잃게 하는 세포 주위 용액의 능력.

깃세포, 동정세포 choanocyte 해면동물에 존재하는 편모를 가진 섭식세포. 편모 기저부에 먹이를 잡아들이는 깃 모양의 고리를 가지기 때문에 깃세포라고도 한다.

껍데기 test 소공 원생생물에서, 탄산칼슘으로 단단하게 굳어진 유기물로 이루어진 다공성 껍데기.

껍질눈, 피목 lenticel 뿌리와 줄기의 수피에서 돌출된 작은 부분으로, 세포와 바깥 공기 사이에 기체교환을 가능하게 한다.

꽃 flower 속씨식물에서 유성생식을 담당하는 4종류의 변형된 잎을 가지는 짧은 줄기.

꽃가루 pollen grain 종자식물에서, 화분벽에 둘러싸인 수컷 배우자를 포함하는 구조.

꽃가루관 pollen tube 화분 입자의 발아 후 생성된 관으로 정자를 밑씨로 운반하는 기능을 한다.

꽃받침 sepal 속씨식물에서 개화 전의 꽃봉오리를 보호하고 감싸는 변형된 잎.

꽃밥 anther 속씨식물에서 수술의 꽃가루주머니로, 꽃가루는 정핵을 생성하는 수컷 생식세포체 형태를 포함한다.

꽃잎 petal 꽃피는 식물의 변형된 잎. 종종 곤충이나 다른 수분 매개자를 끌어들이기 위해 가장 색채가 풍부한 부분이다.

꽃차례, 화서 inflorescence 밀접하게 무리를 이룬 꽃의 무리.

나선형 난할 spiral cleavage 접합체를 세포 구형의 세포로 전환시키는 세포분열판이 배의 수직축에 대각선인 원구동물 배발생의 유형. 그 결과 각 층의 세포가 인접한 세포층 사이의 홈에 걸쳐 있게 된다.

낙태 abortion 진행 중인 임신의 중단.

난관 oviduct 난소로부터 무척추동물에서는 질로, 척추동물에서는 자궁으로 연결되는 관. 나팔관이라고도 한다.

난관수술 tubal ligation 여성의 두 수란관(나팔관)의 일부를 제거하여 난자가 자궁에 이르지 못하도록 하는 불임수술 방법.

난모세포 oocyte 난자를 형성하기 위해 분화하는 암컷 생식계에 있는 세포.

난생 oviparous 어린새끼가 모체 밖에 낳은 알에서부터 부화하는 발생유형을 일컫는 용어.

난소주기 ovarian cycle 포유류 난소에서 호르몬의 조절에 의한 난포기, 배란 및 황체기의 반복.

난원세포 oogonium 유사분열을 통해 난모세포를 형성하는 세포.

난원창 oval window 척추동물 귀에서 두개골 아래에 존재하는 막으로 둘러싸인 공간; 이곳을 통하여 음파가 중이에서 내이로 간다.

난자 egg 암컷 배우자.

난자형성과정 oogenesis 난소에서 일어나는 암컷 생식세포를 형성하는 과정.

난태생 ovoviviparous 어린 새끼가 알에서 부화하여 모체의 자궁 내에 있는 발생유형을 일컫는 용어.

난포 follicle 발생 중인 난자를 포함하고 있으며 에스트로젠을 분비하는 난소에 존재하는 현미경적 구조.

난포자극호르몬 follicle-stimulating hormone(FSH) 뇌하수체 전엽에서 생성되고 분비되는 자극호르몬으로, 난소에서의 난자 생성과 정소에서의 정자 생성을 촉진한다.

난할 cleavage 1) 세포막의 만입에 의한 동물세포의 세포질분열 과정. 2) 접합체를 공 모양의 세포덩어리로 변화시키는 초기 배발생 동안의 생장이 수반되지 않은 연속된 빠른 세포분열.

난할구, 분열구 cleavage furrow 동물세포에서 난할의 첫 번째 신호로 세포분열 중기판 근처의 세포 표면에 존재하는 얇은 홈.

난형낭, 타원주머니 utricle 세반고리관으로 연결되는 난원창 뒤의 전정에 있는 공간.

난황 yolk 난자에 저장된 영양물질.

낫모양적혈구빈혈증 sickle-celldisease 열성 대립유전자에 의해 헤모글로빈 단백질의 부분인 글로빈 폴리펩타이드에 하나의 아미노산이 치환되어 생기는 사람의 유전병으로, 변형된 적혈구 세포로 인해 여러 증상을 유발하는 특징을 가진다.

낭배 gastrula 3가지 층(내배엽, 중배엽, 외배엽)의 형성을 완성하는 동물의 배발생 단계.

낭배형성과정 gastrulation 동물 발생에서, 포배기 단계의 배가 안으로 접히는 일련의 세포와 조직의 이동으로, 3개의 층을 가진 배인 낭배를 형성한다.

낭성섬유증 cystic fibrosis Cl 채널(통로)의 열성 대립유전자에 의해 생기는 사람 유전병으로 과다한 점액 분비와 이에 따른 감염이 특징이다. 치료하지 않으면 치명적이다.

낱눈 ommatidium 절지동물과 일부 다모류의 겹눈을 구성하는 개개의 눈.

내골격 endoskeleton 동물의 부드러운 조직내부에 존재하는 딱딱한 골격으로 해면동물의 침골, 극피동물의 판이나 척추동물의 단단한 뼈 등이 이에 속한다.

내막계 endomembrane system 직접적인 물리적 접촉이나 소낭에 의한 전달과 관련된 진핵세포 내부나 주변에 존재하는 모든 막의 총칭. 활면 소포체와 조면 소포체, 골지체, 리소좀과 액포를 포함한다.

내배엽 endoderm 동물배의 3가지 중요 배엽 중 제일 안쪽 배엽. 이러한 구조를 가지는 종에서 원장의 막을 형성하며 간, 이자, 허파와 소화관의 막을 형성한다.

내부공생 endosymbiosis 한 생물이 다른 생물의 세포 내에서 살아가는 두 종 사이의 관계. 내부공생설 참조.

내부공생설 endosymbiont theory 미토콘드리아와 엽록체를 포함하는 색소체가 숙주세포에 의해 삼켜진 원핵생물에서 기원하였다는 설. 그 후 삼켜진 세포와 숙주세포가 하나의 개체로 진화하였다. 내부공생 참조.

내부군 ingroup 주어진 분석에서 진화관계를 알고자하는 종이나 종의 무리.

내부기생생물 endoparasite 숙주 내부에서 생활하는 기생생물.

내부독소 endotoxin 특정 그람음성세균 바깥 막의 독소 성분으로 세균이 죽을 경우에만 방출된다.

내분비계 endocrine system 동물에서, 호르몬, 호르몬을 분비하는 관이 없는 분비샘, 호르몬에 반응하는 표적세포 표면 또는 내부에 존재하는 분자 수용체를 포함하는 내부 화학 통신계; 신경계와 함께 내부 조절 및 항상성에 영향을 미친다.

내분비샘 endocrine gland 관이 없는 분비샘으로 호르몬을 직접 세포사이액으로 분비하며 여기로부터 혈류로 확산되어 들어간다.

내생균근균 glomeromycete 수지상 균근(식물 뿌리와 공생하는)의 독특한 가지 형태를 형성하는 특징을 가지는 균류문의 한 종류.

내생식물 endophyte 식물의 세포 사이나 다세포 조류에 생존하는 무해한 균류 또는 다른 생물.

내생포자 endospore 혹독한 조건에 노출되었을 경우 세균세포에서 생성되는 두꺼운 표피와 저항성을 가지는 세포.

내세포덩어리, 내세포괴 inner cell mass 포유류 배반포에 존재하는 세포덩어리로 배반포강의 한쪽 끝으로 뻗어나가 배 자체와 일부 배외막으로 발생한다.

내온성 endothermic 대사작용에 의해 생성된 열로 따뜻한 체온을 유지하는 동물을 일컫는 용어. 이 열은 보통 주위환경보다 보다 높은 체온을 일정하게 유지한다.

내장낭 visceral mass 연체동물의 주요 세 부분 중 하나. 대부분의 내장기관을 포함하고 있다. 발과 외투막 참조.

내재단백질 integral protein 막의 내부로 뻗어 소수성인 막의 내부에 완전히 걸쳐 있는 소수성 부분을 가지며, 또한 막의 양쪽 편에 수용액과 접촉하는(통로 단백질의 경우는 통로를 형성하는) 친수성 부분을 가지는 전형적인 막관통 단백질.

내초 pericycle 곁뿌리가 발생하는 관다발기둥의 가장 바깥층.

내피 endodermis 뿌리 피층의 가장 안쪽 층; 세포 하나 두께의 원통 모양으로 피층과 관다발 원통 사이의 경계를 이룬다.

내피 endothelium 혈관의 내강을 형성하는 세포의 간단한 비늘 모양의 층.

네프론 nephron 척추동물 신장의 관 모양의 배설 단위.

노르에피네프린 norepinephrine 에피네프린과 화학적, 기능적으로 유사한 호르몬.

노화 senescence 완전한 성숙에서부터 죽음에 이르는 식물체나 식물체 부분(잎과 같은)에서의 생장 단계.

녹말 starch α-글리코시드 결합에 의해 결합된 순수하게 포도당 단량체로만 이루어진 저장성 다당류.

녹조류 green algae 육상식물의 엽록체와 유사한 구조와 색소 조성을 가지는 녹색엽록체를 가짐으로써 이름이 유래된 광합성 원생생물. 녹조류는 의사단원적 무리로서, 일부 녹조류는 다른 녹조류에 비해 육상식물과 더 가깝게 연관된다.

농도기울기 concentration gradient 화학물질의 농도가 증가 혹은 감소하는 부위.

뇌 brain 정보가 가공되고 통합되는 중추신경계의 기관.

뇌간, 뇌줄기 brainstem 성인의 뇌에서 중뇌, 뇌교, 연수를 포함하는 집합적 구조로 항성성 유지, 운동의 조절과 뇌 중심부로의 정보 전달의 기능을 가진다.

뇌교 pons 수질에 있는 호흡중추의 조절과 같은 어떤 자율적이며 항상적인 기능을 수행하는 뇌의 부분.

뇌량 corpus callosum 태반 포유류에서 좌우 대뇌 반구를 연결하는 굵은 신경섬유다발로 반구가 함께 정보를 처리할 수 있게 한다.

뇌졸중 stroke 머리의 동맥이 막히거나 파열하여 생기는 뇌신경조직의 괴사.

뇌하수체 전엽 anterior pituitary 여러 자극 혹은 비자극 호르몬을 합성 및 분비하는 내분비 세포로 이루어진 비신경조직으로부터 발생된 뇌하수체의 한 부분.

뇌하수체 pituitary gland 시상하부 기저부에 존재하는 내분비샘; 시상하부에 의해 생성되는 두 호르몬을 저장 분비하는 후엽과 여러 신체 기능을 조절하는 많은 호르몬을 생산 분비하는 전엽으로 이루어져 있다.

뇌하수체후엽 posterior pituitary 시상하부에서 생성된 옥시토신과 ADH를 분비하는 신경조직으로 이루어진 시상하부의 돌출부로, 이들 호르몬의 일시적인 저장 장소이기도 하다.

뉴런, 신경세포 neuron 세포막을 통한 전기적인 신호를 전달하는 구조와 특성을 가지는 신경계의 기본 단위.

뉴클레아리아류 nucleariid 다른 원생생물보다 균류에 더 가깝게 관련된 단세포의 아메바성 원생생물군의 하나.

뉴클레오솜 nucleosome 진핵세포에서 기본적인 구슬과 같은 DNA의 응축 단위로 네 종류의 히스톤 각각 2개씩으로 이루어진 단백질 핵을 감싸고 있는 DNA의 부분으로 구성된다.

뉴클레오타이드 절제 수선 nucleotide excision repair 손상을 입지 않은 DNA 가닥을 참고로 사용하여 손상을 입은 DNA 부분을 제거하고 바르게 대체하는 수선 시스템.

뉴클레오타이드 nucleotide 5탄당이 질소 염기와 인산에 공유결합되어 있는 핵산의 구성 단위.

뉴클레오타이드쌍치환 nucleotide-pair substitution 한 DNA 가닥에서 하나의 뉴클레오타이드와 상보적인 가닥에서의 그에 해당하는 뉴클레오타이드가 다른 쌍의 뉴클레오타이드로 치환된 점돌연변이의 한 유형.

뉴클리에이스, 핵산분해효소 nuclease 하나 혹은 몇 개의 염기를 제거하거나 구성성분인 뉴클레오타이드로 완전하게 분해하여, RNA 또는 DNA를 절단하는 효소.

느린연축섬유, 지근섬유 slow-twitch fiber 수축을 오래 유지할 수 있는 근육섬유.

능동면역 active immunity 특정 항원에 대한 B세포와 T세포의 작용과 결과로 생긴 기억 B세포와 T세포에 의해 장기간 지속되는 면역. 자연적인 감염이나 면역의 결과로 생긴다.

능동수송 active transport 에너지와 특정 수송 단백질의 도움으로 농도나 전기화학 기울기를 거스른 생체막을 통한 물질의 이동.

니코틴아미드아데닌다이뉴클레오타이드 NAD^+ 전자전달 사슬에서 전자를 받아들이고 전자의 운반체로 작용하는 조효소이다.

니코틴아미드아데닌다이뉴클레오타이드인산 $NADP^+$ 명반응 동안 생성된 에너지를 얻은 전자(흥분된 전자)를 NADPH 형태로 일시적으로 저장하는 수용체.

다능성 pluripotent 전부는 아니지만 많은 세포유형을 유발할 수 있는 세포를 언급하는 말.

다당류 polysaccharide 많은 단당류가 응축반응에 의해 연결된 중합체.

다량원소 macronutrient 생명체가 비교적 많은 양을 섭취하여야 하는 화학물질.

다른자리입체성조절 allosteric regulation 단백질의 한 자리에 어떤 분자의 결합에 의해 그 단백질의 다른 부위의 기능에 영향을 미치는 조절 방식.

다면발현 pleiotropy 하나의 유전자가 복합적인 효과를 나타내는 능력.

다분지 polytomy 계통수에서 둘 이상의 자손 분류군이 나타나는 분기점. 다분지는 자손의 분류군 사이에서 진화 관계가 명확하지 않음을 나타낸다.

다수정급속방지 fast block to polyspermy 정자가 난황막에 결합한 지 1~3초 후에 시작하는 난자 세포막의 탈분극. 탈분극은 1분 정도 지속되며, 더 이상의 정자가 난자의 원형질막에 융합하는 것을 방지한다.

다수정 완만방지 slow block to polyspermy 하나 이상의 정자와 난자가 융합하는 것을 방지하기 위한 난자 표면의 수정막 형성 및 다른 변화. 수정 후 약 1분 정도에 시작한다.

다운증후군 Down syndrome 21번 염색체가 하나 더 존재함으로써 생기는 인간 유전병으로, 지적장애와 심장 및 호흡계 장애를 가진다.

다원적 polyphyletic 아주 먼 유연관계를 보이는 생물은 포함하지만 가장 최근의 공통조상은 포함하지 않는 분류군에 속하는.

다유전자군 multigene family 아마도 공통 기원을 가지는, 같거나 혹은 유사한 염기서열을 갖는 유전자의 집합.

다육식물유기산대사 crassulacean acid metabolism (CAM) 돌나물과에서 처음 발견된 건조한 조건에서의 광합성 적응. 이 과정에서 식물은 이산화탄소를 밤 동안에 흡수하여 여러 가지 유기산으로 고정한다. 낮 동안에 이산화탄소는 여러 유기산으로부터 방출되어 캘빈 회로에 이용된다.

다이아실글리세롤 diacylglycerol(DAG) 특정 종류의 인지질의 분해에 의해 생성되는 원형질막의 2차 신호 전달자.

다인성 multifactorial 많은 유전자와 환경 요인에 의해 영향을 받는 표현 특성을 일컫는 용어.

다인자유전 polygenic inheritance 하나의 표현형 특징을 나타내는 둘 혹은 그 이상의 유전좌위의 첨가효과.

다접성, 다혼성 polygamous 한 성의 개체가 다수의 다른 성의 개체와 짝 짓는 관계 유형을 일컫는 용어.

다지류 myriapod 많은 체절과 체절마다 한 쌍 혹은 두 쌍의 다리를 가지는 육상 절지동물. 노래기와 지네가 두 강을 형성한다.

다핵체균류 coenocytic fungus 격막이 없으므로 몸체가 연속된 세포질 덩어리로 이루어져 수백 수천 개의 핵을 포함한 균류.

단계군 monophyletic 공통조상과 그 모든 자손으로 이루어진 분류군에 속하는 단계군은 분기군과 동등하다.

단공류 monotreme 오리너구리와 바늘두더쥐와 같이 알을 낳는 포유류. 모든 포유류처럼 단공류는 털을 가지며 젖을 생성하나, 젖꼭지가 없다.

단과, 홑열매 simple fruit 하나의 암술이나 혹은 여러 개의 암술이 융합된 것으로부터 유래된 과실.

단궁류 synapsid 두개골의 각 측면에 하나씩 구멍을 가지는 특징의 양막류 무리. 포유류가 포함된다.

단기기억 short-term memory 정보, 예상 혹은 목표를 한동안 가지고 있다가 이것이 부적절하게 되었을 때 방출하는 능력.

단당류 monosaccharide 가장 간단한 탄수화물; 단독으로 사용되거나 혹은 이당류나 다당류의 단위체로 작용한다. 단당류의 구조식은 보통 $(CH_2O)_n$으로 표시된다.

단백질 protein 하나 혹은 그 이상의 폴리펩타이드가 특수한 3차 구조로 접혀지고 꼬여서 이루어진 기능성 생물분자.

단백질가수분해효소 protease 가수분해에 의해 단백질을 소화시키는 효소.

단백질인산화효소 protein kinase ATP의 인산기를 단백질로 전달하는 효소로, 단백질을 인산화시킨다.

단백질체 proteome 특정 세포 또는 세포 무리에 의해 발현되는 완전한 단백질 세트.

단백질체학 proteomics 빈도, 화학적 변화 및 상호작용을 포함하여 단백질 세트와 그 특성에 대한 체계적인 연구.

단백질탈인산화효소 protein phosphatase 단백질에서 인산기를 제거(탈인산화)하는 효소. 종종 단백질 인산화효소와 반대 효과를 보인다.

단성잡종 monohybrid 특정 유전자에 대하여 이형접합인 생물. 다른 대립유전자에 대해 동형인 양친 사이에서의 교잡에 의해 생긴 자손은 모두 단성잡종이다. 예를 들어, 유전자형이 *AA*와 *aa*인 양친은 유전자형이 *Aa*인 단성잡종을 생산한다.

단성잡종교배 monohybrid cross 추적하는 형질에서 이형접합인 두 생물 사이의 교배(또는 한 이형접합인 식물의 자가수분).

단속평형 punctuated equilibrium 화석 기록에서, 종이 거의 형태적인 변화를 겪지 않는 긴 기간의 안정 상태로, 비교적 짧은 기간의 급격한 변화에 의해 중단된다.

단순서열 DNA simple sequence DNA 많은 수의 직렬 반복된 짧은 서열을 포함하는 DNA 서열.

단위생식 parthenogenesis 암컷이 수정되지 않은 알로부터 자손을 생산하는 무성생식.

단위체 monomer 중합체의 구성물로 작용하는 단위체.

단일가닥결합단백질 single-strand binding protein DNA 복제 동안 쌍을 이루지 않은 DNA 가닥에 결합하는 단백질로서, 상보적인 DNA 가닥의 합성을 위한 주형으로 작용하는 동안 그 가닥에 결합하여 두 가닥이 떨어진 채로 있게 한다.

단일결합 single bond 단일 공유결합. 두 전자에 의한 한 쌍의 원자가 전자의 공유.

단일뉴클레오타이드다형성 single nucleotide polymorphism(SNP) 개체군의 최소 1%에서 뉴클레오타이드 변이가 발견되는, 유전체의 단일 염기쌍의 자리.

단일순환 single circulation 혈액이 기체교환 장소로부터 심장으로 들어가기 전에 몸의 나머지 부분을 흐르는, 하나의 펌프와 순환으로 이루어진 순환계.

단일식물 short-day plant 낮의 길이가 임계 길이보다 짧을 때(보통 늦은 여름, 가을 혹은 겨울)만 꽃 피는 식물.

단일클론항체 monoclonal antibody 단일클론된 배양세포에 의해 생성된 항체로 동일한 항원 인식 부위를 가진다.

단편모류 Unikonta 진핵생물의 진화역사의 현재 가설에서 제안된 진핵생물의 4대 큰무리(supergroup) 중 하나. 마이오신 단백질 연구와 몇몇 DNA 연구결과 이 분기군은 아메바문과 오피스토콘트로 이루어진다. 섭식구굴착류, "SAR" 분기군 및 원시색소체생물 참조.

달톤 dalton 원자와 소립자의 무게 단위. 원자 질량단위(amu)와 동일하다.

달팽이관, 와우 cochlea 코르티기관을 포함하고 있는 복잡하고 감겨진 모양의 청각기관.

담륜자유생 trochophore larva 일부 환형동물과 연체동물을 포함하는 특정 무척추동물에서 관찰되는 독특한 유생단계.

담자과 basidiocarp 자낭균 이핵성 균사체의 자실체.

담자균 basidiomycete 담자균문에 속하는 균류. 곤봉 모양의 담자기로부터 이름이 유래.

담자기 basidium 버섯(자낭균)의 주름에 위치하며 생식포자를 형성하는 생식 부속기.

당공급원 sugar source 광합성이나 녹말의 분해에 의해 당을 생성하는 식물기관. 성숙한 잎이 중요 식물의 당 공급원이다.

당뇨병 diabetes mellitus 포도당 항상성을 유지하지 못하는 내분비계 교란. 1형 당뇨병은 인슐린 분비세포의 자가면역 파괴의 결과로 생기며, 하루에 몇 번씩의 인슐린주사로 치료한다. 2형 당뇨병은 대부분 표적세포의 인슐린 반응의 감소에 의해 생긴다. 비만과 운동 부족이 위험 요소이다.

당단백질 glycoprotein 하나 혹은 그 이상의 탄수화물이 공유결합으로 연결된 단백질.

당수용원 sugarsink 당을 소비하거나 저장하는 식물기관. 생장 중인 뿌리나 어린 싹 부분, 줄기와 과실 등이 체관에 의해 공급된 당의 수용부이다.

당지질 glycolipid 탄수화물이 공유결합으로 연결된 지질.

대공 osculum 해면 위강과 바깥 환경을 연결시키는 해면동물에 존재하는 큰 통로.

대기후 macroclimate 대규모 기후 양상; 한 지역 전역의 기후.

대뇌 cerebrum 척추동물 전뇌의 후위 부분으로 좌우반구로 이루어져 있다. 기억, 학습, 감정과 기타 다른 매우 복잡한 중추신경계의 기능을 담당한다.

대뇌겉질(피질) cerebral cortex 대뇌의 표면. 포유류 뇌의 가장 크고 복잡한 부분으로 대뇌의 감각 및 운동 신경세포체를 포함하고 있다. 진화 동안 가장 많이 변화된 척추동물의 뇌 부분.

대뇌반구 cerebral hemisphere 척추동물 뇌의 좌측 혹은 우측 부분.

대량멸종 mass extinction 지구 환경의 변화가 지구 전체에 걸쳐 대부분의 종이 제거되도록 하는 시기.

대립유전자 allele 구분되는 표현형질을 야기하는 유전자의 다른 어떠한 형태.

대목 stock 접붙이기 할 때 뿌리부분 쪽을 제공하는 식물.

대변 feces 소화관으로부터의 노폐물.

대사경로 metabolic pathway 복잡한 분자를 형성하거나(동화경로) 또는 복잡한 분자를 단순한 분자로 분해하는(이화경로) 일련의 화학반응.

대식세포 macrophage 미생물을 파괴하여 선천성 면역 기능을 수행하며 항원제시세포로 작용하여 후천성 면역 기능을 수행하는 많은 조직에 존재하는 식세포.

대양 생물군계 oceanic pelagic biome 바닷가에서 멀리 떨어진, 항상 해류가 섞이는 대부분의 해양.

대엽 megaphyll 고도로 분지된 관다발계를 가진 잎으로, 대부분의 관다발식물의 특징이다.

대음순 labia majora 소음순과 질 입구를 감싸고 보호하는 한 쌍의 두터운 지방질의 융기.

대조군, 대조구 control group 통제된 실험에서 검사하고자 하는 특정 요소를 가지지 않는 일련의 대상. 이상적으로 대조군은 실험군과 다른 면에서는 동일하다.

대진화 macroevolution 종 단계 이상에서의 진화적 변화. 대진화적 변화의 예는 일련의 종분화를 통한 새로운 생물 무리의 기원과 생물다양성에 대한 대량 멸종의 영향과 이어지는 회복을 포함한다.

대체RNA스플라이싱 alternative RNA splicing 어떤 RNA 부분이 엑손으로 작용하고 또 어떤 부분이 인트론으로 작용하는지에 따라 동일한 1차 전사물로부터 서로 다른 mRNA 분자가 만들어지는 RNA 공정의 조절단계에서의 진핵생물의 유전자 조절의 한 유형.

대포자 megaspore 암컷 배우체로 발생하는 이형포자 식물종의 포자.

덧과실, 부과 accessory fruit 육질 부분이 대부분 혹은 전적으로 씨방이 아닌 다른 조직으로부터 유래된 과실이나 과실의 집합.

덧셈법칙 addition rule 2 또는 그 이상의 상호배타적인 사건이 일어날 확률은 그들 각각의 확률을 더함으로써 결정될 수 있는 확률 법칙.

덩어리 bolus 윤활된 저작된 음식물 덩어리.

덩어리섭식자 bulk feeder 비교적 큰 조각의 음식물을 섭취하는 동물.

데스모솜 desmosome 고정시키는 역할을 하는 동물세포의 세포간 접합.

데이터 data 기록된 관찰.

도시생태학 urban ecology 도시와 근교에서 생물과 그 환경의 연구.

도약전도 saltatory conduction 활동전위가 막의 수초 부분을 건너뛰며 한 랑비에 결절에서 다른 결절로 도약한 결과로 생기는 축삭돌기를 따라 이동하는 신경자극의 빠른 전달.

도움이주 assisted migration 인간에 의해 유발된 위협으로부터 종을 보호하기 위해 한 종이 자신의 자연적인 범위를 벗어난 유리한 서식지로의 이동하는 것.

도입종 introduced species 고의적이든 우연이든 사람에 의해 원산지에서 새로운 지리적 지역으로 이동한 종으로, 비토착종 또는 외국종이라고도 한다.

도파민 dopamine 에피네프린과 노르에피네프린과 같은 카테콜아민인 신경전달물질.

독립변수 independent variable 다른 변수(종속변수)에 대해 미치는 영향을 보여주기 위해 실험 동안에 값이 변하는 변수.

독립영양생물, 자가영양생물 autotroph 유기 음식물을 다른 생물이나 혹은 다른 생물에서 유래된 물질로부터 섭취하지 않고 직접 만드는 생물. 독립영양생물은 태양이나 혹은 무기물을 산화시켜 얻은 에너지를 이용하여 무기물로부터 유기물을 합성한다.

독립의 법칙 law of independent assortment 멘델의 제2법칙; 대립유전자의 각 쌍은 생식세포 형성 동안 독립적으로 분리한다는 법칙; 두 개의 형질을 가지는 유전자가 상동 염색체의 다른 쌍에 위치하였을 때 적용된다.

독성파지 virulent phage 오직 용균성 회로에 의해서만 생식하는 파지.

돌연변이 mutation 궁극적으로 유전적 다양성을 유발하는 생명체 DNA의 뉴클레오타이드 변화. 돌연변이는 바이러스의 DNA 또는 RNA에서도 일어날 수 있다.

돌연변이유발원 mutagen DNA와 작용하여 돌연변이를 일으키는 화학적 물리적 요인.

동공 pupil 빛이 척추동물 눈의 내부로 들어오게 하는 홍채의 열린 부분. 홍채의 근육이 동공의 크기를 조절한다.

동령군 cohort 집단에서 같은 나이에 속한 개체의 무리.

동류형성 homoplasy 두 종에서 독립적으로 진화한 유사한(상사) 구조 혹은 분자 서열.

동맥 artery 심장으로부터 온몸의 기관으로 혈액을 운반하는 혈관.

동맥경화 atherosclerosis 플라크라고 불리는 지방 침전물이 동맥의 안쪽 벽에 형성되어 혈관을 막아 딱딱하게 만드는 심혈관계 질환.

동면 hibernation 물질대사가 감소하고, 심장과 호흡계의 활동이 낮아지며 체온을 정상보다 낮게 유지하는 생리적인 상태.

동물극 animal pole 최소한의 난황이 존재하는 반구에서 난자의 끝 부분; 식물극의 반대쪽.

동물성포자 zoospore 병꼴균류와 일부 원생생물에 존재하는 편모성 포자.

동반세포 companion cell 많은 원형질연락사에 의해 체관요소로 연결된 식물세포로, 이것의 핵과 리보솜이 인접한 체관 요소를 돕는다.

동방결절 sinoatrial(SA) node 모든 심장근육 세포가 수축하는 속도와 시간을 정하는 심장의 우심방에 있는 부위. 박동원이라고도 한다.

동성내 선택 intrasexual selection 다른 성의 개체를 짝으로 선택함에 있어 반대 성 개체(주로 수컷) 사이의 직접적인 경쟁이 존재하는 자연선택의 한 형태.

동소종분화 sympatric speciation 동일한 지리적 지역에 살고 있는 개체군에서 새로운 종의 형성.

동원체 centromere 복제된 염색체에서 각 자매염색분체상의 부위로서 동원체 DNA에 결합하는 단백질에 의해 서로 가장 가까이 부착한 부위이다. 다른 단백질은 이 부분을 응축시켜 잘록한 복제된 염색체상의 좁은 "허리" 부분을 형성하도록 한다. (복제되지 않은 염색체는 그곳에 결합하는 단백질에 의해 확인되는 하나의 동원체를 가진다.)

동위원소 isotope 각각 동일한 수의 양성자를 가지나 다른 수의 중성자를 가지고 있어 원자량이 다른 원소의 여러 원자 형태 중의 하나.

동질배수체 autopolyploid 한 종에서 유래된 2조 이상의 염색체를 가지는 개체.

동형 isomorphic 일부 조류에서 비록 염색체 수는 다르지만 배우체와 포자체의 모양이 비슷하게 나타나는 세대교번.

동형접합성 homozygous 주어진 유전자에서 2개의 동일한 대립유전자를 가지는.

동형포자성 homosporous 전형적으로 양성의 배우체로 발생하는 단일 종류의 포자를 가지는 식물종을 일컫는 말.

동화작용경로 anabolic pathway 간단한 물질로부터 복잡한 분자를 합성하는 물질대사경로.

되먹임 조절 feedback regulation 대사경로의 결과물 또는 최종 산물에 의한 과정의 조절.

되먹임억제 feedback inhibition 대사경로의 최종 산물이 그 경로상의 한 효소의 억제제로 작용하는 물질대사의 조절방법.

둥근주머니, 구형낭 saccule 균형 감각에 관련하는 난원창 뒤의 전정에 있는 방.

뒤셴 근위축증 Duchenne muscular dystrophy 성연관 열성 대립유전자에 의해 생기는 인간 유전병으로 근육조직의 점진적인 약화와 손실이 수반된다.

뒤쪽 posterior 좌우대칭 동물에서 뒤쪽 혹은 꼬리 쪽에 속하는.

등장의 isotonic 다른 용액과 동일한 용질 농도를 가지는, 따라서 세포의 안쪽으로나 바깥쪽으로의 물의 통과에 아무런 효과가 없다.

등쪽 dorsal 방사상칭 혹은 좌우대칭 동물의 위쪽에 속하는.

디네인 dynein 섬모류와 편모류에서 하나의 쌍 미세소관으로부터 인접한 쌍 미세소관으로 뻗은 큰 수축 단백질. ATP 가수분해가 디네인 모양을 변화시켜 섬모와 편모가 휘어지게 한다.

디옥시리보오스 deoxyribose RNA 뉴클레오타이드의 당 성분인 리보오스에 비해 하나의 히드록실기가 없는 DNA 뉴클레오타이드의 당 성분.

디옥시리보핵산 deoxyribonucleic acid(DNA) 디옥시리보오스 당과 질소 염기 아데닌(A), 구아닌(G), 사이토신(C)과 티민(T)을 가지는 뉴클레오타이드 단량체로 이루어진 이중가닥의 나선 핵산분자. 복제를 할 수 있으며 세포 단백질의 고유구조를 결정한다.

떡잎 cotyledon 속씨식물 배의 종자 잎. 종에 따라 하나 혹은 두 개를 가진다.

라이소자임 lysozyme 박테리아 세포벽을 분해하는 효소. 포유류에서는 땀, 눈물과 침에 존재한다.

랑비에결절 node of Ranvier 활동전위가 발생하는 축삭돌기의 수초에 있는 간격. 도약전도에서 각 결절마다 활동전위가 다시 발생하여 축삭돌기를 따라 결절에서 결절로 도약하는 것처럼 나타난다.

레닌-안지오텐신-알도스테론계 renin-angiotensin aldosterone system(RAAS) 혈압과 혈액량의 조절을 돕는 단계적 호르몬 경로.

레트로바이러스 retrovirus 자신의 RNA를 DNA로 역전사시킨 다음 이 DNA를 세포 염색체에 삽입시켜서 생식하는 RNA 바이러스. 암 유발 바이러스의 중요한 종류이다.

레트로트랜스포존 retrotransposon 레트로트랜스포존 DNA의 전사물인 RNA를 매개체로 하여 유전체 내에서 이동하는 전이인자.

레티날 retinal 척추동물 눈에서 간상세포와 원추세포에 있는 빛을 흡수하는 색소.

로돕신 rhodopsin 레티날과 옵신으로 구성된 시색소. 로돕신이 빛을 흡수하면 레티날의 모양이 변화되어 옵신으로부터 분리된다. 이후 원상태로 돌아간다.

로지스트형 개체군 생장 logistic population growth 집단의 크기가 수용능력에 도달함에 따라 집단의 생장이 감소하는 모델.

루비스코 rubisco RuBP에 CO_2를 첨가하는 캘빈 회로의 첫 번째 단계를 촉매하는 효소인 리불로오스이인산카르복실화효소. 과다한 O_2가 존재하거나 CO_2의 농도가 낮으면 산소와 결합하여 광호흡을 일으킨다.

리간드 개폐성 이온통로 ligand-gated ion channel 신호화학물질(리간드)에 반응하여 여닫는 원형질막의 단백질 통로로, 특정 이온을 출입을 조절한다.

리간드 ligand 다른 분자, 보통 큰 분자와 특이적으로 결합하는 분자.

리그닌 lignin 관다발식물 세포벽의 셀룰로오스 기질에 박혀 있는 강한 중합체로, 육상종에서 구조적 지지 역할을 한다.

리보솜 RNA ribosomal RNA(rRNA) 가장 많은 유형의 RNA로 단백질과 함께 리보솜을 구성한다.

리보솜 ribosome 인에서 생성되는 세포질에서의 단백질 합성 장소로 rRNA와 단백질로 구성되며 2개의 단위체로 이루어져 있다.

리보오스 ribose RNA 뉴클레오타이드의 당 성분.

리보자임 ribozyme RNA 스플라이싱 동안 반응을 촉매하는 효소의 기능을 하는 RNA 분자.

리보핵산 ribonucleic acid(RNA) 리보오스당과 아데닌(A), 사이토신(C) 구아닌(G)과 우라실(U) 등의 질소 염기로 구성된 핵산 종류로 보통 단일가닥이다. 단백질 합성, 유전자 조절과 일부 바이러스의 유전체 기능을 한다.

리소좀 lysosome 동물세포와 일부 원생생물의 세포질에 존재하는 가수분해효소를 포함하고 있는 막으로 둘러싸인 소낭.

리자리아 Rhizaria "SAR" 분기군의 진핵생물 큰무리(supergroup)의 3개 주요 작은무리(subgroup) 중 하나. 이 분기군에 속하는 많은 종은 실과 같은 헛발을 가지는 아메바 특성을 보인다.

림프 lymph 척추동물 림프계에 존재하는 세포사이액으로부터 유래된 무색의 액체.

림프계 lymphatic system 순환계와 구분된 림프관과 림프절로 이루어진 시스템으로 액체 및 단백질과 세포를 혈액으로 되돌린다.

림프구 lymphocyte 후천성 면역에 관여하는 백혈구의 일종. 두 가지 중요 종류는 B세포와 T세포이다.

림프절 lymph node 림프관을 따라 위치한 기관. 림프를 거르며 바이러스나 박테리아의 공격을 방어 한다.

마디 node 식물의 줄기를 따라서 잎이 붙어 있는 지점.

마디사이 internode 잎이 부착되어 있는 지점 사이의 식물 줄기 부분.

마이오글로빈 myoglobin 근육세포에서 산소를 저장하는 색소 단백질.

마이오신 myosin 액틴과 함께 근세포의 수축을 유발하는 단백질 섬유의 일종.

마이크로 RNA micro-RNA (miRNA) 두 가닥의 RNA 전구체로부터 생성되는 작은 단일가닥의 RNA 분자. 마이크로 RNA는 하나 혹은 그 이상의 단백질과 결합하여 복합체를 형성하여 상보적인 서열을 가지는 mRNA의 번역을 방해하거나 분해할 수 있다.

마주보는 엄지 손가락 opposable thumb 엄지가 다른 4개 손가락 끝의 앞부분과 접촉할 수 있는 손가락의 배열.

막대 그래프 bar graph 독립변수를 무리 또는 수치가 아닌 범주로 나타내고 종속변수의 값을 막대로 나타내는 그래프.

막대세포, 간상세포 rod 낮은 강도의 빛에 민감한, 척추동물 망막에 있는 막대 모양의 세포.

막전위 membrane potential 이온의 불균등 분포에 의한 세포의 세포질과 세포외 용액 사이의 전하 차이. 막전위는 흥분성 세포의 활동과 모든 하전된 물질의 막통과에 영향을 미친다.

말기 telophase 유사분열의 5번째이자 마지막 단계로 딸세포 핵이 형성되고 세포질분열이 시작된다.

말초신경계 peripheral nervous system(PNS) 중추신경계로 연결하여 주는 감각 및 운동 뉴런.

말피기관 Malpighian tubule 소화관으로 배설하고, 혈림프로부터 질소 노폐물을 제거하며, 삼투조절 기능을 수행하는 곤충의 독특한 배설기관.

망막 retina 척추동물 눈의 가장 안쪽 층으로 광수용체(막대세포와 원추세포)와 뉴런이 존재한다. 렌즈에 의해 형성된 상을 시신경을 통해 뇌로 보낸다.

매끈면 소포체, 활면소포체 smooth ER 리보솜이 없는 소포체 부분.

맥박 pulse 각 심장박동에 따른 동맥벽의 주기적 팽창.

맹장, 막창자 cecum 큰창자의 시작 부근에 존재하는 막다른 주머니 모양의 공간.

먹이그물 food web 생태계에서 서로 얽힌 먹이 관계.

먹이사슬 food chain 생산자로부터 시작하여 한 영양단계로부터 다른 영양단계로 먹이 에너지가 이동하는 경로.

먹이찾기 foraging 먹이를 찾거나 획득하는 것.

메가파스칼 megapascal(MPa) 약 10기압의 압력에 해당되는 압력의 단위.

메타유전체학 metagenomics 여러 종으로부터의 DNA의 수집과 염기서열 결정. 보통 미생물의 환경시료를 말한다. 컴퓨터를 이용하여 시료를 구성하는 각각 종의 부분적 유전체 서열을 분류한다.

메탄생성균 methanogen 이산화탄소를 이용하여 수소를 산화시켜서 에너지를 얻는 생물로 메탄이 부산물로 생성된다. 알려진 모든 메탄생성균은 고세균 영역에 속한다.

메틸기 methyl group 산소가 3 수소원자와 결합한 화학기. 메틸기는 탄소나 다른 원자에 부착할 수 있다.

멜라토닌 melatonin 송과선에서 분비되는 호르몬으로 계절의 낮 길이와 관련된 몸의 기능을 조절한다.

면역 immunization 인위적인 방법으로 면역상태를 유도하는 과정. 백신접종에서는 정상적으로는 병원성인 미생물의 비병원성 변형체를 주입하여 B세포와 T세포 반응과 면역기억을 유도한다. 수동면역에서는 특정 병원체의 항체를 주입하여 즉각적이지만 임시적인 방어를 유도한다.

면역계 immune system 질병을 일으키는 병원체에 대한 생물의 방어 시스템.

면역글로불린 immunoglobulin(Ig) 항체 참조.

멸종위기종 endangered species 멸종의 위험에 처해 있는 종.

멸종위협종 threatened species 가까운 장래에 멸종 가능성이 있는 종.

멸종의 소용돌이 extinction vortex 근친교배와 유전적 부동의 양성되먹임 고리가 집단의 크기를 축소시키고, 나아가 만약 변혁이 반전되지 않으면 멸종되는 집단의 변혁.

명반응, 빛반응 lightreactions 캘빈 회로에 앞서는 광합성의 중요한 처음 두 단계. 엽록체의 틸라코이드막 위나 일부 원핵생물의 막 위에서 일어나는 이 반응은 빛에너지를 ATP와 NADPH의 화학에너지로 전환시키며, 이 과정에서 산소가 발생한다.

모계영향유전자 maternal effect gene 모계에서 돌연변이가 일어났을 때 자손의 유전자형과는 상관없이 자손에서도 돌연변이 표현형이 나타나는 유전자. 모계영향 유전자는 초파리에서 최초로 발견되었다.

모델생물 model organism 실험실에서 기르기 쉽고 큰 무리를 대표하기 때문에, 다양한 생물학 분야의 연구에 이용하기 위해서 선택한 특별한 생물종.

모세혈관 capillary 조직을 통과하는 미세한 혈관으로 한 층의 내피세포로 이루어져 있어 혈액과 세포 사이액 사이의 교환이 가능하다.

모세혈관망 capillary bed 조직 또는 기관에 존재하는 모세혈관의 조직망.

모형 model 가설이나 과정의 설명.

목 order 분류에서 과의 상위단계.

목련류 magnoliid 진정 쌍떡잎식물과 매우 밀접하게 연관된 속씨식물 분기군의 일원. 예로는 목련, 월계수와 후추나무 등이 있다.

몰 mole(mol) 달톤으로 표시하는 분자량 또는 원자량과 동일한 물질의 그램수. 1몰은 아보가드로수의 분자나 원자를 포함한다.

몰농도 molarity 용액 1 L당 용질의 몰수로 나타내는 용질의 농도 측정.

무거운 사슬 heavy chain 항체분자와 B세포 수용체를 구성하는 두 종류의 폴리펩타이드 사슬 중 하나; 항원결합 부위인 가변부와 불변부로 구성된다.

무경농업 no-till agriculture 밭고랑을 만들어 토양의 파헤침을 최소화하는 경작기법.

무광대 aphotic zone 해양이나 호수의 투광대 아래층으로, 광합성에 충분한 빛이 도달하지 못한다.

무기질 mineral 영양에서, 무기물이며 따라서 합성할 수 없는 간단한 영양물질.

무기질코르티코이드 mineralocortoicoid 염분과 물의 항상성을 조절하는 부신겉질로부터 분비되는 스테로이드호르몬

무산소 호흡 anaerobic respiration 전자전달계의 마지막 단계에서 산소 대신 다른 유기분자를 이용하는 세포호흡.

무성생식 asexual reproduction 배우자의 결합없이 오직 한 쪽의 부모로부터 자손의 생산(출아법, 단세포의 분열 혹은 생물 전체를 몇 조각으로 나누는 방식). 전부는 아니지만 대부분의 경우 자손은 부모와 유전적으로 동일하다.

무수생존 anhydrobiosis 생물에서 거의 모든 수분의 손실을 포함하는 휴면 상태.

무수정생식 apomixis 수컷 배우자에 의한 수정에 의하지 않고 종자를 통해 무성적으로 생식하는 몇몇 식물의 능력.

무척추동물 invertebrate 등뼈가 없는 동물. 동물의 약 95%를 차지한다.

무체강동물 acoelomate 장관과 바깥 체벽 사이에 강이 없는 동물.

무한생장 indeterminate growth 생존하는 동안 계속 자라는 식물에 특징적인 생장 유형.

문 phylum 분류에서, 강 상위의 분류 단위.

문제해결 problem solving 실제나 혹은 명백한 장애물에 부딪혔을 때 한 상태에서 다른 상태로 나아가는 방법을 고안하는 인식 활동.

문화 culture 집단에서 개인의 행동에 영향을 미치는 사회적 학습이나 교습을 통한 정보전달 시스템.

물관 vessel 대부분의 속씨식물과 일부 꽃피지 않는 관다발식물에서 발견되는 물을 통과시키는 연속적인 미세관.

물관부 xylem 뿌리에서부터 식물의 다른 부분으로 물과 무기염류를 수송하는 기능을 하는, 주로 관 모양의 죽은 세포로 이루어진 식물의 관다발조직.

물관액 xylem sap 물관과 헛물관에 의해 수송되는 물과 무기물의 희석된 용액.

물관요소 vessel element 대부분의 속씨식물과 일부 꽃피지 않는 관다발식물의 체관에서 발견되는 짧으며 넓고 물을 통과시키는 세포. 성숙하면 죽게 되며 물관요소는 끝과 끝이 서로 맞붙어 물관이라고 하는 미세관을 형성한다.

물질 matter 공간과 질량을 차지하는 어떤 것.

물질대사 metabolism 동화경로와 이화경로로 이루어지는 한 생물에서 일어나는 화학반응의 총합으로, 세포의 물질과 에너지 근원을 조절한다.

물질대사율 metabolic rate 시간 단위 당 동물이 사용하는 에너지의 총량.

뮐러의태 Müllerian mimicry 맛이 없는 두 종 간의 상호 의태.

미각 gustation 맛의 감각.

미각자극물질 tastant 맛봉오리에서 감각수용기를 자극하는 화학물질.

미기후 microclimate 통나무 아래의 특수한 기후 조건과 같은 매우 세밀한 기후 형태.

미량영양소 micronutrient 매우 적은 양만을 필요한 필수 원소.

미량원소 trace element 지극히 적은 양만이 요구되는 생명활동에 반드시 필요한 원소.

미뢰, 맛봉오리 taste bud 혀와 입의 여러 부분에 흩어져 존재하는 변형된 상피세포의 하나로, 사람에서 맛의 수용체이다.

미세섬유 microfilament 거의 모든 진핵세포의 세포질에 존재하는 섬유상 액틴단백질로 이루어진 섬유로, 세포골격을 이루며 마이오신과 함께 혹은 단독으로 근수축에 관여한다. 액틴필라멘트라고도 불린다.

미세소관 microtubule 모든 진핵세포의 세포질과 섬모, 편모 및 세포골격에 존재하는 튜불린 단백질로 이루어진 속이 빈 막대 모양의 관.

미세융모 microvillus 작은창자의 내벽에 표면적을 넓히기 위해서 존재하는 많은 수의 미세하고 손가락 모양의 상피세포의 돌기.

미토콘드리아 mitochondria 세포호흡을 담당하는 진핵세포의 세포소기관. 산소를 사용하여 유기물을 분해하여 ATP를 생성한다.

미토콘드리아 기질 mitochondrial matrix 시트르산 회로에 필요한 효소와 기질을 가지고 있는 내막으로 둘러싸인 미토콘드리아 부분.

밀도 비의존성 density independent 집단의 밀도에 영향을 받지 않는 특성을 일컫는 용어.

밀도 density 단위 면적이나 부피당 개체수.

밀도의존성 density dependent 집단의 밀도 증가에 따라 변하는 특성을 일컫는 용어.

밀도의존성 억제 density-dependent inhibition 집단의 밀도에 영향을 받지 않는 특성을 일컫는 용어.

밀착연접 tight junction 세포 사이의 물질 누출을 막는 동물세포의 세포간 연접의 한 종류.

밑씨, 배주 ovule 종자식물의 씨방 내에서 발생하는 구조로 암 배우체를 포함하고 있다.

바소체 Barrbody 포유류 암컷세포의 핵 내부에 존재하는 응축된 물질로 불활성화된 X 염색체이다.

바이러스 피막 viral envelope 바이러스 유전체를 둘러싸는 껍질을 싸는 막.

바이러스 virus 세포내부에서 복제하는 능력을 가지는 감염성 입자. 단백질껍질(캡시드)로, 일부 바이러스는 피막으로 둘러싸인 DNA 또는 RNA 유전체를 가진다.

바이로이드 viroid 단지 몇백 염기 길이의 원형 RNA 분자로 이루어진 식물 병원체.

박출량 stroke volume 한번의 수축에서 심실에서 내뿜는 혈액의 양.

박테로이드 bacteroid 뿌리혹 세포에서 형성되는 소낭에 포함되어 있는 뿌리혹세균(*Rhizobium*)의 형태.

박테리아 Bacteria 원핵생물의 두 영역 중 하나로, 다른 하나는 고세균이다.

박테리오파지 bacteriophage 박테리아를 감염시키는 바이러스; 파지라고도 한다.

반감기 half-life 방사성 동위원소의 50%가 붕괴되는 데 걸리는 시간.

반고리관 semicircular canals 평형 유지 기능을 담당하는 내이의 세 부분으로 된 공간.

반달판막 semilunar valve 심장의 두 출구에 위치한 판막으로, 이곳에서 대동맥이 좌심실을 떠나고 폐동맥이 우심실을 떠난다.

반데르발스 인력 van der Waals interactions 국소적인 전하 변동을 유발하는, 분자 사이나 혹은 분자의 부분 사이에서의 약한 인력.

반보존적 복제모형 semiconservative model 복제된 이중나선이 하나의 오래된 가닥과 다른 하나의 새롭게 형성된 가닥으로 이루어진 DNA 복제 유형.

반복생식 iteroparity 성체가 여러 해에 걸쳐 많은 수의 자손을 생산하는 생식. 반복생식이라고도 부른다.

반복서열 DNA repeatitive DNA 진핵생물에서 보통 암호화하지 않으며 많은 사본 수로 존재하는 염기서열. 반복 단위는 유전체 내에 보통 짧고 순차적이거나 혹은 길고 흩어져 존재한다.

반사 reflex 척수나 하등한 뇌에 의해 매개되는 자극에 대한 자동반응.

반성유전자 sex-linked gene 성 염색체(보통 X 염색체)에 위치한 유전자로, 유전의 독특한 양상을 제공한다.

반수체 세포 haploid cell 단지 염색체의 한 세트(n)만 가지고 있는 세포.

반응 response (1) 세포신호전달에서, 세포 외부로부터 전달된 신호에 의해 야기되는 특정 세포 활동의 변화. (2) 항상성에서, 변수를 원래의 지점으로 되돌리는 것을 돕는 생리적 활동.

반응물 reactant 화학반응의 시작물질.

반응중심 복합체 reaction-center complex 한 쌍의 특별한 엽록소 *a* 분자와 1차 전자 수용체와 결합된 단백질 복합체. 광계 중심에 위치하며 이 복합체가 광합성의 명반응을 유발시킨다. 빛에너지에 의해서 흥분된 엽록소 중 하나가 1차 전자 수용체에 전자를 공여하며 이 전자가 전자전달계를 통과한다.

발 foot (1) 운반세포를 통하여 부모 생식세포체로부터 당, 아미노산, 물과 무기염류를 모으는 선태

식물의 포자체 부분. (2) 연체동물의 세 가지 중요 부분 중 하나로 이동에 이용되는 근육구조. 외투막과 내장낭 참조.

발생 development 한 생물이 단순한 형태에서 보다 복잡하고 특수화된 형태로 점차 변화하는 과정과 연관된 사건.

발생단계 변화 phase change (1) 한 발생 상태에서 다른 상태로의 이동. (2) 식물의 정단분열조직의 활동으로 한 상태에서 일어나는 형태적 변화.

발암유전자 oncogene 암으로 이를 수 있는 분자 사건을 유발하는 데 관련된 바이러스 또는 세포 유전체에서 발견되는 유전자.

발열반응 exergonic reaction 자유에너지가 방출되는 자발적 화학반응.

발정주기 estrous cycle 고등 영장류를 제외하고 모든 포유류 암컷에서 나타나는 생식주기의 특성으로, 임신하지 않은 자궁내막이 떨어져 나오기보다는 다시 흡수되고 발정기 중에만 성적 반응이 나타난다.

발현벡터 expression vector 진핵세포 유전자가 삽입되는 제한 부위의 위쪽에 박테리아 프로모터를 포함하는 클로닝 벡터로, 박테리아 세포 내에서 유전자가 발현되게 한다.

발효 fermentation 포도당으로부터 전자전달계를 거치지 않고 제한된 양의 ATP를 생성하는 이화작용 과정으로, 알코올과 젖산과 같은 최종산물을 생성한다.

방광 urinary bladder 배출에 앞서 오줌이 저장되는 주머니.

방사대칭 radial symmetry 파이나 술통 모양(왼쪽과 오른쪽이 없는)으로 생긴 몸의 특징으로, 중심축을 따른 어떠한 면에 의해서 반대편 쪽을 가지지만 동등하게 나눌 수 있다.

방사상 난할 radial cleavage 접합자를 공 모양의 세포덩어리로 변환시키는 세포분열면이 배의 수직 축에 평행하거나 혹은 수직으로 위치하여 세포의 배열이 한 세포 위쪽에 다른 세포를 배열하게 되는 후구동물의 배발생 유형.

방사성 동위원소 radioactive isotope 불안정한 동위원소로 핵이 자발적으로 분해되면서 검출가능한 입자와 에너지를 방출한다.

방사성 연대측정법 radiometric dating 방사성 동위원소의 반감기에 근거하여 바위나 화석의 절대 나이를 측정하는 방법.

방사형 지느러미 어류 ray-finned fish 참치, 농어, 청어와 같이 긴 방사조직에 의해 지지되는 지느러미를 가지는 해양 경골어류인 조기강(Actinopterigii) 분기군에 속하는 무리.

방산충류 radiolarian 일반적으로 규소로 만들어진 껍질과 몸의 중심에서 방사상으로 뻗어 나간 위족을 가지는 보통 해양 원생생물.

방실결절 atrioventricular(AV) node 우심방과 우심실 사이에 있는 특수화된 근육조직으로 전기 자극이 심실에 도달하여 심실을 수축시키기 전에 약 0.1초간 지연시킨다.

방실판막 atrioventricular(AV) valve 심장의 각 심방과 심실 사이에 있는 판막으로 심실이 수축할 때 혈액이 역류하는 것을 방지한다.

방추사부착점 kinetochore 각 자매염색분체를 방추사에 부착시키는 역할을 하는 동원체가 부착하는 단백질 구조.

방향성선택 directional selection 표현형 범위의 한 쪽 끝에 존재하는 개체가 다른 개체에 비해 더 성공적으로 생존하거나 생식할 수 있는 자연선택.

배낭 embryo sac 8개의 반수체 핵을 가진 다세포 구조로 대포자가 생장과 분열로부터 형성되는 속씨식물의 암배우체.

배란 ovulation 난소로부터 난자의 방출. 사람에서는 난소의 난포가 각 생리주기 동안 난자를 방출한다.

배반포 blastocyst 내세포집단, 공간, 영양아층인 바깥층으로 이루어진 포유류의 배 발생의 포배단계. 사람에서는 배반포가 수정 후 1주일에 형성된다.

배뿌리 radicle 식물의 배 뿌리(배근).

배설 elimination 동물에서 음식물 가공의 4번째와 마지막 단계로, 소화되지 않은 음식물 부분을 통과시킴.

배설 excretion 물질대사 결과로 생긴 질소 노폐물의 제거.

배수성 polyploidy 생물이 두 벌 이상의 염색체를 가지는 염색체 변화. 세포분열의 오류로 생긴다.

배아극성유전자 egg-polarity gene 모계영향 유전자의 다른 이름으로 난자의 방향(극성)을 조절한다.

배아치사 embryonic lethal 배나 유충을 죽음에 이르게 하는 돌연변이.

배엽 germlayers 낭배에서 동물의 여러 조직이나 기관을 형성하는 3개의 중요한 층 중의 하나.

배외막 extraembryonic membrane 파충류와 포유류에서 발생하는 배를 보호하는 배 바깥에 존재하는 4가지의 막(난황주머니, 양막, 융모막, 요막) 중 하나.

배우자, 생식세포 gamete 난자와 정자와 같은 반수체 생식세포. 생식세포는 유성생식 동안 합쳐져서 이배체의 접합자를 형성한다.

배우자낭병 gametophore 이끼에서 생식세포체의 성숙한 생식세포를 생성하는 구조.

배우자선택모방 mate-choice copying 명백히 사회적 학습의 결과로 인해 한 집단에서의 한 개체가 짝을 선택 시 다른 개체의 짝 선택을 모방하는 행동.

배우자주머니 gametangium 생식세포가 형성되는 식물의 다세포성 구조. 암 배우자주머니는 장란기라고 하며 수 배우자주머니는 장정기라고 한다.

배우자형성과정 gametogenesis 포유류에서 생식세포가 형성되는 과정.

배우체, 생식세포체 gametophyte 세대교번을 겪는 생물(식물과 일부 조류)에서, 유사분열에 의해 반수체 생식세포를 생산하는 다세포성 반수체. 반수체 배우체는 합쳐져서 포자체로 발생한다.

배젖 endosperm 속씨식물에서 중복 수정 동안 하나의 정핵과 2개의 극핵이 결합하여 형성된 영양분이 풍부한 조직으로, 속씨식물에서 배발생 동안 영양분을 공급해 주는 기능을 한다.

배쪽 ventral 방사대칭 또는 좌우대칭 동물에서 아래쪽에 속하는.

백색질 white matter 중추신경계에서 축삭돌기가 모여 있는 부분.

백신 vaccine 특정 병원체에 대한 방어를 위해 숙주의 면역계를 자극하게 하는 무해한 병원체의 유도체나 변형.

백혈구 leukocyte 감염에 저항하여 싸우는 혈구세포.

번역 translation mRNA 분자에 암호화되어 있는 유전정보를 이용한 폴리펩타이드의 합성. 핵산으로부터 아미노산으로의 언어 변화가 수반된다.

번역틀 reading frame mRNA 상에서 폴리펩타이드 합성 동안 번역기구에 의해 사용되는 리보뉴클레오타이드의 3 염기조 집합.

번역틀이동 돌연변이 frameshift mutation 3의 배수가 아닌 소수의 뉴클레오타이드가 삽입되거나 결실되어 생긴 돌연변이로, 그 결과 뉴클레오타이드가 코돈으로 부적절하게 짝 지워지게 된다.

베이츠 의태 Batesian mimicry 무해한 종이 포식자에게 독이 있거나 혹은 유해한 종으로 보이게 하는 의태 형태.

베타 병풍구조 beta(β) pleated sheet 폴리펩타이드 사슬이 앞뒤로 접히는 단백질 2차 구조의 하나. 사슬의 두 부위가 서로 평행하게 놓여져 있고 그 사이는 수소결합으로 연결되어 있다.

베타산화 beta oxidation 시트르산 회로로 아세틸조효소 A(아세틸 CoA)로 들어가게 하기 위해 지방산을 2탄소물질로 분해하는 물질대사 과정.

벡터 vector 한 숙주에서 다른 숙주로 병원균을 전달하는 생물.

변성 denaturation 단백질에서는 단백질이 풀리면서 고유의 구조를 잃어버려 생물학적으로 불활성화되는 과정을 말하며, DNA에서는 이중나선의 두 가닥이 풀리는 것을 말한다. 변성은 극한의 비세포적 pH, 염의 농도와 온도에서 일어난다.

변수 variable 실험이나 그 외 다른 검정에서 변하는 요소.

변이 variation 동일한 종 사이에서 개체 간의 차이.

변태 metamorphosis 동물의 애벌레가 성체를 닮았지만 아직 성적으로 성숙하지 않은 유충으로 변하는 발생적 전이.

변형세포 amoebocyte 헛발(위족)로 이동하는 아메바 모양의 세포. 종에 따라서 음식물을 소화시키며 분배하기도 하며, 노폐물을 처리하며 골격섬유를 형성하기도 하고 또한 감염에 맞서 싸우며 다른 세포 모양으로 변하기도 한다.

병꼴균 chytrid 병꼴균문에 속하는 균류로 대부분 원시균류 계통을 나타내는 편모성 유주자를 가지는 수생 균류이다.

병렬상동 유전자 orthologous genes 종의 분화로 인해 다른 종에서도 발견되는 상동 유전자.

병목효과 bottleneck effect 생존하는 집단이 더 이상 원래집단을 유전적으로 대표할 수 없을 정도의 큰 자연 재앙에 의한 것과 같은 집단의 감소로 인한 유전적 부동.

병원체 pathogen 질병을 유발하는 생물이나 바이러스.

병원체 관련 분자패턴 pathogen-associated molecular patterns(PAMPs) 특정 병원체 무리를 특징짓고 숙주세포의 선천성 면역 시스템에 의해 인지되는 짧은 분자서열

보강세포 sclereid 견과의 껍질이나 종피에 존재하는 짧고 불규칙한 후벽세포. 보강세포는 일부 식물의 유조직에 흩어져 존재한다.

보어효과 Bohr shift pH의 감소에 의해 야기된 헤모글로빈의 산소 친화도 감소; 조직 근처에서 헤모글로빈이 산소의 방출을 용이하게 한다.

보우만 주머니 Bowman's capsule 척추동물의 신장에서 컵 모양의 구조로서 여액이 혈관으로 들어가는 네프론의 늘어난 부분.

보인자 carrier 유전학에서 특정 유전좌위에 하나의 정상 대립유전자와 하나의 잠재적으로 유해한 열성대립유전자를 가지는 이형의 개체. 표현형은 정상이나 유해한 대립유전자를 자손에 전달한다.

보조T세포 helperTcell 활성화되었을 때 B세포와 세포독성T세포의 분비를 촉진하는 사이토카인을 분비하는 세포.

보조인자 cofactor 효소의 완전한 기능을 위해 요구되는 비단백질 분자나 이온. 보조인자는 활성 부위에 영구히 결합되거나 촉매반응 동안 기질에 느슨하게 결합되기도 한다.

보존생물학 conservation biology 모든 수준에서 생물의 다양성을 유지시키고자 하는 생태학, 진화학, 생리학, 분자생물학과 유전학의 통합 학문.

보체계 complement system 염증반응을 증폭시키며 식세포작용을 증진시키거나 혹은 직접적으로 병원균을 용해시키는 약 30종의 혈액 단백질군.

보호색 cryptic coloration 포식자로 하여금 주변색과 구별이 되지 않도록 하는 위장.

복제분기점 replication fork 복제 중인 DNA 분자에서 부모가닥이 풀어지고 새로운 가닥이 자라는 Y 모양 부위.

복합과 multiple fruit 꽃차례(화서; 밀접하게 함께 뭉쳐진 꽃의 무리)로부터 발생한 과실.

부갑상샘 parathyroid gland 갑상샘 표면에 존재하는 4개의 작은 내분비샘으로 부갑상샘호르몬을 분비한다.

부갑상샘호르몬 parathyroid hormone(PTH) 부갑상샘에 의해 분비되는 호르몬으로 뼈로부터 칼슘 방출과 신장에 의한 칼슘의 유지를 촉진시켜 혈액 내의 칼슘량을 높인다.

부교감신경계 parasympathetic division 자율신경계 세 부분 중 하나로 소화나 감소된 심장박동과 같이 일반적으로 에너지를 얻거나 보존하는 몸의 활동을 증가시킨다.

부기저체류 parabasalid 트리코모나드와 같은 변형된 미토콘드리아를 가지는 원생생물.

부레 swim bladder 수생 경골어류가 물속에서 물고기의 부력을 조절하는 공기주머니.

부모형 parental type 표현형이 부모의 표현형 하나와 일치하는 자손. 또한 표현형 그 자체를 언급하기도 한다.

부분할 meroblastic 조류 발생의 특징인 난황이 풍부한 난자의 불완전한 분열을 보이는 난할의 유형을 말함.

부식질 humus 표토의 성분인 분해 중인 유기물.

부신 adrenal gland 포유류에서 신장 옆에 위치한 두 내분비샘 중 하나. 바깥 부위(겉질)에 존재하는 내분비세포는 부신피질자극호르몬(ACTH)에 반응하여 장기간 지속되는 스트레스 동안 항상성을 유지시키는 스테로이드호르몬을 분비한다. 중앙 부위(속질)에 위치하고 있는 신경분비세포는 단기간의 스트레스에 의해 유발된 신경 입력에 반응하여 에피네프린과 노르에피네프린을 분비한다.

부영양호수 eutrophic lake 높은 율의 영양주기에 의해 높은 율의 생물 생산성을 보이는 호수.

부영양화 eutrophication 특히 인과 질소와 같은 영양물질이 물에서 아주 높게 농축되는 과정으로 조류 또는 시아노박테리아와 같은 생물의 증가를 유발한다.

부유물섭식자 suspension feeder 포획 또는 여과기작을 통해 주위로부터 부유하는 음식물 입자를 먹고 사는 동물.

부정소 epididymis 정소에 붙어 있는 돌돌 감긴 세관으로 정자가 저장된다.

부착기 holdfast 해조류를 부착시키는 뿌리와 유사하게 생긴 구조.

부착의존성 anchorage dependence 세포가 분열하기 위하여 기층에 부착하여야만 하는 요구성.

부피 유동 bulk flow 두 장소의 압력차에 의한 물의 이동.

북방침엽수림 northern coniferous forest 길고 추운 겨울이 특징이며 구과 목본류가 우점종인 육상 생물군계.

분광광도계 spectrophotometer 색소용액에 의해 흡수되거나 통과되는 여러 파장의 빛의 양을 측정하는 기구.

분기군 clade 조상과 그 모든 자손을 포함하는 종의 무리. 분기군은 단계군과 동일하다.

분기학 cladistics 공통자손이, 분기군으로 무리지음에 의해 생물을 분류하는 데 이용되는 중요 기준이 되는 분류학적 접근.

분단성 선택 disruptive selection 표현형 범위의 양극단에 존재하는 개체가 중간의 표현형을 가지는 개체에 비해 더 성공적으로 생존하거나 생식할 수 있는 자연선택.

분류군 taxon 분류의 한 단계에서의 분류 단위.

분류학 taxonomy 다양한 형태의 생물을 명명하고 분류하는 학문 분야.

분리의 법칙 law of segregation 멘델의 제1법칙; 생식세포 형성 동안 쌍으로 존재하는 각 대립유전자는 다른 생식세포로 분리되어 들어간다는 법칙.

분비 secretion (1) 세포에 의해 합성된 분자의 배출. (2) 배설계에서 체액의 노폐물이나 특정 용질을 여액으로 능동수송하는 과정. .

분산 dispersal 부모가 있는 곳으로부터 멀어지는 개체나 배우자의 이동. 이 이동은 때로 개체군이나 개체의 지리적 범위를 확장시킨다.

분산 dispersion 지리학적 집단의 경계 안에서의 개체 사이의 간격 양상.

분생자 conidium 무성생식 동안 자낭균류의 특별한 균사 끝에서 생성되는 반수체 포자.

분아 soredium 지의류에서 조류가 박혀 있는 작은 균사덩어리.

분압 partial pressure 혼합기체에서 특정 기체에 의한 압력(예를 들어, 공기 중에서 산소에 의한 압력).

분열 fission 부모가 2개 혹은 그 이상의 비슷한 크기의 개체로 분리되는 것.

분열조직 meristem 식물이 생존하는 동안 배 상태로 남아 있는 식물조직으로 무한 생장이 가능하게 한다.

분열조직 정체성 결정유전자 meristem identity gene 영양 생장단계에서 생식단계로 식물 생장의 전환을 촉진하는 유전자.

분자 molecule 둘 혹은 그 이상의 원자가 공유결합으로 합쳐진 것.

분자량 molecular mass 분자에 있는 모든 원자 질량의 합.

분자시계 molecular clock 유전체의 몇몇 부분이 일전한 속도로 진화되는 것에 근거한, 주어진 양의 진화 변화에 요구되는 시간을 측정하는 방법.

분절증식, 절편분절생식 fragmentation 모체가 여러 조각으로 나누어져 완전한 하나의 개체로 분화하는 무성생식의 수단.

분지점 branch point 공통조상으로부터 둘 혹은 그 이상의 분류군의 분기 계통수에 있는 표시. 대부분의 분지점은 가지가 2개의 분지(각각은 자손 분류군을 나타낸다)로 조상계통이 분리되는 것을 나타내는, 양갈래 분지로 표시된다.

분해자 decomposer 사체나 떨어진 낙엽, 생물의 노폐물과 같은 죽은 유기물을 흡수하여 이것을 무

기물 형태로 변환시키는 부생균류나 원핵생물 종류. 잔재물 섭식자.

분해자, 잔재물섭식자 detritivore 사체, 떨어진 식물체, 살아 있는 생명체의 부스러기와 같은 죽은 유기물로부터 에너지를 획득하는 소비자.

분화 differentiation 세포 또는 세포 무리가 구조와 기능에서 특수화되는 과정

불완전 균류 deuteromycete 알려진 성단계가 없는 균류의 고전적 분류. 이 종의 성단계가 밝혀진 후 불완전 균문으로 되었다.

불완전 꽃 incomplete flower 4개의 기본 꽃기관인 꽃받침, 꽃잎, 심피 및 수술 중 하나 혹은 그 이상이 없거나 기능을 하지 못하는 꽃.

불완전변태 incomplete metamorphosis 메뚜기와 같은 일부 곤충류에서처럼 애벌레가 성체를 닮지만 크기는 작고 몸의 비율이 다른 성체와 다른 발생 유형. 애벌레는 각 시기가 성체와 모양이 점점 비슷해지는 탈피를 거쳐 완전한 크기에 도달한다.

불완전우성 incomplete dominance 이형접합자의 표현형이 각 대립유전자의 동형 접합체 개체의 표현형의 중간을 나타내는 상황.

불응기 refractory period 활동전위 다음에 이어지는 짧은 시기로, 전압개폐성 소듐 통로의 활성화로 인해 뉴런이 다른 자극에 반응하지 않는다.

불포화지방산 unsaturated fatty acid 탄화수소 꼬리에 있는 탄소 사이에 하나 이상의 이중결합을 가지는 지방산. 이러한 결합은 탄소골격에 부착된 수소원자의 수를 감소시킨다.

브래시노스테로이드 brassinosteroid 세포 신장, 잎의 노화 지연, 물관 분화 촉진 등 다양한 기능을 가지는 식물의 스테로이드호르몬.

비결정적 난할 indeterminate cleavage 후구동물의 배발생 유형으로 초기 난할에 의해 생성된 각 세포는 완전한 배로 발생할 수 있는 능력을 가진다.

비경쟁적 저해제 noncompetitive inhibitor 효소의 활성자리와는 먼 다른 곳에 결합하여 효소의 구조를 변화시켜 활성자리가 더 이상 효과적으로 작용할 수 없도록 효소의 활성을 감소시키는 물질.

비교실험 controlled experiment 실험군이 조사하고자 하는 요소에서만 변화된 대조군과 비교되는 실험.

비극성 공유결합 nonpolar covalent bond 전자가 비슷한 전기음성도를 가지는 두 원자 사이에서 공평하게 공유되는 공유결합의 유형.

비만세포 mast cell 감염이나 알러지 반응에 반응하여 염증반응을 유발하는 히스타민 및 다른 분자를 생성하는 척추동물 체세포.

비분리 nondisjunction 감수분열 혹은 유사분열에서 한 쌍의 상동염색체 모두나 자매염색분체가 서로 적절하게 나누어지지 못하는 실수.

비생물적 abiotic 살아 있지 않은. 환경의 물리적 화학적 속성을 일컫는 말.

비순환적 전자 흐름 linear electron flow 광합성의 명반응 동안 양광계(I과 II)를 포함하고 ATP, NADPH와 O_2를 생성하는 전자 흐름의 경로. 순전자 흐름은 H_2O로부터 $NADP^+$로 일어난다.

비열 specific heat 물질 1 g의 온도를 1℃ 변경하는데 흡수하거나 혹은 잃어야 하는 열량.

비종자관다발식물 seedless vascular plant 관다발은 있으나 종자가 없는 식물의 비공식적 명칭. 비종자식물은 석송문(석송과 그 친족)과 양치문(고사리와 그 친족)을 포함하는 의사단원적 무리를 형성한다.

비코이드 *bicoid* 초파리의 앞쪽을 지정하는 단백질을 암호화하는 모계영향 유전자.

비타민 vitamin 매우 적은 양이 식사에 요구되는 유기분자. 주로 조효소나 조효소의 일부분으로 작용한다.

비평형 모형 nonequilibrium model 군집이 교란에 의해 충격을 받은 후 안정되게 있지 않고 끊임없이 변화함을 강조하는 군집의 모형.

빈도의존적 선택 frequency-dependent selection 집단에 너무 공통적으로 되어버린 표현형을 가지는 개체의 생식 성공이 감소하는 것.

빈영양 호수 oligotrophic lake 식물성 플랑크톤이 거의 없으며 영양소가 빈약한 맑은 호수.

빠른연축섬유, 속근섬유 fast-twitch fiber 빠르고 강력한 수축에 사용되는 근육섬유.

뼈 bone 콜라젠 섬유의 단단한 구조 안에 칼슘염이 존재하는 살아 있는 세포로 구성된 결합조직의 일종.

뿌리 root 관다발식물에서 식물체를 고정시키는 기관으로 토양으로부터 물과 무기염류를 흡수한다.

뿌리계 root system 식물체를 토양에 고정시키며 물과 무기염류를 흡수하고 양분을 저장하는 모든 식물의 뿌리.

뿌리 골무 root cap 식물 뿌리 끝에 있는 원추 모양을 형성하는 세포 무리로 정단분열조직을 보호한다.

뿌리압 root pressure 뿌리의 관다발조직에서 물관액을 위로 미는 힘.

뿌리의 rooted 모든 분류군의 가장 마지막 공통조상을 나타내는 분기점(일반적으로 가장 왼쪽에 있는)을 포함하는 계통수를 언급한다.

뿌리털 root hair 뿌리 끝 바로 아래에서 자라는 뿌리 표피세포의 매우 작은 돌출부로, 물과 무기질의 흡수 면적을 증가시킨다.

뿌리혹 nodule 콩과식물 뿌리에서 팽윤된 부위. 뿌리 혹은 질소고정 박테리아인 리조비움속을 포함하는 식물세포로 이루어져 있다.

사구체 glomerulus 네프론에 존재하는 보우만주머니를 싸고 있는 모세혈관 덩어리로 신장에서 여과장소이다.

사람류 hominin 진화계통수에서 사람 갈래에 있는 종. 호모사피엔스와 침팬지보다 우리와 더 가까이 연관된 멸종된 우리의 조상 무리를 포함한다.

사막 desert 매우 적은 강수가 특징이 육상생물군계.

사바나지대 savanna 나무가 흩어져 존재하며 큰 초식동물이 살아가는 열대초원 생물군계로, 간헐적인 화재와 가뭄으로 유지된다.

사이원반 intercalated disk 세포 사이에 직접적인 전기적 결합을 제공하는 심근세포 사이의 특수화된 연접.

사이클린 cyclin 농도가 주기적으로 변하는 세포 단백질로 세포주기의 조절에 중요한 역할을 한다.

사이클린 의존성 인산화효소 cyclin-dependent kinase(Cdk) 특정 사이클린과 결합하였을 때만 활성을 가지는 단백질인산화효소.

사이토크롬 cytochrome 진핵세포의 미토콘드리아와 엽록체와 원핵세포의 세포막에 존재하는 전자전달계의 성분인 철 함유 단백질.

사이토키닌 cytokinin 노화를 지연시키며 옥신과 함께 세포분열을 촉진하고 분화경로에 영향을 미치며 정아 우성을 조절하는 식물호르몬 종류.

사정 ejaculation 수정관, 사정관과 요도를 통해 부정소로부터의 정액 분출.

사지류 tetrapod 4개의 사지를 가지는 척추동물. 포유류, 양서류, 조류 및 다른 파충류를 포함한다.

사체분해물 detritus 죽은 유기물.

사회생물학 sociobiology 진화론에 근거한 사회 행동의 연구.

사회적 학습 social learning 다른 개체의 관찰을 통한 행동의 변화.

삭병 seta 선태식물 포자체의 긴 자루.

삭치모 peristome 이끼의 포자낭 상부에 위치한 서로 맞물린 이빨 같은 고리 모양의 구조. 종종 점차적으로 포자를 방출하도록 특성화되었다.

산 acid 용액에서 수소이온 농도를 증가시키는 물질.

산소호흡, 호기성 호흡 aerobic respiration 산소와 유기물을 소비하고 ATP를 생성하는 이화작용 경로. 이것은 가장 효과적인 이화작용경로이며, 대부분의 진핵세포와 많은 원핵세포에서 수행된다.

산포도 scatter plot 데이터의 각 값을 점으로 나타낸 그래프. 산포도는 모든 변수의 데이터가 숫자로 나타내고 연속적일 때 이용된다.

산호초 coral reef 주로 정주성의 자포류에 의해 분비되는 딱딱한 골격구조를 특징으로 가지는 전형적으로 따뜻한 열대 해양생태계. 일부 산호초는 차고 깊은 물에 존재한다.

산화 oxidation 산화환원반응이 관련되며 한 물질로부터 전자를 잃는 것.

산화적 인산화 oxidative phosphorylation 전자전달계의 산화환원반응으로부터 유래한 에너지를 이용하여 ATP를 생성하는 것. 세포호흡의 3번째 중요 단계.

산화제 oxidizing agent 산화환원반응에서 전자 수

용.

산화질소 nitric oxide(NO) 많은 종류의 세포에 의해 생성되는 기체로, 국소적 조절자와 신경전달물질로 작용한다.

산화환원반응 redox reaction 한 반응물에서 다른 반응물로 하나 혹은 그 이상의 완전하거나 또는 부분적인 전자전달이 관련된 화학반응.

살리실산 salicylic acid 병원체에 대한 전신성획득저항(SAR)에 부분적으로 관련된 식물의 신호분자.

삼배엽성 동물 triploblastic 외배엽, 내배엽과 중배엽의 3개 배엽을 가지는 동물. 모든 좌우 대칭 동물은 삼배엽성이다.

삼자암호 triplet code 폴리펩타이드 사슬의 아미노산을 지정하는 3개의 염기가 한 조로 이루어진 암호.

삼중반응 triple response 줄기 신장의 둔화, 줄기의 비후, 줄기가 수평으로 자라게 하는 구부러짐을 포함하는 기계적 스트레스에 대한 식물 생장 전략.

삼투농도 osmolarity 몰농도로 표시된 용질의 농도.

삼투순응자 osmoconformer 주변 환경과 삼투가 같은 동물.

삼투조절 osmoregulation 세포나 생명체에 의한 용질의 농도 및 물의 균형의 조절.

삼투조절자 osmoregulator 외부 환경과 무관하게 내부 삼투농도를 조절하는 동물.

삼투현상 osmosis 선택적 반투과막을 통한 물의 확산.

삽입 insertion 유전자에 하나 혹은 그 이상의 염기가 추가되는 돌연변이.

상대수도 relative abundance 군집 안에서 다른 종의 비례적 수도(풍부도).

상대적 적응도 relative fitness 개체군에서 다른 개체의 기여도와 비교하여, 다음 세대의 유전자 풀을 형성하는 개체의 기여도.

상동기관 homologous structure 다른 종 사이에서 동일한 조상으로 인해 구조가 유사한 기관.

상동성 homology 공통된 조상으로 인한 특징의 유사성.

상동염색체 homologous chromosome(homolog) 상응하는 유전자 좌위에 같은 형질의 유전자를 가지는 염색체의 쌍으로 염색체의 길이, 동원체의 위치와 염색 양상이 동일하다. 상동염색체 하나는 부계로부터, 다른 하나는 모계로부터 물려받는다. 상동쌍이라고도 불린다.

상리공생 mutualism 참여자 모두가 이득을 얻는 공생관계.

상배축 epicotyl 속씨식물의 배에서 떡잎 부착 지점 위쪽과 처음 나오는 작은 잎 아래의 배축.

상보성 complementary DNA(cDNA) mRNA를 주형으로 역전사효소와 DNA 중합효소를 이용하여 시험관 내에서 만들어진 이중가닥 DNA. cDNA 분자는 유전자의 엑손 부분에 해당한다.

상사 analogy 같은 형질을 가지는 공통조상에서 비롯된 자손이기보다는 수렴진화에 의한 두 종 간의 유사성.

상사적, 동종의 analogous 상동성 때문이 아니라 수렴진화로 인해 유사한 특징을 가지는.

상염색체 autosome 성 결정에 직접적으로 관여하지 않는 염색체로 성염색체와 대비된다.

상위 epistasis 한 유전자가 독립적으로 유전되는 다른 유전자의 표현형을 변화시키는 유전자 상호작용의 한 종류.

상피 epithelium 상피조직.

상피조직 epithelial tissue 기관과 체강뿐만이 아니라 바깥쪽 표면을 감싸는 단단히 포개진 세포층.

상향식모델 bottom-up model 무기영양물이 식물의 숫자를 조절하고 이것이 초식동물의 수를 결정하며 다시 이것이 포식자의 숫자를 결정하는 무기영양물이 군집의 조직을 결정하는 군집조직의 한 모델.

상호이타주의 reciprocal altruism 현재의 수혜자가 역전되면 현재에 이타적인 행동을 하는 개체가 미래에서는 수혜자가 되는, 관련되지 않은 개체 간의 이타행동.

상호작용 communication 동물행동에서 신호의 전달, 수용 및 반응을 포함하는 과정. 이 용어는 다세포생물에서, 개개 세포에서뿐만이 아니라 다른 생물들 사이의 관계에도 사용된다.

색소세포 자극호르몬 melanocyte-stimulating hormone(MSH) 뇌하수체 전엽에 의해 생성되고 분비되는 호르몬으로 일부 척추동물에서 피부의 색소세포의 활동을 조절한다.

색소체 plastid 엽록체, 잡색체와 녹말체(백색체)를 포함하는 밀접하게 연관된 식물 세포소기관의 무리. 색소체는 광합성 생물의 세포에 존재한다.

생리 menstruation 생리주기 동안 자궁 내막을 떨어뜨려 내보냄.

생리주기 menstrual cycle 자궁주기 참조.

생리학 physiology 생명체의 과정과 기능 및 그 연구.

생명공학 biotechnology 생명체나 그 구성요소를 조절하여 유용한 물질을 생산하는 기술.

생명표 life table 집단의 사망률을 종합한 표.

생물 연료 biofuel 생물량(biomass)으로부터 생산된 연료.

생물 환경정화법 bioremediation 생물을 이용하여 오염되고 파괴된 생태계를 복원하는 기술.

생물군계 biome 현저한 식생에 따라 분류되고 특정 환경에의 생물 적응으로 특징짓는 주요 생태계.

생물권 biosphere 생명체가 존재하는 지구의 모든 부분; 지구 생태계를 모두 합친 것.

생물다양성 중요지점 biodiversity hot spot 예외적으로 많은 고유종과 많은 수의 멸종위기종이 집중되어 있는 좁은 지역.

생물량 biomass 특정 서식지의 생물집단을 구성하는 유기물의 전체 중량.

생물막 biofilm 표면층을 이루는 원핵생물 군체로 대사 협동작용에 관여한다.

생물에너지학 bioenergetics (1) 한 생명체에서 에너지의 전체적인 흐름과 변환. (2) 생명체를 통하여 어떻게 에너지가 흐르는지의 연구.

생물적 biotic 환경에서 살아 있는 생물에 속하는.

생물정보학 bioinformatics 컴퓨터와 여러 프로그램 및 수학적 모델을 이용하여 대량의 데이터로부터 생물 정보를 통합하는 학문.

생물조작 biomanipulation 생태계의 특성을 변경시키는 군집구조의 하향식 모형을 적용하는 접근. 예를 들어, 생태학자들은 화학적 처리에 의하는 대신 호수에서 상위단계 소비자의 밀도를 변경하여 조류 대번식이나 부영양화를 방지한다.

생물 증폭 biological magnification 물질이 먹이사슬의 각 단계에서 점점 농축되는 과정.

생물지리학 biogeography 과거와 현재 종의 분포에 관한 과학적 연구.

생물학 biology 생명의 과학적 연구.

생물학적 촉진 biological augmentation 파괴된 생태계에 필요한 물질을 더하는 방법으로 생물을 이용하는 생태계의 복원방법.

생물학적 종개념 biological species concept 종의 정의로서, 한 집단의 개체 간에 자연 상태에서 서로 교잡이 가능하고 생존이 가능하며 생식능력이 있는 자손을 생산하지만 다른 집단의 개체와는 생존이 가능하며 생식능력이 있는 자손을 생산하지 못하는 집단.

생산자 producer 빛을 이용하거나(광합성) 무기물을 산화(몇몇 원핵생물에 의해 수행되는 화학합성)시켜 CO_2로부터 유기물을 생산하는 생물.

생산효율 production efficiency 호흡에는 사용되지 않거나 또는 노폐물로 제거되는 음식물에 저장된 에너지의 부분.

생성물 product 화학반응 결과 생긴 물질.

생식소 gonad 암컷과 수컷의 생식기관; 대부분의 동물에서 생식세포 형성기관이다.

생식적 격리 reproductive isolation 두 종이 생식력이 있는 잡종을 생산하는 것을 막는 생물장벽의 존재.

생식표 reproductive table 집단에서 나이에 따른 생식률의 요약.

생장인자 growth factor (1) 배양 배지나 동물 체내에서 특정 세포로의 발생과 생장을 위해 세포외 환경에 존재하여야만 하는 단백질. (2) 인근 세포의 분열과 분화를 자극하는 국소 조절자.

생장호르몬 growth hormone 다양한 조직에 직접 작용하거나 혹은 자극호르몬으로 작용하는 뇌하수체 전엽에서 생성 분비되는 호르몬.

생존곡선 survivorship curve 각 연령마다 생존하는 개체의 수를 나타낸 도표로, 특정 연령층의 사망률을 나타내는 한 가지 방법이다.

생지화학적 순환 biogeochemical cycle 생태계의 생물학적 비생물학적 요소를 모두 포함하는 여러 영양물의 순환.

생체시계 biological clock 생명체의 주기를 조절하는 내생 시계. 생체시계는 환경 신호에 따라 혹은 관계없이 시간을 표시하나 종종 적절한 주기를 유지하기 위해서는 환경의 신호를 필요로 한다. 일주기성 리듬 참조.

생체아민 biogenic amine 아미노산으로부터 유래된 신경전달물질.

생태계 ecosystem 주어진 장소에서의 모든 생물과 이들이 상호작용하는 비생물적 요소. 하나 또는 그 이상의 군집과 이들의 물리적 환경.

생태계기술자 ecosystem engineer 환경에 물리적 변화를 야기함으로써 군집의 구조에 영향을 미치는 생물.

생태계생태학 ecosystem ecology 생태계에서 다양한 생물적 비생물적 요소 사이에서 화학물질과 에너지 흐름의 연구.

생태계의 기능 ecosystem service 생태계가 직간접적으로 인간에게 이득을 주는 기능.

생태적 족적 ecological footprint 소비하는 모든 자원을 생산하고 발생한 모든 쓰레기를 흡수하는, 개인, 도시 또는 국가가 필요로 하는 땅과 물의 면적.

생태적 지위 ecological niche 한 종이 환경에서 이용하는 생물적 및 비생물적 자원의 총합.

생태적 천이 ecological succession 군집의 생태적 교란에 따른 종 조성의 변이. 불모지에서 생물군집의 형성.

생태학 ecology 생명체가 그들 간에 그리고 환경과 어떻게 상호작용하는지를 연구하는 학문.

생태학적 종개념 ecological species concept 생태적 역할(지위)과 관련된 종의 규정. 종의 일원이 어떻게 그들의 환경에서 생물 및 비생물 부분과 상호작용하는지의 개요.

생활사 life cycle 한 생물의 생식사에서 세대와 세대 간의 단계.

생활사 life history 한 생물의 생식과 생존의 일정에 영향을 미치는 특성.

섀논다양성 Shannon diversity H부호로 나타내며 $H = -(p_A \ln p_A + p_B \ln p_B + p_C \ln p_C + \cdots)$의 식으로 나타내는 군집다양성의 지표. A, B, C는 군집에서의 종이며, p는 각종의 상대빈도, ln은 자연로그이다.

샤페로닌 chaperonin 다른 단백질의 적절한 접힘을 도와주는 단백질.

석송식물 lycophyte 석송문에 속하는 식물의 비공식적 명칭. 석송, 물부추 등이 이에 속한다.

선구동물발생 protostome development 원구로부터 입이 발생하는 특징을 가지는 동물의 발생 양식으로, 종종 나선난할과 중배엽의 고형 덩어리 사이의 갈라진 틈으로 형성되는 체강의 특징을 가진다.

선그래프 line graph 데이터의 각 측정점이 다음의 측정점과 직선으로 연결된 그래프.

선도가닥 leading strand 5′→3′ 방향으로 복제 분기점 방향으로 주형가닥을 따라 연속적으로 합성되는 새로운 상보적 DNA 가닥.

선모 fimbria 기질이나 다른 세포에 부착하는 것을 돕는 짧고 머리카락 같은 원핵생물의 부속지.

선모 pilus 박테리아에서 접합을 시작할 때 다른 세포와 연결하는 구조. 또한 성선모 또는 접합선모로도 불린다.

선천성 면역 innate immunity 병원균에 노출되었을 때 즉시 활성화하는 모든 동물에 공통적인 방어형태. 이전에 병원균에 이미 노출되었든 혹은 노출되지 않았든지 간에 동일하다.

선천적 행동 innate behavior 강한 유전적 조절에 의해 발생적으로 고정된 동물행동. 본능적 행동은 내적 외적 환경이 다르더라도 일생 동안 집단의 모든 개체에게 거의 같게 나타난다.

선태식물 bryophyte 이끼, 우산이끼, 뿔이끼의 비공식적 명칭. 육상에 사는 비관다발식물로 다른 많은 관다발식물처럼 육상에 적응이 떨어진다.

선택적 투과성 selective permeability 물질의 통과를 조절하는 생체막의 특성.

설정점 set point 동물의 몸에서, 항상성을 이루기 위해 체온이나 용질의 농도와 같은 특정 변수를 위해 유지되는 값.

섬모 cilium 미세소관을 포함하는 세포 부속지. 운동성의 섬모는 이동을 위해 특수화되었고, 확장된 원형질막에 둘러싸인 9개의 바깥 쌍미세소관 중심과 2개의 안쪽 단일 미세소관으로 형성(9 + 2 구조)된다. 1차 섬모는 보통 비운동성이며 감각과 신호 역할을 수행한다. 2개의 안쪽 단일 미세소관이 없다(9 + 0 구조).

섬모충류 cilliate 섬모를 이용하여 움직이는 원생동물의 종류.

섬유 fiber 속씨식물에서 물관부를 강화시키고 기계적인 지지작용을 하는 목질화된 세포 유형; 보통 다발로 존재하는 가늘고 끝이 뾰족한 후벽세포.

섬유아세포 fibroblast 세포외 섬유의 단백질 성분을 분비하는 소성 결합조직의 세포 유형.

섭식구굴착류 Excavata 진핵생물의 진화역사의 현재 가설에서 제안된 진핵생물의 4대 큰무리(supergroup) 중 하나. 섭식구굴착류는 독특한 세포골격 특징을 가지며, 일부 종은 세포의 한쪽에 굴 모양(excavated)의 먹이 홈을 가진다. "SAR" 분기군, 원시색소체 생물과 단편모류 참조.

섭취 ingestion 동물에서 음식물 가공의 첫 번째 단계. 먹는 행동.

성상세포 astrocyte 다양한 기능을 가지는 신경교세포. 뉴런의 구조적 지지, 세포 사이 환경의 조절, 시냅스를 통한 신경전달을 용이하게 하고, 뇌에 혈액 공급의 조절을 돕는 역할을 한다.

성상체 aster 유사분열을 진행하는 세포에서, 염색체에서 원형질막 쪽으로 뻗는 짧은 미세소관의 방사형 구조.

성선모 sexpilus 박테리아에서, 접합 초기에 한 세포를 다른 세포와 연결시키는 구조. 접합선모라고도 알려져 있다.

성숙촉진인자 maturation-promoting factor(MPF) M기 촉진인자; 간기에서 분열기(M기)로의 진입에 요구되는 단백질 복합체. 활성형은 사이클린과 단백질인산화효소로 구성되어 있다.

성염색체 sexchromosome 개체의 성을 결정하는 염색체.

성적 선택 sexual selection 특정 유전형질을 가진 개체가 다른 개체에 비해 짝을 찾기가 더 용이한 자연선택의 형태.

성적 이형성 sexual dimorphism 남성과 여성의 2차성징 사이의 뚜렷한 차이.

세관주위모세혈관 peritubular capillary 신장의 근위세뇨관과 원위세뇨관을 둘러싸는 망상구조를 형성하는 작은 혈관의 하나.

세대교번 alteration of generation 다세포성 이배체 형태인 포자체와 다세포성 반수체 상태인 배우체 상태를 모두 가지는 생활사. 식물과 일부 조류의 특징이다.

세동맥 arteriole 동맥과 모세혈관 사이로 혈액을 운반하는 혈관.

세력권 territoriality 한 동물이 경계가 있는 물리적 공간을 보통 같은 종의 다른 개체에 의한 침입으로부터 방어하는 행동.

세로토닌 serotonin 트립토판으로부터 합성되며 중추신경계에서 작용하는 신경전달물질.

세정맥 venule 모세혈관과 정맥 사이로 혈액을 운반하는 혈관.

세포골격 cytoskeleton 미세소관, 미세섬유와 중간섬유의 그물조직으로 세포질 전반에 걸쳐 분지되어 있으며 다양한 기계적 수송 기능을 담당한다.

세포기질 cytosol 세포질의 반유동체 부분.

세포내섭취, 엔도사이토시스 endocytosis 세포막으로부터 새로운 소낭형성에 의한 생물분자나 미립자 물질의 세포내 흡수.

세포독성T세포 cytotoxic T cell 활성화되면 감염된 세포, 암세포와 이식된 세포를 죽이는 림프구.

세포막 plasma membrane 모든 세포의 경계를 이루는 막으로서 선택적인 장벽으로 작용하여 세포의 화학적 조성을 조절한다.

세포벽 cell wall 식물, 원핵생물, 균류와 일부 원생생물의 세포막 외부에 존재하는 보호층. 셀룰로오스와 같은 다당류(식물과 일부 원생생물), 키틴(균류)과 펩티도글리칸(박테리아)이 세포벽의 중요 구조성분이다.

세포분열 cell division 세포의 생식.

세포분획 cell fractionation 세포의 분쇄와 원심분리에 의한 세포소기관의 분리.

세포사이액 interstitial fluid 세포 사이를 채우는 액체로 이루어진 척추동물의 내부환경.

세포성면역반응 cell-mediated immune response 세포독성T세포의 활성이 수반되는 후천성 면역의 일종으로 감염된 세포의 방어를 담당한다.

세포소기관 organelle 진핵세포의 세포질에 존재하는 특수화된 기능을 갖는 막으로 둘러싸인 여러 구조물 중 하나.

세포외기질 extracellular matrix(ECM) 세포에 의해 합성되고 분비되는 단백질과 탄수화물로 이루어진 동물세포를 둘러싸고 있는 물질.

세포외배출작용 exocytosis 거대분자를 포함하는 소낭의 원형질막 융합에 의한 거대분자의 세포 배출.

세포주기 cell cycle 모세포에서 시작하여 두 개의 세포로 나누어지는 진핵생물 생활사의 일련의 연속된 과정으로 간기(G_1기, S기, G_2기)와 M기(핵분열과 세포질분열)로 구분된다.

세포주기 조절 시스템 cell cycle control system 세포주기를 시작하여 주요 사건을 조절하는 세포에서 주기적으로 작동하는 분자 시스템.

세포질 cytoplasm 핵을 제외한 세포의 전체 내용으로 세포막으로 둘러싸여 있다.

세포질 결정인자 cytoplasmic determinant 세포의 발생 운명에 영향을 미치는 유전자의 발현을 조절하여 초기발생의 진로에 미치는 난자에 존재하는 모계성 물질.

세포질분열 cytokineisis 체세포(핵)분열, 감수1분열과 감수2분열에 뒤이은 세포질분열로 딸세포를 둘로 분리한다.

세포질유동 cytoplasmic streaming 세포질의 순회흐름으로 마이오신과 액틴이 관여하며 세포내 물질의 분배를 촉진시킨다.

세포질융합 plasmogamy 두 개체의 세포로부터의 세포질융합으로, 배우자 합체(수정)의 한 단계로 나타난다.

세포체 cell body 핵과 다른 세포소기관을 함유하는 뉴런의 부분.

세포판 cell plate 분열 중인 식물세포의 가운데에 형성되는 이중막으로, 세포질분열 동안 형성되는 새로운 세포벽이다.

세포호흡 cellular respiration 유기분자를 분해하여 ATP를 생산하는 산소호흡과 무산소호흡의 동화작용경로.

셀룰로오스 cellulose β 글리코시드 결합으로 연결된 포도당 단량체로 이루어진 세포벽의 구조 다당류.

소기관지 bronchiole 허파꽈리(폐포)로 공기를 보내는 기관지의 미세한 가지.

소낭 vesicle 세포질에서 막으로 이루어진 주머니.

소뇌 cerebellum 배후에 위치하는 척추동물의 후뇌 부분으로 운동과 균형의 불수의적 통합 기능을 한다.

소듐-포타슘펌프, Na^+-K^+펌프 sodium-potassium pump 소듐을 세포 밖으로, 포타슘은 세포 안으로 능동적으로 수송하는 동물세포의 원형질막에 존재하는 수송 단백질.

소비자 consumer 생산자, 다른 소비자 또는 비생물 유기물을 먹고 사는 생물

소수성 hydrophobic 물에 대한 회피성을 가지는; 물에서 서로 융합하여 액적을 형성하게 된다.

소수성 상호작용 hydrophobic interaction 물과 섞이지 않는 분자가 융합하여 물을 배척시킬 때 형성되는 약한 화학결합.

소엽 microphyll 석송류에서 하나의 가지 없는 잎맥을 가지는 작은 잎.

소음순 labia minora 질 입구를 감싸고 보호하는 한 쌍의 얇은 피부.

소진화 microevolution 종 단위 이하에서의 진화적 변화. 한 세대에서 다른 세대로의 대립유전자 빈도의 변화.

소포자 micro spore 수컷 배우체로 발생하는 이형포자 식물종의 포자.

소포체 endoplasmic reticulum(ER) 진핵세포에서 핵의 외막과 연결된 광범위한 막의 망상구조로 리보솜이 부착되어 있거나(거친면 소포체, RER) 혹은 없기도 한다(매끈면 소포체, SER).

소화 digestion 동물에서 음식물 공정의 두 번째 단계. 음식물을 체내로 흡수되도록 충분히 작은 크기로 분해시키는 과정.

소화관 alimentary canal 입과 항문 사이에 걸쳐 있는 관 모양의 소화관.

속 genus 종 위 단계에 있는 분류 범주로 이명법 종의 학명 중 첫 번째 명칭.

속씨식물 angiosperm 씨방을 가지는 씨앗을 형성하는 현화(꽃)식물.

송과샘 pineal gland 척추동물 전뇌의 후면 표면에 존재하는 작은 샘으로 멜라토닌을 분비한다.

수 pith 줄기에서 관다발조직의 내부에 존재하는 기본조직으로 많은 외떡잎식물의 뿌리에서는 관다발원통의 중심부를 형성하는 유조직세포이다.

수각류 theropod 두발을 가진 육식동물이었던 고대공룡 무리.

수경재배 hydroponic culture 토양 대신 무기질 용액을 이용하여 식물체를 배양하는 방법.

수관계 water vascular system 이동, 먹이 섭취 및 기체교환 기능을 하는 관족이라고 불리는 돌출가지를 형성하는 극피동물에 특징적인 수압관의 망상구조.

수관층 canopy 육상생물군계에서 식생의 제일 위층.

수동면역 passive immunity 모체의 항체가 태아나 젖먹이로 전달될 때 일어나는 것과 같은, 항체의 전달에 의한 단기간의 면역.

수동수송 passive transport 에너지의 소모가 없는 생체막을 통한 물질의 확산.

수렴 진화 convergent evolution 독립적인 진화계통에서 유사한 특징의 진화.

수분 pollination 수정에 앞서 요구되는 과정으로 밑씨를 포함하고 있는 종자식물의 부분으로 화분의 전달.

수분포텐셜 water potential (ψ) 용질의 농도와 그에 따른 압력에 의해서 생기는 물의 흐름 방향을 나타내는 물리적 특성.

수산기 hydroxyl group 극성 공유결합에 의해 산소원자와 결합된 수소원자로 이루어진 작용기. 이 기를 가지는 분자는 수용성이며 알코올이라 불린다.

수산이온, 수산화이온 hydroxide ion 양성자를 잃은 물분자(OH^-).

수상돌기 dendrite 많은 수의 짧은 가지가 매우 많은 신경세포의 돌기로, 세포체 쪽으로 신경자극을 전달한다.

수소결합 hydrogen bond 한 분자에서 극성 공유결합을 하는 약한 양전하를 띤 수소원자가 다른 분자에서 극성 공유결합을 하는 약한 음전하를 띤 원자와의 인력에 의해 생기는 약한 화학결합.

수소이온 hydrogen ion +1의 전하를 가지는 하나의 양성자. 물의 분해는 수소이온(H^+)과 수산화이온(OH^-)을 생성한다. 물에서 수소이온(H^+)은 단독으로 존재하지 않고 하나의 물분자와 결합하여 하이드로늄이온(H_3O^+)을 형성한다.

수소이온농도지수 pH 수소이온의 농도를 $-\log[H^+]$로 나타낸 것. 0~14범위를 가진다.

수송낭 transport vesicle 세포에 의해 생산된 분자를 수송하는 세포질에 존재하는 막으로 된 작은 주머니.

수송단백질 transport protein 특정 물질 혹은 매우 가까이 연관된 종류의 물질의 막 통과를 돕는 막관통 단백질.

수송상피 transport epithelium 용질의 이동을 조절하는 한 층 혹은 그 이상의 특수화된 상피세포.

수술 stamen 꽃밥과 수술대로 이루어진 꽃의 화분생성 생식기관.

수술대, 화사 filament 속씨식물에서 꽃의 화분 생성 생식기관인 수술의 줄기.

수온약층 thermocline 해양이나 많은 온대 지역 호수에서 빠른 온도 변화를 보이는 좁은 층.

수용 reception 세포의 소통에서, 신호분자가 세포 표면이나 세포 내에 존재하는 수용체에 의해 감지되는 신호경로의 첫 번째 단계.

수용액 aqueoussolution 용매가 물인 용액.

수용체매개세포내섭취작용 receptor-mediate den-docytosis 세포 내부로 섭취되는 분자에 특이적인 수용체 자리를 가지는 단백질을 포함하는 막이 안으로 접힘에 의해 특정 분자를 세포 내로 이동시키는 작용; 세포가 다량의 특정 물질을 섭취할 수 있도록 한다.

수용체전위 receptor potential 자극의 세기에 비례하여 수용체 막의 전위차에 의해 생성되는 자극에 대한 수용체 세포의 초기 반응. 수용체 전위의 강

도가 신경계를 따라 이동하는 활동전위의 빈도를 결정한다.

수정, 시비 fertilization (1) 이배체 접합자를 형성하기 위한 반수체 배우체의 접합. (2) 토양에 무기 영양물질을 첨가.

수정낭, 저장낭 spermatheca 많은 곤충에서, 암컷 생식계에 존재하는 정자 저장주머니.

수정란, 접합자 zygote 반수체 생식세포의 결합으로 생성된 이배체

수정막 fertilization envelope 알의 난황막층이 세포막으로부터 부풀어 오를 때 형성되는 보호층으로서, 피층반응 동안 세포 밖으로 배출되는 분자에 의해서 수정 후 굳어진다.

수정체 lens 망막에 빛의 초점을 맞추는 눈의 구조.

수지상균근 arbuscual rmycorrhiza 식물의 뿌리계와 균류의 연합체로, 균류가 숙주세포의 세포막을 침입한다.

수지상균근균류 arbuscual rmycorrhiza fungus 균사가 식물 뿌리의 세포벽을 통과하여 자라 뿌리 세포까지 뻗는 공생 균류(뿌리세포 세포막의 만입에 의해 생성된 관으로 둘러싸인다).

수지상세포 dendritic cell 주로 림프조직과 피부에 존재하는 항원제시세포로 특히 항원을 보조T세포에 제시하여 중요 면역반응을 시작하게 하는 기능을 가진다.

수질옆 네프론 juxtamedullary nephron 포유류와 조류에서, 신수질 쪽으로 깊이 뻗어 있는 발달된 헨레고리를 가지는 네프론.

수초 myelin sheath 뉴런의 축삭 주위의 슈반세포 또는 희소돌기아교세포의 막을 절연하는 덮개. 도약전도가 일어날 때 랑비에 결절에 의해 중간이 끊어진다.

수축기 혈압 systolic pressure 심실의 수축 시 동맥에서의 혈압.

수축기 systole 심장근육이 수축하여 심실이 혈액을 내보내는 심장주기 단계.

수축포 contractile vacuole 일부 담수 원생생물로부터 과잉의 물을 제거하는 데 도움을 주는 막구조의 주머니.

수평적 유전자 전달 horizontal gene transfer 전이인자, 플라스미드 교환, 바이러스 활동과 아마도 다른 생물과의 융합과 같은 메커니즘을 통하여 한 유전체로부터 다른 유전체로의 유전자 전달.

수피, 나무껍질 bark 형성층 외부에 존재하는 모든 조직으로 주로 2차 체관과 주피층으로 이루어져 있다.

수화껍질 hydration shell 용해된 이온 주위에 구모양으로 둘러싼 물분자.

숙주 host 공생관계에서 더 큰 참여자로 공생자의 생활공간과 먹이를 제공해 준다.

숙주범위 host range 다른 유형의 바이러스가 감염되고 기생할 수 있는 숙주세포의 제한된 범위.

순1차 생산 net primary production(NPP) 생태계의 순1차 생산에서 생산자의 호흡에 의해 사용된 에너지를 뺀 것.

순생태계 생산 net ecosystem production(NEP) 생태계의 총1차 생산에서 모든 독립영양생물과 종속영양생물에 의해 호흡으로 사용된 에너지를 뺀 것.

순응 acclimatization 환경 변화에 대한 생리적 적응.

순응자 conformer 체내의 조건이 외부 변화에 응하는 동물.

순종, 순계 true-breeding 자가수분하였을 때 동일한 변종의 자손만을 생산하는 식물체.

순환적 전자 흐름 cyclic electron flow 광합성의 명반응 동안 단지 한나의 광계만 관련된 전자의 흐름 경로. ATP는 생성되지만 NADPH나 산소는 생성되지 않는다.

숨쉬기 breathing 들숨과 날숨을 통한 허파의 기체교환.

슈반세포 Schwann cell 말초신경계에서 뉴런의 축삭돌기 주위의 미엘린 수초를 절연하는 신경교세포의 종류.

스테로이드 steroid 다양한 기능기가 부착된 4개의 고리로 이루어진 탄소골격을 특징으로 가지는 지질 종류.

스트라메노파일 Stramenopila "SAR" 분기군의 진핵생물 큰무리(supergroup)의 3개 주요 작은무리(subgroup) 중 하나. 이 분기군에 2차 세포내공생에 의해 생겨났으며 규조류와 갈조류를 포함한다.

스트로마 stroma 엽록체 내부의 틸라코이드막을 둘러싸는 엽록체의 진한 액체로, 이산화탄소와 물로부터 유기물을 합성하는 데 관여한다.

스트로마톨라이트 stromatolite 얇은 침전물 층과 함께 결합한 원핵생물의 활동으로 생성된 층을 이룬 암석.

스트리고락톤 strigolactone 가지의 분지를 억제하고 기생성 식물종자의 발아를 촉진하며 뿌리와 균근균류의 상호작용을 촉진하는 식물호르몬의 한 종류.

스포로폴레닌 sporopollenin 윤조강 조류의 노출된 접합자를 덮고 식물 포자의 벽을 형성하여 건조로부터 보호하는 내구성 있는 중합체.

스플라이소솜, 스플라이싱복합체 spliceosome 단백질과 RNA 분자로 이루어진 큰 복합체로, RNA 스플라이싱에서 RNA 인트론 끝 부분과 작용하여 인트론을 방출하고 인접한 두 엑손을 연결한다.

습지 wetland 최소한 얼마 동안 물에 잠기는 서식지로, 물이 포화된 토양에 적응한 식물이 자라게 한다.

시간합 temporal summation 화학적 시냅스에서 시냅스후 세포의 막전위가 잇달아 생성되는 EPSP(흥분성 시냅스후세포 전위)와 IPSP(억제성 시냅스후 전위)의 결합된 효과에 의해 결정되는 신경 통합 현상.

시냅스 synapse 신경전달경로에서 한 뉴런이 다른 뉴런에 신호를 전달하는 접합 부위로, 축삭돌기의 시냅스 쪽 말단 부위와 다른 뉴런 혹은 효과기 세포의 신호수용 부위(수상돌기나 세포체) 사이의 좁은 간격. 시냅스 말단에서 분비된 신경전달분자가 시냅스를 가로질러 수상돌기나 효과기로 신호를 전달한다.

시드는 현상 wilting 식물세포가 시들은 결과 잎과 줄기의 처짐.

시든 flaccid 식물세포에서 볼 수 있듯이 단단함이 부족한 상태(세포벽을 가진 세포가 주위로부터 세포 내로 물이 유입되지 않으면 시든다).

시상 thalamus 척추동물 전뇌의 두 통합 부위 중 하나. 시상에서 세포체를 가진 뉴런이 입력된 신경신호를 대뇌피질의 특수한 지역으로 전달하며 어떤 정보가 대뇌겉질로 갈 것인가를 조절한다.

시상교차상핵 suprachiasmatic nuclei(SCN) 생체시계의 기능을 하는 포유류의 시상하부에 존재하는 뉴런의 집단.

시상하부 hypothalamus 척추동물 전뇌의 아래쪽 부분으로 특히 내분비계와 신경계를 조화시켜 항상성을 유지하는 기능을 한다. 뇌하수체 후엽호르몬과 뇌하수체 전엽을 조절하는 요소를 분비한다.

시스템생물학 systemsbiology 모든 생물계의 동적인 행동을 모델화하고자 하는 생물 연구의 접근방식.

시스트랜스 이성질체 *cis*-transisomer 동일한 분자식과 원자 사이의 공유 배열을 가지나 이중결합의 강직성 때문에 원자의 공간 배열이 다른 여러 화합물의 하나. 이전에는 기하이성질체라고 불렸다.

시트르산 회로 citric acid cycle 해당작용에서 시작된 포도당 분자를 피루브산의 산화작용에 의해 이산화탄소로 완전 분해하는 8단계의 반응을 포함한 화학회로. 진핵세포에서는 미토콘드리아에서 일어나며, 원핵세포에서는 세포질에서 일어난다. 세포호흡의 두 번째 중요 단계.

시험관내 돌연변이유발 *in vitro* mutagenesis 클로닝된 유전자의 염기서열을 일부 변경시킨 후, 이 돌연변이된 유전자를 세포로 도입하여 결과의 돌연변이체의 표현형을 조사함으로써 유전자의 기능을 알아보는 기술.

시험관 수정 *in vitro* fertilization(IVF) 시험관 내에서 난자를 수정시킨 다음 초기 배를 모체의 자궁에 인위적으로 착상시키는 것.

식도 esophagus 연동운동에 의해 인두로부터 위로 음식물을 보내는 통로.

식물 환경정화법 phytoremediation 몇몇 식물종이 토양으로부터 중금속이나 다른 오염물질을 흡수하여 식물체내 쉽게 수확할 수 있는 부분에 축적시키는 능력을 이용하여 오염된 지역을 적은 비용으로 정화시키는 기술.

식물극 vegetal pole 대부분의 난황이 몰려 있는 반구에서 난자의 끝 부분에 있는 지점으로, 동물극

의 반대쪽.

식세포작용 **phagocytosis** 세포에 의해 크고 입자성 물질이 흡수되는 세포내섭취. 몇몇 원생생물과 특정 면역세포(포유류에서 주로 대식세포, 호중구와 수지상세포)에 의해 수행된다.

식포 **food vacuole** 미생물의 식세포작용에 의해 형성되거나 또는 세포에 의해 먹이로 사용되는 입자에 의해 형성된 막의 소낭.

신경 **nerve** 주로 뉴런의 엑손다발로 이루어진 섬유.

신경가소성 **neuronal plasticity** 경험에 따라 변화하는 신경계의 수용력.

신경계 **nervous system** 동물에서 감각수용기, 신경세포망과 신경신호에 반응하는 근육과 샘의 연결을 포함하는 빠르게 활동하는 내부 상호작용 시스템. 내부 조절과 항상성을 유지하기 위해서 내분비계와 협력하여 작용한다.

신경관 **neural tube** 몸의 등축을 따라 존재하는 안으로 접혀진 외배엽 세포의 관으로 척삭의 배후에 위치한다. 중추신경계를 형성한다.

신경릉 **neural crest** 척추동물에서 외배엽으로부터 나온 신경관의 측면을 따라서 위치한 부위. 신경릉 세포는 배의 여러 부분으로 이동하여 피부에서 색소세포, 두개골의 일부, 치아, 부신과 말초신경계를 형성한다.

신경전달물질 **neurotransmitter** 화학적 시냅스를 가지는 뉴런의 시냅스 말단에서 방출되는 분자로 시냅스 간극을 가로질러 확산되어 시냅스 후세포에 결합하여 반응을 유발한다.

신경절 **ganglion** 중추신경계의 신경세포체의 다발.

신경조직 **nervous tissue** 뉴런과 지지세포로 이루어진 조직.

신경펩타이드 **neuropeptide** 신경전달물질로 작용하는 비교적 짧은 아미노산 사슬.

신경호르몬 **neurohormone** 뉴런에 의해 분비되고 체액을 따라 이동하다가 특정 표적세포의 기능을 변화하기 위해 표적세포에 작용하는 분자.

신우 **renal pelvis** 척추동물 신장의 수집관으로부터 여액을 받아들이는 깔때기 모양의 방으로서 요관으로 연결된다.

신장, 콩팥 **kidney** 혈액을 걸러 오줌을 형성하는 척추동물의 한 쌍의 배설 기관.

신장겉질(피질) **renal cortex** 척추동물 신장의 바깥 부분.

신장속질(수질) **renal medulla** 신장 겉질 아래에 위치하는 척추동물 신장의 안쪽 부분.

신호 **signal** 다른 동물의 행동 변화를 유발하는 행동.

신호인식입자 **signal-recognition particle(SRP)** 리보솜에서 나오는 신호펩타이드를 인식하는 단백질-RNA 복합체로, ER에 존재하는 수용체 단백질과의 결합에 의해 리보솜을 소포체로 보내는 것을 돕는다.

신호자극 **sign stimulus** 동물에 의해 정해진 양상의 행동을 유발시키는 외부 감각신호.

신호전달 **signal transduction** 특정 세포반응에 대한 기계적, 화학적 또는 전기적 자극을 연결하는 일련의 단계.

신호전달경로 **signal transduction pathway** 물리적 혹은 화학적 자극을 특정 세포반응으로 연결시키는 기작.

신호펩타이드 **signal peptide** 폴리펩타이드의 아미노 말단 또는 말단 부근에 존재하는 약 20개의 아미노산 서열로, 진핵세포에서 폴리펩타이드를 소포체나 다른 세포소기관으로 보내는 기능을 한다.

실험 **experiment** 통제된 조건에서 수행되는 과학적 검정. 한 시스템에서 하나 또는 그 이상의 요소 변화 효과를 보기 위해 이들의 조작을 포함한다.

실험군, 실험집단 **experimental group** 통제된 실험에서 검사하고자 하는 특정 요소를 가지는 (또는 받는) 일련의 대상

심박률 **heart rate** 심장 수축의 빈도.

심박출량 **cardiac output** 좌심실에서 1분간 내보내는 피의 양.

심방 나트륨이뇨펩타이드 **atrial natriuretic peptide (ANP)** 고혈압에 반응하여 심장의 심실세포에서 분비되는 펩타이드호르몬. 신장에 대한 ANP의 효과는 이온과 물의 이동을 변화시켜 혈압을 낮춘다.

심방 **atrium** 척추동물에서 정맥으로부터 혈액을 받아들이고 심실로 전달하는 심장의 공간.

심실,뇌실 **ventricle** (1) 심장에서 혈액을 내보내는 방. (2) 뇌척수액으로 채워진 척추동물 뇌 공간.

심장 **heart** 순환액(혈액과 림프)의 유체 압력을 높이기 위해 대사에너지를 이용하는 근육 펌프. 혈액은 압력기울기를 따라 혈관을 통해 흐른 다음 최종적으로 다시 심장으로 돌아온다.

심장근 **cardiac muscle** 심장의 수축벽을 이루는 근육. 세포는 각 심장박동을 전달하는 개재판으로 연결되어 있다.

심장마비 **heart attack** 하나 혹은 그 이상의 관상동맥이 오랫동안 막힌 결과로 인한 심장근육 조직의 손상이나 괴사.

심장잡음 **heart murmur** 대부분 심장에서 판막이 새는 곳을 통하여 피가 반대 방향으로 분출할 때 나는 소리.

심장주기 **cardiac cycle** 심장에서 교대로 일어나는 수축과 이완.

심전도 **electrocardiogram(ECG 또는 EKG)** 심박동 주기 동안 심장근육을 따라 이동하는 전기적 자극의 기록.

심플라스트 **symplast** 식물에서 두 세포 사이에 원형질연락사로 이어진 세포질의 연속체.

심피 **carpel** 밑씨를 형성하는 꽃의 생식기관으로 암술머리 암술대와 씨방으로 이루어져 있다.

심해대 **abyssal zone** 해저 2,000~6,000 m 사이 해양의 저생대 부분.

심해열수분출구 **deep-sea hydrothermal vent** 해저 바닥이나 근처의 화산활동과 관련되어 빛이 들지 않으며 뜨겁고 산소가 결핍된 심해 환경. 출수구 개체군의 생산자는 화학독립영양 원핵생물이다.

심혈관계 **cardiovascular system** 심장과 동맥, 모세혈관과 정맥으로 구성된 폐쇄혈관계로 척추동물의 특징이다.

십이지장 **duodenum** 위로부터의 산성 유미즙이 이자, 간, 쓸개와 소장벽의 소화샘으로부터 나온 소화액과 섞이는 작은창자의 첫 번째 부분.

쌍궁류 **diapsid** 두개골 양편에 한 쌍의 구멍을 가지는 양막류 분기군의 종류로, 인용류와 조룡류가 이에 속한다.

쌍떡잎식물 **dicot(dicotyledon)** 2개의 떡잎을 가지는 꽃피는 식물을 가르키는 용어로 최근의 분자생물학 증거는 쌍떡잎식물은 단분기군을 형성하지 않는다. 한때 쌍떡잎으로 분류되었던 종이 지금은 진정쌍떡잎, 목련류와 기본적인 속씨식물의 계통으로 분류된다.

쌍생아 연구 **twin study** 따로 양육된 일란성 쌍생아와 같은 가족으로 양육된 일란성 쌍생아의 행동을 비교하는 행동 연구.

쓸개, 담낭 **gallbladder** 쓸개즙(담즙)을 보관하며 필요 시 소장으로 분비하는 기관.

쓸개즙, 담즙 **bile** 간에서 생산되며 쓸개(담낭)에 저장되는 물질의 혼합체로 물에서 지방액적 형성을 하게 한다. 지방 흡수와 소화를 돕는다.

씨방, 난소 **ovary** (1) 꽃의 암술부분으로 이곳에서 난자를 포함하는 밑씨(배주)가 발생한다. (2) 동물에서 암컷 생식세포와 생식호르몬을 생산하는 곳.

아가미뚜껑 **operculum** 경골어류에서 아가미를 덮고 보호하는 뼈가 있는 보호판.

아교세포 **glia(glialcells)** 신경계의 기능을 지지하고, 조절하며 증가시키는 신경계의 세포.

아데노신삼인산 **adenosin triphosphate(ATP)** 아데닌을 포함하는 뉴클레오시드 삼인산으로 인산결합이 가수분해될 때 자유에너지를 방출한다. 이 에너지가 자유에너지 증가반응을 일으키는 데 이용된다.

아데닐산고리화효소 **adenylyl cyclase** 화학신호에 반응하여 ATP를 cAMP로 전환시키는 효소.

아메바 **amoeba** 헛발(위족)을 특징으로 가지는 원생생물.

아메바문 **amoebozoan** 둥근 모양이나 또는 관 모양을 헛발을 가지는 많은 종을 포함하는 분기군에 있는 원생생물.

아미노기 **amino group** 2개의 수소원자에 결합된 하나의 질소원자로 이루어진 화학작용기. 용액 상태에서는 수소이온을 받아들여 전하 +1을 획득함으로써 염기로 작용한다.

아미노산 **amino acid** 카르복실기와 아미노기를 모두 갖는 유기분자. 폴리펩타이드의 단량체로 작용한다.

아미노아실-tRNA 합성효소 aminoacyl-tRNA synthetase 각 아미노산을 적절한 tRNA에 연결하는 효소.

아밀레이스 amylase 녹말(식물의 포도당 중합체)과 글리코젠(동물의 포도당 중합체)을 작은 다당류와 이당류 말토오스로 가수분해하는 침 속의 효소.

아세틸 조효소 A acetyl CoA 세포호흡에서 시트르산 회로로 들어가는 물질로 피루브산 조각에 조효소가 붙어 생성된다.

아세틸콜린 acetylcholine 가장 일반적인 신경전달물질의 하나. 수용체에 결합한 후 시냅스 후 막의 특정 이온에 대한 막의 투과성을 변화시켜 막을 탈분극시키거나 혹은 과분극시킴으로 인해 작용한다.

아쿠아포린 aquaporin 특이적으로 세포막을 통한 물의 확산인 삼투를 촉진시키는 세포막에 존재하는 통로 단백질.

아포플라스트 apoplast 식물에서 세포벽과 세포외 공간의 연속체.

아폽토시스 apoptosis 조절된 세포자살 프로그램으로 죽을 운명을 가지는 세포에서 일련의 자살 단백질의 활성을 유발시키는 신호에 의해 촉발된다.

악성종양 malignant tumor 하나 혹은 그 이상의 기관에 침입하여 그 기능을 방해하는 암 종양.

안드로젠 androgen 테스토스테론과 같이 남성 생식계와 2차 성징을 발달시키고 유지시키는 스테로이드호르몬.

안정화선택 stabilizing selection 극단적인 표현형에 비해 중간 정도의 표현형이 보다 성공적으로 생존 또는 생식하는 자연선택.

안지오텐신 II angiotensin II 모세관전 세동맥의 수축을 자극하고 신장의 근위세뇨관에 의한 물과 NaCl의 흡수를 증가시켜 혈압과 혈액의 양을 증가시키는 펩타이드호르몬.

안티코돈 anticodon tRNA 분자의 끝 부분에 존재하는 특별한 3 뉴클레오타이드조(3 염기조) 암호로, mRNA 분자에 존재하는 특정한 상보적인 코돈을 인식한다.

알도스테론 aldosterone 신장의 세뇨관에서 Na^+과 K^+의 수송을 조절하는 스테로이드호르몬.

알츠하이머병 Alzheimer's disease 나이와 관련된 정신 질환으로 혼돈, 기억력 감소 등의 증상을 보인다.

알칼리성 열수구 alkaline vent 뜨겁기보다는 다소 따뜻하며(40~90℃) 높은 pH로 인해 알카리성을 띠는 물을 방출하는 심해열수구. 이 열수구는 일부 과학자들이 초기 비생물적 유기화합물의 합성장소였다고 가정하는 철분과 그 외 촉매무기물로 덮인 작은 구멍으로 이루어져 있다.

알코올발효 alcohol fermentation 해당작용 이후 피루브산의 이산화탄소와 에탄올로의 변환.

알파나선구조 alpha(α) helix 단백질의 2차 구조의 한 형태를 이루는 나선 모양으로 특정 수소결합에 의해 형성된다.

암모나이트 ammonite 백악기(6,550만 년 전) 말에 멸종되기까지 수백만 년 동안 주된 해양 포식자로 존재하였던 껍질이 있는 두족류 무리의 하나.

암모니아 ammonia 질소고정 과정 및 단백질과 핵산분해대사의 노폐물로 생성되는 작으며 독성이 매우 강한 분자(NH_3).

암수딴몸, 자웅이주 dioecious 식물학에서 동일한 종의 다른 개체에 암컷과 수컷 생식기관을 가짐.

암수한몸, 자웅동체 hermaphrodite 유성생식에서 정자나 난자 둘 모두를 생산하여 암컷과 수컷 모두의 기능을 가지는 개체.

암수한몸성 hermaphroditism 한 개체가 유성생식에서 정자나 난자 둘 모두를 생산하여 암컷과 수컷 모두의 기능을 가지는 상황.

암술 pistil 하나의 심피나 혹은 융합된 심피 무리.

암술대 style 꽃 심피의 줄기로 아랫부분은 씨방이며 윗부분은 암술머리이다.

암술머리 stigma 화분 입자를 잡는 꽃 암술의 끈적끈적한 부분.

압력포텐셜 pressure potential(ψ_p) 용액의 물리적 압력으로 이루어진 수분 포텐셜의 구성요소. 양의 값, 0 및 음의 값을 가질 수 있다.

앞쪽 anterior 좌우대칭 동물에서 머리 혹은 앞쪽 부분.

액체성 섭취자, 체액을 먹는 동물 flluid feeder 다른 생물로부터 영양분이 풍부한 액체를 빨아먹고 사는 동물.

액틴 actin 근육 및 다른 종류의 세포에서 미세섬유(액틴 필라멘트)를 형성하는 것으로 사슬을 형성하는 구상 단백질 두 가닥이 서로 나선으로 꼬인 형태를 보인다.

액포 vacuole 많은 종류의 세포에서 다양한 기능을 수행하는 막으로 둘러싸인 주머니.

앱시스산 abscisic acid(ABA) 종종 생장호르몬에 의한 생장을 둔화시키는 식물호르몬. 앱시스산의 기능 중 중요한 두 가지는 종자의 휴면과 가뭄 저항성을 증진시키는 것이다.

야생형 wild type 자연 개체군에서 가장 흔하게 관찰되는 표현형을 가지는 개체. 표현형 그 자체를 일컫기도 함.

양막란 amniotic egg 액체로 채워진 양막주머니에서 배가 발생하며 난황에 의해 영양분을 공급받는 껍질이 있는 알. 파충류(조류를 포함)와 알을 낳는 포유류에서 생성되며, 건조한 육상에서 생활사를 마칠 수 있게 한다.

양막류 amniote 배를 보호하는 특수한 막인 액체로 채워진 양막을 포함하는 양막란을 중요 특징으로 가짐으로써 그 이름을 얻게 된 사족류의 분기군 종류. 양막류는 포유류, 조류와 다른 파충류 등을 포함한다.

양서류 amphibian 사족류의 분기군에 속하는 무리로서, 도롱뇽, 개구리와 나사(무족류의 양서류 일종) 등이 이에 속한다.

양성되먹임 positive feedback 한 변화가 변화를 증폭시키는 기작을 유발하는 생리적 조절 기작.

양성자 구동력, 수소이온의 이동력 proton-motive force 화학삼투 동안 수소이온을 막을 통해 이동시키므로 생기는, 전기화학 기울기의 형태로 저장된 위치에너지.

양성자 proton 원자의 핵에서 발견되는, 1.7×10^{-24} g의 질량을 가지는 하나의 양전하를 띠는 소립자.

양성자펌프 proton pump 세포막에서 ATP를 이용하여 수소이온을 세포 밖으로 수송하는 능동수송 단백질로 막전위를 발생시킨다.

양성잡종 dihybrid 두 유전자의 관점에서 보았을 때 이형접합인 생물. 다른 대립유전자들이 둘 다 동형인 양친을 교배시켰을 경우 그 자손은 모두 양성잡종이 된다. 예를 들어, 양친의 유전자형이 *AABB*와 *aabb*인 경우 *AaBb*의 양성잡종을 생산한다.

양성잡종교배 dihybrid cross 추적하는 두 형질 모두에서 각각 이형접합인 두 생물 사이의 교배(또는 두 형질에서 이형접합인 식물 사이의 자가수분).

양성종양 benign tumor 생성된 장소에 머무르는 비정상적인 세포 덩어리.

양수검사 amniocentesis 자궁 내로 주사기를 이용해 양수를 뽑아내 분석하여 태아의 유전병이나 선천성 결함을 탐지하는 출생 전 진단의 한 기법.

양압숨쉬기, 양압호흡 positive pressure breathing 공기가 폐로 강압적으로 들어가는 호흡방법.

양이온 교환 cation exchange 토양 내의 수소이온이 흙 입자로부터 무기물 이온을 바꿈으로 인해 양전하를 띤 무기물이 식물에 의해 흡수되도록 되는 과정.

양이온 cation 양전하를 띠는 이온.

양적형질 quantitative character 양자택일의 형태보다는 어떤 범위에 걸쳐 연속적으로 변하는 유전적 특성.

양치식물류 monilophyte 고사리, 쇠뜨기, 솔잎고사리와 그의 친족을 포함하는 양치식물문에 속하는 식물을 부르는 비공식적 용어.

양친매성 amphipathic 친수성과 소수성 부위를 모두 가지는.

양토 loam 대략 동일한 양의 모래, 침니와 점토로 이루어진 가장 비옥한 토양.

억제성 시냅스후전위 inhibitory postsynaptic potential(IPSP) 시냅스전 세포로부터의 억제성 신경전달물질이 시냅스후 수용체에 결합함으로써 유발되는 시냅스후 뉴런막의 과분극. 시냅스후 뉴런이 활동전위를 발생하기 더 어렵게 만든다.

억제자 repressor 유전자의 전사를 억제하는 단백질. 원핵생물에서 억제자는 프로모터나 혹은 근처에 위치한 DNA에 결합한다. 진핵생물에서는 인핸서 내의 조절요소, 활성자 혹은 다른 단백질에 결합하여 활성자가 DNA에 결합하는 것을 방해하게 된다.

에너지 energy 변화, 특히 일을 할 수 있는 능력(물질을 반대하는 힘에 대항하여 움직일 수 있는 능력).

에너지가설 energetic hypothesis 먹이사슬의 길이는 사슬의 길이에 따른 에너지 전달의 비효율성에 의해 제한된다는 가설.

에너지연계, 에너지짝물림 energy coupling 세포 물질대사에서 발열반응에 의해 방출된 에너지가 흡열반응에 사용됨.

에디아카라 생물군 Ediacaran biota 6억 3,500만 년 전에서 5억 3,500만 년 전 사이의 화석으로부터 알려진 거대하고 부드러운 몸을 가진 초기 생물군.

에스트라디올 estrdiol 여성의 생식계와 2차 성징의 발달 및 유지를 촉진하는 스테로이드호르몬. 포유류의 중요 에스트로젠이다.

에스트로젠 estrogen 에스트라디올과 같은 여성의 생식계와 2차 성징의 발달 및 유지를 촉진하는 스테로이드호르몬.

에틸렌 ethylene 유일한 가스 형태의 식물호르몬; 물리적 스트레스, 예정세포사멸, 잎의 노화와 과실 성숙 등에 관여한다.

에피네프린 epinephrine 단기간의 스트레스에 반응하는 부신수질에서 분비되는 카테콜아민 호르몬으로 신경전달물질로도 작용한다. 아드레날린으로도 알려져 있다.

엑손 exon RNA 가공 후 RNA 분자에 남아 있는 1차 전사물 내에 있는 서열. 또한 전사되는 DNA 부분을 일컫는다.

엔돌핀 endorphin 고통의 감지를 억제하며 뇌와 뇌하수체 전엽에서 분비되는 호르몬.

엔트로피 entropy 무질서도의 측정.

여과 filtration 배설계에서 체액으로부터 물과 대사 노폐물을 포함한 작은 용질을 배설계로 거르는 작용.

여과섭식자 filter feeder 주위환경으로부터 작은 생물이나 음식물 입자를 여과 기작을 사용하여 먹고 사는 동물.

여액 filtrate 체액으로부터 배설계에 의해 걸러진 세포가 포함되지 않은 액체.

역류교환 countercurrent exchange 반대 방향으로 흐르는 두 액체 사이의 물질이나 열의 교환. 예를 들어, 아가미에서 혈액은 물이 아가미를 지나는 방향과 반대쪽으로 흐름으로써 산소의 흡수와 이산화탄소의 방출을 최대화한다.

역류증폭계 countercurrent multiplier system 물질 교환을 촉진시키고 농도기울기를 형성하기 위해 에너지가 능동수송으로 사용되는 역류 시스템.

역위 inversion 염색체의 일부가 원래의 염색체에 방향을 거꾸로 하여 다시 부착된 결과 생기는 염색체의 구조이상.

역전사효소 reverse transcriptase RNA를 주형으로 하여 DNA를 생성하는 레트로바이러스에 의해 생성되는 효소.

역전사효소중합반응 reverse transcriptase-polymerase chain reaction(RT-PCR) 특정 유전자의 발현을 결정하는 기법. 이 방법은 역전사효소와 DNA 중합효소를 사용하여 시료에 존재하는 모든 mRNA로부터 cDNA를 제작한 다음, 관심 있는 유전자 특이 프라이머를 사용하여 그 cDNA를 PCR로 증폭한다.

역치 threshold 흥분성 세포막이 활동전위를 생성하기 위해 반드시 도달해야 하는 전위.

역평행 antiparallel 이중나선 DNA 구조에서 당-인산 골격의 서로 반대되는 배열.

연골 cartilage 콘드로이틴 황에 다량의 콜라젠 섬유가 박혀 있는 유연성이 있는 결합조직.

연골어류 chondrichthyan 상어와 가오리와 같이 골격의 대부분이 연골로 이루어진 척추동물 종류.

연관유전자 linked genes 한 염색체상에 충분히 가까이 위치한 유전자는 보통 함께 유전된다.

연관지도 linkage map 상동 염색체의 교차 중에 일어나는 마커 사이의 재조합 빈도에 근거한 유전자 지도.

연동운동 peristalsis (1) 소화관을 따라 음식물을 밀어내는, 소화관 내벽을 이루는 평활근의 교대적인 수축과 이완. (2) 많은 환형동물에서와 같이 주기적인 근육 수축의 파동을 앞에서 뒤쪽으로 보냄에 의해 땅 위를 움직임.

연령구조 age structure 집단에서 특정 연령대에 있는 개체의 상대적인 수.

연속내부공생 serial endosymbiosis 미토콘드리아, 엽록체와 다른 세포내 구조가 작은 원핵생물이 순차적으로 큰 세포에 의해 삼켜져서 진핵생물이 형성되었다는 진핵생물 기원 가설.

연수 medulla oblongata 척추동물 뇌의 가장 아랫부분으로 일반적으로 수질이라 부르기도 한다. 호흡, 심장과 혈관작용, 삼키기, 소화 및 토하기 등을 포함하는 자율적이며 항상적인 기능을 조절하는 전방 척수의 후방에 자리잡은 후뇌의 팽윤 부분.

연안대 littoral zone 호수에서 빛이 잘 드는 호숫가에서 가까운 지역.

연역적 추리 deductive reasoning 일반적인 가정으로 특정 결과를 예측하는 논리.

연합신경세포 interneuron 뉴런의 집합체로 감각뉴런, 운동 뉴런과 시냅스를 형성하고 감각수용과 운동 출력을 통합하는 중추신경계 내부의 신경세포.

연합학습 associative learning 하나의 환경 특성(색과 같은)을 다른 것(위험과 같은)과 연관시키는 후천적 능력.

열 heat 한 물질에서 다른 물질로 전달되는 열에너지.

열대건조림 tropical dry forest 전반적으로 높은 온도와 강수량을 보이지만 뚜렷한 건기가 존재하는 육상생물군계.

열대우림 tropical rain forest 비교적 많은 양의 강수와 일년 내내 따뜻한 온도가 특징인 육상생물군계.

열대지방 tropics 북위 23.5°와 남위 23.5° 사이의 위도.

열성 대립유전자 recessive allele 표현형이 이형접합체에서는 나타나지 않는 대립유전자.

열수분출구 hydrothermal vent 심해 바닥에 존재하는 지역으로, 지구 내부로부터 뜨거운 물과 무기물이 바닷물로 분출된다.

열에너지 thermal energy 물질의 원자나 분자의 무작위적인 움직임에 의한 운동에너지. 열에너지가 가장 무질서한 형태의 에너지이다. 열 참조.

열역학 thermodynamics 물질의 집합에서 일어나는 에너지 변환의 연구. 열역학 제1법칙과 제2법칙 참조.

열역학제1법칙 first law of thermodynamics 에너지 보존의 법칙. 에너지는 전달되고 변형될 수 있지만 결코 창조되거나 파괴되지 않는다.

열역학제2법칙 second law of thermodynamics 모든 에너지 변환은 엔트로피를 증가시킨다는 원리. 질서정연한 형태의 에너지는 최소한 부분적으로 열로 전환된다.

열충격 단백질 heat-shock protein 열 스트레스 동안 다른 단백질을 보호하는 단백질. 열충격 단백질은 동물과 식물 그리고 미생물에서 발견된다.

염 salt 이온결합으로 형성된 화합물로, 이온결합물이라고도 한다.

염기 base 용액의 수소이온 농도를 감소시키는 물질.

염색질 chromatin 진핵생물의 염색체를 구성하는 DNA와 단백질의 복합체. 세포가 분열하지 않을 때에는 염색질은 매우 길고 가는 섬유 형태로 존재하여 광학현미경으로 관찰되지 않는다.

염색체 chromosome 하나의 DNA 분자와 관련 단백질 분자로 이루어진 세포내 구조. (유전체 염기서열결정과 같은 의미에서 염색체는 DNA만을 언급하기도 한다.) 일반적으로 진핵세포는 핵에 존재하는 다수의 선형 염색체를 가진다. 원핵생물은 보통 막으로 둘러싸여 있지 않은 핵양체에 위치한 하나의 원형 염색체를 가진다. 염색질 참조.

염증반응 inflammatory response 물리적인 상처나 조직 감염 등에 의해 유발되는 선천적인 면역반응으로, 부기를 촉진하고 백혈구의 침투를 향상시키는 물질의 분비를 포함하며, 조직을 수리하거나 침입한 병원균 파괴를 돕는다.

엽록소 chlorophyll 식물과 조류의 엽록체와 그리고 일부 원핵생물의 막에 존재하는 녹색 색소. 엽록소 *a*는 직접 명반응에 참여하여 빛에너지를 화학에너지로 변환시킨다.

엽록소 *a* chlorophyll *a* 명반응에 직접 참여하는 광합성 색소로, 빛에너지를 화학에너지로 전환시킨다.

엽록소 *b* chlorophyll *b* 에너지를 엽록소 *a*로 전달하는 보조 광합성 색소의 하나.

엽록체 chloroplast 식물과 광합성 원생생물에서만 존재하는 세포소기관으로 태양빛을 흡수하여 이산화탄소와 물로부터 유기물을 합성한다.

엽육세포 mesophyll cell C_4 식물에서, 잎의 표면과 유관속초 사이에 느슨하게 배열되어 있는 광합성 세포.

엽육조직 mesophyll 두 층의 표피 사이에 끼어 있는 잎의 기본 조직으로 광합성을 수행한다.

영양 nutrition 생물이 음식물을 섭취하여 이용하는 과정.

영양구조 trophic structure 생태계에서 서로 다른 먹이 섭취 관계로, 에너지 흐름의 경로와 화학적 순환의 양상을 결정한다.

영양번식 vegetative propagation 사람에 의해 이루어지는 식물의 무성 생식.

영양생식 vegetativere production 식물의 무성생식.

영양세포층 trophoblast 포유류 배반포의 바깥 상피. 태반의 태아 부분을 형성하며, 배의 발생을 돕지만 배가 적절한 부분으로 형성되는 것을 돕지는 않는다.

영양효율 trophic efficiency 한 영양단계에서 다음의 높은 영양단계로 전달되는 생산의 비율.

영역 domain (1) 분류에서 계 위의 범주. 3 영역은 고세균, 세균과 진핵생물이다. (2) 단백질에서 독립적으로 접히는 부분.

예측 prediction 연역적 추리에서 가설을 논리적으로 따르는 예측. 실험으로 이 예측을 검증함으로써 특정 가설을 기각할 수 있다.

오비탈 orbital 전자가 90% 이상의 시간을 머무르는 3차원의 공간.

오카자키 절편 Okazaki fragment DNA 복제 동안 주형 가닥에 있는 복제 원점으로부터 멀어지는 방향으로 합성되는 짧은 DNA 절편으로, 서로 연결되어 새로이 합성된 DNA의 지연가닥을 형성한다.

오페론 operon 프로모터, 작동자와 동등하게 조절되는 기능이 관련된 유전자의 무리로 이루어진, 박테리아와 파지에서 발견되는 유전자의 기능 단위.

오피스토콘트, 후편모류 opisthokont 균류, 동물 및 밀접하게 연관된 일부 원생생물 무리를 포함하는 진핵생물의 매우 다양한 분기군.

옥시토신 oxytocin 뇌하수체 후엽에서 분비되는 호르몬. 자궁 근육의 수축을 유도하고 수유기간 동안 젖샘이 젖을 분비하도록 한다.

옥신 auxin 세포 신장, 뿌리 형성이나 2차 생장 및 과실 생장 등 다양한 효과를 내는 식물호르몬인 인돌아세트산(IAA)을 주로 말한다.

온건성 파지 temperate phage 용균성 회로나 혹은 용원성 회로를 통하여 생식할 수 있는 능력이 있는 파지.

온대초원 temperate grassland 화본과 초본과 광엽초본이 우점하는 육상 생물군계.

온대활엽수림 temperate broadleaf forest 크고 잎이 넓은 낙엽수의 생장에 필요한 충분한 습도가 있는, 중위도 지역에 걸쳐 위치한 생물군계.

온도 temperature 한 물질의 원자와 분자의 평균 운동에너지(열에너지)의 정도를 측정한 것.

온도수용기 thermoreceptor 열이나 추위에 의해 자극되는 자극수용기.

온실효과 greenhouse effect 대기에 축적된 이산화탄소와 다른 기체가 반사된 적외선을 흡수하고 이 일부를 다시 지구로 반사시켜 유발되는 지구의 온난화.

옵신 opsin 빛 흡수 색소분자에 결합되어 있는 막 단백질.

와편모류 dinoflagellate 세포를 덮고 있는 셀룰로오스 판에 존재하는 수직의 홈에 위치하고 있는 두 개의 편모를 가진 대부분이 단세포성인 광합성 조류.

완전꽃 complete flower 4개의 기본 꽃기관인 꽃받침, 꽃잎, 심피 및 수술을 모두 가지고 있는 꽃.

완전변태 complete metamorphosis 유충이 모습이 매우 다른 성체로의 전이. 성체는 종종 유충에 비해 환경에 매우 다르게 행동한다.

완전우성 complete dominance 이형접합체와 우성 동형접합체의 표현형이 구분이 되지 않는 경우.

완족동물 branchipod 껍질이 등과 배쪽으로 나눠진 해양 촉수동물류. 꽈리조개라고도 한다.

완충용액 buffer 외부에서 산과 염기가 더해졌을 때 급격한 pH의 변화를 최소화하는 산과 염기의 형태로 이루어진 물질을 가지는 용액.

외골격 exoskeleton 연체동물의 껍질이나 절지동물의 각피와 같이 동물 표면의 단단한 껍데기; 보호기능을 가지며 근육의 부착점을 제공한다.

외독소 exotoxin 원핵생물과 병원균에 의해 분비되는 독성 단백질로, 병원균이 더 이상 존재하지 않아도 증상을 일으킨다.

외떡잎식물 monocot 하나의 떡잎(종자 잎)을 가지는 꽃피는 식물 분기군의 일원.

외배엽 ectoderm 동물 배의 3 중요 배엽 중 제일 바깥 배엽으로 제일 바깥 표피를 형성하고 일부 문에서는 신경계, 내이와 눈의 렌즈를 형성한다.

외부군 outgroup 연구 중인 종의 무리를 포함하는 계통 이전에 분기한 것으로 알려진 진화계통으로부터의 종이나 종의 무리. 외부군은, 그 구성원이 연구 중인 종의 무리와 밀접하게 관련되어 있으나 어떠한 연구 무리의 일원과는 서로서로 밀접하게 관련되어 있지 않기 때문에 선택된다.

외부기생생물 ectoparasite 숙주의 외부 표면에서 먹이를 섭취하는 기생생물.

외생균근 ectomycorrhiza 균류가 뿌리를 둘러싸지만 숙주세포의 세포막 안으로 침입하지 않는 식물 뿌리계와 균류의 연합.

외생균근균류 ectomycorrhizal fungus 식물 뿌리의 표면에 균사막을 형성하는 공생 균류로, 뿌리 피층의 세포외 공간으로 자라기도 한다.

외온성 ectothermic 체온 조절을 위해 외부로부터 열의 중요한 근원을 얻는 동물을 일컫는 말.

외투강 mantle cavity 연체동물의 아가미, 항문 및 배설공이 존재하는 물로 채워진 공간.

외투막 mantle 연체동물의 3가지 중요한 부분 중 하나. 연체동물의 내장낭을 덮으며 껍질을 분비하는 조직의 주름. 발과 내장낭 참조.

외항동물 ectoproct 보통 태충류(bryozoan)라 불리는 고착생물을 하며 군체를 형성하는 촉수동물류.

요관 ureter 신장에서 방광으로 이르는 관.

요도 urethra 여성에서는 질 근처의 부분에서, 남성은 음경을 통하여 포유류 몸으로부터 오줌을 배출하는 관. 남성에서는 생식계의 출구관으로 사용된다.

요산 uric acid 단백질과 퓨린 대사물질의 산물로 곤충, 육상 달팽이와 많은 파충류의 중요 질소 노폐물이다. 요산은 비교적 비독성이며 대체로 불용성이다.

요소 urea 암모니아와 이산화탄소를 결합시키는 대사회로에 의해 간에서 생성되는 수용성 질소 노폐물

용균성 생활사 lytic cycle 숙주세포를 용해시켜 새로운 파지를 방출하는 파지 복제주기의 한 유형.

용매 solvent 용액에서 녹이는 물질. 물은 알려진 가장 좋은 용매이다.

용액 solution 둘 혹은 그 이상의 물질의 균일한 혼합 액체.

용원성 생활사 lysogenic cycle 바이러스 유전체가 프로파지로 박테리아 숙주 유전체로 끼어든 후 박테리아를 죽이지 않는 파지 생식주기의 하나.

용질 포텐셜 solute potential(ψ_s) 수분 포텐셜의 구성요소로, 용액에 녹아 있는 용질의 수에 비례하며 수분 이동의 방향에 대한 용질의 효과를 측정한다. 삼투 포텐셜이라고도 하며 0 혹은 음의 값을 가진다.

용질 solute 용액에 녹아 있는 물질.

우산이끼, 태류 liverwort 태류문에 속하는 작은 초본류의 비관다발식물.

우성대립유전자 dominant allele 이형접합체의 표현형에서 완전히 발현되는 대립유전자.

우울증 major depression disorder 우울한 감정, 자존심의 부족, 공허함 혹은 거의 모든 일에 대한 흥미를 잃음 등으로 특징지어지는 기분 장애.

우점종 dominant species 군집에서 가장 높은 빈도나 가장 많은 생물량을 가지는 종으로, 이 종은 다른 종의 출현과 분포에 지대한 영향을 미친다.

운동 단백질 motor protein 세포골격 요소와 다른 세포 요소와 상호작용하는 단백질로, 전체 세포나 세포 일부분의 이동을 담당한다.

운동계 **motor system** 외부 자극에 반응하여 신호를 골격근으로 전달하는 운동 뉴런으로 이루어진 척추동물 말초신경계의 원심성 가지.

운동뉴런 **motor neuron** 뇌나 척수로부터 근육이나 샘으로 신호를 전달하는 신경세포.

운동단위 **motor unit** 하나의 운동 뉴런과 그것이 조절하는 모든 근섬유.

운동에너지 **kinetic energy** 물체의 상대적 운동과 관련된 에너지. 움직이는 물질은 다른 물질에 운동을 나누어줌으로써 일을 한다.

운동핵 편모류 **kinetoplastid** 핵외 DNA를 가지는 하나의 큰 미토콘드리아를 갖고 있는 트라파노소마와 같은 원생생물.

운명예정지도 **fate map** 배발생에서 각 세포와 조직의 미래 발생을 나타내는 지도.

운반 RNA **transfer RNA(tRNA)** 특정 아미노산을 선택하여 mRNA의 적당한 코돈을 인지함으로써 핵산이라는 언어와 단백질 언어 사이의 통역 역할을 하는 RNA 분자.

워블 **wobble** tRNA 안티코돈의 5′ 말단에 존재하는 염기가 코돈의 3번째 위치에서(3′ 말단) 한 종류 이상의 염기와 쌍을 이룰 수 있는 염기쌍 규칙의 유연성.

원구 **blastopore** 낭배기에서 원장의 열린 부분으로, 전구동물에서는 입이 되며 후구동물에서는 항문이 된다.

원구류 **cyclostome** 턱이 없는 척추동물에 속하는 무리.

원구배순부 **dorsal lip** 양서류 배의 등쪽에 있는 원구의 위쪽.

원발암유전자 **proto-oncogene** 발암유전자가 되는 잠재력을 지닌 정상의 세포유전자.

원뿌리 **taproot** 배뿌리에서 발생하며 곁뿌리를 생성하는 주 수직 뿌리.

원사체 **protonema** 발아하는 이끼 포자에 의해 형성되는 녹색의 가지가 많은 한 세포 두께의 섬유 덩어리.

원생생물 **protist** 식물, 동물이나 균류가 아닌 다른 모든 진핵생물을 일컫는 비공식 용어. 일부 군체를 형성하거나 다세포인 원생생물도 존재하지만 대부분의 원생생물은 단세포이다.

원소 **element** 화학반응에 의해 어떠한 다른 물질로 분해될 수 없는 물질.

원시색소체생물 **Archaeplastida** 진핵생물의 진화 역사의 현재 가설에서 제안된 진핵생물의 3대 큰 무리 중 하나. 홍조류, 녹조류와 육상 식물을 포함하는 이 단계군은 남세균을 삼킨 원시 원생생물 조상으로부터 유래되었다. 섭식구굴착류, "SAR" 분기군 및 단편모류 참조.

원시세포 **protocell** 막과 유사한 구조를 가지며, 그 내부가 둘러싸고 있는 외부와는 다르게 유지되는, 살아 있는 세포의 비생물전구체.

원신관 **protonephridium** 신구라 불리는 외부로 연결된 통로를 가지나 내부의 통로는 존재하지 않는 닫혀진 관의 구조로 이루어진 편형동물의 불꽃세포 배설계와 같은 배설계.

원양대 **pelagic zone** 수생생물 군계의 외해요소.

원위세관 **distal tubule** 척추동물의 신장에서 여액을 정제한 후 수집관으로 보내는 작용을 하는 네프론의 부분.

원자 **atom** 원소의 성질을 그대로 유지하는 물질의 최소 단위.

원자가 **valence** 원자의 결합 능력. 보통 원자의 최외각에 존재하는 쌍을 이루지 못한 전자의 수와 같다.

원자가껍질 **valence shell** 원자의 화학반응에 관여하는 원자가 전자를 포함하고 있는 원자의 가장 바깥의 에너지 궤도.

원자가전자 **valence electron** 최외각에 존재하는 전자.

원자량 **atomic mass** 1몰수의 원자를 g 단위로 나타낸 원자의 총질량. (둘 이상의 동위원소를 가지는 원소의 원자량은 자연적으로 존재하는 동위원소 존재량의 무게 평균으로 나타낸다.)

원자번호 **atomic number** 원자의 핵 속에 존재하는 중성자의 수; 각 원소마다 고유하며 첨자로 표시한다.

원자핵 **atomic nucleus** 중성자와 양성자를 포함하고 있는 원자의 고밀도 중심 부위.

원장 **archenteron** 낭배기 동안 형성되는 내배엽으로 둘러싸인 공간으로 동물의 소화관으로 발달.

원조 **primitive streak** 조류나 포유류의 초기 배의 표면에 있는, 미래의 몸의 앞-뒤축을 따른 두터워짐. 세포가 배로 이동하기 전 중심선에서 모이므로 세포가 겹쳐 쌓아지기 때문에 생긴다.

원추세포, 원뿔세포 **cone** 척추동물 눈의 망막에 존재하는, 색에 민감한 원뿔 모양의 세포.

원핵세포 **prokaryotic cell** 막으로 둘러싸인 핵과 세포소기관이 없는 세포. 원핵세포를 가진 생물(박테리아와 고세균)을 원핵생물이라고 한다.

원형질분리 **plasmolysis** 세포벽을 가진 세포에서 고장액 환경으로 인해 세포가 수분을 잃게 될 때 세포질이 수축하여 원형질막이 세포벽에서 떨어져 나가는 현상.

원형질세포, 형질세포 **plasma cell** 항체를 분비하는 체액성 면역의 효과기 세포로 항원에 의해 자극된 B세포로부터 유래된다.

원형질연락사 **plasmodesmata** 식물세포벽에 존재하는 열린 통로이며 이곳을 통하여 세포질이 인접한 세포와 연결된다.

원형질체 **protoplast** 원형질막을 포함하는 식물세포의 살아 있는 부분.

위 **stomach** 음식물을 저장하고 소화의 예비단계를 수행하는 소화계의 한 기관.

위강 **spongocoel** 해면동물의 중심강.

위산 **gastric juice** 위에서 분비되는 소화액.

위수강 **gastrovascular cavity** 소화와 영양물질의 분배 기능을 하는, 일부 동물의 주머니 모양의 몸에서의 중심 체강.

위유전자, 유사유전자 **pseudogene** 진정한 유전자와 매우 비슷하나 기능을 가지는 산물을 생산하지 않는 DNA 절편. 돌연변이 때문에 특정 종에서 불활성화된 유전자로 기능을 하였던 DNA 조각.

위족아메바류 **cercozoan** 실 모양의 헛발(위족)로 먹이를 잡는 아메바성 또는 편모성 원생생물.

위치에너지 **potential energy** 위치나 공간 배열(구조)의 결과로 물질에 저장된 에너지.

위치정보 **positional information** 동물이나 식물의 배구조에서, 몸의 축과 관련 있는 세포의 위치를 지시함으로써 패턴 형성을 조절하는 분자신호.

유공충류 **foram(foraminiferan)** 탄산칼슘을 포함하고 있는 단단한 껍질을 분비하며 껍질에 있는 구멍을 통해 헛발을 뻗는 수생 원생생물.

유관속초세포, 관다발초세포 **bundle-sheath cell** C_4 식물에서 잎맥 주변의 단단하게 싸여 있는 엽초로 배열되어 있는 광합성세포 유형.

유글레나류 **euglenid** 앞부분에 하나 혹은 2개의 편모가 나오는 공간을 특징으로 가지는 유글레나와 같은 원생생물.

유글레나조아류 **euglenozoan** 포식성 종속영양생물, 광합성 독립영양생물과 병원성 기생생물을 포함하는 편모성 원생생물의 다양한 분기군의 하나.

유기화학 **organic chemistry** 유기물에 관한 연구.

유대류 **marsupial** 코알라, 캥거루나 주머니쥐와 같이 어린 자식이 배발생을 육아낭이라고 불리는 모체의 주머니에서 완성하는 포유류.

유도 **induction** 한 무리의 세포 또는 조직이 밀접한 상호작용을 통해 다른 세포나 조직의 발생에 영향을 미치는 과정.

유도자 **inducer** 박테리아 억제자 단백질에 결합하여 모양을 변화시켜 억제자가 작동자에 결합하지 못하게 함으로써 오페론을 활성화시키는 특수한 작은 분자.

유도적합 **induced fit** 기질이 들어감으로써 유도된, 효소가 보다 편안하게 기질에 결합할 수 있도록 기질에 의한 효소의 활성자리 모양의 변화.

유동 모자이크 모형 **fluid mosaic model** 현재 받아들여지고 있는 막구조 모델; 이 모델에서 막은 유동성 인지질층을 좌우로 떠다니는 모자이크 양상의 단백질 분자를 가진다.

유모세포 **hair cell** 세포 표면의 털과 같은 돌기가 움직일 때 신경계로의 출력을 변경시키는 기계적 감각세포.

유미관 **lacteal** 창자의 융털돌기 중심으로 뻗은, 흡수된 유미입자를 받아들이는 작은 림프관.

유미즙 **chyme** 위에서 형성된 부분적으로 소화된 음식물과 소화즙의 혼합물.

유배식물 **embryophyte** 다세포성 배의 공통된 형질을 언급하는 육상식물의 다른 이름.

유사분열기 mitotic(M) phase 유사분열과 세포질분열을 포함하는 세포주기의 한 단계.

유사분열방추체 mitotic spindle 유사분열 동안 염색체의 이동에 관여하는 미세소관과 관련 단백질의 조합.

유사파충류 parareptile 대부분 크고 땅딸막하며 다리 4개를 가진 초식동물로 진화한 초기의 중요 파충류 무리. 삼첩기 말기에 멸종.

유생, 유충 larva 일부 동물의 생활사에서 독립생활을 하는 성적으로 미성숙한 형태인데 형태적인 면, 영양적인 면 혹은 서식지에서 성체동물과 다르기도 하다.

유성생식 sexual reproduction 두 부모가 그들의 생식세포로부터 유전자의 독특한 조합을 가지는 자손을 낳는 생식 유형.

유세포 parenchyma cell 비교적 특수화되지 않은 식물세포로 대부분의 대사작용을 수행하며 유기물을 합성 저장하고 더 분화된 세포 유형으로 발생한다.

유스타키오관 Eustachian tube 중이와 인두를 연결하는 관.

유악동물 gnathostome 턱을 가지는 척추동물의 무리. 유악동물은 상어, 가오리, 실러캔스, 방사형 지느러미 어류, 폐어, 양서류, 파충류 및 포유류를 포함한다.

유전 heredity 한 세대에서 다음 세대로의 형질의 전달.

유전공학 genetic engineering 실용적 목적을 위한 직접적인 유전자 조작.

유전의 염색체설 chromosome theory of inheritance 유전자가 염색체상에 존재하며 감수분열 동안 염색체의 행동이 유전 양상을 조절한다는 생물학의 기본 원리.

유전자 gene DNA(일부 바이러스에서는 RNA)에서 특정 염기서열로 이루어진 유전정보의 개별적 단위.

유전자 클로닝 gene cloning 많은 수의 유전자 복사체의 생산.

유전자 풀 gene pool 한 집단에서 모든 개체에 존재하는 모든 유전자 자리의 모든 대립유전자의 집합. 유전자 풀이라는 용어는 한 집단에서 단지 하나 혹은 몇 개의 유전자 자리의 대립유전자의 집합을 말하는 보다 제한된 의미로 사용되기도 한다.

유전자발현 gene expression DNA가 단백질 합성을 지령하는 과정으로, 일부 경우는 단지 RNA 합성만을 지시한다.

유전자변형 생물 genetically modified(GM) organism 인위적인 방법으로 하나 이상의 유전자를 획득한 생물; 형질전환 생물이라고도 한다.

유전자재조합 genetic recombination 형질의 조합이 어느 부모에 존재하는 그것과 다른 자손을 생산할 때 쓰는 일반적 용어.

유전자 주석달기 gene annotation 단백질을 암호화하는 유전자를 확인하고 그 산물의 기능을 결정하는 유전체 염기서열의 분석.

유전자치료 gene therapy 치료목적으로 유전병을 가진 사람에게 유전자를 도입.

유전자형 genotype 한 생물의 대립유전자의 구성.

유전자 흐름 gene flow 생식력이 있는 개체나 배우체의 이동으로 인한 한 개체군에서 다른 개체군으로의 유전자 전달.

유전적 변이 genetic variation 유전자 또는 DNA 절편 조성의 개인적 차이.

유전적 부동 genetic drift 우연한 사건이 한 세대에서 다음 세대로 예측할 수 없는 유전자빈도의 변화를 유발하는 과정. 유전자 흐름의 효과는 작은 집단에서 두드러진다.

유전적 양상 genetic profile 지금은 대부분 PCR에 의해, 이전에는 전기영동과 핵산 탐침에 의해서 검출되는 개인의 유전적 표지자의 독특한 세트.

유전적 지도 genetic map 염색체상의 유전자 좌위의 순서.

유전체 genome 생물 또는 바이러스의 유전물질. 비암호화 핵산 염기서열을 포함한 생물 또는 바이러스의 유전자의 전량.

유전체 각인 genomic imprinting 자손에서 대립유전자의 발현이 대립유전자가 부계로부터 혹은 모계로부터 유전했는지의 여부에 따라 달라지는 상황.

유전체학 genomics 종내 한 세트의 유전자(또는 DNA)와 그들의 상호작용뿐만 아니라 종 사이의 유전체 비교를 연구하는 체계적인 연구.

유전학 genetics 유전과 유전변이에 관한 학문.

유체골격 hydrostatic skeleton 폐쇄된 몸의 구획에서 압력을 가지는 액체로 이루어진 골격계; 대부분의 자포류, 편형동물, 선충류와 환형동물의 주요 골격계이다.

유한생장 determinate growth 일정한 크기에 도달하면 생장이 멈추는 대부분의 동물과 일부 식물기관에의 생장 특성.

유해수용체 nociceptor 유해하거나 혹은 통증 자극에 반응하는 감각수용기. 통증수용기라고도 한다.

유행성 epidemic 일반적인 질병의 창궐.

유형형성 paedomorphosis 성체가 진화 조상의 어린 형태를 유지하는 것.

유효 개체군 크기 effective population size 성공적으로 교배할 수 있는 암수의 숫자에 근거한 집단의 크기 예측; 일반적으로 모든 집단보다는 작다.

육식동물 carnivore 다른 동물을 먹는 동물.

윤작 crop rotation 주로 토양의 생산성을 보존하기 위해 동일한 토지에 서로 다른 작물을 번갈아 경작하는 것.

융모 villus (1) 작은창자의 내부 표면에 존재하는 손가락 모양의 돌기. (2) 포유류 태반 융모막의 손가락 모양의 돌기. 많은 수의 융모는 이들 기관의 표면적을 증가시킨다.

융모막융모채취법 chorionic villus sampling (CVS) 태반에서 태아조직의 일부를 떼내어 태아의 유전적 선천성 결함을 조사하는 태아 진단법의 하나.

음경 penis 수컷 포유류의 교미구조.

음경꺼풀, 포피 prepuce 음핵이나 음경의 머리부분을 싸고 있는 접혀진 피부.

음낭 scrotum 정소를 싸고 있는 피부주머니로, 정자형성 과정에 필요한 낮은 온도에서 정소를 유지하게 한다.

음문 vulva 여성 외부 생식기의 집합적 명칭.

음성되먹임 negative feedback 생물에 의해 항상 감시되는 생리적인 변화가 처음의 변화를 상쇄하는 반응을 유도하게 하는 항상성의 중요 기작.

음세포작용 pinocytosis 액체나 거기에 녹아 있는 용질을 흡수하는 세포내 섭취작용의 한 종류.

음압숨쉬기, 음압호흡 negative pressure breathing 공기가 폐 속으로 끌려 들어가는 호흡 방식.

음이온 anion 음성으로 하전된 이온.

음핵 clitoris 혈액으로 충혈된 여성의 기관으로 성적 흥분 시 발기한다.

응집 cohesion 보통 수소결합에 의한 같은 분자의 결합력.

응집-장력 가설 cohesion-tension hypothesis 물관액의 상승에 대한 가장 적절한 설명. 증산작용이 물관액을 끌어당겨 물관액이 음의 압력 또는 장력에 놓이게 만들고, 물분자의 응집력이 꼭대기로부터 뿌리까지 전 길이를 통해 이 장력을 전달한다.

의체강동물 pseudocoelomate 중배엽과 내배엽으로부터 유래된 조직에 의해 둘러싸인 체강을 가지는 동물.

이끼 moss 선태식물문에 속하는 작은 초본류의 비관다발식물.

이노시톨 삼인산 inositol triphosphate(IP_3) 일부 비스테로이드 호르몬과 세포질 칼슘 농도의 증가인 3차 신호전달자 사이를 매개하는 기능을 하는 2차 신호전달분자.

이당류 disaccharide 두 개의 단당류가 응축반응 동안 형성된 글리코시드결합에 의해 연결된 당류.

이동 locomotion 한 장소에서 다른 장소로의 능동적인 움직임.

이동통로 movement corridor 서식지를 고립되지 않도록 서로 연결하여 주는 일련의 작은 숲 혹은 좁은 띠.

이론 theory 새로운 가설을 일반화시키는 설명으로 많은 증거에 의해 지지된다.

이명법 binomial 속명과 종소명의 두 부분으로 이루어진 한 종을 명명하는 라틴어 명명법. 이명식 명칭이라고도 한다.

이배엽성의 diploblastic 2개의 배엽을 가지는.

이배체 세포 diploid cell 염색체 2조($2n$)를 포함하고 있는 세포. 한 조는 양친 각각으로부터 물려받는다.

이분법 binary fission 반으로 나누어지는 것에 의한 원핵생물의 무성생식 방법. 원핵생물에서 이분법은 유사분열을 수반하지 않으나, 이분법을 겪는 단세포 진핵생물에서는 유사분열이 이 과정의 하나이다.

이성간 선택 intersexual selection 자연선택의 하나로서, 한쪽 성의 개체(주로 암컷)가 다른 성의 개체를 짝으로 선택함에 있어 까다로운 선택으로, 짝 선택이라고도 한다.

이성질체 isomer 같은 분자식을 가지나 구조가 달라서 성질이 다른 화합물. 세 종류의 이성질체는 구조이성질체, 기하이성질체와 거울상 이성질체가 있다.

이소 종분화 allopatric speciation 한 개체군으로부터 지리적으로 격리된 개체군에서 새로운 종의 형성.

이소개체군 metapopulation 이입과 이출을 통해서 상호작용하는 단일 종의 공간적으로 분리된 집단의 무리.

이소적, 이소성 ectopic 비정상적인 장소에서 일어나는.

이수성 aneuploidy 하나 혹은 그 이상의 염색체가 더 존재하거나 부족한 염색체이상.

이시성 heterochrony 개체 발생의 시기나 속도에서의 진화적 변화.

이온 ion 하나 혹은 그 이상의 전자를 잃거나 얻어 전하를 띤 원자.

이온결합 ionic bond 반대전하를 띤 이온 사이에서의 화학적 결합.

이온통로 ion channel 특정 이온을 농도기울기의 순방향으로 통과시키는 막관통 단백질 통로.

이온화합물 ionic compound 이온결합의 결과로 생긴 화합물로 염이라고도 한다.

이완기 diastole 심장근육이 이완되어 심실과 심방이 혈액으로 채워지는 심장박동주기의 한 단계.

이완기혈압 diastolic pressure 심실이 이완되었을 때 동맥의 혈압.

이입 immigration 다른 지역으로부터 새로운 개체의 유입.

이자, 췌장 pancreas 외분비 및 내분비 조직을 가지는 분비샘. 외분비 기능으로는 효소와 염기성 용액을 관을 통해 소장으로 분비함으로써 소화에 관여한다. 관이 없는 내분비 기능으로는 인슐린과 글루카곤을 혈액으로 분비함으로써 항상성 유지에 관여한다.

이주 migration 주기적인 먼 거리의 위치 변화.

이중결합 double bond 이중 공유결합. 두 원자에 의한 두 쌍의 원자가 전자의 공유.

이중나선 double helix 인접한 두 가닥이 가상의 축을 따라 나선 모양을 형성하는 DNA의 형태.

이중순환 double circulation 각 순환을 마친 후 혈액이 심장을 통하여 흐르는, 분리된 폐순환과 체순환을 가지는 순환계.

이질배수체 allopolyploid 서로 다른 두 종의 상호교배 결과 염색체가 서로 결합한 결과 2 염색체 세트 이상을 가지는 임성의 개체.

이질세포 heterocyst 일부 섬유상 시아노박테리아에서 질소고정에 관여하는 특수화된 세포.

이질염색질 heterochromatin 간기 동안 심하게 응축되어 있고 보통 전사되지 않는 진핵생물의 염색질.

이출 emigration 한 집단에서 나가는 개체의 이동.

이타주의 altruism 자신의 적응은 감소시키나 다른 개체의 적응을 증가시키는 행동양식.

이핵의 dikaryotic 한 세포에 각 양친으로부터 물려받은 두 개의 반수체 핵을 가진 균류의 균사체를 일컫는 말.

이핵체 heterokaryon 세포당 하나 혹은 그 이상의 반수체 핵을 포함하는 균류의 균사체.

이형 heteromorphic 포자체와 배우체 세대가 형태면에서 다른 식물과 일부 조류의 생활사를 언급함.

이형접합의 heterozygote 주어진 유전자에서 두개의 다른 대립유전자를 가지는.

이형포자성 heterosporous 수컷 배우체로 발생하는 소포자와 암컷 배우체로 발생하는 대포자 등 두 종류의 포자를 가지는 식물종을 일컬음.

이화작용경로 catabolic pathway 복잡한 분자를 간단한 분자로의 분해에 의해 에너지를 방출하는 물질대사경로.

이황화결합 disulfide bridge 한 시스테인 잔기의 황과 다른 시스테인 잔기의 황 사이에 형성되는 강력한 공유결합.

익룡류 pterosaur 공룡시대에 살았던 날개 달린 파충류.

익스팬신 expansin 셀룰로오스 미세섬유와 다른 세포벽 성분 사이의 수소결합을 절단하는 식물효소로 세포벽을 느슨하게 한다.

인 nucleolus 다양한 염색체에 의해 형성된 핵에 존재하는 특수화된 구조로 리보솜을 합성한다.

인간면역결핍 바이러스 human immunodeficiency virus (HIV) AIDS(후천성 면역결핍증후군)를 일으키는 감염원. HIV는 레트로바이러스이다.

인간유전체사업 Human Genome Project 인간 유전체 DNA의 염기서열을 결정하고 지도를 작성하는 국제 공동 연구.

인구통계적 전이 demographic transition 출생률과 사망률이 높은 0의 인구 증가율에서 출생률과 사망률이 낮은 0의 인구 증가율로의 전환.

인대 ligament 관절과 함께 뼈를 연결하는 섬유상 연결조직.

인두 pharynx (1) 공기와 음식물이 통과하는 척추동물의 인후(목구멍)에 존재하는 부위. (2) 편형동물에서는 몸의 배 부분에서 시작하여 입에서 끝나는 근육으로 이루어진 관.

인두열 pharyngeal cleft 척삭동물의 배에서 인두의 바깥 표면을 따라 일련의 아치 형태의 구조를 구분하는 홈의 하나로 인두열(pharyngeal slit)로 발생한다.

인두열 pharyngeal slit 척삭동물의 배에서 인두열로부터 형성되는 틈새의 하나로, 인두로 연결되며 나중에 많은 척추동물에서 아가미틈으로 발생한다.

인산기 phosphate group 4개의 산소원자와 결합한 인원자로 이루어진 화학기. 에너지 전달에 중요하다.

인산화 연쇄반응 phosphorylation cascade 각 단백질인산화효소가 다음 인산화효소를 인산화시키는 방식으로 순차적으로 일어나는 일련의 단백질 인산화 과정. 종종 신호전달경로에서 발견된다.

인산화된 중간물질 phosphorylated intermediate 인산기가 공유결합으로 부착된 분자(종종 반응물)로 인산화되지 않은 분자에 비해 덜 안정적이어서 활성이 더 크다.

인수공통 병원균 zoonotic pathogen 사람에서 다른 동물로 전파되는 병원균.

인슐린 insulin 혈당을 낮추는 작용을 하는 이자 베타세포에서 분비되는 호르몬. 대부분 세포의 글루코오스 흡수, 간에서 글리코젠의 합성과 저장을 촉진하며 또한 단백질과 지방의 합성을 자극한다.

인용류 lepidosaur 도마뱀, 뱀, 큰도마뱀(tuatara)이라 불리는 두 종류의 뉴질랜드 동물을 포함하는 파충류 무리.

인위선택 artificial selection 원하는 형질을 얻기 위해 동식물을 선택적으로 육종하는 것.

인지 지도 cognitive map 동물 환경에 존재하는 물체 사이의 공간적인 관계 신경 표시.

인지 cognition 자각, 추리, 회상 및 판단을 포함하는 지식과정.

인지 perception 뇌에 의한 입력 감각의 해석.

인지질 phospholipid 글리세롤이 2개의 지방산과 하나의 인산기와 결합한 지질. 지방산의 탄화수소 사슬은 비극성이며 소수성 꼬리로 작용하고, 나머지는 극성이며 친수성 머리로 작용한다. 인지질은 생체막 기능을 하는 이중층을 형성한다.

인터페론 interferon 항바이러스나 면역조절기능을 가지는 단백질. 바이러스에 감염된 세포에서 분비되는 인터페론-α나 인터페론-β는 인근의 세포가 바이러스 감염에 저항하는 것을 도우며, T세포에 의해서 분비되는 인터페론-γ는 대식세포를 활성화시킨다.

인테그린 integrin 동물세포에서, 세포외기질과 세포골격을 연결해 주는 막관통 수용체 단백질.

인트론 intron 1차 전사물 안에 암호화하지 않고 끼어 있는 부분으로 RNA 가공 동안 전사물로부터 제거된다. 또한 인트론이 전사되는 DNA 부분을 일컫는다.

인핸서 enhancer 그것이 전사를 조절하는 유전자보다 보통 멀리 떨어져서 위치하는 많은 조절요소를 포함하고 있는 진핵생물 DNA 부위.

일부일처제 monogamous 한 수컷이 단지 하나의 암컷과만 짝을 이루는 관계의 유형을 일컫는 용어.

일액현상 guttation 일부 식물에서 뿌리의 압력에 의해 생기는 물방울의 분비.

일주기성 리듬 circadian rhythm 모든 진핵생물에 존재하는 약 24시간의 생리적 주기로 외부의 신호 없이도 유지된다.

일회호흡량 tidal volume 동물이 한번에 숨을 들이 마시고 내쉬는 양.

임계기 sensitive period 특정 행동의 학습이 일어나는 제한된 동물발생 시기. Critical period라고도 한다.

임신, 수태 conception 사람에서 정자에 의한 난자의 수정.

임신 pregnancy 자궁에 하나 혹은 그 이상의 배를 가지고 있는 상태.

잉태 gestation 임신 참조.

잎 leaf 관다발식물에서 주된 광합성 기관.

잎몸,엽신 blade (1) 해초에서 광합성을 위한 대부분의 면적을 제공하는 잎과 같은 구조. (2) 전형적인 식물 잎의 납작한 부분.

잎사귀형지느러미 lobe-fin 사족류를 탄생시킨 계통뿐만이 아니라 실라칸스와 폐어를 포함하는 막대기 모양의 근육 지느러미를 가지는 경골어류인 육기어류에 속하는 무리.

잎원기 leaf primordium 어린 싹의 정단분열조직에서 붙어 있는 손가락 모양의 작은 돌출부로 여기에서 잎이 나온다.

잎자루 petiole 엽병; 잎을 줄기의 마디에 부착시키는 잎의 자루.

잎차례, 엽서 phyllotaxy 식물의 가지에 붙어 있는 잎의 배열.

자가면역질환 autoimmune disease 면역계가 자신을 공격하는 면역질환.

자가분비 autocrine 분비세포를 표적으로 삼는 분비된 분자의 속성.

자가불화합성 self-incompatibility 자신의 화분이나 때로는 매우 밀접하게 관련된 개체의 화분을 받아들이지 않는 종자식물의 능력.

자궁 uterus 난자가 수정되고 발생이 일어나는 암컷기관.

자궁경부 cervix 질로 연결된 자궁의 목 부분.

자궁내막 endometrium 많은 혈관이 분포된 자궁의 안쪽 막.

자궁내막증 endometreiosis 자궁에서 자궁내막 조직의 존재로 인한 이상.

자궁주기 uterine cycle 사람 및 일부 영장류에서, 임신되지 않은 자궁내벽이 자궁경부를 거쳐 질로 나오는 생식주기의 한 유형. 생리주기라고도 한다.

자극 stimulus 되먹임조절에서 반응을 유발하는 변수의 변동.

자극호르몬 tropic hormone 다른 내분비샘이 표적인 호르몬.

자낭 ascus 자낭균류의 이핵성 균사의 끝 부분에 위치하는 주머니 모양의 포자 캡슐.

자낭과 ascocarp 자낭균류의 자실체.

자낭균류 ascomycete 자낭균문에 속하는 균류. 자낭균류는 단세포인 효모, 작은 잎반점 균류에서 복잡한 주발버섯(cup fungi)과 곰보버섯에 이르기까지 그 크기와 복잡성이 매우 다양하다. 약 절반 정도의 자낭균류는 지의류의 형태로 조류나 시아노박테리아와 공생한다.

자루 stipe 해초류의 줄기 비슷한 구조.

자매 분류군 sistertaxa 직접적인 공통조상을 공유함으로써 가장 가까운 친족인 생물의 무리.

자매염색분체 sister chromatid 동원체에서, 때로는 염색체 팔 전반에 거쳐, 단백질에 의해 서로 연결된 복제된 염색체의 두 사본 중 하나. 연결되어 있는 동안 두 자매염색분체는 하나의 염색체를 형성한다. 염색분체는 결국 체세포분열이나 감수분열 동안 분리된다.

자발적 과정 spontaneous process 전반적인 에너지의 투입 없이 자발적으로 일어나는 과정.

자세포 cnidocyte 자포류에 독특한 특수화된 세포. 감겨진 실을 포함하는 캡슐과 같은 주머니를 가지는데 이 실이 바깥쪽으로 뻗어 나와 먹이를 잡거나 방어에 이용된다.

자스몬산 jasmonate 식물에서 다양한 발생 과정을 조절하고 초식동물에 대한 식물의 방어에 중요한 역할을 하는 호르몬의 한 종류.

자연살생세포 natural killer cell 종양세포와 바이러스에 감염된 세포를 죽이는 백혈구 종류; 선천성 면역에 중요한 구성요소이다 .

자연선택 natural selection 어떤 유전적 특성을 가진 생물이 다른 특성을 가진 생물에 비해 보다 더 잘 생존하고 생식하는 과정.

자엽초 coleoptile 초본류 종자 배의 어린 싹 덮개.

자원분배 resource partitioning 함께 공존하는 종에 의한 환경 자원이 분리됨으로써 각 종의 서식지가 함께 공존하는 종의 서식지에 비해 하나 혹은 그 이상의 중요 요소에서 다르다.

자유에너지 free energy 계를 통한 온도와 압력이 일정할 때 일을 수행할 수 있는 생물계의 에너지 부분. (계의 자유에너지 변화는 $\Delta G = \Delta H - T\Delta S$ 방정식으로 계산된다. 여기에서 ΔH는 엔탈피[생물계에서 전체 에너지와 동등함], ΔT는 절대온도이며 ΔS는 엔트로피의 변화이다.)

자율신경계 autonomic nervous system 내부 환경을 조절하는 척추동물 말초신경계로부터 나오는 가지로, 교감신경과 부교감신경 그리고 장내 신경부로 구성되어 있다.

자포 nematocyst 자포류의 자세포에 존재하는, 발사되었을 때 먹이의 체벽을 관통할 수 있는 감겨진 실을 포함하는 캡슐 모양의 세포소기관.

작동자 operator 박테리아 DNA에서 오페론의 시작 지점 부근에 존재하는 짧은 염기서열로 억제자가 결합하는 자리이다. 억제자가 결합하면 RNA 중합효소가 프로모터에 결합하는 것을 방해하며 따라서 오페론 유전자의 전사가 방해된다.

작용기 functional group 일반적으로 탄소골격에 부착된 원자의 특수한 배열로 보통 화학반응에 관여한다.

작용스펙트럼 action spectrum 특정 작용을 수행하는 데 있어 여러 파장의 상대적인 효과를 예측하는 그래프.

작은 간섭 RNA small interfering RNA(siRNA) 긴 이중가닥 RNA로부터 세포기구에 의해 생성되는 작은 단일가닥 RNA 분자. siRNA는 하나 혹은 그 이상의 단백질과 복합체를 형성하고 상보적인 서열로 mRNA의 번역을 막거나 분해시킬 수 있다.

작은창자, 소장 small intestine 소화관의 가장 긴 부분으로, 큰창자에 비해 작은 지름으로 인해 이름이 붙여졌다. 효소에 의한 음식물의 가수분해와 영양물질의 흡수가 일어나는 가장 중요한 곳이다.

잔류공기량 residual volume 강제로 내보낸 후 폐에 잔류하는 공기의 양.

잡식동물 omnivore 동물뿐만 아니라 식물 또는 조류를 정기적으로 먹는 동물.

잡종 hybrid 서로 다른 두 종에 속하는 개체의 교잡으로 생겨난 자손.

잡종강세 heterozygotic advantage 이형접합 개체의 동형접합 개체에 비해 생식 높은 생식 성공; 유전자 풀에서 변이를 보존하는 경향이 있다.

잡종형성지대 hybrid zone 서로 다른 종의 개체가 만나 교잡하여 최소 얼마간의 혼합된 조상의 자손을 생산하는 지리적 지역.

잡종화 hybridization 유전학에서 두 순종의 교잡.

장기기억 long-term memory 일생에 걸쳐 정보를 저장하고 연관시키며 기억할 수 있는 능력.

장기상승작용 long-term potentiation(LTP) 수용 뉴런에 의한 활동전위에 대한 증가된 반응.

장란기 archegonium 식물에서 암컷 배우자낭으로 배우체가 발생하는 습한 방.

장신경계 enteric division 소화관, 이자와 쓸개에 존재하는 신경망으로 교감신경과 부교감신경에 의해 조절된다.

장일식물 long-day plant 보통 늦은 봄이나 이른 여름처럼 빛의 길이가 임계 길이보다 길 때만 꽃 피는 식물.

장정기 antheridium 식물에서 수컷 배우자낭으로 배우체가 발생하는 습한 방.

재조합 DNA recombinant DNA 다른 근원의 DNA 절편을 가지도록 시험관에서 조작된 DNA 분자.

재조합 염색체 recombinant chromosome 양 부모로부터의 DNA가 교차에 의해 하나의 DNA로 결합되어 생기는 염색체.

재조합형 recombinant type(recombinant) 표현형이 부모와는 다른 자손. 표현형 자체를 일컫기도 한다.

재흡수 reabsorption 배설계에서 여액으로부터 용질과 물을 회수하는 것.

저밀도 지질단백질 low-density lipoprotein (LDL) 인지질의 단일층에 둘러싸인, 콜레스테롤 및 다른 지질에 단백질이 박혀 있는 구조의 혈액 내 입자. LDL 입자는 HDL에 비해 콜레스테롤을 더 많이 운반한다. 혈액 내의 높은 LDL 양은 심장 질환과 혈관이 막히는 위험성이 증가된다.

저생대 benthic zone 해양 환경의 바닥층.

저생생물 benthos 해양 생물군계의 저생대에 사는 생물군집.

저장액의 hypotonic 두 종류의 용액을 비교하였을 때, 더 낮은 용질의 농도를 가지는 용액을 일컫는 용어. 저장액이 세포를 둘러싸게 되면 세포는 물을 흡수하게 된다.

적응 adaptation 특정 환경에서 생존과 생식을 향상시키는 생물의 유전적 특성.

적응면역 adaptive immunity T 림프구와 B 림프구에 의한 척추동물 특이적 방어 기작. 특이성, 기억 및 자신과 자신이 아닌 것을 구분하는 특징을 보인다. 후천성 면역이라고도 한다.

적응방산 adaptive radiation 생물의 무리가 새로운 많은 종을 형성하여, 그들의 적응이 군집 내에 비어 있는 생태적 역할을 채우게 하는 진화 변화의 기간.

적응진화 adaptive evolution 생물이 그들의 환경에 보다 잘 적응하는 진화.

적혈구 erythrocyte 헤모글로빈을 함유하고 있으며 순환계에서 산소를 운반하는 혈구세포.

적혈구생성인자 erythropoietin(EPO) 적혈구의 생성을 촉진하는 호르몬. 몸의 조직이 충분한 양의 산소를 받지 못할 때 신장에서 분비된다.

전기 prophase 염색질이 응축되며 방추사가 형성되기 시작하나 핵막과 인은 그대로 존재하는 유사분열의 첫 번째 단계.

전기발생펌프 electrogenic pump 막을 통해 전기를 발생하는 이온수송 단백질.

전기음성도 electronegativity 공유결합을 하는 전자에 대한 원자의 인력.

전기천공법 electroporation 세포를 포함하고 있는 용액에 짧은 전기충격을 주어 세포 내로 재조합 DNA를 도입하는 방법. 펄스는 세포막에 DNA가 들어가기에 충분할 정도의 일시적인 통로를 만든다.

전기화학적 기울기 electrochemical gradient 막을 통한 이온의 농도차이(화학적 힘)와 막전위의 상대적 이동(전기적 힘) 경향을 설명하는 위치에너지의 종류를 나타내는 이온의 확산기울기.

전뇌 forebrain 척추동물 뇌의 세 배 부분 중 하나; 시상, 시상하부 및 대뇌로 발생한다.

전능성 totipotent 하나의 세포가 배와 성체의 부분뿐만이 아니라 배외막을 가진 종에서는 배외막까지도 형성할 수 있는 것을 일컫는 용어.

전달 transmission 축삭돌기를 따라서 시냅스를 가로지르는 신경자극의 통과.

전도 conduction 서로 접촉하고 있는 물체의 분자 사이로의 열의 직접적인 전달.

전도현상 turnover 호수에서 수온 변화로 인한 물의 섞임.

전령 RNA messenger RNA(mRNA) DNA를 주형으로 하여 합성되는 RNA의 한 종류로, 세포질에서 리보솜에 결합하여 단백질 합성의 암호를 제공한다.

전립샘, 전립선 prostate gland 정액의 산성 중화 요소를 분비하는 남성에 존재하는 분비샘.

전사 transcription DNA를 주형으로 RNA의 합성.

전사개시복합체 transcription initiation complex 프로모터에 결합한 전사인자와 RNA 중합체로 이루어진 완전한 복합체.

전사단위 transcription unit RNA 분자로 전사되는 DNA 분자의 부분.

전사인자 transcription factor DNA에 결합하여 특정 유전자의 전사를 조절하는 조절 단백질.

전신성획득저항성 systemic acquired resistance 병원체의 침입으로부터 건강한 조직을 보호하는 데 도움을 주는 감염된 식물의 방어반응.

전압개폐성 이온통로 voltage-gated ion channel 막전위의 변화에 반응하여 여닫는 특수화한 이온통로.

전유전체샷건방식 whole genome shotgun approach 유전체를 중복되는 많은 수의 짧은 절편으로 무작위로 절단한 다음 염기서열을 결정한 후 컴퓨터 프로그램에 의해 완전한 염기서열로 조립하는 유전체 염기서열 결정 방식.

전유전체연관연구 genome-wide association study 특정한 표현형이나 질병을 가지는 많은 사람의 대규모 유전체 분석으로서, 그 특정한 표현형이나 질병과 연관된 유전적 표지자를 찾는 목적을 가진다.

전이 metastasis 원래 있던 곳에서부터 멀리 떨어진 지역으로 암세포가 퍼짐.

전이인자 transposable element DNA 혹은 RNA 중간매체를 이용하여 세포의 유전체 내에서 이동할 수 있는 DNA 절편. 전위 유전인자라고도 불린다.

전자 electron 1의 전자 음전하와 중성자와 양성자 질량의 약 1/2,000의 질량을 갖는 소립자. 하나 혹은 그 이상의 전자가 원자 주위를 움직인다.

전자기수용기 electromagnetic receptor 가시광선이나 전기, 자기 등과 같은 전자기 에너지의 수용체.

전자기스펙트럼 electromagnetic spectrum 나노미터에서부터 킬로미터보다 더 큰 파장에 이르기까지의 완전한 방사선 스펙트럼.

전자껍질 electron shell 원자의 핵으로부터 전자까지의 거리로 나타내는 에너지 준위.

전자전달계, 전자전달사슬 electron transport chain 산화환원반응 동안 전자를 운반하여 ATP를 생성할 수 있는 에너지를 방출하는 일련의 전자 운반체(막단백질).

전자현미경 electron microscope(EM) 시료를 통한 전자빔의 초점을 맞추는 현미경으로 해상도가 광학현미경에 비해 수천 배 높다. 투과전자현미경(TEM)은 세포 박편의 내부구조를 관찰하는 데 이용되며, 주사전자현미경(SEM)은 세포 표면을 상세하게 연구할 때 이용된다.

전좌, 운반 translocation (1) 염색체의 절편이 비상동염색체에 부착되어 생기는 염색체 구조이상. (2) 단백질 합성에서 신장 중인 폴리펩타이드를 운반하는 RNA가 리보솜의 A 자리로부터 P 자리로 이동하는 사슬 신장의 3번째 단계. (3) 운반: 관다발식물의 체관에서 유기영양물질의 수송.

전중기 prometaphase 동일한 자매염색분체로 이루어진 뚜렷한 염색체가 나타나며, 핵막이 소실되며 방추사가 염색체의 방추사부착점에 붙는 유사분열의 두 번째 단계.

전할 holoblastic 알의 완전한 분열이 일어나는 난할의 종류를 말함. 전할은 성게와 같이 난황이 거의 없거나 혹은 개구리와 같이 보통 정도의 난황을 가지는 알에서 일어난다.

절대혐기성생물 obligate anaerobe 오직 발효나 무산소 호흡을 수행하는 생물. 산소를 사용할 수 없으며 실제로 산소가 독이 되기도 된다.

절대호기성생물 obligate aerobe 세포호흡을 위해 산소를 필요로 하며 산소 없이는 살 수 없는 생물.

절지동물 arthropod 키틴질의 외골격과 부속지 및 체절을 가지는 탈피동물. 잘 아는 예로는 곤충, 거미, 노래기와 게 등이 있다.

점돌연변이 point mutation 유전자에서 하나의 염기쌍의 변화.

점액 mucus 허파와 위를 포함하여 체강의 안쪽을 이루는 막을 축축하게 하고 보호하는 끈적거리며 미끄러운 당단백질, 세포, 염류와 물의 복합체.

점증 recruitment 근육을 조절하는 운동 뉴런을 점점 더 자극시켜 근육의 신장력을 점진적으로 향상시키는 과정.

점착성 말단 sticky end 이중가닥의 DNA 제한효소 절편에서 단일가닥 말단.

접가지, 접순 scion 접목 시 대목에 접붙여지는 가지.

접촉형태형성 thigmomorphogenesis 지속적인 기계적 자극에 대한 식물의 반응으로 에틸렌 생성이 증가된다. 강한 바람에 의한 줄기의 비후가 예이다.

접합 conjugation 원핵생물에서 임시적으로 결합된 두 세포 사이(같은 종이거나 혹은 다른 종 사이)에서의 직접적인 DNA 전달. 섬모충류에서는 두 세포 사이에 반수체 소핵을 교환하는 생식 과정이다.

접합, 시냅시스 synapsis 감수1분열 전기 동안 복제된 상동 염색체의 짝짓기와 물리적 연결.

접합균류 zygomycete 유성생식 동안 접합포자낭이라 불리는 견고한 구조를 갖는 접합균문의 생물.

접합사복합구조 synaptonemal complex 두 상동염색체의 길이를 따라 단단하게 연결하는 단백질로 이루어진, 지퍼처럼 생긴 구조.

접합전 장벽 prezygotic barrier 종 사이의 교잡을 방해하거나 종 사이의 교잡이 시도되었을 경우 난자의 수정을 방해하는 생식 장벽.

접합포자낭 zygosporangium 접합균류에서 핵융합과 감수분열이 일어나는 견고한 다핵구조.

접합후 장벽 postzygotic barrier 서로 다른 두 종으로부터 생성되는 잡종이 생식능력을 가지는 성체로 발달하는 것을 억제하는 생식 장벽.

정관 vas deferens 포유류에서, 정자가 부정소에서 요도로 이동하는 남성 생식계의 관.

정관수술 vasectomy 수정관을 자른 후 막아 정자가 요도로 들어가는 것을 방지한다.

정낭 seminal vesicle 정자를 윤활하게 하고 영양분을 공급하는 정액의 액체 성분을 분비하는 남성 분비샘.

정단분열조직 apical meristem 뿌리의 끝부분과 어린 싹의 눈에 존재하는 식물 배조직. 정단분열조직의 분열하는 세포는 식물의 길이 생장을 가능하게 한다.

정단외배엽융기 apical ectodermal ridge(AER) 사지싹(limb bud)의 생장을 촉진하는 사지싹의 끝 부분에 존재하는 비후된 외배엽 부분.

정맥, 잎맥 vein (1) 동물 심장으로 혈액을 보내는 혈관. (2) 식물에서 잎의 관다발.

정복합체포자충류 apicomplexan 동물에 기생하는 많은 종을 포함하는 무리의 원생생물. 몇몇 정복합체 포자충류는 사람에 질병을 일으킨다.

정세관 seminiferous tubule 정소에서 정자가 생성되는 심하게 돌돌 말린 관.

정소 testis 정자와 생식호르몬이 생성되는 수컷의 생식소.

정신분열증 schizophrenia 환자가 실제와 환각을 구별하는 능력을 상실한 증상의 발현이 특징인 중증정신 장애.

정아 우성 apical dominance 식물의 줄기 끝부분에 생장이 집중되는 현상으로 정아가 부분적으로 측아의 생장을 억제한다.

정아, 끝눈 apicalbud 줄기의 끝에 있는 눈.

정액 semen 오르가즘 동안 수컷에 의해 사출되는 액체로, 정자와 수컷 생식기관의 여러 분비샘에서 나온 분비물을 포함한다.

정원세포 spermatogonium 유사분열을 통해 정모세포를 형성하는 세포.

정원창 round window 등골과 와우각 사이의 접촉 지점. 등골의 진동이 와우각에 존재하는 액체에 일련의 압력파를 형성하는 곳이다.

정자 sperm 수컷 생식세포.

정자형성과정 spermatogenesis 정소에서 계속되는 많은 성숙한 정자의 생산.

젖산발효 lactic acid fermentation 해당과정 후, 이산화탄소의 방출이 없는 피루브산의 젖산으로의 변환.

젖샘 mammary gland 어린 자식을 기르기 위해 젖을 분비하는 외분비샘. 이 샘은 포유류의 특징이다.

제1난모세포 primary oocyte 감수1분열을 완성하기 전의 난모세포.

제2난모세포 secondary oocyte 감수1분열을 마친 난모세포.

제로개체군생장 zero population growth(ZPG) 1인당 출산율과 사망률이 같은 집단의 크기가 안정화된 시기.

제자리혼성화 *in situ* hybridization 온전한 생명체에서 표지된 탐침으로 핵산혼성화를 이용하여 특정 mRNA의 위치를 검출하는 데 사용되는 방법.

제한양분 limiting nutrient 특정 지역에서 생산성을 높이기 위해 더해져야만 하는 원소.

제한효소 restriction enzyme 파지 DNA처럼 박테리아에는 외래인 DNA 분자를 인식하고 절단하는 핵산내부분해효소. 이 효소는 특정 뉴클레오타이드 서열(제한자리)을 절단한다.

제한효소자리 restriction site 제한효소에 의해 인식되고 절단되는 DNA 가닥 위의 특정 염기서열.

제한효소절편 restriction fragment 제한효소에 의해 절단된 DNA 절편.

젤전기영동 gel electrophoresis 젤에서 전장을 통한 이동 속도를 측정함으로써 크기나 전하에 근거한 핵산이나 단백질의 분리하는 기법.

조간대 intertidal zone 육지와 물이 만나는, 썰물선과 밀물선 사이 해양의 얕은 지역.

조건부 혐기성 생물 facultative anaerobe 산소가 존재하는 경우는 호기성 호흡에 의해 ATP를 생성하고, 혐기(무산소) 조건에서는 발효로 전환하는 생물.

조룡류 archosaur 악어, 공룡, 조류 등을 포함하는 파충류 집단.

조류 alga 단세포 형태나 다세포 형태의 다양한 광합성 원생생물. 조류종은 진핵생물 3대 큰무리(supergroup)에 포함된다. (섭식구굴착류, "SAR" 분기군, 원시색소체)

조울증 bipolar disorder 정신 상태가 기쁘고 우울한 양극 상태를 오가는 장애; 양극 장애라고도 한다.

조절요소 control element 비암호화하는 DNA 부분으로 전사인자라고 불리는 단백질과의 결합에 의해 전사작용을 조절한다. 진핵생물 유전자의 인핸서에는 다수의 조절요소가 존재한다.

조절유전자 regulatory gene 다른 유전자나 유전자 무리의 전사를 조절하는 억제자와 같은 단백질을 암호화하는 유전자.

조절자 regulator 외부 환경 변화에 직면했을 때 내부환경을 조절하기 위해 항상성 기작을 사용하는 동물.

조직 tissue 공통의 기능과 구조 혹은 이 모두를 가지는 통합된 세포 집단.

조직계 tissue system 식물의 기관을 연결하는 하나 혹은 그 이상의 조직으로 구성된 기능적 단위.

조효소 coenzyme 보조인자로 작용하는 유기분자. 대부분의 비타민은 물질대사반응에서 조효소로 작용한다.

종 species 자연 조건에서 상호 교배가 가능하며 생존력이 있고 생식력이 있는 자손을 생산하지만, 다른 무리의 일원과는 생존력이 있고 생식력이 있는 자손을 생산하지 못하는, 개체군이나 개체군 무리.

종간 경쟁 interspecific competition 자원이 제한 있을 경우 식물간, 동물간 또는 분해자간의 자원에 대한 경쟁.

종간상호작용 interspecific interaction 군집에서 둘 혹은 그 이상 종의 개체간의 관계.

종결돌연변이, 넌센스돌연변이 nonsense mutation 아미노산 코돈이 세 정지 코돈의 하나로 변화하는 돌연변이로, 그 결과 길이가 짧고 보통 기능을 상실한 단백질이 생성된다.

종결서열 terminator 박테리아에서 유전자의 끝을 표시하는 DNA의 염기서열. 종결서열은 RNA 중합효소에 새로이 생성된 RNA 분자를 방출하도록 신호를 보내서 RNA 분자가 유전자에서 떨어져 나가게 한다.

종다양성 species diversity 생물군집에서 종의 수와 상대 빈도.

종분화 speciation 한 종이 하나 혹은 그 이상의 종으로 분지되는 진화의 과정.

종속변수 dependent variable 다른 변수(독립변수)에 의해 영향을 받는지를 알아보기 위해 실험 동안 그 값이 측정되는 변수.

종속영양생물 heterotroph 다른 생물이나 그들로부터 유래된 물질을 먹이로 유기음식물을 섭취하는 생물.

종수-면적 곡선 species-area curve 군집의 지리적 면적이 크면 클수록 종의 수가 많아진다는, 훔볼트(Alexander von Humboldt)에 의해 처음 언급된 생물다양성 양상.

종양억제유전자 tumor-suppressor gene 단백질 산물이 세포분열을 억제하여 조절이 안 되는, 암으로 이르는 세포생장의 발생을 막는 유전자.

종자 seed 껍질 속에 저장된 양식을 함께 가진 배로 구성된 육상식물의 적응 형태.

종자껍질 seed coat 밑씨의 바깥층으로부터 형성되는 종자를 싸고 있는 단단한 껍질. 꽃식물에서 종자껍질은 배와 배젖을 보호한다.

종풍부도 species richness 생물군집에서 종의 수.

좌우 기능분화 lateralization 뇌의 좌우 반구 겉질에서 기능의 분리.

좌우대칭 bilateral symmetry 세로 중심면을 기준으로 몸체를 두 동등한 부분으로 나눌 수 있는 체형의 특징.

좌우대칭동물 bilaterian 좌우대칭과 세 배엽을 가지는 동물 분기군의 무리.

좌위 locus 염색체를 따라 특정 유전자가 위치하는 자리.

주공 micropyle 밑씨(배주)의 주피에 존재하는 통로.

주변부 단백질 peripheral protein 막의 표면이나 내재성 단백질 부분에 느슨하게 결합되어 있으며 지질막에는 묻히지 않은 단백질.

주사전자현미경 scanning electron microscop (SEM) 전자파를 이용하여 시료의 표면을 주사하여 세부 윤곽을 연구하는 데 이용하는 현미경.

주성 taxis 자극 쪽으로 향하거나 혹은 반대 방향으로의 방향성이 있는 이동.

주울 joule(J) 에너지의 단위로 1 J = 0.239 cal; 1 cal = 4.184 J.

주조류, 주금류 ratite 날지 못하는 조류.

주조직적합성복합체 major histocompatibility complex(MHC) 항원제시 기능을 수행하는 큰 세트의 세포 표면 단백질을 암호화화는 유전자군. 이식된 조직에서 외부 MHC 분자는 조직 거부반응을 유발할 수 있는 T세포반응을 촉발한다.

주피 integument 종자식물의 밑씨구조를 형성하는 포자체 조직.

주피 periderm 2차 생장 동안 식물의 표피를 대체하는 보호막으로 코르크와 코르크형성층으로 형성된다.

주형가닥 template strand RNA 전사물의 염기서열을 결정하는 주형을 제공하는 DNA 가닥.

준조광대 limnetic zone 호수에서 빛이 잘 드는 호숫가에서 멀리 떨어진 수면대.

줄기 stem 잎과 생식구조를 지지하는, 마디와 마디 사이를 교대로 가지는 관다발식물의 기관.

줄기세포 stem cell 한 번의 세포분열에 의해 하나의 동일한 딸세포와 더 분화될 수 있는 보다 더 특수화된 딸세포를 생산하는 비교적 분화되지 않은 세포.

중간 라멜라 middle lamella 식물에서, 인접한 어린 세포의 1차벽 사이에 존재하는 점착성의 세포외 물질(주로 펙틴)로 이루어진 얇은 층.

중간교란 가설 intermediate disturbance hypothesis 적절한 수준의 교란이 적거나 많은 교란에 비해 종의 다양성을 증가시킨다는 가설.

중간섬유 intermediate filament 미세소관과 미세섬유 사이의 굵기를 가지는 모든 섬유를 포함하는 세포골격의 구성 성분.

중기 metaphase 유사분열의 3번째 단계; 방추사가 완성되고 방추사부착점에서 미세소관에 붙어 염색체가 중기판에 배열한다.

중기판 metaphase plate 중기에서 세포의 양극 사이의 가운데에 위치하는 가상의 면으로서, 복제된 모든 염색체의 동원체가 위치한다.

중뇌 midbrain 척추동물 뇌의 세 배 부분 중 하나; 감각 정보를 대뇌로 보내는 기능을 하는 감각 통합 및 전달 중심부로 발달한다.

중립적 변이 neutral variation 선택의 장점이나 단점을 제공하는 것으로 보이지 않는 유전적 다양성.

중배엽 mesoderm 초기 배 중요 배엽 중 중간 배엽으로, 이 구조를 가지는 종에서 척삭, 체강의 벽, 근육, 뼈, 생식소, 신장과 대부분의 순환계로 발생한다.

중복 duplication 상동염색체로부터 나온 절편의 융합에 의한 염색체 구조이상으로 한 부분의 염색체가 중복된다.

중복수정 double fertilization 2개의 정핵이 암컷의 배우체(배낭)에 존재하는 두 세포와 결합하여 배와 배젖을 형성하는 속씨식물의 수정기작.

중복편모충류 diplomonad 변형된 미토콘드리아, 동일한 크기의 핵 두 개와 많은 수의 편모를 가지는 원생생물.

중성자 neutron 원자의 핵 속에 존재하는 1.7 × 10^{-24} g의 무게를 가지는 전하를 띠지 않은(전기적으로 중성인) 원자 구성입자.

중심립 centriole 미세소관이 "9 + 0"의 구조로 이루어진 실린더 모양의 동물세포내 구조로, 중심체는 한 쌍의 중심립을 갖는다.

중심액포 central vacuole 생식, 생장과 발생 등 다양한 역할을 하는 성숙한 식물세포에 존재하는 막주머니.

중심와, 소공 fovea 눈의 초점의 중심 부분으로 광수용체가 집중되어 있는 망막의 부분.

중심주 stele 줄기나 뿌리의 관다발조직.

중심체 centrosome 세포분열에 중요한 동물세포의 세포질에 존재하는 구조로 미세소관 형성 장소이다. 중심체는 2개의 중심립을 가진다.

중일식물 day-neutral plant 꽃의 형성이 광주기나 일장에 영향을 받지 않는 식물.

중추신경계 central nervous system(CNS) 신호통합이 일어나는 신경계 부분. 척추동물에의 뇌와 척수.

중층 mesohyl 해면동물의 두 층 세포 사이에 존재하는 젤라틴 지역.

중합체 polymer 많은 수의 유사한 혹은 동일한 단량체가 서로 연결되어 이루어진 긴 분자.

중합효소연쇄반응 polymerase chain reaction(PCR) 특정 프라이머와 DNA 중합효소 및 뉴클레오타이드를 시험관에서 반응시켜 DNA를 증폭하는 기술.

증발냉각 evaporative cooling 증발 동안 높은 운동력을 가지는 분자가 기체 상태로 소실됨으로써 표면이 더 냉각되는 액체의 성질.

증발산량 evapotranspiration 토양으로부터의 물의 증발과 식물로부터의 물의 증산을 합친 것.

증산 transpiration 식물이 물을 증발로 잃는 것.

증폭 amplification 신호전달 중 자극에너지의 증강.

지구생태학 global ecology 생물권에 걸친 생물의 기능과 분포, 그리고 지역적 에너지와 물질교환이 어떻게 그들에게 영향을 미치는지를 연구.

지도단위 map unit 유전자 사이의 거리를 재는 단위. 1 지도단위는 1%의 교차율에 해당한다.

지방, 트리아실글리세롤 fat 하나의 글리세롤 분자와 연결된 3분자의 지방산을 포함하는 지질. 트리아실글리세롤 또는 트리글리세라이드라고도 알려진다.

지방산 fatty acid 긴 탄소 사슬을 가진 카르복실산. 지방산은 사슬 길이와 이중결합의 수 및 위치가 다양하다. 3분자의 지방산이 하나의 글리세롤 분자와 연결되어 지방을 형성한다.

지방조직 adipose tissue 몸의 단열과 연료의 저장 작용을 하는 연결조직으로 지방세포라고 불리는 지방 저장세포를 포함하고 있다.

지베렐린 gibberellin 줄기와 잎의 생장을 촉진하고, 종자의 발아와 눈의 휴면을 깨뜨리며, (옥신과 더불어) 과실의 발생을 자극하는 식물호르몬 종류.

지상계, 슈트계 shoot system 식물체의 지상부분으로 줄기, 잎과 속씨식물에서는 꽃을 포함한다.

지속가능한 개발 sustainable development 미래 세대가 필요로 하는 것을 충족시킬 수 있도록 하면서 현재의 사람이 필요한 것을 충족시킬 수 있는 개발.

지속적 농업 sustainable agriculture 환경적으로 안전한 장기간의 농업 생산방법.

지수적 개체군 생장 exponential population growth 이상적이고 제한요소가 없는 환경에서 자라는 집단의 생장으로, 시간에 따른 개체군의 크기는 J 모양의 도표로 나타난다.

지연가닥 lagging strand 복제분기점으로부터 5′→3′ 방향으로 합성되는 오카자키 절편으로 신장되는 불연속적으로 합성되는 DNA 가닥.

지의류 lichen 균류와 광합성 조류(또는 시아노박테리아)와 상리공생관계로 이루어진 공생체.

지중해성 관목지대 chaparral 차가운 해류가 해변을 순환하는 해변의 중간 위도지역에 존재하는 밀집되고 가시가 있는 상록 관목이 존재하는 관목지로, 온순하고 우기의 겨울과 길고 뜨거우며 건조한 여름이 특징이다.

지질 lipid 지방, 인지질 및 스테로이드를 포함하는 화합물의 한 종류로 물에 거의 녹지 않는다.

지질학적 기록 geologic record 지구역사를 4누대(eon)로 나누어 놓은 표준시간 척도: 선캄브리아대, 시생대, 원생대와 현생대 시생대, 원생대와 현생대. 각 누대는 다시 대(era), 기(period)와 세(epoch)로 다시 나누어진다.

직렬상동 유전자 paralogous genes 유전자 복제의 결과로 동일한 유전체 내에서 발견되는 상동 유전자.

직장, 곧은 창자 rectum 대변이 배출될 때까지 머무르는 큰창자의 마지막 부분.

직행혈관 vasarecta 신장에서 헨레고리를 이루는 모세혈관계.

진균증 mycosis 균류 감염의 일반적인 용어.

진원류 anthropoid 꼬리 없는 원숭이(기본원숭이, 오랑우탄, 고릴라, 침팬지와 보노보), 원숭이 및 인간으로 이루어진 영장류.

진정쌍떡잎식물 eudicot 2개의 떡잎을 가지는 거의 대다수의 꽃피는 식물로 이루어진 분기군.

진정염색질 euchromatin 전사가 가능하도록 보다 열려 있고 풀려진 형태의 진핵생물의 염색질.

진정후생동물 eumetazoan 진정한 조직을 가지는 동물 분기군. 해면동물과 일부 다른 무리를 제외한 모든 동물은 모두 진정후생동물이다.

진체강 coelom 오직 중배엽으로부터 유래된 조직에 의해 완전히 둘러싸인 체강.

진체강동물 coelomate 진체강(중배엽에서 유래된 조직에 둘러싸인 체강)을 소유하고 있는 동물.

진핵생물영역 Eukarya 모든 진핵생물을 포함하는 영역.

진핵세포 eukaryotic cell 막으로 둘러싸인 핵과 역시 막으로 둘러싸인 여러 세포소기관을 가지는 세포 종류. 진핵세포를 가지는 생물(원생생물, 균류, 식물과 동물)은 진핵생물이라 불린다.

진화 evolution 변형이 있는 유전. 살아 있는 생물은 오늘날 존재하는 것과는 다른 조상종의 자손이라는 생각. 보다 좁게 정의하면 세대에 걸친 개체군의 유전적 조성의 변화를 일컫는다.

진화계통수 evolutionary tree 생물무리 간의 진화적 관련성에 대한 가설을 반영하는 분지도.

진화발생생물, 이보-디보 evo-devo 여러 다른 다세포생물의 발생 과정을 비교하여, 이들 과정이 어떻게 진화되었으며, 변화가 어떻게 존재하는 생물의 특성 혹은 새로운 특성으로 변형시킬 수 있는지를 연구하는 생물학 분야.

질 vagina 자궁과 외부 통로 사이에 위치하는 암컷 생식계의 부분으로, 포유류에서는 출산 통로로 이용된다. 성교 시 수컷의 음경을 받아들여 정자를 받는다.

질량 보존의 법칙 law of conservation of mass 물질은 형태를 변화시킬 수 있으나 창조되거나 파괴되지 않는다는 물리 법칙. 폐쇄계에서 계의 질량은 일정하다.

질량수 mass number 원자의 핵에서 양성자 수와 중성자 수를 합한 것.

질소고정 nitrogen fixation 대기 중 질소(N_2)를 암모니아(NH_3)로 전환. 생물학적 질소고정은 특정 원핵생물에 의해 수행되며, 이중 몇몇은 식물과 공생관계를 가진다.

질소회로 nitrogen cycle 대기나 분해된 유기물로부터 나온 질소가 토양 세균에 의해서 식물에 의해 동화될 수 있는 화합물로 전환시키는 자연적인 과정. 이렇게 통합된 질소는 다른 생물에 의해 흡수된 다음, 세균에 의해 방출되어 다시 비생물적 환경으로 돌아간다.

집광 복합체 light-harvesting complex 엽록소 *a*, 엽록소 *b* 및 카로티노이드와 같은 색소분자와 결합된 단백질 복합체로 빛에너지를 포착하여 광계의 반응중심색소로 전달한다.

집합과 aggregate fruit 하나 이상의 심피를 가지는 하나의 꽃으로부터 생긴 과실.

집합관 collecting duct 신장에서 세뇨관으로부터 오줌이라고 불리는 여액이 모여지는 장소.

짝틀림 수선, 부정합 수선 mismatch repair 부적절하게 쌍을 이룬 뉴클레오타이드를 제거하고 대체하는 세포 과정.

짧은 직렬 반복 short-tandem repeat(STR) 다수의 직렬로 반복된 2~5개의 뉴클레오타이드의 단위를 포함하는 단순 서열 DNA. STR의 변이는 유전적 양상 분석에 이용되는 STR 분석에서 유전적 표지자로 작용한다.

차등적 유전자발현 differential gene expression 동일한 유전체에서 세포에 따른 다른 유전자들의 발현.

차등전위 graded potential 뉴런에서 신호 강도와 비례하는 진폭을 가지며 전도됨에 따라 줄어드는 막 전위의 변화.

착생식물 epiphyte 스스로 영양분은 만들지만 지지를 위해 다른 식물의 표면에서 자라는 식물로 보통 열대식물의 줄기나 가지에서 자란다.

창고기 lancelet 두삭동물아문에 속하는 무리로 등뼈가 없으며 작고 칼날 모양의 해양 척삭동물이다.

창발적 특징 emergent properties 생물의 계급구조에서 복잡성이 증가함에 따라 생물 부분의 재배열과 상호작용으로 인해 위의 단계로 올라가게 하는 새로운 성질.

창시자효과 founder effect 일부의 개체가 큰 집단으로부터 고립되어 생긴 새로운 집단의 유전자풀이 원래의 집단의 유전자 풀을 반영하지 못할 때 나타나는 유전적 부동.

책허파 book lung 거미의 기체교환 기관으로 내부 공간에서 여러 겹으로 쌓여진 판으로 구성.

척삭 notochord 단단하게 찬 중배엽 세포로 이루어진 길고 유연성 있는 막대로 몸의 등쪽 부분에서 앞–뒤쪽 축을 따라 뻗어 있다.

척삭동물 chordate 척삭동물문에 속하는 동물로서, 발생의 한 시기에 척삭, 등쪽에 구형의 신경삭, 인두아가미틈 및 근육으로 된 항문 뒤의 꼬리를 가진다.

척추동물 vertebrate 등뼈를 형성하는 일련의 뼈인 척추골을 가지는 척삭동물.

천해대 neritic zone 대륙붕과 겹치는 해양의 낮은 지역.

첨체 acrosome 정자의 머리끝에 위치하는 가수분해효소와 단백질을 포함하는 주머니로, 정자가 난자를 뚫고 들어가는 데 도움을 준다.

첨체반응 acrosomal reaction 정자가 난자에 접근하거나 접촉하였을 때, 정자의 끝부분에 있는 첨체로부터 가수분해효소의 방출.

청색광 수용체 blue-light receptor 식물에 존재하는 광수용체의 일종으로, 광주기성과 배축 신장의 감소 등 다양한 반응을 유발한다.

체강 body cavity 소화관과 체벽 사이의 액체나 혹은 기체로 채워진 공간.

체관부 phloem 신장된 관 모양으로 배열된 살아있는 세포로 이루어진 관다발식물의 조직. 당과 다른 유기물을 식물 전체로 운반한다.

체관액 phloem sap 체관에 의해 운반되는 당이 풍부한 용액.

체관요소 sieve-tube element 속씨식물 체관에서 당과 다른 유기 영양물을 운반하는 살아 있는 세포로, 끝과 끝이 연결되어 체관을 형성한다.

체류시간 turnover time 한 집단이나 집단의 무리에서 현존 작물량을 대체하는 데 걸리는 시간. 현존작물량 대 생산량의 비율로 계산한다.

체세포 somatic cell 다세포 생물에서 정자와 난자를 제외한 모든 세포.

체세포분열, 유사분열 mitosis 통상 전기, 전중기, 중기, 후기와 말기 등 5단계로 나누어지는 진핵세포의 핵분열 과정. 유사분열은 복제된 염색체를 두 딸세포로 똑같이 나누어 주어 염색체 수를 보존한다.

체순환계 systemic circuit 기체교환과 관련된 부분을 제외하고 몸의 모든 기관에 혈액을 공급하는 순환계의 한 부문.

체액성 면역반응 humoral immune response B세포의 활성화와 그로 인한 항체의 생성으로 체액 내의 바이러스나 박테리아의 공격을 방어하는 후천성 면역의 하나.

체온조절 thermoregulation 조절 가능한 범위 내에서 내부 체온의 유지.

체절 somite 척추동물 배 척삭 측면에 쌍으로 존재하는 일련의 중배엽 덩어리의 하나.

체제, 몸설계 body plan 동물에서 생물의 전체적인 기능으로 통합되는 형태학적 발생학적 특성.

체판 sieve plate 체관요소의 끝부분에 있는 벽으로 속씨식물 체관요소의 체관액의 흐름을 촉진한다.

초식동물 herbivore 주로 식물이나 조류를 먹는 동물.

초식성 herbivory 초식동물이 식물이나 조류의 부분을 먹는 관계.

촉매 catalyst 소모되지 않으면서 반응 속도를 변화시키는 화학물질.

촉수관 lophophore 완족류를 포함하는 몇몇 촉수담륜동물에서, 먹이를 섭취하는 기능을 하고 입 주위를 싸고 있는 왕관 모양의 섬모가 달린 촉수.

촉수담륜동물 lophotrochozoa 좌우대칭동물의 중요 3계통 중 하나. 촉수담륜동물은 촉수관이나 담륜자 유생이 특징인 생물을 포함한다. 후구동물과 탈피동물 참조.

촉진확산 facilitated diffusion 특정 막관통 수송단백질을 통하여 분자와 이온의 생체막을 가로지르는 자발적 통과.

총1차생산력 gross primary production(GPP) 생태계의 1차 생산량의 총합.

총배설강 cloaca 일부 포유류와 많은 비포유류 척추동물에서 발견되는 소화관, 비뇨관 및 생식관의 통로.

최대 개연성 maximum likelihood 분류학에 적용되는 것으로, 다양한 계통발생 가설을 고려할 경우 시간에 따라 어떻게 DNA가 변화하는가에 대한 특정한 규칙이 주어지듯이 가장 그럴듯한 진화적 사건의 순서를 반영해야 한다는 원리.

최대 단순성 maximum parsimony 관찰에 대한 복수의 해석을 고려할 경우 사실과 부합되는 가장 간단한 해석을 먼저 조사하여야 한다는 원리.

최소생존개체군 minimum viable population (MVP) 한 종이 종의 수를 유지하고 생존할 수 있는 가장 작은 집단의 크기.

최적먹이찾기이론 optimal foraging theory 먹이를 먹는 데 들이는 에너지와 먹이로부터 얻는 에너지를 어떻게 절충할 것인가 하는 행동 분석의 기초.

추이대 ecotone 이행대; 숲에서 초원대로의 전이와 같이 한 종류의 서식지나 생태계에서 다른 종류로의 전이.

축삭 axon 신경자극을 세포체로부터 표적세포 방향으로 전달하는 신경세포의 긴 돌출 부분.

춘화처리 vernalization 식물이 꽃피는 것을 유도하기 위한 저온의 이용.

충수, 막창자꼬리 appendix 척추동물의 맹장에 존재하는 작은 손가락 모양의 돌기; 면역에 관여하는 백혈구 덩어리를 포함하고 있다.

취기제 odorant 후각계의 감각수용기에 의해 검출될 수 있는 분자.

측계통군 paraphyletic 한 조상종과 모두는 아니지만 몇몇 그의 자손으로 이루어진 종의 무리.

측생분열조직 lateral meristem 목본류에서 뿌리와 어린 싹을 비후시키는 분열조직. 관다발형성층과 코르크형성층이 측생분열조직이다.

측선계 lateral line system 물고기와 수생 양서류의 몸의 측면을 따라 있는 일련의 구멍과 수용체 단위로 이루어진 기계적 수용체 시스템.

층 stratum 암석층 새로운 퇴적물층이 오래된 층을 덮은 후 압착할 때 생긴 암석층.

치설 radula 많은 연체동물이 먹이를 먹을 때 사용하는 끈 모양의 줄처럼 써는 기관.

친수성 hydrophilic 물에 대한 친화력을 가지는.

침묵돌연변이 silent mutation 관찰되는 표현형의 효과가 없는 뉴클레오타이드 쌍의 치환. 한 유전자 내에서 동일한 아미노산을 암호화하는 코돈으로의 돌연변이가 그 예이다.

침샘 salivary gland 음식물을 윤활시키고 화학소화를 시작하는 물질을 분비하는, 구강과 관련된 분비샘.

침엽수 conifer 가장 큰 겉씨식물문. 대부분의 침엽수는 소나무, 전나무와 같이 구과식물이다.

침윤 imbibition 구조의 내부 표면으로의 물의 물리적 흡수.

침입종 invasive species 보통 사람에 의해 도입된, 원산지의 외곽에 정착된 종.

카로티노이드 carotenoid 식물의 엽록체에 존재하는 노란색이나 오렌지색의 보조색소. 엽록소가 흡수하지 못하는 파장의 빛을 흡수하여 광합성을 수행할 수 있는 파장 영역을 넓힌다.

카르보닐기 carbonyl group 알데하이드기와 케톤기에 존재하는 화학기로, 하나의 탄소원자에 이중결합으로 연결된 산소원자로 이루어져 있다.

카르복실기 carboxyl group 유기산에 존재하는 화학기로, 하나의 탄소원자에 이중결합으로 연결된 산소원자로 이루어져 있으며 히드록실기에 결합되어 있다.

카스파리띠 Casparian strip 식물 내피세포에 존재하는 왁스로 된 방수층으로 세포벽을 통하여 수쪽으로 물이나 용질이 새는 것을 방지한다.

카테콜아민 catecholamine 에피네프린이나 노르에피네프린처럼 아미노산인 타이로신으로부터 합성되는 신경전달물질과 호르몬 종류.

칼로리 calrorie(cal) 1 g의 물을 1℃ 올리는 데 필요한 열량, 또한 1 g의 물을 1℃ 내리는 데 필요한 열량. 음식물 내의 에너지량을 표시하기 위해서는 보통 킬로칼로리(kcal 혹은 Cal)가 사용된다.

칼시토닌 calcitonin 갑상샘에서 분비되는 호르몬으로서 뼈에서 칼슘의 축적과 신장으로부터 칼슘의 배출을 촉진시킴으로써 혈액내 칼슘의 양을 낮추는 역할을 한다. 사람 성인에게는 필수적이지 않다.

캄브리아기폭발 Cambrian explosion 오늘날 알려진 중요한 몸 체제를 가지는, 크고 딱딱한 몸을 가지는 동물 형태가 화석 기록에 나타난 지질역사의 비교적 짧은 기간. 이러한 진화적 변화의 폭발은 약 5억 3,500만 년에서 5억 2,500만 년 전 사이에 일어났다.

캘러스 callus 식물의 분열하는 분화되지 않은 세포 덩어리.

캘빈회로 Calvin cycle 광합성의 중요한 두 단계 중 명반응에 이은 두 번째 단계로 대기 중의 이산화탄소를 고정한 후 고정된 탄소를 탄수화물로 환원시킨다.

캡시드 capsid 바이러스 유전체를 싸고 있는 단백질 껍질. 모양은 막대형, 다면체 혹은 더 복잡한 구조를 가진다.

코노돈트 conodont 두드러진 눈과 치아 요소를 가지는 물렁한 몸체를 가진 초기의 척추동물.

코돈 codon DNA나 RNA에서 특정 아미노산이나 종결신호를 지정하는 3염기로 유전암호의 기본 단위.

코르크형성층 cork cambium 내피를 보다 두껍고 단단한 코르크 세포로 대체하는 목본식물의 분열조직.

코르티기관 organ of Corti 내이의 달팽이관 바닥에 위치한 척추동물 귀의 실제적인 청각기관; 귀의 수용세포(모세포)를 포함하고 있다.

콘돔 condom 정액을 담을 수 있는 얇은 합성 고무나 자연적인 막으로 만든 피임 기구.

콜라젠 collagen 동물세포의 세포외기질에 있는 당단백질로 강한 섬유를 형성하며 결합조직과 뼈에 특히 많다; 동물계에 가장 많이 존재하는 단백질.

콜레스테롤 cholesterol 동물세포막에 필수 구성성분인 스테로이드이며 다른 생물학적으로 중요한 호르몬과 같은 스테로이드를 합성하는 전구물질로 작용한다.

큐티클 cuticle (1) 육상식물에서 건조를 막기 위해 줄기나 잎의 표면에 존재하는 왁스층. (2) 다양한 기능을 수행할 수 있도록 변형된 단백질과 키틴으로 이루어진 절지동물의 외골격. (3) 선충류의 몸을 덮는 단단한 막.

크리스테 crista 전자전달계와 ATP 합성효소를 포함하고 있는 미토콘드리아 내막의 안주름.

큰창자, 대장 large intestine 작은창자와 항문 사이에 위치하는 척추동물 소화관으로 주로 물 흡수와 대변을 형성하는 기능을 가진다.

클로닝벡터 cloning vector 유전공학에서, 숙주세포로 외부 DNA를 운반하여 그곳에서 복제시키는 DNA 분자. 클로닝 벡터는 재조합 DNA를 시험관에서 세포를 다시 옮기는 플라스미드와 감염에 의해 재조합 DNA를 운반하는 바이러스를 포함한다.

클론 clone (1) 유전적으로 동일한 개체나 세포의 계통. (2) 보다 일반적으로는 다른 개체와 유전적으로 동일한 개체를 일컫는다. (3) 동사형으로서 개체나 세포의 유전적 복제품을 만드는 것을 말한다. 유전자 클로닝 참조.

클론선택 clonal selection 항원이 항원에 특이적인 수용체를 가지는 림프구에만 선택적으로 결합하여 활성화시키는 과정. 이렇게 선택된 림프구는 특정 항원의 효과기 세포와 기억세포로 증식 및 분화된다. 클론선택은 후천성 면역의 특이성과 기억을 부여한다. 클론선택은 후천적 면역반응의 특이성과 기억을 담당한다.

키틴 chitin 많은 균류의 세포벽과 절지동물의 외골격에 존재하는 아미노산 단량체로 이루어진의 구조 다당류.

킬로미크론 chylomicron 지질을 운반하는 작은 소구체. 킬로미크론은 콜레스테롤과 혼합되고 특수한 단백질로 덮인 지방으로 구성되어 있다.

킬로칼로리 kilocalorie(kcal) 1,000칼로리; 1 kg의 물의 온도를 1℃ 올리는 데 요구되는 열에너지의 양.

타가수분 cross-pollination 속씨식물에서 한 식물의 수술로부터의 꽃가루가 같은 종 다른 식물의 암술머리로의 이동.

타이로신 인산화효소 수용체 receptor tyrosine kinase(RTK) 세포막에 걸쳐 존재하는 수용체 단백질로, 이 단백질의 세포질에 있는 부분은 ATP의 인산기를 다른 단백질의 타이로신으로 전달한다. 타이로신인산화효소 수용체는 종종 이량체화에 의한 신호분자의 결합을 담당하고 그 후 이량체에 존재하는 다른 수용체의 세포질 부분에 존재하는 타이로신을 인산화시킨다.

타이록신 thyroxine(T_4) 척추동물의 물질대사, 발생과 성숙을 조절하는, 갑상샘에서 생성 분비되는 아이오딘을 포함하는 두 종류의 호르몬 중의 하나.

탄소고정 carbon fixation 식물과 같은 광합성 생물이나 화학합성 생물이 이산화탄소를 유기물로 고정시키는 초기 과정.

탄수화물 carbohydrate 당(단당류) 혹은 이의 이중체(이당류) 혹은 중합체(다당류).

탄화수소 hydrocarbon 오직 탄소와 수소만으로 이루어진 유기분자.

탈분극 depolarization 휴지막전위에 비해 세포 안쪽이 바깥쪽에 비해 보다 덜 음전하를 띤 흥분된 세포의 전기적 상태의 변화. 자극에 의해 −70 mV의 휴지막전위가 0 V 쪽으로 감소되었을 때 뉴런 막은 탈분극된다.

탈수반응 dehydration reaction 두 분자가 물 한 분자를 제거하면서 공유결합하는 화학반응.

탈피 molting 탈피동물에서 보다 큰 외골격 생산에 의한 생장을 하기 위해서 주기적으로 외골격을 버리는 과정.

탈피동물 Ecdysozoa 좌우대칭동물의 세 중요 계통 중 하나. 많은 탈피동물은 탈피를 한다. 후구동물과 촉수담륜동물 참조.

탈황화 de-etiolation 햇빛에 반응하는 식물 싹의 변화; 이전에는 녹화(greening)로 알려졌다.

탐구 inquiry 보통 특정 질문에 초점을 맞춘 정보와 설명의 탐색.

태반 placenta 임신한 유태반 포유류의 자궁의 한 구조로서, 모체의 혈액을 공급한다. 자궁벽과 태아의 막으로부터 형성된다.

태반류 eutherian 태반을 가지는 포유류; 자식이 모체와 태반으로 연결된 자궁 내에서 배발생을 완성하는 포유류.

태생 viviparous 태반의 혈액에 의해 자궁에서 길러진 후 새끼가 태어나는 발생의 유형.

태아 fetus 임신 9주부터 출산까지 발생 중인 인간. 태아는 성체의 중요 구조를 모두 가진다.

테스토스테론 testosterone 남성의 생식계의 발생, 정자형성과정과 남성의 2차 성징에 요구되는 스테로이드호르몬. 포유류의 중요 안드로젠(수컷호르몬)이다.

테이-삭스병 Tay-Sachs disease 열성 대립유전자에 의해 유발되는 사람의 유전병으로 특정 지질이 뇌에 축적된다. 발작, 실명, 운동과 지적 수행능력의 퇴화가 생후 몇 개월 후부터 두드러지게 나타나며, 몇 년 내에 사망한다.

텔로미어 telomere 계속되는 복제 동안 생물의 유전자가 짧아지는 것을 보호하는, 진핵생물 염색체의 DNA 분자 끝에 존재하는 직렬 반복 DNA.

토양층위 soil horizon 땅 표면과 평행인 토양층으로 위와 아래층과는 물리적 특성이 다르다.

토착의 endemic 특수하고 비교적 좁은 지역에 서식이 제한되어 있는 종을 일컫는 말.

토탄 peat 주로 습지 이끼인 물이끼(*Sphagnum*)에 의해 형성되는 부식되지 않은 유기물의 과다한 축적.

통각수용기 pain receptor 유해함이나 통증 자극에 반응하는 자극수용기. 유해수용기라고도 한다.

투과전자현미경 transmission electron microscope(TEM) 전자빔이 매우 얇은 시료를 통과하는 현미경으로, 세포의 내부 초미세구조를 연구하는 데 이용된다.

투광대 photic zone 광합성을 하기에 충분한 빛이 투과되는 해양이나 호수의 위층.

투명대 zona pellucida 포유류 난자의 세포외부 기질.

툰드라 tundra 식물 생장의 극단 한계에 위치한 생물군계. 최북단의 한계에서는 북극 툰드라라고 하며, 작은 관목이나 낮은 식생을 보이는 높은 고도 지역에서는 고산성 툰드라라고 부른다.

트랜스지방 trans fat 하나 혹은 그 이상의 트랜스 이중결합을 포함하는 불포화 지방.

트랜스포존, 전이인자 transposon DNA 중간 매체를 이용하여 유전체 내에서 이동하는 인자.

트로포닌복합체 troponin complex 가는 필라멘트에서 트로포마이오신의 위치를 조절하는 조절 단백질.

트로포마이오신 tropomyosin 액틴분자의 마이오신 결합자리를 막는 조절 단백질.

트리아실글리세롤 triacylglycerol 하나의 글리세롤 분자에 연결된 3 지방산 분자. 지방 또는 트리글리세라이드로 불리기도 한다.

틸라코이드 thylakoid 엽록체 내부에 존재하는 막으로 된 납작한 주머니. 틸라코이드는 엽록체에서 서로 연결된 시스템으로 존재하며 빛에너지를 화학에너지로 전환하는 데 이용되는 기구를 포함한다.

파이브로넥틴 fibronectin 동물세포의 세포외기질에 부착하는 것을 돕는 당단백질.

파이토크롬 phytochrome 식물의 광수용체의 종류로, 대부분 적색광을 흡수하며 종자 발아와 음지 회피와 같은 많은 식물의 반응을 조절한다.

파장 wavelength 전자기 스펙트럼의 파장과 같이 파의 마루와 마루 사이의 거리.

파지 phage 박테리아를 감염시키는 바이러스로 박테리오파지라고도 부른다.

파충류 reptile 큰도마뱀(tuatara), 도마뱀, 뱀, 거북이, 악어를 포함하는 양막류 무리.

파킨슨병 Parkinson's disease 점진적인 뇌질환에 의한 운동 기능 장애로 움직임을 시작하기 어려우며 움직임이 둔화되며 경직되는 특징을 보인다.

판게아 Pangaea 판의 이동에 의해 육지를 모두 붙여놓은 고생대가 끝날 무렵에 형성된 거대 대륙.

판구조론 plate tectonics 대륙은 뜨겁고 밑에 있는 맨틀의 부분에 떠다니는 지각의 큰 판의 일부였다는 이론.

판피어류 placoderm 턱을 가지고 있었으며 강한 외부 방호피복으로 둘러싸인 멸종된 어류와 같은 척추동물 종류.

패턴형성 pattern formation 3차원 공간에 기관과 조직을 특징적인 장소에 배열하는, 다세포 생물의 공간적 구조의 발생.

팽압 turgor pressure 세포벽을 가지는 세포가 삼투현상에 의해 세포 내로 물의 유입됨으로써 세포벽에 미치는 압력.

팽윤 turgid 식물세포에서와 같이 팽창된. (세포벽을 가진 세포가 외부 환경에 비해 용질의 농도가 높으면 물이 유입되어 팽창된다.)

퍼넷 사각형 Punnett square 유전적 교잡에서 무작위 수정의 예상되는 결과를 보여주는 유전의 연구에 이용되는 도표.

퍼옥시좀 peroxisome 다양한 기질로부터 수소를 산소로 전달하는 효소를 가지고 있는 세포소기관으로 과산화수소의 생성과 분해를 담당한다.

페로몬 pheromone 동물과 균류에서 작은 분자로 같은 종 사이의 구성원 간에 의사소통 기능을 한다. 동물에서는 생리와 행동에 영향을 미치는 동물의 호르몬과 같은 기능을 한다.

펩시노겐 pepsinogen 위의 위오목(gastirc pit)에 위치한 주세포(chief cell)에서 분비되는 펩신의 불활성화 형태.

펩신 pepsin 단백질의 가수분해를 시작하는 위액에 존재하는 효소.

펩타이드결합 peptide bond 탈수반응에 의해 형성되는 한 아미노산의 카르복실기와 다음 아미노산의 아미노기 사이의 공유결합.

펩티도글리칸 peptidoglycan 짧은 폴리펩타이드와 연결된 변형된 당으로 이루어진 박테리아 세포벽에 존재하는 중합체. 아미노기 사이의 공유결합.

편도체 amygdala 감정을 처리하는 데 중요한 역할을 하는 척추동물 뇌의 측두엽에 있는 구조.

편리공생 commensalism 한 생물은 이득을 얻으나 다른 한쪽은 도움을 받지도 해를 입지도 않는 공생관계.

편모 flagellum 이동할 수 있도록 특수화된 세포 부속지. 원핵생물과 진핵생물의 편모는 구조가 다르다. 운동성 섬모와 같이 진핵생물 편모는 9개의 바깥 쌍 미세소관과 2개의 단일 미세소관이 확장된 세포막에 둘러싸인 중심부를 가진다.

평균 mean 데이터에서 모든 측정점의 합을 측정점의 수로 나눈 값.

평형 전위 equilibrium potential(E_{ion}) 평형 상태에 있을 때 막전위의 크기; 네른스트(Nernst) 방정식을 사용하여 계산함.

평형석 statolith (1) 식물에서 밀집된 녹말입자를 포함하고 있고 중력을 감지하는 데 이용되는 특수화된 색소체. (2) 무척추동물에서 평형 기능을 담당하는 감각기관에 존재하는 중력에 반응하는 입자.

평형포 statocyst 평형석의 이용을 통해 무척추동물에서 평형 기능을 하는 기계적 감각수용체로, 중력에 반응하여 모세포를 자극한다.

평활근 smooth muscle 세포에 마이오신 섬유가 고루 분포되어 있어 골격근과 심장근에 존재하는 무늬가 없는 근육으로, 불수의 운동에 관여한다.

폐경기 menopause 여성의 생식 기간의 끝을 나타내는 배란과 생리의 중단.

폐쇄순환계 closed circulatory system 혈액이 혈관 내로만 순환하는 순환계로 세포사이액과 섞이지 않도록 분리된다.

폐포형 alveolate 진핵생물 3대 큰무리(supergroup)의 하나인 "SAR" 분기군. 이 분기군은 2차 세포내공생에 의해서 생겼다. 폐포형 원생생물은 원형질막 바로 아래에 막으로 둘러싸인 주머니(폐포)를 가진다.

폐활량 vital capacity 한번의 호흡으로 포유동물이 들이마시고 내쉬는 공기의 최대량.

포괄 적응도 inclusive fitness 자기 자손을 생산하거나 아주 가까운 친족이 그들의 자손 생산을 증가 시키도록 도움을 줌으로 인해 한 개체의 유전자를 퍼뜨리는 총체적 효과.

포배 blastula 동물의 초기 배발생 중 난할의 마지막 단계인 속이 빈 공 모양의 세포단계.

포배강, 할강 blastocoel 포배의 중심에 형성되는 액체로 채워진 공간.

포식 predation 한 종(포식자)이 다른 종(피식자)을 먹는 종간의 상호작용.

포유류 mammal 포유강에 속하는 무리; 젖을 생산하는 젖샘을 가지는 양막류.

포자 spore (1) 세대교번을 하는 식물이나 조류 생활사에서, 감수분열에 의해 포자체에서 생성되는 반수체 세포. 포자는 유사분열에 의해 분열하여 다른 세포와의 융합없이 다세포 개체인 배우체로 발생한다. (2) 균류에서 유성생식 혹은 무성생식에 의해 생성된 반수체 세포로, 발아 후 균사를 생성한다.

포자낭군 sorus 고사리 포자엽에 있는 포자낭 무리. 평행하거나 혹은 반점 모양 등 다양한 형태로 배열되어 고사리 분류에 아주 유용하다.

포자수 strobilus 대부분의 겉씨식물과 일부 무종자 관다발식물에 존재하는 일반적으로 구과(솔방울)로 알려진 포자엽의 무리를 나타내는 용어.

포자엽 sporophyll 포자낭을 생성함으로써 생식을 하도록 변형된 잎.

포자주머니, 포자낭 sporangium 감수분열이 일어나며 반수체가 발생하는 균류와 식물의 다세포 기관.

포자체 sporophyte 세대교번을 하는 생물(식물과 일부 조류)에서, 생식세포의 접합으로 생기는 다세포 이배체. 포자체는 배우체로 발생하는 반수체 포자를 감수분열에 의해 생산한다.

포화지방산 saturated fatty acid 탄화수소 꼬리에 있는 모든 탄소가 단일결합으로 연결되어 탄소골격에 부착되는 수소의 수를 최대화한 지방산.

폴리A꼬리 poly-A tail mRNA 전구체 분자의 3′ 말단에 첨가되는 50~250개의 아데닌 뉴클레오타이드 서열.

폴리뉴클레오타이드 polynucleotide 많은 뉴클레오타이드 단량체의 사슬로 이루어진 중합체. 뉴클레오타이드는 DNA와 RNA의 폴리뉴클레오타이드가 될 수 있다.

폴리좀 polyribosome(polysome) 번역 중인 동일한 mRNA 분자에 부착된 여러 리보솜의 무리.

폴리펩타이드 polypeptide 펩타이드결합에 의해 서로 연결된 많은 아미노산의 중합체.

폴립형 polyp 자포류 체제의 고착성 변형; 다른 교대형은 메두사형이다.

표면장력 surface tension 액체 표면의 늘어나거나 부서지는 정도의 측정. 물은 표면분자의 수소결합에 의해 높은 표면장력을 가진다.

표식-재포획법 mark-recapture method 동물 개체군의 크기를 예측하는 데 이용되는 시료 채취 방법.

표준대사율 standard metabolic rate(SMR) 특정 온도에서 휴식을 하며 단식 중인 스트레스를 받지 않은 외온동물의 대사율.

표준편차 standard deviation 한 세트의 데이터 측정점에서 발견되는 변이의 측정.

표토 topsoil 암석과 살아 있는 생물 및 부식토(분해 중인 유기물)로부터 유래된 입자의 혼합물.

표피 epidermis (1) 단단히 밀착된 세포층으로 이루어진 목본류가 아닌 식물의 피층. (2) 동물의 바깥 덮개층.

표피계 dermal tissue system 식물의 바깥쪽 보호 덮개.

표현형 phenotype 유전자에 의해 결정되는 생물의 물리적 생리적 형질.

퓨린 purine 6각형 고리가 5각형 고리와 융합된 특징을 가지는, 뉴클레오타이드에 존재하는 두 종류의 질소염기 중 하나. 아데닌(A)과 구아닌(G)이 퓨린이다.

프라이머, 시발자 primer 자유로운 3′ 말단을 가지는 짧은 RNA 가닥으로, 주형가닥에 상보적으로 결합하여 DNA 복제 동안 DNA 뉴클레오타이드로 신장된다.

프로모터 promoter DNA에 존재하는 특수한 염기서열로 적절한 위치에 RNA 중합효소가 결합하며 RNA 전사 시작점을 표시한다.

프로바이러스 provirus 숙주 염색체에 영구적으로 삽입된 바이러스 유전체.

프로스타글란딘 prostaglandin 국소조절자와 같은 다양한 기능을 수행하는 거의 모든 조직으로부터 분비되는 변형된 지방산.

프로제스테론 progesterone 임신을 위해 자궁을 준비하는 스테로이드호르몬. 포유류에서는 중요 프로제스틴이다.

프로제스틴 progestin 임신을 위해 자궁을 준비하는 프로제스테론을 포함한 스테로이드호르몬의 한 부류.

프로테오글리칸 proteoglycan 동물세포의 세포외기질에 존재하는 많은 탄수화물 사슬을 가진 작은 중심 단백질로 이루어진 당단백질.

프로파지 prophage 박테리아 염색체의 특정 부분에 삽입된 파지 유전체.

프롤락틴 prolactin 척추동물종에 따라 매우 다양한 효과를 보이는 뇌하수체 전엽에서 생성되고 분비되는 호르몬. 포유류에서는 생장과 젖샘에서의 젖 분비를 자극한다.

프리메이스 primase 프라이머를 형성하기 위해 부모 DNA 가닥을 주형으로 사용하여 RNA 뉴클레오타이드를 결합시키는 효소.

프리온 prion 정상적인 세포 단백질이 잘못 접혀진 감염원. 제대로 접혀진 단백질을 더 많은 프리온으로 변환시켜 수를 늘리는 것으로 보인다.

플라나리아 planarian 오염되지 않은 연못이나 개울에서 독립생활을 하는 편형동물.

플라스미드 plasmid 박테리아 염색체의 유전자와 구별되는 부속 유전자를 가지고 있는 작은 원형의 이중가닥 DNA 분자. 플라스미드는 효모와 같은 진핵생물에서도 발견된다.

피낭동물 tunicate 등뼈가 없는 고착성 해양 척삭동물인 미삭동물아문에 속하는 동물.

피리미딘 pyrimidine 6각형 고리의 특징을 가지는 뉴클레오타이드에 존재하는 두 종류의 질소염기 중 하나. 사이토신(C)과 티민(T) 그리고 우라실(U)이 피리미딘이다.

피부계 integumentary system 피부, 털과 손발톱 등을 포함하는 포유류 몸의 제일 바깥층.

피임 contraception 임신의 의도적 방지.

피임약 birth control pill 배란을 억제하고 황체 형성을 늦추거나 혹은 정자가 자궁으로 들어가지 못하게 자궁경부의 점액을 변화시키는 피임약.

피층 cortex (1) 세포막 바로 아래에 위치하며, 많은 미세섬유로 인해 안보다 더 젤 같은 농도를 띤 진핵세포 세포질의 바깥 부위. (2) 식물에서, 뿌리와 쌍떡잎식물 줄기에서 표피와 관다발조직 사이에 있는 기본 조직.

필수아미노산 essential amino acid 동물이 합성하지 못하므로 반드시 음식물에서 섭취하여야 하는 아미노산. 사람 성인에게는 필수아미노산이 8종 있다.

필수영양소 essential nutrient 다른 물질로부터 합성되지 못하므로 미리 합성된 형태로 섭취하여야만 하는 물질; 사람에게는 필수비타민, 무기염류, 아미노산 및 지방산이 이에 속한다.

필수원소 essential element 식물이 씨앗으로부터 씨앗의 형태로 다음 세대를 생성하기까지 완전한 생활사를 마칠 수 있도록 생장하는 데 필요한 화학물질.

필수지방산 essential fatty acid 동물에게는 필수적이나 동물이 합성하지 못하는 불포화 지방산.

하구, 강어귀 estuary 담수하천이 해양과 만나는 지역.

하디-바인베르크 평형 Hardy-Weinberg equilibrium 멘델의 법칙과 대립유전자의 재조합이 적용된다면, 한 집단에서 대립유전자와 유전자형의 빈도는 세대를 거듭하여도 변하지 않는다는 진술.

하배축 hypocotyl 속씨식물의 배에서 떡잎이 붙는 지점의 아래쪽과 어린뿌리의 위쪽에 존재하는 배의 축.

하향식 모형 top-down model 포식활동이 초식동물의 수를 조절함으로써 군집 구조에 영향을 미치고, 이것이 다시 식물이나 식물성 플랑크톤의 수를 조절하며, 차례로 이것이 영양물질의 양을 조절한다는 군집구조의 모형으로, 영양단계 모형이라고도 한다.

학습 learning 특정 경험에 근거한 행동의 변형.

한계량 critical load 보통 질소와 인과 같은 생태계의 보전에는 영향을 미치지 않으면서 더해진 영양물질의 양.

할구 blastomere 초기 배의 난할단계 동안 생성되는 초기 배세포.

항상성 homeostasis 몸의 일정한 생리적 상태.

항원 antigen B세포나 T세포 수용체에 결합하여 림프구에 의한 면역반응을 유발하는 물질.

항원결정부 epitope 항원수용체나 항체가 결합하는 항원의 작은 부위.

항원 수용체 antigen receptor 항원과 결합하여 후천성 면역반응을 유발하는 B세포와 T세포의 표면에 존재하는 표면 단백질을 일컫는 용어. B세포 표면에 존재하는 항원수용체를 B세포 수용체(혹은 막면역글로불린)라고 하며, T세포 표면에 존재하는 항원 수용체를 T세포 수용체라 한다.

항원제시 antigen presentation MHC 분자가 세포 내 단백질 항원의 절편에 결합하여 세포 표면으로 이동시켜 그곳에서 노출시킴으로써 T세포에 의해 인지되게 하는 과정.

항원제시세포 antigen presenting cell 병원균이나 병원균 단백질을 삼켰을 때 II형 MHC 분자에 결합하는 펩타이드 절편을 생성하여 보조T세포의 표면에 노출시키는 기능을 하는 세포. 대식세포, 수지상세포와 B세포가 주요 항원제시세포이다.

항이뇨호르몬 antidiuretic hormone(ADH) 신장이 물을 보유하도록 촉진하는 바소프레신이라고 알려진 펩타이드호르몬. 시상하부에서 생성되어 뇌하수체후엽에서 분비된다. ADH는 또한 뇌에서도 활동한다.

항체 antibody 분화된 B세포인 형질(플라스마) 세포로부터 분비되는 단백질로 특정 항원에 결합하여 제거되도록 표지한다. 면역글로불린이라고도 한다. 모든 항체분자는 Y 형태를 하고 있으며 단량체 상태에서는 동일한 두 개의 무거운 사슬과 동일한 두개의 가벼운 사슬을 가진다.

해당과정 glycolysis 포도당의 피루브산으로의 분해. 모든 생물의 세포에서 일어나는 물질대사 중의 하나로서 발효와 호기성 호흡의 시작단계이다.

해밀턴의 원리 Hamilton's rule 이타적 행위에 유리한 자연선택은 이타적 행위의 비용을 능가하여야만 한다는 원리.

해부학 anatomy 생명체의 구조와 그의 연구.

해양 저생대 marinebenthic zone 해양의 바닥.

해양산성화 ocean acidification 화석연료의 연소에서 비롯된 과다한 대기 이산화탄소의 흡수로 인한 바닷물의 pH 감소.

해파리형, 메두사형 medusa 부유하는 납작한 입이 아래로 향한 자포류의 몸의 체제. 교대형은 폴립이다.

핵 nucleus (1) 중성자와 양성자를 포함하고 있는 원자의 중심 부분. (2) 진핵세포에서 염색체를 포함하고 있는 세포소기관. (3) 뉴런의 다발.

핵막 nuclear envelope 진핵세포에서 핵을 싸고 있는 이중막으로, 세포질과 핵을 구분한다.

핵막층 nuclearl aminar 핵의 모양을 유지하는 단백질 섬유의 망상구조 배열.

핵산 nucleic acid 많은 뉴클레오타이드 단량체로 이루어진 중합체; 모든 세포 활동을 위한 단백질 형성의 설계도로 작용한다. DNA와 RNA 두 종류가 있다.

핵산 탐침 nucleic acid probe DNA 공학에서 핵산 시료의 특정 염기서열을 표시하는 데 이용되는 표지된 단일가닥의 핵산분자. 탐침은 상보적인 염기서열과 수소결합을 형성한다. 방사선 혹은 다른 방법으로 표지된 탐침은 탐지되는 위치를 알려준다.

핵산 혼성화 nucleic acid hybridization 한 핵산분자의 한 가닥이 다른 핵산분자의 상보성 염기서열로 염기쌍을 형성.

핵심종 keystone species 반드시 많이 존재할 필요는 없으나 생태적 역할이나 지위의 본질로 말미암아 군집의 구조에 매우 중요한 조절역할을 하는 종. 쐐기종이라고도 함.

핵양체 nucleoid 원핵세포에서 염색체가 존재하는 막으로 둘러싸이지 않은 지역.

핵융합 karyogamy 배우자 합체(수정)의 일부로 두 세포핵의 융합.

핵형 karyotype 크기와 모양에 의해 정렬한 한 세포의 염색체 쌍의 배열.

행동 behavior 개별적으로는 자극에 반응하여 신경계의 조절에 의해 근육이나 샘에 의해 수행되는 행동. 집합적으로는 내부 및 외부 자극에 대한 동물의 반응의 총합.

행동생태학 behavioral ecology 동물행동의 진화적 생태학적 근원에 관한 학문.

허파 lung 가느다란 관으로 대기와 연결시키는 육상 척추동물, 육상 달팽이와 거미의 호흡표면.

허파꽈리, 폐포 alveolus 끝이 막힌 다엽의 공기주머니로 허파의 표면에서의 공기교환을 담당한다.

헌팅턴병 Huntington's disease 우성 대립유전자에 의한 사람의 유전병으로 조절이 안 되는 몸의 움직임과 신경계의 퇴행이 특징이며 보통 증상이 나타난 후 10~20년 안에 사망한다.

헛물관 tracheid 모든 관다발식물의 물관에서 발견되는, 길고 끝이 가늘게 된 물 수송세포. 기능을 수행하는 헛물관은 더 이상 살아 있는 세포가 아니다.

헛발, 위족 pseudopodium 아메바형 세포에서 이동과 먹이 섭취에 사용되는 외부 돌출.

헛뿌리, 가근 rhizoid 선태식물을 땅에 고정하는 긴 관 모양으로 된 하나의 세포 혹은 세포의 섬유. 뿌리와는 달리, 헛뿌리는 조직으로 구성되어 있지 않으며, 특수화된 통도 세포도 없고, 물과 무기염류 흡수에 어떠한 중요한 역할도 수행하지 않는다.

헤모글로빈 hemoglobin 적혈구에 존재하는 철 함유 단백질로 산소와 가역적으로 결합한다.

헨레고리 loop of Henle 척추동물의 신장에서 근위세뇨관과 원위세뇨관 사이의 상행지와 하행지를 가지는 머리핀 구조로, 물과 염류의 재흡수를 담당한다.

헬리케이스 helicase 복제분기점에서 DNA의 이중나선을 푸는 효소로 두 가닥을 분리시켜 주형가닥으로 이용되게 한다.

혈관수축 vasoconstriction 혈관벽에 있는 민무늬근의 이완에 의해 유발된 혈관직경의 감소.

혈관이완 vasodilation 혈관벽 근육을 이완시키는 신경신호에 의해 유발되는 혈관직경의 증가.

혈림프 hemolymph 개방혈관계를 갖는 무척추동물에서 조직을 채우는 체액.

혈소판 platelet 특수화된 골수세포에서 뜯겨져 나온 세포질성 조각. 혈소판은 혈액을 따라 순환하며 혈액 응고에 중요하다.

혈액 blood 적혈구, 백혈구와 혈소판이 존재하는 혈장이라 불리는 액체로 이루어진 결합조직의 하나.

혈연계수 coefficient of relatedness 두 개체에 의해서 평균적으로 공유되는 유전자 부분.

혈연선택 kin selection 친족의 생식 능력을 향상시킴으로써 이타적 행동을 선호하는 자연선택.

혈우병 hemophilia 성연관 열성 대립유전자에 의한 사람의 유전병으로, 하나 혹은 그 이상의 혈액응고 단백질이 결핍된다. 상처가 났을 때 과다한 출혈이 특징이다.

혈장 plasma 혈구를 포함하는 혈액의 액체 기질.

혈전 thrombus 혈관에서 형성되는 파이브린을 포함한 덩어리로, 혈액의 흐름을 막는다.

협각 chelicera 협각류의 특징인 한 쌍의 집게발 같은 부속지.

협각류 chelicerate 두흉부와 복부를 나누어진 몸체와 협각을 갖는 절지동물. 바다거미, 투구게, 전갈, 진드기와 거미 등이 이에 속한다.

협동성 cooperativity 기질의 결합에 의한 한 소단위체의 구조변화가 모든 다른 소단위체로 전달되는 다른 자리 입체성 조절의 유형으로, 이어서 일어나는 기질분자의 결합을 용이하게 한다.

협막 capsule (1) 세포 표면을 보호하거나 때로는 세포가 다른 표면에 붙는 것을 돕는 몇몇 원핵생물에서 세포벽을 둘러싸고 있는 끈끈한 층. (2) 이끼, 우산이끼, 붕어마름과 같은 선태식물의 포자낭.

형질 character 관찰할 수 있는 유전적 특성.

형질 trait 유전형질에서 탐지되는 변이.

형질도입, 전달 transduction (1) 파지가 한 박테리아 숙주로부터 다른 박테리아 숙주로 박테리아 DNA를 전달하는 수평적 유전자 전달과정. (2) 세포간의 연락에서 세포외부로부터의 신호를 특정 세포내반응을 야기할 수 있는 형태로의 전환. 신호전달이라고도 부른다.

형질전환 transformation (1) 정상적인 세포가 암세포와 같이 무한으로 분열할 수 있는 상태로의 전환. (악성 형질전환은 한 생물의 정상 세포가 암세포로 변환하는 일련의 과정을 의미하기도 한다). (2) 외부 DNA의 세포내 도입에 의한 유전자형과 표현형의 변화. 외부 DNA가 다른 종으로부터 유래한 것이라면 형질전환 결과 수평적 유전자 전달이 일어난다.

형질전환된 transgenic 종이 동일하거나 혹은 같지 않은 다른 생물로부터 유래된 유전자를 자신의 유전체에 포함하고 있는 생물을 일컫는 용어.

형질치환 character displacement 동일한 두 종의 이소성 집단보다 다른 종의 동소성 집단에서 형질이 보다 발산하는 경향.

형태학적 종 개념 morphological species concept 측정 가능한 형태학적 기준에 근거한 종의 정의.

형태형성 morphogenesis 한 생물의 몸의 형태와 구조 발생.

형태형성물질 morphogen 초파리의 비코이드 단백질과 같이 배축을 따라 농도기울기를 형성하여 위치 정보를 제공하는 물질.

호극성 생물 extremophile 다른 생물이 생존하지 못하는 극한 환경에 서식하는 생물. 극호염균 및 극호열균들이 이에 속한다.

호르몬 hormone 다세포 생물에서 특수한 세포에서 생성되어 체액을 따라 이동하며 몸의 다른 부위에 있는 특수한 표적세포에 작용하여 그들의 기능을 변화시키는 많은 종류의 화학물질 중의 하나.

호메오박스 homeobox 호메오 유전자나 혹은 일부 발생 유전자 내에 존재하는 동물에서 폭넓게 보존되어 있는 180개의 염기서열. 유사한 염기서열이 식물이나 원핵생물에서도 발견된다.

호메오유전자 homeotic gene 동물, 식물 및 균류에서 세포군의 발생 운명을 조절함으로써 몸 체제의 위치와 공간적 구조를 조절하는 주된 조절유전자의 하나.

호열균 thermopile 극호열균 참조.

호염생물 halophile 극호염생물 참조.

호중구 neutrophil 가장 많이 존재하는 백혈구 유형; 호중구는 대식작용을 하며 외부 침입자를 파괴하면서 자신도 스스로 파괴된다. 따라서 수명도 며칠 밖에 되지 않는다.

호흡색소 respiratory pigment 혈액 또는 혈림프에서 대부분의 산소를 운반하는 단백질.

혼합영양생물 mixotroph 광합성과 종속영양을 동시에 수행하는 능력을 가지는 생물.

홍조류 red algae 엽록소를 가리는 붉은 색소로 인해 이름이 지어진 광합성 원생생물. 대부분의 홍조류는 다세포성 해양생물이다.

홍채 iris 척추동물 눈의 색깔 있는 부분.

홑눈 single-lenseye 다모류, 거미류 많은 연체동물에서 발견되는 카메라와 비슷한 눈.

화석 fossil 과거에 생존하였던 생물의 보존된 자국이나 흔적.

화탁 receptacle 꽃의 기저부; 꽃기관의 부착지점인 줄기의 부분.

화학결합 chemical bond 최외각 전자의 공유나 혹은 원자의 반대전하로 인한 두 원자 간의 인력.

화학독립영양생물 chemoautotroph 오직 이산화탄소만을 탄소원으로 사용하는 생물로 무기물의 산화에 의해 에너지를 얻는다.

화학반응 chemical reaction 화학결합의 형성과 분해로, 물질의 조성을 바꾼다.

화학삼투 chemiosmosis 막 사이의 수소이온 기울기의 형태로 저장된 에너지를 이용하여 ATP 합성과 같은 세포내 과정을 수행하는 에너지가 결부된 메커니즘으로, 세포에서 대부분의 ATP 합성은 화학삼투에 의해 일어난다.

화학수용기 chemoreceptor 용질이나 냄새물질과 같은 화학자극에 반응하는 감각수용기.

화학에너지 chemical energy 화학반응에서 방출되기 위해 분자에 필요한 에너지로, 위치에너지의 한 형태.

화학종속영양생물 chemoheterotroph 에너지와 탄소원을 얻기 위해 유기물을 소비해야 하는 생물.

화학평형 chemical equilibrium 화학반응에서 순방향의 반응 속도와 역방향의 반응 속도가 같은 상태로, 반응물과 생성물의 상대적 농도는 시간에 따라 변하지 않는다.

화합물 compound 2개 혹은 그 이상의 원소가 정해진 비율로 이루어진 물질.

확산 diffusion 액체, 고체 및 기체 입자의 무작위적인 열운동. 농도 또는 전기화학적 기울기가 존재하면 확산 결과 농도가 높은 지역에서 낮은 지역으로 물질의 순 이동이 일어난다.

환경수용력 carrying capacity 가용한 자원에 의해 유지되는 집단의 최대 크기로 K로 표현한다.

환기 ventilation 호흡 표면을 통한 공기 또는 물의 흐름.

환원 reduction 산화환원반응이 관련되는 한 물질에 전자를 첨가하는 것.

환원제 reducing agent 산화환원반응에서 전자 공여체.

활동전위 action potential 자극에 의해 야기된 Na^+와 K^+ 통로의 선택적인 열림과 닫힘에 의해 유도되는 세포에서 막전위의 빠른 변화.

활성부위 active site 다수의 약한 화학결합으로 기질과 결합하며 촉매반응이 일어나는 곳에 오목한 모양을 형성하는, 효소의 특정 부위.

활성자 activator DNA에 결합하여 특정 유전자의 전사를 활성화시키는 단백질.

활성화 에너지 activation energy 반응물이 반응을 시작하기 전에 반드시 흡수하여야만 하는 에너지의 양. 자유 활성화 에너지라고도 한다.

활주필라멘트모형 sliding-filament model 근육구조의 기본 단위인 근절 내부에서의 변화에 근거한 근육 수축을 설명하는 설. 이 설에 따르면 가는 필라멘트(액틴)가 굵은 필라멘트(마이오신)로 미끄러져 들어가 근절이 짧아진다. 하나의 근원섬유에 있는 모든 근절의 수축이 모든 근원섬유를 수축시키게 된다.

황갈조류 golden algae 노란색과 갈색의 카로티노이드 색소 때문에 이름이 붙여진 쌍 편모를 가지는 광합성 원생생물.

황체 corpus luteum 배란 후에 퇴화된 난포에서 형성되며 프로제스테론을 생산하는 난소의 분비세포.

황체형성호르몬 luteinizing hormone(LH) 여성의 배란과 남성의 안드로젠 형성을 촉진하는 기능을 하는 뇌하수체 전엽에 의해 생성되고 분비되는 자극호르몬.

황화수소기 sulfhydryl group 수소원자와 결합된 황원자로 이루어진 기능기.

황화현상 etiolation 암소에서 자라는 식물의 형태적 적응.

회백질 gray matter 중추신경계에서 수상돌기와 뉴런의 세포체가 밀집된 부분.

횡격막, 페서리 diaphragm (1) 횡격막; 포유류 흉강의 아래쪽 벽을 형성하는 근육막으로, 수축 시 허파로 공기를 끌어들인다. (2) 페서리; 성교 전 질의 윗부분을 막는 돔 모양의 마개로 정자가 자궁으로 가는 데 있어 물리적 장벽으로 작용한다.

효과기 effector 병원체가 암호화하는 숙주의 선천성 면역계를 무력화시키는 단백질.

효과기세포 effector cell (1) 자극에 대해 몸이 반응하게 하는 근육세포나 샘세포; 뇌나 신경계의 다른 정보처리 장소에서 온 신호에 반응한다. (2) 클론선발을 겪어 후천적 면역반응을 매개할 수 있는 림프구.

효모 yeast 이분법이나 출아법에 의해 무성으로 번식하는 단세포성 균류. 일부 종은 다른 교배형 사이에 세포 융합을 보인다.

효소 enzyme 반응 동안 소비되지 않고 반응 속도를 변화시키는 촉매로 작용하는 거대분자.

효소-기질복합체 enzyme-substrate complex 효소가 기질분자에 결합하여 형성된 일시적인 복합체.

후각 olfaction 냄새 감각.

후각세포 collenchyma cell 생장을 억제하지 않으며 식물의 어린 부분을 지지하는 실이나 원통 모양의 유연한 식물세포 종류.

후구동물 Deuterostomia 3가지 중요한 좌우대칭동물 계통 중 하나. 탈피동물과 촉수담륜동물 참조.

후구동물발생 deuterostome development 원구로부터 항문의 발생이 특징인 동물의 발생 양상으로, 종종 방사상 난할과 중배엽 조직의 바깥주머니로 형성되는 몸의 장체강 발생의 특징을 가진다.

후기 anaphase 유사분열의 네 번째 단계로 각 염색체의 염색분체가 분리되고 딸 염색체가 세포의 양극으로 이동한다.

후뇌 hindbrain 척추동물 뇌의 세 배 부분 중 하나; 연수, 뇌교 및 소뇌로 발생한다.

후두 larynx 성대를 포함하는 호흡관의 일부. 소리상자라고도 한다.

후벽세포 sclerenchyma cell 원형질이 없으며 성숙 시 리그닌에 의해 강화된 두터운 2차벽을 가지는 단단한 지지세포.

후생유전 epigenetic inheritance 뉴클레오타이드의 서열이 관련되지 않은 기작에 의한 형질의 유전.

후신관 metanephridium 전형적으로 섬모로 싸인 내부 통로와 바깥 통로를 연결하는 관으로 이루어진 많은 무척추동물의 배설기관.

후천성면역결핍증 acquired immunodeficiency syndrome(AIDS) HIV 감염의 후기단계 동안 나타나는 증상과 징후. T세포 수의 감소와 2차 감염의 특징이 나타남에 의해 정의된다.

휴면 dormancy 아주 느린 물질대사율과 생장과 발생의 중지를 특징으로 하는 상태.

휴면 torpor 활동이 저하되고 물질대사율이 감소하는 생리 상태.

휴지전위 resting potential 세포 안의 전위가 바깥에 비해 더 음성적인, 전도하지 않으며 흥분될 수 있는 세포의 막전위.

흔적구조 vestigial structure 생물에서 거의 사용되지 않는 기관. 흔적구조는 조상에게서는 중요한 기능을 하였던 잔여기관이다.

흡기 haustorium 일부 공생균류에서 숙주 생물의 조직을 관통하는 특수화된 균사.

흡수 absorption 동물의 음식물 처리 과정 중 3번째의 단계로, 생물에 의한 작은 영양분자의 섭취.

흡수스펙트럼 absorption spectrum 색소가 흡수하는 다양한 파장의 빛의 범위. 또한 그러한 범위의 그래프.

흡열반응 endergonic reaction 주변으로부터 자유에너지가 흡수되는 비자발적인 화학반응.

흡착 adhesion 서로 다른 분자 간의 친화력.

흥분성 시냅스후세포 전위 excitatory postsynaptic potential(EPSP) 시냅스전 세포로부터 나온 흥분성 신경전달물질이 시냅스후신경세포의 수용체에 결합함으로써 생기는 시냅스후신경세포 막의 전위변화(탈분극); 시냅스후신경세포가 활동전위를 발생하게 한다.

희소돌기아교세포 oligodendrocyte 중추신경계에서 뉴런의 축삭돌기 주위에 절연체인 미엘린 수초를 형성하는 신경교세포의 일종.

히드로늄이온 hydroniumion 여분의 중성자가 부착된 물분자. H_3O^+.

히스타민 histamine 비만세포에 의해 분비되는 물질로 염증반응 및 앨러지 반응 동안 혈관을 확장시키고 투과성이 높아지도록 한다.

히스토그램 histogram 수치로 나타낸 데이터를 먼저 그룹으로 나눈 후 변수를 균등한 간격으로 *x*축 위에 그린 막대 그래프의 변형. 그룹은 정수 또는 수의 범위일 수 있다. 각 막대의 높이는 *x*축에 그려진 간격 하나로 나타낼 수 있는 실험 대상의 비율이나 수를 나타낸다.

히스톤 histone 양전하의 아미노산을 많이 가지는 작은 단백질로 음전하를 띤 DNA에 결합하며 염색질 구조에 중요한 역할을 한다.

히스톤아세틸화 histone acetylation 히스톤 단백질의 특정 아미노산에 아세틸기의 결합.

힘줄 tendon 근육을 뼈에 부착하는 섬유성 결합조직.

ABC 가설 ABC hypothesis 네 가지 형태의 꽃기관 형성을 결정하는 세 가지 유형의 꽃기관 결정 유전자에 의한 꽃 형성 모델.

ATP 합성효소 ATP synthase 양성자가 확산하는 통로를 제공하는 다수의 막단백질 복합체. 인접한 전자전달계와 함께 화학삼투에 작용하여 수소이온 농도기울기의 에너지를 이용하여 ATP를 합성한다. ATP 합성효소는 진핵세포의 미토콘드리아 내막과 원핵세포의 세포막에 존재한다.

A자리 A site 번역 동안 tRNA가 결합하는 3개의 리보솜 자리 중의 하나. A 자리는 폴리펩타이드 사슬에 더해질 다음 번의 아미노산을 운반하는 tRNA가 결합하는 자리이다. (A는 아미노아실 tRNA를 의미한다.)

B세포 B cells 골수에서 생성되고 성숙되는 림프구로 체액성 면역의 효과기 세포로 된다.

C_3 식물 C_3 plant 이산화탄소를 유기물로 고정하는 초기 단계에 캘빈회로를 이용하는 식물로, 처음 안정화된 물질로 3탄소물질을 형성한다.

C_4 식물 C_4 plant 이산화탄소를 먼저 4탄소물질로 고정한 후 캘빈회로를 수행하는 식물.

CAM 식물 CAM plant 건조한 지역에서 광합성을 할 수 있도록 적응된 크래슐산대사를 이용하는 식물유형. CO_2는 밤 동안에 열려진 기공을 통해 들어가 유기물로 전환된 후 기공이 닫힌 낮 동안에 CO_2를 방출하여 캘빈 회로가 진행되게 한다.

DNA 디옥시리보핵산 디옥시리보오스당과 질소염기 아데닌(A), 구아닌(G), 사이토신(C)과 티민(T)을 가지는 뉴클레오타이드 단량체로 이루어진 보통 폴리뉴클레오타이드의 이중나선 가닥인 핵산분자. 복제를 할 수 있으며 세포 단백질의 고유구조를 결정한다.

DNA 염기서열 결정 DNA sequencing 유전자 또는 DNA 절편의 완전한 뉴클레오타이드 서열을 결정하는 것.

DNA 조작 기술 DNA technology DNA의 염기서열을 결정하고 조작하는 기술.

DNA 회전효소, 토포아이소머레이스 topoisomerase DNA 가닥을 절단하고 회전시키며 다시 연결하는 단백질. DNA 복제 동안 이 효소는 복제 분기점의 앞부분에서 이중나선의 구조를 풀어주는 기능을 한다.

DNA 마이크로어레이 분석 DNA microarray assay 수천 개 유전자의 발현을 한번에 감지하고 측정할 수 있는 방법. 다른 유전자를 나타내는 많은 수의 단일가닥 DNA 절편을 슬라이드 글라스 위에 고정시키고 표지된 cDNA 시료로 혼성화하여 검사한다.

DNA 메틸화 DNA methylation 동물, 식물과 균류의 DNA 염기(보통 사이토신)에 메틸기의 존재. (또한 이 용어는 DNA 염기에 메틸기를 부착하는 과정을 언급하기도 한다.)

DNA 복제 DNA replication DNA 분자가 복제되는 과정. DNA 합성이라고도 불린다.

DNA 복제원점 origin of replication 특별한 서열의 뉴클레오타이드로 이루어진 DNA 분자의 복제가 시작되는 지점.

DNA 연결효소 DNA ligase DNA 복제에 필수적인 연결효소로, 한 DNA 절편의 3′ 말단(오카자키 절편과 같은)을 다른 절편(신장 중인 DNA 사슬과 같은)의 5′ 말단으로 공유결합하는 것을 촉매한다.

DNA 중합효소 DNA polymerase 존재하는 DNA 사슬에 뉴클레오타이드를 첨가함으로써 복제분기점과 같은 새로운 DNA의 신장을 촉매하는 효소.여러 종류의 DNA 중합효소가 있다: DNA 중합효소 III와 DNA 중합효소 I이 원핵생물의 DNA 복제에 중요한 역할을 한다.

DNA 클로닝 DNA cloning 특정 DNA 절편을 여러 사본 생산하는 것.

E자리 E site 번역 동안 리보솜의 tRNA 결합자리 3개 중 하나. E 자리는 리보솜에서 tRNA가 아미노산을 내려놓고 떠나는 자리이다.

F_1 세대 F_1 generation 일련의 유전교배에서 첫 번째(잡종) 자손.

F_2 세대 F_2 generation F_1 세대의 잡종의 교배로 태어난 자손.

F인자 F factor 박테리아에서, DNA를 공여체에서 수용체로 이동시키는 접합을 수행하는 선모를 형성하는 능력을 부여하는 DNA 부분. F 인자는 플라스미드 형태로 존재하거나 박테리아 염색체에 삽입되어 존재한다.

F 플라스미드 F plasmid F 인자의 플라스미드 형태.

G 단백질 G protein G 단백질 연계 수용체로 알려진 원형질막의 수용체로부터의 신호를 세포내 다른 신호전달분자에게 전달하는 GTP 결합 단백질.

G 단백질결합수용체 G protein-coupled receptor(GPCR) G 단백질을 활성화시켜 신호분자의 결합에 반응하는, 세포막에 존재하는 신호 수용체 단백질. G 단백질 연결 수용체라고도 불린다.

G_0기 G_0 phase 세포주기를 떠난 비분열 상태.

G_1기 G_1 phase DNA 복제 전의 간기로 이루어진 세포주기 중 첫 번째 간격 또는 생장기.

G_2기 G_2 phase DNA 복제 후의 간기로 이루어진 세포주기 중 두 번째 간격 또는 생장기.

***K* 선택** *K*-selection 비교적 소수의 자손을 낳아 모두 생존시키는 데 초점이 맞추어진 생활사. 때로 밀도 의존적 선택이라고 한다.

P자리 P site 번역 동안 tRNA가 결합하는 3개의 리보솜에 있는 자리 중 하나. 신장되는 폴리펩타이드 사슬을 가지고 있는 tRNA를 붙든다.

***p53* 유전자** *p53* gene 세포주기 억제 단백질 합성을 촉진하는 특수전사인자를 암호화하는 종양 억제유전자.

PEP 카르복실화효소 PEP carboxylase C_4 식물에서, 이산화탄소를 포스포에놀피루브산(PEP)에 첨가하여 옥살아세트산을 형성하는 효소. 광합성 이전에 작용한다.

P세대 P generation 유전연구에서 F_1 잡종을 생산하는 동형의 순계 부모 개체. P는 'parent'를 의미한다.

R 플라스미드 R plasmid 특정 항생제에 저항성을 부여하는 유전자를 가지고 있는 박테리아 플라스미드.

***ras* 유전자** *ras* gene 원형질막에 존재하는 생장인자 수용체로부터 생장신호를, 궁극적으로 세포주기를 촉진하는 단백질키나아제의 신호전달 체계로 전달하는 G 단백질인 Ras 단백질을 암호화하는 유전자.

RNA 가공과정 RNA processing 인트론을 제거하고 엑손을 연결하며 5′과 3′ 말단의 변형을 포함하는 RNA 전사물의 변형.

RNA 간섭 RNA interference(RNAi) 특정 유전자의 발현을 억제시키는 기작. RNA 간섭은 특정 유전자의 염기서열과 일치하는 두 가닥 RNA 분자를 siRNA로 가공하여 이 유전자 mRNA의 전사를 억제하거나 분해를 촉진시키는 방법이다. 이것은 일부 세포에서 자연적으로 일어나며 또한 실험실에서 수행할 수도 있다.

RNA 스플라이싱 RNA splicing 진핵생물의 1차 RNA 전사물이 합성된 후, mRNA에 포함되지 않을 전사물의 부분(인트론)의 제거.

RNA 중합효소 RNA polymerase 전사 동안 신장 중인 RNA 사슬에 리보뉴클레오타이드를 연결하는 효소.

***r*-선택** *r*-selection 많은 수의 자손이 생산되지만 각 자손은 생존 가능성이 낮은 생활사. 때로는 밀도 비의존적 선택이라고도 한다.

S기 S phase 세포주기 중 합성단계. 간기의 한 부분으로 DNA가 복제되는 시기.

"SAR" 분기군 "SAR" clade 진핵생물의 진화역사에 대한 현재의 가설에서 제안된 4가지 진핵생물 큰무리(supergroup) 중 하나. 이 큰무리는 크고 매우 다양한 3중요 무리의 원생생물을 포함한다: 스트라메노파일, 폐포형 및 리자리아. 또한 섭식구굴착류, 원시색소체생물 및 단편모류 참조.

TATA 상자 TATA box 전사개시복합체를 형성하는데 필수적인 진핵생물 프로모터의 DNA 염기서열.

Toll 유사수용체 Toll-like receptor(TLR) 일련의 병원균에 공통적인 분자의 조각을 인식하는, 식작용을 하는 백혈구의 막 수용체.

T관, 가로소관 transverse(T) tubule 골격근 세포에서 원형질막이 안으로 접힘.

T세포 T cells 가슴샘(흉선)에서 성숙하는 림프구의 종류로, 세포성 면역반응의 효과기 세포와 적응 면역의 양 부류에 필요한 조력 세포 모두를 포함한다.

X선 결정학 X-ray crystallography 분자의 각 원자에 의한 X선의 회절에 의존한 기술로, 분자의 3차원 구조의 연구를 위해 사용된다.

X-연관 유전자 X-linked gene X염색체상에 위치한 유전자. 이러한 유전자는 독특한 유전양상을 보인다.

한글 찾아보기

ㄱ

ㄹ

ㅁ

ㅂ

ㅅ

ㅇ

ㅈ

ㅊ

ㅋ

ㅌ

기타

영문 찾아보기

A

D

E

F

G

H

I

J

K

L

M

N

O

P

Q

R

S

T

U